W9-ADE-711

Beilsteins Handbuch der Organischen Chemie

Beilsteins Handbuch der Organischen Chemie

Vierte Auflage

Viertes Ergänzungswerk

Die Literatur von 1950 bis 1959 umfassend

Herausgegeben vom
Beilstein-Institut für Literatur der Organischen Chemie
Frankfurt am Main

Bearbeitet von

Reiner Luckenbach

Unter Mitwirkung von

Oskar Weissbach

Erich Bayer · Reinhard Ecker · Adolf Fahrmeir · Friedo Giese · Volker Guth
Irmgard Hagel · Franz-Josef Heinen · Günter Imsieke · Ursula Jacobshagen
Rotraud Kayser · Klaus Koulen · Bruno Langhammer · Lothar Mähler
Annerose Naumann · Wilma Nickel · Burkhard Polenski · Peter Raig
Helmut Rockelmann · Thilo Schmitt · Jürgen Schunck · Eberhard Schwarz
Josef Sunkel · Achim Trede · Paul Vincke

Achter Band

Vierter Teil

Springer-Verlag Berlin Heidelberg New York 1982

ISBN 3-540-11761-X Springer-Verlag Berlin Heidelberg New York
ISBN 0-387-11761-X Springer-Verlag New York Heidelberg Berlin

Library of Congress Catalog Card Number: 22–79
Printed in Germany

Satz, Druck und Bindearbeiten: Universitätsdruckerei H. Stürtz AG, 8700 Würzburg
2151/3130-543210

Mitarbeiter der Redaktion

Helmut Appelt
Gerhard Bambach
Klaus Baumberger
Elise Blazek
Kurt Bohg
Reinhard Bollwan
Jörg Bräutigam
Ruth Brandt
Eberhard Breither
Werner Brich
Stephanie Corsepius
Edelgard Dauster
Edgar Deuring
Ingeborg Deuring
Irene Eigen
Hellmut Fiedler
Franz Heinz Flock
Manfred Frodl
Ingeborg Geibler
Libuse Goebels
Gertraud Griepke
Gerhard Grimm
Karl Grimm
Friedhelm Gundlach
Hans Härter
Alfred Haltmeier
Erika Henseleit
Karl-Heinz Herbst
Ruth Hintz-Kowalski
Guido Höffer
Eva Hoffmann
Horst Hoffmann
Gerhard Hofmann
Gerhard Jooss
Klaus Kinsky
Heinz Klute
Ernst Heinrich Koetter
Irene Kowol
Olav Lahnstein
Alfred Lang
Gisela Lange
Dieter Liebegott
Sok Hun Lim
Gerhard Maleck
Edith Meyer
Kurt Michels
Ingeborg Mischon
Klaus-Diether Möhle
Gerhard Mühle
Heinz-Harald Müller
Ulrich Müller
Gertraude Neidhardt
Peter Otto
Rainer Pietschmann
Helga Pradella
Hella Rabien
Walter Reinhard
Gerhard Richter
Lutz Rogge
Günter Roth
Siegfried Schenk
Max Schick
Joachim Schmidt
Gerhard Schmitt
Peter Schomann
Cornelia Schreier
Wolfgang Schütt
Wolfgang Schurek
Bernd-Peter Schwendt
Wolfgang Staehle
Wolfgang Stender
Karl-Heinz Störr
Gundula Tarrach
Hans Tarrach
Elisabeth Tauchert
Mathilde Urban
Rüdiger Walentowski
Hartmut Wehrt
Hedi Weissmann
Frank Wente
Ulrich Winckler
Renate Wittrock

Hinweis für Benutzer

Falls Sie Probleme beim Arbeiten mit dem Beilstein-Handbuch haben, ziehen Sie bitte den vom Beilstein-Institut entwickelten „Leitfaden" zu Rate. Er steht Ihnen – ebenso wie weiteres Informationsmaterial über das Beilstein-Handbuch – auf Anforderung kostenlos zur Verfügung.

Beilstein-Institut
für Literatur der Organischen Chemie
Varrentrappstrasse 40–42
D-6000 Frankfurt/M. 90

Springer-Verlag
Abt. 4005
Heidelberger Platz 3
D-1000 Berlin 33

Note for Users

Should you encounter difficulties in using the Beilstein Handbook please refer to the guide "How to Use Beilstein", developed for users by the Beilstein Institute. This guide (also available in Japanese), together with other informative material about the Beilstein Handbook, can be obtained free of charge by writing to

Beilstein-Institut
für Literatur der Organischen Chemie
Varrentrappstrasse 40–42
D-6000 Frankfurt/M. 90

Springer-Verlag
Abt. 4005
Heidelberger Platz 3
D-1000 Berlin 33

For those users of the Beilstein Handbook who are unfamiliar with the German language, a pocket-format "Beilstein Dictionary" (German/English) has been compiled by the Beilstein editorial staff and is also available free of charge. The contents of this dictionary are also to be found in volume 6/4 on pages LXV to LXXXIX.

Inhalt – Contents

Zweite Abteilung

Isocyclische Verbindungen

III. Oxo-Verbindungen

H. Hydroxy-oxo-Verbindungen

2. Hydroxy-oxo-Verbindungen mit 3 Sauerstoffatomen

(Fortsetzung)

3. Hydroxy-oxo-Verbindungen mit 4 Sauerstoff-Atomen

Abkürzungen und Symbole[1]

Abbreviations and Symbols[2]

A.	Äthanol	ethanol
Acn.	Aceton	acetone
Ae.	Diäthyläther	diethyl ether
äthanol.	äthanolisch	solution in ethanol
alkal.	alkalisch	alkaline
Anm.	Anmerkung	footnote
at	technische Atmosphäre (98066,5 $N \cdot m^{-2}$ = 0,980665 bar = 735,559 Torr)	technical atmosphere
atm	physikalische Atmosphäre	physical (standard) atmosphere
Aufl.	Auflage	edition
B.	Bildungsweise(n), Bildung	formation
Bd.	Band	volume
Bzl.	Benzol	benzene
bzw.	beziehungsweise	or, respectively
c	Konzentration einer optisch aktiven Verbindung in g/100 ml Lösung	concentration of an optically active compound in g/100 ml solution
D	1) Debye (Dimension des Dipolmoments)	1) Debye (dimension of dipole moment)
	2) Dichte (z.B. D_4^{20}: Dichte bei 20° bezogen auf Wasser von 4°)	2) density (e.g. D_4^{20}: density at 20° related to water at 4°)
d	Tag	day
$D(R-X)$	Dissoziationsenergie der Verbindung RX in die freien Radikale $R^{\bullet}$ und $X^{\bullet}$	dissociation energy of the compound RX to form the free radicals $R^{\bullet}$ and $X^{\bullet}$
Diss.	Dissertation	dissertation, thesis
DMF	Dimethylformamid	dimethylformamide
DMSO	Dimethylsulfoxid	dimethylsulfoxide
E	1) Erstarrungspunkt	1) freezing (solidification) point
	2) Ergänzungswerk des Beilstein-Handbuchs	2) Beilstein supplementary series
E.	Äthylacetat	ethyl acetate
Eg.	Essigsäure (Eisessig)	acetic acid
engl. Ausg.	englische Ausgabe	english edition
EPR	Elektronen-paramagnetische Resonanz (=ESR)	electron paramagnetic resonance (=ESR)
F	Schmelzpunkt (-bereich)	melting point (range)
Gew.-%	Gewichtsprozent	percent by weight
grad	Grad	degree
H	Hauptwerk des Beilstein-Handbuchs	Beilstein basic series
h	Stunde	hour
Hz	Hertz ($=s^{-1}$)	cycles per second ($=s^{-1}$)
K	Grad Kelvin	degree Kelvin
konz.	konzentriert	concentrated
korr.	korrigiert	corrected

[1] Bezüglich weiterer, hier nicht aufgeführter Symbole und Abkürzungen für physikalisch-chemische Grössen und Einheiten siehe

[2] For other symbols and abbreviations for physicochemical quantities and units not listed here see

International Union of Pure and Applied Chemistry Manual of Symbols and Terminology for Physicochemical Quantities and Units (1969) [London 1970].

Kp	Siedepunkt (-bereich)	boiling point (range)
l	1) Liter 2) Rohrlänge in dm	1) litre 2) length of cell in dm
$[M]_\lambda^t$	molares optisches Drehungsvermögen für Licht der Wellenlänge λ bei der Temperatur t	molecular rotation for the wavelength λ and the temperature t
m	1) Meter 2) Molarität einer Lösung	1) metre 2) molarity of solution
Me.	Methanol	methanol
n	1) Normalität einer Lösung 2) nano ($=10^{-9}$) 3) Brechungsindex (z.B. $n_{656,1}^{15}$: Brechungsindex für Licht der Wellenlänge 656,1 nm bei 15°)	1) normality of solution 2) nano ($=10^{-9}$) 3) refractive index (e.g. $n_{656,1}^{15}$: refractive index for the wavelength 656.1 nm and 15°)
opt.-inakt.	optisch inaktiv	optically inactive
p	Konzentration einer optisch aktiven Verbindung in g/100 g Lösung	concentration of an optically active compound in g/100 g solution
PAe.	Petroläther, Benzin, Ligroin	petroleum ether, ligroin
Py.	Pyridin	pyridine
S.	Seite	page
s	Sekunde	second
s.	siehe	see
s. a.	siehe auch	see also
s. o.	siehe oben	see above
sog.	sogenannt	so called
Spl.	Supplement	supplement
... stdg.	... stündig (z.B. 3-stündig)	for ... hours (e.g. for 3 hours)
s. u.	siehe unten	see below
Syst.-Nr.	System-Nummer	system number
THF	Tetrahydrofuran	tetrahydrofuran
Tl.	Teil	part
Torr	Torr (=mm Quecksilber)	torr (=millimetre of mercury)
unkorr.	unkorrigiert	uncorrected
unverd.	unverdünnt	undiluted
verd.	verdünnt	diluted
vgl.	vergleiche	compare (cf.)
wss.	wässrig	aqueous
z. B.	zum Beispiel	for example (e.g.)
Zers.	Zersetzung	decomposition
zit. bei	zitiert bei	cited in
α_λ^t	optisches Drehungsvermögen (Erläuterung s. bei $[M]_\lambda^t$)	angle of rotation (for explanation see $[M]_\lambda^t$)
$[\alpha]_\lambda^t$	spezifisches optisches Drehungsvermögen (Erläuterung s. bei $[M]_\lambda^t$)	specific rotation (for explanation see $[M]_\lambda^t$)
ε	1) Dielektrizitätskonstante 2) Molarer dekadischer Extinktionskoeffizient	1) dielectric constant, relative permittivity 2) molar extinction coefficient
$\lambda_{(max)}$	Wellenlänge (eines Absorptionsmaximums)	wavelength (of an absorption maximum)
μ	Mikron ($=10^{-6}$ m)	micron ($=10^{-6}$ m)
°	Grad Celsius oder Grad (Drehungswinkel)	degree Celsius or degree (angle of rotation)

Transliteration von russischen Autorennamen
Key to the Russian Alphabet for Authors' Names

Russisches Schrift-zeichen		Deutsches Äquivalent (BEILSTEIN)	Englisches Äquivalent (Chemical Abstracts)	Russisches Schrift-zeichen		Deutsches Äquivalent (BEILSTEIN)	Englisches Äquivalent (Chemical Abstracts)
А	а	a	a	Р	р	r	r
Б	б	b	b	С	с	s̄	s
В	в	w	v	Т	т	t	t
Г	г	g	g	У	у	u	u
Д	д	d	d	Ф	ф	f	f
Е	е	e	e	Х	х	ch	kh
Ж	ж	sh	zh	Ц	ц	z	ts
З	з	s	z	Ч	ч	tsch	ch
И	и	i	i	Ш	ш	sch	sh
Й	й	ĭ	ĭ	Щ	щ	schtsch	shch
К	к	k	k	Ы	ы	y	y
Л	л	l	l		ь	’	’
М	м	m	m	Э	э	ė	e
Н	н	n	n	Ю	ю	ju	yu
О	о	o	o	Я	я	ja	ya
П	п	p	p				

Zweite Abteilung

Isocyclische Verbindungen

(Fortsetzung)

H. Hydroxy-oxo-Verbindungen

(Fortsetzung)

Hydroxy-oxo-Verbindungen $C_nH_{2n-14}O_3$

Hydroxy-oxo-Verbindungen $C_{10}H_6O_3$

Methoxy-phenyl-cyclobutendion $C_{11}H_8O_3$, Formel I.

B. Beim Erwärmen von Brom-phenyl-cyclobutendion mit Methanol (*Smutny et al.*, Am. Soc. **82** [1960] 1793, 1800; s. a. *Smutny, Roberts,* Am. Soc. **77** [1955] 3420). Aus Hydroxy-phenyl-cyclobutendion (E IV **7** 2789) und Diazomethan in Äther (*Sm. et al.*; *Sm., Ro.*).

Kristalle (aus Me.); F: 151–152,2° (*Sm. et al.*).

8-Hydroxy-[1,2]naphthochinon $C_{10}H_6O_3$, Formel II (R = H).

Das von *Prista* (Anais Fac. Farm. Porto **18** [1958] 5, 29, 47) unter dieser Konstitution beschriebene Dioschinon ist als 6′*r*,7′*c*-Epoxy-5,1′-dihydroxy-7,3′-dimethyl-6′,7′-dihydro-[2,2′]binaphthyl-1,4,5′,8′-tetraon (E III/IV **18** 3543) zu formulieren (*Lillie et al.*, J. C. S. Chem. Commun. **1973** 463).

8-Äthoxy-[1,2]naphthochinon $C_{12}H_{10}O_3$, Formel II (R = C_2H_5).

Die Identität der von *Prista* (Anais Fac. Farm. Porto **18** [1958] 5, 39) unter dieser Konstitution beschriebenen, aus Dioschinon (E III/IV **18** 3543) und Äthanol mit Hilfe von $ZnCl_2$ hergestellten Verbindung (F: 139–140°) ist ungewiss (vgl. die Angaben im vorangehenden Artikel).

7-Hydroxy-[1,2]naphthochinon $C_{10}H_6O_3$, Formel III (R = X = H) (H 299; E I 634; E III 2542).

B. Beim Erhitzen von Naphthalin-1,2-diol mit $NO(SO_3K)_2$ in H_2O (*Teuber, Götz,* B. **87** [1954] 1236, 1248).

Rotbraune Kristalle (aus Nitrobenzol); F: 195–200° [unkorr.; Zers.]. Absorptionsspektrum ($CHCl_3$; 250–550 nm): *Te., Götz,* l. c. S. 1241.

o-Phenylendiamin-Kondensationsprodukt (F: 293°): *Te., Götz,* l. c. S. 1249.

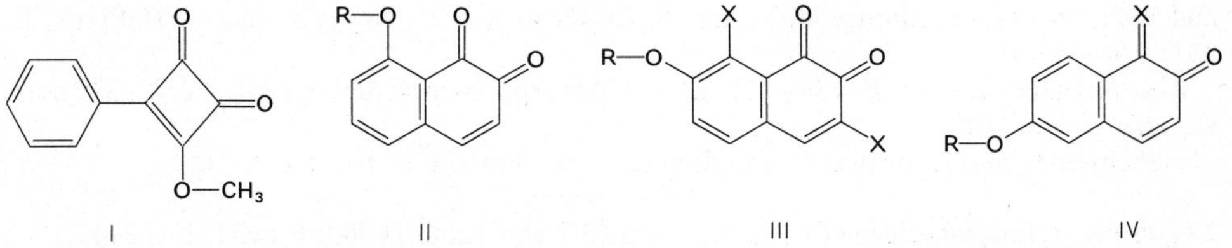

I II III IV

7-Methoxy-[1,2]naphthochinon $C_{11}H_8O_3$, Formel III (R = CH_3, X = H) (E III 2542).

Dunkelrote Kristalle; F: 165° [Zers.] (*Cassebaum, Hofferek*, B. **92** [1959] 1643, 1654). Absorptionsspektrum ($CHCl_3$; 220–600 nm): *Ca., Ho.*, l. c. S. 1646. Redoxpotential (wss. A.): *Cassebaum,* Z. El. Ch. **62** [1958] 426, 427.

3,8-Dibrom-7-methoxy-[1,2]naphthochinon $C_{11}H_6Br_2O_3$, Formel III (R = CH_3, X = Br).

Diese Konstitution kommt der nachstehend beschriebenen, ursprünglich von *Wilson* (Tetrahedron **3** [1958] 236) als 4,7-Dibrom-3,6-dimethoxy-[1,2]naphthochinon ($C_{12}H_8Br_2O_4$)

angesehenen Verbindung zu (*Wilson,* Tetrahedron **11** [1960] 256, 259, 265).

B. Neben anderen Verbindungen beim Erwärmen von 1,6-Dibrom-2,7-dimethoxy-naphthalin mit CrO_3 in wss. Essigsäure (*Wi.,* Tetrahedron **11** 265; s. a. *Wi.,* Tetrahedron **3** 241).

Braunrote Kristalle; F: 244–244,5° [korr.; aus Eg.] (*Wi.,* Tetrahedron **11** 265), 230° [aus Bzl.] (*Wi.,* Tetrahedron **3** 241). IR-Spektrum (KBr; 2,5–18,5 μ): *Wi.,* Tetrahedron **11** 258.

6-Hydroxy-[1,2]naphthochinon $C_{10}H_6O_3$, Formel IV (R = H, X = O) (H 299; E I 634; E III 2542).

B. Beim Behandeln von Naphthalin-2,6-diol mit $NO(SO_3K)_2$ in wss. Methanol (*Teuber, Götz,* B. **87** [1954] 1236, 1248).

Rote Kristalle (aus $CHCl_3$); gelbliche Kristalle (aus Me. bei tiefer Temperatur), die sich bei 20° rot färben; F: 180–185° [Zers.; nach Verfärbung ab 170–172°]. Absorptionsspektrum ($CHCl_3$; 250–510 nm): *Te., Götz,* l. c. S. 1241.

o-Phenylendiamin-Kondensationsprodukt (F: 288–289°): *Te., Götz.*

6-Methoxy-[1,2]naphthochinon $C_{11}H_8O_3$, Formel IV (R = CH_3, X = O) (E III 2542).

B. Beim Behandeln von 6-Methoxy-[2]naphthol mit $NO(SO_3K)_2$ in H_2O (*Cassebaum,* B. **90** [1957] 2876, 2885). Beim Hydrieren der folgenden Verbindung an Palladium/Kohle in wss. Essigsäure unter Zusatz von H_2SO_4 und Behandeln der Reaktionslösung mit $FeCl_3$ und wss. HCl (*Gates, Webb,* Am. Soc. **80** [1958] 1186, 1190).

Gelbbraun; F: 141–144° [unkorr.; Zers.] (*Ga., Webb*). Redoxpotential (wss. A.): *Cassebaum,* Z. El. Ch. **62** [1958] 426, 427.

o-Phenylendiamin-Kondensationsprodukt (F: 165,8–167°): *Ga., Webb.*

6-Methoxy-[1,2]naphthochinon-1-oxim $C_{11}H_9NO_3$, Formel IV (R = CH_3, X = N-OH) und Taut. (6-Methoxy-1-nitroso-[2]naphthol).

B. Beim Behandeln von 6-Methoxy-[2]naphthol mit $NaNO_2$ und wss. Essigsäure (*Gates, Webb,* Am. Soc. **80** [1958] 1186, 1189).

Gelbbraun; F: 146–149° [unkorr.; Zers.].

5-Hydroxy-[1,2]naphthochinon $C_{10}H_6O_3$, Formel V (R = H).

B. Neben 5-Hydroxy-[1,4]naphthochinon beim Behandeln von Naphthalin-1,5-diol mit $NO(SO_3K)_2$ in H_2O (*Teuber, Götz,* B. **87** [1954] 1236, 1246).

Rotbraune Kristalle (aus Nitrobenzol+PAe.); Zers. bei 178–180° [unkorr.]. Absorptionsspektrum (Dioxan; 250–500 nm): *Te., Götz,* l. c. S. 1241.

o-Phenylendiamin-Kondensationsprodukt (F: 267–268°): *Te., Götz,* l. c. S. 1247.

5-Methoxy-[1,2]naphthochinon $C_{11}H_8O_3$, Formel V (R = CH_3).

B. Beim Erwärmen von 5-Methoxy-2-nitroso-[1]naphthol mit $SnCl_2$ in wss.-äthanol. HCl und Erhitzen des Reaktionsprodukts mit $K_2Cr_2O_7$ in wss. H_2SO_4 (*Cassebaum, Hofferek,* B. **92** [1959] 1643, 1651).

Rote Kristalle (aus A.); F: 188–190° [Zers.]. Absorptionsspektrum ($CHCL_3$; 250–525 nm): *Ca., Ho.,* l. c. S. 1645.

o-Phenylendiamin-Kondensationsprodukt (F: 172–174°): *Ca., Ho.,* l. c. S. 1651.

2-Hydroxy-[1,4]naphthochinon $C_{10}H_6O_3$, Formel VI und Taut. (H 300; E I 635; E II 344; E III 2543).

Isolierung aus den Blättern von Lawsonia sprinosa: *Latif,* Indian. J. agric. Sci. **29** [1959] 147.

B. Beim Erwärmen von [1]Naphthol mit H_2O_2 in wss. NaOH (*Molho, Mentzer,* Experientia **6** [1950] 11) oder in wss. KOH in Gegenwart von $H_3[VO_2(O_2)_2]$ sowie beim Erwärmen von Naphthalin-1,4-diol mit wss. H_2O_2 in wss. NaOH in Gegenwart von $H_3[VO_2(O_2)_2]$ (*Nagase, Matsumoto,* J. pharm. Soc. Japan **74** [1954] 9, 12; C. A. **1955** 1681). Beim Behandeln von Naphthalin-1,3-diol mit $NO(SO_3K)_2$ in wss. Methanol (*Teuber, Götz,* B. **87** [1954] 1236, 1246). Beim Erwärmen von 1,2,4-Triacetoxy-naphthalin mit wss.-methanol. HCl und Behandeln des

Reaktionsprodukts mit CrO_3 in wss. H_2SO_4 (*Inoue et al.*, J. Soc. org. synth. Chem. Japan **16** [1958] 603, 605; C. A. **1959** 3233; vgl. H 301). Beim Erwärmen von 2-Chlor-3-hydroxy-[1,4]naphthochinon mit KI und wss.-äthanol. HCl (*Witkowškiĭ, Schemjakin*, Ž. obšč. Chim. **22** [1952] 679, 685; engl. Ausg. S. 743, 747). Beim Erwärmen von 2,4a-Diacetoxy-(4a*r*,8a*c*)-4a,5,8,8a-tetrahydro-naphthalin-1,4-dion mit Natriumäthylat und Methanol unter Luftzutritt (*Barltrop, Burstall*, Soc. **1959** 2183, 2185). Beim Erhitzen von 4-Morpholino-[1,2]naphthochinon mit wss. HCl (*Brackman, Havinga*, R. **74** [1955] 937, 954).

Gelbe Kristalle (nach Sublimation unter vermindertem Druck); F: 194° (*Molho, Mentzer*, Experientia **6** [1950] 11), 190–191° [korr.; Zers.] (*Barltrop, Burstall*, Soc. **1959** 2183, 2185). UV-Spektrum in Äthanol (220–400 nm): *Daglish*, Am. Soc. **72** [1950] 4859, 4861; von wss. Lösungen bei pH 1,2–11,7 (230–300 nm): *Sosulja, Peschkowa*, Ž. neorg. Chim. **4** [1959] 379, 381; engl. Ausg. S. 168, 169. Absorptionsspektrum in wss. Äthanol (300–600 nm): *Kimura et al.*, Bl. chem. Soc. Japan **29** [1956] 635, 638, 639; sowie in H_2SO_4 (360–550 nm): *Ettlinger*, Am. Soc. **72** [1950] 3085, 3088. λ_{max} (wss. NaOH): 455 nm (*Et.*, l. c. S. 3086). Scheinbarer Dissoziationsexponent pK'_a (H_2O; spektrophotometrisch ermittelt) bei 25°: 2,38 (*So., Pe.*, l. c. S. 382); bei 26–33°: 4,00 (*Et.*, l. c. S. 3086). Polarographisches Halbstufenpotential (wss. A. vom pH 6,2 und pH 8,7): *Wladimirzew, Štromberg*, Ž. obšč. Chim. **27** [1957] 1029, 1032; engl. Ausg. S. 1110, 1113. Verteilung zwischen H_2O und $CHCl_3$ bzw. zwischen H_2O und Benzol: *So., Pe.*, l. c. S. 382, 383.

Beim Erhitzen mit wss. NaOH unter Luftausschluss ist neben anderen Verbindungen 3-Oxo-indan-1-carbonsäure erhalten worden (*Witkowškiĭ, Schemjakin*, Ž. obšč. Chim. **22** [1952] 679, 685; engl. Ausg. S. 743, 747). Bildung von Anthrachinon beim Erhitzen mit Buta-1,3-dien in Äthanol unter Druck bei 135–140° und Erwärmen des Reaktionsprodukts mit äthanol. KOH unter Luftzutritt: *Barltrop, Burstall*, Soc. **1959** 2183, 2185.

Thorium(IV)-Salz. Stabilitätskonstanten (H_2O) bei 25°: *Sosulja, Peschkowa*, Ž. neorg. Chim. **4** [1959] 379, 391; engl. Ausg. S. 168, 174. Verteilung zwischen H_2O und $CHCl_3$ bzw. zwischen H_2O und Benzol: *So., Pe.*, l. c. S. 385.

Monohydrazon $C_{10}H_8N_2O_2$. F: 229° (*Latif*, Indian J. agric. Sci. **29** [1959] 147).

1-Phenylhydrazon (F: 236°): *Inoue et al.*, Bl. Univ. Osaka Prefect. [A] **8** [1959] 31, 52. 1(?)-[4-Nitro-phenylhydrazon] (F: 173–174°): *Schtschukina et al.*, Ž. obšč. Chim. **19** [1949] 468, 476; engl. Ausg. S. 419, 421, 422. 1-[2,4-Dinitro-phenylhydrazon] (F: 225° bzw. F: 220–224°): *La.*; *In. et al.*, Bl. Univ. Osaka Prefect. [A] **8** 52.

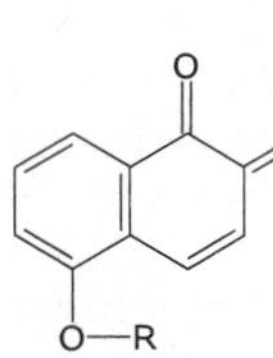

V 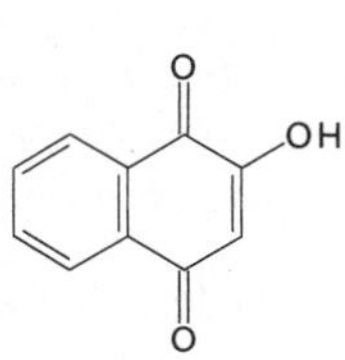 VI 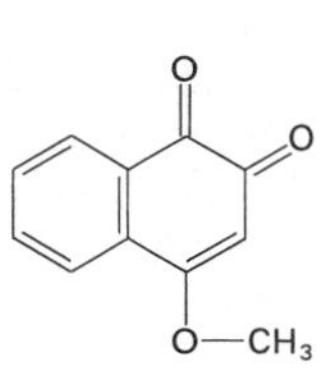 VII 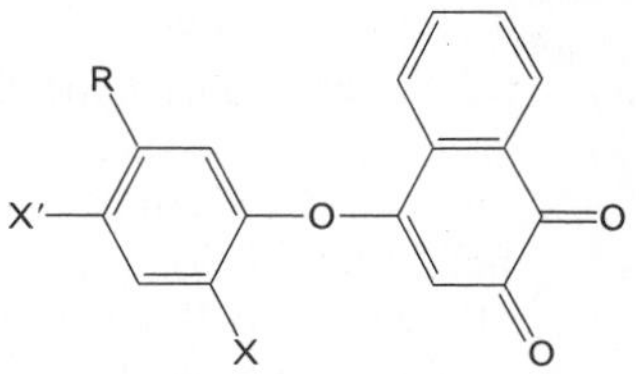 VIII

4-Methoxy-[1,2]naphthochinon $C_{11}H_8O_3$, Formel VII (E II 342; E III 2545).

B. Beim Behandeln von 4-Methoxy-[1]naphthol mit $NO(SO_3K)_2$ in wss. Aceton (*Teuber, Götz*, B. **87** [1954] 1236, 1249).

Kristalle (aus A.); F: 191–192° [unkorr.] (*Te., Götz*). Absorptionsspektrum ($CHCl_3$; 240–520 nm): *Te., Götz*, l. c. S. 1242. Redoxpotential (wss. A.): *Cassebaum*, Z. El. Ch. **62** [1958] 426, 428.

o-Phenylendiamin-Kondensationsprodukt (F: 181,5°): *Te., Götz*, l. c. S. 1250.

4-Phenoxy-[1,2]naphthochinon $C_{16}H_{10}O_3$, Formel VIII (R = X = X' = H).

B. Beim Erwärmen von 4-Chlor-[1,2]naphthochinon mit Phenol und Pyridin (*Awad, Hafez*, Am. Soc. **80** [1958] 6057, 6059).

Orangefarbene Kristalle (aus Bzl.); F: 168° [unkorr.].

o-Phenylendiamin-Kondensationsprodukt (F: 203°): *Awad, Ha.*

Die folgenden Verbindungen sind in analoger Weise hergestellt worden:

4-[4-Chlor-phenoxy]-[1,2]naphthochinon $C_{16}H_9ClO_3$, Formel VIII (R = X = H, X′ = Cl). Orangefarbene Kristalle (aus Bzl.); F: 179° [unkorr.]. – *o*-Phenylendiamin-Kondensationsprodukt (F: 230°): *Awad, Ha.*

4-[2-Nitro-phenoxy]-[1,2]naphthochinon $C_{16}H_9NO_5$, Formel VIII (R = X′ = H, X = NO_2). Orangefarbene Kristalle (aus Bzl.); F: 222° [unkorr.]. – *o*-Phenylendiamin-Kondensationsprodukt (F: 223°): *Awad, Ha.*

4-*m*-Tolyloxy-[1,2]naphthochinon $C_{17}H_{12}O_3$, Formel IX (R = CH_3, R′ = R″ = H). Orangerote Kristalle (aus Bzl.); F: 197° [unkorr.]. – *o*-Phenylendiamin-Kondensationsprodukt (F: 168°): *Awad, Ha.*

4-*p*-Tolyloxy-[1,2]naphthochinon $C_{17}H_{12}O_3$, Formel IX (R = R″ = H, R′ = CH_3). Orangefarbene Kristalle (aus Bzl.+PAe.); F: 163° [unkorr.]. – *o*-Phenylendiamin-Kondensationsprodukt (F: 212°): *Awad, Ha.*

4-[3,4-Dimethyl-phenoxy]-[1,2]naphthochinon $C_{18}H_{14}O_3$, Formel IX (R = R′ = CH_3, R″ = H). Orangefarbene Kristalle (aus Me.); F: 209° [unkorr.]. – *o*-Phenylendiamin-Kondensationsprodukt (F: 172°): *Awad, Ha.*

4-[3,5-Dimethyl-phenoxy]-[1,2]naphthochinon $C_{18}H_{14}O_3$, Formel IX (R = R″ = CH_3, R′ = H). Orangefarbene Kristalle (aus Bzl.); F: 191° [unkorr.]. – *o*-Phenylendiamin-Kondensationsprodukt (F: 169°): *Awad, Ha.*

4-[2,5-Dimethyl-phenoxy]-[1,2]naphthochinon $C_{18}H_{14}O_3$, Formel VIII (R = X = CH_3, X′ = H). Orangefarbene Kristalle (aus Me.); F: 159° [unkorr.]. – *o*-Phenylendiamin-Kondensationsprodukt (F: 203°): *Awad, Ha.*

4-[2]Naphthyloxy-[1,2]naphthochinon $C_{20}H_{12}O_3$, Formel X. Braune Kristalle (aus Bzl.); F: 192° [unkorr.]. – *o*-Phenylendiamin-Kondensationsprodukt (F: 221°): *Awad, Ha.*

IX X

4-[2′-Hydroxy-[1,1′]binaphthyl-2-yloxy]-[1,2]naphthochinon $C_{30}H_{18}O_4$, Formel XI.

B. Neben anderen Verbindungen beim Behandeln von [2]Naphthol mit Sauerstoff in $Cu(NO_3)_2$ und 2,4,6-Trimethyl-pyridin enthaltendem Methanol (*Brackman, Havinga,* R. **74** [1955] 1021, 1024, 1033).

Rote Kristalle (aus Butan-1-ol) vom F: 245° bzw. gelbe Kristalle (aus Eg.) mit 1 Mol Essigsäure, die unter vermindertem Druck bei 100° das Lösungsmittel abgeben.

o-Phenylendiamin-Kondensationsprodukt (F: 281°): *Br., Ha.,* l. c. S. 1034.

2-Methoxy-[1,4]naphthochinon $C_{11}H_8O_3$, Formel XII (R = CH_3, X = X′ = H) (E II 345; E III 2546).

Diese Konstitution kommt wahrscheinlich auch der E III/IV **19** 1788 als Indeno[1,2-*d*][1,3]dioxol-8-on $C_{10}H_6O_3$ beschriebenen Verbindung (F: 185°) zu (*Eistert, Müller,* B. **92** [1959] 2071, 2072).

B. Bei der Oxidation von 1,3-Dimethoxy-naphthalin mit Peroxyessigsäure in Gegenwart von H_2SO_4 (*Davidge et al.,* Soc. **1958** 4569, 4572). Beim Behandeln von Indan-1,2,3-trion mit Diazomethan in wasserfreiem Äther (*Ei., Mü.,* l. c. S. 2073).

Gelbe Kristalle; F: 184–185° [aus A.+H_2O] (*Ei., Mü.*), 183,5° [nach Sublimation] (*Molho, Mentzer,* Experientia **6** [1950] 11), 183–184° (*Da. et al.,* l. c. S. 4571). Polarographisches Halbstufenpotential (wss. A. vom pH 6,2 und pH 8,7): *Wladimirzew, Štromberg,* Ž. obšč. Chim. **27** [1957] 1029, 1032; engl. Ausg. S. 1110, 1113.

Bildung von Anthrachinon beim Erhitzen mit Buta-1,3-dien in Benzol unter Druck auf

135–140° und Erwärmen des Reaktionsprodukts mit äthanol. KOH unter Luftzutritt: *Barltrop, Burstall,* Soc. **1959** 2183, 2185.

2-Methallyloxy-[1,4]naphthochinon $C_{14}H_{12}O_3$, Formel XII (R = CH_2-C(CH_3)=CH_2, X = X′ = H).

B. Neben 2-Hydroxy-3-methallyl-[1,4]naphthochinon beim Erwärmen des Kalium-Salzes des 2-Hydroxy-[1,4]naphthochinons mit Methallyljodid in wss. Aceton (*Cooke, Somers,* Austral. J. scient. Res. [A] **3** [1950] 466, 477, 478).

Hellgelbe Kristalle (aus Bzl.+PAe.); F: 116–117° [korr.].

2-[3-Methyl-but-2-enyloxy]-[1,4]naphthochinon $C_{15}H_{14}O_3$, Formel XII (R = CH_2-CH=C(CH_3)$_2$, X = X′ = H) (E II 346; E III 2547).

B. Neben Lapachol (S. 2487) beim Erwärmen des Kalium-Salzes des 2-Hydroxy-[1,4]naphthochinons mit 1-Brom-3-methyl-but-2-en in wasserfreiem Aceton (*Cooke,* Austral. J. scient. Res. [A] **3** [1950] 481, 484, 485; vgl. E II 346).

Kristalle (aus Bzl.+PAe.); F: 148–149° [korr.].

2-[2,3-Dimethyl-but-2-enyloxy]-[1,4]naphthochinon $C_{16}H_{16}O_3$, Formel XII (R = CH_2-C(CH_3)=C(CH_3)$_2$, X = X′ = H).

B. Neben anderen Verbindungen beim Behandeln des Silber-Salzes des 2-Hydroxy-[1,4]naphthochinons mit 1-Brom-2,3-dimethyl-but-2-en in Benzol bei 0–5° (*Cooke, Somers,* Austral. J. scient. Res. [A] **3** [1950] 466, 474).

Hellgelbe Kristalle (aus Bzl.+PAe.); F: 129–130° [korr.].

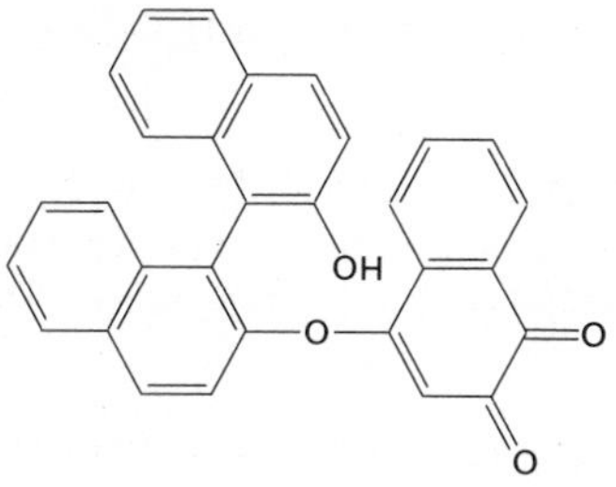

OH O O O
XI

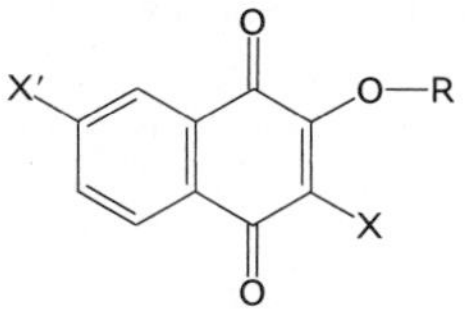

X′ O O—R X O
XII

2-Benzyloxy-[1,4]naphthochinon $C_{17}H_{12}O_3$, Formel XII (R = CH_2-C_6H_5, X = X′ = H) (E II 346).

B. Neben grösseren Mengen 2-Carboxy-*trans*(?)-zimtsäure (F: 198°) beim Behandeln von Benzyl-[2]naphthyl-äther mit wss. Peroxyessigsäure in Essigsäure (*Fernholz,* B. **84** [1951] 110, 121).

Kristalle (aus Me.); F: 149°.

7-Chlor-2-hydroxy-[1,4]naphthochinon $C_{10}H_5ClO_3$, Formel XII (R = X = H, X′ = Cl) und Taut. (E III 2551).

B. Beim Erhitzen von 2-Anilino-7-chlor-[1,4]naphthochinon mit wss. H_2SO_4 (*Lyons, Thomson,* Soc. **1953** 2910, 2914).

Gelbe Kristalle (aus Me.); F: 204°.

2-Chlor-3-hydroxy-[1,4]naphthochinon $C_{10}H_5ClO_3$, Formel XII (R = X′ = H, X = Cl) und Taut. (H 304; E II 347).

B. Beim Erhitzen von 2-Acetoxy-3-chlor-[1,4]naphthochinon mit wss. NaOH (*Byrde, Woodcock,* Ann. appl. Biol. **40** [1953] 675, 678).

Kristalle; F: 216–218° (*Inoue et al.,* J. Soc. org. synth. Chem. Japan **17** [1959] 714; C. A. **1960** 4504), 216–217° [unkorr.; aus Me.] (*By., Wo.*). Polarographisches Halbstufenpotential (wss. A. vom pH 6,2 und pH 8,7): *Wladimirzew, Štromberg,* Ž. obšč. Chim. **27** [1957] 1029,

1032; engl. Ausg. S. 1110, 1113.

4-Phenylhydrazon (F: 211°) und 4-[2,4-Dinitro-phenylhydrazon] (F: 268°): *Inoue et al.*, Bl. Univ. Osaka Prefect. [A] **8** [1959] 31, 52.

2-Äthoxy-3-chlor-[1,4]naphthochinon $C_{12}H_9ClO_3$, Formel XII (R = C_2H_5, X = Cl, X' = H) (H 305; E II 347; E III 2551).

B. Beim Behandeln von 2,3-Dichlor-[1,4]naphthochinon in Benzol mit äthanol. Natrium⸗äthylat (*Gaertner*, Am. Soc. **76** [1954] 6150, 6153).

F: 95,5–97,5°.

2-Chlor-3-[2]naphthyloxy-[1,4]naphthochinon $C_{20}H_{11}ClO_3$, Formel XIII.

B. Neben Dinaphtho[2,1-*b*;2',3'-*d*]furan-8,13-dion beim Erwärmen von 2,3-Dichlor-[1,4]naphthochinon mit Natrium-[2]naphtholat in Äthanol (*Acharya et al.*, J. scient. ind. Res. India **16** B [1957] 400, 405).

Rote Kristalle (aus Acn. + A.); F: 181–182°.

2-Acetoxy-3-chlor-[1,4]naphthochinon $C_{12}H_7ClO_4$, Formel XII (R = CO-CH_3, X = Cl, X' = H) (E II 347).

Polarographisches Halbstufenpotential (wss. A. vom pH 2,6 und pH 8,7): *Wladimirzew, Štromberg*, Ž. obšč. Chim. **27** [1957] 1029, 1032; engl. Ausg. S. 1110, 1113.

6-Brom-2-hydroxy-[1,4]naphthochinon $C_{10}H_5BrO_3$, Formel XIV (R = H) und Taut. (E III 2551).

B. Beim Erhitzen von 3,6-Dibrom-2-hydroxy-[1,4]naphthochinon mit $SnCl_2$ und wss. HCl in Essigsäure und Behandeln des Reaktionsgemisches mit CrO_3 in H_2O (*Bruce, Thomson*, Soc. **1954** 1428, 1429).

6-Brom-2-methoxy-[1,4]naphthochinon $C_{11}H_7BrO_3$, Formel XIV (R = CH_3).

B. Neben 2,5-Dibrom-6-methoxy-[1,4]naphthochinon beim Erwärmen von 1,6-Dibrom-2-methoxy-naphthalin in Essigsäure mit CrO_3 in H_2O (*Bell et al.*, Soc. **1956** 2335, 2339).

Hellgelbe Kristalle (aus Bzl.); F: 222–224°.

2-Brom-3-hydroxy-[1,4]naphthochinon $C_{10}H_5BrO_3$, Formel XII (R = X' = H, X = Br) und Taut. (H 306; E I 636; E III 2552).

Herstellung von 2-[^{82}*Br*]Brom-3-hydroxy-[1,4]naphthochinon: *Berger et al.*, Org. Synth. Iso⸗topes **1958** 1159.

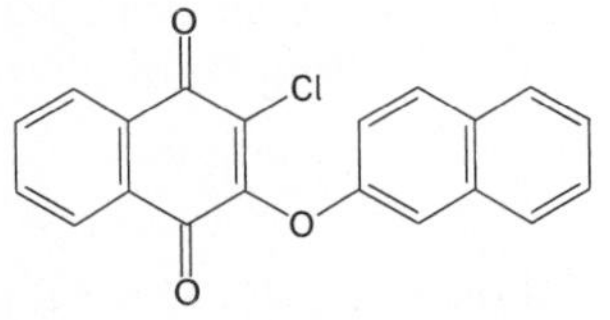

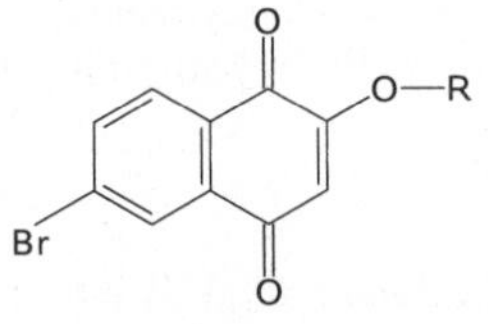

x-Brom-2-methoxy-[1,4]naphthochinon $C_{11}H_7BrO_3$.

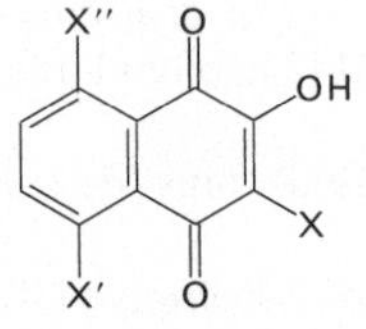

B. Beim Erhitzen von *N*-[x-Brom-2-methoxy-[1]naphthyl]-acetamid (F: 211–214°) mit CrO_3 in wss. Essigsäure (*Bell*, Soc. **1959** 519, 521).

Gelbe Kristalle (aus Eg.); F: 190°.

2-Hydroxy-3-nitro-[1,4]naphthochinon $C_{10}H_5NO_5$, Formel XV (X = NO_2, X' = X'' = H) und Taut. (H 308).

Hellgelbe Kristalle; F: 160–161° (*Inoue et al.*, J. Soc. org. synth. Chem. Japan **17** [1959] 714; C. A. **1960** 4504). Polarographisches Halbstufenpotential des Natrium-Salzes (wss. A. vom pH 6,2 und pH 8,7): *Wladimirzew, Štromberg*, Ž. obšč. Chim. **27** [1957] 1029, 1034; engl. Ausg.

S. 1110, 1115.

1-Phenylhydrazon (F: 193–194°) und 1-[2,4-Dinitro-phenylhydrazon] (F: 234–235°): *Inoue et al.*, Bl. Univ. Osaka Prefect. [A] **8** [1959] 31, 52.

3-Chlor-2-hydroxy-5-nitro-[1,4]naphthochinon $C_{10}H_4ClNO_5$, Formel XV (X = Cl, X′ = NO_2, X″ = H) und Taut. (E III 2553).

Konstitution: *Šlešartschuk et al.*, Ž. org. Chim. **9** [1973] 2155; engl. Ausg. S. 2169.

B. Beim Behandeln von 2,3-Dichlor-5-nitro-[1,4]naphthochinon oder von 2-Amino-3-chlor-5-nitro-[1,4]naphthochinon in Äthanol mit wss. NaOH (*Šl. et al.*).

F: 259° [aus Bzl.] (*Šl. et al.*).

Über ein ebenfalls aus 2,3-Dichlor-5-nitro-[1,4]naphthochinon beim Behandeln mit wss. Alkalilauge hergestelltes Präparat (F: 200–203°; 1-Phenylhydrazon $C_{16}H_{10}ClN_3O_4$, F: 118–119°; 1-[2,4-Dinitro-phenylhydrazon] $C_{16}H_8ClN_5O_8$, F: 230°) s. *Inoue et al.*, Bl. Univ. Osaka Prefect. [A] **8** [1959] 31, 52.

2-Hydroxy-3,5(oder 3,8)-dinitro-[1,4]naphthochinon $C_{10}H_4N_2O_7$, Formel XV (X = X′ = NO_2, X″ = H oder X = X″ = NO_2, X′ = H) und Taut.

B. Aus 2,3-Dichlor-5-nitro-[1,4]naphthochinon und $NaNO_2$ in wss. Methanol (*Inoue et al.*, Bl. Univ. Osaka Prefect. [A] **8** [1959] 31, 52; J. Soc. org. synth. Chem. Japan **17** [1959] 714; C. A. **1960** 4504).

Hellgelbe Kristalle; F: >250° (*In. et al.*, J. Soc. org. synth. Chem. Japan **17** 71).

1-Phenylhydrazon $C_{16}H_{10}N_4O_6$. F: 271–272° (*In. et al.*, Bl. Univ. Osaka Prefect. [A] **8** 52).

1-[2,4-Dinitro-phenylhydrazon] $C_{16}H_8N_6O_{10}$. F: 260° (*In. et al.*, Bl. Univ. Osaka Prefect. [A] **8** 52).

2-Methylmercapto-[1,4]naphthochinon $C_{11}H_8O_2S$, Formel I (R = CH_3, X = H) (E III 2554).

B. Als Hauptprodukt neben 2,3-Bis-methylmercapto-[1,4]naphthochinon beim Behandeln von [1,4]Naphthochinon mit Methanthiol in Äthanol und anschliessend mit wss. $Fe(ClO_4)_3$ (*Miyaki et al.*, J. pharm. Soc. Japan **71** [1951] 643; C. A. **1952** 2031).

Gelbe Kristalle (aus A.); F: 182° [unkorr.].

2-Äthylmercapto-[1,4]naphthochinon $C_{12}H_{10}O_2S$, Formel I (R = C_2H_5, X = H) (E II 347; E III 2554).

B. Analog der vorangehenden Verbindung (*Miyaki et al.*, J. pharm. Soc. Japan **71** [1951] 643; C. A. **1952** 2031).

Gelbe Kristalle; F: 142° [unkorr.].

Monooxim $C_{12}H_{11}NO_2S$. F: 87° (*Sakai et al.*, J. scient. Res. Inst. Tokyo **50** [1956] 102, 103).

2-Propylmercapto-[1,4]naphthochinon $C_{13}H_{12}O_2S$, Formel I (R = CH_2-C_2H_5, X = H) (E III 2554).

B. Beim Hydrieren von 2-Allylmercapto-[1,4]naphthochinon an Palladium/Kohle in Äthanol (*Miyaki et al.*, J. pharm. Soc. Japan **73** [1953] 961, 963; C. A. **1954** 10701).

Gelbe Kristalle (aus A.); F: 118–120° [unkorr.].

(±)-2-[2,3-Dibrom-propylmercapto]-[1,4]naphthochinon $C_{13}H_{10}Br_2O_2S$, Formel I (R = CH_2-CHBr-CH_2Br, X = H).

B. Aus 2-Allylmercapto-[1,4]naphthochinon und Brom in Essigsäure (*Miyaki et al.*, J. pharm. Soc. Japan **73** [1953] 961, 963; C. A. **1954** 10701).

Gelbe Kristalle (aus A.); F: 159° [unkorr.].

2-Butylmercapto-[1,4]naphthochinon $C_{14}H_{14}O_2S$, Formel I (R = $[CH_2]_3$-CH_3, X = H) (E III 2554).

B. Beim Behandeln von [1,4]Naphthochinon mit Butan-1-thiol in Äthanol und anschliessend

mit wss. $Fe(ClO_4)_3$ (*Miyaki et al.*, J. pharm. Soc. Japan **73** [1953] 961, 963; C. A. **1954** 10701).
Gelbe Kristalle (aus A.); F: 101–102° [unkorr.].

Die folgenden Verbindungen sind in analoger Weise hergestellt worden:
2-Allylmercapto-[1,4]naphthochinon $C_{13}H_{10}O_2S$, Formel I (R = CH_2-CH=CH_2, X = H). Kristalle (aus A.); F: 84–85°.
2-Phenylmercapto-[1,4]naphthochinon $C_{16}H_{10}O_2S$, Formel II (X = X′ = H) (E III 2555). Gelbe Kristalle (aus A.); F: 159° [unkorr.].
2-[4-Chlor-phenylmercapto]-[1,4]naphthochinon $C_{16}H_9ClO_2S$, Formel II (X = H, X′ = Cl). Gelbe Kristalle (aus A.); F: 149–150° [unkorr.].

2-[4-Nitro-phenylmercapto]-[1,4]naphthochinon $C_{16}H_9NO_4S$, Formel II (X = H, X′ = NO_2).
B. Beim Erwärmen von [1,4]Naphthochinon mit 4-Nitro-thiophenol in Äthanol (*Ikeda*, J. pharm. Soc. Japan **75** [1955] 645, 647; C. A. **1956** 3358).
Kristalle (aus Bzl.+A.); F: 202°.

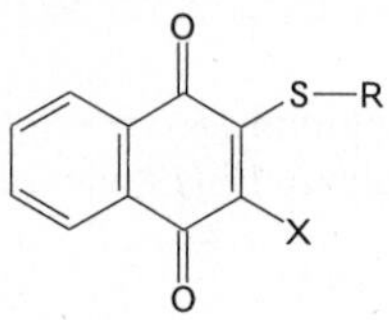

I 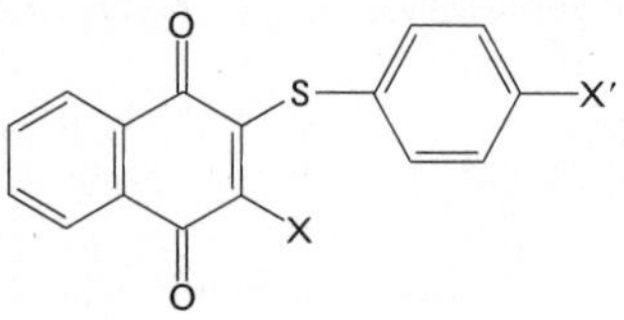 II 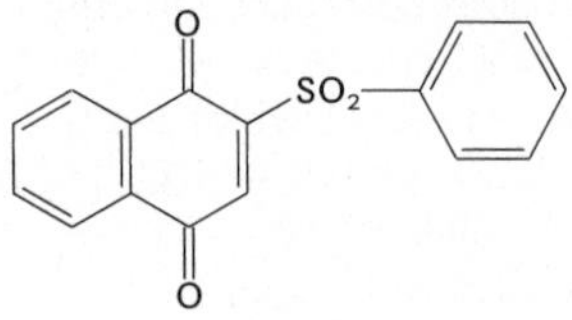 III

2-Benzolsulfonyl-[1,4]naphthochinon $C_{16}H_{10}O_4S$, Formel III.
B. Beim Behandeln von [1,4]Naphthochinon mit Natrium-benzolsulfinat und wss. HCl in Methanol und anschliessend mit $FeCl_3$ und wss. HCl (*Bruce, Thomson*, Soc. **1954** 1428, 1431).
Gelbe Kristalle (aus wss. Eg.); F: 192°.

2-*p*-Tolylmercapto-[1,4]naphthochinon $C_{17}H_{12}O_2S$, Formel IV (X = X′ = H) (E III 2556).
B. Analog 2-Butylmercapto-[1,4]naphthochinon [s. o.] (*Miyaki et al.*, J. pharm. Soc. Japan **73** [1953] 961, 963; C. A. **1954** 10701).
Orangegelbe Kristalle (aus A.); F: 118–120° [unkorr.].

2-Benzylmercapto-[1,4]naphthochinon $C_{17}H_{12}O_2S$, Formel I (R = CH_2-C_6H_5, X = H) (E III 2556).
B. Beim Erwärmen von [1,4]Naphthochinon mit Phenylmethanthiol in Äthanol (*Ikeda*, J. pharm. Soc. Japan **75** [1955] 645, 647; C. A. **1956** 3358).
Gelbe Kristalle; F: 136°.

2-[2-Hydroxy-äthylmercapto]-[1,4]naphthochinon $C_{12}H_{10}O_3S$, Formel I (R = CH_2-CH_2-OH, X = H).
F: 125–127° (*Sakai et al.*, J. scient. Res. Inst. Tokyo **50** [1956] 102, 103).

2-[2-Dimethylthiocarbamoylmercapto-äthylmercapto]-[1,4]naphthochinon, Dimethyl-dithiocarbamidsäure-[2-(1,4-dioxo-1,4-dihydro-[2]naphthylmercapto)-äthylester] $C_{15}H_{15}NO_2S_3$, Formel I (R = CH_2-CH_2-S-CS-N$(CH_3)_2$, X = H).
B. Aus [1,4]Naphthochinon und Dimethyl-dithiocarbamidsäure-[2-mercapto-äthylester] in Benzol und Essigsäure enthaltendem Methanol (*Warolin, Delaby*, C. r. **237** [1953] 264).
Gelbe Kristalle (aus Acn.); F: 209°.

[1,4-Dioxo-1,4-dihydro-[2]naphthylmercapto]-essigsäure $C_{12}H_8O_4S$, Formel I (R = CH_2-CO-OH, X = H).
B. Aus [1,4]Naphthochinon und Mercaptoessigsäure in Essigsäure (*Miyaki, Ikeda*, J. pharm. Soc. Japan **74** [1954] 655; C. A. **1954** 10702).
Kristalle; F: 183–184° [aus A.] (*Mi., Ik.*), 180–182° (*Sakai et al.*, J. scient. Res. Inst. Tokyo

50 [1956] 102, 103), 172° [aus H_2O] (*Blackhall, Thomson,* Soc. **1953** 1138, 1141).

3-[1,4-Dioxo-1,4-dihydro-[2]naphthylmercapto]-propionsäure $C_{13}H_{10}O_4S$, Formel I (R = CH_2-CH_2-CO-OH, X = H).

B. Beim Erwärmen von 2-Brom-[1,4]naphthochinon mit 3-Mercapto-propionsäure und Pyridin in Äthanol (*Blackhall, Thomson,* Soc. **1953** 1138, 1142).

Goldgelbe Kristalle (aus Me.); F: 188°.

6(oder 7)-Chlor-2-*p*-tolylmercapto-[1,4]naphthochinon $C_{17}H_{11}ClO_2S$, Formel IV (X = Cl, X' = H oder X = H, X' = Cl).

a) Isomeres vom F: 170°.

B. Neben kleineren Mengen des unter b) beschriebenen Isomeren beim Behandeln von 6-Chlor-[1,4]naphthochinon mit Thio-*p*-kresol in Methanol und anschliessend mit $Na_2Cr_2O_7$ und wss. H_2SO_4 (*Lyons, Thomson,* Soc. **1953** 2910, 2914).

Gelbe Kristalle (aus Eg.); F: 170°.

b) Isomeres vom F: 130°.

B. s. unter a).

Gelbe Kristalle (aus Me.); F: 130° (*Ly., Th.*).

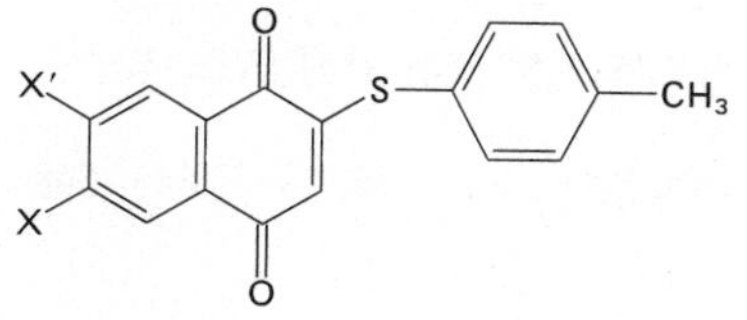

IV 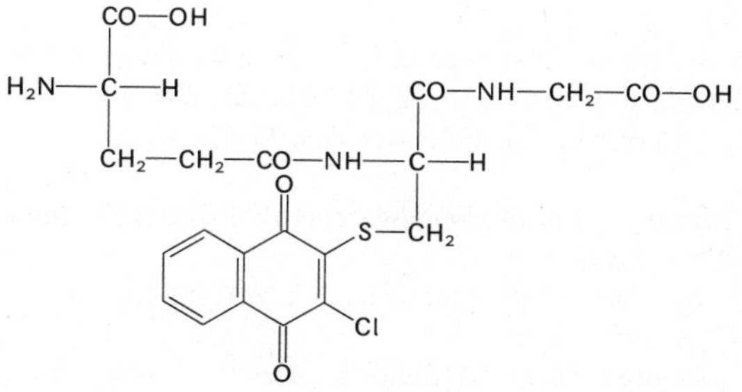 V

2-Chlor-3-methylmercapto-[1,4]naphthochinon $C_{11}H_7ClO_2S$, Formel I (R = CH_3, X = Cl).

B. Beim Erwärmen von 2-Chlor-[1,4]naphthochinon oder von 2,3-Dichlor-[1,4]naphthochinon mit Methanthiol in Äthanol (*Miyaki, Ikeda,* J. pharm. Soc. Japan **74** [1954] 655; C. A. **1954** 10702).

Gelbe Kristalle (aus A.); F: 140°.

2-Chlor-3-[4-nitro-phenylmercapto]-[1,4]naphthochinon $C_{16}H_8ClNO_4S$, Formel II (X = Cl, X' = NO_2).

B. Beim Erwärmen von 2-Chlor-[1,4]naphthochinon mit 4-Nitro-thiophenol in Äthanol (*Ikeda,* J. pharm. Soc. Japan **75** [1955] 645, 648; C. A. **1956** 3358).

Orangefarbene Kristalle; F: 190°.

2-Chlor-3-methylthiocarbamoylmercapto-[1,4]naphthochinon, Methyl-dithiocarbamidsäure-[3-chlor-1,4-dioxo-1,4-dihydro-[2]naphthylester] $C_{12}H_8ClNO_2S_2$, Formel I (R = CS-NH-CH_3, X = Cl).

B. Beim Behandeln von 2,3-Dichlor-[1,4]naphthochinon mit dem Methylamin-Salz der Methyl-dithiocarbamidsäure in H_2O (*Sundholm, Smith,* Am. Soc. **73** [1951] 3459, 3461).

F: >220° [Zers.].

2-Äthylthiocarbamoylmercapto-3-chlor-[1,4]naphthochinon, Äthyl-dithiocarbamidsäure-[3-chlor-1,4-dioxo-1,4-dihydro-[2]naphthylester] $C_{13}H_{10}ClNO_2S_2$, Formel I (R = CS-NH-C_2H_5, X = Cl).

B. Analog der vorangehenden Verbindung (*Sundholm, Smith,* Am. Soc. **73** [1951] 3459, 3462).

F: 231–235° [Zers.].

γ-Glutamyl→*S*-[3-chlor-1,4-dioxo-1,4-dihydro-[2]naphthyl]-cysteinyl→glycin $C_{20}H_{20}ClN_3O_8S$, Formel V.

B. Aus 2-Chlor-[1,4]naphthochinon und *SH*-Glutathion (E IV **4** 3165) in wss. Äthanol (*Friedmann et al.*, Biochim. biophys. Acta **8** [1952] 680, 685).

Orangefarbener amorpher Feststoff.

2-Brom-3-methylmercapto-[1,4]naphthochinon $C_{11}H_7BrO_2S$, Formel I (R = CH_3, X = Br).

B. Beim Erwärmen von 2-Brom-[1,4]naphthochinon oder von 2,3-Dibrom-[1,4]naphthochinon mit Methanthiol in Äthanol (*Miyaki, Ikeda*, J. pharm. Soc. Japan **74** [1954] 655; C. A. **1954** 10702).

F: 174–175°.

2-Brom-3-phenylmercapto-[1,4]naphthochinon $C_{16}H_9BrO_2S$, Formel II (X = Br, X' = H).

B. Aus 2-Brom-[1,4]naphthochinon und Thiophenol in Äthanol (*Miyaki, Ikeda*, J. pharm. Soc. Japan **73** [1953] 964, 967; C. A. **1954** 10702).

Orangegelbe Kristalle (aus A.); F: 132–133°.

2-Brom-3-[4-chlor-phenylmercapto]-[1,4]naphthochinon $C_{16}H_8BrClO_2S$, Formel II (X = Br, X' = Cl).

B. Beim Erwärmen von 2-Brom-[1,4]naphthochinon mit 4-Chlor-thiophenol in Äthanol (*Ikeda*, J. pharm. Soc. Japan **75** [1955] 645, 648; C. A. **1956** 3358).

Orangerote Kristalle (aus A.); F: 138–139°.

2-Brom-3-[4-nitro-phenylmercapto]-[1,4]naphthochinon $C_{16}H_8BrNO_4S$, Formel II (X = Br, X' = NO_2).

B. Analog der vorangehenden Verbindung (*Ikeda*, J. pharm. Soc. Japan **75** [1955] 645, 648; C. A. **1956** 3358).

Orangefarbene Kristalle; F: 202°.

2-Brom-3-*p*-tolylmercapto-[1,4]naphthochinon $C_{17}H_{11}BrO_2S$, Formel II (X = Br, X' = CH_3).

B. Aus 2-*p*-Tolylmercapto-[1,4]naphthochinon und Brom in Essigsäure unter Zusatz von Natriumacetat (*Miyaki, Ikeda*, J. pharm. Soc. Japan **73** [1953] 964, 967; C. A. **1954** 10702).

Orangefarbene Kristalle (aus A.); F: 150–151°.

3-Hydroxy-[1,2]naphthochinon $C_{10}H_6O_3$, Formel VI (R = H).

Die Identität der E III **8** 2558 und von *Horner, Dürckheimer* (Z. Naturf. **14b** [1959] 741) unter dieser Konstitution beschriebenen Präparate (F: 263–265° [Zers.] bzw. F: 208–210°; jeweils aus vermeintlichem Naphthalin-1,2,3-triol [vgl. E IV **6** 7532] hergestellt) ist ungewiss (*Greenland et al.*, Austral. J. Chem. **28** [1975] 2655, 2657).

3-Methoxy-[1,2]naphthochinon $C_{11}H_8O_3$, Formel VI (R = CH_3).

B. Aus 3-Methoxy-[2]naphthol mit Hilfe von $NO(SO_3K)_2$ in wss. Methanol (*Teuber, Götz*, B. **87** [1954] 1236, 1249).

Kristalle (aus Bzl.); F: 186–187° [unkorr.; Zers.]. Absorptionsspektrum ($CHCl_3$; 250–550 nm): *Te., Götz*, l. c. S. 1242.

o-Phenylendiamin-Kondensationsprodukt (F: 162–163°): *Te., Götz*, l. c. S. 1249.

5-Hydroxy-[1,4]naphthochinon, Juglon $C_{10}H_6O_3$, Formel VII (R = X = H) (H 308; E I 637; E II 347; E III 2558).

B. Beim Behandeln von Naphthalin-1,8-diol mit $NO(SO_3K)_2$ in wss. Aceton (*Teuber, Götz*, B. **87** [1954] 1236, 1247). Neben 5-Hydroxy-[1,2]naphthochinon beim Behandeln von Naphthalin-1,5-diol mit $NO(SO_3K)_2$ in wss. Methanol (*Te., Götz*). Beim Erwärmen von 5,8-Dihydroxy-3,4-dihydro-2*H*-naphthalin-1-on mit $FeCl_3$ in wss. Essigsäure (*Shoji*, J. pharm. Soc. Japan **79**

[1959] 1034, 1037; C. A. **1960** 5586). Beim Behandeln von 1,4-Diamino-[5]naphthol mit $FeCl_3$ in H_2O (*Perekalina, Šegalina,* Ž. obšč. Chim. **24** [1954] 683, 686; engl. Ausg. S. 691).

Orangefarbene Kristalle (aus PAe.); F: 164–165° [korr.] (*Cooke, Dowd,* Austral. J. scient. Res. [A] **5** [1952] 760, 766). Absorptionsspektrum in Methanol (220–500 nm): *Ruelius, Gauhe,* A. **570** [1950] 121, 123; in Äthanol (200–500 nm): *Co., Dowd,* l. c. S. 762. λ_{max}: 249 nm und 425 nm [$CHCl_3$] (*Shoji,* J. pharm. Soc. Japan **79** [1959] 1044, 1046; C. A. **1960** 5587), 250 nm, 325 nm und 415 nm [Dioxan] (*Te., Götz,* l. c. S. 1240). Scheinbarer Dissoziationsexponent pK'_a (H_2O; polarographisch ermittelt): 8,7 (*Zuman,* Collect. **19** [1954] 1140, 1143). Redoxpotential (wss. A.): *Cassebaum,* Z. El. Ch. **62** [1958] 426, 427. Polarographisches Halbstufenpotential (wss. Lösungen vom pH 2–13): *Zu.,* l. c. S. 1142.

Bei der Hydrierung an Raney-Nickel in Äthylacetat sind 5,8-Dihydroxy-3,4-dihydro-2*H*-naphthalin-1-on und wenig 5-Hydroxy-2,3-dihydro-[1,4]naphthochinon erhalten worden (*Thomson,* Soc. **1952** 1822, 1823). EPR-Absorption der beim Behandeln mit Zink in alkal. Lösung gebildeten Radikale: *Adams et al.,* J. chem. Physics **28** [1958] 774.

Kupfer(II)-Salz $Cu(C_{10}H_5O_3)_2$. λ_{max} ($CHCl_3$): 502 nm (*Sh.,* l. c. S. 1046).

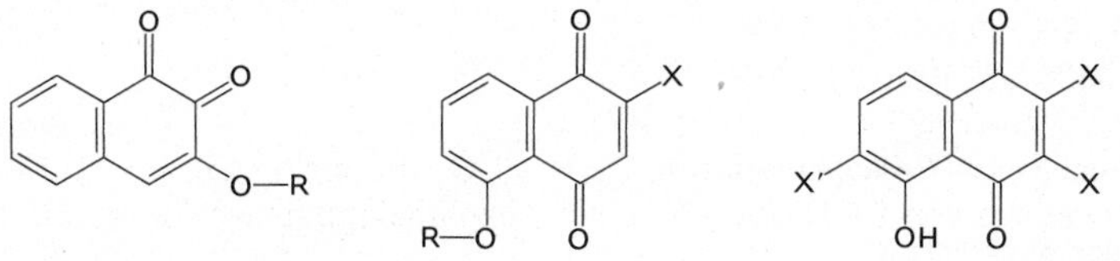

VI VII VIII

5-Methoxy-[1,4]naphthochinon $C_{11}H_8O_3$, Formel VII (R = CH_3, X = H) (E III 2559).

B. Aus 5-Hydroxy-[1,4]naphthochinon und CH_3I in $CHCl_3$ mit Hilfe von Ag_2O (*Garden, Thomson,* Soc. **1957** 2483, 2487).

Orangefarbene Kristalle (aus Me.); F: 187°. Redoxpotential (wss. A.): *Cassebaum,* Z. El. Ch. **62** [1958] 426, 427.

5-Acetoxy-2-chlor-[1,4]naphthochinon $C_{12}H_7ClO_4$, Formel VII (R = CO-CH_3, X = Cl) (E III 2561).

B. Aus 5-Acetoxy-[1,4]naphthochinon und Chlor in Essigsäure (*Thomson,* J. org. Chem. **16** [1951] 1082, 1086).

F: 141° [unkorr.].

2,3-Dichlor-5-hydroxy-[1,4]naphthochinon $C_{10}H_4Cl_2O_3$, Formel VIII (X = Cl, X′ = H) (E I 637; E II 348; E III 2562).

B. Beim Behandeln von 2,3-Dichlor-naphthalin mit $[NH_4]_2S_2O_8$ und H_2SO_4 (*Meliotis, Papasarantos,* Chimika Chronika **21** [1956] 243; C. A. **1958** 10037).

F: 178°.

6-Brom-5-hydroxy-[1,4]naphthochinon $C_{10}H_5BrO_3$, Formel VIII (X = H, X′ = Br).

B. Beim Behandeln von 5-Hydroxy-[1,4]naphthochinon mit Brom in Essigsäure in Gegenwart von Natriumacetat (*Cooke et al.,* Austral. J. Chem. **6** [1953] 38, 42).

Orangefarbene Kristalle (aus PAe.); F: 153–154° [korr.].

Acetyl-Derivat $C_{12}H_7BrO_4$; 5-Acetoxy-6-brom-[1,4]naphthochinon. Gelbe Kristalle (aus Bzl. + PAe.); F: 184–185° [korr.].

5-Acetoxy-2-brom-[1,4]naphthochinon $C_{12}H_7BrO_4$, Formel VII (R = CO-CH_3, X = Br) (E III 2562).

B. Aus 5-Acetoxy-[1,4]naphthochinon und Brom in Essigsäure (*Thomson,* J. org. Chem. **16** [1951] 1082, 1086).

F: 156° [unkorr.].

2,3,6-Tribrom-5-hydroxy-[1,4]naphthochinon $C_{10}H_3Br_3O_3$, Formel VIII (X = X′ = Br) (E III 2565; s. a. E I 637; E II 348).

B. Beim Erwärmen von 6-Brom-5-hydroxy-[1,4]naphthochinon mit Brom in Essigsäure (*Cooke et al.*, Austral. J. Chem. **6** [1953] 38, 42).

Rote Kristalle (aus PAe.); F: 173–175° [korr.].

6-Hydroxy-[1,4]naphthochinon $C_{10}H_6O_3$, Formel IX (R = X = H) (E I 638; E II 348).

B. Beim Behandeln von Naphthalin-1,6-diol oder Naphthalin-1,7-diol mit $NO(SO_3K)_2$ in wss. Methanol (*Teuber, Götz*, B. **87** [1954] 1236, 1247).

Gelbbraune Kristalle (aus Toluol); Zers. bei 173–174° (*Te., Götz*) bzw. orangefarbene Kristalle (aus H_2O); F: 170° (*Lyons, Thomson*, Soc. **1953** 2910, 2912). Absorptionsspektrum ($CHCl_3$; 260–500 nm): *Te., Götz*, l. c. S. 1241.

Acetyl-Derivat $C_{12}H_8O_4$; 6-Acetoxy-[1,4]naphthochinon. Hellgelbe Kristalle (aus wss. Me.); F: 102° (*Ly., Th.*).

6-Methoxy-[1,4]naphthochinon $C_{11}H_8O_3$, Formel IX (R = CH_3, X = H) (E III 2566).

B. Beim Behandeln von 6-Hydroxy-[1,4]naphthochinon mit CH_3I und Ag_2O in $CHCl_3$ (*Garden, Thomson*, Soc. **1957** 2483, 2487).

Gelbe Kristalle (aus PAe.); F: 136°.

5,8-Dichlor-6-methoxy-[1,4]naphthochinon $C_{11}H_6Cl_2O_3$, Formel IX (R = CH_3, X = Cl).

B. Beim Erwärmen von 1,4-Dichlor-2-methoxy-naphthalin mit CrO_3 in wss. Essigsäure (*Bell et al.*, Soc. **1956** 2335, 2339).

Gelbe Kristalle (aus A.); F: 217°.

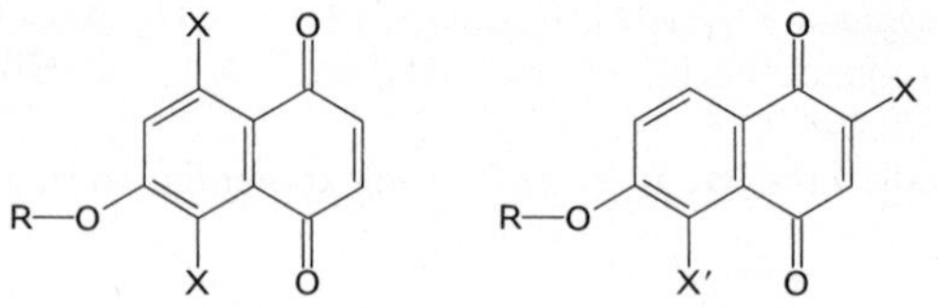

IX X

5-Brom-6-methoxy-[1,4]naphthochinon $C_{11}H_7BrO_3$, Formel X (R = CH_3, X = H, X′ = Br).

B. Beim Erwärmen von 1-Brom-2-methoxy-naphthalin mit CrO_3 in wss. Essigsäure (*Bell et al.*, Soc. **1956** 2335, 2339).

Goldglänzende Kristalle (aus Bzl.); F: 200°.

2-Brom-6-hydroxy-[1,4]naphthochinon $C_{10}H_5BrO_3$, Formel X (R = X′ = H, X = Br).

B. Aus 6-Hydroxy-[1,4]naphthochinon und Brom in Essigsäure (*Lyons, Thomson*, Soc. **1953** 2910, 2913).

Gelbe Kristalle (aus Eg.); F: 188°.

Acetyl-Derivat $C_{12}H_7BrO_4$; 6-Acetoxy-2-brom-[1,4]naphthochinon. Gelbe Kristalle; F: 120°.

2,5-Dibrom-6-methoxy-[1,4]naphthochinon $C_{11}H_6Br_2O_3$, Formel X (R = CH_3, X = X′ = Br).

B. Neben 6-Brom-2-methoxy-[1,4]naphthochinon beim Erwärmen von 1,6-Dibrom-2-methoxy-naphthalin mit CrO_3 in wss. Essigsäure (*Bell et al.*, Soc. **1956** 2335, 2339).

Goldgelbe Kristalle (aus Eg.); F: 203–205°.

6-Hydroxy-5-nitro-[1,4]naphthochinon $C_{10}H_5NO_5$, Formel X (R = X = H, X′ = NO_2) (E II 348).

Gelbe Kristalle (aus Eg.); F: 285–289° [Zers.] (*Garden, Thomson*, Soc. **1957** 2483, 2485).

Die früher (s. E II **8** 348) beim Erwärmen mit $SnCl_2$ und wss. HCl und anschliessenden Behandeln mit wss. $FeCl_2$ erhaltene, als 5,6-Dihydroxy-[1,4]naphthochinon angesehene Verbin=

dung (F: 201–202°) ist als 5-Amino-6-hydroxy-[1,4]naphthochinon (E III **14** 638) zu formulie≈ren (*Garden, Thomson,* Chem. and Ind. **1954** 1146). [*Geibler*]

Hydroxy-oxo-Verbindungen $C_{11}H_8O_3$

5,6-Dihydroxy-benzocyclohepten-7-on $C_{11}H_8O_3$, Formel XI.

B. Aus 5-Brom-benzocyclohepten-6,7-dion mit Hilfe von wss. Na_2CO_3 (*Fernholz et al.,* A. **576** [1952] 131, 145).

Gelbliche Kristalle (aus H_2O); F: 134° [unkorr.]. UV-Spektrum (Me.; 200–400 nm): *Fe. et al.,* l. c. S. 138.

2,3-Dimethoxy-[1]naphthaldehyd $C_{13}H_{12}O_3$, Formel XII.

B. Beim Erwärmen von 2,3-Dimethoxy-naphthalin mit DMF und $POCl_3$ und anschliessend mit wss. Natriumacetat (*Buu-Hoi, Lavit,* J. org. Chem. **21** [1956] 21).

Kristalle (aus A.); F: 79°. Kp_{15}: 214–215°.

Thiosemicarbazon $C_{14}H_{15}N_3O_2S$. Gelbe Kristalle (aus Eg.); F: 221°.

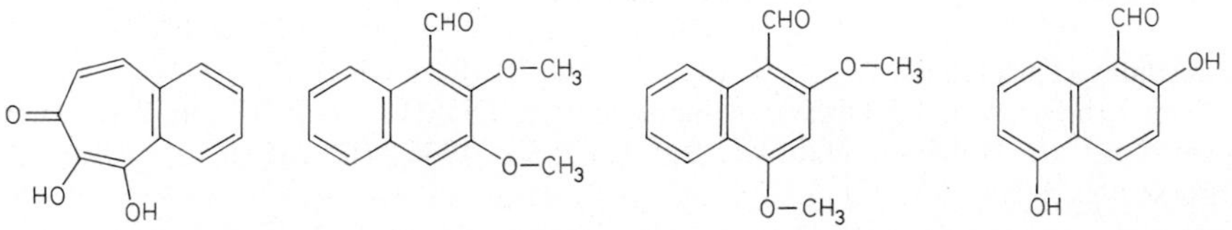

XI XII XIII XIV

2,4-Dimethoxy-[1]naphthaldehyd $C_{13}H_{12}O_3$, Formel XIII.

B. Beim Erwärmen von 1,3-Dimethoxy-naphthalin mit DMF und $POCl_3$ in Toluol und an≈schliessend mit wss. NaOH (*Buu-Hoi, Lavit,* J. org. Chem. **21** [1956] 1022).

Kristalle (aus A.); F: 165°.

Thiosemicarbazon $C_{14}H_{15}N_3O_2S$. Hellgelbe Kristalle (aus A.); F: 220° [unter Zers. ab 206°].

2,5-Dihydroxy-[1]naphthaldehyd $C_{11}H_8O_3$, Formel XIV (E II 349).

Die Identität einer von *Nguyên-Hoan* (C. r. **238** [1954] 1136) unter dieser Konstitution be≈schriebenen Verbindung (violette Kristalle [aus Bzl.]; F: 158°; Thiosemicarbazon $C_{12}H_{11}N_3O_2S$, gelbe Kristalle; F: 275°; aus vermeintlichem 2,5-Dimethoxy-[1]naphthaldehyd mit Hilfe von Pyridin-hydrochlorid hergestellt) ist ungewiss (*Buu-Hoi, Lavit,* Bl. **1955** 1419).

2,6-Dimethoxy-[1]naphthaldehyd $C_{13}H_{12}O_3$, Formel I.

B. Neben kleinen Mengen 2,6-Dimethoxy-naphthalin-1,5-dicarbaldehyd beim Erwärmen von 2,6-Dimethoxy-naphthalin mit DMF und $POCl_3$ in Toluol und anschliessend mit wss. Natrium≈acetat (*Buu-Hoi, Lavit,* Soc. **1955** 2776, 2778).

Hellgelbe Kristalle (aus A.); F: 90°. Kp_{15}: 223–225°.

Thiosemicarbazon $C_{14}H_{15}N_3O_2S$. Gelbgrüne Kristalle (aus A.); F: 215°.

4-Oxo-4,5-dihydro-thiazol-2-ylhydrazon (F: 274°): *Buu-Hoi, La.*

2,7-Dihydroxy-[1]naphthaldehyd $C_{11}H_8O_3$, Formel II (R = H) (E II 349; E III 2566).

Bildung von x,x-Dibrom-2,7-dihydroxy-[1]naphthaldehyd $C_{11}H_6Br_2O_3$ (F: 175° [Zers.]) bzw. von x,x,x-Tribrom-2,7-dihydroxy-[1]naphthaldehyd $C_{11}H_5Br_3O_3$ (F: 178°) beim Behandeln mit Brom in Essigsäure: *Bell et al.,* Soc. **1956** 2335, 2338.

2,7-Dimethoxy-[1]naphthaldehyd $C_{13}H_{12}O_3$, Formel II (R = CH_3) (E III 2567).

B. Beim Erwärmen von 2,7-Dimethoxy-naphthalin mit DMF und $POCl_3$ in Toluol und an≈

schliessend mit wss. Natriumacetat (*Buu-Hoi, Lavit,* Soc. **1955** 2776, 2778).

Kristalle (aus A.); F: 98°. Kp_{20}: 230–231°.

Thiosemicarbazon $C_{14}H_{15}N_3O_2S$. Hellgelbe Kristalle (aus Eg.); F: 183°.

4-Oxo-4,5-dihydro-thiazol-2-ylhydrazon (F: 266°): *Buu-Hoi, La.*

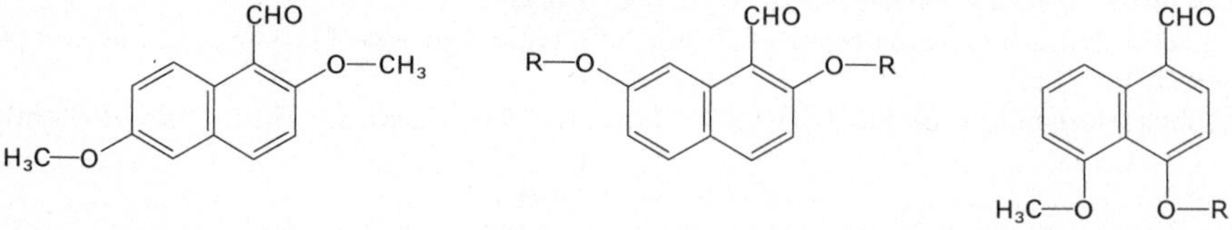

I II III

4-Hydroxy-5-methoxy-[1]naphthaldehyd $C_{12}H_{10}O_3$, Formel III (R = H).

B. Beim Behandeln von 8-Methoxy-[1]naphthol mit $Zn(CN)_2$ und HCl in Äther unter Zusatz von KCl und Erwärmen des Reaktionsprodukts mit wss. Äthanol (*Huang et al.,* Acta chim. sinica **24** [1958] 311, 315; C. A. **1959** 19989).

Kristalle (aus wss. A.); F: 112,5–113° [unkorr.].

Semicarbazon $C_{13}H_{13}N_3O_3$. F: 244° [unkorr.].

4,5-Dimethoxy-[1]naphthaldehyd $C_{13}H_{12}O_3$, Formel III (R = CH_3).

B. Beim Erhitzen von 1,8-Dimethoxy-naphthalin mit DMF und $POCl_3$ in Toluol und anschliessend mit wss. Natriumacetat (*Buu-Hoi, Lavit,* Soc. **1956** 2412, 2413).

Kristalle (aus A.); F: 95°. Kp_{12}: 221°.

Thiosemicarbazon $C_{14}H_{15}N_3O_2S$. Hellgelbe Kristalle (aus Eg.); F: 259° [nach Dunkelfärbung ab 240°].

4,6-Dimethoxy-[1]naphthaldehyd $C_{13}H_{12}O_3$, Formel IV.

B. Neben wenig 2,8-Dimethoxy-[1]naphthaldehyd beim Erhitzen von 1,7-Dimethoxy-naphthalin mit DMF und $POCl_3$ und anschliessend mit wss. Natriumacetat (*Buu-Hoi, Lavit,* J. org. Chem. **21** [1956] 1257).

Kristalle (aus A.); F: 104°.

Thiosemicarbazon $C_{14}H_{15}N_3O_2S$. Hellgelbe Kristalle (aus A.); F: 224°.

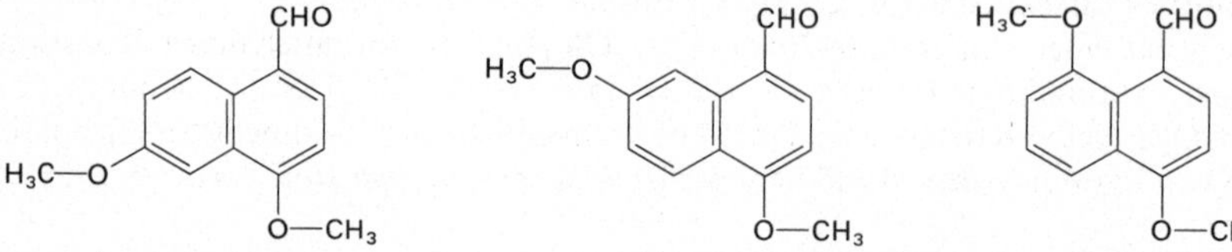

IV V VI

4,7-Dimethoxy-[1]naphthaldehyd $C_{13}H_{12}O_3$, Formel V.

Diese Konstitution kommt auch der von *Nguyên-Hoan* (C. r. **238** [1954] 1136) als 2,5-Dimethoxy-[1]naphthaldehyd $C_{13}H_{12}O_3$ angesehenen Verbindung zu (*Buu-Hoi, Lavit,* Bl. **1955** 1419).

B. Aus 1,6-Dimethoxy-naphthalin beim Erhitzen mit *N*-Methyl-formanilid und $POCl_3$ in Toluol (*Ng.-Hoan*) oder beim Erwärmen mit DMF und $POCl_3$ und anschliessend mit wss. Natriumacetat (*Buu-Hoi, La.*).

Gelbe Kristalle; F: 79° [aus Hexan] (*Ng.-Hoan*), 76–77° [aus A.] (*Buu-Hoi, La.*). Kp_{15}: 224–225° (*Buu-Hoi, La.*).

Thiosemicarbazon $C_{14}H_{15}N_3O_2S$. Gelbe Kristalle; F: 224° (*Ng.-Hoan*), 220° [aus A.] (*Buu-Hoi, La.*).

Isonicotinoylhydrazon (F: 233°) und 4-Oxo-4,5-dihydro-thiazol-2-yl-hydrazon (F: 312°): *Ng.-Hoan.*

4,8-Dimethoxy-[1]naphthaldehyd $C_{13}H_{12}O_3$, Formel VI (E III 2568).

B. Beim Erwärmen von 1,5-Dimethoxy-naphthalin mit *N*-Methyl-formanilid und $POCl_3$ in Toluol und Behandeln des Reaktionsgemisches mit wss. NaOH (*Buu-Hoi, Lavit,* J. org. Chem. **20** [1955] 1191, 1193).

Kristalle (aus A.); F: 126°. Kp_{12}: 226–227°.

Thiosemicarbazon $C_{14}H_{15}N_3O_2S$. Gelbe Kristalle (aus Eg.); F: 262°.

4-Oxo-4,5-dihydro-thiazol-2-ylhydrazon (F: 248°): *Buu-Hoi, La.*

6-Äthoxy-5-methyl-[1,4]naphthochinon $C_{13}H_{12}O_3$, Formel VII.

B. Beim Erwärmen von [1,4]Benzochinon mit 3-Äthoxy-penta-1,3-dien (E IV **1** 2228) in Toluol unter Luftzutritt (*Sarett et al.,* Am. Soc. **74** [1952] 1393, 1396).

Gelbe Kristalle (aus Me.); F: 155°.

2-Hydroxy-5-methyl-[1,4]naphthochinon $C_{11}H_8O_3$, Formel VIII (R = CH_3, R′ = H) und Taut.

B. Beim Behandeln von 5-Methyl-3,4-dihydro-2*H*-naphthalin-1-on mit *N,N*-Dimethyl-4-nitroso-anilin und wss. Na_2CO_3 in wenig Äthanol und Erhitzen des Reaktionsprodukts mit wss. H_2SO_4 (*Cooke et al.,* Austral. J. Chem. **6** [1953] 38, 41).

Hellgelbe Kristalle (aus Me.); F: 145–146° [korr.].

2-Hydroxy-8-methyl-[1,4]naphthochinon $C_{11}H_8O_3$, Formel VIII (R = H, R′ = CH_3) und Taut.

B. Beim Erwärmen von 5-Methyl-[1,4]naphthochinon mit Dimethylamin-acetat in wss. Äthanol und Erwärmen des Reaktionsprodukts mit wss.-äthanol. HCl (*Cooke et al.,* Austral. J. Chem. **6** [1953] 38, 41).

Gelbe Kristalle (aus wss. A.); F: 175–176° [korr.].

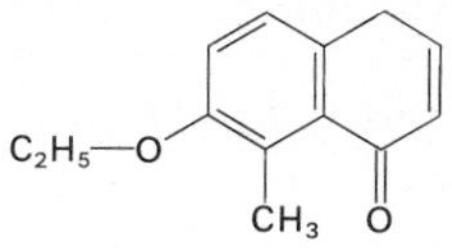

VII 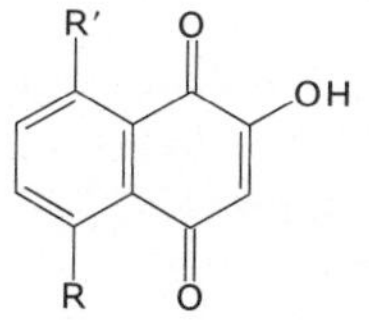 VIII 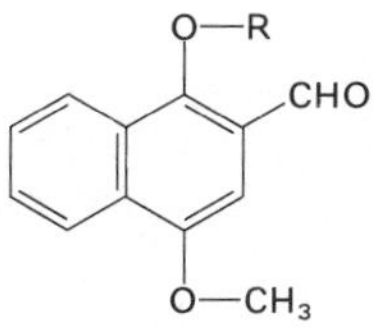 IX 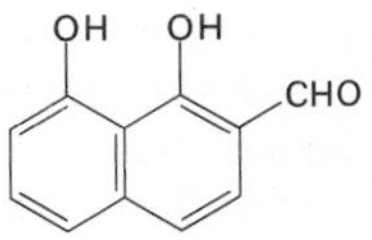 X

1-Hydroxy-4-methoxy-[2]naphthaldehyd $C_{12}H_{10}O_3$, Formel IX (R = H) (H 310).

B. Aus 4-Methoxy-[1]naphthol beim Behandeln mit $Zn(CN)_2$, HCN und HCl in Äther und Erhitzen des Reaktionsprodukts mit H_2O oder beim Erwärmen mit Hexamethylentetramin in Essigsäure und anschliessend mit wss. HCl (*Jain, Seshadri,* Pr. Indian Acad. [A] **35** [1952] 233, 237). Beim Erwärmen von 2-Hydroxymethyl-4-methoxy-[1]naphthol mit Aluminium-*tert*-butylat und [1,4]Benzochinon in Benzol (*Livingstone, Watson,* Soc. **1956** 3701, 3702).

Gelbe Kristalle (aus PAe.); F: 99–100° (*Li. Wa.*), 98–99° (*Jain, Se.*).

1,4-Dimethoxy-[2]naphthaldehyd $C_{13}H_{12}O_3$, Formel IX (R = CH_3).

Die Identität der E III **8** 2568 unter dieser Konstitution beschriebenen Verbindung (F: 60–65°) ist ungewiss (*Buu-Hoi, Lavit,* Soc. **1956** 1743, 1745).

B. Beim Erhitzen von 1,4-Dimethoxy-naphthalin mit DMF und $POCl_3$ in Toluol und anschliessend mit wss. Natriumacetat (*Buu-Hoi, La.*).

Hellgelbe Kristalle (aus A.); F: 117°. Kp_{16}: 199–200°.

Thiosemicarbazon $C_{14}H_{15}N_3O_2S$. Hellgelbe Kristalle (aus Eg.); F: 252° [unter Zers. ab 225°].

[2-Formyl-4-methoxy-[1]naphthyloxy]-essigsäure $C_{14}H_{12}O_5$, Formel IX (R = CH_2-CO-OH).

B. Aus dem Äthylester (s. u.) mit Hilfe von wss. NaOH (*Emmott, Livingstone,* Soc. **1957**

3144, 3147).

F: 179–180°.

Äthylester $C_{16}H_{16}O_5$. *B.* Beim Erwärmen von 1-Hydroxy-4-methoxy-[2]naphthaldehyd mit Bromessigsäure-äthylester und K_2CO_3 in Aceton (*Em., Li.*). – F: 89–90°.

1,8-Dihydroxy-[2]naphthaldehyd $C_{11}H_8O_3$, Formel X (E II 350).

Gelbe Kristalle; F: 137,8–138,5° [korr.; nach Sublimation bei 135°/0,1 Torr]; λ_{max} (A.): 265 nm, 324 nm und 420 nm (*Hochstein et al.*, Am. Soc. **75** [1953] 5455, 5469). Elektrolytische Dissoziation in wss. DMF: *Hochstein et al.*, Am. Soc. **74** [1952] 3706, **75** 5469.

3,5-Dimethoxy-[2]naphthaldehyd $C_{13}H_{12}O_3$, Formel XI.

B. Beim Erwärmen von 1,7-Dimethoxy-naphthalin mit Butyllithium in Äther und Behandeln der Reaktionslösung mit *N*-Methyl-formanilid und anschliessend mit wss. H_2SO_4 (*Barnes, Bush*, Am. Soc. **81** [1959] 4705, 4707).

Kristalle (aus Me.); F: 123–123,5°.

5-Hydroxy-7-methyl-[1,4]naphthochinon, Ramentaceon $C_{11}H_8O_3$, Formel XII (R = X = H).

Konstitution: *Krishnamoorthy, Thomson*, Phytochemistry **8** [1969] 1591; *Luckner, Luckner*, Pharmazie **25** [1970] 261, 263.

Isolierung aus den Blättern von Diospyros hebecarpa: *Cooke, Dowd*, Austral. J. scient. Res. [A] **5** [1952] 760, 764; aus Drosera ramentacea: *Paris, Delaveau*, Ann. pharm. franç. **17** [1959] 585, 589.

B. Beim Behandeln von 5-Hydroxy-7-methyl-2,3-dihydro-[1,4]naphthochinon (E IV **6** 7539) mit $FeCl_3$ in wss.-äthanol. HCl (*Co., Dowd*).

Rote Kristalle; F: 125,5–126,5° [korr.; aus PAe.] (*Co., Dowd*), 124–125° [aus Hexan] (*Pa., De.*). IR-Banden (2,5–12 μ): *Pa., De.*, l. c. S. 591. Absorptionsspektrum (A.; 220–500 nm): *Co., Dowd*, l. c. S. 762. λ_{max} (methanol. HCl): 255 nm und 425 nm (*Pa., De.*, l. c. S. 590).

Acetyl-Derivat $C_{13}H_{10}O_4$; 5-Acetoxy-7-methyl-[1,4]naphthochinon. Gelbe Kristalle (aus $CHCl_3$ + PAe.); F: 151–152° [korr.] (*Co., Dowd*).

Phenylhydrazon (F: 230–232°) und 2,4-Dinitro-phenylhydrazon (F: 298°): *Pa., De.*, l. c. S. 591.

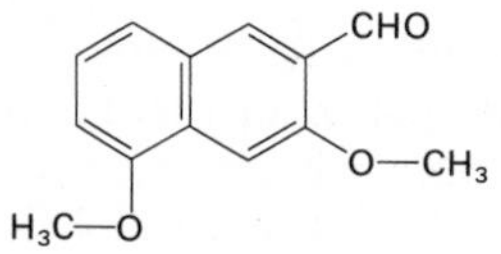

XI 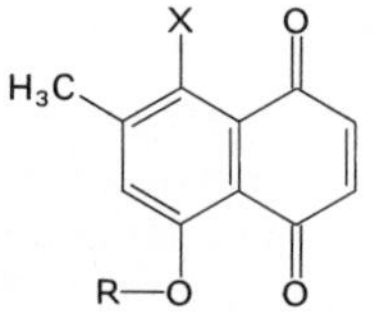 XII 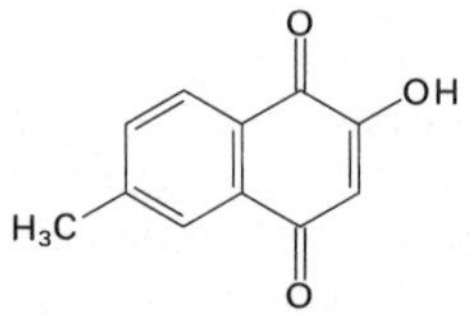 XIII

5-Methoxy-7-methyl-[1,4]naphthochinon $C_{12}H_{10}O_3$, Formel XII (R = CH_3, X = H).

B. Beim Behandeln von 5-Methoxy-7-methyl-[1]naphthylamin-sulfat mit $Na_2Cr_2O_7$ und wss. H_2SO_4 (*Cooke, Dowd*, Austral. J. Chem. **6** [1953] 53, 55).

Orangefarbene Kristalle (aus Acn.); F: 166,5–167,5° [korr.].

8-Chlor-5-hydroxy-7-methyl-[1,4]naphthochinon $C_{11}H_7ClO_3$, Formel XII (R = H, X = Cl).

B. Beim Erhitzen von 4-Chlor-3-methyl-phenol mit Maleinsäure-anhydrid, $AlCl_3$ und NaCl auf 200° (*Cooke, Dowd*, Austral. J. Chem. **6** [1953] 53, 56).

Orangerote Kristalle (aus PAe.); F: 159–161° [korr.; nach Erweichen bei 147°].

2-Hydroxy-6-methyl-[1,4]naphthochinon $C_{11}H_8O_3$, Formel XIII und Taut. (E III 2569).

B. Beim Erwärmen von 6-Methyl-[1,4]naphthochinon mit Dimethylamin-acetat in wss.

Äthanol und Erwärmen des Reaktionsprodukts mit wss.-äthanol. HCl (*Cooke et al.*, Austral. J. Chem. **6** [1953] 38, 41). Beim Erhitzen von 2-Anilino-6-methyl-[1,4]naphthochinon mit wss. H_2SO_4 (*Lyons, Thomson,* Soc. **1953** 2910, 2913).

Gelbe Kristalle (aus PAe.); F: 198° (*Co. et al.*; *Ly., Th.*).

6-Methyl-2-*p*-tolylmercapto-[1,4]naphthochinon $C_{18}H_{14}O_2S$, Formel I (R = CH_3, R′ = H).

B. Neben kleineren Mengen der folgenden Verbindung beim Behandeln von 6-Methyl-[1,4]naphthochinon mit Thio-*p*-kresol in Methanol und anschliessend mit $Na_2Cr_2O_7$ und wss. H_2SO_4 (*Lyons, Thomson,* Soc. **1953** 2910, 2913).

Gelbe Kristalle (aus PAe.); F: 148°.

7-Methyl-2-*p*-tolylmercapto-[1,4]naphthochinon $C_{18}H_{14}O_2S$, Formel I (R = H, R′ = CH_3).

B. Beim Erwärmen von 2-Brom-7-methyl-[1,4]naphthochinon mit Natrium-[4-methyl-thio= phenolat] in Äthanol (*Lyons, Thomson,* Soc. **1953** 2910, 2913). Über eine weitere Bildungsweise s. im vorangehenden Artikel.

Gelbe Kristalle (aus PAe.); F: 173°.

2-Hydroxy-3-methyl-[1,4]naphthochinon, Phthiocol $C_{11}H_8O_3$, Formel II (R = H) und Taut. (E III 2569).

B. Beim Erwärmen von 1,2,4-Triacetoxy-3-methyl-naphthalin mit wss. NaOH unter Luft= zutritt (*Burton, Praill,* Soc. **1952** 755, 759). Beim Behandeln von 2,4-Dihydroxy-3-methyl-naph= thoesäure-äthylester mit Sauerstoff und wss. NaOH (*Neunhoeffer, v. Hörner,* B. **83** [1950] 99, 103). Neben 6-Hydroxy-benzocyclohepten-7-on beim Behandeln von Phthalaldehyd mit Hydr= oxyaceton in wss.-methanol. NaOH (*Tarbell et al.*, Am. Soc. **72** [1950] 379).

Gelbe Kristalle; F: 174–175° [korr.; nach Sublimation] (*Ta. et al.*), 173° [aus Me. bzw. wss. A.] (*Bu., Pr.*; *Ne., v. Hö.*). IR-Spektrum (Nujol; 2,5–12,5 μ): *Noll,* J. biol. Chem. **232** [1958] 919, 924. Polarographisches Halbstufenpotential (wss. Lösung vom pH 3,7 und 6,8): *Asachi,* J. pharm. Soc. Japan **76** [1956] 365, 369; C. A. **1956** 10563.

1-Oxim $C_{11}H_9NO_3$ (vgl. E III 2571) und 1-Semicarbazon $C_{12}H_{11}N_3O_3$ (vgl. E III 2571). Konstitution: *Carroll et al.*, Soc. [C] **1970** 1993, 1994.

1-Thiosemicarbazon $C_{12}H_{11}N_3O_2S$. Konstitution: *Ca. et al.* – Orangefarbene Kristalle (*Sah, Daniels,* R. **69** [1950] 1545, 1553); F: 190–191° [Zers.] (*Ca. et al.*, l. c. S. 1996), 179–180° [korr.; aus wss. A. oder Me.] (*Sah, Da.*). IR-Banden (KBr; 3500–1250 cm^{-1}): *Ca. et al.* λ_{max} (H_2O?) bei pH 1: 390 nm, bei pH 7: 378 nm und bei pH 12: 387 nm (*Ca. et al.*).

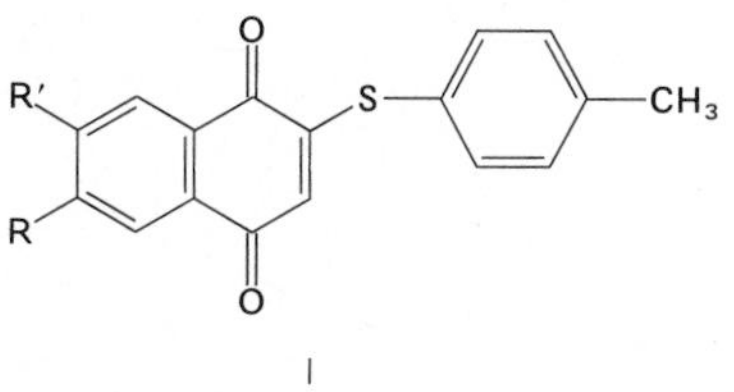

I 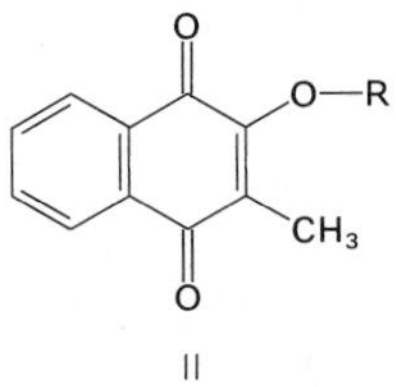 II 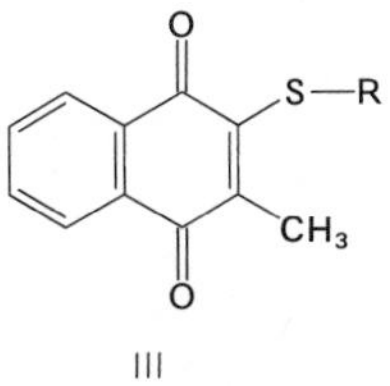 III

2-Äthoxy-3-methyl-[1,4]naphthochinon $C_{13}H_{12}O_3$, Formel II (R = C_2H_5) (E III 2572).

B. Beim Behandeln von Indan-1,2,3-trion mit Diazoäthan in wasserfreiem Äther (*Eistert, Müller,* B. **92** [1959] 2071, 2073).

Gelbe Kristalle (aus Me.); F: 72–73°.

2-Methyl-3-methylmercapto-[1,4]naphthochinon $C_{12}H_{10}O_2S$, Formel III (R = CH_3) (E III 2573).

B. Beim Erwärmen von 2-Methyl-[1,4]naphthochinon mit Methanthiol in Äthanol und Be= handeln der Reaktionslösung mit wss. $FeCl_3$ (*Miyaki, Ikeda,* J. pharm. Soc. Japan **74** [1954] 655; C. A. **1954** 10702).

Gelbe Kristalle (aus wss. A.); F: 91–92°.

[3-Methyl-1,4-dioxo-1,4-dihydro-[2]naphthylmercapto]-essigsäure $C_{13}H_{10}O_4S$, Formel III (R = CH_2-CO-OH) (E III 2575).

B. Beim Behandeln von 2-Brom-3-methyl-[1,4]naphthochinon mit Mercaptoessigsäure und Behandeln des Reaktionsprodukts mit Ag_2O und $MgSO_4$ in Äther (*Andrews et al.*, Soc. **1956** 1844, 1851).

Kristalle (aus Bzl.); F: 159–161°.

3-[3-Methyl-1,4-dioxo-1,4-dihydro-[2]naphthylmercapto]-propionsäure $C_{14}H_{12}O_4S$, Formel III (R = CH_2-CH_2-CO-OH).

B. Aus 2-Methyl-[1,4]naphthochinon und 3-Mercapto-propionsäure in Äthanol (*Hanna*, Am. Soc. **74** [1952] 2120).

Kristalle (aus Bzl.); F: 161° [korr.]. In 1000 ml Äthanol [95%ig] lösen sich bei Raumtemperatur 5 g.

***S*-[3-Methyl-1,4-dioxo-1,4-dihydro-[2]naphthyl]-L-cystein** $C_{14}H_{13}NO_4S$, Formel IV.

B. Beim Erwärmen von 2-Methyl-[1,4]naphthochinon in Methanol mit L-Cystein-hydrochlorid und Natriumacetat in H_2O (*Burton, David*, Soc. **1952** 2193, 2194).

Grünschwarzer Feststoff, der unterhalb 280° nicht schmilzt.

5-Hydroxy-2-methyl-[1,4]naphthochinon, Plumbagin $C_{11}H_8O_3$, Formel V (X = X' = H) (E II 350; E III 2576).

Isolierung aus der Wurzel von Babink (Rubia tinctoria): *Salih Hisar, Wolff,* Bl. **1955** 507; aus den Blättern von Diospyros hebecarpa: *Cooke, Dowd,* Austral. J. scient. Res. [A] **5** [1952] 760, 763; aus Drosera auriculata und aus Drosera indica: *Paris, Delaveau,* Ann. pharm. franç. **17** [1959] 585, 587, 588.

B. Aus 2-Methyl-naphthalin-1,4,5-triol mit Hilfe von wss. H_2O_2 (*Thomson,* Soc. **1951** 1237).

Orangegelbe Kristalle (aus wss. A.); F: 77° (*Th.*). Absorptionsspektrum (A.; 220–500 nm): *Co., Dowd,* l. c. S. 762. λ_{max} (Me.): 265 nm und 410 nm (*Pa., De.,* l. c. S. 589).

3-Chlor-5-hydroxy-2-methyl-[1,4]naphthochinon $C_{11}H_7ClO_3$, Formel V (X = Cl, X' = H) (E III 2577).

B. Neben der folgenden Verbindung beim Behandeln von 5-Hydroxy-2-methyl-[1,4]naphthochinon mit Chlor in Essigsäure (*Cooke et al.,* Austral. J. Chem. **6** [1953] 38, 42).

Orangegelbe Kristalle (aus wss. Eg.); F: 123–124°.

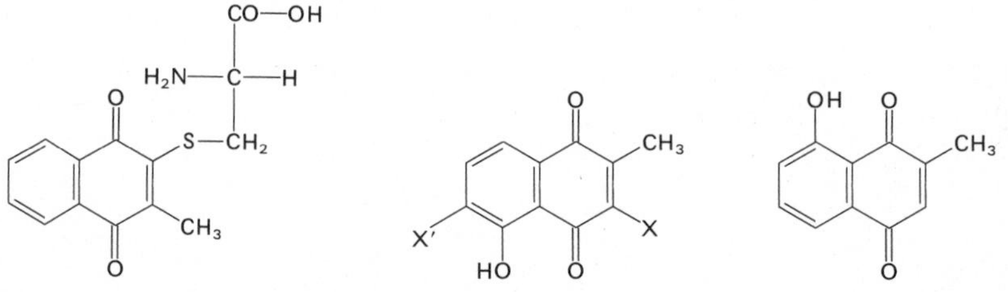

IV V VI

3,6(?)-Dichlor-5-hydroxy-2-methyl-[1,4]naphthochinon $C_{11}H_6Cl_2O_3$, vermutlich Formel V (X = X' = Cl).

B. s. im vorangehenden Artikel.

Orangerote Kristalle (aus PAe.); F: 150–151° [korr.] (*Cooke et al.,* Austral. J. Chem. **6** [1953] 38, 42).

3-Brom-5-hydroxy-2-methyl-[1,4]naphthochinon $C_{11}H_7BrO_3$, Formel V (X = Br, X' = H).

B. Beim Erwärmen von 3-Brom-5-hydroxy-[1,4]naphthochinon mit Diacetylperoxid in Essigsäure (*Thomson,* Soc. **1951** 1237).

Orangefarbene Kristalle (aus A.); F: 118°.

Acetyl-Derivat $C_{13}H_9BrO_4$; 5-Acetoxy-3-brom-2-methyl-[1,4]naphthochinon. Gelbe Kristalle (aus wss. A.); F: 152°.

8-Hydroxy-2-methyl-[1,4]naphthochinon $C_{11}H_8O_3$, Formel VI (E III 2577).

B. Beim Erwärmen von 5,8-Dihydroxy-7-methyl-3,4-dihydro-2*H*-naphthalin-1-on mit $FeCl_3$ und wss. Essigsäure (*Shoji,* J. pharm. Soc. Japan **79** [1955] 1034, 1037; C. A. **1960** 5587).

Orangefarbene Kristalle (aus A.); F: 160–161° [korr.] (*Cooke, Dowd,* Austral. J. scient. Res. [A] **5** [1952] 760, 766), 158° (*Sh.,* l. c. S. 1037). Absorptionsspektrum (wss. A. vom pH 3,9–11,1; 300–600 nm): *Shoji,* J. pharm. Soc. Japan **79** [1959] 1044, 1045; C. A. **1960** 5587. λ_{max}: 265 nm und 417,5 nm [A.] (*Co., Dowd,* l. c. S. 763), 266 nm und 422 nm [$CHCl_3$] (*Sh.,* l. c. S. 1046).

Kupfer(II)-Salz $Cu(C_{11}H_7O_3)_2$. λ_{max} ($CHCl_3$): 515 nm (*Sh.,* l. c. S. 1046).

2-Äthoxymethyl-[1,4]naphthochinon $C_{13}H_{12}O_3$, Formel VII.

B. Beim Erwärmen von 2-Äthoxymethyl-4-amino-[1]naphthol mit $Na_2Cr_2O_7$ und wenig $NaHSO_3$ in wss. H_2SO_4 (*Oyama, Nagano,* Ann. Rep. Takeda Res. Labor. **8** [1949] 17, 21; C. A. **1953** 4866).

Gelbe Kristalle; F: 84°.

VII VIII

***2-[1-Äthoxy-äthyliden]-indan-1,3-dion** $C_{13}H_{12}O_3$, Formel VIII.

B. Bei kurzem Erhitzen von Indan-1,3-dion mit Orthoessigsäure-triäthylester (*Knott,* Soc. **1954** 1482, 1485).

Braune Kristalle (aus A.); F: 151–158°.

Beim Erwärmen mit Äthanol erfolgt partielle Zersetzung.

1,2,3,4-Tetrachlor-9,9-dimethoxy-1,4-dihydro-1,4-methano-naphthalin-5,8-diol $C_{13}H_{10}Cl_4O_4$ und Taut.

1,2,3,4-Tetrachlor-9,9-dimethoxy-(4a*c*,8a*c*)-1,4,4a,8a-tetrahydro-1*r*,4*c*-methano-naphthalin-5,8-dion, Formel IX.

B. Beim Erhitzen von Tetrachlor-cyclopentadienon-dimethylacetal mit [1,4]Benzochinon (*McBee et al.,* Am. Soc. **77** [1955] 385).

Kristalle; F: 162–164° [unkorr.].

IX X XI

Hydroxy-oxo-Verbindungen $C_{12}H_{10}O_3$

1-[2,3-Dihydroxy-[1]naphthyl]-äthanon $C_{12}H_{10}O_3$, Formel X.

B. Beim Behandeln von 2,3-Diacetoxy-naphthalin mit $AlBr_3$ in CS_2 (*Prajer-Janzewska,* Roczniki Chem. **35** [1961] 553, 556; C. A. **56** [1962] 11509; s. a. *Prajer,* Roczniki Chem. **30** [1956] 637; C. A. **1957** 2680).

Kristalle (aus Bzl.); F: 96–97°; Kp_{10}: 192° (*Pr.-Ja.*).

Oxim $C_{12}H_{11}NO_3$. Kristalle (aus H_2O); F: 141–142,5° (*Pr.-Ja.,* l. c. S. 558).

Semicarbazon $C_{13}H_{13}N_3O_3$. Kristalle (aus wss. A.); F: 216,5–217,5° [Zers.] (*Pr.-Ja.,* l. c. S. 558).

1-[4-Hydroxy-3-methoxy-[1]naphthyl]-äthanon $C_{13}H_{12}O_3$, Formel XI (R = H).

B. Neben 1-[3,4-Dimethoxy-[1]naphthyl]-äthanon beim Behandeln von 1,2-Dimethoxy-naphthalin mit Acetylchlorid und $AlCl_3$ in Nitrobenzol (*Bisanz,* Roczniki Chem. **30** [1956] 111, 115; C. A. **1957** 323). Beim Behandeln von 1-Acetoxy-2-methoxy-naphthalin mit $AlCl_3$ in Nitrobenzol (*Bi.,* l. c. S. 117).

Gelbe Kristalle (aus A.); F: 153–154°.

1-[3,4-Dimethoxy-[1]naphthyl]-äthanon $C_{14}H_{14}O_3$, Formel XI (R = CH_3).

B. Aus 1-[4-Hydroxy-3-methoxy-[1]naphthyl]-äthanon und Dimethylsulfat mit Hilfe von wss. NaOH (*Bisanz,* Roczniki Chem. **30** [1956] 111, 116; C. A. **1957** 323). Über eine weitere Bildungsweise s. im vorangehenden Artikel.

Kristalle (aus PAe.); F: 45–46°. Kp_5: 180–182°.

Oxim $C_{14}H_{15}NO_3$. Kristalle (aus wss. Me.); F: 127°.

1-[4,5-Dimethoxy-[1]naphthyl]-äthanon $C_{14}H_{14}O_3$, Formel XII (X = O-CH_3, X' = H).

B. Beim Behandeln von 1,8-Dimethoxy-naphthalin mit Acetylchlorid und $AlCl_3$ in Nitrobenzol (*Buu-Hoi, Lavit,* Soc. **1956** 2412, 2414).

Gelbliche Kristalle (aus A.); F: 129°. Kp_{15}: 232–233°.

Die folgenden Verbindungen sind in analoger Weise hergestellt worden:

1-[4,6-Dimethoxy-[1]naphthyl]-äthanon $C_{14}H_{14}O_3$, Formel XII (X = H, X' = O-CH_3). Kristalle (aus A.); F: 88°; Kp_{20}: 238–239° (*Buu-Hoi, Lavit,* J. org. Chem. **21** [1956] 1257).

1-[4,7-Dimethoxy-[1]naphthyl]-äthanon $C_{14}H_{14}O_3$, Formel XIII (X = O-CH_3, X' = H). Kristalle (aus A.); F: 67°; Kp_{20}: 232–235° (*Buu-Hoi, Lavit,* Soc. **1956** 1743, 1747).

1-[4,8-Dimethoxy-[1]naphthyl]-äthanon $C_{14}H_{14}O_3$, Formel XIII (X = H, X' = O-CH_3). Kristalle (aus A.); F: 96°; Kp_{12}: 217–218° (*Buu-Hoi, Lavit,* J. org. Chem. **20** [1955] 1191, 1195).

XII XIII XIV

2-Hydroxy-1-[4-hydroxy-[1]naphthyl]-äthanon $C_{12}H_{10}O_3$, Formel XIV (X = O).

B. Aus dem Hydrochlorid der folgenden Verbindung mit Hilfe von H_2O (*Minter, Gherghel,* Acad. romîne Stud. Cerc. Chim. **4** [1956] 111, 119).

Kristalle (aus H_2O); F: 142–143°.

2-Hydroxy-1-[4-hydroxy-[1]naphthyl]-äthanon-imin $C_{12}H_{11}NO_2$, Formel XIV (X = NH).

Hydrochlorid $C_{12}H_{11}NO_2 \cdot HCl$. *B.* Beim Behandeln von [1]Naphthol mit Hydroxyacetonitril und HCl in Äther in Gegenwart von $ZnCl_2$ (*Minter, Gherghel,* Acad. romîne Stud. Cerc. Chim. **4** [1956] 111, 119). – Gelbliche Kristalle (aus A.+Ae.); F: 197–198°.

1-[1,4-Dihydroxy-[2]naphthyl]-äthanon $C_{12}H_{10}O_3$, Formel I (R = X = H) (E III 2580).

B. Aus [1,4]Naphthochinon und Acetaldehyd bei Belichtung (*Schenck, Koltzenburg,* Naturwiss. **41** [1954] 452). Beim Erwärmen von 1,2-Dimethoxy-naphthalin mit $AlCl_3$ und Acetanhydrid in CS_2 (*Hase, Nishimura,* J. pharm. Soc. Japan **75** [1955] 203, 205; C. A. **1956** 1712). Beim Erwärmen von 1-[1-Hydroxy-[2]naphthyl]-äthanon mit wss. NaOH und Pyridin und Behandeln der Reaktionslösung mit wss. $K_2S_2O_8$ (*Desai, Sethna,* J. Indian chem. Soc. **28** [1951] 213, 215). Beim Erwärmen von 1-[1-Hydroxy-4-methoxy-[2]naphthyl]-äthanon mit $AlCl_3$ in Benzol (*Hase, Ni.*).

Gelbe Kristalle; F: 210° [aus A.] (*De., Se.*), 205–206° [aus Bzl.] (*Hase, Ni.*).

2,4-Dinitro-phenylhydrazon (F: 265–267°): *De., Se.*

1-[1-Hydroxy-4-methoxy-[2]naphthyl]-äthanon $C_{13}H_{12}O_3$, Formel I (R = CH_3, X = H).

B. Beim Erwärmen von 1,4-Dimethoxy-naphthalin mit $AlCl_3$ und Acetylchlorid in CS_2 (*Hase, Nishimura,* J. pharm. Soc. Japan **75** [1955] 203, 205; C. A. **1956** 1712). Aus 1-[1,4-Dihydroxy-[2]naphthyl]-äthanon beim Behandeln mit Dimethylsulfat und wss. KOH (*Schmid, Seiler,* Helv. **35** [1952] 1990, 1994) oder beim Erwärmen mit Dimethylsulfat und K_2CO_3 in Benzol (*Jain, Seshadri,* Pr. Indian Acad. [A] **35** [1952] 233, 240).

Gelbe Kristalle; F: 121° [aus A. bzw. aus E.+PAe.] (*Sch., Se.*; *Jain, Se.*), 119° [aus A.] (*Hase, Ni.*).

1-[4-Acetoxy-1-hydroxy-[2]naphthyl]-2-brom-äthanon $C_{14}H_{11}BrO_4$, Formel I (R = CO-CH_3, X = Br).

B. Aus 1-[4-Acetoxy-1-hydroxy-[2]naphthyl]-äthanon und Brom in Essigsäure unter Belichtung (*Rexford,* Am. Soc. **73** [1951] 5900).

Kristalle; F: 172° [korr.; Zers.; nach Sublimation bei 120°/0,1 Torr].

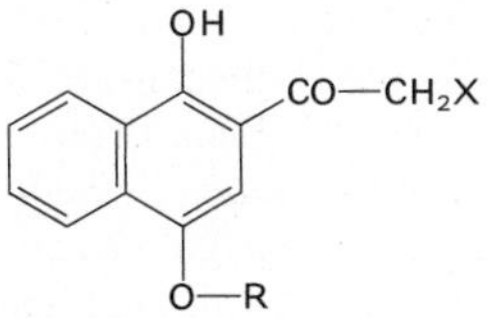

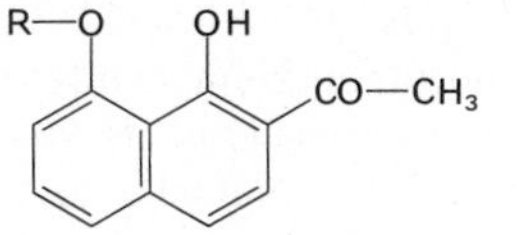

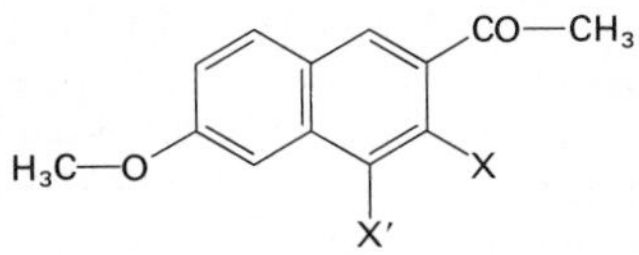

1-[1,8-Dihydroxy-[2]naphthyl]-äthanon $C_{12}H_{10}O_3$, Formel II (R = H) (H 310; E II 351).

Isolierung aus der Rinde von Rhamnus frangula: *Pailer et al.,* M. **89** [1958] 540, 545.

Gelbe Kristalle (aus PAe.); F: 102–103° [korr.]. $Kp_{0,05}$: 95–105° [Badtemperatur]. λ_{max} (A.): 221 nm, 262 nm, 317 nm und 394–397 nm. Mit Wasserdampf flüchtig.

Semicarbazon $C_{13}H_{13}N_3O_3$. Rotbraune Kristalle (aus Me.); F: 233° [korr.; Zers.].

4-Nitro-phenylhydrazon (F: 264°): *Pa. et al.*

1-[1-Hydroxy-8-methoxy-[2]naphthyl]-äthanon $C_{13}H_{12}O_3$, Formel II (R = CH_3).

B. Beim Erhitzen von 1-[1,8-Dihydroxy-[2]naphthyl]-äthanon mit CH_3I und K_2CO_3 in Aceton unter Druck auf 120° (*Pailer et al.,* M. **89** [1958] 540, 547).

Gelbe Kristalle (aus PAe.); F: 118° [korr.].

1-[3,6-Dimethoxy-[2]naphthyl]-äthanon $C_{14}H_{14}O_3$, Formel III (X = O-CH_3, X′ = H).

B. Beim Behandeln von 2,7-Dimethoxy-naphthalin mit Acetylchlorid und $AlCl_3$ in Nitrobenzol (*Buu-Hoi, Lavit,* Soc. **1956** 1743, 1748).

Kristalle (aus PAe.); F: 65°. Kp_{12}: 210–211°.

1-[4,6-Dimethoxy-[2]naphthyl]-äthanon $C_{14}H_{14}O_3$, Formel III (X = H, X′ = O-CH_3).

B. Aus 1-[4-Hydroxy-6-methoxy-[2]naphthyl]-äthanon und Dimethylsulfat mit Hilfe von wss. Alkalilauge (*Jacques, Horeau,* Bl. **1950** 512, 517).

Hellgelbe Kristalle (aus Me.); F: 113–114°.
Oxim $C_{14}H_{15}NO_3$. Gelbliche Kristalle (aus A.); F: 183–184°.

1-[6,7-Dimethoxy-[2]naphthyl]-äthanon $C_{14}H_{14}O_3$, Formel IV.
Bestätigung der von *Buu-Hoi, Lavit* (J. org. Chem. **21** [1956] 21) angenommenen Konstitution: *Zee-Cheng et al.*, J. heterocycl. Chem. **9** [1972] 805.
B. Aus 2,3-Dimethoxy-naphthalin und Acetylchlorid in Nitrobenzol mit Hilfe von $AlCl_3$ (*Buu-Hoi, La.*; *Zee-Ch. et al.*, l. c. S. 807).
Kristalle (aus A.); F: 109° (*Buu-Hoi, La.*), 107–109° (*Zee-Ch. et al.*). Kp_{16}: 237–238° (*Buu-Hoi, La.*).
Oxim $C_{14}H_{15}NO_3$. F: 206–208° (*Zee-Ch. et al.*).
Azin $C_{28}H_{28}N_2O_4$; Bis-[1-(6,7-dimethoxy-[2]naphthyl)-äthyliden]-hydrazin. F: 295–297° (*Zee-Ch. et al.*).
Formylhydrazon $C_{15}H_{16}N_2O_3$. F: 248–250° (*Zee-Ch. et al.*).
Thiosemicarbazon $C_{15}H_{17}N_3O_2S$. F: 238–239° (*Zee-Ch. et al.*).

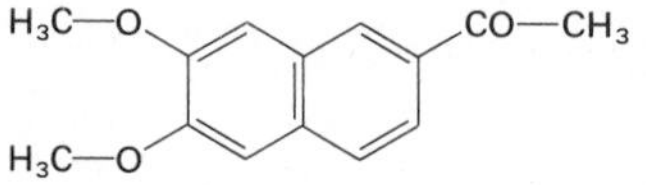

IV 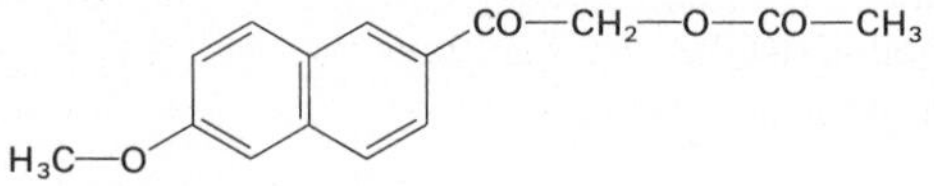 V

2-Acetoxy-1-[6-methoxy-[2]naphthyl]-äthanon $C_{15}H_{14}O_4$, Formel V.
B. Beim Erwärmen von 2-Diazo-1-[6-methoxy-[2]naphthyl]-äthanon mit Essigsäure (*Horeau, Emiliozzi*, Bl. **1957** 381, 385).
Kristalle (aus Bzl.+Cyclohexan); F: 110–110,5°.

2-Äthyl-3-hydroxy-[1,4]naphthochinon $C_{12}H_{10}O_3$, Formel VI (X = H) und Taut. (E III 2586).
B. Neben wenig 2-Äthyl-[1,4]naphthochinon beim Erhitzen von 1-[2-Acetyl-phenyl]-butan-1-on mit SeO_2 in wss. Isopropylalkohol (*Weygand et al.*, B. **90** [1957] 1879, 1888). Beim Erhitzen von 1,2,4-Triacetoxy-3-äthyl-naphthalin mit wss. NaOH unter Einleiten von Luft (*Jain, Seshadri*, J. scient. ind. Res. India **13** B [1954] 756). Beim Behandeln von 2-Äthyl-2,3-epoxy-2,3-dihydro-[1,4]naphthochinon mit H_2SO_4 und anschliessend mit H_2O (*Shimizu et al.*, J. pharm. Soc. Japan **71** [1951] 965; C. A. **1952** 3991).
Gelbe Kristalle; F: 137–138° (*Jain, Se.*), 136–138° [aus wss. Me.] (*Sh. et al.*), 136–137° [nach Sublimation im Hochvakuum bei 80–90°] (*We. et al.*).

2-[2-Chlor-äthyl]-3-hydroxy-[1,4]naphthochinon $C_{12}H_9ClO_3$, Formel VI (X = Cl) und Taut.
B. Beim Behandeln von Bis-[3-chlor-propionyl]-peroxid (aus 3-Chlor-propionylchlorid und wss. H_2O_2 hergestellt) in Äther mit 2-Hydroxy-[1,4]naphthochinon in Essigsäure (*Moser, Paulshock*, Am. Soc. **72** [1950] 5419, 5422).
Gelbe Kristalle (aus PAe.); F: 126–127° [korr.].

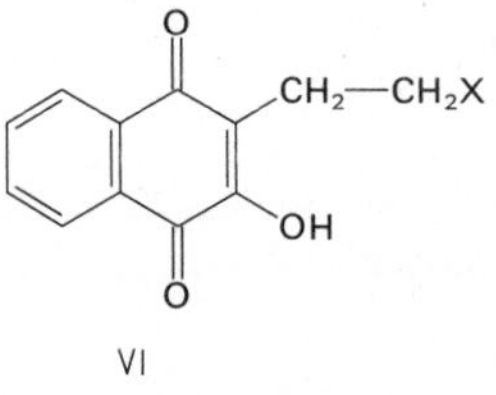

VI 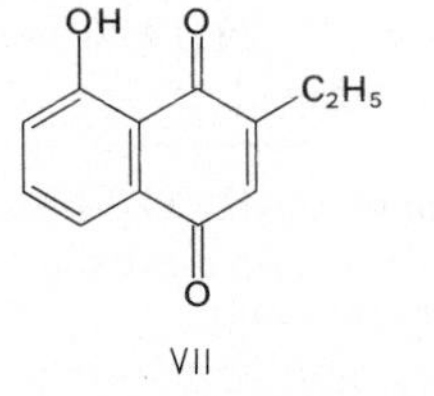 VII 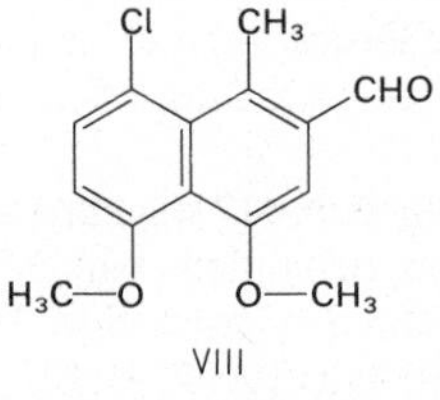 VIII

2-Äthyl-8-hydroxy-[1,4]naphthochinon $C_{12}H_{10}O_3$, Formel VII.
B. Beim Erwärmen von 7-Äthyl-5,8-dihydroxy-3,4-dihydro-2*H*-naphthalin-1-on mit $FeCl_3$ und wss. Essigsäure (*Shoji*, J. pharm. Soc. Japan **79** [1959] 1038, 1039; C. A. **1960** 5587).

Orangefarbene Kristalle (aus A.); F: 155° (*Sh.*, l. c. S. 1041). λ_{max} ($CHCl_3$): 266 nm und 423 nm (*Shoji*, J. pharm. Soc. Japan **79** [1959] 1044, 1046; C. A. **1960** 5587).

Kupfer(II)-Salz $Cu(C_{12}H_9O_3)_2$. λ_{max} ($CHCl_3$): 510 nm (*Sh.*, l. c. S. 1046).

8-Chlor-4,5-dimethoxy-1-methyl-[2]naphthaldehyd $C_{14}H_{13}ClO_3$, Formel VIII.

B. Beim Behandeln von 8-Chlor-4,5-dimethoxy-1-methyl-[2]naphthoesäure mit PCl_5 in $CHCl_3$ und Behandeln des erhaltenen Säurechlorids mit Lithium-[tri-*tert*-butoxy-alanat] in THF bei −70° (*Muxfeldt*, B. **92** [1959] 3122, 3143).

Kristalle (aus $CHCl_3$ + Me.); F: 176–177°. λ_{max} (Me.): 236 nm, 320 nm, 334 nm und 349 nm.

1,6-Dimethoxy-4-methyl-[2]naphthaldehyd(?) $C_{14}H_{14}O_3$, vermutlich Formel IX.

B. s. u. im Artikel 2,5-Dimethoxy-8-methyl-[1]naphthaldehyd.

Hellgelbe Kristalle (aus A.); F: 90° (*Buu-Hoi, Lavit*, Soc. **1956** 1743, 1746).

2,6-Dimethoxy-5-methyl-[1]naphthaldehyd $C_{14}H_{14}O_3$, Formel X.

B. Beim Erwärmen von 2,6-Dimethoxy-1-methyl-naphthalin mit DMF und $POCl_3$ in Toluol und anschliessend mit wss. Natriumacetat (*Buu-Hoi, Lavit*, Soc. **1955** 2776, 2779).

Gelbe Kristalle (aus A.); F: 165°. Kp_{15}: 236–237°.

Thiosemicarbazon $C_{15}H_{17}N_3O_2S$. Gelbe Kristalle (aus Eg.); F: 240–241°.

O—CH3, CHO, H3C—O, CH3 — IX

CHO, O—CH3, H3C—O, CH3 — X

H3C—O, CHO, X, H3C, X′ — XI

2,8-Dimethoxy-5-methyl-[1]naphthaldehyd $C_{14}H_{14}O_3$, Formel XI (X = O-CH_3, X′ = H).

B. Analog der vorangehenden Verbindung (*Buu-Hoi, Lavit*, J. org. Chem. **21** [1956] 1257).

Hellgelbe Kristalle (aus A.); F: 102°. Kp_{24}: 242–243°.

Thiosemicarbazon $C_{15}H_{17}N_3O_2S$. Hellgelbe Kristalle (aus A.); F: 239°.

4,8-Dimethoxy-5-methyl-[1]naphthaldehyd $C_{14}H_{14}O_3$, Formel XI (X = H, X′ = O-CH_3).

B. Beim Erwärmen von 4,8-Dimethoxy-1-methyl-naphthalin mit *N*-Methyl-formanilid und $POCl_3$ in Toluol und Behandeln des Reaktionsgemisches mit wss. NaOH (*Buu-Hoi, Lavit*, J. org. Chem. **20** [1955] 1191, 1194).

Gelbliche Kristalle (aus A.); F: 152°. Kp_{13}: 236–237°.

Thiosemicarbazon $C_{15}H_{17}N_3O_2S$. Hellgelbe Kristalle (aus Eg.); F: 278°.

6-Äthoxy-2,5-dimethyl-[1,4]naphthochinon $C_{14}H_{14}O_3$, Formel XII (R = CH_3, R′ = H).

B. Beim Erhitzen von (±)-6-Äthoxy-2,5*t*(?)-dimethyl-(4a*r*,8a*c*)-4a,5,8,8a-tetrahydro-[1,4]naphthochinon (E IV **6** 7512) mit [1,4]Benzochinon auf 155° (*Sarett et al.*, Am. Soc. **74** [1952] 1393, 1396).

Gelbe Kristalle (aus Me.); F: 156°.

7-Äthoxy-2,8-dimethyl-[1,4]naphthochinon $C_{14}H_{14}O_3$, Formel XII (R = H, R′ = CH_3).

B. Beim Erhitzen von 7-Äthoxy-2,8-dimethyl-4a,5,8,8a-tetrahydro-[1,4]naphthochinon (F: 103,5–105,5° bzw. F: 83–84°; E IV **6** 7512) mit [1,4]Benzochinon auf 100° bzw. auf 155° (*Sarett et al.*, Am. Soc. **74** [1952] 1393, 1396).

Gelbe Kristalle (aus Me.); F: 122–123°.

2,5-Dimethoxy-8-methyl-[1]naphthaldehyd $C_{14}H_{14}O_3$, Formel XIII (X = O-CH_3, X′ = H).

B. Neben kleinen Mengen einer als 1,6-Dimethoxy-4-methyl-[2]naphthaldehyd(?) angesehenen

Verbindung (s. o.) beim Erhitzen von 1,6-Dimethoxy-4-methyl-naphthalin mit DMF und $POCl_3$ in Toluol und anschliessend mit wss. Natriumacetat (*Buu-Hoi, Lavit,* Soc. **1956** 1743, 1746).

Hellgelbe Kristalle (aus A.); F: 98°.

Thiosemicarbazon $C_{15}H_{17}N_3O_2S$. Gelbliche Kristalle (aus Eg.); F: 276° [unter Zers. ab 250°].

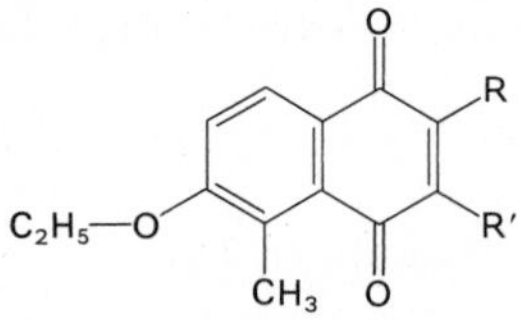

XII 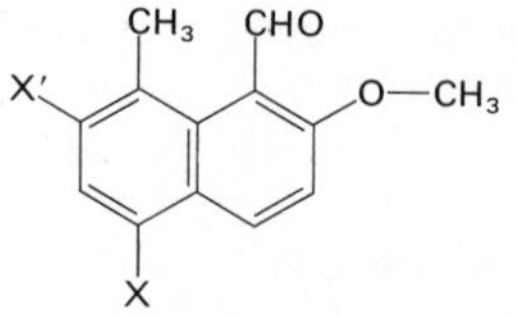 XIII 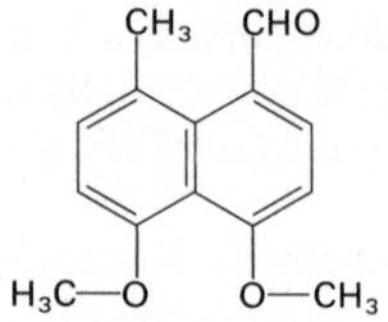 XIV

Die folgenden Verbindungen sind in analoger Weise hergestellt worden:

2,7-Dimethoxy-8-methyl-[1]naphthaldehyd $C_{14}H_{14}O_3$, Formel XIII (X = H, X′ = O-CH_3). Hellgelbe Kristalle (aus A.); F: 96°; Kp_{14}: 232–233° (*Buu-Hoi, Lavit,* Soc. **1955** 2776, 2778).

4,5-Dimethoxy-8-methyl-[1]naphthaldehyd $C_{14}H_{14}O_3$, Formel XIV. Gelbliche Kristalle (aus A.); F: 137°; Kp_{12}: 226–227° (*Buu-Hoi, Lavit,* Soc. **1956** 2412, 2414). – Thiosemicarbazon $C_{15}H_{17}N_3O_2S$. Hellgelbe Kristalle (aus Eg.); F: 257° [nach Dunkelfärbung ab 226°] (*Buu-Hoi, La.,* Soc. **1956** 2414). – Über eine Additionsverbindung (1:1) vom F: 181° mit Tetrachlorphthalsäure-anhydrid s. *Buu-Hoi, Jacquignon,* Bl. **1957** 488, 502.

1,4-Dimethoxy-3-methyl-[2]naphthaldehyd-thiosemicarbazon $C_{15}H_{17}N_3O_2S$, Formel I (X = N-NH-CS-NH_2).

Hellgelbe Kristalle (aus A.); F: 223° [unter Zers. ab 205°] (*Buu-Hoi, Lavit,* Soc. **1956** 1746 Tab. I Anm. b).

2-Methoxy-6,7-dimethyl-[1,4]naphthochinon $C_{13}H_{12}O_3$, Formel II (R = CH_3).

B. Beim Behandeln von 2-Methoxy-6,7-dimethyl-5,8-dihydro-[1,4]naphthochinon mit $Na_2Cr_2O_7$ und Essigsäure (*Trave et al.,* Chimica e Ind. **41** [1959] 19, 25).

Kristalle; F: 166°.

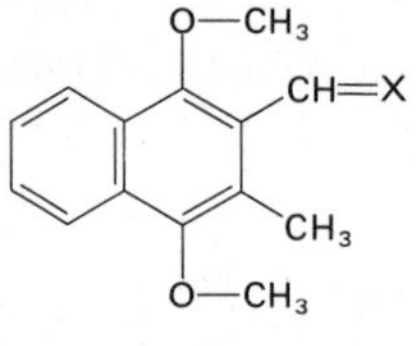

I 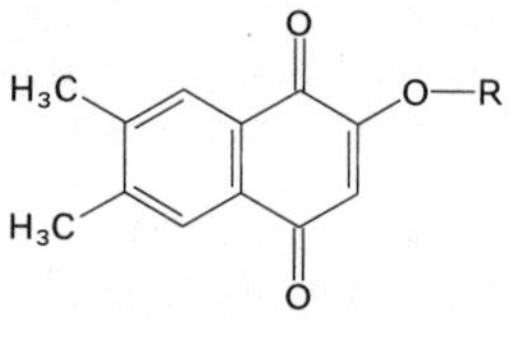 II 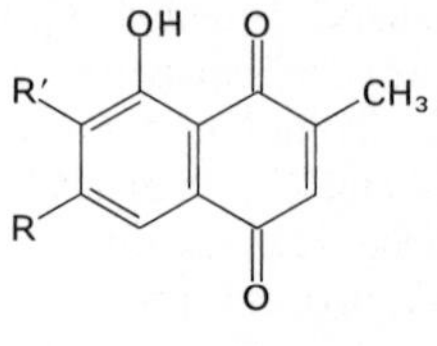 III

2-Äthoxy-6,7-dimethyl-[1,4]naphthochinon $C_{14}H_{14}O_3$, Formel II (R = C_2H_5).

B. Analog der vorangehenden Verbindung (*Trave et al.,* Chimica e Ind. **41** [1959] 19, 26).

Kristalle; F: 127–128°.

8-Hydroxy-2,6-dimethyl-[1,4]naphthochinon $C_{12}H_{10}O_3$, Formel III (R = CH_3, R′ = H).

B. Beim Erwärmen von 5,8-Dihydroxy-3,7-dimethyl-3,4-dihydro-2*H*-naphthalin-1-on mit $FeCl_3$ und Essigsäure (*Shoji,* J. pharm. Soc. Japan **79** [1959] 1034, 1038; C. A. **1960** 5587).

Orangefarbene Kristalle (aus Bzl.); F: 189–191° (*Sh.,* l. c. S. 1038). λ_{max} ($CHCl_3$): 261 nm und 422 nm (*Shoji,* J. pharm. Soc. Japan **79** [1959] 1044, 1046; C. A. **1960** 5587).

Kupfer(II)-Salz $Cu(C_{12}H_9O_3)_2$. λ_{max} ($CHCl_3$): 502 nm (*Sh.,* l. c. S. 1047).

8-Hydroxy-2,7-dimethyl-[1,4]naphthochinon $C_{12}H_{10}O_3$, Formel III (R = H, R′ = CH_3).

B. Analog der vorangehenden Verbindung (*Shoji,* J. pharm. Soc. Japan **79** [1959] 1034,

1038; C. A. **1960** 5587).

Orangefarbene Kristalle (aus Bzl.); F: 121,5° (*Sh.*, l. c. S. 1038). λ_{max} ($CHCl_3$): 261 nm und 432 nm (*Shoji*, J. pharm. Soc. Japan **79** [1959] 1044, 1046; C. A. **1960** 5587).

Hydroxy-oxo-Verbindungen $C_{13}H_{12}O_3$

***(±)-4-Benzyliden-2,5-dihydroxy-3-methyl-cyclopent-2-enon(?)** $C_{13}H_{12}O_3$, vermutlich Formel IV und Taut.

B. Aus Isomethylreduktinsäure (E III **8** 1948) und Benzaldehyd (*Hesse et al.*, A. **609** [1957] 57, 66).

Kristalle (aus A.); F: 126–127°.

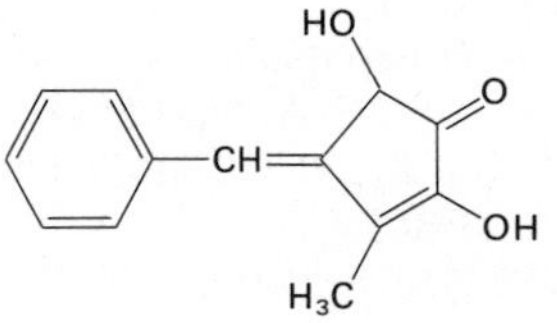

IV 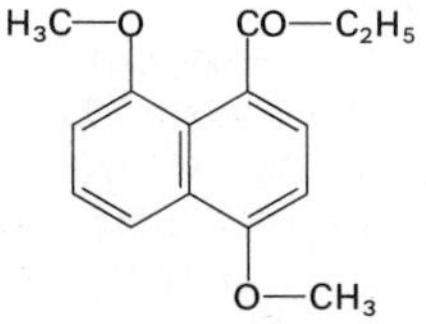 V 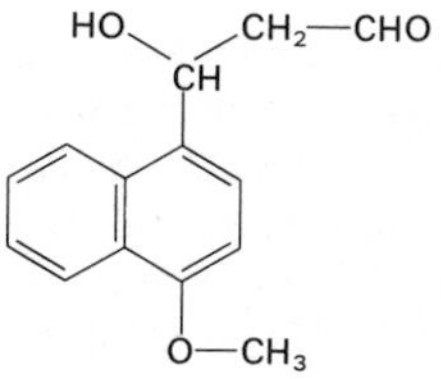 VI

1-[4,8-Dimethoxy-[1]naphthyl]-propan-1-on $C_{15}H_{16}O_3$, Formel V.

B. Beim Behandeln von 1,5-Dimethoxy-naphthalin mit Propionylchlorid und $AlCl_3$ in Nitro≈benzol (*Buu-Hoi, Lavit*, J. org. Chem. **20** [1955] 1191, 1195).

Kristalle (aus A.); F: 83°. Kp_{12}: 224–225°.

(±)-3-Hydroxy-3-[4-methoxy-[1]naphthyl]-propionaldehyd(?) $C_{14}H_{14}O_3$, vermutlich Formel VI.

B. Neben grösseren Mengen 3-[4-Methoxy-[1]naphthyl]-acrylaldehyd (S. 1272) beim Behan≈deln von 4-Methoxy-[1]naphthaldehyd mit Acetaldehyd und äthanol. NaOH bei 5° (*Israelashvili et al.*, J. org. Chem. **16** [1951] 1517, 1523).

Kp_{12}: 210–215°.

Semicarbazon $C_{15}H_{17}N_3O_3$. Kristalle (aus wss. A.); F: 205°.

1-[6,7-Dimethoxy-[2]naphthyl]-propan-1-on $C_{15}H_{16}O_3$, Formel VII.

B. Aus 2,3-Dimethoxy-naphthalin und Propionylchlorid in Nitrobenzol mit Hilfe von $AlCl_3$ (*Buu-Hoi, Lavit*, J. org. Chem. **21** [1956] 21).

Kristalle (aus A.); F: 102°. Kp_{17}: 243–244°.

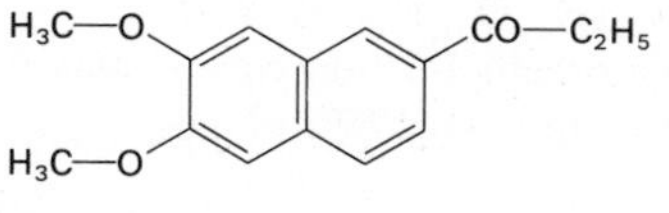

VII 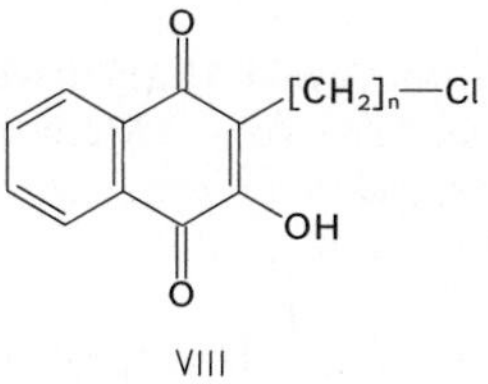 VIII

2-[3-Chlor-propyl]-3-hydroxy-[1,4]naphthochinon $C_{13}H_{11}ClO_3$, Formel VIII (n = 3) und Taut.

B. Beim Behandeln von Bis-[4-chlor-butyryl]-peroxid (aus 4-Chlor-butyrylchlorid und wss. H_2O_2 hergestellt) in Äther mit 2-Hydroxy-[1,4]naphthochinon in Essigsäure (*Moser, Paulshock*, Am. Soc. **72** [1950] 5419, 5422).

Gelbe Kristalle (aus wss. Me.); F: 128–129° [korr.].

(±)-2-Acetoxy-2-allyl-5-methoxy-2*H*-naphthalin-1-on $C_{16}H_{16}O_4$, Formel IX.

B. Neben kleineren Mengen 4-Acetoxy-2-allyl-5-methoxy-4*H*-naphthalin-1-on (E IV **6** 7569)

beim Behandeln von 2-Allyl-5-methoxy-[1]naphthol mit Blei(IV)-acetat in Essigsäure und $CHCl_3$ (*Eisenhuth, Schmid,* Helv. **41** [1958] 2021, 2040).

Kristalle (aus A.); F: 91–92°. IR-Banden (CCl_4; 1750–900 cm^{-1}): *Ei., Sch.,* l. c. S. 2032. UV-Spektrum (A.; 210–400 nm): *Ei., Sch.,* l. c. S. 2026.

IX

X

8-Hydroxy-2-propyl-[1,4]naphthochinon $C_{13}H_{12}O_3$, Formel X (n = 2).

B. Beim Erwärmen von 5,8-Dihydroxy-7-propyl-3,4-dihydro-2*H*-naphthalin-1-on mit $FeCl_3$ und wss. Essigsäure (*Shoji,* J. pharm. Soc. Japan **79** [1959] 1038, 1039; C. A. **1960** 5587).

Orangefarbene Kristalle (aus A.); F: 84–86° (*Sh.,* l. c. S. 1041). λ_{max} ($CHCl_3$): 269 nm und 423 nm (*Shoji,* J. pharm. Soc. Japan **79** [1959] 1044, 1046; C. A. **1960** 5587).

Kupfer(II)-Salz $Cu(C_{13}H_{11}O_3)_2$. λ_{max} ($CHCl_3$): 514 nm (*Sh.,* l. c. S. 1046).

1-[6,7-Dimethoxy-1-methyl-[2]naphthyl]-äthanon $C_{15}H_{16}O_3$, Formel XI.

B. Beim Erwärmen von 6,7-Dimethoxy-1-methyl-[2]naphthoesäure mit PCl_5 in Toluol und Erwärmen des erhaltenen Säurechlorids mit Dimethylcadmium in Benzol (*Howell, Taylor,* Soc. **1956** 4252, 4255). Beim Erhitzen von 1-[6,7-Dimethoxy-1-methyl-3,4-dihydro-[2]naphthyl]-äthanon mit Palladium/Kohle in Toluol (*Ho., Ta.,* l. c. S. 4256).

Kristalle (aus A.); F: 161°.

XI

XII

XIII

1-[1,4-Dihydroxy-3-methyl-[2]naphthyl]-äthanon $C_{13}H_{12}O_3$, Formel XII.

B. Aus 2-Methyl-[1,4]naphthochinon und Acetaldehyd bei Belichtung (*Schenck, Koltzenburg,* Naturwiss. **41** [1954] 452).

F: 135°.

2-Methoxy-3,6,7-trimethyl-[1,4]naphthochinon $C_{14}H_{14}O_3$, Formel XIII.

B. Beim Behandeln von 2-Methoxy-3,6,7-trimethyl-5,8-dihydro-[1,4]naphthochinon mit $Na_2Cr_2O_7$ und Essigsäure (*Trave et al.,* Chimica e Ind. **41** [1959] 19, 26).

Kristalle; F: 135–136°.

Hydroxy-oxo-Verbindungen $C_{14}H_{14}O_3$

6-Acetyl-3-[4-hydroxy-phenyl]-cyclohex-2-enon $C_{14}H_{14}O_3$, Formel XIV (R = H) und Taut.

B. Beim Behandeln von 1-[4-Hydroxy-phenyl]-3-dimethylamino-propan-1-on-hydrochlorid mit Pentan-2,4-dion und Kalium-*tert*-butylat in Dioxan (*Novello et al.,* Am. Soc. **75** [1953] 1330, 1333).

Gelbe Kristalle (aus Bzl. + Hexan); F: 139–141°.

6-Acetyl-3-[4-methoxy-phenyl]-cyclohex-2-enon $C_{15}H_{16}O_3$, Formel XIV (R = CH_3) und Taut.

B. Analog der vorangehenden Verbindung (*Novello et al.,* Am. Soc. **75** [1953] 1330, 1333).

Gelbe Kristalle (aus Bzl.+Hexan); F: 103,5–106,5°.

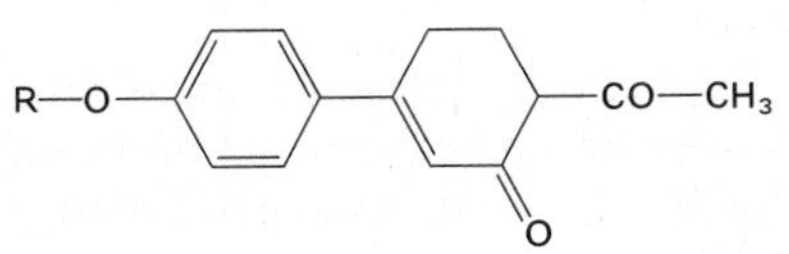

XIV 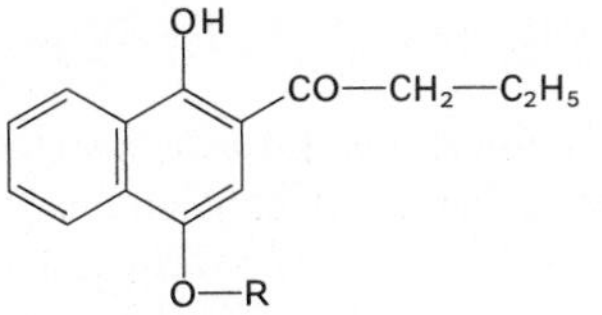 XV

1-[1,4-Dihydroxy-[2]naphthyl]-butan-1-on $C_{14}H_{14}O_3$, Formel XV (R = H).

B. Beim Erwärmen der folgenden Verbindung mit $AlCl_3$ in Benzol (*Hase, Nishimura,* J. pharm. Soc. Japan **75** [1955] 203, 205; C. A. **1956** 1712).

Gelbe Kristalle (aus Bzl.); F: 147–148°.

1-[1-Hydroxy-4-methoxy-[2]naphthyl]-butan-1-on $C_{15}H_{16}O_3$, Formel XV (R = CH_3).

B. s. u. im Artikel 1-[5,8-Dimethoxy-[2]naphthyl]-butan-1-on.

Gelbe Kristalle (aus A.); F: 78° (*Hase, Nishimura,* J. pharm. Soc. Japan **75** [1955] 203, 206; C. A. **1956** 1712).

1-[5,8-Dihydroxy-[2]naphthyl]-butan-1-on $C_{14}H_{14}O_3$, Formel I (R = H).

B. Beim Erwärmen der folgenden Verbindung mit $AlCl_3$ in Benzol (*Hase, Nishimura,* J. pharm. Soc. Japan **75** [1955] 203, 206; C. A. **1956** 1712).

Gelbe Kristalle (aus Bzl.); F: 147–148°.

1-[5,8-Dimethoxy-[2]naphthyl]-butan-1-on $C_{16}H_{18}O_3$, Formel I (R = CH_3).

B. Neben kleineren Mengen 1-[1-Hydroxy-4-methoxy-[2]naphthyl]-butan-1-on beim Erwärmen von 1,4-Dimethoxy-naphthalin mit Butyrylchlorid und $AlCl_3$ in CS_2 (*Hase, Nishimura,* J. pharm. Soc. Japan **75** [1955] 203, 206; C. A. **1956** 1712).

Hellgelbe Kristalle (aus A.); F: 93–94°.

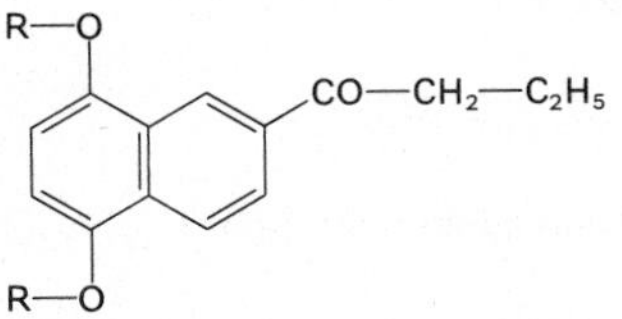

I 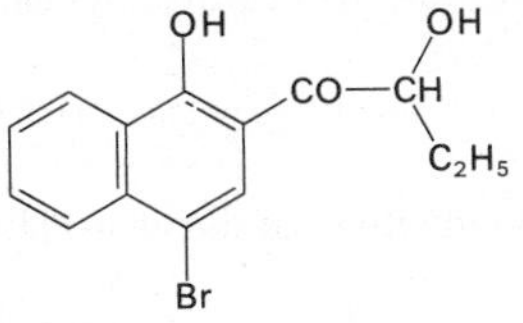 II 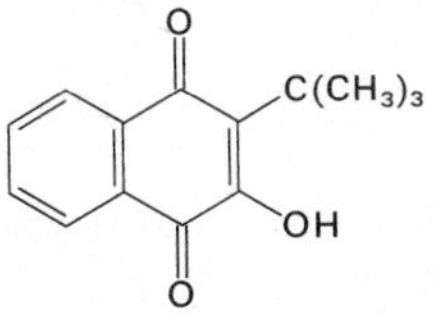 III

(±)-1-[4-Brom-1-hydroxy-[2]naphthyl]-2-hydroxy-butan-1-on $C_{14}H_{13}BrO_3$, Formel II.

B. Neben (±)-2-Äthyl-5-brom-naphtho[1,2-*b*]furan-3-on (E III/IV **18** 8463) beim Erwärmen von (±)-2-Brom-1-[4-brom-1-hydroxy-[2]naphthyl]-butan-1-on mit wss. NaOH (*Ali et al.,* J. scient. ind. Res. India **11** B [1952] 286, 288).

Gelbe Kristalle (aus A.); F: 225°.

2-[4-Chlor-butyl]-3-hydroxy-[1,4]naphthochinon $C_{14}H_{13}ClO_3$, Formel VIII (n = 4) und Taut.

B. Beim Behandeln von Bis-[5-chlor-valeryl]-peroxid (aus 5-Chlor-valerylchlorid und wss. H_2O_2 hergestellt) in Äther mit 2-Hydroxy-[1,4]naphthochinon in Essigsäure (*Moser, Paulshock,* Am. Soc. **72** [1950] 5419, 5422).

Gelbe Kristalle (aus Me.); F: 101–102° [korr.].

2-Butyl-8-hydroxy-[1,4]naphthochinon $C_{14}H_{14}O_3$, Formel X (n = 3).

B. Beim Erwärmen von 7-Butyl-5,8-dihydroxy-3,4-dihydro-2*H*-naphthalin-1-on mit $FeCl_3$

und wss. Essigsäure (*Shoji,* J. pharm. Soc. Japan **79** [1959] 1038, 1039; C. A. **1960** 5587).

Orangefarbene Kristalle (aus A.); F: 88–90° (*Sh.,* l. c. S. 1041). λ_{max} ($CHCl_3$): 269 nm und 419 nm (*Shoji,* J. pharm. Soc. Japan **79** [1959] 1044, 1046; C. A. **1960** 5587).

Kupfer(II)-Salz $Cu(C_{14}H_{13}O_3)_2$. λ_{max} ($CHCl_3$): 508 nm (*Sh.,* l. c. S. 1046).

2-*tert*-Butyl-3-hydroxy-[1,4]naphthochinon $C_{14}H_{14}O_3$, Formel III und Taut. (E III 2593).

B. Bei mehrtägigem Behandeln von 2-*tert*-Butyl-[1,4]naphthochinon mit Brom und Natrium-acetat in Essigsäure und Erwärmen des Reaktionsprodukts mit methanol. NaOH (*Cooke, Somers,* Austral. J. scient. Res. [A] **3** [1950] 487, 491).

Gelbe Kristalle (aus PAe.); F: 91° (*Co., So.*).

Beim Erhitzen mit wss. NaOH ist 2-*tert*-Butyl-1-oxo-inden-3-carbonsäure erhalten worden (*Co., So.,* l. c. S. 492; *Fieser, Bader,* Am. Soc. **73** [1951] 681, 683).

(±)-2-Allyl-7-methoxy-1-oxo-1,2,3,4-tetrahydro-[2]naphthaldehyd $C_{15}H_{16}O_3$, Formel IV.

B. Beim Behandeln von 2-Hydroxymethylen-7-methoxy-3,4-dihydro-2*H*-naphthalin-1-on mit Natriumäthylat in Benzol, Erwärmen des Reaktionsgemisches mit Allyljodid und Erhitzen des Reaktionsprodukts mit NH_4Cl (*Gaind et al.,* J. Indian chem. Soc. **33** [1956] 1, 6).

Kp_5: 195–200°.

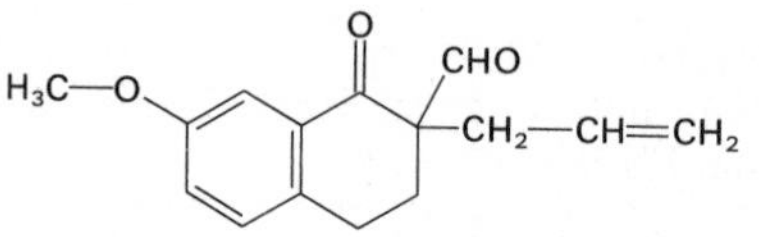

IV

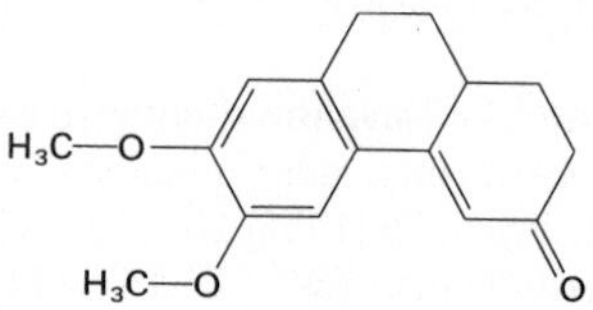

V

(±)-6,7-Dimethoxy-1,9,10,10a-tetrahydro-2*H*-phenanthren-3-on $C_{16}H_{18}O_3$, Formel V.

B. Beim Erhitzen von opt.-inakt. 6,7-Dimethoxy-3-oxo-1,2,3,9,10,10a-hexahydro-phenanthren-9-carbonsäure (F: 229–231°) mit Chinolin (*Walker,* Am. Soc. **80** [1958] 645, 651).

Gelbe Kristalle (aus E.); F: 213–215° [korr.]. λ_{max} (A.): 225 nm, 243 nm, 310 nm und 345 nm.

***Opt.-inakt. 6-Methoxy-4a,9,10,10a-tetrahydro-1*H*-phenanthren-2,4-dion** $C_{15}H_{16}O_3$, Formel VI und Taut.

F: 150,5–151° (*Pincus, Werthessen,* Pr. roy. Soc. [B] **126** [1939] 330, 343).

***Opt.-inakt. 3,6-Dihydroxy-3,5-dimethyl-3,4-dihydro-1*H*-1,4-ätheno-naphthalin-2-on** $C_{14}H_{14}O_3$, Formel VII (R = R′ = H).

B. Aus opt.-inakt. 3,6-Diacetoxy-3,5-dimethyl-3,4-dihydro-1*H*-1,4-ätheno-naphthalin-2-on (s. u.) mit Hilfe von methanol. NaOH (*Metlesics, Wessely,* M. **88** [1957] 108, 114).

Kristalle; F: 181–183°.

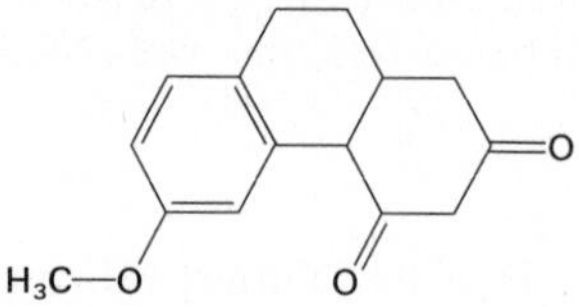

VI

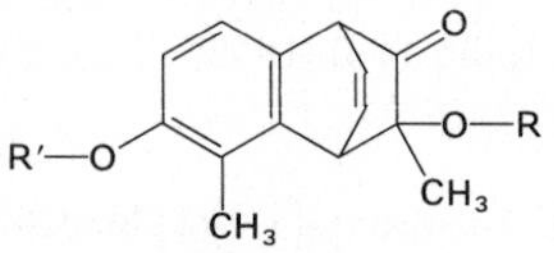

VII

***Opt.-inakt. 3-Hydroxy-6-methoxy-3,5-dimethyl-3,4-dihydro-1*H*-1,4-ätheno-naphthalin-2-on** $C_{15}H_{16}O_3$, Formel VII (R = H, R′ = CH_3).

B. Beim Behandeln der vorangehenden Verbindung mit Dimethylsulfat und wss. NaOH (*Metlesics, Wessely,* M. **88** [1957] 108, 114).

Kristalle (aus Bzl.); F: 152–154°.

***Opt.-inakt. 3,6-Diacetoxy-3,5-dimethyl-3,4-dihydro-1*H*-1,4-ätheno-naphthalin-2-on** $C_{18}H_{18}O_5$, Formel VII (R = R′ = CO-CH_3).

B. Beim Erhitzen von opt.-inakt. 3,5-Dihydroxy-3,5-dimethyl-1,3,4,4a,5,8a-hexahydro-1,4-ätheno-naphthalin-2,6-dion (S. 2879) oder dessen Diacetyl-Derivat mit Acetanhydrid und Natriumacetat (*Metlesics, Wessely,* M. **88** [1957] 108, 114).

Kristalle; F: 159–161°. [*Mühle*]

Hydroxy-oxo-Verbindungen $C_{15}H_{16}O_3$

***2-[2-Hydroxy-cinnamoyl]-cyclohexanon, 3-[2-Hydroxy-phenyl]-1-[2-oxo-cyclohexyl]-propenon** $C_{15}H_{16}O_3$, Formel VIII und Taut.

B. Beim Behandeln von Cyclohexanon mit Cumarin und Natriumäthylat in Toluol (*Smissman, Gabbard,* Am. Soc. **79** [1957] 3203).

Hellbrauner Feststoff mit 1 Mol H_2O; F: 127° [Zers.].

Kupfer(II)-Salz. Grüner Feststoff.

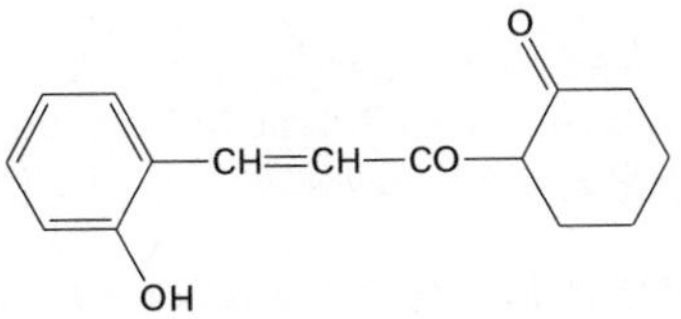

VIII 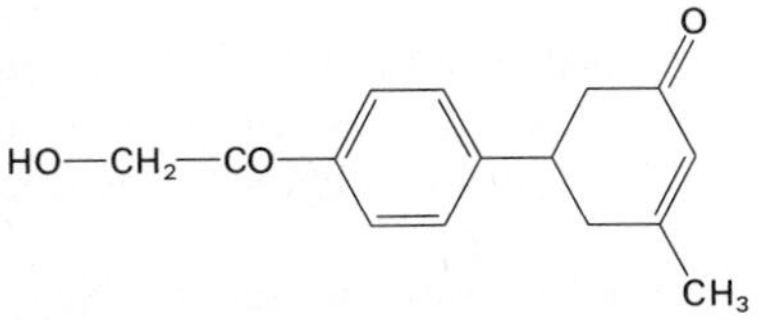 IX

(±)-5-[4-Hydroxyacetyl-phenyl]-3-methyl-cyclohex-2-enon $C_{15}H_{16}O_3$, Formel IX.

B. Beim Behandeln des Acetyl-Derivats (s. u.) in $CHCl_3$ und Methanol mit wss. HCl (*Dyer et al.,* Soc. **1952** 4778, 4781).

Kristalle (aus Bzl.); F: 127–129°.

Acetyl-Derivat $C_{17}H_{18}O_4$; (±)-5-[4-Acetoxyacetyl-phenyl]-3-methyl-cyclohex-2-enon. *B.* Beim Erhitzen von (±)-5-[4-Chloracetyl-phenyl]-3-methyl-cyclohex-2-enon mit Kaliumacetat und Essigsäure (*Dyer et al.*). – Kristalle (aus A.); F: 143–144°.

(±)-6-Acetyl-3-[4-methoxy-phenyl]-6-methyl-cyclohex-2-enon $C_{16}H_{18}O_3$, Formel X.

B. Beim Erwärmen von 6-Acetyl-3-[4-methoxy-phenyl]-cyclohex-2-enon in Benzol mit Natriummethylat in Methanol und Behandeln der Reaktionslösung mit CH_3I (*Novello et al.,* Am. Soc. **75** [1953] 1330, 1333).

Kristalle (aus A. + PAe.); F: 55,8–56,8°.

2-Hydroxy-3-pentyl-[1,4]naphthochinon $C_{15}H_{16}O_3$, Formel XI (R = $[CH_2]_4$-CH_3) und Taut. (E III 2594).

Die E III **8** 2594 beim Behandeln mit PbO_2 und Essigsäure erhaltene, mit Vorbehalt als Bis-[1,4-dioxo-3-pentyl-1,4-dihydro-[2]naphthyl]-peroxid $C_{30}H_{30}O_6$ formulierte Verbindung (F: 117–118°) ist in Analogie zu 3-[3-Methyl-but-2-enyl]-3-[2-(3-methyl-but-2-enyl)-3,4-dioxo-3,4-dihydro-[1]naphthyloxy]-naphthalin-1,2,4-trion („Lapacholperoxid"; vgl. dazu *Ettlinger,* Am. Soc. **72** [1950] 3472) vermutlich als 3-[3,4-Dioxo-2-pentyl-3,4-dihydro-[1]naphthyloxy]-3-pentyl-naphthalin-1,2,4-trion $C_{30}H_{30}O_6$ zu formulieren.

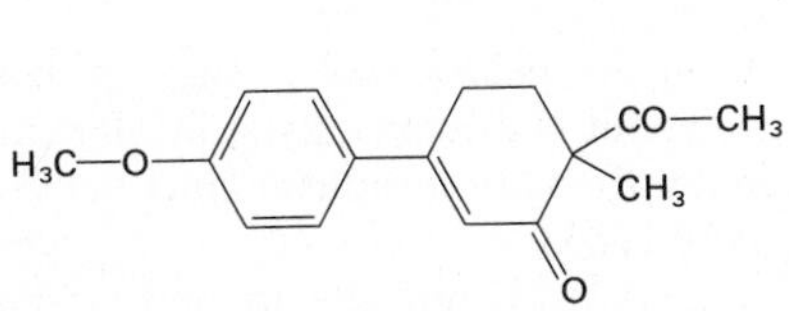

X 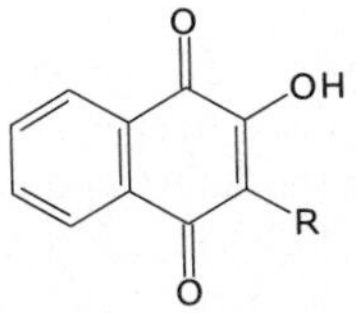 XI 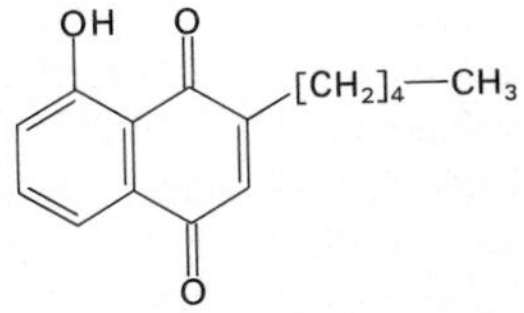 XII

8-Hydroxy-2-pentyl-[1,4]naphthochinon $C_{15}H_{16}O_3$, Formel XII.

B. Beim Erwärmen von 5,8-Dihydroxy-7-pentyl-3,4-dihydro-2*H*-naphthalin-1-on mit $FeCl_3$ und wss. Essigsäure (*Shoji*, J. pharm. Soc. Japan **79** [1959] 1038, 1039; C. A. **1960** 5587).

Orangefarbene Kristalle (aus A.); F: 68–69,5° (*Sh.*, l. c. S. 1041). λ_{max} ($CHCl_3$): 270 nm und 422 nm (*Shoji*, J. pharm. Soc. Japan **79** [1959] 1044, 1046; C. A. **1960** 5587).

Kupfer(II)-Salz $Cu(C_{15}H_{15}O_3)_2$. λ_{max}: 510 nm (*Sh.*, l. c. S. 1046).

2-Hydroxy-3-isopentyl-[1,4]naphthochinon, Dihydrolapachol $C_{15}H_{16}O_3$, Formel XI (R = CH_2-CH_2-$CH(CH_3)_2$) und Taut. (E I 638; E II 352; E III 2595).

Absorptionsspektrum in wenig Essigsäure enthaltendem Äthanol (220–460 nm) und in H_2SO_4 (220–600 nm): *Ettlinger*, Am. Soc. **72** [1950] 3090, 3092; in NaOH [0,1 n] (340–630 nm): *Ettlinger*, Am. Soc. **72** [1950] 3085, 3086. Scheinbarer Dissoziationsexponent pK'_a (H_2O; spektrophotometrisch ermittelt): 5,13 (*Et.*, l. c. S. 3086).

Bildung von Hydroxyisolapachol (2-Hydroxy-3-[2-oxo-3-methyl-butyl]-[1,4]naphthochinon) beim Bestrahlen einer Lösung in wasserhaltigem Äther mit Licht unter Luftzutritt: *Ettlinger*, Am. Soc. **72** [1950] 3666, 3670.

3-Hydroxy-1-[6-methoxy-[2]naphthyl]-2,2-dimethyl-propan-1-on $C_{16}H_{18}O_3$, Formel XIII.

B. Beim Erwärmen von 3-Chlor-1-[6-methoxy-[2]naphthyl]-2,2-dimethyl-propan-1-on mit methanol. KOH (*Ashmore, Huffman*, Am. Soc. **73** [1951] 1784; *Searle & Co.*, U.S.P. 2607780 [1949]).

Kristalle (aus PAe. + Ae. bzw. aus wss. Acn.); F: 119° (*Ash., Hu.*; *Searle & Co.*).

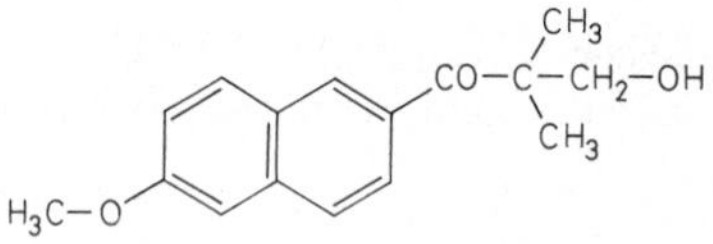

XIII 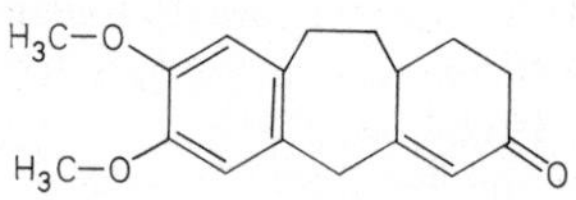 XIV

(±)-7,8-Dimethoxy-1,2,5,10,11,11a-hexahydro-dibenzo[*a,d*]cyclohepten-3-on $C_{17}H_{20}O_3$, Formel XIV.

B. Beim Erwärmen von opt.-inakt. 4a-Hydroxy-7,8-dimethoxy-1,2,4,4a,5,10,11,11a-octahydro-dibenzo[*a,d*]cyclohepten-3-on (F: 177–178°) mit Toluol-4-sulfonsäure in Benzol bzw. mit Polyphosphorsäure (*Fujita*, J. pharm. Soc. Japan **79** [1959] 1196, 1200; C. A. **1960** 3354).

Kristalle (aus Me.); F: 118–119°. λ_{max} (A.): 233 nm und 287 nm.

2,4-Dinitro-phenylhydrazon (F: 207–208°): *Fu.*

(±)-9,10-Dimethoxy-1,2,5,6,7,11b-hexahydro-dibenzo[*a,c*]cyclohepten-3-on $C_{17}H_{20}O_3$, Formel I.

B. Beim Behandeln von (±)-2,3-Dimethoxy-5-[3-oxo-butyl]-5,7,8,9-tetrahydro-benzocyclohepten-6-on mit wss.-methanol. KOH und Erhitzen des Reaktionsprodukts unter 0,1 Torr (*Fujita*, J. pharm. Soc. Japan **79** [1959] 1196, 1200; C. A. **1960** 3354).

$Kp_{0,1}$: 187–190°. λ_{max} (A.): 234 nm, 295 nm und 329 nm.

2,4-Dinitro-phenylhydrazon (F: 220°): *Fu.*

(±)-9,10-Dimethoxy-3,4,4a,5,6,7-hexahydro-dibenzo[*a,c*]cyclohepten-2-on $C_{17}H_{20}O_3$, Formel II.

B. Aus (±)-2,3-Dimethoxy-6-[3-oxo-butyl]-6,7,8,9-tetrahydro-benzocyclohepten-5-on beim Behandeln mit wss. HCl in Essigsäure oder beim Erwärmen mit Natriummethylat in Methanol sowie beim Behandeln mit methanol. KOH und Erhitzen des Reaktionsprodukts unter 0,4 Torr (*Fujita*, J. pharm. Soc. Japan **79** [1959] 752, 755; C. A. **1959** 21853).

Kristalle (aus Ae.); F: 114–116°. $Kp_{0,4}$: 205–208°. λ_{max} (A.): 237 nm, 298 nm und 315 nm.

Semicarbazon $C_{18}H_{23}N_3O_3$. Hellgelbe Kristalle (aus $CHCl_3$ + A.); F: 217–218°.

2,4-Dinitro-phenylhydrazon (F: 235–237°): *Fu.*

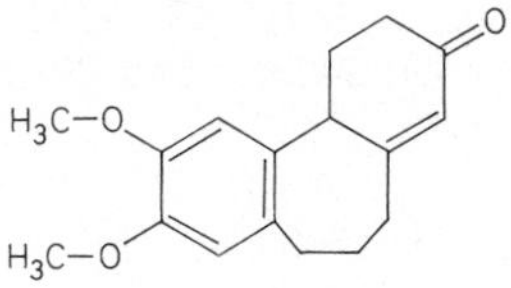

(±)-10*t*-Hydroxy-8-methoxy-10*c*-methyl-(4a*r*,9a*c*)-1,4,4a,9a-tetrahydro-anthron $C_{16}H_{18}O_3$, Formel III (R = H) + Spiegelbild.

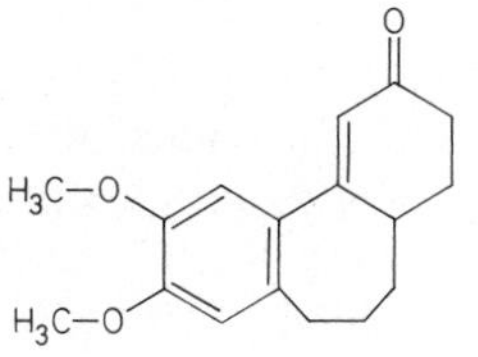

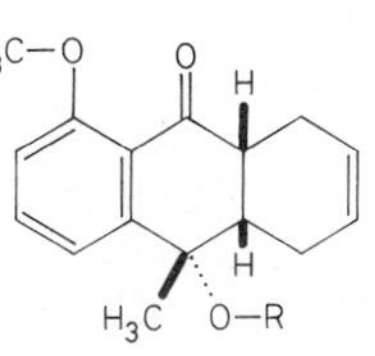

Konfiguration: *Schemjakin et al.*, Izv. Akad. S.S.S.R. Ser. chim. **1964** 1024; engl. Ausg. S. 953.

B. Aus (±)-5-Methoxy-(4a*r*,9a*c*)-1,4,4a,9a-tetrahydro-anthrachinon (E IV **6** 7593) in Benzol und Methylmagnesiumjodid in Äther (*Schemjakin et al.*, Ž. obšč. Chim. **29** [1959] 1831, 1838; engl. Ausg. S. 1802, 1808).

Kristalle (aus wss. A.); F: 194–196°; λ_{max} (A.): 256 nm und 317 nm (*Sch. et al.*, Ž. obšč. Chim. **29** 1838).

(±)-10*t*-Acetoxy-8-methoxy-10*c*-methyl-(4a*r*,9a*c*)-1,4,4a,9a-tetrahydro-anthron $C_{18}H_{20}O_4$, Formel III (R = CO-CH$_3$) + Spiegelbild.

B. Beim Behandeln der vorangehenden Verbindung in Benzol mit Methylmagnesiumjodid in Äther und anschliessend mit Acetanhydrid (*Schemjakin et al.*, Izv. Akad. S.S.S.R. Ser. chim. **1964** 1013, 1017; engl. Ausg. S. 944, 947; s. a. *Schemjakin et al.*, Doklady Akad. S.S.S.R. **128** [1959] 113; Pr. Acad. Sci. U.S.S.R. Chem. Sect. **124–129** [1959] 717).

F: 208–209° [aus A.]; λ_{max} (A.): 258 nm und 333 nm (*Sch. et al.*, Izv. Akad. S.S.S.R. Ser. chim. **1964** 1017).

(±)-4*t*(?),10*t*-Dihydroxy-10*c*-methyl-(4a*r*,9a*c*)-1,4,4a,9a-tetrahydro-anthron $C_{15}H_{16}O_3$, vermutlich Formel IV (R = R′ = H) + Spiegelbild.

B. Beim Erwärmen der folgenden Verbindung mit wss.-methanol. KOH (*Inhoffen et al.*, Croat. chem. Acta **29** [1957] 329, 343).

Kristalle (aus Cyclohexan); F: 142–143,5°.

(±)-4*t*(?)-Acetoxy-10*t*-hydroxy-10*c*-methyl-(4a*r*,9a*c*)-1,4,4a,9a-tetrahydro-anthron $C_{17}H_{18}O_4$, vermutlich Formel IV (R = CO-CH$_3$, R′ = H) + Spiegelbild.

Für die nachstehend unter dieser Konstitution und Konfiguration beschriebene Verbindung wird auch eine Formulierung als 10*t*-Acetoxy-4*t*(?)-hydroxy-10*c*-methyl-(4a*r*,9a*c*)-1,4,4a,9a-tetrahydro-anthron $C_{17}H_{18}O_4$ (Formel IV [R = H, R′ = CO-CH$_3$] + Spiegelbild) in Betracht gezogen (*Inhoffen et al.*, Croat. chem. Acta **29** [1957] 329, 337).

B. Aus (±)-1*t*(?)-Acetoxy-(4a*r*,9a*c*)-1,4,4a,9a-tetrahydro-anthrachinon (E IV **6** 7594) in Toluol und Methylmagnesiumjodid in Äther, anfangs bei −75° (*In. et al.*, l. c. S. 343).

Kristalle (aus Cyclohexanon); F: 156,5–157°.

(±)-10*t*-Hydroxy-10*c*-methyl-(4a*r*,9a*c*)-1,3,4,4a,9a,10-hexahydro-anthracen-2,9-dion $C_{15}H_{16}O_3$, Formel V (R = X = H) + Spiegelbild.

B. Neben kleinen Mengen (±)-9*t*-Hydroxy-9*c*-methyl-(4a*r*,9a*c*)-4,4a,9,9a-tetrahydro-1*H*,3*H*-anthracen-2,10-dion beim Behandeln von (±)-2-Methoxy-(4a*r*,9a*c*)-1,4,4a,9a-tetrahydro-anthrachinon (E IV **6** 7594) in Benzol mit Methylmagnesiumjodid in Äther und Erwärmen des Reaktionsprodukts mit wss.-äthanol. HCl (*Schemjakin et al.*, Ž. obšč. Chim. **29** [1959] 1831, 1838, 1841; engl. Ausg. S. 1802, 1808, 1811). Beim Behandeln von 3ξ-Chlor-10*t*-hydroxy-10*c*-methyl-(4a*r*,9a*c*)-1,3,4,4a,9a,10-hexahydro-anthracen-2,9-dion (s. u.) oder der entsprechenden Brom-Verbindung (s. u.) mit wss. Essigsäure und Zink-Pulver (*Schemjakin et al.*, Izv. Akad. S.S.S.R. Ser. chim. **1964** 1013, 1021; engl. Ausg. S. 944, 950; s. a. *Schemjakin et al.*, Doklady Akad. S.S.S.R. **128** [1959] 113, 115; Pr. Acad. Sci. U.S.S.R. Chem. Sect. **124–129** [1959] 717, 719).

Kristalle; F: 134–135° [aus Bzl.] (*Sch. et al.*, Ž. obšč. Chim. **29** 1841), 132–133° [aus A.] (*Sch. et al.*, Izv. Akad. S.S.S.R. Ser. chim. **1964** 1021). λ_{max} (A.): 249 nm und 291 nm (*Sch. et al.*, Ž. obšč. Chim. **29** 1841; Doklady Akad. S.S.S.R. **128** 115).

Monosemicarbazon $C_{16}H_{19}N_3O_3$. F: 217–219° [Zers.; aus A.] (*Sch. et al.*, Ž. obšč. Chim. **29** 1841), 213–214° [Zers.; aus A.] (*Sch. et al.*, Izv. Akad. S.S.S.R. Ser. chim. **1964** 1021).

(±)-3ξ-Chlor-10*t*-hydroxy-10*c*-methyl-(4a*r*,9a*c*)-1,3,4,4a,9a,10-hexahydro-anthracen-2,9-dion $C_{15}H_{15}ClO_3$, Formel V (R = H, X = Cl) + Spiegelbild.

B. Beim Behandeln von (±)-3*c*-Chlor-2*t*,10*t*-dihydroxy-10*c*-methyl-(4a*r*,9a*c*)-1,2,3,4,4a,9a-hexahydro-anthron mit CrO_3 und wss. Essigsäure (*Schemjakin et al.*, Izv. Akad. S.S.S.R. Ser. chim. **1964** 1013, 1020; engl. Ausg. S. 944, 949; s. a. *Schemjakin et al.*, Doklady Akad. S.S.S.R. **128** [1959] 113, 115; Pr. Acad. Sci. U.S.S.R. Chem. Sect. **124–129** [1959] 717, 718).

Zers. bei 97–98° [aus wss. A.] (*Sch. et al.*, Izv. Akad. S.S.S.R. Ser. chim. **1964** 1020), 95° [aus $CHCl_3$ + Hexan] (*Sch. et al.*, Doklady Akad. S.S.S.R. **128** 115). λ_{max} (A.): 252 nm und 292 nm (*Sch. et al.*, Izv. Akad. S.S.S.R. Ser. chim. **1964** 1020).

(±)-10*t*-Acetoxy-3ξ-chlor-10*c*-methyl-(4a*r*,9a*c*)-1,3,4,4a,9a,10-hexahydro-anthracen-2,9-dion $C_{17}H_{17}ClO_4$, Formel V (R = CO-CH_3, X = Cl) + Spiegelbild.

B. Analog der vorangehenden Verbindung (*Schemjakin et al.*, Izv. Akad. S.S.S.R. Ser. chim. **1964** 1013, 1020; engl. Ausg. S. 944, 950; s. a. *Schemjakin et al.*, Doklady Akad. S.S.S.R. **128** [1959] 113, 115; Pr. Acad. Sci. U.S.S.R. Chem. Sect. **124–129** [1959] 717, 718).

Zers. bei 119° [aus Bzl.]; λ_{max} (A.): 250 nm und 288 nm (*Sch. et al.*, Izv. Akad. S.S.S.R. Ser. chim. **1964** 1020).

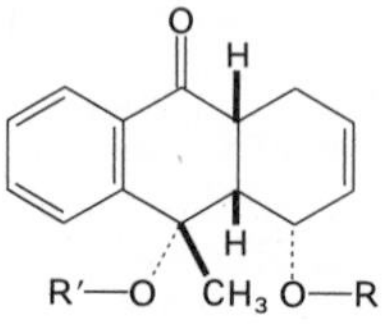

IV 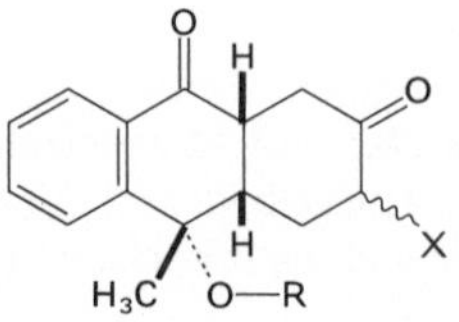 V 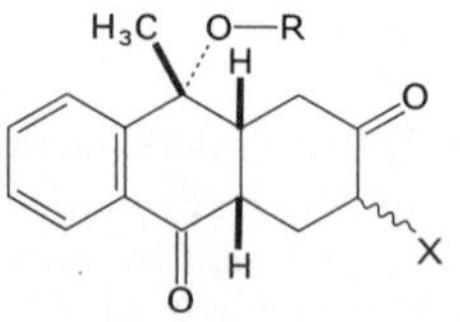 VI

(±)-3ξ-Brom-10*t*-hydroxy-10*c*-methyl-(4a*r*,9a*c*)-1,3,4,4a,9a,10-hexahydro-anthracen-2,9-dion $C_{15}H_{15}BrO_3$, Formel V (R = H, X = Br) + Spiegelbild.

B. Analog den vorangehenden Verbindungen (*Schemjakin et al.*, Izv. Akad. S.S.S.R. Ser. chim. **1964** 1013, 1021; engl. Ausg. S. 944, 950; s. a. *Schemjakin et al.*, Doklady Akad. S.S.S.R. **128** [1959] 113, 115; Pr. Acad. Sci. U.S.S.R. Chem. Sect. **124–129** [1959] 717, 718).

Zers. bei 67–68° [aus $CHCl_3$ + Heptan]; λ_{max} (A.): 250 nm und 290 nm (*Sch. et al.*, Izv. Akad. S.S.S.R. Ser. chim. **1964** 1021).

(±)-9*t*-Hydroxy-9*c*-methyl-(4a*r*,9a*c*)-4,4a,9,9a-tetrahydro-1*H*,3*H*-anthracen-2,10-dion $C_{15}H_{16}O_3$, Formel VI (R = X = H) + Spiegelbild.

B. Beim Behandeln von 3ξ-Chlor-9*t*-hydroxy-9*c*-methyl-(4a*r*,9a*c*)-4,4a,9,9a-tetrahydro-1*H*,3*H*-anthracen-2,10-dion (s. u.) oder der entsprechenden Brom-Verbindung (s. u.) mit wss. Essigsäure und Zink-Pulver (*Schemjakin et al.*, Izv. Akad. S.S.S.R. Ser. chim. **1964** 1013, 1021; engl. Ausg. S. 944, 950; Doklady Akad. S.S.S.R. **128** [1959] 113, 115; Pr. Acad. Sci. U.S.S.R. Chem. Sect. **124–129** [1959] 717, 719).

F: 121° [aus Bzl.] (*Sch. et al.*, Doklady Akad. S.S.S.R. **128** 115), 120–121° [aus Bzl.] (*Schemjakin et al.*, Ž. obšč. Chim. **29** [1959] 1831, 1841; engl. Ausg. S. 1802, 1811), 119–120° [aus A.] (*Sch. et al.*, Izv. Akad. S.S.S.R. Ser. chim. **1964** 1021). λ_{max} (A.): 250 nm und 291 nm

(*Sch. et al.*, Ž. obšč. Chim. **29** 1841; Doklady Akad. S.S.S.R. **128** 115).

Monosemicarbazon $C_{16}H_{19}N_3O_3$. Zers. bei 237–239° [aus A.] (*Sch. et al.*, Ž. obšč. Chim. **29** 1841), 229–230° [aus A.] (*Sch. et al.*, Izv. Akad. S.S.S.R. Ser. chim. **1964** 1021).

(±)-3ξ-Chlor-9*t*-hydroxy-9*c*-methyl-(4a*r*,9a*c*)-4,4a,9,9a-tetrahydro-1*H*,3*H*-anthracen-2,10-dion $C_{15}H_{15}ClO_3$, Formel VI (R = H, X = Cl) + Spiegelbild.

B. Beim Behandeln von (±)-2*t*-Chlor-3*c*,10*t*-dihydroxy-10*c*-methyl-(4a*r*,9a*c*)-1,2,3,4,4a,9a-hexahydro-anthron mit CrO_3 und wss. Essigsäure (*Schemjakin et al.*, Izv. Akad. S.S.S.R. Ser. chim. **1964** 1013, 1020; engl. Ausg. S. 944, 949; s. a. *Schemjakin et al.*, Doklady Akad. S.S.S.R. **128** [1959] 113, 115; Pr. Acad. Sci. U.S.S.R. Chem. Sect. **124–129** [1959] 717, 718).

Zers. bei 95° [aus $CHCl_3$ + Hexan] (*Sch. et al.*, Izv. Akad. S.S.S.R. Ser. chim. **1964** 1020), 88° [aus Bzl.] (*Sch. et al.*, Doklady Akad. S.S.S.R. **128** 115). λ_{max} (A.): 249 nm und 290 nm (*Sch. et al.*, Izv. Akad. S.S.S.R. Ser. chim. **1964** 1020), 252 nm und 292 nm (*Sch. et al.*, Doklady Akad. S.S.S.R. **128** 115).

(±)-9*t*-Acetoxy-3ξ-chlor-9*c*-methyl-(4a*r*,9a*c*)-4,4a,9,9a-tetrahydro-1*H*,3*H*-anthracen-2,10-dion $C_{17}H_{17}ClO_4$, Formel VI (R = CO-CH_3, X = Cl) + Spiegelbild.

B. Analog der vorangehenden Verbindung (*Schemjakin et al.*, Izv. Akad. S.S.S.R. Ser. chim. **1964** 1013, 1020; engl. Ausg. S. 944, 949; s. a. *Schemjakin et al.*, Doklady Akad. S.S.S.R. **128** [1959] 113, 115; Pr. Acad. Sci. U.S.S.R. Chem. Sect. **124–129** [1959] 717, 718).

Zers. bei 99–100° [aus Dioxan + Hexan]; λ_{max} (A.): 244 nm und 287 nm (*Sch. et al.*, Izv. Akad. S.S.S.R. Ser. chim. **1964** 1020).

(±)-3ξ-Brom-9*t*-hydroxy-9*c*-methyl-(4a*r*,9a*c*)-4,4a,9,9a-tetrahydro-1*H*,3*H*-anthracen-2,10-dion $C_{15}H_{15}BrO_3$, Formel VI (R = H, X = Br) + Spiegelbild.

B. Analog den vorangehenden Verbindungen (*Schemjakin et al.*, Izv. Akad. S.S.S.R. Ser. chim. **1964** 1013, 1021; engl. Ausg. S. 944, 950; s. a. *Schemjakin et al.*, Doklady Akad. S.S.S.R. **128** [1959] 113, 115; Pr. Acad. Sci. U.S.S.R. Chem. Sect. **124–129** [1959] 717, 718).

Zers. bei 64° [aus $CHCl_3$ + Hexan]; λ_{max} (A.): 251 nm und 291 nm (*Sch. et al.*, Izv. Akad. S.S.S.R. Ser. chim. **1964** 1021).

(±)-9*t*-Acetoxy-3ξ-brom-9*c*-methyl-(4a*r*,9a*c*)-4,4a,9,9a-tetrahydro-1*H*,3*H*-anthracen-2,10-dion $C_{17}H_{17}BrO_4$, Formel VI (R = CO-CH_3, X = Br) + Spiegelbild.

B. Analog den vorangehenden Verbindungen (*Schemjakin et al.*, Izv. Akad. S.S.S.R. Ser. chim. **1964** 1013, 1021; engl. Ausg. S. 944, 950; s. a. *Schemjakin et al.*, Doklady Akad. S.S.S.R. **128** [1959] 113, 115; Pr. Acad. Sci. U.S.S.R. Chem. Sect. **124–129** [1959] 717, 718).

Zers. bei 57° [aus $CHCl_3$ + Heptan]; λ_{max} (A.): 251 nm und 294 nm (*Sch. et al.*, Izv. Akad. S.S.S.R. Ser. chim. **1964** 1021).

***Opt.-inakt. 7-Methoxy-2-methyl-2,3,4,4a,10,10a-hexahydro-phenanthren-1,9-dion** $C_{16}H_{18}O_3$, Formel VII.

B. Beim Erwärmen von opt.-inakt. [6-(4-Methoxy-phenyl)-3-methyl-2-oxo-cyclohexyl]-essigsäure (F: 208°) mit $SOCl_2$ und wenig Pyridin in Äther und Behandeln des Reaktionsprodukts mit $AlCl_3$ in Benzol (*Sen Gupta, Bhattacharyya*, J. Indian chem. Soc. **31** [1954] 337, 343).

Kristalle (aus Me.); F: 129°. Kp_3: 158–160° (*Sen Gu., Bh.*, l. c. S. 355).

O O H₃C—O —CH₃ VII

H O H₃C—O CHO H VIII

(±)-7-Methoxy-1-oxo-(4a*r*,10a*t*)-1,2,3,4,4a,9,10,10a-octahydro-phenanthren-2-carbaldehyd $C_{16}H_{18}O_3$, Formel VIII + Spiegelbild und Taut. ((±)-2-Hydroxymethylen-7-methoxy-(4a*r*,10a*t*)-3,4,4a,9,10,10a-hexahydro-2*H*-phenanthren-1-on) (E III 2597).

B. Aus (±)-7-Methoxy-(4a*r*,10a*t*)-3,4,4a,9,10,10a-hexahydro-2*H*-phenanthren-1-on und Äthylformiat in Benzol mit Hilfe von Natriummethylat (*Johnson et al.*, Am. Soc. **74** [1952] 2832, 2839; vgl. E III 2597).

F: 134–135° [Rohprodukt].

(±)-5,8-Dihydroxy-4a-methyl-4,4a,9,10-tetrahydro-3*H*-phenanthren-2-on $C_{15}H_{16}O_3$, Formel IX (R = R' = H).

B. Beim Behandeln von (±)-5,8-Dihydroxy-1-methyl-3,4-dihydro-1*H*-naphthalin-2-on mit Dihydropyran und wenig wss. HCl, Behandeln des Reaktionsprodukts mit Diäthyl-methyl-[3-oxo-butyl]-ammonium-jodid und wss.-äthanol. KOH und Behandeln des danach erhaltenen Reaktionsprodukts mit wss. HCl (*Newhall et al.*, Am. Soc. **77** [1955] 5646, 5651).

Kristalle (aus Bzl. + Me.); F: 248–250°.

(±)-8-Hydroxy-5-methoxy-4a-methyl-4,4a,9,10-tetrahydro-3*H*-phenanthren-2-on $C_{16}H_{18}O_3$, Formel IX (R = CH_3, R' = H).

B. Aus (±)-5-Hydroxy-8-methoxy-1-methyl-3,4-dihydro-1*H*-naphthalin-2-on beim Behandeln mit Diäthyl-methyl-[3-oxo-butyl]-ammonium-jodid und wss.-äthanol. KOH (*Newhall et al.*, Am. Soc. **77** [1955] 5646, 5650) bzw. beim Erwärmen mit Dihydropyran und wenig wss. HCl und Behandeln des Reaktionsprodukts mit Benzyl-trimethyl-ammonium-hydroxid und But-3-en-2-on und anschliessend mit wss. H_2SO_4 (*Ne. et al.*, l. c. S. 5651). Beim Erhitzen von (±)-5-Hydroxy-8-methoxy-1-methyl-1-[3-oxo-butyl]-3,4-dihydro-1*H*-naphthalin-2-on mit Essigsäure und wss. HCl (*Ne. et al.*).

Dimorph (*Ne. et al.*, l. c. S. 5651 Anm. 9). Kristalle; F: 181–183° [aus Me.] bzw. F: 146°.

Acetyl-Derivat $C_{18}H_{20}O_4$; (±)-8-Acetoxy-5-methoxy-4a-methyl-4,4a,9,10-tetrahydro-3*H*-phenanthren-2-on. Kristalle (aus $CHCl_3$); F: 120–121° (*Ne. et al.*, l. c. S. 5652).

(±)-5,8-Dimethoxy-4a-methyl-4,4a,9,10-tetrahydro-3*H*-phenanthren-2-on $C_{17}H_{20}O_3$, Formel IX (R = R' = CH_3) (E III 2597).

B. Beim Behandeln von (±)-5,8-Dimethoxy-1-methyl-3,4-dihydro-1*H*-naphthalin-2-on in Benzol mit Diäthyl-methyl-[3-oxo-butyl]-ammonium-jodid und Kaliumäthylat in Äthanol (*Grob, Jundt*, Helv. **35** [1952] 2111, 2115; vgl. E III 2597). Beim Behandeln der vorangehenden Verbindung mit Dimethylsulfat und wss. NaOH (*Newhall et al.*, Am. Soc. **77** [1955] 5646, 5652).

Kristalle; F: 120–120,5° [aus Me.] (*Ne. et al.*), 116–119° [aus Ae. + PAe.] (*Grob, Ju.*).

R'—O, H₃C, O—R, =O
IX

R—O, R—O, H₃C, =O
X

(±)-8-Benzyloxy-5-methoxy-4a-methyl-4,4a,9,10-tetrahydro-3*H*-phenanthren-2-on $C_{23}H_{24}O_3$, Formel IX (R = CH_3, R' = CH_2-C_6H_5).

B. Beim Behandeln von (±)-5-Benzyloxy-8-methoxy-1-methyl-3,4-dihydro-1*H*-naphthalin-2-on in Methanol mit Diäthyl-methyl-[3-oxo-butyl]-ammonium-jodid und Kaliumäthylat in Äthanol (*Newhall et al.*, Am. Soc. **77** [1955] 5646, 5651). Aus (±)-8-Hydroxy-5-methoxy-4a-methyl-4,4a,9,10-tetrahydro-3*H*-phenanthren-2-on und Benzylbromid in Methanol mit Hilfe von Natriummethylat (*Ne. et al.*).

2,4-Dinitro-phenylhydrazon (F: 208–210°): *Ne. et al.*

(±)-6,7-Dihydroxy-4a-methyl-4,4a,9,10-tetrahydro-3*H*-phenanthren-2-on $C_{15}H_{16}O_3$, Formel X (R = H).

B. Beim Erhitzen der folgenden Verbindung mit wss. HI und Essigsäure (*Howell, Taylor,* Soc. **1958** 1248, 1252).

Gelbe Kristalle (aus Me. + Ae.); F: 200° [Zers.].

Unbeständig.

(±)-6,7-Dimethoxy-4a-methyl-4,4a,9,10-tetrahydro-3*H*-phenanthren-2-on $C_{17}H_{20}O_3$, Formel X (R = CH_3).

B. Beim Behandeln von (±)-6,7-Dimethoxy-1-methyl-3,4-dihydro-1*H*-naphthalin-2-on in Benzol mit Trimethyl-[3-oxo-butyl]-ammonium-jodid und Natriummethylat in Methanol (*Howell, Taylor,* Soc. **1958** 1248, 1252).

Gelbe Kristalle (aus Ae.); F: 105–106°. $Kp_{0,01}$: 184–186°.

Semicarbazon $C_{18}H_{23}N_3O_3$. Orangefarbene Kristalle (aus A.); F: 232° [Zers.].

(±)-2,3-Dimethoxy-8a-methyl-6,8,8a,10-tetrahydro-7*H*-phenanthren-9-on $C_{17}H_{20}O_3$, Formel XI.

B. Beim Erwärmen von opt.-inakt. 4b-Hydroxy-2,3-dimethoxy-8a-methyl-4b,6,7,8,8a,10-hexahydro-5*H*-phenanthren-9-on (S. 2882) mit Polyphosphorsäure (*Walker,* Am. Soc. **79** [1957] 3508, 3512).

Rotes Öl, das sich beim Aufbewahren dunkelbraun färbt.

2,4-Dinitro-phenylhydrazon (F: 221–223° [Zers.]): *Wa.*

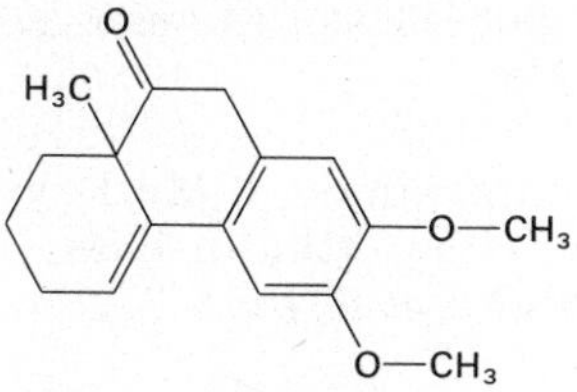

XI 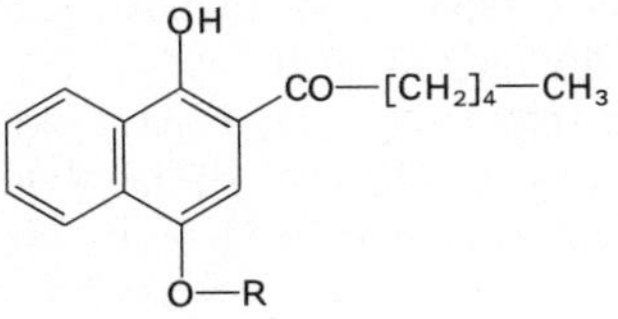 XII

Hydroxy-oxo-Verbindungen $C_{16}H_{18}O_3$

1-[1,4-Dihydroxy-[2]naphthyl]-hexan-1-on $C_{16}H_{18}O_3$, Formel XII (R = H).

B. Beim Erwärmen von 1-[1-Hydroxy-4-methoxy-[2]naphthyl]-hexan-1-on mit $AlCl_3$ in Benzol (*Hase, Nishimura,* J. pharm. Soc. Japan **75** [1955] 203, 205, 206; C. A. **1956** 1712).

Gelbe Kristalle (aus Bzl.); F: 164–165°.

1-[1-Hydroxy-4-methoxy-[2]naphthyl]-hexan-1-on $C_{17}H_{20}O_3$, Formel XII (R = CH_3).

B. Neben der folgenden Verbindung beim Behandeln von 1,4-Dimethoxy-naphthalin mit Hexanoylchlorid und $AlCl_3$ in CS_2 (*Hase, Nishimura,* J. pharm. Soc. Japan **75** [1955] 203, 205, 206; C. A. **1956** 1712).

Gelbe Kristalle (aus A.); F: 57–57,5°.

1-[5,8-Dimethoxy-[2]naphthyl]-hexan-1-on $C_{18}H_{22}O_3$, Formel XIII.

B. s. im vorangehenden Artikel.

Kristalle (aus A.); F: 77,5–78° (*Hase, Nishimura,* J. pharm. Soc. Japan **75** [1955] 203, 205; C. A. **1956** 1712).

2-Hexyl-8-hydroxy-[1,4]naphthochinon $C_{16}H_{18}O_3$, Formel XIV.

B. Beim Erwärmen von 5,8-Dihydroxy-7-hexyl-3,4-dihydro-2*H*-naphthalin-1-on mit $FeCl_3$ und wss. Essigsäure (*Shoji,* J. pharm. Soc. Japan **79** [1959] 1038, 1039; C. A. **1960** 5587).

Orangefarbene Kristalle (aus A.); F: 87–88° (*Sh.,* l. c. S. 1041). λ_{max} ($CHCl_3$): 270 nm und 420 nm (*Shoji,* J. pharm. Soc. Japan **79** [1959] 1044, 1046; C. A. **1960** 5587).

Kupfer(II)-Salz $Cu(C_{16}H_{17}O_3)_2$. λ_{max} ($CHCl_3$): 511 nm (*Sh.*, l. c. S. 1047).

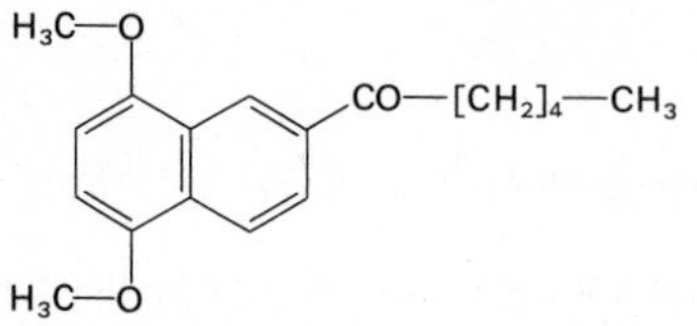

***Opt.-inakt. 4a-Hydroxy-8-phenyl-3,4,4a,7,8,8a-hexahydro-2*H*,5*H*-naphthalin-1,6-dion** $C_{16}H_{18}O_3$, Formel XV.

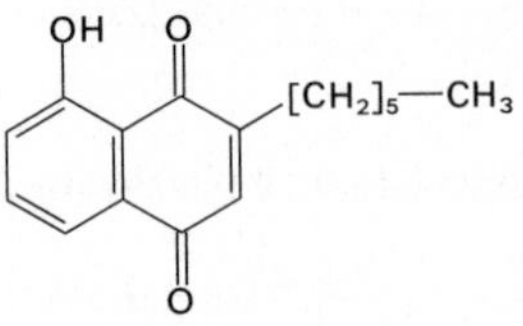

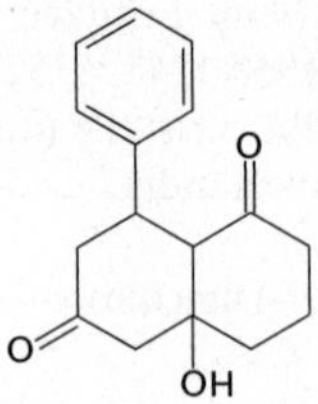

B. In geringer Menge neben 2-[3-Oxo-1-phenyl-butyl]-cyclohexan-1,3-dion beim Erwärmen von 4*t*-Phenyl-but-3-en-2-on mit Cyclohexan-1,3-dion und Kaliumäthylat in Äthanol (*Stetter, Coenen*, B. **87** [1954] 869, 871).

Kristalle (aus Me.); F: 191°.

***Opt.-inakt. 6-Methoxy-2-[2-methyl-3-oxo-cyclopentyl]-3,4-dihydro-2*H*-naphthalin-1-on** $C_{17}H_{20}O_3$, Formel I.

B. Beim Behandeln von 6-Methoxy-3,4-dihydro-2*H*-naphthalin-1-on in Dioxan mit 2-Methyl-cyclopent-2-enon und Kalium-*tert*-butylat in *tert*-Butylalkohol (*Nasarow et al.*, Izv. Akad. S.S.S.R. Otd. chim. **1956** 32, 34; engl. Ausg. S. 31, 33).

$Kp_{1,5}$: 195–201°. n_D^{20}: 1,5660.

Monosemicarbazon $C_{18}H_{23}N_3O_3$; vermutlich opt.-inakt. 6-Methoxy-2-[2-methyl-3-semicarbazono-cyclopentyl]-3,4-dihydro-2*H*-naphthalin-1-on. Bezüglich der Konstitution s. *Na. et al.*, l. c. S. 33. – F: 217–218° (*Na. et al.*, l. c. S. 35).

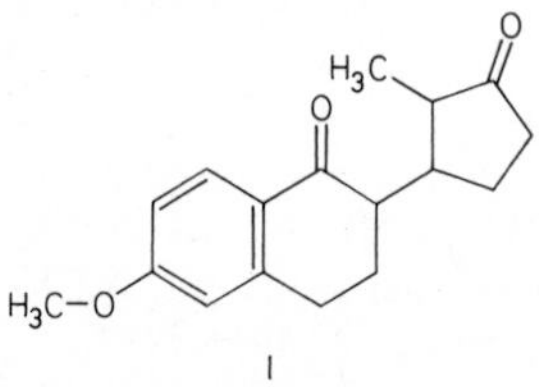

(±)-9,10-Dimethoxy-11b-methyl-1,2,5,6,7,11b-hexahydro-dibenzo[*a,c*]cyclohepten-3-on $C_{18}H_{22}O_3$, Formel II.

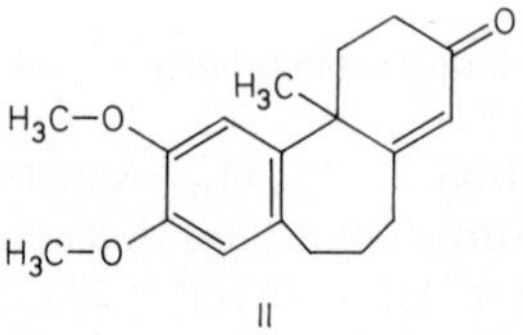

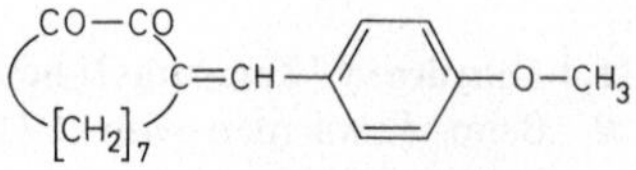

B. Beim Behandeln von (±)-2,3-Dimethoxy-5-methyl-5,7,8,9-tetrahydro-benzocyclohepten-6-on in Benzol mit Diäthyl-methyl-[3-oxo-butyl]-ammonium-jodid und Natriummethylat in Methanol (*Fujita et al.*, J. pharm. Soc. Japan **79** [1959] 1187, 1190; C. A. **1960** 3352). Beim Erwärmen von (±)-2,3-Dimethoxy-5-methyl-5-[3-oxo-butyl]-5,7,8,9-tetrahydro-benzocyclohepten-6-on mit Natriummethylat in Methanol (*Fu. et al.*).

$Kp_{0,3}$: 206–208°. λ_{max} (A.): 235–236 nm und 280–282 nm.

2,4-Dinitro-phenylhydrazon (F: 220–222° [Zers.]): *Fu. et al.*

Hydroxy-oxo-Verbindungen $C_{17}H_{20}O_3$

***3-[4-Methoxy-benzyliden]-cyclodecan-1,2-dion** $C_{18}H_{22}O_3$, Formel III.

B. Neben 3,10-Bis-[4-methoxy-benzyliden]-cyclodecan-1,2-dion (F: 179–180°) bei mehrtägigem Behandeln von Cyclodecan-1,2-dion mit 4-Methoxy-benzaldehyd unter Zusatz von wenig Piperidin und Essigsäure in Äthanol (*Leonard et al.*, Am. Soc. **79** [1957] 6436, 6440).

Gelbe Kristalle (aus A.); F: 100–101° [korr.]. IR-Banden ($CHCl_3$; 1700–1500 cm^{-1}): *Le. et al.*, l. c. S. 6438. λ_{max} (Cyclohexan): 239 nm, 334 nm und 419 nm (*Le. et al.*, l. c. S. 6439).

(±)-4-[4-Acetoxyacetyl-benzyl]-2,3-dimethyl-cyclohex-2-enon $C_{19}H_{22}O_4$, Formel IV.

B. Beim Behandeln von 4-[2,3-Dimethyl-4-oxo-cyclohex-2-enylmethyl]-benzoylchlorid (aus dem Natrium-Salz der entsprechenden Säure und Oxalylchlorid hergestellt) in Benzol mit Diazomethan in Äther und Erwärmen des Reaktionsprodukts mit Essigsäure (*Dyer et al.*, Soc. **1952** 4778, 4782).

Gelbliche Kristalle (aus Me. + wenig H_2O); F: 98–99°.

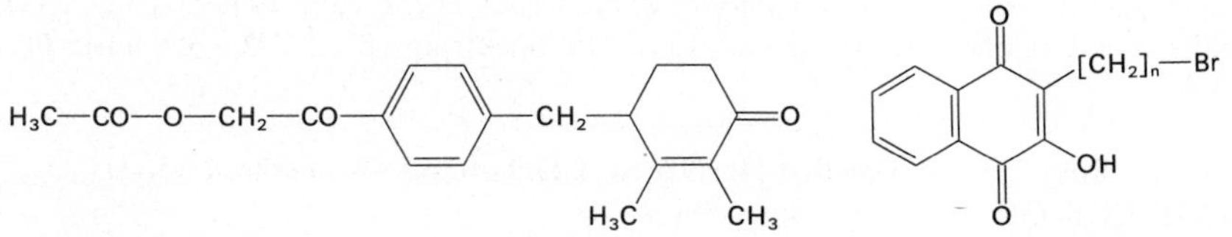

IV

V

2-[7-Brom-heptyl]-3-hydroxy-[1,4]naphthochinon $C_{17}H_{19}BrO_3$, Formel V (n = 7) und Taut.

B. Beim Erwärmen von 8-Brom-octansäure mit $SOCl_2$, Behandeln des erhaltenen Säurechlorids in Benzol mit wss. Na_2O_2 und Behandeln des Reaktionsprodukts mit 2-Hydroxy-[1,4]naphthochinon in Essigsäure (*Moser, Paulshock*, Am. Soc. **72** [1950] 5419, 5422).

Gelbe Kristalle (aus PAe.); F: 86–88°.

2-Heptyl-8-hydroxy-[1,4]naphthochinon $C_{17}H_{20}O_3$, Formel VI (n = 6).

B. Beim Erwärmen von 7-Heptyl-5,8-dihydroxy-3,4-dihydro-2*H*-naphthalin-1-on mit $FeCl_3$ und wss. Essigsäure (*Shoji*, J. pharm. Soc. Japan **79** [1959] 1038, 1039; C. A. **1960** 5587).

Orangefarbene Kristalle (aus A.); F: 81–84° (*Sh.*, l. c. S. 1041). λ_{max} ($CHCl_3$): 270 nm und 422 nm (*Shoji*, J. pharm. Soc. Japan **79** [1959] 1044, 1046; C. A. **1960** 5587).

Kupfer(II)-Salz $Cu(C_{17}H_{19}O_3)_2$. λ_{max} ($CHCl_3$): 514 nm (*Sh.*, l. c. S. 1047).

***Opt.-inakt. 6-Hydroxy-2-[2-methyl-3-oxo-cyclohexyl]-3,4-dihydro-2*H*-naphthalin-1-on** $C_{17}H_{20}O_3$, Formel VII (R = H).

B. Beim Erhitzen der im folgenden Artikel beschriebenen Verbindung mit $AlCl_3$ in Xylol (*Nasarow et al.*, Izv. Akad. S.S.S.R. Otd. chim. **1956** 32, 34; engl. Ausg. S. 31, 33).

Kristalle (aus Me.) mit 1 Mol H_2O; F: 196–198°.

Monosemicarbazon $C_{18}H_{23}N_3O_3$; vermutlich opt.-inakt. 6-Hydroxy-2-[2-methyl-3-semicarbazono-cyclohexyl]-3,4-dihydro-2*H*-naphthalin-1-on. Bezüglich der Konstitution s. *Na. et al.*, l. c. S. 33. – F: 247–248° [Zers.] (*Na. et al.*, l. c. S. 34).

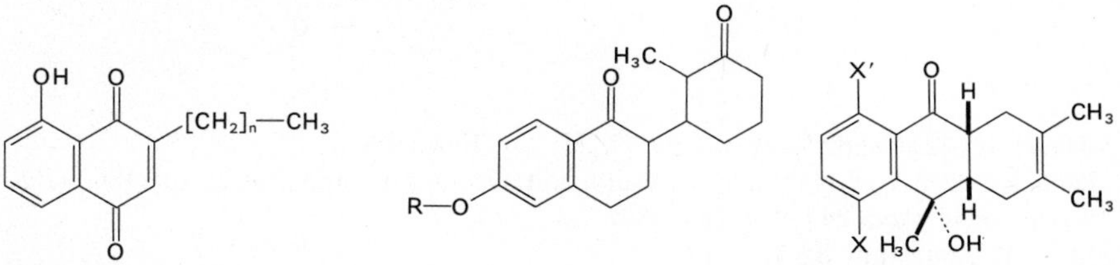

VI

VII

VIII

***Opt.-inakt. 6-Methoxy-2-[2-methyl-3-oxo-cyclohexyl]-3,4-dihydro-2*H*-naphthalin-1-on** $C_{18}H_{22}O_3$, Formel VII (R = CH_3).

B. Beim Behandeln von 6-Methoxy-3,4-dihydro-2*H*-naphthalin-1-on in Dioxan mit 2-Methyl-cyclohex-2-enon und Kalium-*tert*-butylat in *tert*-Butylalkohol (*Nasarow et al.,* Izv. Akad. S.S.S.R. Otd. chim. **1956** 32, 33; engl. Ausg. S. 31, 32).

Kristalle (aus wss. Me.); F: 115–116°.

Monosemicarbazon $C_{19}H_{25}N_3O_3$; vermutlich opt.-inakt. 6-Methoxy-2-[2-methyl-3-semicarbazono-cyclohexyl]-3,4-dihydro-2*H*-naphthalin-1-on. Konstitution: *Na. et al.,* l. c. S. 33. – F: 237–238° [Zers.] (*Na. et al.,* l. c. S. 34).

(±)-8,10*t*-Dihydroxy-2,3,10*c*-trimethyl-(4a*r*,9a*c*)-1,4,4a,9a-tetrahydro-anthron $C_{17}H_{20}O_3$, Formel VIII (X = H, X′ = OH) + Spiegelbild.

B. Neben wenig 1-Hydroxy-6,7-dimethyl-anthrachinon beim Behandeln von (±)-5-Hydroxy-2,3-dimethyl-(4a*r*,9a*c*)-1,4,4a,9a-tetrahydro-anthrachinon (E III **6** 6555) in Toluol mit Methylmagnesiumjodid in Äther bei –75° (*Inhoffen et al.,* Croat. chem. Acta **29** [1957] 329, 342).

Kristalle (aus Cyclohexan); F: 133,5–135°. UV-Spektrum (Me.; 220–350 nm): *In. et al.,* l. c. S. 336.

(±)-5,10*t*-Dihydroxy-2,3,10*c*-trimethyl-(4a*r*,9a*c*)-1,4,4a,9a-tetrahydro-anthron $C_{17}H_{20}O_3$, Formel VIII (X = OH, X′ = H) + Spiegelbild.

B. In kleiner Menge neben anderen Verbindungen beim Behandeln von (±)-5-Hydroxy-2,3-dimethyl-(4a*r*,9a*c*)-1,4,4a,9a-tetrahydro-anthrachinon (E III **6** 6555) mit Methyllithium in THF bei –70° oder mit Methylmagnesiumjodid in THF bei –25° (*Inhoffen et al.,* Croat. chem. Acta **29** [1957] 329, 343).

Kristalle (aus Cyclohexan); F: 151–152,5°. UV-Spektrum (Me.; 220–350 nm): *In. et al.,* l. c. S. 336.

Hydroxy-oxo-Verbindungen $C_{18}H_{22}O_3$

1-[1,4-Dihydroxy-[2]naphthyl]-octan-1-on $C_{18}H_{22}O_3$, Formel IX (R = H).

B. Beim Erwärmen der folgenden Verbindung mit $AlCl_3$ in Benzol (*Hase, Nishimura,* J. pharm. Soc. Japan **75** [1955] 203, 205, 206; C. A. **1956** 1712).

Gelbe Kristalle (aus Bzl.); F: 139–140°.

1-[1-Hydroxy-4-methoxy-[2]naphthyl]-octan-1-on $C_{19}H_{24}O_3$, Formel IX (R = CH_3).

B. Neben 1-[5,8-Dimethoxy-[2]naphthyl]-octan-1-on beim Behandeln von 1,4-Dimethoxy-naphthalin mit Octanoylchlorid und $AlCl_3$ in CS_2 (*Hase, Nishimura,* J. pharm. Soc. Japan **75** [1955] 203, 205, 206; C. A. **1956** 1712).

Gelbe Kristalle (aus A.); F: 43–43,5°.

OH, CO—[CH₂]₆—CH₃, O—R — IX

OH, CO—[CH₂]₆—CH₃, HO — X

R—O, CO—[CH₂]₆—CH₃, R—O — XI

1-[1,6-Dihydroxy-[2]naphthyl]-octan-1-on $C_{18}H_{22}O_3$, Formel X.

B. Beim Erhitzen von Naphthalin-1,6-diol mit Octansäure und $ZnCl_2$ auf 180° (*Buu-Hoi et al.,* Croat. chem. Acta **29** [1957] 287, 289).

Gelbliche Kristalle (aus Bzl.); F: 136°.

1-[5,8-Dihydroxy-[2]naphthyl]-octan-1-on $C_{18}H_{22}O_3$, Formel XI (R = H).

B. Beim Erwärmen der folgenden Verbindung mit $AlCl_3$ in Benzol (*Hase, Nishimura,* J. pharm. Soc. Japan **75** [1955] 203, 206, 207; C. A. **1956** 1712).

Hellgelbe Kristalle (aus Bzl.); F: 117–118°.

1-[5,8-Dimethoxy-[2]naphthyl]-octan-1-on $C_{20}H_{26}O_3$, Formel XI (R = CH_3).

B. s. o. im Artikel 1-[1-Hydroxy-4-methoxy-[2]naphthyl]-octan-1-on.

Hellgelbe Kristalle; F: 81–82° (*Hase, Nishimura,* J. pharm. Soc. Japan **75** [1955] 203, 205, 206; C. A. **1956** 1712).

2-[8-Brom-octyl]-3-hydroxy-[1,4]naphthochinon $C_{18}H_{21}BrO_3$, Formel V (n = 8) und Taut.

B. Beim Behandeln von 9-Brom-nonanoylchlorid in Benzol mit wss. Na_2O_2 und Behandeln des Reaktionsprodukts mit 2-Hydroxy-[1,4]naphthochinon in Essigsäure (*Moser, Paulshock,* Am. Soc. **72** [1950] 5419, 5421, 5422).

Gelbe Kristalle (aus PAe.); F: 69,5–70,5°.

8-Hydroxy-2-octyl-[1,4]naphthochinon $C_{18}H_{22}O_3$, Formel VI (n = 7).

B. Beim Erwärmen von 5,8-Dihydroxy-7-octyl-3,4-dihydro-2*H*-naphthalin-1-on mit $FeCl_3$ und wss. Essigsäure (*Shoji,* J. pharm. Soc. Japan **79** [1959] 1038, 1039; C. A. **1960** 5587).

Orangefarbene Kristalle (aus A.); F: 92–92,5° (*Sh.,* l. c. S. 1041). λ_{max} ($CHCl_3$): 269 nm und 419 nm (*Shoji,* J. pharm. Soc. Japan **79** [1959] 1044, 1046; C. A. **1960** 5587).

Kupfer(II)-Salz $Cu(C_{18}H_{21}O_3)_2$. λ_{max} ($CHCl_3$): 511 nm (*Sh.,* l. c. S. 1047).

***Opt.-inakt. 8-Methoxy-13a-methyl-2,3,3a,5,6,12,13,13a-octahydro-1*H*-benzo[*a*]cyclopenta[*f*]cyclodecan-4,11-dion** $C_{19}H_{24}O_3$, Formel XII.

B. Aus *rac*-3-Methoxy-9*β*-östra-1,3,5(10),14-tetraen-16-on über mehrere Stufen (*R.Ch. Doban,* Diss. [Univ. of Wisconsin 1952] S. 48, 171).

Kristalle (aus A.); F: 162–162,8°; bei 130°/0,005 Torr sublimierbar (*Do.,* l. c. S. 171). IR-Spektrum ($CHCl_3$; 3–13 µ): *Do.,* l. c. S. 49. UV-Spektrum (A.; 210–400 nm): *Do.,* l. c. S. 148.

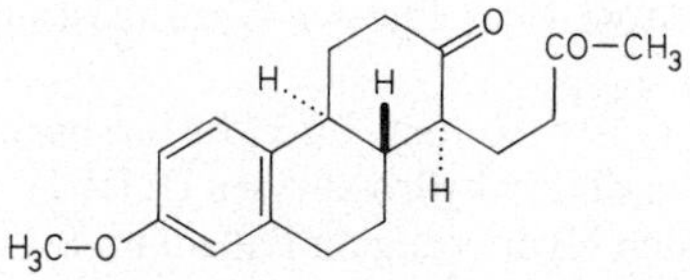

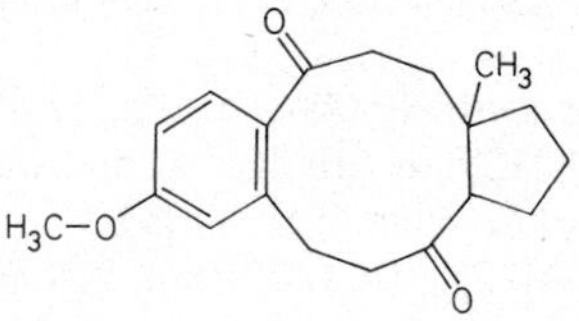

(4a*S*)-7-Methoxy-1*t*-[3-oxo-butyl]-(4a*r*,10a*t*)-3,4,4a,9,10,10a-hexahydro-1*H*-phenanthren-2-on, 3-Methoxy-17-methyl-13,17-seco-gona-1,3,5(10)-trien-13,17-dion $C_{19}H_{24}O_3$, Formel XIII.

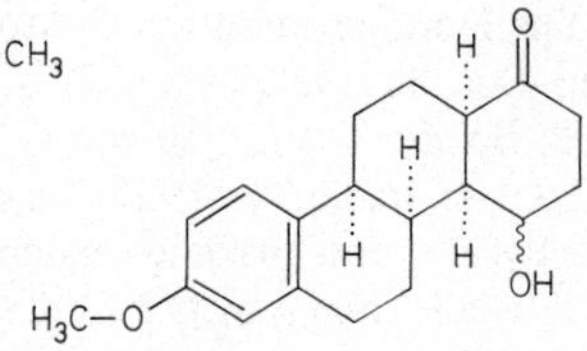

B. Bei der Ozonolyse von 3-Methoxy-17-methyl-gona-1,3,5(10),13(17)-tetraen in CH_2Cl_2 und Methanol bei –70° (*Johns,* J. org. Chem. **26** [1961] 4583, 4587; s. a. *Johns,* Am. Soc. **80** [1958] 6456; *Stork et al.,* Am. Soc. **80** [1958] 6457).

Kristalle; F: 119–120° (*Jo.,* Am. Soc. **80** 6456), 118–119° [aus Acn.+PAe.] (*Jo.,* J. org. Chem. **26** 4588), 115–116,5° (*St. et al.*). $[\alpha]_D$: +98° [$CHCl_3$; c = 1] (*Jo.,* J. org. Chem. **26** 4588).

4-Hydroxy-8-methoxy-3,4,4a,4b,5,6,10b,11,12,12a-decahydro-2*H*-chrysen-1-on $C_{19}H_{24}O_3$.

a) **(±)-4ξ-Hydroxy-8-methoxy-(4a*r*,4b*c*,10b*c*,12a*c*)-3,4,4a,4b,5,6,10b,11,12,12a-decahydro-2*H*-chrysen-1-on, *rac*-15ξ-Hydroxy-3-methoxy-*D*-homo-8α,13α-gona-1,3,5(10)-trien-17a-on,** Formel XIV + Spiegelbild.

B. Beim Hydrieren von *rac*-3-Methoxy-*D*-homo-8α,13α-gona-1,3,5(10)-trien-15,17a-dion an Platin in Äthylacetat (*Robins, Walker,* Soc. **1956** 3249, 3257).

Kristalle (aus $CHCl_3$+A.); F: 205–208°.

b) **(±)-4ξ-Hydroxy-8-methoxy-(4a*r*,4b*c*,10b*c*,12a*t*)-3,4,4a,4b,5,6,10b,11,12,12a-decahydro-2*H*-chrysen-1-on, *rac*-15ξ-Hydroxy-3-methoxy-*D*-homo-8α-gona-1,3,5(10)-trien-17a-on,** Formel XV + Spiegelbild.

B. Beim Erwärmen des unter a) beschriebenen Racemats mit äthanol. KOH (*Robins, Walker,*

Soc. **1956** 3249, 3257).

Kristalle (aus Isobutylalkohol); F: 221 – 224°.

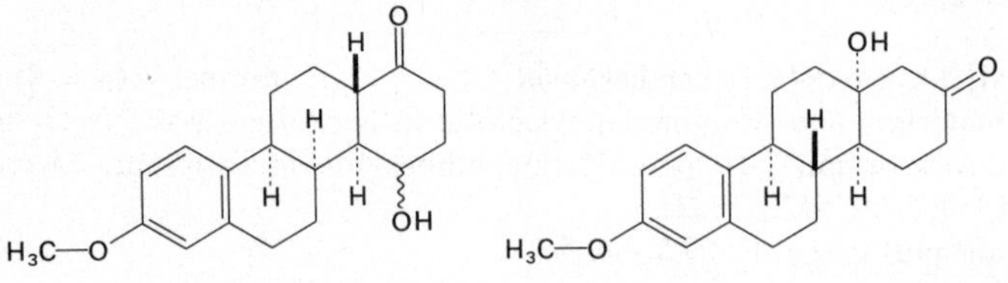

XV XVI

(4a*S*)-12a-Hydroxy-8-methoxy-(4a*r*,4b*t*,10b*c*,12a*c*)-3,4,4a,4b,5,6,10b,11,12,12a-decahydro-1*H*-chrysen-2-on, 13-Hydroxy-3-methoxy-*D*-homo-13α-gona-1,3,5(10)-trien-17-on $C_{19}H_{24}O_3$, Formel XVI.

Über die Konfiguration am C-Atom 12a des Chrysen-Gerüsts s. *Johns,* J. org. Chem. **26** [1961] 4583, 4584.

B. Beim Behandeln von 3-Methoxy-17-methyl-13,17-seco-gona-1,3,5(10)-trien-13,17-dion in Methanol mit wss. KOH (*Searle & Co.,* U.S.P. 2972623 [1959]; *Jo.,* l. c. S. 4588).

Kristalle; F: 200 – 203° [aus Acn. + PAe.] (*Jo.*), 197 – 200° (*Searle & Co.*). $[\alpha]_D$: +27° [$CHCl_3$] (*Jo.*).

(±)-1*t*-Acetoxy-8-methoxy-(4a*r*,4b*t*,10b*t*,12a*t*)-3,4,4a,4b,5,6,10b,11,12,12a-decahydro-1*H*-chrysen-2-on, *rac*-17aβ-Acetoxy-3-methoxy-*D*-homo-9β-gona-1,3,5(10)-trien-17-on $C_{21}H_{26}O_4$, Formel XVII + Spiegelbild.

Die Konfiguration am C-Atom 1 des Chrysen-Gerüsts ist nicht gesichert (vgl. *Johnson et al.,* Am. Soc. **80** [1958] 661, 672).

B. Bei der Ozonolyse von (±)-1*t*-Acetoxy-2-[(Ξ)-furfuryliden]-8-methoxy-(4a*r*,4b*t*,10b*t*,12a*t*)-1,2,3,4,4a,4b,5,6,10b,11,12,12a-dodecahydro-chrysen (E III/IV **17** 2228) in Äthylacetat und wenig Pyridin und anschliessenden Hydrierung an Palladium/$SrCO_3$ (*Jo. et al.,* l. c. S. 679).

Kristalle (aus Acn.); F: 172 – 175° [korr.; nach Sintern bei 169°]. λ_{max} (A.): 221 nm, 278 nm und 288 nm.

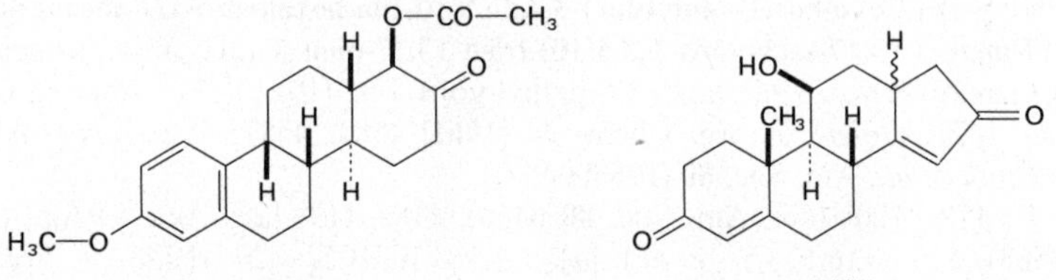

XVII XVIII

***rac*-11β-Hydroxy-18-nor-13ξ-androsta-4,14-dien-3,16-dion** $C_{18}H_{22}O_3$, Formel XVIII + Spiegelbild.

B. Beim Erwärmen von *rac*-11β-Hydroxy-18-nor-14,15-seco-13ξ-androst-4-en-3,14,16-trion mit Kalium-*tert*-butylat in Benzol oder mit methanol. KOH (*Wieland et al.,* Helv. **41** [1958] 74, 93).

Kristalle (aus CH_2Cl_2 + Me.); F: 250 – 253° [unkorr.; Zers.; evakuierte Kapillare]. λ_{max} (A.): 238 nm.

3,17β-Dihydroxy-östra-1,3,5(10)-trien-6-on $C_{18}H_{22}O_3$, Formel I (E III 2607).

F: 278 – 280° [unkorr.] (*W. Neudert, H. Röpke,* Steroid-Spektrenatlas [Berlin 1965] Nr. 741). IR-Spektrum (KBr; 2 – 15 μ): *Ne., Rö.* Absorptionsspektrum (Me.; 210 – 350 nm bzw. wss.-methanol. NaOH; 210 – 430 nm): *Ne., Rö.* λ_{max} (A.): 255 nm und 326 nm (*Slaunwhite et al.,*

J. biol. Chem. **191** [1951] 627, 629). Verteilung zwischen wss. Methanol [50%ig] und CCl_4 bzw. zwischen einem Äthylacetat-Cyclohexan-Gemisch (1:1) und wss. Äthanol verschiedener Konzentration: *Sl. et al.*

Diacetyl-Derivat $C_{22}H_{26}O_5$; 3,17β-Diacetoxy-östra-1,3,5(10)-trien-6-on (E III 2607). IR-Spektrum (KBr; 2–15 μ): *W. Neudert, H. Röpke,* Steroid-Spektrenatlas [Berlin 1965] Nr. 746. λ_{max} (Me.): 247 nm und 298 nm (*Ne., Rö.*).

3,17β-Dihydroxy-östra-1,3,5(10)-trien-16-on $C_{18}H_{22}O_3$, Formel II (R = R′ = H) (E III 2608).

Isolierung aus dem Harn von Schwangeren: *Layne, Marrian,* Biochem. J. **70** [1958] 244, 246.

B. Aus 3,16α-Dihydroxy-östra-1,3,5(10)-trien-17-on beim Erhitzen auf 220–230° oder beim Behandeln mit wss. NaOH (*Marrian et al.,* Biochem. J. **66** [1957] 60, 64). – Herstellung von 3,17β-Dihydroxy-16-[^{14}*C*]östra-1,3,5(10)-trien-16-on: *Levitz, Spitzer,* J. biol. Chem. **222** [1956] 979.

Kristalle; F: 240–244° [Zers.; aus wss. Eg.] (*Le., Sp.*), 239–241° [aus wss. Me.] (*Marrian et al.,* Biochem. J. **65** [1957] 12, 16), 236,5–238,5° [aus Me.] (*Ma. et al.,* Biochem. J. **66** 64). $[\alpha]_D^{12}$: –89° [A.; c = 0,6] (*Ma. et al.,* Biochem. J. **65** 16); $[\alpha]_D^{19}$: –95° [A.; c = 0,5] (*Ma. et al.,* Biochem. J. **66** 64). IR-Spektrum (KBr; 2–15 μ): *G. Roberts, B.S. Gallagher, R.N. Jones,* Infrared Absorption Spectra of Steroids, Bd. 2 [New York 1958] Nr. 323. UV-Spektrum (A.; 240–340 nm): *Ma. et al.,* Biochem. J. **65** 16. Absorptionsspektrum (H_2SO_4; 230–520 nm): *Ma. et al.,* Biochem. J. **65** 14. Verteilung zwischen wss. Methanol [50%ig] und CCl_4 bzw. zwischen einem Äthylacetat-Cyclohexan-Gemisch (1:1) und wss. Äthanol verschiedener Konzentration: *Slaunwhite et al.,* J. biol. Chem. **191** [1951] 627, 629.

Beim Erwärmen mit amalgamiertem Zink und wss.-äthanol. HCl sind 3-Hydroxy-östra-1,3,5(10)-trien-16-on und 3-Hydroxy-östra-1,3,5(10)-trien-17-on erhalten worden (*Huffman, Lott,* Am. Soc. **75** [1953] 4327).

17β-Hydroxy-3-methoxy-östra-1,3,5(10)-trien-16-on $C_{19}H_{24}O_3$, Formel II (R = CH_3, R′ = H) (E III 2609).

B. Beim Behandeln von 3-Methoxy-16,17-seco-östra-1,3,5(10)-trien-16,17-disäure-dimethylester mit Natrium und flüssigem NH_3 in Äther (*Sheehan et al.,* Am. Soc. **75** [1953] 6231).

λ_{max} (H_3PO_4): 273 nm, 367 nm und 517 nm (*Nowaczynski, Steyermark,* Canad. J. Biochem. Physiol. **34** [1956] 592, 593).

3-Acetoxy-17β-hydroxy-östra-1,3,5(10)-trien-16-on $C_{20}H_{24}O_4$, Formel II (R = CO-CH_3, R′ = H).

B. In kleiner Menge neben 3,16β-Diacetoxy-östra-1,3,5(10)-trien-17-on beim Behandeln von 3,17-Diacetoxy-östra-1,3,5(10),16-tetraen mit Blei(IV)-acetat in Essigsäure und Acetanhydrid (*Biggerstaff, Gallagher,* J. org. Chem. **22** [1957] 1220).

Kristalle (aus Acn.+PAe.); F: 166–177°. $[\alpha]_D^{28,5}$: –69° [$CHCl_3$].

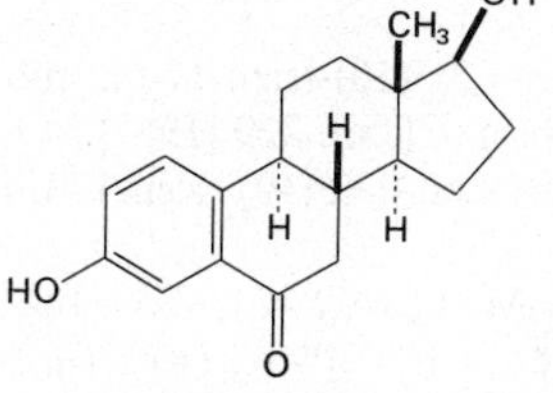

I 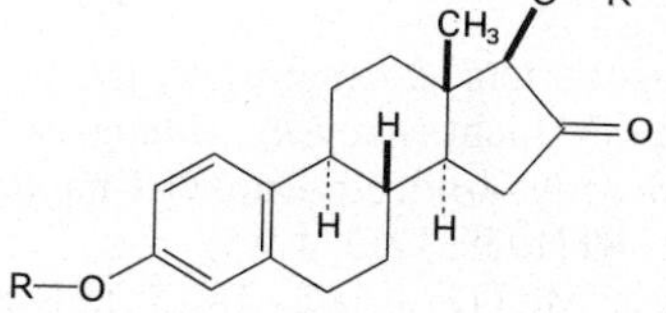 II 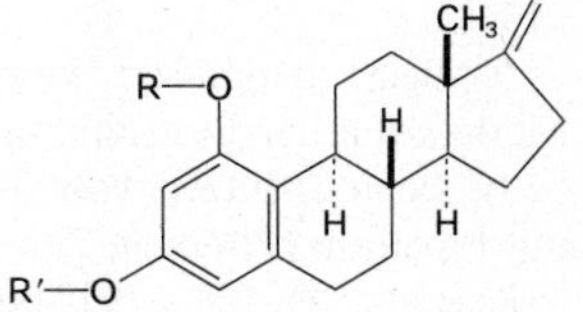 III

17β-Acetoxy-3-methoxy-östra-1,3,5(10)-trien-16-on $C_{21}H_{26}O_4$, Formel II (R = CH_3, R′ = CO-CH_3) (E III 2610).

Herstellung von 17β-Acetoxy-3-methoxy-16-[^{14}*C*]östra-1,3,5(10)-trien-16-on: *Levitz,* Am.

Soc. **75** [1953] 5352, 5354.

Kristalle (aus A.); F: 153–154° (*Le.*), 151–151,5° [korr.] (*Sheehan et al.*, Am. Soc. **75** [1953] 6231, 6233).

Diäthyldithioacetal $C_{25}H_{36}O_3S_2$; 17β-Acetoxy-16,16-bis-äthylmercapto-3-methoxy-östra-1,3,5(10)-trien. Kristalle (aus A.); F: 137–138° (*Le.*).

Propandiyldithioacetal (F: 158–159°; E III/IV **19** 1094): *Sh. et al.*

1,3-Dihydroxy-östra-1,3,5(10)-trien-17-on $C_{18}H_{22}O_3$, Formel III (R = R′ = H).

B. Beim Erwärmen von 1,3-Diacetoxy-östra-1,3,5(10)-trien-17-on mit wss.-methanol. HCl (*Gold, Schwenk,* Am. Soc. **80** [1958] 5683, 5686).

Kristalle (aus Me.+H_2O); F: 249–250°. $[\alpha]_D^{19}$: +282° [$CHCl_3$; c = 1]. λ_{max} (Me.): 280–287 nm.

1-Hydroxy-3-isopropoxy-östra-1,3,5(10)-trien-17-on $C_{21}H_{28}O_3$, Formel III (R = H, R′ = $CH(CH_3)_2$).

B. Beim Behandeln von 10-Acetoxy-östra-1,4-dien-3,17-dion mit HCl enthaltendem Isopropylalkohol (*Searle & Co.,* U.S.P. 2861086 [1957]).

Kristalle (aus E.); F: 195–203°.

1-Acetoxy-3-hydroxy-östra-1,3,5(10)-trien-17-on $C_{20}H_{24}O_4$, Formel III (R = CO-CH_3, R′ = H).

B. Beim Erwärmen von 1,3-Diacetoxy-östra-1,3,5(10)-trien-17-on mit Toluol-4-sulfonsäure enthaltendem wss. Methanol (*Gold, Schwenk,* Am. Soc. **80** [1958] 5683, 5686).

Kristalle (aus E.); F: 265–268°. λ_{max} (Me.): 282 nm.

1,3-Diacetoxy-östra-1,3,5(10)-trien-17-on $C_{22}H_{26}O_5$, Formel III (R = R′ = CO-CH_3).

B. Beim Behandeln von 10-Acetoxy-östra-1,4-dien-3,17-dion mit Acetanhydrid und wenig H_2SO_4 (*Gold, Schwenk,* Am. Soc. **80** [1958] 5683, 5686).

Kristalle (aus Cyclohexan+Bzl.); F: 185–185,5°. $[\alpha]_D^{23}$: +220° [$CHCl_3$; c = 1]. λ_{max} (Me.): 267 nm.

1,4-Dihydroxy-östra-1,3,5(10)-trien-17-on $C_{18}H_{22}O_3$, Formel IV.

B. Beim Behandeln von Östra-2,5(10)-dien-1,4,17-trion mit Zink-Pulver und Essigsäure (*Gold, Schwenk,* Am. Soc. **80** [1958] 5683, 5686).

Kristalle; F: 300–305° [evakuierte Kapillare; nach Sublimation bei 240°/0,01 Torr]. $[\alpha]_D^{21}$: +310° [Dioxan; c = 0,5]. λ_{max} (Me.): 295 nm.

Diacetyl-Derivat $C_{22}H_{26}O_5$; 1,4-Diacetoxy-östra-1,3,5(10)-trien-17-on. Kristalle (aus Cyclohexan+Bzl.); F: 163–163,6°. $[\alpha]_D^{22}$: +273° [$CHCl_3$; c = 1]. λ_{max} (Me.): 265 nm.

3-Hydroxy-2-methoxy-östra-1,3,5(10)-trien-17-on $C_{19}H_{24}O_3$, Formel V (R = CH_3, R′ = H).

Isolierung aus dem Harn von Schwangeren: *Loke, Marrian,* Biochim. biophys. Acta **27** [1958] 213.

B. Beim Behandeln von diazotiertem 2-Amino-3-hydroxy-östra-1,3,5(10)-trien-17-on mit Methanol unter Bestrahlung mit UV-Licht (*Kraychy, Gallagher,* J. biol. Chem. **229** [1957] 519, 523). Beim Erhitzen von 3-[2-Benzoyl-4-nitro-phenoxy]-2-methoxy-östra-1,3,5(10)-trien-17-on mit Piperidin (*Fishman,* Am. Soc. **80** [1958] 1213, 1215).

Kristalle; F: 188–191° [aus wss. Me.] (*Fi.*), 187–189,5° [aus wss. Me.] (*Kr., Ga.*), 183–184° [unkorr.; aus Me. bei −20°] (*Loke, Ma.*). $[\alpha]_D^{24}$: +178° [A.]; $[\alpha]_D^{28}$: +179° [Me.] (*Kr., Ga.*). IR-Spektrum (CCl_4; 1800–1300 cm^{-1} bzw. CS_2; 1400–700 cm^{-1}): *G. Roberts, B.S. Gallagher, R.N. Jones,* Infrared Absorption Spectra of Steroids, Bd. 2 [New York 1958] Nr. 325. UV-Spektrum (A.; 240–320 nm): *Kr., Ga.*

Acetyl-Derivat $C_{21}H_{26}O_4$; 3-Acetoxy-2-methoxy-östra-1,3,5(10)-trien-17-on. Kristalle (aus E.+PAe.); F: 152–153,5° (*Kr., Ga.*). IR-Banden (CS_2; 1800–1150 cm^{-1}): *Kr., Ga.* λ_{max} (A.): 278 nm (*Kr., Ga.*).

Benzoyl-Derivat (F: 225–228°): *Fi.*

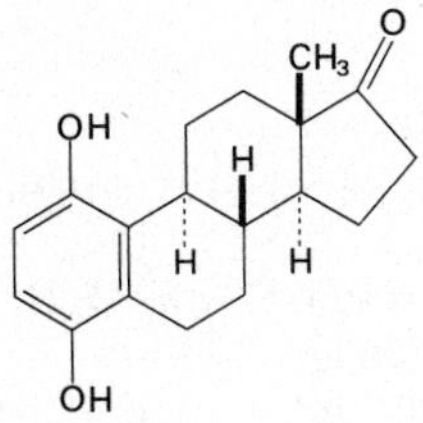

IV 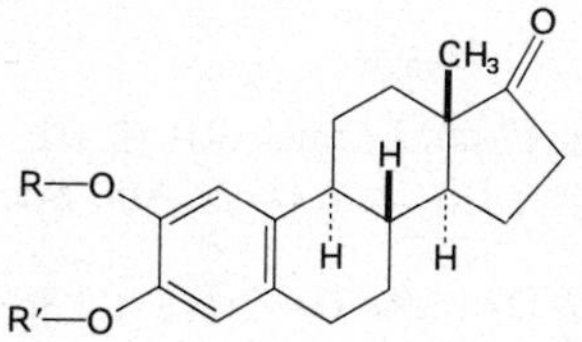 V 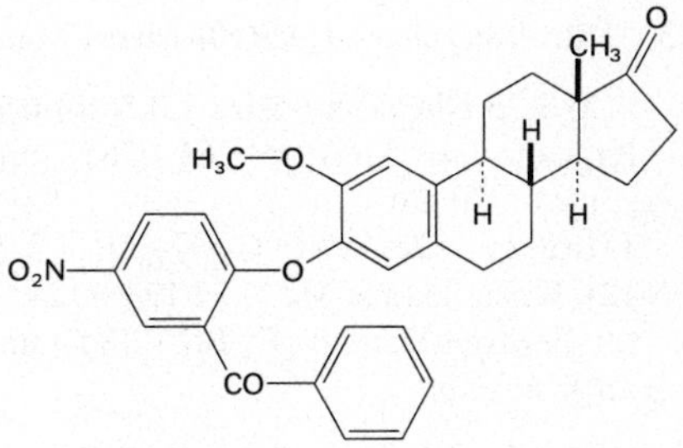 VI

2-Hydroxy-3-methoxy-östra-1,3,5(10)-trien-17-on $C_{19}H_{24}O_3$, Formel V (R = H, R′ = CH_3) (E III 2611).

B. Beim Bestrahlen einer wss. Lösung von diazotiertem 2-Amino-3-methoxy-östra-1,3,5(10)-trien-17-on mit UV-Licht (*Kraychy,* Am. Soc. **81** [1959] 1702).

IR-Spektrum (CCl_4; 1800–1300 cm^{-1} bzw. CS_2; 1400–700 cm^{-1}): *G. Roberts, B.S. Gallagher, R.N. Jones,* Infrared Absorption Spectra of Steroids, Bd. 2 [New York 1958] Nr. 324. λ_{max} (A.): 287,5 nm (*Kr.*).

3-[2-Benzoyl-4-nitro-phenoxy]-2-methoxy-östra-1,3,5(10)-trien-17-on $C_{32}H_{31}NO_6$, Formel VI.

B. Beim Behandeln von 3-[2-Benzoyl-4-nitro-phenoxy]-2-methoxy-östra-1,3,5(10)-trien-17*β*-ol in Aceton mit CrO_3 und H_2SO_4 (*Fishman,* Am. Soc. **80** [1958] 1213, 1215).

Kristalle (aus Me.); F: 204–205°. $[\alpha]_D^{28}$: −89° [$CHCl_3$].

4-Hydroxy-3-methoxy-östra-1,3,5(10)-trien-17-on $C_{19}H_{24}O_3$, Formel VII (R = CH_3, R′ = H).

B. Beim Bestrahlen einer wss. Lösung von diazotiertem 4-Amino-3-methoxy-östra-1,3,5(10)-trien-17-on mit UV-Licht (*Kraychy,* Am. Soc. **81** [1959] 1702).

Kristalle (aus Me.); F: 220–224°; $[\alpha]_D^{23}$: +154° [A.]; λ_{max} (A.): 277–283 nm (*Kr.*). IR-Spektrum (CCl_4; 1800–1300 cm^{-1} bzw. CS_2; 1400–670 cm^{-1}): *G. Roberts, B.S. Gallagher, R.N. Jones,* Infrared Absorption Spectra of Steroids, Bd. 2 [New York 1958] Nr. 327.

3-Hydroxy-4-methoxy-östra-1,3,5(10)-trien-17-on $C_{19}H_{24}O_3$, Formel VII (R = H, R′ = CH_3).

B. Beim Bestrahlen einer methanol. Lösung von diazotiertem 4-Amino-3-hydroxy-östra-1,3,5(10)-trien-17-on mit UV-Licht (*Kraychy,* Am. Soc. **81** [1959] 1702).

Kristalle (aus E.); F: 224–225° (*Kr.*). $[\alpha]_D^{24}$: +146° [A.]; λ_{max} (A.): 278 nm (*Kr.*). IR-Spektrum ($CHCl_3$; 1800–800 cm^{-1}): *G. Roberts, B.S. Gallagher, R.N. Jones,* Infrared Absorption Spectra of Steroids, Bd. 2 [New York 1958] Nr. 326.

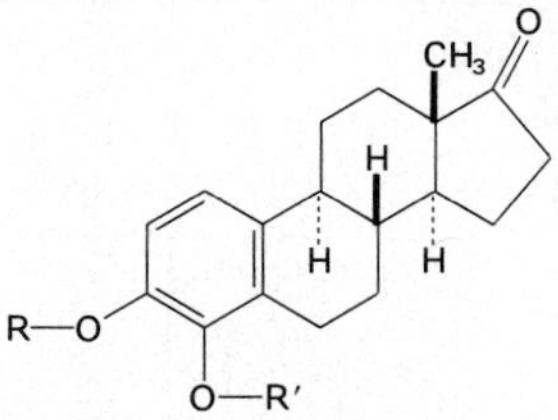

VII 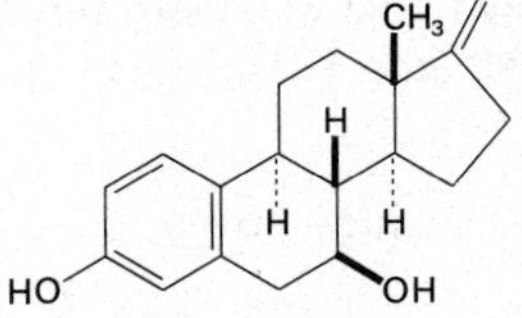 VIII 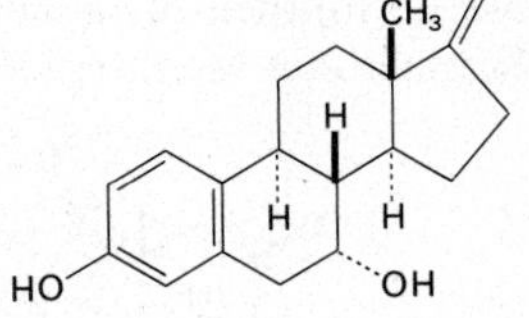 IX

3,4-Diacetoxy-östra-1,3,5(10)-trien-17-on $C_{22}H_{26}O_5$, Formel VII (R = R′ = CO-CH_3).

B. Beim Hydrieren von 4,4-Diacetoxy-östra-1,5(10)-dien-3,17-dion an Palladium/Kohle in Äthanol und Behandeln des Reaktionsprodukts mit Acetanhydrid und Pyridin (*Gold, Schwenk,* Am. Soc. **80** [1958] 5683, 5685).

Kristalle (aus Bzl. + Cyclohexan); F: 212,5–215,5°. $[\alpha]_D^{20}$: +105° [$CHCl_3$; c = 1]. λ_{max} (Me.):

263 nm.

3,7-Dihydroxy-östra-1,3,5(10)-trien-17-one $C_{18}H_{22}O_3$.

a) **3,7β-Dihydroxy-östra-1,3,5(10)-trien-17-on,** Formel VIII (E III 2612).

Kristalle (aus Me.); F: 264–265° [unkorr.] (*Iriarte et al.*, Am. Soc. **80** [1958] 6105, 6109). λ_{max} (A.): 280 nm.

Diacetyl-Derivat $C_{22}H_{26}O_5$; 3,7β-Diacetoxy-östra-1,3,5(10)-trien-17-on (E III 2612). Kristalle (aus Me.); F: 123–124° [unkorr.]. λ_{max} (A.): 268 nm und 276 nm.

*O*³-Benzoyl-Derivat (F: 182–184°) und Dibenzoyl-Derivat (F: 179–180°; $[\alpha]_D$: +120° [Dioxan]): *Ir. et al.*

b) **3,7α-Dihydroxy-östra-1,3,5(10)-trien-17-on,** Formel IX.

B. Beim Erwärmen von 17,17-Äthandiyldioxy-6α,7α-epoxy-östra-1,3,5(10)-trien-3-ol oder von 3-Acetoxy-17,17-äthandiyldioxy-6α,7α-epoxy-östra-1,3,5(10)-trien mit $LiAlH_4$ in THF (*Iriarte et al.*, Am. Soc. **80** [1958] 6105, 6108).

Kristalle (aus E.); F: 260–262°. $[\alpha]_D^{20}$: +124° [Dioxan]. λ_{max} (A.): 281 nm.

Diacetyl-Derivat $C_{22}H_{26}O_5$; 3,7α-Diacetoxy-östra-1,3,5(10)-trien-17-on (E III 2612). λ_{max} (A.): 268 nm und 274 nm.

*O*³-Benzoyl-Derivat (F: 239–242°; $[\alpha]_D$: +96° [Dioxan]) und Dibenzoyl-Derivat (F: 213–215°; $[\alpha]_D$: +51° [Dioxan]): *Ir. et al.*

3,11β-Dihydroxy-östra-1,3,5(10)-trien-17-on $C_{18}H_{22}O_3$, Formel X (R = R′ = H).

B. Beim Erhitzen von 11β-Hydroxy-androsta-1,4-dien-3,17-dion in Mineralöl auf ca. 600° (*Magerlein, Hogg*, Am. Soc. **80** [1958] 2220, 2224).

Kristalle (aus E.); F: 254–257° [korr.]. $[\alpha]_D$: +194° [Dioxan].

*O*³-Acetyl-Derivat $C_{20}H_{24}O_4$; 3-Acetoxy-11β-hydroxy-östra-1,3,5(10)-trien-17-on. Kristalle; F: 186–187° [korr.]. $[\alpha]_D$: +192° [$CHCl_3$].

Diacetyl-Derivat s. u.

11β-Hydroxy-3-methoxy-östra-1,3,5(10)-trien-17-on $C_{19}H_{24}O_3$, Formel X (R = CH_3, R′ = H).

B. Beim Behandeln von 3,11β-Dihydroxy-östra-1,3,5(10)-trien-17-on mit Dimethylsulfat und wss.-methanol. KOH (*Magerlein, Hogg*, Am. Soc. **80** [1958] 2220, 2225).

Kristalle (aus Me.); F: 169–170° [korr.; nach Erweichen bei 160° und Wiedererstarren].

11β-Acetoxy-3-methoxy-östra-1,3,5(10)-trien-17-on $C_{21}H_{26}O_4$, Formel X (R = CH_3, R′ = CO-CH_3).

B. Bei der Ozonolyse von 11β,21-Diacetoxy-3-methoxy-19-nor-pregna-1,3,5(10),17(20)*c*(?)-tetraen (aus 3-Methoxy-19-nor-pregna-1,3,5(10),17(20)*c*(?)-tetraen-11β,21-diol [E IV **6** 7589] mit Hilfe von Acetanhydrid und Pyridin hergestellt) in CH_2Cl_2 (*Magerlein, Hogg*, Am. Soc. **80** [1958] 2226, 2229). Beim Behandeln von 11β-Acetoxy-17,21-dihydroxy-3-methoxy-19-nor-pregna-1,3,5(10)-trien-20-on mit $NaBiO_3$ und wss. Essigsäure (*Ma., Hogg*).

Kristalle (aus Me.); F: 236–238° [korr.]. $[\alpha]_D$: +117° [$CHCl_3$].

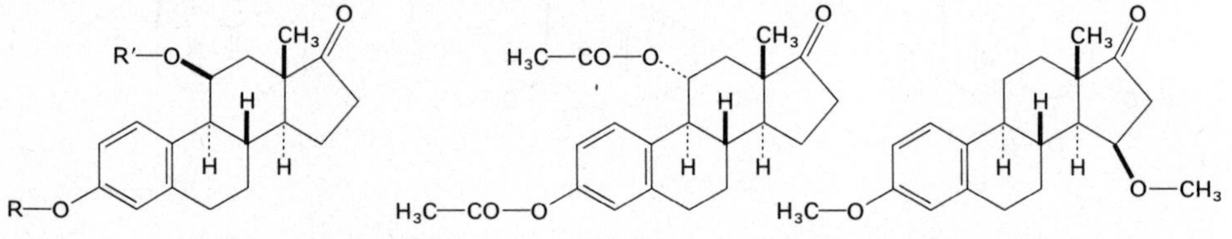

X XI XII

3,11-Diacetoxy-östra-1,3,5(10)-trien-17-one $C_{22}H_{26}O_5$.

a) **3,11β-Diacetoxy-östra-1,3,5(10)-trien-17-on,** Formel X (R = R′ = CO-CH_3).

B. Bei der Ozonolyse von 3,11β,21-Triacetoxy-19-nor-pregna-1,3,5(10),17(20)*c*(?)-tetraen (aus

19-Nor-pregna-1,3,5(10),17(20)*c*(?)-tetraen-3,11*β*,21-triol [E IV **6** 7589] mit Hilfe von Acetanhydrid und Pyridin hergestellt) in CH_2Cl_2 (*Magerlein, Hogg,* Am. Soc. **80** [1958] 2226, 2229).

Kristalle (aus Me.); F: 184,5–186° [korr.]. $[\alpha]_D$: +111° [$CHCl_3$].

b) **3,11α-Diacetoxy-östra-1,3,5(10)-trien-17-on,** Formel XI.

B. Bei der Ozonolyse von 3,11α-Diacetoxy-19-nor-pregna-1,3,5(10),17(20)*c*(?)-tetraen-21-säure-methylester (aus 3,11α-Dihydroxy-19-nor-pregna-1,3,5(10),17(20)*c*(?)-tetraen-21-säure-methylester [λ_{max} (A.): 224 nm, 279 nm und 287 nm] hergestellt) in CH_2Cl_2 (*Magerlein, Hogg,* Am. Soc. **80** [1958] 2220, 2224).

Kristalle (aus Me.); F: 172–173° [korr.].

3,15β-Dimethoxy-östra-1,3,5(10)-trien-17-on $C_{20}H_{26}O_3$, Formel XII.

Konfiguration an den C-Atomen 14 und 15: *Cantrall et al.,* J. org. Chem. **29** [1964] 64.

B. Beim Behandeln von 3-Methoxy-östra-1,3,5(10),15-tetraen-17-on mit Methanol unter Zusatz von wenig wss. NaOH (*Johnson, Johns,* Am. Soc. **79** [1957] 2005, 2008; *Ca. et al.,* l. c. S. 66).

Kristalle; F: 132–133° [korr.; aus PAe.] (*Jo., Jo.*), 130–131° [unkorr.; aus Ae.] (*Ca. et al.*). $[\alpha]_D^{25}$: +95° [$CHCl_3$] (*Ca. et al.*).

3,16-Dihydroxy-östra-1,3,5(10)-trien-17-one $C_{18}H_{22}O_3$.

a) **3,16β-Dihydroxy-östra-1,3,5(10)-trien-17-on,** Formel XIII (R = H).

Isolierung aus dem Harn von Schwangeren: *Layne, Marrian,* Biochem. J. **70** [1958] 244, 246.

B. Bei der Hydrolyse von 3,16β-Diacetoxy-östra-1,3,5(10)-trien-17-on (*Biggerstaff, Gallagher,* J. org. Chem. **22** [1957] 1220).

Kristalle (aus A.); F: 219–221° [korr.]; $[\alpha]_D^{26}$: +173,7° [A.] (*Bi., Ga.*). Polarographisches Halbstufenpotential (wss. A. [90%ig]): *Kabasakalian, McGlotten,* Anal. Chem. **31** [1959] 1090, 1093.

b) **3,16α-Dihydroxy-östra-1,3,5(10)-trien-17-on,** Formel XIV (R = R′ = H).

Isolierung aus dem Harn von Schwangeren: *Marrian et al.,* Biochem. J. **65** [1957] 12, 13, **66** [1957] 60, 61; *Layne, Marrian,* Biochem. J. **70** [1958] 244, 246.

B. Beim Behandeln von 3,17β-Diacetoxy-16α,17α-epoxy-östra-1,3,5(10)-trien mit wss.-methanol. H_2SO_4 (*Ma. et al.,* Biochem. J. **66** 63; *Biggerstaff, Gallagher,* J. org. Chem. **22** [1957] 1220).

Kristalle; F: 237–239° [unkorr.; aus Me.] (*Ma. et al.,* Biochem. J. **66** 63), 222–223,5° [korr.; aus E.] (*Fukushima* zit. bei *Bi., Ga.,* l. c. S. 1222 Anm. 9), 205–206,5° [korr.; aus Acn. + PAe.; nach Erhitzen auf 100°/0,1 Torr] (*Bi., Ga.*). $[\alpha]_D^{17}$: +174° [A.; c = 0,5] (*Ma. et al.,* Biochem. J. **66** 63). $[\alpha]_D^{28,5}$: +168,8° [A.] (*Bi., Ga.*). UV-Spektrum (A.; 240–340 nm): *Ma. et al.,* Biochem. J. **65** 14. Absorptionsspektrum (H_2SO_4; 230–530 nm): *Ma. et al.,* Biochem. J. **65** 14.

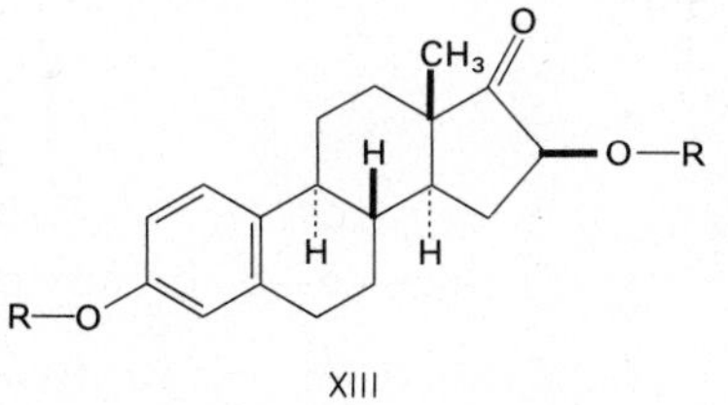

XIII

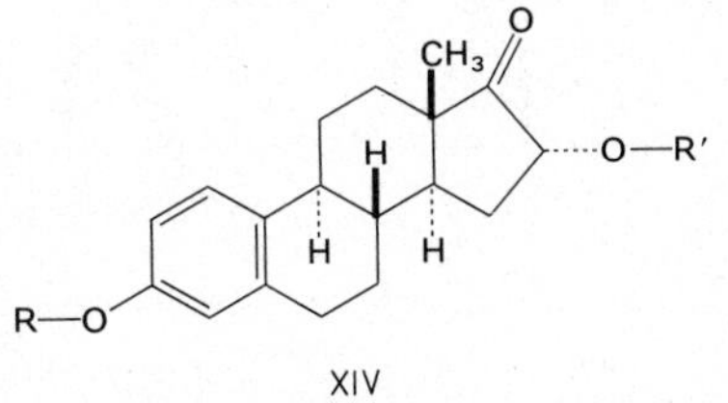

XIV

16α-Hydroxy-3-methoxy-östra-1,3,5(10)-trien-17-on $C_{19}H_{24}O_3$, Formel XIV (R = CH_3, R′ = H).

B. Beim Erhitzen von 3-Methoxy-östra-1,3,5(10)-trien-16,17-dion-16-oxim mit Zink-Pulver in wss. Essigsäure (*Butenandt, Schäffler,* Z. Naturf. **1** [1946] 82, 85; *Schering A.G.,*

D.B.P. 875656 [1944]).

Kristalle (aus wss. Me.; wss. Acn. oder E.); F: 169–169,5° (*Bu., Sch.; Schering A.G.*).

Oxim $C_{19}H_{25}NO_3$. Kristalle (aus A.) mit 0,5 Mol H_2O; F: 211–213° (*Bu., Sch.*).

Acetyl-Derivat $C_{21}H_{26}O_4$; 16α-Acetoxy-3-methoxy-östra-1,3,5(10)-trien-17-on. Kristalle (aus A.); F: 149° (*Bu., Sch.; Schering A.G.*).

3,16-Diacetoxy-östra-1,3,5(10)-trien-17-one $C_{22}H_{26}O_5$.

a) **3,16β-Diacetoxy-östra-1,3,5(10)-trien-17-on,** Formel XIII (R = CO-CH_3).

B. Beim Behandeln von 3,17-Diacetoxy-östra-1,3,5(10),16-tetraen mit Blei(IV)-acetat, Essigsäure und Acetanhydrid (*Biggerstaff, Gallagher,* J. org. Chem. **22** [1957] 1220). Aus 3,16β-Dihydroxy-östra-1,3,5(10)-trien-17-on und Acetanhydrid mit Hilfe von Pyridin (*Layne, Marrian,* Biochem. J. **70** [1958] 244, 246).

Kristalle; F: 148–149° [korr.; aus PAe.] (*Bi., Ga.*), 139–141° [unkorr.; aus Me.] (*La., Ma.*). $[\alpha]_D^{15}$: +132° [A.; c = 0,5] (*La., Ma.*); $[\alpha]_D^{24}$: +130° [A.] (*Bi., Ga.*). IR-Spektrum (CCl_4; 1800–1300 cm^{-1} bzw. CS_2; 1400–700 cm^{-1}): *G. Roberts, B.S. Gallagher, R.N. Jones,* Infrared Absorption Spectra of Steroids, Bd. 2 [New York 1958] Nr. 329. Polarographisches Halbstufenpotential (wss. A. [90%ig]): *Kabasakalian, McGlotten,* Anal. Chem. **31** [1959] 1090, 1093.

b) **3,16α-Diacetoxy-östra-1,3,5(10)-trien-17-on,** Formel XIV (R = R′ = CO-CH_3).

B. Aus 3,17β-Diacetoxy-16α,17α-epoxy-östra-1,3,5(10)-trien beim Behandeln mit wss. $HClO_4$ und Essigsäure sowie beim Chromatographieren an Silicagel (*Leeds et al.,* Am. Soc. **76** [1954] 2942, 2947; s. a. *Marrian et al.,* Biochem. J. **66** [1957] 60, 63). Aus 3,16α-Dihydroxy-östra-1,3,5(10)-trien-17-on und Acetanhydrid mit Hilfe von Pyridin (*Marrian et al.,* Biochem. J. **65** [1957] 12, 17).

Kristalle; F: 179–180° [korr.] (*Le. et al.*), 172–174,5° [unkorr.; aus Me.] (*Ma. et al.,* Biochem. J. **66** 63), 166–167° [aus E.+Hexan] (*Ma. et al.,* Biochem. J. **65** 17). $[\alpha]_D^{13}$: +156° (*Ma. et al.,* Biochem. J. **65** 17); $[\alpha]_D^{18}$: +153° [A.; c = 0,5], +126° [$CHCl_3$; c = 0,5] (*Ma. et al.,* Biochem. J. **66** 63); $[\alpha]_D^{28}$: +122° [$CHCl_3$] (*Le. et al.*). IR-Spektrum (CS_2; 1800–1300 cm^{-1} bzw. CCl_4; 1400–650 cm^{-1}): *G. Roberts, B.S.Gallagher, R.N. Jones,* Infrared Absorption Spectra of Steroids, Bd. 2 [New York 1958] Nr. 328. Absorptionsspektrum (H_2SO_4; 200–550 nm): *Ma. et al.,* Biochem. J. **66** 63.

3,18-Dihydroxy-östra-1,3,5(10)-trien-17-on $C_{18}H_{22}O_3$, Formel XV.

Isolierung aus dem Harn von Schwangeren: *Loke et al.,* Biochem. J. **71** [1959] 43, 44.

Kristalle (aus A.); F: 255–257° [unkorr.; evakuierte Kapillare]. $[\alpha]_D^{19}$: +146° [A.; c = 0,4]. Absorptionsspektrum (H_2SO_4; 220–600 nm): *Loke et al.,* l. c. S. 45.

Diacetyl-Derivat $C_{22}H_{26}O_5$; 3,18-Diacetoxy-östra-1,3,5(10)-trien-17-on. Kristalle (aus A.); F: 162–165° [unkorr.].

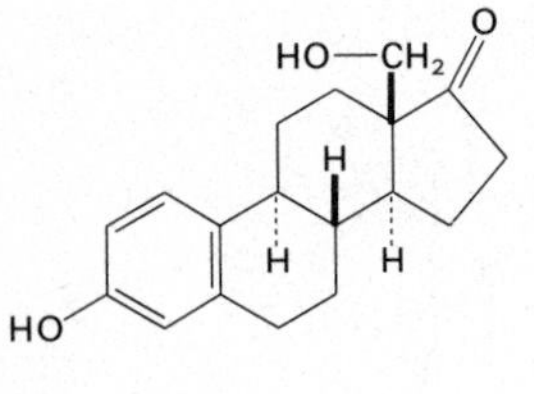

XV 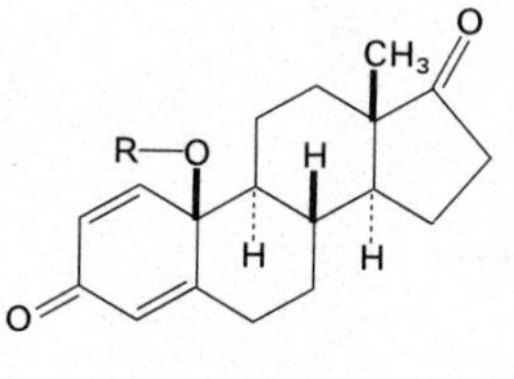 XVI 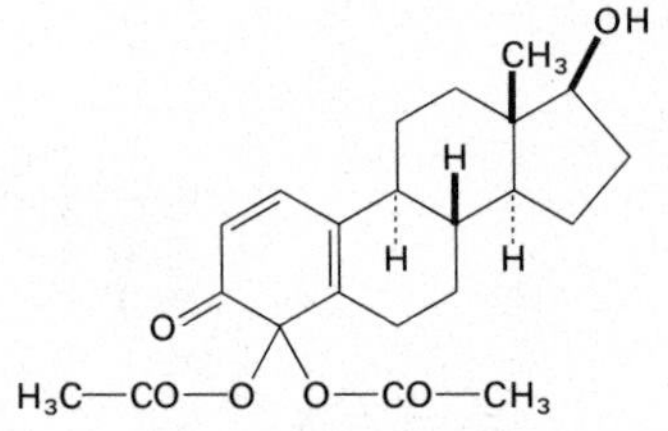 XVII

10-Hydroxy-östra-1,4-dien-3,17-dion $C_{18}H_{22}O_3$, Formel XVI (R = H).

Konfiguration am C-Atom 10: *Hecker et al.,* B. **95** [1962] 985, 990.

B. Beim Behandeln der folgenden Verbindung mit Natriummethylat (*Gold, Schwenk,* Am. Soc. **80** [1958] 5683, 5685) oder mit K_2CO_3 (*Hecker,* Naturwiss. **46** [1959] 514; *Hecker, Walk,* B. **93** [1960] 2928, 2934) in Methanol.

Kristalle; F: 215–217° [aus Bzl.] (*Gold, Sch.*), 208–209° [unkorr.; aus Acn.+Bzl.] (*He.*; *He., Walk*). $[\alpha]_D^{22}$: +58° [$CHCl_3$; c = 1] (*Gold, Sch.*); $[\alpha]_D^{21}$: +58° [Dioxan; c = 1] (*He.*; *He., Walk*). ORD (Dioxan; 600–280 nm): *He. et al.* IR-Banden (KBr; 2,5–6,5 μ): *He.*; *He., Walk.* λ_{max}: 235 nm [Me.] (*Gold, Sch.*), 238 nm [A.] (*He.*; *He., Walk*).

10-Acetoxy-östra-1,4-dien-3,17-dion $C_{20}H_{24}O_4$, Formel XVI (R = CO-CH_3).

Konfiguration am C-Atom 10: *Hecker et al.*, B. **95** [1962] 985, 990.

B. Beim Behandeln von 3-Hydroxy-östra-1,3,5(10)-trien-17-on mit Blei(IV)-acetat und Essigsäure (*Gold, Schwenk,* Am. Soc. **80** [1958] 5683, 5685; *Hecker,* Naturwiss. **46** [1959] 514; *Hecker, Walk,* B. **93** [1960] 2928, 2933).

Kristalle; F: 257–259° [Zers.; evakuierte Kapillare; auf 255° vorgeheizter App.; aus Me.] (*Gold, Sch.*, Am. Soc. **80** 5685), 237–238° [Zers.; geschlossene Kapillare; auf 230° vorgeheizter App.; aus Acn.+Me.] (*He.*; *He., Walk*). $[\alpha]_D^{22}$: +33° [$CHCl_3$; c = 1] (*Gold, Sch.*, Am. Soc. **80** 5685); $[\alpha]_D^{24}$: +31° [Dioxan; c = 1] (*He.*). ORD (Dioxan; 600–280 nm): *He. et al.* IR-Banden (KBr; 5,5–6,5 μ): *He.*; *He., Walk.* λ_{max}: 248 nm [Me.] (*Gold, Sch.*, Am. Soc. **80** 5685), 248 nm [A.] (*He.*; *He., Walk*).

Beim Erhitzen mit Benzylamin und anschliessend mit wss. H_2SO_4 sind Benzaldehyd und 3-Amino-östra-1,3,5(10)-trien-17-on erhalten worden (*Gold, Schwenk,* Am. Soc. **81** [1959] 2198).

4,4-Diacetoxy-17β-hydroxy-östra-1,5(10)-dien-3-on $C_{22}H_{28}O_6$, Formel XVII.

B. Neben 10-Acetoxy-17β-hydroxy-östra-1,4-dien-3-on beim Behandeln von Östra-1,3,5(10)-trien-3,17β-diol mit Blei(IV)-acetat und Essigsäure (*Searle & Co.*, U.S.P. 2866796 [1957]).

Kristalle (aus E.); F: 184–188°. [*Herbst*]

Hydroxy-oxo-Verbindungen $C_{19}H_{24}O_3$

8-Hydroxy-2-nonyl-[1,4]naphthochinon $C_{19}H_{24}O_3$, Formel I.

B. Aus 5,8-Dihydroxy-7-nonyl-3,4-dihydro-2*H*-naphthalin-1-on beim Erwärmen mit $FeCl_3$ und wss. Essigsäure (*Shoji,* J. pharm. Soc. Japan **79** [1959] 1038, 1041; C. A. **1960** 5587).

Orangegelbe Kristalle (aus A.); F: 85–86° (*Sh.*, l. c. S. 1041). Absorptionsspektrum ($CHCl_3$; 220–500 nm): *Shoji,* J. pharm. Soc. Japan **79** [1959] 1044, 1046; C. A. **1960** 5587.

Kupfer(II)-Salz $Cu(C_{19}H_{23}O_3)_2$. Absorptionsspektrum ($CHCl_3$; 490–550 nm): *Sh.*, l. c. S. 1046.

2-[9-Brom-nonyl]-3-hydroxy-[1,4]naphthochinon $C_{19}H_{23}BrO_3$, Formel II und Taut.

B. Aus 2-Hydroxy-[1,4]naphthochinon und Bis-[10-brom-decanoyl]-peroxid (*Paulshock, Moser,* Am. Soc. **72** [1950] 5073, 5075).

Gelbe Kristalle (aus PAe.); F: 68,5–69,5°.

3-Hydroxy-9,10-seco-androsta-1,3,5(10)-trien-9,17-dion $C_{19}H_{24}O_3$, Formel III.

B. Aus Androst-4-en-3,17-dion mit Hilfe einer Arthrobacter-Art oder einer Pseudomonas-Art (*Dodson, Muir,* Am. Soc. **83** [1961] 4627, 4629, **80** [1958] 5004).

Dimorph; Kristalle (aus Acn.+Cyclohexan), F: 133,5–134,5° bzw. Kristalle (aus Ae.+Acn.), F: 123,5–125° (*Do., Muir,* Am. Soc. **83** 4629, 4630). $[\alpha]_D^{24}$: +100,5° [$CHCl_3$] (*Do., Muir,* Am. Soc. **83** 4629, **80** 5004). IR-Banden (KBr; 2,5–12,5 μ): *Do., Muir,* Am. Soc. **83** 4629, **80** 5004. λ_{max} (Me.): 280 nm (*Do., Muir,* Am. Soc. **83** 4629, **80** 5004).

Acetyl-Derivat $C_{21}H_{26}O_4$; 3-Acetoxy-9,10-seco-androsta-1,3,5(10)-trien-9,17-dion. Kristalle (aus wss. Acn.); F: 147–147,5°; $[\alpha]_D$: +82,5° [$CHCl_3$] (*Do., Muir,* Am. Soc. **83** 4630, **80** 5005). IR-Banden (KBr; 5,5–12 μ): *Do., Muir,* Am. Soc. **83** 4630, **80** 5005. λ_{max} (Me.): 266 nm und 273 nm (*Do., Muir,* Am. Soc. **83** 4630, **80** 5005).

3-Hydroxy-9,10-seco-androsta-1,3,5(10)-trien-11,17-dion $C_{19}H_{24}O_3$, Formel IV.

B. Aus Androst-4-en-3,11,17-trion, aus Androst-1-en-3,11,17-trion oder aus Androsta-1,4-dien-3,11,17-trion beim Erhitzen auf 350–360° (*Magerlein, Hogg,* Tetrahedron **2** [1958] 80, 83, 86).

Kristalle (aus E.); F: 208–211° [unkorr.]. $[\alpha]_D$: +85° [Acn.?]. IR-Banden (Nujol; 3300–1500 cm^{-1}): *Ma., Hogg.* λ_{max} (A.): 281 nm.

IV V VI

***rac*-17a-Methoxy-4,5-seco-*D*-homo-18-nor-androsta-13,15,17-trien-3,5-dion** $C_{20}H_{26}O_3$, Formel V + Spiegelbild.

B. Neben anderen Verbindungen beim Erwärmen von *rac*-5-Acetoxy-17a-methoxy-*D*-homo-18-nor-5*β*,9*β*-androsta-13,15,17-trien-3-on oder von *rac*-5-Acetoxy-17a-methoxy-*D*-homo-18-nor-5*α*,9*β*-androsta-13,15,17-trien-3-on mit methanol. Natriummethylat in Benzol (*Johnson et al.,* Am. Soc. **78** [1956] 6302, 6308).

Kristalle (aus A.); F: 145–146° [korr.]. λ_{max} (A.): 271 nm und 278 nm.

3-Methoxy-20-oxo-16,17-seco-18,19-dinor-pregna-1,3,5(10)-trien-16-al $C_{20}H_{26}O_3$, Formel VI.

B. Aus 3-Methoxy-17-methyl-*D*-homo-gona-1,3,5(10),16-tetraen bei der Ozonolyse oder bei der Umsetzung mit OsO_4 und anschliessend mit HIO_4 (*Johns,* J. org. Chem. **28** [1963] 1856, 1860; Am. Soc. **80** [1958] 6456).

Kristalle (aus Bzl. + PAe.); F: 143,0–143,5°.

***rac*-5-Hydroxy-17a-methoxy-*D*-homo-18-nor-5*α*,9*β*-androsta-13,15,17-trien-3-on** $C_{20}H_{26}O_3$, Formel VII (R = H) + Spiegelbild.

B. Beim Behandeln von *rac*-17a-Methoxy-*D*-homo-18-nor-5*α*,9*β*-androsta-13,15,17-trien-3*β*,5-diol mit CrO_3 und Pyridin (*Johnson et al.,* Am. Soc. **78** [1956] 6302, 6311). In geringer Menge neben *rac*-17a-Methoxy-*D*-homo-18-nor-9*β*-androsta-4,13,15,17-tetraen-3-on aus *rac*-5-Acetoxy-17a-methoxy-*D*-homo-18-nor-5*α*,9*β*-androsta-13,15,17-trien-3-on mit Hilfe von Natriummethylat (*Jo. et al.,* l. c. S. 6308).

Kristalle (aus A.); F: 199–202° [korr.]. λ_{max} (A.): 272 nm und 278 nm.

VII VIII IX

5-Acetoxy-17a-methoxy-*D*-homo-18-nor-androsta-13,15,17-trien-3-one $C_{22}H_{28}O_4$.

a) ***rac*-5-Acetoxy-17a-methoxy-*D*-homo-18-nor-5β,9β-androsta-13,15,17-trien-3-on,** Formel VIII + Spiegelbild.

B. Aus *rac*-5-Acetoxy-17a-methoxy-*D*-homo-18-nor-5β-androsta-8,13,15,17-tetraen-3-on bei der Hydrierung an Palladium/$SrCO_3$ in Äthanol (*Johnson et al.*, Am. Soc. **78** [1956] 6302, 6307).

Kristalle (aus A.); F: 146–147° [korr.]. λ_{max} (A.): 272 nm und 279 nm.

b) ***rac*-5-Acetoxy-17a-methoxy-*D*-homo-18-nor-5α,9β-androsta-13,15,17-trien-3-on,** Formel VII (R = $CO\text{-}CH_3$) + Spiegelbild.

B. Aus *rac*-5-Acetoxy-17a-methoxy-*D*-homo-18-nor-5α-androsta-8,13,15,17-tetraen-3-on bei der Hydrierung an Palladium/$SrCO_3$ in Äthanol (*Johnson et al.*, Am. Soc. **78** [1956] 6302, 6307).

Kristalle (aus A.); F: 180–181,5° [korr.]. λ_{max} (A.): 272 nm und 279 nm.

***rac*-3β-Hydroxy-17a-methoxy-*D*-homo-18-nor-5α-androsta-13,15,17-trien-11-on** $C_{20}H_{26}O_3$, Formel IX + Spiegelbild.

B. Aus *rac*-3β-Acetoxy-17a-methoxy-*D*-homo-18-nor-5α,9β-androsta-11,13,15,17-tetraen bei der Umsetzung mit Peroxybenzoesäure und anschliessend mit wss.-methanol. HCl (*Johnson et al.*, Am. Soc. **78** [1956] 6312, 6314, 6319).

Kristalle (aus A.); F: 183–184° [korr.]. λ_{max} (A.): 273 nm und 279 nm.

Acetyl-Derivat $C_{22}H_{28}O_4$; 3β-Acetoxy-17a-methoxy-*D*-homo-18-nor-5α-androsta-13,15,17-trien-11-on. *B.* Aus *rac*-3β-Acetoxy-17a-methoxy-*D*-homo-18-nor-5α-androsta-11,13,15,17-tetraen beim Behandeln mit Peroxybenzoesäure in $CHCl_3$ und Erhitzen des Reaktionsgemisches auf 235°/150 Torr (*Jo. et al.*, l. c. S. 6316). – Kristalle (aus Me.); F: 168–169° [korr.] (*Jo. et al.*, l. c. S. 6317 Anm. 22). λ_{max} (A.): 272 nm und 279 nm.

***rac*-14-Hydroxy-3-methoxy-18,19-dinor-pregna-1,3,5(10)-trien-20-on** $C_{20}H_{26}O_3$, Formel X + Spiegelbild.

B. Neben anderen Verbindungen aus (±)-2*c*-Methallyl-7-methoxy-1*t*-[2-(toluol-4-sulfonyloxy)-äthyl]-(4a*r*,10a*t*)-1,2,3,4,4a,9,10,10a-octahydro-[1*c*]phenanthrol bei der aufeinanderfolgenden Umsetzung mit OsO_4, mit H_5IO_6 und mit Kalium-*tert*-butylat (*Nelson, Garland,* Am. Soc. **79** [1957] 6313, 6319).

Kristalle (aus Bzl. + Hexan); F: 131,2–132,0° [korr.].

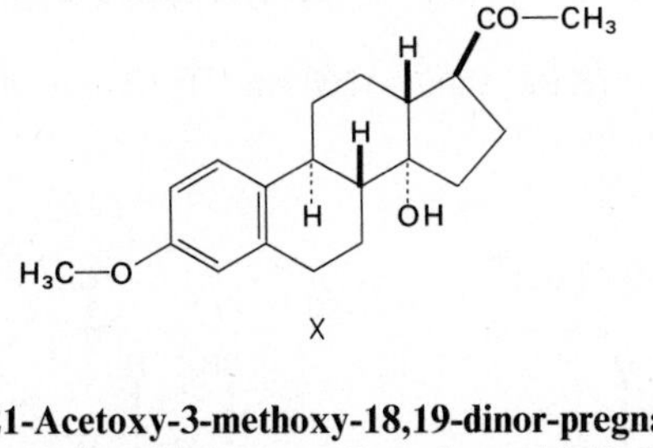

CO—CH₃ H H H OH H₃C—O

X

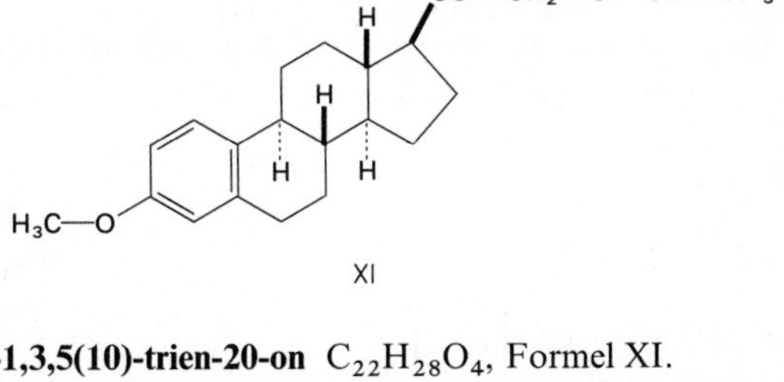

CO—CH₂—O—CO—CH₃ H H H H H₃C—O

XI

21-Acetoxy-3-methoxy-18,19-dinor-pregna-1,3,5(10)-trien-20-on $C_{22}H_{28}O_4$, Formel XI.

B. Aus 21-Acetoxy-3-methoxy-18,19-dinor-pregna-1,3,5(10),16-tetraen-20-on bei der Hydrierung an Palladium/Kohle in Äthylacetat (*Johns,* J. org. Chem. **33** [1968] 109, 113; Am. Soc. **80** [1958] 6456).

Kristalle (aus Hexan); F: 114–115° (*Jo.*, J. org. Chem. **33** 113).

2-Hydroxymethyl-3-methoxy-östra-1,3,5(10)-trien-17-on $C_{20}H_{26}O_3$, Formel XII (R = CH_3, R′ = H).

B. Als Hauptprodukt neben 4-Hydroxymethyl-3-methoxy-östra-1,3,5(10)-trien-17-on aus 3-Methoxy-östra-1,3,5(10)-trien-17-on beim Behandeln mit wss. Formaldehyd und HCl, Erhitzen mit Natriumacetat in Essigsäure und Erwärmen mit K_2CO_3 in wss. Methanol (*Johns,*

J. org. Chem. **30** [1965] 3993; *Searle* & *Co.*, U.S.P. 2853501 [1957]).

Kristalle (aus Acn. + Cyclohexan); F: ca. 163–164° (*Jo.*; *Searle* & *Co.*). λ_{max} (Me.): 280 nm und 286 nm (*Jo.*).

3-Acetoxy-2-acetoxymethyl-östra-1,3,5(10)-trien-17-on $C_{23}H_{28}O_5$, Formel XII (R = R′ = CO-CH$_3$).

B. Aus 2-Diäthylaminomethyl-3-hydroxy-östra-1,3,5(10)-trien-17-on und Acetanhydrid (*Patton*, J. org. Chem. **25** [1960] 2148, 2152; Chem. and Ind. **1959** 923).

Kristalle; F: 147–148° [unkorr.; aus A. + H_2O]; $[\alpha]_D^{23}$: +122° [Dioxan] (*Pa.*, J. org. Chem. **25** 2152). IR-Banden (KBr; 3–11,5 μ): *Pa.*, J. org. Chem. **25** 2152. λ_{max} (A.): 269 nm und 278 nm (*Pa.*, J. org. Chem. **25** 2152).

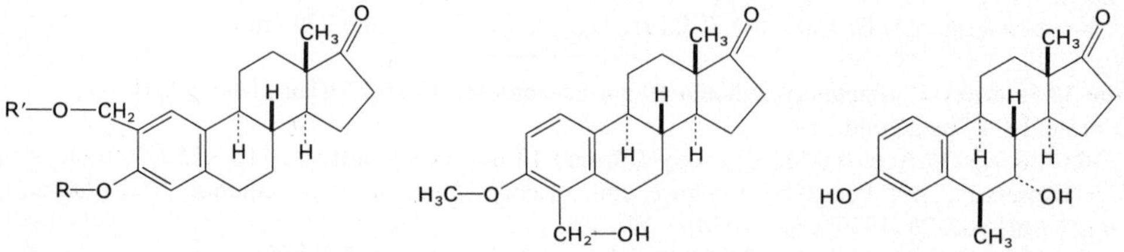

XII XIII XIV

4-Hydroxymethyl-3-methoxy-östra-1,3,5(10)-trien-17-on $C_{20}H_{26}O_3$, Formel XIII.

B. s. o. im Artikel 2-Hydroxymethyl-3-methoxy-östra-1,3,5(10)-trien-17-on.

Kristalle (aus Acn.); F: 200–202° (*Johns*, J. org. Chem. **30** [1965] 3993; *Searle* & *Co.*, U.S.P. 2853501 [1957]). ^{1}H-NMR-Absorption ($CDCl_3$): *Jo.* λ_{max} (Me.): 282 nm und 288 nm (*Jo.*).

3,7α-Dihydroxy-6β-methyl-östra-1,3,5(10)-trien-17-on $C_{19}H_{24}O_3$, Formel XIV.

B. Aus 17,17-Äthandiyldioxy-6β-methyl-östra-1,3,5(10)-trien-3,7α-diol mit Hilfe von Toluol-4-sulfonsäure in wss. Aceton (*Velarde et al.*, J. org. Chem. **24** [1959] 311).

Kristalle (aus E.); F: 218–220° [unkorr.]. $[\alpha]_D$: +110° [Dioxan]. λ_{max} (A.): 280 nm.

2-Acetoxy-androsta-1,4-dien-3,17-dion $C_{21}H_{26}O_4$, Formel I.

B. Aus 2-Hydroxy-androsta-1,4-dien-3,17-dion (E IV **7** 2796) und Acetanhydrid in Pyridin (*Gual et al.*, J. org. Chem. **24** [1959] 418).

Kristalle (aus E.); F: 225–228° [unkorr.]. IR-Banden (KBr; 1800–1200 cm^{-1}): *Gual et al.* λ_{max} (Me.): 246 nm.

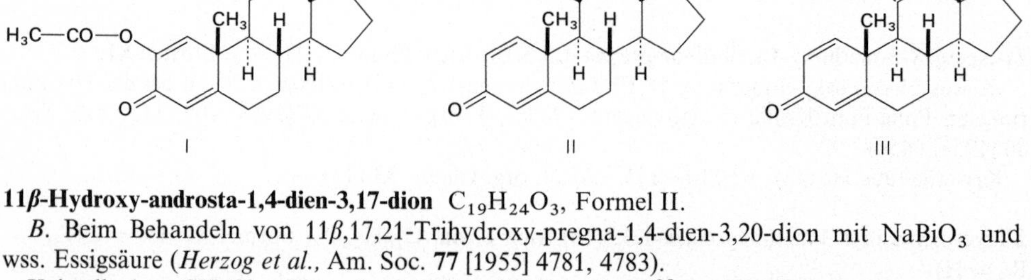

I II III

11β-Hydroxy-androsta-1,4-dien-3,17-dion $C_{19}H_{24}O_3$, Formel II.

B. Beim Behandeln von 11β,17,21-Trihydroxy-pregna-1,4-dien-3,20-dion mit $NaBiO_3$ und wss. Essigsäure (*Herzog et al.*, Am. Soc. **77** [1955] 4781, 4783).

Kristalle (aus CH_2Cl_2 + Hexan); F: 181–182° [korr.]; $[\alpha]_D^{25}$: +138° [Acn.] (*He. et al.*). IR-Spektrum ($CHCl_3$; 1800–850 cm^{-1}): *G. Roberts, B.S. Gallagher, R.N. Jones,* Infrared Absorption Spectra of Steroids, Bd. 2 [New York 1958] Nr. 528. λ_{max} (A.): 242 nm (*He. et al.*).

11α-Acetoxy-androsta-1,4-dien-3,17-dion $C_{21}H_{26}O_4$, Formel III.

B. Aus 11α-Acetoxy-3-oxo-pregna-1,4,17(20)*c*-trien-21-säure-methylester bei der Ozonolyse (*Magerlein, Hogg,* Am. Soc. **80** [1958] 2220, 2224).

Kristalle (aus E.); F: 246–248° [korr.].

3-Methoxy-androsta-3,5-dien-7,17-dion $C_{20}H_{26}O_3$, Formel IV.

B. Aus 17β-Hydroxy-3-methoxy-androsta-3,5-dien-7-on beim Behandeln mit Cyclohexanon und Aluminiumisopropylat (*Rao, Kurath,* Am. Soc. **78** [1956] 5660). Beim Behandeln von 3-Hydroxy-androsta-3,5-dien-7,17-dion (E IV **7** 2798) mit wss.-methanol. H_2SO_4 (*Rao, Ku.*).

Kristalle (aus Me.+H_2O); F: 207–208° [korr.]. $[\alpha]_D^{26}$: −383° [$CHCl_3$; c = 1]. λ_{max} (A.): 311 nm.

IV V

3-Äthoxy-androsta-3,5-dien-11,17-dion $C_{21}H_{28}O_3$, Formel V (R = C_2H_5).

B. Aus Androst-4-en-3,11,17-trion und Orthoameisensäure-äthylester (*Bernstein et al.,* J. org. Chem. **18** [1953] 1166, 1172; *Marshall et al.,* J. biol. Chem. **228** [1957] 339; *Labor. franç. de Chimiothérapie,* U.S.P. 2793217 [1953]).

Kristalle; F: 147° und (nach Wiedererstarren) F: 158° [aus A.+Py.] (*Labor. franç. de Chimiothérapie*), 153–155° [unkorr.; aus Me.] (*Be. et al.*), 145–148° [korr.; aus Me.] (*Ma. et al.*). $[\alpha]_D^{24}$: +4° [Py. enthaltendes $CHCl_3$] (*Ma. et al.*); $[\alpha]_D^{31}$: 0° [Py. enthaltendes $CHCl_3$; c = 0,6] (*Be. et al.*); $[\alpha]_D$: +6° [Py. enthaltendes A.] (*Labor. franç. de Chimiothérapie*). λ_{max}: 240 nm [Me.] (*Ma. et al.*), 241 nm [A.] (*Be. et al.*).

3-Benzyloxy-androsta-3,5-dien-11,17-dion $C_{26}H_{30}O_3$, Formel V (R = CH_2-C_6H_5).

B. Aus Androst-4-en-3,11,17-trion und Benzylalkohol mit Hilfe von Toluol-4-sulfonsäure (*Bernstein et al.,* J. org. Chem. **18** [1953] 1166, 1173).

Kristalle (aus A.); F: 170–174° [unkorr.]. $[\alpha]_D^{32}$: 0° [Py. enthaltendes $CHCl_3$; c = 0,7]. λ_{max} (A.): 240–241,5 nm.

3-Benzylmercapto-androsta-3,5-dien-11,17-dion $C_{26}H_{30}O_2S$, Formel VI.

B. Aus Androst-4-en-3,11,17-trion und Phenylmethanthiol mit Hilfe von Äther-BF_3 (*Upjohn Co.,* U.S.P. 2775602 [1953]).

F: 163–164°. $[\alpha]_D^{23}$: −13°. λ_{max} (A.): 270 nm.

VI VII

1α-Acetylmercapto-androsta-4,6-dien-3,17-dion $C_{21}H_{26}O_3S$, Formel VII.

B. Aus Androsta-1,4,6-trien-3,17-dion und Thioessigsäure im UV-Licht (*Tweit, Dodson,* J. org. Chem. **24** [1959] 277).

Kristalle (aus CH_2Cl_2+Me.); F: 229–229,5° [Zers.]. $[\alpha]_D^{24}$: +68° [$CHCl_3$]. λ_{max} (Me.):

287 nm.

2ξ-Hydroxy-androsta-4,6-dien-3,17-dion $C_{19}H_{24}O_3$, Formel VIII.

B. s. im folgenden Artikel.

Kristalle (aus Bzl. + E.); F: 211–214°; $[\alpha]_D^{25}$: +139° [$CHCl_3$; c = 0,5]; λ_{max}: 283 nm (*Searle & Co.*, U.S.P. 2715640 [1952]).

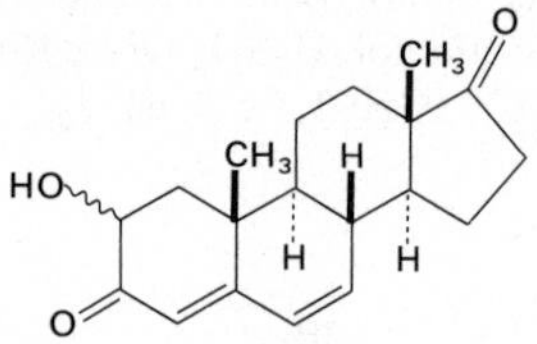

VIII 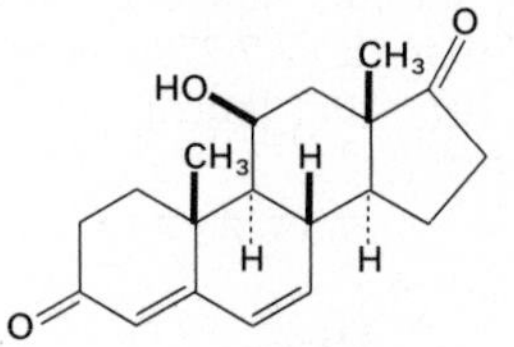 IX 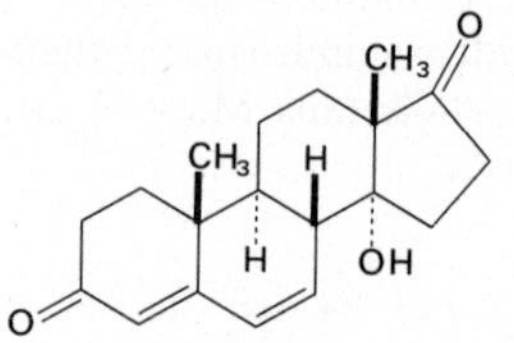 X

11β-Hydroxy-androsta-4,6-dien-3,17-dion $C_{19}H_{24}O_3$, Formel IX.

B. Als Hauptprodukt neben der vorangehenden Verbindung aus Androsta-4,6-dien-3,17-dion mit Hilfe eines Rindernebennieren-Homogenats (*Searle & Co.*, U.S.P. 2715640 [1952]). Als Hauptprodukt aus 11β,17,21-Trihydroxy-pregn-4-en-3,20-dion mit Hilfe von MnO_2 (*Rao*, J. org. Chem. **26** [1961] 2149, 2151).

Kristalle; F: ca. 243–245° [aus E.] (*Searle & Co.*), 239–241° [unkorr.; aus Acn. + PAe.] (*Rao*). $[\alpha]_D^{25}$: +214° [$CHCl_3$; c = 0,5] (*Searle & Co.*); $[\alpha]_D^{26}$: +247° [$CHCl_3$] (*Rao*). IR-Banden (KBr; 3500–1500 cm^{-1}): *Rao*. λ_{max}: 283 nm [Me.] (*Rao*), 282 nm (*Searle & Co.*).

14-Hydroxy-androsta-4,6-dien-3,17-dion $C_{19}H_{24}O_3$, Formel X.

B. Aus 7ξ,14-Dihydroxy-androst-4-en-3,17-dion beim Behandeln mit methanol. KOH (*Pfizer & Co.*, U.S.P. 2831875 [1957]).

F: 210–212° [Zers.]. $[\alpha]_D$: +145,7° [$CHCl_3$]. λ_{max} (A.): 283 nm.

***rac*-11β-Hydroxy-androsta-4,14-dien-3,16-dion** $C_{19}H_{24}O_3$, Formel XI + Spiegelbild.

B. Aus *rac*-3,3-Äthandiyldioxy-11β-hydroxy-androsta-5,14-dien-16-on mit Hilfe von Toluol-4-sulfonsäure in Aceton (*Merck & Co. Inc.*, U.S.P. 2884419 [1955]).

Kristalle; F: 236–238°. λ_{max} (Me.): 238 nm.

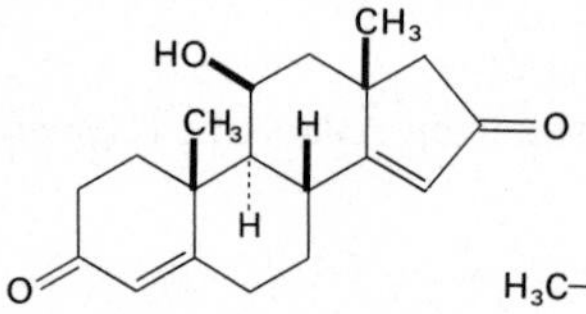

XI 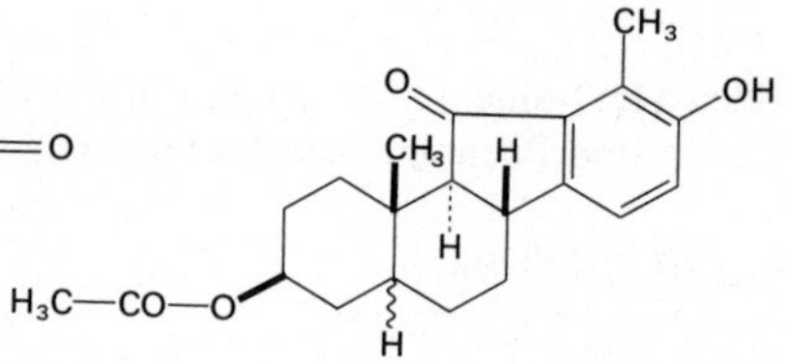 XII 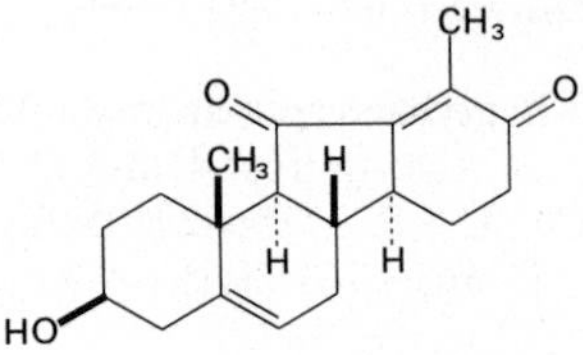 XIII

3β-Acetoxy-17-hydroxy-17a-methyl-*D*-homo-*C*,18-dinor-5ξ-androsta-13,15,17-trien-11-on $C_{21}H_{26}O_4$, Formel XII.

B. Neben anderen Verbindungen bei der Hydrierung von 3β-Acetoxy-17a-methyl-*D*-homo-*C*,18-dinor-androsta-5,13(17a)-dien-11,17-dion an Palladium/Kohle in Dioxan (*Fried, Klingsberg*, Am. Soc. **75** [1953] 4929, 4933, 4938).

Kristalle (aus Acn. + Hexan); F: 225–230° [korr.; Zers.]. $[\alpha]_D^{23}$: −210° [$CHCl_3$; c = 1,3]. λ_{max} (A.): 224 nm, 254 nm und 327 nm.

3β-Hydroxy-17a-methyl-*D*-homo-*C*,18-dinor-androsta-5,13(17a)-dien-11,17-dion $C_{19}H_{24}O_3$, Formel XIII.

B. Aus dem Acetyl-Derivat (s. u.) beim Behandeln mit wss. HCl (*Fried, Klingsberg*, Am.

Soc. **75** [1953] 4929, 4936; *Kupchan, Levine,* Am. Soc. **86** [1964] 701, 706).

Kristalle; F: 171,6–172,6° (*Ku., Le.*), 170–171° [korr.; aus Acn. + Hexan] (*Fr., Kl.*). $[\alpha]_D^{22}$: –220° [$CHCl_3$; c = 0,4] (*Fr., Kl.*). λ_{max} (A.): 267 nm und 415 nm (*Fr., Kl.*).

Acetyl-Derivat $C_{21}H_{26}O_4$; 3β-Acetoxy-17a-methyl-*D*-homo-*C*,18-dinor-andro=sta-5,13(17a)-dien-11,17-dion. *B.* Aus 3β-Acetoxy-17-[(*E*)-äthyliden]-17a-methyl-*D*-homo-*C*,18-dinor-androsta-5,13(17a)-dien-11-on beim Behandeln mit CrO_3 (*Fr., Kl.*, l. c. S. 4935; *Ku., Le.*) oder mit OsO_4 und anschliessend mit HIO_4 (*Ku., Le.*). – Gelbe Kristalle (aus Acn.); F: 182–183° [korr.] (*Fr., Kl.*), 182–183° (*Ku., Le.*). $[\alpha]_D^{22}$: –234° [$CHCl_3$; c = 0,7] (*Fr., Kl.*). λ_{max} (A.): 267 nm und 415 nm (*Fr., Kl.*). – Monooxim $C_{21}H_{27}NO_4$. Kristalle (aus Me.); F: 233–234° [korr.]; λ_{max} (A.): 294 nm (*Fr., Kl.*). – Monosemicarbazon $C_{22}H_{29}N_3O_4$. Kristalle (aus Me.); F: 287–288° [korr.; Zers.] (*Fr., Kl.*).

6β-Methoxy-17a-methyl-3α,5α-cyclo-*D*-homo-*C*,18-dinor-androst-13(17a)-en-11,17-dion $C_{20}H_{26}O_3$, Formel XIV.

B. Aus 17a-Methyl-3β-[toluol-4-sulfonyloxy]-*D*-homo-*C*,18-dinor-androsta-5,13(17a)-dien-11,17-dion beim Erwärmen mit Methanol und Kaliumacetat (*Herz, Fried,* Am. Soc. **76** [1954] 5621).

Kristalle (aus Ae.); F: 158–160° [korr.]. $[\alpha]_D^{23}$: –123° [$CHCl_3$; c = 0,24]. λ_{max} (A.): 266 nm.

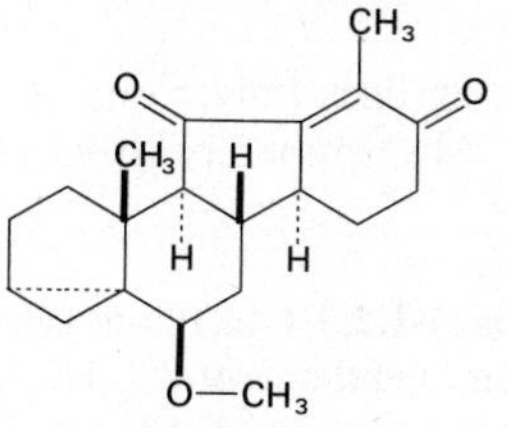

XIV 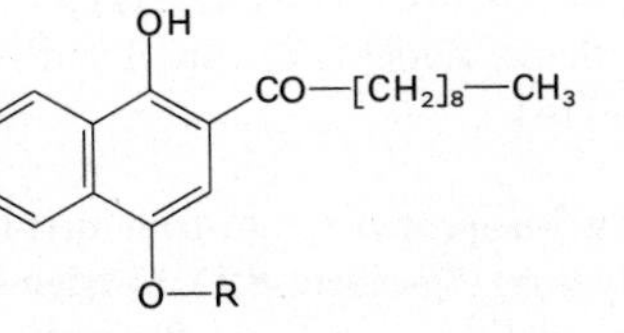 I

Hydroxy-oxo-Verbindungen $C_{20}H_{26}O_3$

1-[1,4-Dihydroxy-[2]naphthyl]-decan-1-on $C_{20}H_{26}O_3$, Formel I (R = H).

B. Aus der folgenden Verbindung beim Erwärmen mit $AlCl_3$ in Benzol (*Hase, Nishimura,* J. pharm. Soc. Japan **75** [1955] 203, 205, 206; C. A. **1956** 1712).

Gelbe Kristalle (aus PAe.); F: 132°.

1-[1-Hydroxy-4-methoxy-[2]naphthyl]-decan-1-on $C_{21}H_{28}O_3$, Formel I (R = CH_3).

B. s. u. im Artikel 1-[5,8-Dimethoxy-[2]naphthyl]-decan-1-on.

Gelbe Kristalle (aus A.); F: 47–48° (*Hase, Nishimura,* J. pharm. Soc. Japan **75** [1955] 203, 205, 206; C. A. **1956** 1712).

1-[5,8-Dihydroxy-[2]naphthyl]-decan-1-on $C_{20}H_{26}O_3$, Formel II (R = H).

B. Aus der folgenden Verbindung beim Erwärmen mit $AlCl_3$ in Benzol (*Hase, Nishimura,* J. pharm. Soc. Japan **75** [1955] 203, 206, 207; C. A. **1956** 1712).

Gelbe Kristalle (aus Bzl.); F: 114°.

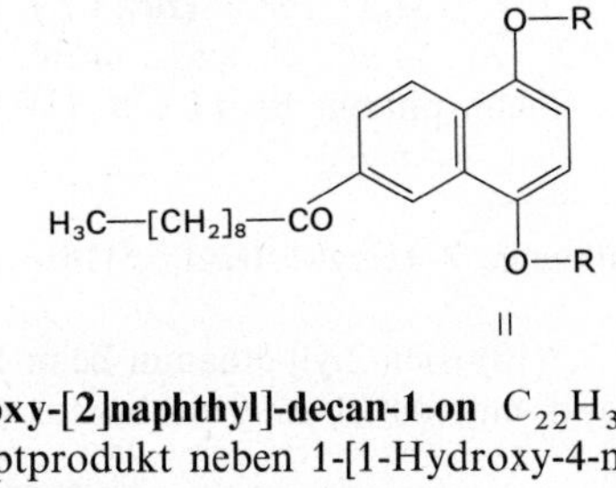

II 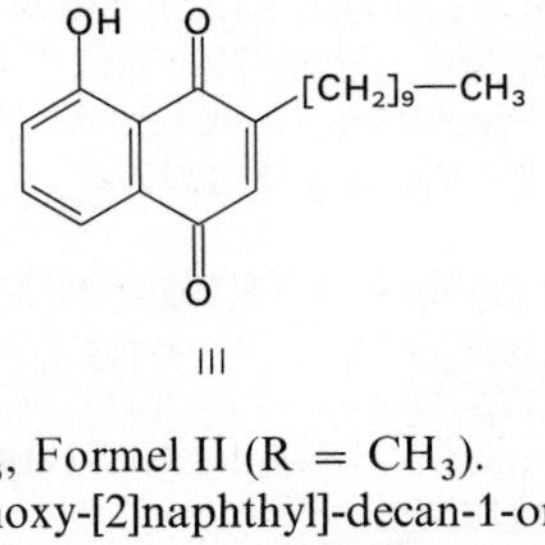 III

1-[5,8-Dimethoxy-[2]naphthyl]-decan-1-on $C_{22}H_{30}O_3$, Formel II (R = CH_3).

B. Als Hauptprodukt neben 1-[1-Hydroxy-4-methoxy-[2]naphthyl]-decan-1-on beim Erwär=

men von 1,4-Dimethoxy-naphthalin mit Decanoylchlorid und $AlCl_3$ in CS_2 (*Hase, Nishimura,* J. pharm. Soc. Japan **75** [1955] 203, 205, 206; C. A. **1956** 1712).

Kristalle (aus A.); F: 60–61°.

8-Hydroxy-2-decyl-[1,4]naphthochinon $C_{20}H_{26}O_3$, Formel III.

B. Beim Behandeln von 7-Decyl-5,8-dihydroxy-3,4-dihydro-2*H*-naphthalin-1-on mit CrO_3 und Essigsäure (*Shoji,* J. pharm. Soc. Japan **79** [1959] 1038, 1041; C. A. **1960** 5587).

Orangefarbene Kristalle; F: 91–93°.

(4b*S*)-4-Hydroxy-2-[α-hydroxy-isopropyl]-4b,8,8-trimethyl-5,6,7,8-tetrahydro-4b*H*-phenanthren-3-on, 11,15-Dihydroxy-abieta-5,7,9(11),13-tetraen-12-on, **Fuerstion** $C_{20}H_{26}O_3$, Formel IV.

Konstitution und Konfiguration: *Karanatsios et al.,* Helv. **49** [1966] 1151; *Miyase et al.,* Helv. **60** [1977] 2789.

Isolierung aus Fuerstia africana: *Karrer, Eugster,* Helv. **35** [1952] 1139, 1145.

Rote Kristalle (aus Isooctan); F: 108–115°. CD (Me. und Dioxan; 500–220 nm): *Mi. et al.,* l. c. S. 2791. ^{1}H-NMR-Spektrum (*Ka. et al.,* l. c. S. 1156, 1164; *Mi. et al.,* l. c. S. 2798). IR-Banden (CCl_4; 3500–1400 cm^{-1}): *Ka. et al.,* l. c. S. 1154. Absorptionsspektrum (220–600 nm) in Methanol und in Äthanol: *Ka., Eu.,* l. c. S. 1142, 1143; *Ka. et al.,* l. c. S. 1154; in Cyclohexan: *Ka., Eu.,* l. c. S. 1142.

Kupfer(II)-Salz $Cu(C_{20}H_{25}O_3)_2 \cdot 2H_2O$. Schwarzgrünes Pulver (aus Ae.+PAe.); F: 162° [evakuierte Kapillare; Zers.] (*Ka., Eu.,* l. c. S. 1147). Absorptionsspektrum (A.; 220–760 nm): *Ka., Eu.,* l. c. S. 1143.

(4a*S*)-6-Hydroxy-7-isopropyl-1,1,4a-trimethyl-(4a*r*,10a*c*)-1,2,3,4,4a,10a-hexahydro-phenanthren-9,10-dion, 12-Hydroxy-5β-abieta-8,11,13-trien-6,7-dion, Xanthoperol $C_{20}H_{26}O_3$, Formel V.

Konstitution und Konfiguration: *Bredenberg,* Acta chem. scand. **14** [1960] 385; *Kondo et al.,* Chem. pharm. Bl. **11** [1963] 678.

Isolierung aus Cryptomeria japonica: *Kondo et al.,* Bl. agric. chem. Soc. Japan **23** [1959] 233, 236, 237; J. pharm. Soc. Japan **79** [1959] 1298; C. A. **1960** 4524; aus Juniperus communis: *Bredenberg, Gripenberg,* Acta chem. scand. **10** [1956] 1511, 1514; aus Podocarpus dacrydioides: *Briggs et al.,* Tetrahedron **7** [1959] 270, 272, 276.

Kristalle; F: 273–275° [Zers.; nach Sublimation] (*Ko. et al.,* J. pharm. Soc. Japan **79** 1300), 250–260° [Zers.] (*Br. et al.*). $[\alpha]_D^{22}$: +142,6° [Me.; c = 0,8] (*Ko. et al.,* Bl. agric. chem. Soc. Japan **23** 238; J. pharm. Soc. Japan **79** 1300); $[\alpha]_D^{20}$: +132,5° [A.; c = 1,2] (*Br., Gr.*). ^{1}H-NMR-Spektrum ($CDCl_3$): *Bredenberg,* Acta chem. scand. **14** [1960] 556, 557. IR-Banden (KBr; 3500–850 cm^{-1}): *Br., Gr.*; *Ko. et al.,* Bl. agric. chem. Soc. Japan **23** 238. Absorptionsspektrum in Äthanol (270–420 nm) und in wss. Na_2CO_3 (270–500 nm): *Br., Gr.,* l. c. S. 1512. λ_{max} (Me.): 254 nm bzw. 252 nm und 357–358 nm (*Ko. et al.,* Bl. agric. chem. Soc. Japan **23** 238; J. pharm. Soc. Japan **79** 1300).

Methyl-Derivat $C_{21}H_{28}O_3$; 12-Methoxy-5β-abieta-8,11,13-trien-6,7-dion, *O*-Methyl-xanthoperol. Kristalle (aus wss. A.); F: 186–187° (*Ko. et al.,* Bl. agric. chem. Soc. Japan **23** 238). – Monooxim $C_{21}H_{29}NO_3$. Kristalle (aus wss. Me.); F: 164–165° (*Ko. et al.,* Bl. agric. chem. Soc. Japan **23** 238).

Acetyl-Derivat $C_{22}H_{28}O_4$; 12-Acetoxy-5β-abieta-8,11,13-trien-6,7-dion, *O*-Acetyl-xanthoperol. Kristalle (aus wss. A.); F: 157,5–158,5° (*Br., Gr.*), 152–153° (*Ko. et al.,* J. pharm. Soc. Japan **79** 1300), 151–152° (*Ko. et al.,* Bl. agric. chem. Soc. Japan **23** 238). ^{1}H-NMR-Spektrum ($CHCl_3$): *Ko. et al.,* Chem. pharm. Bl. **11** 679. UV-Spektrum (A.; 270–380 nm): *Br., Gr.,* l. c. S. 1512.

1-[3,17β-Dihydroxy-östra-1,3,5(10)-trien-2-yl]-äthanon, 2-Acetyl-östra-1,3,5(10)-trien-3,17β-diol $C_{20}H_{26}O_3$, Formel VI (R = R′ = H).

B. Neben 1-[17β-Acetoxy-3-hydroxy-östra-1,3,5(10)-trien-2-yl]-äthanon beim Behandeln von Östra-1,3,5(10)-trien-3,17β-diol mit Acetylchlorid und $AlCl_3$ in Chlorbenzol (*Searle & Co.,* U.S.P. 2846453 [1957]).

Kristalle (aus wss. Me.); F: 190–192°.

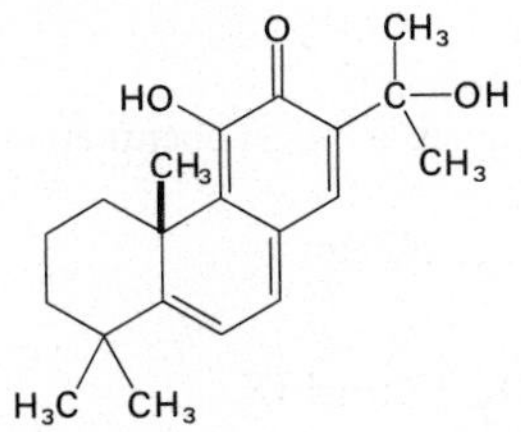

IV 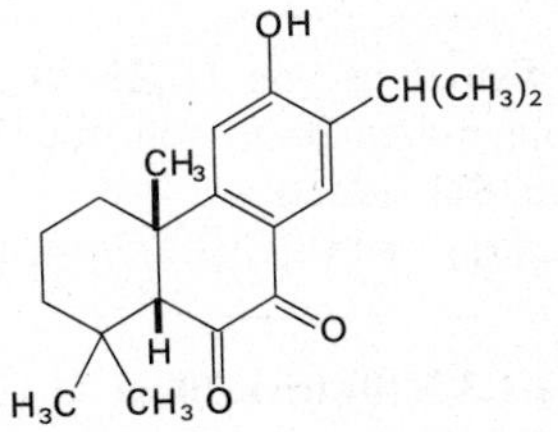 V 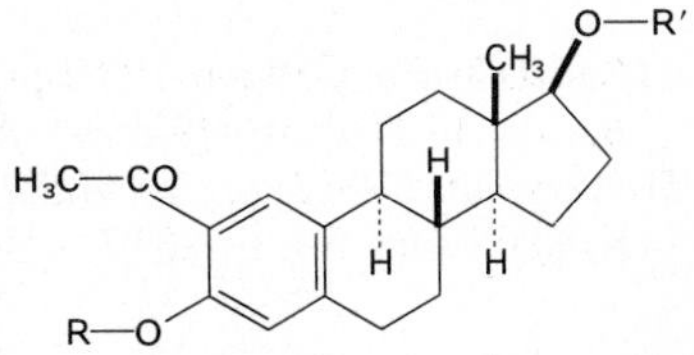 VI

1-[17β-Hydroxy-3-methoxy-östra-1,3,5(10)-trien-2-yl]-äthanon, 2-Acetyl-3-methoxy-östra-1,3,5(10)-trien-17β-ol $C_{21}H_{28}O_3$, Formel VI (R = CH_3, R′ = H).

B. Aus der folgenden Verbindung beim Behandeln mit wss.-methanol. NaOH und Dimethyl⸗sulfat (*Searle & Co.,* U.S.P. 2846453 [1957]).

F: 160–167° und (nach Wiedererstarren) F: 185–186°.

1-[17β-Acetoxy-3-hydroxy-östra-1,3,5(10)-trien-2-yl]-äthanon, 17β-Acetoxy-2-acetyl-östra-1,3,5(10)-trien-3-ol $C_{22}H_{28}O_4$, Formel VI (R = H, R′ = CO-CH_3).

B. s. o. im Artikel 1-[3,17β-Dihydroxy-östra-1,3,5(10)-trien-2-yl]-äthanon.

F: 196–197° (*Searle & Co.,* U.S.P. 2846453 [1957]).

1-[17β-Acetoxy-3-methoxy-östra-1,3,5(10)-trien-2-yl]-äthanon $C_{23}H_{30}O_4$, Formel VI (R = CH_3, R′ = CO-CH_3).

B. Aus 1-[17β-Hydroxy-3-methoxy-östra-1,3,5(10)-trien-2-yl]-äthanon und Acetanhydrid in Pyridin (*Searle & Co.,* U.S.P. 2846453 [1957]).

F: 185–186°.

1-[17β-Acetoxy-3-benzyloxy-östra-1,3,5(10)-trien-2-yl]-äthanon $C_{29}H_{34}O_4$, Formel VI (R = CH_2-C_6H_5, R′ = CO-CH_3).

B. Neben der folgenden Verbindung aus 1-[17β-Acetoxy-3-hydroxy-östra-1,3,5(10)-trien-2-yl]-äthanon bei der aufeinanderfolgenden Umsetzung mit Benzylchlorid und methanol. Natrium⸗methylat sowie mit Acetanhydrid und Pyridin (*Searle & Co.,* U.S.P. 2846453 [1957]).

Kristalle (aus Me.); F: 169–170°.

1-[3,17β-Diacetoxy-östra-1,3,5(10)-trien-2-yl]-äthanon $C_{24}H_{30}O_5$, Formel VI (R = R′ = CO-CH_3).

B. s. im vorangehenden Artikel.

Kristalle (aus Cyclohexan); F: 150–151° (*Searle & Co.,* U.S.P. 2846453 [1957]).

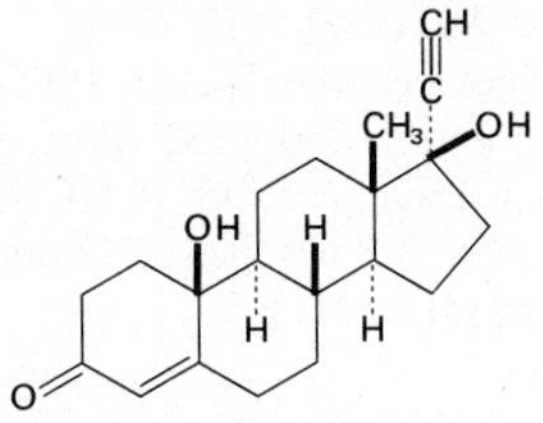

VII 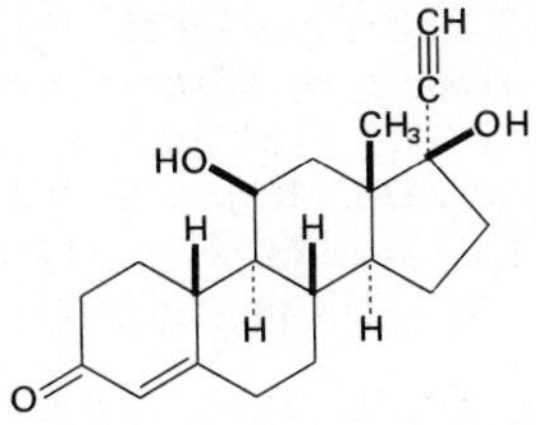 VIII 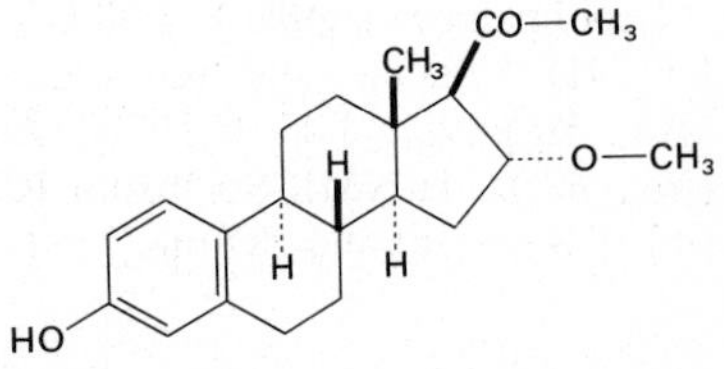 IX

10,17-Dihydroxy-19-nor-17βH-pregn-4-en-20-in-3-on $C_{20}H_{26}O_3$, Formel VII.

B. Aus 5,10-Epoxy-17-hydroxy-19-nor-5β,17βH-pregn-20-in-3-on oder aus 5-Fluor-10,17-di⸗hydroxy-19-nor-5α,17βH-pregn-20-in-3-on beim Erwärmen mit methanol. KOH (*Ruelas,* J. org. Chem. **23** [1958] 1744, 1747).

Kristalle (aus E.); F: 263—264° [unkorr.]. $[\alpha]_D$: +4,5° [Me.]. ORD (Dioxan): *Ru. et al.* λ_{max} (A.): 236 nm.

11β,17-Dihydroxy-19-nor-17βH-pregn-4-en-20-in-3-on $C_{20}H_{26}O_3$, Formel VIII.

B. Aus 17-Hydroxy-19-nor-17*βH*-pregn-4-en-20-in-3-on mit Hilfe eines Rindernebennieren-Homogenats (*Searle & Co.,* U.S.P. 2702811 [1953]).

Kristalle (aus E.); F: 233,5—236,5°. $[\alpha]_D$: +14° [$CHCl_3$; c = 1]. λ_{max}: 242 nm.

3-Hydroxy-16α-methoxy-19-nor-pregna-1,3,5(10)-trien-20-on $C_{21}H_{28}O_3$, Formel IX.

Bezüglich der Konfiguration an den C-Atomen 16 und 17 vgl. das analog hergestellte 16α-Methoxy-pregn-4-en-3,20-dion (S. 2189).

B. Aus 3-Acetoxy-19-nor-pregna-1,3,5(10),16-tetraen-20-on beim Erwärmen mit Methanol und wss. KOH (*Djerassi et al.,* Am. Soc. **73** [1951] 1523, 1526).

Kristalle (nach Sublimation); F: 203—204° [korr.]. $[\alpha]_D^{20}$: +101° [$CHCl_3$]. UV-Spektrum (A.; 220—300 nm): *Dj. et al.,* l. c. S. 1525.

3,17-Dihydroxy-19-nor-pregna-1,3,5(10)-trien-20-one $C_{20}H_{26}O_3$.

a) **3,17-Dihydroxy-19-nor-pregna-1,3,5(10)-trien-20-on,** Formel X (R = R′ = H).

B. Aus (17Ξ)-3,20-Diacetoxy-19-nor-pregna-1,3,5(10),17(20)-tetraen (E IV **6** 6789) beim Behandeln mit Peroxybenzoesäure und Erwärmen des Reaktionsprodukts mit wss.-methanol. KOH (*Djerassi et al.,* Am. Soc. **73** [1951] 1523, 1527). Aus 3-Acetoxy-16α,17-epoxy-19-nor-pregna-1,3,5(10)-trien-20-on bei der Umsetzung mit HBr in Essigsäure, Hydrierung an Palladium/$CaCO_3$ in Äthanol und anschliessenden Hydrolyse mit wss. $KHCO_3$ (*Mateos, Miramontes,* Bol. Inst. Quim. Univ. Mexico **5** [1953] 3, 6).

Kristalle; F: 240—242° [korr.; aus E. bzw. Acn.+Hexan] (*Dj. et al.*; *Ma., Mi.*). $[\alpha]_D^{20}$: +83,7° [Dioxan] (*Dj. et al.*); $[\alpha]_D$: +90,5° [Dioxan] (*Ma., Mi.*). λ_{max} (A.): 280 nm und 282 nm (*Dj. et al.*; *Ma., Mi.*).

b) **3,17-Dihydroxy-19-nor-17βH-pregna-1,3,5(10)-trien-20-on,** Formel XI (R = R′ = X = H).

B. Aus 19-Nor-17*βH*-pregna-1,3,5(10)-trien-20-in-3,17-diol beim Erwärmen mit Äthanol und dem Quecksilber(II)-Salz des Toluol-4-sulfonamids (*Velluz, Muller,* Bl. **1950** 166).

Kristalle (aus Bzl.); F: 216° und F: 244°. $[\alpha]_D$: +35° [Acn.; c = 0,5]. UV-Spektrum (A.; 270—290 nm): *Ve., Mu.*

Oxim $C_{20}H_{27}NO_3$. F: 168° und F: 213°.

17-Hydroxy-3-methoxy-19-nor-pregna-1,3,5(10)-trien-20-on $C_{21}H_{28}O_3$, Formel X (R = CH_3, R′ = H).

B. Aus 16α,17-Epoxy-3-methoxy-19-nor-pregna-1,3,5(10)-trien-20-on bei der Umsetzung mit HBr in Essigsäure und Hydrierung an Palladium/$CaCO_3$ in Äthanol (*Mateos, Miramontes,* Bol. Inst. Quim. Univ. Mexico **5** [1953] 3, 7; *Zaffaroni et al.,* Am. Soc. **80** [1958] 6110, 6113).

Dipolmoment (ε; Bzl.): 1,98 D (*W. Neudert, H. Röpke,* Steroid-Spektrenatlas [Berlin 1965] Nr. 791). Kristalle (aus Acn.+Hexan); F: 151—153° [unkorr.] (*Za. et al.*), 150—152° [korr.] (*Ma., Mi.*). $[\alpha]_D$: +45° [$CHCl_3$] (*Za. et al.*; *Ma., Mi.*), +29° [$CHCl_3$]; $[\alpha]_{546,1}$: +35° [$CHCl_3$] (*Ne., Rö.*). ^{1}H-NMR-Spektrum ($CDCl_3$): *Ne., Rö.* λ_{max}: 219 nm [sh], 228 nm [sh], 273 nm [sh], 278 nm [sh] und 287 nm [Me.] (*Ne., Rö.*), 278 nm und 286 nm [A.] (*Ma., Mi.*).

3-Acetoxy-17-hydroxy-19-nor-pregna-1,3,5(10)-trien-20-on $C_{22}H_{28}O_4$, Formel X (R = CO-CH_3, R′ = H).

B. Aus 3,17-Dihydroxy-19-nor-pregna-1,3,5(10)-trien-20-on und Acetanhydrid in Pyridin (*Djerassi et al.,* Am. Soc. **73** [1951] 1523, 1527). Analog der vorangehenden Verbindung (*Mateos, Miramontes,* Bol. Inst. Quim. Univ. Mexico **5** [1953] 3, 6).

Kristalle (aus Acn.+Hexan); F: 128—129° [korr.] (*Dj. et al.*), 128—130° [korr.] (*Ma., Mi.*).

$[\alpha]_D^{20}$: +29,3° [$CHCl_3$], +73,3° [Dioxan] (*Dj. et al.*); $[\alpha]_D$: +79,6° [Dioxan] (*Ma., Mi.*). λ_{max} (A.): 276 nm (*Ma., Mi.*).

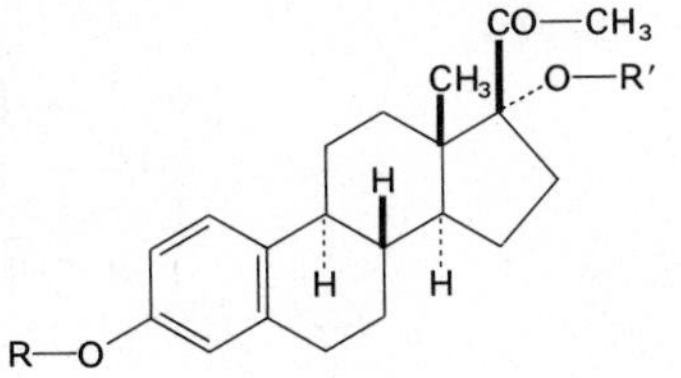

X

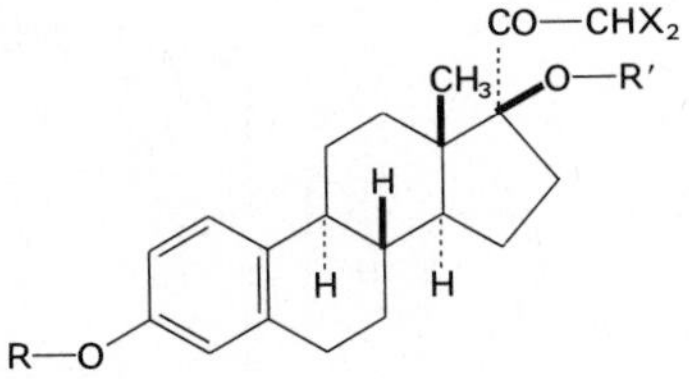

XI

17-Acetoxy-3-methoxy-19-nor-pregna-1,3,5(10)-trien-20-one $C_{23}H_{30}O_4$.

a) **17-Acetoxy-3-methoxy-19-nor-pregna-1,3,5(10)-trien-20-on,** Formel X (R = CH_3, R′ = CO-CH_3).

F: 193–195° [unkorr.]; $[\alpha]_D$: +43° [$CHCl_3$; c = 1]; IR-Spektrum (KBr; 2–15 μ): *W. Neudert, H. Röpke,* Steroid-Spektrenatlas [Berlin 1965] Nr. 794. λ_{max} (Me.): 219 nm [sh], 228 nm [sh], 273 nm [sh], 279 und 287 nm.

b) **17-Acetoxy-3-methoxy-19-nor-17*β*H-pregna-1,3,5(10)-trien-20-on,** Formel XI (R = CH_3, R′ = CO-CH_3, X = H).

B. Aus 17-Acetoxy-21,21-dibrom-3-methoxy-19-nor-17*βH*-pregna-1,3,5(10)-trien-20-on mit Hilfe von Zink und Essigsäure (*Mills et al.,* Am. Soc. **80** [1958] 6118, 6120).

Kristalle (aus Me.+E.); F: 159–161° [unkorr.]. $[\alpha]_D$: +53° [$CHCl_3$].

3,17-Diacetoxy-19-nor-17*β*H-pregna-1,3,5(10)-trien-20-on $C_{24}H_{30}O_5$, Formel XI (R = R′ = CO-CH_3, X = H).

B. Aus 3,17-Diacetoxy-21,21-dibrom-19-nor-17*βH*-pregna-1,3,5(10)-trien-20-on mit Hilfe von Zink und Essigsäure (*Mills et al.,* Am. Soc. **80** [1958] 6118, 6120).

Kristalle (aus Me.+E.); F: 178–180° [unkorr.]. $[\alpha]_D$: +47° [$CHCl_3$].

17-Acetoxy-21,21-dibrom-3-methoxy-19-nor-17*β*H-pregna-1,3,5(10)-trien-20-on $C_{23}H_{28}Br_2O_4$, Formel XI (R = CH_3, R′ = CO-CH_3, X = Br).

B. Aus 17-Acetoxy-3-methoxy-19-nor-17*βH*-pregna-1,3,5(10)-trien-20-in und *N*-Brom-acetamid (*Mills et al.,* Am. Soc. **80** [1958] 6118, 6120).

Kristalle (aus Me.+CH_2Cl_2); F: 212–214° [unkorr.]. $[\alpha]_D$: −16° [$CHCl_3$].

3,17-Diacetoxy-21,21-dibrom-19-nor-17*β*H-pregna-1,3,5(10)-trien-20-on $C_{24}H_{28}Br_2O_5$, Formel XI (R = R′ = CO-CH_3, X = Br).

B. Aus 3,17-Diacetoxy-19-nor-17*βH*-pregna-1,3,5(10)-trien-20-in und *N*-Brom-acetamid (*Mills et al.,* Am. Soc. **80** [1958] 6118, 6120).

Kristalle (aus Me.+$CHCl_3$); F: 196–198° [unkorr.]. $[\alpha]_D$: −13,4° [$CHCl_3$].

3,21-Diacetoxy-19-nor-pregna-1,3,5(10)-trien-20-on $C_{24}H_{30}O_5$, Formel XII.

B. Aus 19-Nor-17*βH*-pregna-1,3,5(10)-trien-3,17,20ξ,21-tetraol (E III **6** 6702) beim Erwärmen mit Acetanhydrid und Pyridin und Erhitzen des Reaktionsprodukts mit Zink in Toluol (*Djerassi, Lenk,* Am. Soc. **76** [1954] 1722, 1725). Aus 3,21-Diacetoxy-19-nor-pregna-1,3,5(10),16-tetraen-20-on bei der Hydrierung an Palladium/$BaSO_4$ in Äthylacetat (*Dj., Lenk*).

Kristalle (aus Me.); F: 124–125° [unkorr.]; $[\alpha]_D^{23}$: +142° [$CHCl_3$]; λ_{max} (A.): 251 nm und 272 nm (*Dj., Lenk*).

Semicarbazon $C_{25}H_{33}N_3O_5$. Kristalle; F: 203–205° (*Schering A.G.,* D.B.P. 875517 [1943]).

17*β*-Hydroxy-6*α*-methyl-androsta-1,4-dien-3,11-dion $C_{20}H_{26}O_3$, Formel XIII.

B. Als Hauptprodukt aus 6α-Methyl-pregn-4-en-3,11,20-trion mit Hilfe von Septomyxa affinis

(*Upjohn Co.*, U.S.P. 2842566 [1957]).
Kristalle (aus CH_2Cl_2+Ae.); F: 209–210°. $[\alpha]_D$: +148° [$CHCl_3$]. [*Kinsky*]

XII XIII

Hydroxy-oxo-Verbindungen $C_{21}H_{28}O_3$

2-Hydroxy-3-undecyl-[1,4]naphthochinon $C_{21}H_{28}O_3$, Formel I und Taut. (E III 2621).

B. Beim Behandeln von 2,3-Epoxy-2-undecyl-2,3-dihydro-[1,4]naphthochinon mit H_2SO_4 (*Nakanishi, Fieser*, Am. Soc. **74** [1952] 3910, 3913).

Gelbe Kristalle (aus PAe.); F: 81,4–82,4°.

Acetyl-Derivat $C_{23}H_{30}O_4$; 2-Acetoxy-3-undecyl-[1,4]naphthochinon. Hellgelbe Kristalle (aus Me.); F: 53°. – Über die bei der Oxidation mit CrO_3 und Essigsäure erhaltenen Reaktionsprodukte s. *Na., Fi.*

I II III

3-Hydroxy-9,10-seco-pregna-1,3,5(10)-trien-11,20-dione $C_{21}H_{28}O_3$.

a) **3-Hydroxy-9,10-seco-pregna-1,3,5(10)-trien-11,20-dion,** Formel II.

B. Neben dem unter b) beschriebenen Epimeren beim Erhitzen von Pregn-4-en-3,11,20-trion auf 370° (*Magerlein, Hogg*, Tetrahedron **2** [1958] 80, 84).

Kristalle (aus E.); F: 138–139° [unkorr.]. $[\alpha]_D$: +43° [Acn.]. IR-Banden (Nujol; 3300–1400 cm^{-1}): *Ma., Hogg.* λ_{max} (A.): 281 nm und 287 nm.

Partielle Isomerisierung zu dem unter b) beschriebenen Epimeren beim Erhitzen auf 360° oder beim Erwärmen mit wss. NaOH: *Ma., Hogg,* l. c. S. 85.

Acetyl-Derivat $C_{23}H_{30}O_4$; 3-Acetoxy-9,10-seco-pregna-1,3,5(10)-trien-11,20-dion. Kristalle (aus E.+PAe.); F: 139–140° [unkorr.]. IR-Banden (Nujol; 1800–1200 cm^{-1}): *Ma., Hogg.* λ_{max} (A.): 268 nm und 274,5 nm.

b) **3-Hydroxy-9,10-seco-17*βH*-pregna-1,3,5(10)-trien-11,20-dion,** Formel III.

B. s. unter a).

Kristalle (aus E.+PAe.); F: 159,5–160,5° [unkorr.] (*Magerlein, Hogg,* Tetrahedron **2** [1958] 80, 84). $[\alpha]_D$: –35° [Acn.]. IR-Banden (Nujol; 3300–1400 cm^{-1}): *Ma., Hogg.* λ_{max} (A.): 281 nm und 287 nm.

Isomerisierung zu dem unter a) beschriebenen Epimeren beim Erwärmen mit wss.-äthanol. HCl: *Ma., Hogg,* l. c. S. 85.

Acetyl-Derivat $C_{23}H_{30}O_4$; 3-Acetoxy-9,10-seco-17*βH*-pregna-1,3,5(10)-trien-11,20-dion. F: 91–93°. IR-Banden (Nujol; 1800–1200 cm^{-1}): *Ma., Hogg.* λ_{max} (A.): 268 nm und 274,5 nm.

***rac*-11β-Hydroxy-18-vinyl-14,15-seco-androsta-4,15-dien-3,14-dion** $C_{21}H_{28}O_3$, Formel IV + Spiegelbild.

B. Aus *rac*-3,3-Äthandiyldioxy-11β-hydroxy-18-vinyl-14,15-seco-androsta-5,15-dien-14-on beim Erwärmen mit HCl in Aceton (*Heusler et al.*, Helv. **40** [1957] 787, 797).

Kristalle (aus Ae.); F: 152 – 153° [unkorr.]. IR-Banden (CH_2Cl_2; 2 – 11 μ): *He. et al.* λ_{max} (A.): 240 nm.

Acetyl-Derivat $C_{23}H_{30}O_4$; *rac*-11β-Acetoxy-18-vinyl-14,15-seco-androsta-4,15-dien-3,14-dion. Kristalle (aus Ae. + Hexan); F: 97 – 99°. IR-Banden (CH_2Cl_2; 5 – 11 μ): *He. et al.* λ_{max} (A.): 238 nm.

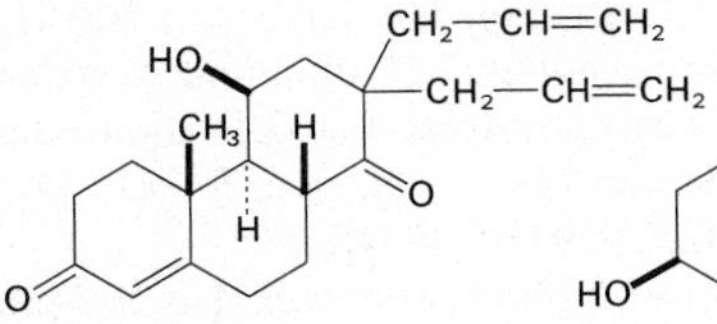

IV 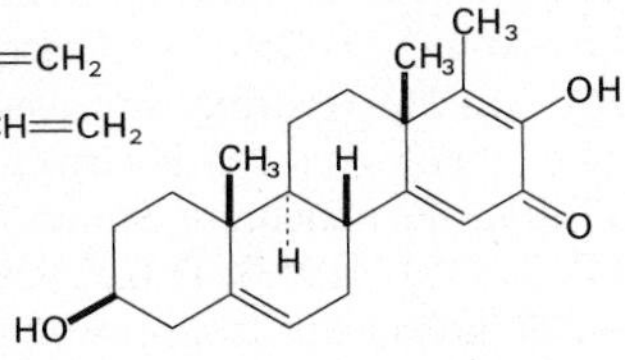 V 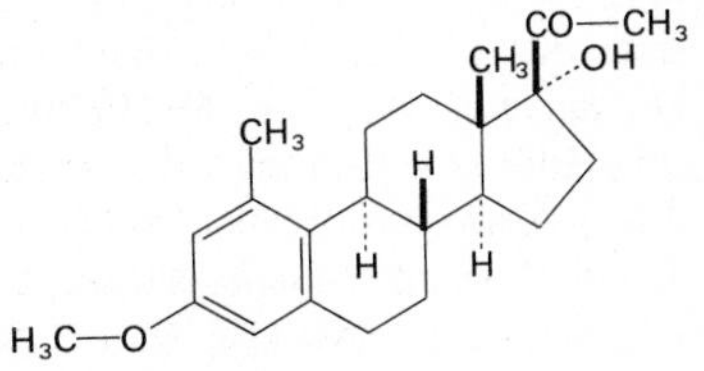 VI

3-Hydroxy-17a-methyl-*D*-homo-androsta-5,14-dien-16,17-dion $C_{21}H_{28}O_3$ und Taut.

3β,17-Dihydroxy-17a-methyl-*D*-homo-androsta-5,14,17-trien-16-on, Formel V.

B. Beim Erwärmen von 3β-Acetoxy-16α,17aα-dihydroxy-17aβ-methyl-*D*-homo-androsta-5,14-dien-17-on mit methanol. KOH (*Ellis et al.*, Soc. **1955** 4383, 4386).

Kristalle (aus wss. A.); F: 185 – 186°. $[\alpha]_D^{23}$: +161° [$CHCl_3$; c = 1]. λ_{max} (Isopropylalkohol): 252 nm.

Diacetyl-Derivat $C_{25}H_{32}O_5$; 3β,17-Diacetoxy-17a-methyl-*D*-homo-androsta-5,14,17-trien-16-on. Kristalle (aus wss. A.); F: 225 – 226°. $[\alpha]_D^{19}$: +71° [$CHCl_3$; c = 0,8]. λ_{max} (Isopropylalkohol): 246,5 nm.

17-Hydroxy-3-methoxy-1-methyl-19-nor-pregna-1,3,5(10)-trien-20-on $C_{22}H_{30}O_3$, Formel VI.

B. Aus 16α,17-Epoxy-3-methoxy-1-methyl-19-nor-pregna-1,3,5(10)-trien-20-on beim Behandeln mit HBr in Essigsäure und Hydrieren des Reaktionsprodukts an Palladium/$CaCO_3$ in Methanol (*Djerassi et al.*, Am. Soc. **78** [1956] 2479).

Kristalle (aus Me.); F: 181 – 183°. $[\alpha]_D$: +118° [$CHCl_3$]. λ_{max} (A.): 283 nm.

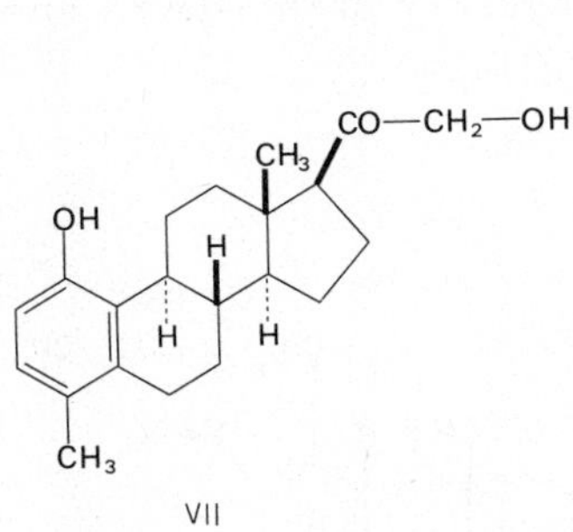

VII 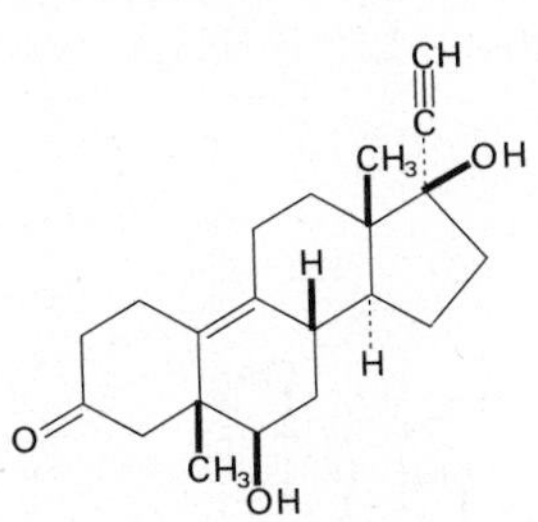 VIII 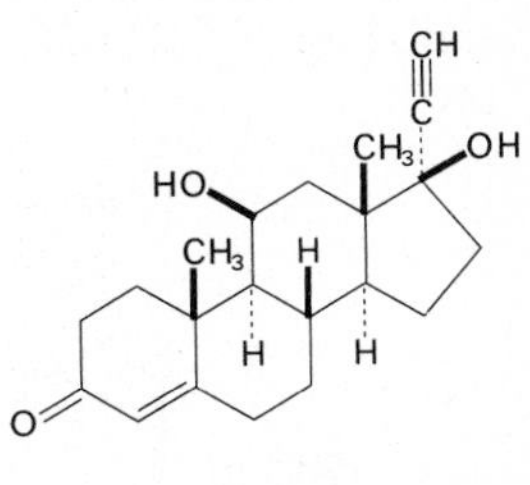 IX

1,21-Dihydroxy-4-methyl-19-nor-pregna-1,3,5(10)-trien-20-on $C_{21}H_{28}O_3$, Formel VII.

B. Aus dem Diacetyl-Derivat (s. u.) beim Erwärmen mit wss.-methanol. $KHCO_3$ (*Clarke et al.*, Am. Soc. **77** [1955] 661, 664).

Kristalle (aus Bzl. + PAe.); F: 215 – 218° [korr.]. $[\alpha]_D^{24}$: +269° [A.; c = 2,7].

Diacetyl-Derivat $C_{25}H_{32}O_5$; 1,21-Diacetoxy-4-methyl-19-nor-pregna-1,3,5(10)-trien-20-on. *B.* Aus 21-Acetoxy-pregna-1,4-dien-3,20-dion beim Behandeln mit Acetanhydrid und H_2SO_4 (*Cl. et al.*, l. c. S. 663). – Kristalle (aus Acn.); F: 188,4–189,6° [korr.]. $[\alpha]_D^{22}$: +232° [$CHCl_3$; c = 2]. λ_{max} (A.): 267 nm.

6β,17-Dihydroxy-5-methyl-19-nor-5β,17βH-pregn-9-en-20-in-3-on $C_{21}H_{28}O_3$, Formel VIII.

B. Aus 5-Methyl-19-nor-5β,17βH-pregn-9-en-20-in-3β,6β,17-triol beim Erwärmen mit Aluminium-*tert*-butylat und Aceton in Benzol (*Davis, Petrow*, Soc. **1950** 1185, 1187).

Kristalle (aus Acn.+PAe.); F: 218–219° [korr.].

O^6-Acetyl-Derivat $C_{23}H_{30}O_4$; 6β-Acetoxy-17-hydroxy-5-methyl-19-nor-5β,17βH-pregn-9-en-20-in-3-on. Kristalle (aus Ae.+PAe.); F: 209–211° [korr.].

11β,17-Dihydroxy-17βH-pregn-4-en-20-in-3-on $C_{21}H_{28}O_3$, Formel IX.

B. Aus dem O^{17}-Acetyl-Derivat (s. u.) beim Behandeln mit wss.-methanol. K_2CO_3 (*Marshall et al.*, J. biol. Chem. **228** [1957] 339, 343). Aus 17-Hydroxy-17βH-pregn-4-en-20-in-3,11-dion über das 17-Hydroxy-17βH-pregn-4-en-20-in-3,11-dion-3-semicarbazon mit Hilfe von $NaBH_4$ (*Velluz et al.*, Am. Soc. **80** [1958] 2026). Aus 11β-Hydroxy-androst-4-en-3,17-dion und Acetylen mit Hilfe von Kalium-*tert*-pentylat (*Ve. et al.*). Aus 11β-Hydroxy-androst-4-en-3,17-dion oder aus 3-Äthoxy-androsta-3,5-dien-11,17-dion über mehrere Stufen (*Ma. et al.*, l. c. S. 341, 342; *Labor. franç. de Chimiothérapie*, U.S.P. 2793217 [1953]; D.B.P. 959187 [1954]).

Kristalle; F: 283° (*Ve. et al.*), 280–282° [korr.; aus Isopropylalkohol] (*Ma. et al.*, l. c. S. 343). $[\alpha]_D^{24}$: +62° [Me.] (*Ma. et al.*); $[\alpha]_D$: +55° [Dioxan; c = 0,5] (*Ve. et al.*). IR-Banden (KBr bzw. $CHCl_3$; 2–10 μ): *Ma. et al.*; *Ve. et al.* λ_{max} (Me. bzw. A.): 242 nm (*Ma. et al.*; *Ve. et al.*).

O^{17}-Acetyl-Derivat $C_{23}H_{30}O_4$; 17-Acetoxy-11β-hydroxy-17βH-pregn-4-en-20-in-3-on. *B.* Aus 17-Acetoxy-17βH-pregn-4-en-20-in-3-on mit Hilfe von Rinder-Nebennieren (*Ma. et al.*, l. c. S. 342). – Dimorphe Kristalle; F: 228–231° [korr.; aus E.] und F: 178–179,5° [korr.; aus E.+PAe.]; $[\alpha]_D^{25}$: +60° [$CHCl_3$]; IR-Banden ($CHCl_3$; 2–10 μ): *Ma. et al.* λ_{max} (Me.): 242 nm (*Ma. et al.*).

21-Äthoxy-17-hydroxy-17βH-pregn-4-en-20-in-3-on $C_{23}H_{32}O_3$, Formel X.

B. Beim Erwärmen von 21-Äthoxy-17βH-pregn-5-en-20-in-3β,17-diol mit Aluminium-*tert*-butylat und Aceton in Benzol (*Šorm, Fajkoš*, Chem. Listy **46** [1952] 111; C. A. **1953** 8086).

Kristalle (aus Ae.); F: 182–183°. $[\alpha]_D^{19}$: +89° [$CHCl_3$; c = 0,7].

11β,21-Dihydroxy-pregna-1,4,17(20)*c*-trien-3-on $C_{21}H_{28}O_3$, Formel XI.

B. Beim Erwärmen von 3,11-Dioxo-pregna-1,4,17(20)*c*-trien-21-säure-methylester mit Pyrrolidin und Toluol-4-sulfonsäure in Benzol, Behandeln des Reaktionsprodukts mit $LiAlH_4$ in Äther und anschliessend mit wss.-methanol. NaOH (*Hogg et al.*, Am. Soc. **77** [1955] 4438).

F: 174–175°. $[\alpha]_D^{25}$: +110° [$CHCl_3$].

O^{21}-Acetyl-Derivat $C_{23}H_{30}O_4$; 21-Acetoxy-11β-hydroxy-pregna-1,4,17(20)*c*-trien-3-on. F: 220–222,5°. $[\alpha]_D$: +122° [$CHCl_3$].

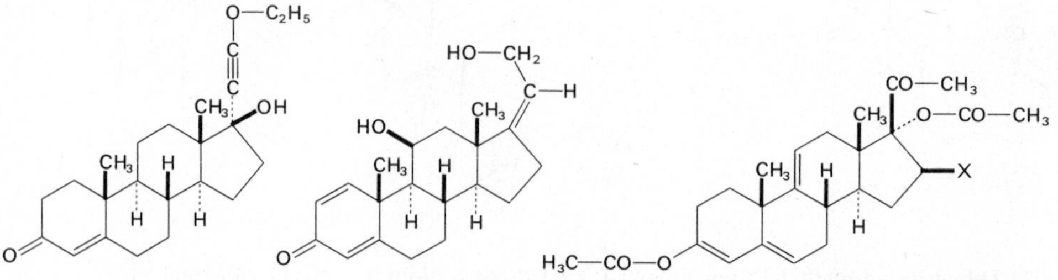

X XI XII

3,17-Diacetoxy-16β-brom-pregna-3,5,9(11)-trien-20-on $C_{25}H_{31}BrO_5$, Formel XII (X = Br).

B. Aus 16β-Brom-17-hydroxy-pregna-4,9(11)-dien-3,20-dion beim Behandeln mit Acetanhydrid und Toluol-4-sulfonsäure (*Allen, Weiss*, Am. Soc. **81** [1959] 4968, 4973).

Kristalle (aus wss. Acn.); F: 94–98° [Zers.]. $[\alpha]_D^{25}$: −91,6° [$CHCl_3$; c = 2]. IR-Banden (KBr; 5–10 μ): *Al., We.* λ_{max} (Me.): 236 nm.

An der Luft nicht beständig.

3,17-Diacetoxy-16β-jod-pregna-3,5,9(11)-trien-20-on $C_{25}H_{31}IO_5$, Formel XII (X = I).

B. Aus 17-Hydroxy-16β-jod-pregna-4,9(11)-dien-3,20-dion beim Behandeln mit Acetanhydrid und Toluol-4-sulfonsäure (*Allen, Weiss,* Am. Soc. **81** [1959] 4968, 4973).

Kristalle (aus wss. Acn.); F: 113–115° [unkorr.; Zers.]. $[\alpha]_D^{25}$: −62° [$CHCl_3$; c = 1]. IR-Banden (KBr; 5–10 μ): *Al., We.* λ_{max} (Me.): 235 nm.

11β,21-Dihydroxy-pregna-4,6,17(20)c-trien-3-on $C_{21}H_{28}O_3$, Formel XIII.

B. Aus dem O^{21}-Acetyl-Derivat (s. u.) beim Erwärmen mit wss.-methanol. K_2CO_3 (*Campbell, Babcock,* Am. Soc. **81** [1959] 4069, 4073).

Kristalle (aus CH_2Cl_2) mit 1 Mol CH_2Cl_2; F: 88–90° [unter Gasentwicklung]. λ_{max} (A.): 286 nm.

O^{21}-Acetyl-Derivat $C_{23}H_{30}O_4$; 21-Acetoxy-11β-hydroxy-pregna-4,6,17(20)*c*-trien-3-on. *B.* Aus 3,11-Dioxo-pregna-4,6,17(20)*c*-trien-21-säure-methylester bei der aufeinanderfolgenden Umsetzung mit Pyrrolidin und Toluol-4-sulfonsäure in CH_2Cl_2, mit $LiAlH_4$ in Äther, mit wss.-methanol. NaOH und mit Acetanhydrid und Pyridin (*Ca., Ba.*). – Kristalle (aus Acn.); F: 180–182°. $[\alpha]_D$: +105° [Acn.; c = 0,1]. λ_{max} (A.): 286 nm.

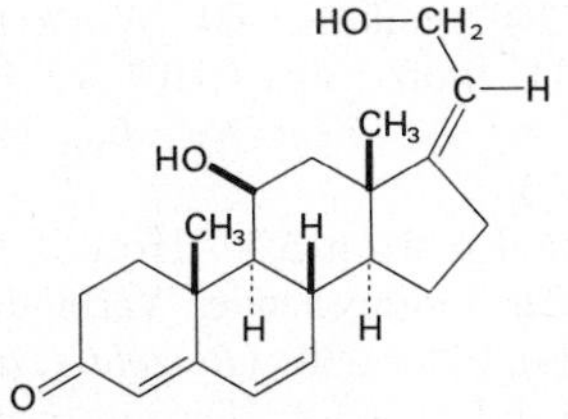

XIII 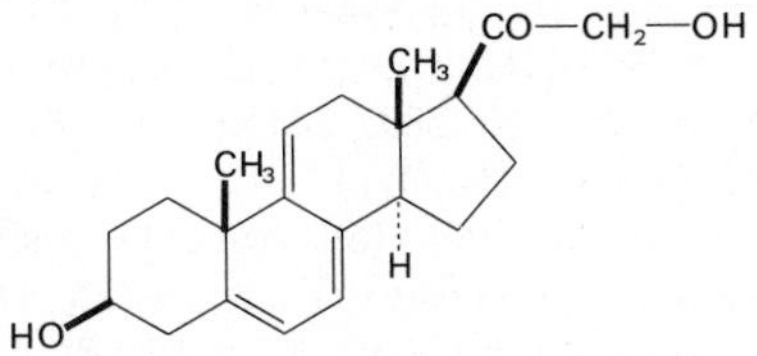 XIV

3β,21-Dihydroxy-pregna-5,7,9(11)-trien-20-on $C_{21}H_{28}O_3$, Formel XIV.

B. Aus dem Diacetyl-Derivat (s. u.) beim Erwärmen mit methanol. K_2CO_3 bzw. beim Behandeln mit methanol. NaOH (*Antonucci et al.,* J. org. Chem. **16** [1951] 1159, 1164; *Upjohn Co.,* U.S.P. 2813106 [1950]).

Kristalle (aus Acn.+PAe.); F: 187–189,5° [unkorr.] (*An. et al.*), 175–185° (*Upjohn Co.*). $[\alpha]_D^{28}$: +224°; $[\alpha]_{546,1}^{28}$: +279° [$CHCl_3$; c = 0,2] (*An. et al.*). λ_{max} (A.): 310–311 nm, 324 nm und 338–339 nm (*An. et al.*).

Diacetyl-Derivat $C_{25}H_{32}O_5$; 3β,21-Diacetoxy-pregna-5,7,9(11)-trien-20-on. *B.* Beim Erwärmen von 3β,21-Diacetoxy-pregna-5,7-dien-20-on mit Quecksilber(II)-acetat in Äthanol und wenig Essigsäure (*An. et al.*). Aus 3β,21-Diacetoxy-20-oxo-5β,8-ätheno-pregn-9(11)-en-6β,7β-dicarbonsäure-anhydrid beim Erhitzen mit *N,N*-Dimethyl-anilin (*Upjohn Co.*). – Kristalle (aus Me.); F: 144–146° [unkorr.] (*An. et al.*), 143,5–145,5° (*Upjohn Co.*). $[\alpha]_D^{29}$: +295° [$CHCl_3$; c = 0,5] (*An. et al.*). λ_{max} (A.): 311–312 nm, 325 nm und 337–340 nm (*An. et al.*).

11-Hydroxy-pregna-1,4-dien-3,20-dione $C_{21}H_{28}O_3$.

a) **11β-Hydroxy-pregna-1,4-dien-3,20-dion,** Formel I.

B. Aus 11β-Hydroxy-pregn-4-en-3,20-dion mit Hilfe von Bacillus sphaericus (*Stoudt et al.,* Arch. Biochem. **59** [1955] 304).

Kristalle; F: 232–234°. IR-Banden (Nujol; 2–12 μ): *St. et al.* λ_{max} (Me.): 243 nm.

b) **11α-Hydroxy-pregna-1,4-dien-3,20-dion,** Formel II.

B. Aus 11α-Hydroxy-pregn-4-en-3,20-dion mit Hilfe von Bacterium cyclo-oxydans (*Olin Mathieson Chem. Corp.,* U.S.P. 2822318 [1956]) oder von Corynebacterium simplex (*Olin Mathie=*

son Chem. Corp., U.S.P. 2880217 [1956]) oder von Septomyxa affinis (*Upjohn Co.*, U.S.P. 2883400 [1956]).

Kristalle; F: 232,5–234° [aus Me.] (*Upjohn Co.*), 228–230° [aus A.] (*Olin Mathieson*). $[\alpha]_D^{23}$: +93° [$CHCl_3$; c = 0,4] (*Olin Mathieson*), +117° [$CHCl_3$; c = 1,3] (*Upjohn Co.*). λ_{max} (A.): 246 nm (*Olin Mathieson*), 248 nm (*Upjohn Co.*).

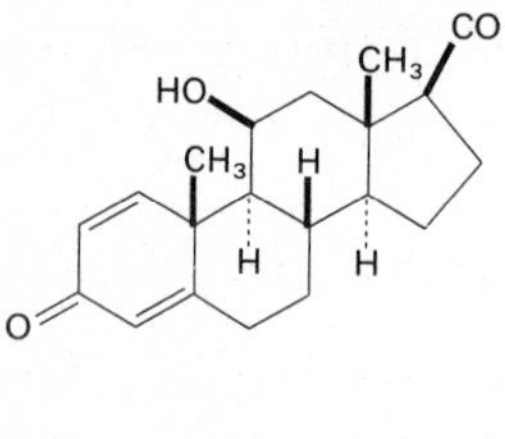

I 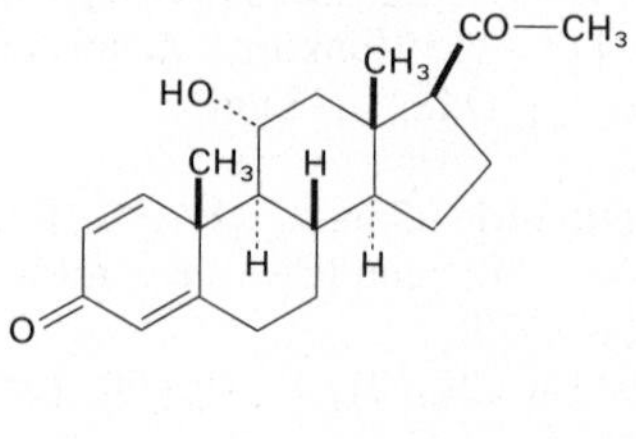 II 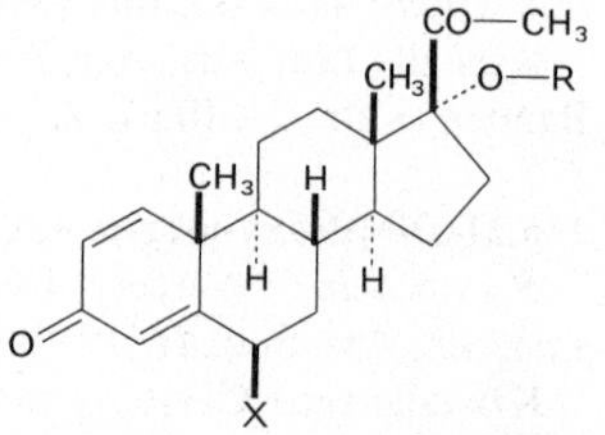 III

17-Hydroxy-pregna-1,4-dien-3,20-dion $C_{21}H_{28}O_3$, Formel III (R = X = H).

B. Beim Erhitzen von 2α(?),4α(?)-Dibrom-17-hydroxy-5α-pregnan-3,20-dion (S. 2088) mit 2,4,6-Trimethyl-pyridin (*Rosenkranz et al.*, Am. Soc. **72** [1950] 4081, 4083). Beim Erhitzen von 17-Hydroxy-pregn-4-en-3,20-dion mit SeO_2 in *tert*-Butylalkohol und Essigsäure (*Wada*, J. pharm. Soc. Japan **79** [1959] 120; C. A. **1959** 10295).

Kristalle; F: 256–259° [aus Acn.] (*Wada*), 238–240° [unkorr.] (*W. Neudert, H. Röpke*, Steroid-Spektrenatlas [Berlin 1965] Nr. 589), 232–234° [korr.; aus $CHCl_3$+E.] (*Ro. et al.*). $[\alpha]_D^{20}$: +38,5° [$CHCl_3$] (*Ro. et al.*). IR-Spektrum (KBr; 2–15 μ): *Ne., Rö.*, Nr. 589. λ_{max}: 244 nm [Me.] (*Ne., Rö.*, Nr. 589), 244 nm [A.] (*Ro. et al.*).

Acetyl-Derivat $C_{23}H_{30}O_4$; 17-Acetoxy-pregna-1,4-dien-3,20-dion. *B.* Aus 17-Acetoxy-pregn-4-en-3,20-dion mit Hilfe von SeO_2 analog der vorangehenden Verbindung (*Wada*). – Kristalle (aus Acn.+Hexan); F: 223–225° (*Wada*), 229–230° (*Ringold et al.*, Am. Soc. **81** [1959] 3485 Anm.). $[\alpha]_D$: +19° [$CHCl_3$] (*Ri. et al.*); $[\alpha]_D^{29}$: −1,4° [Dioxan; c = 1] (*Wada*). λ_{max} (A.): 243 nm (*Ri. et al.*).

Hexanoyl-Derivat $C_{27}H_{38}O_4$; 17-Hexanoyloxy-pregna-1,4-dien-3,20-dion. *B.* Aus 17-Hexanoyloxy-pregn-4-en-3,20-dion analog dem Acetyl-Derivat (*Wada*). – Kristalle (aus Acn.+Hexan); F: 98–100° (*Wada*), 86–88° (*W. Neudert, H. Röpke*, Steroid-Spektrenatlas [Berlin 1965] Nr. 590). $[\alpha]_D$: +13° [$CHCl_3$; c = 1]; $[\alpha]_{546,1}$: +18° [$CHCl_3$; c = 1] (*Ne., Rö.*, Nr. 590); $[\alpha]_D^{20}$: +1° [Dioxan; c = 1] (*Wada*). IR-Spektrum (KBr; 2–15 μ): *Ne., Rö.*, Nr. 590. λ_{max} (Me.): 234 nm (*Ne., Rö.*, Nr. 590).

17-Acetoxy-6α-fluor-pregna-1,4-dien-3,20-dion $C_{23}H_{29}FO_4$, Formel IV (X = F).

B. Aus 17-Acetoxy-6α-fluor-pregn-4-en-3,20-dion beim Erhitzen mit SeO_2 in *tert*-Butylalkohol und wenig Pyridin (*Bowers et al.*, Am. Soc. **81** [1959] 5991).

Kristalle (aus Acn.+Hexan); F: 258–261° [unkorr.]. $[\alpha]_D$: +19° [$CHCl_3$], −25° [Dioxan; c = 0,055]; ORD (Dioxan; 700–300 nm): *Bo. et al.* IR-Banden (KBr; 1800–1200 cm^{-1}): *Bo. et al.* λ_{max} (A.): 240–242 nm.

17-Acetoxy-6α-chlor-pregna-1,4-dien-3,20-dion, Cismadinonacetat $C_{23}H_{29}ClO_4$, Formel IV (X = Cl).

B. Aus 17-Acetoxy-6α-chlor-pregn-4-en-3,20-dion beim Erhitzen mit SeO_2 in *tert*-Butylalkohol und wenig Pyridin (*Ringold et al.*, Am. Soc. **81** [1959] 3485; *Syntex S.A.*, D.B.P. 1079042 [1958]).

F: 203–205°; $[\alpha]_D$: −77° [$CHCl_3$]; λ_{max} (A.): 242 nm (*Ri. et al.*; *Syntex S.A.*).

17-Acetoxy-6-brom-pregna-1,4-dien-3,20-dione $C_{23}H_{29}BrO_4$.

a) **17-Acetoxy-6β-brom-pregna-1,4-dien-3,20-dion,** Formel III (R = CO-CH_3, X = Br).

B. Aus 17-Acetoxy-pregna-1,4-dien-3,20-dion und *N*-Brom-succinimid in CCl_4 (*Ringold et al.*,

Am. Soc. **81** [1959] 3485).

F: 170–172°. $[\alpha]_D$: +23° [$CHCl_3$]. λ_{max} (A.): 250 nm.

b) **17-Acetoxy-6α-brom-pregna-1,4-dien-3,20-dion,** Formel IV (X = Br).

B. Aus dem unter a) beschriebenen Epimeren beim Behandeln mit HCl und Essigsäure (*Ringold et al.*, Am. Soc. **81** [1959] 3485).

F: 172–175°. $[\alpha]_D$: −7° [$CHCl_3$]. λ_{max} (A.): 244 nm.

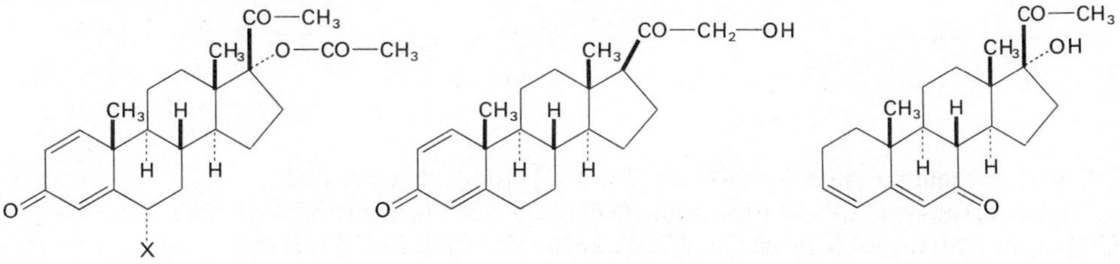

IV V VI

21-Hydroxy-pregna-1,4-dien-3,20-dion $C_{21}H_{28}O_3$, Formel V.

B. Aus dem Acetyl-Derivat (s. u.) beim Erwärmen mit wss.-methanol. $KHCO_3$ (*Clarke et al.*, Am. Soc. **77** [1955] 661, 664). Aus 21-Hydroxy-pregn-4-en-3,20-dion mit Hilfe von Calonectria decora (*Vischer et al.*, Helv. **38** [1955] 835, 838). Aus Pregna-1,4-dien-3,20-dion mit Hilfe von Ophiobolus herpotrichus (*CIBA*, U.S.P. 2778776 [1955]).

Kristalle; F: 189–195° [Zers.; aus Acn.+PAe. bzw. Me.] (*Vi. et al.*), 187–190° [korr.; aus Ae.] (*Cl. et al.*). $[\alpha]_D^{22}$: +120° [$CHCl_3$; c = 1] (*Vi. et al.*); $[\alpha]_D^{25}$: +129° [A.; c = 1] (*Cl. et al.*). IR-Banden (CH_2Cl_2; 2–11 μ): *Vi. et al.* λ_{max} (A.): 244 nm (*Vi. et al.*).

Acetyl-Derivat $C_{23}H_{30}O_4$; 21-Acetoxy-pregna-1,4-dien-3,20-dion. *B.* Neben anderen Verbindungen beim Erwärmen von Pregn-4-en-3,20-dion mit Blei(IV)-acetat in Essigsäure (*Cl. et al.*, l. c. S. 663). Aus 21-Acetoxy-pregn-4-en-3,20-dion beim Erhitzen mit SeO_2 in *tert*-Butylalkohol und wenig Essigsäure (*Szpilfogel et al.*, R. **75** [1956] 475, 480) oder mit Hilfe von Corynebacterium simplex (*Nobile et al.*, Am. Soc. **77** [1955] 4184; *Herzog et al.*, Tetrahedron **18** [1962] 581, 589). – Kristalle; F: 204–206° [unkorr.; aus Me.] (*Sz. et al.*), 203–206° [korr.; aus Acn.+PAe.] (*Vi. et al.*, l. c. S. 839), 202–204° [korr.; aus CH_2Cl_2+Hexan] (*He. et al.*), 202,6–204,0° [korr.; aus Acn.+Ae.] (*Cl. et al.*). $[\alpha]_D^{23}$: +134° [$CHCl_3$; c = 1] (*Vi. et al.*; *Sz. et al.*); $[\alpha]_D^{25}$: +143° [$CHCl_3$] (*He. et al.*), +152° [A.] (*He. et al.*), +126,5° [A.; c = 1] (*Cl. et al.*). IR-Banden (CH_2Cl_2 bzw. Nujol; 2–11 μ): *Vi. et al.*; *He. et al.* λ_{max} (A.): 243 nm (*Cl. et al.*; *Vi. et al.*; *He. et al.*).

Pivaloyl-Derivat $C_{26}H_{36}O_4$; 21-Pivaloyloxy-pregna-1,4-dien-3,20-dion. *B.* Beim Erhitzen von 21-Pivaloyloxy-pregn-4-en-3,20-dion mit SeO_2 in *tert*-Pentylalkohol und wenig Pivalinsäure (*Meystre et al.*, Helv. **39** [1956] 734, 741). – Kristalle (aus Acn.+Isopropyläther); F: 205–206° [korr.]; $[\alpha]_D^{23}$: +122,5° [Dioxan; c = 1] (*Me. et al.*). IR-Banden (CH_2Cl_2; 5–10 μ): *Me. et al.* λ_{max} (A.): 244 nm (*Me. et al.*).

Bis-[2,4-dinitro-phenylhydrazon] (F: 282–284° [Zers.]): *Vi. et al.*, l. c. S. 839.

17-Hydroxy-pregna-3,5-dien-7,20-dion $C_{21}H_{28}O_3$, Formel VI.

B. Aus dem Acetyl-Derivat (s. u.) beim Behandeln mit wss. KOH in Methanol und Dioxan (*Marshall et al.*, Am. Soc. **79** [1957] 6308, 6313).

Kristalle (aus E.); F: 223–224° [unkorr.]. $[\alpha]_D$: −387° [$CHCl_3$; c = 1]. λ_{max} (Me.): 277,5 nm.

Acetyl-Derivat $C_{23}H_{30}O_4$; 17-Acetoxy-pregna-3,5-dien-7,20-dion. *B.* Beim Erhitzen von 3β,17-Diacetoxy-pregn-5-en-7,20-dion mit Essigsäure und Toluol-4-sulfonsäure (*Ma. et al.*). – Kristalle (aus E.); F: 234–236° [unkorr.]. λ_{max} (Me.): 278 nm.

21-Acetoxy-pregna-3,5-dien-7,20-dion $C_{23}H_{30}O_4$, Formel VII.

B. Beim Erhitzen von 3β,21-Diacetoxy-pregn-5-en-7,20-dion mit Essigsäure und Toluol-4-sulfonsäure (*Marshall et al.*, Am. Soc. **79** [1957] 6308, 6313).

Kristalle (aus Acn. + Me.); F: 173 – 174° [unkorr.]. $[\alpha]_D$: −219° [$CHCl_3$; c = 1]. λ_{max} (Me.): 278 nm.

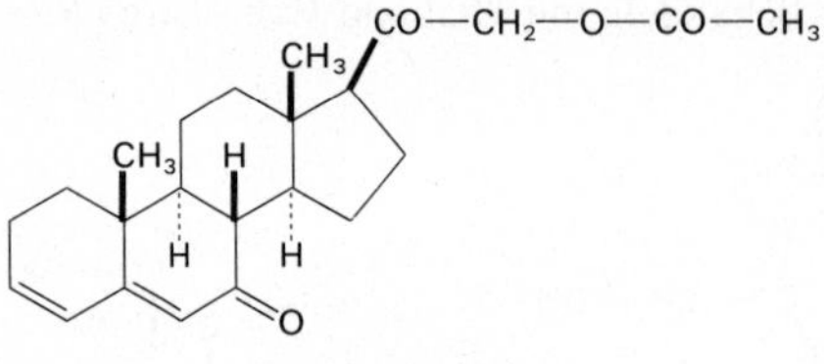

VII 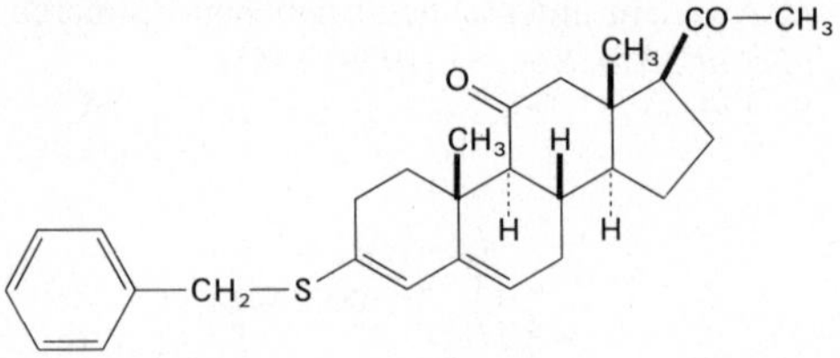 VIII

3-Benzylmercapto-pregna-3,5-dien-11,20-dion $C_{28}H_{34}O_2S$, Formel VIII.

B. Aus Pregn-4-en-3,11,20-trion beim Behandeln mit Phenylmethanthiol und Äther-BF_3 in CH_2Cl_2 und Methanol (*Upjohn Co.*, U.S.P. 2698852 [1953], 2775602 [1953]).

Kristalle; F: 158 – 160°.

11α-Hydroxy-pregna-4,6-dien-3,20-dion $C_{21}H_{28}O_3$, Formel IX.

B. Aus Pregna-4,6-dien-3,20-dion mit Hilfe von Rhizopus nigricans (*Peterson et al.*, Am. Soc. **75** [1953] 419).

Kristalle (aus Me.); F: 160 – 162° [unkorr.]. $[\alpha]_D^{24}$: +111° [$CHCl_3$; c = 1]. λ_{max} (A.): 286 nm.

Acetyl-Derivat $C_{23}H_{30}O_4$; 11α-Acetoxy-pregna-4,6-dien-3,20-dion. Kristalle (aus Acn. + PAe.); F: 142 – 144° [unkorr.]. $[\alpha]_D^{25}$: +108° [$CHCl_3$; c = 1,2]. λ_{max} (A.): 284 nm.

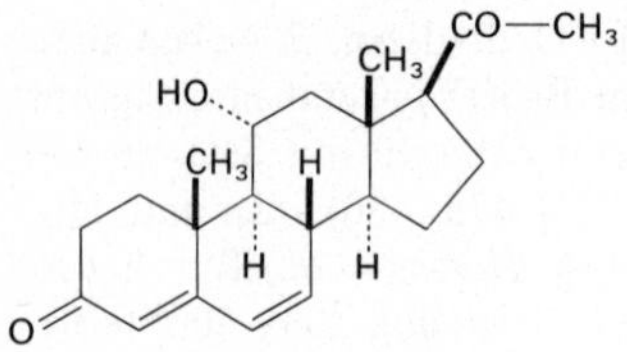

IX 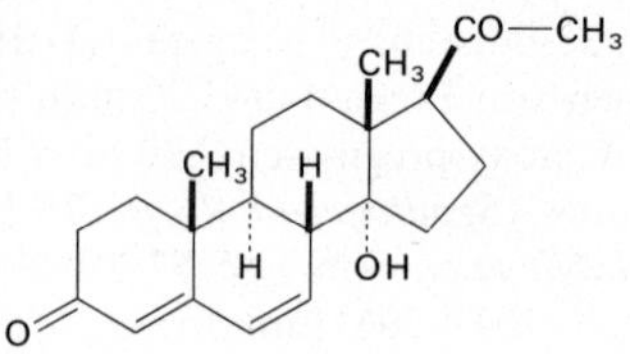 X 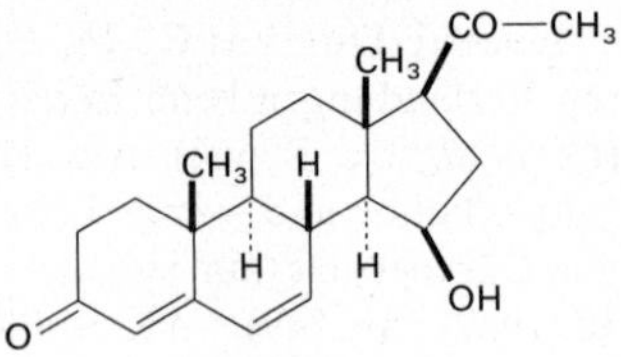 XI

14-Hydroxy-pregna-4,6-dien-3,20-dion $C_{21}H_{28}O_3$, Formel X.

B. Beim Behandeln von 6β,14-Dihydroxy-pregn-4-en-3,20-dion mit $POCl_3$ in Pyridin (*Camerino et al.*, G. **83** [1953] 684, 690). Aus 7β-Acetoxy-14-hydroxy-pregn-4-en-3,20-dion (S. 2899) beim Erwärmen mit KOH in Methanol (*Tanabe et al.*, Chem. pharm. Bl. **7** [1959] 811, 816).

Kristalle; F: 195 – 197° [unkorr.; aus Ae.] (*Ca. et al.*), 180,5 – 181,5° [aus Me.] (*Ta. et al.*). IR-Banden (KBr; 3500 – 1500 cm^{-1}): *Ta. et al.* λ_{max} (A.): 285 nm (*Ca. et al.*), 283,5 nm (*Ta. et al.*).

15β-Hydroxy-pregna-4,6-dien-3,20-dion $C_{21}H_{28}O_3$, Formel XI.

B. Beim Erwärmen von 7β,15β-Dihydroxy-pregn-4-en-3,20-dion mit methanol. KOH oder mit methanol. $KHCO_3$ (*Tsuda et al.*, Chem. pharm. Bl. **6** [1958] 387, 390, **8** [1960] 626).

Kristalle (aus E.); F: 220 – 223° [unkorr.] (*Ts. et al.*, Chem. pharm. Bl. **8** 628), 216 – 218° [unkorr.] (*Ts. et al.*, Chem. pharm. Bl. **6** 390). $[\alpha]_D^{16}$: +159° [$CHCl_3$; c = 1] (*Ts. et al.*, Chem. pharm. Bl. **6** 390). IR-Banden (Nujol und $CHCl_3$; 3600 – 1500 cm^{-1}): *Ts. et al.*, Chem. pharm. Bl. **6** 390. λ_{max} (Me.): 284,8 nm (*Ts. et al.*, Chem. pharm. Bl. **6** 390), 283,8 nm (*Ts. et al.*, Chem. pharm. Bl. **8** 628).

17-Hydroxy-pregna-4,6-dien-3,20-dion $C_{21}H_{28}O_3$, Formel XII (R = X = H).

B. Beim Erwärmen von 3β,17-Dihydroxy-pregn-5-en-20-on mit MnO_2 in Benzol (*Sondheimer et al.*, Am. Soc. **75** [1953] 5932).

Kristalle; F: 244 – 245° [unkorr.] (*W. Neudert, H. Röpke*, Steroid-Spektrenatlas [Berlin 1965]

Nr. 635), 240–242° [unkorr.; aus Acn. + Ae.] (*So. et al.*). $[\alpha]_D^{20}$: +21° [$CHCl_3$] (*So. et al.*); $[\alpha]_D$: +74° [$CHCl_3$; c = 1]; $[\alpha]_{546,1}$: +115° [$CHCl_3$; c = 1] (*Ne., Rö.*). IR-Spektrum (KBr; 2–15 μ): *Ne., Rö.* λ_{max} (A. und Me.): 284 nm (*So. et al.*; *Ne., Rö.*).

Propionyl-Derivat $C_{24}H_{32}O_4$; 17-Propionyloxy-pregna-4,6-dien-3,20-dion. Kristalle (aus Acn. + Ae.); F: 168–171°. λ_{max} (Me.): 284 nm (*Dodson, Tweit,* Am. Soc. **81** [1959] 1224, 1226).

17-Acetoxy-6-fluor-pregna-4,6-dien-3,20-dion $C_{23}H_{29}FO_4$, Formel XII (R = $CO\text{-}CH_3$, X = F).

B. Beim Erhitzen von 17-Acetoxy-6α-fluor-pregn-4-en-3,20-dion mit Tetrachlor-[1,4]benzochinon in Pentylacetat und Essigsäure (*Bowers et al.*, Am. Soc. **81** [1959] 5991).

Kristalle (aus Acn. + Hexan); F: 226–228° [unkorr.]. $[\alpha]_D$: −53° [$CHCl_3$], −54° [Dioxan; c = 0,05]; ORD (Dioxan; 700–315 nm): *Bo. et al.* IR-Banden (KBr; 1800–1600 cm^{-1}): *Bo. et al.* λ_{max} (A.): 282–284 nm.

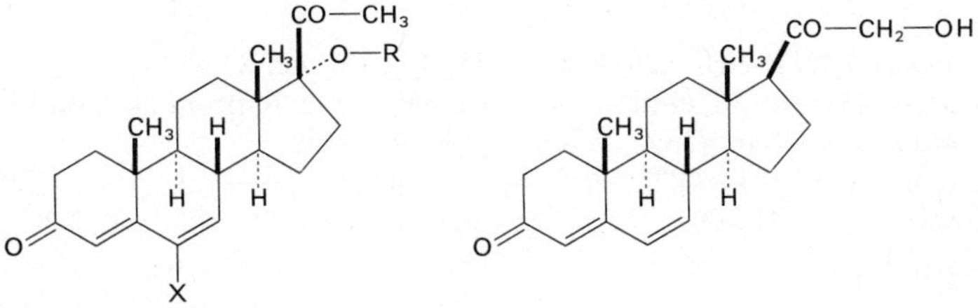

XII XIII

17-Acetoxy-6-chlor-pregna-4,6-dien-3,20-dion, Chlormadinonacetat $C_{23}H_{29}ClO_4$, Formel XII (R = $CO\text{-}CH_3$, X = Cl).

B. Aus 17-Acetoxy-6α-chlor-pregn-4-en-3,20-dion analog der vorangehenden Verbindung (*Ringold et al.*, Am. Soc. **81** [1959] 3485).

F: 212–214° (*Ri. et al.*), 204–206° [unkorr.] (*W. Neudert, H. Röpke,* Steroid-Spektrenatlas [Berlin 1965] Nr. 639). $[\alpha]_D$: +8° [$CHCl_3$] (*Ri. et al.*). IR-Spektrum (KBr; 2–15 μ): *Ne., Rö.* λ_{max}: 285 nm [A.] (*Ri. et al.*), 284 nm [Me.] (*Ne., Rö.*).

21-Hydroxy-pregna-4,6-dien-3,20-dion $C_{21}H_{28}O_3$, Formel XIII.

B. Aus dem Acetyl-Derivat (s. u.) beim Behandeln mit wss.-methanol. $KHCO_3$ (*Meystre et al.*, Helv. **38** [1955] 381, 387). Aus 3,3;20,20-Bis-äthandiyldioxy-pregn-5-en-7β(oder 7α),21-diol beim Erwärmen mit wss.-methanol. H_2SO_4 (*Lenhard, Bernstein,* Am. Soc. **78** [1956] 989, 991).

Kristalle; F: 136,5–138° [unkorr.; aus Acn. + PAe.] (*Le., Be.*), 134–135° [korr.; aus Acn. + Ae.] (*Me. et al.*). $[\alpha]_D^{24}$: +163° [$CHCl_3$; c = 0,4] (*Le., Be.*); $[\alpha]_D^{23}$: +139,5° [A.; c = 1] (*Me. et al.*). IR-Banden (CH_2Cl_2 und Nujol; 2–12 μ): *Me. et al.*; *Le., Be.* λ_{max} (A.): 283 nm (*Le., Be.*).

Acetyl-Derivat $C_{23}H_{30}O_4$; 21-Acetoxy-pregna-4,6-dien-3,20-dion (E III 2623). *B.* Beim Erwärmen von 21-Acetoxy-3β-hydroxy-pregn-5-en-20-on mit MnO_2 in Benzol (*Sondheimer et al.*, Am. Soc. **75** [1953] 5932). Aus 7α,21-Diacetoxy-pregn-4-en-3,20-dion bei der Chromatographie an Al_2O_3 (*Me. et al.*). – F: 114–115° [unkorr.; aus Ae. + Pentan] (*So. et al.*), 112–114° [unkorr.; aus Acn. + PAe.] (*Le., Be.*), 111–114° [korr.; aus Isopropyläther] (*Me. et al.*). $[\alpha]_D^{20}$: +164° [$CHCl_3$] (*So. et al.*); $[\alpha]_D^{23}$: +159,5° [A.; c = 1,2] (*Me. et al.*); $[\alpha]_D^{24}$: +150° [A.; c = 0,2] (*Le., Be.*). IR-Spektrum (CCl_4 und CS_2; 1800–700 cm^{-1}): *G. Roberts, B.S. Gallagher, R.N. Jones,* Infrared Absorption Spectra of Steroids, Bd. 2 [New York 1958] Nr. 558. IR-Banden (CH_2Cl_2 und Nujol; 1800–800 cm^{-1}): *Me. et al.*; *Le., Be.* λ_{max} (A.): 284 nm (*So. et al.*; *Me. et al.*), 282 nm (*Le., Be.*).

21-Acetoxy-pregna-4,7-dien-3,20-dion $C_{23}H_{30}O_4$, Formel XIV.

B. Beim Erwärmen von 21-Acetoxy-3β-hydroxy-pregna-5,7-dien-20-on mit Aluminiumiso=

propylat und Cyclohexanon in Toluol (*Antonucci et al.*, J. org. Chem. **16** [1951] 1453, 1456). Beim Erwärmen von 21-Acetoxy-3,3-äthandiyldioxy-pregna-5,7-dien-20-on mit wss.-äthanol. H_2SO_4 und Behandeln des Reaktionsprodukts mit Acetanhydrid und Pyridin (*Antonucci et al.*, J. org. Chem. **17** [1952] 1369, 1374).

Kristalle (aus wss. Acn.); F: 148,5–149,5° [unkorr.]; $[\alpha]_D^{30}$: +98,9°; $[\alpha]_{546}$: +125° [$CHCl_3$; c = 1]; λ_{max} (A.): 237 nm (*An. et al.*, J. org. Chem. **16** 1457).

CO—CH₂—O—CO—CH₃   CH₃   CH₃   H   H   O

XIV

OH   CO—CH₃   CH₃   CH₃   H   H   O

XV

12α-Hydroxy-pregna-4,9(11)-dien-3,20-dion $C_{21}H_{28}O_3$, Formel XV.

B. Aus Pregna-4,9(11)-dien-3,20-dion beim Behandeln mit *N*-Brom-acetamid und $HClO_4$ in Dioxan (*Olin Mathieson Chem. Corp.*, U.S.P. 2814629 [1956]).

Kristalle (aus Acn.); F: 181–182°. $[\alpha]_D^{23}$: +181° [$CHCl_3$; c = 1]. λ_{max} (A.): 239 nm.

Acetyl-Derivat $C_{23}H_{30}O_4$; 12α-Acetoxy-pregna-4,9(11)-dien-3,20-dion. $[\alpha]_D^{23}$: +322° [$CHCl_3$; c = 1,7].

17-Hydroxy-pregna-4,9(11)-dien-3,20-dion $C_{21}H_{28}O_3$, Formel I (X = X′ = X″ = H).

B. Aus 16β-Brom-17-hydroxy-pregna-4,9(11)-dien-3,20-dion (*Camerino, Sciaky*, G. **89** [1959] 663, 671) oder aus 17-Hydroxy-16β-jod-pregna-4,9(11)-dien-3,20-dion (*Bergstrom et al.*, Am. Soc. **81** [1959] 4432) beim Behandeln mit Raney-Nickel. Aus 17-Hydroxy-11α-methansulfonyloxy-pregn-4-en-3,20-dion beim Erhitzen mit Natriumacetat in Essigsäure (*Fried et al.*, Am. Soc. **77** [1955] 1068; *Olin Mathieson Chem. Corp.*, U.S.P. 2852511 [1954]). Aus 17-Hydroxy-11α,21-bis-methansulfonyloxy-pregn-4-en-3,20-dion beim Erhitzen mit Kaliumacetat und NaI in Essigsäure (*Olin Mathieson Chem. Corp.*, U.S.P. 2763671 [1954], 2851455 [1957]).

Kristalle (aus Acn.); F: 214–216° (*Fr. et al.*; *Olin Mathieson*, U.S.P. 2852511), 213–214° [unkorr.] (*Ca., Sc.*). $[\alpha]_D^{22}$: +70° [$CHCl_3$; c = 1] (*Ca., Sc.*); $[\alpha]_D^{23}$: +67° [$CHCl_3$; c = 0,8] (*Fr. et al.*; *Olin Mathieson*, U.S.P. 2852511). λ_{max} (A.): 239 nm (*Fr. et al.*; *Olin Mathieson*, U.S.P. 2852511).

Acetyl-Derivat $C_{23}H_{30}O_4$; 17-Acetoxy-pregna-4,9(11)-dien-3,20-dion. F: 243–246°; $[\alpha]_D$: +53,1° [$CHCl_3$]; λ_{max} (Me.): 239 nm (*Be. et al.*).

4-Chlor-17-hydroxy-pregna-4,9(11)-dien-3,20-dion $C_{21}H_{27}ClO_3$, Formel I (X = Cl, X′ = X″ = H).

B. Beim Behandeln von 17-Hydroxy-pregna-4,9(11)-dien-3,20-dion mit H_2O_2 und wss.-methanol. NaOH und Erwärmen des Reaktionsprodukts mit Pyridin-hydrochlorid in $CHCl_3$ (*Camerino, Sciaky*, G. **89** [1959] 663, 671).

Kristalle (aus A.); F: 230–232° [unkorr.]. $[\alpha]_D^{22}$: +76° [$CHCl_3$; c = 1]. λ_{max} (A.): 255 nm.

21-Chlor-17-hydroxy-pregna-4,9(11)-dien-3,20-dion $C_{21}H_{27}ClO_3$, Formel I (X = X′ = H, X″ = Cl).

B. Aus 17-Hydroxy-11α,21-bis-methansulfonyloxy-pregn-4-en-3,20-dion beim Erhitzen mit LiCl, Kaliumacetat und Essigsäure (*Olin Mathieson Chem. Corp.*, U.S.P. 2763671 [1954], 2851455 [1957]).

Kristalle (aus Acn.); F: 242–243° [Zers.]. $[\alpha]_D$: +120° [$CHCl_3$; c = 0,4]. λ_{max} (A.): 238 nm.

16β-Brom-17-hydroxy-pregna-4,9(11)-dien-3,20-dion $C_{21}H_{27}BrO_3$, Formel I (X = X″ = H, X′ = Br).

B. Aus 16α,17-Epoxy-pregna-4,9(11)-dien-3,20-dion und HBr in Essigsäure (*Allen, Weiss,*

Am. Soc. **81** [1959] 4968, 4973).

Kristalle (aus Acn. + PAe.); F: 182–184° [unkorr.; Zers.]. $[\alpha]_D^{25}$: +114° [Me.; c = 1]. λ_{max} (Me.): 238 nm.

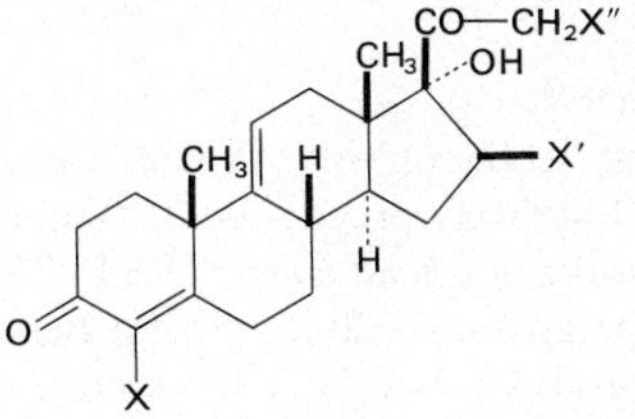

I 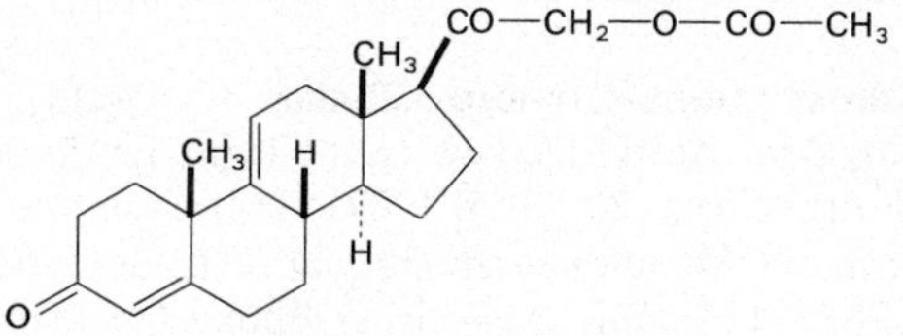 II

21-Brom-17-hydroxy-pregna-4,9(11)-dien-3,20-dion $C_{21}H_{27}BrO_3$, Formel I (X = X′ = H, X″ = Br).

B. Aus 11β,17-Dihydroxy-21-methansulfonyloxy-pregn-4-en-3,20-dion beim Erhitzen mit LiBr und Essigsäure (*Olin Mathieson Chem. Corp.*, U.S.P. 2842568 [1954]). Aus 17-Hydroxy-11α,21-bis-methansulfonyloxy-pregn-4-en-3,20-dion beim Erhitzen mit LiBr, Kaliumacetat und Essigsäure (*Olin Mathieson Chem. Corp.*, U.S.P. 2763671 [1954], 2851455 [1957]).

Kristalle (aus Acn. + Ae.); F: 200–201° [Zers.]; $[\alpha]_D$: +115° [$CHCl_3$; c = 0,4]; λ_{max} (A.): 239 nm und 280 nm (*Olin Mathieson*, U.S.P. 2842568).

17-Hydroxy-16β-jod-pregna-4,9(11)-dien-3,20-dion $C_{21}H_{27}IO_3$, Formel I (X = X″ = H, X′ = I).

B. Aus 16α,17-Epoxy-pregna-4,9(11)-dien-3,20-dion beim Erwärmen mit NaI und Essigsäure (*Allen, Weiss*, Am. Soc. **81** [1959] 4968, 4973; *Bergstrom et al.*, Am. Soc. **81** [1959] 4432).

Kristalle (aus Bzl. + PAe.); F: 164–166° [unkorr.; Zers.] (*Al., We.*), 161–163° [Zers.] (*Be. et al.*). $[\alpha]_D^{25}$: +118° [Me.; c = 1] (*Al., We.*); $[\alpha]_D$: +78,2° [$CHCl_3$] (*Be. et al.*). λ_{max} (Me.): 238 nm (*Al., We.*), 238,5 nm (*Be. et al.*).

21-Acetoxy-pregna-4,9(11)-dien-3,20-dion $C_{23}H_{30}O_4$, Formel II (E III 2623).

B. Aus 21-Acetoxy-11α-[toluol-4-sulfonyloxy]-pregn-4-en-3,20-dion (hergestellt aus 11α,21-Dihydroxy-pregn-4-en-3,20-dion mit Hilfe von Acetanhydrid und Toluol-4-sulfonyl-chlorid) beim Erhitzen mit Natriumacetat und Essigsäure (*Fried, Sabo*, Am. Soc. **75** [1953] 2273; *Olin Mathieson Chem. Corp.*, U.S.P. 2852511 [1954]). Aus 3-Oxo-androsta-4,9(11)-dien-17β-carbonsäure über 21-Diazo-pregna-4,9(11)-dien-3,20-dion (*Casanova et al.*, Soc. **1953** 2983, 2991; *CIBA*, D.B.P. 823593 [1951]; D.R.B.P. Org. Chem. 1950–1951 **3** 564).

F: 160–160,5° (*Fr., Sabo*), 159–160° [aus Acn. + Ae.] (*CIBA*), 159° [aus Ae. + Pentan] (*Ca. et al.*). $[\alpha]_D^{23}$: +128° [Acn.; c = 0,8], +150° [$CHCl_3$; c = 0,8] (*Fr., Sabo*). IR-Banden (CS_2; 1800–800 cm^{-1}): *Ca. et al.*

21-Acetoxy-pregna-4,11-dien-3,20-dion $C_{23}H_{30}O_4$, Formel III (E III 2624).

B. Aus 3-Oxo-androsta-4,11-dien-17β-carbonsäure über 21-Diazo-pregna-4,11-dien-3,20-dion (*CIBA*, D.B.P. 823593 [1951]; D.R.B.P. Org. Chem. 1950–1951 **3** 564).

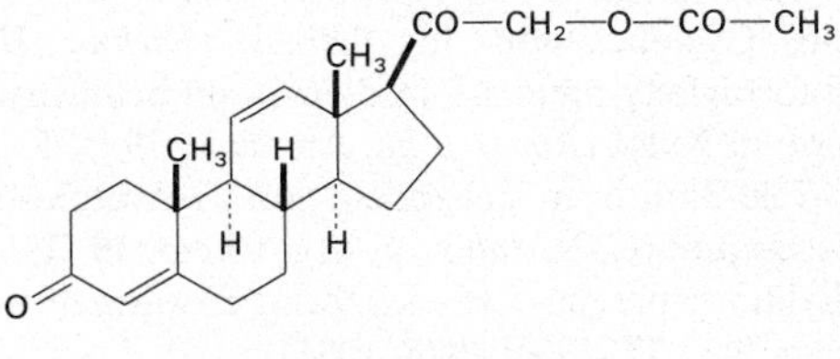

III 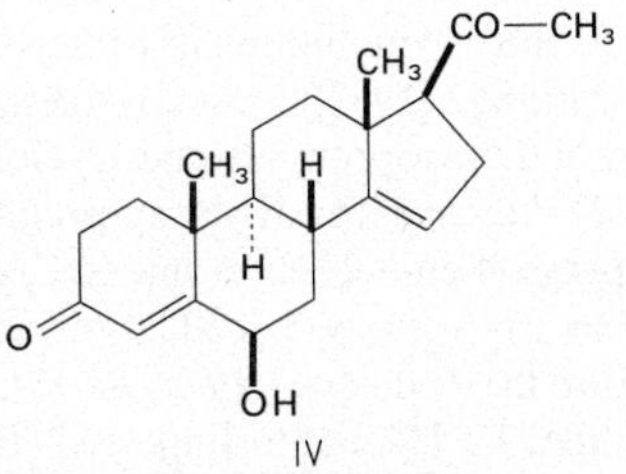 IV

6β-Hydroxy-pregna-4,14-dien-3,20-dion $C_{21}H_{28}O_3$, Formel IV.

B. Beim Erwärmen von 6β,14-Dihydroxy-pregn-4-en-3,20-dion mit äthanol. HCl (*Camerino et al.*, G. **83** [1953] 684, 690).

Kristalle (aus Bzl.); F: 198–202° [unkorr.]. λ_{max} (A.): 244 nm.

11α-Hydroxy-pregna-4,16-dien-3,20-dion $C_{21}H_{28}O_3$, Formel V.

B. Aus dem Acetyl-Derivat (s. u.) beim Erwärmen mit KOH in wss. Dioxan (*Magerlein et al.*, J. org. Chem. **20** [1955] 1709, 1714). Aus 11α,16α-Dihydroxy-pregn-4-en-3,20-dion beim Erwärmen mit Aluminium-*tert*-butylat in Toluol (*Olin Mathieson Chem. Corp.*, U.S.P. 2855410 [1957], 2855343 [1958]). Aus 16α,17-Epoxy-11α-hydroxy-pregn-4-en-3,20-dion beim Behandeln mit $CrCl_2$ in Essigsäure und Erwärmen des Reaktionsprodukts mit HCl in Aceton (*Allen, Weiss*, Am. Soc. **81** [1959] 4968, 4974).

Kristalle; F: 179–180° [unkorr.; aus E.+PAe.] (*Ma. et al.*), 179–180° [unkorr.; aus E.] (*Al., We.*), 169–174° [aus Acn.+Hexan] (*Olin Mathieson*). $[\alpha]_D^{25}$: +143° [$CHCl_3$; c = 0,4] (*Al., We.*); $[\alpha]_D^{24}$: +138° [$CHCl_3$; c = 0,6] (*Olin Mathieson*); $[\alpha]_D$: +142° [$CHCl_3$; c = 1] (*Ma. et al.*). λ_{max}: 235 nm [Ae.] (*Ma. et al.*), 240 nm [Me.] (*Al., We.*), 239 nm [A.] (*Olin Mathieson*), 241 nm [A.] (*Ma. et al.*).

Acetyl-Derivat $C_{23}H_{30}O_4$; 11α-Acetoxy-pregna-4,16-dien-3,20-dion. *B.* Beim Erhitzen von 11α-Acetoxy-17-brom-pregn-4-en-3,20-dion mit Pyridin (*Ma. et al.*). – Kristalle (aus Isopropylalkohol); F: 176–178° [unkorr.]; λ_{max} (A.): 239 nm (*Ma. et al.*).

9-Fluor-11β-hydroxy-pregna-4,16-dien-3,20-dion $C_{21}H_{27}FO_3$, Formel VI.

B. Aus 16α,17-Epoxy-9-fluor-11β-hydroxy-pregn-4-en-3,20-dion beim Behandeln mit $CrCl_2$ in Essigsäure und Erwärmen des Reaktionsprodukts mit HCl in Aceton und $CHCl_3$ (*Bernstein et al.*, Am. Soc. **81** [1959] 4956, 4961).

Kristalle (aus E.+PAe.); F: 229–231°. $[\alpha]_D^{25}$: +204° [$CHCl_3$; c = 1]. λ_{max} (Me.): 238 nm.

CO—CH₃ CO—CH₃ CO—CH₂—O—R

V VI VII

21-Hydroxy-pregna-4,16-dien-3,20-dion $C_{21}H_{28}O_3$, Formel VII (R = H).

B. Beim Erwärmen von 3,3;20,20-Bis-äthandiyldioxy-pregna-5,16-dien-21-ol mit wss.-methanol. H_2SO_4 (*Allen, Bernstein*, Am. Soc. **77** [1955] 1028, 1031).

Kristalle (aus Acn.+PAe.); F: 229–232° [unkorr.]. $[\alpha]_D^{24}$: +148° [$CHCl_3$; c = 0,8]. IR-Banden (KBr; 3500–1000 cm^{-1}): *Al., Be.* λ_{max} (A.): 240–241 nm.

21-Acetoxy-pregna-4,16-dien-3,20-dion $C_{23}H_{30}O_4$, Formel VII (R = CO-CH_3).

B. Aus Pregna-4,16-dien-3,20-dion beim Erwärmen mit Oxalsäure-diäthylester und Natriummethylat in Benzol, Behandeln des Reaktionsprodukts mit Jod und methanol. Natriummethylat und anschliessenden Erwärmen mit Kaliumacetat und wenig Essigsäure in wss. Aceton (*Farbw. Hoechst*, D.B.P. 917843 [1951]). Aus 21-Acetoxy-3β-hydroxy-pregna-5,16-dien-20-on beim Erwärmen mit Aluminium-*tert*-butylat und Cyclohexanon in Benzol (*Farbw. Hoechst*, U.S.P. 2745852 [1952]). Aus 21-Acetoxy-3β-formyloxy-pregna-5,16-dien-20-on beim Erwärmen mit Aluminiumisopropylat und Cyclohexanon in Xylol (*Romo et al.*, Am. Soc. **79** [1957] 5034). Neben 21-Acetoxy-16α-hydroxy-pregn-4-en-3,20-dion beim Behandeln von 21-Acetoxy-16α,17-epoxy-pregn-4-en-3,20-dion mit $CrCl_2$ in Essigsäure (*Cole, Julian*, J. org. Chem. **19** [1954] 131, 134). Aus 21-Acetoxy-3,3;20,20-bis-äthandiyldioxy-pregna-5,16-dien beim Erwärmen mit wss. Essigsäure in Methanol (*Allen, Bernstein*, Am. Soc. **77** [1955] 1028, 1031).

Kristalle; F: 152–156° [unkorr.] (*W. Neudert, H. Röpke*, Steroid-Spektrenatlas [Berlin 1965]

Nr. 643), 154° [aus Cyclohexan+Ae.] (*Farbw. Hoechst,* U.S.P. 2745852), 153–154° [unkorr.; aus Ae.] (*Al., Be.*), 152–154° [unkorr.; aus Acn.+Hexan] (*Romo et al.*), 152° [unkorr.; aus E.] (*Cole, Ju.*). $[\alpha]_D^{20}$: +148° [$CHCl_3$] (*Farbw. Hoechst,* U.S.P. 2745852), +146° [$CHCl_3$] (*Romo et al.*); $[\alpha]_D^{25}$: +142° [$CHCl_3$; c = 0,7] (*Al., Be.*); $[\alpha]_D$: +148° [$CHCl_3$; c = 1] (*Cole, Ju.*). IR-Spektrum (KBr; 2–15 μ): *Ne., Rö.* λ_{max}: 234 nm [Ae.] (*Cole, Ju.*), 240 nm [A.] (*Romo et al.*), 238–241 nm [A.] (*Al., Be.*), 240 nm [Me.] (*Ne., Rö.*), 241 nm [Me.] (*Cole, Ju.*).

21-Pivaloyloxy-pregna-4,16-dien-3,20-dion $C_{26}H_{36}O_4$, Formel VII (R = CO-C(CH_3)$_3$).

B. Aus 3*β*-Hydroxy-21-pivaloyloxy-pregna-5,16-dien-20-on beim Erwärmen mit Aluminium≈isopropylat und Cyclohexanon in Benzol (*Farbw. Hoechst,* U.S.P. 2745852 [1952]).

Kristalle (aus Ae.); F: 157°.

21-Acetoxy-pregna-4,17(20)*c*-dien-3,11-dion $C_{23}H_{30}O_4$, Formel VIII.

B. Bei der Oxidation von 21-Acetoxy-11*β*-hydroxy-pregna-4,17(20)*c*-dien-3-on mit CrO_3 und Essigsäure (*Hogg et al.,* Am. Soc. **77** [1955] 4436; *Upjohn Co.,* U.S.P. 2735856 [1953]).

Kristalle (aus E.+PAe.); F: 196–199°. $[\alpha]_D^{23}$: +145° [Acn.].

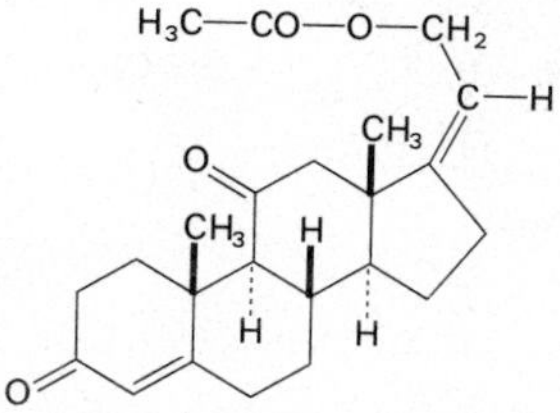

VIII 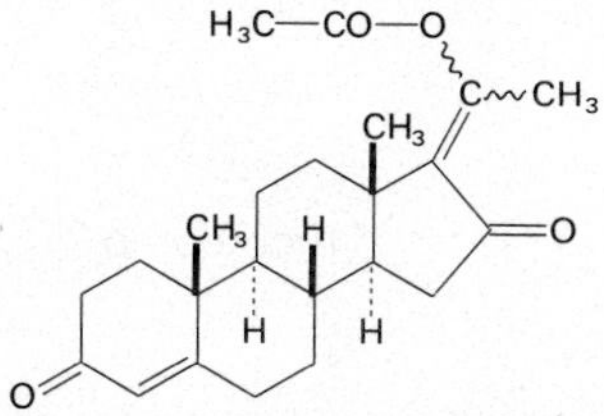 IX 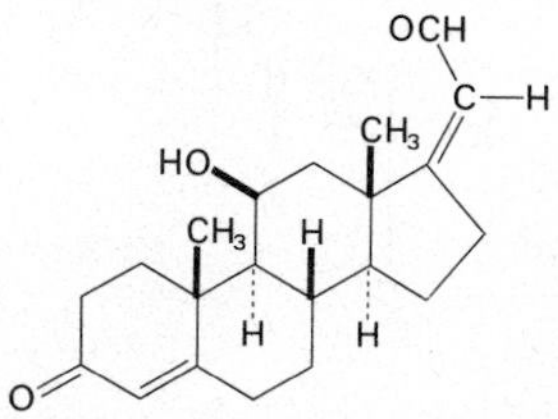 X

(17*Ξ*)-20-Acetoxy-pregna-4,17(20)-dien-3,16-dion $C_{23}H_{30}O_4$, Formel IX.

B. Aus Pregn-4-en-3,16,20-trion mit Hilfe von Acetanhydrid und Pyridin (*Bernstein et al.,* Am. Soc. **77** [1955] 5327, 5330).

Kristalle (aus Acn.); F: 203–203,5° [unkorr.]. $[\alpha]_D^{24}$: –30° [$CHCl_3$; c = 0,5]. IR-Banden (KBr; 1800–1000 cm^{-1}): *Be. et al.* λ_{max}: 242 nm [A.], 241 nm und 308 nm [äthanol. KOH].

11*β*-Hydroxy-3-oxo-pregna-4,17(20)*c*-dien-21-al $C_{21}H_{28}O_3$, Formel X.

B. Aus 11*β*,21-Dihydroxy-pregna-4,17(20)*c*-dien-3-on mit Hilfe von MnO_2 in Äthylacetat (*Upjohn Co.,* U.S.P. 2732384 [1953]).

Kristalle (aus Acn.+PAe.); F: 182–184°.

17-Hydroxy-17*βH*-pregna-4,20-dien-3,11-dion $C_{21}H_{28}O_3$, Formel XI.

B. Bei der Hydrierung von 17-Hydroxy-17*βH*-pregn-4-en-20-in-3,11-dion an Palladium/$CaCO_3$ in Dioxan und Pyridin (*Marshall et al.,* J. biol. Chem. **228** [1957] 339, 343).

Kristalle (aus Acn.); F: 160–160,5°. $[\alpha]_D^{24}$: +167° [Dioxan]. IR-Banden (KBr; 2–11 μ): *Ma. et al.* λ_{max} (Me.): 237,5 nm.

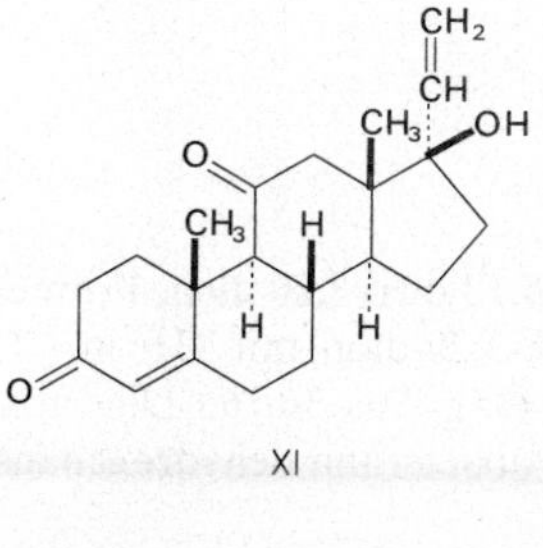

XI 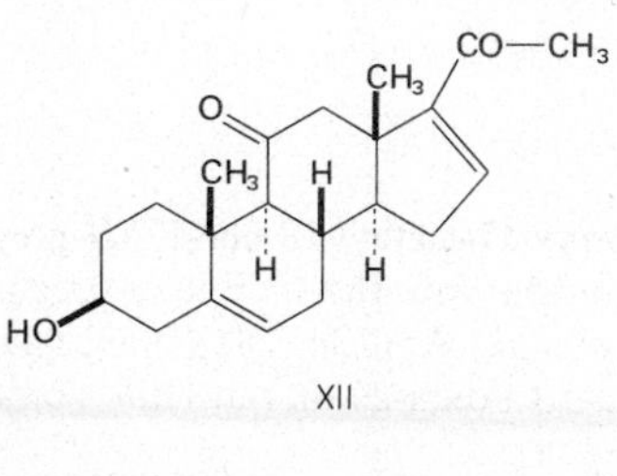 XII

3β-Hydroxy-pregna-5,16-dien-11,20-dion $C_{21}H_{28}O_3$, Formel XII.

B. Aus (25*R*)-3β-Acetoxy-spirost-5-en-11-on beim Erhitzen mit Acetanhydrid, Behandeln des Reaktionsprodukts mit CrO_3 und Essigsäure und anschliessend mit wss. KOH in *tert*-Butylalkohol (*Rothmann, Wall,* Am. Soc. **81** [1959] 411, 413).

F: 224–228° [unkorr.]; $[\alpha]_D^{28}$: −9° [$CHCl_3$; c = 2] (*Ro., Wall,* l. c. S. 412).

Acetyl-Derivat $C_{23}H_{30}O_4$; 3β-Acetoxy-pregna-5,16-dien-11,20-dion. Kristalle (aus Hexan); F: 183–186° [unkorr.; nach Änderung der Kristallform]. $[\alpha]_D^{25}$: −1,7° [$CHCl_3$; c = 2]. λ_{max} (Me.): 234 nm.

21-Acetoxy-5β-pregna-9(11),16-dien-3,20-dion $C_{23}H_{30}O_4$, Formel XIII.

B. Beim Behandeln von 21-Acetoxy-3,3;20,20-bis-äthandiyldioxy-5β-pregnan-11β,17-diol mit $SOCl_2$ in Pyridin und Erhitzen des Reaktionsprodukts mit wss. Essigsäure (*Bernstein, Littell,* J. org. Chem. **24** [1959] 429).

Kristalle (aus Acn.+PAe.); F: 152,5–153,5°. $[\alpha]_D^{25}$: +125° [$CHCl_3$; c = 1,2]. λ_{max} (A.): 238–239 nm.

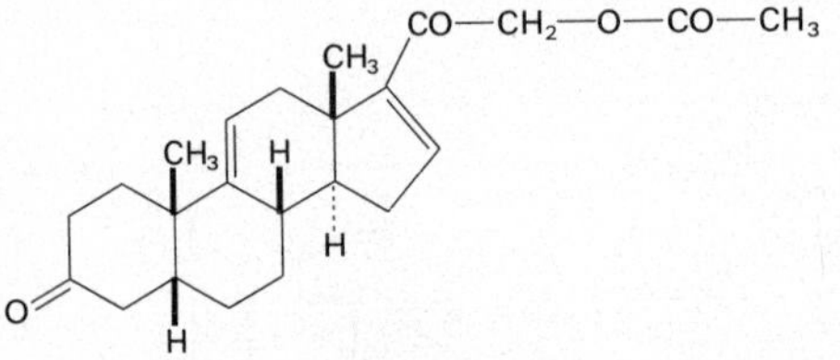

XIII 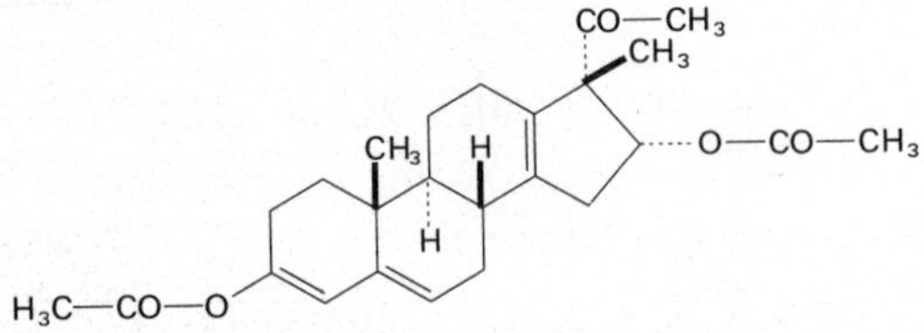 XIV

3,16α-Diacetoxy-17-methyl-18-nor-17β*H*-pregna-3,5,13-trien-20-on $C_{25}H_{32}O_5$, Formel XIV.

B. Beim Erwärmen von 16α,17-Epoxy-pregn-4-en-3,20-dion mit Acetanhydrid und Toluol-4-sulfonsäure (*Heusler, Wettstein,* B. **87** [1954] 1301, 1312).

Kristalle (aus Ae.+Me.); F: 163–166° [unkorr.].

16-Hydroxy-17-methyl-18-nor-pregna-4,13-dien-3,20-dione $C_{21}H_{28}O_3$.

a) **16β-Hydroxy-17-methyl-18-nor-17β*H*-pregna-4,13-dien-3,20-dion,** Formel XV.

B. Beim Behandeln von 16β,17-Epoxy-17β*H*-pregn-4-en-3,20-dion mit HF in $CHCl_3$ und wenig Äthanol (*Shapiro et al.,* Am. Soc. **81** [1959] 6483, 6485). Aus 3β,16β-Diacetoxy-17-methyl-18-nor-17β*H*-pregna-5,13-dien-20-on (S. 2205) mit Hilfe von Flavobacterium dehydrogenans (*Sh. et al.*).

Kristalle (aus Ae.); F: 134–136° [korr.]. $[\alpha]_D^{25}$: +136° [$CHCl_3$], +140,8° [Dioxan]. λ_{max} (A.): 238 nm.

Acetyl-Derivat $C_{23}H_{30}O_4$; 16β-Acetoxy-17-methyl-18-nor-17β*H*-pregna-4,13-dien-3,20-dion. Kristalle (aus Acn.+Hexan); F: 169–171° [korr.]. $[\alpha]_D^{25}$: +159,4° [$CHCl_3$], +156,9° [Dioxan]. λ_{max} (A.): 238 nm.

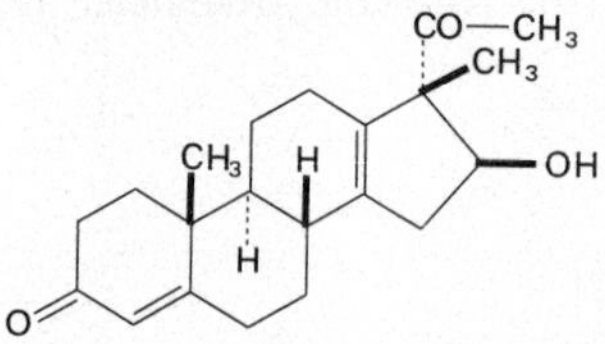

XV 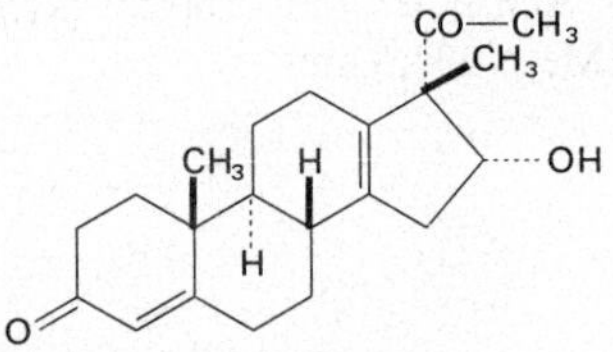 XVI

b) **16α-Hydroxy-17-methyl-18-nor-17β*H*-pregna-4,13-dien-3,20-dion,** Formel XVI.

B. Beim Behandeln von 16α,17-Epoxy-pregn-4-en-3,20-dion mit HF in $CHCl_3$ und wenig Äthanol (*Shapiro et al.,* Am. Soc. **81** [1959] 6483, 6485). Aus 3β,16α-Diacetoxy-17-methyl-18-nor-17β*H*-pregna-5,13-dien-20-on mit Hilfe von Flavobacterium dehydrogenans (*Sh. et al.*).

Kristalle (aus Acn.+Hexan); F: 141–142° [korr.]. $[\alpha]_D^{25}$: +82° [$CHCl_3$], +187° [Dioxan]. λ_{max} (A.): 238 nm.

Acetyl-Derivat $C_{23}H_{30}O_4$; 16α-Acetoxy-17-methyl-18-nor-17*βH*-pregna-4,13-dien-3,20-dion. Kristalle (aus Acn.+Hexan); F: 149° [korr.]. $[\alpha]_D^{25}$: +152,4° [$CHCl_3$], +143° [Dioxan]. [*Bambach*]

Hydroxy-oxo-Verbindungen $C_{22}H_{30}O_3$

1-[1,4-Dihydroxy-[2]naphthyl]-dodecan-1-on $C_{22}H_{30}O_3$, Formel I (R = H).

B. Beim Erwärmen von 1-[1-Hydroxy-4-methoxy-[2]naphthyl]-dodecan-1-on mit $AlCl_3$ in Benzol (*Hase, Nishimura,* J. pharm. Soc. Japan **75** [1955] 203, 205; C. A. **1956** 1712).

Gelbe Kristalle (aus PAe.); F: 119–120°.

1-[1-Hydroxy-4-methoxy-[2]naphthyl]-dodecan-1-on $C_{23}H_{32}O_3$, Formel I (R = CH_3).

B. Beim Erwärmen von 1,4-Dimethoxy-naphthalin mit Dodecanoylchlorid und $AlCl_3$ in CS_2 (*Hase, Nishimura,* J. pharm. Soc. Japan **75** [1955] 203, 205; C. A. **1956** 1712).

Gelbe Kristalle (aus A.); F: 54–55°.

OH; CO—[CH₂]₁₀—CH₃; O—R

I

CH; C; CH₃; OH; O; CH₃; H; H; H; O; H

II

CH₂—OH; C; C; CH₃; OH; CH₃; H; H; H; O

III

17a-Hydroxy-*D*-homo-5β,17aβ*H*-pregn-20-in-3,11-dion $C_{22}H_{30}O_3$, Formel II.

B. Beim Erwärmen von 3α,17a-Dihydroxy-*D*-homo-5β,17aβ*H*-pregn-20-in-11-on mit Cyclohexanon und Aluminiumisopropylat in Toluol (*Clinton et al.,* Am. Soc. **80** [1958] 3389, 3393).

Kristalle (aus E.); F: 221,2–225° [korr.]. $[\alpha]_D^{25}$: +12° [$CHCl_3$; c = 1].

17,23-Dihydroxy-21,24-dinor-17β*H*-chol-4-en-20-in-3-on $C_{22}H_{30}O_3$, Formel III.

B. Aus 3-Äthoxy-androsta-3,5-dien-17-on mit Hilfe von 2-Prop-2-inyloxy-tetrahydro-pyran und Äthylmagnesiumjodid (*Barton et al.,* Soc. **1957** 5094). Beim Erhitzen von 21,24-Dinor-17β*H*-chol-5-en-20-in-3β,17,23-triol mit Cyclohexanon und Aluminiumisopropylat in Toluol (*Ba. et al.*).

Kristalle (aus Acn.+Hexan); F: 204–206°. $[\alpha]_D^{27}$: +3° [Me.; c = 0,6]. λ_{max} (A.): 241 nm.

3β-Acetoxy-23,23-dimethoxy-21,24-dinor-chola-5,22-dien-20-on $C_{26}H_{38}O_5$, Formel IV.

B. Aus 3β-Acetoxy-21-nor-pregn-5-en-20-oylchlorid und Keten-dimethylacetal (*McElvain, McKay,* Am. Soc. **78** [1956] 6086, 6090).

Kristalle (aus Bzl.+PAe.); F: 173–175°. λ_{max}: 266 nm.

CO—CH=C(OCH₃)₂; CH₃; CH₃; H; H; H; H₃C—CO—O

IV

H₃C—CO—O—CH₂; C—H; CH₃; HO; CH₃; H; H₃C; H; H; O

V

21-Acetoxy-11β-hydroxy-2-methyl-pregna-1,4,17(20)c-trien-3-on $C_{24}H_{32}O_4$, Formel V.

B. Aus 11β,21-Dihydroxy-2α-methyl-pregna-4,17(20)c-dien-3-on bei der Dehydrierung durch Septomyxa affinis und anschliessenden Acetylierung (*Upjohn Co.*, U.S.P. 3009937 [1957]).

Kristalle (aus E.); F: 207–210°. $[\alpha]_D^{25}$: +95° [$CHCl_3$]. λ_{max} (A.): 249 nm.

11β,21-Dihydroxy-2-methylen-pregna-4,17(20)c-dien-3-on $C_{22}H_{30}O_3$, Formel VI.

B. Aus 11β,21-Dihydroxy-pregna-4,17(20)c-dien-3-on über mehrere Stufen (*Upjohn Co.*, U.S.P. 2847430 [1955]).

Kristalle (aus Acn.+PAe.); F: 162–165°. $[\alpha]_D$: +106° [Acn.].

O^{21}-Acetyl-Derivat $C_{24}H_{32}O_4$; 21-Acetoxy-11β-hydroxy-2-methylen-pregna-4,17(20)c-dien-3-on. Kristalle (aus Acn.); F: 145–147°. $[\alpha]_D$: +136° [Acn.]. λ_{max} (A.): 262 nm.

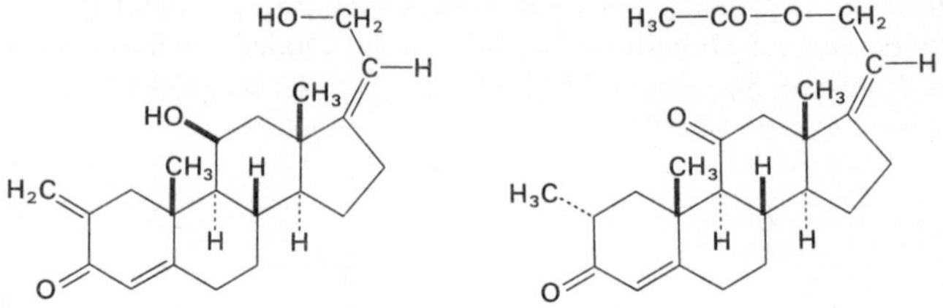

VI VII

21-Acetoxy-2α(?)-methyl-pregna-4,17(20)c-dien-3,11-dion $C_{24}H_{32}O_4$, vermutlich Formel VII.

B. Aus 21-Acetoxy-11β-hydroxy-2α(?)-methyl-pregna-4,17(20)c-dien-3-on (S. 2210) mit Hilfe von CrO_3 (*Upjohn Co.*, U.S.P. 2852538 [1955]).

F: 155–158°.

21-Acetoxy-11β-hydroxy-6α-methyl-pregna-1,4,17(20)c-trien-3-on $C_{24}H_{32}O_4$, Formel VIII.

B. Aus 11β,21-Dihydroxy-6α-methyl-pregna-4,17(20)c-dien-3-on bei der Dehydrierung durch Septomyxa affinis und anschliessenden Acetylierung (*Spero et al.*, Am. Soc. **78** [1956] 6213).

F: 132–134°. $[\alpha]_D$: +109° [$CHCl_3$]. λ_{max} (A.): 243 nm.

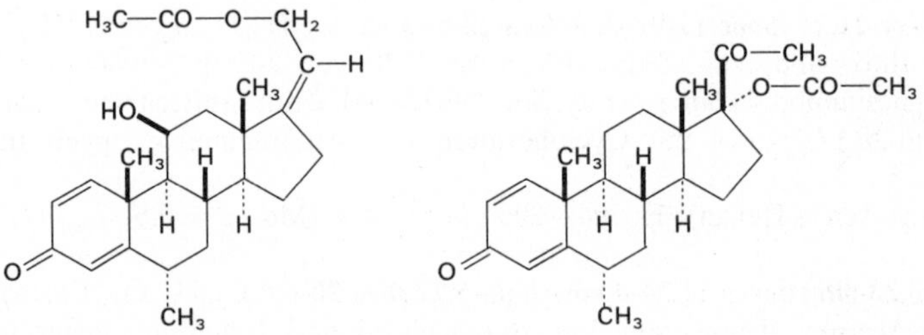

VIII IX

17-Acetoxy-6α-methyl-pregna-1,4-dien-3,20-dion $C_{24}H_{32}O_4$, Formel IX.

B. Beim Erhitzen von 17-Acetoxy-6α-methyl-pregn-4-en-3,20-dion mit SeO_2 und Pyridin in *tert*-Butylalkohol (*Ringold et al.*, Am. Soc. **81** [1959] 3712, 3715).

Kristalle (aus Acn.+Hexan); F: 235–237° [unkorr.]. $[\alpha]_D$: +16° [$CHCl_3$]. λ_{max} (A.): 244 nm.

17-Hydroxy-6-methyl-pregna-4,6-dien-3,20-dion, Megestrol $C_{22}H_{30}O_3$, Formel X (R = X = H).

B. Aus 3β-Acetoxy-17-hydroxy-androst-5-en-20-on über 20,20-Äthandiyldioxy-5,6β,17-tri⸗ hydroxy-6α-methyl-5α-pregnan-3-on (*Huang et al.*, Acta chim. sinica **29** [1963] 99, 104; C. A. **1963** 12868; s. a. *Huang et al.*, Acta chim. sinica **25** [1959] 427; C. A. **1960** 19762). Aus 17-Hydr⸗

oxy-6α-methyl-pregn-4-en-3,20-dion mit Hilfe von Tetrachlor-[1,4]benzochinon (*de Ruggieri et al.*, Ann. Chimica **49** [1959] 1371, 1374; s. a. *Hu. et al.*, Acta chim. sinica **29** 104). Aus der folgenden Verbindung mit Hilfe von methanol. Natriummethylat (*de Ru. et al.*).

Kristalle; F: 207–208° [unkorr.; aus Acn.+Ae.]; $[\alpha]_D^{18}$: +51,7° [$CHCl_3$; c = 1] (*de Ru. et al.*). F: 205–206° [unkorr.; aus $CHCl_3$+PAe.]; $[\alpha]_D^{20}$: +42,6° [$CHCl_3$; c = 1,1] (*Hu. et al.*, Acta chim. sinica **29** 104). λ_{max} (A. bzw. Me.): 289 nm (*de Ru. et al.*; *Hu. et al.*, Acta chim. sinica **29** 104).

17-Acetoxy-6-methyl-pregna-4,6-dien-3,20-dion $C_{24}H_{32}O_4$, Formel X (R = CO-CH_3, X = H).

B. Aus 17-Acetoxy-6α-methyl-pregn-4-en-3,20-dion mit Hilfe von Tetrachlor-[1,4]benzochinon (*Ringold et al.*, Am. Soc. **81** [1959] 3712, 3715; *de Ruggieri et al.*, Ann. Chimica **49** [1959] 1371, 1374).

Kristalle; F: 218–220° [unkorr.; aus Acn.+Ae.]; $[\alpha]_D$: +11° [$CHCl_3$] (*Ri. et al.*). F: 212,5–213,5° [unkorr.; aus Me.]; $[\alpha]_D^{18}$: +7,4° [$CHCl_3$; c = 1] (*de Ru. et al.*). IR-Spektrum (KBr; 2–15 μ): *W. Neudert, H. Röpke*, Steroid-Spektrenatlas [Berlin 1965] Nr. 638.

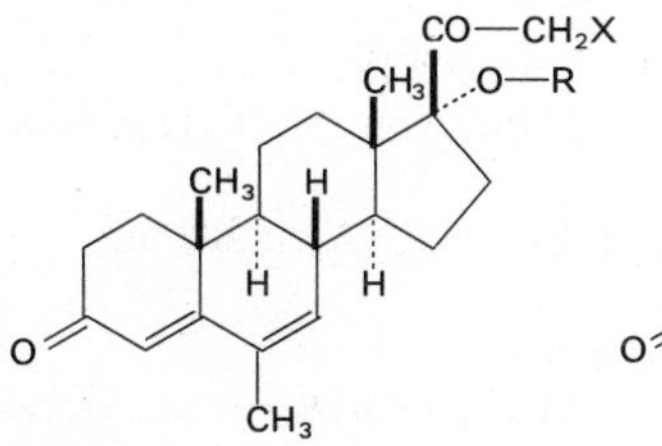

X 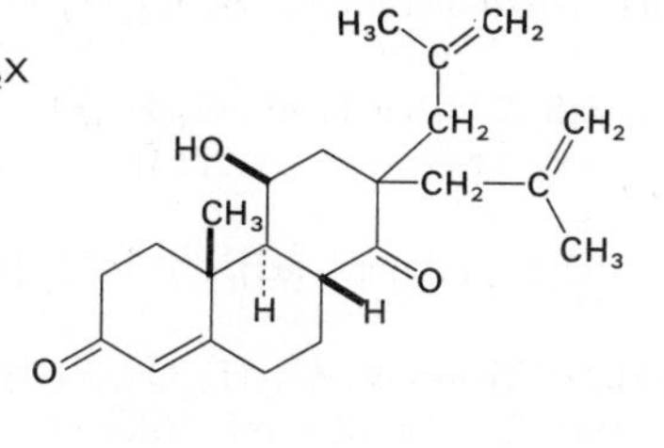 XI 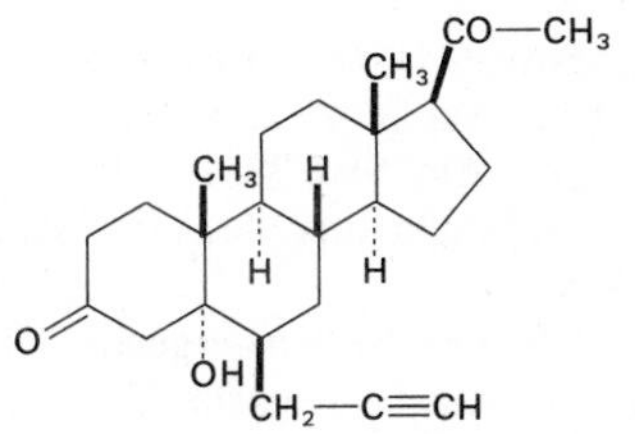 XII

17-Acetoxy-21-fluor-6-methyl-pregna-4,6-dien-3,20-dion $C_{24}H_{31}FO_4$, Formel X (R = CO-CH_3, X = F).

B. Aus 17-Hydroxy-6α-methyl-pregn-4-en-3,20-dion über mehrere Stufen (*Sollman et al.*, Am. Soc. **81** [1959] 4435).

Kristalle; F: 222–223°. $[\alpha]_D$: −2,5° [$CHCl_3$]. λ_{max} (Me.): 288 nm.

Hydroxy-oxo-Verbindungen $C_{23}H_{32}O_3$

(±)-4*t*-Hydroxy-2,2-dimethallyl-4b-methyl-(4a*r*,4b*t*,10a*t*)-3,4,4a,5,6,9,10,10a-octahydro-2*H*,4b*H*-phenanthren-1,7-dion, *rac*-11β-Hydroxy-18-isopropenyl-16-methyl-14,15-seco-androsta-4,15-dien-3,14-dion $C_{23}H_{32}O_3$, Formel XI + Spiegelbild.

B. Aus *rac*-3,3-Äthandiyldioxy-11β-hydroxy-18-isopropenyl-16-methyl-14,15-seco-androsta-5,15-dien-14-on mit Hilfe von wss. Essigsäure (*Wieland et al.*, Helv. **41** [1958] 74, 87).

Kristalle (aus Ae.); F: 127,5–129° [unkorr.]. λ_{max} (A.): 239 nm.

Hydroxy-oxo-Verbindungen $C_{24}H_{34}O_3$

5-Hydroxy-6β-prop-2-inyl-5α-pregnan-3,20-dion $C_{24}H_{34}O_3$, Formel XII.

B. Beim Behandeln von 3,3;20,20-Bis-äthandiyldioxy-5,6α-epoxy-5α-pregnan mit Prop-2-inyl-magnesiumbromid in Benzol und Behandeln des Reaktionsprodukts mit wss.-methanol. Oxal-säure (*Burn et al.*, Soc. **1959** 3808).

Kristalle (aus $CHCl_3$+A.); F: 231–233° [korr.]. $[\alpha]_D^{22}$: +29,5° [$CHCl_3$; c = 1].

Hydroxy-oxo-Verbindungen $C_{27}H_{40}O_3$

(25*R*)-3β,26-Dihydroxy-fesa-5,16(23)-dien-22-on, Fesogenin $C_{27}H_{40}O_3$, Formel XIII (E III 2630).

Absorptionsspektrum (H_2SO_4; 320–600 nm): *Diaz et al.*, J. org. Chem. **17** [1952] 747.

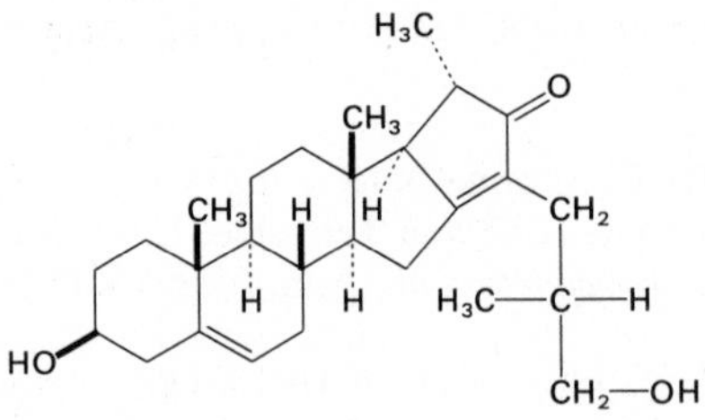

XIII

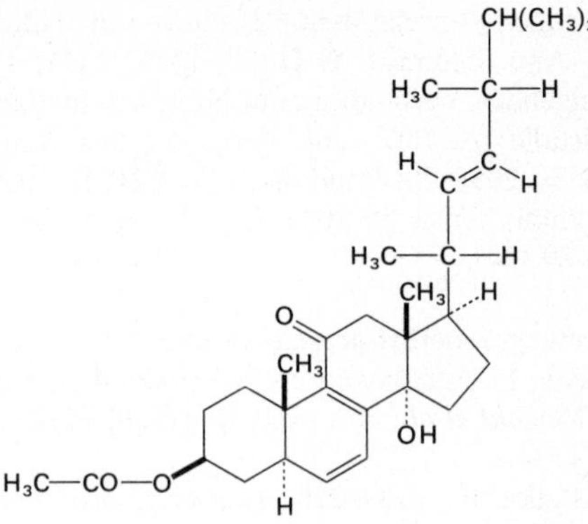

XIV

Hydroxy-oxo-Verbindungen $C_{28}H_{42}O_3$

3β-Acetoxy-14-hydroxy-5α-ergosta-6,8,22*t*-trien-11-on $C_{30}H_{44}O_4$, Formel XIV.

B. Aus 3β-Acetoxy-11α,14-epidioxy-5α-ergosta-6,8,22*t*-trien mit Hilfe von Al_2O_3 (*Laubach et al.*, Am. Soc. **78** [1956] 4746, 4754).

Kristalle (aus Me.); F: 188,8–192,4° [unkorr.]. $[\alpha]_D^{25}$: +34° [$CHCl_3$]. λ_{max} (Ae.): 308 nm.

3β,5-Dihydroxy-5α-ergosta-7,9(11),22*t*-trien-6-on $C_{28}H_{42}O_3$, Formel XV.

B. Aus 5α-Ergosta-7,9(11),22*t*-trien-3β,5,6β-triol mit Hilfe von MnO_2 (*Zürcher et al.*, Helv. **37** [1954] 1562, 1574).

Kristalle (aus wss. Me.); F: 215–217°. $[\alpha]_D^{19}$: +68,5° [$CHCl_3$; c = 1,1]. λ_{max} (A.): 295 nm.

Oxim $C_{28}H_{43}NO_3$. Hygroskopische Kristalle (aus Me.); F: 242–244° [Zers.]. λ_{max} (A.): 284 nm.

*O*³-Acetyl-Derivat $C_{30}H_{44}O_4$; 3β-Acetoxy-5-hydroxy-5α-ergosta-7,9(11),22*t*-trien-6-on. Kristalle (aus Ae.+Me.); F: 240–242°. $[\alpha]_D^{19}$: +63° [$CHCl_3$; c = 1].

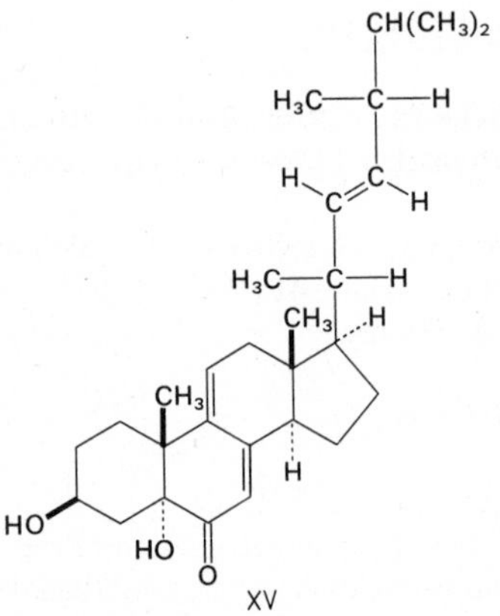

XV

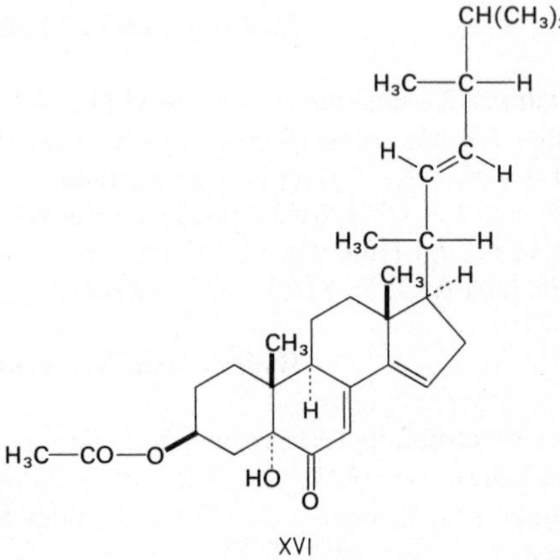

XVI

3β-Acetoxy-5-hydroxy-5α-ergosta-7,14,22*t*-trien-6-on $C_{30}H_{44}O_4$, Formel XVI.

B. Beim Erwärmen von 3β-Acetoxy-5,14-dihydroxy-5α,14β-ergosta-7,22*t*-dien-6-on mit Toluol-4-sulfonsäure in Essigsäure (*Zürcher et al.*, Helv. **37** [1954] 1562, 1578).

Kristalle (aus Ae.+Hexan); F: 231–231,5°. $[\alpha]_D^{19}$: −330° [$CHCl_3$; c = 0,8]. λ_{max} (A.): 298 nm.

3β-Acetoxy-ergosta-5,22t-dien-7,11-dion $C_{30}H_{44}O_4$, Formel XVII.

B. Beim Erwärmen von 3β-Acetoxy-ergosta-5,8,22t-trien-7,11-dion mit Zink-Pulver und Essigsäure (*Elks et al.*, Soc. **1954** 451, 461).

Kristalle (aus Me.); F: 190°. $[\alpha]_D^{21}$: −82° [$CHCl_3$; c = 1,1]. λ_{max} (A.): 233 nm.

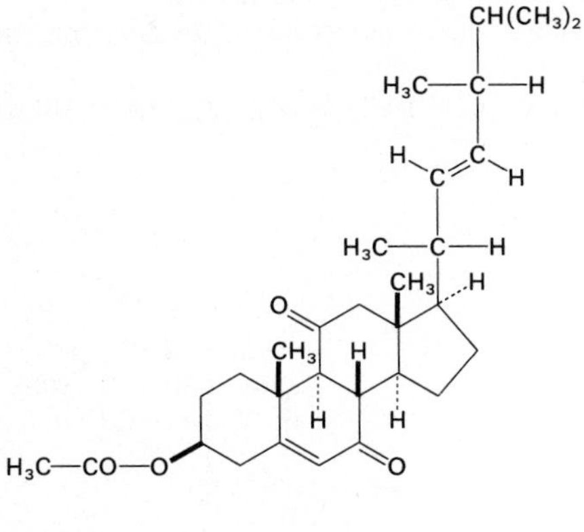

XVII

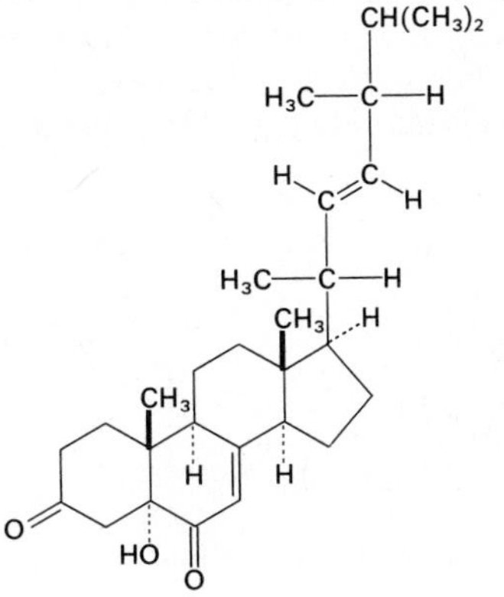

XVIII

5-Hydroxy-5α-ergosta-7,22t-dien-3,6-dion $C_{28}H_{42}O_3$, Formel XVIII (E III 2630).

B. Aus 5α-Ergosta-7,22t-dien-3β,5,6α-triol oder aus 5α-Ergosta-7,22t-dien-3β,5,6β-triol beim Behandeln mit $Na_2Cr_2O_7$ und Essigsäure (*Fieser et al.*, Am. Soc. **75** [1953] 4066, 4071; vgl. E III 2630).

F: 254–256° [Zers.]. $[\alpha]_D$: +46° [$CHCl_3$; c = 0,5]. λ_{max} (A.): 249 nm.

3β-Acetoxy-5α-ergosta-8,22t-dien-7,11-dion $C_{30}H_{44}O_4$, Formel I.

B. Beim Behandeln von 3β-Acetoxy-5α-ergosta-8,22t-dien-7α,11α-diol mit CrO_3 und H_2SO_4 in Aceton (*Merck & Co. Inc.*, U.S.P. 2854464 [1951]; *Chamberlin et al.*, Am. Soc. **75** [1953] 3477, 3481; s. a. *Heusser et al.*, Helv. **34** [1951] 2106, 2126). Aus 3β-Hydroxy-5α-ergosta-8,22t-dien-7(oder 11)-on über mehrere Stufen (*Merck & Co. Inc.*, U.S.P. 2734897 [1951], 2811521 [1953]; D.B.P. 1018059 [1952]).

Gelbe Kristalle (aus Me.); F: 135–136°; $[\alpha]_D$: +18,5° [$CHCl_3$; c = 1]; λ_{max}: 270 nm [A.], 266 nm [Isooctan] (*Merck & Co. Inc.*, U.S.P. 2854464; *Ch. et al.*).

Beim Erwärmen mit Zink-Pulver in Äther und Methanol ist 3β-Acetoxy-5α,8α-ergost-22t-en-7,11-dion (*Budziarek, Spring*, Soc. **1953** 956, 959), in Essigsäure ist 3β-Acetoxy-5α-ergost-22t-en-7,11-dion (*Ch. et al.*; *He. et al.*) erhalten worden.

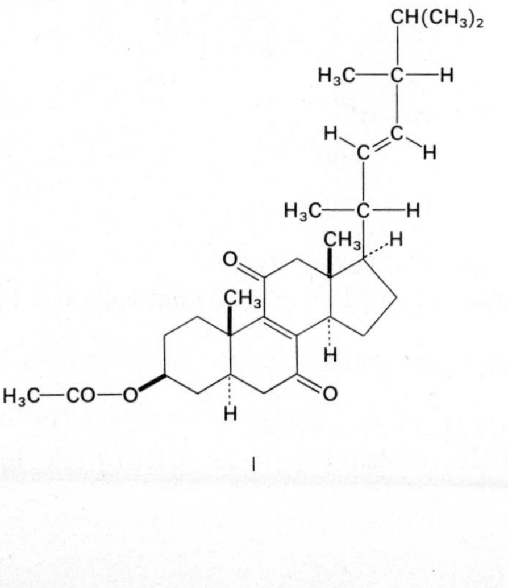

I

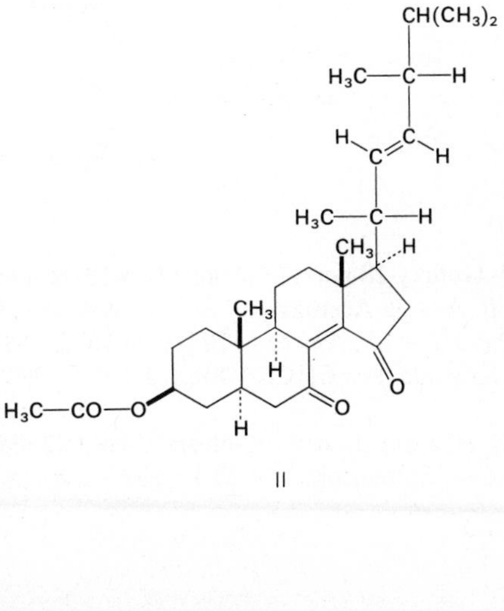

II

3β-Acetoxy-5α-ergosta-8(14),22*t*-dien-7,15-dion $C_{30}H_{44}O_4$, Formel II.

B. Aus 3β-Acetoxy-ergosta-7,14,22*t*-trien mit Hilfe von CrO_3 (*Barton, Laws,* Soc. **1954** 52, 60).

Kristalle (aus PAe.); F: 180–181°. $[\alpha]_D$: +36° [$CHCl_3$; c = 2,3]. λ_{max} (A.): 259 nm.

3α-Hydroxy-26,27-dinor-lanosta-8,11-dien-7,24-dion $C_{28}H_{42}O_3$, Formel III.

B. Beim Erwärmen von 3α,12α-Diacetoxy-26,27-dinor-lanost-8-en-7,24-dion mit methanol. KOH (*Halsall, Hodges,* Soc. **1954** 2385, 2388).

Kristalle (aus Me.); F: 204–205° [korr.]. $[\alpha]_D$: −4° [$CHCl_3$; c = 1]. λ_{max} (A.): 318 nm.

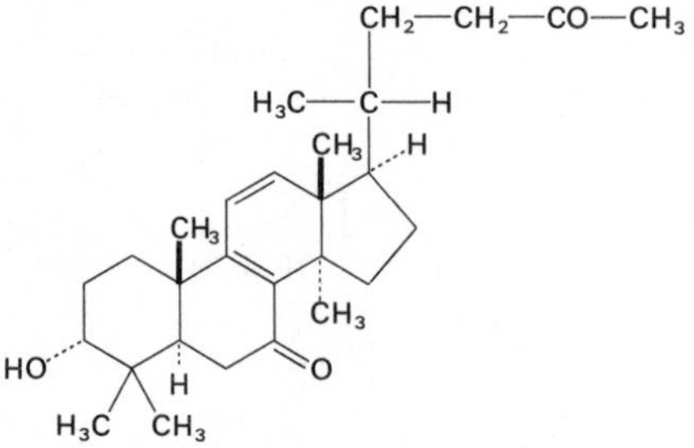

3β-Hydroxy-29,30-dinor-olean-18-en-11,20-dion $C_{28}H_{42}O_3$, Formel IV.

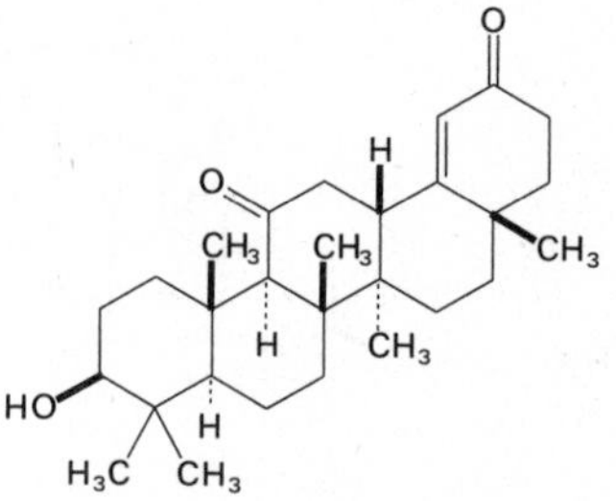

B. Beim Erwärmen von 3β-Acetoxy-18,19-seco-29,30-dinor-oleanan-11,18,20-trion mit methanol. Natriummethylat (*Djerassi, Foltz,* Am. Soc. **76** [1954] 4085, 4088).

Kristalle (aus Me. + $CHCl_3$); F: 304–308°. $[\alpha]_D^{19}$: +98° [$CHCl_3$]. λ_{max} (A.): 240 nm.

Hydroxy-oxo-Verbindungen $C_{29}H_{44}O_3$

2,6-Di-*tert*-butyl-4-[3,5-di-*tert*-butyl-4-hydroxy-benzyl]-4-methoxy-cyclohexa-2,5-dienon $C_{30}H_{46}O_3$, Formel V.

B. Beim Behandeln von 2,6,2′,6′-Tetra-*tert*-butyl-4,4′-methandiyl-di-phenol mit Brom und Methanol (*Kharasch, Joshi,* J. org. Chem. **22** [1957] 1435, 1437).

Kristalle (aus Me.); F: 122–123°. λ_{max} (Isooctan): 229 nm und 271 nm.

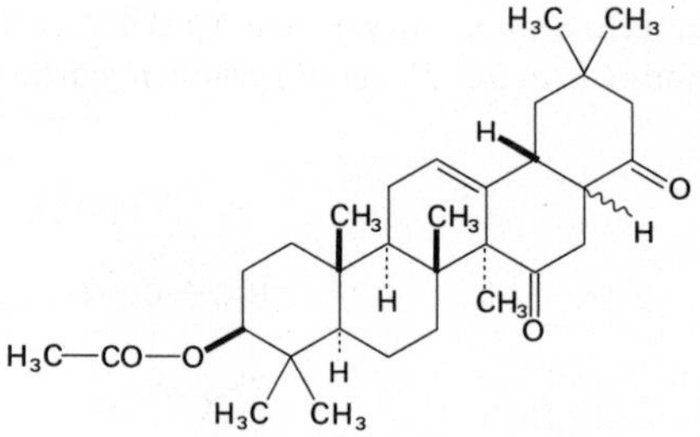

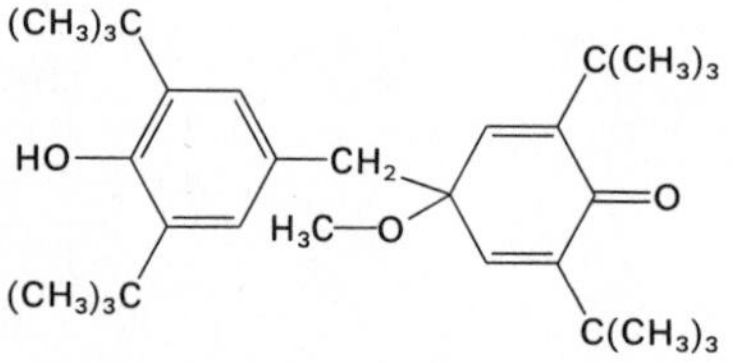

3β-Acetoxy-28-nor-17ξ-olean-12-en-15,22-dion $C_{31}H_{46}O_4$, Formel VI.

B. Aus 3β-Acetoxy-15β-hydroxy-28-nor-17ξ-olean-12-en-22-on (S. 2231) mit Hilfe von CrO_3 (*Djerassi et al.,* Am. Soc. **78** [1956] 5685, 5689).

Kristalle (aus $CHCl_3$ + Me.); F: 275–280°. $[\alpha]_D$: −2° [$CHCl_3$].

15β-Hydroxy-28-nor-17ξ-olean-12-en-3,22-dion $C_{29}H_{44}O_3$, Formel VII.

Zwei Stereoisomere (a) F: 232–238° [aus $CHCl_3$ + Me.]; $[\alpha]_D$: +25° [$CHCl_3$] bzw. b) F:

226–231° [aus Me.]; $[\alpha]_D$: +31° [$CHCl_3$]) sind beim Erwärmen von 15β-Hydroxy-3,22-dioxo-olean-12-en-28-säure-lacton mit methanol. KOH erhalten worden (*Djerassi et al.*, Am. Soc. **78** [1956] 5685, 5690).

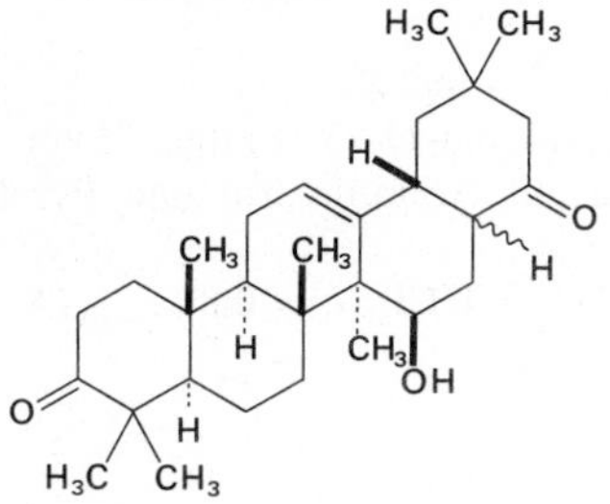

VII 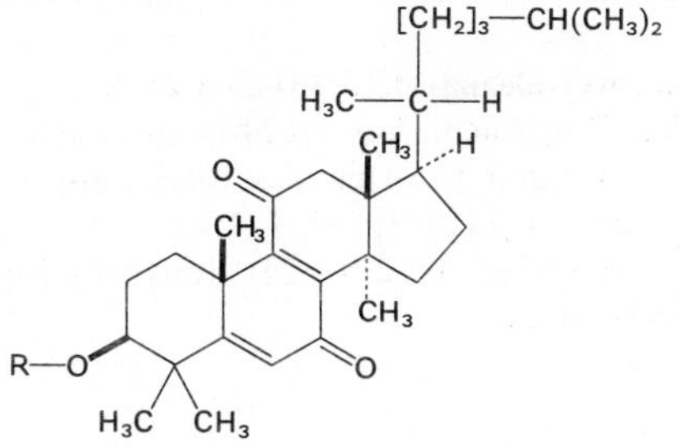 VIII

Hydroxy-oxo-Verbindungen $C_{30}H_{46}O_3$

3β-Hydroxy-lanosta-5,8-dien-7,11-dion $C_{30}H_{46}O_3$, Formel VIII (R = H) (in der Literatur als Dehydroxylanostendion bezeichnet).

B. Bei der Hydrolyse von 3β-Acetoxy-lanosta-5,8-dien-7,11-dion (*Cavalla et al.*, Soc. **1951** 3142, 3146).

F: 135–137° [unkorr.]. $[\alpha]_D^{20}$: +82,2° [$CHCl_3$; c = 3,2].

3-Acetoxy-lanosta-5,8-dien-7,11-dione $C_{32}H_{48}O_4$.

a) **3β-Acetoxy-lanosta-5,8-dien-7,11-dion,** Formel VIII (R = CO-CH_3).

B. Aus 3β-Acetoxy-lanosta-5,8-dien-7-on mit Hilfe von CrO_3 (*Barton, Thomas,* Soc. **1953** 1842, 1846). Beim Erhitzen von 3β-Acetoxy-lanost-8-en-7,11-dion mit SeO_2 in Essigsäure und Acetanhydrid unter Zusatz von H_2O (*Voser et al.*, Helv. **33** [1950] 1893, 1904; *Cavalla, McGhie,* Soc. **1951** 744, 746).

Citronengelbe Kristalle (aus Me.); F: 128,5–129,5° [unkorr.]; $[\alpha]_D^{20}$: +74,9° [$CHCl_3$; c = 0,04] (*Ca., McG.*). F: 122–123° [korr.]; $[\alpha]_D$: +77° [$CHCl_3$; c = 1,2] (*Vo. et al.*). IR-Spektrum (Nujol; 4000–650 cm^{-1}): *Vo. et al.*, l. c. S. 1896. UV-Spektrum (A.; 220–370 nm): *Vo. et al.*, l. c. S. 1898.

b) ***ent*-3α-Acetoxy-10α,20$β_F$*H*-lanosta-5,8-dien-7,11-dion, 3β-Acetoxy-eupha-5,8-dien-7,11-dion,** Formel IX.

B. Beim Erhitzen von 3β-Acetoxy-euph-8-en-7,11-dion mit SeO_2 in Essigsäure und Acet⸗anhydrid (*Christen et al.*, Helv. **35** [1952] 1756, 1770).

Gelbe Kristalle (aus Me.); F: 116° [korr.; evakuierte Kapillare]. $[\alpha]_D$: −65° [$CHCl_3$; c = 1,2]. λ_{max} (A.): 275 nm.

Beim Erhitzen mit SeO_2 in Dioxan auf 180° ist 3β-Acetoxy-eupha-5,8-dien-7,11,12-trion erhal⸗ten worden.

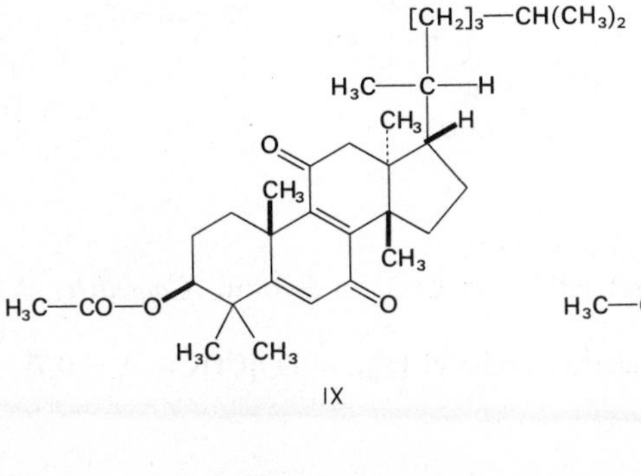

IX 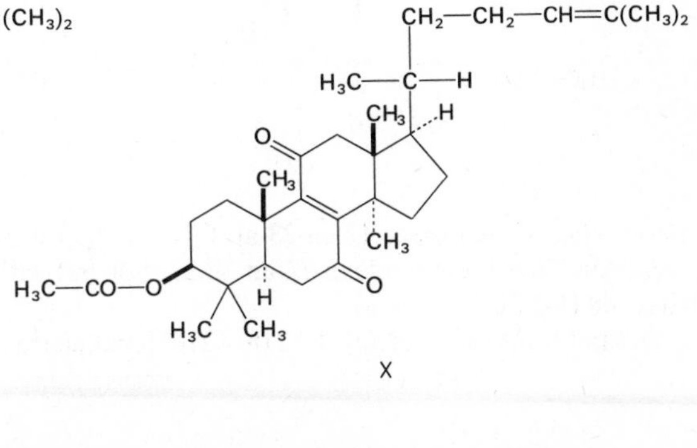 X

3β-Acetoxy-lanosta-8,24-dien-7,11-dion $C_{32}H_{48}O_4$, Formel X.

B. Aus 3β-Acetoxy-lanosta-8,24-dien über mehrere Stufen (*Woodward et al.*, Soc. **1957** 1131, 1143).

Kristalle (aus Me.); F: 143–144°. $[\alpha]_D$: +81° [$CHCl_3$; c = 1,1]. λ_{max} (A.): 272 nm.

3β,24-Diacetoxy-oleana-11,13(18)-dien-21-on $C_{34}H_{50}O_5$, Formel XI.

B. Beim Erwärmen von 3β,24-Isopropylidendioxy-oleana-11,13(18)-dien-21-on mit wss.-methanol. HCl und Erhitzen des Reaktionsprodukts mit Acetanhydrid und Pyridin (*Smith et al.*, Tetrahedron **4** [1958] 111, 127).

Kristalle (aus Me.); F: 239–241° [unkorr.]. $[\alpha]_D$: −33° [$CHCl_3$; c = 0,8]. λ_{max} (A.): 242 nm, 252 nm und 259 nm.

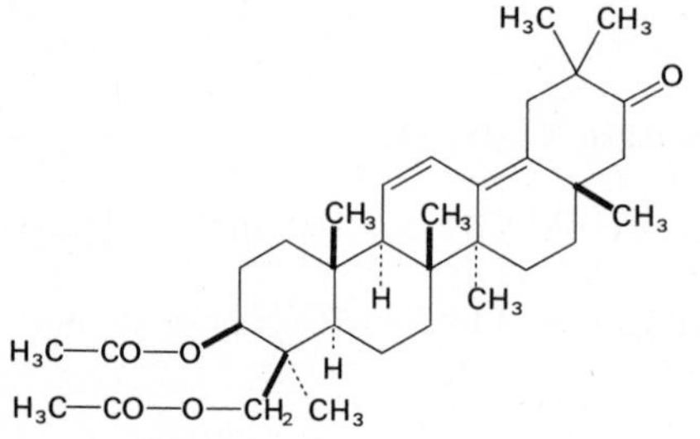

XI

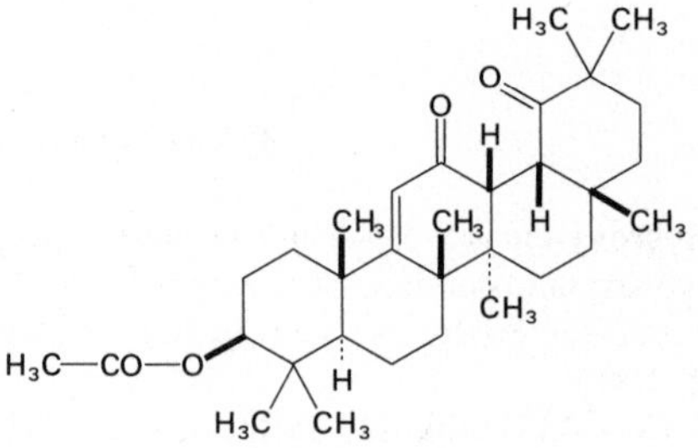

XII

3-Acetoxy-olean-9(11)-en-12,19-dione $C_{32}H_{48}O_4$.

a) **3β-Acetoxy-olean-9(11)-en-12,19-dion,** Formel XII (E III 2633).

B. Beim Erwärmen von 3β-Acetoxy-oleana-9(11),13(18)-dien-12,19-dion mit Zink-Pulver in Äthanol (*Beaton et al.*, Soc. **1953** 3660, 3669).

Kristalle (aus Me.+$CHCl_3$); F: 287–290° [Zers.]. $[\alpha]_D^{15}$: +135° [$CHCl_3$; c = 1,4].

Überführung in 3β-Acetoxy-18α-olean-9(11)-en-12,19-dion beim Behandeln mit methanol. KOH und anschliessend mit Acetanhydrid und Pyridin: *Be. et al.*

b) **3β-Acetoxy-18α-olean-9(11)-en-12,19-dion,** Formel XIII.

B. Aus 3β-Acetoxy-olean-9(11)-en-12,19-dion bei der Umsetzung mit methanol. KOH und mit Acetanhydrid und Pyridin (*Beaton et al.*, Soc. **1953** 3660, 3670).

Kristalle (aus Me.); F: 279–281°. $[\alpha]_D^{15}$: +91° [$CHCl_3$; c = 0,5]. λ_{max} (A.): 243 nm.

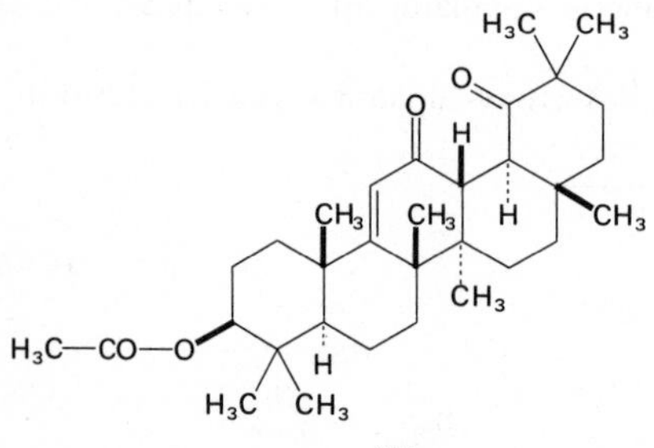

XIII

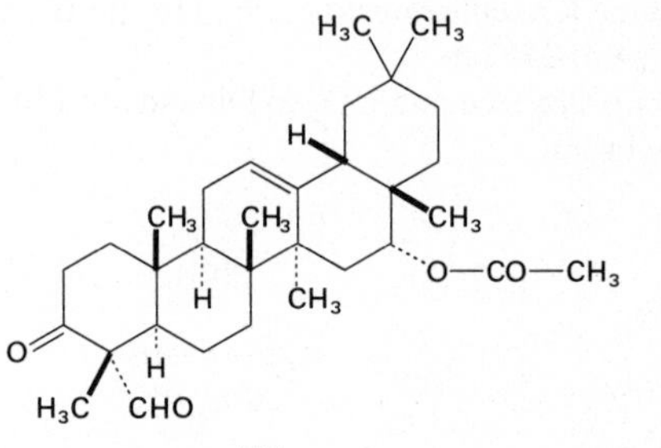

XIV

16α-Acetoxy-3-oxo-olean-12-en-23-al $C_{32}H_{48}O_4$, Formel XIV.

B. Aus 16α-Acetoxy-olean-12-en-3β,23-diol mit Hilfe von CrO_3 in Pyridin (*Cainelli et al.*, Helv. **40** [1957] 2390, 2408).

Kristalle (aus Me.+H_2O); F: 218–220° [evakuierte Kapillare]. $[\alpha]_D$: +33° [$CHCl_3$; c = 0,7].

3-Methoxy-1-oxo-friedel-2-en-24-al $C_{31}H_{48}O_3$, Formel XV.

B. Neben 1-Methoxy-3-oxo-friedel-1-en-24-al beim Behandeln von 1,3-Dioxo-friedelan-24-al mit Diazomethan in Äther (*Tewari et al.*, J.C.S. Perkin I **1974** 146, 151; *Heymann et al.*, Am. Soc. **76** [1954] 3689, 3691).

Kristalle; F: 223–225° [aus $CHCl_3$+Me.]; $[\alpha]_D$: +10,0° [$CHCl_3$; c = 0,8] (*Te. et al.*). F: 223–229° [unkorr.; aus A.]; $[\alpha]_D$: +2,6° [$CHCl_3$; c = 1,6] (*He. et al.*). IR-Banden ($CHCl_3$; 5,5–7,5 µ): *He. et al.*; *Te. et al.* λ_{max} (Me.): 258 nm (*Te. et al.*).

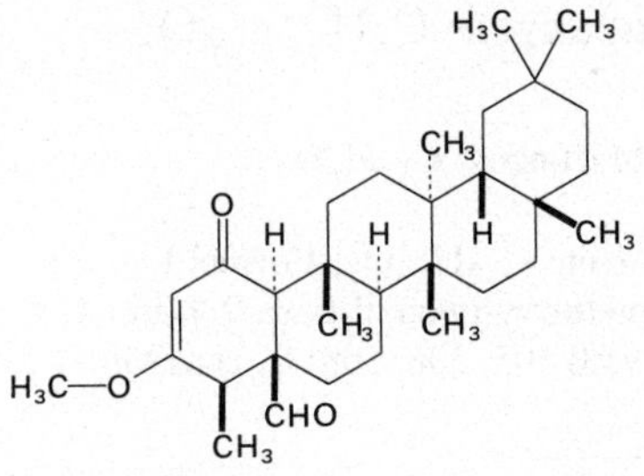

XV 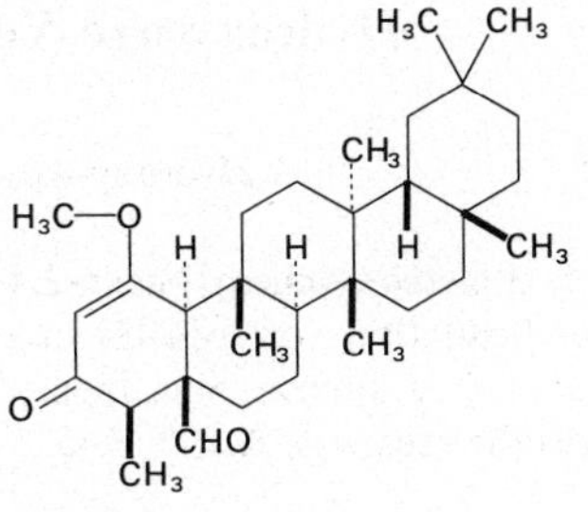 XVI

1-Methoxy-3-oxo-friedel-1-en-24-al $C_{31}H_{48}O_3$, Formel XVI.

B. s. im vorangehenden Artikel.

Kristalle (aus $CHCl_3$+Me.); F: 315–317° [unkorr.; nach Umwandlung in eine andere Kristallform bei 280°] (*Heymann et al.*, Am. Soc. **76** [1954] 3689, 3691). $[\alpha]_D$: +5,0° [$CHCl_3$; c = 0,8] (*Tewari et al.*, J.C.S. Perkin I **1974** 146, 151). IR-Banden ($CHCl_3$; 5,5–12 µ): *He. et al.*; *Te. et al.* λ_{max} (A. bzw. Me.): 253 nm (*He. et al.*; *Te. et al.*).

Massenspektrum: *Te. et al.*

3β,15ξ-Dihydroxy-13α,27-cyclo-olean-9(11)-en-12-on $C_{30}H_{46}O_3$, Formel XVII.

Diese Konstitution und Konfiguration kommt vermutlich der nachstehend beschriebenen Verbindung zu (vgl. *Beaton et al.*, Soc. **1955** 3992, 3995).

B. Aus dem Monoacetyl-Derivat (s. u.) oder aus 3β-Acetoxy-15ξ-chlor-13α,27-cyclo-olean-9(11)-en-12-on mit Hilfe von wss.-äthanol. KOH (*Johnston, Spring*, Soc. **1954** 1556, 1558, 1562, 1563).

Kristalle (aus wss. Me.); F: 290–291°; $[\alpha]_D^{15}$: +167° [$CHCl_3$; c = 1]; λ_{max} (A.): 236 nm (*Jo., Sp.*).

Monoacetyl-Derivat $C_{32}H_{48}O_4$; 3β-Acetoxy-15ξ-hydroxy-13α,27-cyclo-olean-9(11)-en-12-on. *B.* Beim Erwärmen von 3β-Acetoxy-taraxera-9(11),14-dien-12-on (S. 1240) mit H_2O_2 in Essigsäure (*Jo., Sp.*). – Kristalle (aus Me.); F: 318–319°; $[\alpha]_D^{15}$: +155° [$CHCl_3$; c = 1,3] (*Jo., Sp.*).

Diacetyl-Derivat $C_{34}H_{50}O_5$; 3β,15ξ-Diacetoxy-13α,27-cyclo-olean-9(11)-en-12-on. Kristalle (aus wss. Me.); F: 194–194,5°; $[\alpha]_D^{15}$: +141° [$CHCl_3$; c = 0,6] (*Jo., Sp.*).

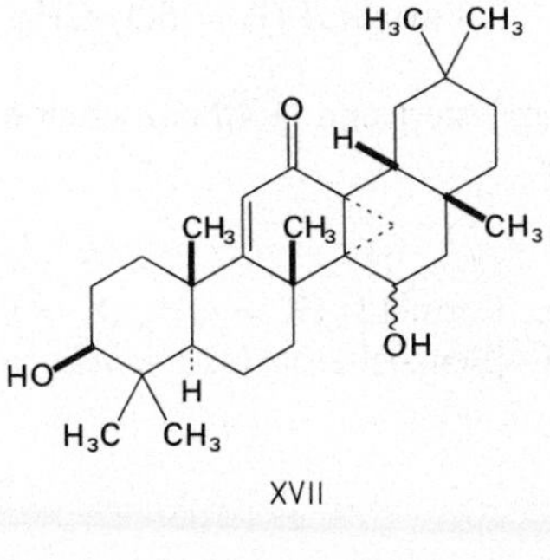

XVII 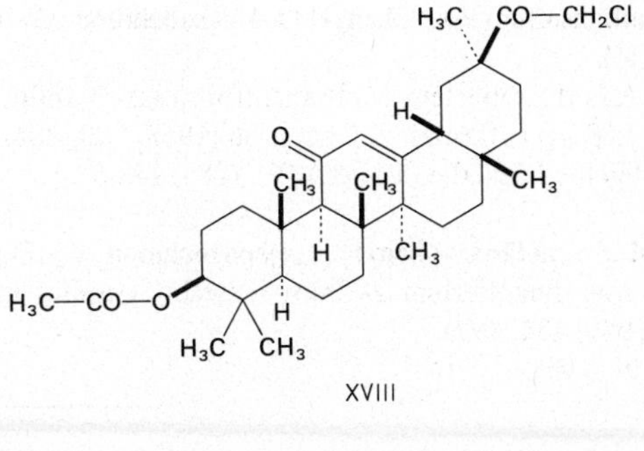 XVIII

Hydroxy-oxo-Verbindungen $C_{31}H_{48}O_3$

3β-Acetoxy-30-chlormethyl-olean-12-en-11,30-dion $C_{33}H_{49}ClO_4$, Formel XVIII.

B. Aus 3β-Acetoxy-11-oxo-olean-12-en-30-oylchlorid mit Hilfe von Diazomethan und äther. HCl (*Logemann et al.*, B. **90** [1957] 601, 603).

Kristalle (aus A.); F: 264°. [*Maleck*]

Hydroxy-oxo-Verbindungen $C_nH_{2n-16}O_3$

Hydroxy-oxo-Verbindungen $C_{12}H_8O_3$

1-[4-Hydroxy-3-methoxy-phenyl]-hexa-2,4-diin-1-on $C_{13}H_{10}O_3$, Formel I.

B. Bei der Oxidation von 1-[4-Hydroxy-3-methoxy-phenyl]-hexa-2,4-diin-1-ol mit MnO_2 in Aceton (*Iwai et al.*, J. pharm. Soc. Japan **78** [1958] 505, 506, 508; C. A. **1958** 17200).

Gelbe Kristalle (aus wss. A.); F: 145°.

[2-Hydroxy-phenyl]-[1,4]benzochinon $C_{12}H_8O_3$, Formel II (R = X = H) und cyclisches Taut. (E III 2635).

B. Beim Behandeln von Biphenyl-2,2′-diol mit $NO(SO_3K)_2$ in H_2O (*Teuber, Rau*, B. **86** [1953] 1036, 1044), von 2-[2-Hydroxy-phenyl]-hydrochinon oder Dibenzofuran-2-ol mit $NaIO_4$ und wss. Essigsäure (*Adler, Magnusson*, Acta chem. scand. **13** [1959] 505, 518).

Rote Kristalle; F: 198–202° [korr.; Zers.; aus Eg.] (*Musso, v. Grunelius*, B. **92** [1959] 3101, 3109), 196° [aus E.] (*Ad., Ma.*). Bei 130° im Hochvakuum sublimierbar (*Mu., v. Gr.*). OH-Valenzschwingungsbande (KBr und CCl_4): *Mu., v. Gr.*, l. c. S. 3104, 3105. Absorptionsspektrum (A.; 210–530 nm): *Ad., Ma.*, l. c. S. 512.

Acetyl-Derivat $C_{14}H_{10}O_4$; [2-Acetoxy-phenyl]-[1,4]benzochinon. Hellgelbe Kristalle (aus Bzl. + Cyclohexan); F: 58° (*Mu., v. Gr.*).

[2-Methoxy-phenyl]-[1,4]benzochinon $C_{13}H_{10}O_3$, Formel II (R = CH_3, X = H).

B. Aus [1,4]Benzochinon und 2-Methoxy-benzoldiazonium-chlorid (*Brassard, L'Écuyer*, Canad. J. Chem. **36** [1958] 700, 706).

Dimorph; rote bzw. orangegelbe Kristalle (aus Acn. + wss. Me.); F: 64–65° bzw. F: 58–59°.

HO— —CO—C≡C—C≡C—CH₃
H₃C—O
I

O R—O
O X
II

O O—R
O
III

[2-Methansulfonyloxy-phenyl]-[1,4]benzochinon $C_{13}H_{10}O_5S$, Formel II (R = SO_2-CH_3, X = H).

B. Aus diazotiertem Methansulfonsäure-[2-amino-phenylester] und [1,4]Benzochinon (*Brassard, L'Écuyer*, Canad. J. Chem. **36** [1958] 700, 704, 706).

Hellgelbe Kristalle (aus A.); F: 148–148,5°.

[2-Chlor-6-methoxy-phenyl]-[1,4]benzochinon $C_{13}H_9ClO_3$, Formel II (R = CH_3, X = Cl).

B. Aus diazotiertem 2-Chlor-6-methoxy-anilin und [1,4]Benzochinon (*Schimmelschmidt*, A. **566** [1950] 184, 197).

F: 98–99°.

[3-Hydroxy-phenyl]-[1,4]benzochinon $C_{12}H_8O_3$, Formel III (R = H).

B. Beim Behandeln von Biphenyl-3,3′-diol mit $NO(SO_3K)_2$ und NaH_2PO_4 in wss. Methanol (*Musso, v. Grunelius,* B. **92** [1959] 3101, 3109).

Orangebraune Kristalle (aus Eg.); Zers. bei 207–215°.

Acetyl-Derivat $C_{14}H_{10}O_4$; [3-Acetoxy-phenyl]-[1,4]benzochinon. Orangebraune Kristalle (aus Bzl. + Cyclohexan); F: 103° [korr.].

[3-Methoxy-phenyl]-[1,4]benzochinon $C_{13}H_{10}O_3$, Formel III (R = CH_3).

B. Aus diazotiertem *m*-Anisidin und [1,4]Benzochinon (*Divekar et al.,* Canad. J. Chem. **37** [1959] 1970, 1975).

Gelbe Kristalle (aus Acn.); F: 115–115,5°. IR-Banden (KBr; 1650–650 cm^{-1}): *Di. et al.* λ_{max} (Ae.): 273 nm und 362 nm.

[4-Hydroxy-phenyl]-[1,4]benzochinon $C_{12}H_8O_3$, Formel IV (R = X = H).

B. Aus diazotiertem 4-Amino-phenol und [1,4]Benzochinon (*Brassard, L'Écuyer,* Canad. J. Chem. **36** [1958] 700, 704, 705).

Rote Kristalle (aus wss. A.); F: 176–178°.

[4-Methoxy-2-nitro-phenyl]-[1,4]benzochinon $C_{13}H_9NO_5$, Formel IV (R = CH_3, X = NO_2).

B. Aus diazotiertem 4-Methoxy-2-nitro-anilin und [1,4]Benzochinon (*Stetter, Schwarz,* A. **617** [1958] 54, 58).

Kristalle (aus A.); F: 134°.

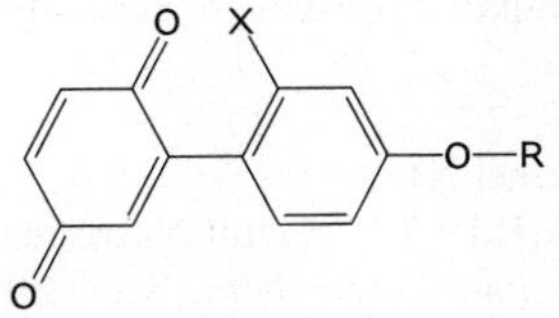

IV 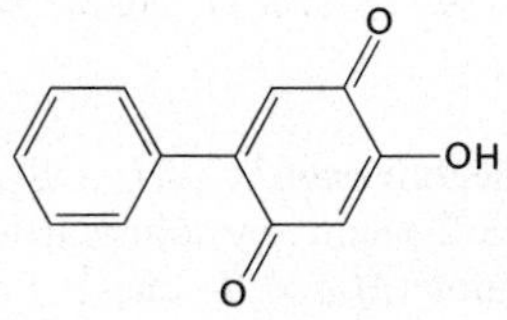 V 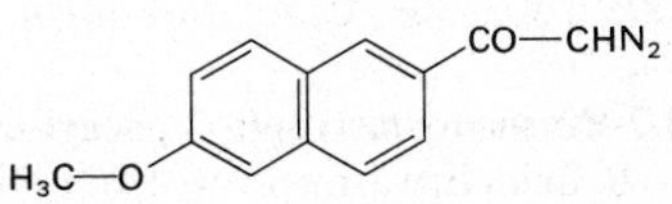 VI

2-Hydroxy-5-phenyl-[1,4]benzochinon $C_{12}H_8O_3$, Formel V und Taut. (E III 2636).

Absorptionsspektrum (CCl_4; 250–540 nm): *Flaig et al.,* Z. Naturf. **10b** [1955] 668, 673.

2-Diazo-1-[6-methoxy-[2]naphthyl]-äthanon $C_{13}H_{10}N_2O_2$, Formel VI.

B. Aus 6-Methoxy-[2]naphthoylchlorid und Diazomethan in Äther (*Horeau, Emiliozzi,* Bl. **1957** 381, 385).

Kristalle (aus Bzl.); F: 142–143°.

Hydroxy-oxo-Verbindungen $C_{13}H_{10}O_3$

2,5-Dihydroxy-3-phenyl-cycloheptatrienon $C_{13}H_{10}O_3$, Formel VII (X = OH, X′ = H) und Taut.; **5-Hydroxy-3-phenyl-tropolon.**

B. Beim Behandeln von 3-Phenyl-tropolon mit $K_2S_2O_8$, wss. KOH und Pyridin (*Nozoe et al.,* Sci. Rep. Tohoku Univ. [I] **38** [1954] 141, 155). Beim Behandeln von diazotiertem 5-Amino-3-phenyl-tropolon mit H_2O (*No. et al.*).

Gelbe Kristalle (aus A.); F: 197° [unkorr.; Zers.]. Bei 150°/4 Torr sublimierbar.

4-Hydroxy-7-methylmercapto-2-phenyl-cycloheptatrienon $C_{14}H_{12}O_2S$, Formel VIII und Taut.

B. s. im folgenden Artikel.

Gelbe Kristalle (aus A.); F: 210° [Zers.] (*Muroi,* J. chem. Soc. Japan Pure Chem. Sect. **80** [1959] 303, 306; C. A. **1961** 4416).

5-Methylmercapto-3-phenyl-tropolon $C_{14}H_{12}O_2S$, Formel IX (R = H) und Taut.

B. Neben geringen Mengen 4-Hydroxy-7-methylmercapto-2-phenyl-cycloheptatrienon beim

Erhitzen von 4,7-Bis-methylmercapto-2-phenyl-cycloheptatrienon mit wss.-äthanol. NaOH (*Muroi,* J. chem. Soc. Japan Pure Chem. Sect. **80** [1959] 303, 306; C. A. **1961** 4416). Aus 7-Amino-4-methylmercapto-2-phenyl-cycloheptatrienon mit Hilfe von äthanol. NaOH (*Mu.*).

Gelbe Kristalle (aus A.); F: 96–97°. Absorptionsspektrum (Me.; 220–450 nm): *Mu.,* l. c. S. 304.

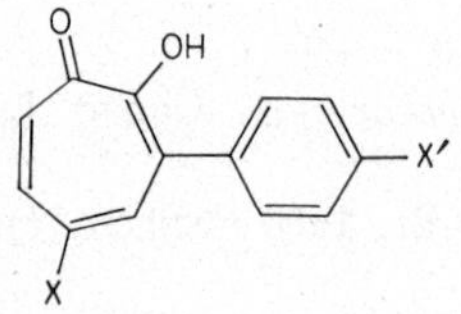

VII 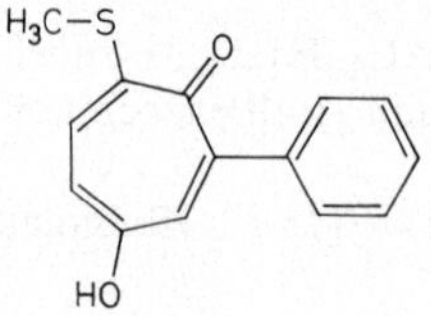 VIII 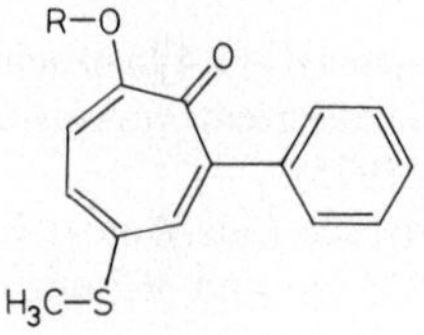 IX

7-Methoxy-4-methylmercapto-2-phenyl-cycloheptatrienon $C_{15}H_{14}O_2S$, Formel IX (R = CH_3).

B. Neben geringeren Mengen 2-Methoxy-5-methylmercapto-3-phenyl-cycloheptatrienon beim Behandeln von 5-Methylmercapto-3-phenyl-tropolon mit Diazomethan in Äther (*Muroi,* J. chem. Soc. Japan Pure Chem. Sect. **80** [1959] 303, 306; C. A. **1961** 4416).

Gelbe Kristalle (aus Me.); F: 107–108°.

2-Methoxy-5-methylmercapto-3-phenyl-cycloheptatrienon $C_{15}H_{14}O_2S$, Formel X.

B. s. im vorangehenden Artikel.

Gelbe Kristalle (aus PAe.); F: 58–59° (*Muroi,* J. chem. Soc. Japan Pure Chem. Sect. **80** [1959] 303, 306; C. A. **1961** 4416).

4,7-Bis-methylmercapto-2-phenyl-cycloheptatrienon $C_{15}H_{14}OS_2$, Formel XI.

B. Beim Erwärmen von 4,7(?)-Dibrom-2-phenyl-cycloheptatrienon (E IV **7** 1356) mit Natrium-methanthiolat in Methanol und Äthanol (*Muroi,* J. chem. Soc. Japan Pure Chem. Sect. **80** [1959] 303, 305; C. A. **1961** 4416).

Gelbe Kristalle (aus A.); F: 127–128°. Absorptionsspektrum (Me.; 220–460 nm): *Mu.,* l. c. S. 304.

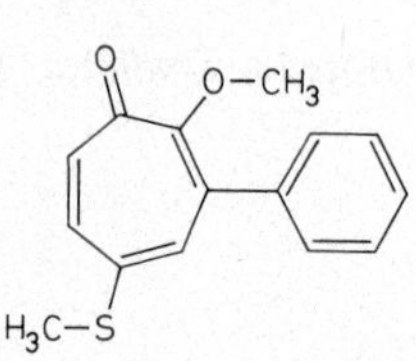

X 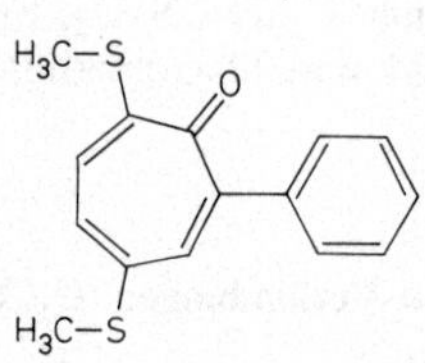 XI 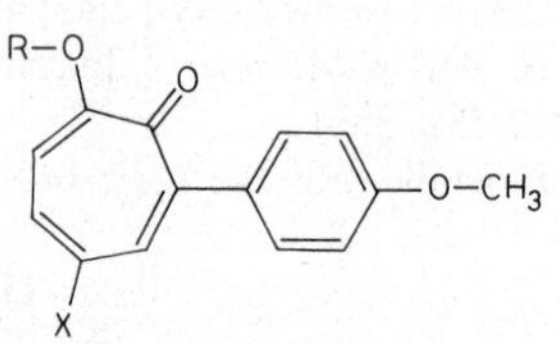 XII

3-[4-Methoxy-phenyl]-tropolon $C_{14}H_{12}O_3$, Formel VII (X = H, X′ = O-CH_3) und Taut.

B. Aus 2-Amino-7-[4-methoxy-phenyl]-cycloheptatrienon mit Hilfe von wss.-äthanol. NaOH oder KOH (*Nozoe et al.,* Sci. Rep. Tohoku Univ. [I] **38** [1954] 130, 138).

Gelbe Kristalle (aus A. oder Ae.); F: 98–98,5°. Absorptionsspektrum (Me.; 220–430 nm): *No. et al.,* l. c. S. 134.

Kupfer(II)-Salz. Hellgrüne Kristalle (aus Py.); F: 298° [unkorr.; Zers.].

Eisen(III)-Salz. Dunkelrote Kristalle (aus $CHCl_3$); F: ca. 170°.

2-Methoxy-7-[4-methoxy-phenyl]-cycloheptatrienon $C_{15}H_{14}O_3$, Formel XII (R = CH_3, X = H).

B. Aus 3-[4-Methoxy-phenyl]-tropolon und Diazomethan in Äther (*Nozoe et al.,* Sci. Rep. Tohoku Univ. [I] **38** [1954] 130, 139).

Kristalle (aus Bzl.); F: 111–112,5° [unkorr.] (*No. et al.*). Absorptionsspektrum (Me.; 220–400 nm): *No. et al.*, l. c. S. 135.

Beim Erwärmen mit Thioharnstoff und Natriumäthylat in Äthanol ist 4-[4-Methoxy-phenyl]-1*H*-cycloheptimidazol-2-thion erhalten worden (*Kikuchi, Muroi,* J. chem. Soc. Japan Pure Chem. Sect. **77** [1956] 1081, 1084; C. A. **1959** 5250).

3-[4-Methoxy-phenyl]-5-nitroso-tropolon $C_{14}H_{11}NO_4$, Formel VII (X = NO, X′ = O-CH_3) und Taut.

B. Aus 3-[4-Methoxy-phenyl]-tropolon und $NaNO_2$ in wss. Essigsäure (*Nozoe et al.,* Sci. Rep. Tohoku Univ. [I] **38** [1954] 130, 140).

Orangefarbene Kristalle (aus Me.); F: 162–163° [unkorr.; Zers.].

2-Mercapto-7-[4-methoxy-phenyl]-cycloheptatrienon $C_{14}H_{12}O_2S$, Formel XIII (R = H) und Taut.

B. Neben Bis-[3-(4-methoxy-phenyl)-2-oxo-cycloheptatrienyl]-disulfid beim Erwärmen von 2-Chlor-7-[4-methoxy-phenyl]-cycloheptatrienon mit NaHS und H_2S in Äthanol (*Muroi,* J. chem. Soc. Japan Pure Chem. Sect. **80** [1959] 185, 187; C. A. **1961** 5378).

Orangerote Kristalle (aus PAe.); F: 91–92°. Absorptionsspektrum (Me.; 220–450 nm): *Mu.*

2-[4-Methoxy-phenyl]-7-methylmercapto-cycloheptatrienon $C_{15}H_{14}O_2S$, Formel XIII (R = CH_3).

B. Aus der vorangehenden Verbindung und Diazomethan in Äther (*Muroi,* J. chem. Soc. Japan Pure Chem. Sect. **80** [1959] 185, 188; C. A. **1961** 5378). Aus 2-Chlor-7-[4-methoxy-phenyl]-cycloheptatrienon und Natrium-methanthiolat in Äthanol (*Mu.*).

Gelbe Kristalle; F: 88–89°. Absorptionsspektrum (Me.; 220–430 nm): *Mu.*, l. c. S. 186.

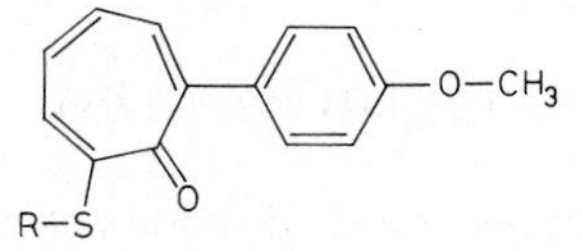

XIII 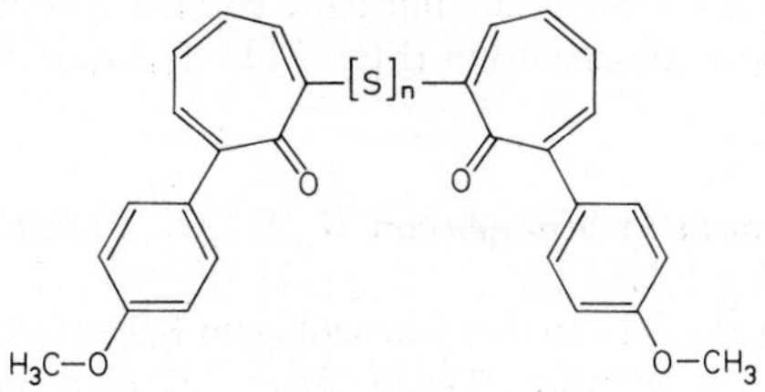 XIV

Bis-[3-(4-methoxy-phenyl)-2-oxo-cycloheptatrienyl]-sulfid, 7,7′-Bis-[4-methoxy-phenyl]-2,2′-sulfandiyl-bis-cycloheptatrienon $C_{28}H_{22}O_4S$, Formel XIV (n = 1).

B. Beim Erwärmen von 2-Methoxy-7-[4-methoxy-phenyl]-cycloheptatrienon mit H_2S und äthanol. NaOH (*Muroi,* J. chem. Soc. Japan Pure Chem. Sect. **80** [1959] 185, 187; C. A. **1961** 5378).

Gelbe Kristalle (aus Bzl.+PAe.); F: 110–111°. Absorptionsspektrum (Me.; 220–410 nm): *Mu.*, l. c. S. 186.

Bis-[3-(4-methoxy-phenyl)-2-oxo-cycloheptatrienyl]-disulfid, 7,7′-Bis-[4-methoxy-phenyl]-2,2′-disulfandiyl-bis-cycloheptatrienon $C_{28}H_{22}O_4S_2$, Formel XIV (n = 2).

B. Neben 2-Mercapto-7-[4-methoxy-phenyl]-cycloheptatrienon beim Erwärmen von 2-Chlor-7-[4-methoxy-phenyl]-cycloheptatrienon mit NaHS und H_2S in Äthanol (*Muroi,* J. chem. Soc. Japan Pure Chem. Sect. **80** [1959] 185, 187; C. A. **1961** 5378).

Gelbe Kristalle (aus Py.); F: 248–250°. Absorptionsspektrum (Me.; 220–430 nm): *Mu.*, l. c. S. 186.

2-Hydroxy-3-methoxy-benzophenon $C_{14}H_{12}O_3$, Formel I.

B. Beim Behandeln von 2-Hydroxy-3-methoxy-benzonitril mit Phenylmagnesiumbromid in

Äther und Erwärmen des Reaktionsprodukts mit wss. HCl (*Borsche, Hahn-Weinheimer*, A. **570** [1950] 155, 163).

Gelbe Kristalle; F: 59°.

Oxim $C_{14}H_{13}NO_3$. Hellgelber Feststoff (aus wss. Me.); F: 221°.

2,4-Dinitro-phenylhydrazon (F: 226°): *Bo., Hahn-We.*

2,4-Dihydroxy-benzophenon $C_{13}H_{10}O_3$, Formel II (R = R′ = H) (H 312; E I 639; E II 352; E III 2640).

B. Beim Erhitzen von Resorcin mit Benzoesäure und BF_3 auf 160° (*Oelschläger*, Ar. **288** [1955] 102, 107, 108).

UV-Spektrum (Me.; 200–400 nm bzw. 240–400 nm): *Knowles, Buc,* Pr. mid-year Meeting chem. Spec. Manuf. Assoc. 1953 S. 156, 157; *VanAllan, Tinker,* J. org. Chem. **19** [1954] 1243, 1247. λ_{max} (wss. NH_3): 610 nm; des Zink-Salzes (wss. NH_3): 610 nm (*Stewart, Bartlet,* Anal. Chem. **30** [1958] 404, 405).

2,4-Dinitro-phenylhydrazon (F: 297°): *Phadke, Shah,* J. Indian chem. Soc. **27** [1950] 349, 351.

4-Hydroxy-2-methoxy-benzophenon $C_{14}H_{12}O_3$, Formel II (R = CH_3, R′ = H).

B. Aus 3-[4-Benzoyl-3-methoxy-phenoxy]-propionsäure oder 3-[4-Benzoyl-3-methoxy-phenoxy]-propionitril mit Hilfe von wss. NaOH (*Simpson et al.*, Soc. **1951** 2239, 2242).

Kristalle (aus A.); F: 124°.

2-Hydroxy-4-methoxy-benzophenon $C_{14}H_{12}O_3$, Formel II (R = H, R′ = CH_3) (H 312; E I 639; E III 2640).

B. Aus 1,3-Dimethoxy-benzol und Benzoylchlorid unter Zusatz von $AlCl_3$ und $ZnCl_2$ (*Gen. Aniline & Film Corp.*, U.S.P. 2861104 [1956]; vgl. E III 2640). Aus 3-[2-Benzoyl-5-methoxy-phenoxy]-propionsäure mit Hilfe von wss. NaOH (*Simpson et al.*, Soc. **1951** 2239, 2242).

Absorptionsspektrum (Me.; 230–420 nm): *VanAllan, Tinker,* J. org. Chem. **19** [1954] 1243, 1249.

2,4-Dimethoxy-benzophenon $C_{15}H_{14}O_3$, Formel II (R = R′ = CH_3) (H 312; E I 639; E II 353; E III 2641).

B. Aus 1,3-Dimethoxy-benzol beim Behandeln mit *N*-Phenyl-benzimidoylchlorid unter Zusatz von $AlCl_3$ in Äther (*Phadke, Shah,* J. Indian chem. Soc. **27** [1950] 349, 352) oder mit Benzoylchlorid unter Zusatz von $TiCl_4$ in CS_2 (*Davies et al.*, Soc. **1957** 3158, 3159; vgl. H 312) oder beim Erwärmen mit Benzoesäure und Polyphosphorsäure (*Nakazawa,* J. pharm. Soc. Japan **74** [1954] 836; C. A. **1955** 9556).

Dipolmoment (ε; Bzl.) bei 25°: 4,16 D (*Cleverdon, Smith,* Soc. **1951** 2321). UV-Spektrum (Me.; 210–400 nm): *VanAllan, Tinker,* J. org. Chem. **19** [1954] 1243, 1249.

4-Dodecyloxy-2-hydroxy-benzophenon $C_{25}H_{34}O_3$, Formel II (R = H, R′ = $[CH_2]_{11}$-CH_3).

B. Aus 2,4-Dihydroxy-benzophenon und Dodecylbromid mit Hilfe von K_2CO_3 in Aceton (*Eastman Kodak Co.*, U.S.P. 2861053 [1957]).

Hellgelbe Kristalle (aus A.); F: 43–44°.

2-Hydroxy-4-tetradecyloxy-benzophenon $C_{27}H_{38}O_3$, Formel II (R = H, R′ = $[CH_2]_{13}$-CH_3).

B. Analog der vorangehenden Verbindung (*Eastman Kodak Co.*, U.S.P. 2861053 [1957]).

Hellgelbe Kristalle; F: 38–39°.

4-Benzyloxy-2-hydroxy-benzophenon $C_{20}H_{16}O_3$, Formel II (R = H, R′ = CH_2-C_6H_5).

B. Analog den vorangehenden Verbindungen (*Mullaji, Shah,* Pr. Indian Acad. [A] **34** [1951] 88, 95).

Orangefarbene Kristalle (aus A.); F: 120–121°.

2,4-Bis-benzyloxy-benzophenon $C_{27}H_{22}O_3$, Formel II (R = R′ = CH_2-C_6H_5).

B. Analog den vorangehenden Verbindungen (*Mullaji, Shah,* Pr. Indian Acad. [A] **34** [1951] 88, 95).

Kristalle (aus A.); F: 116–117°.

3-[4-Benzoyl-3-hydroxy-phenoxy]-propionsäure $C_{16}H_{14}O_5$, Formel II (R = H, R′ = CH_2-CH_2-CO-OH).

B. Beim Erhitzen von 3-[4-Benzoyl-3-hydroxy-phenoxy]-propionitril mit wss. HCl (*Simpson et al.,* Soc. **1951** 2239, 2242). Beim Behandeln von 3-[3-Methoxy-phenoxy]-propionsäure-äthylester mit Benzoylchlorid und $AlCl_3$ in Nitrobenzol (*Si. et al.*).

Kristalle (aus A.); F: 173–175° [nach Sintern bei 165°].

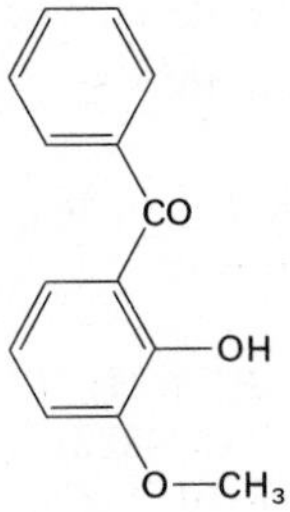

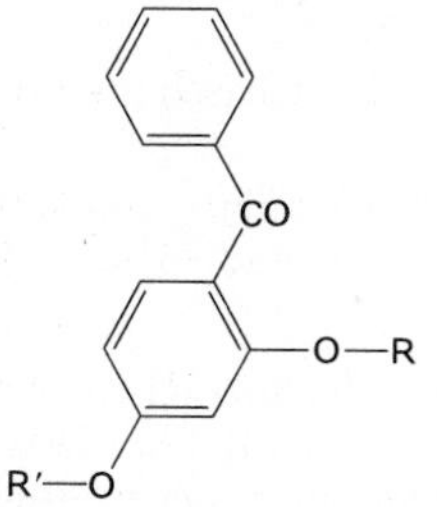

3-[4-Benzoyl-3-hydroxy-phenoxy]-propionitril $C_{16}H_{13}NO_3$, Formel II (R = H, R′ = CH_2-CH_2-CN).

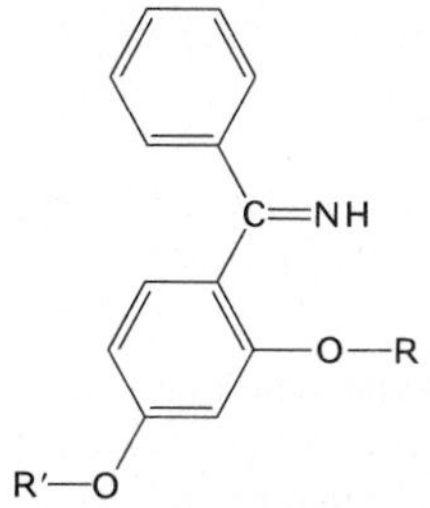

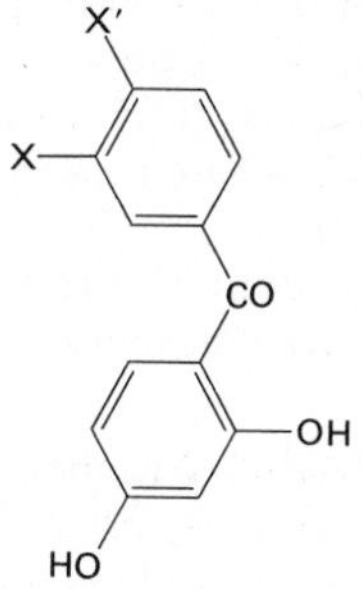

B. Beim Behandeln von 3-[3-Methoxy-phenoxy]-propionitril mit Benzoylchlorid und $AlCl_3$ in Nitrobenzol (*Simpson et al.,* Soc. **1951** 2239, 2241).

Kristalle (aus A.); F: 110°.

3-[2-Benzoyl-5-methoxy-phenoxy]-propionsäure $C_{17}H_{16}O_5$, Formel II (R = CH_2-CH_2-CO-OH, R′ = CH_3).

B. Beim Behandeln von 3-[3-Methoxy-phenoxy]-propionitril oder 3-[3-Methoxy-phenoxy]-propionsäure-äthylester mit Benzoylchlorid und $AlCl_3$ in Nitrobenzol und Erhitzen des Reaktionsprodukts mit wss. HCl (*Simpson et al.,* Soc. **1951** 2239, 2241).

Kristalle (aus A.); F: 138,5–140°.

3-[4-Benzoyl-3-methoxy-phenoxy]-propionsäure $C_{17}H_{16}O_5$, Formel II (R = CH_3, R′ = CH_2-CH_2-CO-OH).

B. Aus 3-[4-Benzoyl-3-methoxy-phenoxy]-propionitril mit Hilfe von wss. HCl (*Simpson et al.,* Soc. **1951** 2239, 2242).

Kristalle (aus wss. Me.); F: 83–84°.

3-[4-Benzoyl-3-methoxy-phenoxy]-propionitril $C_{17}H_{15}NO_3$, Formel II (R = CH_3, R′ = CH_2-CH_2-CN).

B. Aus 3-[4-Benzoyl-3-hydroxy-phenoxy]-propionitril und CH_3I mit Hilfe von K_2CO_3 in Aceton (*Simpson et al.,* Soc. **1951** 2239, 2242).

Kristalle (aus A.); F: 91°.

2,4-Bis-[2-carboxy-äthoxy]-benzophenon, 3,3′-[4-Benzoyl-*m*-phenylendioxy]-di-propionsäure $C_{19}H_{18}O_7$, Formel II (R = R′ = CH_2-CH_2-CO-OH).

B. Aus der folgenden Verbindung mit Hilfe von wss. HCl (*Simpson et al.,* Soc. **1951** 2239, 2243).

Kristalle (aus H_2O oder A.); F: 159° [nach Sintern bei 151°].

2,4-Bis-[2-methoxycarbonyl-äthoxy]-benzophenon, 3,3′-[4-Benzoyl-*m*-phenylendioxy]-di-propionsäure-dimethylester $C_{21}H_{22}O_7$, Formel II (R = R′ = CH_2-CH_2-CO-O-CH_3).

B. Beim Behandeln von 3,3′-*m*-Phenylendioxy-di-propionsäure-dimethylester mit Benzoylchlorid und $AlCl_3$ in Nitrobenzol (*Simpson et al.*, Soc. **1951** 2239, 2243).

Kristalle (aus A.); F: 83–85°.

2,4-Bis-[2-cyan-äthoxy]-benzophenon, 3,3′-[4-Benzoyl-*m*-phenylendioxy]-di-propionitril $C_{19}H_{16}N_2O_3$, Formel II (R = R′ = CH_2-CH_2-CN).

B. Analog der vorangehenden Verbindung (*Simpson et al.*, Soc. **1951** 2239, 2243).

Kristalle (aus A.); F: 83–85°.

2,4-Dihydroxy-benzophenon-imin $C_{13}H_{11}NO_2$, Formel III (R = R′ = H).

B. Beim Leiten von HCl in ein Gemisch von Resorcin und Benzonitril in Äther unter Zusatz von $ZnCl_2$ (*Culbertson*, Am. Soc. **73** [1951] 4818, 4822).

Scheinbare Dissoziationskonstante K_b' (H_2O; potentiometrisch ermittelt): $1{,}0 \cdot 10^{-9}$ (*Cu.*, l. c. S. 4819).

Hydrochlorid $C_{13}H_{11}NO_2 \cdot HCl$. UV-Spektrum (A.; 280–400 nm): *Cu.*, l. c. S. 4821. – Geschwindigkeitskonstante der Hydrolyse in H_2O bei 25° und 35°: *Cu.*, l. c. S. 4819.

4-Hydroxy-2-methoxy-benzophenon-imin $C_{14}H_{13}NO_2$, Formel III (R = CH_3, R′ = H).

B. Analog der vorangehenden Verbindung (*Culbertson*, Am. Soc. **73** [1951] 4818, 4822).

Scheinbare Dissoziationskonstante K_b' (H_2O; potentiometrisch ermittelt): $9{,}8 \cdot 10^{-9}$ (*Cu.*, l. c. S. 4819).

Hydrochlorid $C_{14}H_{13}NO_2 \cdot HCl$. Geschwindigkeitskonstante der Hydrolyse in H_2O bei 25°: *Cu.*

2,4-Dimethoxy-benzophenon-imin $C_{15}H_{15}NO_2$, Formel III (R = R′ = CH_3).

B. Analog den vorangehenden Verbindungen (*Culbertson*, Am. Soc. **73** [1951] 4818, 4822).

Scheinbare Dissoziationskonstante K_b' (H_2O; potentiometrisch ermittelt): $2 \cdot 10^{-6}$ (*Cu.*, l. c. S. 4819).

Hydrochlorid $C_{15}H_{15}NO_2 \cdot HCl$. UV-Spektrum (A.; 280–380 nm): *Cu.*, l. c. S. 4821. – Geschwindigkeitskonstante der Hydrolyse in H_2O bei 25°: *Cu.*, l. c. S. 4819, 4823.

4′-Chlor-2,4-dihydroxy-benzophenon $C_{13}H_9ClO_3$, Formel IV (X = H, X′ = Cl) (E II 353).

B. Aus Resorcin und 4-Chlor-benzoesäure mit Hilfe von BF_3 (*Eastman Kodak Co.*, U.S.P. 2763657 [1952]).

F: 165° (*Eastman Kodak Co.*). UV-Spektrum (Me.; 220–400 nm): *VanAllan, Tinker*, J. org. Chem. **19** [1954] 1243, 1248.

3′,4′-Dichlor-2,4-dihydroxy-benzophenon $C_{13}H_8Cl_2O_3$, Formel IV (X = X′ = Cl).

B. Aus Resorcin und 3,4-Dichlor-benzoesäure mit Hilfe von BF_3 (*VanAllan, Tinker*, J. org. Chem. **19** [1954] 1243, 1244, 1250).

F: 188°. UV-Spektrum (Dioxan; 220–400 nm): *Va., Ti.*, l. c. S. 1248.

5-Brom-2,4-dihydroxy-benzophenon $C_{13}H_9BrO_3$, Formel V (X = H, X′ = Br).

B. Aus 2,4-Dihydroxy-benzophenon und Brom in Essigsäure (*Dalvi, Jadhav*, J. Indian chem. Soc. **33** [1956] 807, 809; J. Univ. Bombay **25**, Tl. 3 A [1956] 19, 21).

Kristalle (aus wss. A.); F: 148–149°.

3,5-Dibrom-2,4-dihydroxy-benzophenon $C_{13}H_8Br_2O_3$, Formel V (X = X′ = Br).

B. Aus 2,4-Dihydroxy-benzophenon und Brom in Essigsäure (*Dalvi, Jadhav*, J. Univ. Bombay **25**, Tl. 3 A [1956] 19, 21; J. Indian chem. Soc. **33** [1956] 807, 810; *Seshadri et al.*, J. scient. ind. Res. India **11** B [1952] 56, 60).

Kristalle; F: 151–152° [aus A.] (*Se. et al.*), 150–151° [aus A. oder wss. A.] (*Da., Ja.*).

2,4-Dihydroxy-3-nitro-benzophenon $C_{13}H_9NO_5$, Formel V (X = NO_2, X′ = H).

B. Beim Behandeln von 2-Nitro-resorcin mit Benzoylchlorid und $AlCl_3$ in Nitrobenzol (*Amin et al.,* J. Indian chem. Soc. **36** [1959] 617, 621; *Dalvi, Jadhav,* J. Univ. Bombay **25**, Tl. 3A [1956] 19, 21). Beim Behandeln von 1,3-Bis-benzoyloxy-2-nitro-benzol mit $AlCl_3$ in Nitrobenzol bei 25° oder bei 100–110° (*Amin et al.*).

Gelbe Kristalle (aus A.); F: 145° (*Amin et al.*), 144–145° (*Da., Ja.*).

Oxim $C_{13}H_{10}N_2O_5$. Gelbe Kristalle; F: 170° (*Amin et al.*).

2,4-Dihydroxy-5-nitro-benzophenon $C_{13}H_9NO_5$, Formel V (X = H, X′ = NO_2).

B. Aus 2,4-Dihydroxy-benzophenon mit Hilfe von HNO_3 in Essigsäure (*Dalvi, Jadhav,* J. Univ. Bombay **25**, Tl. 3 A [1956] 19, 20; J. Indian chem. Soc. **33** [1956] 807, 811).

Hellgelbe Kristalle (aus A.); F: 144–145°.

2-Hydroxy-4-methoxy-4′-nitro-benzophenon $C_{14}H_{11}NO_5$, Formel VI (R = H).

B. Beim Erwärmen von 3-Methoxy-phenol mit 4-Nitro-benzoylchlorid und $AlCl_3$ in CS_2 (*Tadkod et al.,* J. Karnatak Univ. **3** [1958] 78).

Hellgelbe Kristalle (aus wss. Eg.); F: 149°.

2,4-Dinitro-phenylhydrazon (F: 203°): *Ta. et al.*

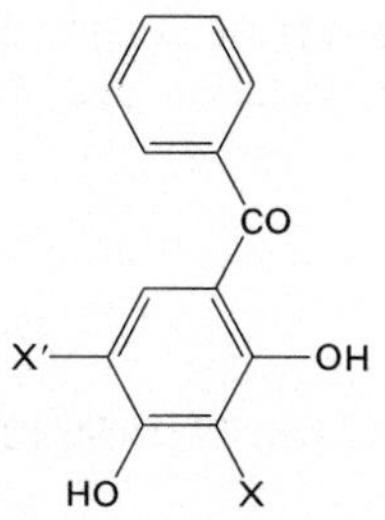

V 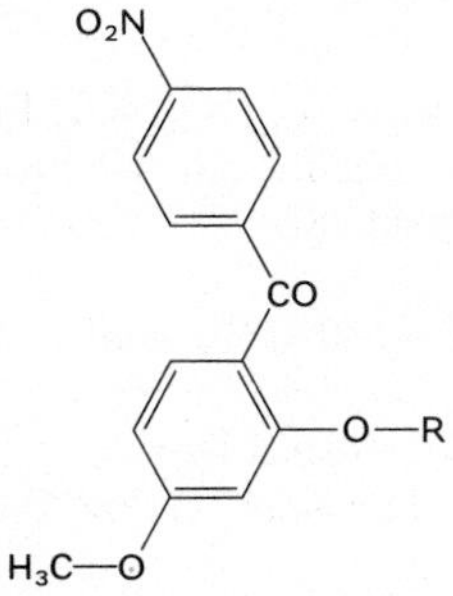 VI 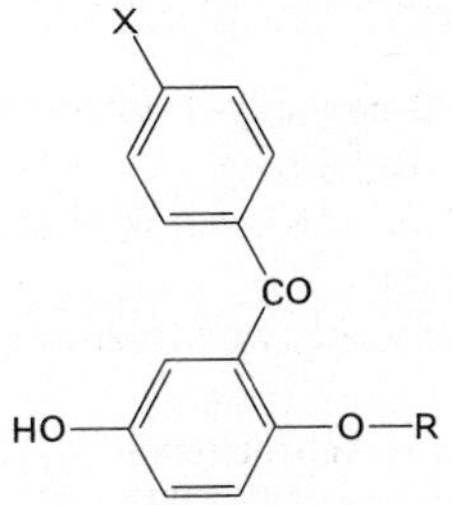 VII

2,4-Dimethoxy-4′-nitro-benzophenon $C_{15}H_{13}NO_5$, Formel VI (R = CH_3) (E II 353).

B. Analog der vorangehenden Verbindung (*Tadkod et al.,* J. Karnatak Univ. **3** [1958] 78).

Gelbe Kristalle (aus wss. A.); F: 121–122°.

2,4-Dinitro-phenylhydrazon (F: 109°): *Ta. et al.*

5-Brom-2,4-dihydroxy-3-nitro-benzophenon $C_{13}H_8BrNO_5$, Formel V (X = NO_2, X′ = Br).

B. Aus 2,4-Dihydroxy-3-nitro-benzophenon und Brom in Essigsäure (*Dalvi, Jadhav,* J. Univ. Bombay **25**, Tl. 3 A [1956] 19, 22).

Gelbe Kristalle (aus PAe.); F: 110–111°.

3-Brom-2,4-dihydroxy-5-nitro-benzophenon $C_{13}H_8BrNO_5$, Formel V (X = Br, X′ = NO_2).

B. Aus 2,4-Dihydroxy-5-nitro-benzophenon und Brom in Essigsäure (*Dalvi, Jadhav,* J. Univ. Bombay **25**, Tl. 3 A [1956] 19, 21; J. Indian chem. Soc. **33** [1956] 807, 810). Aus 5-Brom-2,4-dihydroxy-benzophenon mit Hilfe von HNO_3 in Essigsäure (*Da., Ja.,* J. Univ. Bombay **25**, Tl. 3 A 21).

Gelbe Kristalle (aus Eg.); F: 208–209°.

2,5-Dihydroxy-benzophenon $C_{13}H_{10}O_3$, Formel VII (R = X = H) (H 312; E II 353; E III 2643).

B. Beim Erhitzen von Hydrochinon mit Benzoesäure, $AlCl_3$ und NaCl auf 200° (*Bruce et al.,* Soc. **1953** 2403, 2404) oder mit BF_3 auf 160° (*Oelschläger,* Ar. **288** [1955] 102, 110).

Kristalle (aus Bzl.); F: 124° (*Oe.*).

2-[2,4-Dinitro-phenoxy]-5-methoxy-benzophenon $C_{20}H_{14}N_2O_7$, Formel VIII.

B. Aus 2-Hydroxy-5-methoxy-benzophenon beim Erwärmen mit 1-Chlor-2,4-dinitro-benzol und Natriumäthylat (*Brodrick et al.*, Soc. **1953** 1079, 1082).

Kristalle (aus A.); F: 126,5–128,5°.

CO O_2N H_3C—O— —O— —NO_2

VIII

4′-Brom-2,5-dihydroxy-benzophenon $C_{13}H_9BrO_3$, Formel VII (R = H, X = Br).

B. Beim Erhitzen von Hydrochinon mit 4-Brom-benzoesäure, $AlCl_3$ und NaCl auf 200° (*Bruce et al.*, Soc. **1953** 2403, 2405).

Hellgelbe Kristalle (aus Bzl. + PAe.); F: 153°.

2,4-Dinitro-phenylhydrazon (F: 314°): *Br. et al.*

5-Hydroxy-2-methoxy-4′-nitro-benzophenon $C_{14}H_{11}NO_5$, Formel VII (R = CH_3, X = NO_2).

B. Beim Erwärmen von 4-Methoxy-phenol mit 4-Nitro-benzoylchlorid und $AlCl_3$ in CS_2 (*Tadkod et al.*, J. Karnatak Univ. **3** [1958] 78).

Kristalle (aus A.); F: 117°.

2,4-Dinitro-phenylhydrazon (F: 179–180°): *Ta. et al.*

2,6-Dihydroxy-benzophenon $C_{13}H_{10}O_3$, Formel IX (X = H) (E III 2644).

UV-Spektrum (Me.; 220–320 nm): *VanAllan, Tinker*, J. org. Chem. **19** [1954] 1243, 1247.

3-Chlor-2,6-dihydroxy-benzophenon $C_{13}H_9ClO_3$, Formel IX (X = Cl).

B. Beim Erhitzen von 8-Benzoyl-6-chlor-7-hydroxy-4-methyl-cumarin mit wss. NaOH (*Setalvad, Shah*, J. Indian chem. Soc. **31** [1954] 600, 604).

Gelbe Kristalle (aus H_2O); F: 119–120°.

Diacetyl-Derivat $C_{17}H_{13}ClO_5$; 2,6-Diacetoxy-3-chlor-benzophenon. Kristalle (aus A.); F: 100°.

3-Brom-2,6-dihydroxy-benzophenon $C_{13}H_9BrO_3$, Formel IX (X = Br).

B. Analog der vorangehenden Verbindung (*Setalvad, Shah*, J. Indian chem. Soc. **31** [1954] 600, 603).

Gelbe Kristalle (aus H_2O); F: 122°.

2,6-Dihydroxy-3-nitro-benzophenon $C_{13}H_9NO_5$, Formel IX (X = NO_2).

B. Beim Erhitzen von 4-Nitro-resorcin mit Benzoesäure-anhydrid und $AlCl_3$ in Nitrobenzol (*Naik et al.*, Pr. Indian Acad. [A] **37** [1953] 765, 772). Aus 2,6-Dihydroxy-benzophenon mit Hilfe von HNO_3 (*Naik et al.*). Beim Erhitzen von 3-Benzoyloxy-4-nitro-phenol, 5-Benzoyloxy-2-nitro-phenol oder 1,3-Bis-benzoyloxy-4-nitro-benzol mit $AlCl_3$ auf 140° (*Amin et al.*, J. Indian chem. Soc. **36** [1959] 833, 836, 837).

Orangefarbene Kristalle (aus A.); F: 159–160° (*Amin et al.*), 158° (*Naik et al.*).

2,2′-Dihydroxy-benzophenon $C_{13}H_{10}O_3$, Formel X (R = X = X′ = H) (H 313; E II 354; E III 2644).

F: 62–63° [aus PAe.] (*Baddar et al.*, Soc. **1955** 1714, 1715). D^{172}: 0,985 (*Luzkiĭ*, Ž. fiz. Chim. **28** [1954] 204, 210; C. A. **1954** 7961). IR-Spektrum (CCl_4; 3500–2500 cm^{-1}): *Liddel*, Ann. N.Y. Acad. Sci. **69** [1957] 70, 82. UV-Spektrum (A.; 220–370 nm): *Birch, Donovan*,

Austral. J. Chem. **8** [1955] 523, 526.

Semicarbazon $C_{14}H_{13}N_3O_3$. F: 223–224° (*Akoshi, Oda,* Bl. Inst. chem. Res. Kyoto Univ. **32** [1954] 244, 246).

Phenylhydrazon (F: 150–151°): *Ak., Oda.*

2,4-Dinitro-phenylhydrazon (F: 274,4°): *Yasue, Kato,* Bl. Nagoya City Univ. pharm. School **4** [1956] 26, 29; C. A. **1957** 16364.

Diacetyl-Derivat $C_{17}H_{14}O_5$; 2,2′-Diacetoxy-benzophenon (H 314). λ_{max} (A.): 252 nm und 335 nm (*Bi., Do.,* l. c. S. 528).

2,2′-Dimethoxy-benzophenon $C_{15}H_{14}O_3$, Formel X (R = CH_3, X = X′ = H) (H 314; E II 354; E III 2644).

B. Aus 2-Methoxy-benzoylchlorid und 2-Methoxy-phenylnatrium in Pentan bei −30° (*Morton, Brachman,* Am. Soc. **76** [1954] 2973, 2978). Beim Einleiten von CO_2 in eine Lösung von 2-Methoxy-phenylmagnesium-bromid oder 2-Methoxy-phenylmagnesium-jodid in Äther (*Holmberg,* Acta chem. scand. **6** [1952] 421, 425, **10** [1956] 591). Beim Erwärmen von 1,1-Bis-[2-methoxy-phenyl]-äthan mit CrO_3 in Essigsäure auf 60° (*Yasue, Watanabe,* Bl. Nagoya City Univ. pharm. School **2** [1954] 55; C. A. **1956** 11992).

UV-Spektrum (A.; 230–350 nm): *Birch, Donovan,* Austral. J. Chem. **8** [1955] 523, 526.

2,4-Dinitro-phenylhydrazon (F: 183–183,5°): *Mo., Br.*

IX X XI

[2,2-Diäthoxy-äthyl]-[2,2′-dimethoxy-benzhydryliden]-amin, [2,2′-Dimethoxy-benzhydryliden-amino]-acetaldehyd-diäthylacetal $C_{21}H_{27}NO_4$, Formel XI.

B. Aus 2,2′-Dimethoxy-benzophenon-imin und Aminoacetaldehyd-diäthylacetal (*Quelet et al.,* Bl. **1956** 26, 27).

F: 78°. Kp_{18}: 235–242°.

5,5′-Dichlor-2,2′-dihydroxy-benzophenon $C_{13}H_8Cl_2O_3$, Formel X (R = X = H, X′ = Cl).

B. Beim Erwärmen von 5,5′-Dichlor-2,2′-dimethoxy-benzophenon mit $AlCl_3$ in Chlorbenzol (*Faith et al.,* Am. Soc. **77** [1955] 543, 546) oder von 2,2′-Diäthoxy-5,5′-dichlor-benzophenon mit $AlCl_3$ in CS_2 (*Moshfegh et al.,* Helv. **40** [1957] 1157, 1162).

Kristalle; F: 152–155° [über das Natrium-Salz gereinigt] (*Mo. et al.*), 151–152° [unkorr.; aus PAe.] (*Fa. et al.*).

Diacetyl-Derivat $C_{17}H_{12}Cl_2O_5$; 2,2′-Diacetoxy-5,5′-dichlor-benzophenon. Kristalle; F: 99–100° [aus A.] (*Fa. et al.*), 98° [aus PAe.] (*Mo. et al.*).

5,5′-Dichlor-2,2′-dimethoxy-benzophenon $C_{15}H_{12}Cl_2O_3$, Formel X (R = CH_3, X = H, X′ = Cl).

B. Bei der Oxidation von Bis-[5-chlor-2-methoxy-phenyl]-methan mit CrO_3 in Essigsäure (*Faith et al.,* Am. Soc. **77** [1955] 543, 546).

Kristalle; F: 110° [unkorr.; aus PAe.] (*Fa. et al.*), 108,8–109,6° [korr.; aus E.] (*Hussey, Wilk,* Am. Soc. **72** [1950] 830).

2,4-Dinitro-phenylhydrazon (F: 221,2–222°): *Hu., Wilk.*

2,2′-Diäthoxy-5,5′-dichlor-benzophenon $C_{17}H_{16}Cl_2O_3$, Formel X (R = C_2H_5, X = H, X′ = Cl).

B. Bei der Oxidation von Bis-[2-äthoxy-5-chlor-phenyl]-methan mit CrO_3 in Essigsäure (*Moshfegh et al.*, Helv. **40** [1957] 1157, 1162).

Kristalle (aus PAe. oder nach Sublimation bei 60–70°/0,01 Torr); F: 99–102°.

3,5,3′,5′-Tetrachlor-2,2′-dihydroxy-benzophenon $C_{13}H_6Cl_4O_3$, Formel X (R = H, X = X′ = Cl).

Die von *Riemschneider et al.* (B. **92** [1959] 900, 906) unter dieser Konstitution beschriebene, beim Erwärmen von 1,1-Dichlor-2,2-bis-[3,5-dichlor-2-hydroxy-phenyl]-äthan mit wss.-methanol. KOH erhaltene Verbindung ist als 2,4-Dichlor-6-[5,7-dichlor-benzofuran-3-yl]-phenol $C_{14}H_6Cl_4O_2$ (Kristalle [aus Me.]; F: 185–186°) zu formulieren (*Coxworth,* Canad. J. Chem. **44** [1966] 1092). Entsprechend sind die von *Riemschneider et al.* (l. c.) als 3,5,3′,5′-Tetrachlor-2,2′-dimethoxy-benzophenon $C_{15}H_{10}Cl_4O_3$ bzw. als 2,2′-Diacetoxy-3,5,3′,5′-tetrachlor-benzophenon $C_{17}H_{10}Cl_4O_5$ angesehenen Derivate als 2,4-Dichlor-6-[5,7-dichlor-benzofuran-3-yl]-anisol $C_{15}H_8Cl_4O_2$ (F: 107°) bzw. als 3-[2-Acetoxy-3,5-dichlor-phenyl]-5,7-dichlor-benzofuran $C_{16}H_8Cl_4O_3$ (F: 126°) zu formulieren.

3,5,3′,5′-Tetrabrom-2,2′-dihydroxy-benzophenon $C_{13}H_6Br_4O_3$, Formel X (R = H, X = X′ = Br).

B. Aus 2,2′-Dihydroxy-benzophenon und Brom in Essigsäure (*Hawkins,* J. appl. Chem. **6** [1956] 131, 136).

Gelbe Kristalle (aus Bzl.); F: 178,5–180,5°.

3,5,3′,5′-Tetrabrom-2,2′-dimethoxy-benzophenon $C_{15}H_{10}Br_4O_3$, Formel X (R = CH_3, X = X′ = Br).

B. Aus der vorangehenden Verbindung und Diazomethan (*Hawkins,* J. appl. Chem. **6** [1956] 131, 136). Aus Bis-[3,5-dibrom-2-methoxy-phenyl]-methan beim Erhitzen mit CrO_3 in wss. Essigsäure oder beim Erhitzen mit SeO_2 auf 220° (*Ha.*, l. c. S. 133).

Kristalle (aus $CHCl_3$+PAe. oder A.) vom F: 70–72°, die beim Aufbewahren in eine stabile Form vom F: 103–104° übergehen.

5,5′-Dichlor-2,2′-dimethoxy-3,3′-dinitro-benzophenon $C_{15}H_{10}Cl_2N_2O_7$, Formel X (R = CH_3, X = NO_2, X′ = Cl).

B. Bei der Oxidation von Bis-[5-chlor-2-methoxy-3-nitro-phenyl]-methan mit CrO_3 in wss. Essigsäure (*Pfleger, Waldmann,* B. **90** [1957] 2395, 2398). Beim Behandeln von 5,5′-Dichlor-2,2′-dimethoxy-benzophenon mit HNO_3 und H_2SO_4 in Essigsäure (*Pf., Wa.*).

Kristalle (aus Isopropylalkohol); F: 151°.

5,5′-Dichlor-2,2′-dimethoxy-4,4′-dinitro-benzophenon $C_{15}H_{10}Cl_2N_2O_7$, Formel XII.

B. Beim Behandeln von Bis-[5-chlor-2-methoxy-phenyl]-methan mit HNO_3 und H_2SO_4 in Essigsäure (*Pfleger, Waldmann,* B. **90** [1957] 2395, 2398).

Kristalle (aus Xylol); F: 147°.

2,2′-Bis-methylmercapto-benzophenon $C_{15}H_{14}OS_2$, Formel XIII.

B. Neben 2-Methylmercapto-benzoesäure beim Behandeln von 2-Methylmercapto-phenylmagnesium-bromid mit CO_2 in Äther (*Holmberg,* Acta chem. scand. **9** [1955] 555, 560). Aus 2-Methylmercapto-phenylmagnesium-bromid und 2-Methylmercapto-benzonitril und anschliessender Hydrolyse (*Ho.*).

Kristalle (aus A.); F: 105–106°.

2,3′-Dihydroxy-benzophenon $C_{13}H_{10}O_3$, Formel XIV (H 315).

B. Neben 3,4′-Dihydroxy-benzophenon beim Erhitzen von 3-Methoxy-benzoesäure-phenylester mit $AlCl_3$ auf 160° (*Saharia, Sharma,* J. scient. ind. Res. India **16** B [1957] 125, 126).

Kristalle (aus PAe.); F: 127°.
2,4-Dinitro-phenylhydrazon (F: 267–268°): *Sa.*, *Sh.*

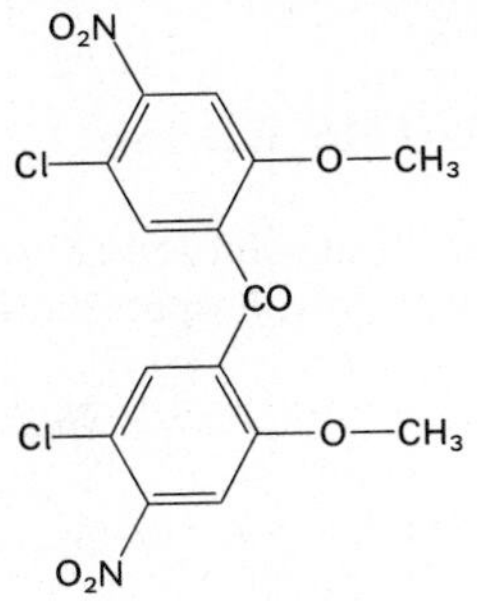

XII 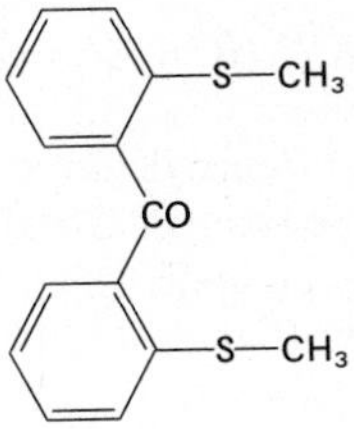 XIII 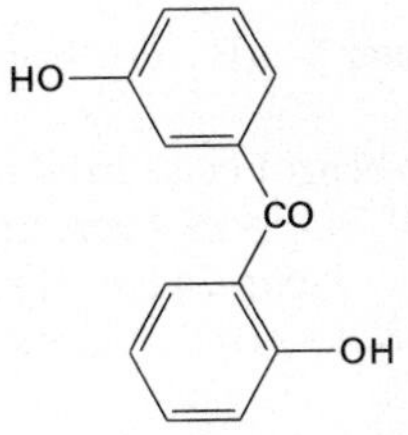 XIV 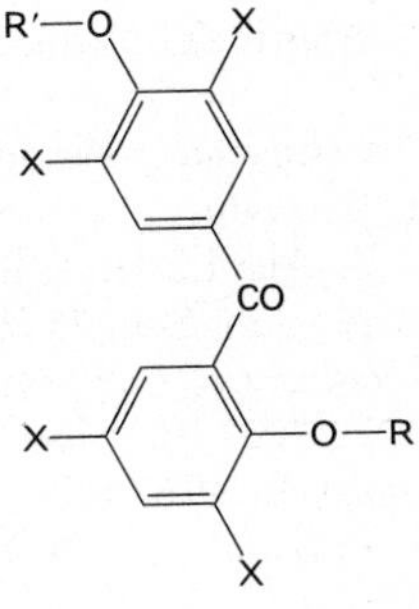 XV

2,4′-Dihydroxy-benzophenon $C_{13}H_{10}O_3$, Formel XV (R = R′ = X = H) (H 315; E I 640; E II 354; E III 2646).

B. Beim Erhitzen von Salicylsäure-phenylester mit $AlCl_3$ (*Amin, Desai,* J. scient. ind. Res. India **13** B [1954] 178).

2,4-Dinitro-phenylhydrazon (F: 250°): *Amin, De.*

4′-Hydroxy-2-methoxy-benzophenon $C_{14}H_{12}O_3$, Formel XV (R = CH_3, R′ = X = H).

B. Beim Erhitzen von 2-Methoxy-benzoesäure mit Phenol und Polyphosphorsäure (*Naka= zawa, Baba,* J. pharm. Soc. Japan **75** [1955] 378, 381; C. A. **1956** 2510).

Kristalle (aus Toluol); F: 149°.

3,5,3′,5′-Tetrabrom-2,4′-dihydroxy-benzophenon $C_{13}H_6Br_4O_3$, Formel XV (R = R′ = H, X = Br).

B. Aus 2,4′-Dihydroxy-benzophenon und Brom in Essigsäure (*Hawkins,* J. appl. Chem. **6** [1956] 131, 136).

F: 193–195,5°.

3,5,3′,5′-Tetrabrom-2,4′-dimethoxy-benzophenon $C_{15}H_{10}Br_4O_3$, Formel XV (R = R′ = CH_3, X = Br).

B. Aus der vorangehenden Verbindung und Diazomethan in Äther (*Hawkins,* J. appl. Chem. **6** [1956] 131, 136). Bei der Oxidation von [3,5-Dibrom-2-methoxy-phenyl]-[3,5-dibrom-4-meth= oxy-phenyl]-methan mit SeO_2 bei 220° (*Ha.,* l. c. S. 133).

Kristalle (aus A.); F: 116–117°.

3,4-Dihydroxy-benzophenon $C_{13}H_{10}O_3$, Formel XVI (R = R′ = H) (H 315; E I 640; E II 354; E III 2646).

B. Beim Erwärmen von Brenzcatechin mit *N*-Phenyl-benzimidoylchlorid und $AlCl_3$ in Äther und Erwärmen des Reaktionsprodukts mit äthanol. HCl (*Phadke, Shah,* J. Indian chem. Soc. **27** [1950] 349, 352).

Wasserhaltige Kristalle (aus H_2O); F: 147–148° (*Rosenblatt et al.,* Am. Soc. **75** [1953] 3277). OH-Valenzschwingungsbande der assoziierten und nicht-assoziierten Verbindung: *Ingraham et al.,* Am. Soc. **74** [1952] 2297. Scheinbarer Dissoziationsexponent pK'_{a1} (wss. Dioxan [40%ig]; potentiometrisch ermittelt) bei 25°: 8,82 (*Corse, Ingraham,* Am. Soc. **73** [1951] 5706). Scheinbare Dissoziationskonstante K'_{a1} (H_2O; potentiometrisch ermittelt) bei 25°: $1{,}8 \cdot 10^{-8}$ (*Ro. et al.*).

2,4-Dinitro-phenylhydrazon (F: 282°): *Ph., Shah.*

4-Hydroxy-3-methoxy-benzophenon $C_{14}H_{12}O_3$, Formel XVI (R = CH_3, R′ = H).

B. Beim Behandeln von 1,2-Dimethoxy-benzol mit Benzoylchlorid und $AlCl_3$ in CS_2 (*Richt= zenhain, Alfredsson,* Acta chem. scand. **8** [1954] 1519, 1528). Beim Leiten von Luft in ein

Gemisch von 4-[4-Hydroxy-3-methoxy-benzhydryliden]-2-methoxy-cyclohexa-2,5-dienon und wss. NaOH (*Ioffe*, Ž. obšč. Chim. **20** [1950] 346, 353; engl. Ausg. S. 367, 373).

Kristalle; F: 97–98° [aus wss. A. bzw. A. oder CCl_4] (*Io.*; *Ri., Al.*).

Semicarbazon $C_{15}H_{15}N_3O_3$. F: 225,5–226,5° (*Ri., Al.*).

3,4-Dimethoxy-benzophenon $C_{15}H_{14}O_3$, Formel XVI (R = R′ = CH_3) (H 316; E II 354; E III 2646).

B. Aus 1,2-Dimethoxy-benzol beim Erhitzen mit Benzoylchlorid unter Zusatz von Jod (*Kaye et al.*, Am. Soc. **75** [1953] 745) oder beim Erwärmen mit Benzoesäure und Polyphosphorsäure (*Nakazawa*, J. pharm. Soc. Japan **74** [1954] 836; C. A. **1955** 9556).

F: 102–103° [korr.] (*Kaye et al.*). IR-Spektrum (Nujol; 1250–1100 cm^{-1}): *Lozac'h, Guillouzo*, Bl. **1957** 1221, 1222.

Oxim $C_{15}H_{15}NO_3$. F: 111° (*Bhatkhande, Bhide*, J. Univ. Bombay **24**, Tl. 5 A [1956] 11, 13).

2,4-Dinitro-phenylhydrazon (F: 256–257°): *Walker*, Am. Soc. **76** [1954] 3999, 4001.

4-Benzyloxy-3-hydroxy-benzophenon $C_{20}H_{16}O_3$, Formel XVI (R = H, R′ = CH_2-C_6H_5).

B. Aus 3,4-Dihydroxy-benzophenon und Benzylchlorid mit Hilfe von KOH (*Funke*, C. r. **244** [1957] 360).

F: 133°.

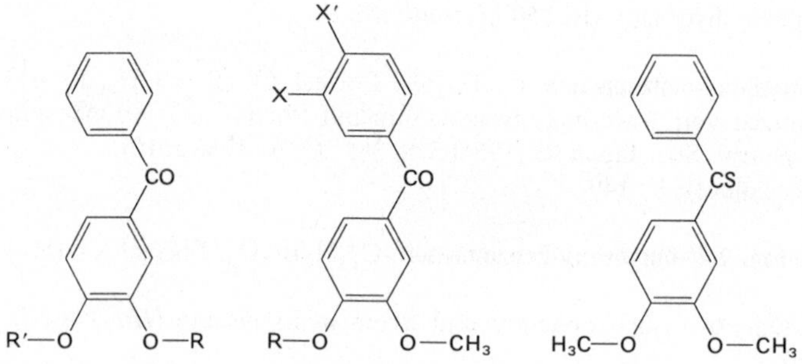

XVI XVII XVIII

(±)-3-[3-Chlor-2-hydroxy-propoxy]-4-hydroxy-benzophenon $C_{16}H_{15}ClO_4$, Formel XVI (R = CH_2-CH(OH)-CH_2Cl, R′ = H).

B. Aus der folgenden Verbindung mit Hilfe von HCl und Essigsäure (*Funke*, C. r. **244** [1957] 360).

F: 115°.

(±)-4-Benzyloxy-3-[3-chlor-2-hydroxy-propoxy]-benzophenon $C_{23}H_{21}ClO_4$, Formel XVI (R = CH_2-CH(OH)-CH_2Cl, R′ = CH_2-C_6H_5).

B. Aus 4-Benzyloxy-3-hydroxy-benzophenon und (±)-Epichlorhydrin unter Zusatz von Piperidin (*Funke*, C. r. **244** [1957] 360).

F: 90°.

4-Hydroxy-3-methoxy-3′-nitro-benzophenon $C_{14}H_{11}NO_5$, Formel XVII (R = X′ = H, X = NO_2).

B. Beim Leiten von Luft in ein Gemisch von 4-[4-Hydroxy-3-methoxy-3′-nitro-benzhydryliden]-2-methoxy-cyclohexa-2,5-dienon und wss. NaOH (*Fel'dman, Sizer*, Ž. obšč. Chim. **23** [1953] 445, 448; engl. Ausg. S. 457, 460).

Kristalle (aus A.); F: 134–135°.

3,4-Dimethoxy-3′-nitro-benzophenon $C_{15}H_{13}NO_5$, Formel XVII (R = CH_3, X = NO_2, X′ = H).

B. Beim Behandeln von 1,2-Dimethoxy-benzol mit 3-Nitro-benzoylchlorid und $AlCl_3$ in Ni=

trobenzol (*Oelschläger*, Ar. **290** [1957] 587, 594).
Kristalle (aus Bzl.+A.); F: 135° [unkorr.]. Kp_5: 238–240°.

3,4-Dimethoxy-4′-nitro-benzophenon $C_{15}H_{13}NO_5$, Formel XVII (R = CH_3, X = H, X′ = NO_2).

B. Beim Erwärmen von 1,2-Dimethoxy-benzol mit 4-Nitro-benzoylchlorid und $AlCl_3$ in CS_2 (*Tadkod et al.*, J. Karnatak Univ. **3** [1958] 78).

Gelbes Pulver (aus Eg.); F: 148°.

2,4-Dinitro-phenylhydrazon (F: 187°): *Ta. et al.*

3,4-Dimethoxy-thiobenzophenon $C_{15}H_{14}O_2S$, Formel XVIII.

B. Aus 3,4-Dimethoxy-benzophenon und P_2S_5 in Xylol (*Lozac'h, Guillouzo*, Bl. **1957** 1221, 1224).

Hellgrüne Kristalle (aus Bzl.+PAe.); F: 76°. IR-Spektrum (Nujol; 1250–1100 cm^{-1}): *Lo., Gu.*, l. c. S. 1222. [*Brandt*]

3,5-Dihydroxy-benzophenon $C_{13}H_{10}O_3$, Formel I (E I 640).

B. Beim Erhitzen des Diacetyl-Derivats (s. u.) mit wss. NaOH (*Huls, Hubert*, Bl. Soc. chim. Belg. **65** [1956] 596, 599, 602).

Kristalle (aus Bzl.+PAe.); F: 148°. Kristalle (aus H_2O) mit 1 Mol H_2O; F: 84°.

2,4-Dinitro-phenylhydrazon (F: 310°:) *Huls, Hu.*

Diacetyl-Derivat $C_{17}H_{14}O_5$; 3,5-Diacetoxy-benzophenon. *B.* Beim Erwärmen von 3,5-Diacetoxy-benzoylchlorid mit Diphenylcadmium in Benzol (*Huls, Hu.*, l. c. S. 598). – $Kp_{0,8}$: 214–216°. – 2,4-Dinitro-phenylhydrazon (F: 267°): *Huls, Hu.*

3,3′-Dihydroxy-benzophenon $C_{13}H_{10}O_3$, Formel II (R = X = H) (H 316; E III 2647).

B. Aus der folgenden Verbindung mit Hilfe von wss. HI (*Melby et al.*, Am. Soc. **78** [1956] 3816).

3,3′-Dimethoxy-benzophenon $C_{15}H_{14}O_3$, Formel II (R = CH_3, X = H) (E III 2647).

B. Beim Erhitzen von 4-Methoxy-2-[3-methoxy-benzoyl]-benzoesäure mit Kupfer-Pulver in Chinolin (*Klemm et al.*, J. org. Chem. **23** [1958] 349, 352) oder mit basischem Kupfercarbonat auf 260° (*Melby et al.*, Am. Soc. **78** [1956] 3816).

Kp_2: 164–168° (*Me. et al.*); $Kp_{0,5}$: 157–159°; $Kp_{0,3}$: 144–145° (*Kl. et al.*).

2,4-Dinitro-phenylhydrazon (F: 191–192°): *Kl. et al.*

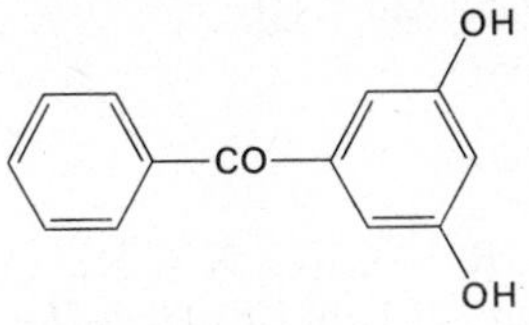

I 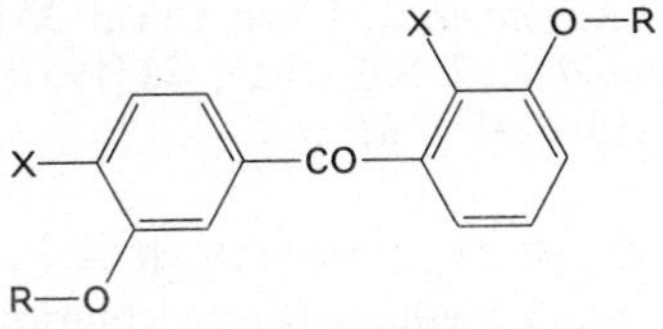 II 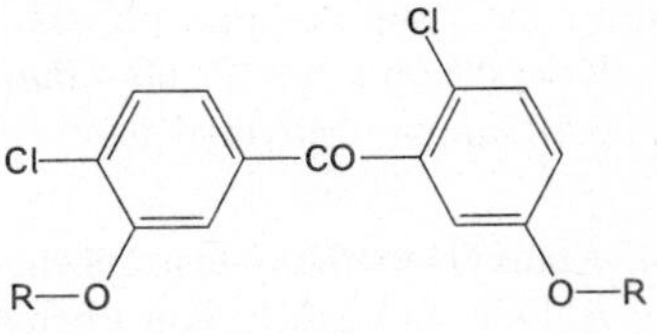 III

2,4′-Dichlor-3,3′-dihydroxy-benzophenon $C_{13}H_8Cl_2O_3$, Formel II (R = H, X = Cl).

B. Beim Erwärmen der folgenden Verbindung mit $AlCl_3$ in Chlorbenzol (*Faith et al.*, Am. Soc. **77** [1955] 543, 544).

Kristalle (aus Toluol+Hexan); F: 157–158,5° [unkorr.].

2,4′-Dichlor-3,3′-dimethoxy-benzophenon $C_{15}H_{12}Cl_2O_3$, Formel II (R = CH_3, X = Cl).

B. Beim Erhitzen von 2,4′-Dichlor-3,3′-dimethoxy-benzhydrol mit CrO_3 in Essigsäure (*Faith et al.*, Am. Soc. **77** [1955] 543, 544).

Kristalle (aus Heptan); F: 113–114° [unkorr.].

2,4′-Dichlor-5,3′-dihydroxy-benzophenon $C_{13}H_8Cl_2O_3$, Formel III (R = H).

B. Beim Erhitzen von diazotiertem 5,3′-Diamino-2,4′-dichlor-benzophenon mit wss. H_2SO_4

(*Faith et al.*, Am. Soc. **77** [1955] 543, 544).
Kristalle (aus Toluol); F: 161° [unkorr.].
2,4-Dinitro-phenylhydrazon (F: 283–284°): *Fa. et al.*

2,4′-Dichlor-5,3′-dimethoxy-benzophenon $C_{15}H_{12}Cl_2O_3$, Formel III (R = CH_3).
B. Aus der vorangehenden Verbindung und Dimethylsulfat mit Hilfe von K_2CO_3 (*Faith et al.*, Am. Soc. **77** [1955] 543, 545). Beim Erwärmen von 4-Chlor-3-methoxy-benzaldehyd mit 2-Chlor-5-methoxy-phenylmagnesium-bromid in Äther und Erhitzen des Reaktionsprodukts mit CrO_3 in Essigsäure (*Fa. et al.*).
Kristalle (aus Heptan); F: 132–133,5° [unkorr.].

3,4′-Dihydroxy-benzophenon $C_{13}H_{10}O_3$, Formel IV (R = R′ = X = H) (H 316; E III 2648).
B. Neben 3-Hydroxy-benzoesäure-phenylester (Hauptprodukt) beim Erwärmen von 3-Hydroxy-benzoesäure mit Phenol und Polyphosphorsäure (*Nakazawa, Baba*, J. pharm. Soc. Japan **75** [1955] 378, 380; C. A. **1956** 2510). Beim Erhitzen von 4-Methoxy-2-[4-methoxy-benzoyl]-benzoesäure mit basischem Kupfercarbonat auf 260° (*Sandin et al.*, Am. Soc. **78** [1956] 3817) oder von 3-Methoxy-benzoesäure-phenylester mit $AlCl_3$ auf 160° (*Saharia, Sharma*, J. scient. ind. Res. India **16** B [1957] 125, 126).
2,4-Dinitro-phenylhydrazon (F: 257°): *Sa., Sh.*

3-Hydroxy-4′-methoxy-benzophenon $C_{14}H_{12}O_3$, Formel IV (R = X = H, R′ = CH_3).
B. Neben 3-Methoxy-benzoesäure-phenylester (Hauptprodukt) beim Erwärmen von 3-Methoxy-benzoesäure mit Phenol und Polyphosphorsäure (*Nakazawa, Baba*, J. pharm. Soc. Japan **75** [1955] 378, 381; C. A. **1956** 2510). Beim Erwärmen des Acetyl-Derivats (s. u.) mit wss.-äthanol. NaOH (*Royer, Demerseman*, Bl. **1959** 1682, 1685).
Kristalle; F: 138° [aus Toluol] (*Na., Baba*), 133° [aus wss. A.] (*Ro., De.*).
Acetyl-Derivat $C_{16}H_{14}O_4$; 3-Acetoxy-4′-methoxy-benzophenon. *B.* Neben 1-[4-Methoxy-phenyl]-äthanon beim Behandeln von Anisol mit 3-Acetoxy-benzoylchlorid und $AlCl_3$ in CS_2 (*Ro., De.*). – Kp_{17}: 258–261°.

3,4′-Dimethoxy-benzophenon $C_{15}H_{14}O_3$, Formel IV (R = R′ = CH_3, X = H) (E II 354; E III 2648).
B. Beim Behandeln von 3-Hydroxy-4′-methoxy-benzophenon mit CH_3I und wss.-äthanol. KOH (*Royer, Demerseman*, Bl. **1959** 1682, 1685). Beim Erwärmen von 3-Methoxy-benzoesäure mit Anisol und Polyphosphorsäure (*Klemm et al.*, J. org. Chem. **23** [1958] 349, 353).
Kristalle (aus A.); F: 60° (*Buu-Hoi et al.*, J. org. Chem. **22** [1957] 1057).
2,4-Dinitro-phenylhydrazon (F: 214–215°): *Kl. et al.*

4′-Äthoxy-3-methoxy-benzophenon $C_{16}H_{16}O_3$, Formel IV (R = CH_3, R′ = C_2H_5, X = H).
B. Beim Behandeln von Phenetol mit 3-Methoxy-benzoylchlorid und $AlCl_3$ in CS_2 (*Buu-Hoi et al.*, J. org. Chem. **22** [1957] 1057).
Kristalle (aus A.); F: 51°.

3,4′-Dichlor-4,3′-dimethoxy-benzophenon $C_{15}H_{12}Cl_2O_3$, Formel IV (R = R′ = CH_3, X = Cl).
B. Beim Erhitzen von 5-Chlor-2-[3-chlor-4-methoxy-benzoyl]-4-methoxy-benzoesäure mit Zink-Pulver unter Wasserstoff auf 290° (*Ziegler et al.*, M. **85** [1954] 1234, 1238).
Kristalle (aus Acn. oder A.); F: 136–137°.

4,4′-Dihydroxy-benzophenon $C_{13}H_{10}O_3$, Formel V (R = R′ = H) (H 316; E I 641; E II 355; E III 2648).
B. Aus 4-Hydroxy-benzoesäure bzw. 4-Hydroxy-benzoesäure-anhydrid beim Erwärmen mit Phenol und Polyphosphorsäure (*Nakazawa, Baba*, J. pharm. Soc. Japan **75** [1955] 378, 380;

C. A. **1956** 2510; *Nakazawa et al.*, J. pharm. Soc. Japan **74** [1954] 498, 500; C. A. **1955** 8182). Beim Erhitzen von 2-Hydroxy-5-[4-hydroxy-benzoyl]-benzoesäure mit Kupfer-Pulver in Chinolin (*Carpenter, Hunter*, J. appl. Chem. **3** [1953] 486, 491).

Kristalle (aus H_2O); F: 216,6–217,1° [korr.] (*Hubacher et al.*, J. Am. pharm. Assoc. **42** [1953] 23, 26). UV-Spektrum (Me.; 230–375 nm): *VanAllan, Tinker*, J. org. Chem. **19** [1954] 1243, 1246. Absorptionsspektrum von Lösungen in äthanol. HCl vom pH 2 (260–450 nm) sowie in äthanol. NaOH vom pH 13 (225–450 nm): *Schauenstein, Ziegler*, M. **83** [1952] 95, 96.

Bei der Hydrierung an Palladium/Kohle in Isopropylalkohol unter Druck ist Bis-[4-hydroxy-phenyl]-methan erhalten worden (*Levine, Temin*, J. org. Chem. **22** [1957] 85).

2,4-Dinitro-phenylhydrazon (F: 190–192°): *Johnson*, Am. Soc. **75** [1953] 2720, 2721.

4-Hydroxy-4'-methoxy-benzophenon $C_{14}H_{12}O_3$, Formel V (R = H, R' = CH_3) (H 317; E III 2649).

B. Beim Erwärmen von 4-Hydroxy-benzoesäure mit Anisol und Polyphosphorsäure (*Nakazawa et al.*, J. pharm. Soc. Japan **74** [1954] 498, 501; C. A. **1955** 8182) oder von 4-Methoxy-benzoesäure mit Phenol und Polyphosphorsäure (*Na. et al.*; *Nakazawa, Baba*, J. pharm. Soc. Japan **75** [1955] 378, 381; C. A. **1956** 2510). Aus 4-Methoxy-benzoesäure-phenylester beim Erhitzen mit $AlCl_3$ auf 120° (*Gupta, Saharia*, J. Indian chem. Soc. **35** [1958] 133) oder beim Erwärmen mit Polyphosphorsäure (*Na. et al.*).

Kristalle; F: 154° [aus A.] (*Royer, Demerseman*, Bl. **1959** 1682, 1685), 151° [aus wss. A.] (*Na. et al.*; *Na., Baba*).

4,4'-Dimethoxy-benzophenon $C_{15}H_{14}O_3$, Formel V (R = R' = CH_3) (H 317; E I 641; E II 355; E III 2649).

B. Beim Behandeln von Anisol mit CCl_4, $AlCl_3$ und CS_2 und Erhitzen des Reaktionsprodukts mit H_2O (*Picard, Kearns*, Canad. J. Res. [B] **28** [1950] 56, 58). Neben 1,1-Bis-[4-methoxy-phenyl]-cyclopropan beim Erhitzen von 1,1-Bis-[4-methoxy-phenyl]-äthen mit N_2O auf 280°/500 at (*Bridson-Jones et al.*, Soc. **1951** 2999, 3008). Aus 4,4'-Dihydroxy-benzophenon und Dimethylsulfat mit Hilfe von wss. NaOH (*Nakazawa et al.*, J. pharm. Soc. Japan **74** [1954] 498, 500; C. A. **1955** 8182) oder von K_2CO_3 in Aceton (*Baddar et al.*, Soc. **1955** 1714, 1715). Aus 4-Hydroxy-4'-methoxy-benzophenon und Dimethylsulfat mit Hilfe von wss. NaOH (*Na. et al.*). Beim Erwärmen von 4-Methoxy-benzoesäure mit Anisol und Polyphosphorsäure (*Na. et al.*; *Klemm, Bower*, J. org. Chem. **23** [1958] 344, 346). Aus 4-Methoxy-benzoylchlorid und Anisol beim Behandeln mit $AgClO_4$ in Nitromethan (*Burton, Praill*, Soc. **1951** 529, 533) oder beim Erwärmen mit Jod in Isopropylalkohol (*Kaye et al.*, Am. Soc. **75** [1953] 745). Beim Behandeln von 4-Äthoxycarbonyloxy-benzoylchlorid mit Anisol und $AlCl_3$ in CS_2, Behandeln des Reaktionsprodukts mit wss.-äthanol. NaOH und anschliessend mit Dimethylsulfat und wss.-methanol. NaOH (*Traverso*, G. **87** [1957] 67, 73). Beim Erhitzen von 2,3,5,6-Tetramethyl-benzoesäure mit Anisol und Polyphosphorsäure auf 150° (*Fuson et al.*, Am. Soc. **81** [1959] 4858).

Dichte der Kristalle: 1,259 (*Karle et al.*, Acta cryst. **10** [1957] 481). IR-Spektrum (Nujol; 1250–1100 cm^{-1}): *Lozac'h, Guillouzo*, Bl. **1957** 1221, 1223. Intensität und Halbwertsbreite der CO-Valenzschwingungsbande bei 1645 cm^{-1} ($CHCl_3$): *Thompson et al.*, Spectrochim. Acta **9** [1957] 208, 211. CO-Valenzschwingungsbande einer Lösung in Dioxan (1647 cm^{-1}) und der Kristalle (1642 cm^{-1}): *Poštowškiĭ et al.*, Doklady Akad. S.S.S.R. **113** [1957] 347, 348; C. A. **1957** 14630. UV-Spektrum (A.; 220–325 nm): *Szmant, McGinnis*, Am. Soc. **74** [1952] 240,

241. λ_{max} (A.): 220 nm und 293 nm (*Smith, Most*, J. org. Chem. **22** [1957] 358, 360). Protonierung in H_2SO_4 bei 10° und 25°: *Newman, Deno*, Am. Soc. **73** [1951] 3651. Polarographisches Halbstufenpotential (wss. Me. vom pH 5,2 bzw. Ammoniak-Puffer vom pH 8,4): *Brockman, Pearson*, Am. Soc. **74** [1952] 4128; *Po. et al.*

Gleichgewichtskonstante der Reaktion mit Aluminiumisopropylat in Toluol bei 100°: *Pickart, Hancock*, Am. Soc. **77** [1955] 4642. Relative Geschwindigkeit der Reaktion mit Methylmagnesiumjodid: *Lewis, Wright*, Am. Soc. **74** [1952] 1257. Bildung von Bis-[4-methoxy-phenyl]-methan beim Erwärmen mit $LiAlH_4$ in Äther: *Conover, Tarbell*, Am. Soc. **72** [1950] 3586; auch unter Zusatz von $AlCl_3$: *Brown, White*, Soc. **1957** 3755; *Nystrom, Berger*, Am. Soc. **80** [1958] 2896.

4-Äthoxy-4'-methoxy-benzophenon $C_{16}H_{16}O_3$, Formel V (R = C_2H_5, R' = CH_3) (E II 355; E III 2650).

B. Aus 4-Hydroxy-4'-methoxy-benzophenon und Äthyljodid mit Hilfe von Natriumäthylat (*Tadros et al.*, Soc. **1958** 4210).

4,4'-Dibutoxy-benzophenon $C_{21}H_{26}O_3$, Formel V (R = R' = $[CH_2]_3$-CH_3) (E III 2651).

B. Beim Behandeln von 1,1-Bis-[4-butoxy-phenyl]-propen mit CrO_3 in Essigsäure (*Xuong, Buu-Hoi*, Soc. **1952** 3741, 3743).

Kristalle (aus Me.); F: 121°.

4-Methoxy-4'-phenoxy-benzophenon $C_{20}H_{16}O_3$, Formel V (R = CH_3, R' = C_6H_5).

B. Aus 4-Methoxy-benzoylchlorid und Diphenyläther mit Hilfe von $AlCl_3$ in CS_2 (*Buu-Hoi et al.*, J. org. Chem. **23** [1958] 1261).

Kristalle (aus A.); F: 120°.

4,4'-Diphenoxy-benzophenon $C_{25}H_{18}O_3$, Formel V (R = R' = C_6H_5) (E III 2652).

B. Bei der Oxidation von Bis-[4-phenoxy-phenyl]-methan (*Matweew et al.*, Trudy Inst. čist. chim. Reakt. Nr. 22 [1958] 147, 151; C. A. **1961** 6433) oder von 1,1-Bis-[4-phenoxy-phenyl]-propen (*Xuong, Buu-Hoi*, Soc. **1952** 3741, 3743) mit CrO_3. Beim Erhitzen von Diphenyläther mit 2,3,5,6-Tetramethyl-benzoesäure und Polyphosphorsäure auf 170° (*Fuson et al.*, Am. Soc. **81** [1959] 4858).

Kristalle (aus Me.); F: 145–146° [korr.] (*Fu. et al.*).

4,4'-Bis-benzyloxy-benzophenon $C_{27}H_{22}O_3$, Formel V (R = R' = CH_2-C_6H_5) (E III 2653).

B. Aus 4,4'-Dihydroxy-benzophenon und Benzylchlorid mit Hilfe von NaOH (*Merrell Co.*, U.S.P. 2571954 [1947]; vgl. E III 2653).

4,4'-Bis-[2-hydroxy-äthoxy]-benzophenon $C_{17}H_{18}O_5$, Formel V (R = R' = CH_2-CH_2-OH).

B. Beim Erwärmen des Dinatrium-Salzes des 4,4'-Dihydroxy-benzophenons mit 2-Brom-äthanol in Äthanol (*Tadros et al.*, Soc. **1958** 2631). Aus 4,4'-Dihydroxy-benzophenon und Äthylenoxid beim Erhitzen mit äthanol. KOH oder methanol. Natriummethylat unter Druck (*Eastman Kodak Co.*, U.S.P. 2675367, 2675411 [1951]). Aus 4,4'-Dihydroxy-benzophenon und [1,3]Dioxolan-2-on (*Dyer, Scott*, Am. Soc. **79** [1957] 672, 674).

Kristalle; F: 174° [aus Me.] (*Eastman Kodak Co.*), 168° [korr.; aus Dioxan] (*Dyer, Sc.*), 167–168° [aus A.] (*Ta. et al.*).

4,4'-Bis-dichloracetoxy-benzophenon $C_{17}H_{10}Cl_4O_5$, Formel V (R = R' = CO-$CHCl_2$).

B. Beim Erhitzen von 4,4'-Dihydroxy-benzophenon mit Dichloressigsäure-anhydrid unter vermindertem Druck (*Dow Chem. Co.*, U.S.P. 2827478 [1956]).

Kristalle (aus A.); F: 163–165°.

4,4'-Bis-[2,2-dichlor-propionyloxy]-benzophenon $C_{19}H_{14}Cl_4O_5$, Formel V (R = R' = CO-CCl_2-CH_3).

B. Analog der vorangehenden Verbindung (*Dow Chem. Co.*, U.S.P. 2827478 [1956]).

Kristalle (aus Cyclohexan); F: 172–177°.

4,4'-Bis-methacryloyloxy-benzophenon $C_{21}H_{18}O_5$, Formel V (R = R' = CO-C(CH$_3$)=CH$_2$).

B. Aus 4,4'-Dihydroxy-benzophenon und Methacryloylchlorid mit Hilfe von wss. NaOH (*Lal, Green*, J. org. Chem. **20** [1955] 1030, 1031).

F: 112–112,5°.

4,4'-Dimethoxy-benzophenon-hydrazon $C_{15}H_{16}N_2O_2$, Formel VI (X = N-NH$_2$) (E I 641).

UV-Spektrum (A.; 220–325 nm): *Szmant, McGinnis*, Am. Soc. **74** [1952] 240, 241. Scheinbarer Dissoziationsexponent pK$_a'$ (Me.; spektrophotometrisch ermittelt) bei 22°: 4,38 (*Harnsberger et al.*, Am. Soc. **77** [1955] 5048).

Geschwindigkeitskonstante der Reaktion mit Natrium-[2-(2-butoxy-äthoxy)-äthylat] in *O*-Butyl-diäthylenglykol bei 190,5–221,5° (Bildung von Bis-[4-methoxy-phenyl]-methan): *Szmant et al.*, Am. Soc. **74** [1952] 2724, 2725.

4,4'-Dimethoxy-benzophenon-dimethylhydrazon $C_{17}H_{20}N_2O_2$, Formel VI (X = N-N(CH$_3$)$_2$).

B. Aus 4,4'-Dimethoxy-benzophenon und *N,N*-Dimethyl-hydrazin (*Smith, Most*, J. org. Chem. **22** [1957] 358, 360, 361).

F: 72–77°. λ_{max} (A.): 262 nm und 334 nm.

Methojodid [$C_{18}H_{23}N_2O_2$]I; *N'*-[4,4'-Dimethoxy-benzhydryliden]-*N,N,N*-trimethyl-hydrazinium-jodid. F: 177–180°. λ_{max} (A.): 224 nm und 299 nm.

2,6-Dichlor-[1,4]benzochinon-[4,4'-dimethoxy-benzhydrylidenhydrazon] $C_{21}H_{16}Cl_2N_2O_3$, Formel VII (X = Cl).

B. Aus Bis-[4-methoxy-phenyl]-diazo-methan und 4-Diazo-2,6-dichlor-cyclohexa-2,5-dienon in Aceton (*Huisgen, Fleischmann*, A. **623** [1959] 47, 68).

Braune Kristalle (aus Bzl.+A.); F: 179–180°.

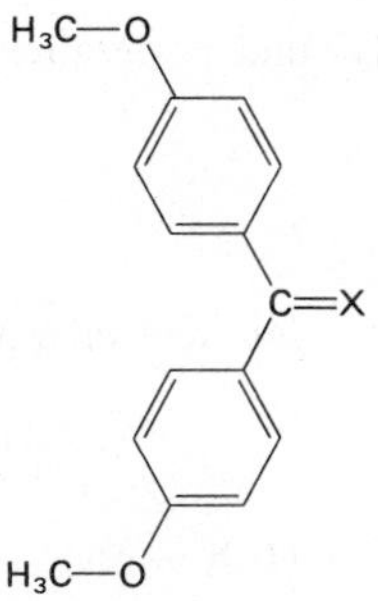

VI 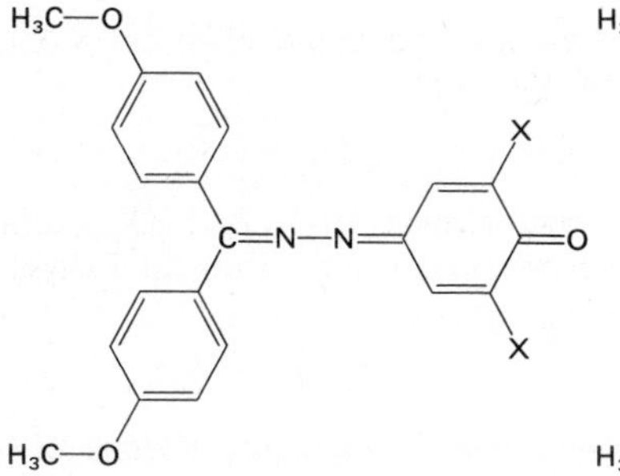 VII 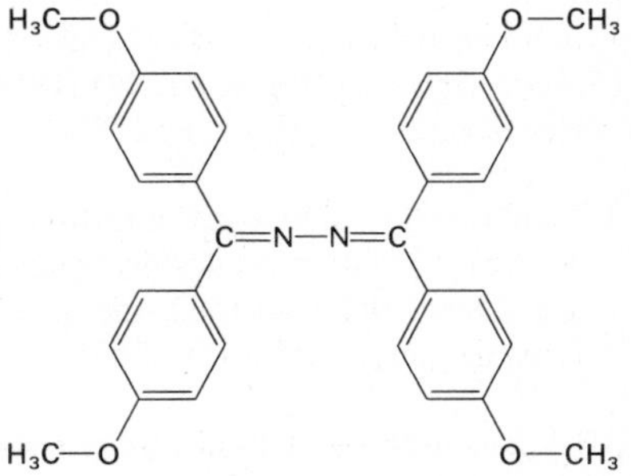 VIII

2,6-Dibrom-[1,4]benzochinon-[4,4'-dimethoxy-benzhydrylidenhydrazon] $C_{21}H_{16}Br_2N_2O_3$, Formel VII (X = Br).

B. Analog der vorangehenden Verbindung (*Huisgen, Fleischmann*, A. **623** [1959] 47, 67).

Dunkelbraunrote Kristalle (aus Bzl.+A.); F: 183–184°.

Bis-[4,4'-dimethoxy-benzhydryliden]-hydrazin, 4,4'-Dimethoxy-benzophenon-azin $C_{30}H_{28}N_2O_4$, Formel VIII (E I 641).

B. Beim Behandeln von 4,4'-Dimethoxy-benzophenon-hydrazon mit wenig H_2SO_4 enthaltendem Äthanol (*Szmant, McGinnis*, Am. Soc. **72** [1950] 2890).

Kristalle (aus A. oder Toluol); F: 179–180° [unkorr.] (*Sz., McG.*, Am. Soc. **72** 2891). UV-Spektrum (A.; 220–375 nm): *Szmant, McGinnis*, Am. Soc. **74** [1952] 240, 241.

Diazo-bis-[4-methoxy-phenyl]-methan $C_{15}H_{14}N_2O_2$, Formel VI (X = N$_2$) (E I 641).

Geschwindigkeitskonstante der Reaktion mit Benzoesäure bzw. mit substituierten Benzoesäuren in Toluol bei 25°: *Hancock et al.*, Am. Soc. **79** [1957] 1917, 1918; *Hancock, Westmoreland*,

Am. Soc. **80** [1958] 545, 547.

3,3'-Difluor-4,4'-dihydroxy-benzophenon $C_{13}H_8F_2O_3$, Formel IX (R = H, X = F).
B. Beim Erhitzen der folgenden Verbindung mit Pyridin-hydrochlorid (*Buu-Hoi et al.*, J. org. Chem. **19** [1954] 1562, 1564).
Kristalle (aus wss. Eg.); F: 190°.

3,3'-Difluor-4,4'-dimethoxy-benzophenon $C_{15}H_{12}F_2O_3$, Formel IX (R = CH_3, X = F).
B. Beim Behandeln von 1,1-Bis-[3-fluor-4-methoxy-phenyl]-propen mit CrO_3 in Essigsäure (*Buu-Hoi et al.*, J. org. Chem. **19** [1954] 1562, 1563).
Kristalle (aus A.); F: 160°.

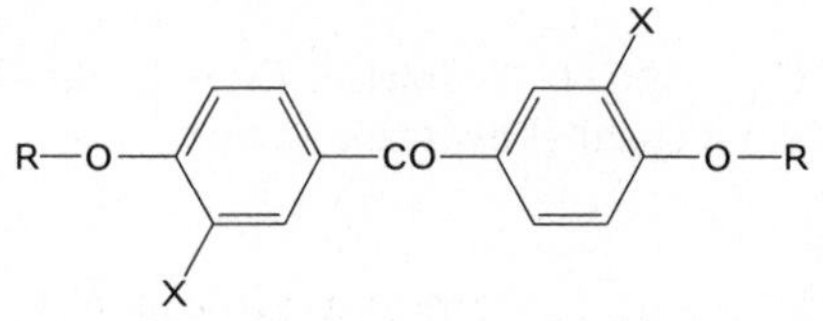

IX 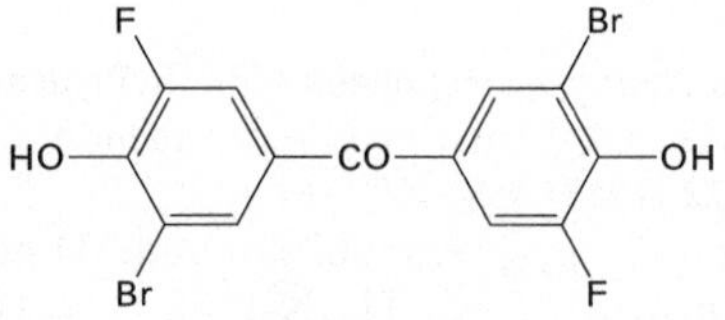 X

4,4'-Diäthoxy-3,3'-difluor-benzophenon $C_{17}H_{16}F_2O_3$, Formel IX (R = C_2H_5, X = F).
B. Aus 3,3'-Difluor-4,4'-dihydroxy-benzophenon und Diäthylsulfat mit Hilfe von wss. NaOH (*Buu-Hoi et al.*, J. org. Chem. **19** [1954] 1562, 1564).
Kristalle (aus A.); F: 138°.

3,3'-Dichlor-4,4'-dimethoxy-benzophenon $C_{15}H_{12}Cl_2O_3$, Formel IX (R = CH_3, X = Cl) (H 318).
B. Beim Erhitzen von Bis-[3-chlor-4-methoxy-phenyl]-methan mit $K_2Cr_2O_7$ und Essigsäure (*Schultz, Schnekenburger*, Ar. **291** [1958] 356, 360).
Kristalle (aus A.+Eg.); F: 179°.

3,3'-Dibrom-5,5'-difluor-4,4'-dihydroxy-benzophenon $C_{13}H_6Br_2F_2O_3$, Formel X.
B. Aus 3,3'-Difluor-4,4'-dihydroxy-benzophenon und Brom in Essigsäure (*Buu-Hoi et al.*, J. org. Chem. **19** [1954] 1562, 1564).
Kristalle (aus wss. Eg.); F: 255°.

3,5,3',5'-Tetrabrom-4,4'-dihydroxy-benzophenon $C_{13}H_6Br_4O_3$, Formel XI (R = H, X = Br) (H 318).
Kristalle (aus A.); F: 230–232° (*Hawkins*, J. appl. Chem. **6** [1956] 131, 136).

3,5,3',5'-Tetrabrom-4,4'-dimethoxy-benzophenon $C_{15}H_{10}Br_4O_3$, Formel XI (R = CH_3, X = Br).
B. Aus Bis-[3,5-dibrom-4-methoxy-phenyl]-methan beim Erhitzen mit CrO_3 in Essigsäure oder ohne Lösungsmittel mit SeO_2 auf 220° (*Hawkins*, J. appl. Chem. **6** [1956] 131, 133). Aus 3,5,3',5'-Tetrabrom-4,4'-dihydroxy-benzophenon und Diazomethan (*Buckles, Womer*, Am. Soc. **80** [1958] 5055, 5058; *Ha.*, l. c. S. 136).
Kristalle (aus Bzl.); F: 219–220,5° (*Ha.*, l. c. S. 133).

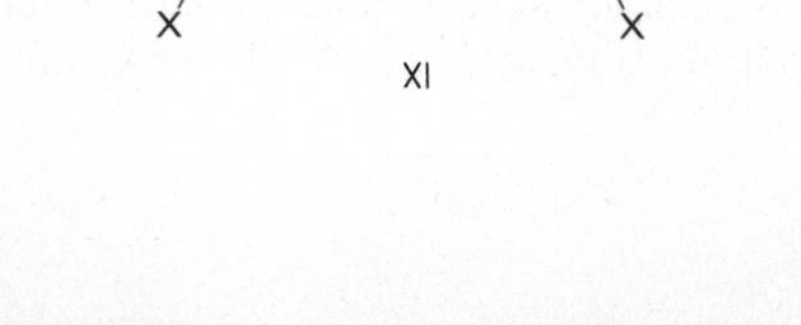

XI 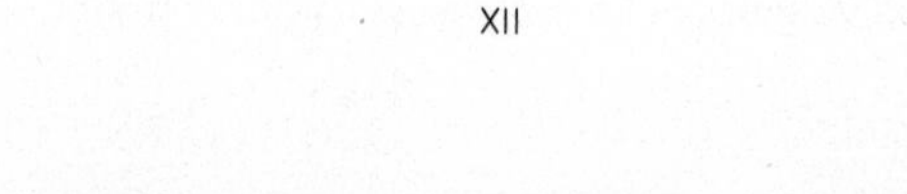 XII

4,4'-Dimethoxy-3,5,3',5'-tetranitro-benzophenon $C_{15}H_{10}N_4O_{11}$, Formel XI (R = CH_3, X = NO_2) (E III 2657).

B. Beim Erwärmen von 1,1-Dichlor-2,2-bis-[4-methoxy-3,5-dinitro-phenyl]-äthen mit CrO_3 in Essigsäure (*Riemschneider, Otto,* M. **85** [1954] 273, 280).

4-Methoxy-4'-phenylmercapto-benzophenon $C_{20}H_{16}O_2S$, Formel XII.

B. Aus Diphenylsulfid und 4-Methoxy-benzoylchlorid mit Hilfe von $AlCl_3$ in CS_2 (*Buu-Hoi et al.,* J. org. Chem. **18** [1953] 1209, 1224).

Kristalle (aus A.); F: 81°.

4,4'-Dihydroxy-thiobenzophenon $C_{13}H_{10}O_2S$, Formel I (R = H).

B. Beim Behandeln von 4,4'-Dihydroxy-benzophenon in Äthanol mit HCl und H_2S (*Brockle⸗hurst, Burawoy,* Tetrahedron **10** [1960] 118, 123).

Rote Kristalle (aus H_2O) mit 1 Mol H_2O; F: 114° [Zers.]; die wasserfreie Verbindung schmilzt bei 190° (*Br., Bu.*). λ_{max}: 359,5 nm und 566,2 nm [A.] (*Br., Bu.*), 350,5 nm und 588,5 nm [Bzl.] (*Burawoy,* Tetrahedron **2** [1958] 122, 131).

4,4'-Dimethoxy-thiobenzophenon $C_{15}H_{14}O_2S$, Formel I (R = CH_3) (H 319; E II 355; E III 2658).

B. Aus 4,4'-Dimethoxy-benzophenon und P_2S_5 in Xylol (*Lozac'h, Guillouzo,* Bl. **1957** 1221, 1223, 1224).

IR-Spektrum (Nujol; 1250–1100 cm^{-1}): *Lo., Gu.*

Beim Erwärmen mit Nitrosobenzol in Benzol sind 4,4'-Dimethoxy-benzophenon und 4,4'-Di⸗methoxy-benzophenon-phenylimin erhalten worden (*Schönberg, Brosowski,* B. **92** [1959] 2602, 2604).

4,4'-Dimercapto-benzophenon $C_{13}H_{10}OS_2$, Formel II (R = H).

B. Beim Erwärmen von diazotiertem 4,4'-Diamino-benzophenon mit Kalium-[*O*-äthyl-dithio⸗carbonat] in wss. Na_2CO_3 und Erwärmen des Reaktionsprodukts mit äthanol. NaOH (*Tadros, Saad,* Soc. **1954** 1155).

Kristalle (aus A.); F: 165°.

4,4'-Bis-methylmercapto-benzophenon $C_{15}H_{14}OS_2$, Formel II (R = CH_3) (E II 356; E III 2658).

B. Aus 4,4'-Dimercapto-benzophenon und CH_3I oder Dimethylsulfat mit Hilfe von äthanol. Natriumäthylat (*Tadros, Saad,* Soc. **1954** 1155).

Dipolmoment (ε; Bzl.): 3,54 D (*Lüttringhaus et al.,* Chem. Ges. D.D.R. Hauptjahrestag. Leip⸗zig 1955 S. 152, 162). F: 125° (*Ta., Saad*).

R—O—C₆H₄—CS—C₆H₄—O—R   I

R—S—C₆H₄—CO—C₆H₄—S—R   II

4,4'-Bis-methansulfonyl-benzophenon $C_{15}H_{14}O_5S_2$, Formel III (R = CH_3).

B. Beim Erhitzen von 1,1-Dichlor-2,2-bis-[4-methylmercapto-phenyl]-äthen mit CrO_3 in Es⸗sigsäure (*Vitali,* Chimica **7** [1952] 84, 86).

Kristalle; F: 241–241,5° [aus Toluol] (*Vi.*), 236–237° [aus H_2O] (*Hughes, Thompson,* J. Pr. Soc. N.S. Wales **83** [1949] 90, 94).

Phenylhydrazon (F: 228,5–230°): *Vi.*

4,4'-Bis-äthylmercapto-benzophenon $C_{17}H_{18}OS_2$, Formel II (R = C_2H_5) (E III 2659).

B. Aus 4,4'-Dimercapto-benzophenon und Äthyljodid oder Diäthylsulfat mit Hilfe von Na⸗triumäthylat (*Tadros, Saad,* Soc. **1954** 1155).

4,4'-Bis-äthansulfonyl-benzophenon $C_{17}H_{18}O_5S_2$, Formel III (R = C_2H_5).

B. Aus 4,4'-Bis-äthylmercapto-benzophenon mit Hilfe von H_2O_2 in wss. Essigsäure (*Tadros, Saad,* Soc. **1954** 1155).

Kristalle (aus A.); F: 142–143°.

4,4'-Bis-propylmercapto-benzophenon $C_{19}H_{22}OS_2$, Formel II (R = CH_2-C_2H_5) (E III 2659).

B. Aus Phenyl-propyl-sulfid und 4-Propylmercapto-benzoylchlorid mit Hilfe von $AlCl_3$ in CS_2 (*Hubner, Petersen,* U.S.P. 2830088 [1953]).

F: 64°.

4,4'-Bis-butylmercapto-benzophenon $C_{21}H_{26}OS_2$, Formel II (R = $[CH_2]_3$-CH_3).

B. Analog der vorangehenden Verbindung (*Hubner, Petersen,* U.S.P. 2830088 [1953]).

F: 64°.

4,4'-Bis-hexylmercapto-benzophenon $C_{25}H_{34}OS_2$, Formel II (R = $[CH_2]_5$-CH_3).

B. Analog den vorangehenden Verbindungen (*Hubner, Petersen,* U.S.P. 2830088 [1953]).

F: 58–60°.

4,4'-Bis-phenylmercapto-benzophenon $C_{25}H_{18}OS_2$, Formel II (R = C_6H_5) (E III 2659).

B. Neben Thioxanthen-9-on beim Behandeln von Diphenylsulfid mit $AlCl_3$ und $COCl_2$ in CS_2 (*Szmant et al.,* J. org. Chem. **18** [1953] 745).

Kristalle (aus A.); F: 136–138° [unkorr.].

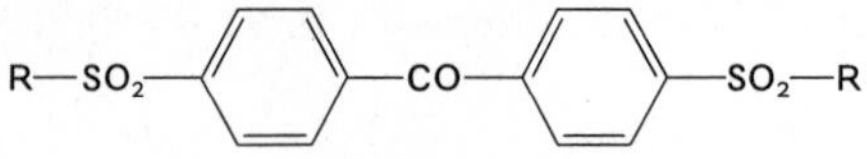

III

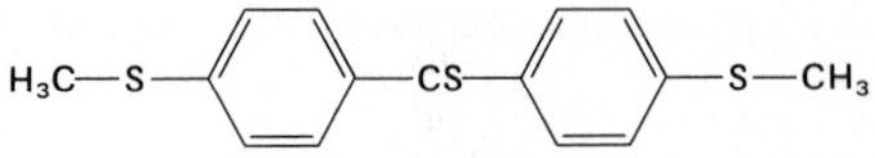

IV

4,4'-Bis-benzolsulfonyl-benzophenon $C_{25}H_{18}O_5S_2$, Formel III (R = C_6H_5).

B. Beim Erwärmen von 4,4'-Bis-phenylmercapto-benzophenon mit Peroxyessigsäure in Essigsäure (*Szmant et al.,* J. org. Chem. **18** [1953] 745).

F: 274–275° [unkorr.].

2,4-Dinitro-phenylhydrazon (F: 262–263°): *Sz. et al.*

4,4'-Bis-methylmercapto-thiobenzophenon $C_{15}H_{14}S_3$, Formel IV (E III 2660).

Dipolmoment (ε; Bzl.): 3,94 D (*Lüttringhaus et al.,* Chem. Ges. D.D.R. Hauptjahrestag. Leipzig 1955 S. 152, 162).

3-[2-Hydroxy-[1]naphthyl]-3-oxo-propionaldehyd $C_{13}H_{10}O_3$, Formel V.

B. Beim Erwärmen von 1-[2-Hydroxy-[1]naphthyl]-äthanon mit Äthylformiat und Natrium in Äther (*Kiprianow, Tolmatschew,* Ž. obšč. Chim. **29** [1959] 2868, 2872; engl. Ausg. S. 2828, 2831).

Kristalle (aus A.); F: 158°.

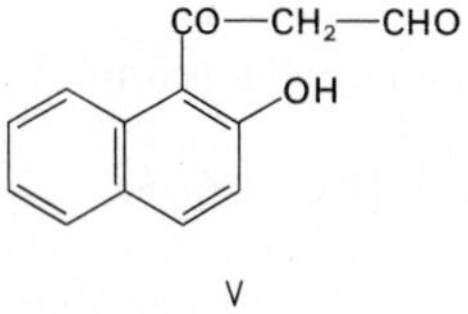

V

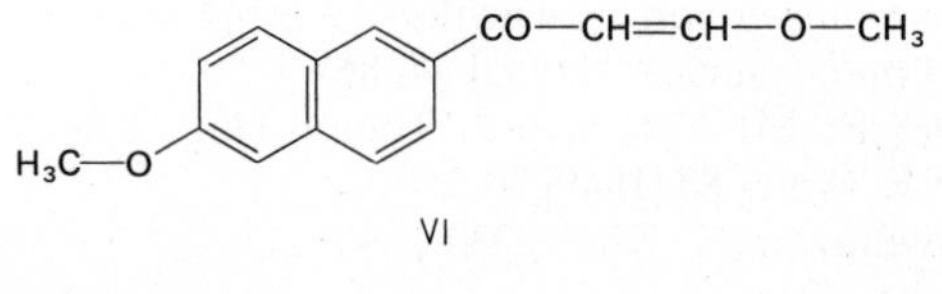

VI

***3-Methoxy-1-[6-methoxy-[2]naphthyl]-propenon** $C_{15}H_{14}O_3$, Formel VI.

B. Beim Behandeln von 1-[6-Methoxy-[2]naphthyl]-äthanon mit Äthylformiat und Natrium in Benzol und Behandeln des Reaktionsprodukts mit methanol. HCl (*Gandhi et al.,* J. Indian chem. Soc. **34** [1957] 509, 513).

Kp_7: 198–200°.

2-Hydroxy-3-propenyl-[1,4]naphthochinon $C_{13}H_{10}O_3$, Formel VII (R = CH=CH-CH_3) und Taut. (E III 2661).

Absorptionsspektrum (wss. HCl; 400–550 nm bzw. wss. NaOH; 340–710 nm): *Ettlinger,* Am. Soc. **72** [1950] 3085, 3086, 3087. Scheinbarer Dissoziationsexponent pK'_a (H_2O; spektrophotometrisch ermittelt) bei 26–33°: 4,8.

2-Allyl-5-methoxy-[1,4]naphthochinon $C_{14}H_{12}O_3$, Formel VIII.

B. Aus 2-Allyl-5-methoxy-[1]naphthol in Äther und $NO(SO_3K)_2$ in wss. Lösung vom pH 11 (*Eisenhuth, Schmid,* Helv. **41** [1958] 2021, 2035).

Gelbe Kristalle (aus Ae.); F: 96–97°. Absorptionsspektrum (A.; 200–450 nm): *Ei., Sch.,* l. c. S. 2026.

Monooxim $C_{14}H_{13}NO_3$; 2-Allyl-5-methoxy-[1,4]naphthochinon-4-oxim und Taut. (2-Allyl-5-methoxy-4-nitroso-[1]naphthol). *B.* Beim Behandeln von 2-Allyl-5-methoxy-[1]naphthol mit $NO(SO_3K)_2$ unter Zusatz von KH_2PO_4 in wss. Methanol (*Ei., Sch.,* l. c. S. 2036). – Gelbgrüne Kristalle (aus A.); F: 198°. Absorptionsspektrum (A.; 200–450 nm): *Ei., Sch.,* l. c. S. 2023.

VII VIII IX

2-Hydroxy-3-isopropenyl-[1,4]naphthochinon $C_{13}H_{10}O_3$, Formel VII (R = C(CH_3)=CH_2) und Taut.

B. Aus 2-Hydroxy-3-methallyl-[1,4]naphthochinon über mehrere Stufen (*Cooke, Somers,* Austral. J. scient. Res. [A] **3** [1950] 466, 478, 479).

Orangegelbe Kristalle (aus PAe.); F: 86°. λ_{max} (A.): 250 nm, 274 nm und 333 nm (*Co., So.,* l. c. S. 473).

5-Acetyl-6-methoxy-[2]naphthaldehyd(?) $C_{14}H_{12}O_3$, vermutlich Formel IX.

B. In geringer Menge beim Einleiten von HCl in ein Gemisch von 6-Methoxy-[2]naphthaldehyd, Acetanhydrid und Malonsäure-diäthylester (*I.A. David,* Diss. [Univ. of Wisconsin 1954] S. 45, 46).

Kristalle (aus E.); F: 215–216°.

5-Hydroxy-7-methoxy-1,2-dihydro-cyclopenta[*a*]naphthalin-3-on $C_{14}H_{12}O_3$, Formel X (E III 2662).

IR-Spektrum (Paraffin; 5000–650 cm^{-1}): *Teuber, Götz,* B. **89** [1956] 2654, 2656.

[*Geibler*]

Hydroxy-oxo-Verbindungen $C_{14}H_{12}O_3$

2,4-Dihydroxy-desoxybenzoin $C_{14}H_{12}O_3$, Formel XI (R = R′ = X = H) (H 320; E II 357; E III 2664).

B. Beim Erwärmen von Resorcin mit Phenylessigsäure und BF_3 und Behandeln des Reaktionsgemisches mit wss. Natriumacetat (*Oelschläger,* Ar. **288** [1955] 102, 107). Beim Erhitzen von 3-[2,4-Dimethoxy-phenyl]-3-oxo-2-phenyl-propionsäure-äthylester mit Pyridin-hydrochlorid auf 220° (*Kawase,* Bl. chem. Soc. Japan **32** [1959] 11).

Kristalle; F: 115° [aus Xylol+PAe.] (*Oe.*), 110–113° [unkorr.; aus H_2O] (*Ka.*). UV-Spektrum (Me.; 220–380 nm): *VanAllan, Tinker,* J. org. Chem. **19** [1954] 1243, 1248.

Beim Behandeln mit $Zn(CN)_2$ und Äther unter Einleiten von HCl und Erwärmen des Reaktionsprodukts mit H_2O (*Farkas,* B. **90** [1957] 2940, 2942) oder beim Erhitzen mit Orthoameisensäure-triäthylester, Pyridin und wenig Piperidin (*Sathe, Venkataraman,* Curr. Sci. **18** [1949] 373) ist 7-Hydroxy-3-phenyl-chromen-4-on erhalten worden. Beim Behandeln mit $Zn(CN)_2$, $AlCl_3$ und HCl entsteht dagegen 3-Formyl-2,4-dihydroxy-desoxybenzoin (*Kawase et al.,* Bl. chem. Soc. Japan **31** [1958] 997).

Oxim $C_{14}H_{13}NO_3$ (H 320; E II 358). F: 240° (*Libermann, Moyeux,* C. r. **240** [1955] 2428).

2-Hydroxy-4-methoxy-desoxybenzoin $C_{15}H_{14}O_3$, Formel XI (R = X = H, R′ = CH_3) (E I 641; E II 357; E III 2664).

B. Aus 2,4-Dihydroxy-desoxybenzoin und Dimethylsulfat mit Hilfe von K_2CO_3 in Benzol (*Baker et al.,* Soc. **1953** 1852, 1858; vgl. E I 641). Aus 3-[2,4-Dimethoxy-phenyl]-3-oxo-2-phenyl-propionsäure-äthylester oder 3-[2,4-Dimethoxy-phenyl]-3-oxo-2-phenyl-propionitril beim Erhitzen mit wss. HCl in Essigsäure (*Kawase,* Bl. chem. Soc. Japan **31** [1958] 390, 393).

Kristalle (aus A.); F: 92° (*Bentley, Robinson,* Soc. **1950** 1353, 1354).

2,4-Dinitro-phenylhydrazon (F: 212°): *Be., Ro.*

2,4-Dimethoxy-desoxybenzoin $C_{16}H_{16}O_3$, Formel XI (R = R′ = CH_3, X = H) (E I 642; E III 2665).

B. Beim Behandeln von 1,3-Dimethoxy-benzol mit Phenylacetylchlorid und $AlCl_3$ in Nitrobenzol (*Badcock et al.,* Soc. **1950** 2961, 2963). Aus 2,4-Dimethoxy-benzoylchlorid und Dibenzylcadmium (*Kawase et al.,* Bl. chem. Soc. Japan **31** [1958] 691).

2,4-Dinitro-phenylhydrazon (F: 194–195°): *Ka. et al.*

4-Äthoxy-2-hydroxy-desoxybenzoin $C_{16}H_{16}O_3$, Formel XI (R = X = H, R′ = C_2H_5).

B. Aus 2,4-Dihydroxy-desoxybenzoin und Äthyljodid in Aceton mit Hilfe von K_2CO_3 (*Badcock et al.,* Soc. **1950** 2961, 2963).

Kristalle (aus PAe. oder A.); F: 86°.

4-Äthoxy-2-methoxy-desoxybenzoin $C_{17}H_{18}O_3$, Formel XI (R = CH_3, R′ = C_2H_5, X = H).

B. Aus der vorangehenden Verbindung und Dimethylsulfat mit Hilfe von K_2CO_3 (*Badcock et al.,* Soc. **1950** 2961, 2963).

Kristalle (aus A.); F: 53,5°. $Kp_{0,4}$: 180°.

Oxim $C_{17}H_{19}NO_3$. Kristalle (aus A.); F: 126°.

[5-Methoxy-2-phenylacetyl-phenoxy]-essigsäure $C_{17}H_{16}O_5$, Formel XI (R = CH_2-CO-OH, R′ = CH_3, X = H).

B. Beim Erwärmen von 2-Hydroxy-4-methoxy-desoxybenzoin mit Natriumäthylat und Bromessigsäure-äthylester in Äthanol und Erhitzen des Reaktionsgemisches mit wss. NaOH (*Bentley, Robinson,* Soc. **1950** 1353, 1354).

Kristalle (aus Bzl.); F: 130°.

2,4-Bis-[2-diäthylamino-äthoxy]-desoxybenzoin $C_{26}H_{38}N_2O_3$, Formel XI (R = R′ = CH_2-CH_2-$N(C_2H_5)_2$, X = H).

B. Beim Behandeln von 2,4-Dihydroxy-desoxybenzoin mit Diäthyl-[2-chlor-äthyl]-amin und Natriumäthylat (*Libermann, Moyeux,* Bl. **1956** 166, 170, 173).

$Kp_{0,2}$: 192–193°.
Dioxalat. F: 151°.

4′-Chlor-2,4-dihydroxy-desoxybenzoin $C_{14}H_{11}ClO_3$, Formel XI (R = R′ = H, X = Cl) (E II 358).
B. Beim Behandeln von Resorcin mit [4-Chlor-phenyl]-acetylchlorid und $AlCl_3$ in Nitrobenzol (*Libermann, Moyeux,* Bl. **1956** 166, 169).
Kristalle (aus Bzl.); F: 156°.

4′-Brom-2,4-dihydroxy-desoxybenzoin $C_{14}H_{11}BrO_3$, Formel XI (R = R′ = H, X = Br).
B. Analog der vorangehenden Verbindung (*Libermann, Moyeux,* Bl. **1956** 166, 169).
Kristalle (aus Bzl.); F: 176°.

2,4-Dihydroxy-4′-jod-desoxybenzoin $C_{14}H_{11}IO_3$, Formel XI (R = R′ = H, X = I).
B. Analog den vorangehenden Verbindungen (*Libermann, Moyeux,* Bl. **1956** 166, 169).
Kristalle (aus Bzl.); F: 186°.

2,4-Dihydroxy-4′-nitro-desoxybenzoin $C_{14}H_{11}NO_5$, Formel XI (R = R′ = H, X = NO_2) (E III 2667).
B. Beim Leiten von HCl in ein Gemisch von Resorcin, [4-Nitro-phenyl]-acetonitril, $AlCl_3$ und Äther (*Dutta, Bose,* J. scient. ind. Res. India **11** B [1952] 413; vgl. E III 2667).
Kristalle (aus A.); F: 204–205° (*Libermann, Moyeux,* Bl. **1952** 50, 54), 204° (*Du., Bose*).
Diacetyl-Derivat $C_{18}H_{15}NO_7$; 2,4-Diacetoxy-4′-nitro-desoxybenzoin. Kristalle (aus Eg.); F: 157–158° (*Gowan et al.,* Soc. **1958** 2495, 2496, 2497).

2-Hydroxy-4-methoxy-4′-nitro-desoxybenzoin $C_{15}H_{13}NO_5$, Formel XI (R = H, R′ = CH_3, X = NO_2) (E III 2667).
B. Aus der vorangehenden Verbindung und Dimethylsulfat mit Hilfe von K_2CO_3 (*Gowan et al.,* Soc. **1958** 2495, 2496).

2,5-Dihydroxy-desoxybenzoin $C_{14}H_{12}O_3$, Formel XII (E II 358; E III 2668).
B. Beim Erwärmen von Hydrochinon mit Phenylessigsäure und BF_3 und Behandeln des Reaktionsgemisches mit wss. Natriumacetat (*Oelschläger,* Ar. **288** [1955] 102, 107, 110).
Kristalle (aus Bzl.+PAe.); F: 112°.

2,6-Dihydroxy-desoxybenzoin $C_{14}H_{12}O_3$, Formel XIII (R = R′ = X = H).
B. Beim Erwärmen von 4,6-Dihydroxy-5-phenylacetyl-isophthalsäure-dimethylester mit äthanol. NaOH und Erhitzen des Reaktionsprodukts mit H_2O (*Karmarkar et al.,* Pr. Indian Acad. [A] **36** [1952] 552, 557).
Gelbe Kristalle; F: 177° [aus Bzl.+Cyclohexan] (*Libermann, Moyeux,* C. r. **240** [1955] 2428), 170° [aus wss. A.] (*Ka. et al.*).

2-Hydroxy-6-methoxy-desoxybenzoin $C_{15}H_{14}O_3$, Formel XIII (R = X = H, R′ = CH_3).
B. Aus der vorangehenden Verbindung und Dimethylsulfat mit Hilfe von K_2CO_3 in Aceton (*Gowan et al.,* Soc. **1958** 2495, 2497).
Kristalle (aus wss. Eg.); F: 66°.

2-Äthoxy-6-hydroxy-desoxybenzoin $C_{16}H_{16}O_3$, Formel XIII (R = C_2H_5, R′ = X = H).
B. Bei der Hydrierung der im folgenden Artikel beschriebenen Verbindung an Platin in Essigsäure (*Libermann, Moyeux,* Bl. **1956** 166, 171).
Kristalle (aus Bzl.); F: 82°.
Oxim $C_{16}H_{17}NO_3$. F: 178°.

2-Hydroxy-6-vinyloxy-desoxybenzoin $C_{16}H_{14}O_3$, Formel XIII (R = X = H, R′ = CH=CH_2).
B. Neben anderen Verbindungen beim Behandeln eines vorwiegend aus 2,4-Dihydroxy-des-

oxybenzoin und geringen Mengen 2,6-Dihydroxy-desoxybenzoin bestehenden Präparats mit Diäthyl-[2-chlor-äthyl]-amin und Natriumäthylat (*Libermann, Moyeux,* Bl. **1956** 166, 170).

Kristalle (aus A.); F: 85°.

Oxim $C_{16}H_{15}NO_3$. Kristalle (aus A.); F: 173°.

Phenylcarbamoyl-Derivat (F: 130°): *Li., Mo.*

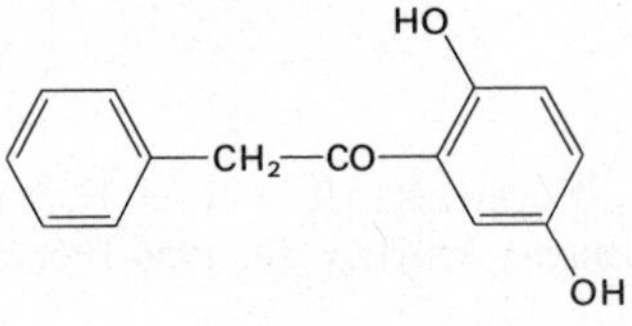

XII 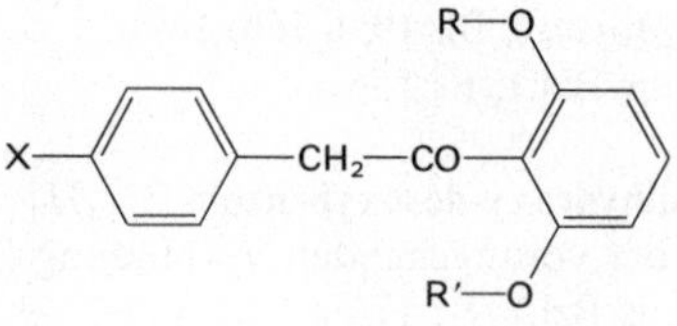 XIII

2-Methoxy-6-vinyloxy-desoxybenzoin $C_{17}H_{16}O_3$, Formel XIII (R = CH_3, R′ = CH=CH_2, X = H).

B. Aus 2-Hydroxy-6-vinyloxy-desoxybenzoin und Dimethylsulfat mit Hilfe von K_2CO_3 in Aceton (*Libermann, Moyeux,* Bl. **1956** 166, 170).

Kristalle (aus Bzl.); F: 73°.

Oxim $C_{17}H_{17}NO_3$. F: 143°.

(±)-2-[1,2-Dibrom-äthoxy]-6-hydroxy-desoxybenzoin $C_{16}H_{14}Br_2O_3$, Formel XIII (R = CHBr-CH_2Br, R′ = X = H).

B. Aus 2-Hydroxy-6-vinyloxy-desoxybenzoin und Brom in Essigsäure (*Libermann, Moyeux,* Bl. **1956** 166, 171).

Kristalle (aus A.); F: 147°.

4′-Brom-2-hydroxy-6-vinyloxy-desoxybenzoin $C_{16}H_{13}BrO_3$, Formel XIII (R = H, R′ = CH=CH_2, X = Br).

B. Neben anderen Verbindungen beim Behandeln eines vorwiegend aus 4′-Brom-2,4-dihydr= oxy-desoxybenzoin und geringen Mengen 4′-Brom-2,6-dihydroxy-desoxybenzoin bestehenden Präparats mit Diäthyl-[2-chlor-äthyl]-amin und Natriumäthylat (*Libermann, Moyeux,* Bl. **1956** 166, 170).

Kristalle (aus A.); F: 103°.

2-Hydroxy-4′-jod-6-vinyloxy-desoxybenzoin $C_{16}H_{13}IO_3$, Formel XIII (R = H, R′ = CH=CH_2, X = I).

B. Analog der vorangehenden Verbindung (*Libermann, Moyeux,* Bl. **1956** 166, 170).

Kristalle (aus A.); F: 131°.

2-Hydroxy-2′-methoxy-desoxybenzoin $C_{15}H_{14}O_3$, Formel XIV (R = X = H).

B. Beim Erwärmen von 3-[2-Methoxy-phenyl]-chromen-4-on mit wss.-methanol. KOH (*Whalley, Lloyd,* Soc. **1956** 3213, 3223).

Kristalle (aus PAe.); F: 64°.

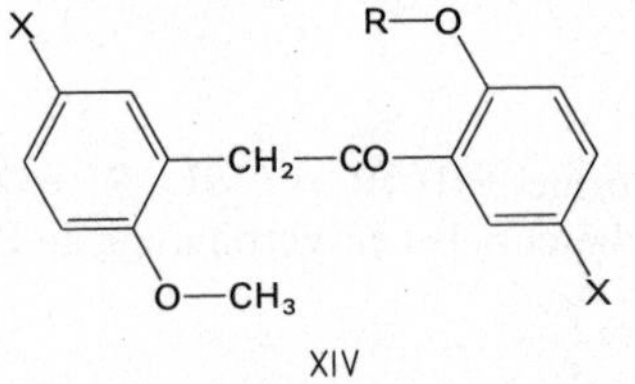

XIV 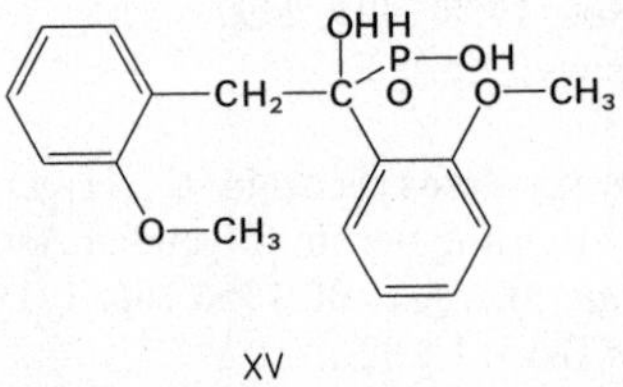 XV

2,2′-Dimethoxy-desoxybenzoin $C_{16}H_{16}O_3$, Formel XIV (R = CH_3, X = H) (E III 2669).

B. Aus 2,2′-Dimethoxy-benzoin mit Hilfe von amalgamiertem Zinn und wss.-äthanol. HCl (*Moureu et al.,* Bl. **1956** 301, 304).

Kristalle; F: 58°. Kp_1: 170°.

(±)-[α-Hydroxy-2,2′-dimethoxy-bibenzyl-α-yl]-phosphinsäure $C_{16}H_{19}O_5P$, Formel XV.

B. Beim Erwärmen von 2,2′-Dimethoxy-benzil oder 2,2′-Dimethoxy-benzoin mit H_3PO_2 in Äthanol (*Polonovski et al.*, C. r. **239** [1954] 1506).

F: ca. 190° [Zers.].

2,2′-Dimethoxy-5,5′-dinitro-desoxybenzoin $C_{16}H_{14}N_2O_7$, Formel XIV (R = CH_3, X = NO_2).

B. Aus 2,2′-Dimethoxy-5,5′-dinitro-benzil-monohydrazon mit Hilfe von äthanol. KOH (*Moureu et al.*, Bl. **1956** 301, 303).

Hellgelbe Kristalle (aus Dioxan); F: 157–158°.

2,4-Dinitro-phenylhydrazon (F: 196–197°): *Mo. et al.*

2,4′-Dihydroxy-desoxybenzoin $C_{14}H_{12}O_3$, Formel I (R = H).

B. Beim Erhitzen von 3-[2-Methoxy-phenyl]-2-[4-methoxy-phenyl]-3-oxo-propionsäure-äthylester mit Pyridin-hydrochlorid auf 220° (*Kawase*, Bl. chem. Soc. Japan **32** [1959] 11).

Kristalle (aus wss. A.); F: 106–107° [unkorr.].

2-Hydroxy-4′-methoxy-desoxybenzoin $C_{15}H_{14}O_3$, Formel I (R = CH_3).

B. Aus 3-[2-Methoxy-phenyl]-2-[4-methoxy-phenyl]-3-oxo-propionitril oder 3-[2-Methoxy-phenyl]-2-[4-methoxy-phenyl]-3-oxo-propionsäure-äthylester mit Hilfe von wss. HCl und Essigsäure (*Kawase*, Bl. chem. Soc. Japan **32** [1959] 9).

$Kp_{0,003}$: 160–180° [Badtemperatur].

2,4-Dinitro-phenylhydrazon (F: 198–199°): *Ka.*

3,4-Dihydroxy-desoxybenzoin $C_{14}H_{12}O_3$, Formel II (R = H) (H 321; E III 2670).

B. Aus Phenylessigsäure und Brenzcatechin mit Hilfe von BF_3 in $CHCl_3$ (*Farooq et al.*, B. **92** [1959] 2555, 2557).

Kristalle (aus A.+Bzl.); F: 173–174° [unkorr.].

2,4-Dinitro-phenylhydrazon (F: 243°): *Fa. et al.*

3,4-Dimethoxy-desoxybenzoin $C_{16}H_{16}O_3$, Formel II (R = CH_3) (E I 642; E III 2671).

B. Analog der vorangehenden Verbindung (*Farooq et al.*, B. **92** [1959] 2555, 2558). Beim Erwärmen von Phenylessigsäure mit 1,2-Dimethoxy-benzol und Polyphosphorsäure (*Nakazawa, Matsuura*, Ann. Pr. Gifu Coll. Pharm. Nr. 3 [1953] 45; C. A. **1956** 11977). Beim Erwärmen von 3,4-Dimethoxy-benzoesäure-amid mit Benzylmagnesiumchlorid in Äther und anschliessenden Behandeln mit wss. H_2SO_4 (*Fa. et al.*).

(*E*)-Oxim $C_{16}H_{17}NO_3$ (E III 2671). Konfiguration: *Fa. et al.*

Semicarbazon $C_{17}H_{19}N_3O_3$ (E III 2671). F: 197–198° (*Nerlekar, Nargund*, J. Karnatak Univ. **2** [1957] 58, 60).

2,4-Dinitro-phenylhydrazon (F: 198–199°): *Fa. et al.*

[4-Methoxy-α-oxo-bibenzyl-3-yl]-[α-oxo-bibenzyl-4-yl]-äther, 4-Methoxy-3,4″-oxy-bis-desoxybenzoin $C_{29}H_{24}O_4$, Formel III.

B. Beim Behandeln von 1-Methoxy-2-phenoxy-benzol mit Phenylacetylchlorid und $AlCl_3$ in CS_2 (*Brown, Copp*, Soc. **1954** 873, 876).

Kristalle (aus Isopropylalkohol); F: 134–137°. $Kp_{0,1}$: 280–300°.

Dioxim $C_{29}H_{26}N_2O_4$. Kristalle (aus Me.); F: 155–156°.

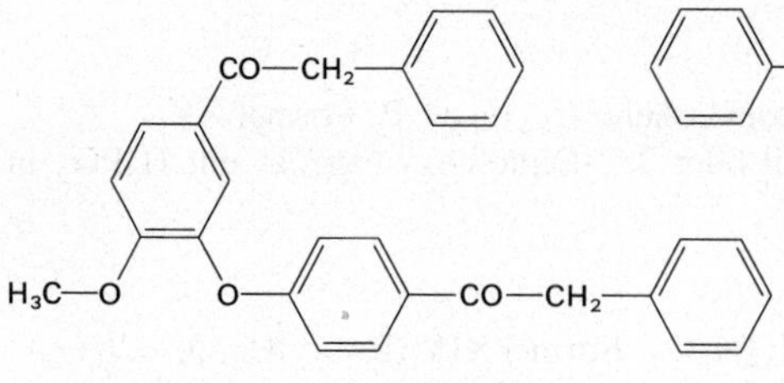

III 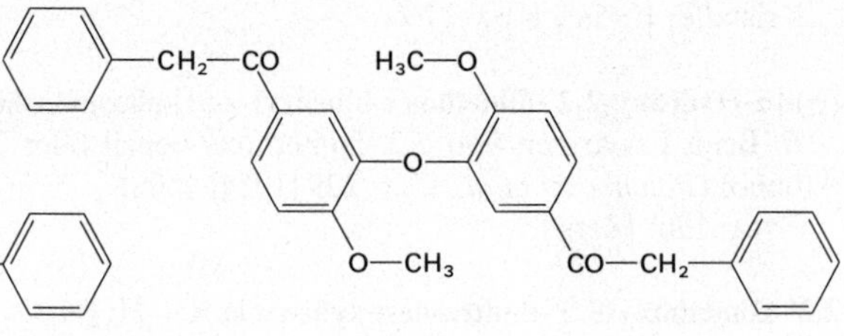 IV

Bis-[4-methoxy-α-oxo-bibenzyl-3-yl]-äther, 4,4''-Dimethoxy-3,3''-oxy-bis-desoxybenzoin $C_{30}H_{26}O_5$, Formel IV.

B. Analog der vorangehenden Verbindung (*Brown, Copp,* Soc. **1954** 873, 876).

Kristalle (aus Me.); F: 106–107,5°. $Kp_{0,00001}$: 250–260°.

Dioxim $C_{30}H_{28}N_2O_5$. Kristalle (aus Me. + A.); F: 183–184°.

4,2'-Dimethoxy-desoxybenzoin $C_{16}H_{16}O_3$, Formel V (E III 2674).

B. Beim Behandeln von [2-Methoxy-phenyl]-acetylchlorid mit Anisol und $AlCl_3$ (*Carpenter, Hunter,* J. appl. Chem. **1** [1951] 217, 225).

Kristalle (aus Bzl. + PAe.); F: 89,5–90°.

4,4'-Dihydroxy-desoxybenzoin $C_{14}H_{12}O_3$, Formel VI (R = R' = H) (H 321).

B. Beim Erhitzen von 4,4'-Dimethoxy-desoxybenzoin mit Pyridin-hydrochlorid (*Buu-Hoi et al.,* Bl. **1956** 629, 631).

Kristalle (aus wss. Eg.); F: 215°.

4-Hydroxy-4'-methoxy-desoxybenzoin $C_{15}H_{14}O_3$, Formel VI (R = H, R' = CH_3).

B. Beim Erhitzen von Bis-[4-methoxy-phenyl]-acetylen oder von 2-Brom-1,1-bis-[4-methoxy-phenyl]-äthen (*Tadros et al.,* Soc. **1958** 4210) oder von 4,4'-Dimethoxy-desoxybenzoin (*Tadros et al.,* Soc. **1954** 2351) mit Natrium-[2-hydroxy-äthylat] in Äthylenglykol.

Kristalle (aus wss. A.); F: 175°.

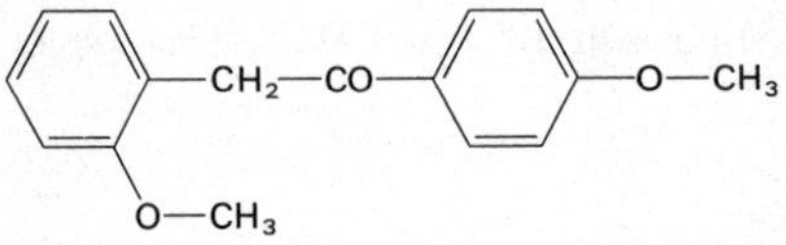

V 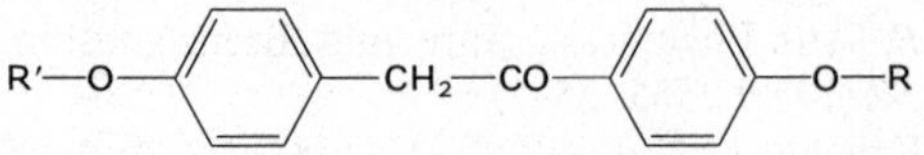 VI

4,4'-Dimethoxy-desoxybenzoin $C_{16}H_{16}O_3$, Formel VI (R = R' = CH_3) (H 321; E II 358; E III 2675).

B. Beim Behandeln von [4-Methoxy-phenyl]-acetylchlorid mit Anisol und $AlCl_3$ in CS_2 (*Nagano,* J. org. Chem. **22** [1957] 817). Beim Erwärmen von [4-Methoxy-phenyl]-essigsäure mit Anisol und Polyphosphorsäure (*Nakazawa et al.,* J. pharm. Soc. Japan **74** [1954] 495; C. A. **1955** 8182). Beim Erwärmen von 4-Methoxy-phenylmagnesium-bromid mit Chloressigsäure-äthylester (*Ando,* J. Soc. org. synth. Chem. Japan **17** [1959] 339, 340; C. A. **1959** 17971) oder mit 2-Chlor-1-[4-methoxy-phenyl]-äthanon (*Ando,* J. Soc. org. synth. Chem. Japan **17** [1959] 777, 779; C. A. **1960** 4492) in Benzol und Äther. Bei der Oxidation von 1,1-Bis-[4-methoxy-phenyl]-äthen mit Blei(IV)-acetat in Essigsäure (*Criegee et al.,* B. **90** [1957] 1070, 1079). Beim Erwärmen von 4,4'-Dimethoxy-benzil mit H_3PO_2 in Äthanol (*Polonovski et al.,* C. r. **239** [1954] 1506).

Atomabstände und Bindungswinkel (Röntgen-Diagramm): *Norment, Karle,* Acta cryst. **15** [1962] 873, 876.

Monoklin; Kristallstruktur-Analyse (Röntgen-Diagramm): *No., Ka.*; s. a. *Rose, Williams,* Anal. Chem. **31** [1959] 478. Dichte der Kristalle: 1,287 (*Rose, Wi.*). Kristalloptik: *Rose, Wi.*

λ_{max} (A.): 220 nm und 277 nm (*Cymerman-Craig et al.*, Austral. J. Chem. **9** [1956] 391, 395), 274 nm (*Lutz, Baker*, J. org. Chem. **21** [1956] 49, 59).

Beim Erwärmen mit But-3-en-1-inylmagnesiumbromid in Äther und Erwärmen des Reaktionsprodukts mit wss. HCl oder mit Toluol-4-sulfonsäure unter vermindertem Druck ist 1,2-Bis-[4-methoxy-phenyl]-hexa-1,5-dien-3-in (F: 84°) erhalten worden (*Nasarow, Kotljarewškiĭ*, Ž. obšč. Chim. **20** [1950] 1431, 1434; engl. Ausg. S. 1491, 1494). Beim Behandeln mit Äthinyldimagnesium-dibromid und Acetylen in Äther und Benzol sind je nach den Reaktionsbedingungen 1,2,5,6-Tetrakis-[4-methoxy-phenyl]-hexa-1,5-dien-3-in (F: 228°), 1,2-Bis-[4-methoxy-phenyl]-but-3-in-2-ol und 2-Methoxy-6-[4-methoxy-phenyl]-naphthalin erhalten worden (*Cymerman-Craig et al.*, Austral. J. Chem. **9** [1956] 373, 377).

4′-Äthoxy-4-hydroxy-desoxybenzoin $C_{16}H_{16}O_3$, Formel VI (R = H, R′ = C_2H_5).

B. Neben [4-Äthoxy-phenyl]-[4-methoxy-phenyl]-acetylen beim Erhitzen von 2-Brom-1-[4-äthoxy-phenyl]-1-[4-methoxy-phenyl]-äthen mit Natrium-[2-hydroxy-äthylat] in Äthylenglykol (*Tadros et al.*, Soc. **1958** 4210).

Kristalle (aus wss. A.); F: 160–162°.

4-Äthoxy-4′-methoxy-desoxybenzoin $C_{17}H_{18}O_3$, Formel VI (R = C_2H_5, R′ = CH_3) (E III 2676).

B. Beim Behandeln von [4-Methoxy-phenyl]-acetylchlorid mit Phenetol und $SnCl_4$ in Benzol (*Tadros et al.*, Soc. **1954** 2351). Aus 4-Hydroxy-4′-methoxy-desoxybenzoin und Äthyljodid mit Hilfe von Natriumäthylat in Äthanol (*Ta. et al.*).

Kristalle (aus A.); F: 102°.

4′-Äthoxy-4-methoxy-desoxybenzoin $C_{17}H_{18}O_3$, Formel VI (R = CH_3, R′ = C_2H_5) (E III 2676).

B. Aus 4′-Äthoxy-4-hydroxy-desoxybenzoin und Dimethylsulfat (*Tadros et al.*, Soc. **1958** 4210).

F: 100°.

3,3′-Difluor-4,4′-dimethoxy-desoxybenzoin $C_{16}H_{14}F_2O_3$, Formel VII (R = CH_3, X = F, X′ = H).

B. Beim Behandeln von 3-Fluor-4-methoxy-phenylmagnesium-bromid mit [3-Fluor-4-methoxy-phenyl]-acetonitril in Äther oder mit Chloressigsäure-äthylester in Benzol und Äther (*Funasaka et al.*, J. Soc. org. synth. Chem. Japan **17** [1959] 334, 338; C. A. **1959** 17970).

Kristalle (aus Me.); F: 149–150°.

(±)-α-Brom-4,4′-dimethoxy-desoxybenzoin $C_{16}H_{15}BrO_3$, Formel VII (R = CH_3, X = H, X′ = Br) (E III 2677).

B. Beim Behandeln von 4,4′-Dimethoxy-desoxybenzoin mit Brom in CCl_4 (*Drefahl, Hartmann*, A. **589** [1954] 82, 89; *Oki*, J. chem. Soc. Japan Pure Chem. Sect. **72** [1951] 1046; C. A. **1953** 3284), in $CHCl_3$ und Äther (*Cymerman-Craig et al.*, Austral. J. Chem. **8** [1955] 385, 387) oder in CCl_4 unter Belichtung (*Lutz, Baker*, J. org. Chem. **21** [1956] 49, 57).

F: 104–105° [aus Ae.+PAe.] (*Dr., Ha.*).

Reaktion einer Lösung in Benzol mit Mononatriumacetylenid in flüssigem NH_3: *Cymerman-Craig et al.*, Austral. J. Chem. **9** [1956] 391, 394.

X

R—O—[C₆H₃]—CHX′—CO—[C₆H₃]—O—R

X

VII

HO—[C₆H₃]—CH₂—CO—[C₆H₅]

OH

VIII

(±)-4,4'-Diäthoxy-α-brom-desoxybenzoin $C_{18}H_{19}BrO_3$, Formel VII (R = C_2H_5, X = H, X' = Br).

B. Beim Behandeln von 4,4'-Diäthoxy-desoxybenzoin mit Brom in CCl_4 (*Nagano,* J. org. Chem. **22** [1957] 817).

Kristalle (aus CCl_4 + PAe.); F: 100–102°.

2',4'-Dihydroxy-desoxybenzoin $C_{14}H_{12}O_3$, Formel VIII und cyclisches Taut.

B. Beim Erwärmen von Resorcin mit Phenacylbromid und $AlCl_3$ in Nitrobenzol (*Libermann, Moyeux,* Bl. **1952** 50, 54).

Rote Kristalle (aus wss. A.); F: 255–260°.

(±)-2-Hydroxy-benzoin $C_{14}H_{12}O_3$, Formel IX.

B. Beim Erwärmen von Salicylaldehyd mit Benzaldehyd und KCN in wss. Äthanol (*Phadke,* J. scient. ind. Res. India **15** B [1956] 208).

Gelbe bis braune Kristalle (aus A.+Eg.); F: 87–89°.

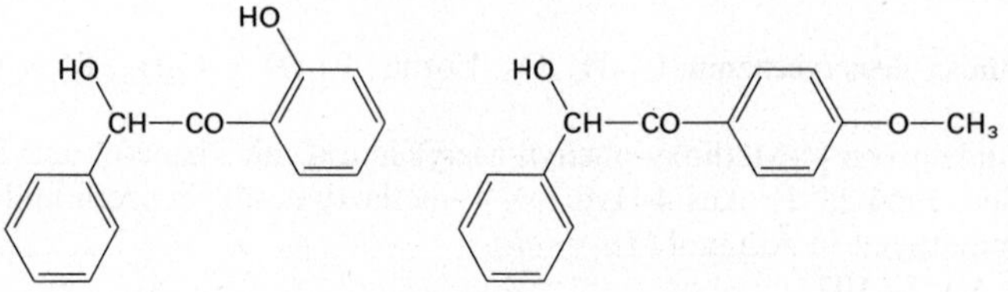

IX X

(±)-4-Methoxy-benzoin $C_{15}H_{14}O_3$, Formel X (H 322; E II 358; E III 2680).

B. Beim Erwärmen von Benzaldehyd mit 4-Methoxy-benzaldehyd in wss. Äthanol in Gegenwart eines cyanidhaltigen Ionenaustauschers (*Rohm & Haas Co.,* U.S.P. 2661354 [1951]). Beim Erhitzen von (±)-4'-Methoxy-benzoin mit 2-Diäthylamino-äthanol in Gegenwart von P_2O_5 auf 100° (*Lutz, Baker,* J. org. Chem. **21** [1956] 49, 55).

Kristalle (aus Bzl.); F: 106–107° [korr.] (*Curtin, Bradley,* Am. Soc. **76** [1954] 5777). UV-Spektrum (A.; 220–350 nm): *Lutz, Ba.,* l. c. S. 54.

Beim Erwärmen mit H_3PO_2 in Äthanol ist opt.-inakt. [α,α'-Dihydroxy-4(oder 4')-methoxy-bibenzyl-α-yl]-phosphinsäure $C_{15}H_{17}O_5P$ (Kristalle [aus H_2O] mit 1 Mol H_2O; wasserfrei bei ca. 150° [Zers.] schmelzend) erhalten worden (*Polonovski et al.,* C. r. **239** [1954] 1506). Beim Erwärmen mit Mercaptoessigsäure unter Einleiten von HCl sind 4-Methoxy-desoxybenzoin und geringere Mengen [4-Methoxy-stilben-α,α'-diyldimercapto]-di-essigsäure (F: 189–190°) erhalten worden (*Teich, Curtin,* Am. Soc. **72** [1950] 2796). Beim Behandeln mit Phenylmagnesiumbromid ist (*RS,SR*)-1-[4-Methoxy-phenyl]-1,2-diphenyl-äthan-1,2-diol erhalten worden (*Curtin et al.,* Am. Soc. **74** [1952] 2901, 2904; vgl. E II 358).

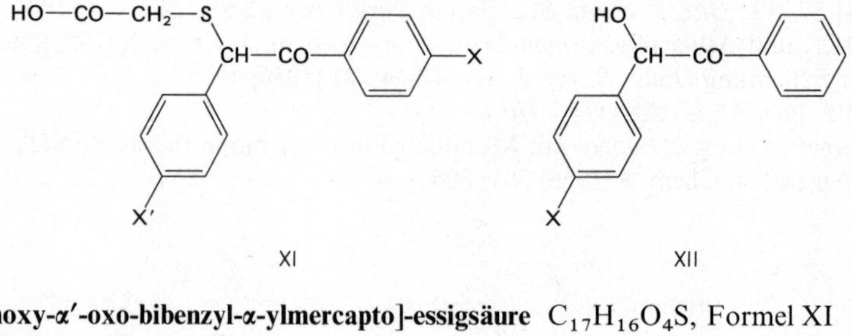

XI XII

(±)-[4'-Methoxy-α'-oxo-bibenzyl-α-ylmercapto]-essigsäure $C_{17}H_{16}O_4S$, Formel XI (X = O-CH_3, X' = H).

B. Beim Erwärmen von (±)-α-Brom-4-methoxy-desoxybenzoin mit Thioessigsäure und wss.-äthanol. $NaHCO_3$ (*Teich, Curtin,* Am. Soc. **72** [1950] 2481).

Kristalle (aus Bzl. + PAe.); F: 93,5–94,5° und (nach Wiedererstarren) F: 115–116° [korr.].

(±)-4'-Methoxy-benzoin $C_{15}H_{14}O_3$, Formel XII (X = O-CH_3) (E II 359; E III 2681).

UV-Spektrum (A.; 220–350 nm): *Lutz, Baker,* J. org. Chem. **21** [1956] 49, 54.

(±)-4'-Methylmercapto-benzoin $C_{15}H_{14}O_2S$, Formel XII (X = S-CH_3).

B. Beim Behandeln von 4-Methylmercapto-benzol mit Phenylglyoxal und $AlCl_3$ in CS_2 (*Coan et al.,* Am. Soc. **77** [1955] 60, 62).

Kristalle (aus Me.); F: 129,8–130,5° [korr.].

(±)-[4-Methoxy-α'-oxo-bibenzyl-α-ylmercapto]-essigsäure $C_{17}H_{16}O_4S$, Formel XI (X = H, X' = O-CH_3).

B. Beim Erwärmen von (±)-α-Brom-4'-methoxy-desoxybenzoin mit Thioessigsäure und wss.-äthanol. $NaHCO_3$ (*Teich, Curtin,* Am. Soc. **72** [1950] 2481).

Kristalle (aus Bzl. + PAe.); F: 108–109° [korr.].

Bis-[2-hydroxy-5-nitro-phenyl]-acetaldehyd $C_{14}H_{10}N_2O_7$, Formel XIII (R = H).

B. Beim Erhitzen der folgenden Verbindung mit Pyridin-hydrochlorid (*Moureu et al.,* Bl. **1956** 301, 305).

Kristalle (aus Dioxan); F: 189° [nicht rein erhalten].

Bis-[2-methoxy-5-nitro-phenyl]-acetaldehyd $C_{16}H_{14}N_2O_7$, Formel XIII (R = CH_3).

B. Beim Behandeln von opt.-inakt. 2,2'-Dimethoxy-5,5'-dinitro-bibenzyl-α,α'-diol (F: ca. 230°) mit H_2SO_4 (*Moureu et al.,* Bl. **1956** 301, 305).

Kristalle (aus Eg.); F: 163° [korr.].

2,4-Dinitro-phenylhydrazon (F: 222°): *Mo. et al.*

(±)-Hydroxy-[4-methoxy-phenyl]-phenyl-acetaldehyd $C_{15}H_{14}O_3$, Formel XIV.

B. Neben anderen Verbindungen beim Behandeln von 4-[1-Phenyl-vinyl]-anisol mit Peroxybenzoesäure in $CHCl_3$ bei 5° (*Curtin, Bradley,* Am. Soc. **76** [1954] 5777).

Kristalle (aus Bzl. + PAe.); F: 73–74°.

Beim Erwärmen mit KOH in wss. Methanol ist 4-Methoxy-benzoin erhalten worden.

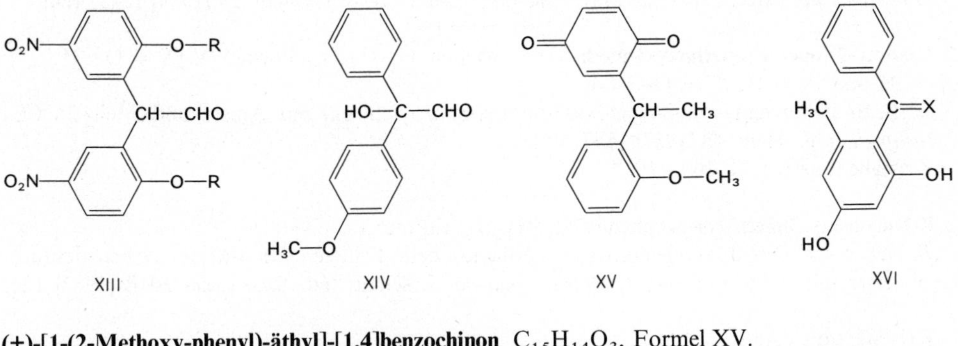

XIII XIV XV XVI

(±)-[1-(2-Methoxy-phenyl)-äthyl]-[1,4]benzochinon $C_{15}H_{14}O_3$, Formel XV.

B. Bei der Oxidation von 1,1-Bis-[2-methoxy-phenyl]-äthan mit CrO_3 in Essigsäure (*Yasue, Kato,* J. pharm. Soc. Japan **74** [1954] 116; C. A. **1955** 1665).

Gelbbraune Kristalle (aus PAe.); F: 92,3°.

2,4-Dihydroxy-6-methyl-benzophenon $C_{14}H_{12}O_3$, Formel XVI (X = O) (E I 642; E III 2686).

B. Beim Erwärmen von 2,4-Dihydroxy-6-methyl-benzophenon-phenylimin mit äthanol. HCl (*Phadke, Shah,* J. Indian chem. Soc. **27** [1950] 349, 352).

Kristalle (aus A.); F: 141°.

2,4-Dinitro-phenylhydrazon (F: 226°): *Ph., Shah.*

2,4-Dihydroxy-6-methyl-benzophenon-imin $C_{14}H_{13}NO_2$, Formel XVI (X = NH) (E I 642).

Scheinbare Dissoziationskonstante K_b' (H_2O; potentiometrisch ermittelt): $5{,}6 \cdot 10^{-8}$ (*Culbertson*, Am. Soc. **73** [1951] 4818, 4819).

Hydrochlorid (E I 642). Geschwindigkeitskonstante der Hydrolyse in H_2O bei 25°: *Cu.*

4,2′-Dihydroxy-2-methyl-benzophenon $C_{14}H_{12}O_3$, Formel I.

B. Beim Erhitzen von Salicylsäure-*m*-tolylester oder 2-Methoxy-benzoesäure-*m*-tolylester mit $AlCl_3$ auf 140° bzw. 160° (*Amin, Desai,* J. scient. ind. Res. India **13** B [1954] 178; *Saharia, Sharma,* J. scient. ind. Res. India **16** B [1957] 125, 127).

Kristalle; F: 146° [aus wss. A. oder A.] (*Amin, De.*; *Sa., Sh.*).

4,3′-Dihydroxy-2-methyl-benzophenon $C_{14}H_{12}O_3$, Formel II.

B. Neben 2,3′-Dihydroxy-4-methyl-benzophenon beim Erhitzen von 3-Methoxy-benzoesäure-*m*-tolylester mit $AlCl_3$ auf 160° (*Saharia, Sharma,* J. scient. ind. Res. India **16** B [1957] 125, 126).

Kristalle (aus H_2O); F: 173°.

2,4-Dinitro-phenylhydrazon (F: 237–238°): *Sa., Sh.*

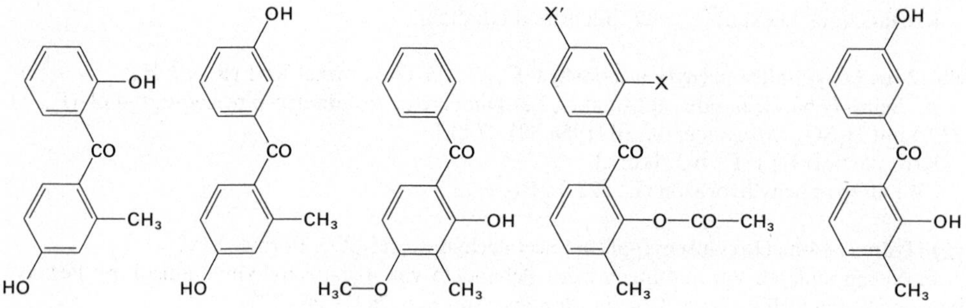

I II III IV V

2-Hydroxy-4-methoxy-3-methyl-benzophenon $C_{15}H_{14}O_3$, Formel III (E III 2688).

UV-Spektrum (Me.; 210–320 nm): *VanAllan, Tinker,* J. org. Chem. **19** [1954] 1243, 1249.

2-Acetoxy-2′(oder 4′)-methoxy-3-methyl-benzophenon $C_{17}H_{16}O_4$, Formel IV (X = O-CH_3, X′ = H oder X = H, X′ = O-CH_3).

B. Beim Behandeln von 2-Acetoxy-3-methyl-benzoylchlorid mit Anisol und $AlCl_3$ in CS_2 (*Moshfegh et al.*, Helv. **40** [1957] 1157, 1164).

Kristalle (aus A.); F: 100–101°.

2,3′-Dihydroxy-3-methyl-benzophenon $C_{14}H_{12}O_3$, Formel V.

B. Neben 4,3′-Dihydroxy-3-methyl-benzophenon beim Erhitzen von 3-Methoxy-benzoesäure-*o*-tolylester mit $AlCl_3$ auf 160° (*Saharia, Sharma,* J. scient. ind. Res. India **16** B [1957] 125, 127).

Kristalle (aus PAe.); F: 144°.

2,4-Dinitro-phenylhydrazon (F: 233–235°): *Sa., Sh.*

2,4-Dihydroxy-5-methyl-benzophenon $C_{14}H_{12}O_3$, Formel VI.

B. Beim Einleiten von HCl in ein Gemisch von 4-Methyl-resorcin, Benzonitril, $ZnCl_2$ und Äther und Erwärmen des Reaktionsprodukts mit H_2O (*McGookin et al.*, Soc. **1951** 2021, 2023; *Freudenberg, Alonso de Lama,* A. **612** [1958] 78, 87).

Gelbe Kristalle; F: 141–142° [aus Bzl.] (*Fr., Al. de Lama*), 137,5–138° [aus H_2O] (*McG. et al.*).

2,4-Dinitro-phenylhydrazon (F: 259°): *McG. et al.*

Diacetyl-Derivat $C_{18}H_{16}O_5$; 2,4-Diacetoxy-5-methyl-benzophenon. Kristalle (aus wss. A.); F: 88–89° (*McG. et al.*).

2,4′-Dihydroxy-3′-methyl-benzophenon $C_{14}H_{12}O_3$, Formel VII (R = X = H).

B. Beim Erhitzen von Salicylsäure-*o*-tolylester mit $AlCl_3$ auf 140° (*Amin, Desai,* J. scient. ind. Res. India **13** B [1954] 178).

Gelbe Kristalle (aus wss. A.); F: 112°.

2,4-Dinitro-phenylhydrazon (F: 245°): *Amin, De.*

2,4′-Dimethoxy-3′-methyl-benzophenon $C_{16}H_{16}O_3$, Formel VII (R = CH_3, X = H).

B. Beim Erwärmen von 4-Methoxy-3-methyl-benzoylchlorid mit Bis-[2-methoxy-phenyl]-cadmium in Benzol und Äther (*van der Zanden, de Vries,* R. **74** [1955] 876, 883).

Kristalle (aus PAe. + Bzl.); F: 66,5–68°.

2,4-Dinitro-phenylhydrazon (F: 213–214°): *v. d. Za., de Vr.*

3′-Brommethyl-2,4′-dimethoxy-benzophenon $C_{16}H_{15}BrO_3$, Formel VII (R = CH_3, X = Br).

B. Aus 3′-Hydroxymethyl-2,4′-dimethoxy-benzophenon und HBr (*van der Zanden, de Vries,* R. **74** [1955] 876, 887).

Kristalle (aus Bzl. + PAe.); F: 156–157°.

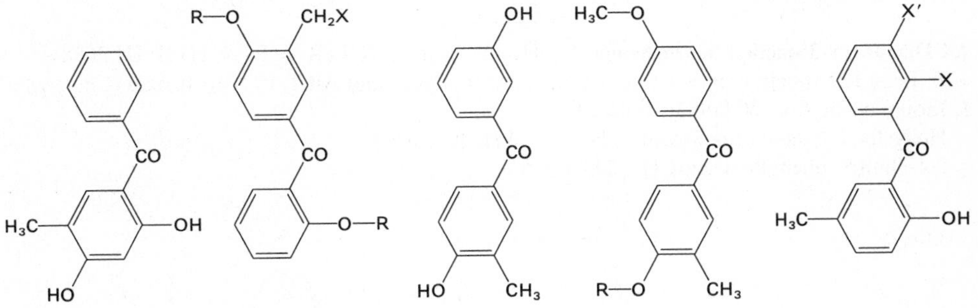

VI VII VIII IX X

4,3′-Dihydroxy-3-methyl-benzophenon $C_{14}H_{12}O_3$, Formel VIII.

B. Neben 2,3′-Dihydroxy-3-methyl-benzophenon beim Erhitzen von 3-Methoxy-benzoesäure-*o*-tolylester mit $AlCl_3$ auf 160° (*Saharia, Sharma,* J. scient. ind. Res. India **16** B [1957] 125, 127).

Kristalle (aus wss. A.); F: 172°.

2,4-Dinitro-phenylhydrazon (F: 266°): *Sa., Sh.*

4-Hydroxy-4′-methoxy-3-methyl-benzophenon $C_{15}H_{14}O_3$, Formel IX (R = H) (vgl. E III 2688).

B. Beim Erhitzen von 4-Methoxy-benzoesäure-*o*-tolylester mit $AlCl_3$ (*Gupta, Saharia,* J. Indian chem. Soc. **35** [1958] 133, 135).

Kristalle; F: 188° [unkorr.; aus wss. Acn.] (*Martin et al.,* M. **110** [1979] 1057, 1064, 1065), 186° (*Gu., Sa.*).

2,4-Dinitro-phenylhydrazon (F: 221–222°): *Gu., Sa.*

4,4′-Dimethoxy-3-methyl-benzophenon $C_{16}H_{16}O_3$, Formel IX (R = CH_3).

B. Beim Behandeln von 2-Methyl-anisol mit 4-Methoxy-benzoylchlorid und $AlCl_3$ (*Carpenter, Hunter,* J. appl. Chem. **3** [1953] 486, 490).

Kristalle (aus PAe.); F: 58–59°.

2,4-Dinitro-phenylhydrazon (F: 188–190°): *Ca., Hu.*

2,2'-Dihydroxy-5-methyl-benzophenon $C_{14}H_{12}O_3$, Formel X (X = OH, X' = H).

B. Beim Erhitzen von Salicylsäure-*p*-tolylester mit $AlCl_3$ auf 140° (*Amin, Desai,* J. scient. ind. Res. India **13** B [1954] 178).

Kristalle (aus wss. A.); F: 143–144°.

2,3'-Dihydroxy-5-methyl-benzophenon $C_{14}H_{12}O_3$, Formel X (X = H, X' = OH).

B. Beim Erhitzen von 3-Methoxy-benzoesäure-*p*-tolylester mit $AlCl_3$ auf 160° (*Saharia, Sharma,* J. scient. ind. Res. India **16** B [1957] 125, 126).

Kristalle (aus wss. A.); F: 136°.

2,4-Dinitro-phenylhydrazon (F: 244°): *Sa., Sh.*

2-Hydroxy-4'-methoxy-5-methyl-benzophenon $C_{15}H_{14}O_3$, Formel XI (R = H) (H 322).

B. Aus 2-Methoxy-5-methyl-benzoylchlorid und Anisol (*van der Zanden, de Vries,* R. **70** [1951] 647, 653) oder aus 4-Methoxy-benzoesäure-*p*-tolylester (*Gupta, Saharia,* J. Indian chem. Soc. **35** [1958] 133) beim Erhitzen mit $AlCl_3$.

Kristalle; F: 108–109° [aus PAe.] (*Gu., Sa.*), 107,5–108,5° [aus A.] (*v. d. Za., de Vr.*).

2,4-Dinitro-phenylhydrazon (F: 208–209°): *Gu., Sa.*

2,4'-Dimethoxy-5-methyl-benzophenon $C_{16}H_{16}O_3$, Formel XI (R = CH_3) (H 322; E II 360).

B. Aus 2-Hydroxy-4'-methoxy-5-methyl-benzophenon und Dimethylsulfat mit Hilfe von wss. Alkali (*van der Zanden, de Vries,* R. **70** [1951] 647, 653).

Kristalle (aus wss. A.); F: 67–68°.

2,4-Dihydroxy-3'-methyl-benzophenon $C_{14}H_{12}O_3$, Formel XII (R = R' = H) (E III 2688).

B. Beim Behandeln von *m*-Toluoylchlorid mit Resorcin und $AlCl_3$ in Nitrobenzol (*Chatterjea,* J. Indian chem. Soc. **30** [1953] 103, 109).

Hellgelbe Kristalle (aus wss. A.); F: 170–171° [unkorr.].

2,4-Dinitro-phenylhydrazon (F: 293°): *Ch.*

XI XII XIII XIV

2,4-Dimethoxy-3'-methyl-benzophenon $C_{16}H_{16}O_3$, Formel XII (R = R' = CH_3).

B. Aus der vorangehenden Verbindung und CH_3I mit Hilfe von K_2CO_3 in Aceton (*Chatterjea,* J. Indian chem. Soc. **30** [1953] 103, 109).

Kristalle (aus wss. A.); F: 81–82°.

2,4-Dinitro-phenylhydrazon (F: 170°): *Ch.*

[5-Methoxy-2-(3-methyl-benzoyl)-phenoxy]-essigsäure $C_{17}H_{16}O_5$, Formel XII (R = CH_2-CO-OH, R' = CH_3).

B. Beim Erwärmen von 2-Hydroxy-4-methoxy-3'-methyl-benzophenon (aus 2,4-Dihydroxy-3'-methyl-benzophenon und CH_3I hergestellt) mit Bromessigsäure-äthylester und K_2CO_3 in Aceton und anschliessend mit wss.-äthanol. KOH (*Chatterjea,* J. Indian chem. Soc. **30** [1953] 103, 110).

Kristalle (aus Bzl. + PAe.); F: 80–81°.

5-Benzyl-2-hydroxy-3-methoxy-benzaldehyd $C_{15}H_{14}O_3$, Formel XIII.

B. Beim Erwärmen von 2-Hydroxy-3-methoxy-benzaldehyd mit Benzylchlorid und $ZnCl_2$ in $CHCl_3$ (*Buu-Hoi et al.*, C. r. **242** [1956] 1331, 1334).

Kristalle (aus Me.); F: 88°.

Thiosemicarbazon $C_{16}H_{17}N_3O_2S$. Kristalle (aus A.); F: 236°.

Isonicotinoylhydrazon (F: 210°): *Buu-Hoi et al.*

5-Benzyl-2,4-dihydroxy-benzaldehyd $C_{14}H_{12}O_3$, Formel XIV.

B. Beim Behandeln von 4-Benzyl-resorcin mit Formanilid und $POCl_3$ in Äther (*Rubzow et al.*, Ž. obšč. Chim. **23** [1953] 1209, 1213; engl. Ausg. S. 1271, 1274).

Thiosemicarbazon $C_{15}H_{15}N_3O_2S$. Orangegelbe Kristalle (aus A.); F: 207–208°.

2,5-Dihydroxy-4-methyl-benzophenon $C_{14}H_{12}O_3$, Formel I (R = H).

B. Beim Erhitzen von 2,5-Dimethoxy-4-methyl-benzophenon mit Pyridin-hydrochlorid (*Royer et al.*, Bl. **1957** 1379, 1386).

Gelbe Kristalle (aus Bzl.); F: 152,5°.

2,5-Dimethoxy-4-methyl-benzophenon $C_{16}H_{16}O_3$, Formel I (R = CH_3).

B. Beim Erwärmen von 2,5-Dimethoxy-toluol mit Benzoylchlorid und $AlCl_3$ in CS_2 (*Royer et al.*, Bl. **1957** 1379, 1386).

Kristalle (aus PAe. + Bzl.); F: 117°.

Semicarbazon $C_{17}H_{19}N_3O_3$. Kristalle (aus wss. A.); F: 171°.

2,3'-Dihydroxy-4-methyl-benzophenon $C_{14}H_{12}O_3$, Formel II (X = OH, X' = H).

B. Neben 4,3'-Dihydroxy-2-methyl-benzophenon beim Erhitzen von 3-Methoxy-benzoesäure-*m*-tolylester mit $AlCl_3$ auf 160° (*Saharia, Sharma*, J. scient. ind. Res. India **16** B [1957] 125, 126).

Kristalle (aus PAe.); F: 105°.

I II III

2,4'-Dihydroxy-4-methyl-benzophenon $C_{14}H_{12}O_3$, Formel II (X = H, X' = OH).

B. Beim Erhitzen von 4-Hydroxy-benzoesäure mit *m*-Kresol und BF_3 auf 150° (*Kindler et al.*, Ar. **287** [1954] 210, 219).

Hellgelbe Kristalle (aus Toluol); F: 148–149°.

2-Hydroxy-4'-methoxy-4-methyl-benzophenon $C_{15}H_{14}O_3$, Formel II (X = H, X' = O-CH_3).

B. Analog der vorangehenden Verbindung (*Kindler et al.*, Ar. **287** [1954] 210, 219). Beim Erhitzen von 4-Methoxy-benzoesäure-*m*-tolylester mit $AlCl_3$ (*Gupta, Saharia*, J. Indian chem. Soc. **35** [1958] 133).

Kristalle (aus A.); F: 96–97° (*Ki. et al.*; *Gu., Sa.*).

2,4-Dinitro-phenylhydrazon (F: 198–200°): *Gu., Sa.*

2,4-Dihydroxy-4′-methyl-benzophenon $C_{14}H_{12}O_3$, Formel III (E III 2690).

B. Beim Erhitzen von 4-Methyl-benzoesäure mit Resorcin und BF_3 in 1,1,2,2-Tetrachlor-äthan (*VanAllan, Tinker,* J. org. Chem. **19** [1954] 1243, 1244).

F: 139°. UV-Spektrum (Me.; 210–400 nm): *Va., Ti.*

1-[2,4′-Dihydroxy-biphenyl-4-yl]-äthanon $C_{14}H_{12}O_3$, Formel IV (R = X = H).

B. Aus diazotiertem 1-[2,4′-Diamino-biphenyl-4-yl]-äthanon mit Hilfe von wss. H_2SO_4 (*Logemann,* Z. physiol. Chem. **290** [1952] 61, 64).

Kristalle (*Lo.*).

Diacetyl-Derivat $C_{18}H_{16}O_5$; 1-[2,4′-Diacetoxy-biphenyl-4-yl]-äthanon. Kristalle (aus A.); F: 103–105° (*Logemann, Giraldi,* Z. physiol. Chem. **292** [1953] 58, 63).

1-[2,4′-Dimethoxy-biphenyl-4-yl]-äthanon $C_{16}H_{16}O_3$, Formel IV (R = CH_3, X = H).

B. Aus 1-[2,4′-Dihydroxy-biphenyl-4-yl]-äthanon und Dimethylsulfat mit Hilfe von Natrium-methylat in Methanol (*Logemann,* Z. physiol. Chem. **290** [1952] 61, 64).

Kristalle (aus A.); F: 81–83°.

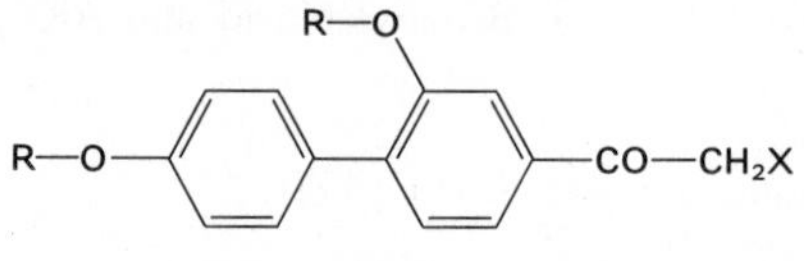

IV 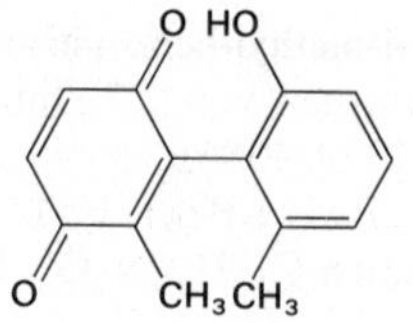 V

2-Brom-1-[2,4′-dimethoxy-biphenyl-4-yl]-äthanon $C_{16}H_{15}BrO_3$, Formel IV (R = CH_3, X = Br).

B. Beim Erwärmen von 1-[2,4′-Dimethoxy-biphenyl-4-yl]-äthanon mit Brom und wss. HBr in Essigsäure (*Logemann,* Z. physiol. Chem. **290** [1952] 61, 64).

Kristalle (aus Me.); F: 102–104°.

2-[2-Hydroxy-6-methyl-phenyl]-3-methyl-[1,4]benzochinon $C_{14}H_{12}O_3$, Formel V.

B. Beim Behandeln von 6,6′-Dimethyl-biphenyl-2,2′-diol mit $NO(SO_3K)_2$ in NaH_2PO_4 enthaltendem wss. Aceton (*Musso, v. Grunelius,* B. **92** [1959] 3101, 3110).

Orangerote Kristalle (aus Bzl. + Cyclohexan); F: 150° [korr.]. OH-Valenzschwingungsbande in KBr und CCl_4: *Mu., v. Gr.,* l. c. S. 3105.

Acetyl-Derivat $C_{16}H_{14}O_4$; 2-[2-Acetoxy-6-methyl-phenyl]-3-methyl-[1,4]benzochinon. Gelbe Kristalle (aus Cyclohexan); F: 101° [korr.].

1-[3-Hydroxy-[2]naphthyl]-butan-1,3-dion $C_{14}H_{12}O_3$, Formel VI (R = H) und Taut.

B. Beim Erhitzen von 1-[3-Hydroxy-[2]naphthyl]-äthanon mit Natrium und Äthylacetat und Behandeln des Reaktionsgemisches mit wss. Essigsäure (*Schmid, Seiler,* Helv. **35** [1952] 1990, 1995).

Gelbe Kristalle (aus Ae.); F: 128°.

1-[3-Methoxy-[2]naphthyl]-butan-1,3-dion $C_{15}H_{14}O_3$, Formel VI (R = CH_3) und Taut.

B. Bei der aufeinanderfolgenden Umsetzung von 3-Methoxy-[2]naphthoesäure-methylester mit Natrium und Aceton in Toluol und Äther (*Wawzonek, Ready,* J. org. Chem. **17** [1952] 1419, 1420).

Kristalle (aus A.); F: 81–82°.

2-Hydroxy-3-[2-methyl-propenyl]-[1,4]naphthochinon $C_{14}H_{12}O_3$, Formel VII (R = CH=C(CH_3)$_2$) und Taut. (E III 2691).

λ_{max} (wss. NaOH [0,1 n]): 498 nm (*Ettlinger,* Am. Soc. **72** [1950] 3085, 3086).

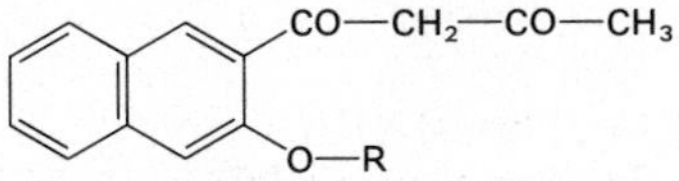

VI 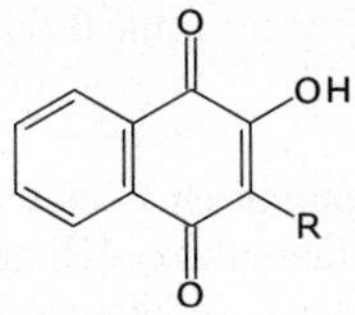 VII 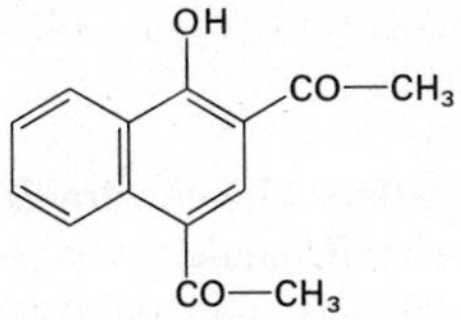 VIII

2-Hydroxy-3-methallyl-[1,4]naphthochinon $C_{14}H_{12}O_3$, Formel VII (R = CH_2-C(CH_3)=CH_2) und Taut.

B. Bei der aufeinanderfolgenden Umsetzung von Methallylchlorid mit NaI und dem Kalium-Salz des 2-Hydroxy-[1,4]naphthochinons in wss. Aceton (*Cooke, Somers,* Austral. J. scient. Res. [A] **3** [1950] 466, 477).

Gelbe Kristalle (aus A.); F: 128° [korr.].

2,4-Diacetyl-[1]naphthol $C_{14}H_{12}O_3$, Formel VIII (E I 642; E II 361; E III 2692).

B. Beim Erhitzen von [1]Naphthol, 1-[1-Hydroxy-[2]naphthyl]-äthanon oder 1-[4-Hydroxy-[1]naphthyl]-äthanon mit Essigsäure und Polyphosphorsäure (*Nakazawa, Tsubouchi,* J. pharm. Soc. Japan **74** [1954] 1256; C. A. **1955** 14670). Beim Behandeln von [1]Naphthol mit Acetylchlorid und $ZnCl_2$ in Nitrobenzol (*Joshi, Shah,* J. Indian chem. Soc. **29** [1952] 225, 230).

Kristalle (aus A.); F: 141–142° (*Na., Ts.*).

1,6-Diacetyl-2-methoxy-naphthalin $C_{15}H_{14}O_3$, Formel IX.

B. In geringer Menge neben 1-[6-Methoxy-[2]naphthyl]-äthanon beim Behandeln von 2-Methoxy-naphthalin mit Acetylchlorid und $AlCl_3$ in Nitrobenzol (*Buu-Hoi et al.,* Croat. chem. Acta **29** [1957] 291, 293).

Kristalle (aus A.); F: 155°.

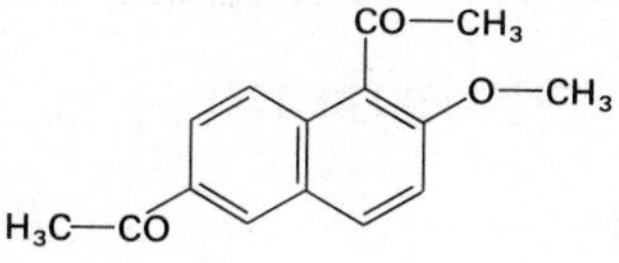

IX 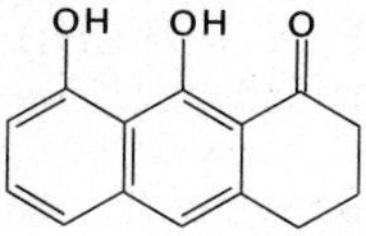 X 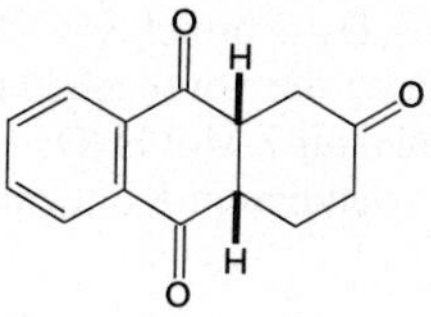 XI

8,9-Dihydroxy-3,4-dihydro-2*H*-anthracen-1-on $C_{14}H_{12}O_3$, Formel X.

B. Beim Hydrieren von 1,8-Dihydroxy-anthron an Raney-Nickel oder Palladium/Kohle in wss. NaOH unter 3,5 at (*Pfizer & Co.,* U.S.P. 2841596 [1953]).

Kristalle (aus E.); F: 132–134°. λ_{max} (wss.-methanol. HCl): 265 nm und 405 nm.

9,10-Dihydroxy-3,4-dihydro-1*H*-anthracen-2-on $C_{14}H_{12}O_3$ und Taut.

(±)-(4a*r*,9a*c*)-3,4,4a,9a-Tetrahydro-1*H*-anthracen-2,9,10-trion, Formel XI + Spiegelbild.

B. Beim Behandeln von (±)-2-Methoxy-(4a*r*,9a*c*)-1,4,4a,9a-tetrahydro-anthrachinon mit wss. HCl in Äther (*Schemjakin et al.,* Ž. obšč. Chim. **29** [1959] 1831, 1841; engl. Ausg. S. 1802, 1811).

F: 144–147°. Wenig beständig.

(±)-4a-Acetoxy-1,4,4a,9a-tetrahydro-(4a*r*,9a*c*)-anthrachinon $C_{16}H_{14}O_4$, Formel XII + Spiegelbild.

B. Beim Erwärmen von 2-Acetoxy-[1,4]naphthochinon mit Buta-1,3-dien in Benzol (*Barltrop, Burstall,* Soc. **1959** 2183, 2185).

Kristalle (aus A.); F: 146–147° [korr.; nach Sublimation im Vakuum]. λ_{max} (A.): 224,5 nm und 306 nm.

7,9-Dimethoxy-3,4-dihydro-2*H*-phenanthren-1-on $C_{16}H_{16}O_3$, Formel XIII.

B. Beim Behandeln von 4-[4,6-Dimethoxy-[1]naphthyl]-buttersäure mit PCl_5 in $CHCl_3$ und Behandeln des Säurechlorids mit $AlCl_3$ in Nitrobenzol (*Barnes, Bush,* Am. Soc. **80** [1958] 4714, 4716).

Kristalle (aus Hexan + Acn.); F: 134–135° [nach Sublimation].

Verbindung mit 7,9-Dimethoxy-1,2,3,4-tetrahydro-[1]phenanthrol $C_{16}H_{16}O_3 \cdot C_{16}H_{18}O_3$. *B.* Bei der Oxidation von 7,9-Dimethoxy-1,2,3,4-tetrahydro-[1]phenanthrol mit MnO_2 in $CHCl_3$ (*Ba., Bush*). – Kristalle (aus Bzl. + Hexan); F: 130–132,5°.

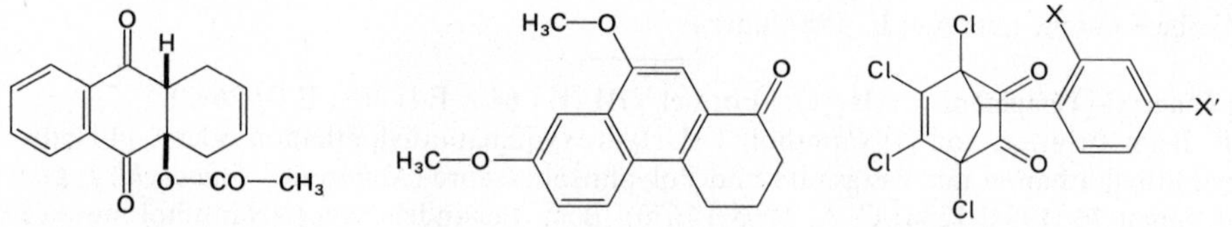

XII XIII XIV

***Opt.-inakt. 1,4,5,6-Tetrachlor-7-[2-methoxy-phenyl]-bicyclo[2.2.2]oct-5-en-2,3-dion** $C_{15}H_{10}Cl_4O_3$, Formel XIV (X = O-CH_3, X′ = H).

B. Beim Erwärmen von Tetrachlor-[1,2]benzochinon mit 2-Methoxy-styrol in Benzol (*Horner,* A. **579** [1953] 170, 174).

Kristalle mit 3 Mol H_2O; F: 112° [nach Gelbfärbung bei 105°].

o-Phenylendiamin-Kondensationsprodukt (F: 183°): *Ho.*

***Opt.-inakt. 1,4,5,6-Tetrachlor-7-[4-methoxy-phenyl]-bicyclo[2.2.2]oct-5-en-2,3-dion** $C_{15}H_{10}Cl_4O_3$, Formel XIV (X = H, X′ = O-CH_3).

B. Analog der vorangehenden Verbindung (*Horner,* A. **579** [1953] 170, 174).

Kristalle mit 2 Mol H_2O; F: 150°.

o-Phenylendiamin-Kondensationsprodukt (F: 186°): *Ho.* [*Brandt*]

Hydroxy-oxo-Verbindungen $C_{15}H_{14}O_3$

1-[2,4-Dihydroxy-phenyl]-3-phenyl-propan-1-on $C_{15}H_{14}O_3$, Formel I (H 323; E I 642; E II 362; E III 2696).

B. Beim Erhitzen von 3-Phenyl-propionsäure mit Resorcin und BF_3 (*Oelschläger,* Ar. **288** [1955] 102, 108).

Kristalle (aus Bzl.); F: 97–98°.

I

(2*RS*,3*SR*)-2,3-Dibrom-1-[2,4-diacetoxy-3-nitro-phenyl]-3-phenyl-propan-1-on $C_{19}H_{15}Br_2NO_7$, Formel II (R = R′ = CO-CH_3, X = NO_2, X′ = H) + Spiegelbild.

B. Aus 2′,4′-Diacetoxy-3′-nitro-*trans*-chalkon (S. 2545) und Brom in $CHCl_3$ (*Seshadri, Trivedi,* J. org. Chem. **23** [1958] 1735, 1737).

Kristalle (aus Bzl. + PAe.); F: 181–183°.

(2*RS*,3*SR*)-2,3-Dibrom-1-[2-hydroxy-4-methoxy-5-nitro-phenyl]-3-phenyl-propan-1-on $C_{16}H_{13}Br_2NO_5$, Formel II (R = X = H, R′ = CH_3, X′ = NO_2) + Spiegelbild.

B. Aus 2′-Hydroxy-4′-methoxy-5′-nitro-*trans*-chalkon (S. 2545) und Brom in Essigsäure (*Kulkarni, Jadhav,* J. Indian chem. Soc. **32** [1955] 98, 99).

Kristalle (aus Eg.); F: 220°.

(2*RS*,3*SR*)-1-[4-Benzyloxy-2-hydroxy-5-nitro-phenyl]-2,3-dibrom-3-phenyl-propan-1-on $C_{22}H_{17}Br_2NO_5$, Formel II (R = X = H, R′ = CH_2-C_6H_5, X′ = NO_2) + Spiegelbild.

B. Beim Erwärmen von 4′-Benzyloxy-2′-hydroxy-5′-nitro-*trans*-chalkon (S. 2545) mit Brom in $CHCl_3$ (*Atchabba et al.,* J. Indian chem. Soc. **32** [1955] 206).

Kristalle (aus Eg.); F: 204°.

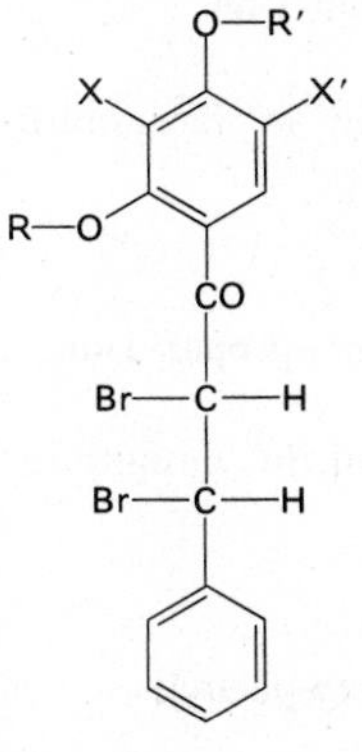

II 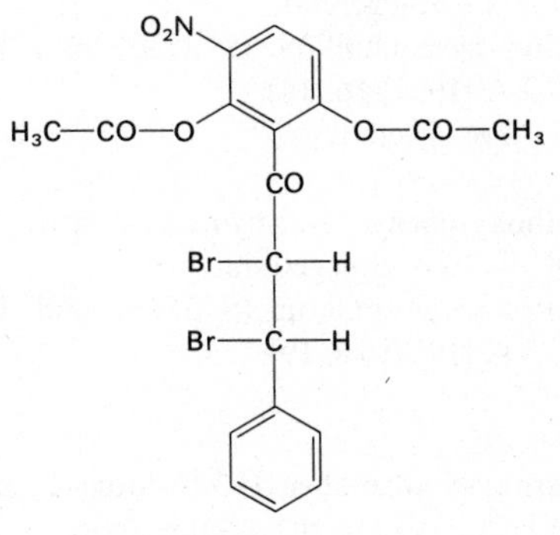 III 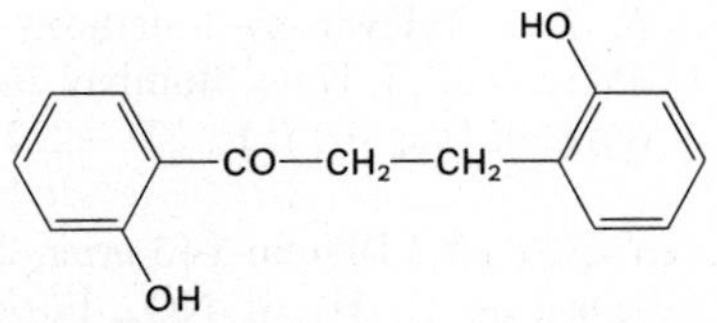 IV

(2*RS*,3*SR*)-2,3-Dibrom-1-[3-brom-2,4-dihydroxy-5-nitro-phenyl]-3-phenyl-propan-1-on $C_{15}H_{10}Br_3NO_5$, Formel II (R = R′ = H, X = Br, X′ = NO_2) + Spiegelbild.

B. Beim Behandeln von 2′,4′-Dihydroxy-5′-nitro-*trans*-chalkon (S. 2545) mit Brom ohne Lösungsmittel oder in Essigsäure (*Kulkarni, Jadhav,* J. Indian chem. Soc. **31** [1954] 746, 752). Aus 3′-Brom-2′,4′-dihydroxy-5′-nitro-*trans*-chalkon (S. 2545) und Brom in Essigsäure (*Ku., Ja.*). Aus 4′-Benzyloxy-2′-hydroxy-5′-nitro-*trans*-chalkon (S. 2545) und Brom (*Atchabba et al.,* J. Indian chem. Soc. **32** [1955] 206).

Kristalle; F: 225° [aus Eg.] (*At. et al.*), 220° [aus wss. Eg.] (*Ku., Ja.*).

(2*RS*,3*SR*)-2,3-Dibrom-1-[2,6-diacetoxy-3-nitro-phenyl]-3-phenyl-propan-1-on $C_{19}H_{15}Br_2NO_7$, Formel III + Spiegelbild.

B. Aus 2′,6′-Diacetoxy-3′-nitro-*trans*-chalkon (S. 2546) und Brom in $CHCl_3$ (*Seshadri, Trivedi,* J. org. Chem. **23** [1958] 1735, 1737).

Kristalle (aus Bzl. + PAe.); F: 163°.

1,3-Bis-[2-hydroxy-phenyl]-propan-1-on $C_{15}H_{14}O_3$, Formel IV.

B. Bei der Hydrierung von 2,2′-Dihydroxy-*trans*-chalkon (S. 2535) an Palladium/Kohle in Äthanol (*Carpenter, Hunter,* J. appl. Chem. **1** [1951] 217, 225) oder an Palladium in Essigsäure (*Tsumaki et al.,* J. chem. Soc. Japan Pure Chem. Sect. **72** [1951] 368; C. A. **1952** 8103).

Kristalle; F: 89° [aus Bzl. + PAe.] (*Ca., Hu.*), 87–88° (*Formanek et al.,* Pharm. Acta Helv. **34** [1959] 241, 243), 87° (*Ts. et al.*).

***N,N′-Bis-[1,3-bis-(2-hydroxy-phenyl)-propyliden]-äthylendiamin** $C_{32}H_{32}N_2O_4$, Formel V.

B. Beim Erwärmen von 1,3-Bis-[2-hydroxy-phenyl]-propan-1-on mit Äthylendiamin-hydrat in Äthanol (*Tsumaki et al.,* J. chem. Soc. Japan Pure Chem. Sect. **72** [1951] 368; C. A. **1952** 8103).

Gelbe Kristalle mit 2 Mol H_2O; F: 195°.

Nickel(II)-Salz $NiC_{32}H_{30}N_2O_4$. Orangerote Kristalle.

Kupfer(II)-Salz $CuC_{32}H_{30}N_2O_4$. Dunkelviolette Kristalle (aus A.); dunkelgrüne Kristalle (aus wss. A.) mit 2 Mol H_2O, die unter vermindertem Druck bei 110° das Kristallwasser abgeben.

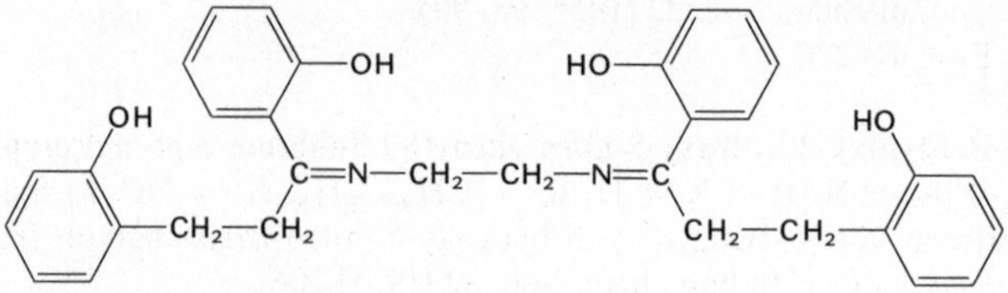

V

(2*RS*,3*SR*)-2,3-Dibrom-1-[2-hydroxy-5-nitro-phenyl]-3-[2-methoxy-phenyl]-propan-1-on $C_{16}H_{13}Br_2NO_5$, Formel VI (X = X′ = H) + Spiegelbild.

B. Aus 2′-Hydroxy-2-methoxy-5′-nitro-*trans*-chalkon (S. 2536) und Brom in Essigsäure (*Chhaya et al.*, J. Univ. Bombay **26**, Tl. 3 A [1957] 16, 18).

Hellgelbe Kristalle (aus Bzl.); F: 195–196° [Zers.].

(2*RS*,3*SR*)-2,3-Dibrom-3-[5-brom-2-methoxy-phenyl]-1-[2-hydroxy-5-nitro-phenyl]-propan-1-on $C_{16}H_{12}Br_3NO_5$, Formel VI (X = H, X′ = Br) + Spiegelbild.

B. Aus 2′-Hydroxy-2-methoxy-5′-nitro-*trans*-chalkon (S. 2536) und Brom in Essigsäure (*Chhaya et al.*, J. Univ. Bombay **26**, Tl. 3 A [1957] 16, 19).

Kristalle (aus Bzl.); F: 221–222°.

(2*RS*,3*SR*)-2,3-Dibrom-1-[3-brom-2-hydroxy-5-nitro-phenyl]-3-[5-brom-2-methoxy-phenyl]-propan-1-on $C_{16}H_{11}Br_4NO_5$, Formel VI (X = X′ = Br) + Spiegelbild.

B. Aus 2′-Hydroxy-2-methoxy-5′-nitro-*trans*-chalkon (S. 2536) und Brom ohne Lösungsmittel (*Chhaya et al.*, J. Univ. Bombay **26**, Tl. 3 A [1957] 16, 20).

Kristalle (aus Bzl.); F: 239–240°.

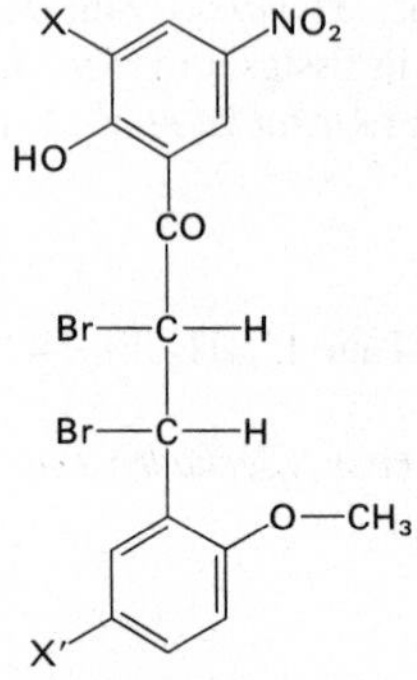

VI 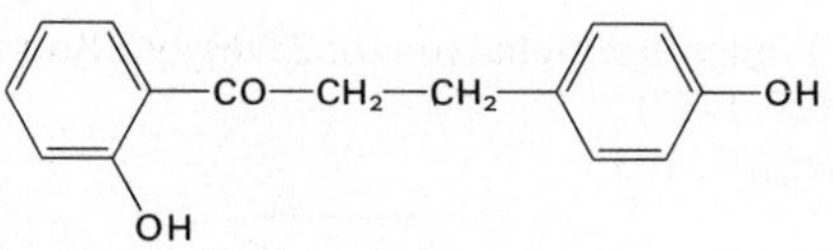 VII 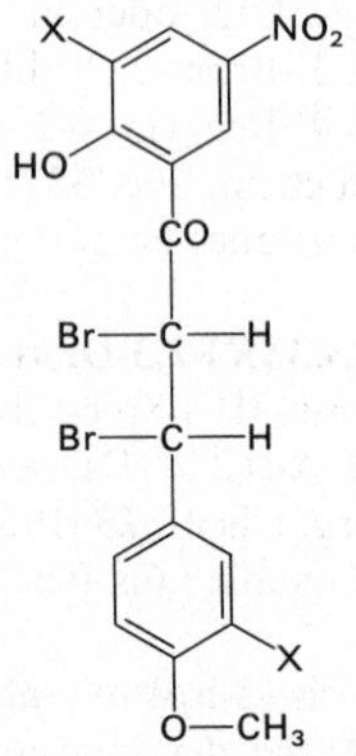 VIII

1-[2-Hydroxy-phenyl]-3-[4-hydroxy-phenyl]-propan-1-on $C_{15}H_{14}O_3$, Formel VII.

B. Bei der Hydrierung von 4,2′-Dihydroxy-*trans*(?)-chalkon (E III **8** 2824) an Palladium/Kohle in Äthanol (*Carpenter, Hunter*, J. appl. Chem. **1** [1951] 217, 226).

Kristalle; F: 109–111°.

(2*RS*,3*SR*)-2,3-Dibrom-1-[2-hydroxy-5-nitro-phenyl]-3-[4-methoxy-phenyl]-propan-1-on $C_{16}H_{13}Br_2NO_5$, Formel VIII (X = H) + Spiegelbild.

B. Beim Erhitzen von 2′-Hydroxy-4-methoxy-5′-nitro-*trans*-chalkon (S. 2541) mit Brom in Essigsäure (*Chhaya et al.*, J. Univ. Bombay **25**, Tl. 5 A [1957] 8, 12).

Kristalle (aus Eg.); F: 190–191° [Zers.].

(2*RS*,3*SR*)-2,3-Dibrom-1-[3-brom-2-hydroxy-5-nitro-phenyl]-3-[3-brom-4-methoxy-phenyl]-propan-1-on $C_{16}H_{11}Br_4NO_5$, Formel VIII (X = Br)+Spiegelbild.

B. Aus 2'-Hydroxy-4-methoxy-5'-nitro-*trans*-chalkon (S. 2541) und Brom ohne Lösungsmittel (*Chhaya et al.*, J. Univ. Bombay **25**, Tl. 5 A [1957] 8, 13).

Kristalle (aus Bzl.); F: 209–210° [Zers.].

1-[3,4-Dimethoxy-phenyl]-3-phenyl-propan-1-on $C_{17}H_{18}O_3$, Formel IX.

B. Bei der Hydrierung von 3',4'-Dimethoxy-*trans*-chalkon (E III **8** 2836) an Raney-Nickel (*Bar, Erb-Debruyne*, Ann. pharm. franç. **16** [1958] 235, 244).

Kristalle (aus A.); F: 78°.

3-[2-Hydroxy-phenyl]-1-[4-hydroxy-phenyl]-propan-1-on $C_{15}H_{14}O_3$, Formel X (R = R' = H).

B. Bei der Hydrierung von 2,4'-Dihydroxy-*trans*-chalkon (S. 2537) an Palladium/Kohle in Äthanol (*Carpenter, Hunter*, J. appl. Chem. **1** [1951] 217, 226).

Kristalle (aus wss. A.); F: 103–104°.

3-[2-Methoxy-phenyl]-1-[4-methoxy-phenyl]-propan-1-on $C_{17}H_{18}O_3$, Formel X (R = R' = CH_3).

B. Bei der Hydrierung von 2,4'-Dimethoxy-*trans*-chalkon (S. 2537) an Platin in Methanol (*Brown, Cummings*, Soc. **1958** 4302, 4304). Beim Behandeln von 3-[2-Methoxy-phenyl]-propionylchlorid mit Anisol und $AlCl_3$ (*Carpenter, Hunter*, J. appl. Chem. **1** [1951] 217, 225).

$Kp_{0,3}$: 210–230° [Badtemperatur] (*Ca., Hu.*).

Semicarbazon $C_{18}H_{21}N_3O_3$. Kristalle (aus wss. A.); F: 155–157° (*Ca., Hu.*).

2,4-Dinitro-phenylhydrazon (F: 205°): *Br., Cu.*

3-[2-Acetoxy-phenyl]-1-[4-methoxy-phenyl]-propan-1-on $C_{18}H_{18}O_4$, Formel X (R = CH_3, R' = CO-CH_3).

B. Bei der Hydrierung von 2-Acetoxy-4'-methoxy-*trans*-chalkon (S. 2537) an Platin in Methanol (*Freudenberg, Weinges*, A. **613** [1958] 61, 74).

F: 76–78°.

3-[2-Acetoxy-phenyl]-1-[4-acetoxy-phenyl]-propan-1-on $C_{19}H_{18}O_5$, Formel X (R = R' = CO-CH_3).

B. Bei der Hydrierung von 2,4'-Diacetoxy-*trans*-chalkon (S. 2537) an Palladium/$BaSO_4$ in Essigsäure (*Freudenberg, Weinges*, A. **590** [1954] 140, 153) oder an Platin in Methanol (*Freudenberg, Weinges*, A. **613** [1958] 61, 74).

Kristalle (aus A.+H_2O); F: 51° (*Fr., We.*, A. **590** 153). IR-Spektrum (2000–1300 cm^{-1}): *Fr., We.*, A. **613** 67.

1,3-Bis-[4-methoxy-phenyl]-propan-1-on $C_{17}H_{18}O_3$, Formel XI (R = CH_3) (E I 643; E II 362; E III 2703).

B. Aus 1-[4-Methoxy-phenyl]-äthanon und 4-Methoxy-benzylalkohol mit Hilfe von Lithium-

[4-methoxy-benzylat] in Xylol (*Pratt, Evans,* Am. Soc. **78** [1956] 4950).
Kristalle (aus A.); F: 45–46° (*Bar, Erb-Debruyne,* Ann. pharm. franç. **16** [1958] 235, 242).

1-[4-(2-Diäthylamino-äthoxy)-phenyl]-3-[4-methoxy-phenyl]-propan-1-on $C_{22}H_{29}NO_3$, Formel XI (R = CH_2-CH_2-N(C_2H_5)$_2$).
Citrat. *B.* Bei der Hydrierung von 4′-[2-Diäthylamino-äthoxy]-4-methoxy-*trans*-chalkon-citrat (vgl. S. 2542) an Palladium/Kohle in Äthanol (*Hoffmann-La Roche,* D.B.P. 953171 [1953]). – Kristalle (aus Acn. + H_2O); F: 115–117°.

3-[2,3-Dimethoxy-phenyl]-1-phenyl-propan-1-on $C_{17}H_{18}O_3$, Formel XII (X = O-CH_3, X′ = H).
B. Bei der Hydrierung von 2,3-Dimethoxy-*trans*-chalkon (S. 2535) an Platin (*Burckhalter, Johnson,* Am. Soc. **73** [1951] 4830).
Kristalle (aus E. + PAe.); F: 43°. $Kp_{1,5}$: 186–189°.
2,4-Dinitro-phenylhydrazon (F: 204–205°): *Bu., Jo.*

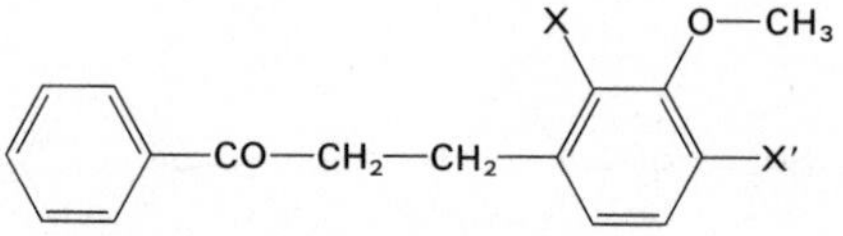

XII

3-[3,4-Dimethoxy-phenyl]-1-phenyl-propan-1-on $C_{17}H_{18}O_3$, Formel XII (X = H, X′ = O-CH_3) (E II 363; E III 2704).
B. Bei der Hydrierung von 3,4-Dimethoxy-*trans*-chalkon (S. 2538) an Palladium/Kohle in Äthylacetat (*Koo,* Am. Soc. **75** [1953] 2000; *Kametani, Iida,* J. pharm. Soc. Japan **73** [1953] 677, 679; C. A. **1954** 8788).
Kristalle; F: 73° [aus A.] (*Ka., Iida*), 68–70° [aus wss. A.] (*Koo*).

(2*RS*,3*SR*)-2,3-Dibrom-1-[4-chlor-phenyl]-3-[3,4-dimethoxy-phenyl]-propan-1-on $C_{17}H_{15}Br_2ClO_3$, Formel XIII + Spiegelbild.
B. Aus 4′-Chlor-3,4-dimethoxy-*trans*-chalkon (S. 2538) und Brom in Essigsäure oder CS_2 (*Kanthi, Nargund,* J. Karnatak Univ. **2** [1957] 8, 10).
Kristalle (aus Eg. oder Bzl.); F: 165°.

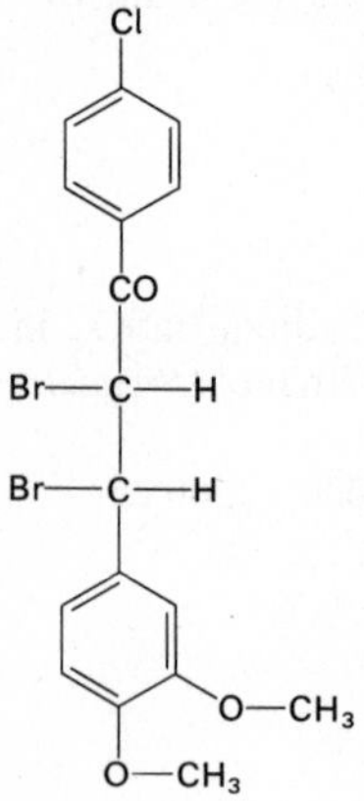

XIII 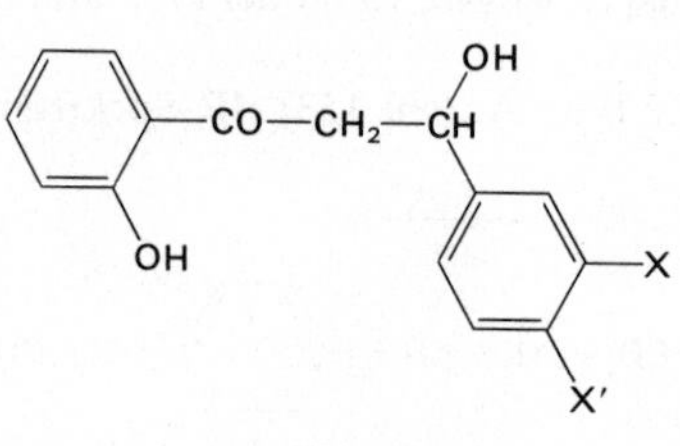 XIV 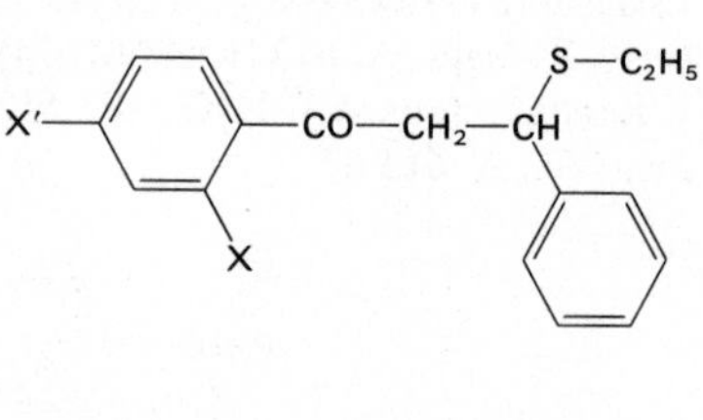 XV

(±)-3-Hydroxy-1-[2-hydroxy-phenyl]-3-[3-nitro-phenyl]-propan-1-on $C_{15}H_{13}NO_5$, Formel XIV (X = NO_2, X′ = H).
B. Neben 2′-Hydroxy-3-nitro-*trans*-chalkon (F: 164–165°) beim Behandeln von 1-[2-Hydr=

oxy-phenyl]-äthanon mit 3-Nitro-benzaldehyd und wss. NaOH in Äthanol (*Fujise et al.*, J. chem. Soc. Japan Pure Chem. Sect. **74** [1953] 827; C. A. **1955** 3952).

Hellgelbe Kristalle (aus A.); F: 127–129°.

(±)-3-Hydroxy-1-[2-hydroxy-phenyl]-3-[4-nitro-phenyl]-propan-1-on $C_{15}H_{13}NO_5$, Formel XIV (X = H, X′ = NO_2).

B. Neben geringen Mengen 2′-Hydroxy-4-nitro-*trans*-chalkon (F: 209°) beim Behandeln von 1-[2-Hydroxy-phenyl]-äthanon mit 4-Nitro-benzaldehyd und wss. NaOH in Äthanol (*Fujise et al.*, J. chem. Soc. Japan Pure Chem. Sect. **74** [1953] 827; C. A. **1955** 3952).

Kristalle (aus A.); F: 156°.

(±)-3-Äthylmercapto-1-[2-hydroxy-phenyl]-3-phenyl-propan-1-on $C_{17}H_{18}O_2S$, Formel XV (X = OH, X′ = H).

F: 76–77° (*Thompson et al.*, Ind. eng. Chem. **50** [1958] 797).

(±)-3-Äthylmercapto-1-[4-hydroxy-phenyl]-3-phenyl-propan-1-on $C_{17}H_{18}O_2S$, Formel XV (X = H, X′ = OH).

F: 105–106° (*Thompson et al.*, Ind. eng. Chem. **50** [1958] 797).

(±)-3-[2-Chlor-phenyl]-1-[4-methoxy-phenyl]-3-[toluol-4-sulfonyl]-propan-1-on $C_{23}H_{21}ClO_4S$, Formel I (R = CH_3).

B. Aus 2-Chlor-4′-methoxy-*trans*(?)-chalkon (E II **8** 221) und Toluol-4-sulfinsäure (*Gilman, Cason,* Am. Soc. **72** [1950] 3469, 3470).

Kristalle (aus E., A.+E. oder Eg.+E.); F: 149–150° [unkorr.; Zers.].

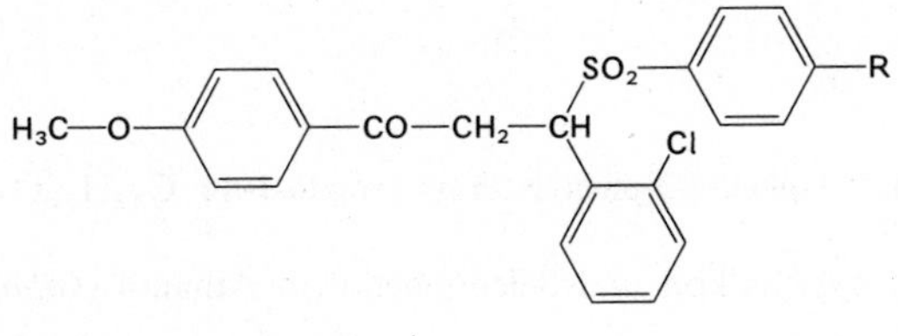

(±)-3-[2-Chlor-phenyl]-3-[4-isopropyl-benzolsulfonyl]-1-[4-methoxy-phenyl]-propan-1-on $C_{25}H_{25}ClO_4S$, Formel I (R = $CH(CH_3)_2$).

B. Aus 2-Chlor-4′-methoxy-*trans*(?)-chalkon (E II **8** 221) und 4-Isopropyl-benzolsulfinsäure (*Gilman, Cason,* Am. Soc. **72** [1950] 3469, 3470).

Kristalle (aus E., A.+E. oder Eg.+E.); F: 150° [unkorr.; Zers.].

***Opt.-inakt. 2-Brom-1-[4-chlor-phenyl]-3-methoxy-3-[4-methoxy-phenyl]-propan-1-on** $C_{17}H_{16}BrClO_3$, Formel II (R = CH_3).

B. Beim Erwärmen von (2*RS*,3*SR*)-2,3-Dibrom-1-[4-chlor-phenyl]-3-[4-methoxy-phenyl]-propan-1-on (F: 175°) mit Methanol (*Kanthi, Nargund,* J. Karnatak Univ. **2** [1957] 8, 12).

Kristalle; F: 88°.

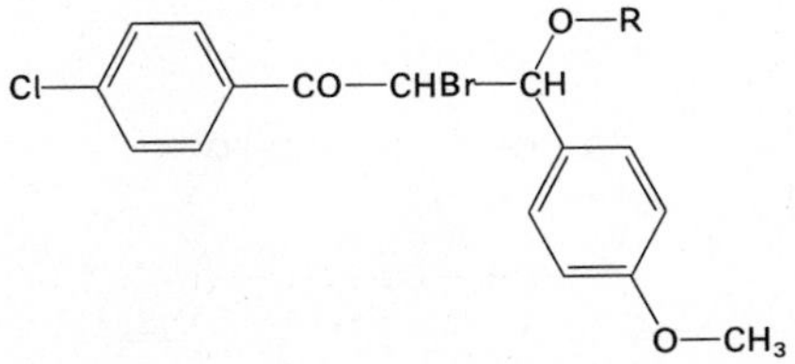

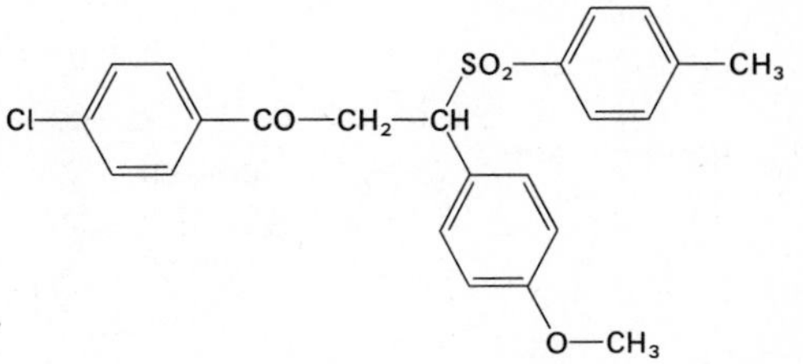

***Opt.-inakt. 3-Äthoxy-2-brom-1-[4-chlor-phenyl]-3-[4-methoxy-phenyl]-propan-1-on** $C_{18}H_{18}BrClO_3$, Formel II (R = C_2H_5).

B. Analog der vorangehenden Verbindung (*Kanthi, Nargund,* J. Karnatak Univ. **2** [1957] 8, 10).

Kristalle; F: 95°.

(±)-1-[4-Chlor-phenyl]-3-[4-methoxy-phenyl]-3-[toluol-4-sulfonyl]-propan-1-on $C_{23}H_{21}ClO_4S$, Formel III.

B. Aus 4'-Chlor-4-methoxy-*trans*-chalkon (S. 1390) und Toluol-4-sulfinsäure (*Gilman, Cason,* Am. Soc. **72** [1950] 3469, 3470).

Kristalle (aus E., A. + E. oder Eg. + E.); F: 158° [unkorr.; Zers.].

(±)-1-[4-Brom-phenyl]-3-[4-methoxy-phenyl]-3-*tert*-pentylmercapto-propan-1-on $C_{21}H_{25}BrO_2S$, Formel IV.

B. Beim Erwärmen von 4'-Brom-4-methoxy-*trans*-chalkon (S. 1391) mit 2-Methyl-butan-2-thiol und wenig Piperidin in Methanol (*Davey, Gwilt,* Soc. **1957** 1015).

Kristalle (aus A.); F: 149°.

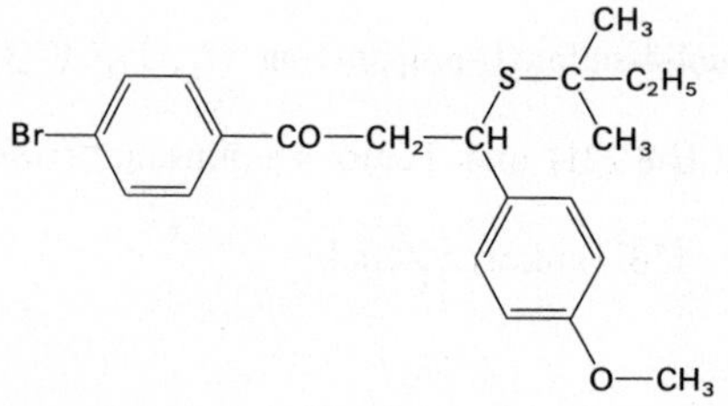

IV 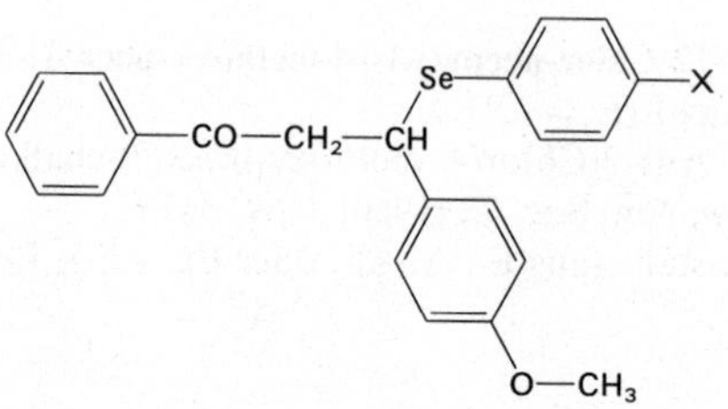 V

(±)-3-[4-Methoxy-phenyl]-1-phenyl-3-phenylselanyl-propan-1-on $C_{22}H_{20}O_2Se$, Formel V (X = H).

B. Aus 4-Methoxy-*trans*-chalkon und Selenophenol in Äthanol (*Gilman, Cason,* Am. Soc. **73** [1951] 1074).

F: 87–88°.

(±)-3-[4-Chlor-phenylselanyl]-3-[4-methoxy-phenyl]-1-phenyl-propan-1-on $C_{22}H_{19}ClO_2Se$, Formel V (X = Cl).

B. Aus 4-Methoxy-*trans*-chalkon und 4-Chlor-selenophenol in Äthanol (*Gilman, Cason,* Am. Soc. **73** [1951] 1074).

F: 97–98°.

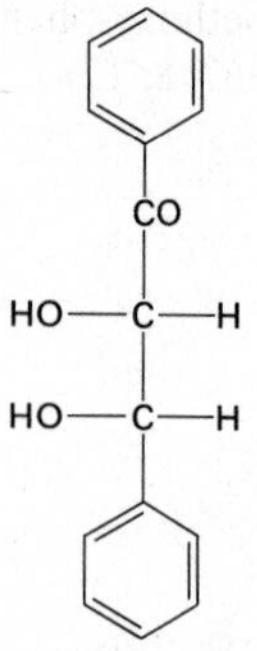

VI 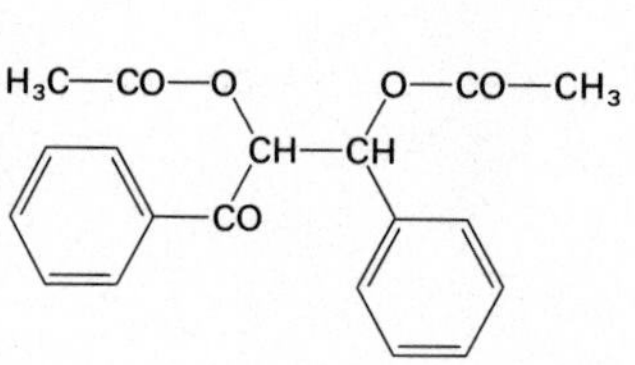 VII 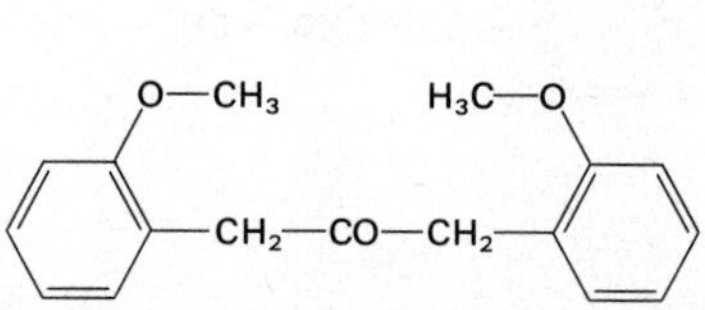 VIII

(2*RS*,3*RS*)-2,3-Dihydroxy-1,3-diphenyl-propan-1-on $C_{15}H_{14}O_3$, Formel VI (vgl. E III 2707).

B. Bei der Hydrolyse von (2*RS*,3*RS*)-2,3-Bis-benzoyloxy-1,3-diphenyl-propan-1-on [F: 159–160,5°] (*Sasaki,* J. chem. Soc. Japan Pure Chem. Sect. **80** [1959] 531, 533; C. A. **1961** 4422).

2,4-Dinitro-phenylhydrazon (F: 203°): *Sa.*

***Opt.-inakt. 2,3-Diacetoxy-1,3-diphenyl-propan-1-on** $C_{19}H_{18}O_5$, Formel VII (E I 644).

B. Aus opt.-inakt. 2,3-Dihydroxy-1,3-diphenyl-propan-1-on [F: 117–119°] (*Reichel, Döring,* A. **606** [1957] 137, 142).

Kristalle (aus PAe.); F: 105–106° [unkorr.].

1,3-Bis-[2-methoxy-phenyl]-aceton $C_{17}H_{18}O_3$, Formel VIII.

B. Neben [2-Methoxy-phenyl]-essigsäure und 2,2′-Dimethoxy-bibenzyl beim Behandeln von 2-Methoxy-benzylmagnesium-bromid mit CO_2 in Äther (*Holmberg,* Acta chem. scand. **9** [1955] 555, 560). Beim Erhitzen des Blei(II)-Salzes der [2-Methoxy-phenyl]-essigsäure unter 5 Torr auf 210° (*Chiavarelli et al.,* G. **87** [1957] 109, 114).

Kristalle (aus wss. A.); F: 50° [nach Sintern ab 47°]; Kp_1: 190° (*Ch. et al.*).

2,4-Dinitro-phenylhydrazon (F: 157,5–158°): *Ho.*

1,3-Bis-[3-methoxy-phenyl]-aceton $C_{17}H_{18}O_3$, Formel IX (E III 2710).

B. Beim Erhitzen von 3-Methoxy-phenylessigsäure-anhydrid mit Pyridin (*King, McMillan,* Am. Soc. **73** [1951] 4911, 4914).

$Kp_{0,2}$: 154–158°.

Semicarbazon $C_{18}H_{21}N_3O_3$. F: 136–136,5°.

H_3C—O ... O—CH_3 ; —CH_2—CO—CH_2—

IX

1,3-Bis-[4-hydroxy-phenyl]-aceton $C_{15}H_{14}O_3$, Formel X (R = H).

B. Beim Erwärmen von 1,3-Dichlor-2,2-bis-[4-hydroxy-phenyl]-propan mit wss. Äthanol (*Kaufmann, Meyer zu Reckendorf,* B. **92** [1959] 2810).

Kristalle (aus H_2O); F: 171–172°.

2,4-Dinitro-phenylhydrazon (F: 178°): *Ka., Me.*

Diacetyl-Derivat $C_{19}H_{18}O_5$; 1,3-Bis-[4-acetoxy-phenyl]-aceton. F: 139–140°.

1,3-Bis-[4-methoxy-phenyl]-aceton $C_{17}H_{18}O_3$, Formel X (R = CH_3).

B. Beim Behandeln von [4-Methoxy-phenyl]-essigsäure-äthylester mit Isopropylmagnesium-bromid in Äther (*Coan et al.,* Am. Soc. **77** [1955] 60, 61). Beim Erhitzen des Blei(II)-Salzes der [4-Methoxy-phenyl]-essigsäure unter 4 Torr auf 230° (*Chiavarelli et al.,* G. **87** [1957] 109, 114).

Kristalle; F: 86–86,2° [aus Hexan] (*Coan et al.*), 85–86° (*Kaufmann, Meyer zu Reckendorf,* B. **92** [1959] 2810).

Oxim $C_{17}H_{19}NO_3$. Kristalle; F: 103,5–104,2° [korr.; aus wss. A.] (*Coan et al.*), 102,5–103° [aus Me.] (*Hagedorn, Tönjes,* Pharmazie **12** [1957] 567, 576).

Semicarbazon $C_{18}H_{21}N_3O_3$. F: 109–110° (*Ka., Me.*).

2,4-Dinitro-phenylhydrazon (F: 121–121,2°): *Coan et al.*

R—O— ... —CH_2—CO—CH_2— ... —O—R

X

1,3-Bis-[4-phenoxy-phenyl]-aceton $C_{27}H_{22}O_3$, Formel X (R = C_6H_5).
B. Beim Behandeln von [4-Phenoxy-phenyl]-essigsäure-äthylester mit Isopropylmagnesiumchlorid in Äther und anschliessend mit wss. H_2SO_4 (*D'Agostino et al.*, J. org. Chem. **23** [1958] 1539, 1544).
Kristalle (aus Acn.); F: 93,5–94°.
Oxim $C_{27}H_{23}NO_3$. Kristalle (aus wss. A.); F: 117,5–118°.

1,3-Bis-[4-phenylmercapto-phenyl]-aceton $C_{27}H_{22}OS_2$, Formel XI.
B. Analog der vorangehenden Verbindung (*D'Agostino et al.*, J. org. Chem. **23** [1958] 1539, 1544).
Kristalle (aus Acn.); F: 90,5–91°.
Oxim $C_{27}H_{23}NOS_2$. Kristalle (aus wss. A.); F: 118–119°.

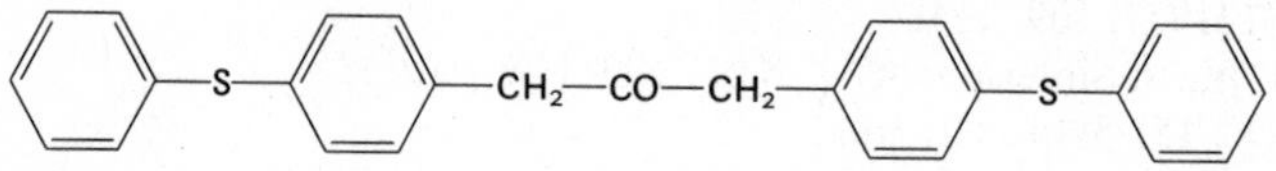

S CH₂—CO—CH₂ S

XI

HO OH CH CH C N—OH

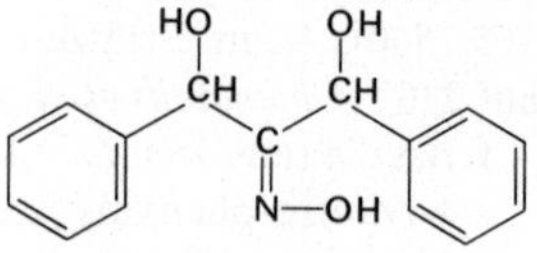

XII

***Opt.-inakt. 1,3-Dihydroxy-1,3-diphenyl-aceton-oxim** $C_{15}H_{15}NO_3$, Formel XII.
B. Beim Erwärmen von Diphenyl-propantrion-2-oxim mit Aluminiumisopropylat und Aluminium-chlorid-diisopropylat in Benzol (*Gál et al.*, Acta chim. hung. **16** [1958] 279, 288).
Kristalle (aus E.+PAe.); F: 151°.

(±)-1-[2,4-Dimethoxy-phenyl]-2-phenyl-propan-1-on $C_{17}H_{18}O_3$, Formel XIII (R = CH_3).
B. Beim Erwärmen von 2-Hydroxy-4-methoxy-desoxybenzoin mit CH_3I und K_2CO_3 in Aceton (*Badcock et al.*, Soc. **1950** 2961, 2963).
Kristalle (aus A.); F: 69,5°.
Oxim $C_{17}H_{19}NO_3$. Kristalle (aus A.); F: 125°.

(±)-1-[4-Äthoxy-2-methoxy-phenyl]-2-phenyl-propan-1-on $C_{18}H_{20}O_3$, Formel XIII (R = C_2H_5).
B. Beim Erwärmen von 4-Äthoxy-2-hydroxy-desoxybenzoin mit CH_3I und K_2CO_3 in Aceton (*Badcock et al.*, Soc. **1950** 2961, 2963).
Kristalle (aus A.); F: 53°.
Oxim $C_{18}H_{21}NO_3$. Kristalle (aus A.); F: 121°.

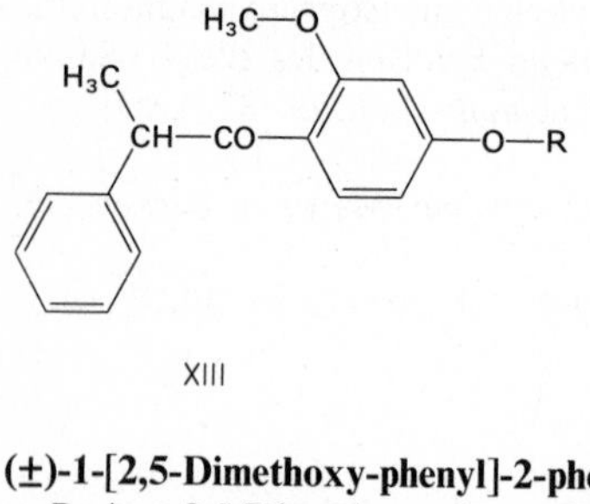

H₃C—O H₃C CH—CO O—R

XIII

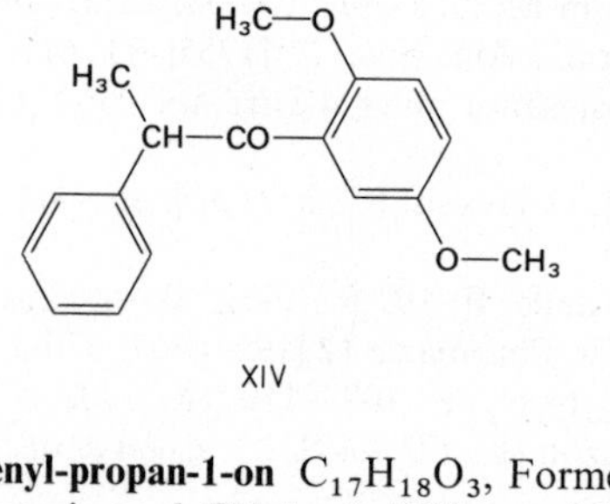

H₃C—O H₃C CH—CO O—CH₃

XIV

CH₂—OH CO—C—OH

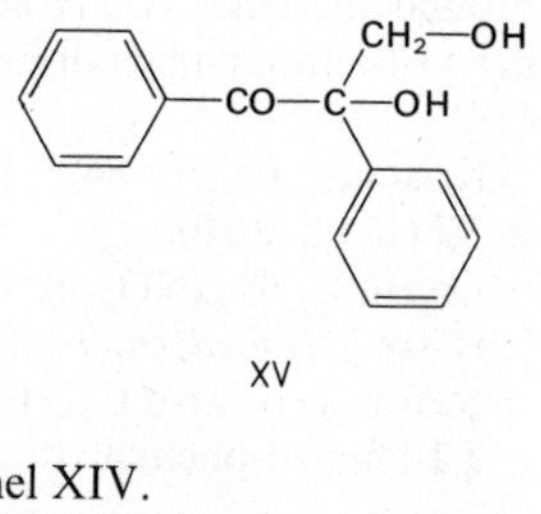

XV

(±)-1-[2,5-Dimethoxy-phenyl]-2-phenyl-propan-1-on $C_{17}H_{18}O_3$, Formel XIV.
B. Aus 2,5-Dimethoxy-desoxybenzoin und CH_3I mit Hilfe von $NaNH_2$ (*Legrand, Lozac'h*, Bl. **1958** 953, 956).
Kp_1: 181–183°.
Semicarbazon $C_{18}H_{21}N_3O_3$. Kristalle (aus A.); F: 152°.

(±)-2,3-Dihydroxy-1,2-diphenyl-propan-1-on $C_{15}H_{14}O_3$, Formel XV (E III 2712).
UV-Spektrum (270–370 nm): *Lautsch et al.*, Z. Naturf. **8b** [1953] 640, 642. Reflexionsspektrum (250–390 nm): *La. et al.*

2,4-Dihydroxy-5-methyl-desoxybenzoin $C_{15}H_{14}O_3$, Formel I (R = R′ = H).
B. Beim Einleiten von HCl in ein Gemisch von 4-Methyl-resorcin, Phenylacetonitril und $ZnCl_2$ in Äther und Erhitzen des Reaktionsprodukts mit H_2O (*Murai*, Sci. Rep. Saitama Univ. [A] **1** [1954] 139, 140). Beim Erwärmen von 4-Hydroxy-2-methoxy-5-methyl-desoxybenzoin mit $AlCl_3$ in Benzol (*Zemplén et al.*, Acta chim. hung. **22** [1960] 449, 452).
Kristalle; F: 98–99° [aus Bzl.] (*Mu.*), 96° [aus wss. Me.] (*Ze. et al.*).
Oxim $C_{15}H_{15}NO_3$. Gelbliche Kristalle (aus Bzl. + E.); F: 170–172° (*Mu.*, l. c. S. 141).

4-Hydroxy-2-methoxy-5-methyl-desoxybenzoin $C_{16}H_{16}O_3$, Formel I (R = CH_3, R′ = H).
B. Beim Einleiten von HCl in ein Gemisch von 5-Methoxy-2-methyl-phenol, Phenylacetonitril und $ZnCl_2$ in Äther und Erhitzen des Reaktionsprodukts mit H_2O (*Zemplén et al.*, Acta chim. hung. **22** [1960] 449, 451).
Kristalle (aus wss. A.); F: 129°.

2,4-Dimethoxy-5-methyl-desoxybenzoin $C_{17}H_{18}O_3$, Formel I (R = R′ = CH_3).
B. Analog der vorangehenden Verbindung (*Zemplén et al.*, Acta chim. hung. **22** [1960] 449, 453). Aus 4-Hydroxy-2-methoxy-5-methyl-desoxybenzoin und Dimethylsulfat mit Hilfe von wss. NaOH (*Ze. et al.*).
Kristalle (aus wss. Me.); F: 99°.

R—O; CH₂—CO; O—R′; CH₃   I

H₃C—O; CH—CO—CH₂X; H₃C—O   II

4-Benzyloxy-2-hydroxy-5-methyl-desoxybenzoin $C_{22}H_{20}O_3$, Formel I (R = H, R′ = CH_2-C_6H_5).
B. Beim Erwärmen von 2,4-Dihydroxy-5-methyl-desoxybenzoin mit Benzylchlorid und K_2CO_3 in Aceton (*Zemplén et al.*, Acta chim. hung. **22** [1960] 449, 452).
Kristalle (aus wss. Me.); F: 108°.

1,1-Bis-[4-methoxy-phenyl]-aceton $C_{17}H_{18}O_3$, Formel II (X = H) (E III 2713).
B. Aus Bis-[4-methoxy-phenyl]-acetonitril und Methylmagnesiumjodid (*Rogers et al.*, Am. Soc. **75** [1953] 2991, 2999; *Sisido et al.*, Am. Soc. **72** [1950] 2270).
Kristalle (aus Me.); F: 66–68° (*Ro. et al.*).
Oxim $C_{17}H_{19}NO_3$ (E III 2713). Kristalle (aus $CHCl_3$); F: 137–138° [unkorr.] (*Ro. et al.*).

3-Chlor-1,1-bis-[4-methoxy-phenyl]-aceton $C_{17}H_{17}ClO_3$, Formel II (X = Cl).
B. Beim Behandeln von Bis-[4-methoxy-phenyl]-acetylchlorid mit Diazomethan in Äther und Behandeln des Reaktionsprodukts mit wss. HCl (*Dauben et al.*, Am. Soc. **74** [1952] 2082).
Kristalle (aus Me.); F: 69,3–70,3°.

3-Äthyl-2,4-dihydroxy-benzophenon $C_{15}H_{14}O_3$, Formel III (R = C_2H_5, R′ = H).

B. Beim Einleiten von HCl in ein Gemisch von 2-Äthyl-resorcin, Benzonitril und $ZnCl_2$ in Äther und Erhitzen des Reaktionsprodukts mit H_2O (*Broadbent et al.*, Soc. **1952** 4957).

Hellgelbe Kristalle (aus wss. Eg.); F: 195°.

2,4-Dinitro-phenylhydrazon (F: 268°): *Br. et al.*

3-Äthyl-2,6-dihydroxy-benzophenon $C_{15}H_{14}O_3$, Formel IV (E III 2714).

B. Beim Erhitzen von 5-Äthyl-3-benzoyl-2,4-dihydroxy-benzoesäure mit wss. HCl unter Druck auf 170° (*Setalvad et al.*, J. Indian chem. Soc. **29** [1952] 915, 919).

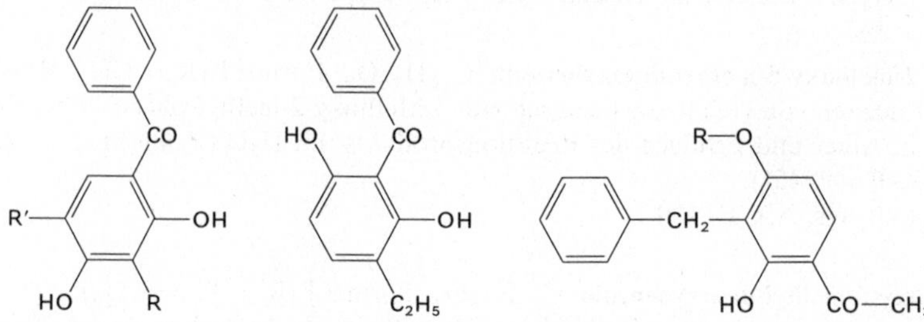

III IV V

5-Äthyl-2,4-dihydroxy-benzophenon $C_{15}H_{14}O_3$, Formel III (R = H, R′ = C_2H_5) (E III 2714).

B. Beim Einleiten von HCl in ein Gemisch von 4-Äthyl-resorcin, Benzonitril und $ZnCl_2$ in Äther und Erhitzen des Reaktionsprodukts mit H_2O (*Broadbent et al.*, Soc. **1952** 4957; *Murai*, Sci. Rep. Saitama Univ. [A] **1** [1954] 139, 144). Aus 4-Äthyl-resorcin und Benzoesäure beim Erhitzen mit BF_3 in 1,1,2,2-Tetrachlor-äthan oder beim Erhitzen mit HF auf 100° (*Van Allan, Tinker*, J. org. Chem. **19** [1954] 1243, 1250).

Kristalle; F: 111–112° [aus PAe. + E.] (*Mu.*), 109° (*Va., Ti.*).

Oxim $C_{15}H_{15}NO_3$. Hellgelbe Kristalle (aus $CHCl_3$ + PAe.); F: 142° (*Br. et al.*).

2,4-Dinitro-phenylhydrazon (F: 242°): *Br. et al.*

1-[3-Benzyl-2,4-dihydroxy-phenyl]-äthanon $C_{15}H_{14}O_3$, Formel V (R = H).

B. Beim Einleiten von HCl in ein Gemisch von 2-Benzyl-resorcin, Acetonitril und $ZnCl_2$ in Äther und Erhitzen des Reaktionsprodukts mit H_2O (*Mullaji, Shah*, Pr. Indian Acad. [A] **34** [1951] 88, 90). Beim Erhitzen von 1-[3-Benzyl-4-benzyloxy-2-hydroxy-phenyl]-äthanon mit wss. HCl und Essigsäure (*Mu., Shah*).

Kristalle (aus A.); F: 195–197°.

1-[3-Benzyl-4-benzyloxy-2-hydroxy-phenyl]-äthanon $C_{22}H_{20}O_3$, Formel V (R = CH_2-C_6H_5).

B. Neben 1-[4-Benzyloxy-2-hydroxy-phenyl]-äthanon beim Behandeln von 1-[2,4-Dihydroxy-phenyl]-äthanon mit Benzylchlorid und methanol. KOH (*Mullaji, Shah*, Pr. Indian Acad. [A] **34** [1951] 88, 90).

Kristalle (aus A.); F: 120–121°.

2-Acetoxy-1-[4-acetoxy-3-benzyl-phenyl]-äthanon $C_{19}H_{18}O_5$, Formel VI.

B. Beim Erwärmen von 1-[4-Acetoxy-3-benzyl-phenyl]-2-diazo-äthanon mit Kaliumacetat und Essigsäure (*Logemann et al.*, Z. physiol. Chem. **302** [1955] 29, 34).

Kristalle (aus A.); F: 121–122°.

4,4′-Dimethoxy-3,3′-dimethyl-benzophenon $C_{17}H_{18}O_3$, Formel VII (E II 365; E III 2717).

B. Bei der Oxidation von Bis-[4-methoxy-3-methyl-phenyl]-methan mit $Na_2Cr_2O_7$ in Essigsäure (*Quelet*, C. r. **198** [1934] 102, 104). Beim Erwärmen von 2,2,3-Trichlor-1,1-bis-[4-methoxy-3-methyl-phenyl]-butan mit Natriumäthylat in Äthanol und Erhitzen der Reaktionslösung mit CrO_3 in Essigsäure (*Dalal, Shah*, J. Indian chem. Soc. **29** [1952] 77, 79). Beim Erwärmen von 1,1,2,2-Tetrakis-[4-methoxy-3-methyl-phenyl]-äthan mit CrO_3 in Essigsäure (*Ziegler et al.*, M. **83** [1952] 1274, 1279).

2,4-Dinitro-phenylhydrazon (F: 233°): *Da., Shah.*

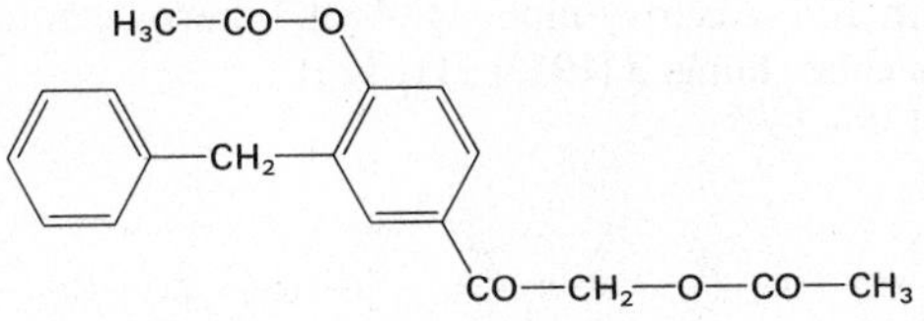

VI

2,2′-Dimethoxy-5,5′-dimethyl-benzophenon $C_{17}H_{18}O_3$, Formel VIII (R = CH_3).

B. Neben 2-Methoxy-5-methyl-benzoesäure beim Erwärmen von 4-Methyl-anisol mit Butyllithium in Äther und Behandeln der Reaktionslösung mit festem CO_2 (*Letsinger, Schnizer*, J. org. Chem. **16** [1951] 869, 871) oder beim Einleiten von CO_2 in eine Lösung von 2-Methoxy-5-methyl-phenylmagnesium-bromid in Äther (*Holmberg*, Acta chem. scand. **6** [1952] 1137, 1142, 1144). Bei der Oxidation von Bis-[2-methoxy-5-methyl-phenyl]-methan mit $Na_2Cr_2O_7$ in Essigsäure (*Quelet*, C. r. **198** [1934] 102, 104).

Kristalle; F: 82–83° [aus PAe.] (*Ho.*), 82–82,5° [aus Hexan] (*Le., Sch.*).

2,4-Dinitro-phenylhydrazon (F: 166–166,5°): *Le., Sch.*

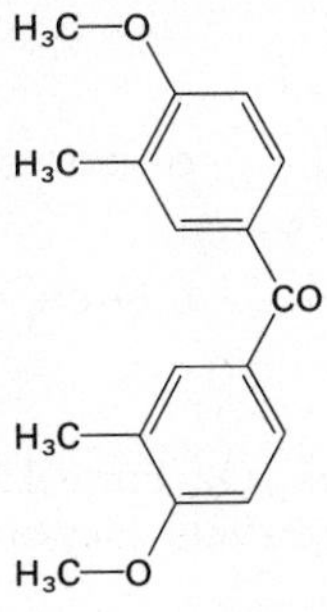

VII 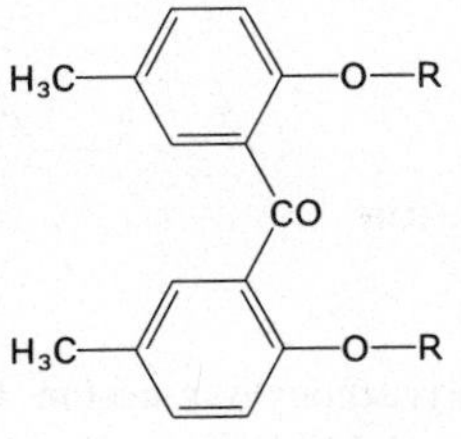 VIII 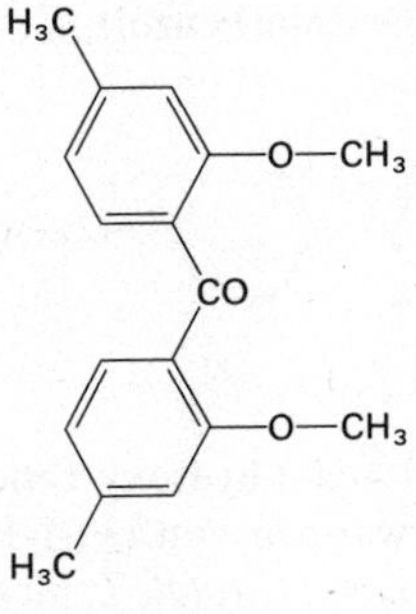 IX

2,2′-Diäthoxy-5,5′-dimethyl-benzophenon $C_{19}H_{22}O_3$, Formel VIII (R = C_2H_5).

B. Neben 2-Äthoxy-5-methyl-benzoesäure beim Einleiten von CO_2 in eine Lösung von 2-Äthoxy-5-methyl-phenylmagnesium-bromid in Äther (*Holmberg*, Acta chem. scand. **10** [1956] 594, 597).

F: 78–79°.

2,4-Dinitro-phenylhydrazon (F: 165–166°): *Ho.*

Die folgenden Verbindungen sind in analoger Weise hergestellt worden:

5,5′-Dimethyl-2,2′-dipropoxy-benzophenon $C_{21}H_{26}O_3$, Formel VIII (R = CH_2-C_2H_5). F: 46–47°. – 2,4-Dinitro-phenylhydrazon (F: 131–132° [bei schnellem Erhitzen], 151–152° [bei langsamem Erhitzen]): *Ho.*

2,2′-Diisopropoxy-5,5′-dimethyl-benzophenon $C_{21}H_{26}O_3$, Formel VIII (R = $CH(CH_3)_2$). F: 62–63°. – 2,4-Dinitro-phenylhydrazon (F: 175–176°): *Ho.*

2,2′-Dibutoxy-5,5′-dimethyl-benzophenon $C_{23}H_{30}O_3$, Formel VIII (R = $[CH_2]_3$-CH_3). F: 71,5–72,5°. – 2,4-Dinitro-phenylhydrazon (F: 124,5–125,5°): *Ho.*

2,2′-Diisobutoxy-5,5′-dimethyl-benzophenon $C_{23}H_{30}O_3$, Formel VIII (R = CH_2-$CH(CH_3)_2$). F: 59–60°. – 2,4-Dinitro-phenylhydrazon (F: 121–122°): *Ho.*

2,2′-Dimethoxy-4,4′-dimethyl-benzophenon $C_{17}H_{18}O_3$, Formel IX.

B. Beim Einleiten von CO_2 in eine Lösung von 2-Methoxy-4-methyl-phenylmagnesium-bro-

mid in Äther (*Holmberg,* Acta chem. scand. **6** [1952] 1137, 1142, 1144).
Kristalle (aus PAe.); F: 116–117°.
2,4-Dinitro-phenylhydrazon (F: 194–195°): *Ho.*

1-[4'-Acetoxy-biphenyl-4-yl]-3-hydroxy-aceton $C_{17}H_{16}O_4$, Formel X (R = H).
B. Beim Erwärmen von 1-[4'-Acetoxy-biphenyl-4-yl]-3-diazo-aceton mit wss. H_2SO_4 in Dioxan (*Vargha et al.,* Acta chim. hung. **5** [1955] 111, 115).
Kristalle (aus A.); F: 136–137°.

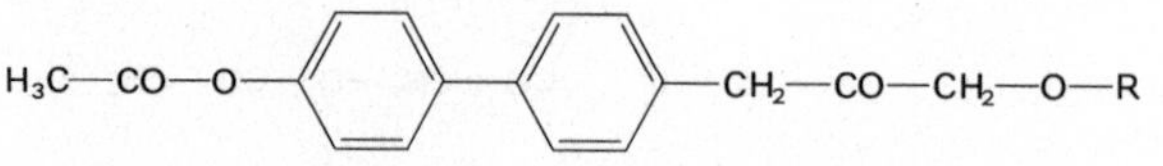

1-Acetoxy-3-[4'-acetoxy-biphenyl-4-yl]-aceton $C_{19}H_{18}O_5$, Formel X (R = CO-CH_3).
B. Beim Erhitzen von 1-[4'-Acetoxy-biphenyl-4-yl]-3-hydroxy-aceton mit Acetanhydrid (*Vargha et al.,* Acta chim. hung. **5** [1955] 111, 115). Beim Erhitzen von 1-[4'-Acetoxy-biphenyl-4-yl]-3-diazo-aceton mit Essigsäure (*Va. et al.*).
Kristalle (aus A.); F: 117–118°.

(±)-1-Biphenyl-4-yl-2,3-dihydroxy-propan-1-on $C_{15}H_{14}O_3$, Formel XI.
B. Beim Erwärmen von 1-Biphenyl-4-yl-2-hydroxy-äthanon mit Formaldehyd und CaO in wss. Methanol (*Krüger,* B. **89** [1956] 1016, 1019).
Kristalle (aus Chlorbenzol); F: 152°.

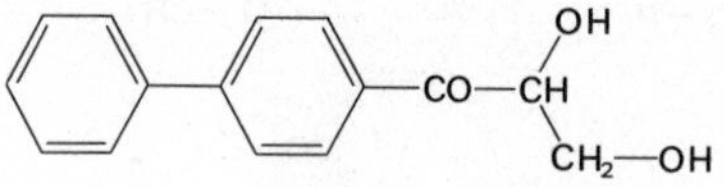

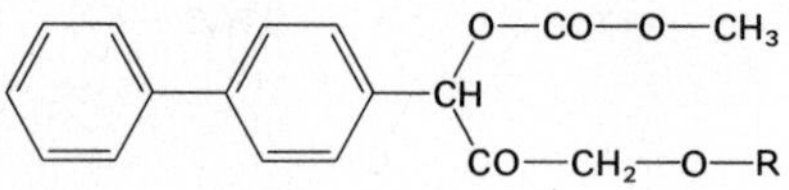

(±)-1-Biphenyl-4-yl-3-hydroxy-1-methoxycarbonyloxy-aceton $C_{17}H_{16}O_5$, Formel XII (R = H).
B. Beim Erwärmen von (±)-1-Biphenyl-4-yl-3-diazo-1-methoxycarbonyloxy-aceton mit wss. H_2SO_4 (*Logemann, Giraldi,* Z. physiol. Chem. **292** [1953] 58, 64).
Kristalle (aus A.); F: 143–145°.

(±)-1-Biphenyl-4-yl-1,3-bis-methoxycarbonyloxy-aceton $C_{19}H_{18}O_7$, Formel XII (R = CO-O-CH_3).
B. Beim Behandeln von (±)-1-Biphenyl-4-yl-3-hydroxy-1-methoxycarbonyloxy-aceton mit Chlorokohlensäure-methylester und Pyridin in $CHCl_3$ bei −10° (*Logemann, Giraldi,* Z. physiol. Chem. **292** [1953] 58, 64).
Kristalle (aus A.); F: 78–80° [Zers.].

1-[6-Methoxy-[2]naphthyl]-pentan-1,4-dion $C_{16}H_{16}O_3$, Formel XIII.
B. Bei der Hydrierung von 1-[5-Brom-6-methoxy-[2]naphthyl]-pentan-1,4-dion an Palladium/$CaCO_3$ in methanol. KOH (*Carboni et al.,* G. **89** [1959] 2321, 2326).
Kristalle (aus Me.); F: 111–113°.

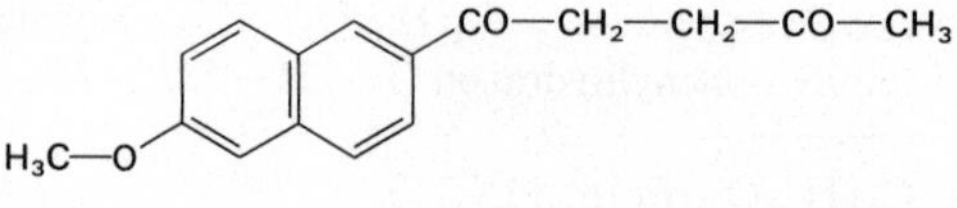

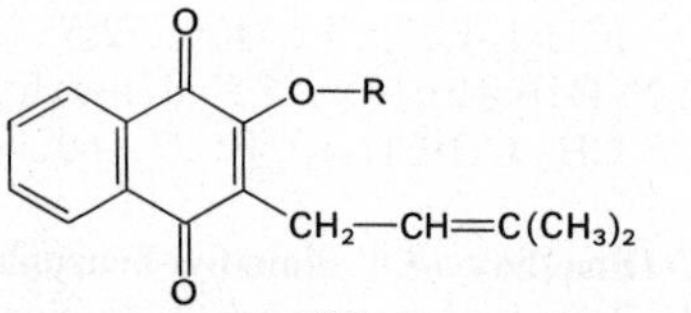

2-Hydroxy-3-[3-methyl-but-2-enyl]-[1,4]naphthochinon $C_{15}H_{14}O_3$, Formel XIV (R = H) und Taut.; **Lapachol** (H 326; E I 644; E II 365; E III 2720).

Isolierung aus den Hölzern von Paratecoma peroba, Tabebuia flavescens, Tabebuia ipe, Stereospermum suaveolens und Tectona grandis: *Sandermann, Dietrichs,* Holz Roh- u. Werkst. **15** [1957] 281, 295.

B. Neben 2-[3-Methyl-but-2-enyloxy]-[1,4]naphthochinon beim Erwärmen des Kalium-Salzes des 2-Hydroxy-[1,4]naphthochinons mit 1-Brom-3-methyl-but-2-en in Aceton (*Cooke,* Austral. J. scient. Res. [A] **3** [1950] 481, 484; vgl. E II 365).

IR-Spektrum (Nujol bzw. CCl_4; 2–12,5 μ): *Noll,* J. biol. Chem. **232** [1958] 919, 924; *Ettlinger,* Am. Soc. **72** [1950] 3666, 3668. UV-Spektrum (A.; 220–340 nm): *Sa., Di.,* l. c. S. 289.

Die beim Behandeln mit PbO_2 in Essigsäure erhaltene Verbindung (s. E III 2720) ist nicht als Bis-[3-(3-methyl-but-2-enyl)-1,4-dioxo-1,4-dihydro-[2]naphthyl]-peroxid, sondern als 3-[3-Methyl-but-2-enyl]-3-[2-(3-methyl-but-2-enyl)-3,4-dioxo-3,4-dihydro-[1]naphthyloxy]-naphthalin-1,2,4-trion zu formulieren (*Ettlinger,* Am. Soc. **72** [1950] 3472).

2-Methoxy-3-[3-methyl-but-2-enyl]-[1,4]naphthochinon, *O*-Methyl-lapachol $C_{16}H_{16}O_3$, Formel XIV (R = CH_3) (E II 365; E III 2721).

IR-Spektrum (CCl_4; 2–12 μ): *Ettlinger,* Am. Soc. **72** [1950] 3666, 3668.

Bis-[3-(3-methyl-but-2-enyl)-1,4-dioxo-1,4-dihydro-[2]naphthyl]-peroxid $C_{30}H_{26}O_6$, Formel I.

Die früher (s. E III **8** 2721) unter dieser Konstitution beschriebene Verbindung ist als 3-[3-Methyl-but-2-enyl]-3-[2-(3-methyl-but-2-enyl)-3,4-dioxo-3,4-dihydro-[1]naphthyloxy]-naphthalin-1,2,4-trion zu formulieren (*Ettlinger,* Am. Soc. **72** [1950] 3472).

(CH3)2C=CH—CH2 O O —O——O— CH2—CH=C(CH3)2

I

OH CH2 CH—C CH3 CH3

II

(±)-2-[1,2-Dimethyl-allyl]-3-hydroxy-[1,4]naphthochinon $C_{15}H_{14}O_3$, Formel II und Taut.; **Isodunniol** (E III 2722).

λ_{max} (A.): 251 nm, 282 nm und 331 nm (*Cooke, Somers,* Austral. J. scient. Res. [A] **3** [1950] 466, 473).

Acetyl-Derivat $C_{17}H_{16}O_4$; (±)-2-Acetoxy-3-[1,2-dimethyl-allyl]-[1,4]naphthochinon, *O*-Acetyl-isodunniol. Hellgelbe Kristalle (aus wss. A.); F: 73–74° (*Cooke,* Austral. J. scient. Res. [A] **3** [1950] 481, 485).

1-[4-Acetyl-1-hydroxy-[2]naphthyl]-propan-1-on $C_{15}H_{14}O_3$, Formel III (R = CH_3, R′ = H) (vgl. E III 2722).

B. Beim Erwärmen von 1-[4-Hydroxy-[1]naphthyl]-äthanon mit Propionsäure und Polyphosphorsäure (*Nakazawa, Tsubouchi,* J. pharm. Soc. Japan **74** [1954] 1256; C. A. **1955** 14670).

Kristalle (aus PAe.); F: 134°.

1-[3-Acetyl-4-hydroxy-[1]naphthyl]-propan-1-on $C_{15}H_{14}O_3$, Formel III (R = H, R′ = CH_3) (vgl. E III 2723).

B. Analog der vorangehenden Verbindung (*Nakazawa, Tsubouchi,* J. pharm. Soc. Japan **74** [1954] 1256; C. A. **1955** 14670).

Kristalle (aus A.); F: 119°.

2-Cyclopentyl-3-hydroxy-[1,4]naphthochinon $C_{15}H_{14}O_3$, Formel IV und Taut. (E III 2723).

B. Beim Erwärmen von 2-Hydroxy-[1,4]naphthochinon mit Bis-cyclopentancarbonyl-peroxid in Essigsäure (*Research Corp.*, U.S.P. 2553647 [1946], 2553648 [1948]).

10-Hydroxy-8-methoxy-9-methyl-3,4-dihydro-1*H*-anthracen-2-on $C_{16}H_{16}O_3$, Formel V.

B. Beim Erwärmen von (±)-10*t*-Hydroxy-3,5-dimethoxy-10*c*-methyl-(4a*r*,9a*c*)-1,4,4a,9a-tetra=hydro-anthron (S. 2975) mit wss.-äthanol. HCl (*Schemjakin et al.*, Doklady Akad. S.S.S.R. **112** [1957] 669, 672; Pr. Acad. Sci. U.S.S.R. Chem. Sect. **112–117** [1957] 111, 113; Ž. obšč. Chim. **29** [1959] 1831, 1840; engl. Ausg. S. 1802, 1810).

Kristalle (aus wss. A.); F: 178–179° [geschlossene Kapillare] (*Sch. et al.*, Ž. obšč. Chim. **29** 1840). λ_{max} (A.): 236 nm, 309 nm, 323 nm und 338 nm (*Sch. et al.*, Ž. obšč. Chim. **29** 1840).

9-Hydroxy-8-methoxy-10-methyl-3,4-dihydro-1*H*-anthracen-2-on $C_{16}H_{16}O_3$, Formel VI.

B. Beim Erwärmen von (±)-10*t*-Hydroxy-2,8-dimethoxy-10*c*-methyl-(4a*r*,9a*c*)-1,4,4a,9a-tetra=hydro-anthron (S. 2974) mit wss.-äthanol. HCl (*Schemjakin et al.*, Doklady Akad. S.S.S.R. **112** [1957] 669, 672; Pr. Acad. Sci. U.S.S.R. Chem. Sect. **112–117** [1957] 111, 113; Ž. obšč. Chim. **29** [1959] 1831, 1840; engl. Ausg. S. 1802, 1810).

Kristalle (aus wss. A.); F: 138–140° [geschlossene Kapillare] (*Sch. et al.*, Ž. obšč. Chim. **29** 1840). λ_{max} (A.): 237 nm, 311 nm, 324 nm und 339 nm (*Sch. et al.*, Ž. obšč. Chim. **29** 1840).

7-Methoxy-1-oxo-1,2,3,4,9,10-hexahydro-phenanthren-2-carbaldehyd $C_{16}H_{16}O_3$, Formel VII und Taut. (2-Hydroxymethylen-7-methoxy-3,4,9,10-tetrahydro-2*H*-phenanthren-1-on) (E III 2723).

B. Beim Behandeln von 7-Methoxy-3,4,9,10-tetrahydro-2*H*-phenanthren-1-on mit Äthylfor=miat und methanol. Natriummethylat (*Johnson et al.*, Am. Soc. **74** [1952] 2832, 2840; vgl. E III 2723).

F: 87–88°.

Hydroxy-oxo-Verbindungen $C_{16}H_{16}O_3$

(±)-4-[2-Hydroxy-3-phenyl-propyl]-tropolon $C_{16}H_{16}O_3$, Formel VIII (X = H) und Taut.

B. Bei der Hydrierung von (±)-3,5,7-Tribrom-4-[2-hydroxy-3-phenyl-propyl]-tropolon an Pal=ladium/Kohle in Methanol unter Zusatz von Natriumacetat (*Nozoe et al.*, Pr. Japan Acad. **29** [1953] 203, 205).

Kupfer(II)-Salz $Cu(C_{16}H_{15}O_3)_2$. Grüne Kristalle (aus $CHCl_3$); F: 217°.

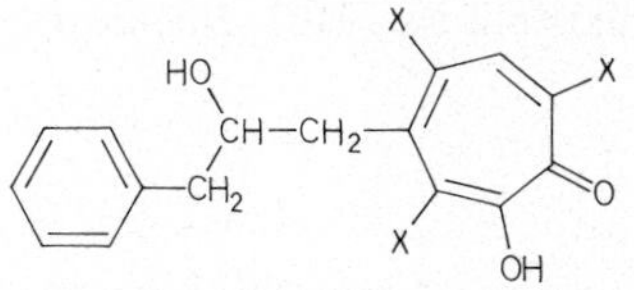

VIII 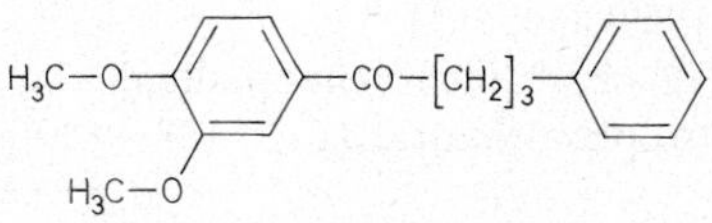 IX

(±)-3,5,7-Tribrom-4-[2-hydroxy-3-phenyl-propyl]-tropolon $C_{16}H_{13}Br_3O_3$, Formel VIII (X = Br) und Taut.

B. Aus (±)-6-Hydroxy-2-[2-hydroxy-3-phenyl-propyl]-7-oxo-cyclohepta-1,3,5-triencarbon= säure und Brom mit Hilfe von Natriumacetat in Methanol (*Nozoe et al.*, Pr. Japan Acad. **29** [1953] 203, 205).

Gelbe Kristalle (aus Eg.); F: 125°.

1-[3,4-Dimethoxy-phenyl]-4-phenyl-butan-1-on $C_{18}H_{20}O_3$, Formel IX.

B. Aus 4-Phenyl-butyrylchlorid und 1,2-Dimethoxy-benzol mit Hilfe von $AlCl_3$ in CS_2 (*Buu-Hoi et al.*, Soc. **1951** 3499, 3501).

Kristalle (aus PAe.); F: 64°. Kp_{18}: 260°.

1,4-Bis-[4-hydroxy-phenyl]-butan-2-on $C_{16}H_{16}O_3$, Formel X (R = H).

B. Beim Behandeln von Xanthocillin-x (1,4-Bis-[4-hydroxy-phenyl]-2,3-diisocyan-buta-1,3-dien) mit Natrium-Amalgam und H_2O (*Hagedorn, Tönjes*, Pharmazie **12** [1957] 567, 576).

Kristalle (aus Butan-1-ol); F: 185,5–186,5°.

Diacetyl-Derivat $C_{20}H_{20}O_5$; 1,4-Bis-[4-acetoxy-phenyl]-butan-2-on. Kristalle (aus Me.); F: 86,5–88°.

Dibenzoyl-Derivat (F: 153–154°): *Ha., Tö.*

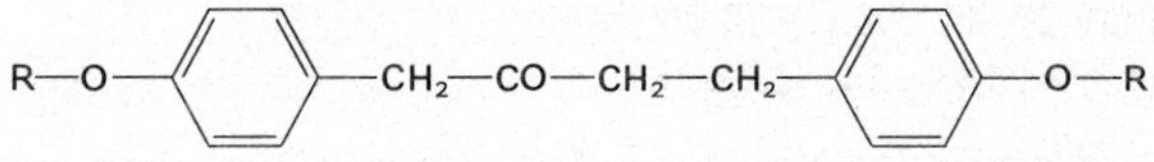

X

1,4-Bis-[4-methoxy-phenyl]-butan-2-on $C_{18}H_{20}O_3$, Formel X (R = CH_3).

B. Aus 1,4-Bis-[4-hydroxy-phenyl]-butan-2-on und Dimethylsulfat in wss. NaOH (*Hagedorn, Tönjes*, Pharmazie **12** [1957] 567, 576). Bei der Hydrierung von 1,4*t*(?)-Bis-[4-methoxy-phenyl]-but-3-en-2-on (F: 132–133°) an Palladium in Aceton (*Ha., Tö.*).

Kristalle (aus Me.); F: 87–87,5°. IR-Spektrum (4000–600 cm^{-1}): *Ha., Tö.*, l. c. S. 569.

2,4-Dinitro-phenylhydrazon (F: 144–145°): *Ha., Tö.*

4-[3,4-Dimethoxy-phenyl]-1-phenyl-butan-2-on $C_{18}H_{20}O_3$, Formel XI (E III 2724).

B. Beim Einleiten von HCl in eine Lösung von 5-[3,4-Dimethoxy-phenyl]-3-oxo-2-phenyl-valeronitril in Äthanol und $CHCl_3$ und Erhitzen des Reaktionsprodukts mit wss.-äthanol. HCl (*Kanaoka et al.*, Chem. pharm. Bl. **7** [1959] 648).

Kristalle (aus Bzl. + Hexan); F: 44–46°.

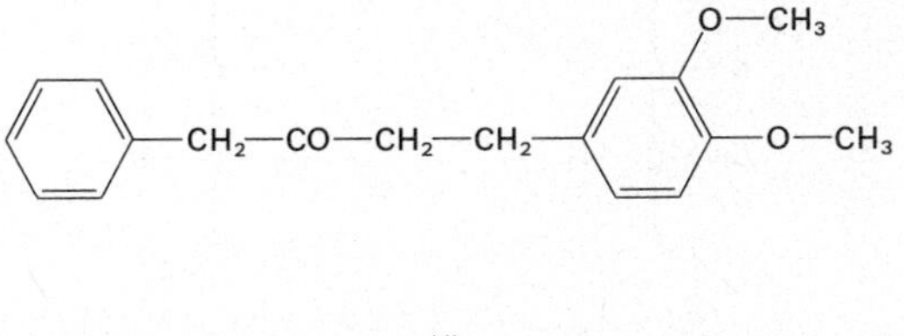

XI 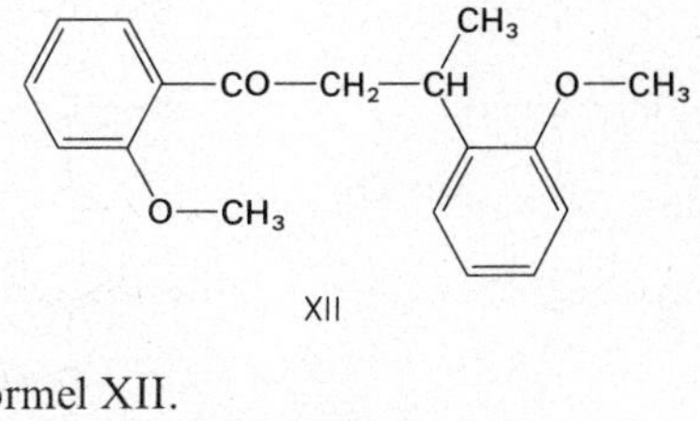 XII

(±)-1,3-Bis-[2-methoxy-phenyl]-butan-1-on $C_{18}H_{20}O_3$, Formel XII.

B. Beim Behandeln von (±)-3-[2-Methoxy-phenyl]-butyronitril mit 2-Methoxy-phenylmagne=

sium-jodid in Äther und Erhitzen des Reaktionsprodukts mit wss. HCl (*Holmberg*, Acta chem. scand. **13** [1959] 859, 861).

$Kp_{8,5}$: 219–221° [nicht rein erhalten].

2,4-Dinitro-phenylhydrazon (F: 158–159°): *Ho.*

(±)-3-[3-Hydroxy-phenyl]-1-[4-methoxy-phenyl]-4-nitro-butan-1-on $C_{17}H_{17}NO_5$, Formel XIII.

B. Beim Erwärmen von 3-Hydroxy-4'-methoxy-*trans*-chalkon (S. 2539) mit Nitromethan und Natriummethylat in Methanol (*Davey, Tivey*, Soc. **1958** 2276, 2278).

Kristalle (aus Bzl. + PAe.); F: 107–108°.

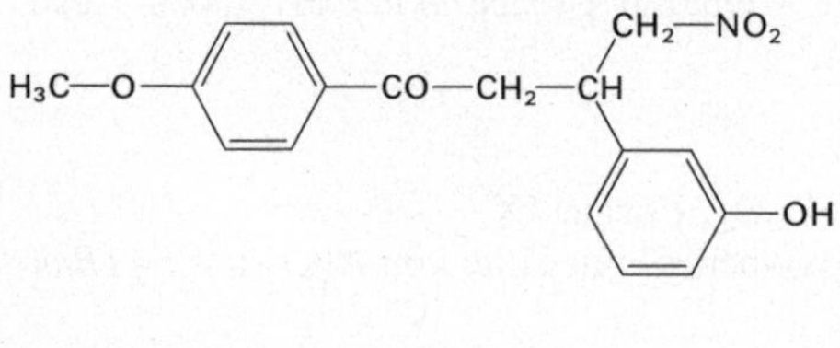

XIII

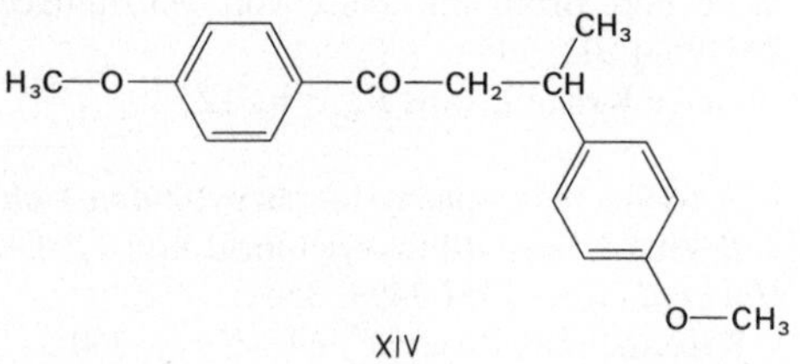

XIV

(±)-1,3-Bis-[4-methoxy-phenyl]-butan-1-on $C_{18}H_{20}O_3$, Formel XIV (E III 2724).

B. Beim Hydrieren von 1,3-Bis-[4-methoxy-phenyl]-but-2-en-1-on (F: 96°) an Palladium/$SrCO_3$ (*Dodds et al.*, Pr. roy. Soc. [B] **140** [1953] 470, 495).

Kristalle (aus PAe.); F: 69°.

(2*RS*,3*SR*)-2,3-Dibrom-1-[2-hydroxy-3-methyl-5-nitro-phenyl]-3-[2-methoxy-phenyl]-propan-1-on $C_{17}H_{15}Br_2NO_5$, Formel I (X = X' = H) + Spiegelbild.

B. Aus 2'-Hydroxy-2-methoxy-3'-methyl-5'-nitro-*trans*-chalkon (S. 2561) und Brom (*Chhaya et al.*, J. Univ. Bombay **27**, Tl. 3A [1958] 26, 28).

Kristalle (aus PAe.); F: 148–149° [Zers.].

Die folgenden Verbindungen sind in analoger Weise hergestellt worden:

(2*RS*,3*SR*)-2,3-Dibrom-3-[5-brom-2-methoxy-phenyl]-1-[2-hydroxy-3-methyl-5-nitro-phenyl]-propan-1-on $C_{17}H_{14}Br_3NO_5$, Formel I (X = Br, X' = H) + Spiegelbild. Kristalle (aus Bzl.); F: 202–203° [Zers.] (*Ch. et al.*).

(2*RS*,3*SR*)-2,3-Dibrom-3-[5-brom-2-methoxy-phenyl]-1-[3-brommethyl-2-hydroxy-5-nitro-phenyl]-propan-1-on $C_{17}H_{13}Br_4NO_5$, Formel I (X = X' = Br) + Spiegelbild. Kristalle (aus Bzl.); F: 199–200° [Zers.] (*Ch. et al.*).

(2*RS*,3*SR*)-2,3-Dibrom-1-[2-hydroxy-3-methyl-phenyl]-3-[4-methoxy-phenyl]-propan-1-on $C_{17}H_{16}Br_2O_3$, Formel II (R = H) + Spiegelbild. Gelbe Kristalle; F: 140° (*Marathey*, J. Univ. Poona Nr. 2 [1952] 11, 15).

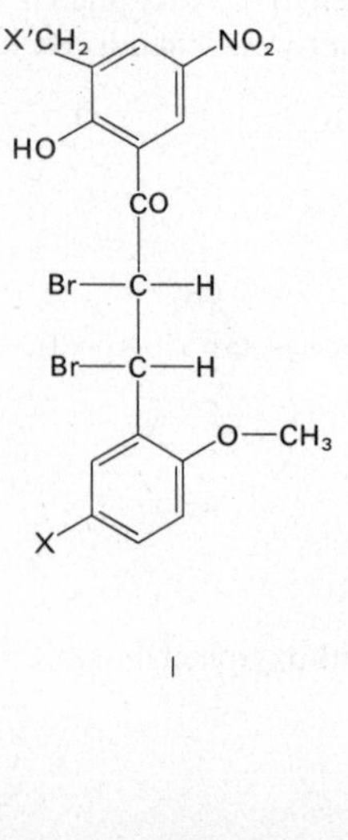

I

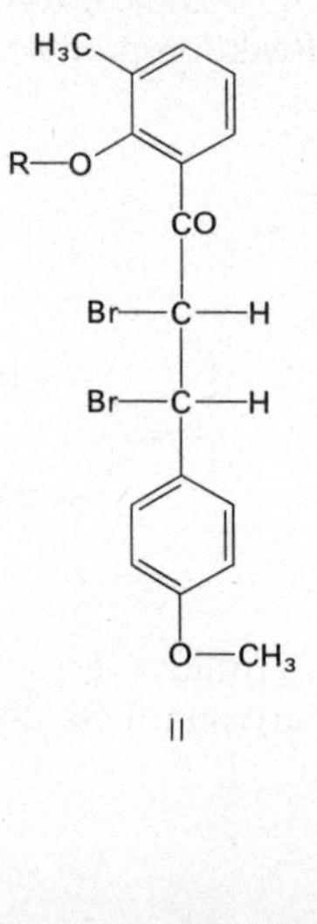

II

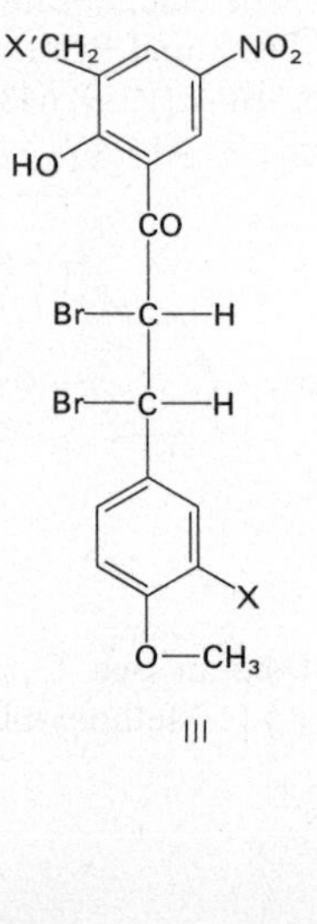

III

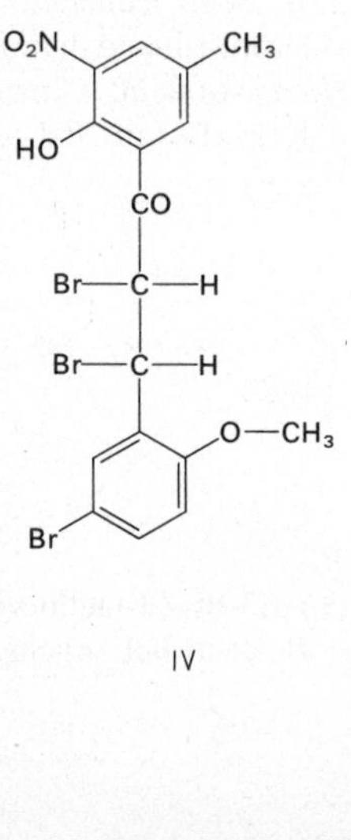

IV

(2*RS*,3*SR*)-1-[2-Acetoxy-3-methyl-phenyl]-2,3-dibrom-3-[4-methoxy-phenyl]-propan-1-on $C_{19}H_{18}Br_2O_4$, Formel II (R = CO-CH_3) + Spiegelbild.

B. Beim Erhitzen von 2'-Hydroxy-4-methoxy-3'-methyl-*trans*-chalkon (S. 2561) mit Acetanhydrid und wenig Natriumacetat und Behandeln des Reaktionsgemisches mit Brom in Essigsäure (*Marathey,* J. Univ. Poona Nr. 2 [1952] 11, 14).

Kristalle; F: 135°.

(2*RS*,3*SR*)-2,3-Dibrom-1-[2-hydroxy-3-methyl-5-nitro-phenyl]-3-[4-methoxy-phenyl]-propan-1-on $C_{17}H_{15}Br_2NO_5$, Formel III (X = X' = H) + Spiegelbild.

B. Aus 2'-Hydroxy-4-methoxy-3'-methyl-5'-nitro-*trans*-chalkon (S. 2561) und Brom (*Chhaya et al.,* J. Univ. Bombay **26**, Tl. 5A [1958] 22, 26).

Kristalle (aus Bzl.); F: 175–176° [Zers.].

Die folgenden Verbindungen sind in analoger Weise hergestellt worden:

(2*RS*,3*SR*)-2,3-Dibrom-3-[3-brom-4-methoxy-phenyl]-1-[2-hydroxy-3-methyl-5-nitro-phenyl]-propan-1-on $C_{17}H_{14}Br_3NO_5$, Formel III (X = Br, X' = H) + Spiegelbild. Kristalle (aus Bzl.); F: 193–194° [Zers.] (*Ch. et al.*).

(2*RS*,3*SR*)-2,3-Dibrom-3-[3-brom-4-methoxy-phenyl]-1-[3-brommethyl-2-hydroxy-5-nitro-phenyl]-propan-1-on $C_{17}H_{13}Br_4NO_5$, Formel III (X = X' = Br) + Spiegelbild. Kristalle (aus Eg.); F: 219–220° [Zers.] (*Ch. et al.*).

(2*RS*,3*SR*)-2,3-Dibrom-3-[5-brom-2-methoxy-phenyl]-1-[2-hydroxy-5-methyl-3-nitro-phenyl]-propan-1-on $C_{17}H_{14}Br_3NO_5$, Formel IV + Spiegelbild. Gelbliche Kristalle (aus E.); F: 173–174° (*Atchabba et al.,* J. Univ. Bombay **25**, Tl. 5A [1957] 1, 6).

(2*RS*,3*SR*)-2,3-Dichlor-1-[2-methoxy-5-methyl-phenyl]-3-[4-methoxy-phenyl]-propan-1-on $C_{18}H_{18}Cl_2O_3$, Formel V (X = Cl) + Spiegelbild.

B. Beim Einleiten von Chlor in eine Lösung von 4,2'-Dimethoxy-5'-methyl-*trans*-chalkon (S. 2563) in Essigsäure (*Pendse, Limaye,* Rasayanam **2** [1955] 80, 84).

Kristalle (aus Eg.); F: 136° [Zers.].

(2*RS*,3*SR*?)-3-Brom-2-chlor-1-[2-methoxy-5-methyl-phenyl]-3-[4-methoxy-phenyl]-propan-1-on $C_{18}H_{18}BrClO_3$, vermutlich Formel V (X = Br) + Spiegelbild.

B. Beim Behandeln von 2-Chlor-1-[2-methoxy-5-methyl-phenyl]-äthanon mit 4-Methoxybenzaldehyd und wss. HBr in Essigsäure (*Pendse, Limaye,* Rasayanam **2** [1955] 80, 85).

F: 135–136° [Zers.].

(2*RS*,3*SR*)-2,3-Dibrom-1-[2-methoxy-5-methyl-phenyl]-3-[4-methoxy-phenyl]-propan-1-on $C_{18}H_{18}Br_2O_3$, Formel VI (R = CH_3, X = H) + Spiegelbild.

B. Beim Behandeln von 2-Brom-1-[2-methoxy-5-methyl-phenyl]-äthanon mit 4-Methoxy-benzaldehyd und wss. HBr in Essigsäure (*Pendse, Limaye,* Rasayanam **2** [1955] 80, 83). Beim Behandeln von 4,2′-Dimethoxy-5′-methyl-*trans*-chalkon (S. 2563) mit Brom in Essigsäure (*Pe., Li.*).

Kristalle; F: 135° [Zers.].

(2*RS*,3*SR*)-1-[2-Acetoxy-5-methyl-phenyl]-2,3-dibrom-3-[4-methoxy-phenyl]-propan-1-on $C_{19}H_{18}Br_2O_4$, Formel VI (R = $CO-CH_3$, X = H) + Spiegelbild (E II 366).

Konfigurationszuordnung: *Fischer, Arlt,* B. **97** [1964] 1910, 1911.

B. Beim Bromieren von 2′-Acetoxy-4-methoxy-5′-methyl-*trans*-chalkon (*Pendse,* Rasayanam **2** [1955] 86,).

F: 128° (*Pe.*).

Beim Erwärmen mit H_2O ist (2*RS*,3*RS*)-1-[2-Acetoxy-5-methyl-phenyl]-2-brom-3-hydroxy-3-[4-methoxy-phenyl]-propan-1-on erhalten worden (*Bhide, Limaye,* Rasayanam **2** [1955] 55, 59; *Pe.,* l. c. S. 88; *Fi., Arlt,* l. c. S. 1912). Beim Erwärmen mit wss. Aceton und anschliessend mit wss. K_2CO_3 ist 3*t*-Hydroxy-2*r*-[4-methoxy-phenyl]-6-methyl-chroman-4-on (E III/IV **18** 1736) erhalten worden (*Marathey,* J. Univ. Poona Nr. 4 [1953] 73, 78; *Bh., Li.,* l. c. S. 60).

(2*RS*,3*SR*)-2,3-Dibrom-1-[3-brom-2-hydroxy-5-methyl-phenyl]-3-[4-methoxy-phenyl]-propan-1-on $C_{17}H_{15}Br_3O_3$, Formel VI (R = H, X = Br) + Spiegelbild.

B. Beim Behandeln von 3′-Brom-2′-hydroxy-4-methoxy-5′-methyl-*trans*-chalkon (S. 2563) mit Brom in Essigsäure (*Marathey, Gore,* J. Univ. Poona Nr. 6 [1954] 77, 81).

F: 145° [Zers.].

(2*RS*,3*SR*)-2,3-Dibrom-3-[3-brom-4-methoxy-phenyl]-1-[2-hydroxy-5-methyl-3-nitro-phenyl]-propan-1-on $C_{17}H_{14}Br_3NO_5$, Formel VII (X = H) + Spiegelbild.

B. Analog der vorangehenden Verbindung (*Atchabba et al.,* J. Univ. Bombay **27**, Tl. 3A [1958] 8, 11, 13).

Kristalle (aus Bzl. + PAe.); F: 190°.

(2*RS*,3*SR*)-2,3-Dibrom-3-[3-brom-4-methoxy-phenyl]-1-[5-brommethyl-2-hydroxy-3-nitro-phenyl]-propan-1-on $C_{17}H_{13}Br_4NO_5$, Formel VII (X = Br) + Spiegelbild.

B. Analog den vorangehenden Verbindungen (*Atchabba et al.,* J. Univ. Bombay **27**, Tl. 3A [1958] 8, 13, 14).

Kristalle (aus Toluol); F: 221°.

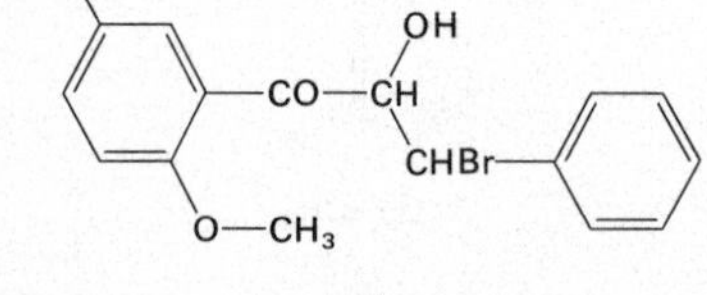

VIII 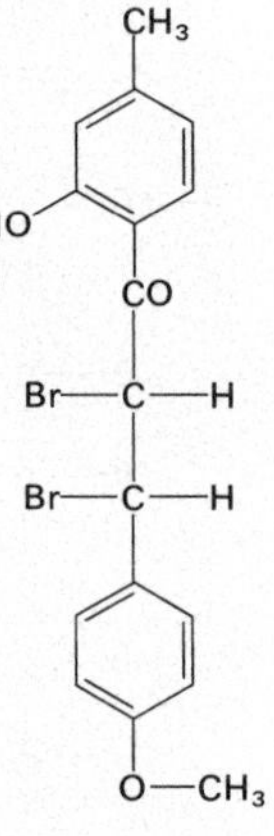 IX 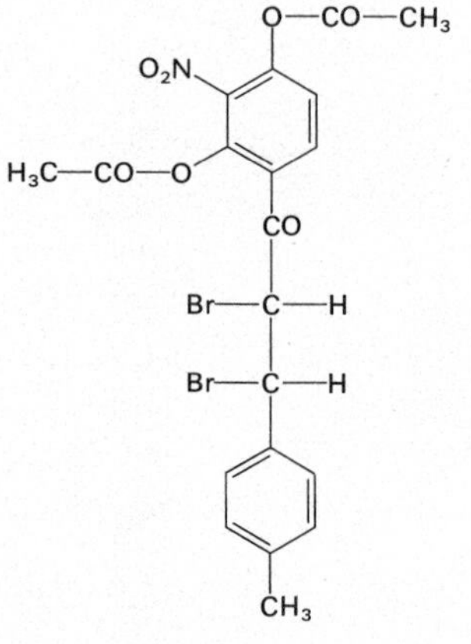 X

***Opt.-inakt. 3-Brom-2-hydroxy-1-[2-methoxy-5-methyl-phenyl]-3-phenyl-propan-1-on(?)** $C_{17}H_{17}BrO_3$, vermutlich Formel VIII.

B. Beim Behandeln von opt.-inakt. 2,3-Epoxy-1-[2-methoxy-5-methyl-phenyl]-3-phenyl-pro=

pan-1-on (F: 133°) mit HBr in Essigsäure (*Pendse, Limaye,* Rasayanam **2** [1955] 74, 79).
F: 95–96°.

(2*RS*,3*SR*)-2,3-Dibrom-1-[2-hydroxy-4-methyl-phenyl]-3-[4-methoxy-phenyl]-propan-1-on $C_{17}H_{16}Br_2O_3$, Formel IX.

B. Beim Behandeln von 2'-Hydroxy-4-methoxy-4'-methyl-*trans*-chalkon (S. 2564) mit Brom in Essigsäure (*Marathey,* J. Univ. Poona Nr. 2 [1952] 11, 16).

Gelbe Kristalle; F: 152°.

Acetyl-Derivat $C_{19}H_{18}Br_2O_4$; (2*RS*,3*SR*)-1-[2-Acetoxy-4-methyl-phenyl]-2,3-dibrom-3-[4-methoxy-phenyl]-propan 1-on. *B.* Beim Behandeln von 2'-Acetoxy-4-methoxy-4'-methyl-*trans*-chalkon (S. 2564) mit Brom in Essigsäure (*Ma.*). – Kristalle; F: 125° (*Ma.,* l. c. S. 12).

(2*RS*,3*SR*)-2,3-Dibrom-1-[2,4-diacetoxy-3-nitro-phenyl]-3-*p*-tolyl-propan-1-on $C_{20}H_{17}Br_2NO_7$, Formel X.

B. Analog der vorangehenden Verbindung (*Seshadri, Trivedi,* J. org. Chem. **23** [1958] 1735, 1737).

Kristalle (aus Bzl. + PAe.); F: 163–165°.

(±)-1,2-Bis-[4-methoxy-phenyl]-butan-1-on $C_{18}H_{20}O_3$, Formel XI (X = O-CH_3) (E III 2732).

B. Beim Behandeln von 1,2-Bis-[4-methoxy-phenyl]-propenon mit Methylmagnesiumjodid in Äther (*Fiesselmann, Ribka,* B. **89** [1956] 27, 37).

$Kp_{0,7}$: 203° (*Fi., Ri.*).

Oxim $C_{18}H_{21}NO_3$ (vgl. E III 2733). Zwei Stereoisomere (Kristalle [aus Me.]; F: 140° [korr.] bzw. F: 112,5° [korr.]) sind aus der vorangehendenVerbindung und Hydroxylamin-acetat erhalten worden (*Takahashi,* J. chem. Soc. Japan Pure Chem. Sect. **73** [1952] 696; C. A. **1954** 2016).

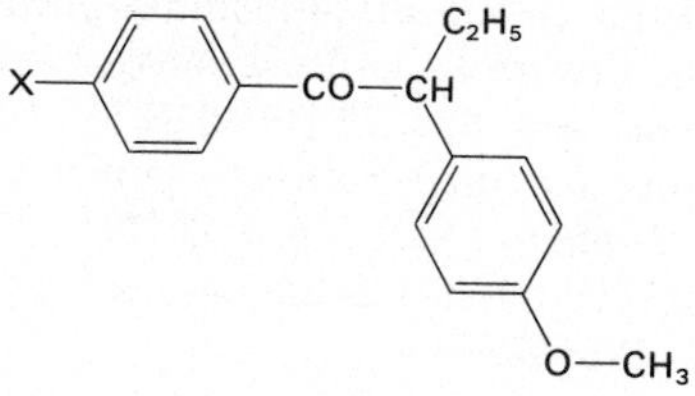

XI

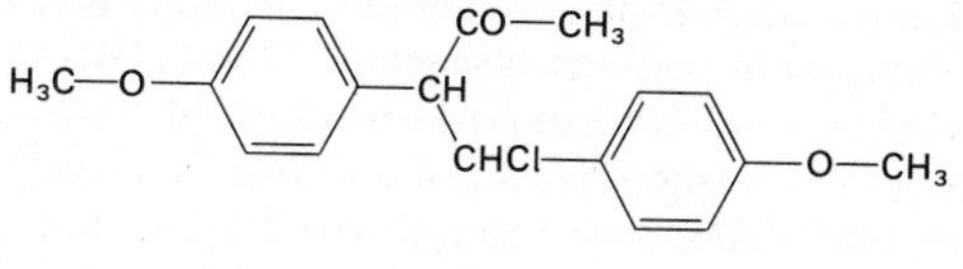

XII

(±)-2-[4-Methoxy-phenyl]-1-[4-methylmercapto-phenyl]-butan-1-on $C_{18}H_{20}O_2S$, Formel XI (X = S-CH_3).

B. Beim Erhitzen von diazotiertem (±)-2-[4-Amino-phenyl]-1-[4-methylmercapto-phenyl]-butan-1-on mit wss. H_2SO_4 und Erwärmen des Reaktionsprodukts mit Dimethylsulfat und wss. NaOH (*Oki,* Bl. chem. Soc. Japan **25** [1952] 112, 115).

Kristalle (aus A.); F: 76,5–78°.

***Opt.-inakt. 4-Chlor-3,4-bis-[4-methoxy-phenyl]-butan-2-on** $C_{18}H_{19}ClO_3$, Formel XII.

B. Beim Einleiten von HCl in eine Lösung von [4-Methoxy-phenyl]-aceton und 4-Methoxy-benzaldehyd in Benzol (*Searle & Co.,* U.S.P. 2836623 [1956]).

F: 120–130° [Rohprodukt].

(±)-1-Hydroxy-4-[4-methoxy-phenyl]-3-phenyl-butan-2-on $C_{17}H_{18}O_3$, Formel XIII.

B. Aus (±)-1-Diazo-4-[4-methoxy-phenyl]-3-phenyl-butan-2-on mit Hilfe von wss.-methanol. H_2SO_4 (*Schenley Labor. Inc.,* U.S.P. 2691044 [1951]).

Kristalle (aus Me.); F: 39°.

1,2-Bis-[4-methoxy-phenyl]-2-methyl-propan-1-on $C_{18}H_{20}O_3$, Formel XIV.

B. Beim Erwärmen von 1,2-Bis-[4-methoxy-phenyl]-propan-1-on mit $NaNH_2$ in Benzol und anschliessend mit CH_3I (*Dodds et al.*, Pr. roy. Soc. [B] **140** [1953] 470, 482).

Kristalle (aus A.); F: 64–66°.

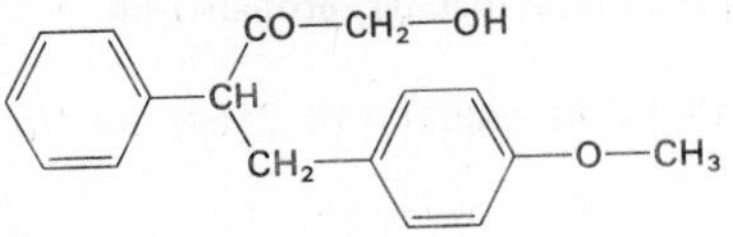

XIII 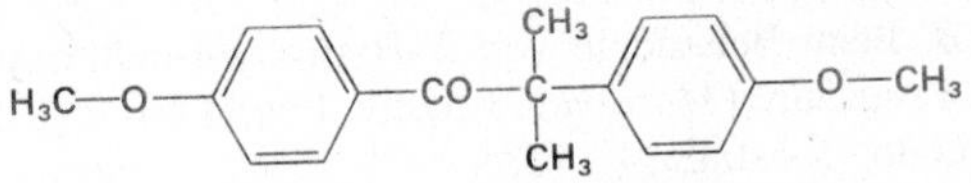 XIV

5-Äthyl-2,4-dihydroxy-desoxybenzoin $C_{16}H_{16}O_3$, Formel XV.

B. Beim Einleiten von HCl in ein Gemisch von 4-Äthyl-resorcin, Phenylacetonitril und $ZnCl_2$ in Äther und Erhitzen des Reaktionsprodukts mit H_2O (*Murai*, Sci. Rep. Saitama Univ. [A] **1** [1954] 139, 140).

Hellgelbe Kristalle (aus Bzl.); F: 105–105,5°.

Oxim $C_{16}H_{17}NO_3$. Hellgelbe Kristalle (aus Bzl. + E.); F: 168–170° [Zers.] (*Mu.*, l. c. S. 142).

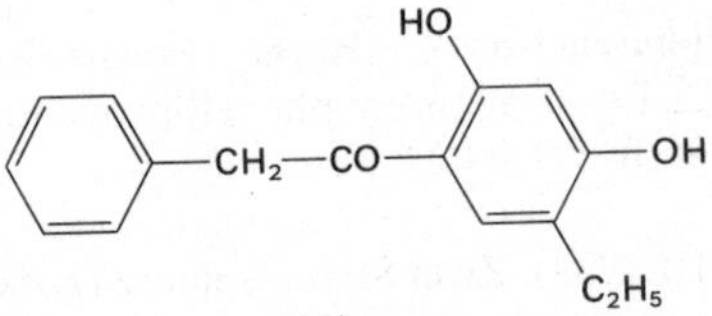

XV

1,1-Bis-[4-methoxy-phenyl]-butan-2-on $C_{18}H_{20}O_3$, Formel I (E III 2734).

B. Neben 4,4-Bis-[4-methoxy-phenyl]-hexan-3-on beim Erhitzen von Bis-[4-methoxy-phenyl]-acetonitril mit Äthylmagnesiumjodid in Äther und Xylol und Erwärmen des Reaktionsgemisches mit Äthyljodid und anschliessend mit wss. HCl (*Sisido et al.*, Am. Soc. **72** [1950] 2270). Beim Erwärmen von 2-Hydroxy-1-[4-methoxy-phenyl]-butan-1-on oder von 2-Acetoxy-1-[4-methoxy-phenyl]-butan-1-on mit Anisol und H_2SO_4 (*Tanabe et al.*, J. pharm. Soc. Japan **72** [1952] 941; C. A. **1953** 3283). Beim Erhitzen von 1,1-Bis-[4-methoxy-phenyl]-butan-1,2-diol mit wss. H_2SO_4 (*Yoshida, Akagi*, J. pharm. Soc. Japan **72** [1952] 317; C. A. **1953** 2739).

Kristalle (aus A.); F: 57–58° (*Si. et al.*).

Semicarbazon $C_{19}H_{23}N_3O_3$ (E III 2734). Kristalle (aus A.); F: 194–195° (*Ta. et al.*).

4,4-Bis-[4-hydroxy-phenyl]-butan-2-on $C_{16}H_{16}O_3$, Formel II (R = R′ = H).

B. Beim Behandeln von 4*t*-Phenoxy-but-3-en-2-on (E IV **6** 606) mit $FeCl_3$ oder $ZnCl_2$ in wss. HCl und Essigsäure (*Nešmejanow et al.*, Izv. Akad. S.S.S.R. Otd. chim. **1954** 418, 423; engl. Ausg. S. 353, 357).

Kristalle (aus H_2O); F: 187°.

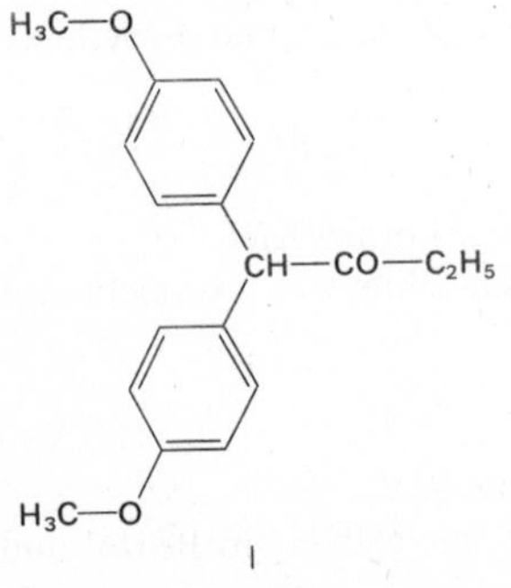

I 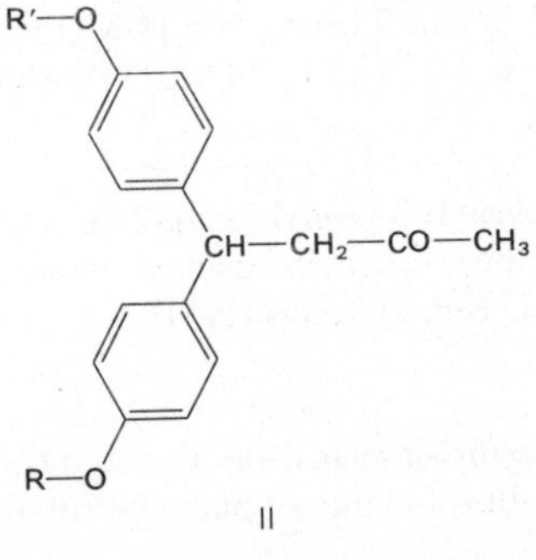 II 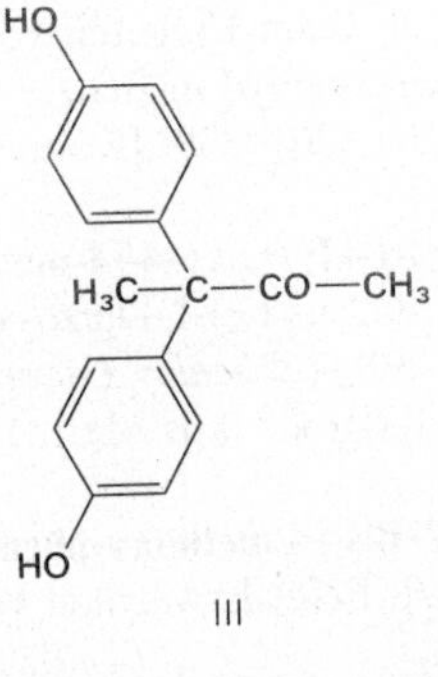 III

4-[4-Hydroxy-phenyl]-4-[4-methoxy-phenyl]-butan-2-on $C_{17}H_{18}O_3$, Formel II (R = CH_3, R′ = H).

B. Aus 4*t*-[4-Methoxy-phenyl]-but-3-en-2-on und Phenol beim Behandeln mit $ZnCl_2$, wss. HCl und Essigsäure (*Nešmejanow et al.,* Izv. Akad. S.S.S.R. Otd. chim. **1954** 418, 425; engl. Ausg. S. 353, 358) oder mit H_2SO_4 und Dibenzoylperoxid in Toluol (*Buu-Hoi et al.,* J. org. Chem. **17** [1952] 1122, 1126).

Kristalle; F: 129° [aus Bzl. + Cyclohexan]; Kp_{16}: 267–270° (*Buu-Hoi et al.*). F: 121–122° [aus H_2O] (*Ne. et al.*).

4,4-Bis-[4-methoxy-phenyl]-butan-2-on $C_{18}H_{20}O_3$, Formel II (R = R′ = CH_3).

B. Beim Erwärmen von 4,4-Bis-[4-hydroxy-phenyl]-butan-2-on mit CH_3I und Natrium⸗methylat in Methanol (*Nešmejanow et al.,* Izv. Akad. S.S.S.R. Otd. chim. **1954** 418, 424; engl. Ausg. S. 353, 358).

Kristalle (aus PAe.); F: 41–42°.

Semicarbazon $C_{19}H_{23}N_3O_3$. Kristalle (aus wss. A.); F: 156°.

3,3-Bis-[4-hydroxy-phenyl]-butan-2-on $C_{16}H_{16}O_3$, Formel III (E III 2735).

B. Beim Behandeln von 2,3-Bis-[4-hydroxy-phenyl]-butan-2,3-diol (F: 209–210°) mit H_2SO_4 und Acetanhydrid und Erhitzen des Reaktionsprodukts mit wss.-äthanol. KOH (*Allen,* J. org. Chem. **15** [1950] 435). Beim Behandeln von 3,3-Bis-[4-acetoxy-phenyl]-butan-2-on mit äthanol. KOH (*Dodds et al.,* Pr. roy. Soc. [B] **140** [1953] 470, 480).

Diacetyl-Derivat $C_{20}H_{20}O_5$; 3,3-Bis-[4-acetoxy-phenyl]-butan-2-on. *B.* Beim Er⸗hitzen von 2,3-Bis-[4-hydroxy-phenyl]-butan-2,3-diol mit Acetylchlorid und Acetanhydrid (*Do. et al.*). – Kristalle (aus PAe. + Bzl.); F: 103°.

Dibenzoyl-Derivat (F: 153–154°): *Do. et al.*

2,4-Dihydroxy-5-propyl-benzophenon $C_{16}H_{16}O_3$, Formel IV.

B. Beim Einleiten von HCl in ein Gemisch von 4-Propyl-resorcin, Benzonitril und $ZnCl_2$ in Äther und Erhitzen des Reaktionsprodukts mit H_2O (*Murai,* Sci. Rep. Saitama Univ. [A] **1** [1954] 139, 144).

Gelblichbraune Kristalle (aus PAe. + E.); F: 94°.

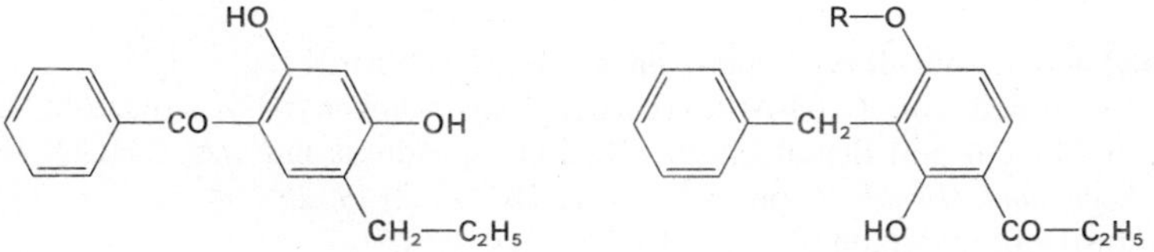

IV V

1-[3-Benzyl-2,4-dihydroxy-phenyl]-propan-1-on $C_{16}H_{16}O_3$, Formel V (R = H).

B. Beim Einleiten von HCl in ein Gemisch von 2-Benzyl-resorcin, Propionitril und $ZnCl_2$ in Äther und Erhitzen des Reaktionsprodukts mit H_2O (*Mullaji, Shah,* Pr. Indian Acad. [A] **34** [1951] 88, 91). Beim Erhitzen der folgenden Verbindung mit Essigsäure und wss. HCl (*Mu., Shah*).

Kristalle (aus wss. A.); F: 157–158°.

1-[3-Benzyl-4-benzyloxy-2-hydroxy-phenyl]-propan-1-on $C_{23}H_{22}O_3$, Formel V (R = CH_2-C_6H_5).

B. Neben 1-[4-Benzyloxy-2-hydroxy-phenyl]-propan-1-on beim Erhitzen von 1-[2,4-Dihydr⸗oxy-phenyl]-propan-1-on mit Benzylchlorid und methanol. KOH (*Mullaji, Shah,* Pr. Indian Acad. [A] **34** [1951] 88, 91).

Kristalle (aus wss. A.); F: 120°.

2-[α-Hydroxy-isopropyl]-4′-methoxy-benzophenon $C_{17}H_{18}O_3$, Formel VI, und **1-[4-Methoxy-phenyl]-3,3-dimethyl-phthalan-1-ol** $C_{17}H_{18}O_3$, Formel VII.

In Lösung in CCl_4 liegt nach Ausweis des IR-Spektrums das cyclische Tautomere vor (*Pawlowa,* Ž. obšč. Chim. **29** [1959] 1588, 1589; engl. Ausg. S. 1561, 1562).

B. Aus 1,1-Dimethyl-phthalan und 4-Methoxy-phenylmagnesium-bromid (*Pa.*).

Kristalle (aus Ae. + PAe.); F: 107–108°. IR-Spektrum (CCl_4; 3500–700 cm^{-1}): *Pa.*

Semicarbazon $C_{18}H_{21}N_3O_3$. Kristalle (aus wss. A.); F: 171–172°.

2,4-Dinitro-phenylhydrazon (F: 148–150°): *Pa.*

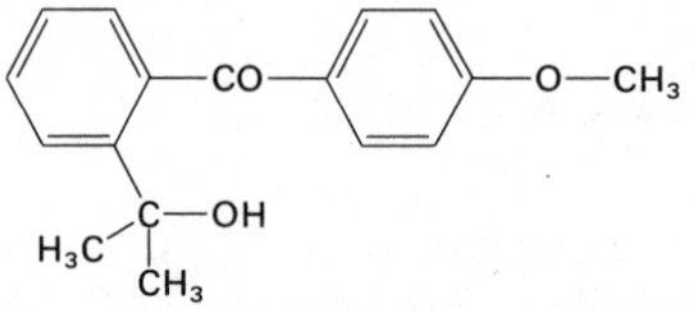

VI

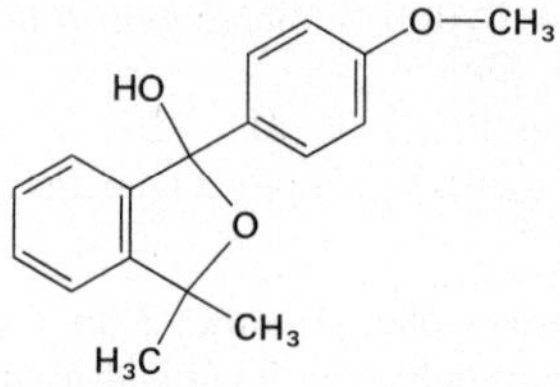

VII

3′,4′-Dimethoxy-2,4,6-trimethyl-benzophenon $C_{18}H_{20}O_3$, Formel VIII (E III 2737).

B. Beim Behandeln von 2,4,6-Trimethyl-benzoylchlorid mit 1,2-Dimethoxy-benzol und $AlCl_3$ in CS_2 (*Fuson et al.,* J. org. Chem. **15** [1950] 1155, 1156).

Kristalle (aus A.); F: 105–106°.

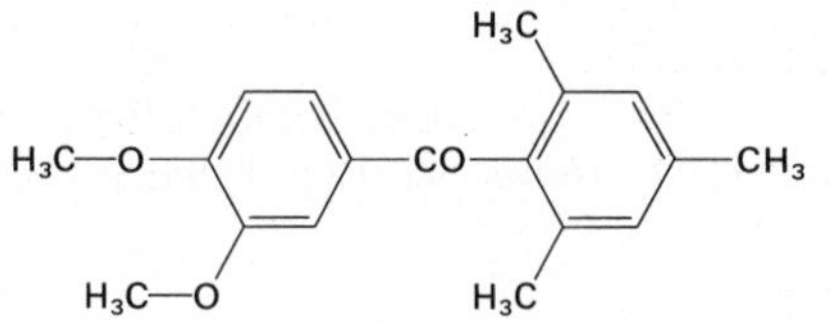

VIII

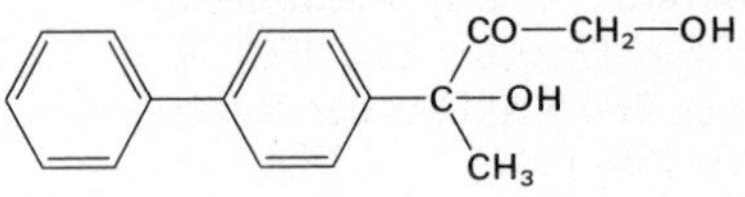

IX

(±)-3-Biphenyl-4-yl-1,3-dihydroxy-butan-2-on $C_{16}H_{16}O_3$, Formel IX.

B. Beim Erwärmen von (±)-3-Äthoxycarbonyloxy-3-biphenyl-4-yl-1-diazo-butan-2-on mit wss. H_2SO_4 in Dioxan und Behandeln des Reaktionsprodukts mit wss. $KHCO_3$ in Methanol und Äther (*Logemann, Giraldi,* Z. physiol. Chem. **289** [1952] 19, 25).

Kristalle (aus Isopropylalkohol); F: 118–120° [unkorr.].

O[1]-Acetyl-Derivat $C_{18}H_{18}O_4$; (±)-1-Acetoxy-3-biphenyl-4-yl-3-hydroxy-butan-2-on. Kristalle (aus A.); F: 111–112° [unkorr.].

2-[2,3-Dimethyl-but-2-enyl]-3-hydroxy-[1,4]naphthochinon $C_{16}H_{16}O_3$, Formel X (R = CH_2-$C(CH_3)$=$C(CH_3)_2$) und Taut.

B. Neben anderen Verbindungen beim Behandeln des Silber-Salzes des 2-Hydroxy-[1,4]naphthochinons mit 1-Brom-2,3-dimethyl-but-2-en in Benzol (*Cooke, Somers,* Austral. J. scient. Res. [A] **3** [1950] 466, 474).

Gelbe Kristalle (aus A.); F: 171–172° [korr.].

2-Hydroxy-3-[1,1,2-trimethyl-allyl]-[1,4]naphthochinon $C_{16}H_{16}O_3$, Formel X (R = $C(CH_3)_2$-$C(CH_3)$=CH_2) und Taut.

B. Beim Erwärmen von 2-[2,3-Dimethyl-but-2-enyloxy]-[1,4]naphthochinon mit Äthanol (*Cooke, Somers,* Austral. J. scient. Res. [A] **3** [1950] 466, 476).

Gelbe Kristalle (aus wss. A.); F: 82 – 83°.

X XI XII XIII

(±)-5*t*-[4-Methoxy-phenyl]-(4a*r*,8a*c*)-2,3,4a,5,8,8a-hexahydro-[1,4]naphthochinon $C_{17}H_{18}O_3$, Formel XI + Spiegelbild.

B. Beim Behandeln von (±)-5*t*-[4-Methoxy-phenyl]-(4a*r*,8a*c*)-4a,5,8,8a-tetrahydro-[1,4]naphthochinon (E III **6** 6565) mit Zink und Essigsäure (*Robins, Walker,* Soc. **1958** 409, 418).

Kristalle (aus Bzl. + PAe.); F: 113 – 114°. λ_{max} (A.): 278 nm.

Beim Behandeln dieses Racemats a) mit HCl und Methanol in $CHCl_3$ sind zwei mit dem Racemat a) stereoisomere Racemate b) (Kristalle [aus Bzl.]; F: 164°; λ_{max} [A.]: 278 nm) und c) (Kristalle [aus Bzl. + PAe.]; F: 135 – 136°; λ_{max} [A.]: 278 nm) sowie 8-Methoxy-1-[4-methoxy-phenyl]-1,4-dihydro-naphthalin und 4,4-Dimethoxy-8(oder 5)-[4-methoxy-phenyl]-3,4,4a,5,8,8a-hexahydro-2*H*-naphthalin-1-on $C_{19}H_{24}O_4$, Formel XII oder XIII (Kristalle [aus Bzl. + PAe.]; F: 132 – 133°), das beim Behandeln mit wss. Essigsäure in ein weiteres mit dem Racemat a) stereoisomeres Racemat d) (Kristalle [aus Bzl. + PAe.]; F: 155 – 156°; λ_{max} [A.]: 277 nm und 285 nm) übergeht, erhalten worden.

2-Cyclohexyl-3-hydroxy-[1,4]naphthochinon $C_{16}H_{16}O_3$, Formel XIV und Taut. (E III 2739).

B. Beim Behandeln von 3-Cyclohexyl-[1,2]naphthochinon mit Acetanhydrid und H_2SO_4 und Behandeln des Reaktionsprodukts mit wss.-äthanol. NaOH (*Fieser, Bader,* Am. Soc. **73** [1951] 681, 684). Beim Erhitzen von 2-Hydroxy-[1,4]naphthochinon mit Bis-cyclohexancarbonyl-peroxid in Essigsäure (*Research Corp.,* U.S.P. 2553647 [1946], 2553648 [1948]; *Du Pont de Nemours & Co.,* U.S.P. 2572946 [1949]).

XIV I

6-[4-Methoxy-phenyl]-(4a*r*,8a*c*?)-2,3,4a,7,8,8a-hexahydro-[1,4]naphthochinon $C_{17}H_{18}O_3$, vermutlich Formel I.

B. Aus der folgenden Verbindung beim Behandeln mit HCl in Methanol oder in $CHCl_3$ und anschliessend mit H_2O (*Robins, Walker,* Soc. **1957** 177, 185).

Kristalle (aus Me.); F: 171 – 172°. λ_{max} (A.): 255 nm.

6-[4-Methoxy-phenyl]-(4a*r*,8a*c*)-2,3,4a,5,8,8a-hexahydro-[1,4]naphthochinon $C_{17}H_{18}O_3$, Formel II.

B. Beim Behandeln von (±)-6-[4-Methoxy-phenyl]-(4a*r*,8a*c*)-4a,5,8,8a-tetrahydro-[1,4]naphthochinon (E IV **6** 7607) mit Zink-Pulver und Essigsäure (*Robins, Walker,* Soc. **1957** 177, 184).

Kristalle (aus Bzl. + PAe.); F: 139–141°. UV-Spektrum (A.; 210–310 nm): *Ro.*, *Wa.*, l. c. S. 180.

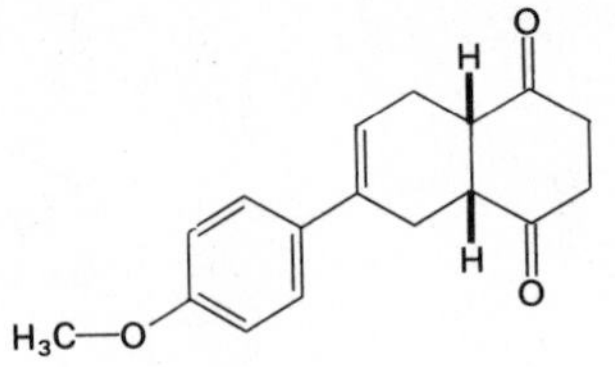

II

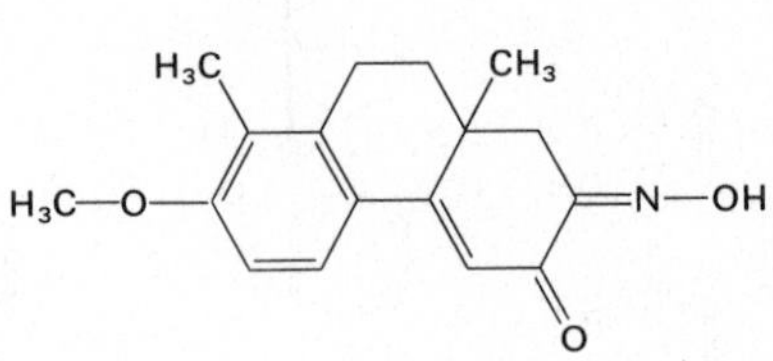

III

***(±)-7-Methoxy-8,10a-dimethyl-1,9,10,10a-tetrahydro-phenanthren-2,3-dion-2-oxim** $C_{17}H_{19}NO_3$, Formel III.

B. Beim Erwärmen von (±)-7-Methoxy-8,10a-dimethyl-1,9,10,10a-tetrahydro-2*H*-phenanthren-3-on mit *tert*-Butylnitrit in Kalium-*tert*-butylat (*Robinson*, Tetrahedron **1** [1957] 49, 61).

Gelbe Kristalle (aus Eg.); F: 274° [Zers.]. λ_{max} (Me.): 260 nm und 360 nm.

Hydroxy-oxo-Verbindungen $C_{17}H_{18}O_3$

(±)-2-Hydroxy-3-[α-hydroxy-benzyl]-6-isopropyl-cycloheptatrienon $C_{17}H_{18}O_3$, Formel IV und Taut.; **(±)-3-[α-Hydroxy-benzyl]-6-isopropyl-tropolon.**

B. Aus 3-Formyl-6-isopropyl-tropolon und Phenylmagnesiumjodid in Äther (*Sebe, Matsumoto*, Sci. Rep. Tohoku Univ. **38** [1954] 308, 315).

Kristalle (aus Bzl.); F: 82–83°.

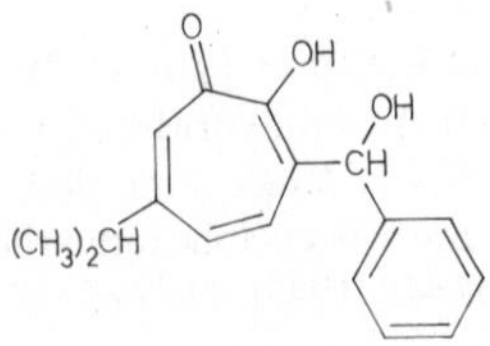

IV

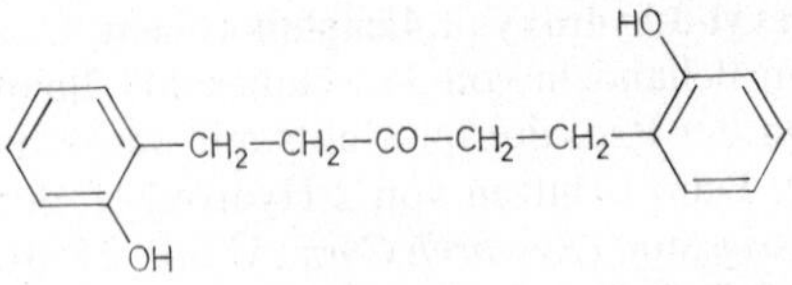

V

1,5-Bis-[2-hydroxy-phenyl]-pentan-3-on $C_{17}H_{18}O_3$, Formel V und Taut.

(±)-2-[2-Hydroxy-phenäthyl]-chroman-2-ol, Formel VI.

B. Bei der Hydrierung des Dinatrium-Salzes des 1*t*,5*t*-Bis-[2-hydroxy-phenyl]-penta-1,4-dien-3-ons (S. 2617) an Palladium/Kohle in H_2O bei 50° (*Mora, Széki*, Am. Soc. **72** [1950] 3009, 3011, 3012).

Kristalle (aus Bzl.); F: 89°.

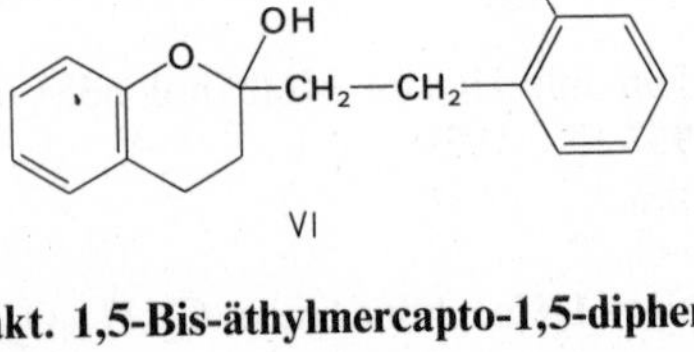

VI

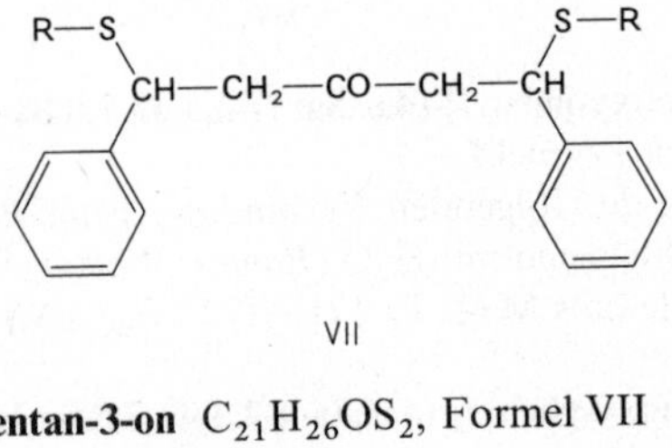

VII

***Opt.-inakt. 1,5-Bis-äthylmercapto-1,5-diphenyl-pentan-3-on** $C_{21}H_{26}OS_2$, Formel VII (R = C_2H_5).

B. Aus 1*t*,5*t*-Diphenyl-penta-1,4-dien-3-on und Äthanthiol mit Hilfe von HCl (*Thompson*, Ind. eng. Chem. **43** [1951] 1638, 1640).

F: 33–35°.

***Opt.-inakt. 1,5-Diphenyl-1,5-bis-*p*-tolylmercapto-pentan-3-on** $C_{31}H_{30}OS_2$, Formel VII ($R = C_6H_4$-CH_3).

B. Analog der vorangehenden Verbindung (*Thompson,* Ind. eng. Chem. **43** [1951] 1638, 1640).

F: 90–91°.

(±)-1,3-Bis-[4-methoxy-phenyl]-pentan-2-on $C_{19}H_{22}O_3$, Formel VIII.

B. Beim Erwärmen von Natrium-[(4-methoxy-phenyl)-acetat] in Benzol mit Isopropylmagnesiumchlorid in Äther, Behandeln des Reaktionsprodukts mit (±)-2-[4-Methoxy-phenyl]-butyrylchlorid und Erwärmen des Reaktionsprodukts mit H_2SO_4 (*Madaewa et al.,* Ž. obšč. Chim. **23** [1953] 472, 476; engl. Ausg. S. 487, 490).

Kristalle (aus A.); F: 51–52°.

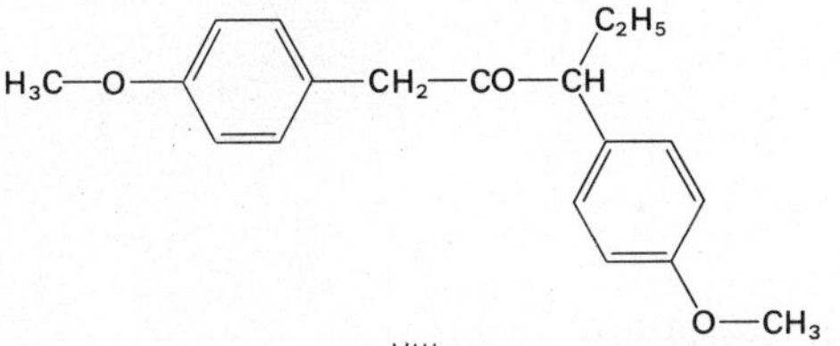

VIII

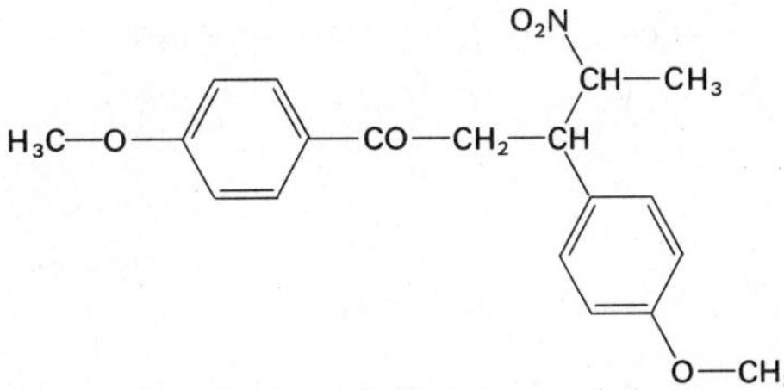

IX

***Opt.-inakt. 1,3-Bis-[4-methoxy-phenyl]-4-nitro-pentan-1-on** $C_{19}H_{21}NO_5$, Formel IX.

B. Beim Erwärmen von 4,4′-Dimethoxy-*trans*-chalkon mit Nitroäthan und Natriummethylat in Methanol (*Davey, Tivey,* Soc. **1958** 2276, 2279).

Kristalle (aus Bzl.); F: 95°.

***Opt.-inakt. 2,4-Dihydroxy-2,4-diphenyl-pentan-3-on-oxim** $C_{17}H_{19}NO_3$, Formel X.

B. Aus Pentan-2,3,4-trion-3-oxim und Phenylmagnesiumbromid in Äther (*Samné,* A. ch. [13] **2** [1957] 629, 666).

Kristalle (aus wss. A.); F: 188°.

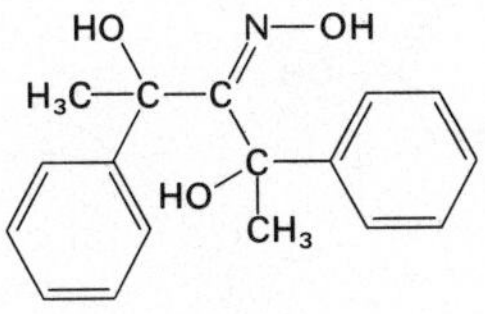

X

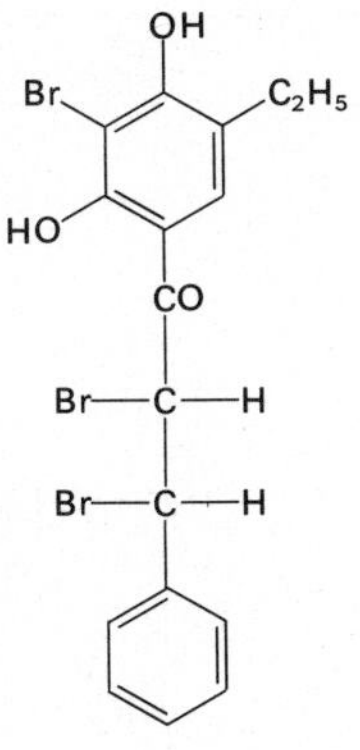

XI

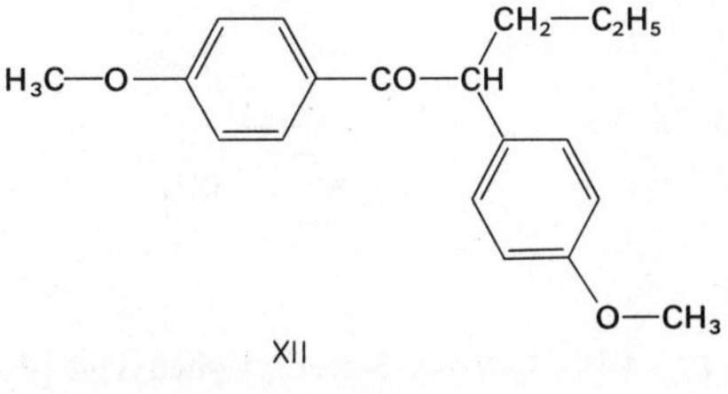

XII

(2*RS*,3*SR*)-1-[5-Äthyl-3-brom-2,4-dihydroxy-phenyl]-2,3-dibrom-3-phenyl-propan-1-on $C_{17}H_{15}Br_3O_3$, Formel XI + Spiegelbild.

B. Beim Behandeln von 5′-Äthyl-2′,4′-dihydroxy-*trans*-chalkon (S. 2568) mit Brom in Essigsäure (*Marathey, Athavale,* J. Indian chem. Soc. **31** [1954] 695, 697).

Kristalle (aus Eg.); F: 186°.

(±)-1,2-Bis-[4-methoxy-phenyl]-pentan-1-on $C_{19}H_{22}O_3$, Formel XII (E III 2743).

B. Beim Behandeln von 1,2-Bis-[4-methoxy-phenyl]-propenon mit Äthylmagnesiumbromid in Äther (*Fiesselmann, Ribka,* B. **89** [1956] 27, 37).

$Kp_{0,6}$: 212–213°.

(±)-1,2-Bis-[4-methoxy-phenyl]-2-methyl-butan-1-on $C_{19}H_{22}O_3$, Formel XIII.

B. Beim Erwärmen von (±)-1,2-Bis-[4-methoxy-phenyl]-butan-1-on mit $NaNH_2$ in Benzol und anschliessend mit CH_3I (*Dodds et al.,* Pr. roy. Soc. [B] **140** [1953] 470, 484).

$Kp_{0,7}$: 186–190°. n^{16}: 1,5835.

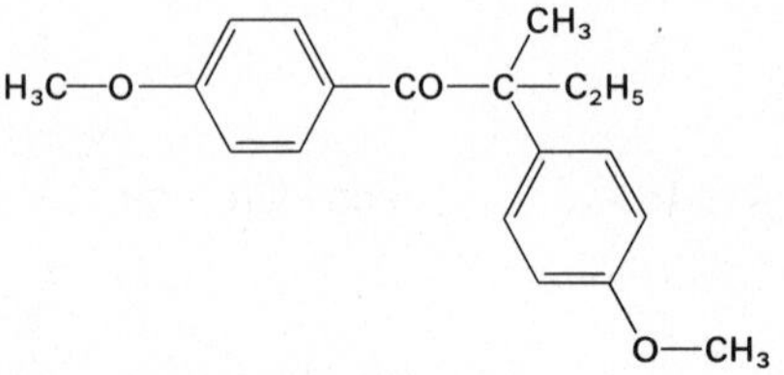

H₃C—O—C₆H₄—CO—C(CH₃)(C₂H₅)—C₆H₄—O—CH₃

XIII

C₆H₅—CH₂—CO—C₆H₂(OH)(OH)(CH₂—C₂H₅)

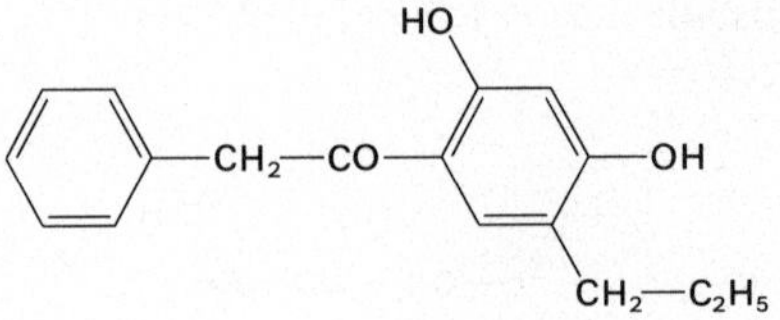

XIV

2,4-Dihydroxy-5-propyl-desoxybenzoin $C_{17}H_{18}O_3$, Formel XIV.

B. Beim Einleiten von HCl in ein Gemisch von 4-Propyl-resorcin, Phenylacetonitril und $ZnCl_2$ in Äther und Erhitzen des Reaktionsprodukts mit H_2O (*Murai,* Sci. Rep. Saitama Univ. [A] **1** [1954] 139, 142).

Gelbliche Kristalle (aus PAe.); F: 95–96°.

Oxim $C_{17}H_{19}NO_3$. Gelbliche Kristalle (aus Bzl. + E.); F: 146–147°.

(±)-4-[2-Hydroxy-3-methyl-phenyl]-4-[4-methoxy-phenyl]-butan-2-on $C_{18}H_{20}O_3$, Formel I (X = OH, X′ = H).

B. In kleiner Menge neben der folgenden Verbindung beim Erhitzen von 4*t*-[4-Methoxy-phenyl]-but-3-en-2-on mit *o*-Kresol und Dibenzoylperoxid in Toluol und anschliessend mit H_2SO_4 (*Soc. Labor. Laboz,* U.S.P. 2812351 [1954]).

Kristalle (aus Bzl. + Cyclohexan); F: 114°.

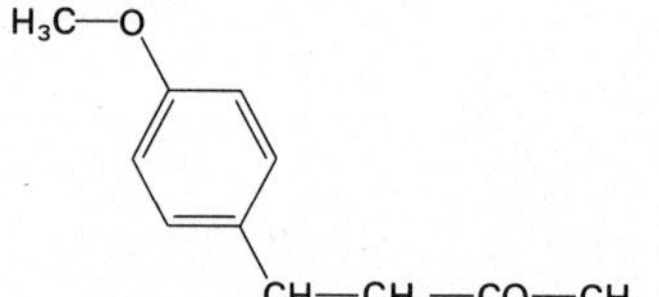

H₃C—O—C₆H₄—CH—CH₂—CO—CH₃ ; C₆H₂(X)(X′)(CH₃)

I

C₆H₅—CO—C₆H₂(OH)(HO)(H₃C—[CH₂]₃)

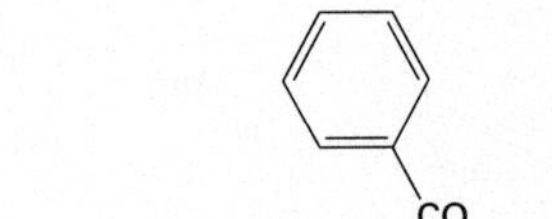

II

(±)-4-[4-Hydroxy-3-methyl-phenyl]-4-[4-methoxy-phenyl]-butan-2-on $C_{18}H_{20}O_3$, Formel I (X = H, X′ = OH).

B. s. im vorangehenden Artikel.

Kristalle; F: 126° [aus Bzl.] (*Soc. Labor. Laboz,* U.S.P. 2812351 [1954]), 123° [aus Bzl. + Cyclohexan] (*Buu-Hoi et al.,* J. org. Chem. **17** [1952] 1122, 1126).

5-Butyl-2,4-dihydroxy-benzophenon $C_{17}H_{18}O_3$, Formel II.

B. Beim Einleiten von HCl in ein Gemisch von 4-Butyl-resorcin, Benzonitril und $ZnCl_2$ in Äther und Erhitzen des Reaktionsprodukts mit H_2O (*Murai*, Sci. Rep. Saitama Univ. [A] **1** [1954] 139, 145).

Gelbliche Kristalle (aus Bzl.); F: 117–118°.

1-[3-Benzyl-2,4-dihydroxy-phenyl]-butan-1-on $C_{17}H_{18}O_3$, Formel III (R = H).

B. Beim Einleiten von HCl in ein Gemisch von 2-Benzyl-resorcin, Butyronitril und $ZnCl_2$ in Äther und Erhitzen des Reaktionsprodukts mit H_2O (*Mullaji, Shah,* Pr. Indian Acad. [A] **34** [1951] 88, 93). Beim Erhitzen der folgenden Verbindung mit Essigsäure und wss. HCl (*Mu., Shah*).

Kristalle (aus wss. A.); F: 140–142°.

1-[3-Benzyl-4-benzyloxy-2-hydroxy-phenyl]-butan-1-on $C_{24}H_{24}O_3$, Formel III (R = CH_2-C_6H_5).

B. Neben 1-[4-Benzyloxy-2-hydroxy-phenyl]-butan-1-on beim Erhitzen von 1-[2,4-Dihydroxy-phenyl]-butan-1-on mit Benzylchlorid und methanol. KOH (*Mullaji, Shah,* Pr. Indian Acad. [A] **34** [1951] 88, 92).

Kristalle (aus wss. A.); F: 108–109°.

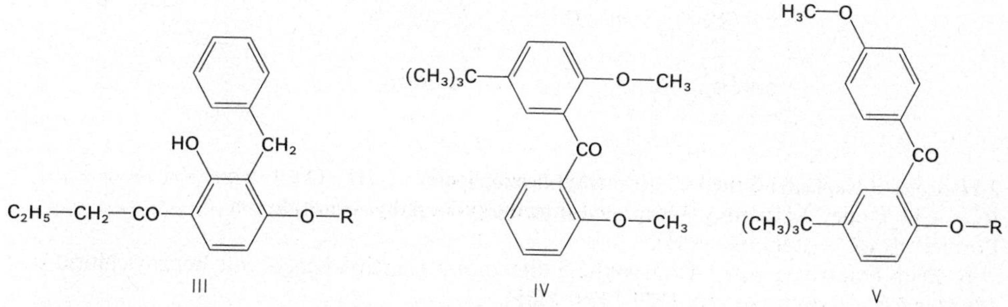

5-*tert*-Butyl-2,2′-dimethoxy-benzophenon $C_{19}H_{22}O_3$, Formel IV.

B. Beim Erhitzen von 4-*tert*-Butyl-anisol mit 2-Methoxy-benzoylchlorid und $ZnCl_2$ in 1,1,2,2-Tetrachlor-äthan (*Kulka,* Am. Soc. **76** [1954] 5469).

Kp_{12}: 225°.

5-*tert*-Butyl-2-hydroxy-4′-methoxy-benzophenon $C_{18}H_{20}O_3$, Formel V (R = H).

B. Beim Erwärmen von 5-*tert*-Butyl-2,4′-dimethoxy-benzophenon mit $AlCl_3$ in Benzol (*Kulka,* Am. Soc. **76** [1954] 5469).

F: 93–94°. Kp_{12}: 235°.

5-*tert*-Butyl-2,4′-dimethoxy-benzophenon $C_{19}H_{22}O_3$, Formel V (R = CH_3).

B. Beim Erhitzen von 4-*tert*-Butyl-anisol mit 4-Methoxy-benzoylchlorid und $ZnCl_2$ in 1,1,2,2-Tetrachlor-äthan (*Kulka,* Am. Soc. **76** [1954] 5469).

Kp_{12}: 238–239°.

4′-Hydroxy-3-isopropyl-6-methoxy-2-methyl-benzophenon $C_{18}H_{20}O_3$, Formel VI (R = H).

B. Beim Erhitzen des Acetyl-Derivats (s. u.) mit wss.-äthanol. NaOH (*Royer, Demerseman,* Bl. **1959** 1682, 1685).

Gelbes Öl; $Kp_{0,3}$: 212–213°.

Acetyl-Derivat $C_{20}H_{22}O_4$; 4′-Acetoxy-3-isopropyl-6-methoxy-2-methyl-benzophenon. *B.* In kleiner Menge neben 1-[3-Isopropyl-6-methoxy-2-methyl-phenyl]-äthanon beim Behandeln von 4-Isopropyl-3-methyl-anisol mit 4-Acetoxy-benzoylchlorid und $AlCl_3$ in

CS_2 (*Ro., De.*). – Gelbes Öl; Kp_{15}: 257–259°.

3-Isopropyl-6,4′-dimethoxy-2-methyl-benzophenon $C_{19}H_{22}O_3$, Formel VI (R = CH_3).

B. Aus Anisol und 3-Isopropyl-6-methoxy-2-methyl-benzoylchlorid oder aus 4-Isopropyl-3-methyl-anisol und 4-Methoxy-benzoylchlorid mit Hilfe von $AlCl_3$ (*Royer, Demerseman,* Bl. **1959** 1682, 1685). Aus 4′-Hydroxy-3-isopropyl-6-methoxy-2-methyl-benzophenon und CH_3I mit Hilfe von wss.-äthanol. KOH (*Ro., De.*).

Kristalle (aus Bzl. + PAe.); F: 51°. Kp_{30}: 270°; Kp_{13}: 247°.

2,5-Dihydroxy-3-isopropyl-6-methyl-benzophenon $C_{17}H_{18}O_3$, Formel VII (R = R′ = H).

B. Beim Erhitzen der folgenden Verbindung mit Pyridin-hydrochlorid (*Royer et al.,* Bl. **1957** 1379, 1385).

Gelbliche Kristalle (aus Bzl. + PAe.); F: 147–147,5°.

2-Hydroxy-3-isopropyl-5-methoxy-6-methyl-benzophenon $C_{18}H_{20}O_3$, Formel VII (R = H, R′ = CH_3), oder **3-Hydroxy-5-isopropyl-6-methoxy-2-methyl-benzophenon** $C_{18}H_{20}O_3$, Formel VII (R = CH_3, R′ = H).

B. Beim Erwärmen von 1-Isopropyl-2,5-dimethoxy-4-methyl-benzol mit Benzoylchlorid und $AlCl_3$ in CS_2 (*Royer et al.,* Bl. **1957** 1379, 1385).

$Kp_{0,7}$: 175–177°; $Kp_{0,2}$: 162–163°. $n^{21,5}$: 1,5645.

4,2′-Dihydroxy-5-isopropyl-2-methyl-benzophenon $C_{17}H_{18}O_3$, Formel VIII (R = H).

B. Beim Erhitzen der folgenden Verbindung mit Pyridin-hydrochlorid (*Royer, Bisagni,* Bl. **1954** 486, 492).

Gelbliche Kristalle (aus Bzl. + PAe.); F: 117–118°.

5-Isopropyl-4,2′-dimethoxy-2-methyl-benzophenon $C_{19}H_{22}O_3$, Formel VIII (R = CH_3).

B. Aus 2-Isopropyl-5-methyl-anisol und 2-Methoxy-benzoylchlorid mit Hilfe von $AlCl_3$ in CS_2 (*Royer, Bisagni,* Bl. **1954** 486, 491).

Kp_{17}: 230°. n_D^{23}: 1,5855.

4-Hydroxy-2′-[4-hydroxy-5-isopropyl-2-methyl-benzolsulfonyl]-5-isopropyl-2-methyl-benzophenon $C_{27}H_{30}O_5S$, Formel IX.

B. Beim Erhitzen von 2-Methyl-D-ribonsäure-4-lacton mit H_2SO_4 und anschliessend mit Thy≠mol (*Javery, Jadhav,* J. scient. ind. Res. India **11** B [1952] 5, 7).

Kristalle (aus Eg.) mit 1,5 Mol H_2O; F: 216–218°.

3′-Hydroxy-5-isopropyl-4-methoxy-2-methyl-benzophenon $C_{18}H_{20}O_3$, Formel X.

B. Aus dem Acetyl-Derivat (s. u.) beim Erhitzen mit wss.-äthanol. NaOH (*Royer, Demerse≠man,* Bl. **1959** 1682, 1685).

Hellrote Kristalle (aus Bzl. + PAe.); F: 106°.

Acetyl-Derivat $C_{20}H_{22}O_4$; 3′-Acetoxy-5-isopropyl-4-methoxy-2-methyl-benzophenon. *B.* In kleiner Menge neben 1-[5-Isopropyl-4-methoxy-2-methyl-phenyl]-äthanon beim Behandeln von 2-Isopropyl-5-methyl-anisol mit 3-Acetoxy-benzoylchlorid und $AlCl_3$ in CS_2 (*Ro., De.*).

HO CH(CH₃)₂ … IX — HO … CO … (CH₃)₂CH … CH₃ … H₃C—O X — R′—O … CO … (CH₃)₂CH … CH₃ … R—O XI

4,4′-Dihydroxy-5-isopropyl-2-methyl-benzophenon $C_{17}H_{18}O_3$, Formel XI (R = R′ = H).

B. Beim Erhitzen von 5-Isopropyl-4,4′-dimethoxy-2-methyl-benzophenon mit Pyridin-hydrochlorid (*Royer, Bisagni,* Bl. **1954** 486, 491).

$Kp_{0,6}$: 200–210°. $n^{23,5}$: 1,5985.

4′-Hydroxy-5-isopropyl-4-methoxy-2-methyl-benzophenon $C_{18}H_{20}O_3$, Formel XI (R = CH_3, R′ = H).

B. Beim Erhitzen des Acetyl-Derivats (s. u.) mit wss.-äthanol. NaOH (*Royer, Demerseman,* Bl. **1959** 1682, 1685).

Kristalle (aus PAe. + Bzl.); F: 65°. Kp_{16}: 265–268°.

Acetyl-Derivat $C_{20}H_{22}O_4$; 4′-Acetoxy-5-isopropyl-4-methoxy-2-methyl-benzophenon. *B.* Neben 1-[5-Isopropyl-4-methoxy-2-methyl-phenyl]-äthanon beim Behandeln von 2-Isopropyl-5-methyl-anisol mit 4-Acetoxy-benzoylchlorid und $AlCl_3$ in CS_2 (*Ro., De.*). – Kp_{12}: 243–245°.

5-Isopropyl-4,4′-dimethoxy-2-methyl-benzophenon $C_{19}H_{22}O_3$, Formel XI (R = R′ = CH_3).

B. Aus 2-Isopropyl-5-methyl-anisol und 4-Methoxy-benzoylchlorid mit Hilfe von $AlCl_3$ in CS_2 (*Royer, Bisagni,* Bl. **1954** 486, 491). Beim Behandeln von 4′-Hydroxy-5-isopropyl-4-methoxy-2-methyl-benzophenon mit CH_3I und wss.-äthanol. NaOH (*Royer, Demerseman,* Bl. **1959** 1682, 1685).

Kp_{15}: 242–244° (*Ro., Bi.*); Kp_{12}: 235–237° (*Ro., De.*). n_D^{23}: 1,5910 (*Ro., Bi.*).

3,3′-Diäthyl-4,4′-dimethoxy-benzophenon $C_{19}H_{22}O_3$, Formel XII.

B. Beim Erhitzen von Bis-[3-äthyl-4-methoxy-phenyl]-methan mit $K_2Cr_2O_7$ und Essigsäure (*Schultz, Schnekenburger,* Ar. **291** [1958] 356, 360).

Kristalle (aus A.); F: 124°.

2′,3′-Dimethoxy-2,3,5,6-tetramethyl-benzophenon-imin $C_{19}H_{23}NO_2$, Formel XIII (X = NH).

B. Beim Erwärmen von 1,2-Dimethoxy-benzol mit Butyllithium in Äther und Behandeln der Reaktionslösung mit 2,3,5,6-Tetramethyl-benzonitril (*Fuson et al.,* Am. Soc. **75** [1953] 5321).

Hydrochlorid. F: 100–102°.

Acetyl-Derivat $C_{21}H_{25}NO_3$; *N*-[2′,3′-Dimethoxy-2,3,5,6-tetramethyl-benzhydryliden]-acetamid. Kristalle (aus A.); F: 124–125°.

[2′,3′-Dimethoxy-2,3,5,6-tetramethyl-benzhydryliden]-dimethyl-ammonium $[C_{21}H_{28}NO_2]^+$, Formel XIII (X = $N(CH_3)_2]^+$).

Jodid $[C_{21}H_{28}NO_2]I$. F: 122–124° [Zers.] (*Fuson et al.,* Am. Soc. **75** [1953] 5321).

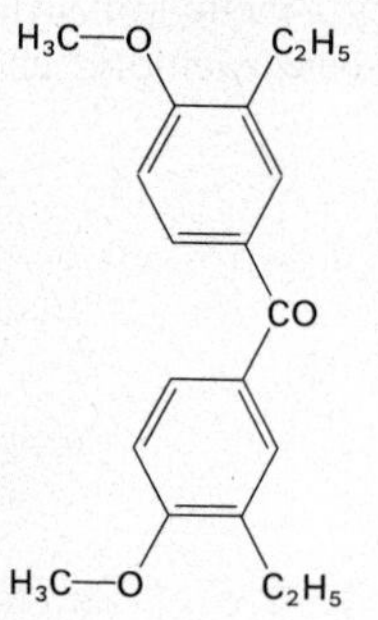

2′,4′-Dimethoxy-2,3,5,6-tetramethyl-benzophenon $C_{19}H_{22}O_3$, Formel XIV (X = O-CH_3, X′ = H).

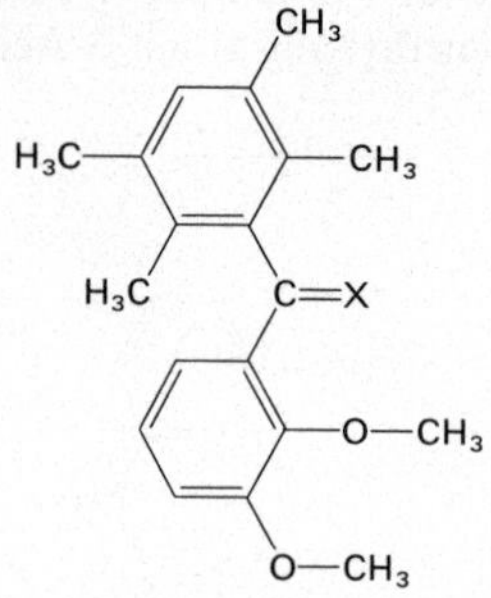

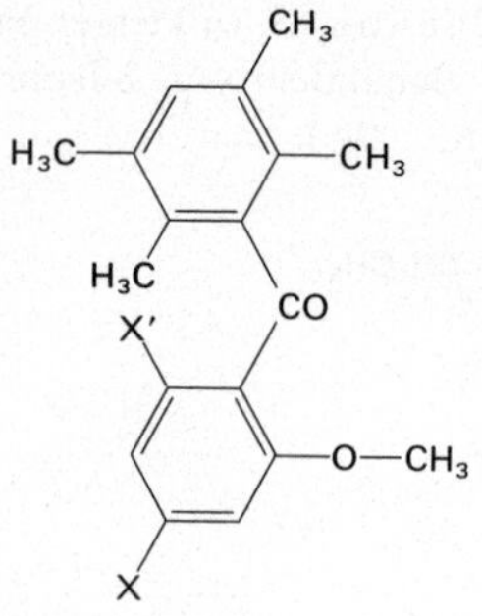

B. Beim Erwärmen von 2,3,5,6-Tetramethyl-benzoesäure mit 1,3-Dimethoxy-benzol und Polyphosphorsäure (*Fuson et al.*, Am. Soc. **81** [1959] 4858).

Kristalle (aus Me.); F: 128,2–128,8° [korr.]. IR-Banden (3100–830 cm^{-1}): *Fu. et al.*

2′,6′-Dimethoxy-2,3,5,6-tetramethyl-benzophenon $C_{19}H_{22}O_3$, Formel XIV (X = H, X′ = O-CH_3) (E III 2744).

Beim Erhitzen mit Phenylmagnesiumbromid in Benzol und Äther sind 2,3,5,6-Tetramethyl-2′,6′-diphenyl-benzophenon und 2′-Methoxy-2,3,5,6-tetramethyl-6′-phenyl-benzophenon erhalten worden (*Fuson, Vittimberga,* Am. Soc. **79** [1957] 6030). Bildung von 4′-*tert*-Butyl-2′,6′-dimethoxy-2,3,5,6-tetramethyl-benzophenon beim Erwärmen mit *tert*-Butylmagnesiumchlorid in Benzol und Äther: *Fu., Vi.*

2,2′-Dihydroxy-4,6,4′,6′-tetramethyl-benzophenon $C_{17}H_{18}O_3$, Formel I.

B. Neben anderen Verbindungen beim Erhitzen von 3,5-Dimethyl-phenol mit CBr_4 und $ZnCl_2$ auf 130° (*Driver, Lai,* Soc. **1958** 3009, 3014).

Gelbe Kristalle (aus Bzl.); F: 170°.

Diacetyl-Derivat $C_{21}H_{22}O_5$; 2,2′-Diacetoxy-4,6,4′,6′-tetramethyl-benzophenon. Kristalle (aus PAe.); F: 120°.

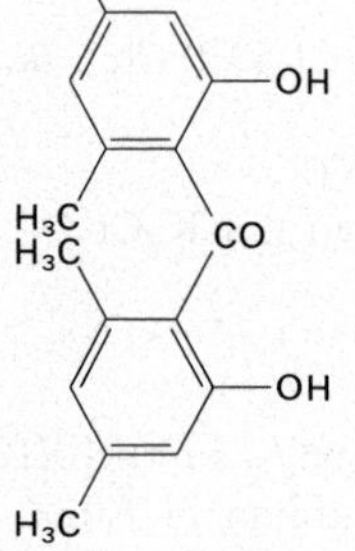

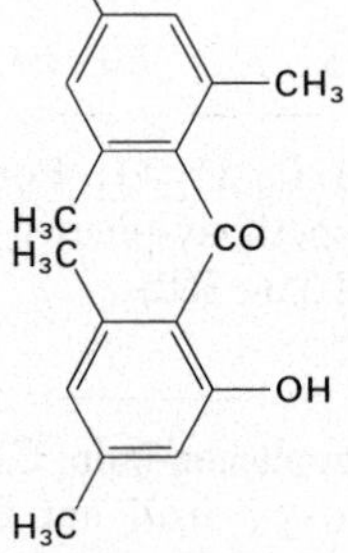

2,4′-Dihydroxy-4,6,2′,6′-tetramethyl-benzophenon $C_{17}H_{18}O_3$, Formel II.

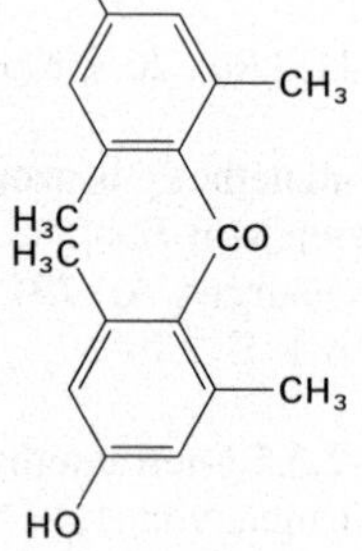

B. Neben anderen Verbindungen beim Erhitzen von 3,5-Dimethyl-phenol mit CBr_4 und $ZnCl_2$ auf 130° (*Driver, Lai,* Soc. **1958** 3009, 3014).

Gelbe Kristalle (aus Bzl.); F: 143,5–145°.

Diacetyl-Derivat $C_{21}H_{22}O_5$; 2,4′-Diacetoxy-4,6,2′,6′-tetramethyl-benzophenon. Kristalle (aus wss. A.); F: 127–128°.

4,4′-Dihydroxy-2,6,2′,6′-tetramethyl-benzophenon $C_{17}H_{18}O_3$, Formel III.

B. Analog der vorangehenden Verbindung (*Driver, Lai,* Soc. **1958** 3009, 3014).

Kristalle (aus Eg.); F: 256–260° [Zers.].

Diacetyl-Derivat $C_{21}H_{22}O_5$; 4,4′-Diacetoxy-2,6,2′,6′-tetramethyl-benzophenon. Kristalle (aus PAe.); F: 116–117°.

2,2′-Dihydroxy-3,4,3′,4′-tetramethyl-benzophenon $C_{17}H_{18}O_3$, Formel IV.

B. Neben anderen Verbindungen beim Erhitzen von 2,3-Dimethyl-phenol mit CCl_4 und $ZnCl_2$ auf 130° (*Driver, Lai,* Soc. **1958** 3009, 3012).

Gelbe Kristalle (aus A.); F: 165–166°.

Oxim $C_{17}H_{19}NO_3$. Kristalle (aus Bzl. + PAe.); F: 180° [nach Sintern bei 176°].

Acetyl-Derivat $C_{19}H_{20}O_4$; 2-Acetoxy-2′-hydroxy-3,4,3′,4′-tetramethyl-benzophenon. Kristalle (aus wss. A.); F: 129,5–130,5°.

2,2′-Dihydroxy-4,5,4′,5′-tetramethyl-benzophenon $C_{17}H_{18}O_3$, Formel V.

B. Neben anderen Verbindungen beim Erhitzen von 3,4-Dimethyl-phenol mit CCl_4 und $ZnCl_2$ (*Driver, Lai,* Soc. **1958** 3009, 3015; s. a. *Merchant, Desai,* Soc. [C] **1968** 499, 503).

Kristalle (aus Me.), F: 170–171° (*Me., De.*); gelbe Kristalle (aus Bzl.), F: 166–167,5° (*Dr., Lai*).

Oxim $C_{17}H_{19}NO_3$. Kristalle (aus Bzl. + PAe.); F: 165–170° (*Dr., Lai*).

2,4-Dinitro-phenylhydrazon (F: 301–302°): *Me., De.*

Diacetyl-Derivat $C_{21}H_{22}O_5$; 2,2′-Diacetoxy-4,5,4′,5′-tetramethyl-benzophenon. Kristalle (aus A.); F: 110,5–111,5° (*Dr., Lai*).

Dibenzoyl-Derivat (F: 172–172,5°): *Dr., Lai.*

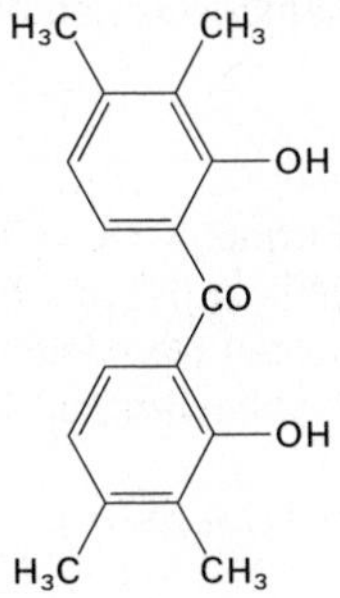

IV 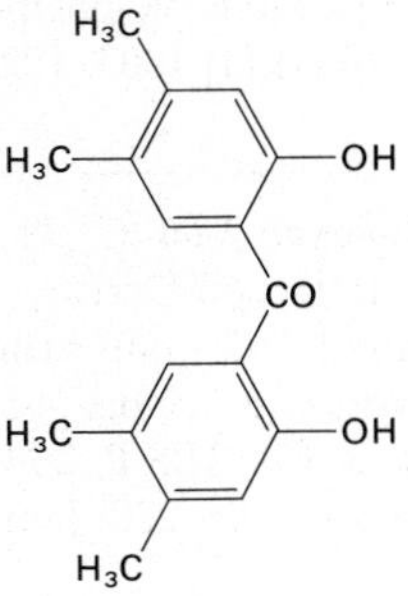 V 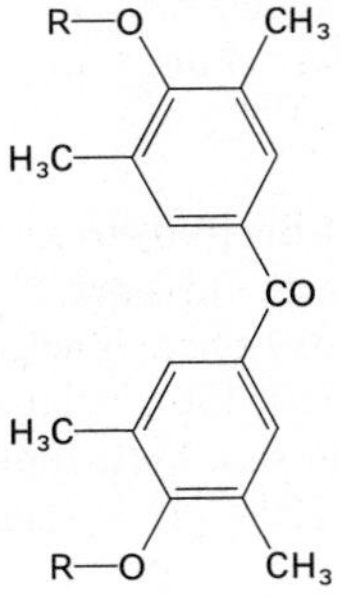 VI

4,4′-Dihydroxy-3,5,3′,5′-tetramethyl-benzophenon $C_{17}H_{18}O_3$, Formel VI (R = H).

B. Beim Erwärmen von 4-[4,4′-Dihydroxy-3,5,3′,5′-tetramethyl-benzhydryliden]-2,6-dimethyl-cyclohexa-2,5-dienon mit H_2O_2 in wss. NaOH (*Driver, Lai,* Soc. **1958** 3009, 3012).

Kristalle (aus wss. A.); F: 223°.

Oxim $C_{17}H_{19}NO_3$. Kristalle (aus wss. A.); F: 230° [Zers.].

Diacetyl-Derivat $C_{21}H_{22}O_5$; 4,4′-Diacetoxy-3,5,3′,5′-tetramethyl-benzophenon. Kristalle (aus A.); F: 185–186°.

4,4′-Dimethoxy-3,5,3′,5′-tetramethyl-benzophenon $C_{19}H_{22}O_3$, Formel VI (R = CH_3).

B. Aus 4,4′-Dihydroxy-3,5,3′,5′-tetramethyl-benzophenon und Dimethylsulfat (*Driver, Lai,* Soc. **1958** 3009, 3012).

Kristalle (aus wss. A.); F: 110–111°. [*Geibler*]

Hydroxy-oxo-Verbindungen $C_{18}H_{20}O_3$

(±)-2-Hydroxy-3-[α-hydroxy-phenäthyl]-6-isopropyl-cycloheptatrienon $C_{18}H_{20}O_3$, Formel VII und Taut.; **(±)-3-[α-Hydroxy-phenäthyl]-6-isopropyl-tropolon.**

B. Aus 3-Formyl-6-isopropyl-tropolon und Benzylmagnesiumchlorid in Äther (*Sebe, Matsu*=

moto, Sci. Rep. Tohoku Univ. [I] **38** [1954] 308, 315).
Kristalle (aus Me.); F: 112–113°.

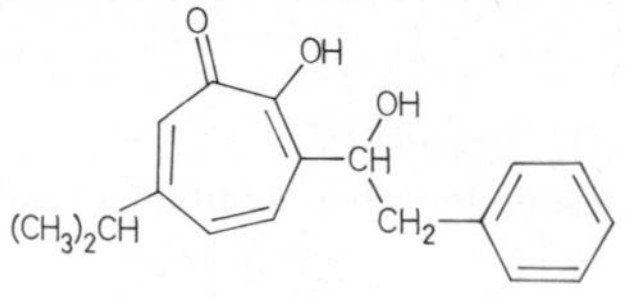

VII

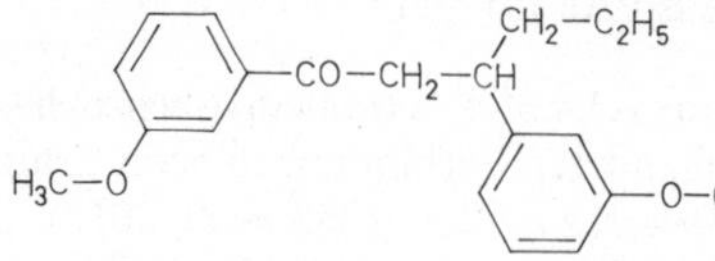

VIII

(±)-1,3-Bis-[3-methoxy-phenyl]-hexan-1-on $C_{20}H_{24}O_3$, Formel VIII.
B. Beim Behandeln von 3,3'-Dimethoxy-*trans*-chalkon (S. 2539) mit Propylmagnesiumbromid in Äther (*Dodds et al.*, Pr. roy. Soc. [B] **140** [1953] 470, 482).
$Kp_{0,1}$: 186°.
2,4-Dinitro-phenylhydrazon (F: 113–114°): *Do. et al.*

***Opt.-inakt. 2-Äthyl-1,3-bis-[4-methoxy-phenyl]-butan-1-on** $C_{20}H_{24}O_3$, Formel IX ($R = C_2H_5$, $R' = CH_3$).
B. Aus (±)-1,3-Bis-[4-methoxy-phenyl]-butan-1-on und Äthyljodid mit Hilfe von $NaNH_2$ (*Jaeger*, zit. bei *Dodds et al.*, Pr. roy. Soc. [B] **140** [1953] 470, 495).
$Kp_{0,7}$: 188–190°.

***Opt.-inakt. 1,3-Bis-[4-methoxy-phenyl]-2-methyl-pentan-1-on** $C_{20}H_{24}O_3$, Formel IX ($R = CH_3$, $R' = C_2H_5$) (vgl. E III 2749).
B. Beim Behandeln von opt.-inakt. 3-[4-Methoxy-phenyl]-2-methyl-valerylchlorid mit Anisol und $AlCl_3$ (*Müller et al.*, J. org. Chem. **16** [1951] 1003, 1022).
$Kp_{0,05}$: 187–189°.

***Opt.-inakt. 3,4-Bis-[4-hydroxy-phenyl]-hexan-2-on** $C_{18}H_{20}O_3$, Formel X (R = X = H).
B. Neben einem flüssigen Präparat (Diacetyl-Derivat; F: 104°[s. u.]) beim Erwärmen von 3,4-Bis-[4-methoxy-phenyl]-hexan-2-on (F: 143°) mit $AlBr_3$ in Benzol (*Burckhalter, Sam*, Am. Soc. **74** [1952] 187, 190). Beim Erwärmen von 3,4-Bis-[4-acetoxy-phenyl]-hexan-2-on (F: 144°) mit $KHCO_3$ und wss. Methanol (*Searle & Co.*, U.S.P. 2745870 [1952]).
Kristalle; F: 220–221,5° (*Searle & Co.*), 218–220° [aus wss. A.] (*Bu., Sam*).

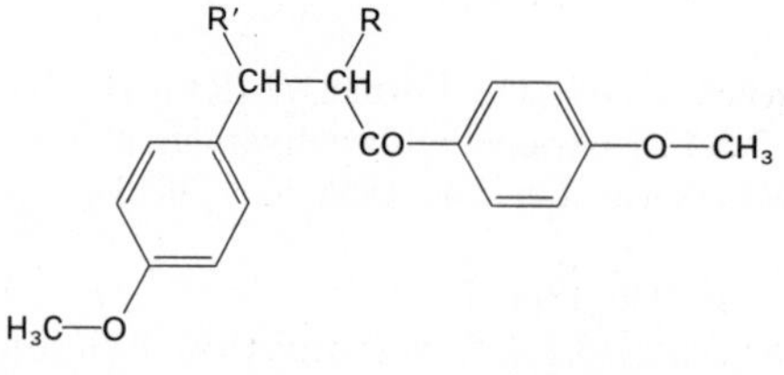

IX

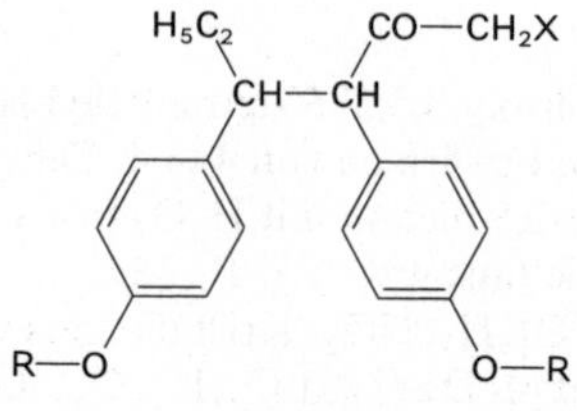

X

***Opt.-inakt. 3,4-Bis-[4-methoxy-phenyl]-hexan-2-on** $C_{20}H_{24}O_3$, Formel X ($R = CH_3$, X = H).

a) Racemat vom F: 143°.
B. Neben dem unter b) beschriebenen Racemat aus opt.-inakt. 2,3-Bis-[4-methoxy-phenyl]-valeronitril (F: 133,5°) beim Erwärmen mit Methylmagnesiumbromid (*Searle & Co.*, U.S.P. 2745870 [1952]) oder mit Methylmagnesiumjodid in Benzol (*Wawzonek*, Am. Soc. **73** [1951] 5746; *Burckhalter, Sam*, Am. Soc. **74** [1952] 187, 189). Beim Erwärmen von opt.-inakt. 2,3-Bis-[4-methoxy-phenyl]-valerylchlorid (F: 138°) mit Dimethylcadmium in Benzol (*Searle & Co.*). Beim Erwärmen des unter b) beschriebenen Racemats mit äthanol. Natriumäthylat

(*Wa.*).

Kristalle (aus A.); F: 142–143° (*Bu.*, *Sam*), 141–142° (*Searle* & *Co.*), 139–142° [unkorr.] (*Wa.*).

Semicarbazon $C_{21}H_{27}N_3O_3$. F: 211–212° (*Searle* & *Co.*).

2,4-Dinitro-phenylhydrazon (F: 167–169°): *Bu.*, *Sam.*

b) Racemat vom F: 104°.

B. s. unter a).

Kristalle (aus A.); F: 103–104° (*Bu.*, *Sam*), 99–101° [unkorr.] (*Wa.*), 99,0–100,5° (*Searle* & *Co.*).

***Opt.-inakt. 3,4-Bis-[4-acetoxy-phenyl]-hexan-2-on** $C_{22}H_{24}O_5$, Formel X (R = CO-CH_3, X = H).

a) Racemat vom F: 144°.

B. Beim Erwärmen von opt.-inakt. 2,3-Bis-[4-acetoxy-phenyl]-valeriansäure (F: 217–219°) mit $SOCl_2$ und Pyridin in Äther und Erwärmen des Reaktionsprodukts mit Dimethylcadmium in Benzol (*Searle* & *Co.*, U.S.P. 2745870 [1952]).

Kristalle (aus A.); F: 143–144° (*Searle* & *Co.*; *Burckhalter, Sam,* Am. Soc. **74** [1952] 187, 190).

b) Racemat vom F: 104°.

Kristalle (aus A.); F: 103–104° (*Bu.*, *Sam*).

***Opt.-inakt. 1-Brom-3,4-bis-[4-methoxy-phenyl]-hexan-2-on** $C_{20}H_{23}BrO_3$, Formel X (R = CH_3, X = Br).

B. Beim Behandeln von opt.-inakt. 2,3-Bis-[4-methoxy-phenyl]-valerylchlorid (F: 136–137°) mit Diazomethan und Behandeln des Reaktionsprodukts mit wss. HBr (*Burckhalter, Sam,* Am. Soc. **74** [1952] 187, 190).

Kristalle (aus A.); F: 123–123,5°.

5-Butyl-2,4-dihydroxy-desoxybenzoin $C_{18}H_{20}O_3$, Formel XI.

B. Beim Leiten von HCl in ein Gemisch von 4-Butyl-resorcin, Phenylacetonitril, $ZnCl_2$ und Äther und Erwärmen des Reaktionsprodukts mit H_2O (*Murai,* Sci. Rep. Saitama Univ. [A] **1** [1954] 139, 142).

Hellgelbe Kristalle (aus CS_2); F: 91°.

Oxim $C_{18}H_{21}NO_3$. Hellgelbe Kristalle (aus Bzl.); F: 155–157°.

HO, CH_2—CO, OH, $[CH_2]_3$—CH_3

XI

R—O, $CH(CH_3)_2$, CH_2—CO, H_3C, O—R′

XII

2-Hydroxy-3-isopropyl-5-methoxy-6-methyl-desoxybenzoin $C_{19}H_{22}O_3$, Formel XII (R = H, R′ = CH_3) oder **3-Hydroxy-5-isopropyl-6-methoxy-2-methyl-desoxybenzoin** $C_{19}H_{22}O_3$, Formel XII (R = CH_3, R′ = H).

B. Beim Erwärmen von 1-Isopropyl-2,5-dimethoxy-4-methyl-benzol mit Phenylacetylchlorid und $AlCl_3$ in CS_2 (*Royer et al.*, Bl. **1957** 1379, 1386).

$Kp_{0,8}$: 169–171°. n_D^{28}: 1,5485.

1,1-Bis-[4-hydroxy-phenyl]-hexan-3-on $C_{18}H_{20}O_3$, Formel XIII.

B. Beim Behandeln von 1*t*-Phenoxy-hex-1-en-3-on mit Essigsäure und mit $FeCl_3$ in wss.

HCl (*Nešmejanow et al.*, Izv. Akad. S.S.S.R. Otd. chim. **1954** 418, 423; engl. Ausg. S. 353, 357).

Kristalle (aus H_2O); F: 138–138,5°.

4,4-Bis-[4-hydroxy-phenyl]-hexan-3-on $C_{18}H_{20}O_3$, Formel XIV (R = H) (E III 2750).

B. Beim Erwärmen von Hexan-3,4-dion mit Phenol, Essigsäure und H_2SO_4 (*Sisido et al.*, Am. Soc. **72** [1950] 2270).

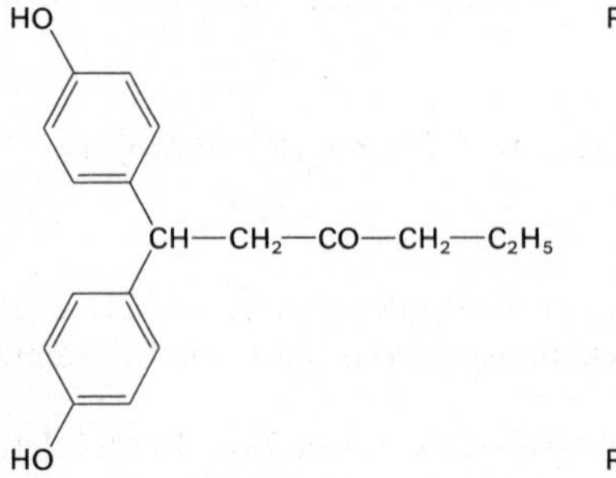

XIII 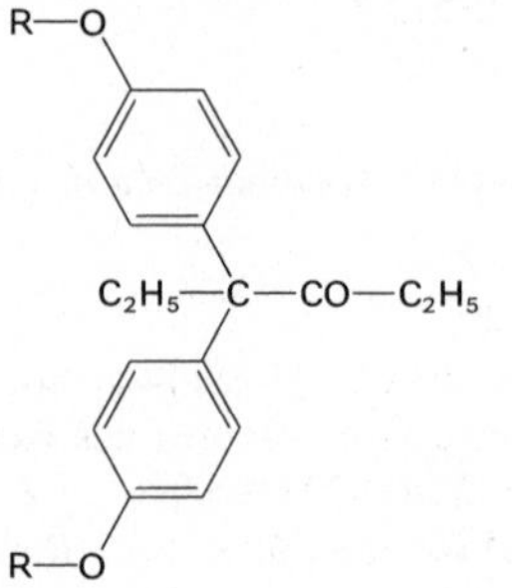 XIV 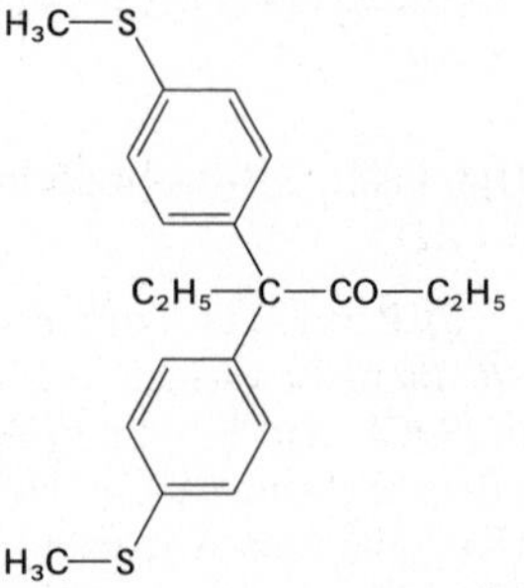 XV

4,4-Bis-[4-methoxy-phenyl]-hexan-3-on $C_{20}H_{24}O_3$, Formel XIV (R = CH_3) (E III 2750).

B. Beim Erwärmen von Bis-[4-methoxy-phenyl]-acetonitril mit Äthylmagnesiumjodid, mit Äthyljodid und anschliessend mit wss. HCl (*Sisido et al.*, Am. Soc. **72** [1950] 2270). Beim Erwärmen von 2,2-Bis-[4-methoxy-phenyl]-butyronitril mit Äthylmagnesiumbromid und anschliessend mit wss. HCl (*Si. et al.*).

4,4-Bis-[4-acetoxy-phenyl]-hexan-3-on $C_{22}H_{24}O_5$, Formel XIV (R = CO-CH_3) (E III 2751).

B. Aus 3,4-Bis-[4-hydroxy-phenyl]-hexan-3,4-diol beim Behandeln mit H_2SO_4 und Essigsäure und anschliessend mit Acetanhydrid und Pyridin (*Lane, Spialter,* Am. Soc. **73** [1951] 4408).

F: 90–91°. IR-Spektrum (CCl_4; 2–13 μ): *Lane, Sp.*

4,4-Bis-[4-methylmercapto-phenyl]-hexan-3-on $C_{20}H_{24}OS_2$, Formel XV.

B. Aus 3,4-Bis-[4-methylmercapto-phenyl]-hexan-3,4-diol beim Behandeln mit H_2SO_4 und Acetanhydrid oder beim Erwärmen mit Essigsäure und wenig Jod (*Hughes, Thompson,* J. Pr. Soc. N.S. Wales **83** [1949] 90, 94).

Kristalle (aus A.); F: 95°.

4,4-Bis-[4-methansulfonyl-phenyl]-hexan-3-on $C_{20}H_{24}O_5S_2$, Formel I.

B. Aus der vorangehenden Verbindung beim Behandeln mit wss. $KMnO_4$ in Essigsäure oder beim Erwärmen mit wss. H_2O_2 in Essigsäure (*Hughes, Thompson,* J. Pr. Soc. N.S. Wales **83** [1949] 90, 94).

Kristalle (aus Me.); F: 149,5°.

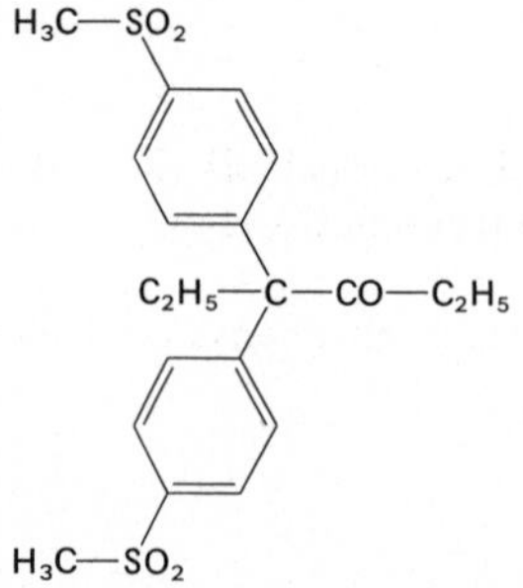

I 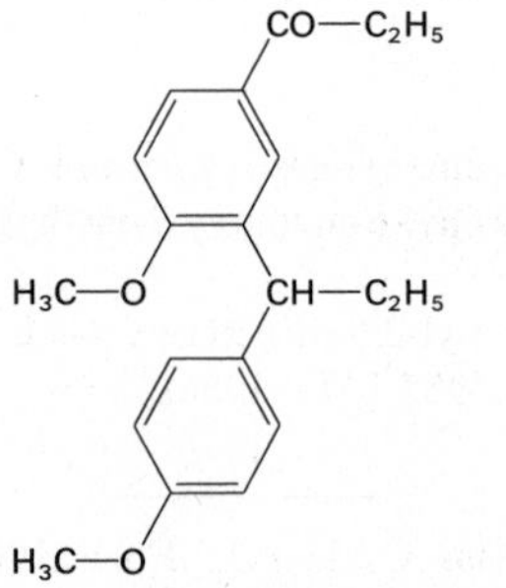 II 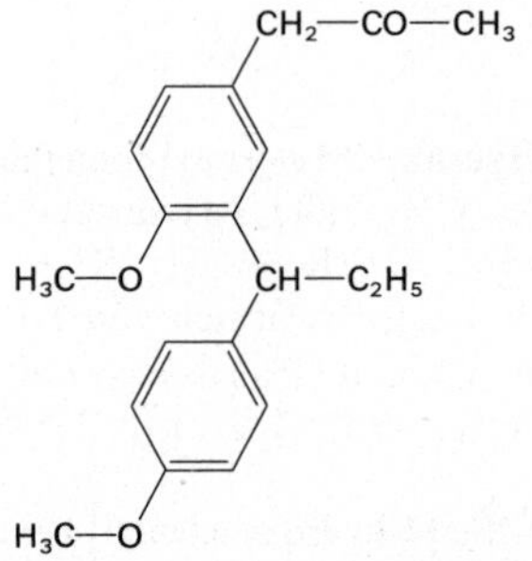 III

(±)-1-[4-Methoxy-phenyl]-1-[2-methoxy-5-propionyl-phenyl]-propan, (±)-1-{4-Methoxy-3-[1-(4-methoxy-phenyl)-propyl]-phenyl}-propan-1-on $C_{20}H_{24}O_3$, Formel II.

B. Beim Erwärmen von (±)-4-Methoxy-3-[1-(4-methoxy-phenyl)-propyl]-benzoylchlorid mit Diäthylcadmium in Äther und Benzol (*van der Zanden, de Vries,* R. **71** [1952] 879, 880).

Kristalle (aus PAe.); F: 81–82°.

2,4-Dinitro-phenylhydrazon (F: 114°): *v.d.Za., de Vr.*

(±)-1-[5-Acetonyl-2-methoxy-phenyl]-1-[4-methoxy-phenyl]-propan, (±)-{4-Methoxy-3-[1-(4-methoxy-phenyl)-propyl]-phenyl}-aceton $C_{20}H_{24}O_3$, Formel III.

B. Beim Erwärmen von (±)-{4-Methoxy-3-[1-(4-methoxy-phenyl)-propyl]-phenyl}-acetyl=chlorid mit Dimethylcadmium in Äther und Benzol (*van der Zanden, de Vries,* R. **71** [1952] 879, 884).

$Kp_{0,4}$: 190°.

2,4-Dinitro-phenylhydrazon (F: 47–48°): *v.d.Za., de Vr.*

2,4-Dihydroxy-5-pentyl-benzophenon $C_{18}H_{20}O_3$, Formel IV (R = $[CH_2]_4$-CH_3, R′ = H).

B. Beim Leiten von HCl in ein Gemisch von 4-Pentyl-resorcin, Benzonitril, $ZnCl_2$ und Äther und Erwärmen des Reaktionsprodukts mit H_2O (*Murai,* Sci. Rep. Saitama Univ. [A] **1** [1954] 139, 145).

Hellgelbe Kristalle (aus Bzl.); F: 115–116°.

(±)-2,4-Dihydroxy-4′-[1-methyl-butyl]-benzophenon $C_{18}H_{20}O_3$, Formel IV (R = H, R′ = $CH(CH_3)$-CH_2-C_2H_5).

B. Beim Erwärmen von (±)-4-[1-Methyl-butyl]-benzoesäure mit Resorcin und BF_3 in Te=trachloräthan (*VanAllan, Tinker,* J. org. Chem. **19** [1954] 1243, 1244).

$Kp_{0,75}$: 235–240°.

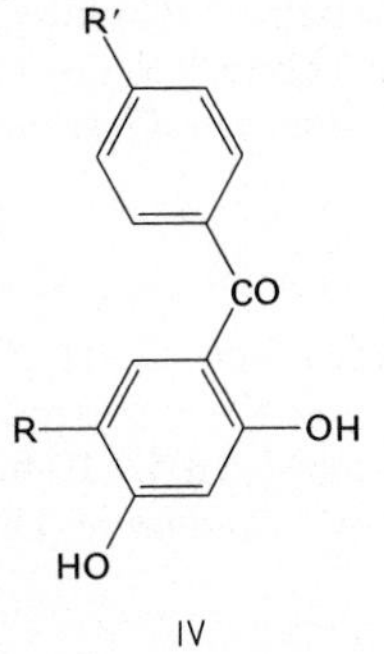

IV 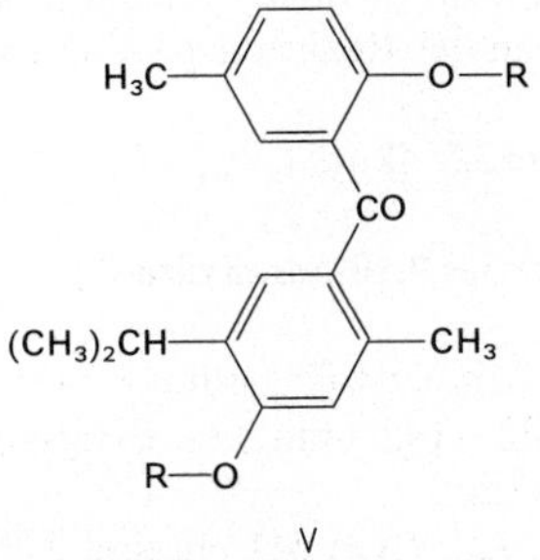 V 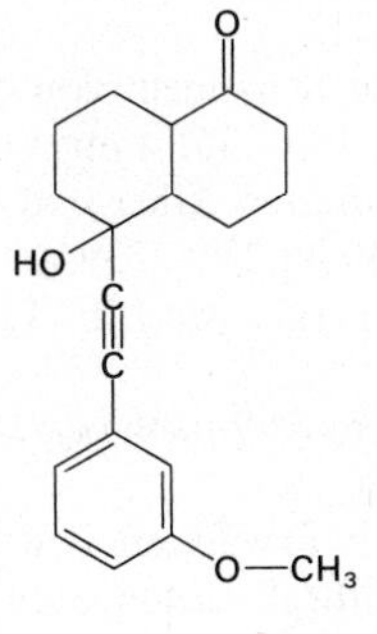 VI

4,2′-Dihydroxy-5-isopropyl-2,5′-dimethyl-benzophenon $C_{18}H_{20}O_3$, Formel V (R = H).

B. Aus der folgenden Verbindung beim Erhitzen mit Pyridin-hydrochlorid (*Royer, Bisagni,* Bl. **1954** 486, 491).

$Kp_{0,7}$: 200–210°. $n_D^{23,5}$: 1,5810.

5-Isopropyl-4,2′-dimethoxy-2,5′-dimethyl-benzophenon $C_{20}H_{24}O_3$, Formel V (R = CH_3).

B. Aus 5-Isopropyl-4-methoxy-2-methyl-benzoylchlorid und 4-Methyl-anisol mit Hilfe von $AlCl_3$ in CS_2 (*Royer, Bisagni,* Bl. **1954** 486, 491).

Gelbliche Kristalle (aus A.); F: 105°.

***Opt.-inakt. 5-Hydroxy-5-[3-methoxy-phenyläthinyl]-octahydro-naphthalin-1-on** $C_{19}H_{22}O_3$, Formel VI.

a) Racemat vom F: 116°.

B. s. unter b).

Kristalle (aus Ae. + PAe.); F: 116–116,6° [korr.] (*Johnson et al.*, Am. Soc. **74** [1952] 2832, 2843).

Semicarbazon $C_{20}H_{25}N_3O_3$. Kristalle (aus wss. Me.); F: 209–210° [korr.; Zers.].

b) Racemat vom F: 84°.

B. Neben geringeren Mengen des unter a) beschriebenen Racemats beim Erwärmen von *trans*-Octahydro-naphthalin-1,5-dion mit 3-Äthinyl-anisol und Kalium-*tert*-butylat in *tert*-Butylalkohol (*Jo. et al.*).

Dimorph; Kristalle (aus Ae. + PAe.); F: 99,4–100,2° [korr.] bzw. F: 83,8–84,8°.

Semicarbazon $C_{20}H_{25}N_3O_3$. Kristalle (aus wss. Me.); F: 204,2–205,6° [korr.; Zers.].

***Opt.-inakt. 2-Acetoxy-1-[3-(6-methoxy-[2]naphthyl)-cyclohexyl]-äthanon** $C_{21}H_{24}O_4$, Formel VII.

B. Aus opt.-inakt. 1-[3-(6-Methoxy-[2]naphthyl)-cyclohexyl]-äthanon (S. 1364) über mehrere Stufen (*Searle & Co.*, U.S.P. 2822383 [1955]).

Kristalle (aus Me.); F: 130–131°.

CO—CH₂—O—CO—CH₃ ... H₃C—O (VII); H₃C—CO—O—CH₂—CO ... O (VIII)

VII VIII

***Opt.-inakt. 6-[4-Acetoxyacetyl-phenyl]-4,4a,5,6,7,8-hexahydro-3*H*-naphthalin-2-on** $C_{20}H_{22}O_4$, Formel VIII.

B. Beim Behandeln von opt.-inakt. 4-[6-Oxo-1,2,3,4,6,7,8,8a-octahydro-[2]naphthyl]-benzoesäure (F: 199–201°) mit Oxalylchlorid in Benzol, Behandeln des erhaltenen Säurechlorids mit Diazomethan in Äther und Erhitzen des Reaktionsprodukts mit Essigsäure (*Wilds, Shunk*, Am. Soc. **72** [1950] 2388, 2394).

Kristalle (aus Me.); F: 111,5–112,5° [korr.]. λ_{max} (A.): 251 nm.

(±)-2-Acetonyl-7-methoxy-2-methyl-3,4,9,10-tetrahydro-2*H*-phenanthren-1-on $C_{19}H_{22}O_3$, Formel IX.

B. Beim Erwärmen von (±)-3-Äthoxy-4-[7-methoxy-2-methyl-1-oxo-1,2,3,4,9,10-hexahydro-[2]phenanthryl]-crotonsäure (F: 142–145°) mit wss. Essigsäure (*D.W. Stoutamire*, Diss. [Univ. of Wisconsin 1957] S. 7, 49, 130, 135).

Kristalle (aus Me.); F: 91–92°. λ_{max} (A.): 241 nm und 330 nm.

IX X

(±)-4ξ-Hydroxy-8-methoxy-(4a*r*,4b*c*,12a*c*)-3,4,4a,4b,5,6,12,12a-octahydro-2*H*-chrysen-1-on, *rac*-15ξ-Hydroxy-3-methoxy-*D*-homo-14β-gona-1,3,5(10),9(11)-tetraen-17a-on $C_{19}H_{22}O_3$, Formel X + Spiegelbild.

B. Beim Erwärmen von (±)-8-Methoxy-(4a*r*,4b*c*,12a*c*)-1,2,3,4,4a,4b,5,6,12,12a-decahydro-chrysen-1ξ,4ξ-diol (E IV **6** 7587) mit Cyclohexanon und Aluminiumisopropylat in Benzol (*Ro*=

bins, Walker, Soc. **1956** 3249, 3259). Aus der folgenden Verbindung beim Erwärmen mit Essigsäure (*Robins, Walker,* Soc. **1959** 237, 244).

Kristalle (aus E. + PAe.); F: 191–194°; λ_{max} (A.): 265 nm und 300 nm (*Ro., Wa.,* Soc. **1956** 3259).

(±)-1,1,8-Trimethoxy-(4a*r*,4b*c*,12a*c*)-1,2,3,4,4a,4b,5,6,12,12a-decahydro-chrysen-4ξ-ol, (±)-4ξ-Hydroxy-8-methoxy-(4a*r*,4b*c*,12a*c*)-3,4,4a,4b,5,6,12,12a-octahydro-2*H*-chrysen-1-on-dimethylacetal, *rac*-15ξ-Hydroxy-3-methoxy-*D*-homo-14*β*-gona-1,3,5(10),9(11)-tetraen-17a-on-dimethylacetal $C_{21}H_{28}O_4$, Formel XI + Spiegelbild.

B. Beim Behandeln von (±)-1,1,8-Trimethoxy-(4a*r*,4b*c*,12a*c*)-2,3,4a,4b,5,6,12,12a-octahydro-1*H*-chrysen-4-on mit $LiAlH_4$ (*Robins, Walker,* Soc. **1959** 237, 244).

Kristalle (aus PAe.); F: 146–150°. λ_{max} (A.): 266 nm und 300 nm.

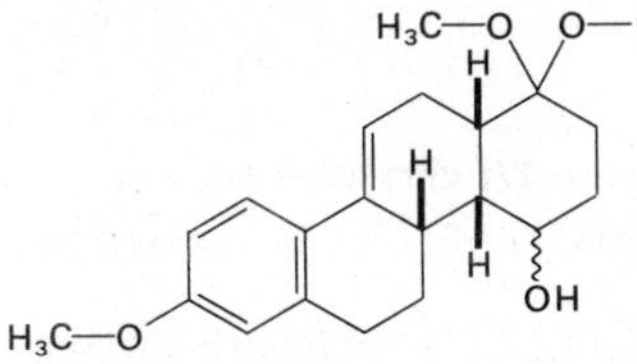

XI 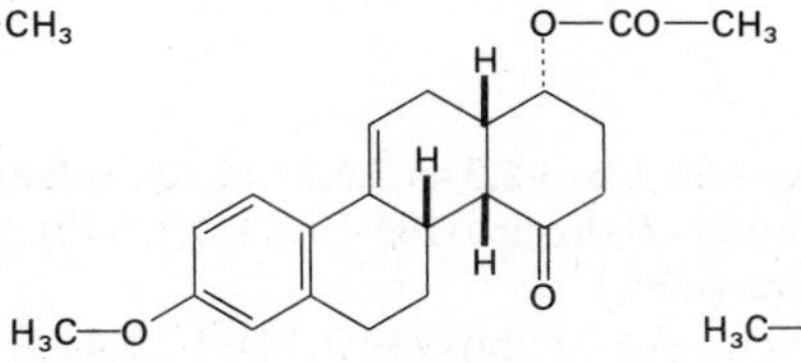 XII 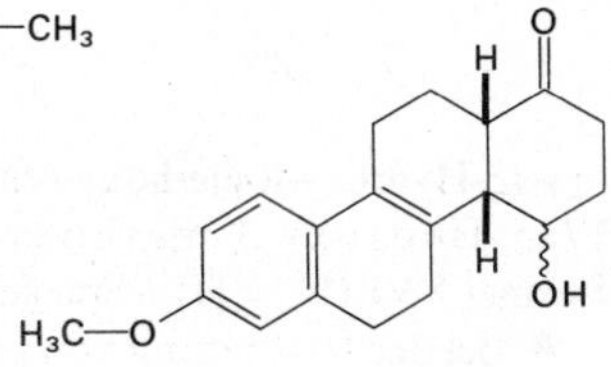 XIII

(±)-1*t*(?)-Acetoxy-8-methoxy-(4a*r*,4b*c*?,12a*c*)-2,3,4a,4b,5,6,12,12a-octahydro-1*H*-chrysen-4-on, *rac*-17a*α*-Acetoxy-3-methoxy-*D*-homo-14*β*-gona-1,3,5(10),9(11)-tetraen-15-on $C_{21}H_{24}O_4$, vermutlich Formel XII + Spiegelbild.

B. In kleiner Menge neben anderen Verbindungen beim Erhitzen von 6-Methoxy-1-vinyl-3,4-dihydro-naphthalin mit (±)-4-Acetoxy-cyclohex-2-enon in Xylol auf 160° (*Torgow, Nasarow,* Ž. obšč. Chim. **29** [1959] 787, 792; engl. Ausg. S. 774, 778).

Kristalle (aus Me. + Bzl.); F: 188–190°.

4-Hydroxy-8-methoxy-3,4,4a,5,6,11,12,12a-octahydro-2*H*-chrysen-1-on $C_{19}H_{22}O_3$.

a) **(±)-4ξ-Hydroxy-8-methoxy-(4a*r*,12a*c*)-3,4,4a,5,6,11,12,12a-octahydro-2*H*-chrysen-1-on,** *rac*-15ξ-Hydroxy-3-methoxy-*D*-homo-14*β*-gona-1,3,5(10),8-tetraen-17a-on, Formel XIII + Spiegelbild.

B. Beim Erwärmen von (±)-1,1,8-Trimethoxy-(4a*r*,12a*c*)-2,3,4a,5,6,11,12,12a-octahydro-1*H*-chrysen-4-on mit $LiAlH_4$ in THF (*Robins, Walker,* Soc. **1956** 3260, 3268). Neben (±)-4ξ-Hydroxy-8-methoxy-(4a*r*,4b*c*,10b*c*,12a*c*)-3,4,4a,4b,5,6,10b,11,12,12a-decahydro-2*H*-chrysen-1-on (S. 2397) bei der Hydrierung von (±)-4ξ-Hydroxy-8-methoxy-(4a*r*,4b*c*,12a*c*)-3,4,4a,4b,5,6,12,12a-octahydro-2*H*-chrysen-1-on (s. o.) an Palladium/$SrCO_3$ in Äthanol (*Robins, Walker,* Soc. **1956** 3249, 3259).

Kristalle (aus E. + PAe.); F: 192–193°; λ_{max} (A.): 274 nm (*Ro., Wa.,* l. c. S. 3268).

b) **(±)-4ξ-Hydroxy-8-methoxy-(4a*r*,12a*t*)-3,4,4a,5,6,11,12,12a-octahydro-2*H*-chrysen-1-on,** *rac*-15ξ-Hydroxy-3-methoxy-*D*-homo-gona-1,3,5(10),8-tetraen-17a-on, Formel XIV + Spiegelbild.

B. Aus dem unter a) beschriebenen Stereoisomeren beim Erwärmen mit äthanol. KOH (*Robins, Walker,* Soc. **1956** 3260, 3268). Beim Erwärmen von (±)-8-Methoxy-(4a*r*,12a*c*)-1,2,3,4,4a,5,6,11,12,12a-decahydro-chrysen-1ξ,4ξ-diol (E IV **6** 7586) mit Cyclohexanon und Aluminiumisopropylat in Benzol (*Robins, Walker,* Soc. **1956** 3249, 3258).

Kristalle (aus E. + PAe.); F: 177–179°; λ_{max} (A.): 275 nm (*Ro., Wa.,* l. c. S. 3258).

(±)-1*t*-Acetoxy-8-methoxy-(4a*r*,12a*t*)-3,4,4a,5,6,11,12,12a-octahydro-1*H*-chrysen-2-on, *rac*-17a*β*-Acetoxy-3-methoxy-*D*-homo-gona-1,3,5(10),8-tetraen-17-on $C_{21}H_{24}O_4$, Formel XV.

Die Konfiguration am C-Atom 1 (Chrysen-Gerüst) ist nicht bewiesen (*Johnson et al.,* Am.

Soc. **80** [1958] 661, 672, 678).

B. Neben anderen Verbindungen beim Behandeln von (±)-1*t*-Acetoxy-2-[(*Ξ*)-furfuryliden]-8-methoxy-(4a*r*,4b*t*,10b*t*,12a*t*)-1,2,3,4,4a,4b,5,6,10b,11,12,12a-dodecahydro-chrysen (E III/IV **17** 2228) mit Ozon und wenig Pyridin in Äthylacetat bei −70° und anschliessenden Hydrieren an Palladium/$SrCO_3$ unter 2,5 at (*Jo. et al.,* l. c. S. 679).

Kristalle (aus Acn.); F: 216,5−217,5° [korr.]. λ_{max} (A.): 273,5 nm.

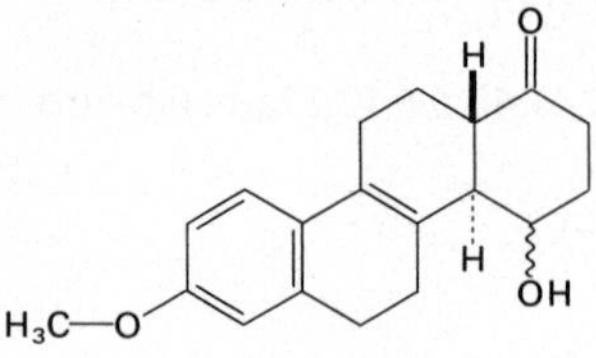

XIV 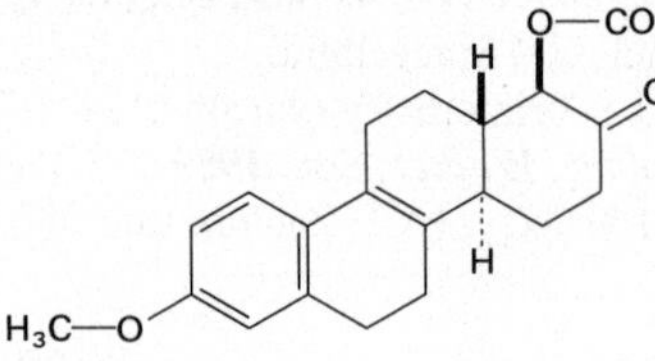 XV 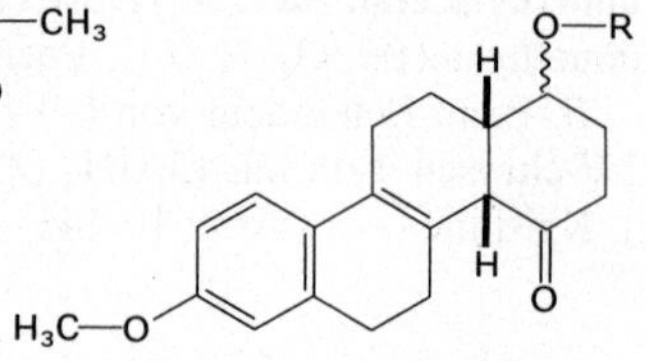 XVI

(±)-1ξ-Hydroxy-8-methoxy-(4a*r*,12a*c*)-2,3,4a,5,6,11,12,12a-octahydro-1*H*-chrysen-4-on, *rac*-17aξ-Hydroxy-3-methoxy-*D*-homo-14β-gona-1,3,5(10),8-tetraen-15-on $C_{19}H_{22}O_3$, Formel XVI (R = H)+Spiegelbild.

B. Bei der Hydrierung von (±)-8-Methoxy-(4a*r*,12a*c*)-2,3,4a,5,6,11,12,12a-octahydro-chrysen-1,4-dion an Platin in Äthylacetat (*Robins, Walker,* Soc. **1956** 3249, 3259).

Kristalle (aus E.); F: 167−168°. λ_{max} (A.): 272 nm.

Beim Erwärmen mit äthanol. KOH erfolgt partielle Zersetzung.

(±)-1ξ-Acetoxy-8-methoxy-(4a*r*,12a*c*)-2,3,4a,5,6,11,12,12a-octahydro-1*H*-chrysen-4-on, *rac*-17aξ-Acetoxy-3-methoxy-*D*-homo-14β-gona-1,3,5(10),8-tetraen-15-on $C_{21}H_{24}O_4$, Formel XVI (R = CO-CH_3)+Spiegelbild.

B. Aus der vorangehenden Verbindung beim Behandeln mit Äthylacetat und wenig wss. $HClO_4$ (*Robins, Walker,* Soc. **1956** 3249, 3260).

Kristalle (aus Me.); F: 164−168°. λ_{max} (A.): 272 nm.

8-Methoxy-2,3,4a,4b,5,6,10b,11,12,12a-decahydro-chrysen-1,4-dion $C_{19}H_{22}O_3$.

a) **(±)-8-Methoxy-(4a*r*,4b*c*,10b*c*,12a*c*)-2,3,4a,4b,5,6,10b,11,12,12a-decahydro-chrysen-1,4-dion, *rac*-3-Methoxy-*D*-homo-9β,14β-gona-1,3,5(10)-trien-15,17a-dion,** Formel I + Spiegelbild (E III 2754).

B. Bei der Hydrierung von (±)-1,1,8-Trimethoxy-(4a*r*,4b*c*,12a*c*)-2,3,4a,4b,5,6,12,12a-octa=hydro-1*H*-chrysen-4-on an Palladium/$SrCO_3$ in Methanol (*Robins, Walker,* Soc. **1959** 237, 243).

UV-Spektrum (A.; 220−320 nm; λ_{max}: 280 nm): *Robins, Walker,* Soc. **1956** 3249, 3251, 3257.

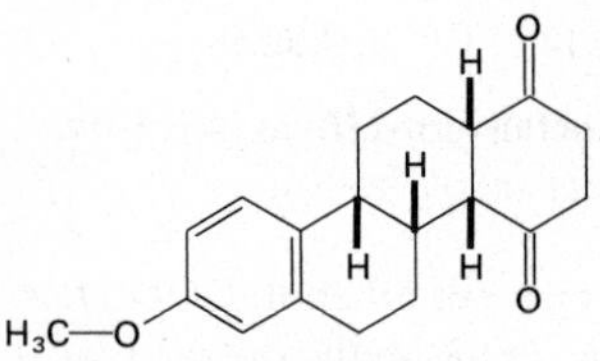

I 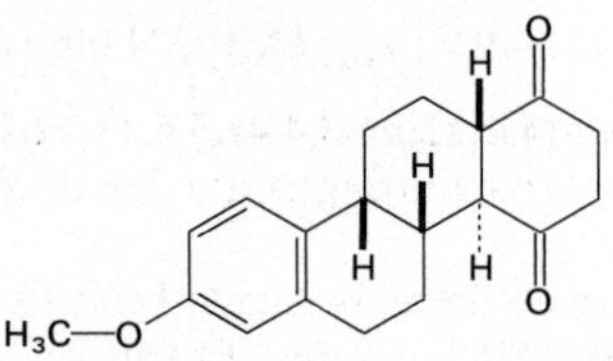 II 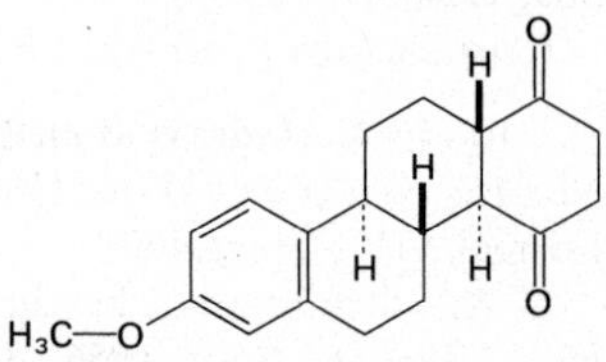 III

b) **(±)-8-Methoxy-(4a*r*,4b*t*,10b*t*,12a*t*)-2,3,4a,4b,5,6,10b,11,12,12a-decahydro-chrysen-1,4-dion, *rac*-3-Methoxy-*D*-homo-9β-gona-1,3,5(10)-trien-15,17a-dion,** Formel II + Spiegelbild.

B. Bei der Hydrierung von (±)-8-Methoxy-(4a*r*,4b*t*,12a*t*)-2,3,4a,4b,5,6,12,12a-octahydro-chrysen-1,4-dion an Palladium/$SrCO_3$ in Äthylacetat (*Robins, Walker,* Soc. **1959** 237, 242). Bei der Hydrierung von (±)-1,1,8-Trimethoxy-(4a*r*,4b*c*,12a*c*)-2,3,4a,4b,5,6,12,12a-octahydro-1*H*-chrysen-4-on an Palladium/$SrCO_3$ in Methanol und Erwärmen des Reaktionsprodukts mit wss. KOH (*Ro.*, *Wa.*, l. c. S. 243).

Kristalle (aus wss. A.); F: 171–174°. λ_{max} (A.): 222 nm und 280 nm.

c) **(±)-8-Methoxy-(4a*r*,4b*t*,10b*c*,12a*t*)-2,3,4a,4b,5,6,10b,11,12,12a-decahydro-chrysen-1,4-dion, *rac*-3-Methoxy-*D*-homo-gona-1,3,5(10)-trien-15,17a-dion,** Formel III + Spiegelbild.

B. Bei der Hydrierung von (±)-8-Methoxy-(4a*r*,4b*t*,12a*t*)-2,3,4a,4b,5,6,12,12a-octahydro-chrysen-1,4-dion an Palladium/$SrCO_3$ in Äthanol und an Platin in Äthylacetat und Behandeln des Reaktionsprodukts (F: 171–172,5°) mit CrO_3 in Essigsäure (*Robins, Walker,* Soc. **1959** 237, 242).

Kristalle (aus A.); F: 181–184°.

3,7-Diacetoxy-östra-1,3,5(10),6-tetraen-17-on $C_{22}H_{24}O_5$, Formel IV (E III 2755).

F: 172–173° [unkorr.; aus Me.] (*Iriarte et al.*, Am. Soc. **80** [1958] 6105, 6109). $[\alpha]_D^{20}$: +104° [Dioxan]. λ_{max} (A.): 266 nm.

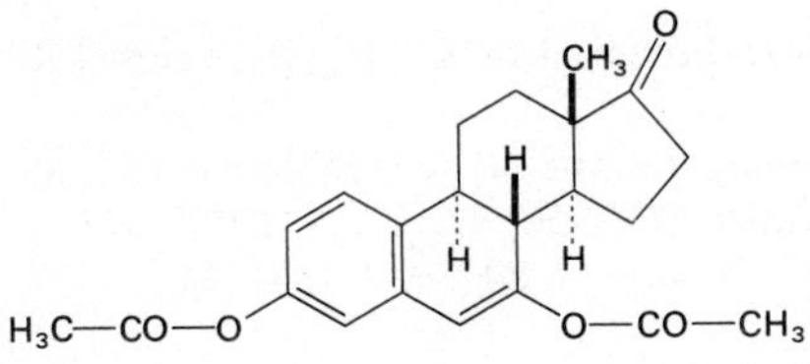

IV 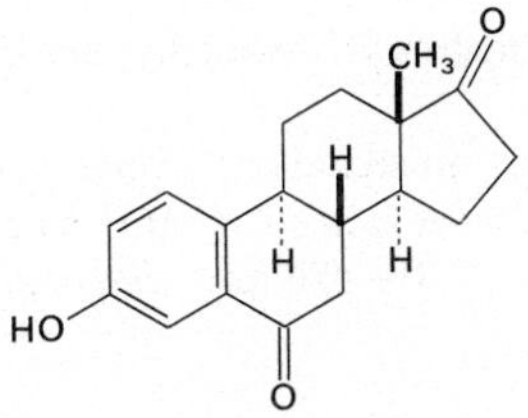 V 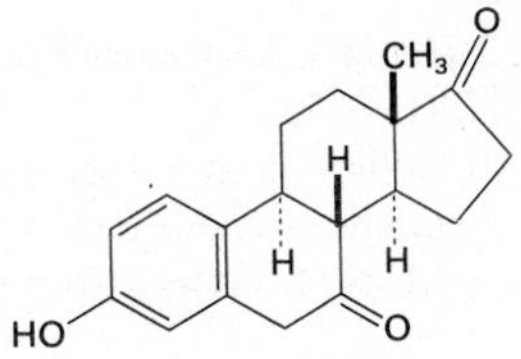 VI

3-Hydroxy-östra-1,3,5(10)-trien-6,17-dion $C_{18}H_{20}O_3$, Formel V (E III 2756).

λ_{max} (A.): 255 nm und 326 nm (*Slaunwhite et al.*, J. biol. Chem. **191** [1951] 627, 629). Verteilung zwischen CCl_4 und wss. Methanol sowie zwischen einem Cyclohexan-Äthylacetat-Gemisch und H_2O-Äthanol-Gemischen: *Sl. et al.*

3-Hydroxy-östra-1,3,5(10)-trien-7,17-dion $C_{18}H_{20}O_3$, Formel VI (E III 2754).

B. Beim Behandeln von 3,7α-Dihydroxy-östra-1,3,5(10)-trien-17-on mit CrO_3 und H_2SO_4 in Aceton (*Iriarte et al.*, Am. Soc. **80** [1958] 6105, 6108).

F: 212–213° [unkorr.; aus Me.]; $[\alpha]_D^{20}$: +166° [Dioxan]; λ_{max}: 282 nm [A.] (*Ir. et al.*); 242 nm, 310 nm und 425 nm [H_2SO_4] (*Axelrod,* Am. Soc. **75** [1953] 6301). Verteilung zwischen CCl_4 und wss. Methanol sowie zwischen einem Cyclohexan-Äthylacetat-Gemisch und H_2O-Äthanol-Gemischen: *Slaunwhite et al.*, J. biol. Chem. **191** [1951] 627, 629.

3-Methoxy-östra-1,3,5(10)-trien-11,17-dion $C_{19}H_{22}O_3$, Formel VII.

B. Beim Behandeln von 11β-Hydroxy-3-methoxy-östra-1,3,5(10)-trien-17-on mit CrO_3 und Essigsäure (*Upjohn Co.*, U.S.P. 2874173 [1956]).

Kristalle (aus Me.); F: 193–204°.

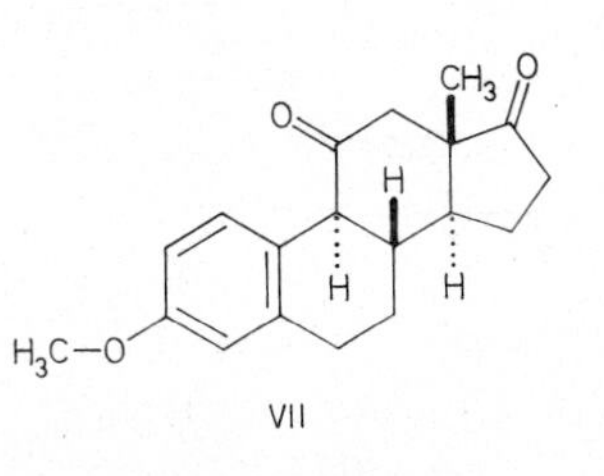

VII 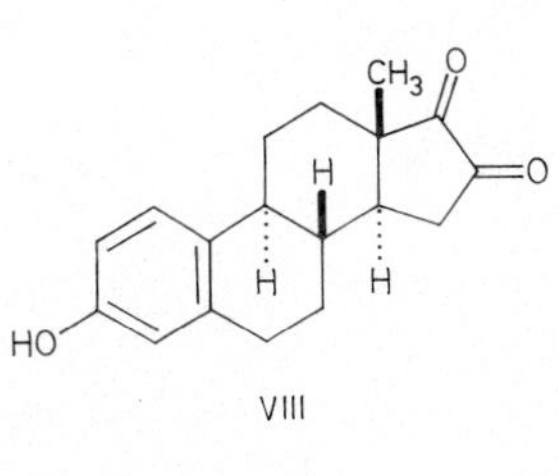 VIII 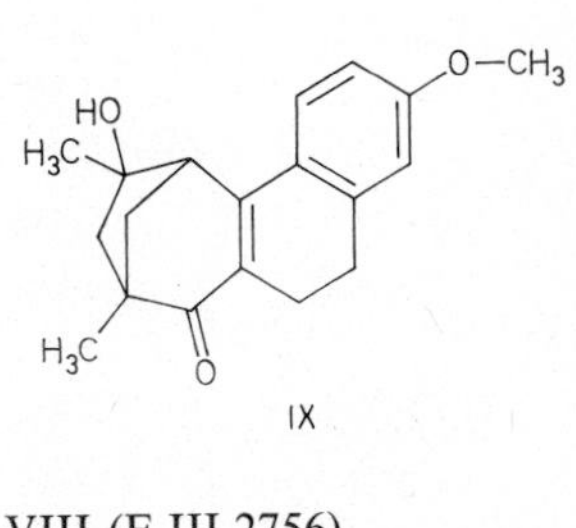 IX

3-Hydroxy-östra-1,3,5(10)-trien-16,17-dion $C_{18}H_{20}O_3$, Formel VIII (E III 2756).

λ_{max} (A.): 280 nm und 336 nm (*Slaunwhite et al.*, J. biol. Chem. **191** [1951] 627, 629, 630). λ_{max} (H_3PO_4): 265 nm, 367 nm, 483 nm und 525 nm (*Nowaczynski, Steyermark,* Canad. J. Bio=

chem. Physiol. **34** [1956] 592, 593). Verteilung zwischen CCl_4 und wss. Methanol sowie zwischen einem Cyclohexan-Äthylacetat-Gemisch und H_2O-Äthanol-Gemischen: *Sl. et al.*

***Opt.-inakt. 10-Hydroxy-3-methoxy-8,10-dimethyl-5,6,8,9,10,11-hexahydro-8,11-methano-cyclohepta[*a*]naphthalin-7-on** $C_{19}H_{22}O_3$, Formel IX.

B. Beim Erwärmen von (±)-2-Acetonyl-7-methoxy-2-methyl-3,4,9,10-tetrahydro-2*H*-phenanthren-1-on mit methanol. Natriummethylat (*D.W. Stoutamire*, Diss. [Univ. of Wisconsin 1957] S. 7, 51, 138, 139). Neben (±)-2-Acetonyl-7-methoxy-2-methyl-3,4,9,10-tetrahydro-2*H*-phenanthren-1-on beim Erhitzen von (±)-3-Äthoxy-4-[7-methoxy-2-methyl-1-oxo-1,2,3,4,9,10-hexahydro-[2]phenanthryl]-crotonsäure (F: 142–145°) mit konz. wss. HCl und Essigsäure (*St.*, l. c. S. 49, 134).

Kristalle (aus PAe.); F: 179,5–180,5°. λ_{max} (A.): 243 nm und 335 nm.

Hydroxy-oxo-Verbindungen $C_{19}H_{22}O_3$

2-Hepta-1,3,5-trienyl-3,6-dihydroxy-5-[3-methyl-but-2-enyl]-benzaldehyd $C_{19}H_{22}O_3$, Formel X (E III 2759).

Isolierung aus Aspergillus amstelodami: *Shibata, Natori,* Pharm. Bl. **1** [1953] 160, 162; aus Aspergillus chevalieri: *Kitamura et al.*, J. pharm. Soc. Japan **76** [1956] 972; C. A. **1957** 1373.

Absorptionsspektrum (A.; 250–480 nm): *Simonetta, Cardani,* G. **80** [1950] 750, 754.

HO CHO
$(CH_3)_2C{=}CH{-}CH_2$ — [CH=CH]$_3$—CH_3
OH

X

O OH OH CH
$(CH_3)_2CH$ $CH_2{-}CH_2$

XI

(±)-2-Hydroxy-3-[1-hydroxy-3-phenyl-propyl]-6-isopropyl-cycloheptatrienon $C_{19}H_{22}O_3$, Formel XI und Taut.; **(±)-3-[1-Hydroxy-3-phenyl-propyl]-6-isopropyl-tropolon.**

B. Aus 3-Formyl-6-isopropyl-tropolon und Phenäthylmagnesiumchlorid in Äther (*Sebe, Matsumoto,* Sci. Rep. Tohoku Univ. [I] **38** [1954] 308, 316).

Kristalle (aus Me.); F: 64,5–65,5°.

***Opt.-inakt. 2-Äthyl-1,3-bis-[4-methoxy-phenyl]-pentan-1-on** $C_{21}H_{26}O_3$, Formel XII (E III 2761).

B. Beim Behandeln von opt.-inakt. 2-Äthyl-3-[4-methoxy-phenyl]-valerylchlorid (aus der Säure vom F: 133° und $SOCl_2$ hergestellt) beim Behandeln mit Anisol und $AlCl_3$ in 1,2-Dichloräthan (*Shukis, Ritter,* Am. Soc. **72** [1950] 1488).

F: 81–82° [aus Me.].

H_5C_2 C_2H_5 CH—CH CO—O—CH_3
H_3C—O

XII

H_5C_2 CO—C_2H_5 CH—CH
R—O O—R

XIII

***Opt.-inakt. 4,5-Bis-[4-hydroxy-phenyl]-heptan-3-on** $C_{19}H_{22}O_3$, Formel XIII (R = H).

B. Aus der folgenden Verbindung beim Erhitzen mit Pyridin-hydrochlorid (*Searle & Co.,*

U.S.P. 2768210 [1952]).

$Kp_{0,25}$: 182–190°.

***Opt.-inakt. 4,5-Bis-[4-methoxy-phenyl]-heptan-3-on** $C_{21}H_{26}O_3$, Formel XIII (R = CH_3).

B. Beim Erwärmen von 2,3-Bis-[4-methoxy-phenyl]-acrylsäure-äthylester (F: 74°) mit Äthylmagnesiumbromid in Äther (*Searle & Co.*, U.S.P. 2768210 [1952]).

$Kp_{0,7}$: 177–179°.

***Opt.-inakt. 3,4-Bis-[4-hydroxy-phenyl]-3-methyl-hexan-2-on** $C_{19}H_{22}O_3$, Formel XIV (R = H).

B. Aus der folgenden Verbindung beim Erhitzen mit Pyridin-hydrochlorid (*Searle & Co.*, U.S.P. 2745870, 2768210 [1952]).

$Kp_{0,2}$: 180–185°.

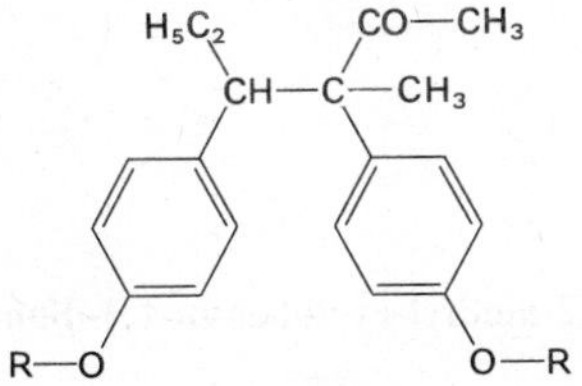

XIV

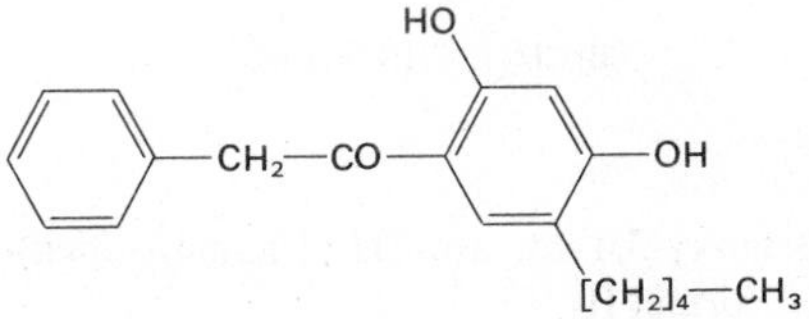

XV

***Opt.-inakt. 3,4-Bis-[4-methoxy-phenyl]-3-methyl-hexan-2-on** $C_{21}H_{26}O_3$, Formel XIV (R = CH_3).

B. Beim Erwärmen von opt.-inakt. 2,3-Bis-[4-methoxy-phenyl]-2-methyl-valeronitril ($Kp_{0,003}$: 162–165°) mit Methylmagnesiumbromid in Xylol (*Searle & Co.*, U.S.P. 2745870, 2768210 [1952]).

$Kp_{0,003}$: 166–167°.

Semicarbazon $C_{22}H_{29}N_3O_3$. F: 223–225°.

2,4-Dihydroxy-5-pentyl-desoxybenzoin $C_{19}H_{22}O_3$, Formel XV.

B. Beim Leiten von HCl in ein Gemisch von 4-Pentyl-resorcin, Phenylacetonitril, $ZnCl_2$ und Äther und Erwärmen des Reaktionsprodukts mit H_2O (*Murai*, Sci. Rep. Saitama Univ. [A] **1** [1954] 139, 143).

Hellbraune Kristalle (aus Bzl.); F: 89–90°.

Oxim $C_{19}H_{23}NO_3$. Kristalle (aus Bzl.); F: 153–154°.

5-Hexyl-2,4-dihydroxy-benzophenon $C_{19}H_{22}O_3$, Formel I (X = H).

B. Beim Erwärmen von 4-Hexyl-resorcin mit Benzoesäure und BF_3 in 1,1,2,2-Tetrachloräthan (*VanAllan, Tinker*, J. org. Chem. **19** [1954] 1243, 1244). Beim Leiten von HCl in ein Gemisch von 4-Hexyl-resorcin, Benzonitril, $ZnCl_2$ und Äther und Erwärmen des Reaktionsprodukts mit H_2O (*Murai*, Sci. Rep. Saitama Univ. [A] **1** [1954] 139, 145).

Gelbliche Kristalle; F: 81–82° (*Va., Ti.*), 69° [aus Bzl.] (*Mu.*).

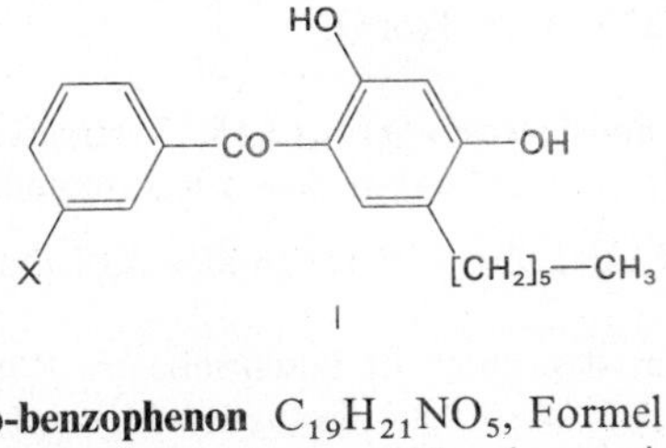

I

5-Hexyl-2,4-dihydroxy-3'-nitro-benzophenon $C_{19}H_{21}NO_5$, Formel I (X = NO_2).

B. Beim Leiten von HCl in ein Gemisch von 4-Hexyl-resorcin, 3-Nitro-benzonitril, $ZnCl_2$ und Äther und Erwärmen des Reaktionsprodukts mit H_2O (*Eastman Kodak Co.*,

U.S.P. 2756253 [1954]).

F: 95–96° (*Eastman Kodak Co.*), 85° (*VanAllan, Tinker,* J. org. Chem. **19** [1954] 1243, 1244).

***Opt.-inakt. 4,4'-Diacetoxy-3,3'-bis-[2,3-dibrom-propyl]-benzophenon** $C_{23}H_{22}Br_4O_5$, Formel II.

B. Aus 4,4'-Diacetoxy-3,3'-diallyl-benzophenon und Brom in CS_2 und $CHCl_3$ (*Funke, v. Daniken,* Bl. **1953** 457, 461).

Kristalle (aus $CHCl_3$+A.); F: 157–158°.

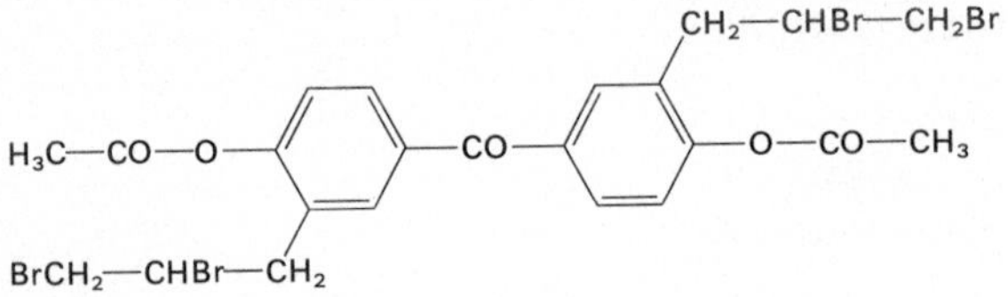

II

***2-[2-(6-Methoxy-3,4-dihydro-2*H*-[1]naphthyliden)-äthyl]-2-methyl-cyclohexan-1,3-dion** $C_{20}H_{24}O_3$, Formel III.

B. Beim Erhitzen von (±)-6-Methoxy-1-vinyl-1,2,3,4-tetrahydro-[1]naphthol mit 2-Methyl-cyclohexan-1,3-dion und Benzyl-trimethyl-ammonium-hydroxid in Xylol (*Anantschenko, Torgow,* Doklady Akad. S.S.S.R. **127** [1959] 553, 555; Pr. Acad. Sci. U.S.S.R. Chem. Sect. **124–129** [1959] 567, 568).

Kristalle (aus A.); F: 89–90°. λ_{max} (A.): 267 nm.

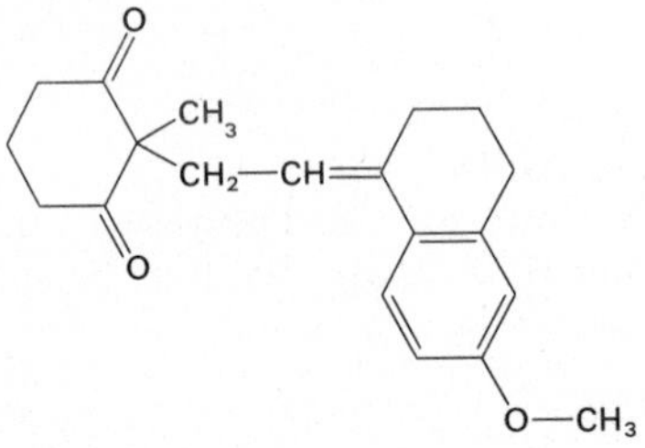

III 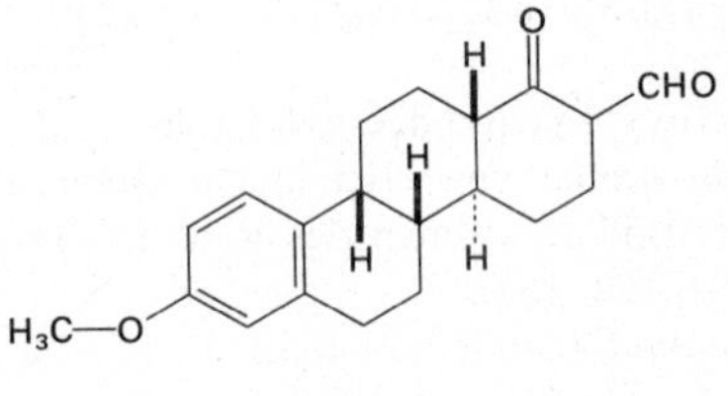 IV

(±)-8-Methoxy-1-oxo-(4a*r*,4b*t*,10b*t*,12a*t*)-1,2,3,4,4a,4b,5,6,10b,11,12,12a-dodecahydro-chrysen-2-carbaldehyd, *rac*-3-Methoxy-17a-oxo-*D*-homo-9*β*-gona-1,3,5(10)-trien-17-carbaldehyd $C_{20}H_{24}O_3$, Formel IV + Spiegelbild und Taut. (*rac*-17-Hydroxymethylen-3-methoxy-*D*-homo-9*β*-gona-1,3,5(10)-trien-17a-on).

B. Aus *rac*-3-Methoxy-*D*-homo-9*β*-gona-1,3,5(10)-trien-17a-on und Äthylformiat mit Hilfe von Natriummethylat (*Johnson et al.,* Am. Soc. **74** [1952] 2832, 2836, 2847).

Kristalle (aus CCl_4); F: 160,2–161,4° [korr.].

15,17a-Dihydroxy-*D*-homo-18-nor-androsta-9(11),13,15,17-tetraen-3-one $C_{19}H_{22}O_3$ und Taut.

Die Konfiguration der unter a) bis f) beschriebenen Racemate ist nicht bewiesen.

a) ***rac*-*D*-Homo-18-nor-5*β*,14*β*-androsta-9(11),16-dien-3,15,17a-trion,** Formel V + Spiegelbild.

B. Neben geringen Mengen des unter b) beschriebenen Racemats beim Behandeln von (±)-4a-Methyl-5-vinyl-(4a*r*,8a*c*)-3,4,4a,7,8,8a-hexahydro-1*H*-naphthalin-2-on (E IV **7** 794) mit [1,4]Benzochinon in Essigsäure (*Nasarow et al.,* Izv. Akad. S.S.S.R. Otd. chim. **1959** 283, 289; engl. Ausg. S. 260, 265).

Gelbe Kristalle (aus Bzl. + PAe.); F: 187–188° [geschlossene Kapillare].

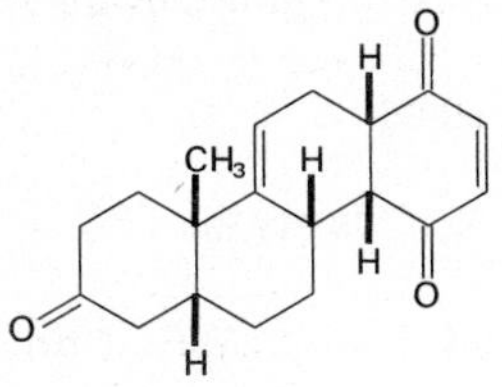

V 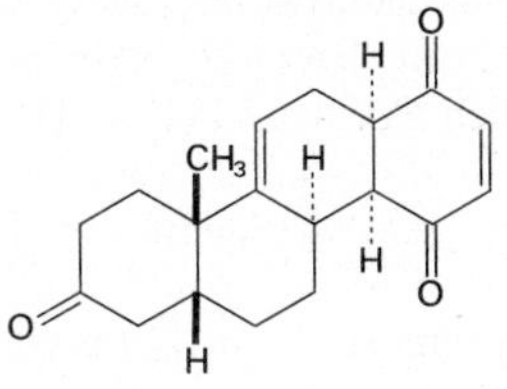 VI 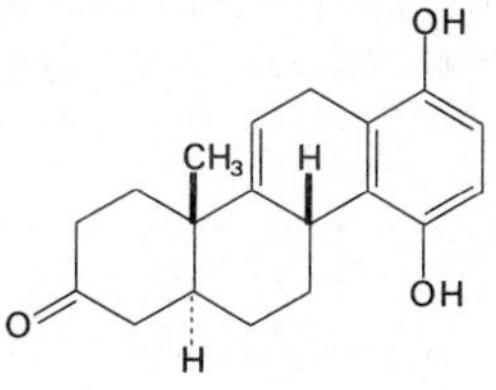 VII

b) ***rac-D*-Homo-18-nor-5β,8α,13α-androsta-9(11),16-dien-3,15,17a-trion,** Formel VI + Spiegelbild.

B. s. unter a).

Gelbe Kristalle (aus Me.); F: 149–150° (*Nasarow et al.,* Izv. Akad. S.S.S.R. Otd. chim. **1959** 283, 289; engl. Ausg. S. 260, 265).

c) ***rac*-15,17a-Dihydroxy-*D*-homo-18-nor-5α-androsta-9(11),13,15,17-tetraen-3-on,** Formel VII + Spiegelbild.

B. Beim Erhitzen des unter d) beschriebenen Racemats mit Essigsäure (*Nasarow, Gurwitsch,* Izv. Akad. S.S.S.R. Otd. chim. **1959** 293, 298; engl. Ausg. S. 269, 273, 274).

Gelbliche Kristalle (aus Acn. + Me.); F: 258–259° [Zers.; geschlossene Kapillare]. λ_{max} (Me.): 290 nm.

d) ***rac-D*-Homo-18-nor-5α,14β-androsta-9(11),16-dien-3,15,17a-trion,** Formel VIII + Spiegelbild.

B. Neben den unter c) und f) beschriebenen Racematen beim Behandeln von (±)-4a-Methyl-5-vinyl-(4a*r*,8a*t*)-3,4,4a,7,8,8a-hexahydro-1*H*-naphthalin-2-on (E IV **7** 794) mit [1,4]Benzochinon und Essigsäure in Äther (*Nasarow, Gurwitsch,* Izv. Akad. S.S.S.R. Otd. chim. **1959** 293, 297; engl. Ausg. S. 269, 273).

Hellgrüne Kristalle (aus Me.); F: 190–191° [geschlossene Kapillare]. λ_{max} ($CHCl_3$): 290 nm und 365 nm.

Im Tageslicht erfolgt Umwandlung in eine farblose Substanz vom F: 322–324° (*Na., Gu.,* l. c. S. 298).

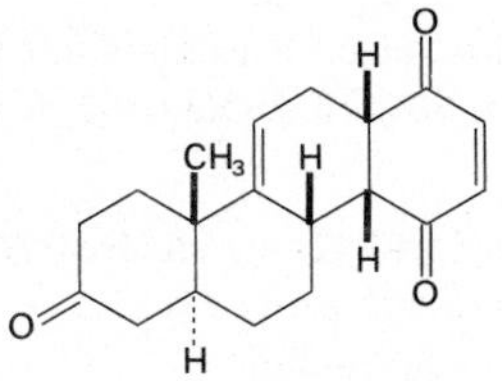

VIII 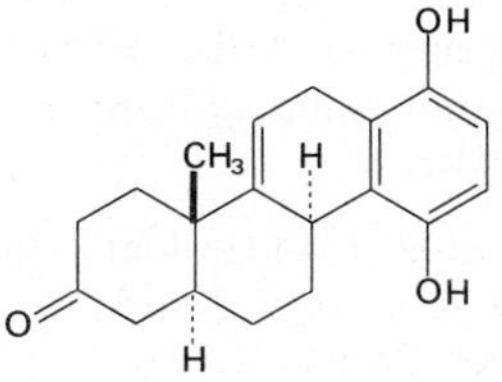 IX 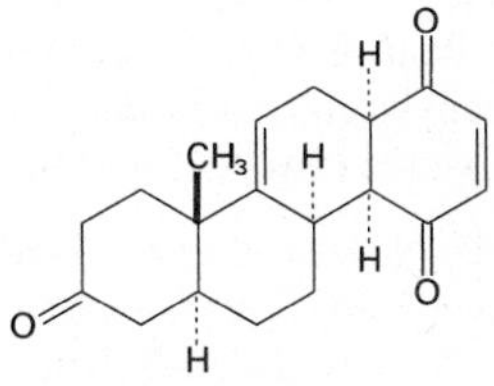 X

e) ***rac*-15,17a-Dihydroxy-*D*-homo-18-nor-5α,8α-androsta-9(11),13,15,17-tetraen-3-on,** Formel IX + Spiegelbild.

B. Beim Erhitzen des unter f) beschriebenen Racemats mit Essigsäure (*Nasarow, Gurwitsch,* Izv. Akad. S.S.S.R. Otd. chim. **1959** 293, 298; engl. Ausg. S. 269, 274).

Kristalle (aus Acn. + Ae.); F: 240–241° [Zers.; geschlossene Kapillare].

f) ***rac-D*-Homo-18-nor-5α,8α,13α-androsta-9(11),16-dien-3,15,17a-trion,** Formel X + Spiegelbild.

B. s. unter d).

Hellgrüne Kristalle (aus Me.); F: 192–193° [geschlossene Kapillare] (*Nasarow, Gurwitsch,* Izv. Akad. S.S.S.R. Otd. chim. **1959** 293, 298; engl. Ausg. S. 269, 273). λ_{max} ($CHCl_3$): 295 nm.

Im Tageslicht erfolgt Umwandlung in eine farblose Substanz vom F: 324–326°.

12a-Hydroxy-7-methoxy-4a-methyl-3,4,4a,5,6,11,12,12a-octahydro-1*H*-chrysen-2-on $C_{20}H_{24}O_3$.

a) **(±)-12a-Hydroxy-7-methoxy-4a-methyl-(4a*r*,12a*c*?)-3,4,4a,5,6,11,12,12a-octahydro-1*H*-chrysen-2-on,** *rac*-5-Hydroxy-17a-methoxy-*D*-homo-18-nor-5*β*(?)-androsta-8,13,15,17-tetraen-3-on, vermutlich Formel XI (R = H) + Spiegelbild.

B. s. unter b).

Kristalle (aus Me.); F: 185–188° [korr.] (*Johnson et al.*, Am. Soc. **78** [1956] 6302, 6306). λ_{max} (A.): 222 nm und 270 nm.

Geschwindigkeit der Abspaltung von H_2O mit Hilfe von äthanol. Natriumäthylat bei 25°: *Jo. et al.*

b) **(±)-12a-Hydroxy-7-methoxy-4a-methyl-(4a*r*,12a*t*?)-3,4,4a,5,6,11,12,12a-octahydro-1*H*-chrysen-2-on,** *rac*-5-Hydroxy-17a-methoxy-*D*-homo-18-nor-5α(?)-androsta-8,13,15,17-tetraen-3-on, vermutlich Formel XII (R = H) + Spiegelbild.

B. Neben kleineren Mengen des unter a) beschriebenen Racemats beim Behandeln von (±)-8-Methoxy-1-methyl-3,4,9,10-tetrahydro-1*H*-phenanthren-2-on mit But-3-en-2-on und Natriummethylat in Methanol (*Johnson et al.*, Am. Soc. **78** [1956] 6302, 6306).

Kristalle (aus Butylacetat); F: 214–215,5° [korr.; evakuierte Kapillare]. λ_{max}: 221 nm und 269 nm.

Geschwindigkeit der Abspaltung von H_2O mit Hilfe von äthanol. Natriumäthylat bei 25°: *Jo. et al.*

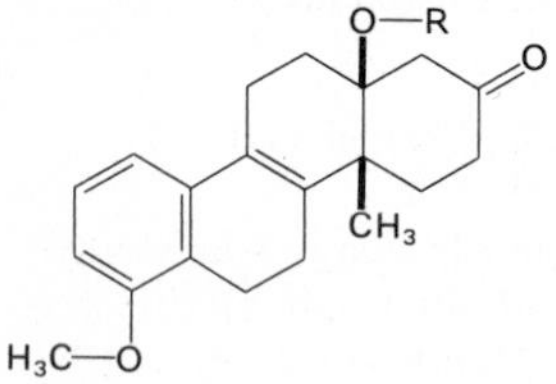

XI 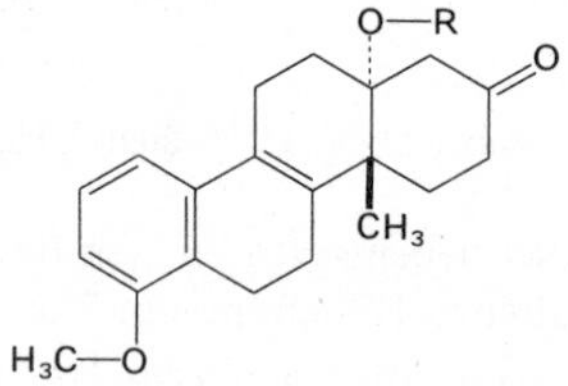 XII 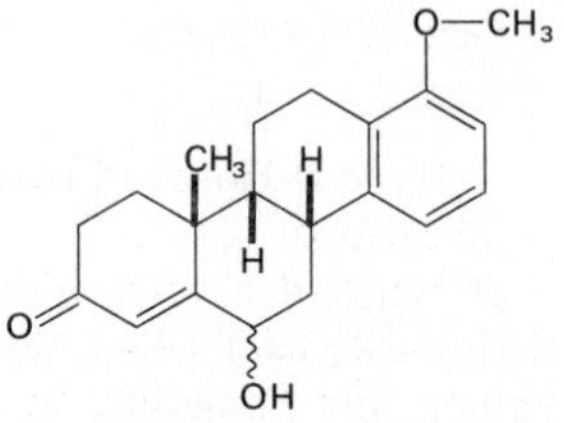 XIII

12a-Acetoxy-7-methoxy-4a-methyl-3,4,4a,5,6,11,12,12a-octahydro-1*H*-chrysen-2-on $C_{22}H_{26}O_4$.

a) **(±)-12a-Acetoxy-7-methoxy-4a-methyl-(4a*r*,12a*c*?)-3,4,4a,5,6,11,12,12a-octahydro-1*H*-chrysen-2-on,** *rac*-5-Acetoxy-17a-methoxy-*D*-homo-18-nor-5*β*(?)-androsta-8,13,15,17-tetraen-3-on, vermutlich Formel XI (R = CO-CH_3) + Spiegelbild.

B. Beim Erwärmen des im vorangehenden Artikel unter a) beschriebenen Racemats mit Isopropenylacetat und wenig Toluol-4-sulfonsäure (*Johnson et al.*, Am. Soc. **78** [1956] 6302, 6307).

Kristalle (aus A.); F: 114–116° [korr.].

b) **(±)-12a-Acetoxy-7-methoxy-4a-methyl-(4a*r*,12a*t*?)-3,4,4a,5,6,11,12,12a-octahydro-1*H*-chrysen-2-on,** *rac*-5-Acetoxy-17a-methoxy-*D*-homo-18-nor-5α(?)-androsta-8,13,15,17-tetraen-3-on, vermutlich Formel XII (R = CO-CH_3) + Spiegelbild.

B. Beim Erwärmen des im vorangehenden Artikel unter b) beschriebenen Racemats mit Isopropenylacetat und wenig Toluol-4-sulfonsäure (*Johnson et al.*, Am. Soc. **78** [1956] 6302, 6306).

Dimorph; Kristalle (aus A.); F: 153,5–154,5° [korr.] bzw. F: 144–145° [korr.].

Oxim $C_{22}H_{27}NO_4$. Kristalle (aus A.); F: 239–240° [korr.; Zers.].

2,4-Dinitro-phenylhydrazon (F: 183,8–184,5°): *Jo. et al.*

(±)-12ξ-Hydroxy-7-methoxy-4a-methyl-(4a*r*,4b*c*,10b*c*)-4,4a,4b,5,6,10b,11,12-octahydro-3*H*-chrysen-2-on, *rac*-6ξ-Hydroxy-17a-methoxy-*D*-homo-18-nor-9*β*-androsta-4,13,15,17-tetraen-3-on $C_{20}H_{24}O_3$, Formel XIII + Spiegelbild, oder **(±)-8ξ-Hydroxy-1-methoxy-10a-methyl-(4b*r*,10a*c*,10b*c*)-4b,8,9,10,10a,10b,11,12-octahydro-5*H*-chrysen-6-on, *rac*-3ξ-Hydroxy-17a-methoxy-*D*-homo-18-nor-9*β*-androsta-4,13,15,17-tetraen-6-on** $C_{20}H_{24}O_3$, Formel XIV + Spiegelbild.

B. In kleiner Menge beim Einleiten von Luft in eine Lösung von *rac*-3-Äthoxy-17a-methoxy-

D-homo-18-nor-9β-androsta-3,5,13,15,17-pentaen in Benzol bei Siedetemperatur (*Johnson et al.*, Am. Soc. **78** [1956] 6302, 6310).

Kristalle (aus A.); F: 205,5–206° [korr.]. λ_{max} (A.): 230 nm und 278 nm.

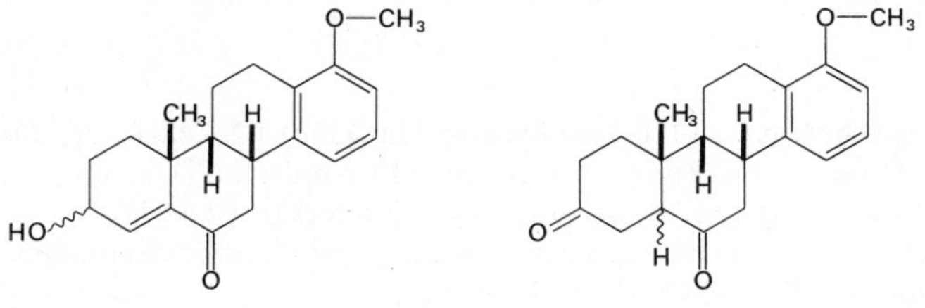

XIV XV

(±)-7-Methoxy-4a-methyl-(4a*r*,4b*c*,10b*c*,12aξ)-1,3,4,4a,4b,5,6,10b,11,12a-decahydro-chrysen-2,12-dion, *rac*-17a-Methoxy-*D*-homo-18-nor-5ξ,9β-androsta-13,15,17-trien-3,6-dion $C_{20}H_{24}O_3$, Formel XV + Spiegelbild.

B. Aus dem im vorangehenden Artikel beschriebenen Racemat beim Erwärmen mit methanol. Natriummethylat oder mit wss.-äthanol. HCl (*Johnson et al.*, Am. Soc. **78** [1956] 6302, 6310).

Kristalle (aus A.); F: 186–188° [korr.]. λ_{max} (A.): 272 nm und 279 nm.

21-Acetoxy-3-methoxy-18,19-dinor-pregna-1,3,5(10),16-tetraen-20-on $C_{22}H_{26}O_4$, Formel I.

B. Beim Erwärmen von 20-Acetoxy-3-methoxy-18,19-dinor-pregna-1,3,5(10),16,20-pentaen (aus 3-Methoxy-18,19-dinor-pregna-1,3,5(10),16-tetraen-20-on und Isopropenylacetat mit Hilfe von Toluol-4-sulfonsäure hergestellt) mit *N*-Jod-succinimid in Dioxan und Erwärmen des Reaktionsprodukts mit Kaliumacetat in Aceton (*Johns*, Am. Soc. **80** [1958] 6456; J. org. Chem. **33** [1968] 109, 113).

Kristalle (aus Me.); F: 157–158°. $[\alpha]_D$: +66° [$CHCl_3$; c = 1]. λ_{max} (Me.): 231 nm.

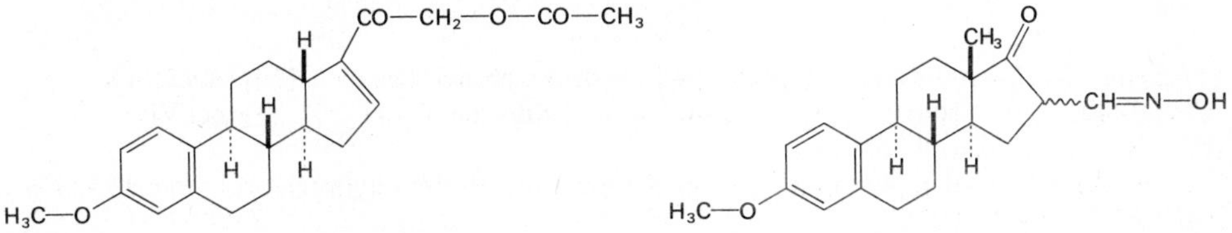

I II

***16ξ-[Hydroxyimino-methyl]-3-methoxy-östra-1,3,5(10)-trien-17-on, 3-Methoxy-17-oxo-östra-1,3,5(10)-trien-16ξ-carbaldehyd-oxim** $C_{20}H_{25}NO_3$, Formel II.

Dimorph; F: 202–204° [korr.; aus wss. A.] bzw. F: 183–184° [korr.; aus wss. A.] (*Johnson et al.*, Am. Soc. **74** [1952] 2832, 2848).

1,4-Dihydroxy-6b,11-dimethyl-5,6b,7,8,10,10a,11,11a-octahydro-benzo[*a*]fluoren-9-on $C_{19}H_{22}O_3$ und Taut.

(±)-6b,11ξ-Dimethyl-(4aξ,6b*r*,10a*c*,11aξ,11bξ)-4a,5,6b,7,8,10,10a,11,11a,11b-decahydro-benzo[*a*]fluoren-1,4,9-trion, *rac*-6ξ-Methyl-*D*-homo-*B*,18-dinor-5β,8ξ,13ξ,14ξ-androsta-9(11),16-dien-3,15,17a-trion, Formel III + Spiegelbild.

B. Aus (±)-3ξ,7a-Dimethyl-1-vinyl-(3a*r*,7a*c*)-3,3a,4,6,7,7a-hexahydro-inden-5-on (E IV **7** 795) und [1,4]Benzochinon (*Nasarow et al.*, Izv. Akad. S.S.S.R. Otd. chim. **1952** 442, 448; engl. Ausg. S. 427, 432).

Kristalle (aus Me.); F: 136–137°.

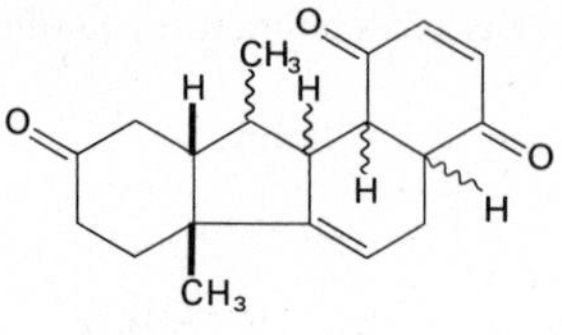

III 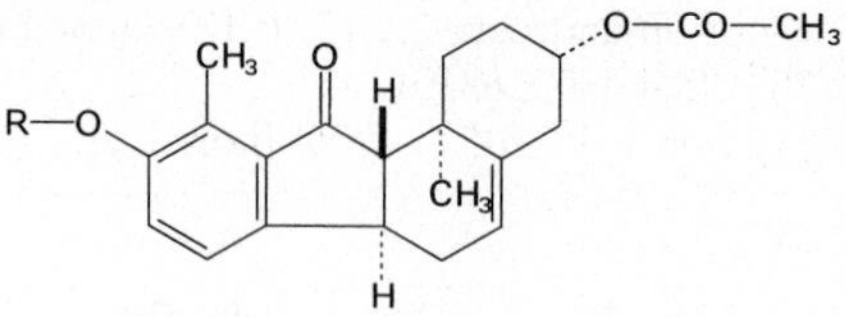 IV

(6a*R*)-3*c*-Acetoxy-9-hydroxy-10,11b-dimethyl-(6a*r*,11a*t*,11b*c*)-1,2,3,4,6,6a,11a,11b-octahydro-benzo[*a*]fluoren-11-on, 3*β*-Acetoxy-17-hydroxy-17a-methyl-*D*-homo-*C*,18-dinor-androsta-5,13,15,17-tetraen-11-on $C_{21}H_{24}O_4$, Formel IV (R = H).

B. Aus der folgenden Verbindung beim Erwärmen mit Hydroxylamin-acetat in Methanol (*Fried, Klingsberg*, Am. Soc. **75** [1953] 4929, 4937).

Kristalle (aus wss. Me.); F: 245–247° [korr.; Zers.]. λ_{max}: 255 nm und 330 nm [A.], 245 nm und 370 nm [methanol. KOH].

(6a*R*)-3*c*,9-Diacetoxy-10,11b-dimethyl-(6a*r*,11a*t*,11b*c*)-1,2,3,4,6,6a,11a,11b-octahydro-benzo[*a*]fluoren-11-on, 3*β*,17-Diacetoxy-17a-methyl-*D*-homo-*C*,18-dinor-androsta-5,13,15,17-tetraen-11-on $C_{23}H_{26}O_5$, Formel IV (R = CO-CH_3).

B. Beim Erwärmen von (6a*S*)-3*c*-Acetoxy-10,11b-dimethyl-(6a*r*,6b*t*,11a*t*,11b*c*)-2,3,4,6,6a,6b,7,8,11a,11b-decahydro-1*H*-benzo[*a*]fluoren-9,11-dion mit wss.-methanol. NaOH und Behandeln des Reaktionsprodukts mit Acetanhydrid und Pyridin (*Fried, Klingsberg*, Am. Soc. **75** [1953] 4929, 4936).

Kristalle (aus Me.); F: 207–208,5° [korr.]. $[\alpha]_D^{23}$: −138° [$CHCl_3$; c = 0,8]. λ_{max}: 247 nm und 330 nm [A.], 243 nm und 370 nm [methanol. KOH].

Hydroxy-oxo-Verbindungen $C_{20}H_{24}O_3$

(±)-1,2-Bis-[4-methoxy-phenyl]-octan-1-on $C_{22}H_{28}O_3$, Formel V.

B. Aus 4,4'-Dimethoxy-benzoin und Hexylbromid mit Hilfe von Natriumäthylat (*Morren et al.*, J. Pharm. Belg. [NS] **7** [1952] 295, 301).

$Kp_{0,35}$: 195–199°.

(±)-*erythro*-3-[3-Acetyl-4-hydroxy-phenyl]-4-[4-hydroxy-phenyl]-hexan, 1-{5-[(1*RS*,2*SR*)-1-Äthyl-2-(4-hydroxy-phenyl)-butyl]-2-hydroxy-phenyl}-äthanon $C_{20}H_{24}O_3$, Formel VI (R = X = H) + Spiegelbild.

B. Aus der folgenden Verbindung beim Erhitzen mit Pyridin-hydrochlorid (*Buu-Hoi et al.*, Am. Soc. **72** [1950] 3992).

Kristalle (aus Bzl.); F: 208°. Bei 205°/1 at sublimierbar.

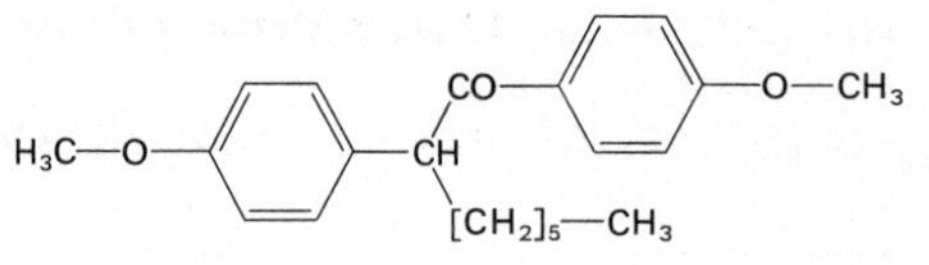

V 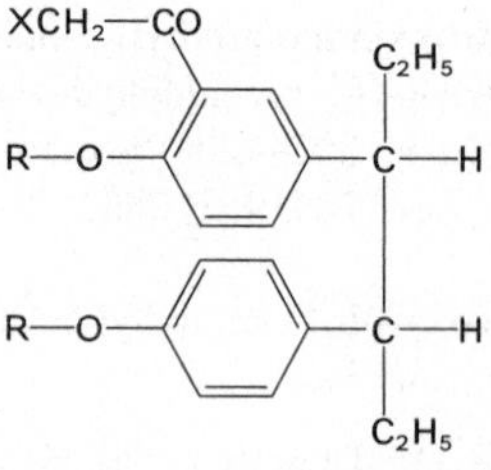 VI

(±)-*erythro*-3-[3-Acetyl-4-methoxy-phenyl]-4-[4-methoxy-phenyl]-hexan, 1-{5-[(1*RS*,2*SR*)-1-Äthyl-2-(4-methoxy-phenyl)-butyl]-2-methoxy-phenyl}-äthanon $C_{22}H_{28}O_3$, Formel VI (R = CH_3, X = H) + Spiegelbild.

B. Beim Behandeln von *meso*-3,4-Bis-[4-methoxy-phenyl]-hexan mit Acetylchlorid und $AlCl_3$ in Nitrobenzol (*Buu-Hoi et al.*, Am. Soc. **72** [1950] 3992).

Kristalle (aus Me.); F: 97°.

Oxim $C_{22}H_{29}NO_3$. Kristalle (aus A.); F: 154°.

(±)-*erythro*-3-[3-Bromacetyl-4-methoxy-phenyl]-4-[4-methoxy-phenyl]-hexan, 1-{5-[(1*RS*,2*SR*)-1-Äthyl-2-(4-methoxy-phenyl)-butyl]-2-methoxy-phenyl}-2-brom-äthanon $C_{22}H_{27}BrO_3$, Formel VI (R = CH_3, X = Br)+Spiegelbild.

B. Aus der vorangehenden Verbindung beim Behandeln mit Brom in $CHCl_3$ (*Buu-Hoi et al.*, Am. Soc. **72** [1950] 3992).

Kristalle (aus A.); F: 96°.

(±)-*erythro*-3-[4-Acetoxyacetyl-phenyl]-4-[4-methoxy-phenyl]-hexan, 2-Acetoxy-1-{4-[(1*RS*,2*SR*)-1-äthyl-2-(4-methoxy-phenyl)-butyl]-phenyl}-äthanon $C_{23}H_{28}O_4$, Formel VII (R = CH_3, X = H)+Spiegelbild.

B. Beim Erhitzen von 1-{4-[(1*RS*,2*SR*)-1-Äthyl-2-(4-methoxy-phenyl)-butyl]-phenyl}-2-chlor-äthanon mit Kaliumacetat und Essigsäure (*Campbell, Hunt,* Soc. **1951** 956, 959). Beim Behandeln von 4-[(1*RS*,2*SR*)-1-Äthyl-2-(4-methoxy-phenyl)-butyl]-benzoylchlorid mit Diazomethan in Äther und Erwärmen des Reaktionsprodukts mit Essigsäure (*Ca., Hunt,* l. c. S. 958).

Kristalle (aus Me.); F: 99°.

VII VIII

(±)-*erythro*(?)-3-[4-Acetoxy-phenyl]-4-[4-(bromacetoxy-acetyl)-phenyl]-hexan, 1-{4-[(1*RS*,2*SR*?)-2-(4-Acetoxy-phenyl)-1-äthyl-butyl]-phenyl}-2-bromacetoxy-äthanon $C_{24}H_{27}BrO_5$, vermutlich Formel VII (R = CO-CH_3, X = Br)+Spiegelbild.

B. Beim Erwärmen von 1-{4-[(1*RS*,2*SR*?)-2-(4-Acetoxy-phenyl)-1-äthyl-butyl]-phenyl}-2-diazo-äthanon $C_{22}H_{24}N_2O_3$ (F: 131–133°, vermutlich aus 4-[(1*RS*,2*SR*)-2-(4-Acetoxy-phenyl)-1-äthyl-butyl]-benzoesäure [E III **10** 1241] über das Säurechlorid hergestellt) mit Bromessigsäure in Toluol (*Wilson et al.*, J. org. Chem. **18** [1953] 96, 103).

Gelbe Kristalle (aus Me.); F: 122–123° [korr.].

3-Hexyl-2,6-dihydroxy-desoxybenzoin $C_{20}H_{24}O_3$, Formel VIII.

B. Neben der folgenden Verbindung beim Leiten von HCl in ein Gemisch von 4-Hexyl-resorcin, Phenylacetonitril, $ZnCl_2$ und Äther und Erwärmen des Reaktionsprodukts mit H_2O (*Libermann, Moyeux,* Bl. **1952** 50, 53).

Gelbe Kristalle (aus A.); F: 210–211°.

5-Hexyl-2,4-dihydroxy-desoxybenzoin $C_{20}H_{24}O_3$, Formel IX.

B. Beim Erwärmen von 4-Hexyl-resorcin mit Phenylacetylchlorid und $AlCl_3$ in Nitrobenzol (*Libermann, Moyeux,* Bl. **1952** 50, 53). Über eine weitere Bildungsweise s. im vorangehenden Artikel.

Kristalle (aus PAe.); F: 90° (*Li., Mo.*), 86–87° (*Murai,* Sci. Rep. Saitama Univ. [A] **1** [1954] 139, 143).

Oxim $C_{20}H_{25}NO_3$. Kristalle (aus Bzl.); F: 155–156° (*Mu.*).

2-Acetoxy-3-[4-cyclohexyl-butyl]-[1,4]naphthochinon $C_{22}H_{26}O_4$.

Berichtigung zu E III **8** 2770, Zeile 7–6 v. u.: Anstelle von „5-[3-Hydroxy-1.4-dioxo-1.4-dihydro-naphthyl-(2)]-valeriansäure" ist zu setzen „4-[3-Hydroxy-1.4-dioxo-1.4-dihydro-naphthyl-(2)]-buttersäure".

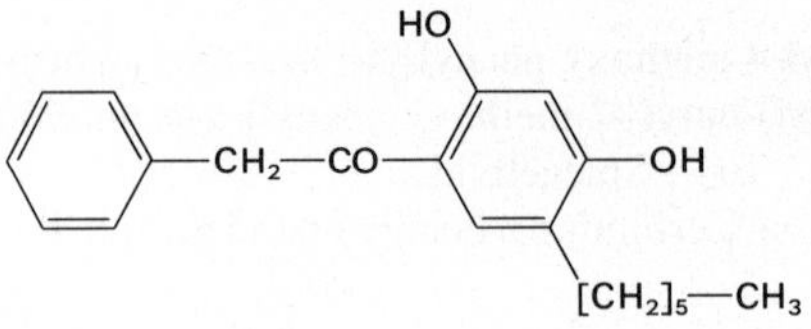

IX

2-Acetyl-3-hydroxy-östra-1,3,5(10)-trien-17-on $C_{20}H_{24}O_3$, Formel X (R = X = H).

B. Neben der folgenden Verbindung beim Behandeln von 3-Methoxy-östra-1,3,5(10)-trien-17-on mit Acetylchlorid und $AlCl_3$ in Chlorbenzol (*Searle & Co.,* U.S.P. 2846453 [1957]).

Kristalle (aus CH_2Cl_2 + Me.); F: 162–163°.

2-Acetyl-3-methoxy-östra-1,3,5(10)-trien-17-on $C_{21}H_{26}O_3$, Formel X (R = CH_3, X = H).

B. s. im vorangehenden Artikel.

Kristalle; F: 189–190° [unkorr.; aus Me.] (*Nambara et al.,* Chem. pharm. Bl. **18** [1970] 474, 478), 183–184,5° [aus CH_2Cl_2+Me.] (*Searle & Co.,* U.S.P. 2846453 [1957]). $[\alpha]_D^{28}$: +155,1° [$CHCl_3$; c = 0,1] (*Na. et al.*).

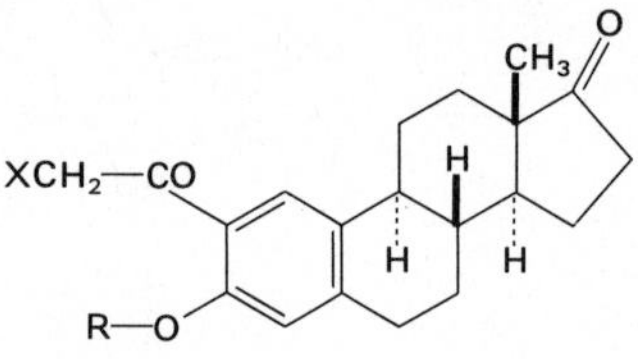

X 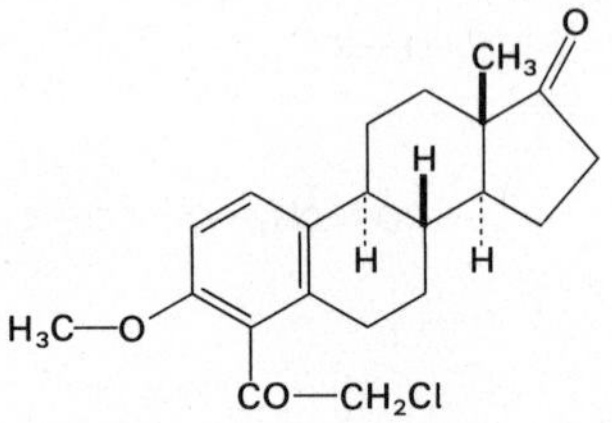 XI

2-Chloracetyl-3-methoxy-östra-1,3,5(10)-trien-17-on $C_{21}H_{25}ClO_3$, Formel X (R = CH_3, X = Cl).

B. Neben der folgenden Verbindung beim Behandeln von 3-Methoxy-östra-1,3,5(10)-trien-17-on mit Chloracetylchlorid und $AlCl_3$ in Chlorbenzol und Nitrobenzol (*Searle & Co.,* U.S.P. 2846453 [1957]).

Kristalle (aus CH_2Cl_2 + Me.); F: 182–183,5°.

4-Chloracetyl-3-methoxy-östra-1,3,5(10)-trien-17-on $C_{21}H_{25}ClO_3$, Formel XI.

B. s. im vorangehenden Artikel.

Kristalle (aus CH_2Cl_2 + wss. Me.); F: 129–130° (*Searle & Co.,* U.S.P. 2846453 [1957]).

3,21-Diacetoxy-19-nor-pregna-1,3,5(10),16-tetraen-20-on $C_{24}H_{28}O_5$, Formel I.

B. Beim Erwärmen von 3-Acetoxy-17-jodacetyl-östra-1,3,5(10),16-tetraen mit Kaliumacetat in Aceton (*Djerassi, Lenk,* Am. Soc. **76** [1954] 1722, 1725).

F: 141–142° [unkorr.; aus Me.]. $[\alpha]_D^{24}$: +80° [$CHCl_3$]. λ_{max} (A.): 238 nm.

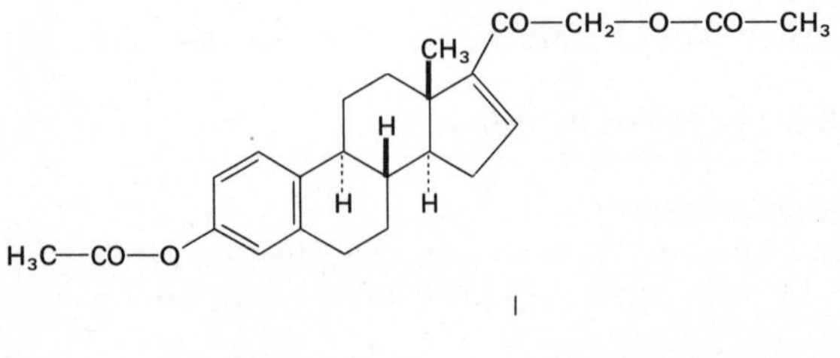

I 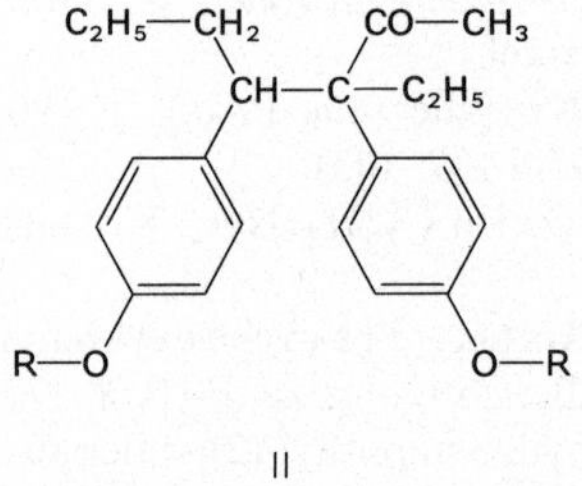 II

Hydroxy-oxo-Verbindungen $C_{21}H_{26}O_3$

***Opt.-inakt. 3-Äthyl-3,4-bis-[4-hydroxy-phenyl]-heptan-2-on** $C_{21}H_{26}O_3$, Formel II (R = H).
B. Beim Erhitzen der folgenden Verbindung mit Pyridin-hydrochlorid (*Searle* & *Co.*, U.S.P. 2768210 [1952]).
$Kp_{0,15}$: 185–195°.

***Opt.-inakt. 3-Äthyl-3,4-bis-[4-methoxy-phenyl]-heptan-2-on** $C_{23}H_{30}O_3$, Formel II (R = CH_3).
B. Beim Erhitzen von opt.-inakt. 2-Äthyl-2,3-bis-[4-methoxy-phenyl]-hexannitril mit Methylmagnesiumbromid in Xylol (*Searle* & *Co.*, U.S.P. 2745870, 2768210 [1952]).
$Kp_{0,2}$: 175–185°.

(±)-*erythro*-3-[4-Hydroxy-phenyl]-4-[4-hydroxy-3-propionyl-phenyl]-hexan, 1-{5-[(1*RS*,2*SR*)-1-Äthyl-2-(4-hydroxy-phenyl)-butyl]-2-hydroxy-phenyl}-propan-1-on $C_{21}H_{26}O_3$, Formel III (R = H)+Spiegelbild.
B. Aus der folgenden Verbindung beim Erhitzen mit Pyridin-hydrochlorid (*Buu-Hoi et al.*, Am. Soc. **72** [1950] 3992).
Kristalle (aus Bzl.); F: 168°.

III IV

(±)-*erythro*-3-[4-Methoxy-phenyl]-4-[4-methoxy-3-propionyl-phenyl]-hexan, 1-{5-[(1*RS*,2*SR*)-1-Äthyl-2-(4-methoxy-phenyl)-butyl]-2-methoxy-phenyl}-propan-1-on $C_{23}H_{30}O_3$, Formel III (R = CH_3)+Spiegelbild.
B. Beim Behandeln von *meso*-3,4-Bis-[4-methoxy-phenyl]-hexan mit Propionylchlorid und $AlCl_3$ in Nitrobenzol (*Buu-Hoi et al.*, Am. Soc. **72** [1950] 3992).
Kristalle (aus A.); F: 96°.
Oxim $C_{23}H_{31}NO_3$. Kristalle (aus Me.); F: 140°.

***Opt.-inakt. 1-{4-[1-Äthyl-2-hydroxy-2-(4-methoxy-phenyl)-butyl]-phenyl}-propan-1-on** $C_{22}H_{28}O_3$, Formel IV.
B. Beim Erwärmen von opt.-inakt. 4-[1-Äthyl-2-hydroxy-2-(4-methoxy-phenyl)-butyl]-benzonitril mit Äthylmagnesiumbromid in Äther (*Jenkins, Wilkinson,* Soc. **1951** 740, 743).
$Kp_{0,01}$: 220–230° [Luftbadtemperatur].

3,5′-Diisopropyl-6,4′-dimethoxy-2,2′-dimethyl-benzophenon $C_{23}H_{30}O_3$, Formel V.
B. Beim Erwärmen von 3-Isopropyl-6-methoxy-2-methyl-benzoylchlorid mit 2-Isopropyl-5-methyl-anisol oder von 5-Isopropyl-4-methoxy-2-methyl-benzoylchlorid mit 4-Isopropyl-3-methyl-anisol und $AlCl_3$ in CS_2 (*Royer et al.*, Bl. **1959** 1148, 1154, 1155).
Kristalle (aus A.); F: 108°. Kp_{17}: 249–251°.
Semicarbazon $C_{24}H_{33}N_3O_3$. Kristalle; F: 179,5°.

4,4′-Dihydroxy-5,5′-diisopropyl-2,2′-dimethyl-benzophenon $C_{21}H_{26}O_3$, Formel VI (R = H).
B. Beim Erhitzen der folgenden Verbindung mit Pyridin-hydrochlorid (*Royer, Bisagni,* Bl. **1954** 486, 491).

$Kp_{0,9}$: 215–225°.

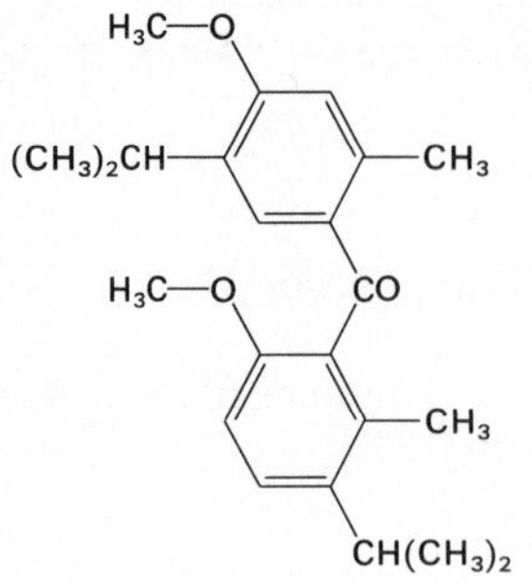

V 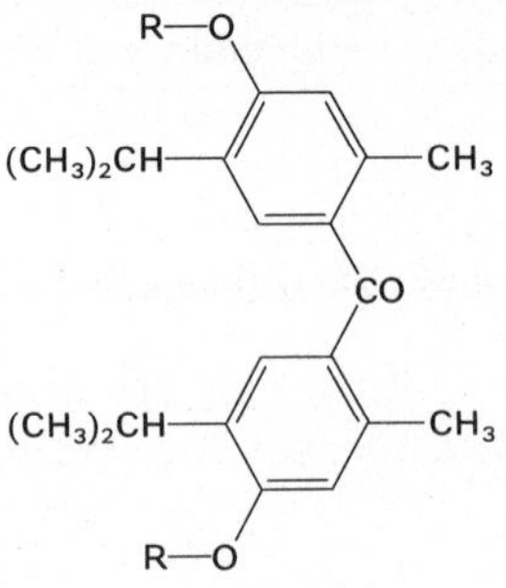 VI 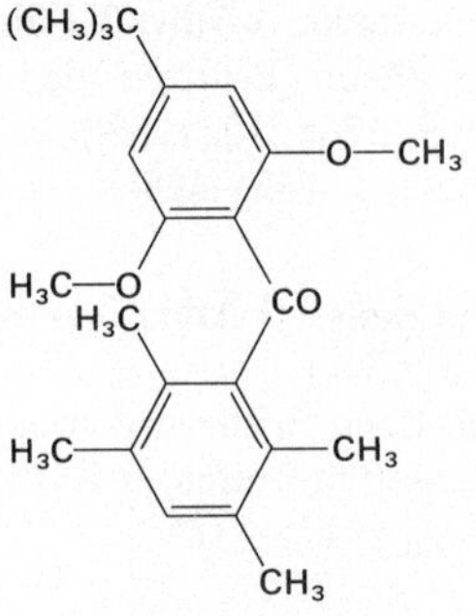 VII

5,5'-Diisopropyl-4,4'-dimethoxy-2,2'-dimethyl-benzophenon $C_{23}H_{30}O_3$, Formel VI (R = CH_3).

B. Aus 5-Isopropyl-4-methoxy-2-methyl-benzoylchlorid und 2-Isopropyl-5-methyl-anisol mit Hilfe von $AlCl_3$ in CS_2 (*Royer, Bisagni,* Bl. **1954** 486, 491).

Kristalle (aus A.); F: 141°. Kp_{19}: 253–255°.

4'-*tert*-Butyl-2',6'-dimethoxy-2,3,5,6-tetramethyl-benzophenon $C_{23}H_{30}O_3$, Formel VII.

B. Beim Erwärmen von 2',6'-Dimethoxy-2,3,5,6-tetramethyl-benzophenon mit *tert*-Butylmagnesiumchlorid in Äther (*Fuson, Vittimberga,* Am. Soc. **79** [1957] 6030).

Kristalle; F: 126–127° [korr.]. Beim längeren Aufbewahren (7 Monate) erfolgt Umwandlung in eine andere kristalline Modifikation vom F: 141–143°. IR-Banden (CS_2; 1700–800 cm^{-1}): *Fu., Vi.*

3β-Acetoxy-1ξ-methyl-19-nor-pregna-5,7,9-trien-11,20-dion(?) $C_{23}H_{28}O_4$, vermutlich Formel VIII (R = CO-CH_3).

B. Beim Erhitzen von 3β-Acetoxy-9,11α-epoxy-20-oxo-5β,8-ätheno-pregnan-6β,7β-dicarbonsäure-anhydrid mit Terpinol (*Upjohn Co.,* U.S.P. 2606913 [1950]).

Kristalle (aus Ae.); F: 158,5–161°. $[\alpha]_D^{26}$: +29,9° [$CHCl_3$].

3β-Heptanoyloxy-1ξ-methyl-19-nor-pregna-5,7,9-trien-11,20-dion(?) $C_{28}H_{38}O_4$, vermutlich Formel VIII (R = CO-[CH_2]$_5$-CH_3).

B. Aus 9,11α-Epoxy-3β-heptanoyloxy-20-oxo-5β,8-ätheno-pregnan-6β,7β-dicarbonsäure-anhydrid analog der vorangehenden Verbindung (*Upjohn Co.,* U.S.P. 2606913 [1950]).

Kristalle; F: 76–80°.

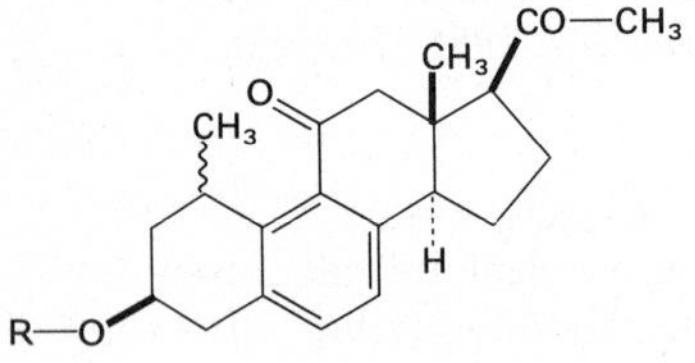

VIII 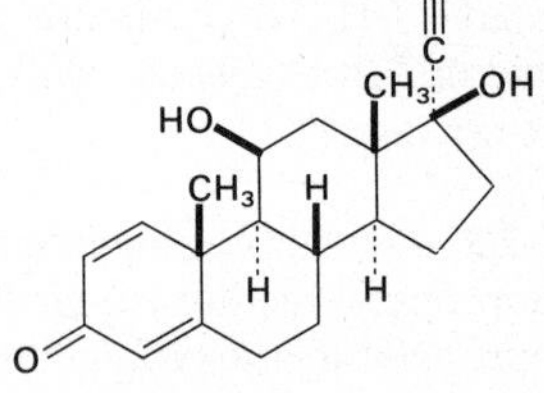 IX 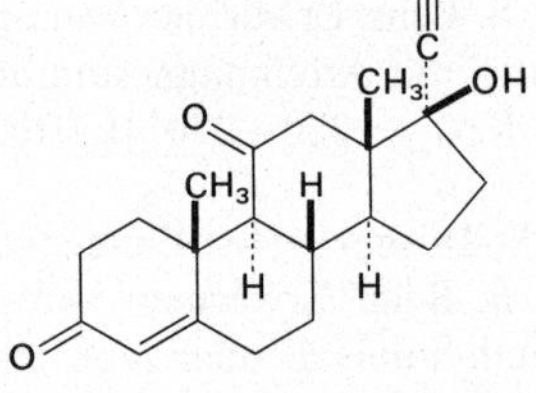 X

11β,17-Dihydroxy-17β*H*-pregna-1,4-dien-20-in-3-on $C_{21}H_{26}O_3$, Formel IX.

B. Aus 17-Hydroxy-17β*H*-pregna-1,4-dien-20-in-3,11-dion über mehrere Stufen (*Velluz et al.,* Am. Soc. **80** [1958] 2026).

F: 289°. $[\alpha]_D$: 0° [Dioxan; c = 0,5]. IR-Banden (3600–1600 cm^{-1}): *Ve. et al.* λ_{max}: 242 nm.

17-Hydroxy-17*βH*-pregn-4-en-20-in-3,11-dion $C_{21}H_{26}O_3$, Formel X.

B. Aus 3-Äthoxy-androsta-3,5-dien-11,17-dion bei der Umsetzung mit Acetylen und Kalium-*tert*-pentylat in Äther und Benzol und anschliessenden Hydrolyse des Reaktionsprodukts mit wss. HCl in Methanol bzw. Äthanol (*Marshall et al.,* J. biol. Chem. **228** [1957] 339, 341; *Labor. franç. de Chimiothérapie,* U.S.P. 2793217 [1953]; D.B.P. 959187 [1954]).

Kristalle; F: 303° (*Velluz et al.,* Am. Soc. **80** [1958] 2026), 297° [aus A.] (*Labor. franç. de Chimiothérapie*), 293–295° [korr.; aus Dioxan] (*Ma. et al.*). $[\alpha]_D^{24}$: +122° [Dioxan] (*Ma. et al.*); $[\alpha]_D$: +110° [Dioxan; c = 0,5] (*Ve. et al.*), +101° [Dioxan; c = 0,5] (*Labor. franç. de Chimiothérapie*). IR-Banden (KBr; 2,5–9,5 μ bzw. $CHCl_3$; 3600–1600 cm^{-1}): *Ma. et al.*; *Ve. et al.* λ_{max} (A.): 238 nm (*Ve. et al.*).

17-Acetoxy-6-fluor-pregna-1,4,6-trien-3,20-dion $C_{23}H_{27}FO_4$, Formel XI (X = F).

B. Beim Erwärmen von 17-Acetoxy-6-fluor-pregna-4,6-dien-3,20-dion mit SeO_2 und wenig Pyridin in *tert*-Butylalkohol (*Bowers et al.,* Am. Soc. **81** [1959] 5991).

Kristalle (aus Acn.+Hexan); F: 204–206° [unkorr.]. $[\alpha]_D$: –123° [$CHCl_3$]. IR-Banden (KBr; 1750–1250 cm^{-1}): *Bo. et al.* λ_{max} (A.): 225 nm, 254 nm und 298 nm.

17-Acetoxy-6-chlor-pregna-1,4,6-trien-3,20-dion, Delmadinonacetat $C_{23}H_{27}ClO_4$, Formel XI (X = Cl).

B. Aus 17-Acetoxy-6-chlor-pregna-4,6-dien-3,20-dion mit Hilfe von SeO_2 (*Ringold et al.,* Am. Soc. **81** [1959] 3485).

F: 168–170°. $[\alpha]_D$: –83° [$CHCl_3$]. λ_{max} (A.): 229 nm, 258 nm und 297 nm.

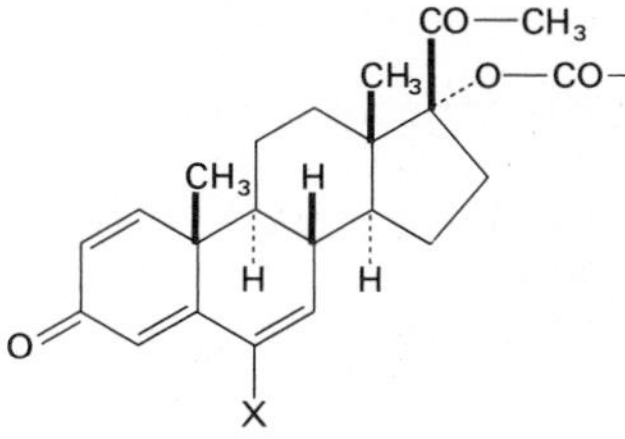

XI 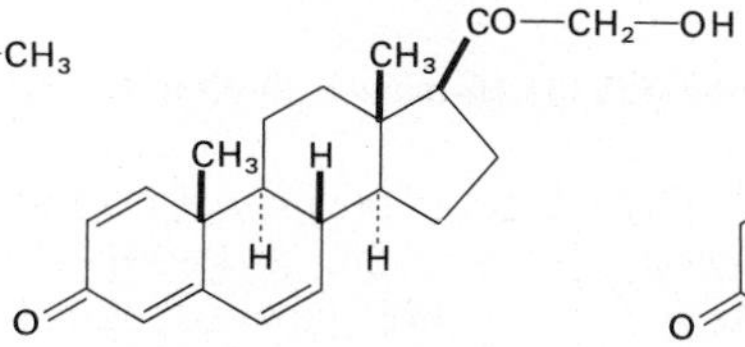 XII 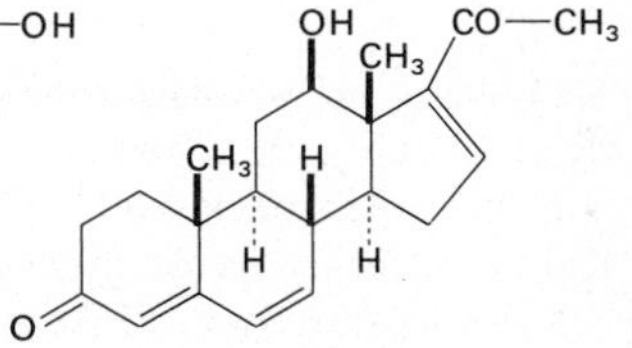 XIII

21-Hydroxy-pregna-1,4,6-trien-3,20-dion $C_{21}H_{26}O_3$, Formel XII.

B. Aus 21-Acetoxy-pregna-4,6-dien-3,20-dion bei der Dehydrierung durch Didymella lycopersici (*Vischer et al.,* Helv. **38** [1955] 1502, 1504, 1507).

Kristalle (aus Hexan).

Acetyl-Derivat $C_{23}H_{28}O_4$; 21-Acetoxy-pregna-1,4,6-trien-3,20-dion. Kristalle (aus Acn.+Isopropyläther); F: 158–162° [korr.]. $[\alpha]_D^{25}$: +123° [A.; c = 0,6]. IR-Banden (CH_2Cl_2; 5,5–11,5 μ): *Vi. et al.* λ_{max} (A.): 223 nm, 256 nm und 300 nm.

12*β*-Hydroxy-pregna-4,6,16-trien-3,20-dion $C_{21}H_{26}O_3$, Formel XIII.

Diese Konstitution und Konfiguration kommt möglicherweise auch dem von *Rangaswami, Reichstein* (Pharm. Acta Helv. **24** [1949] 159, 168, 172, 176) aus der Rinde von Nerium odorum isolierten, als „Substanz 1" bezeichneten Präparat der vermeintlichen Zusammensetzung $C_{34}H_{40}O_5$ und dem von *Jäger et al.* (Helv. **42** [1959] 977, 999, 1009) aus dem Samen von Nerium oleander isolierten, als „Substanz A" bezeichneten Präparat der vermeintlichen Zusammensetzung $C_{22}H_{30}O_3$ zu (*Yamauchi et al.,* Chem. pharm. Bl. **22** [1974] 1680).

Kristalle; F: 210–211° [aus Acn.+Hexan] (*Ya. et al.*), 203–204° [korr.; aus Acn.+Ae.] (*Ra., Re.*). F: 180° [korr.; aus Acn.+Ae.] und [nach Wiedererstarren bei weiterem Erhitzen] F: 202° [korr.] (*Jä. et al.*). Bei 160–170°/0,01 Torr sublimierbar (*Jä. et al.*). $[\alpha]_D^{24}$: +70,4° [$CHCl_3$; c = 0,6] (*Ra., Re.*), +51,2° [Me.; c = 0,7] (*Jä. et al.*); $[\alpha]_D$: +71,5° (*Ya. et al.*). ^{1}H-NMR-Absorption: *Ya. et al.* IR-Spektrum (CH_2Cl_2; 3–12 μ): *Jä. et al.,* l. c. S. 994. UV-Spektrum (A.; 200–350 nm): *Ra., Re.,* l. c. S. 163; *Jä. et al.,* l. c. S. 992.

21-Hydroxy-pregna-4,9(11),16-trien-3,20-dion $C_{21}H_{26}O_3$, Formel I (R = X = H).

B. Beim Erwärmen von 21-Acetoxy-3,3;20,20-bis-äthandiyldioxy-pregna-5,9(11),16-trien mit äthanol. KOH und Erwärmen des Reaktionsprodukts mit wss.-methanol. H_2SO_4 (*Allen, Bernstein,* Am. Soc. **77** [1955] 1028, 1031).

Kristalle (aus Acn.+Ae.); F: 215–218° [unkorr.]. $[\alpha]_D^{24}$: +194° [$CHCl_3$]. IR-Banden (Nujol; 3500–1050 cm^{-1}): *Al., Be.* λ_{max} (A.): 238–239 nm.

21-Acetoxy-pregna-4,9(11),16-trien-3,20-dion $C_{23}H_{28}O_4$, Formel I (R = CO-CH_3, X = H).

B. Aus der vorangehenden Verbindung beim Behandeln mit Acetanhydrid und Pyridin (*Allen, Bernstein,* Am. Soc. **77** [1955] 1028, 1031). Beim Erhitzen von 21-Acetoxy-11α-[toluol-4-sulfonyloxy]-pregna-4,16-dien-3,20-dion mit Natriumacetat in Essigsäure (*Schaub et al.,* Am. Soc. **81** [1959] 4962, 4965).

Kristalle (aus Acn.+PAe.); F: 130–131° [unkorr.] (*Sch. et al.*), 126–127° [unkorr.] (*Al., Be.*). $[\alpha]_D^{24}$: +189° [$CHCl_3$; c = 2] (*Sch. et al.*). IR-Banden (Nujol; 1800–1050 cm^{-1}): *Al., Be.* λ_{max}: 239 nm [A.] (*Al., Be.*; *Sch. et al.*). λ_{max} (H_2SO_4; 235–390 nm): *Smith, Muller,* J. org. Chem. **23** [1958] 960, 961.

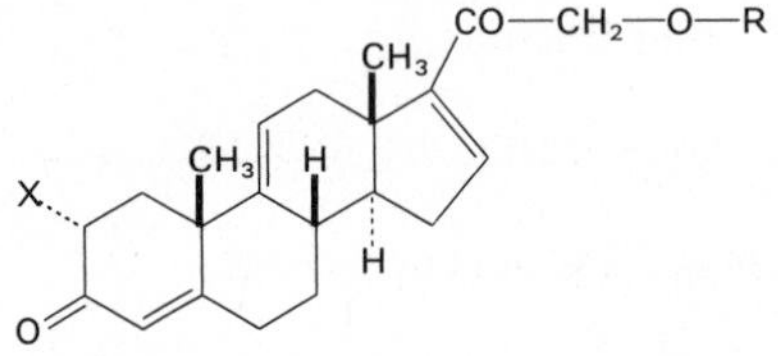

CO—CH_2—O—R ... I

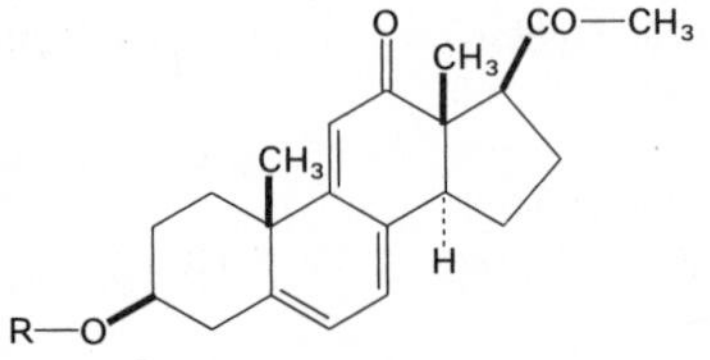

O ... CO—CH_3 ... R—O ... II

21-Acetoxy-2α(?)-brom-pregna-4,9(11),16-trien-3,20-dion $C_{23}H_{27}BrO_4$, vermutlich Formel I (R = CO-CH_3, X = Br).

B. Beim Behandeln von 2α(?),21-Dibrom-pregna-4,9(11),16-trien-3,20-dion (E IV **7** 2489) mit Kaliumacetat in Aceton (*Schaub et al.,* Am. Soc. **81** [1959] 4962, 4966).

Kristalle (aus Acn.+PAe.); F: 174–175° [unkorr.; Zers.]. $[\alpha]_D^{25}$: +188° [$CHCl_3$; c = 1]. IR-Banden (KBr; 1800–1200 cm^{-1}): *Sch. et al.* λ_{max} (Me.): 250 nm.

3β-Hydroxy-pregna-5,7,9(11)-trien-12,20-dion $C_{21}H_{26}O_3$, Formel II (R = H).

B. Aus der folgenden Verbindung beim Behandeln mit K_2CO_3 in wss. Methanol (*Upjohn Co.,* U.S.P. 2628240 [1951]).

Kristalle (aus wss. Me.); F: 201,5–203°. $[\alpha]_D^{26}$: +88,2° [$CHCl_3$].

3β-Acetoxy-pregna-5,7,9(11)-trien-12,20-dion $C_{23}H_{28}O_4$, Formel II (R = CO-CH_3).

B. Beim Erhitzen von 3β-Acetoxy-12,20-dioxo-5β,8-ätheno-pregn-9(11)-en-6β,7β-dicarbonsäure-anhydrid mit Benzyl-dimethyl-amin (*Upjohn Co.,* U.S.P. 2623043 [1950]).

Kristalle (aus A.); F: 160–162°.

Hydroxy-oxo-Verbindungen $C_{22}H_{28}O_3$

(±)-*erythro*-3-[3-Butyryl-4-hydroxy-phenyl]-4-[4-hydroxy-phenyl]-hexan, 1-{5-[(1*RS*,2*SR*)-1-Äthyl-2-(4-hydroxy-phenyl)-butyl]-2-hydroxy-phenyl}-butan-1-on $C_{22}H_{28}O_3$, Formel III (R = H, n = 2)+Spiegelbild.

B. Aus der folgenden Verbindung beim Erhitzen mit Pyridin-hydrochlorid (*Buu-Hoi et al.,* Am. Soc. **72** [1950] 3992).

Kristalle (aus Bzl.+PAe.); F: 134°.

(±)-*erythro*-3-[3-Butyryl-4-methoxy-phenyl]-4-[4-methoxy-phenyl]-hexan, 1-{5-[(1*RS*,2*SR*)-1-Äthyl-2-(4-methoxy-phenyl)-butyl]-2-methoxy-phenyl}-butan-1-on $C_{24}H_{32}O_3$, Formel III (R = CH_3, n = 2)+Spiegelbild.

B. Beim Behandeln von *meso*-3,4-Bis-[4-methoxy-phenyl]-hexan mit Butyrylchlorid und $AlCl_3$

in Nitrobenzol (*Buu-Hoi et al.*, Am. Soc. **72** [1950] 3992).
Kristalle (aus Me.); F: 72°.
Oxim $C_{24}H_{33}NO_3$. Kristalle (aus A.); F: 135°.

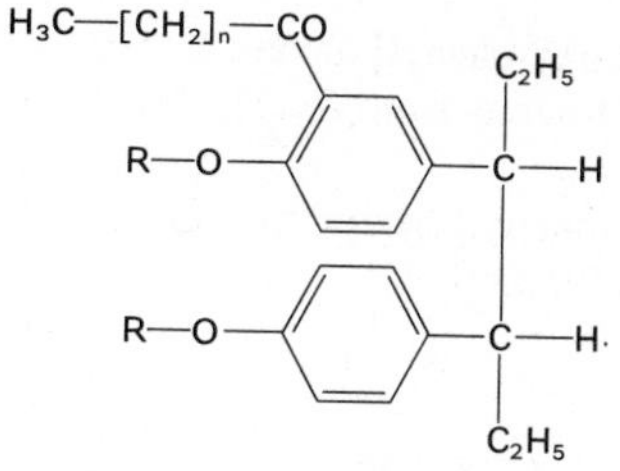

III 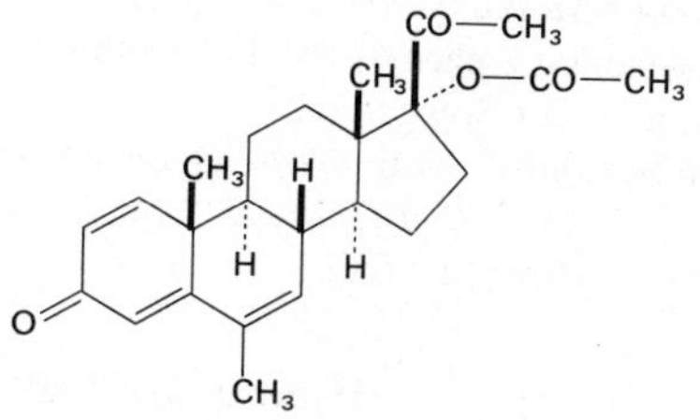 IV

17-Acetoxy-6-methyl-pregna-1,4,6-trien-3,20-dion $C_{24}H_{30}O_4$, Formel IV.
B. Beim Erwärmen von 17-Acetoxy-6-methyl-pregna-4,6-dien-3,20-dion mit SeO_2, Pyridin und *tert*-Butylalkohol (*Ringold et al.*, Am. Soc. **81** [1959] 3712, 3715).
Kristalle (aus Acn. + Ae.); F: 225–227° [unkorr.]. $[\alpha]_D$: –38° [$CHCl_3$]. IR-Banden (KBr; 1750–1550 cm^{-1}): *Ri. et al.* λ_{max} (A.): 228 nm, 253 nm und 304 nm.

Hydroxy-oxo-Verbindungen $C_{24}H_{32}O_3$

17-Hydroxy-6α-prop-2-inyl-pregn-4-en-3,20-dion $C_{24}H_{32}O_3$, Formel V (R = H).
B. Beim Erwärmen von 5,17-Dihydroxy-6β-prop-2-inyl-5α-pregnan-3,20-dion mit wss.-äthanol. HCl (*Burn et al.*, Soc. **1959** 3808, 3811).
Kristalle (aus wss. Me.); F: 164–166° [korr.]. $[\alpha]_D^{23}$: +75,1° [$CHCl_3$; c = 2]. IR-Banden (Nujol; 3450–1550 cm^{-1}): *Burn et al.* λ_{max} (A.): 240 nm.

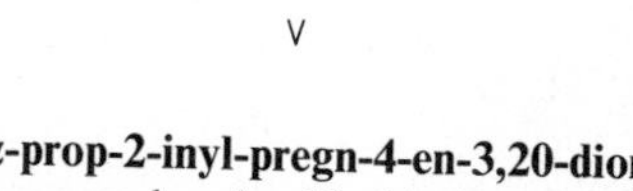

V 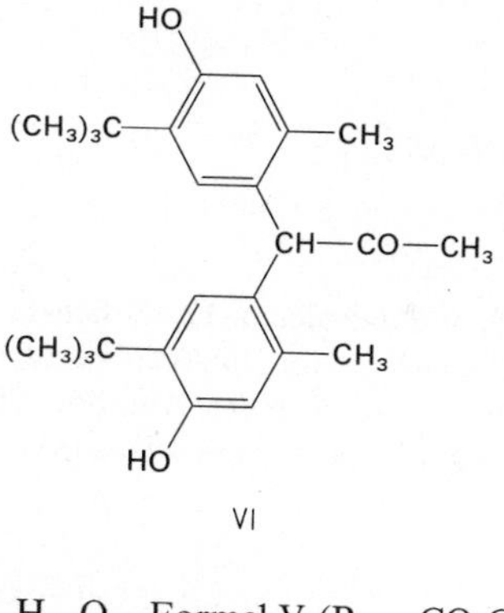 VI

17-Acetoxy-6α-prop-2-inyl-pregn-4-en-3,20-dion $C_{26}H_{34}O_4$, Formel V (R = CO-CH_3).
B. Aus der vorangehenden Verbindung beim Behandeln mit Acetanhydrid und wenig Toluol-4-sulfonsäure in Essigsäure (*Burn et al.*, Soc. **1959** 3808, 3811).
Kristalle (aus wss. Me.); F: 180–182° [korr.]. $[\alpha]_D^{22}$: +66,8° [$CHCl_3$; c = 2]. IR-Banden (Nujol; 3350–1600 cm^{-1}): *Burn et al.* λ_{max} (A.): 239 nm.

Hydroxy-oxo-Verbindungen $C_{25}H_{34}O_3$

1,1-Bis-[5-*tert*-butyl-4-hydroxy-2-methyl-phenyl]-aceton $C_{25}H_{34}O_3$, Formel VI.
B. Beim Erwärmen von 2-*tert*-Butyl-5-methyl-phenol mit Pyruvaldehyd und konz. wss. HCl

(*Beaver, Stoffel,* Am. Soc. **74** [1952] 3410).
Kristalle (aus PAe.); F: 196,2–197,1° [korr.].

Hydroxy-oxo-Verbindungen $C_{26}H_{36}O_3$

(±)-*erythro*-3-[4-Methoxy-3-octanoyl-phenyl]-4-[4-methoxy-phenyl]-hexan, 1-{5-[(1*RS*,2*SR*)-1-Äthyl-2-(4-methoxy-phenyl)-butyl]-2-methoxy-phenyl}-octan-1-on $C_{28}H_{40}O_3$, Formel III (R = CH_3, n = 6)+Spiegelbild.

B. Beim Behandeln von *meso*-3,4-Bis-[4-methoxy-phenyl]-hexan mit Octanoylchlorid und $AlCl_3$ in Nitrobenzol (*Buu-Hoi et al.,* Am. Soc. **72** [1950] 3992).

Kristalle (aus PAe.); F: 67°.

Hydroxy-oxo-Verbindungen $C_{28}H_{40}O_3$

3β-Acetoxy-ergosta-5,8,22*t*-trien-7,11-dion $C_{30}H_{42}O_4$, Formel VII.

B. Neben 3β-Acetoxy-ergosta-5,9(11),22*t*-trien-7-on beim Erwärmen von 3β,5-Diacetoxy-5α-ergosta-7,9(11),22*t*-trien mit $Na_2Cr_2O_7$ in Essigsäure (*Elks et al.,* Soc. **1954** 451, 459).

Gelbe Kristalle (aus Me.); F: 129°. $[\alpha]_D^{21}$: +51° [$CHCl_3$; c = 1]. IR-Banden (Nujol; 1750–950 cm^{-1}): *Elks et al.* λ_{max} (A.): 205 nm und 270 nm.

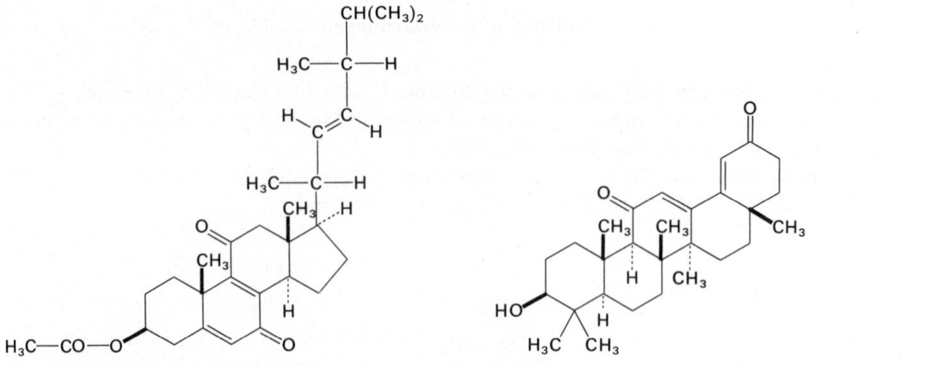

VII

VIII

3β-Hydroxy-29,30-dinor-oleana-12,18-dien-11,20-dion $C_{28}H_{40}O_3$, Formel VIII.

B. Beim Behandeln von 3β-Acetoxy-18,19-seco-29,30-dinor-olean-12-en-11,18,20-trion mit methanol. KOH (*Djerassi, Foltz,* Am. Soc. **76** [1954] 4085, 4088).

Hellgelbe Kristalle (aus Acn.+Hexan); F: 270–272°. $[\alpha]_D^{19}$: +465° [$CHCl_3$]. λ_{max} (A.): 286 nm.

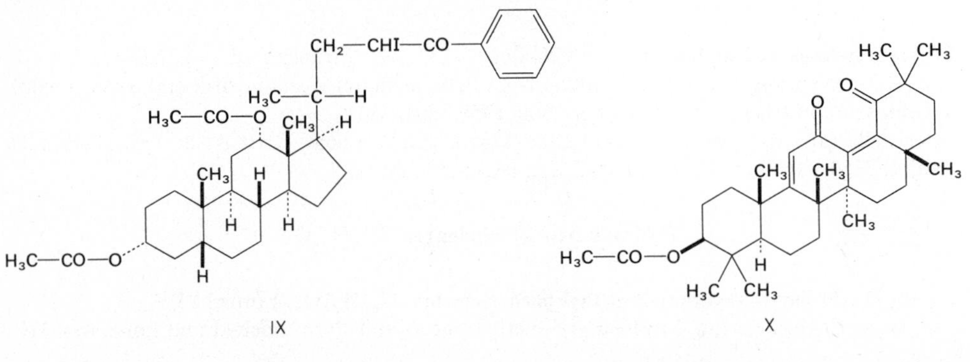

IX

X

3α,12α-Diacetoxy-23ξ-jod-24-phenyl-5β-cholan-24-on $C_{34}H_{47}IO_5$, Formel IX.

B. Beim Behandeln von 3α,12α-Diacetoxy-23ξ-brom-24-phenyl-5β-cholan-24-on (E III **8** 2785) mit KI in Äthanol und Benzol (*Julian, Karpel,* Am. Soc. **72** [1950] 362, 366).

Kristalle (aus Ae. + PAe.); F: 183–185°.

3-Acetoxy-oleana-9(11),13(18)-dien-12,19-dione $C_{32}H_{46}O_4$.

a) **3β-Acetoxy-oleana-9(11),13(18)-dien-12,19-dion,** *O*-Acetyl-β-amyradiendionol, Dioxo-β-amyradienylacetat, Formel X (E III 2786).

B. Aus 3β-Acetoxy-taraxera-9(11),14-dien (*Allan et al.,* Soc. **1954** 1546, 1553), 3β-Acetoxy-olean-9(11)-en-19-on (*Beaton et al.,* Soc. **1953** 3660, 3670) oder 3β-Acetoxy-18α-olean-9(11)-en-12-on (*Allan, Spring,* Soc. **1955** 2125, 2130) beim Erhitzen mit SeO_2 und Essigsäure. Beim Erhitzen von 3β-Acetoxy-oleana-9(11),13(18)-dien-12-on mit Acetanhydrid und Kaliumacetat oder mit SeO_2 und Essigsäure (*Be. et al.,* l. c. S. 3669). Aus 3β,19ξ-Diacetoxy-oleana-9(11),13(18)-dien oder 3β-Acetoxy-oleana-9(11),13(18)-dien-19ξ-ol beim Behandeln mit CrO_3 in Essigsäure (*Be. et al.,* l. c. S. 3668). Beim Erwärmen von 3β,12-Diacetoxy-oleana-9(11),12-dien mit *N*-Brom-succinimid in CCl_4 (*Budziarek et al.,* Soc. **1951** 3019, 3024). Neben 3β-Acetoxy-oleana-9(11),18-dien-12-on beim Behandeln von 3β-Acetoxy-19α-hydroxy-olean-9(11)-en-12-on mit PCl_5 und Pyridin (*Be. et al.,* l. c. S. 3670).

F: 245–246° (*Estrada,* Bol. Inst. Quim. Univ. Mexico **8** [1956] 45, 50), 241–242° (*Be. et al.,* l. c. S. 3669), 240–241° (*Al. et al.*). $[\alpha]_D^{15}$: −89° [$CHCl_3$; c = 0,6] (*Be. et al.*), −91° [$CHCl_3$; c = 1,5] (*Al. et al.*). IR-Spektrum (Nujol; 2–16 μ): *Voser et al.,* Helv. **33** [1950] 1893, 1896.

Mengenverhältnisse der Reaktionsprodukte (3β-Acetoxy-oleana-9(11),13(18)-dien, 3β-Acetoxy-oleana-9(11),13(18)-dien-12-on und 3β-Acetoxy-olean-9(11)-en-12,19-dion) beim Erhitzen mit Zink-Pulver und Essigsäure: *Be. et al.,* l. c. S. 3668.

b) **3α-Acetoxy-oleana-9(11),13(18)-dien-12,19-dion,** Formel XI.

B. Beim Erhitzen von 3α-Acetoxy-olean-18-en mit SeO_2 und Essigsäure (*Estrada,* Bol. Inst. Quim. Univ. Mexico **8** [1956] 45, 49).

Kristalle (aus wss. Me.); F: 263–265°. $[\alpha]_D$: −113,5° [$CHCl_3$]. λ_{max}: 280 nm.

XI

XII

3β-Hydroxy-13α,27-cyclo-olean-9(11)-en-12,15-dion $C_{30}H_{44}O_3$, Formel XII (R = H).

B. Aus der folgenden Verbindung beim Erwärmen mit wss.-äthanol. HCl oder mit wss.-äthanol. KOH (*Johnston, Spring,* Soc. **1954** 1556, 1558, 1563).

Kristalle (aus Me.); F: 298–299°. $[\alpha]_D^{15}$: +71° [$CHCl_3$; c = 0,5]. λ_{max} (A.): 236 nm.

3β-Acetoxy-13α,27-cyclo-olean-9(11)-en-12,15-dion $C_{32}H_{46}O_4$, Formel XII (R = CO-CH_3).

Bezüglich der Konstitution und Konfiguration an den C-Atomen 13 und 14 vgl. *Beaton et al.,* Soc. **1955** 3992, 3995.

B. Beim Erhitzen von 3β-Acetoxy-taraxera-9(11),14-dien-12-on mit CrO_3 in Essigsäure (*Johnston, Spring,* Soc. **1954** 1556, 1558, 1563).

Kristalle (aus $CHCl_3$+Me.); F: 315–316°. $[\alpha]_D^{15}$: +94° [$CHCl_3$; c = 1]. λ_{max} (A.): 236 nm.
[*G. Schmitt*]

Hydroxy-oxo-Verbindungen $C_nH_{2n-18}O_3$

Hydroxy-oxo-Verbindungen $C_{13}H_8O_3$

1,4-Dihydroxy-fluoren-9-on $C_{13}H_8O_3$, Formel I (R = R′ = X = H).
B. Als Hauptprodukt beim Erhitzen der folgenden Verbindung mit wss. HBr und Essigsäure (*Koelsch, Flesch,* J. org. Chem. **20** [1955] 1270, 1272).
Orangefarbene Kristalle (aus Ae.+PAe.) bzw. rotbraune Kristalle (aus Eg.); F: 263–264°.
Diacetyl-Derivat $C_{17}H_{12}O_5$; 1,4-Diacetoxy-fluoren-9-on. Gelbe Kristalle (aus A.); F: 175–176° (*Ko., Fl.,* l. c. S. 1273).

1,4-Dimethoxy-fluoren-9-on $C_{15}H_{12}O_3$, Formel I (R = R′ = CH_3, X = H).
B. Aus 2′,5′-Dimethoxy-biphenyl-2-carbonsäure mit Hilfe von H_2SO_4 bei 50° (*Koelsch, Flesch,* J. org. Chem. **20** [1955] 1270, 1272).
Gelbe Kristalle (nach Sublimation); F: 165–166°.

1-Hydroxy-4-methoxy-2-nitro-fluoren-9-on(?) $C_{14}H_9NO_5$, vermutlich Formel I (R = H, R′ = CH_3, X = NO_2).
B. Beim Behandeln von 2(?)-Amino-1,4-dimethoxy-fluoren-9-on mit $NaNO_2$ und wss. H_2SO_4 und Erwärmen der Reaktionslösung mit wss. $CuSO_4$ (*Koelsch, Flesch,* J. org. Chem. **20** [1955] 1270, 1274).
Orangefarbene Kristalle (aus A.); F: 205–206°.

1,4-Dimethoxy-2(?)-nitro-fluoren-9-on $C_{15}H_{11}NO_5$, vermutlich Formel I (R = R′ = CH_3, X = NO_2).
B. Aus 1,4-Dimethoxy-fluoren-9-on und wss. HNO_3 in Essigsäure (*Koelsch, Flesch,* J. org. Chem. **20** [1955] 1270, 1274). Aus der vorangehenden Verbindung und Diazomethan in Äther (*Ko., Fl.*).
Gelbe Kristalle (aus Eg.); F: 202–203°.

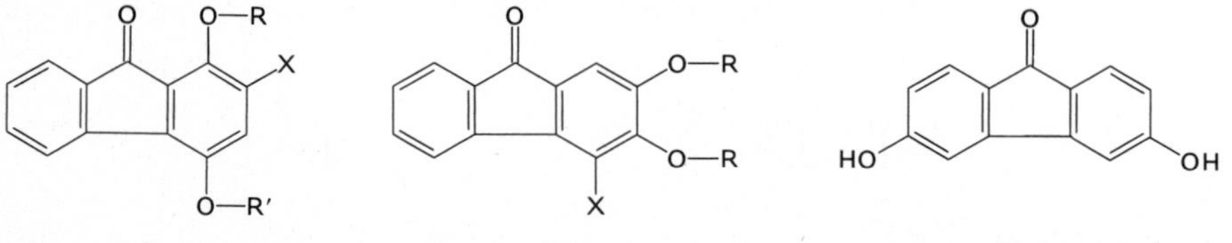

I II III

2,3-Dihydroxy-fluoren-9-on $C_{13}H_8O_3$, Formel II (R = X = H).
B. Beim Erhitzen von 2,3-Dimethoxy-fluoren-9-on mit wss. HBr und Essigsäure (*Koelsch, Flesch,* J. org. Chem. **20** [1955] 1270, 1274).
Orangefarbene Kristalle (nach Sublimation); F: 237–238°.
Diacetyl-Derivat $C_{17}H_{12}O_5$; 2,3-Diacetoxy-fluoren-9-on. Gelbe Kristalle (aus A.); F: 169–170°.

4(?)-Chlor-2,3-dimethoxy-fluoren-9-on $C_{15}H_{11}ClO_3$, vermutlich Formel II (R = CH_3, X = Cl).
B. Beim Erwärmen von diazotiertem 4(?)-Amino-2,3-dimethoxy-fluoren-9-on mit wss. $CuSO_4$ (*Koelsch, Flesch,* J. org. Chem. **20** [1955] 1270, 1275).
Orangefarbene Kristalle (aus A.); F: 191–192°.

2,3-Dimethoxy-4(?)-nitro-fluoren-9-on $C_{15}H_{11}NO_5$, Formel II (R = CH_3, X = NO_2).

B. Aus 2,3-Dimethoxy-fluoren-9-on und wss. HNO_3 in Essigsäure (*Koelsch, Flesch,* J. org. Chem. **20** [1955] 1270, 1275).

Orangefarbene Kristalle (nach Sublimation); F: 237–239°.

3,6-Dihydroxy-fluoren-9-on $C_{13}H_8O_3$, Formel III.

B. Beim Behandeln von 3,6-Diamino-fluoren-9-on mit HSO_4NO und anschliessenden Erhitzen mit H_2O (*Barker, Barker,* Soc. **1954** 870, 872).

Gelbe Kristalle (aus A.); F: 345–348° [Zers.]. Bei 210°/0,0001 Torr sublimierbar.

2,3-Dihydroxy-phenalen-1-on $C_{13}H_8O_3$, Formel IV (X = H) und Taut. (E I 646; E III 2790).

B. Neben kleineren Mengen Naphthalin-1,8-dicarbonsäure beim Erhitzen von 2-Chlor-1,3-dioxo-2,3-dihydro-1*H*-phenalen-2-carbonsäure-äthylester mit wss. KOH (*Suszko, Wójciński,* Bl. Acad. polon. **7** [1959] 383, 386). Beim Erhitzen von 2-Formylamino-2*H*-phenalen-1,3-dion mit wss. HCl (*Palazzo, Tornetta,* Ann. Chimica **48** [1958] 924, 927) oder von Phenaleno[1,2-*d*][1,3]dioxol-7-on mit wss.-methanol. HCl (*Moubasher et al.,* Soc. **1950** 1998).

Rote Kristalle (*Pa., To.*; *Mo.*); F: 259–261° [Zers.] (*Su., Wó.*), 258° [aus A.] (*Mo.*), 256–259° [aus Xylol oder Eg.] (*Pa., To.*). Absorptionsspektrum (A.; 230–560 nm): *El Ridi et al.,* Biochem. J. **49** [1951] 246, 248.

2,3-Dihydroxy-5-nitro-phenalen-1-on $C_{13}H_7NO_5$, Formel IV (X = NO_2) und Taut. (E I 646).

B. Beim Erhitzen von 5-Nitro-phenalen-1,2,3-trion-hydrat mit wss. L-Ascorbinsäure (*El Ridi et al.,* Biochem. J. **49** [1951] 246, 247) oder von 2-Formylamino-5-nitro-2*H*-phenalen-1,3-dion mit wss. HCl (*Palazzo, Tornetta,* Ann. Chimica **48** [1958] 924, 928).

Rote Kristalle; F: 265° (*El Ridi et al.*), 263–265° [Zers.; aus Xylol] (*Pa., To.*). Absorptionsspektrum (A.; 300–580 nm): *El Ridi et al.,* l. c. S. 248.

2,4-Dihydroxy-phenalen-1-on $C_{13}H_8O_3$, Formel V (R = H) und Taut.

B. Beim Behandeln von 4-Methoxy-2,3-dihydro-phenalen-1-on mit KOH und *N,N*-Dimethyl-4-nitroso-anilin in Äthanol und Erwärmen des Reaktionsprodukts mit wss.-äthanol. HCl (*Cooke et al.,* Austral. J. Chem. **11** [1958] 230, 233).

Rote Kristalle (aus wss. A.), die sich beim Erhitzen zersetzen. Lösungen in wss. Alkalilauge sind violett gefärbt.

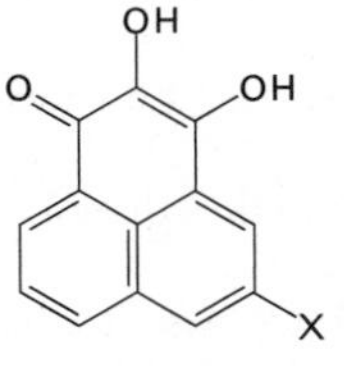

IV 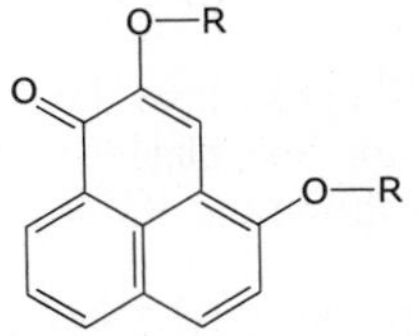 V 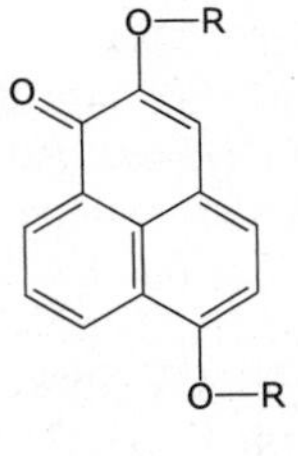 VI

2,4-Dimethoxy-phenalen-1-on $C_{15}H_{12}O_3$, Formel V (R = CH_3).

B. Aus der vorangehenden Verbindung und Dimethylsulfat in Aceton mit Hilfe von K_2CO_3 (*Cooke et al.,* Austral. J. Chem. **11** [1958] 230, 233).

Orangefarbene Kristalle (aus Bzl. + PAe.); F: 169–170° [korr.]. λ_{max} (A.): 273 nm, 328 nm und 451 nm.

2,6-Dihydroxy-phenalen-1-on $C_{13}H_8O_3$, Formel VI (R = H) und Taut.

B. Aus 6-Methoxy-2,3-dihydro-phenalen-1-on analog 2,4-Dihydroxy-phenalen-1-on [s. o.] (*Cooke et al.,* Austral. J. Chem. **11** [1958] 230, 234).

Rote Kristalle (aus wss. A.), die sich beim Erhitzen zersetzen. Lösungen in wss. Alkalilauge sind blau gefärbt.

2,6-Dimethoxy-phenalen-1-on $C_{15}H_{12}O_3$, Formel VI (R = CH_3).
B. Aus der vorangehenden Verbindung und Dimethylsulfat in Aceton mit Hilfe von K_2CO_3 (*Cooke et al.*, Austral. J. Chem. **11** [1958] 230, 234).
Rote Kristalle (aus Bzl.+PAe.); F: 142–143° [korr.]. λ_{max} (A.; 260–465 nm): *Co. et al.*

Hydroxy-oxo-Verbindungen $C_{14}H_{10}O_3$

2-Hydroxy-benzil $C_{14}H_{10}O_3$, Formel VII (X = OH, X' = H) (E II 368).
B. Beim Erhitzen von 2-Methoxy-benzil mit Pyridin-hydrochlorid auf 180° (*Šomin, Kusnezow*, Chim. Nauka Promyšl. **4** [1959] 801; C. A. **1960** 10950).
Kristalle (aus wss. A.); F: 71,5–72°.

3-Hydroxy-benzil $C_{14}H_{10}O_3$, Formel VII (X = H, X' = OH).
B. Beim Erhitzen von 3-Methoxy-benzil mit Pyridin-hydrochlorid auf 200° (*Šomin, Kusnezow*, Chim. Nauka Promyšl. **4** [1959] 801; C. A. **1960** 10950).
Kristalle (aus Bzl.+Hexan oder CCl_4); F: 97–98°.

4-Hydroxy-benzil $C_{14}H_{10}O_3$, Formel VIII (R = X = H) (vgl. H 329).
B. Beim Erhitzen von 4-Methoxy-benzil mit wss. HBr und Essigsäure (*Friedman et al.*, J. org. Chem. **24** [1959] 516, 517) oder mit Pyridin-hydrochlorid auf 200° (*Šomin, Kusnezow*, Chim. Nauka Promyšl. **4** [1959] 801; C. A. **1960** 10950).
Kristalle; F: 129,5–130° [aus H_2O oder Bzl.] (*Šo., Ku.*), 129–130° (*Gorvin*, Nature **161** [1948] 208), 127–129° (*Fr. et al.*).
Acetyl-Derivat $C_{16}H_{12}O_4$; 4-Acetoxy-benzil. F: 67° (*Go.*).

4-Methoxy-benzil $C_{15}H_{12}O_3$, Formel VIII (R = CH_3, X = H) (E II 368; E III 2793).
B. Beim Erhitzen von 4-Methoxy-desoxybenzoin mit SeO_2 in Pyridin (*Nagano*, Am. Soc. **77** [1955] 6680; vgl. E III 2793). Aus 4-Methoxy-benzoin beim Behandeln mit Nitrobenzol in Gegenwart von Thallium(I)-äthylat in Äthanol (*McHatton, Soulal*, Soc. **1953** 4095) bzw. beim Erhitzen mit Bi_2O_3 und Essigsäure in 2-Äthoxy-äthanol auf 108° oder mit $(BiO)_2CO_3$ in 2-Äthoxy-äthanol unter Einleiten von Luft auf 107° (*Holden, Rigby*, Soc. **1951** 1924). – Herstellung von 1-[4-Methoxy-phenyl]-2-phenyl-[1-^{14}C]äthandion: *Roberts, Smith*, Am. Soc. **73** [1951] 618, 624; von 1-[4-Methoxy-phenyl]-2-phenyl-[2-^{14}C]äthandion: *Clark et al.*, Am. Soc. **77** [1955] 3280, 3284.
Kristalle; F: 64–65° [aus Bzl.+PAe.] (*Na.*), 58° [aus wss. A. oder 1,8-Cineol + PAe.] (*Ho., Ri.*). λ_{max}: 375 nm (*Kwart, Baevsky*, Am. Soc. **80** [1958] 580).
Geschwindigkeitskonstante der Reaktion mit KCN in Methanol, Äthanol und Propan-1-ol, jeweils bei 30°: *Kw., Ba.*, l. c. S. 586.
(*Z,Z*)-Dioxim $C_{15}H_{14}N_2O_3$ (E II 370; E III 2796). F: 185° (*Borello, Catino*, Ann. Chimica **46** [1956] 571, 578). UV-Spektrum (A.; 210–330 nm): *Bo., Ca.*, l. c. S. 580.
(*E,E*)-Dioxim $C_{15}H_{14}N_2O_3$ (E II 370; E III 2796). F: 223° (*Bo., Ca.*, l. c. S. 578). UV-Spektrum (A.; 210–310 nm): *Bo., Ca.*, l. c. S. 580.

4-Äthoxy-benzil $C_{16}H_{14}O_3$, Formel VIII (R = C_2H_5, X = H) (E III 2793).
B. Beim Erhitzen von 4-Äthoxy-desoxybenzoin mit SeO_2 in Acetanhydrid (*Friedman et al.*, J. org. Chem. **24** [1959] 516, 519; vgl. E III 2793). Beim Erwärmen von 4-Hydroxy-benzil mit Äthyljodid und Natriumäthylat in Äthanol (*Fr. et al.*).
Kristalle (aus A.); F: 68,5–70°.

4-Propoxy-benzil $C_{17}H_{16}O_3$, Formel VIII (R = CH_2-C_2H_5, X = H) (E III 2793).
B. Beim Erwärmen von 4-Hydroxy-benzil mit Propylbromid und Natriumäthylat in Äthanol (*Friedman et al.*, J. org. Chem. **24** [1959] 516, 519).

Kristalle (aus A.); F: 102,5–103,5°.

4-Isopropoxy-benzil $C_{17}H_{16}O_3$, Formel VIII (R = $CH(CH_3)_2$, X = H) (E III 2793).
Kristalle (aus A.); F: 30–31°; Kp_6: 219–220° (*Friedman et al.*, J. org. Chem. **24** [1959] 516, 519).

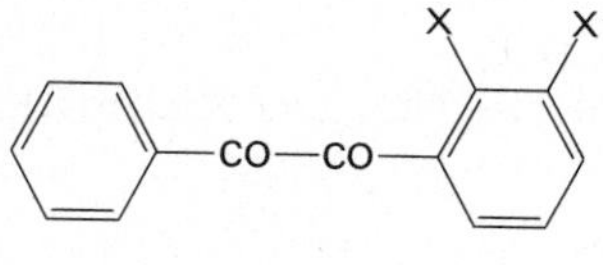

VII 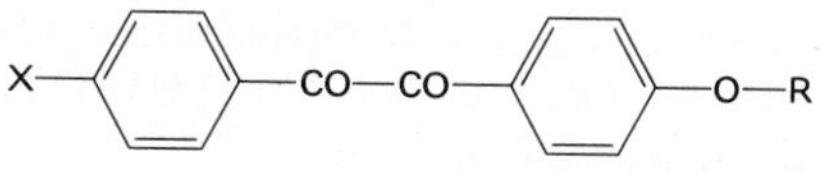 VIII

4-Butoxy-benzil $C_{18}H_{18}O_3$, Formel VIII (R = $[CH_2]_3$-CH_3, X = H) (E III 2794).
B. Beim Erwärmen von 4-Hydroxy-benzil mit Butylbromid und Natriumäthylat in Äthanol (*Friedman et al.*, J. org. Chem. **24** [1959] 516, 519).
Kristalle (aus A.); F: 59,5–60°. Kp_4: 204°.

Die folgenden Verbindungen sind in analoger Weise hergestellt worden:
4-Pentyloxy-benzil $C_{19}H_{20}O_3$, Formel VIII (R = $[CH_2]_4$-CH_3, X = H) (E III 2794). Kristalle (aus A.); F: 35,5–36,7°.
4-Hexyloxy-benzil $C_{20}H_{22}O_3$, Formel VIII (R = $[CH_2]_5$-CH_3, X = H) (E III 2794). Kristalle (aus A.); F: 50–51,8°.
4-Heptyloxy-benzil $C_{21}H_{24}O_3$, Formel VIII (R = $[CH_2]_6$-CH_3, X = H) (E III 2794). Kristalle (aus A.); F: 53,2–55,4°.
4-Octyloxy-benzil $C_{22}H_{26}O_3$, Formel VIII (R = $[CH_2]_7$-CH_3, X = H) (E III 2794). Kristalle (aus A.); F: 37–38°. Kp_3: 247–248°.
4-Nonyloxy-benzil $C_{23}H_{28}O_3$, Formel VIII (R = $[CH_2]_8$-CH_3, X = H). Kristalle (aus A.); F: 32,3–33°.
4-Decyloxy-benzil $C_{24}H_{30}O_3$, Formel VIII (R = $[CH_2]_9$-CH_3, X = H) (E III 2794). Kristalle (aus A.); F: 34,7–35,4°.
4-Undecyloxy-benzil $C_{25}H_{32}O_3$, Formel VIII (R = $[CH_2]_{10}$-CH_3, X = H). Kristalle (aus A.); F: 42–43°.

4-Chlor-4′-methoxy-benzil $C_{15}H_{11}ClO_3$, Formel VIII (R = CH_3, X = Cl) (E III 2797).
B. Beim Behandeln von 4′-Chlor-4-methoxy-benzoin mit Nitrobenzol in Gegenwart von Thallium(I)-äthylat in Äthanol (*McHatton, Soulal*, Soc. **1953** 4095).
F: 128°; λ_{max}: 370 nm (*Kwart, Baevsky*, Am. Soc. **80** [1958] 580).
Geschwindigkeitskonstante der Reaktion mit KCN in Methanol und Äthanol bei 30°: *Kw., Ba.*, l. c. S. 586.

4-Hydroxy-4′-nitro-benzil $C_{14}H_9NO_5$, Formel VIII (R = H, X = NO_2) (E III 2797).
B. Beim Erwärmen von 4-Äthoxy-4′-nitro-benzil mit $AlCl_3$ in Nitrobenzol (*Kanno*, J. pharm. Soc. Japan **72** [1952] 1196; C. A. **1953** 6919).
Kristalle; F: 162°.
α-Oxim $C_{14}H_{10}N_2O_5$. Hellgelbe Kristalle (aus $CHCl_3$); F: 214°.

4-Methoxy-4′-nitro-benzil $C_{15}H_{11}NO_5$, Formel VIII (R = CH_3, X = NO_2).
B. Beim Erwärmen von 4-Methoxy-4′-nitro-desoxybenzoin mit Isopentylnitrit und Natriumäthylat in Äthanol und Erwärmen des Reaktionsprodukts mit wss.-äthanol. H_2SO_4 (*Kanno, Suzuki*, J. pharm. Soc. Japan **71** [1951] 1247; C. A. **1952** 6115).
Gelbe Kristalle (aus Me.); F: 156°.
α-Oxim $C_{15}H_{12}N_2O_5$. Kristalle (aus Me.); F: 162°.

Die folgenden Verbindungen sind in analoger Weise hergestellt worden:
4-Äthoxy-4′-nitro-benzil $C_{16}H_{13}NO_5$, Formel VIII (R = C_2H_5, X = NO_2). Gelbe

Kristalle (aus Me.); F: 154°. – α-Oxim $C_{16}H_{14}N_2O_5$. Kristalle; F: 143°.

4-Nitro-4′-propoxy-benzil $C_{17}H_{15}NO_5$, Formel VIII (R = CH_2-C_2H_5, X = NO_2). Gelbe Kristalle; F: 142°.

4-Butoxy-4′-nitro-benzil $C_{18}H_{17}NO_5$, Formel VIII (R = $[CH_2]_3$-CH_3, X = NO_2). Gelbe Kristalle; F: 125°.

4-Methylmercapto-benzil $C_{15}H_{12}O_2S$, Formel IX (R = CH_3).

B. Beim Erhitzen von 4′-Methylmercapto-benzoin mit NH_4NO_3 und Kupfer(II)-acetat in wss. Essigsäure (*Coan et al.*, Am. Soc. **77** [1955] 60, 62).

Gelbe Kristalle (aus A.); F: 58,8 – 59°.

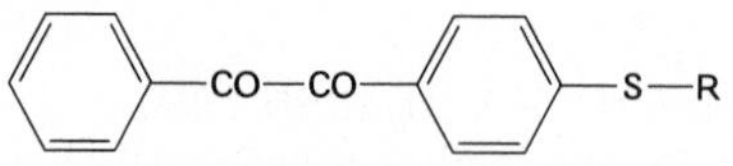

IX 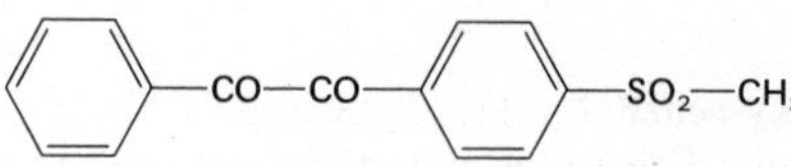 X

4-Methansulfonyl-benzil $C_{15}H_{12}O_4S$, Formel X.

B. Beim Erhitzen von 4′-Methansulfonyl-desoxybenzoin mit SeO_2 in Acetanhydrid (*Coan et al.*, Am. Soc. **77** [1955] 60, 63).

Gelbe Kristalle (aus A. + Bzl.); F: 131,8 – 132,3° [korr.].

o-Phenylendiamin-Kondensationsprodukt (F: 255 – 256°): *Coan et al.*

4-Phenylmercapto-benzil $C_{20}H_{14}O_2S$, Formel IX (R = C_6H_5).

B. Aus 4′-Phenylmercapto-desoxybenzoin analog der vorangehenden Verbindung (*D'Agostino et al.*, J. org. Chem. **23** [1958] 1539, 1541, 1544).

Gelbe Kristalle (aus A. + Ae.); F: 58,5 – 59,5°.

[4′-Methoxy-biphenyl-4-yl]-glyoxal $C_{15}H_{12}O_3$.

2,2-Dihydroxy-1-[4′-methoxy-biphenyl-4-yl]-äthanon, [4′-Methoxy-biphenyl-4-yl]-glyoxal-monohydrat $C_{15}H_{14}O_4$, Formel XI (X = H).

B. Beim Erhitzen von 1-[4′-Methoxy-biphenyl-4-yl]-äthanon mit SeO_2 in wss. Dioxan (*Cavallini et al.*, J. med. pharm. Chem. **1** [1959] 601, 603).

Kristalle (aus wss. Dioxan); F: 138 – 139° [unkorr.].

o-Phenylendiamin-Kondensationsprodukt (F: 169 – 171°): *Ca. et al.*

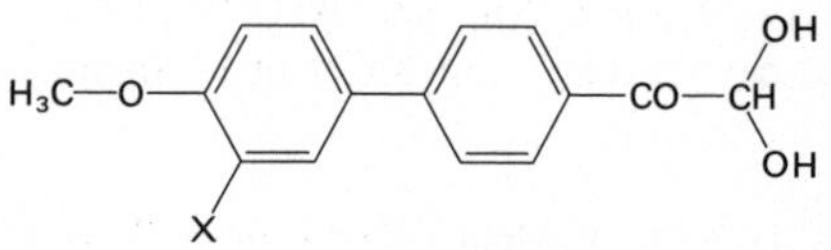

XI

[3′-Chlor-4′-methoxy-biphenyl-4-yl]-glyoxal-monohydrat $C_{15}H_{13}ClO_4$, Formel XI (X = Cl).

B. Analog der vorangehenden Verbindung (*Cavallini et al.*, J. med. pharm. Chem. **1** [1959] 601, 603).

Kristalle (aus E. + Bzl.); F: 141 – 142°.

o-Phenylendiamin-Kondensationsprodukt (F: 165 – 167°): *Ca. et al.*, l. c. S. 604.

Hydroxy-oxo-Verbindungen $C_{15}H_{12}O_3$

2-Hydroxy-4-[4-methoxy-*trans*(?)-styryl]-cycloheptatrienon $C_{16}H_{14}O_3$, vermutlich Formel I und Taut.; **4-[4-Methoxy-*trans*(?)-styryl]-tropolon.**

B. Beim Erhitzen von 6-Acetoxy-7-oxo-2-[4-methoxy-*trans*(?)-styryl]-cyclohepta-1,3,5-trien=

carbonsäure (F: 203° [Zers.]) mit Pyridin (*Nozoe et al.*, Sci. Rep. Tohoku Univ. [I] **38** [1954] 257, 278).

Gelbe Kristalle (aus Me.); F: 145–146°. λ_{max} (Me.): 245 nm, 323 nm und 374 nm.

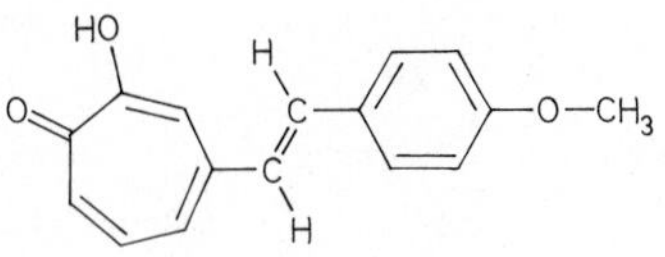

I 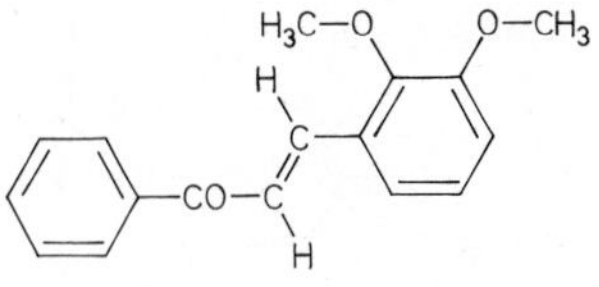 II

2,3-Dimethoxy-*trans*-chalkon $C_{17}H_{16}O_3$, Formel II (E III 2809).

Kp_{10}: 252° (*Hanson*, Bl. Soc. chim. Belg. **65** [1956] 700, 703). $Kp_{1,5}$: 208–210°; n_D^{20}: 1,6396 (*Burckhalter, Johnson*, Am. Soc. **73** [1951] 4830).

2,4-Dinitro-phenylhydrazon (F: 222–223°): *Bu., Jo.*

2,4-Diacetoxy-*trans*-chalkon $C_{19}H_{16}O_5$, Formel III.

B. Beim Behandeln von 7-Hydroxy-2-phenyl-chromenylium-chlorid mit Acetanhydrid und Pyridin (*Freudenberg, Weinges*, A. **590** [1954] 140, 153).

Hellgelbe Kristalle (aus wss. Me.); F: 98°. UV-Spektrum (225–365 nm): *Fr., We.*, l. c. S. 146.

2,2'-Dihydroxy-*trans*-chalkon $C_{15}H_{12}O_3$, Formel IV (X = X' = X'' = H) (E III 2810).

B. Beim Behandeln von 1-[2-Hydroxy-phenyl]-äthanon mit Salicylaldehyd und wss. KOH (*Tsumaki et al.*, J. chem. Soc. Japan Pure Chem. Sect. **72** [1951] 368; C. A. **1952** 8103; vgl. E III 2810).

Gelbe Kristalle; F: 159° [Zers.] (*Ts. et al.*). λ_{max} (Me.?): 368 nm (*Hörhammer, Hänsel*, Ar. **288** [1955] 315, 321).

Kupfer(II)-Salz $Cu(C_{15}H_{11}O_3)_2$. Orangefarbene Kristalle (*Ts. et al.*).

5'-Fluor-2,2'-dihydroxy-*trans*-chalkon $C_{15}H_{11}FO_3$, Formel IV (X = X' = H, X'' = F).

B. Analog der vorangehenden Verbindung (*Chen, Yang*, J. Taiwan pharm. Assoc. **3** [1951] 39).

Gelbe Kristalle (aus A.); F: 182° [unkorr.].

5-Chlor-2,2'-dihydroxy-*trans*-chalkon $C_{15}H_{11}ClO_3$, Formel IV (X = Cl, X' = X'' = H) (E III 2811).

Kristalle (aus Bzl.); F: 198–199° (*Mustafa, Fleifel*, J. org. Chem. **24** [1959] 1740).

3'-Chlor-2,2'-dihydroxy-*trans*-chalkon $C_{15}H_{11}ClO_3$, Formel IV (X = X'' = H, X' = Cl).

B. In kleiner Menge aus 1-[3-Chlor-2-hydroxy-phenyl]-äthanon und Salicylaldehyd mit Hilfe von wss. KOH (*Shah, Parikh*, J. Indian chem. Soc. **36** [1959] 726).

Gelbe Kristalle (aus A.); F: 180–181°.

Beim Behandeln mit Brom in Essigsäure ist ein x-Brom-3'-chlor-2,2'-dihydroxy-*trans*-chalkon $C_{15}H_{10}BrClO_3$ (rote Kristalle; F: 245° [Zers.]) erhalten worden.

5'-Chlor-2,2'-dihydroxy-*trans*-chalkon $C_{15}H_{11}ClO_3$, Formel IV (X = X' = H, X'' = Cl).

B. Analog der vorangehenden Verbindung (*Shah, Parikh*, J. Indian chem. Soc. **36** [1959] 726).

Gelbe Kristalle (aus A.); F: 160°.

Beim Behandeln mit Brom in Essigsäure ist ein x-Brom-5'-chlor-2,2'-dihydroxy-*trans*-chalkon $C_{15}H_{10}BrClO_3$ (rote Kristalle; F: 215° [Zers.]) erhalten worden.

Monomethyl-Derivat $C_{16}H_{13}ClO_3$. Gelbliche Kristalle; F: 125°.

5,5′-Dichlor-2,2′-dihydroxy-*trans*-chalkon $C_{15}H_{10}Cl_2O_3$, Formel IV (X = X″ = Cl, X′ = H).
B. Beim Erwärmen von 1-[5-Chlor-2-hydroxy-phenyl]-äthanon mit 5-Chlor-2-hydroxy-benz⸗aldehyd und wss.-äthanol. NaOH (*Kuhn, Hensel,* B. **86** [1953] 1333, 1339).
Gelbe Kristalle (aus Eg.); F: 203°.

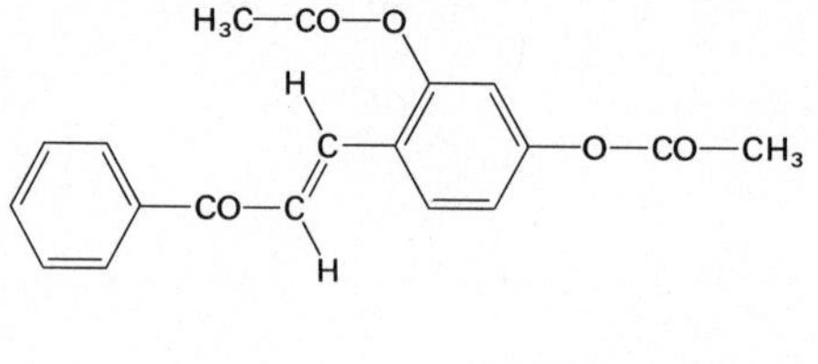

III 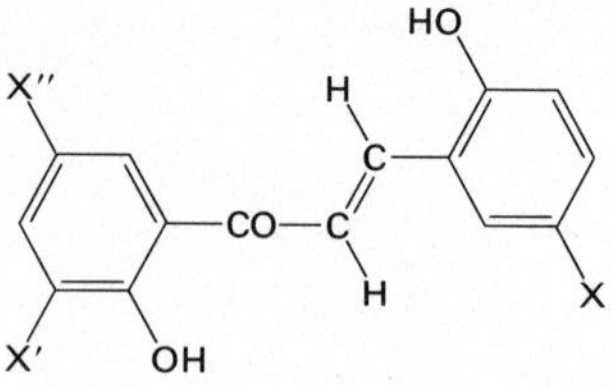 IV

3′,5′-Dichlor-2,2′-dihydroxy-*trans*-chalkon $C_{15}H_{10}Cl_2O_3$, Formel V (R = R′ = H).
B. Beim Erwärmen von 1-[3,5-Dichlor-2-hydroxy-phenyl]-äthanon mit Salicylaldehyd und wss.-äthanol. KOH (*Jha, Amin,* Tetrahedron **2** [1958] 241, 242, 243).
Gelbgrüne Kristalle (aus Eg.); F: 195° [unkorr.].
Diacetyl-Derivat $C_{19}H_{14}Cl_2O_5$; 2,2′-Diacetoxy-3′,5′-dichlor-*trans*-chalkon. Gelbe Kristalle (aus Eg.); F: 105° [unkorr.].
Dibenzoyl-Derivat (F: 150°): *Jha, Amin.*

3′,5′-Dichlor-2′-hydroxy-2-methoxy-*trans*-chalkon $C_{16}H_{12}Cl_2O_3$, Formel V (R = CH_3, R′ = H).
B. Analog der vorangehenden Verbindung (*Jha, Amin,* Tetrahedron **2** [1958] 241, 242, 243).
Gelbe Kristalle (aus A.); F: 143° [unkorr.].
Benzoyl-Derivat (F: 81°): *Jha, Amin.*

3′,5′-Dichlor-2,2′-dimethoxy-*trans*-chalkon $C_{17}H_{14}Cl_2O_3$, Formel V (R = R′ = CH_3).
B. Beim Erwärmen von 1-[3,5-Dichlor-2-methoxy-phenyl]-äthanon mit 2-Methoxy-benzalde⸗hyd und wss.-äthanol. KOH bzw. der vorangehenden Verbindung mit Dimethylsulfat und K_2CO_3 in Aceton (*Jha, Amin,* Tetrahedron **2** [1958] 241, 242, 243).
Kristalle (aus A.); F: 215° [unkorr.].

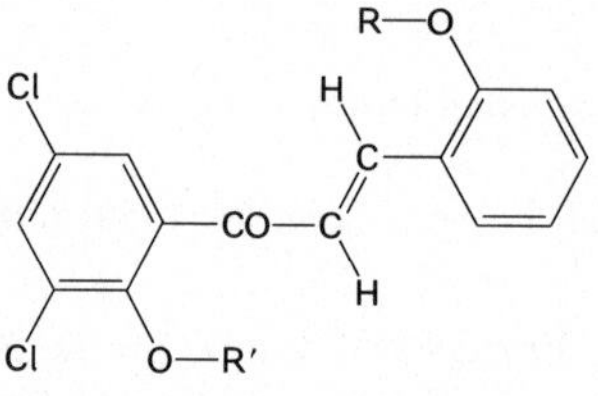

V 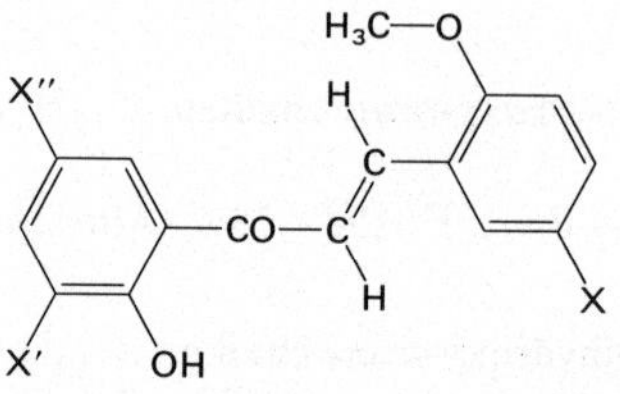 VI

3′,5′-Dibrom-2,2′-dihydroxy-*trans*-chalkon $C_{15}H_{10}Br_2O_3$, Formel IV (X = H, X′ = X″ = Br).
B. Aus 1-[3,5-Dibrom-2-hydroxy-phenyl]-äthanon und Salicylaldehyd in Äthanol mit Hilfe von wss. KOH (*Christian, Amin,* Acta chim. hung. **21** [1959] 391, 392, 394).
Kristalle (aus Bzl.); F: 179° [unkorr.].
Diacetyl-Derivat $C_{19}H_{14}Br_2O_5$; 2,2′-Diacetoxy-3′,5′-dibrom-*trans*-chalkon. Kristalle (aus A.); F: 124° [unkorr.].
Dibenzoyl-Derivat (F: 116°): *Ch., Amin.*

Die folgenden Verbindungen sind in analoger Weise hergestellt worden:
2′-Hydroxy-2-methoxy-5′-nitro-*trans*-chalkon $C_{16}H_{13}NO_5$, Formel VI

(X = X′ = H, X″ = NO_2). Kristalle (aus Eg.); F: 159–160° (*Chhaya et al.*, J. Univ. Bombay **26**, Tl. 3A [1958] 16, 18).

5′-Chlor-2,2′-dihydroxy-5-nitro-*trans*-chalkon $C_{15}H_{10}ClNO_5$, Formel IV (X = NO_2, X′ = H, X″ = Cl). Gelbe Kristalle (aus A.); F: 210–211° (*Kuhn, Hensel*, B. **86** [1953] 1333, 1339).

5′-Brom-2,2′-dihydroxy-5-nitro-*trans*-chalkon $C_{15}H_{10}BrNO_5$, Formel IV (X = NO_2, X′ = H, X″ = Br). Orangegelbe Kristalle (aus A.); F: 195° (*Kuhn, He.*).

5-Brom-2′-hydroxy-2-methoxy-5′-nitro-*trans*-chalkon $C_{16}H_{12}BrNO_5$, Formel VI (X = Br, X′ = H, X″ = NO_2).

B. Aus 1-[2-Hydroxy-5-nitro-phenyl]-äthanon und 5-Brom-2-methoxy-benzaldehyd mit Hilfe von wss.-äthanol. KOH (*Chhaya et al.*, J. Univ. Bombay **26**, Tl. 3A [1958] 16, 20). Aus (2*RS*,3*SR*)-2,3-Dibrom-3-[5-brom-2-methoxy-phenyl]-1-[2-hydroxy-5-nitro-phenyl]-propan-1-on mit Hilfe von KI in Aceton (*Ch. et al.*, l. c. S. 19).

Gelbe Kristalle (aus Eg.); F: 219–220°.

5,3′-Dibrom-2′-hydroxy-2-methoxy-5′-nitro-*trans*-chalkon $C_{16}H_{11}Br_2NO_5$, Formel VI (X = X′ = Br, X″ = NO_2).

B. Aus (2*RS*,3*SR*)-2,3-Dibrom-1-[3-brom-2-hydroxy-5-nitro-phenyl]-3-[5-brom-2-methoxy-phenyl]-propan-1-on mit Hilfe von KI in Aceton (*Chhaya et al.*, J. Univ. Bombay **26**, Tl. 3A [1958] 16, 20).

Gelbe Kristalle (aus Eg.); F: 225–226°.

2,2′-Dihydroxy-5,5′-dinitro-*trans*-chalkon $C_{15}H_{10}N_2O_7$, Formel IV (X = X″ = NO_2, X′ = H).

B. Beim Erwärmen von 1-[2-Hydroxy-5-nitro-phenyl]-äthanon in Äthanol und Dioxan mit 2-Hydroxy-5-nitro-benzaldehyd und wss. NaOH (*Kuhn, Hensel*, B. **86** [1953] 1331, 1339).

Gelbe Kristalle (aus Acn.+H_2O); F: 227–228°.

2,4′-Dihydroxy-*trans*-chalkon $C_{15}H_{12}O_3$, Formel VII (R = R′ = X = H).

B. Beim Erwärmen von 1-[4-Hydroxy-phenyl]-äthanon mit Salicylaldehyd und äthanol. KOH (*Carpenter, Hunter*, J. appl. Chem. **1** [1951] 217, 226).

Rote und gelbe Kristalle (aus wss. A.); F: 178° [Zers.].

Diacetyl-Derivat $C_{19}H_{16}O_5$; 2,4′-Diacetoxy-*trans*-chalkon. *B.* Beim Behandeln von 2-[4-Hydroxy-phenyl]-chromenylium-chlorid mit Acetanhydrid und Pyridin bei 35° (*Freudenberg, Weinges*, A. **590** [1954] 140, 153). – Kristalle (aus Me.); F: 94–95° (*Freudenberg, Weinges*, A. **590** 153, **613** [1958] 61, 67). IR-Spektrum (5–8 μ): *Fr., We.*, A. **613** 67. UV-Spektrum (225–350 nm): *Fr., We.*, A. **590** 146.

2,4′-Dimethoxy-*trans*-chalkon $C_{17}H_{16}O_3$, Formel VII (R = R′ = CH_3, X = H).

B. Aus 1-[4-Methoxy-phenyl]-äthanon und 2-Methoxy-benzaldehyd mit Hilfe von wss.-äthanol. NaOH (*Hanson*, Bl. Soc. chim. Belg. **65** [1956] 700, 705; *Brown, Cummings*, Soc. **1958** 4302, 4303). Aus 2-Hydroxy-4′-methoxy-*trans*(?)-chalkon (H 333) und Dimethylsulfat mit Hilfe von wss. NaOH (*Br., Cu.*, l. c. S. 4304).

Hellgelbe Kristalle (aus Ae.+PAe.); F: 44–45° (*Br., Cu.*). Kp_{10}: 276° (*Ha.*).

2,4-Dinitro-phenylhydrazon (F: 244°): *Br., Cu.*, l. c. S. 4304.

2-Acetoxy-4′-methoxy-*trans*-chalkon $C_{18}H_{16}O_4$, Formel VII (R = CO-CH_3, R′ = CH_3, X = H) (H 333).

B. Beim Behandeln von 2-[4-Methoxy-phenyl]-chromenylium-chlorid mit Acetanhydrid und Pyridin (*Freudenberg, Weinges*, A. **613** [1958] 61, 73).

F: 129–130°.

3′-Chlor-2,4′-dihydroxy-*trans*-chalkon $C_{15}H_{11}ClO_3$, Formel VII (R = R′ = H, X = Cl).

B. Aus 1-[3-Chlor-4-hydroxy-phenyl]-äthanon und Salicylaldehyd mit Hilfe von wss. KOH

(*Shah, Parikh,* J. Indian chem. Soc. **36** [1959] 726).

Gelbe Kristalle (aus A.); F: 85°.

Monomethyl-Derivat $C_{16}H_{13}ClO_3$. Grünliche Kristalle; F: 130°.

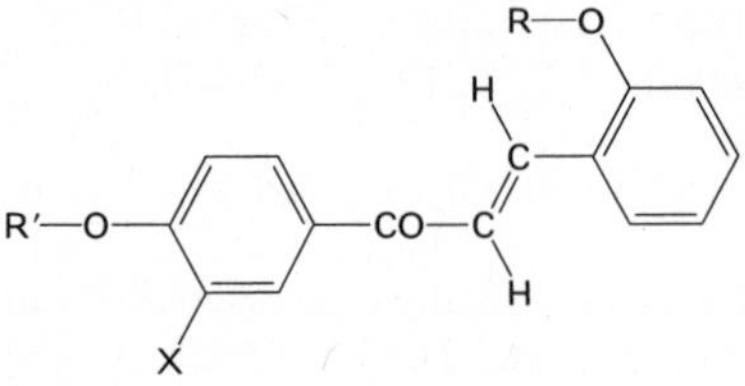

VII 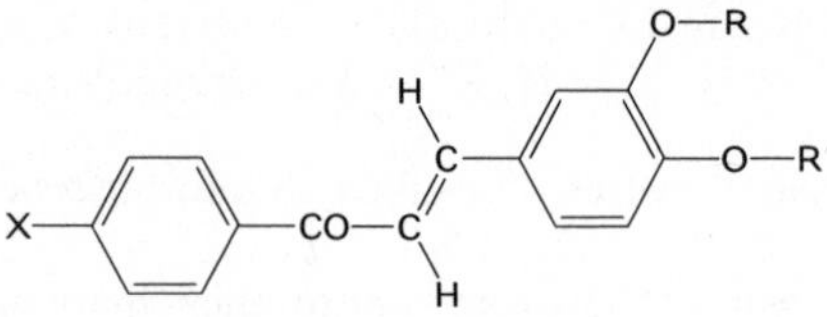 VIII

3,4-Dihydroxy-*trans*-chalkon $C_{15}H_{12}O_3$, Formel VIII (R = X = H) (E III 2817).

Absorptionsspektrum (A., äthanol. Natriumacetat bzw. äthanol. $AlCl_3$; 220–400 nm): *Jurd, Geissman,* J. org. Chem. **21** [1956] 1395, 1397. Absorptionsspektrum (220–450 nm) nach Behandeln mit $AlCl_3$ und Natriumacetat in Äthanol (Komplexbildung): *Jurd, Ge.*

3,4-Dimethoxy-*trans*-chalkon $C_{17}H_{16}O_3$, Formel VIII (R = CH_3, X = H) (E II 374).

F: 90–92° (*Koo,* Am. Soc. **75** [1953] 2000).

Thiosemicarbazon $C_{18}H_{19}N_3O_2S$. F: 165° (*Farbenfabr. Bayer,* D.B.P. 845196 [1951]; D.R.B.P. Org. Chem. 1950–1951 **3** 1184; *Schenley Ind.,* U.S.P. 2768970 [1954]).

3,4-Diäthoxy-*trans*-chalkon $C_{19}H_{20}O_3$, Formel VIII (R = C_2H_5, X = H) (E III 2817).

Konfiguration: *Wiley et al.,* J. org. Chem. **23** [1958] 732, 735, 736.

IR-Banden (6,3–10,2 μ): *Wi. et al.* λ_{max} (Me.): 259 nm und 357 nm.

4′-Fluor-3,4-dihydroxy-*trans*-chalkon $C_{15}H_{11}FO_3$, Formel VIII (R = H, X = F).

B. Aus 1-[4-Fluor-phenyl]-äthanon und 3,4-Dihydroxy-benzaldehyd in Äthanol mit Hilfe von wss. KOH (*Nation. Drug Co.,* U.S.P. 2647148 [1951]).

Gelbe Kristalle (aus E.+A.); F: 219–220° (*Nation. Drug Co.*).

Die folgenden Verbindungen sind in analoger Weise hergestellt worden:

4′-Chlor-3,4-dihydroxy-*trans*-chalkon $C_{15}H_{11}ClO_3$, Formel VIII (R = H, X = Cl). Kristalle (aus E.); F: 224–225° (*Nation. Drug Co.*).

4′-Chlor-3,4-dimethoxy-*trans*-chalkon $C_{17}H_{15}ClO_3$, Formel VIII (R = CH_3, X = Cl). Kristalle; F: 110° [aus A. oder Bzl.] (*Kanthi, Nargund,* J. Karnatak Univ. **2** [1957] 8, 10), 109° [aus A.] (*Buu-Hoi, Sy,* Bl. **1958** 219). – Thiosemicarbazon $C_{18}H_{18}ClN_3O_2S$. Hellgelbe Kristalle (aus A.); F: 159° (*Buu-Hoi, Sy*).

2′,5′-Dichlor-4-hydroxy-3-methoxy-*trans*-chalkon $C_{16}H_{12}Cl_2O_3$, Formel IX (E III 2818). Kristalle (aus A.); F: 133° (*Ghadawala, Amin,* Sci. Culture **21** [1955] 268).

4′-Jod-3,4-dimethoxy-*trans*-chalkon $C_{17}H_{15}IO_3$, Formel VIII (R = CH_3, X = I).

B. Aus 1-[4-Jod-phenyl]-äthanon und 3,4-Dimethoxy-benzaldehyd in Äthanol mit Hilfe von wss. KOH (*Buu-Hoi, Sy,* Bl. **1958** 219).

Kristalle (aus A.); F: 133°.

Thiosemicarbazon $C_{18}H_{18}IN_3O_2S$. Hellgelbe Kristalle (aus Eg.); F: 225–226°.

3,2′-Dihydroxy-*trans*-chalkon $C_{15}H_{12}O_3$, Formel X (X = X′ = H) (E III 2824).

F: 165° (*Cummins et al.,* Tetrahedron **19** [1963] 499, 507).

Diacetyl-Derivat $C_{19}H_{16}O_5$; 3,2′-Diacetoxy-*trans*-chalkon. Hellgrüne Kristalle (aus Me.); F: 85°.

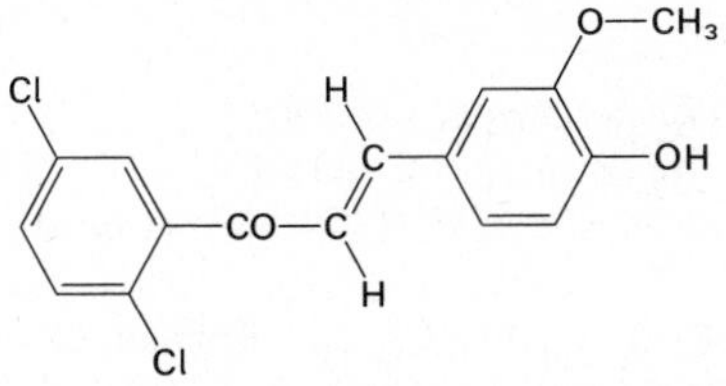

IX 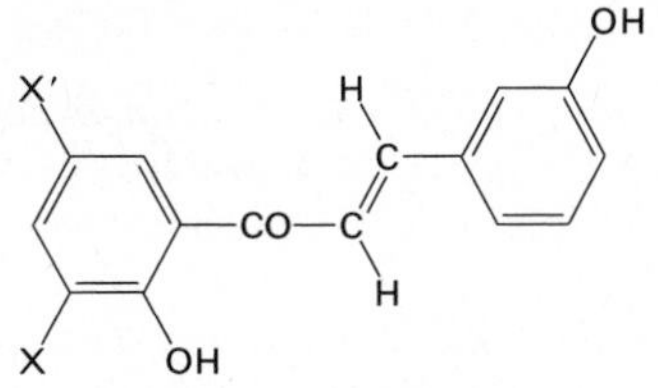 X

5′-Fluor-3,2′-dihydroxy-*trans*-chalkon $C_{15}H_{11}FO_3$, Formel X (X = H, X′ = F).

B. Aus 1-[5-Fluor-2-hydroxy-phenyl]-äthanon und 3-Hydroxy-benzaldehyd in Äthanol mit Hilfe von wss. KOH (*Chen, Yang,* J. Taiwan pharm. Assoc. **3** [1951] 39).

Orangegelbe Kristalle; F: 185° [unkorr.].

3′,5′-Dibrom-3,2′-dihydroxy-*trans*-chalkon $C_{15}H_{10}Br_2O_3$, vermutlich Formel X (X = X′ = Br).

B. Analog der vorangehenden Verbindung (*Christian, Amin,* Acta chim. hung. **21** [1959] 391, 394).

Kristalle (aus Eg.); F: 174° [unkorr.].

Diacetyl-Derivat $C_{19}H_{14}Br_2O_5$; 3,2′-Diacetoxy-3′,5′-dibrom-*trans*-chalkon. Kristalle (aus Bzl.); F: 138° [unkorr.].

Dibenzoyl-Derivat (F: 117°): *Ch., Amin.*

3,3′-Dimethoxy-*trans*-chalkon $C_{17}H_{16}O_3$, Formel XI.

B. Beim Behandeln von 1-[3-Methoxy-phenyl]-äthanon mit 3-Methoxy-benzaldehyd und Na= triumäthylat in Äthanol (*Doods et al.,* Pr. roy. Soc. [B] **140** [1953] 470, 481).

$Kp_{0,5}$: 211–213°.

2,4-Dinitro-phenylhydrazon (F: 215°): *Do. et al.*

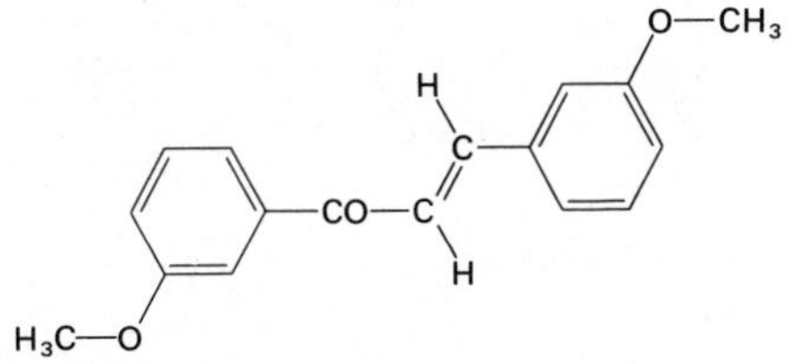

XI 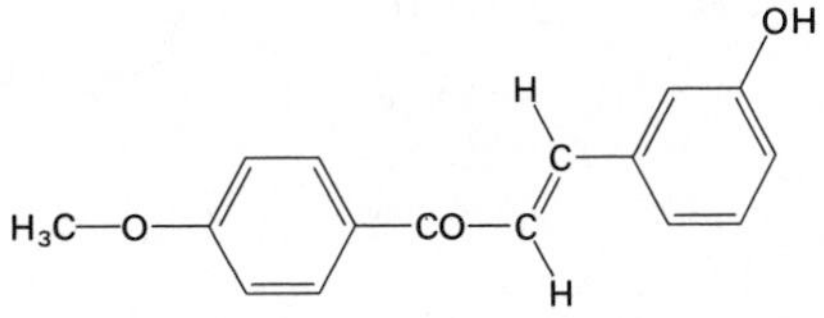 XII

3-Hydroxy-4′-methoxy-*trans*-chalkon $C_{16}H_{14}O_3$, Formel XII.

B. Beim Behandeln von 1-[4-Methoxy-phenyl]-äthanon mit 3-Hydroxy-benzaldehyd und wss.-äthanol. NaOH (*Davey, Tivey,* Soc. **1958** 1233).

Kristalle (aus A.); F: 160–161°.

2′-Hydroxy-4-methoxy-*trans*-chalkon $C_{16}H_{14}O_3$, Formel XIII (X = X′ = X″ = H) (H 333; E II 375; E III 2825).

Konfiguration: *Fischer, Arlt,* B. **97** [1964] 1910, 1911.

λ_{max} (Me.): 364 nm.

Acetyl-Derivat $C_{18}H_{16}O_4$; 2′-Acetoxy-4-methoxy-*trans*-chalkon (H 333). λ_{max} (Me.): 340 nm.

5′-Fluor-2′-hydroxy-4-methoxy-*trans*-chalkon $C_{16}H_{13}FO_3$, Formel XIII (X = X′ = H, X″ = F).

B. Beim Behandeln von 1-[5-Fluor-2-hydroxy-phenyl]-äthanon mit 4-Methoxy-benzaldehyd und wss.-äthanol. KOH (*Chen, Yang,* J. Taiwan pharm. Assoc. **3** [1951] 39).

Gelbe Kristalle; F: 126° [unkorr.] (*Chen, Yang*).

Die folgenden Verbindungen sind in analoger Weise hergestellt worden:

4'-Chlor-2'-hydroxy-4-methoxy-*trans*-chalkon $C_{16}H_{13}ClO_3$, Formel XIII (X = X'' = H, X' = Cl). Orangefarbene Kristalle (aus A.); F: 136–137° (*Chen, Chang,* Soc. **1958** 146, 148).

3',5'-Dichlor-4,2'-dihydroxy-*trans*-chalkon $C_{15}H_{10}Cl_2O_3$, Formel XIV (R = H). Gelbe Kristalle (aus Eg.); F: 160° [unkorr.] (*Jha, Amin,* Tetrahedron **2** [1958] 241, 243). – Dibenzoyl-Derivat (F: 107°): *Jha, Amin.*

3',5'-Dichlor-2'-hydroxy-4-methoxy-*trans*-chalkon $C_{16}H_{12}Cl_2O_3$, Formel XIII (X = X'' = Cl, X' = H). Orangefarbene Kristalle (aus Eg.); F: 165° [unkorr.] (*Jha, Amin*). – Acetyl-Derivat $C_{18}H_{14}Cl_2O_4$; 2'-Acetoxy-3',5'-dichlor-4-methoxy-*trans*-chalkon. Gelbe Kristalle (aus A.); F: 101° [unkorr.] (*Jha, Amin*). – Benzoyl-Derivat (F: 105°): *Jha, Amin.*

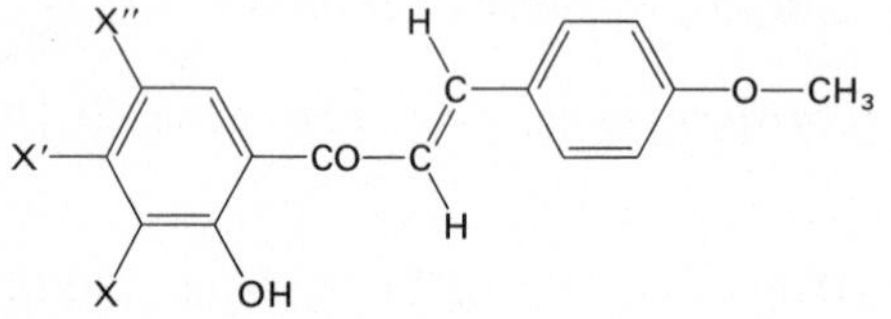

XIII 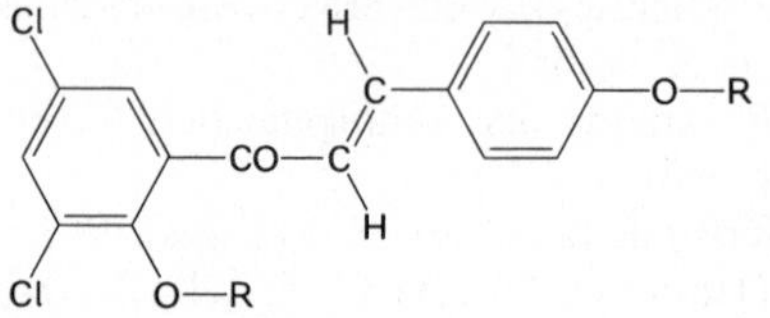 XIV

3',5'-Dichlor-4,2'-dimethoxy-*trans*-chalkon $C_{17}H_{14}Cl_2O_3$, Formel XIV (R = CH_3).

B. Beim Erwärmen von 1-[3,5-Dichlor-2-methoxy-phenyl]-äthanon in Äthanol mit 4-Methoxy-benzaldehyd und wss. KOH bzw. von 3',5'-Dichlor-4,2'-dihydroxy-*trans*-chalkon mit Dimethylsulfat und K_2CO_3 in Aceton (*Jha, Amin,* Tetrahedron **2** [1958] 241, 243).

Gelbe Kristalle (aus A.); F: 120° [unkorr.].

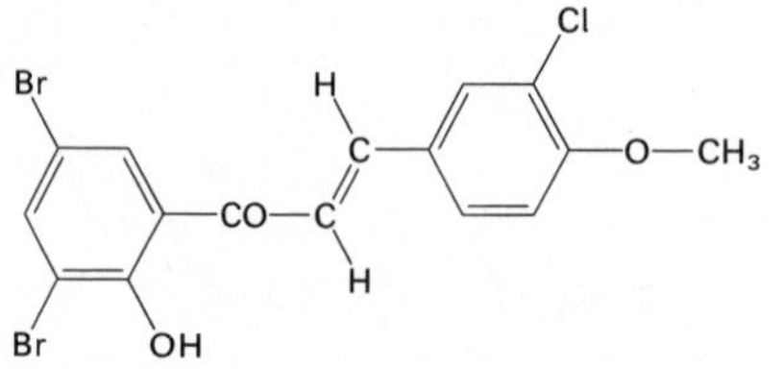

I 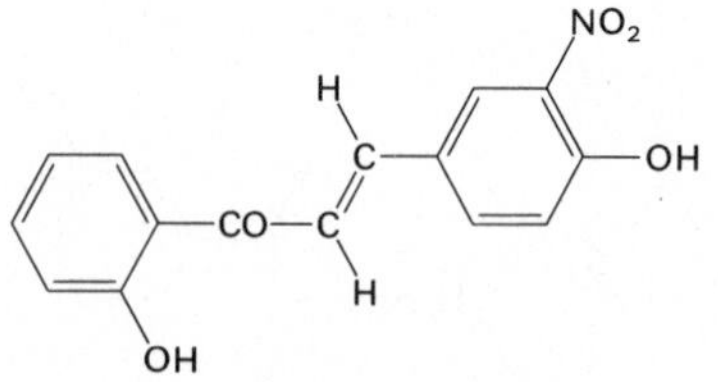 II

4'-Brom-2'-hydroxy-4-methoxy-*trans*-chalkon $C_{16}H_{13}BrO_3$, Formel XIII (X = X'' = H, X' = Br).

B. Beim Behandeln von 1-[4-Brom-2-hydroxy-phenyl]-äthanon mit 4-Methoxy-benzaldehyd und wss.-äthanol. KOH (*Chen, Chang,* Soc. **1958** 146, 148).

Kristalle (aus A.); F: 136–137° (*Chen, Ch.,* Soc. **1958** 148).

Die folgenden Verbindungen sind in analoger Weise hergestellt worden:

3',5'-Dibrom-2'-hydroxy-4-methoxy-*trans*-chalkon $C_{16}H_{12}Br_2O_3$, Formel XIII (X = X'' = Br, X' = H). Rötlichbraune Kristalle; F: 170° [unkorr.] (*Christian, Amin,* Acta chim. hung. **21** [1959] 391, 392). – Methyl-Derivat $C_{17}H_{14}Br_2O_3$; 3',5'-Dibrom-4,2'-dimethoxy-*trans*-chalkon. Rötliche Kristalle (aus A.); F: 151° (*Ch., Amin,* Acta chim. hung. **21** 392). – Acetyl-Derivat $C_{18}H_{14}Br_2O_4$; 2'-Acetoxy-3',5'-dibrom-4-methoxy-*trans*-chalkon. Kristalle (aus A.); F: 124° [unkorr.] (*Ch., Amin,* Acta chim. hung. **21** 392). – Benzoyl-Derivat (F: 125°): *Ch., Amin,* Acta chim. hung. **21** 392.

3',5'-Dibrom-3-chlor-2'-hydroxy-4-methoxy-*trans*-chalkon $C_{16}H_{11}Br_2ClO_3$, Formel I. Kristalle; F: 193° (*Christian, Amin,* Vidya **2** [1958] Nr. 2, S. 70).

2'-Hydroxy-4'-jod-4-methoxy-*trans*-chalkon $C_{16}H_{13}IO_3$, Formel XIII (X = X'' = H, X' = I). Kristalle (aus A.); F: 161–162° (*Chen, Ch.,* Soc. **1958** 148).

2′-Hydroxy-5′-jod-4-methoxy-*trans*-chalkon $C_{16}H_{13}IO_3$, Formel XIII (X = X′ = H, X″ = I). Gelbe Kristalle (aus A.); F: 175° (*Chen, Chang,* J. Chin. chem. Soc. [II] **1** [1954] 156).

4,2′-Dihydroxy-3-nitro-*trans*-chalkon $C_{15}H_{11}NO_5$, Formel II.

B. Beim Behandeln von 4,2′-Dihydroxy-*trans*-chalkon mit $NaNO_2$ und wss. HCl (*Zioudrou, Fruton,* Am. Soc. **79** [1957] 5951). Beim Erwärmen von 2-[4-Hydroxy-3-nitro-phenyl]-chroman-4-on mit wss.-methanol. KOH (*Hoshino,* J. chem. Soc. Japan Pure Chem. Sect. **78** [1957] 1538; C. A. **1960** 516).

Gelbe Kristalle; F: 230° [aus A.] (*Zi., Fr.*), 223–224° [aus Eg.] (*Ho.*).

Diacetyl-Derivat $C_{19}H_{15}NO_7$; 4,2′-Diacetoxy-3-nitro-*trans*-chalkon. F: 93–94° (*Zi., Fr.*).

2′-Hydroxy-4-methoxy-5′-nitro-*trans*-chalkon $C_{16}H_{13}NO_5$, Formel III (X = X′ = H).

B. Aus 1-[2-Hydroxy-5-nitro-phenyl]-äthanon und 4-Methoxy-benzaldehyd in Äthanol mit Hilfe von wss. KOH (*Christian, Amin,* B. **90** [1957] 1287; *Chhaya et al.,* J. Univ. Bombay **25**, Tl. 5A [1957] 8, 12).

Gelbe Kristalle; F: 174° [aus E.] (*Ch., Amin*), 163–164° [aus Bzl.] (*Ch. et al.*).

Acetyl-Derivat $C_{18}H_{15}NO_6$; 2′-Acetoxy-4-methoxy-5′-nitro-*trans*-chalkon. Gelbe Kristalle (aus Eg.); F: 105° (*Ch., Amin*).

α-Brom-2′-hydroxy-4-methoxy-5′-nitro-*trans*(?)-chalkon $C_{16}H_{12}BrNO_5$, vermutlich Formel III (X = Br, X′ = H).

Bezüglich der Konfigurationszuordnung vgl. das analog hergestellte α-Brom-*trans*-chalkon (E IV **7** 1663).

B. Beim Erhitzen von (2*RS*,3*SR*)-2,3-Dibrom-1-[2-hydroxy-5-nitro-phenyl]-3-[4-methoxy-phenyl]-propan-1-on mit wss. KOH, wss. KCN oder Pyridin (*Chhaya et al.,* J. Univ. Bombay **25**, Tl. 5A [1957] 8, 12).

Kristalle (aus Eg.); F: 220–221°.

3,3′-Dibrom-2′-hydroxy-4-methoxy-5′-nitro-*trans*-chalkon $C_{16}H_{11}Br_2NO_5$, Formel III (X = H, X′ = Br).

B. Aus (2*RS*,3*SR*)-2,3-Dibrom-1-[3-brom-2-hydroxy-5-nitro-phenyl]-3-[3-brom-4-methoxy-phenyl]-propan-1-on mit Hilfe von wss. KI (*Chhaya et al.,* J. Univ. Bombay **25**, Tl. 5A [1957] 8, 13).

Hellgelbe Kristalle (aus Eg.); F: 216–217°.

4,4′-Dimethoxy-*trans*-chalkon $C_{17}H_{16}O_3$, Formel IV (R = R′ = CH_3, X = X′ = H) (E I 647; E II 375; E III 2827).

Absorptionsspektrum (A.; 220–400 nm): *Iimura,* J. chem. Soc. Japan Pure Chem. Sect. **77** [1956] 1846, 1849; C. A. **1959** 2779.

Thiosemicarbazon $C_{18}H_{19}N_3O_2S$. Kristalle (aus A.); F: 180° (*Farbenfabr. Bayer,* D.B.P. 845196 [1951]; D.R.B.P. Org. Chem. 1950–1951 **3** 1184; *Schenley Ind.,* U.S.P. 2768970 [1954]).

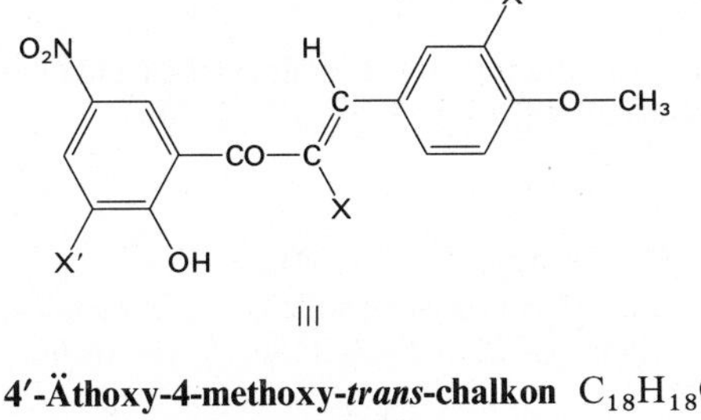

III 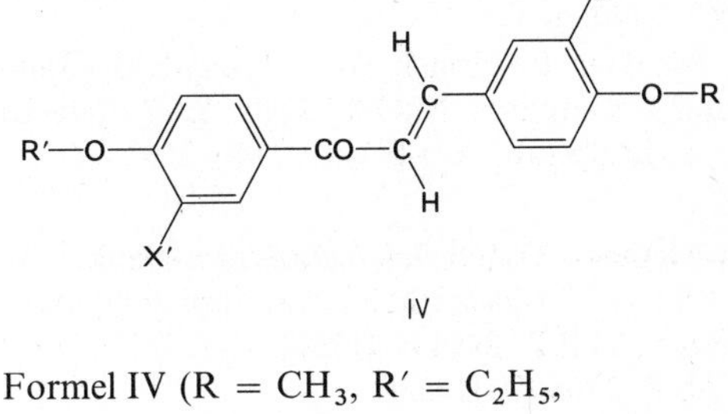 IV

4′-Äthoxy-4-methoxy-*trans*-chalkon $C_{18}H_{18}O_3$, Formel IV (R = CH_3, R′ = C_2H_5, X = X′ = H) (E III 2828).

Absorptionsspektrum (A.; 220–400 nm): *Iimura,* J. chem. Soc. Japan Pure Chem. Sect.

77 [1956] 1846, 1850.

4'-[2-Hydroxy-äthoxy]-4-methoxy-*trans*-chalkon $C_{18}H_{18}O_4$, Formel IV (R = CH_3, R' = CH_2-CH_2-OH, X = X' = H).

B. Aus 1-[4-(2-Hydroxy-äthoxy)-phenyl]-äthanon und 4-Methoxy-benzaldehyd in Äthanol mit Hilfe von wss. NaOH (*Eastman Kodak Co.,* U.S.P. 2816091 [1955]).

Kristalle (aus A.); F: 106–108°.

4-Carboxymethoxy-4'-[2-hydroxy-äthoxy]-*trans*-chalkon, (4-{3-[4-(2-Hydroxy-äthoxy)-phenyl]-3-oxo-*trans*-propenyl}-phenoxy)-essigsäure $C_{19}H_{18}O_6$, Formel IV (R = CH_2-CO-OH, R' = CH_2-CH_2-OH, X = X' = H).

B. Analog der vorangehenden Verbindung (*Eastman Kodak Co.,* U.S.P. 2861058 [1955]).

Gelbe Kristalle (aus wss. A.); F: 176–179°.

4'-[2-Diäthylamino-äthoxy]-4-methoxy-*trans*-chalkon $C_{22}H_{27}NO_3$, Formel IV (R = CH_3, R' = CH_2-CH_2-$N(C_2H_5)_2$, X = X' = H).

B. Beim Erhitzen der Natrium-Verbindung des 4'-Hydroxy-4-methoxy-*trans*-chalkons mit Diäthyl-[2-chlor-äthyl]-amin in Chlorbenzol (*Hoffmann-La Roche,* U.S.P. 2668813 [1952]; D.B.P. 949105 [1953]).

Hydrobromid. Kristalle (aus A.); F: 134–136° [korr.].

3'-Chlor-4'-hydroxy-4-methoxy-*trans*-chalkon $C_{16}H_{13}ClO_3$, Formel IV (R = CH_3, R' = X = H, X' = Cl).

B. Aus 1-[3-Chlor-4-hydroxy-phenyl]-äthanon und 4-Methoxy-benzaldehyd in Äthanol mit Hilfe von wss. KOH (*Shah, Parikh,* J. Indian chem. Soc. **36** [1959] 726).

Gelbe Kristalle (aus A.); F: 200°.

3'-Chlor-4,4'-dimethoxy-*trans*-chalkon $C_{17}H_{15}ClO_3$, Formel IV (R = R' = CH_3, X = H, X' = Cl).

B. Analog der vorangehenden Verbindung (*Shah, Parikh,* J. Indian chem. Soc. **36** [1959] 726).

Kristalle (aus A.); F: 135°.

4,4'-Dihydroxy-3-nitro-*trans*-chalkon $C_{15}H_{11}NO_5$, Formel IV (R = R' = X' = H, X = NO_2).

B. Beim Behandeln von 4,4'-Dihydroxy-*trans*-chalkon in Dioxan mit $NaNO_2$ und wss. HCl (*Zioudrou, Fruton,* Am. Soc. **79** [1957] 5951).

Orangerote Kristalle (aus E.+Bzl.); F: 290°.

Dimethyl-Derivat $C_{17}H_{15}NO_5$; 4,4'-Dimethoxy-3-nitro-*trans*-chalkon (E II 377). Kristalle (aus Me.); F: 167° [Zers.].

Diacetyl-Derivat $C_{19}H_{15}NO_7$; 4,4'-Diacetoxy-3-nitro-*trans*-chalkon. F: 160°.

4,4'-Dihydroxy-3'-nitro-*trans*-chalkon $C_{15}H_{11}NO_5$, Formel IV (R = R' = X = H, X' = NO_2).

B. Beim Erwärmen von 1-[4-Hydroxy-3-nitro-phenyl]-äthanon mit 4-Hydroxy-benzaldehyd und wss.-äthanol. NaOH (*Sipos, Széll,* Acta Univ. Szeged [NS] **5** [1959] Nr. 1/2, S. 70).

Kristalle (aus A.+E.); F: 214–216°.

4-Methoxy-4'-methylmercapto-*trans*-chalkon $C_{17}H_{16}O_2S$, Formel V (X = H).

B. Aus 1-[4-Methylmercapto-phenyl]-äthanon und 4-Methoxy-benzaldehyd (*Farbenfabr. Bayer,* D.B.P. 845196 [1950]; D.R.B.P. Org. Chem. 1950–1951 **3** 1184, 1186; *Schenley Ind.,* U.S.P. 2768970 [1954]).

F: 132°.

Thiosemicarbazon $C_{18}H_{19}N_3OS_2$. Kristalle (aus wss. A.); F: 155°.

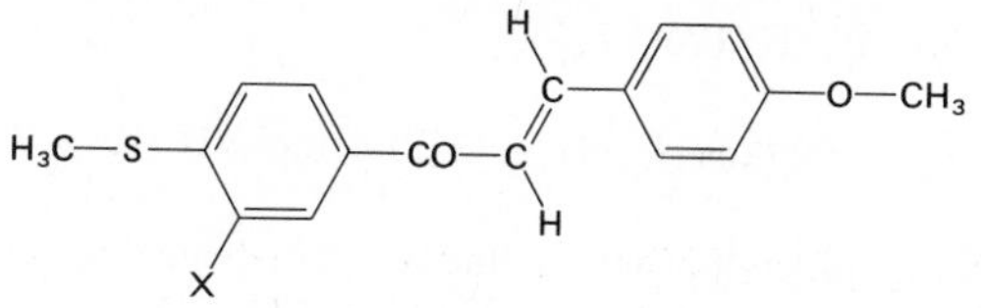

V

3′-Chlor-4-methoxy-4′-methylmercapto-*trans*-chalkon $C_{17}H_{15}ClO_2S$, Formel V (X = Cl).

B. Aus 1-[3-Chlor-4-methylmercapto-phenyl]-äthanon und 4-Methoxy-benzaldehyd (*Tri-Tuc, Nguyèn-Hoan,* C. r. **237** [1953] 1016).

Kristalle; F: 101°.

4,4′-Bis-phenylmercapto-*trans*-chalkon $C_{27}H_{20}OS_2$, Formel VI.

B. Aus 1-[4-Phenylmercapto-phenyl]-äthanon und 4-Phenylmercapto-benzaldehyd in Äthanol mit Hilfe von wss. NaOH (*Szmant et al.,* J. org Chem. **18** [1953] 745).

F: 119–120° [unkorr.].

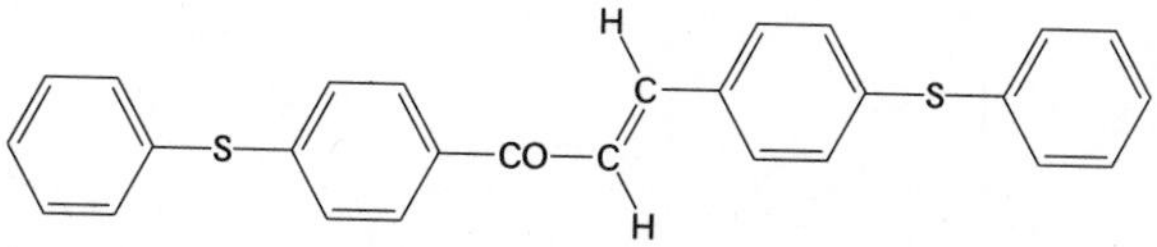

VI

2′,4′-Dihydroxy-*trans*-chalkon $C_{15}H_{12}O_3$, Formel VII (R = R′ = X = X′ = H) (E I 648; E II 377; E III 2829; vgl. H 333).

B. Beim Behandeln von 1-[2,4-Bis-benzoyloxy-phenyl]-äthanon mit Benzaldehyd in Äthylacetat unter Einleiten von HCl und Erwärmen des Reaktionsprodukts mit wss.-äthanol. KOH (*Goel et al.,* Pr. Indian Acad. [A] **48** [1958] 180, 183). Beim Erhitzen der folgenden Verbindung mit Essigsäure und wenig wss. H_2SO_4 (*Bellino, Venturella,* Ann. Chimica **48** [1958] 111, 114, 118).

Gelbe Kristalle; F: 150–151° [aus Toluol] (*Be., Ve.,* l. c. S. 120), 147–148° [aus Bzl.] (*Goel et al.*).

Bildung von 7-Hydroxy-2-phenyl-chromen-4-on und 1-[2,4-Dihydroxy-phenyl]-3-phenyl-propan-1-on beim Erhitzen mit Palladium/Kohle in Octadecan-1-ol: *Massicot,* C. r. **240** [1955] 94, 95; oder mit Palladium in *trans*-Zimtsäure-äthylester: *Mentzer, Massicot,* Bl. **1956** 144, 146.

2′-Hydroxy-4′-methoxymethoxy-*trans*-chalkon $C_{17}H_{16}O_4$, Formel VII (R = X = X′ = H, R′ = CH_2-O-CH_3).

B. Aus 1-[2-Hydroxy-4-methoxymethoxy-phenyl]-äthanon und Benzaldehyd in Äthanol mit Hilfe von wss. KOH (*Bellino, Venturella,* Ann. Chimica **48** [1958] 111, 117).

Orangegelbe Kristalle (aus A.); F: 81° (*Be., Ve.,* l. c. S. 119).

2′-Acetoxy-4′-methoxy-*trans*-chalkon $C_{18}H_{16}O_4$, Formel VII (R = CO-CH_3, R′ = CH_3, X = X′ = H) (vgl. H 333).

B. Beim Erhitzen von 2′-Hydroxy-4′-methoxy-*trans*-chalkon mit Natriumacetat und Acetanhydrid auf 180° (*Ponniah, Seshadri,* Pr. Indian Acad. [A] **37** [1953] 534, 542).

Kristalle (aus E.+PAe.); F: 66–68°.

[3-Hydroxy-4-(1-oxo-3-phenyl-*trans*-prop-2-enyl)-phenoxy]-essigsäure $C_{17}H_{14}O_5$, Formel VII (R = X = X′ = H, R′ = CH_2-CO-OH).

B. Beim Erwärmen von [4-Acetyl-3-hydroxy-phenoxy]-essigsäure-äthylester mit Benzaldehyd und wss.-methanol. NaOH (*Da Re, Colleoni,* Ann. Chimica **49** [1959] 1632, 1637).

Gelbe Kristalle (aus wss. A.); F: 176–177°.

4-Fluor-2′,4′-dimethoxy-*trans*-chalkon $C_{17}H_{15}FO_3$, Formel VII (R = R′ = CH_3, X = H, X′ = F).

B. Aus 1-[2,4-Dimethoxy-phenyl]-äthanon und 4-Fluor-benzaldehyd in Äthanol mit Hilfe von wss. NaOH (*Buu-Hoi et al.*, J. org. Chem. **22** [1957] 193, 195).

Kristalle (aus A.); F: 98°.

5′-Brom-2′-hydroxy-4′-methoxy-*trans*-chalkon $C_{16}H_{13}BrO_3$, Formel VIII (R = X = H, R′ = CH_3, X′ = Br).

B. Beim Erwärmen von 6-Brom-7-methoxy-2-phenyl-chroman-4-on mit KOH oder Kaliumacetat in Äthanol (*Cavill et al.*, Soc. **1954** 4573, 4579).

Gelbe Kristalle (aus E.+PAe.); F: 171°.

VII

VIII

5′-Brom-2′,4′-dimethoxy-*trans*-chalkon $C_{17}H_{15}BrO_3$, Formel VIII (R = R′ = CH_3, X = H, X′ = Br).

B. Aus der vorangehenden Verbindung und CH_3I mit Hilfe von K_2CO_3 (*Cavill et al.*, Soc. **1954** 4573, 4579).

Hellgelbe Kristalle (aus A.); F: 133°.

2′,4′-Dihydroxy-3-nitro-*trans*-chalkon $C_{15}H_{11}NO_5$, Formel VII (R = R′ = X′ = H, X = NO_2).

B. Neben 7-Hydroxy-2-[3-nitro-phenyl]-chroman-4-on beim Erwärmen von 1-[2,4-Dihydroxy-phenyl]-äthanon mit 3-Nitro-benzaldehyd und $Ba(OH)_2$ in Methanol (*Matsuoka et al.*, J. chem. Soc. Japan Pure Chem. Sect. **78** [1957] 647, 648; C. A. **1959** 5257).

Gelbe Kristalle (aus Me.); F: 217–218°.

2′-Hydroxy-4′-methoxy-3-nitro-*trans*-chalkon $C_{16}H_{13}NO_5$, Formel VII (R = X′ = H, R′ = CH_3, X = NO_2).

B. Aus 1-[2-Hydroxy-4-methoxy-phenyl]-äthanon und 3-Nitro-benzaldehyd in Äthanol mit Hilfe von wss. $Ba(OH)_2$ (*Matsuoka*, J. chem. Soc. Japan Pure Chem. Sect. **80** [1959] 61, 63; C. A. **1961** 4490) oder von wss. NaOH (*Cavill et al.*, Soc. **1954** 4573, 4578).

Gelbe Kristalle; F: 182° [aus E.] (*Ca. et al.*), 172–173° [aus Acn.] (*Ma.*).

2′-Hydroxy-4′-methoxy-4-nitro-*trans*-chalkon $C_{16}H_{13}NO_5$, Formel VII (R = X = H, R′ = CH_3, X′ = NO_2).

B. Beim Erwärmen von 1-[2-Hydroxy-4-methoxy-phenyl]-äthanon mit 4-Nitro-benzaldehyd und $Ba(OH)_2$ in wss. Äthanol (*Matsuoka*, J. chem. Soc. Japan Pure Chem. Sect. **80** [1959] 61, 63; C. A. **1961** 4490).

Gelbe Kristalle (aus Acn.); F: 194–195°.

2′,4′-Dihydroxy-3′-nitro-*trans*-chalkon $C_{15}H_{11}NO_5$, Formel VIII (R = R′ = X′ = H, X = NO_2).

B. Aus 1-[2,4-Dihydroxy-3-nitro-phenyl]-äthanon und Benzaldehyd in Äthanol mit Hilfe von wss. KOH (*Seshadri, Trivedi*, J. org. Chem. **22** [1957] 1633, 1634, 1635).

Kristalle (aus A.); F: 173° (*Se., Tr.*, J. org. Chem. **22** 1635).

Diacetyl-Derivat $C_{19}H_{15}NO_7$; 2′,4′-Diacetoxy-3′-nitro-*trans*-chalkon. Kristalle (aus A.); F: 133–135° (*Seshadri, Trivedi,* J. org. Chem. **23** [1958] 1735, 1737).

Die folgenden Verbindungen sind in analoger Weise hergestellt worden:

2′-Hydroxy-4′-methoxy-3′-nitro-*trans*-chalkon $C_{16}H_{13}NO_5$, Formel VIII (R = X′ = H, R′ = CH_3, X = NO_2). Kristalle (aus Eg.); F: 232° (*Se., Tr.,* J. org. Chem. **22** 1634).

2′,4′-Dihydroxy-5′-nitro-*trans*-chalkon $C_{15}H_{11}NO_5$, Formel VIII (R = R′ = X = H, X′ = NO_2). Kristalle (aus Eg. bzw. Bzl.); F: 188–189° (*Kulkarni, Jadhav,* J. Indian chem. Soc. **31** [1954] 746, 750; *Se., Tr.,* J. org. Chem. **22** 1634).

2′-Hydroxy-4′-methoxy-5′-nitro-*trans*-chalkon $C_{16}H_{13}NO_5$, Formel VIII (R = X = H, R′ = CH_3, X′ = NO_2). Kristalle (aus Eg.); F: 179–180° (*Kulkarni, Jadhav,* J. Indian chem. Soc. **32** [1955] 97, 98).

4′-Benzyloxy-2′-hydroxy-5′-nitro-*trans*-chalkon $C_{22}H_{17}NO_5$, Formel VIII (R = X = H, R′ = CH_2-C_6H_5, X′ = NO_2). Gelbe Kristalle (aus Eg.); F: 204° (*Atchabba et al.,* J. Indian chem. Soc. **32** [1955] 206).

3′-Brom-2′,4′-dihydroxy-5′-nitro-*trans*-chalkon $C_{15}H_{10}BrNO_5$, Formel VIII (R = R′ = H, X = Br, X′ = NO_2).

B. Aus 1-[3-Brom-2,4-dihydroxy-5-nitro-phenyl]-äthanon und Benzaldehyd in Äthanol mit Hilfe von wss. KOH (*Kulkarni, Jadhav,* J. Indian chem. Soc. **31** [1954] 746, 750). Aus 2′,4′-Dihydroxy-5′-nitro-*trans*-chalkon und Brom in Essigsäure (*Ku., Ja.,* l. c. S. 752). Beim Erwärmen von (2*RS*,3*SR*)-2,3-Dibrom-1-[3-brom-2,4-dihydroxy-5-nitro-phenyl]-3-phenyl-propan-1-on mit Hilfe von KI in Aceton (*Ku., Ja.,* l. c. S. 748).

Kristalle (aus $CHCl_3$); F: 234° (*Ku., Ja.,* l. c. S. 750).

α-Brom-2′-hydroxy-4′-methoxy-5′-nitro-*trans*(?)-chalkon $C_{16}H_{12}BrNO_5$, vermutlich Formel IX (R = CH_3, X = Br, X′ = H, X″ = NO_2).

Bezüglich der Konfigurationszuordnung vgl. das analog hergestellte α-Brom-*trans*-chalkon (E IV **7** 1663).

B. Beim Erhitzen von (2*RS*,3*SR*)-2,3-Dibrom-1-[2-hydroxy-4-methoxy-5-nitro-phenyl]-3-phenyl-propan-1-on mit Pyridin (*Kulkarni, Jadhav,* J. Indian chem. Soc. **32** [1955] 97, 100).

Kristalle (aus Eg.); F: 252–253°.

2′,4′-Dihydroxy-3,3′-dinitro-*trans*-chalkon $C_{15}H_{10}N_2O_7$, Formel IX (R = X = X″ = H, X′ = NO_2).

B. In kleiner Menge aus 1-[3-Nitro-2,4-dihydroxy-phenyl]-äthanon und 3-Nitro-benzaldehyd in Äthanol mit Hilfe von wss. KOH (*Seshadri, Trivedi,* J. org. Chem. **22** [1957] 1633, 1634, 1635).

Kristalle (aus Nitrobenzol); F: 227°.

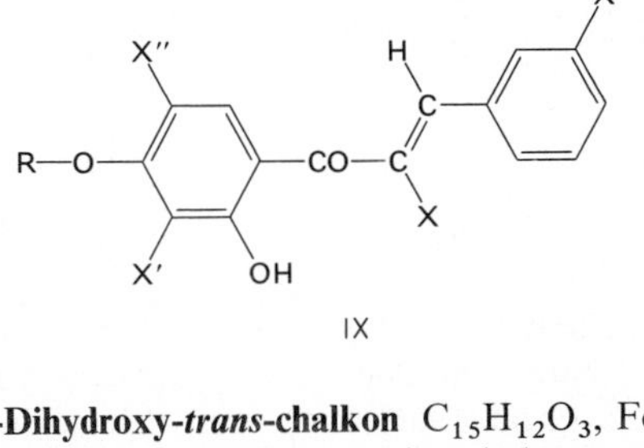

IX

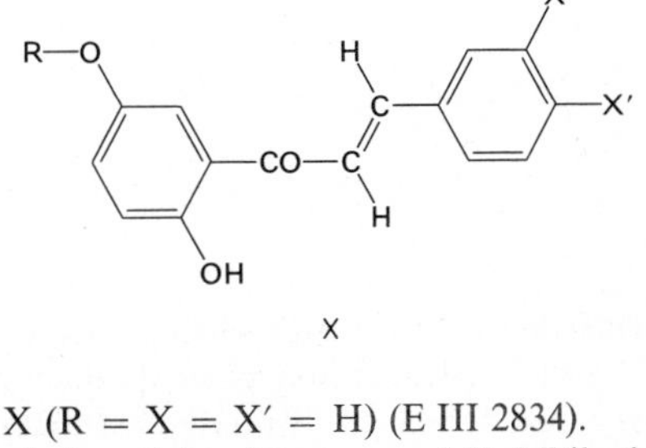

X

2′,5′-Dihydroxy-*trans*-chalkon $C_{15}H_{12}O_3$, Formel X (R = X = X′ = H) (E III 2834).

B. Neben 6-Hydroxy-2-phenyl-chroman-4-on beim Behandeln von 1-[2,5-Dihydroxyphenyl]-äthanon mit Benzaldehyd und wss.-äthanol. KOH (*Row, Rao,* Curr. Sci. **25** [1956] 393; vgl. E III 2834).

Orangefarbene Kristalle; F: 172–174° (*Row, Rao*).

Die von *Vyas, Shah* (J. Indian chem. Soc. **26** [1949] 273, 274) auf gleiche Weise erhaltene, ebenfalls unter dieser Konstitution beschriebene Verbindung (F: 215°) ist wahrscheinlich als (±)-3-[(*E*)-Benzyliden]-6-hydroxy-2-phenyl-chromen-4-on (E III/IV **18** 846) zu formulieren (*Seikel et al.*, J. org. Chem. **27** [1962] 2952; s. a. *Shah, Shah*, B. **97** [1964] 1453, 1455); Entsprechendes gilt für das von *Vyas, Shah* (l. c.) beschriebene vermeintliche Dimethyl-Derivat (F: 124°) und das Dibenzoyl-Derivat (F: 129°).

Dimethyl-Derivat $C_{17}H_{16}O_3$; 2′,5′-Dimethoxy-*trans*-chalkon. Kristalle (aus A.); F: 160° (*Shah, Shah*, l. c. S. 1456).

Diacetyl-Derivat $C_{19}H_{16}O_5$; 2′,5′-Diacetoxy-*trans*-chalkon. Kristalle (aus Eg.); F: 108° (*Shah, Shah*).

Dibenzoyl-Derivat (F: 147–148°): *Shah, Shah*.

5′-Äthoxy-2′-hydroxy-*trans*-chalkon $C_{17}H_{16}O_3$, Formel X (R = C_2H_5, X = X′ = H) (E II 378).

B. Aus 1-[5-Äthoxy-2-hydroxy-phenyl]-äthanon und Benzaldehyd in Äthanol mit Hilfe von wss. KOH (*Patel, Shah*, J. Indian chem. Soc. **31** [1954] 867).

Rote Kristalle (aus A.); F: 88–89° (*Pa., Shah*).

Die folgenden Verbindungen sind in analoger Weise hergestellt worden:

2′,5′-Dihydroxy-3-nitro-*trans*-chalkon $C_{15}H_{11}NO_5$, Formel X (R = X′ = H, X = NO_2). Gelbe Kristalle (aus A.); F: 205° (*Fujise et al.*, J. chem. Soc. Japan Pure Chem. Sect. **75** [1954] 431, 436; C. A. **1957** 11340).

2′,5′-Dihydroxy-4-nitro-*trans*-chalkon $C_{15}H_{11}NO_5$, Formel X (R = X = H, X′ = NO_2). Orangerote Kristalle (aus Me.); F: 217,5–218° (*Matsuoka et al.*, J. chem. Soc. Japan Pure Chem. Sect. **78** [1957] 647, 654; C. A. **1959** 5259). – Diacetyl-Derivat $C_{19}H_{15}NO_7$; 2′,5′-Diacetoxy-4-nitro-*trans*-chalkon. Kristalle (aus Me.); F: 129–130° (*Ma. et al.*).

2′-Hydroxy-6′-methoxy-*trans*-chalkon $C_{16}H_{14}O_3$, Formel XI (R = CH_3, X = H) (E III 2835). Gelbe Kristalle; F: 65° [aus A.] (*Cummings et al.*, Tetrahedron **19** [1963] 499, 501), 64° [aus Me.] (*Oliverio, Schiavello*, G. **80** [1950] 788, 791). – In den E III **8** 2835 beschriebenen Präparaten (F: 127–129° bzw. F: 127°) hat wahrscheinlich eine polymorphe Modifikation vorgelegen (*Ol., Sch.*, l. c. S. 789).

2′,6′-Dihydroxy-3′-nitro-*trans*-chalkon $C_{15}H_{11}NO_5$, Formel XI (R = H, X = NO_2). Kristalle (aus Bzl.); F: 163–165° (*Seshadri, Trivedi*, J. org. Chem. **22** [1957] 1633, 1634, 1635). – Diacetyl-Derivat $C_{19}H_{15}NO_7$; 2′,6′-Diacetoxy-3′-nitro-*trans*-chalkon. Kristalle (aus A.); F: 104–105° (*Seshadri, Trivedi*, J. org. Chem. **23** [1958] 1735, 1737).

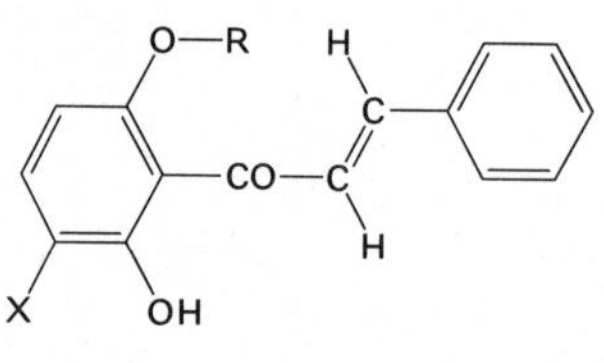

XI

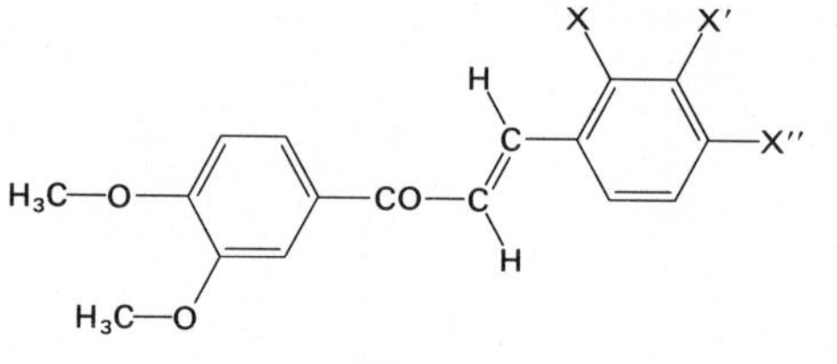

XII

3′,4′-Dimethoxy-2-nitro-*trans*-chalkon $C_{17}H_{15}NO_5$, Formel XII (X = NO_2, X′ = X″ = H).

B. Aus 1-[3,4-Dimethoxy-phenyl]-äthanon und 2-Nitro-benzaldehyd in Äthanol mit Hilfe von wss. NaOH (*Mehra, Mathur*, J. Indian chem. Soc. **33** [1956] 618). Beim Behandeln von 4-[3,4-Dimethoxy-phenyl]-4-oxo-*trans*-crotonsäure (E III **10** 4602) in Aceton mit diazotiertem 2-Nitro-anilin in Gegenwart von CuCl und Natriumacetat (*Me., Ma.*).

Gelbe Kristalle (aus A.); F: 147–148°.

3′,4′-Dimethoxy-3-nitro-*trans*-chalkon $C_{17}H_{15}NO_5$, Formel XII (X = X″ = H, X′ = NO_2).

B. Analog der vorangehenden Verbindung (*Mehra, Mathur,* J. Indian chem. Soc. **33** [1956] 618).

Kristalle (aus Bzl.); F: 128°.

3′,4′-Dimethoxy-4-nitro-*trans*-chalkon $C_{17}H_{15}NO_5$, Formel XII (X = X′ = H, X″ = NO_2).

B. Analog den vorangehenden Verbindungen (*Mehra, Mathur,* J. Indian chem. Soc. **33** [1956] 618).

Kristalle (aus Bzl. oder A.); F: 180°.

4,β-Dimethoxy-3′-nitro-chalkon $C_{17}H_{15}NO_5$.

Über die Konfiguration der nachstehend beschriebenen Stereoisomeren s. *Ikeda,* J. chem. Soc. Japan Pure Chem. Sect. **78** [1957] 1276, 1279; C. A. **1960** 7645.

a) **4,β-Dimethoxy-3′-nitro-*cis*-chalkon,** Formel XIII (R = CH_3, X = NO_2, X′ = H).

B. Neben dem unter b) beschriebenen Stereoisomeren beim Erwärmen von 2,3-Dibrom-3-[4-methoxy-phenyl]-1-[3-nitro-phenyl]-propan-1-on (F: 102°) mit Natriummethylat in Methanol (*Ikeda,* J. chem. Soc. Japan Pure Chem. Sect. **78** [1957] 1276, 1280; C. A. **1960** 7645).

Kristalle (aus PAe.); F: 118°. UV-Spektrum (Dioxan; 220–355 nm): *Ik.*

Beim Erwärmen mit methanol. HCl in eine polymorphe Modifikation (hellgelbes Pulver; F: 128°) erhalten worden (*Ik.,* l. c. S. 1279).

b) **4,β-Dimethoxy-3′-nitro-*trans*-chalkon,** Formel XIV.

B. s. unter a).

Hellgelb; F: 167–168° (*Ikeda,* J. chem. Soc. Japan Pure Chem. Sect. **78** [1957] 1276, 1280; C. A. **1960** 7645). Netzebenenabstände: *Ik.,* l. c. S. 1278. UV-Spektrum (Dioxan; 220–380 nm): *Ik.*

4,β-Dimethoxy-4′-nitro-*cis*-chalkon $C_{17}H_{15}NO_5$, Formel XIII (R = CH_3, X = H, X′ = NO_2).

Konfigurationszuordnung: *Ikeda,* J. chem. Soc. Japan Pure Chem. Sect. **78** [1957] 298, 300; C. A. **1959** 5189.

B. Aus nicht näher beschriebenem 2,3-Dibrom-3-[4-methoxy-phenyl]-1-[4-nitro-phenyl]-propan-1-on mit Hilfe von Natriummethylat in Methanol (*Ik.*).

Hellgelbe Kristalle; F: 103°. UV-Spektrum (A.; 215–330 nm): *Ik.*

Beim Erwärmen mit methanol. HCl ist eine polymorphe Modifikation (F: 145°) erhalten worden (*Ik.*).

β-Äthoxy-4-methoxy-4′-nitro-*cis*-chalkon $C_{18}H_{17}NO_5$, Formel XIII (R = C_2H_5, X = H, X′ = NO_2).

Konfigurationszuordnung: *Ikeda,* J. chem. Soc. Japan Pure Chem. Sect. **78** [1957] 298, 301; C. A. **1959** 5189.

Kristalle; F: 121° (*Ik.,* l. c. S. 300). UV-Spektrum (A.; 210–335 nm): *Ik.*

β,4′-Dimethoxy-2-nitro-chalkon $C_{17}H_{15}NO_5$.

Über die Konfiguration der nachstehend beschriebenen Stereoisomeren s. *Ikeda,* J. chem. Soc. Japan Pure Chem. Sect. **78** [1957] 1284, 1285; C. A. **1960** 5566.

a) **β,4'-Dimethoxy-2-nitro-*cis*-chalkon,** Formel XV (X = NO_2, X' = H).

B. Beim Erwärmen des unter b) beschriebenen Stereoisomeren auf 80° (*Ikeda,* J. chem. Soc. Japan Pure Chem. Sect. **78** [1957] 1284, 1287; C. A. **1960** 5566).

F: 134°. UV-Spektrum (Dioxan; 220–320 nm): *Ik.,* l. c. S. 1286.

b) **β,4'-Dimethoxy-2-nitro-*trans*-chalkon,** Formel I (X = NO_2, X' = H).

B. Beim Erwärmen von (2*RS*,3*SR*)-2,3-Dibrom-1-[4-methoxy-phenyl]-3-[2-nitro-phenyl]-propan-1-on (F: 136–137°) mit Natriummethylat in Methanol (*Ikeda,* J. chem. Soc. Japan Pure Chem. Sect. **78** [1957] 1284, 1287; C. A. **1960** 5566). Aus 1-[4-Methoxy-phenyl]-3-[2-nitro-phenyl]-propan-1,3-dion und Diazomethan in Äther (*Ik.*).

Kristalle (aus PAe.); F: 60°. UV-Spektrum (Dioxan; 220–380 nm): *Ik.,* l. c. S. 1286.

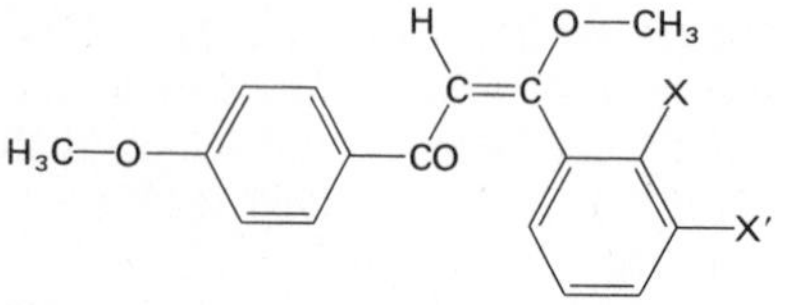

XV 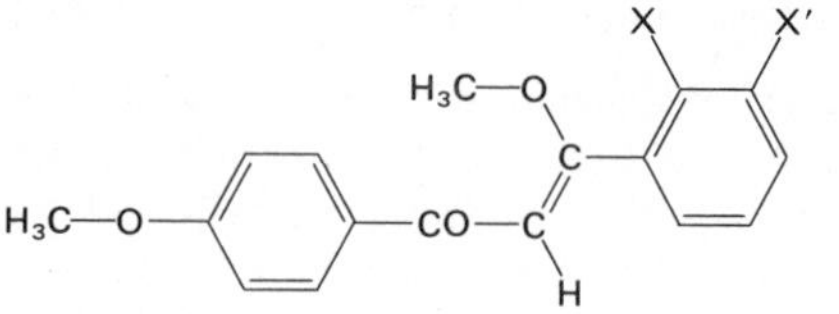 I

β,4'-Dimethoxy-3-nitro-chalkon $C_{17}H_{15}NO_5$.

Über die Konfiguration der nachstehend beschriebenen Stereoisomeren s. *Ikeda,* J. chem. Soc. Japan Pure Chem. Sect. **78** [1957] 1276, 1279; C. A. **1960** 7645.

a) **β,4'-Dimethoxy-3-nitro-*cis*-chalkon,** Formel XV (X = H, X' = NO_2).

B. Aus (2*RS*,3*SR*)-2,3-Dibrom-1-[4-methoxy-phenyl]-3-[3-nitro-phenyl]-propan-1-on (F: 165–166°) und Natriummethylat in Methanol (*Ikeda,* J. chem. Soc. Japan Pure Chem. Sect. **78** [1957] 1276, 1279; C. A. **1960** 7645).

Kristalle (aus PAe.); F: 140°. UV-Spektrum (Dioxan; 220–375 nm): *Ik.,* l. c. S. 1280.

b) **β,4'-Dimethoxy-3-nitro-*trans*-chalkon,** Formel I (X = H, X' = NO_2).

B. Aus 1-[4-Methoxy-phenyl]-3-[3-nitro-phenyl]-propan-1,3-dion und Diazomethan in Äther (*Ikeda,* J. chem. Soc. Japan Pure Chem. Sect. **78** [1957] 1276, 1279; C. A. **1960** 7645).

Hellgelb; F: 107°. UV-Spektrum (Dioxan; 220–380 nm): *Ik.,* l. c. S. 1280.

β,4'-Dimethoxy-4-nitro-chalkon $C_{17}H_{15}NO_5$.

Über die Konfiguration der nachstehend beschriebenen Stereoisomeren s. *Ikeda,* J. chem. Soc. Japan Pure Chem. Sect. **78** [1957] 298, 299; C. A. **1959** 5189.

a) **β,4'-Dimethoxy-4-nitro-*cis*-chalkon,** Formel II (R = CH_3).

B. Aus 2,3-Dibrom-1-[4-methoxy-phenyl]-3-[4-nitro-phenyl]-propan-1-on (aus 4'-Methoxy-4-nitro-*trans*-chalkon und Brom hergestellt) und Natriummethylat in Methanol (*Ikeda,* J. chem. Soc. Japan Pure Chem. Sect. **78** [1957] 298; C. A. **1959** 5189).

Polymorph; Kristalle; F: 132° [aus Ae.+$CHCl_3$], F: 87° bzw. F: 80° [aus PAe.] (*Ik.,* l. c. S. 298). Netzebenenabstände der Modifikationen vom F: 87° und vom F: 80°: *Ik.,* l. c. S. 301. UV-Spektrum (A.; 215–360 nm): *Ik.,* l. c. S. 299.

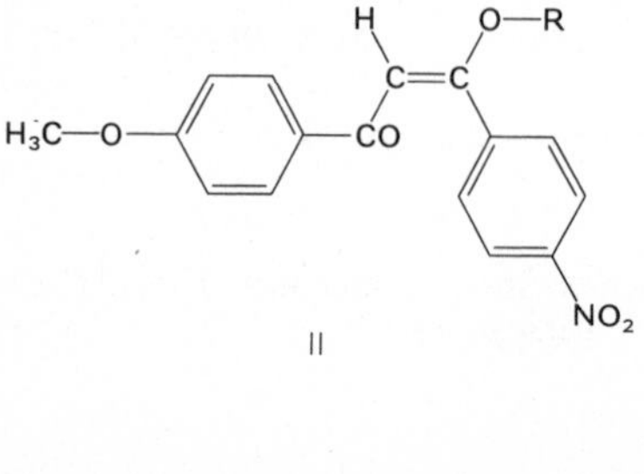

II 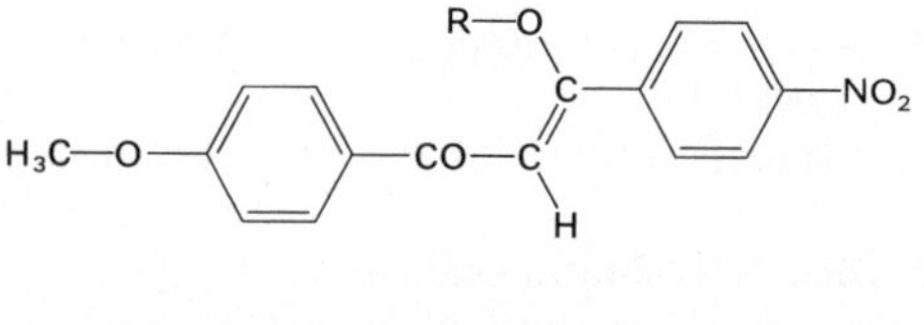 III

b) **β,4′-Dimethoxy-4-nitro-*trans*-chalkon,** Formel III (R = CH_3).

B. Aus 1-[4-Methoxy-phenyl]-3-[4-nitro-phenyl]-propan-1,3-dion und Diazomethan (*Ikeda,* J. chem. Soc. Japan Pure Chem. Sect. **78** [1957] 298, 299; C. A. **1959** 5189).

Hellgelbe Kristalle; F: 98–99°. UV-Spektrum (A.; 220–360 nm): *Ik.*

β-Äthoxy-4′-methoxy-4-nitro-chalkon $C_{18}H_{17}NO_5$.

Über die Konfiguration der nachstehend beschriebenen Stereoisomeren s. *Ikeda,* J. chem. Soc. Japan Pure Chem. Sect. **78** [1957] 298, 300; C. A. **1959** 5189.

a) **β-Äthoxy-4′-methoxy-4-nitro-*cis*-chalkon,** Formel II (R = C_2H_5).

Hellgelbe Kristalle; F: 132° (*Ikeda,* J. chem. Soc. Japan Pure Chem. Sect. **78** [1957] 298; C. A. **1959** 5189). UV-Spektrum (A.; 215–360 nm): *Ik.*, l. c. S. 300.

b) **β-Äthoxy-4′-methoxy-4-nitro-*trans*-chalkon,** Formel III (R = C_2H_5).

B. Aus 1-[4-Methoxy-phenyl]-3-[4-nitro-phenyl]-propan-1,3-dion und Diazoäthan (*Ikeda,* J. chem. Soc. Japan Pure Chem. Sect. **78** [1957] 298, 300; C. A. **1959** 5189).

Hellgelbes Pulver; F: 80°. UV-Spektrum (A.; 215–360 nm): *Ik.*, l. c. S. 300.

2-Hydroxy-α-methoxy-*trans*(?)-chalkon $C_{16}H_{14}O_3$, vermutlich Formel IV (R = H, X = O-CH_3) (E II 379).

B. Neben 3-Hydroxy-3-[2-hydroxy-phenyl]-2-methoxy-1-phenyl-propan-1-on (F: 121°) beim mehrtägigen Behandeln von 2-Methoxy-1-phenyl-äthanon mit Salicylaldehyd bei 37° und pH 10,5–11 (*Reichel, Döring,* A. **606** [1957] 137, 144; vgl. E II 379).

Hellgelbe Kristalle (aus Me. oder Toluol); F: 154–155° [unkorr.].

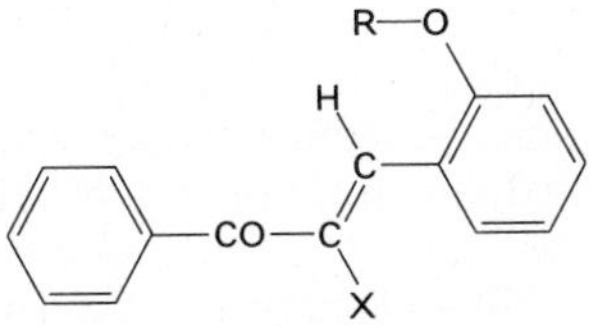

R—O
H
C
CO—C
X
IV

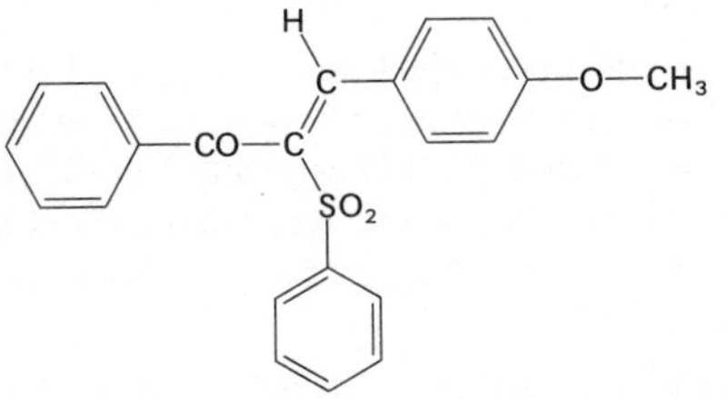

H
C
O—CH_3
CO—C
SO_2
V

α-Benzolsulfonyl-2-methoxy-*trans*(?)-chalkon $C_{22}H_{18}O_4S$, vermutlich Formel IV (R = CH_3, X = SO_2-C_6H_5).

B. Beim Erwärmen von 2-Benzolsulfonyl-1-phenyl-äthanon mit 2-Methoxy-benzaldehyd und Ammoniumacetat in Äthanol (*Balasubramanian, Baliah,* J. Indian chem. Soc. **32** [1955] 493, 494, 496).

Kristalle (aus Dioxan + H_2O); F: 130–131°.

α-Benzolsulfonyl-4-methoxy-*trans*(?)-chalkon $C_{22}H_{18}O_4S$, vermutlich Formel V.

B. Beim Erwärmen von 2-Benzolsulfonyl-1-phenyl-äthanon mit 4-Methoxy-benzaldehyd und Ammoniumacetat in Äthanol (*Balasubramanian, Baliah,* J. Indian chem. Soc. **32** [1955] 493, 494, 496).

Kristalle (aus A.); F: 161–163°.

1-[2-Hydroxy-phenyl]-3-phenyl-propan-1,2-dion $C_{15}H_{12}O_3$, Formel VI (R = H) und Taut.

In äthanol. Lösung liegt diese Verbindung überwiegend als (±)-2-Benzyl-2-hydroxy-benzofuran-3-on $C_{15}H_{12}O_3$ vor (*Enebäck, Gripenberg,* Acta chem. scand. **11** [1957] 866, 869, 872).

B. Neben grösseren Mengen 3-Hydroxy-2-phenyl-chromen-4-on (E III/IV **17** 6428) beim Erwärmen von *trans*-3-Hydroxy-2-phenyl-chroman-4-on (E III/IV **18** 630) mit äthanol. KOH und Behandeln der Reaktionslösung mit wss. HCl (*Gripenberg,* Acta chem. scand. **7** [1953] 1323,

1329).

Kristalle (aus Ae.+PAe.); F: 102–103° (*Gr.*). UV-Spektrum (A.; 210–350 nm): *En., Gr.*, l. c. S. 869.

1-[2-Methoxy-phenyl]-3-phenyl-propan-1,2-dion $C_{16}H_{14}O_3$ und Taut.

a) **1-[2-Methoxy-phenyl]-3-phenyl-propan-1,2-dion,** Formel VI (R = CH_3).

B. Beim Erwärmen von α-Hydroxy-2′-methoxy-chalkon (s. u.) mit Piperidin in Hexan (*Enebäck, Gripenberg,* Acta chem. scand. **11** [1957] 866, 872).

Gelbe Kristalle (aus Me.); F: 72°. UV-Spektrum (A.; 210–380 nm): *En., Gr.*, l. c. S. 869.

Beim Erwärmen mit wss. NaOH und anschliessenden Behandeln mit wss. Säuren wird α-Hydroxy-2′-methoxy-chalkon zurückerhalten.

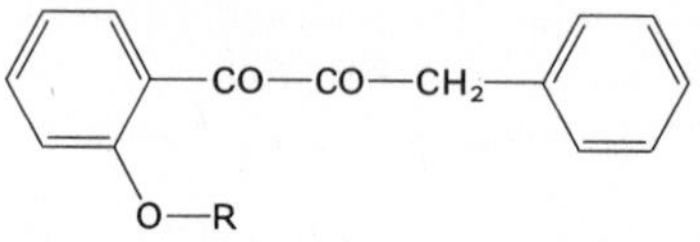

VI 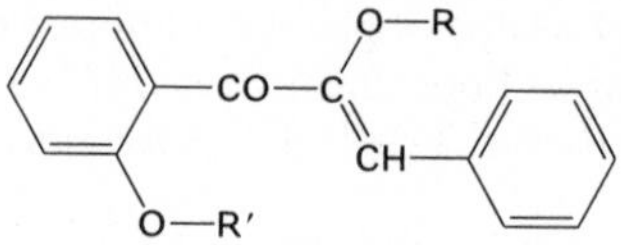 VII

b) ***α-Hydroxy-2′-methoxy-chalkon,** Formel VII (R = H, R′ = CH_3) (E I 648).

B. Beim Erwärmen von opt.-inakt. 2,3-Epoxy-1-[2-methoxy-phenyl]-3-phenyl-propan-1-on (E III/IV **18** 628) mit wss.-äthanol. KOH (*Enebäck, Gripenberg,* Acta chem. scand. **11** [1957] 866, 872).

Gelbe Kristalle (aus Me.); F: 133,5°. UV-Spektrum (A.; 210–390 nm): *En., Gr.*, l. c. S. 869.

***2′-Hydroxy-α-methoxy-chalkon** $C_{16}H_{14}O_3$, Formel VII (R = CH_3, R′ = H).

B. Aus 1-[2-Hydroxy-phenyl]-2-methoxy-äthanon (aus 3-Methoxy-2-phenyl-chromen-4-on mit Hilfe von äthanol. KOH hergestellt) und Benzaldehyd mit Hilfe von wss. NaOH (*Enebäck, Gripenberg,* Acta chem. scand. **11** [1957] 866, 872).

Gelbe Kristalle (aus Me.); F: 52°. UV-Spektrum (A.; 210–400 nm): *En., Gr.*, l. c. S. 869.

***α,2′-Dimethoxy-chalkon** $C_{17}H_{16}O_3$, Formel VII (R = R′ = CH_3).

B. Aus 2-Methoxy-1-[2-methoxy-phenyl]-äthanon (aus Bis-[2-methoxy-phenyl]-cadmium und Methoxyacetylchlorid hergestellt) und Benzaldehyd mit Hilfe von wss.-äthanol. NaOH (*Enebäck, Gripenberg,* Acta chem. scand. **11** [1957] 866, 873). Beim Erwärmen von α-Hydroxy-2′-methoxy-chalkon bzw. von 2′-Hydroxy-α-methoxy-chalkon mit Dimethylsulfat und K_2CO_3 in Aceton (*En., Gr.*).

Kristalle (aus Me.); F: 55,5–56°. UV-Spektrum (A.; 210–380 nm): *En., Gr.*, l. c. S. 869.

***1-[4-Methoxy-phenyl]-3-phenyl-propan-1,2-dion-2-oxim** $C_{16}H_{15}NO_3$, Formel VIII.

B. Beim Behandeln von 1-[4-Methoxy-phenyl]-3-phenyl-propan-1-on mit Methylnitrit und HCl (*Bar, Erb-Debruyne,* Ann. pharm. franç. **16** [1958] 235, 241).

Kristalle (aus A. oder Bzl.); F: 114°.

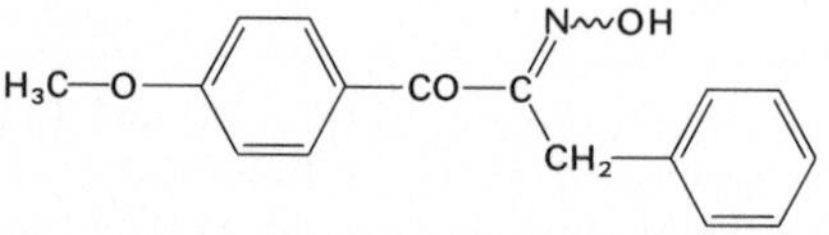

VIII 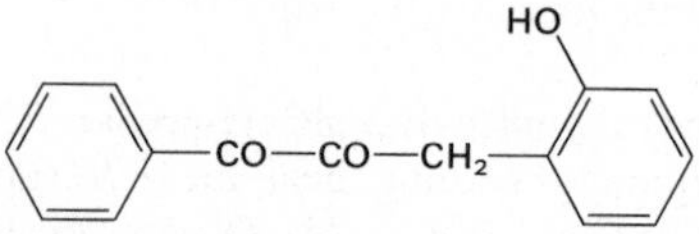 IX

3-[2-Hydroxy-phenyl]-1-phenyl-propan-1,2-dion $C_{15}H_{12}O_3$, Formel IX und Taut. (E III 2842).

Hydrochlorid $C_{15}H_{12}O_3 \cdot HCl$; [3-(2-Hydroxy-phenyl)-2-oxo-1-phenyl-prop=

yliden]-oxonium-chlorid. *B.* Beim Behandeln von opt.-inakt. 2,3-Dihydroxy-3-[2-hydroxy-phenyl]-1-phenyl-propan-1-on (F: 167–168°) in Äther mit HCl (*Reichel, Döring,* A. **606** [1957] 137, 146). – Orangefarbene Kristalle (aus wss. HCl); F: 99–100°. – Beim Behandeln mit $FeCl_3$ in Essigsäure ist Bis-[3-hydroxy-2-phenyl-chromenylium]-chlorid-tetrachloroferrat(III) $[C_{15}H_{11}O_2]_2Cl \cdot FeCl_4$ (gelborangefarbene Kristalle [aus Eg.]; F: 151–152° [unkorr.; Zers.]) erhalten worden (*Re., Dö.*). Beim Behandeln mit wss. $HClO_4$ in Essigsäure bildet sich 3-Hydroxy-2-phenyl-chromenylium-perchlorat $[C_{15}H_{11}O_2]ClO_4$ [Kristalle (aus Eg.); F: 227–229° (unkorr.)] (*Re., Dö.,* l. c. S. 147).

***3-[4-Methoxy-phenyl]-1-phenyl-propan-1,2-dion-2-oxim** $C_{16}H_{15}NO_3$, Formel X (X = N-OH, X′ = H).

B. Beim Behandeln von 3-[4-Methoxy-phenyl]-1-phenyl-propan-1-on mit Methylnitrit und HCl (*Bar, Erb-Debruyne,* Ann. pharm. franç. **16** [1958] 235, 240).

Kristalle (aus Bzl.); F: 95–97°.

3-[4-Methoxy-phenyl]-1-[4-nitro-phenyl]-propan-1,2-dion $C_{16}H_{13}NO_5$, Formel X (X = O, X′ = NO_2) und Taut.

B. Beim Behandeln von α-Acetylamino-4-methoxy-4′-nitro-chalkon (F: 148–150°) mit äthanol. HCl (*Petrow et al.,* Soc. **1953** 4066, 4075).

Orangefarbene Kristalle (aus A.); F: 165–168°.

o-Phenylendiamin-Kondensationsprodukt (F: 148–149°): *Pe. et al.*

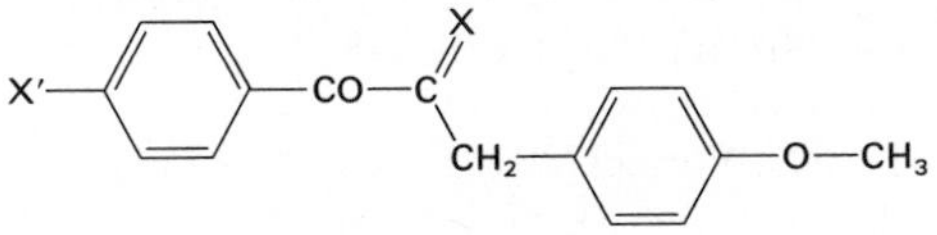

X

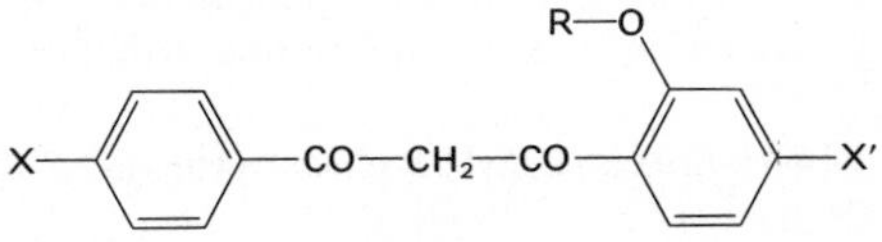

XI

1-[2-Hydroxy-phenyl]-3-phenyl-propan-1,3-dion $C_{15}H_{12}O_3$, Formel XI (R = X = X′ = H) und Taut. (E I 649; E III 2837).

B. Beim Behandeln von 1-[2-Benzoyloxy-phenyl]-äthanon mit Kaliumbutylat in Dioxan (*Reichel, Henning,* A. **621** [1959] 72, 75). Beim Erwärmen von 2-Phenyl-chromen-4-on in Äthanol mit wss. NaOH (*Bognár, Rákosi,* Acta chim. hung. **8** [1956] 309, 314).

Gelbe Kristalle; F: 120–121° [unkorr.; aus Me.] (*Re., He.*), 119–120 [aus A.] (*Bo., Rá.*). UV-Spektrum (220–350 nm): *Bo., Rá.,* l. c. S. 312.

Die früher (s. E III **8** 2837) beim Erwärmen mit $NH_2OH \cdot HCl$ in Äthanol erhaltene und als 2-[5-Phenyl-isoxazol-3-yl]-phenol angesehene Verbindung (F: 231°) ist als 2-[3-Phenyl-isoxazol-5-yl]-phenol zu formulieren (*Basiński, Jerzmanowska,* Roczniki Chem. **50** [1976] 1067, 1068). Beim Erwärmen mit $N_2H_4 \cdot H_2O$ in Äthanol ist 2-[5-Phenyl-1(2)*H*-pyrazol-3-yl]-phenol erhalten worden (*Baker et al.,* Soc. **1952** 1303, 1307). Reaktion mit [2,4-Dinitro-phenyl]-hydrazin und äthanol. H_2SO_4 unter Bildung von 2-Phenyl-chromen-4-on-[2,4-dinitro-phenylhydrazon] (F: 282°): *Ba. et al.,* l. c. S. 1308. Beim Erwärmen mit Benzylamin in Äthanol ist β-Benzylamino-2-hydroxy-chalkon (F: 175°) neben wenig β-Benzylamino-2′-hydroxy-chalkon (F: 96–98°) erhalten worden (*Baker et al.,* Soc. **1952** 1294, 1298).

Natrium-Salz $NaC_{15}H_{11}O_3$. Gelbe Kristalle [aus Me.] (*Re., He.*).

Kalium-Salz. Grünliche Kristalle [aus Me.] (*Re., He.*).

1-[2-Methoxy-phenyl]-3-phenyl-propan-1,3-dion $C_{16}H_{14}O_3$, Formel XI (R = CH_3, X = X′ = H) und Taut. (E II 381).

Uranyl(VI)-Salz $[UO_2](C_{16}H_{13}O_3)_2$. Orangefarbene Kristalle [aus wss. A.] (*Yamane,* J. pharm. Soc. Japan **77** [1957] 396, 400; C. A. **1957** 11151). Absorptionsspektrum (wss. A.; 340–440 nm): *Yamane,* J. pharm. Soc. Japan **77** [1957] 400, 401; C. A. **1957** 12746. Stabilitätskonstante in Äthanol und in wss. Äthanol [50%ig bzw. 90%ig]: *Ya.,* l. c. S. 398.

1-[4-Chlor-phenyl]-3-[2-hydroxy-phenyl]-propan-1,3-dion $C_{15}H_{11}ClO_3$, Formel XI (R = X′ = H, X = Cl) und Taut.

B. Aus 1-[2-(4-Chlor-benzoyloxy)-phenyl]-äthanon mit Hilfe von KOH in Pyridin (*Baker et al.*, Soc. **1952** 1294, 1300).

Gelbe Kristalle (aus A.); F: 122–124° [unkorr.].

1-[2-Hydroxy-4-nitro-phenyl]-3-phenyl-propan-1,3-dion $C_{15}H_{11}NO_5$, Formel XI (R = X = H, X′ = NO_2) und Taut.

B. Beim Erwärmen von 1-[2-Hydroxy-4-nitro-phenyl]-äthanon mit Benzoylchlorid und K_2CO_3 in Aceton (*Bapat, Venkataraman*, Pr. Indian Acad. [A] **42** [1955] 336, 338).

Gelbe Kristalle (aus Bzl.); F: 196°.

1-[2-Hydroxy-phenyl]-3-[4-nitro-phenyl]-propan-1,3-dion $C_{15}H_{11}NO_5$, Formel XI (R = X′ = H, X = NO_2) und Taut. (E III 2839).

B. Beim Behandeln von 1-[2-(4-Nitro-benzoyloxy)-phenyl]-äthanon mit KOH in Pyridin (*Baker et al.*, Soc. **1952** 1294, 1301).

Gelbe Kristalle (aus Bzl.); F: 200–201° [unkorr.].

Bildung von 2-Methyl-3-[4-nitro-benzoyl]-chromen-4-on beim Erhitzen mit Acetanhydrid und Natriumacetat: *Ba. et al.*, l. c. S. 1302.

1-[3-Methoxy-phenyl]-3-phenyl-propan-1,3-dion $C_{16}H_{14}O_3$, Formel XII und Taut. (E II 382).

Uranyl(VI)-Salz $[UO_2](C_{16}H_{13}O_3)_2$. Orangefarbene Kristalle [aus wss. A.] (*Yamane*, J. pharm. Soc. Japan **77** [1957] 396, 400; C. A. **1957** 11151). Absorptionsspektrum (wss. A.; 340–440 nm): *Yamane*, J. pharm. Soc. Japan **77** [1957] 400, 401; C. A. **1957** 12746. Stabilitätskonstante in Äthanol und in wss. Äthanol [50%ig bzw. 90%ig]: *Ya.*, l. c. S. 398.

1-[4-Hydroxy-phenyl]-3-phenyl-propan-1,3-dion $C_{15}H_{12}O_3$, Formel XIII (R = X = H) und Taut.

B. Beim Behandeln von 1-[4-Hydroxy-phenyl]-äthanon mit $NaNH_2$ in flüssigem NH_3 und anschliessend mit Methylbenzoat in Äther (*Hauser, Eby*, J. org. Chem. **22** [1957] 909, 912).

Kristalle (aus Bzl.); F: 154–156°.

O—CH₃ / CO—CH₂—CO (XII); X / CO—CH₂—CO / O—R (XIII)

XII XIII

1-[4-Methoxy-phenyl]-3-phenyl-propan-1,3-dion $C_{16}H_{14}O_3$, Formel XIII (R = CH_3, X = H) und Taut. (H 334; E I 649; E II 382; E III 2840).

B. Als Hauptprodukt beim Erhitzen von 2-Benzoyl-1-phenyl-3-[4-methoxy-phenyl]-propan-1,3-dion mit wasserhaltiger Essigsäure (*Guthrie, Rabjohn*, J. org. Chem. **22** [1957] 460). – Herstellung von 1-[4-Methoxy-phenyl]-3-phenyl-[1-^{14}C]propan-1,3-dion: *Roberts et al.*, Am. Soc. **73** [1951] 618, 623.

F: 130–131°; λ_{max} (A.): 354 nm (*Hammond et al.*, Am. Soc. **81** [1959] 4682, 4684).

Thorium(IV)-Salz $Th(C_{16}H_{13}O_3)_4$. Gelbe Kristalle (aus Xylol); F: 242–244° [Zers.] (*Wolf, Jahn*, J. pr. [4] **1** [1955] 257, 268).

Uranyl(VI)-Salz $[UO_2](C_{16}H_{13}O_3)_2$. Orangefarbene Kristalle [aus wss. A.] (*Yamane*, J. pharm. Soc. Japan **77** [1957] 396, 400; C. A. **1957** 11151). Absorptionsspektrum (wss. A.; 340–440 nm): *Yamane*, J. pharm. Soc. Japan **77** [1957] 400, 401; C. A. **1957** 12746. Stabilitätskonstanten in Äthanol und wss. Äthanol [50%ig bzw. 90%ig]: *Ya.*, l. c. S. 398.

1-(*Z*)-Oxim $C_{16}H_{15}NO_3$ (E II 382). Konfiguration: *Barnes, Chigbo*, J. org. Chem. **23** [1958] 1777. – λ_{max}: 270 nm (*Ba., Ch.*).

3-(*Z*)-Oxim $C_{16}H_{15}NO_3$ (E II 382). Konfiguration: *Ba., Ch.* – λ_{max}: 260 nm (*Ba., Ch.*).

1-[3-Brom-4-methoxy-phenyl]-3-phenyl-propan-1,3-dion $C_{16}H_{13}BrO_3$, Formel XIII (R = CH_3, X = Br) und Taut.

B. Beim Erwärmen von 2,3-Dibrom-3-[3-brom-4-methoxy-phenyl]-1-phenyl-propan-1-on (F: 179°) mit methanol. KOH (*Wolf, Jahn,* J. pr. [4] **1** [1955] 257, 274).

Hellgelbe Kristalle (aus $CHCl_3$+Me.); F: 135–136°.

Thorium(IV)-Salz $Th(C_{16}H_{12}BrO_3)_4$. Gelbe Kristalle (aus $CHCl_3$+Me.); F: 214–215° [nach Sintern bei 208–209°] (*Wolf, Jahn,* l. c. S. 273).

1-[4-Methoxy-3-nitro-phenyl]-3-phenyl-propan-1,3-dion $C_{16}H_{13}NO_5$, Formel XIII (R = CH_3, X = NO_2) und Taut.

B. Beim Erwärmen von (2*RS*,3*SR*)-2,3-Dibrom-3-[4-methoxy-3-nitro-phenyl]-1-phenyl-propan-1-on (F: 181°) mit methanol. KOH (*Wolf, Jahn,* J. pr. [4] **1** [1955] 257, 275).

Braungelbe Kristalle (aus Bzl. oder A.); F: 166–167°.

Thorium(IV)-Salz $Th(C_{16}H_{12}NO_5)_4$. Hellgelbe Kristalle (aus Toluol); F: 135–145° [Zers.] (*Wolf, Jahn,* l. c. S. 273).

1-[4-Methoxy-phenyl]-3-[2-nitro-phenyl]-propan-1,3-dion $C_{16}H_{13}NO_5$, Formel XIV (X = NO_2, X′ = X″ = H) und Taut.

B. Beim Erwärmen von *β*,4′-Dimethoxy-2-nitro-*trans*-chalkon mit wss.-methanol. HCl (*Ikeda,* J. chem. Soc. Japan Pure Chem. Sect. **78** [1957] 1284, 1287; C. A. **1960** 5566).

F: 116°. UV-Spektrum (Dioxan; 220–380 nm): *Ik.,* l. c. S. 1286.

X″–C₆H₃(X′)(X)–CO–CH₂–CO–C₆H₄–O–CH₃

XIV

1-[4-Methoxy-phenyl]-3-[3-nitro-phenyl]-propan-1,3-dion $C_{16}H_{13}NO_5$, Formel XIV (X = X″ = H, X′ = NO_2) und Taut.

Nach Ausweis des UV-Spektrums liegt diese Verbindung in Dioxan überwiegend als *β*-Hydroxy-4-methoxy-3′-nitro-*trans*(?)-chalkon $C_{16}H_{13}NO_5$ vor (*Ikeda,* J. chem. Soc. Japan Pure Chem. Sect. **78** [1957] 1276, 1278; C. A. **1960** 7645).

B. Beim Erwärmen von (2*RS*,3*SR*)-2,3-Dibrom-3-[4-methoxy-phenyl]-1-[3-nitro-phenyl]-propan-1-on (F: 160–161°) mit methanol. KOH (*Wolf, Jahn,* J. pr. [4] **1** [1955] 257, 276). Beim Behandeln von 4,*β*-Dimethoxy-3′-nitro-*trans*-chalkon oder von *β*,4′-Dimethoxy-3-nitro-*cis*-chalkon mit wss.-methanol. HCl (*Ik.,* l. c. S. 1279).

Gelbe Kristalle; F: 157–159° [aus Bzl.] (*Wolf, Jahn*), 130,5° (*Ik.,* l. c. S. 1280). Netzebenenabstände: Ik., l. c. S. 1278. UV-Spektrum (Dioxan; 220–380 nm): *Ik.,* l. c. S. 1277.

Beim Behandeln mit Diazomethan in Äther ist *β*,4′-Dimethoxy-3-nitro-*trans*-chalkon erhalten worden (*Ik.*).

1-[4-Methoxy-phenyl]-3-[4-nitro-phenyl]-propan-1,3-dion $C_{16}H_{13}NO_5$, Formel XIV (X = X′ = H, X″ = NO_2) und Taut.

B. Beim Behandeln von *β*,4′-Dimethoxy-4-nitro-*cis*-chalkon mit wss.-methanol. HCl (*Ikeda,* J. chem. Soc. Japan Pure Chem. Sect. **78** [1957] 298, 299; C. A. **1959** 5189).

F: 182°.

2-Hydroxy-1,3-diphenyl-propan-1,3-dion $C_{15}H_{12}O_3$, Formel I (X = H) und Taut. (E III 2844).

Endiol-Gehalt in wss.-äthanol. Lösungen vom pH 5–8: *Karrer et al.,* Helv. **35** [1952] 1498; vgl. E III 2844.

B. Aus 1,3-Diphenyl-propan-1,3-dion und Peroxybenzoesäure in $CHCl_3$ (*Karrer et al.,* Helv. **33** [1950] 1711, 1721). Aus 2-Acetoxy-1,3-diphenyl-propan-1,3-dion mit Hilfe von äthanol. HCl (*Böhme, Schneider,* B. **91** [1958] 1100, 1104).

Kristalle (aus PAe.); F: 111–112° (*Bö., Sch.*), ca. 110° (*Ka. et al.,* Helv. **33** 1722). UV-Spektrum (220–380 nm) in Methanol, Äthanol, $CHCl_3$, Hexan und in wss. Äthanol: *Karrer* *et al.*, Helv. **34** [1951] 1014, 1016; in Äthanol bzw. in wss. Äthanol vom pH 6,4 und 7: *Ka. et al.*, Helv. **33** 1718, 1719.

Acetyl-Derivat $C_{17}H_{14}O_4$; 2-Acetoxy-1,3-diphenyl-propan-1,3-dion (H 335; E III 2845). Herstellung von 2-Acetoxy-1,3-diphenyl-[1-^{14}C]propan-1,3-dion: *Roberts et al.*, Am. Soc. **73** [1951] 618, 623. – Kristalle (aus Me.); F: 95°.

Mono-[2,4-dinitro-phenylhydrazon] (F: 164–165°): *Ka. et al.*, Helv. **33** 1722.

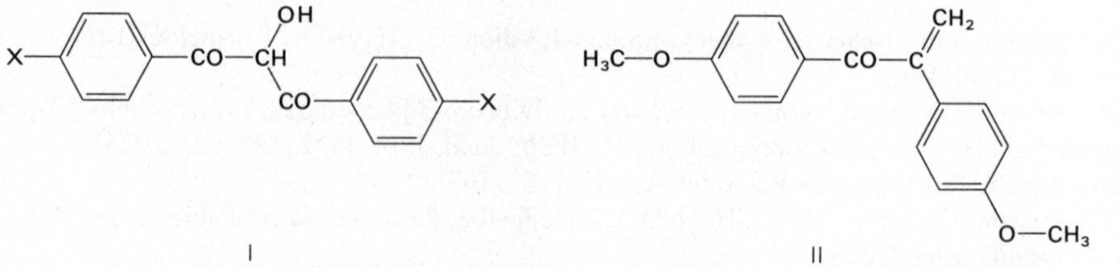

I II

1,3-Bis-[4-chlor-phenyl]-2-hydroxy-propan-1,3-dion $C_{15}H_{10}Cl_2O_3$, Formel I (X = Cl) und Taut.

Endiol-Gehalt in wss. Lösungen vom pH 5–8: *Karrer et al.*, Helv. **35** [1952] 1498.

B. Aus 1,3-Bis-[4-chlor-phenyl]-propan-1,3-dion und Peroxybenzoesäure in $CHCl_3$ (*Ka. et al.*, l. c. S. 1502).

Kristalle (aus PAe.); F: 125–127° [nach Gelbfärbung bei 118°]. Absorptionsspektrum (H_2SO_4; 270–450 nm): *Ka. et al.*, l. c. S. 1501.

1,2-Bis-[4-methoxy-phenyl]-propenon $C_{17}H_{16}O_3$, Formel II.

B. Beim Erwärmen von 4,4'-Dimethoxy-desoxybenzoin in Methanol mit wss. Formaldehyd, wenig Piperidin und Essigsäure (*Fiesselmann, Ribka*, B. **89** [1956] 27, 35). Beim Erhitzen von 3-Benzylmercapto-1,2-bis-[4-methoxy-phenyl]-propan-1-on unter vermindertem Druck (*Poppelsdorf, Holt*, Soc. **1954** 1124, 1130).

Kristalle; F: 61° [aus Me.] (*Fi., Ri.*), 58° [aus A.] (*Po., Holt*). $Kp_{0,2}$: 182–184° (*Po., Holt*).

2,4-Dinitro-phenylhydrazon (F: 170°): *Fi., Ri.*

3-[4-Methoxy-phenyl]-3-oxo-2-phenyl-propionaldehyd $C_{16}H_{14}O_3$, Formel III und Taut. (E III 2848).

B. Beim Behandeln von 4-Methoxy-desoxybenzoin mit Äthylformiat und Natriumäthylat in Äthanol (*Takagi, Yasuda*, J. pharm. Soc. Japan **79** [1959] 467, 469; C. A. **1959** 18003).

Kristalle (aus wss. A.); F: 81–83°.

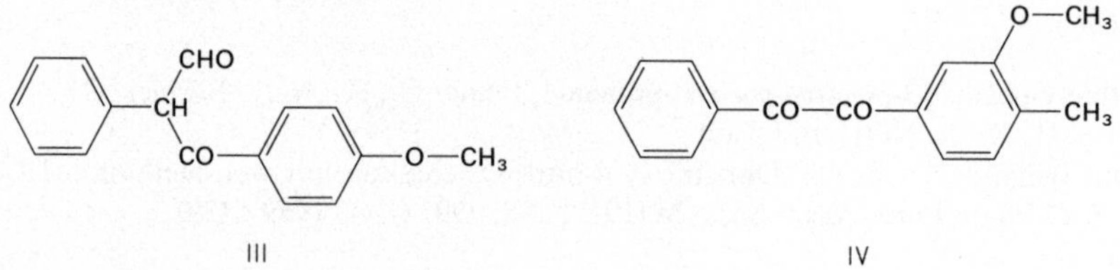

III IV

3-Methoxy-4-methyl-benzil $C_{16}H_{14}O_3$, Formel IV.

B. Beim Erhitzen von 2-Methyl-5-phenäthyl-anisol mit SeO_2 auf 250° (*Wessely, Zbiral*, A. **605** [1957] 98, 106).

Kristalle (aus A. + H_2O); F: 100–101°.

4,5-Dimethoxy-2-vinyl-benzophenon $C_{17}H_{16}O_3$, Formel V.

B. Beim Erwärmen von 6,7-Dimethoxy-1-phenyl-3,4-dihydro-isochinolin mit Dimethylsulfat und wss. NaOH (*Gensler et al.*, Am. Soc. **78** [1956] 1713, 1715).

Kristalle (aus PAe.); F: 66–67°.

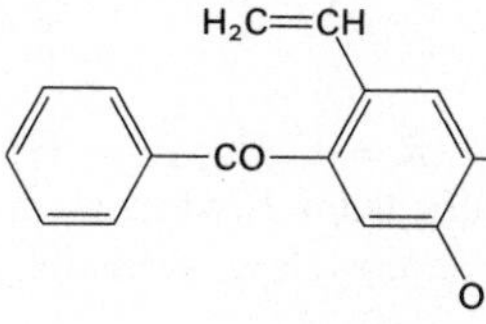

V 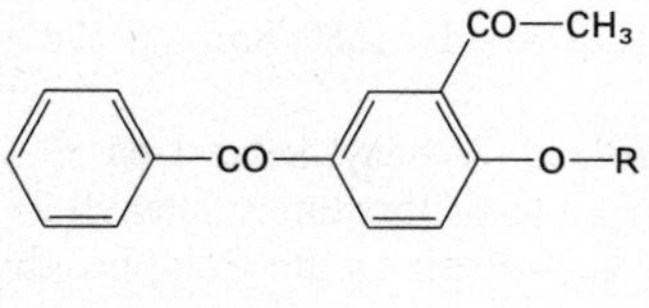 VI

3-Acetyl-4-hydroxy-benzophenon $C_{15}H_{12}O_3$, Formel VI (R = H).

B. Beim Erhitzen von 4-Acetoxy-benzophenon mit $AlCl_3$ auf 160° (*Bhatt, Shah,* J. Indian chem. Soc. **33** [1956] 318).

Kristalle (aus Eg.); F: 102–103°.

Disemicarbazon $C_{17}H_{18}N_6O_3$; 4-Hydroxy-3-[1-semicarbazono-äthyl]-benzophenon-semicarbazon. Gelbe Kristalle (aus wss. A.); F: 249–250° [Zers.].

3-Acetyl-4-methoxy-benzophenon $C_{16}H_{14}O_3$, Formel VI (R = CH_3).

B. Beim Behandeln der vorangehenden Verbindung mit Dimethylsulfat und wss. Alkalilauge (*Bhatt, Shah,* J. Indian chem. Soc. **33** [1956] 318).

Kristalle (aus A.); F: 108–109°.

1-[4-Acetoxy-3-benzyl-phenyl]-2-diazo-äthanon $C_{17}H_{14}N_2O_3$, Formel VII.

B. Aus 4-Acetoxy-3-benzyl-benzoylchlorid (aus 4-Acetoxy-3-benzyl-benzoesäure und $SOCl_2$ hergestellt) und Diazomethan in Äther (*Logemann et al.,* Z. physiol. Chem. **302** [1955] 29, 34).

Kristalle (aus Isopropylalkohol); F: 121–122° [Zers.].

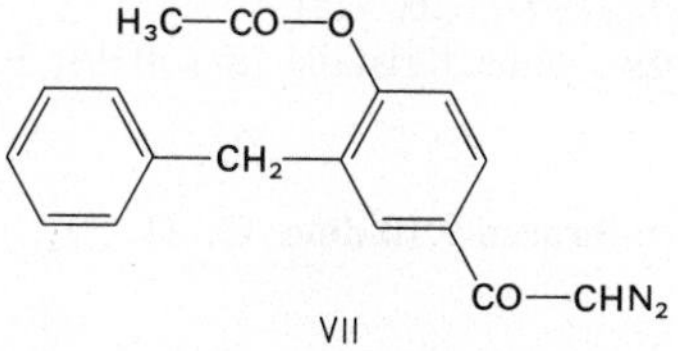

VII 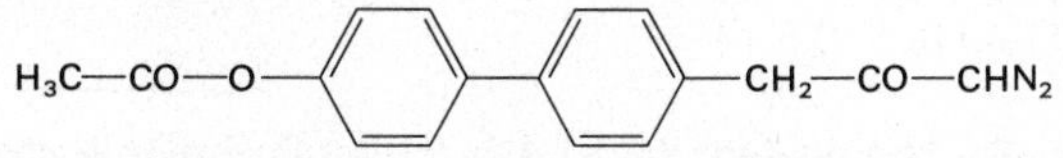 VIII

1-[4'-Acetoxy-biphenyl-4-yl]-3-diazo-aceton $C_{17}H_{14}N_2O_3$, Formel VIII.

B. Aus [4'-Acetoxy-biphenyl-4-yl]-acetylchlorid in Benzol und Diazomethan in Äther (*Vargha et al.,* Acta. chim. hung. **5** [1955] 111, 115).

Hellgelbe Kristalle (aus Bzl.); F: 115–116°.

(±)-1-Biphenyl-4-yl-3-diazo-1-methoxycarbonyloxy-aceton, Kohlensäure-[1-biphenyl-4-yl-3-diazo-2-oxo-propylester]-methylester $C_{17}H_{14}N_2O_4$, Formel IX.

B. Aus Biphenyl-4-yl-methoxycarbonyloxy-acetylchlorid und Diazomethan in Äther (*Logemann, Giraldi,* Z. physiol. Chem. **292** [1953] 58, 64).

Kristalle (aus Ae.); F: 170° [Zers.].

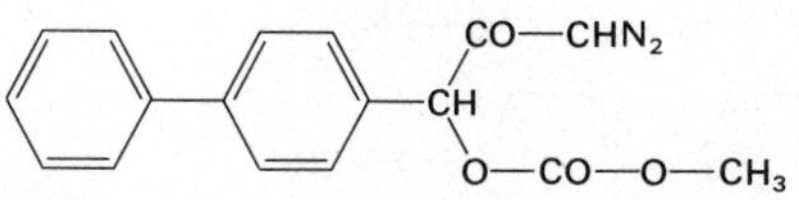

IX 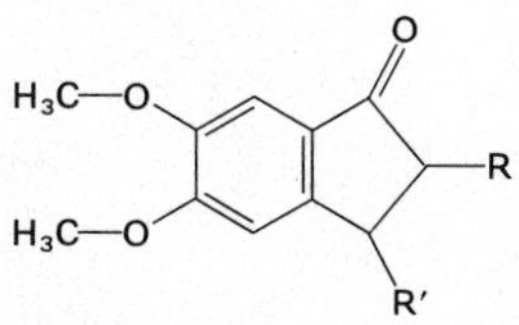 X

(±)-5,6-Dimethoxy-3-phenyl-indan-1-on $C_{17}H_{16}O_3$, Formel X (R = H, R′ = C_6H_5).

B. Beim Behandeln des aus (±)-3-[3,4-Dimethoxy-phenyl]-3-phenyl-propionsäure und $SOCl_2$ hergestellten Säurechlorids mit $SnCl_4$ in Benzol (*CIBA*, U.S.P. 2798888 [1953]).

Kristalle (aus A.); F: 108°. $Kp_{0,18}$: 174°; $Kp_{0,0025}$: 153°.

(±)-5,6-Dimethoxy-2-phenyl-indan-1-on $C_{17}H_{16}O_3$, Formel X (R = C_6H_5, R′ = H).

B. Aus (±)-3-[3,4-Dimethoxy-phenyl]-2-phenyl-propionsäure beim Erwärmen mit P_2O_5 in Benzol oder beim Erhitzen mit Polyphosphorsäure auf 160° (*Jocelyn*, Soc. **1954** 1640).

F: 156°.

Oxim $C_{17}H_{17}NO_3$. F: 202° [Zers.].

(±)-*trans*(?)-10,11-Dihydroxy-10,11-dihydro-dibenzo[*a,d*]cyclohepten-5-on $C_{15}H_{12}O_3$, vermutlich Formel XI + Spiegelbild.

B. Beim Erwärmen von (±)-*trans*-10,11-Dibrom-10,11-dihydro-dibenzo[*a,d*]cyclohepten-5-on (E IV **7** 1675) mit Silberacetat in Essigsäure und Erwärmen des Reaktionsprodukts mit methanol. KOH (*Treibs, Klinkhammer*, B. **84** [1951] 671, 679).

Kristalle (aus Bzl.); F: 130°.

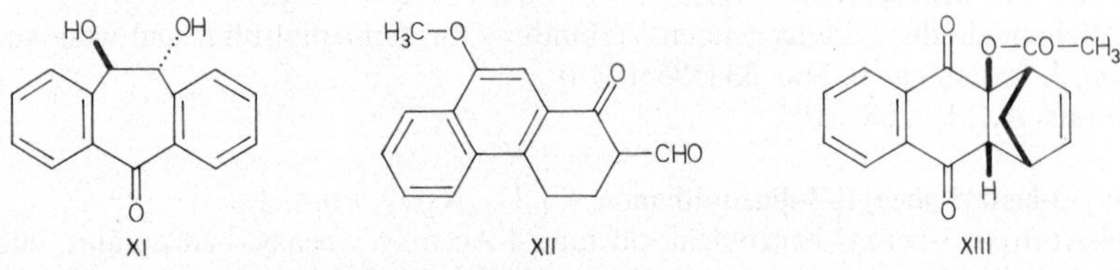

XI XII XIII

9-Methoxy-1-oxo-1,2,3,4-tetrahydro-phenanthren-2-carbaldehyd $C_{16}H_{14}O_3$, Formel XII und Taut. (2-Hydroxymethylen-9-methoxy-3,4-dihydro-2*H*-phenanthren-1-on).

B. Beim Behandeln von 9-Methoxy-3,4-dihydro-2*H*-phenanthren-1-on mit Äthylformiat und Natriummethylat in Benzol (*Hirschmann, Johnson*, Am. Soc. **73** [1951] 326, 328).

Dimorph; F: 120–122° [korr.; instabile Modifikation] bzw. gelbe Kristalle (aus Bzl.); F: 117–118,5° [korr.].

(±)-9a-Acetoxy-(4a*c*,9a*c*)-1,4,4a,9a-tetrahydro-1*r*,4*c*-methano-anthracen-9,10-dion $C_{17}H_{14}O_4$, Formel XIII + Spiegelbild.

Konfiguration: *Barltrop, Burstall*, Soc. **1959** 2183, 2184.

B. Beim Erhitzen von 2-Acetoxy-[1,4]naphthochinon mit Cyclopentadien in Benzol unter Druck auf 130° (*Ba., Bu.*, l. c. S. 2186).

Kristalle (aus Bzl.); F: 197–199° [korr.]. λ_{max} (A.): 230 nm und 300 nm. [*Mühle*]

Hydroxy-oxo-Verbindungen $C_{16}H_{14}O_3$

4*t*(?)-[3,4-Dimethoxy-phenyl]-1-phenyl-but-3-en-2-on $C_{18}H_{18}O_3$, vermutlich Formel I.

B. Beim Erwärmen von Phenylaceton mit Veratrumaldehyd und wss. KOH (*Ames, Davey*, Soc. **1958** 1794, 1797).

Hellgelbe Kristalle (aus Me.); F: 89–90°. λ_{max} (A.): 244 nm und 339,5 nm.

H O—CH_3
—CH_2—CO—C
C— —O—CH_3
H

I

1,4*t*(?)-Bis-[4-methoxy-phenyl]-but-3-en-2-on $C_{18}H_{18}O_3$, vermutlich Formel II.

B. Aus [4-Methoxy-phenyl]-aceton und 4-Methoxy-benzaldehyd mit Hilfe von äthanol. NaOH (*Hagedorn, Tönjes,* Pharmazie **12** [1957] 567, 576).

Kristalle (aus Butan-1-ol); F: 132–133°.

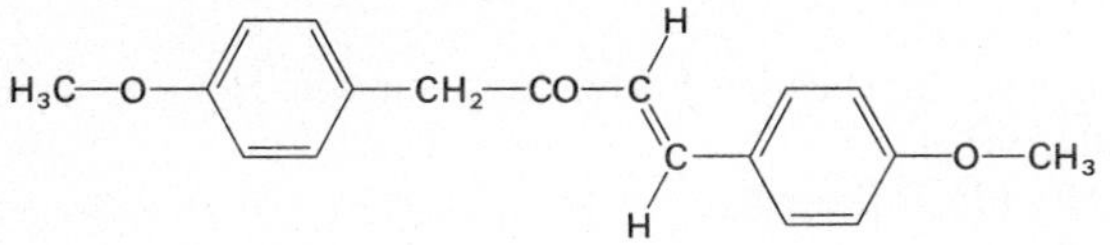

II

1-[4-Methoxy-phenyl]-4-phenyl-butan-1,4-dion $C_{17}H_{16}O_3$, Formel III.

B. Beim Erwärmen von 1-[4-Methoxy-phenyl]-4-phenyl-but-2*t*-en-1,4-dion mit $SnCl_2$ und wss. HCl in Essigsäure (*Heffe, Kröhnke,* B. **89** [1956] 822, 835).

Kristalle (aus Me.); F: 100–101°.

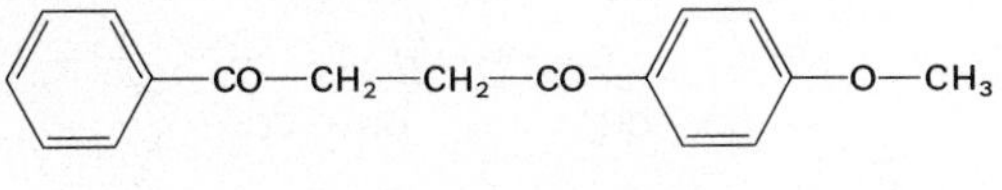

III 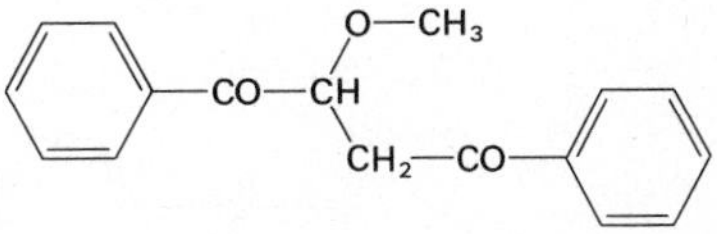 IV

(±)-2-Methoxy-1,4-diphenyl-butan-1,4-dion $C_{17}H_{16}O_3$, Formel IV (E II 384; E III 2856).

B. Aus 1,4-Diphenyl-but-2*t*-en-1,4-dion und methanol. KOH (*Lutz, Dien,* J. org. Chem. **21** [1956] 551, 560).

Kristalle (aus Me.); F: 48–49°. λ_{max} (A., wss.-äthanol. KOH oder wss.-äthanol. HCl): 246,5 nm (*Lutz, Dien,* l. c. S. 555).

(±)-1,4-Diphenyl-2-*o*-tolyloxy-butan-1,4-dion $C_{23}H_{20}O_3$, Formel V.

B. Beim Erwärmen von 1,4-Diphenyl-2-*o*-tolyloxy-but-2*c*-en-1,4-dion mit $Na_2S_2O_4$ in wss. Äthanol (*Lutz, King,* J. org. Chem. **17** [1952] 1519, 1526).

Kristalle (aus A.); F: 137–139°.

(±)-2-Butylmercapto-1,4-diphenyl-butan-1,4-dion $C_{20}H_{22}O_2S$, Formel VI (R = $[CH_2]_3$-CH_3).

B. Beim Behandeln von 1,4-Diphenyl-but-2*t*-en-1,4-dion mit Butan-1-thiol und wenig Piperidin in Benzol (*Bailey, Smith,* J. org. Chem. **21** [1956] 709).

Kristalle (aus A.); F: 88–89°.

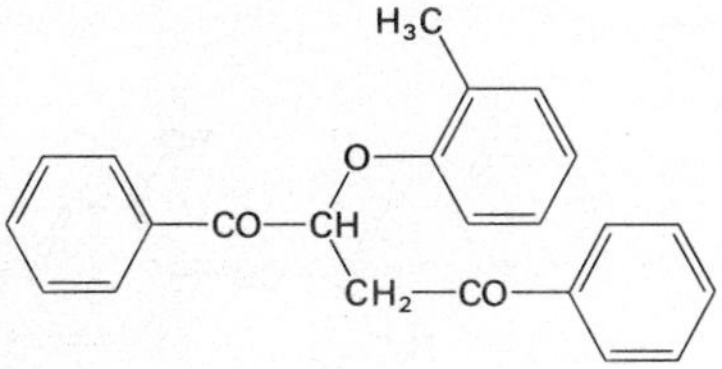

V 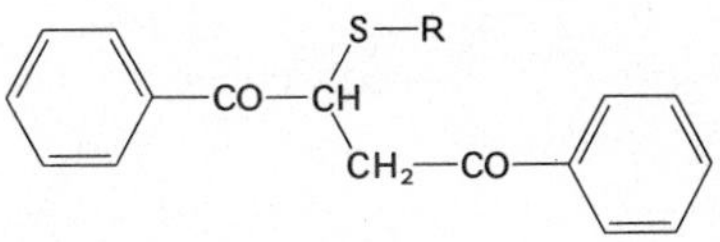 VI

(±)-2-Pentylmercapto-1,4-diphenyl-butan-1,4-dion $C_{21}H_{24}O_2S$, Formel VI (R = $[CH_2]_4$-CH_3).

B. Beim Erwärmen von (±)-2-Brom-1,4-diphenyl-butan-1,4-dion mit Natrium-[pentan-1-thiolat] in Äthanol (*Bailey, Smith,* J. org. Chem. **21** [1956] 709). Aus 1,4-Diphenyl-but-2*t*-en-1,4-dion und Pentan-1-thiol in Benzol mit Hilfe von Piperidin (*Ba., Sm.*).

Kristalle (aus A.); F: 94–95°.

(±)-2-Benzylmercapto-1,4-diphenyl-butan-1,4-dion $C_{23}H_{20}O_2S$, Formel VI (R = CH_2-C_6H_5).

B. Beim Erhitzen von 1,4-Diphenyl-but-2*t*-en-1,4-dion mit Phenylmethanthiol und wenig (±)-Ascaridol auf 100° (*Arcus, Hallgarten*, Soc. **1957** 3407, 3411).

Kristalle (aus A.); F: 99°.

(±)-1,4-Diphenyl-2-phenylmethansulfonyl-butan-1,4-dion $C_{23}H_{20}O_4S$, Formel VII (R = CH_2-C_6H_5).

B. Beim Erhitzen der vorangehenden Verbindung mit wss. H_2O_2 in Essigsäure (*Arcus, Hallgarten*, Soc. **1957** 3407, 3412).

Kristalle (aus A.); F: 175,5° [korr.].

***Opt.-inakt. 2-[1-Methyl-2-phenyl-äthylmercapto]-1,4-diphenyl-butan-1,4-dion** $C_{25}H_{24}O_2S$, Formel VI (R = $CH(CH_3)$-CH_2-C_6H_5).

B. Beim Erhitzen von 1,4-Diphenyl-but-2*t*-en-1,4-dion mit (±)-1-Phenyl-propan-2-thiol und wenig (±)-Ascaridol auf 100° (*Arcus, Hallgarten*, Soc. **1957** 3407, 3411).

Kristalle (aus A.); F: 87,5°.

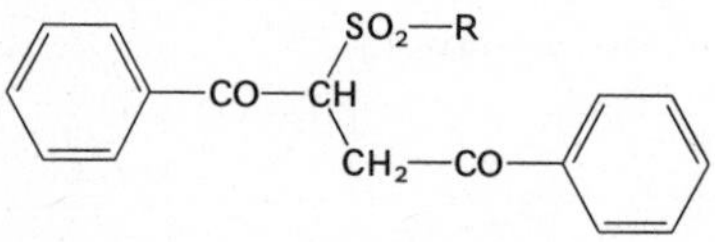

VII

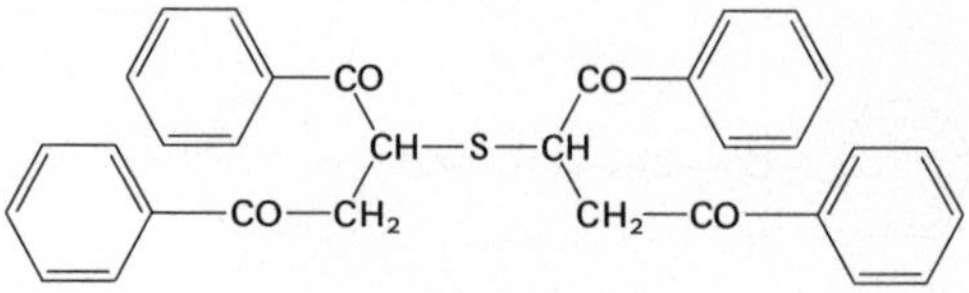

VIII

***Opt.-inakt. 2-[1-Methyl-2-phenyl-äthansulfonyl]-1,4-diphenyl-butan-1,4-dion** $C_{25}H_{24}O_4S$, Formel VII (R = $CH(CH_3)$-CH_2-C_6H_5).

B. Aus der vorangehenden Verbindung und wss. H_2O_2 in Essigsäure (*Arcus, Hallgarten*, Soc. **1957** 3407, 3411).

Kristalle (aus Me.); F: 122,5–123° [korr.].

***Opt.-inakt. Bis-[1-benzoyl-3-oxo-3-phenyl-propyl]-sulfid** $C_{32}H_{26}O_4S$, Formel VIII.

B. Aus 1,4-Diphenyl-but-2*t*-en-1,4-dion und H_2S in Äthanol (*Campaigne, Foye*, J. org. Chem. **17** [1952] 1405, 1410).

Kristalle; F: 188–192° [korr.].

Trioxim $C_{32}H_{29}N_3O_4S$. F: 195–197° [korr.].

1,3-Bis-[4-methoxy-phenyl]-but-2ξ-en-1-on $C_{18}H_{18}O_3$, Formel IX (E III 2858).

B. Beim Erwärmen von 3-Hydroxy-1,3-bis-[4-methoxy-phenyl]-butan-1-on mit Acetylchlorid (*Dodds et al.*, Pr. roy. Soc. [B] **140** [1953] 470, 495).

Bräunliche Kristalle (aus Me.); F: 96°.

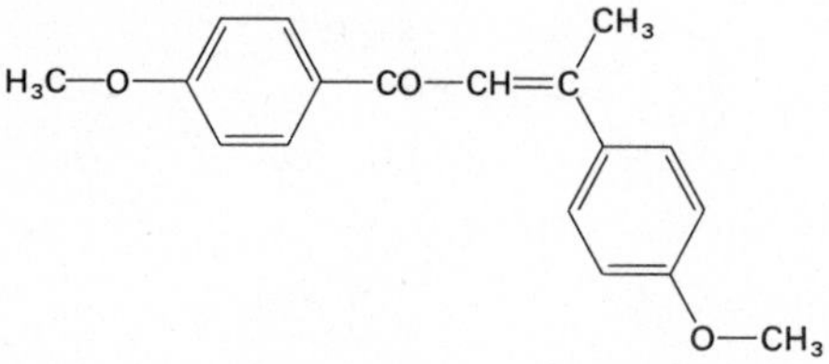

IX

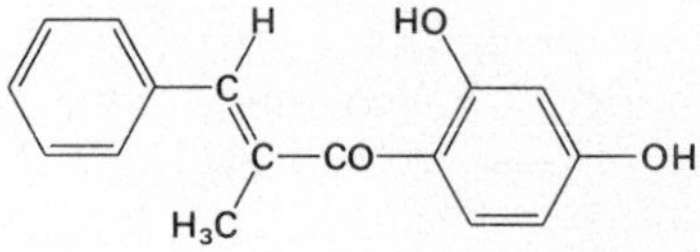

X

1-[2,4-Dihydroxy-phenyl]-2-methyl-3*t*(?)-phenyl-propenon $C_{16}H_{14}O_3$, vermutlich Formel X.

B. Beim Behandeln von Resorcin mit 2-Methyl-3*t*-phenyl-acryloylchlorid und $AlCl_3$ in Nitrobenzol (*Suzuki*, J. chem. Soc. Japan Pure Chem. Sect. **76** [1955] 1389, 1391; C. A. **1957** 17903;

Sci. Rep. Tohoku Univ. [I] **39** [1956] 182, 184).

Hellgelbe Kristalle (aus wss. Eg.); F: 131,5–132° (*Su.*). λ_{max} (Me.?): 288 nm (*Fujise et al.*, J. chem. Soc. Japan Pure Chem. Sect. **77** [1956] 109, 110; C. A. **1958** 373; Sci. Rep. Tohoku Univ. [I] **39** [1956] 186).

Diacetyl-Derivat $C_{20}H_{18}O_5$; 1-[2,4-Diacetoxy-phenyl]-2-methyl-3*t*(?)-phenyl-propenon. Kristalle; F: 88° (*Su.*).

1-[2-Hydroxy-phenyl]-2-methyl-3-phenyl-propan-1,3-dion $C_{16}H_{14}O_3$, Formel XI und Taut.

B. In kleiner Menge neben 3-Methyl-2-phenyl-chromen-4-on beim Erhitzen von 1-[2-Hydr⸗oxy-phenyl]-propan-1-on mit Benzoesäure-anhydrid und Kaliumbenzoat auf 180° (*Baker et al.*, Soc. **1954** 998, 1000). Beim Erwärmen der Kalium-Verbindung des 1-[2-Hydroxy-phenyl]-3-phenyl-propan-1,3-dions mit CH_3I in Aceton (*Reichel, Henning,* A. **621** [1959] 72, 75).

Kristalle; F: 112° (*Ba. et al.*), 94° [aus Me.] (*Re., He.*).

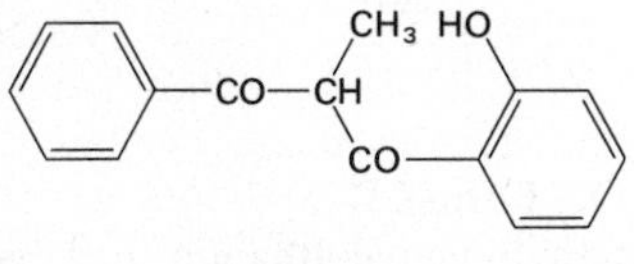

XI 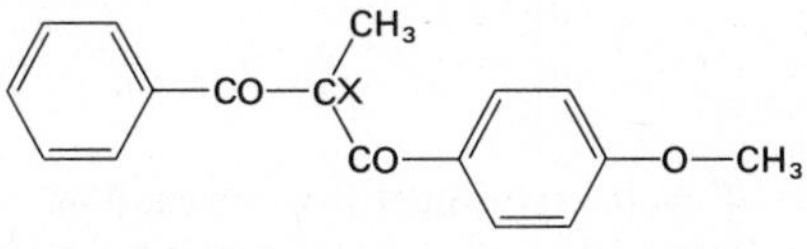 XII

1-[4-Methoxy-phenyl]-2-methyl-3-phenyl-propan-1,3-dion $C_{17}H_{16}O_3$, Formel XII (X = H) und Taut. (E II 385; E III 2858).

In dem E II 385 als Enolform dieser Verbindung beschriebenen Präparat (F: 80°) hat ein Gemisch der tautomeren Formen vorgelegen (*Bickel, Morris,* Am. Soc. **73** [1951] 1786 Anm. 6).

3-Hydroxy-1(oder 3)-[4-methoxy-phenyl]-2-methyl-3(oder 1)-phenyl-propenon, Formel XIII (X = O-CH_3, X′ = H oder X = H, X′ = O-CH_3).

B. Aus 1-[4-Methoxy-phenyl]-2-methyl-3-phenyl-propan-1,3-dion mit Hilfe von methanol. KOH (*Bickel, Morris,* Am. Soc. **73** [1951] 1786).

Hellgelbe Kristalle (aus Ae.); F: 112°.

Kupfer(II)-Salz $Cu(C_{17}H_{15}O_3)_2$ (vgl. E II 385). Grüne Kristalle; F: 195°.

(±)-2-Brom-1-[4-methoxy-phenyl]-2-methyl-3-phenyl-propan-1,3-dion $C_{17}H_{15}BrO_3$, Formel XII (X = Br).

B. Beim Behandeln des im vorangehenden Artikel beschriebenen Enols (F: 112°) mit Brom in $CHCl_3$ (*Bickel, Morris,* Am. Soc. **73** [1951] 1786).

Kristalle (aus Ae.+PAe.); F: 82°.

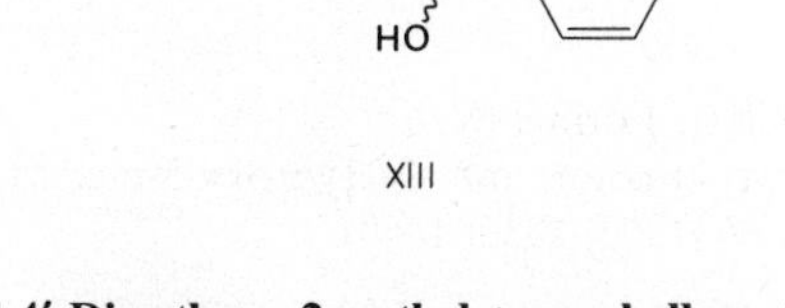

XIII 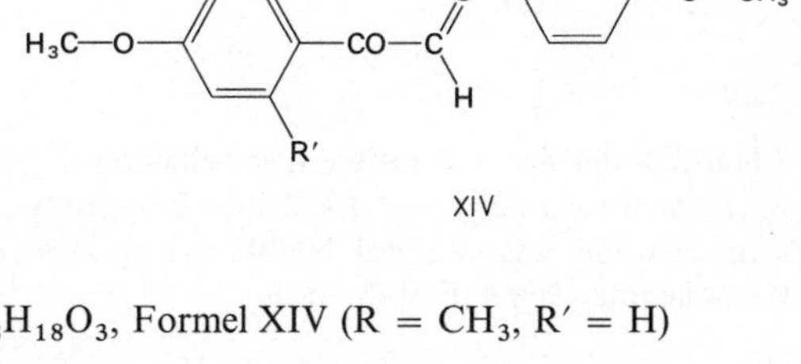 XIV

4,4′-Dimethoxy-2-methyl-*trans*-chalkon $C_{18}H_{18}O_3$, Formel XIV (R = CH_3, R′ = H) (E III 2859).

B. Aus 1-[4-Methoxy-phenyl]-äthanon und 4-Methoxy-2-methyl-benzaldehyd in Äthanol mit Hilfe von Natriummethylat in Methanol (*Schieffelin & Co.,* U.S.P. 2595735 [1949]; vgl. E III 2859).

Gelbe Kristalle (aus A.); F: 122–124°.

2′,4′-Dihydroxy-2-methyl-*trans*-chalkon $C_{16}H_{14}O_3$, Formel I (R = CH_3, R′ = H).

B. Neben wenig 7-Hydroxy-2-*o*-tolyl-chroman-4-on beim Behandeln von 1-[2,4-Dihydroxy-phenyl]-äthanon mit *o*-Toluylaldehyd und wss.-äthanol. KOH (*Dhar, Lal,* J. org. Chem. **23** [1958] 1159).

Gelbe Kristalle (aus Bzl.); F: 180–181° [unkorr.].

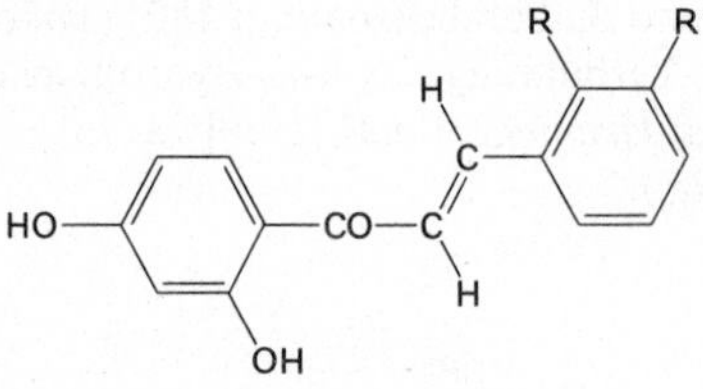

I

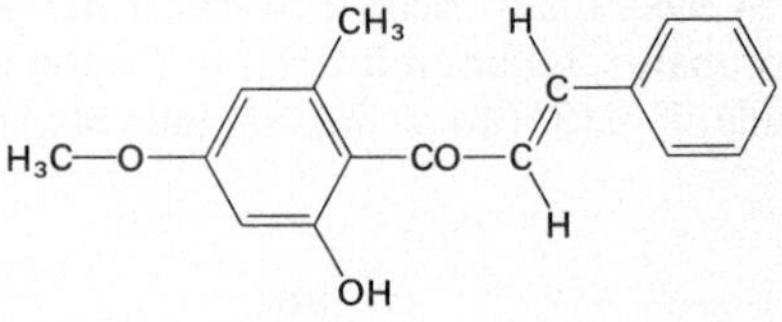

II

2′-Hydroxy-4′-methoxy-6′-methyl-*trans*-chalkon $C_{17}H_{16}O_3$, Formel II.

B. Beim Behandeln von 1-[2-Hydroxy-4-methoxy-6-methyl-phenyl]-äthanon in Äthanol mit Benzaldehyd und wss. KOH (*Mahajani et al.*, J. Maharaja Sayajirao Univ. Baroda **3** [1954] 41, 43) oder wss. NaOH (*Narasimhachari, Seshadri,* Pr. Indian Acad. [A] **30** [1949] 216, 219).

Gelbe Kristalle (aus A.); F: 125–127° (*Na., Se.*), 88° (*Ma. et al.*).

4,4′-Dimethoxy-2′-methyl-*trans*-chalkon $C_{18}H_{18}O_3$, Formel XIV (R = H, R′ = CH_3) (vgl. E III 2860).

B. Beim Behandeln von 1-[4-Methoxy-2-methyl-phenyl]-äthanon mit 4-Methoxy-benzaldehyd und Natriumäthylat in Äthanol (*Schieffelin & Co.*, U.S.P. 2595735 [1949]).

Kristalle; F: 68–69°.

1-[2-Hydroxy-phenyl]-3-*o*-tolyl-propan-1,3-dion $C_{16}H_{14}O_3$, Formel III und Taut.

B. Beim Erwärmen von 1-[2-*o*-Toluoyloxy-phenyl]-äthanon mit Natriumäthylat in Benzol (*Cramer, Elschnig,* B. **89** [1956] 1, 8).

Gelbliche Kristalle (aus Me.); F: 96–97°.

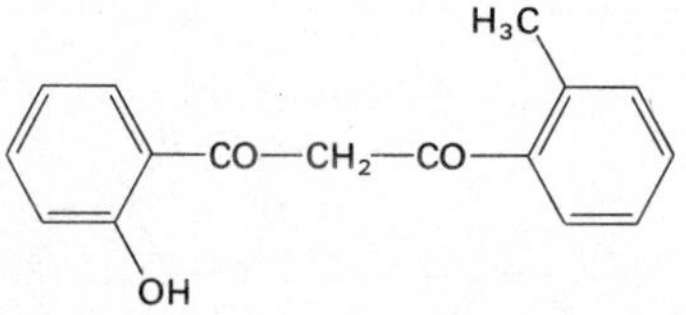

III

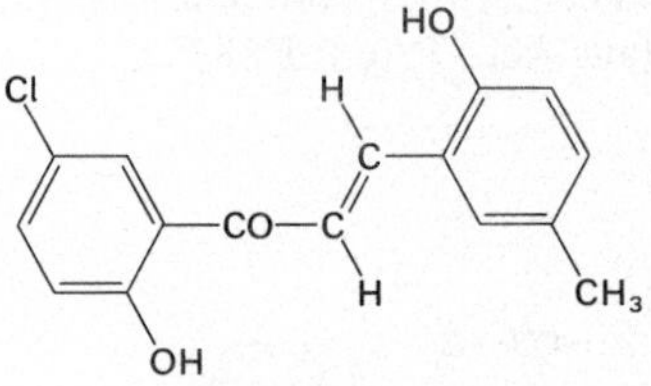

IV

5′-Chlor-2,2′-dihydroxy-5-methyl-*trans*-chalkon $C_{16}H_{13}ClO_3$, Formel IV.

B. Beim Erwärmen von 1-[5-Chlor-2-hydroxy-phenyl]-äthanon mit 2-Hydroxy-5-methyl-benzaldehyd und wss.-äthanol. NaOH (*Kuhn, Hensel,* B. **86** [1953] 1333, 1340).

Kristalle (aus Acn.); F: 185–186°.

2′,4′-Dihydroxy-3-methyl-*trans*-chalkon $C_{16}H_{14}O_3$, Formel I (R = H, R′ = CH_3).

B. Analog der vorangehenden Verbindung (*Dhar, Lal,* J. org. Chem. **23** [1958] 1159).

Gelbe Kristalle (aus wss. Me.); F: 135° [unkorr.].

2′-Hydroxy-4′-methoxy-3′-methyl-*trans*-chalkon $C_{17}H_{16}O_3$, Formel V.

B. Beim Behandeln von 1-[2-Hydroxy-4-methoxy-3-methyl-phenyl]-äthanon mit Benzaldehyd und wss.-äthanol. KOH (*Goel et al.*, Pr. Indian Acad. [A] **48** [1958] 180, 183). Neben grösseren Mengen 2′-Hydroxy-4′-methoxy-*trans*-chalkon beim Behandeln von 2′,4′-Dihydroxy-*trans*-chalkon in methanol. KOH mit CH_3I (*Goel et al.*, l. c. S. 184).

Gelbe Kristalle (aus Me.); F: 132–133°.

2′-Hydroxy-2-methoxy-3′-methyl-5′-nitro-*trans*-chalkon $C_{17}H_{15}NO_5$, Formel VI (X = X′ = H).

B. Beim Behandeln von 1-[2-Hydroxy-3-methyl-5-nitro-phenyl]-äthanon mit 2-Methoxy-benzaldehyd und wss.-äthanol. KOH (*Chhaya et al.*, J. Univ. Bombay **27**, Tl. 3A [1958] 26, 28).

Gelbe Kristalle (aus Eg.); F: 188–189°.

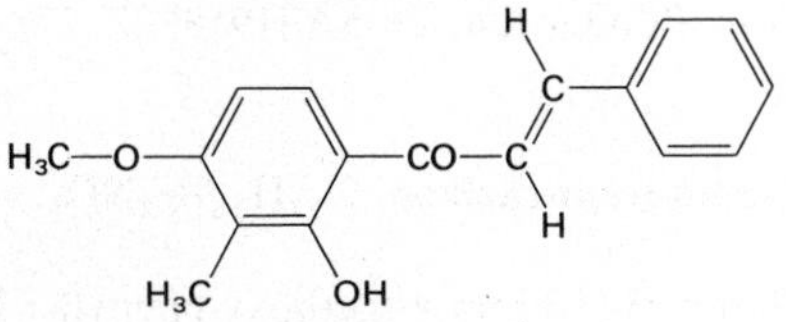

V 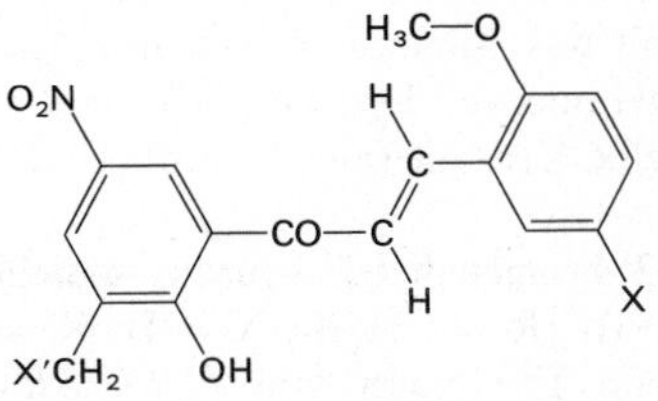 VI

5-Brom-2′-hydroxy-2-methoxy-3′-methyl-5′-nitro-*trans*-chalkon $C_{17}H_{14}BrNO_5$, Formel VI (X = Br, X′ = H).

B. Beim Erwärmen von (2*RS*,3*SR*)-2,3-Dibrom-3-[5-brom-2-methoxy-phenyl]-1-[2-hydroxy-3-methyl-5-nitro-phenyl]-propan-1-on mit KI in wss. Aceton (*Chhaya et al.*, J. Univ. Bombay **27**, Tl. 3A [1958] 26, 29).

Gelbe Kristalle (aus Eg.); F: 197–198°.

5-Brom-3′-brommethyl-2′-hydroxy-2-methoxy-5′-nitro-*trans*-chalkon $C_{17}H_{13}Br_2NO_5$, Formel VI (X = X′ = Br).

B. Analog der vorangehenden Verbindung (*Chhaya et al.*, J. Univ. Bombay **27**, Tl. 3A [1958] 26, 29).

Gelbe Kristalle (aus Bzl.); F: 239–240°.

2′-Hydroxy-4-methoxy-3′-methyl-*trans*-chalkon $C_{17}H_{16}O_3$, Formel VII (X = X′ = H).

B. Beim Behandeln von 1-[2-Hydroxy-3-methyl-phenyl]-äthanon mit 4-Methoxy-benzaldehyd und wss.-äthanol. NaOH (*Marathey*, J. Univ. Poona Nr. 2 [1952] 11, 14).

Orangefarbene Kristalle (aus A.); F: 99°.

2′-Hydroxy-4-methoxy-3′-methyl-5′-nitro-*trans*-chalkon $C_{17}H_{15}NO_5$, Formel VII (X = H, X′ = NO_2).

B. Analog der vorangehenden Verbindung (*Chhaya et al.*, J. Univ. Bombay **26**, Tl. 5A [1958] 22, 26).

Orangefarbene Kristalle (aus Eg.); F: 189–190°.

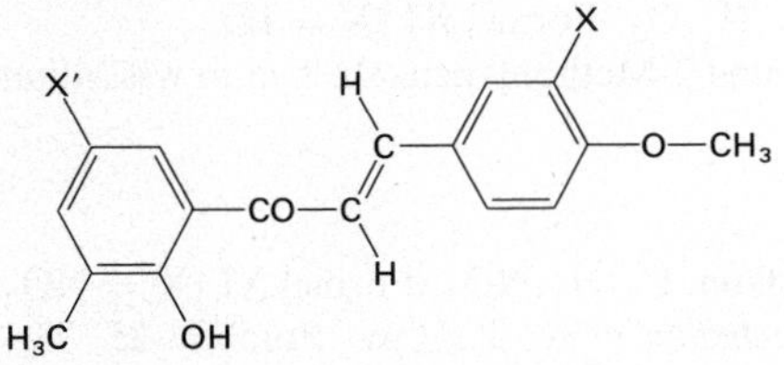

VII 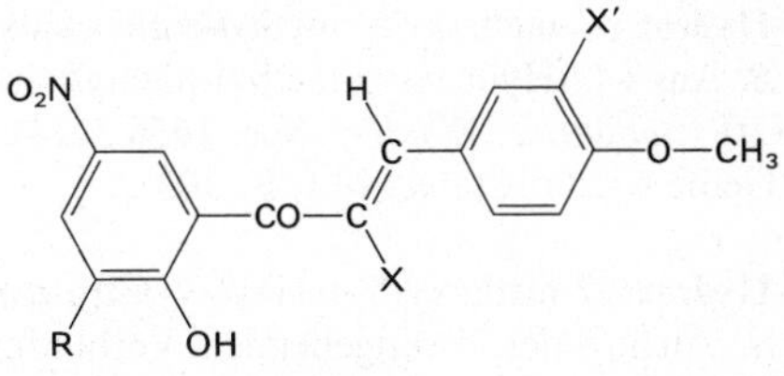 VIII

3-Brom-2'-hydroxy-4-methoxy-3'-methyl-5'-nitro-*trans*-chalkon $C_{17}H_{14}BrNO_5$, Formel VII ($X = Br$, $X' = NO_2$).

B. Aus 1-[2-Hydroxy-3-methyl-5-nitro-phenyl]-äthanon und 3-Brom-4-methoxy-benzaldehyd in Äthanol mit Hilfe von wss. KOH (*Chhaya et al.*, J. Univ. Bombay **26**, Tl. 5A [1958] 22, 27). Aus (2*RS*,3*SR*)-2,3-Dibrom-3-[3-brom-4-methoxy-phenyl]-1-[2-hydroxy-3-methyl-5-nitro-phenyl]-propan-1-on mit Hilfe von KI in wss. Aceton (*Ch. et al.*).

Hellgelbe Kristalle (aus Eg.); F: 207–208°.

α-Brom-2'-hydroxy-4-methoxy-3'-methyl-5'-nitro-*trans*(?)-chalkon $C_{17}H_{14}BrNO_5$, vermutlich Formel VIII ($R = CH_3$, $X = Br$, $X' = H$).

Bezüglich der Konfigurationszuordnung vgl. das analog hergestellte α-Brom-*trans*-chalkon (E IV **7** 1663).

B. Aus (2*RS*,3*SR*)-2,3-Dibrom-1-[2-hydroxy-3-methyl-5-nitro-phenyl]-3-[4-methoxy-phenyl]-propan-1-on beim Behandeln mit äthanol. Natriumäthylat, beim Erwärmen mit wss.-äthanol. KCN, mit wss.-äthanol. Borax, mit *N,N*-Dimethyl-anilin in Äthanol sowie beim Erhitzen mit wss. KOH oder mit Pyridin (*Chhaya et al.*, J. Univ. Bombay **26**, Tl. 5A [1958] 22, 27).

Hellgelbe Kristalle (aus Toluol); F: 259–260°.

3-Brom-3'-brommethyl-2'-hydroxy-4-methoxy-5'-nitro-*trans*-chalkon $C_{17}H_{13}Br_2NO_5$, Formel VIII ($R = CH_2Br$, $X = H$, $X' = Br$).

B. Beim Erwärmen von (2*RS*,3*SR*)-2,3-Dibrom-3-[3-brom-4-methoxy-phenyl]-1-[3-brommethyl-2-hydroxy-5-nitro-phenyl]-propan-1-on mit KI in wss. Aceton (*Chhaya et al.*, J. Univ. Bombay **26**, Tl. 5A [1958] 22, 27).

Hellgelbe Kristalle (aus Eg.); F: 240–241°.

4,4'-Dimethoxy-3'-methyl-*trans*-chalkon $C_{18}H_{18}O_3$, Formel IX.

B. Beim Behandeln von 4-Methoxy-benzaldehyd mit 1-[4-Methoxy-3-methyl-phenyl]-äthanon und äthanol. Natriumäthylat (*Schieffelin & Co.*, U.S.P. 2595735 [1949]).

Kristalle (aus A.); F: 84–86°.

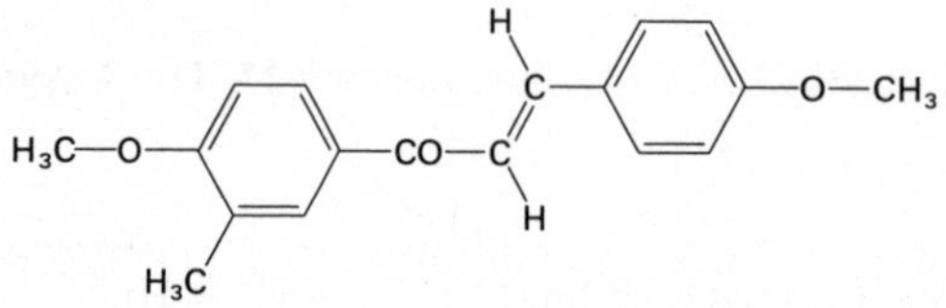

IX

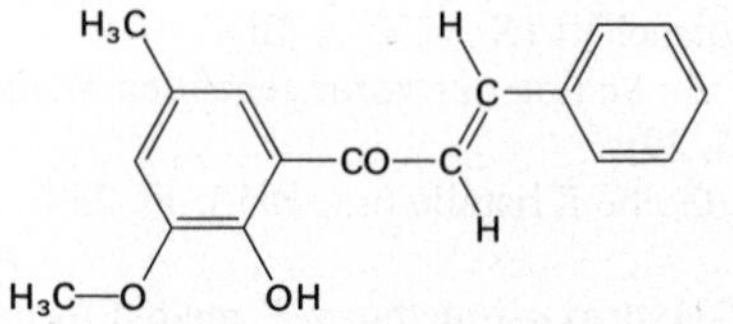

X

2'-Hydroxy-3'-methoxy-5'-methyl-*trans*-chalkon $C_{17}H_{16}O_3$, Formel X.

B. Neben grösseren Mengen 8-Methoxy-6-methyl-2-phenyl-chroman-4-on beim Behandeln von 1-[2-Hydroxy-3-methoxy-5-methyl-phenyl]-äthanon mit Benzaldehyd und wss.-äthanol. NaOH (*Browne, Shriner*, J. org. Chem. **22** [1957] 1320).

Rote Kristalle (aus A.); F: 95–96°.

Acetyl-Derivat $C_{19}H_{18}O_4$; 2'-Acetoxy-3'-methoxy-5'-methyl-*trans*-chalkon. Hellgelbe Kristalle (aus A.); F: 85–86°.

2'-Hydroxy-2-methoxy-5'-methyl-*trans*-chalkon $C_{17}H_{16}O_3$, Formel XI ($X = H$).

B. Aus 1-[2-Hydroxy-5-methyl-phenyl]-äthanon und 2-Methoxy-benzaldehyd in wss.-äthanol. KOH (*Ballantine, Whalley*, Soc. **1956** 3224).

Gelbe Kristalle (aus Me.); F: 103°.

2'-Hydroxy-2-methoxy-5'-methyl-3'-nitro-*trans*-chalkon $C_{17}H_{15}NO_5$, Formel XI ($X = NO_2$).

B. Analog der vorangehenden Verbindung (*Atchabba et al.*, J. Univ. Bombay **25**, Tl. 5A [1957] 1, 6).

Gelbe Kristalle (aus Eg.); F: 164–165°.

2′-Hydroxy-4-methoxy-5′-methyl-*trans*-chalkon $C_{17}H_{16}O_3$, Formel XII (R = X = H) (E II 385).

Konfiguration: *Fischer, Arlt,* B. **97** [1964] 1910, 1911.

λ_{max} (Me.): 359 nm (*Fi., Arlt*).

Acetyl-Derivat $C_{19}H_{18}O_4$; 2′-Acetoxy-4-methoxy-5′-methyl-*trans*-chalkon (E II 385). λ_{max} (Me.): 338 nm.

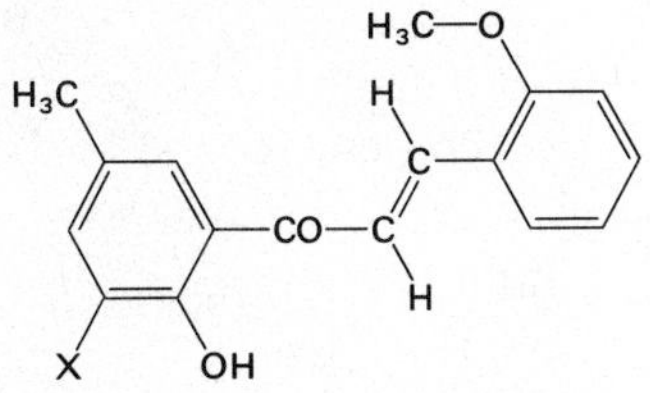

XI 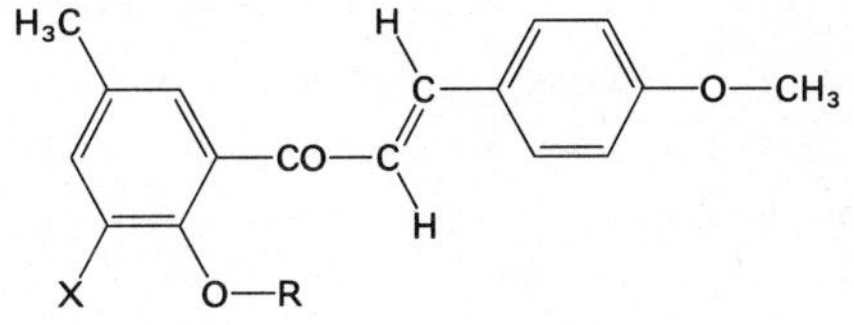 XII

4,2′-Dimethoxy-5′-methyl-*trans*-chalkon $C_{18}H_{18}O_3$, Formel XII (R = CH_3, X = H).

B. Aus 1-[2-Methoxy-5-methyl-phenyl]-äthanon und 4-Methoxy-benzaldehyd in Äthanol mit Hilfe von wss. NaOH (*Pendse, Limaye,* Rasayanam **2** [1955] 73, 79). Beim Behandeln von 2′-Hydroxy-4-methoxy-5′-methyl-*trans*-chalkon mit Dimethylsulfat und K_2CO_3 in Aceton (*Pe., Li.*).

Kristalle (aus A.); F: 85°.

3′-Brom-2′-hydroxy-4-methoxy-5′-methyl-*trans*-chalkon $C_{17}H_{15}BrO_3$, Formel XII (R = H, X = Br).

B. Beim Behandeln von 1-[3-Brom-2-hydroxy-5-methyl-phenyl]-äthanon in Äthanol mit 4-Methoxy-benzaldehyd und wss. NaOH (*Marathey, Gore,* J. Univ. Poona Nr. 6 [1954] 77, 80).

Gelbe Kristalle (aus Eg.); F: 139°.

Benzoyl-Derivat (F: 180°): *Ma., Gore,* l. c. S. 81.

2′-Hydroxy-4-methoxy-5′-methyl-3′-nitro-*trans*-chalkon $C_{17}H_{15}NO_5$, Formel XII (R = H, X = NO_2).

B. Analog der vorangehenden Verbindung (*Atchabba et al.,* J. Univ. Bombay **27**, Tl. 3A [1958] 8, 11, 12).

Orangegelbe Kristalle (aus Eg.); F: 208°.

3-Brom-2′-hydroxy-4-methoxy-5′-methyl-3′-nitro-*trans*-chalkon $C_{17}H_{14}BrNO_5$, Formel XIII (X = X′ = H).

B. Analog den vorangehenden Verbindungen (*Atchabba et al.,* J. Univ. Bombay **27**, Tl. 3A [1958] 8, 11, 12).

Orangefarbene Kristalle (aus Eg.); F: 212°.

3-Brom-5′-brommethyl-2′-hydroxy-4-methoxy-3′-nitro-*trans*-chalkon $C_{17}H_{13}Br_2NO_5$, Formel XIII (X = Br, X′ = H).

B. Beim Erwärmen von (2*RS*,3*SR*)-2,3-Dibrom-3-[3-brom-4-methoxy-phenyl]-1-[5-brommethyl-2-hydroxy-3-nitro-phenyl]-propan-1-on mit KI in wss. Aceton (*Atchabba et al.,* J. Univ. Bombay **27**, Tl. 3A [1958] 8, 12, 14).

Gelbe Kristalle (aus Eg. + Nitrobenzol); F: 270°.

3,α-Dibrom-5′-brommethyl-2′-hydroxy-4-methoxy-3′-nitro-*trans*(?)-chalkon $C_{17}H_{12}Br_3NO_5$, vermutlich Formel XIII (X = X′ = Br).

Bezüglich der Konfigurationszuordnung vgl. das analog hergestellte α-Brom-*trans*-chalkon

(E IV **7** 1663).

B. Aus (2*RS*,3*SR*)-2,3-Dibrom-3-[3-brom-4-methoxy-phenyl]-1-[5-brommethyl-2-hydroxy-3-nitro-phenyl]-propan-1-on beim Erwärmen mit wss.-äthanol. Borax oder mit *N,N*-Dimethylanilin in Äthanol sowie beim Erhitzen mit wss. Na_2CO_3 oder mit Pyridin (*Atchabba et al.*, J. Univ. Bombay **27**, Tl. 3A [1958] 8, 16).

Kristalle (aus Eg.); F: 250°.

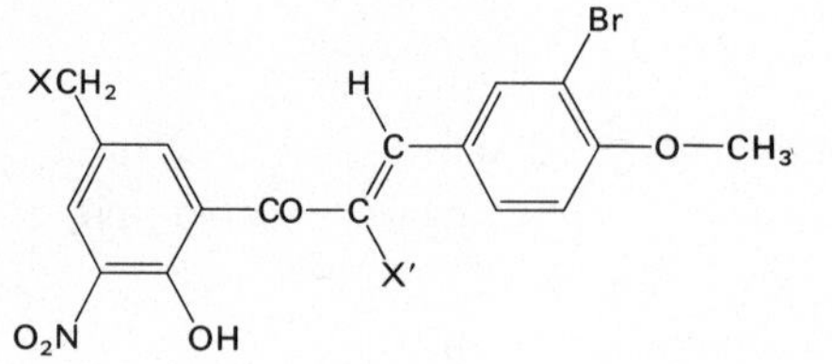

XIII 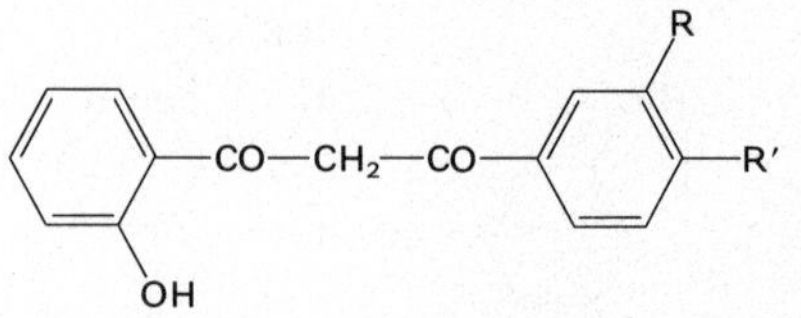 XIV

1-[2-Hydroxy-phenyl]-3-*m*-tolyl-propan-1,3-dion $C_{16}H_{14}O_3$, Formel XIV (R = CH_3, R′ = H) und Taut.

B. Beim Erwärmen von 1-[2-*m*-Toluoyloxy-phenyl]-äthanon mit Natriumäthylat in Benzol (*Cramer, Elschnig*, B. **89** [1956] 1, 9).

Gelbliche Kristalle (aus A.); F: 63°.

2′,4′-Dihydroxy-4-methyl-*trans*-chalkon $C_{16}H_{14}O_3$, Formel I (X = H).

B. Beim Erwärmen von 1-[2,4-Dihydroxy-phenyl]-äthanon mit *p*-Toluylaldehyd und wss.-äthanol. KOH (*Dhar, Lal*, J. org. Chem. **23** [1958] 1159).

Gelbe Kristalle (aus Bzl.); F: 153–154° [unkorr.] (*Dhar, Lal*).

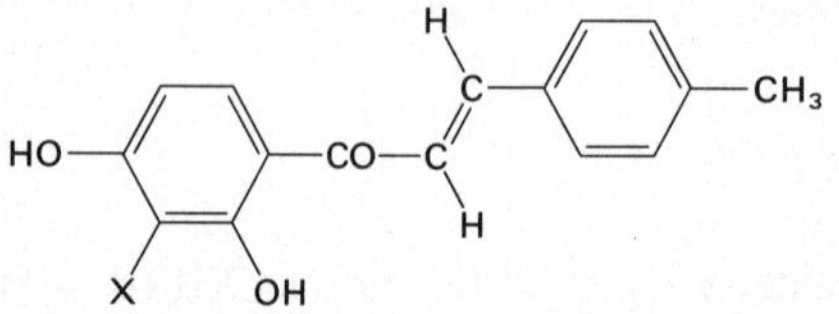

I 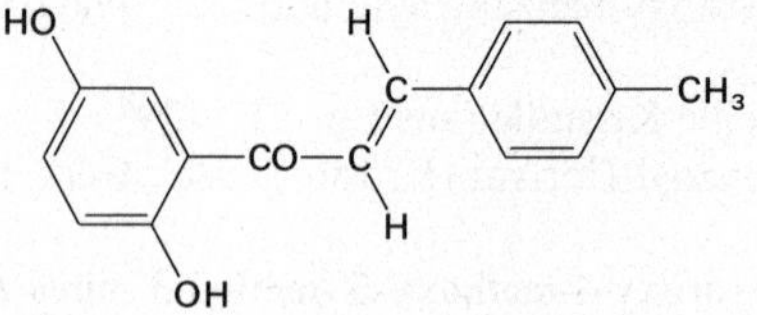 II

Die folgenden Verbindungen sind in analoger Weise hergestellt worden:

2′,4′-Dihydroxy-4-methyl-3′-nitro-*trans*-chalkon $C_{16}H_{13}NO_5$, Formel I (X = NO_2). Kristalle (aus Bzl.); F: 175° (*Seshadri, Trivedi*, J. org. Chem. **22** [1957] 1633, 1634, 1635). – Diacetyl-Derivat $C_{20}H_{17}NO_7$; 2′,4′-Diacetoxy-4-methyl-3′-nitro-*trans*-chalkon. Kristalle (aus A.); F: 137–139° (*Seshadri, Trivedi*, J. org. Chem. **23** [1958] 1735, 1737).

2′,5′-Dihydroxy-4-methyl-*trans*-chalkon $C_{16}H_{14}O_3$, Formel II. Rotbraune Kristalle (aus A.); F: 191° (*Fujise et al.*, J. chem. Soc. Japan Pure Chem. Sect. **75** [1954] 431, 436; C. A. **1957** 11339).

2′-Hydroxy-4-methoxy-4′-methyl-*trans*-chalkon $C_{17}H_{16}O_3$, Formel III. Gelbe Kristalle (aus A.); F: 112° (*Marathey*, J. Univ. Poona Nr. 2 [1952] 11, 16). – Acetyl-Derivat $C_{19}H_{18}O_4$; 2′-Acetoxy-4-methoxy-4′-methyl-*trans*-chalkon. F: 90° (*Ma.*).

1-[2-Hydroxy-phenyl]-3-*p*-tolyl-propan-1,3-dion $C_{16}H_{14}O_3$, Formel XIV (R = H, R′ = CH_3) und Taut.

B. Beim Erwärmen von 1-[2-*p*-Toluoyloxy-phenyl]-äthanon mit Natriumäthylat in Benzol (*Cramer, Elschnig*, B. **89** [1956] 1, 9).

Gelbliche Kristalle (aus Me.); F: 109–110°.

3,4ξ-Bis-[4-hydroxy-phenyl]-but-3-en-2-on $C_{16}H_{14}O_3$, Formel IV (R = H, X = O).

B. Beim Erwärmen der folgenden Verbindung mit $AlBr_3$ in Benzol (*Searle & Co.*, U.S.P. 2836623 [1956]).

Kristalle (aus E.); F: 159,4–160,7°.

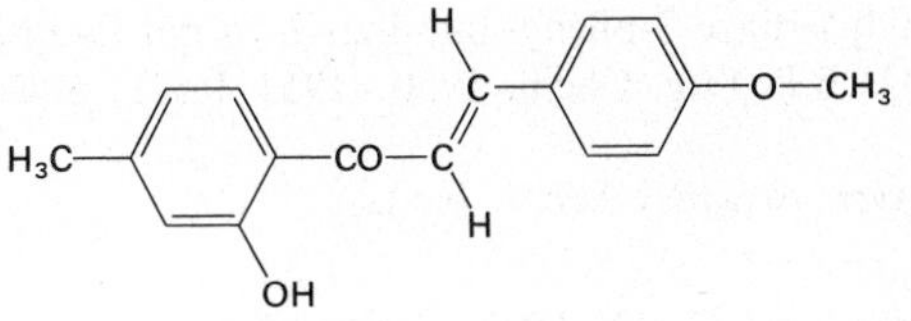

III 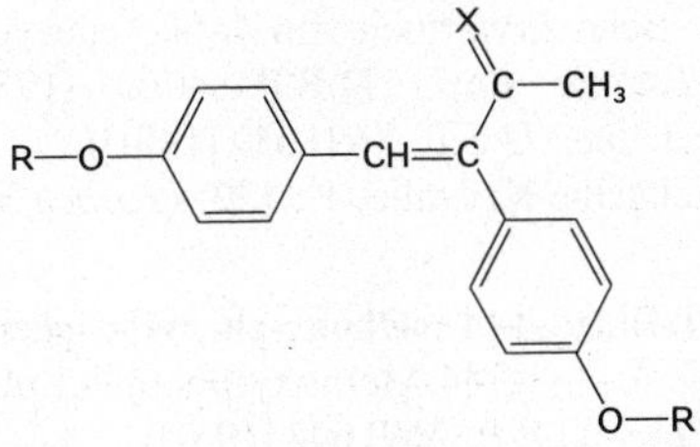 IV

3,4ξ-Bis-[4-methoxy-phenyl]-but-3-en-2-on $C_{18}H_{18}O_3$, Formel IV (R = CH_3, X = O).

B. Beim Erhitzen von 3,4ξ-Bis-[4-methoxy-phenyl]-but-3-en-2-on-imin-hydrojodid (s. u.) mit wss. HI oder von 4-Chlor-3,4-bis-[4-methoxy-phenyl]-butan-2-on (aus [4-Methoxy-phenyl]-aceton und 4-Methoxy-benzaldehyd mit Hilfe von HCl hergestellt) auf 140°/15 Torr (*Searle & Co.*, U.S.P. 2836623 [1956]).

Kristalle (aus Ae.); F: 72,5–74°.

3,4ξ-Bis-[4-methoxy-phenyl]-but-3-en-2-on-imin $C_{18}H_{19}NO_2$, Formel IV (R = CH_3, X = NH).

Hydrojodid. *B.* Beim Behandeln von 2,3*c*(?)-Bis-[4-methoxy-phenyl]-acrylonitril (E III **10** 1992) mit Methylmagnesiumjodid in Benzol und Äther und anschliessend mit wenig wss. HCl (*Searle & Co.*, U.S.P. 2836623 [1956]). – Kristalle (aus A.); F: 180–182°.

1-Hydroxy-4*t*-[4-hydroxy-phenyl]-3-phenyl-but-3-en-2-on $C_{16}H_{14}O_3$, Formel V (R = R′ = H).

B. Beim Behandeln von 1-Acetoxy-4*t*-[4-acetoxy-phenyl]-3-phenyl-but-3-en-2-on mit wss.-methanol. H_2SO_4 (*Farbenfabr. Bayer*, D.B.P. 840091 [1950]; D.R.B.P. Org. Chem. 1950–1951 **3** 621; *Schenley Labor. Inc.*, U.S.P. 2691039 [1951]).

Gelbe Kristalle; F: 128° (*Farbenfabr. Bayer*; *Schenley Labor. Inc.*).

1-Hydroxy-4*t*-[4-methoxy-phenyl]-3-phenyl-but-3-en-2-on $C_{17}H_{16}O_3$, Formel V (R = CH_3, R′ = H).

B. Beim Behandeln von 1-Diazo-4*t*-[4-methoxy-phenyl]-3-phenyl-but-3-en-2-on mit wss.-methanol. H_2SO_4 (*Farbenfabr. Bayer*, D.B.P. 840091 [1950]; D.R.B.P. Org. Chem. 1950–1951 **3** 621; *Schenley Labor. Inc.*, U.S.P. 2691039 [1951]).

Gelbe Kristalle; F: 108° (*Farbenfabr. Bayer*; *Schenley Labor. Inc.*).

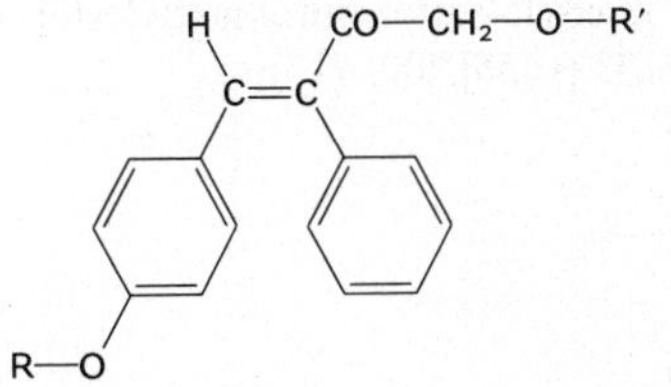

V 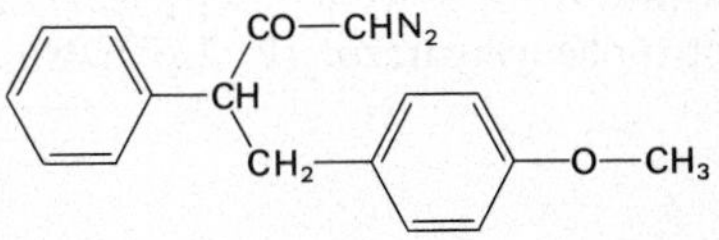 VI

1-Acetoxy-4*t*-[4-methoxy-phenyl]-3-phenyl-but-3-en-2-on $C_{19}H_{18}O_4$, Formel V (R = CH_3, R′ = CO-CH_3).

B. Beim Erhitzen von 1-Diazo-4*t*-[4-methoxy-phenyl]-3-phenyl-but-3-en-2-on mit Essigsäure (*Farbenfabr. Bayer*, D.B.P. 840091 [1950]; D.R.B.P. Org. Chem. 1950–1951 **3** 621; *Schenley*

Labor. Inc., U.S.P. 2691039 [1951]).

Gelbe Kristalle (aus Me.); F: 128° (*Farbenfabr. Bayer*; *Schenley Labor. Inc.*).

1-Acetoxy-5*t*-[4-acetoxy-phenyl]-3-phenyl-but-3-en-2-on $C_{20}H_{18}O_5$, Formel V (R = R′ = CO-CH_3).

B. Beim Erwärmen von 4*t*-[4-Acetoxy-phenyl]-1-diazo-3-phenyl-but-3-en-2-on mit Essigsäure (*Farbenfabr. Bayer,* D.B.P. 840091 [1950]; D.R.B.P. Org. Chem. 1950–1951 **3** 621; *Schenley Labor. Inc.*, U.S.P. 2691039 [1951]).

Hellgelbe Kristalle; F: 122° (*Farbenfabr. Bayer*; *Schenley Labor. Inc.*).

(±)-1-Diazo-4-[4-methoxy-phenyl]-3-phenyl-butan-2-on $C_{17}H_{16}N_2O_2$, Formel VI.

B. Aus (±)-3-[4-Methoxy-phenyl]-2-phenyl-propionylchlorid und Diazomethan (*Schenley Labor. Inc.*, U.S.P. 2691044 [1951]).

F: 74°.

(±)-3-Äthoxycarbonyloxy-3-biphenyl-4-yl-1-diazo-butan-2-on $C_{19}H_{18}N_2O_4$, Formel VII.

B. Analog der vorangehenden Verbindung (*Logemann, Giraldi,* Z. physiol. Chem. **289** [1952] 19, 24).

Kristalle (aus A.); F: 108–110° [unkorr.].

VII VIII

3-[6-Methoxy-[2]naphthyl]-cyclohexan-1,2-dion $C_{17}H_{16}O_3$ und Taut.

2-Hydroxy-3-[6-methoxy-[2]naphthyl]-cyclohex-2-enon, Formel VIII.

B. Beim Erwärmen des Acetyl-Derivats (s. u.) mit wss.-methanol. HCl (*Searle & Co.*, U.S.P. 2799699 [1954]).

Kristalle (aus Ae.); F: 173–176°. IR-Banden (KBr; 2,9–14,1 μ): *Searle & Co.* λ_{max}: 229 nm, 284 nm und 339 nm [Me.], 241 nm, 285 nm und 370 nm [äthanol. KOH].

Acetyl-Derivat $C_{19}H_{18}O_4$; 2-Acetoxy-3-[6-methoxy-[2]naphthyl]-cyclohex-2-enon. *B.* Aus 6-Methoxy-[2]naphthylmagnesium-bromid und 2,3-Diacetoxy-cyclohex-2-enon in Äther und Benzol (*Searle & Co.*). – Kristalle (aus Ae.); F: ca. 115–118°. IR-Banden (KBr; 5,6–14,1 μ): *Searle & Co.* λ_{max} (Me.?): 225 nm, 272 nm und 323 nm.

(±)-7-Methoxy-2-[4-methoxy-phenyl]-3,4-dihydro-2*H*-naphthalin-1-on $C_{18}H_{18}O_3$, Formel IX.

B. Beim Erwärmen von (±)-2,4-Bis-[4-methoxy-phenyl]-buttersäure-methylester mit Polyphosphorsäure (*Mukherji et al.*, J. Indian chem. Soc. **33** [1956] 709, 713).

Kristalle (aus A.); F: 84–85°. Kp_4: 227–230°.

2,4-Dinitro-phenylhydrazon (F: 225°): *Mu. et al.*

IX X

(±)-7-Methoxy-3-[4-methoxy-phenyl]-3,4-dihydro-2*H*-naphthalin-1-on $C_{18}H_{18}O_3$, Formel X.

B. Beim Erwärmen von (±)-3,4-Bis-[4-methoxy-phenyl]-buttersäure mit Polyphosphorsäure bzw. mit $SOCl_2$ und anschliessend mit $AlCl_3$ in Benzol (*Cymerman-Craig et al.,* Austral. J. Chem. **9** [1956] 373, 378).

Kristalle (aus A.); F: 138–138,5°.

2,4-Dinitro-phenylhydrazon (F: 270°): *Cy.-Cr. et al.*

***Opt.-inakt. 2,3-Diacetoxy-2-methyl-3-phenyl-indan-1-on** $C_{20}H_{18}O_5$, Formel XI.

B. In kleiner Menge beim Erhitzen von opt.-inakt. 2-Chlor-3-hydroxy-2-methyl-3-phenyl-indan-1-on (F: 156–157°) mit Kaliumacetat und Acetanhydrid (*de Fazi, Berti,* G. **80** [1950] 87, 93).

Kristalle (aus PAe.); F: 154–156°.

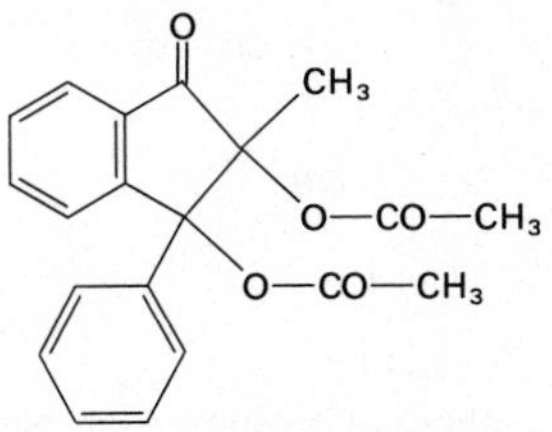

XI 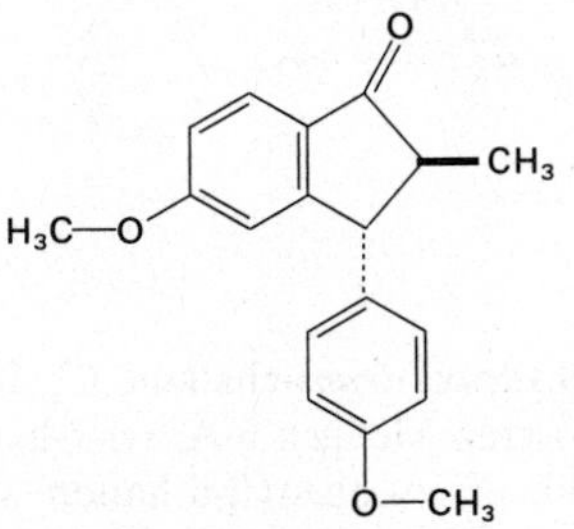 XII

(±)-5-Methoxy-3*t*-[4-methoxy-phenyl]-2*r*-methyl-indan-1-on $C_{18}H_{18}O_3$, Formel XII + Spiegelbild.

B. Beim Hydrieren von 5-Methoxy-2-methyl-3-[4-methoxy-phenyl]-inden-1-on an Platin in Essigsäure (*Müller, Kucsman,* B. **87** [1954] 1747, 1752).

Kristalle (aus A.); F: 88–90°.

Berichtigung zu E III **8** 2868, Textzeile 17–14 v. u.: Im Artikel (±)-2-Diazo-1-[7-methoxy-1,2,9,10-tetrahydro-[2]phenanthryl]-äthanon („(±)-7-Methoxy-2-diazoacetyl-1.2.9.10-tetrahydro-phenanthren") $C_{17}H_{16}N_2O_2$ ist in den an zweiter, dritter und vierter Stelle der Artikelüberschrift aufgeführten Namen der Verbindung jeweils „7-hydroxy-" durch „7-methoxy-" zu ersetzen.

Hydroxy-oxo-Verbindungen $C_{17}H_{16}O_3$

***2-Äthyl-1,3-bis-[4-methoxy-phenyl]-propenon** $C_{19}H_{20}O_3$, Formel I (E III 2869).

Kp_4: 230–235° (*Kiprianow, Kuzenko,* Ž. prikl. Chim. **31** [1958] 665; engl. Ausg. S. 658); $Kp_{0,65}$: 205–208° (*Dodds et al.,* Pr. roy. Soc. [B] **140** [1953] 470, 495).

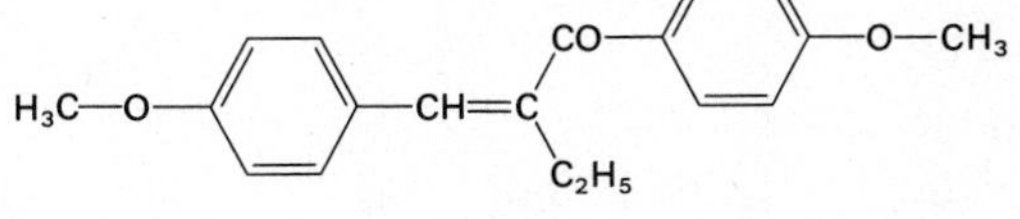

I 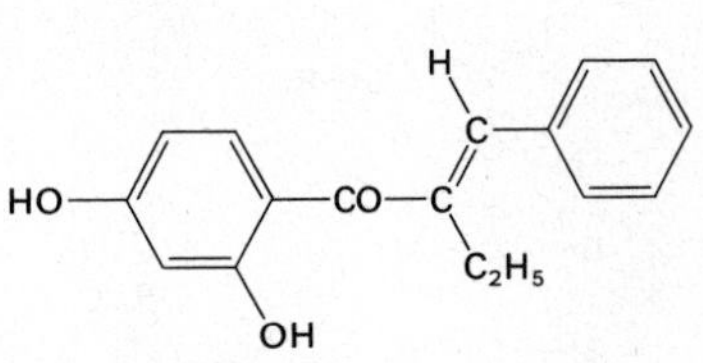 II

2-Äthyl-1-[2,4-dihydroxy-phenyl]-3*t*(?)-phenyl-propenon $C_{17}H_{16}O_3$, vermutlich Formel II.

B. Beim Behandeln von Resorcin mit 2-Äthyl-3*t*(?)-phenyl-acryloylchlorid (aus 2-Äthyl-3*t*(?)-phenyl-acrylsäure und $SOCl_2$ hergestellt) und $AlCl_3$ in Nitrobenzol (*Fujise et al.,* J. chem. Soc.

Japan Pure Chem. Sect. **77** [1956] 109, 110; C. A. **1958** 373; Sci. Rep. Tohoku Univ. [I] **39** [1956] 186).

Hellgelbe Kristalle (aus wss. Eg.); F: 97,5–98°. λ_{max} (Me.?): 288 nm.

(±)-2-[α-Äthoxy-benzyl]-1-phenyl-butan-1,3-dion $C_{19}H_{20}O_3$, Formel III und Taut.

Konstitution: *Fischer et al.*, J. pr. [4] **24** [1964] 216, 219.

B. Beim Behandeln von 1-Phenyl-butan-1,3-dion mit 1,1′-Benzyliden-di-piperidin und Äthanol (*Fi. et al.*, l. c. S. 223) oder von opt.-inakt. 1-Phenyl-2-[α-piperidino-benzyl]-butan-1,3-dion (E III/IV **20** 953) mit Äthanol (*Dilthey, Steinborn,* J. pr. [2] **133** [1932] 219, 241).

Kristalle; F: 107–108° [aus Bzl. + PAe.] (*Di., St.*), 107° [aus PAe.] (*Fi. et al.*).

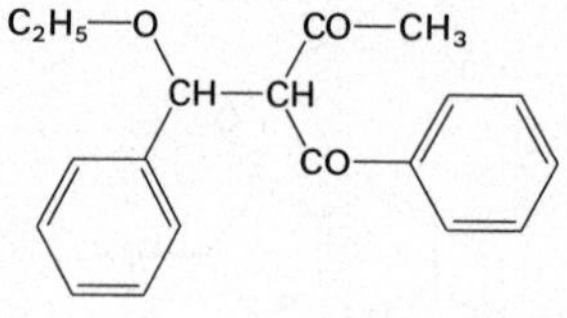

III

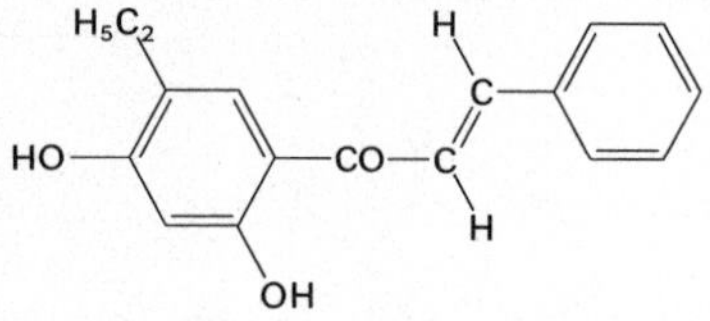

IV

5′-Äthyl-2′,4′-dihydroxy-*trans*-chalkon $C_{17}H_{16}O_3$, Formel IV.

B. Neben grösseren Mengen 6-Äthyl-7-hydroxy-2-phenyl-chroman-4-on beim Behandeln von 1-[5-Äthyl-2,4-dihydroxy-phenyl]-äthanon mit Benzaldehyd und wss.-äthanol. NaOH (*Marathey, Athavale,* J. Indian chem. Soc. **31** [1954] 654).

Kristalle (aus wss. Eg.); F: 166°.

(2*RS*,3*SR*)-1-[5-Acetyl-2-hydroxy-phenyl]-2,3-dibrom-3-phenyl-propan-1-on $C_{17}H_{14}Br_2O_3$, Formel V (R = H) + Spiegelbild.

B. Beim Behandeln von 5′-Acetyl-2′-hydroxy-*trans*-chalkon mit Brom in Essigsäure (*Limaye, Pendse,* Rasayanam **2** [1956] 124, 129).

Kristalle (aus Eg.); F: 158°.

(2*RS*,3*SR*)-1-[2-Acetoxy-5-acetyl-phenyl]-2,3-dibrom-3-phenyl-propan-1-on $C_{19}H_{16}Br_2O_4$, Formel V (R = $CO-CH_3$) + Spiegelbild.

B. Beim Behandeln von 2,4-Diacetyl-phenol mit Benazldehyd und wss.-äthanol. NaOH, Erhitzen des Reaktionsprodukts mit Essigsäure und Behandeln des nach Abtrennen von 2,4-Di-*trans*-cinnamoyl-phenol isolierten Reaktionsprodukts mit Brom in Essigsäure (*Limaye, Pendse,* Rasayanam **2** [1956] 124, 129).

F: 138°.

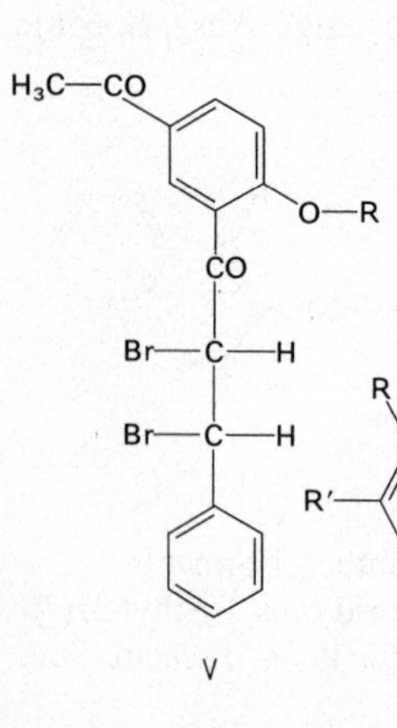

V

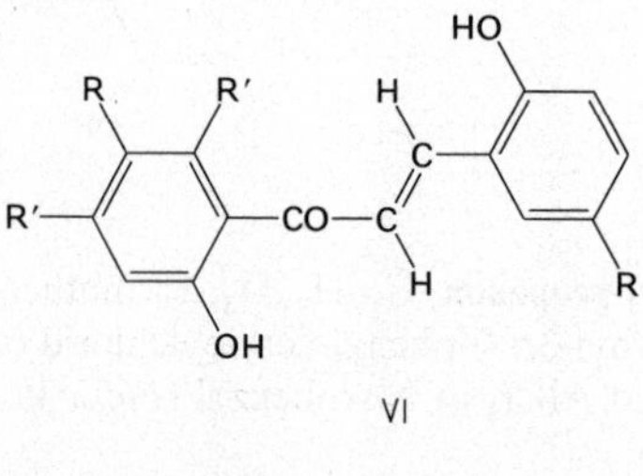

VI

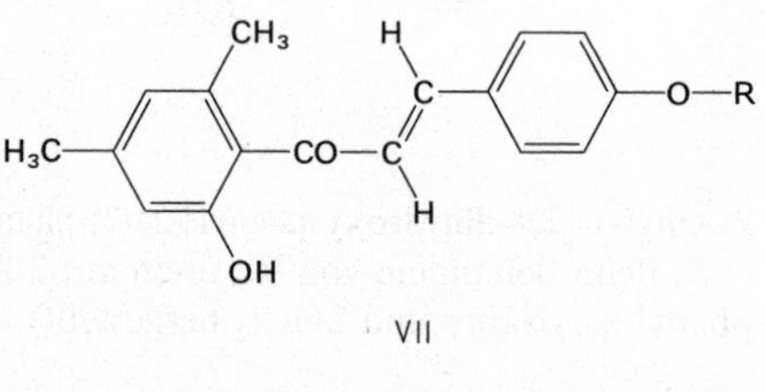

VII

2,2′-Dihydroxy-4′,6′-dimethyl-*trans*-chalkon $C_{17}H_{16}O_3$, Formel VI (R = H, R′ = CH_3).

B. Beim Erwärmen von 1-[2-Hydroxy-4,6-dimethyl-phenyl]-äthanon mit Salicylaldehyd und wss.-äthanol. NaOH (*Takatori, Fujise,* J. chem. Soc. Japan Pure Chem. Sect. **78** [1957] 309; C. A. **1960** 515).

Orangerote Kristalle (aus Bzl.); F: 124–125° [Zers.] (*Ta., Fu.*).

Die folgenden Verbindungen sind in analoger Weise hergestellt worden:

4,2′-Dihydroxy-4′,6′-dimethyl-*trans*-chalkon $C_{17}H_{16}O_3$, Formel VII (R = H). Orangefarbene Kristalle (aus Bzl.); F: 133,5–134,5° (*Ta., Fu.*).

2′-Hydroxy-4-methoxy-4′,6′-dimethyl-*trans*-chalkon $C_{18}H_{18}O_3$, Formel VII (R = CH_3). Orangegelbe Kristalle (aus Bzl.); F: 102–103° (*Matsuoka,* J. chem. Soc. Japan Pure Chem. Sect. **80** [1959] 64; C. A. **1961** 4489).

2′-Hydroxy-4-methoxy-2,6-dimethyl-*trans*-chalkon $C_{18}H_{18}O_3$, Formel VIII. Gelbe Kristalle (aus A.); F: 125–125,5°; λ_{max} (A.): 250 nm und 370 nm (*Davis, Geissman,* Am. Soc. **76** [1954] 3507, 3511).

2,2′-Dihydroxy-5,5′-dimethyl-*trans*-chalkon $C_{17}H_{16}O_3$, Formel VI (R = CH_3, R′ = H). Gelbe Kristalle (aus A.); F: 168–169° (*Kuhn, Hensel,* B. **86** [1953] 1333, 1340).

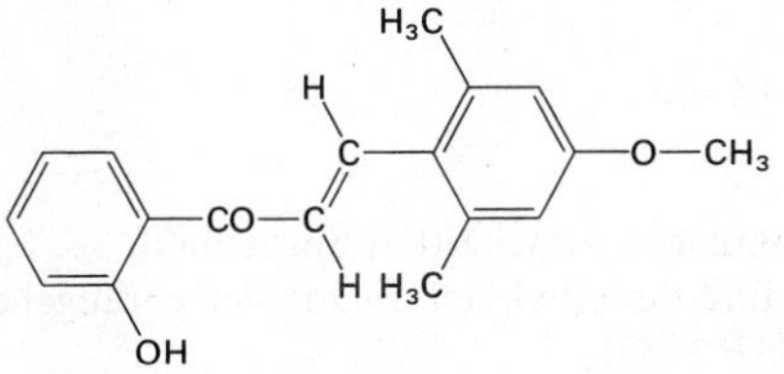

VIII 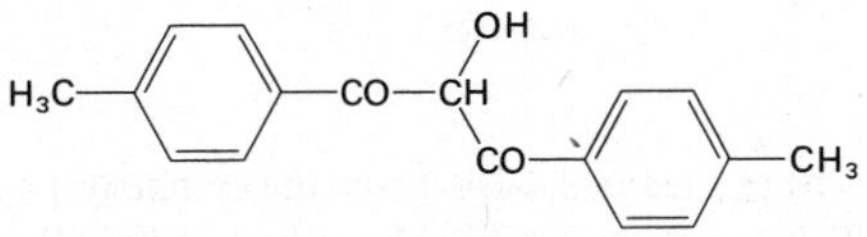 IX

2-Hydroxy-1,3-di-*p*-tolyl-propan-1,3-dion $C_{17}H_{16}O_3$, Formel IX und Taut.

Endiol-Gehalt in wss.-methanol. Lösungen vom pH 5–8: *Karrer et al.,* Helv. **34** [1951] 1014, 1015.

B. Bei der Oxidation von 1,3-Di-*p*-tolyl-propan-1,3-dion mit Peroxybenzoesäure in $CHCl_3$ (*Ka. et al.,* l. c. S. 1020).

Kristalle (aus PAe.); F: 95–97° [unter Gelbfärbung]. UV-Spektrum (220–380 nm) in Hexan, $CHCl_3$, Äthanol, Methanol und wss. Äthanol vom pH 7: *Ka. et al.,* l. c. S. 1017.

1ξ,2-Bis-[4-hydroxy-phenyl]-pent-1-en-3-on $C_{17}H_{16}O_3$, Formel X (R = H).

B. Beim Erwärmen der folgenden Verbindung mit $AlBr_3$ in Benzol (*Searle & Co.,* U.S.P. 2836623 [1956]).

Kristalle (aus E.); F: 211–213,5°.

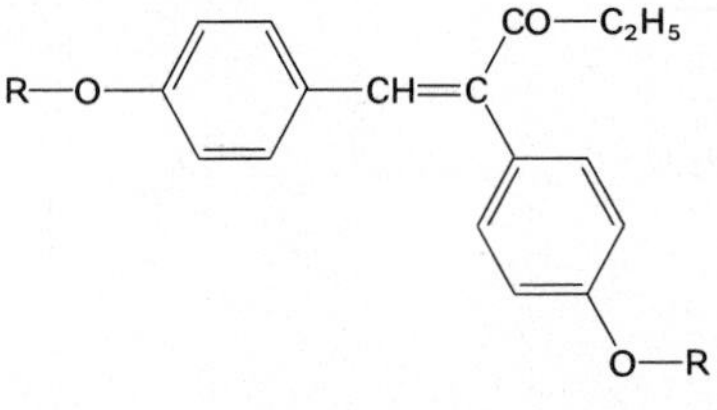

X 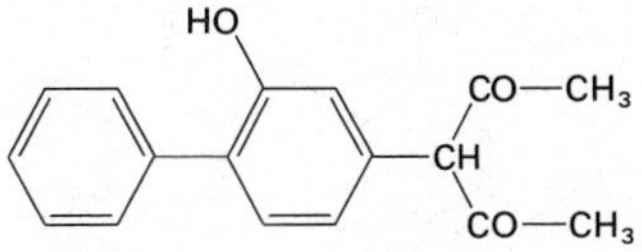 XI

1ξ,2-Bis-[4-methoxy-phenyl]-pent-1-en-3-on $C_{19}H_{20}O_3$, Formel X (R = CH_3).

B. Beim Behandeln von 2,3*c*(?)-Bis-[4-methoxy-phenyl]-acrylonitril (E III **10** 1992) mit Äthylmagnesiumbromid in Äther und Erhitzen des Reaktionsprodukts mit wss. HCl (*Searle & Co.,* U.S.P. 2836623 [1956]).

Kristalle (aus Me.); F: 88–89,5°.

3-[2-Hydroxy-biphenyl-4-yl]-pentan-2,4-dion $C_{17}H_{16}O_3$, Formel XI und Taut.

B. Beim Erwärmen von 6-Acetoxy-6-phenyl-cyclohexa-2,4-dienon mit Pentan-2,4-dion und Piperidin (*Langer et al.*, M. **89** [1958] 239, 250).

F: 104–105° [aus A.+H_2O].

3,4-Bis-[4-methoxy-phenyl]-cyclopentanon $C_{19}H_{20}O_3$.

a) ***cis*-3,4-Bis-[4-methoxy-phenyl]-cyclopentanon,** Formel XII.

B. Beim Erwärmen von *meso*-3,4-Bis-[4-methoxy-phenyl]-adipinsäure-dimethylester mit Natrium in Benzol und Erhitzen des Reaktionsprodukts mit wss. HCl (*Mueller, Bateman,* Am. Soc. **74** [1952] 3959).

Oxim $C_{19}H_{21}NO_3$. Kristalle (aus Me.); F: 124,5–125°.

2,4-Dinitro-phenylhydrazon (F: 190–191°): *Mu., Ba.*

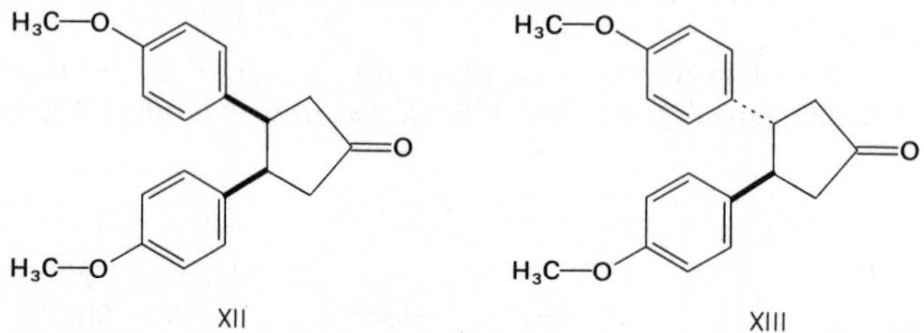

XII XIII

b) **(±)-*trans*-3,4-Bis-[4-methoxy-phenyl]-cyclopentanon,** Formel XIII+Spiegelbild.

B. Aus *racem.*-3,4-Bis-[4-methoxy-phenyl]-adipinsäure-dimethylester analog der vorangehenden Verbindung (*Mueller, Bateman,* Am. Soc. **74** [1952] 3959).

Kristalle (aus PAe.); F: 110–111°.

(±)-6-Methoxy-2-[2-methoxy-benzyl]-3,4-dihydro-2*H*-naphthalin-1-on $C_{19}H_{20}O_3$, Formel XIV (X = O-CH_3, X′ = X″ = H).

B. Beim Hydrieren von 6-Methoxy-2-[(*Z*?)-2-methoxy-benzyliden]-3,4-dihydro-2*H*-naphthalin-1-on (F: 87,5°) an Palladium/$SrCO_3$ in Dioxan (*Bentley, Firth,* Soc. **1955** 2403, 2406).

Kristalle (aus Ae.); F: 68°. $Kp_{0,1}$: 206–209°.

2,4-Dinitro-phenylhydrazon (F: 176°): *Be., Fi.*

(±)-6-Methoxy-2-[3-methoxy-benzyl]-3,4-dihydro-2*H*-naphthalin-1-on $C_{19}H_{20}O_3$, Formel XIV (X = X″ = H, X′ = O-CH_3).

B. Aus den stereoisomeren 6-Methoxy-2-[3-methoxy-benzyliden]-3,4-dihydro-2*H*-naphthalin-1-onen (F: 69° bzw. F: 57°) analog der vorangehenden Verbindung (*Bentley, Firth,* Soc. **1955** 2403, 2407).

Kristalle; F: 56°.

XIV I

(±)-6-Methoxy-2-[4-methoxy-benzyl]-3,4-dihydro-2*H*-naphthalin-1-on $C_{19}H_{20}O_3$, Formel XIV (X = X′ = H, X″ = O-CH_3).

B. Beim Erwärmen von 6-Methoxy-3,4-dihydro-2*H*-naphthalin-1-on mit $NaNH_2$ in Benzol und anschliessend mit 4-Methoxy-benzylchlorid in Äther (*Juday,* Am. Soc. **75** [1953] 4071, 4073). Beim Hydrieren von 6-Methoxy-2-[(*Z*?)-4-methoxy-benzyliden]-3,4-dihydro-2*H*-naphthalin-1-on (F: 139,5°) an Palladium/$SrCO_3$ in Dioxan (*Bentley, Firth,* Soc. **1955** 2403, 2405).

Kristalle (aus A.); F: 94° (*Be., Fi.*), 91,5–93° (*Ju.*). λ_{max} (A.): 225 nm und 276 nm (*Ju.*).

2,4-Dinitro-phenylhydrazon (F: 210°): *Be., Fi.*

(±)-7-Methoxy-2-[4-methoxy-benzyl]-3,4-dihydro-2*H*-naphthalin-1-on $C_{19}H_{20}O_3$, Formel I (E III 2872).

B. Beim Erwärmen von 7-Methoxy-3,4-dihydro-2*H*-naphthalin-1-on mit $NaNH_2$ in Benzol und anschliessend mit 4-Methoxy-benzylchlorid in Äther (*Mukherji et al.*, J. Indian chem. Soc. **33** [1956] 765, 766).

Kristalle (aus Me.); F: 89°.

***Opt.-inakt. 2-Hydroxy-2-[α-methoxy-benzyl]-3,4-dihydro-2*H*-naphthalin-1-on** $C_{18}H_{18}O_3$, Formel II.

B. Beim Behandeln von (2*RS*,3′*SR*?)-3′-Phenyl-3,4-dihydro-spiro[naphthalin-2,2′-oxiran]-1-on (E III/IV **17** 5465) mit methanol. H_2SO_4 (*Cromwell et al.*, Am. Soc. **81** [1959] 4294, 4298).

Kristalle (aus Me.); F: 91–92°. IR-Banden (CCl_4; 3600–1650 cm^{-1}): *Cr. et al.* λ_{max} (Me.): 251 nm.

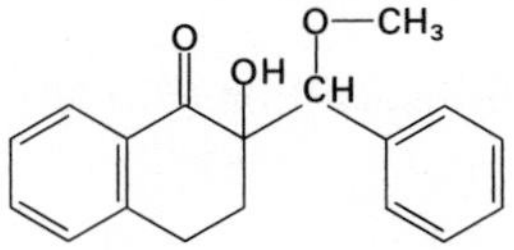

II 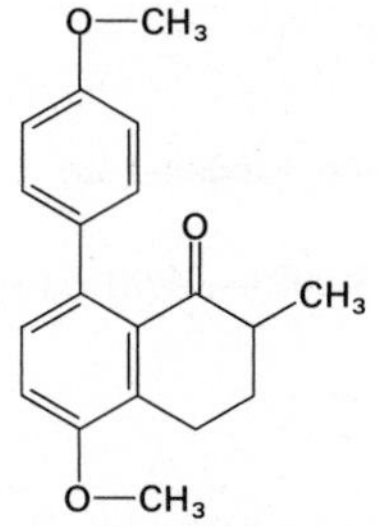 III 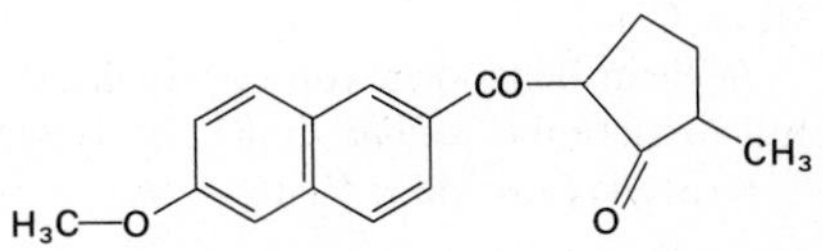 IV

(±)-5-Methoxy-8-[4-methoxy-phenyl]-2-methyl-3,4-dihydro-2*H*-naphthalin-1-on $C_{19}H_{20}O_3$, Formel III.

B. Beim Behandeln von (±)-4-[4,4′-Dimethoxy-biphenyl-3-yl]-2-methyl-butyrylchlorid (aus der entsprechenden Säure und PCl_5 hergestellt) mit $SnCl_4$ in Benzol (*Baddar et al.*, Soc. **1955** 2199, 2203).

Hellgelbe Kristalle (aus PAe.); F: 140–141°.

(±)-2-[6-Methoxy-[2]naphthoyl]-5-methyl-cyclopentanon $C_{18}H_{18}O_3$, Formel IV und Taut.

B. Beim Erhitzen von (±)-6-[6-Methoxy-[2]naphthyl]-2-methyl-6-oxo-hexansäure-isopropyl= ester mit H_3BO_3 auf 200° (*Eglinton et al.*, Am. Soc. **78** [1956] 2331, 2334).

Kristalle (aus Me.); F: 101–102° [unkorr.].

***Opt.-inakt. 3-Äthyl-5-methoxy-2-[4-methoxy-phenyl]-indan-1-on** $C_{19}H_{20}O_3$, Formel V.

B. Beim Erwärmen von opt.-inakt. 3-[3-Methoxy-phenyl]-2-[4-methoxy-phenyl]-valeriansäure (F: 156–158°) mit Polyphosphorsäure (*Burckhalter, Kurath,* Am. Soc. **81** [1959] 395).

Kristalle (aus wss. Me.); F: 92–94°.

2,4-Dinitro-phenylhydrazon (F: 186–187°): *Bu., Ku.*

***Opt.-inakt. 2-Äthyl-2,3-dihydroxy-3-phenyl-indan-1-on** $C_{17}H_{16}O_3$, Formel VI (R = H) (E III 2873).

a) Racemat vom F: 131°.

B. Neben dem unter b) beschriebenen Racemat beim Behandeln von opt.-inakt. 2-Äthyl-2-brom-3-hydroxy-3-phenyl-indan-1-on (F: 157–158°) in Aceton mit wss. NaOH (*Carboni,* G. **81** [1951] 219, 223) oder von opt.-inakt. 2-Äthyl-3-chlor-2-hydroxy-3-phenyl-indan-1-on (F: 120°) mit wss. Essigsäure (*Carboni,* G. **81** [1951] 225, 228).

Kristalle; F: 131° (*Ca.,* l. c. S. 223, 228).

Beim Erwärmen mit Petroläther oder mit Benzol erfolgt Umwandlung in das unter b) beschriebene Racemat (*Ca.*, l. c. S. 228).

b) Racemat vom F: 76°.
B. s. unter a).
Kristalle (aus PAe.); F: 76° (*Ca.*, l. c. S. 223, 228).
Beim Erhitzen auf Temperaturen oberhalb des Schmelzpunkts erfolgt Umwandlung in das unter a) beschriebene Racemat.

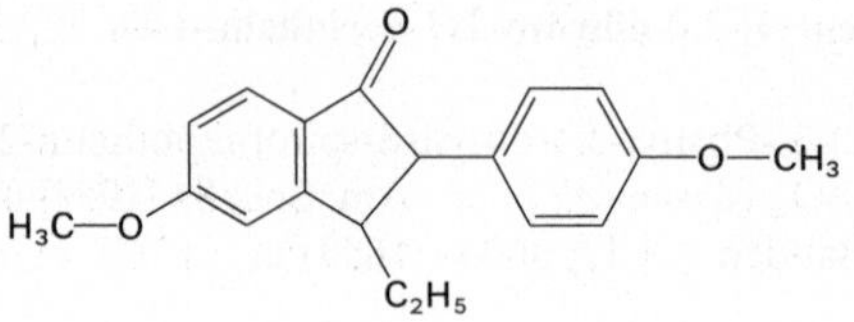

V 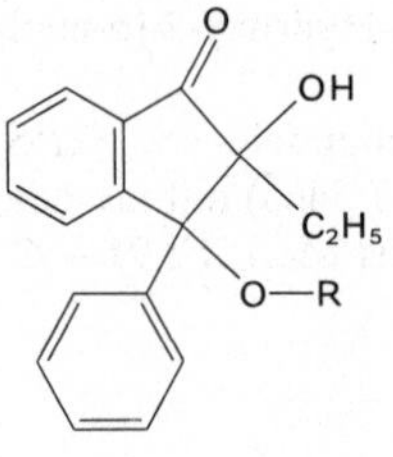 VI

***Opt.-inakt. 2-Äthyl-2-hydroxy-3-methoxy-3-phenyl-indan-1-on** $C_{18}H_{18}O_3$, Formel VI ($R = CH_3$).
B. Beim Behandeln von opt.-inakt. 2-Äthyl-3-chlor-2-hydroxy-3-phenyl-indan-1-on (F: 120°) mit Methanol (*Carboni,* G. **81** [1951] 225, 229).
Kristalle (aus Me.); F: 164–165°.

***Opt.-inakt. 3-Äthoxy-2-äthyl-2-hydroxy-3-phenyl-indan-1-on** $C_{19}H_{20}O_3$, Formel VI ($R = C_2H_5$).
B. Beim Erwärmen von opt.-inakt. 2-Äthyl-3-chlor-2-hydroxy-3-phenyl-indan-1-on (F: 120°) mit Äthanol (*Carboni,* G. **81** [1951] 225, 229).
Kristalle (aus A.); F: 180°. [*Brandt*]

Hydroxy-oxo-Verbindungen $C_{18}H_{18}O_3$

(±)-2-[Methylmercapto-methyl]-1,5-diphenyl-pentan-1,5-dion $C_{19}H_{20}O_2S$, Formel VII.
Diese Konstitution wird für die nachstehend beschriebene Verbindung in Betracht gezogen (*Protiva, Exner,* Chem. Listy **47** [1953] 736, 738; C. A. **1955** 200).
B. In kleiner Menge neben 3-Methylmercapto-1-phenyl-propan-1-on beim Erwärmen von 3-Brom-1-phenyl-propan-1-on mit Natrium-methanthiolat in Äthanol (*Pr., Ex.*).
Methojodid $[C_{20}H_{23}O_2S]I$; (±)-[2-Benzoyl-5-oxo-5-phenyl-pentyl]-dimethyl-sulfonium-jodid. F: 121° [aus A.].

1-[2-Hydroxy-phenyl]-3-mesityl-propan-1,3-dion $C_{18}H_{18}O_3$, Formel VIII und Taut.
B. Beim Behandeln von 2,4,6-Trimethyl-benzoesäure-[2-acetyl-phenylester] mit Natrium und Äthylformiat (*Davis, Geissman,* Am. Soc. **76** [1954] 3507, 3511).
Kristalle (aus A.); F: 73,5–74°.

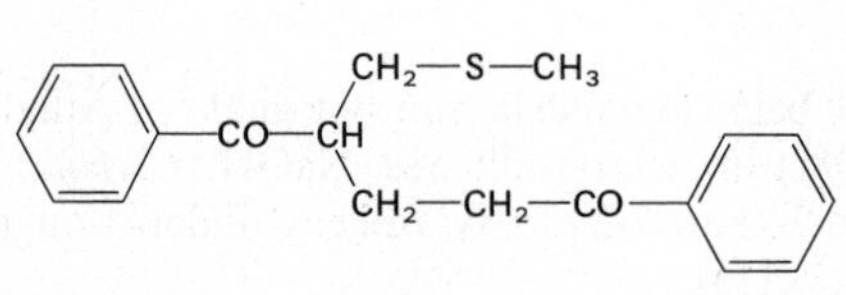

VII 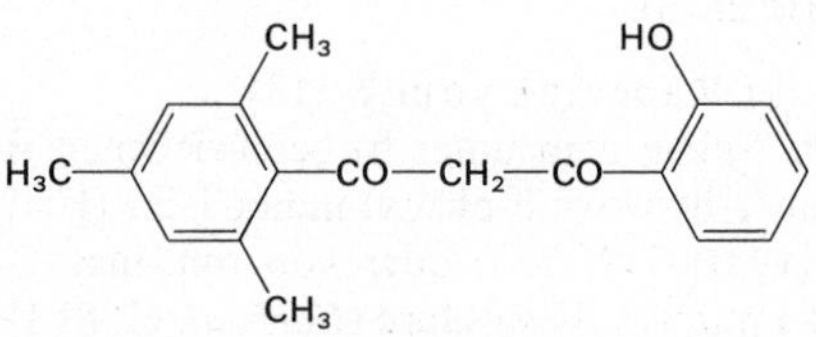 VIII

1ξ,2-Bis-[4-methoxy-phenyl]-hex-1-en-3-on $C_{20}H_{22}O_3$, Formel IX.

B. Beim Erhitzen des Imin-hydrobromids (s. u.) mit wss. HBr unter Zusatz von wenig Äthanol (*Searle & Co.*, U.S.P. 2836623 [1956]).

Kristalle (aus Ae.); F: 52–55°.

Imin $C_{20}H_{23}NO_2$. – Hydrobromid. *B.* Beim Behandeln von 2,3*c*(?)-Bis-[4-methoxy-phenyl]-acrylonitril (E III **10** 1992) mit Propylmagnesiumbromid in Äther und anschliessend mit wss. HBr (*Searle & Co.*). – Gelbe Kristalle (aus A.); F: 145–147°.

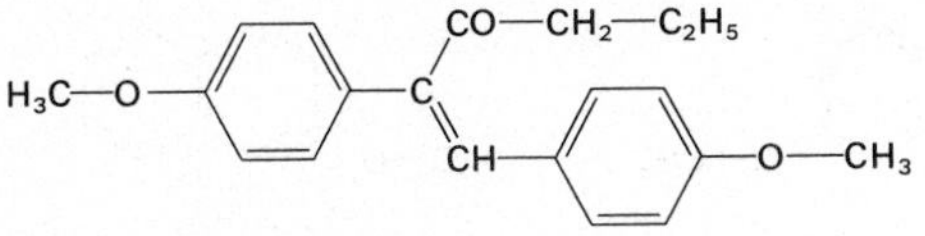

IX

3,4-Bis-[4-methoxy-phenyl]-hex-3ξ-en-2-on $C_{20}H_{22}O_3$, Formel X.

B. Neben grösseren Mengen einer als 3,4-Bis-[4-methoxy-phenyl]-hex-2ξ-enal $C_{20}H_{22}O_3$ (Formel XI) angesehenen Verbindung ($Kp_{0,4}$: 188–192°; nicht einheitliches Präparat) beim Erwärmen von opt.-inakt. 3,4-Bis-[4-methoxy-phenyl]-hex-1-in-3-ol (E IV **6** 7608) mit Ameisensäure und Methanol (*Hofstetter, Smith,* Helv. **36** [1953] 1949, 1952).

Kristalle (aus Me.); F: 93–95°.

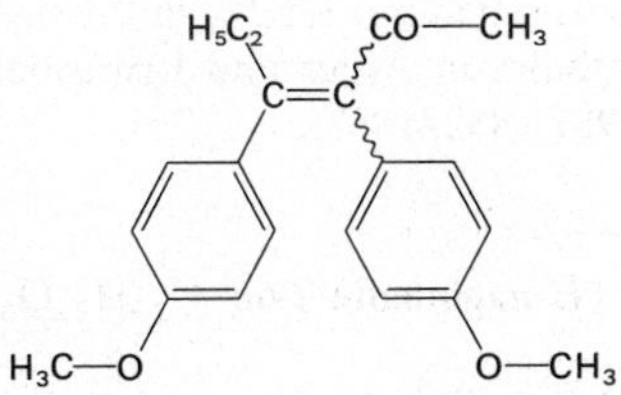

X 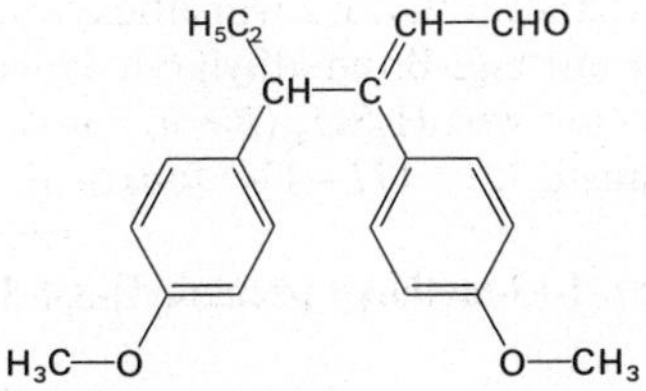 XI

***Opt.-inakt. 3,4-Bis-[4-methoxy-phenyl]-cyclohexanon** $C_{20}H_{22}O_3$, Formel XII.

B. Bei der Oxidation von opt.-inakt. 3,4-Bis-[4-methoxy-phenyl]-cyclohexanol (E IV **6** 7598) mit CrO_3 in wss. Essigsäure (*Dodds et al.*, Pr. roy. Soc. [B] **140** [1953] 470, 492).

$Kp_{0,06}$: 175–185° [Badtemperatur].

Semicarbazon $C_{21}H_{25}N_3O_3$. Kristalle (aus A.); F: 206–207° [nach Gelbfärbung bei 200°].

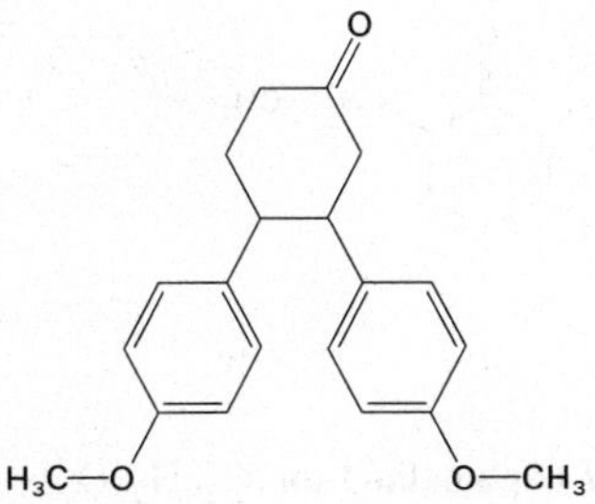

XII 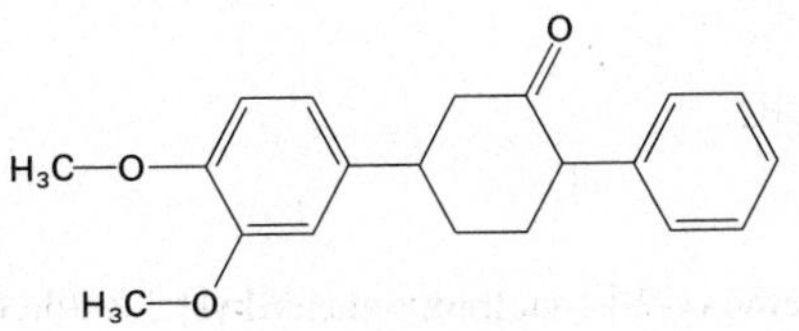 XIII

***Opt.-inakt. 5-[3,4-Dimethoxy-phenyl]-2-phenyl-cyclohexanon** $C_{20}H_{22}O_3$, Formel XIII.

B. Beim Erwärmen von 5-[3,4-Dimethoxy-phenyl]-2-phenyl-cyclohexan-1,3-dion mit PCl_3 in $CHCl_3$ und Hydrieren des Reaktionsprodukts an Palladium in Äthanol unter Zusatz von Tri=

äthylamin (*Ames, Davey,* Soc. **1958** 1794, 1797).
Kristalle (aus Me.) mit 0,5 Mol H_2O; F: 109°.
Oxim $C_{20}H_{23}NO_3$. Kristalle (aus E.); F: 211–212°.

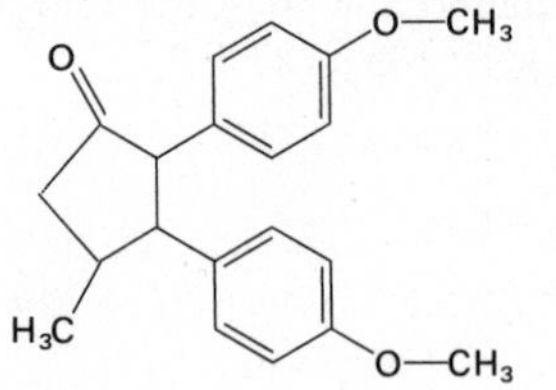

I

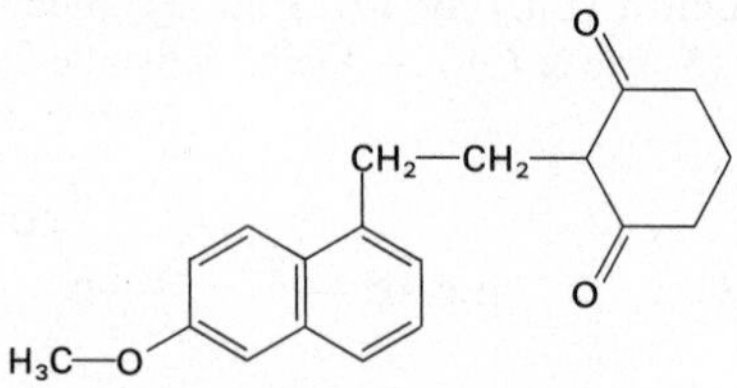

II

***Opt.-inakt. 2,3-Bis-[4-methoxy-phenyl]-4-methyl-cyclopentanon** $C_{20}H_{22}O_3$, Formel I.

B. Beim Hydrieren von (±)-2,3-Bis-[4-methoxy-phenyl]-4-methyl-cyclopent-2-enon an Platin in Essigsäure (*Nasarow, Kotljarewškiĭ,* Ž. obšč. Chim. **20** [1950] 1431, 1436; engl. Ausg. S. 1491, 1496).

$Kp_{1,5}$: 228–230°.
Oxim $C_{20}H_{23}NO_3$. Kristalle (aus wss. A.); F: 148,5°.

2-[2-(6-Methoxy-[1]naphthyl)-äthyl]-cyclohexan-1,3-dion $C_{19}H_{20}O_3$, Formel II und Taut. (E III 2882).

B. Beim Behandeln von 1,5-Dimethoxy-cyclohexa-1,4-dien mit KNH_2 in flüssigem NH_3 und anschliessend mit 1-[2-Brom-äthyl]-6-methoxy-naphthalin in Äther und Erwärmen des Reaktionsprodukts mit wss. H_2SO_4 (*Birch, Smith,* Soc. **1951** 1882, 1887).

Kristalle (aus E.); F: 172–174° [unkorr.].

(±)-5-Methoxy-1-[3-methoxy-phenäthyl]-3,4-dihydro-1*H*-naphthalin-2-on $C_{20}H_{22}O_3$, Formel III.

B. Beim Erwärmen von 5-Methoxy-3,4-dihydro-1*H*-naphthalin-2-on mit Kalium in Benzol (*Collins, Smith,* Soc. **1956** 4308, 4310) oder mit Kalium-*tert*-butylat in *tert*-Butylalkohol (*Nasarow Saw'jalow,* Izv. Akad. S.S.S.R. Otd. chim. **1958** 1233, 1237; engl. Ausg. S. 1190, 1193) und anschliessend mit 1-Brom-2-[3-methoxy-phenyl]-äthan.

Kp_1: 210–225°; n_D^{20}: 1,5871 (*Na., Sa.*). $Kp_{0,05}$: 208° (*Co., Sm.*).

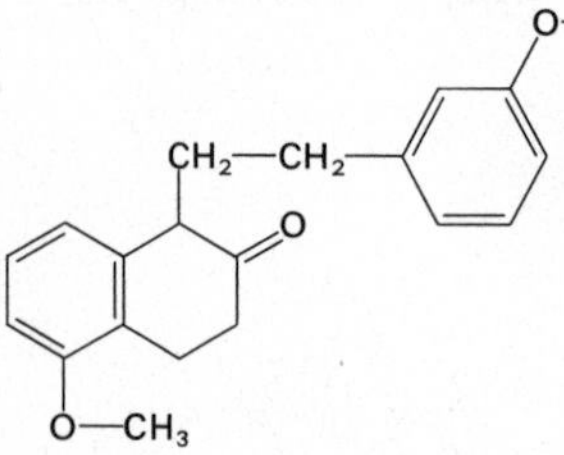

III

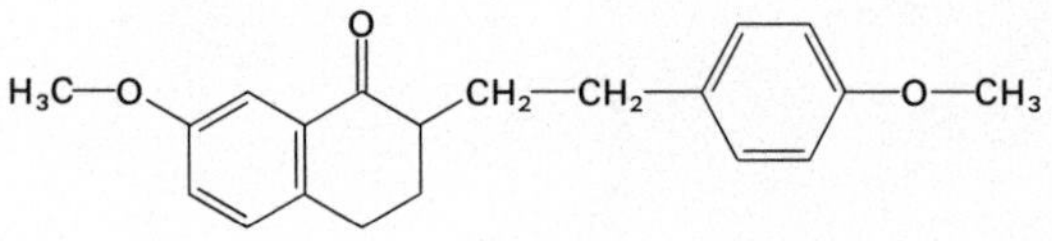

IV

(±)-7-Methoxy-2-[4-methoxy-phenäthyl]-3,4-dihydro-2*H*-naphthalin-1-on $C_{20}H_{22}O_3$, Formel IV.

B. Beim Behandeln von Bis-[4-methoxy-phenäthyl]-essigsäure mit HF (*Cahana et al.,* J. org. Chem. **24** [1959] 557).

Kristalle (aus Me.); F: 85–86°.
2,4-Dinitro-phenylhydrazon (F: 163°): *Ca. et al.*

8-Methoxy-2,3,4a,4b,5,6,12,12a-octahydro-chrysen-1,4-dion $C_{19}H_{20}O_3$.

a) **(±)-8-Methoxy-(4a*r*,4b*c*,12a*c*)-2,3,4a,4b,5,6,12,12a-octahydro-chrysen-1,4-dion, *rac*-3-Methoxy-*D*-homo-14*β*-gona-1,3,5(10),9(11)-tetraen-15,17a-dion,** Formel V + Spiegelbild.

B. Beim Behandeln von (±)-8-Methoxy-(4a*r*,4b*c*,12a*c*)-4a,4b,5,6,12,12a-hexahydro-chrysen-1,4-dion (E IV **6** 7613) mit Zink-Pulver und Essigsäure (*Robins, Walker,* Soc. **1956** 3249, 3256; *Nasarow et al.,* Doklady Akad. S.S.S.R. **112** [1957] 1067, 1069; Pr. Acad. Sci. U.S.S.R. Chem. Sect. **112–117** [1957] 167, 169).

Kristalle; F: 200–203° [aus Me.] (*Robins, Walker,* Soc. **1959** 237, 244), 194–196° [Zers.; aus $CHCl_3$ + Me.] (*Ro., Wa.,* Soc. **1956** 3256), 192–193° [aus E.] (*Na. et al.*). UV-Spektrum (A.; 220–320 nm): *Ro., Wa.,* Soc. **1956** 3251.

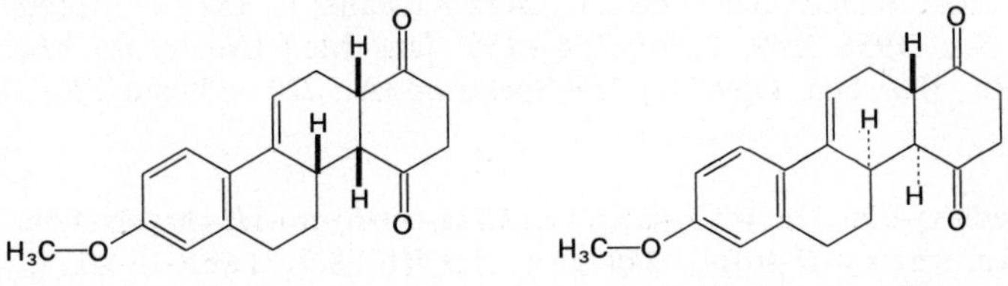

V

VI

b) **(±)-8-Methoxy-(4a*r*,4b*c*,12a*t*)-2,3,4a,4b,5,6,12,12a-octahydro-chrysen-1,4-dion, *rac*-3-Methoxy-*D*-homo-8*α*-gona-1,3,5(10),9(11)-tetraen-15,17a-dion,** Formel VI + Spiegelbild.

Diese Konfiguration wird für die nachstehend beschriebene Verbindung in Betracht gezogen (*Robins, Walker,* Soc. **1959** 237, 240).

B. s. unter c).

Kristalle (aus Bzl. + PAe.); F: 174–176°; λ_{max} (A.): 262 nm und 295 nm (*Ro., Wa.,* l. c. S. 242).

c) **(±)-8-Methoxy-(4a*r*,4b*t*,12a*t*)-2,3,4a,4b,5,6,12,12a-octahydro-chrysen-1,4-dion, *rac*-3-Methoxy-*D*-homo-gona-1,3,5(10),9(11)-tetraen-15,17a-dion,** Formel VII + Spiegelbild.

B. Neben kleinen Mengen des vorangehenden Stereoisomeren beim Behandeln des unter a) beschriebenen Stereoisomeren in Benzol mit alkal. Al_2O_3 (*Robins, Walker,* Soc. **1959** 237, 241; s. a. *Nasarow et al.,* Doklady Akad. S.S.S.R. **112** [1957] 1067, 1069; Pr. Acad. Sci. U.S.S.R. Chem. Sect. **112–117** [1957] 167, 169).

Kristalle (aus Me.); F: 175–177° (*Ro., Wa.,* l. c. S. 244), 174–175° (*Na. et al.*). λ_{max} (A.): 262 nm und 294 nm (*Ro., Wa.,* l. c. S. 242).

Beim Hydrieren an Palladium/$SrCO_3$ in Äthanol und Hydrieren der in Äthanol leicht löslichen Anteile des Reaktionsprodukts an Platin in Äthylacetat ist eine wahrscheinlich als (±)-4ξ-Hydroxy-8-methoxy-(4a*r*,4b*t*,10b*c*,12a*t*)-3,4,4a,4b,5,6,10b,11,12,12a-decahydro-2*H*-chrysen-1-on $C_{19}H_{24}O_3$ zu formulierende Verbindung (Kristalle [aus E. + PAe.]; F: 171–172,5°; Toluol-4-sulfonyl-Derivat $C_{26}H_{30}O_5S$; wahrscheinlich (±)-8-Methoxy-4ξ-[toluol-4-sulfonyloxy]-(4a*r*,4b*t*,10b*c*,12a*t*)-3,4,4a,4b,5,6,10b,11,12,12a-decahydro-2*H*-chrysen-1-on; Kristalle [aus E. + PAe.]; F: 174–176°) neben einer isomeren Verbindung $C_{19}H_{24}O_3$ (Kristalle [aus E. + PAe.]; F: 181–185°; λ_{max} [A.] 279 nm) erhalten worden (*Ro., Wa.,* l. c. S. 242, 243).

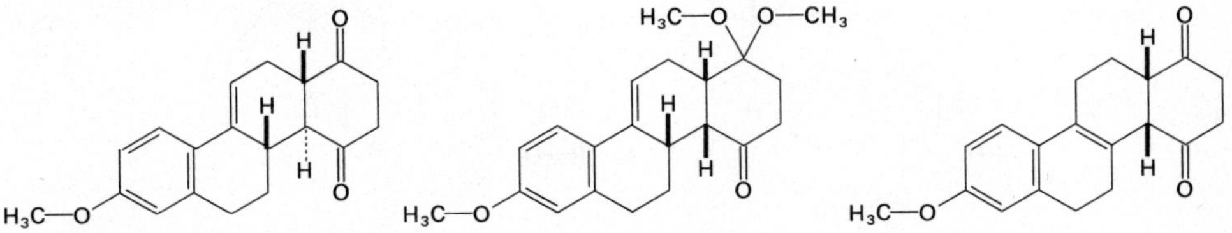

VII

VIII

IX

(±)-1,1,8-Trimethoxy-(4a*r*,4b*c*,12a*c*)-2,3,4a,4b,5,6,12,12a-octahydro-1*H*-chrysen-4-on, *rac*-3,17a,17a-Trimethoxy-*D*-homo-14*β*-gona-1,3,5(10),9(11)-tetraen-15-on $C_{21}H_{26}O_4$, Formel VIII + Spiegelbild.

B. Aus (±)-8-Methoxy-(4a*r*,4b*c*,12a*c*)-2,3,4a,4b,5,6,12,12a-octahydro-chrysen-1,4-dion und

Essigsäure enthaltendem Methanol (*Cole et al.*, Pr. chem. Soc. **1958** 114).
F: 161–163°. λ_{max} (A.): 266 nm und 300,5 nm.

(±)-8-Methoxy-(4a*r*,12a*c*)-2,3,4a,5,6,11,12,12a-octahydro-chrysen-1,4-dion, *rac*-3-Methoxy-*D*-homo-14*β*-gona-1,3,5(10),8-tetraen-15,17a-dion $C_{19}H_{20}O_3$, Formel IX + Spiegelbild.

B. Beim Behandeln von (±)-8-Methoxy-(4a*r*,4b*c*,12a*c*)-2,3,4a,4b,5,6,12,12a-octahydro-chrysen-1,4-dion mit HCl in $CHCl_3$, auch unter Zusatz von Essigsäure (*Robins, Walker,* Soc. **1956** 3260, 3268). Beim Erwärmen von (±)-8-Methoxy-(4a*r*,4b*t*,12a*t*)-2,3,4a,4b,5,6,12,12a-octahydro-chrysen-1,4-dion mit Toluol-4-sulfonsäure in Benzol (*Nasarow et al.*, Doklady Akad. S.S.S.R. **112** [1957] 1067, 1070; Pr. Acad. Sci. U.S.S.R. Chem. Sect. **112–117** [1957] 167, 170).

Dimorph (*Robins, Walker,* Soc. **1959** 237, 242). Kristalle; F: 154–157° [Zers.; aus A.] (*Robins, Walker,* Soc. **1956** 3249, 3256), 154–155° [aus Me.] (*Na. et al.*) bzw. Kristalle; F: 148,5–150° (*Ro., Wa.*, Soc. **1959** 242). UV-Spektrum (A.; 220–330 nm): *Ro., Wa.*, Soc. **1956** 3251.

(±)-1,1,8-Trimethoxy-(4a*r*,12a*c*)-2,3,4a,5,6,11,12,12a-octahydro-1*H*-chrysen-4-on, *rac*-3,17a,17a-Trimethoxy-*D*-homo-14*β*-gona-1,3,5(10),8-tetraen-15-on $C_{21}H_{26}O_4$, Formel X + Spiegelbild.

B. Beim Erwärmen von (±)-8-Methoxy-(4a*r*,4b*c*,12a*c*)-2,3,4a,4b,5,6,12,12a-octahydro-chrysen-1,4-dion (*Robins, Walker,* Soc. **1956** 3260, 3268), von (±)-8-Methoxy-(4a*r*,4b*t*,12a*t*)-2,3,4a,4b,5,6,12,12a-octahydro-chrysen-1,4-dion (*Robins, Walker,* Soc. **1959** 237, 242) oder der vorangehenden Verbindung (*Ro., Wa.*, Soc. **1956** 3268) mit methanol. HCl. Beim Behandeln von (±)-1,1,8-Trimethoxy-(4a*r*,4b*c*,12a*c*)-2,3,4a,4b,5,6,12,12a-octahydro-1*H*-chrysen-4-on mit Platin in Äthylacetat unter Wasserstoff (*Ro., Wa.*, Soc. **1959** 243).

Kristalle (aus Me.); F: 135–137°; λ_{max} (A.): 274 nm (*Ro., Wa.*, Soc. **1959** 243).

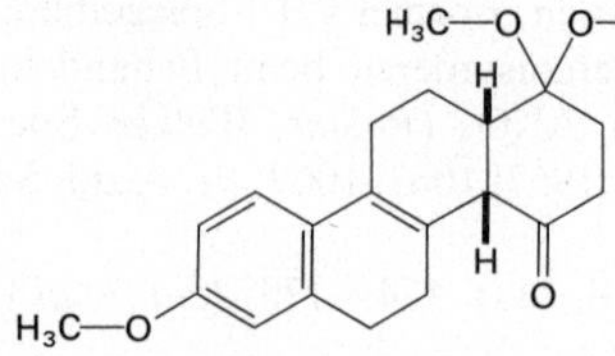

X 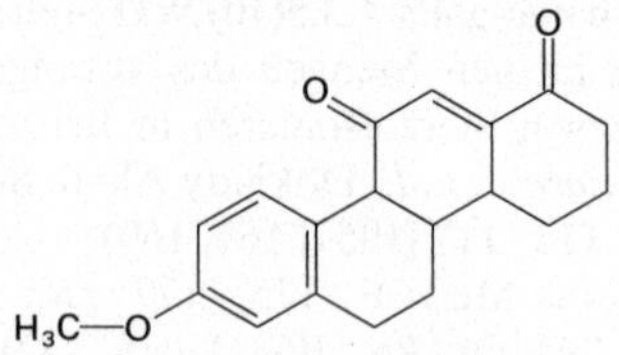 XI

***Opt.-inakt. 8-Methoxy-2,3,4,4a,4b,5,6,10b-octahydro-chrysen-1,11-dion** $C_{19}H_{20}O_3$, Formel XI.

B. Aus opt.-inakt. 3-[1-Acetyl-6-methoxy-1,2,3,4-tetrahydro-[2]naphthyl]-cyclohexan-1,2-dion (F: 147°) mit Hilfe von Polyphosphorsäure (*Birch, Quartey,* Chem. and Ind. **1953** 489).

Kristalle (aus E.); F: 168°.

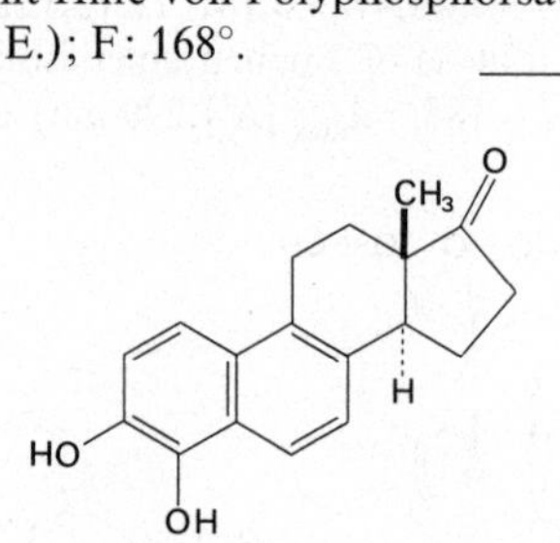

XII 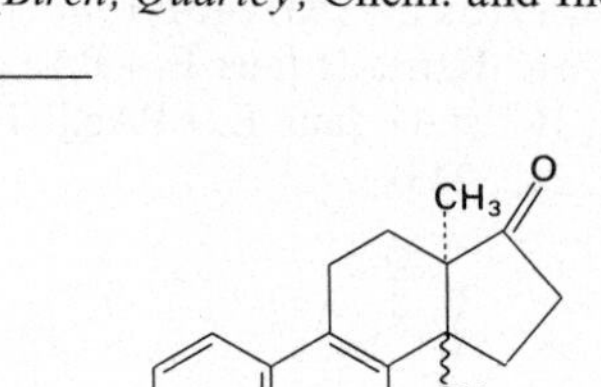 XIII

(±)-3,4-Dihydroxy-13-methyl-(13*r*,14*t*)-11,12,13,14,15,16-hexahydro-cyclopenta[*a*]phenanthren-17-on, *rac*-3,4-Dihydroxy-östra-1,3,5,7,9-pentaen-17-on $C_{18}H_{18}O_3$, Formel XII.

B. Beim Behandeln von Östra-1,5,7,9-tetraen-3,4,17-trion in Aceton mit wss. H_2SO_3 (*Teuber,* B. **86** [1953] 1495, 1498).

Kristalle (aus A.); F: 254° [tiefrote Schmelze; nach Sintern bei 240°]. IR-Spektrum (Paraffin; 2–15 μ): *Te.*, l. c. S. 1497. Absorptionsspektrum (Me.; 220–500 nm): *Te.*, l. c. S. 1496.

(±)-14-Hydroxy-3-methoxy-13-methyl-(13*r*,14ξ)-11,12,13,14,15,16-hexahydro-cyclopenta[*a*]phenanthren-17-on, *rac*-14-Hydroxy-3-methoxy-14ξ-östra-1,3,5,7,9-pentaen-17-on $C_{19}H_{20}O_3$, Formel XIII (R = CH_3) + Spiegelbild.

B. Beim Behandeln von *rac*-3-Methoxy-östra-1,3,5,7,9-pentaen-17-on mit CrO_3 in wasserhaltiger Essigsäure (*McNiven*, Am. Soc. **76** [1954] 1725, 1727).

Kristalle (aus Me.); F: 164–165,5° [korr.].

(–)(13*R*,14Ξ)-3-Acetoxy-14-hydroxy-11,12,13,14,15,16-hexahydro-cyclopenta[*a*]phenanthren-17-on, *ent*-3-Acetoxy-14-hydroxy-14ξ-östra-1,3,5,7,9-pentaen-17-on $C_{20}H_{20}O_4$, Formel XIII (R = CO-CH_3).

B. Aus *ent*-3-Acetoxy-östra-1,3,5,7,9-pentaen-17-on analog der vorangehenden Verbindung (*McNiven*, Am. Soc. **76** [1954] 1725, 1728).

Kristalle (aus Me.); F: 177–177,5° [korr.]. $[\alpha]_D^{25}$: –104° [$CHCl_3$].

Hydroxy-oxo-Verbindungen $C_{19}H_{20}O_3$

6-Isopropyl-3-[3-oxo-3-phenyl-propyl]-tropolon $C_{19}H_{20}O_3$, Formel I und Taut.

B. Beim Hydrieren von 6-Isopropyl-3-[3-oxo-3-phenyl-*trans*-propenyl]-tropolon (F: 108–109°; S. 2624) an Platin in Methanol (*Matsumoto*, Sci. Rep. Tohoku Univ. [I] **42** [1958] 215, 221).

Kristalle (aus Me.); F: 194–195° [unkorr.]. Absorptionsspektrum (Me.; 210–420 nm): *Ma.*, l. c. S. 217.

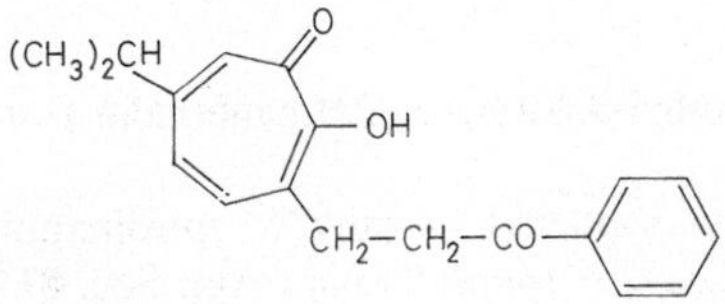

I

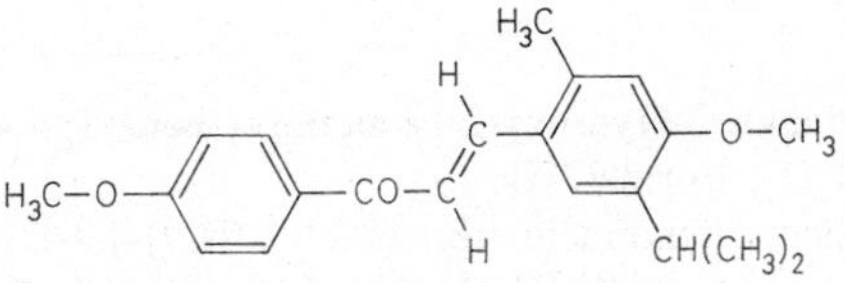

II

5-Isopropyl-4,4′-dimethoxy-2-methyl-*trans*-chalkon $C_{21}H_{24}O_3$, Formel II.

B. Beim Erwärmen von 5-Isopropyl-4-methoxy-2-methyl-benzaldehyd mit 1-[4-Methoxy-phenyl]-äthanon und wss.-äthanol. NaOH (*Royer et al.*, Bl. **1957** 304, 306).

Gelbe Kristalle (aus A.); F: 116°.

3,5-Dichlor-2-hydroxy-5′-isopropyl-4′-methoxy-2′-methyl-*trans*-chalkon $C_{20}H_{20}Cl_2O_3$, Formel III.

B. Analog der vorangehenden Verbindung (*Royer*, Bl. **1953** 412, 415).

Hellgelbe Kristalle (aus A.); F: 95°.

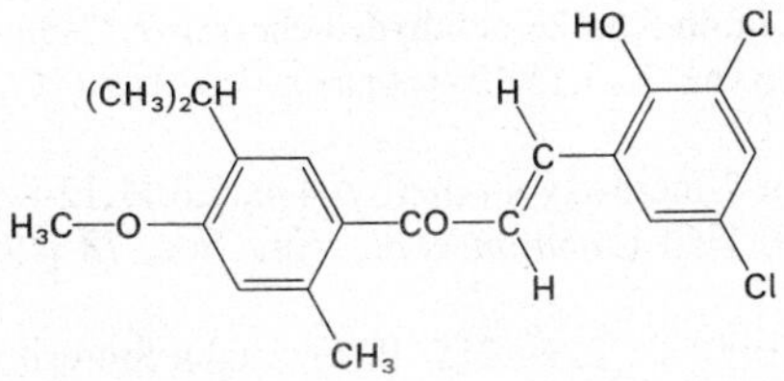

III

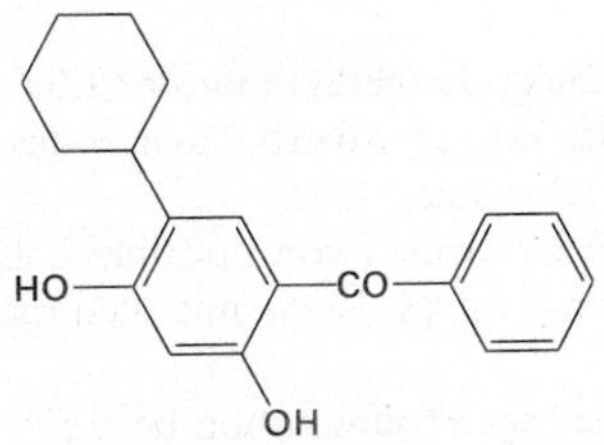

IV

5-Cyclohexyl-2,4-dihydroxy-benzophenon $C_{19}H_{20}O_3$, Formel IV.

B. Aus 4-Cyclohexyl-resorcin und Benzoesäure beim Erwärmen mit HF unter Druck auf 100° (*VanAllan, Tinker,* J. org. Chem. **19** [1954] 1243, 1244) oder mit BF_3 in 1,1,2,2-Tetrachloräthan (*Eastman Kodak Co.,* U.S.P. 2763657 [1952]).

F: 164° (*Va., Ti.*; *Eastman Kodak Co.*).

***Opt.-inakt. 2,5-Bis-[α-acetoxy-benzyl]-2,5-dibrom-cyclopentanon** $C_{23}H_{22}Br_2O_5$, Formel V.

Zwei Präparate (Kristalle [aus A.]; F: 213–214° [korr.] bzw. F: 208–209°), für die *Yeh et al.* (Chemistry Taipei **1955** 27, 28; C. A. **1956** 1658) diese Konstitution in Betracht ziehen, sind jeweils neben kleinen Mengen einer isomeren Verbindung $C_{23}H_{22}Br_2O_5$ (F: 185–186° [korr.] bzw. F: 181–182°) beim Erwärmen von opt.-inakt. 2,5-Dibrom-2,5-bis-[α-brom-benzyl]-cyclopentanon (F: 175° [Zers.]) mit Silberacetat und Essigsäure erhalten worden (*Yeh,* Bl. chem. Soc. Japan **27** [1954] 60; *Yeh et al.,* l. c. S. 29, 30).

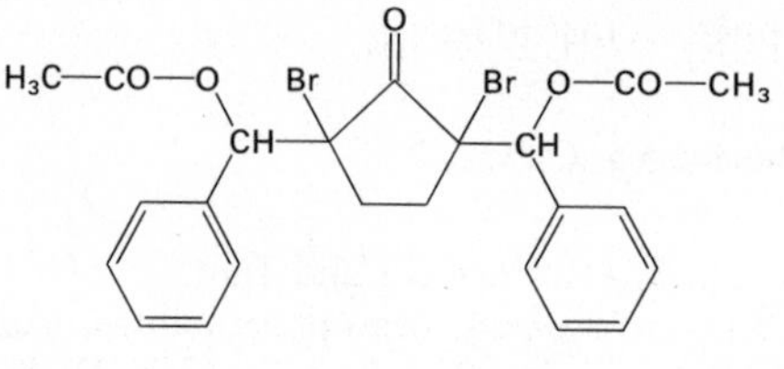

V

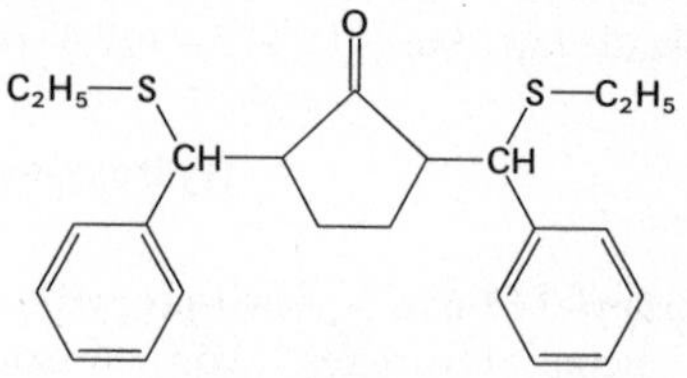

VI

***Opt.-inakt. 2,5-Bis-[α-äthylmercapto-benzyl]-cyclopentanon** $C_{23}H_{28}OS_2$, Formel VI.

B. Aus 2,5-Dibenzyliden-cyclopentanon und Äthanthiol in Gegenwart von Benzyl-trimethyl-ammonium-hydroxid oder Piperidin (*Thompson,* Ind. eng. Chem. **43** [1951] 1638).

F: 58–59°.

***Opt.-inakt. 2-Hydroxy-2-[α-methoxy-benzyl]-4,4-dimethyl-3,4-dihydro-2*H*-naphthalin-1-on** $C_{20}H_{22}O_3$, Formel VII.

B. Beim Behandeln von (2*RS*,3'*SR*?)-4,4-Dimethyl-3'-phenyl-3,4-dihydro-spiro[naphthalin-2,2'-oxiran]-1-on (E III/IV **17** 5481) mit methanol. H_2SO_4 (*Cromwell et al.,* Am. Soc. **81** [1959] 4294, 4298).

Kristalle (aus Me.); F: 139–140° [korr.]. λ_{max} (Me.): 252 nm und 287 nm.

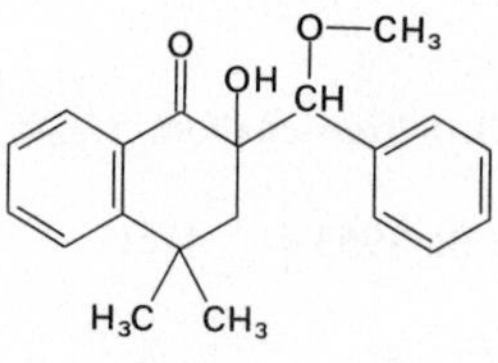

VII

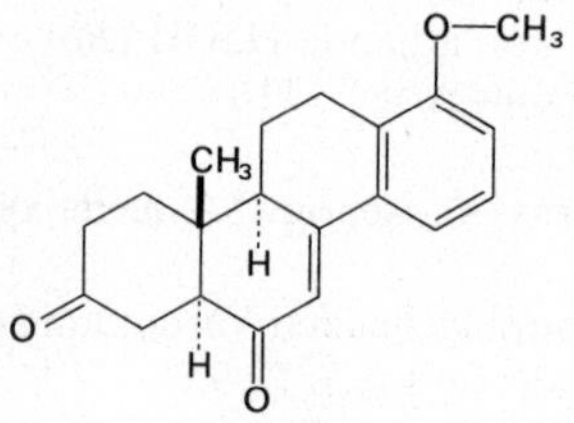

VIII

(±)-7-Methoxy-4a-methyl-(4a*r*,4b*t*,12a*t*)-1,3,4,4a,4b,5,6,12a-octahydro-chrysen-2,12-dion, *rac*-17a-Methoxy-*D*-homo-18-nor-5α-androsta-7,13,15,17-tetraen-3,6-dion $C_{20}H_{22}O_3$, Formel VIII + Spiegelbild.

B. Beim Erwärmen von opt.-inakt. 12-Brom-7-methoxy-4a-methyl-4,4a,5,6,11,12-hexahydro-3*H*-chrysen-2-on (S. 1426) mit wss.-methanol. HCl (*Johnson et al.,* Am. Soc. **78** [1956] 6289, 6296).

Kristalle (nach Sublimation bei 160°/0,03 Torr); F: 213–215° [korr.; nach Sintern bei 203°]. λ_{max} (A.): 241 nm und 301 nm.

Hydroxy-oxo-Verbindungen $C_{20}H_{22}O_3$

***Opt.-inakt. 2,6-Bis-[4-methoxy-phenyl]-5-methyl-hept-4-en-3-on** $C_{22}H_{26}O_3$, Formel IX.

Diese Konstitution wird für die nachstehend beschriebene Verbindung in Betracht gezogen (*Overberger, Gainer,* Am. Soc. **80** [1958] 4556, 4559).

B. Neben grösseren Mengen 3-[4-Methoxy-phenyl]-3-methyl-butan-2-on beim Erwärmen von 3-[4-Methoxy-phenyl]-butan-2-on mit Kalium-*tert*-butylat in *tert*-Butylalkohol und Toluol und anschliessend mit CH_3I (*Ov., Ga.*).

Kp_1: 182–186°.

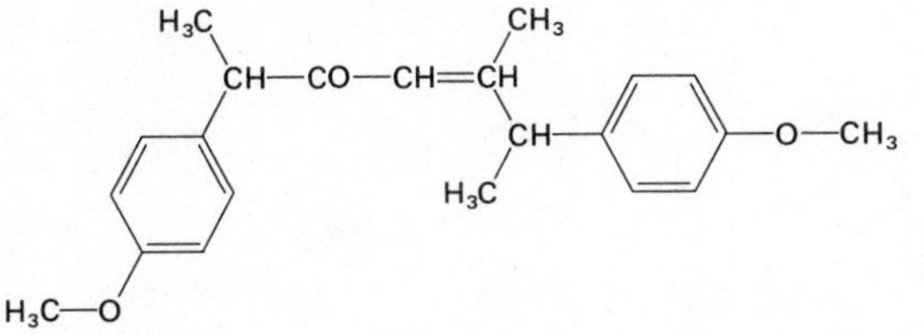

IX 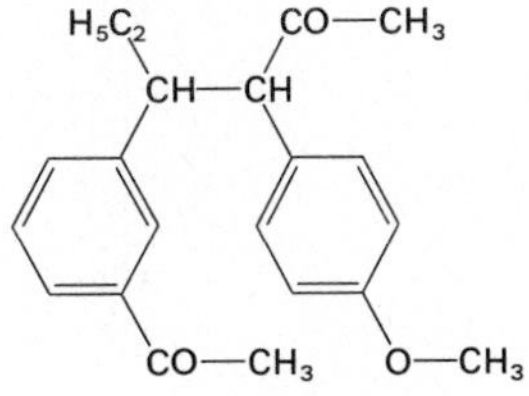 X

***Opt.-inakt. 4-[3-Acetyl-phenyl]-3-[4-methoxy-phenyl]-hexan-2-on** $C_{21}H_{24}O_3$, Formel X.

B. Aus opt.-inakt. 3-[3-Carboxy-phenyl]-2-[4-methoxy-phenyl]-valeriansäure (F: 258–260°) über mehrere Stufen (*Burckhalter et al.,* Am. Soc. **81** [1959] 394).

Kristalle (aus wss. A.); F: 112–114°.

4-Acetoxyacetyl-α,α'-diäthyl-4'-methoxy-*trans*(?)-stilben, 2-Acetoxy-1-{4-[1-äthyl-2-(4-methoxy-phenyl)-but-1-en-*t*(?)-yl]-phenyl}-äthanon $C_{23}H_{26}O_4$, vermutlich Formel XI.

B. Beim Erhitzen von 1-{4-[1-Äthyl-2-(4-methoxy-phenyl)-but-1-en-*t*(?)-enyl]-phenyl}-2-diazo-äthanon (F: 136–137°) mit Essigsäure (*Campbell, Hunt,* Soc. **1951** 956, 958).

Kristalle (aus Acn. + PAe.); F: 96°.

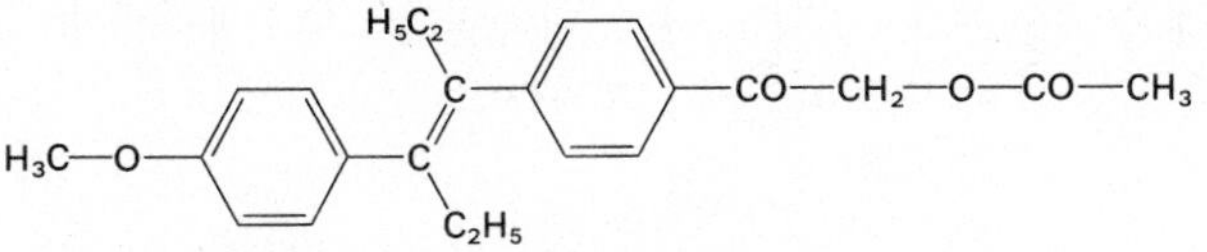

XI

3-Cyclohexyl-2,6-dihydroxy-desoxybenzoin $C_{20}H_{22}O_3$, Formel XII.

B. Neben der folgenden Verbindung beim Behandeln von 4-Cyclohexyl-resorcin mit Phenylacetonitril und $ZnCl_2$ in Äther unter Einleiten von HCl und Erhitzen des Reaktionsprodukts mit wss. NH_3 (*Libermann, Moyeux,* Bl. **1956** 166, 168).

Grüne Kristalle (aus A.); F: 221°.

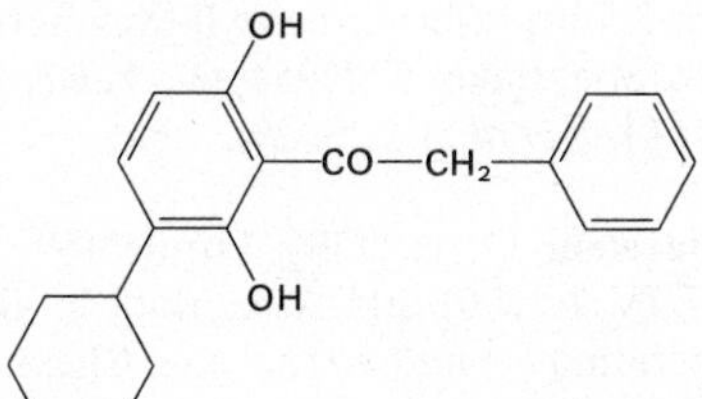

XII 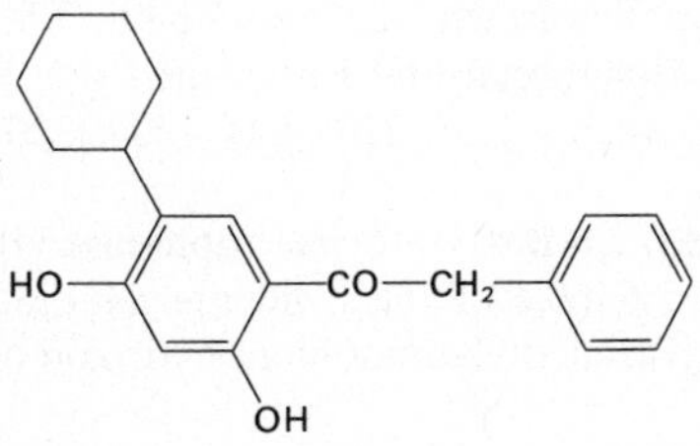 XIII

5-Cyclohexyl-2,4-dihydroxy-desoxybenzoin $C_{20}H_{22}O_3$, Formel XIII.

B. s. im vorangehenden Artikel.

Kristalle (aus Bzl. + PAe.); F: 133° (*Libermann, Moyeux,* Bl. **1956** 166, 168).

2,6-Bis-[4-methoxy-benzyl]-cyclohexanon $C_{22}H_{26}O_3$.

a) **(±)-2*r*,6*c*-Bis-[4-methoxy-benzyl]-cyclohexanon,** Formel I (E II 386).

B. Neben dem unter b) beschriebenen Racemat beim Hydrieren von 2,6-[(*E*?,*E*?)-Bis-(4-methoxy-benzyliden)]-cyclohexanon (S. 2640) an Palladium/Kohle in Essigsäure oder Dioxan (*Corey et al.,* Am. Soc. **77** [1955] 5415).

Kristalle (aus Me.); F: 159,5–160°.

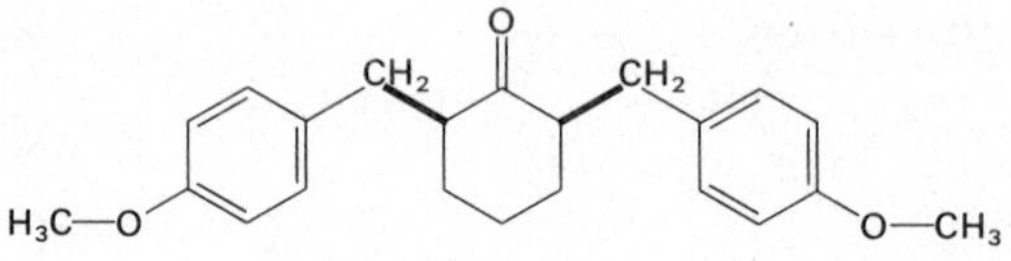

I

b) **(±)-2*r*,6*t*-Bis-[4-methoxy-benzyl]-cyclohexanon,** Formel II.

B. s. unter a).

Kristalle (aus Me.); F: 47,5–48° (*Corey et al.,* Am. Soc. **77** [1955] 5415).

***Opt.-inakt. 2,6-Bis-[α-acetoxy-benzyl]-cyclohexanon** $C_{24}H_{26}O_5$, Formel III (R = CO-CH_3, X = H).

B. Beim Erwärmen von opt.-inakt. 2,6-Bis-[α-hydroxy-benzyl]-cyclohexanon (E II **8** 386) mit Acetylchlorid (*Yeh,* J. Chin. chem. Soc. [II] **1** [1954] 90, 101; *Yeh et al.,* Chemistry Taipei **1955** 27, 30; C. A. **1956** 1658) oder mit Kaliumacetat und Acetanhydrid (*Yeh et al.*).

Kristalle; F: 209–210° [aus Bzl.] (*Yeh*), 205° [Zers.; aus Bzl. oder A.] (*Yeh et al.*).

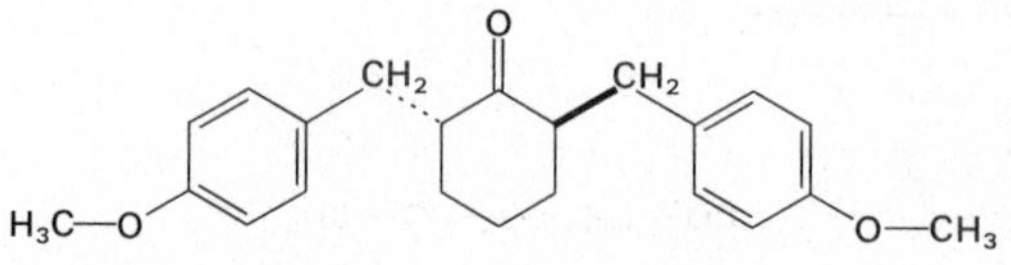

II 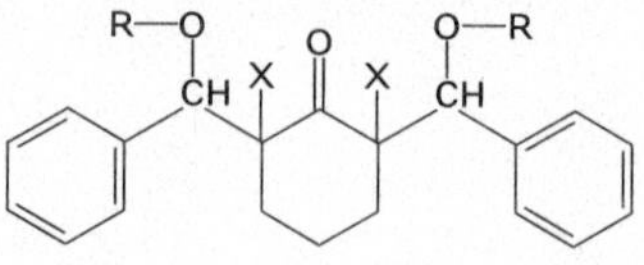 III

***Opt.-inakt. 2,6-Dibrom-2,6-bis-[α-hydroxy-benzyl]-cyclohexanon** $C_{20}H_{20}Br_2O_3$, Formel III (R = H, X = Br).

B. Beim Behandeln von 2,6-[(*E*,*E*)-Dibenzyliden]-cyclohexanon (E IV **7** 1800) in Benzol mit wss. HBrO (*Yeh et al.,* J. Chin. chem. Soc. [II] **4** [1957] 82, 102).

Kristalle (aus A.); F: 125–126° [korr.].

***Opt.-inakt. 2,6-Bis-[α-acetoxy-benzyl]-2,6-dibrom-cyclohexanon** $C_{24}H_{24}Br_2O_5$, Formel III (R = CO-CH_3, X = Br).

Konstitution: *Yeh et al.,* Chemistry Taipei **1955** 27, 28; C. A. **1956** 1658.

B. Beim Erwärmen von opt.-inakt. 2,5-Dibrom-2,5-bis-[α-brom-benzyl]-cyclohexanon (F: 193°) mit Silberacetat und Essigsäure (*Yeh,* Bl. chem. Soc. Japan **57** [1954] 60; *Yeh et al.*).

Kristalle (aus A.); F: 210–211° (*Yeh*), 207–209° (*Yeh et al.,* l. c. S. 29).

***Opt.-inakt. 2,6-Bis-[α-äthylmercapto-benzyl]-cyclohexanon** $C_{24}H_{30}OS_2$, Formel IV.

B. Aus 2,6-[(*E*,*E*)-Dibenzyliden]-cyclohexanon (E IV **7** 1800) und Äthanthiol in Gegenwart von Benzyl-trimethyl-ammonium-hydroxid oder Piperidin (*Thompson,* Ind. eng. Chem. **43** [1951] 1639).

F: 88–89°.

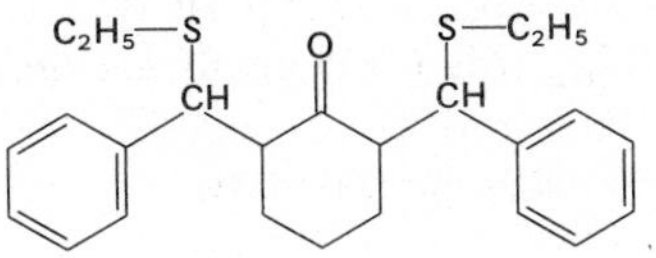

IV 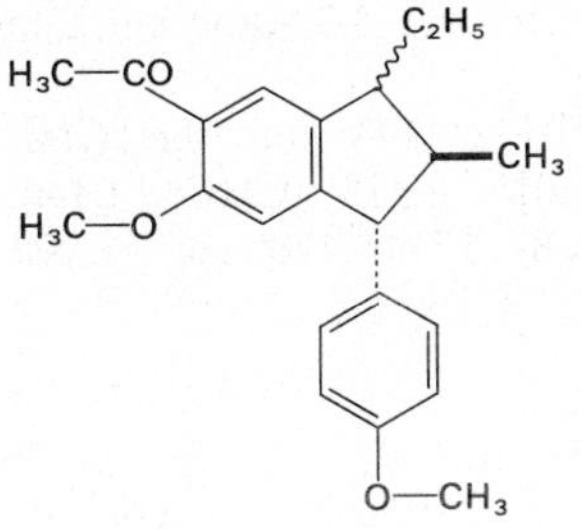 V

(±)-1-[3ξ-Äthyl-6-methoxy-1r-(4-methoxy-phenyl)-2t-methyl-indan-5(?)-yl]-äthanon $C_{22}H_{26}O_3$, vermutlich Formel V + Spiegelbild.

Aufgrund der analogen Bildungsweise der nachstehend beschriebenen Verbindung zu (±)-1-[1*r*-(3-Acetyl-4-hydroxy-phenyl)-3*t*-äthyl-6-hydroxy-2*t*-methyl-indan-5-yl]-äthanon (F: 115–116°) und der Überführbarkeit dieser Verbindung in α-Diisohomogenol (E IV **6** 7796) ist die Konfiguration der nachstehend beschriebenen Verbindung am C-Atom 3 ungewiss.

B. In kleiner Menge beim Erwärmen von (±)-1*r*-Äthyl-5-methoxy-3*c*-[4-methoxy-phenyl]-2*t*-methyl-indan (E IV **6** 6867) mit Acetylchlorid und $AlCl_3$ in Äther (*Baker et al.*, Soc. **1952** 4310, 4313).

Kristalle (aus A.); F: 122° [unkorr.].

2,4-Dinitro-phenylhydrazon (F: 225°): *Ba. et al.*

Hydroxy-oxo-Verbindungen $C_{21}H_{24}O_3$

(±)-4-Äthyl-7,7-bis-[4-methoxy-phenyl]-hept-6-en-3-on $C_{23}H_{28}O_3$, Formel VI.

B. Als Hauptprodukt beim Erwärmen von (±)-4-Äthyl-5-oxo-heptansäure mit 4-Methoxy-phenylmagnesium-bromid in Äther (*Clark*, Soc. **1950** 3397, 3401).

Hellgelbes Öl; $Kp_{0,03}$: 215–225° [Badtemperatur].

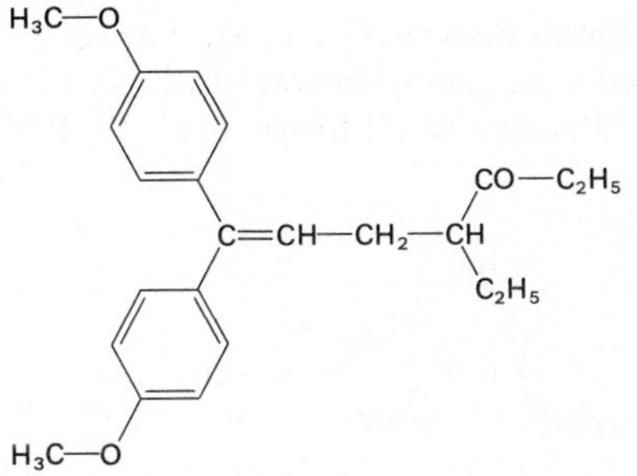

VI 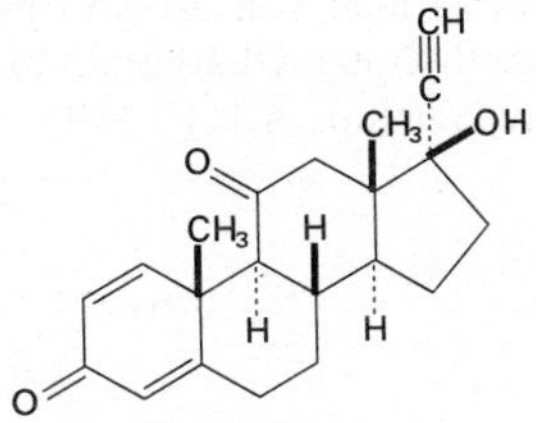 VII

17-Hydroxy-17βH-pregna-1,4-dien-20-in-3,11-dion $C_{21}H_{24}O_3$, Formel VII.

B. Beim Behandeln von Androsta-1,4-dien-3,11,17-trion in Dioxan mit Acetylen und Kalium-*tert*-pentylat in *tert*-Pentylalkohol und Benzol (*Labor. franç. de Chimiothérapie*, D.B.P. 1019302 [1956]; s. a. *Velluz et al.*, Am. Soc. **80** [1958] 2026).

F: 253°; $[\alpha]_D$: +80° [Dioxan; c = 1] (*Labor. franç. de Chimiothérapie*; *Ve. et al.*). IR-Banden ($CHCl_3$; 3600–1600 cm^{-1}): *Ve. et al.* λ_{max} (A.): 238 nm (*Ve. et al.*).

21-Acetoxy-pregna-1,4,9(11),16-tetraen-3,20-dion $C_{23}H_{26}O_4$, Formel VIII.

B. Beim Erwärmen von 21-Acetoxy-pregna-4,9(11),16-trien-3,20-dion mit SeO_2 in *tert*-Butylalkohol (*Am. Cyanamid Co.*, U.S.P. 2864834 [1957]). Beim Erhitzen von 21-Acetoxy-2α-brom-pregna-4,9(11),16-trien-3,20-dion mit 2,4,6-Trimethyl-pyridin (*Schaub et al.*, Am. Soc. **81** [1959] 4962, 4966).

Kristalle; F: 172–174° [aus Acn.] (*Am. Cyanamid Co.*), 171–173° [unkorr.; aus Acn. + PAe.] (*Sch. et al.*). $[\alpha]_D^{25}$: +118° [$CHCl_3$] (*Am. Cyanamid Co.*), +114° [$CHCl_3$; c = 1] (*Sch. et al.*). IR-Banden (KBr; 1750–1200 cm^{-1}): *Sch. et al.* λ_{max} (Me.): 238 nm (*Sch. et al.*).

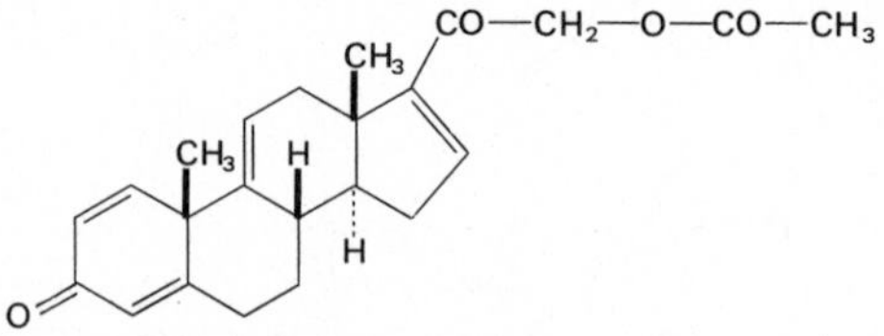

VIII

Hydroxy-oxo-Verbindungen $C_{23}H_{28}O_3$

3-Hydroxy-1,5-dimesityl-pentan-1,5-dion $C_{23}H_{28}O_3$, Formel IX (R = CH_3, R′ = H).

B. Neben grösseren Mengen 3-Mesityl-3-oxo-propionaldehyd beim Behandeln von 1-Mesityl-äthanon mit Äthylmagnesiumbromid in Äther und Benzol und anschliessend mit Äthylformiat (*Fuson, Melby*, Am. Soc. **75** [1953] 5402, 5404).

Kristalle (aus wss. A.); F: 118,5–119,5° [unkorr.].

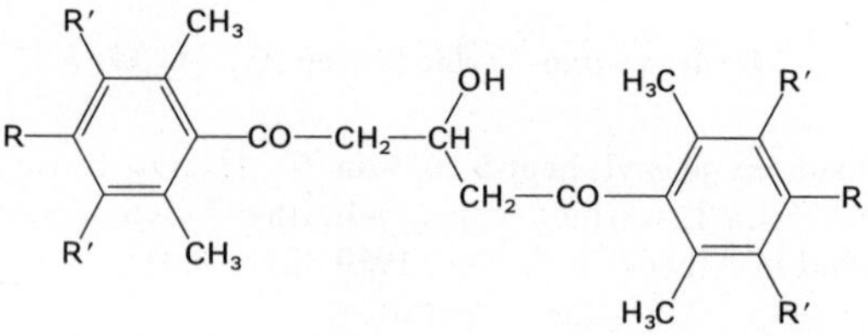

IX

5,5′-Diisopropyl-4,4′-dimethoxy-2,2′-dimethyl-*trans*-chalkon $C_{25}H_{32}O_3$, Formel X.

B. Beim Erwärmen von 5-Isopropyl-4-methoxy-2-methyl-benzaldehyd mit 1-[5-Isopropyl-4-methoxy-2-methyl-phenyl]-äthanon und wss.-äthanol. NaOH (*Royer et al.*, Bl. **1957** 304, 306).

Gelbe Kristalle (aus A.); F: 190°.

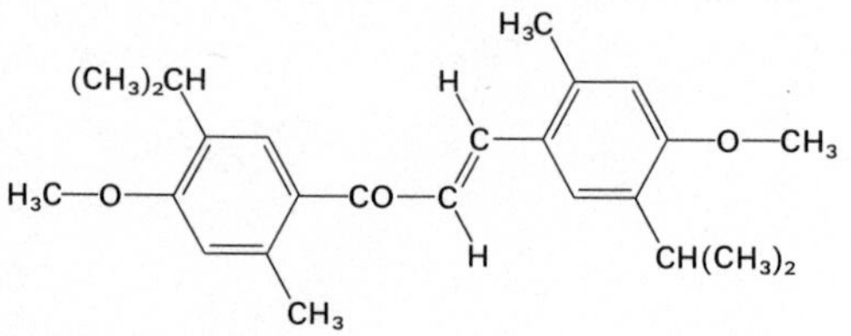

X

Hydroxy-oxo-Verbindungen $C_{25}H_{32}O_3$

3-Hydroxy-1,5-bis-[2,3,5,6-tetramethyl-phenyl]-pentan-1,5-dion $C_{25}H_{32}O_3$, Formel IX (R = H, R′ = CH_3).

B. Neben grösseren Mengen 3-Oxo-3-[2,3,5,6-tetramethyl-phenyl]-propionaldehyd beim Behandeln von 1-[2,3,5,6-Tetramethyl-phenyl]-äthanon mit Äthylmagnesiumbromid in Äther und Benzol und anschliessend mit Äthylformiat (*Fuson, Melby*, Am. Soc. **75** [1953] 5402, 5404).

Kristalle (aus A.); F: 121–122° [unkorr.].

Hydroxy-oxo-Verbindungen $C_{27}H_{36}O_3$

5-Hydroxy-6β-phenyl-5α-pregnan-3,20-dion $C_{27}H_{36}O_3$, Formel XI.

B. Aus 3,3;20,20-Bis-äthandiyldioxy-6β-phenyl-5α-pregnan-5-ol beim Behandeln mit wss. $HClO_4$ enthaltendem THF oder mit wss. HCl enthaltender Essigsäure (*Zderic, Limon,* Am. Soc. **81** [1959] 4570).

Kristalle (aus Acn.) mit 0,25 Mol Aceton; F: 263–265° [unkorr.]. $[\alpha]_D$: +23° [$CHCl_3$]. IR-Banden (KBr; 2,5–14,5 μ): *Zd., Li.* λ_{max} (A.): 254 nm und 260 nm.

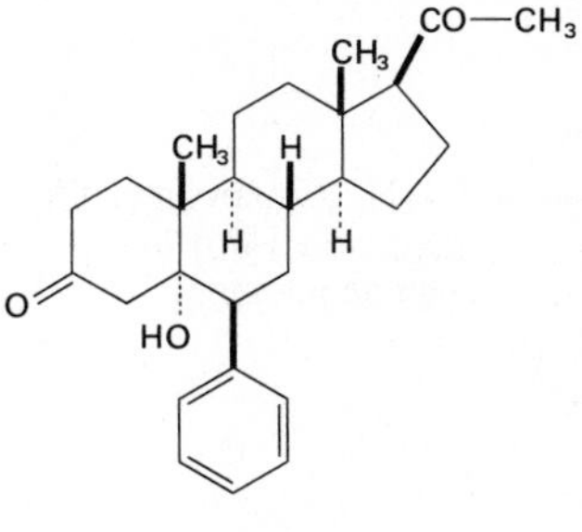

XI

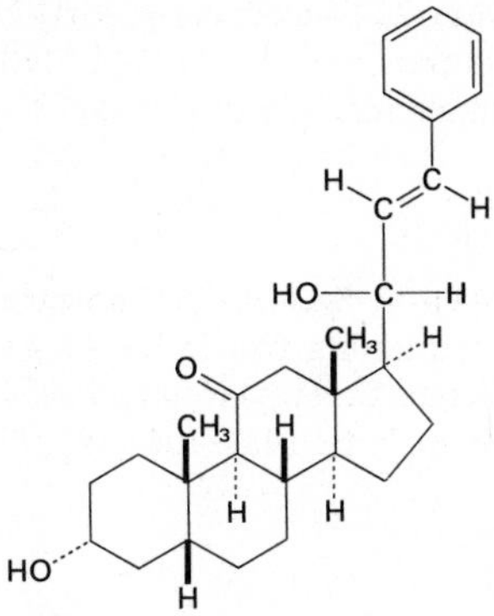

XII

Hydroxy-oxo-Verbindungen $C_{28}H_{38}O_3$

3α,20β$_F$-Dihydroxy-23*t*(?)-phenyl-21,24-dinor-5β-chol-22-en-11-on $C_{28}H_{38}O_3$, vermutlich Formel XII.

B. Aus 3α-Hydroxy-23*t*(?)-phenyl-21,24-dinor-5β-chol-22-en-11,20-dion (S. 2629) in Methanol und KBH_4 in H_2O (*Oliveto et al.,* Am. Soc. **76** [1954] 6111).

Kristalle (aus wss. Me.); F: 190,6–191,6° [korr.]. $[\alpha]_D$: +3,8° [$CHCl_3$; c = 1]. λ_{max} (A.): 254 nm.

Diacetyl-Derivat $C_{32}H_{42}O_5$; 3α,20β$_F$-Diacetoxy-23*t*(?)-phenyl-21,24-dinor-5β-chol-22-en-11-on. Kristalle (aus Me.); F: 199–201° [korr.]. $[\alpha]_D$: +11,8° [$CHCl_3$; c = 1].

3β-Acetoxy-16α-äthoxy-23*t*(?)-phenyl-21,24-dinor-5β-chol-22-en-20-on $C_{32}H_{44}O_4$, vermutlich Formel XIII (R = C_2H_5).

B. Beim Behandeln von 3β-Acetoxy-16α-benzyloxy-5β-pregnan-20-on mit Benzaldehyd und Natriumäthylat in Äthanol und Erwärmen des Reaktionsprodukts mit Acetanhydrid und Pyridin (*Moore,* Helv. **37** [1954] 659, 665).

Kristalle (aus Ae.); F: 211–212° [korr.]. λ_{max} (A.): 223 nm und 294 nm.

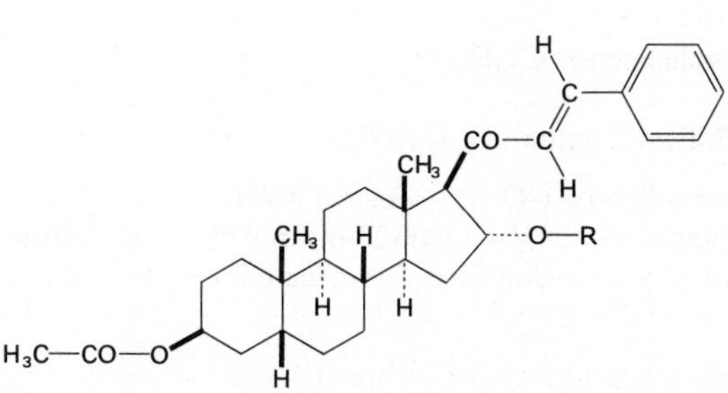

XIII

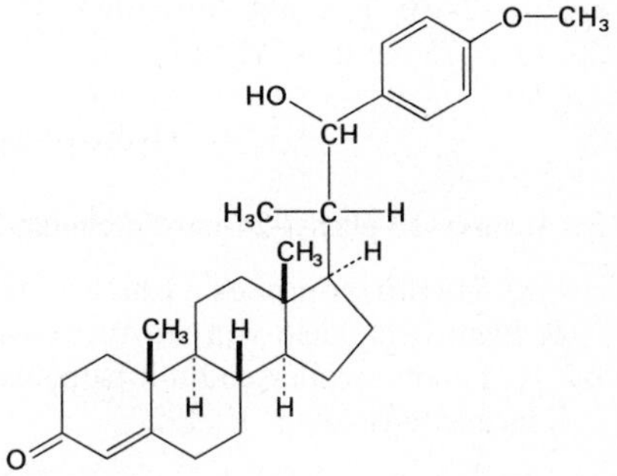

XIV

3β-Acetoxy-16α-benzyloxy-23*t*(?)-phenyl-21,24-dinor-5β-chol-22-en-20-on $C_{37}H_{46}O_4$, vermutlich Formel XIII (R = CH_2-C_6H_5).

B. Beim Behandeln von 3β-Acetoxy-16α-benzyloxy-5β-pregnan-20-on oder von 3β-Acetoxy-5β-pregn-16-en-20-on mit Benzaldehyd und Natriumbenzylat in Benzylalkohol und Behandeln des jeweiligen Reaktionsprodukts mit Acetanhydrid und Pyridin (*Moore,* Helv. **37** [1954] 659, 665).

Kristalle (aus Ae. + Me.); F: 177 – 179° [korr.]. $[\alpha]_D^{21}$: +69° [$CHCl_3$; c = 1,5]. λ_{max} (A.): 295,5 nm.

(22Ξ)-22-Hydroxy-22-[4-methoxy-phenyl]-23,24-dinor-chol-4-en-3-on $C_{29}H_{40}O_3$, Formel XIV.

B. Beim Erhitzen von (22Ξ)-22-[4-Methoxy-phenyl]-23,24-dinor-chol-5-en-3β,22-diol (E IV **6** 7599) mit Aluminiumisopropylat und Cyclohexanon in Toluol (*Upjohn Co.,* U.S.P. 2554995 [1949]).

F: 178 – 184°.

18-Benzyl-3β-hydroxy-5α,14β,17β*H*-pregnan-11,20-dion $C_{28}H_{38}O_3$, Formel XV.

B. Bei der Hydrierung von 18-[(*E*)-Benzyliden]-3β-hydroxy-5α,14β,17β*H*-pregnan-11,20-dion an Palladium/Kohle in Äthylacetat (*Barton et al.,* Soc. **1957** 2698, 2702).

Kristalle (aus Ae.); F: 193 – 194°. $[\alpha]_D$: 0° [$CHCl_3$].

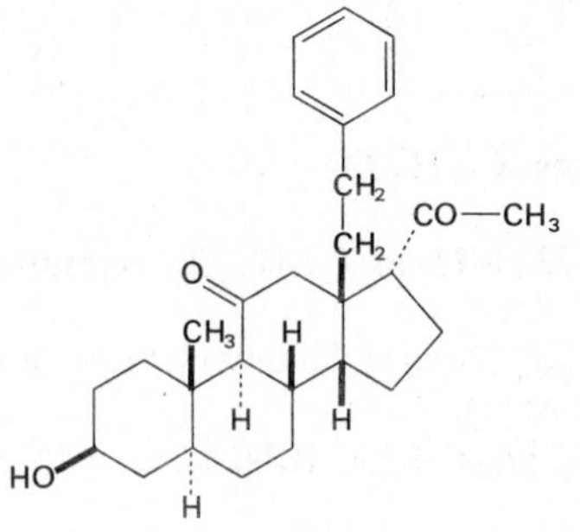

XV 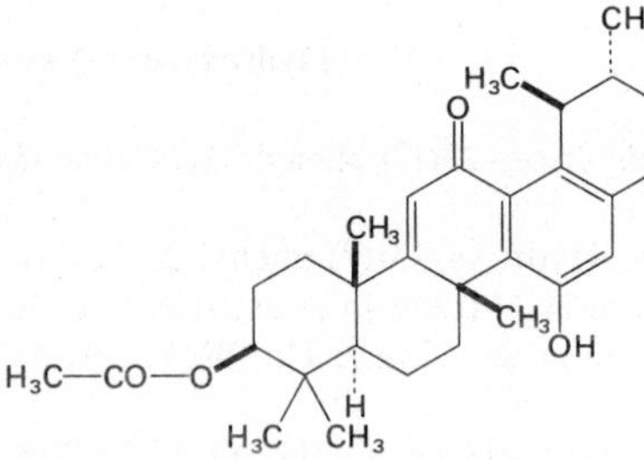 XVI

3β-Acetoxy-15-hydroxy-27,28-dinor-urs-9(11),13,15,17-tetraen-12-on $C_{30}H_{40}O_4$, Formel XVI.

B. Beim Erhitzen von 3β-Acetoxy-11ξ,16ξ-dibrom-12,15-dioxo-27-nor-urs-13-en-28-säure-methylester (F: 212 – 213° [Zers.]) mit 2,4,6-Trimethyl-pyridin unter Druck auf 210° (*Barton, de Mayo,* Soc. **1953** 3111, 3114).

Kristalle (aus Me.); F: 330 – 335° [Zers.]. $[\alpha]_D$: +31° [$CHCl_3$; c = 1,2]. λ_{max}: 253 nm, 283 nm und 344 nm [A.], 247 nm und 280 nm [äthanol. KOH].

Acetyl-Derivat $C_{32}H_{42}O_5$; 3β,15-Diacetoxy-27,28-dinor-urs-9(11),13,15,17-tetraen-12-on. Kristalle (aus Me.); F: 190 – 191,5°. $[\alpha]_D$: +27° [$CHCl_3$; c = 1,4]. λ_{max} (A.): 257 nm, 275 nm und 312 nm.

Hydroxy-oxo-Verbindungen $C_{29}H_{40}O_3$

3α-Acetoxy-23-phenyl-24-nor-5β-cholan-22,23-dion-22-oxim $C_{31}H_{43}NO_4$.

a) Stereoisomeres vom F: 192°, vermutlich (*Z*)-Oxim, Formel XVII.

B. Beim Behandeln von 3α-Acetoxy-23-phenyl-24-nor-5β-cholan-23-on in $CHCl_3$ und Äther mit HCl und anschliessend mit Isopentylnitrit (*Ercoli, de Ruggieri,* Farmaco **6** [1951] 547, 557).

Kristalle (aus Acn.); F: 192°.

b) Stereoisomeres vom F: 212°, vermutlich (*E*)-Oxim, Formel XVIII.

B. Neben grösseren Mengen des unter a) beschriebenen Stereoisomeren beim Behandeln von

3α-Acetoxy-23-phenyl-24-nor-5β-cholan-23-on in $CHCl_3$ und Äther mit Isopentylnitrit und anschliessend mit HCl (*Ercoli, de Ruggieri,* Farmaco **6** [1951] 547, 557).

Kristalle (aus Acn.); F: 212°.

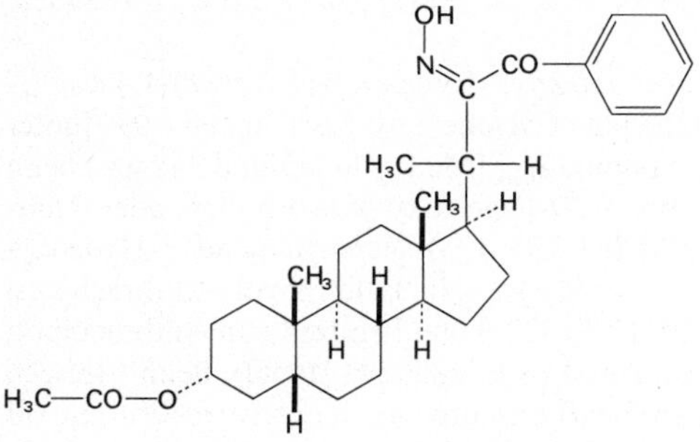

XVII 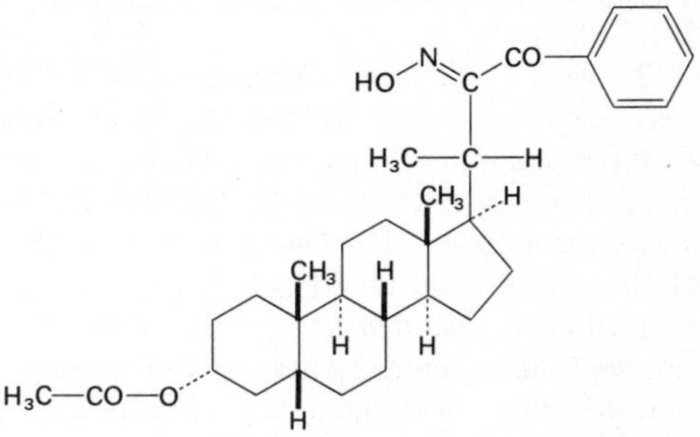 XVIII

Hydroxy-oxo-Verbindungen $C_{30}H_{42}O_3$

3α-Hydroxy-24-phenyl-5β-cholan-23,24-dion-23-(*Z*?)-oxim $C_{30}H_{43}NO_3$, vermutlich Formel XIX (R = H).

B. Beim Behandeln von 3α-Hydroxy-24-phenyl-5β-cholan-24-on mit Isopentylnitrit und Natriumäthylat in Äthanol (*Ercoli, de Ruggieri,* Farmaco **6** [1951] 547, 553).

Kristalle (aus A.); F: 134°.

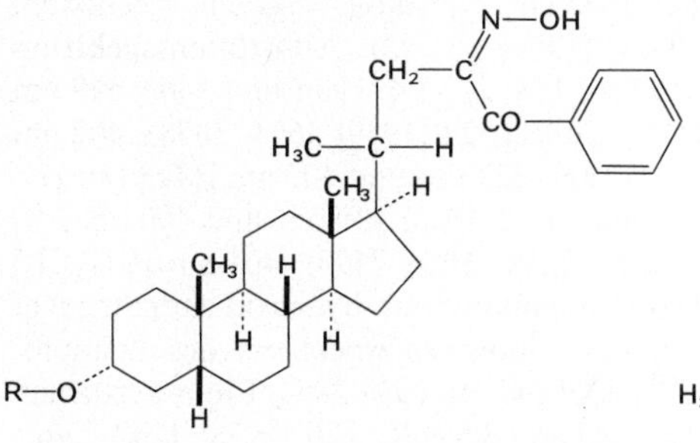

XIX 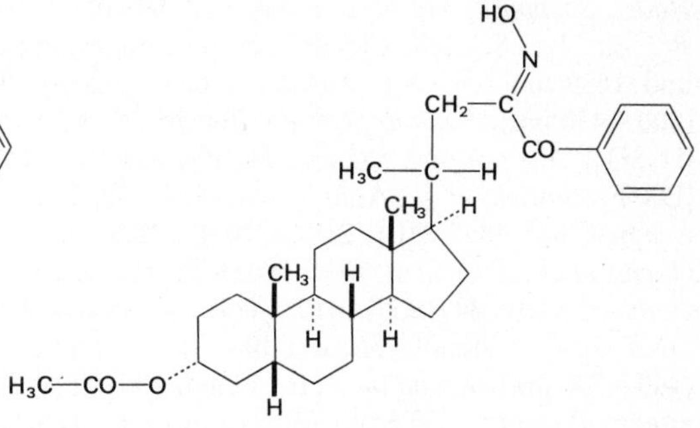 XX

3α-Acetoxy-24-phenyl-5β-cholan-23,24-dion-23-oxim $C_{32}H_{45}NO_4$.

a) Stereoisomeres vom F: 182°, vermutlich (*Z*)-Oxim, Formel XIX (R = CO-CH_3).

B. Neben kleineren Mengen des unter b) beschriebenen Stereoisomeren beim Behandeln von 3α-Acetoxy-24-phenyl-5β-cholan-24-on in $CHCl_3$ und Äther mit HCl und anschliessend mit Isopentylnitrit (*Ercoli, de Ruggieri,* Farmaco **6** [1951] 547, 553). Beim Behandeln von 3α-Hydroxy-24-phenyl-5β-cholan-23,24-dion-23-(*Z*?)-oxim (s. o.) mit Acetanhydrid und Pyridin (*Er., de Ru.*).

Kristalle (aus Acn.); F: 182°.

b) Stereoisomeres vom F: 215°, vermutlich (*E*)-Oxim, Formel XX.

B. Neben kleineren Mengen des unter a) beschriebenen Stereoisomeren beim Behandeln von 3α-Acetoxy-24-phenyl-5β-cholan-24-on in $CHCl_3$ und Äther mit Isopentylnitrit und anschliessend mit HCl (*Ercoli, de Ruggieri,* Farmaco **6** [1951] 547, 553).

Kristalle (aus Acn.); F: 215°. [*Herbst*]

Hydroxy-oxo-Verbindungen $C_nH_{2n-20}O_3$

Hydroxy-oxo-Verbindungen $C_{14}H_8O_3$

1-Hydroxy-anthrachinon $C_{14}H_8O_3$, Formel I (R = X = X′ = H) (H 338; E I 650; E II 388; E III 2906).

B. Neben kleineren Mengen 1*t*(?),4*t*(?)-Diacetoxy-5-hydroxy-(4a*r*,9a*c*)-1,4,4a,9a-tetrahydro-anthrachinon $C_{18}H_{16}O_7$ (Kristalle [aus Cyclohexan]; Zers. bei 98–99° [unter Gelbfärbung und Bildung von 1-Hydroxy-anthrachinon]; λ_{max} [Me.]: 230 nm und 348 nm) beim Erwärmen von 5-Hydroxy-[1,4]naphthochinon mit 1*c*,4*t*-Diacetoxy-buta-1,3-dien oder 1*t*,4*t*-Diacetoxy-buta-1,3-dien (*Inhoffen et al.*, B. **90** [1957] 187, 191, 193). Herstellung aus 5-Hydroxy-[1,4]naphthochinon über (±)-1-Acetoxy-8-hydroxy-(4a*r*,9a*c*)-1,4,4a,9a-tetrahydro-anthrachinon (E IV **6** 7789): *Inhoffen et al.*, Croat. chem. Acta **29** [1957] 329. Beim Erhitzen von Anthrachinon mit wss. $CuSO_4$ unter Druck auf 300° (*Dow Chem. Co.*, U.S.P. 2839541 [1955]). Beim Erhitzen von 4-Hydroxy-9,10-dioxo-9,10-dihydro-anthracen-2-carbonsäure mit Kupferoxid-Chromoxid in Chinolin (*Shibata, Takido,* Pharm. Bl. **3** [1955] 156). Beim Erhitzen von 9,10-Dioxo-9,10-dihydro-anthracen-1-sulfonsäure mit H_2O auf 230–300° (*Koslow, Egorowa,* Ž. obšč. Chim. **25** [1955] 997; engl. Ausg. S. 963; vgl. H 338) sowie mit wss. HNO_3 (*Dokunichin, Lišenkowa,* Chim. Nauka Promyšl. **3** [1958] 280; C. A. **1958** 20089; vgl. H 338). Beim Erhitzen von 9,10-Dioxo-9,10-dihydro-anthracen-1-diazonium-acetat mit H_2O (*Koslow, Below,* Ž. obšč. Chim. **29** [1959] 3450, 3453, 3455; engl. Ausg. S. 3412, 3415, 3416; vgl. E III 2906).

Kristalle (aus Bzl.+Heptan); F: 196–197° [korr.] (*Bruice, Savigh,* Am. Soc. **81** [1959] 3416, 3419). Temperaturabhängigkeit des Dampfdrucks im Bereich von 60–110° (Gleichung): *Hoyer, Peperle,* Z. El. Ch. **62** [1958] 61, 62. Sublimationsenthalpie bei 135°: *Beynon, Nicholson,* J. scient. Instruments **33** [1956] 376, 379. Mittlere Sublimationsenthalpie bei 60–110°: 28,0 kcal · mol^{-1} (*Ho., Pe.*). IR-Spektrum in Nujol (1600–700 cm^{-1}) bzw. in CCl_4 (4000–1500 cm^{-1}): *Hadži, Sheppard,* Trans. Faraday Soc. **50** [1954] 911, 913, 915; in Tetrachloräthen (5–8,5 μ): *Br., Sa.,* l. c. S. 3418. CO-Valenzschwingungsbande: 1635 cm^{-1} [Nujol], 1642 cm^{-1} [Dioxan] und 1639 cm^{-1} [CCl_4] (*Tanaka,* Chem. pharm. Bl. **6** [1958] 18, 22). Absorptionsspektrum (200–450 nm): *Shibata, Takido,* Pharm. Bl. **3** [1955] 156, 158. λ_{max}: 491 nm und 546–548 nm [H_2SO_4], 504 nm und 552 nm [H_3BO_3+H_2SO_4] (*Ráb,* Collect. **24** [1959] 3654, 3658), 402 nm [DMF] (*Sawicki et al.,* Anal. Chem. **31** [1959] 2063), 252 nm, 327 nm und 402 nm [Me.] (*Peters, Sumner,* Soc. **1953** 2101, 2102, 2103), 222,5 nm, 251 nm, ca. 280 nm, 330 nm und 400 nm [A.] (*Ikeda et al.,* J. pharm. Soc. Japan **76** [1956] 217, 219; C. A. **1956** 7590), 405 nm [CH_2Cl_2] (*Labhart,* Helv. **40** [1957] 1410, 1414). λ_{max} in wss. Tetraäthylammonium-hydroxid enthaltendem DMF bzw. Äthanol: 561 nm bzw. 502 nm (*Sa. et al.*). Fluorescenzspektrum des Dampfes (440–700 nm): *Karjakin,* Ž. fiz. Chim. **23** [1949] 1332, 1339; C. A. **1950** 2853. Fluorescenzmaximum (Hexan): 555,8 nm (*Schigorin et al.,* Doklady Akad. S.S.S.R. **120** [1958] 1242 Tab.; Soviet Physics Doklady **3** [1958] 628, 629). Polarographisches Halbstufenpotential in wss. Lösung vom pH 12–13,25 und in wss.-äthanol. NaOH: *Gill, Stonehill,* Soc. **1952** 1845, 1848, 1851; in wss. Äthanol [70%ig] vom pH 1,25: *Wiles,* Soc. **1952** 1358, 1359; in DMF: *Given et al.,* Soc. **1958** 2674, 2676; in H_2SO_4 enthaltender Essigsäure: *Stárka et al.,* Collect. **23** [1958] 206, 211.

λ_{max} (H_2O) der Komplexe mit Kupfer(2+): 400 nm und 500 nm, Magnesium(2+): 400 nm und 500 nm, Uranyl(VI)(2+): 410 nm und 510 nm, Kobalt(2+): 410 nm und 480 nm und mit Nickel(2+): 400 nm und 500 nm (*Ishidate, Sakaguchi,* Pharm. Bl. **3** [1955] 147, 149).

1-Methoxy-anthrachinon $C_{15}H_{10}O_3$, Formel I (R = CH_3, X = X′ = H) (H 339; E I 651; E II 388; E III 2908).

B. Bei der Oxidation von 5-Methoxy-(4a*r*,9a*c*)-1,4,4a,9a-tetrahydro-anthrachinon mit Luft in äthanol. KOH (*Schemjakin et al.,* Ž. obšč. Chim. **29** [1959] 1831, 1837; engl. Ausg. S. 1802, 1807).

Kristalle (aus A.); F: 171° (*Sch. et al.*). Sublimationsenthalpie bei 112°: *Beynon, Nicholson,* J. scient. Instruments **33** [1956] 376, 379. λ_{max}: 254 nm, 328 nm und 378 nm [Me.] (*Peters,

Sumner, Soc. **1953** 2101, 2102, 2103), 380 nm [CH_2Cl_2] (*Labhart,* Helv. **40** [1957] 1410, 1414). Protonierung in H_2SO_4: *Wiles, Baughan,* Soc. **1953** 933, 936. Polarographisches Halbstufenpotential in wss. Äthanol vom pH 1,25 und pH 11,2: *Wiles,* Soc. **1952** 1358, 1359; in H_2SO_4 enthaltender Essigsäure: *Stárka et al.,* Collect. **23** [1958] 206, 211.

1-Acetoxy-anthrachinon $C_{16}H_{10}O_4$, Formel I (R = CO-CH_3, X = X′ = H) (H 340; E II 388; E III 2910).

B. Aus 1-Hydroxy-anthrachinon und Acetanhydrid mit Hilfe von H_2SO_4 (*Étienne, Weill-Raynal,* Bl. **1953** 1128, 1131; vgl. E II 388). Beim Erhitzen von 9,10-Dioxo-9,10-dihydro-anthracen-1-diazonium-acetat in Essigsäure, Pyridin, Dioxan oder Acetanhydrid (*Koslow, Below,* Ž. obšč. Chim. **29** [1959] 3450, 3453, 3454; engl. Ausg. S. 3412, 3415, 3416).

Gelbe Kristalle (aus Acetanhydrid); F: 185–186° [vorgeheizter App.] (*Ét., We.-Ra.*). IR-Banden (Paraffinöl; 1800–1150 cm^{-1}): *Bloom et al.,* Soc. **1959** 178, 179. Polarographisches Halbstufenpotential in H_2SO_4 enthaltender Essigsäure: *Stárka et al.,* Collect. **23** [1958] 206, 211.

1-[2-Diäthylamino-äthoxy]-anthrachinon $C_{20}H_{21}NO_3$, Formel I (R = CH_2-CH_2-N(C_2H_5)$_2$, X = X′ = H).

B. Beim Erhitzen der Natrium-Verbindung des 1-Hydroxy-anthrachinons mit Diäthyl-[2-chlor-äthyl]-amin in Toluol (*Hoffmann-La Roche,* U.S.P. 2881173 [1957]; s. a. *Wenner,* A. **607** [1957] 121, 122, 124).

F: 45–50° [Rohprodukt] (*Hoffmann-La Roche*).

Hydrochlorid $C_{20}H_{21}NO_3 \cdot HCl$. Kristalle (aus A.); F: 227–228° (*Hoffmann-La Roche*; s. a. *We.*).

Methobromid [$C_{21}H_{24}NO_3$]Br; Diäthyl-[2-(9,10-dioxo-9,10-dihydro-[1]anthryloxy)-äthyl]-methyl-ammonium-bromid. Kristalle (aus Isopropylalkohol); F: 212–213° (*Hoffmann-La Roche*).

Methojodid [$C_{21}H_{24}NO_3$]I. Kristalle; F: 197–199° [aus A.] (*Hoffmann-La Roche*), 197–198° [unkorr.] (*We.*).

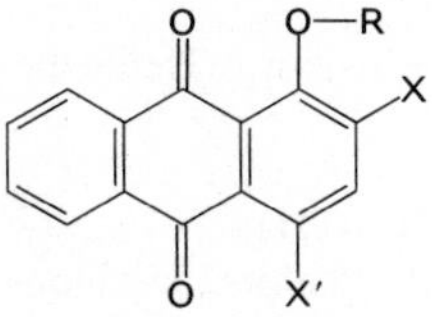

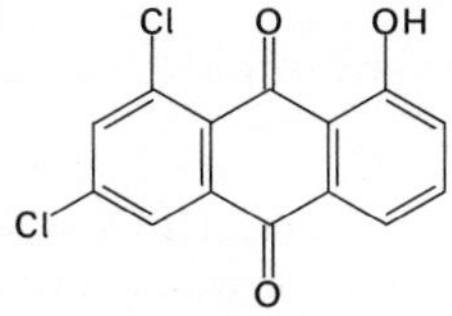

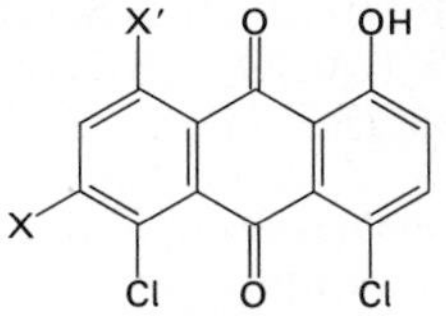

1-[3-Dimethylamino-propoxy]-anthrachinon $C_{19}H_{19}NO_3$, Formel I (R = [CH_2]$_3$-N(CH_3)$_2$, X = X′ = H).

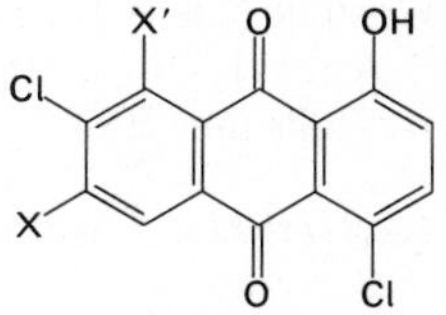

B. Beim Erhitzen der Kalium-Verbindung des 1-Hydroxy-anthrachinons mit [3-Chlor-propyl]-dimethyl-amin in Xylol (*Hoffmann-La Roche,* U.S.P. 2881173 [1957]; s. a. *Wenner,* A. **607** [1957] 121, 124).

Kristalle (aus wss. A.); F: 45° (*Hoffmann-La Roche*).

Hydrochlorid $C_{19}H_{19}NO_3 \cdot HCl$. Kristalle (aus Isopropylalkohol); F: 197–198° (*Hoffmann-La Roche*; s. a. *We.*).

Methojodid [$C_{20}H_{22}NO_3$]I; [3-(9,10-Dioxo-9,10-dihydro-[1]anthryloxy)-propyl]-trimethyl-ammonium-jodid. Kristalle (aus Me.); F: 236–237° (*Hoffmann-La Roche*).

1-[3-Diäthylamino-propoxy]-anthrachinon $C_{21}H_{23}NO_3$, Formel I (R = [CH_2]$_3$-N(C_2H_5)$_2$, X = X′ = H).

B. Beim Erhitzen der Natrium-Verbindung des 1-Hydroxy-anthrachinons mit Diäthyl-[3-chlor-propyl]-amin in Toluol (*Hoffmann-La Roche,* U.S.P. 2881173 [1957]; s. a. *Wenner,* A. **607** [1957] 121, 124).

Hydrochlorid $C_{21}H_{23}NO_3 \cdot HCl$. Kristalle; F: 210–211° [unkorr.] (*We.*; s. a. *Hoffmann-*

La Roche).

(±)-1-[β-Dimethylamino-isopropoxy]-anthrachinon $C_{19}H_{19}NO_3$, Formel I (R = $CH(CH_3)$-CH_2-$N(CH_3)_2$, X = X′ = H).

B. Analog der vorangehenden Verbindung (*Hoffmann-La Roche,* U.S.P. 2881173 [1957]; s. a. *Wenner,* A. **607** [1957] 121, 124).

Kristalle (aus wss. A.); F: 41° (*Hoffmann-La Roche*).

Hydrochlorid $C_{19}H_{19}NO_3 \cdot HCl$. Kristalle mit 0,5 Mol H_2O; F: 196–197° [unkorr.] (*We.*; s. a. *Hoffmann-La Roche*).

2-Chlor-1-hydroxy-anthrachinon $C_{14}H_7ClO_3$, Formel I (R = X′ = H, X = Cl) (vgl. E II 389).

B. Beim Erhitzen von 2-[3-Chlor-2-hydroxy-benzoyl]-benzoesäure mit $ZnCl_2$ und H_2SO_4 auf 135° (*Gronowska, Rumiński,* Roczniki Chem. **45** [1971] 1957, 1964).

Orangefarbene Kristalle (aus Eg.); F: 199–199,7° [korr.]. IR-Spektrum (Nujol; 1700–1550 cm^{-1}): *Gr., Ru.,* l. c. S. 1959. λ_{max} (A.): 256 nm, 283 nm, 330 nm und 407 nm (*Gr., Ru.,* l. c. S. 1964).

Acetyl-Derivat $C_{16}H_9ClO_4$; 1-Acetoxy-2-chlor-anthrachinon (vgl. E II 389). Gelbe Kristalle (aus wss. Eg.); F: 199,1–200,4° [korr.]. IR-Spektrum (Nujol; 1900–1550 cm^{-1}): *Gr., Ru.,* l. c. S. 1959. λ_{max} (A.): 256 nm und 330 nm (*Gr., Ru.,* l. c. S. 1964).

2,4-Dichlor-1-hydroxy-anthrachinon $C_{14}H_6Cl_2O_3$, Formel I (R = H, X = X′ = Cl) (E I 652; E II 389; E III 2911).

F: 245,5–246,5° [korr.; nach chromatographischer Reinigung an Silicagel] (*Hoyer,* B. **89** [1956] 146, 150). IR-Spektrum (geschmolzenes Hexachlorbenzol; 2–4 μ): *Ho.,* l. c. S. 149.

1,3-Dichlor-8-hydroxy-anthrachinon $C_{14}H_6Cl_2O_3$, Formel II.

B. Beim Erhitzen von diazotiertem 8-Amino-1,3-dichlor-anthrachinon mit wss. H_2SO_4 (*Parkash, Venkataraman,* J. scient. ind. Res. India **13** B [1954] 825, 827).

Goldgelbe Kristalle (aus Eg.); F: 226°.

Methyl-Derivat $C_{15}H_8Cl_2O_3$; 1,3-Dichlor-8-methoxy-anthrachinon. Gelbe Kristalle (aus A.); F: 201° (*Pa., Ve.,* l. c. S. 828).

Acetyl-Derivat $C_{16}H_8Cl_2O_4$; 8-Acetoxy-1,3-dichlor-anthrachinon. Hellgelbe Kristalle (aus Eg.); F: 190° (*Pa., Ve.,* l. c. S. 827).

1,2,8-Trichlor-5-hydroxy-anthrachinon $C_{14}H_5Cl_3O_3$, Formel III (X = Cl, X′ = H).

B. Neben 1,2,5-Trichlor-8-hydroxy-anthrachinon beim Erwärmen von 3,4-Dichlor-2-[5-chlor-2-hydroxy-benzoyl]-benzoesäure mit H_2SO_4 [SO_3 enthaltend] und H_3BO_3 (*Naiki,* J. Soc. org. synth. Chem. Japan **14** [1956] 34, 37; C. A. **1957** 7017).

Orangefarbene Kristalle (aus Toluol); F: 217–218°.

Methyl-Derivat $C_{15}H_7Cl_3O_3$; 1,2,8-Trichlor-8-methoxy-anthrachinon. Gelbe Kristalle (aus Eg.); F: 213–214° (*Na.,* l. c. S. 38).

1,4,5-Trichlor-8-hydroxy-anthrachinon $C_{14}H_5Cl_3O_3$, Formel III (X = H, X′ = Cl).

B. Beim Erwärmen von 3,6-Dichlor-2-[5-chlor-2-hydroxy-benzoyl]-benzoesäure mit H_2SO_4 [SO_3 enthaltend] und H_3BO_3 (*Naiki,* J. Soc. org. synth. Chem. Japan **13** [1955] 72, 74; C. A. **1957** 1610).

Orangegelbe Kristalle (*Na.*); F: 277° (*Farbenfabr. Bayer,* Niederl. Patentanm. 6510298 [1965]; C. A. **65** [1966] 2388), 271–272° [aus Eg.] (*Na.*).

Methyl-Derivat $C_{15}H_7Cl_3O_3$; 1,4,5-Trichlor-8-methoxy-anthrachinon. Gelbe Kristalle (*Na.*); F: 322° (*Farbenfabr. Bayer*), 307–308° [aus Chlorbenzol] (*Na.,* l. c. S. 76).

Acetyl-Derivat $C_{16}H_7Cl_3O_4$; 1-Acetoxy-4,5,8-trichlor-anthrachinon. Hellgelbe Kristalle (aus Butan-1-ol); F: 177–178° (*Na.,* l. c. S. 75).

Über ein ebenfalls als 1,4,5-Trichlor-8-hydroxy-anthrachinon beschriebenes, beim Erhitzen von 3,6-Dichlor-phthalsäure-anhydrid mit 4-Chlor-phenol in einer $AlCl_3$-NaCl-Schmelze auf 220° erhaltenes Präparat (F: 205°) s. *Interchem. Corp.,* U.S.P. 2695302 [1952].

1,6,7-Trichlor-4-hydroxy-anthrachinon $C_{14}H_5Cl_3O_3$, Formel IV (X = Cl, X′ = H).

B. Beim Erwärmen von 4,5-Dichlor-2-[5-chlor-2-hydroxy-benzoyl]-benzoesäure mit H_2SO_4 [SO_3 enthaltend] und H_3BO_3 (*Naiki,* J. Soc. org. synth. Chem. Japan **13** [1955] 129, 131; C. A. **1957** 1611).

Orangefarbene Kristalle (aus Eg.); F: 272–273°.

Methyl-Derivat $C_{15}H_7Cl_3O_3$; 1,6,7-Trichlor-4-methoxy-anthrachinon. Gelbe Kristalle (aus Eg.); F: 231°.

1,2,5-Trichlor-8-hydroxy-anthrachinon $C_{14}H_5Cl_3O_3$, Formel IV (X = H, X′ = Cl).

B. s. o. im Artikel 1,2,8-Trichlor-5-hydroxy-anthrachinon.

Orangefarbene Kristalle (aus Toluol); F: 238–239° (*Naiki,* J. Soc. org. synth. Chem. Japan **14** [1956] 34, 38; C. A. **1957** 7017).

Methyl-Derivat $C_{15}H_7Cl_3O_3$; 1,2,5-Trichlor-8-methoxy-anthrachinon. Gelbe Kristalle (aus Eg.); F: 259–260°.

1-Brom-4-hydroxy-anthrachinon $C_{14}H_7BrO_3$, Formel I (R = X = H, X′ = Br) (H 341; E I 652).

B. Beim Erwärmen von 1-Hydroxy-anthrachinon mit Dioxan-Brom [1:1] auf 60° (*Janowškaja et al.,* Ž. obšč. Chim. **22** [1952] 1594, 1597; engl. Ausg. S. 1635, 1638).

Kristalle (aus Eg.); F: 197°.

2-Brom-4-chlor-1-hydroxy-anthrachinon $C_{14}H_6BrClO_3$, Formel I (R = H, X = Br, X′ = Cl).

B. Beim Erhitzen von 1-Chlor-4-hydroxy-anthrachinon mit Brom und Natriumacetat in Essigsäure (*Naiki,* J. Soc. org. synth. Chem. Japan **13** [1955] 540, 546; C. A. **1957** 1612).

Orangefarbene Kristalle (aus Toluol); F: 247–248°.

2,4-Dibrom-1-hydroxy-anthrachinon $C_{14}H_6Br_2O_3$, Formel I (R = H, X = X′ = Br) (H 341; E I 652; E II 390).

B. Beim Erhitzen des Dinatrium-Salzes der 4-Hydroxy-9,10-dioxo-9,10-dihydro-anthracen-1,3-disulfonsäure mit Brom in H_2O unter Druck auf 100° (*Murata et al.,* Bl. Fac. Eng. Hiroshima Univ. **5** [1956] 319, 332; C. A. **1957** 10910).

Orangefarbene Kristalle (aus Eg.); F: 233°.

Beim Erhitzen mit Anilin auf 115° ist neben grösseren Mengen 2,4-Dibrom-anthracen-1,9,10-triol eine als 2,4-Dibrom-9-hydroxy-anthracen-1,10-dion $C_{14}H_6Br_2O_3$ angesehene Verbindung (grüne Kristalle [aus Eg.]; F: 231°; Absorptionsspektrum [340–650 nm]) erhalten worden.

1-Hydroxy-2-nitro-anthrachinon $C_{14}H_7NO_5$, Formel V (X = H).

B. Beim Erhitzen von 1,2-Dichlor-anthrachinon mit $NaNO_2$ in DMF auf 140° (*ICI,* D.B.P. 842793 [1950]; D.R.B.P. Org. Chem. 1950–1951 **1** 506, 509; U.S.P. 2587093 [1950]). Beim Erhitzen von 1-Chlor-2-nitro-anthrachinon mit 2-Amino-anthrachinon in Nitrobenzol in Gegenwart von Kaliumacetat oder von Natriumacetat und Kupfer (*Bradley, Leete,* Soc. **1951** 2129, 2139).

Hellgelbe Kristalle; F: 197–198° [aus Eg.] (*Br., Le.*), 193° [aus Chlorbenzol] (*ICI*).

1-Hydroxy-3-nitro-anthrachinon $C_{14}H_7NO_5$, Formel VI (R = X′ = H, X = NO_2) (H 341; E II 390).

Bildung beim Erhitzen von 1,3-Dichlor-anthrachinon mit $NaNO_2$ in DMF auf 140°: *ICI,* D.B.P. 842793 [1950]; D.R.B.P. Org. Chem. 1950–1951 **1** 506, 509; U.S.P. 2587093 [1950].

Kristalle (aus Chlorbenzol); F: 238–240° (*ICI*). IR-Spektrum (KBr; 5,5–6,75 µ): *Hoyer,* Z. El. Ch. **60** [1956] 381, 384.

1-Hydroxy-4-nitro-anthrachinon $C_{14}H_7NO_5$, Formel VI (R = X = H, X′ = NO_2) (H 341; E I 652; E II 390).

B. Beim Erhitzen von 1,4-Dichlor-anthrachinon, 1-Chlor-4-nitro-anthrachinon oder von

1-Brom-4-nitro-anthrachinon mit $NaNO_2$ in DMF (*ICI*, D.B.P. 842793 [1950]; D.R.B.P. Org. Chem. 1950–1951 **1** 506, 508; U.S.P. 2587093 [1950]).

IR-Spektrum (KBr; 5,5–6,75 μ): *Hoyer*, Z. El. Ch. **60** [1956] 381, 384.

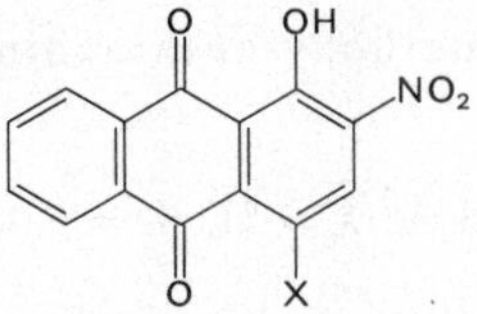

V 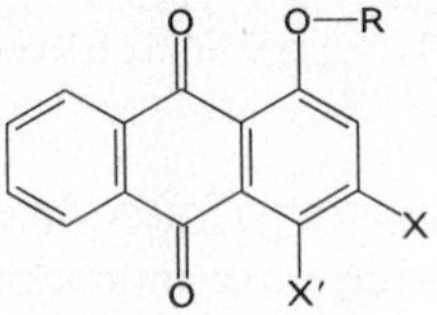 VI 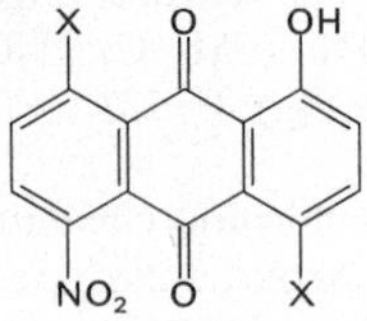 VII

1-Methoxy-4-nitro-anthrachinon $C_{15}H_9NO_5$, Formel VI (R = CH_3, X = H, X' = NO_2) (H 341; E III 2912).

B. Beim Behandeln von 1-Methoxy-anthrachinon mit wss. HNO_3 und wss. H_2SO_4 bei 5–10° (*Hayashi*, J. chem. Soc. Japan Ind. Chem. Sect. **56** [1953] 444; C. A. **1957** 7251; vgl. H 341; E III 2912).

Hellbraune Kristalle (aus 1,2-Dichlor-benzol); F: 269° [korr.].

1-Hydroxy-5-nitro-anthrachinon $C_{14}H_7NO_5$, Formel VII (X = H).

B. Beim Erhitzen von 1,5-Dichlor-anthrachinon, 1-Chlor-5-nitro-anthrachinon oder von 1,5-Dinitro-anthrachinon mit $NaNO_2$ in DMF auf 140° (*ICI*, D.B.P. 842793 [1950]; D.R.B.P. Org. Chem. 1950–1951 **1** 506, 507, 509; U.S.P. 2587093 [1950]). Aus 5-Nitro-9,10-dioxo-9,10-dihydro-anthracen-1-sulfonsäure bzw. dem entsprechenden Kalium-Salz beim Erhitzen mit H_2O bzw. mit wss. H_2SO_4 unter Druck auf 290° (*Koslow*, Ž. obšč. Chim. **29** [1959] 1344, 1345, 1346, 1348; engl. Ausg. S. 1319, 1320, 1321, 1323).

Dunkelrote Kristalle (aus E.) bzw. gelbe Kristalle (aus A.); F: 268° [geschlossene Kapillare] (*Ko.*). Kristalle (aus DMF); F: 201–202° (*ICI*). IR-Spektrum (KBr; 5,5–6,75 μ): *Hoyer*, Z. El. Ch. **60** [1956] 381, 384.

1-Hydroxy-8-nitro-anthrachinon $C_{14}H_7NO_5$, Formel VIII.

B. Beim Erhitzen von 1,8-Dichlor-anthrachinon oder von 1-Chlor-8-nitro-anthrachinon mit $NaNO_2$ in DMF auf 140° (*ICI*, D.B.P. 842793 [1950]; D.R.B.P. Org. Chem. 1950–1951 **1** 506, 508; U.S.P. 2587093 [1950]). Aus 8-Nitro-9,10-dioxo-9,10-dihydro-anthracen-1-sulfon=säure bzw. dem entsprechenden Kalium-Salz beim Erhitzen mit H_2O bzw. mit wss. H_2SO_4 unter Druck auf 290° (*Koslow*, Ž. obšč. Chim. **29** [1959] 1344, 1345, 1346, 1349; engl. Ausg. S. 1319, 1320, 1321, 1323).

Rote Kristalle (aus A. oder Eg.); F: 253° [geschlossene Kapillare] (*Ko.*). Kristalle (aus Chlor=benzol oder DMF); F: 221–223° (*ICI*).

5-Chlor-1-hydroxy-4-nitro-anthrachinon $C_{14}H_6ClNO_5$, Formel IX (X = Cl, X' = H).

B. Neben der folgenden Verbindung beim Erhitzen von 1,8-Dichlor-4-nitro-anthrachinon oder von 1,5-Dichlor-4-nitro-anthrachinon mit wss. $NaNO_2$ in 2-Äthoxy-äthanol auf 110° (ICI, D.B.P. 842793 [1950]; D.R.B.P. Org. Chem. 1950–1951 **1** 506, 509; U.S.P. 2587093 [1950]).

Kristalle (aus 1,2-Dichlor-benzol); F: 254–256°.

5-Chlor-4-hydroxy-1-nitro-anthrachinon $C_{14}H_6ClNO_5$, Formel IX (X = H, X' = Cl).

B. s. im vorangehenden Artikel.

Kristalle (aus 1,2-Dichlor-benzol); F: 298° (*ICI*, D.B.P. 842793 [1950]; D.R.B.P. Org. Chem. 1950–1951 **1** 506, 509; U.S.P. 2587093 [1950]).

1-Hydroxy-2,4-dinitro-anthrachinon $C_{14}H_6N_2O_7$, Formel V (X = NO_2) (H 341; E II 391).

Gelbe Kristalle (aus Eg.); F: 248–250° (*Honda, Oshima*, J. Soc. org. synth. Chem. Japan **11** [1953] 469; C. A. **1955** 1684). IR-Spektrum (KBr; 5,5–6,75 μ): *Hoyer*, Z. El. Ch. **60** [1956]

381, 386.

1-Hydroxy-4,5,8-trinitro-anthrachinon $C_{14}H_5N_3O_9$, Formel VII (X = NO_2).

B. Beim Erwärmen von 1,4,5,8-Tetrachlor-anthrachinon mit $NaNO_2$ in DMF bzw. von 1,5-Dichlor-4,8-dinitro-anthrachinon oder von 1,8-Dichlor-4,5-dinitro-anthrachinon mit $NaNO_2$ in DMF oder in wss. 2-Äthoxy-äthanol (*ICI,* D.B.P. 842793 [1950]; D.R.B.P. Org. Chem. 1950–1951 **1** 506, 508; U.S.P. 2587093 [1950]).

Kristalle (aus Chlorbenzol); F: 245°.

1-Mercapto-anthrachinon $C_{14}H_8O_2S$, Formel X (R = H) (H 341; E I 652; E II 391; E III 2912).

Intensität der CO-Valenzschwingungsbande in $CHCl_3$: *Rylander,* J. org. Chem. **21** [1956] 1296. IR-Banden (Nujol; 1700–950 cm^{-1}): *Barltrop, Morgan,* Soc. **1956** 4245, 4247. λ_{max} (Me.): 251 nm (*Ba., Mo.,* l. c. S. 4248).

Kalium-Salz. λ_{max} (Me.): 249 nm, 315 nm und 395 nm (*Ba., Mo.*).

Silber-Salz $Ag(C_{14}H_7O_2S)$. Rotes Pulver; F: ca. 385° (*Hölzle, Jenny,* Helv. **41** [1958] 331, 337).

1-Methylmercapto-anthrachinon $C_{15}H_{10}O_2S$, Formel X (R = CH_3) (E I 653; E II 391).

B. Beim Erwärmen von 1-Chlor-anthrachinon mit einem *S*-Methyl-thiouronium-halogenid und äthanol. KOH (*Panico,* C. r. **248** [1959] 697, 698; *Panico, Pouchot,* Bl. **1965** 1648, 1650).

Intensität der CO-Valenzschwingungsbande in $CHCl_3$: *Rylander,* J. org. Chem. **21** [1956] 1296. λ_{max}: 244 nm, 304 nm und 440 nm [A.] (*Pa., Po.*), 438 nm [CH_2Cl_2] (*Labhart,* Helv. **40** [1957] 1410, 1414).

(±)-1-Methansulfinyl-anthrachinon $C_{15}H_{10}O_3S$, Formel XI (R = CH_3) (E I 653).

Absorptionsspektrum ($CHCl_3$; 280–520 nm): *Jenny,* Helv. **35** [1952] 845, 848. λ_{max} (Me.): 250 nm und 320 nm (*Barltrop, Morgan,* Soc. **1956** 4245, 4248).

1-Äthylmercapto-anthrachinon $C_{16}H_{12}O_2S$, Formel X (R = C_2H_5) (E I 653; E II 391; E III 2913).

B. Beim Erwärmen von 1-Chlor-anthrachinon mit einem *S*-Äthyl-thiouronium-halogenid und äthanol. KOH (*Panico,* C. r. **248** [1959] 697, 698; *Panico, Pouchot,* Bl. **1965** 1648, 1650).

λ_{max} (A.): 245 nm, 305 nm und 440 nm (*Pa., Po.*).

(±)-1-Äthansulfinyl-anthrachinon $C_{16}H_{12}O_3S$, Formel XI (R = C_2H_5) (E I 653).

B. Bei der Oxidation von 1-Äthylmercapto-anthrachinon mit wss. HNO_3 in Essigsäure (*Panico,* C. r. **248** [1959] 697, 699; *Panico, Pouchot,* Bl. **1965** 1648, 1651).

λ_{max} (A.): 255 nm und 333–336 nm (*Pa., Po.*).

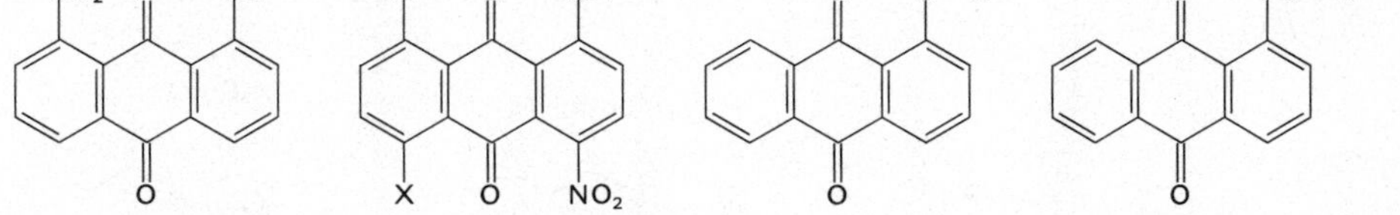

VIII IX X XI

1-Äthansulfonyl-anthrachinon $C_{16}H_{12}O_4S$, Formel XII (R = C_2H_5) (E I 653; E II 391).

B. Bei der Oxidation von 1-Äthylmercapto-anthrachinon mit H_2O_2 in Essigsäure (*Panico,* C. r. **248** [1959] 697, 699; *Panico, Pouchot,* Bl. **1965** 1648, 1650).

λ_{max} (A.): 255 nm und 314 nm (*Pa., Po.*).

(±)-1-[2,3-Dibrom-propylmercapto]-anthrachinon $C_{17}H_{12}Br_2O_2S$, Formel X (R = CH_2-CHBr-CH_2Br).

B. Beim Erhitzen von 9,10-Dioxo-9,10-dihydro-anthracen-1-sulfenylbromid mit Allylbromid

in Essigsäure (*CIBA*, D.B.P. 1053114 [1954]; U.S.P. 2807630 [1954]).
Kristalle (aus A.); F: 138°.

1-Cyclohexylmercapto-anthrachinon $C_{20}H_{18}O_2S$, Formel X (R = C_6H_{11}).
B. Beim Erwärmen von 1-Chlor-anthrachinon mit einem *S*-Cyclohexyl-thiouronium-halogenid und äthanol. KOH (*Panico*, C. r. **248** [1959] 697, 698; *Panico, Pouchot*, Bl. **1965** 1648, 1650).
Orangerote Kristalle (aus Eg.); F: 125–126° [vorgeheizter App.]; λ_{max} (A.): 245 nm, 265 nm, 307 nm und 440–445 nm (*Pa., Po.*).

(±)-1-[*trans*(?)-2-Brom-cyclohexylmercapto]-anthrachinon $C_{20}H_{17}BrO_2S$, vermutlich Formel XIII (X = Br) + Spiegelbild.
Bezüglich der Konfigurationszuordnung vgl. das analog hergestellte (±)-[*trans*-2-Chlor-cyclohexyl]-[2,4-dinitro-phenyl]-sulfid (E III **6** 1094; E IV **6** 1742).
B. Aus 9,10-Dioxo-9,10-dihydro-anthracen-1-sulfenylbromid und Cyclohexen in Essigsäure (*Jenny*, Helv. **36** [1953] 1278, 1280) oder CCl_4 (*Burawoy et al.*, Soc. **1955** 4491), jeweils bei Siedetemperatur.
Gelbe bzw. hellbraune Kristalle (aus Eg.); F: 174–175° (*Je.*), 169–170° (*Bu. et al.*).

(±)-1-Cyclohexansulfinyl-anthrachinon $C_{20}H_{18}O_3S$, Formel XI (R = C_6H_{11}).
B. Bei der Oxidation von 1-Cyclohexylmercapto-anthrachinon mit wss. HNO_3 in Essigsäure (*Panico*, C. r. **248** [1959] 697, 699; *Panico, Pouchot*, Bl. **1965** 1648, 1651).
Orangegelbe Kristalle (aus Me.); F: 221–223° [Zers.; vorgeheizter App.]; λ_{max} (A.): 255 nm, 336 nm und 400 nm (*Pa., Po.*).

1-Cyclohexansulfonyl-anthrachinon $C_{20}H_{18}O_4S$, Formel XII (R = C_6H_{11}).
B. Bei der Oxidation von 1-Cyclohexylmercapto-anthrachinon mit H_2O_2 in Essigsäure (*Panico*, C. r. **248** [1959] 697, 699; *Panico, Pouchot*, Bl. **1965** 1648, 1650).
Hellgelbe Kristalle (aus Eg. oder A.); F: 223–224° [vorgeheizter App.]; λ_{max} (A.): 255 nm und 317 nm (*Pa., Po.*, l. c. S. 1651).

1-Phenylmercapto-anthrachinon $C_{20}H_{12}O_2S$, Formel X (R = C_6H_5) (H 342; E I 653).
B. Beim Erwärmen von 1-Chlor-anthrachinon mit Kalium-thiophenolat in Äthanol (*Panico*, A. ch. [12] **10** [1955] 695, 716).
Kristalle (aus A. oder Acn.); F: 189° [vorgeheizter App.].

(±)-1-Benzolsulfinyl-anthrachinon $C_{20}H_{12}O_3S$, Formel XI (R = C_6H_5).
B. Bei der Oxidation von 1-Phenylmercapto-anthrachinon mit wss. HNO_3 in Essigsäure (*Panico*, C. r. **248** [1959] 697, 699; *Panico, Pouchot*, Bl. **1965** 1648, 1651).
Gelbe Kristalle (aus Bzl.); F: 236–237° [vorgeheizter App.]; λ_{max} (A.): 252 nm und 332 nm (*Pa., Po.*).

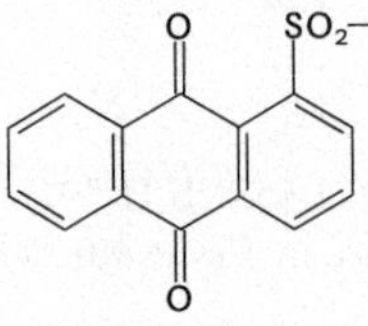

XII 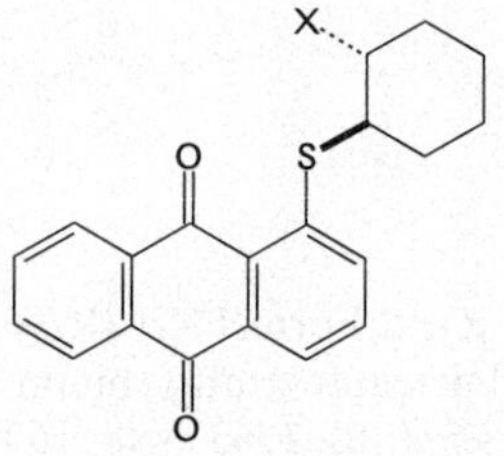 XIII 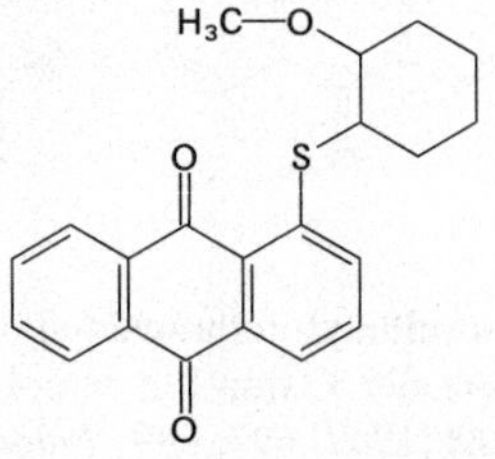 XIV

1-Benzolsulfonyl-anthrachinon $C_{20}H_{12}O_4S$, Formel XII (R = C_6H_5).
B. Bei der Oxidation von 1-Phenylmercapto-anthrachinon mit H_2O_2 in Essigsäure (*Panico*, C. r. **248** [1959] 697, 699; *Panico, Pouchot*, Bl. **1965** 1648, 1650).

Gelbe Kristalle (aus A. oder Eg.); F: 241–242° [vorgeheizter App.]; λ_{max} (A.): 253 nm und 322 nm (*Pa., Po.*).

1-[Toluol-4-sulfonyl]-anthrachinon $C_{21}H_{14}O_4S$, Formel XII (R = C_6H_4-CH_3).

B. Beim Erhitzen von 1-Chlor-anthrachinon mit Natrium-[toluol-4-sulfinat] in 2-[2-Äthoxy-äthoxy]-äthanol auf 190° (*Klingsberg*, J. org. Chem. **24** [1959] 1001).

Kristalle (aus Eg. oder Xylol); F: 257–258° [korr.]. λ_{max} (CH_2Cl_2): 255 nm und 325 nm.

1-Benzylmercapto-anthrachinon $C_{21}H_{14}O_2S$, Formel X (R = CH_2-C_6H_5) (E I 654; E II 392).

B. Beim Erwärmen von 1-Chlor-anthrachinon mit einem *S*-Benzyl-thiouronium-halogenid und äthanol. KOH (*Panico*, C. r. **248** [1959] 697, 698; *Panico, Pouchot*, Bl. **1965** 1648, 1650).

λ_{max} (Bzl.): 294 nm und 430 nm (*Pa., Po.*).

(±)-1-Phenylmethansulfinyl-anthrachinon $C_{21}H_{14}O_3S$, Formel XI (R = CH_2-C_6H_5).

B. Bei der Oxidation von 1-Benzylmercapto-anthrachinon mit wss. HNO_3 in Essigsäure (*Panico*, C. r. **248** [1959] 697, 699; *Panico, Pouchot*, Bl. **1965** 1648, 1651).

Gelbe Kristalle (aus Bzl. oder Me.); F: 235–237° [Zers.; vorgeheizter App.]; λ_{max} (A.): 255 nm, 320–328 nm und 375–380 nm (*Pa., Po.*).

1-Phenylmethansulfonyl-anthrachinon $C_{21}H_{14}O_4S$, Formel XII (R = CH_2-C_6H_5) (E I 654; E II 392).

B. Bei der Oxidation von 1-Benzylmercapto-anthrachinon mit H_2O_2 in Essigsäure (*Panico*, C. r. **248** [1959] 697, 699; *Panico, Pouchot*, Bl. **1965** 1648, 1650).

λ_{max} (A.): 254 nm und 320–322 nm (*Pa., Po.*).

(±)-1-[β-Brom-phenäthylmercapto]-anthrachinon $C_{22}H_{15}BrO_2S$, Formel X (R = CH_2-CHBr-C_6H_5).

B. Beim Erhitzen von 9,10-Dioxo-9,10-dihydro-anthracen-1-sulfenylbromid mit Styrol in Essigsäure (*CIBA*, D.B.P. 1053114 [1954]; U.S.P. 2807630 [1954]).

Gelbe Kristalle (aus Bzl.); F: 162° (*CIBA*, DB.P. 1053114).

***1-[2-Phenyl-propenylmercapto]-anthrachinon** $C_{23}H_{16}O_2S$, Formel X (R = CH=C(CH_3)-C_6H_5).

B. Beim Erhitzen von 9,10-Dioxo-9,10-dihydro-anthracen-1-sulfenylbromid mit 2-Phenyl-propen in Essigsäure oder CCl_4 (*Hölzle, Jenny*, Helv. **41** [1958] 593, 599).

Gelbe Kristalle (aus A. oder Eg.); F: 153–154° [korr.].

1-[2-(Toluol-4-sulfonyl)-äthylmercapto]-anthrachinon $C_{23}H_{18}O_4S_2$, Formel X (R = CH_2-CH_2-SO_2-C_6H_4-CH_3) (E III 2915).

Gelbgrüne Kristalle; F: >290° (*Reppe et al.*, A. **601** [1956] 81, 120).

***Opt.-inakt. 1-[2-Methoxy-cyclohexylmercapto]-anthrachinon** $C_{21}H_{20}O_3S$, Formel XIV.

B. Beim Erwärmen von (±)-1-[*trans*(?)-2-Brom-cyclohexylmercapto]-anthrachinon (S. 2592) mit Natriummethylat in Methanol (*CIBA*, D.B.P. 1053114 [1954]; U.S.P. 2807630 [1954]).

Orangegelbe Kristalle (aus A.); F: 138–139°.

(±)-1-[*trans*(?)-2-Acetoxy-cyclohexylmercapto]-anthrachinon $C_{22}H_{20}O_4S$, vermutlich Formel XIII (X = O-CO-CH_3) + Spiegelbild.

Bezüglich der Konfigurationszuordnung vgl. das analog hergestellte (±)-*trans*-1-Acetoxy-2-[2,4-dinitro-phenylmercapto]-cyclohexan (E IV **6** 5205).

B. Beim Erhitzen von [9,10-Dioxo-9,10-dihydro-anthracen-1-sulfensäure]-essigsäure-anhydrid mit Cyclohexan in Essigsäure (*Putnam, Sharkey*, Am. Soc. **79** [1957] 6526, 6528) oder von (±)-1-[*trans*(?)-2-Brom-cyclohexylmercapto]-anthrachinon [S. 2592] mit Silberacetat in Essigsäure (*Jenny*, Helv. **36** [1953] 1278, 1281).

Gelbe bzw. orangegelbe Kristalle (aus A.); F: 169–170° (*Je.*), 162–163° [unkorr.] (*Pu., Sh.*).

(±)-1-[1-Nitro-propylmercapto]-anthrachinon $C_{17}H_{13}NO_4S$, Formel X (R = $CH(NO_2)$-C_2H_5).

B. Beim Erwärmen von 9,10-Dioxo-9,10-dihydro-anthracen-1-sulfenylchlorid mit der Natrium-Verbindung des 1-Nitro-propans in Benzol (*Kharasch, Cameron,* Am. Soc. **73** [1951] 3864, 3865).

Kristalle (aus CCl_4); F: 158° [unkorr.; Zers.].

Bis-[9,10-dioxo-9,10-dihydro-[1]anthryl]-sulfid, 1,1'-Sulfandiyl-di-anthrachinon $C_{28}H_{14}O_4S$, Formel I (E I 655; E II 392).

B. Beim Erhitzen von 1-Chlor-anthrachinon mit Na_2S in einer Natriumacetat-Kaliumacetat-Schmelze auf 145° (*BASF,* D.B.P. 925892 [1953]; U.S.P. 2716652 [1954]).

Orangerote Kristalle (aus Nitrobenzol); F: 315–316°.

9,10-Dioxo-9,10-dihydro-anthracen-1-sulfensäure $C_{14}H_8O_3S$, Formel II (X = OH) (E I 656; E III 2918).

Bestätigung der E I 656 getroffenen Konstitutionszuordnung: *Bruice, Sayigh,* Am. Soc. **81** [1959] 3416, 3419; die Formulierung von *Rylander* (J. org. Chem. **21** [1956] 1296) als cyclisches Tautomeres (10b-Hydroxy-10b*H*-anthra[1,9-*cd*][1,2]oxathiol-6-on $C_{14}H_8O_3S$) wird widerlegt (*Br., Sa.*).

Entsprechend sind die von *Rylander* (l. c.) in Betracht gezogenen Formulierungen für das 9,10-Dioxo-9,10-dihydro-anthracen-1-sulfenylchlorid $C_{14}H_7ClO_2S$ (E I 657) als 10b-Chlor-10b*H*-anthra[1,9-*cd*][1,2]oxathiol-6-on $C_{14}H_7ClO_2S$ bzw. für das 9,10-Dioxo-9,10-dihydro-anthracen-1-sulfenylbromid $C_{14}H_7BrO_2S$ (E I 657; E III 2918) als 10b-Brom-10b*H*-anthra[1,9-*cd*][1,2]oxathiol-6-on $C_{14}H_7BrO_2S$ gegenstandslos.

IR-Banden (Nujol und $CHCl_3$; 3510–950 cm^{-1}): *Barltrop, Morgan,* Soc. **1956** 4245, 4247. Absorptionsspektrum (A. bzw. $CHCl_3$; 220–560 nm): *Jenny,* Helv. **41** [1958] 326, 329. λ_{max}: 248 nm und 314 nm [Me.] (*Ba., Mo.,* l. c. S. 4248), 460 nm [$CHCl_3$] (*Bruice, Markiw,* Am. Soc. **79** [1957] 3150, 3152).

Kalium-Verbindung. IR-Banden (Nujol; 1700–950 cm^{-1}): *Ba., Mo.* λ_{max} (Me.): 250 nm und 317 nm (*Ba., Mo.*).

9,10-Dioxo-9,10-dihydro-anthracen-1-sulfensäure-methylester $C_{15}H_{10}O_3S$, Formel II (X = O-CH_3) (E I 656).

Bezüglich der Konstitution der nachstehend beschriebenen, von *Rylander* (J. org. Chem. **21** [1956] 1296) irrtümlich als 10b-Methoxy-10b*H*-anthra[1,9-*cd*][1,2]oxathiol-6-on $C_{15}H_{10}O_3S$ formulierten Verbindung vgl. die Angaben im vorangehenden Artikel.

B. Beim Behandeln von 1-[Toluol-4-sulfonylmercapto]-anthrachinon mit Natriummethylat in Methanol (*Chmel'nizkaja,* Ž. prikl. Chim. **25** [1952] 1201, 1205; engl. Ausg. S. 1257, 1261).

Kristalle (aus Me.); F: 190° (*Jenny,* Helv. **35** [1952] 845, 850), 188–189° [vorgeheizter App.] (*Ch.*). IR-Spektrum (Tetrachloräthen; 4,5–8,5 μ): *Bruice, Sayigh,* Am. Soc. **81** [1959] 3416, 3418. IR-Banden (Nujol; 1700–950 cm^{-1}): *Barltrop, Morgan,* Soc. **1956** 4245, 4247. Intensität der CO-Valenzschwingungsbande in $CHCl_3$: *Ry.* Absorptionsspektrum (A. bzw. $CHCl_3$; 220–550 nm): *Jenny,* Helv. **41** [1958] 326, 329. λ_{max}: 247 nm und 304 nm [Me.] (*Ba., Mo.,* l. c. S. 4248), 455 nm [$CHCl_3$] (*Bruice, Markiw,* Am. Soc. **79** [1957] 3150, 3152).

9,10-Dioxo-9,10-dihydro-anthracen-1-sulfensäure-äthylester $C_{16}H_{12}O_3S$, Formel II (X = O-C_2H_5) (E I 656; E III 2918).

Bezüglich der Konstitution der nachstehend beschriebenen, von *Rylander* (J. org. Chem. **21** [1956] 1296) irrtümlich als 10b-Äthoxy-10b*H*-anthra[1,9-*cd*][1,2]oxathiol-6-on $C_{16}H_{10}O_3S$ angesehenen Verbindung vgl. die Angaben im Artikel 9,10-Dioxo-9,10-dihydro-anthracen-1-sulfensäure [s. o.].

B. Analog der vorangehenden Verbindung (*Chmel'nizkaja,* Ž. prikl. Chim. **25** [1952] 1201, 1205; engl. Ausg. S. 1257, 1261).

Kristalle (aus A.); F: 148–149° [vorgeheizter App.].

[9,10-Dioxo-9,10-dihydro-anthracen-1-sulfensäure]-essigsäure-anhydrid $C_{16}H_{10}O_4S$, Formel II (X = O-CO-CH_3).

B. Neben Bis-[9,10-dioxo-9,10-dihydro-[1]anthryl]-disulfid beim Behandeln von 9,10-Dioxo-9,10-dihydro-anthracen-1-sulfenylchlorid mit Silberacetat in CH_2Cl_2 (*Putnam, Sharkey,* Am. Soc. **79** [1957] 6526, 6527).

F: 139–145° [unkorr.; Zers.].

Unbeständig.

1-Cyandisulfanyl-anthrachinon, Cyan-[9,10-dioxo-9,10-dihydro-[1]anthryl]-disulfan, 9,10-Dioxo-9,10-dihydro-anthracen-1-sulfenylthiocyanat $C_{15}H_7NO_2S_2$, Formel II (X = S-CN).

B. Aus 9,10-Dioxo-9,10-dihydro-anthracen-1-sulfenylbromid und Kalium-thiocyanat in Chlorbenzol (*CIBA,* DB.P. 1053114 [1954]; U.S.P. 2807630 [1954]).

Hellgelbe Kristalle (aus E.); F: 208°.

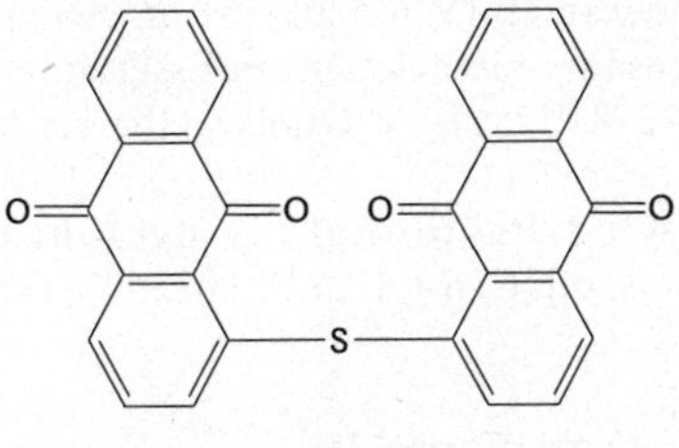

I 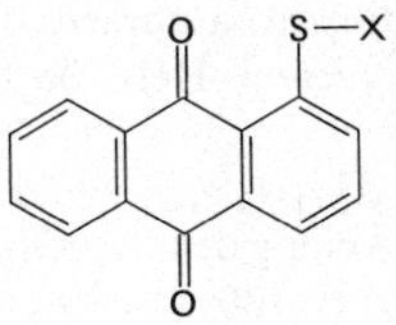 II 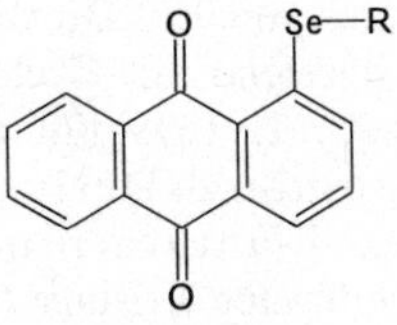 III

1-Sulfomercapto-anthrachinon, Thioschwefelsäure-*S*-[9,10-dioxo-9,10-dihydro-[1]anthrylester] $C_{14}H_8O_5S_2$, Formel II (X = SO_2-OH) (E III 2918).

Ammonium-Salz $[NH_4]C_{14}H_7O_5S_2$. *B.* Beim Leiten von SO_2 in eine Suspension von 9,10-Dioxo-9,10-dihydro-anthracen-1-sulfensäure-amid in wss. Äthanol (*Lecher, Hardy,* J. org. Chem. **20** [1955] 475, 482). – Gelbe Kristalle; F: >300°.

1-Hydroseleno-anthrachinon $C_{14}H_8O_2Se$, Formel III (R = H) (E I 657; E III 2918).

B. Beim Erwärmen von Bis-[9,10-dioxo-9,10-dihydro-[1]anthryl]-diselenid mit D-Glucose in wss.-äthanol. NaOH (*Rheinboldt, Giesbrecht,* B. **88** [1955] 666, 675) oder von 9,10-Dioxo-9,10-dihydro-anthracen-1-seleninsäure mit Äthanthiol in Benzol unter Luftausschluss (*Rheinboldt, Giesbrecht,* B. **88** [1955] 1037, 1041).

Orangerote Kristalle (aus Eg.); F: 212,5–213,5° (*Rh., Gi.,* l. c. S. 675, 1041).

***1-[2-Phenyl-propenylselanyl]-anthrachinon** $C_{23}H_{16}O_2Se$, Formel III (R = CH=C(CH_3)-C_6H_5).

B. Beim Erhitzen von 9,10-Dioxo-9,10-dihydro-anthracen-1-selenensäure-methylester mit Essigsäure und anschliessend mit 2-Phenyl-propen (*Hölzle, Jenny,* Helv. **41** [1958] 593, 599).

Dimorph; rote Kristalle; F: 169° [korr.] bzw. gelbe Kristalle (aus A. oder Eg.); F: 159–160° [korr.; unter Umwandlung in die rote, stabile Modifikation].

1-[2-Acetoxy-äthylselanyl]-anthrachinon $C_{18}H_{14}O_4Se$, Formel III (R = CH_2-CH_2-O-CO-CH_3).

B. Beim Erwärmen von 9,10-Dioxo-9,10-dihydro-anthracen-1-selenensäure-methylester mit Essigsäure und Einleiten von Äthen in die Reaktionslösung (*Hölzle, Jenny,* Helv. **41** [1958] 593, 602).

Orangefarbene Kristalle (aus A.); F: 153° [korr.].

1-[β-Acetoxy-isobutylselanyl]-anthrachinon $C_{20}H_{18}O_4Se$, Formel III (R = CH_2-C$(CH_3)_2$-O-CO-CH_3).

B. Analog der vorangehenden Verbindung (*Hölzle, Jenny,* Helv. **41** [1958] 593, 599).

Goldgelbe Kristalle (aus A.); F: 144° [korr.].

***1-[4-Acetoxy-but-2-enylselanyl]-anthrachinon** $C_{20}H_{16}O_4Se$, Formel III (R = CH_2-CH=CH-CH_2-O-CO-CH_3).

Konstitution: *Hölzle, Jenny,* Helv. **41** [1958] 593, 595.

B. Analog den vorangehenden Verbindungen (*Hö., Je.,* l. c. S. 602).

Orangefarbene Kristalle (aus A.); F: 106° [korr.].

(±)-1-[*trans*(?)-2-Hydroxy-cyclohexylselanyl]-anthrachinon $C_{20}H_{18}O_3Se$, vermutlich Formel IV + Spiegelbild.

B. Beim Erwärmen des Acetyl-Derivats [s. u.] mit wss.-äthanol. KOH (*Jenny,* Helv. **36** [1953] 1278, 1281).

Braunrote Kristalle (aus A.); F: 171°.

Acetyl-Derivat $C_{22}H_{20}O_4Se$; (±)-1-[*trans*(?)-2-Acetoxy-cyclohexylselanyl]-anthrachinon. Bezüglich der Konfigurationszuordnung vgl. das analog hergestellte (±)-*trans*-1-Acetoxy-2-[2,4-dinitro-phenylmercapto]-cyclohexan (E IV **6** 5205). – *B.* Beim Erwärmen von 9,10-Dioxo-9,10-dihydro-anthracen-1-selenensäure-methylester mit Essigsäure und anschliessend mit Cyclohexan (*Jenny,* Helv. **36** [1953] 1278, 1281). – Orangegelbe Kristalle (aus A.); F: 169–170° (*Je.*).

Propionyl-Derivat $C_{23}H_{22}O_4Se$; (±)-1-[*trans*(?)-2-Propionyloxy-cyclohexylselanyl]-anthrachinon. *B.* Analog dem Acetyl-Derivat [s. o.] (*CIBA,* D.B.P. 1015447 [1954]). – Goldgelbe Kristalle (aus A.); F: 130° (*CIBA*).

(±)-1-[*β*-Acetoxy-phenyläthylselanyl]-anthrachinon $C_{24}H_{18}O_4Se$, Formel III (R = CH_2-CH(C_6H_5)-O-CO-CH_3).

B. Beim Erhitzen von 9,10-Dioxo-9,10-dihydro-anthracen-1-selenensäure-methylester mit Essigsäure und anschliessend mit Styrol (*Jenny,* Helv. **36** [1953] 1278, 1281).

Goldgelbe Kristalle (aus A.); F: 139–140°.

1-[2,2-Diacetoxy-äthylselanyl]-anthrachinon $C_{20}H_{16}O_6Se$, Formel III (R = CH_2-CH(O-CO-CH_3)$_2$).

B. Analog der vorangehenden Verbindung (*Hölzle, Jenny,* Helv. **41** [1958] 593, 600).

Gelbe Kristalle (aus A.); F: 200° [korr.].

9,10-Dioxo-9,10-dihydro-anthracen-1-selenensäure $C_{14}H_8O_3Se$, Formel V (X = OH) (E III 2919 [1])).

B. Aus 9,10-Dioxo-9,10-dihydro-anthracen-1-seleninsäure beim Behandeln mit wss. $N_2H_4 \cdot H_2SO_4$ (*Rheinboldt, Giesbrecht,* B. **88** [1955] 666, 670, 672), beim Erwärmen mit NaH_2PO_2 und wss. HCl (*Rheinboldt, Giesbrecht,* B. **88** [1955] 1974, 1976) oder beim Behandeln mit Äthanthiol in Benzol (*Rheinboldt, Giesbrecht,* B. **88** [1955] 1037, 1038, 1039).

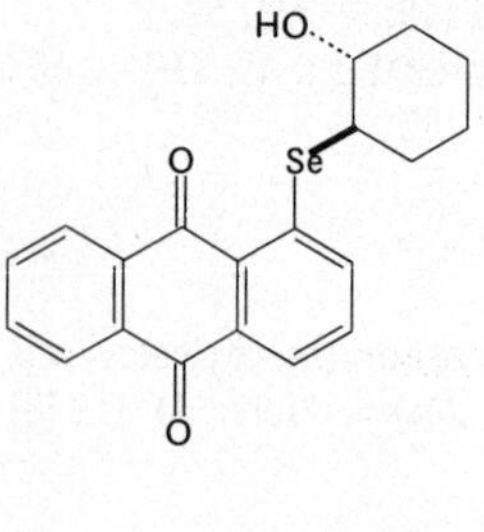

IV 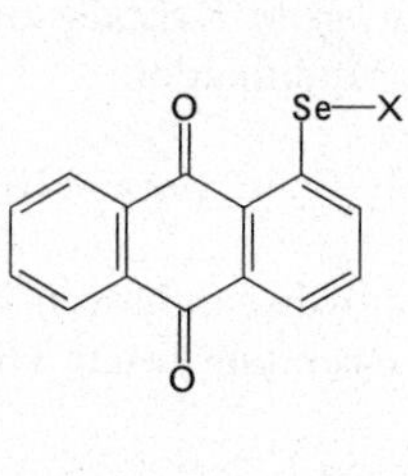 V 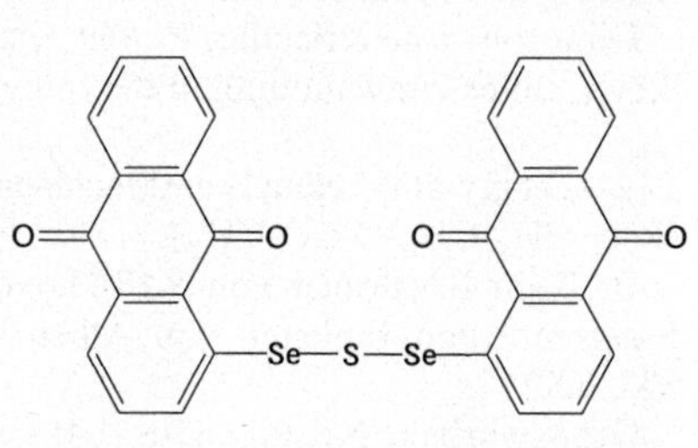 VI

[1]) Berichtigung zu E III **8** 2919, Zeile 6 v. u.: Anstelle von „9.10-Dioxo-9.10-dihydro-selenensäure-(1)-bromid" ist zu setzen „9.10-Dioxo-9.10-dihydro-anthracen-selenensäure-(1)-bromid".

9,10-Dioxo-9,10-dihydro-anthracen-1-selenensäure-methylester $C_{15}H_{10}O_3Se$, Formel V (X = O-CH_3).

B. Beim Erwärmen von 9,10-Dioxo-9,10-dihydro-anthracen-1-selenenylbromid mit Silber-acetat in Methanol (*Jenny*, Helv. **35** [1952] 845, 849; vgl. die Angaben im Artikel 9,10-Dioxo-9,10-dihydro-anthracen-1-selenensäure [E III 2919]) oder mit wasserhaltigem AgOH in Methanol (*Jenny*, Helv. **35** [1952] 1591). Beim Erwärmen von 1-Selenocyanato-anthrachinon mit Silberacetat und wenig Pyridin in Methanol (*Hölzle, Jenny*, Helv. **41** [1958] 331, 335).

Rote Kristalle; F: 178° [aus Me.] (*Je.*), 177–178° [korr.; aus Me. + Bzl.] (*Hö., Je.*). Absorptionsspektrum ($CHCl_3$; 290–600 nm): *Je.*, l. c. S. 848.

9,10-Dioxo-9,10-dihydro-anthracen-1-selenensäure-äthylester $C_{16}H_{12}O_3Se$, Formel V (X = O-C_2H_5).

B. Beim Erwärmen von [9,10-Dioxo-9,10-dihydro-anthracen-1-selenensäure]-essigsäure-anhydrid mit Äthanol (*Jenny*, Helv. **35** [1952] 845, 850).

Rote Kristalle; F: 146°.

9,10-Dioxo-9,10-dihydro-anthracen-1-selenensäure-isopropylester $C_{17}H_{14}O_3Se$, Formel V (X = O-CH(CH_3)$_2$).

B. Analog der vorangehenden Verbindung (*Jenny*, Helv. **35** [1952] 845, 850).

Rote Kristalle; F: 145°. Bei 115°/0,04–0,05 Torr sublimierbar.

9,10-Dioxo-9,10-dihydro-anthracen-1-selenensäure-butylester $C_{18}H_{16}O_3Se$, Formel V (X = O-[CH_2]$_3$-CH_3).

B. Analog den vorangehenden Verbindungen (*Jenny*, Helv. **35** [1952] 845, 850).

Dimorph; rote Kristalle (aus Butan-1-ol); F: 87° bzw. F: 78°.

[9,10-Dioxo-9,10-dihydro-anthracen-1-selenensäure]-essigsäure-anhydrid $C_{16}H_{10}O_4Se$, Formel V (X = O-CO-CH_3) (E III 2920).

B. Beim Erhitzen von 9,10-Dioxo-9,10-dihydro-anthracen-1-selenensäure-methylester mit Essigsäure (*Jenny*, Helv. **35** [1952] 845, 849).

Orangegelbe Kristalle.

Bis-[9,10-dioxo-9,10-dihydro-[1]anthryl]-diselenathian, Bis-[9,10-dioxo-9,10-dihydro-anthracen-1-selenenyl]-sulfan, 1,1′-Sulfandiyldiselanyl-di-anthrachinon $C_{28}H_{14}O_4SSe_2$, Formel VI.

B. Aus 9,10-Dioxo-9,10-dihydro-anthracen-1-selenenylbromid in Dioxan und H_2S (*Rheinboldt, Giesbrecht*, A. **574** [1951] 227, 240).

Bräunlichrote Kristalle (aus Dioxan); F: 318–319°.

Bis-[9,10-dioxo-9,10-dihydro-[1]anthryl]-diselenid, 1,1′-Diselandiyl-di-anthrachinon $C_{28}H_{14}O_4Se_2$, Formel VII (n = 2) (E III 2920).

B. Beim Erwärmen von 1-Chlor-anthrachinon in Äthanol mit wss. K_2Se_2 (*Rheinbold, Giesbrecht*, B. **88** [1955] 666, 677), von 1-Hydroseleno-anthrachinon mit 9,10-Dioxo-9,10-dihydro-anthracen-1-selenensäure in Benzol unter Wasserstoff (*Rh., Gi.*, l. c. S. 674), von 9,10-Dioxo-9,10-dihydro-anthracen-1-seleninsäure mit N_2H_4 in H_2O (*Rh., Gi.*, l. c. S. 670) sowie von 1-Selenocyanato-anthrachinon mit wss.-äthanol. KOH (*Hölzle, Jenny*, Helv. **41** [1958] 356, 359).

1-Cyandiselanyl-anthrachinon, Cyan-[9,10-dioxo-9,10-dihydro-[1]anthryl]-diselan $C_{15}H_7NO_2Se_2$, Formel V (X = Se-CN).

B. Beim Behandeln von 9,10-Dioxo-9,10-dihydro-anthracen-1-selenenylbromid mit Kalium-selenocyanat in Methanol und Äthylacetat (*Rheinboldt, Giesbrecht*, B. **88** [1955] 1, 4).

Orangefarbene Kristalle (aus Dioxan); Zers. >200° [unter Schwarzfärbung].

Bis-[9,10-dioxo-9,10-dihydro-[1]anthryl]-triselenid, 1,1′-Triselandiyl-di-anthrachinon $C_{28}H_{14}O_4Se_3$, Formel VII (n = 3).

B. Beim Behandeln der vorangehenden Verbindung mit Äthanthiol in Dioxan (*Rheinboldt,*

Giesbrecht, B. **88** [1955] 1, 9).

Hellrotes Pulver, das bis 400° nicht schmilzt.

9,10-Dioxo-9,10-dihydro-anthracen-1-selenylbromid $C_{14}H_7BrO_2Se$, Formel V (X = Br) (E III 2920).

B. Beim Erwärmen von 1-Selenocyanato-anthrachinon mit Brom in $CHCl_3$ unter Bestrahlen mit UV-Licht (*Hölzle, Jenny*, Helv. **41** [1958] 356, 359).

Rote Kristalle (aus Eg. oder Dioxan); F: 220° [korr.].

2-Hydroxy-anthrachinon $C_{14}H_8O_3$, Formel VIII (R = X = H) (H 342; E I 658; E II 393; E III 2921).

Herstellung von 2-Hydroxy-[9-^{14}C]anthrachinon: *Williams, Ronzio*, J. org. Chem. **18** [1953] 489, 494.

F: 312° [korr.] (*Wiles*, Soc. **1952** 1358, 1362). Temperaturabhängigkeit des Dampfdrucks bei 120–180° (Gleichung): *Hoyer, Peperle*, Z. El. Ch. **62** [1958] 61, 62. Mittlere Sublimationsenthalpie bei 120–180°: 35,8 kcal·mol^{-1} (*Ho., Pe.*). IR-Banden (Nujol; 900–700 cm^{-1}): *Oi*, Pharm. Bl. **5** [1957] 153. UV-Spektrum (A.; 220–295 nm): *Ikeda et al.*, J. pharm. Soc. Japan **76** [1956] 217, 218; C. A. **1956** 7590. Absorptionsspektrum (Dioxan; 260–470 nm): *Hartmann, Lorenz*, Z. Naturf. **7a** [1952] 360, 367. λ_{max}: 375 nm [DMF] (*Sawicki et al.*, Anal. Chem. **31** [1959] 2063), 245 nm, 271 nm, 328 nm und 368 nm [Me.] (*Peters, Sumner*, Soc. **1953** 2101, 2102, 2103), 365 nm [CH_2Cl_2] (*Labhart*, Helv. **40** [1957] 1410, 1414). λ_{max} in wss. Tetraäthylammonium-hydroxid enthaltendem DMF bzw. wss. DMF verschiedener Konzentrationen: *Sa. et al.*, l. c. S. 2064; in wss. Tetraäthylammonium-hydroxid enthaltendem Äthanol: *Sa. et al.*, l. c. S. 2065. Fluorescenzspektrum des Dampfes (400–550 nm): *Karjakin*, Ž. fiz. Chim. **23** [1949] 1332, 1339; C. A. **1950** 2853. Fluorescenzmaximum (Hexan): 514,0 nm (*Schigorin et al.*, Doklady Akad. S.S.S.R. **120** [1958] 1242 Tab.; Soviet Physics Doklady **3** [1958] 628, 629). Polarographisches Halbstufenpotential in wss. Lösung vom pH 9: *Kinney, Love*, Anal. Chem. **29** [1957] 1641, 1644; in wss. Lösung vom pH 8,15–13,82 und in wss.-äthanol. NaOH: *Gill, Stonehill*, Soc. **1952** 1845, 1848, 1851; in wss. Äthanol [70%ig] vom pH 1,25: *Wi.*, l. c. S. 1359; in H_2SO_4 enthaltender Essigsäure (*Stárka et al.*, Collect. **23** [1958] 206, 211).

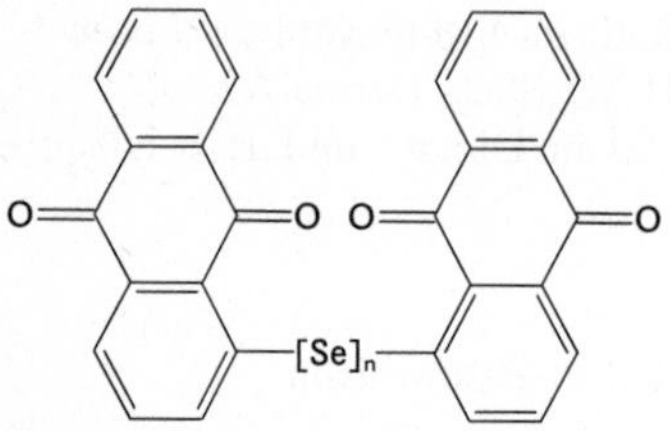

VII 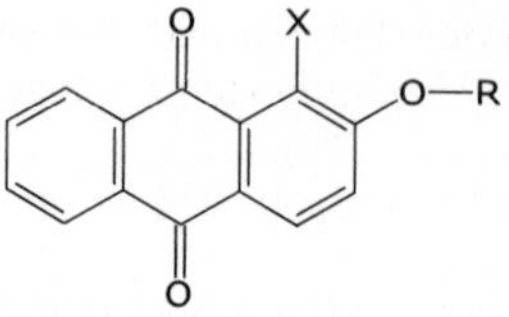 VIII 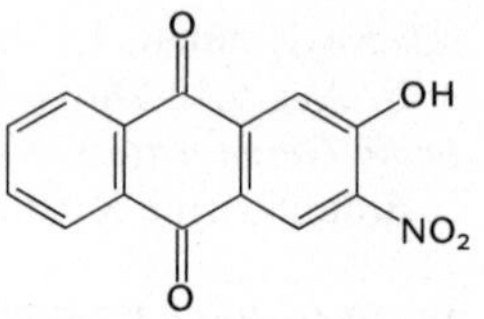 IX

2-Methoxy-anthrachinon $C_{15}H_{10}O_3$, Formel VIII (R = CH_3, X = H) (H 343; E I 658; E II 393; E III 2922).

B. Bei der Oxidation von (±)-2-Methoxy-(4a*r*,9a*c*)-1,4,4a,9a-tetrahydro-anthrachinon (E IV **6** 7594) in äthanol. KOH mit Luft (*Schemjakin et al.*, Ž. obšč. Chim. **29** [1959] 1831, 1837; engl. Ausg. S. 1802, 1807). Aus 2-Hydroxy-anthrachinon und methanol. HCl (*Sato et al.*, J. Biochem. Tokyo **43** [1956] 21, 22).

F: 196° [aus A.] (*Sch. et al.*). Sublimationsenthalpie bei 146°: *Beynon, Nicholson*, J. scient. Instruments **33** [1956] 376, 379. Absorptionsspektrum (wss. A. und wss.-äthanol. NaOH; 200–600 nm): *Sato et al.*, l. c. S. 23. λ_{max}: 246 nm, 267 nm, 329 nm und 363 nm [Me.] (*Peters, Sumner*, Soc. **1953** 2101, 2102, 2103), 363 nm [CH_2Cl_2] (*Labhart*, Helv. **40** [1957] 1410, 1414). Protonierung in H_2SO_4: *Wiles, Baughan*, Soc. **1953** 933, 936. Polarographisches Halbstufenpotential in wss. Äthanol vom pH 1,25 und pH 11,2: *Wiles*, Soc. **1952** 1358, 1359; in H_2SO_4 enthaltender Essigsäure: *Stárka et al.*, Collect. **23** [1958] 206, 211.

2-Acetoxy-anthrachinon $C_{16}H_{10}O_4$, Formel VIII (R = CO-CH_3, X = H) (H 344; E II 394; E III 2923).

B. Bei der Oxidation von 2-Acetoxy-9-chlor-anthracen oder von 2-Acetoxy-9,10-dichlor-anthracen mit CrO_3 in Essigsäure (*Federow,* Izv. Akad. S.S.S.R. Otd. chim. **1951** 582, 588, 589; C. A. **1952** 8077). Beim Erhitzen von 9,10-Dioxo-9,10-dihydro-anthracen-2-diazonium-acetat in Essigsäure (*Koslow, Below,* Ž. obšč. Chim. **29** [1959] 3450, 3454; engl. Ausg. S. 3412, 3416).

Kristalle (aus A.); F: 160° (*Ko., Be.*). Polarographisches Halbstufenpotential in H_2SO_4 enthaltender Essigsäure: *Stárka et al.,* Collect. **23** [1958] 206, 211.

2-Stearoyloxy-anthrachinon $C_{32}H_{42}O_4$, Formel VIII (R = CO-$[CH_2]_{16}$-CH_3, X = H).

B. Beim Erhitzen von 2-Hydroxy-anthrachinon mit Stearoylchlorid in Nitrobenzol auf 180° (*Giles, Neustädter,* Soc. **1952** 3806, 3813).

Kristalle (aus A.); F: 85°. Druck-Fläche-Beziehung von monomolekularen Schichten auf H_2O, Hydrochinon, Naphthalin-1,5-diol und Äthylenglykol: *Gi., Ne.,* l. c. S. 3807.

1-Brom-2-hydroxy-anthrachinon $C_{14}H_7BrO_3$, Formel VIII (R = H, X = Br) (E II 394; E III 2923).

B. Beim Erwärmen von 2-Hydroxy-anthrachinon mit Dioxan-Brom [1:1] in Dioxan (*Janowskaja et al.,* Ž. obšč. Chim. **22** [1952] 1594, 1597; engl. Ausg. S. 1635, 1638).

Kristalle (aus Me.); F: 187°.

2-Methoxy-1-nitro-anthrachinon $C_{15}H_9NO_5$, Formel VIII (R = CH_3, X = NO_2) (H 345; E I 659).

B. Aus 2-Methoxy-anthrachinon und KNO_3 mit Hilfe von H_2SO_4 (*Tsuruoka et al.,* J. Soc. org. synth. Chem. Japan **8** [1950] Nr. 8, S. 27, 30; C. A. **1953** 870).

F: 268–270° [aus Eg.] (*Ts. et al.*). IR-Spektrum (KBr; 5,5–6,75 μ): *Hoyer,* Z. El. Ch. **60** [1956] 381, 383.

2-Hydroxy-3-nitro-anthrachinon $C_{14}H_7NO_5$, Formel IX.

B. Beim Erhitzen von 2,3-Dichlor-anthrachinon oder von 2,3-Dibrom-anthrachinon mit $NaNO_2$ in DMF, Tetrahydrothiophen-1,1-dioxid oder 2,5-Dimethyl-tetrahydro-thiophen-1,1-dioxid auf 140° bzw. von 2-Chlor-3-nitro-anthrachinon in DMF oder in wss. 2-Äthoxy-äthanol (*ICI,* D.B.P. 842793 [1950]; D.R.B.P. Org. Chem. 1950–1951 **1** 506, 508; U.S.P. 2587093 [1950]).

F: 232–234° (*ICI*). IR-Spektrum (geschmolzenes Hexachlorbenzol; 2,3–4,0 μ): *Hoyer,* B. **86** [1953] 1016, 1022.

3-Methoxy-1-nitro-anthrachinon $C_{15}H_9NO_5$, Formel X.

Diese Konstitution kommt wahrscheinlich der nachstehend beschriebenen Verbindung zu (*ICI,* D.B.P. 842793 [1950]; D.R.B.P. Org. Chem. 1950–1951 **1** 506, 509; U.S.P. 2587093 [1950]).

B. Neben 1-Hydroxy-3-nitro-anthrachinon (S. 2589) beim Erhitzen von 1,3-Dichlor-anthrachinon mit $NaNO_2$ in DMF auf 140° und Erwärmen des Reaktionsprodukts mit Dimethylsulfat und wss. Na_2CO_3 (*ICI*).

Kristalle (aus Chlorbenzol); F: 240°.

(±)-2-[*trans*(?)-2-Chlor-cyclohexylmercapto]-anthrachinon $C_{20}H_{17}ClO_2S$, vermutlich Formel XI + Spiegelbild.

Bezüglich der Konfigurationszuordnung vgl. das analog hergestellte (±)-[*trans*-2-Chlor-cyclohexyl]-[2,4-dinitro-phenyl]-sulfid (E III **6** 1094; E IV **6** 1742).

B. Beim Erhitzen von 9,10-Dioxo-9,10-dihydro-anthracen-2-sulfenylchlorid mit Cyclohexen in Essigsäure (*CIBA,* D.B.P. 1053114 [1954]; U.S.P. 2807630 [1954]).

Gelbe Kristalle (aus Eg.); F: 131–132°.

X XI XII

2-Phenylmercapto-anthrachinon $C_{20}H_{12}O_2S$, Formel XII (R = C_6H_5) (E I 660).

B. Beim Erhitzen von 2-Chlor-anthrachinon mit Kupfer(I)-thiophenolat in Chinolin und wenig Pyridin auf 210° (*Adams et al.*, Croat. chem. Acta **29** [1957] 277, 280).

Kristalle (aus Me. oder A.); F: 159–161°.

2-Benzolsulfonyl-anthrachinon $C_{20}H_{12}O_4S$, Formel XIII (R = H).

B. Beim Erhitzen von 2-Phenylmercapto-anthrachinon mit H_2O_2 in Essigsäure (*Adams et al.*, Croat. chem. Acta **29** [1957] 277, 283).

Kristalle (aus A. oder Eg.); F: 220–221°.

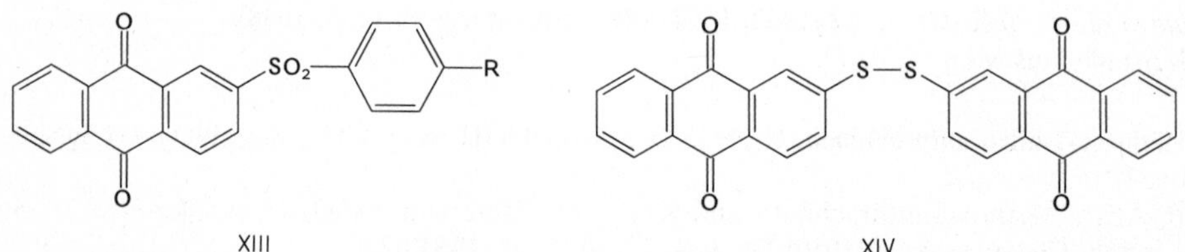

XIII XIV

2-[Toluol-4-sulfonyl]-anthrachinon $C_{21}H_{14}O_4S$, Formel XIII (R = CH_3).

B. Beim Erhitzen von 2-Chlor-anthrachinon oder von 3-Chlor-9,10-dioxo-9,10-dihydro-anthracen-2-carbonsäure mit Natrium-[toluol-4-sulfinat] in *O*-Äthyl-diäthylenglykol auf 195° (*Klingsberg*, J. org. Chem. **24** [1959] 1001).

Kristalle (aus Eg. oder Amylalkohol); F: 211,5–212,5° [korr.]. λ_{max} (CH_2Cl_2): 258 nm und 325 nm.

(±)-2-[β-Chlor-phenäthylmercapto]-anthrachinon $C_{22}H_{15}ClO_2S$, Formel XII (R = CH_2-CHCl-C_6H_5).

B. Beim Erwärmen von 9,10-Dioxo-9,10-dihydro-anthracen-2-sulfenylchlorid mit Styrol in $CHCl_3$ (*CIBA*, D.B.P. 1053114 [1954]; U.S.P. 2807630 [1954]).

Kristalle (aus Bzl.); F: 159°.

2-[2-(Toluol-4-sulfonyl)-äthylmercapto]-anthrachinon $C_{23}H_{18}O_4S_2$, Formel XII (R = CH_2-CH_2-SO_2-C_6H_4-CH_3) (E III 2925).

Gelbe Kristalle; F: 253° (*Reppe et al.*, A. **601** [1956] 81, 120).

Bis-[9,10-dioxo-9,10-dihydro-[2]anthryl]-disulfid, 2,2′-Disulfandiyl-di-anthrachinon $C_{28}H_{14}O_4S_2$, Formel XIV (E I 662; E III 2925).

B. Beim Erhitzen von 9,10-Dioxo-9,10-dihydro-anthracen-2-sulfonylchlorid mit Zinn und wenig Dioxan enthaltender wss. HCl (*Panico*, A. ch. [12] **10** [1955] 695, 704).

Kristalle (aus Chlorbenzol); F: 257° [vorgeheizter App.].

2-Selenocyanato-anthrachinon $C_{15}H_7NO_2Se$, Formel I (R = CN).

B. Aus diazotiertem 2-Amino-anthrachinon und wss. Kalium-selenocyanat (*Rheinboldt, Giesbrecht*, A. **574** [1951] 227, 240).

Bräunlichgelbe Kristalle (aus Nitrobenzol + A.); F: 205,5–206,5°.

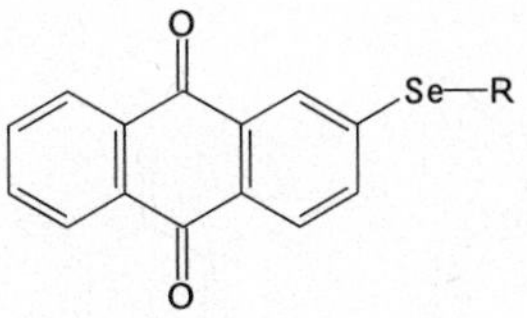

I

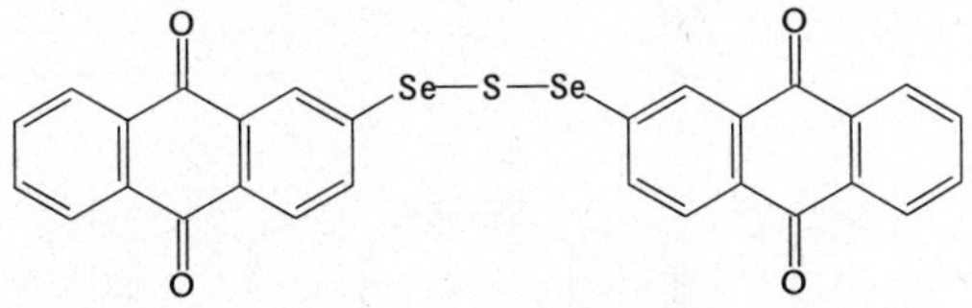

II

Bis-[9,10-dioxo-9,10-dihydro-[2]anthryl]-diselenathian, Bis-[9,10-dioxo-9,10-dihydro-anthracen-2-selenenyl]-sulfan, 2,2′-Sulfandiyldiselanyl-di-anthrachinon $C_{28}H_{14}O_4SSe_2$, Formel II.

B. Beim Behandeln von 9,10-Dioxo-9,10-dihydro-anthracen-2-selenenylbromid in Benzol mit H_2S bei 40° und anschliessend mit Äthanol (*Rheinboldt, Giesbrecht,* A. **574** [1951] 227, 242).

Gelbe Kristalle (aus Nitrobenzol); F: 241–242°.

2-Phenyldiselanyl-anthrachinon $C_{20}H_{12}O_2Se_2$, Formel III (R = C_6H_5).

B. Aus 9,10-Dioxo-9,10-dihydro-anthracen-2-selenenylbromid und Selenophenol (*Rheinboldt, Giesbrecht,* B. **85** [1952] 357, 367).

Orangefarbene Kristalle (aus $CHCl_3$ + Me.); Zers. >181–182° [unter Dunkelfärbung; nach Erweichen bei 178°].

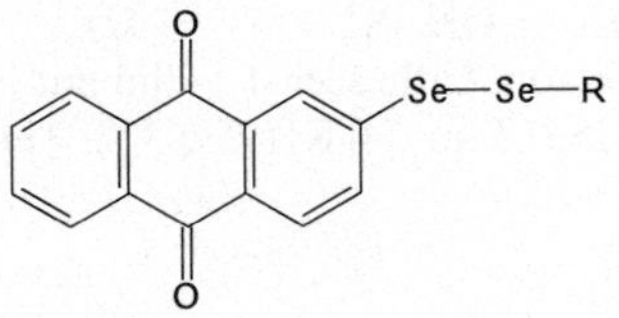

III

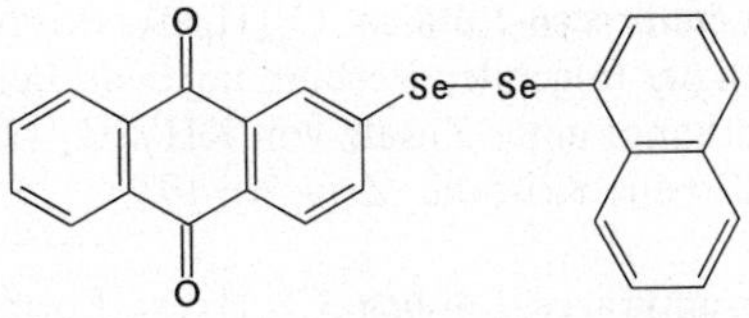

IV

2-Benzyldiselanyl-anthrachinon $C_{21}H_{14}O_2Se_2$, Formel III (R = CH_2-C_6H_5).

B. Analog der vorangehenden Verbindung (*Rheinboldt, Giesbrecht,* B. **85** [1952] 357, 368).

Orangefarbene Kristalle (aus $CHCl_3$ + Me.); Zers. >183° [nach Sintern].

2-[1]Naphthyldiselanyl-anthrachinon $C_{24}H_{14}O_2Se_2$, Formel IV.

B. Analog den vorangehenden Verbindungen (*Rheinboldt, Giesbrecht,* B. **85** [1952] 357, 367).

Orangefarbene Kristalle (aus Dioxan); Zers. >283° [unter Schwarzfärbung; nach Sintern].

Bis-[9,10-dioxo-9,10-dihydro-[2]anthryl]-diselenid, 2,2′-Diselandiyl-di-anthrachinon $C_{28}H_{14}O_4Se_2$, Formel V.

B. Beim Erwärmen von 2-Selenocyanato-anthrachinon mit wss.-äthanol. KOH und Behandeln der Reaktionslösung mit wss. $FeCl_3$ (*Rheinboldt, Giesbrecht,* A. **574** [1951] 227, 241).

Orangefarbene Kristalle (aus Nitrobenzol + A.); F: 259–260°.

9,10-Dioxo-9,10-dihydro-anthracen-2-selenylbromid $C_{14}H_7BrO_2Se$, Formel I (R = Br).

B. Aus Bis-[9,10-dioxo-9,10-dihydro-[2]anthryl]-diselenid und Brom in $CHCl_3$ (*Rheinboldt, Giesbrecht,* A. **574** [1951] 227, 241).

Hellbraune Kristalle (aus $CHCl_3$); F: 159–160°.

7-Hydroxy-anthracen-1,2-dion $C_{14}H_8O_3$, Formel VI (X = X′ = H, X″ = OH).

B. Aus Anthracen-2,7-diol und $NO(SO_3K)_2$ in wss. Methanol unter Zusatz von KH_2PO_4 (*Lukowczyk,* J. pr. [4] **8** [1959] 372, 374, 376; *Gorelik, Michaĭlowa,* Ž. obšč. Chim. **34** [1964] 1997, 2002; engl. Ausg. S. 2013, 2016).

Rote Kristalle; Zers. bei 220° (*Go., Mi.*). Orangefarbene Kristalle; F: 184° [Zers.] (*Lu.*). λ_{max} (in schwach alkal. Lösung): 600 nm (*Go., Mi.*).

o-Phenylendiamin-Kondensationsprodukt (F: 314° und dessen Acetyl-Derivat, F:

240,7 – 241°): *Go., Mi.*

V VI

6-Hydroxy-anthracen-1,2-dion $C_{14}H_8O_3$, Formel VI (X = X″ = H, X′ = OH).

B. Aus Anthracen-2,6-diol analog der vorangehenden Verbindung (*Lukowczyk,* J. pr. [4] **8** [1959] 372, 374, 376; *Gorelik, Michaĭlowa,* Ž. obšč. Chim. **34** [1964] 1997, 2002; engl. Ausg. S. 2013, 2016).

Orangerote Kristalle (aus Dioxan) bzw. bordeauxrote Kristalle (aus A.), Zers. bei 240° (*Go., Mi.*); orangerote Kristalle, F: 184° [Zers.] (*Lu.*). λ_{max} (in schwach alkal. Lösung): 540 nm (*Go., Mi.*).

o-Phenylendiamin-Kondensationsprodukt (F: 328° und dessen Acetyl-Derivat, F: 268,5 – 269°): *Go., Mi.*

5-Hydroxy-anthracen-1,2-dion $C_{14}H_8O_3$, Formel VI (X = OH, X′ = X″ = H).

B. Neben der folgenden Verbindung beim Behandeln von Anthracen-1,5-diol mit $NO(SO_3K)_2$ in wss. Methanol unter Zusatz von KH_2PO_4 (*Lukowczyk,* J. pr. [4] **8** [1959] 372, 374, 376).

Orangefarbene Kristalle; Zers. bei 198°.

5-Hydroxy-anthracen-1,4-dion $C_{14}H_8O_3$, Formel VII.

B. Aus Anthracen-1,8-diol und $NO(SO_3K)_2$ in wss. Methanol unter Zusatz von KH_2PO_4 (*Lukowczyk,* J. pr. [4] **8** [1959] 372, 374, 376). Bildung aus Anthracen-1,5-diol s. im vorangehenden Artikel.

Gelbbraune Kristalle; F: 248°.

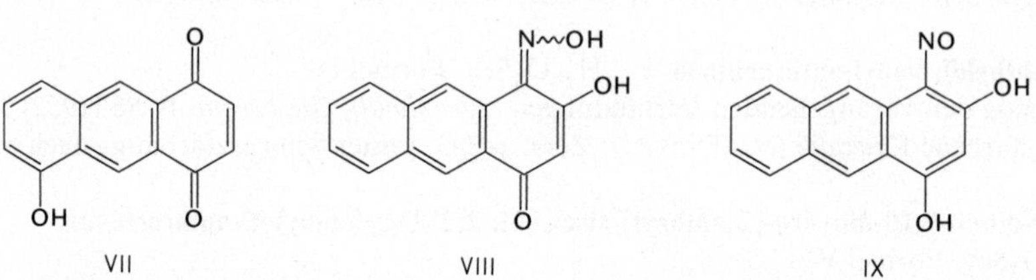
VII VIII IX

2-Hydroxy-anthracen-1,4-dion-1-oxim $C_{14}H_9NO_3$, Formel VIII und Taut.

4-Nitroso-anthracen-1,3-diol, Formel IX.

B. Beim Erhitzen von Natrium-[3-hydroxy-4-nitroso-anthracen-1-sulfonat] mit wss. NaOH (*Bogdanow, Gorelik,* Ž. obšč. Chim. **29** [1959] 1225, 1228; engl. Ausg. S. 1195, 1198).

Hellgelbe Kristalle; Zers. >215°.

9-Methoxy-anthracen-1,4-dion $C_{15}H_{10}O_3$, Formel X (R = CH_3, X = H).

B. Beim Erwärmen von 9-Hydroxy-anthracen-1,4-dion mit CH_3I und Ag_2O in $CHCl_3$ (*Muxfeld, Koppe,* B. **91** [1958] 838, 842).

Orangegelbe Kristalle (aus Bzl.); F: 184°. Absorptionsspektrum (Me.; 210 – 480 nm): *Mu., Ko.,* l. c. S. 839.

9-Acetoxy-anthracen-1,4-dion $C_{16}H_{10}O_4$, Formel X (R = CO-CH_3, X = H) (E III 2927).

B. Aus 1-Acetoxy-4-hydroxy-anthron und PbO_2 in warmem Benzol (*Muxfeld, Koppe,* B.

91 [1958] 838, 841).

Absorptionsspektrum (Me.; 210–460 nm): *Mu., Ko.,* l. c. S. 839.

9-Chlor-10-hydroxy-anthracen-1,4-dion $C_{14}H_7ClO_3$, Formel X (R = H, X = Cl) (E II 387; E III 2927).

Polarographisches Halbstufenpotential: *Poštowškiĭ, Beĭles,* Ž. obšč. Chim. **20** [1950] 522, 524; engl. Ausg. S. 551, 553.

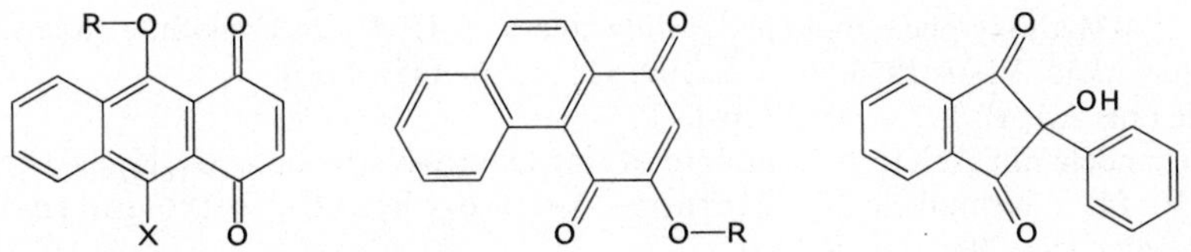

X XI XII

3-Hydroxy-phenanthren-1,4-dion $C_{14}H_8O_3$, Formel XI (R = H) und Taut. (E II 396; E III 2930).

B. Beim Erwärmen von 1,3,4-Triacetoxy-9,10-dihydro-phenanthren mit wss.-äthanol. KOH unter Einleiten von Luft (*Bradsher et al.,* Am. Soc. **78** [1956] 4400, 4404).

Kristalle (aus A.); F: 201° [korr.; Zers.].

3-Methoxy-phenanthren-1,4-dion $C_{15}H_{10}O_3$, Formel XI (R = CH_3) (E II 396; E III 2930).

Konstitution: *Inouye, Kakisawa,* Bl. chem. Soc. Japan **44** [1971] 563.

B. Neben wenig 2-Methoxy-phenanthren-1,4-dion beim Erhitzen von Styrol mit Methoxy-[1,4]benzochinon unter Druck auf 110° (*In., Ka.*; vgl. *Lora-Tamayo et al.,* An. Soc. españ. [B] **53** [1957] 63, 67; *Lora-Tamayo,* Tetrahedron **4** [1958] 17, 22, 23) bzw. in Benzol unter Druck auf 110° (*In., Ka.*) oder in Toluol (*Lora-Ta.*).

Kristalle; F: 172° [aus Eg.] (*Lora-Ta. et al.*; *Lora-Ta.*), 168–169° [aus Me.] (*In., Ka.*). IR-Banden (KBr; 1700–1600 cm^{-1}): *In., Ka.* λ_{max} (A.): 226 nm, 282,5 nm, 316 nm und 371 nm (*In., Ka.*). [*Brandt*]

Hydroxy-oxo-Verbindungen $C_{15}H_{10}O_3$

2-Hydroxy-2-phenyl-indan-1,3-dion $C_{15}H_{10}O_3$, Formel XII.

Konstitution: *Horner et al.,* B. **94** [1961] 2881, 2883; *Kato et al.,* J.C.S. Perkin I **1978** 1029, 1033, 1036.

Die Identität der E II **8** 398 und von *Moubasher* (Am. Soc. **73** [1951] 3245) ebenfalls unter dieser Konstitution beschriebenen Verbindung (F: 192°) ist ungewiss (*Ho. et al.*). Entsprechendes gilt für die E II **8** 399 und von *Moubasher* (l. c.) als 2-Methoxy-2-phenyl-indan-1,3-dion $C_{16}H_{12}O_3$ (F: 114°) und von *V. Taipale* (Akad. Abh. [Helsinki 1952] S. 37; C. A. **1953** 4356) als 2-Acetoxy-2-phenyl-indan-1,3-dion $C_{17}H_{12}O_4$ (F: 121°) beschriebenen Verbindungen.

B. Beim Erwärmen von 2-Brom-2-phenyl-indan-1,3-dion mit $AgNO_3$ in wss. Äthanol (*Ho. et al.,* l. c. S. 2885).

Kristalle; F: 106–108° (*Ho. et al.*), 105,5–106,5° (*Kato et al.*). Kristalle (aus Bzl.) mit 1 Mol H_2O; F: 103–104° [nach Sintern ab 90°] (*Ho. et al.*). ^1H-NMR-Absorption ($CDCl_3$): *Kato et al.* IR-Banden (KBr; 3550–1700 cm^{-1}): *Kato et al.*

Das beim Erwärmen mit wss. KOH (*Ho. et al.,* l. c. S. 2886) erhaltene vermeintliche 3-Phenyl-isochroman-1,4-dion (F: 145–147°) ist wahrscheinlich als (±)-3-Benzoyl-phthalid (E III/IV **17** 6435) zu formulieren.

Acetyl-Derivat $C_{17}H_{12}O_4$; 2-Acetoxy-2-phenyl-indan-1,3-dion. *B.* Beim Erhitzen von 2-Brom-2-phenyl-indan-1,3-dion mit Kaliumacetat und Essigsäure (*Ho. et al.*). – Kristalle (aus A.); F: 165–166°.

2-[4-Hydroxy-phenyl]-indan-1,3-dion $C_{15}H_{10}O_3$, Formel XIII (R = X = H) und Taut. (3-Hydroxy-2-[4-hydroxy-phenyl]-inden-1-on).

B. Beim Erhitzen von Phthalsäure-anhydrid mit [4-Acetoxy-phenyl]-essigsäure und Natriumacetat auf 210–220° und Erwärmen des Reaktionsprodukts mit Natriummethylat in Methanol (*Cavallini et al.*, Farmaco Ed. scient. **10** [1955] 710, 718).

Kristalle (aus Bzl.); F: 174–176°.

2-[4-Methoxy-phenyl]-2-nitro-indan-1,3-dion $C_{16}H_{11}NO_5$, Formel XIII (R = CH_3, X = NO_2).

B. Aus 2-[4-Methoxy-phenyl]-indan-1,3-dion und wss. HNO_3 in Essigsäure (*Salukaew, Wanag*, Latvijas Akad. Vēstis **1956** Nr. 3, S. 109, 111; C. A. **1957** 4335).

Kristalle (aus A.); F: 147–148° [Zers.].

Beim Behandeln mit HNO_3 in Essigsäure ist eine Dinitro-Verbindung $C_{16}H_{10}N_2O_7$ (Kristalle [aus A.], F: 143°; vermutlich 2-[4-Methoxy-3-nitro-phenyl]-2-nitro-indan-1,3-dion) erhalten worden (*Sa., Wa.*, l. c. S. 113).

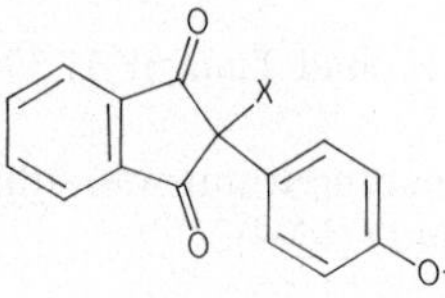

XIII 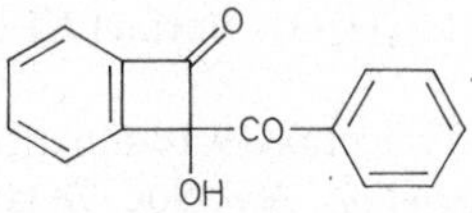 XIV 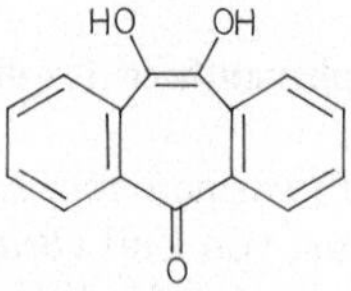 XV

(±)-2-Benzoyl-2-hydroxy-2*H*-cyclobutabenzen-1-on $C_{15}H_{10}O_3$, Formel XIV.

Diese Konstitution wird für die nachstehend beschriebene Verbindung in Betracht gezogen (*V. Taipale*, Akad. Abh. [Helsinki 1952] S. 19); eine Formulierung als 2-Hydroxy-2-phenyl-indan-1,3-dion (s. o.) ist jedoch nicht auszuschliessen (vgl. *Ta.*, l. c. S. 18).

B. Beim Behandeln der Natrium-Verbindung des 2-Phenyl-indan-1,3-dions mit wss. H_2O_2 unter Einleiten von CO_2 (*Ta.*, l. c. S. 24, 25).

Kristalle (aus $CHCl_3$); F: 112–112,5°.

Beim Behandeln mit wss. NaOH und anschliessend mit wss. HCl ist 3-Benzoyl-phthalid erhalten worden (*Ta.*, l. c. S. 33). Bildung von Benzoesäure und Phthalid beim Erhitzen mit konz. wss. KOH: *Ta.*, l. c. S. 22, 28.

Acetyl-Derivat $C_{17}H_{12}O_4$; (±)-2-Acetoxy-2-benzoyl-2*H*-cyclobutabenzen-1-on. Kristalle (aus A.); F: 166–167° (*Ta.*, l. c. S. 28).

10,11-Dihydroxy-dibenzo[*a,d*]cyclohepten-5-on $C_{15}H_{10}O_3$, Formel XV.

Konstitution: *Rigaudy, Nédélec*, Bl. **1959** 655, 657.

B. Aus 11,11-Dihydroxy-11*H*-dibenzo[*a,d*]cyclohepten-5,10-dion beim Behandeln mit $Na_2S_2O_4$ in wss. Dioxan oder bei der Hydrierung an Platin in Essigsäure (*Ri., Né.*, l. c. S. 658).

Orangefarbene Kristalle; F: ca. 190° [vorgeheizter Block]. Bei 150° unter vermindertem Druck sublimierbar.

An der Luft nicht beständig.

Dibenzoyl-Derivat (F: 184°): *Ri., Né.*

5-Hydroxy-5*H*-dibenzo[*a,d*]cyclohepten-10,11-dion $C_{15}H_{10}O_3$, Formel I (R = H) und Taut.

(±)-10-Hydroxy-5,10-dihydro-5,10-epoxido-dibenzo[*a,d*]cyclohepten-11-on, Formel II.

Konstitution: *Rigaudy, Nédélec*, Bl. **1959** 648, 649.

B. Beim Behandeln von 5-Brom-5*H*-dibenzo[*a,d*]cyclohepten-10,11-dion mit Ag_2O in wss. Aceton (*Ri., Né.*, l. c. S. 652) oder von 5-Acetoxy-5*H*-dibenzo[*a,d*]cyclohepten-10,11-dion mit methanol. KOH (*Ri., Né.*, l. c. S. 653).

Kristalle (aus Bzl.); F: 168–169° [vorgeheizter Bock]. Bei 150°/0,1 Torr sublimierbar (*Ri., Né.*). Absorptionsspektrum (A.; 200–400 nm): *Ri., Né.*, l. c. S. 649. λ_{max} (Ae.): 221 nm, 260 nm,

297 nm und 355 nm (*Ri.*, *Né.*).

Beim Erhitzen mit wss. NaOH ist Anthron erhalten worden (*Ri.*, *Né.*, l. c. S. 652).

Methyl-Derivat (F: 107°) und Acetyl-Derivat (F: 139–140°) s. E III/IV **18** 728, 729.

o-Phenylendiamin-Kondensationsprodukt (F: 250–251°): *Ri.*, *Né.*, l. c. S. 652.

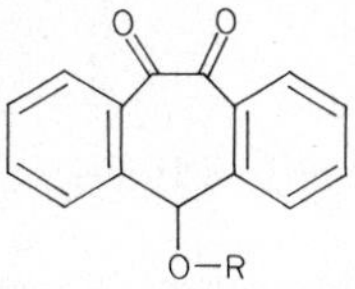

I 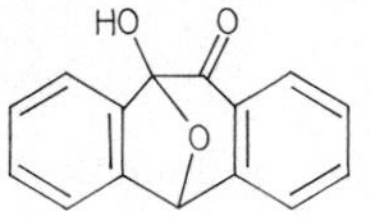 II 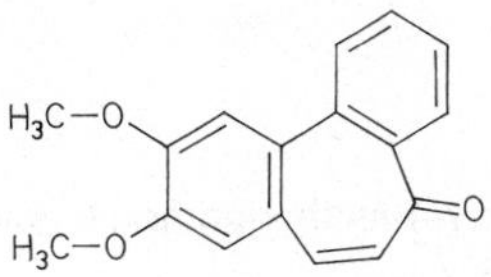 III

5-Methoxy-5*H*-dibenzo[*a,d*]cyclohepten-10,11-dion $C_{16}H_{12}O_3$, Formel I (R = CH_3).

B. Beim Behandeln von 5-Brom-5*H*-dibenzo[*a,d*]cyclohepten-10,11-dion mit methanol. KOH (*Rigaudy, Nédélec,* Bl. **1959** 648, 653).

Gelbe Kristalle (aus Bzl.); F: 192° [vorgeheizter Block]. Absorptionsspektrum (Ae.; 200–450 nm): *Ri.*, *Né.*, l. c. S. 649.

o-Phenylendiamin-Kondensationsprodukt (F: 187–188° und [nach Wiedererstarren] F: 196–197°): *Ri.*, *Né.*, l. c. S. 653.

5-Äthoxy-5*H*-dibenzo[*a,d*]cyclohepten-10,11-dion $C_{17}H_{14}O_3$, Formel I (R = C_2H_5).

B. Analog der vorangehenden Verbindung (*Rigaudy, Nédélec,* Bl. **1959** 648, 653).

Gelbe Kristalle (aus A.); F: 144° und (nach Wiedererstarren) F: 146–147° [vorgeheizter Block].

5-Acetoxy-5*H*-dibenzo[*a,d*]cyclohepten-10,11-dion $C_{17}H_{12}O_4$, Formel I (R = CO-CH_3).

B. Beim Erwärmen von 5-Brom-5*H*-dibenzo[*a,d*]cyclohepten-10,11-dion mit Silberacetat in Benzol (*Rigaudy, Nédélec,* Bl. **1959** 648, 653).

Hellgelbe Kristalle (aus A.); F: 157–158° [vorgeheizter Block]. λ_{max} (Ae.): 245 nm, 265 nm und 425 nm.

o-Phenylendiamin-Kondensationsprodukt (F: 238°): *Ri.*, *Né.*

9,10-Dimethoxy-dibenzo[*a,c*]cyclohepten-5-on $C_{17}H_{14}O_3$, Formel III.

B. Beim Behandeln von 2'-Acetyl-4,5-dimethoxy-biphenyl-2-carbaldehyd mit HCl enthaltender Essigsäure (*Cook et al.*, Soc. **1954** 4234, 4236).

Kristalle (aus Bzl.+PAe.); F: 119°.

Oxim $C_{17}H_{15}NO_3$. Kristalle (aus Me.); F: 192–193°.

2,3-Dimethoxy-dibenzo[*a,c*]cyclohepten-5-on $C_{17}H_{14}O_3$, Formel IV.

B. Beim Erwärmen von (±)-2,3-Dimethoxy-10-methyl-9,10-dihydro-phenanthren-9*r*,10*c*-diol mit Blei(IV)-acetat in Benzol und Behandeln des Reaktionsprodukts mit HCl enthaltender Essigsäure (*Cook et al.*, Soc. **1954** 4234, 4237).

Kristalle (aus Bzl.+PAe.); F: 149–150°.

Oxim $C_{17}H_{15}NO_3$. Kristalle (aus Bzl.); F: 179–180°.

2-Hydroxy-1-methyl-anthrachinon $C_{15}H_{10}O_3$, Formel V.

Die Identität der früher (E II **8** 399) unter dieser Konstitution beschriebenen Präparate (F: 238° bzw. F: 240°) ist ungewiss (*Gudzenko*, Ž. org. Chim. **1** [1965] 1653, 1656; engl. Ausg. S. 1675, 1678); Entsprechendes gilt für das vermeintliche 2-Hydroxy-1-methyl-3-nitro-anthrachinon $C_{15}H_9NO_5$ (E III **8** 2931) und für das vermeintliche 2-Methoxy-1-methyl-3-nitro-anthrachinon $C_{16}H_{11}NO_5$ (E III **8** 2932).

B. Beim Erwärmen von 2-Acetoxy-3,4a,9a-trichlor-1-methyl-1,2,3,4,4a,9a-hexahydro-anthrachinon (F: 159–160,5°) in Methanol mit wss. KOH (*Gu.*, l. c. S. 1655).

Hellgelbe Kristalle (aus Dichlorbenzol); F: 307–308°.

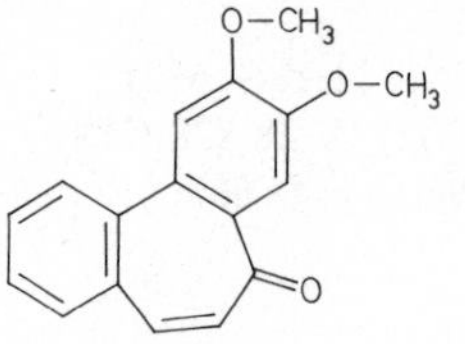

IV 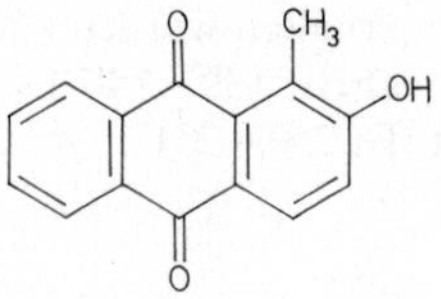 V 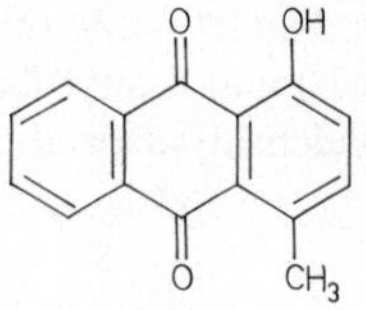 VI 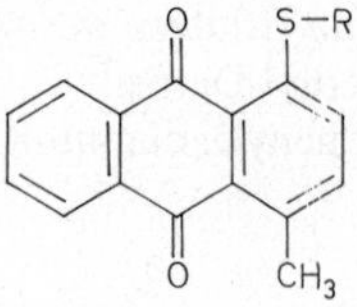 VII

1-Hydroxy-4-methyl-anthrachinon $C_{15}H_{10}O_3$, Formel VI (H 349; E I 663; E II 399; E III 2933).

B. Beim Erwärmen von Phthalsäure-di-*p*-tolylester mit $AlCl_3$ in Chlorbenzol (*Thomas et al.*, Am. Soc. **80** [1958] 5864, 5867).

Orangegelbe Kristalle (aus A.); F: 173° [unkorr.].

1-Methyl-4-methylmercapto-anthrachinon $C_{16}H_{12}O_2S$, Formel VII (R = CH_3).

B. Beim Erhitzen von [2-(2-Carboxy-benzoyl)-4-methyl-phenyl]-dimethyl-sulfonium-methylsulfat mit H_2SO_4 auf 160° (*Krollpfeiffer et al.*, A. **566** [1950] 139, 148).

Orangefarbene Kristalle (aus Eg.); F: 177–178°.

Methosulfat $[C_{17}H_{15}O_2S]CH_3O_4S$; Dimethyl-[4-methyl-9,10-dioxo-9,10-dihydro-[1]anthryl]-sulfonium-methylsulfat. Hellgelbe Kristalle (aus Me. + Ae.); Zers. bei 178°.

[4-Methyl-9,10-dioxo-9,10-dihydro-[1]anthrylmercapto]-essigsäure $C_{17}H_{12}O_4S$, Formel VII (R = CH_2-CO-OH).

B. Beim Erwärmen von 1-Methyl-4-methylmercapto-anthrachinon mit Chloressigsäure (*Krollpfeiffer et al.*, A. **566** [1950] 139, 143, 148).

Gelbe Kristalle (aus Eg.); Zers. bei 247–248°.

1-Hydroxy-2-methyl-anthrachinon $C_{15}H_{10}O_3$, Formel VIII (R = X = X′ = H) (H 349; E II 400; E III 2934).

IR-Banden (Paraffin; 1700–700 cm^{-1}): *Bloom et al.*, Soc. **1959** 178, 179.

1-Methoxy-2-methyl-anthrachinon $C_{16}H_{12}O_3$, Formel VIII (R = CH_3, X = X′ = H) (E II 400).

IR-Banden (Paraffin; 1700–700 cm^{-1}): *Bloom et al.*, Soc. **1959** 178, 179.

4-Chlor-1-hydroxy-2-methyl-anthrachinon $C_{15}H_9ClO_3$, Formel VIII (R = X′ = H, X = Cl) (E I 664; E III 2935).

B. Beim Erwärmen von 2-[5-Chlor-2-hydroxy-3-methyl-benzoyl]-benzoesäure mit H_2SO_4 (*Brockmann, Dorlars,* B. **85** [1952] 1168, 1178).

Gelbe Kristalle (aus Eg.); F: 181° [korr.].

4-Chlor-1-methoxy-2-methyl-anthrachinon $C_{16}H_{11}ClO_3$, Formel VIII (R = CH_3, X = Cl, X′ = H).

B. Beim Erwärmen von 4-Chlor-1-hydroxy-2-methyl-anthrachinon mit methanol. KOH und Erwärmen des Reaktionsprodukts mit Dimethylsulfat und K_2CO_3 in Aceton (*Brockmann, Dorlars,* B. **85** [1952] 1168, 1178).

Gelbe Kristalle; F: 162–164° [korr.].

2-Brommethyl-1-hydroxy-anthrachinon $C_{15}H_9BrO_3$, Formel VIII (R = X = H, X′ = Br).

B. Beim Erwärmen von 1-Acetoxy-2-brommethyl-anthrachinon in Essigsäure mit wss. HBr (*Bhavsar et al.*, J. scient. ind. Res. India **16** B [1957] 392, 397).

Gelbe Kristalle (aus Eg.); F: 190–191°.

1-Acetoxy-2-brommethyl-anthrachinon $C_{17}H_{11}BrO_4$, Formel VIII (R = CO-CH_3, X = H, X′ = Br).

B. Beim Erwärmen von 1-Acetoxy-2-methyl-anthrachinon mit *N*-Brom-succinimid und wenig Dibenzoylperoxid in CCl_4 (*Bhavsar et al.*, J. scient. ind. Res. India **16** B [1957] 392, 396).

Gelbe Kristalle (aus CCl_4); F: 200–201°.

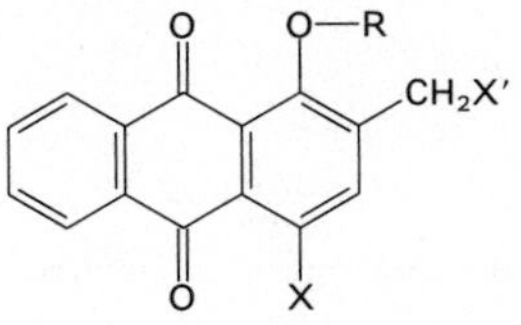

VIII 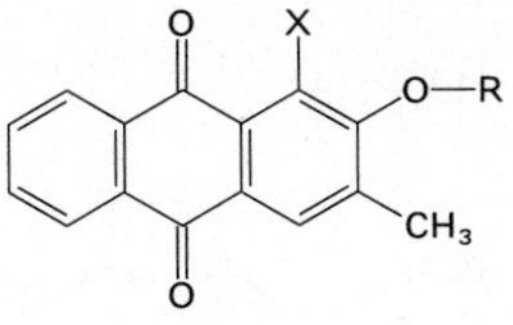 IX 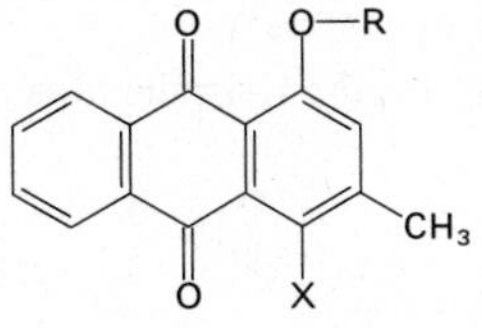 X

2-Hydroxy-3-methyl-anthrachinon $C_{15}H_{10}O_3$, Formel IX (R = X = H) (E II 400; E III 2936).

Isolierung aus dem Holz von Tectona grandis (Teakholz): *Pavanaram, Ramachandra Row,* J. scient. ind. Res. India **16** B [1957] 409.

Kristalle (aus A.); F: 298–299° (*Pa., Ra. Row*). IR-Banden (Paraffin; 3350–650 cm^{-1}): *Bloom et al.*, Soc. **1959** 178, 179.

2-Methoxy-3-methyl-1-nitro-anthrachinon $C_{16}H_{11}NO_5$, Formel IX (R = CH_3, X = NO_2) (E III 2937).

B. Beim Behandeln von 2-Hydroxy-3-methyl-1-nitro-anthrachinon in Methanol mit Diazo= methan in Äther (*Janot et al.*, Bl. **1955** 108, 112).

Kristalle; F: 206° [korr.].

1-Hydroxy-3-methyl-anthrachinon $C_{15}H_{10}O_3$, Formel X (R = X = H) (H 350; E I 665; E II 401; E III 2937).

Isolierung aus Kulturen von Pachybasium candidum in wss. Glucose: *Shibata, Takido,* Pharm. Bl. **3** [1955] 156.

Gelbe Kristalle; F: 175° [unkorr.; aus A.] (*Mühlemann,* Pharm. Acta Helv. **24** [1949] 356, 365), 174,5–175° [aus Me. oder Eg.] (*Sh., Ta.*). IR-Spektrum (Nujol; 2–7 μ): *Sh., Ta.* Absorp= tionsspektrum (230–450 nm): *Sh., Ta.*

Acetyl-Derivat $C_{17}H_{12}O_4$; 1-Acetoxy-3-methyl-anthrachinon (E II 401; E III 2938). Hellgelbe Kristalle (aus Me. oder Eg.); F: 153–154° (*Sh., Ta.*).

1-Chlor-4-methoxy-2-methyl-anthrachinon $C_{16}H_{11}ClO_3$, Formel X (R = CH_3, X = Cl).

B. Beim Behandeln von 1-Chlor-4-hydroxy-2-methyl-anthrachinon mit methanol. KOH und Erwärmen des Reaktionsprodukts mit Dimethylsulfat und K_2CO_3 in Aceton (*Brockmann, Dorlars,* B. **85** [1952] 1168, 1176).

Gelbe Kristalle (aus Bzl.); F: 160–161° [korr.].

1-Brom-4-hydroxy-2-methyl-anthrachinon $C_{15}H_9BrO_3$, Formel X (R = H, X = Br) (E III 2938).

B. Beim Erhitzen von Phthalsäure-anhydrid mit 4-Brom-3-methyl-phenol, $AlCl_3$ und NaCl auf 200° (*Koštiř, Boswart,* Chem. Listy **44** [1950] 42; C. A. **1951** 7995).

Orangefarbene Kristalle (aus Eg.); F: 185°.

2-Hydroxymethyl-anthrachinon $C_{15}H_{10}O_3$, Formel XI (R = X = X′ = H) (E III 2940).

B. Neben anderen Verbindungen beim Erwärmen von 2-Mercaptomethyl-anthrachinon mit Raney-Nickel in wss. NaOH (*Ramanathan et al.*, Pr. Indian Acad. [A] **38** [1953] 161, 169).

Gelbe Kristalle (aus A.); F: 183°.

2-Acetoxymethyl-anthrachinon $C_{17}H_{12}O_4$, Formel XI (R = CO-CH_3, X = X' = H).

B. Beim Erwärmen von 2-Brommethyl-anthrachinon mit Natriumacetat in Äthanol (*Bhavsar et al.,* J. scient. ind. Res. India **16** B [1957] 392, 397).

Hellgelbe Kristalle (aus A.); F: 150°.

2-Propionyloxymethyl-anthrachinon $C_{18}H_{14}O_4$, Formel XI (R = CO-C_2H_5, X = X' = H).

B. Analog der vorangehenden Verbindung (*Bhavsar et al.,* J. scient. ind. Res. India **16** B [1957] 392, 397).

Hellgelbe Kristalle (aus A.); F: 113–114°.

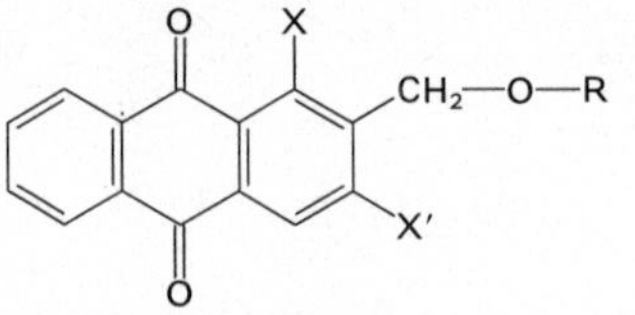

XI 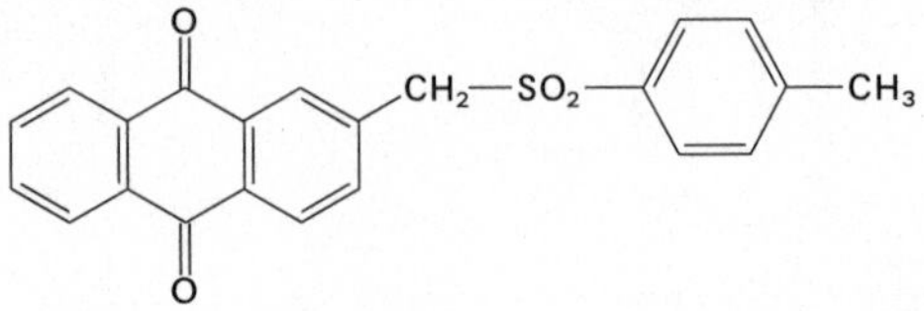 XII

2-Nitryloxymethyl-anthrachinon $C_{15}H_9NO_5$, Formel XI (R = NO_2, X = X' = H).

B. Beim Behandeln von 2-Brommethyl-anthrachinon in Aceton mit $AgNO_3$ in Äthanol (*Bhavsar et al.,* J. scient. ind. Res. India **16** B [1957] 392, 397).

Hellgelbe Kristalle (aus A.); F: 172–174°.

2-Acetoxymethyl-1-brom-anthrachinon $C_{17}H_{11}BrO_4$, Formel XI (R = CO-CH_3, X = Br, X' = H).

B. Beim Erwärmen von 1-Brom-2-brommethyl-anthrachinon mit Natriumacetat in Äthanol (*Bhavsar et al.,* J. scient. ind. Res. India **16** B [1957] 392, 397).

Gelbe Kristalle (aus A.); F: 179–181°.

2-Acetoxymethyl-1,3-dibrom-anthrachinon $C_{17}H_{10}Br_2O_4$, Formel XI (R = CO-CH_3, X = X' = Br).

B. Analog der vorangehenden Verbindung (*Joshi et al.,* J. scient. ind. Res. India **14** B [1955] 87, 92).

Hellgelbe Kristalle (aus A.); F: 162°.

2-[Toluol-4-sulfonylmethyl]-anthrachinon $C_{22}H_{16}O_4S$, Formel XII.

B. Beim Erwärmen von 2-Chlormethyl-anthrachinon mit Natrium-[toluol-4-sulfinat] in Äthanol (*Bhavsar et al.,* J. scient. ind. Res. India **16** B [1957] 392, 399).

Hellgelbe Kristalle (aus A.); F: 218–219°.

Bis-[9,10-dioxo-9,10-dihydro-[2]anthrylmethyl]-sulfid, 2,2'-[2-Thia-propandiyl]-di-anthrachinon $C_{30}H_{18}O_4S$, Formel XIII (X = X' = H).

B. Beim Erwärmen von 2-Chlormethyl-anthrachinon oder von 2-Brommethyl-anthrachinon mit Na_2S in Äthanol (*Bhavsar et al.,* J. scient. ind. Res. India **16** B [1957] 392, 399). Neben anderen Verbindungen beim Erwärmen von 2-Mercaptomethyl-anthrachinon mit Raney-Nickel in wss. NaOH (*Ramanathan et al.,* Pr. Indian Acad. [A] **38** [1953] 161, 169).

Kristalle; F: 249–250° (*Bh. et al.*), 244° [aus Eg.] (*Ra. et al.,* l. c. S. 170).

XIII

Bis-[9,10-dioxo-9,10-dihydro-[2]anthrylmethyl]-sulfon, 2,2′-[2,2-Dioxo-2λ^6-thia-propandiyl]-di-anthrachinon $C_{30}H_{18}O_6S$, Formel XIV.

B. Beim Erwärmen der vorangehenden Verbindung mit CrO_3 in Essigsäure (*Bhavsar et al.,* J. scient. ind. Res. India **16** B [1957] 392, 399).

Kristalle (aus 1,2-Dichlor-benzol); F: 339–340°.

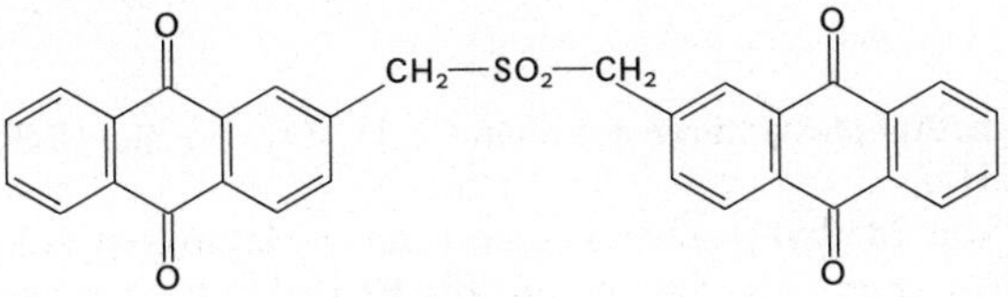

XIV

Bis-[9,10-dioxo-9,10-dihydro-[2]anthrylmethyl]-[9,10-dioxo-9,10-dihydro-[2]anthrylmethylen]-oxo-λ^6-sulfan $C_{45}H_{26}O_7S$, Formel XV.

Konstitution: *Shah et al.,* Pr. Indian Acad. [A] **30** [1949] 1, 5.

B. Beim Erhitzen von 2-Chlormethyl-anthrachinon mit Schwefel auf 290° (*Shah et al.,* l. c. S. 10).

Orangefarbene Kristalle (aus 1,1,2,2-Tetrachlor-äthan); F: 368–370° (*Shah et al.,* l. c. S. 7).

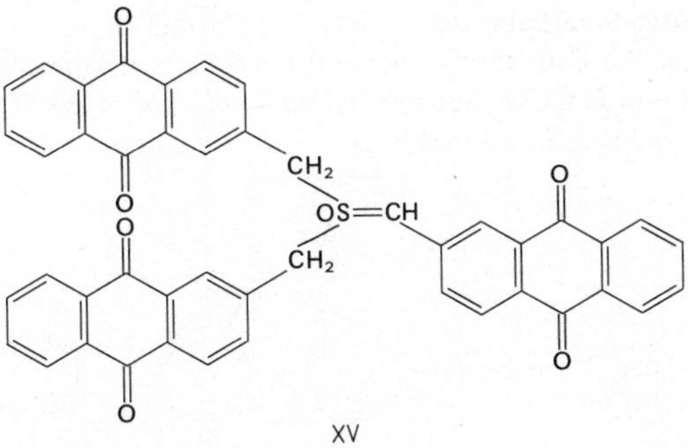

XV

Bis-[1-brom-9,10-dioxo-9,10-dihydro-[2]anthrylmethyl]-sulfid, 1,1′-Dibrom-2,2′-[2-thia-propandiyl]-di-anthrachinon $C_{30}H_{16}Br_2O_4S$, Formel XIII (X = Br, X′ = H).

B. Beim Erwärmen von 1-Brom-2-brommethyl-anthrachinon mit Na_2S in Äthanol (*Bhavsar et al.,* J. scient. ind. Res. India **16** B [1957] 392, 398).

Hellgelbe Kristalle (aus Toluol); F: 273–275° [Zers.].

Bis-[3-brom-9,10-dioxo-9,10-dihydro-[2]anthrylmethyl]-sulfid, 3,3′-Dibrom-2,2′-[2-thia-propandiyl]-di-anthrachinon $C_{30}H_{16}Br_2O_4S$, Formel XIII (X = H, X′ = Br).

B. Analog der vorangehenden Verbindung (*Bhavsar et al.,* J. scient. ind. Res. India **16** B [1957] 392, 398).

Hellgelbe Kristalle (aus Toluol); F: 268° [Zers.].

3-Methoxy-8-methyl-phenanthren-1,4-dion $C_{16}H_{12}O_3$, Formel I.

Konstitution: *Inouye, Kakisawa,* Bl. chem. Soc. Japan **44** [1971] 563.

B. Beim Erhitzen von Methoxy-[1,4]benzochinon mit 2-Methyl-styrol ohne Lösungsmittel auf 100° (*De Corral,* Rev. Acad. Cienc. exact. fis. nat. Madrid **51** [1957] 103, 132; *Lora-Tamayo et al.,* An. Soc. españ. [B] **53** [1957] 63, 67) bzw. unter Druck auf 100–110° (*In., Ka.*; *Lora-Tamayo,* Tetrahedron **4** [1958] 17, 22, 23) sowie in Toluol (*Lora-Ta.*).

Gelbe Kristalle (*Lora-Ta.*). F: 252° [Zers.; aus Eg.] (*de Co.*; *Lora-Ta.*; *Lora-Ta. et al.*), 243–245° [Zers.; aus Bzl.] (*In., Ka.*). λ_{max} (A.): 227 nm, 287,5 nm, 320 nm und 376 nm (*In., Ka.*).

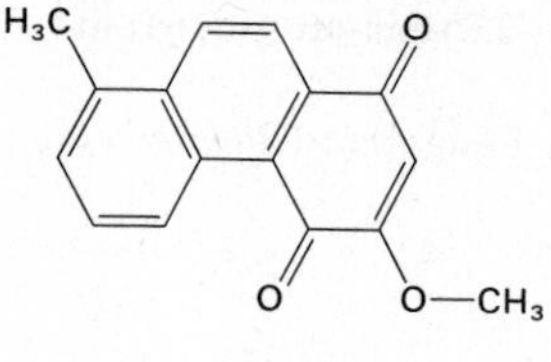

I 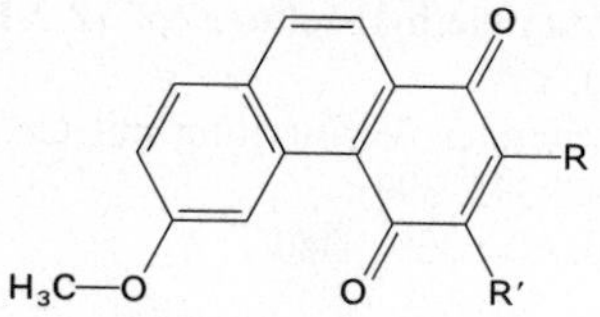 II 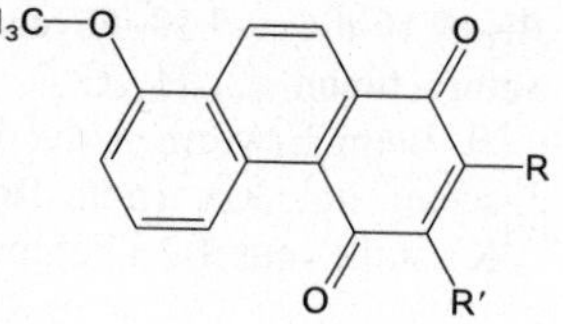 III

6-Methoxy-2(oder 3)-methyl-phenanthren-1,4-dion $C_{16}H_{12}O_3$, Formel II (R = CH_3, R′ = H oder R = H, R′ = CH_3).

B. Beim Erhitzen von Methyl-[1,4]benzochinon mit 4-Methoxy-styrol ohne Lösungsmittel auf 100° (*Lora-Tamayo et al.*, An. Soc. españ. [B] **53** [1957] 63, 67), unter Druck auf 100° (*Lora-Tamayo,* Tetrahedron **4** [1958] 17, 22, 23) oder beim Erhitzen in Toluol (*Lora-Ta.*).

Rote Kristalle [aus Eg.] (*Lora-Ta.*). F: 218,9° (*Lora-Ta. et al.*), 218–219° (*Lora-Ta.*).

8-Methoxy-2(oder 3)-methyl-phenanthren-1,4-dion $C_{16}H_{12}O_3$, Formel III (R = CH_3, R′ = H oder R = H, R′ = CH_3).

B. Analog der vorangehenden Verbindung (*Lora-Tamayo et al.*, An. Soc. españ. [B] **53** [1957] 63, 67; *Lora-Tamayo,* Tetrahedron **4** [1958] 17, 22, 23).

Rote Kristalle (*Lora-Ta.*). F: 171,5° [aus Eg.] (*Lora-Ta. et al.*), 171–175° [aus Eg.] (*Lora-Ta.*).

2,3-Dimethoxy-phenanthren-9-carbaldehyd $C_{17}H_{14}O_3$, Formel IV.

B. Beim Erhitzen von 2,3-Dimethoxy-phenanthren-9-carbonsäure-[*N*′-benzolsulfonyl-hydrazid] mit Äthylenglykol und Na_2CO_3 auf 180° (*Cook et al.*, Soc. **1954** 4234, 4235).

Hellgelbe Kristalle (aus Me.); F: 135–136°.

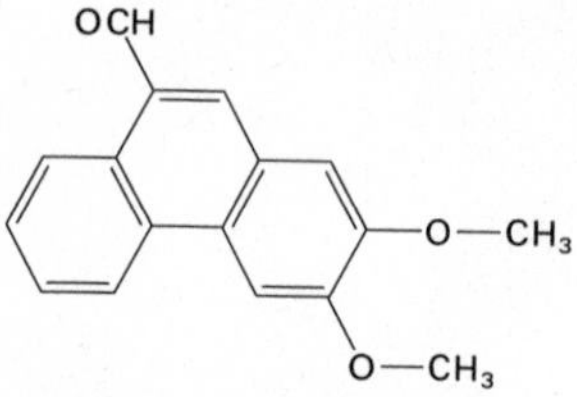

IV 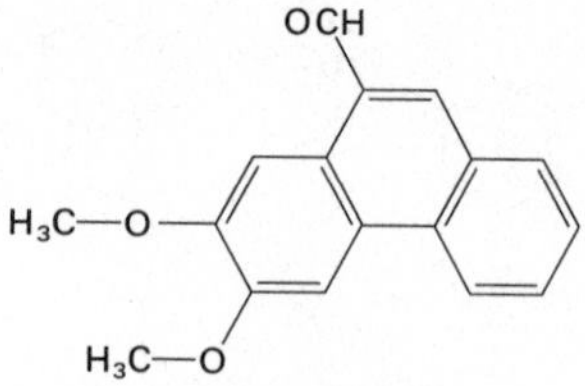 V 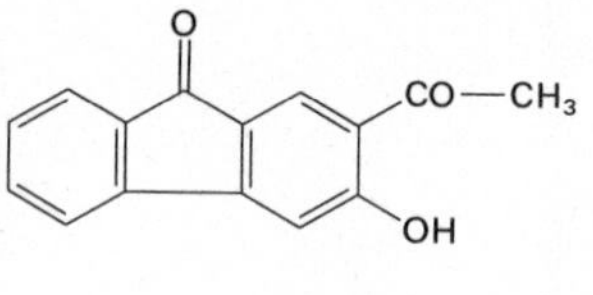 VI

6,7-Dimethoxy-phenanthren-9-carbaldehyd $C_{17}H_{14}O_3$, Formel V.

B. Analog der vorangehenden Verbindung (*Cook et al.*, Soc. **1954** 4234, 4236).

Hellgelbe Kristalle (aus Me. + $CHCl_3$); F: 172°.

2-Acetyl-3-hydroxy-fluoren-9-on $C_{15}H_{10}O_3$, Formel VI.

B. Neben kleineren Mengen [1,3-Dioxo-indan-2-yl]-[1,3-dioxo-indan-2-yliden]-methan beim Behandeln von Indan-1,3-dion mit 3-Äthoxymethylen-pentan-2,4-dion und wss. Na_2CO_3 und Erhitzen des Reaktionsgemisches mit wss. KOH (*Bryant, Sawicki,* J. org. Chem. **21** [1956] 1322).

Orangefarbene Kristalle (aus 2-Methoxy-äthanol); F: 234–235° [unkorr.]. λ_{max} (A.): 242 nm, 287 nm, 346 nm, 360 nm und ca. 460 nm.

2-Glykoloyl-fluoren-9-on $C_{15}H_{10}O_3$, Formel VII (R = H).

B. Beim Behandeln von 2-Acetoxyacetyl-fluoren-9-on in $CHCl_3$ und Methanol mit wss. HCl (*Askam et al.*, J. Pharm. Pharmacol. **8** [1956] 318, 322).

Gelbe Kristalle (aus Bzl.); F: 174–175° [unkorr.].

2-Acetoxyacetyl-fluoren-9-on $C_{17}H_{12}O_4$, Formel VII (R = CO-CH_3).

B. Beim Erwärmen von 2-Bromacetyl-fluoren-9-on mit Kaliumacetat in Aceton (*Askam et al.*, J. Pharm. Pharmacol. **8** [1956] 318, 322).

Gelbe Kristalle (aus Bzl.); F: 164–165° [unkorr.].

Hydroxy-oxo-Verbindungen $C_{16}H_{12}O_3$

3,7-Dibrom-2-hydroxy-5-[3-oxo-3-phenyl-*trans*-propenyl]-cycloheptatrienon, 3,7-Dibrom-5-[3-oxo-3-phenyl-*trans*-propenyl]-tropolon $C_{16}H_{10}Br_2O_3$, Formel VIII.

B. Beim Behandeln von 3,7-Dibrom-5-formyl-tropolon mit Acetophenon und wss. NaOH (*Seto, Ogura,* Bl. chem. Soc. Japan **32** [1959] 493, 496).

Gelbe Kristalle (aus Me.); F: 200° [unkorr.]. λ_{max} (Me.): 260 nm, 288 nm und 418 nm (*Seto, Og.*).

1-[4-Methoxy-phenyl]-4-phenyl-but-2-en-1,4-dion $C_{17}H_{14}O_3$.

Über die Konfiguration der nachstehend beschriebenen Stereoisomeren s. *Heffe, Kröhnke,* B. **89** [1956] 822, 825.

a) **1-[4-Methoxy-phenyl]-4-phenyl-but-2*c*-en-1,4-dion,** Formel IX (R = CH_3, X = H).

B. Aus dem unter b) beschriebenen Stereoisomeren in Methanol oder Aceton bei der Einwirkung von Licht (*Heffe, Kröhnke,* B. **89** [1956] 822, 828, 833).

Kristalle (aus Me.); F: 101,5°.

b) **1-[4-Methoxy-phenyl]-4-phenyl-but-2*t*-en-1,4-dion,** Formel X (R = CH_3, X = H).

B. Aus [4-Methoxy-phenacyl]-dimethyl-phenacyl-ammonium-bromid beim Behandeln mit wss. Dimethylamin bzw. beim Erwärmen mit wss. NaOH und Behandeln des Reaktionsgemisches mit wss. HCl (*Heffe, Kröhnke,* B. **89** [1956] 822, 827, 831).

Gelbe Kristalle (aus Me.); F: 80°.

1-[4-Äthoxy-phenyl]-4-phenyl-but-2-en-1,4-dion $C_{18}H_{16}O_3$.

Über die Konfiguration der nachstehend beschriebenen Stereoisomeren s. *Heffe, Kröhnke,* B. **89** [1956] 822, 825.

a) **1-[4-Äthoxy-phenyl]-4-phenyl-but-2*c*-en-1,4-dion,** Formel IX (R = C_2H_5, X = H).

B. Analog 1-[4-Methoxy-phenyl]-4-phenyl-but-2*c*-en-1,4-dion [s. o.] (*Heffe, Kröhnke,* B. **89** [1956] 822, 827, 833).

Kristalle (aus Me.); F: 100°.

b) **1-[4-Äthoxy-phenyl]-4-phenyl-but-2*t*-en-1,4-dion,** Formel X (R = C_2H_5, X = H).

B. Analog 1-[4-Methoxy-phenyl]-4-phenyl-but-2*t*-en-1,4-dion [s. o.] (*Heffe, Kröhnke,* B. **89** [1956] 822, 827, 831).

Hellgelbe Kristalle (aus Me.); F: 82°.

1-[4-Methoxy-phenyl]-4-[3-nitro-phenyl]-but-2-en-1,4-dion $C_{17}H_{13}NO_5$.

Über die Konfiguration der nachstehend beschriebenen Stereoisomeren s. *Heffe, Kröhnke,*

B. **89** [1956] 822, 825.

a) **1-[4-Methoxy-phenyl]-4-[3-nitro-phenyl]-but-2*c*-en-1,4-dion,** Formel IX (R = CH_3, X = NO_2).

B. Analog 1-[4-Methoxy-phenyl]-4-phenyl-but-2*c*-en-1,4-dion [s. o.] (*Heffe, Kröhnke,* B. **89** [1956] 822, 827, 834).

Kristalle (aus Me.); F: 115°.

b) **1-[4-Methoxy-phenyl]-4-[3-nitro-phenyl]-but-2*t*-en-1,4-dion,** Formel X (R = CH_3, X = NO_2).

B. Analog 1-[4-Methoxy-phenyl]-4-phenyl-but-2*t*-en-1,4-dion [s. o.] (*Heffe, Kröhnke,* B. **89** [1956] 822, 827, 832).

Gelbe Kristalle (aus Acn. + Me.); F: 147–148°.

2-Methoxy-1,4-diphenyl-but-2*c*-en-1,4-dion $C_{17}H_{14}O_3$, Formel XI (E II 402; E III 2946).

Bildung beim Erhitzen von 3-Methoxy-2,5-diphenyl-furan mit Blei(IV)-acetat in Essigsäure: *Dien, Lutz,* J. org. Chem. **22** [1957] 1355, 1359.

F: 108,5°; λ_{max} (A.): 261 nm (*Lutz, King,* J. org. Chem. **17** [1952] 1519, 1524).

2-Phenoxy-1,4-diphenyl-but-2-en-1,4-dion $C_{22}H_{16}O_3$.

Über die Konfiguration der nachstehend beschriebenen Stereoisomeren s. *Lutz, King,* J. org. Chem. **17** [1952] 1519, 1524.

a) **2-Phenoxy-1,4-diphenyl-but-2*c*-en-1,4-dion,** Formel XII (R = R′ = R″ = H) (E II 402; E III 2947).

B. Neben kleineren Mengen des unter b) beschriebenen Stereoisomeren beim Behandeln von *racem.*-2,3-Dibrom-1,4-diphenyl-butan-1,4-dion mit Natriumphenolat in Äthanol bei −20° (*Lutz, King,* J. org. Chem. **17** [1952] 1519, 1526). Beim Bestrahlen einer äthanol. Lösung des unter b) beschriebenen Stereoisomeren mit Sonnenlicht (*Lutz, King*).

Kristalle (aus Me.); F: 90–92°; λ_{max}: 262 nm [A.], 258 nm [Isooctan] (*Lutz, King,* l. c. S. 1524).

b) **2-Phenoxy-1,4-diphenyl-but-2*t*-en-1,4-dion,** Formel XIII (R = R′ = H).

B. s. unter a).

Hellgelbe Kristalle (aus Me.); F: 86–88°; λ_{max}: 266 nm [A.], 260 nm [Isooctan] (*Lutz, King,* J. org. Chem. **17** [1952] 1519, 1524).

XI XII

1,4-Diphenyl-2-*o*-tolyloxy-but-2*c*(?)-en-1,4-dion $C_{23}H_{18}O_3$, vermutlich Formel XII (R = CH_3, R′ = R″ = H).

Konfiguration: *Lutz, King,* J. org. Chem. **17** [1952] 1519, 1524.

B. Beim Erwärmen von *meso*-2,3-Dibrom-1,4-diphenyl-butan-1,4-dion mit *o*-Kresol und Natrium-[2-methyl-phenolat] in Äthanol (*Lutz, King,* l. c. S. 1526).

Kristalle (aus Me.); F: 95–96°. λ_{max} (A.): 262 nm (*Lutz, King,* l. c. S. 1524).

1,4-Diphenyl-2-*m*-tolyloxy-but-2-en-1,4-dion $C_{23}H_{18}O_3$.

a) **1,4-Diphenyl-2-*m*-tolyloxy-but-2*c*-en-1,4-dion,** Formel XII (R = R″ = H, R′ = CH_3) (E II 402; E III 2948).

B. Neben kleinen Mengen 1,4-Diphenyl-2-*m*-tolyloxy-but-2*t*-en-1,4-dion beim Behandeln von *racem.*-2,3-Dibrom-1,4-diphenyl-butan-1,4-dion mit Natrium-[3-methyl-phenolat] in Äthanol bei −20° (*Lutz, King,* J. org. Chem. **17** [1952] 1519, 1526). Beim Erwärmen von 1,4-Diphenyl-but-2-in-1,4-dion mit *m*-Kresol und Triäthylamin in Benzol (*Lutz, King*).

F: 102°; λ_{max}: 262 nm [A.], 257 nm [Isooctan] (*Lutz, King,* l. c. S. 1524).

b) **1,4-Diphenyl-2-*m*-tolyloxy-but-2*t*-en-1,4-dion,** Formel XIII (R = CH_3, R′ = H) (E II 402; E III 2948).

B. s. unter a).

F: 95,5°; λ_{max}: 266 nm [A.], 260 nm [Isooctan] (*Lutz, King,* J. org. Chem. **17** [1952] 1519, 1524).

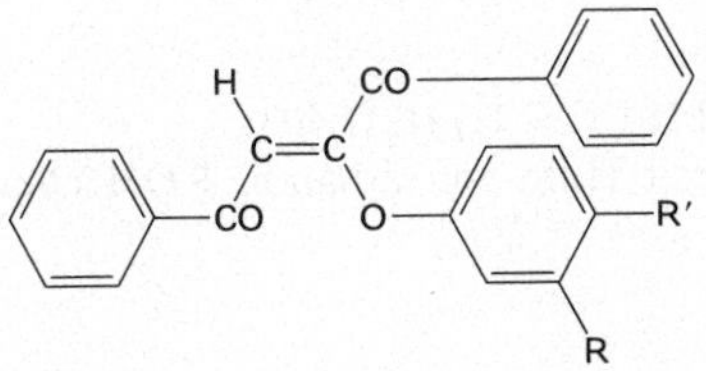

XIII 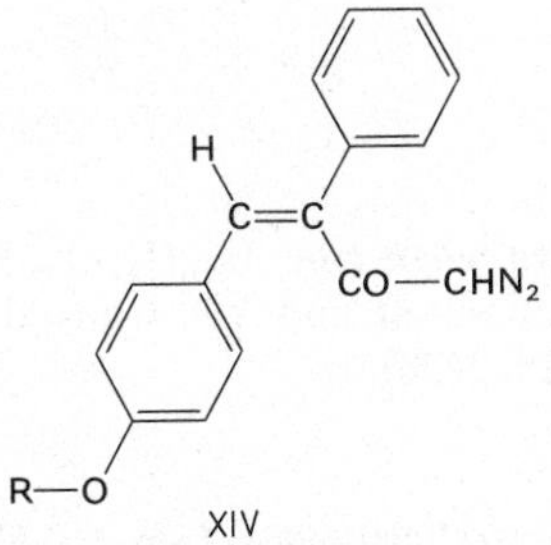 XIV

1,4-Diphenyl-2-*p*-tolyloxy-but-2-en-1,4-dion $C_{23}H_{18}O_3$.

Über die Konfiguration der nachstehend beschriebenen Stereoisomeren s. *Lutz, King,* J. org. Chem. **17** [1952] 1519, 1524.

a) **1,4-Diphenyl-2-*p*-tolyloxy-but-2*c*-en-1,4-dion,** Formel XII (R = R′ = H, R″ = CH_3) (E II 402).

B. Als Hauptprodukt beim Behandeln der stereoisomeren 2-Brom-1,4-diphenyl-but-2-en-1,4-dione mit Natrium-[4-methyl-phenolat] in Äthanol bei 2–10° (*Lutz, King,* J. org. Chem. **17** [1952] 1519, 1526). Neben kleinen Mengen des unter b) beschriebenen Stereoisomeren beim Behandeln von *racem.*-2,3-Dibrom-1,4-diphenyl-butan-1,4-dion mit Natrium-[4-methyl-phenolat] in Äthanol bei −20°, bei +3° und bei +27° (*Lutz, King*). Beim Behandeln von 3-*p*-Tolyloxy-2,5-diphenyl-furan mit konz. wss. HNO_3 in Propionsäure (*Lutz, King,* l. c. S. 1527).

F: 168–169°. λ_{max}: 261 nm [A.], 257 nm [Isooctan] (*Lutz, King,* l. c. S. 1524).

b) **1,4-Diphenyl-2-*p*-tolyloxy-but-2*t*-en-1,4-dion,** Formel XIII (R = H, R′ = CH_3).

B. Beim Bestrahlen einer Lösung des unter a) beschriebenen Stereoisomeren in Benzol mit Sonnenlicht (*Lutz, King,* J. org. Chem. **17** [1952] 1519, 1527). Über eine weitere Bildungsweise s. unter a).

Gelbe Kristalle (aus Me.); F: 99–102° (*Lutz, King,* l. c. S. 1526). λ_{max}: 265 nm [A.], 260 nm [Isooctan] (*Lutz, King,* l. c. S. 1524).

1-Diazo-4*t*-[4-methoxy-phenyl]-3-phenyl-but-3-en-2-on $C_{17}H_{14}N_2O_2$, Formel XIV (R = CH_3).

B. Beim Erwärmen von 3*t*-[4-Methoxy-phenyl]-2-phenyl-acrylsäure mit $SOCl_2$ in Benzol und Behandeln des Reaktionsprodukts mit Diazomethan in Äther bei −15° (*Farbenfabr. Bayer,* D.B.P. 840091 [1950]; D.R.B.P. Org. Chem. 1950–1951 **3** 621; *Schenley Labor. Inc.,* U.S.P. 2691039 [1951]).

Kristalle (aus Me.); F: 93° (*Farbenfabr. Bayer*; *Schenley Labor. Inc.*).

4*t*-[4-Acetoxy-phenyl]-1-diazo-3-phenyl-but-3-en-2-on $C_{18}H_{14}N_2O_3$, Formel XIV (R = CO-CH_3).

B. Analog der vorangehenden Verbindung (*Farbenfabr. Bayer,* D.B.P. 840091 [1950]; D.R.B.P. Org. Chem. 1950–1951 **3** 621; *Schenley Labor. Inc.,* U.S.P. 2691039 [1951]).

Kristalle; F: 104° (*Farbenfabr. Bayer*; *Schenley Labor. Inc.*).

6-[4-Methoxy-phenyl]-5,8-dihydro-[1,4]naphthochinon $C_{17}H_{14}O_3$, Formel I.

Verbindung mit 6-[4-Methoxy-phenyl]-5,8-dihydro-naphthalin-1,4-diol $C_{17}H_{14}O_3 \cdot C_{17}H_{16}O_3$. *B.* Beim Aufbewahren von 6-[4-Methoxy-phenyl]-5,8-dihydro-naphthalin-1,4-diol in Äthanol unter Luftzutritt (*Buchta, Satzinger,* B. **92** [1959] 449, 465). – Blauschwarze Kristalle (aus A.); F: 179–180°.

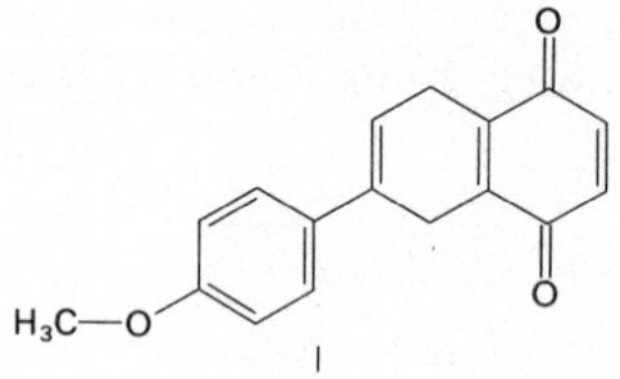

I 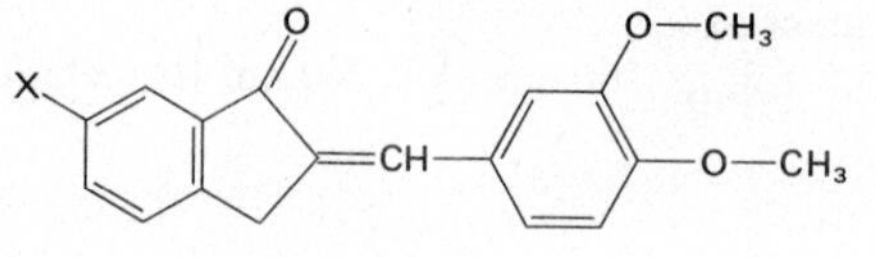 II

***2-Veratryliden-indan-1-on** $C_{18}H_{16}O_3$, Formel II (X = H) (E II 403).

B. Aus Indan-1-on und Veratrumaldehyd mit Hilfe von äthanol. KOH (*Buu-Hoi, Xuong,* Soc. **1952** 2225, 2226).

F: 177°.

***6-Chlor-2-veratryliden-indan-1-on** $C_{18}H_{15}ClO_3$, Formel II (X = Cl).

B. Analog der vorangehenden Verbindung (*Buu-Hoi, Xuong,* Soc. **1952** 2225, 2227).

F: 195°.

2-Hydroxy-2-[4-nitro-benzyl]-indan-1,3-dion $C_{16}H_{11}NO_5$, Formel III.

B. Neben grösseren Mengen 2-Nitro-2-[4-nitro-benzyl]-indan-1,3-dion beim Erwärmen von 2-[4-Nitro-benzyl]-indan-1,3-dion in Essigsäure mit wss. HNO_3 (*Salukaew, Wanag,* Ž. obšč. Chim. **26** [1956] 3115, 3117; engl. Ausg. S. 3469, 3471).

Kristalle (aus A.); F: 167°.

Acetyl-Derivat $C_{18}H_{13}NO_6$; 2-Acetoxy-2-[4-nitro-benzyl]-indan-1,3-dion. Kristalle; F: 187°.

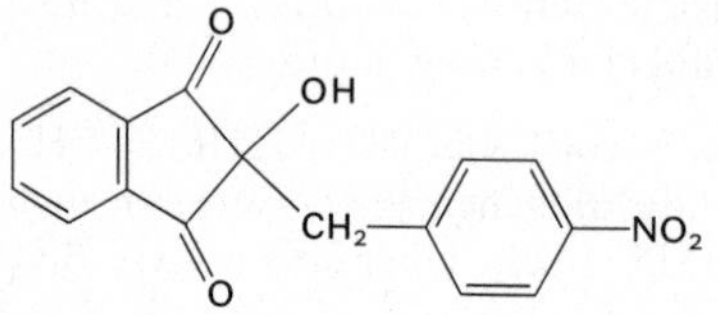

III 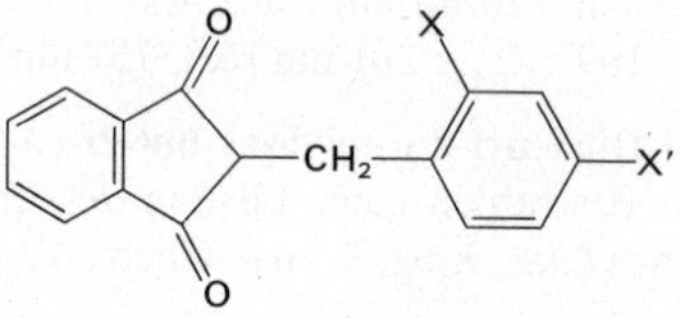 IV

2-[2-Methoxy-benzyl]-indan-1,3-dion $C_{17}H_{14}O_3$, Formel IV (X = O-CH_3, X′ = H) und Taut.

B. Beim Erwärmen von 2-[2-Methoxy-benzyliden]-indan-1,3-dion mit $Na_2S_2O_4$ in wss. Äthanol (*Wanag, Dumpiš,* Latvijas Akad. Vēstis **1959** Nr. 12, S. 65, 68; C. A. **1960** 22522; Doklady Akad. S.S.S.R. **125** [1959] 549, 551; Pr. Acad. Sci. U.S.S.R. Chem. Sect. **124–129** [1959] 226, 228).

Hellgelbe Kristalle; F: 87–90° (*Wa., Du.,* Doklady Akad. S.S.S.R. **125** 551), 87–89° [aus wss. Me.] (*Wa., Du.,* Latvijas Akad. Vēstis **1959** Nr. 12, S. 68).

Dioxim $C_{17}H_{16}N_2O_3$. Kristalle (aus wss. Dioxan); F: 188–189° [Zers.] (*Wa., Du.,* Latvijas Akad. Vēstis **1959** Nr. 12, S. 65, 68).

2-[4-Methoxy-benzyl]-indan-1,3-dion $C_{17}H_{14}O_3$, Formel IV (X = H, X′ = O-CH_3) und Taut.

B. Analog der vorangehenden Verbindung (*Wanag, Dumpiš,* Latvijas Akad. Vēstis **1959** Nr. 12, S. 65, 67; C. A. **1960** 22522; Doklady Akad. S.S.S.R. **125** [1959] 549, 551; Pr. Acad. Sci. U.S.S.R. Chem. Sect. **124–129** [1959] 226, 228).

Kristalle; F: 102–104° [aus Me.] (*Wa., Du.,* Latvijas Akad. Vēstis **1959** Nr. 12, S. 67).

Dioxim $C_{17}H_{16}N_2O_3$. Kristalle (aus H_2O); F: 183–185° (*Wa.*, *Du.*, Latvijas Akad. Vēstis **1959** Nr. 12, S. 65, 67).

(±)-2-[α-Phenylmercapto-benzyl]-indan-1,3-dion $C_{22}H_{16}O_2S$, Formel V (X = X′ = X″ = H) und Taut.

B. Beim Erwärmen von 2-Benzyliden-indan-1,3-dion mit Thiophenol (*Mustafa,* Soc. **1951** 1370).

Kristalle (aus PAe.); F: 89–90° [Zers.].

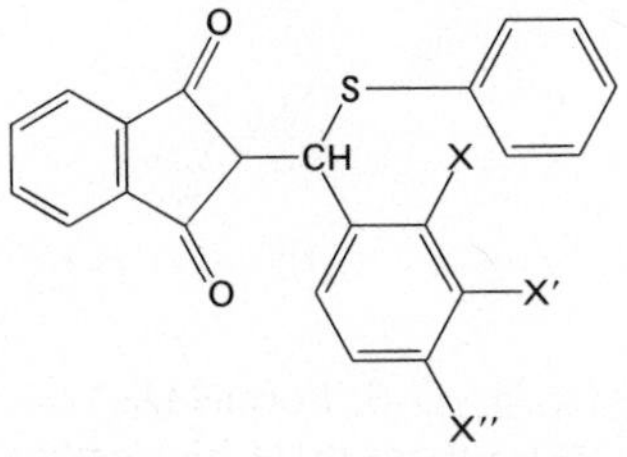

Die folgenden Verbindungen sind in analoger Weise hergestellt worden:

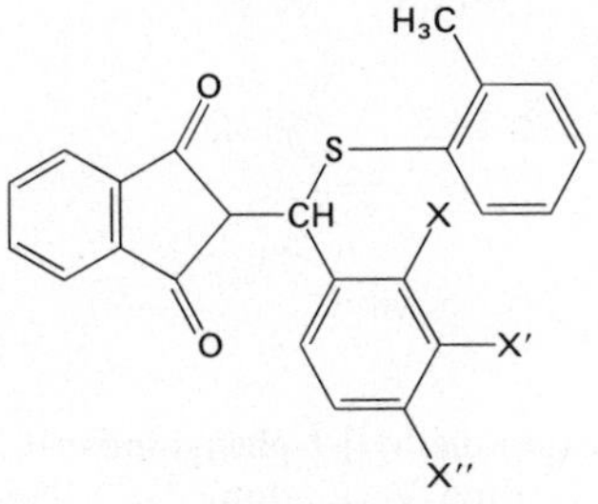

(±)-2-[α-*o*-Tolylmercapto-benzyl]-indan-1,3-dion $C_{23}H_{18}O_2S$, Formel VI (X = X′ = X″ = H) und Taut. Kristalle (aus PAe.); F: 113° [Zers.].

(±)-2-[α-*p*-Tolylmercapto-benzyl]-indan-1,3-dion $C_{23}H_{18}O_2S$, Formel VII (X = X′ = X″ = H) und Taut. Kristalle (aus PAe.); F: 102° [Zers.].

(±)-2-[α-Benzylmercapto-benzyl]-indan-1,3-dion $C_{23}H_{18}O_2S$, Formel VIII (X = X′ = X″ = H) und Taut. Kristalle (aus PAe.); F: 89–90° [Zers.].

(±)-2-[4-Chlor-α-phenylmercapto-benzyl]-indan-1,3-dion $C_{22}H_{15}ClO_2S$, Formel V (X = X′ = H, X″ = Cl) und Taut. Kristalle (aus PAe.); F: 110° [Zers.].

(±)-2-[4-Chlor-α-*o*-tolylmercapto-benzyl]-indan-1,3-dion $C_{23}H_{17}ClO_2S$, Formel VI (X = X′ = H, X″ = Cl) und Taut. Kristalle (aus PAe.); F: 108° [Zers.].

(±)-2-[4-Chlor-α-*p*-tolylmercapto-benzyl]-indan-1,3-dion $C_{23}H_{17}ClO_2S$, Formel VII (X = X′ = H, X″ = Cl) und Taut. Kristalle (aus PAe.); F: 111° [Zers.].

(±)-2-[α-Benzylmercapto-4-chlor-benzyl]-indan-1,3-dion $C_{23}H_{17}ClO_2S$, Formel VIII (X = X′ = H, X″ = Cl) und Taut. Kristalle (aus PAe.); F: 83° [Zers.].

(±)-2-[2-Nitro-α-phenylmercapto-benzyl]-indan-1,3-dion $C_{22}H_{15}NO_4S$, Formel V (X = NO_2, X′ = X″ = H) und Taut. Gelbliche Kristalle (aus PAe.); F: 120° [Zers.].

(±)-2-[2-Nitro-α-*o*-tolylmercapto-benzyl]-indan-1,3-dion $C_{23}H_{17}NO_4S$, Formel VI (X = NO_2, X′ = X″ = H) und Taut. Gelbliche Kristalle (aus PAe.); F: 115° [Zers.].

(±)-2-[2-Nitro-α-*p*-tolylmercapto-benzyl]-indan-1,3-dion $C_{23}H_{17}NO_4S$, Formel VII (X = NO_2, X′ = X″ = H) und Taut. Gelbliche Kristalle (aus PAe.); F: 109° [Zers.].

(±)-2-[α-Benzylmercapto-2-nitro-benzyl]-indan-1,3-dion $C_{23}H_{17}NO_4S$, Formel VIII (X = NO_2, X′ = X″ = H) und Taut. Gelbliche Kristalle (aus PAe.); F: 111–112° [Zers.].

(±)-2-[3-Nitro-α-phenylmercapto-benzyl]-indan-1,3-dion $C_{22}H_{15}NO_4S$, Formel V (X = X″ = H, X′ = NO_2) und Taut. Gelbliche Kristalle (aus PAe.); F: 120° [Zers.].

(±)-2-[3-Nitro-α-*o*-tolylmercapto-benzyl]-indan-1,3-dion $C_{23}H_{17}NO_4S$, Formel VI (X = X″ = H, X′ = NO_2) und Taut. Gelbliche Kristalle (aus PAe.); F: 82° [Zers.].

(±)-2-[3-Nitro-α-*p*-tolylmercapto-benzyl]-indan-1,3-dion $C_{23}H_{17}NO_4S$, Formel VII (X = X″ = H, X′ = NO_2) und Taut. Gelbliche Kristalle (aus PAe.); F: 120° [Zers.].

(±)-2-[α-Benzylmercapto-3-nitro-benzyl]-indan-1,3-dion $C_{23}H_{17}NO_4S$, Formel VIII (X = X″ = H, X′ = NO_2) und Taut. Gelbliche Kristalle (aus PAe.); F: 99° [Zers.].

(±)-2-[4-Nitro-α-phenylmercapto-benzyl]-indan-1,3-dion $C_{22}H_{15}NO_4S$, Formel V (X = X′ = H, X″ = NO_2) und Taut. Gelbliche Kristalle (aus PAe.); F: 118° [Zers.].

(±)-2-[4-Nitro-α-*o*-tolylmercapto-benzyl]-indan-1,3-dion $C_{23}H_{17}NO_4S$, Formel VI (X = X′ = H, X″ = NO_2) und Taut. Gelbliche Kristalle (aus PAe.); F: 119° [Zers.].

(±)-2-[4-Nitro-α-*p*-tolylmercapto-benzyl]-indan-1,3-dion $C_{23}H_{17}NO_4S$, Formel VII (X = X' = H, X'' = NO_2) und Taut. Gelbliche Kristalle (aus PAe.); F: 131° [Zers.].

(±)-2-[α-Benzylmercapto-4-nitro-benzyl]-indan-1,3-dion $C_{23}H_{17}NO_4S$, Formel VIII (X = X' = H, X'' = NO_2) und Taut. Gelbliche Kristalle (aus PAe.); F: 139° [Zers.].

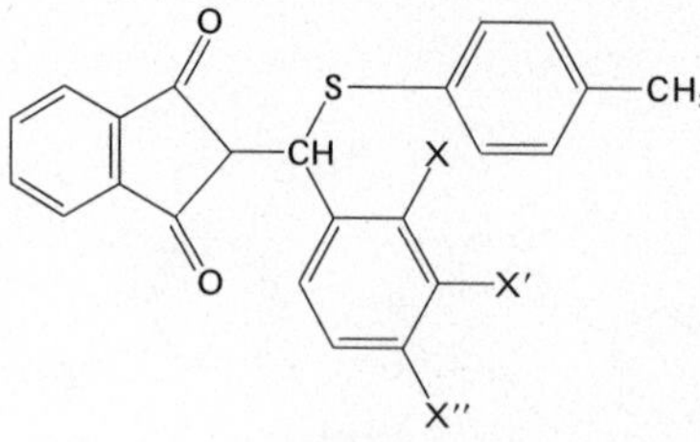

VII 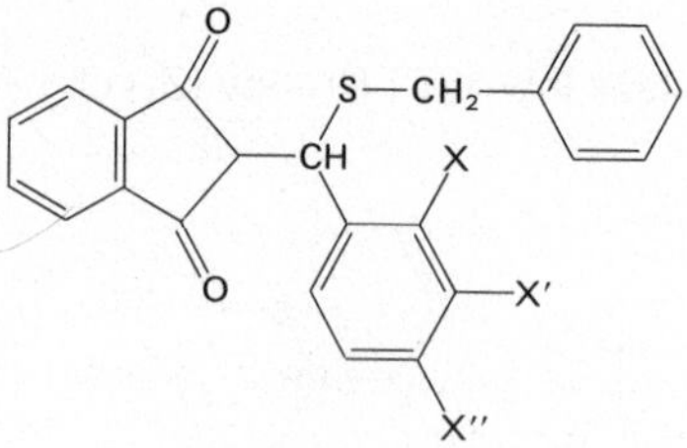 VIII

2-[Methylmercapto-methyl]-2-phenyl-indan-1,3-dion $C_{17}H_{14}O_2S$, Formel IX.

B. Aus der Natrium-Verbindung des 2-Phenyl-indan-1,3-dions und Chlormethyl-methyl-sulfid in Methanol (*Böhme, Mundlos,* B. **86** [1953] 1414, 1419).

Kristalle (aus A.); F: 111°.

2-Methansulfonylmethyl-2-phenyl-indan-1,3-dion $C_{17}H_{14}O_4S$, Formel X.

B. Aus der vorangehenden Verbindung mit Hilfe von Monoperoxyphthalsäure in Äther (*Böhme, Mundlos,* B. **86** [1953] 1414, 1419).

Kristalle (aus wss. A.); F: 141°.

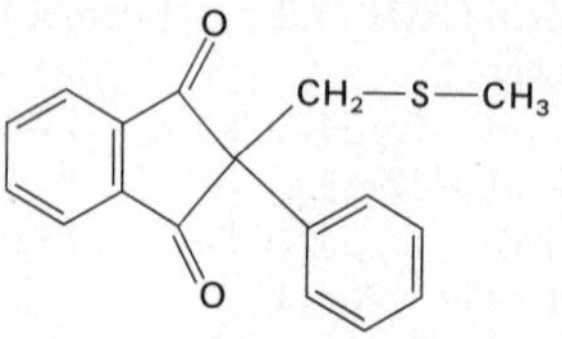

IX 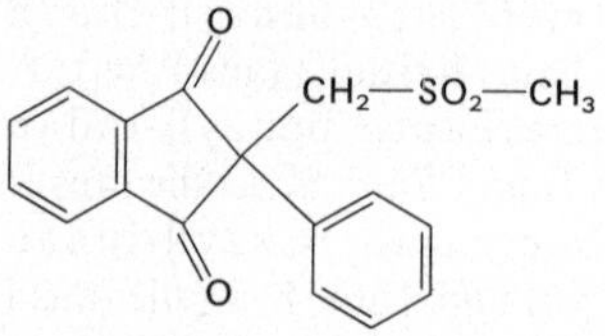 X 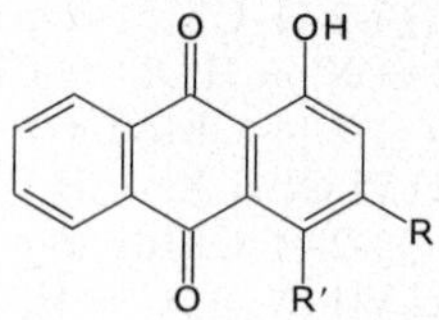 XI

3-Äthyl-1-hydroxy-anthrachinon $C_{16}H_{12}O_3$, Formel XI (R = C_2H_5, R' = H).

B. Beim Erhitzen von 3-Äthyl-1-hydroxy-anthron mit CrO_3 in Essigsäure (*Mühlemann,* Pharm. Acta Helv. **24** [1949] 356, 365).

Rotorangefarbene Kristalle (aus A.); F: 109–109,5° [unkorr.].

4-Hydroxy-1,2-dimethyl-anthrachinon $C_{16}H_{12}O_3$, Formel XI (R = R' = CH_3) (E II 404).

B. Beim Erhitzen von 2-[2-Hydroxy-4,6-dimethyl-benzoyl]-benzoesäure oder von 2-[2-Hydr= oxy-4,5-dimethyl-benzoyl]-benzoesäure mit $AlCl_3$ und NaCl auf 175° (*Baddeley et al.*, Soc. **1952** 2414, 2419, 2420).

Orangegelbe Kristalle (aus Eg.); F: 168–169°.

Acetyl-Derivat $C_{18}H_{14}O_4$; 4-Acetoxy-1,2-dimethyl-anthrachinon (E III 2951). Kristalle (aus wss. Acn.); F: 158–159°.

9-Chlor-10-hydroxy-2,3-dimethyl-anthracen-1,4-dion $C_{16}H_{11}ClO_3$, Formel XII und Taut. (9-Chlor-4-hydroxy-2,3-dimethyl-anthracen-1,10-dion [Formel XIII]).

Zur Konstitution vgl. *Muxfeldt, Koppe,* B. **91** [1958] 838, 841.

B. Beim Erhitzen von 4-Chlor-[1]naphthol mit Dimethylmaleinsäure-anhydrid in einer $AlCl_3$-NaCl-Schmelze auf 220° (*Waldmann, Ulsperger,* B. **83** [1950] 178, 179).

Rote Kristalle (aus Acn.); F: 226° (*Wa., Ul.*). [*Geibler*]

XII XIII

Hydroxy-oxo-Verbindungen $C_{17}H_{14}O_3$

1*t*,5*t*-Bis-[2-hydroxy-phenyl]-penta-1,4-dien-3-on $C_{17}H_{14}O_3$, Formel I (R = R′ = H) (H 352; E I 666; E II 404; E III 2954).

B. Aus Salicylaldehyd und Aceton mit Hilfe von wss. NaOH (*Bergmann et al.*, Am. Soc. **72** [1950] 5009, 5010) oder von wss.-äthanol. NaOH (*Mora, Széki*, Am. Soc. **72** [1950] 3009, 3011; vgl. H 352).

Gelbliche Kristalle (aus Bzl. + A.); F: 168° [Zers.] (*Be. et al.*). Absorptionsspektrum in Methanol (230–410 nm): *Kuhn, Weiser*, B. **88** [1955] 1601, 1606; in Aceton (430–800 nm): *Bahner*, Bio. Z. **323** [1952] 327, 328.

Dibenzoyl-Derivat (F: 135°): *Mora, Sz.*

1*t*-[2-Hydroxy-phenyl]-5*t*-[2-methoxy-phenyl]-penta-1,4-dien-3-on $C_{18}H_{16}O_3$, Formel I (R = H, R′ = CH_3) (vgl. E II 405).

B. Aus der vorangehenden Verbindung beim Behandeln mit Diazomethan in Äther oder beim Behandeln des Mononatrium-Salzes mit CH_3I in Äthanol (*Mora, Széki*, Am. Soc. **72** [1950] 3009, 3012).

Natrium-Salz $NaC_{18}H_{15}O_3$. Kristalle.

Benzoyl-Derivat (F: 120–122°) und 4-Nitro-benzoyl-Derivat (F: 205–208°): *Mora, Sz.*

1*t*,5*t*-Bis-[2-methoxy-phenyl]-penta-1,4-dien-3-on $C_{19}H_{18}O_3$, Formel I (R = R′ = CH_3) (H 352; E I 666; E II 405).

UV-Spektrum (Me.; 220–400 nm): *Kuhn, Weiser*, B. **88** [1955] 1601, 1606.

I II

1*t*,5*t*-Bis-[2-acetoxy-phenyl]-penta-1,4-dien-3-on $C_{21}H_{18}O_5$, Formel I (R = R′ = CO-CH_3).

B. Beim Erhitzen des Dinatrium-Salzes des 1*t*,5*t*-Bis-[2-hydroxy-phenyl]-penta-1,4-dien-3-ons mit Natriumacetat und Acetanhydrid (*Mora, Széki*, Am. Soc. **72** [1950] 3009, 3011).

Kristalle (aus A.); F: 129° [unkorr.].

1*t*,5*t*-Bis-[5-chlor-2-hydroxy-phenyl]-penta-1,4-dien-3-on $C_{17}H_{12}Cl_2O_3$, Formel II (X = H, X′ = Cl).

B. Beim Behandeln von 5-Chlor-2-hydroxy-benzaldehyd mit Aceton und wss.-äthanol. NaOH (*Kuhn, Hensel*, B. **86** [1953] 1333, 1337).

Gelbe Kristalle (aus wss. Acn.); F: 190–191°.

Beim Erwärmen mit Essigsäure und wss. $HClO_4$ ist 6-Chlor-2-[5-chlor-2-hydroxy-*trans*-styryl]-chromenylium-perchlorat erhalten worden.

1*t*,5*t*-Bis-[2-hydroxy-5-nitro-phenyl]-penta-1,4-dien-3-on $C_{17}H_{12}N_2O_7$, Formel II (X = H, X′ = NO_2) (H 353).

Diese Konstitution kommt auch der H 353 unter Vorbehalt als 1,5-Bis-[2-hydroxy-

4-nitro-phenyl]-penta-1,4-dien-3-on $C_{17}H_{12}N_2O_7$ („Bis-[4(?)-nitro-2-oxy-benzal]-aceton") beschriebenen Verbindung (F: 204° [Zers.]) zu (*Mora, Széki*, Am. Soc. **72** [1950] 3009, 3010). Dementsprechend ist das H 353 unter Vorbehalt als 1,5-Bis-[2-acetoxy-4-nitro-phenyl]-penta-1,4-dien-3-on beschriebene Diacetyl-Derivat $C_{21}H_{16}N_2O_9$ (F: 196° [Zers.]) als 1*t*,5*t*-Bis-[2-acetoxy-5-nitro-phenyl]-penta-1,4-dien-3-on $C_{21}H_{16}N_2O_9$ zu formulieren.

Kristalle (aus Acn.); F: 218–219° [unkorr.] (*Mora, Sz.*, l. c. S. 3012).

1*t*,5*t*-Bis-[2-hydroxy-3,5-dinitro-phenyl]-penta-1,4-dien-3-on $C_{17}H_{10}N_4O_{11}$, Formel II (X = X' = NO_2) (vgl. H 353; dort als Bis-[x.x-dinitro-2-oxy-benzal]-aceton bezeichnet).

B. Beim Behandeln von 1*t*,5*t*-Bis-[2-hydroxy-phenyl]-penta-1,4-dien-3-on mit HNO_3 in Essigsäure, zuletzt bei 100° (*Mora, Széki*, Am. Soc. **72** [1950] 3009, 3012; vgl. H 353).

Kristalle (aus Nitrobenzol); F: 260° [unkorr.; Zers.].

1*t*-[3,4-Dimethoxy-phenyl]-5*t*-[2-nitro-phenyl]-penta-1,4-dien-3-on $C_{19}H_{17}NO_5$, Formel III.

B. Beim Behandeln von 4*t*-[2-Nitro-phenyl]-but-3-en-2-on mit Veratrumaldehyd in Essigsäure unter Einleiten von HCl oder von 4*t*-[3,4-Dimethoxy-phenyl]-but-3-en-2-on mit 2-Nitro-benzaldehyd und wss.-methanol. NaOH (*Schläger, Leeb*, M. **81** [1950] 714, 723).

Gelbe Kristalle (aus $CHCl_3$ + A. oder Me.); F: 126–128° [korr.; evakuierte Kapillare].

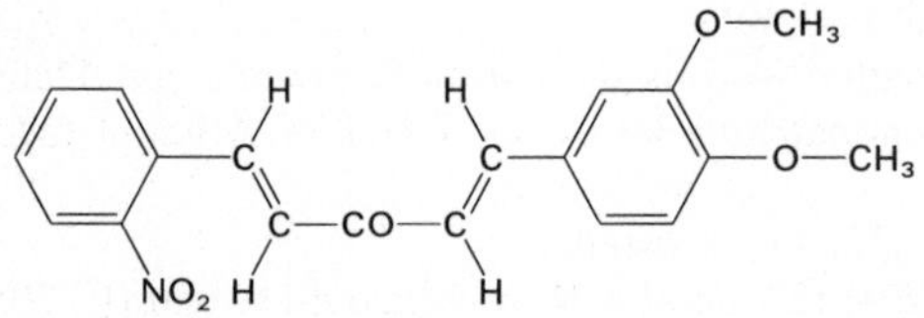

III

1*t*,5*t*-Bis-[4-methoxy-phenyl]-penta-1,4-dien-3-on $C_{19}H_{18}O_3$, Formel IV (R = R' = CH_3) (H 354; E I 666; E II 406; E III 2958).

B. Aus 4-Methoxy-benzaldehyd und Aceton beim Einleiten von HCl in eine äthanol. Lösung (*Rebeiro et al.*, J. Univ. Bombay **19**, Tl. 3A [1950] 38, 51) oder beim Erwärmen mit einem Anionen-Austauscher in wss. Äthanol (*Austerweil, Pallaud*, J. appl. Chem. **5** [1955] 213).

Gelbe Kristalle (aus Me.); F: 130–132° (*Wessely et al.*, Festschrift A. Stoll [Basel 1957] 434, 441; *Siegel et al.*, Tetrahedron **4** [1958] 49, 63).

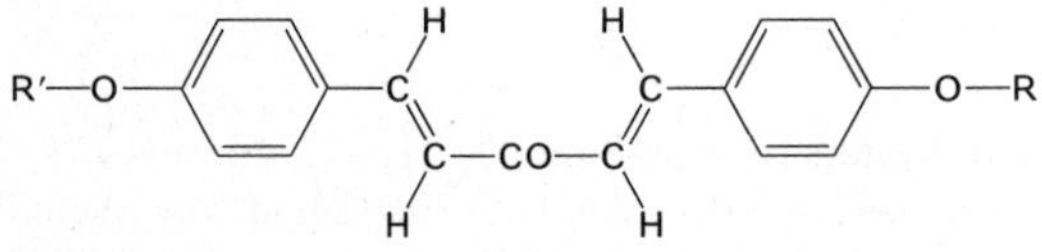

IV

1*t*,5*t*-Bis-[4-allyloxy-phenyl]-penta-1,4-dien-3-on $C_{23}H_{22}O_3$, Formel IV (R = R' = CH_2-CH=CH_2).

B. Beim Behandeln von 4*t*-[4-Allyloxy-phenyl]-but-3-en-2-on mit 4-Allyloxy-benzaldehyd und wss. NaOH (*Toldy et al.*, Acta chin. hung. **4** [1954] 303, 308).

Kristalle (aus A.); F: 122–124°.

1*t*-[4-(2-Hydroxy-äthoxy)-phenyl]-5*t*-[4-methoxy-phenyl]-penta-1,4-dien-3-on $C_{20}H_{20}O_4$, Formel IV (R = CH_2-CH_2-OH, R' = CH_3).

B. Beim Behandeln von 4-[4-Hydroxy-äthoxy]-benzaldehyd mit 4*t*-[4-Methoxy-phenyl]-but-3-en-2-on (*Eastman Kodak Co.*, U.S.P. 2824084 [1955]).

Kristalle (aus A.); F: 120–130°.

2-Hydroxymethyl-1,4-diphenyl-but-2*c*(?)-en-1,4-dion $C_{17}H_{14}O_3$, vermutlich Formel V.

B. Beim Behandeln von [2,5-Diphenyl-[3]furyl]-methanol mit konz. wss. HNO_3 in Propionsäure (*Bailey et al.*, Am. Soc. **76** [1954] 2249).

Kristalle (aus wss. A. oder Bzl.+PAe.); F: 111–112°.

Beim Behandeln mit Acetylchlorid bzw. mit Triäthylamin in Äther sowie beim Erwärmen mit Pyridin in Äthanol ist Phenyl-[5-phenyl-[3]furyl]-keton erhalten worden. Beim Erwärmen mit wasserfreiem Äthanol bildet sich 2,5-Diphenyl-furan-3-carbaldehyd. Beim Behandeln mit Morpholin oder Diäthylamin in Äther oder mit wss.-äthanol. NaOH entsteht 1,4-Diphenyl-butan-1,4-dion.

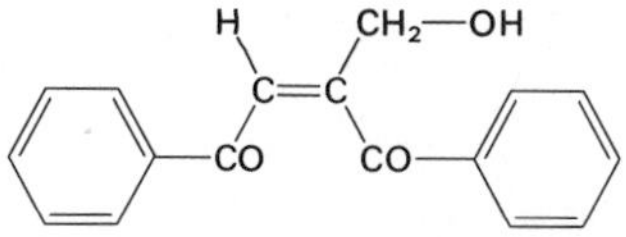

V 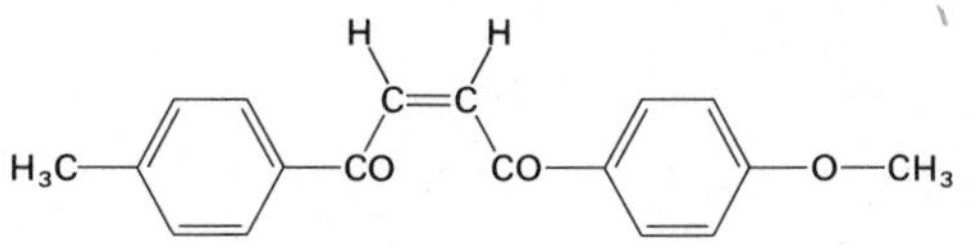 VI

1-[4-Methoxy-phenyl]-4-*p*-tolyl-but-2-en-1,4-dion $C_{18}H_{16}O_3$.

Über die Konfiguration der nachstehend beschriebenen Stereoisomeren s. *Heffe, Kröhnke,* B. **89** [1956] 822, 825.

a) **1-[4-Methoxy-phenyl]-4-*p*-tolyl-but-2*c*-en-1,4-dion,** Formel VI.

B. Beim Belichten einer Lösung des folgenden Stereoisomeren in Methanol oder Aceton (*Heffe, Kröhnke,* B. **89** [1956] 822, 828).

Kristalle (aus Me.); F: 99° (*He., Kr.,* l. c. S. 834).

b) **1-[4-Methoxy-phenyl]-4-*p*-tolyl-but-2*t*-en-1,4-dion,** Formel VII.

B. Aus [4-Methoxy-phenacyl]-dimethyl-[4-methyl-phenacyl]-ammonium-bromid beim Behandeln mit wss. Dimethylamin, beim Erwärmen mit wss. NaOH oder beim Behandeln mit wss. NaOH unter Zusatz von $CHCl_3$ (*Heffe, Kröhnke,* B. **89** [1956] 822, 827).

Gelbe Kristalle (aus Me.); F: 111° (*He., Kr.,* l. c. S. 832).

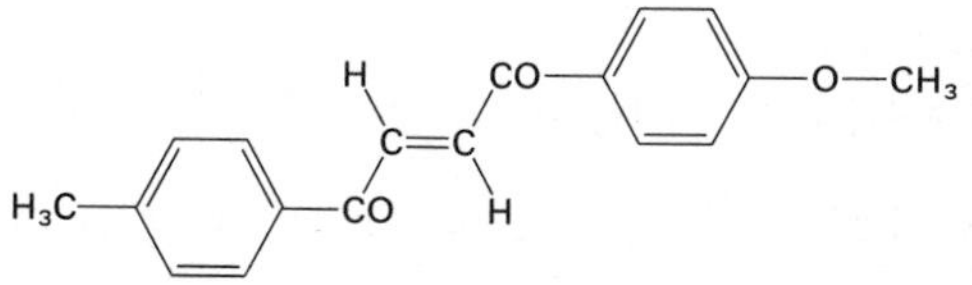

VII 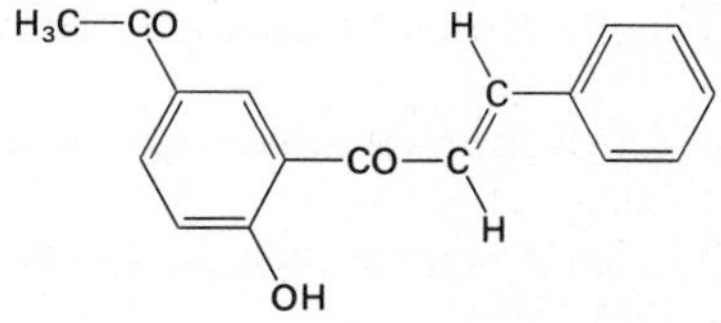 VIII

5′-Acetyl-2′-hydroxy-*trans*-chalkon $C_{17}H_{14}O_3$, Formel VIII.

B. In kleiner Menge neben anderen Verbindungen beim Behandeln von 2,4-Diacetyl-phenol mit Benzaldehyd und wss.-äthanol. NaOH (*Limaye, Pendse,* Rasayanam **2** [1956] 124, 127).

Gelbe Kristalle (aus A.); F: 89°.

6-Methoxy-2-[(*Z*?)-2-methoxy-benzyliden]-3,4-dihydro-2*H*-naphthalin-1-on $C_{19}H_{18}O_3$, vermutlich Formel IX (X = O-CH_3, X′ = X″ = H).

B. Beim Erwärmen von 6-Methoxy-3,4-dihydro-2*H*-naphthalin-1-on mit 2-Methoxy-benzaldehyd und Natriumäthylat in Äthanol unter Luftausschluss (*Bentley, Firth,* Soc. **1955** 2403, 2406).

Hellgelbe Kristalle (aus A.); F: 87,5°.

Beim Hydrieren an Palladium/$SrCO_3$ in Dioxan entsteht 6-Methoxy-2-[2-methoxy-benzyl]-3,4-dihydro-2*H*-naphthalin-1-on; beim Hydrieren an Palladium/Kohle in $HClO_4$ enthaltender Essigsäure ist 6-Methoxy-2-[2-methoxy-benzyl]-1,2,3,4-tetrahydro-[1]naphthol (E IV **6** 7597) erhalten worden.

2,4-Dinitro-phenylhydrazon (F: 182°): *Be., Fi.*

6-Methoxy-2-[3-methoxy-benzyliden]-3,4-dihydro-2*H*-naphthalin-1-on $C_{19}H_{18}O_3$.

a) **6-Methoxy-2-[(*Z*)-3-methoxy-benzyliden]-3,4-dihydro-2*H*-naphthalin-1-on,** Formel IX (X = X″ = H, X′ = O-CH_3).

B. Beim Erwärmen von 6-Methoxy-3,4-dihydro-2*H*-naphthalin-1-on mit 3-Methoxy-benz= aldehyd und Natriumäthylat in Äthanol unter Luftausschluss (*Bentley, Firth,* Soc. **1955** 2403, 2407).

Gelbliche Kristalle; F: 69°.

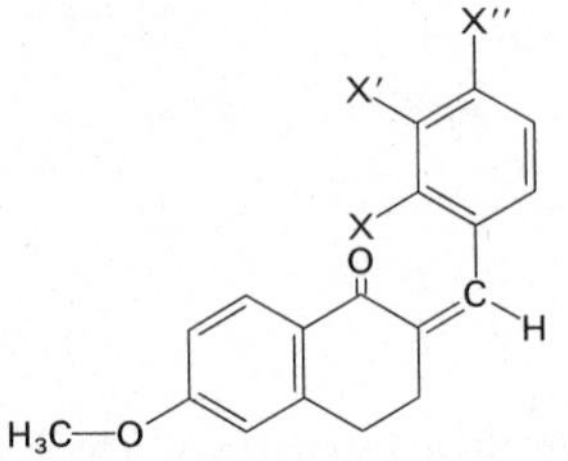

IX

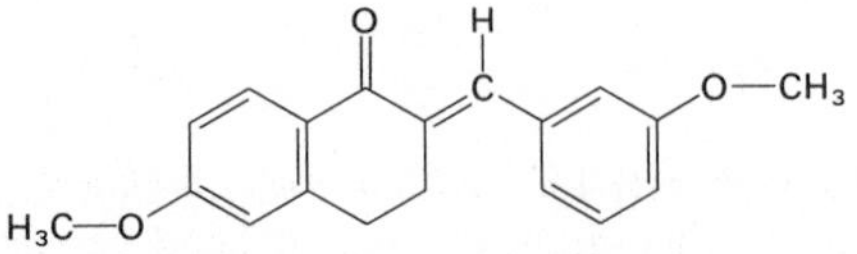

X

b) **6-Methoxy-2-[(*E*)-3-methoxy-benzyliden]-3,4-dihydro-2*H*-naphthalin-1-on**, Formel X.

B. Beim Erhitzen des unter a) beschriebenen Stereoisomeren (*Bentley, Firth,* Soc. **1955** 2403, 2407).

Kristalle (aus Ae. bei −70°); F: 57°.

2,4-Dinitro-phenylhydrazon (F: 197−198°): *Be., Fi.*

6-Methoxy-2-[(*Z*?)-4-methoxy-benzyliden]-3,4-dihydro-2*H*-naphthalin-1-on $C_{19}H_{18}O_3$, vermutlich Formel IX (X = X′ = H, X″ = O-CH_3).

B. Beim Erwärmen von 6-Methoxy-3,4-dihydro-2*H*-naphthalin-1-on mit 4-Methoxy-benz= aldehyd und Natriumäthylat in Äthanol unter Luftausschluss (*Bentley, Firth,* Soc. **1955** 2403, 2405).

Hellgelbe Kristalle (aus A.); F: 139,5°.

(±)-2-[3-Methyl-α-phenylmercapto-benzyl]-indan-1,3-dion $C_{23}H_{18}O_2S$, Formel XI (R = H) und Taut.

B. Beim Erwärmen von 2-[3-Methyl-benzyliden]-indan-1,3-dion mit Thiophenol (*Mustafa,* Soc. **1951** 1370).

Kristalle (aus PAe.); F: 97−98° [Zers.].

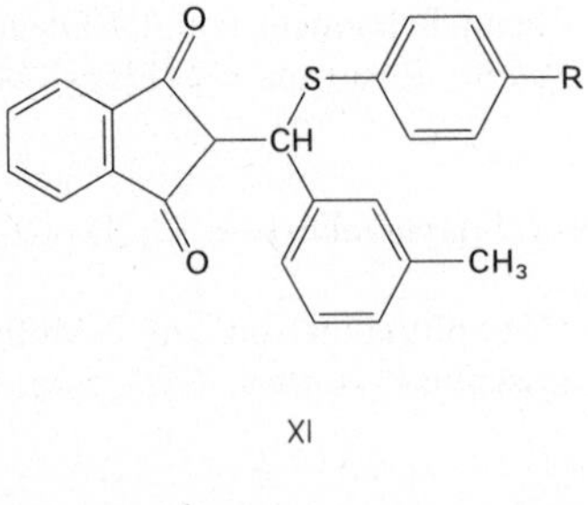

XI

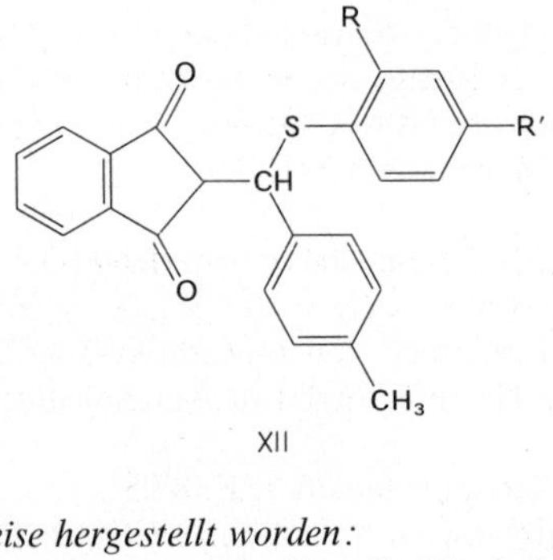

XII

Die folgenden Verbindungen sind in analoger Weise hergestellt worden:

(±)-2-[3-Methyl-α-*p*-tolylmercapto-benzyl]-indan-1,3-dion $C_{24}H_{20}O_2S$, Formel XI (R = CH_3) und Taut. Kristalle (aus PAe.); F: 100−101° [Zers.].

(±)-2-[4-Methyl-α-phenylmercapto-benzyl]-indan-1,3-dion $C_{23}H_{18}O_2S$, Formel

XII (R = R′ = H) und Taut. Kristalle (aus PAe.); F: 84° [Zers.].

(±)-2-[4-Methyl-α-*o*-tolylmercapto-benzyl]-indan-1,3-dion $C_{24}H_{20}O_2S$, Formel XII (R = CH_3, R′ = H) und Taut. Kristalle (aus PAe.); F: 82° [Zers.].

(±)-2-[4-Methyl-α-*p*-tolylmercapto-benzyl]-indan-1,3-dion $C_{24}H_{20}O_2S$, Formel XII (R = H, R′ = CH_3) und Taut. Kristalle (aus PAe.); F: 110° [Zers.].

(±)-2-[α-Benzylmercapto-4-methyl-benzyl]-indan-1,3-dion $C_{24}H_{20}O_2S$, Formel XIII und Taut. Kristalle (aus PAe.); F: 76° [Zers.].

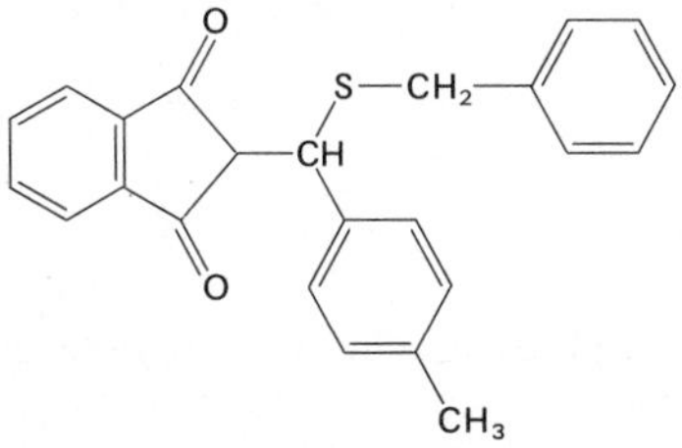

XIII

***6-Methyl-2-veratryliden-indan-1-on** $C_{19}H_{18}O_3$, Formel I.

B. Aus 6-Methyl-indan-1-on und Veratrumaldehyd mit Hilfe von äthanol. KOH (*Buu-Hoi, Xuong,* Soc. **1952** 2225, 2226).

F: 170°.

Berichtigung zu E III 2963, Zeile 22–21 v. u.: Im Artikel *rac*-3-Methoxy-13α-gona-1,3,5,7,9-pentaen-11,17-dion $C_{18}H_{16}O_3$ ist anstelle von „[5-Oxo-2*c*-(6-methoxy-naphth=yl-(2))-cyclopentyl-(*r*)]-essigsäure" zu setzen „[5-Oxo-2*t*(?)-(6-methoxy-naphthyl-(2))-cyclo=pentyl-(*r*)]-essigsäure".

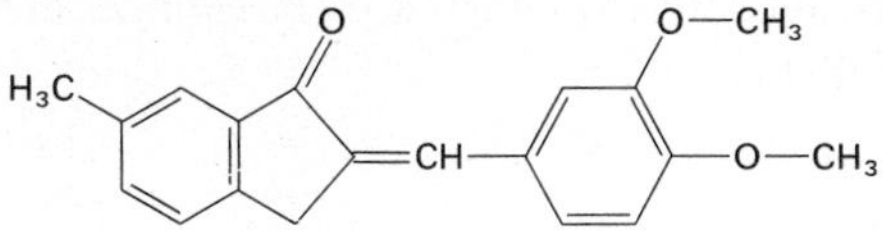

I 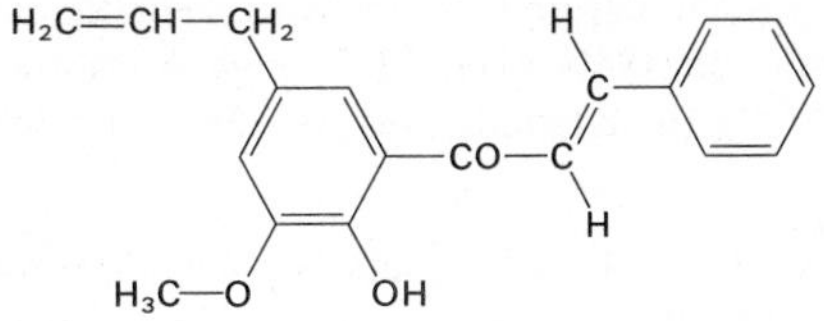 II

Hydroxy-oxo-Verbindungen $C_{18}H_{16}O_3$

5′-Allyl-2′-hydroxy-3′-methoxy-*trans*-chalkon $C_{19}H_{18}O_3$, Formel II.

B. Beim Erwärmen von 1-[5-Allyl-2-hydroxy-3-methoxy-phenyl]-äthanon mit Benzaldehyd und wss. KOH (*Pew,* Am. Soc. **77** [1955] 2831).

Orangefarbene Kristalle (aus A.); F: 93–95°.

(±)-3,4-Bis-[2-methoxy-phenyl]-cyclohex-2-enon $C_{20}H_{20}O_3$, Formel III (X = O-CH_3, X′ = H).

B. Beim Behandeln von 2,2′-Dimethoxy-desoxybenzoin mit Diäthyl-methyl-[3-oxo-butyl]-am=monium-jodid und Natriumäthylat in Äthanol und Benzol (*Huang,* Soc. **1954** 3655, 3657).

Kristalle (aus Bzl.+Cyclohexan); F: 115–117°.

2,4-Dinitro-phenylhydrazon (F: 211–213°): *Hu.*

(±)-3,4-Bis-[4-methoxy-phenyl]-cyclohex-2-enon $C_{20}H_{20}O_3$, Formel III (X = H, X′ = O-CH_3).

B. Analog der vorangehenden Verbindung (*Dodds et al.,* Pr. roy. Soc. [B] **140** [1953] 470, 491).

Gelbes Öl; $Kp_{0,07}$: 195–205°.

2,4-Dinitro-phenylhydrazon (F: 219,5–220°): *Do. et al.*

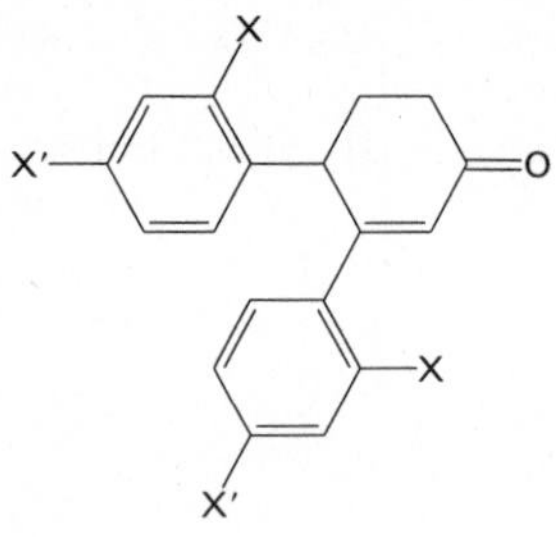

III 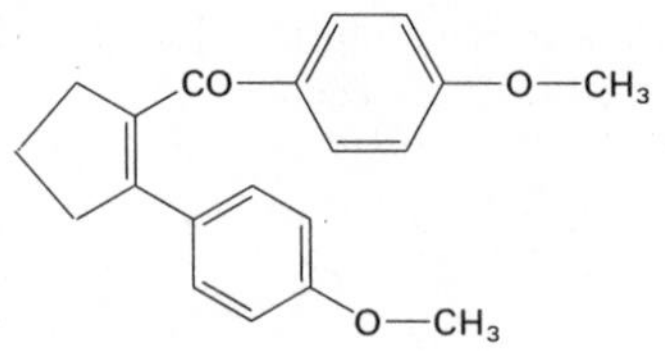 IV 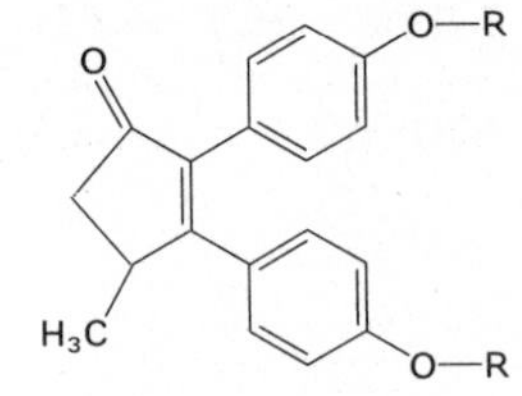 V

[4-Methoxy-phenyl]-[2-(4-methoxy-phenyl)-cyclopent-1-enyl]-keton $C_{20}H_{20}O_3$, Formel IV.

B. Beim Behandeln von 1,6-Bis-[4-methoxy-phenyl]-hexan-1,6-dion in Essigsäure mit HBr (*Dodds et al.,* Pr. roy. Soc. [B] **140** [1953] 470, 488).

Hellgelbes Öl; $Kp_{0,07}$: 195–200° [Badtemperatur]. $n_{D(?)}^{17}$: 1,6505.

Beim Hydrieren an Raney-Nickel in alkal. wss. Lösung bei 60–70°/50 at ist [4-Methoxy-phenyl]-[2-(4-methoxy-phenyl)-cyclopentyl]-methanol (E IV **6** 7599), bei 100–120°/50 at ist (±)-*trans*-1-[4-Methoxy-benzyl]-2-[4-methoxy-phenyl]-cyclopentan erhalten worden (*Do. et al.,* l. c. S. 489).

2,4-Dinitro-phenylhydrazon (F: 176–177,5°): *Do. et al.,* l. c. S. 488.

(±)-2,3-Bis-[4-hydroxy-phenyl]-4-methyl-cyclopent-2-enon $C_{18}H_{16}O_3$, Formel V (R = H).

B. Neben wenig (±)-2(oder 3)-[4-Hydroxy-phenyl]-3(oder 2)-[4-methoxy-phenyl]-4-methyl-cyclopent-2-enon $C_{19}H_{18}O_3$ (Kristalle [aus Bzl.]; F: 172°) beim Erhitzen der folgenden Verbindung mit wss. HBr in Essigsäure auf 110° (*Nasarow, Kotljarewškiĭ,* Ž. obšč. Chim. **20** [1950] 1431, 1437; engl. Ausg. S. 1491, 1497).

Hellgelbe Kristalle (aus wss. Me.); F: 268°.

(±)-2,3-Bis-[4-methoxy-phenyl]-4-methyl-cyclopent-2-enon $C_{20}H_{20}O_3$, Formel V (R = CH_3).

B. Beim Erwärmen von 1,2-Bis-[4-methoxy-phenyl]-hexa-1,5-dien-3-in (E IV **6** 6965) mit $HgSO_4$ und wss.-methanol. H_2SO_4 (*Nasarow, Kotljarewškiĭ,* Ž. obšč. Chim. **20** [1950] 1431, 1435; engl. Ausg. S. 1491, 1495).

Hellgelbe Kristalle (aus PAe.); F: 134°; $Kp_{0,07}$: 229–230° (*Na., Ko.,* l. c. S. 1436).

Oxim $C_{20}H_{21}NO_3$. Kristalle (aus A.); F: 185°.

***Opt.-inakt. 4,5-Bis-[4-methoxy-phenyl]-3-methyl-cyclopent-2-enon** $C_{20}H_{20}O_3$, Formel VI.

B. Beim Erwärmen von *meso*-3,4-Bis-[4-methoxy-phenyl]-hexan-2,5-dion in Dioxan oder von *racem.*-3,4-Bis-[4-methoxy-phenyl]-hexan-2,5-dion mit wss.-äthanol. KOH (*Huang, Kum-Tatt,* Soc. **1955** 4229, 4232).

Kristalle (aus Me.); F: 134–135°.

Semicarbazon $C_{21}H_{23}N_3O_3$. Hellgelbe Kristalle (aus wss. A.); F: 184°.

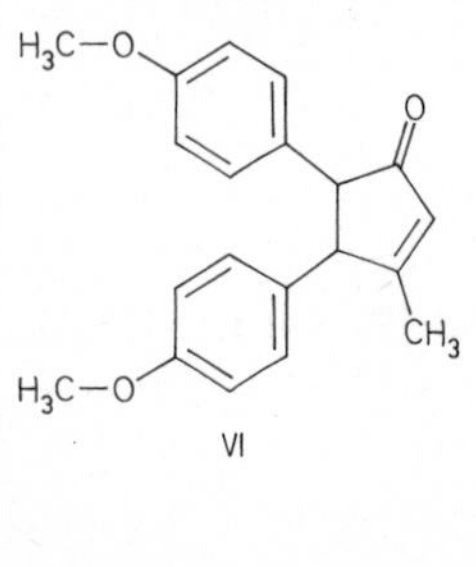

VI 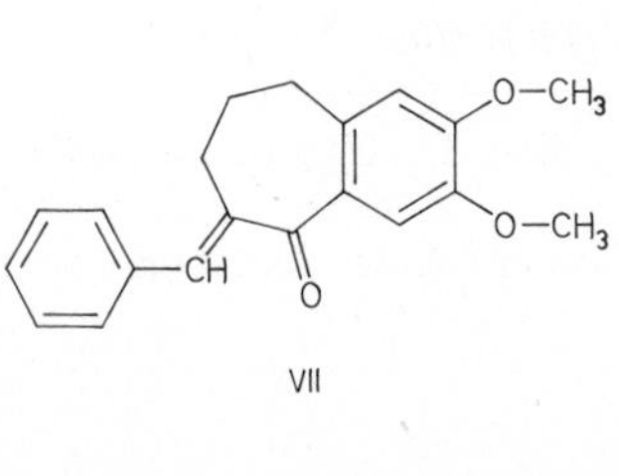 VII 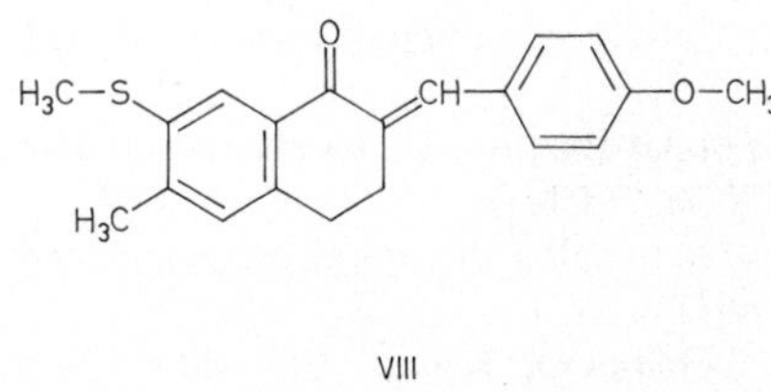 VIII

***6-Benzyliden-2,3-dimethoxy-6,7,8,9-tetrahydro-benzocyclohepten-5-on** $C_{20}H_{20}O_3$, Formel VII.

B. Beim Behandeln von 2,3-Dimethoxy-6,7,8,9-tetrahydro-benzocyclohepten-5-on mit Benzaldehyd und Natriumäthylat in Äthanol (*Barltrop et al.*, Soc. **1951** 181, 184).

Hellgelbe Kristalle (aus A.); F: 157–158°.

***2-[4-Methoxy-benzyliden]-6-methyl-7-methylmercapto-3,4-dihydro-2*H*-naphthalin-1-on** $C_{20}H_{20}O_2S$, Formel VIII.

B. Beim Behandeln von 6-Methyl-7-methylmercapto-3,4-dihydro-2*H*-naphthalin-1-on in Äthanol mit 4-Methoxy-benzaldehyd und wss. NaOH oder KOH (*Buu-Hoi, Hoan,* Soc. **1951** 2868).

Hellgelbe Kristalle (aus A.); F: 146°.

1-[5-Hydroxy-indan-4-yl]-3-phenyl-propan-1,3-dion $C_{18}H_{16}O_3$, Formel IX und Taut.

B. Beim Behandeln von 1-[5-Benzoyloxy-indan-4-yl]-äthanon mit KOH in Pyridin (*Nowlan et al.*, Soc. **1950** 340, 344).

Gelbe Kristalle (aus wss. A.); F: 114–115°.

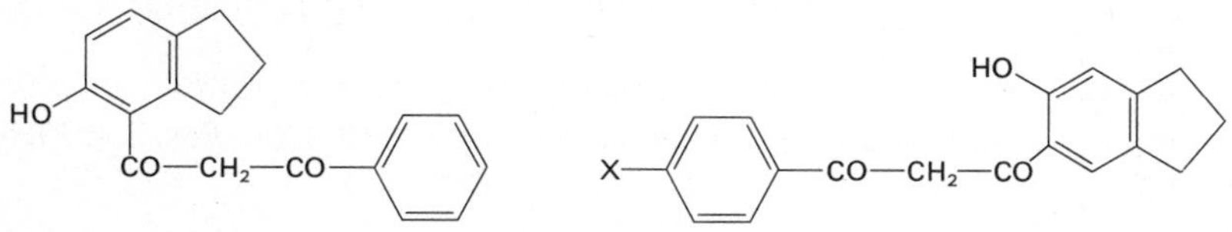

IX X

1-[6-Hydroxy-indan-5-yl]-3-phenyl-propan-1,3-dion $C_{18}H_{16}O_3$, Formel X (X = H) und Taut.

B. Analog der vorangehenden Verbindung (*Nowlan et al.*, Soc. **1950** 340, 343).

Gelbe Kristalle (aus wss. A.); F: 99–101°.

1-[6-Hydroxy-indan-5-yl]-3-[4-nitro-phenyl]-propan-1,3-dion $C_{18}H_{15}NO_5$, Formel X (X = NO_2) und Taut.

B. Analog den vorangehenden Verbindungen (*Nowlan et al.*, Soc. **1950** 340, 343, 344).

Gelbe Kristalle (aus wss. Dioxan); F: 225–227°.

***6-Äthyl-2-veratryliden-indan-1-on** $C_{20}H_{20}O_3$, Formel XI (R = H, R′ = C_2H_5).

B. Aus 6-Äthyl-indan-1-on und Veratrumaldehyd mit Hilfe von äthanol. KOH (*Buu-Hoi, Xuong,* Soc. **1952** 2225, 2226).

F: 150°.

***4,6-Dimethyl-2-veratryliden-indan-1-on** $C_{20}H_{20}O_3$, Formel XI (R = R′ = CH_3).

B. Analog der vorangehenden Verbindung (*Buu-Hoi, Xuong,* Soc. **1952** 2225, 2226).

F: 176°.

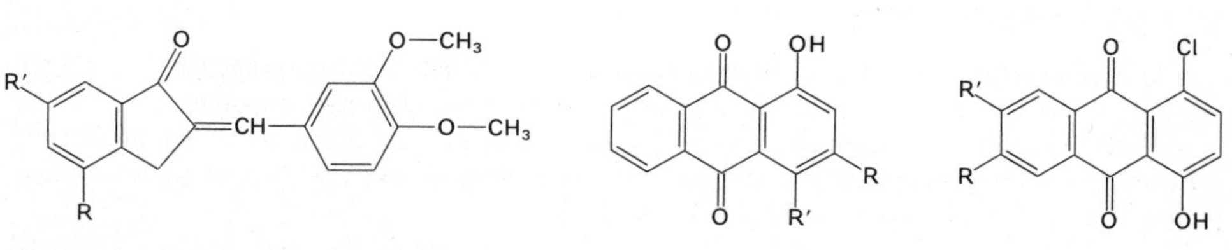

XI XII XIII

1-Hydroxy-3-isobutyl-anthrachinon $C_{18}H_{16}O_3$, Formel XII (R = CH_2-$CH(CH_3)_2$, R′ = H).

B. Bei der Oxidation von 1-Hydroxy-3-isobutyl-anthron (E IV **6** 6922) mit CrO_3 in Essigsäure (*Mühlemann,* Pharm. Acta Helv. **24** [1949] 356, 365).

Rotgelbe Kristalle (aus A.); F: 118,5° [unkorr.].

6-*tert*-Butyl-1(oder 4)-chlor-4(oder 1)-hydroxy-anthrachinon $C_{18}H_{15}ClO_3$, Formel XIII (R = $C(CH_3)_3$, R' = H oder R = H, R' = $C(CH_3)_3$).

B. Beim Erwärmen von 4-*tert*-Butyl-phthalsäure-anhydrid mit 4-Chlor-phenol und $AlCl_3$ in 1,1,2,2-Tetrachlor-äthan (*Larner, Peters,* Soc. **1952** 1368, 1372).

Grünlichgelbe Kristalle (aus A.); F: 150–152°.

1,2-Diäthyl-4-hydroxy-anthrachinon $C_{18}H_{16}O_3$, Formel XII (R = R' = C_2H_5).

B. Beim Erhitzen von 2-[2,4-Diäthyl-6-hydroxy-benzoyl]-benzoesäure mit $AlCl_3$ und NaCl auf 105° sowie von 2-[4,5-Diäthyl-2-hydroxy-benzoyl]-benzoesäure mit P_2O_5 in Benzol oder mit $AlCl_3$ auf 170° (*Baddeley et al.,* Soc. **1952** 2415, 2420).

Gelbe Kristalle (aus Eg.); F: 121–122°.

(±)-8-Methoxy-(4a*r*,12a*t*)-2,3,4,4a,12,12a-hexahydro-chrysen-1,11-dion, *rac*-3-Methoxy-*D*-homo-gona-1,3,5,7,9-pentaen-11,17a-dion $C_{19}H_{18}O_3$, Formel I.

B. Beim Erwärmen von opt.-inakt. [2-(6-Methoxy-[2]naphthyl)-6-oxo-cyclohexyl]-essigsäure (F: 168–170°) mit Polyphosphorsäure (*Nasipuri, Roy,* Soc. **1960** 1571, 1573; s. a. *Nasipuri, Roy,* Sci. Culture **23** [1959] 376).

Kristalle (aus Me.); F: 196–197° (*Na., Roy,* Soc. **1960** 1573).

Monosemicarbazon $C_{20}H_{21}N_3O_3$. Kristalle (aus A.); F: 260° (*Na., Roy,* Soc. **1960** 1573).

2,4-Dinitro-phenylhydrazon (F: 267°): *Na., Roy,* Soc. **1960** 1573.

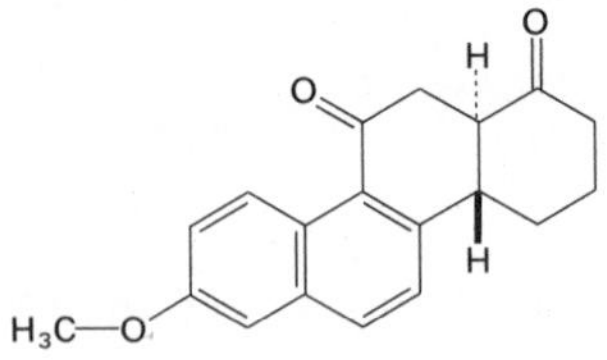

I

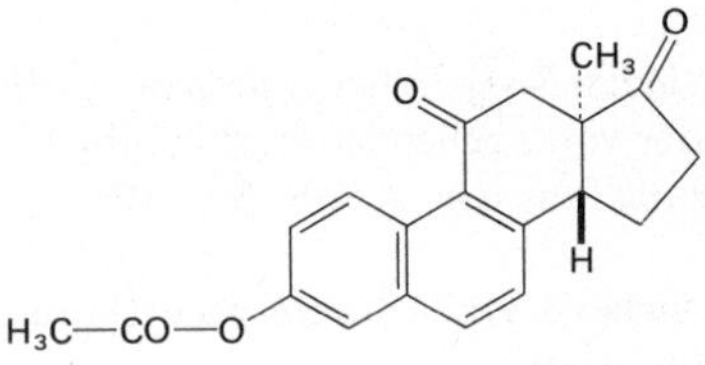

II

(13*R*)-3-Acetoxy-13-methyl-(13*r*,14*t*)-13,14,15,16-tetrahydro-12*H*-cyclopenta[*a*]phenanthren-11,17-dion, *ent*-3-Acetoxy-östra-1,3,5,7,9-pentaen-11,17-dion $C_{20}H_{18}O_4$, Formel II.

B. Beim Behandeln von *ent*-3-Acetoxy-östra-1,3,5,7,9-pentaen-17-on mit CrO_3 in wasserhaltiger Essigsäure (*McNiven,* Am. Soc. **76** [1954] 1725, 1728).

Kristalle (aus Me.); F: 198–200° [korr.]. $[\alpha]_D^{24}$: +31° [$CHCl_3$].

Hydroxy-oxo-Verbindungen $C_{19}H_{18}O_3$

3-[6-Hydroxy-4-isopropyl-7-oxo-cyclohepta-1,3,5-trienyl]-1-phenyl-propenon $C_{19}H_{18}O_3$ und Taut.

Über die Konstitution der beiden nachstehend beschriebenen Tautomeren s. *Sebe, Matsumoto,* Sci. Rep. Tohoku Univ. [I] **38** [1954] 308, 310, 315 Anm. 11.

a) **3*t*-[6-Hydroxy-4-isopropyl-7-oxo-cyclohepta-1,3,5-trienyl]-1-phenyl-propenon,** Formel III (X = X' = H) und Taut.; **6-Isopropyl-3-[3-oxo-3-phenyl-*trans*-propenyl]-tropolon.**

B. Neben kleineren Mengen des unter b) beschriebenen Tautomeren beim Behandeln von 3-Formyl-6-isopropyl-tropolon in Methanol mit Acetophenon und wss. NaOH (*Sebe, Matsumoto,* Sci. Rep. Tohoku Univ. [I] **38** [1954] 308, 314).

Gelbe Kristalle (aus E.); F: 108–109° [unkorr.] (*Matsumoto,* Sci. Rep. Tohoku Univ. [I] **42** [1958] 215, 218), 107–108° (*Sebe, Ma.*). Absorptionsspektrum (Me.; 200–500 nm): *Ma.,* l. c. S. 217.

b) **(±)-2-Hydroxy-7-isopropyl-2-phenyl-2*H*-cyclohepta[*b*]pyran-9-on,** Formel IV.

B. s. unter a).

Kristalle (aus A.); F: 112–113° (*Sebe, Matsumoto,* Sci. Rep. Tohoku Univ. [I] **38** [1954] 308, 314). λ_{max} (Me.?): 247 nm, 331 nm und 380–390 nm (*Sebe, Ma.,* l. c. S. 315).

1-[4-Brom-phenyl]-3*t*-[6-hydroxy-4-isopropyl-7-oxo-cyclohepta-1,3,5-trienyl]-propenon $C_{19}H_{17}BrO_3$, Formel III (X = H, X′ = Br) und Taut.; **3-[3-(4-Brom-phenyl)-3-oxo-*trans*-propenyl]-6-isopropyl-tropolon.**

B. Beim Behandeln von 3-Formyl-6-isopropyl-tropolon in Methanol mit 1-[4-Brom-phenyl]-äthanon und wss. NaOH (*Matsumoto,* Sci. Rep. Tohoku Univ. [I] **42** [1958] 215, 216).

Goldgelbe Kristalle (aus Me.); F: 157–158° [unkorr.] (*Ma.,* l. c. S. 219). Absorptions≠spektrum (Me.; 200–500 nm): *Ma.,* l. c. S. 217.

3*t*-[6-Hydroxy-4-isopropyl-7-oxo-cyclohepta-1,3,5-trienyl]-1-[2-nitro-phenyl]-propenon $C_{19}H_{17}NO_5$, Formel III (X = NO_2, X′ = H) und Taut.; **6-Isopropyl-3-[3-(2-nitro-phenyl)-3-oxo-*trans*-propenyl]-tropolon.**

B. Analog der vorangehenden Verbindung (*Matsumoto,* Sci. Rep. Tohoku Univ. [I] **42** [1958] 215, 216).

Orangefarbene Kristalle (aus E.+Me.); F: 136,5–137,5° [unkorr.] (*Ma.,* l. c. S. 219). Ab≠sorptionsspektrum (Me.; 200–500 nm): *Ma.,* l. c. S. 217.

3*t*-[6-Hydroxy-4-isopropyl-7-oxo-cyclohepta-1,3,5-trienyl]-1-[4-nitro-phenyl]-propenon $C_{19}H_{17}NO_5$, Formel III (X = H, X′ = NO_2) und Taut.; **6-Isopropyl-3-[3-(4-nitro-phenyl)-3-oxo-*trans*-propenyl]-tropolon.**

B. Analog den vorangehenden Verbindungen (*Matsumoto,* Sci. Rep. Tohoku Univ. [I] **42** [1958] 215, 216).

Orangefarbene Kristalle (aus E.); F: 182–183° [unkorr.] (*Ma.,* l. c. S. 219). Absorptions≠spektrum (Me.; 200–500 nm): *Ma.,* l. c. S. 217.

4,4′-Diacetoxy-3,3′-diallyl-benzophenon $C_{23}H_{22}O_5$, Formel V.

Kristalle; F: 86–87° (*Funke, Daniken,* Bl. **1953** 457, 461).

1-[1-Hydroxy-5,6,7,8-tetrahydro-[2]naphthyl]-3-phenyl-propan-1,3-dion $C_{19}H_{18}O_3$, Formel VI (X = OH, X′ = H) und Taut.

B. Beim Behandeln von 1-[1-Benzoyloxy-5,6,7,8-tetrahydro-[2]naphthyl]-äthanon mit KOH in Pyridin (*O'Farrell et al.,* Soc. **1955** 3986, 3991).

Orangefarbene Kristalle (aus A.) mit 0,5 Mol H_2O; F: 117–119°.

1-[3-Hydroxy-5,6,7,8-tetrahydro-[2]naphthyl]-3-phenyl-propan-1,3-dion $C_{19}H_{18}O_3$, Formel VI (X = H, X′ = OH).

B. Analog der vorangehenden Verbindung (*O'Farrell et al.,* Soc. **1955** 3986, 3991).

Orangegelbe Kristalle (aus A.); F: 107–108°.

3-Acetoxy-7-isopropyl-1,4-dimethyl-phenanthren-9,10-dion $C_{21}H_{20}O_4$, Formel VII.

B. Beim Behandeln von Essigsäure-[7-isopropyl-1,4-dimethyl-[3]phenanthrylester] mit CrO_3 in Essigsäure (*Karrman*, Svensk kem. Tidskr. **61** [1949] 221, 224).

Gelbe Kristalle (aus Eg.); F: 206–208°.

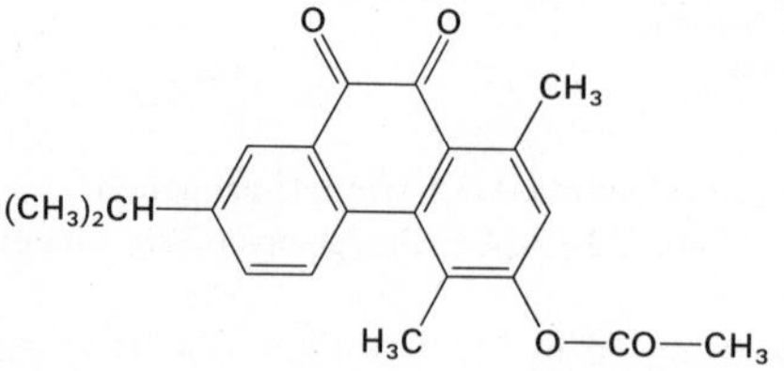

VII 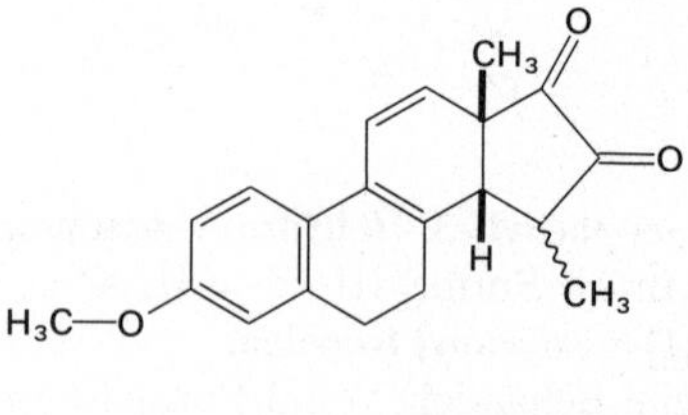 VIII

(±)-3-Methoxy-13,15ξ-dimethyl-(13r,14c)-7,13,14,15-tetrahydro-6*H*-cyclopenta[*a*]phenanthren-16,17-dion, *rac*-3-Methoxy-15ξ-methyl-13α-östra-1,3,5(10),8,11-pentaen-16,17-dion $C_{20}H_{20}O_3$, Formel VIII + Spiegelbild und Taut.

Die nachstehend beschriebene Verbindung liegt in kristallinem Zustand überwiegend als (±)-16-Hydroxy-3-methoxy-13,15-dimethyl-(13*r*,14*c*)-6,7,13,14-tetrahydro-cyclopenta[*a*]phenanthren-17-on vor (*Sarezkaja et al.*, Izv. Akad. S.S.S.R. Ser. chim. **1965** 1051; engl. Ausg. S. 1010).

B. Beim Erwärmen von 4-[2-Acetoxy-vinyl]-7-methoxy-1,2-dihydro-naphthalin (aus [6-Methoxy-3,4-dihydro-2*H*-[1]naphthyliden]-acetaldehyd und Isopropenylacetat hergestellt) mit 3,5-Dimethyl-cyclopent-3-en-1,2-dion in Benzol (*Šorkina et al.*, Doklady Akad. S.S.S.R. **129** [1959] 345, 348; Pr. Acad. Sci. U.S.S.R. Chem. Sect. **124–129** [1959] 991, 994).

Kristalle (aus A.); F: 183–184° (*Šo. et al.*), 182–183° (*Sa. et al.*, l. c. S. 1054). IR-Banden (Mineralöl; 3370–1640 cm^{-1}): *Sa. et al.* λ_{max} (A.): 244 nm und 299 nm (*Šo. et al.*) bzw. 235 nm und 300 nm (*Sa. et al.*).

Hydroxy-oxo-Verbindungen $C_{20}H_{20}O_3$

1-{4-[1-Äthyl-2-(4-methoxy-phenyl)-but-1-en-*c*(?)-yl]-phenyl}-2-diazo-äthanon $C_{21}H_{22}N_2O_2$, vermutlich Formel IX.

B. Beim Behandeln von 4-[1-Äthyl-2-(4-methoxy-phenyl)-but-1-en-*c*(?)-yl]-benzoylchlorid (aus der entsprechenden Carbonsäure [F: 176°] und $SOCl_2$ hergestellt) mit Diazomethan in Äther (*Campbell, Hunt,* Soc. **1951** 956, 958).

Gelbe Kristalle (aus Bzl. + PAe.); F: 136–137°.

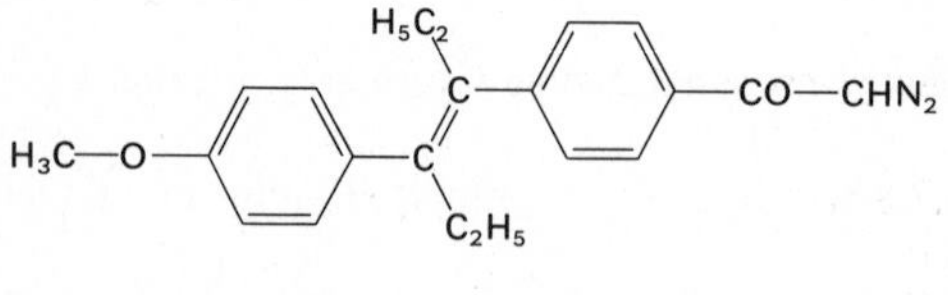

IX 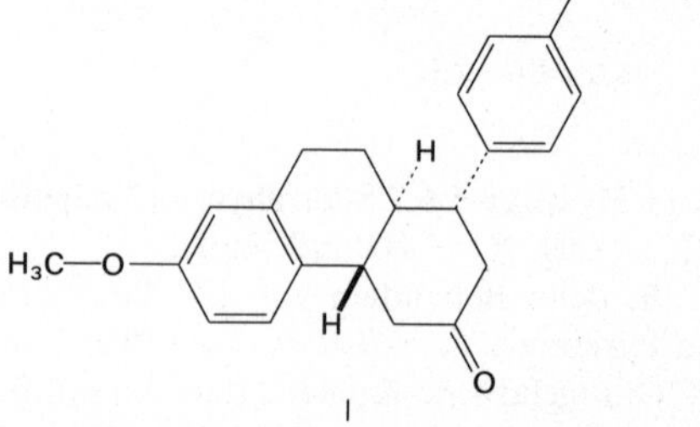 I

(±)-7-Methoxy-1*t*(?)-[4-methoxy-phenyl]-(4a*r*,10a*t*)-1,4,4a,9,10,10a-hexahydro-2*H*-phenanthren-3-on $C_{22}H_{24}O_3$, vermutlich Formel I + Spiegelbild.

B. Beim Erwärmen von (±)-7-Methoxy-1*t*(?)-[4-methoxy-phenyl]-(4a*r*,10a*t*)-1,2,3,4,4a,9,=

10,10a-octahydro-[3ξ]phenanthrol (E IV **6** 7609) mit Cyclohexanon und Aluminium-*tert*-butylat in Benzol (*Jutay*, Am. Soc. **75** [1953] 3008, 3011). Beim Hydrieren von (±)-7-Methoxy-1*c*(?)-[4-methoxy-phenyl]-(10a*r*)-1,9,10,10a-tetrahydro-2*H*-phenanthren-3-on (S. 2640) an Palladium/Kohle in Propan-1-ol und Benzol unter Zusatz von methanol. KOH (*Ju.*).

Kristalle (aus Acn.); F: 154,5–156° [korr.].

Hydroxy-oxo-Verbindungen $C_{21}H_{22}O_3$

***Opt.-inakt. 2-[α-Hydroxy-α'-oxo-bibenzyl-α-yl]-6-methyl-cyclohexanon, 2-Hydroxy-2-[3-methyl-2-oxo-cyclohexyl]-1,2-diphenyl-äthanon** $C_{21}H_{22}O_3$, Formel II (R = R' = H, R'' = CH_3).

B. Aus Benzil und (±)-2-Methyl-cyclohexanon mit Hilfe von Natriummethylat (*Allen, VanAllan*, J. org. Chem. **16** [1951] 716, 717, 720).

F: 121°.

***Opt.-inakt. 2-[α-Hydroxy-α'-oxo-bibenzyl-α-yl]-4-methyl-cyclohexanon, 2-Hydroxy-2-[5-methyl-2-oxo-cyclohexyl]-1,2-diphenyl-äthanon** $C_{21}H_{22}O_3$, Formel II (R = CH_3, R' = R'' = H).

B. Analog der vorangehenden Verbindung (*Allen, VanAllan*, J. org. Chem. **16** [1951] 716, 717, 720).

F: 139°.

***Opt.-inakt. 2-[α-Hydroxy-α'-oxo-bibenzyl-α-yl]-5-methyl-cyclohexanon, 2-Hydroxy-2-[4-methyl-2-oxo-cyclohexyl]-1,2-diphenyl-äthanon** $C_{21}H_{22}O_3$, Formel II (R = R'' = H, R' = CH_3).

B. Analog den vorangehenden Verbindungen (*Allen, VanAllan*, J. org. Chem. **16** [1951] 716, 717, 720).

F: 119°.

Hydroxy-oxo-Verbindungen $C_{22}H_{24}O_3$

***Opt.-inakt. 2-Hydroxy-2-[2-oxo-cyclohexyl]-1,2-di-*o*-tolyl-äthanon** $C_{22}H_{24}O_3$, Formel III (R = CH_3, R' = H).

B. Analog den vorangehenden Verbindungen (*Allen, VanAllan*, J. org. Chem. **16** [1951] 716, 717, 720).

F: 153°.

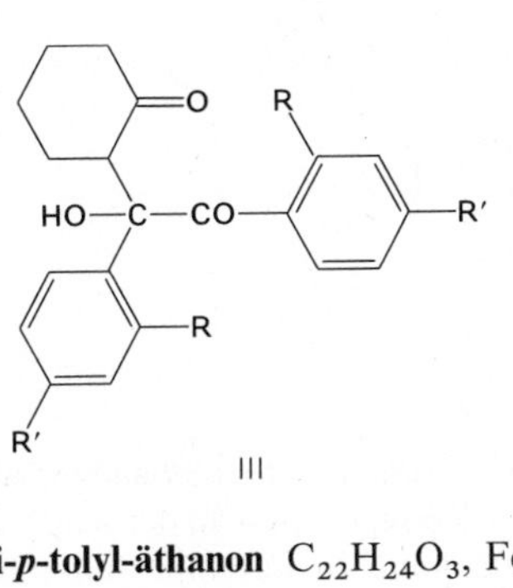

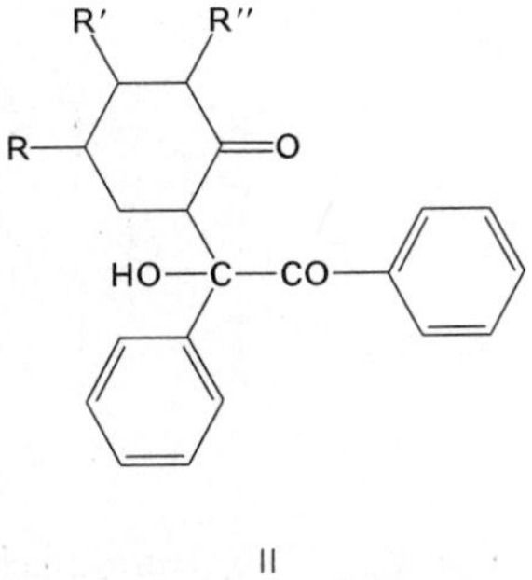

***Opt.-inakt. 2-Hydroxy-2-[2-oxo-cyclohexyl]-1,2-di-*p*-tolyl-äthanon** $C_{22}H_{24}O_3$, Formel III (R = H, R' = CH_3).

B. Analog den vorangehenden Verbindungen (*Allen, VanAllan*, J. org. Chem. **16** [1951] 716, 717, 720).

F: 185°.

Hydroxy-oxo-Verbindungen $C_{23}H_{26}O_3$

***Opt.-inakt. 2-[α-Hydroxy-α'-oxo-bibenzyl-α-yl]-4-isopropyl-cyclohexanon, 2-Hydroxy-2-[5-isopropyl-2-oxo-cyclohexyl]-1,2-diphenyl-äthanon** $C_{23}H_{26}O_3$, Formel II (R = $CH(CH_3)_2$, R' = R'' = H).

B. Analog den vorangehenden Verbindungen (*Allen, VanAllan,* J. org. Chem. **16** [1951] 716, 717, 720).

F: 139°.

Hydroxy-oxo-Verbindungen $C_{24}H_{28}O_3$

***Opt.-inakt. 4-*sec*-Butyl-2-[α-hydroxy-α'-oxo-bibenzyl-α-yl]-cyclohexanon, 2-[5-*sec*-Butyl-2-oxo-cyclohexyl]-2-hydroxy-1,2-diphenyl-äthanon** $C_{24}H_{28}O_3$, Formel II (R = $CH(CH_3)$-C_2H_5, R' = R'' = H).

B. Analog den vorangehenden Verbindungen (*Allen, VanAllan,* J. org. Chem. **16** [1951] 716, 717, 720).

F: 146°.

***Opt.-inakt. 4-*tert*-Butyl-2-[α-hydroxy-α'-oxo-bibenzyl-α-yl]-cyclohexanon, 2-[5-*tert*-Butyl-2-oxo-cyclohexyl]-2-hydroxy-1,2-diphenyl-äthanon** $C_{24}H_{28}O_3$, Formel II (R = $C(CH_3)_3$, R' = R'' = H).

B. Analog den vorangehenden Verbindungen (*Allen, VanAllan,* J. org. Chem. **16** [1951] 716, 717, 720).

F: 171°.

Hydroxy-oxo-Verbindungen $C_{26}H_{32}O_3$

16-[(*E*?)-Benzyliden]-3β,14-dihydroxy-androst-5-en-17-on $C_{26}H_{32}O_3$, vermutlich Formel IV.

Bezüglich der Konfiguration an der semicyclischen Doppelbindung vgl. das analog hergestellte 2-[(*E*)-Benzyliden]-5-methyl-cyclopentanon (E III **7** 1672).

B. Beim Erwärmen von 3β-Acetoxy-14-hydroxy-androst-5-en-17-on (S. 2041) mit Benzaldehyd und Natriummethylat in Methanol (*André et al.,* Am. Soc. **74** [1952] 5506, 5509).

Kristalle (aus Me.); F: 266–268° [unkorr.]. λ_{max} (A.): 221 nm und 290 nm. $[\alpha]_D^{23}$: +46° [A.].

O^3-Acetyl-Derivat $C_{28}H_{34}O_4$; 3β-Acetoxy-16-[(*E*?)-benzyliden]-14-hydroxy-androst-5-en-17-on. Kristalle (aus E.); F: 304–306° [unkorr.].

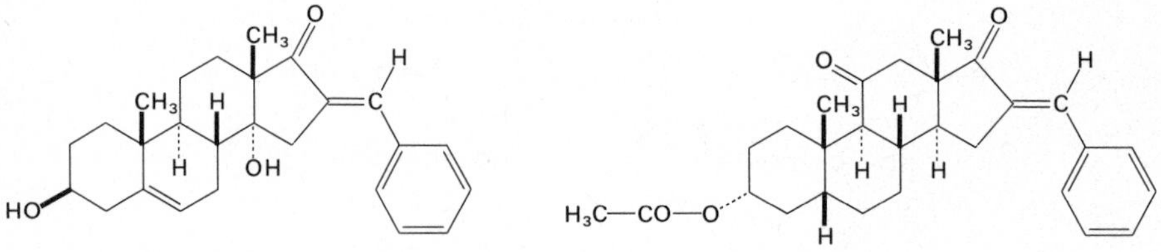

IV

V

3α-Acetoxy-16-[(*E*?)-benzyliden]-5β-androstan-11,17-dion $C_{28}H_{34}O_4$, vermutlich Formel V.

Bezüglich der Konfiguration an der semicyclischen Doppelbindung vgl. das analog hergestellte 2-[(*E*)-Benzyliden]-5-methyl-cyclopentanon (E III **7** 1672).

B. Beim Behandeln von 3α-Acetoxy-5β-androstan-11,17-dion in Äthanol mit Benzaldehyd und wss. KOH und Behandeln des Reaktionsprodukts mit Acetanhydrid und Pyridin (*Wendler et al.,* Am. Soc. **78** [1956] 5027, 5032).

Kristalle (aus Acn. + Hexan); F: 245–247° [korr.]. λ_{max} (Me.): 229 nm und 295 nm.

Hydroxy-oxo-Verbindungen $C_{27}H_{34}O_3$

17-[(*E*?)-Benzyliden]-3α-hydroxy-*D*-homo-5β-androstan-11,17a-dion $C_{27}H_{34}O_3$, vermutlich Formel VI.

Bezüglich der Konfiguration an der semicyclischen Doppelbindung vgl. das analog hergestellte 2-[(*E*)-Benzyliden]-6-methyl-cyclohexanon (E III **7** 1684).

B. Beim Behandeln von 3α-Hydroxy-*D*-homo-5β-androstan-11,17a-dion mit Benzaldehyd und methanol. NaOH (*Clinton et al.*, Am. Soc. **79** [1957] 6475, 6477).

Kristalle (aus Me.); F: 198,7–203,2° [korr.].

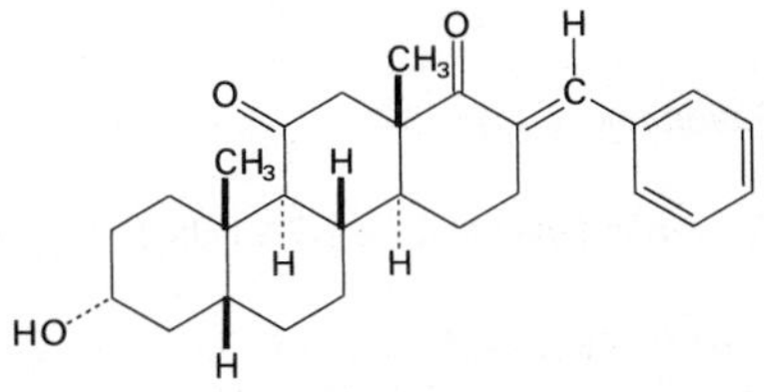

VI 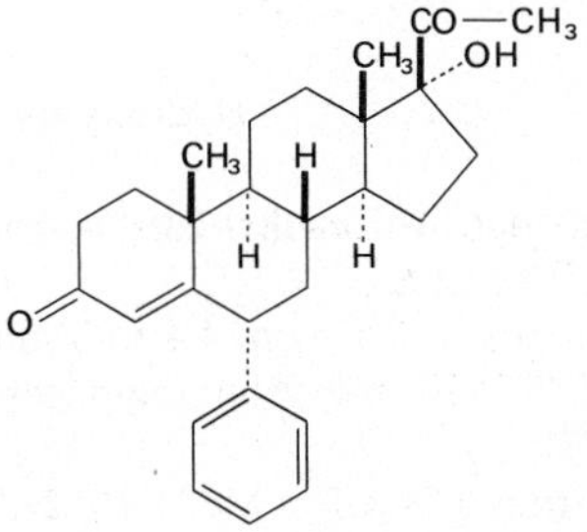 VII

17-Hydroxy-6α-phenyl-pregn-4-en-3,20-dion $C_{27}H_{34}O_3$, Formel VII.

B. Beim Behandeln von 5,17-Dihydroxy-6β-phenyl-5α-pregnan-3,20-dion mit methanol. KOH (*Zderic, Limon*, Am. Soc. **81** [1959] 4570).

Kristalle (aus Acn. + Hexan) mit 1 Mol H_2O; F: 259–261° [unkorr.]. $[\alpha]_D$: −16° [$CHCl_3$]. IR-Banden (KBr; 2,5–14,5 μ): *Zd., Li.* λ_{max} (A.): 244–246 nm.

Hydroxy-oxo-Verbindungen $C_{28}H_{36}O_3$

3α-Hydroxy-23*t*(?)-phenyl-21,24-dinor-5β-chol-22-en-11,20-dion $C_{28}H_{36}O_3$, vermutlich Formel VIII.

B. Beim Behandeln von 3α-Acetoxy-5β-pregnan-11,20-dion mit Benzaldehyd und Natrium-methylat (*Turner et al.*, Am. Soc. **74** [1952] 5814, 5817) oder mit Benzaldehyd und Piperidin (*Oliveto et al.*, Am. Soc. **76** [1954] 6111) in Methanol.

Kristalle (aus Bzl. + PAe.); F: 220–221°. $[\alpha]_D^{27}$: +57° [$CHCl_3$; c = 1] (*Tu. et al.*). λ_{max} (A.): 294 nm (*Ol. et al.*).

Beim Behandeln mit $LiAlH_4$ in Äther und THF entsteht 23-Phenyl-21,24-dinor-5β-cholan-3α,11β,20α_F-triol, beim Behandeln mit KBH_4 in wss. Methanol ist 3α,20β_F-Dihydroxy-23*t*(?)-phenyl-21,24-dinor-5β-chol-22-en-11-on (S. 2583) erhalten worden (*Ol. et al.*). Bildung von 23*t*(?)-Phenyl-21,24-dinor-5β-chol-22-en-3α,11β,20β_F-triol (E IV **6** 7600) und 23*t*(?)-Phenyl-21,24-dinor-5β-chol-22-en-3α,11α,20β_F-triol (E IV **6** 7600) bei der Reduktion mit $LiBH_4$ in Äther und THF: *Ol. et al.*

Acetyl-Derivat $C_{30}H_{38}O_4$; 3α-Acetoxy-23*t*(?)-phenyl-21,24-dinor-5β-chol-22-en-11,20-dion. Kristalle; F: 207–209° [korr.; aus Me.] (*Ol. et al.*), 205–206,5° [aus $CHCl_3$ + PAe.] (*Tu. et al.*). $[\alpha]_D^{27}$: +93° [$CHCl_3$; c = 1] (*Tu. et al.*); $[\alpha]_D$: +90,1° [$CHCl_3$; c = 1] (*Ol. et al.*).

18-[(*E*)-Benzyliden]-3β-hydroxy-5α,14β,17β*H*-pregnan-11,20-dion $C_{28}H_{36}O_3$, Formel IX.

B. Aus 18-[(*E*)-Benzyliden]-3β-hydroxy-11-oxo-*D*-homo-13,17a-seco-5α,14β-androst-12-en-17a-säure über mehrere Stufen (*Barton et al.*, Soc. **1957** 2698, 2702).

Kristalle (aus Ae.); F: 194–195°. Bei 160°/10^{-5} Torr sublimierbar. $[\alpha]_D$: −26° [$CHCl_3$; c = 0,8]. IR-Banden (Nujol; 3350–650 cm^{-1}): *Ba. et al.*, l. c. S. 2699. λ_{max} (A.): 255 nm (*Ba. et al.*, l. c. S. 2702).

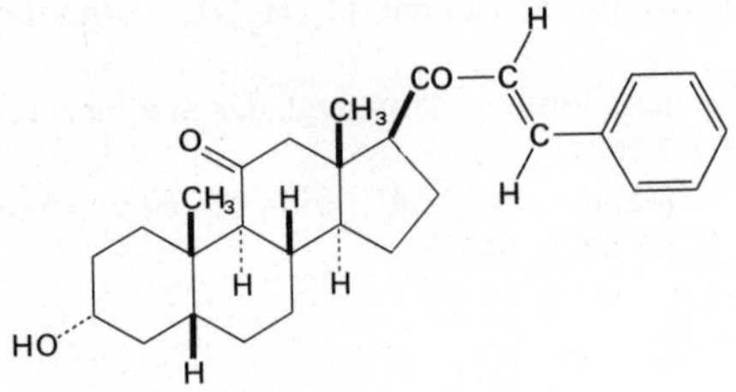

VIII 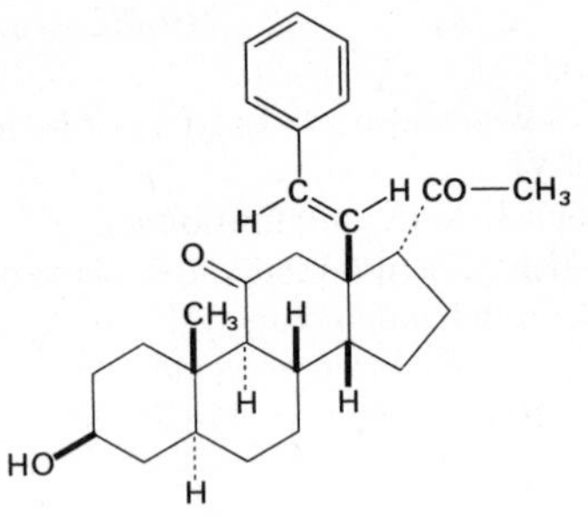 IX

Hydroxy-oxo-Verbindungen $C_{31}H_{42}O_3$

20ξ-Hydroxy-4,4,14-trimethyl-23*t*(?)-phenyl-21,24-dinor-5α-chol-22-en-7,11-dion $C_{31}H_{42}O_3$, vermutlich Formel X.

B. Beim Erwärmen von 4,4,14-Trimethyl-23*t*(?)-phenyl-21,24-dinor-5α-chol-22-en-7,11,20-trion (E IV **7** 2830) mit Aluminiumisopropylat und Isopropylalkohol (*Voser et al.*, Helv. **35** [1952] 66, 73).

Kristalle (aus CH_2Cl_2+Me.); F: 222–224° [korr.; evakuierte Kapillare; nach Sintern ab 210°]. $[\alpha]_D$: +32° [$CHCl_3$; c = 1,1]. UV-Spektrum ($CHCl_3$; 240–300 nm): *Vo. et al.*, l. c. S. 67.

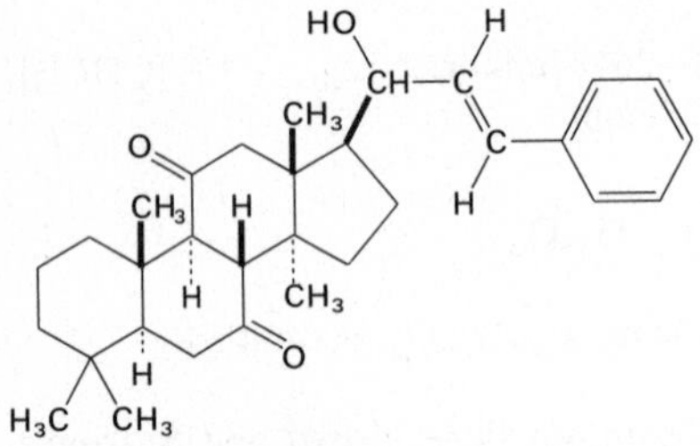

X 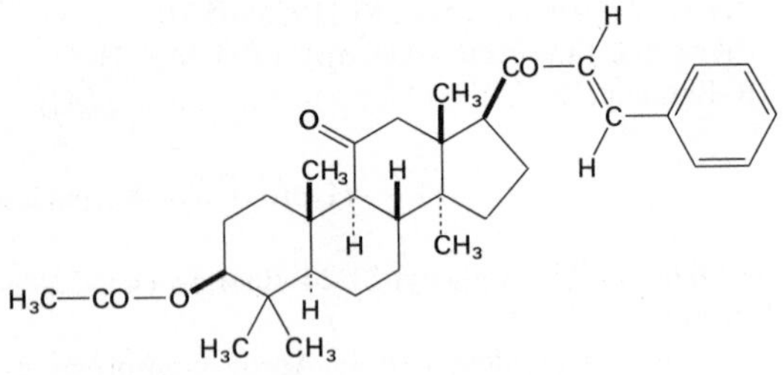 XI

3β-Acetoxy-4,4,14-trimethyl-23*t*(?)-phenyl-21,24-dinor-5α-chol-22-en-11,20-dion $C_{33}H_{44}O_4$, vermutlich Formel XI.

B. Beim Behandeln von 3β-Acetoxy-4,4,14-trimethyl-5α-pregnan-11,20-dion in $CHCl_3$ und Benzol mit Benzaldehyd und Natriumäthylat in Äthanol (*Voser et al.*, Helv. **35** [1952] 503, 509).

Kristalle (aus CH_2Cl_2+Hexan); F: 204–206° [korr.; evakuierte Kapillare]. $[\alpha]_D$: +34° [$CHCl_3$; c = 1].

Hydroxy-oxo-Verbindungen $C_nH_{2n-22}O_3$

Hydroxy-oxo-Verbindungen $C_{16}H_{10}O_3$

7-Methoxy-4-phenyl-[1,2]naphthochinon $C_{17}H_{12}O_3$, Formel I.

B. Neben kleineren Mengen 4-[4-Methoxy-phenyl]-[1,2]naphthochinon beim Erhitzen von 4-[4-Methoxy-phenyl]-4-phenyl-but-3-ensäure (F: ca. 80°) mit Natriumacetat und Acetanhydrid und Behandeln des Reaktionsprodukts in Aceton mit $NO(SO_3K)_2$ in wss. KH_2PO_4 (*Cassebaum, Hofferek*, B. **92** [1959] 1643, 1650).

Rote Kristalle (aus wss. Acn.); F: 195–196°. Absorptionsspektrum ($CHCl_3$; 240–560 nm):

Ca., Ho., l. c. S. 1646. Redoxpotential in wss. Äthanol: *Ca., Ho.,* l. c. S. 1648.

o-Phenylendiamin-Kondensationsprodukt $C_{23}H_{16}N_2O$; 2-Methoxy-5-phenyl-benzo[*a*]phenazin. Kristalle (aus Eg.); F: 188–190°.

5-Methoxy-4-phenyl-[1,2]naphthochinon $C_{17}H_{12}O_3$, Formel II.

B. Neben der folgenden Verbindung beim Erhitzen von 4-[2-Methoxy-phenyl]-4-phenyl-but-3-ensäure (F: 150–152°) mit Natriumacetat und Acetanhydrid und Behandeln des Reaktionsprodukts in Aceton mit $NO(SO_3K)_2$ in wss. KH_2PO_4 (*Cassebaum, Hofferek,* B. **92** [1959] 1643, 1650).

Rote Kristalle (aus wss. Acn.); F: 159°. Absorptionsspektrum ($CHCl_3$; 250–520 nm): *Ca., Ho.,* l. c. S. 1645. Redoxpotential in wss. Äthanol: *Ca., Ho.,* l. c. S. 1648.

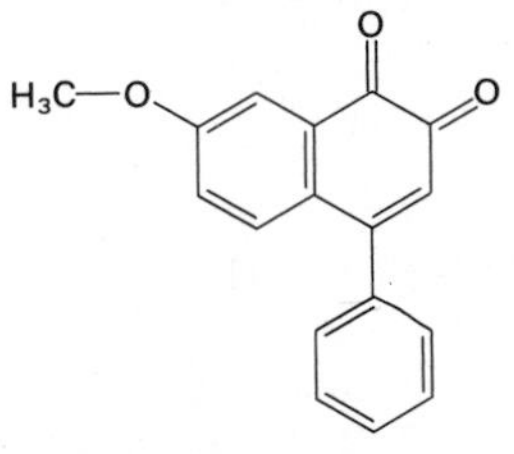

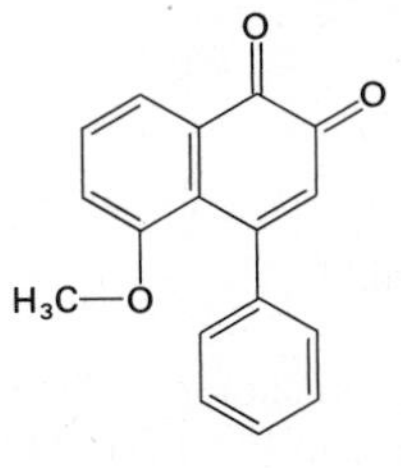

4-[2-Methoxy-phenyl]-[1,2]naphthochinon $C_{17}H_{12}O_3$, Formel III.

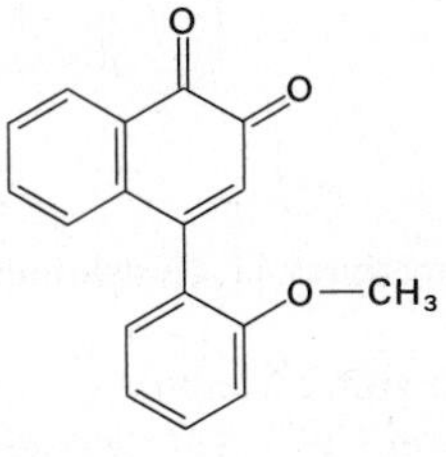

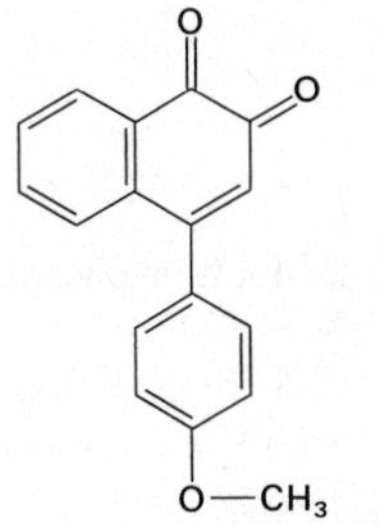

B. s. im vorangehenden Artikel.

Orangegelbe Kristalle (aus wss. Acn. oder A.); F: 121–122° (*Cassebaum, Hofferek,* B. **92** [1959] 1643, 1650). Absorptionsspektrum ($CHCl_3$; 250–550 nm): *Ca., Ho.,* l. c. S. 1645. Redoxpotential in wss. Äthanol: *Ca., Ho.,* l. c. S. 1648.

4-[4-Methoxy-phenyl]-[1,2]naphthochinon $C_{17}H_{12}O_3$, Formel IV.

B. s. o. im Artikel 7-Methoxy-4-phenyl-[1,2]naphthochinon.

Orangegelbe Kristalle (aus wss. A.); F: 129–131° (*Cassebaum, Hofferek,* B. **92** [1959] 1643, 1650). Absorptionsspektrum ($CHCl_3$; 250–550 nm): *Ca., Ho.,* l. c. S. 1646. Redoxpotential in wss. Äthanol: *Ca., Ho.,* l. c. S. 1648.

o-Phenylendiamin-Kondensationsprodukt $C_{23}H_{16}N_2O$; 5-[4-Methoxy-phenyl]-benzo[*a*]phenazin. Kristalle (aus Eg.); F: 153–155°.

2-Hydroxy-3-phenyl-[1,4]naphthochinon $C_{16}H_{10}O_3$, Formel V (R = X = H) und Taut. (H 356; E II 409; E III 2981).

B. Aus Indan-1,2,3-trion und Diazo-phenyl-methan in Äther unter Ausschluss von H_2O und Alkoholen (*Eistert, Müller,* B. **92** [1959] 2071, 2074). Beim Erwärmen von 2-Brom-3-phenyl-[1,4]naphthochinon mit methanol. NaOH (*Fieser, Bader,* Am. Soc. **73** [1951] 681, 684).

Gelbe Kristalle (aus A.); F: 145–146° (*Ei., Mü.*). λ_{max} (wss. NaOH [0,1 n]): 480 nm (*Ettlinger,* Am. Soc. **72** [1950] 3085, 3086). Scheinbarer Dissoziationsexponent pK'_a (H_2O; spektrophotometrisch ermittelt) bei 26–33°: 4,35 (*Et.*). Redoxpotential in wss. Äthanol: *Cassebaum,* Z. El. Ch. **62** [1958] 426, 427.

Verhalten beim Erhitzen in gepufferter wss. Lösung unter Stickstoff bzw. unter Einleiten von Luft: *Schtschukina, Šemkin,* Ž. obšč. Chim. **26** [1956] 1695, 1698; engl. Ausg. S. 1901, 1903.

Verbindung mit 2-Phenyl-naphthalin-1,3-diol $C_{16}H_{10}O_3 \cdot C_{16}H_{12}O_2$. *B.* Neben 2-Phenyl-naphthalin-1,3-diol beim Erhitzen von Phenylacetylchlorid mit Oxalylchlorid und Erhitzen des Reaktionsprodukts mit wss. NaOH (*Kühnhanss, Teubel,* J. pr. [4] **1** [1954] 87, 94;

vgl. *Runge, Koch,* B. **91** [1958] 1217, 1219). Beim Behandeln einer Lösung der beiden Komponenten in Methanol mit H_2O (*Ru., Koch,* l. c. S. 1222). – Rote Kristalle; F: 175° [aus $CHCl_3$ + PAe.] (*Kü., Te.*), 172–173,5° (*Ru., Koch,* l. c. S. 1222).

2-Methoxy-3-phenyl-[1,4]naphthochinon $C_{17}H_{12}O_3$, Formel V (R = CH_3, X = H) (H 356).

B. Aus 2-Hydroxy-3-phenyl-[1,4]naphthochinon und Diazomethan in Äther (*Runge, Koch,* B. **91** [1958] 1217, 1222).

Gelbe Kristalle; F: 121,5–122,5°.

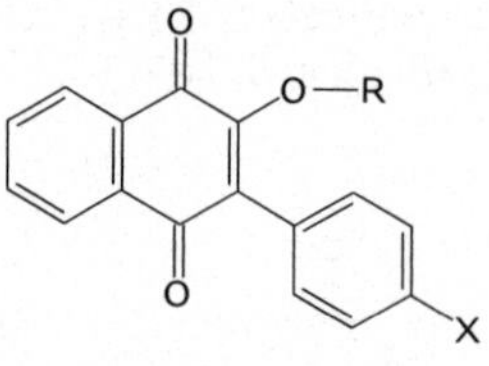

V 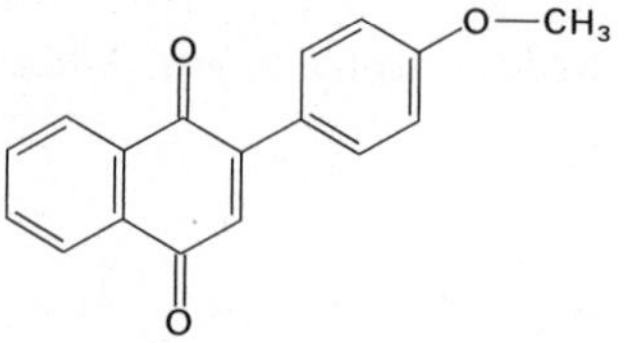 VI

2-[4-Chlor-phenyl]-3-methoxy-[1,4]naphthochinon $C_{17}H_{11}ClO_3$, Formel V (R = CH_3, X = Cl).

B. Beim Behandeln von 2-Methoxy-[1,4]naphthochinon in Aceton mit diazotiertem 4-Chloranilin unter Zusatz von $CuCl_2$ (*Malinowski,* Roczniki Chem. **29** [1955] 47, 51, 52; C. A. **1956** 3364).

F: 187°.

2-Hydroxy-3-[4-nitro-phenyl]-[1,4]naphthochinon $C_{16}H_9NO_5$, Formel V (R = H, X = NO_2) und Taut. (E III 2983).

B. Beim Erhitzen der folgenden Verbindung mit wss. NaOH (*Malinowski,* Roczniki Chem. **29** [1955] 47, 52; C. A. **1956** 3364).

Kristalle (aus Acn.); F: 278–280°.

2-Methoxy-3-[4-nitro-phenyl]-[1,4]naphthochinon $C_{17}H_{11}NO_5$, Formel V (R = CH_3, X = NO_2).

B. Aus 2-Methoxy-[1,4]naphthochinon und diazotiertem 4-Nitro-anilin in Aceton unter Zusatz von $CuCl_2$ (*Malinowski,* Roczniki Chem. **29** [1955] 47, 51, 52; C. A. **1956** 3364).

Kristalle (aus Acn.); F: 204–206°.

2-[4-Methoxy-phenyl]-[1,4]naphthochinon $C_{17}H_{12}O_3$, Formel VI.

B. Beim Behandeln von [4-Methoxy-phenyl]-[1,4]benzochinon mit Buta-1,3-dien in Essigsäure und Erwärmen der Reaktionslösung mit wss. CrO_3 (*Grinew et al.,* Ž. obšč. Chim. **29** [1959] 2773, 2775; engl. Ausg. S. 2737, 2738).

Kristalle (aus PAe.); F: 122–123°.

2-[4-Methoxy-benzyliden]-indan-1,3-dion $C_{17}H_{12}O_3$, Formel VII (E II 410; E III 2985).

Beim Behandeln einer methanol. Lösung mit Diazomethan in Äther ist 3-[4-Methoxy-phenyl]-2,3-dihydro-indeno[1,2-*b*]furan-4-on erhalten worden (*Mustafa, Hilmy,* Soc. **1952** 1434).

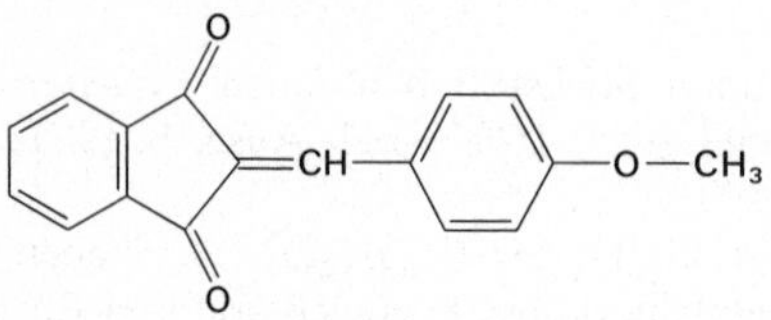

VII 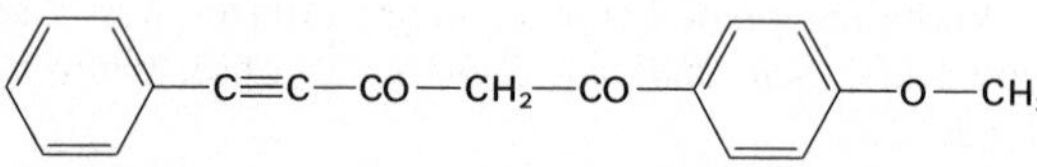 VIII

Hydroxy-oxo-Verbindungen $C_{17}H_{12}O_3$

1-[4-Methoxy-phenyl]-5-phenyl-pent-4-in-1,3-dion $C_{18}H_{14}O_3$, Formel VIII und Taut.

B. Beim Behandeln von 1-[4-Methoxy-phenyl]-äthanon mit Phenylpropiolsäure-äthylester und Natriumäthylat in Äther (*Soliman, El-Kholy,* Soc. **1954** 1755, 1758).

Gelbe Kristalle (aus A. oder Bzl.); F: 140°.

Monooxim $C_{18}H_{15}NO_3$. Gelbliche Kristalle (aus Bzl.+PAe.); F: 187°.

[2,3-Dihydroxy-[1]naphthyl]-phenyl-keton $C_{17}H_{12}O_3$, Formel IX (X = OH, X' = H).

B. Beim Erwärmen von Naphthalin-2,3-diol mit Benzoylchlorid und $AlCl_3$ in 1,1,2,2-Tetra-chlor-äthan (*Waldmann,* B. **83** [1950] 171, 173). Aus 2,3-Dibenzoyloxy-naphthalin mit Hilfe von $AlCl_3$ (*Prajer,* Roczniki Chem. **30** [1956] 637).

Kristalle; F: 198,5° [aus A.] (*Wa.*), 182–183° (*Pr.*).

[2-Hydroxy-[1]naphthyl]-[3-hydroxy-phenyl]-keton $C_{17}H_{12}O_3$, Formel IX (X = H, X' = OH).

B. Beim Erhitzen von 3-Methoxy-benzoesäure-[2]naphthylester mit $AlCl_3$ (*Saharia, Sharma,* J. scient. ind. Res. India **16** B [1957] 125, 127).

Kristalle (aus Bzl.); F: 178°.

[2-Hydroxy-[1]naphthyl]-[4-methoxy-phenyl]-keton $C_{18}H_{14}O_3$, Formel X (R = H).

B. Neben der folgenden Verbindung beim Behandeln von 2-Methoxy-naphthalin mit 4-Meth-oxy-benzoylchlorid und $AlCl_3$ in Nitrobenzol (*Desai, Desai,* J. scient. ind. Res. India **14** B [1955] 505, 507).

Gelbe Kristalle (aus wss. A.); F: 116°.

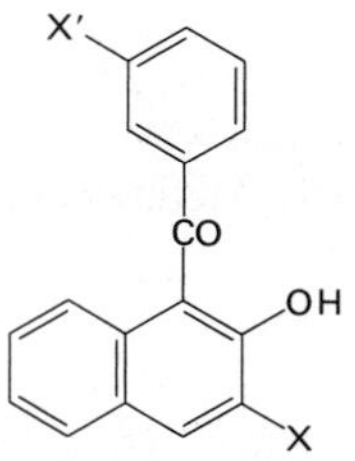

IX 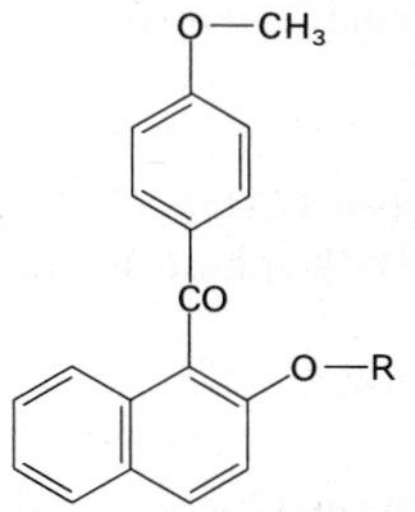 X 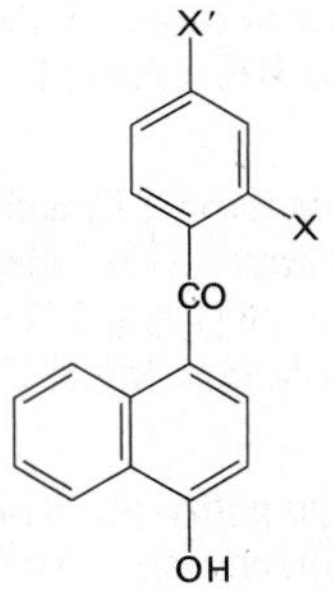 XI

[2-Methoxy-[1]naphthyl]-[4-methoxy-phenyl]-keton $C_{19}H_{16}O_3$, Formel X (R = CH_3).

B. s. im vorangehenden Artikel.

Kristalle (aus Bzl.); F: 160–161° (*Desai, Desai,* J. scient. ind. Res. India **14** B [1955] 505, 507).

[4-Hydroxy-[1]naphthyl]-[2-methoxy-phenyl]-keton $C_{18}H_{14}O_3$, Formel XI (X = O-CH_3, X' = H).

B. Beim Behandeln von [1]Naphthol mit 2-Methoxy-benzoylchlorid und $ZnCl_2$ in Nitrobenzol (*Desai, Desai,* J. scient. ind. Res. India **14** B [1955] 498, 502).

Hellgelbe Kristalle (aus Acn.+H_2O); F: 183–184°.

[4-Hydroxy-[1]naphthyl]-[4-methoxy-phenyl]-keton $C_{18}H_{14}O_3$, Formel XI (X = H, X' = O-CH_3).

B. Analog der vorangehenden Verbindung (*Desai, Desai,* J. scient. ind. Res. India **14** B [1955] 498, 502).

Kristalle (aus Acn.+H_2O); F: 178°.

[2,3-Dimethoxy-phenyl]-[1]naphthyl-keton $C_{19}H_{16}O_3$, Formel XII (X = O-CH$_3$, X' = H) (E III 2986).

B. Beim Erwärmen von [1]Naphthylmagnesiumbromid mit 2,3-Dimethoxy-benzaldehyd in Äther und Behandeln des erhaltenen (±)-[2,3-Dimethoxy-phenyl]-[1]naphthyl-methan=ols $C_{19}H_{18}O_3$ (F: 132–133°) mit $K_2Cr_2O_7$ (*Waldmann,* B. **83** [1950] 171, 174).

F: 79–80°.

[2,5-Dimethoxy-phenyl]-[1]naphthyl-keton $C_{19}H_{16}O_3$, Formel XII (X = H, X' = O-CH$_3$).

B. Beim Erwärmen von 1,4-Dimethoxy-benzol mit [1]Naphthoylchlorid und $AlCl_3$ in CS_2 (*Waldmann,* B. **83** [1950] 171, 174).

Gelbe Kristalle (aus Me.); F: 96,5°.

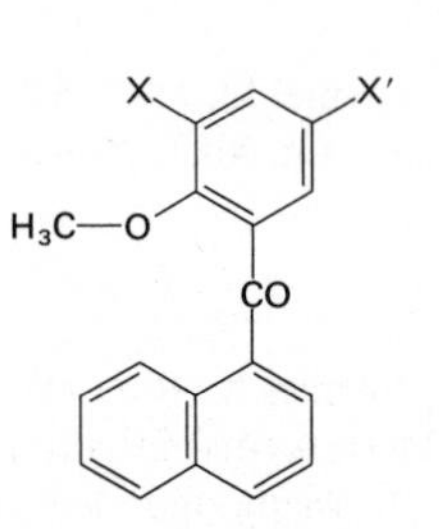

XII 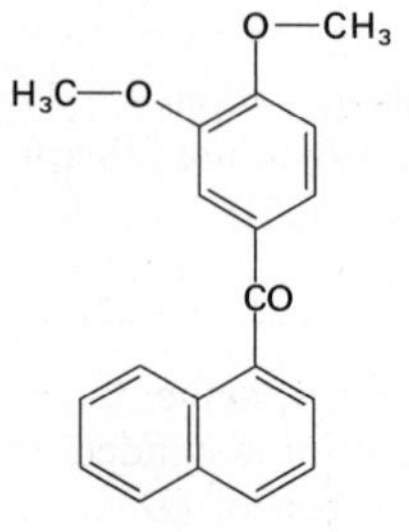 XIII 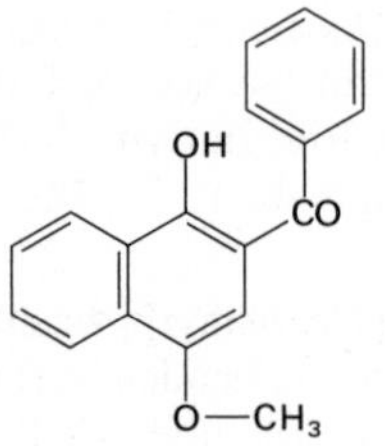 XIV

[3,4-Dimethoxy-phenyl]-[1]naphthyl-keton $C_{19}H_{16}O_3$, Formel XIII.

B. Analog der vorangehenden Verbindung (*Waldmann,* B. **83** [1950] 171, 175).

Kristalle (aus Bzl. + Ae.); F: 94°.

[1-Hydroxy-4-methoxy-[2]naphthyl]-phenyl-keton $C_{18}H_{14}O_3$, Formel XIV.

B. Beim Erwärmen von 2-Benzoyl-[1,4]naphthochinon mit $SnCl_2$, Methanol und H_2SO_4 (*Ett=linger,* Am. Soc. **76** [1954] 2775).

Gelbe Kristalle (aus Me.); F: 111–112°.

[1-Hydroxy-[2]naphthyl]-[3-hydroxy-phenyl]-keton $C_{17}H_{12}O_3$, Formel I (X = OH, X' = H).

B. Beim Erhitzen von 3-Methoxy-benzoesäure-[1]naphthylester mit $AlCl_3$ auf 160° (*Saharia, Sharma,* J. scient. ind. Res. India **16** B [1957] 125, 127).

Gelbe Kristalle (aus Bzl.); F: 174°.

2,4-Dinitro-phenylhydrazon (Zers. bei 308°): *Sa., Sh.*

[1-Hydroxy-[2]naphthyl]-[4-methoxy-phenyl]-keton $C_{18}H_{14}O_3$, Formel I (X = H, X' = O-CH$_3$).

B. In kleiner Menge beim Erhitzen von [1]Naphthol mit 4-Methoxy-benzoesäure und $ZnCl_2$ auf 145° (*Desai, Desai,* J. scient. ind. Res. India **14** B [1955] 498, 499, 502).

Gelbe Kristalle (aus A.); F: 128–129°.

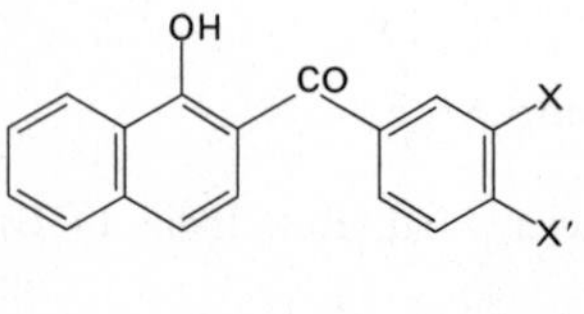

I 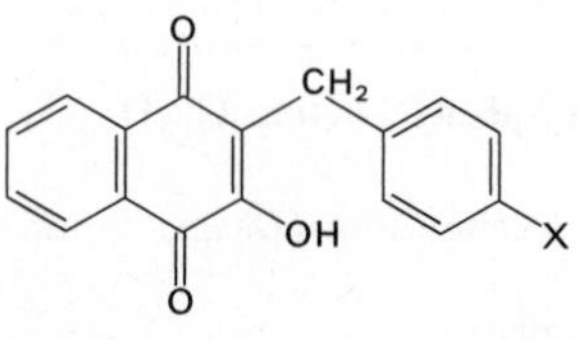 II 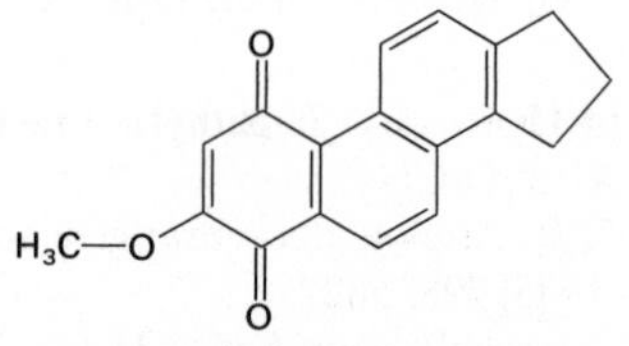 III

2-Benzyl-3-hydroxy-[1,4]naphthochinon $C_{17}H_{12}O_3$, Formel II (X = H) und Taut. (E II 410; E III 2988).

F: 177–178,6° (*Bartlett, Leffer,* Am. Soc. **72** [1950] 3030). λ_{max} (wss. NaOH [0,1 n]): 480 nm (*Ettlinger,* Am. Soc. **72** [1950] 3085, 3086). Scheinbarer Dissoziationsexponent pK'_a (H_2O; spektrophotometrisch ermittelt) bei 26–33°: 4,9 (*Et.,* l. c. S. 3086).

Beim Aufbewahren einer Lösung in wasserhaltigem Äther unter Luftzutritt bei pH 6,6 ist 2-Benzoyl-3-hydroxy-[1,4]naphthochinon erhalten worden (*Ettlinger,* Am. Soc. **72** [1950] 3666, 3671, 3672). Bildung von 2-Hydroxy-3-phenyl-[1,4]naphthochinon und wenig [2-(2-Hydroxy-3-phenyl-propionyl)-phenyl]-glyoxylsäure beim Behandeln mit $KMnO_4$ in wss. KOH bei 0°: *Schtschukina,* Ž. obšč. Chim. **26** [1956] 1701, 1707; engl. Ausg. S. 1907, 1912.

2-Hydroxy-3-[4-nitro-benzyl]-[1,4]naphthochinon $C_{17}H_{11}NO_5$, Formel II (X = NO_2) (E III 2990).

B. Beim Aufbewahren von 2-[4-Nitro-benzyl]-naphthalin-1,3-diol in Methanol unter Luftzutritt (*Soliman, Youssef,* Soc. **1954** 4655, 4657). Beim Erhitzen von 2-Hydroxy-[1,4]naphthochinon mit Bis-[4-nitro-phenylacetyl]-peroxid in Essigsäure (*So., Yo.*).

Gelbe Kristalle (aus Acn.); F: 236°.

3-Methoxy-16,17-dihydro-15*H*-cyclopenta[*a*]phenanthren-1,4-dion $C_{18}H_{14}O_3$, Formel III.

Bezüglich der Position der Methoxy-Gruppe vgl. das analog hergestellte 3-Methoxy-8-methyl-phenanthren-1,4-dion (S. 2609).

B. Beim Erhitzen von Methoxy-[1,4]benzochinon mit 4-Vinyl-indan ohne Lösungsmittel auf 100° (*deCorral,* Rev. Acad. Cienc. exact. fis. nat. Madrid **51** [1957] 103, 130; *Lora-Tamayo, Corral,* An. Soc. españ. [B] **53** [1957] 45, 49; s. a. *Lora-Tamayo,* Tetrahedron **4** [1958] 17, 22, 23) oder in Toluol (*Lora-Ta.*).

Orangefarbene Kristalle (aus Eg.); F: 269° [Zers.] (*deCo.*; *Lora-Ta., Co.*; *Lora-Ta.*).

Hydroxy-oxo-Verbindungen $C_{18}H_{14}O_3$

1-[3,4-Dimethoxy-phenyl]-2-[1]naphthyl-äthanon $C_{20}H_{18}O_3$, Formel IV.

B. Beim Behandeln von 1,2-Dimethoxy-benzol mit [1]Naphthylacetylchlorid und $AlCl_3$ in CS_2 (*Buu-Hoi et al.,* Soc. **1951** 3499, 3501).

Kristalle (aus A.); F: 115°. Kp_{18}: 285–287°.

O—CH3 CH2—CO— —O—CH3 IV

O OH CH2—CH2— O V

2-Hydroxy-3-phenäthyl-[1,4]naphthochinon $C_{18}H_{14}O_3$, Formel V und Taut. (E III 2995).

Beim Aufbewahren einer Lösung in wasserhaltigem Äther unter Luftzutritt bei pH 8,1 ist 2-Hydroxy-3-phenacyl-[1,4]naphthochinon erhalten worden (*Ettlinger,* Am. Soc. **72** [1950] 3666, 3670, 3671).

[4-Chlor-1-hydroxy-[2]naphthyl]-[2-hydroxymethyl-phenyl]-keton $C_{18}H_{13}ClO_3$, Formel VI.

B. Aus 2-[4-Chlor-1-hydroxy-[2]naphthoyl]-benzoesäure-methylester in THF und $LiAlH_4$ in Äther (*Logemann et al.,* Farmaco Ed. scient. **11** [1956] 274, 281).

Kristalle (aus Me.); F: 150°.

Diacetyl-Derivat $C_{22}H_{17}ClO_5$; [1-Acetoxy-4-chlor-[2]naphthyl]-[2-acetoxymethyl-phenyl]-keton. Kristalle (aus A.); F: 105° (*Lo. et al.,* l. c. S. 282).

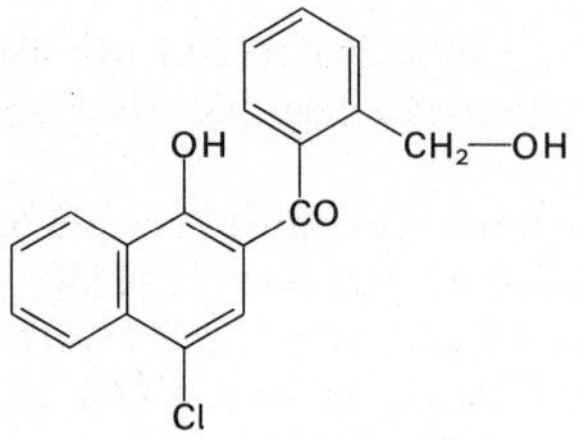

VI 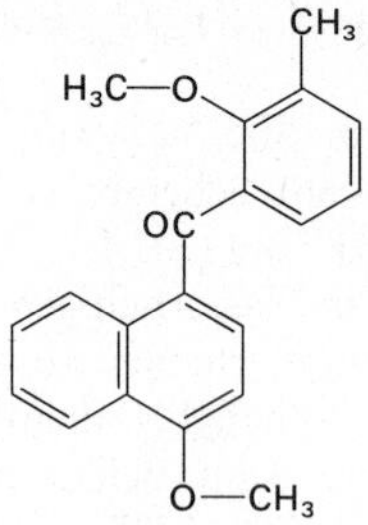 VII 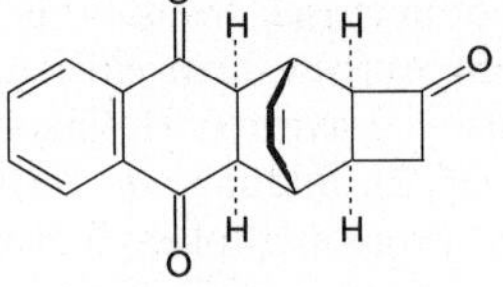 VIII

[2-Methoxy-3-methyl-phenyl]-[4-methoxy-[1]naphthyl]-keton $C_{20}H_{18}O_3$, Formel VII.

B. Beim Behandeln von 1-Methoxy-naphthalin mit 2-Methoxy-3-methyl-benzoylchlorid und $AlCl_3$ in Nitrobenzol und 1,1,2,2-Tetrachlor-äthan (*Gross, Lankelma,* Am. Soc. **73** [1951] 3439, 3442).

F: 90–90,5°.

(±)-4,9-Dihydroxy-2a,3,10,10a-tetrahydro-2*H*-3,10-ätheno-2*H*-cyclobut[*b*]anthracen-1-on $C_{18}H_{14}O_3$ und Taut.

(±)-(2a*t*,3a*t*,9a*t*,10a*t*)-2a,3,3a,9a,10,10a-Hexahydro-2*H*-3*r*,10*c*-ätheno-cyclobut[*b*]anthracen-1,4,9-trion, Formel VIII + Spiegelbild.

Bezüglich der Konfigurationszuordnung vgl. das analog hergestellte 1-Oxo-(2a*t*,6a*t*)-1,2,2a,3,4,5,6,6a-octahydro-3*r*,6*c*-ätheno-cyclobutabenzen-4*c*,5*c*-dicarbonsäure-anhydrid (über die Konfiguration dieser Verbindung s. *Paquette et al.,* Am. Soc. **97** [1975] 1089, 1091).

B. Beim Erwärmen von [1,4]Naphthochinon mit Cycloocta-2,4,6-trienon in Benzol (*Cope et al.,* Am. Soc. **76** [1954] 1096, 1099).

Kristalle (aus Bzl.); F: 193–196° [korr.].

Hydroxy-oxo-Verbindungen $C_{19}H_{16}O_3$

2-[(*E*?)-Benzyliden]-5-[(*E*?)-3,4-dimethoxy-benzyliden]-cyclopentanon $C_{21}H_{20}O_3$, vermutlich Formel IX.

Bezüglich der Konfigurationszuordnung vgl. das analog hergestellte 2,5-[(*E*,*E*)-Dibenzyliden]-cyclopentanon (E IV **7** 1794).

B. Beim Erwärmen von 2-[(*E*?)-3,4-Dimethoxy-benzyliden]-cyclopentanon (F: 113–114°) mit Benzaldehyd und wss. KOH (*Maccioni, Marongiu,* Ann. Chimica **49** [1959] 1283, 1285).

Kristalle; F: 160–161°.

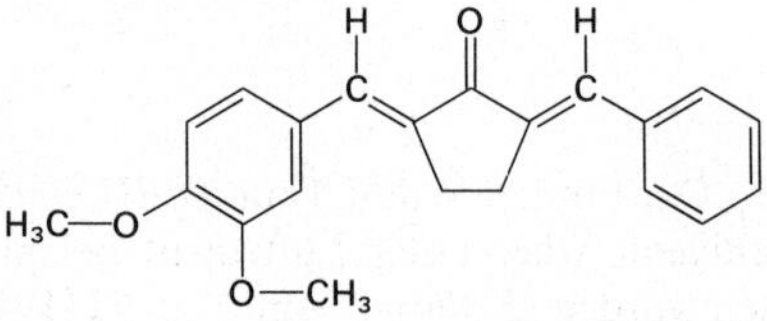

IX 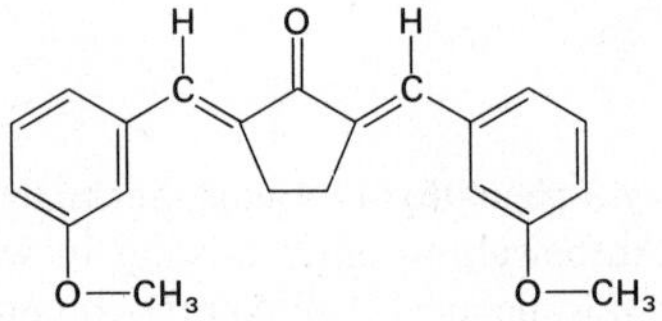 X

2,5-[(*E*?,*E*?)-Bis-(3-methoxy-benzyliden)]-cyclopentanon $C_{21}H_{20}O_3$, vermutlich Formel X.

Bezüglich der Konfigurationszuordnung vgl. das analog hergestellte 2,5-[(*E*,*E*)-Dibenzyliden]-cyclopentanon (E IV **7** 1794).

B. Beim Behandeln von Cyclopentanon mit 3-Methoxy-benzaldehyd und wss.-äthanol. NaOH (*Buu-Hoi, Xuong,* Bl. **1958** 758, 760).

Gelbliche Kristalle (aus Bzl. + A.); F: 148°.

Thiosemicarbazon $C_{22}H_{23}N_3O_2S$. Hellgelbe Kristalle (aus A.); F: 188°.

2,5-[(*E*?,*E*?)-Bis-(4-methoxy-benzyliden)]-cyclopentanon $C_{21}H_{20}O_3$, vermutlich Formel XI (H 359; E II 412).

Bezüglich der Konfigurationszuordnung vgl. das analog hergestellte 2,5-[(*E*,*E*)-Dibenzyliden]-cyclopentanon (E IV **7** 1794).

B. Beim Erwärmen von Cyclopentanon mit 4-Methoxy-benzaldehyd und wss. KOH (*Maccioni, Marongiu,* Ann. Chimica **49** [1959] 1283, 1285; vgl. H 359) oder mit einem Anionen-Austauscher in wss. Äthanol (*Austerweil, Pallaud,* J. appl. Chem. **5** [1955] 213).

F: 217–218° [aus A.] (*Ma., Ma.*), 212° (*Au., Pa.*). Absorptionsspektrum (A.; 220–470 nm): *Ma., Ma.,* l. c. S. 1287.

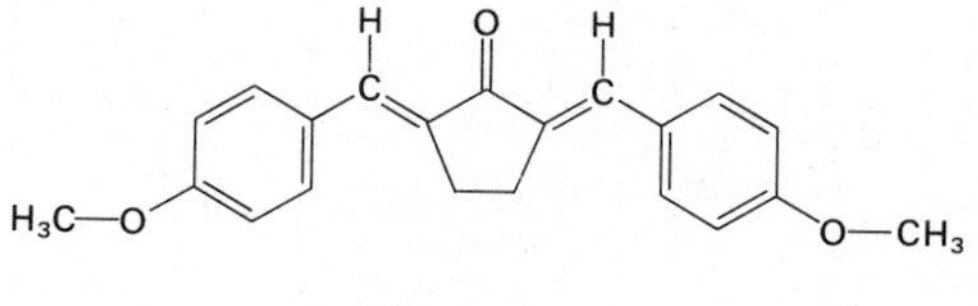

XI

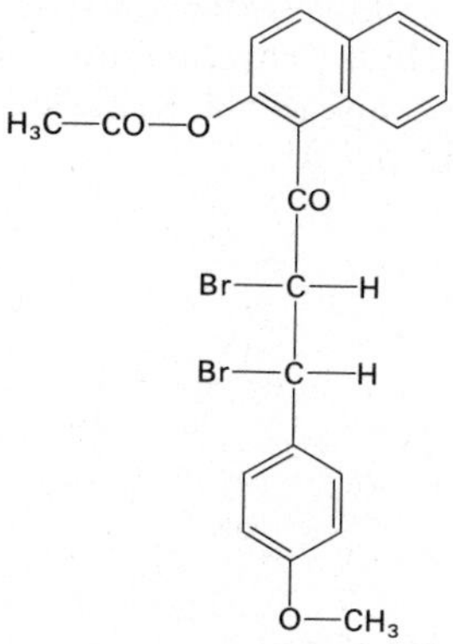

XII

(2*RS*,3*SR*)-1-[2-Acetoxy-[1]naphthyl]-2,3-dibrom-3-[4-methoxy-phenyl]-propan-1-on $C_{22}H_{18}Br_2O_4$, Formel XII + Spiegelbild.

B. Aus 1-[2-Acetoxy-[1]naphthyl]-3*t*-[4-methoxy-phenyl]-propenon (F: 112°) und Brom (*Marathey,* J. org. Chem. **20** [1955] 563, 568).

Kristalle; F: 154°.

Die folgenden Verbindungen sind in analoger Weise hergestellt worden:

(2*RS*,3*SR*)-2,3-Dibrom-1-[4-brom-1-hydroxy-[2]naphthyl]-3-[2-methoxy-phenyl]-propan-1-on $C_{20}H_{15}Br_3O_3$, Formel XIII (X = Br, X′ = H) + Spiegelbild. Kristalle (aus A.); F: 162–163° (*Wagh, Jadhav,* J. Univ. Bombay **25**, Tl. 3A [1956] 23, 26).

(2*RS*,3*SR*)-2,3-Dibrom-1-[4-brom-1-hydroxy-[2]naphthyl]-3-[5-brom-2-methoxy-phenyl]-propan-1-on $C_{20}H_{14}Br_4O_3$, Formel XIII (X = X′ = Br) + Spiegelbild. Kristalle (aus Bzl.); F: 219–222° (*Wagh, Ja.,* J. Univ. Bombay **25**, Tl. 3A S. 26).

(2*RS*,3*SR*)-2,3-Dibrom-3-[5-brom-2-methoxy-phenyl]-1-[1-hydroxy-4-nitro-[2]naphthyl]-propan-1-on $C_{20}H_{14}Br_3NO_5$, Formel XIII (X = NO_2, X′ = Br) + Spiegelbild. Kristalle (aus Bzl.); F: 217–218° [Zers.] (*Wagh, Jadhav,* J. Univ. Bombay **26**, Tl. 5A [1958] 28, 32).

(2*RS*,3*SR*)-2,3-Dibrom-1-[4-brom-1-hydroxy-[2]naphthyl]-3-[2-brom-5-methoxy-phenyl]-propan-1-on $C_{20}H_{14}Br_4O_3$, Formel XIV (X = Br) + Spiegelbild. Kristalle (aus $CHCl_3$); F: 171–172° (*Wagh, Ja.,* J. Univ. Bombay **25**, Tl. 3A S. 27).

(2*RS*,3*SR*)-2,3-Dibrom-3-[2-brom-5-methoxy-phenyl]-1-[1-hydroxy-4-nitro-[2]naphthyl]-propan-1-on $C_{20}H_{14}Br_3NO_5$, Formel XIV (X = NO_2) + Spiegelbild. Kristalle (aus Bzl.); F: 208–209° [Zers.] (*Wagh, Ja.,* J. Univ. Bombay **26** Tl. 5A S. 32).

(2*RS*,3*SR*)-3-[4-Benzyloxy-phenyl]-2,3-dibrom-1-[4-brom-1-hydroxy-[2]naphthyl]-propan-1-on $C_{26}H_{19}Br_3O_3$, Formel XV (R = CH_2-C_6H_5, X = Br, X′ = H) + Spiegelbild. Kristalle (aus Bzl.); F: 169–170° (*Wagh, Jadhav,* J. Univ. Bombay **26**, Tl. 5A [1958] 4, 8).

(2*RS*,3*SR*)-2,3-Dibrom-1-[4-brom-1-hydroxy-[2]naphthyl]-3-[3-brom-4-methoxy-phenyl]-propan-1-on $C_{20}H_{14}Br_4O_3$, Formel XV (R = CH_3, X = X′ = Br) + Spiegelbild. Kristalle (aus Bzl.); F: 185–186° (*Wagh, Ja.*, J. Univ. Bombay **25**, Tl. 3A S. 27).

(2*RS*,3*SR*)-2,3-Dibrom-1-[1-hydroxy-4-nitro-[2]naphthyl]-3-[4-methoxy-phenyl]-propan-1-on $C_{20}H_{15}Br_2NO_5$, Formel XV (R = CH_3, X = NO_2, X′ = H) + Spiegelbild. Kristalle (aus Bzl.); F: 174–175° (*Wagh, Ja.*, J. Univ. Bombay **26**, Tl. 5A S. 32).

(2*RS*,3*SR*)-3-[4-Benzyloxy-phenyl]-2,3-dibrom-1-[1-hydroxy-4-nitro-[2]naphthyl]-propan-1-on $C_{26}H_{19}Br_2NO_5$, Formel XV (R = CH_2-C_6H_5, X = NO_2, X′ = H) + Spiegelbild. Kristalle (aus Bzl.); F: 149–150° (*Wagh, Jadhav*, J. Univ. Bombay **27**, Tl. 3A [1958] 1, 4).

(2*RS*,3*SR*)-2,3-Dibrom-3-[3-brom-4-methoxy-phenyl]-1-[1-hydroxy-4-nitro-[2]naphthyl]-propan-1-on $C_{20}H_{14}Br_3NO_5$, Formel XV (R = CH_3, X = NO_2, X′ = Br) + Spiegelbild. Kristalle (aus Bzl.); F: 185–186° [Zers.] (*Wagh, Ja.*, J. Univ. Bombay **26**, Tl. 5A S. 32).

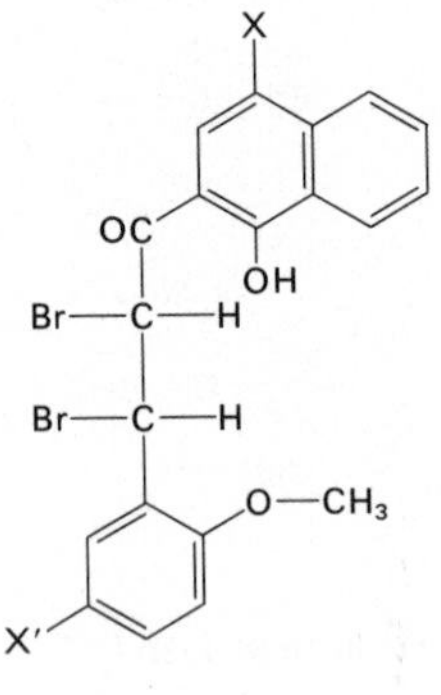

XIII 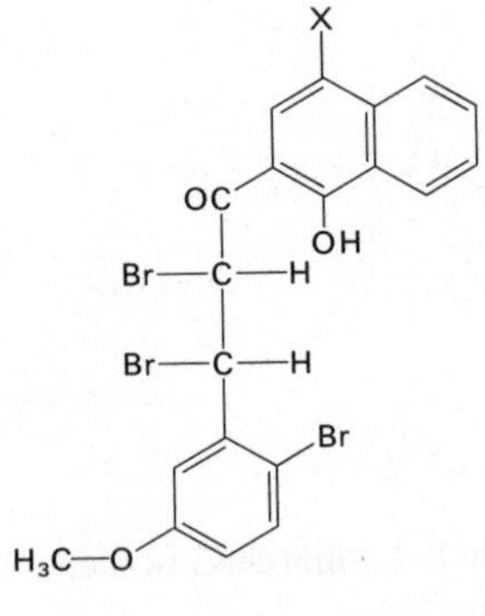 XIV 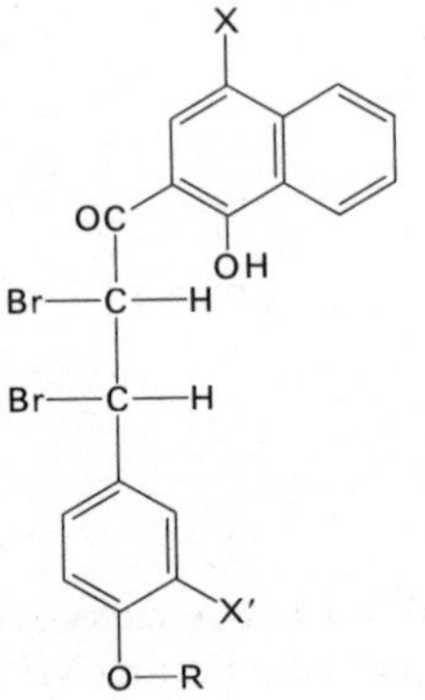 XV

(±)-3-Hydroxy-1-[1-hydroxy-[2]naphthyl]-3-[3-nitro-phenyl]-propan-1-on $C_{19}H_{15}NO_5$, Formel XVI.

B. Beim Behandeln von 3-Nitro-benzaldehyd mit 1-[1-Hydroxy-[2]naphthyl]-äthanon und wss.-äthanol. NaOH (*Fujise et al.*, J. chem. Soc. Japan Pure Chem. Sect. **77** [1956] 1833; C. A. **1960** 515).

Gelbe Kristalle (aus A.); F: 163–164°.

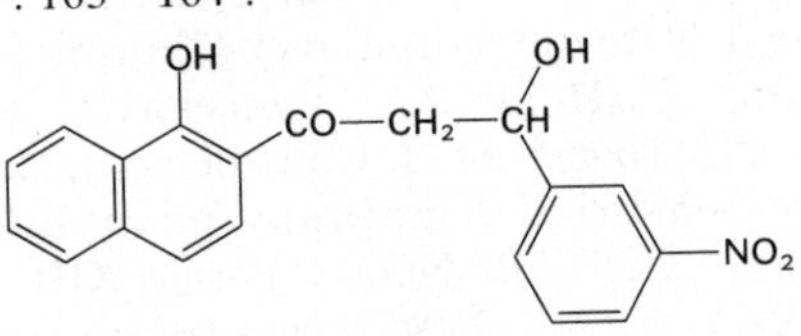

XVI

Hydroxy-oxo-Verbindungen $C_{20}H_{18}O_3$

(±)-5-[2-Hydroxy-phenyl]-3-[2-hydroxy-*trans*(?)-styryl]-cyclohex-2-enon $C_{20}H_{18}O_3$, vermutlich Formel I (R = R′ = H) (E II 412).

B. Beim Behandeln von (±)-2-Methyl-2,3,5,6-tetrahydro-2,6-methano-benz[*b*]oxocin-4-on mit 2-Methoxymethoxy-benzaldehyd und wss.-äthanol. NaOH (*Kuhn, Weiser*, B. **88** [1955] 1601, 1609).

Gelbe Kristalle (aus Me.); F: 239°. UV-Spektrum (Me.; 220–330 nm bzw. Dioxan; 250–400 nm): *Kuhn, We.*, l. c. S. 1606.

2,4-Dinitro-phenylhydrazon (F: 224°): *Kuhn, We.*, l. c. S. 1610.

(±)-5-[2-Hydroxy-phenyl]-3-[2-methoxy-*trans*(?)-styryl]-cyclohex-2-enon $C_{21}H_{20}O_3$, vermutlich Formel I (R = CH_3, R′ = H) (vgl. E II 412).

B. Beim Behandeln von (±)-2-Methyl-2,3,5,6-tetrahydro-2,6-methano-benz[*b*]oxocin-4-on mit 2-Methoxy-benzaldehyd und wss.-äthanol. NaOH (*Kuhn, Weiser,* B. **88** [1955] 1601, 1610). Aus der vorangehenden Verbindung und Diazomethan in Äther (*Kuhn, We.,* l. c. S. 1611).

Kristalle (aus A.); F: 209–210° (*Kuhn, We.,* l. c. S. 1610). UV-Spektrum (Me.; 220–400 nm bzw. Dioxan; 250–400 nm): *Kuhn, We.,* l. c. S. 1606.

2,4-Dinitro-phenylhydrazon (F: 245°): *Kuhn, We.*

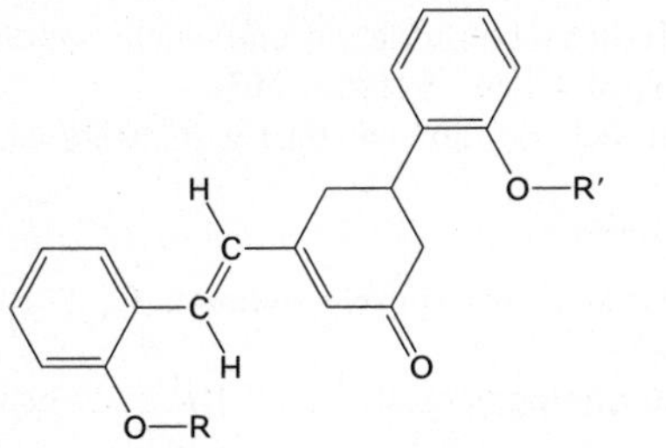

I 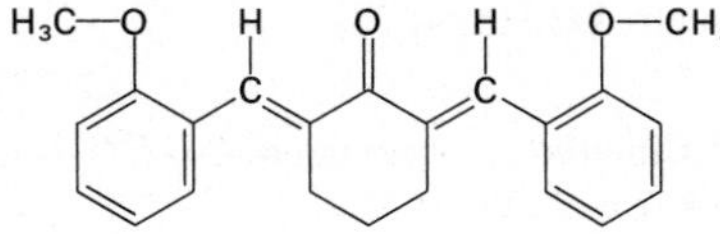 II

(±)-3-[2-Hydroxy-*trans*(?)-styryl]-5-[2-methoxy-phenyl]-cyclohex-2-enon $C_{21}H_{20}O_3$, vermutlich Formel I (R = H, R′ = CH_3).

B. Beim Behandeln von (±)-5-[2-Methoxy-phenyl]-3-methyl-cyclohex-2-enon mit 2-Methoxymethoxy-benzaldehyd und wss.-äthanol. NaOH (*Kuhn, Weiser,* B. **88** [1955] 1601, 1611).

Gelbe Kristalle (aus Bzl.+PAe.); F: 201°. UV-Spektrum (Me.; 220–360 nm bzw. Dioxan; 250–400 nm): *Kuhn, We.,* l. c. S. 1606.

2,4-Dinitro-phenylhydrazon (F: 247°): *Kuhn, We.*

(±)-5-[2-Methoxy-phenyl]-3-[2-methoxy-*trans*(?)-styryl]-cyclohex-2-enon $C_{22}H_{22}O_3$, vermutlich Formel I (R = R′ = CH_3) (E II 412).

B. Beim Behandeln von 5-[2-Methoxy-phenyl]-3-methyl-cyclohex-2-enon mit 2-Methoxy-benzaldehyd und wss.-äthanol. NaOH (*Kuhn, Weiser,* B. **88** [1955] 1601, 1611).

Hellgelbe Kristalle (aus A.); F: 126–127°. UV-Spektrum (Me.; 220–400 nm bzw. Dioxan; 250–370 nm): *Kuhn, We.,* l. c. S. 1606.

2,4-Dinitro-phenylhydrazon (F: 239°): *Kuhn, We.,* l. c. S. 1612.

2,6-[(*E*?,*E*?)-Bis-(2-methoxy-benzyliden)]-cyclohexanon $C_{22}H_{22}O_3$, vermutlich Formel II.

Bezüglich der Konfigurationszuordnung vgl. das analog hergestellte 2,6-[(*E*,*E*)-Dibenzyliden]-cyclohexanon (E IV **7** 1800).

B. Aus 2-Methoxy-benzaldehyd und Cyclohexanon beim Erhitzen mit wss. KOH (*Gindy, Dwidar,* Soc. **1953** 893) oder beim Erwärmen mit wss.-äthanol. NaOH (*Davis et al.,* J. appl. Chem. **3** [1953] 312, 315).

Gelbe Kristalle; F: 143° [aus Me.] (*Gi., Dw.*), 135–136° [aus E.] (*Da. et al.*).

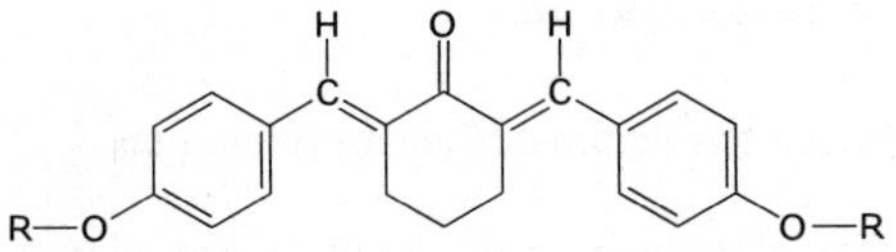

III 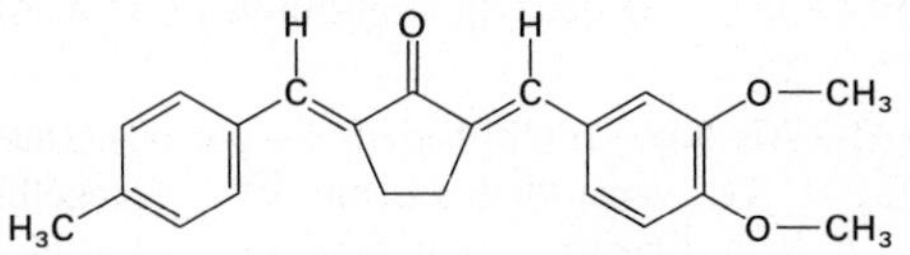 IV

2,6-[(*E*?,*E*?)-Bis-(4-hydroxy-benzyliden)]-cyclohexanon $C_{20}H_{18}O_3$, vermutlich Formel III (R = H) (E II 413).

Bezüglich der Konfigurationszuordnung vgl. das analog hergestellte 2,6-[(*E*,*E*)-Dibenzyliden]-

cyclohexanon (E IV **7** 1800).

B. Beim Erwärmen von Cyclohexanon mit 4-Hydroxy-benzaldehyd und wss.-äthanol. NaOH (*Davis et al.*, J. appl. Chem. **3** [1953] 312, 315; vgl. E II 413).

Gelbe Kristalle (aus A.); F: 283–284°.

2,6-[(*E*?,*E*?)-Bis-(4-methoxy-benzyliden)]-cyclohexanon $C_{22}H_{22}O_3$, vermutlich Formel III (R = CH_3) (H 360; E I 670; E II 413; E III 3006).

Bezüglich der Konfigurationszuordnung vgl. das analog hergestellte 2,6-[(*E*,*E*)-Dibenzyliden]-cyclohexanon (E IV **7** 1800).

B. Beim Erwärmen von Cyclohexanon mit 4-Methoxy-benzaldehyd und einem Anionen-Austauscher in wss. Äthanol (*Austerweil, Pallaud*, J. appl. Chem. **5** [1955] 213).

F: 162°; in 100 g wss. Äthanol [50%ig] lösen sich bei 20° ca. 0,01 g (*Castiglioni, Bionda*, Z. anal. Chem. **141** [1954] 38).

2-[(*E*?)-3,4-Dimethoxy-benzyliden]-5-[(*E*?)-4-methyl-benzyliden]-cyclopentanon $C_{22}H_{22}O_3$, vermutlich Formel IV.

Bezüglich der Konfigurationszuordnung vgl. das analog hergestellte 2,5-[(*E*,*E*)-Dibenzyliden]-cyclopentanon (E IV **7** 1794).

B. Beim Behandeln von 2-[(*E*?)-4-Methyl-benzyliden]-cyclopentanon (F: 62–63°) mit Veratrumaldehyd und wss. KOH (*Maccioni, Marongiu*, Ann. Chimica **48** [1958] 557, 562).

Gelbe Kristalle (aus A. + Bzl.); F: 174–175°. Absorptionsspektrum (A.; 220–460 nm): *Ma., Ma.*, l. c. S. 558.

1-[1-Hydroxy-[2]naphthyl]-4-[4-phenoxy-phenyl]-butan-1-on $C_{26}H_{22}O_3$, Formel V.

B. Beim Erwärmen von [1]Naphthol mit 4-[4-Phenoxy-phenyl]-buttersäure und Äther-BF_3 (*Fawaz, Fieser*, Am. Soc. **72** [1950] 996, 998).

Kristalle (aus A. oder Dioxan + A.); F: 121–123°.

OH CO—$[CH_2]_3$— O

V

H_3C H_3C—O CO CH_3 H_3C O—CH_3

VI

[1,3-Dimethoxy-[2]naphthyl]-mesityl-keton $C_{22}H_{22}O_3$, Formel VI.

B. Beim Behandeln von 1,3-Dimethoxy-[2]naphthoylchlorid (aus 1,3-Dimethoxy-[2]naphthoesäure und $SOCl_2$ hergestellt) mit Mesitylen und $AlCl_3$ in Nitrobenzol (*Fuson, Tullio*, Am. Soc. **74** [1952] 1624).

Kristalle (aus A.); F: 113–113,5°.

Bildung von [3-Hydroxy-1-phenyl-[2]naphthyl]-mesityl-keton beim Erhitzen mit Phenylmagnesiumbromid in Dibutyläther bzw. von [1-Benzyl-3-methoxy-[2]naphthyl]-mesityl-keton beim Erwärmen mit Benzylmagnesiumbromid in Äther und Benzol: *Fu., Tu.*

(±)-7-Methoxy-1*c*(?)-[4-methoxy-phenyl]-(10a*r*)-1,9,10,10a-tetrahydro-2*H*-phenanthren-3-on $C_{22}H_{22}O_3$, vermutlich Formel VII + Spiegelbild.

B. Beim Erwärmen von 6-Methoxy-3,4-dihydro-2*H*-naphthalin-1-on mit NaH_2 in Benzol und Behandeln des mit Äther versetzten Reaktionsgemisches mit 4*t*-[4-Methoxy-phenyl]-but-3-en-2-on und Dimethylamin bei –30° und anschliessend mit wss. HCl (*Juday*, Am. Soc. **75** [1953] 3008, 3011).

Kristalle (aus Toluol); F: 186,5–187,5° [korr.]. λ_{max} (A.): 223 nm, 241 nm und 332 nm.

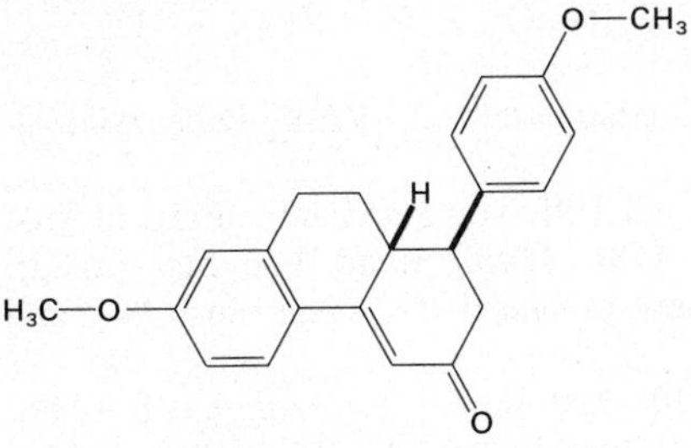

VII 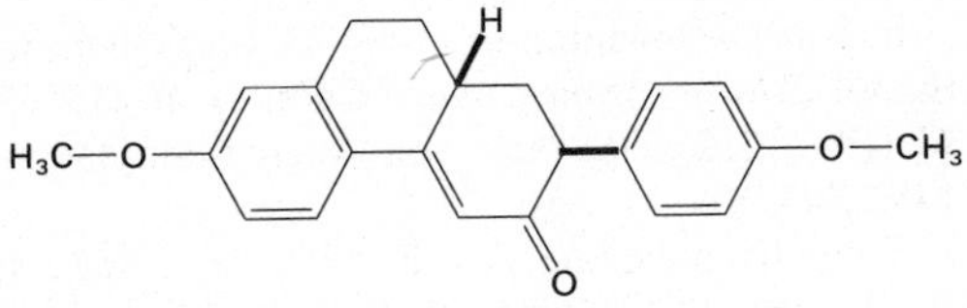 VIII

(±)-7-Methoxy-2c(?)-[4-methoxy-phenyl]-(10ar)-1,9,10,10a-tetrahydro-2*H*-phenanthren-3-on $C_{22}H_{22}O_3$, vermutlich Formel VIII + Spiegelbild.

B. Beim Erwärmen von 2-Hydroxymethylen-6-methoxy-3,4-dihydro-2*H*-naphthalin-1-on (S. 2134) mit [2-(4-Methoxy-phenyl)-3-oxo-butyl]-trimethyl-ammonium-jodid und Natriummethylat in Methanol und anschliessend mit methanol. KOH (*Juday,* Am. Soc. **75** [1953] 4071, 4073).

Kristalle (aus Toluol); F: 187–188,5° [korr.]. λ_{max} (A.): 223 nm, 241 nm und 330 nm.

(±)-6,6′-Dimethoxy-3,4,3′,4′-tetrahydro-2′*H*-[1,2′]binaphthyl-1′-on $C_{22}H_{22}O_3$, Formel IX.

B. Beim Erhitzen von 6-Methoxy-3,4-dihydro-2*H*-naphthalin-1-on mit Äthylenglykol und wenig Toluol-4-sulfonsäure in Toluol, mit Natriummethylat in Toluol oder mit Aluminium-*tert*-butylat in Xylol (*Searle & Co.,* U.S.P. 2836624 [1957]).

Kristalle (aus E.); F: 124–125°.

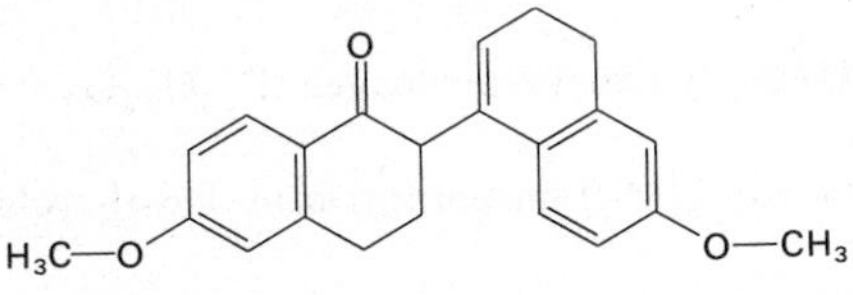

IX

Hydroxy-oxo-Verbindungen $C_{21}H_{20}O_3$

2,7-[(*E*?,*E*?)-Bis-(2-methoxy-benzyliden)]-cycloheptanon $C_{23}H_{24}O_3$, vermutlich Formel X.

Bezüglich der Konfigurationszuordnung vgl. das analog hergestellte 2,7-[(*E*,*E*)-Dibenzyliden]-cycloheptanon (E IV **7** 1804).

B. Aus Cycloheptanon und 2-Methoxy-benzaldehyd mit Hilfe von Natriummethylat in Methanol (*Mattu,* Rend. Fac. Sci. Cagliari **27** [1957] 232, 237).

F: 82–83°.

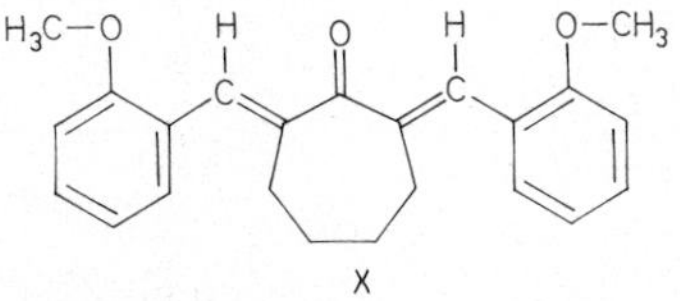

X 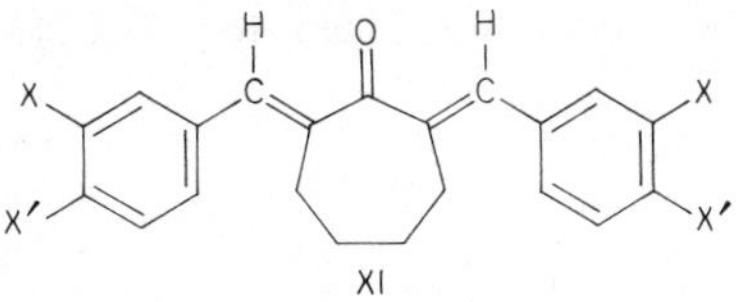 XI

2,7-[(*E*?,*E*?)-Bis-(3-methoxy-benzyliden)]-cycloheptanon $C_{23}H_{24}O_3$, Formel XI (X = O-CH_3, X′ = H).

Bezüglich der Konfigurationszuordnung vgl. das analog hergestellte 2,7-[(*E*,*E*)-Dibenzyliden]-cycloheptanon (E IV **7** 1804).

B. Analog der vorangehenden Verbindung (*Mattu,* Rend. Fac. Sci. Cagliari **27** [1957] 232, 237).

Kristalle (aus A.); F: 81°.

2,7-[(*E*?,*E*?)-Bis-(4-methoxy-benzyliden)]-cycloheptanon $C_{23}H_{24}O_3$, Formel XI (X = H, X' = O-CH_3) (H 360; E II 413).

Bezüglich der Konfigurationszuordnung vgl. das analog hergestellte 2,7-[(*E*,*E*)-Dibenzyliden]-cycloheptanon (E IV **7** 1804).

B. Aus Cycloheptanon und 4-Methoxy-benzaldehyd mit Hilfe von Natriummethylat in Methanol (*Mattu, Manca,* Ann. Chimica **46** [1956] 1173, 1181; *Mattu,* Rend. Fac. Sci. Cagliari **27** [1957] 232, 236) oder von Natriumäthylat in Äthanol (*Leonard et al.,* Am. Soc. **79** [1957] 1482, 1485).

Gelbe Kristalle (aus A.); F: 135° (*Ma., Ma.*; *Ma.*), 119–120° [korr.] (*Le. et al.,* l. c. S. 1484). IR-Banden (CCl_4; 1670–1040 cm^{-1}): *Le. et al.* Absorptionsspektrum (A.; 210–410 nm): *Ma., Ma.,* l. c. S. 1177. λ_{max} (Cyclohexan): 230 nm und 317 nm (*Le. et al.*).

(*R*)-2,6-[(*E*?,*E*?)-Bis-(4-methoxy-benzyliden)]-3-methyl-cyclohexanon $C_{23}H_{24}O_3$, vermutlich Formel XII (H 360; E II 414; E III 3009).

Bezüglich der Konfigurationszuordnung vgl. das analog hergestellte 2,6-[(*E*,*E*)-Dibenzyliden]-cyclohexanon (E IV **7** 1800).

ORD (656,3–486,1 nm) in $CHCl_3$, Aceton und Benzol bei 21°: *Nerdel, Kresse,* Z. El. Ch. **56** [1952] 234, 237.

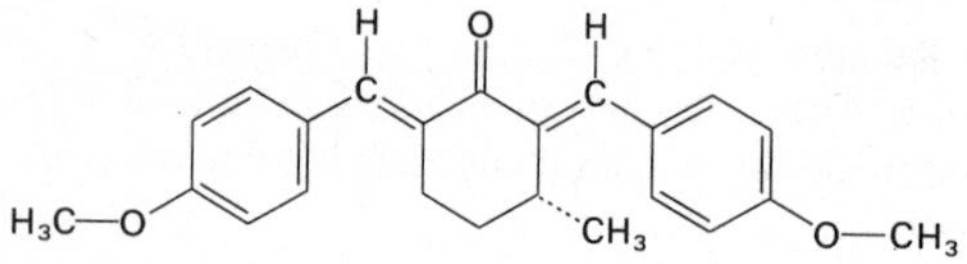

XII

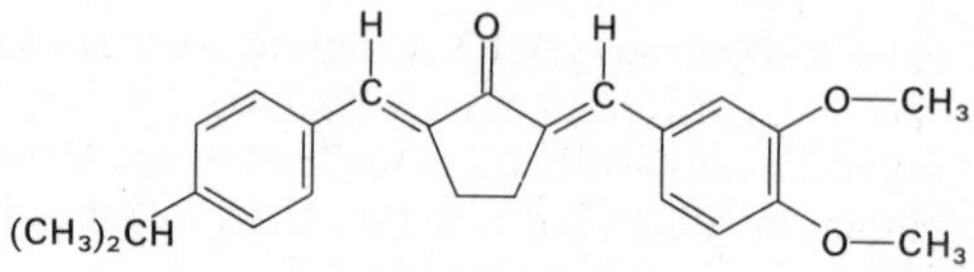

XIII

Hydroxy-oxo-Verbindungen $C_{22}H_{22}O_3$

2-[(*E*?)-3,4-Dimethoxy-benzyliden]-5-[(*E*?)-4-isopropyl-benzyliden]-cyclopentanon $C_{24}H_{26}O_3$, vermutlich Formel XIII.

Bezüglich der Konfigurationszuordnung vgl. das analog hergestellte 2,5-[(*E*,*E*)-Dibenzyliden]-cyclopentanon (E IV **7** 1794).

B. Aus 2-[(*E*?)-3,4-Dimethoxy-benzyliden]-cyclopentanon (F: 113–114°) und 4-Isopropyl-benzaldehyd mit Hilfe von wss. KOH (*Maccioni, Marongiu,* Ann. Chimica **49** [1959] 1283, 1285).

Kristalle; F: 129–130°.

Hydroxy-oxo-Verbindungen $C_{26}H_{30}O_3$

***Opt.-inakt. 3-[α-Hydroxy-α'-oxo-bibenzyl-α-yl]-bicyclohexyl-4-on, 2-Hydroxy-2-[4-oxo-bicyclohexyl-3-yl]-1,2-diphenyl-äthanon** $C_{26}H_{30}O_3$, Formel XIV.

B. Beim Behandeln von Benzil mit Bicyclohexyl-4-on und Natriummethylat in Methanol (*Allen, VanAllan,* J. org. Chem. **16** [1951] 716, 717).

F: 178°.

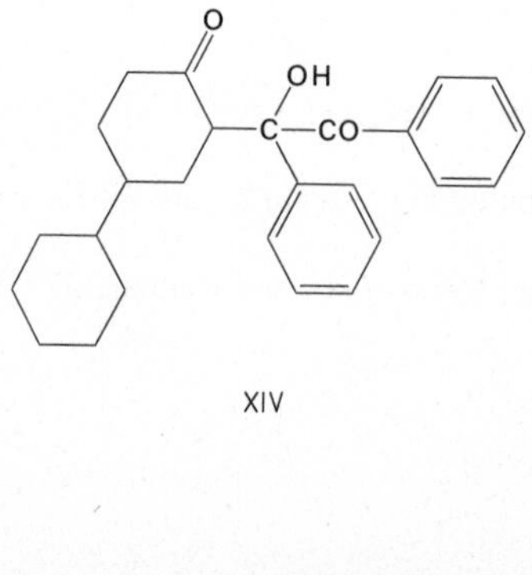

XIV

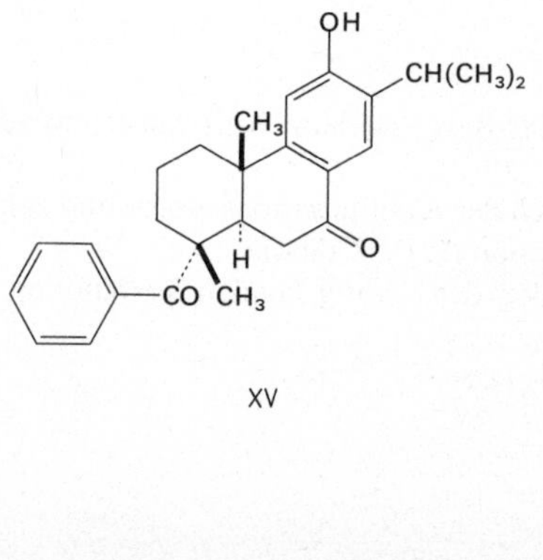

XV

12-Hydroxy-18-phenyl-abieta-8,11,13-trien-7,18-dion $C_{26}H_{30}O_3$, Formel XV.

B. Bei der Oxidation von 12-Acetoxy-18-phenyl-abieta-8,11,13-trien-18-on mit CrO_3 in wss. Essigsäure und anschliessenden Hydrolyse (*Jacobsen,* Am. Soc. **73** [1951] 3463, 3466).

Kristalle (aus Acn. oder Acn.+Me.); F: 233,5–236,5° [korr.]. $[\alpha]_D^{26}$: +53° [Dioxan; c = 1]. Grössere Kristalle verpuffen explosionsartig beim Trocknen unter vermindertem Druck.

Methyl-Derivat $C_{27}H_{32}O_3$; 12-Methoxy-18-phenyl-abieta-8,11,13-trien-7,18-dion. Kristalle (aus wss. Me.); F: 125,5–127,5° [korr.].

Acetyl-Derivat $C_{28}H_{32}O_4$; 12-Acetoxy-18-phenyl-abieta-8,11,13-trien-7,18-dion. Kristalle (aus wss. Me.); F: 114–115,5° [korr.].

Monooxim $C_{26}H_{31}NO_3$. Kristalle (aus wss. Me.); F: 234–238° [korr.; Zers.; vorgeheizter Block].

Hydroxy-oxo-Verbindungen $C_nH_{2n-24}O_3$

Hydroxy-oxo-Verbindungen $C_{17}H_{10}O_3$

5-Hydroxy-1-methoxy-benzo[*c*]fluoren-7-on $C_{18}H_{12}O_3$, Formel I (R = H).

B. Aus dem Acetyl-Derivat (s. u.) mit Hilfe von wss. NaOH (*Baddar et al.,* Soc. **1958** 986, 992).

Rote Kristalle (aus Eg.); F: 261–263°.

Acetyl-Derivat $C_{20}H_{14}O_4$; 5-Acetoxy-1-methoxy-benzo[*c*]fluoren-7-on. *B.* Beim Erhitzen von [3-(2-Methoxy-phenyl)-1-oxo-inden-2-yl]-essigsäure mit Natriumacetat und Acetanhydrid (*Ba. et al.*). – Rote Kristalle (aus Eg.); F: 180–181°.

1,5-Dimethoxy-benzo[*c*]fluoren-7-on $C_{19}H_{14}O_3$, Formel I (R = CH_3).

B. Beim Erwärmen von 4,8-Dimethoxy-1-phenyl-[2]naphthoesäure mit P_2O_5 in Benzol (*Baddar et al.,* Soc. **1958** 986, 992). Aus 5-Hydroxy-1-methoxy-benzo[*c*]fluoren-7-on und Dimethylsulfat in Aceton mit Hilfe von K_2CO_3 (*Ba. et al.*).

Rote Kristalle (aus Bzl.+PAe.); F: 148–149°.

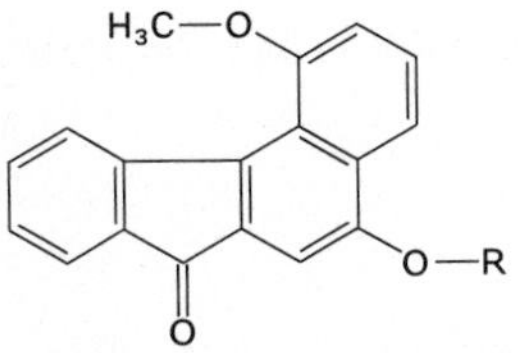

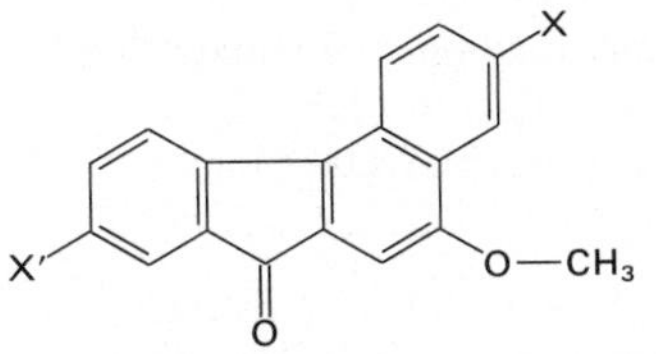

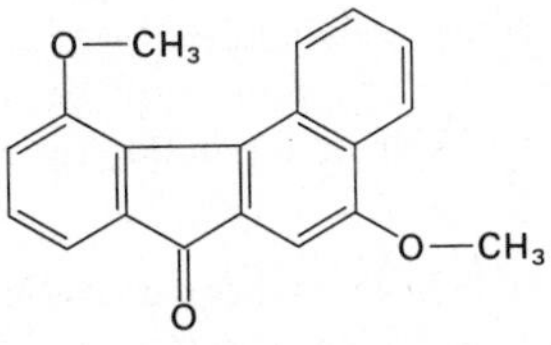

3,5-Dimethoxy-benzo[*c*]fluoren-7-on $C_{19}H_{14}O_3$, Formel II (X = O-CH_3, X′ = H).

B. Beim Erwärmen von 4,6-Dimethoxy-1-phenyl-[2]naphthoesäure mit P_2O_5 in Benzol (*Baddar et al.,* Soc. **1958** 986, 994). Aus 5-Hydroxy-3-methoxy-benzo[*c*]fluoren-7-on und Dimethylsulfat in Aceton mit Hilfe von K_2CO_3 (*Ba. et al.*).

Rote Kristalle (aus Bzl.); F: 175–176°.

5,9-Dimethoxy-benzo[*c*]fluoren-7-on $C_{19}H_{14}O_3$, Formel II (X = H, X′ = O-CH_3).

B. Beim Erwärmen von 4-Methoxy-1-[4-methoxy-phenyl]-[2]naphthoesäure mit P_2O_5 in Benzol (*Baddar et al.,* Soc. **1958** 986, 994). Aus 5-Hydroxy-9-methoxy-benzo[*c*]fluoren-7-on und Dimethylsulfat in Aceton mit Hilfe von K_2CO_3 (*Ba. et al.*).

Rote Kristalle (aus Bzl.); F: 184–185°.

5,11-Dimethoxy-benzo[*c*]fluoren-7-on $C_{19}H_{14}O_3$, Formel III.

B. Beim Erhitzen von 4-Methoxy-1-[2-methoxy-phenyl]-[2]naphthoesäure mit $POCl_3$ in 1,1,2,2-Tetrachlor-äthan (*Baddar et al.*, Soc. **1958** 986, 990).

Rote Kristalle (aus Bzl.+PAe.); F: 167–168°.

4,5-Dihydroxy-benz[*de*]anthracen-7-on $C_{17}H_{10}O_3$, Formel IV (X = OH, X′ = H).

B. Beim Erhitzen von 2,3-Dihydroxy-anthrachinon mit Glycerin, Kupfer-Pulver und wss. H_2SO_4 auf 115–117° (*Waldmann*, B. **83** [1950] 171, 174).

Gelbbraune Kristalle (aus 1,1,2,2-Tetrachlor-äthan); F: 316°.

Diacetyl-Derivat $C_{21}H_{14}O_5$; 4,5-Diacetoxy-benz[*de*]anthracen-7-on. Hellgelbe Kristalle; F: 216°.

5,6-Dihydroxy-benz[*de*]anthracen-7-on $C_{17}H_{10}O_3$, Formel IV (X = H, X′ = OH) (H 361; E II 415; dort auch als 8,9-Dihydroxy-benz[*de*]anthracen-7-on formuliert).

Konstitution: *Waldmann*, B. **83** [1950] 171.

B. Beim Behandeln von [2,3-Dihydroxy-[1]naphthyl]-phenyl-keton mit $AlCl_3$ und NaCl unter Einleiten von Sauerstoff bei 150° (*Wa.*, l. c. S. 173).

Gelbbraune Kristalle (aus Eg.); F: 255,5° (*Wa.*, l. c. S. 173).

Acetyl-Derivat $C_{19}H_{12}O_4$; 5(?)-Acetoxy-6(?)-hydroxy-benz[*de*]anthracen-7-on (E II 415). Über die Position der Acetoxy-Gruppe s. *Cross, Perkin*, Soc. **1930** 292, 293. – Kristalle (aus Eg.); F: 238° (*Wa.*).

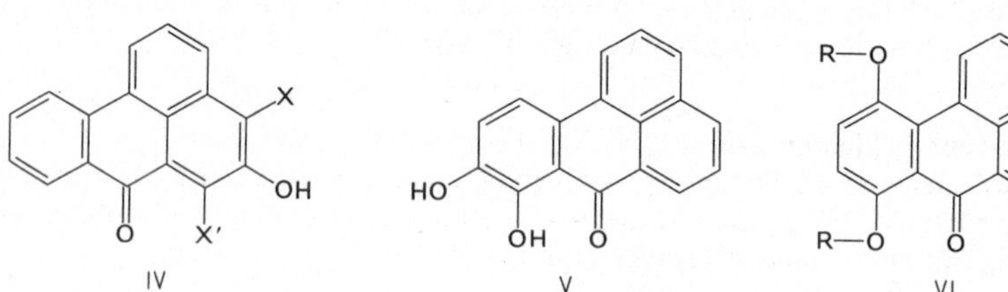

8,9-Dihydroxy-benz[*de*]anthracen-7-on $C_{17}H_{10}O_3$, Formel V.

Konstitution: *Waldmann*, B. **83** [1950] 171.

B. Beim Behandeln von [2,3-Dimethoxy-phenyl]-[1]naphthyl-keton mit $AlCl_3$ und NaCl unter Einleiten von Sauerstoff bei 120° (*Wa.*, l. c. S. 174).

Dunkelrote Kristalle (aus 1,1,2,2-Tetrachlor-äthan).

8,11-Dihydroxy-benz[*de*]anthracen-7-on $C_{17}H_{10}O_3$, Formel VI (R = H).

B. Beim Behandeln von [2,5-Dimethoxy-phenyl]-[1]naphthyl-keton mit $AlCl_3$ und NaCl unter Einleiten von Sauerstoff bei 120° (*Waldmann*, B. **83** [1950] 171, 174). Beim Erwärmen der folgenden Verbindung mit $AlCl_3$ in Chlorbenzol (*Wa.*).

Dunkelrote Kristalle (aus 1,1,2,2-Tetrachlor-äthan); F: 249°.

8,11-Dimethoxy-benz[*de*]anthracen-7-on $C_{19}H_{14}O_3$, Formel VI (R = CH_3).

B. Beim Behandeln von 8-[2,5-Dimethoxy-phenyl]-[1]naphthoesäure-methylester mit H_2SO_4 (*Waldmann*, B. **83** [1950] 171, 174).

Gelbe Kristalle (aus PAe.); F: 177°.

9,10-Dimethoxy-benz[*de*]anthracen-7-on $C_{19}H_{14}O_3$, Formel VII.

B. Aus 8-[3,4-Dimethoxy-phenyl]-[1]naphthoesäure beim Behandeln mit H_2SO_4 oder beim Erwärmen mit $SOCl_2$ (*Waldmann*, B. **83** [1950] 171, 175).

Goldgelbe Kristalle (aus Acn.); F: 204°.

VII VIII

Hydroxy-oxo-Verbindungen $C_{18}H_{12}O_3$

2-[2-Methoxy-phenyl]-5-phenyl-[1,4]benzochinon $C_{19}H_{14}O_3$, Formel VIII (X = O-CH_3, X′ = H).

B. Aus Phenyl-[1,4]benzochinon und diazotiertem 2-Methoxy-anilin in Natriumacetat enthaltender wss. Essigsäure (*Brassard, L'Écuyer,* Canad. J. Chem. **36** [1958] 709).

Orangefarbene Kristalle (aus A.+Acn.); F: 161–162°.

2-[4-Methoxy-phenyl]-5-phenyl-[1,4]benzochinon $C_{19}H_{14}O_3$, Formel VIII (X = H, X′ = O-CH_3) (E III 3021).

B. Analog der vorangehenden Verbindung (*Brassard, L'Écuyer,* Canad. J. Chem. **36** [1958] 709).

Gelbe Kristalle (aus A.+Acn.); F: 170–171°.

3-Hydroxy-2,5-diphenyl-[1,4]benzochinon $C_{18}H_{12}O_3$, Formel IX (X = H) und Taut.

B. Aus 2′,3′,5′-Triacetoxy-*p*-terphenyl beim Erwärmen mit methanol. H_2SO_4 und Behandeln des Reaktionsprodukts in Essigsäure mit wss. $NaNO_2$ (*Nilsson,* Acta chem. scand. **12** [1958] 537, 541), beim Erwärmen mit wss.-methanol. HCl und Behandeln der Reaktionslösung mit wss. NaOH unter Luftzutritt (*Brassard, L'Écuyer,* Canad. J. Chem. **36** [1958] 1346, 1348) sowie beim Behandeln mit Natriummethylat in Methanol und anschliessend mit $FeCl_3$ in Essigsäure und wss. HCl (*Cain,* Soc. **1961** 936, 938; *Wikholm, Moore,* Am. Soc. **94** [1972] 6152, 6157).

Kristalle (aus Eg.); F: 245–246° (*Wi., Mo.*), 235–238° [Zers.] (*Ni.*), 226–227° (*Cain*).

Acetyl-Derivat $C_{20}H_{14}O_4$; 3-Acetoxy-2,5-diphenyl-[1,4]benzochinon. Gelbe Kristalle (aus Acetanhydrid); F: 174–175° (*Ni.*).

IX X

2,5-Bis-[2-chlor-phenyl]-3-hydroxy-[1,4]benzochinon $C_{18}H_{10}Cl_2O_3$, Formel IX (X = Cl) und Taut.

B. Beim Behandeln von 2,2″-Dichlor-*p*-terphenyl-2′,3′,5′-triol in Essigsäure mit wss. $NaNO_2$ (*Nilsson,* Acta chem. scand. **12** [1958] 537, 542).

Gelbe Kristalle; F: 187–190° [nach Sublimation].

2-Hydroxy-3-*trans*(?)-styryl-[1,4]naphthochinon $C_{18}H_{12}O_3$, vermutlich Formel X und Taut. (E III 3022).

λ_{max} (wss. NaOH [0,1 n]): 548 nm (*Ettlinger,* Am. Soc. **72** [1950] 3085, 3086). Scheinbarer Dissoziationsexponent pK'_a (H_2O; spektrophotometrisch ermittelt) bei 26–33°: 4,44.

2-[4-Methoxy-*trans*-cinnamyliden]-indan-1,3-dion $C_{19}H_{14}O_3$, Formel XI.

B. Beim Erwärmen von Indan-1,3-dion mit 4-Methoxy-*trans*-zimtaldehyd und wenig Piperidin in Äthanol und Essigsäure (*Wizinger, Kölliker,* Helv. **38** [1955] 372, 379).

Orangefarbene Kristalle (aus Eg.); F: 215°. λ_{max} (A.): 418 nm.

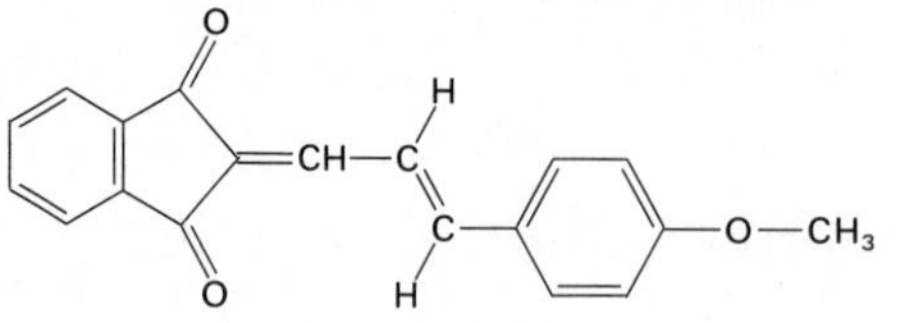

XI 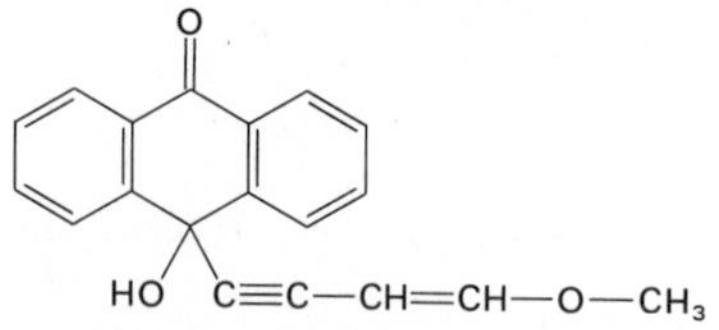 XII

10-Hydroxy-10-[4ξ-methoxy-but-3-en-1-inyl]-anthron $C_{19}H_{14}O_3$, Formel XII.

B. Beim Behandeln von 1-Methoxy-but-1-en-3-in (Stereoisomeren-Gemisch; vgl. E IV **1** 2300) mit $LiNH_2$ in flüssigem NH_3 und anschliessend mit Anthrachinon (*Ried, Urschel,* B. **91** [1958] 2459, 2468).

Kristalle (aus Toluol); F: 126–127°.

2,4-Dinitro-phenylhydrazon (F: 210–215°): *Ried, Ur.*

(±)-10-Hydroxy-10-[4ξ-methoxy-but-3-en-1-inyl]-10*H*-phenanthren-9-on $C_{19}H_{14}O_3$, Formel XIII.

B. Analog der vorangehenden Verbindung (*Ried, Urschel,* B. **91** [1958] 2459, 2469).

Kristalle (aus Toluol oder E.); F: 166–167°.

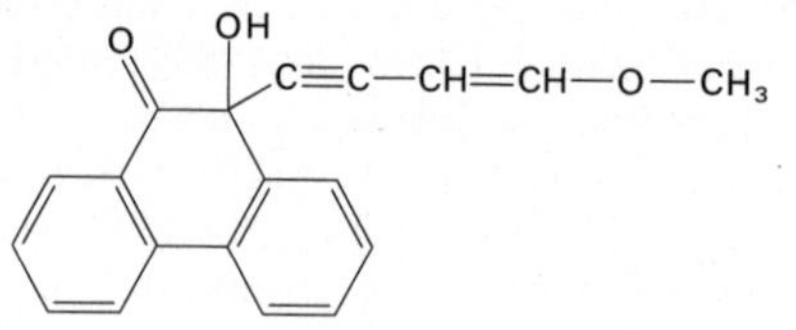

XIII 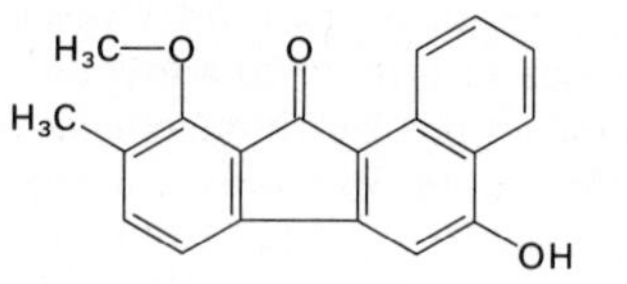 XIV

5-Hydroxy-10-methoxy-9-methyl-benzo[*a*]fluoren-11-on $C_{19}H_{14}O_3$, Formel XIV.

B. Beim Erhitzen von [2-Methoxy-3-methyl-phenyl]-[4-methoxy-[1]naphthyl]-keton mit NaCl und $AlCl_3$ auf 125° (*Gross, Lankelma,* Am. Soc. **73** [1951] 3439, 3442).

Rote Kristalle (aus Anisol); Zers. >200°.

Acetyl-Derivat $C_{21}H_{16}O_4$; 5-Acetoxy-10-methoxy-9-methyl-benzo[*a*]fluoren-11-on. F: 210–215° [Zers.].

Hydroxy-oxo-Verbindungen $C_{19}H_{14}O_3$

4-[4,4'-Dihydroxy-benzhydryliden]-cyclohexa-2,5-dienon, Aurin $C_{19}H_{14}O_3$, Formel I (X = H) (H 361; E I 671; E II 417; E III 3024).

B. Aus CBr_4 und Phenol beim Erhitzen mit $ZnCl_2$ oder mit wss. KOH unter Zusatz von Kupfer-Pulver (*Kishore, Mathur,* J. Indian chem. Soc. **28** [1951] 72).

Anisotrope Absorption (Dichroismus) bei 270 nm und 490 nm: *S̄mirnow,* Izv. Akad. S.S.S.R. Ser. fiz. **17** [1953] 695, 697; C. A. **1954** 6825. Absorptionsspektrum (350–580 nm) in wss. HCl [0,72 n] sowie in wss. Lösungen vom pH 4–11 (*Bodforss, Hansson,* Fysiograf. Sällsk. Lund Förh. **24** [1954] 89, 90). Protolyse-Gleichgewichte in wss. Lösungen bei 20°: *Bo., Ha.,* l. c. S. 93–104.

Zeitlicher Verlauf der Oxidation in wss. NaOH (vgl. E III 3024) verschiedener Konzentration bzw. in wss. Na_2CO_3 [1%ig] bei 100°: *Ioffe,* Ž. obšč. Chim. **20** [1950] 346, 347; engl. Ausg. S. 367, 368.

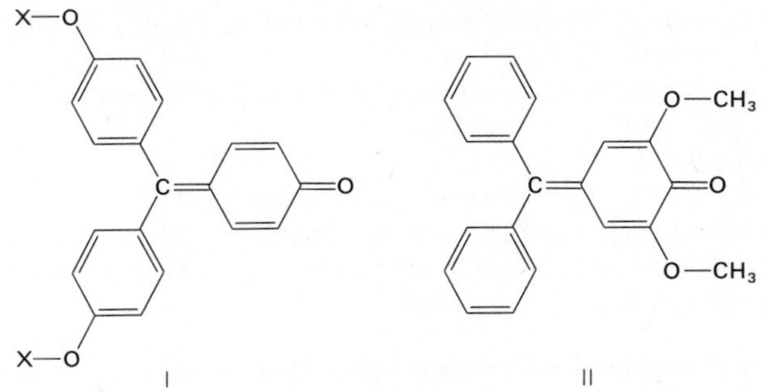

4-[4,4'-Bis-phosphonooxy-benzhydryliden]-cyclohexa-2,5-dienon $C_{19}H_{16}O_9P_2$, Formel I (X = $PO(OH)_2$).

B. Beim Behandeln der vorangehenden Verbindung mit $POCl_3$ und Pyridin in $CHCl_3$ und Behandeln des Reaktionsprodukts mit H_2O (*Monche,* An. Soc. españ. [B] **48** [1952] 499, 511).

Tetranatrium-Salz $Na_4(C_{19}H_{12}O_9P_2)$. Hellgelbe Kristalle; Zers. >118° [nach Rotfärbung].

4-Benzhydryliden-2,6-dimethoxy-cyclohexa-2,5-dienon $C_{21}H_{18}O_3$, Formel II.

B. Beim Erhitzen von [4-Hydroxy-3,5-dimethoxy-phenyl]-diphenyl-methanol auf 150° (*Beynon, Bowden,* Soc. **1957** 4247, 4250).

Gelbe Kristalle (aus Ae.+Bzl.); F: 225–226°. λ_{max} (Ae.): 265 nm und 378 nm.

1-[2-Hydroxy-[1]naphthyl]-3*t*-[2-hydroxy-phenyl]-propenon $C_{19}H_{14}O_3$, Formel III (X = OH, X' = H).

B. Aus 1-[2-Hydroxy-[1]naphthyl]-äthanon und Salicylaldehyd in Äthanol mit Hilfe von wss. KOH (*Fujise, Suzuki,* J. chem. Soc. Japan Pure Chem. Sect. **72** [1951] 1073; C. A. **1953** 5937).

Gelbe Kristalle (aus Bzl.); Zers. bei 156,5°.

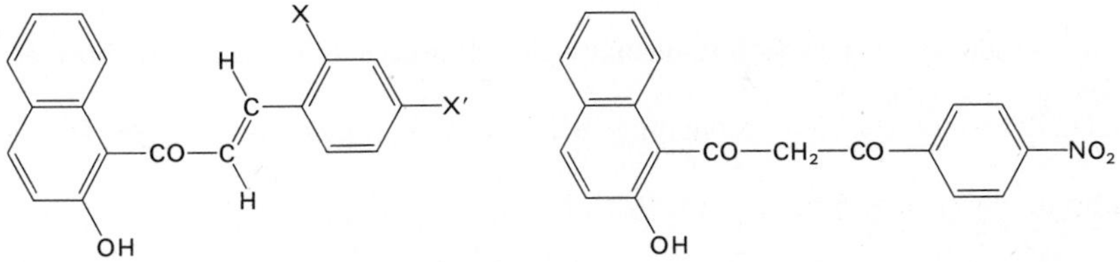

1-[2-Hydroxy-[1]naphthyl]-3*t*-[4-methoxy-phenyl]-propenon $C_{20}H_{16}O_3$, Formel III (X = H, X' = O-CH_3).

B. Aus 1-[2-Hydroxy-[1]naphthyl]-äthanon und 4-Methoxy-benzaldehyd in Äthanol mit Hilfe von NaOH (*Fujise, Suzuki,* J. chem. Soc. Japan Pure Chem. Sect. **72** [1951] 1073; C. A. **1953** 5937) oder wss. NaOH (*Marathey,* J. org. Chem. **20** [1955] 563, 568).

Orangefarbene Kristalle (*Fu., Su.*). F: 130° [aus Bzl.] (*Fu., Su.*), 120° [aus A.] (*Ma.*).

Acetyl-Derivat $C_{22}H_{18}O_4$; 1-[2-Acetoxy-[1]naphthyl]-3*t*-[4-methoxy-phenyl]-propenon. Kristalle (aus A.); F: 112° (*Ma.*).

1-[2-Hydroxy-[1]naphthyl]-3-[4-nitro-phenyl]-propan-1,3-dion $C_{19}H_{13}NO_5$, Formel IV und Taut.

B. Beim Erhitzen von 1-[2-(4-Nitro-benzoyloxy)-[1]naphthyl]-äthanon mit KOH in Pyridin (*Nowlan et al.,* Soc. **1950** 340, 343).

Gelbe Kristalle (aus A.); F: 168–170°.

1-[1-Hydroxy-[2]naphthyl]-3*t*-[2-hydroxy-phenyl]-propenon $C_{19}H_{14}O_3$, Formel V (X = X″ = H, X′ = OH) (E III 3032).

B. Beim Erwärmen des Acetyl-Derivats (s. u.) mit wss. NaOH (*Jenny,* Helv. **34** [1951] 539, 549).

Gelbe Kristalle (aus A.); F: 195°.

Acetyl-Derivat $C_{21}H_{16}O_4$; 3*t*-[2-Acetoxy-phenyl]-1-[1-hydroxy-[2]naphthyl]-propenon. *B.* Beim Erwärmen von 1-[1-Hydroxy-[2]naphthyl]-äthanon mit Salicylaldehyd und Acetanhydrid und anschliessend mit H_3BO_3 und Erwärmen des Reaktionsprodukts mit Äthanol (*Je.*). – Orangegelbe Kristalle (aus A.); F: 140°.

1-[4-Brom-1-hydroxy-[2]naphthyl]-3*t*-[2-methoxy-phenyl]-propenon $C_{20}H_{15}BrO_3$, Formel V (X = Br, X′ = O-CH_3, X″ = H).

B. Aus 1-[4-Brom-1-hydroxy-[2]naphthyl]-äthanon und 2-Methoxy-benzaldehyd in Äthanol mit Hilfe von wss. KOH (*Wagh, Jadhav,* J. Univ. Bombay **25**, Tl. 3A [1956] 23, 24). Beim Behandeln von 1-[1-Hydroxy-[2]naphthyl]-3*t*-[2-methoxy-phenyl]-propenon mit Brom in Essigsäure (*Wagh, Ja.,* l. c. S. 26).

Gelbe bis orangefarbene Kristalle (aus Eg.); F: 174–175°.

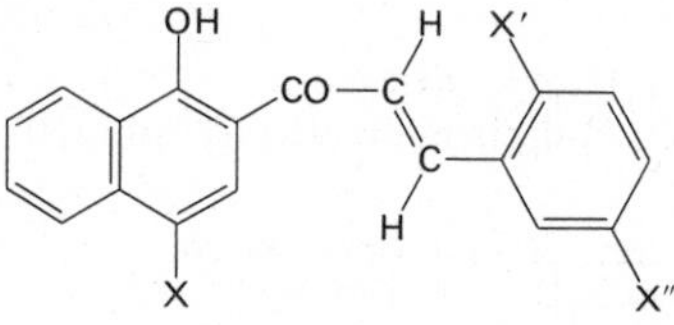

V 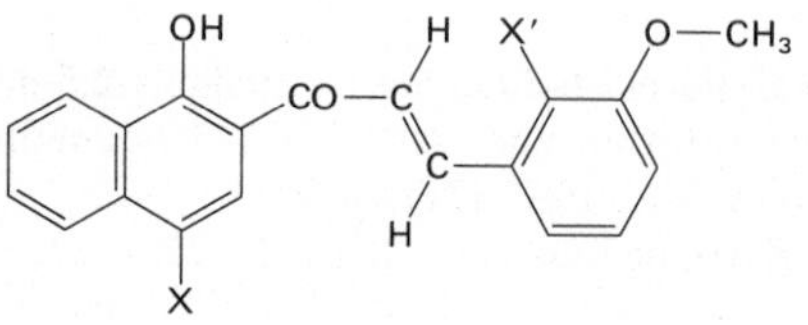 VI

1-[4-Brom-1-hydroxy-[2]naphthyl]-3*t*-[5-brom-2-methoxy-phenyl]-propenon $C_{20}H_{14}Br_2O_3$, Formel V (X = X″ = Br, X′ = O-CH_3).

B. Aus 1-[4-Brom-1-hydroxy-[2]naphthyl]-äthanon und 5-Brom-2-methoxy-benzaldehyd in Äthanol mit Hilfe von wss. KOH (*Wagh, Jadhav,* J. Univ. Bombay **25**, Tl. 3A [1956] 23, 24).

Gelbe bis orangefarbene Kristalle (aus Eg.); F: 198–199°.

1-[1-Hydroxy-4-nitro-[2]naphthyl]-3*t*-[2-methoxy-phenyl]-propenon $C_{20}H_{15}NO_5$, Formel V (X = NO_2, X′ = O-CH_3, X″ = H).

B. Analog der vorangehenden Verbindung (*Wagh, Jadhav,* J. Univ. Bombay **26**, Tl. 5A [1958] 28, 30).

Gelbe bis orangefarbene Kristalle (aus Bzl.); F: 237–238°.

3*t*-[5-Brom-2-methoxy-phenyl]-1-[1-hydroxy-4-nitro-[2]naphthyl]-propenon $C_{20}H_{14}BrNO_5$, Formel V (X = NO_2, X′ = O-CH_3, X″ = Br).

B. Analog den vorangehenden Verbindungen (*Wagh, Jadhav,* J. Univ. Bombay **26**, Tl. 5A [1958] 28, 30).

Gelbe bis orangefarbene Kristalle (aus Eg.); F: 216–217°.

1-[4-Brom-1-hydroxy-[2]naphthyl]-3*t*-[3-methoxy-phenyl]-propenon $C_{20}H_{15}BrO_3$, Formel VI (X = Br, X′ = H).

B. Aus 1-[4-Brom-1-hydroxy-[2]naphthyl]-äthanon und 3-Methoxy-benzaldehyd in Äthanol mit Hilfe von wss. KOH (*Wagh, Jadhav,* J. Univ. Bombay **25**, Tl. 3A [1956] 23, 24). Beim Behandeln von 1-[1-Hydroxy-[2]naphthyl]-3*t*-[3-methoxy-phenyl]-propenon mit Brom in Essigsäure (*Wagh, Ja.,* l. c. S. 27).

Gelbe bis orangefarbene Kristalle (aus A.); F: 138–139°.

1-[4-Brom-1-hydroxy-[2]naphthyl]-3*t*-[2-brom-3-methoxy-phenyl]-propenon $C_{20}H_{14}Br_2O_3$, Formel VI (X = X′ = Br).

B. Aus 1-[4-Brom-1-hydroxy-[2]naphthyl]-äthanon und 2-Brom-5-methoxy-benzaldehyd in

Äthanol mit Hilfe von wss. KOH (*Wagh, Jadhav,* J. Univ. Bombay **25**, Tl. 3A [1956] 23, 24).

Gelbe bis orangefarbene Kristalle (aus Eg.); F: 161–162°.

2-Brom-1-[4-brom-1-hydroxy-[2]naphthyl]-3ξ-[2-brom-5-methoxy-phenyl]-propenon $C_{20}H_{13}Br_3O_3$, Formel VII.

B. Beim Erhitzen von (2*RS*,3*SR*)-2,3-Dibrom-1-[4-brom-1-hydroxy-[2]naphthyl]-3-[2-brom-5-methoxy-phenyl]-propan-1-on mit Pyridin und anschliessend mit *N*,*N*-Dimethyl-anilin und Äthanol auf 100° (*Wagh, Jadhav,* J. Univ. Bombay **25**, Tl. 3A [1956] 23, 30).

Gelbe Kristalle (aus Eg.); F: 208–209°.

1-[1-Hydroxy-4-nitro-[2]naphthyl]-3*t*-[3-methoxy-phenyl]-propenon $C_{20}H_{15}NO_5$, Formel VI ($X = NO_2$, $X' = H$).

B. Aus 1-[1-Hydroxy-4-nitro-[2]naphthyl]-äthanon und 3-Methoxy-benzaldehyd in Äthanol mit Hilfe von wss. KOH (*Wagh, Jadhav,* J. Univ. Bombay **26**, Tl. 5A [1958] 28, 30).

Gelbe bis orangefarbene Kristalle (aus Eg.); F: 174–175°.

3*t*-[2-Brom-5-methoxy-phenyl]-1-[1-hydroxy-4-nitro-[2]naphthyl]-propenon $C_{20}H_{14}BrNO_5$, Formel V ($X = NO_2$, $X' = Br$, $X'' = O\text{-}CH_3$).

B. Aus 1-[1-Hydroxy-4-nitro-[2]naphthyl]-äthanon und 2-Brom-5-methoxy-benzaldehyd in Äthanol mit Hilfe von wss. KOH (*Wagh, Jadhav,* J. Univ. Bombay **26**, Tl. 5A [1958] 28, 30). Beim Behandeln von 1-[1-Hydroxy-4-nitro-[2]naphthyl]-3*t*-[3-methoxy-phenyl]-propenon mit Brom in Essigsäure (*Wagh, Ja.,* l. c. S. 32).

Gelbe bis orangefarbene Kristalle (aus Bzl.); F: 209–210°.

VII VIII

1-[1-Hydroxy-[2]naphthyl]-3*t*-[4-hydroxy-phenyl]-propenon $C_{19}H_{14}O_3$, Formel VIII ($R = X = X' = H$).

B. Aus 1-[1-Hydroxy-[2]naphthyl]-äthanon und 4-Hydroxy-benzaldehyd in Äthanol mit Hilfe von wss. NaOH (*Fujise et al.,* J. chem. Soc. Japan Pure Chem. Sect. **77** [1956] 1833; C. A. **1960** 515; s. a. *Suzuki et al.,* Sci. Rep. Tohoku Univ. [I] **41** [1957] 42, 44).

Rote Kristalle (aus A.); F: 195–196° (*Fu. et al.*; *Su. et al.*).

Diacetyl-Derivat $C_{23}H_{18}O_5$; 1-[1-Acetoxy-[2]naphthyl]-3*t*-[4-acetoxy-phenyl]-propenon. Gelbe Kristalle (aus A.); F: 145–146° (*Fu. et al.*; *Su. et al.*).

3*t*-[4-Benzyloxy-phenyl]-1-[1-hydroxy-[2]naphthyl]-propenon $C_{26}H_{20}O_3$, Formel VIII ($R = CH_2\text{-}C_6H_5$, $X = X' = H$).

B. Aus 1-[1-Hydroxy-[2]naphthyl]-äthanon und 4-Benzyloxy-benzaldehyd in Äthanol mit Hilfe von wss. KOH (*Wagh, Jadhav,* J. Univ. Bombay **26**, Tl. 5A [1958] 4, 9).

Gelbe bis orangefarbene Kristalle (aus Eg.); F: 159–160° (*Wagh, Ja.,* l. c. S. 7).

1-[4-Brom-1-hydroxy-[2]naphthyl]-3*t*-[4-methoxy-phenyl]-propenon $C_{20}H_{15}BrO_3$, Formel VIII ($R = CH_3$, $X = Br$, $X' = H$) (E III 3035).

B. Beim Behandeln von 1-[1-Hydroxy-[2]naphthyl]-3*t*-[4-methoxy-phenyl]-propenon mit Brom in Essigsäure (*Wagh, Jadhav,* J. Univ. Bombay **25**, Tl. 3A [1956] 23, 27).

Gelbe bis orangefarbene Kristalle (aus Eg.); F: 182–183° (*Wagh, Ja.*).

Acetyl-Derivat $C_{22}H_{17}BrO_4$; 1-[1-Acetoxy-4-brom-[2]naphthyl]-3*t*-[4-methoxy-phenyl]-propenon. F: 140° (*Marathey et al.*, J. Univ. Poona Nr. 16 [1959] 51, 57).

3*t*-[4-Benzyloxy-phenyl]-1-[4-brom-1-hydroxy-[2]naphthyl]-propenon $C_{26}H_{19}BrO_3$, Formel VIII (R = CH_2-C_6H_5, X = Br, X′ = H).

B. Aus 1-[4-Brom-1-hydroxy-[2]naphthyl]-äthanon und 4-Benzyloxy-benzaldehyd in Äthanol mit Hilfe von wss. KOH (*Wagh, Jadhav*, J. Univ. Bombay **26**, Tl. 5A [1958] 4, 9). Beim Behandeln von 3*t*-[4-Benzyloxy-phenyl]-1-[1-hydroxy-[2]naphthyl]-propenon mit Brom in Essigsäure (*Wagh, Ja.*).

Gelbe bis orangefarbene Kristalle (aus Eg.); F: 179–180° (*Wagh, Ja.*, l. c. S. 7, 8).

1-[4-Brom-1-hydroxy-[2]naphthyl]-3*t*-[3-brom-4-methoxy-phenyl]-propenon $C_{20}H_{14}Br_2O_3$, Formel VIII (R = CH_3, X = X′ = Br).

B. Aus 1-[4-Brom-1-hydroxy-[2]naphthyl]-äthanon und 3-Brom-4-methoxy-benzaldehyd in Äthanol mit Hilfe von wss. KOH (*Wagh, Jadhav*, J. Univ. Bombay **25**, Tl. 3A [1956] 23, 24).

Gelbe bis orangefarbene Kristalle (aus Eg.); F: 209–210°.

3ξ-[4-Benzyloxy-phenyl]-2-brom-1-[4-brom-1-hydroxy-[2]naphthyl]-propenon $C_{26}H_{18}Br_2O_3$, Formel IX.

B. Beim Erwärmen von (2*RS*,3*SR*)-3-[4-Benzyloxy-phenyl]-2,3-dibrom-1-[4-brom-1-hydroxy-[2]naphthyl]-propan-1-on mit *N*,*N*-Dimethyl-anilin und Äthanol (*Wagh, Jadhav*, J. Univ. Bombay **26**, Tl. 5A [1958] 4, 9).

Grünlichgelbe Kristalle (aus Eg.); F: 249–250°.

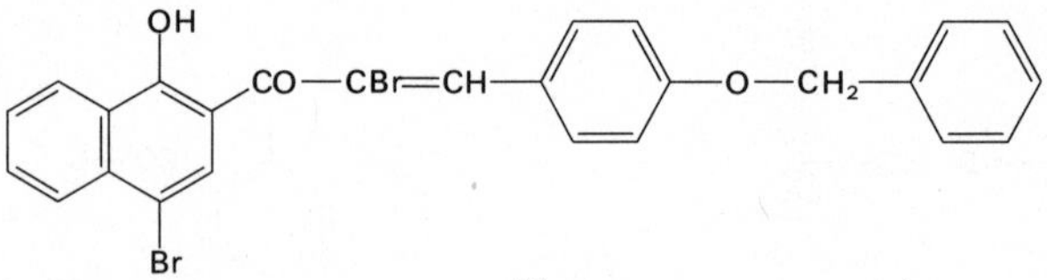

IX

1-[1-Hydroxy-4-nitro-[2]naphthyl]-3*t*-[4-methoxy-phenyl]-propenon $C_{20}H_{15}NO_5$, Formel VIII (R = CH_3, X = NO_2, X′ = H).

B. Aus 1-[1-Hydroxy-4-nitro-[2]naphthyl]-äthanon und 4-Methoxy-benzaldehyd in Äthanol mit Hilfe von wss. KOH (*Wagh, Jadhav*, J. Univ. Bombay **26**, Tl. 5A [1958] 28, 30).

Gelbe bis orangefarbene Kristalle (aus Eg.); F: 203–204°.

3*t*-[4-Benzyloxy-phenyl]-1-[1-hydroxy-4-nitro-[2]naphthyl]-propenon $C_{26}H_{19}NO_5$, Formel VIII (R = CH_2-C_6H_5, X = NO_2, X′ = H).

B. Analog der vorangehenden Verbindung (*Wagh, Jadhav*, J. Univ. Bombay **27**, Tl. 3A [1958] 1, 3).

Orangefarbene Kristalle (aus Eg.); F: 197–198°.

3*t*-[3-Brom-4-methoxy-phenyl]-1-[1-hydroxy-4-nitro-[2]naphthyl]-propenon $C_{20}H_{14}BrNO_5$, Formel VIII (R = CH_3, X = NO_2, X′ = Br).

B. Analog den vorangehenden Verbindungen (*Wagh, Jadhav*, J. Univ. Bombay **26**, Tl. 5A [1958] 28, 30).

Gelbe bis orangefarbene Kristalle (aus Bzl.); F: 242–243°.

1-[6-Methoxy-[2]naphthyl]-3*t*-[4-methoxy-phenyl]-propenon $C_{21}H_{18}O_3$, Formel X.

B. Aus 1-[6-Methoxy-[2]naphthyl]-äthanon und 4-Methoxy-benzaldehyd mit Hilfe von wss.-äthanol. NaOH (*Buu-Hoi, Lavit*, J. org. Chem. **22** [1957] 912).

Hellgelbe Kristalle (aus A.); F: 131°.

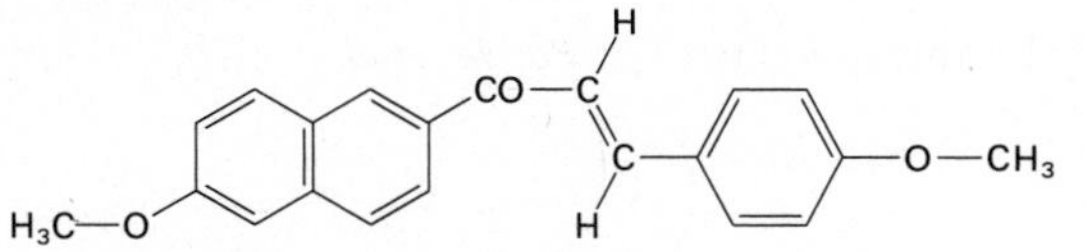

X

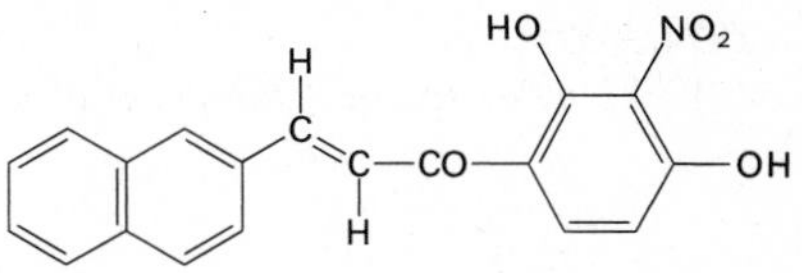

XI

1-[2,4-Dihydroxy-3-nitro-phenyl]-3*t*-[2]naphthyl-propenon $C_{19}H_{13}NO_5$, Formel XI.

B. In kleiner Menge beim Behandeln von 1-[2,4-Dihydroxy-3-nitro-phenyl]-äthanon mit [2]Naphthaldehyd und äthanol. KOH (*Seshadri, Trivedi,* J. org. Chem. **22** [1957] 1633, 1635).

Kristalle (aus Eg.); F: 225°.

1-[4-Chlor-phenyl]-3-[1-hydroxy-[2]naphthyl]-propan-1,3-dion $C_{19}H_{13}ClO_3$, Formel XII (X = X' = H, X'' = Cl) und Taut.

B. Beim Erhitzen von 1-[1-(4-Chlor-benzoyloxy)-[2]naphthyl]-äthanon mit der Natrium-Verbindung des Acetessigsäure-äthylesters in Pyridin (*Dunne et al.,* Soc. **1950** 1252, 1256).

Kristalle (aus A.); F: 178–180°.

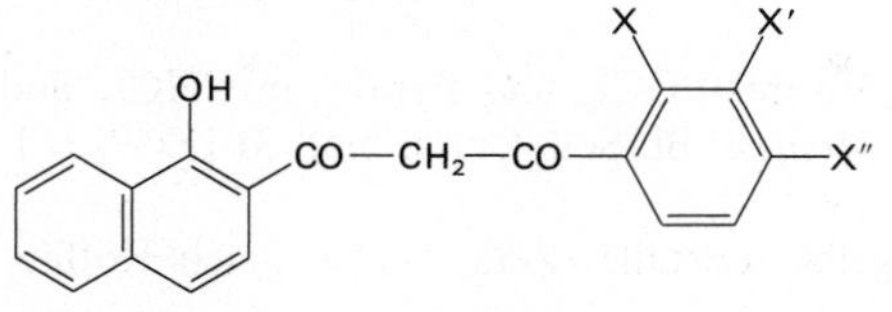

XII

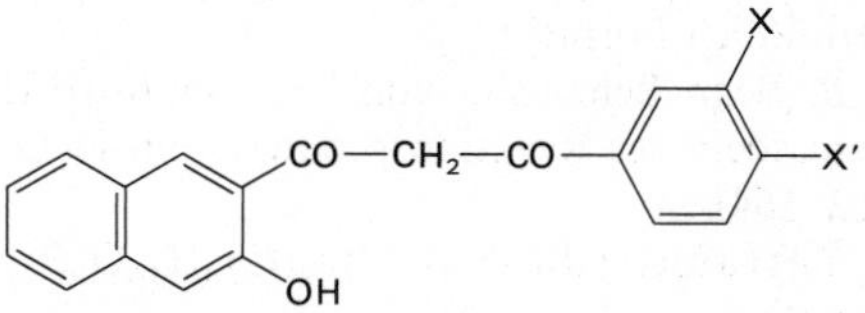

XIII

1-[1-Hydroxy-[2]naphthyl]-3-[2-nitro-phenyl]-propan-1,3-dion $C_{19}H_{13}NO_5$, Formel XII ($X = NO_2$, X' = X'' = H) und Taut.

B. Beim Erhitzen von 1-[1-(2-Nitro-benzoyloxy)-[2]naphthyl]-äthanon mit KOH in Pyridin (*Nowlan et al.,* Soc. **1950** 340, 343).

Gelbe Kristalle (aus wss. Acn.); F: 173–175°.

Die folgenden Verbindungen sind in analoger Weise hergestellt worden:

1-[1-Hydroxy-[2]naphthyl]-3-[3-nitro-phenyl]-propan-1,3-dion $C_{19}H_{13}NO_5$, Formel XII (X = X'' = H, $X' = NO_2$) und Taut. Gelbe Kristalle (aus Acn.); F: 191°.

1-[1-Hydroxy-[2]naphthyl]-3-[4-nitro-phenyl]-propan-1,3-dion $C_{19}H_{13}NO_5$, Formel XII (X = X' = H, $X'' = NO_2$) und Taut. Gelbe Kristalle (aus Tetrahydrofurfurylalkohol); F: 222–224°.

1-[3-Hydroxy-[2]naphthyl]-3-phenyl-propan-1,3-dion $C_{19}H_{14}O_3$, Formel XIII (X = X' = H) und Taut. Gelbe Kristalle (aus wss. A.); F: 129–130°.

1-[3-Hydroxy-[2]naphthyl]-3-[3-nitro-phenyl]-propan-1,3-dion $C_{19}H_{13}NO_5$, Formel XIII ($X = NO_2$, X' = H) und Taut. Gelbe Kristalle (aus Acn.); F: 182–183°.

1-[3-Hydroxy-[2]naphthyl]-3-[4-nitro-phenyl]-propan-1,3-dion $C_{19}H_{13}NO_5$, Formel XIII (X = H, $X' = NO_2$) und Taut. Gelbe Kristalle (aus Acn.); F: 228–230°.

1-[2]Naphthyl-3-[4-pentyloxy-phenyl]-propan-1,3-dion $C_{24}H_{24}O_3$, Formel XIV und Taut.

B. Beim Erhitzen von 1-[2]Naphthyl-äthanon mit 4-Pentyloxy-benzoesäure-methylester und Natriummethylat auf 175° (*Eastman Kodak Co.,* U.S.P. 2865747 [1955]).

Hellgelbe Kristalle (aus A.); F: 96–97°. Kp_1: 132–135°.

Hydroxy-oxo-Verbindungen $C_{20}H_{16}O_3$

2,2-Bis-[4-methoxy-phenyl]-1-phenyl-äthanon $C_{22}H_{20}O_3$, Formel XV (vgl. E II 419; E III 3036).

B. Beim Erwärmen von 2,2-Dimorpholino-1-phenyl-äthanon mit Anisol und wss. H_2SO_4 in Essigsäure (*Papillon-Jegou et al.,* Bl. [II] **1978** 234, 239; s. a. *Papillon-Jegou, Bariou,* Bl.

1974 3059).

F: 72° (*Pa.-Je., Ba.*; *Pa.-Je. et al.*). ^{1}H-NMR-Absorption (CCl_4): *Pa.-Je. et al.*

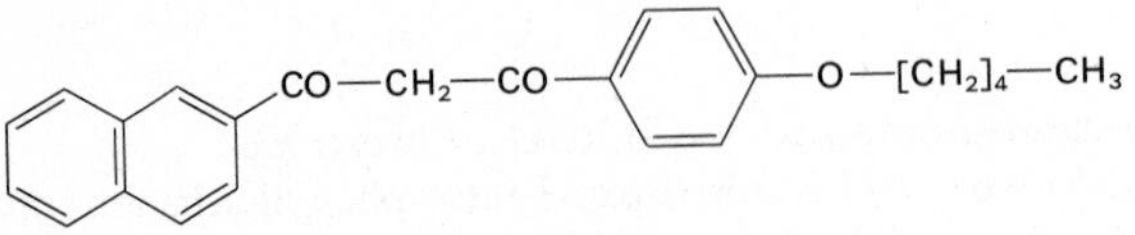

XIV 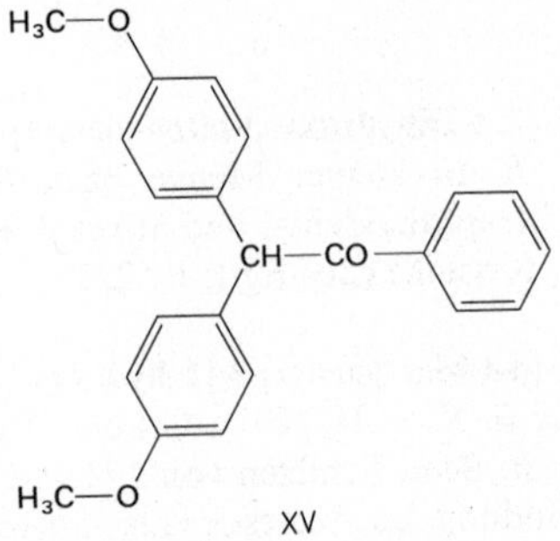 XV

4-[4,4'-Bis-phosphonooxy-benzhydryliden]-2-methyl-cyclohexa-2,5-dienon(?) $C_{20}H_{18}O_9P_2$, vermutlich Formel I.

B. Beim Behandeln von Rosolsäure (E III **8** 3037) mit $POCl_3$ und Pyridin in $CHCl_3$ und Behandeln des Reaktionsprodukts mit H_2O (*Sols, Monche,* Bl. Soc. Chim. biol. **31** [1949] 161, 162, 164).

Tetranatrium-Salz $Na_4(C_{20}H_{14}O_9P_2)$. Hellgelbe Kristalle; Zers. >110° [nach Rotfärbung].

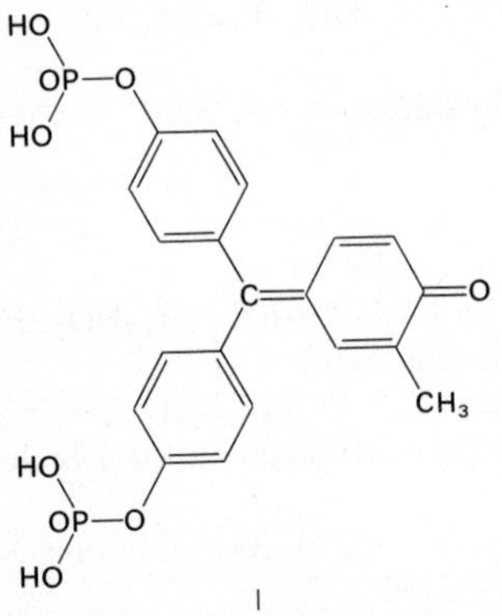

I 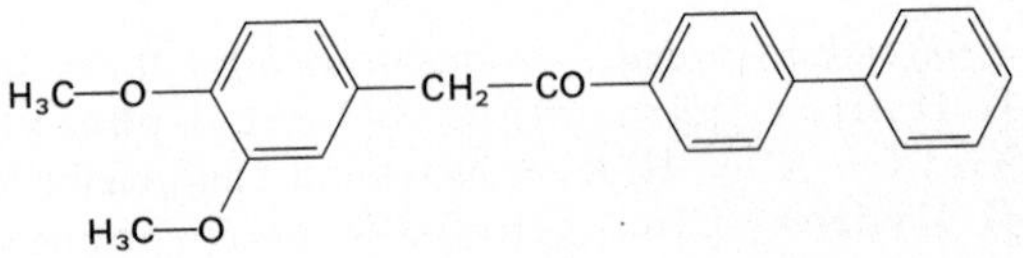 II

3',4'-Dimethoxy-4-phenyl-desoxybenzoin $C_{22}H_{20}O_3$, Formel II.

B. Beim Behandeln von Biphenyl mit [3,4-Dimethoxy-phenyl]-acetylchlorid und $AlCl_3$ in Benzol (*Mee et al.,* Soc. **1957** 3093, 3099).

Kristalle (aus A.); F: 120°.

3-Benzyl-2,4-dihydroxy-benzophenon $C_{20}H_{16}O_3$, Formel III (R = H).

B. Beim Einleiten von HCl in ein Gemisch von 2-Benzyl-resorcin, Benzonitril und $ZnCl_2$ in Äther und Erhitzen des Reaktionsprodukts mit H_2O (*Mullaji, Shah,* Pr. Indian Acad. [A] **34** [1951] 88, 94).

Kristalle (aus A.); F: 159–160°.

3-Benzyl-4-benzyloxy-2-hydroxy-benzophenon $C_{27}H_{22}O_3$, Formel III (R = CH_2-C_6H_5).

B. Beim Erwärmen der vorangehenden Verbindung mit Benzylchlorid und K_2CO_3 in Aceton (*Mullaji, Shah,* Pr. Indian Acad. [A] **34** [1951] 88, 95).

Kristalle (aus A.); F: 92–93°.

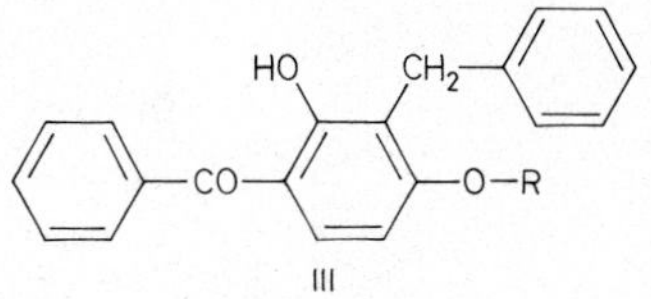

Hydroxy-oxo-Verbindungen $C_{21}H_{18}O_3$

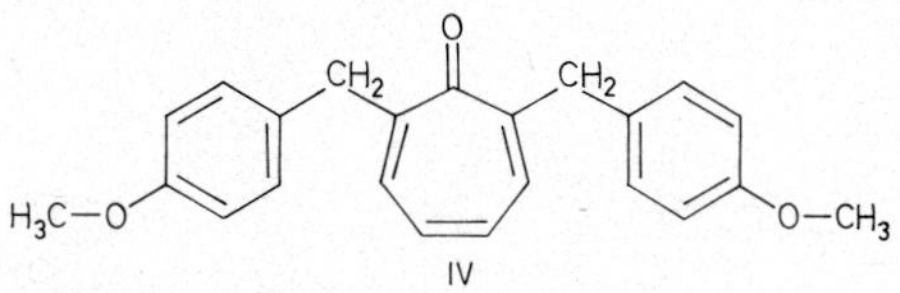

2,7-Bis-[4-methoxy-benzyl]-cycloheptatrienon $C_{23}H_{22}O_3$, Formel IV.

B. Beim Erhitzen von 2,7-[(*E*?,*E*?)-Bis-(4-methoxy-benzyliden)]-cycloheptanon (F: 119–120°) mit Palladium/Kohle in Triäthylenglykol (*Leonard et al.*, Am. Soc. **79** [1957] 1482, 1485).

Kristalle (aus A.); F: 122–122,5° [korr.]. IR-Banden ($CHCl_3$; 1650–1000 cm^{-1}): *Le. et al.*

***2,7-Bis-[2-methoxy-benzyliden]-cyclohept-3-enon** $C_{23}H_{22}O_3$, Formel V.

B. Beim Behandeln von 1,4-Dioxa-spiro[4.6]undec-6-en mit 2-Methoxy-benzaldehyd, Essigsäure und konz. wss. HCl (*Treibs, Grossmann*, B. **92** [1959] 273, 276).

Hellgelbe Kristalle (aus Bzl.+Me.); F: 147–148° [unkorr.]. IR-Banden (KBr; 1650–1000 cm^{-1}): *Tr., Gr.* λ_{max}: 270 nm und 316 nm.

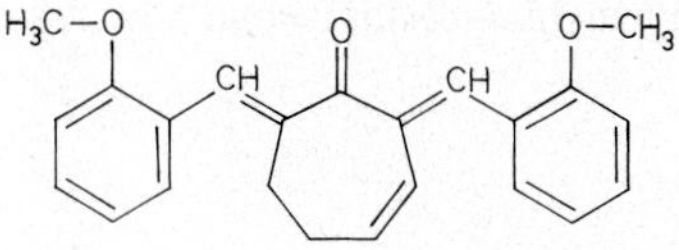

3,3-Bis-[4-hydroxy-phenyl]-1-phenyl-propan-1-on $C_{21}H_{18}O_3$, Formel VI.

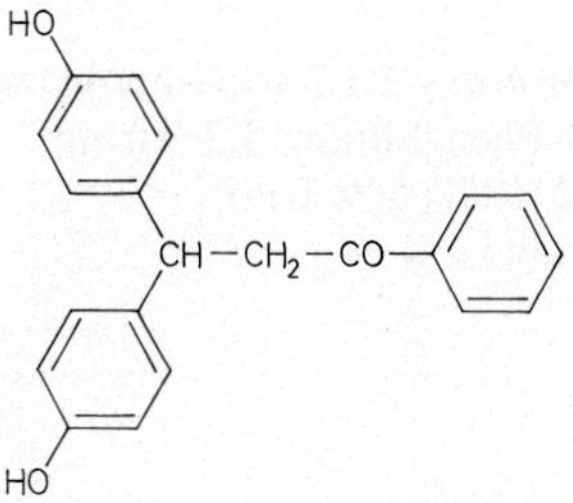

B. Neben kleineren Mengen 2-Phenyl-chromenylium-tetrachloroferrat(III) beim Behandeln von 3-Phenoxy-1-phenyl-propenon (F: 49–50°) in Essigsäure mit $FeCl_3$ und konz. wss. HCl (*Nešmejanow et al.*, Izv. Akad. S.S.S.R. Otd. chim. **1954** 418, 424; engl. Ausg. S. 353, 358).

Kristalle (aus A.); F: 198–199°.

(±)-1,2-Bis-[4-methoxy-phenyl]-3-phenyl-propan-1-on $C_{23}H_{22}O_3$, Formel VII (E III 3040).

B. Beim Behandeln von 1,2-Bis-[4-methoxy-phenyl]-propenon mit Phenylmagnesiumbromid in Äther und Benzol (*Fiesselmann, Ribka*, B. **89** [1956] 27, 37).

Kristalle (aus Me.+E.); F: 122°.

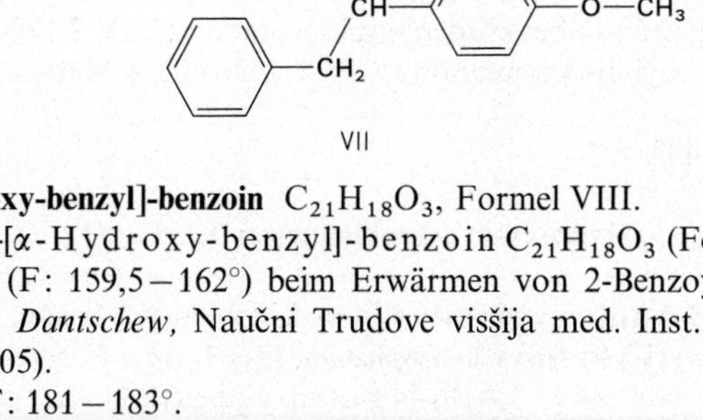

***Opt.-inakt. 2-[α-Hydroxy-benzyl]-benzoin** $C_{21}H_{18}O_3$, Formel VIII.

B. Neben einer als 2′-[α-Hydroxy-benzyl]-benzoin $C_{21}H_{18}O_3$ (Formel IX) angesehenen opt.-inakt. Verbindung (F: 159,5–162°) beim Erwärmen von 2-Benzoyl-benzil mit $Na_2S_2O_4$ in wss. Aceton (*Dalew, Dantschew*, Naučni Trudove visšija med. Inst. Sofija **2** [1954] Nr. 5, S. 25, 29; C. A. **1957** 8705).

Kristalle (aus Bzl.); F: 181–183°.

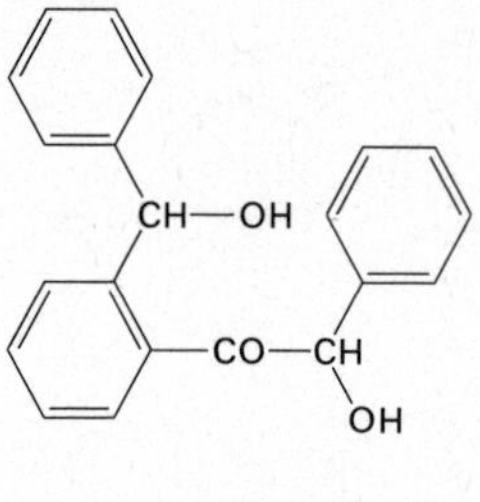

VIII 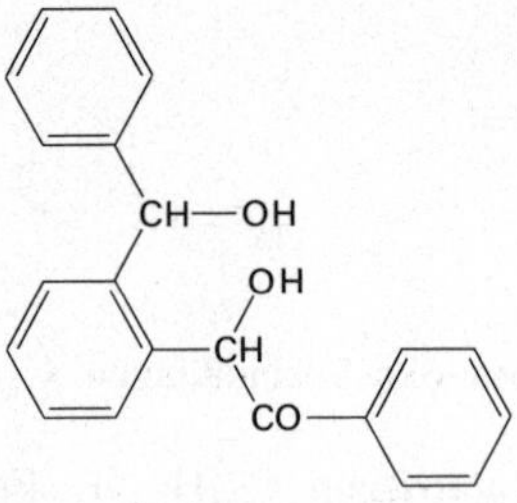 IX 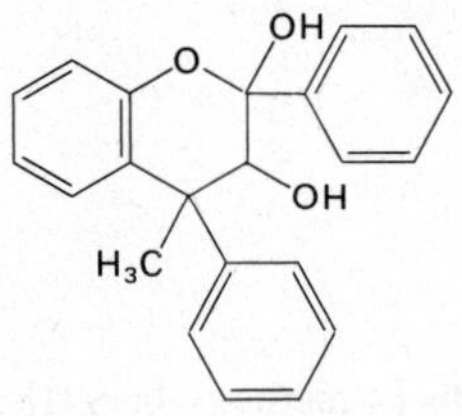 X

Hydroxy-oxo-Verbindungen $C_{22}H_{20}O_3$

2-Hydroxy-3-[2-hydroxy-phenyl]-1,3-diphenyl-butan-1-on $C_{22}H_{20}O_3$ und Taut.

***Opt.-inakt. 4-Methyl-2,4-diphenyl-chroman-2,3-diol,** Formel X.

B. Beim Behandeln von (±)-4-Methyl-2,4-diphenyl-4*H*-chromen mit Osmium(VIII)-oxid und Pyridin in Benzol und Behandeln des Reaktionsprodukts in $CHCl_3$ mit Mannit und wss. KOH (*Elderfield, King,* Am. Soc. **76** [1954] 5439, 5443).

Kristalle (aus Bzl. + Hexan); F: 168–170° [korr.].

***(±)-1,3-Dihydroxy-1,1,3-triphenyl-butan-2-on-oxim** $C_{22}H_{21}NO_3$, Formel XI.

B. Aus 1-Phenyl-butan-1,2,3-trion-2-oxim und Phenylmagnesiumbromid in Äther (*Samné,* A. ch. [13] **2** [1957] 629, 666).

Kristalle (aus wss. A.); F: 192°.

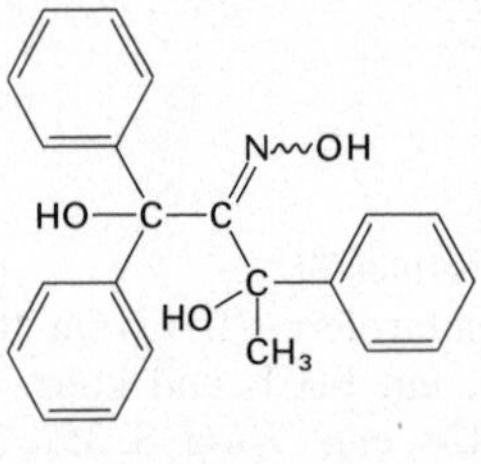

XI 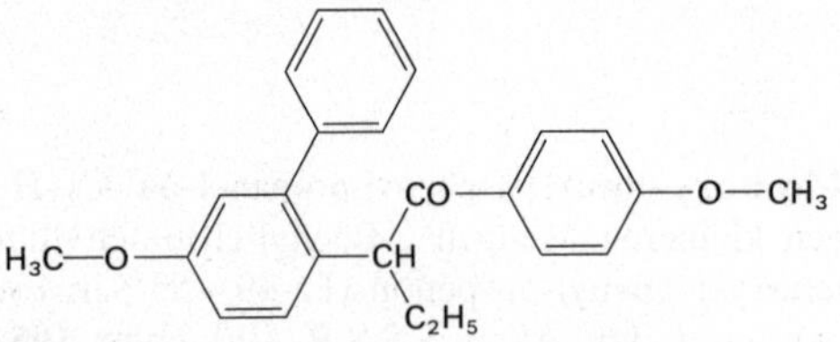 XII

(±)-2-[5-Methoxy-biphenyl-2-yl]-1-[4-methoxy-phenyl]-butan-1-on $C_{24}H_{24}O_3$, Formel XII.

B. Beim Behandeln von (±)-2-[5-Methoxy-biphenyl-2-yl]-butyronitril mit 4-Methoxy-phenyl≈magnesium-bromid in Äther und Erwärmen des Reaktionsgemisches mit wss. HCl (*Bradsher, Jackson,* Am. Soc. **74** [1952] 4880, 4882).

Kristalle (aus A.); F: 98–98,5°.

(*R*)-3-Isopropenyl-2,5-[(*E*?,*E*?)-bis-(4-methoxy-benzyliden)]-cyclopentanon $C_{24}H_{24}O_3$, vermutlich Formel I.

Bezüglich der Konfigurationszuordnung an den semicyclischen Doppelbindungen vgl. das analog hergestellte 2,5-[(*E*,*E*)-Dibenzyliden]-cyclopentanon (E IV **7** 1794).

B. Aus (*S*)-3-Isopropenyl-cyclopentanon (E IV **7** 153) und 4-Methoxy-benzaldehyd (*Harispe et al.,* Bl. **1958** 481).

Gelbe Kristalle; F: 143°.

Hydroxy-oxo-Verbindungen $C_{25}H_{26}O_3$

(±)-*erythro*-3-[3-Benzoyl-4-hydroxy-phenyl]-4-[4-hydroxy-phenyl]-hexan, 5-[(1*RS*,2*SR*)-1-Äthyl-2-(4-hydroxy-phenyl)-butyl]-2-hydroxy-benzophenon $C_{25}H_{26}O_3$, Formel II + Spiegelbild.

B. Beim Behandeln von *meso*-3,4-Bis-[4-methoxy-phenyl]-hexan mit Benzoylchlorid und

$AlCl_3$ in Nitrobenzol und Erhitzen des Reaktionsprodukts (Kp_{20}: 305–308°) mit Pyridin-hydrochlorid (*Buu-Hoi et al.*, Soc. **1954** 1034, 1037).

Kristalle (aus Bzl.); F: 201–202°.

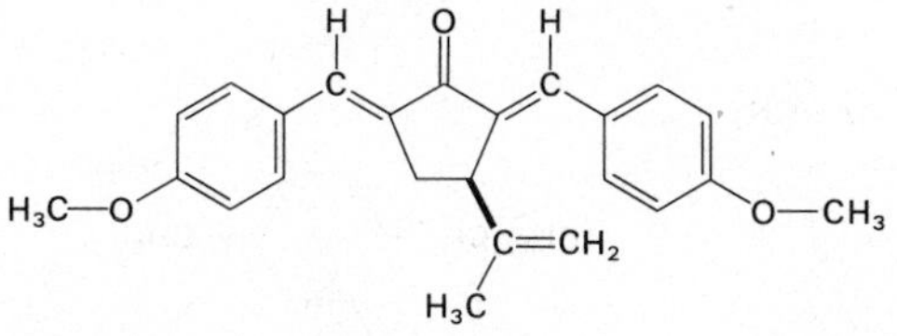

I

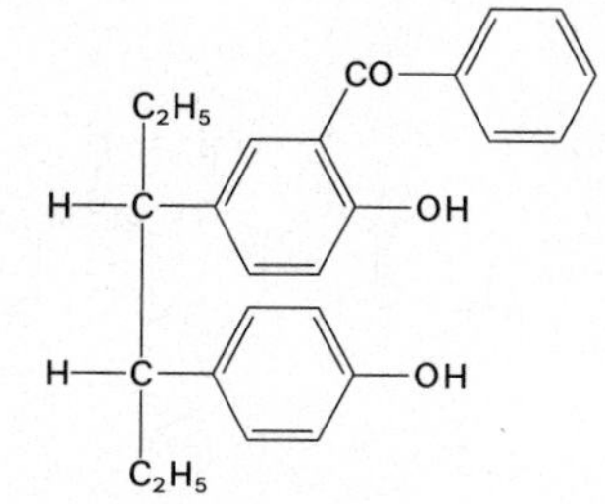

II

4-[4,4′-Dihydroxy-2,3,2′,3′-tetramethyl-benzhydryliden]-2,3-dimethyl-cyclohexa-2,5-dienon $C_{25}H_{26}O_3$, Formel III (R = CH_3, R′ = H).

B. Neben anderen Verbindungen beim Erhitzen von 2,3-Dimethyl-phenol mit CCl_4 und $ZnCl_2$ auf 130° (*Driver, Lai,* Soc. **1958** 3009, 3012, 3013).

Grüne Kristalle (aus Bzl. + Me.); F: 297–298° [Zers.].

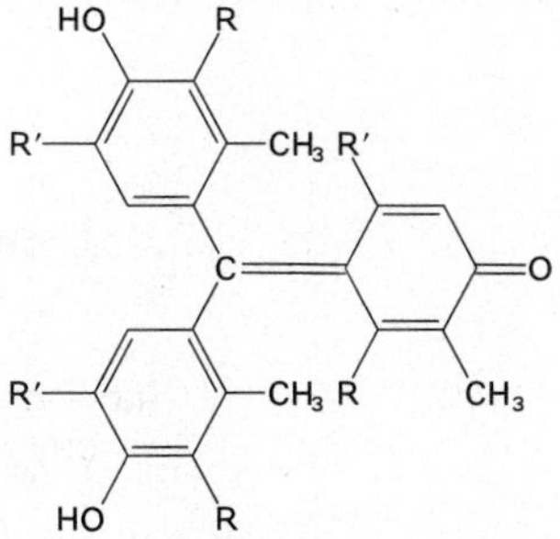

III

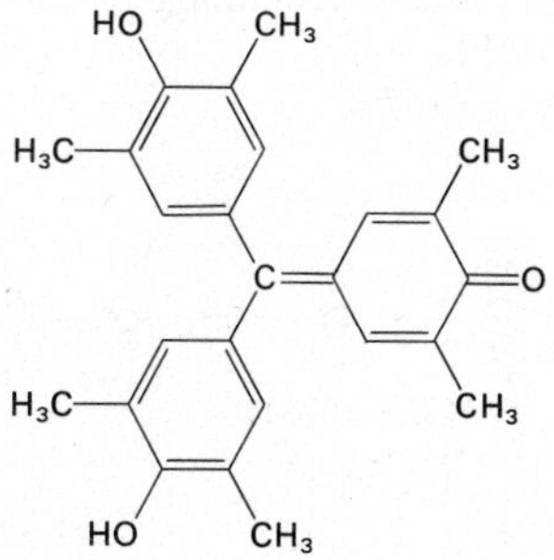

IV

4-[4,4′-Dihydroxy-2,5,2′,5′-tetramethyl-benzhydryliden]-2,5-dimethyl-cyclohexa-2,5-dienon $C_{25}H_{26}O_3$, Formel III (R = H, R′ = CH_3).

B. Analog der vorangehenden Verbindung (*Driver, Lai,* Soc. **1958** 3009, 3013).

Rote Kristalle (aus Me.); F: 293–295° [Zers.].

Diacetyl-Derivat $C_{29}H_{30}O_5$; 4-[4,4′-Diacetoxy-2,5,2′,5′-tetramethyl-benzhydr=yliden]-2,5-dimethyl-cyclohexa-2,5-dienon. Gelbe Kristalle (aus A.); F: 171–172°.

4-[4,4′-Dihydroxy-3,5,3′,5′-tetramethyl-benzhydryliden]-2,6-dimethyl-cyclohexa-2,5-dienon $C_{25}H_{26}O_3$, Formel IV.

B. Beim Erhitzen von 2,6-Dimethyl-phenol mit CCl_4 und $ZnCl_2$ auf 100° bzw. mit CBr_4 und $ZnCl_2$ auf 110° (*Driver, Lai,* Soc. **1958** 3009, 3011, 3012).

Rote Kristalle (aus A.) mit 1 Mol Äthanol; F: 320° [Zers.; evakuierte Kapillare].

Diacetyl-Derivat $C_{29}H_{30}O_5$; 4-[4,4′-Diacetoxy-3,5,3′,5′-tetramethyl-benzhydr=yliden]-2,6-dimethyl-cyclohexa-2,5-dienon. Gelbe Kristalle (aus E.); F: 302–304°.

Hydroxy-oxo-Verbindungen $C_{26}H_{28}O_3$

3,5-[(*E*?,*E*?)-Bis-(4-methoxy-benzyliden)]-bicyclohexyl-4-on $C_{28}H_{32}O_3$, vermutlich Formel V.

Bezüglich der Konfiguration vgl. das analog hergestellte 2,6-[(*E*,*E*)-Dibenzyliden]-cyclohex=

anon (E IV **7** 1800).

B. Beim Behandeln von Bicyclohexyl-4-on mit 4-Methoxy-benzaldehyd und wss. NaOH (*Buu-Hoi et al.,* Soc. **1957** 3126, 3129).

Gelbe Kristalle (aus A.); F: 126°.

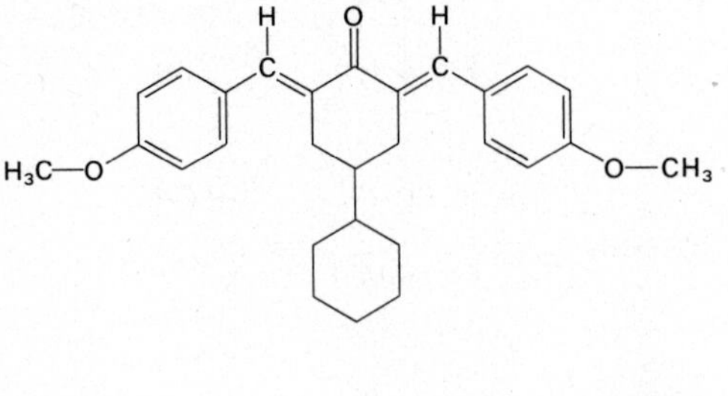

V 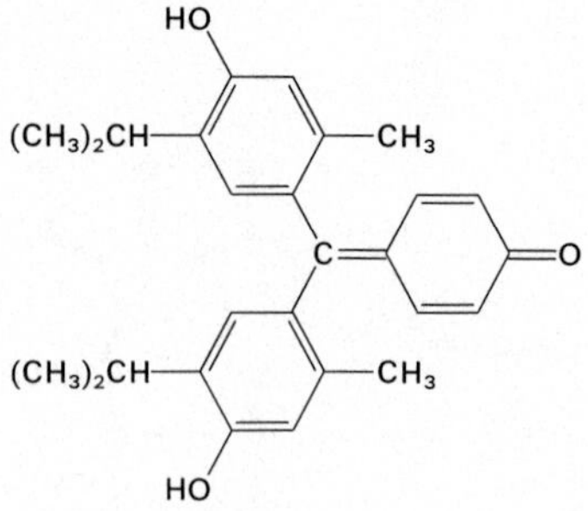 VI

Hydroxy-oxo-Verbindungen $C_{27}H_{30}O_3$

4-[4,4′-Dihydroxy-5,5′-diisopropyl-2,2′-dimethyl-benzhydryliden]-cyclohexa-2,5-dienon(?) $C_{27}H_{30}O_3$, vermutlich Formel VI.

B. Beim Behandeln von Bis-[4-hydroxy-5-isopropyl-2-methyl-phenyl]-phenyl-methan (über die Konstitution dieser Verbindung s. E IV **6** 6995, 6996) mit wss. HNO_3 (*Strubell,* J. pr. [4] **9** [1959] 153, 159).

Rote Kristalle; F: 157°.

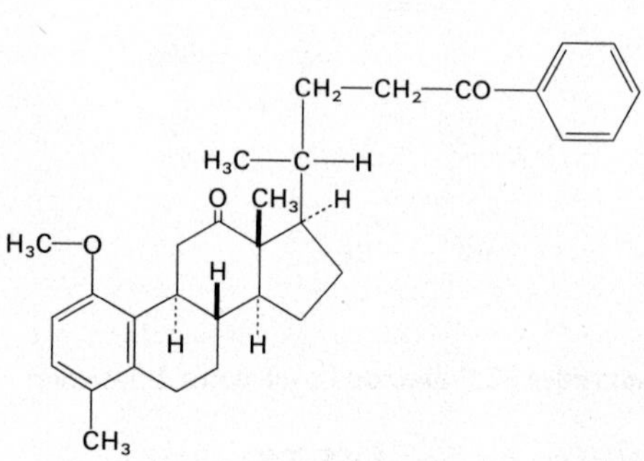

VII 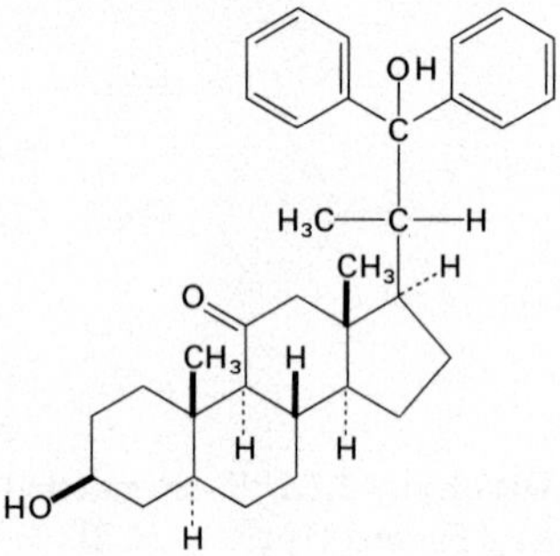 VIII

Hydroxy-oxo-Verbindungen $C_{30}H_{36}O_3$

1-Methoxy-4-methyl-24-phenyl-19-nor-chola-1,3,5(10)-trien-12,24-dion $C_{31}H_{38}O_3$, Formel VII.

B. Beim Behandeln von 1-Methoxy-4-methyl-12-oxo-19-nor-chola-1,3,5(10)-trien-24-säure mit $SOCl_2$ und Erwärmen des Reaktionsprodukts mit Diphenylcadmium in Äther und Benzol (*Inhoffen, Bartmann,* A. **619** [1958] 177, 182).

Kristalle (aus A.); F: 144–145° [unkorr.].

Dioxim $C_{31}H_{40}N_2O_3$. Kristalle (aus Ae.+PAe.); F: 187–188° [unkorr.].

Hydroxy-oxo-Verbindungen $C_{34}H_{44}O_3$

3β,22-Dihydroxy-22,22-diphenyl-23,24-dinor-5α-cholan-11-on $C_{34}H_{44}O_3$, Formel VIII.

B. Aus 3β-Hydroxy-11-oxo-23,24-dinor-5α-cholan-22-säure-methylester und Phenylmagnesiumbromid in 4-Äthyl-morpholin und Benzol (*Chamberlin et al.,* Am. Soc. **75** [1953] 3477,

3481).

Kristalle (aus Me.); F: 244,5–249° [korr.]. $[\alpha]_D$: –22,5° [$CHCl_3$; c = 1].

Hydroxy-oxo-Verbindungen $C_{40}H_{56}O_3$

(3*R*,3′*S*,5′*R*)-3,3′-Dihydroxy-*β*,*κ*-carotin-6′-on, *all-trans*-Capsanthin $C_{40}H_{56}O_3$, Formel IX (H **30** 103; E II **8** 415; E III **8** 3047).

Isolierung aus den Früchten von Capsicum annuum var. lycopersiciforme rubrum (rotem Paprika): *Cholnoky et al.*, Acta chim. hung. **6** [1956] 143, 162, 165; vgl. H **30** 103; E III **8** 3047; bzw. aus den Staubgefässen von Lilium willmottiae: *Šawinow, Kudrizkaja*, Ukr. chim. Ž. **25** [1959] 210, 213; C. A. **1960** 3614.

Rote Kristalle (aus Bzl. + PAe.); F: 181–182° [evakuierte Kapillare] (*Warren, Weedon*, Soc. **1958** 3972, 3984). IR-Banden ($CHCl_3$; 1661–966 cm^{-1}): *Wa., We.*, l. c. S. 3976. Absorptionsspektrum (CS_2; 400–700 nm): *Seybold*, Sber. Heidelb. Akad. **1953/54** 31, 96. λ_{max}: 484 nm und 516 nm [Bzl.] bzw. 474 nm und 505 nm [PAe.] (*Ša., Ku.*). Verteilung zwischen Hexan und wss. Methanol [95%ig]: *Petracek, Zechmeister*, Anal. Chem. **28** [1956] 1484.

Beim Behandeln mit Jod in Benzol (vgl. E III **8** 3047) sind Neocapsanthin-A′ ((3*R*,3′*S*,5′*R*)-3,3′-Dihydroxy-13-*cis*-*β*,*κ*-carotin-6′-on), Neocapsanthin-A″ ((3*R*,3′*S*,5′*R*)-3,3′-Dihydroxy-13′-*cis*-*β*,*κ*-carotin-6′-on), Neocapsanthin-B′ ((3*R*,3′*S*,5′*R*)-3,3′-Dihydroxy-9-*cis*-*β*,*κ*-carotin-6′-on) und Neocapsanthin-B″ ((3*R*,3′*S*,5′*R*)-3,3′-Dihydroxy-9′-*cis*-*β*,*κ*-carotin-6′-on) erhalten worden (*Baranyai et al.*, Tetrahedron **37** [1981] 203, 207).

Diacetyl-Derivat $C_{44}H_{60}O_5$; (3*R*,3′*S*,5′*R*)-3,3′-Diacetoxy-*β*,*κ*-carotin-6′-on (H **30** 104; E III **8** 3048). Kristalle (aus Bzl. + Me. + wenig H_2O) mit metallischem Oberflächenglanz; F: 150° (*Cholnoky et al.*, A. **606** [1957] 194, 204). Verteilung zwischen Hexan und wss. Methanol [95%ig]: *Pe., Ze.*

Dipropionyl-Derivat $C_{46}H_{64}O_5$; (3*R*,3′*S*,5′*R*)-3,3′-Bis-propionyloxy-*β*,*κ*-carotin-6′-on (H **30** 104; E III **8** 3049). Kristalle (aus Bzl. + Me.); F: 159° (*Ch. et al.*, A. **606** 204).

Dibutyryl-Derivat $C_{48}H_{68}O_5$; (3*R*,3′*S*,5′*R*)-3,3′-Bis-butyryloxy-*β*,*κ*-carotin-6′-on. Kristalle (aus Bzl. + Me.); F: 123° (*Ch. et al.*, A. **606** 204).

Divaleryl-Derivat $C_{50}H_{72}O_5$; (3*R*,3′*S*,5′*R*)-3,3′-Bis-valeryloxy-*β*,*κ*-carotin-6′-on. Kristalle (aus Bzl. + Me.); F: 120° (*Ch. et al.*, A. **606** 204).

Dihexanoyl-Derivat $C_{52}H_{76}O_5$; (3*R*,3′*S*,5′*R*)-3,3′-Bis-hexanoyloxy-*β*,*κ*-carotin-6′-on. Kristalle (aus Bzl. + Me.); F: 114° (*Ch. et al.*, A. **606** 204).

Dimyristoyl-Derivat $C_{68}H_{108}O_5$; (3*R*,3′*S*,5′*R*)-3,3′-Bis-myristoyloxy-*β*,*κ*-carotin-6′-on (H **30** 104; E III **8** 3049). Kristalle (aus Bzl. + Me.); F: 98° (*Ch. et al.*, A. **606** 205).

Distearoyl-Derivat $C_{76}H_{124}O_5$; (3*R*,3′*S*,5′*R*)-3,3′-Bis-stearoyloxy-*β*,*κ*-carotin-6′-on (H **30** 104; E III **8** 3050). Kristalle (aus Bzl. + Me.); F: 92° (*Ch. et al.*, A. **606** 205).

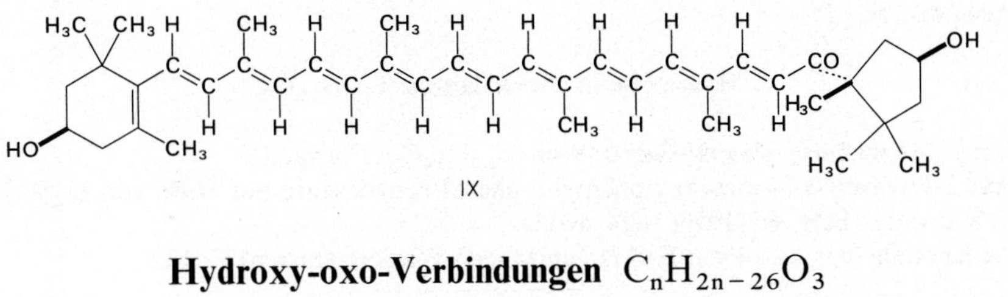

IX

Hydroxy-oxo-Verbindungen $C_nH_{2n-26}O_3$

Hydroxy-oxo-Verbindungen $C_{18}H_{10}O_3$

6-Hydroxy-naphthacen-5,12-dion $C_{18}H_{10}O_3$, Formel I (R = X = H) (H 367; E I 673; E II 422; E III 3051).

λ_{max} in Tetraäthylammonium-hydroxid enthaltendem DMF in Abhängigkeit von zugesetztem

H_2O: *Sawicki et al.*, Anal. Chem. **31** [1959] 2063.

Acetyl-Derivat $C_{20}H_{12}O_4$; 6-Acetoxy-naphthacen-5,12-dion (H 367; E III 3052). *B.* Beim Erhitzen von 9-Acetoxy-anthracen-1,4-dion mit 1*t*,4*t*-Diacetoxy-buta-1,3-dien in Xylol (*Muxfeld, Koppe*, B. **91** [1958] 838, 842). – Kristalle (aus Bzl.+PAe.); F: 223°. λ_{max} (Me.): 237 nm, 282 nm, 293 nm und 392 nm.

6-Methoxy-naphthacen-5,12-dion $C_{19}H_{12}O_3$, Formel I (R = CH_3, X = H).

B. Beim Erhitzen von 6-Hydroxy-naphthacen-5,12-dion mit Dimethylsulfat und K_2CO_3 in Nitrobenzol (*Wolf*, Am. Soc. **75** [1953] 2673, 2676).

Gelbe Kristalle (aus A.+wenig Bzl.); F: 210°.

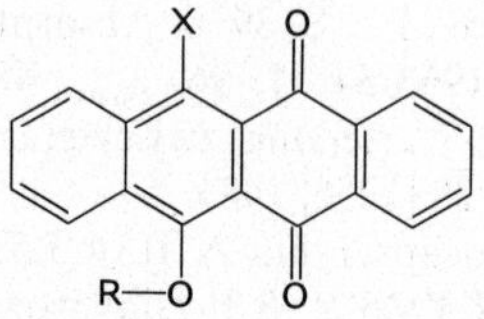

X O R—O O I; O O R O—R′ II; O O O—CH_3 III

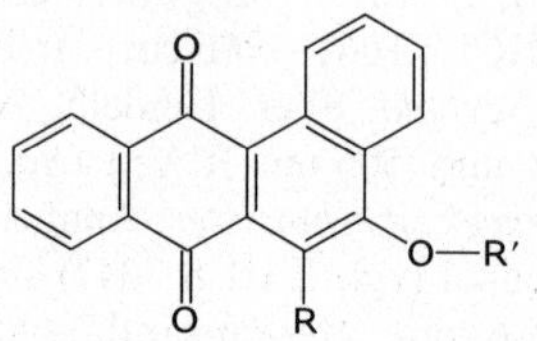

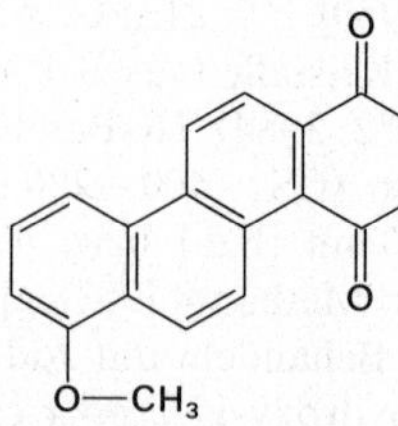

6-Chlor-11-hydroxy-naphthacen-5,12-dion $C_{18}H_9ClO_3$, Formel I (R = H, X = Cl) (vgl. H 367; E I 673; E III 3052).

B. Beim Erhitzen von 6,11-Dihydroxy-naphthacen-5,12-dion mit $SOCl_2$ (*Waldmann, Ulsperger*, B. **83** [1950] 178, 180). Aus Phthalsäure-anhydrid und 4-Chlor-[1]naphthol in einer $AlCl_3$-NaCl-Schmelze (*Wa., Ul.*).

Gelbe Kristalle (aus Xylol); F: 299°.

5-Hydroxy-benz[*a*]anthracen-7,12-dion $C_{18}H_{10}O_3$, Formel II (R = R′ = H) (E II 422).

B. Beim Erhitzen von 2-[4-Hydroxy-[1]naphthoyl]-benzoesäure mit P_2O_5 in Nitrobenzol (*Tsunoda*, J. Soc. org. synth. Chem. Japan **10** [1952] 292; C. A. **1953** 10516). Beim Erhitzen von 5-Methoxy-benz[*a*]anthracen-7,12-dion mit $AlCl_3$ und NaCl (*Desai, Venkataraman*, Tetrahedron **5** [1959] 305, 308).

Orangerote Kristalle (aus Dioxan oder Chlorbenzol); Zers. bei ca. 250° (*De., Ve.*).

7-Methoxy-chrysen-1,4-dion $C_{19}H_{12}O_3$, Formel III.

B. Beim Erwärmen von 1-Methoxy-5-vinyl-naphthalin (aus 2-[5-Methoxy-[1]naphthyl]-äthanol mit Hilfe von KOH hergestellt) mit [1,4]Benzochinon in Essigsäure (*Teuber, Lindner*, B. **92** [1959] 927, 930).

Orangerote Kristalle (aus Dioxan); F: 237–238°. Absorptionsspektrum (Acetonitril; 220–520 nm): *Te., Li.*

Hydroxy-oxo-Verbindungen $C_{19}H_{12}O_3$

1-Hydroxy-3-[4-methoxy-phenyl]-fluoren-9-on $C_{20}H_{14}O_3$, Formel IV.

B. Aus 2-Hydroxy-4-[4-methoxy-phenyl]-6-phenyl-benzoesäure mit Hilfe von H_2SO_4 (*Hanson*, Bl. Soc. chim. Belg. **65** [1956] 1024, 1033).

Gelbe Kristalle (aus wss. Py.); F: 171° und (nach Wiedererstarren) F: 182°.

5-Hydroxy-6-methyl-benz[*a*]anthracen-7,12-dion $C_{19}H_{12}O_3$, Formel II (R = CH_3, R′ = H).

B. Beim Behandeln von 5-Hydroxy-benz[*a*]anthracen-7,12-dion mit $Na_2S_2O_4$ in wss. NaOH, Erwärmen des Reaktionsgemisches mit wss. Formaldehyd und anschliessenden Behandeln mit Luft (*Desai, Venkataraman*, Tetrahedron **5** [1959] 305, 309).

Orangebraune Kristalle (aus Dioxan); F: 228°.

Acetyl-Derivat $C_{21}H_{14}O_4$; 5-Acetoxy-6-methyl-benz[*a*]anthracen-7,12-dion.

Gelbe Kristalle (aus Bzl. + Hexan); F: 203°.

5-Methoxy-6-methyl-benz[*a*]anthracen-7,12-dion $C_{20}H_{14}O_3$, Formel II (R = R′ = CH_3).

B. Aus 5-Hydroxy-6-methyl-benz[*a*]anthracen-7,12-dion und Dimethylsulfat mit Hilfe von wss. NaOH (*Desai, Venkataraman,* Tetrahedron **5** [1959] 305, 309).

Gelbe Kristalle (aus A.); F: 146°.

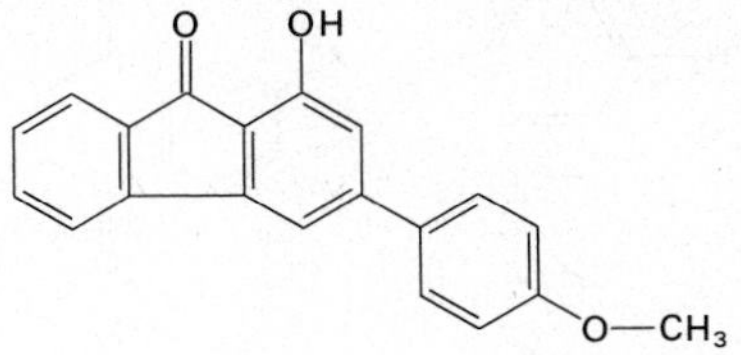

IV 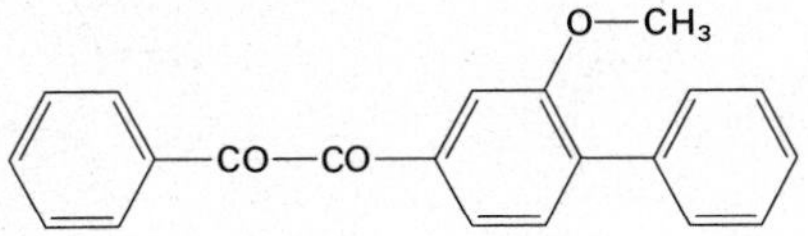 V

Hydroxy-oxo-Verbindungen $C_{20}H_{14}O_3$

3-Methoxy-4-phenyl-benzil $C_{21}H_{16}O_3$, Formel V.

B. Beim Erhitzen von 3′-Methoxy-4′-phenyl-desoxybenzoin mit SeO_2 in Acetanhydrid (*Langer et al.,* M. **89** [1958] 239, 250).

Gelbliche Kristalle (aus A.); F: 133–134°.

2,6-Dibenzoyl-4-nitro-phenol $C_{20}H_{13}NO_5$, Formel VI.

B. Aus 1,5-Diphenyl-pentan-1,3,5-trion und der Natrium-Verbindung des Nitromalonaldehyds mit Hilfe von wss.-äthanol. NaOH (*Mildner,* Arh. Kemiju **26** [1954] 113).

Kristalle (nach Sublimation im Hochvakuum); F: 163°.

Natrium-Salz $Na(C_{20}H_{12}NO_5)$. Kristalle (aus A.); F: 300°.

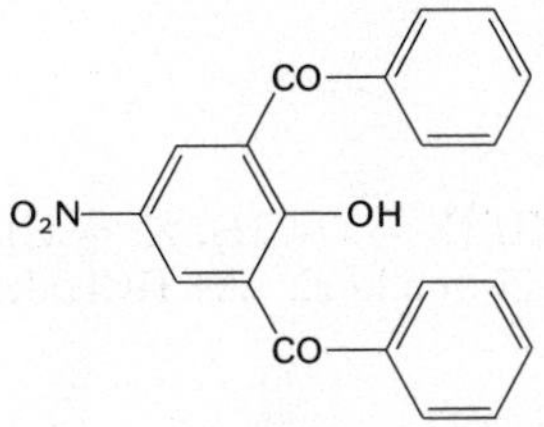

VI 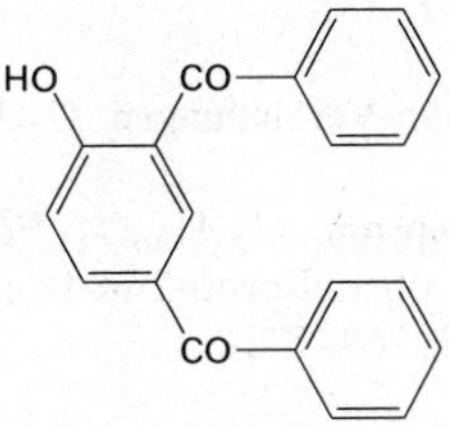 VII 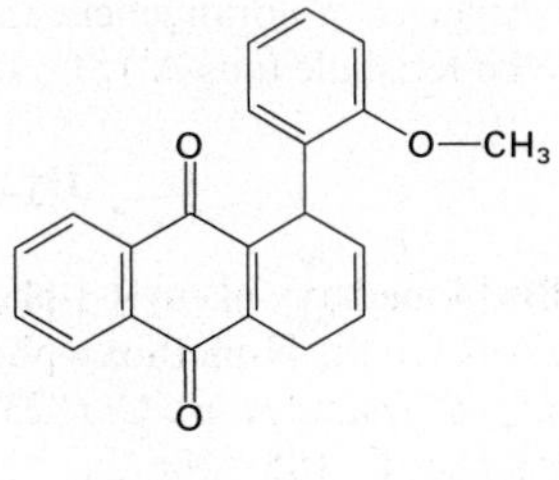 VIII

2,4-Dibenzoyl-phenol $C_{20}H_{14}O_3$, Formel VII (E III 3060).

B. Beim Erhitzen von 4-Benzoyloxy-benzophenon mit $AlCl_3$ (*Bhatt, Shah,* J. Indian chem. Soc. **33** [1956] 318, 320).

Kristalle (aus wss. A.); F: 105–106°.

Dioxim $C_{20}H_{16}N_2O_3$; 2,4-Bis-[α-hydroxyimino-benzyl]-phenol. Kristalle (aus A.); F: 214° [Zers.].

Benzoyl-Derivat (F: 144–145°): *Bh., Shah.*

(±)-1-[2-Methoxy-phenyl]-1,4-dihydro-anthrachinon $C_{21}H_{16}O_3$, Formel VIII.

B. Neben 1-[2-Methoxy-phenyl]-anthrachinon aus (±)-1*t*(?)-[2-Methoxy-phenyl]-(4a*r*,9a*c*)-1,4,4a,9a-tetrahydro-anthrachinon (E IV **6** 7652) mit Hilfe von Sauerstoff in äthanol. KOH (*Braude, Fawcett,* Soc. **1952** 1528).

Gelbe Kristalle (aus Xylol); F: 208°. λ_{max} ($CHCl_3$): 259 nm und 413 nm.

***(±)-10-Hydroxy-10-[4-methoxy-phenyl]-10*H*-phenanthren-9-on-oxim** $C_{21}H_{17}NO_3$, Formel IX.

B. Aus Phenanthren-9,10-dion-monooxim und 4-Methoxy-phenylmagnesium-bromid (*Award,*

Raouf, J. org. Chem. **23** [1958] 282, 284).
Kristalle (aus Bzl.); F: 178° [unkorr.].

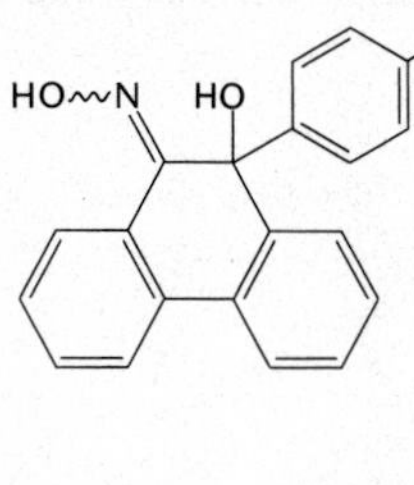

IX 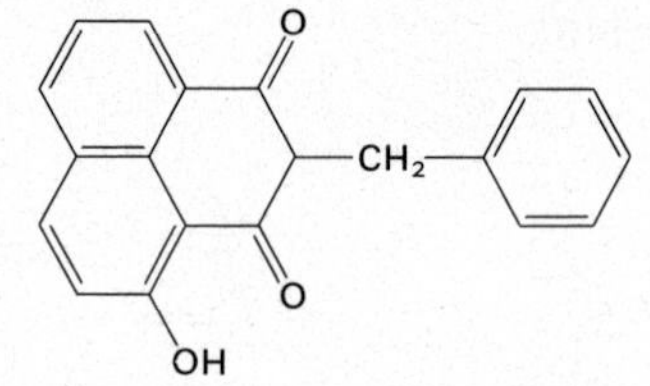 X 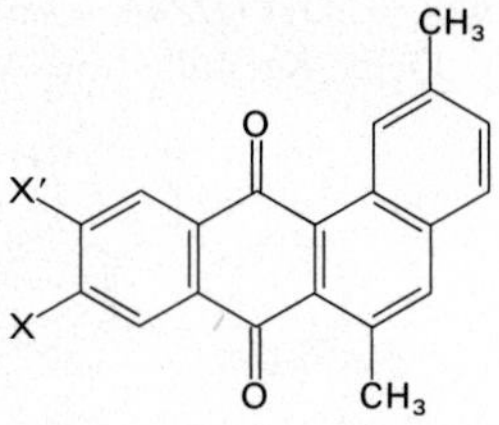 XI

(±)-2-Benzyl-4-hydroxy-phenalen-1,3-dion $C_{20}H_{14}O_3$, Formel X und Taut.
B. Beim Erhitzen von 1-[2-Hydroxy-[1]naphthyl]-äthanon mit Benzylmalonsäure-bis-[2,4-dichlor-phenylester] auf 270° (*Ziegler, Junek,* M. **90** [1959] 68, 74).
Goldgelbe Kristalle (aus Chlorbenzol oder Eg.); F: 201–202°.

9-Methoxy-2,6-dimethyl-benz[*a*]anthracen-7,12-dion $C_{21}H_{16}O_3$, Formel XI (X = O-CH_3, X' = H).
B. Beim Behandeln von 1-[4-Methoxy-benzyl]-3,7-dimethyl-[2]naphthoesäure mit H_2SO_4 und Behandeln des Reaktionsprodukts mit $Na_2Cr_2O_7$ in Essigsäure (*Baddar et al.,* Soc. **1959** 1002, 1008).
Bräunlichgelbe Kristalle (aus A.); F: 165–166°.

10-Methoxy-2,6-dimethyl-benz[*a*]anthracen-7,12-dion $C_{21}H_{16}O_3$, Formel XI (X = H, X' = O-CH_3).
B. Analog der vorangehenden Verbindung (*Baddar et al.,* Soc. **1959** 1002, 1008).
Gelbe Kristalle (aus A.); F: 182–183°.

Hydroxy-oxo-Verbindungen $C_{21}H_{16}O_3$

3,3-Bis-[4-methoxy-phenyl]-1-phenyl-propenon $C_{23}H_{20}O_3$, Formel XII (X = O-CH_3, X' = H).
B. Aus 1,1-Bis-[4-methoxy-phenyl]-3-phenyl-prop-2-in-1-ol mit Hilfe von konz. wss. HCl oder H_2SO_4 (*Dufraisse et al.,* C. r. **237** [1953] 769, 772).
Kristalle; F: 105–106°.

***1,3-Bis-[4-methoxy-phenyl]-3-phenyl-propenon** $C_{23}H_{20}O_3$, Formel XII (X = H, X' = O-CH_3).
B. Analog der vorangehenden Verbindung (*Dufraisse et al.,* C. r. **237** [1953] 769, 772).
Kristalle; F: 126–127°.

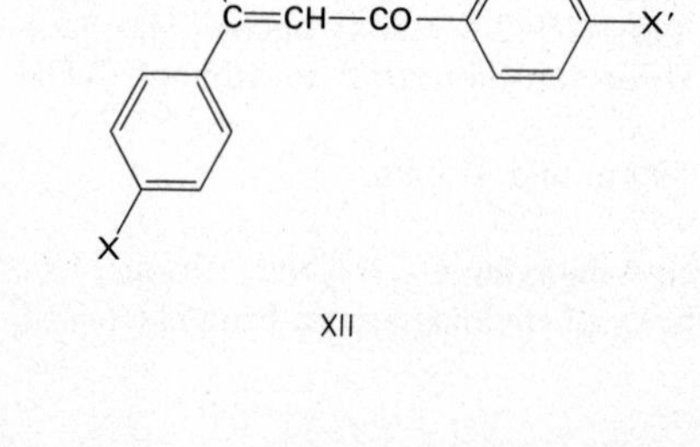

XII 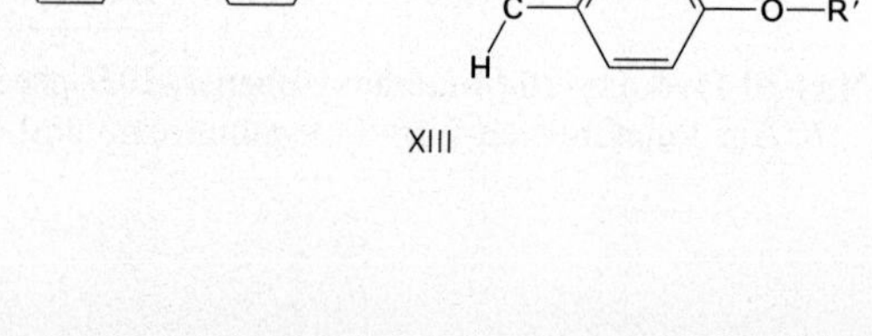 XIII

3,4-Diäthoxy-4′-phenyl-*trans*-chalkon $C_{25}H_{24}O_3$, Formel XIII (R = R′ = C_2H_5).

B. Aus 1-Biphenyl-4-yl-äthanon und 3,4-Diäthoxy-benzaldehyd unter Zusatz von Natrium-methylat (*Wiley et al.*, J. org. Chem. **23** [1958] 732, 735).

Kristalle (aus A.); F: 147,5–149°. IR-Banden (KBr; 6–10,5 μ): *Wi. et al.*, l. c. S. 736. λ_{max} (Me.): 311 nm und 361 nm.

4-Dodecyloxy-3-methoxy-4′-phenyl-*trans*-chalkon $C_{34}H_{42}O_3$, Formel XIII (R = CH_3, R′ = $[CH_2]_{11}$-CH_3).

B. Aus 1-Biphenyl-4-yl-äthanon und 4-Dodecyloxy-3-methoxy-benzaldehyd unter Zusatz von wenig wss.-äthanol. NaOH (*Buu-Hoi, Xuong*, Bl. **1958** 758, 760).

Gelbe Kristalle (aus A.); F: 89°.

4-Methoxy-4′-[4-methoxy-phenyl]-*trans*-chalkon $C_{23}H_{20}O_3$, Formel I (X = H).

B. Analog der vorangehenden Verbindung (*Buu-Hoi, Sy*, Bl. **1958** 219).

Kristalle (aus A. + Bzl.); F: 193°.

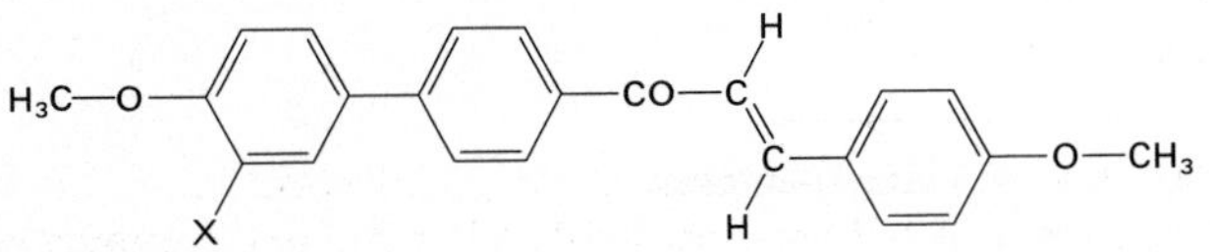

I

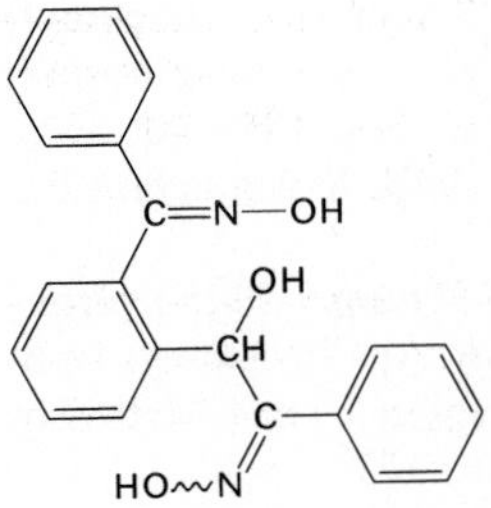

II

4′-[3-Chlor-4-methoxy-phenyl]-4-methoxy-*trans*-chalkon $C_{23}H_{19}ClO_3$, Formel I (X = Cl).

B. Analog den vorangehenden Verbindungen (*Buu-Hoi et al.*, J. org. Chem. **22** [1957] 668, 670).

Hellgelbe Kristalle; F: 145°.

(±)-2′-[α-Hydroxyimino-benzyl]-benzoin-oxim $C_{21}H_{18}N_2O_3$, Formel II (E II 423).

Das E II 423 unter dieser Konstitution beschriebene, irrtümlich als (±)-2-[α-Hydroxy-imino-benzyl]-benzoin-oxim bezeichnete Präparat ist vermutlich als 2′-Benzoyl-desoxy-benzoin-dioxim (E IV **7** 2654, 2655) zu formulieren (*Bailey*, B. **87** [1954] 993, 995 Anm. 3). Entsprechend ist die E II 423 als Monophenylhydrazon $C_{27}H_{22}N_2O_2$ des 2′-Benzoyl-benzoins (irrtümlich als 2-Benzoyl-benzoin bezeichnet) beschriebene Verbindung vermutlich als Monophenylhydrazon des 2′-Benzoyl-desoxybenzoins (E IV **7** 2654, 2655) zu formulieren.

2,6-Dibenzoyl-4-methyl-phenol $C_{21}H_{16}O_3$, Formel III (X = H).

B. Beim Behandeln von *p*-Kresol mit Trichlormethyl-benzol und $AlCl_3$ in CS_2 und anschliessend mit Methanol (*Newman, Pinkus*, J. org. Chem. **19** [1954] 992, 994). Beim Erwärmen von 2-Hydroxy-5-methyl-benzophenon mit Trichlormethyl-benzol und $AlCl_3$ in Nitrobenzol (*Ne., Pi.*).

Gelbe Kristalle (aus A.); F: 166,4–166,6° [korr.].

Acetyl-Derivat $C_{23}H_{18}O_4$; 2-Acetoxy-1,3-dibenzoyl-5-methyl-benzol. *B.* Beim Erwärmen von 2,6-Dibenzoyl-4-methyl-phenol mit Natrium in Benzol und Behandeln des Natrium-Salzes mit Acetylchlorid (*Ne., Pi.*). – Kristalle (aus PAe.); F: 119,4–120° [korr.].

2,6-Bis-[3,4-dichlor-benzoyl]-4-methyl-phenol $C_{21}H_{12}Cl_4O_3$, Formel III (X = Cl).

B. Beim Behandeln von 3′,4′-Dichlor-2-hydroxy-5-methyl-benzophenon mit 1,2-Dichlor-4-trichlormethyl-benzol und $AlCl_3$ in CS_2 (*Newman, Pinkus*, J. org. Chem. **19** [1954] 992, 994).

Kristalle (aus Bzl.+Cyclohexan); F: 173,6–174° [korr.] (*Newman, Pinkus,* J. org. Chem. **19** [1954] 996, 1001).

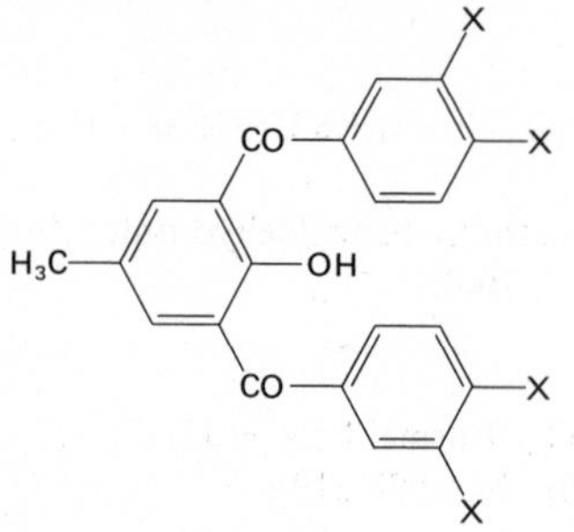

III

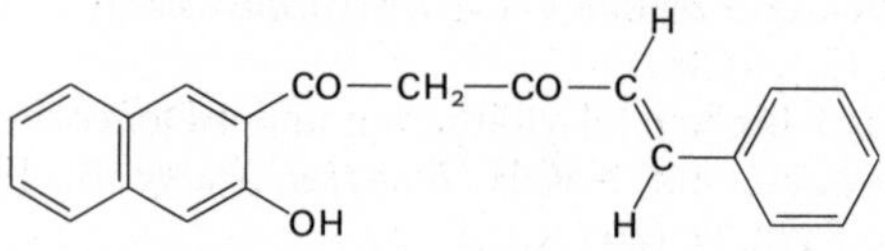

IV

1-[3-Hydroxy-[2]naphthyl]-5*t*-phenyl-pent-4-en-1,3-dion $C_{21}H_{16}O_3$, Formel IV.

B. Aus *trans*-Zimtsäure-[3-acetyl-[2]naphthylester] mit Hilfe von Natriumäthylat (*Nowlan et al.,* Soc. **1950** 340, 343).

Gelbe Kristalle (aus Eg.); F: 160°.

10-Hydroxy-10-[5-hydroxy-5-methyl-hexa-1,3-diinyl]-anthron $C_{21}H_{16}O_3$, Formel V.

B. Aus 10-Äthinyl-10-hydroxy-anthron und 4-Brom-2-methyl-but-3-in-2-ol in Gegenwart von Kupfer(+) in 1-Methyl-pyrrolidin-2-on (*Chodkiewicz, Cadiot,* C. r. **248** [1959] 116).

F: 177°.

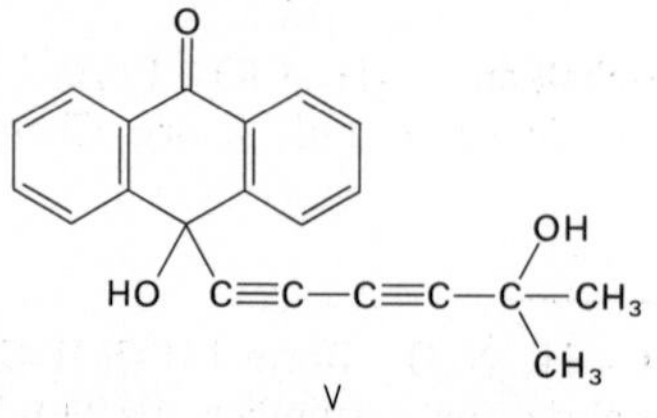

V

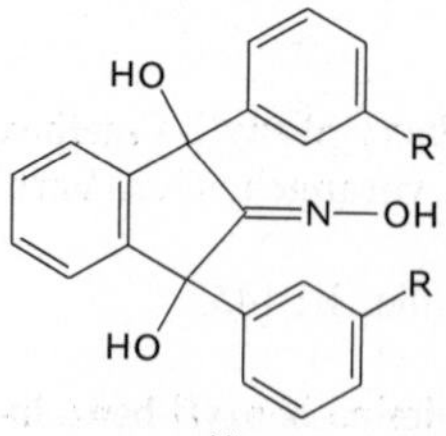

VI

***Opt.-inakt. 1,3-Dihydroxy-1,3-diphenyl-indan-2-on-oxim** $C_{21}H_{17}NO_3$, Formel VI (R = H).

B. Aus Indan-1,2,3-trion-2-oxim und Phenylmagnesiumbromid (*Mustafa, Kamel,* Am. Soc. **76** [1954] 124, 126).

Kristalle (aus Bzl. oder Toluol); F: 212°.

Hydroxy-oxo-Verbindungen $C_{22}H_{18}O_3$

3-[(2*RS*,3*SR*)-2,3-Dibrom-3-phenyl-propionyl]-4-hydroxy-benzophenon $C_{22}H_{16}Br_2O_3$, Formel VII (R = H) + Spiegelbild.

B. Aus 2′-Hydroxy-5′-benzoyl-*trans*-chalkon und Brom (*Pendse, Limaye,* Rasayanam **2** [1955] 90, 91).

F: 185°.

1-[4-Methoxy-phenacyl]-3-phenylacetyl-benzol, 4-Methoxy-3′-phenylacetyl-desoxybenzoin $C_{23}H_{20}O_3$, Formel VIII.

B. In geringer Menge neben anderen Verbindungen beim Erwärmen von Phenylacetylchlorid und Anisol mit $AlCl_3$ in CS_2 (*Schmitt et al.,* Bl. **1955** 1055, 1058).

Kristalle (aus Ae.); F: 66°.

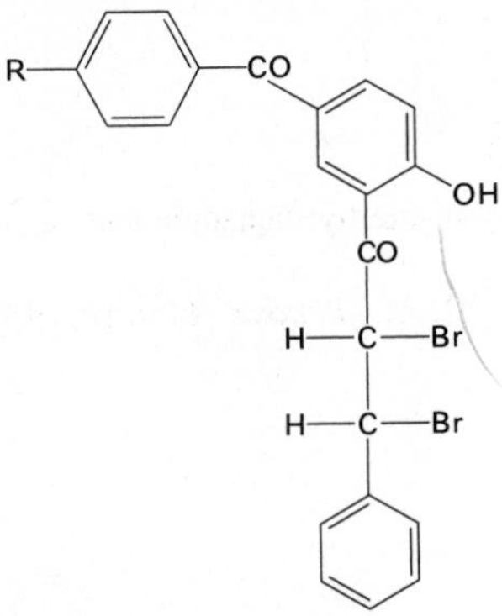

VII 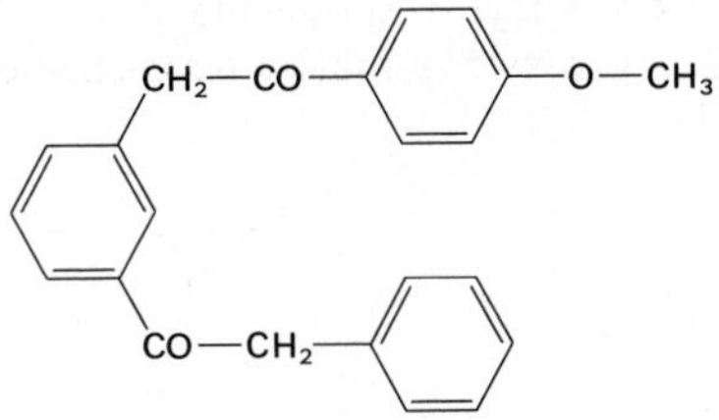 VIII

1-[4-Hydroxy-phenacyl]-4-phenylacetyl-benzol, 4-Hydroxy-4'-phenylacetyl-desoxybenzoin $C_{22}H_{18}O_3$, Formel IX (R = H).

B. Beim Erhitzen der folgenden Verbindung mit Pyridin-hydrochlorid auf 230° (*Schmitt et al.*, Bl. **1956** 636, 641).

Kristalle (aus Acn.); F: 210°.

1-[4-Methoxy-phenacyl]-4-phenylacetyl-benzol, 4-Methoxy-4'-phenylacetyl-desoxybenzoin $C_{23}H_{20}O_3$, Formel IX (R = CH_3).

B. Neben anderen Verbindungen beim Erwärmen von Phenylacetylchlorid und Anisol mit $AlCl_3$ in CS_2 (*Schmitt et al.*, Bl. **1955** 1055, 1058).

Kristalle (aus Toluol); F: 175°.

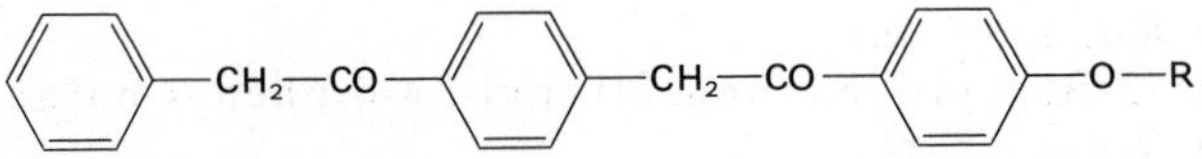

IX 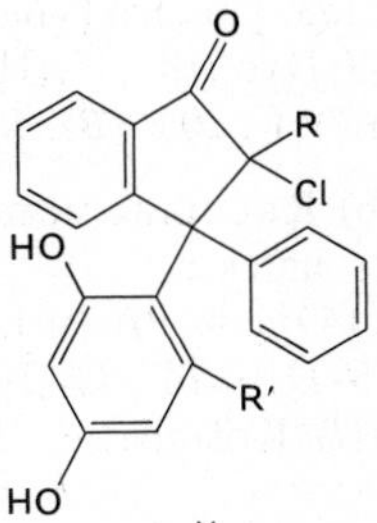 X

***Opt.-inakt. 2-Chlor-3-[2,4-dihydroxy-phenyl]-2-methyl-3-phenyl-indan-1-on** $C_{22}H_{17}ClO_3$, Formel X (R = CH_3, R' = H).

B. Beim Erwärmen von opt.-inakt. 2,3-Dichlor-2-methyl-3-phenyl-indan-1-on (E III **7** 2437) mit Resorcin in Benzol (*Berti*, G. **81** [1951] 559, 564).

Kristalle (aus $CHCl_3$); F: 196–197° [Zers.] (*Be.*, l. c. S. 565). UV-Spektrum (220–300 nm): *Berti*, G. **81** [1951] 570, 572.

Diacetyl-Derivat $C_{26}H_{21}ClO_5$; 2-Chlor-3-[2,4-diacetoxy-phenyl]-2-methyl-3-phenyl-indan-1-on. Kristalle (aus Bzl. + PAe.); F: 250–252° (*Be.*, l. c. S. 566).

Hydroxy-oxo-Verbindungen $C_{23}H_{20}O_3$

(±)-1-[4-Methoxy-phenyl]-2,5-diphenyl-pentan-1,5-dion $C_{24}H_{22}O_3$, Formel XI.

B. Beim Erwärmen von 3-Chlor-1-phenyl-propan-1-on mit 4-Methoxy-desoxybenzoin, Kaliumacetat und Natriummethylat in Methanol (*Fisselmann, Ribka*, B. **89** [1956] 40, 49). Beim Erwärmen von opt.-inakt. 2-Hydroxy-1,6-bis-[4-methoxy-phenyl]-2,5-diphenyl-hexan-1,6-

dion (F: 210°) mit CrO_3 in Acetanhydrid (*Fi., Ri.*).

Kristalle (aus Me.); F: 91–92°.

Dioxim $C_{24}H_{24}N_2O_3$. Kristalle (aus Me.); F: 185–186°.

3-[(2*RS*,3*SR*)-2,3-Dibrom-3-phenyl-propionyl]-4-hydroxy-4′-methyl-benzophenon $C_{23}H_{18}Br_2O_3$, Formel VII (R = CH_3) + Spiegelbild.

B. Aus 2′-Hydroxy-5′-*p*-toluoyl-*trans*-chalkon und Brom (*Pendse, Limaye,* Rasayanam **2** [1955] 90, 91).

F: 200°.

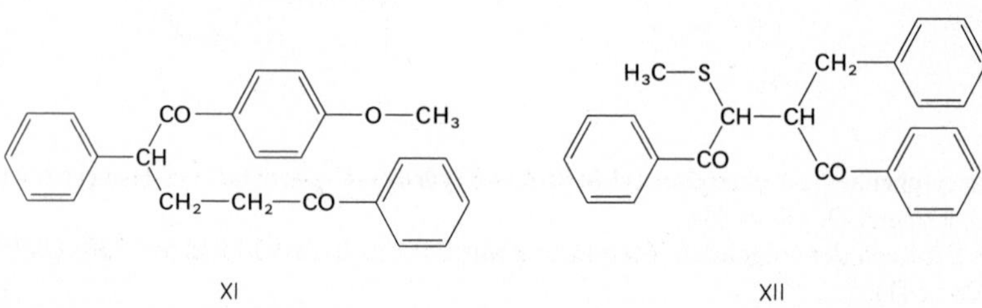

***Opt.-inakt. 2-Benzyl-3-methylmercapto-1,4-diphenyl-butan-1,4-dion(?)** $C_{24}H_{22}O_2S$, vermutlich Formel XII.

Konstitution: *Becerrro Ruiz,* Acta salmantic. **2** Nr. 7 [1958] 9, 25.

a) Racemat vom F: 153°.

B. In geringer Menge neben dem folgenden Racemat und anderen Verbindungen beim Erwärmen von (±)-Methyl-benzyl-phenacyl-sulfonium-bromid mit methanol. Natriummethylat (*Be. Ruiz,* l. c. S. 54).

F: 153° [aus Bzl.] (*Be. Ruiz,* l. c. S. 56).

S,S-Dioxid $C_{24}H_{22}O_4S$; 2-Benzyl-3-methansulfonyl-1,4-diphenyl-butan-1,4-dion(?). F: 203° (*Be. Ruiz,* l. c. S. 61).

b) Racemat vom F: 149°.

B. s. unter a).

F: 149° [aus PAe. + Bzl.] (*Be. Ruiz,* l. c. S. 56).

S,S-Dioxid $C_{24}H_{22}O_4S$; 2-Benzyl-3-methansulfonyl-1,4-diphenyl-butan-1,4-dion(?). Kristalle; F: 191° (*Be. Ruiz,* l. c. S. 60).

***Opt.-inakt. 2-Äthyl-2-chlor-3-[2,4-dihydroxy-phenyl]-3-phenyl-indan-1-on** $C_{23}H_{19}ClO_3$, Formel X (R = C_2H_5, R′ = H).

B. Beim Erwärmen von opt.-inakt. 2-Äthyl-2,3-dichlor-3-phenyl-indan-1-on (E III **7** 2460) mit Resorcin in Benzol (*Berti,* G. **81** [1951] 559, 567).

Kristalle (aus E. + PAe.); F: 124° [Zers.].

Diacetyl-Derivat $C_{27}H_{23}ClO_5$; 2-Äthyl-2-chlor-3-[2,4-diacetoxy-phenyl]-3-phenyl-indan-1-on. Kristalle (aus PAe.); F: 162–163°.

***Opt.-inakt. 2-Chlor-3-[2,4-dihydroxy-6-methyl-phenyl]-2-methyl-3-phenyl-indan-1-on** $C_{23}H_{19}ClO_3$, Formel X (R = R′ = CH_3).

B. Analog der vorangehenden Verbindung (*Berti,* G. **81** [1951] 559, 566).

Kristalle (aus wss. Me.); F: 233–234° bzw. F: 215–216° [Zers.; Kofler-App. bzw. Kapillare].

***Opt.-inakt. 1,3-Dihydroxy-1,3-di-*m*-tolyl-indan-2-on-oxim** $C_{23}H_{21}NO_3$, Formel VI (R = CH_3).

B. Aus Indan-1,2,3-trion-2-oxim und *m*-Tolylmagnesiumbromid (*Mustafa, Kamel,* Am. Soc. **76** [1954] 124, 126).

Kristalle (aus Bzl. oder Toluol); F: 190°.

Hydroxy-oxo-Verbindungen $C_{24}H_{22}O_3$

1,3-Bis-[(*Ξ*,*Ξ*)-4-methoxy-benzyliden]-(3a*c*,7a*c*)-octahydro-4*r*,7*c*-methano-inden-2-on $C_{26}H_{26}O_3$, Formel XIII.

B. Beim Behandeln von (3a*c*,7a*c*)-Octahydro-4*r*,7*c*-methano-inden-2-on mit 4-Methoxy-benz≈aldehyd und methanol. KOH (*Alder et al.*, B. **87** [1954] 1752, 1757).

F: 165°.

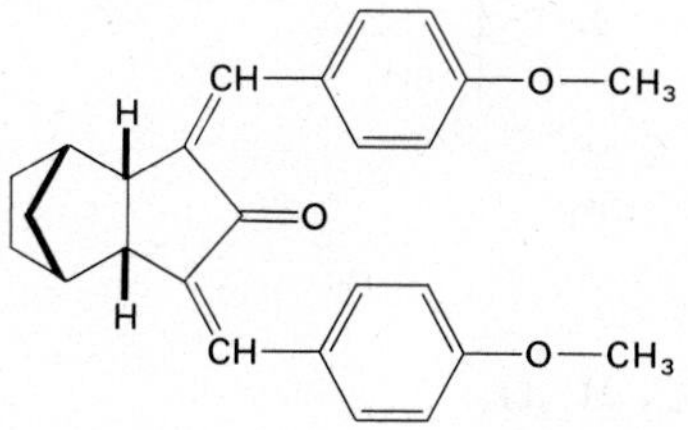

XIII 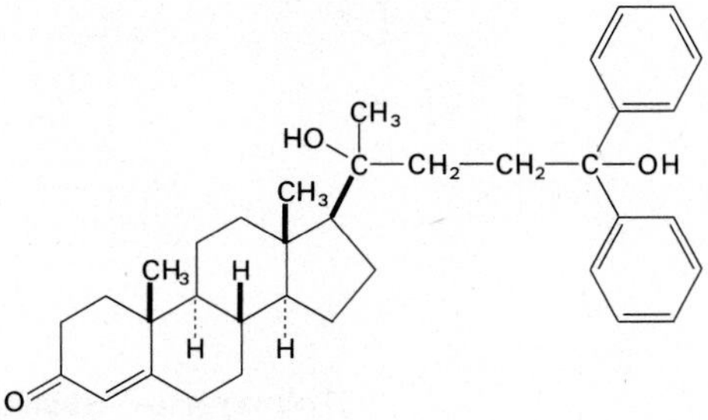 XIV

Hydroxy-oxo-Verbindungen $C_{36}H_{46}O_3$

20,24-Dihydroxy-24,24-diphenyl-20*ξH*-chol-4-en-3-on $C_{36}H_{46}O_3$, Formel XIV.

B. Beim Erhitzen von 24,24-Diphenyl-20*ξH*-chol-5-en-3*β*,20,24-triol mit Aluminiumisoprop≈ylat, Cyclohexanon und Toluol (*Kiprianow, Wolowel'škiĭ*, Ukr. chim. Ž. **20** [1954] 664, 667; C. A. **1955** 14786).

Kristalle (aus Me.); F: 190–193°.

3*α*,12*β*-Dihydroxy-24,24-diphenyl-5*β*-chol-23-en-11-on $C_{36}H_{46}O_3$, Formel XV (R = R′ = H).

B. Beim Erwärmen von 3*α*,12*β*-Dihydroxy-11-oxo-5*β*-cholan-24-säure-methylester mit Phenylmagnesiumbromid und Erhitzen des Reaktionsprodukts mit Essigsäure (*Hershberg et al.*, Am. Soc. **74** [1952] 2585, 2588).

Kristalle (aus Me.) mit 0,5 Mol Methanol; F: 128–129° [korr.]. $[\alpha]_D^{25}$: +79,9° [Me.; c = 1] (*He. et al.*).

Monoacetyl-Derivat $C_{38}H_{48}O_4$; 3*α*-Acetoxy-12*β*-hydroxy-24,24-diphenyl-5*β*-chol-23-en-11-on. *B.* Beim Erwärmen von 3*α*,12*β*-Dihydroxy-11-oxo-cholan-24-säure-methyl≈ester mit Phenylmagnesiumbromid und längerem Erhitzen des Reaktionsprodukts mit Essig≈säure (*He. et al.*). – Kristalle (aus Acetonitril); F: 170–171° [korr.]; $[\alpha]_D^{22}$: +76,9° [$CHCl_3$; c = 0,8] (*He. et al.*). CO-Valenzschwingungsbande der Oxo-Gruppe in organischen Lösungsmit≈teln: *Tarpley, Vitiello,* Appl. Spectr. **9** [1955] 69, 71.

Diacetyl-Derivat $C_{40}H_{50}O_5$; 3*α*,12*β*-Diacetoxy-24,24-diphenyl-5*β*-chol-23-en-11-on. Kristalle (aus Acetonitril); F: 182,5–183,5° [korr.]; $[\alpha]_D^{22}$: +65,1° [$CHCl_3$; c = 1] (*He. et al.*).

3*α*-Acetoxy-24,24-diphenyl-12*β*-sulfinooxy-5*β*-chol-23-en-11-on $C_{38}H_{48}O_6S$, Formel XV (R = CO-CH₃, R′ = SO-OH).

B. Aus dem vorangehenden Monoacetyl-Derivat mit Hilfe von $SOCl_2$ (*Hershberg et al.*, Am. Soc. **74** [1952] 2585, 2588).

Kristalle (aus Acetonitril); F: 140–141° [korr.; Zers.].

3*α*-Acetoxy-12*β*-dihydroxyphosphinooxy-24,24-diphenyl-5*β*-chol-23-en-11-on $C_{38}H_{49}O_6P$, Formel XV (R = CO-CH₃, R′ = P(OH)₂).

B. Analog der vorangehenden Verbindung mit Hilfe von PCl_3 (*Hershberg et al.*, Am. Soc.

74 [1952] 2585, 2588).

Kristalle (aus CH_2Cl_2 + Acetonitril); F: 215–216° [korr.]. $[\alpha]_D^{22}$: +71,3° [$CHCl_3$; c = 0,6].

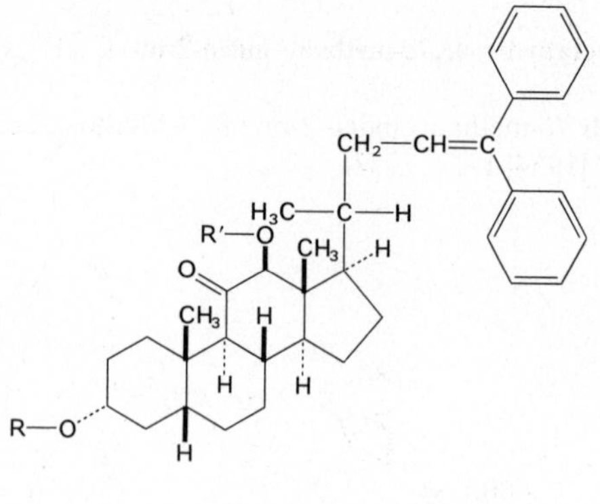

XV 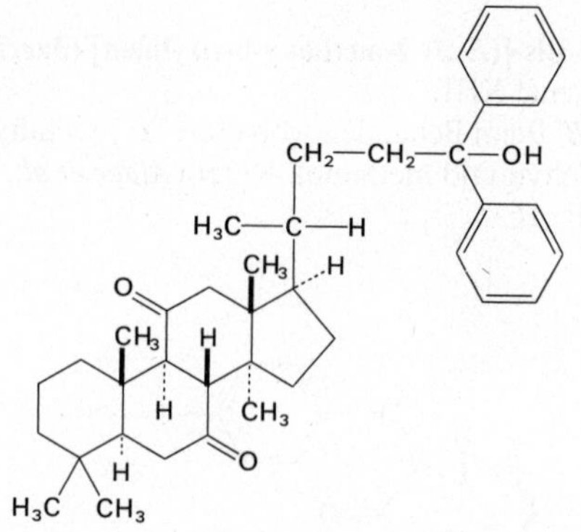 XVI

Hydroxy-oxo-Verbindungen $C_{39}H_{52}O_3$

24-Hydroxy-4,4,14-trimethyl-24,24-diphenyl-cholan-7,11-dione $C_{39}H_{52}O_3$.

a) **24-Hydroxy-4,4,14-trimethyl-24,24-diphenyl-5α-cholan-7,11-dion, 24-Hydroxy-24,24-diphenyl-25,26,27-trinor-lanostan-7,11-dion,** Formel XVI.

B. Beim Erwärmen von 7,11-Dioxo-25,26,27-trinor-lanostan-24-säure-methylester mit Phenylmagnesiumbromid in Äther und Benzol (*Voser et al.*, Helv. **34** [1951] 1585, 1594).

Kristalle (aus CH_2Cl_2 + Hexan oder aus Bzl. + Hexan); F: 232–237° [Zers.; geschlossene Kapillare]. $[\alpha]_D$: +40° [$CHCl_3$; c = 1,4].

b) ***ent*-24-Hydroxy-4,4,14-trimethyl-24,24-diphenyl-5β,8β(?),9β(?),10α-cholan-7,11-dion, 24-Hydroxy-24,24-diphenyl-25,26,27-trinor-8α(?),9α(?)-tirucallan-7,11-dion,** vermutlich Formel XVII.

B. Analog der vorangehenden Verbindung (*Warren, Watling,* Soc. **1958** 179, 182).

Kristalle (aus Acn.); F: 210–212°. $[\alpha]_D^{20}$: –113° [$CHCl_3$].

c) ***ent*-24-Hydroxy-4,4,14-trimethyl-24,24-diphenyl-5β,8β(?),9β(?),10α,21β$_F$*H*-cholan-7,11-dion, 24-Hydroxy-24,24-diphenyl-25,26,27-trinor-8α(?),9α(?)-euphan-7,11-dion,** vermutlich Formel XVIII.

B. Analog den vorangehenden Verbindungen (*Christen et al.*, Helv. **34** [1951] 1675, 1678).

Kristalle (aus CH_2Cl_2 + Me.); F: 191–192° [korr.]. $[\alpha]_D$: –121° [$CHCl_3$; c = 1]. λ_{max} (A.): 260 nm.

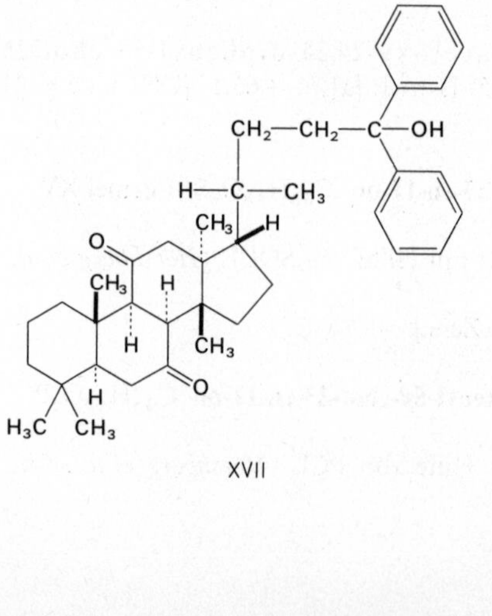

XVII 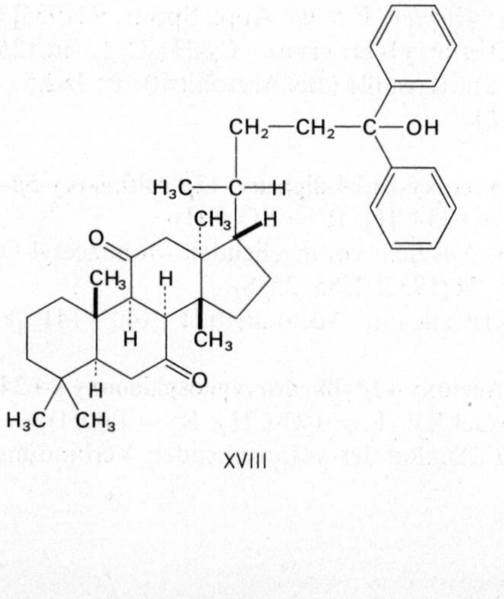 XVIII

Hydroxy-oxo-Verbindungen $C_nH_{2n-28}O_3$

Hydroxy-oxo-Verbindungen $C_{20}H_{12}O_3$

1-[2-Methoxy-phenyl]-anthrachinon $C_{21}H_{14}O_3$, Formel I.

B. Neben 1-[2-Methoxy-phenyl]-1,4-dihydro-anthrachinon aus (±)-1*t*(?)-[2-Methoxy-phenyl]-(4a*r*,9a*c*)-1,4,4a,9a-tetrahydro-anthrachinon (E IV **6** 7652) mit Hilfe von Sauerstoff in äthanol. KOH (*Braude, Fawcett,* Soc. **1952** 1528).

Gelbe Kristalle (aus Me.); F: 160°. λ_{max} ($CHCl_3$): 244 nm, 249,5 nm, 267 nm und 355 nm.

2′-Hydroxy-[1,1′]binaphthyl-3,4-dion $C_{20}H_{12}O_3$, Formel II (R = H).

B. Beim Behandeln von [2]Naphthol mit wss. H_2O_2, Essigsäure, Äthanol und wenig $[NH_4]_2MoO_4$ (*Bader,* Am. Soc. **73** [1951] 3731; *Raacke-Fels et al.,* J. org. Chem. **15** [1950] 627, 630). Beim Erwärmen von [2]Naphthol mit [1,2]Naphthochinon in wss. H_2SO_4 enthaltender Essigsäure und Behandeln des Reaktionsprodukts mit $FeCl_3$ in Essigsäure (*Brackman, Havinga,* R. **74** [1955] 1021, 1034).

Rote Kristalle; F: 211° (*Wanzlick et al.,* B. **90** [1957] 2521, 2526). Wasserhaltige Kristalle (*Wa. et al.*); F: 148–149° [aus wss. Acn.] (*Ba.*), 148° (*Wa. et al.*), 146–147° [aus Acn.] (*Br., Ha.*). Kristalle (aus Toluol) mit 1 Mol Toluol; F: 112–115° [Zers.] (*Br., Ha.*). Absorptionsspektrum (A.; 220–460 nm): *Ba.* Redoxpotential (wss.-äthanol. HCl): *Br., Ha.*

o-Phenylendiamin-Kondensationsprodukt (F: 293–294°): *Ba.*

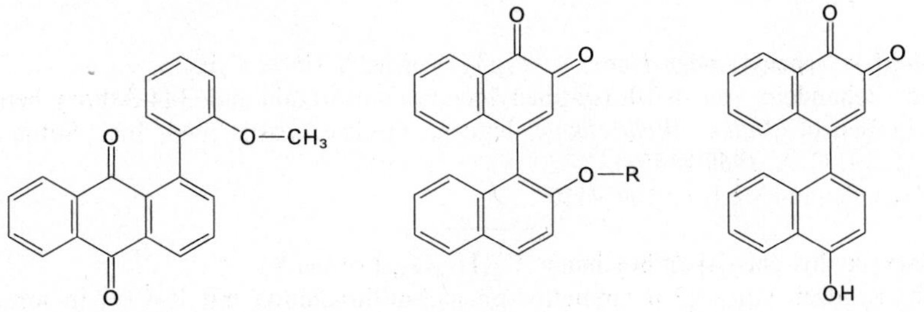

I II III

2′-Methoxy-[1,1′]binaphthyl-3,4-dion $C_{21}H_{14}O_3$, Formel II (R = CH_3).

B. Beim Behandeln von Methyl-[2]naphthyl-äther mit H_2O_2 in Ameisensäure (*Fernholz, Piazolo,* B. **87** [1954] 578, 580). Aus der vorangehenden Verbindung beim Behandeln mit Dimethylsulfat in methanol. NaOH (*Fe., Pi.*).

Kristalle (aus E.); F: 195–196°. Absorptionsspektrum (Me.; 220–460 nm): *Fe., Pi.* Redoxpotential (wss.-äthanol. HCl): *Cassebaum,* B. **90** [1957] 1537, 1541, 1547.

o-Phenylendiamin-Kondensationsprodukt (F: 207–208°): *Fe., Pi.*

4′-Hydroxy-[1,1′]binaphthyl-3,4-dion $C_{20}H_{12}O_3$, Formel III.

B. Beim Erwärmen von [1]Naphthol mit [1,2]Naphthochinon und wss. H_2SO_4 enthaltender Essigsäure (*Cassebaum, Langenbeck,* B. **90** [1957] 339, 345).

Schwarze Kristalle (aus Acn. + 1,2-Dibrom-äthan); F: 246° [Sintern bei 242°] (*Ca., La.*). Absorptionsspektrum ($CHCl_3$, Me. und A.; 220–450 nm): *Cassebaum,* B. **90** [1957] 1537, 1541. Redoxpotential (wss.-äthanol. HCl): *Ca.,* l. c. S. 1541, 1547.

Hydroxy-oxo-Verbindungen $C_{21}H_{14}O_3$

5-Methoxy-3,3-diphenyl-indan-1,2-dion $C_{22}H_{16}O_3$, Formel IV.

B. Bei der Oxidation von 7-Benzhydryl-9-hydroxy-9-methoxy-8-[4-methoxy-phenyl]-1,2,3,4,4a,5-hexahydro-1,4-äthano-naphthalin-2,3,5,6-tetracarbonsäure-5-lacton (F: 250° [Zers.]

oder F: 225° [Zers.]; E III/IV **18** 6692, 6693) mit CrO_3 in Essigsäure (*Alder et al.*, B. **92** [1959] 99, 104).

Orangegelbe Kristalle (aus Me.); F: 172–173°.

o-Phenylendiamin-Kondensationsprodukt (F: 231–232°): *Al. et al.*

2,3-Bis-[4-methoxy-phenyl]-inden-1-on $C_{23}H_{18}O_3$, Formel V (R = CH_3).

B. Beim Behandeln von 4-Methoxy-phenylmagnesium-bromid mit 3-[4-Methoxy-benzyliden]-phthalid in Benzol und Äther oder mit 2-[4-Methoxy-phenyl]-indan-1,3-dion in Toluol und Äther (*Dalew, Welitschkow,* Naučni Trudove visšija med. Inst. Sofija **6** [1959] Nr. 7, S. 1, 6, 7; C. A. **1960** 18453).

Rote Kristalle (aus Me.); F: 115°.

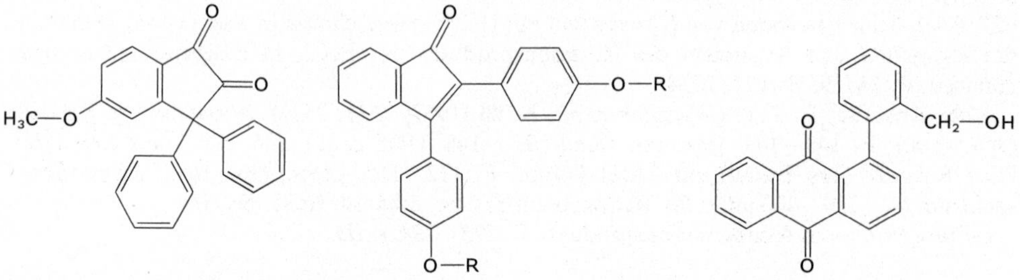

IV V VI

2,3-Bis-[4-äthoxy-phenyl]-inden-1-on $C_{25}H_{22}O_3$, Formel V (R = C_2H_5).

B. Beim Behandeln von 4-Äthoxy-phenylmagnesium-bromid mit 3-[4-Äthoxy-benzyliden]-phthalid in Benzol (*Dalew, Welitschkow,* Naučni Trudove visšija med. Inst. Sofija **6** [1959] Nr. 7, S. 11, 19; C. A. **1960** 18453).

Rote Kristalle (aus Me.); F: 109–110°.

1-[2-Hydroxymethyl-phenyl]-anthrachinon $C_{21}H_{14}O_3$, Formel VI.

B. Beim Erhitzen von 1-[2-Brommethyl-phenyl]-anthrachinon mit K_2CO_3 in wss. Dioxan (*Braude et al.*, Soc. **1954** 1058).

Gelbe Kristalle (aus PAe.); F: 153°. λ_{max} ($CHCl_3$): 256 nm, 273 nm und 332 nm.

4-[4-Methoxy-3-methyl-benzoyl]-fluoren-9-on $C_{22}H_{16}O_3$, Formel VII.

B. Beim Behandeln von 9-Oxo-fluoren-4-carbonylchlorid mit 2-Methyl-anisol und $AlCl_3$ (*Nightingale et al.*, Am. Soc. **74** [1952] 2557).

Kristalle; F: 139–140° [aus Ae.], 125–126° [aus A.].

Oxim $C_{22}H_{17}NO_3$. F: 141,5–142°.

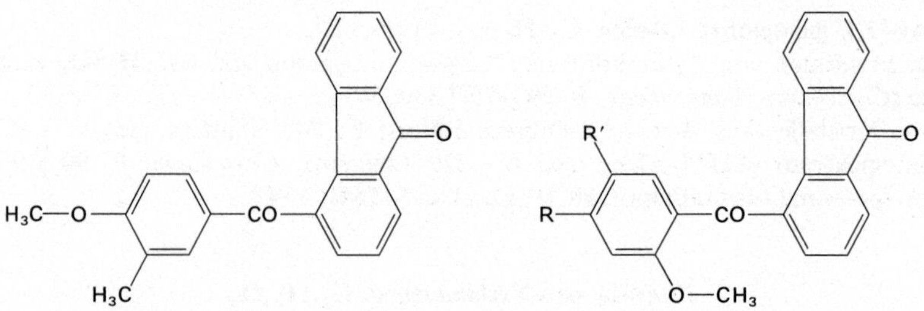

VII VIII

4-[2-Methoxy-5-methyl-benzoyl]-fluoren-9-on $C_{22}H_{16}O_3$, Formel VIII (R = H, R′ = CH_3).

B. Beim Behandeln von Diphenoylchlorid mit 4-Methyl-anisol und $AlCl_3$ (*Nightingale et al.*,

Am. Soc. **74** [1952] 2557).
F: 167,5–168°.

4-[2-Methoxy-4-methyl-benzoyl]-fluoren-9-on $C_{22}H_{16}O_3$, Formel VIII (R = CH_3, R′ = H).
B. Analog der vorangehenden Verbindung (*Nightingale et al.,* Am. Soc. **74** [1952] 2557).
Kristalle; F: 126–126,5° [aus Ae.], 114–114,5° [aus A.].

Bis-[4-methoxy-[1]naphthyl]-keton $C_{23}H_{18}O_3$, Formel IX (E I 674; E III 3079).
B. Bei der Oxidation von Bis-[4-methoxy-[1]naphthyl]-methan (*Schreiber, Kennedy,* J. org. Chem. **21** [1956] 1310) oder von 1,1-Bis-[4-methoxy-[1]naphthyl]-äthen (*Broquet-Borgel,* A. ch. [13] **3** [1958] 204, 238) mit $K_2Cr_2O_7$ in Essigsäure.
F: 143–144° [aus Me.] (*Sch., Ke.*), 143° [aus A.] (*Br.-Bo.*).

IX X

Bis-[1-methoxy-[2]naphthyl]-keton $C_{23}H_{18}O_3$, Formel X.
B. Beim Erwärmen von 1-Methoxy-[2]naphthoesäure mit Polyphosphorsäure (*Huang et al.,* Acta chim. sinica **24** [1958] 53, 61; C. A. **1959** 3171).
Kristalle (aus wss. A.+Dioxan); F: 147–148° [unkorr.].

Bis-[3-methoxy-[2]naphthyl]-keton $C_{23}H_{18}O_3$, Formel XI.
B. Beim Behandeln von 3-Methoxy-[2]naphthylmagnesium-jodid mit CO_2 in Äther (*Holmberg,* Acta chem. scand. **10** [1956] 591).
Kristalle (aus A.); F: 154–155°.
2,4-Dinitro-phenylhydrazon (F: 240–241°): *Ho.*

XI XII XIII

1,4-Dihydroxy-10*H*-9,10-*o*-benzeno-anthracen-9-carbaldehyd $C_{21}H_{14}O_3$ und Taut.

a) **1,4-Dihydroxy-10*H*-9,10-*o*-benzeno-anthracen-9-carbaldehyd,** Formel XII.
B. Beim Erwärmen des unter b) beschriebenen Tautomeren mit wss. HCl enthaltender Essigsäure (*Bartlett et al.,* Am. Soc. **72** [1950] 1003).
F: 300,5–302°.

b) **(±)-1,4-Dioxo-(4a*r*,9a*c*)-1,4a,9a,10-tetrahydro-4*H*-9,10-*o*-benzeno-anthracen-9-carbaldehyd,** Formel XIII + Spiegelbild.
B. Beim Erwärmen von Anthracen-9-carbaldehyd mit [1,4]Benzochinon in Benzol (*Bartlett et al.,* Am. Soc. **72** [1950] 1003).
Gelbe Kristalle (aus $CHCl_3$+PAe.); F: 188–189°.

Hydroxy-oxo-Verbindungen $C_{22}H_{16}O_3$

***2-Benzyliden-1-[2-hydroxy-phenyl]-3-phenyl-propan-1,3-dion** $C_{22}H_{16}O_3$, Formel I.

Die von *Baker, Glockling* (Soc. **1950** 2759, 2761) unter dieser Konstitution beschriebene Verbindung ist als (±)-3-Benzoyl-2-phenyl-chroman-4-on zu formulieren (*Chincholkar, Jamode,* Indian J. Chem. [B] **17** [1979] 510).

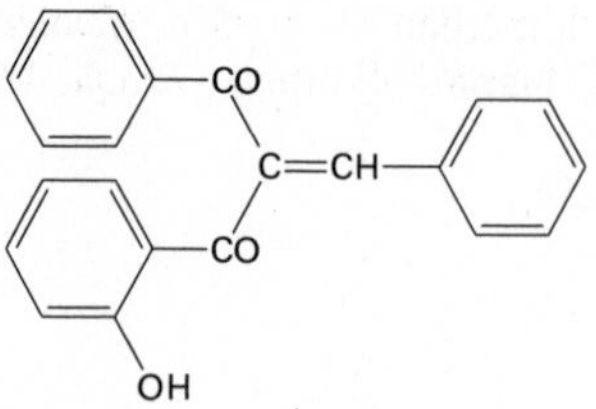

I 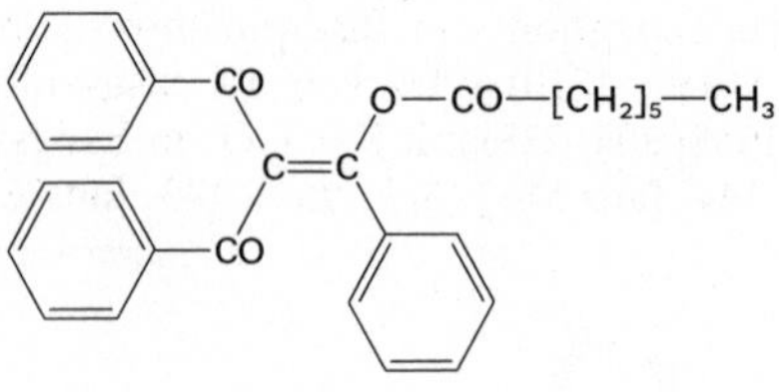 II

2-[α-Heptanoyloxy-benzyliden]-1,3-diphenyl-propan-1,3-dion $C_{29}H_{28}O_4$, Formel II.

B. Beim Behandeln von 2-Benzoyl-1,3-diphenyl-propan-1,3-dion mit Heptanoylchlorid und Pyridin (*Guthrie, Rabjohn,* J. org. Chem. **22** [1957] 176, 179).

Kristalle (aus wss. A.); F: 118–120° [unkorr.].

5′-Benzoyl-2′-hydroxy-*trans*-chalkon $C_{22}H_{16}O_3$, Formel III (X = X′ = H).

B. Beim Erwärmen von 3-Acetyl-4-hydroxy-benzophenon mit Benzaldehyd und wss.-äthanol. KOH (*Joshi, Amin,* Izv. Akad. S.S.S.R. Otd. chim. **1960** 267, 268; engl. Ausg. S. 243; *Joshi et al.,* Sci. Culture **23** [1957] 199). Beim Behandeln von 4-*trans*-Cinnamoyloxy-benzophenon mit $AlCl_3$ in Nitrobenzol (*Christian, Amin,* J. Indian chem. Soc. **36** [1959] 715, 718).

Gelbe Kristalle; F: 128° [aus Eg.] (*Ch., Amin*), 114° [unkorr.] (*Jo., Amin*).

5′-Benzoyl-3′-chlor-2′-hydroxy-*trans*-chalkon $C_{22}H_{15}ClO_3$, Formel III (X = Cl, X′ = H).

B. Analog der vorangehenden Verbindung (*Mehta, Amin,* Curr. Sci. **28** [1959] 109).

F: 142°.

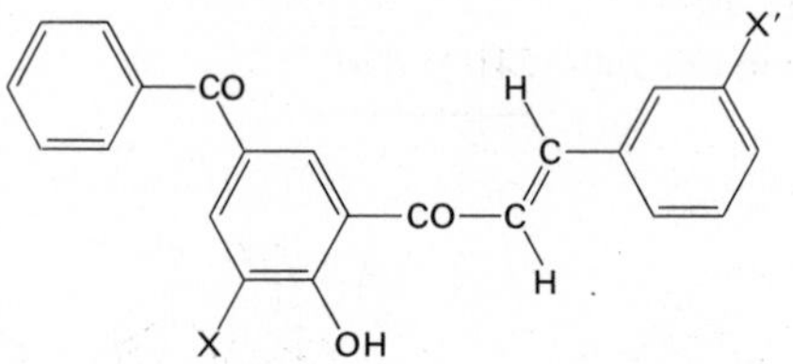

III

5′-Benzoyl-2′-hydroxy-3-nitro-*trans*-chalkon $C_{22}H_{15}NO_5$, Formel III (X = H, X′ = NO_2).

B. Analog den vorangehenden Verbindungen (*Joshi, Amin,* Izv. Akad. S.S.S.R. Otd. chim. **1960** 267, 268; engl. Ausg. S. 243; *Joshi et al.,* Sci. Culture **23** [1957] 199).

Gelbe Kristalle (aus wss. Eg.); F: 182° (*Jo. et al.*).

5′-Benzoyl-3′-chlor-2′-hydroxy-3-nitro-*trans*-chalkon $C_{22}H_{14}ClNO_5$, Formel III (X = Cl, X′ = NO_2).

B. Analog den vorangehenden Verbindungen (*Mehta, Amin,* Curr. Sci. **28** [1959] 109).

F: 155°.

(±)-2-[4-Fluor-4′-methoxy-benzhydryl]-2-nitro-indan-1,3-dion $C_{23}H_{16}FNO_5$, Formel IV (R = CH_3).

B. Aus 2-Nitro-indan-1,3-dion und 4-Fluor-4′-methoxy-benzhydrol [aus 4-Fluor-4′-methoxy-benzophenon hergestellt] (*Eckstein et al.,* Bl. Acad. polon. Ser. chim. **7** [1959] 803, 806).

Kristalle; F: 135,5–136,5°.

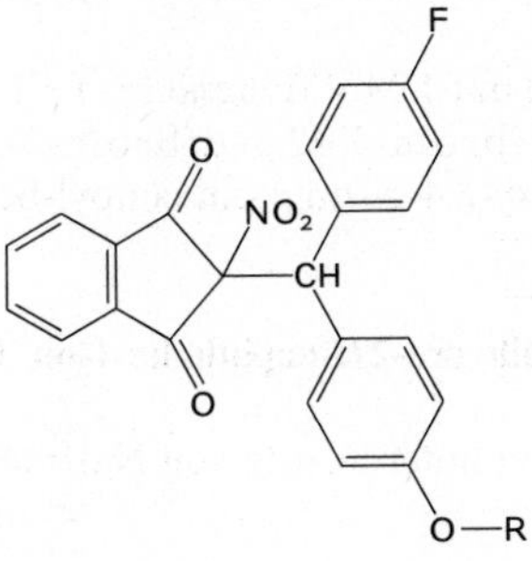

(±)-2-[4-Äthoxy-4'-fluor-benzhydryl]-2-nitro-indan-1,3-dion $C_{24}H_{18}FNO_5$, Formel IV ($R = C_2H_5$).

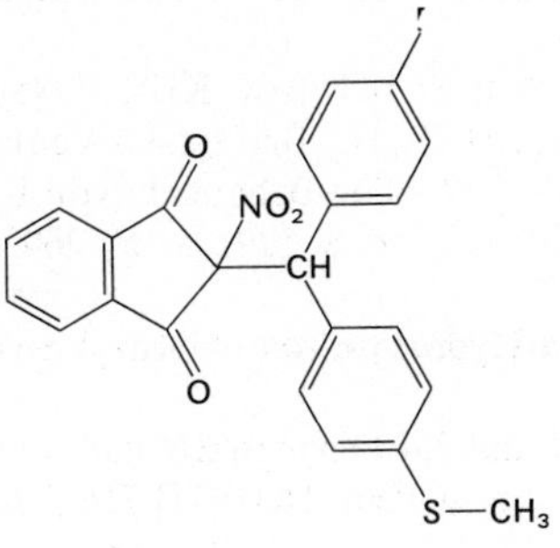

B. Analog der vorangehenden Verbindung (*Eckstein et al.,* Bl. Acad. polon. Ser. chim. **7** [1959] 803, 806).

Kristalle; F: 118,5–119,5°.

(±)-2-[4-Fluor-4'-methylmercapto-benzhydryl]-2-nitro-indan-1,3-dion $C_{23}H_{16}FNO_4S$, Formel V.

B. Analog den vorangehenden Verbindungen (*Eckstein et al.,* Bl. Acad. polon. Ser. chim. **7** [1959] 803, 806).

Kristalle; F: 133–134,5°.

Hydroxy-oxo-Verbindungen $C_{23}H_{18}O_3$

3-[4-Methoxy-phenyl]-1,5-diphenyl-pent-2-en-1,5-dion $C_{24}H_{20}O_3$, Formel VI (R = H) und Taut. (E II 426).

Liegt in äthanol. Lösung überwiegend als 3-[4-Methoxy-phenyl]-1,5-diphenyl-pent-2-en-1,5-dion vor (*Berson,* Am. Soc. **74** [1952] 358).

B. Beim Erwärmen von 4-[4-Methoxy-phenyl]-2,6-diphenyl-pyrylium-tetrafluoroborat mit Natriumacetat und Na_2CO_3 in Äthanol oder Aceton (*Lombard, Stéphan,* Bl. **1959** 1458, 1460).

Hellgelbe Kristalle; F: 122–122,5° [korr.; aus E.+Me.] (*Be.*), 120,5–122° [aus A. oder Acn.] (*Lo., St.*). UV-Spektrum (A.; 220–370 nm): *Be.*

5'-Benzoyl-2'-hydroxy-3'-methyl-*trans*-chalkon $C_{23}H_{18}O_3$, Formel III ($X = CH_3$, $X' = H$).

B. Beim Erwärmen von 3-Acetyl-4-hydroxy-5-methyl-benzophenon mit Benzaldehyd und wss.-äthanol. KOH (*Amin, Amin,* J. Indian chem. Soc. **36** [1959] 1276).

Gelbe Kristalle (aus Eg.); F: 134°.

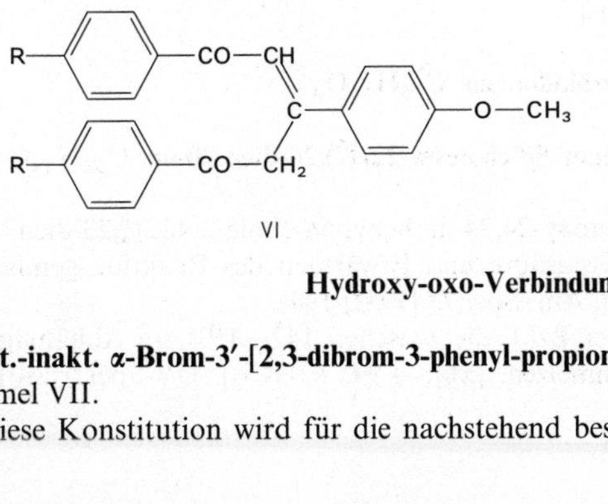

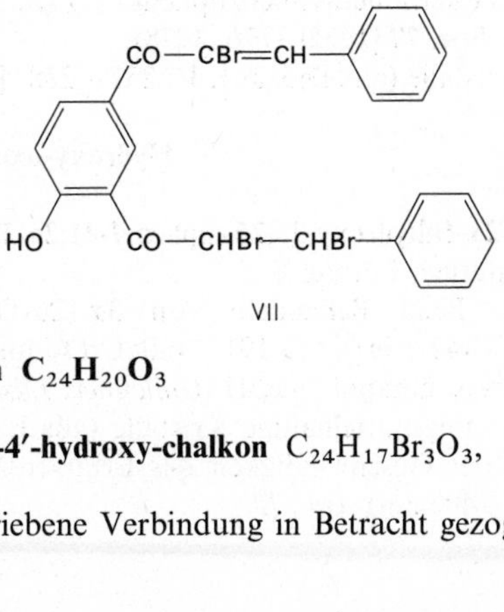

Hydroxy-oxo-Verbindungen $C_{24}H_{20}O_3$

***Opt.-inakt. α-Brom-3'-[2,3-dibrom-3-phenyl-propionyl]-4'-hydroxy-chalkon** $C_{24}H_{17}Br_3O_3$, Formel VII.

Diese Konstitution wird für die nachstehend beschriebene Verbindung in Betracht gezogen

(*Limaye, Pendse,* Rasayanam **2** [1956] 124, 127).

B. Beim Behandeln von 2,4-Di-*trans*-cinnamoyl-phenol mit Brom in Essigsäure (*Li., Pe.,* l. c. S. 130).

Kristalle (aus A.); F: 183° bzw. Kristalle (aus Eg.) mit 1 Mol Essigsäure; F: 153°.

Acetyl-Derivat $C_{26}H_{19}Br_3O_4$; 4′-Acetoxy-α-brom-3′-[2,3-dibrom-3-phenyl-propionyl]-chalkon. *B.* Beim Behandeln von 1-Acetoxy-2,4-di-*trans*-cinnamoyl-benzol mit Brom in Essigsäure (*Li., Pe.,* l. c. S. 129). – F: 200°.

***Opt.-inakt. 2-[α-Hydroxy-α′-oxo-bibenzyl-α-yl]-3,4-dihydro-2*H*-naphthalin-1-on** $C_{24}H_{20}O_3$, Formel VIII.

B. Aus Benzil und 3,4-Dihydro-2*H*-naphthalin-1-on unter Zusatz von Natriummethylat (*Allen, VanAllan,* J. org. Chem. **16** [1971] 716, 720).

Kristalle; F: 173°.

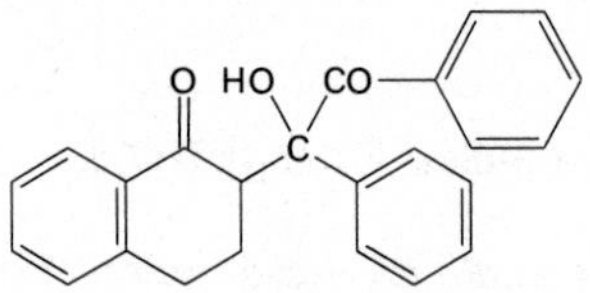

VIII

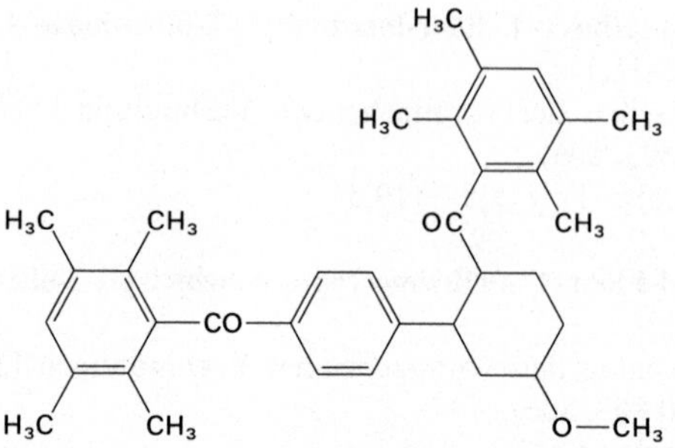

IX

Hydroxy-oxo-Verbindungen $C_{25}H_{22}O_3$

3-[4-Methoxy-phenyl]-1,5-di-*p*-tolyl-pent-2-en-1,5-dion $C_{26}H_{24}O_3$, Formel VI (R = CH_3) und Taut.

B. Beim Erwärmen von 4-[4-Methoxy-phenyl]-2,6-di-*p*-tolyl-pyrylium-tetrafluoroborat mit Natriumacetat und Na_2CO_3 in Äthanol oder Aceton (*Lombard, Stéphen,* Bl. **1958** 1458, 1460).

Kristalle (aus A. oder Acn.); F: 107–108°.

Hydroxy-oxo-Verbindungen $C_{34}H_{40}O_3$

***Opt.-inakt. 4′-[5-Methoxy-2-(2,3,5,6-tetramethyl-benzoyl)-cyclohexyl]-2,3,5,6-tetramethyl-benzophenon (?)** $C_{35}H_{42}O_3$, vermutlich Formel IX.

B. Beim Hydrieren von 4′-[5-Methoxy-2-(2,3,5,6-tetramethyl-benzoyl)-cyclohexa-1,5-dienyl]-2,3,5,6-tetramethyl-benzophenon(?) (S. 2682) an Platin in Dioxan unter Druck (*Fuson et al.,* Am. Soc. **77** [1955] 3776, 3778).

Kristalle (aus Dioxan); F: 237–238° [korr.].

Hydroxy-oxo-Verbindungen $C_{36}H_{44}O_3$

3α,12α-Dihydroxy-25,25-diphenyl-21,26,27-trinor-5β-cholesta-22*t*(?),24-dien-20-on $C_{36}H_{44}O_3$, vermutlich Formel X.

B. Beim Behandeln von 3α,12α-Diacetoxy-24,24-diphenyl-5β-chola-20(22)ξ,23-dien (F: 139–142°; $[\alpha]_D^{25}$: +191°) mit CrO_3 und Essigsäure und Erwärmen des Reaktionsgemisches mit wss.-äthanol. NaOH (*Gallagher, Elisberg,* Am. Soc. **73** [1951] 194).

Lösungsmittelhaltige Kristalle (aus E. oder Bzl.), die zwischen 142–153° (in Abhängigkeit von der Geschwindigkeit des Erhitzens) schmelzen. $[\alpha]_D$: +99° [$CHCl_3$]. UV-Spektrum (A.; 230–400 nm): *Ga., El.*

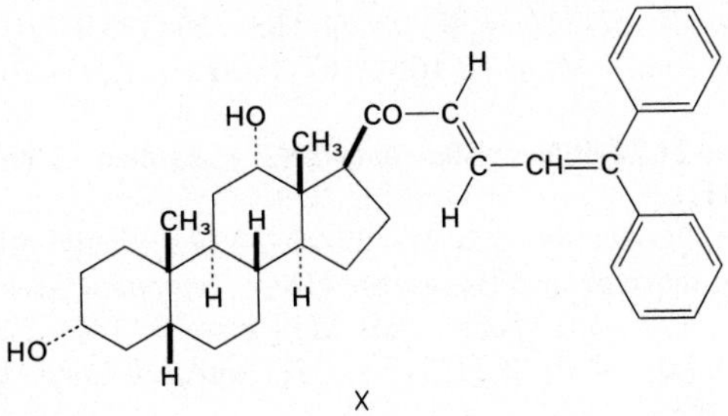

X

3α,11-Diacetoxy-24,24-diphenyl-5β-chola-9(11),23-dien-12-on $C_{40}H_{48}O_5$, Formel XI.

B. Beim Erhitzen von 3α-Acetoxy-12β-hydroxy-24,24-diphenyl-5β-chol-23-en-11-on mit Bi_2O_3, Essigsäure und Chlorbenzol und Erhitzen des Reaktionsprodukts mit Acetanhydrid (*CIBA*, D.B.P. 962075 [1953]; U.S.P. 2839528 [1953], 2870142 [1954]).

F: 165–167°. $[\alpha]_D^{25}$: +125° [Dioxan; c = 1].

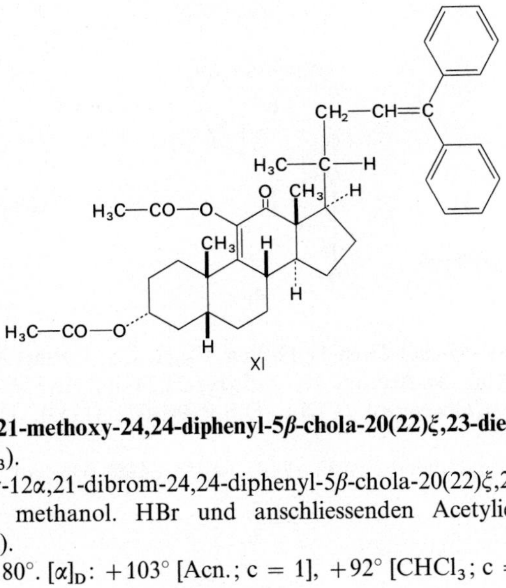

XI

3α-Acetoxy-12α-brom-21-methoxy-24,24-diphenyl-5β-chola-20(22)ξ,23-dien-11-on $C_{39}H_{47}BrO_4$, Formel XII (R = CH_3).

B. Aus 3α-Acetoxy-12α,21-dibrom-24,24-diphenyl-5β-chola-20(22)ξ,23-dien-11-on (S. 1516) beim Behandeln mit methanol. HBr und anschliessenden Acetylieren (*Research Corp.*, U.S.P. 2623051 [1950]).

Kristalle; F: 179–180°. $[\alpha]_D$: +103° [Acn.; c = 1], +92° [$CHCl_3$; c = 1].

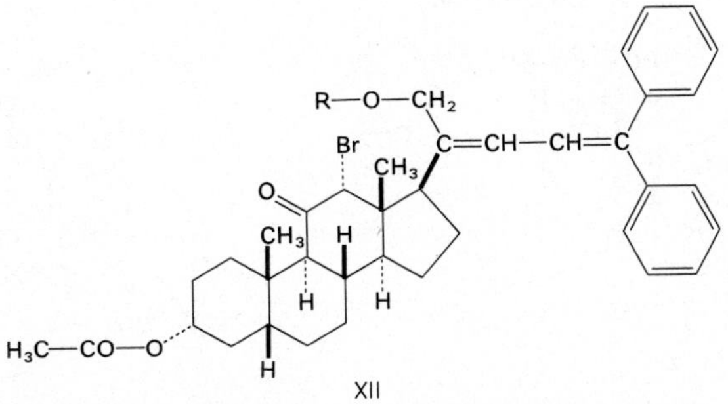

XII

3α-Acetoxy-21-benzyloxy-12α-brom-24,24-diphenyl-5β-chola-20(22)ξ,23-dien-11-on $C_{45}H_{51}BrO_4$, Formel XII (R = CH_2-C_6H_5).

B. Beim Erwärmen von 3α-Acetoxy-12α,21-dibrom-24,24-diphenyl-5β-chola-20(22)ξ,23-dien-

11-on (S. 1516) mit Benzylalkohol (*Heer, Wettstein,* Helv. **36** [1953] 891, 895).
Gelbliche Kristalle (aus Acn. + Me.); F: 165 – 167° [korr.]. $[\alpha]_D^{25}$: +70° [$CHCl_3$; c = 1].

3α,21-Diacetoxy-12α-brom-24,24-diphenyl-5β-chola-20(22)ξ,23-dien-11-on $C_{40}H_{47}BrO_5$, Formel XII (R = CO-CH_3).

B. Beim Erhitzen von 3α-Acetoxy-12α,21-dibrom-24,24-diphenyl-5β-chola-20(22)ξ,23-dien-11-on (S. 1516) mit Natriumacetat und Essigsäure (*Heer, Wettstein,* Helv. **36** [1953] 891, 894).

Dimorph; Kristalle; F: 179 – 181° [korr.; aus Me.] bzw. F: 140 – 142° [korr.]; $[\alpha]_D^{26}$: +90° [Acn.; c = 1] (*Heer, We.*). $[\alpha]_D$: +79° [$CHCl_3$; c = 1] (*Research Corp.,* U.S.P. 2623051 [1950]). λ_{max} (A.): 310 nm (*Heer, We.*).

3α-Acetoxy-21-äthylmercapto-12α-brom-24,24-diphenyl-5β-chola-20(22)ξ,23-dien-11-on $C_{40}H_{49}BrO_3S$, Formel XIII.

B. Beim Behandeln von 3α-Acetoxy-12α,11-dibrom-24,24-diphenyl-5β-chola-20(22)ξ,23-dien-11-on (S. 1516) mit Äthanthiol und $CaCO_3$ (*Heer, Wettstein,* Helv. **36** [1953] 891, 895).

Kristalle (aus A.); F: 180 – 181° [korr.]. $[\alpha]_D^{23}$: +181° [Dioxan; c = 1]. λ_{max} ($CHCl_3$): 315 nm.

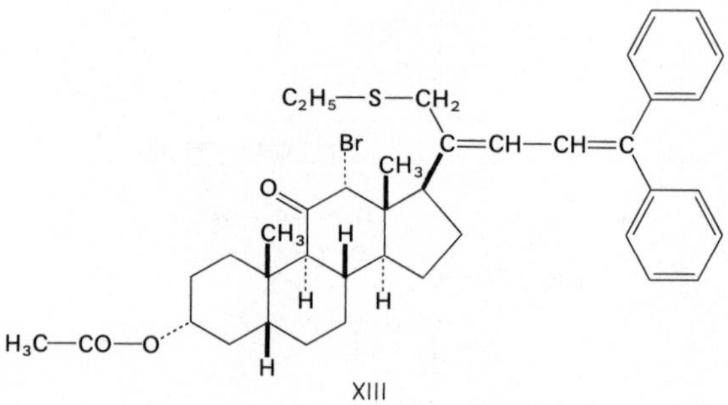

XIII

3α-Acetoxy-24,24-diphenyl-5β-chol-23-en-11,12-dion $C_{38}H_{46}O_4$, Formel XIV.

B. Beim Erhitzen von 3α-Acetoxy-12β-hydroxy-24,24-diphenyl-5β-chol-23-en-11-on mit Bi_2O_3, Essigsäure und Chlorbenzol (*CIBA,* D.B.P. 962072 [1953]; U.S.P. 2839528 [1953], 2870142 [1954]).

Kristalle (aus Diisopropyläther); F: 142 – 144°. $[\alpha]_D^{23}$: +100° [Dioxan; c = 1].

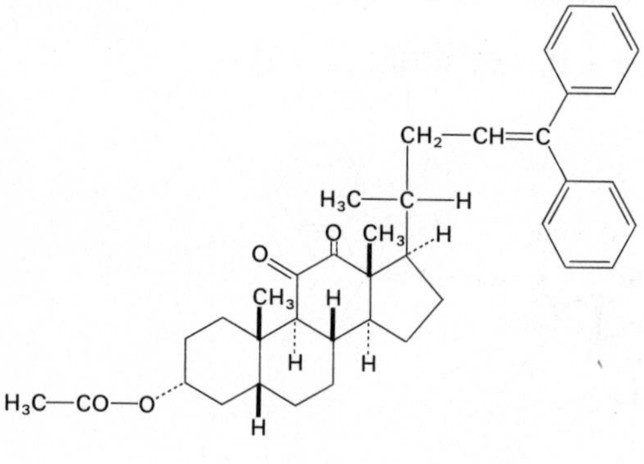

XIV

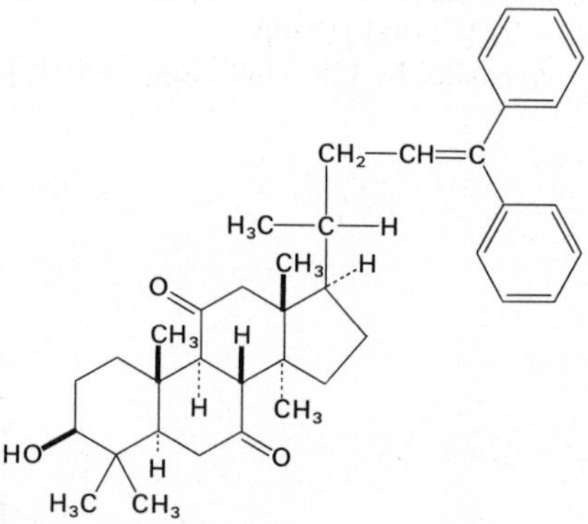

XV

Hydroxy-oxo-Verbindungen $C_{39}H_{50}O_3$

3β-Hydroxy-24,24-diphenyl-25,26,27-trinor-lanost-23-en-7,11-dion $C_{39}H_{50}O_3$, Formel XV.

B. Aus dem Acetyl-Derivat (s. u.) mit Hilfe von methanol. KOH (*Barnes,* Austral. J. Chem.

9 [1956] 228, 232).

Kristalle (aus $CHCl_3$+Me.); F: 275–277° [korr.]. $[\alpha]_D^{20}$: +66° [$CHCl_3$; c = 1]. λ_{max} (A.): 222–226 nm und 250 nm.

Acetyl-Derivat $C_{41}H_{52}O_4$; 3β-Acetoxy-24,24-diphenyl-25,26,27-trinor-lanost-23-en-7,11-dion. *B.* Aus 3β-Acetoxy-7,11-dioxo-25,26,27-trinor-lanostan-24-säure-methylester und Phenylmagnesiumbromid und Erhitzen des Reaktionsprodukts mit Acetanhydrid (*Ba.*). – Kristalle (aus $CHCl_3$+Me.) mit 0,5 Mol Methanol; F: 221–222° [korr.]. $[\alpha]_D^{20}$: +68° [$CHCl_3$; c = 1]. λ_{max} (A.): 215 nm und 250 nm.

Benzoyl-Derivat (F: 251–252°): *Ba.* [*Herbst*]

Hydroxy-oxo-Verbindungen $C_nH_{2n-30}O_3$

Hydroxy-oxo-Verbindungen $C_{20}H_{10}O_3$

11-Hydroxy-indeno[2,1-*b*]fluoren-10,12-dion $C_{20}H_{10}O_3$, Formel I (R = H).

B. Aus 2-Hydroxy-4,6-diphenyl-isophthalsäure mit Hilfe von H_2SO_4 (*Deuschel,* Helv. **34** [1951] 168, 182).

Orangefarbene Kristalle; F: 349° [korr.; nach Sublimation bei 190°/0,005 Torr].

11-Methoxy-indeno[2,1-*b*]fluoren-10,12-dion $C_{21}H_{12}O_3$, Formel I (R = CH_3).

B. Beim Erhitzen der vorangehenden Verbindung mit Dimethylsulfat und K_2CO_3 in Toluol (*Deuschel,* Helv. **34** [1951] 168, 183). Aus 2-Methoxy-4,6-diphenyl-isophthalsäure mit Hilfe von H_2SO_4 (*De.*).

Gelbe Kristalle; F: 255° [korr.; nach Sublimation bei 170–180°/0,005 Torr].

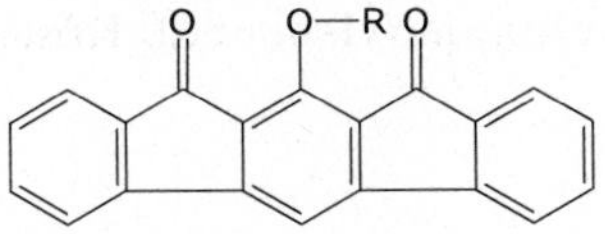

O O–R O HO O O OH CH₃ O OH

I 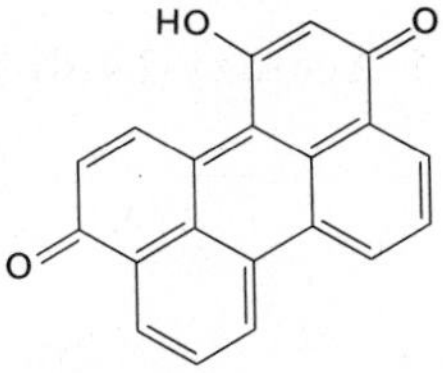 II 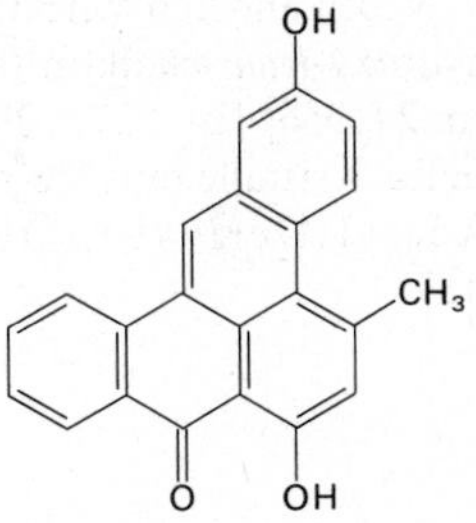 III

1-Hydroxy-perylen-3,10-dion $C_{20}H_{10}O_3$, Formel II.

B. Aus 1,3,10-Triacetoxy-perylen $C_{26}H_{18}O_6$ (F: 238–239°) bei der Hydrolyse mit wss.-methanol. NaOH und anschliessenden Oxidation mit Luft in wss. H_2SO_4 (*Brown, Todd,* Soc. **1954** 1280, 1283). Beim Erwärmen von 1-Cyclohexylamino-perylen-3,10-dion mit wss. NaOH in Dioxan (*Br., Todd,* l. c. S. 1284).

Rote Kristalle (nach Sublimation bei 260°/0,005 Torr), die unterhalb 350° nicht schmelzen. IR-Banden (Nujol; 3350–700 cm^{-1}): *Br., Todd.* λ_{max} (H_2SO_4): 219 nm, 237 nm, 304 nm, 508 nm.

Hydroxy-oxo-Verbindungen $C_{22}H_{14}O_3$

2,7-Dihydroxy-5-methyl-dibenz[*a,de*]anthracen-8-on $C_{22}H_{14}O_3$, Formel III.

B. Beim Erhitzen von 2,2'-Dimethyl-biphenyl-4,4'-diol mit Phthalsäure-anhydrid in einer NaCl-$AlCl_3$-Schmelze auf 130° (*Brockmann, Dorlas,* B. **85** [1952] 1168, 1172).

Gelbe Kristalle (nach Sublimation unter vermindertem Druck); F: 284°.

Hydroxy-oxo-Verbindungen $C_{23}H_{16}O_3$

1-[2-Hydroxy-[1]naphthyl]-3*t*-[2-methoxy-[1]naphthyl]-propenon $C_{24}H_{18}O_3$, Formel IV.

B. Beim Erwärmen von 1-[2-Hydroxy-[1]naphthyl]-äthanon mit 2-Methoxy-[1]naphthaldehyd und äthanol. NaOH (*Fujise, Suzuki,* J. chem. Soc. Japan Pure Chem. Sect. **72** [1951] 1073; C. A. **1953** 5937).

Rotorangefarbene Kristalle (aus Bzl.); F: 146°.

IV V

Hydroxy-oxo-Verbindungen $C_{24}H_{18}O_3$

***2-[*β*-Methoxy-styryl]-1,4-diphenyl-but-2-en-1,4-dion** $C_{25}H_{20}O_3$, Formel V.

B. Beim Behandeln von 3-Benzoyl-1,5-diphenyl-pent-2-en-1,5-dion (E IV **7** 2844) mit Dimethylsulfat und wss. NaOH (*Devitt et al.,* Soc. **1958** 510).

Gelbe Kristalle (aus A.); F: 166°.

2,4-Di-*trans*-cinnamoyl-phenol $C_{24}H_{18}O_3$, Formel VI.

B. Neben anderen Verbindungen beim Behandeln von 2,4-Diacetyl-phenol oder von 5′-Acetyl-2′-hydroxy-*trans*-chalkon mit Benzaldehyd und wss.-äthanol. NaOH (*Limaye, Pendse,* Rasayanam **2** [1956] 124, 127, 128).

Gelbe Kristalle (aus Eg.); F: 155°.

Acetyl-Derivat $C_{26}H_{20}O_4$; 1-Acetoxy-2,4-di-*trans*-cinnamoyl-benzol. Kristalle; F: 137°.

VI

1,3-Bis-[6-methoxy-[2]naphthyl]-but-2*ξ*-en-1-on $C_{26}H_{22}O_3$, Formel VII.

B. In geringer Menge neben 1-[6-Methoxy-[2]naphthyl]-äthanon beim Behandeln von Methyl-[2]naphthyl-äther mit Acetylchlorid und $AlCl_3$ in Nitrobenzol (*Novák, Protiva,* Collect. **22** [1957] 1637, 1640).

F: 199° [unkorr.].

VII

Hydroxy-oxo-Verbindungen $C_{25}H_{20}O_3$

(±)-2-[(Ξ)-4-Methoxy-benzyliden]-4-[4-methoxy-phenyl]-5-methyl-3-phenyl-cyclopent-3-enon (?) $C_{27}H_{24}O_3$, vermutlich Formel VIII (X = O-CH_3, X′ = H).

Konstitution: *Ryan, Lennon,* Pr. Irish Acad. **37** B [1925] 27, 31.

B. Beim Behandeln von 4-Methoxy-benzaldehyd mit 1*t*-Phenyl-pent-1-en-3-on und äthanol. HCl (*Ryan, Devine,* Pr. Irish Acad. **32** B [1916] 208, 215).

Kristalle (aus $CHCl_3$+A.); F: 173° (*Ryan, De.*).

(±)-2-[(Ξ)-4-Methoxy-benzyliden]-3-[4-methoxy-phenyl]-5-methyl-4-phenyl-cyclopent-3-enon (?) $C_{27}H_{24}O_3$, vermutlich Formel VIII (X = H, X′ = O-CH_3).

B. Beim Behandeln von opt.-inakt. 3-[4-Methoxy-phenyl]-5-methyl-4-phenyl-cyclopent-2-enon (S. 1448) mit 4-Methoxy-benzaldehyd und äthanol. HCl (*Ryan, Lennon,* Pr. Irish Acad. **37** B [1925] 27, 35).

Gelbe Kristalle (aus A.); F: 97,5–98,5°.

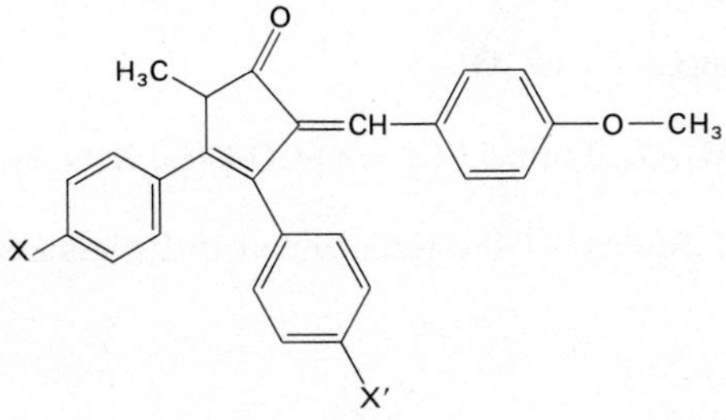

VIII

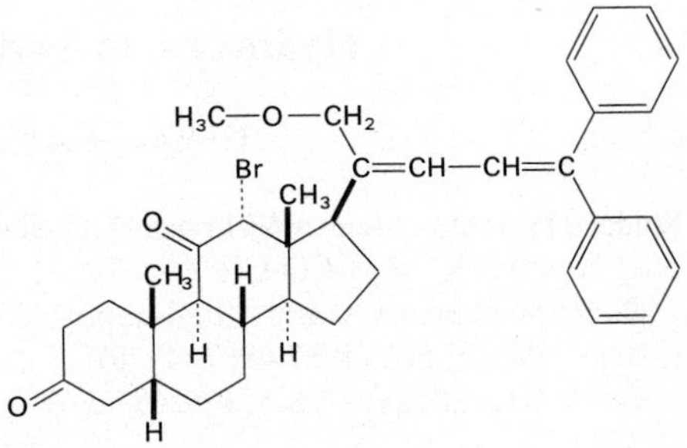

IX

Hydroxy-oxo-Verbindungen $C_{36}H_{42}O_3$

12α-Brom-21-methoxy-24,24-diphenyl-5β-chola-20(22)ξ,23-dien-3,11-dion $C_{37}H_{43}BrO_3$, Formel IX.

B. Beim Behandeln von 3α-Acetoxy-12α,21-dibrom-24,24-diphenyl-5β-chola-20(22)ξ,23-dien-11-on (S. 1516) mit methanol. HBr und Erwärmen des Reaktionsprodukts (F: 101–105°) mit Aluminium-*tert*-butylat und Aceton in Benzol (*Research Corp.,* U.S.P. 2623051 [1952]).

Kristalle (aus Acn.+Me.); F: 178–180°. $[\alpha]_D$: +78° [Acn.; c = 1], +70° [$CHCl_3$; c = 1]. λ_{max}: 305 nm.

Hydroxy-oxo-Verbindungen $C_{39}H_{48}O_3$

3β-Hydroxy-4,4,14-trimethyl-24,24-diphenyl-5α-chola-20(22)ξ,23-dien-7,11-dion, 3β-Hydroxy-24,24-diphenyl-25,26,27-trinor-lanosta-20(22)ξ,23-dien-7,11-dion $C_{39}H_{48}O_3$, Formel X (R = H).

B. Aus der folgenden Verbindung mit Hilfe von methanol. KOH (*Barnes,* Austral. J. Chem. **10** [1957] 370).

Kristalle (aus $CHCl_3$+Me.); F: 236–239° [korr.]. $[\alpha]_D^{20}$: +2° [$CHCl_3$; c = 1,4]. λ_{max} (A.): 305 nm.

3β-Acetoxy-4,4,14-trimethyl-24,24-diphenyl-5α-chola-20(22)ξ,23-dien-7,11-dion, 3β-Acetoxy-24,24-diphenyl-25,26,27-trinor-lanosta-20(22)ξ,23-dien-7,11-dion $C_{41}H_{50}O_4$, Formel X (R = CO-CH_3).

B. Beim Erwärmen von 3β-Acetoxy-24,24-diphenyl-25,26,27-trinor-lanost-23-en-7,11-dion mit *N*-Brom-succinimid in CCl_4 und anschliessend mit Essigsäure (*Barnes,* Austral. J. Chem. **10**

[1957] 370).

Kristalle (aus Me.); F: 237–240° [korr.]. $[\alpha]_D^{20}$: +26° [$CHCl_3$; c = 1,8]. λ_{max} (A.): 230 nm.

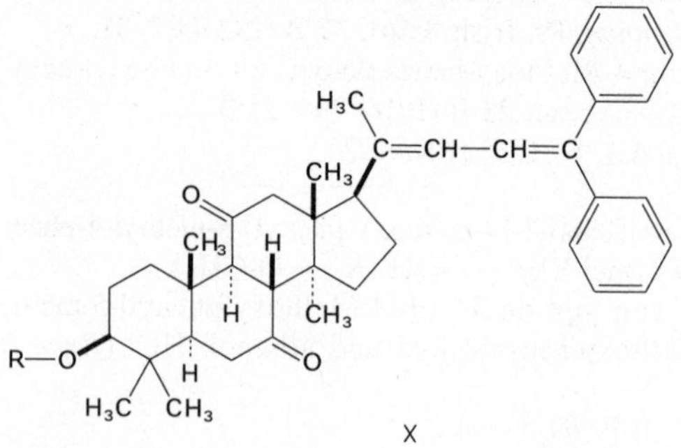

X

Hydroxy-oxo-Verbindungen $C_nH_{2n-32}O_3$

Hydroxy-oxo-Verbindungen $C_{22}H_{12}O_3$

8(oder 11)-Acetoxy-benzo[*b*]chrysen-7,12-dion $C_{24}H_{14}O_4$, Formel I (X = O-CO-CH_3, X' = H oder X = H, X' = O-CO-CH_3).

B. Beim Erhitzen von 1-Vinyl-naphthalin mit 5-Acetoxy-[1,4]naphthochinon in Essigsäure (*Davies, Porter,* Soc. **1957** 4967, 4970).

Gelbe Kristalle (aus Bzl.); F: 268–269°.

8-Hydroxy-pentaphen-5,14-dion $C_{22}H_{12}O_3$, Formel II.

B. Beim Erhitzen von 1,2-Bis-[2-carboxy-benzyl]-benzol mit konz. H_2SO_4 auf 120° (*Clar, Stewart,* Soc. **1951** 3215, 3218).

Dunkelrote Kristalle (aus Nitrobenzol); F: 349–351° [unkorr.]. Unter vermindertem Druck sublimierbar.

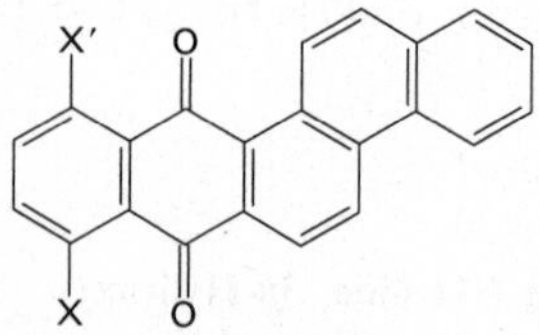

I 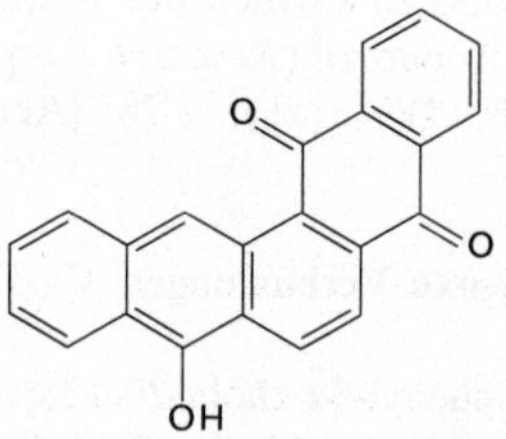 II 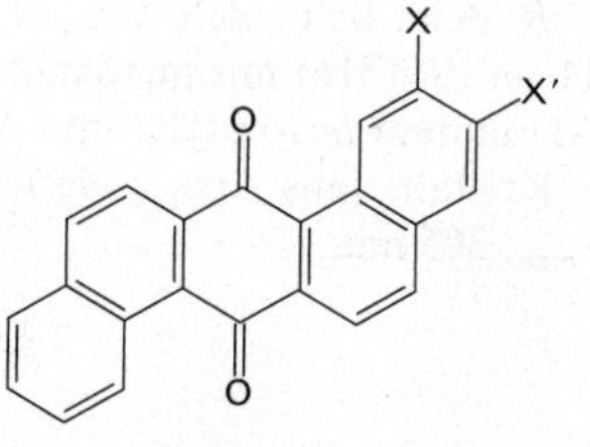 III

2-Methoxy-dibenz[*a,h*]anthracen-7,14-dion $C_{23}H_{14}O_3$, Formel III (X = O-CH_3, X' = H).

B. Beim Erwärmen von 7-Methoxy-2-[1]naphthoyl-[1]naphthoesäure mit wss. H_2SO_4 auf 80° (*LaBudde, Heidelberger,* Am. Soc. **80** [1958] 1225, 1230, 1231).

Orangefarbene Kristalle (aus Eg.); F: 211–212° [unkorr.]. IR-Banden (KBr; 6,1–14,3 μ): *LaB., He.* λ_{max} (A.): 246 nm, 300 nm, 335 nm, 414 nm.

3-Methoxy-dibenz[*a,h*]anthracen-7,14-dion $C_{23}H_{14}O_3$, Formel III (X = H, X' = O-CH_3).

B. Beim Erwärmen von 2-[6-Methoxy-[1]naphthoyl]-[1]naphthoesäure mit wss. H_2SO_4 (*La=Budde, Heidelberger,* Am. Soc. **80** [1958] 1225, 1230).

F: 244–245° [unkorr.]. λ_{max} (A.): 240 nm, 299 nm, 330 nm und 395 nm.

5-Hydroxy-dibenz[*a,h*]anthracen-7,14-dion $C_{22}H_{12}O_3$, Formel IV (R = H).

B. Aus 5-Acetoxy-dibenz[*a,h*]anthracen-7,14-dion und äthanol. KOH (*LaBudde, Heidelberger,* Am. Soc. **80** [1958] 1225, 1231).

Rote Kristalle (aus Eg.); F: 293–295° [unkorr.].

5-Methoxy-dibenz[*a,h*]anthracen-7,14-dion $C_{23}H_{14}O_3$, Formel IV (R = CH_3).

B. Aus der vorangehenden Verbindung und Dimethylsulfat (*LaBudde, Heidelberger,* Am. Soc. **80** [1958] 1225, 1231).

Orangefarbene Kristalle (aus A. + Bzl.); F: 221,5–222,5° [unkorr.]. λ_{max} (A.): 298 nm, 327 nm und 392 nm (*LaB., He.,* l. c. S. 1230).

5-Acetoxy-dibenz[*a,h*]anthracen-7,14-dion $C_{24}H_{14}O_4$, Formel IV (R = CO-CH_3).

B. Beim Erwärmen von Essigsäure-dibenz[*a,h*]anthracen-5-ylester mit $Na_2Cr_2O_7$ und Essigsäure (*LaBudde, Heidelberger,* Am. Soc. **80** [1958] 1225, 1231).

Kristalle (aus Eg.); F: 234–235° [unkorr.].

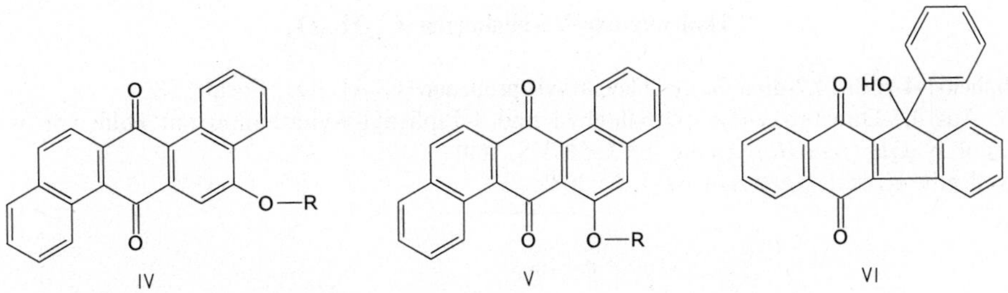

6-Hydroxy-dibenz[*a,h*]anthracen-7,14-dion $C_{22}H_{12}O_3$, Formel V (R = H).

B. Aus der folgenden Verbindung beim Erwärmen mit $AlCl_3$ in Benzol (*LaBudde, Heidelberger,* Am. Soc. **80** [1958] 1225, 1235).

Rotes Pulver; F: 258–260° [unkorr.]. λ_{max} (A.?): 297 nm, 347 nm und 448 nm.

6-Methoxy-dibenz[*a,h*]anthracen-7,14-dion $C_{23}H_{14}O_3$, Formel V (R = CH_3).

B. Beim Erwärmen von 3-Methoxy-2-[1]naphthoyl-[1]naphthoesäure mit wss. H_2SO_4 (*LaBudde, Heidelberger,* Am. Soc. **80** [1958] 1225, 1235).

Orangefarbene Kristalle (aus Bzl. + A.); F: 188–190° [unkorr.]. λ_{max} (A.): 242 nm, 293 nm, 332 nm und 418 nm (*LaB., He.,* l. c. S. 1230).

Hydroxy-oxo-Verbindungen $C_{23}H_{14}O_3$

(±)-11-Hydroxy-11-phenyl-11*H*-benzo[*b*]fluoren-5,10-dion $C_{23}H_{14}O_3$, Formel VI.

B. Aus (±)-11-Phenyl-11*H*-benzo[*b*]fluoren-5,10,11-triol mit Hilfe von Ag_2O in Äther (*Bader, Ettlinger,* Am. Soc. **75** [1953] 730, 734).

Hellorangefarbene Kristalle (aus Ae.); F: 193–194° (*Ba., Et.*). λ_{max}: 262 nm, 315 nm und 427 nm [$CHCl_3$] (*Ettlinger,* Am. Soc. **76** [1954] 2769, 2770), 258 nm, 308 nm und 417 nm [A.] (*Ba., Et.*).

2-Fluoren-9-yl-3-hydroxy-[1,4]naphthochinon $C_{23}H_{14}O_3$, Formel VII und Taut.

B. In geringer Menge beim Behandeln von Spiro[benz[*f*]indazol-3,9'-fluoren]-4,9-diol mit wss.-äthanol. NaOH unter Luftzutritt (*Horner, Lingnau,* A. **591** [1955] 21, 52).

Gelbbraune Kristalle (aus Bzl.); F: 252° [Zers. ab 210°].

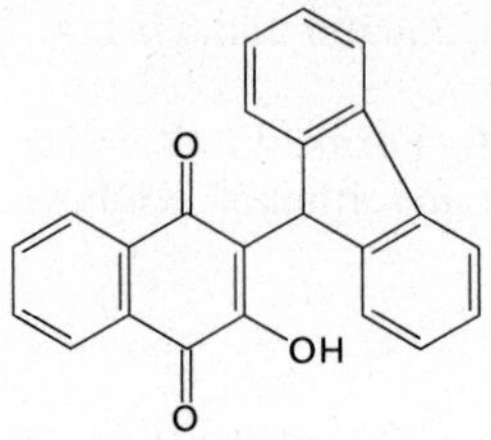

VII 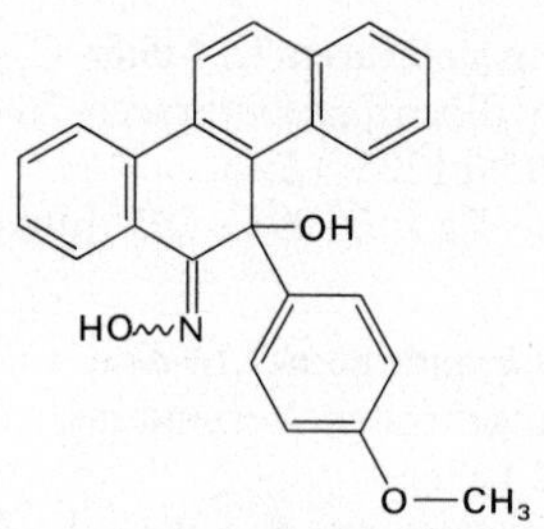 VIII

Hydroxy-oxo-Verbindungen $C_{24}H_{16}O_3$

***(±)-5-Hydroxy-5-[4-methoxy-phenyl]-5*H*-chrysen-6-on-oxim** $C_{25}H_{19}NO_3$, Formel VIII.
B. Beim Erwärmen von Chrysen-5,6-dion-6-oxim mit 4-Methoxy-phenylmagnesium-halogenid in Äther und Benzol (*Awad, Raouf,* J. org. Chem. **23** [1958] 282, 285).
Kristalle (aus A.); F: 236° [unkorr.].

Hydroxy-oxo-Verbindungen $C_{25}H_{18}O_3$

1-Biphenyl-4-yl-3*t*-[4,7-dimethoxy-[1]naphthyl]-propenon $C_{27}H_{22}O_3$, Formel IX.
B. Aus 4,7-Dimethoxy-[1]naphthaldehyd und 1-Biphenyl-4-yl-äthanon mit Hilfe von wss.-äthanol. NaOH (*Buu-Hoi, Xuong,* Bl. **1958** 758, 760).
Hellgelbe Kristalle (aus A. + Bzl.); F: 208°.

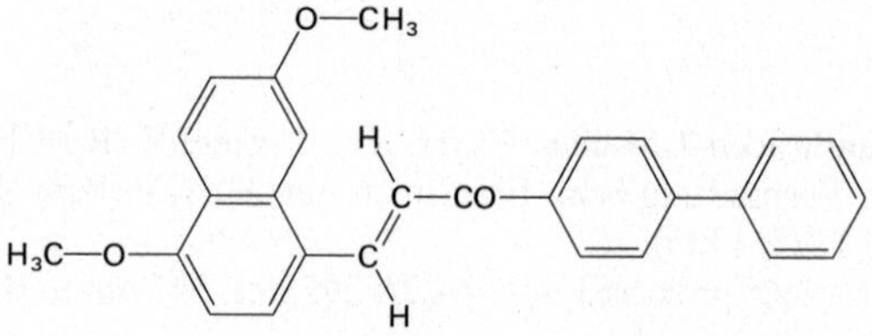

IX

1-Biphenyl-4-yl-3*t*-[1,4-dimethoxy-[2]naphthyl]-propenon $C_{27}H_{22}O_3$, Formel X.
B. Analog der vorangehenden Verbindung (*Buu-Hoi, Xuong,* Bl. **1958** 758, 760).
Hellgelbe Kristalle (aus A. + Bzl.); F: 229°.

Hydroxy-oxo-Verbindungen $C_{26}H_{20}O_3$

2-Hydroxy-4-[α-hydroxy-benzhydryl]-benzophenon $C_{26}H_{20}O_3$, Formel XI.
B. Beim Erwärmen von (±)-5-[α-Hydroxy-benzhydryl]-2-[α-hydroxy-benzyl]-phenol mit Aceton und Aluminiumisopropylat in Benzol (*Wasserman et al.,* Am. Soc. **77** [1955] 973, 979).
Kristalle (aus Heptan); F: 132–133°.

X 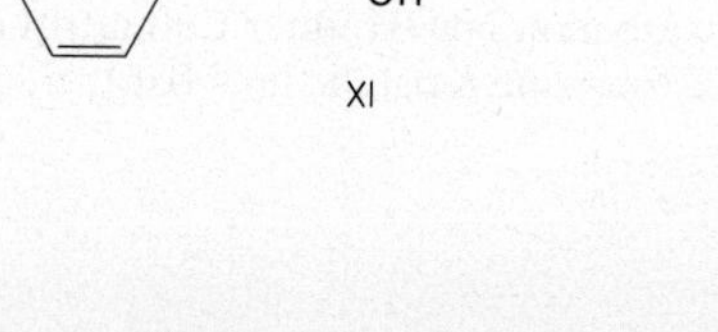 XI

Hydroxy-oxo-Verbindungen $C_{27}H_{22}O_3$

2-[5,5-Diphenyl-pent-4-enyl]-3-hydroxy-[1,4]naphthochinon $C_{27}H_{22}O_3$, Formel XII und Taut.

B. Beim Erwärmen von 1-Phenyl-5-[1,3,4-triacetoxy-[2]naphthyl]-pentan-1-on mit Phenylmagnesiumbromid in Äther unter Luftzutritt (*Paulshock, Moser,* Am. Soc. **72** [1950] 5073, 5077).

Kristalle (aus Eg.); F: 132–134° [korr.].

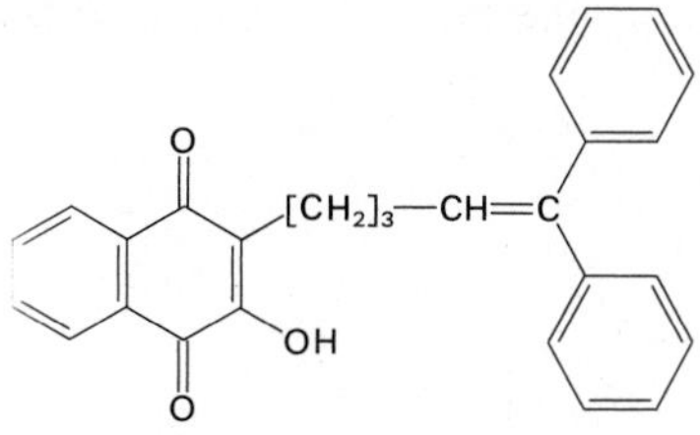

XII 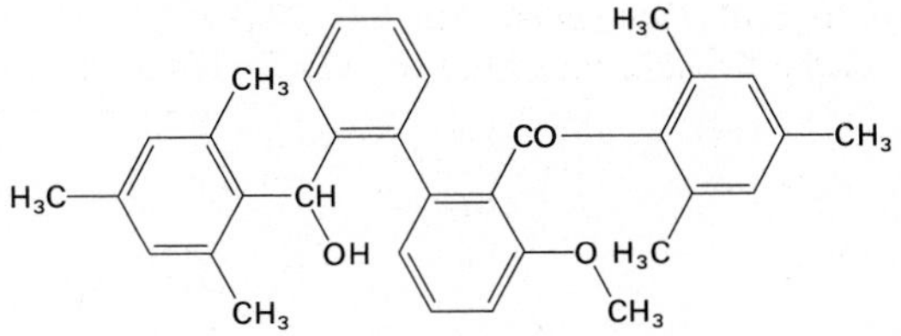 XIII

Hydroxy-oxo-Verbindungen $C_{32}H_{32}O_3$

(±)-2'-[2-(α-Hydroxy-2,4,6-trimethyl-benzyl)-phenyl]-6'-methoxy-2,4,6-trimethyl-benzophenon $C_{33}H_{34}O_3$, Formel XIII.

B. In geringer Menge neben anderen Verbindungen beim Erwärmen von 2'-Methoxy-2,4,6-trimethyl-benzophenon mit Natrium in Äther und Benzol (*Fuson et al.,* Am. Soc. **77** [1955] 3776, 3780).

Kristalle (aus Bzl. + PAe.); F: 190,5–191° [korr.].

2'-[3-Methoxy-4-(2,4,6-trimethyl-benzoyl)-cyclohexa-1,3-dienyl]-2,4,6-trimethyl-benzophenon(?) $C_{33}H_{34}O_3$, vermutlich Formel I (R = H, R' = CH_3), oder **(±)-2'-[3-Methoxy-2-(2,4,6-trimethyl-benzoyl)-cyclohexa-1,5-dienyl]-2,4,6-trimethyl-benzophenon(?)** $C_{33}H_{34}O_3$, vermutlich Formel II (R = H, R' = CH_3).

B. In geringer Menge neben anderen Verbindungen beim Erwärmen von 2'-Methoxy-2,4,6-trimethyl-benzophenon mit Natrium in Äther und Benzol (*Fuson et al.,* Am. Soc. **77** [1955] 3776, 3780).

Gelbe Kristalle (aus Me.); F: 160–161° [korr.].

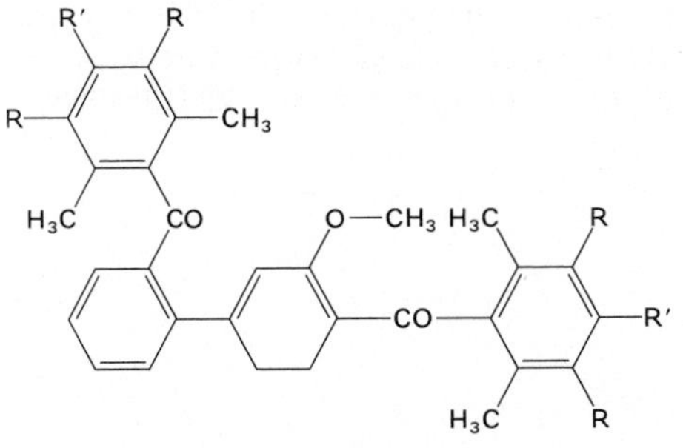

I 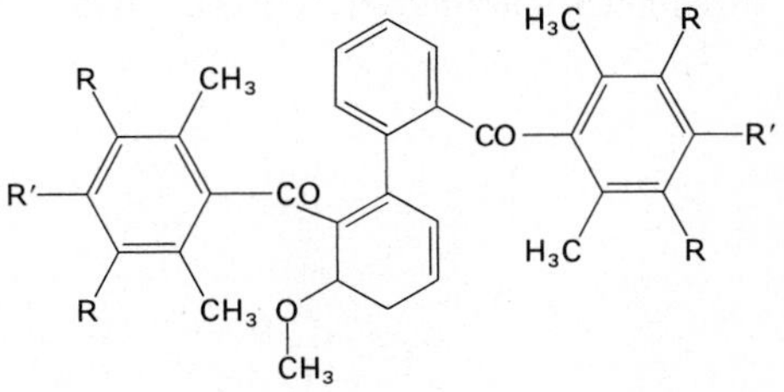 II

4'-[5-Methoxy-2-(2,4,6-trimethyl-benzoyl)-cyclohexa-1,5-dienyl]-2,4,6-trimethyl-benzophenon(?) $C_{33}H_{34}O_3$, vermutlich Formel III (R = H, R' = CH_3).

B. Aus 4'-Methoxy-2,4,6-trimethyl-benzophenon analog der vorangehenden Verbindung (*Fu*=

son et al., Am. Soc. **77** [1955] 3776, 3777).

Kristalle (aus Me.); F: 159–160° [korr.].

Hydroxy-oxo-Verbindungen $C_{34}H_{36}O_3$

2′-[3-Methoxy-4-(2,3,5,6-tetramethyl-benzoyl)-cyclohexa-1,3-dienyl]-2,3,5,6-tetramethyl-benzophenon $C_{35}H_{38}O_3$, Formel I (R = CH_3, R′ = H), oder **(±)-2′-[3-Methoxy-2-(2,3,5,6-tetramethyl-benzoyl)-cyclohexa-1,5-dienyl]-2,3,5,6-tetramethyl-benzophenon** $C_{35}H_{38}O_3$, Formel II (R = CH_3, R′ = H).

B. Beim Erwärmen von 2′-Methoxy-2,3,5,6-tetramethyl-benzophenon mit Natrium in Äther und Benzol (*Fuson et al.*, Am. Soc. **77** [1955] 3776, 3780).

Gelbe Kristalle (aus Me.); F: 173,5–174,5° [korr.].

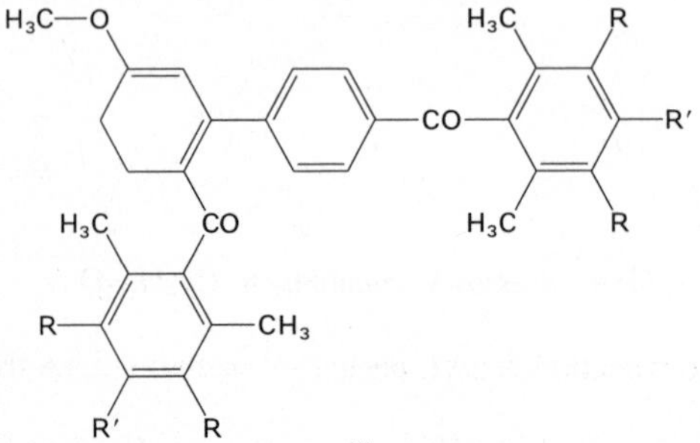

III

4′-[5-Methoxy-2-(2,3,5,6-tetramethyl-benzoyl)-cyclohexa-1,5-dienyl]-2,3,5,6-tetramethyl-benzophenon(?) $C_{35}H_{38}O_3$, vermutlich Formel III (R = CH_3, R′ = H).

B. Aus 4′-Methoxy-2,3,5,6-tetramethyl-benzophenon analog der vorangehenden Verbindung (*Fuson et al.*, Am. Soc. **77** [1955] 3776, 3777).

Gelbe Kristalle (aus Me.); F: 216–217° [korr.].

Hydroxy-oxo-Verbindungen $C_nH_{2n-34}O_3$

Hydroxy-oxo-Verbindungen $C_{22}H_{10}O_3$

12-Hydroxy-dibenzo[*cd,mn*]pyren-4,8-dion $C_{22}H_{10}O_3$, Formel IV, und **12c*H*-Dibenzo[*cd,mn*]pyren-4,8,12-trion** $C_{22}H_{10}O_3$, Formel V (E II **7** 846; E III **8** 3108).

B. Aus 3,3-Bis-[2-carboxy-phenyl]-phthalid (aus 3,3-Di-*o*-tolyl-phthalid mit Hilfe von wss. HNO_3 hergestellt) oder 2-[2,6-Dioxo-2*H*,6*H*-anthra[9,1-*bc*]furan-10b-yl]-benzoesäure beim Erhitzen mit Kupfer-Pulver und konz. H_2SO_4 auf 120° (*Clar, Stewart*, Am. Soc. **75** [1953] 2667, 2671).

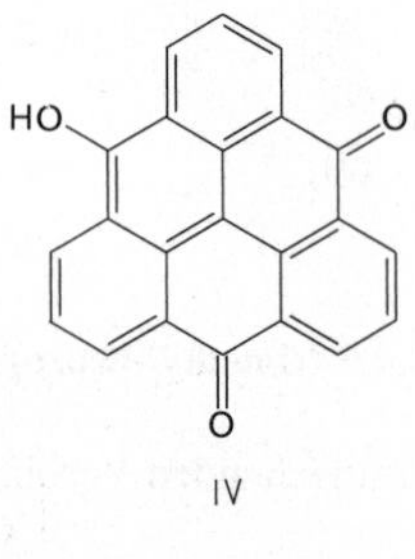

IV 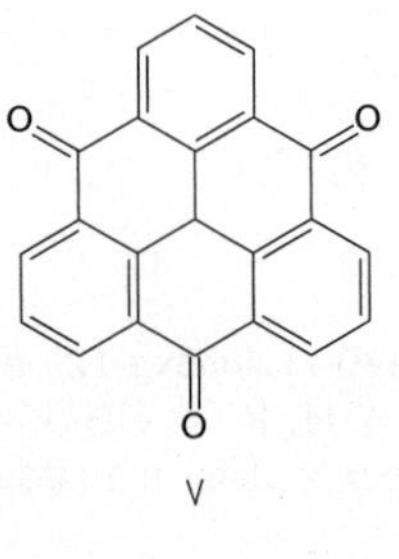 V 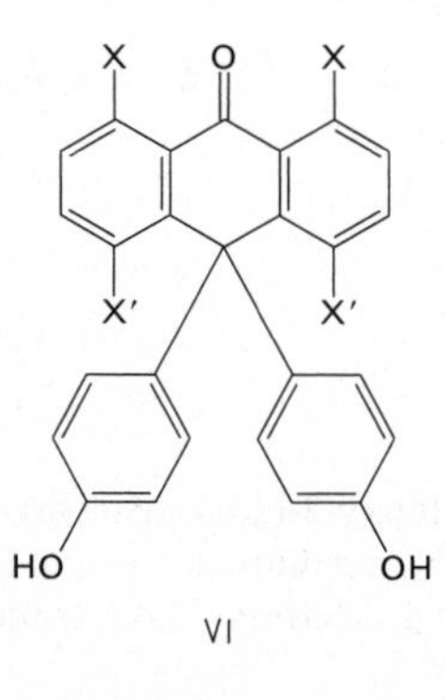 VI

Hydroxy-oxo-Verbindungen $C_{26}H_{18}O_3$

1,8(oder 4,5)-Dichlor-10,10-bis-[4-hydroxy-phenyl]-anthron $C_{26}H_{16}Cl_2O_3$, Formel VI (X = Cl, X′ = H oder X = H, X′ = Cl).

B. Beim Erwärmen von 1,8-Dichlor-anthrachinon mit Phenol unter Zusatz von $SnCl_4$ (*Schultz, Geller,* Ar. **288** [1955] 234, 243).

Kristalle (aus A.); F: 334°.

(±)-6,9-Dihydroxy-9,10-diphenyl-9*H*-anthracen-2-on $C_{26}H_{18}O_3$, Formel VII.

B. Beim Erwärmen von 9,10-Diphenyl-9,10-dihydro-anthracen-2,6,9,10-tetraol (F: 306°) mit Essigsäure in Äthylacetat (*Étienne, Salmon,* Bl. **1954** 1127, 1131).

Orangefarbene Kristalle (aus Acn.) mit 1 Mol Aceton; F: 267–268° [lösungsmittelfrei].

(±)-3,9-Dihydroxy-9,10-diphenyl-9*H*-anthracen-2-on $C_{26}H_{18}O_3$, Formel VIII (R = R′ = H).

B. Beim Behandeln von 2,3-Diacetoxy-anthrachinon mit Phenylmagnesiumbromid in Äther und Benzol (*Étienne, Bourdon,* Bl. **1955** 380, 384).

Rote Kristalle (aus $CHCl_3$); F: 295–296°. Absorptionsspektrum ($CHCl_3$; 245–520 nm): *Ét., Bo.,* l. c. S. 387.

Beim Erhitzen mit wenig H_2SO_4 in Dioxan sind 3-Hydroxy-9,10-diphenyl-anthracen-1,2-dion und 9,10-Diphenyl-anthracen-2,3-diol erhalten worden (*Étienne, Bourdon,* Bl. **1955** 389, 394).

(±)-3-Hydroxy-9-methoxy-9,10-diphenyl-9*H*-anthracen-2-on $C_{27}H_{20}O_3$, Formel VIII (R = H, R′ = CH_3).

B. Aus der vorangehenden Verbindung beim Behandeln mit HCl und Methanol (*Étienne, Bourdon,* Bl. **1955** 380, 384).

Orangerote Kristalle (aus Bzl.); F: 238°.

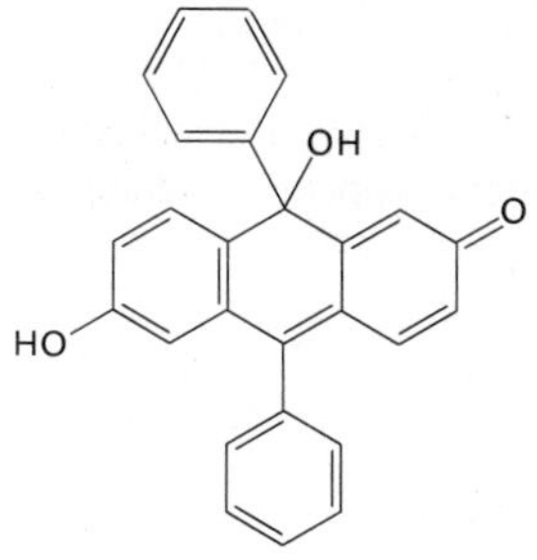

VII 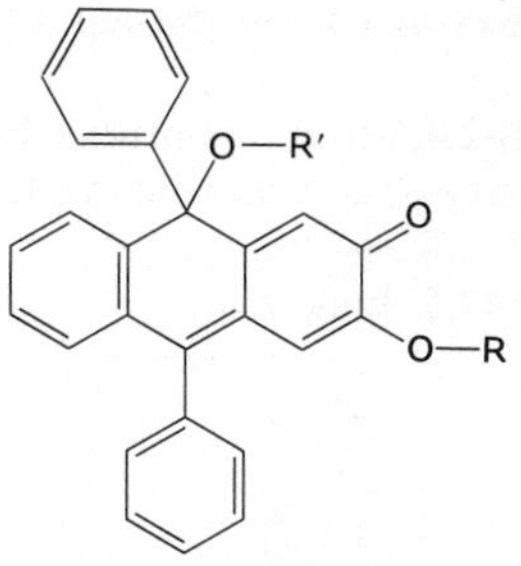 VIII 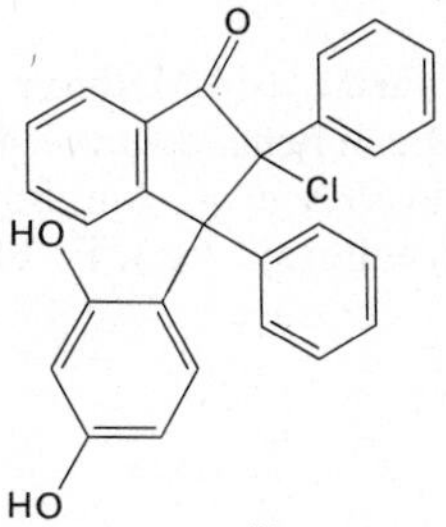 IX

(±)-3,9-Dimethoxy-9,10-diphenyl-9*H*-anthracen-2-on $C_{28}H_{22}O_3$, Formel VIII (R = R′ = CH_3).

B. Beim Behandeln von (±)-3,9-Dihydroxy-9,10-diphenyl-9*H*-anthracen-2-on mit CH_3I und KOH (*Étienne, Bourdon,* Bl. **1955** 380, 385).

Gelbe Kristalle (aus A.); F: 254° (*Ét., Bo.*). Absorptionsspektrum (A.; 220–500 nm): *Dufraisse et al.,* C. r. **237** [1953] 1126, 1128.

Hydroxy-oxo-Verbindungen $C_{27}H_{20}O_3$

***Opt.-inakt. 2-Chlor-3-[2,4-dihydroxy-phenyl]-2,3-diphenyl-indan-1-on(?)** $C_{27}H_{19}ClO_3$, vermutlich Formel IX.

B. Aus opt.-inakt. 2,3-Dichlor-2,3-diphenyl-indan-1-on und Resorcin beim Erwärmen in Benzol oder beim Erhitzen in Essigsäure (*Berti,* G. **81** [1951] 559, 568).

Kristalle (aus wss. Acn.); F: 200–202° [Zers.]. Zers. bei 194–196° [Kapillare].

Diacetyl-Derivat $C_{31}H_{23}ClO_5$; 2-Chlor-3-[2,4-diacetoxy-phenyl]-2,3-diphenyl-indan-1-on. Kristalle (aus PAe. + Bzl.); F: 236–238°.

Hydroxy-oxo-Verbindungen $C_{28}H_{22}O_3$

***Opt.-inakt. 3-[α-Hydroxy-α′-oxo-bibenzyl-α-yl]-2,3-dihydro-1*H*-phenanthren-4-on, 2-Hydroxy-2-[4-oxo-1,2,3,4-tetrahydro-[3]phenanthryl]-1,2-diphenyl-äthanon** $C_{28}H_{22}O_3$, Formel X.

B. Beim Behandeln von 2,3-Dihydro-1*H*-phenanthren-4-on mit Benzil und Natriummethylat in Methanol (*Allen, VanAllan,* J. org. Chem. **16** [1951] 716, 717, 720).

F: 221°.

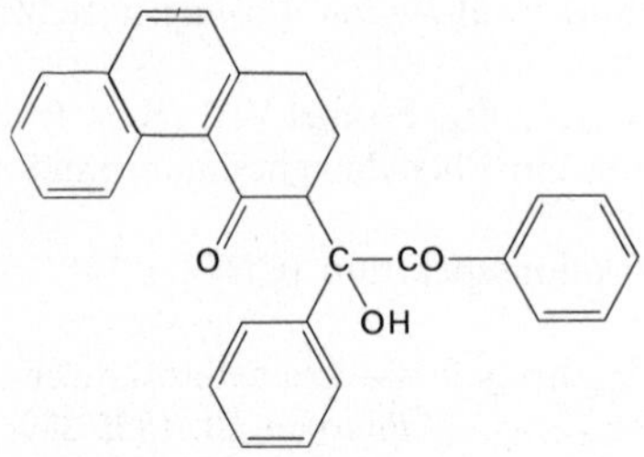

X 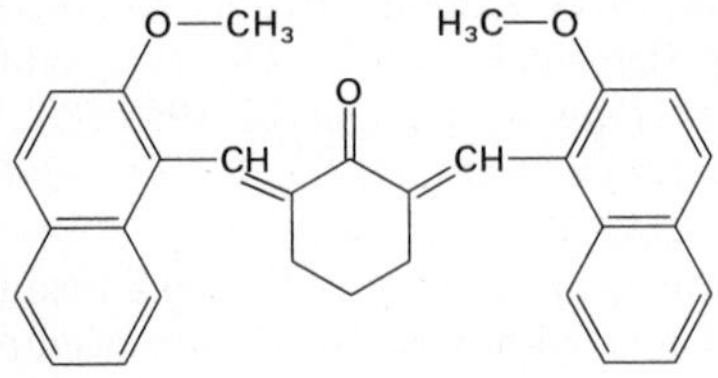 XI

***2,6-Bis-[2-methoxy-[1]naphthylmethylen]-cyclohexanon** $C_{30}H_{26}O_3$, Formel XI.

B. Beim Behandeln von 2-Methoxy-[1]naphthaldehyd mit Cyclohexanon und wss. NaOH in Äthanol (*Buu-Hoi, Xuong,* Bl. **1958** 758, 760).

Gelbe Kristalle (aus A.); F: 209°.

Hydroxy-oxo-Verbindungen $C_{29}H_{24}O_3$

***Opt.-inakt. 1-[4-Methoxy-phenyl]-2,4,5-triphenyl-pentan-1,5-dion** $C_{30}H_{26}O_3$, Formel XII.

B. Beim Behandeln von 4-Methoxy-desoxybenzoin mit 1,2-Diphenyl-propenon und methanol. KOH (*Mehr et al.,* Am. Soc. **77** [1955] 984, 986).

Kristalle (aus Eg.); F: 146,5–147,5° [unkorr.].

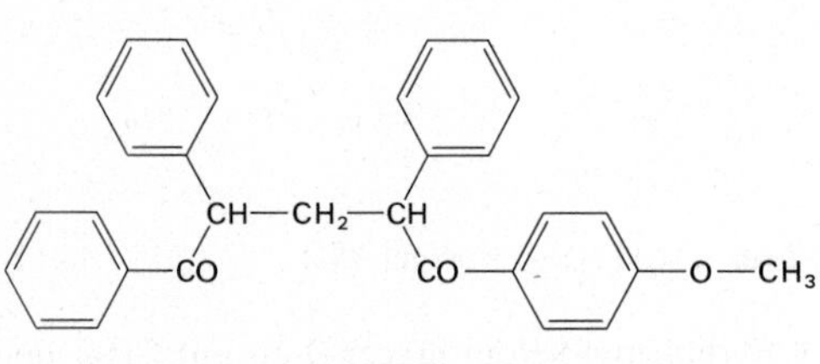

XII 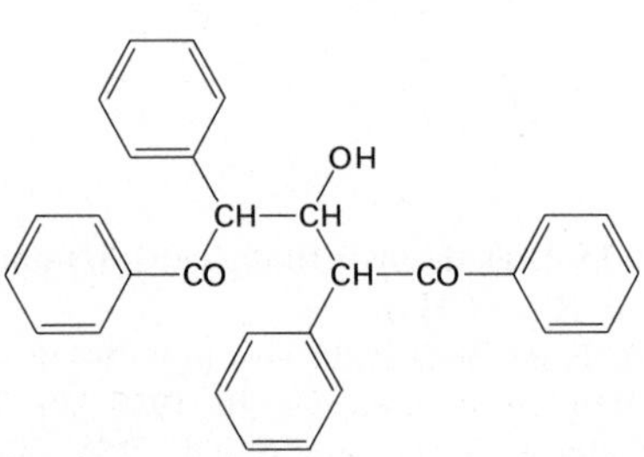 XIII

***Opt.-inakt. 3-Hydroxy-1,2,4,5-tetraphenyl-pentan-1,5-dion** $C_{29}H_{24}O_3$, Formel XIII.

B. Bei der Oxidation von opt.-inakt. 1,2,3,5-Tetraphenyl-cyclopentan-1,2,4-triol mit HIO_4 in Essigsäure oder mit Blei(IV)-acetat in Benzol (*Basselier,* C. r. **248** [1959] 700, 703).

F: 134°.

(±)-10-Hydroxy-10-[3-hydroxy-3,3-diphenyl-propyl]-10*H*-phenanthren-9-on $C_{29}H_{24}O_3$, Formel XIV.

B. Durch Hydrierung von (±)-10-Hydroxy-10-[3-hydroxy-3,3-diphenyl-prop-1-inyl]-10*H*-

phenanthren-9-on an Raney-Nickel oder Palladium/Kohle in Äthylacetat und Äthanol (*Ried, Dankert,* B. **92** [1959] 1223, 1235).

Gelbe Kristalle (aus Bzl.+PAe.); F: 94–96° [Zers.].

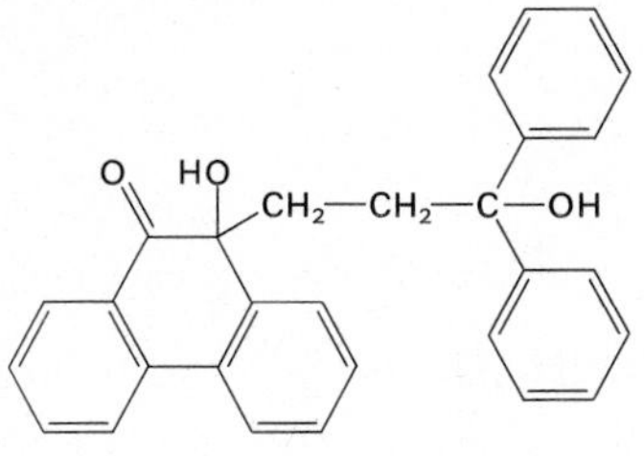

XIV 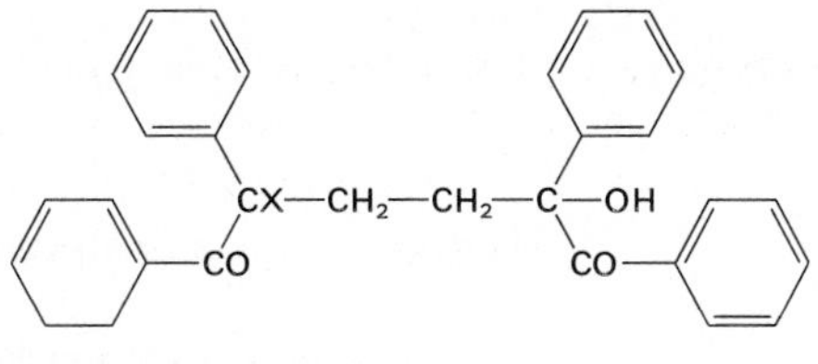 XV

Hydroxy-oxo-Verbindungen $C_{30}H_{26}O_3$

***Opt.-inakt. 2-Hydroxy-1,2,5,6-tetraphenyl-hexan-1,6-dion** $C_{30}H_{26}O_3$, Formel XV (X = H).

B. Aus (±)-Phenyl-[2,5,6-triphenyl-3,4-dihydro-2*H*-pyran-2-yl]-keton beim Erwärmen mit wss. HCl in Äthanol oder Dioxan (*Matti, Perrier,* Bl. **1955** 525, 529) oder mit konz. wss. HCl in Methanol (*Fiesselmann, Ribka,* B. **89** [1956] 40, 48). Neben (±)-3-Chlor-1,2-diphenyl-propan-1-on beim Erwärmen von (±)-2-Hydroxy-1,2-diphenyl-propan-1-on mit $SOCl_2$ (*Ma., Pe.,* l. c. S. 527).

Kristalle (aus Dioxan); F: 250° (*Ma., Pe.*), 246° [unkorr.] (*Fi., Ri.*).

Dioxim $C_{30}H_{28}N_2O_3$. Kristalle (aus Dioxan); F: 246–247° [unkorr.; Zers.] (*Fi., Ri.*).

Bis-phenylhydrazon (F: 208°): *Ma., Pe.,* l. c. S. 529.

***Opt.-inakt. 2-Brom-5-hydroxy-1,2,5,6-tetraphenyl-hexan-1,6-dion** $C_{30}H_{25}BrO_3$, Formel XV (X = Br), und **opt.-inakt. [5-Brom-6-hydroxy-2,5,6-triphenyl-tetrahydro-pyran-2-yl]-phenyl-keton** $C_{30}H_{25}BrO_3$, Formel XVI.

B. Aus (±)-Phenyl-[2,5,6-triphenyl-3,4-dihydro-2*H*-pyran-2-yl]-keton in Essigsäure beim Behandeln mit Brom oder beim Erhitzen mit *N*-Brom-succinimid (*Fiesselmann, Meisel,* B. **89** [1956] 657, 665, 666).

Kristalle (aus Xylol); F: 133° [unkorr.].

Beim Erhitzen mit HBr in Essigsäure ist 2-[(Ξ)-α'-Oxo-bibenzyl-α-yliden]-4,5-diphenyl-furan-3-on (E III/IV **17** 6643) erhalten worden (*Fi., Me.*).

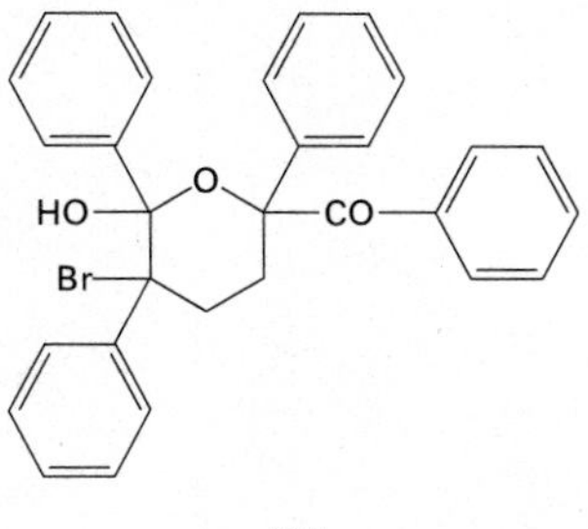

XVI 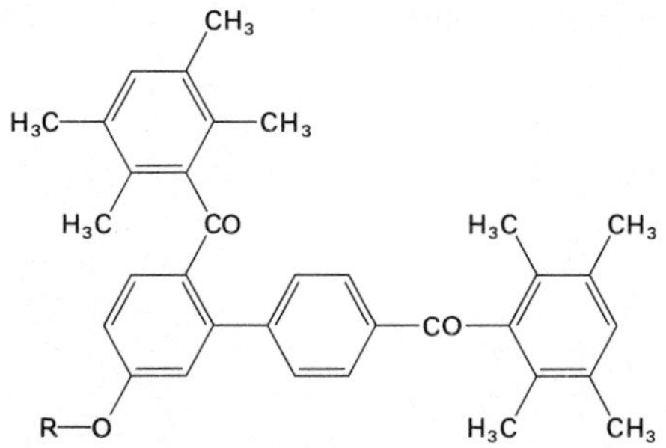 XVII

Hydroxy-oxo-Verbindungen $C_{34}H_{34}O_3$

5-Hydroxy-2,4'-bis-[2,3,5,6-tetramethyl-benzoyl]-biphenyl $C_{34}H_{34}O_3$, Formel XVII (R = H).

B. Aus der folgenden Verbindung beim Erhitzen mit wss. HBr in Essigsäure (*Fuson et al.,* Am. Soc. **77** [1955] 3776, 3778).

Kristalle (aus wss. A.); F: 184,5–185° [korr.].

5-Methoxy-2,4'-bis-[2,3,5,6-tetramethyl-benzoyl]-biphenyl $C_{35}H_{36}O_3$, Formel XVII (R = CH_3).

B. Beim Erhitzen von 4'-[5-Methoxy-2-(2,3,5,6-tetramethyl-benzoyl)-cyclohexa-1,5-dienyl]-2,3,5,6-tetramethyl-benzophenon(?) (S. 2682) mit wenig Palladium/Kohle auf 300° (*Fuson et al.*, Am. Soc. **77** [1955] 3776, 3778).

Kristalle (aus Ae.+PAe.); F: 185–186° [korr.].

Hydroxy-oxo-Verbindungen $C_nH_{2n-36}O_3$

Hydroxy-oxo-Verbindungen $C_{24}H_{12}O_3$

13-Hydroxy-naphtho[1,2,3,4-*def*]chrysen-8,14-dion $C_{24}H_{12}O_3$, Formel I.

B. Beim Erwärmen von Naphtho[1,2,3,4-*def*]chrysen-8,14-dion mit wss.-äthanol. KOH und wenig H_2O_2 (*Ott*, M. **86** [1955] 623, 633).

Rote Kristalle (aus Xylol); F: 279° [korr.; nach Sintern bei 276°].

Kalium-Salz. Dunkelblaue Kristalle.

Acetyl-Derivat $C_{26}H_{14}O_4$; 13-Acetoxy-naphtho[1,2,3,4-*def*]chrysen-8,14-dion. Dunkelgelbe Kristalle (aus Bzl.+A.); F: 240–242°; aus der Schmelze scheiden sich rote Kristalle vom F: 270–275° ab (*Ott*, l. c. S. 634).

Benzoyl-Derivat (F: 269,5–270°): *Ott*, l. c. S. 633.

Hydroxy-oxo-Verbindungen $C_{26}H_{16}O_3$

6-Hydroxy-9,10-diphenyl-anthracen-1,2-dion $C_{26}H_{16}O_3$, Formel II (R = H).

B. Aus 1-Amino-9,10-diphenyl-anthracen-2,6-diol, 9,10-Diphenyl-9,10-dihydro-anthracen-2,6,9,10-tetraol oder 9,10-Diphenyl-anthracen-2,6-diol mit Hilfe von $FeCl_3$ (*Étienne, Salmon*, Bl. **1954** 1133, 1137, 1138). Beim Erwärmen von 1-Benzolazo-9,10-diphenyl-anthracen-2,6-diol mit Zink-Pulver und wss.-äthanol. HCl und anschliessenden Behandeln mit $FeCl_3$ (*Ét., Sa.*). Beim Erwärmen von 1-Chlor-9,10-diphenyl-anthracen-2,6-diol mit CrO_3 in Essigsäure (*Étienne, Salmon*, Bl. **1954** 1127, 1132).

Rote Kristalle (aus Acn.); F: 342–343° (*Ét., Sa.*, l. c. S. 1132), 341–342° (*Ét., Sa.*, l. c. S. 1137). Absorptionsspektrum ($CHCl_3$; 250–520 nm): *Dufraisse et al.*, C. r. **237** [1953] 1126, 1128.

Monosemicarbazon $C_{27}H_{19}N_3O_3$. Orangefarbene Kristalle (aus Bzl.); F: 312–313° (*Ét., Sa.*, l. c. S. 1138).

Mono-[2,4-dinitro-phenylhydrazon] (F: 332–333°): *Ét., Sa.*, l. c. S. 1138.

HO O O R—O O O O O O—R

I II III

6-Methoxy-9,10-diphenyl-anthracen-1,2-dion $C_{27}H_{18}O_3$, Formel II (R = CH_3).

B. Aus der vorangehenden Verbindung beim Erhitzen mit Dimethylsulfat und Na_2CO_3 (*Étienne, Salmon*, Bl. **1954** 1133, 1138).

Orangefarbene Kristalle (aus Bzl.); F: 286–287°.

3-Hydroxy-9,10-diphenyl-anthracen-1,2-dion $C_{26}H_{16}O_3$, Formel III (R = H).

B. Neben 9,10-Diphenyl-anthracen-2,3-diol beim Erhitzen von 3,9-Dihydroxy-9,10-diphenyl-9*H*-anthracen-2-on mit wenig H_2SO_4 in Dioxan (*Étienne, Bourdon,* Bl. **1955** 389, 394).

Violettbraune Kristalle (aus Cyclohexan); F: 268°. Absorptionsspektrum ($CHCl_3$; 260–600 nm): *Ét., Bo.,* l. c. S. 391.

Beim Erhitzen mit Phenylhydrazin und Essigsäure ist 8,13-Diphenyl-5*H*-naphtho[2,3-*c*]carbazol-6,7-dion-6-phenylhydrazon (E III/IV **21** 5709) erhalten worden (*Ét., Bo.,* l. c. S. 395).

2-Phenylhydrazon (F: 316–317°): *Ét., Bo.,* l. c. S. 395.

3-Methoxy-9,10-diphenyl-anthracen-1,2-dion $C_{27}H_{18}O_3$, Formel III (R = CH_3).

B. Beim Erwärmen von 1-Benzolazo-3-methoxy-9,10-diphenyl-[2]anthrol mit Zink-Pulver und konz. wss. HCl in Äthanol und Behandeln mit wss. $FeCl_3$ (*Étienne, Bourdon,* Bl. **1955** 389, 393).

Rote Kristalle (aus Ae.); F: 249,5°. Absorptionsspektrum ($CHCl_3$; 260–600 nm): *Ét., Bo.,* l. c. S. 391.

Hydroxy-oxo-Verbindungen $C_{27}H_{18}O_3$

10-[4,4'-Dimethoxy-benzhydryliden]-anthron $C_{29}H_{22}O_3$, Formel IV (E III 3119).

F: 192° (*Bergmann, Pinchas,* J. Chim. phys. **49** [1952] 537, 543), 191–192° (*Grubb, Kistiakowsky,* Am. Soc. **72** [1950] 419, 420). Absorptionsspektrum (Acn.; 320–425 nm) bei –35°: *Gr., Ki.,* l. c. S. 421.

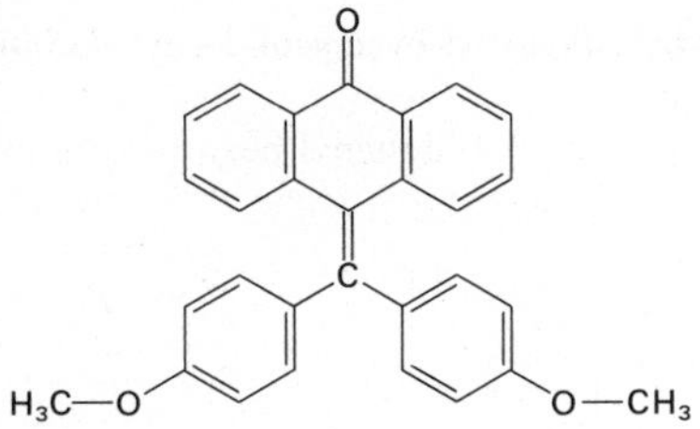

Hydroxy-oxo-Verbindungen $C_{29}H_{22}O_3$

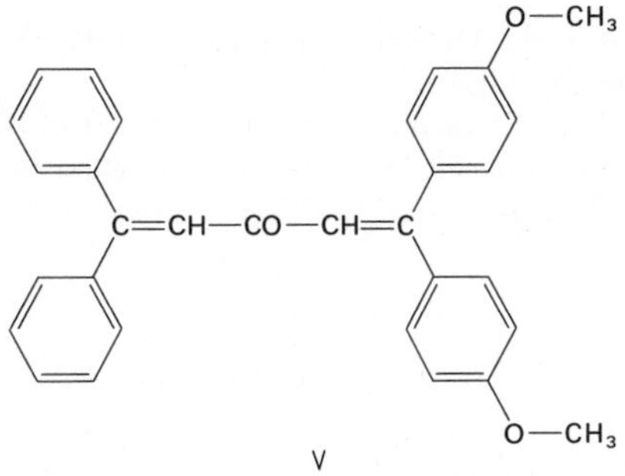

1,1-Bis-[4-methoxy-phenyl]-5,5-diphenyl-penta-1,4-dien-3-on $C_{31}H_{26}O_3$, Formel V.

B. Beim Behandeln von 1,1-Bis-[4-methoxy-phenyl]-5,5-diphenyl-pent-2-in-1,5-diol (aus 1,1-Diphenyl-but-3-in-1-ol und 4,4'-Dimethoxy-benzophenon mit Hilfe von KOH in THF hergestellt) mit konz. H_2SO_4 in Dioxan und THF (*Marin et al.,* Bl. **1958** 1594, 1597).

Kristalle (aus CCl_4 + Cyclohexan); F: 144°.

2,5-Dihydroxy-2,3,4,5-tetraphenyl-cyclopent-3-enon $C_{29}H_{22}O_3$, Formel VI.

a) Opt.-inakt. Verbindung vom F: 231,8°.

B. Neben (±)-4*r*,8*c*-Dihydroxy-2,3,4,5*t*-tetraphenyl-cyclopent-2-enon (Hauptprodukt) und der unter b) beschriebenen Verbindung beim Erwärmen von Tetraphenyl-cyclopentadienon mit wss. HNO_3 in Dioxan (*Yates, Stout,* Am. Soc. **76** [1954] 5110, 5114).

Kristalle (aus Isopropylalkohol); F: 231,2–231,8°. λ_{max} (A.): 255 nm.

b) Opt.-inakt. Verbindung vom F: 202°.

B. s. unter a).

Kristalle (aus Bzl.); F: 201–202° [Zers.]; λ_{max} (A.): 254 nm (*Ya., St.*).

***trans*-9-[4-Methoxy-benzoyl]-10-*p*-toluoyl-9,10-dihydro-anthracen** $C_{30}H_{24}O_3$, Formel VII.

B. Aus *trans*-10-[4-Methoxy-benzoyl]-9,10-dihydro-anthracen-9-carbonylchlorid und *p*-Tolyl=

zinkchlorid (*Rigaudy, Farthouat,* Bl. **1954** 1261, 1264).
F: 260 – 261°.

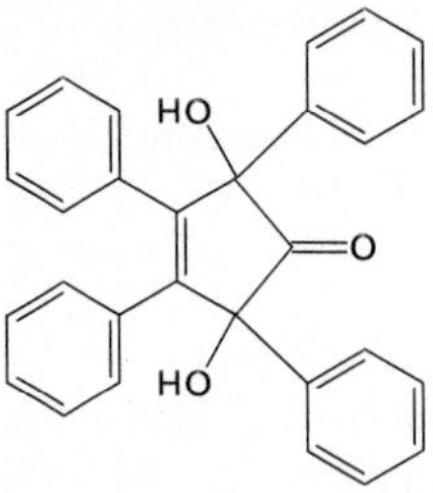

VI

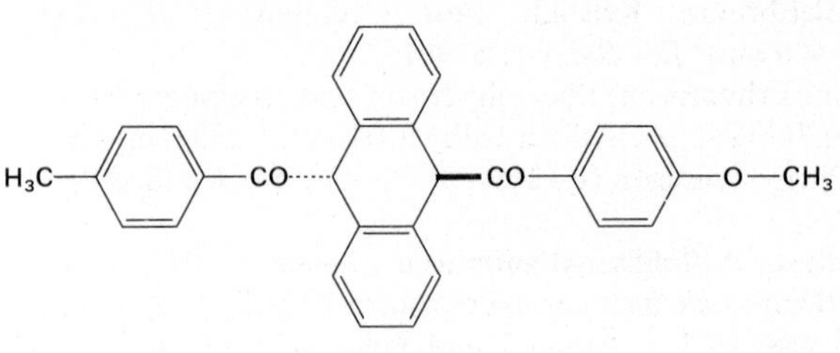

VII

Hydroxy-oxo-Verbindungen $C_{30}H_{24}O_3$

[2-Methoxy-phenyl]-[2-(2-methoxy-phenyl)-4,5-diphenyl-cyclopent-1-enyl]-keton $C_{32}H_{28}O_3$.

a) **(±)-[2-Methoxy-phenyl]-[2-(2-methoxy-phenyl)-4*r*,5*c*-diphenyl-cyclopent-1-enyl]-keton,** Formel VIII + Spiegelbild.

B. Beim Erwärmen von *meso*-1,6-Bis-[2-methoxy-phenyl]-3,4-diphenyl-hexan-1,6-dion mit wss.-methanol. HCl (*Jack et al.,* Soc. **1954** 3684).

Kristalle (aus Me.); F: 155° [korr.].

b) **(±)-[2-Methoxy-phenyl]-[2-(2-methoxy-phenyl)-4*r*,5*t*-diphenyl-cyclopent-1-enyl]-keton,** Formel IX + Spiegelbild.

B. Beim Erwärmen von *racem.*-1,6-Bis-[2-methoxy-phenyl]-3,4-diphenyl-hexan-1,6-dion mit wss.-methanol. HCl (*Jack et al.,* Soc. **1954** 3684).

Kristalle (aus $CHCl_3$ + Me.); F: 148 – 149° [korr.].

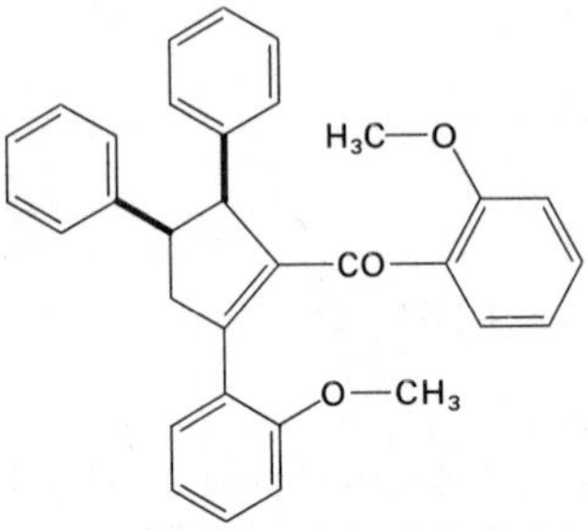

VIII

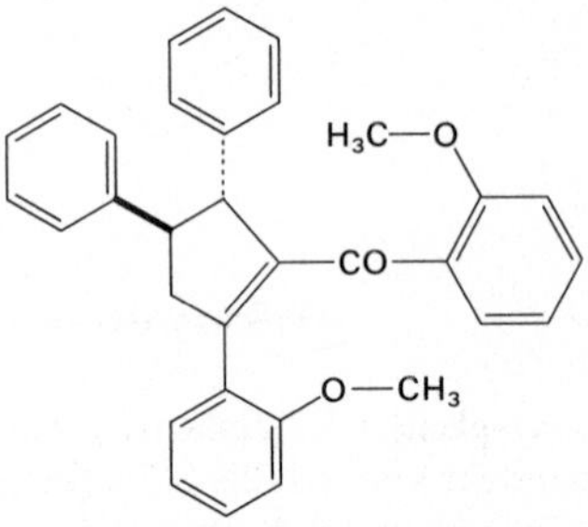

IX

Hydroxy-oxo-Verbindungen $C_{31}H_{26}O_3$

***Opt.-inakt. [2-Hydroxy-6-(4-methoxy-phenyl)-2,4-diphenyl-cyclohex-3-enyl]-phenyl-keton** $C_{32}H_{28}O_3$, Formel X.

B. Aus 1,3-Diphenyl-but-2*c*-en-1-on (*trans*-Dypnon) und 4-Methoxy-*trans*-chalkon (*Ivanoff et al.,* C. r. **231** [1950] 578).

F: 166 – 168°.

Hydroxy-oxo-Verbindungen $C_nH_{2n-38}O_3$

Hydroxy-oxo-Verbindungen $C_{28}H_{18}O_3$

9-Hydroxy-9*H*,9'*H*-[9,9']bianthryl-10,10'-dion $C_{28}H_{18}O_3$, Formel XI (X = H).

B. Aus der folgenden Verbindung beim Erwärmen mit wss. HCl (*Scalera et al.,* Am. Soc.

73 [1951] 3094, 3098).

Gelbe Kristalle, die bei 180° sintern und zwischen 219° und 249° schmelzen.

Beim Erwärmen in 1,2-Dichlor-äthan oder Benzol erfolgt Zerfall in Anthrachinon.

9-Sulfooxy-9*H*,9'*H*-[9,9']bianthryl-10,10'-dion $C_{28}H_{18}O_6S$, Formel XI (X = SO_2-OH).

Kalium-Salz $K(C_{28}H_{17}O_6S)$. *B.* Beim Behandeln des Triäthylammonium-Salzes des 9-Acetoxy-10-sulfooxy-anthracens mit wss. KOH bei 30° (*Scalera et al.*, Am. Soc. **73** [1951] 3094, 3098). – Kristalle (aus Me.).

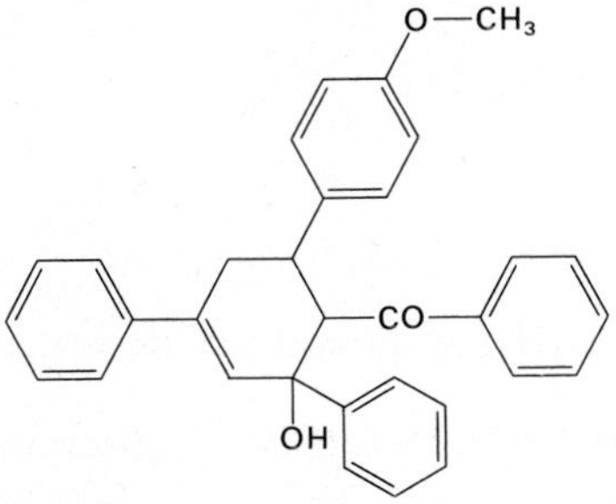

X 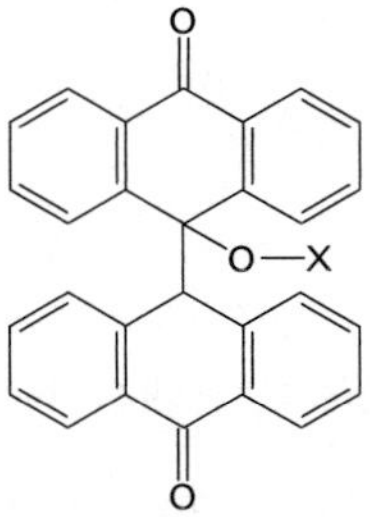 XI 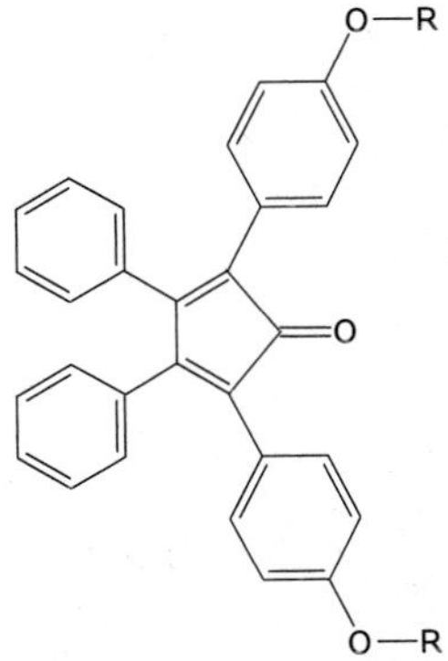 XII

Hydroxy-oxo-Verbindungen $C_{29}H_{20}O_3$

2,5-Bis-[4-methoxy-phenyl]-3,4-diphenyl-cyclopentadienon $C_{31}H_{24}O_3$, Formel XII (R = CH_3).

B. Aus Benzil und 1,3-Bis-[4-methoxy-phenyl]-aceton mit Hilfe von äthanol. KOH (*Coan et al.*, Am. Soc. **77** [1955] 60, 61, 63). Beim Erwärmen von 1,4-Bis-[4-methoxy-phenyl]-2,3-diphenyl-cyclopenta-1,3-dien mit *N,N*-Dimethyl-4-nitroso-anilin und methanol. Natriummethylat in Benzol und anschliessend mit wss. HCl (*Mehr et al.*, Am. Soc. **77** [1955] 984, 987, 989).

Kristalle; F: 195–196° (*Kaufmann, Meyer zu Reckendorf*, B. **92** [1959] 2810), 195–195,4° [korr.; aus Eg.] (*Coan et al.*), 192–193° [unkorr.; aus Bzl.] (*Mehr et al.*). λ_{max}: 545 nm [Bzl.], 272 nm und 370 nm [Isooctan] (*Coan et al.*, l. c. S. 64).

2,5-Bis-[4-phenoxy-phenyl]-3,4-diphenyl-cyclopentadienon $C_{41}H_{28}O_3$, Formel XII (R = C_6H_5).

B. Beim Erwärmen von Benzil mit 1,3-Bis-[4-phenoxy-phenyl]-aceton und wenig KOH in Äthanol (*D'Agostino et al.*, J. org. Chem. **23** [1958] 1539, 1542, 1543).

Kristalle (aus A.+$CHCl_3$); F: 183,5–184,5°. λ_{max} (Isooctan): 538 nm.

3,4-Diphenyl-2,5-bis-[4-phenylmercapto-phenyl]-cyclopentadienon $C_{41}H_{28}OS_2$, Formel XIII.

B. Analog der vorangehenden Verbindung (*D'Agostino et al.*, J. org. Chem. **23** [1958] 1539, 1542, 1543).

Kristalle (aus A.+$CHCl_3$); F: 142,5–143,5°. λ_{max} (Isooctan): 542 nm.

3,4-Bis-[4-methoxy-phenyl]-2,5-diphenyl-cyclopentadienon $C_{31}H_{24}O_3$, Formel XIV (R = CH_3) (E III 3124).

B. Beim Erwärmen von 2,3-Bis-[4-methoxy-phenyl]-1,4-diphenyl-cyclopenta-1,3-dien mit *N,N*-Dimethyl-4-nitroso-anilin und methanol. Natriummethylat in Benzol und anschliessend mit wss. HCl (*Mehr et al.*, Am. Soc. **77** [1955] 984, 987, 989).

F: 226,8–227,2° [korr.; aus Eg.] (*Coan et al.*, Am. Soc. **77** [1955] 60, 61), 225–226° [unkorr.; aus Bzl.] (*Mehr et al.*). λ_{max}: 375 nm und 510 nm [Bzl.], 262 nm und 360 nm [Isooctan] (*Coan* *et al.*, l. c. S. 64).

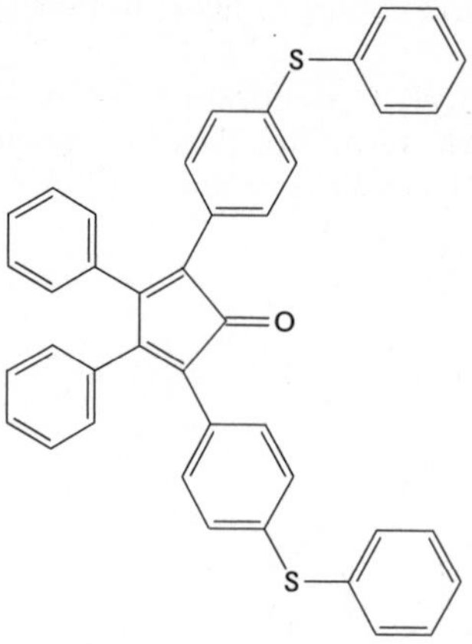

XIII 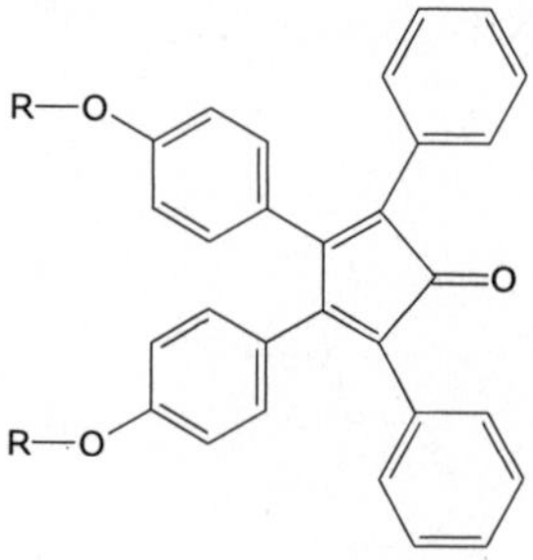 XIV

3,4-Bis-[4-phenoxy-phenyl]-2,5-diphenyl-cyclopentadienon $C_{41}H_{28}O_3$, Formel XIV (R = C_6H_5) (E III 3125).

F: 217,5–218,5° (*D'Agostino et al.*, J. org. Chem. **23** [1958] 1539, 1542, 1543). λ_{max} (Isooctan): 261 nm, 363 nm und 515 nm.

2,5-Diphenyl-3,4-bis-[4-phenylmercapto-phenyl]-cyclopentadienon $C_{41}H_{28}OS_2$, Formel XV (E III 3125).

F: 198,5–199,5° (*D'Agostino et al.*, J. org. Chem. **23** [1958] 1539, 1542, 1543). λ_{max} (Isooctan): 256 nm, 380 nm und 525 nm.

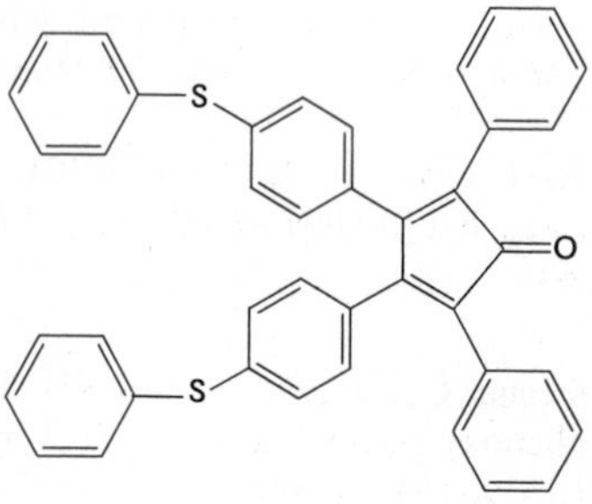

XV 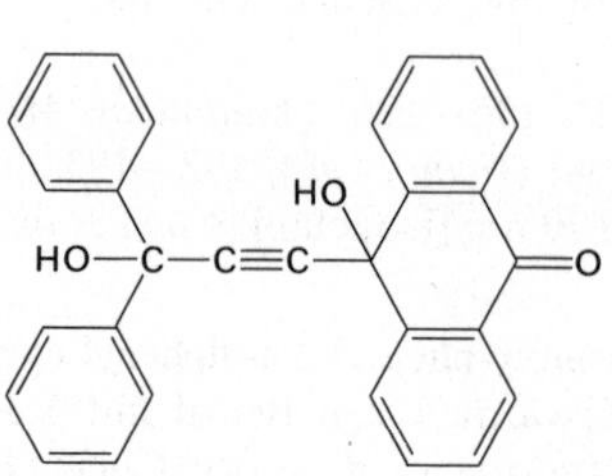 XVI

10-Hydroxy-10-[3-hydroxy-3,3-diphenyl-prop-1-inyl]-anthron $C_{29}H_{20}O_3$, Formel XVI.

B. Aus Anthrachinon und 1,1-Diphenyl-prop-2-in-1-ol mit Hilfe von $NaNH_2$ in THF (*Chodkiewicz, Cadiot*, C. r. **247** [1958] 2383).

F: 198°.

(±)-10-Hydroxy-10-[3-hydroxy-3,3-diphenyl-prop-1-inyl]-10*H*-phenanthren-9-on $C_{29}H_{20}O_3$, Formel XVII.

B. Beim Behandeln von 1,1-Diphenyl-prop-2-in-1-ol mit $LiNH_2$ in flüssigem NH_3 und anschliessenden Erwärmen mit Phenanthren-9,10-dion in Toluol (*Ried, Dankert*, B. **92** [1959] 1223, 1235).

Kristalle (aus Bzl. oder wss. Me.); F: 170°.

2,4-Dinitro-phenylhydrazon (F: 210–211°): *Ried, Da.*

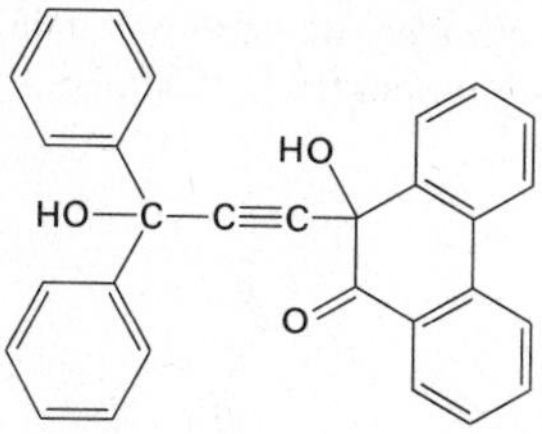

XVII 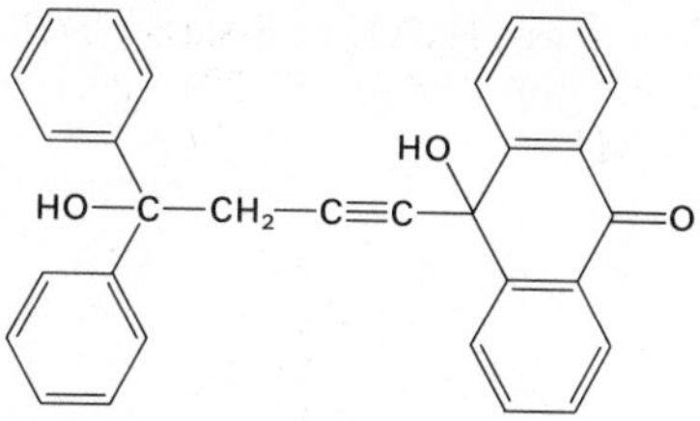 XVIII

Hydroxy-oxo-Verbindungen $C_{30}H_{22}O_3$

10-Hydroxy-10-[4-hydroxy-4,4-diphenyl-but-1-inyl]-anthron $C_{30}H_{22}O_3$, Formel XVIII.
B. Aus Anthrachinon und 1,1-Diphenyl-but-3-in-1-ol mit Hilfe von $NaNH_2$ in THF (*Chodkiewicz, Cadiot,* C. r. **247** [1958] 2383).
F: 172°.

Hydroxy-oxo-Verbindungen $C_nH_{2n-40}O_3$

10-Hydroxy-10-[9-hydroxy-fluoren-9-yläthinyl]-anthron $C_{29}H_{18}O_3$, Formel I.
B. Beim Behandeln von 9-Äthinyl-fluoren-9-ol mit $LiNH_2$ in flüssigem NH_3 und anschliessenden Erwärmen mit Anthrachinon in Toluol oder Xylol (*Ried, Dankert,* B. **92** [1959] 1223, 1234).
Kristalle (aus wss. Py.); F: 240° [Zers.].
Diacetyl-Derivat $C_{33}H_{22}O_5$; 10-Acetoxy-10-[9-acetoxy-fluoren-9-yläthinyl]-anthron. Hellbraune Kristalle (aus Toluol + PAe.); F: 190° [Zers.].

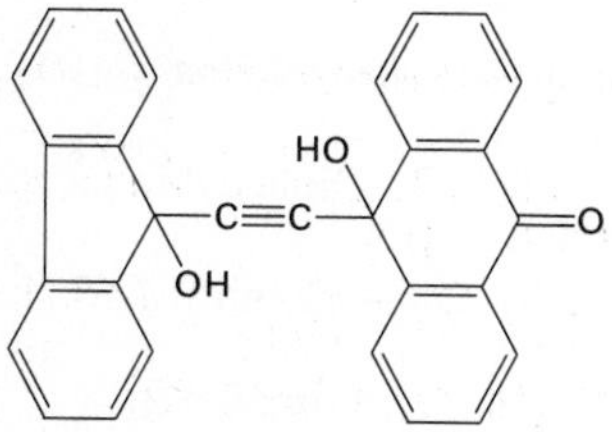

I 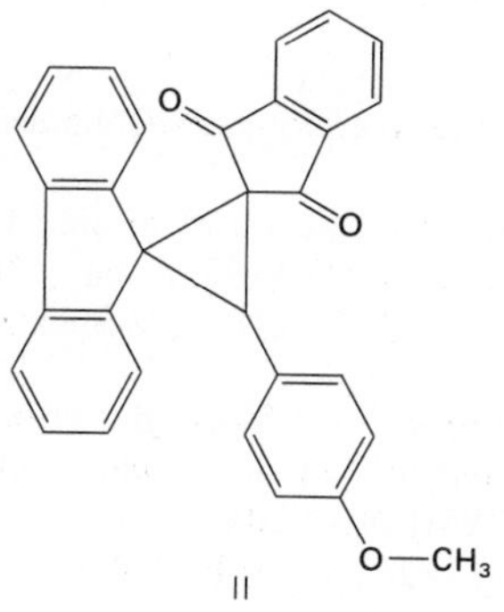 II

(±)-3'-[4-Methoxy-phenyl]-dispiro[fluoren-9,1'-cyclopropan-2',2''-indan]-1'',3''-dion(?) $C_{30}H_{20}O_3$, vermutlich Formel II.
B. Aus 2-[4-Methoxy-benzyliden]-indan-1,3-dion und 9-Diazo-fluoren (*Mustafa, Harhash,* Am. Soc. **78** [1956] 1649).
Kristalle (aus Bzl.); F: 199° [Zers.].

Hydroxy-oxo-Verbindungen $C_nH_{2n-42}O_3$

5-[Anthracen-9-carbonyl]-11-hydroxy-dibenzo[*a,d*]cyclohepten-10-on $C_{30}H_{18}O_3$, Formel III, und **5-[Anthracen-9-carbonyl]-5*H*-dibenzo[*a,d*]cyclohepten-10,11-dion** $C_{30}H_{18}O_3$, Formel IV.
B. Beim Erhitzen von 10'-Hydroxy-5',10'-dihydro-5*H*-[5,10']bi[dibenzo[*a,d*]cyclohepten]-

10,11,11'-trion mit wss. H_2SO_4 in Essigsäure (*Rigaudy, Nédélec,* Bl. **1959** 643, 646).

Gelbe Kristalle (aus Xylol); F: 294–295°. Absorptionsspektrum ($CHCl_3$; 240–450 nm): *Ri., Né.,* l. c. S. 644.

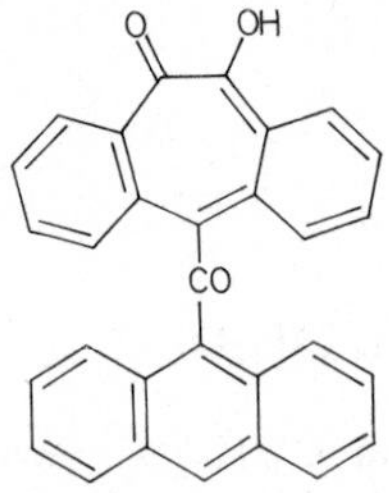

III 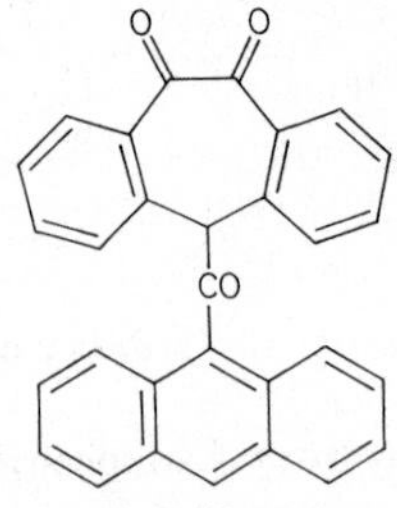 IV

10-Hydroxy-10-[5-hydroxy-5,5-diphenyl-penta-1,3-diinyl]-anthron $C_{31}H_{20}O_3$, Formel V.

B. Beim Behandeln von 10-Äthinyl-10-hydroxy-anthron mit 3-Brom-1,1-diphenyl-prop-2-in-1-ol in Gegenwart von Äthylamin und Kupfer(I)-Salzen in 1-Methyl-pyrrolidin-2-on (*Chodkiewicz, Cadiot,* C. r. **248** [1959] 116).

F: 252°.

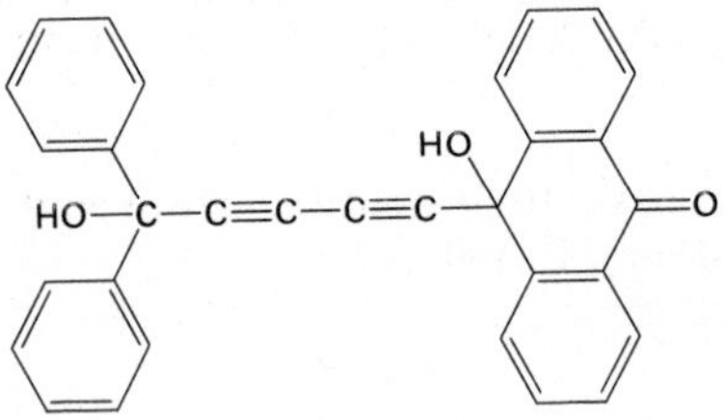

V 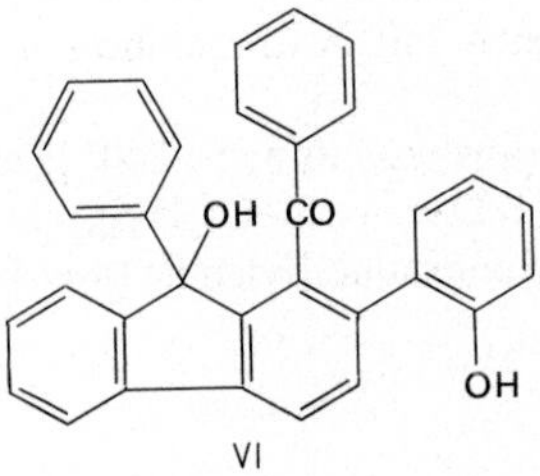 VI

(±)-[9-Hydroxy-2-(2-hydroxy-phenyl)-9-phenyl-fluoren-1-yl]-phenyl-keton $C_{32}H_{22}O_3$, Formel VI.

B. Beim Leiten von Sauerstoff in eine Lösung von 11,12-Diphenyl-indeno[2,1-*a*]fluoren in Dioxan und Essigsäure (*LeBerre,* A. ch. [13] **2** [1957] 371, 417).

Kristalle (aus Xylol); F: 271°. UV-Spektrum ($CHCl_3$; 240–320 nm): *LeB.,* l. c. S. 405.

***Opt.-inakt. 2,6-Bis-[α'-oxo-bibenzyl-α-yl]-phenol** $C_{34}H_{26}O_3$, Formel VII.

B. Beim Behandeln von Benzil mit Cyclohexanon und äthanol. KOH (*Allen, VanAllan,* J. org. Chem. **16** [1951] 716, 720).

Gelbe Kristalle (aus Xylol); F: 210–211°.

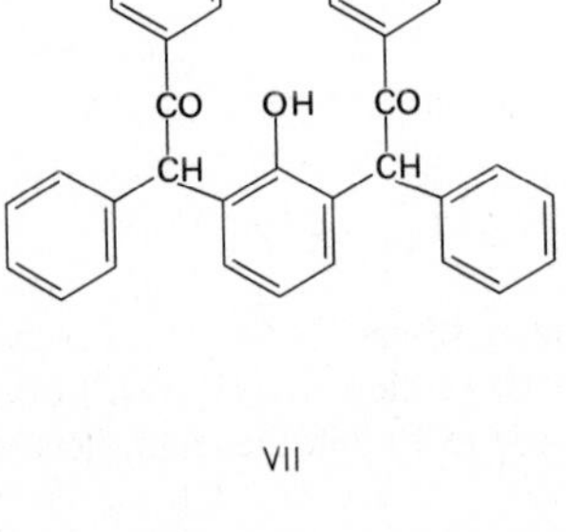

VII 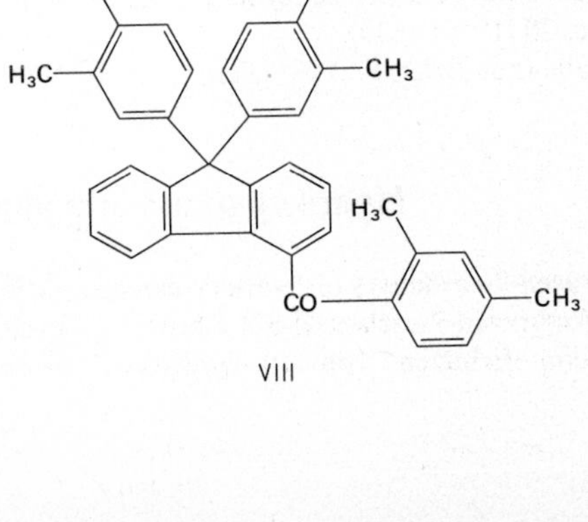 VIII

[9,9-Bis-(4-methoxy-3-methyl-phenyl)-fluoren-4-yl]-[2,4-dimethyl-phenyl]-keton $C_{38}H_{34}O_3$, Formel VIII.

B. Beim Behandeln von 4-[2,4-Dimethyl-benzoyl]-fluoren-9-on mit 2-Methyl-anisol und $AlCl_3$ in Nitrobenzol (*Nightingale et al.*, Am. Soc. **74** [1952] 2557).

F: 174,5–175°.

Hydroxy-oxo-Verbindungen $C_nH_{2n-44}O_3$

4-Hydroxy-1,2,3,4,5-pentaphenyl-pent-2-en-1,5-dion $C_{35}H_{26}O_3$ und cyclisches Taut.

(±)-[5-Hydroxy-2,3,4,5-tetraphenyl-2,5-dihydro-[2]furyl]-phenyl-keton Formel IX (R = H).

Diese Konstitution kommt wahrscheinlich der von *Dufraisse et al.* (C. r. **239** [1954] 1170, 1172) als 1,4,5,6,7-Pentaphenyl-2,3-dioxa-norborn-5-en-7-ol formulierten Verbindung zu (*Basselier, Scholl,* C. r. **258** [1964] 6463).

B. Bei der Photooxidation von 1,2,3,4,5-Pentaphenyl-cyclopenta-2,4-dienol (*Du. et al.*).

F: 190–191° (*Du. et al.*).

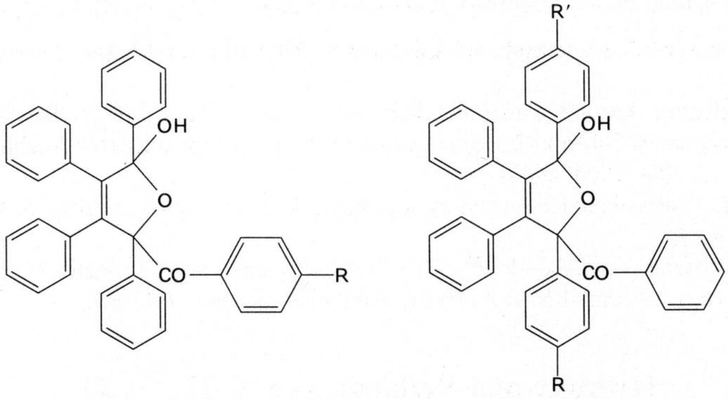

IX X

4-Hydroxy-2,3,4,5-tetraphenyl-1-*p*-tolyl-pent-2-en-1,5-dion $C_{36}H_{28}O_3$ und cyclisches Taut. oder **4-Hydroxy-1,2,3,5-tetraphenyl-4-*p*-tolyl-pent-2-en-1,5-dion** $C_{36}H_{28}O_3$ und cyclisches Taut.

(±)-[5-Hydroxy-2,3,4-triphenyl-5-*p*-tolyl-2,5-dihydro-[2]furyl]-phenyl-keton, Formel X (R = H, R′ = CH_3), oder **(±)-[5-Hydroxy-3,4,5-triphenyl-2-*p*-tolyl-2,5-dihydro-[2]furyl]-phenyl-keton,** Formel X (R = CH_3, R′ = H).

Diese Konstitutionsformeln sind für die von *Rio, Ranjon* (C. r. **248** [1959] 111, 112) als 1,5,6,7-Tetraphenyl-4-*p*-tolyl-2,3-dioxa-norborn-5-en-7-ol formulierte Verbindung in Betracht zu ziehen (*Basselier, Scholl,* C. r. **258** [1964] 6463).

B. Aus 1,2,3,4-Tetraphenyl-5-*p*-tolyl-cyclopenta-2,4-dienol und Sauerstoff in CS_2 unter Belichtung (*Rio, Ra.*).

Kristalle (aus CS_2+PAe.); F: 174–176° [Zers.] (*Rio, Ra.*).

4-Hydroxy-1,3,4,5-tetraphenyl-2-*p*-tolyl-pent-2-en-1,5-dion $C_{36}H_{28}O_3$ und cyclisches Taut. oder **4-Hydroxy-1,2,4,5-tetraphenyl-3-*p*-tolyl-pent-2-en-1,5-dion** $C_{36}H_{28}O_3$ und cyclisches Taut.

(±)-[5-Hydroxy-2,3,5-triphenyl-4-*p*-tolyl-2,5-dihydro-[2]furyl]-phenyl-keton, Formel XI (R = H, R′ = CH_3), oder **(±)-[5-Hydroxy-2,4,5-triphenyl-3-*p*-tolyl-2,5-dihydro-[2]furyl]-phenyl-keton,** Formel XI (R = CH_3, R′ = H).

Diese Konstitutionsformeln sind für die von *Rio, Ranjon* (C. r. **248** [1959] 111, 112) als

1,4,5,7-Tetraphenyl-6-*p*-tolyl-2,3-dioxa-norborn-5-en-7-ol formulierte Verbindung in Betracht zu ziehen (*Basselier, Scholl,* C. r. **258** [1964] 6463).

B. Aus 1,2,3,5-Tetraphenyl-4-*p*-tolyl-cyclopenta-2,4-dienol und Sauerstoff in CS_2 unter Belichtung (*Rio, Ra.*).

Kristalle (aus CS_2+PAe.); F: 202–204° [Zers.] (*Rio, Ra.*).

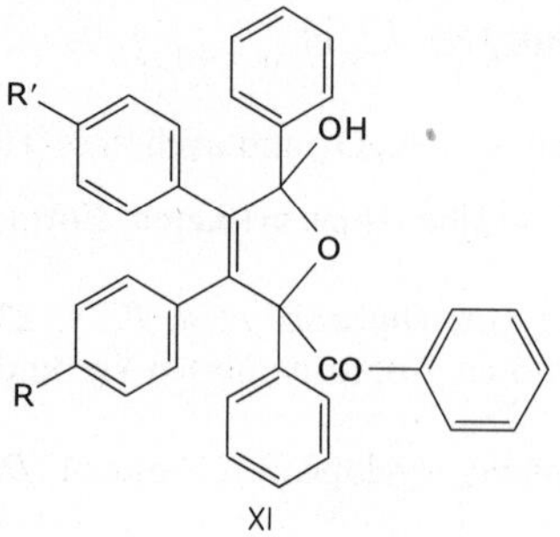

XI 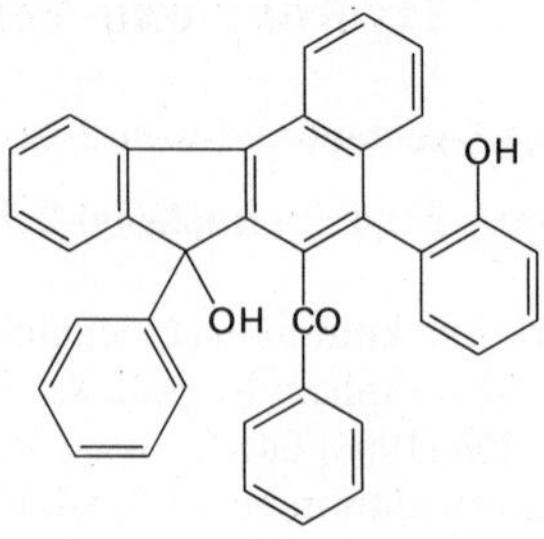 XII

4-Hydroxy-1,2,3,4-tetraphenyl-5-*p*-tolyl-pent-2-en-1,5-dion $C_{36}H_{28}O_3$ und cyclisches Taut.

(±)-[5-Hydroxy-2,3,4,5-tetraphenyl-2,5-dihydro-[2]furyl]-*p*-tolyl-keton, Formel IX (R = CH_3).

Diese Konstitution kommt wahrscheinlich der von *Rio, Ranjon* (C. r. **248** [1959] 111, 112) als 1,4,5,6-Tetraphenyl-7-*p*-tolyl-2,3-dioxa-norborn-5-en-7-ol formulierten Verbindung zu (*Basselier, Scholl,* C. r. **258** [1964] 6463).

B. Aus 2,3,4,5-Tetraphenyl-1-*p*-tolyl-cyclopenta-2,4-dienol und Sauerstoff in CS_2 unter Belichtung (*Rio, Ra.*).

Dimorph; Kristalle (aus CS_2+PAe.), F: 179–180° [Zers.] bzw. Kristalle, F: 154–156° (*Rio, Ra.*). Kristalle (aus Ae.) mit 1 Mol Äther; F: 104–106° [Zers.] (*Rio, Ra.*).

Hydroxy-oxo-Verbindungen $C_nH_{2n-48}O_3$

(±)-[7-Hydroxy-5-(2-hydroxy-phenyl)-7-phenyl-benzo[*c*]fluoren-6-yl]-phenyl-keton $C_{36}H_{24}O_3$, Formel XII.

B. Beim Behandeln von opt.-inakt. 13,14-Dibrom-13,14-diphenyl-13,14-dihydro-benz[*c*]indeno[2,1-*a*]fluoren (E IV **5** 2937) mit aktiviertem Kupfer und Essigsäure in Benzol (*LeBerre,* A. ch. [13] **2** [1957] 371, 422).

Kristalle (aus Xylol); F: 318–319°. λ_{max} ($CHCl_3$): 245 nm, 338 nm und 365 nm.

Hydroxy-oxo-Verbindungen $C_nH_{2n-50}O_3$

13-Hydroxy-13-[3-hydroxy-3,3-diphenyl-prop-1-inyl]-13*H*-pentacen-6-on $C_{37}H_{24}O_3$, Formel XIII.

B. Neben 6,13-Bis-[3-hydroxy-3,3-diphenyl-prop-1-inyl]-6,13-dihydro-pentacen-6,13-diol beim Behandeln von 1,1-Diphenyl-prop-2-in-1-ol mit $LiNH_2$ in flüssigem NH_3 und anschliessenden Erwärmen mit Pentacen-6,13-dion in Xylol (*Ried, Dankert,* B. **92** [1959] 1223, 1235).

Gelbe Kristalle (aus Xylol oder Dioxan); F: 229–230° [Zers.].

Hydroxy-oxo-Verbindungen $C_nH_{2n-52}O_3$

13-Hydroxy-13-[9-hydroxy-fluoren-9-yläthinyl]-13*H*-pentacen-6-on $C_{37}H_{22}O_3$, Formel XIV.

B. Beim Behandeln von 9-Äthinyl-fluoren-9-ol mit $LiNH_2$ in flüssigem NH_3 und anschliessen=

den Erwärmen mit Pentacen-6,13-dion in Xylol (*Ried, Dankert,* B. **92** [1959] 1223, 1235).

Gelbe Kristalle (aus Dioxan); F: 261° [Zers.]. [*G. Schmitt*]

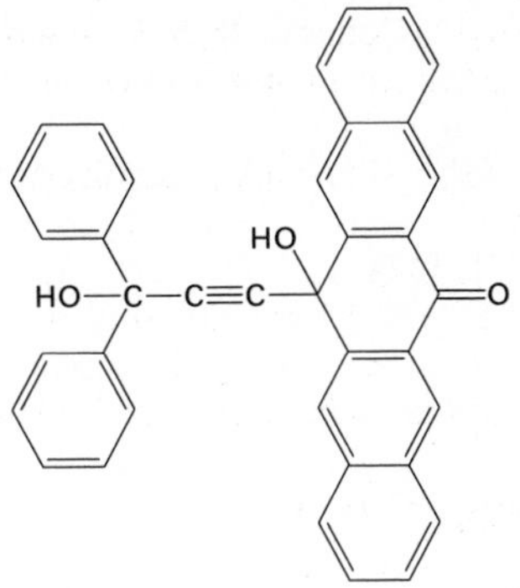

XIII 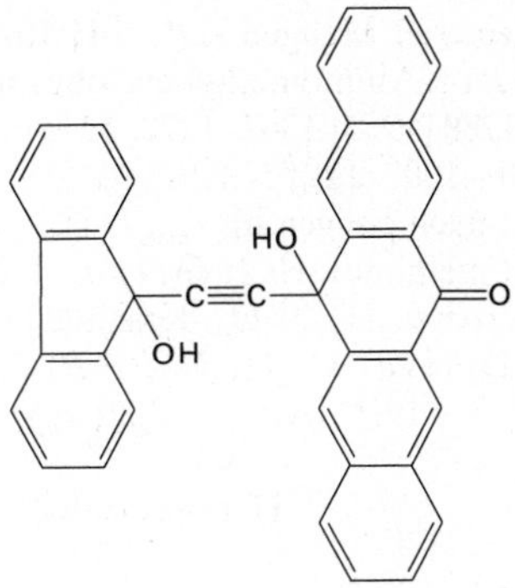 XIV

3. Hydroxy-oxo-Verbindungen mit 4 Sauerstoff-Atomen

Hydroxy-oxo-Verbindungen $C_nH_{2n-2}O_4$

Hydroxy-oxo-Verbindungen $C_6H_{10}O_4$

2,3,4-Trihydroxy-cyclohexanon $C_6H_{10}O_4$.

a) **(2*S*)-2*r*,3*c*,4*t*-Trihydroxy-cyclohexanon,** Formel I.

B. Neben (2*R*)-2*r*,3*t*,4*c*-Trihydroxy-cyclohexanon bei der biochemischen Oxidation von Cyclohexan-1*r*,2*t*,3*t*,4*c*-tetraol mit Hilfe von Acetobacter suboxydans in H_2O (*Posternak, Rey*=*mond,* Helv. **38** [1955] 195, 202).

λ_{max} (H_2O): 265–268 nm.

In wss. Lösung sehr unbeständig (*Po., Re.,* l. c. S. 202). Bei der Hydrierung an Platin ist in H_2O (1*R*)-Cyclohexan-1*r*,2*c*,3*c*,4*t*-tetraol, in wss. H_2SO_4 (1*R*)-Cyclohexan-1*r*,2*c*,3*t*-triol er=halten worden (*Po., Re.,* l. c. S. 203).

Phenylosazon ((3*R*)-3*r*,4*t*-Dihydroxy-cyclohexan-1,2-dion-bis-phenylhydrazon; F: 204–205°; $[\alpha]_D^{20}$: –221° [Py.+A.]): *Po., Re.,* l. c. S. 203.

b) **(2*R*)-2*r*,3*t*,4*c*-Trihydroxy-cyclohexanon,** Formel II.

B. s. unter a).

λ_{max} (H_2O): 265–268 nm (*Posternak, Reymond,* Helv. **38** [1955] 195, 200, 202).

In wss. Lösung unbeständig (*Po., Re.,* l. c. S. 202). Bei der Hydrierung an Platin in H_2O bilden sich (1*S*)-Cyclohexan-1*r*,2*c*,3*t*,4*c*-tetraol und (1*R*)-Cyclohexan-1*r*,2*t*,3*c*,4*t*-tetraol; bei der Hydrierung an Platin in wss. H_2SO_4 ist dagegen Cyclohexan-1*r*,2*t*,3*c*-triol erhalten worden (*Po., Re.,* l. c. S. 203, 204).

Phenylosazon ((3*R*)-3*r*,4*t*-Dihydroxy-cyclohexan-1,2-dion-bis-phenylhydrazon; F: 204–205°; $[\alpha]_D^{20}$: –224° [Py.+A.]): *Po., Re.,* l. c. S. 203.

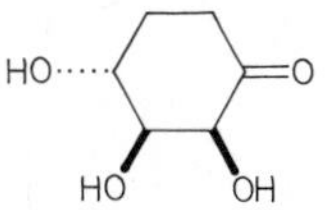

I 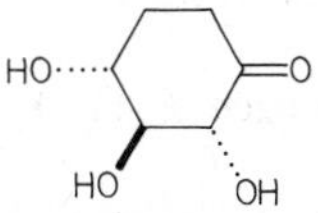 II 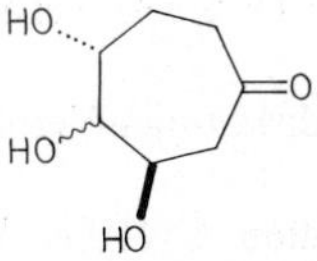 III 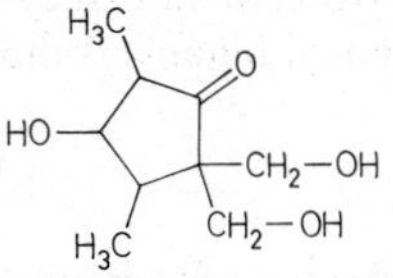 IV

Hydroxy-oxo-Verbindungen $C_7H_{12}O_4$

(3*R*)-3*r*,4ξ,5*t*-Trihydroxy-cycloheptanon $C_7H_{12}O_4$, Formel III.

B. Neben kleineren Mengen (1*R*)-5-Hydroxymethyl-cyclohexan-1*r*,2*c*,3*t*,5*c*-tetraol beim Behandeln von (1*R*)-5-Aminomethyl-cyclohexan-1*r*,2*c*,3*t*,5*c*-tetraol mit $NaNO_2$ in wss. Essigsäure (*Grewe et al.*, B. **88** [1955] 1367, 1372, 1373).

$Kp_{0,003}$: 120–130°. $[\alpha]_D^{19}$: +10° [A.; c = 1,6]; $[\alpha]_D$: +5,8° [A.] [destilliertes Präparat]→ $[\alpha]_D$: +10° [A.; nach einigen h]. λ_{max} (Me.): 285 nm.

Reaktion mit methanol. HCl: *Gr. et al.*, l. c. S. 1371, 1374.

Semicarbazon $C_8H_{15}N_3O_4$. Kristalle (aus A.); F: 178° [Zers.] (*Gr. et al.*, l. c. S. 1373).

Triacetyl-Derivat $C_{13}H_{18}O_7$; (3*R*)-3*r*,4ξ,5*t*-Triacetoxy-cycloheptanon. $Kp_{0,003}$: 120–130°; $[\alpha]_D^{19}$: –19,5° [A.; c = 2,2]; λ_{max} (Me.): 274 nm (*Gr. et al.*, l. c. S. 1373).

Hydroxy-oxo-Verbindungen $C_9H_{16}O_4$

***Opt.-inakt. 4-Hydroxy-2,2-bis-hydroxymethyl-3,5-dimethyl-cyclopentanon** $C_9H_{16}O_4$, Formel IV.

B. Beim Behandeln von (±)-2,4-Dimethyl-cyclopent-2-enon mit wss. Formaldehyd und wss. NaOH (*Nasarow, Elisarowa,* Izv. Akad. S.S.S.R. Otd. chim. **1951** 295, 307; C. A. **1952** 914).

Kristalle (aus Ae.); F: 94–96°. Kp_{12}: 170–175° [partielle Zers.].

2,4-Dinitro-phenylhydrazon (F: 180–181°): *Na., El.*

Hydroxy-oxo-Verbindungen $C_{14}H_{26}O_4$

(2*R*)-3*t*-Heptyl-5*c*,6*c*-dihydroxy-2*r*-hydroxymethyl-cyclohexanon, Tetrahydropalitanin $C_{14}H_{26}O_4$, Formel V (E III 3341).

F: 116° (*Bowden et al.*, Soc. **1959** 1662, 1666).

Diacetyl-Derivat $C_{18}H_{30}O_6$. F: 120–121° (*Bo. et al.*, l. c. S. 1669).

HO OH =O $H_3C—[CH_2]_6$ $CH_2—OH$

V

O $(CH_3)_3C$— —O— —O— —$C(CH_3)_3$ O

VI

Hydroxy-oxo-Verbindungen $C_nH_{2n-4}O_4$

Hydroxy-oxo-Verbindungen $C_4H_4O_4$

2,4-Bis-[4-*tert*-butyl-phenoxy]-cyclobutan-1,3-dion $C_{24}H_{28}O_4$, Formel VI und Taut.

Für die nachstehend unter dieser Konstitution beschriebene Verbindung ist auch eine Formulierung als 3-[4-*tert*-Butyl-phenoxy]-4-[(Ξ)-4-*tert*-butyl-phenoxymethylen]-oxetan-2-on $C_{24}H_{28}O_4$ in Betracht zu ziehen.

B. Beim Behandeln von [4-*tert*-Butyl-phenoxy]-acetylchlorid mit Triäthylamin in Äther (*Hill et al.,* Am. Soc. **75** [1953] 1084).

F: 85–86°. Kp_5: 180–183°.

Beim Hydrieren an Raney-Nickel in Petroläther bei 200–350°/100–250 at ist 2,4-Bis-[4-*tert*-butyl-phenoxy]-butan-1,3-diol (E IV **6** 3302) erhalten worden.

Hydroxy-oxo-Verbindungen $C_5H_6O_4$

***4,5-Dihydroxy-cyclopentan-1,3-dion** $C_5H_6O_4$, Formel VII und Taut.

B. Bei der Hydrolyse von 3,4-Dihydroxy-2,5-dioxo-cyclopentancarbonsäure-amid

(F: 198–200°; aus Aureomycin [E III **14** 1710] hergestellt) mit wss. $Ba(OH)_2$ (*Waller et al.*, Am. Soc. **74** [1952] 4978).

F: 153–154°.

Hydroxy-oxo-Verbindungen $C_6H_8O_4$

***Opt.-inakt. 2,3,5,6-Tetrachlor-2,5-dimethoxy-cyclohexan-1,4-dion** $C_8H_8Cl_4O_4$, Formel VIII.

B. Beim Behandeln von opt.-inakt. 5,6-Dichlor-2,5-dimethoxy-cyclohex-2-en-1,4-dion (F: 145°) mit Chlor in $CHCl_3$ (*Ioffe, Šuchina,* Ž. obšč. Chim. **23** [1953] 1752, 1755; engl. Ausg. S. 1849, 1851).

Kristalle (aus PAe.), die sich beim Erwärmen zersetzen.

Beim Aufbewahren oder beim Erwärmen mit Äthanol entsteht 2,5-Dichlor-3,6-dimethoxy-[1,4]benzochinon.

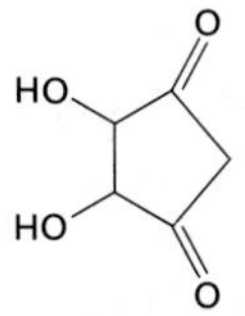

VII 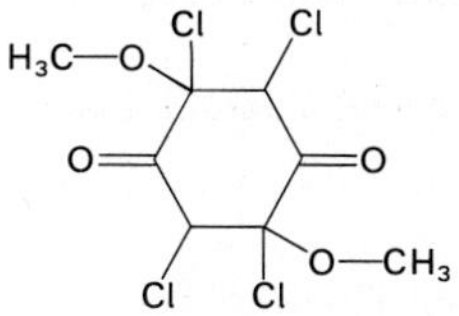 VIII 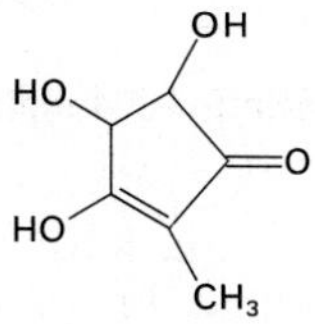 IX

3,4,5-Trihydroxy-2-methyl-cyclopent-2-enon $C_6H_8O_4$, Formel IX (vgl. auch die Angaben im Artikel Calotoxin [E III/IV **18** 3126]).

Die Identität der von *Hesse et al.* (A. **566** [1950] 130, 139) bzw. von *Hesse et al.* (A. **625** [1959] 174, 178, 183) unter dieser Konstitution beschriebenen Hydroxy-methylreduktinsäure ist ungewiss (vgl. *Crout et al.*, Soc. **1964** 2187, 2192).

***Opt.-inakt. 2,4-Dimethyl-2,4-diphenoxy-cyclobutan-1,3-dion** $C_{18}H_{16}O_4$, Formel X (X = H).

a) Präparat vom Kp_2: 184°.

B. Neben dem unter b) beschriebenen Präparat beim Behandeln von (±)-2-Phenoxy-propionylchlorid mit Triäthylamin in Äther (*Hill et al.*, Am. Soc. **73** [1951] 1660).

Kp_2: 182–184° [korr.]. D_4^{20}: 1,1818. n_D^{20}: 1,5361.

b) Präparat vom Kp_2: 152°.

B. s. unter a).

Kp_2: 150–152° [korr.]; n_D^{20}: 1,5309 (*Hill et al.*).

Beim Aufbewahren erfolgt Umwandlung in das unter a) beschriebene Präparat.

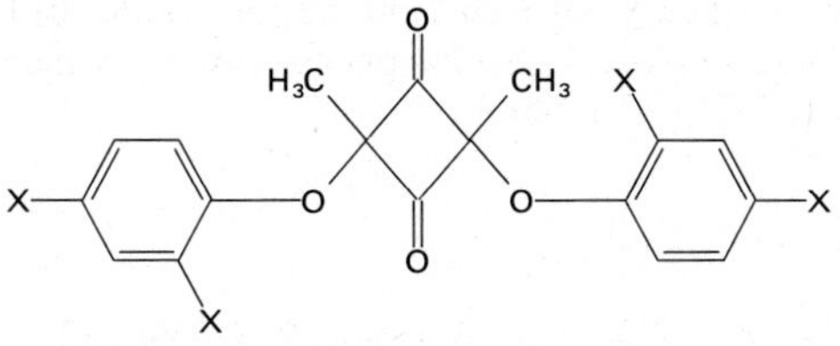

X

***Opt.-inakt. 2,4-Bis-[2,4-dichlor-phenoxy]-2,4-dimethyl-cyclobutan-1,3-dion** $C_{18}H_{12}Cl_4O_4$, Formel X (X = Cl).

B. Neben 2-[2,4-Dichlor-phenoxy]-prop-1-en-1-on beim Behandeln von 2-[2,4-Dichlor-phenoxy]-propionylchlorid mit Triäthylamin in Äther (*Hill et al.*, Am. Soc. **73** [1951] 1660).

F: 110–111° [korr.]. Kp_2: 168–170° [korr.].

Hydroxy-oxo-Verbindungen $C_7H_{10}O_4$

(3*R*)-3*r*,4*c*,5*t*-Trihydroxy-cyclohex-1-encarbaldehyd, Shikimialdehyd $C_7H_{10}O_4$, Formel XI (R = H).

B. Beim Behandeln von (3*R*)-3*r*,4*c*,5*t*-Triacetoxy-cyclohex-1-encarbaldehyd mit methanol. Natriummethylat in $CHCl_3$ (*Grewe, Büttner,* B. **91** [1958] 2452, 2458).

2,4-Dinitro-phenylhydrazon (F: 230° [Zers.]): *Gr., Bü.*

(3*R*)-3*r*,4*c*,5*t*-Triacetoxy-cyclohex-1-encarbaldehyd $C_{13}H_{16}O_7$, Formel XI (R = CO-CH_3).

B. Beim Behandeln von (3*R*)-3*r*,4*c*,5*t*-Triacetoxy-cyclohex-1-encarbonylchlorid mit Natrium-trimethoxyboranat in THF bei −75° (*Grewe, Büttner,* B. **91** [1958] 2452, 2456, 2457).

Kristalle (aus Ae.); F: 97°. $[\alpha]_D^{23}$: −200,4° [A.; c = 0,5]. λ_{max}: 231 nm (*Gr., Bü.,* l. c. S. 2454).

2,4-Dinitro-phenylhydrazon (F: 188°): *Gr., Bü.,* l. c. S. 2457.

Hydroxy-oxo-Verbindungen $C_8H_{12}O_4$

***Opt.-inakt. 2,4-Diäthyl-2,4-diphenoxy-cyclobutan-1,3-dion** $C_{20}H_{20}O_4$, Formel XII (R = C_2H_5, X = X′ = H).

a) Präparat vom Kp_2: 178°.

B. Neben dem unter b) beschriebenen Präparat beim Behandeln von (±)-2-Phenoxy-butyrylchlorid mit Triäthylamin in Äther (*Hill et al.,* Am. Soc. **73** [1951] 1660).

Kp_2: 175−178° [korr.]. D_4^{20}: 1,1541. n_D^{20}: 1,5285.

b) Präparat vom Kp_2: 137°.

B. s. unter a).

Kp_2: 135−137° [korr.]; D_4^{20}: 1,1191; n_D^{20}: 1,5165 (*Hill et al.*).

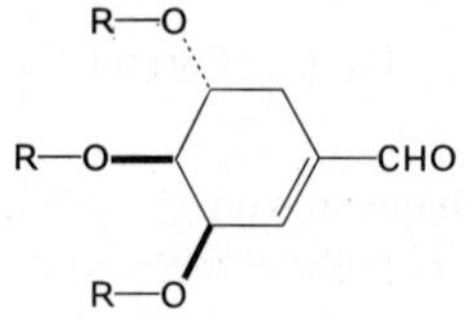

XI 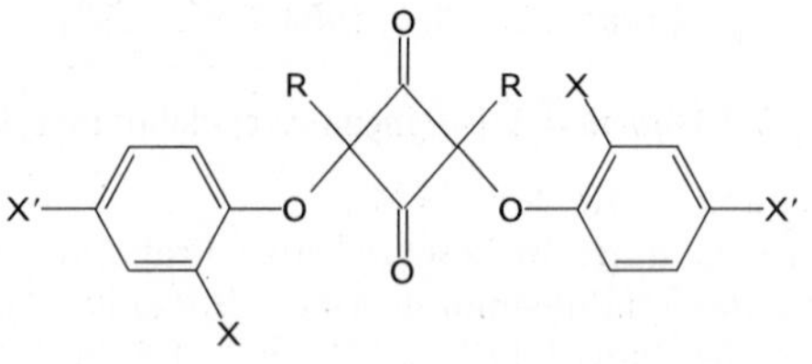 XII

***Opt.-inakt. 2,4-Diäthyl-2,4-bis-[2,4-dichlor-phenoxy]-cyclobutan-1,3-dion** $C_{20}H_{16}Cl_4O_4$, Formel XII (R = C_2H_5, X = X′ = Cl).

a) Stereoisomeres vom F: 104°.

B. Neben 2-[2,4-Dichlor-phenoxy]-but-1-en-1-on und dem unter b) beschriebenen Stereoisomeren beim Behandeln von (±)-2-[2,4-Dichlor-phenoxy]-butyrylchlorid mit Triäthylamin in Äther (*Hill et al.,* Am. Soc. **73** [1951] 1660).

F: 103−104° [korr.].

b) Stereoisomeres vom F: 95°.

B. s. unter a).

F: 94−95°; Kp_{10}: 182−184° (*Hill et al.,* Am. Soc. **81** [1959] 3372, 3373). F: 92−93°; Kp_8: 180−183° [korr.] (*Hill et al.,* Am. Soc. **73** 1660).

***Opt.-inakt. 2,4-Diäthyl-2,4-bis-[4-*tert*-butyl-phenoxy]-cyclobutan-1,3-dion** $C_{28}H_{36}O_4$, Formel XII (R = C_2H_5, X = H, X′ = $C(CH_3)_3$).

B. Neben 2-[4-*tert*-Butyl-phenoxy]-but-1-en-1-on beim Behandeln von 2-[4-*tert*-Butyl-phenoxy]-butyrylchlorid mit Triäthylamin in Äther (*Hill et al.,* Am. Soc. **81** [1959] 3372).

Kp_5: 172−174°. D_4^{20}: 1,0110. n_D^{20}: 1,5142.

Bis-[2,4-dinitro-phenylhydrazon] (F: 196–197°): *Hill et al.*

Hydroxy-oxo-Verbindungen $C_9H_{14}O_4$

3-Acetoxy-1-[1-acetoxy-cyclohexyl]-propan-1,2-dion $C_{13}H_{18}O_6$, Formel XIII.

B. In kleiner Menge neben anderen Verbindungen beim Behandeln von 1-Acetoxy-1-[3-acet⸗oxy-prop-1-inyl]-cyclohexan mit $KMnO_4$ in H_2O bei 10–15° (*Fiesselmann, Sasse,* B. **89** [1956] 1791, 1797).

Kp_{15}: 162°.

XIII XIV

Hydroxy-oxo-Verbindungen $C_{10}H_{16}O_4$

1,4-Diacetyl-cyclohexan-1*r*,4*t*-diol $C_{10}H_{16}O_4$, Formel XIV.

B. Beim Erwärmen von 1,4-Diäthinyl-cyclohexan-1*r*,4*t*-diol in Methanol mit HgO und wss. H_2SO_4 (*Ried, Schmidt,* B. **90** [1957] 2499, 2503).

Hygroskopische Kristalle (aus E.); F: 184–185° (*Ried, Sch.*).

In einer beim Erwärmen mit $POCl_3$ und Pyridin erhaltenen, von *Ried, Sch.* (l. c. S. 2501) mit Vorbehalt als 1,4-Diacetyl-cyclohexa-1,3-dien formulierten Verbindung (F: 149°) hat 1,4-Diacetyl-cyclohexa-1,4-dien vorgelegen (*Bisagni et al.*, Bl. **1971** 4041, 4043).

Bis-[2,4-dinitro-phenylhydrazon] (F: 293°): *Ried, Sch.*

***Opt.-inakt. 2,4-Diphenoxy-2,4-dipropyl-cyclobutan-1,3-dion** $C_{22}H_{24}O_4$, Formel XII ($R = CH_2$-C_2H_5, $X = X' = H$).

B. Neben 2-Phenoxy-pent-1-en-1-on beim Behandeln von (±)-2-Phenoxy-valerylchlorid mit Triäthylamin in Äther (*Hill et al.*, Am. Soc. **73** [1951] 1660).

F: 108–109° [korr.]. Kp_6: 226–229° [korr.].

***Opt.-inakt. 2,4-Bis-[2,4-dichlor-phenoxy]-2,4-dipropyl-cyclobutan-1,3-dion** $C_{22}H_{20}Cl_4O_4$, Formel XII ($R = CH_2$-C_2H_5, $X = X' = Cl$).

a) Präparat vom F: 111°.

B. Als Hauptprodukt neben 2-[2,4-Dichlor-phenoxy]-pent-1-en-1-on und dem unter b) be⸗schriebenen Präparat beim Behandeln von (±)-2-[2,4-Dichlor-phenoxy]-valerylchlorid mit Tri⸗äthylamin in Äther (*Hill et al.*, Am. Soc. **73** [1951] 1660).

F: 110–111° [korr.].

b) Präparat vom Kp_3: 192°.

B. s. unter a).

Kp_3: 190–192° [korr.]; n_D^{20}: 1,5381 (*Hill et al.*).

***Opt.-inakt. 2,4-Bis-[4-*tert*-butyl-phenoxy]-2,4-dipropyl-cyclobutan-1,3-dion** $C_{30}H_{40}O_4$, Formel XII ($R = CH_2$-C_2H_5, $X = H$, $X' = C(CH_3)_3$).

B. Neben 2-[4-*tert*-Butyl-phenoxy]-pent-1-en-1-on analog der vorangehenden Verbindung (*Hill et al.*, Am. Soc. **81** [1959] 3372).

Kp_1: 167–170°. D_4^{20}: 1,0270. n_D^{20}: 1,5115.

Bis-[2,4-dinitro-phenylhydrazon] (F: 196–197°): *Hill et al.*

***Opt.-inakt. 2,4-Bis-[2,4-dichlor-phenoxy]-2,4-diisopropyl-cyclobutan-1,3-dion** $C_{22}H_{20}Cl_4O_4$, Formel XII ($R = CH(CH_3)_2$, $X = X' = Cl$).

a) Präparat vom F: 83,5°.

B. Neben 2-[2,4-Dichlor-phenoxy]-3-methyl-but-1-en-1-on und dem unter b) beschriebenen

Präparat (Hauptprodukt) beim Behandeln von (±)-2-[2,4-Dichlor-phenoxy]-isovalerylchlorid mit Triäthylamin in Äther (*Hill et al.*, Am. Soc. **73** [1951] 1660).

F: 82,5–83,5°.

b) Präparat vom Kp_2: 177°.

B. s. unter a).

Kp_2: 175–177° [korr.]; n_D^{20}: 1,5446 (*Hill et al.*).

Hydroxy-oxo-Verbindungen $C_{12}H_{20}O_4$

***Opt.-inakt. 2,4-Dibutyl-2,4-diphenoxy-cyclobutan-1,3-dion** $C_{24}H_{28}O_4$, Formel XII (R = $[CH_2]_3$-CH_3, X = X' = H).

B. Neben 2-Phenoxy-hex-1-en-1-on beim Behandeln von (±)-2-Phenoxy-hexanoylchlorid mit Triäthylamin in Äther (*Hill et al.*, Am. Soc. **73** [1951] 1660).

F: 65–66°. Kp_3: 205–209° [korr.].

***Opt.-inakt. 2,4-Dibutyl-2,4-bis-[2,4-dichlor-phenoxy]-cyclobutan-1,3-dion** $C_{24}H_{24}Cl_4O_4$, Formel XII (R = $[CH_2]_3$-CH_3, X = X' = Cl).

a) Präparat vom F: 88°.

B. Als Hauptprodukt neben 2-[2,4-Dichlor-phenoxy]-hex-1-en-1-on und dem unter b) beschriebenen Präparat beim Behandeln von (±)-2-[2,4-Dichlor-phenoxy]-hexanoylchlorid mit Triäthylamin in Äther (*Hill et al.*, Am. Soc. **73** [1951] 1660).

F: 87–88°.

b) Präparat vom Kp_3: 180–185°.

B. s. unter a).

Kp_3: 180–185° [korr.]; n_D^{20}: 1,5169 (*Hill et al.*).

***Opt.-inakt. 2,4-Dibutyl-2,4-bis-[4-*tert*-butyl-phenoxy]-cyclobutan-1,3-dion** $C_{32}H_{44}O_4$, Formel XII (R = $[CH_2]_3$-CH_3, X = H, X' = $C(CH_3)_3$).

B. Neben 2-[4-*tert*-Butyl-phenoxy]-hex-1-en-1-on analog der vorangehenden Verbindung (*Hill et al.*, Am. Soc. **81** [1959] 3372).

Kp_4: 165–167°. D_4^{20}: 1,0410. n_D^{20}: 1,5174.

Bis-[2,4-dinitro-phenylhydrazon] (F: 127–128°): *Hill et al.*

Hydroxy-oxo-Verbindungen $C_{14}H_{24}O_4$

***Opt.-inakt. 2,4-Dipentyl-2,4-diphenoxy-cyclobutan-1,3-dion** $C_{26}H_{32}O_4$, Formel XII (R = $[CH_2]_4$-CH_3, X = X' = H).

B. Neben 2-Phenoxy-hept-1-en-1-on analog den vorangehenden Verbindungen (*Hill et al.*, Am. Soc. **73** [1951] 1660).

Kp_6: 210–214° [korr.]. n_D^{20}: 1,5055.

***Opt.-inakt. 2,4-Bis-[2,4-dichlor-phenoxy]-2,4-dipentyl-cyclobutan-1,3-dion** $C_{26}H_{28}Cl_4O_4$, Formel XII (R = $[CH_2]_4$-CH_3, X = X' = Cl).

B. Neben 2-[2,4-Dichlor-phenoxy]-hept-1-en-1-on analog den vorangehenden Verbindungen (*Hill et al.*, Am. Soc. **73** [1951] 1660).

F: 93–94°.

Hydroxy-oxo-Verbindungen $C_{15}H_{26}O_4$

(3a*S*)-6*t*-Hydroxy-1ξ-isopropyl-3a,6*c*-dimethyl-4*t*,8*t*-bis-[(Ξ)-2-methyl-butyryloxy]-(3a*r*,8a*t*)-decahydro-azulen-5-on $C_{25}H_{42}O_6$, Formel I.

B. Beim Hydrieren von (3a*S*)-4*t*,8*t*-Bis-angeloyloxy-6*t*-hydroxy-1-isopropyl-3a,6*c*-dimethyl-

(3a*r*,8a*t*)-3a,4,6,7,8,8a-hexahydro-3*H*-azulen-5-on (S. 2704) an Platin in Essigsäure (*Holub et al.*, Collect. **23** [1958] 1280, 1282, 1289).

$Kp_{0,5}$: 155–165° (*Ho. et al.*, Collect. **23** 1289).

Beim Erwärmen mit $LiAlH_4$ in Äther ist eine Verbindung $C_{15}H_{28}O_4$ (Kristalle [aus E.]; F: 165–167° [unkorr.]; vermutlich (3a*S*)-1ξ-Isopropyl-3a,6*c*-dimethyl-(3a*r*,8a*t*)-decahydro-azulen-4*t*,5ξ,6*t*,8*t*-tetraol) erhalten worden (*Ho. et al.*, Collect. **23** 1289; vgl. *Holub et al.*, Collect. **32** [1967] 591, 598).

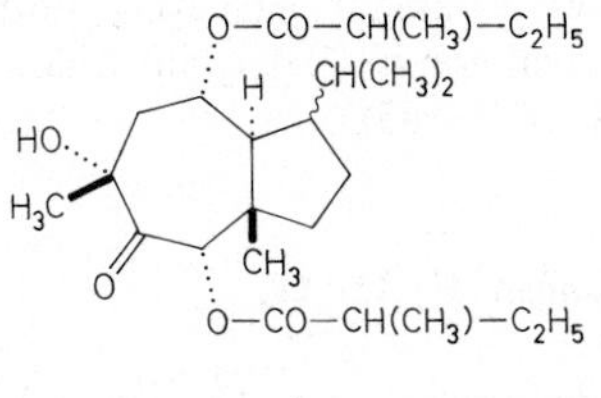

I 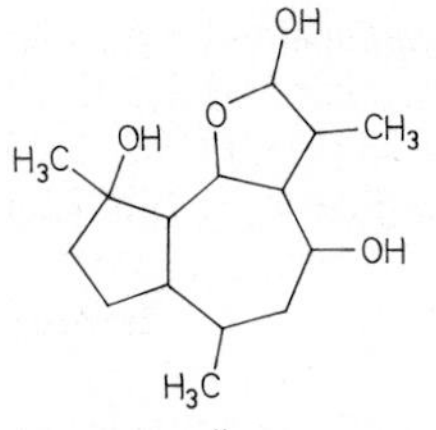 II

2-[3,4,6-Trihydroxy-3,8-dimethyl-decahydro-azulen-5-yl]-propionaldehyd $C_{15}H_{26}O_4$ und Taut.

(+)-3,6,9-Trimethyl-dodecahydro-azuleno[4,5-*b*]furan-2,4,9-triol, Formel II.

B. Beim Erwärmen von Tetrahydromatricin (E III/IV **18** 1177) mit $LiAlH_4$ in Äther und Benzol (*Čekan et al.*, Collect. **22** [1957] 1921, 1927).

Kristalle (aus Acn.+Diisopropyläther); F: 148–152°. $[\alpha]_D^{20}$: +80,3° [$CHCl_3$; c = 0,9].

Hydroxy-oxo-Verbindungen $C_{20}H_{36}O_4$

***Opt.-inakt. 2,12-Dihydroxy-cycloeicosan-1,11-dion** $C_{20}H_{36}O_4$, Formel III oder ***opt.-inakt. 11,20-Dihydroxy-cycloeicosan-1,10-dion** $C_{20}H_{36}O_4$, Formel IV.

Diese beiden Formeln kommen für die nachstehend beschriebene Verbindung in Betracht (*Gardner et al.*, J. org. Chem. **22** [1957] 1206).

B. Neben 2-Hydroxy-cyclodecanon (Hauptprodukt) beim Erhitzen von Decandisäure-diäthylester mit Natrium in Xylol (*Raphael, Scott*, Soc. **1952** 4566, 4568; *Ga. et al.*, l. c. S. 1208).

Kristalle; F: 125–126,5° [korr.; aus E.] (*Ga. et al.*), 125–126° [aus Me.] (*Ra., Sc.*).

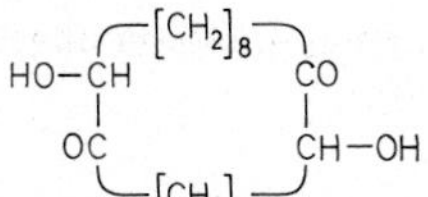

III 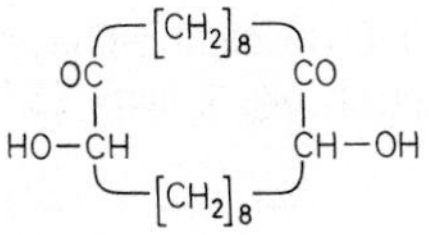 IV 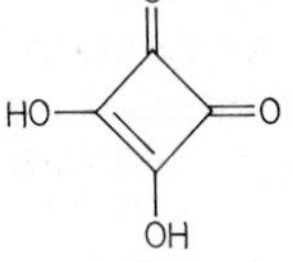 V

Hydroxy-oxo-Verbindungen $C_nH_{2n-6}O_4$

Hydroxy-oxo-Verbindungen $C_4H_2O_4$

4-Hydroxy-cyclobutan-1,2,3-trion $C_4H_2O_4$ und Taut.

Dihydroxy-cyclobutendion, Quadratsäure, Formel V.

Zusammenfassende Literatur: *Schmidt*, Synthesis **1980** 961–994.

B. Beim Erhitzen von 1,2-Diäthoxy-3,3,4,4-tetrafluor-cyclobuten mit wss. H_2SO_4 oder von 1,3,3(?)-Triäthoxy-2-chlor-4,4(?)-difluor-cyclobuten (S. 49) mit H_2O (*Cohen et al.*, Am. Soc. **81** [1959] 3480; *Park et al.*, Am. Soc. **84** [1962] 2919, 2921, 2922).

Atomabstände und Bindungswinkel (Röntgen-Diagramm sowie Neutronenbeugung): *Wang et al.*, J.C.S. Perkin II **1974** 35, 36; s. a. *Semmingsen*, Tetrahedron Letters **1973** 807.

Kristalle (aus H_2O); Zers. bei 294° (*Park et al.*, l. c. S. 2922), 293° (*Co. et al.*). Monoklin; Kristallstruktur-Analyse (Röntgen-Diagramm): *Wang et al.*; s. a. *Se.* Dichte der Kristalle: 1,82 (*Wang et al.*). λ_{max} (H_2O): 269,5 nm (*Co. et al.*; *Park et al.*, l. c. S. 2921). Wahre Dissoziationsexponenten pK_{a1} und pK_{a2} (H_2O; potentiometrisch ermittelt) bei 25°: 0,59 bzw. 3,48 (*Schwartz, Howard,* J. phys. Chem. **74** [1970] 4374; s. a. *Co. et al.*; *Park et al.*); bei 10–50°: *Sch., Ho.*

Dikalium-Salz $K_2C_4O_4$. Kristalle mit 1 Mol H_2O (*Park et al.*, l. c. S. 2922).

Hydroxy-oxo-Verbindungen $C_6H_6O_4$

***Opt.-inakt. 5,6-Dichlor-2,5-dimethoxy-cyclohex-2-en-1,4-dion** $C_8H_8Cl_2O_4$, Formel VI.

B. Beim Behandeln von 2,5-Dimethoxy-[1,4]benzochinon in $CHCl_3$ mit Chlor (*Ioffe, Šuchina,* Ž. obšč. Chim. **23** [1953] 1752, 1755; engl. Ausg. S. 1849, 1851).

Kristalle (aus PAe.); F: 145° [Zers.].

Hydroxy-oxo-Verbindungen $C_{11}H_{16}O_4$

***Opt.-inakt. 2,4-Diacetyl-5-hydroxy-5-methyl-cyclohexanon** $C_{11}H_{16}O_4$, Formel VII (R = H) und Taut.

Diese Konstitution kommt den H **1** 812, E III **1** 3177 und von *Martin et al.* (Am. Soc. **80** [1958] 5881, 5882) als 3,5-Diacetyl-heptan-2,6-dion angesehenen Präparaten (F: 87–88°, F: 87° und F: 87,5–88,7°) zu (*Wilson,* J. org. Chem. **28** [1963] 314, 315).

F: 89–90° [aus Ae.] (*Wi.*, l. c. S. 319).

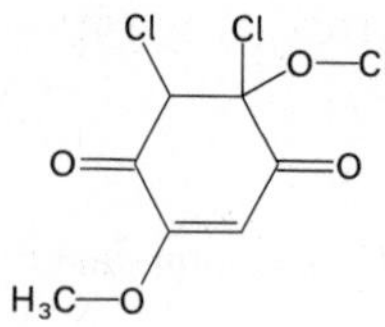

VI 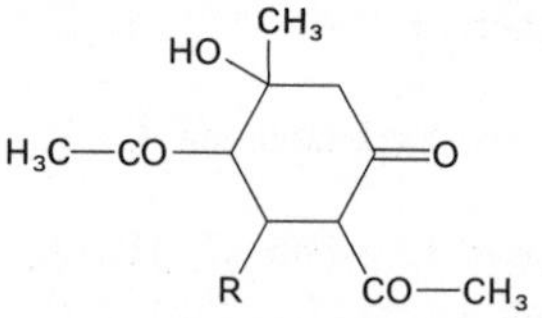 VII 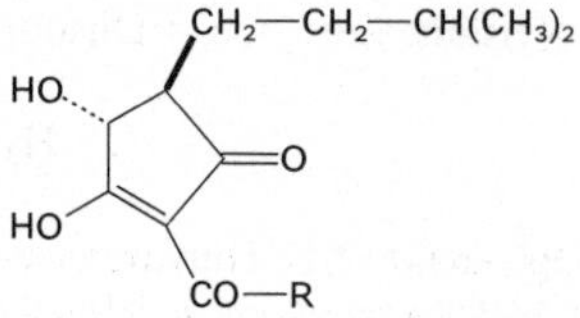 VIII

Hydroxy-oxo-Verbindungen $C_{12}H_{18}O_4$

***Opt.-inakt. 2,4-Diacetyl-5-hydroxy-3,5-dimethyl-cyclohexanon** $C_{12}H_{18}O_4$, Formel VII (R = CH_3) und Taut.

Diese Konstitution kommt der H **1** 813 als 3,5-Diacetyl-4-methyl-heptan-2,6-dion angesehenen Verbindung (F: 108°) zu (*Wilson,* J. org. Chem. **28** [1963] 314, 320).

F: 108,5–109° [korr.].

2-Acetyl-4-hydroxy-5-isopentyl-cyclopentan-1,3-dion $C_{12}H_{18}O_4$ und Taut.

(±)-2-Acetyl-3,4*r*-dihydroxy-5*t*(?)-isopentyl-cyclopent-2-enon, vermutlich Formel VIII (R = CH_3)+Spiegelbild, oder **(±)-2-Acetyl-3,5*t*(?)-dihydroxy-4*r*-isopentyl-cyclopent-2-enon,** Formel IX (R = CH_3)+Spiegelbild.

Bezüglich der Konfiguration an den C-Atomen 4 und 5 und der Tautomerie vgl. die Angaben bei der analog hergestellten (±)-Humulinsäure-A (S. 2767).

B. Beim Erwärmen von (±)-4-Acetyl-2-hydroxy-2,6-diisopentyl-cyclohexan-1,3,5-trion mit wss.-äthanol. NaOH (*Riedl, Nickl,* B. **89** [1956] 1838, 1848).

Kristalle (aus wss. Me.); F: 88–89°. UV-Spektrum (A.; 200–340 nm): *Ri., Ni.*, l. c. S. 1840.

Hydroxy-oxo-Verbindungen $C_{14}H_{22}O_4$

(2*R*)-3*t*-Hepta-1,3*t*-dien-*t*-yl-5*c*,6*c*-dihydroxy-2*r*-hydroxymethyl-cyclohexanon, Palitantin $C_{14}H_{22}O_4$, Formel X (E III 3344).

Isolierung aus Kulturen von Penicillium cyclopium: *Bracken et al.,* Biochem. J. **57** [1954]

587, 592, 593; *Bowden et al.*, Soc. **1959** 1662, 1666; von Penicillium frequentans: *Curtis et al.*, Nature **167** [1951] 557.

Kristalle (aus E. bzw. aus H_2O); F: 164–165° (*Br. et al.*; *Bo. et al.*). IR-Banden (KCl; 3350–950 cm^{-1}): *Bo. et al.* λ_{max} (A.): 232 nm (*Bo. et al.*).

Diacetyl-Derivat $C_{18}H_{26}O_6$. Kristalle (aus Bzl.+PAe.); F: 157–158°. IR-Banden (Nujol; 3550–950 cm^{-1}): *Bo. et al.* λ_{max} (A.): 232 nm.

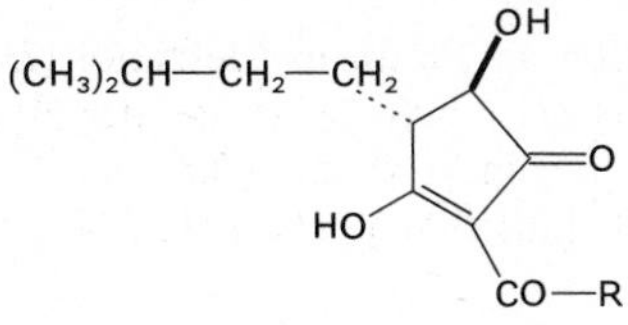

IX 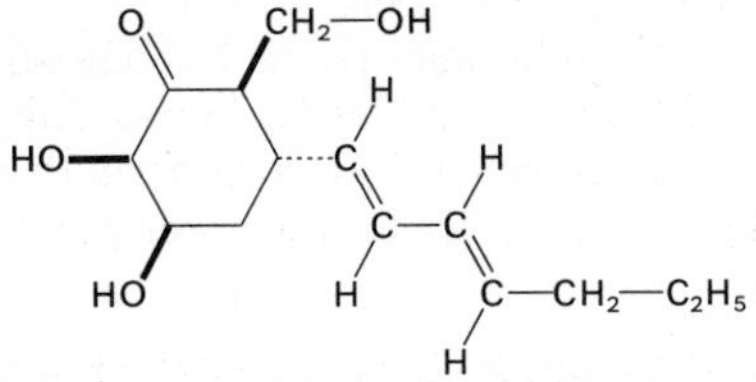 X

4-Hydroxy-2-isobutyryl-5-isopentyl-cyclopentan-1,3-dion $C_{14}H_{22}O_4$ und Taut.

(±)-3,4r-Dihydroxy-2-isobutyryl-5t-isopentyl-cyclopent-2-enon, Formel VIII (R = $CH(CH_3)_2$)+Spiegelbild, oder **(±)-3,5t-Dihydroxy-2-isobutyryl-4r-isopentyl-cyclopent-2-enon**, Formel IX (R = $CH(CH_3)_2$)+Spiegelbild; (±)-Dihydrocohumulinsäure-A.

B. Beim Hydrieren von (±)-*trans*-Cohumulinsäure (S. 2765) an Platin in Methanol (*Howard, Tatchell*, Soc. **1954** 2400, 2402). Beim Erhitzen von Tetrahydrocohumulon ((±)-2-Hydroxy-4-isobutyryl-2,6-diisopentyl-cyclohexan-1,3,5-trion) mit wss. NaOH (*Howard et al.*, Soc. **1955** 174, 177).

Kristalle (aus Me.); F: 91–92° (*Ho., Ta.*).

Natrium-Salz. Kristalle (aus wss. Me.); F: 152–153° (*Ho. et al.*).

1,2-Bis-[1-hydroxy-cyclohexyl]-äthandion $C_{14}H_{22}O_4$, Formel XI (R = H).

B. Beim Erwärmen der folgenden Verbindung mit wss.-methanol. NaOH (*Fiesselmann, Sasse*, B. **89** [1956] 1791, 1796).

Kristalle (aus Bzl.); F: 106–107° [unkorr.].

Bildung eines Phosphorsäureesters $C_{42}H_{60}O_{14}P_2$ (gelbe Kristalle [aus Bzl.]; Zers. bei 213–214°) beim Erwärmen mit $POCl_3$ und Pyridin auf 100°: *Fi., Sa.*, l. c. S. 1797.

Mono-[2,4-dinitro-phenylhydrazon] (F: 175°) und *o*-Phenylendiamin-Kondensationsprodukt (F: 160–161°): *Fi., Sa.*

1,2-Bis-[1-acetoxy-cyclohexyl]-äthandion $C_{18}H_{26}O_6$, Formel XI (R = $CO\text{-}CH_3$).

B. Bei der Oxidation von Bis-[1-acetoxy-cyclohexyl]-acetylen mit $KMnO_4$ in wss. Dioxan (*Fiesselmann, Sasse*, B. **89** [1956] 1791, 1796) oder mit $NaIO_4$ und wenig RuO_2 in wss. Aceton (*Pappo, Becker*, Bl. Res. Coun. Israel [A] **5** [1955] 300).

Gelbe Kristalle (aus Me.); F: 113° [unkorr.] (*Fi., Sa.*).

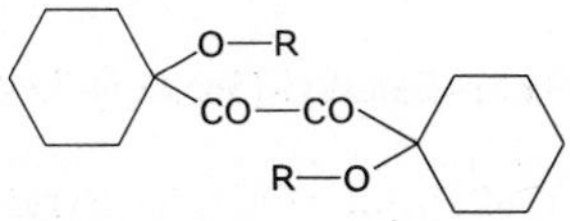

XI 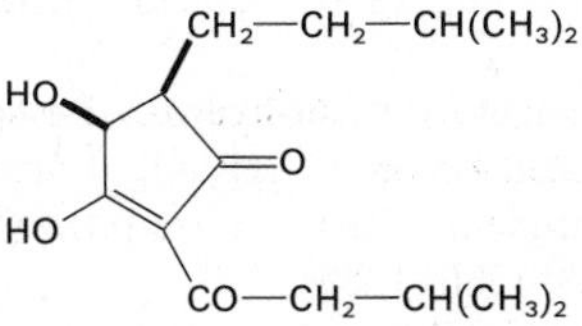 XII

Hydroxy-oxo-Verbindungen $C_{15}H_{24}O_4$

4-Hydroxy-5-isopentyl-2-isovaleryl-cyclopentan-1,3-dion $C_{15}H_{24}O_4$ und Taut.

Bezüglich der Tautomerie der nachstehend beschriebenen Stereoisomeren vgl. *Laws, Elvidge,*

Soc. [C] **1971** 2412, 2414.

a) **(±)-3,4*r*-Dihydroxy-5*c*-isopentyl-2-isovaleryl-cyclopent-2-enon,** Formel XII + Spiegelbild, oder **(±)-3,5*c*-Dihydroxy-4*r*-isopentyl-2-isovaleryl-cyclopent-2-enon,** Formel XIII + Spiegelbild; Dihydrohumulinsäure-B (E III 3345).

Diese Verbindung hat wahrscheinlich auch in der nachstehend beschriebenen, von *Harris et al.* (Soc. **1952** 1906, 1910) als Dihydroisohumulinsäure bezeichneten Verbindung vorgelegen (*Burton et al.*, Soc. **1964** 3816, 3817).

B. Aus Isohumulinsäure (E IV **7** 2853) beim Hydrieren an Platin in Methanol (*Ha. et al.*) oder beim Behandeln mit $NaBH_4$ in wss. Äthanol (*Bu. et al.*, l. c. S. 3821). Bei der Hydrierung von (±)-Humulinsäure-B (E III **8** 3455) an Palladium/$BaSO_4$ in Methanol (*Bu. et al.*).

Kristalle; F: 91,5–92° [aus wss. Me.] (*Bu. et al.*), 88° [aus PAe.] (*Ha. et al.*). λ_{max}: 250 nm (*Ha. et al.*).

b) **(±)-3,4*r*-Dihydroxy-5*t*-isopentyl-2-isovaleryl-cyclopent-2-enon,** Formel VIII ($R = CH_2$-$CH(CH_3)_2$) + Spiegelbild, oder **(±)-3,5*t*-Dihydroxy-4*r*-isopentyl-2-isovaleryl-cyclopent-2-enon,** Formel IX ($R = CH_2$-$CH(CH_3)_2$) + Spiegelbild; Dihydrohumulinsäure-A (E II 431; E III 3346).

B. Beim Erwärmen eines nach *Donnelly, Shannon* (Soc. [C] **1970** 524, 525) überwiegend aus (±)-4*r*-Hydroxy-5*t*-isopentyl-2-isovaleryl-4*t*-[4-methyl-valeryl]-cyclopentan-1,3-dion bestehenden Tetrahydroisohumulon-Präparats (F: 49–53°; $[\alpha]_D$: –2° [Me.]) mit wss.-äthanol. NaOH (*Brown et al.*, Soc. **1959** 545, 549).

Kristalle; F: 126° [unkorr.; aus Cyclohexan] (*Harris et al.*, Soc. **1952** 1906, 1912), 126° [aus Me.] (*Br. et al.*). IR-Spektrum (Nujol(?); 2–10 μ): *Ha. et al.*, l. c. S. 1913. λ_{max} (A.): 259 nm und 267 nm (*Ha. et al.*, l. c. S. 1912).

Monooxim $C_{15}H_{25}NO_4$. Kristalle (aus Ae. + Cyclohexan); F: 125° [unkorr.]; λ_{max} (A.): 251 nm und 303 nm (*Ha. et al.*, l. c. S. 1912).

$(CH_3)_2CH-CH_2-CH_2$ … OH … O … HO … $CO-CH_2-CH(CH_3)_2$

XIII

$O-CO-CH(CH_3)-C_2H_5$ … H … $CH(CH_3)_2$ … HO … H_3C … O … CH_3 … $O-CO-CH(CH_3)-C_2H_5$

XIV

(3a*S*)-6*t*-Hydroxy-1-isopropyl-3a,6*c*-dimethyl-4*t*,8*t*-bis-[(Ξ)-2-methyl-butyryloxy]-(3a*r*,8a*t*)-3a,4,6,7,8,8a-hexahydro-3*H*-azulen-5-on $C_{25}H_{40}O_6$, Formel XIV.

Konstitution: *Holub et al.*, Collect. **32** [1967] 591, 594, 598.

B. Beim Behandeln von (+)-Tetrahydrolaserpitin (Syst.-Nr. 822) mit $SOCl_2$ in Pyridin (*Holub et al.*, Collect. **23** [1958] 1280, 1282, 1290).

$Kp_{0,3}$: 137–142° (*Ho. et al.*, Collect. **23** 1290). IR-Spektrum der Flüssigkeit (4000–2500 cm^{-1} und 1850–650 cm^{-1}): *Ho. et al.*, Collect. **23** 1284.

(3a*S*)-4*t*,8*t*-Bis-angeloyloxy-6*t*-hydroxy-1-isopropyl-3a,6*c*-dimethyl-(3a*r*,8a*t*)-3a,4,6,7,8,8a-hexahydro-3*H*-azulen-5-on $C_{25}H_{36}O_6$, Formel XV.

B. Beim Behandeln von (+) Laserpitin (Syst.-Nr. 822) mit $SOCl_2$ in Pyridin (*Holub et al.*, Collect. **23** [1958] 1280, 1289).

F: 110° [unkorr.]. IR-Spektrum ($CHCl_3$; 4000–2500 cm^{-1} und 1900–800 cm^{-1}): *Ho. et al.*

Hydroxy-oxo-Verbindungen $C_{17}H_{28}O_4$

***Opt.-inakt. 2,4-Diacetyl-3-hexyl-5-hydroxy-5-methyl-cyclohexanon** $C_{17}H_{28}O_4$, Formel XVI und Taut.

Diese Konstitution kommt wahrscheinlich der nachstehend beschriebenen, von *Martin et al.*

(Am. Soc. **80** [1958] 5851, 5852) als 3,5-Diacetyl-4-hexyl-heptan-2,6-dion (E IV **1** 3792) formulierten Verbindung zu (vgl. die Angaben im Artikel 2,4-Diacetyl-5-hydroxy-3,5-dimethyl-cyclohexanon [S. 2702]).

B. Beim Behandeln von Pentan-2,4-dion mit Heptanal und wenig Piperidin in Äthanol (*Ma. et al.*).

Kristalle (aus Me. + H_2O); F: 87–87,5° (*Ma. et al.*). Elektrolytische Dissoziation in wss. Dioxan [50%ig] bei 30°: *Martin, Fernelius,* Am. Soc. **81** [1959] 1509. [*Brandt*]

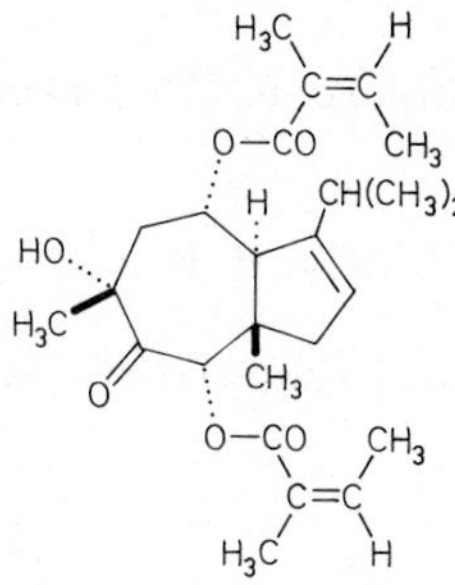

XV

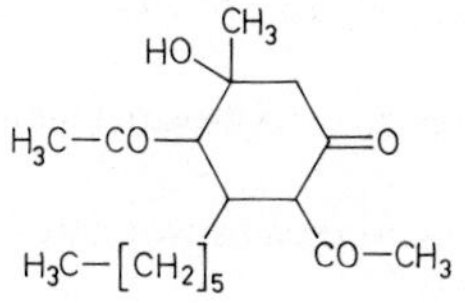

XVI

Hydroxy-oxo-Verbindungen $C_nH_{2n-8}O_4$

Hydroxy-oxo-Verbindungen $C_6H_4O_4$

2,3-Dimethoxy-[1,4]benzochinon $C_8H_8O_4$, Formel I (E III 3347).

B. Aus 2,3-Dimethoxy-phenol mit Hilfe von $NO(SO_3K)_2$ (*Weygand et al.,* B. **90** [1957] 1879, 1891).

Rotgelbe Kristalle (aus PAe.); F: 66° (*We. et al.*). IR-Banden (KBr; 6–12 μ): *Flaig, Salfeld,* A. **626** [1959] 215, 217, 220. Absorptionsspektrum ($CHCl_3$; 240–550 nm): *Flaig, Salfeld,* A. **618** [1958] 117, 119. λ_{max} ($CHCl_3$): 254 nm und 398 nm (*Fl., Sa.,* A. **618** 122).

2,5-Dihydroxy-[1,4]benzochinon $C_6H_4O_4$, Formel II (R = R′ = H) und Taut. (H 377; E I 680; E II 432; E III 3348).

B. Aus Brenzcatechin bei der Oxidation mit Sauerstoff in wss.-äthanol. KOH (*Ettel, Pospišil,* Chem. Listy **51** [1957] 505, 506; Collect. **22** [1957] 1613, 1615; C. A. **1957** 10413; Collect. **22** [1957] 1624). Aus Brenzcatechin bzw. Hydrochinon bei der Oxidation mit H_2O_2 in wss. NaOH (*Flaig et al.,* A. **597** [1955] 196, 212; *Schawartz,* Acta chim. hung. **20** [1959] 239, 240). Aus Resorcin mit Hilfe von Peroxyessigsäure (*Barltrop, Burstall,* Soc. **1959** 2183, 2184).

Orangefarbene Modifikation: Kristalle; F: 218–220° [unkorr.; Zers.; aus Bzl. + PAe.] (*Et., Po.,* Chem. Listy **51** 508; Collect. **22** 1616), 214–217° [unkorr.; Zers.; aus A.] (*Sch.*), 210–215° [korr.; Zers.; aus Eg.] (*Ba., Bu.*). Bei 90°/0,005 Torr sublimierbar (*Grippenberg,* Acta chem. scand. **12** [1958] 603, 609). Monoklin; Netzebenenabstände: *Bauer,* Chem. Listy **51** [1957] 511, 513; Collect. **22** [1957] 1620, 1622; C. A. **1957** 10413. IR-Spektrum des Dampfes (3300–700 cm^{-1}): *Hadži, Stojiljković,* Vestnik Slovensk. kem. Društva **5** [1958] 75, 76; C. A. **1960** 18071. IR-Banden (3275–1175 cm^{-1}): *Et., Po.,* Chem. Listy **51** 508; Collect. **22** 1616; s. a. *Ha., St.* Absorptionsspektrum in wss. HCl [0,1 n] sowie in wss. KOH [0,1 n] (220–600 nm): *Et., Po.,* Collect. **22** 1627; in Äthanol (220–450 nm): *Gr.,* l. c. S. 605; in CCl_4 (250–600 nm): *Flaig et al.,* Z. Naturf. **10b** [1955] 668, 672. λ_{max}: 310 nm und 480 nm [H_2O], 278–280 nm und 392 nm [Ae.], 283 nm und 400 nm [wss. HCl (0,1 n)], 314–315 nm und 500 nm [wss. KOH (0,1 n)] (*Et., Po.,* Chem. Listy **51** 508; Collect. **22** 1616).

Rote Modifikation: Kristalle; Zers. bei 146–152° (*Et., Po.,* Chem. Listy **51** 508; Collect. **22** 1617). Triklin; Netzebenenabstände: *Ba.* IR-Banden (3400–1200 cm^{-1}): *Et., Po.,* Chem. Listy **51** 508; Collect. **22** 1617; s. a. *Ha., St.* λ_{max} (H_2O): 314–315 nm und 492 nm (*Et., Po.,* Chem. Listy **51** 508; Collect. **22** 1617). Absorptionsspektrum (HCl; 400–600 nm) des Komplexes mit Thorium(4+): *Moeller, Kobisk,* Am. Soc. **72** [1950] 2777.

Dikalium-Salz $K_2C_6H_2O_4$ (H 378; E II 432). Rote Kristalle (aus H_2O); Zers. >250° (*Et., Po.,* Chem. Listy **51** 506; Collect. **22** 1615). Triklin; Netzebenenabstände: *Ba.* Absorptionsspektrum (H_2O; 200–600 nm): *Et., Po.,* Chem. Listy **51** 507; Collect. **22** 1616.

Über weitere Metallsalze s. *Frank et al.,* Am. Soc. **72** [1950] 1827; *Kanda, Saito,* Bl. chem. Soc. Japan **30** [1957] 192, 193.

Diammonium-Salz $[NH_4]_2C_6H_2O_4$. Zers. bei 170° (*Osman,* Am. Soc. **79** [1957] 966; s. a. *Fr. et al.,* l. c. S. 1828).

Bis-benzylammonium-Salz. Zers. ab 140° (*Os.*).

Verbindung mit Pyridin $C_5H_5N \cdot C_6H_4O_4$. Rote Kristalle; F: 275° [unkorr.; Zers.; nach Sintern ab 230°] (*Sch.,* l. c. S. 241).

2-Hydroxy-5-methoxy-[1,4]benzochinon $C_7H_6O_4$, Formel II (R = H, R′ = CH_3) und Taut. (E III 3348).

B. Aus 1,3-Dimethoxy-benzol mit Hilfe von Peroxybenzoesäure (*Friess et al.,* Am. Soc. **74** [1952] 1305, 1308).

Orangefarbene Kristalle (aus $CHCl_3$+Ae.); F: 177–179°.

2,5-Dimethoxy-[1,4]benzochinon $C_8H_8O_4$, Formel II (R = R′ = CH_3) (H 378; E I 681; E II 432; E III 3348).

B. Aus 1,4-Dimethoxy-benzol mit Hilfe von Peroxybenzoesäure in $CHCl_3$ (*Friess et al.,* Am. Soc. **74** [1952] 1305, 1308) bzw. mit Hilfe von H_2O_2 und H_2SO_4 (*Davidge et al.,* Soc. **1958** 4569, 4571). Aus 2,5-Dimethoxy-phenol mit Hilfe von $NO(SO_3K)_2$ und Natriumacetat in wss. Methanol (*Teuber, Rau,* B. **86** [1953] 1036, 1045). Aus 1,2,4-Trimethoxy-benzol mit Hilfe von H_2O_2 und H_2SO_4 (*Da. et al.*). Aus 4-Chlor-2,5-dimethoxy-phenol mit Hilfe von $Na_2Cr_2O_7$ und Essigsäure (*Castelfranchi et al.,* G. **86** [1956] 371, 383). Aus 2,5-Dimethoxy-hydrochinon mit Hilfe von $NaIO_4$ (*Adler, Magnusson,* Acta chem. scand. **13** [1959] 505, 515, 519). Aus 1,2,4,5-Tetramethoxy-benzol mit Hilfe von H_2O_2 und H_2SO_4 (*Da. et al.*). Aus 2,5-Dihydroxy-[1,4]benzochinon beim Behandeln mit Diazomethan (*Ettel, Pospišil,* Chem. Listy **51** [1957] 505, 509; Collect. **22** [1957] 1613, 1618; C. A. **1957** 10413; *Schawartz,* Acta chim. hung. **20** [1959] 239, 241), mit methanol. HCl (*Et., Po.*; *Sch.*) oder mit Dimethylsulfat und methanol. KOH (*Et., Po.*). Aus 2,5-Diäthoxy-[1,4]benzochinon beim Behandeln mit Diisopropylamin und Methanol (*Crosby, Lutz,* Am. Soc. **78** [1956] 1233, 1235). Aus 2,5-Dimethoxy-anilin-hydrochlorid mit Hilfe von $NO(SO_3K)_2$ und Na_2HPO_4 in H_2O (*Teuber, Hasselbach,* B. **92** [1959] 674, 687).

Gelbe Kristalle; F: 312° [unkorr.; Zers.; aus Eg.] (*Te., Ha.*), 310° [Zers.] (*Ad., Ma.*), 305–306° [Zers. ab 230°; aus Ameisensäure] (*Huisman,* R. **69** [1950] 1133, 1151), 275° [unkorr.; Zers.; aus E.] (*Et., Po.*). Bei 160–180°/0,1 Torr sublimierbar (*Ad., Ma.*). Triklin; Netzebenenabstände: *Bauer,* Chem. Listy **51** [1957] 511, 513; Collect. **22** [1957] 1620, 1622; C. A. **1957** 10413. IR-Spektrum ($CHCl_3$; 1700–1580 cm^{-1}): *Josien, Deschamps,* J. Chim. phys. **53** [1956] 885, 886. IR-Banden (KBr: 6–11,5 μ): *Flaig, Salfeld,* A. **626** [1959] 215, 217, 220. Absorptionsspektrum ($CHCl_3$; 240–500 nm): *Flaig, Salfeld,* A. **618** [1958] 117, 119. λ_{max}: 278 nm und 370 nm [$CHCl_3$] (*Fl., Sa.,* A. **618** 122), 277 nm und 360 nm [Dioxan] (*Buckley et al.,* Soc. **1957** 4891, 4894).

2,5-Diäthoxy-[1,4]benzochinon $C_{10}H_{12}O_4$, Formel II (R = R′ = C_2H_5) (H 378; E II 432).

B. Aus [1,4]Benzochinon und Äthanol mit Hilfe von $ZnCl_2$ (*Huisman,* R. **69** [1950] 1133,

1152). Aus 2,5-Dihydroxy-[1,4]benzochinon und Äthanol mit Hilfe von HCl (*Ramage, Stead,* Soc. **1953** 1393) oder von Äther-BF_3 (*Crosby, Lutz,* Am. Soc. **78** [1956] 1233, 1235).

Gelbe Kristalle (aus A.); F: 188–189° (*Cr., Lutz*), 184–185° (*Hu.*), 183° (*Ra., St.*).

2,5-Dipropoxy-[1,4]benzochinon $C_{12}H_{16}O_4$, Formel II (R = R′ = CH_2-C_2H_5) (H 378).

Gelbe Kristalle (aus A.); F: 188–189° (*Huisman,* R. **69** [1950] 1133, 1152).

2,5-Diphenoxy-[1,4]benzochinon $C_{18}H_{12}O_4$, Formel II (R = R′ = C_6H_5) (E II 432; E III 3349).

Kristalle (aus Xylol); F: 228–229° [unkorr.] (*Ungnade, Zilch,* J. org. Chem. **16** [1951] 64, 66). λ_{max} (Dioxan): 265 nm und 375 nm. Redoxpotential (wss. Dioxan): *Un., Zi.*

2,5-Bis-[4-hydroxy-phenoxy]-[1,4]benzochinon $C_{18}H_{12}O_6$, Formel III (E III 3349).

Redoxpotential in wss. Äthanol [50–85%ig] bei 15,1°, 25° und 34,3°: *Günther, Staude,* Z. El. Ch. **56** [1952] 673.

2,5-Diacetoxy-[1,4]benzochinon $C_{10}H_8O_6$, Formel II (R = R′ = CO-CH_3) (E II 432; E III 3350).

B. Aus 2,5-Dihydroxy-[1,4]benzochinon und Acetanhydrid mit Hilfe von Äther-BF_3 (*Crosby, Lutz,* Am. Soc. **78** [1956] 1233), von H_2SO_4 (*Pospišil, Ettel,* Collect. **24** [1959] 729, 736) oder von wss. $HClO_4$ (*Barltrop, Burstall,* Soc. **1959** 2183, 2184).

Gelbe Kristalle; F: 151–152° [korr.] (*Ba., Bu.*), 151–152° [unkorr.; Zers.; aus Eg.] (*Po., Et.*). λ_{max} (A.): 260 nm (*Ba., Bu.*).

2,5-Bis-methansulfonyloxy-[1,4]benzochinon $C_8H_8O_8S_2$, Formel II (R = R′ = SO_2-CH_3).

B. Aus 1,4-Bis-methansulfonyloxy-2,5-dimethoxy-benzol mit Hilfe von HNO_3 und H_2SO_4 [20% SO_3 enthaltend] (*Schawartz,* Acta chim. hung. **20** [1959] 239, 241).

Kristalle (aus Acn.); F: 182–183° [unkorr.].

2,5-Dimethoxy-[1,4]benzochinon-bis-carbamimidoylhydrazon, *N,N‴*-[2,5-Dimethoxy-cyclohexa-2,5-dien-1,4-diylidendiamino]-di-guanidin $C_{10}H_{16}N_8O_2$, Formel IV und Taut.

B. Aus 2,5-Dimethoxy-[1,4]benzochinon und Aminoguanidin-nitrat (*Petersen et al.,* Ang. Ch. **67** [1955] 217, 222).

Zers. >250°.

3-Chlor-2,5-dimethoxy-[1,4]benzochinon $C_8H_7ClO_4$, Formel V (R = CH_3, X = H).

B. Beim Erwärmen von 5,6-Dichlor-2,5-dimethoxy-cyclohex-2-en-1,4-dion (S. 2702) in Äthanol (*Ioffe, Šuchina,* Ž. obšč. Chim. **23** [1953] 1752, 1756; engl. Ausg. S. 1849, 1852). Beim Behandeln von 3-Chlor-2,5-dihydroxy-[1,4]benzochinon mit Diazomethan (*Lindberg,* Acta chem. scand. **6** [1952] 1048, 1050).

Kristalle (aus A.); F: 123–124° [unkorr.] (*Li.*), 118–119° (*Io., Šu.*). IR-Banden ($CHCl_3$ bzw. CCl_4; 1700–1550 cm^{-1}): *Josien, Deschamps,* J. Chim. phys. **53** [1956] 885, 887.

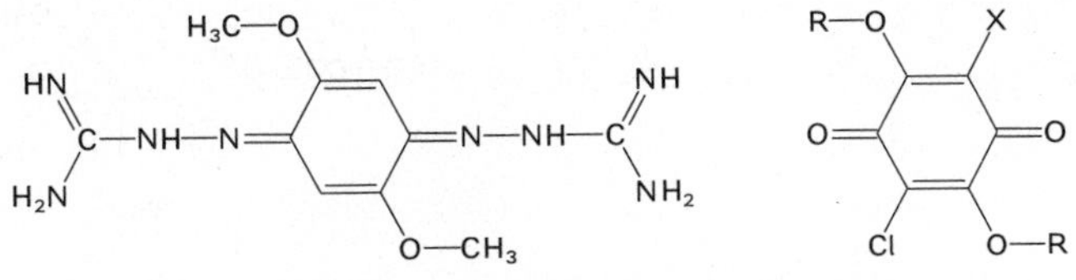

H₃C—O HN NH C—NH—N= =N—NH—C H₂N NH₂ O—CH₃

IV

R—O X O= =O Cl O—R

V

2,5-Dichlor-3,6-dihydroxy-[1,4]benzochinon $C_6H_2Cl_2O_4$, Formel V (R = H, X = Cl) und Taut.; **Chloranilsäure** (H 379; E II 433; E III 3350).

^{35}Cl-NQR-Absorption bei 77 K: *Bray et al.,* J. chem. Physics **28** [1958] 99, 100. Absorptions=

spektrum in wss. Äthanol [50%ig] (290 – 600 nm), in wss. Äthanol, in wss. Isopropylalkohol und in wss. 2-Methoxy-äthanol, jeweils vom pH 1 – 14 (280 – 350 nm): *Bertolacini, Barney*, Anal. Chem. **30** [1958] 202, 498; in H_2O sowie in wss. Äthanol [50%ig] (450 – 600 nm): *Bertolacini, Barney*, Anal. Chem. **29** [1957] 281; in wss. $HClO_4$ (270 – 350 nm bzw. 320 – 540 nm): *Thamer, Voigt*, Am. Soc. **73** [1951] 3197, 3199; *Waterbury, Bricker*, Anal. Chem. **29** [1957] 129, 132; in wss. Lösungen vom pH 0,3, pH 2 und pH 11 (400 – 600 nm): *Thamer, Voigt*, J. phys. Chem. **56** [1952] 225, 230. Scheinbare Dissoziationsexponenten pK'_{a1} und pK'_{a2} (H_2O; polarographisch ermittelt) bei 25°: 1,22 bzw. 3,01 (*Weissbart, van Rysselberghe*, J. phys. Chem. **61** [1957] 765). Scheinbare Dissoziationskonstanten K'_{a1} und K'_{a2} (H_2O; spektrophotometrisch ermittelt) bei 28°: $8{,}4 \cdot 10^{-2}$ bzw. $3{,}8 \cdot 10^{-3}$ (*Th., Vo.*, J. phys. Chem. **56** 230). Polarographisches Halbstufenpotential in wss. Lösungen vom pH 0,4 – 7,1: *We., v. Ry.*, l. c. S. 767; in wss. Lösungen vom pH 4,9 – 12: *Breyer, Bauer*, Austral. J. Chem. **8** [1955] 472. Polarographisches Verhalten im Wechselstrom: *Breyer, Bauer*, Austral. J. Chem. **8** 472, **9** [1956] 437, 440. Redoxpotential (Eg.) bei 25°: *Dimroth* zit. bei *Breitenbach, Fally*, M. **84** [1953] 319, 327.

Barium-Salz $BaC_6Cl_2O_4$ (H 380). Löslichkeit in H_2O: $2{,}2 \cdot 10^{-4}$ mol·l^{-1}; in wss. Äthanol [50%ig]: $5{,}2 \cdot 10^{-6}$ mol·l^{-1} (*Be., Ba.*, Anal. Chem. **29** 282).

Zirkon(IV)-Komplex. UV-Spektrum (wss. $HClO_4$; 270 – 350 nm): *Th., Vo.*, Am. Soc. **73** 3199. Stabilitätskonstanten in wss. Lösung bei 25°: *Th., Vo.*, Am. Soc. **73** 3197.

Molybdän(VI)-Komplex. Absorptionsspektrum ($HClO_4$; 320 – 540 nm): *Wa., Br.*, l. c. S. 132.

2,5-Dichlor-3,6-dimethoxy-[1,4]benzochinon $C_8H_6Cl_2O_4$, Formel V (R = CH_3, X = Cl) (H 380; E III 3350).

B. Beim Behandeln von Tetrachlor-[1,4]benzochinon mit KF und Methanol (*Wallenfels, Draber*, B. **90** [1957] 2819, 2829). Beim Erwärmen von 2,3,5,6-Tetrachlor-2,5-dimethoxy-cyclohexan-1,4-dion (S. 2697) mit Äthanol oder beim Erwärmen von 2,5-Dimethoxy-[1,4]benzochinon in Nitrobenzol unter Einleiten von Chlor (*Ioffe, Šuchina*, Ž. obšč. Chim. **23** [1953] 1752, 1756; engl. Ausg. S. 1849, 1852).

Rote Kristalle; F: 142° (*Io., Šu.*), 141° [aus CCl_4] (*Wa., Dr.*).

2,5-Diäthoxy-3,6-dichlor-[1,4]benzochinon $C_{10}H_{10}Cl_2O_4$, Formel V (R = C_2H_5, X = Cl) (H 380; E I 681).

B. Aus 2,5-Diäthoxy-3,6-dichlor-hydrochinon bei der Oxidation mit $FeCl_3$ (*Oliverio, Werber*, Ann. Chimica **42** [1952] 145, 148).

Kristalle (aus A.); F: 104 – 105°.

2,5-Dichlor-3,6-bis-[2]naphthyloxy-[1,4]benzochinon $C_{26}H_{14}Cl_2O_4$, Formel VI (X = H).

B. Aus Tetrachlor-[1,4]benzochinon und Natrium-[2]naphtholat (*Acharya et al.*, J. scient. ind. Res. India **16** B [1957] 400, 406).

Braune Kristalle (aus Bzl.); F: 285 – 286°.

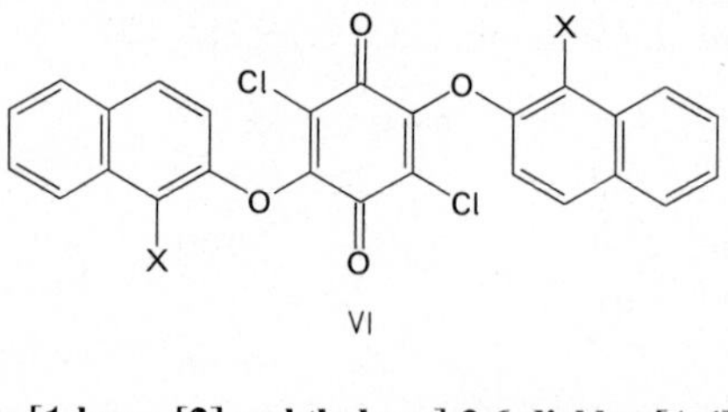

VI

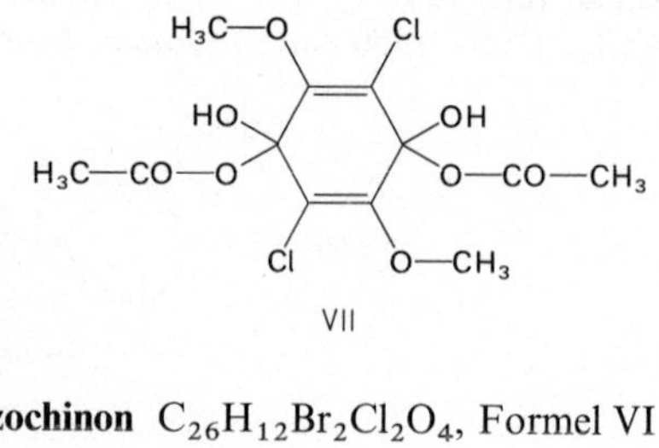

VII

2,5-Bis-[1-brom-[2]naphthyloxy]-3,6-dichlor-[1,4]benzochinon $C_{26}H_{12}Br_2Cl_2O_4$, Formel VI (X = Br).

B. Analog der vorangehenden Verbindung (*Acharya et al.*, J. scient. ind. Res. India **16** B [1957] 400, 407).

Violette Kristalle (aus Bzl.); F: 262 – 263°.

***Opt.-inakt. 1,4-Diacetoxy-2,5-dichlor-3,6-dimethoxy-cyclohexa-2,5-dien-1,4-diol(?)** $C_{12}H_{14}Cl_2O_8$, vermutlich Formel VII.

B. Neben 2,5-Dichlor-3,6-dimethoxy-[1,4]benzochinon aus 2,5-Dimethoxy-[1,4]benzochinon beim Behandeln mit Chlor und Essigsäure (*Lindberg,* Svensk kem. Tidskr. **65** [1953] 113, 117).

Kristalle; F: 204–205° [unkorr.; Zers.].

3-Brom-2,5-dihydroxy-[1,4]benzochinon $C_6H_3BrO_4$, Formel VIII (R = X = H) und Taut.

B. Aus 3-Brom-2,5-dihydroxy-[1,4]benzochinon-diimin mit Hilfe von wss. KOH (*Lindberg,* Acta chem. scand. **6** [1952] 1048, 1050).

Rote Kristalle (aus Eg.); F: 190° [unkorr.; Zers.]. IR-Banden ($CHCl_3$; 1700–1600 cm^{-1}): *Josien, Deschamps,* J. Chim. phys. **53** [1956] 885, 887.

2,5-Dibrom-3,6-dihydroxy-[1,4]benzochinon $C_6H_2Br_2O_4$, Formel VIII (R = H, X = Br) und Taut.; **Bromanilsäure** (H 382; E I 689; E II 433; E III 3351).

B. Aus 2,5-Dibrom-hydrochinon mit Hilfe von Sauerstoff und wss.-äthanol. NaOH (*Flaig et al.,* A. **597** [1955] 196, 202).

2,5-Dibrom-3,6-dimethoxy-[1,4]benzochinon $C_8H_6Br_2O_4$, Formel VIII (R = CH_3, X = Br) (E III 3351).

IR-Banden ($CHCl_3$; 1700–1550 cm^{-1}): *Josien, Deschamps,* J. Chim. phys. **53** [1956] 885, 887.

2,5-Diäthoxy-3,6-dibrom-[1,4]benzochinon $C_{10}H_{10}Br_2O_4$, Formel VIII (R = C_2H_5, X = Br) (H 387; E III 3351).

B. Aus Tetrabrom-[1,4]benzochinon bei der Reaktion mit KF und Äthanol (*Wallenfels, Draber,* B. **90** [1957] 2819, 2829).

Orangefarbene Kristalle (aus CCl_4); F: 140°.

2,5-Bis-propylmercapto-[1,4]benzochinon $C_{12}H_{16}O_2S_2$, Formel IX (R = CH_2-C_2H_5).

B. Aus [1,4]Benzochinon und Propan-1-thiol oder aus 2,5-Dichlor-[1,4]benzochinon und Kalium-[propan-1-thiolat] (*Blackhall, Thomson,* Soc. **1953** 1138, 1143).

Orangerote Kristalle (aus A.); F: 163°.

2,5-Bis-octylmercapto-[1,4]benzochinon $C_{22}H_{36}O_2S_2$, Formel IX (R = $[CH_2]_7$-CH_3).

B. Aus [1,4]Benzochinon und Octan-1-thiol (*Akagi, Aoki,* J. pharm. Soc. Japan **77** [1957] 1121; C. A. **1958** 5330).

Gelbbraune Kristalle; F: 162°.

2,5(?)-Bis-[3-carboxy-propylmercapto]-[1,4]benzochinon, 4,4′-[3,6-Dioxo-cyclohexa-1,4-dien-1,4(?)-diyldimercapto]-di-buttersäure $C_{14}H_{16}O_6S_2$, vermutlich Formel IX (R = $[CH_2]_3$-CO-OH).

B. Aus [1,4]Benzochinon und 4-Mercapto-buttersäure (*Blackhall, Thomson,* Soc. **1953** 1138, 1142).

Rote Kristalle (aus wss. A.); F: 201–203°.

2,6-Dihydroxy-[1,4]benzochinon $C_6H_4O_4$, Formel X (R = R′ = H) und Taut.

IR-Spektrum (CCl_4; 3700–2500 cm^{-1}): *Liddel,* Ann. N.Y. Acad. Sci. **69** [1957] 70.

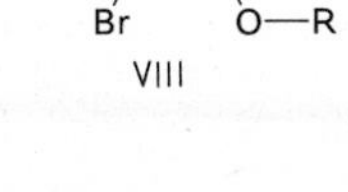

VIII 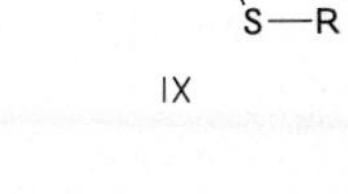 IX 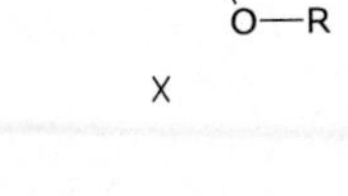 X 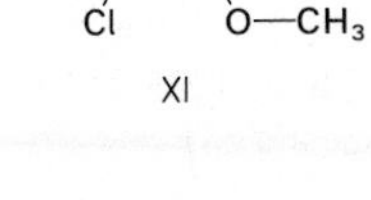 XI

2,6-Dimethoxy-[1,4]benzochinon $C_8H_8O_4$, Formel X (R = R' = CH_3) (H 385; E I 683; E II 433; E III 3354).

B. Aus 2,6-Dimethoxy-phenol oder 4-Hydroxy-3,5-dimethoxy-benzoesäure bei der Oxidation mit $NO(SO_3K)_2$ bzw. mit Blei(IV)-acetat (*Teuber, Rau,* B. **86** [1953] 1036, 1045; *Wessely, Kotlan,* M. **84** [1953] 291, 296). Aus 3,5-Dimethoxy-phenol mit Hilfe von $NO(SO_3K)_2$ (*Te., Rau*). Aus 2-Brom-3,5-dimethoxy-hydrochinon (*Erdtman,* Svensk kem. Tidskr. **63** [1951] 43, 60). Aus diazotiertem 4-Amino-3,5-dimethoxy-phenol mit Hilfe von CuCl (*Grove et al.,* Soc. **1952** 3967, 3982).

Gelbe Kristalle; F: 262–263° (*Beasley et al.,* J. Pharm. Pharmacol. **10** [1958] 47, 58), 259–260° [unkorr.; aus E.] (*Cosgrove et al.,* Soc. **1952** 4821), 255–256° [nach Sublimation bei 175–180°/1 Torr] (*We., Ko.*), 251,5° [aus H_2O] (*Te., Rau*). IR-Spektrum in Nujol (4000–660 cm^{-1}): *Polonsky, Ledeser,* Bl. **1959** 1157; in $CHCl_3$ (1700–1550 cm^{-1}): *Josien, Deschamps,* J. Chim. phys. **53** [1956] 885, 886, 887. IR-Banden (KBr; 5,9–11,4 μ): *Flaig, Salfeld,* A. **626** [1959] 215, 217, 220. Absorptionsspektrum in Äthanol (220–480 nm): *Po., Le.*; in $CHCl_3$ (240–500 nm): *Flaig, Salfeld,* A. **618** [1958] 117, 119. λ_{max}: 288 nm [$CHCl_3$] (*Co. et al.*), 287 nm und 377 nm [$CHCl_3$] (*Fl., Sa.,* A. **618** 122), 285 nm und 367 nm [Dioxan] (*Buckley et al.,* Soc. **1957** 4891, 4894).

Relative Geschwindigkeitskonstante der Reaktion mit Methyl in Toluol bei 65°: *Buckley et al.,* Soc. **1958** 3442.

Beim Behandeln mit Diazomethan in Äther unter Zusatz von Methanol ist 4,8-Dimethoxy-1-oxa-spiro[2.5]octa-4,7-dien-6-on erhalten worden (*Eistert, Bock,* B. **92** [1959] 1247, 1256). Beim Erwärmen mit Aceton in Gegenwart von K_2CO_3 oder äthanol. KOH (*Aghoramurthy et al.,* Pr. Indian Acad. [A] **37** [1953] 798, 801; J. Indian chem. Soc. **39** [1962] 439) bzw. Al_2O_3 (*Magnusson,* Acta chem. scand. **12** [1958] 791) ist 4-Acetonyl-4-hydroxy-3,5-dimethoxy-cyclohexa-2,5-dienon erhalten worden. Die von *Aghoramurthy et al.* (Pr. Indian Acad. [A] **37** 803) beim Erwärmen mit Butanon und K_2CO_3 erhaltene Verbindung $C_{12}H_{16}O_5$ (F: 131–132°) ist aufgrund der analogen Bildungsweise zu 4-Acetonyl-4-hydroxy-3,5-dimethoxy-cyclohexa-2,5-dienon wahrscheinlich als 4-Hydroxy-3,5-dimethoxy-4-[2-oxo-butyl]-cyclohexa-2,5-dienon zu formulieren.

2,6-Diphenoxy-[1,4]benzochinon $C_{18}H_{12}O_4$, Formel X (R = R' = C_6H_5).

B. Aus 2,6-Diphenoxy-hydrochinon mit Hilfe von wss. HNO_3 in Essigsäure (*Ungnade, Zilch,* J. org. Chem. **16** [1951] 64, 68).

Kristalle (aus Heptan); F: 158–159° [unkorr.]. λ_{max} (Dioxan): 265 nm und 375 nm. Redoxpotential (wss. Dioxan): *Un., Zi.*

2-Benzyloxy-6-methoxy-[1,4]benzochinon $C_{14}H_{12}O_4$, Formel X (R = CH_2-C_6H_5, R' = CH_3).

B. Aus 1,2-Bis-benzyloxy-3-methoxy-benzol mit Hilfe von HNO_3 in Essigsäure (*King et al.,* Soc. **1954** 4594, 4600).

Gelbe Kristalle (aus A.); F: 142–143°.

2,6-Dichlor-3,5-dimethoxy-[1,4]benzochinon $C_8H_6Cl_2O_4$, Formel XI (H 387; E II 434).

B. Aus 1,2,3,5-Tetramethoxy-benzol und SO_2Cl_2 (*Castelfranchi, Borra,* Ann. Chimica **43** [1953] 293, 295). Aus 3-Chlor-2,6-dimethoxy-[1,4]benzochinon und Chlor (*Huisman,* R. **69** [1950] 1133, 1148).

Orangerote Kristalle (aus A.); F: 160,6–161° (*Hu.*). Bei 160°/1 Torr sublimierbar (*Hu.*). λ_{max} (Dioxan): 296 nm und 405 nm (*Buckley et al.,* Soc. **1957** 4891, 4894).

Ein ebenfalls unter dieser Konstitution beschriebenes Präparat (gelbe Kristalle; F: 149–150°) ist neben einer als 1,3,5-Trichlor-2,4,6-trimethoxy-benzol formulierten Verbindung $C_9H_9Cl_3O_3$ (F: 112°; vgl. H **6** 1104) bei der Oxidation von 2,4-Dichlor-1,3,5-trimethoxy-benzol (F: 155°; E IV **6** 7369) mit H_2O_2 in Essigsäure und wenig H_2SO_4 erhalten worden (*Davidge et al.,* Soc. **1958** 4569, 4571).

2-Brom-3,5-dimethoxy-[1,4]benzochinon $C_8H_7BrO_4$, Formel XII (X = H) (E II 434).

B. Aus 2-Brom-1,3,5-trimethoxy-benzol bei der Oxidation mit H_2O_2 in Essigsäure und wenig H_2SO_4 (*Davidge et al.*, Soc. **1958** 4569, 4571).

Gelbe Kristalle; F: 148–149° (*Da. et al.*). IR-Banden ($CHCl_3$; 1690–1580 cm^{-1}): *Josien, Deschamps,* J. Chim. phys. **53** [1956] 885, 887.

2,6-Dibrom-3,5-dimethoxy-[1,4]benzochinon $C_8H_6Br_2O_4$, Formel XII (X = Br) (H 387; E II 435; E III 3356).

B. Aus 2,6-Dimethoxy-[1,4]benzochinon bei der Reaktion mit Brom und anschliessenden Oxidation mit Sauerstoff (*Marxer,* Helv. **40** [1957] 502, 505).

Rote Kristalle; F: 176–178° [unkorr.; aus $CHCl_3$] (*Ma.*), 174–175° [unkorr.; aus A.] (*Lindberg,* Svensk kem. Tidskr. **65** [1953] 113, 116). UV-Spektrum (A.; 220–400 nm): *Li.*

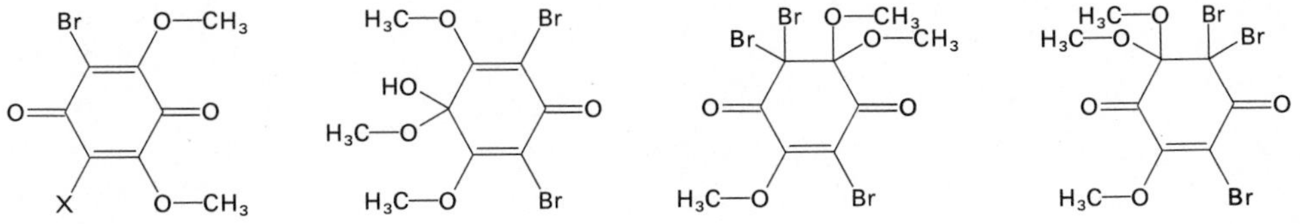

XII XIII XIV XV

2,6-Dibrom-4-hydroxy-3,4,5-trimethoxy-cyclohexa-2,5-dienon(?) $C_9H_{10}Br_2O_5$, vermutlich Formel XIII.

B. Neben 2,6-Dibrom-3,5-dimethoxy-[1,4]benzochinon aus 2-Brom-3,5-dimethoxy-[1,4]benzochinon bei der Reaktion mit Brom und Methanol (*Lindberg,* Svensk kem. Tidskr. **65** [1953] 113, 116).

Gelbe Kristalle (aus Me.); F: 82–83°.

Bildung von 2,6-Dibrom-3,5-dimethoxy-[1,4]benzochinon beim Behandeln einer Lösung in $CHCl_3$ mit Al_2O_3: *Li.*, l. c. S. 114.

2,5,5-Tribrom-3,6,6-trimethoxy-cyclohex-2-en-1,4-dion(?) $C_9H_9Br_3O_5$, vermutlich Formel XIV.

B. Aus 2,5-Dimethoxy-[1,4]benzochinon oder 2,5-Dibrom-3,6-dimethoxy-[1,4]benzochinon bei der Reaktion mit Brom und Methanol (*Lindberg,* Svensk kem. Tidskr. **65** [1953] 113, 117).

Hellgelbe Kristalle (aus Me.); F: 115–116° [unkorr.]. UV-Spektrum (A.; 220–400 nm): *Li.*, l. c. S. 115.

2,6,6-Tribrom-3,5,5-trimethoxy-cyclohex-2-en-1,4-dion(?) $C_9H_9Br_3O_5$, vermutlich Formel XV.

B. Aus 2,6-Dibrom-3,5-dimethoxy-[1,4]benzochinon bei der Reaktion mit Brom und Methanol (*Lindberg,* Svensk kem. Tidskr. **65** [1953] 113, 116).

Hellgelbe Kristalle (aus Me.); F: 108–109° [unkorr.]. UV-Spektrum (A.; 220–400 nm): *Li.*, l. c. S. 115. [*Schenk*]

Hydroxy-oxo-Verbindungen $C_7H_6O_4$

2,3,5-Trihydroxy-cycloheptatrienon $C_7H_6O_4$, Formel I (R = R′ = X = H) und Taut.; **3,5-Dihydroxy-tropolon.**

B. Beim Erhitzen von 6-Hydroxy-3-methoxy-tropolon (*Kitahara,* Sci. Rep. Tohoku Univ. [I] **39** [1956] 265, 273) oder von 3,5-Diäthoxy-tropolon (*Kitahara,* Sci. Rep. Tohoku Univ. [I] **39** [1956] 275, 282) mit Pyridin-hydrochlorid auf 180–190°.

Gelbliche Kristalle (aus H_2O); F: 223–224° [Zers.] (*Ki.*, l. c. S. 273). IR-Spektrum (Nujol; 4000–700 cm^{-1}): *Ki.*, l. c. S. 279. UV-Spektrum (Me.; 200–400 nm): *Ki.*, l. c. S. 268, 277.

2,6-Dihydroxy-3-methoxy-cycloheptatrienon $C_8H_8O_4$, Formel II und Taut.; **6-Hydroxy-3-methoxy-tropolon.**

B. Neben 3,7-Dimethoxy-tropolon beim Erhitzen von 3,7-Dibrom-tropolon mit Natrium=

methylat, Cu_2O und Methanol auf 150° (*Kitahara,* Sci. Rep. Tohoku Univ. [I] **39** [1956] 265, 272).

Kristalle; F: 99,5–100,5°. IR-Spektrum (KBr; 4000–700 cm^{-1}): *Ki.,* l. c. S. 269. Absorptionsspektrum (Me.; 200–410 nm): *Ki.,* l. c. S. 267.

3,5-Diäthoxy-tropolon $C_{11}H_{14}O_4$, Formel I (R = R' = C_2H_5, X = H) und Taut.

B. Bei der Hydrierung von 3,5-Diäthoxy-7-brom-tropolon an Palladium/Kohle in Äthanol unter Zusatz von Natriumacetat (*Kitahara,* Sci. Rep. Tohoku Univ. [I] **39** [1956] 275, 281).

Gelbliche Kristalle (aus A.); F: 107–108°. IR-Spektrum (KBr; 4000–700 cm^{-1}): *Ki.,* l. c. S. 278. Absorptionsspektrum (Me.; 200–425 nm): *Ki.,* l. c. S. 277.

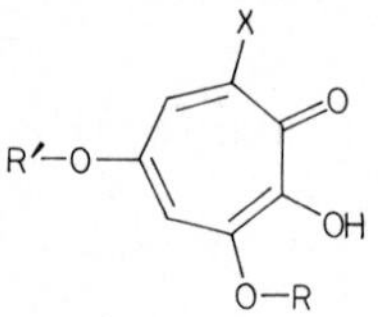

I 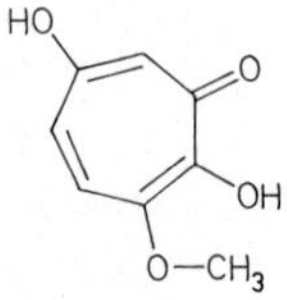 II 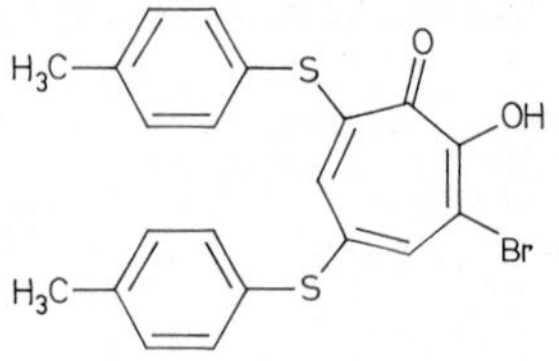 III

5-Äthoxy-7-brom-2,3-dihydroxy-cycloheptatrienon $C_9H_9BrO_4$, Formel I (R = H, R' = C_2H_5, X = Br) und Taut.; **6-Äthoxy-4-brom-3-hydroxy-tropolon.**

Für die nachfolgend beschriebene Verbindung ist ausser dieser Konstitution auch die Formulierung als 3-Äthoxy-7-brom-2,5-dihydroxy-cycloheptatrienon $C_9H_9BrO_4$ (Formel I [R = C_2H_5, R' = H, X = Br] und Taut.; 3-Äthoxy-7-brom-5-hydroxy-tropolon) in Betracht zu ziehen (*Kitahara,* Sci. Rep. Tohoku Univ. [I] **39** [1956] 275, 278).

B. Neben 3,5-Diäthoxy-7-brom-tropolon und 3,5,7-Triäthoxy-tropolon beim Erwärmen von 3,5,7-Tribrom-tropolon mit wss.-äthanol. NaOH (*Ki.,* l. c. S. 281).

Gelbliche Kristalle (aus Cyclohexan+Bzl.); F: 150–151°. IR-Spektrum (KBr; 4000–700 cm^{-1}): *Ki.* Absorptionsspektrum (Me.; 200–450 nm): *Ki.*

3,5-Diäthoxy-7-brom-tropolon $C_{11}H_{13}BrO_4$, Formel I (R = R' = C_2H_5, X = Br) und Taut.

B. s. bei der vorangehenden Verbindung.

Gelbliche Kristalle (aus A.); F: 127–128° (*Kitahara,* Sci. Rep. Tohoku Univ. [I] **39** [1956] 275, 281). Absorptionsspektrum (Me.; 200–450 nm): *Ki.*

Verbindung mit Benzylamin (F: 133,5–134,5°): *Ki.*

3-Brom-5,7-bis-*p*-tolylmercapto-tropolon $C_{21}H_{17}BrO_2S_2$, Formel III und Taut.

B. Beim Erwärmen des Natrium-Salzes des 3,5,7-Tribrom-tropolons mit Natrium-[4-methyl-thiophenolat] in Äthanol (*Nozoe et al.,* Sci. Rep. Tohoku Univ. [I] **37** [1953] 211, 236).

Gelbe Kristalle (aus Bzl.+A.); F: 154–155°.

2,4,7-Tris-*p*-tolylmercapto-cycloheptatrienon $C_{28}H_{24}OS_3$, Formel IV.

B. Beim Erwärmen von 2,4,7-Tribrom-cycloheptatrienon mit Natrium-[4-methyl-thiophenolat] in Benzol und Äthanol (*Nozoe et al.,* Sci. Rep. Tohoku Univ. [I] **37** [1953] 211, 226).

Gelbe Kristalle (aus Bzl.); F: 184–185°.

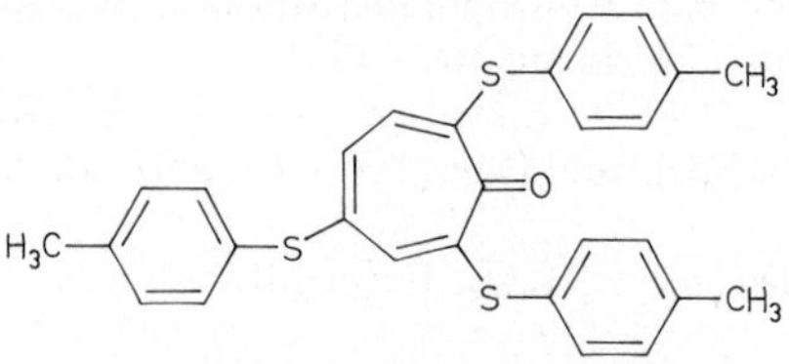

IV 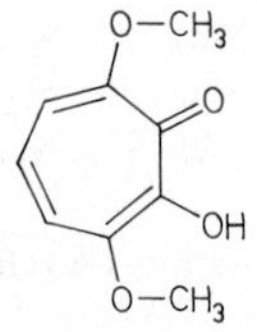 V

3,7-Dimethoxy-tropolon $C_9H_{10}O_4$, Formel V.

B. s. S. 2711 im Artikel 6-Hydroxy-3-methoxy-tropolon.

Kristalle (aus Bzl.); F: 168–169° (*Kitahara,* Sci. Rep. Tohoku Univ. [I] **39** [1956] 265, 272). UV-Spektrum (Me.; 200–380 nm): *Ki.,* l. c. S. 267.

3,7-Bis-*p*-tolylmercapto-tropolon $C_{21}H_{18}O_2S_2$, Formel VI (R = X = H).

B. Beim Erhitzen des Natrium-Salzes des 3,7-Dibrom-tropolons mit Natrium-[4-methyl-thiophenolat] in Äthanol auf 170° (*Nozoe et al.,* Sci. Rep. Tohoku Univ. [I] **37** [1953] 211, 235).

Gelbe Kristalle (aus Bzl. + A.); F: 158–159°.

2-Methoxy-3,7-bis-*p*-tolylmercapto-cycloheptatrienon $C_{22}H_{20}O_2S_2$, Formel VI (R = CH_3, X = H).

B. Aus 3,7-Bis-*p*-tolylmercapto-tropolon und Diazomethan in Äther (*Nozoe et al.,* Sci. Rep. Tohoku Univ. [I] **37** [1953] 211, 235). Beim Erwärmen von 3,7-Dibrom-2-methoxy-cycloheptatrienon mit Natrium-[4-methyl-thiophenolat] in Äther (*No. et al.*).

Gelbliche Kristalle (aus Bzl. + A.); F: 167,5–168,5°.

5-Brom-3,7-bis-*p*-tolylmercapto-tropolon $C_{21}H_{17}BrO_2S_2$, Formel VI (R = H, X = Br).

B. Beim Erwärmen des Natrium-Salzes des 3,5,7-Tribrom-tropolons mit Natrium-[4-methyl-thiophenolat] in Äthanol (*Nozoe et al.,* Sci. Rep. Tohoku Univ. [I] **37** [1953] 211, 235). Beim Erhitzen von 3,5,7-Tribrom-tropolon mit Thio-*p*-kresol und Pyridin, auch unter Zusatz von NaOH (*Cook et al.,* Soc. **1954** 530, 534). Beim Erwärmen von 3,7-Bis-*p*-tolylmercapto-tropolon mit Brom in Essigsäure (*No. et al.,* l. c. S. 236; *Cook et al.*).

Gelbe Kristalle; F: 216° [aus Bzl. + A. bzw. aus Eg.] (*No. et al.*; *Cook et al.*).

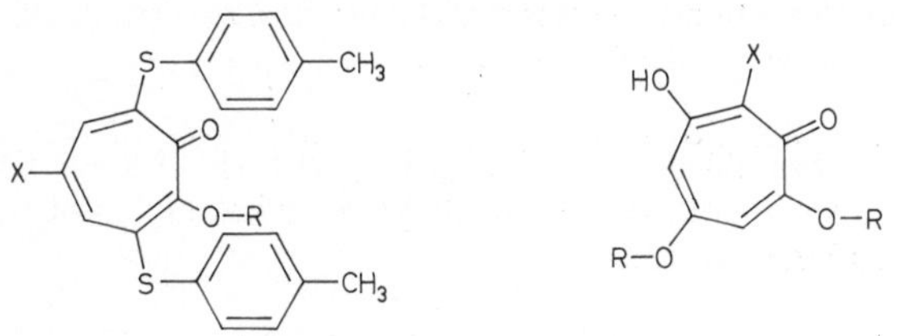

VI VII

2,4,6-Trihydroxy-cycloheptatrienon, 4,6-Dihydroxy-tropolon $C_7H_6O_4$, Formel VII (R = X = H).

B. Beim Erhitzen von 6-Hydroxy-2,4-dimethoxy-cycloheptatrienon mit konz. wss. HBr (*Johns et al.,* Soc. **1954** 4605, 4611).

Kristalle (aus H_2O); F: 222° [Zers.]. Bei 170°/0,5 Torr sublimierbar. IR-Banden (Nujol; 3560–660 cm^{-1}): *Jo. et al.* λ_{max} (A.): 254 nm und 334 nm.

6-Hydroxy-2,4-dimethoxy-cycloheptatrienon $C_9H_{10}O_4$, Formel VII (R = CH_3, X = H).

B. Bei der Hydrierung von 2-Brom-3-hydroxy-5,7-dimethoxy-cycloheptatrienon an Palladium/Kohle in wss.-methanol. NaOH (*Johns et al.,* Soc. **1954** 4605, 4610).

Kristalle (aus H_2O); F: 210° [Zers.; nach Sublimation bei 155°/0,3 Torr]. IR-Banden (Nujol; 2930–650 cm^{-1}): *Jo. et al.,* l. c. S. 4611. λ_{max} (A.): 252 nm und 329 nm.

2,6-Dimethoxy-cyclohepta-2,5-dien-1,4-dion $C_9H_{10}O_4$, Formel VIII.

Die von *Marini-Bettòlo, Paolini* (G. **84** [1954] 327) unter dieser Konstitution beschriebene Verbindung ist als 4,8-Dimethoxy-1-oxa-spiro[2.5]octa-4,7-dien-6-on (E III/IV **18** 1186) zu formulieren (*Eistert, Bock,* B. **92** [1959] 1247, 1250).

2-Brom-3-hydroxy-5,7-dimethoxy-cycloheptatrienon $C_9H_9BrO_4$, Formel VII (R = CH_3, X = Br).

B. Beim Erwärmen von 2,5,7-Tribrom-3-hydroxy-cycloheptatrienon mit methanol. Natrium-

methylat (*Johns et al.*, Soc. **1954** 4605, 4610).
Gelbliche Kristalle (aus Me.); F: 221° [Zers.]. λ_{max} (A.): 262 nm und 338 nm.

2,3-Dihydroxy-4-methoxy-benzaldehyd $C_8H_8O_4$, Formel IX (R = H, X = O) (E III 3357).
B. Beim Einleiten von HCl in ein Gemisch von 3-Methoxy-brenzcatechin, HCN und $AlCl_3$ in Benzol (*Campbell et al.*, J. org. Chem. **16** [1951] 1736, 1740).

2,3,4-Trimethoxy-benzaldehyd $C_{10}H_{12}O_4$, Formel X (R = R′ = R″ = CH_3) (E I 684; E II 435; E III 3358).
B. Aus 1,2,3-Trimethoxy-benzol und *N*-Methyl-formanilid mit Hilfe von $POCl_3$ (*Buu-Hoi et al.*, J. org. Chem. **19** [1954] 1548, 1551; *Gutsche, Jason,* Am. Soc. **78** [1956] 1184, 1187; *Sapewalowa, Koton,* Ž. obšč. Chim. **29** [1959] 2900, 2901; engl. Ausg. S. 2860, 2861).
Kp_5: 151–153° (*Sa., Ko.*); $Kp_{0,5}$: 121–124° (*Gu., Ja.*).
Thiosemicarbazon $C_{11}H_{15}N_3O_3S$. Kristalle (aus A.); F: 205° (*Buu-Hoi et al.*).

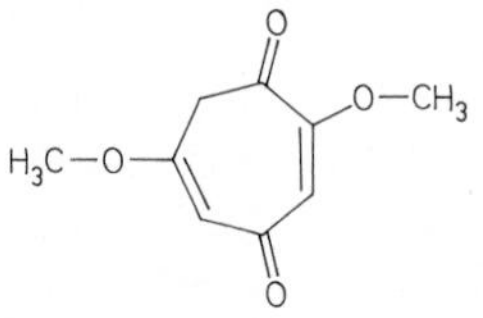

VIII 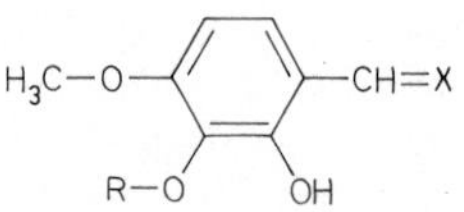 IX 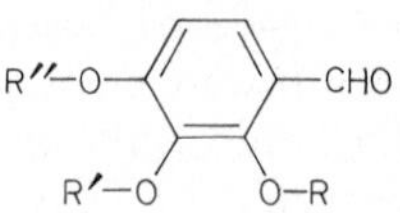 X

4-Äthoxy-2,3-dihydroxy-benzaldehyd $C_9H_{10}O_4$, Formel X (R = R′ = H, R″ = C_2H_5).
B. Beim Einleiten von HCl in ein Gemisch von 3-Äthoxy-brenzcatechin und $Zn(CN)_2$ in Äther und Erhitzen des Reaktionsprodukts mit H_2O (*Critchlow et al.*, Soc. **1951** 1318, 1324).
Gelbliche Kristalle (aus H_2O); F: 98°.

3-Äthoxy-2,4-dimethoxy-benzaldehyd $C_{11}H_{14}O_4$, Formel X (R = R″ = CH_3, R′ = C_2H_5).
B. Bei der Oxidation von 3-Äthoxy-2,4-dimethoxy-benzylalkohol mit CrO_3 in wss. Essigsäure (*Critchlow et al.*, Soc. **1951** 1318, 1324).
$Kp_{0,05}$: 140°.
2,4-Dinitro-phenylhydrazon (F: 170°): *Cr. et al.*

4-Äthoxy-2,3-dimethoxy-benzaldehyd $C_{11}H_{14}O_4$, Formel X (R = R′ = CH_3, R″ = C_2H_5).
B. Beim Erwärmen von 4-Äthoxy-2,3-dihydroxy-benzaldehyd mit CH_3I und K_2CO_3 in Aceton (*Critchlow et al.*, Soc. **1951** 1318, 1324).
$Kp_{0,5}$: 140°.
2,4-Dinitro-phenylhydrazon (F: 158,5°): *Cr. et al.*

***2-Hydroxy-3,4-dimethoxy-benzaldehyd-semicarbazon** $C_{10}H_{13}N_3O_4$, Formel IX (R = CH_3, X = N-NH-CO-NH_2).
F: 212° (*King, Bottomley,* Soc. **1954** 1399, 1402).

2,3,5-Trihydroxy-benzaldehyd $C_7H_6O_4$, Formel XI (R = R′ = H).
B. Beim Erwärmen von 2,3,5-Triacetoxy-benzaldehyd mit Kaliumacetat und Methanol im Wasserstoff-Strom und Behandeln der Reaktionslösung mit wss. H_2SO_4 (*Corbett et al.*, Soc. **1950** 1, 5). Beim Erwärmen von 3,5-Dihydroxy-benzaldehyd mit $K_2S_2O_8$ und wss. NaOH (*Co. et al.*).
Gelbe Kristalle (nach Sublimation bei 130°/10^{-2} Torr); Zers. ab 160°. UV-Spektrum (A.; 220–350 nm): *Co. et al.*, l. c. S. 3.
Triacetyl-Derivat $C_{13}H_{12}O_7$; 2,3,5-Triacetoxy-benzaldehyd. *B.* Beim Hydrieren von 2,3,5-Triacetoxy-benzoylchlorid an Palladium/$BaSO_4$ in Xylol (*Co. et al.*, l. c. S. 5). – Kristalle (aus Ae. + PAe. oder Bzl.); F: 90–91°.

2,5-Dihydroxy-3-methoxy-benzaldehyd $C_8H_8O_4$, Formel XI (R = H, R′ = CH_3) (E III 3359).

B. Beim Behandeln von 2-Hydroxy-3-methoxy-benzaldehyd mit wss. NaOH, Pyridin und $K_2S_2O_8$ (*Merchant et al.*, Soc. **1957** 4142; vgl. E III 3359).

XI XII

2,3,5-Trimethoxy-benzaldehyd $C_{10}H_{12}O_4$, Formel XI (R = R′ = CH_3) (E III 3359).

Kristalle (aus PAe.); F: 62–63° (*Clarke, Nord,* Am. Soc. **77** [1955] 6618), 61–62° (*Merchant et al.*, Soc. **1957** 4142).

Oxim $C_{10}H_{13}NO_4$. Kristalle (aus Me.); F: 129–130° (*Cl., Nord*).

3,6-Dihydroxy-2-methoxy-benzaldehyd $C_8H_8O_4$, Formel XII (R = H).

B. Beim Erhitzen von 3-Formyl-2,5-dihydroxy-4-methoxy-benzoesäure mit H_2O auf 140° (*Merchant et al.*, Soc. **1957** 4142).

Gelbliche Kristalle (aus $CHCl_3$+PAe.); F: 85–86°.

2,3,6-Trimethoxy-benzaldehyd $C_{10}H_{12}O_4$, Formel XII (R = CH_3).

B. Aus 3,6-Dihydroxy-2-methoxy-benzaldehyd und Dimethylsulfat mit Hilfe von K_2CO_3 in Aceton (*Merchant et al.*, Soc. **1957** 4142).

2,4-Dinitro-phenylhydrazon (F: 221°): *Me. et al.*

2,4,5-Trihydroxy-benzaldehyd $C_7H_6O_4$, Formel XIII (R = R′ = R″ = H) (H 388; E III 3359).

B. Beim Behandeln von 2,4-Dihydroxy-benzaldehyd mit wss. NaOH und $K_2S_2O_8$ (*Ponniah, Seshadri,* Pr. Indian Acad. [A] **37** [1953] 544, 548).

Kristalle; F: 229–230° [korr.; Zers.] (*Iseda,* Bl. chem. Soc. Japan **30** [1957] 625, 628).

Diacetyl-Derivat $C_{11}H_{10}O_6$; 4,5-Diacetoxy-2-hydroxy-benzaldehyd. Kristalle (aus Ae.); F: 105°; λ_{max} (Ae.): 260 nm und 327 nm (*Bohlmann,* B. **90** [1957] 1519, 1529).

2,5-Dihydroxy-4-methoxy-benzaldehyd $C_8H_8O_4$, Formel XIII (R = R″ = H, R′ = CH_3) (E III 3360).

B. Beim Behandeln von 2-Hydroxy-4-methoxy-benzaldehyd oder 3-Hydroxy-4-methoxy-benzaldehyd mit wss. NaOH und $K_2S_2O_8$ (*Rajagopalan et al.*, Pr. Indian Acad. [A] **30** [1949] 265, 270).

2-Hydroxy-4,5-dimethoxy-benzaldehyd $C_9H_{10}O_4$, Formel XIII (R = H, R′ = R″ = CH_3) (E III 3360).

Kristalle (aus PAe.); F: 105° (*Govindachari et al.*, Soc. **1956** 629, 631).

Dimedon-Derivat $C_{25}H_{30}O_6$; 9-[2-Hydroxy-4,5-dimethoxy-phenyl]-3,3,6,6-tetramethyl-3,4,5,6,7,9-hexahydro-2*H*-xanthen-1,8-dion. Kristalle (aus wss. Me.); F: 191–193°.

Phenylhydrazon (F: 139–140°): *Go. et al.*

2,4,5-Trimethoxy-benzaldehyd, Asarylaldehyd $C_{10}H_{12}O_4$, Formel XIII (R = R′ = R″ = CH_3) (H 389; E I 684; E II 435; E III 3361).

B. Beim Erhitzen von 1,2,4-Trimethoxy-benzol mit DMF und $POCl_3$ (*Govindachari et al.*, Soc. **1957** 548, 550). Beim Erwärmen von 2,5-Dihydroxy-4-methoxy-benzaldehyd mit Dimethyl-sulfat und K_2CO_3 in Aceton (*Rajagopalan et al.*, Pr. Indian Acad. [A] **30** [1949] 265, 270).

4,5-Diäthoxy-2-hydroxy-benzaldehyd $C_{11}H_{14}O_4$, Formel XIII (R = H, R′ = R″ = C_2H_5).

B. Neben 1-Äthoxy-3,5-dimethoxy-benzol beim Behandeln von 4,5-Diäthoxy-2-[2-äthoxy-4,6-dimethoxy-benzoyloxy]-benzaldehyd mit äthanol. KOH (*Govindachari et al.*, Soc. **1957** 545).

Kristalle (aus PAe.); F: 52–54°.

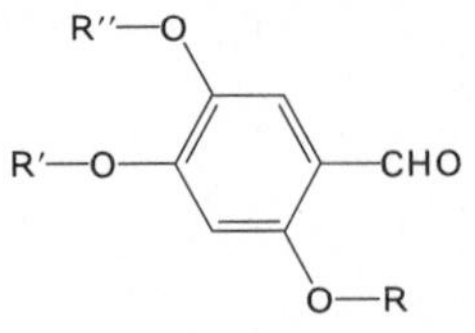

XIII 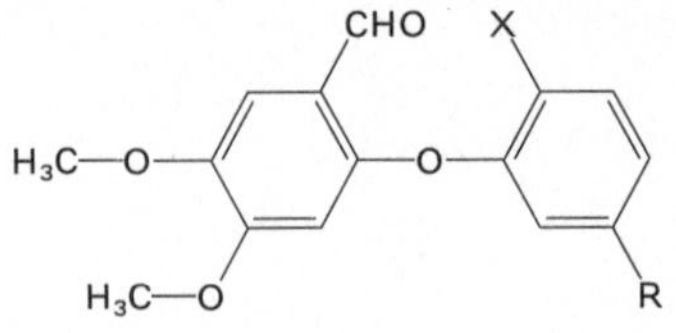 XIV

2,4,5-Triäthoxy-benzaldehyd $C_{13}H_{18}O_4$, Formel XIII (R = R′ = R″ = C_2H_5) (H 389).

B. Beim Erhitzen von 1,2,4-Triäthoxy-benzol mit DMF und $POCl_3$ (*Govindachari et al.*, Soc. **1957** 545). Beim Erwärmen von 4,5-Diäthoxy-2-hydroxy-benzaldehyd mit Äthyljodid und K_2CO_3 in Aceton (*Go. et al.*).

Kristalle (aus PAe.); F: 95°.

2,4-Dinitro-phenylhydrazon (F: 200–201°): *Go. et al.*

4,5-Dimethoxy-2-phenoxy-benzaldehyd $C_{15}H_{14}O_4$, Formel XIV (R = X = H).

Diese Konstitution kommt wahrscheinlich der früher (s. E III **8** 146) als 2-[3,4-Dimethoxy-phenoxy]-benzaldehyd beschriebenen Verbindung zu (s. dazu *Hassall, Lewis,* Soc. **1961** 2312, 2315). Entsprechend ist das früher (s. E III **8** 178) als 2-[3,4-Dimethoxy-phenoxy]-benz⸗aldehyd-semicarbazon $C_{16}H_{17}N_3O_4$ beschriebene Derivat als 4,5-Dimethoxy-2-phen⸗oxy-benzaldehyd-semicarbazon $C_{16}H_{17}N_3O_4$ zu formulieren.

4,5-Dimethoxy-2-[2-methoxy-phenoxy]-benzaldehyd $C_{16}H_{16}O_5$, Formel XIV (R = H, X = O-CH_3).

B. Beim Einleiten von HCl in ein Gemisch von 1,2-Dimethoxy-4-[2-methoxy-phenoxy]-benzol, HCN und $AlCl_3$ in Benzol und Erwärmen des Reaktionsgemisches mit wss. HCl (*Kulka, Manske,* Am. Soc. **75** [1953] 1322).

$Kp_{0,2}$: 180–185°.

Oxim $C_{16}H_{17}NO_5$. Kristalle (aus Bzl.); F: 121–122°.

4,5-Dimethoxy-2-[2-methoxy-5-methyl-phenoxy]-benzaldehyd $C_{17}H_{18}O_5$, Formel XIV (X = O-CH_3, R = CH_3).

B. Beim Einleiten von HCl in ein Gemisch von 1,2-Dimethoxy-4-[2-methoxy-5-methyl-phen⸗oxy]-benzol (aus 4-Brom-1,2-dimethoxy-benzol und 2-Methoxy-5-methyl-phenol hergestellt), HCN und $AlCl_3$ in Benzol und Erwärmen des Reaktionsgemisches mit wss. HCl (*Kulka, Manske,* Am. Soc. **75** [1953] 1322).

Hellgelbe Kristalle (aus Me.); F: 108–109°.

4,5-Dimethoxy-2-[oxo-*tert*-butoxy]-benzaldehyd $C_{13}H_{16}O_5$, Formel XIII (R = C(CH_3)$_2$-CHO, R′ = R″ = CH_3).

B. Beim Behandeln von (±)-6,7-Dimethoxy-2,2-dimethyl-chroman-3*r*,4*c*-diol mit Blei(IV)-acetat in Essigsäure (*Alertsen,* Acta chem. scand. **9** [1955] 1725; Acta polytech. scand. chem. Ser. Nr. 13 [1961] 1, 11, 18).

Kristalle (aus Ae.); F: 101,5–102° [korr.]. Bei 80°/10^{-4} Torr sublimierbar. λ_{max} (Hexan): 273 nm und 316 nm.

[2-Formyl-4,5-dimethoxy-phenoxy]-essigsäure $C_{11}H_{12}O_6$, Formel XIII (R = CH_2-CO-OH, R′ = R″ = CH_3).

B. Beim Behandeln des Äthylesters (s. u.) mit wss.-äthanol. NaOH (*Whalley,* Soc. **1953** 3479,

3481).

Kristalle (aus wss. Acn.); F: 196°.

Äthylester $C_{13}H_{16}O_6$. *B.* Beim Erwärmen von 2-Hydroxy-4,5-dimethoxy-benzaldehyd mit Bromessigsäure-äthylester und K_2CO_3 in Aceton (*Wh.*). – Kristalle (aus A.); F: 129°.

2,4,6-Trihydroxy-benzaldehyd $C_7H_6O_4$, Formel I (R = R′ = R″ = H) (H 390; E I 684; E II 435; E III 3363).

Absorptionsspektrum (A.; 220–420 nm): *Grammaticakis,* C. r. **231** [1950] 278.

2,6-Dihydroxy-4-methoxy-benzaldehyd $C_8H_8O_4$, Formel I (R = R″ = H, R′ = CH_3) (E II 436; E III 3364).

B. Beim Erhitzen von 3-Formyl-2,4-dihydroxy-6-methoxy-benzoesäure mit wss. Methanol unter Stickstoff (*Whalley,* Soc. **1951** 665, 670).

2-Hydroxy-4,6-dimethoxy-benzaldehyd $C_9H_{10}O_4$, Formel I (R = H, R′ = R″ = CH_3) (H 390; E II 436; E III 3364).

B. Aus 2,4,6-Trimethoxy-benzaldehyd mit Hilfe von $AlBr_3$ in Benzol (*Enebäck,* Acta chem. scand. **11** [1957] 895).

UV-Spektrum in Äthanol (210–360 nm) und in wss.-äthanol. NaOH (210–400 nm): *En.*

Beim Erwärmen mit Hippursäure, Acetanhydrid und Natriumacetat sind 3-Benzoylamino-5,7-dimethoxy-cumarin und 4-[2-Acetoxy-4,6-dimethoxy-benzyliden]-2-phenyl-4*H*-oxazol-5-on erhalten worden (*Kubota et al.,* J. chem. Soc. Japan Pure Chem. Sect. **77** [1956] 648, 650; C. A. **1958** 375).

2,4,6-Trimethoxy-benzaldehyd $C_{10}H_{12}O_4$, Formel I (R = R′ = R″ = CH_3) (H 390; E II 436; E III 3365).

B. Beim Behandeln von 1,3,5-Trimethoxy-benzol mit Formanilid und $POCl_3$ in Äther und Behandeln des Reaktionsprodukts mit wss. NaOH (*Kenyon, Mason,* Soc. **1952** 4964, 4966).

Kristalle; F: 120–121° [unkorr.; nach Sublimation unter 0,3 Torr] (*Benington et al.,* J. org. Chem. **19** [1954] 11, 13), 118° [aus Bzl.+PAe.] (*Ke., Ma.*). UV-Spektrum (wss. $HClO_4$ [20–49%ig]; 250–350 nm): *Burkett et al.,* Am. Soc. **81** [1959] 3923, 3925. Absorptionsspektrum (A.; 220–420 nm): *Grammaticakis,* C. r. **231** [1950] 278.

Protonierungsgleichgewicht in wss. $HClO_4$: *Bu. et al.* Geschwindigkeitskonstante der Zersetzung (Bildung von 1,3,5-Trimethoxy-benzol und Ameisensäure) in wss. $HClO_4$ [0,1–8 n], wss. HCl [0,3–9,8 n] und wss. HBr [0,2–8,8 n] bei 80°: *Bu. et al.*

Phenylhydrazon (F: 116–117°): *Sapewalowa, Koton,* Ž. obšč. Chim. **29** [1959] 2900, 2903; engl. Ausg. S. 2860, 2863.

4-Äthoxy-2,6-dimethoxy-benzaldehyd $C_{11}H_{14}O_4$, Formel I (R = R″ = CH_3, R′ = C_2H_5).

B. Aus 4-Hydroxy-2,6-dimethoxy-benzaldehyd und Diäthylsulfat (*Hargreaves et al.,* J. appl. Chem. **8** [1958] 273, 280).

Gelbliche Kristalle (aus E.+PAe.); F: 87°.

Semicarbazon $C_{12}H_{17}N_3O_4$. Gelbliche Kristalle (aus A.); F: 211°.

2,4-Dinitro-phenylhydrazon (F: 148°): *Ha. et al.*

2,4,6-Triäthoxy-benzaldehyd $C_{13}H_{18}O_4$, Formel I (R = R′ = R″ = C_2H_5).

B. Beim Einleiten von HCl in ein Gemisch von 1,3,5-Triäthoxy-benzol, $ZnCl_2$ und HCN in Benzol und Erwärmen des Reaktionsprodukts mit wss. HCl (*Benington et al.,* J. org. Chem. **19** [1954] 11, 14).

Kristalle; F: 99–100° [nach Destillation unter 0,1 Torr].

3-Chlor-2,4,6-trimethoxy-benzaldehyd $C_{10}H_{11}ClO_4$, Formel II (R = CH_3, X = H).

B. Beim Einleiten von HCl in ein Gemisch von 2-Chlor-1,3,5-trimethoxy-benzol, $ZnCl_2$ und HCN in Äther und Erhitzen des Reaktionsprodukts mit wss. NaOH (*Lloyd, Whalley,* Soc. **1956** 3209, 3211). Beim Erhitzen von [3-Chlor-2,4,6-trimethoxy-phenyl]-essigsäure mit CrO_3

in Essigsäure (*Ll.*, *Wh.*).
Kristalle (aus PAe.); F: 122°.
Oxim $C_{10}H_{12}ClNO_4$. Kristalle (aus wss. A.); F: 192°.

3,5-Dichlor-2,4,6-trihydroxy-benzaldehyd $C_7H_4Cl_2O_4$, Formel II (R = H, X = Cl).
B. Aus 2,4,6-Trihydroxy-benzaldehyd und SO_2Cl_2 in Äther bei 0° (*Lloyd, Whalley,* Soc. **1956** 3209, 3212).
Kristalle (aus E.+PAe.); F: 142°.
Oxim $C_7H_5Cl_2NO_4$. Gelbliche Kristalle (aus wss. A.); F: 178° [Zers.].

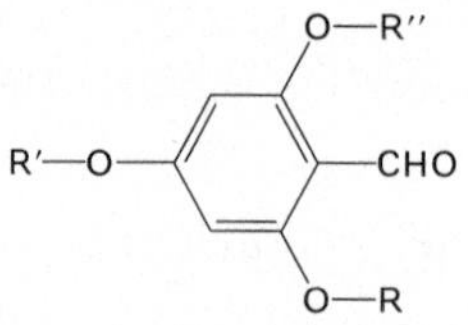

I 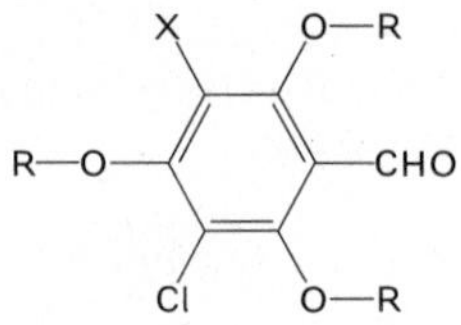 II 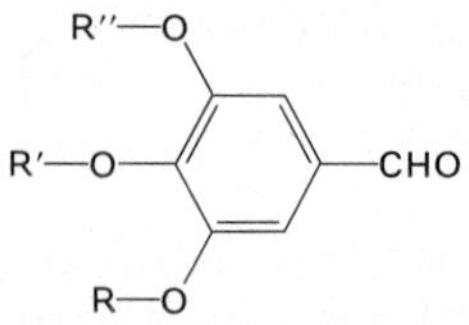 III

3,5-Dichlor-2,4,6-trimethoxy-benzaldehyd $C_{10}H_{10}Cl_2O_4$, Formel II (R = CH_3, X = Cl).
B. Aus 3,5-Dichlor-2,4,6-trihydroxy-benzaldehyd und Dimethylsulfat mit Hilfe von K_2CO_3 in Aceton (*Lloyd, Whalley,* Soc. **1956** 3209, 3212).
Gelbliche Kristalle (aus PAe.); F: 115°.
Oxim $C_{10}H_{11}Cl_2NO_4$. Gelbliche Kristalle (aus wss. A.); F: 202°.

3,4,5-Trihydroxy-benzaldehyd, Gallusaldehyd $C_7H_6O_4$, Formel III (R = R′ = R″ = H) (E I 684; E II 437; E III 3367).
B. Beim Behandeln von 3,4,5-Triacetoxy-benzaldehyd mit methanol. Natriummethylat in $CHCl_3$ (*Freudenberg, Hübner,* B. **85** [1952] 1181, 1188).
Kristalle (aus H_2O); F: 210° [Zers.].

3,4-Dihydroxy-5-methoxy-benzaldehyd $C_8H_8O_4$, Formel III (R = R′ = H, R″ = CH_3) (E II 437; E III 3367).
B. Beim Erhitzen von 4-Hydroxy-3-jod-5-methoxy-benzaldehyd mit wss. NaOH und Kupfer-Pulver (*Smith,* Soc. **1958** 3740).

3-Hydroxy-4,5-dimethoxy-benzaldehyd $C_9H_{10}O_4$, Formel III (R = H, R′ = R″ = CH_3) (E II 437).
B. Beim Erhitzen von *N*-Benzolsulfonyl-*N*′-[3,4-dimethoxy-5-methoxycarbonyloxy-benzoyl]-hydrazin mit K_2CO_3 in Äthan-1,2-diol (*Crowder et al.,* Soc. **1958** 2142, 2146).
$Kp_{0,02}$: 125° (*Cr. et al.,* l. c. S. 2148).
2,4-Dinitro-phenylhydrazon (F: 264–265°): *Cr. et al.*

4-Hydroxy-3,5-dimethoxy-benzaldehyd, Syringaaldehyd $C_9H_{10}O_4$, Formel III (R = R″ = CH_3, R′ = H) (H 391; E I 684; E II 437; E III 3368).
B. Beim Erhitzen von 4-Hydroxy-3-jod-5-methoxy-benzaldehyd mit Natriummethylat in Methanol und Kupfer-Pulver unter Druck (*Pepper, MacDonald,* Canad. J. Chem. **31** [1953] 476, 483; *Pearl,* J. org. Chem. **22** [1957] 1229, 1230). Beim Behandeln von 3,4-Dihydroxy-5-methoxy-benzaldehyd mit Dimethylsulfat und wss. NaOH (*Kratzl, Billek,* Holzforschung **7** [1953] 66, 69; *Kratzl et al.,* M. **85** [1954] 1154, 1165). Beim Behandeln von 4-Acetoxy-3,5-dimethoxy-benzaldehyd in $CHCl_3$ mit methanol. Natriummethylat (*Freudenberg, Hübner,* B. **85** [1952] 1181, 1185). – Herstellung von 4-Hydroxy-3,5-dimethoxy-[α-^{14}*C*]benzaldehyd: *Kratzl, Billek,* M. **85** [1954] 845, 854.
Kristalle (aus H_2O); F: 115–117° (*Milletti,* Ann. Chimica **45** [1955] 1211, 1216). UV-Spektrum in Äthanol (210–340 nm): *McIvor, Pepper,* Canad. J. Chem. **31** [1953] 298, 300; *Pearl, Beyer,* Am. Soc. **72** [1950] 1743, 1746; in H_2O und in Äthanol (220–360 nm): *Aulin-*

Erdtman, Hegbom, Svensk Papperstidn. **60** [1957] 671, 673, 676. Absorptionsspektum (wss. NaOH und äthanol. NaOH; 220–420 nm): *Au.-Er., He.*

Geschwindigkeit der Reduktion durch $NaBH_4$ in wss. NaOH bei 20°: *Smith,* Nature **176** [1955] 927.

3-Nitro-benzoylhydrazon (F: 205°): *Kr., Bi.*

4-Phenyl-semicarbazon (F: 212–213°): *Mi.*

Acetyl-Derivat $C_{11}H_{12}O_5$; 4-Acetoxy-3,5-dimethoxy-benzaldehyd. *B.* Bei der Hydrierung von 4-Acetoxy-3,5-dimethoxy-benzoylchlorid an Palladium/$BaSO_4$ in Xylol (*Fr., Hü.*). – Kristalle (aus Me.); F: 114° (*Fr., Hü.*).

3,4,5-Trimethoxy-benzaldehyd $C_{10}H_{12}O_4$, Formel III (R = R′ = R″ = CH_3) (H 391; E I 684; E II 438; E III 3368).

B. Beim Erwärmen von 3,4,5-Trimethoxy-thiobenzoesäure-*S*-äthylester in Methanol mit wenig H_2O enthaltendem Raney-Nickel (*Schiemenz, Engelhard,* B. **92** [1959] 1336, 1343).

Beim Behandeln mit 4-Nitromethyl-anisol und Methylamin in Äthanol sind 3,4,5,4′-Tetramethoxy-α′-nitro-*cis*(?)-stilben (E III **6** 6754), 1,3-Bis-[4-methoxy-phenyl]-1,3-dinitro-2-[3,4,5-trimethoxy-phenyl]-propan (E IV **6** 7913), 3,5-Bis-[4-methoxy-phenyl]-4-[3,4,5-trimethoxy-phenyl]-isoxazol und eine Verbindung $C_{26}H_{27}NO_7$ (gelbe Kristalle [aus A.]; F: 165–167° [unkorr.]) erhalten worden (*Rorig,* J. org. Chem. **15** [1950] 391, 394).

Dimethylhydrazon $C_{12}H_{18}N_2O_3$. Kristalle (aus H_2O); F: 75°; λ_{max} (Me.): 227 nm und 303 nm (*Wiley, Irick,* J. org. Chem. **24** [1959] 1925).

Thiosemicarbazon $C_{11}H_{15}N_3O_3S$. F: 215–216° (*Libermann et al.,* Bl. **1953** 957, 958).

3-Benzyloxy-4,5-dimethoxy-benzaldehyd $C_{16}H_{16}O_4$, Formel III (R = CH_2-C_6H_5, R′ = R″ = CH_3) (E II 438).

B. Beim Erhitzen von *N*-Benzolsulfonyl-*N*′-[3-benzyloxy-4,5-dimethoxy-benzoyl]-hydrazin mit Na_2CO_3 in Diäthylenglykol (*Inubushi, Fujitani,* J. pharm. Soc. Japan **78** [1958] 486, 489; C. A. **1958** 17273).

Kristalle; F: 70–71° [aus Me.] (*Farkas, Várady,* Acta chim. hung. **32** [1962] 103, 104), 48–49° (*In., Fu.*). $Kp_{0,8}$: 194–195° (*In., Fu.*).

4-Benzyloxy-3,5-dimethoxy-benzaldehyd $C_{16}H_{16}O_4$, Formel III (R = R″ = CH_3, R′ = CH_2-C_6H_5) (E III 3369).

B. Beim Erhitzen des Natrium-Salzes des 4-Hydroxy-3,5-dimethoxy-benzaldehyds mit Benzylchlorid in Xylol (*Kratzl et al.,* M. **85** [1954] 1154, 1165).

Kristalle (aus A.); F: 63°. $Kp_{0,1}$: 170° [Badtemperatur].

[5-Formyl-2,3-dimethoxy-phenyl]-[4-formyl-2-methoxy-phenyl]-äther, 4,5,3′-Trimethoxy-3,4′-oxy-di-benzaldehyd $C_{17}H_{16}O_6$, Formel IV.

B. Beim Hydrieren von 4,5,3′-Trimethoxy-3,4′-oxy-di-benzoylchlorid an Palladium/$BaSO_4$ in Aceton unter Zusatz von *N,N*-Dimethyl-anilin (*Kondo et al.,* Ann. Rep. ITSUU Labor. **5** [1954] 8, 12; engl. Ref. S. 59, 64).

Kristalle (aus Ae.); F: 104–105°.

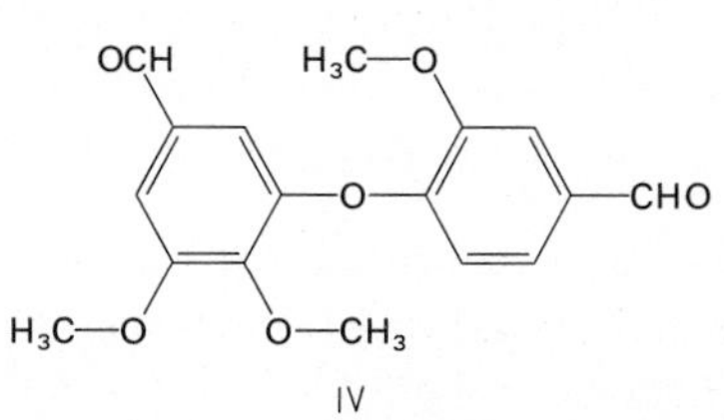

IV 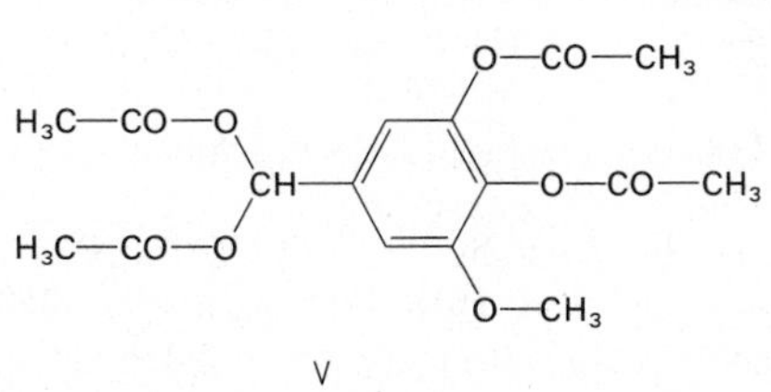 V

1,2-Diacetoxy-5-diacetoxymethyl-3-methoxy-benzol $C_{16}H_{18}O_9$, Formel V.

B. Neben 3,4-Diacetoxy-5-methoxy-*trans*(?)-zimtsäure (F: 161,5–163°; Hauptprodukt) beim Erhitzen von 3,4-Dihydroxy-5-methoxy-benzaldehyd mit Natriumacetat und Acetanhydrid

(*Boekelheide, Pennington,* Am. Soc. **74** [1952] 1558, 1560).
Kristalle; F: 128–129°.

3,4,5-Trimethoxy-benzaldehyd-imin $C_{10}H_{13}NO_3$, Formel VI.
Hexachlorostannat(IV) $(C_{10}H_{14}NO_3)_2SnCl_6$. *B.* Beim Behandeln von 3,4,5-Trimethoxy-benzonitril mit $SnCl_2$ in mit HCl gesättigtem Äthylacetat (*Stephen, Stephen,* Soc. **1956** 4695). – Kristalle.

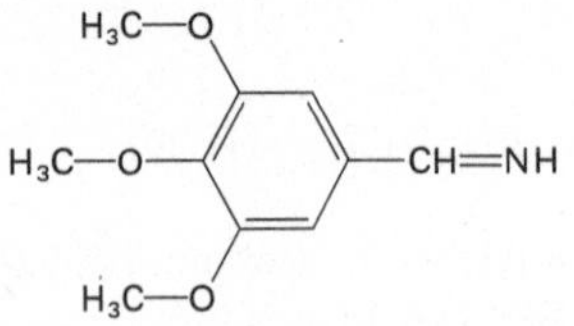

VI 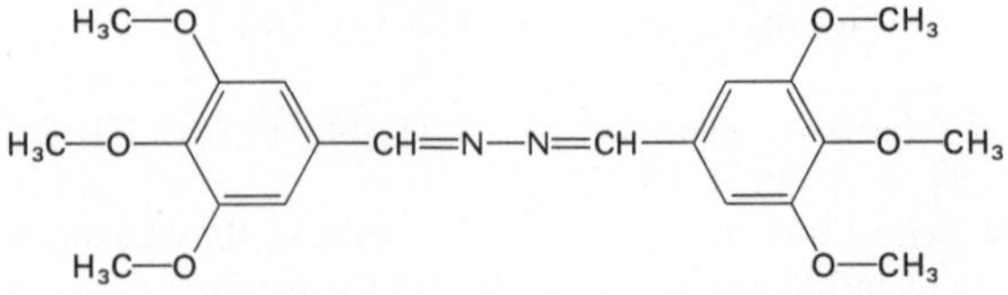 VII

***Bis-[3,4,5-trimethoxy-benzyliden]-hydrazin, 3,4,5-Trimethoxy-benzaldehyd-azin** $C_{20}H_{24}N_2O_6$, Formel VII (H 391).
B. Beim Erwärmen von 3,4,5-Trimethoxy-benzonitril mit $N_2H_4 \cdot H_2O$ und Raney-Nickel in Äthanol (*Pietra, Trinchera,* G. **86** [1956] 1045, 1050).
Kristalle (aus Eg.); F: 193,5–194,5°.

2-Brom-4-hydroxy-3,5-dimethoxy-benzaldehyd $C_9H_9BrO_4$, Formel VIII (R = H).
B. Aus 4-Hydroxy-3,5-dimethoxy-benzaldehyd und Brom in Essigsäure (*Kavanagh, Pepper,* Canad. J. Chem. **32** [1954] 216, 218).
Kristalle (aus A.); F: 186–187°.
Oxim $C_9H_{10}BrNO_4$. F: 132–133°.
Acetyl-Derivat $C_{11}H_{11}BrO_5$; 4-Acetoxy-2-brom-3,5-dimethoxy-benzaldehyd. Kristalle (aus A.); F: 113,5–114,5°.

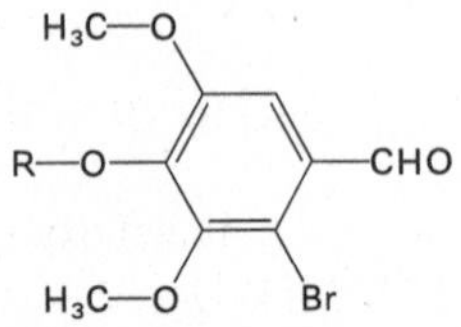

VIII 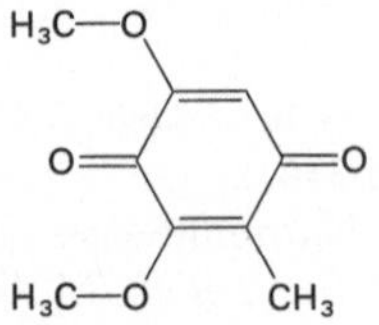 IX

2-Brom-3,4,5-trimethoxy-benzaldehyd $C_{10}H_{11}BrO_4$, Formel VIII (R = CH_3).
B. Beim Hydrieren von 2-Brom-3,4,5-trimethoxy-benzoylchlorid an Palladium/$BaSO_4$ (*Gutsche et al.,* Am. Soc. **80** [1958] 5756, 5765).
Kristalle (aus wss. A.); F: 70,5–71,5°.
2,4-Dinitro-phenylhydrazon (F: 239–240,5°): *Gu. et al.*

3,5-Dimethoxy-2-methyl-[1,4]benzochinon $C_9H_{10}O_4$, Formel IX (E III 3373).
UV-Spektrum (Cyclohexan; 220–310 nm): *Morton et al.,* Helv. **41** [1958] 2343, 2347.

2,5-Dihydroxy-3-methyl-[1,4]benzochinon $C_7H_6O_4$, Formel X (R = H) und Taut. (H 392; E III 3371).
Orangerote Kristalle; F: 175–177° [partielle Zers.; nach Sublimation bei 90°/0,05 Torr] (*Hanger et al.,* Soc. **1958** 496, 501). λ_{max}: 289 nm und 360 nm [Me.] (*Brockmann, Muxfeld,* B. **91** [1958] 1242, 1261), 288 nm und 416 nm [A.], 289 nm und 423 nm [$CHCl_3$] (*Ha. et al.*).

2,5-Dimethoxy-3-methyl-[1,4]benzochinon $C_9H_{10}O_4$, Formel X (R = CH_3) (E III 3372).
B. Beim Behandeln von 3,6-Dimethoxy-2-methyl-anilin-hydrochlorid mit $NO(SO_3K)_2$ unter Zusatz von Na_2HPO_4 in H_2O (*Teuber, Hasselbach,* B. **92** [1959] 674, 690).

Gelbe Kristalle; F: 120° [unkorr.; aus Me.] (*Te.*, *Ha.*), 104–105° [nach Sublimation bei 95°/2 Torr] (*Hanger et al.*, Soc. **1958** 496, 502). UV-Spektrum (Cyclohexan; 200–310 nm): *Morton et al.*, Helv. **41** [1958] 2343, 2347. Absorptionsspektrum (Me.; 175–500 nm): *Te.*, *Ha.*, l. c. S. 680.

Wenig beständig (*Te.*, *Ha.*).

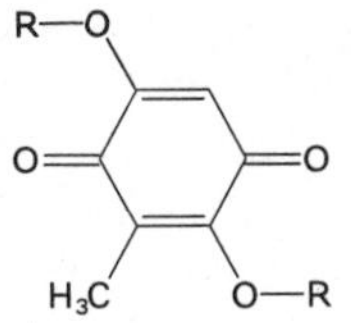

2-Chlor-3,6-dimethoxy-5-methyl-[1,4]benzochinon $C_9H_9ClO_4$, Formel XI.

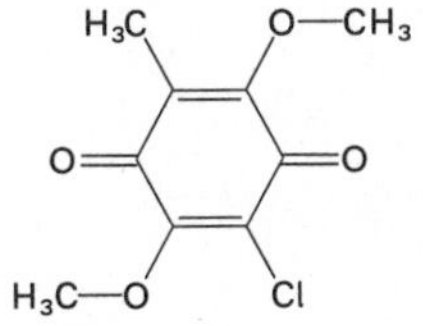

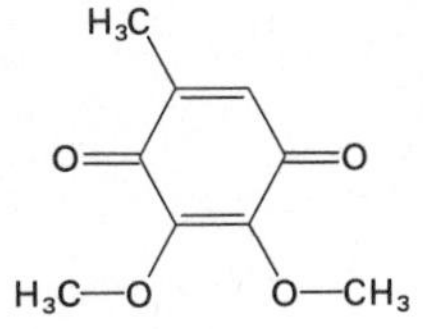

B. Beim Erwärmen von Trichlor-methyl-[1,4]benzochinon mit Methanol unter Zusatz von Natriumacetat (*Huisman*, R. **69** [1950] 1133, 1149).

Orangegelbe Kristalle (aus Me.); F: 134,5–135°.

2,3-Dimethoxy-5-methyl-[1,4]benzochinon $C_9H_{10}O_4$, Formel XII (E III 3375).

B. Aus 2,5-Dihydroxy-3,4-dimethoxy-6-methyl-benzoesäure mit Hilfe von Ag_2O (*Aghoramurthy et al.*, Chem. and Ind. **1954** 1327).

F: 56–58° (*Ag. et al.*). UV-Spektrum in Äthanol (220–295 nm): *Vischer*, Soc. **1953** 815, 817; in Cyclohexan (220–320 nm): *Morton et al.*, Helv. **41** [1958] 2343, 2347. [*Geibler*]

Hydroxy-oxo-Verbindungen $C_8H_8O_4$

1-[2,3,4-Trihydroxy-phenyl]-äthanon $C_8H_8O_4$, Formel I (H 393; E I 685; E II 439; E III 3376).

B. Aus Pyrogallol und Essigsäure mit Hilfe von BF_3 (*Campbell*, *Coppinger*, Am. Soc. **73** [1951] 2708). Beim Behandeln von Pyrogallol mit Acetonitril und $ZnCl_2$ unter Einleiten von HCl und anschliessenden Erhitzen mit H_2O (*Murai*, Sci. Rep. Saitama Univ. **1** [1952] 23, 25). Beim Erhitzen von 1,2,3-Triacetoxy-benzol mit $AlCl_3$ auf 160–170° (*Desai*, *Mavani*, J. scient. ind. Res. India **12**B [1953] 236, 237; vgl. E III 3376).

Kristalle (aus H_2O); F: 171° (*Ca.*, *Co.*). UV-Spektrum (Me. bzw. wss.-methanol. NaOH; 220–400 nm): *Ca.*, *Co.*, l. c. S. 2709, 2710.

Geschwindigkeitskonstante der Reaktion mit Methylphosphonsäure-isopropylester-fluorid (Sarin) in wss. Lösung (pH 6–9) bei 25°: *Epstein et al.*, Am. Soc. **78** [1956] 341.

1-[2,3-Dihydroxy-4-methoxy-phenyl]-äthanon $C_9H_{10}O_4$, Formel II (R = R′ = H) (E II 440).

B. Aus der vorangehenden Verbindung und Dimethylsulfat (*Ishwar-Dass et al.*, Pr. Indian Acad. [A] **37** [1953] 599, 603). Beim Behandeln von 1-[2-Hydroxy-3,4-dimethoxy-phenyl]-äthanon oder 1-[3-Äthoxy-2-hydroxy-4-methoxy-phenyl]-äthanon mit HBr in Essigsäure (*Gardner et al.*, Am. Soc. **78** [1956] 2541).

Kristalle; F: 131–132,5° [korr.] (*Ga. et al.*).

1-[2-Hydroxy-3,4-dimethoxy-phenyl]-äthanon $C_{10}H_{12}O_4$, Formel II (R = H, R′ = CH_3) (H 393; E I 685; E II 440; E III 3376).

B. Beim Behandeln von 1-[2,3,4-Trimethoxy-phenyl]-äthanon oder 1-[2-Äthoxy-3,4-dimethoxy-phenyl]-äthanon mit HBr in Essigsäure (*Horton*, *Spence*, Am. Soc. **77** [1955] 2894).

1-[2,3,4-Trimethoxy-phenyl]-äthanon $C_{11}H_{14}O_4$, Formel II (R = R′ = CH_3) (H 393; E I 685; E II 440; E III 3377).

B. Aus 1,2,3-Trimethoxy-benzol beim Behandeln mit Essigsäure und Acetanhydrid unter Zusatz von $HClO_4$ (*Kuhn*, *Daxner*, M. **83** [1952] 689, 694) oder beim Erwärmen mit Acetylchlorid, Acetanhydrid und $NaClO_4$ oder $HClO_4$ in Essigsäure auf 50° (*Mathur et al.*, Am.

Soc. **79** [1957] 3582, 3584, 3586) sowie beim Erwärmen mit Acetanhydrid oder Essigsäure in Gegenwart von Polyphosphorsäure auf 45° (*Gardner,* Am. Soc. **76** [1954] 4550).

Kp_{8-10}: 156–158° (*Ma. et al.*).

Semicarbazon $C_{12}H_{17}N_3O_4$. F: 168–169° (*Ma. et al.*), 166–168° [aus A.] (*Pillon,* Bl. **1955** 39, 43). λ_{max} (A.): 265 nm (*Pi.*).

HO–[C₆H₂](OH)(OH)–CO–CH₃ (I); H₃C–O–[C₆H₂](O–R')(O–R)–CO–CH₃ (II); C₂H₅–O–[C₆H₂](O–R')(O–R)–CO–CH₃ (III)

1-[4-Äthoxy-2,3-dihydroxy-phenyl]-äthanon $C_{10}H_{12}O_4$, Formel III (R = R' = H) (H 394).

B. Beim Behandeln von 1-[2,4-Diäthoxy-3-methoxy-phenyl]-äthanon oder 1-[3,4-Diäthoxy-2-hydroxy-phenyl]-äthanon mit HBr in Essigsäure (*Gardner et al.,* Am. Soc. **78** [1956] 2541).

Kristalle (aus Bzl.+Cyclohexan); F: 102,2–103,2° [korr.].

1-[3-Äthoxy-2-hydroxy-4-methoxy-phenyl]-äthanon $C_{11}H_{14}O_4$, Formel II (R = H, R' = C_2H_5).

B. Beim Behandeln von 1-[3-Äthoxy-2,4-dimethoxy-phenyl]-äthanon oder 1-[2,3-Diäthoxy-4-methoxy-phenyl]-äthanon mit HBr in Essigsäure (*Gardner et al.,* Am. Soc. **78** [1956] 2541).

Kristalle (aus wss. A. nach Sublimation); F: 57,8–58,5°.

1-[2-Äthoxy-3,4-dimethoxy-phenyl]-äthanon $C_{12}H_{16}O_4$, Formel II (R = C_2H_5, R' = CH_3).

B. Aus 1-[2-Hydroxy-3,4-dimethoxy-phenyl]-äthanon und Diäthylsulfat (*Horton, Spence,* Am. Soc. **77** [1955] 2894).

$Kp_{0,55}$: 113°.

4-Nitro-phenylhydrazon (F: 172,5–175°): *Ho., Sp.*

1-[3-Äthoxy-2,4-dimethoxy-phenyl]-äthanon $C_{12}H_{16}O_4$, Formel II (R = CH_3, R' = C_2H_5).

B. Beim Erwärmen von 2-Äthoxy-1,3-dimethoxy-benzol mit Essigsäure und Polyphosphorsäure auf 65° (*Gardner et al.,* Am. Soc. **78** [1956] 2541).

F: ca. 23–25°.

Semicarbazon $C_{13}H_{19}N_3O_4$. Kristalle (aus Bzl.+PAe.); F: 161,8–163° [korr.].

1-[3,4-Diäthoxy-2-hydroxy-phenyl]-äthanon $C_{12}H_{16}O_4$, Formel III (R = H, R' = C_2H_5).

B. Beim Behandeln von 1-[2,3,4-Triäthoxy-phenyl]-äthanon mit HBr in Essigsäure (*Gardner et al.,* Am. Soc. **78** [1956] 2541).

Kristalle (aus Cyclohexan); F: 51,4–52,4°.

1-[2,3-Diäthoxy-4-methoxy-phenyl]-äthanon $C_{13}H_{18}O_4$, Formel II (R = R' = C_2H_5).

B. Durch Äthylierung von 1-[3-Äthoxy-2-hydroxy-4-methoxy-phenyl]-äthanon oder von 1-[2,3-Dihydroxy-4-methoxy-phenyl]-äthanon (*Gardner et al.,* Am. Soc. **78** [1956] 2541).

$Kp_{0,85}$: 118°.

Oxim $C_{13}H_{19}NO_4$. Kristalle (aus PAe.); F: 87,5–88°.

1-[2,4-Diäthoxy-3-methoxy-phenyl]-äthanon $C_{13}H_{18}O_4$, Formel III (R = C_2H_5, R' = CH_3).

B. Beim Erwärmen von 1,3-Diäthoxy-2-methoxy-benzol mit Essigsäure und Polyphosphorsäure auf 65° (*Gardner et al.,* Am. Soc. **78** [1956] 2541).

$Kp_{0,3}$: 106–107°.

Oxim $C_{13}H_{19}NO_4$. Kristalle (nach Sublimation bei 83°/0,17 Torr); F: 102,8–105,6° [korr.].

1-[2,3,4-Triäthoxy-phenyl]-äthanon $C_{14}H_{20}O_4$, Formel III (R = R' = C_2H_5).

B. Beim Erwärmen von 1,2,3-Triäthoxy-benzol mit Essigsäure und Polyphosphorsäure auf 65° (*Gardner et al.,* Am. Soc. **78** [1956] 2541).

$Kp_{0,14}$: 100°.
Oxim $C_{14}H_{21}NO_4$. Kristalle (aus Cyclohexan); F: 91,6–92,2°.

1-[2-Hydroxy-3-methoxy-4-*p*-tolyloxy-phenyl]-äthanon(?) $C_{16}H_{16}O_4$, vermutlich Formel IV.
B. Beim Behandeln von 1,2-Dimethoxy-3-*p*-tolyloxy-benzol mit Acetylchlorid und $AlCl_3$ in CS_2 (*Kimoto, Asaki,* J. pharm. Soc. Japan **73** [1953] 509; C.A. **1954** 3355).
Kristalle (aus Me.); F: 107–109°.

1-[3,4-Dimethoxy-2-*p*-tolyloxy-phenyl]-äthanon $C_{17}H_{18}O_4$, Formel II (R = C_6H_4-CH_3, R′ = CH_3).
B. Beim Erhitzen von 1-[2-Brom-3,4-dimethoxy-phenyl]-äthanon mit *p*-Kresol, KOH und Kupfer-Pulver auf 160° (*Kimoto, Asaki,* J. pharm. Soc. Japan **73** [1953] 509; C.A. **1954** 3355).
Kristalle (aus A.); F: 54°. Kp_3: 180–185°.
Semicarbazon $C_{18}H_{21}N_3O_4$. F: 179–180°.

1-[2,3-Diacetoxy-4-methoxy-phenyl]-äthanon $C_{13}H_{14}O_6$, Formel II (R = R′ = CO-CH_3) (E II 441).
B. Aus 1-[2,3-Dihydroxy-4-methoxy-phenyl]-äthanon und Acetanhydrid mit Hilfe von Pyridin (*Ishwar-Dass et al.,* Pr. Indian Acad. [A] **37** [1953] 599, 603).
Kristalle (aus A.); F: 150–151°.

H_3C—C₆H₄—O—C₆H(OCH₃)(OH)—CO—CH_3 IV

HO—C₆(X)₂(OH)₂—CO—CX_2X' V

2-Chlor-1-[2,3,4-trihydroxy-phenyl]-äthanon $C_8H_7ClO_4$, Formel V (X = H, X′ = Cl) (H 394; E II 441; E III 3378).
B. Beim Erwärmen von Pyrogallol mit Chloressigsäure in Gegenwart von BF_3 auf 85° (*Buu-Hoi, Séailles,* J. org. Chem. **20** [1955] 606, 607, 608).
F: 167°.

2,2,2-Trichlor-1-[2,3,4-trimethoxy-phenyl]-äthanon $C_{11}H_{11}Cl_3O_4$, Formel VI (R = CH_3, X = Cl, X′ = H).
B. Beim Behandeln von 1,2,3-Trimethoxy-benzol mit Trichloracetonitril und $ZnCl_2$ in Äther unter Einleiten von HCl und Erhitzen des Reaktionsprodukts mit H_2O (*Ebine,* Sci. Rep. Saitama Univ. [A] **2** [1955] 69, 75).
Kristalle (aus wss. A.); F: 68–70°.

2,2-Dichlor-1-[2,3-dichlor-4,5,6-trihydroxy-phenyl]-äthanon $C_8H_4Cl_4O_4$, Formel V (X = Cl, X′ = H).
B. Beim Behandeln von 1-[2,3,4-Trihydroxy-phenyl]-äthanon mit SO_2Cl_2 (*Migita et al.,* J. Japan. Forest. Soc. **37** [1955] 26, 34; C. A. **1956** 6038).
Kristalle (aus mit H_2S gesättigtem H_2O); F: 180–186° [Zers.].

1-[2-Hydroxy-3,4-dimethoxy-5-nitro-phenyl]-äthanon $C_{10}H_{11}NO_6$, Formel VI (R = X = H, X′ = NO_2).
B. Beim Behandeln von 1-[2-Hydroxy-3,4-dimethoxy-phenyl]-äthanon mit HNO_3 in Äthanol (*Gardner et al.,* Am. Soc. **78** [1956] 2541).
Gelbe Kristalle (aus A.); F: 83–83,8°.

VI VII

1-[2-Hydroxy-3,5-dimethoxy-phenyl]-äthanon $C_{10}H_{12}O_4$, Formel VII (R = X = H, R' = CH_3).

B. Beim Erwärmen von 1-[2,5-Dihydroxy-3-methoxy-phenyl]-äthanon mit Dimethylsulfat und K_2CO_3 in Aceton (*Simpson* , J. org. Chem. **28** [1963] 2107, 2108; Chem. and Ind. **1955** 1672).

Gelbe Kristalle (aus A.); F: 84–86° (*Si.*, Chem. and Ind. **1955** 1672).

2,4-Dinitro-phenylhydrazon (F: 246–248°): *Si.*, J. org. Chem. **28** 2108.

1-[2,3,5-Trimethoxy-phenyl]-äthanon $C_{11}H_{14}O_4$, Formel VII (R = R' = CH_3, X = H).

B. Aus 2,3,5-Trimethoxy-benzonitril und Methylmagnesiumjodid (*Clarke, Nord,* Am. Soc. **77** [1955] 6618).

Kristalle (aus PAe.); F: 60–62°. λ_{max}: 313 nm.

2-Brom-1-[2,3,5-triacetoxy-phenyl]-äthanon $C_{14}H_{13}BrO_7$, Formel VII (R = R' = CO-CH_3, X = Br).

B. Beim Behandeln von 2-Diazo-1-[2,3,5-triacetoxy-phenyl]-äthanon mit HBr in Essigsäure und Erhitzen des Reaktionsprodukts mit Acetanhydrid und wenig H_2SO_4 (*Kloetzel, Abadir,* Am. Soc. **77** [1955] 3823, 3826).

Kristalle (aus A.); F: 81–82°.

1-[3,6-Diäthoxy-2-methoxy-phenyl]-äthanon $C_{13}H_{18}O_4$, Formel VIII (R = CH_3, R' = R'' = C_2H_5).

B. Beim Erwärmen von 1-[3,6-Dihydroxy-2-methoxy-phenyl]-äthanon mit Diäthylsulfat und K_2CO_3 in Aceton (*Philbin et al.*, Soc. **1956** 4455, 4457).

Kristalle (aus wss. A.); F: 45°.

1-[3-Acetoxy-2,6-dihydroxy-phenyl]-äthanon(?) $C_{10}H_{10}O_5$, vermutlich Formel VIII (R = R'' = H, R' = CO-CH_3).

B. Beim Erwärmen der folgenden Verbindung mit Methanol in Gegenwart von wenig H_2SO_4 (*Woroshzow, Mamaew,* Sbornik Statei obšč. Chim. **1953** 533, 536; C. A. **1955** 925).

Kristalle (aus Bzl. + PAe. + A.); sintert bei 157°.

1-[2,3,6-Triacetoxy-phenyl]-äthanon $C_{14}H_{14}O_7$, Formel VIII (R = R' = R'' = CO-CH_3) (E III 3383).

B. Beim Behandeln von Acetyl-[1,4]benzochinon mit Acetanhydrid und wenig H_2SO_4 (*Woroshzow, Mamaew,* Sbornik Statei obšč. Chim. **1953** 533, 536; C. A. **1955** 925).

Kristalle (aus wss. A.) mit 1 Mol H_2O; vom F: 93–95°, die nach Trocknen bei 120° bei 94–96° [wasserfrei] schmelzen.

VIII IX

Bis-[3-acetyl-2-hydroxy-4-methoxy-phenyl]-sulfid $C_{18}H_{18}O_6S$, Formel IX (R = X = H).

B. Beim Behandeln von 1-[2-Hydroxy-6-methoxy-phenyl]-äthanon mit $SOCl_2$ in $CHCl_3$ oder mit S_2Cl_2 oder SCl_2 in Äther in Gegenwart von Kupfer (*Dalvi, Jadhav,* J. Indian chem. Soc.

34 [1957] 324).

Hellgelbe Kristalle (aus A.); F: 184–185°.

Bis-[2,4-dinitro-phenylhydrazon] (F: 230–231°): *Da., Ja.*

Bis-[3-acetyl-2,4-dimethoxy-phenyl]-sulfid $C_{20}H_{22}O_6S$, Formel IX (R = CH_3, X = H).

B. Aus der vorangehenden Verbindung und Dimethylsulfat (*Dalvi, Jadhav,* J. Indian chem. Soc. **34** [1957] 324).

Kristalle (aus A.); F: 135–136°.

Bis-[2-acetoxy-3-acetyl-4-methoxy-phenyl]-sulfid $C_{22}H_{22}O_8S$, Formel IX (R = CO-CH_3, X = H).

B. Beim Erhitzen von Bis-[3-acetyl-2-hydroxy-4-methoxy-phenyl]-sulfid mit Acetanhydrid und H_2SO_4 (*Dalvi, Jadhav,* J. Indian chem. Soc. **34** [1957] 324).

Kristalle (aus Bzl.+PAe.); F: 106–107°.

Bis-[3-acetyl-5-brom-2-hydroxy-4-methoxy-phenyl]-sulfid $C_{18}H_{16}Br_2O_6S$, Formel IX (R = H, X = Br).

B. Beim Erwärmen von Bis-[3-acetyl-2-hydroxy-4-methoxy-phenyl]-sulfid mit Brom in Essigsäure (*Dalvi, Jadhav,* J. Indian chem. Soc. **34** [1957] 324).

Gelbe Kristalle (aus wss. Eg.); F: 199–200°.

1-[2,4,5-Trihydroxy-phenyl]-äthanon $C_8H_8O_4$, Formel X (R = R' = H) (E I 686; E III 3383).

B. Beim Erhitzen von [1,4]Benzochinon mit Acetanhydrid und H_2SO_4 auf 135° und anschliessenden Erhitzen mit H_2O (*Eastman Kodak Co.,* U.S.P. 2763691 [1952]). Aus 1,2,4-Triacetoxybenzol beim Erwärmen mit Toluol-4-sulfonsäure in 1,1,2,2-Tetrachlor-äthan oder Benzol sowie beim Erhitzen mit Toluol-4-sulfonsäure auf 135° und anschliessenden Erhitzen mit H_2O (*Eastman Kodak Co.*).

UV-Spektrum (wss. NaOH [0,1 n] und wss. HCl [0,1 n]; 240–340 nm): *Clarke, Nord,* Am. Soc. **77** [1955] 6618, 6619. λ_{max} (A.): 214 nm, 241 nm, 280 nm und 349 nm (*Seikel et al.,* Am. Soc. **77** [1955] 1196, 1197).

Triacetyl-Derivat $C_{14}H_{14}O_7$; 1-[2,4,5-Triacetoxy-phenyl]-äthanon (E I 687; E III 3385). : 242 nm, 281 nm und 342 nm (*Cl., Nord*).

1-[4,5-Dihydroxy-2-methoxy-phenyl]-äthanon $C_9H_{10}O_4$, Formel X (R = CH_3, R' = H).

B. Aus 2,4-Diacetyl-5-methoxy-phenol und H_2O_2 in wss. NaOH (*Ballio, Almirante,* Ric. scient. **20** [1950] 829).

Kristalle (aus H_2O); F: 173–175°.

Diacetyl-Derivat $C_{13}H_{14}O_6$; 1-[4,5-Diacetoxy-2-methoxy-phenyl]-äthanon. F: 98°.

1-[2,5-Dihydroxy-4-methoxy-phenyl]-äthanon $C_9H_{10}O_4$, Formel XI (R = R' = H) (E I 686; E III 3383).

Diese Konstitution kommt wahrscheinlich der früher (E I **8** 686) als 1-[2,4-Dihydroxy-5-methoxy-phenyl]-äthanon beschriebenen Verbindung zu (*Laumas et al.,* Pr. Indian Acad. [A] **46** [1957] 343, 344).

B. Beim Erhitzen von 1-[2-Hydroxy-4,5-dimethoxy-phenyl]-äthanon mit wss. HBr in Essigsäure (*La. et al.,* l. c. S. 346). Beim Erhitzen von 1-[5-Acetoxy-2-hydroxy-4-methoxy-phenyl]-äthanon mit wss. HCl (*Dean et al.,* Soc. **1959** 1071, 1073). Aus 4,7-Dimethoxy-cumarin bei der aufeinanderfolgenden Umsetzung mit wss. NaOH, wss. $K_2S_2O_8$ und wss. HCl (*Desai, Sethna,* J. org. Chem. **22** [1957] 388).

Gelbe Kristalle (aus A.); F: 166° (*Dean et al.*).

1-[2,4-Dihydroxy-5-methoxy-phenyl]-äthanon $C_9H_{10}O_4$, Formel X (R = H, R' = CH_3) (E III 3384).

Die früher (E I **8** 686) unter dieser Konstitution beschriebene Verbindung ist wahrscheinlich als 1-[2,5-Dihydroxy-4-methoxy-phenyl]-äthanon zu formulieren (*Laumas et al.*, Pr. Indian Acad. [A] **46** [1957] 343, 344).

B. Aus 2,4-Diacetoxy-anisol und $AlCl_3$ (*Ballio, Almirante,* Ric. scient. **20** [1950] 829). Beim Erhitzen von 1-[4-Benzyloxy-2-hydroxy-5-methoxy-phenyl]-äthanon mit konz. HCl und Essigsäure (*La. et al.*, l. c. S. 347).

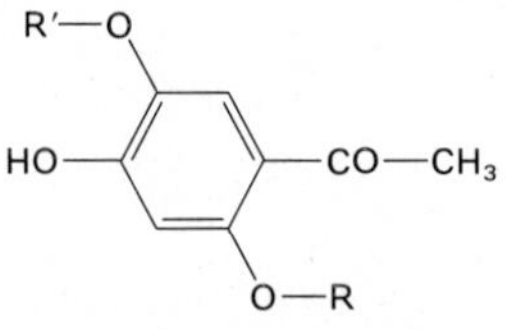

1-[5-Hydroxy-2,4-dimethoxy-phenyl]-äthanon $C_{10}H_{12}O_4$, Formel XI (R = CH_3, R′ = H) (E III 3384).

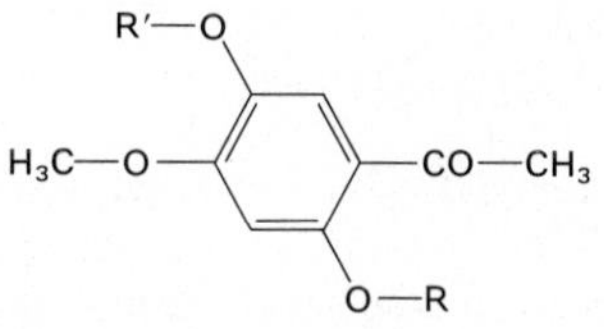

B. Beim Erwärmen von 1-[5-Acetoxy-2,4-dimethoxy-phenyl]-äthanon mit wss.-äthanol. NaOH auf 40° (*Dean et al.*, Soc. **1959** 1071, 1074).

Kristalle (aus A.); F: 154°.

1-[4-Hydroxy-2,5-dimethoxy-phenyl]-äthanon $C_{10}H_{12}O_4$, Formel X (R = R′ = CH_3).

B. Aus 2-Acetoxy-1,4-dimethoxy-benzol mit Hilfe von $AlCl_3$ (*Ballio, Almirante,* Ric. scient. **20** [1950] 829).

Kristalle (aus H_2O); F: 117–118°.

Acetyl-Derivat $C_{12}H_{14}O_5$; 1-[4-Acetoxy-2,5-dimethoxy-phenyl]-äthanon. F: 63–64°.

1-[2-Hydroxy-4,5-dimethoxy-phenyl]-äthanon $C_{10}H_{12}O_4$, Formel XI (R = H, R′ = CH_3) (E I 686; E III 3384).

B. Beim Erwärmen von 1-[2,4,5-Trihydroxy-phenyl]-äthanon mit Dimethylsulfat und K_2CO_3 in Aceton (*Seikel, Geissman,* Am. Soc. **72** [1950] 5720, 5724).

Kristalle (aus A.); F: 111,5–112° [unkorr.] (*Se., Ge.*). λ_{max}: 237 nm, 275 nm und 342 nm (*Clarke, Nord,* Am. Soc. **77** [1955] 6618).

1-[2,4,5-Trimethoxy-phenyl]-äthanon $C_{11}H_{14}O_4$, Formel XI (R = R′ = CH_3) (E I 686; E II 441; E III 3384).

λ_{max}: 232 nm, 268 nm und 325 nm (*Clarke, Nord,* Am. Soc. **77** [1955] 6618).

Verbindung mit Bromwasserstoff $C_{11}H_{14}O_4 \cdot HBr$. Gelbgrüne Kristalle; F: 118–123° [unkorr.; Zers.] (*Horton, Spence,* Am. Soc. **77** [1955] 2894). – Unbeständig (*Ho., Sp.*).

1-[2,5-Diäthoxy-4-methoxy-phenyl]-äthanon $C_{13}H_{18}O_4$, Formel XI (R = R′ = C_2H_5).

B. Beim Behandeln von 1,4-Diäthoxy-2-methoxy-benzol mit Acetylchlorid und $AlCl_3$ in CS_2 (*King et al.*, Soc. **1954** 4587, 4592).

Kristalle (aus wss. A.); F: 104–104,5°.

1-[5-Allyloxy-2-hydroxy-4-methoxy-phenyl]-äthanon $C_{12}H_{14}O_4$, Formel XI (R = H, R′ = CH_2-CH=CH_2).

B. Beim Erwärmen von 1-[2,5-Dihydroxy-4-methoxy-phenyl]-äthanon mit Allylbromid und K_2CO_3 in Aceton (*Dean et al.*, Soc. **1959** 1071, 1075).

Kristalle (aus PAe.); F: 80°.

Acetyl-Derivat $C_{14}H_{16}O_5$; 1-[2-Acetoxy-5-allyloxy-4-methoxy-phenyl]-äthanon. Kristalle (aus Bzl.+PAe.); F: 116°.

1-[5-Allyloxy-2,4-dimethoxy-phenyl]-äthanon $C_{13}H_{16}O_4$, Formel XI (R = CH_3, R′ = CH_2-CH=CH_2).

B. Beim Erwärmen von 1-[5-Allyloxy-2-hydroxy-4-methoxy-phenyl]-äthanon mit Dimethyl-

sulfat und K_2CO_3 in Aceton (*Dean et al.*, Soc. **1959** 1071, 1075).
Kristalle (aus Bzl.+PAe.); F: 81°.

1-[4,5-Dimethoxy-2-phenoxy-phenyl]-äthanon $C_{16}H_{16}O_4$, Formel XI (R = C_6H_5, R′ = CH_3) (E III 3385).
B. Beim Behandeln von 1,2-Dimethoxy-4-phenoxy-benzol mit Acetylchlorid und $AlCl_3$ in Nitrobenzol (*Funke, Favre,* Bl. **1951** 832, 837; vgl. E III 3385).
Kristalle (aus Me.); F: 84°.

1-[4-Benzyloxy-2,5-dihydroxy-phenyl]-äthanon $C_{15}H_{14}O_4$, Formel XII (R = H).
B. Beim Behandeln von 1-[4-Benzyloxy-2-hydroxy-phenyl]-äthanon mit $K_2S_2O_8$, wss. KOH und Pyridin und Erhitzen des Reaktionsprodukts mit wss. HCl und Na_2SO_3 (*Laumas et al.*, Pr. Indian Acad. [A] **46** [1957] 343, 347).
Gelbe Kristalle (aus A.); F: 160–162°.

1-[4-Benzyloxy-2-hydroxy-5-methoxy-phenyl]-äthanon $C_{16}H_{16}O_4$, Formel XII (R = CH_3).
B. Beim Erwärmen der vorangehenden Verbindung mit Dimethylsulfat und K_2CO_3 in Aceton (*Laumas et al.*, Pr. Indian Acad. [A] **46** [1957] 343, 347).
Kristalle (aus A.); F: 126°.

1-[5-Benzyloxy-2-hydroxy-4-methoxy-phenyl]-äthanon $C_{16}H_{16}O_4$, Formel XI (R = H, R′ = CH_2-C_6H_5).
B. Beim Erwärmen von 1-[2,5-Dihydroxy-4-methoxy-phenyl]-äthanon mit Benzylbromid und K_2CO_3 in Aceton (*Dean et al.*, Soc. **1959** 1071, 1074).
Kristalle (aus $CHCl_3$+PAe.); F: 151°. λ_{max} (A.): 237 nm, 277 nm und 343 nm.
Acetyl-Derivat $C_{18}H_{18}O_5$; 1-[2-Acetoxy-5-benzyloxy-4-methoxy-phenyl]-äthanon. Kristalle (aus Me.); F: 100°.

1-[5-Benzyloxy-2,4-dimethoxy-phenyl]-äthanon $C_{17}H_{18}O_4$, Formel XI (R = CH_3, R′ = CH_2-C_6H_5).
B. Beim Behandeln der vorangehenden Verbindung mit Dimethylsulfat und K_2CO_3 (*Dean et al.*, Soc. **1959** 1071, 1074).
Kristalle (aus wss. A.); F: 80°.

R—O, CH₂—O, CO—CH₃, OH
XII

H₃C—O, H₃C—O, CO—CX₂X′, O—R
XIII

1-[5-Allyloxy-2-benzyloxy-4-methoxy-phenyl]-äthanon $C_{19}H_{20}O_4$, Formel XI (R = CH_2-C_6H_5, R′ = CH_2-CH=CH_2).
B. Beim Erwärmen von 1-[5-Allyloxy-2-hydroxy-4-methoxy-phenyl]-äthanon mit Benzylbromid und K_2CO_3 in Aceton (*Dean et al.*, Soc. **1959** 1071, 1076).
Kristalle (aus PAe.); F: 82°. λ_{max} (A.): 235 nm, 270 nm und 328 nm.

1-[5-Acetoxy-2-hydroxy-4-methoxy-phenyl]-äthanon $C_{11}H_{12}O_5$, Formel XI (R = H, R′ = CO-CH_3).
B. Beim Behandeln von 1,4-Diacetoxy-2-methoxy-benzol mit Essigsäure unter Zusatz von BF_3 (*Dean et al.*, Soc. **1959** 1071, 1073).
Kristalle (aus A.); F: 104°.

1-[5-Acetoxy-2,4-dimethoxy-phenyl]-äthanon $C_{12}H_{14}O_5$, Formel XI (R = CH_3, R′ = CO-CH_3).
B. Beim Erwärmen der vorangehenden Verbindung mit Dimethylsulfat und K_2CO_3 in Aceton

(*Dean et al.*, Soc. **1959** 1071, 1074).
Kristalle (aus A.); F: 123°.

2,2,2-Trifluor-1-[2-hydroxy-4,5-dimethoxy-phenyl]-äthanon $C_{10}H_9F_3O_4$, Formel XIII (R = H, X = X′ = F).

B. Beim Behandeln von 3,4-Dimethoxy-phenol mit Trifluoracetonitril und $ZnCl_2$ in Äther unter Einleiten von HCl und Erhitzen des Reaktionsprodukts mit H_2O (*Whalley*, Soc. **1951** 665, 669).

Gelbgrüne Kristalle (aus PAe.); F: 82°.

2,2,2-Trichlor-1-[2-hydroxy-4,5-dimethoxy-phenyl]-äthanon $C_{10}H_9Cl_3O_4$, Formel XIII (R = H, X = X′ = Cl).

B. Analog der vorangehenden Verbindung (*Whalley*, Soc. **1951** 665, 670).

Gelbe Kristalle (aus wss. Me.); F: 107°.

2-Brom-1-[4,5-dimethoxy-2-phenoxy-phenyl]-äthanon $C_{16}H_{15}BrO_4$, Formel XIII (R = C_6H_5, X = H, X′ = Br).

B. Aus 1-[4,5-Dimethoxy-2-phenoxy-phenyl]-äthanon und Brom in Äther und Benzol (*Funke, Favre*, Bl. **1951** 832, 837).

Kristalle (aus A.); F: 100°.

1-[2,5-Dihydroxy-3-jod-4-methoxy-phenyl]-äthanon $C_9H_9IO_4$, Formel XIV.

B. Beim Behandeln von 1-[2-Hydroxy-3-jod-4-methoxy-phenyl]-äthanon mit $K_2S_2O_8$ und wss. NaOH und Erhitzen des Reaktionsprodukts mit wss. HCl (*Shah, Sethna*, Soc. **1959** 2676).

Gelbe Kristalle (aus Eg.); F: 174° [Zers.].

Bis-[5-acetyl-2,4-dihydroxy-phenyl]-sulfid $C_{16}H_{14}O_6S$, Formel XV (R = R′ = X = H).

B. Beim Behandeln von 1-[2,4-Dihydroxy-phenyl]-äthanon mit $SOCl_2$ und Kupfer-Pulver in $CHCl_3$ (*Jadhav, Merchant*, J. Indian chem. Soc. **28** [1951] 265). Beim Erhitzen von Bis-[5-acetyl-2-benzoyloxy-4-hydroxy-phenyl]-sulfid mit wss. KOH (*Jadhav, Merchant*, J. Univ. Bombay **19**, Tl. 5A [1951] 45).

Rosafarbene Kristalle (aus Eg.); F: 209–210° (*Ja., Me.*, J. Indian chem. Soc. **28** 265).

Dioxim $C_{16}H_{16}N_2O_6S$; Bis-[2,4-dihydroxy-5-(1-hydroxyimino-äthyl)-phenyl]-sulfid. Kristalle (aus wss. A.); F: 228–229° (*Ja., Me.*, J. Indian chem. Soc. **28** 265).

Disemicarbazon $C_{18}H_{20}N_6O_6S$; Bis-[2,4-dihydroxy-5-(1-semicarbazono-äthyl)-phenyl]-sulfid. F: 285° [Zers.] (*Ja., Me.*, J. Indian chem. Soc. **28** 265).

Bis-phenylhydrazon (F: 242–243°): *Ja., Me.*, J. Indian chem. Soc. **28** 265.

Bis-[5-acetyl-4-hydroxy-2-methoxy-phenyl]-sulfid $C_{18}H_{18}O_6S$, Formel XV (R = CH_3, R′ = X = H).

B. Beim Erwärmen von 1-[2-Hydroxy-4-methoxy-phenyl]-äthanon mit $SOCl_2$ und Kupfer-Pulver in $CHCl_3$ sowie mit S_2Cl_2 oder SCl_2 in $CHCl_3$ (*Jadhav, Merchant*, J. Indian chem. Soc. **28** [1951] 403).

Hellgelbe Kristalle (aus Eg.); F: 223–224°.

Dioxim $C_{18}H_{20}N_2O_6S$; Bis-[4-hydroxy-5-(1-hydroxyimino-äthyl)-2-methoxy-phenyl]-sulfid. Rosafarbene Kristalle (aus wss. A.); F: 240–241°.

Bis-[2,4-dinitro-phenylhydrazon] (F: 243–244°): *Ja., Me.*

HO; H_3C—O; CO—CH_3; I; OH

XIV

H_3C—CO; R—O; X; R′—O; S; O—R′; X; O—R; CO—CH_3

XV

Bis-[5-acetyl-2,4-dimethoxy-phenyl]-sulfid $C_{20}H_{22}O_6S$, Formel XV (R = R′ = CH_3, X = H).
B. Aus Bis-[5-acetyl-2,4-dihydroxy-phenyl]-sulfid und Dimethylsulfat (*Jadhav, Merchant,* J. Indian chem. Soc. **28** [1951] 266).
Kristalle (aus A.); F: 196–197°.

Bis-[5-acetyl-2,4-diäthoxy-phenyl]-sulfid $C_{24}H_{30}O_6S$, Formel XV (R = R′ = C_2H_5, X = H).
B. Beim Erwärmen von Bis-[5-acetyl-2,4-dihydroxy-phenyl]-sulfid mit Äthyljodid und K_2CO_3 in Aceton (*Jadhav, Merchant,* J. Indian chem. Soc. **28** [1951] 266).
Kristalle (aus A.); F: 152–153°.

Bis-[5-acetyl-2-benzyloxy-4-hydroxy-phenyl]-sulfid $C_{30}H_{26}O_6S$, Formel XV (R = CH_2-C_6H_5, R′ = X = H).
B. Beim Behandeln von 1-[4-Benzyloxy-2-hydroxy-phenyl]-äthanon mit $SOCl_2$, S_2Cl_2 oder SCl_2 und Kupfer-Pulver in $CHCl_3$ (*Jadhav, Merchant,* Pr. Indian Acad. [A] **34** [1951] 152).
Kristalle (aus Eg.); F: 202–203°.
Bis-phenylhydrazon (F: 239–240°): *Ja., Me.*

Bis-[5-acetyl-2-benzyloxy-4-methoxy-phenyl]-sulfid $C_{32}H_{30}O_6S$, Formel XV (R = CH_2-C_6H_5, R′ = CH_3, X = H).
B. Beim Erwärmen von Bis-[5-acetyl-2-benzyloxy-4-hydroxy-phenyl]-sulfid mit Dimethylsul⸗fat in Aceton (*Jadhav, Merchant,* Pr. Indian Acad. [A] **34** [1951] 152).
Braune Kristalle (aus A.); F: 128–129°.

Bis-[4-acetoxy-5-acetyl-2-methoxy-phenyl]-sulfid $C_{22}H_{22}O_8S$, Formel XV (R = CH_3, R′ = CO-CH_3, X = H).
B. Beim Erhitzen von Bis-[5-acetyl-4-hydroxy-2-methoxy-phenyl]-sulfid mit Acetanhydrid und Pyridin (*Jadhav, Merchant,* J. Indian chem. Soc. **28** [1951] 403).
Braune Kristalle (aus A.); F: 147–148°.

Bis-[4-acetoxy-5-acetyl-2-benzyloxy-phenyl]-sulfid $C_{34}H_{30}O_8S$, Formel XV (R = CH_2-C_6H_5, R′ = CO-CH_3, X = H).
B. Analog der vorangehenden Verbindung (*Jadhav, Merchant,* Pr. Indian Acad. [A] **34** [1951] 152).
Dunkelbraune Kristalle (aus Eg.); F: 173–175°.

Bis-[2,4-diacetoxy-5-acetyl-phenyl]-sulfid $C_{24}H_{22}O_{10}S$, Formel XV (R = R′ = CO-CH_3, X = H).
B. Analog den vorangehenden Verbindungen (*Jadhav, Merchant,* J. Indian chem. Soc. **28** [1951] 265).
Kristalle (aus A.); F: 146–147°.

Bis-[5-acetyl-3-brom-2,4-dihydroxy-phenyl]-sulfid $C_{16}H_{12}Br_2O_6S$, Formel XV (R = R′ = H, X = Br).
B. Beim Erwärmen von Bis-[5-acetyl-2,4-dihydroxy-phenyl]-sulfid mit Brom in Essigsäure auf 60° (*Jadhav, Merchant,* J. Indian chem. Soc. **28** [1951] 265).
Braune Kristalle (aus Eg.); F: 232–233°.

1-[2,4,6-Trihydroxy-phenyl]-äthanon, Phloracetophenon $C_8H_8O_4$, Formel I (R = R′ = H) (E I 687; E II 442; E III 3386).
B. Neben 5,7-Dihydroxy-4-methyl-cumarin beim Behandeln von Phloroglucin mit Acetyl⸗chlorid und $AlCl_3$ in Nitrobenzol und Erhitzen des Reaktionsprodukts mit wss. HCl (*Desai, Mavani,* J. scient. ind. Res. India **12** B [1953] 236, 238; vgl. E II 442).
UV-Spektrum (A.; 230–400 nm): *Riedl et al.,* B. **89** [1956] 1849, 1856; *Grammaticakis,* C. r. **231** [1950] 278. λ_{max}: 228 nm und 288 nm [A.] (*Barton, Bruun,* Soc. **1953** 603, 608), 227 nm

und 285,5 nm [Me.], 318 nm [wss.-methanol. NaOH] (*Campbell, Coppinger,* Am. Soc. **73** [1951] 2708, 2709).

Beim Behandeln mit CH_3I und Natriummethylat in Methanol sind 6-Acetyl-2,2,4,4-tetra= methyl-cyclohexan-1,3,5-trion, 4-Acetyl-2,2,6-trimethyl-cyclohexan-1,3,5-trion, 4-Acetyl-2,2-di= methyl-cyclohexan-1,3,5-trion und 1-[2,4,6-Trihydroxy-3-methyl-phenyl]-äthanon erhalten wor= den (*Ri. et al.,* l. c. 1850, 1851; *Riedl, Risse,* A. **585** [1954] 209, 216, 218; s. a. *Obata, Horitsu,* Bl. agric. chem. Soc. Japan **23** [1959] 186, 193), mit CH_3I und KOH in wss. Methanol ist daneben 1-[2,4,6-Trihydroxy-3,5-dimethyl-phenyl]-äthanon erhalten worden (*Riedl, Hübner,* B. **90** [1957] 2870, 2873).

1-[2,4-Dihydroxy-6-methoxy-phenyl]-äthanon $C_9H_{10}O_4$, Formel II (R = R′ = X = H) (E II 442; E III 3387).

B. Aus 1-[2,4,6-Trihydroxy-phenyl]-äthanon über mehrere Stufen (*Mahesh et al.,* J. scient. ind. Res. India **15**B [1956] 287, 289).

Kristalle (aus wss. A.); F: 203–204° (*Ma. et al.*). λ_{max}: 287 nm [A.]; 242 nm und 325 nm [wss.-äthanol. NaOH] (*Nickl,* B. **91** [1958] 553, 561).

Beim Erwärmen mit Bromessigsäure-äthylester und K_2CO_3 in Aceton ist [4-Acetyl-3-hydroxy-5-methoxy-phenoxy]-essigsäure-äthylester erhalten worden (*Phillipps et al.,* Soc. **1952** 4951, 4953).

1-[2,6-Dihydroxy-4-methoxy-phenyl]-äthanon $C_9H_{10}O_4$, Formel I (R = H, R′ = CH_3) (E II 442; E III 3388).

B. Beim Erhitzen von 1-[3-Acetyl-2,4-dihydroxy-6-methoxy-phenyl]-2,2,2-trichlor-äthanon oder 3-Acetyl-2,4-dihydroxy-6-methoxy-benzoesäure-methylester mit wss. KOH (*Whalley,* Soc. **1951** 3229, 3233).

1-[2-Hydroxy-4,6-dimethoxy-phenyl]-äthanon, Xanthoxylin $C_{10}H_{12}O_4$, Formel II (R = X = H, R′ = CH_3) (H 394; E I 688; E II 442; E III 3388).

Isolierung aus den Blättern von Hippomane mancinella: *Schaeffer et al.,* J. Am. pharm. Assoc. **43** [1954] 43; aus den Wurzeln von Sapium sebiferum: *Chu et al.,* Acta pharm. sinica **6** [1958] Nr. 1, S. 51–53; C. A. **1959** 10532; aus dem ätherischen Öl von Zanthoxylum rhesta: *Naves, Ardizio,* Bl. **1950** 673, 678.

B. Neben geringen Mengen 1-[4-Hydroxy-2,6-dimethoxy-phenyl]-äthanon beim Behandeln von 3,5-Dimethoxy-phenol mit Acetanhydrid und BF_3 in Essigsäure oder Äther (*Mackenzie et al.,* Soc. **1950** 2965, 2969; *Dean, Robertson,* Soc. **1953** 1241, 1244) oder beim Behandeln von 2,4-Diacetyl-3,5-dimethoxy-phenol mit Essigsäure und Äther-BF_3 (*Dean, Ro.,* l. c. S. 1245). Beim Erwärmen von 3,5-Dimethoxy-phenol mit Acetylchlorid und Acetanhydrid in Essigsäure unter Zusatz von $NaClO_4$ (*Mathur et al.,* Am. Soc. **79** [1957] 3582, 3583, 3585). Beim Behandeln von 1-[2,4,6-Trimethoxy-phenyl]-äthanon mit HBr in Essigsäure (*Horton, Spence,* Am. Soc. **77** [1955] 2894).

UV-Spektrum in Äthanol (210–360 nm bzw. 220–340 nm bzw. 250–330 nm): *Enebäck,* Acta chem. scand. **11** [1957] 895; *Kawano,* J. pharm. Soc. Japan **76** [1956] 457, 458; C. A. 16759; *Sch. et al.*; in wss.-äthanol. NaOH (210–380 nm): *En.*

2,4-Dinitro-phenylhydrazon (F: 227–228°): *Kariyone et al.,* J. pharm. Soc. Japan **79** [1959] 1182; C. A. **1960** 3405.

Acetyl-Derivat $C_{12}H_{14}O_5$; 1-[2-Acetoxy-4,6-dimethoxy-phenyl]-äthanon, *O*-Acetyl-xanthoxylin (H 395; E III 3391). F: 103–108° [unkorr.] (*Ho., Sp.*).

1-[4-Hydroxy-2,6-dimethoxy-phenyl]-äthanon $C_{10}H_{12}O_4$, Formel II (R = CH_3, R′ = X = H) (E III 3389).

B. Beim Behandeln von 2,2,2-Trichlor-1-[4-hydroxy-2,6-dimethoxy-phenyl]-äthanon mit Zink und Essigsäure (*Whalley,* Soc. **1951** 3231, 3234).

Kristalle; F: 185° [aus wss. Me.] (*Wh.*), 184–185° [aus H_2O] (*Mackenzie et al.,* Soc. **1950** 2965, 2969).

1-[2,4,6-Trimethoxy-phenyl]-äthanon $C_{11}H_{14}O_4$, Formel II (R = R′ = CH_3, X = H) (H 395; E II 443; E III 3389).

B. Aus 1,3,5-Trimethoxy-benzol beim Erhitzen mit Essigsäure und Polyphosphorsäure auf 100° (*Nakazawa, Matsuura,* J. pharm. Soc. Japan **74** [1954] 1254; C. A. **1955** 14669), beim Erwärmen mit Acetylchlorid und Acetanhydrid in Essigsäure unter Zusatz von $NaClO_4$ auf 70° (*Mathur et al.,* Am. Soc. **79** [1957] 3582, 3584, 3586) oder beim Behandeln mit Acetonitril und $ZnCl_2$ in Äther unter Einleiten von HCl und Erhitzen des Reaktionsprodukts mit H_2O (*Kogure, Kubota,* J. Inst. Polytech. Osaka City Univ. [C] **2** [1952] 76, 78; vgl. E II 443). Aus 1-[2,4,6-Trihydroxy-phenyl]-äthanon beim Behandeln mit Dimethylsulfat und K_2CO_3 in Aceton (*Enebäck,* Acta chem. scand. **11** [1957] 895).

Kristalle (aus A.); F: 102° (*Na., Ma.*). UV-Spektrum (A.; 210–320 nm bzw. 250–450 nm): *En.*; *Grammaticakis,* C. r. **231** [1950] 378.

1-[2-Äthoxy-6-hydroxy-4-methoxy-phenyl]-äthanon $C_{11}H_{14}O_4$, Formel I (R = C_2H_5, R′ = CH_3) (E II 443).

B. Neben anderen Verbindungen beim Erhitzen von Tri-*O*-äthyl-sciadopitysin (E III/IV **19** 3222) mit methanol. $Ba(OH)_2$ (*Kawano,* Chem. pharm. Bl. **7** [1959] 821).

Kristalle (aus A.); F: 132–133°.

1-[2,4-Diäthoxy-6-hydroxy-phenyl]-äthanon $C_{12}H_{16}O_4$, Formel I (R = R′ = C_2H_5) (H 395; E III 3390).

B. In geringer Menge neben 1-[2,6-Diäthoxy-4-hydroxy-phenyl]-äthanon beim Behandeln von 3,5-Diäthoxy-phenol mit Acetonitril und $ZnCl_2$ unter Einleiten von HCl und Erwärmen des Reaktionsprodukts mit wss. NaOH (*Dean, Robertson,* Soc. **1953** 1241, 1245).

Kristalle (aus wss. A.); F: 85°.

1-[2,6-Diäthoxy-4-hydroxy-phenyl]-äthanon $C_{12}H_{16}O_4$, Formel III (R = C_2H_5, R′ = H).

B. s. im vorangehenden Artikel.

Kristalle (aus wss. A.); F: 186–187° (*Dean, Robertson,* Soc. **1953** 1241, 1245).

1-[2,4-Diäthoxy-6-methoxy-phenyl]-äthanon $C_{13}H_{18}O_4$, Formel II (R = R′ = C_2H_5, X = H).

B. Aus 1-[2,4-Diäthoxy-6-hydroxy-phenyl]-äthanon und CH_3I mit Hilfe von K_2CO_3 (*Dean, Robertson,* Soc. **1953** 1241, 1245).

$Kp_{0,05}$: 135°.

1-[2,6-Diäthoxy-4-methoxy-phenyl]-äthanon $C_{13}H_{18}O_4$, Formel III (R = C_2H_5, R′ = CH_3).

B. Analog der vorangehenden Verbindung (*Dean, Robertson,* Soc. **1953** 1241, 1245).

Kristalle (aus PAe.); F: 83°.

1-[4-Benzyloxy-2-hydroxy-6-methoxy-phenyl]-äthanon $C_{16}H_{16}O_4$, Formel II (R = X = H, R′ = CH_2-C_6H_5) (E III 3390).

Kristalle (aus A.); F: 90–91° (*Jain et al.,* Indian J. Chem. **10** [1972] 581, 583). ^{1}H-NMR-Absorption (CCl_4): *Jain et al.* λ_{max} (Me.): 285 nm.

1-[2,6-Diacetoxy-4-methoxy-phenyl]-äthanon $C_{13}H_{14}O_6$, Formel III (R = CO-CH_3, R′ = CH_3).

B. Beim Erhitzen von 1-[2,6-Dihydroxy-4-methoxy-phenyl]-äthanon mit Acetanhydrid (*Dun=*

canson et al., Soc. **1957** 3555, 3561).
Kristalle (aus Bzl.+PAe.); F: 76°.

1-[2,4,6-Triacetoxy-phenyl]-äthanon $C_{14}H_{14}O_7$, Formel III (R = R' = CO-CH_3) (E II 443; E III 3391).

B. Aus 1-[2,4,6-Trihydroxy-phenyl]-äthanon und Acetanhydrid mit Hilfe von Pyridin (*Barton, Bruun*, Soc. **1953** 603, 608).

Kristalle (aus $CHCl_3$+PAe.); F: 58–59°. λ_{max} (A.): 239 nm.

[4-Acetyl-3-hydroxy-5-methoxy-phenoxy]-essigsäure-äthylester $C_{13}H_{16}O_6$, Formel II (R = X = H, R' = CH_2-CO-O-C_2H_5).

B. Beim Erwärmen von 1-[2,4-Dihydroxy-6-methoxy-phenyl]-äthanon mit Bromessigsäure-äthylester und K_2CO_3 in Aceton (*Phillipps et al.*, Soc. **1952** 4951, 4953).

Kristalle (aus A.); F: 120°.

[4-Acetyl-3,5-dimethoxy-phenoxy]-essigsäure-äthylester $C_{14}H_{18}O_6$, Formel II (R = CH_3, R' = CH_2-CO-O-C_2H_5, X = H).

B. Analog der vorangehenden Verbindung (*Phillipps et al.*, Soc. **1952** 4951, 4953). Beim Erwärmen von [4-Acetyl-3-hydroxy-5-methoxy-phenoxy]-essigsäure-äthylester mit CH_3I und K_2CO_3 in Aceton (*Ph. et al.*).

Kristalle (aus wss. A.); F: 82°.

[3-Acetoxy-4-acetyl-5-methoxy-phenoxy]-essigsäure-äthylester $C_{15}H_{18}O_7$, Formel II (R = CO-CH_3, R' = CH_2-CO-O-C_2H_5, X = H).

B. Aus [4-Acetyl-3-hydroxy-5-methoxy-phenoxy]-essigsäure-äthylester und Acetanhydrid mit Hilfe von Pyridin (*Phillipps et al.*, Soc. **1952** 4951, 4953).

Kristalle (aus Bzl.+PAe.); F: 69°.

2,2,2-Trifluor-1-[2,4-dihydroxy-6-methoxy-phenyl]-äthanon $C_9H_7F_3O_4$, Formel II (R = R' = H, X = F).

B. Beim Behandeln von 5-Methoxy-resorcin mit Trifluoracetonitril und $ZnCl_2$ in Äther unter Einleiten von HCl und Erhitzen des Reaktionsprodukts mit H_2O (*Whalley*, Soc. **1951** 665, 668).

Hellgelbe Kristalle (aus Bzl.); F: 154°.

2,2,2-Trifluor-1-[2-hydroxy-4,6-dimethoxy-phenyl]-äthanon $C_{10}H_9F_3O_4$, Formel II (R = H, R' = CH_3, X = F).

B. In geringer Menge neben 2,2,2-Trifluor-1-[4-hydroxy-2,6-dimethoxy-phenyl]-äthanon beim Behandeln von 3,5-Dimethoxy-phenol mit Trifluoracetonitril und $ZnCl_2$ in Äther unter Einleiten von HCl und Erhitzen des Reaktionsprodukts mit H_2O (*Whalley*, Soc. **1951** 3229, 3234).

Gelbe Kristalle (aus wss. Me.); F: 87°.

2,2,2-Trifluor-1-[4-hydroxy-2,6-dimethoxy-phenyl]-äthanon $C_{10}H_9F_3O_4$, Formel II (R = CH_3, R' = H, X = F).

B. s. im vorangehenden Artikel.

Kristalle (aus wss. Me.); F: 155° (*Whalley*, Soc. **1951** 3229, 3234).

2,2,2-Trifluor-1-[2,4,6-trimethoxy-phenyl]-äthanon $C_{11}H_{11}F_3O_4$, Formel II (R = R' = CH_3, X = F).

B. Analog den vorangehenden Verbindungen (*Whalley*, Soc. **1951** 665, 668). Beim Erwärmen von 2,2,2-Trifluor-1-[2,4-dihydroxy-6-methoxy-phenyl]-äthanon mit Dimethylsulfat und K_2CO_3 in Aceton (*Wh.*).

Kristalle (aus wss. A. oder wss. Me.); F: 60°. $Kp_{0,1}$: 100°.

1-[3-Chlor-2-hydroxy-4,6-dimethoxy-phenyl]-äthanon $C_{10}H_{11}ClO_4$, Formel IV (R = X = H).

B. Beim Behandeln von 2-Chlor-3,5-dimethoxy-phenol mit Acetylchlorid und $AlCl_3$ in Nitrobenzol (*Duncanson et al.*, Soc. **1957** 3555, 3561).

Gelbe Kristalle (aus Me.); F: 191–192° [korr.].

1-[3-Chlor-2,4,6-trimethoxy-phenyl]-äthanon $C_{11}H_{13}ClO_4$, Formel IV (R = CH_3, X = H).

B. Beim Erwärmen der vorangehenden Verbindung mit CH_3I und K_2CO_3 in Aceton (*Duncanson et al.*, Soc. **1957** 3555, 3562).

Kristalle (nach Sublimation bei 70°/0,01 Torr); F: 74°.

[2-Acetyl-6-chlor-3,5-dimethoxy-phenoxy]-essigsäure $C_{12}H_{13}ClO_6$ und Taut.

a) **[2-Acetyl-6-chlor-3,5-dimethoxy-phenoxy]-essigsäure,** Formel IV (R = CH_2-CO-OH, X = H).

B. Beim Erhitzen von [2-Acetyl-6-chlor-3,5-dimethoxy-phenoxy]-essigsäure-äthylester mit wss.-äthanol. H_2SO_4 (*Dawkins, Mulholland,* Soc. **1959** 2211, 2218).

Kristalle (aus Bzl. oder H_2O); F: 144° [korr.]. UV-Spektrum (A.; 220–330 nm): *Da., Mu.*, l. c. S. 2213.

b) **(±)-9-Chlor-5-hydroxy-6,8-dimethoxy-5-methyl-5*H*-benzo[*e*][1,4]dioxepin-3-on** Formel V.

B. Beim Erhitzen von [2-Acetyl-6-chlor-3,5-dimethoxy-phenoxy]-essigsäure-methylester mit wss. HCl (*Dawkins, Mulholland,* Soc. **1959** 2211, 2218).

Kristalle (aus wss. A.); F: 143–144° [korr.]. UV-Spektrum (A.; 220–300 nm): *Da., Mu.*, l. c. S. 2213.

Verbindung mit [2-Acetyl-6-chlor-3,5-dimethoxy-phenoxy]-essigsäure $C_{12}H_{13}ClO_6 \cdot C_{12}H_{13}ClO_6$. Kristalle (aus Bzl.); F: 119–120°. UV-Spektrum (A.; 220–320 nm): *Da., Mu.*, l. c. S. 2213.

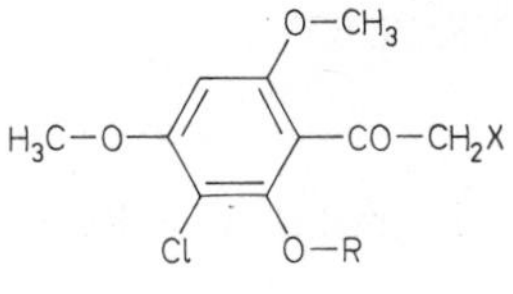

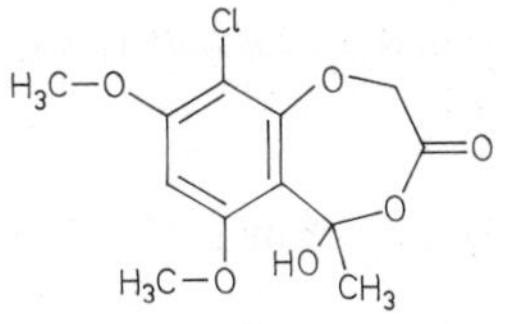

[2-Acetyl-6-chlor-3,5-dimethoxy-phenoxy]-essigsäure-methylester $C_{13}H_{15}ClO_6$, Formel IV (R = CH_2-CO-O-CH_3, X = H).

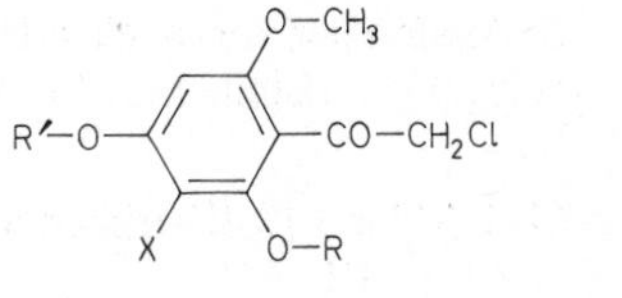

B. Beim Erwärmen von 1-[3-Chlor-2-hydroxy-4,6-dimethoxy-phenyl]-äthanon mit Bromessigsäure-methylester und K_2CO_3 in Aceton (*Dawkins, Mulholland,* Soc. **1959** 2211, 2218). Beim Behandeln von [2-Acetyl-6-chlor-3,5-dimethoxy-phenoxy]-essigsäure mit Diazomethan in Äther (*Da., Mu.*).

Kristalle (aus Me.); F: 103–104° [korr.]. λ_{max} (A.): 233 nm, 268 nm, 293 nm und ca. 305 nm.

[2-Acetyl-6-chlor-3,5-dimethoxy-phenoxy]-essigsäure-äthylester $C_{14}H_{17}ClO_6$, Formel IV (R = CH_2-CO-O-C_2H_5, X = H).

B. Beim Erwärmen von 1-[3-Chlor-2-hydroxy-4,6-dimethoxy-phenyl]-äthanon mit Bromessigsäure-äthylester und K_2CO_3 in Aceton (*Dawkins, Mulholland,* Soc. **1959** 2211, 2218).

Kristalle (aus A.); F: 72°. λ_{max} (A.): 223 nm, 258 nm, 292 nm und 305 nm.

2,4-Dinitro-phenylhydrazon (F: 136°): *Da., Mu.*

2-Chlor-1-[2-hydroxy-4,6-dimethoxy-phenyl]-äthanon $C_{10}H_{11}ClO_4$, Formel VI (R = X = H, R′ = CH_3) (E II 444).

B. Neben 2-Chlor-1-[4-hydroxy-2,6-dimethoxy-phenyl]-äthanon beim Behandeln von 3,5-Di=

methoxy-phenol mit Chloracetonitril und $ZnCl_2$ in Äther unter Einleiten von HCl und Erhitzen des Reaktionsprodukts mit H_2O (*Dean, Manunapichu,* Soc. **1957** 3112, 3118).

Kristalle (aus A.); F: 149°.

Acetyl-Derivat $C_{12}H_{13}ClO_5$; 1-[2-Acetoxy-4,6-dimethoxy-phenyl]-2-chloräthanon. Kristalle (aus Bzl.+PAe.); F: 86–87°.

2-Chlor-1-[4-hydroxy-2,6-dimethoxy-phenyl]-äthanon $C_{10}H_{11}ClO_4$, Formel VI (R = CH_3, R′ = X = H).

B. s. im vorangehenden Artikel.

Kristalle (aus A.); F: 188° (*Dean, Manunapichu,* Soc. **1957** 3112, 3118).

Acetyl-Derivat $C_{12}H_{13}ClO_5$; 1-[4-Acetoxy-2,6-dimethoxy-phenyl]-2-chloräthanon. Kristalle (aus PAe.); F: 86°.

2-Chlor-1-[3-chlor-2-hydroxy-4,6-dimethoxy-phenyl]-äthanon $C_{10}H_{10}Cl_2O_4$, Formel IV (R = H, X = Cl).

B. Beim Behandeln von 2-Chlor-3,5-dimethoxy-phenol mit Chloracetylchlorid und $AlCl_3$ in Nitrobenzol (*MacMillan et al.,* Soc. **1954** 429, 430).

Hellgelbe Kristalle (aus Dioxan); Zers. bei 211°.

2,2,2-Trichlor-1-[2,4-dihydroxy-6-methoxy-phenyl]-äthanon $C_9H_7Cl_3O_4$, Formel II (R = R′ = H, X = Cl).

B. Beim Behandeln von 5-Methoxy-resorcin mit Trichloracetonitril und $ZnCl_2$ in Äther unter Einleiten von HCl und Erhitzen des Reaktionsprodukts mit H_2O (*Whalley,* Soc. **1951** 665, 669).

Kristalle (aus Bzl. oder wss. Me.); F: 152°.

2,2,2-Trichlor-1-[4-hydroxy-2,6-dimethoxy-phenyl]-äthanon $C_{10}H_9Cl_3O_4$, Formel II (R = CH_3, R′ = H, X = Cl).

B. Analog der vorangehenden Verbindung (*Whalley,* Soc. **1951** 3229, 3234).

Hellgelbe Kristalle (aus Bzl.); F: 117°.

2,2,2-Trichlor-1-[2,4,6-trimethoxy-phenyl]-äthanon $C_{11}H_{11}Cl_3O_4$, Formel II (R = R′ = CH_3, X = Cl) (E III 3392).

B. Analog den vorangehenden Verbindungen (*Whalley,* Soc. **1951** 665, 670).

Kristalle (aus wss. Me. oder Bzl.+PAe.); F: 116°.

2-Brom-1-[2,6-dihydroxy-4-methoxy-phenyl]-äthanon $C_9H_9BrO_4$, Formel VII (R = H).

B. Beim Erwärmen von 2-Brom-1-[2,6-diacetoxy-4-methoxy-phenyl]-2-brom-äthanon mit wss.-äthanol. HBr (*Duncanson et al.,* Soc. **1957** 3555, 3561).

Kristalle (aus Bzl.); F: 139,5–140,5° [korr.; Zers.].

2-Brom-1-[2,6-diacetoxy-4-methoxy-phenyl]-äthanon $C_{13}H_{13}BrO_6$, Formel VII (R = CO-CH_3).

B. Beim Behandeln von 1-[2,6-Diacetoxy-4-methoxy-phenyl]-äthanon mit Brom in CS_2 (*Duncanson et al.,* Soc. **1957** 3555, 3561).

Kristalle (aus Bzl.+PAe.); F: 96–97°.

1-[3-Brom-2-hydroxy-4,6-dimethoxy-phenyl]-2-chlor-äthanon $C_{10}H_{10}BrClO_4$, Formel VI (R = H, R′ = CH_3, X = Br).

B. Beim Behandeln von 2-Brom-3,5-dimethoxy-phenol mit Chloracetylchlorid und $AlCl_3$ in Nitrobenzol (*MacMillan,* Soc. **1954** 2585).

Hellgelbe Kristalle (aus Dioxan); F: 211–213°.

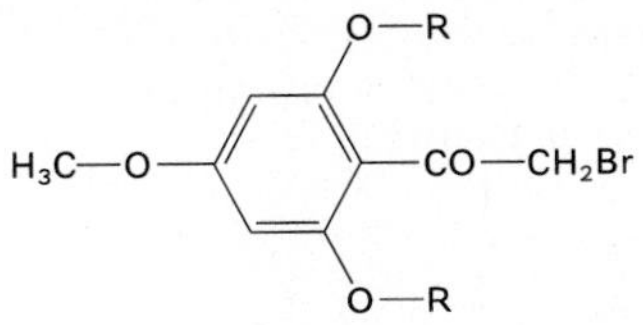

VII 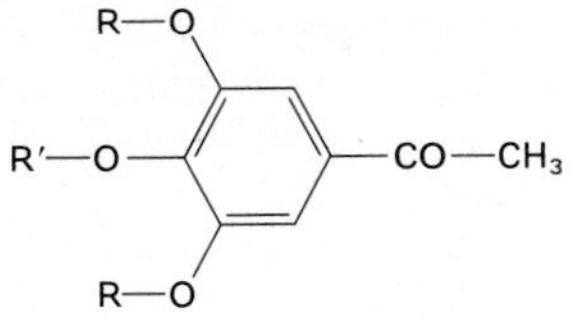 VIII

1-[3,4,5-Trihydroxy-phenyl]-äthanon $C_8H_8O_4$, Formel VIII (R = R′ = H) (E II 444; E III 3392).

B. Beim Erhitzen von Pyrogallol mit Acetanhydrid und H_2SO_4 unter Zusatz von Benzol-1,3-disulfonsäure (*Eastman Kodak Co.*, U.S.P. 2763691 [1952]).

Löslichkeit in H_2O bei 25°: $3{,}38 \cdot 10^{-2}$ $mol \cdot l^{-1}$: *Poole, Higuchi,* J. Am. pharm. Assoc. **48** [1959] 592, 595. Assoziation mit 1,4-Dimethyl-piperazin-2,5-dion: *Po., Hi.*

1-[4-Hydroxy-3,5-dimethoxy-phenyl]-äthanon, Acetosyringon $C_{10}H_{12}O_4$, Formel VIII (R = CH_3, R′ = H) (E II 444; E III 3393).

B. Beim Behandeln von 2,6-Dimethoxy-phenol mit Essigsäure und BF_3 (*Soboler, Schuerch,* Tappi **41** [1958] 447, 452). Beim Erhitzen von 1-[4-Hydroxy-3-jod-5-methoxy-phenyl]-äthanon mit Natriummethylat, Kupfer-Pulver und Methanol auf 140° (*Crawford et al.*, Canad. J. Chem. **34** [1956] 1562, 1564, 1565).

Kristalle; F: 123–124° [unkorr.; aus PAe.] (*Cr. et al.*), 120–122° [aus wss. Dioxan] (*So., Sch.*). λ_{max}: 302 nm [A.], 362 nm [wss. Alkali] (*deStevens, Nord,* Am. Soc. **75** [1953] 305, 309).

1-[3,4,5-Trimethoxy-phenyl]-äthanon $C_{11}H_{14}O_4$, Formel VIII (R = R′ = CH_3) (E I 688; E II 445; E III 3393).

B. Beim Erwärmen von 3,4,5-Trimethoxy-benzoylchlorid mit Dimethylcadmium in Benzol (*Horning et al.*, Am. Soc. **73** [1951] 5826; *Christiansen et al.*, Am. Soc. **77** [1955] 948). Beim Erwärmen von 3,4,5-Trimethoxy-benzoesäure mit Methyllithium in Äther und Dioxan (*Anderson, Greef,* Am. Soc. **74** [1952] 2923). Beim Erhitzen von [3,4,5-Trimethoxy-benzoyl]-malonsäure-diäthylester mit wss. H_2SO_4 (*Gutsche et al.*, Am. Soc. **80** [1958] 5756, 5762) oder mit wss. H_2SO_4 und Essigsäure (*Horton, Thompson,* Am. Soc. **76** [1954] 1909).

Kristalle (aus wss. A.); F: 79–80° (*Koo,* Am. Soc. **75** [1953] 720, 723).

2,4-Dinitro-phenylhydrazon (F: 245–245,5°): *Ho. et al.*

1-[3,4-Dimethoxy-5-*p*-tolyloxy-phenyl]-äthanon $C_{17}H_{18}O_4$, Formel IX.

B. Beim Erhitzen von 1-[3,4-Dimethoxy-phenyl]-äthanon mit *p*-Kresol, KOH und Kupfer-Pulver auf 200° (*Kimoto, Asaki,* J. pharm. Soc. Japan **73** [1953] 509, 512; C. A. **1954** 3355).

Kp_5: 200–210°.

Semicarbazon $C_{18}H_{21}N_3O_4$. F: 190–191°.

2,4-Dinitro-phenylhadrazon (F: 168–170°): *Ki., As.*

1-[4-Acetoxy-3,5-dimethoxy-phenyl]-äthanon $C_{12}H_{14}O_5$, Formel VIII (R = CH_3, R′ = CO-CH_3).

B. Beim Erhitzen von 1-[4-Hydroxy-3,5-dimethoxy-phenyl]-äthanon mit Acetanhydrid (*Zambeletti S.p.A.*, Brit. P. 1188480 [1968]).

F: 159° (*Zambeletti S.p.A.*). λ_{max} (A.): 270 nm (*deStevens, Nord,* Am. Soc. **75** [1953] 305, 309).

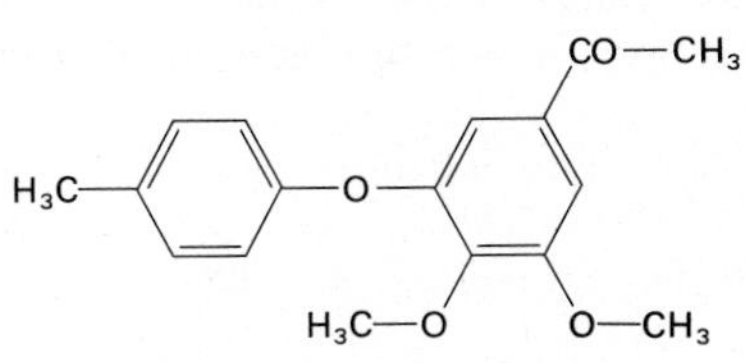

IX 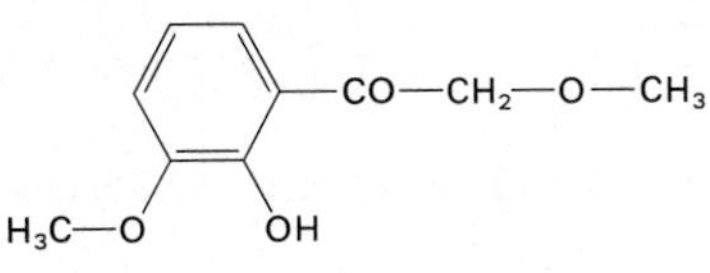 X

1-[2-Hydroxy-3-methoxy-phenyl]-2-methoxy-äthanon $C_{10}H_{12}O_4$, Formel X.

B. Beim Erwärmen von 3,8-Dimethoxy-2-methyl-chromen-4-on mit äthanol. KOH (*Aso,* J. agric. chem. Soc. Japan **10** [1934] 1189, 1198; C. A. **1935** 1067).

Kristalle (aus PAe.); F: 66°.

Oxim $C_{10}H_{13}NO_4$. Kristalle (aus PAe.); F: 126°.

1-[2,4-Dihydroxy-phenyl]-2-hydroxy-äthanon, Fisetol $C_8H_8O_4$, Formel XI (R = R′ = R″ = H) (E II 445; E III 3394).

UV-Spektrum (230–360 nm): *Zemplén et al.,* Acta chim. hung. **8** [1956] 133, 134.

1-[2,4-Dihydroxy-phenyl]-2-methoxy-äthanon $C_9H_{10}O_4$, Formel XI (R = CH_3, R′ = R″ = H) (E II 445; E III 3394).

B. Beim Behandeln von 2,4-Diacetoxy-benzoylchlorid mit Diazomethan in Äther, Erwärmen des Diazoketons mit Kupfer-Pulver in Methanol und Erwärmen des Rekationsprodukts mit wss. Alkali (*Row, Rao,* J. scient. ind. Res. India **17** B [1958] 199).

Kristalle (aus wss. A.); F: 136–138°.

1-[2-Hydroxy-4-methoxy-phenyl]-2-methoxy-äthanon $C_{10}H_{12}O_4$, Formel XI (R = R″ = CH_3, R′ = H) (H 395; E II 446; E III 3395).

B. Beim Erwärmen von 1-[2-Acetoxy-4-methoxy-phenyl]-2-diazo-äthanon mit Kupfer-Pulver und Methanol auf 55°und Erwärmen des Reaktionsprodukts mit wss. Alkali (*Row, Rao,* J. scient. ind. Res. India **17** B [1958] 199).

Kristalle (aus wss. A.); F: 69–70°.

1-[4-Allyloxy-2-hydroxy-phenyl]-2-methoxy-äthanon $C_{12}H_{14}O_4$, Formel XI (R = CH_3, R′ = H, R″ = CH_2-CH=CH_2).

B. Neben geringeren Mengen 1-[2,4-Bis-allyloxy-phenyl]-2-methoxy-äthanon beim Erwärmen von 1-[2,4-Dihydroxy-phenyl]-2-methoxy-äthanon mit Allylbromid und K_2CO_3 in Aceton (*Aneja et al.,* Tetrahedron **2** [1958] 203, 207).

Gelbliches Öl.

2,4-Dinitro-phenylhydrazon (F: 174–175°): *An. et al.*

1-[2,4-Bis-allyloxy-phenyl]-2-methoxy-äthanon $C_{15}H_{18}O_4$, Formel XI (R = CH_3, R′ = R″ = CH_2-CH=CH_2).

B. s. im vorangehenden Artikel.

2,4-Dinitro-phenylhydrazon (F: 132–133°): *Aneja et al.,* Tetrahedron **2** [1958] 203, 207.

R″—O—[C6H3]—CO—CH2—O—R (with O—R′ at position 2)   XI

H3C—O—[C6H3]—CO—CH2—S—CN (with O—R at position 2)   XII

2-Acetoxy-1-[4-acetoxy-2-hydroxy-phenyl]-äthanon $C_{12}H_{12}O_6$, Formel XI (R = R″ = CO-CH_3, R′ = H).

B. Beim Behandeln der Dinatrium-Verbindung des 1-[2,4-Dihydroxy-phenyl]-2-hydroxy-äthanons mit Acetanhydrid in $CHCl_3$, Benzol oder Äther (*Zemplén et al.,* Acta chim. hung. **8** [1956] 133, 135, 136). Beim Behandeln von 2-Acetoxy-1-[2,4-diacetoxy-phenyl]-äthanon mit NH_3 in Äthanol (*Ze. et al.,* l. c. S. 136).

Kristalle (aus wss. Me.); F: 99–100°. UV-Spektrum (230–360 nm): *Ze. et al.,* l. c. S. 134.

1-[2,4-Diacetoxy-phenyl]-2-methoxy-äthanon $C_{13}H_{14}O_6$, Formel XI (R = CH_3, R′ = R″ = CO-CH_3).

B. Aus 1-[2,4-Dihydroxy-phenyl]-2-methoxy-äthanon und Acetanhydrid mit Hilfe von Pyridin

(*O'Toole, Wheeler,* Soc. **1956** 4411, 4412).
Kristalle (aus A.); F: 54°.

1-[2,4-Bis-methansulfonyloxy-phenyl]-2-hydroxy-äthanon $C_{10}H_{12}O_8S_2$, Formel XI (R = H, R′ = R″ = SO_2-CH_3).

B. Beim Erhitzen von 2-Acetoxy-1-[2,4-bis-methansulfonyloxy-phenyl]-äthanon mit wss. HCl (*Zemplén et al.,* Acta chim. hung. **13** [1958] 99, 100).

Kristalle (aus A.); F: 92,5–93°.

2-Acetoxy-1-[2,4-bis-methansulfonyloxy-phenyl]-äthanon $C_{12}H_{14}O_9S_2$, Formel XI (R = CO-CH_3, R′ = R″ = SO_2-CH_3).

B. Beim Behandeln von 2-Acetoxy-1-[2,4-dihydroxy-phenyl]-äthanon mit Methansulfonylchlorid und Pyridin (*Zemplén et al.,* Acta chim. hung. **13** [1958] 99, 100).

Kristalle (aus A.); F: 111°.

1-[2-Hydroxy-4-methoxy-phenyl]-2-thiocyanato-äthanon $C_{10}H_9NO_3S$, Formel XII (R = H).

B. Beim Erwärmen von 2-Chlor-1-[2-hydroxy-4-methoxy-phenyl]-äthanon oder 2-Brom-1-[2-hydroxy-4-methoxy-phenyl]-äthanon mit wss. Kalium-thiocyanat in Äthanol (*Dhami et al.,* J. scient. ind. Res. India **18**B [1959] 392).

Kristalle (aus A.); F: 140°.

1-[2,4-Dimethoxy-phenyl]-2-thiocyanato-äthanon $C_{11}H_{11}NO_3S$, Formel XII (R = CH_3).

B. Analog der vorangehenden Verbindung (*Dhami et al.,* J. scient. ind. Res. India **18**B [1959] 392).

Kristalle (aus A.); F: 144°.

1-[2,5-Dihydroxy-phenyl]-2-hydroxy-äthanon $C_8H_8O_4$, Formel XIII (R = R′ = R″ = H).

B. Beim Erhitzen von 2-Acetoxy-1-[2,5-diacetoxy-phenyl]-äthanon mit wss. HCl und wss. HI (*Kloetzel et al.,* J. org. Chem. **20** [1955] 38, 46). Beim Erhitzen von 1-[2,5-Diacetoxy-phenyl]-2-diazo-äthanon mit wss.-äthanol. H_2SO_4 (*Kl. et al.*).

Gelbe Kristalle (aus Ae.); F: 157–158° [unkorr.].

1-[2-Hydroxy-5-methoxy-phenyl]-2-methoxy-äthanon $C_{10}H_{12}O_4$, Formel XIII (R = R″ = CH_3, R′ = H).

B. Aus 2-Acetoxy-5-methoxy-benzoesäure über mehrere Stufen (*Row, Rao,* J. scient. ind. Res. India **17**B [1958] 199, 201).

$Kp_{0,3-0,4}$: 98–100°.

2,4-Dinitro-phenylhydrazon (F: 206–207°): *Row, Rao.*

2-Acetoxy-1-[5-acetoxy-2-hydroxy-phenyl]-äthanon $C_{12}H_{12}O_6$, Formel XIII (R = R″ = CO-CH_3, R′ = H).

B. Beim Erwärmen von 1-[2,5-Dihydroxy-phenyl]-2-hydroxy-äthanon mit Acetylchlorid in Benzol (*Kloetzel et al.,* J. org. Chem. **20** [1955] 38, 46). Neben anderen Verbindungen beim Erhitzen von 2-Chlor-1-[2,5-dihydroxy-phenyl]-äthanon mit Acetanhydrid und Natriumacetat und wenig H_2SO_4 (*Kl. et al.,* l. c. S. 44).

Kristalle (aus Ae.); F: 97,5–99°.

R″—O ; CO—CH₂—O—R ; O—R′
XIII

R—O ; CO—CH₂—O—R ; X ; O—R
I

2-Acetoxy-1-[2,5-diacetoxy-phenyl]-äthanon $C_{14}H_{14}O_7$, Formel XIII (R = R′ = R″ = CO-CH_3).

B. Beim Erhitzen von 2-Brom-1-[2,5-diacetoxy-phenyl]-äthanon mit Silberacetat in Essigsäure (*Kloetzel et al.*, J. org. Chem. **20** [1955] 38, 45). Beim Erwärmen von 1-[2,5-Diacetoxy-phenyl]-2-diazo-äthanon mit Essigsäure (*Kl. et al.*). Beim Erhitzen von 2-Acetoxy-1-[5-acetoxy-2-hydroxy-phenyl]-äthanon mit Acetylchlorid (*Kl. et al.*, l. c. S. 46).

Kristalle (aus Me.); F: 77,5 – 78°.

1-[3-Brom-2,5-dihydroxy-phenyl]-2-hydroxy-äthanon $C_8H_7BrO_4$, Formel I (R = H, X = Br).

B. Beim Erwärmen von 1-[2,5-Diacetoxy-3-brom-phenyl]-2-diazo-äthanon mit wss.-äthanol. H_2SO_4 (*Kloetzel, Abadir*, Am. Soc. **77** [1955] 3823, 3826). Beim Erhitzen der nachfolgend beschriebenen Verbindung mit wss. HCl und wenig wss. HI (*Kl., Ab.*).

Hellgelbe Kristalle (aus Ae.); F: 166 – 168° [unkorr.].

2-Acetoxy-1-[2,5-diacetoxy-3-brom-phenyl]-äthanon $C_{14}H_{13}BrO_7$, Formel I (R = CO-CH_3, X = Br).

B. Beim Erhitzen von 1-[2,5-Diacetoxy-3-brom-phenyl]-2-diazo-äthanon mit Essigsäure (*Kloetzel, Abadir*, Am. Soc. **77** [1955] 3823, 3825). Beim Erhitzen von 2-Brom-1-[2,5-diacetoxy-3-brom-phenyl]-äthanon mit Silberacetat in Essigsäure (*Kl., Ab.*).

Kristalle (aus Bzl. + PAe.); F: 104 – 105° [unkorr.].

1-[2(oder 5)-Acetoxy-5(oder 2)-hydroxy-3-nitro-phenyl]-2-hydroxy-äthanon $C_{10}H_9NO_7$, Formel II (R = CO-CH_3, R′ = H) oder (R = H, R′ = CO-CH_3).

B. Beim Erwärmen von 1-[2,5-Diacetoxy-3-nitro-phenyl]-2-diazo-äthanon mit wss.-äthanol. H_2SO_4 (*Kloetzel, Abadir*, Am. Soc. **77** [1955] 3823, 3825).

Gelbe Kristalle (aus Ae.); F: 145 – 147° [unkorr.; Zers.].

2-Acetoxy-1-[2,5-diacetoxy-3-nitro-phenyl]-äthanon $C_{14}H_{13}NO_9$, Formel I (R = CO-CH_3, X = NO_2).

B. Beim Erwärmen von 2-Brom-1-[2,5-dihydroxy-3-nitro-phenyl]-äthanon mit Acetanhydrid und H_2SO_4 und anschliessenden Erhitzen mit Silberacetat in Toluol (*Kloetzel, Abadir*, Am. Soc. **77** [1955] 3823, 3825). Aus der vorangehenden Verbindung beim Erhitzen mit Acetanhydrid und H_2SO_4 (*Kl., Ab.*).

Kristalle (aus A.); F: 81 – 82°.

R′—O, CO—CH_2—OH, O_2N, O—R

II

H_3C—O, CO—CH_2—S—CN, O—R

III

1-[2-Hydroxy-5-methoxy-phenyl]-2-thiocyanato-äthanon $C_{10}H_9NO_3S$, Formel III (R = H).

B. Beim Erwärmen von 2-Chlor-1-[2-hydroxy-5-methoxy-phenyl]-äthanon oder 2 Brom-1-[2-hydroxy-5-methoxy-phenyl]-äthanon mit wss. Kalium-thiocyanat in Äthanol (*Dhami et al.*, J. scient. ind. Res. India **18** B [1959] 392).

Kristalle (aus A.); F: 122°.

1-[2,5-Dimethoxy-phenyl]-2-thiocyanato-äthanon $C_{11}H_{11}NO_3S$, Formel III (R = CH_3).

B. Analog der vorangehenden Verbindung (*Dhami et al.*, J. scient. ind. Res. India **18** B [1959] 392).

Kristalle (aus A.); F: 88 – 90°.

2-Hydroxy-1-[4-hydroxy-3-methoxy-phenyl]-äthanon $C_9H_{10}O_4$, Formel IV (R = CH_3, R′ = H) (E II 446; E III 3396).

B. Beim Erwärmen von 2-Acetoxy-1-[4-acetoxy-3-methoxy-phenyl]-äthanon mit wss.-methanol. HCl (*v. Euw et al.*, Helv. **42** [1959] 1817, 1828).

Kristalle (aus Acn. + Ae.); F: 160–161° [korr.]. IR-Spektrum in KBr (5–15 μ) und in CH_2Cl_2 (2,5–12,5 μ): *v. Euw et al.*, l. c. S. 1821. UV-Spektrum (A.; 200–400 nm): *v. Euw et al.*, l. c. S. 1820. Scheinbarer Dissoziationsexponent pK'_a (wss. A. [3,2%ig]; potentiometrisch ermittelt): 8,0 (*v. Euw et al.*, l. c. S. 1825). Löslichkeit (mg/ml Lösungsmittel) bei 20° in H_2O: ca. 3; in CS_2: ca. 0,15 und in CCl_4: ca. 0,3 (*v. Euw et al.*, l. c. S. 1825).

2-Hydroxy-1-[3-hydroxy-4-methoxy-phenyl]-äthanon $C_9H_{10}O_4$, Formel IV (R = H, R′ = CH_3).

B. Beim Erwärmen von 2-Acetoxy-1-[3-acetoxy-4-methoxy-phenyl]-äthanon mit wss.-methanol. HCl (*v. Euw et al.*, Helv. **42** [1959] 1817, 1829).

Kristalle (aus Me. + Ae.); F: 177–178° [korr.] (*v. Euw et al.*, Helv. **42** 1829). Bei 90–110°/0,01 Torr sublimierbar (*v. Euw et al.*, Helv. **42** 1829). IR-Spektrum (CH_2Cl_2; 2,5–12,5 μ): *v. Euw et al.*, Helv. **42** 1821. UV-Spektrum (A.; 200–380 nm): *v. Euw et al.*, Helv. **41** [1958] 1516, 1519.

R′—O—C6H3(O—R)—CO—CH2—OH

IV

R—O—C6H3(O—CH3)—CO—CH2—O—C6H3(O—CH3)—R′

V

1-[3,4-Dimethoxy-phenyl]-2-hydroxy-äthanon $C_{10}H_{12}O_4$, Formel IV (R = R′ = CH_3) (E I 689; E II 446).

B. Beim Behandeln von 2-Hydroxy-1-[4-hydroxy-3-methoxy-phenyl]-äthanon mit Diazomethan in Äther (*v. Euw et al.*, Helv. **42** [1959] 1817, 1826). Beim Behandeln von 2-Acetoxy-1-[3,4-dimethoxy-phenyl]-äthanon mit wss.-methanol. HCl (*v. Euw et al.*, l. c. S. 1828; vgl. E I 689).

Kristalle (aus Acn. + Ae.); F: 87–88°.

1-[3,4-Dimethoxy-phenyl]-2-[2-methoxy-phenoxy]-äthanon $C_{17}H_{18}O_5$, Formel V (R = CH_3, R′ = H).

B. Beim Erwärmen von 2-Brom-1-[3,4-dimethoxy-phenyl]-äthanon mit 2-Methoxy-phenol und K_2CO_3 in Aceton (*Adler et al.*, Svensk Papperstidn. **55** [1952] 245, 252).

Kristalle (aus Me.); F: 90–92° (*Ad. et al.*). Geschwindigkeit der Reaktion mit $NH_2OH \cdot HCl$ in Äthanol bei pH 4,0 und 25°: *Gierer, Söderberg*, Acta chem. scand. **13** [1959] 127, 132, 136.

1-[4-Benzyloxy-3-methoxy-phenyl]-2-[2-methoxy-phenoxy]-äthanon $C_{23}H_{22}O_5$, Formel V (R = CH_2-C_6H_5, R′ = H).

B. Beim Erwärmen von 1-[4-Benzyloxy-3-methoxy-phenyl]-2-brom-äthanon mit 2-Methoxy-phenol und K_2CO_3 in Aceton (*Kratzl et al.*, M. **90** [1959] 771, 779).

Hellgelbe Kristalle (aus A.); F: 103–104°.

2-[4-Äthoxy-phenoxy]-1-[3,4-dimethoxy-phenyl]-äthanon $C_{18}H_{20}O_5$, Formel VI.

B. Beim Behandeln von 4-Äthoxy-phenol mit KOH in Äthanol und anschliessend mit 2-Brom-1-[3,4-dimethoxy-phenyl]-äthanon (*Knott*, Soc. **1952** 4099, 4101).

Kristalle (aus A.); F: 103°.

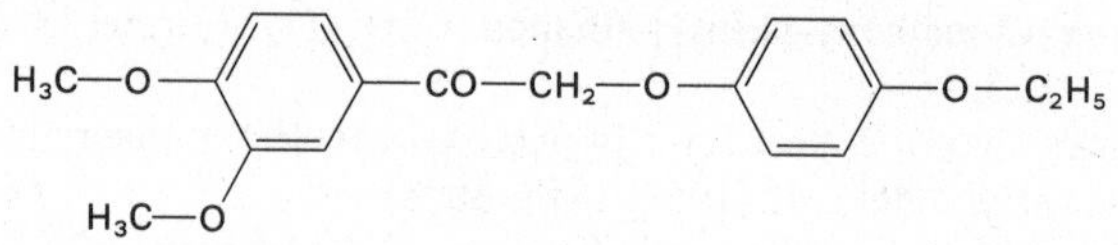

VI

1-[4-Benzyloxy-3-methoxy-phenyl]-2-[2-methoxy-4-propyl-phenoxy]-äthanon $C_{26}H_{28}O_5$, Formel V (R = CH_2-C_6H_5, R′ = CH_2-C_2H_5).

B. Beim Erwärmen von 1-[4-Benzyloxy-3-methoxy-phenyl]-2-brom-äthanon mit 2-Methoxy-4-propyl-phenol und K_2CO_3 in Butanon (*Leopold,* Acta chem. scand. **4** [1950] 1523, 1533).

Kristalle (aus Ae.); F: 86,5–87,5°.

4-[4-Benzyloxy-3-methoxy-phenacyloxy]-3-methoxy-benzaldehd, 1-[4-Benzyloxy-3-methoxy-phenyl]-2-[4-formyl-2-methoxy-phenoxy]-äthanon $C_{24}H_{22}O_6$, Formel V (R = CH_2-C_6H_5, R′ = CHO).

B. Beim Erwärmen von 1-[4-Benzyloxy-3-methoxy-phenyl]-2-brom-äthanon mit Vanillin und K_2CO_3 in Aceton (*Freudenberg, Eisenhut,* B. **88** [1955] 626, 631).

Kristalle (aus Me.); F: 129°.

2-[4-Acetyl-2-methoxy-phenoxy]-1-[4-hydroxy-3-methoxy-phenyl]-äthanon $C_{18}H_{18}O_6$, Formel VII (E III 3397).

Absorptionsspektrum (NaOH [0,01 n]; 210–420 nm): *Aulin-Erdtman,* Svensk Papperstidn. **56** [1953] 91, 93, 100.

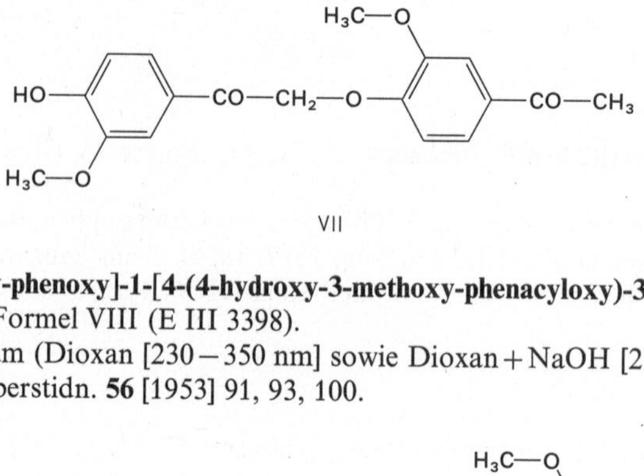

VII

2-[4-Acetyl-2-methoxy-phenoxy]-1-[4-(4-hydroxy-3-methoxy-phenacyloxy)-3-methoxy-phenyl]-äthanon $C_{27}H_{26}O_9$, Formel VIII (E III 3398).

Absorptionsspektrum (Dioxan [230–350 nm] sowie Dioxan+NaOH [210–420 nm]): *Aulin-Erdtman,* Svensk Papperstidn. **56** [1953] 91, 93, 100.

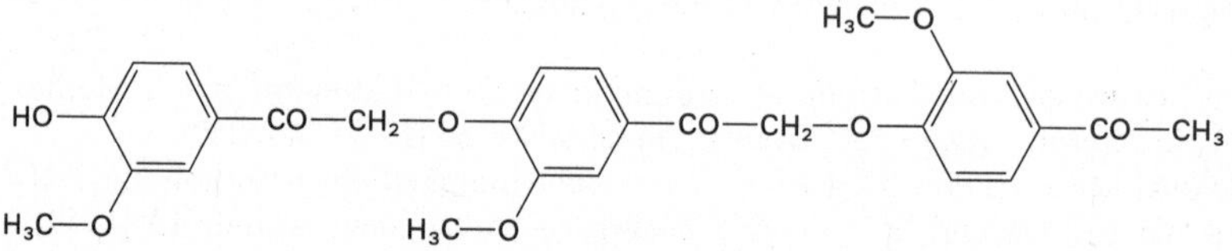

VIII

2-Acetoxy-1-[3,4-dihydroxy-phenyl]-äthanon $C_{10}H_{10}O_5$, Formel IX (R = CO-CH_3, R′ = R″ = H).

B. Beim Erhitzen von 2-Chlor-1-[3,4-dihydroxy-phenyl]-äthanon in Äthanol mit Natrium-acetat und wss. Essigsäure (*Cragoe et al.,* J. org. Chem. **18** [1953] 561, 562, 567).

Kristalle (aus H_2O); F: 157–160°.

1-[4-Acetoxy-3-methoxy-phenyl]-2-hydroxy-äthanon $C_{11}H_{12}O_5$, Formel IV (R = CH_3, R′ = CO-CH_3) (E III 3399).

B. Beim Erwärmen von 1-[4-Acetoxy-3-methoxy-phenyl]-2-diazo-äthanon mit wss. H_2SO_4 in Dioxan auf 70° (*v. Euw et al.,* Helv. **42** [1959] 1817, 1827).

Kristalle (aus Ae.); F: 73–74°. $Kp_{0,01}$: 100–115° [Badtemperatur].

2-Acetoxy-1-[4-hydroxy-3-methoxy-phenyl]-äthanon $C_{11}H_{12}O_5$, Formel IX (R = CO-CH_3, R′ = CH_3, R″ = H) (E II 447; E III 3399).

B. Beim Behandeln von 1-[4-Acetoxy-3-methoxy-phenyl]-2-diazo-äthanon mit methanol. KOH und Erhitzen des Reaktionsprodukts mit Essigsäure auf 110° (*v. Euw et al.*, Helv. **42** [1959] 1817, 1827). Beim Behandeln von 2-Acetoxy-1-[4-acetoxy-3-methoxy-phenyl]-äthanon mit wss. $KHCO_3$ in Methanol (*v. Euw et al.*).

Kristalle (aus Ae.); F: 113–114° [korr.]. $Kp_{0,01}$: 100–120° [Badtemperatur].

2-Acetoxy-1-[3,4-dimethoxy-phenyl]-äthanon $C_{12}H_{14}O_5$, Formel IX (R = CO-CH_3, R′ = R″ = CH_3) (E I 689; E II 447; E III 3399).

B. Aus 2-Diazo-1-[3,4-dimethoxy-phenyl]-äthanon beim Erhitzen mit Essigsäure (*v. Euw et al.*, Helv. **42** [1959] 1817, 1828; *Conine, Jones*, J. Am. Pharm. Assoc. **43** [1954] 670, 671, 672) oder beim Erwärmen mit Essigsäure und wenig Kaliumacetat auf 70° (*Gramshaw et al.*, Soc. **1958** 4040, 4048).

Kristalle (aus Me. oder Ae.); F: 86–87° (*Gr. et al.*).

1-[3,4-Diacetoxy-phenyl]-2-methoxy-äthanon $C_{13}H_{14}O_6$, Formel IX (R = CH_3, R′ = R″ = CO-CH_3).

B. Beim Erhitzen von 1-[3,4-Diacetoxy-phenyl]-2-hydroxy-äthanon mit CH_3I und Ag_2O (*Stroh*, Z. Naturf. **14b** [1959] 699, 703).

Kristalle (aus A.); F: 109–110°.

R″—O, R′—O, CO—CH_2—O—R
IX

R″—O, R′—O, CO—CH_2—S—R
X

2-Acetoxy-1-[3-acetoxy-4-methoxy-phenyl]-äthanon $C_{13}H_{14}O_6$, Formel IX (R = R′ = CO-CH_3, R″ = CH_3).

B. Beim Erhitzen von 1-[3-Acetoxy-4-methoxy-phenyl]-2-diazo-äthanon mit Essigsäure (*v. Euw et al.*, Helv. **42** [1959] 1817, 1829).

Kristalle (aus Ae.); F: 81–82°.

2-Acetoxy-1-[4-acetoxy-3-methoxy-phenyl]-äthanon $C_{13}H_{14}O_6$, Formel IX (R = R″ = CO-CH_3, R′ = CH_3) (E II 447; E III 3400).

B. Analog der vorangehenden Verbindung (*v. Euw et al.*, Helv. **42** [1959] 1817, 1827, 1828; *Conine, Jones*, J. Am. pharm. Assoc. **43** [1954] 670, 671, 672). Beim Erwärmen von 1-[4-Acetoxy-3-methoxy-phenyl]-2-brom-äthanon mit Kaliumacetat in Aceton (*v. Euw et al.*, l. c. S. 1828). Beim Behandeln von 2-Hydroxy-1-[4-hydroxy-3-methoxy-phenyl]-äthanon mit Acetanhydrid und Pyridin (*v. Euw et al.*, l. c. S. 1825).

Kristalle; F: 78–78,5° [aus Ae.+PAe.] (*Co., Jo.*), 75–76° [aus Ae.+Acn.] (*v. Euw et al.*, l. c. S. 1828).

2-Äthylmercapto-1-[3,4-dimethoxy-phenyl]-äthanon $C_{12}H_{16}O_3S$, Formel X (R = C_2H_5, R′ = R″ = CH_3).

B. Beim Behandeln von 2-Brom-1-[3,4-dimethoxy-phenyl]-äthanon mit Äthanthiol und äthanol. Natriumäthylat (*Gierer, Alfredsson*, B. **90** [1957] 1240, 1247).

$Kp_{0,1}$: 170° [Badtemperatur].

2,4-Dinitro-phenylhydrazon (F: 186–187°): *Gi., Al.*

Bis-[3,4-dimethoxy-phenacyl]-sulfid $C_{20}H_{22}O_6S$, Formel XI.

B. Beim Behandeln von 2-Brom-1-[3,4-dimethoxy-phenyl]-äthanon mit Na_2S in Äthanol (*Gierer, Alfredsson*, B. **90** [1957] 1240, 1247).

Kristalle (aus A.); F: 134,5–136°.

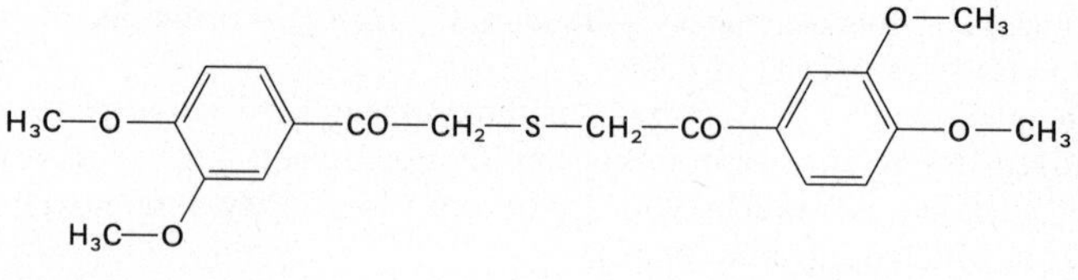

XI

1-[3,4-Dihydroxy-phenyl]-2-thiocyanato-äthanon $C_9H_7NO_3S$, Formel X (R = CN, R′ = R″ = H) (H 396).

B. Beim Erwärmen von 2-Brom-1-[3,4-dihydroxy-phenyl]-äthanon oder 2-Chlor-1-[3,4-dihydroxy-phenyl]-äthanon mit Kalium-thiocyanat in Gegenwart von NaI in wss. Äthanol (*Bariana et al.*, J. Indian chem. Soc. **32** [1955] 427, 428).

F: 172–173°.

1-[4-Hydroxy-3-methoxy-phenyl]-2-thiocyanato-äthanon $C_{10}H_9NO_3S$, Formel X (R = CN, R′ = CH_3, R″ = H).

B. Beim Erwärmen von 2-Brom-1-[4-hydroxy-3-methoxy-phenyl]-äthanon oder 2-Chlor-1-[4-hydroxy-3-methoxy-phenyl]-äthanon mit Kalium-thiocyanat in wss. Äthanol (*Dhami et al.*, J. scient. ind. Res. India **18** B [1959] 392).

Kristalle (aus A.); F: 140°.

1-[3,4-Dimethoxy-phenyl]-2-thiocyanato-äthanon $C_{11}H_{11}NO_3S$, Formel X (R = CN, R′ = R″ = CH_3).

B. Analog der vorangehenden Verbindung (*Dhami et al.*, J. scient. ind. Res. India **18** B [1959] 392).

Kristalle (aus A.); F: 135°.

2-Acetoxy-1-[3,5-diacetoxy-phenyl]-äthanon $C_{14}H_{14}O_7$, Formel XII.

B. Beim Erhitzen von 2-Brom-1-[3,5-diacetoxy-phenyl]-äthanon mit Silberacetat in Essigsäure (*Kloetzel, Abadir*, Am. Soc. **77** [1955] 3823, 3826). Beim Erhitzen von 1-[3,5-Diacetoxy-phenyl]-2-diazo-äthanon mit Essigsäure (*Kl., Ab.*).

Kristalle (aus Me.); F: 86–87°.

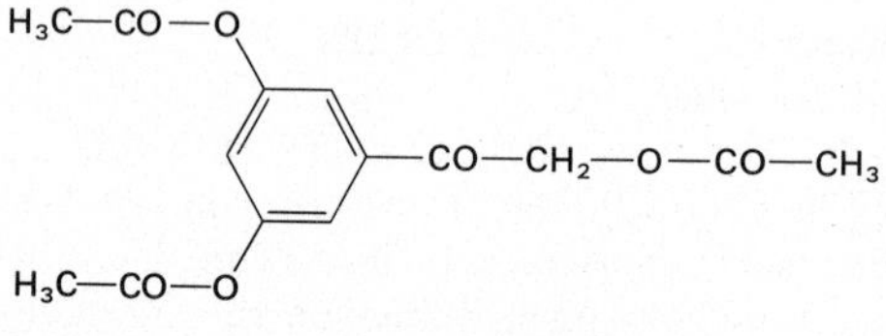

XII

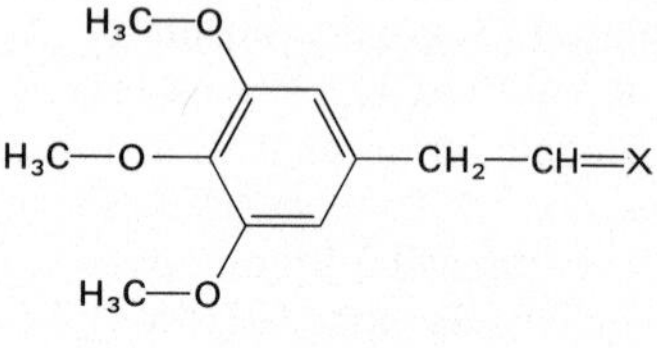

XIII

[3,4,5-Trimethoxy-phenyl]-acetaldehyd $C_{11}H_{14}O_4$, Formel XIII (X = O) (H 396; E I 689; E III 3404).

B. Bei der Oxidation von 3-[3,4,5-Trimethoxy-phenyl]-propan-1,2-diol mit HIO_4 in H_2O oder mit Bleitetraacetat in Benzol (*Duff, Pepper*, Canad. J. Chem. **34** [1956] 842, 843).

***[3,4,5-Trimethoxy-phenyl]-acetaldehyd-oxim** $C_{11}H_{15}NO_4$, Formel XIII (X = N-OH) (E III 3404).

B. Beim Behandeln von (*E*)-3,4,5-Trimethoxy-*β*-nitro-styrol mit Zink und Essigsäure in Methanol (*Dornow, Petsch*, Ar. **284** [1951] 160, 163).

***Opt.-inakt. Bis-[1-(3,4-dimethoxy-phenyl)-2-oxo-äthyl]-äther** $C_{20}H_{22}O_7$, Formel I.

Diese Konstitution ist für die nachstehend beschriebene Verbindung in Betracht gezogen worden (*Eliel et al.*, Am. Soc. **75** [1953] 4291, 4293 Anm. 14).

B. Bei der Oxidation von [3,4-Dimethoxy-phenyl]-acetaldehyd (*El. et al.*).

Disemicarbazon $C_{22}H_{28}N_6O_7$; opt.-inakt. Bis-[1-(3,4-dimethoxy-phenyl)-2-semicarbazono-äthyl]-äther. F: 180–180,5° [unkorr.].

3,6-Dihydroxy-4-methoxy-2-methyl-benzaldehyd $C_9H_{10}O_4$, Formel II (R = H) (E III 3405).

B. Aus 2-Hydroxy-4-methoxy-6-methyl-benzaldehyd beim Behandeln mit $K_2S_2O_8$ und wss. NaOH in Pyridin und anschliessenden Erwärmen mit HCl und Na_2SO_3 auf 80° (*Aghoramurthy, Seshadri,* Pr. Indian Acad. [A] **35** [1952] 327, 335).

Gelbe Kristalle (aus wss. A.); F: 162–163°.

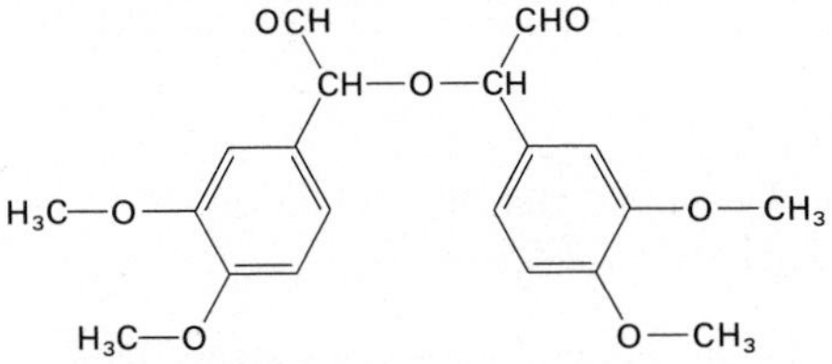

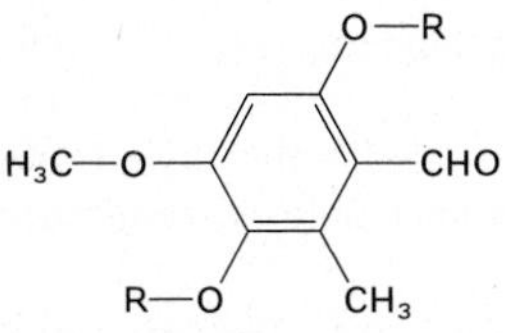

3,4,6-Trimethoxy-2-methyl-benzaldehyd $C_{11}H_{14}O_4$, Formel II (R = CH_3) (E III 3405).

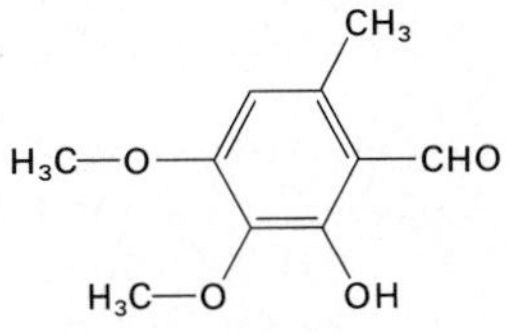

B. Beim Erwärmen der vorangehenden Verbindung mit Dimethylsulfat und K_2CO_3 in Aceton (*Aghoramurthy, Seshadri,* Pr. Indian Acad. [A] **35** [1952] 327, 335).

Kristalle (aus H_2O); F: 103–104°.

2-Hydroxy-3,4-dimethoxy-6-methyl-benzaldehyd $C_{10}H_{12}O_4$, Formel III.

B. Aus 2,3,4-Trihydroxy-6-methyl-benzaldehyd beim Behandeln mit Dimethylsulfat und K_2CO_3 in Aceton und Behandeln des Reaktionsprodukts mit $AlCl_3$ in Äther (*Seshadri, Venkatasubramanian,* Soc. **1959** 1660).

Kristalle (aus PAe.); F: 110°.

2,3-Dimethoxy-5,6-dimethyl-[1,4]benzochinon, Aurantiogliocladin $C_{10}H_{12}O_4$, Formel IV.

Isolierung aus den Kulturfiltraten von Gliocladium roseum (*Brian et al.,* Experientia **7** [1951] 266).

B. Bei der aufeinanderfolgenden Umsetzung von 2,3-Dimethoxy-5,6-dimethyl-anilin mit diazotierter Sulfanilsäure in wss. HCl, mit Na_2SO_4 in wss- NaOH und mit $FeCl_3$ in wss. HCl (*Baker et al.,* Soc. **1953** 820). Bei der Oxidation von 2,3-Dimethoxy-5,6-dimethyl-hydrochinon mit $FeCl_3$ in wss.-methanol. HCl oder von Gliorosein (E IV **6** 7699) mit CrO_3 in wss. Essigsäure (*Vischer,* Soc. **1953** 815, 818, 819).

Orangefarbene Kristalle (aus PAe.); F: 63–64° (*Vi.*), 63° (*Br. et al.*), 62° (*Ba. et al.*). UV-Spektrum (A.; 220–310 nm): *Vi.,* l. c. S. 816, 817. λ_{max} (A.): 275 nm und 407 nm (*Br. et al.*).

Mono-[2,4-dinitro-phenylhydrazon] (F: 243–244° bzw. F: 243°): *Ba. et al.*; *Br. et al.*

Verbindung mit 2,3-Dimethoxy-5,6-dimethyl-hydrochinon $C_{10}H_{12}O_4 \cdot C_{10}H_{14}O_4$; Rubrogliocladin. Über die Konstitution s. *Vischer* (l. c. S. 816). – Isolierung aus den Kulturfiltraten von Gliocladium roseum (*Br. et al.*). – Dunkelrote Kristalle (aus PAe.); F: 74° (*Br. et al.*). λ_{max} (A.): 275 nm und 407 nm (*Br. et al.*).

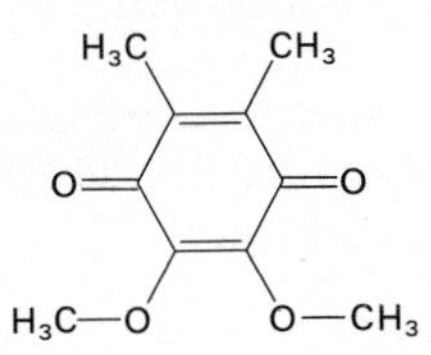

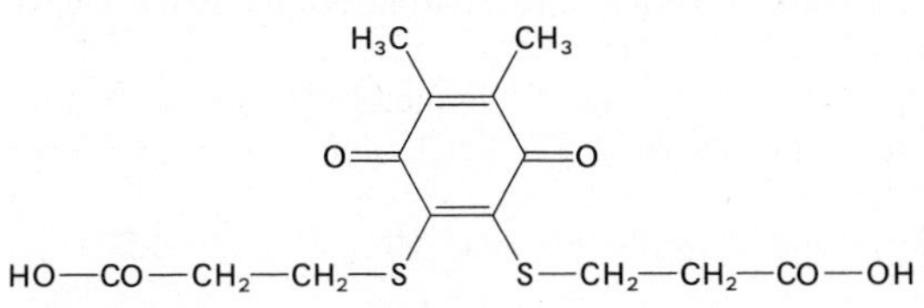

2,3-Bis-[2-carboxy-äthylmercapto]-5,6-dimethyl-[1,4]benzochinon, 3,3′-[4,5-Dimethyl-3,6-dioxo-cyclohexa-1,4-dien-1,2-diyldimercapto]-di-propionsäure $C_{14}H_{16}O_6S_2$, Formel V.

B. Beim Behandeln von 2,3-Dimethyl-[1,4]benzochinon mit 3-Mercapto-propionsäure in H_2O

und Behandeln des Reaktionsprodukts mit $FeCl_3$ und wss. HCl in Essigsäure (*Fieser, Ardao,* Am. Soc. **78** [1956] 774, 778).
Dunkelrote Kristalle (aus H_2O); F: 171–172°.

2,4,6-Trihydroxy-3-methyl-benzaldehyd $C_8H_8O_4$, Formel VI (R = H) (H 396).
F: 190° (*Joshi, Gawad,* Indian J. Chem. **12** [1974] 1033).

2,4,6-Trimethoxy-3-methyl-benzaldehyd $C_{11}H_{14}O_4$, Formel VI (R = CH_3).
B. Aus der vorangehenden Verbindung beim Behandeln mit Dimethylsulfat und K_2CO_3 in Aceton (*Lloyd, Whalley,* Soc. **1956** 3209, 3212).
Kristalle (aus PAe.); F: 84°.
Oxim $C_{11}H_{15}NO_4$. Kristalle (aus Me.); F: 160°.

2,6-Bis-carboxymethylmercapto-3,5-dimethyl-[1,4]benzochinon, [4,6-Dimethyl-2,5-dioxo-cyclohexa-3,6-dien-1,3-diyldimercapto]-di-essigsäure $C_{12}H_{12}O_6S_2$, Formel VII (R = CH_2-CO-OH).
B. Bei der Oxidation von [2,5-Dihydroxy-4,6-dimethyl-*m*-phenylendimercapto]-di-essigsäure mit $K_2Cr_2O_7$ und wss. H_2SO_4 (*Blackhall, Thomson,* Soc. **1953** 1138, 1141).
Rote Kristalle (aus H_2O); F: 174°.

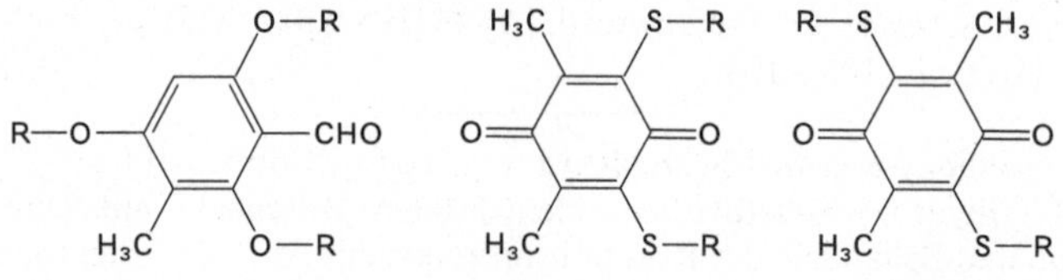

VI VII VIII

2,6-Bis-[2-carboxy-äthylmercapto]-3,5-dimethyl-[1,4]benzochinon, 3,3'-[4,6-Dimethyl-2,5-dioxo-cyclohexa-3,6-dien-1,3-diyldimercapto]-di-propionsäure $C_{14}H_{16}O_6S_2$, Formel VII (R = CH_2-CH_2-CO-OH).
B. Beim Behandeln von 2,6-Dimethyl-[1,4]benzochinon mit 3-Mercapto-propionsäure in H_2O und Behandeln des Reaktionsprodukts mit $FeCl_3$ und wss. HCl in Essigsäure (*Fieser, Ardao,* Am. Soc. **78** [1956] 774, 779).
Orangefarbene Kristalle (aus Ae.+PAe.); F: 131–132°.

2,5-Bis-carboxymethylmercapto-3,6-dimethyl-[1,4]benzochinon, [2,5-Dimethyl-3,6-dioxo-cyclohexa-1,4-dien-1,4-diyldimercapto]-di-essigsäure $C_{12}H_{12}O_6S_2$, Formel VIII (R = CH_2-CO-OH).
B. Bei der Oxidation von [2,5-Dihydroxy-3,6-dimethyl-*p*-phenylendimercapto]-di-essigsäure mit $K_2Cr_2O_7$ in wss. H_2SO_4 (*Blackhall, Thomson,* Soc. **1953** 1138, 1141).
Orangerote Kristalle (aus H_2O); F: 183°.

2,5-Bis-[2-carboxy-äthylmercapto]-3,6-dimethyl-[1,4]benzochinon, 3,3'-[2,5-Dimethyl-3,6-dioxo-cyclohexa-1,4-dien-1,4-diyldimercapto]-di-propionsäure $C_{14}H_{16}O_6S_2$, Formel VIII (R = CH_2-CH_2-CO-OH).
B. Beim Behandeln von 2,5-Dimethyl-[1,4]benzochinon mit 3-Mercapto-propionsäure in Äthanol und anschliessend mit $FeCl_3$ und wss. HCl (*Fieser, Ardao,* Am. Soc. **78** [1956] 774, 779).
Orangefarbene Kristalle (aus wss. Me.); F: 155–157°.

Hydroxy-oxo-Verbindungen $C_9H_{10}O_4$

1-[2,3,4-Trihydroxy-phenyl]-propan-1-on $C_9H_{10}O_4$, Formel IX (X = H) (H 398; E III 3412).
B. Aus Pyrogallol und Propionsäure mit Hilfe von BF_3 in Äther (*Campbell, Coppinger,*

Am. Soc. **73** [1951] 2708; vgl. H 398; E III 3412).

Kristalle (aus H_2O); F: 129° (*Buu-Hoi,* J. org. Chem. **18** [1953] 1723, 1727). λ_{max}: 236,5 nm [Me.], 310 nm [wss.-methanol. NaOH] (*Ca., Co.,* l. c. S. 2709).

2,4-Dinitro-phenylhydrazon (F: 245–246°): *Buu-Hoi.*

Verbindung mit Picrinsäure. Orangegelbe Kristalle (aus Me.); F: 123° (*Buu-Hoi*).

1-[5-Chlor-2,3,4-trihydroxy-phenyl]-propan-1-on $C_9H_9ClO_4$, Formel IX (X = Cl).

B. Beim Behandeln von 1-[2,3,4-Trihydroxy-phenyl]-propan-1-on mit Chlor in Essigsäure (*Buu-Hoi,* J. org. Chem. **18** [1953] 1723, 1725, 1728).

Kristalle (aus wss. Me. oder Eg.); F: 126°.

IX X

1-[5-Brom-2,3,4-trihydroxy-phenyl]-propan-1-on $C_9H_9BrO_4$, Formel IX (X = Br).

B. Analog der vorangehenden Verbindung (*Buu-Hoi,* J. org. Chem. **18** [1953] 1723, 1725, 1728).

Kristalle (aus wss. Me. oder Eg.); F: 131°.

[4,5-Dimethoxy-2-propionyl-phenoxy]-essigsäure $C_{13}H_{16}O_6$, Formel X (R = H).

Kristalle (aus H_2O oder wss. A.); F: 138–140° (*Müller et al.,* J. org. Chem. **19** [1954] 472, 483).

[4,5-Dimethoxy-2-propionyl-phenoxy]-essigsäure-äthylester $C_{15}H_{20}O_6$, Formel X (R = C_2H_5).

B. Aus 1-[2-Hydroxy-4,5-dimethoxy-phenyl]-propan-1-on und Bromessigsäure-äthylester (*Müller et al.,* J. org. Chem. **19** [1954] 472, 483).

Kristalle (aus A.); F: 112–114°.

(±)-2-[4,5-Dimethoxy-2-propionyl-phenoxy]-propionsäure $C_{14}H_{18}O_6$, Formel XI (R = H).

B. Aus (±)-2-[4,5-Dimethoxy-2-propionyl-phenoxy]-propionsäure-äthylester mit Hilfe von wss. NaOH (*Müller et al.,* J. org. Chem. **19** [1954] 472, 483).

Kristalle (aus H_2O oder wss. A.) mit 0,5 Mol H_2O; F: 100–104°.

(±)-2-[4,5-Dimethoxy-2-propionyl-phenoxy]-propionsäure-äthylester $C_{16}H_{22}O_6$, Formel XI (R = C_2H_5).

B. Beim Erwärmen von 1-[2-Hydroxy-4,5-dimethoxy-phenyl]-propan-1-on mit (±)-2-Brom-propionsäure-äthylester und KOH in wss. Aceton (*Müller et al.,* J. org. Chem. **19** [1954] 472, 483).

Kristalle (aus Me.); F: 62–63°.

Bis-[2,4-dihydroxy-5-propionyl-phenyl]-sulfid $C_{18}H_{18}O_6S$, Formel XII (R = R′ = X = H).

B. Beim Behandeln von 1-[2,4-Dihydroxy-phenyl]-propan-1-on mit $SOCl_2$ unter Zusatz von Kupfer-Pulver in $CHCl_3$ oder mit SCl_2 oder S_2Cl_2 in Äther (*Dalvi, Jadhav,* J. Indian chem. Soc. **33** [1956] 440).

Kristalle (aus Bzl.); F: 161–162°.

Diacetyl-Derivat $C_{22}H_{22}O_8S$; Bis-[2-acetoxy-4-hydroxy-5-propionyl-phenyl]-sulfid. Kristalle (aus Eg.); F: 216–217°.

Tetraacetyl-Derivat $C_{26}H_{26}O_{10}S$; Bis-[2,4-diacetoxy-5-propionyl-phenyl]-sulfid. Kristalle (aus A.); F: 125–126°.

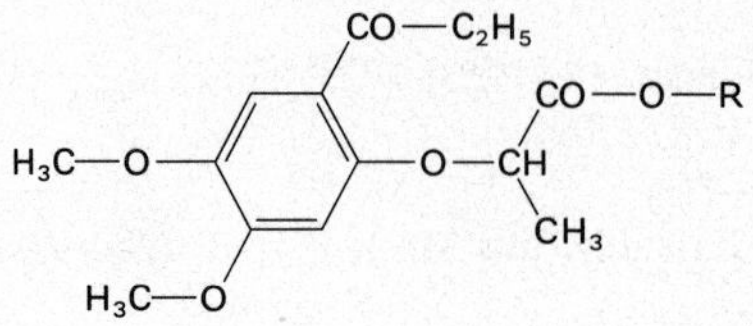

XI 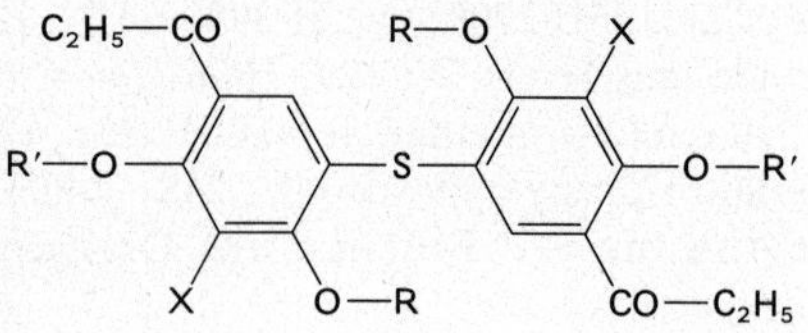 XII

Bis-[4-hydroxy-2-methoxy-5-propionyl-phenyl]-sulfid $C_{20}H_{22}O_6S$, Formel XII (R = CH_3, R' = X = H).

B. Beim Behandeln von 1-[2-Hydroxy-4-methoxy-phenyl]-propan-1-on mit $SOCl_2$ unter Zusatz von Kupfer-Pulver sowie mit SCl_2 oder S_2Cl_2 in Äther (*Dalvi, Jadhav,* J. Indian chem. Soc. **33** [1956] 440). Beim Erhitzen von Bis-[2,4-dihydroxy-5-propionyl-phenyl]-sulfid mit Dimethylsulfat und Alkali (*Da., Ja.*).

Hellgelbe Kristalle (aus Eg.); F: 202–203°.

Bis-[2,4-dimethoxy-5-propionyl-phenyl]-sulfid $C_{22}H_{26}O_6S$, Formel XII (R = R' = CH_3, X = H).

B. Aus Bis-[2,4-dihydroxy-5-propionyl-phenyl]-sulfid und Dimethylsulfat (*Dalvi, Jadhav,* J. Indian chem. Soc. **33** [1956] 440).

Kristalle (aus A.); F: 197–198°.

Bis-[3-brom-2,4-dihydroxy-5-propionyl-phenyl]-sulfid $C_{18}H_{16}Br_2O_6S$, Formel XII (R = R' = H, X = Br).

B. Beim Behandeln von Bis-[2,4-dihydroxy-5-propionyl-phenyl]-sulfid mit Brom in Essigsäure (*Dalvi, Jadhav,* J. Indian chem. Soc. **33** [1956] 440).

Kristalle (aus Eg.); F: 212–213°.

1-[2-Hydroxy-4,6-dimethoxy-phenyl]-propan-1-on $C_{11}H_{14}O_4$, Formel XIII (R = H) (E III 3413).

B. Neben 1-[2,4,6-Trimethoxy-phenyl]-propan-1-on beim Behandeln von 1,3,5-Trimethoxybenzol mit Propionylchlorid und $AlCl_3$ in Äther (*Mukerjee et al.,* Pr. Indian Acad. [A] **35** [1952] 82, 85).

1-[2,4,6-Trimethoxy-phenyl]-propan-1-on $C_{12}H_{16}O_4$, Formel XIII (R = CH_3).

B. s. im vorangehenden Artikel.

Hellgelbe Kristalle (aus A.); F: 136–137° (*Mukerjee et al.,* Pr. Indian Acad. [A] **35** [1952] 82, 85).

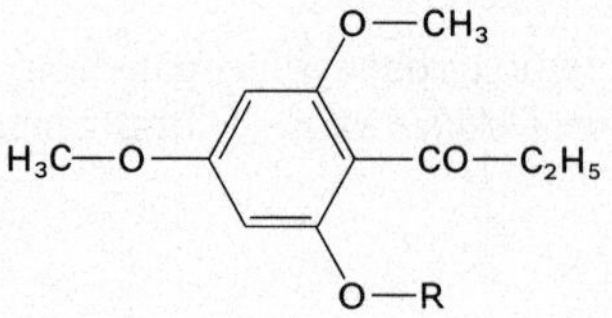

XIII 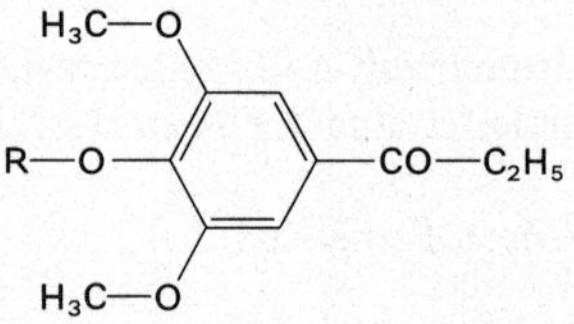 XIV

1-[4-Hydroxy-3,5-dimethoxy-phenyl]-propan-1-on $C_{11}H_{14}O_4$, Formel XIV (R = H) (E III 3414).

IR-Spektrum (2–15 μ): *Pearl,* J. org. Chem. **24** [1959] 736, 738.

1-[3,4,5-Trimethoxy-phenyl]-propan-1-on $C_{12}H_{16}O_4$, Formel XIV (R = CH_3) (E I 690; E II 448; E III 3414).

B. Neben 5-[1-Äthyl-propenyl]-1,2,3-trimethoxy-benzol aus 3,4,5-Trimethoxy-benzoylchlorid und Diäthylcadmium (*Gutsche, Hoyer,* Am. Soc. **72** [1950] 4285).

Semicarbazon $C_{13}H_{19}N_3O_4$. Kristalle (aus A.); F: 174,5–175,5° [korr.].

2,4-Dinitro-phenylhydrazon (F: 203–205°): *Gu., Ho.*

(±)-2-Hydroxy-1-[4-hydroxy-3-methoxy-phenyl]-propan-1-on $C_{10}H_{12}O_4$, Formel I (R = CH_3, R′ = H) (E III 3416).

IR-Spektrum (2–15 μ): *Pearl,* J. org. Chem. **24** [1959] 736, 738).

Geschwindigkeit der Reaktion mit $NH_2OH \cdot HCl$ in Äthanol bei 25°: *Gierer, Söderberg,* Acta chem. scand. **13** [1959] 127, 132.

Diacetyl-Derivat $C_{14}H_{16}O_6$; (±)-2-Acetoxy-1-[4-acetoxy-3-methoxy-phenyl]-propan-1-on (E III 3420). UV-Spektrum (220–340 nm): *Ishihara, Kondo,* Bl. agric. chem. Soc. Japan **21** [1957] 250.

Berichtigung zu E III **8** 3418, Zeile 24 v. u. im Artikel (±)-2-Äthoxy-1-[3,4-dimethoxy-phenyl]-propan-1-on $C_{13}H_{18}O_4$. Anstelle von „Am. Soc. **65** [1943] 185“ ist zu setzen „Am. Soc. **65** [1943] 1185“.

(±)-2-Äthoxy-1-[4-(2,4-dinitro-phenoxy)-3-methoxy-phenyl]-propan-1-on $C_{18}H_{18}N_2O_8$, Formel II.

B. Aus (±)-2-Äthoxy-1-[4-hydroxy-3-methoxy-phenyl]-propan-1-on und 1-Fluor-2,4-dinitrobenzol (*Kratzl, Klein,* M. **86** [1955] 847, 850).

F: 102°.

(±)-1-[4-Hydroxy-3-methoxy-phenyl]-2-[2-methoxy-phenoxy]-propan-1-on $C_{17}H_{18}O_5$, Formel III (R = H).

B. Beim Erwärmen von (±)-1-[4-Benzoyloxy-3-methoxy-phenyl]-2-brom-propan-1-on mit 2-Methoxy-phenol, K_2CO_3 und KI in Aceton und anschliessenden Behandeln mit äthanol. KOH (*Adler et al.,* Acta chem. scand. **20** [1966] 1035).

Kristalle (aus E. + PAe.); F: 132–133° (*Ad. et al.*). UV-Spektrum (wss.-äthanol. NaOH; 250–400 nm): *Adler, Marton,* Acta chem. scand. **13** [1959] 75, 82.

Geschwindigkeit der Reaktion mit $NH_2OH \cdot HCl$ in Äthanol bei 25°: *Gierer, Söderberg,* Acta chem. scand. **13** [1959] 127, 132.

(±)-1-[3,4-Dimethoxy-phenyl]-2-[2-methoxy-phenoxy]-propan-1-on $C_{18}H_{20}O_5$, Formel III (R = CH_3).

B. Analog der vorangehenden Verbindung (*Adler et al.,* Holzforschung **20** [1966] 3, 9).

Kristalle (aus Me.); F: 122–123° (*Ad. et al.*).

Geschwindigkeit der Reaktion mit $NH_2OH \cdot HCl$ in Äthanol bei 25°: *Gierer, Söderberg,* Acta chem. scand. **13** [1959] 127, 132.

(±)-2-Acetoxy-1-[3,4-diacetoxy-phenyl]-propan-1-on $C_{15}H_{16}O_7$, Formel I (R = R′ = CO-CH_3).

B. Beim Erhitzen von (±)-2-Brom-1-[3,4-diacetoxy-phenyl]-propan-1-on mit Natriumacetat und Essigsäure (*Iwao et al.,* J. pharm. Soc. Japan **74** [1954] 551, 554; C. A. **1955** 8175).

Kp_5: 200–210°.

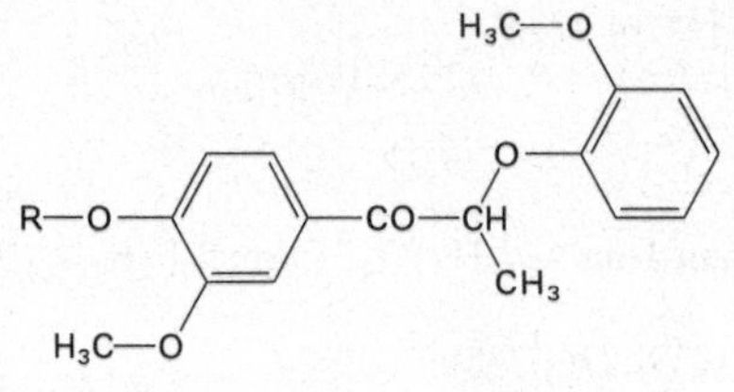

III 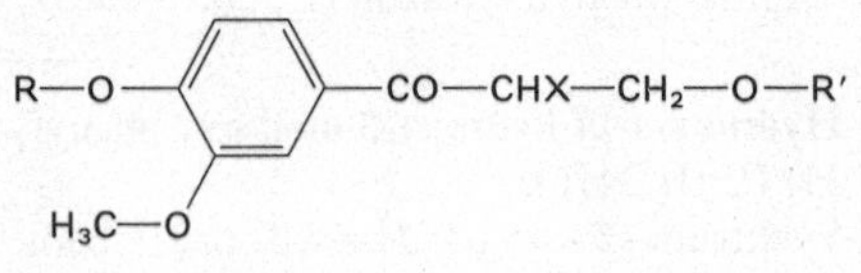 IV

3-Hydroxy-1-[4-hydroxy-3-methoxy-phenyl]-propan-1-on $C_{10}H_{12}O_4$, Formel IV (R = R′ = X = H) (E III 3420).

F: 98–98,5° [aus Bzl.] (*Oksanen*, Suomen Kem. [B] **38** [1965] 65).

Monoacetyl-Derivat $C_{12}H_{14}O_5$; 3-Acetoxy-1-[4-hydroxy-3-methoxy-phenyl]-propan-1-on (E III 3422). UV-Spektrum (250–330 nm) und Reflexionsspektrum der Kristalle (250–360 nm): *Lautsch et al.*, Z. Naturf. **8b** [1953] 640.

Diacetyl-Derivat $C_{14}H_{16}O_6$; 3-Acetoxy-1-[4-acetoxy-3-methoxy-phenyl]-propan-1-on (E III 3423). Kristalle (aus $CHCl_3$+PAe.); F: 59–60° (*Ishihara, Kondo*, Bl. agric. chem. Soc. Japan **21** [1957] 250). UV-Spektrum (220–350 nm): *Is., Ko.* – Beim Erwärmen mit $LiAlH_4$ in Äther sind 1-[4-Hydroxy-3-methoxy-phenyl]-propan-1,3-diol und wenig 3-[4-Hydroxy-3-methoxy-phenyl]-propan-1-ol erhalten worden (*Kratzl, Mikschė*, M. **94** [1963] 530, 531; vgl. *Is., Ko.*).

1-[3,4-Dimethoxy-phenyl]-3-hydroxy-propan-1-on $C_{11}H_{14}O_4$, Formel IV (R = CH_3, R′ = X = H) (E III 3421).

UV-Spektrum (250–330 nm) und Reflexionsspektrum der Kristalle (250–400 nm): *Lautsch et al.*, Z. Naturf. **8b** [1953] 640.

Acetyl-Derivat $C_{13}H_{16}O_5$; 3-Acetoxy-1-[3,4-dimethoxy-phenyl]-propan-1-on (E III 3423). UV-Spektrum (250–350 nm) und Reflexionsspektrum der Kristalle (250–360 nm): *La. et al.*

1-[3,4-Dimethoxy-phenyl]-3-methoxy-propan-1-on $C_{12}H_{16}O_4$, Formel IV (R = R′ = CH_3, X = H) (E III 3421).

B. Beim Erwärmen von 3-Chlor-1-[3,4-dimethoxy-phenyl]-propan-1-on mit methanol. KOH (*Lindgren*, Acta chem. scand. **4** [1950] 641, 645).

Kristalle (aus PAe.); F: 71°.

(±)-3-Acetoxy-2-brom-1-[3,4-dimethoxy-phenyl]-propan-1-on $C_{13}H_{15}BrO_5$, Formel IV (R = CH_3, R′ = CO-CH_3, X = Br).

B. Beim Behandeln von 3-Acetoxy-1-[3,4-dimethoxy-phenyl]-propan-1-on mit Brom in $CHCl_3$ unter Bestrahlung mit UV-Licht (*Lindgren*, Acta chem. scand. **4** [1950] 641, 645).

Kristalle (aus Diisopropyläther); F: 94–95°.

(±)-2,3-Dihydroxy-1-[4-methoxy-phenyl]-propan-1-on $C_{10}H_{12}O_4$, Formel V (R = CH_3).

B. Beim Erwärmen von 2-Hydroxy-1-[4-methoxy-phenyl]-äthanon mit wss.-methanol. Formaldehyd unter Zusatz von $Pb(OH)_2$ (*Krüger*, B. **89** [1956] 1016).

Kristalle (aus Chlorbenzol); F: 108°.

Bis-[4-nitro-benzoyl]-Derivat (F: 169–170°): *Kr.*

(±)-2,3-Dihydroxy-1-[4-propoxy-phenyl]-propan-1-on $C_{12}H_{16}O_4$, Formel V (R = CH_2-C_2H_5).

B. Beim Behandeln von 1-[4-Methoxy-phenyl]-propenon mit H_2O_2 in wss.-methanol. NaOH und Erhitzen des Reaktionsprodukts mit wss. HCl (*Profft et al.*, J. pr. [4] **1** [1954] 57, 74).

Kristalle; F: 122°.

[3,4,5-Trimethoxy-phenyl]-aceton $C_{12}H_{16}O_4$, Formel VI (R = CH_3, X = H).

B. Beim Erwärmen von 1,2,3-Trimethoxy-5-[2-nitro-propenyl]-benzol (aus 3,4,5-Trimethoxy-

benzaldehyd und Nitroäthan hergestellt) mit Eisen-Pulver und wss. HCl unter Zusatz von $FeCl_3$ (*Biel et al.*, Am. Soc. **81** [1959] 2805, 2808).
F: 67–68°. $Kp_{0,03}$: 130°. n_D^{20}: 1,5319.
Hydrazon $C_{12}H_{18}N_2O_3$. F: 65°. $Kp_{0,05}$: 156°.

R—O—C₆H₄—CO—CH(OH)—CH₂—OH
V

R—O—C₆H₂(O—CH₃)₂—CH₂—CO—CH₂X
VI

[4-Acetoxy-3,5-dimethoxy-phenyl]-aceton $C_{13}H_{16}O_5$, Formel VI (R = CO-CH_3, X = H).
B. Beim Behandeln von [4-Hydroxy-3,5-dimethoxy-phenyl]-aceton mit wss. NaOH und Acetanhydrid (*Kratzl, Schweers*, B. **89** [1956] 186, 190).
Kristalle (aus Ae.+PAe.); F: 89,5–90°.

1-Chlor-3-[3,4,5-trimethoxy-phenyl]-aceton $C_{12}H_{15}ClO_4$, Formel VI (R = CH_3, X = Cl) (E III 3424).
Kristalle (aus Me.); F: 76,5–77° (*Michalský, Sadílek*, M. **90** [1959] 171, 176).

[2-Hydroxymethyl-4,5-dimethoxy-phenyl]-acetaldehyd $C_{11}H_{14}O_4$, Formel VII.
B. Aus 6,7-Dimethoxy-isocumarin mit Hilfe von $LiAlH_4$ (*Chatterjea*, B. **91** [1958] 2636).
Kristalle (aus Bzl.); F: 129–130°.
2,4-Dinitro-phenylhydrazon (F: 158–159°): *Ch.*

1-[2,4,6-Trihydroxy-3-methyl-phenyl]-äthanon $C_9H_{10}O_4$, Formel VIII (R = R′ = R″ = H) (E III 3432).
B. Neben anderen Verbindungen beim Behandeln von 1-[2,4,6-Trihydroxy-phenyl]-äthanon mit CH_3I und Natriummethylat (*Riedl, Risse*, A. **585** [1954] 209, 211, 217; *Riedl et al.*, B. **89** [1956] 1849, 1850, 1851; *Obata, Horitsu*, Bl. agric. chem. Soc. Japan **23** [1959] 186, 193) oder mit CH_3I und methanol. KOH (*Jain, Seshadri*, Pr. Indian Acad. [A] **42** [1955] 279, 283). Beim Erwärmen von 1-[2-Hydroxy-4,6-dimethoxy-3-methyl-phenyl]-äthanon mit $AlCl_3$ in Benzol (*Mukerjee et al.*, Pr. Indian Acad. [A] **37** [1953] 127, 140). Beim Erwärmen von 3-Acetyl-2,4,6-trihydroxy-benzaldehyd mit amalgamiertem Zink und wss.-methanol. HCl (*Robertson, Whalley*, Soc. **1951** 3355).
UV-Spektrum (A.; 200–400 nm): *Takahashi*, Pharm. Bl. **1** [1953] 36, 38. λ_{max} (A.): 222,5 nm und 290 nm (*Ri. et al.*, l. c. S. 1856).
Beim Behandeln mit $K_3[Fe(CN)_6]$ und wss. Na_2CO_3 unter Ausschluss von Luft ist 2,6-Diacetyl-1,4a,7,9-tetrahydroxy-8,9b-dimethyl-4a,9b-dihydro-4*H*-dibenzofuran-3-on (F: 192° [Zers.]) erhalten worden (*Barton et al.*, Soc. **1956** 530, 533). Beim Behandeln mit Äthoxy-chlor-essigsäure-äthylester in Essigsäure ist 7-Acetyl-3-[3-acetyl-2,4,6-trihydroxy-5-methyl-phenyl]-4,6-dihydroxy-5-methyl-3*H*-benzofuran-2-on erhalten worden (*Dean, Robertson*, Soc. **1955** 2166, 2170). Beim Erhitzen mit Acetanhydrid und Natriumacetat auf 175° und Erwärmen des Reaktionsprodukts mit wss. Na_2CO_3 sind 5,7-Dihydroxy-2,6-dimethyl-chromen-4-on und geringe Mengen 5,7-Dihydroxy-2,8-dimethyl-chromen-4-on erhalten worden (*Mu. et al.*, l. c. S. 141; *Mukerjee, Seshadri*, Chem. and Ind. **1955** 1009).
Triacetyl-Derivat $C_{15}H_{16}O_7$; 1-[2,4,6-Triacetoxy-3-methyl-phenyl]-äthanon (E III 3434). Kristalle (aus A.); F: 114–115° (*Mu. et al.*).

1-[4,6-Dihydroxy-2-methoxy-3-methyl-phenyl]-äthanon $C_{10}H_{12}O_4$, Formel VIII (R = CH_3, R′ = R″ = H) (E III 3432).
B. Beim Erwärmen von 1-[4,6-Bis-benzoyloxy-2-hydroxy-3-methyl-phenyl]-äthanon mit Dimethylsulfat und K_2CO_3 in Aceton und anschliessenden Behandeln mit wss.-methanol. KOH

(*Whalley,* Soc. **1955** 105). Beim Hydrieren von 1-[4,6-Bis-benzyloxy-2-methoxy-3-methyl-phenyl]-äthanon an Palladium/Kohle in Essigsäure (*Wh.*; *Matsuura,* J. pharm. Soc. Japan **77** [1957] 302, 304; C. A. **1957** 11338).

1-[2,4-Dihydroxy-6-methoxy-3-methyl-phenyl]-äthanon $C_{10}H_{12}O_4$, Formel VIII (R = R′ = H, R″ = CH_3) (E III 3433).

B. Beim Erwärmen von 3-Acetyl-2,6-dihydro-4-methoxy-benzaldehyd mit amalgamiertem Zink und wss.-methanol. HCl (*Robertson et al.,* Soc. **1950** 3117, 3122).

Kristalle (aus Me.); F: 225°.

1-[2,6-Dihydroxy-4-methoxy-3-methyl-phenyl]-äthanon $C_{10}H_{12}O_4$, Formel VIII (R = R″ = H, R′ = CH_3) (E III 3433).

B. Beim Hydrieren von 1-[6-Benzyloxy-2-hydroxy-4-methoxy-3-methyl-phenyl]-äthanon an Palladium/Kohle in Essigsäure (*Matsuura,* J. pharm. Soc. Japan **77** [1957] 302, 304; C. A. **1957** 11338).

UV-Spektrum (A.; 210 – 350 nm): *Dean et al.,* Soc. **1953** 1250, 1254.

Diacetyl-Derivat $C_{14}H_{16}O_6$; 1-[2,6-Diacetoxy-4-methoxy-3-methyl-phenyl]-äthanon. Kristalle (aus wss. A.); F: 85° (*Dean, Robertson,* Soc. **1953** 1241, 1249).

1-[4-Hydroxy-2,6-dimethoxy-3-methyl-phenyl]-äthanon $C_{11}H_{14}O_4$, Formel VIII (R = R″ = CH_3, R′ = H).

B. Beim Behandeln von 1-[4-Benzyloxy-6-hydroxy-2-methoxy-3-methyl-phenyl]-äthanon mit Dimethylsulfat und K_2CO_3 in Aceton und Hydrieren des Reaktionsprodukts an Palladium/Kohle in Essigsäure (*Whalley,* Soc. **1955** 105).

Kristalle (aus Me.); F: 121°.

1-[6-Hydroxy-2,4-dimethoxy-3-methyl-phenyl]-äthanon $C_{11}H_{14}O_4$, Formel VIII (R = R′ = CH_3, R″ = H) (E III 3433).

B. Aus 1-[4,6-Dihydroxy-2-methoxy-3-methyl-phenyl]-äthanon und CH_3I mit Hilfe von K_2CO_3 (*Matsuura,* J. pharm. Soc. Japan **77** [1957] 302, 304; C. A. **1957** 11338). Beim Behandeln von 1-[6-Benzoyloxy-2,4-dimethoxy-3-methyl-phenyl]-äthanon mit wss.-methanol. KOH (*Whalley,* Soc. **1955** 105).

Kristalle; F: 38 – 39° [nach Destillation unter vermindertem Druck] (*Lindstedt, Misiorny,* Acta chem. scand. **6** [1952] 1212, 1214), 35° [aus Ae.] (*Wh.*).

1-[2-Hydroxy-4,6-dimethoxy-3-methyl-phenyl]-äthanon $C_{11}H_{14}O_4$, Formel VIII (R = H, R′ = R″ = CH_3) (E III 3433).

B. Beim Behandeln von 3,5-Dimethoxy-2-methyl-phenol oder 2,4,6-Trimethoxy-toluol mit Essigsäure und Acetanhydrid unter Zusatz von BF_3 (*Dean, Robertson,* Soc. **1953** 1241, 1248). Aus 1-[2,4,6-Trihydroxy-3-methyl-phenyl]-äthanon mit Hilfe von Diazomethan (*Schmid, Bolleter,* Helv. **33** [1950] 917, 919) oder von Dimethylsulfat (*Nakazawa, Matsuura,* J. pharm. Soc. Japan **73** [1953] 484; C. A. **1954** 3357). Aus 1-[2,4-Dihydroxy-6-methoxy-3-methyl-phenyl]-äthanon mit Hilfe von CH_3I (*Robertson et al.,* Soc. **1950** 3117, 3122). Beim Behandeln von 3-Acetyl-2-hydroxy-4,6-dimethoxy-benzaldehyd mit amalgamiertem Zink und wss. HCl in Essigsäure (*Evans et al.,* Soc. **1957** 3510, 3519).

Kristalle (aus A.); F: 145° (*Dean, Ro.*), 144° (*Ev. et al.*; *Na., Ma.*).

4-Methoxy-benzoyl-Derivat (F: 167,2°): *Na., Ma.*

H_3C—O, H_3C—O, —CH_2—CHO, CH_2—OH

VII

O—R″, R′—O, —CO—CH_3, H_3C, O—R

VIII

O—R, H_3C—O, —CO—CF_3, H_3C, OH

IX

1-[2,4,6-Trimethoxy-3-methyl-phenyl]-äthanon $C_{12}H_{16}O_4$, Formel VIII ($R = R' = R'' = CH_3$).

B. Aus 1-[4,6-Dihydroxy-2-methoxy-3-methyl-phenyl]-äthanon oder 1-[2-Hydroxy-4,6-dimethoxy-3-methyl-phenyl]-äthanon beim Erwärmen mit Dimethylsulfat und K_2CO_3 in Aceton (*Whalley,* Soc. **1955** 105) oder beim Erwärmen von 1-[2-Hydroxy-4,6-dimethoxy-3-methyl-phenyl]-äthanon mit Dimethylsulfat und wss. KOH (*Schmid, Bolleter,* Helv. **33** [1950] 917, 920).

Kristalle (nach Destillation); F: 44° (*Wh.*), 40–41° (*Sch., Bo.*).

2,4-Dinitro-phenylhydrazon (F: 188–188,5°): *Sch., Bo.*

1-[4,6-Diäthoxy-2-hydroxy-3-methyl-phenyl]-äthanon $C_{13}H_{18}O_4$, Formel VIII ($R = H$, $R' = R'' = C_2H_5$).

B. Beim Erwärmen von 1-[2,4,6-Trihydroxy-3-methyl-phenyl]-äthanon mit Äthyljodid oder Diäthylsulfat und K_2CO_3 in Aceton (*Whalley,* Soc. **1955** 105).

Hellgelbe Kristalle (aus A.); F: 147°.

1-[4,6-Diäthoxy-2-methoxy-3-methyl-phenyl]-äthanon $C_{14}H_{20}O_4$, Formel VIII ($R = CH_3$, $R' = R'' = C_2H_5$).

B. Beim Erwärmen von 1-[4,6-Diäthoxy-2-hydroxy-3-methyl-phenyl]-äthanon mit Dimethylsulfat und K_2CO_3 in Aceton (*Whalley,* Soc. **1955** 105).

Kristalle (aus wss. Me.); F: 51°.

1-[6-Benzyloxy-2,4-dihydroxy-3-methyl-phenyl]-äthanon $C_{16}H_{16}O_4$, Formel VIII ($R = R' = H$, $R'' = CH_2$-C_6H_5).

B. In geringer Menge neben 1-[4,6-Bis-benzyloxy-2-hydroxy-3-methyl-phenyl]-äthanon beim Erwärmen von 1-[2,4,6-Trihydroxy-3-methyl-phenyl]-äthanon mit Benzylchlorid und K_2CO_3 in Aceton (*Matsuura,* J. pharm. Soc. Japan **77** [1957] 302, 305; C. A. **1957** 11338).

Kristalle (aus Xylol); F: 212°.

1-[6-Benzyloxy-2-hydroxy-4-methoxy-3-methyl-phenyl]-äthanon $C_{17}H_{18}O_4$, Formel VIII ($R = H$, $R' = CH_3$, $R'' = CH_2$-C_6H_5).

B. Aus 1-[6-Benzyloxy-2,4-dihydroxy-3-methyl-phenyl]-äthanon und CH_3I mit Hilfe von K_2CO_3 (*Matsuura,* J. pharm. Soc. Japan **77** [1957] 302, 305; C. A. **1957** 11338).

Kristalle (aus A.); F: 127°.

1-[4-Benzyloxy-6-hydroxy-2-methoxy-3-methyl-phenyl]-äthanon $C_{17}H_{18}O_4$, Formel VIII ($R = CH_3$, $R' = CH_2$-C_6H_5, $R'' = H$).

B. Beim Erwärmen von 1-[4,6-Dihydroxy-2-methoxy-3-methyl-phenyl]-äthanon mit Benzylbromid und K_2CO_3 in Aceton (*Whalley,* Soc. **1955** 105). Beim Erhitzen von 1-[4,6-Bis-benzyloxy-2-methoxy-3-methyl-phenyl]-äthanon mit äthanol. HCl in Dioxan (*Matsuura,* J. pharm. Soc. Japan **77** [1957] 302, 305; C. A. **1957** 11338).

Kristalle; F: 105° [aus Me.] (*Wh.*), 103° [aus PAe.] (*Ma.*).

1-[4,6-Bis-benzyloxy-2-hydroxy-3-methyl-phenyl]-äthanon $C_{23}H_{22}O_4$, Formel VIII ($R = H$, $R' = R'' = CH_2$-C_6H_5).

B. Beim Erwärmen von 1-[2,4,6-Trihydroxy-3-methyl-phenyl]-äthanon mit Benzylbromid (*Whalley,* Soc. **1955** 105) oder Benzylchlorid (*Matsuura,* J. pharm. Soc. Japan **77** [1957] 302, 305; C. A. **1957** 11338) und K_2CO_3 in Aceton.

Kristalle; F: 145° [aus Me.] (*Wh.*), 142° [aus A.] (*Ma.*).

1-[4,6-Bis-benzyloxy-2-methoxy-3-methyl-phenyl]-äthanon $C_{24}H_{24}O_4$, Formel VIII ($R = CH_3$, $R' = R'' = CH_2$-C_6H_5).

B. Aus 1-[4,6-Bis-benzyloxy-2-hydroxy-3-methyl-phenyl]-äthanon und Dimethylsulfat mit Hilfe von K_2CO_3 (*Whalley,* Soc. **1955** 105) oder KOH (*Matsuura,* J. pharm. Soc. Japan **77** [1957] 302, 305; C. A. **1957** 11338).

Kristalle; F: 79° [aus Me.] (*Wh.*), 76° [aus PAe.] (*Ma.*).

[2-Acetyl-3-hydroxy-5-methoxy-4-methyl-phenoxy]-essigsäure $C_{12}H_{14}O_6$, Formel VIII (R = H, R′ = CH_3, R″ = CH_2-CO-OH).

B. Aus dem Methylester (s. u.) mit Hilfe von wss. NaOH (*Dean et al.,* Soc. **1954** 4565, 4568).

Kristalle (aus Dioxan + E.); F: 228°.

Methylester $C_{13}H_{16}O_6$. *B.* Beim Erwärmen von 1-[2,6-Dihydroxy-4-methoxy-3-methyl-phenyl]-äthanon mit Bromessigsäure-methylester und K_2CO_3 in Aceton (*Dean et al.*). – Kristalle (aus Me.); F: 159–160°.

1-[2,6-Dihydroxy-4-methoxy-3-methyl-phenyl]-2,2,2-trifluor-äthanon $C_{10}H_9F_3O_4$, Formel IX (R = H).

B. Beim Behandeln von 5-Methoxy-4-methyl-resorcin mit Trifluoracetonitril und $ZnCl_2$ in Äther unter Einleiten von HCl und Erhitzen des Reaktionsprodukts mit H_2O (*Whalley,* Soc. **1951** 3229, 3234).

Gelbe Kristalle (aus Bzl.); F: 145°.

2,2,2-Trifluor-1-[2-hydroxy-4,6-dimethoxy-3-methyl-phenyl]-äthanon $C_{11}H_{11}F_3O_4$, Formel IX (R = CH_3).

B. Analog der vorangehenden Verbindung (*Whalley,* Soc. **1951** 3229, 3234).

Gelbe Kristalle (aus Me.); F: 100°. Bei 100°/0,01 Torr sublimierbar.

2-Chlor-1-[6-hydroxy-2,4-dimethoxy-3-methyl-phenyl]-äthanon $C_{11}H_{13}ClO_4$, Formel X (R = CH_3, R′ = H).

B. Aus 3,5-Dimethoxy-4-methyl-phenol und Chloracetylchlorid mit Hilfe von $AlCl_3$ in Nitrobenzol (*Mulholland, Ward,* Soc. **1953** 1642).

Kristalle (aus A.); F: 114°.

O—R′ HO—CH₂ ; H₃C—O ; CO—CH₂Cl ; CHO ; H₃C ; O—R ; HO—CH₂ ; OH

X XI

2-Chlor-1-[2-hydroxy-4,6-dimethoxy-3-methyl-phenyl]-äthanon $C_{11}H_{13}ClO_4$, Formel X (R = H, R′ = CH_3).

B. Analog der vorangehenden Verbindung (*Mulholland, Ward,* Soc. **1953** 1642).

Hellgelbe Kristalle (aus A.); F: 184–184,5°.

2-Hydroxy-3,5-bis-hydroxymethyl-benzaldehyd $C_9H_{10}O_4$, Formel XI.

B. Beim Erhitzen von 3,5-Bis-chlormethyl-2-hydroxy-benzaldehyd mit H_2O (*Carpenter, Hunter,* Soc. **1954** 2731, 2733).

Kristalle (aus CH_2Cl_2); F: 119–121°.

Hydroxy-oxo-Verbindungen $C_{10}H_{12}O_4$

1-[2,3,4-Trihydroxy-phenyl]-butan-1-on $C_{10}H_{12}O_4$, Formel XII (X = H) (H 399; E III 3436).

B. Aus Pyrogallol und Buttersäure mit Hilfe von BF_3 (*Campbell, Coppinger,* Am. Soc. **73** [1951] 2708).

Kristalle (aus H_2O); F: 102°. λ_{max}: 237 nm [Me.], 312 nm [wss.-methanol. NaOH] (*Ca., Co.,* l. c. S. 2709).

1-[5-Brom-2,3,4-trihydroxy-phenyl]-butan-1-on $C_{10}H_{11}BrO_4$, Formel XII (X = Br).

B. Beim Behandeln von 1-[2,3,4-Trihydroxy-phenyl]-butan-1-on mit Brom in Essigsäure (*Buu-

Hoi, J. org. Chem. **18** [1953] 1723, 1725, 1728).
Kristalle (aus wss. Me. oder Eg.); F: 137°.

1-[2,4,5-Trihydroxy-phenyl]-butan-1-on $C_{10}H_{12}O_4$, Formel XIII (R = R′ = R″ = H).
B. Beim Erwärmen von Benzen-1,2,4-triol mit Buttersäure-anhydrid und $AlCl_3$ in Nitrobenzol (*Eastman Kodak Co.,* U.S.P. 2759828 [1952], 2848345 [1954]). Beim Behandeln von 1,2,4-Tris-butyryloxy-benzol mit $AlCl_3$ in Nitrobenzol (*Eastman Kodak Co.*).
Kristalle; F: 151–153° [aus H_2O] (*Eastman Kodak Co.*), 147–148° [korr.; aus Bzl.+Hexan] (*Astill et al.,* Biochem. J. **72** [1959] 451, 454). λ_{max} (Isopropylalkohol): 213 nm, 243 nm, 282 nm und 350 nm (*As. et al.,* l. c. S. 453).

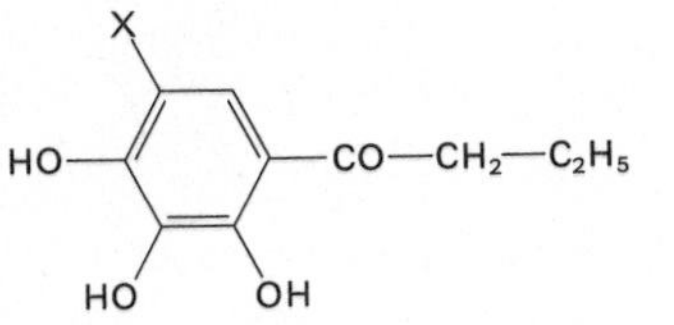

XII 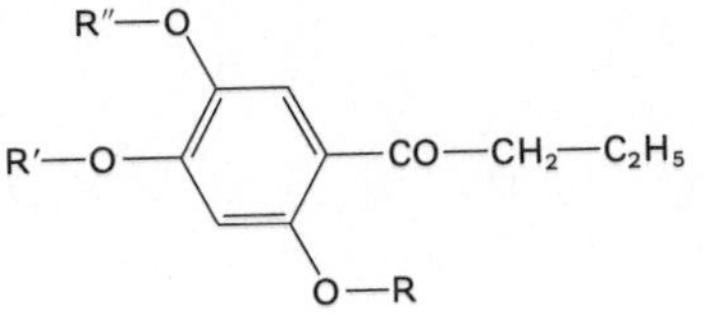 XIII

1-[5-Hydroxy-2,4-dimethoxy-phenyl]-butan-1-on $C_{12}H_{16}O_4$, Formel XIII (R = R′ = CH_3, R″ = H).
B. Beim Erwärmen von diazotiertem 1-[5-Amino-2,4-dimethoxy-phenyl]-butan-1-on mit wss. $CuSO_4$ (*Astill et al.,* Biochem. J. **72** [1959] 451, 457).
Rosafarbene Kristalle (aus Hexan); F: 87–88°. λ_{max} (Isopropylalkohol): 235 nm, 270 nm und 332 nm (*As. et al.,* l. c. S. 453).

1-[4-Hydroxy-2,5-dimethoxy-phenyl]-butan-1-on $C_{12}H_{16}O_4$, Formel XIII (R = R″ = CH_3, R′ = H).
B. Beim Behandeln von 2,5-Dimethoxy-phenol mit Butyronitril und $ZnCl_2$ unter Einleiten von HCl und Erwärmen mit wss. HCl (*Astill et al.,* Biochem. J. **72** [1959] 451, 457).
Kristalle (aus Hexan); F: 86–88° (*As. et al.,* l. c. S. 456). λ_{max} (Isopropylalkohol): 234 nm, 272 nm und 330 nm (*As. et al.,* l. c. S. 453).

1-[2,4,5-Trimethoxy-phenyl]-butan-1-on $C_{13}H_{18}O_4$, Formel XIII (R = R′ = R″ = CH_3).
B. Beim Behandeln von 1-[2,4,5-Trihydroxy-phenyl]-butan-1-on mit Diazomethan in Äther und Behandeln des Reaktionsprodukts mit Dimethylsulfat und K_2CO_3 in Aceton (*Astill et al.,* Biochem. J. **72** [1959] 451, 457). Beim Behandeln von 1-[5-Hydroxy-2,4-dimethoxy-phenyl]-butan-1-on oder 1-[4-Hydroxy-2,5-dimethoxy-phenyl]-butan-1-on mit Diazomethan (*As. et al.*).
Gelbe Kristalle (aus Hexan); F: 76–78°.

1-[2,4-Dihydroxy-5-sulfooxy-phenyl]-butan-1-on, Schwefelsäure-mono-[5-butyryl-2,4-dihydroxy-phenylester] $C_{10}H_{12}O_7S$, Formel XIII (R = R′ = H, R″ = SO_2-OH).
Kalium-Salz $KC_{10}H_{11}O_7S$. Isolierung aus dem Harn von Hunden und Ratten nach Verfütterung von 1-[2,4,5-Trihydroxy-phenyl]-butan-1-on: *Astill et al.,* Biochem. J. **72** [1959] 451, 454. – Kristalle (aus wss. A.); F: 230–232° [korr.; vorgeheiztes Bad]. λ_{max} (A.): 235 nm, 274 nm und 328 nm (*As. et al.,* l. c. S. 453).

Bis-[5-butyryl-2,4-dihydroxy-phenyl]-sulfid $C_{20}H_{22}O_6S$, Formel I (R = R′ = X = H).
B. Beim Behandeln von 1-[2,4-Dihydroxy-phenyl]-butan-1-on mit $SOCl_2$ in $CHCl_3$ sowie mit S_2Cl_2 oder SCl_2 in Äther unter Zusatz von Kupfer-Pulver (*Dalvi, Jadhav,* J. Indian chem. Soc. **33** [1956] 323).
Kristalle (aus wss. A.); F: 170–171°.
Bis-[2,4-dinitro-phenylhydrazon] (F: 255–256° [Zers.]): *Da., Ja.*
Tetraacetyl-Derivat $C_{28}H_{30}O_{10}S$; Bis-[2,4-diacetoxy-5-butyryl-phenyl]-sulfid. Kristalle (aus PAe.); F: 98–99° (*Da., Ja.*).

Bis-[5-butyryl-4-hydroxy-2-methoxy-phenyl]-sulfid $C_{22}H_{26}O_6S$, Formel I (R = CH_3, R' = X = H).

B. Analog der vorangehenden Verbindung (*Dalvi, Jadhav,* J. Indian chem. Soc. **33** [1956] 323). Beim Erwärmen von Bis-[5-butyryl-2,4-dihydroxy-phenyl]-sulfid mit Dimethylsulfat und K_2CO_3 in Aceton (*Da., Ja.*).

Kristalle (aus A.); F: 155–156°.

Bis-[5-butyryl-2,4-dimethoxy-phenyl]-sulfid $C_{24}H_{30}O_6S$, Formel I (R = R' = CH_3, X = H).

B. Beim Erhitzen von Bis-[5-butyryl-2,4-dihydroxy-phenyl]-sulfid mit Dimethylsulfat und KOH in wss. Aceton (*Dalvi, Jadhav,* J. Indian chem. Soc. **33** [1956] 323).

Kristalle (aus A.); F: 165–166°.

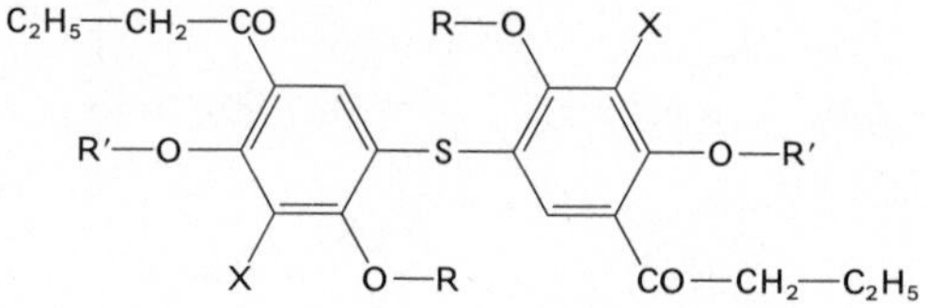

Bis-[3-brom-5-butyryl-2,4-dihydroxy-phenyl]-sulfid $C_{20}H_{20}Br_2O_6S$, Formel I (R = R' = H, X = Br).

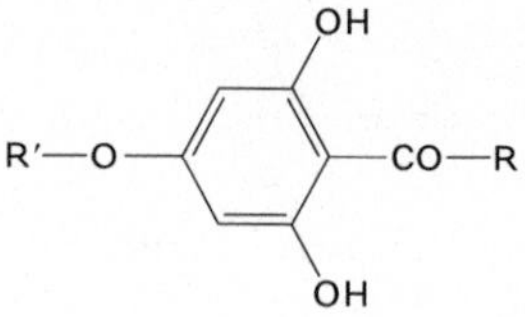

B. Beim Erwärmen von Bis-[5-butyryl-2,4-dihydroxy-phenyl]-sulfid mit Brom in Essigsäure (*Dalvi, Jadhav,* J. Indian chem. Soc. **33** [1956] 323).

Kristalle (aus Eg.); F: 216–217°.

1-[2,4,6-Trihydroxy-phenyl]-butan-1-on $C_{10}H_{12}O_4$, Formel II (R = CH_2-C_2H_5, R' = H) (E I 691; E II 449; E III 3437).

UV-Spektrum in Methanol, auch unter Zusatz von wss. NaOH sowie von wss. H_2SO_4 (220–400 nm): *Campbell, Coppinger,* Am. Soc. **73** [1951] 2708, 2709, 2712.

1-[2,6-Dihydroxy-4-methoxy-phenyl]-butan-1-on, Desaspidinol $C_{11}H_{14}O_4$, Formel II (R = CH_2-C_2H_5, R' = CH_3) (E III 3437).

B. Beim Erhitzen von Desaspidin-BB (2-Butyryl-6-[3-butyryl-2,4-dihydroxy-6-methoxy-benzyl]-3,5-dihydroxy-4,4-dimethyl-cyclohexa-2,5-dienon) mit Zink und wss. NaOH (*Aebi et al.,* Helv. **40** [1957] 572, 574, 575).

λ_{max} (A.): 228 nm und 379 nm.

1-Chlor-4-[3,4,5-trimethoxy-phenyl]-butan-2-on $C_{13}H_{17}ClO_4$, Formel III (X = H).

B. Beim Behandeln von 3-[3,4,5-Trimethoxy-phenyl]-propionsäure mit $SOCl_2$ und Pyridin in Benzol, Behandeln des erhaltenen Säurechlorids mit Diazomethan in Äther und anschliessen= den Einleiten von HCl (*Michalský, Sadílek,* M. **90** [1959] 171, 177).

Kristalle (aus Ae.); F: 74–74,5°.

1-Chlor-4-[2,6-dibrom-3,4,5-trimethoxy-phenyl]-butan-2-on $C_{13}H_{15}Br_2ClO_4$, Formel III (X = Br).

B. Analog der vorangehenden Verbindung (*Michalský, Smrž,* M. **90** [1959] 458, 460).

Kristalle (aus Me.); F: 107–108°.

2-Methyl-1-[2,3,4-trihydroxy-phenyl]-propan-1-on $C_{10}H_{12}O_4$, Formel IV (R = $CH(CH_3)_2$, X = H).

B. Beim Erhitzen von Pyrogallol mit Isobuttersäure und $ZnCl_2$ (*Buu-Hoi,* J. org. Chem. **18** [1953] 1723, 1727).

Kristalle (aus wss. Me.); F: 118°. Kp_{19}: 198–200°.

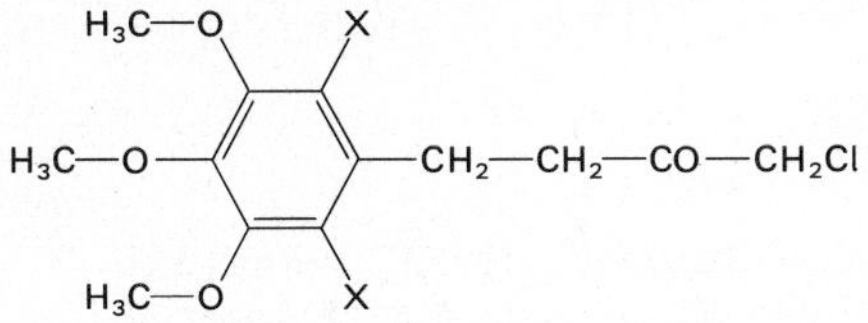

III 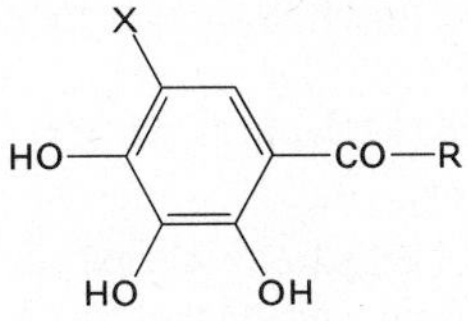 IV

1-[5-Brom-2,3,4-trihydroxy-phenyl]-2-methyl-propan-1-on $C_{10}H_{11}BrO_4$, Formel IV ($R = CH(CH_3)_2$, $X = Br$).

B. Beim Behandeln von 2-Methyl-1-[2,3,4-trihydroxy-phenyl]-propan-1-on mit Brom in Essigsäure (*Buu-Hoi,* J. org. Chem. **18** [1953] 1723, 1725, 1728).

Kristalle (aus wss. Me. oder Eg.); F: 135°.

2-Methyl-1-[2,4,5-trihydroxy-phenyl]-propan-1-on $C_{10}H_{12}O_4$, Formel V.

B. Beim Erwärmen von Benzen-1,2,4-triol mit Isobutyrylchlorid und $AlCl_3$ in Nitrobenzol (*Eastman Kodak Co.,* U.S.P. 2759828 [1952], 2848345 [1954]).

Hellgelbe Kristalle (aus 1,2-Dichlor-äthan); F: 136–138°.

2-Methyl-1-[2,4,6-trihydroxy-phenyl]-propan-1-on $C_{10}H_{12}O_4$, Formel II ($R = CH(CH_3)_2$, $R' = H$) (E I 691; E II 449; E III 3439).

B. Beim Erwärmen von Phloroglucin mit Isobutyrylchlorid und $AlCl_3$ in Nitrobenzol und CS_2 (*Riedl,* A. **585** [1954] 38, 40; *Howard et al.,* Soc. **1955** 174, 180).

Kristalle (aus H_2O) mit 2 Mol H_2O; F: 70° (*Ri.*). λ_{max}: 229,3 nm und 289 nm (*Birch, Todd,* Soc. **1952** 3102, 3104).

2,5-Dihydroxy-3-isopropyl-6-methyl-[1,4]benzochinon $C_{10}H_{12}O_4$, Formel VI und Taut. (H 399; E I 691; E II 449; E III 3441).

B. Aus 3-Hydroxy-5-isopropyl-2-methyl-[1,4]benzochinon beim Behandeln mit Sauerstoff und wss. NaOH (*Flaig, Salfeld,* A. **618** [1958] 117, 138; vgl. E II 449) oder beim Erwärmen mit H_2SO_4 in Methanol (*Fl., Sa.*). Beim Erwärmen von 3-Hydroxy-2-isopropyl-5-methyl-[1,4]benzochinon mit H_2SO_4 in Methanol (*Fl., Sa.*). Beim Erwärmen von 2-Anilino-5-hydroxy-3-isopropyl-6-methyl-[1,4]benzochinon oder 2-Anilino-5-hydroxy-6-isopropyl-3-methyl-[1,4]benzochinon mit wss. H_2SO_4 in Essigsäure (*Cardani et al.,* G. **85** [1955] 1599, 1608).

Rote Kristalle (aus A.); F: 229° [korr.] (*Ca. et al.*). Absorptionsspektrum (CCl_4; 250–600 nm): *Flaig et al.,* Z. Naturf. **10b** [1955] 668, 672.

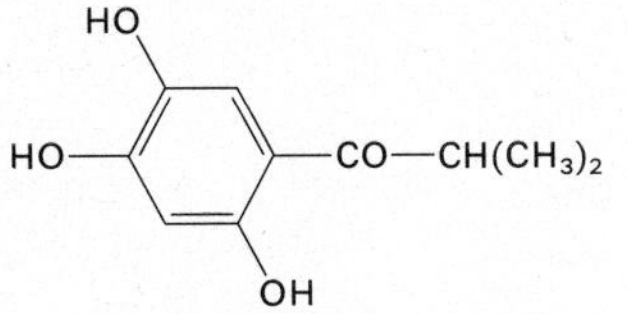

V 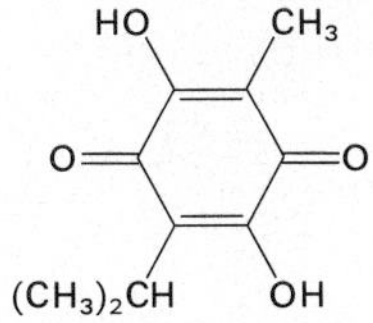 VI 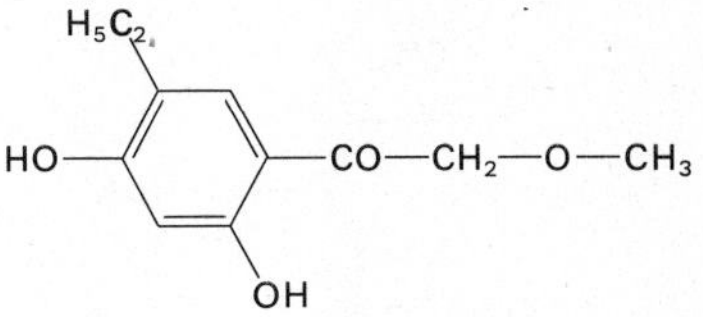 VII

1-[5-Äthyl-2,3,4-trihydroxy-phenyl]-äthanon $C_{10}H_{12}O_4$, Formel IV ($R = CH_3$, $X = C_2H_5$) (E I 691; E III 3442).

B. Aus 4-Äthyl-pyrogallol und Essigsäure mit Hilfe von BF_3 in Äther (*Campbell, Coppinger,* Am. Soc. **73** [1951] 2708).

UV-Spektrum (Me.; 210–400 nm): *Ca., Co.,* l. c. S. 2710. λ_{max} (wss.-methanol. NaOH): 318 nm (*Ca., Co.,* l. c. S. 2709).

1-[5-Äthyl-2,3,4-trihydroxy-phenyl]-2-chlor-äthanon $C_{10}H_{11}ClO_4$, Formel IV ($R = CH_2Cl$, $X = C_2H_5$).

B. Beim Behandeln von 4-Äthyl-pyrogallol mit Chloracetonitril und $ZnCl_2$ unter Einleiten von HCl und anschliessenden Erhitzen mit H_2O (*Murai*, Sci. Rep. Saitama Univ. [A] **1** [1952] 23, 25).

Hellgelbe Kristalle (aus Bzl.); F: 131–132,5°.

1-[5-Äthyl-2,4-dihydroxy-phenyl]-2-methoxy-äthanon $C_{11}H_{14}O_4$, Formel VII.

B. Analog der vorangehenden Verbindung (*Pavanaram, Row*, J. scient. ind. Res. India **14**B [1955] 157, 160).

Kristalle (aus Acn. + PAe.); F: 91–92°.

2-Acetyl-5-methoxy-6,6-dimethyl-cyclohex-4-en-1,3-dion $C_{11}H_{14}O_4$, Formel VIII und Taut.

Nach Ausweis des ^1H-NMR-Spektrums in CCl_4 und des IR-Spektrums in KBr liegt die Verbindung fast ausschliesslich als 2-Acetyl-3-hydroxy-5-methoxy-6,6-dimethyl-cyclohexa-2,4-dienon $C_{11}H_{14}O_4$ vor (*Forsén, Nilsson*, Acta chem. scand. **13** [1959] 1383, 1389, 1392; s. a. *Bick, Horn*, Austral. J. Chem. **18** [1965] 1405, 1409).

B. Beim Erhitzen von 4-Acetyl-2,2-dimethyl-cyclohexan-1,3,5-trion mit Orthokohlensäure-tetramethylester (*Nilsson*, Acta chem. scand. **13** [1959] 750, 756).

Kristalle (aus PAe. oder Cyclohexan); F: 107–109° [nach Sublimation] (*Ni.*; *Fo., Ni.*, l. c. S. 1386). ^1H-NMR-Spektrum (CCl_4): *Fo., Ni.* IR-Banden (CCl_4; 3100–650 cm^{-1}): *Ni.*; s. a. *Fo., Ni.* UV-Spektrum (A.; 230–360 nm): *Ni.*, l. c. S. 751.

1-[2,4,6-Trihydroxy-3,5-dimethyl-phenyl]-äthanon $C_{10}H_{12}O_4$, Formel IX (R = H).

B. In geringer Menge neben anderen Verbindungen beim Behandeln von 1-[2,4,6-Trihydroxy-phenyl]-äthanon mit CH_3I und wss. KOH in Methanol (*Riedl, Hübner*, B. **90** [1957] 2870, 2873; *Jain, Seshadri*, Pr. Indian Acad. [A] **42** [1955] 279, 283) oder mit CH_3I und Natrium-methylat in Äthanol und Äther (*Riedl, Risse*, A. **585** [1954] 209, 211, 217, 218). Beim Behandeln von 2,4-Dimethyl-phloroglucin mit Acetonitril und $ZnCl_2$ unter Einleiten von HCl in Äther und Erhitzen des Reaktionsprodukts mit H_2O (*Campbell, Coppinger*, Am. Soc. **73** [1951] 1849).

Kristalle (aus wss. Me.); F: 222° (*Ri., Ri.*), 220–222° (*Jain, Se.*). UV-Spektrum (A.; 210–360 nm): *Ri., Hü.*, l. c. S. 2872. λ_{max} (A.): 227,5 nm und 291,5 nm (*Riedl et al.*, B. **89** [1956] 1849, 1856).

1-[2,6-Dihydroxy-4-methoxy-3,5-dimethyl-phenyl]-äthanon $C_{11}H_{14}O_4$, Formel IX (R = CH_3).

B. Beim Erwärmen von 5-Methoxy-4,6-dimethyl-resorcin mit Acetylchlorid und $AlCl_3$ in CS_2 und Nitrobenzol (*J. Nickl*, Diss. [München 1955] S. 36).

Kristalle (aus wss. Me.); F: 132–133° (*Ni.*, Diss. S. 36). λ_{max}: 280 nm und 350 nm [A.], 295 nm und 392 nm [wss.-äthanol. NaOH] (*Nickl*, B. **91** [1958] 553, 561).

VIII IX X

Hydroxy-oxo-Verbindungen $C_{11}H_{14}O_4$

1-[2,3,4-Trihydroxy-phenyl]-pentan-1-on $C_{11}H_{14}O_4$, Formel IV (R = $[CH_2]_3$-CH_3, X = H) (E III 3443).

B. Aus Pyrogallol und Valeriansäure mit Hilfe von BF_3 in Äther (*Campbell, Coppinger*, Am. Soc. **73** [1951] 2708).

Kristalle (aus Bzl. + Hexan); F: 82° (*Ca., Co.*). Kp_{14}: 202–204° (*Buu-Hoi*, J. org. Chem. **18** [1953] 1723, 1727). λ_{max}: 236,5 nm und 291,5 nm [Me.], 311 nm [wss.-methanol. NaOH] (*Ca., Co.*, l. c. S. 2709).

1-[5-Brom-2,3,4-trihydroxy-phenyl]-pentan-1-on $C_{11}H_{13}BrO_4$, Formel IV (R = $[CH_2]_3$-CH_3, X = Br) auf S. 2755.

B. Beim Behandeln von 1-[2,3,4-Trihydroxy-phenyl]-pentan-1-on mit Brom in Essigsäure (*Buu-Hoi,* J. org. Chem. **18** [1953] 1723, 1725, 1728).

Kristalle (aus wss. Me. oder Eg.); F: 123–124°.

(±)-2-Methyl-1-[2,4,6-trihydroxy-phenyl]-butan-1-on $C_{11}H_{14}O_4$, Formel X (R = $CH(CH_3)$-C_2H_5).

B. Beim Erwärmen von Phloroglucin mit (±)-2-Methyl-butyrylchlorid und $AlCl_3$ in Nitrobenzol und CS_2 (*Riedl, Nickl,* B. **89** [1956] 1863, 1871).

Wasserhaltige Kristalle; F: 61–64° (*Ri., Ni.*), 61–63° (*Howard, Tatchell,* Chem. and Ind. **1954** 992).

3-Methyl-1-[2,3,4-trihydroxy-phenyl]-butan-1-on $C_{11}H_{14}O_4$, Formel IV (R = CH_2-$CH(CH_3)_2$, X = H) auf S. 2755 (H 400).

B. Aus Pyrogallol beim Behandeln mit Isovaleriansäure und BF_3 (*Campbell, Coppinger,* Am. Soc. **73** [1951] 2708) oder beim Erhitzen mit Isovaleriansäure und $ZnCl_2$ auf 140° (*David, Imer,* Bl. **1953** 183).

Kristalle; F: 106–110° [aus Bzl.] (*Da., Imer*), 109° [aus Bzl.+Hexan] (*Ca., Co.*). $Kp_{0,01}$: 138–140° (*Da., Imer*). λ_{max}: 237,5 nm und 293 nm [Me.], 312 nm [wss.-methanol. NaOH] (*Ca., Co.,* l. c. S. 2709).

1-[2-Hydroxy-4,5-dimethoxy-phenyl]-3-methyl-butan-1-on $C_{13}H_{18}O_4$, Formel XI (R = H).

B. Beim Hydrieren von 1-[2-Hydroxy-4,5-dimethoxy-phenyl]-3-methyl-but-2-en-1-on an Raney-Nickel in Methanol unter 2 at (*Huls,* Bl. Soc. chim. Belg. **67** [1958] 22, 28).

Hellgelb; F: 62°.

2,4-Dinitro-phenylhydrazon (F: 212°): *Huls.*

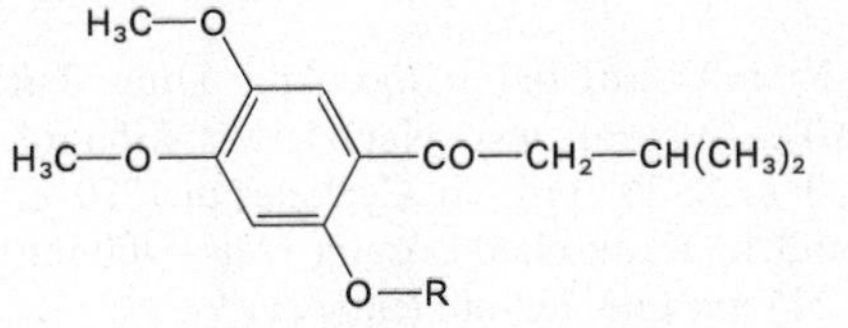

XI

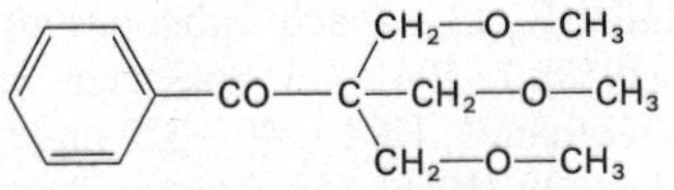

XII

3-Methyl-1-[2,4,5-trimethoxy-phenyl]-butan-1-on $C_{14}H_{20}O_4$, Formel XI (R = CH_3).

B. Analog der vorangehenden Verbindung (*Huls,* Bl. Soc. chim. Belg. **67** [1958] 22, 28).

F: 76,5°. UV-Spektrum (Me.; 230–390 nm): *Huls,* l. c. S. 31.

2,4-Dinitro-phenylhydrazon (F: 132°): *Huls.*

3-Methyl-1-[2,4,6-trihydroxy-phenyl]-butan-1-on $C_{11}H_{14}O_4$, Formel X (R = CH_2-$CH(CH_3)_2$) (E II 450; E III 3444).

B. Beim Erwärmen von Phloroglucin in CS_2 mit Isovalerylchlorid und $AlCl_3$ in Nitrobenzol (*Howard et al.,* Soc. **1955** 174, 180; *Riedl,* D.B.P. 941372 [1954]; vgl. E III 3444).

Beim Behandeln mit 1-Brom-3-methyl-but-2-en und wss. KOH oder Natriummethylat in Methanol sind neben kleinen Mengen 3-Methyl-1-[2,4,6-trihydroxy-3-(3-methyl-but-2-enyl)-phenyl]-butan-1-on 3-Methyl-1-[2,4,6-trihydroxy-3,5-bis-(3-methyl-but-2-enyl)-phenyl]-butan-1-on und Lupulon (E III **7** 4753) erhalten worden (*Riedl, Hübner,* B. **90** [1957] 2870, 2875; *Riedl,* B. **85** [1952] 692, 706, 708). Die Reaktion mit 1-Brom-3-methyl-but-2-en und Natriumäthylat in Benzol führt zu einer Verbindung $C_{19}H_{28}O_4$ vom F: 222–223° [aus $CHCl_3$] (*Ri.,* B. **85** 705).

3-Methoxy-2,2-bis-methoxymethyl-1-phenyl-propan-1-on $C_{14}H_{20}O_4$, Formel XII.

B. Bei der Oxidation von 3-Methoxy-2,2-bis-methoxymethyl-1-phenyl-propan-1-ol mit CrO_3

in Essigsäure (*Nerdel et al.*, B. **92** [1959] 1329, 1335).

Kristalle (aus PAe.); F: 30–31°. $Kp_{0,4}$: 160°.

2,4-Dinitro-phenylhydrazon (F: 137°): *Ne. et al.*

1-[2,4,6-Trihydroxy-3-methyl-phenyl]-butan-1-on $C_{11}H_{14}O_4$, Formel XIII (R = R′ = R″ = H) (H 400; E I 691; E III 3445).

B. Beim Erwärmen von 2-Methyl-phloroglucin in CS_2 mit Butyrylchlorid und $AlCl_3$ in Nitrobenzol (*Riedl,* A. **585** [1954] 32, 36). Aus 3-Butyryl-2,4,6-trihydroxy-5-methyl-benzoesäure-methylester beim Erwärmen mit $AlBr_3$ in Chlorbenzol und Erhitzen des Reaktionsprodukts mit H_2O oder beim Erhitzen mit Glycerin auf 200° (*Riedl, Mitteldorf,* B. **89** [1956] 2589, 2592).

λ_{max}: 288,5 nm [Me.], 325 nm [wss.-methanol. NaOH] (*Campbell, Coppinger,* Am. Soc. **73** [1951] 2708, 2709).

1-[4,6-Dihydroxy-2-methoxy-3-methyl-phenyl]-butan-1-on, Pseudoaspidinol $C_{12}H_{16}O_4$, Formel XIII (R = CH_3, R′ = R″ = H) (E II 450; E III 3446).

B. Beim Hydrieren von 1-[4,6-Bis-benzyloxy-2-methoxy-3-methyl-phenyl]-butan-1-on an Palladium/Kohle in Methanol (*Riedl, Mitteldorf,* B. **89** [1956] 2589, 2594). Beim Erhitzen von Aspidin (E III **8** 4399) mit Zink-Pulver und wss. NaOH (*Aebi et al.*, Helv. **40** [1957] 569, 570).

Bei 100–110°/0,5 Torr sublimierbar (*Ri., Mi.*). UV-Spektrum in Äthanol und in alkalischer Lösung (220–350 nm): *Ri., Mi.*, l. c. S. 2591. λ_{max} (A.): 218 nm und 286 nm (*Aebi et al.*, l. c. S. 571).

1-[2,6-Dihydroxy-4-methoxy-3-methyl-phenyl]-butan-1-on, Aspidinol $C_{12}H_{16}O_4$, Formel XIII (R = R″ = H, R′ = CH_3) (H 400; E II 450; E III 3446).

B. Beim Erhitzen von Desaspidin-BB (2-Butyryl-6-[3-butyryl-2,4-dihydroxy-6-methoxy-benzyl]-3,5-dihydroxy-4,4-dimethyl-cyclohexa-2,5-dienon) mit Zink-Pulver und wss. NaOH (*Aebi et al.,* Helv. **40** [1957] 572, 574).

Kristalle; F: 152° [nach Sublimation] und F: 143° [aus Bzl.] (*Aho,* Ann. Univ. Turku [A 1] Nr. 29 [1958] 1, 104). UV-Spektrum in $CHCl_3$, Äthanol, wss. NaOH, wss.-äthanol. NaOH und wss.-äthanol. HCl (240–350 nm): *Aho,* l. c. S. 76, 115; in Cyclohexan (220–340 nm): *Aebi,* Helv. **39** [1956] 153, 156; in Äthanol und in alkalischer Lösung (220–400 nm): *Riedl, Mitteldorf,* B. **89** [1956] 2589, 2591. λ_{max} (A.): 225 nm und 282 nm (*Aebi et al.*).

1-[4,6-Bis-benzyloxy-2-hydroxy-3-methyl-phenyl]-butan-1-on $C_{25}H_{26}O_4$, Formel XIII (R = H, R′ = R″ = CH_2-C_6H_5).

B. Beim Erwärmen von 1-[2,4,6-Trihydroxy-3-methyl-phenyl]-butan-1-on mit Benzylbromid und K_2CO_3 in Aceton (*Riedl, Mitteldorf,* B. **89** [1956] 2589, 2593).

Kristalle (aus Me.); F: 128°. Bei 120–130°/0,5 Torr sublimierbar.

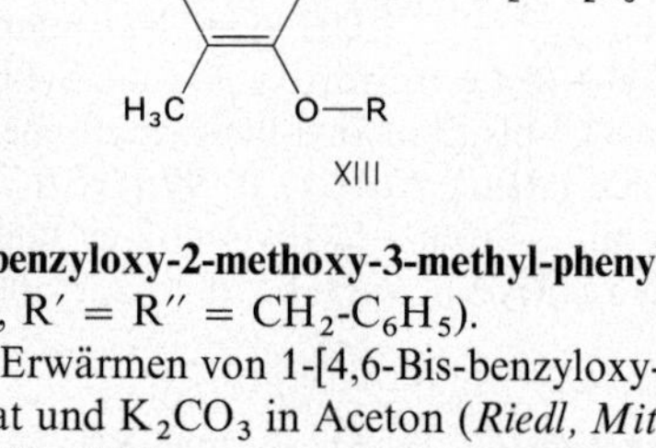

O—R″; R′—O; CO—CH_2—C_2H_5; H_3C; O—R

XIII

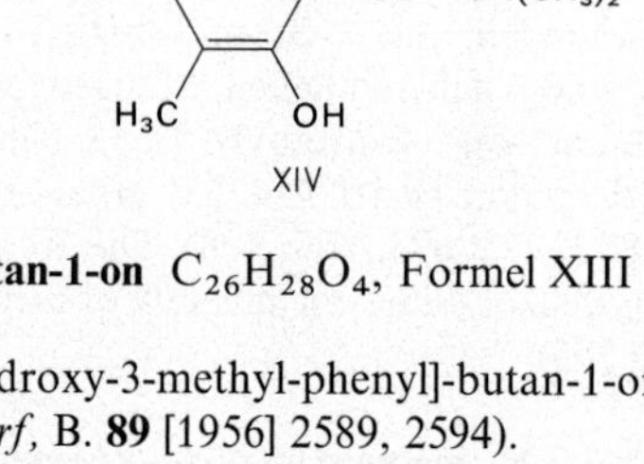

O—R′; R—O; CO—$CH(CH_3)_2$; H_3C; OH

XIV

1-[4,6-Bis-benzyloxy-2-methoxy-3-methyl-phenyl]-butan-1-on $C_{26}H_{28}O_4$, Formel XIII (R = CH_3, R′ = R″ = CH_2-C_6H_5).

B. Beim Erwärmen von 1-[4,6-Bis-benzyloxy-2-hydroxy-3-methyl-phenyl]-butan-1-on mit Dimethylsulfat und K_2CO_3 in Aceton (*Riedl, Mitteldorf,* B. **89** [1956] 2589, 2594).

$Kp_{0,5}$: 150–160°.

2-Methyl-1-[2,4,6-trihydroxy-3-methyl-phenyl]-propan-1-on $C_{11}H_{14}O_4$, Formel XIV (R = R′ = H) (E III 3448).

B. Beim Erwärmen von 2-Methyl-phloroglucin mit Isobutyrylchlorid und $AlCl_3$ in Nitrobenzol und CS_2 (*Riedl,* D.B.P. 941372 [1954]).

1-[2,6-Dihydroxy-4-methoxy-3-methyl-phenyl]-2-methyl-propan-1-on $C_{12}H_{16}O_4$, Formel XIV (R = CH_3, R′ = H).

B. Aus 5-Methoxy-4-methyl-resorcin analog der vorangehenden Verbindung (*Riedl,* D.B.P. 941372 [1954]) oder beim Behandeln mit Isobutyronitril und $ZnCl_2$ unter Einleiten von HCl und Erwärmen des Reaktionsgemisches mit H_2O (*Riedl,* B. **89** [1956] 2600).

Gelbliche Kristalle; F: 141–142° [aus Bzl. oder H_2O] (*Ri.,* B. **89** 2600), 142° [aus Heptan oder wss. A.] (*Ri.,* D.B.P. 941372). Absorptionsspektrum in Äthanol und in alkalischer Lösung (220–450 nm): *Riedl, Mitteldorf,* B. **89** [1956] 2589, 2591. λ_{max}: 287 nm und 330 nm [A.], 297 nm und 382 nm [wss. NaOH] (*Nickl,* B. **91** [1958] 553, 561).

1-[2-Hydroxy-4,6-dimethoxy-3-methyl-phenyl]-2-methyl-propan-1-on, Baeckeol $C_{13}H_{18}O_4$, Formel XIV (R = R′ = CH_3) (E II 450; E III 3448).

λ_{max}: 227 nm und 293 nm (*Birch, Todd,* Soc. **1952** 3102, 3104).

1-[3,6-Dihydroxy-4-methoxy-2-propyl-phenyl]-äthanon $C_{12}H_{16}O_4$, Formel XV (R = H).

B. Beim Hydrieren von 1-[2-Allyl-3,6-dihydroxy-4-methoxy-phenyl]-äthanon an Palladium/Kohle in Methanol (*Dean et al.,* Soc. **1959** 1071, 1075).

Grünliche Kristalle (aus wss. A.); F: 118°. λ_{max} (A.): 237 nm, 277 nm und 320 nm.

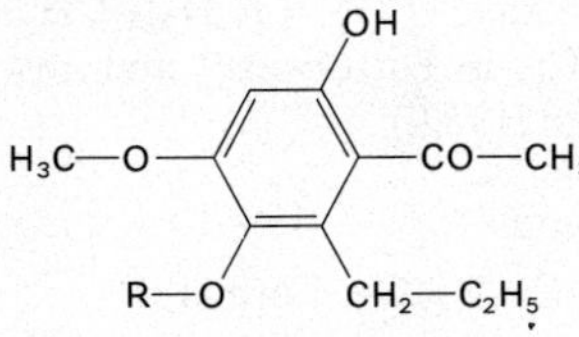

XV 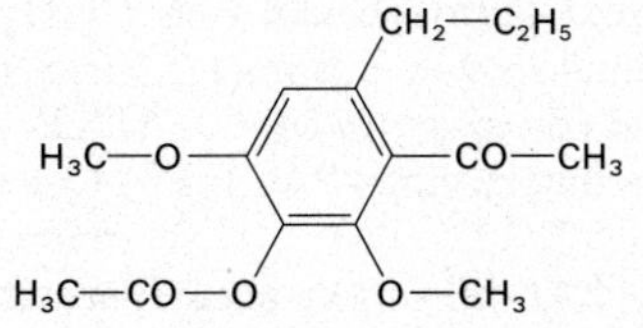 XVI

1-[6-Hydroxy-3,4-dimethoxy-2-propyl-phenyl]-äthanon $C_{13}H_{18}O_4$, Formel XV (R = CH_3).

B. Aus 1-[6-Benzyloxy-3,4-dimethoxy-2-propenyl-phenyl]-äthanon (F: 80°) beim Hydrieren an Palladium/Kohle in Methanol oder beim Behandeln mit Calcium und NH_4Cl in flüssigem NH_3 (*Dean et al.,* Soc. **1959** 1071, 1076).

$Kp_{0,2}$: 160°. λ_{max} (A.): 218 nm, 268 nm und 306 nm.

1-[3-Acetoxy-2,4-dimethoxy-6-propyl-phenyl]-äthanon $C_{15}H_{20}O_5$, Formel XVI.

B. Beim Erhitzen von Essigsäure-[2,6-dimethoxy-4-propyl-phenylester] (aus 2,6-Dimethoxy-4-propyl-phenol und Acetanhydrid mit Hilfe von Pyridin hergestellt) mit Acetanhydrid und wenig H_2SO_4 (*Pew,* Am. Soc. **74** [1952] 2850, 2855).

Kristalle (aus A.); F: 68–69,5°.

1-[2-Benzyloxy-4,6-dimethoxy-3-(2-nitro-1-nitromethyl-äthyl)-phenyl]-äthanon $C_{20}H_{22}N_2O_8$, Formel XVII.

B. Beim Behandeln von 1-[2-Benzyloxy-4,6-dimethoxy-3-(*trans*(?)-nitro-vinyl)-phenyl]-äthanon (F: 121–122°) mit Nitromethan in Methanol und wenig Piperidin (*Robertson, Williamson,* Soc. **1957** 5018).

Kristalle (aus wss. A.); F: 143–145°. IR-Banden (Nujol; 1750–1350 cm^{-1}): *Ro., Wi.*

[*Brandt*]

Hydroxy-oxo-Verbindungen $C_{12}H_{16}O_4$

1-[2,3,4-Trihydroxy-phenyl]-hexan-1-on $C_{12}H_{16}O_4$, Formel I (R = $[CH_2]_4$-CH_3, X = H) (E III 3449).

Kristalle; F: 86–87° (*Buu-Hoi,* J. org. Chem. **18** [1953] 1723, 1727), 84° [aus Bzl.] (*Kawai* *et al.*, J. pharm. Soc. Japan **75** [1955] 274, 276; C. A. **1956** 1787).

1-[5-Chlor-2,3,4-trihydroxy-phenyl]-hexan-1-on $C_{12}H_{15}ClO_4$, Formel I (R = $[CH_2]_4$-CH_3, X = Cl).

B. Aus 1-[2,3,4-Trihydroxy-phenyl]-hexan-1-on und Chlor in Essigsäure (*Buu-Hoi,* J. org. Chem. **18** [1953] 1723, 1728).

Kristalle (aus wss. Me. oder Eg.); F: 95–96°.

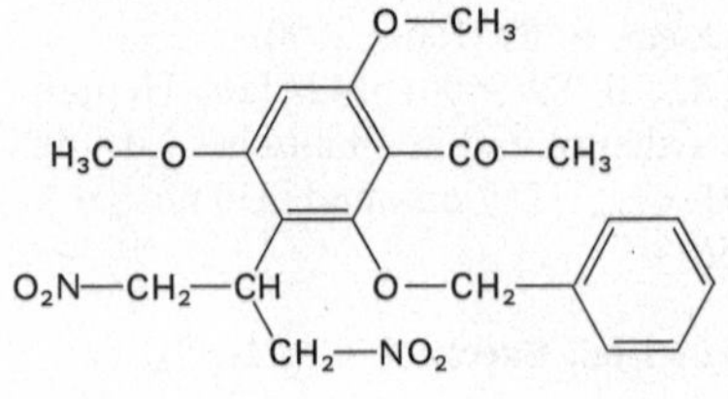

XVII 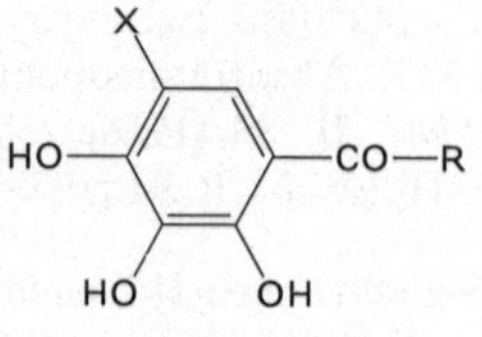 I 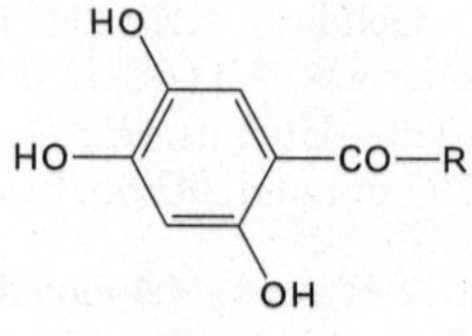 II

1-[5-Brom-2,3,4-trihydroxy-phenyl]-hexan-1-on $C_{12}H_{15}BrO_4$, Formel I (R = $[CH_2]_4$-CH_3, X = Br).

B. Analog der vorangehenden Verbindung (*Buu-Hoi,* J. org. Chem. **18** [1953] 1723, 1728).

Kristalle (aus wss. Me. oder Eg.); F: 111°.

1-[2,4,5-Trihydroxy-phenyl]-hexan-1-on $C_{12}H_{16}O_4$, Formel II (R = $[CH_2]_4$-CH_3).

B. Beim Behandeln von Benzen-1,2,4-triol mit $AlCl_3$ in Nitrobenzol und anschliessend mit Hexanoylchlorid (*Eastman Kodak Co.,* U.S.P. 2759828 [1952]).

Kristalle (aus Butylacetat + PAe.); F: 113–114°.

(±)-3-Methyl-1-[2,4,6-trihydroxy-phenyl]-pentan-1-on $C_{12}H_{16}O_4$, Formel III (R = CH_2-$CH(CH_3)$-C_2H_5).

B. Beim Erwärmen von Phloroglucin mit $AlCl_3$ in Nitrobenzol und CS_2 und anschliessend mit (±)-3-Methyl-valerylchlorid (*Riedl, Nickl,* B. **89** [1956] 1863, 1872).

Kristalle (aus Ae. + PAe.); F: 129–130°.

4-Methyl-1-[2,4,6-trihydroxy-phenyl]-pentan-1-on $C_{12}H_{16}O_4$, Formel III (R = CH_2-CH_2-$CH(CH_3)_2$) (E II 451; E III 3450).

B. Analog der vorangehenden Verbindung (*Riedl,* A. **585** [1954] 38, 40).

F: 122°.

2-Äthyl-1-[2,3,4-trihydroxy-phenyl]-butan-1-on $C_{12}H_{16}O_4$, Formel I (R = $CH(C_2H_5)_2$, X = H).

B. Aus Pyrogallol und 2-Äthyl-buttersäure in Äther mit Hilfe von BF_3 (*Campbell, Coppinger,* Am. Soc. **73** [1951] 2708).

Kristalle (aus Bzl. + Hexan); F: 111°. λ_{max}: 238 nm und 293 nm [Me.] bzw. 314 nm [Me. + wenig wss. NaOH].

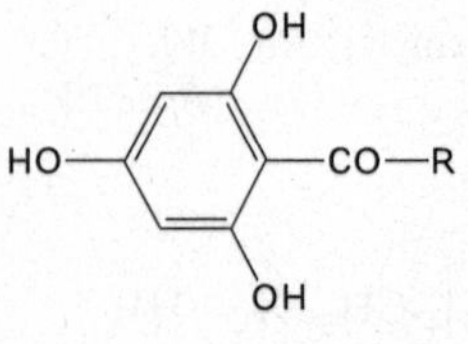

III 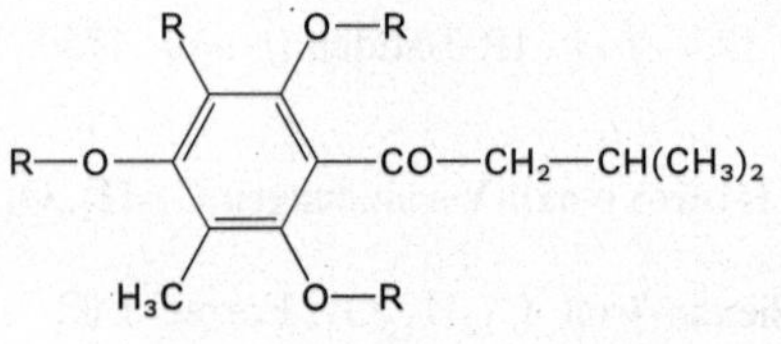 IV 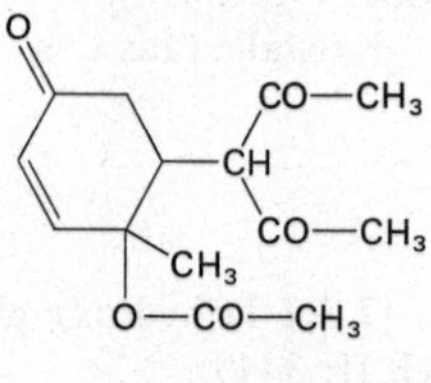 V

2-Äthyl-1-[2,4,5-trihydroxy-phenyl]-butan-1-on $C_{12}H_{16}O_4$, Formel II (R = $CH(C_2H_5)_2$).

B. Aus Benzen-1,2,4-triol und 2-Äthyl-butyrylchlorid in Nitrobenzol mit Hilfe von $AlCl_3$ (*Eastman Kodak Co.*, U.S.P. 2848345 [1954]).

Kristalle (aus Bzl.+Hexan); F: 123–124°.

3-Methyl-1-[2,4,6-trihydroxy-3-methyl-phenyl]-butan-1-on $C_{12}H_{16}O_4$, Formel IV (R = H).

B. Beim Behandeln von 2-Methyl-phloroglucin mit Isovaleronitril und $ZnCl_2$ in Äther unter Einleiten von HCl und Erhitzen des Reaktionsprodukts mit H_2O (*Inagaki et al.*, J. pharm. Soc. Japan **76** [1956] 1253; C. A. **1957** 4307).

Kristalle; F: 195–197°.

***Opt.-inakt. 3-[2-Acetoxy-2-methyl-5-oxo-cyclohex-3-enyl]-pentan-2,4-dion** $C_{14}H_{18}O_5$, Formel V und Taut.

B. Beim Erwärmen von 4-Acetoxy-4-methyl-cyclohexa-2,5-dienon mit Pentan-2,4-dion und Natriummethylat in Methanol (*Specht, Wessely*, M. **90** [1959] 713, 719).

Kristalle (aus Bzl.+PAe.); F: 124°.

1-[5-*tert*-Butyl-2,3,4-trihydroxy-phenyl]-äthanon $C_{12}H_{16}O_4$, Formel I (R = CH_3, X = $C(CH_3)_3$).

B. Beim Erwärmen von 1-[2,3,4-Trihydroxy-phenyl]-äthanon mit *tert*-Butylchlorid und $FeCl_3$ in Essigsäure (*Campbell, Coppinger*, Am. Soc. **73** [1951] 2708).

Kristalle (aus wss. Propan-1-ol); F: 174°. UV-Spektrum (Me.; 210–380 nm): *Ca., Co.*, l. c. S. 2710. λ_{max} (Me.+wenig wss. NaOH): 249,5 nm und 346 nm (*Ca., Co.*, l. c. S. 2709).

2,3-Bis-[3-hydroxy-propionyl]-cyclohexa-1,3-dien $C_{12}H_{16}O_4$, Formel VI.

B. Beim Behandeln von Prop-2-in-1-ol in Toluol mit $NaNH_2$ in flüssigem NH_3 und anschliessend mit Cyclohexan-1,2-dion (*Ried, Urschel*, B. **90** [1957] 2504, 2508).

Gelbe Kristalle (aus A.); F: 210–212°.

Bis-[2,4-dinitro-phenylhydrazon] (F: 178°): *Ried, Ur.*

1-[2,4,6-Trihydroxy-3,5-dimethyl-phenyl]-butan-1-on $C_{12}H_{16}O_4$, Formel VII (R = H).

B. Beim Behandeln von 2,4-Dimethyl-phloroglucin mit Butyronitril und $ZnCl_2$ in Äther unter Einleiten von HCl und Erhitzen des Reaktionsprodukts mit H_2O (*Campbell, Coppinger*, Am. Soc. **73** [1951] 1849).

F: 140° (*Ca., Co.*, l. c. S. 1849). UV-Spektrum (Me.; 220–350 nm): *Campbell, Coppinger*, Am. Soc. **73** [1951] 2708, 2712. λ_{max} (Me.+wenig wss. NaOH): 335 nm (*Ca., Co.*, l. c. S. 2709).

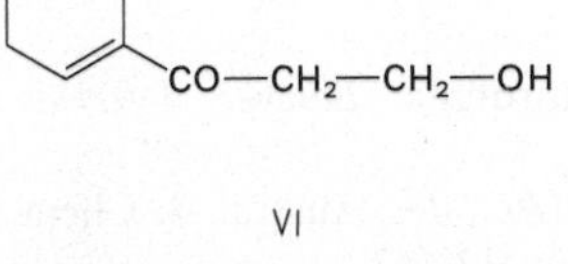

VI 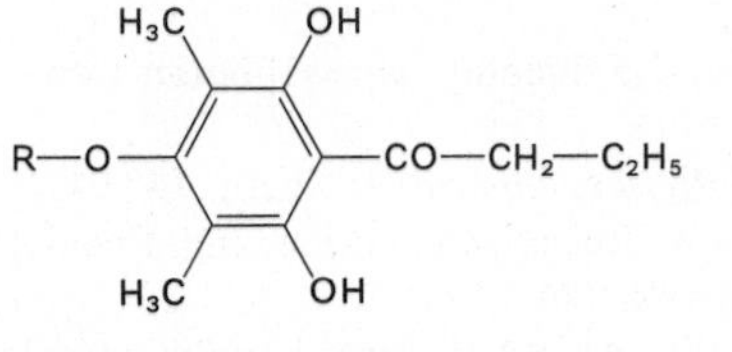 VII 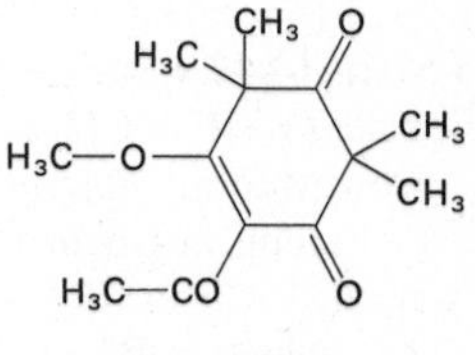 VIII

1-[2,6-Dihydroxy-4-methoxy-3,5-dimethyl-phenyl]-butan-1-on, Methylaspidinol $C_{13}H_{18}O_4$, Formel VII (R = CH_3).

B. Beim Erhitzen von sog. „Desaspidin“ (F: 150–150,5°; aus den Wurzeln von Dryopteris austriaca isoliert; vgl. dazu *Penttilä, Sundman*, Acta chem. scand. **18** [1964] 344, 348) mit Zink-Pulver und wss. NaOH (*Aebi et al.*, Helv. **40** [1957] 572, 574).

Kristalle (aus Acn.+Ae.); F: 108–110° [korr.]; λ_{max} (A.): 218 nm und 280 nm (*Aebi et al.*, l. c. S. 575).

4-Acetyl-5-methoxy-2,2,6,6-tetramethyl-cyclohex-4-en-1,3-dion(?) $C_{13}H_{18}O_4$, vermutlich Formel VIII.

B. Beim Behandeln von 6-Acetyl-2,2,4,4-tetramethyl-cyclohexan-1,3,5-trion mit Diazomethan in Äther (*Riedl et al.*, B. **89** [1956] 1849, 1859).

Kristalle (aus PAe.); F: 97°. Bei 60–70°/0,3 Torr sublimierbar.

(±)-1′-Hydroxy-bicyclohexyl-2,6,3′-trion $C_{12}H_{16}O_4$, Formel IX.

Eine von *Stetter et al.* (B. **86** [1953] 1308, 1310) unter dieser Konstitution beschriebene Ver≈bindung (F: 98°) ist als 5-Oxo-6-[3-oxo-cyclohex-1-enyl]-hexansäure zu formulieren (*Conrow*, J. org. Chem. **31** [1966] 1050, 1051).

Hydroxy-oxo-Verbindungen $C_{13}H_{18}O_4$

1-[2,4,6-Trihydroxy-3-methyl-phenyl]-hexan-1-on $C_{13}H_{18}O_4$, Formel X (R = $[CH_2]_4$-CH_3, R′ = CH_3).

B. Beim Behandeln von 2-Methyl-phloroglucin mit Hexannitril und $ZnCl_2$ in Äther unter Einleiten von HCl und Erhitzen des Reaktionsprodukts mit H_2O (*Inagaki et al.*, J. pharm. Soc. Japan **76** [1956] 1253; C. A. **1957** 4307).

Kristalle; F: 138–139°.

4-Methyl-1-[2,4,6-trihydroxy-3-methyl-phenyl]-pentan-1-on $C_{13}H_{18}O_4$, Formel X (R = CH_2-CH_2-$CH(CH_3)_2$, R′ = CH_3) (E II 451).

Kristalle mit 1 Mol H_2O; F: 155–156° (*Inagaki et al.*, J. pharm. Soc. Japan **76** [1956] 1253; C. A. **1957** 4307).

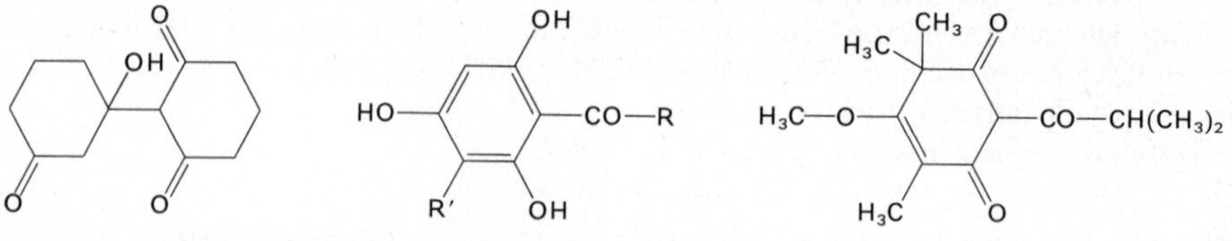

IX X XI

1-[2,4,6-Trihydroxy-3-isopentyl-phenyl]-äthanon $C_{13}H_{18}O_4$, Formel X (R = CH_3, R′ = CH_2-CH_2-$CH(CH_3)_2$) (E III 3452).

B. Beim Hydrieren von 1-[4,6-Dihydroxy-2-isopropenyl-2,3-dihydro-benzofuran-7-yl]-äthan≈on an Platin in Methanol (*Nickl*, B. **91** [1958] 553, 564).

Kristalle (aus wss. Me.); F: 185°. Bei 160–180°/0,2 Torr sublimierbar.

3-Methyl-1-[2,4,6-trimethoxy-3,5-dimethyl-phenyl]-butan-1-on, Torquaton $C_{16}H_{24}O_4$, Formel IV (R = CH_3).

Konstitution: *Bowyer, Jefferies*, Austral. J. Chem. **15** [1962] 145.

Isolierung aus dem Öl von Eucalyptus caesia und Eucalyptus torquata: *Bowyer, Jefferies*, Austral. J. Chem. **12** [1959] 442, 444.

Kristalle (aus PAe.); F: 40–41° [evakuierte Kapillare; unkorr.] (*Bo., Je.*, Austral. J. Chem. **12** 445). UV-Spektrum (A.; 210–360 nm): *Bo., Je.*, Austral. J. Chem. **12** 443.

2,4-Dinitro-phenylhydrazon (F: 202°): *Bo., Je.*, Austral. J. Chem. **12** 445.

2-Isobutyryl-5-methoxy-4,6,6-trimethyl-cyclohex-4-en-1,3-dion $C_{14}H_{20}O_4$, Formel XI und Taut.; **Tasmanon** (E III 3453).

Isolierung aus dem Öl von Eucalyptus risdoni: *Birch, Elliott*, Austral. J. Chem. **9** [1956] 95, 101.

λ_{max} (A.?): 245 nm, 273 nm und 325 nm.

7-Äthyl-2,3-dihydroxy-4-methyl-4a,7,8,8a-tetrahydro-4*H*,5*H*-naphthalin-1,6-dion $C_{13}H_{18}O_4$, Formel XII und Taut.

Die Identität einer von *Parihar, Dutt* (Indian Soap J. **19** [1953] 61, 67) unter dieser Konstitution beschriebenen, aus Scoparon (E III/IV **18** 1324) erhaltenen Verbindung (Kristalle [aus A.]; F: 92°; Bis-[2,4-dinitro-phenylhydrazon] $C_{25}H_{26}N_8O_{10}$, F: 104°; Diacetyl-Derivat $C_{17}H_{22}O_6$; 2,3-Diacetoxy-7-äthyl-4-methyl-4a,7,8,8a-tetrahydro-4*H*,5*H*-naphthalin-1,6-dion, F: 130°) ist ungewiss (vgl. *Singh et al.*, J. scient. ind. Res. India **15**B [1956] 190).

Entsprechendes gilt auch für die von *Parihar, Dutt* (Pr. Indian Acad. [A] **25** [1947] 153, 157) aus Scoparon erhaltene, von *Parihar, Dutt* (Indian Soap J. **19** 61, 62) als 7-Äthyl-2,3-dimethoxy-4-methyl-4a,7,8,8a-tetrahydro-4*H*,5*H*-naphthalin-1,6-dion angesehene Verbindung $C_{15}H_{22}O_4$ (F: 68°; Bis-[2,4-dinitro-phenylhydrazon] $C_{27}H_{30}N_8O_{10}$, F: 93°).

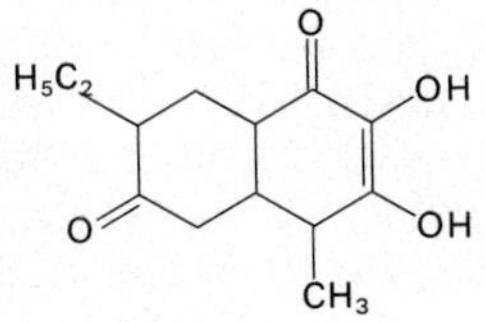

XII 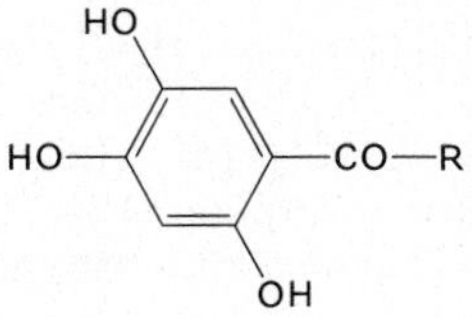 I

Hydroxy-oxo-Verbindungen $C_{14}H_{20}O_4$

1-[2,4,5-Trihydroxy-phenyl]-octan-1-on $C_{14}H_{20}O_4$, Formel I (R = $[CH_2]_6$-CH_3).

B. Aus Benzen-1,2,4-triol und Octanoylchlorid in Nitrobenzol mit Hilfe von $AlCl_3$ (*Eastman Kodak Co.*, U.S.P. 2848345 [1954]).

Kristalle (aus PAe. + Butylacetat); F: 113–114°.

1-[2,4,6-Trihydroxy-phenyl]-octan-1-on $C_{14}H_{20}O_4$, Formel II (E II 451).

B. Aus Phloroglucin und Octanoylchlorid in CS_2 und Nitrobenzol mit Hilfe von $AlCl_3$ (*Riedl*, D.B.P. 941372 [1954]).

F: 128° (*Ri.*), 125° (*Inagaki et al.*, J. pharm. Soc. Japan **76** [1956] 1253; C. A. **1957** 4307). Kristalle mit 1 Mol H_2O; F: 105–106° (*In. et al.*).

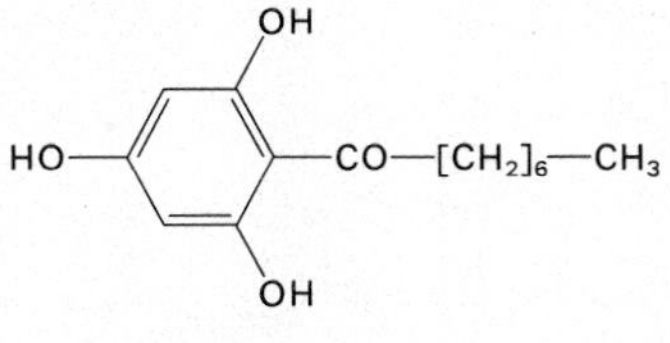

II 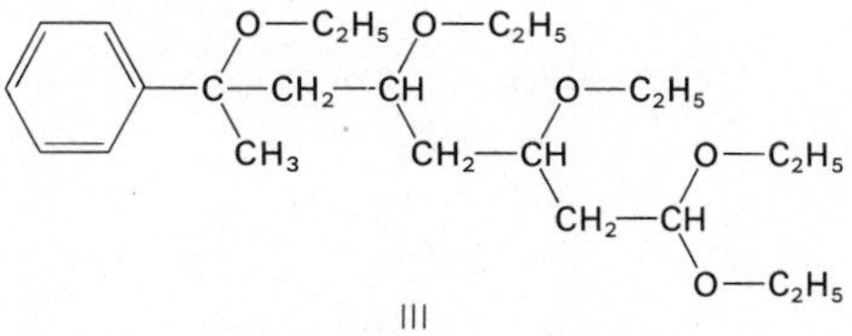 III

***Opt.-inakt. 1,1,3,5,7-Pentaäthoxy-7-phenyl-octan, 3,5,7-Triäthoxy-7-phenyl-octanal-diäthylacetal** $C_{24}H_{42}O_5$, Formel III.

B. Neben grösseren Mengen 1,1,3,5-Tetraäthoxy-5-phenyl-hexan (Kp_2: 147–149°) beim Erwärmen von (±)-1,1,3-Triäthoxy-3-phenyl-butan mit Äthyl-vinyl-äther und $ZnCl_2$ in wss. Essigsäure (*Michaĭlow, Ter-Šarkišjan*, Ž. obšč. Chim. **29** [1959] 1642, 1646; engl. Ausg. S. 1617, 1620).

$Kp_{2,5}$: 175–177°. D_4^{20}: 0,9915. n_D^{20}: 1,4730.

(±)-2-Äthyl-1-[2,4,5-trihydroxy-phenyl]-hexan-1-on $C_{14}H_{20}O_4$, Formel I (R = $CH(C_2H_5)$-$[CH_2]_3$-CH_3).

B. Aus Benzen-1,2,4-triol und (±)-2-Äthyl-hexanoylchlorid in Nitrobenzol mit Hilfe von

$AlCl_3$ (*Eastman Kodak Co.*, U.S.P. 2848345 [1954]).

Kristalle (aus Bzl. + Hexan); F: 94–97°.

(1*R*)-6*t*-Hepta-1,3*t*-dien-*t*-yl-3*c*,4*c*-dihydroxy-2-oxo-cyclohexan-*r*-carbaldehyd $C_{14}H_{20}O_4$, Formel IV und **(3*S*)-3*r*-Hepta-1,3*t*-dien-*t*-yl-5*t*,6*t*-dihydroxy-2-hydroxymethylen-cyclohexanon** $C_{14}H_{20}O_4$, Formel V; **(+)-Frequentin.**

Über die Konstitution s. *Curtis, Duncanson*, Biochem. J. **51** [1952] 276; *Grove, Tidd*, Chem. and Ind. **1963** 412; über die Konfiguration s. *Grove, Tidd*, Soc. **1964** 3497; *Sigg*, Helv. **46** [1963] 1061.

(+)-Frequentin liegt im kristallinen Zustand überwiegend als Ketoaldehyd (Formel IV), in Lösung überwiegend als Ketoenol (Formel V) vor (*Sigg*, l. c. S. 1064).

Isolierung aus Kulturen von Penicillium cyclopium: *Bracken et al.*, Biochem. J. **57** [1954] 587, 592, 593; von Penicillium frequentans: *Curtis et al.*, Nature **167** [1951] 557 sowie von Penicillium palitans: *Birkinshaw*, Biochem. J. **51** [1952] 271, 276.

Kristalle; F: 134,5° [Zers.; aus H_2O] (*Bi.*), 134° [aus Bzl.] (*Br. et al.*), 128° [aus Bzl.] (*Cu. et al.*). $[\alpha]_D^{22}$: +65° [$CHCl_3$; c = 1] (*Sigg*, l. c. S. 1062); $[\alpha]_D^{26}$: +68° [$CHCl_3$; c = 0,5] (*Cu. et al.*); $[\alpha]_{546,1}^{20}$: +82° [$CHCl_3$] (*Bi.*); $[\alpha]_D^{22}$: +61° → +15,5° (nach 24 h) [Me.; c = 1] (*Sigg*, l. c. S. 1062). ^{1}H-NMR-Absorption ($CDCl_3$): *Gr., Tidd*, Chem. and Ind. **1963** 412; *Sigg*, l. c. S. 1063. IR-Spektrum (Nujol; 1750–750 cm^{-1}): *Cu., Du.* IR-Banden (KBr; 3450–990 cm^{-1}): *Sigg*, l. c. S. 1064, 1065.

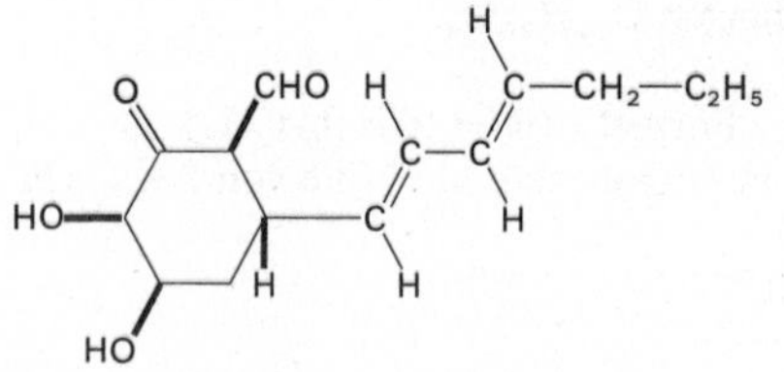

IV

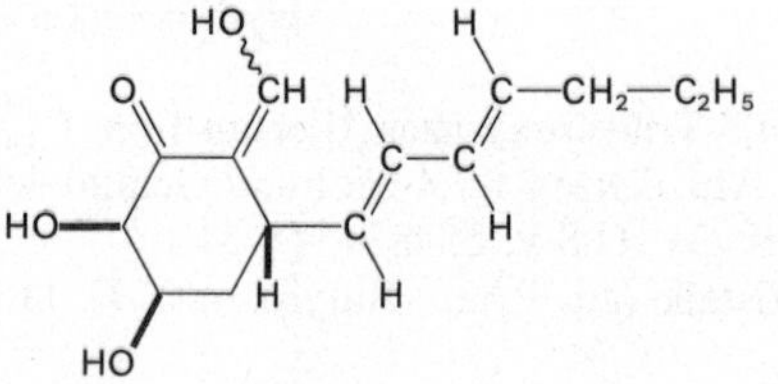

V

2,5-Dibutyl-3,6-dihydroxy-[1,4]benzochinon $C_{14}H_{20}O_4$, Formel VI.

B. Beim Erwärmen von Hexansäure-äthylester mit Oxalsäure-diäthylester und Natrium in Äther (*Asano et al.*, J. pharm. Soc. Japan **75** [1955] 1568; C. A. **1956** 10652).

Rote Kristalle (aus Eg.); F: 179–181°.

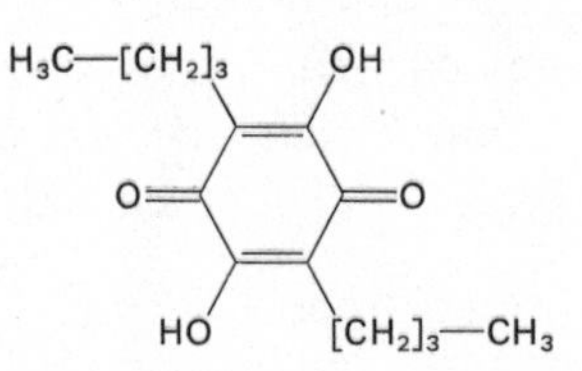

VI

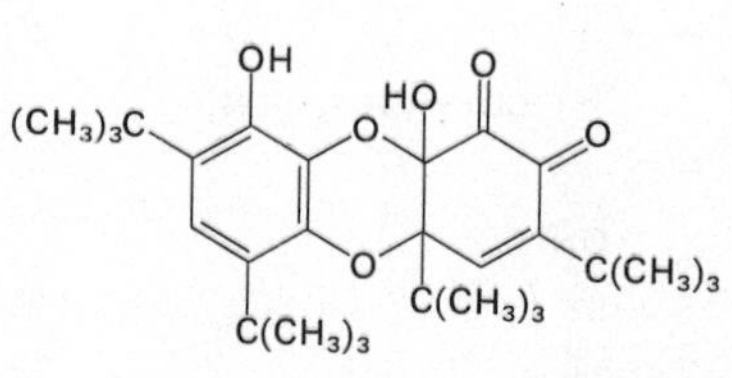

VII

4,6-Di-*tert*-butyl-6-[4,6-di-*tert*-butyl-2,3-dihydroxy-phenoxy]-cyclohex-4-en-1,2,3-trion $C_{28}H_{40}O_6$ und Taut.

***Opt.-inakt. 3,4a,6,8-Tetra-*tert*-butyl-9,10a-dihydroxy-4a,10a-dihydro-dibenzo[1,4]dioxin-1,2-dion,** Formel VII.

Diese Konstitution kommt der nachstehend beschriebenen, von *Flaig et al.* (A. **597** [1955] 196, 204) als 4,6-Di-*tert*-butyl-3-hydroxy-[1,2]benzochinon angesehenen Verbindung zu (*Waldron*, Soc. [C] **1968** 1914; s. a. *Critchlow et al.*, Tetrahedron **23** [1967] 2829, 2837, 2838).

B. Beim Behandeln von 4,6-Di-*tert*-butyl-pyrogallol mit [1,4]Benzochinon in Petroläther (*Fl. et al.*, A. **597** 204) oder mit KIO_3 in wss. Aceton (*Cr. et al.*, l. c. S. 2845).

Gelbe Kristalle (aus PAe.); F: 160–161° (*Cr. et al.*), 153–161° [je nach der Geschwindigkeit des Erhitzens] (*Fl. et al.*, A. **597** 204). Absorptionsspektrum (CCl_4; 240–530 nm): *Flaig et al.*, Z. Naturf. **10b** [1955] 668, 675.

Die beim Erhitzen oder beim Behandeln mit wss. NaOH (*Fl. et al.*, A. **597** 197) erhaltene farblose Verbindung vom F: 198–200° ist als 2,3a,5,7-Tetra-*tert*-butyl-8,10a-dihydroxy-3a,10a-dihydro-benzo[*b*]cyclopenta[*e*][1,4]dioxepin-1,10-dion zu formulieren (*Wa.*; vgl. a. *Cr. et al.*, l. c. S. 2841).

Diacetyl-Derivat $C_{32}H_{44}O_8$; 9,10a-Diacetoxy-3,4a,6,8-tetra-*tert*-butyl-4a,10a-dihydro-dibenzo[1,4]dioxin-1,2-dion. Konstitution: *Cr. et al.*, l. c. S. 2840; *Wa.* – Kristalle (aus A.); F: 189° (*Fl. et al.*, A. **597** 205).

4-Methyl-1-[2,4,6-trihydroxy-3,5-dimethyl-phenyl]-pentan-1-on $C_{14}H_{20}O_4$, Formel VIII.

B. Beim Behandeln von 2,4-Dimethyl-phloroglucin mit 4-Methyl-valeronitril und $ZnCl_2$ in Äther unter Einleiten von HCl und Erhitzen des Reaktionsprodukts mit H_2O bei pH 5 (*Seelkopf*, Arzneimittel-Forsch. **2** [1952] 158, 162).

Kristalle (aus wss. A.); F: 76°.

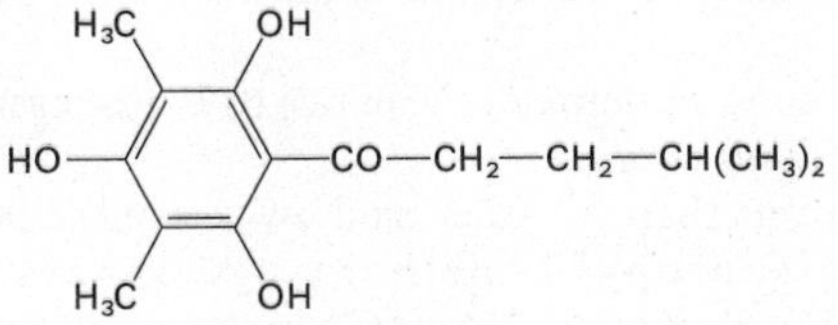

VIII

4-Hydroxy-2-isobutyryl-5-[3-methyl-but-2-enyl]-cyclopentan-1,3-dion $C_{14}H_{20}O_4$ und Taut.

(±)-3,4*r*-Dihydroxy-2-isobutyryl-5*t*-[3-methyl-but-2-enyl]-cyclopent-2-enon, Formel IX (R = $CH(CH_3)_2$) + Spiegelbild, oder **(±)-3,5*t*-Dihydroxy-2-isobutyryl-4*r*-[3-methyl-but-2-enyl]-cyclopent-2-enon,** Formel X (R = $CH(CH_3)_2$) + Spiegelbild; **(±)-*trans*-Cohumulinsäure.**

Konstitution und Konfiguration: *Dierckens, Verzele*, J. Inst. Brewing **75** [1969] 391. Bezüglich der Tautomerie vgl. die Angaben im Artikel (±)-Humulinsäure-A (S. 2767).

B. Beim Erwärmen von (−)-Cohumulon ((2*R*)-2-Hydroxy-6-isobutyryl-2,4-bis-[3-methyl-but-2-enyl]-cyclohexan-1,3,5-trion) mit wss.-äthanol. NaOH (*Howard, Tatchell*, Chem. and Ind. **1953** 436; Soc. **1954** 2400, 2402).

Kristalle (aus Cyclohexan); F: 79–80° (*Ho., Ta.*, Soc. **1954** 2402). IR-Banden (Nujol; 3–11,6 μ): *Ho., Ta.*, Soc. **1954** 2402. λ_{max}: 225 nm und 260 nm [A.], 245 nm und 260 nm [äthanol. Alkalilauge] (*Ho., Ta.*, Chem. and Ind. **1953** 436). Scheinbarer Dissoziationsexponent pK'_a in wss. Äthanol: 3,9 (*Ho., Ta.*, Soc. **1954** 2402).

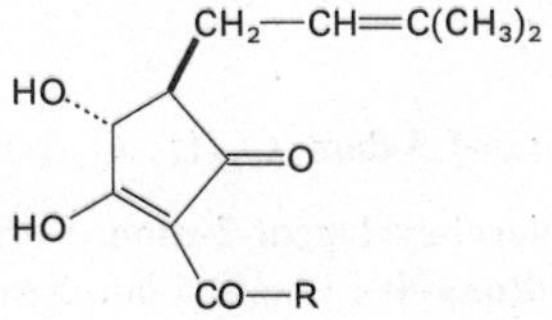

IX 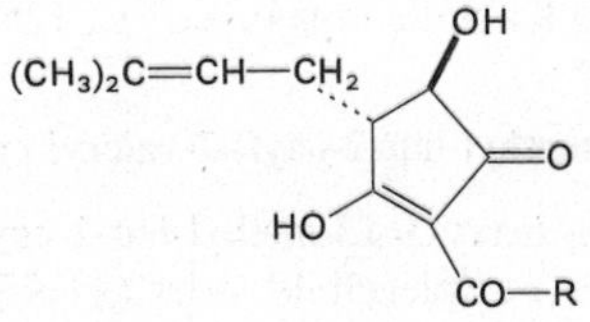 X

***Opt.-inakt. 2,6-Diäthoxy-dodecahydro-anthrachinon** $C_{18}H_{28}O_4$, Formel XI.

B. Beim Hydrieren von opt.-inakt. 2,6-Diäthoxy-1,4,4a,5,8,8a,9a,10a-octahydro-anthrachinon (F: 169–172°) an Palladium/Kohle in Äthanol (*Clarke, Johnson*, Am. Soc. **81** [1959] 5706, 5710).

Kristalle (aus Heptan); F: 177–179° [korr.].

***Opt.-inakt. 1,7-Dihydroxy-tricyclo[6.4.1.1^{2,7}]tetradecan-13,14-dion** $C_{14}H_{20}O_4$, Formel XII.

B. In kleiner Menge beim Behandeln von Cycloheptan-1,2-dion mit 1,1'-Benzyliden-di-piperi= din in Äther (*Leonard et al.*, Am. Soc. **79** [1957] 6436, 6439).

Kristalle (aus Eg. + E.); F: 220–221° [korr.; Zers.].

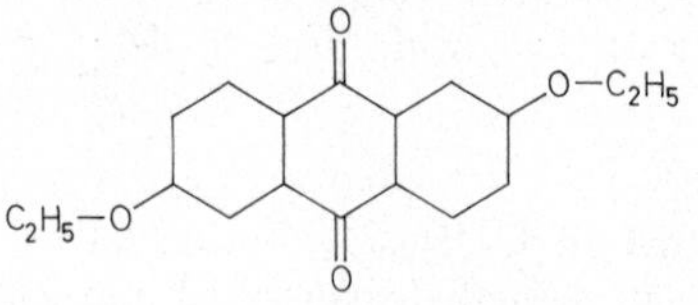

XI 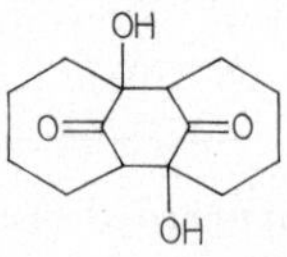 XII 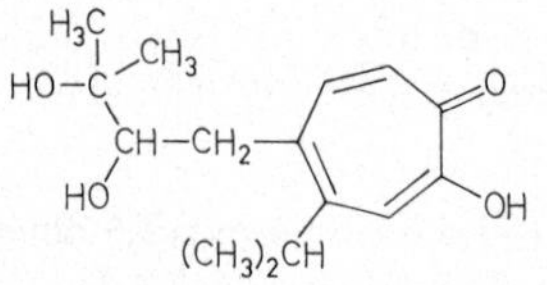 XIII

Hydroxy-oxo-Verbindungen $C_{15}H_{22}O_4$

(±)-5-[2,3-Dihydroxy-3-methyl-butyl]-4-isopropyl-tropolon $C_{15}H_{22}O_4$, Formel XIII und Taut.

B. Beim Erwärmen des Monoformyl-Derivats (s. u.) mit wss. KOH (*Duff et al.*, Acta chem. scand. **8** [1954] 1073, 1077).

F: 118–119° [unkorr.] [lösungsmittelfreies Präparat] bzw. lösungsmittelhaltige Kristalle (aus Acetonitril); F: ca. 82–84° (*Duff et al.*).

Beim Behandeln mit Diazomethan in Äther sind zwei isomere, als 5-[2,3-Dihydroxy-3-methyl-butyl]-4(oder 6)-isopropyl-2-methoxy-cycloheptatrienon zu formulierende Monomethyl-Derivate $C_{16}H_{24}O_4$ (F: 161–162° [unkorr.; aus E.] bzw. F: 129–130° [un= korr.; aus Ae.]) erhalten worden (*Duff et al.*, l. c. S. 1078).

Monoformyl-Derivat $C_{16}H_{22}O_5$. *B.* Beim Erwärmen von Nootkatin (4-Isopropyl-5-[3-methyl-but-2-enyl]-tropolon; S. 955) mit wss. Ameisensäure und wss. H_2O_2 (*Duff et al.*; *di Modica, Rossi,* Ann. Chimica **46** [1956] 842, 845). – Kristalle (aus Me.); F: 170–171° [unkorr.] (*Duff et al.*), 170–171° (*di Mo., Ro.*). λ_{max}: 241 nm und 322 nm (*Duff et al.*).

1-[2,4,6-Trihydroxy-phenyl]-nonan-1-on $C_{15}H_{22}O_4$, Formel XIV.

B. Beim Behandeln von Phloroglucin mit Nonannitril und $ZnCl_2$ in Äther unter Einleiten von HCl und Erhitzen des Reaktionsprodukts mit H_2O bei pH 5 (*Seelkopf,* Arzneimittel-Forsch. **2** [1952] 158, 162).

Kristalle (aus wss. A.); F: 82°.

(±)-2-[1,5-Dimethyl-hexyl]-3,6-dihydroxy-5-methyl-[1,4]benzochinon $C_{15}H_{22}O_4$, Formel XV und Taut. (vgl. E III 3454).

B. Beim Erwärmen von (±)-2-Anilino-6-[1,5-dimethyl-hexyl]-5-hydroxy-3-methyl-[1,4]benzo= chinon mit Essigsäure und wss. H_2SO_4 (*Yamaguchi,* J. pharm. Soc. Japan **62** [1942] 491, 499; C. A. **1951** 3817).

Orangefarbene Kristalle (aus PAe.); F: 126–127°.

4-Hydroxy-5-[3-methyl-but-2-enyl]-2-valeryl-cyclopentan-1,3-dion $C_{15}H_{22}O_4$ und Taut.

(±)-3,4*r*-Dihydroxy-5*t*-[3-methyl-but-2-enyl]-2-valeryl-cyclopent-2-enon, Formel IX (R = $[CH_2]_3$-CH_3) + Spiegelbild, oder **(±)-3,5*t*-Dihydroxy-4*r*-[3-methyl-but-2-enyl]-2-valeryl-cyclopent-2-enon,** Formel X (R = $[CH_2]_3$-CH_3) + Spiegelbild.

Bezüglich der Konfiguration vgl. die analog hergestellte (±)-*trans*-Adhumulinsäure (s. u.); bezüglich der Tautomerie vgl. die Angaben im Artikel (±)-Humulinsäure-A (s. u.).

B. Aus (±)-2-Hydroxy-2,4-bis-[3-methyl-but-2-enyl]-6-valeryl-cyclohexan-1,3,5-trion mit Hilfe von wss. Alkalilauge (*Howard, Tatchell,* Chem. and Ind. **1954** 992).

F: 97–99°.

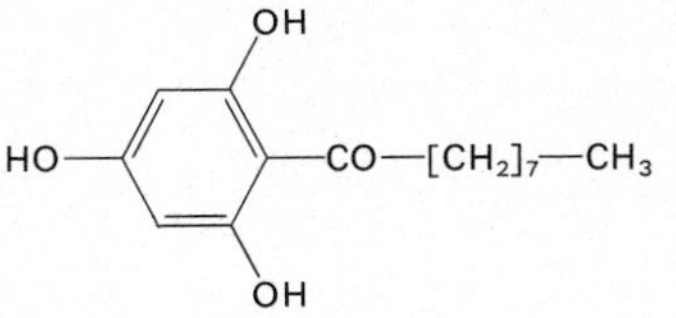

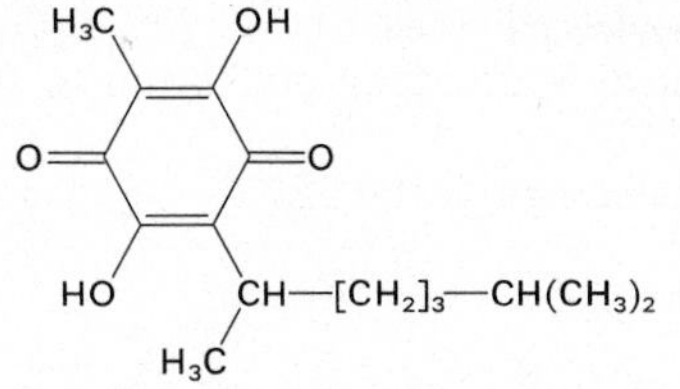

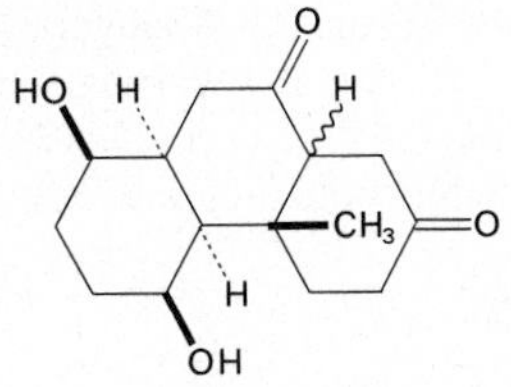

XIV XV XVI

4-Hydroxy-5-[3-methyl-but-2-enyl]-2-[2-methyl-butyryl]-cyclopentan-1,3-dion $C_{15}H_{22}O_4$ und Taut.

(±)-3,4*r*-Dihydroxy-5*t*-[3-methyl-but-2-enyl]-2-[(*Ξ*)-2-methyl-butyryl]-cyclopent-2-enon, Formel IX (R = $CH(CH_3)$-C_2H_5) + Spiegelbild, oder **(±)-3,5*t*-Dihydroxy-4*r*-[3-methyl-but-2-enyl]-2-[(*Ξ*)-2-methyl-butyryl]-cyclopent-2-enon,** Formel X (R = $CH(CH_3)$-C_2H_5) + Spiegelbild; **(±)-*trans*-Adhumulinsäure.**

Konstitution und Konfiguration: *Dierckens, Verzele,* J. Inst. Brewing **75** [1969] 391. Bezüglich der Tautomerie vgl. die Angaben im folgenden Artikel.

B. Beim Erwärmen von (−)-Adhumulon ((2*R*?)-2-Hydroxy-2,4-bis-[3-methyl-but-2-enyl]-6-[(*Ξ*)-2-methyl-butyryl]-cyclohexan-1,3,5-trion) mit wss.-methanol. NaOH (*Rigby, Bethune,* Am. Soc. **77** [1955] 2828). Aus (±)-Adhumulon mit Hilfe von wss. Alkalilauge (*Howard, Tatchell,* Chem. and Ind. **1954** 992).

Kristalle; F: 83–83,2° [aus PAe.] (*Ri., Be.*), 82–83° (*Ho., Ta.*).

4-Hydroxy-2-isovaleryl-5-[3-methyl-but-2-enyl]-cyclopentan-1,3-dion $C_{15}H_{22}O_4$ und Taut.

(±)-3,4*r*-Dihydroxy-2-isovaleryl-5*t*-[3-methyl-but-2-enyl]-cyclopent-2-enon, Formel IX (R = CH_2-$CH(CH_3)_2$) + Spiegelbild, oder **(±)-3,5*t*-Dihydroxy-2-isovaleryl-4*r*-[3-methyl-but-2-enyl]-cyclopent-2-enon,** Formel X (R = CH_2-$CH(CH_3)_2$) + Spiegelbild; **(±)-Humulinsäure-A** (E II 451; E III 3455).

Bezüglich der Tautomerie s. *Laws, Elvidge,* Soc. [C] **1971** 2412, 2414.

B. Beim Erwärmen von (−)-Humulon (E III **8** 4034) mit wss.-methanol. NaOH (*Obata, Horitsu,* Bl. agric. chem. Soc. Japan **23** [1959] 186, 190; vgl. E II 451).

Kristalle (aus wss. Me.); F: 93° (*Ob., Ho.*). UV-Spektrum in Äthanol (200–320 nm): *Riedl, Nickl,* B. **89** [1956] 1838, 1840; in methanol. Alkalilauge (230–400 nm): *Ob., Ho.* λ_{max}: 226 nm und 266 nm [äthanol. Säure], 250 nm [äthanol. Alkalilauge] (*Harris et al.,* Soc. **1952** 1906, 1911). Scheinbarer Dissoziationsexponent pK'_a (H_2O; potentiometrisch ermittelt) bei 25°: 2,35; bei 40°: 2,43 (*Spetsig,* Acta chem. scand. **9** [1955] 1421, 1422). Löslichkeit in wss. Lösungen vom pH 1–4 bei 0°, 25°, 40° und 100°: *Sp.,* l. c. S. 1423.

Monooxim $C_{15}H_{23}NO_4$ (E II 452). Kristalle (aus Me.); F: 150°; λ_{max} (A.): 251 nm und 303 nm (*Ha. et al.*).

(±)-5*c*,8*c*-Dihydroxy-4a-methyl-(4a*r*,4b*t*,8a*t*,10a*ξ*)-dodecahydro-phenanthren-2,10-dion $C_{15}H_{22}O_4$, Formel XVI + Spiegelbild.

B. Beim Erhitzen von (±)-5*c*,8*c*,10*t*(?),10a-Tetrahydroxy-(4a*r*,4b*t*,8a*t*,10a*c*?)-dodecahydro-phenanthren-2-on (F: 233–234°) mit wss. KOH (*Poos et al.,* Am. Soc. **75** [1953] 422, 426).

Kristalle (aus Me.); F: 223–225°.

Hydroxy-oxo-Verbindungen $C_{16}H_{24}O_4$

1-[2,3,4-Trihydroxy-phenyl]-decan-1-on $C_{16}H_{24}O_4$, Formel I (X = H, n = 8).

B. Beim Erhitzen von Pyrogallol mit Decansäure und $ZnCl_2$ auf 145° (*Buu-Hoi,* J. org. Chem. **18** [1953] 1723, 1727).

Kristalle (aus Cyclohexan); F: 78–79°. Kp_{13}: 254–256°.

1-[5-Brom-2,3,4-trihydroxy-phenyl]-decan-1-on $C_{16}H_{23}BrO_4$, Formel I (X = Br, n = 8).

B. Aus der vorangehenden Verbindung und Brom in Essigsäure (*Buu-Hoi,* J. org. Chem. **18** [1953] 1723, 1725, 1728).

Kristalle (aus wss. Me. oder Eg.); F: 86–87°.

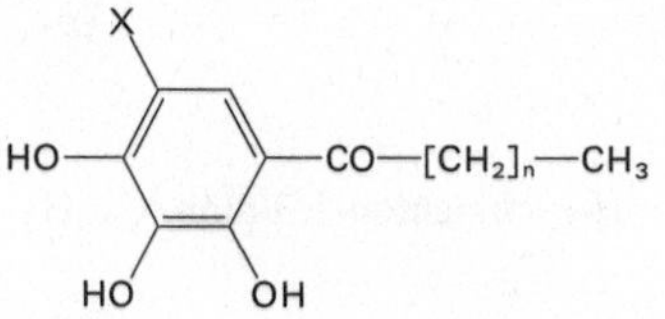

I: Ring mit X, HO, HO, OH; —CO—[CH₂]ₙ—CH₃

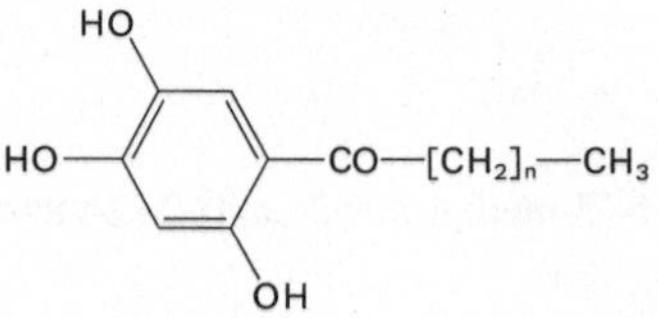

II: Ring mit HO, HO, OH; —CO—[CH₂]ₙ—CH₃

1-[2,4,5-Trihydroxy-phenyl]-decan-1-on $C_{16}H_{24}O_4$, Formel II (n = 8).

B. Aus Benzen-1,2,4-triol und Decanoylchlorid in Nitrobenzol mit Hilfe von $AlCl_3$ (*Eastman Kodak Co.,* U.S.P. 2848345 [1954]).

Kristalle (aus Eg. + H_2O); F: 108–111°.

1-[2,4,6-Trihydroxy-phenyl]-decan-1-on $C_{16}H_{24}O_4$, Formel III (n = 8).

B. Beim Behandeln von Phloroglucin mit Decannitril und $ZnCl_2$ in Äther unter Einleiten von HCl und Erhitzen des Reaktionsprodukts mit H_2O (*Inagaki et al.,* J. pharm. Soc. Japan **76** [1956] 1253; C. A. **1957** 4307).

Kristalle; F: 109–110°.

(*S*)-5-Hydroxy-1-[4-hydroxy-3-methoxy-phenyl]-decan-3-on $C_{17}H_{26}O_4$, Formel IV (R = H).

Diese Verbindung hat als Hauptbestandteil neben höheren Homologen in einem von *Lapworth et al.* (Soc. **111** [1917] 777, 778, 789) als Gingerol bezeichneten, unter Vorbehalt als 5-Hydroxy-1-[4-hydroxy-3-methoxy-phenyl]-undecan-3-on $C_{18}H_{28}O_4$ angesehenen Präparat (gelbliches Öl; im Hochvakuum bei 135–140° [Badtemperatur] destillierbar) vorgelegen (*Connell, Sutherland,* Austral. J. Chem. **22** [1969] 1033, 1036, 1038, 1040).

(*S*)-1-[3,4-Dimethoxy-phenyl]-5-hydroxy-decan-3-on $C_{18}H_{28}O_4$, Formel IV (R = CH_3) (E II 452).

Diese Konstitution und Konfiguration kommt auch der von *Lapworth et al.* (Soc. **111** [1917] 777, 779) als „Methylgingerol" bezeichneten und unter Vorbehalt als 1-[3,4-Dimethoxy-phenyl]-5-hydroxy-undecan-3-on $C_{19}H_{30}O_4$ formulierten Verbindung (F: 64°) zu (*Connell, Sutherland,* Austral. J. Chem. **22** [1969] 1033, 1036).

Die E II 452 gemachte Angabe „*V.* im Ingwer" ist zu streichen (vgl. *Co., Su.,* l. c. S. 1035).

B. Beim Behandeln von sog. „Gingerol" (vgl. die Angaben im vorangehenden Artikel) mit Dimethylsulfat und wss. NaOH (*Co., Su.,* l. c. S. 1041) oder mit Dimethylsulfat und methanol. KOH (*La. et al.*).

Kristalle; F: 65–66° [aus Hexan + Bzl.] (*Co., Su.*), 64° (*La. et al.*). $[\alpha]_D^{21}$: +27,3° [$CHCl_3$; c = 2] (*La. et al.*); $[\alpha]_D^{23}$: +28,4° [$CHCl_3$; c = 2] (*Co., Su.*). ^1H-NMR-Absorption (CCl_4) und IR-Banden (Nujol; 3330–670 cm^{-1}): *Co., Su.* λ_{max} (A.): 282 nm (*Co., Su.*).

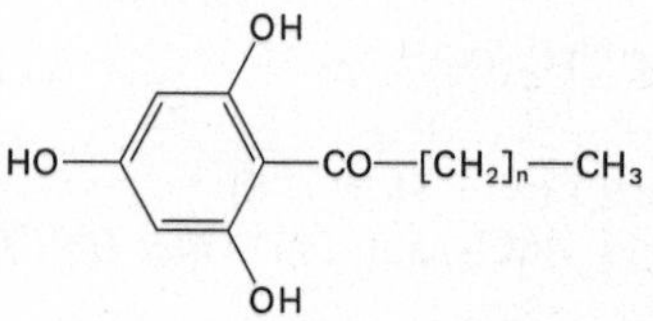

III: Ring mit OH, HO, OH; —CO—[CH₂]ₙ—CH₃

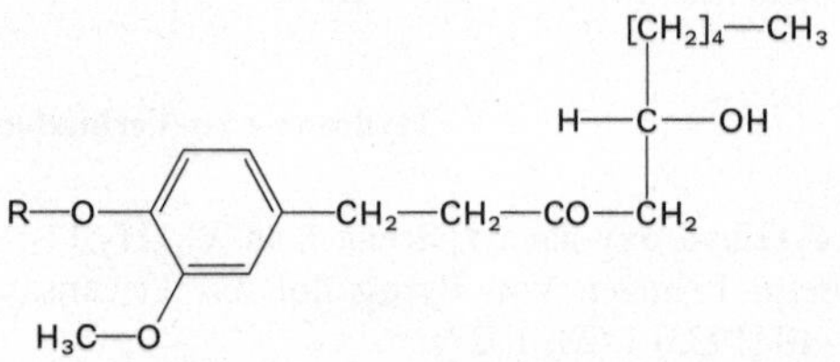

IV: R—O—Ring(H₃C—O)—CH₂—CH₂—CO—CH₂—C(H)(OH)—[CH₂]₄—CH₃

3-Methyl-1-[2,4,6-trihydroxy-3-isopentyl-phenyl]-butan-1-on $C_{16}H_{24}O_4$, Formel V (R = H).

B. Aus 2-Isopentyl-phloroglucin beim Behandeln mit Isovaleronitril und $ZnCl_2$ in Äther unter Einleiten von HCl und Erhitzen des Reaktionsprodukts mit H_2O (*Semonský et al.*, Chem. Listy **47** [1953] 1412; C. A. **1955** 937) bzw. beim Erwärmen mit Isovalerylchlorid und $AlCl_3$ in Nitrobenzol und CS_2 (*Riedl, Leucht,* B. **91** [1958] 2784, 2792). Beim Hydrieren von 3-Methyl-1-[2,4,6-trihydroxy-3-(3-methyl-but-2-enyl)-phenyl]-butan-1-on an Palladium in Essigsäure (*Riedl,* B. **85** [1952] 692, 709).

Kristalle; F: 169–170° [aus Hexan] (*Ri.*), 167–169° [aus Hexan] (*Ri., Le.*), 167–168° [unkorr.; aus Bzl.] (*Se. et al.*).

1-[2-Hydroxy-3-isopentyl-4,6-dimethoxy-phenyl]-3-methyl-butan-1-on $C_{18}H_{28}O_4$, Formel V ($R = CH_3$).

B. Beim Erwärmen der vorangehenden Verbindung mit CH_3I und K_2CO_3 in Aceton (*Riedl, Leucht,* B. **91** [1958] 2784, 2792).

Gelbliche Kristalle (aus Me.); F: 86°.

O—R
R—O— —CO—CH₂—CH(CH₃)₂
(CH₃)₂CH—CH₂—CH₂ OH
V

(CH₃)₂CH—CH₂—CH₂
HO— —CO—CH₂—CH(CH₃)₂
HO OH
VI

3-Methyl-1-[2,3,4-trihydroxy-5-isopentyl-phenyl]-butan-1-on $C_{16}H_{24}O_4$, Formel VI.

B. Beim Erhitzen von 4-Isopentyl-pyrogallol mit Isovaleriansäure und $ZnCl_2$ auf 140° (*David, Imer,* Bl. **1953** 183).

Kristalle (aus PAe.); F: 94°.

Tribenzoyl-Derivat (F: 170°): *Da., Imer.*

(±)-1′-Hydroxy-4,4,5′,5′-tetramethyl-bicyclohexyl-2,6,3′-trion $C_{16}H_{24}O_4$, Formel VII und Taut.

Für die nachstehend beschriebene Verbindung ist auch eine Formulierung als 6-[5,5-Dimethyl-3-oxo-cyclohex-1-enyl]-3,3-dimethyl-5-oxo-hexansäure $C_{16}H_{24}O_4$ in Betracht zu ziehen (vgl. die Angaben im Artikel (±)-1′-Hydroxy-bicyclohexyl-2,6,3′-trion [S. 2762]).

B. Neben grösseren Mengen von sog. „Anhydro-bis-dimedon" (E III **7** 4574) beim Erwärmen von 5,5-Dimethyl-cyclohexan-1,3-dion („Dimedon") mit wss. Phosphatpuffer und wenig Methanol bei pH 6 (*Stetter et al.*, B. **86** [1953] 1308, 1311).

Kristalle; F: 150° [geschlossene Kapillare]. Bei 110° sublimierbar.

Hydroxy-oxo-Verbindungen $C_{17}H_{26}O_4$

1-[2,4,6-Trihydroxy-phenyl]-undecan-1-on $C_{17}H_{26}O_4$, Formel III (n = 9).

B. Beim Behandeln von Phloroglucin mit Undecannitril und $ZnCl_2$ in Äther unter Einleiten von HCl und Erhitzen des Reaktionsprodukts mit H_2O (*Inagaki et al.*, J. pharm. Soc. Japan **76** [1956] 1253; C. A. **1957** 4307).

Kristalle; F: 117–118°.

2,5-Dihydroxy-3-undecyl-[1,4]benzochinon $C_{17}H_{26}O_4$, Formel VIII und Taut.; **Embelin** (E II 452; E III 3457).

Isolierung aus den Wurzeln von Embelia barbeyana: *Paris, Rabenoro,* Ann. pharm. franç. **8** [1950] 380, 384.

Orangefarbene Kristalle; F: 142–143°.

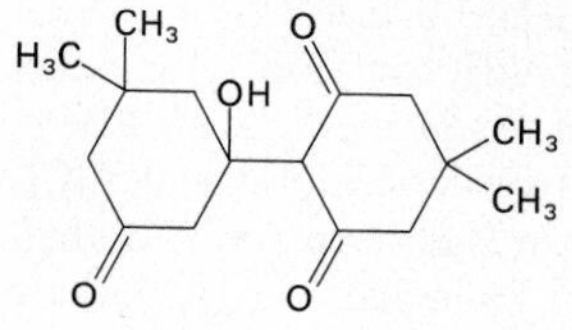

VII 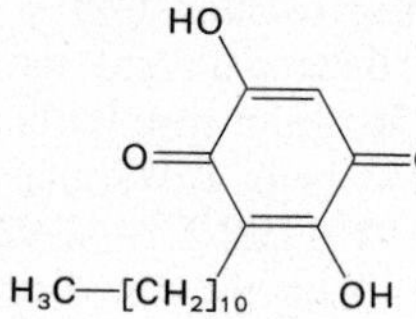 VIII 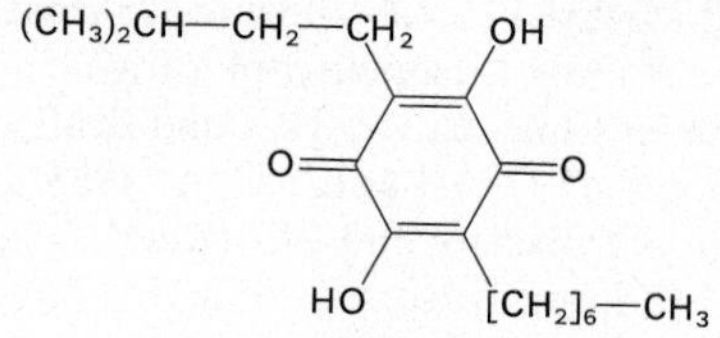 IX

Hydroxy-oxo-Verbindungen $C_{18}H_{28}O_4$

1-[2,3,4-Trihydroxy-phenyl]-dodecan-1-on $C_{18}H_{28}O_4$, Formel I (X = H, n = 10) (E III 3458).
B. Beim Erwärmen von Pyrogallol mit Laurinsäure unter Einleiten von BF_3 (*Buu-Hoi, Séailles,* J. org. Chem. **20** [1955] 606, 607).
F: 78°.

1-[2,4,5-Trihydroxy-phenyl]-dodecan-1-on $C_{18}H_{28}O_4$, Formel II (n = 10).
B. Aus Benzen-1,2,4-triol und Lauroylchlorid in Nitrobenzol mit Hilfe von $AlCl_3$ (*Eastman Kodak Co.,* U.S.P. 2848345 [1954]).
Kristalle (aus Bzl. + Hexan); F: 119–121°.

1-[2,4,6-Trihydroxy-phenyl]-dodecan-1-on $C_{18}H_{28}O_4$, Formel III (n = 10).
B. Beim Behandeln von Phloroglucin mit Laurinnitril und $ZnCl_2$ unter Einleiten von HCl und Erhitzen des Reaktionsprodukts mit H_2O (*Inagaki et al.,* J. pharm. Soc. Japan **76** [1956] 1253; C. A. **1957** 4307).
Kristalle; F: 94–96°.

2-Heptyl-3,6-dihydroxy-5-isopentyl-[1,4]benzochinon $C_{18}H_{28}O_4$, Formel IX.
B. Beim Erwärmen von 2-Anilino-6-heptyl-5-hydroxy-3-isopentyl-[1,4]benzochinon mit H_2SO_4 in Essigsäure (*Cardani et al.,* Rend. Ist. lomb. **91** [1957] 624, 633).
Orangerote Kristalle (aus Hexan); F: 143,5–144,5°.

Hydroxy-oxo-Verbindungen $C_{19}H_{30}O_4$

1-[2,3,4-Trihydroxy-phenyl]-tridecan-1-on $C_{19}H_{30}O_4$, Formel I (X = H, n = 11).
B. Beim Erhitzen von Pyrogallol mit Tridecansäure und $ZnCl_2$ auf 145° (*Buu-Hoi,* J. org. Chem. **18** [1953] 1723, 1727).
Kristalle (aus Eg.); F: 84–85°.

17β-Acetoxy-4β,5-dihydroxy-5α-androstan-3-on $C_{21}H_{32}O_5$, Formel X.
B. Beim Behandeln von 17β-Acetoxy-4α,5-epoxy-5α-androstan-3-on mit H_2SO_4 enthaltendem wss. Aceton (*Camberino et al.,* Am. Soc. **78** [1956] 3540).
F: 213–215°.

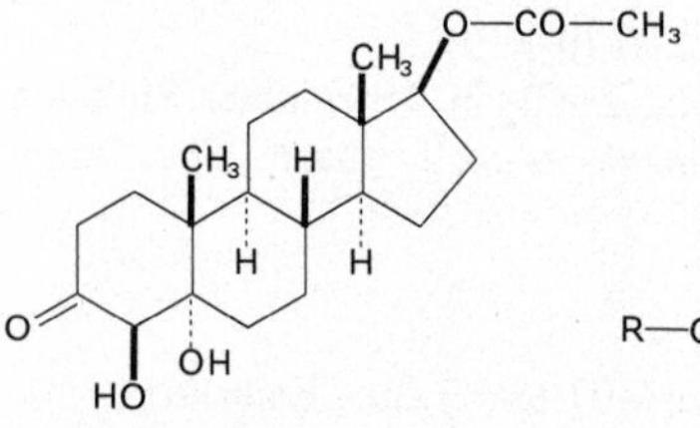

X 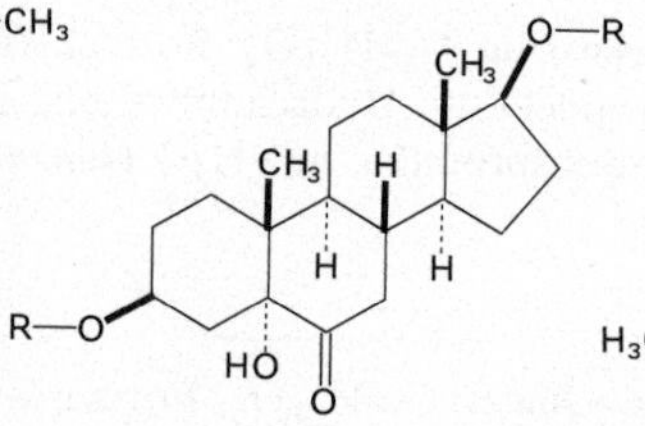 XI 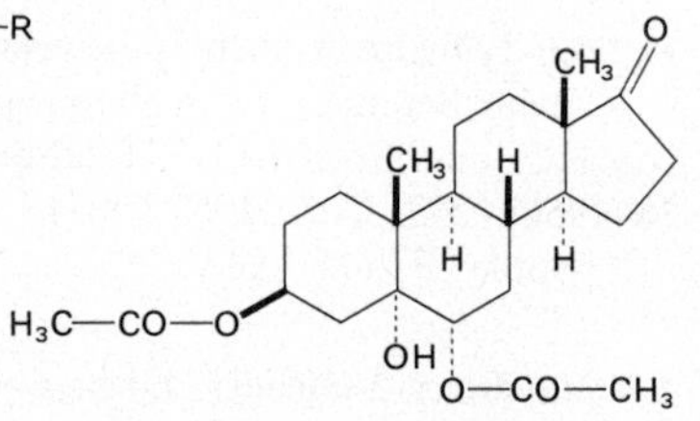 XII

3β,5,17β-Trihydroxy-5α(?)-androstan-6-on $C_{19}H_{30}O_4$, vermutlich Formel XI (R = H).
B. Beim Erwärmen von 3β-Acetoxy-17β-benzoyloxy-5-hydroxy-5α-androstan-6-on oder von

3β-Acetoxy-17β-benzoyloxy-5-hydroxy-5β-androstan-6-on mit methanol. KOH (*Rull, Ourisson,* Bl. **1958** 1581, 1584).

Kristalle (aus Me.); F: 267–269° [korr.]. $[\alpha]_{578}$: −59° [A.; c = 1]. λ_{max} (A.): 297–298 nm.

3β,17β-Diacetoxy-5-hydroxy-5α-androstan-6-on $C_{23}H_{34}O_6$, Formel XI (R = CO-CH_3).

B. Neben grösseren Mengen 3β,17β-Diacetoxy-androst-5-en-7-on beim Erwärmen von 3β,17β-Diacetoxy-androst-5-en in CCl_4 mit Chrom-di-*tert*-butylat-dioxid, Essigsäure und Acetanhydrid (*Heusler, Wettstein,* Helv. **35** [1952] 290).

Kristalle (aus Bzl.+PAe.); F: 232,5–234° [unkorr.]. $[\alpha]_D^{19}$: −62° [$CHCl_3$; c = 1,5].

3β,6α-Diacetoxy-5-hydroxy-5α-androstan-17-on $C_{23}H_{34}O_6$, Formel XII (E III 3463).

B. Beim Behandeln von 3β-Acetoxy-20-cyan-pregna-5,17(20)ξ-dien-21-säure-äthylester (F: 182–184°; $[\alpha]_D^{27}$: −39,4° [$CHCl_3$]) in Äther mit OsO_4 und anschliessend mit Pyridin, Erwärmen des Reaktionsprodukts mit Na_2SO_3 in wss. Äthanol und Acetylieren des danach erhaltenen Reaktionsprodukts (*Patel et al.,* Soc. **1952** 161, 164).

Kristalle; F: 242–245° [unkorr.]. $[\alpha]_D^{24}$: +57,7° [$CHCl_3$; c = 2].

3β-Acetoxy-5,14-dihydroxy-5α,14β-androstan-17-on $C_{21}H_{32}O_5$, Formel XIII (R = H).

Konstitution und Konfiguration: *Jovanović, Spiteller,* A. **1973** 387, 388, 390.

B. In kleiner Menge neben der folgenden Verbindung, 3β-Acetoxy-5-hydroxy-5α-androstan-17-on und 3β-Acetoxy-5α-androstan-6,17-dion beim Behandeln von 3β-Acetoxy-5α-androstan-17-on mit CrO_3 in Essigsäure (*MacPhillamy, Scholz,* Am. Soc. **74** [1952] 5512; s. a. *Jo., Sp.,* l. c. S. 391).

Kristalle [aus Me.] (*Jo., Sp.*). F: 251–252° [unkorr.] (*MacP., Sch.*; *Jo., Sp.*). $[\alpha]_D^{23}$: +38° [$CHCl_3$] (*MacP., Sch.*). ^{1}H-NMR-Absorption ($CDCl_3$): *Jo., Sp.*

Massenspektrum: *Jo., Sp.*

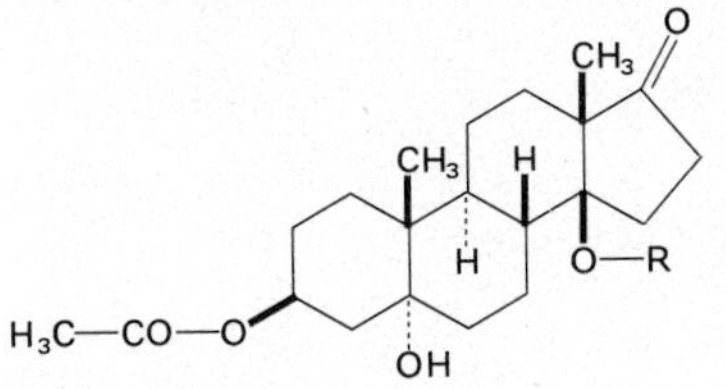

XIII

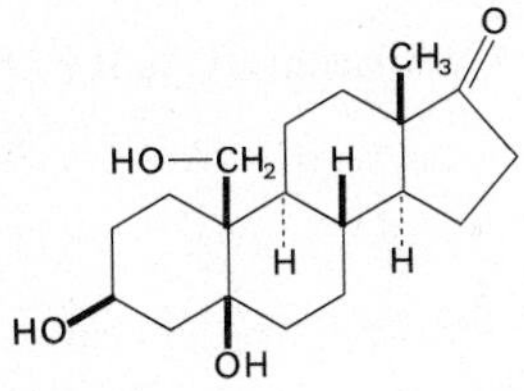

XIV

3β,14-Diacetoxy-5-hydroxy-5α,14β-androstan-17-on $C_{23}H_{34}O_6$, Formel XIII (R = CO-CH_3).

Konstitution und Konfiguration: *Jovanović, Spiteller,* A. **1973** 387, 390.

B. s. im vorangehenden Artikel.

Kristalle [aus A.] (*Jo., Sp.,* l. c. S. 391). F: 234–235° [unkorr.] (*MacPhillamy, Scholz,* Am. Soc. **74** [1952] 5512; *Jo., Sp.*). $[\alpha]_D^{23}$: +4° [$CHCl_3$] (*MacP., Sch.*). ^{1}H-NMR-Spektrum ($CDCl_3$) und IR-Banden (3500–1700 cm^{-1}): *Jo., Sp.*

Massenspektrum: *Jo., Sp.*

3β,5,19-Trihydroxy-5β-androstan-17-on $C_{19}H_{30}O_4$, Formel XIV.

B. Beim Behandeln von 5β-Androstan-3β,5,17β,19-tetraol mit *N*-Brom-acetamid in wss. *tert*-Butylalkohol (*Ehrenstein, Dünnenberger,* J. org. Chem. **21** [1956] 774, 782).

Kristalle (aus CH_2Cl_2+Hexan); F: 208–210°; $[\alpha]_D^{21,5}$: +108° [$CHCl_3$; c = 0,4] (*Eh., Dü.*). IR-Spektrum ($CHCl_3$; 1800–830 cm^{-1}): *G. Roberts, B.S. Gallagher, R.N. Jones,* Infrared Absorption Spectra of Steroids, Bd. 2 [New York 1958] Nr. 500.

O^3,O^{19}-Diacetyl-Derivat $C_{23}H_{34}O_6$; 3β,19-Diacetoxy-5-hydroxy-5α-androstan-17-on. Kristalle (aus CH_2Cl_2+Hexan); F: 180–182°; $[\alpha]_D^{21,5}$: +89° [$CHCl_3$; c = 0,4] (*Eh., Dü.*). IR-Spektrum (CCl_4; 1800–1600 cm^{-1} und 1500–1300 cm^{-1} bzw. CS_2; 1400–650 cm^{-1}): *G. Roberts, B.S. Gallagher, R.N. Jones,* Infrared Absorption Spectra of Steroids, Bd. 2 [New York 1958] Nr. 501.

Hydroxy-oxo-Verbindungen $C_{20}H_{32}O_4$

2-Methyl-1-[2,4,6-trihydroxy-3,5-diisopentyl-phenyl]-propan-1-on $C_{20}H_{32}O_4$, Formel XV.
B. Beim Hydrieren von Colupulon (4-Isobutyryl-2,2,6-tris-[3-methyl-but-2-enyl]-cyclohexan-1,3,5-trion; E IV **7** 2866) an Palladium in Methanol (*Howard et al.*, Soc. **1955** 174, 177).
Tribenzoyl-Derivat (F: 133°): *Ho. et al.*

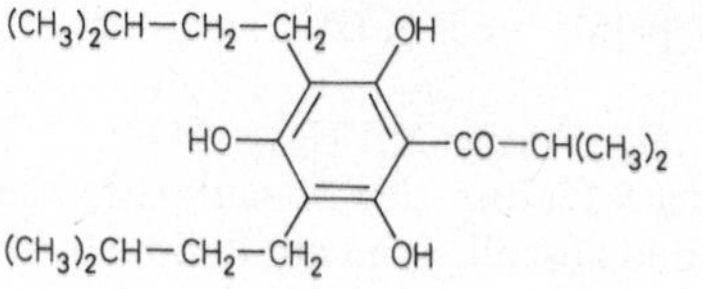

XV 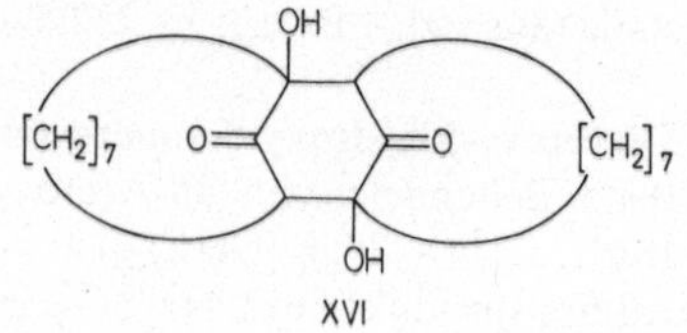 XVI

***Opt.-inakt. 1,10-Dihydroxy-tricyclo[9.7.1.1^{2,10}]eicosan-19,20-dion** $C_{20}H_{32}O_4$, Formel XVI.
B. Beim Behandeln von Cyclodecan-1,2-dion mit Natriummethylat in Methanol (*Raphael, Scott*, Soc. **1952** 4566, 4568). Neben Cyclodecan-1,2-dion (Hauptprodukt) beim Erhitzen von (±)-2-Hydroxy-cyclodecan-1-on mit Kupfer(II)-acetat in wss. Essigsäure (*Braude, Gofton*, Soc. **1957** 4720, 4722).
Kristalle; F: 255° [aus Toluol] (*Ra., Sc.*; *Br., Go.*), 245–245,5° [korr.; aus Eg.+E.] (*Leonard et al.*, Am. Soc. **79** [1957] 6436, 6440). [*Herbst*]

Hydroxy-oxo-Verbindungen $C_{21}H_{34}O_4$

1-[2,3,4-Trihydroxy-phenyl]-pentadecan-1-on $C_{21}H_{34}O_4$, Formel I (X = H).
B. Aus Pyrogallol und Pentadecansäure mit Hilfe von $ZnCl_2$ (*Buu-Hoi*, J. org. Chem. **18** [1953] 1723, 1727).
Kristalle (aus Cyclohexan+PAe.); F: 87–88°.

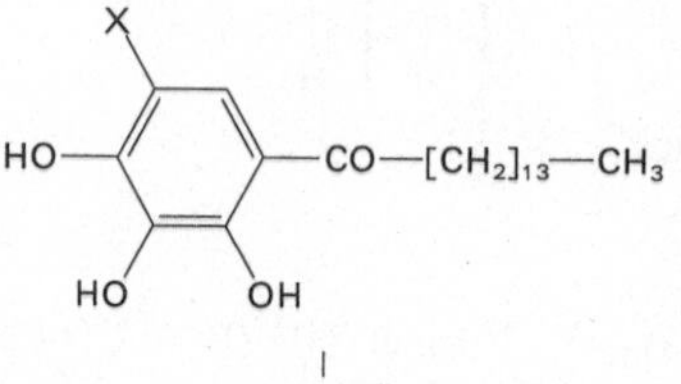

I 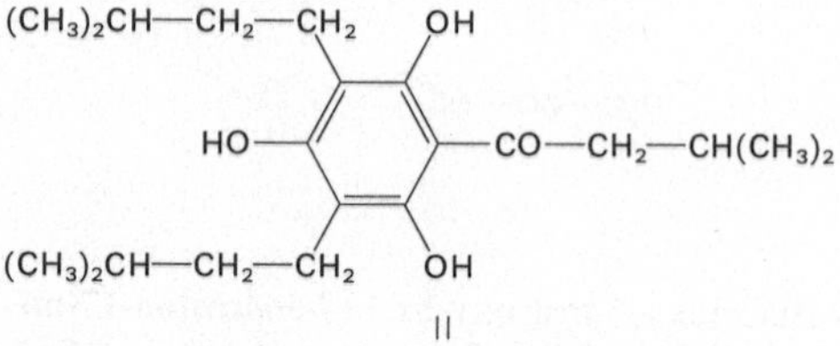 II

1-[5-Brom-2,3,4-trihydroxy-phenyl]-pentadecan-1-on $C_{21}H_{33}BrO_4$, Formel I (X = Br).
B. Aus 1-[2,3,4-Trihydroxy-phenyl]-pentadecan-1-on und Brom in Essigsäure (*Buu-Hoi*, J. org. Chem. **18** [1953] 1723, 1725, 1728).
Kristalle (aus wss. Me.); F: 89–90°.

1-[2,4,6-Trihydroxy-3,5-diisopentyl-phenyl]-3-methyl-butan-1-on $C_{21}H_{34}O_4$, Formel II (E II 454).
B. Aus 1-[2,4,6-Trihydroxy-3,5-bis-(3-methyl-but-2-enyl)-phenyl]-3-methyl-butan-1-on bei der Hydrierung an Palladium in Methanol (*Riedl, Hübner*, B. **90** [1957] 2870, 2875).

3β,16β,17aβ-Trihydroxy-17aα-methyl-*D*-homo-5α-androstan-17-on $C_{21}H_{34}O_4$, Formel III.
B. Aus 3β-Acetoxy-5α-pregn-16-en-20-on bei der aufeinanderfolgenden Umsetzung mit OsO_4 und mit wss.-äthanol. Na_2SO_3 (*Cooley et al.*, Soc. **1955** 4377, 4382).
Kristalle (aus wss. Me.); F: 260–262°. $[\alpha]_D^{22}$: +23° [$CHCl_3$; c = 0,7].
Triacetyl-Derivat $C_{27}H_{40}O_7$; 3β,16β,17aβ-Triacetoxy-17aα-methyl-*D*-homo-5α-androstan-17-on. Kristalle (aus wss. Me.); F: 172–174°. $[\alpha]_D^{21}$: +35° [$CHCl_3$; c = 0,9].

11β-Acetoxy-3α,17aα-dihydroxy-17aβ-methyl-*D*-homo-5β-androstan-17-on $C_{23}H_{36}O_5$, Formel IV (R = R' = H).

B. Aus 3α,11β,17aα-Triacetoxy-17aβ-methyl-*D*-homo-5β-androstan-17-on mit Hilfe von methanol. K_2CO_3 (*Oliveto et al.*, Am. Soc. **79** [1957] 3594).

Kristalle (aus Ae.+Hexan); F: 173–174° [korr.]. $[\alpha]_D^{25}$: +32,5° [$CHCl_3$; c = 1].

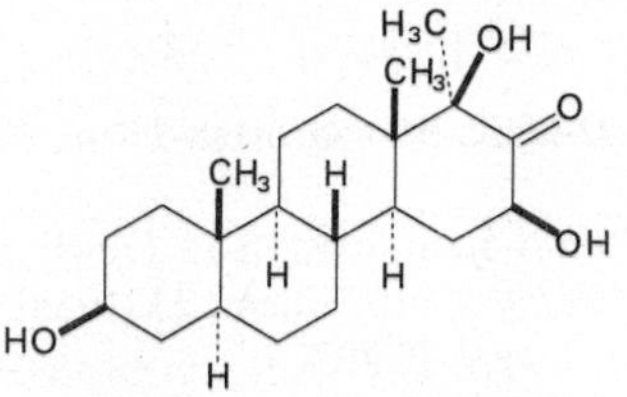

III

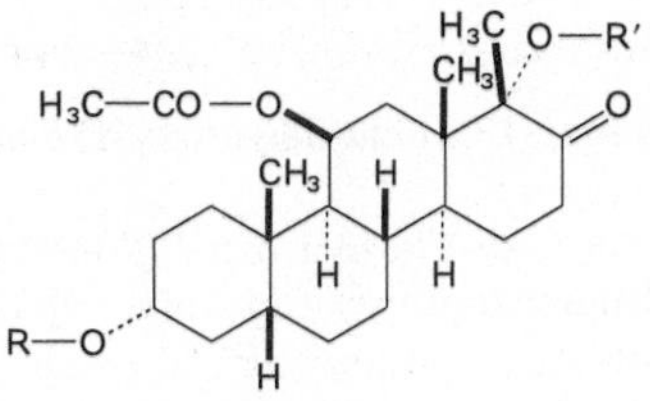

IV

3α,11β-Diacetoxy-17aα-hydroxy-17aβ-methyl-*D*-homo-5β-androstan-17-on $C_{25}H_{38}O_6$, Formel IV (R = CO-CH_3, R' = H).

B. Aus der vorangehenden Verbindung und Acetanhydrid in Pyridin (*Oliveto et al.*, Am. Soc. **79** [1957] 3594).

Kristalle (aus Ae.+Pentan); F: 197–201° [korr.]. $[\alpha]_D^{25}$: +54,2° [$CHCl_3$; c = 1].

3α,11β,17aα-Triacetoxy-17aβ-methyl-*D*-homo-5β-androstan-17-on $C_{27}H_{40}O_7$, Formel IV (R = R' = CO-CH_3).

B. Aus 3α,11β,17-Trihydroxy-5β-pregnan-20-on und Acetanhydrid oder aus 11β-Acetoxy-3α,17-dihydroxy-5β-pregnan-20-on und Acetanhydrid mit Hilfe von Äther-BF_3 (*Oliveto et al.*, Am. Soc. **79** [1957] 3594).

Kristalle (aus Me.); F: 267–268° [korr.]. $[\alpha]_D^{25}$: 0° [$CHCl_3$; c = 1].

3α,11α,17α-Triacetoxy-17β-methyl-*D*-homo-5β-androstan-17a-on $C_{27}H_{40}O_7$, Formel V.

B. Aus 3α,11α-Diacetoxy-17-hydroxy-5β-pregnan-20-on beim Erhitzen mit Acetanhydrid oder beim Behandeln mit Acetanhydrid und Äther-BF_3 in Essigsäure (*Oliveto et al.*, Am. Soc. **79** [1957] 3594).

Kristalle (aus Hexan); F: 186–189° [korr.]. $[\alpha]_D^{25}$: +19,9° [$CHCl_3$; c = 1].

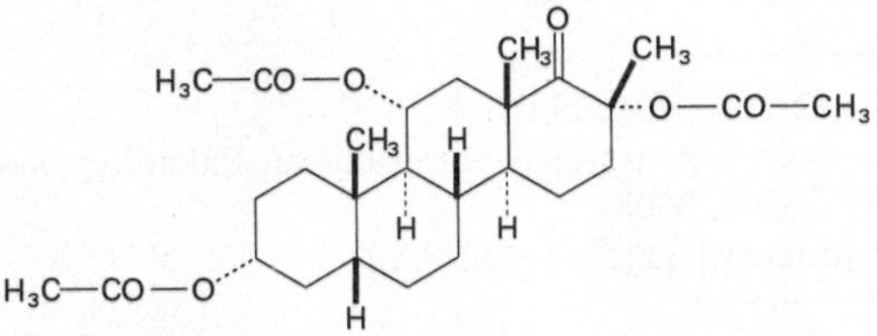

V

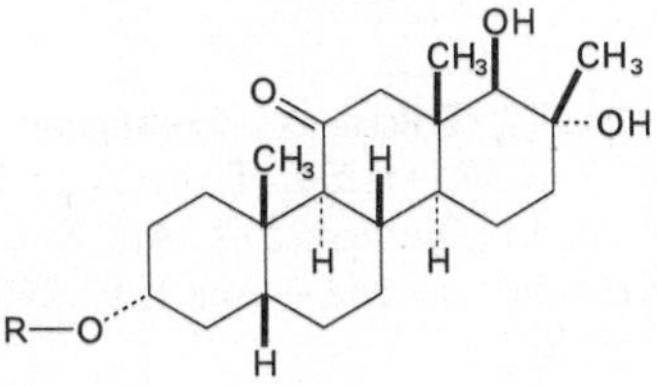

VI

3,17,17a-Trihydroxy-17-methyl-*D*-homo-androstan-11-one $C_{21}H_{34}O_4$.

a) **3α,17α,17aβ-Trihydroxy-17β-methyl-*D*-homo-5β-androstan-11-on,** Formel VI (R = H).

B. Aus 3α-Acetoxy-17α-hydroxy-17β-methyl-*D*-homo-5β-androstan-11,17a-dion beim Behandeln mit Benzaldehyd und wss.-äthanol. KOH (*Wendler, Taub,* J. org. Chem. **23** [1958] 953, 956).

Kristalle (aus E.); F: 250–252°. $[\alpha]_D$: +55,3° [Acn.].

b) **3α,17α,17aα-Trihydroxy-17β-methyl-*D*-homo-5β-androstan-11-on,** Formel VII (R = H).

B. Aus 3α,17-Dihydroxy-5β-pregnan-11,20-dion beim Erhitzen mit Aluminiumisopropylat in Isopropylalkohol, Toluol und Dioxan (*Wendler, Taub,* J. org. Chem. **23** [1958] 953, 956).

Kristalle (aus Acn.+Hexan); F: 220–225°.

3-Acetoxy-17,17a-dihydroxy-17-methyl-*D*-homo-androstan-11-one $C_{23}H_{36}O_5$.

a) **3α-Acetoxy-17α,17aβ-dihydroxy-17β-methyl-*D*-homo-5β-androstan-11-on,** Formel VI (R = CO-CH_3).

B. Neben dem unter b) beschriebenen Stereoisomeren aus 3α-Acetoxy-17α-hydroxy-17β-methyl-*D*-homo-5β-androstan-11,17a-dion mit Hilfe von Raney-Nickel in Äthanol (*Wendler, Taub,* J. org. Chem. **23** [1958] 953, 956).

Kristalle (aus Acn. + Hexan); F: 244–246°. $[\alpha]_D$: +75° [$CHCl_3$].

b) **3α-Acetoxy-17α,17aα-dihydroxy-17β-methyl-*D*-homo-5β-androstan-11-on,** Formel VII (R = CO-CH_3).

B. Aus 3α-Acetoxy-17α-hydroxy-17β-methyl-*D*-homo-5β-androstan-11,17a-dion beim Erhitzen mit Aluminiumisopropylat in Toluol (*Wendler, Taub,* J. org. Chem. **23** [1958] 953, 956).

Kristalle (aus Acn. + Hexan); F: 213–215°. $[\alpha]_D$: +71,9° [$CHCl_3$].

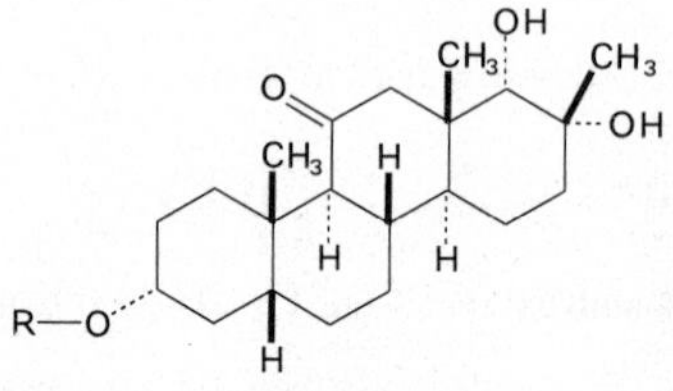

VII 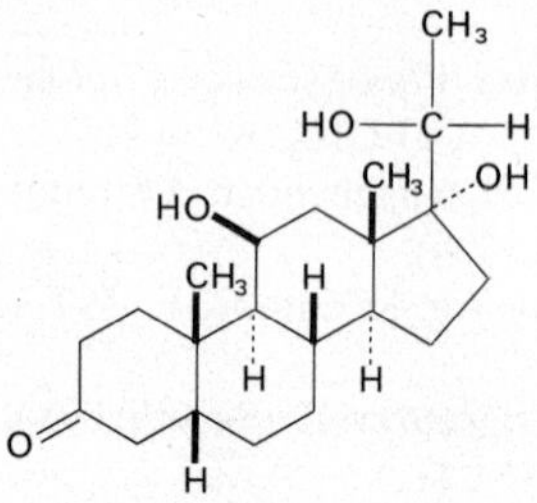 VIII

11β,17,20β$_F$-Trihydroxy-5β-pregnan-3-on $C_{21}H_{34}O_4$, Formel VIII.

B. Aus 11β,17-Dihydroxy-3,3-dimethoxy-5β-pregnan-20-on (*Oliveto et al.,* Am. Soc. **76** [1954] 6113, 6115) oder aus 3,3-Äthandiyldioxy-11β,17-dihydroxy-5β-pregnan-20-on bei der aufeinanderfolgenden Umsetzung mit $NaBH_4$ und mit wss. Essigsäure (*Oliveto et al.,* Am. Soc. **77** [1955] 2224, 2226).

Kristalle (aus Acn. + Hexan); F: 164,8–166,2° [korr.] (*Ol. et al.,* Am. Soc. **77** 2226).

O^{20}-Acetyl-Derivat $C_{23}H_{36}O_5$; 20β$_F$-Acetoxy-11β,17-dihydroxy-5β-pregnan-3-on. F: 262–264° [korr.] (*Ol. et al.,* Am. Soc. **77** 2227). F: 250–252° [aus Acn.]; $[\alpha]_D^{28}$: +63° [$CHCl_3$; c = 1] (*Ol. et al.,* Am. Soc. **76** 6115). IR-Spektrum ($CHCl_3$; 1800–800 cm^{-1}): *G. Roberts, B.S. Gallagher, R.N. Jones,* Infrared Absorption Spectra of Steroids, Bd. 2 [New York 1958] Nr. 505.

3β,11α,20β$_F$-Trihydroxy-5α-pregnan-7-on $C_{21}H_{34}O_4$, Formel IX.

B. Aus 3β,11α,20β$_F$-Trihydroxy-5α-pregn-8-en-7-on durch Hydrierung an Palladium/Kohle in Äthanol (*Djerassi et al.,* Am. Soc. **75** [1953] 3505, 3508).

Kristalle (aus Me. + Acn.); F: 246–248° [unkorr.]. $[\alpha]_D^{20}$: −112° [A.].

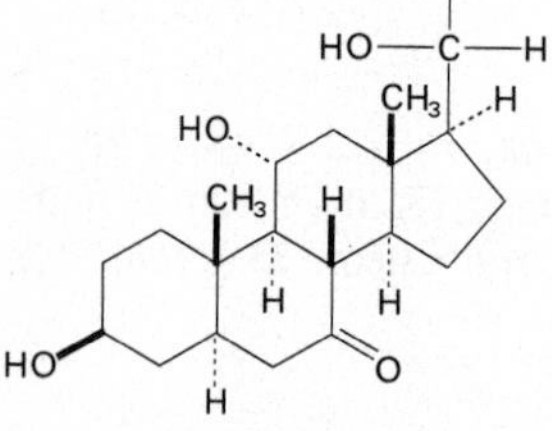

IX 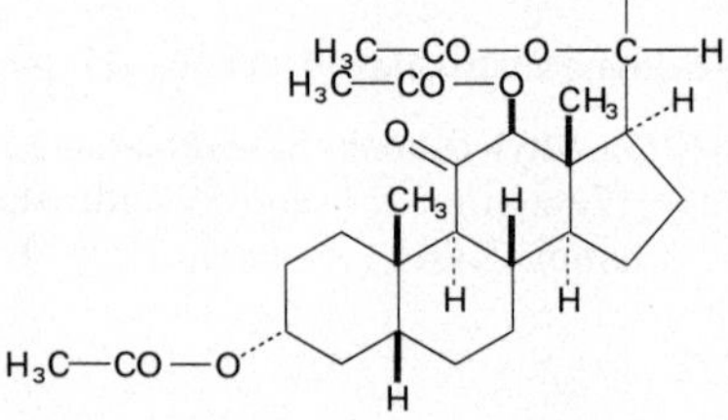 X 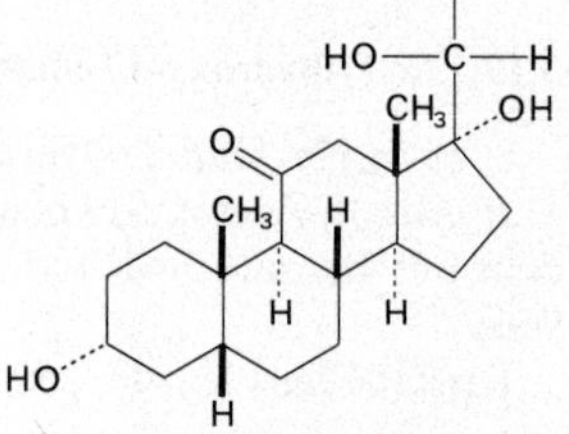 XI

3α,12β,20β$_F$-Triacetoxy-5β-pregnan-11-on $C_{27}H_{40}O_7$, Formel X.

B. Aus 3α,20β$_F$-Bis-[3-methoxycarbonyl-propionyloxy]-5β-pregnan-12-on bei der aufeinander folgenden Umsetzung mit Brom, mit wss.-äthanol. KOH und mit Acetanhydrid (*Engel, Huculac*, Canad. J. Chem. **37** [1959] 2031, 2037).

Kristalle; F: 179–180,5°. $[\alpha]_D^{22}$: +49° [$CHCl_3$]. λ_{max} (A.): 293 nm.

3,17,20-Trihydroxy-pregnan-11-one $C_{21}H_{34}O_4$.

a) **3α,17,20β_F-Trihydroxy-5β-pregnan-11-on,** Formel XI (E III 3467).

B. Neben kleinen Mengen des unter b) beschriebenen Stereoisomeren aus 3α,17-Dihydroxy-5β-pregnan-11,20-dion beim Hydrieren an Platin in Essigsäure oder beim Behandeln mit $LiBH_4$ oder $NaBH_4$ in Methanol (*Fukushima, Meyer*, J. org. Chem. **23** [1958] 174, 178).

Kristalle; F: 222–226° [korr.; aus Bzl.] (*Fu., Me.*). F: 178–180° und F: 217–218° [korr.; aus Acn. + Ae.] (*Finkelstein et al.*, Helv. **36** [1953] 1266, 1275). $[\alpha]_D^{23}$: +31,4° [Me.; c = 0,9]; $[\alpha]_D^{24}$: +39,2° [$CHCl_3$]; c = 1 (*Fi. et al.*).

Oxim $C_{21}H_{35}NO_4$. F: 272,4–273,4°; $[\alpha]_D$: +55,4° [Dioxan] (*Hershberg et al.*, Chem. and Ind. **1958** 1477). – Triacetyl-Derivat $C_{27}H_{41}NO_7$; 3α,17,20β_F-Triacetoxy-5β-pregnan-11-on-oxim. *B.* Aus 3α,17,20β_F-Trihydroxy-5β-pregnan-11-on-oxim und Acetanhydrid in Pyridin (*Hersh. et al.*). Kristalle; F: 217,2–218,0°; $[\alpha]_D$: +81,5° [Dioxan] (*Hersh. et al.*).

Diacetyl-Derivat $C_{25}H_{38}O_6$; 3α,20β_F-Diacetoxy-17-hydroxy-5β-pregnan-11-on (E III 3468). *B.* Neben kleinen Mengen des unter b) beschriebenen Diacetyl-Derivats aus 3α-Acetoxy-17-hydroxy-5β-pregnan-11,20-dion bei der Hydrierung an Platin und anschliessenden Acetylierung (*Fi. et al.*). – Kristalle; F: 244–246° [korr.; aus Acn.] (*Fi. et al.*), 243–245,5° [korr.; aus Me.] (*Fu., Me.*, l. c. S. 179). $[\alpha]_D^{26}$: +72,1° [$CHCl_3$] (*Fu., Me.*); $[\alpha]_D^{24}$: +71,9° [$CHCl_3$; c = 1], +71,6° [Acn.; c = 1] (*Fi. et al.*).

Triacetyl-Derivat $C_{27}H_{40}O_7$; 3α,17,20β_F-Triacetoxy-5β-pregnan-11-on. Kristalle (aus Ae. + Hexan); F: 99–105° [Zers.]; $[\alpha]_D^{25}$: +50° [Dioxan] (*Herzog et al.*, J. org. Chem. **22** [1957] 1413, 1417).

b) **3α,17,20α_F-Trihydroxy-5β-pregnan-11-on,** Formel XII (E III 3466).

B. s. unter a).

Kristalle; F: 192–193° und F: 208–210° [korr.; aus Acn. + Ae.] (*Finkelstein et al.*, Helv. **36** [1953] 1266, 1277). F: 193,5–194,5° [korr.] und (nach längerem Aufbewahren) F: 203,5–206° [korr.; aus Acn.] (*Fukushima, Meyer*, J. org. Chem. **23** [1958] 174, 178). $[\alpha]_D^{23}$: +20° [Acn.; c = 0,9] (*Fi. et al.*).

O^3,O^{20}-Diacetyl-Derivat $C_{25}H_{28}O_6$; 3α,20α_F-Diacetoxy-17-hydroxy-5β-pregnan-11-on (E III 3468). F: 225–227° [korr.; aus Me.] (*Fu., Me.*), 223–226° [korr.; aus Acn. + Ae.] (*Fi. et al.*). $[\alpha]_D^{23}$: +22,7° [Acn.; c = 1,8], +27,9° [$CHCl_3$; c = 1,2] (*Fi. et al.*); $[\alpha]_D^{27}$: +32,2° [$CHCl_3$] (*Fu., Me.*). IR-Spektrum (CCl_4 und CS_2; 1800–650 cm^{-1}): *G. Roberts, B.S. Gallagher, R.N. Jones*, Infrared Absorption Spectra of Steroids, Bd. 2 [New York 1958] Nr. 506.

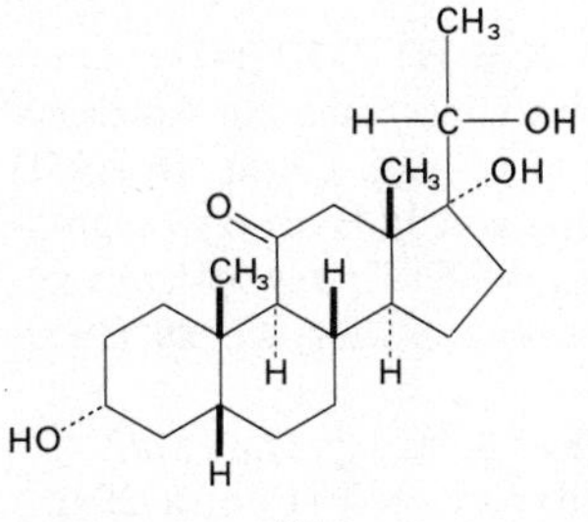

XII 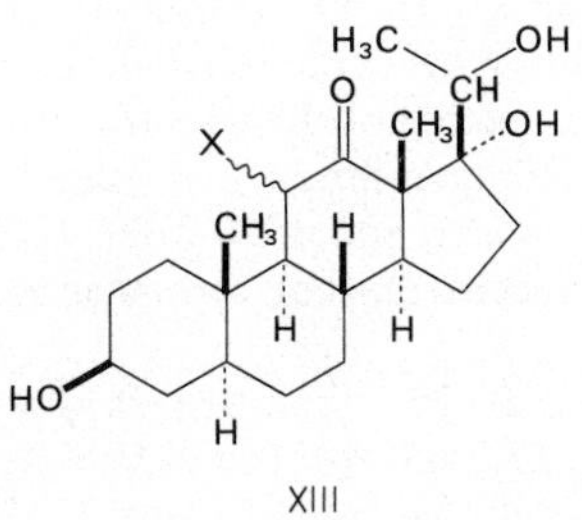 XIII 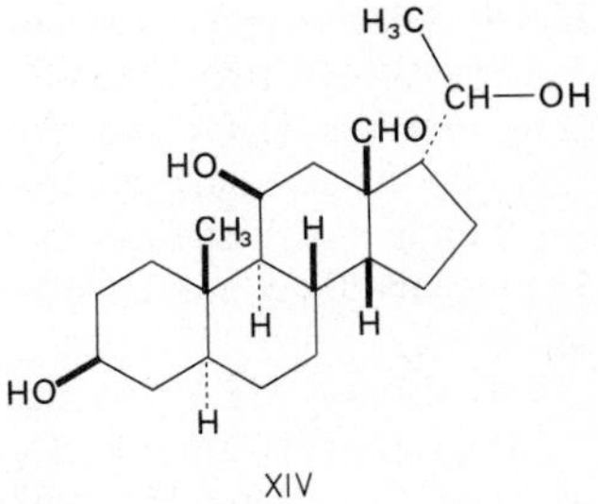 XIV

3β,17,20ξ-Trihydroxy-5α-pregnan-12-on $C_{21}H_{34}O_4$, Formel XIII (X = H).

B. Aus 12,12-Äthandiyldioxy-5α-pregnan-3β,17,20ξ-triol (E III/IV **19** 1229) beim Erhitzen mit wss. Essigsäure (*Adams et al.*, Soc. **1954** 2298, 2300).

Kristalle (aus Acn.); F: 222–224°. $[\alpha]_D^{25}$: +54° [$CHCl_3$; c = 0,5].

*O*³,*O*²⁰-Diacetyl-Derivat $C_{25}H_{38}O_6$; 3β,20ξ-Diacetoxy-17-hydroxy-5α-pregnan-12-on. Kristalle; F: 149–150°. $[\alpha]_D^{27}$: +56° [$CHCl_3$; c = 0,5].

11ξ-Brom-3β,17,20ξ-trihydroxy-5α-pregnan-12-on $C_{21}H_{33}BrO_4$, Formel XIII (X = Br).

B. Aus 3β,17,20ξ-Trihydroxy-5α-pregnan-12-on (s. o.) und Brom (*Adams et al.*, Soc. **1954** 2298, 2300).

Kristalle (aus $CHCl_3$+Ae.); F: 158–159°. $[\alpha]_D^{24}$: −42° [$CHCl_3$; c = 0,4].

3β,11β,20ξ-Trihydroxy-5α,14β,17β*H*-pregnan-18-al $C_{21}H_{34}O_4$, Formel XIV und Taut. (11β,18-Epoxy-3β,20ξ-dihydroxy-5α,14β,17β*H*-pregnan-3β,18,20ξ-triol).

B. Aus 18-[(Ξ)-Benzyliden]-5α,14β,17β*H*-pregnan-3β,11β,20ξ-triol (E IV **6** 7600) bei der Ozonolyse (*Barton et al.*, Soc. **1957** 2698, 2703).

Kristalle (aus $CHCl_3$); F: 208–210°. $[\alpha]_D$: +106° [Me.; c = 1,3].

2α,3β,15β-Trihydroxy-5α-pregnan-20-on $C_{21}H_{34}O_4$, Formel I.

B. Aus 2α,3β,15β-Triacetoxy-5α-pregn-16-en-20-on beim Hydrieren an Palladium/Kohle in Äthylacetat und Behandeln des Reaktionsprodukts mit methanol. KOH (*Djerassi et al.*, Am. Soc. **78** [1956] 3166, 3171).

Dimorph(?); Kristalle (aus Acn.); F: 268–270° und F: 239–242° [unkorr.; evakuierte Kapillare]. $[\alpha]_D$: +65° [$CHCl_3$].

Triacetyl-Derivat $C_{27}H_{40}O_7$; 2α,3β,15β-Triacetoxy-5α-pregnan-20-on. Kristalle (aus Me.); F: 253–254° [unkorr.; evakuierte Kapillare]. $[\alpha]_D$: −16° [$CHCl_3$].

3β,4β,5-Trihydroxy-5α-pregnan-20-on $C_{21}H_{34}O_4$, Formel II.

B. Aus 4α,5-Epoxy-5α-pregnan-3,20-dion mit Hilfe von Saccharomyces cerevisiae (*Camerino, Sciaky*, G. **89** [1959] 654, 660).

Kristalle (aus Ae.); F: 235–237° [unkorr.]. $[\alpha]_D^{22}$: +79° [$CHCl_3$; c = 1].

*O*³-Acetyl-Derivat $C_{23}H_{36}O_5$; 3β-Acetoxy-4β,5-dihydroxy-5α-pregnan-20-on. Kristalle (aus Me.); F: 235–238° [unkorr.]; $[\alpha]_D^{22}$: +62° [$CHCl_3$; c = 1] (*Ca.*, *Sc.*, l. c. S. 661).

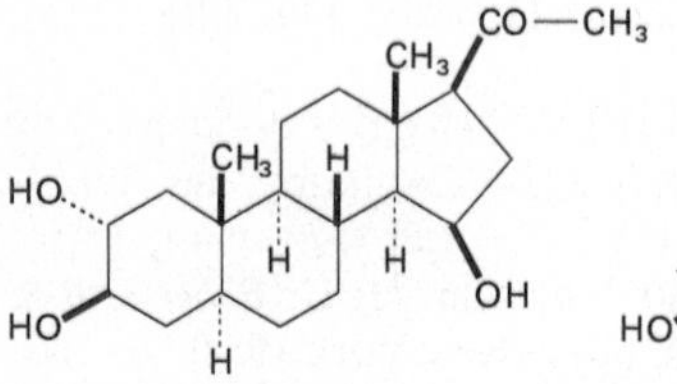

I 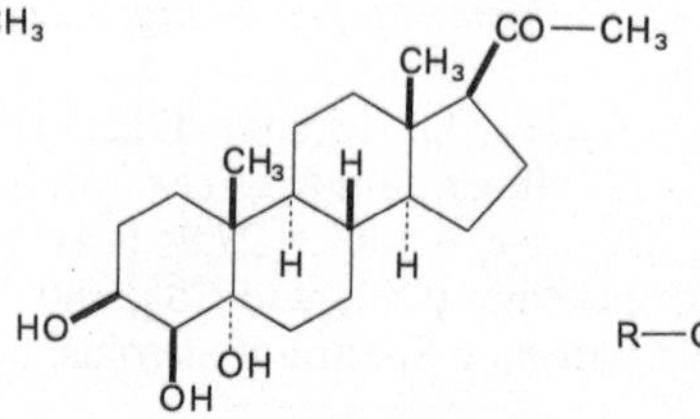 II 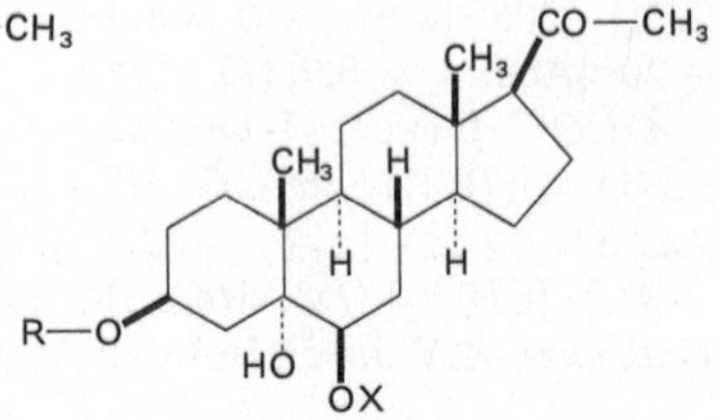 III

3β,5,6β-Trihydroxy-5α-pregnan-20-on $C_{21}H_{34}O_4$, Formel III (R = X = H) (E III 3471).

B. Aus 3β-Hydroxy-pregn-5-en-20-on bei der aufeinanderfolgenden Umsetzung mit Ameisensäure, mit wss. H_2O_2 und mit wss.-methanol. KOH (*Mancera et al.*, J. org. Chem. **16** [1951] 192, 195). Bei der Einwirkung von Röntgen-Strahlen auf eine Lösung von 3β-Hydroxy-pregn-5-en-20-on in wss. Essigsäure (*Keller, Weiss*, Soc. **1950** 2709, 2713). Aus 5,6α-Epoxy-3β-hydroxy-5α-pregnan-20-on mit Hilfe von Saccharomyces cerevisiae (*Camerino, Sciaky*, G. **89** [1959] 654, 661).

Kristalle (aus Me.+$CHCl_3$); F: 252–255° [unkorr.]; $[\alpha]_D^{20}$: +58,8° [$CHCl_3$] (*Ma. et al.*).

Monoacetyl-Derivat $C_{23}H_{36}O_5$; 6β-Acetoxy-3β,5-dihydroxy-5α-pregnan-20-on (E III 3471). F: 246–248° [unkorr.; aus Me.]; $[\alpha]_D^{18}$: 18,1° [$CHCl_3$; c = 4,5] (*Ke.*, *We.*).

Diacetyl-Derivat $C_{25}H_{38}O_6$; 3β,6β-Diacetoxy-5-hydroxy-5α-pregnan-20-on (E III 3472). *B.* Aus 5,6α-Epoxy-3-hydroxy-5α-pregnan-20-on und Acetanhydrid in Essigsäure (*Davis, Petrow*, Soc. **1950** 1185, 1188). F: 217° [korr.; aus wss. Me.] (*Da.*, *Pe.*), 215–217° [unkorr.] (*Ke.*, *We.*), 212–215° [unkorr.] (*Ma. et al.*). $[\alpha]_D^{20}$: −7° [$CHCl_3$] (*Ma. et al.*); $[\alpha]_D^{17}$: −10,8° [Acn.; c = 1], −12,2° [$CHCl_3$; c = 3,3] (*Ke.*, *We.*). – Semicarbazon $C_{26}H_{41}N_3O_6$.

Kristalle (aus $CHCl_3$+PAe.); F: 265° [korr.] (*Da., Pe.*).

Triacetyl-Derivat $C_{27}H_{40}O_7$; 3β,5,6β-Triacetoxy-5α-pregnan-20-on. *B.* Aus 3β,6β-Diacetoxy-5-hydroxy-5α-pregnan-20-on und Acetanhydrid in Gegenwart von Toluol-4-sulfonsäure (*Da., Pe.*). – Oxim $C_{27}H_{41}NO_7$. Kristalle (aus Ae.+PAe.); F: 253–255° [korr.] (*Da., Pe.*).

3β-Acetoxy-5-hydroxy-6β-nitryloxy-5α-pregnan-20-on $C_{23}H_{35}NO_7$, Formel III (R = CO-CH_3, X = NO_2).

B. Aus 3β-Acetoxy-5,6α-epoxy-5α-pregnan-20-on und HNO_3 (*Bowers et al.*, Am. Soc. **81** [1959] 3707, 3710).

Kristalle (aus Me.); F: 194–196° [unkorr.; Kapillare]. $[\alpha]_D$: −37° [$CHCl_3$].

17-Acetoxy-6β-fluor-3β,5-dihydroxy-5α-pregnan-20-on $C_{23}H_{35}FO_5$, Formel IV.

B. Aus 17-Acetoxy-5,6α-epoxy-3β-hydroxy-5α-pregnan-20-on und Äther-BF_3 (*Bowers et al.*, Am. Soc. **81** [1959] 5991).

Kristalle (aus Acn.+Hexan); F: 224–225° [unkorr.]. $[\alpha]_D$: −29° [$CHCl_3$].

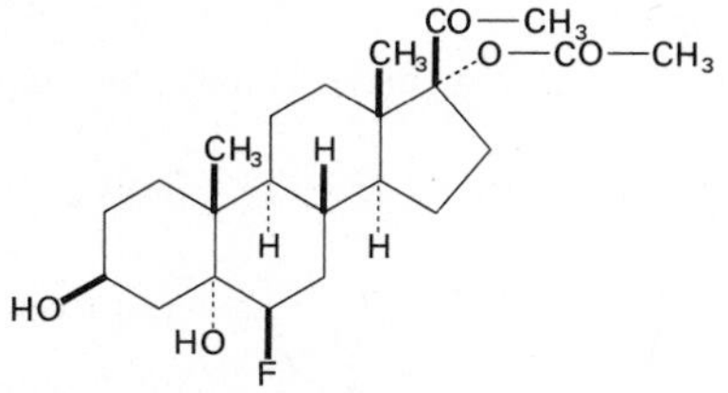

IV 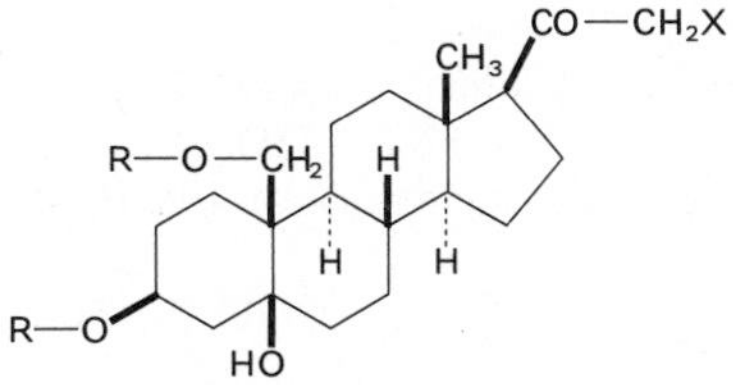 V

3β,5,19-Trihydroxy-5β-pregnan-20-on $C_{21}H_{34}O_4$, Formel V (R = X = H).

B. Aus dem Diacetyl-Derivat [s. u.] (*Ehrenstein, Dünnenberger*, J. org. Chem. **21** [1956] 774, 779, 780).

Kristalle (aus CH_2Cl_2+Hexan); F: 208–209° [unkorr.]. $[\alpha]_D^{21}$: +103° [$CHCl_3$; c = 0,6].

Diacetyl-Derivat $C_{25}H_{38}O_6$; 3β,19-Diacetoxy-5-hydroxy-5β-pregnan-20-on. *B.* Aus 3β,19-Diacetoxy-21-diazo-5-hydroxy-5β-pregnan-20-on mit Hilfe von wss. HI (*Eh., Dü.*). – Kristalle (aus wss. Acn.); F: 106–108°. $[\alpha]_D^{21}$: +88° [$CHCl_3$; c = 0,3].

Triacetyl-Derivat $C_{27}H_{40}O_7$; 3β,5,19-Triacetoxy-5β-pregnan-20-on. Kristalle (aus CH_2Cl_2+Hexan); F: 161,5–162°. $[\alpha]_D^{21}$: +75° [$CHCl_3$; c = 0,4].

3β,19-Diacetoxy-21-chlor-5-hydroxy-5β-pregnan-20-on $C_{25}H_{37}ClO_6$, Formel V (R = CO-CH_3, X = Cl).

B. Aus 3β,19-Diacetoxy-21-diazo-5-hydroxy-5β-pregnan-20-on und HCl in Äther (*Herzig, Ehrenstein*, J. org. Chem. **17** [1952] 724, 729).

Kristalle (aus wss. A.); F: 118–120° [unkorr.]. $[\alpha]_D^{28}$: +115° [$CHCl_3$; c = 0,3].

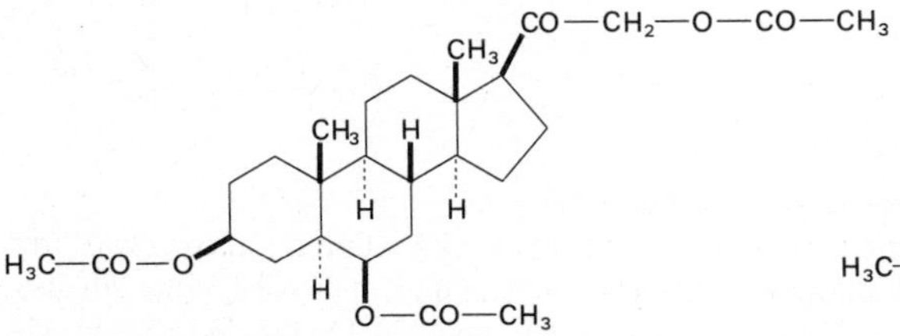

VI 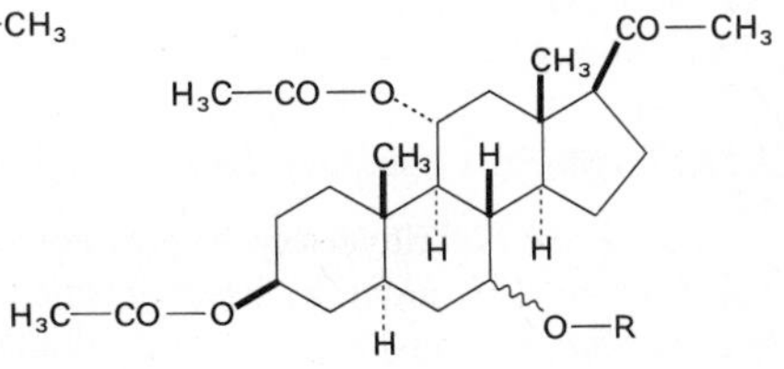 VII

3β,6β,21-Triacetoxy-5α-pregnan-20-on $C_{27}H_{40}O_7$, Formel VI.

B. Aus 3β,6β,21-Triacetoxy-5α-pregn-16-en-20-on beim Hydrieren an Palladium/Kohle in Äthylacetat (*Romo et al.*, Am. Soc. **76** [1954] 5169). Aus 3β,6β-Diacetoxy-5α-pregnan-20-on mit Hilfe von Blei(IV)-acetat in Essigsäure (*Romo et al.*).

Kristalle (aus Ae.+Pentan); F: 138–140° [unkorr.]. $[\alpha]_D^{20}$: +25° [$CHCl_3$].

3β,11α-Diacetoxy-7ξ-hydroxy-5α-pregnan-20-on $C_{25}H_{38}O_6$, Formel VII (R = H).

B. Aus 3β,11α-Diacetoxy-5α-pregnan-7,20-dion beim Hydrieren an Raney-Nickel in Äthanol (*Djerassi et al.*, Am. Soc. **75** [1953] 3505, 3509).

Kristalle; F: 156–157° [unkorr.; nach Sublimation]. $[\alpha]_D^{20}$: +62° [$CHCl_3$].

3β,7ξ,11α-Triacetoxy-5α-pregnan-20-on $C_{27}H_{40}O_7$, Formel VII (R = CO-CH_3).

Kristalle (aus Acn.+Hexan); F: 175–177° [unkorr.] (*Djerassi et al.*, Am. Soc. **75** [1953] 3505, 3509). $[\alpha]_D^{20}$: +65° [$CHCl_3$].

7α-Acetoxy-3α,12α-dihydroxy-5β-pregnan-20-on $C_{23}H_{36}O_5$, Formel VIII (R = R′ = H) (E III 3474).

Kristalle (aus Acn.+Ae.); F: 234–235° [korr.] (*Jungmann et al.*, Helv. **41** [1958] 1206, 1222).

3α,7α,12α-Triacetoxy-5β-pregnan-20-on $C_{27}H_{40}O_7$, Formel VIII (R = R′ = CO-CH_3) (E III 3475).

B. Aus 24,24-Diphenyl-5β-chol-23-en-3α,7α,12α-triol über mehrere Stufen (*Jungmann et al.*, Helv. **41** [1958] 1206, 1208, 1221).

Dimorph(?); Kristalle (aus Ae.+Pentan); F: 154–155° und F: 133–135° [korr.].

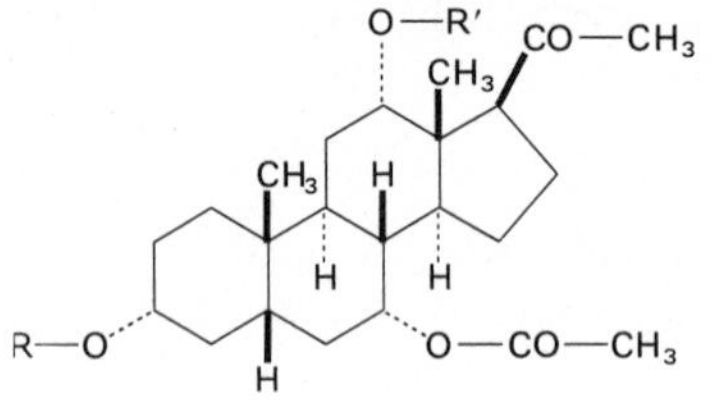

VIII 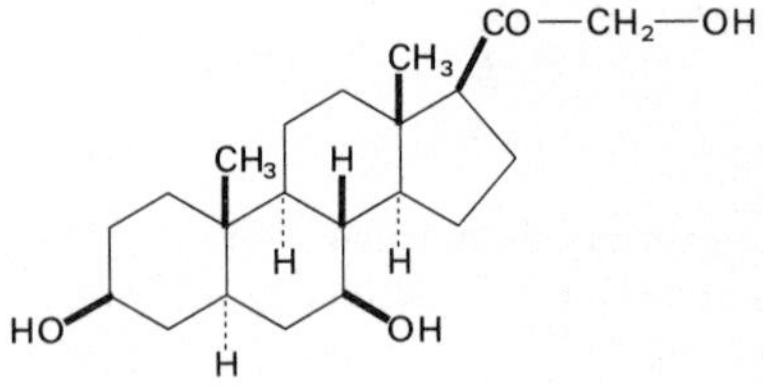 IX

7α-Acetoxy-12α-hydroxy-3α-[3-methoxycarbonyl-propionyl]-5β-pregnan-20-on, Bernsteinsäure-[7α-acetoxy-12α-hydroxy-20-oxo-5β-pregnan-3α-ylester]-methylester $C_{28}H_{42}O_8$, Formel VIII (R = CO-CH_2-CH_2-CO-O-CH_3, R′ = H).

B. Aus 7α-Acetoxy-3α,12α-dihydroxy-5β-pregnan-20-on bei der aufeinanderfolgenden Umsetzung mit Bernsteinsäure-anhydrid und mit Diazomethan (*Jungmann et al.*, Helv. **41** [1958] 1206, 1223).

Kristalle (aus Acn.+Ae.); F: 168–169° [korr.]. $[\alpha]_D^{24}$: +53,0° [$CHCl_3$; c = 1,9].

3β,7β,21-Trihydroxy-5α-pregnan-20-on $C_{21}H_{34}O_4$, Formel IX.

B. Aus 3β,21-Dihydroxy-5α-pregnan-20-on mit Hilfe einer Rhizopus-Art (*Kahnt et al.*, Experientia **8** [1952] 422).

Kristalle; F: 205–213°. $[\alpha]_D^{25}$: +106° [A.].

3,11,17-Trihydroxy-pregnan-20-one $C_{21}H_{34}O_4$.

a) **3α,11β,17-Trihydroxy-5β-pregnan-20-on,** Formel X (R = R′ = R″ = H).

B. Neben dem unter b) beschriebenen Stereoisomeren aus 20,20-Äthandiyldioxy-3α,17-dihydroxy-5β-pregnan-11-on bei der aufeinanderfolgenden Umsetzung mit $LiAlH_4$ und mit wss. HCl (*Upjohn Co.*, U.S.P. 2714599 [1952]; *Levin et al.*, Am. Soc. **76** [1954] 546, 551). Aus 20,20-Äthandiyldioxy-5β-pregnan-3α,11β,17-triol mit Hilfe von wss. Essigsäure (*Oliveto et al.*, Am. Soc. **75** [1953] 486).

Kristalle; F: 224–227° [korr.; aus wss. Acn.] (*Ol. et al.*), 213–216° [aus Acn.+PAe.] (*Upjohn Co.*). $[\alpha]_D^{23}$: +73° [Acn.] (*Upjohn Co.*); $[\alpha]_D$: +70,6° [Acn.; c = 1] (*Ol. et al.*). Absorptions=

spektrum (H_2SO_4; 220–600 nm): *Bernstein, Lenhard,* J. org. Chem. **18** [1953] 1146, 1155. Polarographisches Halbstufenpotential (wss. A.): *Kabasakalian, McGlotten,* Anal. Chem. **31** [1959] 1090, 1093.

b) **3α,11α,17-Trihydroxy-5β-pregnan-20-on,** Formel XI (R = X = H).

B. Neben dem unter a) beschriebenen Stereoisomeren aus 20,20-Äthandiyldioxy-3α,17-di=hydroxy-5β-pregnan-11-on bei der aufeinanderfolgenden Umsetzung mit $LiAlH_4$ und mit wss. HCl (*Upjohn Co.,* U.S.P. 2714599 [1952]; *Levin et al.,* Am. Soc. **76** [1954] 546, 551). Aus 20,20-Äthandiyldioxy-5β-pregnan-3α,11α,17-triol mit Hilfe von wss.-methanol. HCl (*Oliveto et al.,* Am. Soc. **75** [1953] 1505). Aus 3α,11α,20ξ-Triacetoxy-17,20ξ-epoxy-5β-pregnan (E III/IV **17** 2344) mit Hilfe von wss.-äthanol. NaOH (*Upjohn Co.,* U.S.P. 2671093 [1952]).

Kristalle (aus E.+PAe.); F: 184–186°; $[\alpha]_D^{23}$: +52° [Acn.] (*Upjohn Co.*). Kristalle (aus wss. Acn.) mit 1 Mol H_2O; $[\alpha]_D$: +25,8° [Acn.] (*Ol. et al.*). Absorptionsspektrum (H_2SO_4; 220–600 nm): *Bernstein, Lenhard,* J. org. Chem. **18** [1953] 1146, 1155. Polarographisches Halb=stufenpotential (wss. A.): *Kabasakalian, McGlotten,* Anal. Chem. **31** [1959] 1091, 1093.

c) **3β,11β,17-Trihydroxy-5α-pregnan-20-on,** Formel XII (R = H).

B. Aus 20,20-Äthandiyldioxy-5α-pregnan-3β,11β,17-triol mit Hilfe von wss. Essigsäure (*Elks et al.,* Soc. **1958** 4001, 4008).

Kristalle (aus wss. Me.); F: 260° und (nach Wiedererstarren) F: 290° [Zers.]. $[\alpha]_D$: +31° [Eg.; c = 0,4].

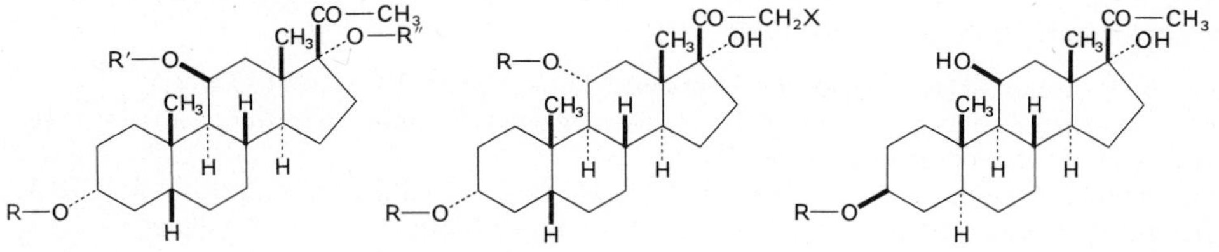

X

XI

XII

d) **3β,11α,17-Trihydroxy-5α-pregnan-20-on,** Formel XIII (R = H).

B. Aus 3β,11α-Diacetoxy-5α-pregnan-20-on bei der aufeinanderfolgenden Umsetzung mit Acetanhydrid und Toluol-4-sulfonsäure, mit Monoperoxyphthalsäure und mit methanol. NaOH (*Syntex S.A.,* U.S.P. 2773079 [1952]; *Djerassi et al.,* Am. Soc. **74** [1952] 3634). Aus 16α,17-Ep=oxy-3β,11α-dihydroxy-5α-pregnan-20-on beim Behandeln mit HBr in Essigsäure und Hydrieren des Reaktionsprodukts an Palladium/$CaCO_3$ in Äthanol (*Romo et al.,* Am. Soc. **75** [1953] 1277, 1281).

Kristalle (aus Acn.); F: 253–255° [unkorr.]; $[\alpha]_D^{20}$: −44° [$CHCl_3$] (*Romo et al.*).

3-Formyloxy-11,17-dihydroxy-pregnan-20-one $C_{22}H_{34}O_5$.

a) **3α-Formyloxy-11β,17-dihydroxy-5β-pregnan-20-on,** Formel X (R = CHO, R′ = R″ = H).

B. Aus 3α,11β,17-Trihydroxy-5β-pregnan-20-on und Ameisensäure (*Oliveto et al.,* Am. Soc. **77** [1955] 3564, 3566).

Kristalle (aus Acn.+Hexan); F: 187–190° [korr.]. $[\alpha]_D^{25}$: +43,9° [$CHCl_3$; c = 1].

b) **3β-Formyloxy-11β,17-dihydroxy-5α-pregnan-20-on,** Formel XII (R = CHO).

B. Aus 20,20-Äthandiyldioxy-5α-pregnan-3β,11β,17-triol und Ameisensäure (*Elks et al.,* Soc. **1958** 4001, 4008).

Kristalle (aus Bzl.); F: 184–186°. $[\alpha]_D$: −2° [$CHCl_3$; c = 1].

11β-Formyloxy-3α,17-dihydroxy-5β-pregnan-20-on $C_{22}H_{34}O_5$, Formel X (R = R″ = H, R′ = CHO).

B. Aus 3α,11β,17-Tris-formyloxy-5β-pregnan-20-on mit Hilfe von wss.-methanol. $NaHCO_3$ (*Oliveto et al.,* Am. Soc. **77** [1955] 3564, 3566).

Harz. $[\alpha]_D^{25}$: +38° [$CHCl_3$; c = 1].

11β,17-Bis-formyloxy-3α-hydroxy-5β-pregnan-20-on $C_{23}H_{34}O_6$, Formel X (R = H, R' = R'' = CHO).

B. Aus 3α,11β,17-Tris-formyloxy-5β-pregnan-20-on beim Behandeln mit Toluol-4-sulfonsäure in Äthanol (*Oliveto et al.*, Am. Soc. **77** [1955] 3564, 3566).

Kristalle (aus Acn.+Hexan); F: 194–196° [korr.]. $[\alpha]_D^{25}$: +47,5° [$CHCl_3$; c = 1].

3α,11β,17-Tris-formyloxy-5β-pregnan-20-on $C_{24}H_{34}O_7$, Formel X (R = R' = R'' = CHO).

B. Aus 3α,11β,17-Trihydroxy-5β-pregnan-20-on und Ameisensäure mit Hilfe von $HClO_4$ oder Toluol-4-sulfonsäure (*Oliveto et al.*, Am. Soc. **77** [1955] 3564, 3566).

Kristalle (aus Me.); F: 174–177° [korr.]. $[\alpha]_D^{25}$: + 57° [$CHCl_3$; c = 1].

3-Acetoxy-11,17-dihydroxy-pregnan-20-one $C_{23}H_{36}O_5$.

a) **3α-Acetoxy-11β,17-dihydroxy-5β-pregnan-20-on,** Formel X (R = CO-CH_3, R' = R'' = H).

B. Aus 3α,11β,17α-Trihydroxy-5β-pregnan-20-on und Acetanhydrid in Pyridin (*Upjohn Co.*, U.S.P. 2671095 [1952]).

Kristalle; F: 198–200° [aus A.] (*Upjohn Co.*), 189–190,4° [korr.; aus wss. Me.] (*Oliveto et al.*, Am. Soc. **75** [1953] 486). $[\alpha]_D$: +82,7° [Acn.; c = 1] (*Ol. et al.*). IR-Spektrum ($CHCl_3$ und CCl_4; 1800–850 cm^{-1}): *G. Roberts, B.S. Gallagher, R.N. Jones,* Infrared Absorption Spectra of Steroids, Bd. 2 [New York 1958] Nr. 508.

b) **3β-Acetoxy-11β,17-dihydroxy-5α-pregnan-20-on,** Formel XII (R = CO-CH_3).

B. Aus 3β-Acetoxy-20,20-äthandiyldioxy-5α-pregnan-11β,17-diol mit Hilfe von wss. Essigsäure (*Elks et al.*, Soc. **1958** 4001, 4008).

Dimorph; Kristalle (aus wss. Me.); F: 213–216° [beide Modifikationen]. $[\alpha]_D$: +8° [$CHCl_3$; c = 1]. IR-Banden (Nujol; 3500–1250 cm^{-1}) der beiden Modifikationen: *Elks et al.*

11β-Acetoxy-3α,17-dihydroxy-5β-pregnan-20-on $C_{23}H_{36}O_5$, Formel X (R = R'' = H, R' = CO-CH_3).

B. Aus 3α,11β,17-Triacetoxy-5β-pregnan-20-on mit Hilfe von wss.-methanol. Na_2CO_3 bzw. wss.-methanol. NaOH (*Oliveto et al.*, Am. Soc. **75** [1953] 5486, 5487; *Schering Corp.*, U.S.P. 2781369 [1952]).

Kristalle (aus Ae.); F: 110–111° [Zers.] (*Schering Corp.*), 103–105° [korr.; Zers.] (*Ol. et al.*). $[\alpha]_D^{25}$: +35,6° [$CHCl_3$; c = 1] (*Ol. et al.*).

Beim Erhitzen mit Acetanhydrid sowie beim Behandeln mit Acetanhydrid und Äther-BF_3 in Essigsäure ist 3α,11β,17aα-Triacetoxy-17aβ-methyl-*D*-homo-5β-androstan-17-on erhalten worden (*Oliveto et al.*, Am. Soc. **79** [1957] 3594).

3,11-Diacetoxy-17-hydroxy-pregnan-20-one $C_{25}H_{38}O_6$.

a) **3α,11α-Diacetoxy-17-hydroxy-5β-pregnan-20-on,** Formel XI (R = CO-CH_3, X = H).

B. Aus 3α,11α,17-Trihydroxy-5β-pregnan-20-on und Acetanhydrid in Pyridin (*Oliveto et al.*, Am. Soc. **75** [1953] 1505).

Kristalle (aus wss. Acn.); F: 190,2–191,4° [korr.]; $[\alpha]_D$: +21,7° [Acn.; c = 1] (*Ol. et al.*, Am. Soc. **75** 1505).

Beim Erhitzen mit Acetanhydrid sowie beim Behandeln mit Acetanhydrid und Äther-BF_3 in Essigsäure ist 3α,11α,17α-Triacetoxy-17β-methyl-*D*-homo-5β-androstan-17-on erhalten worden (*Oliveto et al.*, Am. Soc. **79** [1957] 3594).

b) **3β,11α-Diacetoxy-17-hydroxy-5α-pregnan-20-on,** Formel XIII (R = CO-CH_3).

B. Aus 3β,11α,17-Trihydroxy-5α-pregnan-20-on und Acetanhydrid in Pyridin (*Romo et al.*, Am. Soc. **75** [1953] 1277, 1281).

Kristalle (aus Acn.+Hexan); F: 180–182° [unkorr.] (*Romo et al.*; *Djerassi et al.*, Am. Soc. **74** [1952] 3634). $[\alpha]_D^{20}$: −28° [$CHCl_3$] (*Dj. et al.*), −22° [$CHCl_3$] (*Romo et al.*).

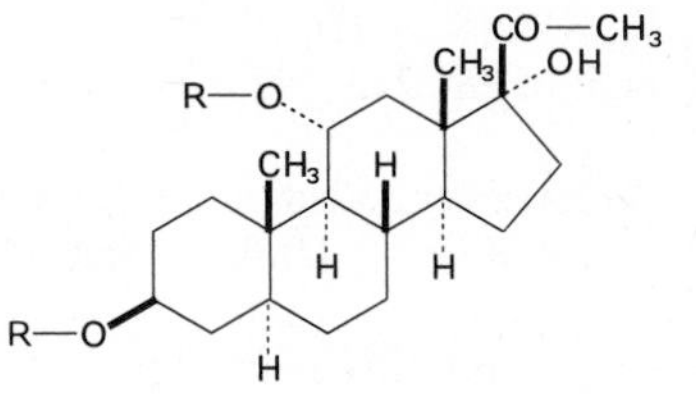

XIII 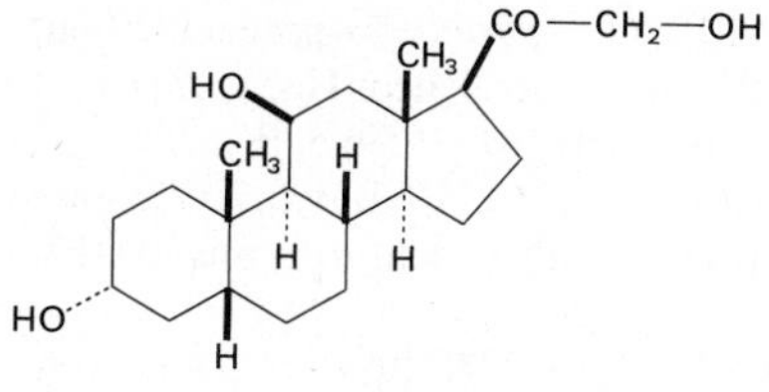 XIV

11β,17-Diacetoxy-3α-hydroxy-5β-pregnan-20-on $C_{25}H_{38}O_6$, Formel X (R = H, R′ = R″ = CO-CH_3).

B. Aus 3α,11β,17-Triacetoxy-5β-pregnan-20-on mit Hilfe von wss. HCl (*Oliveto et al.*, Am. Soc. **75** [1953] 5486, 5487).

Kristalle (aus Ae.); F: 233,5–235° [korr.]. $[\alpha]_D^{25}$: +28° [$CHCl_3$; c = 1].

3α,11β,17-Triacetoxy-5β-pregnan-20-on $C_{27}H_{40}O_7$, Formel X (R = R′ = R″ = CO-CH_3).

B. Aus 3α,11β,17-Trihydroxy-5β-pregnan-20-on und Acetanhydrid in Essigsäure mit Hilfe von Toluol-4-sulfonsäure (*Oliveto et al.*, Am. Soc. **75** [1953] 5486, 5487).

Kristalle (aus Acn. + Hexan); F: 209–210° [korr.]. $[\alpha]_D^{25}$: +54,3° [$CHCl_3$; c = 1].

21-Brom-3α,11α,17-trihydroxy-5β-pregnan-20-on $C_{21}H_{33}BrO_4$, Formel XI (R = H, X = Br).

B. Aus 3α,11α,17-Trihydroxy-5β-pregnan-20-on beim Behandeln mit Brom und HBr in $CHCl_3$ (*Oliveto et al.*, Am. Soc. **75** [1953] 3651).

Kristalle (aus wss. Acn.) mit 1 Mol H_2O; F: 180–185° [korr.; Zers.]; $[\alpha]_D$: +65,8° [Acn.; c = 1] (*Ol. et al.*).

Ein ebenfalls unter dieser Konstitution beschriebenes Präparat (F: 122,5–127°) ist aus 3α,11α,17-Trihydroxy-5β-pregnan-20-on und Brom in $CHCl_3$ erhalten worden (*Upjohn Co.*, U.S.P. 2714599 [1952]).

3,11,21-Trihydroxy-pregnan-20-one $C_{21}H_{34}O_4$.

a) **3α,11β,21-Trihydroxy-5β-pregnan-20-on,** Formel XIV.

V. Im menschlichen Harn: *Engel et al.*, J. biol. Chem. **213** [1955] 99, 103; *Holness, Graay*, J. Endocrin. **17** [1958] 237; *Dyrenfurth et al.*, J. clin. Endocrin. **18** [1958] 391; *Touchstone et al.*, Arch. Biochem. **81** [1959] 5, 9.

B. Aus 3α,21-Dihydroxy-5β-pregnan-11,20-dion bei der aufeinanderfolgenden Umsetzung mit Äthylenglykol, mit $NaBH_4$ und mit wss.-methanol. H_2SO_4 (*Harnik*, Steroids **2** [1963] 485, 493; *Lewbart, Matox*, J. org. Chem. **28** [1963] 2001, 2004).

Kristalle; F: 145,5–147° [unkorr.; aus Acn. + Ae.] (*Le., Ma.*), 144–146° [unkorr.; aus E.] (*Ha.*). $[\alpha]_D^{24}$: +133° [Me.] (*Le., Ma.*); $[\alpha]_D^{25}$: +114° [Me.] (*Ha.*). IR-Spektrum ($CHCl_3$; 1800–850 cm^{-1}): *G. Roberts, B.S. Gallagher, R.N. Jones*, Infrared Absorption Spectra of Steroids, Bd. 2 [New York 1958] Nr. 509.

Die Identität eines von *Shirasaka, Tsuruta* (Arch. Biochem. **85** [1959] 277) ebenfalls unter dieser Konstitution und Konfiguration beschriebenen Präparats (F: 196–197°; $[\alpha]_D$: +88°; aus 11β,21-Dihydroxy-pregn-4-en-3,20-dion mit Hilfe von Alternaria bataticola hergestellt) ist ungewiss.

b) **3β,11β,21-Trihydroxy-5α-pregnan-20-on,** Formel XV (R = R′ = H) (E III 3475).

B. Aus 21-Acetoxy-11β-hydroxy-5α-pregnan-3,20-dion beim Hydrieren an Raney-Nickel in Dioxan und Behandeln mit wss.-methanol. K_2CO_3 (*Mancera et al.*, Am. Soc. **77** [1955] 5669, 5672).

Kristalle (aus Acn. + Ae.); F: 198–200° [unkorr.]; $[\alpha]_D^{20}$: +110° [A.] (*Ma. et al.*). Absorptionsspektrum (H_3PO_4): *Nowaczynski, Steyermark*, Canad. J. Biochem. Physiol. **34** [1956] 592, 596.

c) **3α,11β,21-Trihydroxy-5α-pregnan-20-on,** Formel XVI (R = H).

Isolierung aus menschlichem Harn: *Engel et al.*, J. biol. Chem. **213** [1955] 99, 102; *Touchstone et al.*, Arch. Biochem. **81** [1959] 5, 9.

B. Aus 21-Acetoxy-3β,11β-dihydroxy-5α-pregnan-20-on bei der aufeinanderfolgenden Umsetzung mit Toluol-4-sulfonylchlorid, mit DMF und mit wss. $KHCO_3$ (*Harnik*, Steroids **2** [1963] 485, 494).

Kristalle; F: 221–224° [unkorr.; aus Acn. oder E.] (*Ha.*), 204–206° [unkorr.; aus wss. Me.] (*En. et al.*). $[\alpha]_D^{25}$: +133° [$CHCl_3$] (*Ha.*). IR-Spektrum (KBr; 4000–700 cm^{-1}): *G. Roberts, B.S. Gallagher, R.N. Jones*, Infrared Absorption Spectra of Steroids, Bd. 2 [New York 1958] Nr. 503.

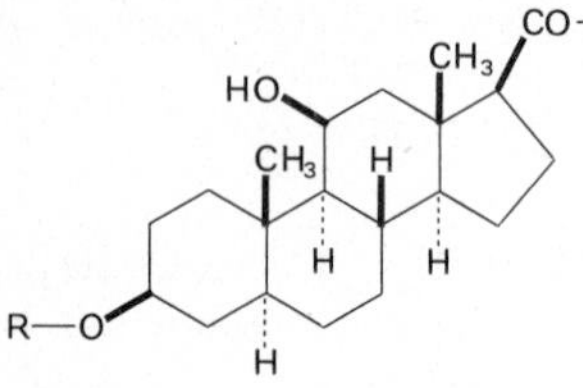

XV 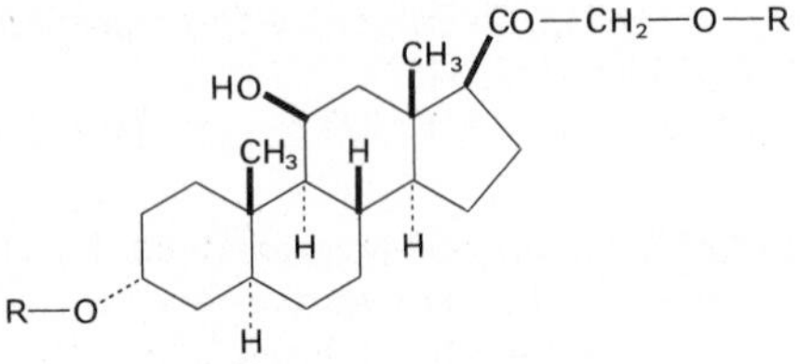 XVI

11α-Acetoxy-3β,21-dihydroxy-5α-pregnan-20-on $C_{23}H_{36}O_5$, Formel XVII (R = H).

B. Aus 3β,11α,21-Triacetoxy-5α-pregnan-20-on beim Behandeln mit wss.-methanol. KOH (*Sondheimer et al.*, Am. Soc. **75** [1953] 2601).

Kristalle (aus Acn.); F: 230–236° [auf 215° vorgeheiztes Bad]. $[\alpha]_D^{20}$: +26° [$CHCl_3$].

21-Acetoxy-3β,11β-dihydroxy-5α-pregnan-20-on $C_{23}H_{36}O_5$, Formel XV (R = H, R' = CO-CH_3).

B. Aus 21-Acetoxy-11β-hydroxy-5α-pregnan-3,20-dion bei der Hydrierung an Raney-Nickel in Dioxan (*Pataki et al.*, J. biol. Chem. **195** [1952] 751, 753).

Kristalle (aus wss. Me.); F: 190–192° [unkorr.]. $[\alpha]_D^{20}$: +107° [Acn.].

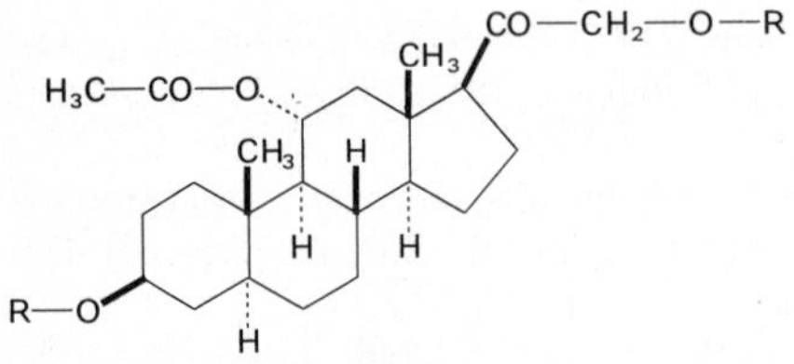

XVII 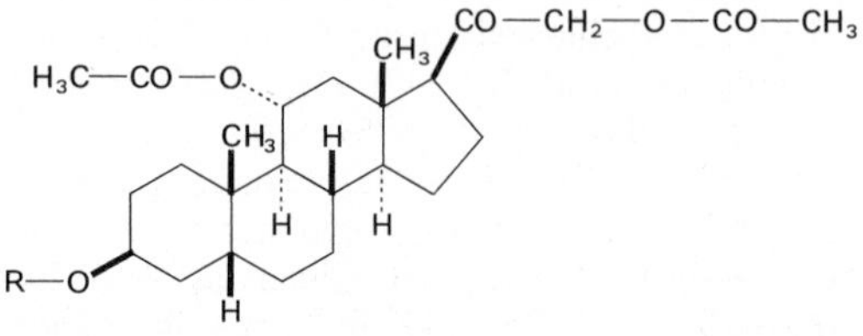 XVIII

3,21-Diacetoxy-11-hydroxy-pregnan-20-one $C_{25}H_{38}O_6$.

a) **3β,21-Diacetoxy-11β-hydroxy-5α-pregnan-20-on,** Formel XV (R = R' = CO-CH_3) (E III 3476).

B. Aus 3β-Acetoxy-11β-hydroxy-5α-androstan-17β-carbonsäure über mehrere Stufen (*Lardon, Reichstein*, Helv. **37** [1954] 443, 449). Aus 21-Acetoxy-3β,11β-dihydroxy-5α-pregnan-20-on und Acetanhydrid in Pyridin (*Pataki et al.*, J. biol. Chem. **195** [1952] 751, 753).

Kristalle; F: 172–174° [unkorr.] (*Pa. et al.*), 170–172° [korr.; aus Acn.+Ae.] (*La., Re.*). $[\alpha]_D^{20}$: +101° [Acn.] (*Pa. et al.*); $[\alpha]_D^{22}$: +82,5° [Dioxan; c = 1,4] (*La., Re.*).

b) **3α,21-Diacetoxy-11β-hydroxy-5α-pregnan-20-on,** Formel XVI (R = CO-CH_3).

IR-Spektrum (CCl_4 und CS_2; 1800–650 cm^{-1}): *G. Roberts, B.S. Gallagher, R.N. Jones*, Infrared Absorption Spectra of Steroids, Bd. 2 [New York 1958] Nr. 504.

11α,21-Diacetoxy-3β-hydroxy-5β-pregnan-20-on $C_{25}H_{38}O_6$, Formel XVIII (R = H).

B. In mässiger Ausbeute aus 3β,11α-Diacetoxy-21-diazo-5β-pregnan-20-on bei der aufeinanderfolgenden Umsetzung mit methanol. KOH und mit Essigsäure (*Lardon, Reichstein,* Pharm. Acta Helv. **27** [1952] 287, 296).

Kristalle (aus Ae.+PAe.); F: 139–140° [korr.]. $[\alpha]_D^{18}$: +52° [$CHCl_3$; c = 1].

3,11,21-Triacetoxy-pregnan-20-one $C_{27}H_{40}O_7$.

a) **3β,11α,21-Triacetoxy-5β-pregnan-20-on,** Formel XVIII (R = CO-CH_3).

B. Aus Sarmentogenin (E III/IV **18** 2443) über mehrere Stufen (*Lardon, Reichstein,* Pharm. Acta Helv. **27** [1952] 287, 294; *Callow, Taylor,* Soc. **1952** 2299, 2304). Aus 3β,11α-Diacetoxy-21-diazo-pregnan-20-on beim Erhitzen mit Essigsäure (*La., Re.,* l. c. S. 296).

Kristalle; F: 180–181° [aus Me.] (*Ca., Ta.*), 178–181° [korr.; aus Acn.+Ae.] (*La., Re.*). $[\alpha]_D^{20}$: +63° [Me.; c = 0,3] (*Ca., Ta.*); $[\alpha]_D^{18}$: +60,2° [$CHCl_3$; c = 1,4] (*La., Re.*).

b) **3α,11α,21-Triacetoxy-5β-pregnan-20-on,** Formel XIX.

B. Aus 3α,11α-Diacetoxy-5β-pregnan-20-on beim Erwärmen mit Blei(IV)-acetat und Acetanhydrid in Essigsäure (*Sondheimer et al.,* Am. Soc. **75** [1953] 2601).

Kristalle (aus Me.); F: 182–184° [unkorr.]. $[\alpha]_D^{20}$: +80° [$CHCl_3$].

XIX

c) **3β,11α,21-Triacetoxy-5α-pregnan-20-on,** Formel XVII (R = CO-CH_3).

B. Aus 3β,11α-Diacetoxy-5α-pregnan-20-on beim Erwärmen mit Blei(IV)-acetat und Acetanhydrid in Essigsäure (*Sondheimer et al.,* Am. Soc. **75** [1953] 2601).

Kristalle (aus Acn.+Hexan); F: 138–140° [unkorr.]. $[\alpha]_D^{20}$: +55° [$CHCl_3$].

3,12,17-Trihydroxy-pregnan-20-one $C_{21}H_{34}O_4$.

a) **3α,12α,17-Trihydroxy-5β-pregnan-20-on,** Formel I (R = R′ = R″ = H).

B. Aus 3α,12α-Diacetoxy-17-hydroxy-5β-pregnan-20-on mit Hilfe von wss.-methanol. K_2CO_3 (*Adams et al.,* Soc. **1954** 1825, 1831).

Kristalle (aus wss. Me.); F: 193–194°. $[\alpha]_D^{24}$: +81° [$CHCl_3$; c = 0,4].

b) **3β,12β,17-Trihydroxy-5α-pregnan-20-on,** Formel II (R = R′ = X = H).

B. Aus 3β,12β-Diacetoxy-17-hydroxy-5α-pregnan-20-on mit Hilfe von wss.-methanol. NaOH (*Adams et al.,* Soc. **1955** 870, 874). Aus 3β-Acetoxy-16β-brom-12β,17-dihydroxy-5α-pregnan-20-on beim Hydrieren an Palladium/$CaCO_3$ in wss. Methanol und Erwärmen mit wss.-methanol. K_2CO_3 (*Ad. et al.*).

Kristalle (aus Me.); F: 241–242°. $[\alpha]_D^{19}$: +23° [A.; c = 0,2].

12-Acetoxy-3,17-dihydroxy-pregnan-20-one $C_{23}H_{36}O_5$.

a) **12α-Acetoxy-3α,17-dihydroxy-5β-pregnan-20-on,** Formel I (R = R″ = H, R′ = CO-CH_3).

B. Aus 12α-Acetoxy-16β-brom-3α,17-dihydroxy-5β-pregnan-20-on bei der Hydrierung an Palladium/$CaCO_3$ in wss. Methanol (*Adams et al.,* Soc. **1954** 1825, 1833).

Kristalle (aus Acn.+Hexan); F: 167–169°. $[\alpha]_D^{22}$: +116° [$CHCl_3$; c = 0,4].

b) **12β-Acetoxy-3β,17-dihydroxy-5α-pregnan-20-on,** Formel II (R = X = H, R′ = CO-CH_3).

B. Aus 12β-Acetoxy-16β-brom-3β,17-dihydroxy-5α-pregnan-20-on bei der Hydrierung an Pal≈

ladium/$CaCO_3$ in wss. Methanol (*Adams et al.*, Soc. **1955** 870, 874). Aus 3β,12β-Diacetoxy-17-hydroxy-5α-pregnan-20-on mit Hilfe von wss.-methanol. HCl (*Ad. et al.*).

Kristalle (aus Acn. + Hexan); F: 147° oder F: 163–164°. $[\alpha]_D^{24}$: −6° [$CHCl_3$; c = 0,4].

3,12-Diacetoxy-17-hydroxy-pregnan-20-one $C_{25}H_{38}O_6$.

a) **3α,12α-Diacetoxy-17-hydroxy-5β-pregnan-20-on,** Formel I (R = R′ = CO-CH_3, R″ = H).

B. Aus 3α,12α-Diacetoxy-16β-brom-17-hydroxy-5β-pregnan-20-on bei der Hydrierung an Palladium/$CaCO_3$ in wss. Methanol oder an Raney-Nickel in Äthanol (*Adams et al.*, Soc. **1954** 1825, 1831).

Kristalle (aus Bzl. + Ae.); F: 74–77° oder F: 104–105°. $[\alpha]_D^{22}$: +128° [$CHCl_3$; c = 0,5].

b) **3β,12β-Diacetoxy-17-hydroxy-5α-pregnan-20-on,** Formel II (R = R′ = CO-CH_3, X = H).

B. Aus 3β,12β-Diacetoxy-16β-brom-17-hydroxy-5α-pregnan-20-on bei der Hydrierung an Palladium/$CaCO_3$ in wss. Methanol (*Adams et al.*, Soc. **1955** 870, 873).

Kristalle (aus Ae. + Hexan); F: 125–127° oder F: 143–144°. $[\alpha]_D^{22}$: +7° [$CHCl_3$; c = 0,4].

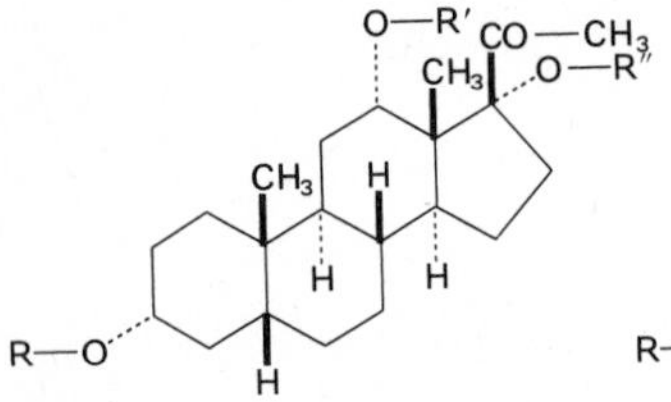

I 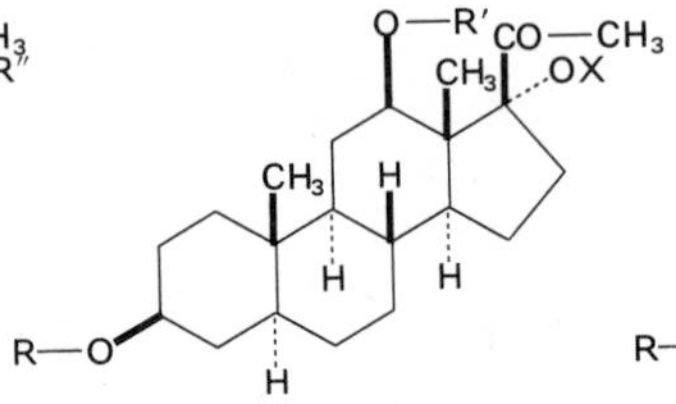 II 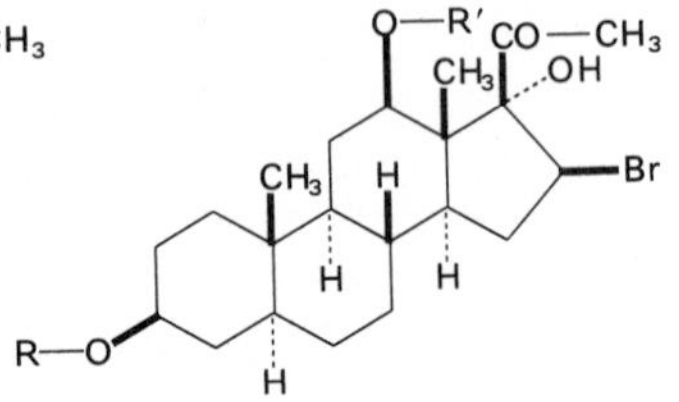 III

3α,12α,17-Triacetoxy-5β-pregnan-20-on $C_{27}H_{40}O_7$, Formel I (R = R′ = R″ = CO-CH_3).

B. In mässiger Ausbeute aus 3α,12α-Diacetoxy-17-hydroxy-pregnan-20-on und Acetanhydrid in Pyridin (*Adams et al.*, Soc. **1954** 1825, 1831).

Kristalle (aus Acn. + Hexan); F: 203°.

3α-Äthoxycarbonyloxy-12α,17-dihydroxy-5β-pregnan-20-on, Kohlensäure-äthylester-[12α,17-dihydroxy-20-oxo-5β-pregnan-3α-ylester] $C_{24}H_{38}O_6$, Formel I (R = CO-O-C_2H_5, R′ = R″ = H).

B. Aus 3α,12α,17-Trihydroxy-5β-pregnan-20-on und Chlorokohlensäure-äthylester in Pyridin (*Adams et al.*, Soc. **1954** 1825, 1832).

Kristalle (aus wss. Me.); F: 216–217°. $[\alpha]_D^{23}$: +82° [$CHCl_3$; c = 0,06].

12α-Acetoxy-3α-äthoxycarbonyloxy-17-hydroxy-5β-pregnan-20-on, Kohlensäure-[12α-acetoxy-17-hydroxy-20-oxo-5β-pregnan-3α-ylester]-äthylester $C_{26}H_{40}O_7$, Formel I (R = CO-O-C_2H_5, R′ = CO-CH_3, R″ = H).

B. Aus der vorangehenden Verbindung (*Adams et al.*, Soc. **1954** 1825, 1832).

Kristalle (aus Acn. + Hexan); F: 119–120°. $[\alpha]_D^{22}$: +119° [$CHCl_3$; c = 0,4].

3β,12β-Diacetoxy-17-sulfinooxy-5α-pregnan-20-on, Schwefligsäure-mono-[3β,12β-diacetoxy-20-oxo-5α-pregnan-17-ylester] $C_{25}H_{38}O_8S$, Formel II (R = R′ = CO-CH_3, X = SO-OH).

B. Aus 3β,12β-Diacetoxy-17-hydroxy-5α-pregnan-20-on und $SOCl_2$ in Pyridin (*Adams et al.*, Soc. **1955** 870, 873).

Kristalle (aus Acn. + Hexan); F: 164–165°.

3β-Acetoxy-16β-brom-12β,17-dihydroxy-5α-pregnan-20-on $C_{23}H_{35}BrO_5$, Formel III (R = CO-CH_3, R′ = H).

B. Aus 3β-Acetoxy-16α,17-epoxy-12β-hydroxy-5α-pregnan-20-on und HBr (*Adams et al.*, Soc. **1955** 870, 874).

Kristalle (aus Ae. + $CHCl_3$); F: 197 – 198°. $[\alpha]_D^{25}$: +46° [$CHCl_3$; c = 0,4].

12-Acetoxy-16-brom-3,17-dihydroxy-pregnan-20-one $C_{23}H_{35}BrO_5$.

a) **12α-Acetoxy-16β-brom-3α,17-dihydroxy-5β-pregnan-20-on,** Formel IV (R = H).
B. Aus 12α-Acetoxy-16α,17-epoxy-3α-hydroxy-5β-pregnan-20-on und HBr (*Adams et al.*, Soc. **1954** 1825, 1833).
Kristalle (aus Acn. + Hexan); F: 165 – 166° oder F: 172 – 173°. $[\alpha]_D^{22}$: +109° [$CHCl_3$; c = 0,4].

b) **12β-Acetoxy-16β-brom-3β,17-dihydroxy-5α-pregnan-20-on,** Formel III (R = H, R′ = CO-CH_3).
B. Aus 12β-Acetoxy-16α,17-epoxy-3β-hydroxy-5α-pregnan-20-on und HBr (*Adams et al.*, Soc. **1955** 870, 874).
Kristalle (aus Ae. + Hexan); F: 180 – 182° [Zers.]. $[\alpha]_D^{23}$: +62° [$CHCl_3$; c = 0,4].

3,12-Diacetoxy-16-brom-17-hydroxy-pregnan-20-one $C_{25}H_{37}BrO_6$.

a) **3α,12α-Diacetoxy-16β-brom-17-hydroxy-5β-pregnan-20-on,** Formel IV (R = CO-CH_3).
B. Aus 3α,12α-Diacetoxy-16α,17-epoxy-5β-pregnan-20-on und HBr (*Adams et al.*, Soc. **1954** 1825, 1830).
Kristalle (aus Acn. + Hexan); F: 166 – 168°. $[\alpha]_D^{23}$: +193° [$CHCl_3$; c = 1,5].

b) **3β,12β-Diacetoxy-16β-brom-17-hydroxy-5α-pregnan-20-on,** Formel III (R = R′ = CO-CH_3).
B. Aus 3β,12β-Diacetoxy-16α,17-epoxy-5α-pregnan-20-on und HBr (*Adams et al.*, Soc. **1955** 870, 873).
Kristalle (aus Me.); F: 153 – 154°. $[\alpha]_D^{20}$: +56° [$CHCl_3$; c = 0,4].

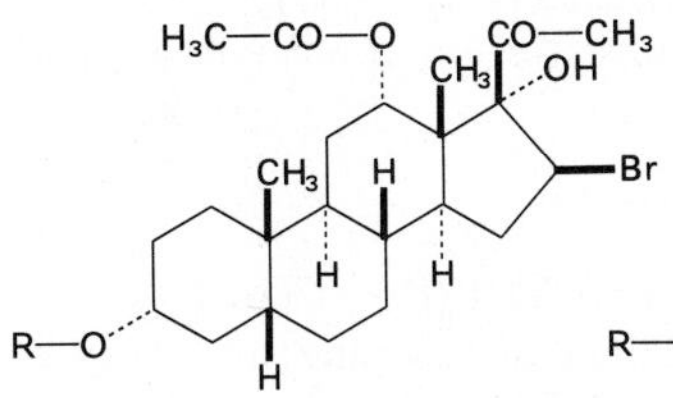

IV 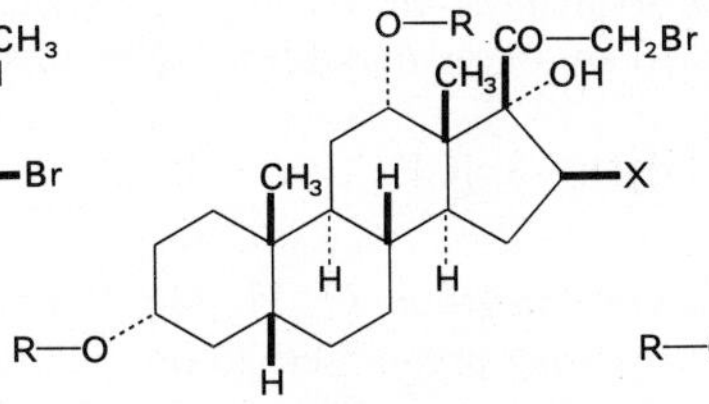 V 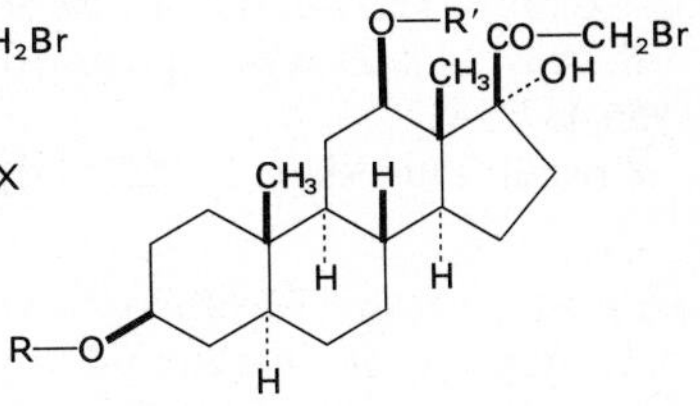 VI

21-Brom-3,12,17-trihydroxy-pregnan-20-one $C_{21}H_{33}BrO_4$.

a) **21-Brom-3α,12α,17-trihydroxy-5β-pregnan-20-on,** Formel V (R = X = H).
B. Aus 3α,12α,17-Trihydroxy-5β-pregnan-20-on und Brom (*Adams et al.*, Soc. **1954** 1825, 1832).
Kristalle (aus $CHCl_3$); F: 113 – 115° und F: 169 – 172°.

b) **21-Brom-3β,12β,17-trihydroxy-5α-pregnan-20-on,** Formel VI (R = R′ = H).
B. Aus 3β,12β,17-Trihydroxy-5α-pregnan-20-on und Brom (*Adams et al.*, Soc. **1955** 870, 875).
Kristalle (aus wss. Me.); F: 205 – 210° [Zers.]. $[\alpha]_D^{25}$: +33° [A.; c = 0,4].

12β-Acetoxy-21-brom-3β,17-dihydroxy-5α-pregnan-20-on $C_{23}H_{35}BrO_5$, Formel VI (R = H, R′ = CO-CH_3).
B. Aus 12β-Acetoxy-3β,17-dihydroxy-5α-pregnan-20-on und Brom (*Adams et al.*, Soc. **1955** 870, 875).
F: 121 – 125° [Rohprodukt].

3β,12β-Diacetoxy-21-brom-17-hydroxy-5α-pregnan-20-on $C_{25}H_{37}BrO_6$, Formel VI (R = R′ = CO-CH_3).
B. Aus 3β,12β-Diacetoxy-17-hydroxy-5α-pregnan-20-on und Brom (*Adams et al.*, Soc. **1955**

870, 875).
Kristalle (aus Ae.+Hexan); F: 144–145°.

3α,12α-Diacetoxy-16β,21-dibrom-17-hydroxy-5β-pregnan-20-on $C_{25}H_{36}Br_2O_6$, Formel V (R = CO-CH_3, X = Br).
B. Aus 3α,12α-Diacetoxy-16α,17-epoxy-5β-pregnan-20-on bei der aufeinanderfolgenden Umsetzung mit HBr und mit Brom (*Adams et al.*, Soc. **1954** 1825, 1834).
Kristalle (aus wss. Acn.); F: 192–194°. $[\alpha]_D^{20}$: +85° [$CHCl_3$; c = 0,6].

3α,12α,21-Triacetoxy-5β-pregnan-20-on $C_{27}H_{40}O_7$, Formel VII (E III 3478).
B. Aus 3α,12α-Diacetoxy-20,20-äthandiyldioxy-21-brom-5β-pregnan bei der aufeinanderfolgenden Umsetzung mit wss. Essigsäure und mit Kaliumacetat (*Amos, Ziegler*, Canad. J. Chem. **37** [1959] 345, 349).
Kristalle (aus Ae.+Hexan); F: 151–152°. $[\alpha]_D^{25}$: +151,7° [Acn.; c = 0,2].

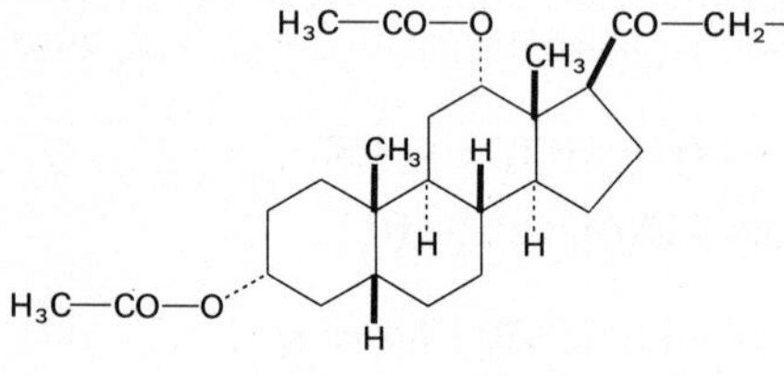

VII

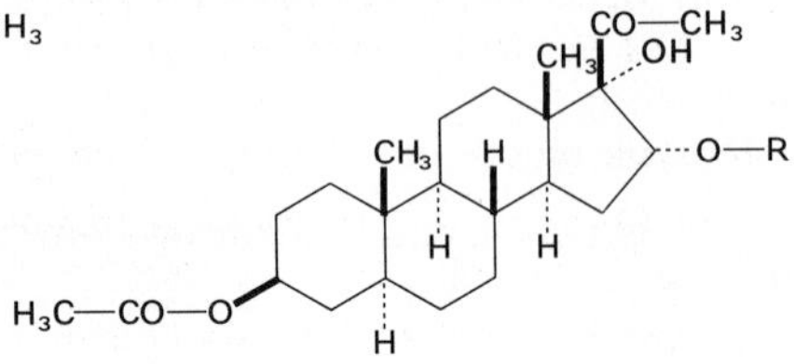

VIII

3β-Acetoxy-16α,17-dihydroxy-5α-pregnan-20-on $C_{23}H_{36}O_5$, Formel VIII (R = H).
B. Aus 3β-Acetoxy-5α-pregn-16-en-20-on und $KMnO_4$ in wss. Aceton (*Cooley et al.*, Soc. **1955** 4373, 4375).
Kristalle (aus Me.); F: 222°. $[\alpha]_D^{21}$: +3° [$CHCl_3$; c = 0,8].

3β,16α-Diacetoxy-17-hydroxy-5α-pregnan-20-on $C_{25}H_{38}O_6$, Formel VIII (R = CO-CH_3).
B. Aus 3β,16α-Diacetoxy-17-hydroxy-pregn-5-en-20-on bei der Hydrierung an Platin in Äthylacetat bzw. in Essigsäure (*Cooley et al.*, Soc. **1955** 4373, 4375; *Romo, Romo de Vivar*, J. org. Chem. **21** [1956] 902, 909).
Kristalle; F: 161–163° [aus Acn.+Hexan] (*Romo, Romo de Vi.*), 159° [aus wss. Me.] (*Co. et al.*). $[\alpha]_D^{20}$: −33° [$CHCl_3$] (*Romo, Romo de Vi.*); $[\alpha]_D^{21}$: −16° [$CHCl_3$; c = 0,5] (*Co. et al.*).

3β-Acetoxy-16α,21-dihydroxy-5α-pregnan-20-on $C_{23}H_{36}O_5$, Formel IX (R = R′ = H).
B. Aus 3β,21-Diacetoxy-16α-hydroxy-5α-pregnan-20-on mit Hilfe von wss.-methanol. $KHCO_3$ (*Schwarz et al.*, Collect. **23** [1958] 940, 943).
Kristalle (aus Bzl.); F: 207–209°. $[\alpha]_D^{20}$: +45° [$CHCl_3$; c = 2,4].

3β,21-Diacetoxy-16α-hydroxy-5α-pregnan-20-on $C_{25}H_{38}O_6$, Formel IX (R = H, R′ = CO-CH_3).
B. Aus 3β,21-Diacetoxy-16α,17-epoxy-5α-pregnan-20-on beim Behandeln mit Chrom(II)-acetat, Essigsäure und Natriumacetat in wss. Aceton (*Schwarz et al.*, Collect. **23** [1958] 940, 943).
Kristalle (aus Me.); F: 170–171°. $[\alpha]_D^{23}$: +58,5° [$CHCl_3$; c = 1,7].

3β,16α,21-Triacetoxy-5α-pregnan-20-on $C_{27}H_{40}O_7$, Formel IX (R = R′ = CO-CH_3).
B. Aus 3β,21-Diacetoxy-16α-hydroxy-5α-pregnan-20-on und Acetanhydrid in Pyridin (*Schwarz et al.*, Collect. **23** [1958] 940, 943).
Kristalle (aus Me.); F: 160–161°. $[\alpha]_D^{21}$: +44° [$CHCl_3$; c = 1,7].

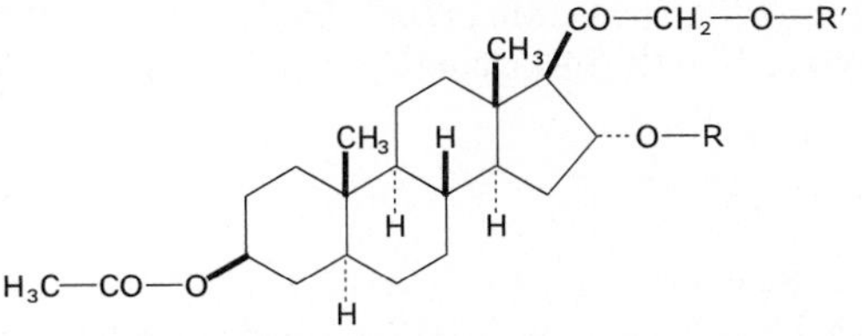

IX 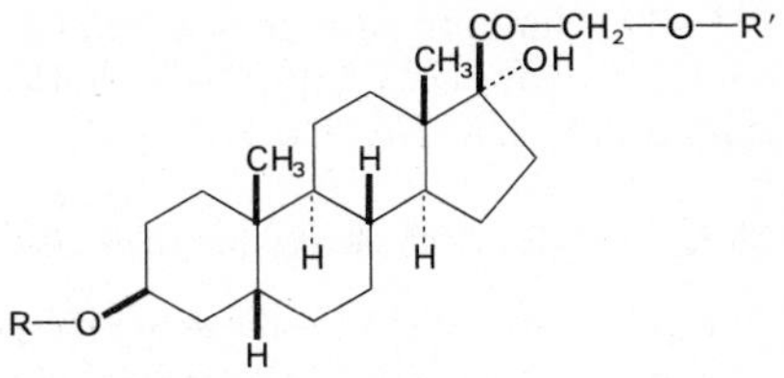 X

3,17,21-Trihydroxy-pregnan-20-one $C_{21}H_{34}O_4$.

a) **3β,17,21-Trihydroxy-5β-pregnan-20-on,** Formel X (R = R′ = H).

B. Neben dem unter b) beschriebenen Stereoisomeren (Hauptprodukt) aus 21-Acetoxy-17-hydroxy-5β-pregnan-3,20-dion bei der Hydrierung an Raney-Nickel und anschliessenden Hydrolyse mit wss.-methanol. $KHCO_3$ (*Harnik,* Steroids **3** [1964] 359, 369). Aus 17,21-Dihydroxy-pregn-4-en-3,20-dion über mehrere Stufen (*Bouchard, Engel,* Canad. J. Chem. **46** [1968] 2201, 2204). In geringer Menge neben dem unter b) beschriebenen Stereoisomeren (Hauptprodukt) aus 17,21-Dihydroxy-5β-pregnan-3,20-dion mit Hilfe eines Rattenleber-Präparats (*Ungar, Dorfman,* Am. Soc. **76** [1954] 1197). Neben dem unter b) beschriebenen Stereoisomeren aus 17,21-Dihydroxy-pregn-4-en-3,20-dion mit Hilfe von Alternaria bataticola (*Shirasaka, Tsuruta,* Arch. Biochem. **85** [1959] 277).

Kristalle; F: 240–243° [korr.; evakuierte Kapillare; aus Acn.] (*Bo., En.*), 232–234° [unkorr.; aus Acn.] (*Ha.*), 224–226° [unkorr.] (*Un., Do.*). $[\alpha]_D^{25}$: +53° [A.; c = 1] (*Bo., En.*); $[\alpha]_D^{30}$: +50° [A.] (*Ha.*).

b) **3α,17,21-Trihydroxy-5β-pregnan-20-on,** Formel XI (R = R′ = H).

B. Aus 17,21-Dihydroxy-pregn-4-en-3,20-dion über mehrere Stufen (*Bouchard, Engel,* Canad. J. Chem. **46** [1968] 2201, 2205). Über weitere Bildungsweisen s. unter a).

Kristalle; F: 214–216° [unkorr.; aus A.] (*Ungar, Dorfman,* Am. Soc. **76** [1954] 1197), 212–216° [unkorr.; aus E.] (*Harnik,* Steroids **3** [1964] 359, 369), 203–205° (*Shirasaka, Tsuruta,* Arch. Biochem. **85** [1959] 277). $[\alpha]_D^{27}$: +60° [A.] (*Un., Do.*); $[\alpha]_D^{30}$: +64° [A.] (*Ha.*). IR-Spektrum (KBr; 2,5–15 μ): *Ha.,* l. c. S. 365.

c) **3β,17,21-Trihydroxy-5α-pregnan-20-on,** Formel XII (R = R′ = R″ = H) (E III 3480).

B. Neben anderen Verbindungen aus 17,21-Dihydroxy-pregn-4-en-3,20-dion mit Hilfe eines Rattenleber-Präparats (*Forchielli et al.,* J. biol. Chem. **215** [1955] 713, 717).

Kristalle; F: 214–216°. IR-Spektrum (3–12 μ): *Fo. et al.*

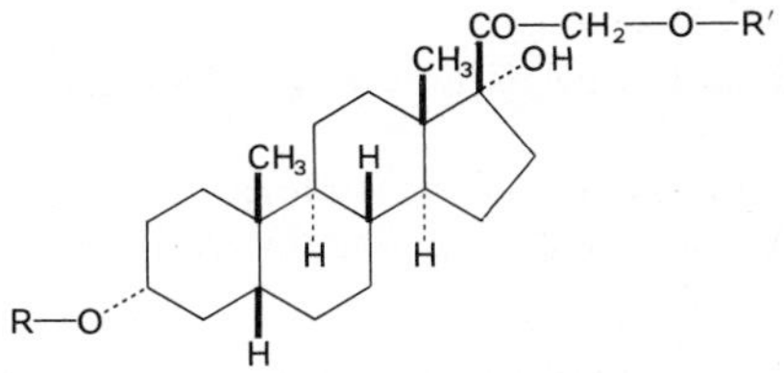

XI 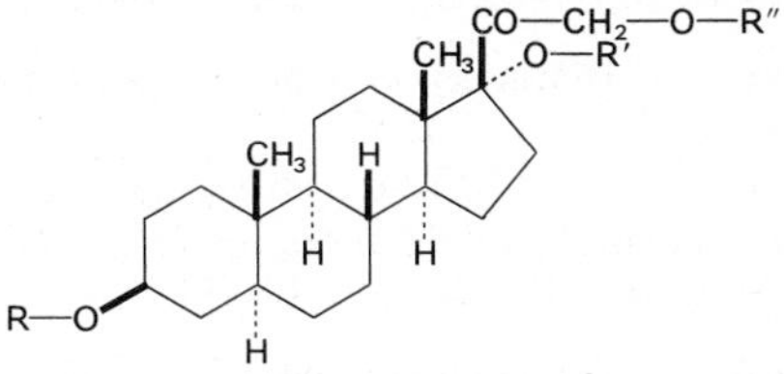 XII

d) **3α,17,21-Trihydroxy-5α-pregnan-20-on,** Formel XIII (R = R′ = H).

B. Aus 3α,21-Diacetoxy-17-hydroxy-5α-pregnan-20-on mit Hilfe von wss.-methanol. NaOH bzw. K_2CO_3 (*Romo, Lisci,* Bol. Inst. Quim. Univ. Mexico **7** [1955] 63, 67; *v. Euw et al.,* Helv. **45** [1962] 224, 231). Aus 21-Acetoxy-3β,17-dihydroxy-5α-pregnan-20-on bei der aufeinanderfolgenden Umsetzung mit Toluol-4-sulfonylchlorid, mit DMF und mit wss.-methanol. $KHCO_3$ (*Harnik,* Steroids **3** [1964] 359, 370). Neben anderen Verbindungen aus 17,21-Dihydroxy-pregn-4-en-3,20-dion mit Hilfe eines Rattenleber-Präparats (*Forchielli et al.,* J. biol. Chem. **215** [1955] 713, 717).

Kristalle; F: 224–226° [unkorr.; aus E.] (*Ha.*), 223–224° [korr.; aus Acn.] (*v. Euw et al.*),

173–175° [unkorr.; aus Acn.+Ae.] (*Romo, Li.*). $[\alpha]_D^{18}$: +54° [Me.] (*Ha.*); $[\alpha]_D^{26}$: +51,6° [Me.; c = 1] (*v. Euw et al.*); $[\alpha]_D^{20}$: +54° [$CHCl_3$] (*Romo, Li.*). IR-Spektrum (KBr; 2,5–15 μ): *v. Euw et al.*, l. c. S. 228; *Ha.*, l. c. S. 365.

21-Acetoxy-3,17-dihydroxy-pregnan-20-one $C_{23}H_{36}O_5$.

a) **21-Acetoxy-3β,17-dihydroxy-5β-pregnan-20-on,** Formel X (R = H, R′ = CO-CH_3).

B. Aus 21-Brom-3β,17-dihydroxy-5β-pregnan-20-on bei der aufeinanderfolgenden Umsetzung mit NaI und mit Kaliumacetat (*Syntex S.A.*, U.S.P. 2596563 [1950]).

Kristalle (aus Acn.+Ae.); F: 217–219°.

b) **21-Acetoxy-3α,17-dihydroxy-5β-pregnan-20-on,** Formel XI (R = H, R′ = CO-CH_3).

B. Aus 21-Brom-3α,17-dihydroxy-5β-pregnan-20-on bei der aufeinanderfolgenden Umsetzung mit NaI und mit Kaliumacetat (*Syntex S.A.*, U.S.P. 2596563 [1950]).

Kristalle (aus Acn.+Ae.); F: 217–221°.

c) **21-Acetoxy-3β,17-dihydroxy-5α-pregnan-20-on,** Formel XII (R = R′ = H, R″ = CO-CH_3).

B. Aus 21-Brom-3β,17-dihydroxy-5α-pregnan-20-on bei der aufeinanderfolgenden Umsetzung mit NaI und mit Kaliumacetat (*Rosenkranz et al.*, Am. Soc. **72** [1950] 4081, 4084).

Kristalle (aus Me.); F: 235–236° [korr.] (*Ro. et al.*). Netzebenenabstände: *Parsons et al.*, Anal. Chem. **29** [1957] 762, 765. $[\alpha]_D^{20}$: +44° [$CHCl_3$] (*Ro. et al.*).

d) **21-Acetoxy-3α,17-dihydroxy-5α-pregnan-20-on,** Formel XIII (R = H, R′ = CO-CH_3).

B. Aus 3α,17-Dihydroxy-5α-pregnan-20-on bei der aufeinanderfolgenden Umsetzung mit Brom, mit NaI und mit Kaliumacetat (*Romo, Lisci,* Bol. Inst. Quim. Univ. Mexico **7** [1955] 63, 66).

Kristalle (aus Me.); F: 208–211° [unkorr.]. $[\alpha]_D^{20}$: +59° [$CHCl_3$].

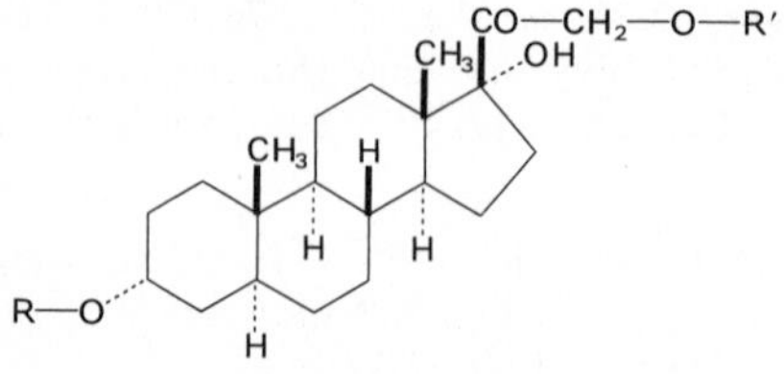

XIII

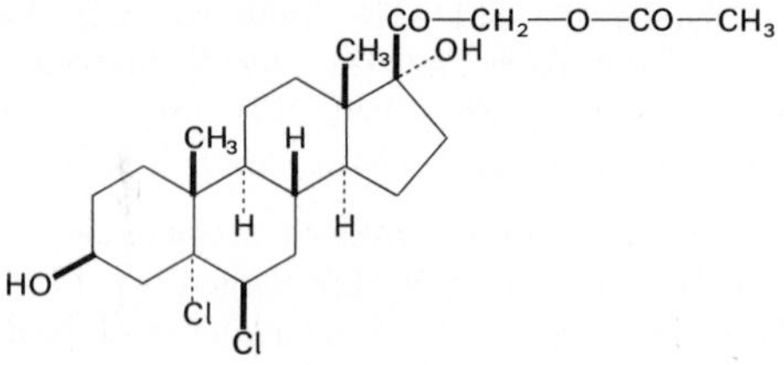

XIV

3,21-Diacetoxy-17-hydroxy-pregnan-20-one $C_{25}H_{38}O_6$.

a) **3β,21-Diacetoxy-17-hydroxy-5β-pregnan-20-on,** Formel X (R = R′ = CO-CH_3) (E III 3481).

B. Aus 21-Brom-3β,17-dihydroxy-5β-pregnan-20-on bei der aufeinanderfolgenden Umsetzung mit wss.-äthanol. NaOH und mit Acetanhydrid (*Koechlin et al.,* Am. Soc. **73** [1951] 189, 193).

Kristalle (aus Bzl.+PAe.); F: 154–157°. $[\alpha]_D^{28}$: +51° [A.].

b) **3α,21-Diacetoxy-17-hydroxy-5β-pregnan-20-on,** Formel XI (R = R′ = CO-CH_3).

B. Aus 3α-Acetoxy-21-brom-17-hydroxy-5β-pregnan-20-on bei der aufeinanderfolgenden Umsetzung mit wss.-äthanol. NaOH und mit Acetanhydrid (*Koechlin et al.,* Am. Soc. **73** [1951] 189, 193).

Kristalle; F: 205–206° [aus E.] (*Ko. et al.*), 201–206° (*Ungar, Dorfman,* Am. Soc. **76** [1954] 1197). $[\alpha]_D^{27}$: +77° [A.] (*Un., Do.*); $[\alpha]_D$: +88° [A.] (*Ko. et al.*). IR-Spektrum ($CHCl_3$ und CCl_4; 1800–800 cm^{-1}): *G. Roberts, B.S. Gallagher, R.N. Jones,* Infrared Absorption Spectra of Steroids, Bd. 2 [New York 1958] Nr. 510.

c) **3β,21-Diacetoxy-17-hydroxy-5α-pregnan-20-on,** Formel XII (R = R″ = CO-CH_3, R′ = H) (E III 3482).

B. Aus 3β-Acetoxy-21-brom-17-hydroxy-5α-pregnan-20-on bei der aufeinanderfolgenden

Umsetzung mit NaI, mit Kaliumacetat und mit Acetanhydrid in Pyridin (*Rosenkranz et al.*, Am. Soc. **72** [1950] 4081, 4084). Aus 3β,21-Diacetoxy-5α-pregn-17(20)*t*-en beim Behandeln mit wss. H_2O_2 und OsO_4 in *tert*-Butylalkohol unter Einwirkung von Licht und Behandeln des Reaktionsprodukts mit Acetanhydrid in Pyridin (*CIBA*, U.S.P. 2662854 [1951]). Aus (17Ξ)-3β,21-Diacetoxy-20-brom-5α-pregn-17(20)-en (F: 125–127°) mit Hilfe von OsO_4 in Äther (*Wagner, Moore*, Am. Soc. **72** [1950] 5301, 5304).

Kristalle (aus Bzl.); F: 208–210° [korr.]; $[\alpha]_D^{20}$: +41,5° [$CHCl_3$] (*Ro. et al.*).

d) **3α,21-Diacetoxy-17-hydroxy-5α-pregnan-20-on,** Formel XIII (R = R′ = CO-CH_3).

B. Aus 3α-Acetoxy-17-hydroxy-5α-pregnan-20-on bei der aufeinanderfolgenden Umsetzung mit Brom, mit NaI (bzw. KI) und mit Kaliumacetat (*Romo, Lisci,* Bol. Inst. Quim. Univ. Mexico **7** [1955] 63, 66; *v. Euw et al.*, Helv. **45** [1962] 224, 231).

Kristalle; F: 192–194° [unkorr.; aus Acn.+Hexan] (*Romo, Li.*), 192–193° [korr.; aus Acn.+Ae.] (*v. Euw et al.*). $[\alpha]_D^{20}$: +56° [$CHCl_3$] (*Romo, Li.*); $[\alpha]_D^{26}$: +50,1° [$CHCl_3$; c = 1] (*v. Euw et al.*). IR-Spektrum (KBr und CH_2Cl_2; 2,5–15 μ): *v. Euw et al.*, l. c. S. 228.

17,21-Diacetoxy-3β-hydroxy-5α-pregnan-20-on $C_{25}H_{38}O_6$, Formel XII (R = H, R′ = R″ = CO-CH_3).

B. Aus 17,21-Diacetoxy-3β-hydroxy-pregn-5-en-20-on beim Hydrieren an Palladium/Kohle in Methanol (*Ringold et al.,* Am. Soc. **78** [1956] 820, 823).

F: 184–187° [Rohprodukt].

3β,17,21-Triacetoxy-5α-pregnan-20-on $C_{27}H_{40}O_7$, Formel XII (R = R′ = R″ = CO-CH_3) (E III 3483).

B. Aus 21-Acetoxy-3β,17-dihydroxy-5α-pregnan-20-on und Acetanhydrid mit Hilfe von Toluol-4-sulfonsäure (*Moffett, Anderson,* Am. Soc. **76** [1954] 747).

Kristalle (aus Ae.+PAe.); F: 204–205,5° [unkorr.].

21-Acetoxy-5,6β-dichlor-3β,17-dihydroxy-5α-pregnan-20-on $C_{23}H_{34}Cl_2O_5$, Formel XIV.

B. Aus 21-Brom-5,6β-dichlor-3β,17-dihydroxy-5α-pregnan-20-on und Kaliumacetat in Aceton (*Cutler et al.,* J. org. Chem. **24** [1959] 1629, 1631).

Kristalle (aus Acetonitril); F: 191–193,5° [unkorr.; Zers.]. $[\alpha]_D^{25}$: −19,8° [$CHCl_3$; c = 1].

3β,21-Diacetoxy-5,6ξ-dibrom-17-hydroxy-5ξ-pregnan-20-on $C_{25}H_{36}Br_2O_6$, Formel XV.

B. Aus 3β,22-Diacetoxy-5,6ξ-dibrom-23,24-dinor-5ξ-chol-17(20)ξ-en-21-nitril (F: 143°) mit Hilfe von OsO_4 (*Heer, Miescher,* Helv. **34** [1951] 359, 371).

Kristalle (aus Acn.+PAe.); F: 148–149° [korr.; Zers.].

XV

21-Acetylmercapto-3α,17-dihydroxy-5β-pregnan-20-on $C_{23}H_{36}O_4S$, Formel XVI.

B. Aus 21-Brom-3α,17-dihydroxy-5β-pregnan-20-on bei der aufeinanderfolgenden Umsetzung mit NaI und mit Kalium-thioacetat (*Djerassi, Nussbaum,* Am. Soc. **75** [1953] 3700, 3703).

Kristalle (aus E.+Hexan); F: 194–195° [unkorr.]. $[\alpha]_D^{20}$: +89° [$CHCl_3$; c = 0,5].

21-Acetoxy-11β,17-dihydroxy-5α-pregnan-20-on $C_{23}H_{36}O_5$, Formel XVII.

B. Aus 21-Acetoxy-5α-pregn-17(20)ξ-en-11β-ol (E IV **6** 6421) mit Hilfe von H_2O_2 oder von

OsO_4 (*Upjohn Co.*, U.S.P. 2868808 [1958]).

Kristalle (aus Acn. + Hexan); F: 201–204°. IR-Banden (Nujol; 3600–1200 cm^{-1}): *Upjohn Co.* [*Schütt*]

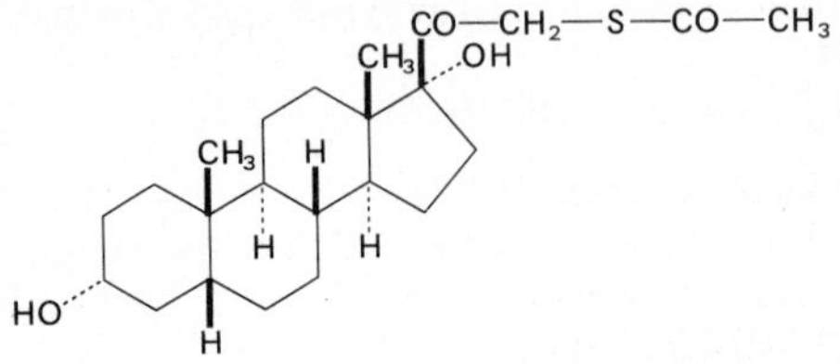

XVI

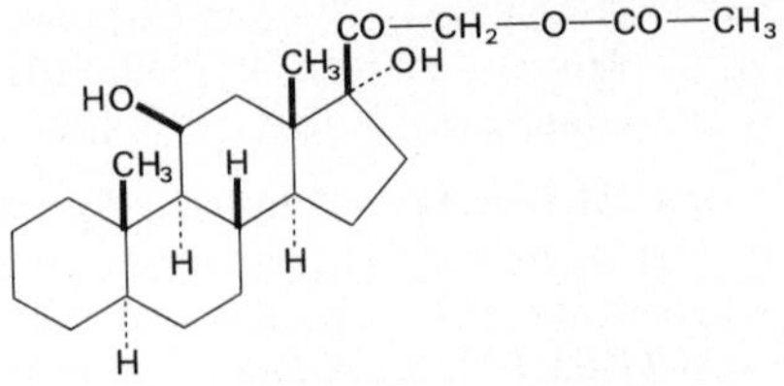

XVII

Hydroxy-oxo-Verbindungen $C_{22}H_{36}O_4$

1-[2,3,4-Trihydroxy-phenyl]-hexadecan-1-on $C_{22}H_{36}O_4$, Formel I (X = H, n = 14) (E III 3484).

B. Beim Erwärmen von Pyrogallol mit Palmitinsäure und BF_3 (*Buu-Hoi, Séailles,* J. org. Chem. **20** [1955] 606, 608).

F: 92°.

1-[5-Brom-2,3,4-trihydroxy-phenyl]-hexadecan-1-on $C_{22}H_{35}BrO_4$, Formel I (X = Br, n = 14) (E III 3484).

Kristalle (aus wss. Me. oder Eg.); F: 89–90° (*Buu-Hoi,* J. org. Chem. **18** [1953] 1723, 1725).

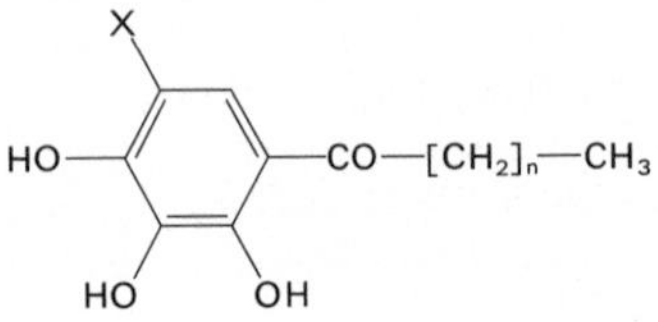

I

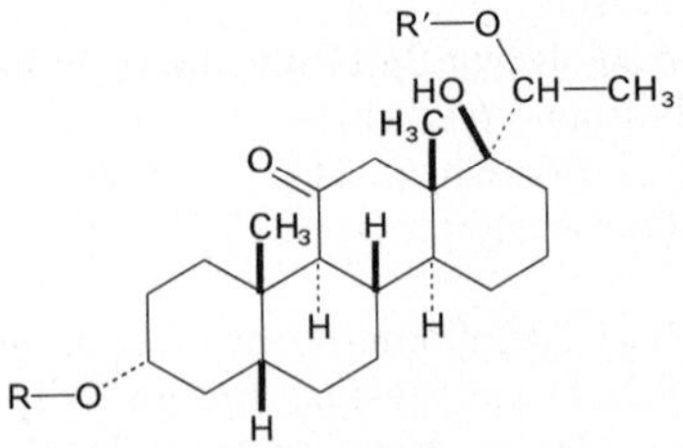

II

3α,17a,20ξ-Trihydroxy-*D*-homo-5β,17aβ*H*-pregnan-11-on $C_{22}H_{36}O_4$, Formel II (R = R′ = H).

B. Bei der Reduktion von 3α,17a-Dihydroxy-*D*-homo-5β,17aβ*H*-pregnan-11,20-dion mit $NaBH_4$ in wss. Methanol (*Sterling Drug Inc.*, U.S.P. 2860158 [1954]; s. a. *Clinton et al.*, Am. Soc. **80** [1958] 3395, 3400). Bei der Hydrolyse der folgenden Verbindung (*Cl. et al.*).

Kristalle (aus E.); F: 201,7–207,4° [korr.]; $[\alpha]_D^{25}$: +14,4° [$CHCl_3$; c = 1] (*Sterling Drug Inc.*; *Cl. et al.*).

3α-Acetoxy-17a,20ξ-dihydroxy-*D*-homo-5β,17aβ*H*-pregnan-11-on $C_{24}H_{38}O_5$, Formel II (R = CO-CH_3, R′ = H).

B. Beim Behandeln von 3α-Acetoxy-17a-hydroxy-*D*-homo-5β,17aβ*H*-pregnan-11,20-dion mit $NaBH_4$ in wss. Methanol (*Clinton et al.*, Am. Soc. **80** [1958] 3395, 3400).

Kristalle (aus Me.); F: 274,5–276° [korr.]. $[\alpha]_D^{25}$: +36,1° [$CHCl_3$; c = 1].

3α,20ξ-Diacetoxy-17a-hydroxy-*D*-homo-5β,17aβ*H*-pregnan-11-on $C_{26}H_{40}O_6$, Formel II (R = R′ = CO-CH_3).

B. Beim Erwärmen der vorangehenden Verbindung mit Acetanhydrid und Pyridin (*Clinton et al.*, Am. Soc. **80** [1958] 3395, 3400).

Kristalle (aus Me.); F: 190,3–192,5° [korr.]. $[\alpha]_D^{25}$: +16,9° [$CHCl_3$; c = 1].

3α,17α,17aα-Trihydroxy-17β,17aβ-dimethyl-*D*-homo-5β-androstan-11-on $C_{22}H_{36}O_4$, Formel III.

B. Beim Erwärmen von 3α-Acetoxy-17α-hydroxy-17β-methyl-*D*-homo-5β-androstan-11,17a-dion mit Methylmagnesiumjodid in Benzol und Äther (*Wendler, Taub,* J. org. Chem. **23** [1958] 953, 957).

Kristalle (aus Acn. + Hexan); F: 208–213°.

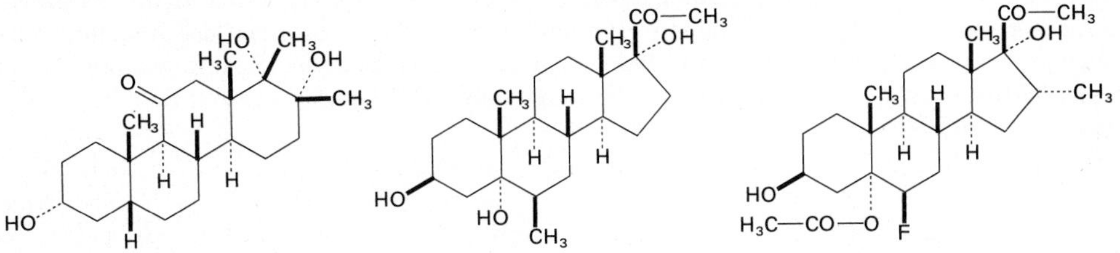

III IV V

3β,5,17-Trihydroxy-6β-methyl-5α-pregnan-20-on $C_{22}H_{36}O_4$, Formel IV.

B. Beim Erwärmen von 20,20-Äthandiyldioxy-6β-methyl-5α-pregnan-3β,5,17-triol mit wss.-methanol. H_2SO_4 (*Ringold et al.,* Am. Soc. **81** [1959] 3712, 3715; s. a. *Chen, Huang,* Acta chim. sinica **25** [1959] 424; C. A. **1960** 19762). Beim Behandeln von 3β-Acetoxy-5,6α-epoxy-17ξ-[(*Ξ*)-tetrahydropyran-2-yloxy]-5α-androstan-17ξ-carbonitril (Epimeren-Gemisch; vgl. E III/IV **18** 5019) in Anisol mit Methylmagnesiumbromid in Äther (*de Ruggieri, Ferrari,* Am. Soc. **81** [1959] 5725).

Kristalle; F: 251–252° [unkorr.; aus Acn.]; $[\alpha]_D$: −45° [$CHCl_3$] (*Ri. et al.*). F: 247–249° [unkorr.; aus Acn.]; $[\alpha]_D^{20}$: −34° [$CHCl_3$] (*de Ru., Fe.*). F: 246–248°; $[\alpha]_D$: +6° [Me.] (*Chen, Hu.*).

5-Acetoxy-6β-fluor-3β,17-dihydroxy-16α-methyl-5α-pregnan-20-on $C_{24}H_{37}FO_5$, Formel V.

B. Neben grösseren Mengen 5-Acetoxy-6β-fluor-3β-hydroxy-16α-methyl-5α-pregnan-20-on beim Erhitzen von 3β-Acetoxy-6β-fluor-5-hydroxy-16α-methyl-5α-pregnan-20-on mit Acetanhydrid und Acetylchlorid, Behandeln des Reaktionsprodukts in Benzol mit Monoperoxyphthalsäure in Äther und Behandeln des danach erhaltenen Reaktionsprodukts mit wss.-methanol. KOH (*Edwards et al.,* Am. Soc. **82** [1960] 2318, 2320; s. a. *Edwards et al.,* Pr. chem. Soc. **1959** 87).

Kristalle (aus Ae. + Hexan); F: 214–216°; $[\alpha]_D$: −35° (*Ed. et al.,* Am. Soc. **82** 2320).

3,11,17-Trihydroxy-16-methyl-pregnan-20-one $C_{22}H_{36}O_4$.

a) **3α,11α,17-Trihydroxy-16β-methyl-5β-pregnan-20-on,** Formel VI.

B. Beim Erwärmen von 20,20-Äthandiyldioxy-16β-methyl-5β-pregnan-3α,11α,17-triol mit wss. Essigsäure (*Rausser et al.,* J. org. Chem. **31** [1966] 26, 30; s. a. *Oliveto et al.,* Am. Soc. **80** [1958] 6687).

Kristalle (aus wss. Me.); F: 180–183° [korr.]; $[\alpha]_D^{25}$: +40,7° [Dioxan; c = 1] (*Ra. et al.*).

*O*³,*O*¹¹-Diacetyl-Derivat $C_{26}H_{40}O_6$; 3α,11α-Diacetoxy-17-hydroxy-16β-methyl-5β-pregnan-20-on. Kristalle (aus Acn. + Hexan); F: 185–186,5°; $[\alpha]_D^{25}$: +37,2° [Dioxan; c = 1] (*Ra. et al.*).

b) **3β,11β,17-Trihydroxy-16α-methyl-5α-pregnan-20-on,** Formel VII.

B. Beim Behandeln von (17*Ξ*)-3β,20-Diacetoxy-16α-methyl-5α-pregn-17(20)-en-11-on (F: 164–165,5°) mit $NaBH_4$ in wss. THF, Behandeln des Reaktionsprodukts mit Monoperoxyphthalsäure und Erwärmen des danach isolierten Reaktionsprodukts mit wss.-methanol. K_2CO_3 (*Ehmann et al.,* Helv. **42** [1959] 2548, 2552).

Kristalle (aus CH_2Cl_2 + Me. + Ae.); F: 241,5–244,5°. $[\alpha]_D^{26}$: +41° [A.; c = 0,9].

O^3-Acetyl-Derivat $C_{24}H_{38}O_5$; 3β-Acetoxy-11β,17-dihydroxy-16α-methyl-5α-pregnan-20-on. Kristalle (aus CH_2Cl_2+Ae.+PAe.); F: 206,5–209,5°. $[\alpha]_D^{27}$: −9° [$CHCl_3$; c = 1,4]. IR-Banden (CH_2Cl_2; 2,7–8,1 μ): *Eh. et al.*

c) **3β,11α,17-Trihydroxy-16α-methyl-5α-pregnan-20-on,** Formel VIII (X = H).

B. Beim Behandeln von 3β,11α-Diacetoxy-17-hydroxy-16α-methyl-5α-pregnan-20-on mit Natriummethylat in Methanol (*Heusler et al.*, Helv. **42** [1959] 2043, 2061).

Kristalle (aus $CHCl_3$+A.+Ae.); F: 248–252°. $[\alpha]_D^{27}$: +1° [A.; c = 0,8].

O^3,O^{11}-Diacetyl-Derivat $C_{26}H_{40}O_6$; 3β,11α-Diacetoxy-17-hydroxy-16α-methyl-5α-pregnan-20-on. *B.* Beim Behandeln von (17Ξ)-3β,11α,20-Triacetoxy-16α-methyl-5α-pregn-17(20)-en (E IV **6** 7497) mit Monoperoxyphthalsäure in Äther, Erwärmen des Reaktionsprodukts mit wss.-methanol. K_2CO_3 und Behandeln des danach isolierten Reaktionsprodukts mit Acetanhydrid und Pyridin (*He. et al.*). – Kristalle (aus CH_2Cl_2+Ae.+PAe.); F: 178,5–180°. $[\alpha]_D^{26}$: −47° [$CHCl_3$; c = 0,8].

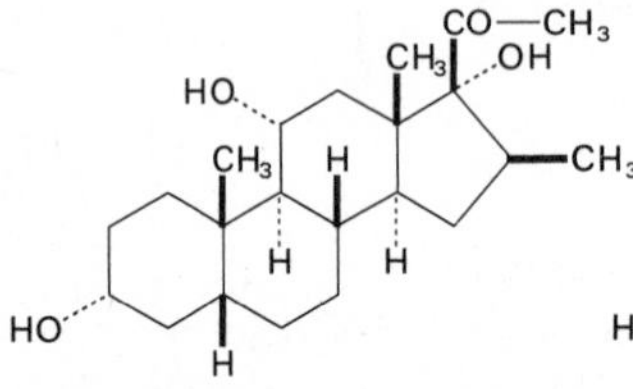

VI 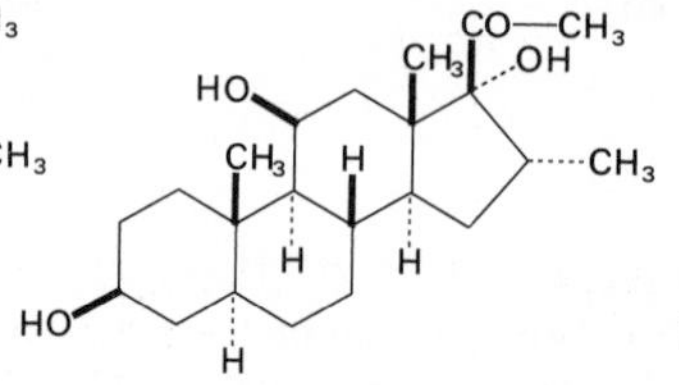 VII 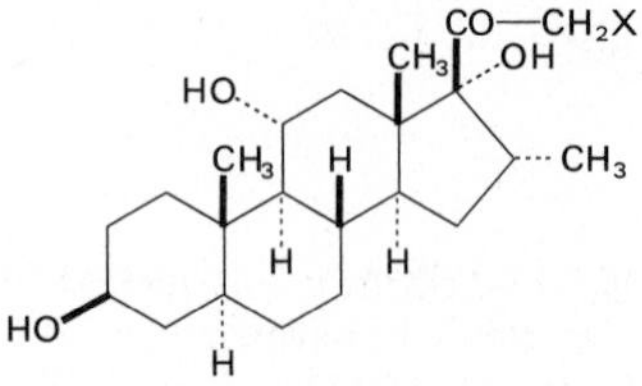 VIII

21-Brom-3β,11α,17-trihydroxy-16α-methyl-5α-pregnan-20-on $C_{22}H_{35}BrO_4$, Formel VIII (X = Br).

B. Beim Behandeln von 3β,11α,17-Trihydroxy-16α-methyl-5α-pregnan-20-on mit Brom in HCl und Äthanol enthaltendem $CHCl_3$ (*Ehmann et al.*, Helv. **42** [1959] 2548, 2554).

Kristalle (aus Acn. oder wss. Me.); F: 217–219° [Zers.].

21-Acetoxy-3β,17-dihydroxy-16α-methyl-5α-pregnan-20-on $C_{24}H_{38}O_5$, Formel IX (X = H).

B. Aus 3β,17-Dihydroxy-16α-methyl-5α-pregnan-20-on über mehrere Stufen (*Oliveto et al.*, Am. Soc. **80** [1958] 4431).

F: 181–185°. $[\alpha]_D$: +21° [Dioxan].

21-Acetoxy-5,6β-dichlor-3β,17-dihydroxy-16α-methyl-5α-pregnan-20-on $C_{24}H_{36}Cl_2O_5$, Formel IX (X = Cl).

B. Beim Erwärmen von 21-Brom-5,6β-dichlor-3β,17-dihydroxy-16α-methyl-5α-pregnan-20-on mit KI und anschliessend mit Kaliumacetat in Aceton (*Batres et al.*, J. org. Chem. **26** [1961] 871, 875; s. a. *Edwards et al.*, Pr. chem. Soc. **1959** 87).

Kristalle (aus wss. Me.) mit 0,5 Mol H_2O; F: 127–134°; $[\alpha]_D$: −45° (*Ba. et al.*).

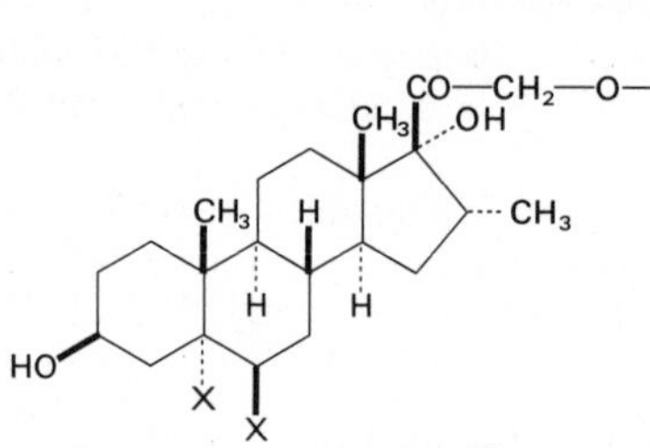

IX 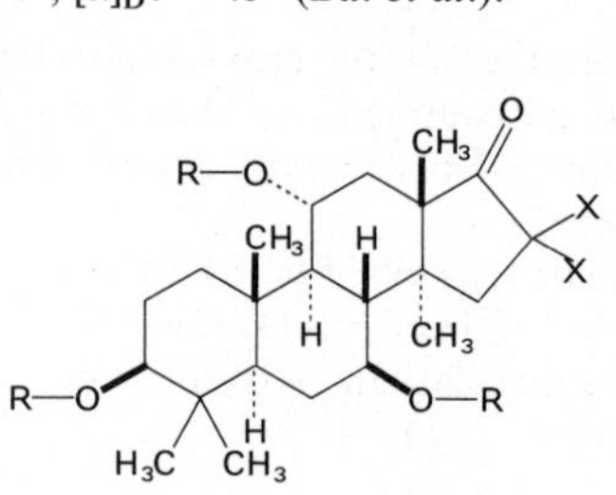 X

3β,7β,11α-Trihydroxy-4,4,14-trimethyl-5α-androstan-17-on $C_{22}H_{36}O_4$, Formel X (R = X = H).

B. Bei der alkalischen Hydrolyse der folgenden Verbindung (*Barnes et al.*, Soc. **1953** 571, 575).

Kristalle (aus wss. Me.) mit 0,5 Mol Methanol; F: 235–256°.
Tribenzoyl-Derivat (F: 172–175°; $[\alpha]_D$: +56° [$CHCl_3$; c = 1,3]): *Ba. et al.*

3β,7β,11α-Triacetoxy-4,4,14-trimethyl-5α-androstan-17-on $C_{28}H_{42}O_7$, Formel X (R = $CO\text{-}CH_3$, X = H).
B. Neben anderen Verbindungen beim Behandeln von 3β,7β,11α-Triacetoxy-lanostan mit CrO_3, Acetanhydrid, wss. Essigsäure und H_2SO_4 (*Barnes et al.*, Soc. **1953** 571, 574).
Kristalle (aus wss. Me.); F: 190–191°; $[\alpha]_D$: +41° [$CHCl_3$; c = 1,5]; λ_{max} (A.): 293 nm (*Ba. et al.*). $[\alpha]_D$: +27° [Me.; c = 0,09], ORD (Me.; 700–260 nm): *Djerassi et al.*, Am. Soc. **80** [1958] 4001, 4011, 4014.
Oxim $C_{28}H_{43}NO_7$. F: 155–170° (*Ba. et al.*).
O-Acetyl-oxim $C_{30}H_{45}NO_8$. Kristalle (aus E.+PAe.); F: 212–214°; $[\alpha]_D$: +4° [$CHCl_3$; c = 2] (*Ba. et al.*).
2,4-Dinitro-phenylhydrazon (F: 277–279°): *Ba. et al.*

3β,7β,11α-Triacetoxy-16,16-dibrom-4,4,14-trimethyl-5α-androstan-17-on $C_{28}H_{40}Br_2O_7$, Formel X (R = $CO\text{-}CH_3$, X = Br).
B. Beim Behandeln von 3β,7β,11α-Triacetoxy-4,4,14-trimethyl-5α-androstan-17-on mit Brom in HBr enthaltender Essigsäure (*Barnes et al.*, Soc. **1953** 571, 575).
Kristalle (aus wss. Me.); F: 239–240°. $[\alpha]_D$: +43° [$CHCl_3$; c = 0,7].

Hydroxy-oxo-Verbindungen $C_{23}H_{38}O_4$

1-[3,4,5-Trimethoxy-phenyl]-heptadecan-1-on $C_{26}H_{44}O_4$, Formel XI.
B. Beim Erwärmen von 2-[3,4,5-Trimethoxy-benzoyl]-heptadecansäure-äthylester mit äthanol. KOH (*Asano, Iguti,* J. pharm. Soc. Japan **71** [1951] 1218, 1221; C. A. **1952** 6095).
Kristalle (aus A.); F: 72–72,5°.
4-Nitro-phenylhydrazon (F: 111–112°): *As., Ig.*

XI XII

Hydroxy-oxo-Verbindungen $C_{24}H_{40}O_4$

1-[2,3,4-Trihydroxy-phenyl]-octadecan-1-on $C_{24}H_{40}O_4$, Formel I (X = H, n = 16) (E III 3485).
B. Beim Erwärmen von Pyrogallol mit Stearinsäure und BF_3 (*Buu-Hoi, Séailles,* J. org. Chem. **20** [1955] 606, 607, 608).
F: 93°.

1-[2,4,5-Trihydroxy-phenyl]-octadecan-1-on $C_{24}H_{40}O_4$, Formel XII (X = OH, X′ = H).
B. Beim Behandeln von Benzen-1,2,4-triol mit $AlCl_3$ in Nitrobenzol und anschliessend mit Stearoylchlorid (*Eastman Kodak Co.*, U.S.P. 2759828 [1952], 2848345 [1954]).
Hellgelbe Kristalle (aus Me.); F: 118–119°.

1-[2,4,6-Trihydroxy-phenyl]-octadecan-1-on $C_{24}H_{40}O_4$, Formel XII (X = H, X′ = OH) (E II 454).
B. Beim Erwärmen von Phloroglucin mit Stearinsäure und BF_3 (*Buu-Hoi, Séailles,* J. org. Chem. **20** [1955] 606, 607, 608).
F: 126°.

3α,6α,24-Triacetoxy-5β-cholan-7-on(?) $C_{30}H_{46}O_7$, vermutlich Formel XIII.

B. Beim Behandeln von 3α,6α,24-Triacetoxy-5β-cholan-7α-ol(?) (E IV **6** 7714) mit CrO_3 in Essigsäure (*Haslewood,* Biochem. J. **62** [1956] 637, 643).

Kristalle (aus wss. A.); F: 130–131° [korr.]. $[\alpha]_D^{19}$: +21,3° [A.; c = 0,8].

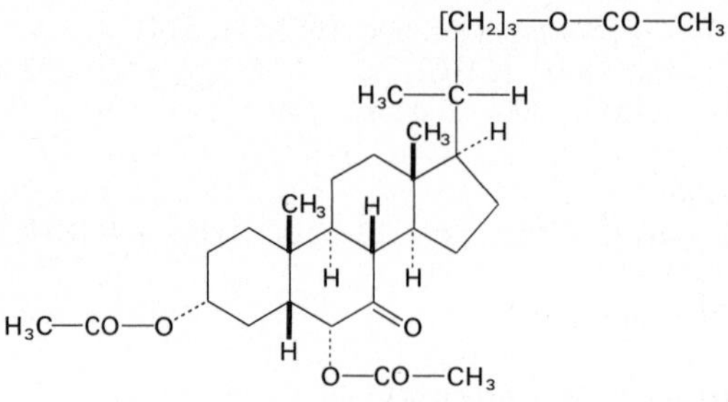

XIII

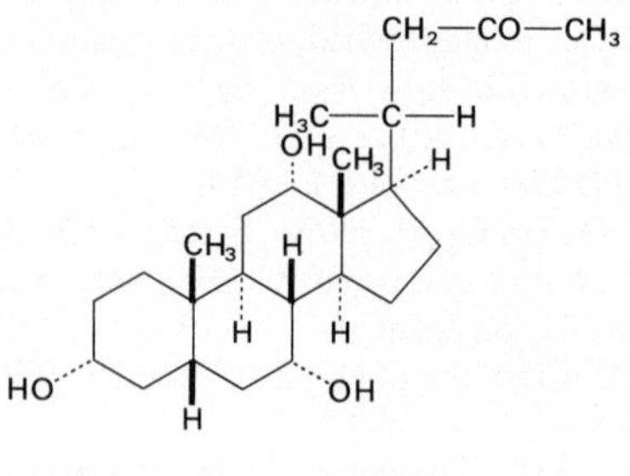

XIV

3α,7α,12α-Trihydroxy-5β-cholan-23-on $C_{24}H_{40}O_4$, Formel XIV.

B. Aus 3α,7α,12α-Trihydroxy-24-nor-5β-cholan-23-säure über mehrere Stufen (*Komatsubara,* Pr. Japan Acad. **30** [1954] 488, 491).

Kristalle (aus Me.); F: 212–213°.

Hydroxy-oxo-Verbindungen $C_{25}H_{42}O_4$

(±)-*threo*-10,11-Dihydroxy-1-[3-methoxy-phenyl]-nonadecan-2-on $C_{26}H_{44}O_4$, Formel I +Spiegelbild.

B. Beim Behandeln von 1-[3-Methoxy-phenyl]-nonadec-10*c*-en-2-on mit Peroxyameisensäure und Erhitzen des Reaktionsprodukts mit wss. NaOH (*Dalton, Lamberton,* Austral. J. Chem. **11** [1958] 46, 62).

Kristalle (aus PAe.); F: 61–62°.

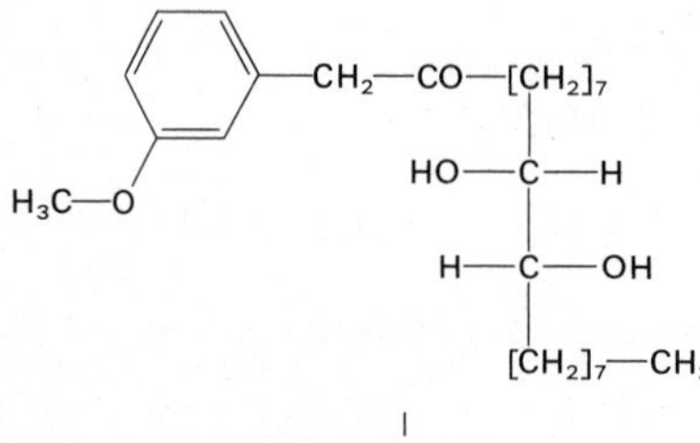

I

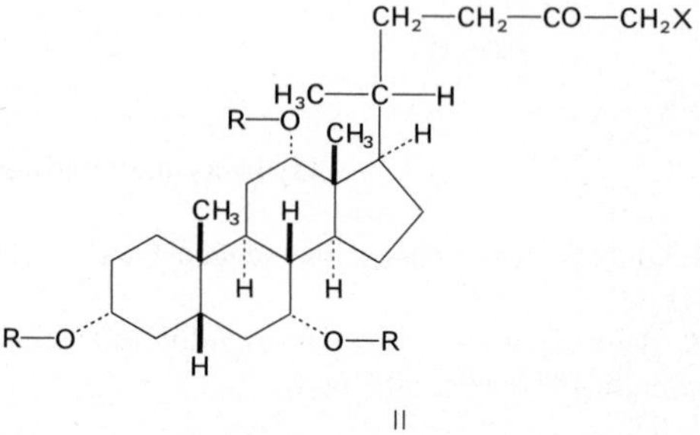

II

3α,7α,12α-Trihydroxy-24-methyl-5β-cholan-24-on $C_{25}H_{42}O_4$, Formel II (R = X = H).

B. Beim Erhitzen der folgenden Verbindung mit Zink-Pulver und Essigsäure und Erwärmen des Reaktionsprodukts mit methanol. KOH (*Kazuno et al.,* Pr. Japan Acad. **28** [1952] 416, 419).

Kristalle (aus wss. A.) mit 2 Mol H_2O; F: 166–168°.

Oxim $C_{25}H_{43}NO_4$. Zers. bei 115°.

24-Brommethyl-3α,7α,12α-tris-formyloxy-5β-cholan-24-on $C_{28}H_{41}BrO_7$, Formel II (R = CHO, X = Br).

B. Beim Behandeln von 24-Diazomethyl-3α,7α,12α-tris-formyloxy-5β-cholan-24-on mit HBr in Dioxan (*Kazuno et al.,* Pr. Japan Acad. **28** [1952] 416, 419).

Kristalle (aus A.); F: 142–145°.

Hydroxy-oxo-Verbindungen $C_{26}H_{44}O_4$

1-[2,3,4-Trihydroxy-phenyl]-eicosan-1-on $C_{26}H_{44}O_4$, Formel III (X = H, n = 18).

B. Beim Erhitzen von Pyrogallol mit Eicosansäure und $ZnCl_2$ auf 170° (*Buu-Hoi, Lavit,* Croat. chem. Acta **29** [1957] 287, 288).

Kristalle (aus Cyclohexan); F: 101°. Kp_{14}: 308–310°.

***Opt.-inakt. 1,13-Dihydroxy-tricyclo[12.10.1.1^{2,13}]hexacosan-25,26-dion(?)** $C_{26}H_{44}O_4$, vermutlich Formel IV (n = 10).

B. In kleiner Menge beim Erwärmen von opt.-inakt. 3,13-Bis-[α-piperidino-benzyl]-cyclotri=decan-1,2-dion (E III/IV **20** 1251) mit Methanol und Essigsäure (*Leonard et al.,* Am. Soc. **79** [1957] 6436, 6441).

Kristalle (aus E.); F: 259–261° [korr.].

III IV

Hydroxy-oxo-Verbindungen $C_{27}H_{46}O_4$

2,3-Dimethoxy-5-methyl-6-[(3Ξ,7*R*,11*R*)-3,7,11,15-tetramethyl-hexadecyl]-[1,4]benzochinon $C_{29}H_{50}O_4$, Formel V.

B. Beim Hydrieren von 2,3-Dimethoxy-5-methyl-6-[(7*R*,11*R*)-*trans*-phytyl]-[1,4]benzochinon an Platin in Essigsäure, Äthanol und Cyclohexan und Behandeln des Reaktionsprodukts mit $FeCl_3$ in Äthanol (*Morton et al.,* Helv. **41** [1958] 2343, 2356).

Orangefarbenes Öl. IR-Spektrum (2–15 μ): *Mo. et al.,* l. c. S. 2348.

V

3α,12β,20-Trihydroxy-4,4,8,14-tetramethyl-18-nor-5α-cholan-24-al, 3α,12β,20-Trihydroxy-25,26,27-trinor-dammaran-24-al $C_{27}H_{46}O_4$, Formel VI und cyclisches Taut.

Die nachstehend beschriebene Verbindung liegt nach Ausweis des IR-Spektrums überwiegend als (24Ξ)-20,24-Epoxy-25,26,27-trinor-dammaran-3α,12β,24-triol $C_{27}H_{46}O_4$ vor (vgl. *Fischer, Seiler,* A. **626** [1959] 185, 201).

B. Bei der Ozonolyse von Dammar-24-en-3α,12β,20-triol (E IV **6** 7503) in wss. Essigsäure (*Fi., Se.*).

Kristalle (aus Me.); F: 208–209° [unkorr.]. $[\alpha]_D^{19}$: +49,7° [$CHCl_3$; c = 1,3]. IR-Banden (KBr; 1100–880 cm^{-1}): *Fi., Se.*

(25*R*)-3β,26-Diacetoxy-16β-hydroxy-5α-cholestan-22-on $C_{31}H_{50}O_6$ und cyclisches Taut.

(25*R*)-3β,26-Diacetoxy-5α,22α*H*-furostan-22-ol, Formel VII.

B. Beim Behandeln von (25*R*)-3β,26-Diacetoxy-22-äthoxy-5α,22α*H*-furostan mit wss. Essig=

säure (*Hirschmann, Hirschmann,* Tetrahedron **3** [1958] 243, 251).

Kristalle (aus PAe.); F: 112–114,5° [korr.] bzw. F: 99–102° [korr.] [zwei Präparate]. $[\alpha]_D^{23}$: –23° [A.; c = 0,5]. IR-Banden (CS_2): *Hi., Hi.,* l. c. S. 247.

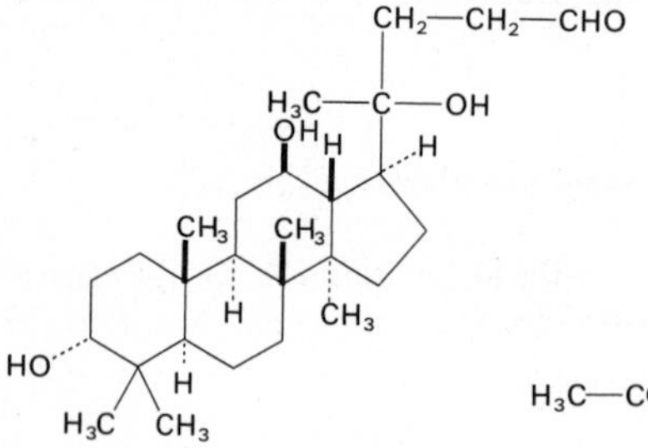

VI

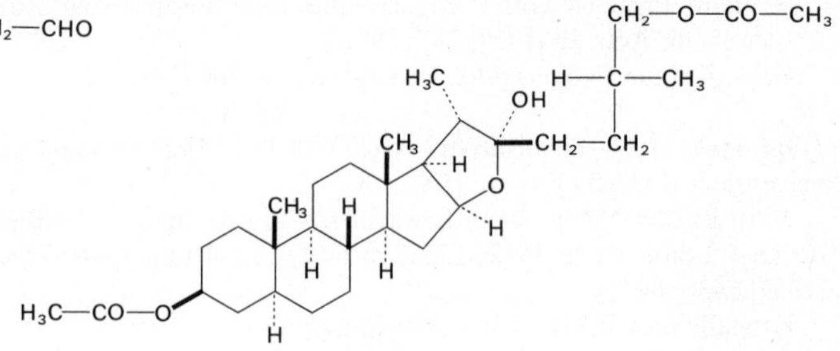

VII

3α,7α,12α-Trihydroxy-5β-cholestan-24-on $C_{27}H_{46}O_4$, Formel VIII.

B. Beim Behandeln von 3α,7α,12α-Tris-formyloxy-5β-cholan-24-oylchlorid in Benzol mit Diisopropylcadmium in Äther und Erwärmen des Reaktionsprodukts mit methanol. KOH (*Shimizu et al.,* J. Biochem. Tokyo **45** [1958] 625). – Herstellung von 3α,7α,12α-Trihydroxy-5β-[27-^{14}C]cholestan-24-on: *Staple, Whitehouse,* J. org. Chem. **24** [1959] 433.

Kristalle; F: 151–152° [aus Acn.] (*St., Wh.*), 141–142° [aus Diisopropyläther + PAe.] (*Sh. et al.*).

Oxim $C_{27}H_{47}NO_4$. Kristalle (aus wss. Me.); Zers. bei 206–207° (*Sh. et al.*).

Hydroxy-oxo-Verbindungen $C_{28}H_{48}O_4$

1-[2,3,4-Trihydroxy-phenyl]-docosan-1-on $C_{28}H_{48}O_4$, Formel III (X = H, n = 20).

B. Beim Erhitzen von Pyrogallol mit Docosansäure und $ZnCl_2$ auf 160° (*Buu-Hoi,* J. org. Chem. **19** [1954] 1770, 1771).

Kristalle (aus Cyclohexan); F: 100–101°.

1-[5-Brom-2,3,4-trihydroxy-phenyl]-docosan-1-on $C_{28}H_{47}BrO_4$, Formel III (X = Br, n = 20).

B. Beim Behandeln der vorangehenden Verbindung mit Brom in Essigsäure (*Buu-Hoi,* J. org. Chem. **19** [1954] 1770, 1771).

Kristalle (aus Eg.); F: 99°.

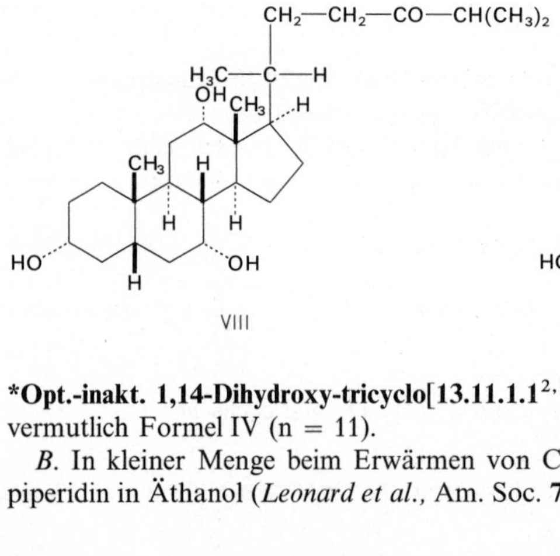

VIII

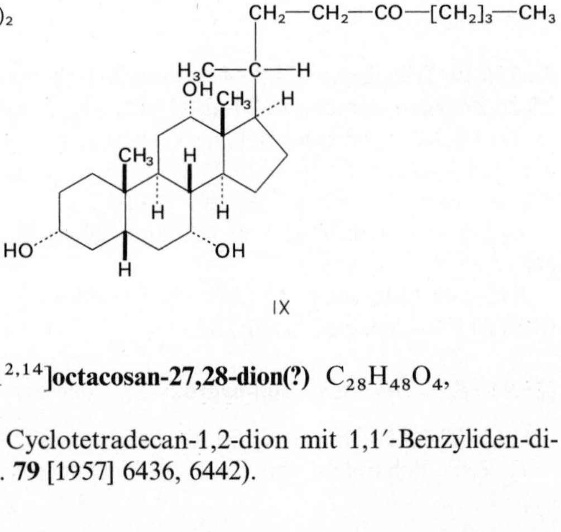

IX

***Opt.-inakt. 1,14-Dihydroxy-tricyclo[13.11.1.1^{2,14}]octacosan-27,28-dion(?)** $C_{28}H_{48}O_4$, vermutlich Formel IV (n = 11).

B. In kleiner Menge beim Erwärmen von Cyclotetradecan-1,2-dion mit 1,1′-Benzyliden-dipiperidin in Äthanol (*Leonard et al.,* Am. Soc. **79** [1957] 6436, 6442).

Kristalle (aus E.); F: 288,5–289° [korr.; vermutlich unrein].

26-Äthyl-3α,7α,12α-trihydroxy-27-nor-5β-cholestan-24-on $C_{28}H_{48}O_4$, Formel IX.

B. Beim Erwärmen von 3α,7α,12α-Triacetoxy-5β-cholan-24-säure-amid mit Butylmagnesium=bromid in Äther und Erwärmen des Reaktionsprodukts mit methanol. KOH (*Kameo,* Pr. Japan Acad. **32** [1956] 605).

Kristalle (aus E. oder wss. Acn.); F: 153°.

22α$_F$(?),23α$_F$(?)-Dichlor-3β,9,11α-trihydroxy-5α-ergostan-7-on $C_{28}H_{46}Cl_2O_4$, vermutlich Formel X (R = R′ = H, X = Cl).

B. Beim Erwärmen der folgenden Verbindung mit wss.-äthanol. KOH unter Zusatz von wenig Benzol (*Paterson, Spring,* Soc. **1954** 325).

Kristalle (aus $CHCl_3$+Me.) mit 1 Mol Methanol; F: 286–287° [korr.; Zers.]. $[\alpha]_D^{16-18}$: −50° [Py.; c = 0,3].

3β-Acetoxy-22α$_F$(?),23α$_F$(?)-dichlor-9,11α-dihydroxy-5α-ergostan-7-on $C_{30}H_{48}Cl_2O_5$, vermutlich Formel X (R = CO-CH_3, R′ = H, X = Cl).

B. Beim Behandeln von 3β-Acetoxy-22α$_F$(?),23α$_F$(?)-dichlor-8,9-epoxy-5α,8α-ergostan-7α(?),11α-diol (E III/IV **17** 2350) in Essigsäure mit wss. HBr (*Paterson, Spring,* Soc. **1954** 325, 327).

Kristalle (aus Acn.); F: 285–286° [korr.; Zers.]. $[\alpha]_D^{16-18}$: −42° [$CHCl_3$; c = 0,9].

3β,11α-Diacetoxy-22α$_F$(?),23α$_F$(?)-dichlor-9-hydroxy-5α-ergostan-7-on $C_{32}H_{50}Cl_2O_6$, vermutlich Formel X (R = R′ = CO-CH_3, X = Cl).

B. Beim Erwärmen der vorangehenden Verbindung mit Acetanhydrid und Pyridin (*Paterson, Spring,* Soc. **1954** 325).

Kristalle (aus Me.+$CHCl_3$); F: 292–293° [korr.; Zers.]; $[\alpha]_D^{16-18}$: −36° [$CHCl_3$; c = 0,6].

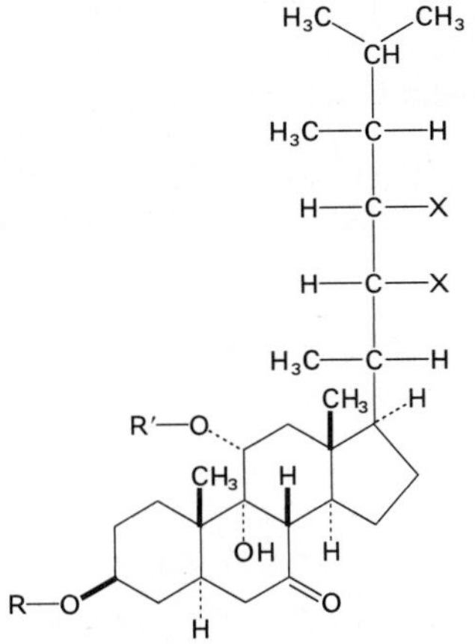

X

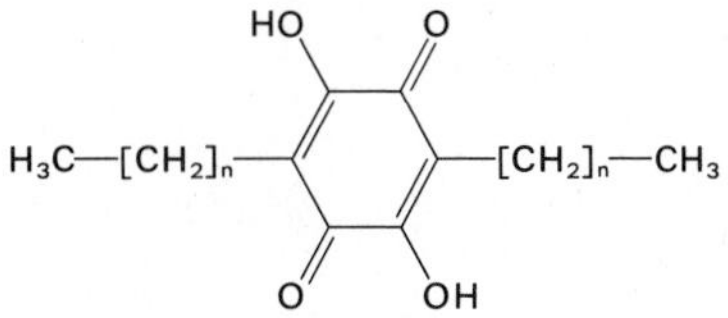

XI

22α$_F$,23α$_F$-Dibrom-3β,9,11α-trihydroxy-5α-ergostan-7-on $C_{28}H_{46}Br_2O_4$, Formel X (R = R′ = H, X = Br).

B. Aus der folgenden Verbindung beim Behandeln mit HCl enthaltendem Aceton oder beim Erwärmen mit methanol. KOH (*Budziarek et al.,* Soc. **1953** 778, 781).

Kristalle (aus Acn. oder Me.) mit 1 Mol H_2O; F: 262–263° [korr.]. $[\alpha]_D^{18-20}$: −45° [$CHCl_3$; c = 0,3].

3β-Acetoxy-22α$_F$,23α$_F$-dibrom-9,11α-dihydroxy-5α-ergostan-7-on $C_{30}H_{48}Br_2O_5$, Formel X (R = CO-CH_3, R′ = H, X = Br).

B. Beim Behandeln von 3β-Acetoxy-22α$_F$,23α$_F$-dibrom-8,9-epoxy-5α,8α-ergostan-7α,11α-diol in Essigsäure mit wss. HBr (*Budziarek et al.*, Soc. **1953** 778, 780).

Kristalle (aus Acn.); F: 250–251° [korr.]. $[\alpha]_D^{18-20}$: −36° [$CHCl_3$; c = 2,5], −35° [$CHCl_3$; c = 2,1].

3β,11α-Diacetoxy-22α$_F$,23α$_F$-dibrom-9-hydroxy-5α-ergostan-7-on $C_{32}H_{50}Br_2O_6$, Formel X (R = R′ = CO-CH_3, X = Br).

B. Beim Behandeln von 22α$_F$,23α$_F$-Dibrom-3β,9,11α-trihydroxy-5α-ergostan-7-on oder der vorangehenden Verbindung mit Acetanhydrid und Pyridin (*Budziarek et al.*, Soc. **1953** 778, 781).

Kristalle; F: 259–260° [korr.; aus Acn. oder Me.+$CHCl_3$] (*Bu. et al.*), 247–250° [korr.; aus Me.+$CHCl_3$] (*Maclean, Spring*, Soc. **1954** 328, 331). $[\alpha]_D^{ca.15}$: −27° [$CHCl_3$; c = 1] (*Ma., Sp.*); $[\alpha]_D^{18-20}$: −28° [$CHCl_3$; c = 1] (*Bu. et al.*).

Hydroxy-oxo-Verbindungen $C_{30}H_{52}O_4$

2,5-Didodecyl-3,6-dihydroxy-[1,4]benzochinon $C_{30}H_{52}O_4$, Formel XI (n = 11).

B. Aus Äthylmyristat und Oxalsäure-diäthylester mit Hilfe von Natrium (*Akiya et al.*, Japan. J. med. Sci. Biol. **5** [1952] 53, 54).

Orangerote Kristalle (aus Eg.); F: 127–128°.

Dibenzoyl-Derivat (F: 79°): *Ak. et al.*, l. c. S. 55.

Hydroxy-oxo-Verbindungen $C_{34}H_{60}O_4$

2,5-Dihydroxy-3,6-ditetradecyl-[1,4]benzochinon $C_{34}H_{60}O_4$, Formel XI (n = 13).

B. Aus Äthylpalmitat und Oxalsäure-diäthylester mit Hilfe von Natrium (*Akiya et al.*, Japan. J. med. Sci. Biol. **5** [1952] 53, 55).

Orangerote Kristalle (aus Eg.); F: 124°.

Dibenzoyl-Derivat (F: 71°): *Ak. et al.*, l. c. S. 56.

Hydroxy-oxo-Verbindungen $C_{36}H_{64}O_4$

2,5-Dihydroxy-3,6-dipentadecyl-[1,4]benzochinon $C_{36}H_{64}O_4$, Formel XI (n = 14).

B. Aus Heptadecansäure-äthylester und Oxalsäure-diäthylester mit Hilfe von Natrium (*Akiya et al.*, Japan. J. med. Sci. Biol. **5** [1952] 53, 56).

Orangegelbe Kristalle (aus Eg.); F: 121°.

Dibenzoyl-Derivat (F: 67°): *Ak. et al.*

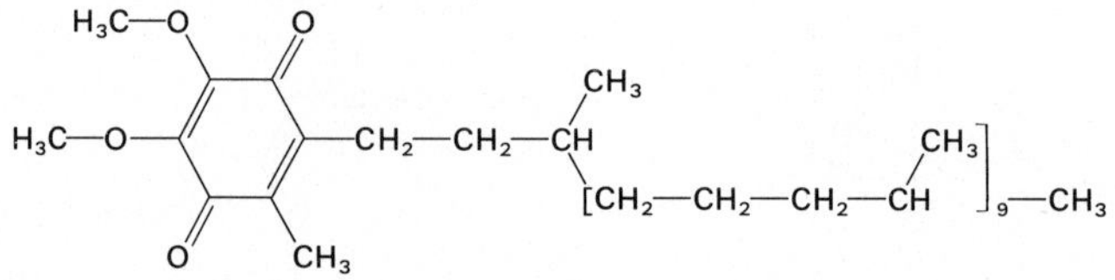

XII

Hydroxy-oxo-Verbindungen $C_{57}H_{106}O_4$

***Opt.-inakt. 2-[3,7,11,15,19,23,27,31,35,39-Decamethyl-tetracontyl]-5,6-dimethoxy-3-methyl-[1,4]benzochinon** $C_{59}H_{110}O_4$, Formel XII.

B. Beim Hydrieren von 2-[3,7,11,15,19,23,27,31,35,39-Decamethyl-tetraconta-2*t*,6*t*,10*t*,14*t*,18*t*,22*t*,26*t*,30*t*,34*t*,38*t*-decaenyl]-5,6-dimethoxy-3-methyl-[1,4]benzochinon an Platin in Essigsäure, Äthanol und Cyclohexan und Behandeln des Reaktionsprodukts mit $FeCl_3$ in Äthanol (*Morton et al.*, Helv. **41** [1958] 2343, 2352; s. a. *Wolf et al.*, Am. Soc. **80** [1958] 4752).

Orangefarbenes Öl (*Mo. et al.*). IR-Spektrum (2–15 μ): *Mo. et al.*, l. c. S. 2348. λ_{max}: 278 nm und 407 nm [Cyclohexan] (*Mo. et al.*, l. c. S. 2352), 278 nm [Isooctan] (*Wolf et al.*).

[*Herbst*]

Hydroxy-oxo-Verbindungen $C_nH_{2n-10}O_4$

Hydroxy-oxo-Verbindungen $C_8H_6O_4$

[2,4-Dimethoxy-phenyl]-glyoxal $C_{10}H_{10}O_4$, Formel I.

B. Beim Erhitzen von 1-[2,4-Dimethoxy-phenyl]-äthanon mit SeO_2 in Dioxan (*King, Clark-Lewis*, Soc. **1951** 3077).

F: 99° [Rohprodukt].

Monosemicarbazon $C_{11}H_{13}N_3O_4$. Hellgelbe Kristalle (aus A.); F: 205–206°.

2-Diazo-[2,4-dimethoxy-phenyl]-äthanon $C_{10}H_{10}N_2O_3$, Formel II (R = CH_3, X = H).

B. Aus 2,4-Dimethoxy-benzoylchlorid und Diazomethan in Äther (*Kondo et al.*, Ann. Rep. ITSUU Labor. Nr. 4 [1953] 1; engl. Ref. S. 45; C. A. **1955** 1075).

Gelbe Kristalle (aus Bzl.+PAe.); F: 82–85°.

1-[2-Acetoxy-4-methoxy-phenyl]-2-diazo-äthanon $C_{11}H_{10}N_2O_4$, Formel II (R = CO-CH_3, X = H).

B. Analog der vorangehenden Verbindung (*Row, Rao*, J. scient. ind. Res. India **17** B [1958] 199, 200).

Gelbe Kristalle (aus PAe.); F: 102–105°.

1-[5-Brom-2,4-dimethoxy-phenyl]-2-diazo-äthanon $C_{10}H_9BrN_2O_3$, Formel II (R = CH_3, X = Br).

B. Analog den vorangehenden Verbindungen (*Kondo, Takeda*, Ann. Rep. ITSUU Labor. Nr. 6 [1955] 4, 7; engl. Ref. S. 34, 37; C. A. **1956** 10112).

Kristalle (aus Bzl.+Ae.); F: 143° [Zers.].

1-[2,4-Dihydroxy-phenyl]-2,2-bis-methansulfonyl-äthanon $C_{10}H_{12}O_7S_2$, Formel III (R = H, R′ = CH_3).

B. Beim Erwärmen von Resorcin mit [Bis-methansulfonyl-vinyliden]-methyl-amin und $AlCl_3$ in Nitrobenzol unter Einleiten von HCl (*Dijkstra, Backer*, R. **73** [1954] 695, 700).

Kristalle (aus wss. Eg.); Zers. bei 208°.

1-[2,4-Dimethoxy-phenyl]-2,2-bis-methansulfonyl-äthanon $C_{12}H_{16}O_7S_2$, Formel III (R = R′ = CH_3).

B. Beim Erhitzen des Methylimins (s. u.) mit wss. HCl (*Dijkstra, Backer*, R. **73** [1954] 695, 701).

Kristalle (aus wss. A.); F: 190–191°.

Methylimin $C_{13}H_{19}NO_6S_2$; [1-(2,4-Dimethoxy-phenyl)-2,2-bis-methansulfonyl-äthyliden]-methyl-amin. *B.* Beim Behandeln von 1,3-Dimethoxy-benzol mit [Bis-methansulfonyl-vinyliden]-methyl-amin und $AlCl_3$ in Nitrobenzol unter Einleiten von HCl (*Di., Ba.*,

l. c. S. 700). – Kristalle (aus wss. Eg.); F: 220–221° [Zers.].

2-Benzolsulfonyl-1-[2,4-dimethoxy-phenyl]-2-methansulfonyl-äthanon $C_{17}H_{18}O_7S_2$, Formel III ($R = CH_3$, $R' = C_6H_5$).

B. Beim Behandeln von 1,3-Dimethoxy-benzol mit [Benzolsulfonyl-methansulfonyl-vinyl= iden]-methyl-amin und $AlCl_3$ in Nitrobenzol und Erhitzen des Reaktionsprodukts mit wss. HCl (*Dijkstra, Backer,* R. **73** [1954] 695, 703).

Kristalle (aus wss. A.); F: 167–168°.

III

IV

1-[2,5-Diacetoxy-phenyl]-2-diazo-äthanon $C_{12}H_{10}N_2O_5$, Formel IV (X = H).

B. Aus 2,5-Diacetoxy-benzoylchlorid und Diazomethan in Benzol und Äther (*Kloetzel et al.,* J. org. Chem. **20** [1955] 38, 42).

Gelbe Kristalle (aus Ae.); F: 90–91°.

[2,5-Diacetoxy-3-brom-phenyl]-2-diazo-äthanon $C_{12}H_9BrN_2O_5$, Formel IV (X = Br).

B. Analog der vorangehenden Verbindung (*Kloetzel, Abadir,* Am. Soc. **77** [1955] 3823, 3825).

Gelbe Kristalle (aus Ae. + Bzl.); F: 94–95°.

[2,5-Diacetoxy-3-nitro-phenyl]-2-diazo-äthanon $C_{12}H_9N_3O_7$, Formel IV ($X = NO_2$).

B. Analog den vorangehenden Verbindungen (*Kloetzel, Abadir,* Am. Soc. **77** [1955] 3823, 3825).

Hellgelbe Kristalle (aus Bzl.); F: 98–100° [Zers.].

[4-Hydroxy-3-methoxy-phenyl]-glyoxal $C_9H_8O_4$, Formel V ($R = CH_3$, R' = H) (E III 3491).

B. Beim Erhitzen von 1-[4-Hydroxy-3-methoxy-phenyl]-äthanon mit SeO_2 in wss. Dioxan (*Moffett et al.,* Am. Soc. **79** [1957] 1687, 1689).

[3-Hydroxy-4-methoxy-phenyl]-glyoxal $C_9H_8O_4$, Formel V (R = H, $R' = CH_3$).

B. Beim Erwärmen des Acetyl-Derivats (s. u.) mit H_2O (*Fodor et al.,* Acta chim. hung. **1** [1951] 395, 400; *Fodor, Kovács,* Doklady Akad. S.S.S.R. **82** [1952] 71, 73; C. A. **1953** 6958; *Kovács, Fodor,* B. **84** [1951] 795, 798).

Gelbe Kristalle (aus Ae. + PAe.); F: 126° (*Fo. et al.*; *Fo., Ko.*; *Ko., Fo.*).

o-Phenylendiamin-Kondensationsprodukt (F: 142–143°): *Fo. et al.*; *Fo., Ko.*; *Ko., Fo.*

Acetyl-Derivat $C_{11}H_{10}O_5$; [3-Acetoxy-4-methoxy-phenyl]-glyoxal. *B.* Beim Erhit= zen von 1-[3-Acetoxy-4-methoxy-phenyl]-äthanon mit SeO_2 in wasserhaltigem Dioxan (*Grewe, Winter,* B. **92** [1959] 1092, 1096; s. a. *Fo. et al.*; *Fo., Ko.*; *Ko., Fo.*). – Gelbe Kristalle (aus Bzl. + PAe.); F: 74° bzw. farblose Kristalle (aus H_2O) mit 1 Mol H_2O; F: 118–119° [Zers.]; $Kp_{0,01}$: 135° (*Gr., Wi.*).

V

VI

(±)-2-Äthoxy-1-[3,4-dimethoxy-phenyl]-2-hydroxy-äthanon $C_{12}H_{16}O_5$, Formel VI (R = CH_3, R′ = C_2H_5).

B. Beim Erhitzen von 1-[3,4-Dimethoxy-phenyl]-äthanon mit SeO_2 in wasserhaltigem Dioxan und Erwärmen des Reaktionsprodukts mit Äthanol (*Lindgren,* Acta chem. scand. **4** [1950] 641, 647).

Kristalle (aus A.); F: 69–71°.

Überführung in das *o*-Phenylendiamin-Kondensationsprodukt des [3,4-Dimethoxy-phenyl]-glyoxals (F: 120–121°): *Li.*

(±)-1-[3-Acetoxy-4-methoxy-phenyl]-2-hydroxy-2-isopropoxy-äthanon $C_{14}H_{18}O_6$, Formel VI (R = CO-CH_3, R′ = CH(CH_3)$_2$).

B. Beim Erwärmen von [3-Acetoxy-4-methoxy-phenyl]-glyoxal mit Isopropylalkohol (*Grewe, Winter,* B. **92** [1959] 1092, 1096).

Kristalle (aus Isopropylalkohol); F: 94°.

***2-[3,4-Diäthoxy-phenyl]-glyoxal-1-oxim** $C_{12}H_{15}NO_4$, Formel VII.

B. Beim Behandeln von 1-[3,4-Diäthoxy-phenyl]-äthanon mit Pentylnitrit und Natrium= methylat in Methanol (*Gardent,* A. ch. [12] **10** [1955] 413, 424, 425).

F: 102°.

2-Diazo-1-[3,4-dimethoxy-phenyl]-äthanon $C_{10}H_{10}N_2O_3$, Formel VIII (R = R′ = CH_3, X = H) (E III 3492).

B. Aus 3,4-Dimethoxy-benzoylchlorid in $CHCl_3$ und Diazomethan in Äther (*Gramshaw et al.,* Soc. **1958** 4040, 4048; vgl. E III 3492). – Herstellung von 2-Diazo-1-[3,4-dimethoxy-phenyl]-[1-^{14}C]äthanon: *Shrinivasan, Turba,* Bio. Z. **327** [1956] 362, 365.

Hellgelbe Kristalle (aus PAe.); F: 77,5–78° (*Gr. et al.*).

Die folgenden Verbindungen sind in analoger Weise hergestellt worden:

1-[3-Benzyloxy-4-methoxy-phenyl]-2-diazo-äthanon $C_{16}H_{14}N_2O_3$, Formel VIII (R = CH_2-C_6H_5, R′ = CH_3, X = H). Kristalle (aus Bzl.+PAe.); F: 114–115° (*Gopinath et al.,* B. **92** [1959] 1657, 1659).

1-[4-Benzyloxy-3-methoxy-phenyl]-2-diazo-äthanon $C_{16}H_{14}N_2O_3$, Formel VIII (R = CH_3, R′ = CH_2-C_6H_5, X = H). Hellgelbe Kristalle; F: 109° [aus Ae.] (*Kametani, Seri= zawa,* J. pharm. Soc. Japan **72** [1952] 1084; C. A. **1953** 10536), 98–99° [Zers.; aus A.] (*Hey, Lobo,* Soc. **1954** 2246, 2252).

[4-Diazoacetyl-2-methoxy-phenyl]-[4-diazoacetyl-phenyl]-äther $C_{17}H_{12}N_4O_4$, Formel IX. F: 130–132° (*Kondo et al.,* Ann. Rep. ITSUU Labor. Nr. 1 [1950] 15, 20; dtsch. Ref. S. 54, 60; C. A. **1953** 7518).

1-[3-Acetoxy-4-methoxy-phenyl]-2-diazo-äthanon $C_{11}H_{10}N_2O_4$, Formel VIII (R = CO-CH_3, R′ = CH_3, X = H). Kristalle; F: 135–136° [unkorr.] (*Ferrari, Casagrande,* Chimica e Ind. **43** [1961] 621, 623), 131–134° [korr.; Zers.; aus Acn.+Ae.] (*v. Euw et al.,* Helv. **42** [1959] 1817, 1829).

1-[4-Acetoxy-3-methoxy-phenyl]-2-diazo-äthanon $C_{11}H_{10}N_2O_4$, Formel VIII (R = CH_3, R′ = CO-CH_3, X = H). Hellgelbe Kristalle (aus Acn.+Ae.); F: 92–93° (*v. Euw et al.,* l. c. S. 1826).

2-Diazo-1-[3,4-dimethoxy-2-nitro-phenyl]-äthanon $C_{10}H_9N_3O_5$, Formel VIII (R = R′ = CH_3, X = NO_2). Hellgelbe Kristalle (aus Bzl.); F: 116° [Zers.] (*Hey, Lobo,* l. c. S. 2250).

1-[3-Benzyloxy-4-methoxy-2-nitro-phenyl]-2-diazo-äthanon $C_{16}H_{13}N_3O_5$, For=

mel VIII (R = CH_2-C_6H_5, R′ = CH_3, X = NO_2). Hellgelbe Kristalle; F: 132–133° [Zers.] (*Tomita, Kikkawa,* J. pharm. Soc. Japan **77** [1957] 195, 198; C. A. **1957** 9648), 123–124° [Zers.; aus Bzl.] (*Hey, Lobo,* l. c. S. 2253).

1-[4-Benzyloxy-3-methoxy-2-nitro-phenyl]-2-diazo-äthanon $C_{16}H_{13}N_3O_5$, Formel VIII (R = CH_3, R′ = CH_2-C_6H_5, X = NO_2). Hellgelbe Kristalle (aus Bzl.); F: 152–154° [Zers.] (*Hey, Lobo,* l. c. S. 2251).

2-Diazo-1-[4,5-dimethoxy-2-nitro-phenyl]-äthanon $C_{10}H_9N_3O_5$, Formel X (R = CH_3). Gelbe Kristalle (aus Dioxan); F: 157–158° [Zers.] (*Hey, Lobo,* l. c. S. 2252).

1-[5-Benzyloxy-4-methoxy-2-nitro-phenyl]-2-diazo-äthanon $C_{16}H_{13}N_3O_5$, Formel X (R = CH_2-C_6H_5). Kristalle; F: 130–133° (*Tomita, Kikkawa,* Pharm. Bl. **4** [1956] 230, 234).

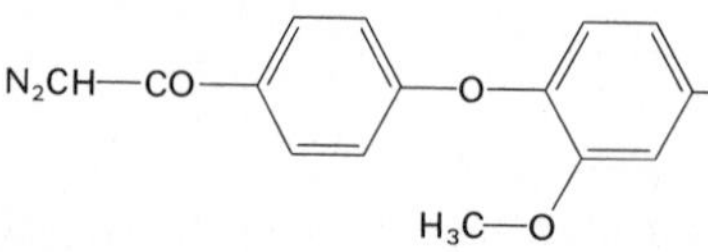

IX 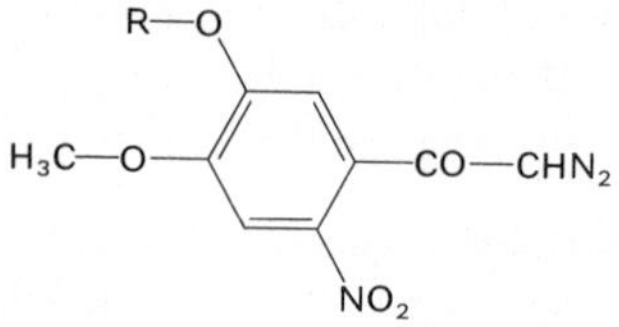 X

1-[3,4-Dimethoxy-phenyl]-2,2-bis-methansulfonyl-äthanon-methylimin, [1-(3,4-Dimethoxy-phenyl)-2,2-bis-methansulfonyl-äthyliden]-methyl-amin $C_{13}H_{19}NO_6S_2$, Formel XI.

B. Beim Erwärmen von 1,2-Dimethoxy-benzol mit [Bis-methansulfonyl-vinyliden]-methyl-amin und $AlCl_3$ in Nitrobenzol unter Einleiten von HCl (*Dijkstra, Backer,* R. **73** [1954] 695, 701).

Kristalle (aus wss. Eg.); F: 215–216° [Zers.].

2-Diazo-1-[3,5-dimethoxy-phenyl]-äthanon $C_{10}H_{10}N_2O_3$, Formel XII (R = CH_3).

B. Aus 3,5-Dimethoxy-benzoylchlorid und Diazomethan in Äther (*Kondo et al.,* Ann. Rep. ITSUU Labor. Nr. 4 [1953] 1, 4; engl. Ref. S. 45, 48; C. A. **1955** 1075; *Carnmalm,* Acta chem. scand. **9** [1955] 246, 247; *Abe et al.,* J. pharm. Soc. Japan **76** [1956] 1094; C. A. **1957** 2636).

Gelbe Kristalle (aus Bzl.); F: 72–73,5° (*Ca.*), 72–73° (*Ko. et al.*), 62–66° (*Abe et al.*).

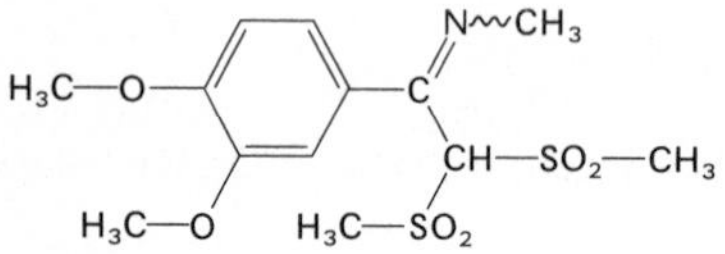

XI 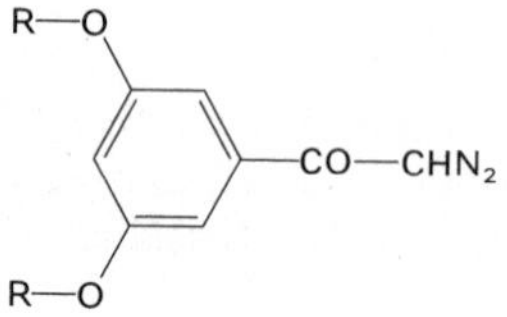 XII 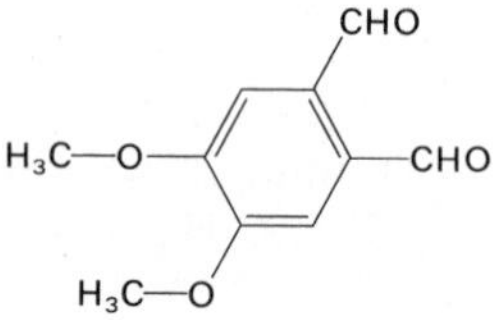 XIII

1-[3,5-Diacetoxy-phenyl]-2-diazo-äthanon $C_{12}H_{10}N_2O_5$, Formel XII (R = CO-CH_3).

B. Analog der vorangehenden Verbindung (*Kloetzel, Abadir,* Am. Soc. **77** [1955] 3823, 3826).

Gelbe Kristalle (aus Ae.); F: 94–95°.

4,5-Dimethoxy-phthalaldehyd $C_{10}H_{10}O_4$, Formel XIII.

B. Beim Erwärmen von 1,2-Bis-hydroxymethyl-4,5-dimethoxy-benzol mit *N*-Brom-succinimid in Benzol und CCl_4 und Erhitzen des Reaktionsprodukts mit H_2O (*Blair et al.,* Soc. **1956** 2443, 2445). Aus 4,5-Dimethoxy-phthalsäure-bis-[*N*-methyl-anilid] und $LiAlH_4$ in THF (*Weygand et al.,* Ang. Ch. **64** [1952] 458, **65** [1953] 525, 529). Bei der Ozonolyse von Dimethyl-[4,5,4′,5′-tetramethoxy-2′-vinyl-*trans*-stilben-2-yl]-amin in Äthylacetat (*Ewing et al.,* Austral. J. Chem. **6** [1953] 78, 82).

Kristalle; F: 170° [unkorr.; aus H_2O] (*Ew. et al.*), 165° [aus Bzl.+PAe.] (*Bl. et al.*). λ_{max} (A.): 205 nm, 252 nm und 320 nm (*Bl. et al.*).

2,4-Dihydroxy-isophthalaldehyd $C_8H_6O_4$, Formel I (X = H) (H 402; E II 455; E III 3492).

B. Beim Erhitzen von Resorcin mit *N,N′*-Diphenyl-formamidin und wenig Hydrochinon unter vermindertem Druck auf 180° und Erhitzen des Reaktionsprodukts mit wss. NaOH (*Kuhn, Staab*, B. **87** [1954] 272, 274; vgl. E II 455; E III 3492).

Kristalle (aus wss. A.); F: 129–130°.

Dioxim $C_8H_8N_2O_4$ (H 402). Kristalle (aus H_2O); F: 207–208° [Zers.].

Bis-thiosemicarbazon $C_{10}H_{12}N_6O_2S_2$. Kristalle (aus Butan-1-ol).

5-Brom-2,4-dihydroxy-isophthalaldehyd $C_8H_5BrO_4$, Formel I (X = Br).

B. Aus 2,4-Dihydroxy-isophthalaldehyd und Brom in Essigsäure (*Kuhn, Staab*, B. **87** [1954] 272, 275).

Gelbliche Kristalle (aus A.); F: 169°.

Dioxim $C_8H_7BrN_2O_4$. Kristalle (aus H_2O); F: 215–217° [Zers.].

Bis-thiosemicarbazon $C_{10}H_{11}BrN_6O_2S_2$. Kristalle (aus Butan-1-ol).

Hexaacetyl-Derivat $C_{20}H_{21}BrO_{12}$; 2,4-Diacetoxy-1-brom-3,5-bis-diacetoxymethyl-benzol. *B.* Aus 5-Brom-2,4-dihydroxy-isophthalaldehyd und Acetanhydrid mit Hilfe von H_2SO_4 (*Kuhn, St.*). – Kristalle (aus Me.); F: 151–152°.

4-Hydroxy-5-methoxy-isophthalaldehyd $C_9H_8O_4$, Formel II (R = H, R′ = CH_3) (E III 3493).

B. Beim Erwärmen von 2,4-Bis-hydroxymethyl-6-methoxy-phenol mit Natrium-[3-nitro-benzolsulfonat] und wss. NaOH (*Andersen*, Comment. phys. math. **19** [1956] Nr. 1, S. 38). Beim Erhitzen von 3-Dimethylaminomethyl-4-hydroxy-5-methoxy-benzaldehyd mit Hexamethylentetramin in Essigsäure und Behandeln des Reaktionsprodukts in Äther mit wss. NaOH (*Mikawa et al.*, Bl. chem. Soc. Japan **29** [1956] 259, 263). Als Hauptprodukt beim Erhitzen von 4-Hydroxy-3-methoxy-5-*cis*-propenyl-benzaldehyd (*Pearl, Beyer*, Am. Soc. **74** [1952] 4263, 4266) bzw. von 3-Allyl-4-hydroxy-5-methoxy-benzaldehyd (*Leopold*, Acta chem. scand. **4** [1950] 1523, 1527, 1528) mit Nitrobenzol und wss. NaOH auf 165° bzw. auf 180°.

Kristalle; F: 125–126° [unkorr.; aus PAe.] (*Pe., Be.*), 122–123° [aus H_2O] (*An.*), 120–122° [aus Xylol + PAe.] (*Mi. et al.*). UV-Spektrum (A.; 200–400 nm): *Pe., Be.*, l. c. S. 4264.

4,5-Dimethoxy-isophthalaldehyd $C_{10}H_{10}O_4$, Formel II (R = R′ = CH_3) (E III 3494).

B. Aus 4-Hydroxy-5-methoxy-isophthalaldehyd und Diazomethan in Äther (*Favre*, Helv. **36** [1953] 712, 714).

Kristalle (aus wss. A.); F: 123–124,5° [korr.].

5-Äthoxy-4-hydroxy-isophthalaldehyd $C_{10}H_{10}O_4$, Formel II (R = H, R′ = C_2H_5).

B. Beim Behandeln von 2-Äthoxy-phenol mit Formaldehyd und wss. NaOH und Erhitzen des Reaktionsgemisches mit Natrium-[3-nitro-benzolsulfonat] (*Otsuka, Umezawa*, Pr. Fujihara Mem. Fac. Eng. Keio Univ. **3** [1950] Nr. 9, S. 38, 39). In kleiner Menge neben 3-Äthoxy-4-hydroxy-benzaldehyd beim Erwärmen von 2-Äthoxy-phenol mit $CHCl_3$ und wss. NaOH (*Favre*, Helv. **36** [1953] 712, 715).

Hellgelbe Kristalle; F: 109° (*Ot., Um.*), 106–106,5° [korr.; aus A.] (*Fa.*).

Monooxim $C_{10}H_{11}NO_4$. Kristalle (aus H_2O); F: 157° (*Ot., Um.*).

Dioxim $C_{10}H_{12}N_2O_4$. Kristalle (aus H_2O); F: 172–173° [korr.] (*Fa.*; *Ot., Um.*).

Dihydrazon $C_{10}H_{14}N_4O_2$. F: 132° [korr.; Zers.] (*Fa.*).

Bis-phenylhydrazon (F: 203–204° bzw. F: 199–200°): *Fa.*; *Ot., Um.*

4-[3,4-Dimethoxy-phenacyloxy]-5-methoxy-isophthalaldehyd $C_{19}H_{18}O_7$, Formel III.

B. Beim Erwärmen von 4-Hydroxy-5-methoxy-isophthalaldehyd mit 2-Brom-1-[3,4-dimethoxy-phenyl]-äthanon in Äthanol (*Richtzenhain, Alfredson*, B. **89** [1956] 378, 384).

Kristalle (aus A.); F: 156°.

Beim Erhitzen mit Acetanhydrid ist 2-[3,4-Dimethoxy-benzoyl]-7-methoxy-benzofuran-5-carbaldehyd erhalten worden.

Trioxim $C_{19}H_{21}N_3O_7$; 4-[β-Hydroxyimino-3,4-dimethoxy-phenäthyloxy]-5-methoxy-isophthalaldehyd-dioxim. Kristalle (aus A.); F: 174° [Zers.].

4-Acetoxy-5-äthoxy-isophthalaldehyd $C_{12}H_{12}O_5$, Formel II (R = CO-CH_3, R′ = C_2H_5).

B. Beim Erwärmen von 5-Äthoxy-4-hydroxy-isophthalaldehyd mit Acetanhydrid und Pyridin (*Favre,* Helv. **36** [1953] 712, 715).

Kristalle (aus wss. A.); F: 93°.

Dioxim $C_{12}H_{14}N_2O_5$. Kristalle (aus H_2O); F: 168° [korr.] (*Fa.,* l. c. S. 716).

4,6-Dimethoxy-isophthalaldehyd $C_{10}H_{10}O_4$, Formel IV.

B. In kleiner Menge beim Behandeln von 1,3-Dimethoxy-benzol mit Chlormethyl-methyl-äther und anschliessend mit Hexamethylentetramin in $CHCl_3$ und Erhitzen des Reaktionsprodukts mit H_2O (*Wood et al.,* Am. Soc. **72** [1950] 2992).

Kristalle (aus H_2O); F: 204°.

2,5-Dihydroxy-terephthalaldehyd $C_8H_6O_4$, Formel V (R = H, X = O).

B. Beim Erhitzen von 2,5-Dimethoxy-terephthalaldehyd mit wss. HBr in Essigsäure (*Burton et al.,* Soc. **1965** 438, 442). Bei der Ozonolyse von 2,6-Dimethyl-benzo[1,2-*b*;4,5-*b′*]difuran in Essigsäure (*Bernatek, Thoresen,* Acta chem. scand. **9** [1955] 743, 746).

Gelbe Kristalle (aus Bzl.); F: 262° [Zers.] (*Bu. et al.*); Zers. bei 240–245° (*Be., Th.*).

Diacetyl-Derivat $C_{12}H_{10}O_6$; 2,5-Diacetoxy-terephthalaldehyd. Kristalle (aus PAe.); F: 122–123° [unkorr.] (*Be., Th.*).

2,5-Dimethoxy-terephthalaldehyd $C_{10}H_{10}O_4$, Formel V (R = CH_3, X = O).

B. Beim Erhitzen des aus 1,4-Bis-chlormethyl-2,5-dimethoxy-benzol und Hexamethylentetramin in $CHCl_3$ hergestellten diquartären Hexaminium-Salzes mit H_2O bzw. mit wss. Essigsäure (*Wood et al.,* Am. Soc. **72** [1950] 2992; *Angyal et al.,* Soc. **1950** 2142, 2143). Beim Behandeln von 2,5-Dihydroxy-terephthalaldehyd mit Dimethylsulfat und wss. NaOH (*Bernatek, Thoresen,* Acta chem. scand. **9** [1956] 743, 747).

Gelbe Kristalle (*Wood et al.*; *An. et al.*); F: 207° [aus A.] (*Wood et al.*), 207° [nach Sublimation unter vermindertem Druck] (*An. et al.*), 205–206° [unkorr.; Zers.; aus A.] (*Be., Th.*).

Dioxim $C_{10}H_{12}N_2O_4$. Hellgelb; F: 246–246,5° [korr.] (*An. et al.*).

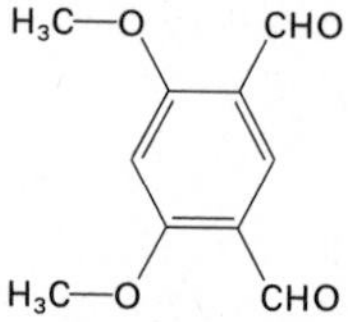

IV 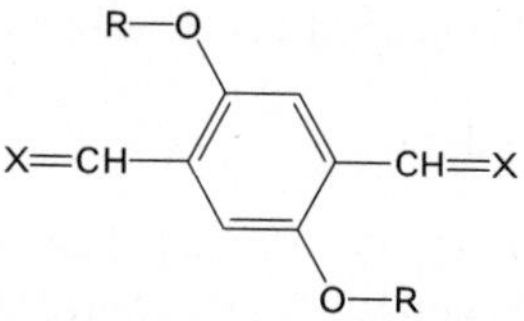 V 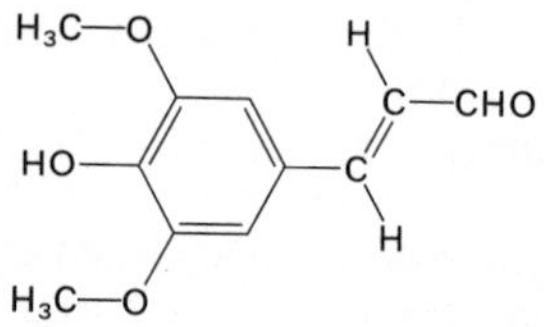 VI

*__2,5-Diäthoxy-terephthalaldehyd-bis-dimethylhydrazon__ $C_{16}H_{26}N_4O_2$, Formel V (R = C_2H_5, X = N-N$(CH_3)_2$).

B. Beim Erwärmen von 2,5-Diäthoxy-terephthalaldehyd mit *N,N*-Dimethyl-hydrazin in Äthanol (*Wiley et al.,* J. org. Chem. **22** [1957] 204, 207).

Kristalle (aus wss. Me.); F: 147°. IR-Banden (CCl_4; 1600–900 cm^{-1}): *Wi. et al.,* l. c. S. 206.

Hydroxy-oxo-Verbindungen $C_9H_8O_4$

4-Hydroxy-3,5-dimethoxy-*trans*-zimtaldehyd, Sinapinaldehyd $C_{11}H_{12}O_4$, Formel VI (E II 455).

Isolierung aus Eichenholz: *Black et al.,* Am. Soc. **75** [1953] 5344; aus Bambusholz: *Higuchi,*

J. Biochem. Tokyo **45** [1958] 675, 683, 684.

B. Beim Hydrieren von 4-Acetoxy-3,5-dimethoxy-*trans*-cinnamoylchlorid an Palladium/$BaSO_4$ in Dioxan unter Zusatz von Chinolin enthaltendem Xylol und Behandeln des Reaktionsprodukts in $CHCl_3$ mit Natriummethylat in Methanol (*Freudenberg, Hübner,* B. **85** [1952] 1181, 1186). Beim Behandeln von 4-Acetoxy-3,5-dimethoxy-*trans*-cinnamoylchlorid mit Lithium-[tri-*tert*-butoxy-alanat] in THF (*Pearl,* J. org. Chem. **24** [1959] 736, 740).

Gelbe Kristalle (aus Bzl.); F: 109° (*Fr., Hü.*), 107–108° [unkorr.] (*Pe.*). IR-Spektrum (2–12 μ bzw. 2–15 μ): *Freudenberg et al.,* B. **84** [1951] 961, 967; *Pe.,* l. c. S. 738. λ_{max}: 245,5 nm und 347 nm [A.], 443 nm [wss.-äthanol. Tetramethylammonium-hydroxid] (*Bl. et al.,* l. c. S. 5345), 354 nm [wss. A.], 470 nm [äthanol. HCl] (*Pew,* Am. Soc. **74** [1952] 2850, 2852).

Acetyl-Derivat $C_{13}H_{14}O_5$; 4-Acetoxy-3,5-dimethoxy-*trans*-zimtaldehyd. *B.* Beim Behandeln von 4-Acetoxy-3,5-dimethoxy-*trans*-cinnamoylchlorid mit Natrium-trimethoxy-boranat in THF oder mit Lithium-[tri-*tert*-butoxy-alanat] in *O,O'*-Dimethyl-diäthylenglykol (*Pearl,* J. org. Chem. **24** [1959] 736, 740). – Kristalle (aus Me.); F: 134–135°. λ_{max} (A.): 230 nm und 310 nm.

***3-Acetoxy-1-[4-benzyloxy-3-methoxy-phenyl]-propenon** $C_{19}H_{18}O_5$, Formel VII.

B. Beim Behandeln von 1-[4-Benzyloxy-3-methoxy-phenyl]-äthanon in THF mit Äthylformiat und Natriumäthylat in Äther und Behandeln des Reaktionsprodukts mit Acetanhydrid oder mit Acetylchlorid (*Freudenberg, Fuchs,* B. **87** [1954] 1824, 1833).

Kristalle (aus Bzl.); F: 148–149°.

1-[4-Hydroxy-3-methoxy-phenyl]-propan-1,2-dion $C_{10}H_{10}O_4$, Formel VIII (R = CH_3, R' = H, X = O) (E III 3498).

Isolierung aus Fichtenholz-Sulfitablauge (*Kratzl, Klein,* M. **86** [1955] 847, 850; *Kvasnicka, McLaughlin,* Canad. J. Chem. **33** [1955] 637, 640, 641). – Herstellung von 1-[4-Hydroxy-3-methoxy-phenyl]-[1-^{14}C]propan-1,2-dion: *Kratzl et al.,* M. **87** [1956] 60, 69.

Gelbe Kristalle (aus A.+H_2O); F: 72,5° (*Kv., McL.*). IR-Banden (CS_2 bzw. CCl_4; 1750–1000 cm^{-1}): *Kv., McL.* UV-Spektrum (250–390 nm) und Reflexionsspektrum (250–370 nm) der Kristalle: *Lautsch et al.,* Z. Naturf. **8b** [1953] 640, 642.

Zeitlicher Verlauf der Reaktion mit Hydroxylamin-hydrochlorid in wss. Äthanol bei 25°: *Gierer, Söderberg,* Acta chem. scand. **13** [1959] 127, 132.

2-Oxim $C_{10}H_{11}NO_4$ (E III 3499). Konstitution: *Gi., Sö.,* l. c. S. 131. – F: 162–163° (*Gi., Sö.*).

1-[3,4-Dimethoxy-phenyl]-propan-1,2-dion $C_{11}H_{12}O_4$, Formel VIII (R = R' = CH_3, X = O) (E III 3499).

B. Beim Erhitzen von 2-Brom-1-[3,4-dimethoxy-phenyl]-propenon mit Kaliumacetat und Essigsäure (*Lindgren,* Acta chem. scand. **4** [1950] 641, 646).

Kristalle (aus PAe.); F: 69,5–70,5°.

***1-[3,4-Diäthoxy-phenyl]-propan-1,2-dion-2-oxim** $C_{13}H_{17}NO_4$, Formel VIII (R = R' = C_2H_5, X = N-OH) (E III 3500).

B. Beim Behandeln von 1-[3,4-Diäthoxy-phenyl]-propan-1-on mit Pentylnitrit und Natriumäthylat in Äthanol (*Dobrowsky,* M. **82** [1951] 140, 148; vgl. E III 3500).

Kristalle (aus Me.); F: 115°.

3-[2,5-Dimethoxy-phenyl]-3-oxo-propionaldehyd $C_{11}H_{12}O_4$ und Taut.

1-[2,5-Dimethoxy-phenyl]-3-hydroxy-propenon, Formel IX.

B. Beim Behandeln von 1-[2,5-Dimethoxy-phenyl]-äthanon mit Äthylformiat und Natrium-methylat in Benzol (*Anliker et al.*, Am. Soc. **79** [1957] 220, 225).

Gelbes Öl (λ_{max}: 287 nm), das beim Abkühlen zu Kristallen vom F: ca. 30° erstarrt.

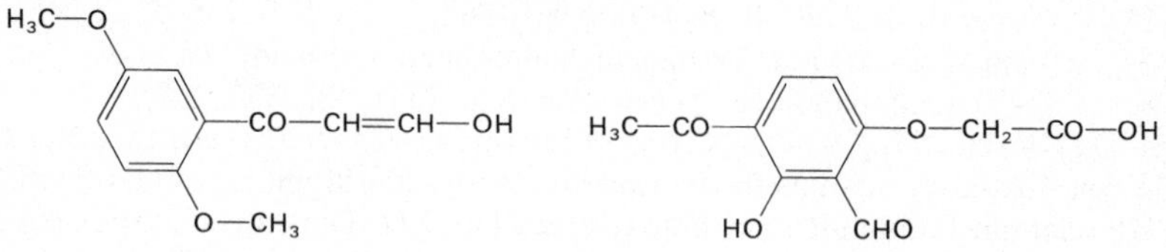

[4-Acetyl-2-formyl-3-hydroxy-phenoxy]-essigsäure $C_{11}H_{10}O_6$, Formel X.

B. Beim Erhitzen des Äthylesters (s. u.) mit wss. Alkalilauge (*Rao et al.*, J. org. Chem. **24** [1959] 685).

Kristalle (aus E.); F: 163–164°.

Äthylester $C_{13}H_{14}O_6$. *B.* Beim Erwärmen von 3-Acetyl-2,6-dihydroxy-benzaldehyd mit Bromessigsäure-äthylester und K_2CO_3 in Aceton (*Rao et al.*). – Kristalle (aus Me.); F: 84–85°.

3-Acetyl-4-hydroxy-5-methoxy-benzaldehyd $C_{10}H_{10}O_4$, Formel XI.

B. Beim Erwärmen von 1-[2-Hydroxy-3-methoxy-phenyl]-äthanon mit $CHCl_3$ und wss.-äthanol. KOH (*Smith et al.*, Am. Soc. **73** [1951] 793).

Hellgelbe Kristalle (aus Methylcyclohexan); F: 120–121°.

Disemicarbazon $C_{12}H_{16}N_6O_4$; 4-Hydroxy-3-methoxy-5-[1-semicarbazono-äthyl]-benzaldehyd-semicarbazon. Kristalle (aus wss. A.); F: 335–338° [Zers.].

Bis-phenylhydrazon (F: 186–188°): *Sm. et al.*

Benzolsulfonyl-Derivat (F: 123–125°): *Sm. et al.*

3-Chloracetyl-2,4-dihydroxy-benzaldehyd $C_9H_7ClO_4$, Formel XII (R = CO-CH_2Cl, R′ = H) und **5-Chloracetyl-2,4-dihydroxy-benzaldehyd** $C_9H_7ClO_4$, Formel XII (R = H, R′ = CO-CH_2Cl).

Diese beiden Formeln kommen für die nachstehend beschriebene Verbindung in Betracht (*Horváth*, M. **82** [1951] 901, 905, 906, 909).

B. Beim Behandeln von 2,4-Dihydroxy-benzaldehyd mit Chloracetylchlorid und $AlCl_3$ in Nitrobenzol (*Ho.*, l. c. S. 906, 909).

Gelbe Kristalle (aus Me.); F: 159–160°.

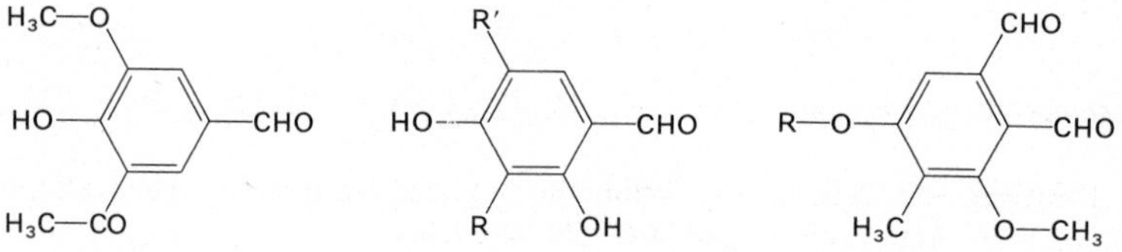

5-Hydroxy-3-methoxy-4-methyl-phthalaldehyd, Quadrilineatin $C_{10}H_{10}O_4$, Formel XIII (R = H).

Isolierung aus Kulturen von Aspergillus quadrilineatus: *Birkinshaw et al.*, Biochem. J. **67** [1957] 155, 158.

Kristalle (nach Sublimation im Hochvakuum); F: 172° [unkorr.; geringe Zers.]; λ_{max} (A.): 250 nm und 297–300 nm (*Bi. et al.*, l. c. S. 159).

Dioxim $C_{10}H_{12}N_2O_4$. Hellgelbe Kristalle (aus H_2O); F: 205–206° (*Bi. et al.*, l. c. S. 160).

Mono-[2,4-dinitro-phenylhydrazon] $C_{16}H_{14}N_4O_7$. Rote Kristalle (aus Nitrobenzol); F: 235–236°.

Bis-[2,4-dinitro-phenylhydrazon] (F: 264°): *Bi. et al.*

Acetyl-Derivat $C_{12}H_{12}O_5$; 5-Acetoxy-3-methoxy-4-methyl-phthalaldehyd. Kristalle (aus PAe.); F: 140–143°.

3,5-Dimethoxy-4-methyl-phthalaldehyd $C_{11}H_{12}O_4$, Formel XIII (R = CH_3).

B. Beim Erwärmen der vorangehenden Verbindung mit Dimethylsulfat und K_2CO_3 in Aceton (*Birkinshaw et al.*, Biochem. J. **67** [1957] 155, 159).

Kristalle (nach Sublimation im Hochvakuum); F: 146–148°.

4-Hydroxy-5-hydroxymethyl-isophthalaldehyd $C_9H_8O_4$, Formel XIV.

B. Beim Behandeln von 5-Chlormethyl-4-hydroxy-isophthalaldehyd mit wss. Aceton (*Carpenter, Hunter*, Soc. **1954** 2731, 2733).

Kristalle (aus Bzl.); F: 129–130°.

4,5,6-Trimethoxy-indan-1-on $C_{12}H_{14}O_4$, Formel XV (X = H).

B. Beim Erwärmen von 3-[2,3,4-Trimethoxy-phenyl]-propionsäure mit P_2O_5 in Benzol (*Haworth, McLachlan*, Soc. **1952** 1583, 1588).

Kristalle (aus PAe.); F: 80–81°.

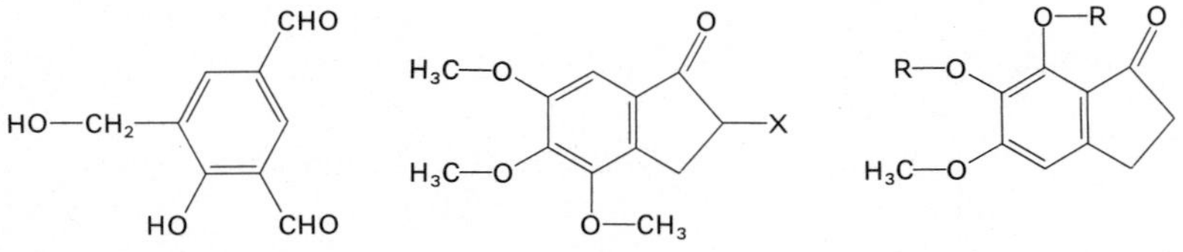

XIV XV XVI

(±)-2-Brom-4,5,6-trimethoxy-indan-1-on $C_{12}H_{13}BrO_4$, Formel XV (X = Br).

B. Aus der vorangehenden Verbindung und Brom in $CHCl_3$ (*Haworth, McLachlan*, Soc. **1952** 1583, 1588).

Kristalle (aus Me.); F: 92°.

6,7-Dihydroxy-5-methoxy-indan-1-on $C_{10}H_{10}O_4$, Formel XVI (R = H).

Diese Konstitution wird der nachstehend beschriebenen Verbindung zugeordnet (*Boeckelheide, Pennington*, Am. Soc. **74** [1952] 1558, 1561).

B. Beim Behandeln von 3-[3,4-Diacetoxy-5-methoxy-phenyl]-propionsäure mit 2-Oxo-cycloheptancarbonsäure-äthylester und Methansulfonsäure (*Bo., Pe.*).

Kristalle (aus A.); F: 152,5–154,5°.

5,6,7-Trimethoxy-indan-1-on $C_{12}H_{14}O_4$, Formel XVI (R = CH_3).

B. Beim Erwärmen von 3-[3,4,5-Trimethoxy-phenyl]-propionsäure mit H_2SO_4 (*Babor et al.*, Chem. Zvesti **7** [1953] 457, 458; C. A. **1955** 5493) oder mit Polyphosphorsäure (*Koo*, Am. Soc. **75** [1953] 1891, 1894; *Horton, Rossiter*, J. org. Chem. **23** [1958] 488).

Kristalle; F: 112–113° [aus A.] (*Ba. et al.*), 111,5–113,5° [korr.; aus wss. A.] (*Koo*), 107–111° [korr.; aus E.+PAe.] (*Ho., Ro.*).

Oxim $C_{12}H_{15}NO_4$. Kristalle (aus A.); F: 222–223° (*Ba. et al.*).

Hydroxy-oxo-Verbindungen $C_{10}H_{10}O_4$

1-[2,4,5-Trihydroxy-phenyl]-but-2*t*(?)-en-1-on $C_{10}H_{10}O_4$, vermutlich Formel I.

B. In kleiner Menge beim Behandeln von Benzen-1,2,4-triol mit *trans*(?)-Crotonoylchlorid und $AlCl_3$ in Nitrobenzol (*Eastman Kodak Co.*, U.S.P. 2759828 [1952], 2848345 [1954]).

Hellbraune Kristalle; F: 219–221°.

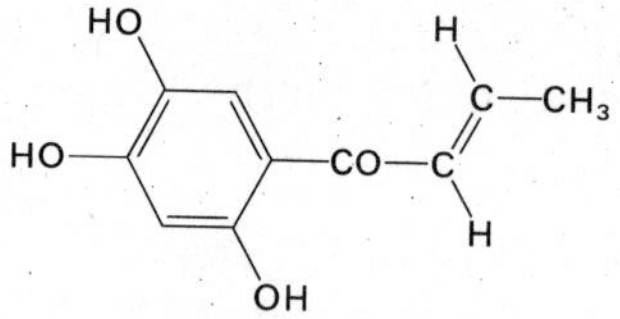

I

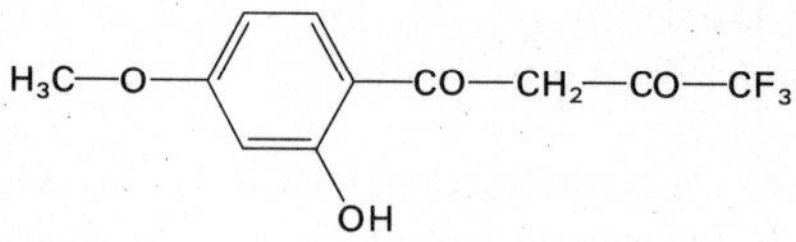

II

4,4,4-Trifluor-1-[2-hydroxy-4-methoxy-phenyl]-butan-1,3-dion $C_{11}H_9F_3O_4$, Formel II und Taut.

B. Beim Erwärmen von 1-[2-Hydroxy-4-methoxy-phenyl]-äthanon mit Trifluoressigsäure-äthylester und Natrium-Pulver (*Whalley*, Soc. **1951** 3235, 3237).

Kristalle (aus Bzl.); F: 136°.

Monooxim $C_{11}H_{10}F_3NO_4$. Kristalle (aus wss. Me.) mit 1 Mol H_2O; F: 125°.

1-[2-Hydroxy-5-methoxy-phenyl]-butan-1,3-dion $C_{11}H_{12}O_4$, Formel III (R = H) und Taut.

B. Aus 1-[2-Hydroxy-5-methoxy-phenyl]-äthanon und Äthylacetat mit Hilfe von NaH (*Jongebreur*, Pharm. Weekb. **86** [1951] 661, 668; s. a. *Wiley*, Am. Soc. **74** [1952] 4329).

Kristalle; F: 102–104° [unkorr.] (*Wi.*), 101–102° (*Jo.*).

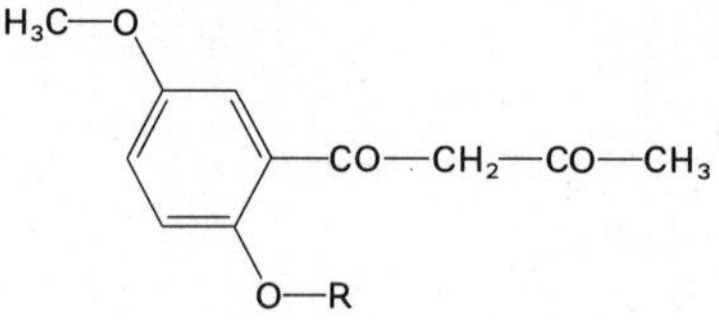

III

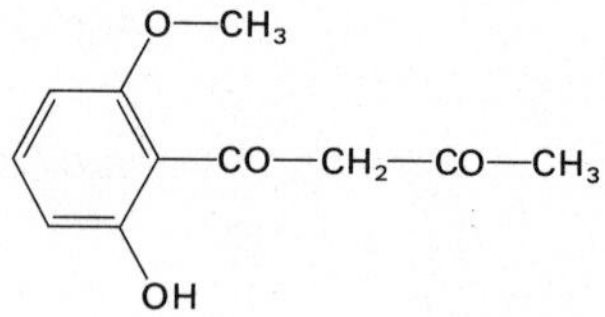

IV

1-[2,5-Dimethoxy-phenyl]-butan-1,3-dion $C_{12}H_{14}O_4$, Formel III (R = CH_3) und Taut.

B. Aus 1-[2,5-Dimethoxy-phenyl]-äthanon und Äthylacetat mit Hilfe von Natrium-Pulver oder von NaH (*Wiley*, Am. Soc. **74** [1952] 4329).

$Kp_{0,1}$: 97°. n_D^{25}: 1,5893.

1-[2-Hydroxy-6-methoxy-phenyl]-butan-1,3-dion $C_{11}H_{12}O_4$, Formel IV und Taut.

B. Beim Erwärmen von 1-[2-Hydroxy-6-methoxy-phenyl]-äthanon mit Äthylacetat und Natrium-Pulver (*Rao, Venkateswarlu*, R. **75** [1956] 1321, 1323).

Kristalle (aus Me.); F: 94–95°.

Kupfer(II)-Salz. Grüne Kristalle (aus $CHCl_3$); F: 226°.

3-[2,4-Dimethoxy-phenyl]-2-methyl-3-oxo-propionaldehyd $C_{12}H_{14}O_4$, Formel V und Taut.

B. Aus 1-[2,4-Dimethoxy-phenyl]-propan-1-on und Äthylformiat mit Hilfe von Natrium-Pulver in Äther (*Legrand*, Bl. **1959** 1599, 1604).

Kp_2: 160–170°.

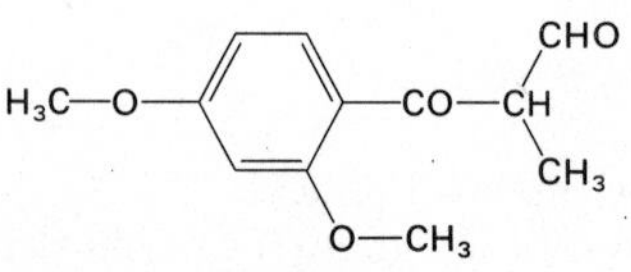

V

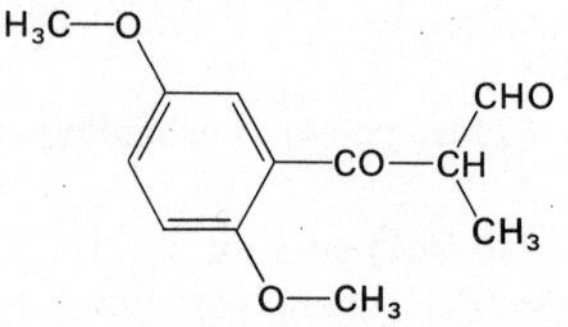

VI

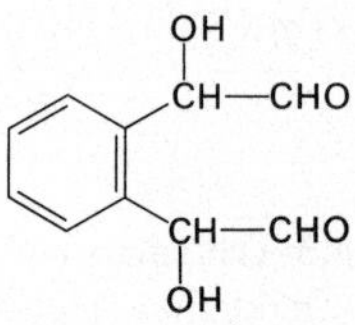

VII

3-[2,5-Dimethoxy-phenyl]-2-methyl-3-oxo-propionaldehyd $C_{12}H_{14}O_4$, Formel VI und Taut.

B. Analog der vorangehenden Verbindung (*Legrand,* Bl. **1959** 1599, 1604).

Kristalle (aus Bzl.); F: 82–83°. Kp_3: 165–167°.

***Opt.-inakt. 1,2-Bis-[1-hydroxy-2-oxo-äthyl]-benzol** $C_{10}H_{10}O_4$, Formel VII und cyclisches Taut.

B. Bei der Ozonolyse von [1,4]Naphthochinon in $CHCl_3$ (*Bernatek,* Tetrahedron **4** [1958] 213, 220).

Kristalle (aus E.); F: 114–115° [unkorr.]. Unter 0,02 Torr sublimierbar.

Beim Erwärmen mit wss.-äthanol. KCN und Behandeln der Reaktionslösung mit wss. HCl ist 2,3-Dihydroxy-[1,4]naphthochinon erhalten worden (*Be.,* l. c. S. 221).

Mono-[2,4-dinitro-phenylhydrazon] $C_{16}H_{14}N_4O_7$. Rote Kristalle; F: 164° [Zers.].

Monophenylcarbamoyl-Derivat $C_{17}H_{15}NO_5$. Kristalle; F: 144–145°.

1-[2-Benzyloxy-4,6-dimethoxy-3-(*trans*(?)-2-nitro-vinyl)-phenyl]-äthanon $C_{19}H_{19}NO_6$, vermutlich Formel VIII.

B. Beim Erwärmen von 3-Acetyl-2-benzyloxy-4,6-dimethoxy-benzaldehyd mit Nitromethan und wenig Piperidin in Pyridin (*Robertson, Williamson,* Soc. **1957** 5018).

Gelbe Kristalle (aus wss. A.); F: 121–122°. IR-Banden (1750–1250 cm^{-1}): *Ro., Wi.*

2,4-Diacetyl-resorcin $C_{10}H_{10}O_4$, Formel IX (R = H) (E II 465; E III 3510).

B. Als Hauptprodukt beim Erwärmen von 1,3-Diacetoxy-benzol mit BF_3 in Essigsäure (*Phillips et al.,* Soc. **1952** 4951, 4954) oder beim Erhitzen von 1-[2,4-Dihydroxy-phenyl]-äthanon mit Essigsäure und BF_3 auf 140° (*Oelschläger,* Ar. **288** [1955] 102, 109) und Behandeln des jeweiligen Reaktionsprodukts mit wss. Natriumacetat.

Kristalle; F: 88° [aus Me.] (*Oe.*), 85° [aus wss. A.] (*Dean, Robertson,* Soc. **1953** 1241, 1243). UV-Spektrum (A.; 220–340 nm): *Dean et al.,* Soc. **1953** 1250, 1254.

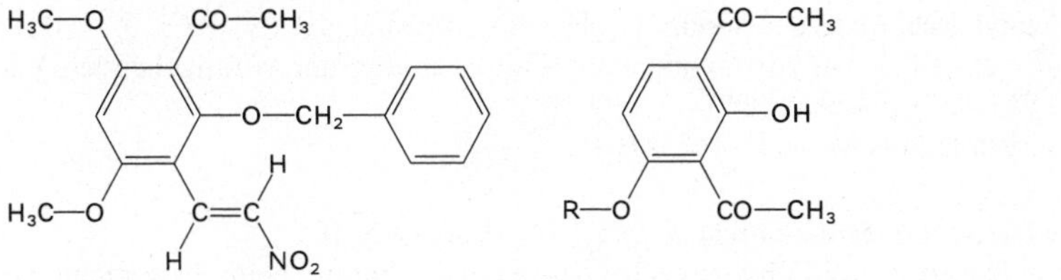

2,6-Diacetyl-3-methoxy-phenol $C_{11}H_{12}O_4$, Formel IX (R = CH_3) (E III 3510).

B. Beim Behandeln von 1-[2-Hydroxy-4-methoxy-phenyl]-äthanon mit Essigsäure, Acetanhydrid und BF_3 und Behandeln des Reaktionsprodukts mit wss. Äthanol (*Dean, Robertson,* Soc. **1953** 1241, 1244).

Kristalle (aus PAe.); F: 104°.

2,6-Diacetyl-3-benzyloxy-phenol $C_{17}H_{16}O_4$, Formel IX (R = CH_2-C_6H_5).

B. s. u. im Artikel 1,3-Diacetyl-2,4-bis-benzyloxy-benzol.

Kristalle (aus Bzl. + PAe.); F: 92° (*Dean, Robertson,* Soc. **1953** 1241, 1244).

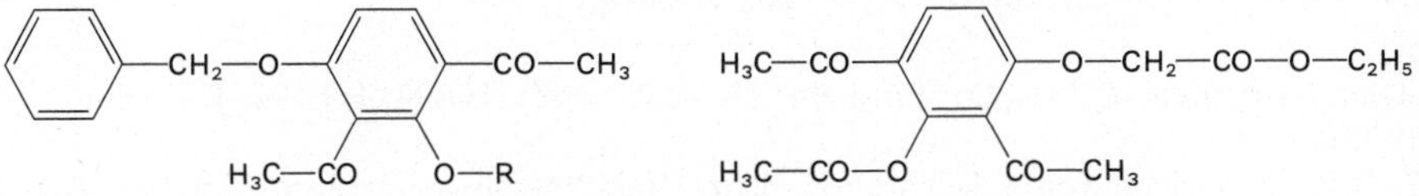

1,3-Diacetyl-4-benzyloxy-2-methoxy-benzol $C_{18}H_{18}O_4$, Formel X (R = CH_3).

B. Aus der vorangehenden Verbindung und CH_3I mit Hilfe von K_2CO_3 (*Dean, Robertson,*

Soc. **1953** 1241, 1244).
Kristalle (aus Bzl. + PAe.); F: 101°.

1,3-Diacetyl-2,4-bis-benzyloxy-benzol $C_{24}H_{22}O_4$, Formel X (R = CH_2-C_6H_5).
B. Neben kleineren Mengen 2,6-Diacetyl-3-benzyloxy-phenol beim Erwärmen von 2,4-Diacetyl-resorcin mit Benzylbromid, K_2CO_3 und wenig KI in Aceton (*Dean, Robertson,* Soc. **1953** 1241, 1244).
Kristalle (aus wss. A.); F: 128–129°.

[3-Acetoxy-2,4-diacetyl-phenoxy]-essigsäure-äthylester $C_{16}H_{18}O_7$, Formel XI.
B. Beim Behandeln von [2,4-Diacetyl-3-hydroxy-phenoxy]-essigsäure-äthylester mit Acetanhydrid und Pyridin (*Phillipps et al.,* Soc. **1952** 4951, 4954).
Kristalle (aus PAe.); F: 92°.

2-Acetyl-4-chloracetyl-resorcin $C_{10}H_9ClO_4$, Formel XII (X = H, X′ = Cl).
B. Beim Behandeln von 1-[2,6-Dihydroxy-phenyl]-äthanon mit Chloracetylchlorid und $AlCl_3$ in Nitrobenzol (*Horváth,* M. **82** [1951] 901, 906, 909).
Kristalle (aus Me.); F: 110–112°.

XII XIII

4-Acetyl-2-chloracetyl-resorcin $C_{10}H_9ClO_4$, Formel XII (X = Cl, X′ = H).
B. Aus 1-[2,4-Dihydroxy-phenyl]-äthanon analog der vorangehenden Verbindung (*Horváth,* M. **82** [1951] 901, 906, 909).
Kristalle (aus Me.); F: 162–164°.

2,4-Diacetyl-6-nitro-resorcin $C_{10}H_9NO_6$, Formel XIII.
B. Neben 1-[2,6-Dihydroxy-3-nitro-phenyl]-äthanon beim Erwärmen von 2,4-Diacetoxy-1-nitro-benzol mit $AlCl_3$ in Nitrobenzol (*Amin et al.,* J. Indian chem. Soc. **36** [1959] 833, 834). Beim Behandeln von 2,4-Diacetyl-resorcin in Essigsäure mit wss. HNO_3 und H_2SO_4 (*Amin et al.,* l. c. S. 835).
Kristalle (aus wss. A.); F: 139–140°.
Bis-[2,4-dinitro-phenylhydrazon] (F: 276°): *Amin et al.*

***4-Acetyl-2-[1-hydroxyimino-äthyl]-6-methoxy-phenol, 1-[4-Hydroxy-3-(1-hydroxyimino-äthyl)-5-methoxy-phenyl]-äthanon** $C_{11}H_{13}NO_4$, Formel I.
B. Beim Behandeln von 7-Methoxy-3-methyl-benz[*d*]isoxazol mit Acetylchlorid und $AlCl_3$ in Nitrobenzol (*Borsche, Hahn-Weinheimer,* A. **570** [1950] 155, 163).
Dunkelbraunes Öl, das beim Aufbewahren erstarrt.
2,4-Dinitro-phenylhydrazon (F: 233°): *Bo., Hahn-We.*

4,6-Diacetyl-resorcin $C_{10}H_{10}O_4$, Formel II (R = R′ = H) (H 404; E I 694; E II 456; E III 3511).
B. Beim Erwärmen von 1,3-Diacetoxy-benzol mit Polyphosphorsäure (*Gardner,* Am. Soc. **77** [1955] 4674; s. a. *Nakazawa, Matsuura,* J. pharm. Soc. Japan **74** [1954] 69; C. A. **1955** 1631). Neben kleineren Mengen 2,4-Diacetyl-resorcin beim Erwärmen von 1-[2,4-Dihydroxy-phenyl]-äthanon mit Acetanhydrid und BF_3 in Essigsäure und Erwärmen des Reaktionsprodukts mit Äthanol (*Dean, Robertson,* Soc. **1953** 1241, 1243).

Kristalle; F: 182° [aus wss. A.] (*Dean, Ro.*), 181–182° [aus E.+Cyclohexan] (*Ga.*). Absorptionsspektrum (230–400 nm) in 2,2,4-Trimethyl-pentan, in Äthanol sowie in äthanol. H_2SO_4 bzw. äthanol. Natriumäthylat verschiedener Konzentration: *Tscheschko, Dištanow,* Ž. obšč. Chim. **27** [1957] 2851, 2852, 2853; engl. Ausg. S. 2888, 2889. Reduktionspotential (wss. NaOH): *Tsch., Di.,* l. c. S. 2856, 2857, 2860.

Beim Erhitzen mit 4-Methoxy-benzoesäure-anhydrid und Triäthylamin auf 160° ist 3,7-Bis-[4-methoxy-benzoyl]-2,8-bis-[4-methoxy-phenyl]-pyrano[3,2-*g*]chromen-4,6-dion (E III/IV **19** 3226) erhalten worden (*Baker et al.*, Soc. **1952** 1294, 1302).

2,4-Diacetyl-5-methoxy-phenol $C_{11}H_{12}O_4$, Formel II (R = CH_3, R′ = H) (H 405; E II 456; E III 3512).

B. Beim Erwärmen von 1-[2-Hydroxy-4-methoxy-phenyl]-äthanon mit Essigsäure und Polyphosphorsäure (*Nakazawa*, J. pharm. Soc. Japan **74** [1954] 836; C. A. **1955** 9556).

Kristalle (aus A.); F: 121°. UV-Spektrum (230–400 nm) in 2,2,4-Trimethyl-pentan: *Tscheschko, Dištanow,* Ž. obšč. Chim. **27** [1957] 2851, 2853; engl. Ausg. S. 2888, 2889; in Äthanol und in äthanol. Natriumäthylat verschiedener Konzentration: *Tsch., Di.,* l. c. S. 2854; sowie in äthanol. H_2SO_4 verschiedener Konzentration: *Tsch., Di.,* l. c. S. 2854. Reduktionspotential (wss. NaOH): *Tsch., Di.,* l. c. S. 2856, 2859, 2860.

I II III

1,5-Diacetyl-2,4-dimethoxy-benzol $C_{12}H_{14}O_4$, Formel II (R = R′ = CH_3) (H 405; E II 456; E III 3512).

UV-Spektrum (230–360 nm) in Äthanol sowie in äthanol. H_2SO_4 bzw. äthanol. Natriumäthylat verschiedener Konzentration: *Tscheschko, Dištanow,* Ž. obšč. Chim. **27** [1957] 2851, 2855; engl. Ausg. S. 2888, 2892.

[2,4-Diacetyl-5-hydroxy-phenoxy]-essigsäure $C_{12}H_{12}O_6$, Formel II (R = H, R′ = CH_2-CO-OH).

B. Beim Erwärmen des im folgenden Artikel beschriebenen Äthylesters mit wss. NaOH (*Phillipps et al.*, Soc. **1952** 4951, 4955).

Kristalle (aus wss. Dioxan); F: 255° [Zers.].

Acetyl-Derivat $C_{14}H_{14}O_7$; [5-Acetoxy-2,4-diacetyl-phenoxy]-essigsäure. Kristalle (aus wss. Dioxan); F: 275° [Zers.].

[2,4-Diacetyl-5-hydroxy-phenoxy]-essigsäure-äthylester $C_{14}H_{16}O_6$, Formel II (R = H, R′ = CH_2-CO-O-C_2H_5).

B. Neben kleineren Mengen [4,6-Diacetyl-*m*-phenylendioxy]-di-essigsäure-diäthylester beim Erwärmen von 4,6-Diacetyl-resorcin mit Bromessigsäure-äthylester und K_2CO_3 in Aceton (*Phillipps et al.*, Soc. **1952** 4951, 4955).

Hellgelbe Kristalle (aus Me.); F: 134°.

Acetyl-Derivat $C_{16}H_{18}O_7$; [5-Acetoxy-2,4-diacetyl-phenoxy]-essigsäure-äthylester. Kristalle (aus PAe.); F: 93°.

4,6-Diacetyl-2-nitro-resorcin $C_{10}H_9NO_6$, Formel III (E I 694; E III 3513).

B. Beim Erhitzen von 2-Nitro-resorcin mit Acetanhydrid und $AlCl_3$ in Nitrobenzol auf 120–130° (*Amin et al.*, J. Indian chem. Soc. **36** [1959] 617, 619). Beim Behandeln von 1,3-Diacetoxy-2-nitro-benzol mit $AlCl_3$ in Nitrobenzol bei 25° oder bei 110° (*Amin et al.*, l. c. S. 618).

Beim Behandeln von 4,6-Diacetyl-resorcin mit konz. wss. HNO_3 und H_2SO_4 (*Amin et al.*, l. c. S. 619; vgl. E III 3513).

Kristalle (aus Eg.); F: 234°.

Dioxim $C_{10}H_{11}N_3O_6$; 4,6-Bis-[1-hydroxyimino-äthyl]-2-nitro-resorcin. Gelbliche Kristalle (aus Eg.); F: 237° (*Amin et al.*).

Diacetyl-Derivat $C_{14}H_{13}NO_8$; 2,4-Diacetoxy-1,5-diacetyl-3-nitro-benzol. Kristalle (aus A.); F: 154° (*Amin et al.*).

Dibenzoyl-Derivat (F: 165°): *Amin et al.*

1,3-Bis-acetoxyacetyl-5-nitro-benzol $C_{14}H_{13}NO_8$, Formel IV.

B. Beim Erwärmen von 1,3-Bis-diazoacetyl-5-nitro-benzol mit Essigsäure (*Jennings*, Soc. **1957** 1172, 1174).

Kristalle (aus Me.); F: 178–179° [korr.]. λ_{max} (A.): 229 nm.

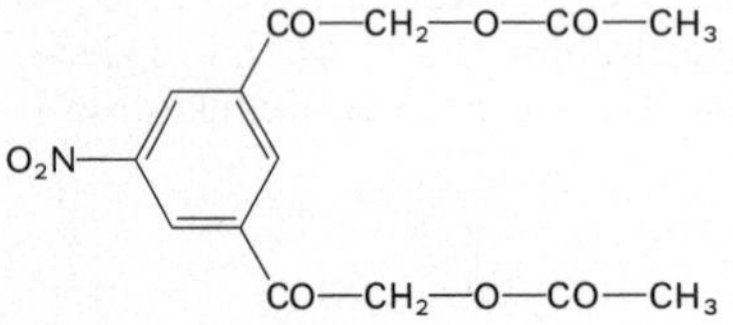

IV  V

1,4-Bis-acetoxyacetyl-benzol $C_{14}H_{14}O_6$, Formel V.

B. Beim Erwärmen von 1,4-Bis-diazoacetyl-benzol mit Essigsäure und Natriumacetat (*Daschewškaja, Lewitškaja*, Ukr. chim. Ž. **16** [1950] 616, 618; C. A. **1954** 10710).

Kristalle (aus Bzl. + PAe.); F: 135°.

5,7,8-Trimethoxy-3,4-dihydro-2*H*-naphthalin-1-on $C_{13}H_{16}O_4$, Formel VI.

B. Beim Erwärmen von 4-[2,4,5-Trimethoxy-phenyl]-buttersäure mit PCl_5 in Benzol und anschliessend mit $SnCl_4$ (*Brunner, Hanke*, M. **85** [1954] 88, 90).

Kristalle (aus PAe. oder wss. A.); F: 112°. Im Hochvakuum sublimierbar.

Semicarbazon $C_{14}H_{19}N_3O_4$. Kristalle (aus A.); F: 208° [Zers.].

8-Hydroxy-6,7-dimethoxy-3,4-dihydro-2*H*-naphthalin-1-on $C_{12}H_{14}O_4$, Formel VII (R = H).

B. Aus der folgenden Verbindung mit Hilfe von HBr in Essigsäure (*Horton, Rossiter*, J. org. Chem. **23** [1958] 488, 490).

Kristalle (aus A.); F: 112–113° [korr.].

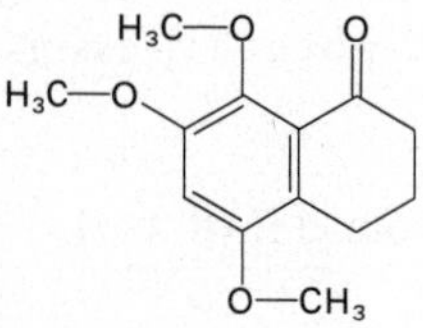

VI 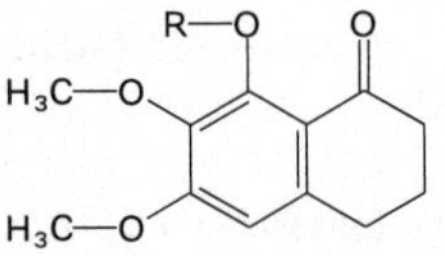 VII 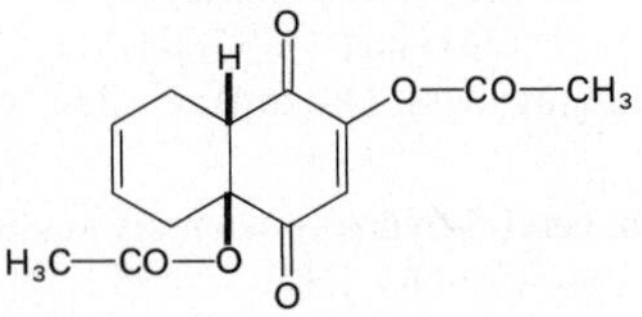 VIII

6,7,8-Trimethoxy-3,4-dihydro-2*H*-naphthalin-1-on $C_{13}H_{16}O_4$, Formel VII (R = CH_3) (E III 3515).

B. Beim Erwärmen von 4-[3,4,5-Trimethoxy-phenyl]-buttersäure mit Polyphosphorsäure (*Horton, Rossiter*, J. org. Chem. **23** [1958] 488, 490; vgl. E III 3515).

F: 123–126° [korr.].

(±)-2,4a-Diacetoxy-(4a*r*,8a*c*)-4a,5,8,8a-tetrahydro-[1,4]naphthochinon $C_{14}H_{14}O_6$, Formel VIII + Spiegelbild.

B. Beim Erhitzen [3 d] von 2,5-Diacetoxy-[1,4]benzochinon mit Buta-1,3-dien in Benzol auf

110° (*Barltrop, Burstall,* Soc. **1959** 2183, 2184).

Kristalle (aus Ae.); F: 120–121° [korr.]. λ_{max} (A.): 240 nm und 295 nm. [*Mühle*]

Hydroxy-oxo-Verbindungen $C_{11}H_{12}O_4$

1-[3,5-Dimethoxy-phenyl]-pentan-2,4-dion $C_{13}H_{16}O_4$, Formel IX und Taut.

B. Beim Behandeln von [3,5-Dimethoxy-phenyl]-essigsäure-äthylester mit Aceton und $NaNH_2$ in Äther (*Mühlemann,* Pharm. Acta Helv. **26** [1951] 195, 199).

$Kp_{0,01}$: 159°.

IX X

4-[2-Hydroxy-4,6-dimethoxy-phenyl]-pent-3-en-2-on $C_{13}H_{16}O_4$ und Taut.

(±)-5,7-Dimethoxy-2,4-dimethyl-2*H*-chromen-2-ol, Formel X.

B. Beim Einleiten von HCl in ein Gemisch von 3,5-Dimethoxy-phenol, Acetylaceton und Essigsäure (*Mackenzie et al.,* Soc. **1950** 2965, 2970). Beim Behandeln von 5,7-Dimethoxy-2-methyl-chromen-4-on in Benzol mit Methylmagnesiumjodid in Äther (*Ma. et al.*).

Kristalle (aus Me.) vom F: 155° [Zers.], die sich an der Luft dunkel färben.

Überführung in 5,7-Dimethoxy-2,4-dimethyl-chromenylium-picrat (F: 172–174°; E III/IV **17** 2360): *Ma. et al.*

1-[2-Hydroxy-4,5-dimethoxy-phenyl]-3-methyl-but-2-en-1-on $C_{13}H_{16}O_4$, Formel XI (R = H).

B. Neben anderen Verbindungen beim Behandeln von 1,2,4-Trimethoxy-benzol mit 3-Methyl-crotonoylchlorid und $AlCl_3$ in Äther und 1,1,2,2-Tetrachlor-äthan (*Huls,* Bl. Soc. chim. Belg. **67** [1958] 22, 27).

Gelbe Kristalle (aus PAe.); F: 86,5°. UV-Spektrum (Me.; 220–400 nm): *Huls,* l. c. S. 31.

XI XII

3-Methyl-1-[2,4,5-trimethoxy-phenyl]-but-2-en-1-on $C_{14}H_{18}O_4$, Formel XI (R = CH_3).

B. Beim Behandeln von 1,2,4-Trimethoxy-benzol mit 3-Methyl-crotonoylchlorid und $AlCl_3$ in Äther (*Huls,* Bl. Soc. chim. Belg. **67** [1958] 22, 27).

Kristalle (aus Bzl.+PAe.); F: 68°. UV-Spektrum (Me.; 220–390 nm): *Huls,* l. c. S. 31.

2,4-Dinitro-phenylhydrazon (F: 157°): *Huls,* l. c. S. 28.

(±)-2-[1-Äthyl-2-oxo-propyl]-5-methoxy-[1,4]benzochinon $C_{12}H_{14}O_4$, Formel XII.

Diese Konstitution kommt auch der E III/IV **17** 2358 als 5,6-Dimethoxy-2-methyl-benzofuran-3-ol formulierten Verbindung (F: 128–130°) zu (*Müller et al.,* J. org. Chem. **19** [1954] 472, 475).

B. Aus (±)-3-[2-Hydroxy-4,5-dimethoxy-phenyl]-pentan-2-on bzw. aus (±)-3-[4,5-Dimethoxy-2-veratroyloxy-phenyl]-pentan-2-on mit Hilfe von CrO_3 in wss. Essigsäure (*Mü. et al.,* l. c. S. 479).

Goldgelbe Kristalle (aus A.); F: 129–130°.

1-[2-Hydroxy-4-methoxy-6-methyl-phenyl]-butan-1,3-dion $C_{12}H_{14}O_4$ und Taut.

(±)-2-Hydroxy-7-methoxy-2,5-dimethyl-chroman-4-on, Formel XIII.

Diese Konstitution kommt der von *Pandit, Sethna* (J. Indian chem. Soc. **28** [1951] 357, 358) als 4-Hydroxy-7-methoxy-4,5-dimethyl-chroman-2-on (E III/IV **18** 1253) formulierten Verbindung zu (*Ahluwalia et al.*, Indian J. Chem. **15** B [1977] 328).

B. Beim Erhitzen von 1-[2-Hydroxy-4-methoxy-6-methyl-phenyl]-äthanon mit Natrium und Äthylacetat auf 120° (*Pa., Se.*, l. c. S. 360).

Kristalle (aus A.); F: 140–142° (*Pa., Se.*). ^{1}H-NMR-Absorption ($CDCl_3$) und IR-Banden (KBr; 3400–1570 cm^{-1}): *Ah. et al.* λ_{max} (Me. oder methanol. NaOH): 276 nm (*Ah. et al.*).

Kupfer(II)-Salz $Cu(C_{12}H_{13}O_4)_2$. Hellgrüne Kristalle mit 1 Mol H_2O; F: 220–222° (*Pa., Se.*).

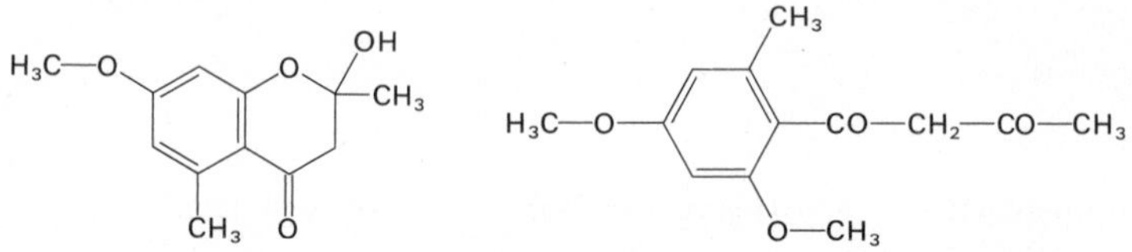

XIII XIV

1-[2,4-Dimethoxy-6-methyl-phenyl]-butan-1,3-dion $C_{13}H_{16}O_4$, Formel XIV und Taut. (E III 3517).

B. Neben kleineren Mengen 2,4,6-Trihydroxy-2′,4′-dimethoxy-6′-methyl-benzophenon beim Erwärmen von 7-[2,4-Dimethoxy-6-methyl-phenyl]-3,5,7-trioxo-heptansäure-methylester mit Natriumacetat in Methanol (*Harris, Hay*, Am. Soc. **99** [1977] 1631, 1636).

Kristalle (aus Pentan); F: 65–66,5°.

1-[3,4,6-Trimethoxy-2-ξ-propenyl-phenyl]-äthanon $C_{14}H_{18}O_4$, Formel I (R = CH_3).

B. Beim Erhitzen von 1-[2-Allyl-3,4,6-trimethoxy-phenyl]-äthanon mit methanol. KOH auf 130° (*Dean et al.*, Soc. **1959** 1071, 1076).

Kristalle (aus PAe.); F: 80°.

1-[6-Benzyloxy-3,4-dimethoxy-2-ξ-propenyl-phenyl]-äthanon $C_{20}H_{22}O_4$, Formel I (R = CH_2-C_6H_5).

B. Analog der vorangehenden Verbindung (*Dean et al.*, Soc. **1959** 1071, 1076).

Kristalle (aus wss. Me.); F: 80°. λ_{max} (A.): 217 nm und 309 nm.

1-[2-Allyl-3,6-dihydroxy-4-methoxy-phenyl]-äthanon $C_{12}H_{14}O_4$, Formel II (R = R′ = H).

B. Beim Erhitzen von 1-[5-Allyloxy-2-hydroxy-4-methoxy-phenyl]-äthanon in Glycerin auf 200° (*Dean et al.*, Soc. **1959** 1071, 1075).

Hellgelbe Kristalle (aus Bzl.+PAe.); F: 114°.

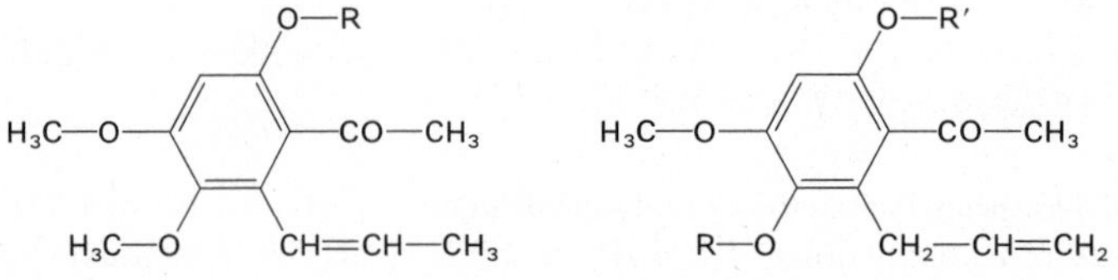

I II

1-[2-Allyl-3-hydroxy-4,6-dimethoxy-phenyl]-äthanon $C_{13}H_{16}O_4$, Formel II (R = H, R′ = CH_3).

B. Beim Erhitzen von 1-[5-Allyloxy-2,4-dimethoxy-phenyl]-äthanon in Glycerin auf 200°

(*Dean et al.*, Soc. **1959** 1071, 1075). Aus der vorangehenden Verbindung mit Hilfe von CH_3I und K_2CO_3 in Aceton (*Dean et al.*).

Kristalle (aus Bzl.+PAe.); F: 110°.

1-[2-Allyl-3,4,6-trimethoxy-phenyl]-äthanon $C_{14}H_{18}O_4$, Formel II (R = R′ = CH_3).

B. Aus 1-[2-Allyl-3,6-dihydroxy-4-methoxy-phenyl]-äthanon oder aus der vorangehenden Verbindung mit Hilfe von Dimethylsulfat und K_2CO_3 (*Dean et al.*, Soc. **1959** 1071, 1076).

$Kp_{0,05}$: 110°.

1-[2-Allyl-6-benzyloxy-3-hydroxy-4-methoxy-phenyl]-äthanon $C_{19}H_{20}O_4$, Formel II (R = H, R′ = CH_2-C_6H_5).

B. Beim Erhitzen von 1-[5-Allyloxy-2-benzyloxy-4-methoxy-phenyl]-äthanon in 2-[2-Äthoxy-äthoxy]-äthanol (*Dean et al.*, Soc. **1959** 1071, 1076).

Kristalle (aus Bzl.+PAe.); F: 116°.

Methyl-Derivat $C_{20}H_{22}O_4$; 1-[2-Allyl-6-benzyloxy-3,4-dimethoxy-phenyl]-äthanon. Kristalle (aus PAe.); F: 50°. λ_{max} (A.): 265 nm und 296 nm.

1-[3-Allyl-2,4-dihydroxy-phenyl]-2-methoxy-äthanon $C_{12}H_{14}O_4$, Formel III.

B. Beim Erhitzen von 1-[4-Allyloxy-2-hydroxy-phenyl]-2-methoxy-äthanon unter vermindertem Druck auf 195° (*Aneja et al.*, Tetrahedron **2** [1958] 203, 207).

Kristalle (aus wss. A.); F: 139–139,5°.

4-Acetyl-6-propionyl-resorcin, 1-[5-Acetyl-2,4-dihydroxy-phenyl]-propan-1-on $C_{11}H_{12}O_4$, Formel IV (R = R′ = H).

B. Beim Erwärmen von 1-[2,4-Dihydroxy-phenyl]-äthanon mit Propionsäure und Polyphosphorsäure (*Nakazawa*, J. pharm. Soc. Japan **74** [1954] 836; C. A. **1955** 9556).

Kristalle (aus A.); F: 122°.

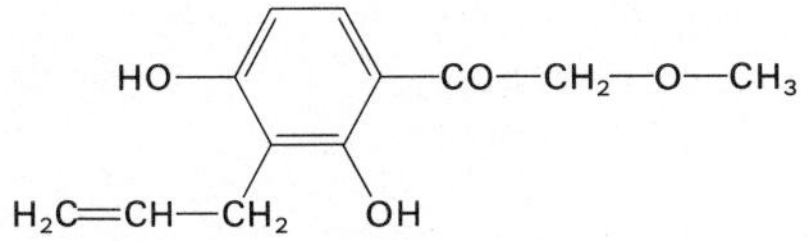

III 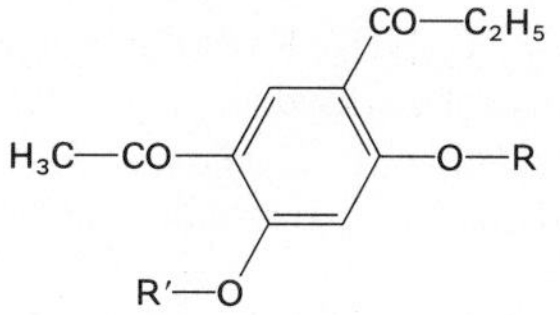 IV

2-Acetyl-5-methoxy-4-propionyl-phenol, 1-[5-Acetyl-4-hydroxy-2-methoxy-phenyl]-propan-1-on $C_{12}H_{14}O_4$, Formel IV (R = CH_3, R′ = H).

B. Analog der vorangehenden Verbindung (*Nakazawa*, J. pharm. Soc. Japan **74** [1954] 836; C. A. **1955** 9556).

Kristalle (aus A.); F: 92°.

4-Acetyl-5-methoxy-2-propionyl-phenol, 1-[5-Acetyl-2-hydroxy-4-methoxy-phenyl]-propan-1-on $C_{12}H_{14}O_4$, Formel IV (R = H, R′ = CH_3).

B. Beim Erwärmen von 1-[2-Hydroxy-4-methoxy-phenyl]-propan-1-on mit Essigsäure und Polyphosphorsäure (*Nakazawa*, J. pharm. Soc. Japan **74** [1954] 836; C. A. **1955** 9556).

Kristalle (aus A.); F: 129°.

2,4-Diacetyl-6-methyl-resorcin $C_{11}H_{12}O_4$, Formel V (X = H).

B. Beim Erhitzen von 1,5-Diacetoxy-2,4-dimethyl-benzol mit $AlCl_3$ auf 180° (*Cram, Cranz*, Am. Soc. **72** [1950] 595, 600).

Gelbliche Kristalle (aus H_2O); F: 83–84°.

2,4-Bis-chloracetyl-6-methyl-resorcin $C_{11}H_{10}Cl_2O_4$, Formel V (X = Cl).

B. In kleiner Menge neben 2-Chlor-1-[2,4-dihydroxy-5-methyl-phenyl]-äthanon beim Behandeln von 4-Methyl-resorcin mit Chloracetylchlorid und $AlCl_3$ in Nitrobenzol (*Horváth,* M. **82** [1951] 901, 909).

Kristalle (aus Me.+$CHCl_3$); F: 184–186°.

1,2,3-Trimethoxy-6,7,8,9-tetrahydro-benzocyclohepten-5-on $C_{14}H_{18}O_4$, Formel VI (E III 3519 [1])).

B. Aus 5-[2,3,4-Trimethoxy-phenyl]-valeriansäure beim Erwärmen mit Polyphosphorsäure (*Koo,* Am. Soc. **75** [1953] 1891, 1894) oder beim aufeinanderfolgenden Behandeln mit PCl_5 und Pyridin, mit $SnCl_4$ in Benzol und mit wss. HCl (*Caunt et al.,* Soc. **1951** 1313, 1316).

$Kp_{0,3}$: 152–155° (*Ca. et al.*).

Oxim $C_{14}H_{19}NO_4$. Kristalle (aus wss. A.); F: 122–124° [korr.] (*Koo*).

Semicarbazon $C_{15}H_{21}N_3O_4$. Kristalle (aus wss. Me.); F: 197–198° (*Ca. et al.*).

XCH₂–CO– ... –OH, CH₃, HO, CO–CH₂X

V

VI

VII

4-Hydroxy-2,3-dimethoxy-6,7,8,9-tetrahydro-benzocyclohepten-5-on $C_{13}H_{16}O_4$, Formel VII (R = H).

B. Beim Behandeln der folgenden Verbindung mit HBr in Essigsäure (*Gardner, Horton,* J. org. Chem. **19** [1954] 213, 219). Bei der Hydrierung von 6,6-Dibrom-2,3,4-trimethoxy-6,7,8,9-tetrahydro-benzocyclohepten-5-on an Palladium/Kohle in Essigsäure (*Ga., Ho.,* l. c. S. 218).

Kristalle (aus Me.); F: 117,5–118,5° [korr.]. UV-Spektrum (210–330 nm): *Ga., Ho.,* l. c. S. 216.

Oxim $C_{13}H_{17}NO_4$. Kristalle (aus E.+Cyclohexan); F: 148–150° [korr.].

2,4-Dinitro-phenylhydrazon (F: 206–207°): *Ga., Ho.*

Acetyl-Derivat $C_{15}H_{18}O_5$; 4-Acetoxy-2,3-dimethoxy-6,7,8,9-tetrahydro-benzocyclohepten-5-on. Kristalle (aus Me.); F: 131–132° [korr.].

2,3,4-Trimethoxy-6,7,8,9-tetrahydro-benzocyclohepten-5-on $C_{14}H_{18}O_4$, Formel VII (R = CH_3) (E III 3519).

B. Aus 5-[3,4,5-Trimethoxy-phenyl]-valeriansäure beim Erwärmen mit Polyphosphorsäure (*Gardner et al.,* Am. Soc. **74** [1952] 5527; *Koo,* Am. Soc. **75** [1953] 720, 722; *Gardner, Horton,* J. org. Chem. **19** [1954] 213, 220) oder beim aufeinanderfolgenden Behandeln mit PCl_5 in Benzol, mit $SnCl_4$ in Benzol und mit wss. HCl (*Caunt et al.,* Soc. **1950** 1631, 1634).

Kristalle; F: 102° [aus Cyclohexan] (*Ca. et al.*), 99,5–101,5° (*Koo*), 99–100° [nach Chromatographieren] (*Ga., Ho.,* J. org. Chem. **19** 220). UV-Spektrum (A.; 220–330 nm): *Gardner, Horton,* Am. Soc. **75** [1953] 4976, 4977; s. a. *Ga., Ho.,* J. org. Chem. **19** 216.

Oxim $C_{14}H_{19}NO_4$. F: 165–167° [unkorr.; geschlossene Kapillare] (*Ga. et al.*).

Semicarbazon $C_{15}H_{21}N_3O_4$. Kristalle (aus Me.); F: 165–166° (*Ca. et al.*).

4-Äthoxy-2,3-dimethoxy-6,7,8,9-tetrahydro-benzocyclohepten-5-on $C_{15}H_{20}O_4$, Formel VII (R = C_2H_5).

B. Beim Erwärmen von 4-Hydroxy-2,3-dimethoxy-6,7,8,9-tetrahydro-benzocyclohepten-5-on mit Diäthylsulfat, wss. NaOH und wss. KOH (*Gardner, Horton,* J. org. Chem. **19** [1954] 213, 219).

Kp_1: 100–110° [Badtemperatur].

Oxim $C_{15}H_{21}NO_4$. Kristalle (aus Cyclohexan); F: 108–110° [korr.].

---

[1]) Berichtigung zu E III **8** 3519, Zeile 20 v. o.: Der Passus „$Kp_{0,3}$: 170°" ist zu streichen (vgl. *Caunt et al.,* Soc. **1951** 1313, 1316 Anm.).

(±)-6-Brom-2,3,4-trimethoxy-6,7,8,9-tetrahydro-benzocyclohepten-5-on $C_{14}H_{17}BrO_4$, Formel VIII (X = Br, X′ = H).

Konstitution: *Gardner, Horton,* J. org. Chem. **19** [1954] 213, 214.

B. Aus 2,3,4-Trimethoxy-6,7,8,9-tetrahydro-benzocyclohepten-5-on beim Behandeln mit Brom in Äther und CCl_4 (*Ga., Ho.*, l. c. S. 217) oder beim Erwärmen mit Pyridiniumtribromid in Essigsäure (*Caunt et al.*, Soc. **1950** 1631, 1634; *Ga., Ho.*, l. c. S. 218).

Kristalle (aus Me.); F: 85,2–86,2° (*Ga., Ho.*), 79° (*Ca. et al.*). UV-Spektrum (220–320 nm): *Ga., Ho.*, l. c. S. 216.

6,6-Dibrom-2,3,4-trimethoxy-6,7,8,9-tetrahydro-benzocyclohepten-5-on $C_{14}H_{16}Br_2O_4$, Formel VIII (X = X′ = Br).

B. Beim Behandeln von 2,3,4-Trimethoxy-6,7,8,9-tetrahydro-benzocyclohepten-5-on oder von (±)-6-Brom-2,3,4-trimethoxy-6,7,8,9-tetrahydro-benzocyclohepten-5-on in Äther mit Brom in CCl_4 (*Gardner, Horton,* J. org. Chem. **19** [1954] 213, 216, 217).

Kristalle (aus E.+PAe.); F: 112–113° [korr.]. UV-Spektrum (220–340 nm): *Ga., Ho.*

(±)-6-Jod-2,3,4-trimethoxy-6,7,8,9-tetrahydro-benzocyclohepten-5-on $C_{14}H_{17}IO_4$, Formel VIII (X = I, X′ = H).

B. Beim Erwärmen von (±)-6-Brom-2,3,4-trimethoxy-6,7,8,9-tetrahydro-benzocyclohepten-5-on (*Gardner, Horton,* J. org. Chem. **19** [1954] 213, 220) oder von 6,6-Dibrom-2,3,4-trimethoxy-6,7,8,9-tetrahydro-benzocyclohepten-5-on (*Ga., Ho.*, l. c. S. 219) mit NaI in Aceton.

Gelbe Kristalle (aus Me.); F: 102–102,5° [korr.]. λ_{max}: 288 nm.

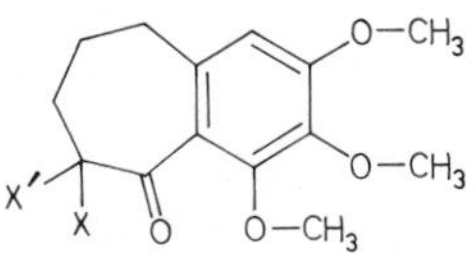

VIII 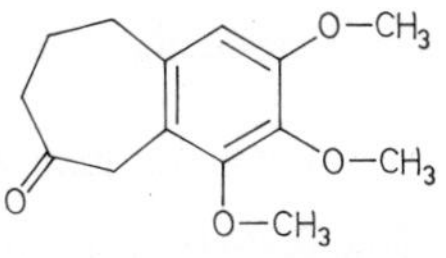 IX 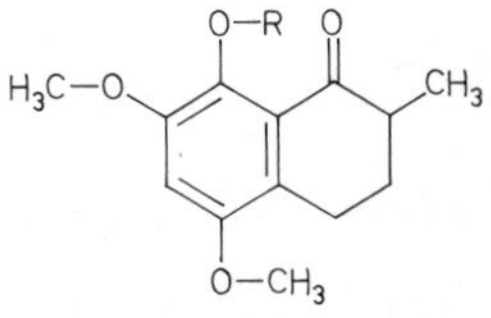 X

2,3,4-Trimethoxy-5,7,8,9-tetrahydro-benzocyclohepten-6-on $C_{14}H_{18}O_4$, Formel IX.

B. Beim Erhitzen von 4-[3,4,5-Trimethoxy-2-methoxycarbonylmethyl-phenyl]-buttersäure-methylester mit Natrium in Toluol unter Zusatz von wenig Methanol, Behandeln des Reaktionsprodukts mit äthanol. KOH und anschliessenden Erhitzen mit wss. HCl (*Rapoport, Campion,* Am. Soc. **73** [1951] 2239). Beim Hydrieren von 2,3,4-Trimethoxy-5,9-dihydro-benzocyclohepten-6-on an Palladium/$CaCO_3$ in Äthanol (*Eschenmoser, Rennhard,* Helv. **36** [1953] 290, 295). Beim Erwärmen von (±)-2,3,4-Trimethoxy-6,7,8,9-tetrahydro-5*H*-benzocyclohepten-5*r*,6*c*(?)-diol (E IV **6** 7894) mit wss. H_2SO_4 (*Walker,* Am. Soc. **77** [1955] 6699, 6701) oder von 2,3,4,6-Tetramethoxy-6,7,8,9-tetrahydro-5*H*-benzocyclohepten-5-ol (F: 135–138°) mit wss.-äthanol. H_2SO_4 (*Fujita,* J. pharm. Soc. Japan **79** [1959] 1202, 1205; C. A. **1960** 3356).

Kristalle (aus A.+H_2O); F: 56° (*Esch., Re.*), 46–46,5° (*Ra., Ca.*). $Kp_{0,1}$: 131° (*Esch., Re.*). λ_{max} (A.): 279 nm (*Esch., Re.*).

Oxim $C_{14}H_{19}NO_4$. Kristalle (aus Me.+H_2O); F: 130,5–131° [korr.] (*Ra., Ca.*).

Semicarbazon $C_{15}H_{21}N_3O_4$. Kristalle; F: 184–185,5° [korr.; aus A.+Hexan] (*Esch., Re.*), 184–185° [korr.; aus wss. Me.] (*Ra., Ca.*).

2,4-Dinitro-phenylhydrazon (F: 177–178° bzw. F: 177° bzw. F: 176,5–177,5°): *Ra., Ca.*; *Esch., Re.*; *Wa.*

(±)-8-Hydroxy-5,7-dimethoxy-2-methyl-3,4-dihydro-2*H*-naphthalin-1-on $C_{13}H_{16}O_4$, Formel X (R = H).

B. Beim Erhitzen von (±)-5,7,8-Trimethoxy-2-methyl-3,4-dihydro-2*H*-naphthalin-1-on mit Essigsäure und wss. HCl (*Farmer et al.*, Soc. **1956** 3600, 3607).

Gelbe Kristalle (aus PAe.); F: 89°.

Acetyl-Derivat $C_{15}H_{18}O_5$; (±)-8-Acetoxy-5,7-dimethoxy-2-methyl-3,4-dihydro-2*H*-naphthalin-1-on. Hellgelbe Kristalle (aus PAe.); F: 141°.

(±)-5,7,8-Trimethoxy-2-methyl-3,4-dihydro-2*H*-naphthalin-1-on $C_{14}H_{18}O_4$, Formel X (R = CH_3).

B. Beim Erwärmen von (±)-2-Methyl-4-[2,4,5-trimethoxy-phenyl]-buttersäure mit Polyphosphorsäure (*Farmer et al.*, Soc. **1956** 3600, 3606).

Kristalle (aus PAe.); F: 118°.

Semicarbazon $C_{15}H_{21}N_3O_4$. Kristalle (aus A.); F: 220°.

(±)-5,7,8-Trimethoxy-3-methyl-3,4-dihydro-2*H*-naphthalin-1-on $C_{14}H_{18}O_4$, Formel XI.

B. Beim Behandeln von (±)-3-Methyl-4-oxo-4-[2,4,5-trimethoxy-phenyl]-buttersäure mit amalgamiertem Zink und wss. HCl und Erwärmen des Reaktionsprodukts mit Polyphosphorsäure (*Farmer et al.*, Soc. **1956** 3600, 3606).

Kristalle (aus PAe.); F: 112–113°.

Semicarbazon $C_{15}H_{21}N_3O_4$. Kristalle (aus A.); F: 236°.

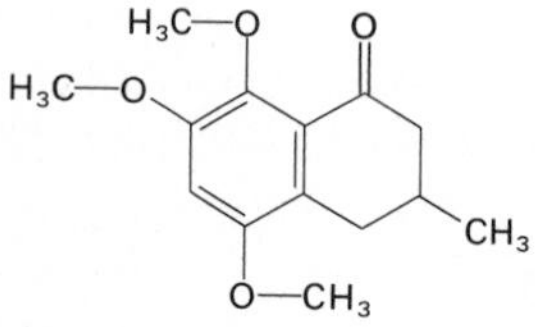

XI 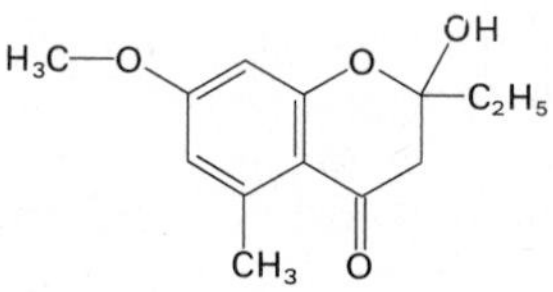 XII 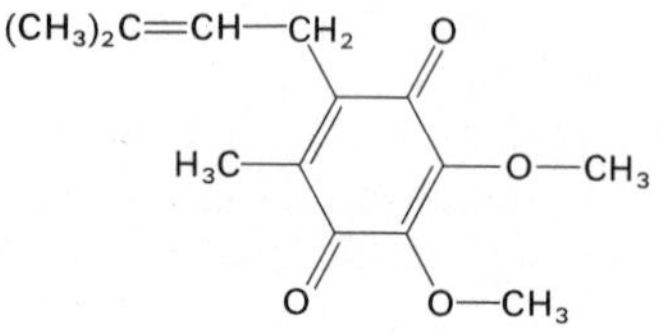 XIII

Hydroxy-oxo-Verbindungen $C_{12}H_{14}O_4$

1-[2-Hydroxy-4-methoxy-6-methyl-phenyl]-pentan-1,3-dion $C_{13}H_{16}O_4$ und Taut.

(±)-2-Äthyl-2-hydroxy-7-methoxy-5-methyl-chroman-4-on, Formel XII.

Diese Konstitution kommt der von *Pandit, Sethna* (J. Indian chem. Soc. **28** [1951] 357, 360) als 4-Hydroxy-7-methoxy-3,4,5-trimethyl-chroman-2-on formulierten Verbindung zu (*Ahluwalia et al.*, Indian J. Chem. **15** B [1977] 328).

B. Beim Erhitzen von 1-[2-Hydroxy-4-methoxy-6-methyl-phenyl]-äthanon mit Natrium und Äthylpropionat auf 120° (*Pa., Se.*).

Kristalle; F: 125–126° [aus A.] (*Pa., Se.*, l. c. S. 361), 124–125° [unkorr.] (*Ah. et al.*).

Kupfer(II)-Salz $Cu(C_{13}H_{15}O_4)_2$. Grüne Kristalle (aus Bzl.); F: 193–196° (*Pa., Se.*).

2,3-Dimethoxy-5-methyl-6-[3-methyl-but-2-enyl]-[1,4]benzochinon $C_{14}H_{18}O_4$, Formel XIII.

B. Bei der Oxidation von 2,3-Dimethoxy-5-methyl-6-[3-methyl-but-2-enyl]-hydrochinon [aus 2,3-Dimethoxy-5-methyl-hydrochinon und 3-Methyl-but-2-en-1-ol hergestellt] (*Shunk et al.*, Am. Soc. **80** [1958] 4753).

^{1}H-NMR-Absorption (CCl_4): *Sh.* λ_{max} (Isooctan): 270 nm.

2,4-Dipropionyl-resorcin $C_{12}H_{14}O_4$, Formel I (X = H) (E II 457; E III 3522).

B. Beim Erhitzen von Resorcin oder von 1-[2,4-Dihydroxy-phenyl]-propan-1-on mit Propionsäure und BF_3 unter Druck auf 140° (*Oelschläger*, Ar. **288** [1955] 102, 109) sowie von 2,4-Dihydroxy-3,5-dipropionyl-benzoesäure mit Kupfer-Pulver und Chinolin (*Trivedi, Sethna*, J. Indian chem. Soc. **29** [1952] 141, 144).

F: 83–84° (*Tr., Se.*), 78° [aus Me.] (*Oe.*).

4-Nitro-2,6-dipropionyl-resorcin $C_{12}H_{13}NO_6$, Formel I (X = NO_2).

B. Beim Behandeln von 2,4-Dipropionyl-resorcin mit wss. HNO_3 und H_2SO_4 in Essigsäure (*Amin et al.*, J. Indian chem. Soc. **36** [1959] 833, 836).

Gelbe Kristalle (aus A.); F: 132–133°.

Bis-[2,4-dinitro-phenylhydrazon] (F: 255° [Zers.]): *Amin et al.*

4,6-Dipropionyl-resorcin $C_{12}H_{14}O_4$, Formel II (R = X = H) (E II 457).

B. Beim Erwärmen von 1-[2,4-Dihydroxy-phenyl]-propan-1-on mit Propionsäure und Polyphosphorsäure (*Nakazawa*, J. pharm. Soc. Japan **74** [1954] 836; C. A. **1955** 9556).

Kristalle (aus A.); F: 125°.

X OH CO—C_2H_5 C_2H_5—CO OH I

CO—C_2H_5 C_2H_5—CO OH R—O X II

H_3C—CO—CH_2 HO OH CH_2—CO—CH_3 III

2,4-Dipropionyl-5-methoxy-phenol $C_{13}H_{16}O_4$, Formel II (R = CH_3, X = H).

B. Beim Erwärmen von 1-[4-Hydroxy-2-methoxy-phenyl]-propan-1-on oder von 1-[2-Hydroxy-4-methoxy-phenyl]-propan-1-on mit Propionsäure und Polyphosphorsäure (*Nakazawa*, J. pharm. Soc. Japan **74** [1954] 836; C. A. **1955** 9556).

Kristalle (aus A.); F: 127°.

2-Nitro-4,6-dipropionyl-resorcin $C_{12}H_{13}NO_6$, Formel II (R = H, X = NO_2).

B. Beim Erhitzen von 2-Nitro-resorcin mit Propionsäure-anhydrid und $AlCl_3$ in Nitrobenzol auf 130° oder von 2-Nitro-1,3-bis-propionyloxy-benzol mit $AlCl_3$ in Nitrobenzol auf 110° (*Amin et al.*, J. Indian chem. Soc. **36** [1959] 617, 620). Beim Behandeln von 4,6-Dipropionyl-resorcin mit konz. wss. HNO_3 und H_2SO_4 (*Amin et al.*).

Gelbliche Kristalle (aus wss. Eg.); F: 248°.

Dioxim $C_{12}H_{15}N_3O_6$; 4,6-Bis-[1-hydroxyimino-propyl]-2-nitro-resorcin. Grünliche Kristalle (aus A.); F: 216°.

Diacetyl-Derivat $C_{16}H_{17}NO_8$; 2,4-Diacetoxy-3-nitro-1,5-dipropionyl-benzol. Kristalle (aus wss. A.); F: 107°.

2,5-Diacetonyl-hydrochinon $C_{12}H_{14}O_4$, Formel III und cyclische Taut.

B. Beim Hydrieren von 2,5-Bis-[1-acetyl-2-oxo-propyl]-[1,4]benzochinon an Platin in Methanol (*Bernatek, Ramstad,* Acta chem. scand. **7** [1953] 1351, 1354).

Kristalle (aus wss. A.); F: 193–195° [unkorr.].

Diacetyl-Derivat $C_{16}H_{18}O_6$; 1,4-Diacetonyl-2,5-diacetoxy-benzol. Kristalle (aus wss. A.); F: 126° [unkorr.].

4-Äthyl-2,6-bis-chloracetyl-resorcin $C_{12}H_{12}Cl_2O_4$, Formel IV.

B. Neben grösseren Mengen 1-[5-Äthyl-2,4-dihydroxy-phenyl]-2-chlor-äthanon beim Behandeln von 4-Äthyl-resorcin mit Chloracetylchlorid und $AlCl_3$ in Nitrobenzol (*Horváth,* M. **82** [1951] 901, 909, 910).

Kristalle (aus Me.); F: 141–143°.

CO—CH_2Cl C_2H_5 OH HO CO—CH_2Cl IV

CO—CH_2Cl $ClCH_2$—CO OH HO C_2H_5 V

O O—CH_3 H_3C—O O—CH_3 VI

2-Äthyl-4,6-bis-chloracetyl-resorcin $C_{12}H_{12}Cl_2O_4$, Formel V.

B. Beim Behandeln von 2-Äthyl-resorcin mit Chloracetylchlorid und $AlCl_3$ in Nitrobenzol (*Horváth,* M. **82** [1951] 901, 909, 910).

Kristalle (aus Ae.+PAe.); F: 124–126°.

(±)-2-[2,3,4-Trimethoxy-phenyl]-cyclohexanon $C_{15}H_{20}O_4$, Formel VI.

B. Beim Behandeln von 1-Cyclohex-1-enyl-2,3,4-trimethoxy-benzol mit Peroxybenzoesäure in Äthylacetat und Erhitzen des Reaktionsprodukts mit wss.-äthanol. H_2SO_4 (*Gutsche, Fleming,* Am. Soc. **76** [1954] 1771, 1774). Beim Hydrieren von 2-[2,3,4-Trimethoxy-phenyl]-cyclohex-2-enon an Palladium/Kohle in Äthanol (*Ginsburg, Pappo,* Am. Soc. **75** [1953] 1094, 1097).

Kp_5: ca. 182°; n_D^{25}: 1,5390 (*Gu., Fl.*). $Kp_{0,08}$: 165° (*Gi., Pa.*).

Oxim $C_{15}H_{21}NO_4$. Kristalle (aus PAe.); F: 156–158° [korr.] (*Gu., Fl.*).

Semicarbazon $C_{16}H_{23}N_3O_4$. Kristalle; F: 199–200° [unkorr.; aus wss. A.] (*Gi., Pa.*), 192–194° [korr.; aus E.] (*Gu., Fl.*).

2,4-Dinitro-phenylhydrazon (F: 112–114° bzw. F: 110–111°): *Gu., Fl.*; *Gi., Pa.*

(±)-2-[2,3-Dimethoxy-phenyl]-2-hydroxy-cyclohexanon $C_{14}H_{18}O_4$, Formel VII.

B. Beim Erwärmen von 2,3-Dimethoxy-phenyllithium mit Cyclohexan-1,2-dion in Äther (*Barnes, Reinhold,* Am. Soc. **74** [1952] 1327).

Kristalle (aus A.); F: 116–118°.

2,4-Dinitro-phenylhydrazon (F: 172–173°): *Ba., Re.*

(±)-2,3,4-Trimethoxy-5-methyl-5,7,8,9-tetrahydro-benzocyclohepten-6-on $C_{15}H_{20}O_4$, Formel VIII (R = CH_3, R′ = H).

B. Beim Erwärmen von (±)-1,2,3-Trimethoxy-9-methyl-6,7-dihydro-5*H*-benzocyclohepten in Essigsäure mit wss. H_2O_2 und Erhitzen des Reaktionsprodukts mit wss.-äthanol. H_2SO_4 (*Fujita et al.,* J. pharm. Soc. Japan **79** [1959] 1187, 1191; C. A. **1960** 3352). Beim Behandeln von (±)-2,3,4-Trimethoxy-6-oxo-6,7,8,9-tetrahydro-5*H*-benzocyclohepten-5-carbaldehyd mit Benzoesäure und Pyridin und Hydrieren des Reaktionsprodukts an Platin in Äthanol (*Fujita,* J. pharm. Soc. Japan **79** [1959] 1202, 1207; C. A. **1960** 3356).

Kristalle (aus PAe.); F: 78–79°; $Kp_{0,5}$: 165–170°; λ_{max} (A.): 277 nm (*Fu. et al.*).

2,4-Dinitro-phenylhydrazon (F: 180–181°): *Fu. et al.*; *Fu.*

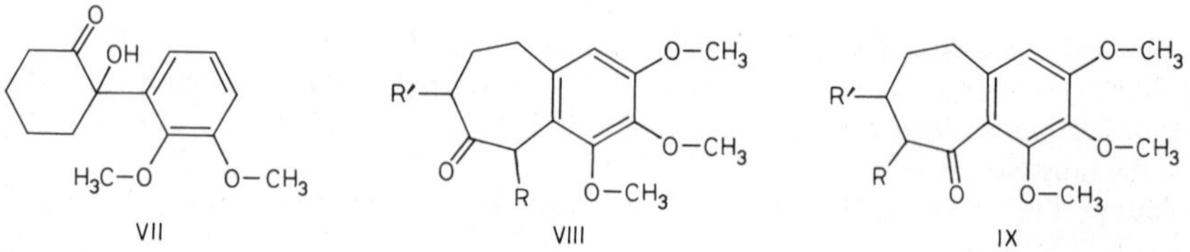

VII VIII IX

(±)-2,3,4-Trimethoxy-6-methyl-6,7,8,9-tetrahydro-benzocyclohepten-5-on $C_{15}H_{20}O_4$, Formel IX (R = CH_3, R′ = H).

B. Beim Behandeln von 2,3,4-Trimethoxy-5-oxo-6,7,8,9-tetrahydro-5*H*-benzocyclohepten-6-carbaldehyd mit CH_3I und Natriummethylat (*Caunt et al.,* Soc. **1951** 1313, 1317).

Kristalle (aus wss. Me.); F: 87–88°.

(±)-2,3,4-Trimethoxy-7-methyl-6,7,8,9-tetrahydro-benzocyclohepten-5-on $C_{15}H_{20}O_4$, Formel IX (R = H, R′ = CH_3).

B. Beim Erwärmen von (±)-3-Methyl-5-[3,4,5-trimethoxy-phenyl]-valeriansäure mit Polyphosphorsäure (*Fujita,* J. pharm. Soc. Japan **79** [1959] 1202, 1207; C. A. **1960** 3356).

Kristalle (aus PAe.); F: 55–57°. $Kp_{0,3}$: 160–165°.

(±)-2,3,4-Trimethoxy-7-methyl-5,7,8,9-tetrahydro-benzocyclohepten-6-on $C_{15}H_{20}O_4$, Formel VIII (R = H, R′ = CH_3).

B. Beim Erwärmen von (±)-1,2,3-Trimethoxy-7-methyl-6,7-dihydro-5*H*-benzocyclohepten mit wss. H_2O_2 in Essigsäure und Erhitzen des Reaktionsprodukts mit wss.-äthanol. H_2SO_4 (*Fujita,* J. pharm. Soc. Japan **79** [1959] 1202, 1208; C. A. **1960** 3356). Beim Hydrieren von 7-Benzoyloxymethylen-2,3,4-trimethoxy-5,7,8,9-tetrahydro-benzocyclohepten-6-on an Platin in Äthanol unter Erwärmen (*Fu.*, l. c. S. 1207).

Kristalle (aus PAe.); F: 60–62°. $Kp_{0,1}$: 130–135°.

2,4-Dinitro-phenylhydrazon (F: 177–178°): *Fu.*

(±)-2-Äthyl-6,7,8-trimethoxy-3,4-dihydro-2*H*-naphthalin-1-on $C_{15}H_{20}O_4$, Formel X.

B. Beim Erwärmen von (±)-2-Äthyl-4-[3,4,5-trimethoxy-phenyl]-buttersäure mit wss. H_2SO_4 (*Hase*, J. pharm. Soc. Japan **70** [1950] 625, 627; C. A. **1951** 7085).

$Kp_{0,5}$: 157°.

***Opt.-inakt. 9-Hydroxy-8,10,11-trinitro-tricyclo[5.3.1.1^{2,6}]dodecan-3,5,12-trion** $C_{12}H_{11}N_3O_{10}$, Formel XI (X = H) und Taut.

Diese Konstitution wird für die nachfolgend beschriebene Verbindung in Betracht gezogen (*Severin*, B. **90** [1957] 2898, **92** [1959] 1517).

B. Beim Behandeln von Phloroglucin mit 1,3,5-Trinitro-benzol und wss.-methanol. KOH und anschliessend mit wss. H_2SO_4 (*Se.*, B. **90** 2901).

Kristalle (aus H_2O); Zers. >180° (*Se.*, B. **90** 2901). UV-Spektrum (210–320 nm) in Äther, in wss. HCl [1 n und 0,1 n] und in wss. H_2SO_4 [60%ig]: *Se.*, B. **90** 2900.

Monomethyl-Derivat $C_{13}H_{13}N_3O_{10}$; vermutlich opt.-inakt. 9-Hydroxy-5-methoxy-8,10,11-trinitro-tricyclo[5.3.1.1^{2,6}]dodec-4-en-3,12-dion. Kristalle (aus Ae.) mit 1 Mol Äther, die oberhalb 80° das Lösungsmittel abgeben; Zers. bei 229° (*Se.*, B. **90** 2901).

Dibrom-Derivat $C_{12}H_9Br_2N_3O_{10}$; vermutlich opt.-inakt. 4,4-Dibrom-9-hydroxy-8,10,11-trinitro-tricyclo[5.3.1.1^{2,6}]dodecan-3,5,12-trion. Kristalle; Zers. >170° (*Se.*, B. **90** 2902).

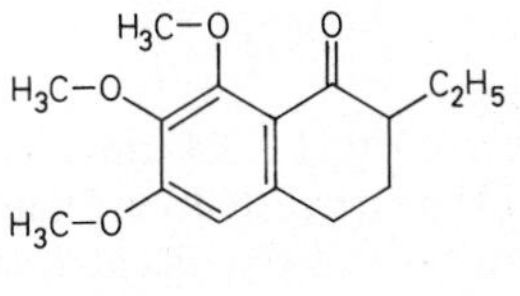

X 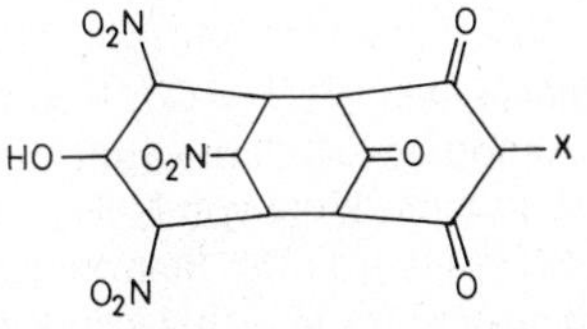 XI 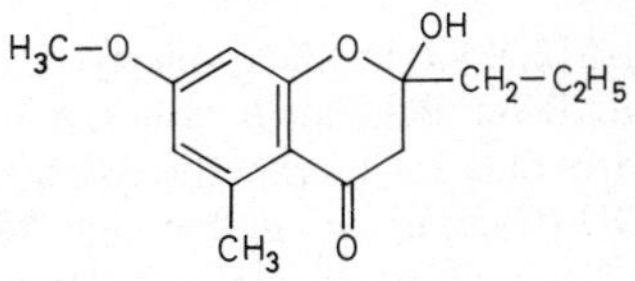 XII

***Opt.-inakt. 9-Hydroxy-4,8,10,11-tetranitro-tricyclo[5.3.1.1^{2,6}]dodecan-3,5,12-trion** $C_{12}H_{10}N_4O_{12}$, Formel XI (X = NO_2) und Taut.

Diese Konstitution wird für die nachfolgend beschriebene Verbindung in Betracht gezogen (*Severin*, B. **92** [1959] 1517, 1518).

B. Beim Behandeln von 1,3,5-Trinitro-benzol mit Nitrophloroglucin und wss.-methanol. KOH und anschliessend mit Essigsäure (*Se.*, l. c. S. 1522).

Kalium-Salz $KC_{12}H_9N_4O_{12}$. Gelbliche Kristalle (aus H_2O+A.), die sich beim Erhitzen zersetzen ohne zu schmelzen. UV-Spektrum (H_2O; 220–380 nm): *Se.*

Hydroxy-oxo-Verbindungen $C_{13}H_{16}O_4$

1-[2-Hydroxy-4-methoxy-6-methyl-phenyl]-hexan-1,3-dion $C_{14}H_{18}O_4$ und Taut.

(±)-2-Hydroxy-7-methoxy-5-methyl-2-propyl-chroman-4-on, Formel XII.

Diese Konstitution kommt der von *Pandit, Sethna* (J. Indian chem. Soc. **28** [1951] 357, 361) als 3-Äthyl-4-hydroxy-7-methoxy-4,5-dimethyl-chroman-2-on formulierten Verbindung zu (*Ahluwalia et al.*, Indian J. Chem. **15** B [1977] 328).

B. Beim Erhitzen von 1-[2-Hydroxy-4-methoxy-6-methyl-phenyl]-äthanon mit Natrium und Äthylbutyrat auf 120° (*Pa., Se.*).

Kristalle; F: 130–132° [aus A.] (*Pa., Se.*), 130–131° [unkorr.; aus PAe.+Bzl.] (*Ah. et al.*).

Kupfer(II)-Salz $Cu(C_{14}H_{17}O_4)_2$. Grüne Kristalle (aus Bzl.); F: 205–208° (*Pa., Se.*).

1-Acetyl-4,5-dimethoxy-2-[4-oxo-pentyl]-benzol, 5-[2-Acetyl-4,5-dimethoxy-phenyl]-pentan-2-on $C_{15}H_{20}O_4$, Formel XIII.

B. Beim Behandeln von 4-[2-Acetyl-4,5-dimethoxy-phenyl]-buttersäure mit PCl_5 in Toluol und Erwärmen des erhaltenen Säurechlorids mit Dimethylcadmium in Äther und Benzol (*Howell, Taylor*, Soc. **1956** 4252, 4256).

Gelbe Kristalle (aus PAe.); F: 88°.

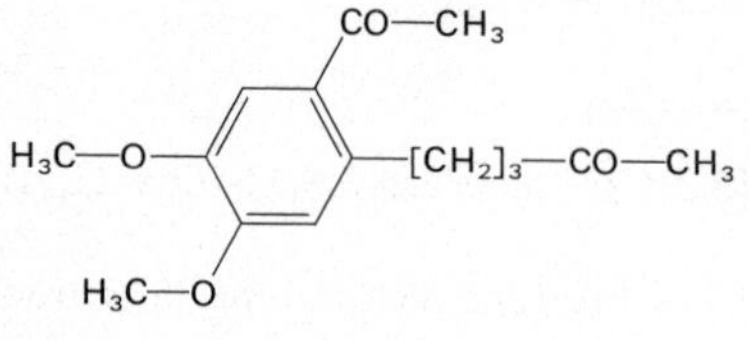

XIII 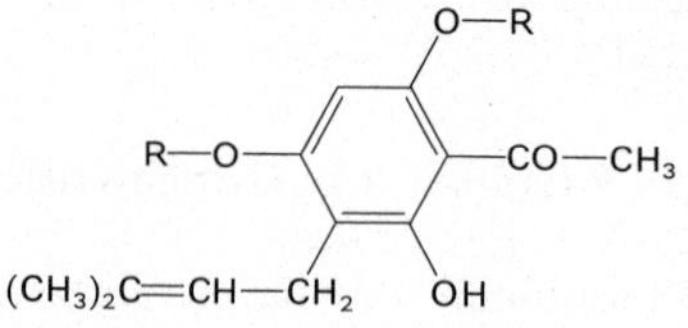 XIV

1-[2,4,6-Trihydroxy-3-(3-methyl-but-2-enyl)-phenyl]-äthanon $C_{13}H_{16}O_4$, Formel XIV (R = H).

B. Neben kleinen Mengen der folgenden Verbindung und anderen Verbindungen beim Behandeln von 1-[2,4,6-Trihydroxy-phenyl]-äthanon mit 1-Brom-3-methyl-but-2-en und wss. KOH (*Riedl, Hübner*, B. **90** [1957] 2870, 2874).

Kristalle (aus Me.+H_2O); F: 172°.

1-[2-Hydroxy-3-(3-methyl-but-2-enyl)-4,6-bis-(3-methyl-but-2-enyloxy)-phenyl]-äthanon $C_{23}H_{32}O_4$, Formel XIV (R = CH_2-CH=C$(CH_3)_2$).

B. s. im vorangehenden Artikel.

Gelbliches Öl; $Kp_{0,2}$: 135–150° (*Riedl, Hübner*, B. **90** [1957] 2870, 2874).

(±)-2-[2,3,4-Trimethoxy-phenyl]-cycloheptanon $C_{16}H_{22}O_4$, Formel I.

B. Beim Behandeln von Cyclohexanon in Methanol mit 1-Diazomethyl-2,3,4-trimethoxybenzol (aus 2,3,4-Trimethoxy-benzaldehyd mit Hilfe von N_2H_4 und HgO hergestellt) in äthanol. KOH (*Gutsche, Jason*, Am. Soc. **78** [1956] 1184, 1186). Beim Behandeln von 1-Cyclohept-1-enyl-2,3,4-trimethoxy-benzol mit Peroxybenzoesäure in Äthylacetat und Erwärmen des Reaktionsprodukts mit wss.-äthanol. H_2SO_4 (*Gutsche, Fleming*, Am. Soc. **76** [1954] 1771, 1774). Beim Hydrieren von 2-[2,3,4-Trimethoxy-phenyl]-cyclohept-2-enon an Palladium/Kohle in Äthylacetat unter 75 at (*Gu., Ja.*) oder in Äthanol (*Cais, Ginsburg*, J. org. Chem. **23** [1958] 18).

Kp_1: 173–178°; n_D^{25}: 1,5392 (*Gu., Ja.*). $Kp_{0,45}$: 164–167°; n_D^{25}: 1,5363 (*Gu., Fl.*). $Kp_{0,2}$: 160° (*Cais, Gi.*).

Semicarbazon $C_{17}H_{25}N_3O_4$. Kristalle; F: 148–155° [aus wss. A.] (*Gu., Fl.*), 148° [unkorr.; Zers.; aus A.] (*Cais, Gi.*).

2,4-Dinitro-phenylhydrazon (F: 153–154° bzw. F: 152°): *Gu., Fl.*; *Cais, Gi.*

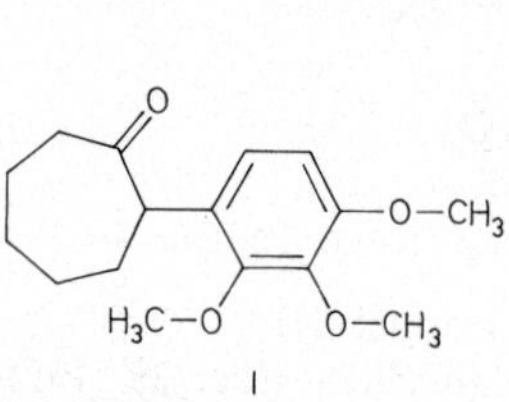

I 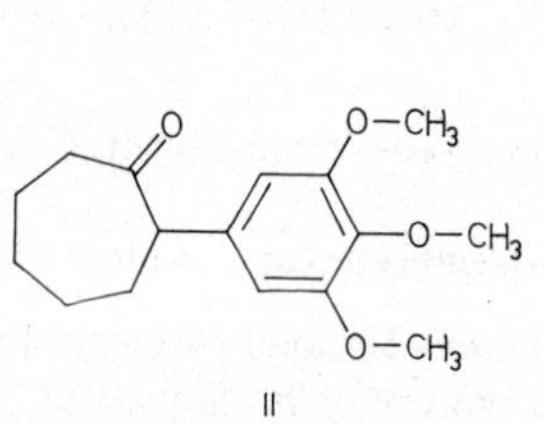 II 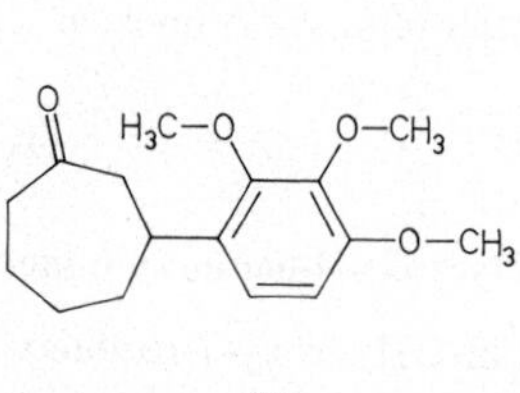 III

(±)-2-[3,4,5-Trimethoxy-phenyl]-cycloheptanon $C_{16}H_{22}O_4$, Formel II.

B. Beim Behandeln von Cyclohexanon in Methanol mit 1-Diazomethyl-3,4,5-trimethoxybenzol (aus 3,4,5-Trimethoxy-benzaldehyd mit Hilfe von N_2H_4 und HgO hergestellt) in äthanol. KOH (*Gutsche, Jason*, Am. Soc. **78** [1956] 1184, 1186).

Kristalle (aus wss. A.); F: 59–60°. $Kp_{1,5}$: 190–195°.

(±)-3-[2,3,4-Trimethoxy-phenyl]-cycloheptanon $C_{16}H_{22}O_4$, Formel III.

B. Beim Behandeln von (±)-2-[2,3,4-Trimethoxy-phenyl]-cyclohexanon mit Nitroso-methyl-carbamidsäure-äthylester und K_2CO_3 in Methanol (*Gutsche et al.*, J. org. Chem. **23** [1958] 1, 5).

F: 43–44°.

Semicarbazon $C_{17}H_{25}N_3O_4$. Kristalle (aus wss. A.); F: 182–183° [korr.].

2,4-Dinitro-phenylhydrazon (dimorph; F: 146–147° und F: 161–162°): *Gu. et al.*

Cyclohexyl-[2,4,5-trihydroxy-phenyl]-keton $C_{13}H_{16}O_4$, Formel IV.

B. Beim Erwärmen von Benzen-1,2,4-triol mit Cyclohexancarbonylchlorid und $AlCl_3$ in Nitrobenzol (*Eastman Kodak Co.*, U.S.P. 2848345 [1954]).

Kristalle (aus wss. A.); F: 186–188°.

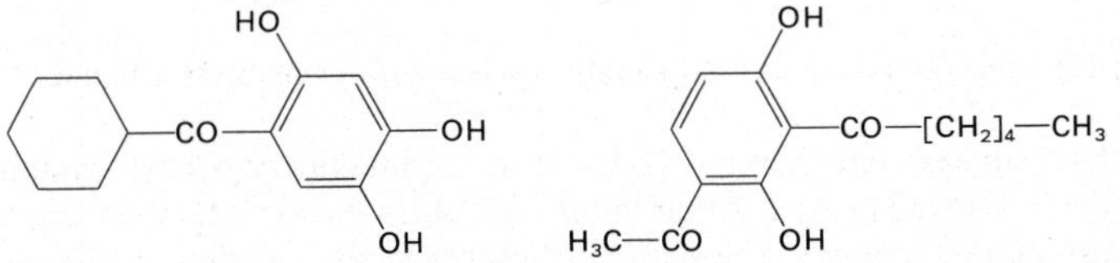

IV V

Hydroxy-oxo-Verbindungen $C_{14}H_{18}O_4$

4-Acetyl-2-hexanoyl-resorcin, 1-[3-Acetyl-2,6-dihydroxy-phenyl]-hexan-1-on(?) $C_{14}H_{18}O_4$, vermutlich Formel V.

B. Neben 8-Hexanoyl-7-hydroxy-4-methyl-cumarin(?) (E III/IV **18** 1586) beim Erhitzen von 9-Butyl-10-hydroxy-4-methyl-pyrano[2,3-*f*]chromen-2,8-dion(?) (E III/IV **19** 2205) mit wss. KOH und anschliessend mit wss. HCl (*Ziegler, Schaar,* M. **90** [1959] 866, 869).

Kristalle (aus wss. A.); F: 137°.

1-[2,4,6-Trihydroxy-3-(3-methyl-but-2-enyl)-phenyl]-propan-1-on $C_{14}H_{18}O_4$, Formel VI ($R = C_2H_5$).

B. Beim Behandeln von 1-[2,4,6-Trihydroxy-phenyl]-propan-1-on mit 1-Jod-3-methyl-but-2-en und Natriummethylat in Methanol (*Riedl et al.*, B. **89** [1956] 1849, 1854).

Kristalle (aus wss. Me.); F: 161°.

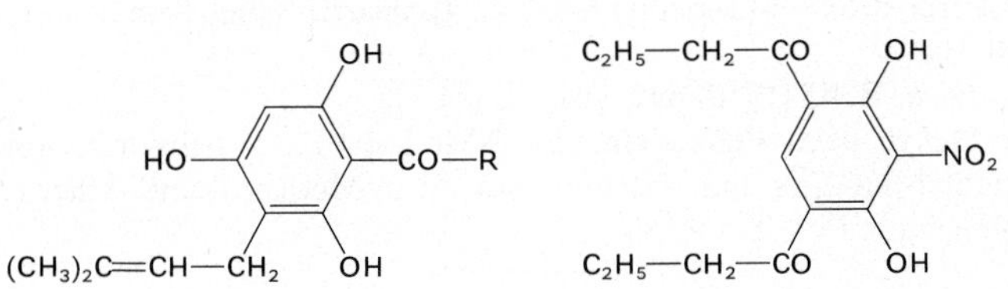

VI VII

4,6-Dibutyryl-2-nitro-resorcin $C_{14}H_{17}NO_6$, Formel VII.

B. Beim Erhitzen von 2-Nitro-resorcin mit Buttersäure-anhydrid und $AlCl_3$ in Nitrobenzol auf 130° (*Amin et al.*, J. Indian chem. Soc. **36** [1959] 617, 620) oder von 1,3-Bis-butyryloxy-2-nitro-benzol mit $AlCl_3$ auf 110° (*Amin et al.*).

Gelbliche Kristalle (aus A.); F: 154°.

Dioxim $C_{14}H_{19}N_3O_6$; 4,6-Bis-[1-hydroxyimino-butyl]-2-nitro-resorcin. Gelbliche Kristalle (aus A.); F: 220°.

Diacetyl-Derivat $C_{18}H_{21}NO_8$; 2,4-Diacetoxy-1,5-dibutyryl-3-nitro-benzol. Gelbliche Kristalle (aus wss. A.); F: 95°.

3-[2,5-Dihydroxy-3,4,6-trimethyl-phenyl]-pentan-2,4-dion $C_{14}H_{18}O_4$, Formel VIII.

Die E III **8** 3528 unter dieser Konstitution beschriebene Verbindung ist als 1-[2-Acetoxy-5-hydroxy-3,4,6-trimethyl-phenyl]-aceton zu formulieren (*Makowezkiĭ et al.*, Ukr. chim. Ž. **44** [1978] 1311; engl. Ausg. Nr. 12, S. 80).

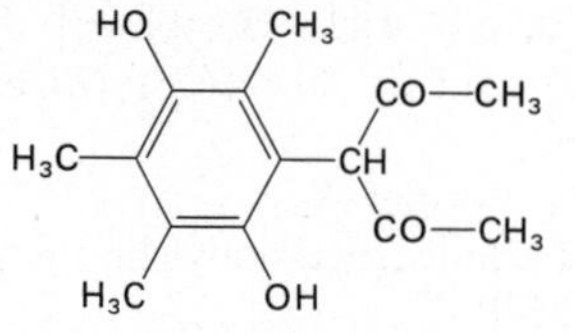

VIII 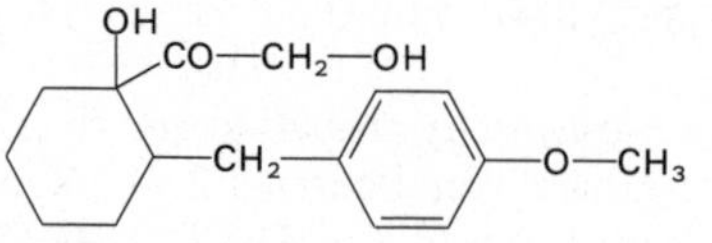 IX

Hydroxy-oxo-Verbindungen $C_{15}H_{20}O_4$

***Opt.-inakt. 2-Hydroxy-1-[1-hydroxy-2-(4-methoxy-benzyl)-cyclohexyl]-äthanon** $C_{16}H_{22}O_4$, Formel IX.

B. Beim Behandeln von opt.-inakt. 1-[1-Hydroxy-2-(4-methoxy-benzyl)-cyclohexyl]-äthanon (F: 74,5°) mit Brom-Dioxan (1:1) in Äther unter Bestrahlen mit Glühlampenlicht und Erwärmen des Reaktionsprodukts mit einem Anionen-Austauscher in wss. Methanol (*Billimoria*, Soc. **1955** 1126, 1129).

Kristalle (aus Ae.+PAe.); F: 64–67°.

(2′S)-3′t,6′c-Dihydroxy-2′r-hydroxymethyl-2′,4′,6′t-trimethyl-2′,3′-dihydro-spiro[cyclopropan-1,5′-inden]-7′-on, Illudin-S $C_{15}H_{20}O_4$, Formel X.

Konstitution: *McMorris, Anchel,* Am. Soc. **87** [1965] 1594, 1596. Konfiguration: *Harada, Nakanishi,* Chem. Commun. **1970** 310; *Furusaki et al.*, Chem. Letters **1973** 1293.

Isolierung aus Kulturen von Clitocybe illudeus: *Anchel et al.*, Pr. nation. Acad. U.S.A. **36** [1950] 300, 301.

Dimorph (*McM., An.*). Kristalle (aus E.); F: 137–138° (*McM., An.*) bzw. Kristalle (aus Acn.); F: 124–125° [unkorr.] (*An. et al.*, l. c. S. 303; *McM., An.*). $[\alpha]_D^{20}$: −165° [A.] (*An. et al.*); $[M]_D$: −358° [Me.; c = 1] (*McM., An.*). ^{1}H-NMR-Absorption ($CDCl_3$) und IR-Banden (KBr; 3450–1000 cm^{-1}): *McM., An.*, l. c. S. 1597. λ_{max} (A.): 233 nm und 319 nm (*McM., An.*), 235 nm und 328 nm (*An. et al.*).

Hydroxy-oxo-Verbindungen $C_{16}H_{22}O_4$

3-Methyl-1-[2,4,6-trihydroxy-3-(3-methyl-but-2-enyl)-phenyl]-butan-1-on $C_{16}H_{22}O_4$, Formel VI (R = CH_2-$CH(CH_3)_2$).

Konstitution: *Riedl,* B. **85** [1952] 692, 701.

B. In kleiner Menge beim Behandeln von 3-Methyl-1-[2,4,6-trihydroxy-phenyl]-butan-1-on mit 1-Brom-3-methyl-but-2-en und Natriummethylat in Methanol und Äther (*Ri.*, l. c. S. 708).

Kristalle (aus Hexan); F: 138,5–140°.

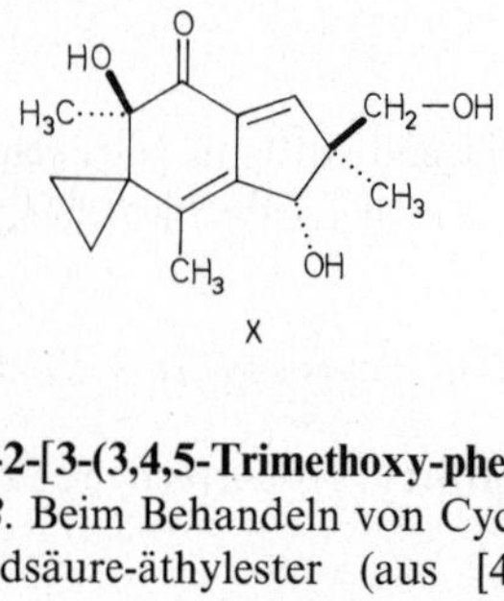

X 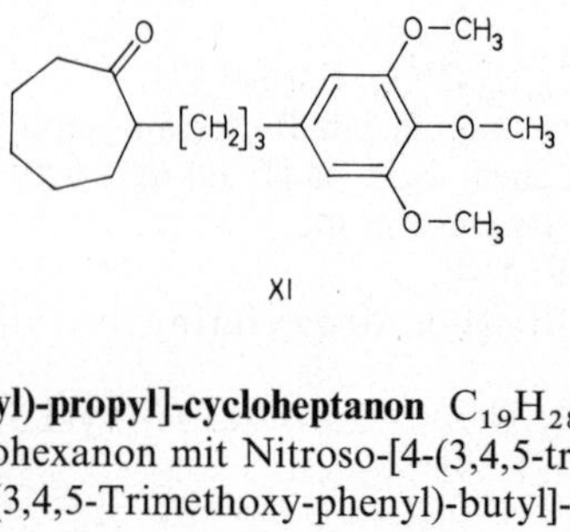 XI 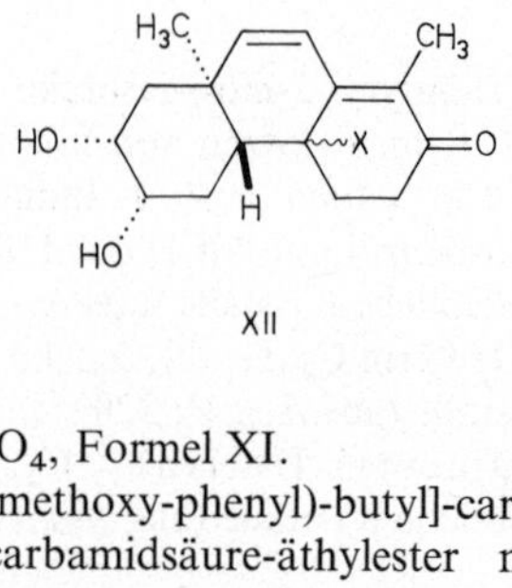 XII

(±)-2-[3-(3,4,5-Trimethoxy-phenyl)-propyl]-cycloheptanon $C_{19}H_{28}O_4$, Formel XI.

B. Beim Behandeln von Cyclohexanon mit Nitroso-[4-(3,4,5-trimethoxy-phenyl)-butyl]-carbamidsäure-äthylester (aus [4-(3,4,5-Trimethoxy-phenyl)-butyl]-carbamidsäure-äthylester mit

Hilfe von $NaNO_2$ und wss. HNO_3 hergestellt) und K_2CO_3 in Methanol (*Gutsche et al.*, Am. Soc. **79** [1957] 4441, 4445).

$Kp_{0,2}$: 172–175° [unkorr.]. n_D^{25}: 1,5286.

2,4-Dinitro-phenylhydrazon (F: 140–141°): *Gu. et al.*

(±)-6*t*,7*t*-Dihydroxy-4a-methoxy-1,8a-dimethyl-(4aξ,4b*r*,8a*t*)-4,4a,4b,5,6,7,8,8a-octahydro-3*H*-phenanthren-2-on $C_{17}H_{24}O_4$, Formel XII (X = O-CH_3) + Spiegelbild.

B. Beim Behandeln von (±)-6*t*,7*t*-Isopropylidendioxy-4a-methoxy-1,8a-dimethyl-(4aξ,4b*r*,8a*t*)-4,4a,4b,5,6,7,8,8a-octahydro-3*H*-phenanthren-2-on (F: 108–110°) mit Trifluoressigsäure (*Knowles, Thompson,* Am. Soc. **79** [1957] 3212, 3217).

Dimorph; Kristalle (aus E.); F: 177–178° [unkorr.] bzw. F: 165–166° [unkorr.; instabile Modifikation]. λ_{max} (A.): 289 nm.

(±)-6*t*,7*t*-Dihydroxy-1,8a-dimethyl-4a-phenylmercapto-(4aξ,4b*r*,8a*t*)-4,4a,4b,5,6,7,8,8a-octahydro-3*H*-phenanthren-2-on $C_{22}H_{26}O_3S$, Formel XII (X = S-C_6H_5) + Spiegelbild.

B. Analog der vorangehenden Verbindung (*Knowles, Thompson,* Am. Soc. **79** [1957] 3212, 3217).

Kristalle (aus E.); F: 179–180° [unkorr.]. λ_{max} (A.): 282 nm.

Hydroxy-oxo-Verbindungen $C_{18}H_{26}O_4$

(±)-7ξ,8ξ-Dihydroxy-1,3,3,5,5,7ξ-hexamethyl-(4a*t*,8a*t*)-1,3,4,4a,5,7,8,8a-octahydro-1*r*,4*c*-ätheno-naphthalin-2,6-dion $C_{18}H_{26}O_4$, Formel XIII + Spiegelbild.

B. Beim Behandeln von (±)-1,3,3,5,5,7-Hexamethyl-(4a*t*,8a*t*)-1,3,4,4a,5,8a-hexahydro-1*r*,4*c*-ätheno-naphthalin-2,6-dion mit OsO_4 in Pyridin enthaltendem Äther und Erwärmen des Reaktionsprodukts mit Na_2SO_3 in THF (*Curtin, Fraser,* Am. Soc. **81** [1959] 662, 666).

Kristalle (aus Hexan); F: 147,5–149° [korr.].

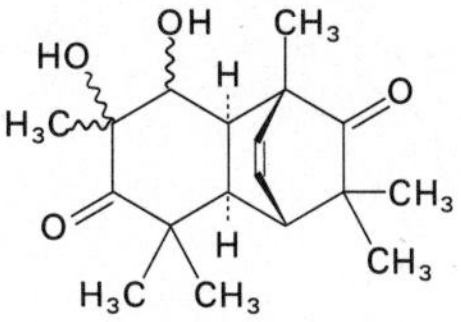

XIII 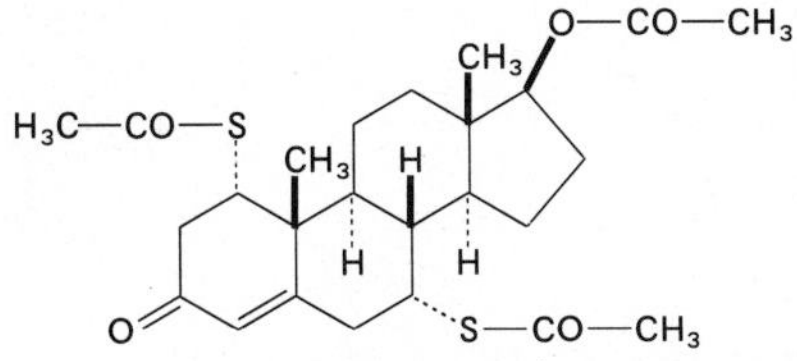 XIV 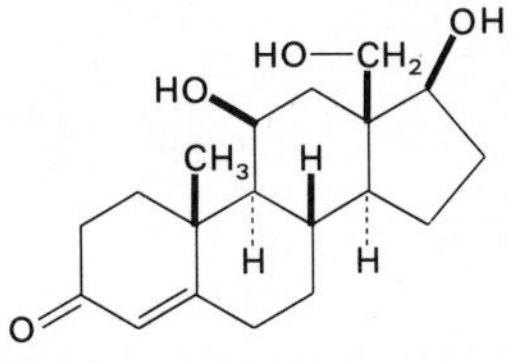 XV

Hydroxy-oxo-Verbindungen $C_{19}H_{28}O_4$

17β-Acetoxy-1α,7α-bis-acetylmercapto-androst-4-en-3-on $C_{25}H_{34}O_5S_2$, Formel XIV.

B. Beim Erwärmen von 17β-Acetoxy-androsta-1,4,6-trien-3-on mit Thioessigsäure unter Bestrahlen mit UV-Licht (*Tweit, Dodson,* J. org. Chem. **24** [1959] 277).

Kristalle (aus Acn. + Ae.); F: 199–200° [Zers.]. $[\alpha]_D^{24}$: −46° [$CHCl_3$]. λ_{max} (Me.): 237,5 nm.

***rac*-11β,17β,18-Trihydroxy-androst-4-en-3-on** $C_{19}H_{28}O_4$, Formel XV + Spiegelbild.

B. Beim Erwärmen von *rac*-3,3-Äthandiyldioxy-androst-5-en-11β,17β,18-triol mit wss. Essigsäure (*Wieland et al.*, Helv. **41** [1958] 1657, 1663).

Kristalle (aus A. + Ae. + CH_2Cl_2); F: 193–193,5°.

3β,16α-Diacetoxy-7α-hydroxy-androst-5-en-17-on $C_{23}H_{32}O_6$, Formel I.

B. Beim Erwärmen von 3β,16α-Diacetoxy-androst-5-en-17-on mit *N*-Brom-succinimid in CCl_4 unter Bestrahlen mit Glühlampenlicht in CCl_4 und Behandeln des Reaktionsprodukts mit Al_2O_3 in Äthylacetat (*Okada et al.*, J. biol. Chem. **234** [1959] 1688, 1690).

Öl. IR-Banden (CCl_4; 3600–1650 cm^{-1}): *Ok. et al.*

Acetyl-Derivat $C_{25}H_{34}O_7$; $3\beta,7\alpha,16\alpha$-Triacetoxy-androst-5-en-17-on. F: 238–241° [korr.]. $[\alpha]_D^{28}$: +139° [$CHCl_3$].

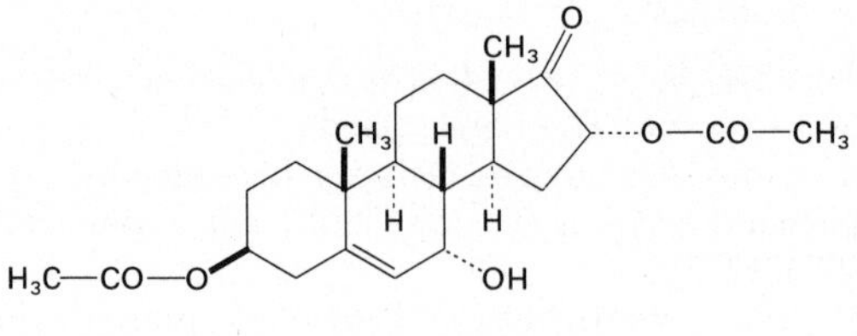

I

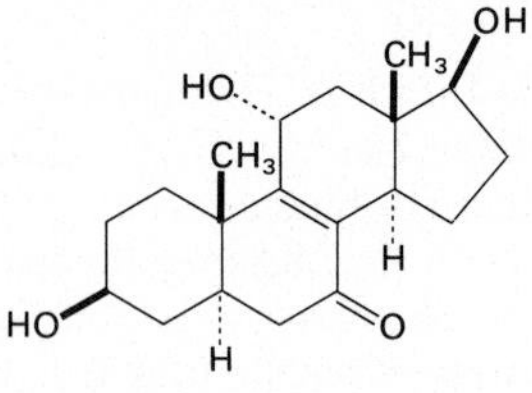

II

3β,11α,17β-Trihydroxy-5α-androst-8-en-7-on $C_{19}H_{28}O_4$, Formel II.

B. Beim Erwärmen von $3\beta,17\beta$-Diacetoxy-9,11α-dihydroxy-5α,9α(?)-androstan-7-on (F: 267,5–268°) in Dioxan mit wss. KOH (*CIBA*, U.S.P. 2743287 [1952]; D.B.P. 941124 [1953]).

Kristalle (aus wss. Me.); F: 263–267°. $[\alpha]_D$: −25° [A.]. λ_{max}: 254 nm.

Triacetyl-Derivat $C_{25}H_{34}O_7$; $3\beta,11\alpha,17\beta$-Triacetoxy-5α-androst-8-en-7-on. F: 143–145°. λ_{max}: 252 nm.

3β,17β-Diacetoxy-11α-hydroxy-5α-androst-8-en-7-on $C_{23}H_{32}O_6$, Formel III.

B. Beim Behandeln von $3\beta,17\beta$-Diacetoxy-5α-androst-8-en-7α,11α-diol mit Chrom-di-*tert*-butylat-dioxid in CCl_4 (*CIBA*, U.S.P. 2768187 [1950]).

Kristalle (aus Me.); F: 190,5–192°. λ_{max}: 248 nm.

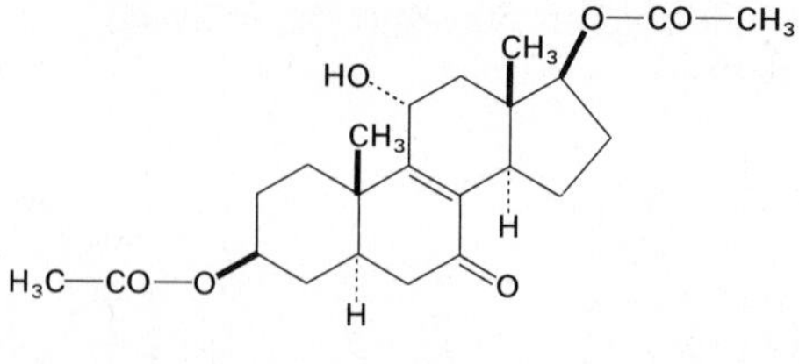

III

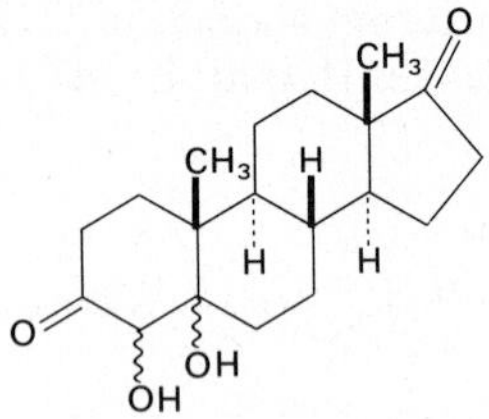

IV

4ξ,5-Dihydroxy-5ξ-androstan-3,17-dion $C_{19}H_{28}O_4$, Formel IV.

B. Beim Behandeln von Androst-4-en-3,17-dion in Äther mit OsO_4 und wss. H_2O_2 (*Robinson*, Soc. **1958** 2311, 2316).

Dimorph; Kristalle (aus A.); F: 218–220° [Zers.; bei schnellem Erhitzen] bzw. F: 216–217,5° [Zers.; bei schnellem Erhitzen]. $[\alpha]_D^{17,5}$: +86° [$CHCl_3$].

Monoacetyl-Derivat $C_{21}H_{30}O_5$; vermutlich 4ξ-Acetoxy-5-hydroxy-5ξ-androstan-3,17-dion. Kristalle (aus A.); F: 236–237,5°.

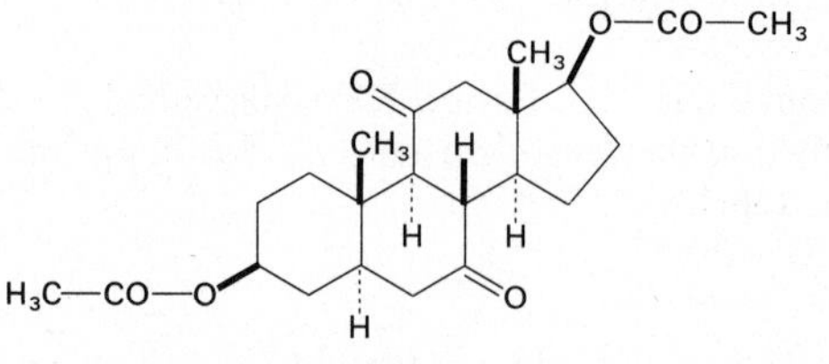

V

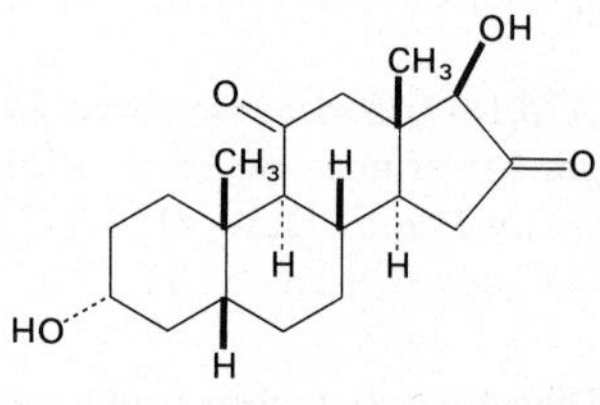

VI

3β,17β-Diacetoxy-5α-androstan-7,11-dion $C_{23}H_{32}O_6$, Formel V.

B. Beim Erhitzen von $3\beta,17\beta$-Diacetoxy-8,9-epoxy-5α,8α-androstan-7,11-dion mit Zink-Pulver und Essigsäure (*Heusser et al.*, Helv. **35** [1952] 295, 303).

Kristalle (aus Ae.); F: 214–215° [unkorr.].

3α,17β-Dihydroxy-5β-androstan-11,16-dion $C_{19}H_{28}O_4$, Formel VI.

B. Beim Behandeln von 3α,16β-Diacetoxy-5β-androstan-11,17-dion (*Wendler et al.*, Am. Soc. **82** [1960] 5701, 5703; s. a. *Kuo et al.*, Chem. and Ind. **1959** 1128) oder von 3α,16α-Diacetoxy-5β-androstan-11,17-dion (*We. et al.*) in Methanol mit wss. NaOH.

Kristalle (aus Acn. + Ae.); F: 199–201° (*We. et al.*).

Diacetyl-Derivat $C_{23}H_{32}O_6$; 3α,17β-Diacetoxy-5β-androstan-11,16-dion. Kristalle (aus Acn. + Ae.); F: 185–187°; $[\alpha]_D^{20}$: −54° [$CHCl_3$] (*We. et al.*).

3β,5-Dihydroxy-5α-androstan-11,17-dion $C_{19}H_{28}O_4$, Formel VII.

B. Beim Erwärmen des Acetyl-Derivats (s. u.) mit methanol. NaOH (*Martin-Smith*, Soc. **1958** 523).

Kristalle (aus Me.); F: 273–274°. $[\alpha]_D$: +137° [Py.; c = 2]. IR-Banden (Nujol; 3450–1700 cm^{-1}): *Ma.-Sm.*

*O*³-Acetyl-Derivat $C_{21}H_{30}O_5$; 3β-Acetoxy-5-hydroxy-5α-androstan-11,17-dion. *B.* Beim Behandeln von 3β-Acetoxy-5α-androstan-11,17-dion mit CrO_3 in wss. Essigsäure (*Ma.-Sm.*). — Kristalle (aus Me.); F: 244,5–246,5° [nach Umwandlung in eine andere Kristallform bei ca. 190°]. $[\alpha]_D$: +86° [$CHCl_3$; c = 2,1]. IR-Banden (Nujol; 3500–1200 cm^{-1}): *Ma.-Sm.*

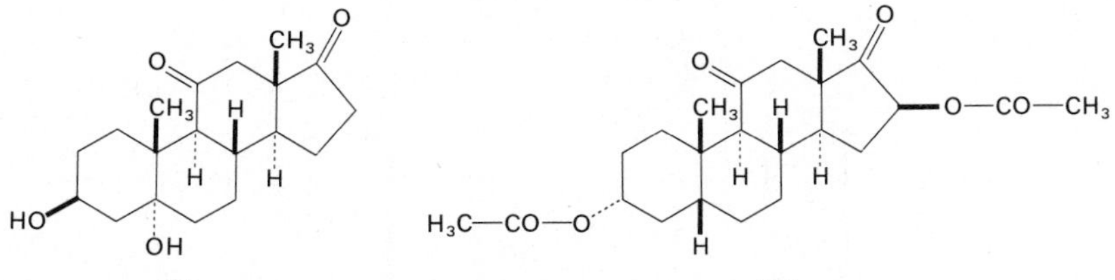

VII VIII

3α,16β-Diacetoxy-5β-androstan-11,17-dion $C_{23}H_{32}O_6$, Formel VIII.

B. Beim Behandeln von 3α,16β-Diacetoxy-17-hydroxy-5β-pregnan-11,20-dion in DMF mit $NaBH_4$ in H_2O und Behandeln des Reaktionsprodukts mit $NaIO_4$ in wss. Methanol (*Wendler et al.*, Am. Soc. **82** [1960] 5701, 5703; s. a. *Kuo et al.*, Chem. and Ind. **1959** 1128).

Kristalle; F: 184–186° [aus Ae.] (*We. et al.*), 183–186° (*Kuo et al.*). $[\alpha]_D$: +129° [$CHCl_3$] (*We. et al.*).

Hydroxy-oxo-Verbindungen $C_{20}H_{30}O_4$

***rac*-11β,14ξ,18-Trihydroxy-16-methyl-14,15-seco-13α-androsta-5,15-dien-3-on** $C_{20}H_{30}O_4$, Formel IX + Spiegelbild.

B. Beim Erwärmen von *rac*-3,3-Äthandiyldioxy-16-methyl-14,15-seco-13α-androsta-5,15-dien-11β,14ξ,18-triol (F: 215–216°) mit wss. Essigsäure (*Schmidlin et al.*, Helv. **40** [1957] 1034, 1045).

Kristalle (aus Me.); F: 194–195° [unkorr.]. λ_{max} (A.): 242 nm.

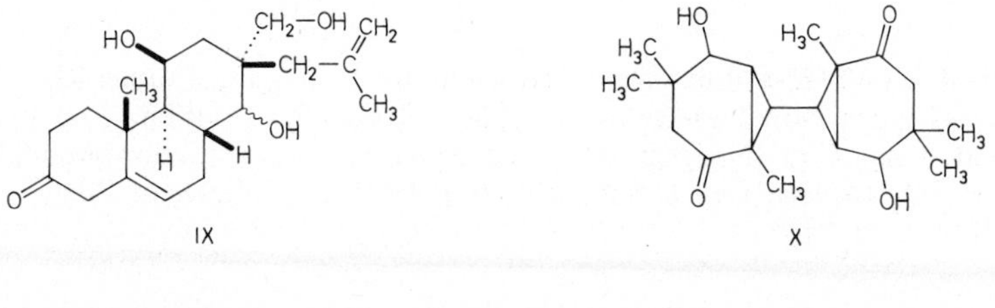

IX X

***Opt.-inakt. 5,5′-Dihydroxy-1,4,4,1′,4′,4′-hexamethyl-[7,7′]binorcaranyl-2,2′-dion** $C_{20}H_{30}O_4$, Formel X.

a) Racemat vom F: 266°.

B. Beim Erwärmen von 6,7;6′,7′-Diepoxy-2,5,5,2′,5′,5′-hexamethyl-bicycloheptyl-3,3′-dion vom F: 298° (E III/IV **19** 1979) mit wss.-äthanol. KOH (*Büchi, Saari,* Am. Soc. **79** [1957] 3519, 3524).

Kristalle (aus $CHCl_3$); F: 265–266° [unkorr.]. IR-Banden (KBr; 2950–1000 cm^{-1}): *Bü., Sa.* λ_{max} (A.): 216 nm und 282 nm.

Diacetyl-Derivat $C_{24}H_{34}O_6$; 5,5′-Diacetoxy-1,4,4,1′,4′,4′-hexamethyl-[7,7′]binorcaranyl-2,2′-dion. Kristalle (aus Me.); F: 275,5–277° [unkorr.]. IR-Banden ($CHCl_3$; 3000–1000 cm^{-1}): *Bü., Sa.*

b) Racemat vom F: 240°.

B. Beim Erwärmen von 6,7;6′,7′-Diepoxy-2,5,5,2′,5′,5′-hexamethyl-bicycloheptyl-3,3′-dion vom F: 176,5–177,5° (E III/IV **19** 1980) mit wss. KOH (*Büchi, Saari,* Am. Soc. **79** [1957] 3519, 3521, 3524).

Kristalle (aus A.+Bzl.); F: 239–240,5° [unkorr.]. IR-Banden (KBr; 2950–1000 cm^{-1}): *Bü., Sa.* λ_{max} (A.): 210 nm und 280 nm.

Diacetyl-Derivat $C_{24}H_{34}O_6$; 5,5′-Diacetoxy-1,4,4,1′,4′,4′-hexamethyl-[7,7′]binorcaranyl-2,2′-dion. Kristalle (aus A.); F: 216,5–217,5° [unkorr.]. IR-Banden ($CHCl_3$; 3000–1000 cm^{-1}): *Bü., Sa.*

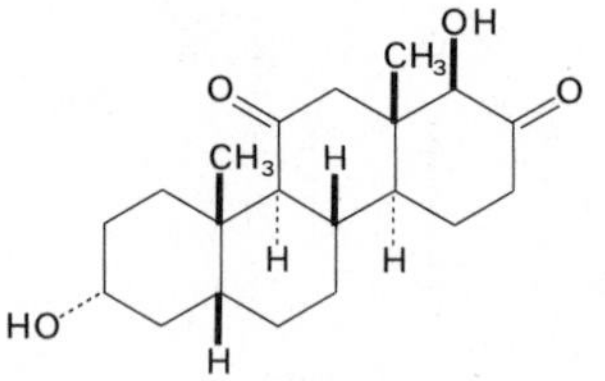

XI 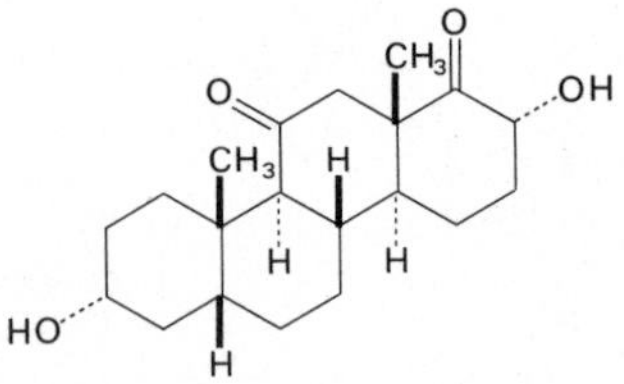 XII

3α,17aβ-Dihydroxy-*D*-homo-5β-androstan-11,17-dion $C_{20}H_{30}O_4$, Formel XI, und **3α,17α-Dihydroxy-*D*-homo-5β-androstan-11,17a-dion** $C_{20}H_{30}O_4$, Formel XII.

Diese beiden Konstitutionsformeln werden für die nachstehend beschriebene Verbindung in Betracht gezogen (*Wendler et al.,* Tetrahedron **7** [1959] 173, 174).

B. Beim Behandeln von 3α-Acetoxy-*D*-homo-5β-androstan-11,17a-dion mit Brom in $CHCl_3$ unter Zusatz von HBr in Essigsäure und Erwärmen des Reaktionsprodukts in THF mit wss. KOH (*We. et al.,* l. c. S. 181).

Kristalle (aus Acn.+Ae.); F: 224–230°.

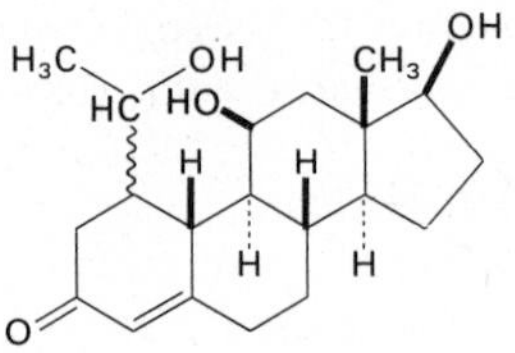

XIII 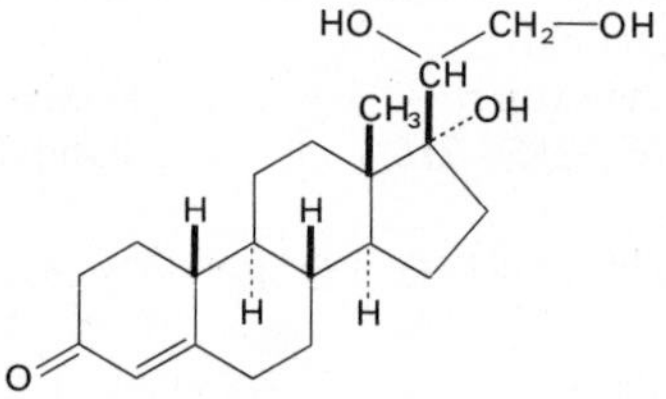 XIV

11β,17β-Dihydroxy-1ξ-[1ξ-hydroxy-äthyl]-östr-4-en-3-on $C_{20}H_{30}O_4$, Formel XIII.

B. Beim Behandeln von 11β-Acetoxy-3-methoxy-östra-1,3,5(10)-trien-17-on in Dioxan mit Lithium und Äthanol in flüssigem NH_3 und Erwärmen des Reaktionsprodukts mit wss.-methanol. H_2SO_4 (*Upjohn Co.,* U.S.P. 2820045 [1956]; s. a. *Magerlein, Hogg,* Am. Soc. **79** [1957] 1508).

Kristalle [aus E.] (*Upjohn Co.*); F: 221–222° (*Ma., Hogg*; *Upjohn Co.*). λ_{max} (A.): 247 nm (*Ma., Hogg*).

17,20ξ,21-Trihydroxy-19-nor-17α*H*(?)-pregn-4-en-3-on $C_{20}H_{30}O_4$, vermutlich Formel XIV.

B. Beim Behandeln von 21-Acetoxy-19-nor-pregna-4,17(20)ξ-dien-3-on (S. 1117) mit OsO_4 in Äther und Erwärmen des Reaktionsprodukts mit Na_2SO_3 in wss. Methanol und anschliessend mit methanol. KOH (*Searle & Co.*, U.S.P. 2840582 [1953]).

IR-Banden (2,9–11,7 μ): *Searle & Co.*, U.S.P. 2840582.

Diacetyl-Derivat $C_{24}H_{34}O_6$; vermutlich 20ξ,21-Diacetoxy-17-hydroxy-19-nor-17α*H*(?)-pregn-4-en-3-on. *B.* s. im folgenden Artikel. – Kristalle (aus E.+PAe.); F: 194–196°; $[\alpha]_D$: +13,5° [$CHCl_3$; c = 0,3] (*Searle & Co.*, U.S.P. 2704768 [1953], 2840582).

4ξ,21-Diacetoxy-5-hydroxy-19-nor-5ξ-pregn-17(20)ξ-en-3-on $C_{24}H_{34}O_6$, Formel XV.

B. Neben 20ξ,21-Diacetoxy-17-hydroxy-19-nor-17α*H*(?)-pregn-4-en-3-on (s. o.) und 21-Acetoxy-17-hydroxy-19-nor-17α*H*(?)-pregn-4-en-3,20-dion (F: 233–235° bzw. F: 235° [S. 2888]) beim Behandeln von 21-Acetoxy-19-nor-pregna-4,17(20)ξ-dien-3-on (S. 1117) mit OsO_4 und H_2O_2 in *tert*-Butylalkohol, Erwärmen des Reaktionsprodukts mit Na_2SO_3 in wss. Methanol und Behandeln des danach isolierten Reaktionsprodukts mit Acetanhydrid und Pyridin (*Searle & Co.*, U.S.P. 2704768, 2840582 [1953]).

Kristalle (aus Ae.); F: ca. 185–187°. IR-Banden (2,8–11,3 μ): *Searle & Co.*

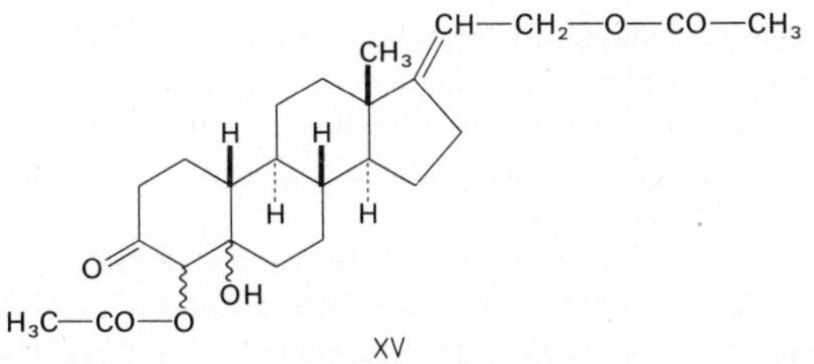

XV 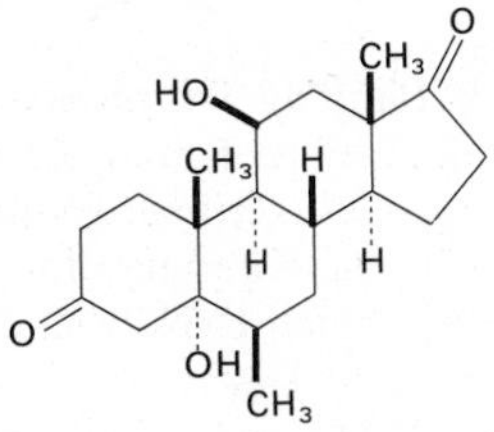 XVI

5,11β-Dihydroxy-6β-methyl-5α-androstan-3,17-dion $C_{20}H_{30}O_4$, Formel XVI.

B. Beim Erwärmen von 3,3;17,17-Bis-äthandiyldioxy-6β-methyl-5α-androstan-5,11β-diol mit wss. Essigsäure (*Upjohn Co.*, U.S.P. 2842572 [1957]).

Kristalle; F: 230–235° [Zers.]. $[\alpha]_D$: +66° [A.]. [*Herbst*]

Hydroxy-oxo-Verbindungen $C_{21}H_{32}O_4$

3,16,17a-Trihydroxy-17a-methyl-*D*-homo-androst-5-en-17-one $C_{21}H_{32}O_4$.

a) **3β,16α,17aα-Trihydroxy-17aβ-methyl-*D*-homo-androst-5-en-17-on,** Formel I.

Diese Konstitution und Konfiguration kommt der von *Inhoffen et al.* (B. **87** [1954] 593) als 3β,16α,17-Trihydroxy-pregn-5-en-20-on angesehenen Verbindung zu (*Cooley et al.*, Soc. **1955** 4377, 4379; *Dubrowškiĭ et al.*, Izv. Akad. S.S.S.R. Ser. chim. **1964** 103; engl. Ausg. S. 87; *Achrem et al.*, Izv. Akad. S.S.S.R. Ser. chim. **1969** 2792; engl. Ausg. S. 2620).

B. Aus 3β-Acetoxy-5,6ξ-dibrom-5ξ-pregn-16-en-20-on beim Behandeln mit OsO_4 in Äther und Erhitzen des Reaktionsprodukts mit wss. Na_2SO_3 und Zink (*In. et al.*, l. c. S. 596). Neben 3β-Acetoxy-16β,17aβ-dihydroxy-17aα-methyl-*D*-homo-androst-5-en-17-on beim Behandeln von 3β-Acetoxy-pregna-5,16-dien-20-on mit OsO_4 und wenig Pyridin in Äther und Erhitzen des Reaktionsprodukts mit wss.-äthanol. Na_2SO_3 (*Co. et al.*, l. c. S. 4380). Beim Erwärmen von 3β,16α-Diacetoxy-17-hydroxy-pregn-5-en-20-on mit Zink und K_2CO_3 in wss. Methanol (*Romo, Romo de Vivar*, J. org. Chem. **21** [1956] 902, 906).

Kristalle; F: 255–256° [aus wss. A.] (*Co. et al.*), 245–248° [unkorr.; aus Me.+Ae.] (*Romo, Romo de Vi.*), 239–240° [unkorr.; aus Me.] (*In. et al.*), 234–237° [aus wss. Me.] (*Du. et al.*,

l. c. S. 108). $[\alpha]_D^{20}$: $-84°$ [$CHCl_3$; c = 0,4] (*Co. et al.*), $-82,5°$ [$CHCl_3$; c = 0,4] (*Du. et al.*, l. c. S. 108), $-65°$ [A.] (*Romo, Romo de Vi.*).

Monoacetyl-Derivat $C_{23}H_{34}O_5$; 3β-Acetoxy-16α,17aα-dihydroxy-17aβ-methyl-*D*-homo-androst-5-en-17-on. *B.* Aus 3β-Acetoxy-16α,17-dihydroxy-pregn-5-en-20-on beim Chromatographieren an Al_2O_3 (*Co. et al.*, l. c. S. 4381) oder beim Erhitzen auf 175° (*Du. et al.*, l. c. S. 110). – Kristalle; F: 200–201° [aus A.] (*Co. et al.*), 182–184,5° [aus wss. Me.] (*Du. et al.*). $[\alpha]_D^{20}$: $-90°$ [$CHCl_3$; c = 1] (*Du. et al.*); $[\alpha]_D^{22}$: $-76°$ [$CHCl_3$; c = 1,4] (*Co. et al.*).

Diacetyl-Derivat $C_{25}H_{36}O_6$; 3β,16α-Diacetoxy-17aα-hydroxy-17aβ-methyl-*D*-homo-androst-5-en-17-on. F: 176–177° [aus wss. A.] (*Co. et al.*, l. c. S. 4381), 172–174° [unkorr.; aus Ae.+Hexan] (*Romo, Romo de Vi.*), 171–173° [aus wss. Acn.] (*Du. et al.*, l. c. S. 109), 170–171° [unkorr.; aus Me.] (*In. et al.*, l. c. S. 597). $[\alpha]_D^{19}$: $-99°$ [$CHCl_3$; c = 0,9] (*Co. et al.*); $[\alpha]_D^{20}$: $-96°$ [$CHCl_3$; c = 0,8] (*Du. et al.*), $-93°$ [$CHCl_3$] (*Romo, Romo de Vi.*); $[\alpha]_D^{22}$: $-98,8°$ [$CHCl_3$] (*In. et al.*). ^{1}H-NMR-Absorption: *Ach. et al.*, l. c. S. 2797.

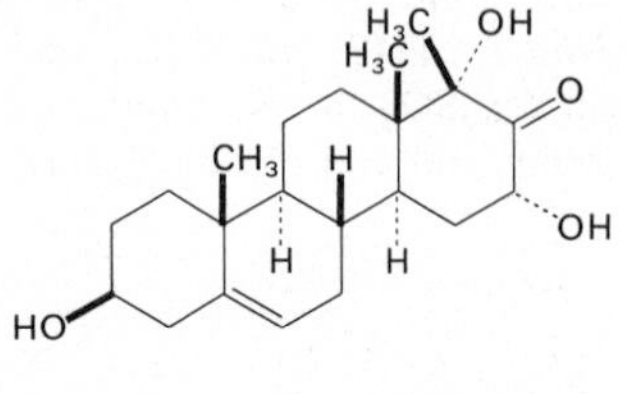

I 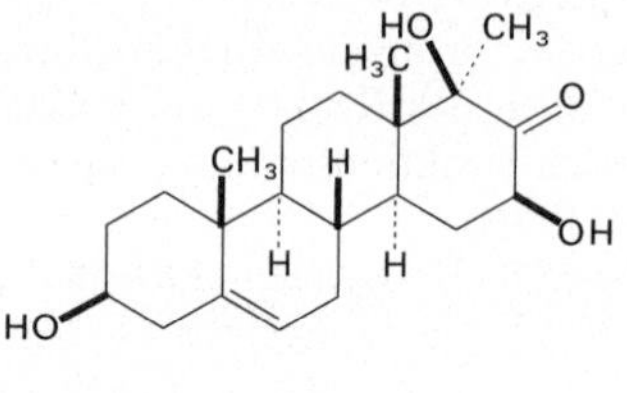 II 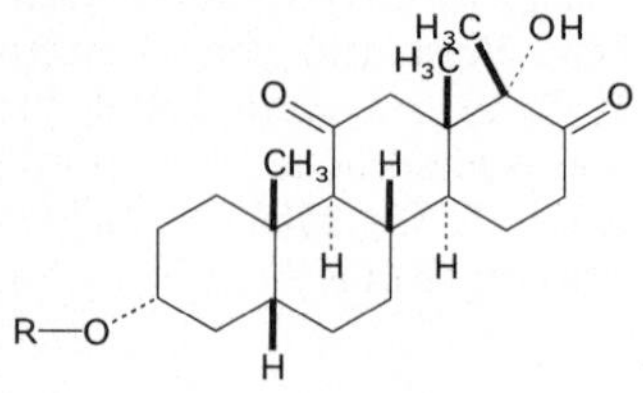 III

b) **3β,16β,17aβ-Trihydroxy-17aα-methyl-*D*-homo-androst-5-en-17-on,** Formel II.

Diese Konstitution und Konfiguration kommt der von *Inhoffen et al.* (B. **87** [1954] 593, 597) als 3β,16β,17-Trihydroxy-pregn-5-en-20-on angesehenen Verbindung zu (*Cooley et al.*, Soc. **1955** 4377). Die Konfiguration am C-Atom 17a ist nicht gesichert (*Achrem et al.*, Izv. Akad. S.S.S.R. Ser. chim. **1969** 2792, 2797; engl. Ausg. S. 2620, 2623).

B. Aus 3β,16β-Diacetoxy-17-hydroxy-pregn-5-en-20-on mit Hilfe von wss. KOH, wss. K_2CO_3 oder wss. HCl (*Heusler, Wettstein*, B. **87** [1954] 1301, 1308). Aus 3β,16α-Diacetoxy-17-hydroxy-pregn-5-en-20-on mit Hilfe von wss.-methanol. $KHCO_3$ oder wss.-methanol. HCl (*Romo, Romo de Vivar*, J. org. Chem. **21** [1956] 902, 906). Neben 3β,16α,17α-Trihydroxy-17β-methyl-*D*-homo-androst-5-en-17a-on beim Erhitzen von 3β,16β,17-Trihydroxy-pregn-5-en-20-on auf 200–210° (*Ach. et al.*, l. c. S. 2798). Aus 16α,17-Epoxy-3β-hydroxy-pregn-5-en-20-on beim Erhitzen mit wss. H_2SO_4 und Essigsäure (*Inhoffen et al.*, B. **87** [1954] 593, 597).

Kristalle; F: 243–244° [unkorr.; aus Me.+Ae.] (*Romo, Romo de Vi.*), 240–242° [aus THF+Hexan] (*Ach. et al.*), 235–237° [unkorr.; aus A.] (*He., We.*), 230–236° [unkorr.; aus Acn.] (*In. et al.*). $[\alpha]_D^{20}$: $-63°$ [$CHCl_3$] (*Romo, Romo de Vi.*); $[\alpha]_D^{26}$: $-63°$ [$CHCl_3$; c = 0,5] (*He., We.*); $[\alpha]_D^{23}$: $-65°$ [Dioxan] (*Ach. et al.*).

*O*³-Acetyl-Derivat $C_{23}H_{34}O_5$; 3β-Acetoxy-16β,17aβ-dihydroxy-17aα-methyl-*D*-homo-androst-5-en-17-on. *B.* Neben 3β,16α,17aα-Trihydroxy-17aβ-methyl-*D*-homo-androst-5-en-17-on beim Behandeln von 3β-Acetoxy-pregna-5,16-dien-20-on mit OsO_4 und wenig Pyridin in Äther und Erwärmen des Reaktionsprodukts mit wss.-äthanol. Na_2SO_3 (*Co. et al.*, l. c. S. 4380). – Kristalle (aus wss. A.); F: 250°; $[\alpha]_D^{20}$: $-56°$ [Py.; c = 0,6] (*Co. et al.*).

*O*¹⁶-Acetyl-Derivat $C_{23}H_{34}O_5$; 16β-Acetoxy-3β,17aβ-dihydroxy-17aα-methyl-*D*-homo-androst-5-en-17-on. *B.* Aus 16α,17-Epoxy-3β-hydroxy-pregn-5-en-20-on beim Behandeln [2 Wochen] mit H_2SO_4 und Essigsäure (*In. et al.*, l. c. S. 598). – Kristalle (aus Me.); F: 222–226° (*In. et al.*).

Diacetyl-Derivat $C_{25}H_{36}O_6$; 3β,16β-Diacetoxy-17aβ-hydroxy-17aα-methyl-*D*-homo-androst-5-en-17-on. *B.* Aus 3β,16β,17aβ-Trihydroxy-17aα-methyl-*D*-homo-androst-5-en-17-on beim Erhitzen mit Acetanhydrid auf 150° (*He., We.*, l. c. S. 1308), beim Erwärmen mit Acetanhydrid und Pyridin (*Romo, Romo de Vivar*, J. org. Chem. **21** [1956] 902, 906) oder beim Behandeln mit Essigsäure und H_2SO_4 (*Ach. et al.*, l. c. S. 2799). Aus 3β-Acetoxy-16α,17-epoxy-pregn-5-en-20-on beim Behandeln [2 Wochen] mit H_2SO_4 und Essigsäure (*In. et al.*, l. c. S. 598). – Kristalle; F: 254–256° [aus THF+Hexan] (*Ach. et al.*), 253–254° [unkorr.; aus

Acn. + Ae.] (*Romo, Romo de Vi.*), 242 – 244° [unkorr.; aus $CHCl_3$ + Me.] (*He., We.*), 232 – 234° [unkorr.] (*In. et al.*). $[\alpha]_D^{20}$: – 55° [$CHCl_3$] (*Romo, Romo de Vi.*), – 38,5° [$CHCl_3$] (*In. et al.*); $[\alpha]_D^{22}$: – 34° [$CHCl_3$; c = 0,7] (*He., We.*); $[\alpha]_D^{23}$: – 41° [$CHCl_3$; c = 1] (*Ach. et al.*). ^{1}H-NMR-Absorption: *Ach. et al.*, l. c. S. 2796.

Triacetyl-Derivat $C_{27}H_{38}O_7$; 3*β*,16*β*,17a*β*-Triacetoxy-17a*α*-methyl-*D*-homo-androst-5-en-17-on. *B.* Aus 3*β*,16*β*,17a*β*-Trihydroxy-17a*α*-methyl-*D*-homo-androst-5-en-17-on beim Behandeln mit Acetanhydrid und Pyridin (*He., We.*; *Ach. et al.*, l. c. S. 2799). Aus 3*β*-Acetoxy-16*β*,17a*β*-dihydroxy-17a*α*-methyl-*D*-homo-androst-5-en-17-on beim Behandeln mit Acetanhydrid und Pyridin (*Co. et al.*, l. c. S. 4381). – Kristalle; F: 160 – 161° [aus wss. A.] (*Co. et al.*), 159 – 160° [aus wss. Me.] (*Ach. et al.*), 157 – 158° [unkorr.; aus Ae. + Pentan] (*He., We.*). $[\alpha]_D^{19}$: – 29° [$CHCl_3$; c = 0,9] (*Co. et al.*); $[\alpha]_D^{22}$: – 28° [$CHCl_3$; c = 0,5] (*He., We.*); $[\alpha]_D^{23}$: – 32° [$CHCl_3$; c = 1,1] (*Ach. et al.*).

3,17a-Dihydroxy-17a-methyl-*D*-homo-androstan-11,17-dione $C_{21}H_{32}O_4$.

a) **3*α*,17a*α*-Dihydroxy-17a*β*-methyl-*D*-homo-5*β*-androstan-11,17-dion,** Formel III (R = H).

B. Als Hauptprodukt neben dem unter b) beschriebenen Stereoisomeren beim Behandeln von 3*α*,17-Diacetoxy-17a-methyl-*D*-homo-5*β*-androst-17-en-11-on (aus 3*α*-Acetoxy-17a*α*-methyl-*D*-homo-5*β*-androstan-11,17-dion hergestellt) mit Peroxybenzoesäure in Benzol und Behandeln des Reaktionsprodukts mit wss.-äthanol. NaOH (*Wendler et al.*, Am. Soc. **78** [1956] 5027, 5031). Neben dem unter b) beschriebenen Stereoisomeren beim Erwärmen von 3*α*-Acetoxy-17-hydroxy-5*β*-pregnan-11,20-dion mit wss.-äthanol. KOH (*We. et al.*, Am. Soc. **78** 5031). Beim Behandeln [5 min] von 3*α*-Acetoxy-17-hydroxy-5*β*,17*βH*-pregnan-11,20-dion mit wss.-methanol. KOH (*Taub, Wendler*, Chem. and Ind. **1959** 902; *Wendler et al.*, Tetrahedron **11** [1960] 163, 170).

Kristalle (aus Acn. + PAe.); F: 187 – 188° [korr.]; $[\alpha]_D$: + 11,6° [$CHCl_3$] (*We. et al.*, Am. Soc. **78** 5031).

Überführung in ein Gleichgewichtsgemisch (ca. 1 : 1) mit dem unter b) beschriebenen Stereoisomeren durch Erwärmen [24 h] mit wss.-methanol. KOH: *Taub, We.*; *We. et al.*, Tetrahedron **11** 169.

b) **3*α*,17a*β*-Dihydroxy-17a*α*-methyl-*D*-homo-5*β*-androstan-11,17-dion,** Formel IV (R = R′ = H).

B. s. unter a).

Kristalle (aus Acn.); F: 228 – 229,5° [korr.]; $[\alpha]_D$: + 12,5° [$CHCl_3$] (*Wendler et al.*, Am. Soc. **78** [1956] 5027, 5031). IR-Spektrum ($CHCl_3$; 1800 – 850 cm^{-1}): *G. Roberts, B.S. Gallagher, R.N. Jones*, Infrared Absorption Spectra of Steroids, Bd. 2 [New York 1958] Nr. 663.

3-Acetoxy-17a-hydroxy-17a-methyl-*D*-homo-androstan-11,17-dione $C_{23}H_{34}O_5$.

a) **3*α*-Acetoxy-17a*α*-hydroxy-17a*β*-methyl-*D*-homo-5*β*-androstan-11,17-dion,** Formel III (R = CO-CH_3).

B. Neben 3*α*-Acetoxy-17*α*-hydroxy-17*β*-methyl-*D*-homo-5*β*-androstan-11,17a-dion aus 3*α*-Acetoxy-17-hydroxy-5*β*-pregnan-11,20-dion beim Erwärmen mit Aluminium-*tert*-butylat in Toluol oder beim Erhitzen auf 240° (*Wendler et al.*, Am. Soc. **78** [1956] 5027, 5030).

Kristalle (aus Bzl. + Cyclohexan); F: 183,5 – 185,5° [korr.]; $[\alpha]_D$: + 37,2° [$CHCl_3$] (*We. et al.*, Am. Soc. **78** 5030). IR-Spektrum (CCl_4 und CS_2; 1800 – 650 cm^{-1}): *G. Roberts, B.S. Gallagher, R.N. Jones*, Infrared Absorption Spectra of Steroids, Bd. 2 [New York 1958] Nr. 662. IR-Banden (3600 – 1400 cm^{-1}): *We. et al.*, Am. Soc. **78** 5030.

Überführung in ein Gleichgewichtsgemisch (ca. 2 : 3) mit 3*α*-Acetoxy-17*α*-hydroxy-17*β*-methyl-*D*-homo-5*β*-androstan-11,17a-dion durch Erwärmen [24 h] mit Aluminium-*tert*-butylat in Toluol: *Wendler et al.*, Chem. and Ind. **1959** 903; Tetrahedron **11** [1960] 163, 169.

b) **3*α*-Acetoxy-17a*β*-hydroxy-17a*α*-methyl-*D*-homo-5*β*-androstan-11,17-dion,** Formel IV (R = CO-CH_3, R′ = H).

B. Aus 3*α*,17a*β*-Dihydroxy-17a*α*-methyl-*D*-homo-5*β*-androstan-11,17-dion und Acetanhydrid in Pyridin (*Wendler et al.*, Am. Soc. **78** [1956] 5027, 5031). Aus 3*α*-Acetoxy-17-hydroxy-5*β*,17*βH*-

pregnan-11,20-dion beim Erhitzen auf 120—130° oder beim Behandeln mit Al_2O_3 in Benzol (*Taub, Wendler,* Chem. and Ind. **1959** 902; *Wendler et al.,* Tetrahedron **11** [1960] 163, 170).

Kristalle (aus Acn.+Hexan); F: 223—227° [korr.]; $[\alpha]_D$: +37° [$CHCl_3$] (*We. et al.,* Am. Soc. **78** 5031). IR-Banden (3500—1400 cm^{-1}): *We. et al.,* Am. Soc. **78** 5031.

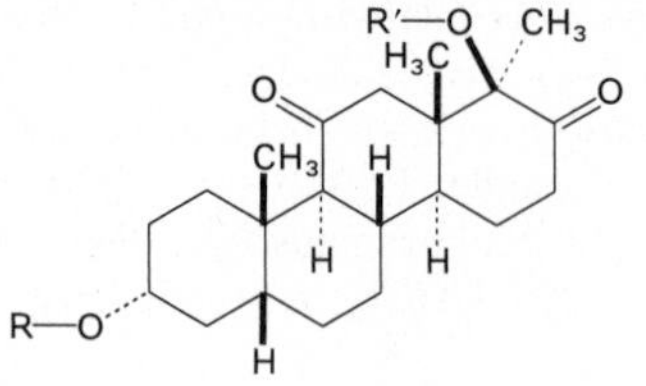

IV 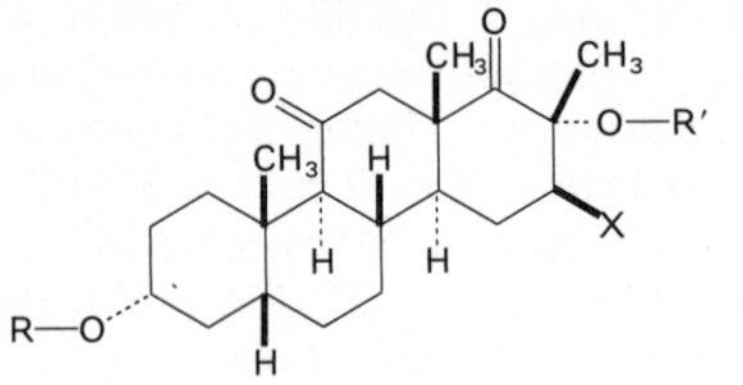 V

3α,17aβ-Diacetoxy-17aα-methyl-*D*-homo-5β-androstan-11,17-dion $C_{25}H_{36}O_6$, Formel IV (R = R′ = CO-CH_3).

B. Aus 3α-Acetoxy-17aβ-hydroxy-17aα-methyl-*D*-homo-5β-androstan-11,17-dion beim Behandeln mit Acetanhydrid, Essigsäure und BF_3 (*Wendler et al.,* Am. Soc. **78** [1956] 5027, 5031).

Kristalle (aus Acn.+Hexan); F: 227—228,5° [korr.].

3α,17α-Dihydroxy-17β-methyl-*D*-homo-5β-androstan-11,17a-dion $C_{21}H_{32}O_4$, Formel V (R = R′ = X = H).

B. Aus 3α,17α-Diacetoxy-17β-methyl-*D*-homo-5β-androstan-11,17a-dion mit Hilfe von methanol. KOH (*Wendler et al.,* Am. Soc. **78** [1956] 5027, 5029).

Polymorph; Kristalle (aus Acn.+Hexan); F: 177—178°, F: 156—158,5° bzw. F: 120—122° [korr.]. $[\alpha]_D$: +54° [$CHCl_3$].

3-Acetoxy-17-hydroxy-17-methyl-*D*-homo-androstan-11,17a-dione $C_{23}H_{34}O_5$.

a) **3α-Acetoxy-17α-hydroxy-17β-methyl-*D*-homo-5β-androstan-11,17a-dion,** Formel V (R = CO-CH_3, R′ = X = H).

B. Aus 3α,17α-Dihydroxy-17β-methyl-*D*-homo-5β-androstan-11,17-dion und Acetanhydrid in Pyridin (*Wendler et al.,* Am. Soc. **78** [1956] 5027, 5030). Als Hauptprodukt aus 3α-Acetoxy-17-hydroxy-5β-pregnan-11,20-dion beim Erwärmen mit Aluminium-*tert*-butylat oder beim Erhitzen auf 240° (*We. et al.,* Am. Soc. **78** 5030).

Dimorph; Kristalle (aus Acn.+Hexan bzw. aus Ae.); F: 169—170° bzw. F: 155° [korr.]; $[\alpha]_D$: +80° [$CHCl_3$] (*Wendler et al.,* Am. Soc. **78** 5030). IR-Spektrum (CCl_4 und CS_2; 1800—700 cm^{-1}): *G. Roberts, B.S. Gallagher, R.N. Jones,* Infrared Absorption Spectra of Steroids, Bd. 2 [New York 1958] Nr. 664. IR-Banden (3500—1400 cm^{-1}): *We. et al.,* Am. Soc. **78** 5030.

Überführung in ein Gleichgewichtsgemisch (ca. 3:2) mit 3α-Acetoxy-17aα-hydroxy-17aβ-methyl-*D*-homo-5β-androstan-11,17-dion durch Erwärmen [24 h] mit Aluminium-*tert*-butylat in Toluol (*Wendler et al.,* Chem. and Ind. **1959** 903; Tetrahedron **11** [1960] 163, 169). Beim Erwärmen mit Raney-Nickel in Äthanol sind 3α-Acetoxy-17α,17aβ-dihydroxy-17β-methyl-*D*-homo-5β-androstan-11-on (Hauptprodukt) und 3α-Acetoxy-17α,17aα-dihydroxy-17β-methyl-*D*-homo-5β-androstan-11-on, beim Erwärmen mit Aluminiumisopropylat in Toluol ist 3α-Acetoxy-17α,17aα-dihydroxy-17β-methyl-*D*-homo-5β-androstan-11-on, beim Behandeln mit Benzaldehyd und wss.-äthanol. KOH ist 3α,17α,17aβ-Trihydroxy-17β-methyl-*D*-homo-5β-androstan-11-on erhalten worden (*Wendler, Taub,* J. org. Chem. **23** [1958] 953, 956).

b) **3α-Acetoxy-17β-hydroxy-17α-methyl-*D*-homo-5β-androstan-11,17a-dion,** Formel VI (X = H).

B. Aus 3α-Acetoxy-16α-brom-17β-hydroxy-17α-methyl-*D*-homo-5β-androstan-11,17a-dion bei der Hydrierung an Palladium/$CaCO_3$ (*Wendler et al.,* Am. Soc. **78** [1956] 5027, 5031).

Kristalle (aus Acn.+Hexan); F: 212—215° [korr.]; $[\alpha]_D$: +59° [$CHCl_3$] (*We. et al.,* Am. Soc. **78** 5031). IR-Spektrum (CCl_4 und $CHCl_3$; 1800—850 cm^{-1}): *G. Roberts, B.S. Gallagher,*

R.N. Jones, Infrared Absorption Spectra of Steroids, Bd. 2 [New York 1958] Nr. 665.

Beim Erwärmen mit methanol. KOH sind 3α,17aα-Dihydroxy-17aβ-methyl-*D*-homo-5β-androstan-11,17-dion und 3α,17aβ-Dihydroxy-17aα-methyl-*D*-homo-5β-androstan-11,17-dion, beim Erwärmen mit Aluminium-*tert*-butylat in Toluol ist 3α-Acetoxy-17aβ-hydroxy-17aα-methyl-*D*-homo-5β-androstan-11,17-dion erhalten worden (*Wendler et al.,* Chem. and Ind. **1959** 903; Tetrahedron **11** [1960] 163, 169).

VI VII

3α,17α-Diacetoxy-17β-methyl-*D*-homo-5β-androstan-11,17a-dion $C_{25}H_{36}O_6$, Formel V (R = R′ = CO-CH_3, X = H).

B. Aus 3α,17-Dihydroxy-5β-pregnan-11,20-dion beim Erhitzen mit Acetanhydrid (*Oliveto et al.,* Am. Soc. **79** [1957] 3594). Aus 3α-Acetoxy-17-hydroxy-5β-pregnan-11,20-dion beim Behandeln mit Äther-BF_3, Acetanhydrid und Essigsäure (*Wendler et al.,* Am. Soc. **78** [1956] 5027, 5029).

Kristalle; F: 169–171° [korr.; aus wss. Me.] (*Ol. et al.*), 167–168,5° [korr.; aus Acn. + Hexan] (*We. et al.*). $[\alpha]_D^{25}$: +109,4° [$CHCl_3$; c = 1] (*Ol. et al.*).

3-Acetoxy-16-brom-17-hydroxy-17-methyl-*D*-homo-androstan-11,17a-dione $C_{23}H_{33}BrO_5$.

a) **3α-Acetoxy-16β-brom-17α-hydroxy-17β-methyl-*D*-homo-5β-androstan-11,17a-dion,** Formel V (R = CO-CH_3, R′ = H, X = Br).

B. Aus 3α-Acetoxy-16α,17α-epoxy-17β-methyl-*D*-homo-5β-androstan-11,17a-dion und HBr (*Wendler et al.,* Am. Soc. **78** [1956] 5027, 5030).

Kristalle (aus Ae.); F: 226–228° [korr.; Zers.].

b) **3α-Acetoxy-16α-brom-17β-hydroxy-17α-methyl-*D*-homo-5β-androstan-11,17a-dion,** Formel VI (X = Br).

B. Aus 3α-Acetoxy-16β,17β-epoxy-17α-methyl-*D*-homo-5β-androstan-11,17a-dion und HBr (*Wendler et al.,* Am. Soc. **78** [1956] 5027, 5031).

Kristalle (aus Acn. + Hexan); F: 192–195° [korr.].

3,17,21-Triacetoxy-5α-pregn-2-en-20-on $C_{27}H_{38}O_7$, Formel VII.

B. Aus 21-Acetoxy-17-hydroxy-5α-pregnan-3,20-dion und Acetanhydrid mit Hilfe von 2-Hydroxy-5-sulfo-benzoesäure (*Moffett, Anderson,* Am. Soc. **76** [1954] 747).

Kristalle (aus Me.); F: 172–176° [unkorr.].

11,17,20-Trihydroxy-pregn-4-en-3-one $C_{21}H_{32}O_4$.

a) **11β,17,20β_F-Trihydroxy-pregn-4-en-3-on,** Formel VIII.

B. Aus dem Acetyl-Derivat [s. u.] (*Poos,* Am. Soc. **77** [1955] 4932, 4934).

Kristalle (aus Ae.); F: 149–151°. $[\alpha]_D^{23}$: +122° [$CHCl_3$; c = 1]. λ_{max} (Me.): 242 nm.

*O*²⁰-Acetyl-Derivat $C_{23}H_{34}O_5$; 20β_F-Acetoxy-11β,17-dihydroxy-pregn-4-en-3-on. *B.* Aus 20β_F-Acetoxy-3,3-äthandiyldioxy-pregn-5-en-11β,17-diol mit Hilfe von Toluol-4-sulfonsäure in Aceton (*Poos*). – Kristalle (aus E.); F: 246–249°. $[\alpha]_D^{23}$: +171° [$CHCl_3$; c = 1].

b) **11β,17,20α_F-Trihydroxy-pregn-4-en-3-on,** Formel IX.

B. Aus dem Acetyl-Derivat [s. u.] (*Poos,* Am. Soc. **77** [1955] 4932, 4935).

Kristalle (aus Acn. + PAe.); F: 193–194°. Über eine bei 210–214° schmelzende Modifikation

s. *Poos.* $[\alpha]_D^{23}$: +107° [$CHCl_3$; c = 0,6]. λ_{max} (Me.): 242 nm.

O^{20}-Acetyl-Derivat $C_{23}H_{34}O_5$; 20α_F-Acetoxy-11β,17-dihydroxy-pregn-4-en-3-on. *B.* Aus 20α_F-Acetoxy-3,3-äthandiyldioxy-pregn-5-en-11β,17-diol mit Hilfe von Toluol-4-sulfonsäure in Aceton (*Poos*). – Kristalle (aus E.); F: 224–226°. $[\alpha]_D^{22}$: +79° [$CHCl_3$; c = 1].

11β,20β_F,21-Trihydroxy-pregn-4-en-3-on $C_{21}H_{32}O_4$, Formel X (R = R′ = H).

B. Aus der folgenden Verbindung mit Hilfe von methanol. KOH (*Taub et al.*, Am. Soc. **81** [1959] 3291, 3293).

Kristalle (aus Acn.+Ae.); F: 208–210° [korr.]. $[\alpha]_D$: +137° [$CHCl_3$]. λ_{max} (Me.): 242 nm.

20β_F-Acetoxy-11β,21-dihydroxy-pregn-4-en-3-on $C_{23}H_{34}O_5$, Formel X (R = CO-CH_3, R′ = H).

B. Aus 21-Acetoxy-11β-hydroxy-pregn-4-en-3,20-dion beim Behandeln mit $NaBH_4$ in wss. DMF (*Taub et al.*, Am. Soc. **81** [1959] 3291, 3293).

F: 238–243° [korr.]. $[\alpha]_D$: +152° [DMF]. λ_{max} ($CHCl_3$+Me.): 243 nm.

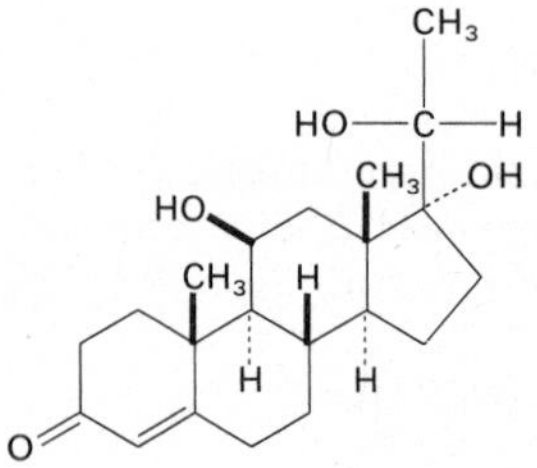

VIII 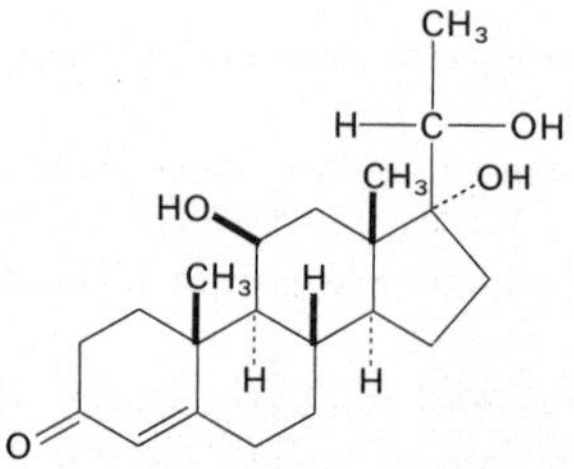 IX 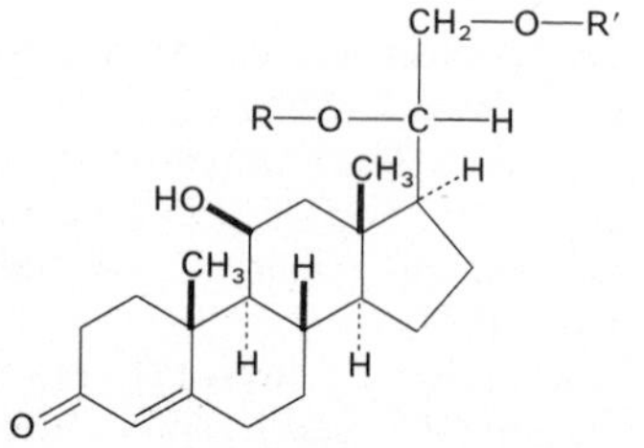 X

21-Acetoxy-11β,20β_F-dihydroxy-pregn-4-en-3-on $C_{23}H_{34}O_5$, Formel X (R = H, R′ = CO-CH_3).

B. Neben der vorangehenden Verbindung aus 21-Acetoxy-11β-hydroxy-pregn-4-en-3,20-dion beim Behandeln mit $NaBH_4$ in wss. DMF (*Taub et al.*, Am. Soc. **81** [1959] 3291, 3293).

Kristalle (aus Acn.+Ae.); F: 208–211° [korr.]. $[\alpha]_D$: +116° [Acn.]. λ_{max}: 242,5 nm.

Beim Behandeln mit $NaHCO_3$ in wss. DMF [50%ig] ist 20β_F-Acetoxy-11β,21-dihydroxy-pregn-4-en-3-on erhalten worden.

20β_F,21-Diacetoxy-11β-hydroxy-pregn-4-en-3-on $C_{25}H_{36}O_6$, Formel X (R = R′ = CO-CH_3).

B. Aus 20β_F-Acetoxy-11β,21-dihydroxy-pregn-4-en-3-on und Acetanhydrid in Pyridin (*Taub et al.*, Am. Soc. **81** [1959] 3291, 3293).

Kristalle (aus Acn.+Ae.); F: 192–196° [korr.]. $[\alpha]_D$: +158° [$CHCl_3$]. λ_{max} ($CHCl_3$): 242 nm.

20β_F-Acetoxy-11β-hydroxy-21-methansulfonyloxy-pregn-4-en-3-on $C_{24}H_{36}O_7S$, Formel X (R = CO-CH_3, R′ = SO_2-CH_3).

B. Aus 20β_F-Acetoxy-11β,21-dihydroxy-pregn-4-en-3-on und Methansulfonylchlorid in Pyridin (*Taub et al.*, Am. Soc. **81** [1959] 3291, 3293).

Kristalle (aus Acn.+Ae.); F: 175–177° [korr.; Zers.]. $[\alpha]_D$: +118° [$CHCl_3$]. λ_{max} (Me.): 242 nm.

Beim Erhitzen mit 2,4,6-Trimethyl-pyridin sind 21-Acetoxy-11β,20β_F-dihydroxy-pregn-4-en-3-on und 20β_F-Acetoxy-11β,21-dihydroxy-pregn-4-en-3-on, beim Erhitzen mit Kaliumacetat und wss. Essigsäure ist 20β_F,21-Diacetoxy-11β-hydroxy-pregn-4-en-3-on erhalten worden.

17,20,21-Trihydroxy-pregn-4-en-3-one $C_{21}H_{32}O_4$.

a) **17,20β_F,21-Trihydroxy-pregn-4-en-3-on,** Formel XI (E III 3533).

B. Aus 21-Acetoxy-pregna-4,17(20)*t*-dien-3-on über mehrere Stufen (*Miescher, Schmidlin*, Helv. **33** [1950] 1840, 1844). Aus 21-Acetoxy-3-äthoxy-16α,17-epoxy-pregna-3,5-dien-20-on mit

Hilfe von $LiAlH_4$ (*Julian et al.*, Am. Soc. **73** [1951] 1982, 1984). Aus 17,21-Dihydroxy-pregn-4-en-3,20-dion mit Hilfe von Streptomyces-Arten (*Lindner et al.*, Z. physiol. Chem. **313** [1958] 117, 121; *Carvajal et al.*, J. org. Chem. **24** [1959] 695, 697) oder mit Hilfe einer Pseudomonas-Art (*Nawa et al.*, Tetrahedron **4** [1958] 201).

Kristalle (aus CH_2Cl_2); F: 183° und (nach Wiedererstarren) F: 194° (*Li. et al.*). Kristalle (aus Acn.+Hexan); F: 175° und (nach Wiedererstarren bei 178°) F: 190° [korr.] (*Ca. et al.*). $[\alpha]_D^{25}$: +84,3° [$CHCl_3$; c = 1] (*Ju. et al.*), +65,3° [Dioxan; c = 0,9] (*Ju. et al.*), +65° [Dioxan] (*Ca. et al.*). IR-Spektrum (KBr; 5000–650 cm^{-1}): *Hübener, Schmidt-Thomé*, Z. physiol. Chem. **299** [1955] 240, 244. λ_{max} (A.): 242 nm (*Ca. et al.*). Absorptionsspektrum (H_3PO_4): *Nowaczynski, Steyermark*, Canad. J. Biochem. Physiol. **34** [1956] 592, 595.

O^{20},O^{21}-Diacetyl-Derivat $C_{25}H_{36}O_6$; 20β_F,21-Diacetoxy-17-hydroxy-pregn-4-en-3-on (E III 3535). F: 192–193° [korr.; aus Ae.] (*Mi., Sch.*), 189–191° [solvatisierte Kristalle [aus Acn.], die bei 120–130° das Lösungsmittel abgeben] (*Ju. et al.*). Netzebenenabstände: *Beher et al.*, Anal. Chem. **27** [1955] 1569, 1572. IR-Spektrum (CS_2 und CCl_4; 1800–800 cm^{-1}): *K. Dobriner, E.R. Katzenellenbogen, R.N. Jones*, Infrared Absorption Spectra of Steroids [New York 1953] Nr. 185. λ_{max} (A.): 241 nm (*Ca. et al.*). Absorptionsspektrum (H_2SO_4; 220–600 nm): *Bernstein, Lenhard*, J. org. Chem. **18** [1953] 1146, 1158.

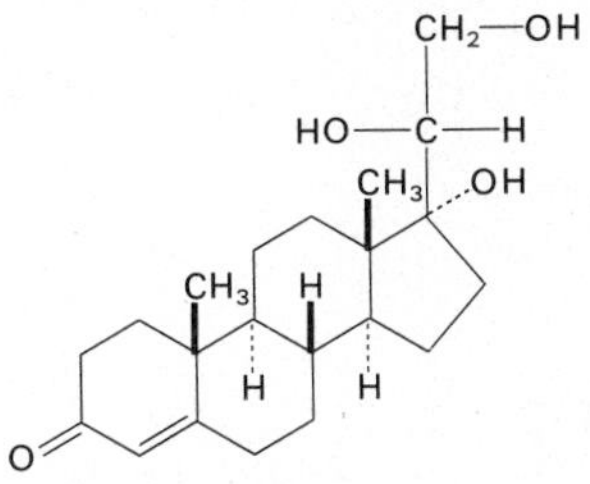

XI 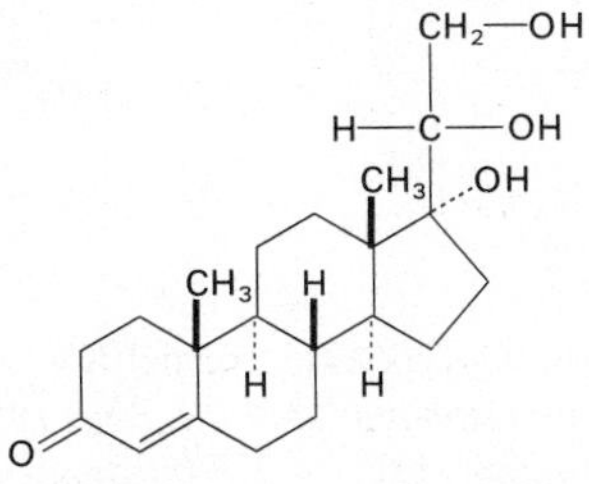 XII 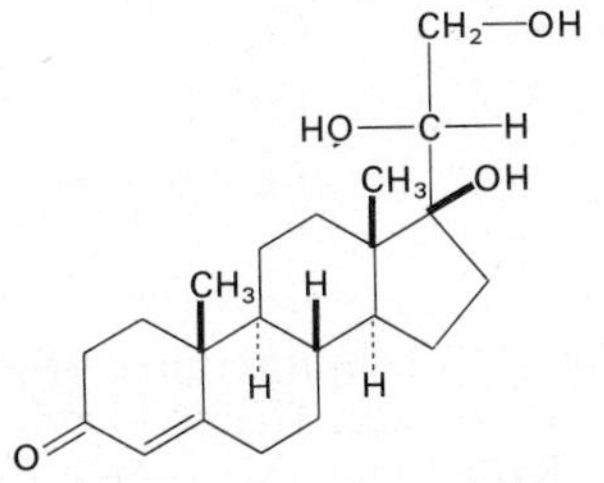 XIII

b) **17,20α_F,21-Triacetoxy-pregn-4-en-3-on,** Formel XII.

B. Neben dem unter a) beschriebenen Stereoisomeren aus 21-Acetoxy-3-äthoxy-16α,17-epoxy-pregna-3,5-dien-20-on mit Hilfe von $LiAlH_4$ (*Julian et al.*, Am. Soc. **73** [1951] 1982, 1984). Aus 17,21-Dihydroxy-pregn-4-en-3,20-dion mit Hilfe von Rhodotorula longissima (*Carvajal et al.*, J. org. Chem. **24** [1959] 695, 697).

Kristalle; F: 225–227,5° [aus Me.] (*Ju. et al.*), 221–225° [aus Acn.+Hexan] (*Ca. et al.*). $[\alpha]_D^{25}$: +76,2° [$CHCl_3$; c = 1] (*Ju. et al.*), +55° [Dioxan] (*Ca. et al.*). IR-Spektrum (KBr; 5000–650 cm^{-1}): *Hübener, Schmidt-Thomé*, Z. physiol. Chem. **299** [1955] 240, 244.

O^{20},O^{21}-Diacetyl-Derivat $C_{21}H_{36}O_6$; 20α_F,21-Diacetoxy-17-hydroxy-pregn-4-en-3-on. Kristalle; F: 251–253,5° [aus Acn.] (*Ju. et al.*), 251–253° [korr.; aus Acn.+Hexan] (*Ca. et al.*). $[\alpha]_D^{25}$: +35° [$CHCl_3$], +19° [Dioxan] (*Ca. et al.*); $[\alpha]_D^{32}$: +31,5° [$CHCl_3$; c = 1] (*Ju. et al.*). IR-Spektrum ($CHCl_3$; 1800–850 cm^{-1}): *G. Roberts, B.S. Gallagher, R.N. Jones*, Infrared Absorption Spectra of Steroids, Bd. 2 [New York 1958] Nr. 502. λ_{max} (Me.): 241 nm (*Ju. et al.*), 242 nm (*Ca. et al.*). Absorptionsspektrum (H_2SO_4; 220–600 nm): *Bernstein, Lenhard*, J. org. Chem. **18** [1953] 1146, 1158.

c) **17,20β_F,21-Trihydroxy-17β*H*-pregn-4-en-3-on,** Formel XIII (E III 3533).

Zuordnung der Konfiguration am C-Atom 20: *Achrem, Uštinjuk*, Izv. Akad. S.S.S.R. Ser. chim. **1971** 1516, 1520; engl. Ausg. S. 1413, 1415.

B. Aus 17-Hydroxy-20β_F, 21-isopropylidendioxy-17β*H*-pregn-4-en-3-on beim Erwärmen mit wss. Essigsäure (*Achrem, Uštinjuk*, Izv. Akad. S.S.S.R. Ser. chim. **1971** 136, 140; engl. Ausg. S. 115, 118).

Kristalle (aus Me.+Ae.); F: 230–233°; $[\alpha]_D^{24}$: +50° [Dioxan; c = 0,4]; λ_{max} (A.): 242 nm (*Ach., Uš*, l. c. S. 140).

O^{20},O^{21}-Diacetyl-Derivat $C_{21}H_{36}O_6$; 20β_F,21-Diacetoxy-17-hydroxy-17β*H*-pregn-4-en-3-on (E III 3535). F: 180–181° [aus Ae.+Hexan]; $[\alpha]_D^{20}$: +45,3° [Acn.; c = 1]; λ_{max} (A.): 240 nm (*Ach., Uš.*, l. c. S. 140).

d) **17,20α$_F$,21-Trihydroxy-17*βH*-pregn-4-en-3-on,** Formel XIV (E III 3534).

Zuordnung der Konfiguration am C-Atom 20: *Achrem, Uštinjuk,* Izv. Akad. S.S.S.R. Ser. chim. **1971** 1516, 1520; engl. Ausg. S. 1413, 1415.

B. Aus 17-Hydroxy-20α$_F$,21-isopropylidendioxy-17*βH*-pregn-4-en-3-on beim Erwärmen mit wss. Essigsäure (*Achrem, Uštinjuk,* Izv. Akad. S.S.S.R. Ser. chim. **1971** 136, 140; engl. Ausg. S. 115, 118).

Kristalle (aus Me.); F: 235–238°; $[\alpha]_D^{24}$: +51° [Dioxan; c = 0,3]; λ_{max} (A.): 242 nm (*Ach., Uš.,* l. c. S. 140).

O^{20},*O*^{21}-Diacetyl-Derivat $C_{25}H_{36}O_6$; 20α$_F$,21-Diacetoxy-17-hydroxy-17*βH*-pregn-4-en-3-on (E III 3535). F: 162–164° [aus Ae.+Hexan]; $[\alpha]_D^{20}$: +18,5° [Acn.; c = 1,9]; λ_{max} (A.): 240 nm (*Ach., Uš.,* l. c. S. 141).

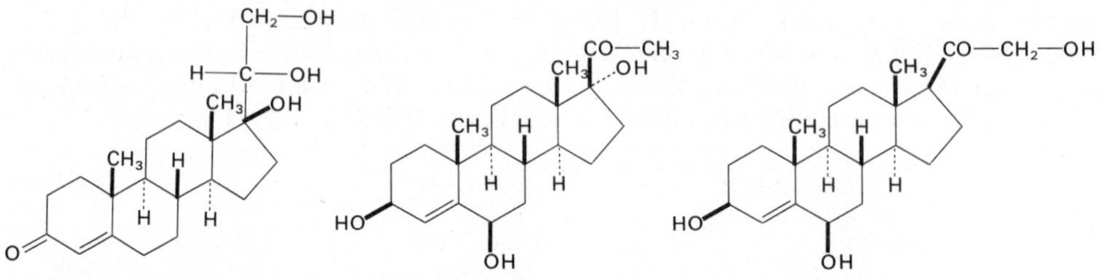

XIV XV XVI

3β,6β,17-Trihydroxy-pregn-4-en-20-on $C_{21}H_{32}O_4$, Formel XV.

B. Aus dem Triacetyl-Derivat [s. u.] (*Amendolla et al.,* Soc. **1954** 1226, 1232).

Kristalle (aus Me.+Ae.); F: 266–268°. $[\alpha]_D$: +27° [Dioxan].

Triacetyl-Derivat $C_{27}H_{38}O_7$; 3β,6β,17-Triacetoxy-pregn-4-en-20-on. *B.* Aus 3β,6β,17-Triacetoxy-5-hydroxy-5α-pregnan-20-on mit Hilfe von $SOCl_2$ (*Am. et al.*). – Kristalle (aus Acn.+Hexan); F: 195–196°. $[\alpha]_D^{20}$: –190° [$CHCl_3$].

3β,6β,21-Trihydroxy-pregn-4-en-20-on $C_{21}H_{32}O_4$, Formel XVI.

B. Aus dem Triacetyl-Derivat [s. u.] (*Amendolla et al.,* Soc. **1954** 1226, 1230).

Kristalle (aus Me.+Ae.); F: 204–206°; $[\alpha]_D^{20}$: +82° [$CHCl_3$] (*Am. et al.*).

Monoacetyl-Derivat $C_{23}H_{34}O_5$; 21-Acetoxy-3β,6β-dihydroxy-pregn-4-en-20-on. Dimorph; Kristalle (aus Acn.); F: 195–196° und F: 217–219° (*Am. et al.*).

Triacetyl-Derivat $C_{27}H_{38}O_7$; 3β,6β,21-Triacetoxy-pregn-4-en-20-on. *B.* Aus 3β,6β,21-Triacetoxy-5-hydroxy-5α-pregnan-20-on mit Hilfe von $SOCl_2$ (*Mancera et al.,* J. org. Chem. **16** [1951] 192, 196). Aus 3β,6β-Diacetoxy-pregn-4-en-20-on mit Hilfe von Blei(IV)-acetat (*Ma. et al.*). – Kristalle (aus Hexan+Acn.); F: 143–144°; $[\alpha]_D^{20}$: +49° [$CHCl_3$] (*Ma. et al.*).

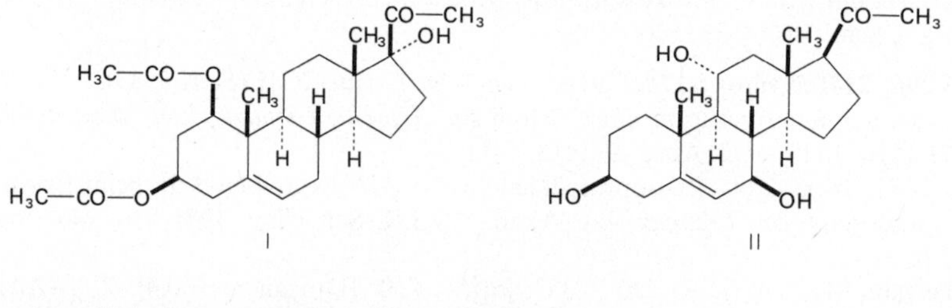

I II

1β,3β-Diacetoxy-17-hydroxy-pregn-5-en-20-on $C_{25}H_{36}O_6$, Formel I.

B. Aus 1β,3β-Diacetoxy-16α,17-epoxy-pregn-5-en-20-on beim Behandeln mit HBr und Essigsäure und Hydrieren des Reaktionsprodukts an Palladium/Kohle in THF unter Zusatz von Triäthylamin (*Nussbaum et al.,* Am. Soc. **81** [1959] 5230, 5233).

Kristalle (aus Diisopropyläther); F: 179–180°. $[\alpha]_D^{22}$: –34,3° [$CHCl_3$; c = 1].

3,7,11-Trihydroxy-pregn-5-en-20-one $C_{21}H_{32}O_4$.

a) **3β,7β,11α-Trihydroxy-pregn-5-en-20-on,** Formel II.

B. Neben dem unter b) beschriebenen Stereoisomeren und anderen Verbindungen aus 3β-Hydroxy-pregn-5-en-20-on mit Hilfe von Aspergillus ochraceus (*Clegg et al.,* J.C.S. Perkin I **1973** 2137, 2141).

Kristalle (aus E. + Me.); F: 265–267°. $[\alpha]_D$: +68° [A.; c = 0,5].

b) **3β,7α,11α-Trihydroxy-pregn-5-en-20-on,** Formel III.

Konfiguration am C-Atom 7: *Clegg et al.,* J.C.S. Perkin I **1973** 2137, 2141.

B. Aus 3β-Hydroxy-pregn-5-en-20-on mit Hilfe von Rhizopus arrhizus (*Upjohn Co.,* U.S.P. 2702809 [1953]; D.B.P. 937056 [1955]).

Kristalle; F: 247–248° und 250–255° [aus Me. + CCl_4]; $[\alpha]_D^{27}$: –41° [Me.; c = 1] (*Upjohn Co.*). F: 249–253° [aus Acn. + Hexan]; $[\alpha]_D$: –45° [A.; c = 0,5] (*Cl. et al.*).

7α,21-Diacetoxy-3β-hydroxy-pregn-5-en-20-on $C_{25}H_{36}O_6$, Formel IV (R = H).

B. Aus 3β-Acetoxy-21-diazo-7α-methoxy-pregn-5-en-20-on bei der aufeinanderfolgenden Umsetzung mit methanol. KOH und mit Essigsäure (*Greenhalgh et al.,* Soc. **1952** 2380, 2382).

Kristalle (aus Ae. + PAe.); F: 182,5–183°. $[\alpha]_D$: –133° [$CHCl_3$; c = 0,4].

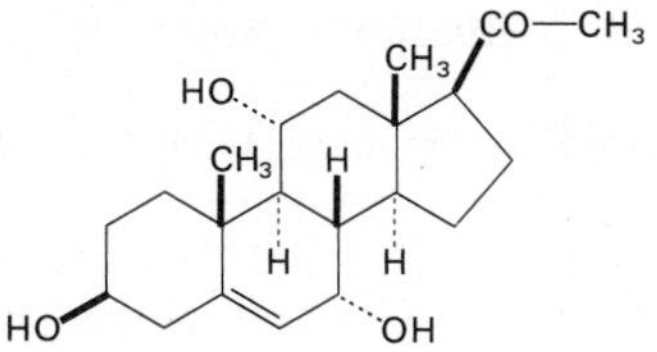

III

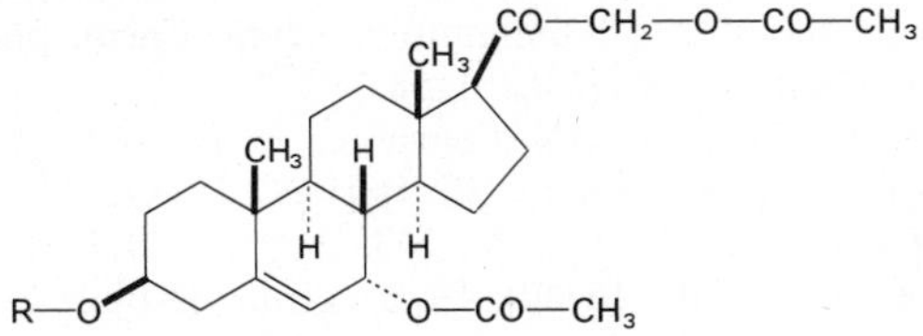

IV

3β,7α,21-Triacetoxy-pregn-5-en-20-on $C_{27}H_{38}O_7$, Formel IV (R = CO-CH_3).

B. Aus der vorangehenden Verbindung und Acetanhydrid in Pyridin (*Greenhalgh et al.,* Soc. **1952** 2380, 2383).

Kristalle (aus Me.); F: 197,5–198°. $[\alpha]_D$: –139° [$CHCl_3$; c = 0,4].

3β,11α,17-Trihydroxy-pregn-5-en-20-on $C_{21}H_{32}O_4$, Formel V (R = X = H).

B. Aus der folgenden Verbindung mit Hilfe von methanol. KOH (*Halpern, Djerassi,* Am. Soc. **81** [1959] 439).

Kristalle (nach Sublimation); F: 262–265° [Kofler-App.], 248–252° [geschlossene Kapillare]. $[\alpha]_D$: –14° [$CHCl_3$].

3β,11α-Diacetoxy-17-hydroxy-pregn-5-en-20-on $C_{25}H_{36}O_6$, Formel V (R = CO-CH_3, X = H).

B. Aus der folgenden Verbindung bei der Hydrierung an Palladium/Kohle (*Halpern, Djerassi,* Am. Soc. **81** [1959] 439).

Kristalle (aus wss. Me.); F: 244–254° [Zers.; Kofler-App.], 229–230° [geschlossene Kapillare]. $[\alpha]_D$: –15° [$CHCl_3$].

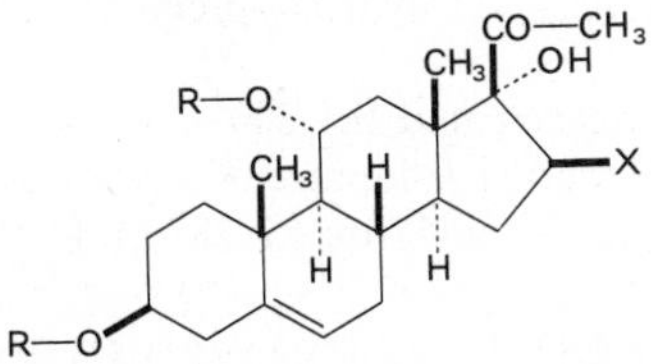

V

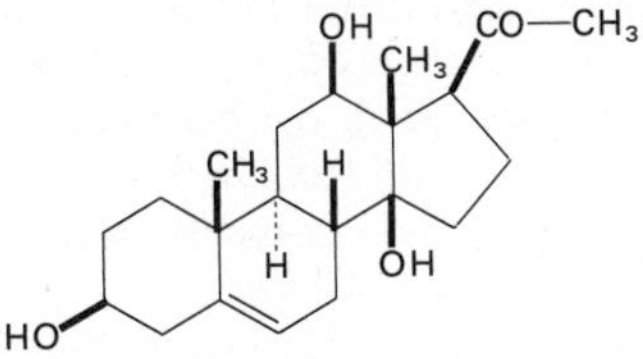

VI

3β,11α-Diacetoxy-16β-brom-17-hydroxy-pregn-5-en-20-on $C_{25}H_{35}BrO_6$, Formel V (R = CO-CH_3, X = Br).

B. Aus 3β,11α-Diacetoxy-16α,17-epoxy-pregn-5-en-20-on und HBr in Essigsäure (*Halpern, Djerassi,* Am. Soc. **81** [1959] 439).

Kristalle (aus wss. Me.); F: 143–149° [Zers.]. $[\alpha]_D$: −41° [$CHCl_3$].

3,12,14-Trihydroxy-pregn-4-en-20-one $C_{21}H_{32}O_4$.

Über die Konfiguration der nachstehend beschriebenen Stereoisomeren s. *Tschesche et al.,* Tetrahedron Letters **1964** 473.

a) **3β,12β,14-Trihydroxy-14β-pregn-5-en-20-on,** Digipurpurogenin-II, Anhydrodigipurpurogenin, Formel VI.

Gewinnung aus Digitalis purpurea: *Tschesche, Grimmer,* B. **88** [1955] 1569, 1576; *Tschesche et al.,* A. **648** [1961] 185, 190.

Kristalle (aus Acn.); F: 228–235° (*Tsch., Gr.*), 222–232° (*Tsch. et al.*). $[\alpha]_D^{21}$: +25° [Me.; c = 1] (*Tsch. et al.*); $[\alpha]_D^{23}$: +8° [Me.] (*Tsch., Gr.*). IR-Spektrum (KBr; 2–15 μ): *Tsch., Gr.,* l. c. S. 1572.

b) **3β,12α,14-Trihydroxy-14β-pregn-5-en-20-on,** Digipurpurogenin-I, Formel VII.

Gewinnung aus Digitalis purpurea: *Tschesche et al.,* A. **648** [1961] 185.

Kristalle (aus Acn.) mit 1 Mol Aceton; F: 167–175°. $[\alpha]_D^{21}$: +51° [$CHCl_3$; c = 1,3].

3β,14,15α-Trihydroxy-14β-pregn-5-en-20-on, Purpnigenin $C_{21}H_{32}O_4$, Formel VIII.

Konstitution und Konfiguration: *Ishii,* Chem. pharm. Bl. **9** [1961] 411; *Yoshii, Yamasaki,* Chem. pharm. Bl. **16** [1968] 1158.

Gewinnung aus Digitalis purpurea: *Satoh et al.,* J. pharm. Soc. Japan **75** [1955] 1573; C. A. **1956** 10750; Chem. pharm. Bl. **10** [1962] 37, 41.

Kristalle (aus E.); F: 239–243°; $[\alpha]_D^{16}$: +21,1° [Me.; c = 1,1]; λ_{max} (A.): 279 nm (*Sa. et al.,* Chem. pharm. Bl. **10** 40). IR-Spektrum (Nujol; 2–15 μ): *Sa. et al.,* Chem. pharm. Bl. **10** 39.

Oxim $C_{21}H_{33}NO_4$. F: 276–279° (*Sa. et al.,* J. pharm. Soc. Japan **75** 1573).

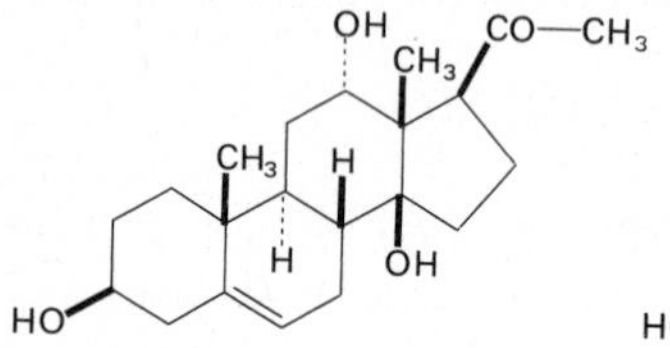

VII 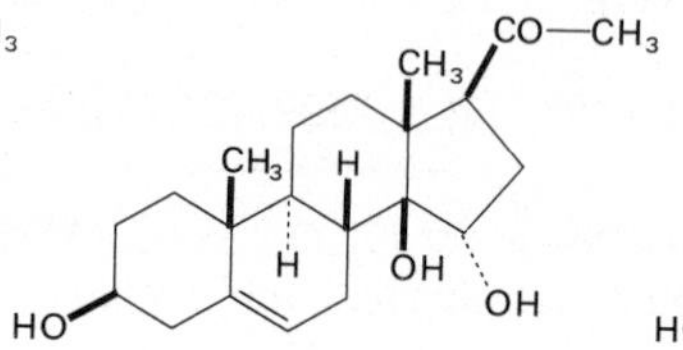 VIII 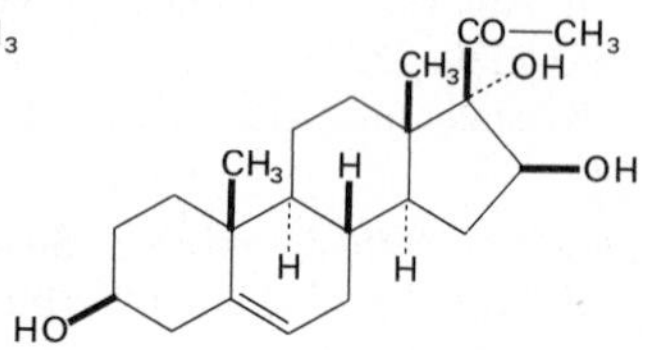 IX

3,16,17-Trihydroxy-pregn-5-en-20-one $C_{21}H_{32}O_4$.

a) **3β,16β,17-Trihydroxy-pregn-5-en-20-on,** Formel IX.

Die von *Inhoffen et al.* (B. **87** [1954] 593, 597) unter dieser Konstitution beschriebene Verbindung ist als 3β,16β,17aβ-Trihydroxy-17aα-methyl-*D*-homo-androst-5-en-17-on (S. 2830) zu formulieren (*Cooley et al.,* Soc. **1955** 4377; *Achrem et al.,* Izv. Akad. S.S.S.R. Ser. chim. **1969** 2792; engl. Ausg. S. 2620).

B. Aus dem Diacetyl-Derivat (s. u.) über das 3β,16β,17-Trihydroxy-pregn-5-en-20-on-äthoxycarbonylhydrazon (*Ach. et al.,* l. c. S. 2798).

Kristalle (aus wss. Me.), die bei 190–195° erweichen und bei 200–210° schmelzen (unter Isomerisierung zu 3β,16α,17α-Trihydroxy-17β-methyl-*D*-homo-androst-5-en-17a-on und 3β,16β,17aβ-Trihydroxy-17aα-methyl-*D*-homo-androst-5-en-17-on [S. 2830]); $[\alpha]_D^{23}$: −21° [A.; c = 1] (*Ach. et al.,* l. c. S. 2798).

Diacetyl-Derivat $C_{25}H_{36}O_6$; 3β,16β-Diacetoxy-17-hydroxy-pregn-5-en-20-on. *B.* Als Hauptprodukt aus 16α,17-Epoxy-3β-hydroxy-pregn-5-en-20-on beim Behandeln mit Essigsäure und H_2SO_4 (*Ach. et al.*, l. c. S. 2797; *Heusler, Wettstein*, B. **87** [1954] 1301, 1307). – Kristalle; F: 174–175° [unkorr.]; $[\alpha]_D^{20}$: –35° [$CHCl_3$] (*Romo, Romo de Vivar*, J. org. Chem. **21** [1956] 902, 906). F: 169–171° [aus Me.]; $[\alpha]_D^{26}$: –38° [$CHCl_3$; c = 0,8] (*He., We.*). F: 168–170° [aus Bzl.+Hexan]; $[\alpha]_D^{20}$: –38° [$CHCl_3$; c = 0,8] (*Ach. et al.*). – Überführung in 3β,16β,17aβ-Trihydroxy-17aα-methyl-*D*-homo-androst-5-en-17-on (S. 2830) mit Hilfe von wss. KOH, wss. K_2CO_3 oder wss. HCl: *He., We.*, l. c. S. 1308.

Triacetyl-Derivat $C_{27}H_{38}O_7$; 3β,16β,17-Triacetoxy-pregn-5-en-20-on. Kristalle (aus Ae.+Hexan); F: 203–204° (*Romo, Romo de Vi.*).

b) **3β,16α,17-Trihydroxy-pregn-5-en-20-on,** Formel X.

Die von *Inhoffen et al.* (B. **87** [1954] 593) unter dieser Konstitution beschriebene Verbindung ist als 3β,16α,17aα-Trihydroxy-17aβ-methyl-*D*-homo-androst-5-en-17-on zu formulieren (*Cooley et al.*, Soc. **1955** 4377; *Dubrowškiĭ et al.*, Izv. Akad. S.S.S.R. Ser. chim. **1964** 103; engl. Ausg. S. 87; *Achrem et al.*, Izv. Akad. S.S.S.R. Ser. chim. **1969** 2792; engl. Ausg. S. 2620).

B. Aus 16α,17-Epoxy-3β-hydroxy-pregn-5-en-20-on über das 16α-Acetoxy-3β,17-dihydroxy-pregn-5-en-20-on-phenylhydrazon (*Searle & Co.*, U.S.P. 2727909 [1954]) oder über das 16α-Acetoxy-3β,17-dihydroxy-pregn-5-en-20-on-äthoxycarbonylhydrazon (*Ellis et al.*, Soc. **1961** 4111, 4113; *Du. et al.*, l. c. S. 107).

Kristalle; F: 224–225° und (nach Wiedererstarren) F: 244–247° [aus Acn.] (*Searle & Co.*), 242–249° [nach Erweichen bei 225°; aus Acn.] (*El. et al.*), 234–236° [nach Erweichen bei 225°; aus Acn.+Hexan] (*Du. et al.*). $[\alpha]_D^{20}$: –86° [Py.; c = 0,9] (*El. et al.*), –85,8° [Py.; c = 0,6] (*Du. et al.*).

Isomerisierung zu 3β,16α,17aα-Trihydroxy-17aβ-methyl-*D*-homo-androst-5-en-17-on beim Erhitzen auf 220°, beim Behandeln mit wss.-methanol. HCl, beim Behandeln mit Silicagel in Benzol, beim Behandeln mit $FeCl_3$ in DMF sowie beim Behandeln mit wss.-methanol. KOH: *Du. et al.*, l. c. S. 109.

Monoacetyl-Derivat $C_{23}H_{34}O_5$; 3β-Acetoxy-16α,17-dihydroxy-pregn-5-en-20-on. *B.* Aus 3β-Acetoxy-pregna-5,16-dien-20-on mit Hilfe von $KMnO_4$ (*Cooley et al.*, Soc. **1955** 4373, 4375), mit OsO_4 (*Du. et al.*, l. c. S. 109). – Kristalle; F: 210–212° [aus Me.]; $[\alpha]_D^{20}$: –65° [$CHCl_3$; c = 1,4] (*Co. et al.*, l. c. S. 4375). F: 178–181° [aus Bzl.+Heptan]; $[\alpha]_D^{29}$: –53,4° [$CHCl_3$; c = 1,1] (*Du. et al.*, l. c. S. 109). – Isomerisierung zu 3β-Acetoxy-16α,17aα-dihydroxy-17aβ-methyl-*D*-homo-androst-5-en-17-on (S. 2830) beim Erhitzen auf 175°: *Du. et al.*, l. c. S. 110; beim Chromatographieren an Al_2O_3: *Co. et al.*, 4381.

Diacetyl-Derivat $C_{25}H_{36}O_6$; 3β,16α-Diacetoxy-17-hydroxy-pregn-5-en-20-on. *B.* Aus 3β,17-Diacetoxy-16β-brom-pregn-5-en-20-on und Natriumacetat in Essigsäure (*Romo, Romo de Vivar*, J. org. Chem. **21** [1956] 902, 906). – Kristalle; F: 214–215° [aus Me.]; $[\alpha]_D^{20}$: –74° [$CHCl_3$; c = 1] (*Co. et al.*, l. c. S. 4375). F: 212° [unkorr.; aus Ae.+Hexan]; $[\alpha]_D^{20}$: –72° [$CHCl_3$] (*Romo, Romo de Vi.*). F: 202–204° [aus wss. A.]; $[\alpha]_D^{20}$: –72,6° [$CHCl_3$; c = 1] (*Du. et al.*, l. c. S. 109).

Triacetyl-Derivat $C_{27}H_{38}O_7$; 3β,16α,17-Triacetoxy-pregn-5-en-20-on. Kristalle (aus Me.); F: 214–216° [unkorr.]; $[\alpha]_D^{20}$: –74° [$CHCl_3$] (*Romo, Romo de Vi.*).

X

XI

21-Acetoxy-3β-hydroxy-16α-methoxy-pregn-5-en-20-on $C_{24}H_{36}O_5$, Formel XI (R = H, R′ = CH_3).

B. Aus 5,6ξ,21-Tribrom-3β-hydroxy-16α-methoxy-5ξ-pregnan-20-on bei der aufeinanderfol=

genden Umsetzung mit NaI und mit Kaliumacetat (*Cooley et al.*, Soc. **1954** 1813, 1815).
Kristalle (aus wss. Me.); F: 164–166°. $[\alpha]_D^{24}$: −6,2° [$CHCl_3$; c = 0,4].

16α,21-Diacetoxy-3β-hydroxy-pregn-5-en-20-on $C_{25}H_{36}O_6$, Formel XI (R = H, R′ = CO-CH_3).
B. Aus 16α,21-Diacetoxy-3β-formyloxy-pregn-5-en-20-on mit Hilfe von wss. $KHCO_3$ (*Hirschmann et al.*, Am. Soc. **75** [1953] 4862; *CIBA*, U.S.P. 2897219 [1954]; D.B.P. 956954 [1954]).
Kristalle; F: 158–160° (*Hi. et al.*), 157–159,5° [aus Ae.] (*CIBA*).

3β,21-Diacetoxy-16α-methoxy-pregn-5-en-20-on $C_{26}H_{38}O_6$, Formel XI (R = CO-CH_3, R′ = CH_3).
B. Aus 3β-Acetoxy-5,6ξ,21-tribrom-16α-methoxy-5ξ-pregnan-20-on bei der aufeinanderfolgenden Umsetzung mit NaI und mit Kaliumacetat (*Cooley et al.*, Soc. **1954** 1813, 1815). Aus 3β-Acetoxy-16α-methoxy-pregn-5-en-20-on mit Hilfe von Blei(IV)-acetat (*Co. et al.*).
Kristalle (aus wss. Me.); F: 140–142°; $[\alpha]_D^{21}$: −20,6° [$CHCl_3$; c = 2,3] (*Co. et al.*). IR-Spektrum (KBr; 2–15 μ): *W. Neudert, H. Röpke*, Steroid-Spektrenatlas [Berlin 1965] Nr. 433.

16α,21-Diacetoxy-3β-formyloxy-pregn-5-en-20-on $C_{26}H_{36}O_7$, Formel XI (R = CHO, R′ = CO-CH_3).
B. Aus 16α-Acetoxy-3β-formyloxy-pregn-5-en-20-on mit Hilfe von Blei(IV)-acetat (*Hirschmann et al.*, Am. Soc. **75** [1953] 4862; *CIBA*, U.S.P. 2897219 [1954]; D.B.P. 956954 [1954]).
Kristalle; F: 180,5–184,5° (*Hi. et al.*), 180–182° [aus Ae.+Pentan] (*CIBA*). $[\alpha]_D^{20}$: −24° [$CHCl_3$] (*CIBA*); $[\alpha]_D$: −23° [$CHCl_3$] (*Hi. et al.*).

3β,17,21-Trihydroxy-pregn-5-en-20-on $C_{21}H_{32}O_4$, Formel XII (R = R′ = R″ = H).
B. Aus 3β,21-Diacetoxy-17-hydroxy-pregn-5-en-20-on mit Hilfe von wss.-methanol. K_2CO_3 (*Heer, Miescher*, Helv. **34** [1951] 359, 370) oder mit Hilfe von methanol. Natriummethylat (*Florey, Ehrenstein*, J. org. Chem. **19** [1954] 1331, 1343).
Kristalle; F: 240–242° [aus E.+Me.] (*Fl., Eh.*), 230–232° [unkorr.; aus Acn.] (*Ringold et al.*, Am. Soc. **78** [1956] 820, 824), 224–226° [korr.; aus Acn.+Bzl.] (*Heer, Mi.*). $[\alpha]_D^{20}$: −16° [$CHCl_3$] (*Ri. et al.*); $[\alpha]_D^{30}$: −15,7° [A.; c = 0,8] (*Fl., Eh.*). ORD (Me.; 700–250 nm): *Djerassi et al.*, Helv. **41** [1958] 250, 274. IR-Spektrum (KBr; 2–15 μ): *W. Neudert, H. Röpke*, Steroid-Spektrenatlas [Berlin 1965] Nr. 424. Absorptionsspektrum (H_3PO_4; 220–600 nm): *Nowaczynski, Steyermark*, Arch. Biochem. **58** [1955] 453, 455, 457.
Reaktion mit [2,4-Dinitro-phenyl]-hydrazin: *Reich, Samuels*, J. org. Chem. **19** [1954] 1041, 1044.

3β-Acetoxy-17,21-dihydroxy-pregn-5-en-20-on $C_{23}H_{34}O_5$, Formel XII (R = CO-CH_3, R′ = R″ = H).
B. Aus 3β,21-Diacetoxy-17-hydroxy-pregn-5-en-20-on mit Hilfe von wss.-methanol. $KHCO_3$ (*Heer, Miescher*, Helv. **34** [1951] 359, 370) oder mit Hilfe von methanol. Natriummethylat (*Florey, Ehrenstein*, J. org. Chem. **19** [1954] 1329, 1343).
Kristalle; F: 232–234° [aus E.] (*Fl., Eh.*), 225–230° [korr.] (*Heer, Mi.*). $[\alpha]_D^{25}$: −35,0° [$CHCl_3$; c = 0,7] (*Fl., Eh.*).

21-Acetoxy-3β,17-dihydroxy-pregn-5-en-20-on $C_{23}H_{34}O_5$, Formel XII (R = R′ = H, R″ = CO-CH_3).
B. Aus 3β,17-Dihydroxy-pregn-5-en-20-on bei der aufeinanderfolgenden Umsetzung mit Brom, mit NaI und mit Kaliumacetat (*Syntex S.A.*, U.S.P. 2805230 [1955]). Aus 3β,17,21-Trihydroxy-pregn-5-en-20-on und Acetanhydrid in Pyridin (*Heer, Miescher*, Helv. **34** [1951] 359, 370; *Florey, Ehrenstein*, J. org. Chem. **19** [1954] 1329, 1344). Aus 21-Acetoxy-5,6β-dichlor-3β,17-dihydroxy-5α-pregnan-20-on mit Hilfe von $CrCl_2$ (*Cutler et al.*, J. org. Chem. **24** [1959] 1629, 1632).
Kristalle; F: 215–216° [aus E.] (*Fl., Eh.*), 212–215° [aus Acn.] (*Syntex S.A.*), 211–213° [korr.; aus Me.+Acn.] (*Heer, Mi.*). $[\alpha]_D^{21}$: −7° [$CHCl_3$; c = 0,8] (*Heer, Mi.*); $[\alpha]_D^{30}$: −10,2°

[$CHCl_3$; c = 0,6] (*Fl., Eh.*). IR-Spektrum (KBr; 2–15 μ): *W. Neudert, H. Röpke,* Steroid-Spektrenatlas [Berlin 1965] Nr. 425.

3β-Acetoxy-17-hydroxy-21-phenoxy-pregn-5-en-20-on $C_{29}H_{38}O_5$, Formel XII (R = CO-CH_3, R′ = H, R″ = C_6H_5).

B. Aus 3β-Acetoxy-17-hydroxy-pregn-5-en-20-on bei der aufeinanderfolgenden Umsetzung mit Brom, mit NaI und Kaliumphenolat (*Ringold et al.,* Am. Soc. **78** [1956] 820, 824).

Kristalle (aus Acn.); F: 228–230° [unkorr.]. $[\alpha]_D^{20}$: –6° [$CHCl_3$].

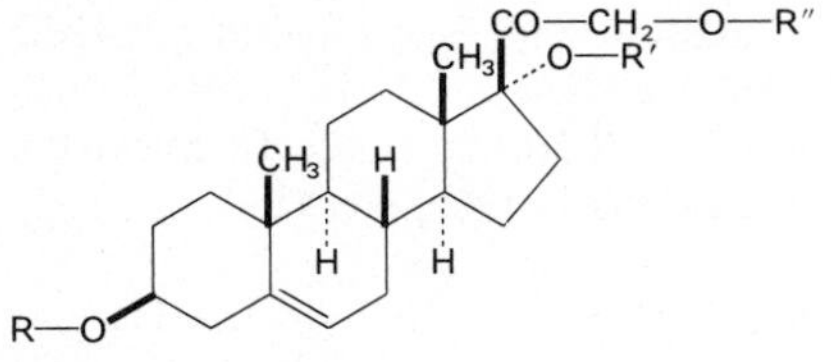

XII 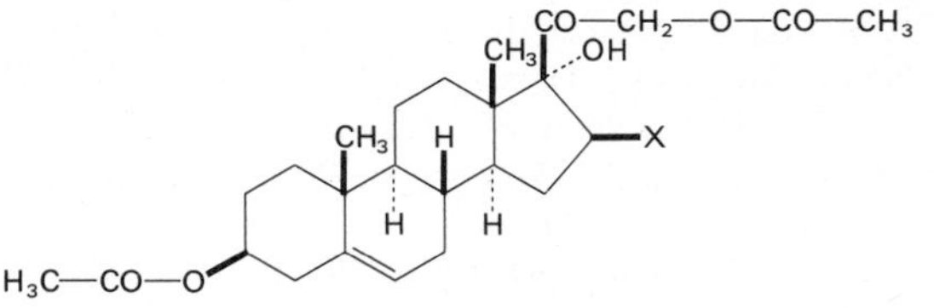 XIII

17-Acetoxy-3β-hydroxy-21-phenoxy-pregn-5-en-20-on $C_{29}H_{38}O_5$, Formel XII (R = H, R′ = CO-CH_3, R″ = C_6H_5).

B. Aus 3β,17-Diacetoxy-21-phenoxy-pregn-5-en-20-on mit Hilfe von methanol. KOH (*Ringold et al.,* Am. Soc. **78** [1956] 820, 824).

Kristalle (aus Acn. + Hexan); F: 166–168° [unkorr.]. $[\alpha]_D^{20}$: –50° [$CHCl_3$].

21-Acetoxy-3β-formyloxy-17-hydroxy-pregn-5-en-20-on $C_{24}H_{34}O_6$, Formel XII (R = CHO, R′ = H, R″ = CO-CH_3).

B. Aus 3β-Formyloxy-17-hydroxy-21-jod-pregn-5-en-20-on und Kaliumacetat (*Ringold et al.,* Am. Soc. **78** [1956] 820, 822).

Kristalle (aus Acn.); F: 207–209° [unkorr.]. $[\alpha]_D^{20}$: –16° [$CHCl_3$] (*Ri. et al.*). IR-Spektrum (KBr; 2–15 μ): *W. Neudert, H. Röpke,* Steroid-Spektrenatlas [Berlin 1965] Nr. 427.

3β,21-Diacetoxy-17-hydroxy-pregn-5-en-20-on $C_{25}H_{36}O_6$, Formel XII (R = R″ = CO-CH_3, R′ = H) (E III 3538).

B. Aus 3β-Acetoxy-17-hydroxy-pregn-5-en-20-on bei der aufeinanderfolgenden Umsetzung mit Brom, mit NaI und mit Kaliumacetat (*Ringold et al.,* Am. Soc. **78** [1956] 820, 824). Als Hauptprodukt aus 3β,22-Diacetoxy-23,24-dinor-chola-5,17(20)-dien-21-nitril mit Hilfe von $KMnO_4$ (*Heer, Miescher,* Helv. **34** [1951] 359, 367, 368).

Kristalle; F: 195–197° [unkorr.] (*Ri. et al.*), 195° [korr.; aus Acn.] (*Heer, Mi.*). Netzebenenabstände: *Parsons et al.,* Anal. Chem. **29** [1957] 762, 765. $[\alpha]_D^{20}$: –9° [$CHCl_3$] (*Ri. et al.*); $[\alpha]_D^{25}$: –13° [$CHCl_3$; c = 1] (*Heer, Mi.*). IR-Spektrum ($CHCl_3$ und CCl_4; 1800–850 cm^{-1}): *K. Dobriner, E.R. Katzenellenbogen, R.N. Jones,* Infrared Absorption Spectra of Steroids [New York 1953] Nr. 186; *G. Roberts, B.S. Gallagher, R.N. Jones,* Infrared Absorption Spectra of Steroids, Bd. 2 [New York 1958] Nr. 703. λ_{max} (Cyclohexan): 192 nm (*Hampel,* Z. anal. Chem. **170** [1959] 56, 60). Absorptionsspektrum (H_2SO_4; 220–600 nm): *Bernstein, Lenhard,* J. org. Chem. **18** [1953] 1146, 1159. Polarographisches Halbstufenpotential (wss. A.): *Kabasakalian, McGlotten,* Anal. Chem. **31** [1959] 1091, 1093.

17,21-Diacetoxy-3β-hydroxy-pregn-5-en-20-on $C_{25}H_{36}O_6$, Formel XII (R = H, R′ = R″ = CO-CH_3).

B. Aus 17-Acetoxy-5,6ξ,21-tribrom-3β-hydroxy-5ξ-pregnan-20-on bei der aufeinanderfolgenden Umsetzung mit NaI und mit Kaliumacetat bzw. Silberacetat (*Syntex S.A.,* U.S.P. 2805230 [1955]; *Schering A.G.,* D.B.P. 1014993 [1956]). Aus 17,21-Diacetoxy-3β-formyloxy-pregn-5-en-20-on mit Hilfe von wss. HCl (*Ringold et al.,* Am. Soc. **78** [1956] 820, 823).

Kristalle; F: 199–201° [unkorr.; aus Acn. + Hexan] (*Ri. et al.*), 195,5–198° [aus Me.]

(*Schering A.G.*). $[\alpha]_D^{20}$: −59° [CHCl$_3$] (*Ri. et al.*).

3β,17-Diacetoxy-21-phenoxy-pregn-5-en-20-on $C_{31}H_{40}O_6$, Formel XII (R = R′ = CO-CH$_3$, R″ = C$_6$H$_5$).

B. Aus 3β-Acetoxy-17-hydroxy-21-phenoxy-pregn-5-en-20-on und Acetanhydrid mit Hilfe von Toluol-4-sulfonsäure (*Ringold et al.*, Am. Soc. **78** [1956] 820, 824).

Kristalle (aus CHCl$_3$+Me.); F: 168−170° [unkorr.]. $[\alpha]_D^{20}$: −58° [CHCl$_3$].

17,21-Diacetoxy-3β-formyloxy-pregn-5-en-20-on $C_{26}H_{36}O_7$, Formel XII (R = CHO, R′ = R″ = CO-CH$_3$).

B. Aus 21-Acetoxy-3β-formyloxy-17-hydroxy-pregn-5-en-20-on und Acetanhydrid mit Hilfe von Toluol-4-sulfonsäure (*Ringold et al.*, Am. Soc. **78** [1956] 820, 823).

Kristalle (aus Acn.); F: 220−222° [unkorr.]; $[\alpha]_D^{20}$: −65° [CHCl$_3$] (*Ri. et al.*). IR-Spektrum (KBr; 2−15 μ): *W. Neudert, H. Röpke,* Steroid-Spektrenatlas [Berlin 1965] Nr. 428.

3β,17,21-Triacetoxy-pregn-5-en-20-on $C_{27}H_{38}O_7$, Formel XII (R = R′ = R″ = CO-CH$_3$) (E III 3538).

B. Aus 3β,17-Diacetoxy-21-jod-pregn-5-en-20-on und Silberacetat (*Schering A.G.*, D.B.P. 1014993 [1956]). Aus 21-Acetoxy-3β,17-dihydroxy-pregn-5-en-20-on bzw. aus 3β,21-Diacetoxy-17-hydroxy-pregn-5-en-20-on und Acetanhydrid mit Hilfe von Toluol-4-sulfonsäure (*Marshall et al.*, Am. Soc. **79** [1957] 6308, 6311; *Ringold et al.*, Am. Soc. **78** [1956] 820, 824).

Kristalle; F: 214−215,5° [unkorr.; aus Me.] (*Ma. et al.*), 209−211° [unkorr.; aus CHCl$_3$+Me.] (*Ri. et al.*), 208−210° [aus Me.] (*Schering A.G.*). $[\alpha]_D^{20}$: −51° [CHCl$_3$] (*Ri. et al.*); $[\alpha]_D$: −61° [CHCl$_3$; c = 1] (*Ma. et al.*), −56,7° [CHCl$_3$; c = 1] (*Schering A.G.*). ORD (Me.; 700−260 nm): *Djerassi et al.*, Helv. **41** [1958] 250, 274.

21-Acetoxy-3β-äthoxycarbonyloxy-17-hydroxy-pregn-5-en-20-on, Kohlensäure-[21-acetoxy-17-hydroxy-20-oxo-pregn-5-en-3β-ylester]-äthylester $C_{26}H_{38}O_7$, Formel XII (R = CO-O-C$_2$H$_5$, R′ = H, R″ = CO-CH$_3$).

B. Aus 21-Acetoxy-3β,17-dihydroxy-pregn-5-en-20-on und Chlorokohlensäure-äthylester in Pyridin (*Marshall et al.*, Am. Soc. **79** [1957] 6308, 6312).

Kristalle (aus A.); F: 199−202,5° [unkorr.].

17,21-Diacetoxy-3β-äthoxycarbonyloxy-pregn-5-en-20-on, Kohlensäure-äthylester-[17,21-diacetoxy-20-oxo-pregn-5-en-3β-ylester] $C_{28}H_{40}O_8$, Formel XII (R = CO-O-C$_2$H$_5$, R′ = R″ = CO-CH$_3$).

B. Aus der vorangehenden Verbindung beim Erhitzen mit Acetanhydrid (*Marshall et al.*, Am. Soc. **79** [1957] 6308, 6312).

Kristalle (aus Me.); F: 190−192,5° [unkorr.].

3β,21-Diacetoxy-16β-brom-17-hydroxy-pregn-5-en-20-on $C_{25}H_{35}BrO_6$, Formel XIII (X = Br).

B. Aus 3β,21-Diacetoxy-16α,17-epoxy-pregn-5-en-20-on und HBr (*Romo, Romo de Vivar,* J. org. Chem. **21** [1956] 902, 908).

Kristalle (aus Acn.+Hexan); F: 173−175° [unkorr.; Zers.]. $[\alpha]_D^{20}$: −56,7° [CHCl$_3$].

3β,21-Diacetoxy-17-hydroxy-16β-jod-pregn-5-en-20-on $C_{25}H_{35}IO_6$, Formel XIII (X = I).

B. Beim Erhitzen von 3β,21-Diacetoxy-16α,17-epoxy-pregn-5-en-20-on mit NaI und Essigsäure (*Inhoffen et al.*, B. **87** [1954] 593, 597).

Kristalle; F: 117°.

3β,11α,20β$_F$-Trihydroxy-5α-pregn-8-en-7-on $C_{21}H_{32}O_4$, Formel I.

B. Aus 3β,20β$_F$-Diacetoxy-9,11α-epoxy-5α-pregnan-7-on mit Hilfe von wss.-äthanol. KOH (*Djerassi et al.*, Am. Soc. **75** [1953] 3505, 3508).

Kristalle (aus Acn.+Hexan); F: 250−252° [unkorr.]. $[\alpha]_D^{20}$: −25° [A.]. λ_{max} (A.): 254 nm

(*Dj. et al.*).

Beim Erwärmen mit methanol. HCl ist $3\beta,20\beta_F$-Dihydroxy-5α-pregna-8(14),15-dien-7-on (S. 2179) erhalten worden (*Lemin et al.*, Am. Soc. **75** [1953] 1745).

Triacetyl-Derivat $C_{27}H_{38}O_7$; $3\beta,11\alpha,20\beta_F$-Triacetoxy-5α-pregn-8-en-7-on. Kristalle (aus Acn. + Hexan); F: 203–205° [unkorr.]; $[\alpha]_D^{20}$: +23° [$CHCl_3$]; λ_{max} (A.): 252 nm (*Dj. et al.*).

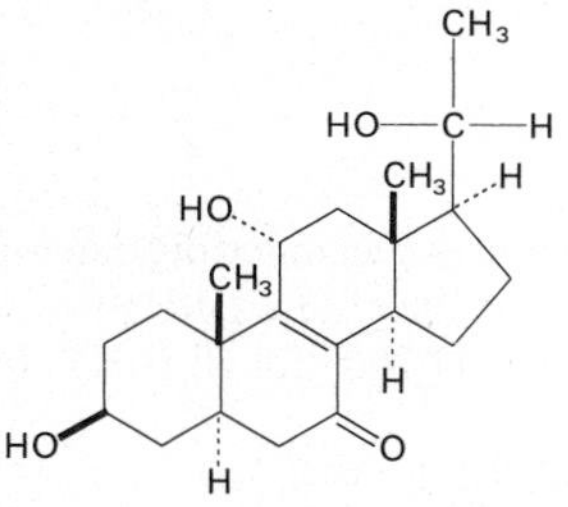

I 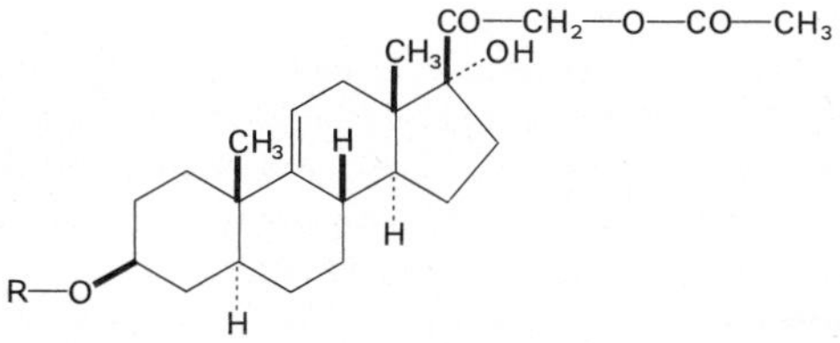 II

21-Acetoxy-3β,17-dihydroxy-5α-pregn-9(11)-en-20-on $C_{23}H_{34}O_5$, Formel II (R = H).

B. Aus 3β,17-Dihydroxy-5α-pregn-9(11)-en-20-on bei der aufeinanderfolgenden Umsetzung mit Brom und mit Kaliumacetat (*Elks et al.*, Soc. **1958** 4001, 4008).

Methanol enthaltende Kristalle (aus Me.); F: 239–241°. $[\alpha]_D$: +42° [$CHCl_3$; c = 0,5].

3β,21-Diacetoxy-17-hydroxy-5α-pregn-9(11)-en-20-on $C_{25}H_{36}O_6$, Formel II (R = CO-CH_3).

B. Aus 3β-Acetoxy-17-hydroxy-5α-pregn-9(11)-en-20-on bei der aufeinanderfolgenden Umsetzung mit Brom und mit Kaliumacetat (*Elks et al.*, Soc. **1958** 4001, 4009).

Kristalle (aus E.); F: 227–230°. $[\alpha]_D$: +40° [$CHCl_3$; c = 1].

1β,2β,3α-Triacetoxy-5β-pregn-16-en-20-on $C_{27}H_{38}O_7$, Formel III (R = CO-CH_3).

B. Aus Tokorogenin (E III/IV **19** 1239) über mehrere Stufen (*Nishikawa et al.*, J. pharm. Soc. Japan **74** [1954] 1165; C. A. **1955** 14785).

Kristalle (aus wss. Me.); F: 210–212°. λ_{max} (A.): 240 nm.

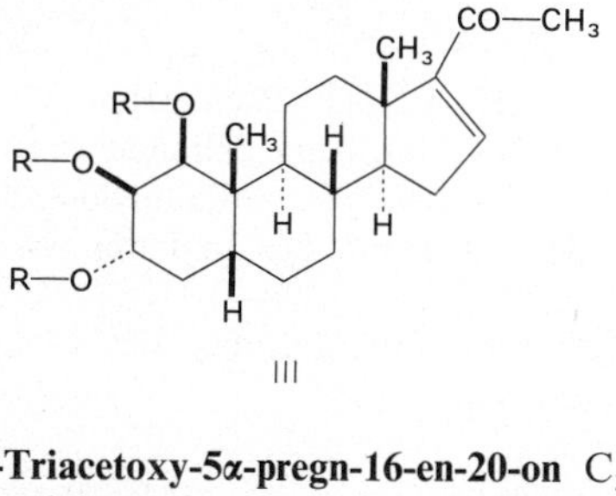

III 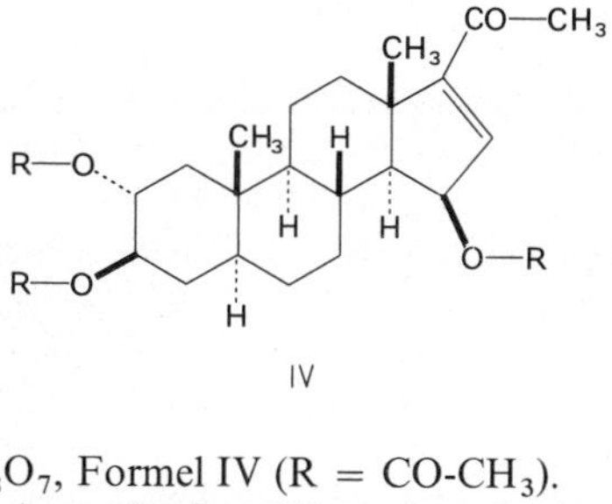 IV

2α,3β,15β-Triacetoxy-5α-pregn-16-en-20-on $C_{27}H_{38}O_7$, Formel IV (R = CO-CH_3).

B. Aus Digitogenin (E III/IV **19** 1242) über mehrere Stufen (*Djerassi et al.*, Am. Soc. **78** [1956] 3166, 3171).

Kristalle (aus Me.); F: 185–187° [unkorr.; evakuierte Kapillare]. $[\alpha]_D$: −164° [$CHCl_3$]. λ_{max} (A.): 231 nm.

3β,6β,21-Triacetoxy-5α-pregn-16-en-20-on $C_{27}H_{38}O_7$, Formel V (R = CO-CH_3).

B. Aus 3β,6β-Diacetoxy-21-jod-5α-pregn-16-en-20-on und Kaliumacetat (*Romo et al.*, Am. Soc. **76** [1954] 5169).

Kristalle (aus Ae. + Pentan); F: 137–138° [unkorr.]. λ_{max} (A.): 240 nm.

[*Mähler*]

V

VI

17,20ξ-Dihydroxy-5α-pregnan-3,12-dion $C_{21}H_{32}O_4$, Formel VI.

B. Aus 3β,17,20ξ-Trihydroxy-5α-pregnan-12-on (S. 2775) beim aufeinanderfolgenden Behandeln mit *N*-Brom-acetamid in *tert*-Butylalkohol und mit Zink in Essigsäure (*Adams et al.*, Soc. **1954** 2298, 2300). Aus 3,3;12,12-Bis-äthandiyldioxy-5α-pregnan-17,20ξ-diol (E III/IV **19** 5823) beim Erhitzen mit Essigsäure (*Ad. et al.*).

Kristalle (aus Acn. + Hexan); F: 231–233°. $[\alpha]_D^{24}$: +86° [$CHCl_3$; c = 0,45].

O^{20}-Acetyl-Derivat $C_{23}H_{34}O_5$; 20ξ-Acetoxy-17-hydroxy-5α-pregnan-3,12-dion. F: 205–206°. $[\alpha]_D^{28}$: +79° [$CHCl_3$; c = 0,4].

6β-Fluor-5,11β-dihydroxy-5α-pregnan-3,20-dion $C_{21}H_{31}FO_4$, Formel VII.

B. Aus 3,3;20,20-Bis-äthandiyldioxy-5,6α-epoxy-5α-pregnan-11-on bei der aufeinanderfolgenden Umsetzung mit HF, mit $LiAlH_4$ und mit wss.-methanol. H_2SO_4 (*Upjohn Co.*, U.S.P. 2838501 [1957]).

Kristalle (aus Me.); F: 266–269°. $[\alpha]_D$: +84° [A.].

VII

VIII

17-Acetoxy-6β-fluor-5-hydroxy-5α-pregnan-3,20-dion $C_{23}H_{33}FO_5$, Formel VIII.

B. Aus 17-Acetoxy-6β-fluor-3β,5-dihydroxy-5α-pregnan-20-on beim Behandeln mit CrO_3 in Aceton (*Bowers et al.*, Am. Soc. **81** [1959] 5991). Aus 17-Acetoxy-3,3-äthandiyldioxy-5,6α-epoxy-5α-pregnan-20-on beim aufeinanderfolgenden Behandeln mit HF und mit wss.-äthanol. H_2SO_4 (*Upjohn Co.*, U.S.P. 2838496 [1957]).

Kristalle; F: 260–262° [aus A.] (*Upjohn Co.*), 259–261° [unkorr.; aus Acn. + Hexan] (*Bo. et al.*). $[\alpha]_D$: ±0° [$CHCl_3$]; λ_{max} (A.): 280–286 nm (*Bo. et al.*).

5,19-Dihydroxy-5β-pregnan-3,20-dion $C_{21}H_{32}O_4$, Formel IX.

B. Aus 3α,5,19-Trihydroxy-5β-pregnan-20-on beim Behandeln mit *N*-Brom-acetamid in *tert*-Butylalkohol (*Ehrenstein, Dünnenberger*, J. org. Chem. **21** [1956] 774, 782).

Kristalle (aus CH_2Cl_2 + Hexan); F: 198–201° [unkorr.]. $[\alpha]_D^{21}$: +107° [$CHCl_3$; c = 0,5].

5,21-Dihydroxy-5α-pregnan-3,20-dion $C_{21}H_{32}O_4$, Formel X (R = H).

B. Aus 3,3;20,20-Bis-äthandiyldioxy-5α-pregnan-5,21-diol beim Erwärmen mit wss.-methanol. H_2SO_4 (*Bernstein, Lenhard*, Am. Soc. **77** [1955] 2233, 2236).

Kristalle (aus Acn. + PAe.); F: 226,5–231,5° [unkorr.; Zers.]. $[\alpha]_D^{24}$: +106° [$CHCl_3$; c = 0,4].

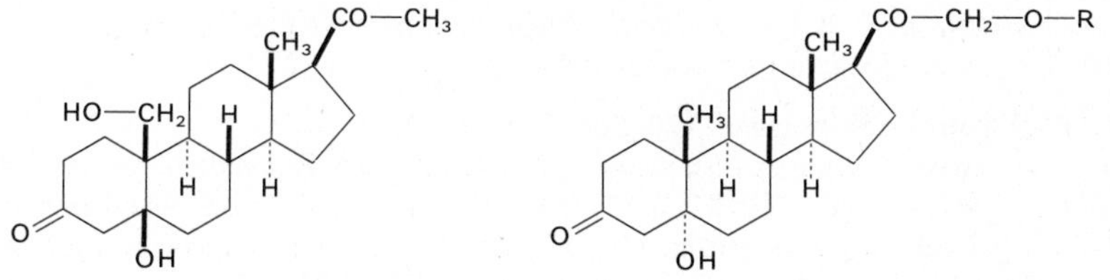

IX X

21-Acetoxy-5-hydroxy-5α-pregnan-3,20-dion $C_{23}H_{34}O_5$, Formel X (R = CO-CH$_3$).

B. Aus 5,21-Dihydroxy-5α-pregnan-3,20-dion beim Behandeln mit Acetanhydrid in Pyridin (*Bernstein, Lenhard,* Am. Soc. **77** [1955] 2233, 2236). Aus 21-Acetoxy-5,6α-epoxy-3β-hydroxy-5α-pregnan-20-on bei der Hydrierung an Platin und anschliessenden Oxidation mit CrO_3 (*Julia,* A. ch. [12] **8** [1953] 410, 448).

Kristalle; F: 205,5–207,5° [unkorr.; nach Erweichen; aus Acn. + PAe.] (*Be., Le.*), 204–206° [korr.; aus Acn. + Hexan] (*Ju.*). $[\alpha]_D^{24}$: +109° [A.; c = 0,8] (*Be., Le.*); $[\alpha]_D^{27}$: +113° [$CHCl_3$; c = 1] (*Ju.*).

11,15-Dihydroxy-pregnan-3,20-dione $C_{21}H_{32}O_4$.

a) **11α,15α-Dihydroxy-5β-pregnan-3,20-dion,** Formel XI.

B. Neben der unter b) beschriebenen Verbindung aus 11α,15α-Dihydroxy-pregn-4-en-3,20-dion bei der Hydrierung an Palladium (*Schubert, Siebert,* B. **91** [1958] 1856, 1859). Aus 11α-Hydroxy-5β-pregnan-3,20-dion mit Hilfe von Calonectria decora (*Sch., Si.*).

Kristalle (aus Acn.); F: 175–177°. $[\alpha]_D^{23}$: +108,5° [$CHCl_3$].

b) **11α,15α-Dihydroxy-5α-pregnan-3,20-dion,** Formel XII.

B. Aus 11α-Hydroxy-5α-pregnan-3,20-dion mit Hilfe von Calonectria decora (*Schubert, Siebert,* B. **91** [1958] 1856, 1859). Über eine weitere Bildungsweise s. unter a).

Kristalle (aus Acn.); F: 208–210°. $[\alpha]_D^{23}$: +105° [$CHCl_3$].

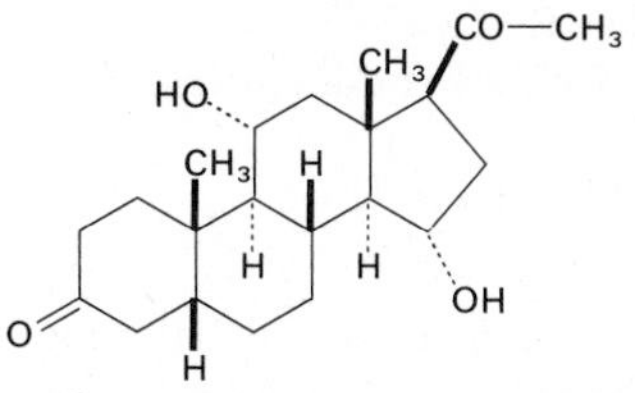

XI 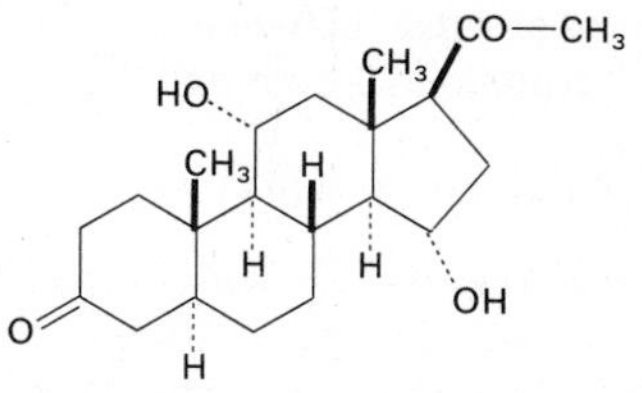 XII 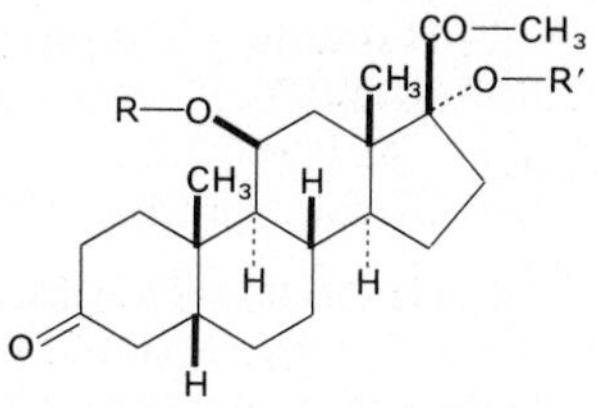 XIII

11,17-Dihydroxy-pregnan-3,20-dione $C_{21}H_{32}O_4$.

a) **11β,17-Dihydroxy-5β-pregnan-3,20-dion,** Formel XIII (R = R′ = H).

B. Aus 3,3;20,20-Bis-äthandiyldioxy-5β-pregnan-11β,17-diol beim Erwärmen mit wss. Essigsäure (*Oliveto et al.,* Am. Soc. **75** [1953] 487) oder beim Behandeln mit wss. H_2SO_4 in Aceton (*Upjohn Co.,* U.S.P. 2708672 [1952]).

Kristalle (aus Me.); F: 213,2–214,4° [korr.]; $[\alpha]_D$: +69,6° [Acn.; c = 1] (*Ol. et al.*). Absorptionsspektrum (H_3PO_4): *Nowaczynski, Steyermark,* Canad. J. Biochem. Physiol. **34** [1956] 592, 595.

b) **11α,17-Dihydroxy-5β-pregnan-3,20-dion,** Formel XIV (R = H).

B. Aus 3α,11α,17-Trihydroxy-5β-pregnan-20-on mit Hilfe von *N*-Brom-acetamid bzw. *tert*-Butylhypochlorit (*Oliveto et al.,* Am. Soc. **75** [1953] 3651; *Upjohn Co.,* U.S.P. 2714599 [1952]). Aus 11α,17-Dihydroxy-pregn-4-en-3,20-dion bei der Hydrierung an Palladium (*Upjohn Co.,* U.S.P. 2877241 [1953]). Aus 3,3;20,20-Bis-äthandiyldioxy-5β-pregnan-11α,17-diol beim Erwärmen mit wss. Essigsäure (*Oliveto et al.,* Am. Soc. **75** [1953] 1505).

Kristalle; F: 192,6–194,0° [korr.; aus wss. Acn.] (*Ol. et al.*), 191,5–192,5° (*Upjohn Co.*).

$[\alpha]_D$: +21,3° [Acn.; c = ca. 1] (*Ol. et al.*). Absorptionsspektrum (H_3PO_4): *Nowaczynski, Steyermark,* Canad. J. Biochem. Physiol. **34** [1956] 592, 595.

c) **11α,17-Dihydroxy-5α-pregnan-3,20-dion,** Formel XV (R = H).

B. Aus 11α-Acetoxy-17-hydroxy-5α-pregnan-3,20-dion beim Behandeln mit wss.-methanol. K_2CO_3 (*Romo et al.,* Am. Soc. **75** [1953] 1277, 1280). Aus 16α,17-Epoxy-11α-hydroxy-5α-pregnan-3,20-dion bei der aufeinanderfolgenden Umsetzung mit Äthylenglykol, mit $LiAlH_4$ und mit Toluol-4-sulfonsäure in Aceton (*Syntex S.A.,* U.S.P. 2773887 [1953]).

F: 228–230° [unkorr.] (*Romo et al.*), 218–220° (*Syntex S.A.*). $[\alpha]_D^{20}$: +5° [$CHCl_3$] (*Romo et al.*); $[\alpha]_D$: +5,81° (*Syntex S.A.*).

11β,17-Bis-formyloxy-5β-pregnan-3,20-dion $C_{23}H_{32}O_6$, Formel XIII (R = R' = CHO).

B. Aus 11β,17-Dihydroxy-5β-pregnan-3,20-dion und Ameisensäure in Gegenwart von Toluol-4-sulfonsäure (*Oliveto et al.,* Am. Soc. **77** [1955] 3564, 3565).

Kristalle (aus Acn.+Hexan); F: 256–264° [korr.]. $[\alpha]_D^{25}$: +47,4° [Dioxan; c = 1].

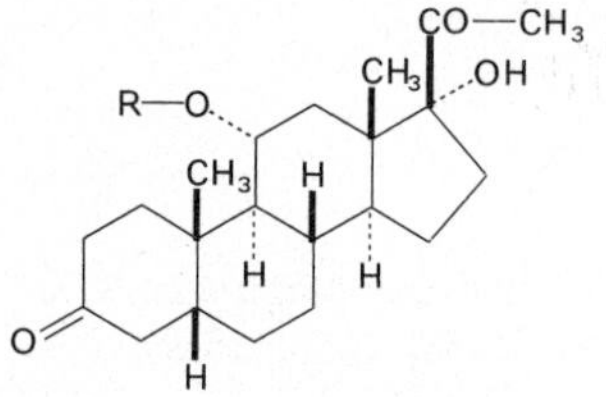

XIV 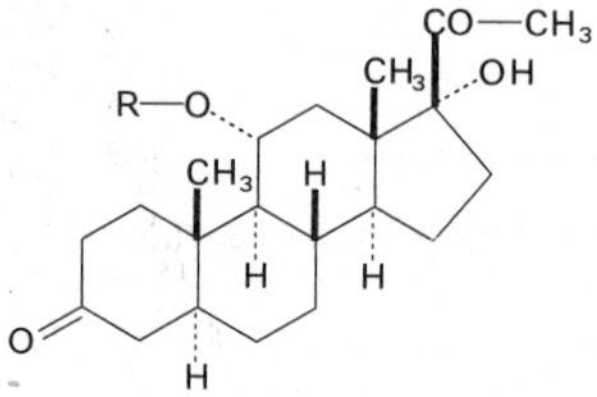 XV 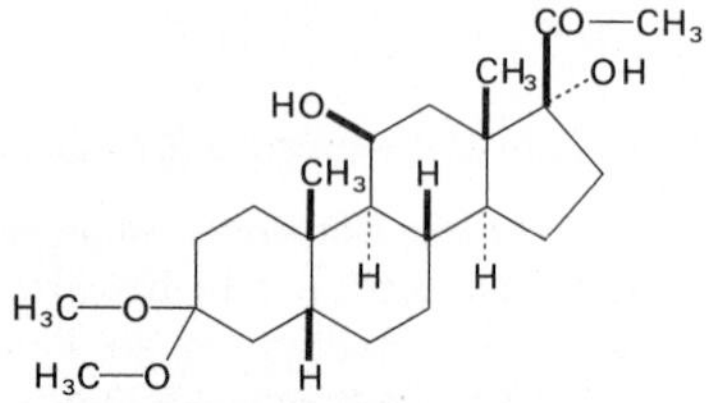 XVI

11-Acetoxy-17-hydroxy-pregnan-3,20-dione $C_{23}H_{34}O_5$.

a) **11β-Acetoxy-17-hydroxy-5β-pregnan-3,20-dion,** Formel XIII (R = CO-CH_3, R' = H).

B. Aus 11β-Acetoxy-3α,17-dihydroxy-5β-pregnan-20-on mit Hilfe von *N*-Brom-acetamid (*Oliveto et al.,* Am. Soc. **75** [1953] 5486, 5488).

Kristalle (aus Ae.+Hexan); F: 188–189° [korr.]. $[\alpha]_D^{25}$: +43,6° [$CHCl_3$; c = 1].

b) **11α-Acetoxy-17-hydroxy-5β-pregnan-3,20-dion,** Formel XIV (R = CO-CH_3).

B. Aus 11α,17-Dihydroxy-5β-pregnan-3,20-dion und Acetanhydrid in Pyridin (*Oliveto et al.,* Am. Soc. **75** [1953] 3651).

Kristalle (aus wss. Acn.); F: 204,4–206,2° [korr.]. $[\alpha]_D$: −1,4° [Acn.; c = 1].

c) **11α-Acetoxy-17-hydroxy-5α-pregnan-3,20-dion,** Formel XV (R = CO-CH_3).

B. Aus 11α-Acetoxy-16α,17-epoxy-5α-pregnan-3,20-dion bei der Umsetzung mit HBr und anschliessenden Hydrierung an Palladium/$CaCO_3$ bzw. Raney-Nickel (*Romo et al.,* Am. Soc. **75** [1953] 1277, 1280; *Syntex S.A.,* U.S.P. 2773887 [1953]).

Kristalle (aus Acn.+Hexan); F: 196–198° [unkorr.] (*Romo et al.*; *Syntex S.A.*). $[\alpha]_D^{20}$: −7° [$CHCl_3$] (*Romo et al.*); $[\alpha]_D$: −3,92° [$CHCl_3$] (*Syntex S.A.*).

11β,17-Diacetoxy-5β-pregnan-3,20-dion $C_{25}H_{36}O_6$, Formel XIII (R = R' = CO-CH_3).

B. Aus 11β,17-Dihydroxy-5β-pregnan-3,20-dion beim Behandeln mit Acetanhydrid in Essigsäure in Gegenwart von Toluol-4-sulfonsäure (*Oliveto et al.,* J. org. Chem. **23** [1958] 121).

Kristalle (aus Ae.+Hexan); F: 245–246,5° [korr.]. $[\alpha]_D$: +29,7° [$CHCl_3$; c = 1].

11β,17-Dihydroxy-3,3-dimethoxy-5β-pregnan-20-on $C_{23}H_{38}O_5$, Formel XVI.

B. Aus 11β,17-Dihydroxy-5β-pregnan-3,20-dion beim Erwärmen mit Methanol und SeO_2 (*Oliveto et al.,* Am. Soc. **76** [1954] 6113, 6115).

Kristalle (aus Ae.+Hexan); F: 168–171° [korr.; Zers.]. $[\alpha]_D$: +23,5° [$CHCl_3$; c = 1].

4-Chlor-11,17-dihydroxy-pregnan-3,20-dione $C_{21}H_{31}ClO_4$.

a) **4β-Chlor-11β,17-dihydroxy-5β-pregnan-3,20-dion,** Formel I (R = H, X = Cl).

B. Aus 3,3;20,20-Bis-äthandiyldioxy-4β-chlor-5β-pregnan-11β,17-diol beim Erwärmen mit

wss. HCl in Aceton (*Levin et al.*, Am. Soc. **76** [1954] 546, 550).
Kristalle (aus E.+Hexan); F: 219–232° [unkorr.].

b) **4β-Chlor-11α,17-hydroxy-5β-pregnan-3,20-dion,** Formel II (R = H, X = Cl).
B. Aus 3α,11α,17-Trihydroxy-5β-pregnan-20-on bzw. 11α,17-Dihydroxy-5β-pregnan-3,20-dion mit Hilfe von *tert*-Butylhypochlorit (*Levin et al.*, Am. Soc. **76** [1954] 546, 549; *Upjohn Co.*, D.B.P. 955949 [1953]). Aus 11α,17-Dihydroxy-5β-pregnan-3,20-dion und Chlor (*Upjohn Co.*, D.B.P. 946538 [1953]).
Kristalle (aus Acn.+Hexan); F: 160–165° und (nach Wiedererstarren) F: 183–185° [unkorr.]; $[\alpha]_D^{23}$: +48° [Acn.] (*Le. et al.*).

11α-Acetoxy-4β-chlor-17-hydroxy-5β-pregnan-3,20-dion $C_{23}H_{33}ClO_5$, Formel II (R = CO-CH_3, X = Cl).
B. Aus (20Ξ)-3α,11α,20-Triacetoxy-17,20-epoxy-5β-pregnan bei der aufeinanderfolgenden Umsetzung mit wss.-äthanol. NaOH und mit *tert*-Butylhypochlorit (*Upjohn Co.*, U.S.P. 2714600 [1952]). Aus 11α-Acetoxy-17-hydroxy-5β-pregnan-3,20-dion und Chlor bzw. *tert*-Butylhypochlorit (*Upjohn Co.*, D.B.P. 946538, 955949 [1953]).
F: 232–234°. $[\alpha]_D$: +33° [Acn.].

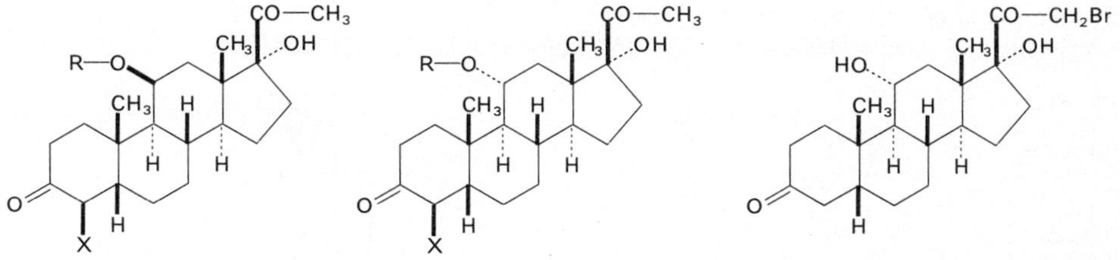

I II III

4β-Brom-11β,17-dihydroxy-5β-pregnan-3,20-dion $C_{21}H_{31}BrO_4$, Formel I (R = H, X = Br).
B. Aus 11β,17-Dihydroxy-5β-pregnan-3,20-dion und Brom in DMF (*Levin et al.*, Am. Soc. **76** [1954] 546, 551; *Upjohn Co.*, U.S.P. 2708673 [1952]).
Kristalle (aus Acn.); F: 196–198° [unkorr.; Zers.] (*Le. et al.*), 195–197° (*Upjohn Co.*). $[\alpha]_D^{24}$: +92 ° [Acn.] (*Le. et al.*).

11-Acetoxy-4-brom-17-hydroxy-pregnan-3,20-dione $C_{23}H_{33}BrO_5$.

a) **11β-Acetoxy-4β-brom-17-hydroxy-5β-pregnan-3,20-dion,** Formel I (R = CO-CH_3, X = Br).
B. Aus 11β-Acetoxy-17-hydroxy-5β-pregnan-3,20-dion und Brom (*Oliveto et al.*, Am. Soc. **75** [1953] 5486, 5489).
Kristalle (aus wss. Acn.); F: 181–183° [korr.].

b) **11α-Acetoxy-4β-brom-17-hydroxy-5β-pregnan-3,20-dion,** Formel II (R = CO-CH_3, X = Br).
B. Aus 11α-Acetoxy-17-hydroxy-5β-pregnan-3,20-dion und Brom (*Oliveto et al.*, Am. Soc. **75** [1953] 3651).
Kristalle (aus wss. Acn.); F: 180–181° [korr.; Zers.]. $[\alpha]_D$: +40,4° [Acn.; c = 1].

21-Brom-11α,17-dihydroxy-5β-pregnan-3,20-dion $C_{21}H_{31}BrO_4$, Formel III.
B. Aus 21-Brom-3α,11α,17-trihydroxy-5β-pregnan-20-on mit Hilfe von *N*-Brom-acetamid (*Oliveto et al.*, Am. Soc. **75** [1953] 3651).
Kristalle (aus Acn.+Hexan) mit 0,5 Mol Aceton; F: 207–209° [korr.; Zers.]. $[\alpha]_D$: +62,7° [Dioxan; c = 1].

11β,21-Dihydroxy-5α-pregnan-3,20-dion $C_{21}H_{32}O_4$, Formel IV (R = H) (E III 3544).
IR-Spektrum ($CHCl_3$; 1800–850 cm^{-1}): *G. Roberts, B.S. Gallagher, R.N. Jones,* Infrared

Absorption Spectra of Steroids, Bd. 2 [New York 1958] Nr. 573.

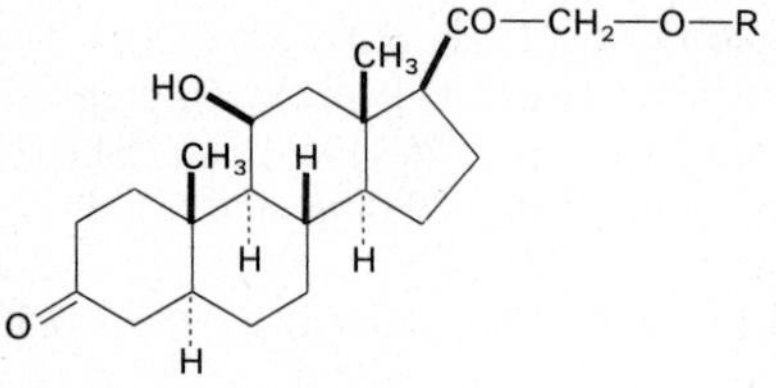

IV 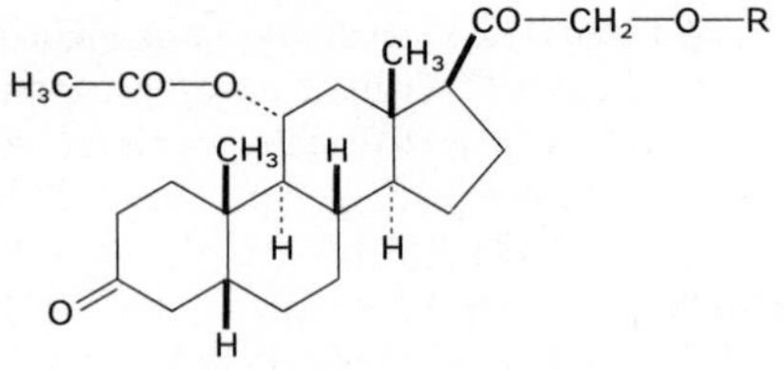 V

11-Acetoxy-21-hydroxy-pregnan-3,20-dione $C_{23}H_{34}O_5$.

a) **11α-Acetoxy-21-hydroxy-5β-pregnan-3,20-dion,** Formel V (R = H).

B. Aus 3α,11α,21-Triacetoxy-5β-pregnan-20-on bei der aufeinanderfolgenden Umsetzung mit wss.-methanol. KOH und mit *N*-Brom-acetamid (*Sondheimer et al.,* Am. Soc. **75** [1953] 2601).

Kristalle (aus Acn.+Hexan); F: 169–171° [unkorr.]. $[\alpha]_D^{20}$: +56° [$CHCl_3$].

b) **11α-Acetoxy-21-hydroxy-5α-pregnan-3,20-dion,** Formel VI (R = H).

B. Aus 11α-Acetoxy-3β,21-dihydroxy-5α-pregnan-20-on mit Hilfe von *N*-Brom-acetamid (*Sondheimer et al.,* Am. Soc. **75** [1953] 2601).

Kristalle (aus Acn.+Hexan); F: 155–157° [unkorr.]. $[\alpha]_D^{20}$: +61° [$CHCl_3$].

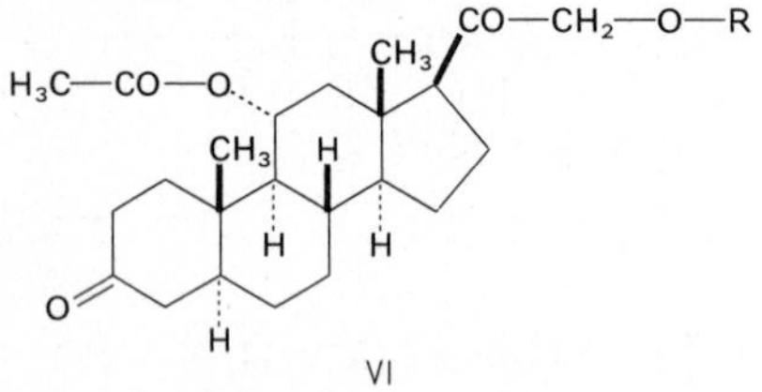

VI 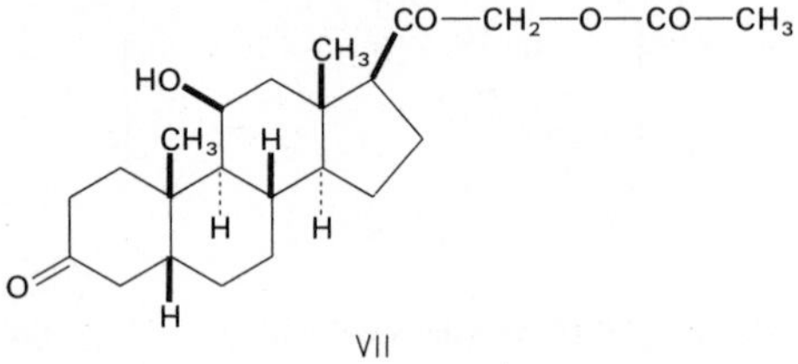 VII

21-Acetoxy-11-hydroxy-pregnan-3,20-dione $C_{23}H_{34}O_5$.

a) **21-Acetoxy-11β-hydroxy-5β-pregnan-3,20-dion,** Formel VII (E III 3545).

B. Aus 11β-Hydroxy-5β-androstan-3-on-17β-carbonylchlorid bei der aufeinanderfolgenden Umsetzung mit Diazomethan und mit Essigsäure (*Oliveto et al.,* Am. Soc. **78** [1956] 1414). Aus 3,3;20,20-Bis-äthandiyldioxy-21-hydroxy-5β-pregnan-11-on beim aufeinanderfolgenden Behandeln mit $LiAlH_4$, mit methanol. HCl und mit Acetanhydrid und Pyridin (*Ol. et al.*). Aus 21-Acetoxy-5β-pregnan-3,11,20-trion bei der Hydrierung an Platin in Essigsäure (*Organon Inc.,* U.S.P. 2813107 [1954]).

Kristalle (aus Ae.); F: 158–159° [korr.]; $[\alpha]_D$: +128,5° [Acn.; c = 1] (*Ol. et al.*). IR-Spektrum ($CHCl_3$; 1800–850 cm^{-1}): *G. Roberts, B.S. Gallagher, R.N. Jones,* Infrared Absorption Spectra of Steroids, Bd. 2 [New York 1958] Nr. 588.

b) **21-Acetoxy-11β-hydroxy-5α-pregnan-3,20-dion,** Formel IV (R = CO-CH_3).

B. Aus 21-Acetoxy-11β-hydroxy-pregn-4-en-3,20-dion bei der Hydrierung an Palladium/$BaSO_4$ in Äthylacetat (*Pataki et al.,* J. biol. Chem. **195** [1952] 751, 752). Aus 21-Acetoxy-11β,17-dihydroxy-5α-pregnan-3,20-dion bei der Umsetzung mit Benzylalkohol und HCl, Hydrierung an Palladium/Kohle und Acetylierung (*Mancera et al.,* Am. Soc. **77** [1955] 5669, 5672).

Kristalle; F: 191–192° [unkorr.; aus Acn.+Hexan]; $[\alpha]_D^{20}$: +138° [Acn.] (*Ma. et al.*). F: 190–192° [korr.; aus Me.+H_2O]; $[\alpha]_D^{20}$: +135° [Acn.] (*Pa. et al.*). IR-Spektrum ($CHCl_3$; 1800–850 cm^{-1}): *G. Roberts, B.S. Gallagher, R.N. Jones,* Infrared Absorption Spectra of Steroids, Bd. 2 [New York 1958] Nr. 574.

11,21-Diacetoxy-pregnan-3,20-dione $C_{25}H_{36}O_6$.

a) **11α,21-Diacetoxy-5β-pregnan-3,20-dion,** Formel V (R = CO-CH_3).

B. Aus 11α-Acetoxy-21-hydroxy-5β-pregnan-3,20-dion und Acetanhydrid in Pyridin (*Sondhei-*

mer et al., Am. Soc. **75** [1953] 2601). Aus 11α,21-Diacetoxy-3β-hydroxy-pregnan-20-on beim Behandeln mit CrO_3 in Essigsäure (*Lardon, Reichstein,* Pharm. Acta Helv. **27** [1952] 287, 297).

Kristalle; F: 142–144° [unkorr.] (*So. et al.*), 141–143° [korr.] (*La., Re.*). $[\alpha]_D^{18}$: +69,1° [$CHCl_3$; c = 0,8] (*La., Re.*); $[\alpha]_D^{20}$: +72° [$CHCl_3$] (*So. et al.*).

b) **11α,21-Diacetoxy-5α-pregnan-3,20-dion,** Formel VI (R = CO-CH_3).

B. Aus 11α-Acetoxy-3β,21-dihydroxy-5α-pregnan-20-on bei der aufeinanderfolgenden Umsetzung mit Acetanhydrid und mit CrO_3 (*Sondheimer et al.,* Am. Soc. **75** [1953] 2601).

Kristalle (aus Acn.+Hexan); F: 146–147° [unkorr.]. $[\alpha]_D^{20}$: +78° [$CHCl_3$].

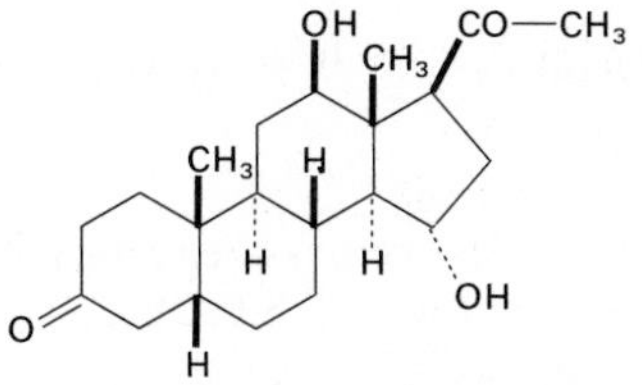

VIII 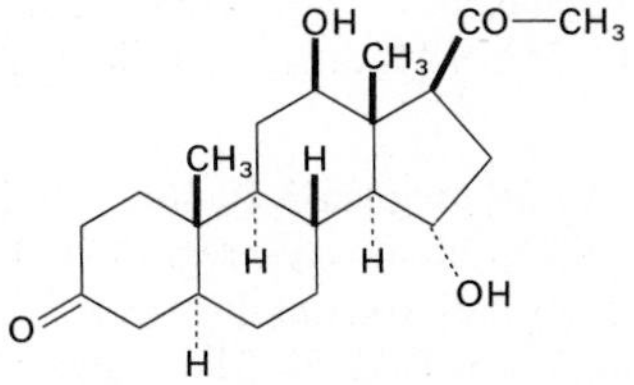 IX

12,15-Dihydroxy-pregnan-3,20-dione $C_{21}H_{32}O_4$.

a) **12β,15α-Dihydroxy-5β-pregnan-3,20-dion,** Formel VIII.

B. Aus 12β,15α-Dihydroxy-pregn-4-en-3,20-dion bei der Hydrierung an Palladium (*Schubert, Siebert,* B. **91** [1958] 1856, 1860). Aus 5β-Pregnan-3,20-dion mit Hilfe von Calonectria decora (*Sch., Si.*).

Kristalle (aus Acn.); F: 225–231°. $[\alpha]_D^{23}$: +56° [$CHCl_3$].

b) **12β,15α-Dihydroxy-5α-pregnan-3,20-dion,** Formel IX.

B. Aus 5α-Pregnan-3,20-dion mit Hilfe von Calonectria decora (*Schubert, Siebert,* B. **91** [1958] 1856, 1860).

Kristalle (aus Acn.); F: 253–257°. $[\alpha]_D^{23}$: +70° [Me.].

12,17-Dihydroxy-pregnan-3,20-dione $C_{21}H_{32}O_4$.

a) **12α,17-Dihydroxy-5β-pregnan-3,20-dion,** Formel X (R = X = H).

B. Aus 3α,12α,17-Trihydroxy-pregnan-20-on mit Hilfe von *N*-Brom-acetamid oder *N*-Brom-succinimid (*Adams et al.,* Soc. **1954** 1825, 1835).

Kristalle (aus Acn.+Hexan); F: 210–212°. $[\alpha]_D^{27}$: +71° [$CHCl_3$; c = 0,4].

b) **12β,17-Dihydroxy-5α-pregnan-3,20-dion,** Formel XI (R = H).

B. Aus 3β,12β,17-Trihydroxy-5α-pregnan-20-on mit Hilfe von *N*-Brom-acetamid (*Adams et al.,* Soc. **1955** 870, 875).

Kristalle (aus wss. Me.); F: 220–221°. $[\alpha]_D^{23}$: −8° [$CHCl_3$; c = 0,4].

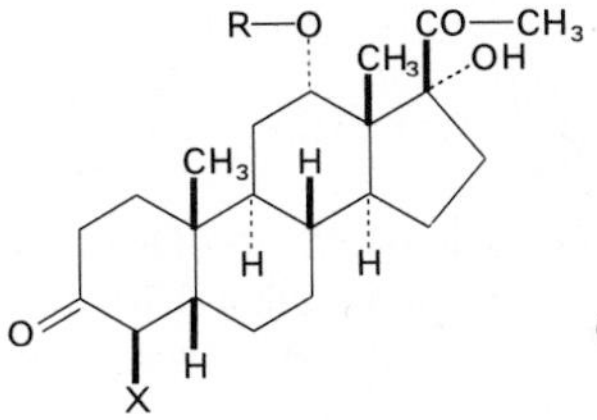

X 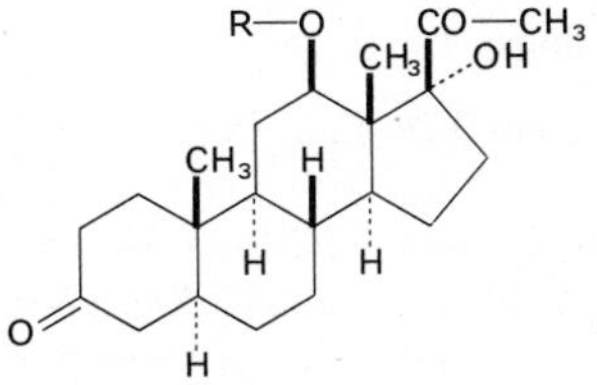 XI 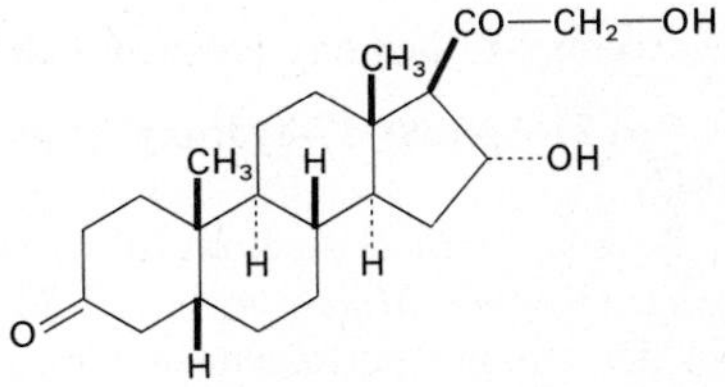 XII

12-Acetoxy-17-hydroxy-pregnan-3,20-dione $C_{23}H_{34}O_5$.

a) **12α-Acetoxy-17-hydroxy-5β-pregnan-3,20-dion,** Formel X (R = CO-CH_3, X = H).

B. Aus 12α,17-Dihydroxy-5β-pregnan-3,20-dion und Acetanhydrid in Pyridin (*Adams et al.,*

Soc. **1954** 1825, 1836).

Kristalle (aus Acn. + Hexan); F: 105°. $[\alpha]_D^{27}$: +113° [$CHCl_3$; c = 0,5].

b) **12β-Acetoxy-17-hydroxy-5α-pregnan-3,20-dion,** Formel XI (R = CO-CH_3).

B. Aus 12β-Acetoxy-3β,17-dihydroxy-5α-pregnan-20-on mit Hilfe von *N*-Brom-acetamid (*Adams et al.,* Soc. **1955** 870, 875).

Kristalle (aus Acn. + Hexan); F: 140,5–141°. $[\alpha]_D^{23}$: +35° [$CHCl_3$; c = 0,3].

4β-Brom-12α,17-dihydroxy-5β-pregnan-3,20-dion $C_{21}H_{31}BrO_4$, Formel X (R = H, X = Br).

B. Aus 12α,17-Dihydroxy-5β-pregnan-3,20-dion beim Behandeln mit Brom und wss. HBr in Essigsäure (*Adams et al.,* Soc. **1954** 1825, 1836).

Kristalle (aus Acn. + Hexan); F: 170–171° [Zers.]. $[\alpha]_D^{23}$: +86° [$CHCl_3$; c = 0,4].

16α,21-Dihydroxy-5β-pregnan-3,20-dion $C_{21}H_{32}O_4$, Formel XII.

B. Neben 16α,21-Dihydroxy-pregn-4-en-3,20-dion aus 21-Acetoxy-pregn-4-en-3,20-dion mit Hilfe von Streptomyces argenteolus (*Olin Mathieson Chem. Corp.,* U.S.P. 2855343 [1958]).

Kristalle (aus Acn.); F: 215–217°. $[\alpha]_D^{23}$: +44 ° [$CHCl_3$; c = 0,2].

Diacetyl-Derivat $C_{25}H_{36}O_6$; 16α,21-Diacetoxy-5β-pregnan-3,20-dion. Kristalle (aus Ae. + Hexan); F: 130–132°. $[\alpha]_D^{23}$: +55° [$CHCl_3$; c = 0,4].

17,21-Dihydroxy-pregnan-3,20-dione $C_{21}H_{32}O_4$.

a) **17,21-Dihydroxy-5β-pregnan-3,20-dion,** Formel XIII (R = H).

B. Aus 21-Acetoxy-17-hydroxy-5β-pregnan-3,20-dion beim Behandeln mit $KHCO_3$ in Methanol (*Ungar, Dorfman,* Am. Soc. **76** [1954] 1197).

Kristalle; F: 200–202° [unkorr.; aus A.]; $[\alpha]_D^{27}$: +62° [A.] (*Un., Do.*). F: 193–194° [unkorr.]; $[\alpha]_D$: +47° [$CHCl_3$; c = 1]; $[\alpha]_{546,1}$: +59° [$CHCl_3$; c = 1] (*W. Neudert, H. Röpke,* Steroid-Spektrenatlas [Berlin 1965] Nr. 363). IR-Spektrum (KBr; 2–15 μ): *Ne., Rö.*

b) **17,21-Dihydroxy-5α-pregnan-3,20-dion,** Formel XIV (R = R′ = H).

B. Aus 17,21-Dihydroxy-pregn-4-en-3,20-dion mit Hilfe von homogenisierter Rattenleber (*Forchielli et al.,* J. biol. Chem. **215** [1955] 713, 716).

F: 201–207° [unkorr.]. IR-Spektrum (CS_2; 3000–800 cm^{-1}): *Fo. et al.*

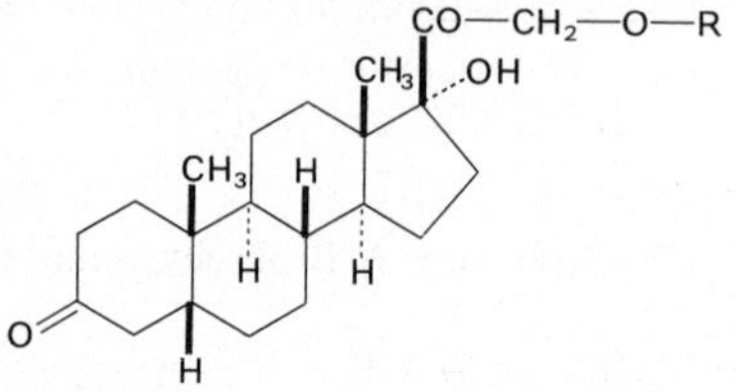

XIII 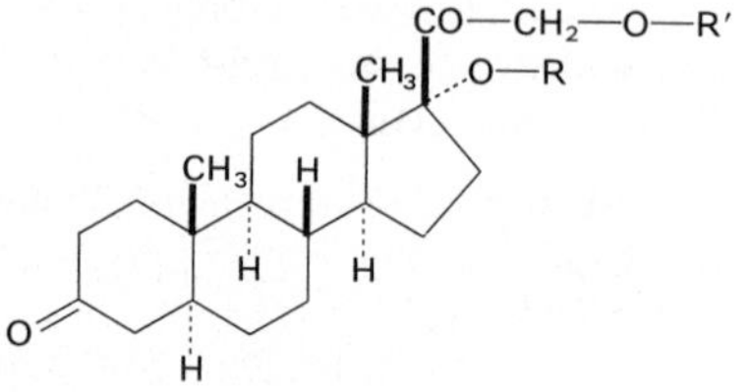 XIV

21-Acetoxy-17-hydroxy-pregnan-3,20-dione $C_{23}H_{34}O_5$.

a) **21-Acetoxy-17-hydroxy-5β-pregnan-3,20-dion,** Formel XIII (R = CO-CH_3) (E III 3547).

B. Aus (17Ξ)-21-Acetoxy-20-brom-5β-pregn-17(20)-en-3-on beim Behandeln mit OsO_4 in Äther (*Wagner, Moore,* Am. Soc. **72** [1950] 5301, 5304). Aus 17-Hydroxy-5β-pregnan-3,20-dion bei der aufeinanderfolgenden Umsetzung mit α-Hydroxy-isobutyronitril, mit Brom und mit Kaliumacetat (*Ercoli, Gardi,* G. **88** [1958] 684, 689).

Kristalle (aus E.); F: 192,5–194° [unkorr.]; $[\alpha]_D^{20}$: +76° [A.; c = 1] (*Er., Ga.*). Netzebenenabstände: *Beher et al.,* Anal. Chem. **27** [1955] 1569, 1572.

b) **21-Acetoxy-17-hydroxy-5α-pregnan-3,20-dion,** Formel XIV (R = H, R′ = CO-CH_3).

B. Aus 21-Acetoxy-3β,17-dihydroxy-5α-pregnan-20-on mit Hilfe von *N*-Brom-acetamid (*Ro=*

senkranz et al., Am. Soc. **72** [1950] 4081, 4084). Aus 21-Brom-17-hydroxy-5α-pregnan-3,20-dion beim Erwärmen mit Kaliumacetat in Aceton (*Syntex S.A.*, U.S.P. 2596562 [1950]).

Kristalle (aus A.); F: 249–251°; $[\alpha]_D^{20}$: +61° [Dioxan] (*Ro. et al.*). IR-Spektrum ($CHCl_3$; 1800–850 cm^{-1}): *G. Roberts, B.S. Gallagher, R.N. Jones*, Infrared Absorption Spectra of Steroids, Bd. 2 [New York 1958] Nr. 577.

17,21-Diacetoxy-5α-pregnan-3,20-dion $C_{25}H_{36}O_6$, Formel XIV (R = R′ = CO-CH_3).

B. Aus 17,21-Diacetoxy-3β-hydroxy-pregn-5-en-20-on bei der Hydrierung an Palladium/Kohle und Oxidation mit CrO_3 (*Ringold et al.*, Am. Soc. **78** [1956] 820, 823).

Kristalle (aus Acn. + Hexan); F: 238–240° [unkorr.]. $[\alpha]_D^{20}$: +12° [$CHCl_3$].

21-Acetoxy-5,6β-dichlor-17-hydroxy-5α-pregnan-3,20-dion $C_{23}H_{32}Cl_2O_5$, Formel I.

B. Aus 21-Acetoxy-5,6β-dichlor-3β,17-dihydroxy-5α-pregnan-20-on mit Hilfe von CrO_3 (*Cutler et al.*, J. org. Chem. **24** [1959] 1629, 1631).

Kristalle (aus E.); F: 202° [unkorr.; Zers.]. $[\alpha]_D^{25}$: –7,6° [$CHCl_3$; c = 1].

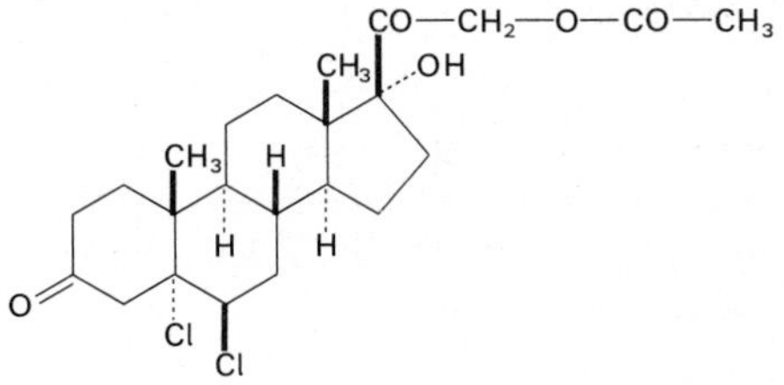

I

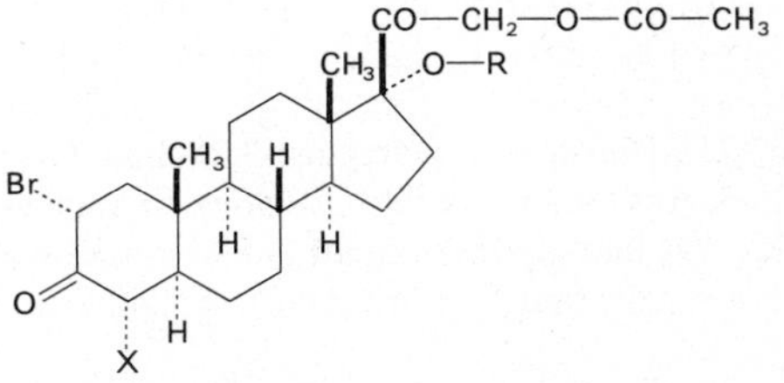

II

21-Acetoxy-2α(?)-brom-17-hydroxy-5α-pregnan-3,20-dion $C_{23}H_{33}BrO_5$, vermutlich Formel II (R = X = H).

B. Aus 21-Acetoxy-17-hydroxy-5α-pregnan-3,20-dion und Brom (*Rosenkranz et al.*, Am. Soc. **72** [1950] 4081, 4084).

Kristalle (aus Me.); F: 200–203° [korr.; Zers.]. $[\alpha]_D^{20}$: +82° [Dioxan].

21-Acetoxy-2,4-dibrom-17-hydroxy-pregnan-3,20-dione $C_{23}H_{32}Br_2O_5$.

a) **21-Acetoxy-2α,4β-dibrom-17-hydroxy-5β-pregnan-3,20-dion,** Formel III.

$[\alpha]_D$: –16° [Acn.; c = 0,5] (*Joly et al.*, Bl. **1958** 366).

b) **21-Acetoxy-2α(?),4α(?)-dibrom-17-hydroxy-5α-pregnan-3,20-dion,** vermutlich Formel II (R = H, X = Br).

B. Aus 21-Acetoxy-17-hydroxy-5α-pregnan-3,20-dion und Brom (*Rosenkranz et al.*, Am. Soc. **72** [1950] 4081, 4084).

Kristalle (aus Hexan + Acn.); F: 173–176° [korr.; Zers.]. $[\alpha]_D^{20}$: +40° [$CHCl_3$; c = 1].

17,21-Diacetoxy-2α(?),4α(?)-dibrom-5α-pregnan-3,20-dion $C_{25}H_{34}Br_2O_6$, vermutlich Formel II (R = CO-CH_3, X = Br).

B. Aus 17,21-Diacetoxy-5α-pregnan-3,20-dion (*Ringold et al.*, Am. Soc. **78** [1956] 820, 823).

Kristalle (aus Me. + $CHCl_3$); F: 195–196° [unkorr.; Zers.].

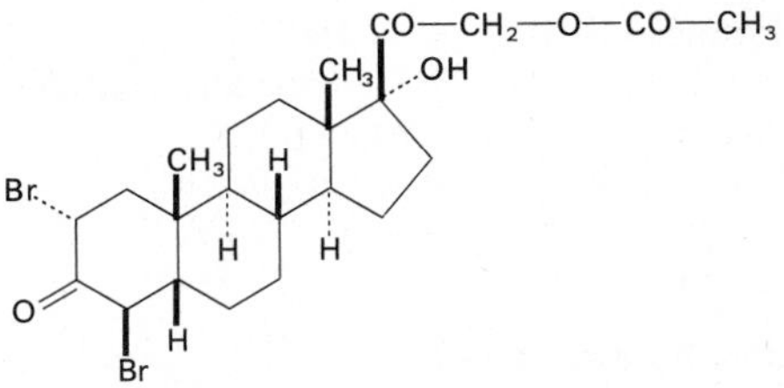

III

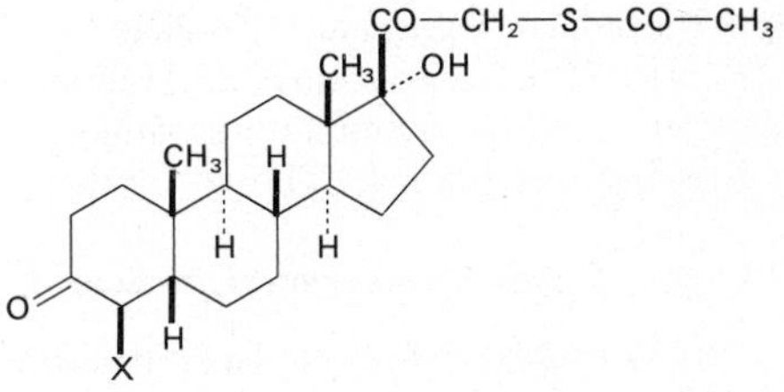

IV

21-Acetylmercapto-17-hydroxy-5β-pregnan-3,20-dion $C_{23}H_{34}O_4S$, Formel IV (X = H).

B. Aus 21-Brom-17-hydroxy-5β-pregnan-3,20-dion beim Behandeln mit NaI und mit Kalium-thioacetat in Aceton (*Djerassi, Nussbaum,* Am. Soc. **75** [1953] 3700, 3703).

F: 166–168° [unkorr.]. $[\alpha]_D^{20}$: +74° [$CHCl_3$; c = 0,5].

21-Acetylmercapto-4β(?)-brom-17-hydroxy-5β-pregnan-3,20-dion $C_{23}H_{33}BrO_4S$, vermutlich Formel IV (X = Br).

B. Aus 21-Acetylmercapto-17-hydroxy-5β-pregnan-3,20-dion und Brom (*Djerassi, Nussbaum,* Am. Soc. **75** [1953] 3700, 3703).

F: 177–179° [unkorr.; Zers.].

3β,20β$_F$-Dihydroxy-5α-pregnan-7,11-dion $C_{21}H_{32}O_4$, Formel V.

B. Aus 3β,11α,20β$_F$-Trihydroxy-5α-pregn-8-en-7-on mit Hilfe von Kalium-*tert*-butylat (*Romo et al.,* Am. Soc. **74** [1952] 2918).

Kristalle (aus Me. + Acn.); F: 280–281° [unkorr.]. $[\alpha]_D^{20}$: −23° [A.]. λ_{max} (A.): 294 nm.

7-Oxim $C_{21}H_{33}NO_4$. F: 313–315° [unkorr.]. $[\alpha]_D^{20}$: −56° [A.].

Diacetyl-Derivat $C_{25}H_{36}O_6$; 3β,20β$_F$-Diacetoxy-5α-pregnan-7,11-dion. F: 125–126° [unkorr.]. $[\alpha]_D^{15}$: −15° [$CHCl_3$].

3β,11α-Dihydroxy-5α-pregnan-7,20-dion $C_{21}H_{32}O_4$, Formel VI (R = R′ = H).

B. Aus 3β-Acetoxy-9,11α-epoxy-5α-pregnan-7,20-dion bei der Umsetzung mit wss.-methanol. K_2CO_3 und Hydrierung an Palladium/Kohle (*Djerassi et al.,* Am. Soc. **75** [1953] 3505, 3509).

Kristalle (aus Hexan + Acn.); F: 240–241° [unkorr.]. $[\alpha]_D$: −15° [$CHCl_3$].

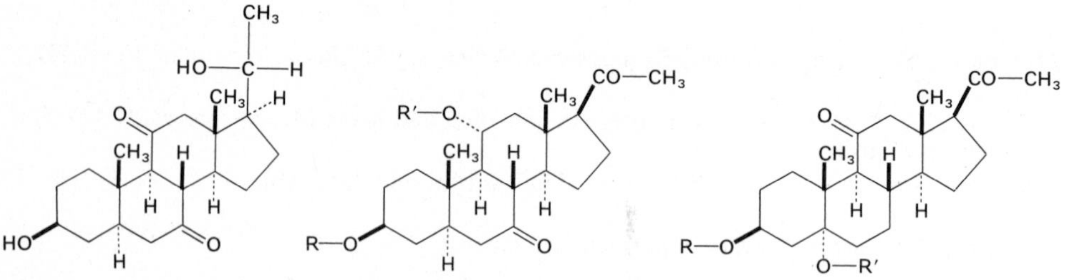

3β-Acetoxy-11α-hydroxy-5α-pregnan-7,20-dion $C_{23}H_{34}O_5$, Formel VI (R = CO-CH_3, R′ = H).

B. Aus 3β-Acetoxy-11α-hydroxy-5α-pregn-8-en-7,20-dion bei der Hydrierung an Palladium/Kohle in Äthanol (*Djerassi et al.,* Am. Soc. **74** [1952] 3321).

Kristalle (aus Hexan + Acn.); F: 184–186° [unkorr.]. $[\alpha]_D^{20}$: −10° [$CHCl_3$].

3β,11α-Diacetoxy-5α-pregnan-7,20-dion $C_{25}H_{36}O_6$, Formel VI (R = R′ = CO-CH_3).

B. Aus 3β,11α-Diacetoxy-5α-pregn-8-en-7,20-dion bei der Hydrierung an Palladium/Kohle (*Djerassi et al.,* Am. Soc. **75** [1953] 3505, 3509).

Kristalle (aus Acn. + Hexan); F: 156–157° [unkorr.]. $[\alpha]_D^{20}$: 0° [$CHCl_3$].

3β,5-Dihydroxy-5α-pregnan-11,20-dion $C_{21}H_{32}O_4$, Formel VII (R = R′ = H).

B. Aus 3β,5,21ξ-Triacetoxy-23,24-dinor-5α-chol-20-en-11-on bei der aufeinanderfolgenden Umsetzung mit Ozon und mit wss.-äthanol. KOH (*Bladon et al.,* Soc. **1954** 125, 128).

Kristalle (aus Acn.); F: 243–247° [korr.]. $[\alpha]_D$: +108° [$CHCl_3$ + 5% A.; c = 0,75].

3-Acetoxy-5-hydroxy-pregnan-11,20-dione $C_{23}H_{34}O_5$.

a) **3β-Acetoxy-5-hydroxy-5α,9β-pregnan-11,20-dion,** Formel VIII.

B. Aus 3β-Acetoxy-5-hydroxy-5α,9β-pregn-7-en-11,20-dion bei der Hydrierung an Platin und

Oxidation des Reaktionsprodukts mit CrO_3 (*Bladon et al.*, Soc. **1953** 2921, 2930).
Kristalle (aus Me. + Diisopropyläther); F: 177–179°. $[\alpha]_D$: +180° [$CHCl_3$; c = 1,2].

b) **3β-Acetoxy-5-hydroxy-5α-pregnan-11,20-dion,** Formel VII (R = CO-CH_3, R′ = H).
B. Aus 3β,5-Dihydroxy-5α-pregnan-11,20-dion beim Behandeln mit Acetanhydrid und Pyridin (*Bladon et al.*, Soc. **1954** 125, 128). Aus dem vorangehenden Stereoisomeren mit Hilfe von methanol. KOH (*Bladon et al.*, Soc. **1953** 2921, 2931).
Kristalle (aus Me. + Acn.); F: 261–263° [korr.]; $[\alpha]_D$: +79° (*Bl. et al.*, Soc. **1954** 128).

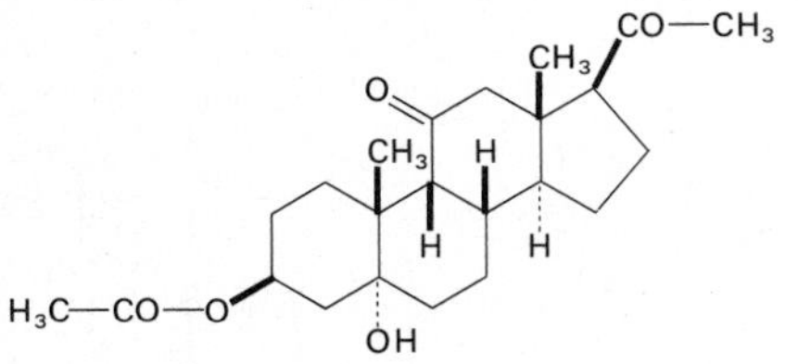

VIII 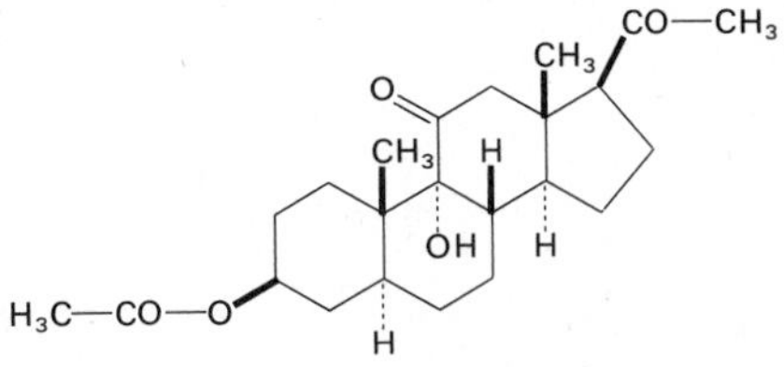 IX

3β,5-Diacetoxy-5α-pregnan-11,20-dion $C_{25}H_{36}O_6$, Formel VII (R = R′ = CO-CH_3).
B. Aus 3β,5,21ξ-Triacetoxy-23,24-dinor-5α-chol-20-en-11-on bei der Ozonolyse (*Bladon et al.*, Soc. **1954** 125, 129).
Kristalle (aus Diisopropyläther); F: 150,5–152° [korr.]. $[\alpha]_D$: +107° [$CHCl_3$].

3β-Acetoxy-9-hydroxy-5α-pregnan-11,20-dion $C_{23}H_{34}O_5$, Formel IX.
B. Neben anderen Verbindungen aus 3β-Acetoxy-5α-pregnan-11,20-dion bei der aufeinanderfolgenden Umsetzung mit Acetanhydrid in Gegenwart von Toluol-4-sulfonsäure, mit Monoperoxyphthalsäure, mit wss.-äthanol. NaOH und mit Acetanhydrid (*Barton et al.*, Soc. **1954** 747, 751).
Kristalle (aus Acn. + PAe.); F: 209–211°. $[\alpha]_D$: +105° [Acn.; c = 1].

3β,12β-Dihydroxy-5α-pregnan-11,20-dion $C_{21}H_{32}O_4$, Formel X.
B. Aus dem Diacetyl-Derivat [s. u.] (*Mueller et al.*, Am. Soc. **75** [1953] 4892, 4896; *Martinez et al.*, Am. Soc. **75** [1953] 239).
Kristalle; F: 170–171° [korr.; aus Ae. + PAe.] (*Mu. et al.*), 167–169° [unkorr.; aus Ae.] (*Ma. et al.*). $[\alpha]_D^{20}$: +100° [$CHCl_3$] (*Ma. et al.*); $[\alpha]_D^{25}$: +90° [Dioxan] (*Mu. et al.*).
Diacetyl-Derivat $C_{25}H_{36}O_6$; 3β,12β-Diacetoxy-5α-pregnan-11,20-dion. *B.* Aus 3β,12β-Diacetoxy-5α-pregn-16-en-11,20-dion bei der Hydrierung an Palladium (*Mu. et al.*; *Ma. et al.*). – Kristalle; F: 155–157° [unkorr.; aus Ae. + Pentan] (*Ma. et al.*), 149–150° [korr.; aus Ae. + PAe.] (*Mu. et al.*). $[\alpha]_D^{20}$: +29° [$CHCl_3$] (*Ma. et al.*); $[\alpha]_D^{25}$: +29° [Dioxan] (*Mu. et al.*). λ_{max} (A.): 288 nm (*Mu. et al.*).

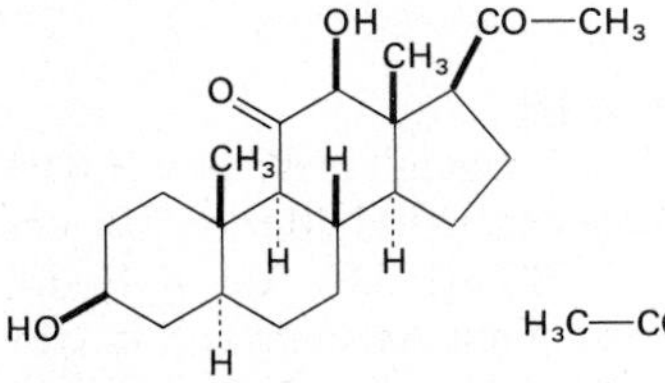

X 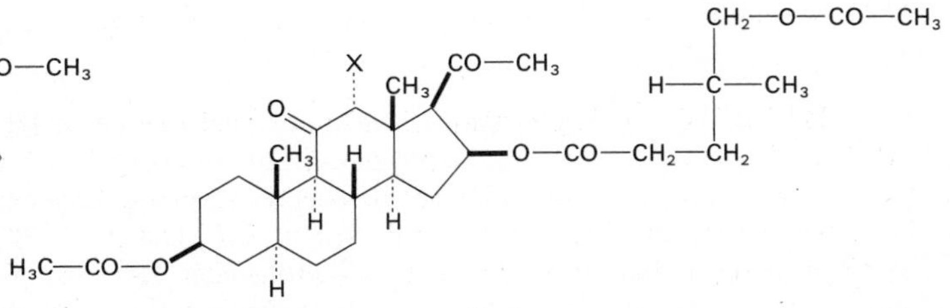 XI

3β-Acetoxy-16β-[(*R*)-5-acetoxy-4-methyl-valeryloxy]-5α-pregnan-11,20-dion $C_{31}H_{46}O_8$, Formel XI (X = H).
B. Aus (25*R*)-3β,26-Diacetoxy-5α-furost-20(22)-en-11-on mit Hilfe von CrO_3 (*Cameron et al.*,

Soc. **1955** 2807, 2812; *Djerassi et al.*, Am. Soc. **74** [1952] 3634).

Kristalle; F: 131–133° [aus A.] (*Ca. et al.*), 128–130° [unkorr.; aus Me.] (*Dj. et al.*). $[\alpha]_D^{20}$: +47° [$CHCl_3$] (*Dj. et al.*); $[\alpha]_D^{22}$: +35° [$CHCl_3$; c = 1] (*Ca. et al.*).

3β-Acetoxy-16β-[(*R*)-5-acetoxy-4-methyl-valeryloxy]-12α-chlor-5α-pregnan-11,20-dion $C_{31}H_{45}ClO_8$, Formel XI (X = Cl).

B. Aus (25*R*)-3β,26-Diacetoxy-12α-chlor-5α-furost-20(22)-en-11-on mit Hilfe von H_2O_2 oder CrO_3 (*Fried et al.*, Chem. and Ind. **1956** 1232).

F: 191–193°. $[\alpha]_D^{23}$: −31° [$CHCl_3$].

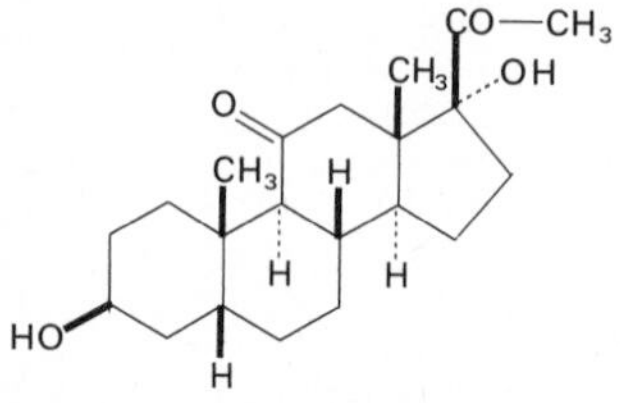

XII 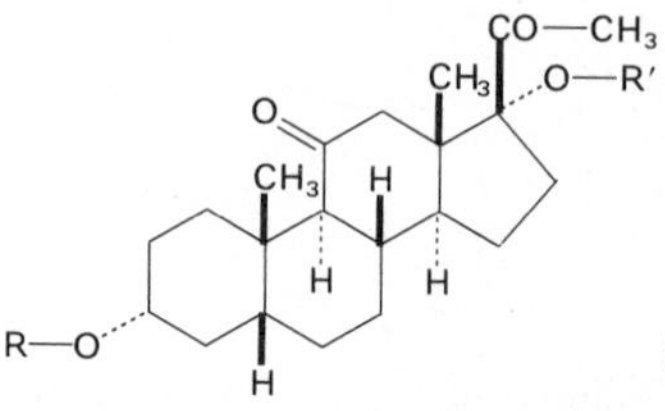 XIII 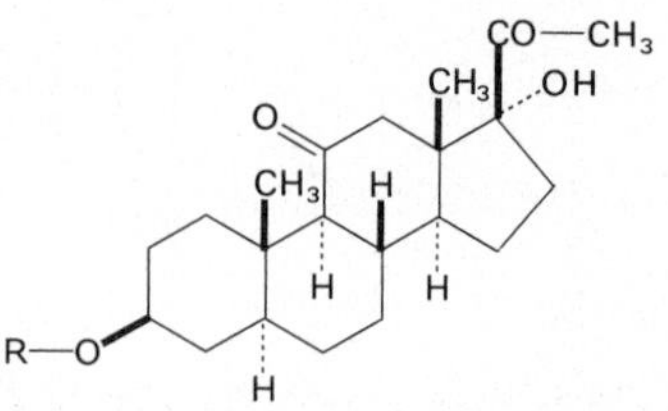 XIV

3,17-Dihydroxy-pregnan-11,20-dione $C_{21}H_{32}O_4$.

a) **3β,17-Dihydroxy-5β-pregnan-11,20-dion,** Formel XII.

B. Aus 3β-Acetoxy-5β-pregnan-11,20-dion bei der aufeinanderfolgenden Umsetzung mit Acetanhydrid in Gegenwart von 2-Hydroxy-5-sulfo-benzoesäure, mit Monoperoxyphthalsäure und mit wss.-methanol. NaOH (*Nikiforowa, Šuworow,* Ž. obšč. Chim. **28** [1958] 1984, 1986; engl. Ausg. S. 2025).

Kristalle (aus Bzl.); F: 220–222°. $[\alpha]_D^{20}$: +35,13° [$CHCl_3$; c = 1].

b) **3α,17-Dihydroxy-5β-pregnan-11,20-dion,** Formel XIII (R = R′ = H) (E III 3549).

B. Aus 3α,11β,17-Trihydroxy-5β-pregnan-20-on mit Hilfe von *N*-Brom-acetamid (*Hanze et al.*, Am. Soc. **76** [1954] 3179). Aus 17-Hydroxy-5β-pregnan-3,11,20-trion mit Hilfe von $NaBH_4$ (*Ercoli, Ruggieri*, G. **85** [1955] 1304, 1310). Aus (20Ξ)-3α,23-Diacetoxy-17,20-epoxy-20-hydroxy-11-oxo-21-nor-5β-chol-22*c*-en-24-säure-lacton mit Hilfe von wss.-äthanol. NaOH (*Upjohn Co.*, U.S.P. 2740782 [1952]).

Kristalle; F: 202–204° [aus Acn.] (*Norymberski*, Soc. **1954** 762), 201–203° [unkorr.; aus Acn.+Ae.] (*Er., Ru.*). $[\alpha]_D^{16-18}$: +80° [A.; c = 0,7], +38° [$CHCl_3$; c = 1,6], +71° [Dioxan; c = 1,5], +67,5° [Acn.; c = 1,1] (*No.*); $[\alpha]_D^{18}$: +66° [Acn.; c = 0,9] (*Er., Ru.*). IR-Spektrum ($CHCl_3$; 1780–850 cm^{-1}): *K. Dobriner, E.R. Katzenellenbogen, R.N. Jones,* Infrared Absorption Spectra of Steroids [New York 1953] Nr. 217. UV-Absorption bei 205 nm und 210 nm (A.): *Bird et al.*, Soc. **1957** 4149.

Bildung von 3α,17α,17aα-Trihydroxy-17β-methyl-*D*-homo-androstan-11-on beim Erhitzen mit Aluminiumisopropylat, Isopropylalkohol, Toluol und Dioxan: *Wendler, Taub,* J. org. Chem. **23** [1958] 953, 956.

c) **3β,17-Dihydroxy-5α-pregnan-11,20-dion,** Formel XIV (R = H).

B. Aus 3β-Acetoxy-17-hydroxy-5α-pregnan-11,20-dion beim Erwärmen mit methanol. NaOH (*Pataki et al.*, Am. Soc. **74** [1952] 5615). Aus 17-Hydroxy-5α-pregnan-3,11,20-trion bei der Hydrierung an Raney-Nickel in Äthanol (*Syntex S.A.*, U.S.P. 2773079 [1952]). Aus 3β-Hydroxy-5α-pregnan-11,20-dion bei der aufeinanderfolgenden Umsetzung mit Acetanhydrid in Gegenwart von Toluol-4-sulfonsäure, mit Peroxybenzoesäure und mit wss.-methanol. KOH (*Chamberlin, Chemerda,* Am. Soc. **77** [1955] 1221) oder bei der aufeinanderfolgenden Umsetzung mit Acetanhydrid in Gegenwart von $HClO_4$, mit Monoperoxyphthalsäure und mit methanol. KOH (*Barton et al.*, Soc. **1954** 747, 751). Aus 3β-Acetoxy-11-oxo-23,24-dinor-5α-chol-17(20)ξ-en-21-nitril mit Hilfe von OsO_4 (*Bladon et al.*, Soc. **1954** 125, 130).

Kristalle; F: 296–299° [unkorr.; nach Umwandlung bei 283°; aus Acn.] (*Ch., Ch.*), 267–271° und 286–289° [aus Me.] (*Ba. et al.*), 272–274° [unkorr.; aus Acn.] (*Pa. et al.*). $[\alpha]_D^{20}$: +67° [Dioxan] (*Pa. et al.*); $[\alpha]_D^{24}$: +62,9° [Dioxan] (*Ch., Ch.*); $[\alpha]_D$: +65° [Dioxan] (*Ba. et al.*). IR-Spektrum (KBr; 4000–700 cm^{-1}): *G. Roberts, B.S. Gallagher, R.N. Jones,* Infrared Absorption Spectra of Steroids, Bd. 2 [New York 1958] Nr. 585. UV-Absorption bei 205 nm und bei 210 nm (A.): *Bird et al.,* Soc. **1957** 4149. Absorptionsspektrum (220–600 nm) in H_2SO_4 und in H_3PO_4: *Kalant,* Biochem. J. **69** [1958] 79, 82.

d) **3α,17-Dihydroxy-5α-pregnan-11,20-dion**, Formel XV (R = H).

B. Aus 3α-Acetoxy-5α-pregnan-11,20-dion bei der aufeinanderfolgenden Umsetzung mit Acetanhydrid in Gegenwart von Toluol-4-sulfonsäure, mit Peroxybenzoesäure und mit wss.-methanol. KOH (*Nagata et al.,* Helv. **42** [1959] 1399, 1407).

Kristalle (aus Acn.); F: 236–237° [korr.]. $[\alpha]_D^{26}$: +68,9° [Dioxan; c = 1]. IR-Spektrum (Paraffinöl; 2,5–12,5 μ): *Na. et al.,* l. c. S. 1404.

3α-Formyloxy-17-hydroxy-5β-pregnan-11,20-dion $C_{22}H_{32}O_5$, Formel XIII (R = CHO, R′ = H).

B. Aus 3α,17-Dihydroxy-5β-pregnan-11,20-dion und Ameisensäure (*Kritchevsky et al.,* Am. Soc. **74** [1952] 483, 485).

Lösungsmittelhaltige Kristalle (aus A.); F: 133–137° [korr.] und (nach Wiedererstarren) F: 143–145° [korr.]. $[\alpha]_D^{33}$: +75,6° [Acn.].

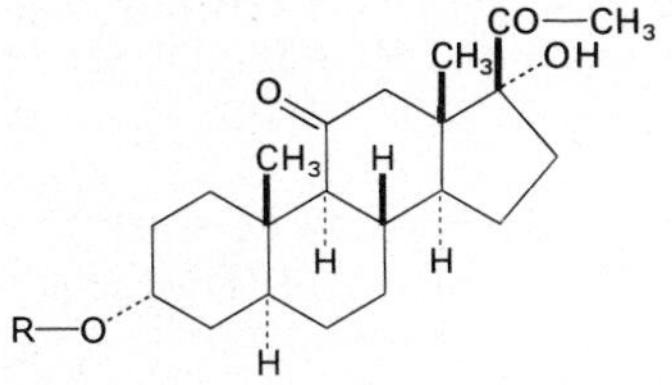

XV 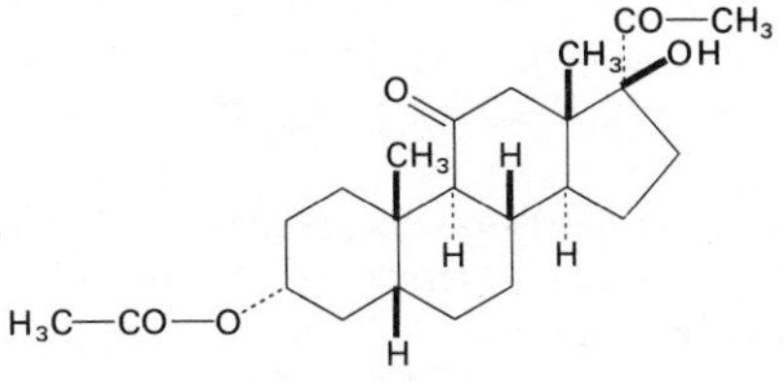 XVI

3-Acetoxy-17-hydroxy-pregnan-11,20-dione $C_{23}H_{34}O_5$.

a) **3α-Acetoxy-17-hydroxy-5β-pregnan-11,20-dion,** Formel XIII (R = CO-CH_3, R′ = H) (E III 3550).

B. Aus 3α-Acetoxy-16α,17-epoxy-5β-pregnan-11,20-dion beim Behandeln mit HBr in Essigsäure und Erwärmen des Reaktionsprodukts mit Raney-Nickel in Äthanol (*Glidden Co.,* U.S.P. 2752339 [1950]).

Kristalle (aus Acn. + PAe.); F: 203–204° (*Norymberski,* Soc. **1954** 762, 764). $[\alpha]_D^{16-18}$: +94° [A.; c = 0,9], +79° [Acn.; c = 1,1], +57° [$CHCl_3$; c = 1,4], +90° [Dioxan; c = 1,3] (*No.*).

Beim Erhitzen auf 240° sind 3α-Acetoxy-17α-hydroxy-17β-methyl-*D*-homo-5β-androstan-11,17a-dion und 3α-Acetoxy-17aα-hydroxy-17aβ-methyl-*D*-homo-5β-androstan-11,17-dion erhalten worden (*Wendler et al.,* Am. Soc. **78** [1956] 5027, 5030). Bildung von 3α,17α-Diacetoxy-17β-methyl-*D*-homo-5β-androstan-11,17a-dion beim Behandeln mit Äther-BF_3 und Acetanhydrid in Essigsäure: *We. et al.* Bildung von 3α-Acetoxy-17α-hydroxy-17β-methyl-*D*-homo-5β-androstan-11,17a-dion als Hauptprodukt beim Erhitzen mit Aluminium-*tert*-butylat in Toluol: *We. et al.*

20-Oxim $C_{23}H_{35}NO_5$. F: 216–220° (*Wendler, Taub,* J. org. Chem. **23** [1958] 953, 958).

b) **3α-Acetoxy-17-hydroxy-5β,17βH-pregnan-11,20-dion,** Formel XVI.

B. Aus 3α-Acetoxy-17-hydroxy-5β,17β*H*-pregn-20-in-11-on beim Behandeln mit $HgCl_2$ unter Zusatz von Anilin in Benzol und H_2O (*Wendler et al.,* Tetrahedron **11** [1960] 163, 168; *Taub, Wendler,* Chem. and Ind. **1959** 902).

Kristalle (aus Ae. + PAe.) vom $[\alpha]_D$: +46° [$CHCl_3$], die bei 120–135° unter Isomerisierung zu 3α-Acetoxy-17aβ-hydroxy-17aα-methyl-*D*-homo-5β-androstan-11,17-dion schmelzen (*We. et al.*; *Taub, We.*).

Bildung von 3α-Acetoxy-17aβ-hydroxy-17aα-methyl-*D*-homo-5β-androstan-11,17-dion beim

Behandeln mit Al_2O_3 in Benzol (*We. et al.*, l. c. S. 170; *Taub, We.*).

c) **3β-Acetoxy-17-hydroxy-5α-pregnan-11,20-dion,** Formel XIV (R = $CO\text{-}CH_3$).

B. Aus 3β-Acetoxy-9-brom-17-hydroxy-5α-pregnan-11,20-dion bei der Hydrierung an Palladium/$SrCO_3$ in Äthylacetat (*Callow, James*, Soc. **1956** 4739, 4743). Aus 3β-Acetoxy-16α,17-epoxy-5α-pregnan-11,20-dion beim aufeinanderfolgenden Behandeln mit HBr in Essigsäure und mit Raney-Nickel in Äthanol (*Pataki et al.*, Am. Soc. **74** [1952] 5615).

Kristalle; F: 160° und (nach Wiedererstarren) F: 173–174° [korr.] (*Bladon et al.*, Soc. **1954** 125, 130), 175–176,5° [korr.; aus Hexan] (*Ca., Ja.*), 171–173° [unkorr.; aus Me.] (*Pa. et al.*). $[\alpha]_D^{20}$: +8° [$CHCl_3$] (*Pa. et al.*); $[\alpha]_D^{22}$: +10° [$CHCl_3$; c = 1] (*Ca., Ja.*); $[\alpha]_D$: +16° [$CHCl_3$; c = 0,4] (*Bl. et al.*).

d) **3α-Acetoxy-17-hydroxy-5α-pregnan-11,20-dion,** Formel XV (R = $CO\text{-}CH_3$).

B. Aus 3α,17-Dihydroxy-5α-pregnan-11,20-dion beim Behandeln mit Acetanhydrid und Pyridin (*Nagata et al.*, Helv. **42** [1959] 1399, 1407).

Kristalle (aus Acn.+Ae.); F: 207–208° [korr.]. $[\alpha]_D^{25}$: +39° [$CHCl_3$; c = 1]. UV-Spektrum (A.; 200–340 nm): *Na. et al.*, l. c. S. 1406.

3α,17-Diacetoxy-5β-pregnan-11,20-dion $C_{25}H_{36}O_6$, Formel XIII (R = R′ = $CO\text{-}CH_3$).

B. Aus 3α-Acetoxy-17-hydroxy-5β-pregnan-11,20-dion beim Erhitzen mit Acetanhydrid (*Huang-Minlon et al.*, Am. Soc. **74** [1952] 5394) oder beim Behandeln mit Acetanhydrid und Toluol-4-sulfonsäure in Essigsäure (*Norymberski*, Soc. **1954** 762).

Kristalle; F: 203–204° [aus Me.] (*Hu.-Mi. et al.*), 201–203° [aus Ae.+PAe.] (*No.*). $[\alpha]_D^{16-18}$: +46,5° [A.; c = 0,9], +53° [Acn.; c = 1,1], +45° [$CHCl_3$; c = 1,1], +51° [Dioxan; c = 0,9] (*No.*); $[\alpha]_D^{23}$: +46,7° [$CHCl_3$] (*Hu.-Mi. et al.*).

12α-Chlor-3β,17-dihydroxy-5α-pregnan-11,20-dion $C_{21}H_{31}ClO_4$, Formel I (X = Cl, X′ = H).

B. Aus dem Acetyl-Derivat (s. u.) mit Hilfe von $HClO_4$ in Methanol (*Fried et al.*, Chem. and Ind. **1956** 1232).

F: 221–222°. $[\alpha]_D^{23}$: –34° [$CHCl_3$].

*O*³-Acetyl-Derivat $C_{23}H_{33}ClO_5$; 3β-Acetoxy-12α-chlor-17-hydroxy-5α-pregnan-11,20-dion. *B.* Aus 3β-Acetoxy-12α-chlor-17-hydroxy-16β-jod-5α-pregnan-11,20-dion mit Hilfe von Raney-Nickel (*Fried et al.*, Chem. and Ind. **1956** 1232). – F: 222–224°. $[\alpha]_D^{23}$: –44° [$CHCl_3$].

21-Chlor-3α,17-dihydroxy-5β-pregnan-11,20-dion $C_{21}H_{31}ClO_4$, Formel II (R = X = H, X′ = Cl).

B. Aus 3α,17-Dihydroxy-5β-pregnan-11,20-dion und SO_2Cl_2 bzw. Dichlorjodanyl-benzol (*Sterling Drug Inc.*, U.S.P. 2686188 [1953], 2681353 [1952]).

Kristalle; F: 195° [aus Acn.+Ae.] und F: 215–216° [nach Erwärmen mit Bzl.]; $[\alpha]_D^{25}$: +84° [$CHCl_3$; c = 1] (*Sterling Drug Inc.*, U.S.P. 2686188).

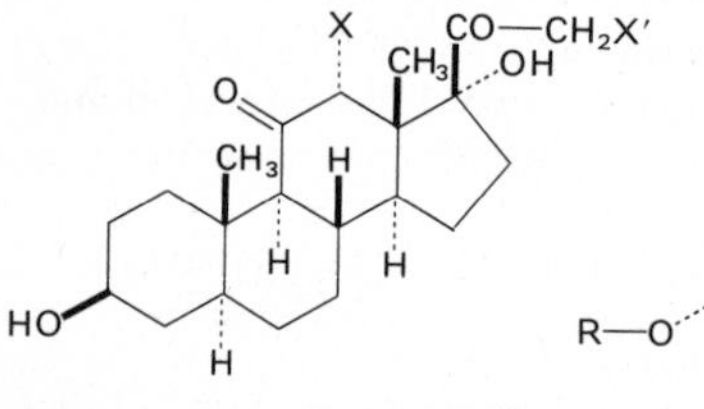

I 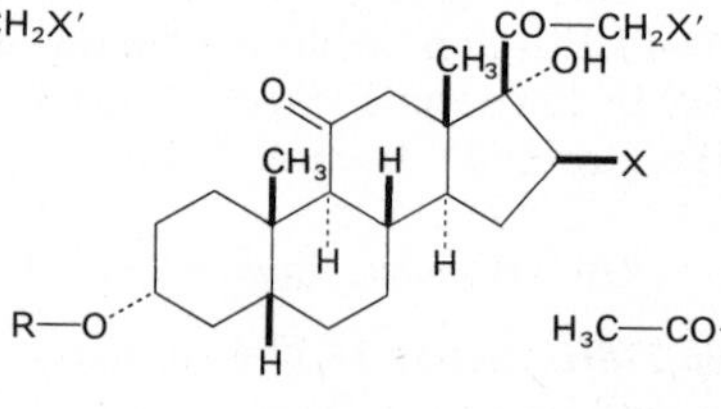 II 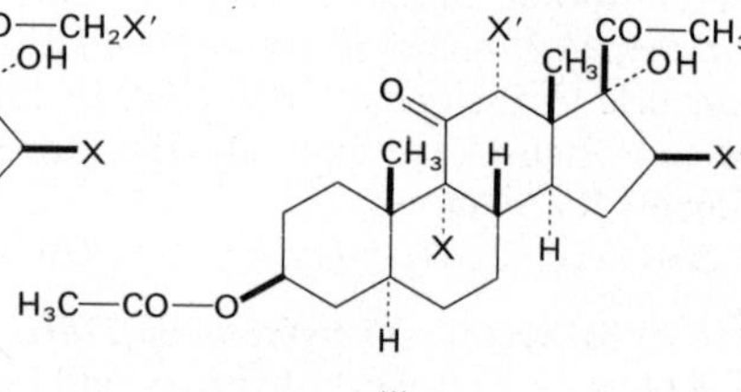 III

3β-Acetoxy-9-brom-17-hydroxy-5α-pregnan-11,20-dion $C_{23}H_{33}BrO_5$, Formel III (X = Br, X′ = X″ = H).

B. Aus 3β-Acetoxy-17-hydroxy-5α-pregn-9(11)-en-20-on bei aufeinanderfolgenden Umsetzung mit *N*-Brom-acetamid und mit CrO_3 (*Callow, James*, Soc. **1956** 4739, 4742).

Kristalle (aus Acn.+Hexan); F: 195–200° [korr.; Zers.]. $[\alpha]_D^{22}$: +132° [$CHCl_3$].

21-Brom-3,17-dihydroxy-pregnan-11,20-dione $C_{21}H_{31}BrO_4$.

a) **21-Brom-3β,17-dihydroxy-5β-pregnan-11,20-dion,** Formel IV.

B. Aus 3β,17-Dihydroxy-5β-pregnan-11,20-dion beim Behandeln mit Brom-Dioxan (1:1) in Methanol (*Nikiforowa, Šuworow,* Ž. obšč. Chim. **28** [1958] 1984, 1986; engl. Ausg. S. 2025).

Kristalle (aus Butylacetat); F: 227,5–227,7° [Zers.]. $[\alpha]_D^{20}$: +70,0° [$CHCl_3$; c = 1].

b) **21-Brom-3α,17-dihydroxy-5β-pregnan-11,20-dion,** Formel II (R = X = H, X′ = Br).

B. Aus 3α,17-Dihydroxy-5β-pregnan-11,20-dion und Brom bzw. Brom-Dioxan (1:1) (*Kritchevsky et al.,* Am. Soc. **74** [1952] 483, 486; *Šuworow et al.,* Ž. obšč. Chim. **31** [1961] 3715; engl. Ausg. S. 3469; Med. Promyšl. **12** [1958] Nr. 2, S. 7, 10; C. A. **1959** 15125).

Kristalle; F: 192–194° [Zers.; aus $CHCl_3$]; $[\alpha]_D^{20}$: +61 bis +64° [$CHCl_3$; c = 1] (*Šu. et al.*). F: 178–179,5° [aus E.]; $[\alpha]_D^{25}$: +70° [$CHCl_3$] (*Kr. et al.*).

c) **21-Brom-3β,17-dihydroxy-5α-pregnan-11,20-dion,** Formel I (X = H, X′ = Br).

B. Aus 3β,17-Dihydroxy-5α-pregnan-11,20-dion und Brom (*Pataki et al.,* Am. Soc. **74** [1952] 5615; *Chamberlin, Chemerda,* Am. Soc. **77** [1955] 1221).

Kristalle; F: 242–244° [unkorr.; Zers.] (*Pa. et al.*), 242–243° [unkorr.; Zers.] (*Ch., Ch.*). $[\alpha]_D^{20}$: +73° [Dioxan] (*Pa. et al.*). $[\alpha]_D^{24}$: +70° [Dioxan] (*Ch., Ch.*).

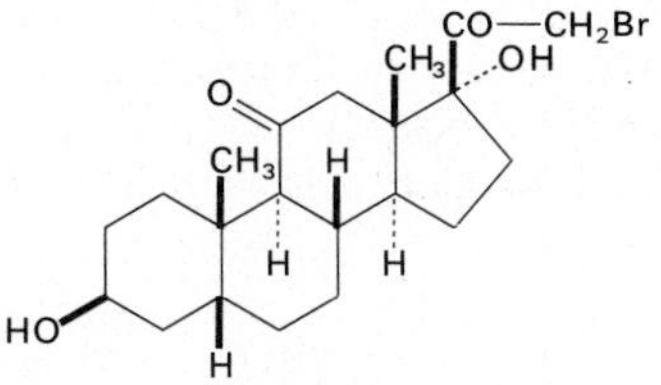

IV

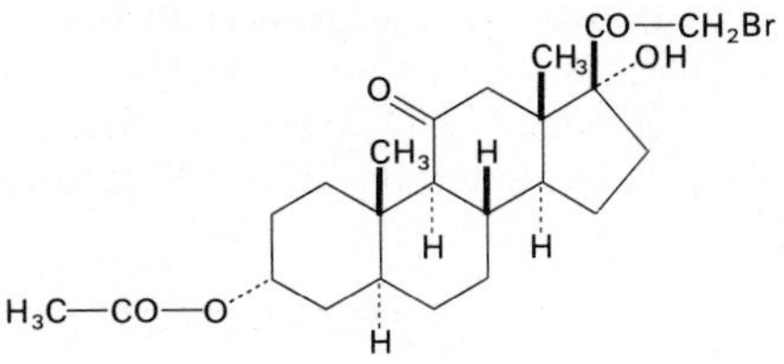

V

3-Acetoxy-21-brom-17-hydroxy-pregnan-11,20-dione $C_{23}H_{33}BrO_5$.

a) **3α-Acetoxy-21-brom-17-hydroxy-5β-pregnan-11,20-dion,** Formel II (R = CO-CH_3, X = H, X′ = Br).

B. Aus 3α-Acetoxy-17-hydroxy-5β-pregnan-11,20-dion und Brom (*Glidden Co.,* U.S.P. 2752339 [1950]).

Kristalle; F: 245°.

b) **3α-Acetoxy-21-brom-17-hydroxy-5α-pregnan-11,20-dion,** Formel V.

B. Aus 3α-Acetoxy-17-hydroxy-5α-pregnan-11,20-dion und Brom (*Nagata et al.,* Helv. **42** [1959] 1399, 1407).

Kristalle (aus Ae.+Pentan); F: 193–195° [korr.]. $[\alpha]_D^{25}$: +79,5° [Dioxan; c = 1,5].

3β-Acetoxy-16β-brom-12α-chlor-17-hydroxy-5α-pregnan-11,20-dion $C_{23}H_{32}BrClO_5$, Formel III (X = H, X′ = Cl, X″ = Br).

B. Aus 3β-Acetoxy-12α-chlor-16α,17-epoxy-5α-pregnan-11,20-dion und HBr (*Fried et al.,* Chem. and Ind. **1956** 1232).

F: 219–220° [Zers.]. $[\alpha]_D^{23}$: −37° [$CHCl_3$].

21-Brom-12α-chlor-3β,17-dihydroxy-5α-pregnan-11,20-dion $C_{21}H_{30}BrClO_4$, Formel I (X = Cl, X′ = Br).

B. Aus 12α-Chlor-3β,17-dihydroxy-5α-pregnan-11,20-dion und Brom (*Fried et al.,* Chem. and Ind. **1956** 1232).

F: 195–196° [Zers.]. $[\alpha]_D^{23}$: −37° [$CHCl_3$].

3α-Acetoxy-16β,21-dibrom-17-hydroxy-5β-pregnan-11,20-dion $C_{23}H_{32}Br_2O_5$, Formel II (R = CO-CH_3, X = X′ = Br).

B. Aus 3α-Acetoxy-16α,17-epoxy-5β-pregnan-11,20-dion beim Behandeln mit HBr und mit

Brom in Essigsäure (*Julian et al.*, Am. Soc. **77** [1955] 4601, 4602).

Kristalle (aus $CHCl_3$+Ae.); F: 239–240° [unkorr.; Zers.].

3β-Acetoxy-12α-chlor-17-hydroxy-16β-jod-5α-pregnan-11,20-dion $C_{23}H_{32}ClIO_5$, Formel III (X = H, X' = Cl, X'' = I).

B. Aus 3β-Acetoxy-12α-chlor-16α,17-epoxy-5α-pregnan-11,20-dion und HI (*Fried et al.*, Chem. and Ind. **1956** 1232).

F: 188–190° [Zers.]. $[\alpha]_D^{23}$: −14° [$CHCl_3$].

3,21-Dihydroxy-pregnan-11,20-dione $C_{21}H_{32}O_4$.

a) **3α,21-Dihydroxy-5β-pregnan-11,20-dion,** Formel VI (R = R' = X = X' = H).

B. Aus 3α,21-Diacetoxy-5β-pregnan-11,20-dion beim Erwärmen mit $KHCO_3$ in wss. Methanol (*Oliveto et al.*, Am. Soc. **78** [1956] 1414).

Kristalle (aus A.); F: 225,5–228,5° [korr.]; $[\alpha]_D$: +110° [Dioxan; c = 1] (*Ol. et al.*). IR-Spektrum ($CHCl_3$; 1800–850 cm^{-1}): *G. Roberts, B.S. Gallagher, R.N. Jones,* Infrared Absorption Spectra of Steroids, Bd. 2 [New York 1958] Nr. 589. UV-Absorption bei 205 nm und 210 nm (A.): *Bird et al.*, Soc. **1957** 4149. Absorptionsspektrum (H_3PO_4): *Nowaczynski, Steyermark,* Arch. Biochem. **58** [1955] 453, 457.

b) **3β,21-Dihydroxy-5α-pregnan-11,20-dion,** Formel VII (R = H) (E III 3551).

B. Aus 21-Acetoxy-5α-pregnan-3,11,20-trion bei der Hydrierung an Raney-Nickel und Hydrolyse mit methanol. K_2CO_3 (*Mancera,* Am. Soc. **77** [1955] 5669, 5672).

Kristalle (aus Me.+Ae.); F: 187–189° [unkorr.]. $[\alpha]_D^{20}$: +97° [A.].

VI VII

3,21-Diacetoxy-pregnan-11,20-dione $C_{25}H_{36}O_6$.

a) **3β,21-Diacetoxy-5β-pregnan-11,20-dion,** Formel VIII (E III 3552).

IR-Spektrum (CCl_4; 1800–650 cm^{-1}): *G. Roberts, B.S. Gallagher, R.N. Jones,* Infrared Absorption Spectra of Steroids, Bd. 2 [New York 1958] Nr. 591.

b) **3α,21-Diacetoxy-5β-pregnan-11,20-dion,** Formel VI (R = R' = CO-CH_3, X = X' = H) (E III 3553).

B. Aus 3α-Acetoxy-5β-pregnan-11,20-dion bei der aufeinanderfolgenden Umsetzung mit Jod und 1,2-Epoxy-3-phenoxy-propan sowie mit Kaliumacetat (*Sterling Drug Inc.*, U.S.P. 2678932 [1951]).

IR-Spektrum (CCl_4 und CS_2; 1800–600 cm^{-1}): *G. Roberts, B.S. Gallagher, R.N. Jones,* Infrared Absorption Spectra of Steroids, Bd. 2 [New York 1958] Nr. 590. UV-Absorption bei 205 nm und 210 nm (A.): *Bird et al.*, Soc. **1957** 4149.

c) **3β,21-Diacetoxy-5α-pregnan-11,20-dion,** Formel VII (R = CO-CH_3) (E III 3553).

IR-Spektrum ($CHCl_3$; 1800–850 cm^{-1}): *K. Dobriner, E.R. Katzenellenbogen, R.N. Jones,* Infrared Absorption Spectra of Steroids [New York 1953] Nr. 211.

3α-Acetoxy-21-methansulfonyloxy-5β-pregnan-11,20-dion $C_{24}H_{36}O_7S$, Formel VI (R = CO-CH_3, R' = SO_2-CH_3, X = X' = H).

B. Aus 3α-Acetoxy-21-hydroxy-5β-pregnan-11,20-dion und Methansulfonylchlorid (*Wendler et al.*, Tetrahedron **3** [1958] 144, 158).

Kristalle (aus Acn. + Ae.); F: 164,5–166°.

3α-Acetoxy-21-benzyloxy-12α-brom-5β-pregnan-11,20-dion $C_{30}H_{39}BrO_5$, Formel VI (R = $CO\text{-}CH_3$, R′ = $CH_2\text{-}C_6H_5$, X = Br, X′ = H).

B. Aus 3α-Acetoxy-21-benzyloxy-12α-brom-24,24-diphenyl-5β-chola-20(22)ξ,23-dien-11-on mit Hilfe von $KMnO_4$ (*Heer, Wettstein,* Helv. **36** [1953] 891, 895).

Kristalle (aus A.); F: 117–119° [korr.]. $[\alpha]_D^{22}$: +38° [Dioxan; c = 1].

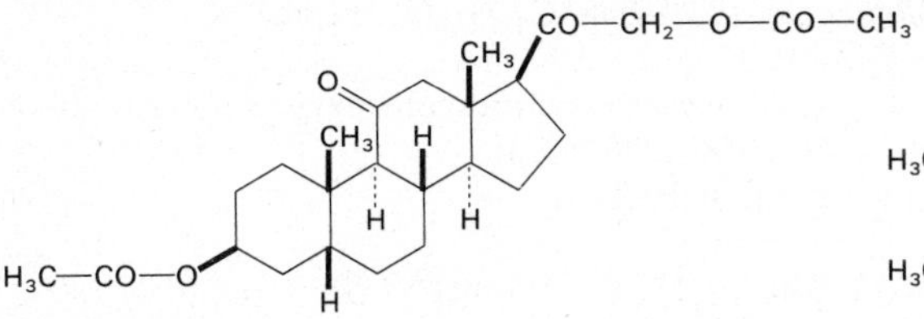

VIII

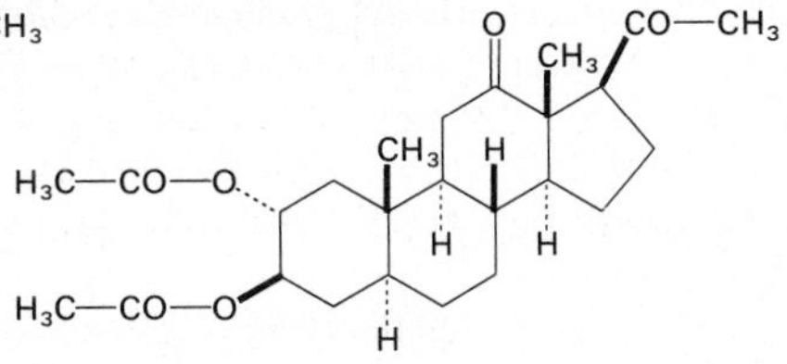

IX

3α,21-Diacetoxy-12α-brom-5β-pregnan-11,20-dion $C_{25}H_{35}BrO_6$, Formel VI (R = R′ = $CO\text{-}CH_3$, X = Br, X′ = H).

B. Aus 3α,21-Diacetoxy-12α-brom-24,24-diphenyl-5β-chola-20(22)ξ,23-dien-11-on mit Hilfe von Ozon (*Research Corp.*, U.S.P. 2577018 [1950]). Aus 3α-Acetoxy-12α,21-dibrom-24,24-diphenyl-5β-chola-20(22)ξ,23-dien-11-on bei der aufeinanderfolgenden Umsetzung mit Kaliumacetat und mit CrO_3 (*Camerino et al.*, G. **83** [1953] 802, 805).

Kristalle; F: 164–165° [aus $CHCl_3$ + Me.] (*Research Corp.*), 156–158° [korr.; aus Ae.] (*Ca. et al.*). $[\alpha]_D^{20}$: +39° [$CHCl_3$; c = 2] (*Ca. et al.*).

Beim Behandeln mit Brom und HBr in $CHCl_3$ sind die am C-Atom 21 epimeren 3α,21-Diacetoxy-12α,21-dibrom-5β-pregnan-11,20-dione (S. 2933), beim Behandeln mit Brom und HBr in Essigsäure ist 3α-Acetoxy-12α,17-dibrom-21,21-dihydroxy-5β-pregnan-11,20-dion (S. 2934) erhalten worden (*Fleischer, Kendall,* J. org. Chem. **16** [1951] 573, 580, 583).

3α,21-Diacetoxy-12α,16α(?)-dibrom-5β-pregnan-11,20-dion $C_{25}H_{34}Br_2O_6$, vermutlich Formel VI (R = R′ = $CO\text{-}CH_3$, X = X′ = Br).

B. Aus 3α,21-Diacetoxy-12α-brom-5β-pregn-16-en-11,20-dion und HBr (*Colton, Kendall,* J. biol. Chem. **194** [1952] 247, 258).

Kristalle (aus wss. Me.); F: 156–157°. $[\alpha]_D$: −24° [$CHCl_3$; c = 1].

2α,3β-Diacetoxy-5α-pregnan-12,20-dion $C_{25}H_{36}O_6$, Formel IX.

B. Aus 2α,3β-Diacetoxy-5α-pregn-16-en-12,20-dion bei der Hydrierung an Palladium (*Mueller et al.,* Am. Soc. **75** [1953] 4888, 4892).

Kristalle (aus Ae.); F: 258–260° [korr.; nach Sublimation bei 215°]. $[\alpha]_D^{29}$: +51° [Dioxan; c = 1]. λ_{max} (A.): 288 nm.

3α,7α-Dihydroxy-5β-pregnan-12,20-dion $C_{21}H_{32}O_4$, Formel X (R = R′ = H).

B. Aus 7α-Acetoxy-3α-[3-methoxycarbonyl-propionyloxy]-5β-pregnan-12,20-dion mit Hilfe von wss.-methanol. KOH (*Jungmann et al.*, Helv. **41** [1958] 1206, 1225).

Kristalle (aus Ae.); F: 103–104° [korr.; Zers.]. $[\alpha]_D^{25}$: +143,6° [$CHCl_3$; c = 1,5].

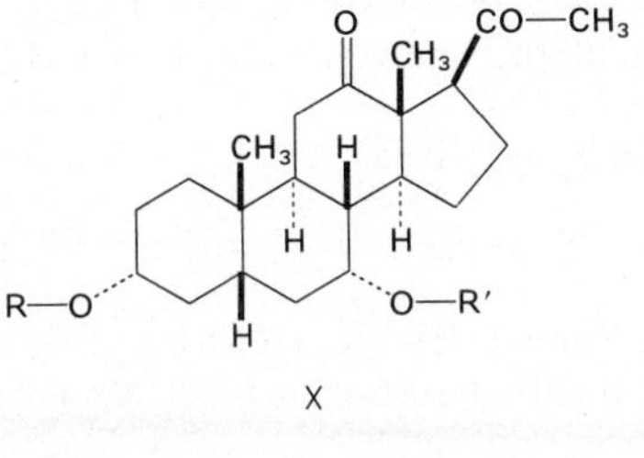

X

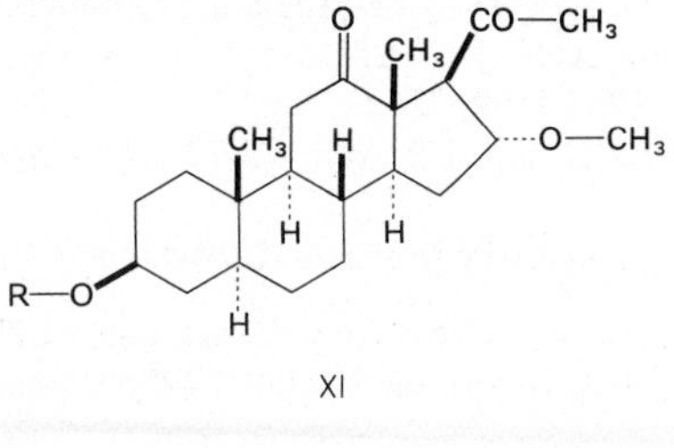

XI

Bernsteinsäure-[7α-hydroxy-12,20-dioxo-5β-pregnan-3α-ylester]-methylester, 7α-Hydroxy-3α-[3-methoxycarbonyl-propionyloxy]-5β-pregnan-12,20-dion $C_{26}H_{38}O_7$, Formel X (R = CO-CH_2-CH_2-CO-O-CH_3, R′ = H).

B. Aus 3α,7α-Dihydroxy-5β-pregnan-12,20-dion bei der aufeinanderfolgenden Umsetzung mit Bernsteinsäure-anhydrid und mit Diazomethan (*Jungmann et al.*, Helv. **41** [1958] 1206, 1225).

Kristalle (aus Acn.+Ae.); F: 132–134° [korr.]. $[\alpha]_D^{24}$: +132,8° [$CHCl_3$; c = 2,6].

Bernsteinsäure-[7α-acetoxy-12,20-dioxo-5β-pregnan-3α-ylester]-methylester, 7α-Acetoxy-3α-[3-methoxycarbonyl-propionyloxy]-5β-pregnan-12,20-dion $C_{28}H_{40}O_8$, Formel X (R = CO-CH_2-CH_2-CO-O-CH_3, R′ = CO-CH_3).

B. Aus 7α-Acetoxy-12α-hydroxy-3α-[3-methoxycarbonyl-propionyloxy]-5β-pregnan-20-on mit Hilfe von CrO_3 (*Jungmann et al.*, Helv. **41** [1958] 1206, 1223).

Kristalle (aus Ae.); F: 98–100°. $[\alpha]_D^{24}$: +117,6° [$CHCl_3$; c = 4].

3β-Hydroxy-16α-methoxy-5α-pregnan-12,20-dion $C_{22}H_{34}O_4$, Formel XI (R = H).

B. Aus 3β-Acetoxy-5α-pregn-16-en-12,20-dion beim Erwärmen mit K_2CO_3 in wss. Methanol (*Adams et al.*, Soc. **1954** 2209, 2211).

Kristalle (aus Acn.+Hexan); F: 142°. $[\alpha]_D^{25}$: +132° [$CHCl_3$; c = 0,4].

3β-Acetoxy-16α-methoxy-5α-pregnan-12,20-dion $C_{24}H_{36}O_5$, Formel XI (R = CO-CH_3).

B. Aus 3β-Acetoxy-5α-pregn-16-en-12,20-dion beim aufeinanderfolgenden Behandeln mit methanol. KOH und mit Acetanhydrid in Pyridin (*Mueller, Norton,* Am. Soc. **77** [1955] 143).

Kristalle (aus Cyclohexan); F: 144,0–145,2°. $[\alpha]_D$: +104° [$CHCl_3$].

3β-Acetoxy-16β-[(*R*)-5-acetoxy-4-methyl-valeryloxy]-5α-pregnan-12,20-dion $C_{31}H_{46}O_8$, Formel XII.

B. Aus Di-*O*-acetyl-pseudohecogenin (E III/IV **18** 1503) mit Hilfe von CrO_3 (*Mueller et al.*, Am. Soc. **75** [1953] 4888, 4891).

Kristalle (aus wss. Me.); F: 78,7–81,5°. $[\alpha]_D^{25}$: +49° [Dioxan].

CH_2—O—CO—CH_3 | H—C—CH_3 | O CO—CH_3 CH_3 CH_3 H O—CO—CH_2—CH_2 H H H_3C—CO—O H

XII

3,17-Dihydroxy-pregnan-12,20-dione $C_{21}H_{32}O_4$.

a) **3α,17-Dihydroxy-5β-pregnan-12,20-dion,** Formel XIII (R = X = H).

B. Aus 3α-Acetoxy-17-hydroxy-5β-pregnan-12,20-dion beim Behandeln mit Acetylchlorid in Methanol (*Julian et al.*, Am. Soc. **78** [1956] 3153, 3157).

Kristalle (aus Acn.); F: 173–174° [unkorr.]. $[\alpha]_D^{25}$: +84° [$CHCl_3$; c = 0,5].

b) **3β,17-Dihydroxy-5α-pregnan-12,20-dion,** Formel XIV (R = X = X′ = H).

B. Aus 3β-Acetoxy-17-hydroxy-5α-pregnan-12,20-dion mit Hilfe von äthanol. NaOH (*Adams et al.*, Soc. **1954** 2209, 2212).

Kristalle (aus Acn.); F: 204–207°. $[\alpha]_D^{22}$: +71° [$CHCl_3$; c = 0,5].

3-Acetoxy-17-hydroxy-pregnan-12,20-dione $C_{23}H_{34}O_5$.

a) **3α-Acetoxy-17-hydroxy-5β-pregnan-12,20-dion,** Formel XIII (R = CO-CH_3, X = H).

B. Aus 3α-Acetoxy-16α,17-epoxy-5β-pregnan-11,20-dion bei der aufeinanderfolgenden Um=

setzung mit HBr und mit Raney-Nickel (*Julian et al.*, Am. Soc. **78** [1956] 3153, 3156).
Kristalle (aus Acn.); F: 167–169° [unkorr.]. $[\alpha]_D^{25}$: +99° [$CHCl_3$; c = 0,5].

b) **3β-Acetoxy-17-hydroxy-5α-pregnan-12,20-dion,** Formel XIV (R = CO-CH_3, X = X′ = H).

In einem von *Mueller et al.* (Am. Soc. **75** [1953] 4888, 4891) unter dieser Konstitution und Konfiguration beschriebenen Präparat hat überwiegend 3β-Acetoxy-5α-pregnan-3,20-dion vorgelegen (*Adams et al.*, Soc. **1954** 2209, 2210; *Rothman, Wall,* Am. Soc. **77** [1955] 2229; *Callow, James,* Soc. **1956** 4744, 4746).

B. Aus 3β-Acetoxy-16β-brom-17-hydroxy-5α-pregnan-12,20-dion mit Hilfe von Palladium/$CaCO_3$ (*Ad. et al.*, l. c. S. 2212; *Ro., Wall,* l. c. S. 2232). Aus 3β-Acetoxy-16α,17-epoxy-5α-pregnan-11,20-dion beim Behandeln mit HBr in Essigsäure und Erwärmen des Reaktionsprodukts mit Raney-Nickel in wasserhaltigem Methanol (*Julian et al.*, Am. Soc. **78** [1956] 3153, 3156).

Kristalle; F: 131–133° [aus Hexan] (*Ad. et al.*), 130–131° [korr.; aus PAe.] (*Ro., Wall*). $[\alpha]_D^{25}$: +43° [$CHCl_3$] (*Ro., Wall*); $[\alpha]_D^{26}$: +55° [$CHCl_3$; c = 0,6] (*Ad. et al.*). IR-Spektrum (CCl_4 [1800–1300 cm^{-1}] und CS_2 [1400–670 cm^{-1}]): *G. Roberts, B.S. Gallagher, R.N. Jones,* Infrared Absorption Spectra of Steroids, Bd. 2 [New York 1958] Nr. 587.

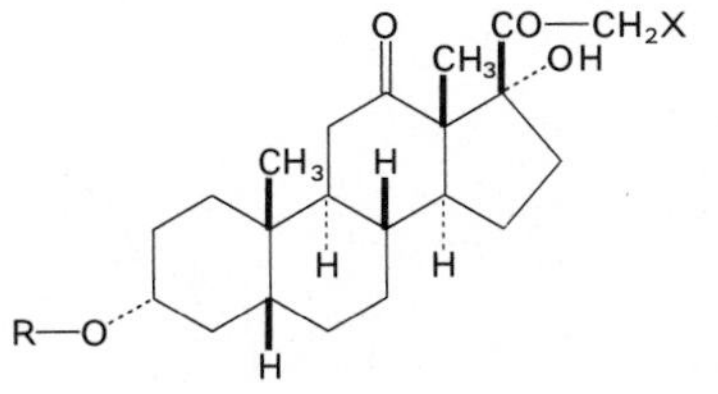

XIII 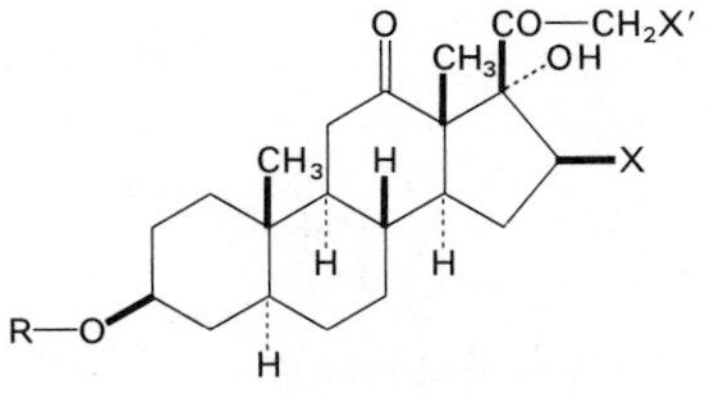 XIV

16β-Brom-3β,17-dihydroxy-5α-pregnan-12,20-dion $C_{21}H_{31}BrO_4$, Formel XIV (R = X′ = H, X = Br).

B. Aus 16α,17-Epoxy-3β-hydroxy-5α-pregnan-12,20-dion und HBr (*Mueller, Norton,* Am. Soc. **77** [1955] 143).

Kristalle (aus Acn. + Hexan); F: 168,5–170°. $[\alpha]_D$: +45,3° [A.], +31° [Dioxan].

3β-Acetoxy-16β-brom-17-hydroxy-5α-pregnan-12,20-dion $C_{23}H_{33}BrO_5$, Formel XIV (R = CO-CH_3, X = Br, X′ = H).

B. Aus 3β-Acetoxy-16α,17-epoxy-5α-pregnan-12,20-dion und HBr (*Mueller et al.*, Am. Soc. **75** [1953] 4888, 4891; *Adams et al.*, Soc. **1954** 2209, 2212; *Mueller, Norton,* Am. Soc. **77** [1955] 143).

Kristalle; F: 178–179,5° [aus Ae.] (*Mu., No.*), 163–165° oder 174–176° [aus $CHCl_3$ + Ae.] (*Ad. et al.*). $[\alpha]_D^{25}$: +8° [$CHCl_3$; c = 0,7] (*Ad. et al.*); $[\alpha]_D$: +45,7° [A.], +30° [Dioxan] (*Mu., No.*).

21-Brom-3,17-dihydroxy-pregnan-12,20-dione $C_{21}H_{31}BrO_4$.

a) **21-Brom-3α,17-dihydroxy-5β-pregnan-12,20-dion,** Formel XIII (R = H, X = Br).

B. Aus 3α-Acetoxy-21-brom-17-hydroxy-5β-pregnan-12,20-dion beim Behandeln mit methanol. HCl (*Julian et al.*, Am. Soc. **78** [1956] 3153, 3157).

Lösungsmittel enthaltende Kristalle (aus Ae.), die bei 90–100° unter Aufschäumen schmelzen. F: 153–157° [nach Trocknen im Vakuum bei 100°].

b) **21-Brom-3β,17-dihydroxy-5α-pregnan-12,20-dion,** Formel XIV (R = X = H, X′ = Br).

B. Aus 3β,17-Dihydroxy-5α-pregnan-12,20-dion und Brom (*Adams et al.*, Soc. **1954** 2209, 2213).

F: 183–184° [aus $CHCl_3$ + Ae.]. $[\alpha]_D^{24}$: +57° [$CHCl_3$; c = 0,5].

Beim Aufbewahren erfolgt Zersetzung.

3-Acetoxy-21-brom-17-hydroxy-pregnan-12,20-dione $C_{23}H_{33}BrO_5$.

a) **3α-Acetoxy-21-brom-17-hydroxy-5β-pregnan-12,20-dion,** Formel XIII (R = CO-CH_3, X = Br).

B. Aus 3α-Acetoxy-17-hydroxy-5β-pregnan-12,20-dion und Brom (*Julian et al.*, Am. Soc. **78** [1956] 3153, 3157).

Kristalle (aus CH_2Cl_2+Me.); F: 185–186° [unkorr.]. $[\alpha]_D^{25}$: +100° [$CHCl_3$; c = 0,5].

b) **3β-Acetoxy-21-brom-17-hydroxy-5α-pregnan-12,20-dion,** Formel XIV (R = CO-CH_3, X = H, X' = Br).

B. Aus 3β-Acetoxy-17-hydroxy-5α-pregnan-12,20-dion und Brom (*Rothman, Wall,* Am. Soc. **77** [1955] 2229, 2232).

Kristalle (aus Cyclohexan); F: 176–178° [korr.]. $[\alpha]_D^{25}$: +52,4° [$CHCl_3$].

16ξ,21-Dibrom-3β,17-dihydroxy-5α-pregnan-12,20-dion $C_{21}H_{30}Br_2O_4$, Formel XV.

B. In mässiger Ausbeute aus 16α,17-Epoxy-3β-hydroxy-5α-pregnan-12,20-dion beim Behandeln mit Brom in CCl_4 (*Rothmann, Wall,* Am. Soc. **78** [1956] 1744, 1746).

Kristalle (aus A.); F: 170–170,3° [unkorr.]. $[\alpha]_D^{25}$: +68° [$CHCl_3$; c = 1,6] (unreines Präparat).

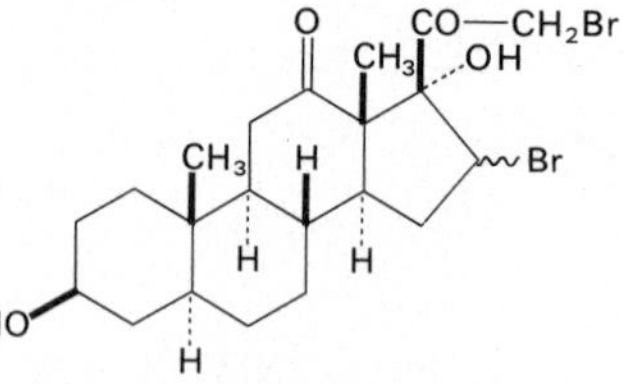

XV

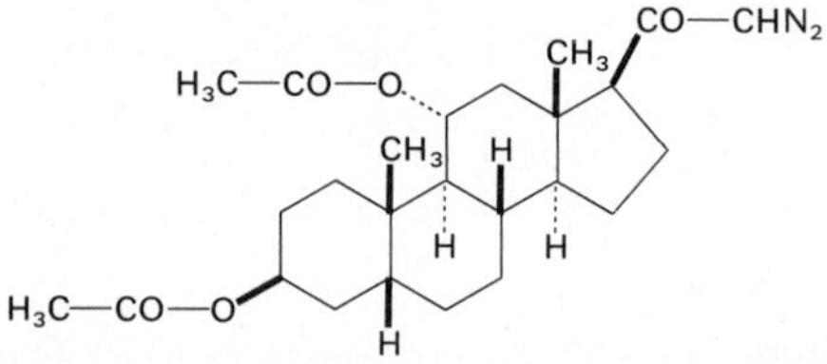

XVI

3β,11α-Diacetoxy-21-diazo-5β-pregnan-20-on $C_{25}H_{36}N_2O_5$, Formel XVI.

B. Aus 3β,11α-Diacetoxy-21-nor-5β-pregnan-20-säure beim aufeinanderfolgenden Behandeln mit $SOCl_2$ und mit Diazomethan (*Lardon, Reichstein,* Pharm. Acta Helv. **27** [1952] 287, 296).

Kristalle (aus Ae.+PAe.); F: 157–158° [korr.; Zers.]. $[\alpha]_D^{18}$: +106,4° [$CHCl_3$; c = 1,3].

[*Eigen-Schlosser*]

Hydroxy-oxo-Verbindungen $C_{22}H_{34}O_4$

3,17a-Dihydroxy-*D*-homo-pregnan-11,20-dione $C_{22}H_{34}O_4$.

a) **3α,17a-Dihydroxy-*D*-homo-5β-pregnan-11,20-dion,** Formel I (X = H).

B. Beim Behandeln von 3α-Acetoxy-17a-hydroxy-*D*-homo-5β-pregn-20-in-11-on mit Äther-BF_3, Essigsäure und Acetanhydrid und anschliessend mit Quecksilber(II)-acetat und Erwärmen des Reaktionsprodukts mit wss.-methanol. K_2CO_3 (*Clinton et al.*, Am. Soc. **80** [1958] 3395, 3398).

Kristalle (aus E.); F: 183,1–185,0°; $[\alpha]_D$: 0° [$CHCl_3$; c = 1] bzw. lösungsmittelhaltige Kristalle (aus wss. Me.); F: 118–124°.

*O*³-Acetyl-Derivat $C_{24}H_{36}O_5$; 3α-Acetoxy-17a-hydroxy-*D*-homo-5β-pregnan-11,20-dion. Kristalle (aus Me.); F: 210,5–212,4° [korr.]. $[\alpha]_D^{25}$: +31,1° [$CHCl_3$; c = 1].

b) **3α,17a-Dihydroxy-*D*-homo-5β,17aβ*H*-pregnan-11,20-dion,** Formel II (R = X = X' = H).

B. Aus 3α,17a-Diacetoxy-*D*-homo-5β,17aβ*H*-pregn-20-in-11-on beim Erwärmen mit $HgCl_2$, Anilin und H_2O in Benzol und Erwärmen des Reaktionsprodukts in Äthanol mit wss. HCl (*Clinton et al.*, Am. Soc. **80** [1958] 3395, 3398) oder beim Erwärmen mit einem mit Queck=

silber(II)-Salzen vorbehandelten Kationen-Austauscher und wss. Essigsäure und Behandeln des Reaktionsprodukts mit wss.-methanol. K_2CO_3 (*Cl. et al.*, l. c. S. 3399).

Kristalle (aus E.); F: 225–226,3° [korr.]. $[\alpha]_D^{25}$: +28,2° [$CHCl_3$; c = 1].

Monoacetyl-Derivat $C_{24}H_{36}O_5$; 3α-Acetoxy-17a-hydroxy-*D*-homo-5β,17aβ*H*-pregnan-11,20-dion. Kristalle (aus Me.); F: 196,6–199,6° [korr.]. $[\alpha]_D^{25}$: +54° [$CHCl_3$; c = 1].

Diacetyl-Derivat $C_{26}H_{38}O_6$; 3α,17a-Diacetoxy-*D*-homo-5β,17aβ*H*-pregnan-11,20-dion. *B.* Beim Erwärmen von 3α,17a-Diacetoxy-*D*-homo-5β,17aβ*H*-pregn-20-in-11-on mit $HgCl_2$, Anilin und H_2O in Benzol (*Cl. et al.*). – Kristalle (aus Me.); F: 167,1–168,6° [korr.]. $[\alpha]_D^{25}$: +20,6° [$CHCl_3$; c = 1].

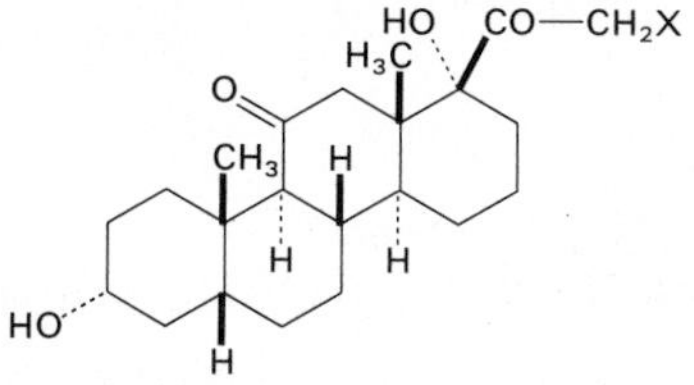

21-Brom-3,17a-dihydroxy-*D*-homo-pregnan-11,20-dione $C_{22}H_{33}BrO_4$.

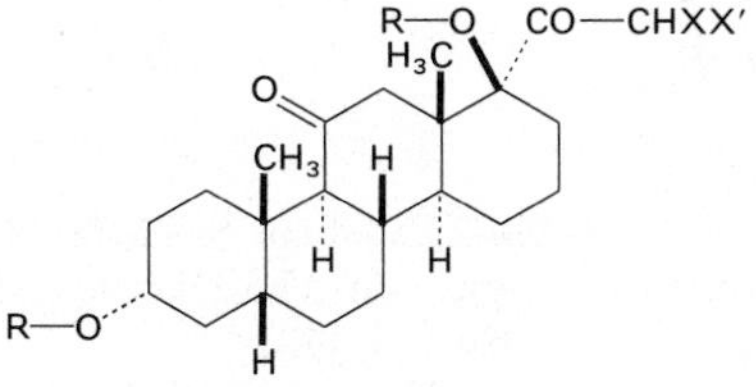

a) **21-Brom-3α,17a-dihydroxy-*D*-homo-5β-pregnan-11,20-dion,** Formel I (X = Br).

B. Beim Behandeln von 3α,17a-Dihydroxy-*D*-homo-5β-pregnan-11,20-dion mit Pyridinium⸗tribromid und wss. HBr in Essigsäure (*Clinton et al.*, Am. Soc. **80** [1958] 3395, 3400).

Kristalle (aus E.); F: 218–219° [korr.; Zers.; vorgeheiztes Bad]. $[\alpha]_D^{25}$: +74,4° [$CHCl_3$; c = 1].

b) **21-Brom-3α,17a-dihydroxy-*D*-homo-5β,17aβ*H*-pregnan-11,20-dion,** Formel II (R = X′ = H, X = Br).

B. Aus 3α,17a-Dihydroxy-*D*-homo-5β,17aβ*H*-pregnan-11,20-dion und Brom in Essigsäure (*Clinton et al.*, Am. Soc. **80** [1958] 3395, 3401).

Dimorph; Kristalle (aus E.+PAe.) vom F: 200,2–202,5° [korr.; Zers.], die beim Aufbewah⸗ren einer Lösung in Methanol in Form einer höherschmelzenden Modifikation vom F: 221–223° [korr.; Zers.] auskristallisieren. $[\alpha]_D^{25}$: +25,7° [$CHCl_3$; c = 1].

3α,17a-Diacetoxy-21,21-dibrom-*D*-homo-5β,17aβ*H*-pregnan-11,20-dion $C_{26}H_{36}Br_2O_6$, Formel II (R = CO-CH_3, X = X′ = Br).

B. Beim Behandeln von 3α,17a-Diacetoxy-*D*-homo-5β,17aβ*H*-pregn-20-in-11-on in *tert*-Butyl⸗alkohol mit *N*-Brom-acetamid und Natriumacetat in wss. Essigsäure (*Clinton et al.*, Am. Soc. **80** [1958] 3395, 3399).

F: 180–186° [Rohprodukt].

6β,11α,22-Trihydroxy-23,24-dinor-chol-4-en-3-on $C_{22}H_{34}O_4$, Formel III.

B. Beim Behandeln von 3-Oxo-23,24-dinor-chol-4-en-22-al mit Kulturen von Rhizopus arrhi⸗zus oder von 11α,22-Dihydroxy-23,24-dinor-chol-4-en-3-on mit Kulturen von Cunninghamella blakesleeana in wss. Aceton bei pH 4,3–4,5 (*Meister et al.*, Am. Soc. **76** [1954] 5679, 5681, 5682).

Kristalle (aus Acn.+$CHCl_3$); F: 238–240° [unkorr.]. $[\alpha]_D^{23}$: +22° [Me.; c = 0,4]. λ_{max} (A.): 238 nm.

Triacetyl-Derivat $C_{28}H_{40}O_7$; 6β,11α,22-Triacetoxy-23,24-dinor-chol-4-en-3-on. Kristalle (aus wss. Me.); F: 145–146° [unkorr.]. $[\alpha]_D^{23}$: +11° [$CHCl_3$; c = 1].

11α,22-Dihydroxy-23,24-dinor-5α-cholan-3,6-dion $C_{22}H_{34}O_4$, Formel IV.

B. Beim Erwärmen von 6β,11α,22-Trihydroxy-23,24-dinor-chol-4-en-3-on mit wss. H_2SO_4

in *tert*-Butylalkohol (*Meister et al.*, Am. Soc. **76** [1954] 5679, 5682).

Kristalle (aus Me.+Ae.); F: 191–193° [unkorr.]. $[\alpha]_D^{23}$: −27° [Me.; c = 0,4].

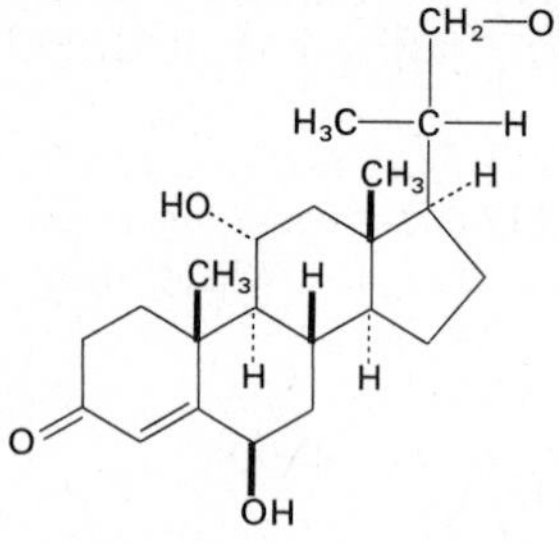

III 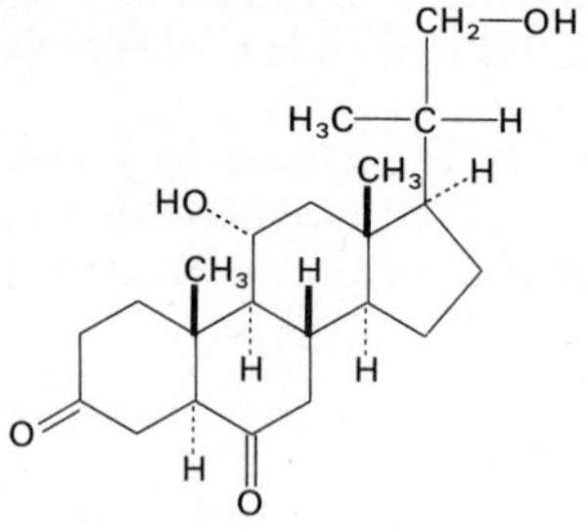 IV 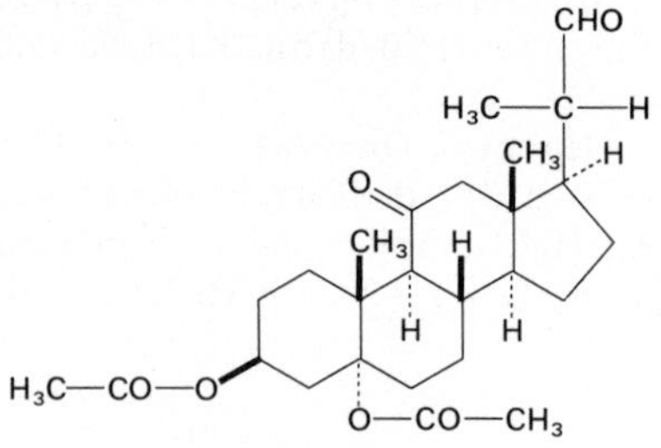 V

3β,5-Diacetoxy-11-oxo-23,24-dinor-5α-cholan-22-al $C_{26}H_{38}O_6$, Formel V.

B. Bei der Ozonolyse von 3β,5-Diacetoxy-5α-ergost-22*t*-en-11-on in Äthylacetat bei −70° (*Bladon et al.*, Soc. **1954** 125, 128).

Kristalle (aus Acn.+Diisopropyläther) mit einem Mol Aceton; F: 150–152° [korr.; Zers.]. $[\alpha]_D$: +42,5° [$CHCl_3$; c = 1,2]. IR-Banden (CCl_4; 2680–1240 cm^{-1}): *Bl. et al.*

3β,5,21ξ-Triacetoxy-23,24-dinor-5α-chol-20-en-11-on $C_{28}H_{40}O_7$, Formel VI.

B. Beim Erhitzen von 3β,5-Diacetoxy-11-oxo-23,24-dinor-5α-cholan-22-al mit Kaliumacetat und Acetanhydrid (*Bladon et al.*, Soc. **1954** 125, 128).

Kristalle (aus Me.); F: 181–182° [korr.]. $[\alpha]_D$: +51,5° [$CHCl_3$; c = 1]. IR-Banden (Nujol; 1750–1220 cm^{-1}): *Bl. et al.*

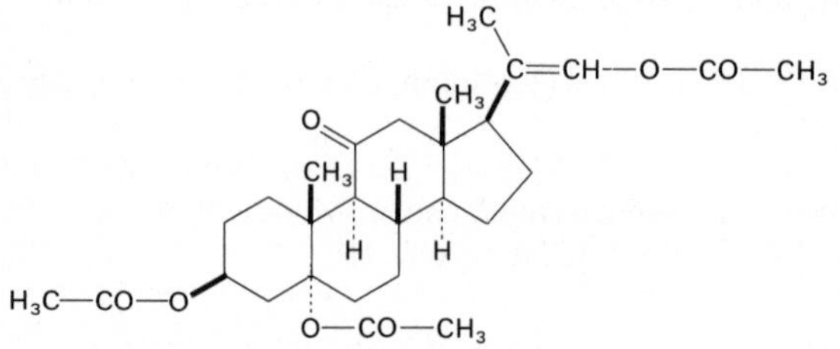

VI 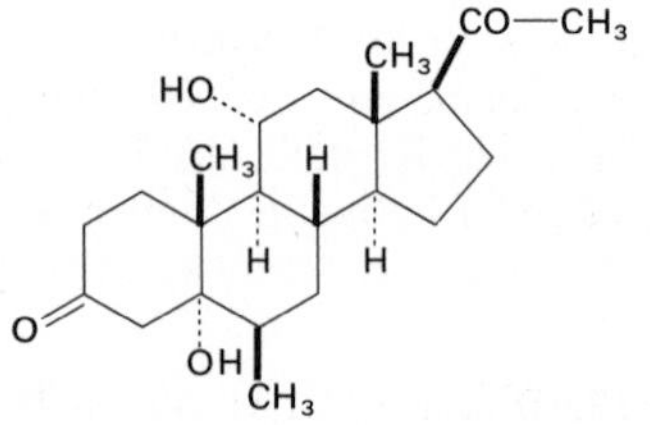 VII

5,11α-Dihydroxy-6β-methyl-5α-pregnan-3,20-dion $C_{22}H_{34}O_4$, Formel VII.

B. Beim Behandeln von 3,3;20,20-Bis-äthandiyldioxy-5,6α-epoxy-5α-pregnan-11α-ol mit Methylmagnesiumjodid und Erwärmen des Reaktionsprodukts mit Oxalsäure in wss. Methanol (*Cooley et al.*, Soc. **1957** 4112, 4115). Beim Behandeln von 11α-Acetoxy-3,3;20,20-Bis-äthandiyldioxy-5,6α-epoxy-5α-pregnan mit Methylmagnesiumbromid in Äther und THF und anschliessend mit wss. H_2SO_4 in Aceton (*Spero et al.*, Am. Soc. **78** [1956] 6213).

F: 234–235°; $[\alpha]_D$: +48° [$CHCl_3$] (*Sp. et al.*). F: 226–228° [aus E.]; $[\alpha]_D^{24}$: +19° [$CHCl_3$; c = 0,3] (*Co. et al.*). ^{1}H-NMR-Absorption ($CDCl_3$) und ^{1}H-^{1}H-Spin-Spin-Kopplungskonstante: *Slomp, McGarvey*, Am. Soc. **81** [1959] 2200.

5,17-Dihydroxy-6β-methyl-5α-pregnan-3,20-dion $C_{22}H_{34}O_4$, Formel VIII.

B. Bei der Oxidation von 3β,5,17-Trihydroxy-6β-methyl-5α-pregnan-20-on mit CrO_3 in Pyridin (*Ringold et al.*, Am. Soc. **81** [1959] 3712, 3715; *de Ruggieri, Ferrari*, Am. Soc. **81** [1959] 5725) oder mit CrO_3 in H_2SO_4 (*Chen, Huang*, Acta chim. sinica **25** [1959] 424; C. A. **1960** 19762). Bei der sauren Hydrolyse von 3,3;20,20-Bis-äthandiyldioxy-6β-methyl-5α-pregnan-5,17-diol in Aceton (*Babcock et al.*, Am. Soc. **80** [1958] 2904).

Kristalle; F: 274–279° (*Ba. et al.*), 270–273° [unkorr.; aus CH_2Cl_2+Acn.] (*de Ru., Fe.*),

266–268° [unkorr.; aus E.] (*Ri. et al.*). Kristalle (aus Acn.) mit 0,5 Mol Aceton; F: 263–264° [unkorr.] (*Ri. et al.*). $[\alpha]_D^{20}$: −6° [$CHCl_3$] (*deRu., Fe.*); $[\alpha]_D$: +15° [Dioxan] (*Chen, Hu.*), +12° [Dioxan; Aceton enthaltendes Präparat] (*Ri. et al.*). IR-Spektrum (KBr; 2–15 μ): *W. Neudert, H. Röpke,* Steroid-Spektrenatlas [Berlin 1965] Nr. 318.

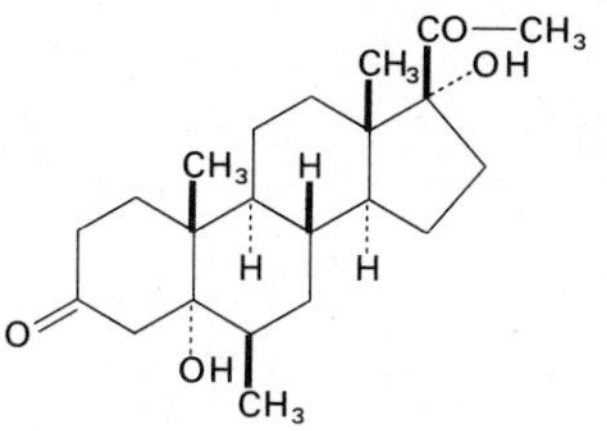

VIII 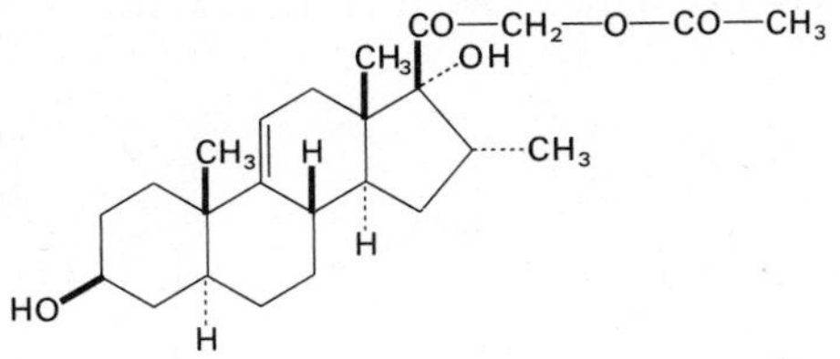 IX

21-Acetoxy-3β,17-dihydroxy-16α-methyl-5α-pregn-9(11)-en-20-on $C_{24}H_{36}O_5$, Formel IX.

B. Beim Erwärmen von 21-Acetoxy-3β,11β,17-trihydroxy-16α-methyl-5α-pregnan-20-on mit wss. $HClO_4$ in THF und Äther (*Ehmann et al.,* Helv. **42** [1959] 2548, 2553).

Kristalle (aus Acn.); F: 175° und (nach Wiedererstarren) F: 200°. IR-Banden (CH_2Cl_2; 2,7–8,2 μ): *Eh. et al.*

O^3-Acetyl-Derivat $C_{26}H_{38}O_6$; 3β,21-Diacetoxy-17-hydroxy-16α-methyl-5α-pregn-9(11)-en-20-on. Kristalle (aus Ae. + Pentan); F: 163–165°. $[\alpha]_D^{29,4}$: +210° [$CHCl_3$; c = 1]. IR-Banden (CH_2Cl_2; 2,7–8,2 μ): *Eh. et al.*

21-Acetoxy-17-hydroxy-16α-methyl-5α-pregnan-3,20-dion $C_{24}H_{36}O_5$, Formel X (X = H).

B. Beim Behandeln von 21-Acetoxy-3β,17-dihydroxy-16α-methyl-5α-pregnan-20-on mit CrO_3 und wss. H_2SO_4 in Aceton (*Oliveto et al.,* Am. Soc. **80** [1958] 4431).

F: 205–207°. $[\alpha]_D$: +46° [Dioxan].

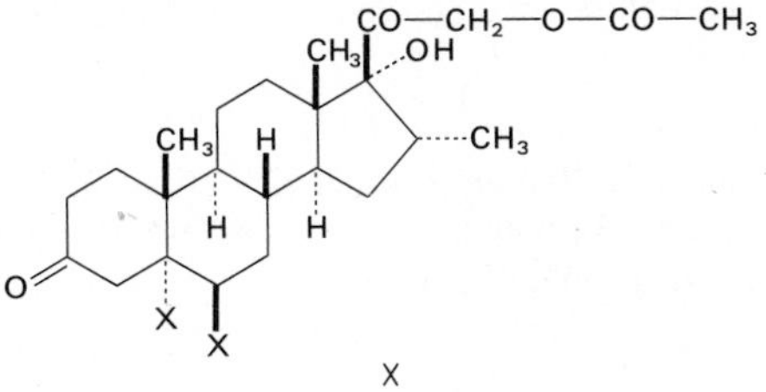

X 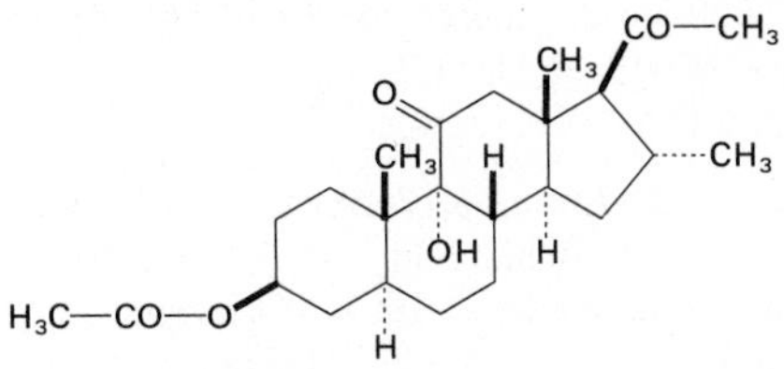 XI

21-Acetoxy-5,6β-dichlor-17-hydroxy-16α-methyl-5α-pregnan-3,20-dion $C_{24}H_{34}Cl_2O_5$, Formel X (X = Cl).

B. Analog der vorangehenden Verbindung (*Batres et al.,* J. org. Chem. **26** [1961] 871, 875; s. a. *Edwards et al.,* Pr. chem. Soc. **1959** 87).

F: 181–182° [unkorr.]; $[\alpha]_D$: −24° [$CHCl_3$; c = 1] (*W. Neudert, H. Röpke,* Steroid-Spektrenatlas [Berlin 1965] Nr. 319). IR-Spektrum (KBr bzw. Nujol; 2–15 μ): *Ne., Rö.*

3β-Acetoxy-9-hydroxy-16α-methyl-5α-pregnan-11,20-dion $C_{24}H_{36}O_5$, Formel XI.

B. Neben 3β-Acetoxy-17-hydroxy-16α-methyl-5α-pregnan-11,20-dion aus 3β-Acetoxy-16α-methyl-5α-pregnan-11,20-dion über mehrere Stufen (*Heusler et al.,* Helv. **42** [1959] 2043, 2056).

Kristalle (aus CH_2Cl_2 + Ae. + PAe.); F: 208–209,5°. $[\alpha]_D^{29}$: +95° [$CHCl_3$; c = 0,9].

3,17-Dihydroxy-16-methyl-pregnan-11,20-dione $C_{22}H_{34}O_4$.

a) **3α,17-Dihydroxy-16β-methyl-5β-pregnan-11,20-dion,** Formel XII (X = H).

B. Aus 3α-Acetoxy-16β-methyl-5β-pregnan-11,20-dion über mehrere Stufen (*Oliveto et al.,* Am. Soc. **80** [1958] 4428; *Taub et al.,* Am. Soc. **80** [1958] 4435).

F: 192–197°; $[\alpha]_D$: +67° [$CHCl_3$] (*Taub et al.*). F: 182–185°; $[\alpha]_D$: +83,6° [Dioxan; c = 1] (*Ol. et al.*).

b) **3α,17-Dihydroxy-16α-methyl-5β-pregnan-11,20-dion,** Formel XIII.

B. Aus 3α-Hydroxy-16α-methyl-5β-pregnan-11,20-dion über mehrere Stufen (*Arth et al.*, Am. Soc. **80** [1958] 3160).

F: 185–187°. $[\alpha]_D^{25}$: +60° [$CHCl_3$; c = 1].

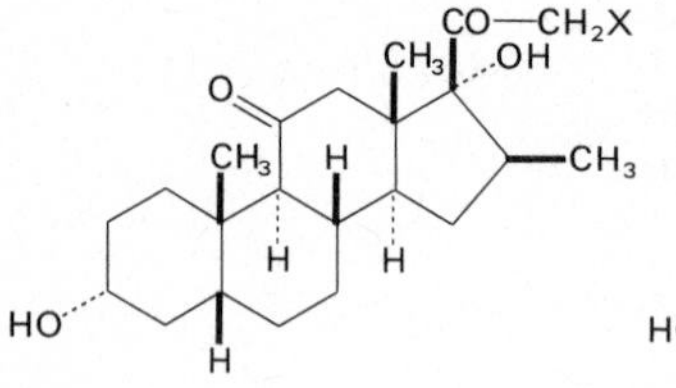

XII 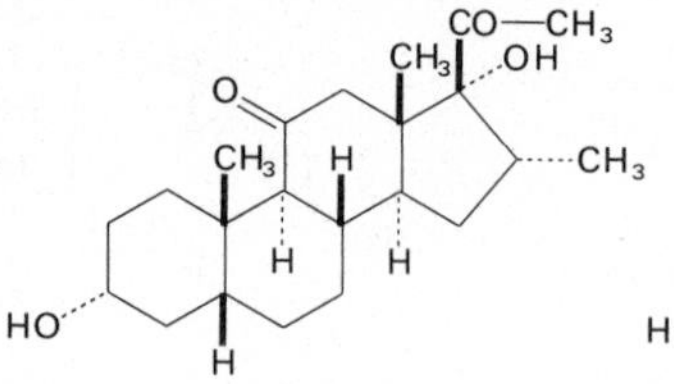 XIII 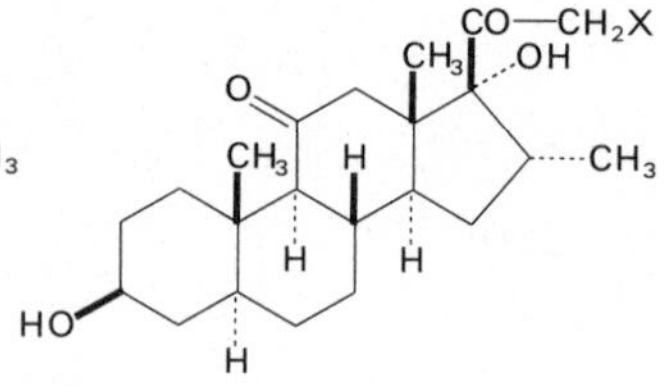 XIV

c) **3β,17-Dihydroxy-16α-methyl-5α-pregnan-11,20-dion,** Formel XIV (X = H).

B. Aus dem Acetyl-Derivat (s. u.) mit Hilfe von wss.-methanol. NaOH (*Heusler et al.*, Helv. **42** [1959] 2043, 2058). Beim Erwärmen von (20Ξ)-3β,20-Diacetoxy-17,20-epoxy-16α-methyl-5α-pregnan-11-on (F: 203–204°) mit K_2CO_3 in wss. Methanol (*He. et al.*).

Kristalle (aus CH_2Cl_2+Me.+Ae.); F: 269–272°. $[\alpha]_D^{26}$: +16,5° [$CHCl_3$; c = 0,5]. IR-Banden (Nujol; 2,8–5,9 μ): *He. et al.*

*O*³-Acetyl-Derivat $C_{24}H_{36}O_5$; 3β-Acetoxy-17-hydroxy-16α-methyl-5α-pregnan-11,20-dion. *B.* s. o. im Artikel 3β-Acetoxy-9-hydroxy-16α-methyl-5α-pregnan-11,20-dion. – Kristalle (aus Ae.+PAe.); F: 171–172°; $[\alpha]_D^{29}$: +9° [$CHCl_3$; c = 0,5] (*He. et al.*, l. c. S. 2057).

21-Brom-3,17-dihydroxy-16-methyl-pregnan-11,20-dione $C_{22}H_{33}BrO_4$.

a) **21-Brom-3α,17-dihydroxy-16β-methyl-5β-pregnan-11,20-dion,** Formel XII (X = Br).

B. Beim Bromieren von 3α,17-Dihydroxy-16β-methyl-5β-pregnan-11,20-dion (*Taub et al.*, Am. Soc. **80** [1958] 4435).

F: 165–175° [Zers.].

b) **21-Brom-3β,17-dihydroxy-16α-methyl-5α-pregnan-11,20-dion,** Formel XIV (X = Br).

B. Beim Behandeln von 3β,17-Dihydroxy-16α-methyl-5α-pregnan-11,20-dion mit Brom in HCl enthaltendem $CHCl_3$ (*Ehmann et al.*, Helv. **42** [1959] 2548, 2553).

Kristalle; F: 231–237° [Zers.].

20ξ,21-Diacetoxy-11β-hydroxy-17-methyl-pregn-4-en-3-on $C_{26}H_{38}O_6$, Formel I.

B. Als Hauptprodukt beim Erwärmen von 11β-Hydroxy-20ξ,21-isopropylidendioxy-17-methyl-pregn-4-en-3-on (E III/IV **19** 2571) mit wss. Essigsäure und Behandeln des Reaktionsprodukts mit Acetanhydrid und Pyridin (*Engel*, Canad. J. Chem. **35** [1957] 131, 139).

Kristalle; F: 199,5–202,5° [korr.; evakuierte Kapillare; nach chromatographischer Reinigung]. IR-Banden (KBr; 3550–1230 cm^{-1} bzw. $CHCl_3$; 1740–1370 cm^{-1}): *En.*

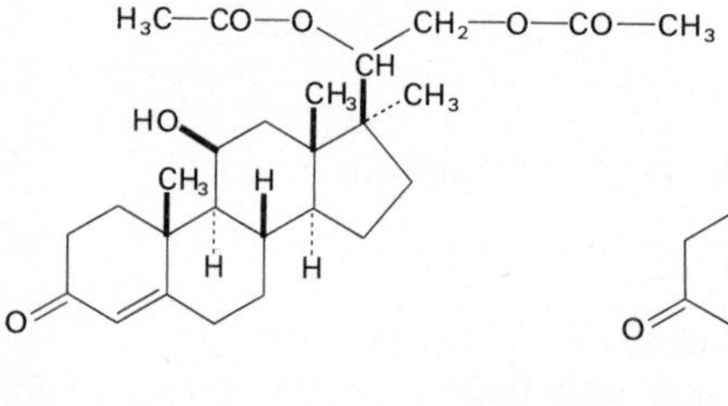

I 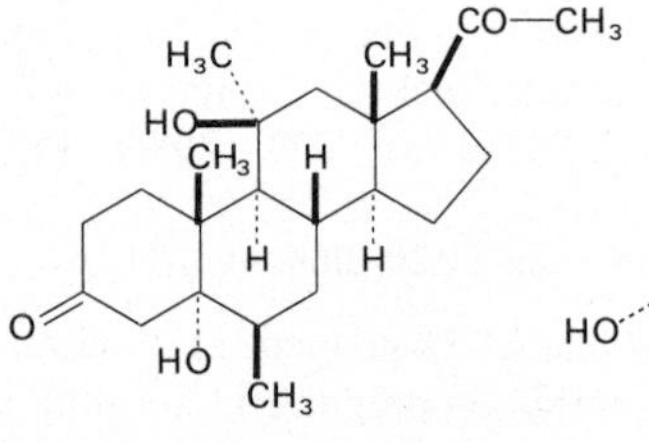 II 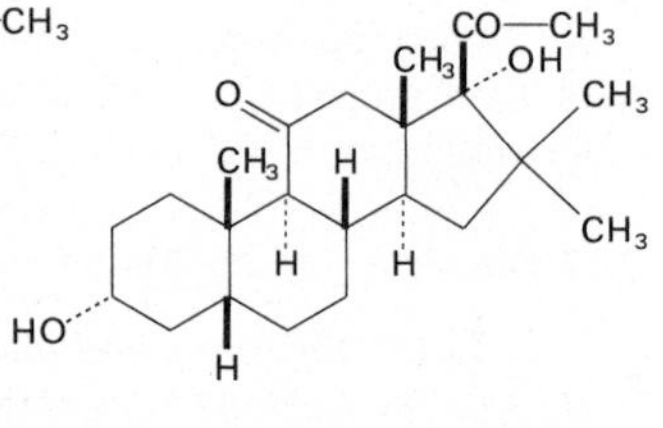 III

Hydroxy-oxo-Verbindungen $C_{23}H_{36}O_4$

5,11β-Dihydroxy-6β,11α-dimethyl-5α-pregnan-3,20-dion $C_{23}H_{36}O_4$, Formel II.

B. Beim Behandeln von 3,3;20,20-Bis-äthandiyldioxy-5,6α-epoxy-5α-pregnan-11-on in THF mit Methylmagnesiumbromid in Äther und Erwärmen des Reaktionsprodukts in Aceton mit wss. H_2SO_4 (*Upjohn Co.*, U.S.P. 2849448 [1957]).

Kristalle (aus Acn.); F: 272–274°. $[\alpha]_D$: +57° [Dioxan].

3α,17-Dihydroxy-16,16-dimethyl-5β-pregnan-11,20-dion $C_{23}H_{36}O_4$, Formel III.

B. Aus 3α-Acetoxy-16,16-dimethyl-5β-pregnan-11,20-dion über mehrere Stufen (*Hoffsommer et al.*, J. org. Chem. **24** [1959] 1617, **27** [1962] 353, 356).

F: 177–182°.

Hydroxy-oxo-Verbindungen $C_{26}H_{42}O_4$

1-[3,4-Dimethoxy-phenyl]-eicosan-1,3-dion $C_{28}H_{46}O_4$, Formel IV und Taut.

B. Neben anderen Verbindungen beim Erhitzen von 1-[3,4-Dimethoxy-phenyl]-äthanon mit Natrium und Äthylstearat in Xylol auf 115° (*Mamlok, Wiemann*, Bl. **1954** 1424, 1426).

Kristalle (aus A.); F: 82,5–83,5°.

Kupfer(II)-Salz $Cu(C_{28}H_{45}O_4)_2$. Grünliche Kristalle (aus $CHCl_3$); F: 123–124°.

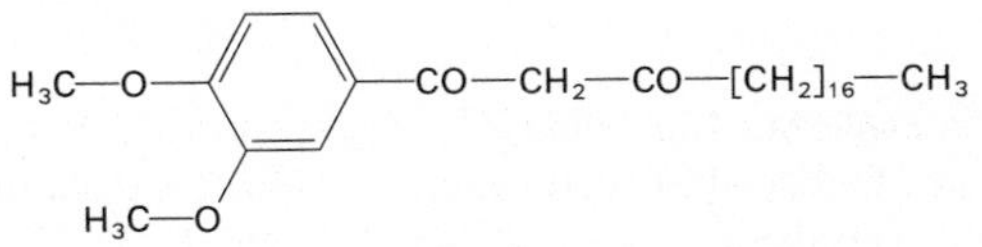

H_3C—O— ... —CO—CH_2—CO—$[CH_2]_{16}$—CH_3

H_3C—O

IV

Hydroxy-oxo-Verbindungen $C_{27}H_{44}O_4$

2,3-Dimethoxy-5-methyl-6-[(7*R*,11*R*)-*trans*-phytyl]-[1,4]benzochinon $C_{29}H_{48}O_4$, Formel V.

B. Beim Behandeln von 2,3-Dimethoxy-5-methyl-hydrochinon mit (+)-Phytol (E IV **1** 2208), $ZnCl_2$ und wenig Essigsäure in Äther und Behandeln des Reaktionsprodukts mit Ag_2O in Äther (*Morton et al.*, Helv. **41** [1958] 2343, 2356).

Gelbes Öl (*Mo. et al.*). ^{1}H-NMR-Absorption (CCl_4): *Shunk et al.*, Am. Soc. **80** [1958] 4753. UV-Spektrum (Cyclohexan): *Mo. et al.*, l. c. S. 2347. λ_{max} (Isooctan): 272 nm (*Sh. et al.*).

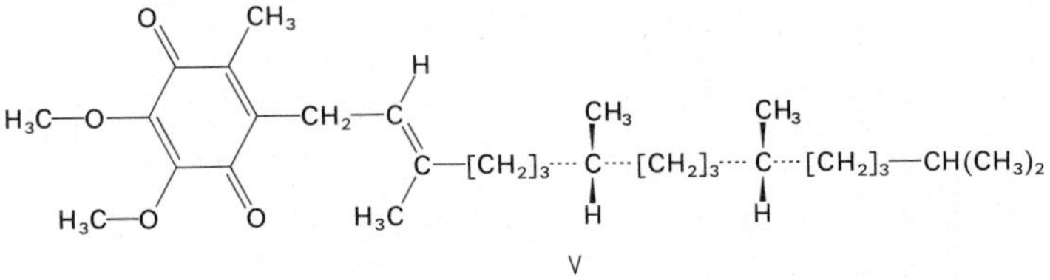

O, CH_3, H, H_3C—O—, —CH_2—C, CH_3, CH_3, C—$[CH_2]_3$···C···$[CH_2]_3$···C···$[CH_2]_3$—$CH(CH_3)_2$, H_3C—O, O, H_3C, H, H

V

(25*R*)-3β,16β,26-Trihydroxy-cholest-5-en-22-on $C_{27}H_{44}O_4$, Formel VI und cyclische Taut. (E III 3556).

Die nachstehend unter dieser Konstitution und Konfiguration beschriebene Verbindung liegt nach Ausweis des IR-Spektrums in kristalliner Form wahrscheinlich als (22Ξ,25*R*)-22,26-Epoxy-cholest-5-en-3β,16β,22-triol $C_{27}H_{44}O_4$ vor (*Miner, Wallis*, J. org. Chem. **21** [1956] 715, 718).

B. Beim Erwärmen des Triacetyl-Derivats (s. u.) mit K_2CO_3 in wss. Methanol (*Mi., Wa.*, l. c. S. 720).

Kristalle (aus Me.); F: 175–176° [unkorr.]. $[\alpha]_D^{25}$: −43° [A.]. IR-Spektrum (Nujol; 4000–600 cm^{-1}): *Mi., Wa.*, l. c. S. 717.

T r i a c e t y l - D e r i v a t $C_{33}H_{50}O_7$; (25*R*)-3β,16β,26-T r i a c e t o x y - c h o l e s t - 5 - e n - 2 2 - o n. *B.* Beim Erhitzen von (25*R*)-3β,26-Diacetoxy-16α-chlor-cholest-5-en-22-on mit Silberacetat in Essigsäure unter Lichtausschluss (*Mi., Wa.*). – Kristalle (aus Me.); F: 167–167,5° [unkorr.]. $[\alpha]_D^{24}$: +13° [$CHCl_3$].

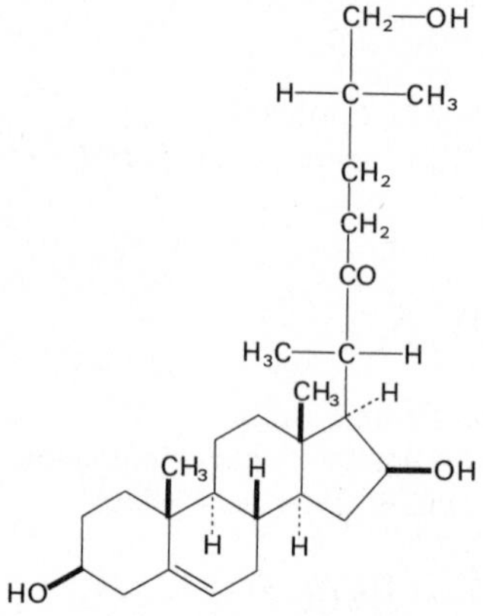

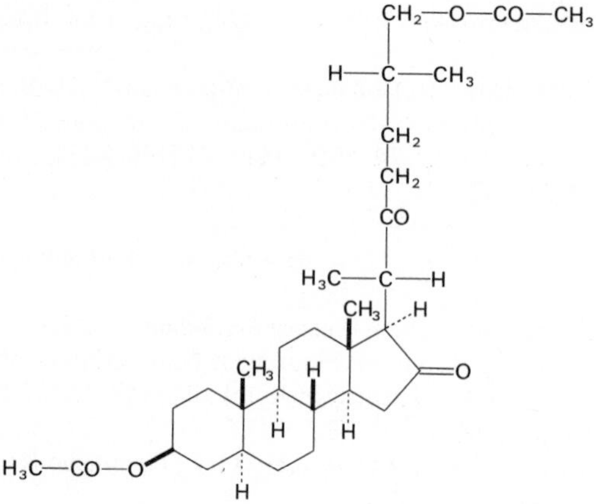

(25*R*)-3β,26-Diacetoxy-5α-cholestan-16,22-dion $C_{31}H_{48}O_6$, Formel VII (E III 3559).

B. Beim Hydrieren von Di-*O*-acetyl-kryptogenin (S. 2940) an Palladium/$CaCO_3$ in Äthanol (*Hirschmann, Hirschmann,* Tetrahedron **3** [1958] 243, 251; vgl. E III 3559).

Kristalle (aus Me.); F: 121–123,5° [korr.].

Hydroxy-oxo-Verbindungen $C_{28}H_{46}O_4$

3β-Acetoxy-4α-methyl-8,24-dioxo-7,8-seco-5α,9ξ-cholestan-7-al $C_{30}H_{48}O_5$, Formel VIII.

B. Beim Behandeln von 4α-Methyl-5α,8α-stigmastan-3β,7α,8,24ξ,28ξ-pentaol (O^3,O^7,O^{28}-Triacetyl-Derivat: F: 221–222°) mit Blei(IV)-acetat in Essigsäure und Behandeln des Reaktionsprodukts mit Acetanhydrid und Pyridin (*Mazur et al.,* Am. Soc. **80** [1958] 6293, 6296).

Kristalle (aus Ae.+Pentan); F: 151–153° [unkorr.].

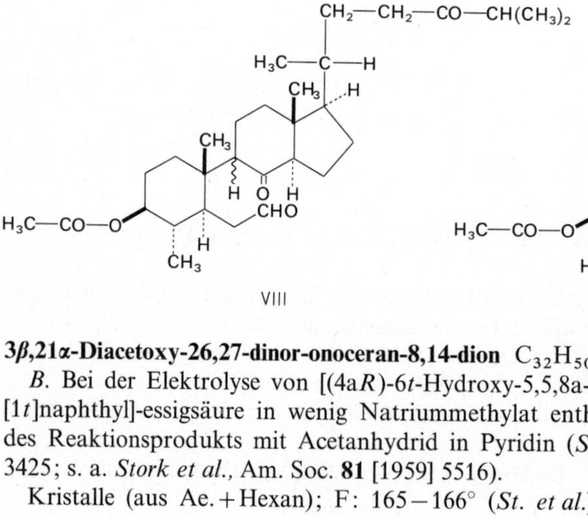

3β,21α-Diacetoxy-26,27-dinor-onoceran-8,14-dion $C_{32}H_{50}O_6$, Formel IX (E III 3561).

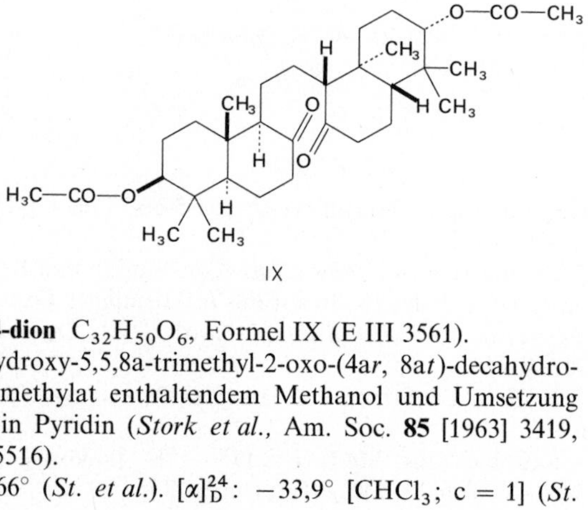

B. Bei der Elektrolyse von [(4a*R*)-6*t*-Hydroxy-5,5,8a-trimethyl-2-oxo-(4a*r*, 8a*t*)-decahydro-[1*t*]naphthyl]-essigsäure in wenig Natriummethylat enthaltendem Methanol und Umsetzung des Reaktionsprodukts mit Acetanhydrid in Pyridin (*Stork et al.,* Am. Soc. **85** [1963] 3419, 3425; s. a. *Stork et al.,* Am. Soc. **81** [1959] 5516).

Kristalle (aus Ae.+Hexan); F: 165–166° (*St. et al.*). $[\alpha]_D^{24}$: –33,9° [$CHCl_3$; c = 1] (*St.*

et al., Am. Soc. **85** 3425). $[\alpha]_D^{25}$: −46° [Dioxan; c = 0,05], ORD (Dioxan; 700–275 nm): *Djerassi, Marshall*, Tetrahedron **1** [1957] 238. λ_{max} (A.): 286 nm (*Barton, Overton*, Soc. **1955** 2639, 2647).

3β,9,11α-Trihydroxy-5α-ergost-22t-en-7-on $C_{28}H_{46}O_4$, Formel X (R = R′ = H).

B. Beim Erwärmen von 22α~F~,23α~F~-Dibrom-3β,9,11α-trihydroxy-5α-ergostan-7-on mit Zink-Pulver in Methanol (*Budziarek et al.*, Soc. **1953** 778, 781). Aus der folgenden Verbindung mit Hilfe von methanol. KOH (*Bu. et al.*).

Kristalle (aus Acn. oder Me.); F: 258–259° [korr.]. $[\alpha]_D^{18-20}$: −71° [$CHCl_3$; c = 1].

3β-Acetoxy-9,11α-dihydroxy-5α-ergost-22t-en-7-on $C_{30}H_{48}O_5$, Formel X (R = CO-CH_3, R′ = H).

B. Beim Behandeln von 3β-Acetoxy-5α-ergost-22*t*-en-7α,8,9,11α-tetraol mit wss. HBr in Essigsäure (*Heusser et al.*, Helv. **35** [1952] 936, 948). Beim Erhitzen von 3β-Acetoxy-22α_F(?),23α_F(?)-dichlor-9,11α-dihydroxy-5α-ergostan-7-on (F: 285–286° [korr.; Zers.]) mit Zink-Pulver und Essigsäure (*Paterson, Spring*, Soc. **1954** 325). Beim Erwärmen von 3β-Acetoxy-22α_F,23α_F-dibrom-9,11α-dihydroxy-5α-ergostan-7-on mit Zink-Pulver in Äther und Methanol (*Budziarek et al.*, Soc. **1953** 778, 781). Beim Behandeln von 3β-Acetoxy-22α_F,23α_F-dibrom-8,9-epoxy-5α,8α-ergostan-7α,11α-diol mit Zink-Pulver und Essigsäure (*Bu. et al.*). Beim Behandeln von 3β-Acetoxy-8,9-epoxy-5α,8α-ergost-22*t*-en-7α,11α-diol mit Äther-BF_3 in Benzol sowie mit wss. HBr oder wss. H_2SO_4 in Essigsäure (*He. et al.*).

Kristalle (aus Me.); F: 269–270° [evakuierte Kapillare] (*He. et al.*), 267–269° [korr.] (*Bu. et al.*). $[\alpha]_D^{18-20}$: −69° [$CHCl_3$; c = 1] (*Bu. et al.*); $[\alpha]_D^{22}$: −62° [$CHCl_3$; c = 1,6] (*He. et al.*). IR-Spektrum (Nujol; 2–16 μ): *He. et al.*, l. c. S. 944.

Semicarbazon $C_{31}H_{51}N_3O_5$. Kristalle (aus $CHCl_3$ + Me.); F: 247–248° [Zers.; evakuierte Kapillare] (*He. et al.*, l. c. S. 949).

11α-Acetoxy-3β,9-dihydroxy-5α-ergost-22t-en-7-on $C_{30}H_{48}O_5$, Formel X (R = H, R′ = CO-CH_3).

B. Beim Erwärmen der folgenden Verbindung in Dioxan mit wss. HCl (*Heusser et al.*, Helv. **36** [1953] 1918, 1921).

Kristalle (aus wss. Me.); F: 228–229°. $[\alpha]_D^{20}$: −48° [Dioxan; c = 0,6].

3β,11α-Diacetoxy-9-hydroxy-5α-ergost-22t-en-7-on $C_{32}H_{50}O_6$, Formel X (R = R′ = CO-CH_3).

B. Beim Erwärmen von 3β,9,11α-Trihydroxy-5α-ergost-22*t*-en-7-on (*Budziarek et al.*, Soc. **1953** 778, 781) oder von 3β-Acetoxy-9,11α-dihydroxy-5α-ergost-22*t*-en-7-on (*Heusser et al.*, Helv. **35** [1952] 936, 949; *Budziarek et al.*, Soc, **1952** 2892, 2899) mit Acetanhydrid und Pyridin. Beim Erwärmen von 3β,11α-Diacetoxy-22α_F,23α_F-dibrom-9-hydroxy-5α-ergostan-7-on mit

Zink-Pulver in Äther und Methanol (*Budziarek et al.*, Soc. **1953** 781) oder in Methanol und Benzol (*MacLean, Spring,* Soc. **1954** 328, 331).

Kristalle; F: 197–198° [aus Me.] (*Bu. et al.*, Soc. **1952** 2899, 2900), 194–196° [aus Me.] (*Bu. et al.*, Soc. **1953** 781), 193–195° [korr.; aus wss. Acn.] (*Ma., Sp.*), 191° [evakuierte Kapillare; aus wss. Me.] (*He. et al.*). $[\alpha]_D^{ca.\,15}$: −46° [$CHCl_3$; c = 1] (*Ma., Sp.*); $[\alpha]_D^{18-20}$: −43° [$CHCl_3$; c = 1] (*Bu. et al.*, Soc. **1953** 781); $[\alpha]_D^{22}$: −45° [$CHCl_3$; c = 1] (*He. et al.*). IR-Spektrum (Nujol; 2–16 µ): *He. et al.*, l. c. S. 944.

22α_F,23α_F-Dibrom-3β,9-dihydroxy-5α-ergostan-7,11-dion $C_{28}H_{44}Br_2O_4$, Formel XI (R = H).

B. Beim Erwärmen der folgenden Verbindung mit methanol. KOH (*Budziarek, Spring,* Soc. **1953** 956, 957).

Kristalle (aus Acn. oder Me.); F: 234–235° [korr.]. $[\alpha]_D^{16-18}$: +16° [$CHCl_3$; c = 2].

3β-Acetoxy-22α_F,23α_F-dibrom-9-hydroxy-5α-ergostan-7,11-dion $C_{30}H_{46}Br_2O_5$, Formel XI (R = CO-CH_3).

B. Beim Behandeln von 3β-Acetoxy-22α_F,23α_F-dibrom-9,11α-dihydroxy-5α-ergostan-7-on mit CrO_3 in Essigsäure (*Budziarek, Spring,* Soc. **1953** 956, 957).

Kristalle (aus Me.+$CHCl_3$); F: 256–258° [korr.]. $[\alpha]_D^{16-18}$: +2° [$CHCl_3$; c = 1,6].

Hydroxy-oxo-Verbindungen $C_{29}H_{48}O_4$

***3β,28-Diacetoxy-21β-hydroxy-30-nor-lupan-20-on-[*O*-acetyl-oxim]** $C_{35}H_{55}NO_7$, Formel XII.

B. Beim Behandeln von 3β-Acetoxy-21β-hydroxy-20-hydroxyimino-30-nor-lupan-28-säure-lacton mit $LiAlH_4$ in Äther und anschliessenden Acetylieren (*Djerassi, Hodges,* Am. Soc. **78** [1956] 3534, 3537).

Kristalle (aus Me.+$CHCl_3$); F: 222–232° [Zers.].

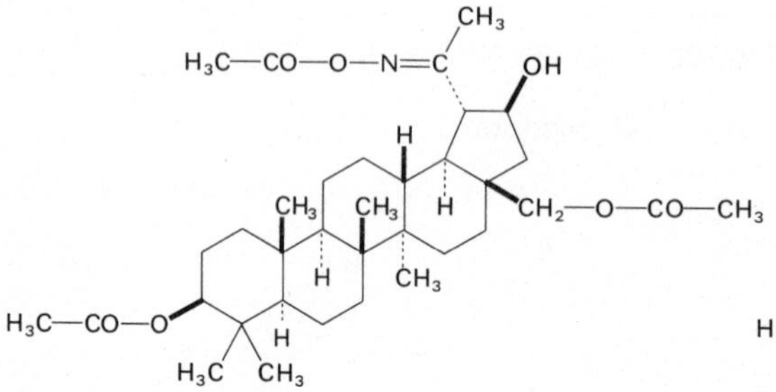

XII

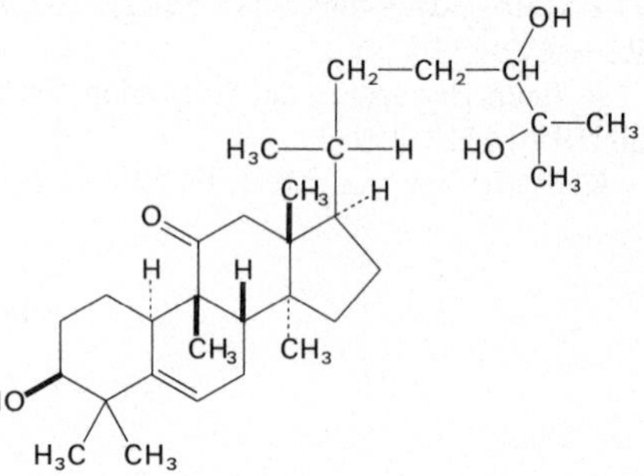

XIII

Hydroxy-oxo-Verbindungen $C_{30}H_{50}O_4$

(24Ξ)-3β,24,25-Trihydroxy-9-methyl-19-nor-9β,10α-lanost-5-en-11-on, (24Ξ)-3β,24,25-Trihydroxy-10α-cucurbit-5-en-11-on, Bryodulcosigenin $C_{30}H_{50}O_4$, Formel XIII.

Konstitution und Konfiguration: *Tunmann, Stapel,* Ar. **299** [1966] 596.

B. Beim Erwärmen von Bryobiosid (E III/IV **17** 3475) mit wss.-methanol. H_2SO_4 (*Tunmann, Wolf,* Ar. **289** [1956] 459, 463, 468).

Kristalle; F: 186° [aus Ae.] (*Tu., Wolf*), 181–182° [aus Ae.] (*Tu., St.*), 180–182° [aus Bzl.+PAe.] (*Biglino,* Ann. Chimica **49** [1959] 782, 789). $[\alpha]_D^{19}$: +190° [$CHCl_3$; c = 1] (*Tu., Wolf*); $[\alpha]_D^{20}$: +189,9° [$CHCl_3$; c = 0,4] (*Tu., St.*).

3β,9-Dihydroxy-lanostan-11,12-dion $C_{30}H_{50}O_4$, Formel XIV (R = H).

B. Aus der folgenden Verbindung mit Hilfe von äthanol. KOH (*Voser et al.*, Helv. **35** [1952] 2065, 2070).

Kristalle (aus CH_2Cl_2+Hexan); F: 183–184° [korr.; evakuierte Kapillare]. $[\alpha]_D$: +142°

[$CHCl_3$; c = 1,1].

3β-Acetoxy-9-hydroxy-lanostan-11,12-dion $C_{32}H_{52}O_5$, Formel XIV (R = CO-CH_3).

B. Beim Erhitzen von 3β-Acetoxy-lanostan-11-on mit SeO_2 in Dioxan auf 180° (*Voser et al.*, Helv. **35** [1952] 2065, 2070).

Hellgelbe Kristalle (aus Me.); F: 211–212°. Im Hochvakuum bei 195° sublimierbar. IR-Spektrum (Nujol bzw. CS_2; 2–16 μ): *Vo. et al.*, l. c. S. 2067. λ_{max} (A.): 290 nm und 375 nm.

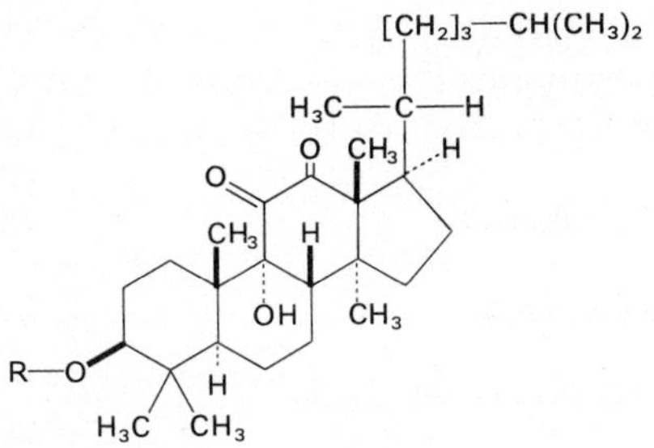

XIV 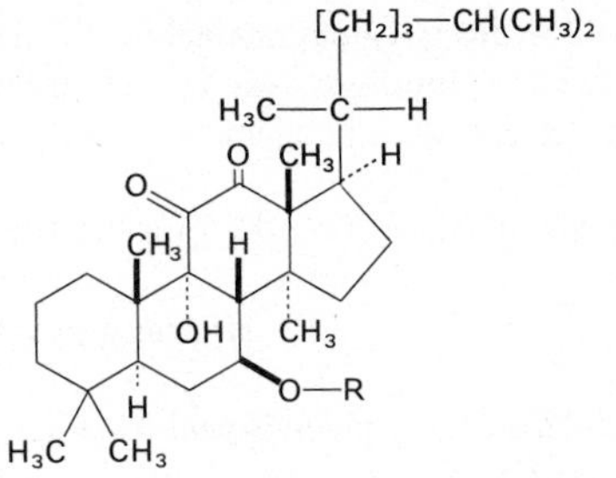 XV

7β,9-Dihydroxy-lanostan-11,12-dion $C_{30}H_{50}O_4$, Formel XV (R = H).

B. Aus der folgenden Verbindung mit Hilfe von methanol. KOH (*Kyburz et al.*, Helv. **35** [1952] 2073, 2078).

Hellgelbe Kristalle (aus CH_2Cl_2+Me.); F: 235–235,5° [korr.; Zers.; evakuierte Kapillare]. $[\alpha]_D$: +143° [$CHCl_3$; c = 1,6].

7β-Acetoxy-9-hydroxy-lanostan-11,12-dion $C_{32}H_{52}O_5$, Formel XV (R = CO-CH_3).

B. Beim Erhitzen von 7β-Acetoxy-lanostan-11-on mit SeO_2 in Dioxan auf 180° (*Kyburz et al.*, Helv. **35** [1952] 2073, 2078).

Kristalle (aus CH_2Cl_2+Me.); F: 208,5–209° [korr.; evakuierte Kapillare]. $[\alpha]_D$: +120° [$CHCl_3$; c = 1,1]. IR-Banden (Nujol; 3500–1250 cm^{-1}): *Ky. et al.* [*Herbst*]

Hydroxy-oxo-Verbindungen $C_nH_{2n-12}O_4$

Hydroxy-oxo-Verbindungen $C_9H_6O_4$

***5,6-Dimethoxy-indan-1,2-dion-2-oxim** $C_{11}H_{11}NO_4$, Formel I und Taut. (5,6-Dimethoxy-2-nitroso-inden-3-ol) (H 409; E I 695; E II 458; E III 3564).

B. Beim Behandeln von 5,6-Dimethoxy-indan-1-on in Benzol mit Butylnitrit und HCl (*Schering A.G.*, D.B.P. 952441 [1956]; vgl. E III 3564).

F: 229–231° [Zers.].

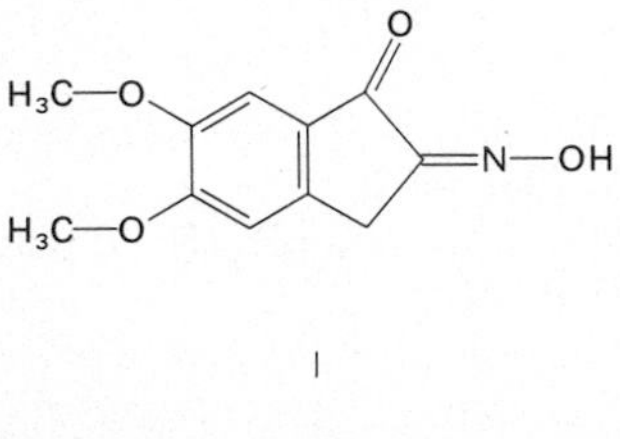

I 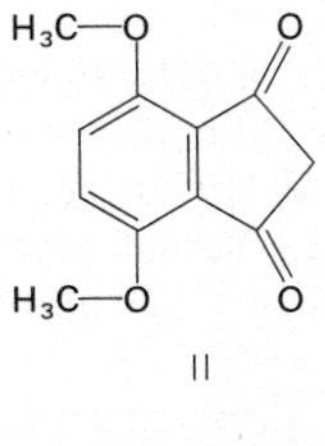 II 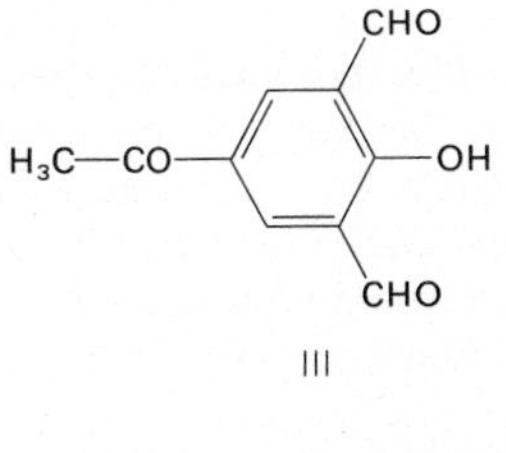 III

4,7-Dimethoxy-indan-1,3-dion $C_{11}H_{10}O_4$, Formel II und Taut.

B. Beim Erhitzen von 3,6-Dimethoxy-phthalsäure-dimethylester mit Äthylacetat und Na⸗trium-Pulver (*Garden, Thomson*, Soc. **1957** 2851, 2853). Beim Behandeln von [(Ξ)-4,7-Di⸗

methoxy-3-oxo-phthalan-1-yliden]-essigsäure (E III/IV **18** 6497) mit Natriummethylat in Methanol (*Ga., Th.*).

Kristalle (aus Me.); F: 201°. Bei 150°/0,1 Torr sublimierbar. λ_{max} (A.): 259 nm, 360 nm und 441 nm.

Dioxim $C_{11}H_{12}N_2O_4$. Kristalle (aus DMF); F: 295–298° [Zers.].

Benzyliden-Derivat (F: 218°): *Ga., Th.*

Hydroxy-oxo-Verbindungen $C_{10}H_8O_4$

5-Acetyl-2-hydroxy-isophthalaldehyd $C_{10}H_8O_4$, Formel III.

B. Bei der Ozonolyse von 1-[4-Hydroxy-3,5-dipropenyl-phenyl]-äthanon (F: 151–152°) in Äthylacetat (*Suzuki,* J. chem. Soc. Japan Pure Chem. Sect. **80** [1959] 786, 787; C. A. **1961** 4402).

Hellorangefarbene Kristalle (aus Ae.); F: 134° [unkorr.].

Hydroxy-oxo-Verbindungen $C_{11}H_{10}O_4$

5*t*(?)-[2,3-Dimethoxy-phenyl]-pent-4-en-2,3-dion-2-[(*E*?)-*O*-methyl-oxim] $C_{14}H_{17}NO_4$, vermutlich Formel IV.

B. Beim Behandeln von 2,3-Dimethoxy-benzaldehyd mit Butandion-mono-[(*E*?)-*O*-methyl-oxim] (E II **1** 826), Äthanol und Natriummethylat in Methanol (*U.S. Vitamin Corp.,* U.S.P. 2888464 [1958]).

Kristalle (aus Me.); F: 79–80°.

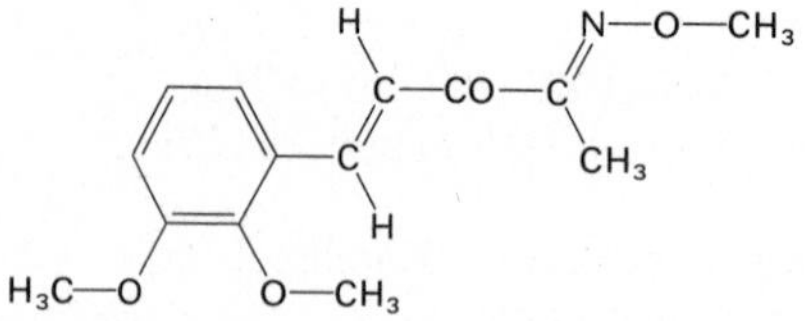

5*t*(?)-[2,4-Dimethoxy-phenyl]-pent-4-en-2,3-dion-2-[(*E*?)-*O*-methyl-oxim] $C_{14}H_{17}NO_4$, vermutlich Formel V (X = O-CH_3, X′ = H).

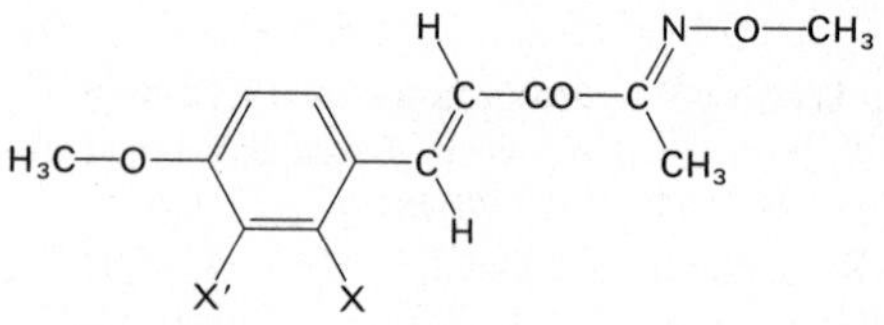

B. Aus 2,4-Dimethoxy-benzaldehyd analog der vorangehenden Verbindung (*U.S. Vitamin Corp.,* U.S.P. 2888464 [1958]).

Kristalle (aus Hexan); F: 86–87°.

5*t*(?)-[3,4-Dimethoxy-phenyl]-pent-4-en-2,3-dion-2-[(*E*?)-*O*-methyl-oxim] $C_{14}H_{17}NO_4$, vermutlich Formel V (X = H, X′ = O-CH_3).

B. Aus 3,4-Dimethoxy-benzaldehyd analog den vorangehenden Verbindungen (*U.S. Vitamin Corp.,* U.S.P. 2888464 [1958]).

Kristalle (aus Isopropylalkohol); F: 102–104°.

3,5-Diacetyl-2-hydroxy-benzaldehyd $C_{11}H_{10}O_4$, Formel VI.

B. Bei der Ozonolyse von 2,4-Diacetyl-6-propenyl-phenol (F: 85°) in Äthylacetat (*Suzuki,* J. chem. Soc. Japan Pure Chem. Sect. **80** [1959] 786, 787; C. A. **1961** 4402).

Kristalle (aus Acn.); F: 118° [unkorr.]. Scheinbarer Dissoziationsexponent pK_a' (H_2O; potentiometrisch ermittelt) bei 21°: 3,66; bei 24°: 3,50 und bei 25°: 3,19 (*Su.*).

Phenylimin (F: 178°): *Su.*

2,3,4-Trimethoxy-5,7-dihydro-benzocyclohepten-6-on $C_{14}H_{16}O_4$, Formel VII.

Konstitution: *Schaeppi et al.,* Helv. **38** [1955] 1874, 1884 Anm. 1; *Buchanan, Sutherland,* Soc. **1957** 2334, 2335.

B. Neben 2,3,4-Trimethoxy-6,7-dihydro-5*H*-benzocyclohepten beim Erwärmen von 1,2,3,8-Tetramethoxy-benzocycloheptenylium-sulfat (E IV **6** 7741) mit Zink-Pulver und wss. H_2SO_4 (*Bu., Su.,* l. c. S. 2336; s. a. *Eschenmoser, Rennhard,* Helv. **36** [1953] 290, 294; *Fujita,* J. pharm. Soc. Japan **79** [1959] 1202, 1208; C. A. **1960** 3356).

Kristalle; F: 76–77° [aus Cyclohexan] (*Fu.*), 76–76,5° [aus Ae.] (*Esch., Re.*), 70–72° [aus Cyclohexan] (*Bu., Su.*). $Kp_{0,5}$: 174–176° (*Fu.*); $Kp_{0,15}$: 132–134° (*Esch., Re.*). λ_{max} (A.): 222 nm und 258 nm (*Esch., Re.*; *Sch. et al.*), 224 nm und 258 nm (*Bu., Su.*).

Beim Behandeln mit [2,4-Dinitro-phenyl]-hydrazin-hydrochlorid in Methanol ist eine vermutlich als 8-[2,4-Dinitro-phenylhydrazino]-2,3,4-trimethoxy-5,7,8,9-tetrahydro-benzocyclohepten-6-on-[2,4-dinitro-phenylhydrazon] zu formulierende Verbindung $C_{26}H_{26}N_8O_{11}$ (Kristalle [aus Acn.+Me.]; F: 187° [korr.; Zers.]) erhalten worden (*Esch., Re.*, l. c. S. 293; s. a. *Fu.*).

Semicarbazon $C_{15}H_{19}N_3O_4$. Kristalle; F: 207–209° [aus wss. Me.] (*Fu.*), 205–206° [korr.; Zers.; aus Me.] (*Esch., Re.*). λ_{max} (A.): 222 nm (*Sch. et al.*).

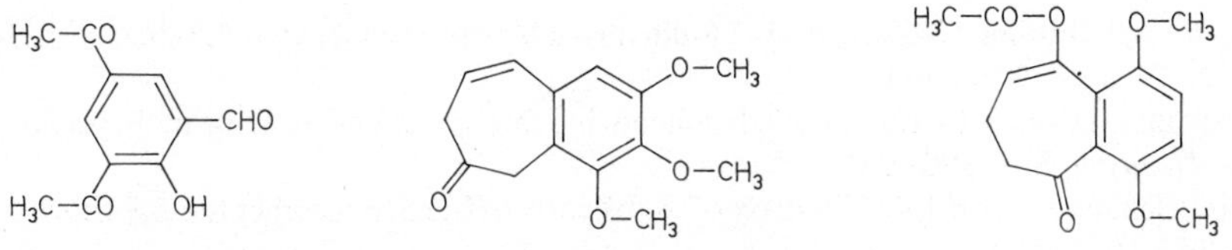

9-Acetoxy-1,4-dimethoxy-6,7-dihydro-benzocyclohepten-5-on $C_{15}H_{16}O_5$, Formel VIII.

B. Beim Erwärmen der folgenden Verbindung mit Isopropenylacetat und wenig H_2SO_4 (*Sorrie, Thomson,* Soc. **1955** 2233, 2237).

Kristalle (aus PAe.); F: 120° (*So., Th.*).

Beim Behandeln mit *N*-Brom-succinimid in CCl_4 und Erwärmen des Reaktionsprodukts mit methanol. KOH ist 3,6-Dimethoxy-(1a*r*,7a*c*)-1a,7a-dihydro-1*H*-cyclopropa[*b*]naphthalin-2,7-dion (S. 2962) erhalten worden (*So., Th.*; s. dazu *Garden, Thomson,* Soc. **1957** 2851, 2854).

1,4-Dihydroxy-7,8-dihydro-6*H*-benzocyclohepten-5,9-dion $C_{11}H_{10}O_4$, Formel IX (X = X′ = H).

B. Beim Erhitzen von Glutarsäure mit Hydrochinon, $AlCl_3$ und NaCl auf 200° (*Bruce et al.*, Soc. **1953** 2403, 2405; *Sorrie, Thomson,* Soc. **1955** 2233, 2236).

Rote Kristalle (aus PAe.); F: 149° (*Br. et al.*; *So., Th.*, l. c. S. 2236). Gelbe Kristalle [nach Sublimation unter vermindertem Druck] (*Br. et al.*). λ_{max} (Cyclohexan): 216 nm, 260 nm und 410 nm (*So., Th.,* l. c. S. 2236).

Beim Behandeln mit Brom in Essigsäure und Erwärmen des Reaktionsprodukts mit Pyridin sind 1a-Brom-3,6-dihydroxy-(1a*r*,7a*c*)-1a,7a-dihydro-1*H*-cyclopropa[*b*]naphthalin-2,7-dion und 1a,7a-Dibrom-3,6-dihydroxy-(1a*r*,7a*c*)-1a,7a-dihydro-1*H*-cyclopropa[*b*]naphthalin-2,7-dion erhalten worden (*Sorrie, Thomson,* Soc. **1955** 2238, 2241).

Mono-[4-nitro-phenylhydrazon] (F: 218°): *Br. et al.*

Monomethyl-Derivat $C_{12}H_{12}O_4$; 1-Hydroxy-4-methoxy-7,8-dihydro-6*H*-benzocyclohepten-5,9-dion. *B.* Beim Erhitzen des Dimethyl-Derivats (s. u.) mit Palladium/Kohle in 1,2,4-Trichlor-benzol (*So., Th.,* l. c. S. 2236). – Gelbe Kristalle (aus PAe.); F: 86° (*So., Th.,* l. c. S. 2236).

Dimethyl-Derivat $C_{13}H_{14}O_4$; 1,4-Dimethoxy-7,8-dihydro-6*H*-benzocyclohepten-5,9-dion. Kristalle (aus PAe.); F: 149° (*So., Th.,* l. c. S. 2238), 148° (*Br. et al.*). UV-Spektrum (200–380 nm) in Äthanol: *So., Th.,* l. c. S. 2235; in Methanol: *So., Th.,* l. c. S. 2239. – Monooxim $C_{13}H_{15}NO_4$. Kristalle (aus PAe.); F: 175° (*So., Th.,* l. c. S. 2236).

Diacetyl-Derivat $C_{15}H_{14}O_6$; 1,4-Diacetoxy-7,8-dihydro-6*H*-benzocyclohepten-5,9-dion. Kristalle (aus wss. Eg.); F: 170° (*Br. et al.*).

Bis-phenylcarbamoyl-Derivat (F: 182°): *Farmer et al.,* Soc. **1956** 3600, 3607.

2,3-Dichlor-1,4-dihydroxy-7,8-dihydro-6*H*-benzocyclohepten-5,9-dion $C_{11}H_8Cl_2O_4$, Formel IX (X = Cl, X′ = H).

B. Beim Erhitzen von 2,3-Dichlor-hydrochinon mit Glutarsäure, $AlCl_3$ und NaCl auf 200° (*Sorrie, Thomson,* Soc. **1955** 2238, 2242).

Orangegelbe Kristalle (aus PAe.); F: 204°. Gelbe Kristalle [nach Sublimation unter vermindertem Druck].

Dimethyl-Derivat $C_{13}H_{12}Cl_2O_4$; 2,3-Dichlor-1,4-dimethoxy-7,8-dihydro-6*H*-benzocyclohepten-5,9-dion. Kristalle (aus wss. Eg.); F: 135°.

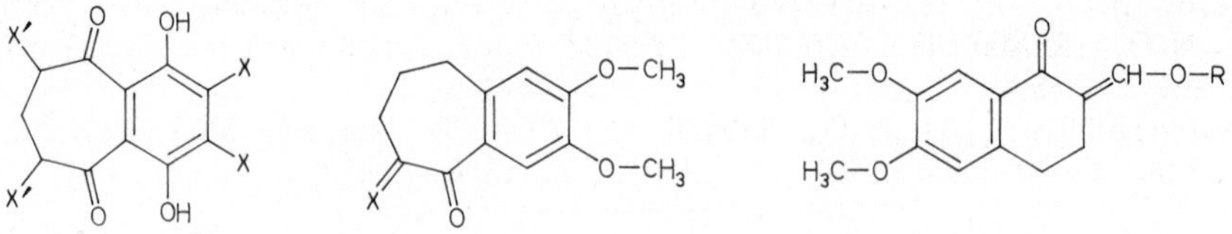

IX X XI

*Opt.-inakt. **6,8-Dibrom-1,4-dihydroxy-7,8-dihydro-6*H*-benzocyclohepten-5,9-dion** $C_{11}H_8Br_2O_4$, Formel IX (X = H, X′ = Br).

Diese Konstitution wird für die nachstehend beschriebene Verbindung in Betracht gezogen (*Garden, Thomson,* Soc. **1957** 2851, 2854).

B. Beim Behandeln von 1,4-Dihydroxy-7,8-dihydro-6*H*-benzocyclohepten-5,9-dion mit Brom in Essigsäure (*Ga., Th.*).

Gelbe Kristalle (aus PAe.); F: 180°.

2,3-Dimethoxy-8,9-dihydro-7*H*-benzocyclohepten-5,6-dion $C_{13}H_{14}O_4$, Formel X (X = O).

B. Beim Erhitzen von 2,3-Dimethoxy-6,7,8,9-tetrahydro-benzocyclohepten-5-on mit SeO_2 in Butan-1-ol (*Caunt et al.,* Soc. **1950** 1631, 1634). Beim Erwärmen des 6-Oxims (s. u.) mit wss. HCl und wss. Formaldehyd (*Barltrop et al.,* Soc. **1951** 181, 184). Bei der Ozonolyse von 2,3-Dimethoxy-6-[(Ξ)-methoxymethylen]-8,9-dihydro-7*H*-benzocyclohepten-5-on (F: 117°) in Äthylacetat (*Caunt et al.,* Soc. **1951** 1313, 1315).

Gelbe Kristalle; F: 104–105° [aus H_2O] (*Ba. et al.*), 104° [aus Cyclohexan] (*Ca. et al.,* Soc. **1951** 1315). $Kp_{0,1}$: 175–180° (*Ca. et al.,* Soc. **1950** 1634). UV-Spektrum (220–360 nm): *Ba. et al.,* l. c. S. 182.

Monosemicarbazon $C_{14}H_{17}N_3O_4$. Kristalle (aus A.); F: 225–226° (*Ba. et al.*).

Disemicarbazon $C_{15}H_{20}N_6O_4$. Kristalle (aus A.); F: 245° (*Ca. et al.,* Soc. **1951** 1315).

Mono-[2,4-dinitro-phenylhydrazon] $C_{19}H_{18}N_4O_7$. Gelbe Kristalle (aus Toluol); F: 253° (*Ca. et al.,* Soc. **1950** 1634). Orangefarbene Kristalle (aus Bzl.); F: 247° [Zers.] (*Ba. et al.*).

2,3-Dimethoxy-8,9-dihydro-7*H*-benzocyclohepten-5,6-dion-6-oxim $C_{13}H_{15}NO_4$, Formel X (X = N-OH) und Taut. (2,3-Dimethoxy-6-nitroso-8,9-dihydro-7*H*-benzocyclohepten-5-ol).

B. Aus 2,3-Dimethoxy-6,7,8,9-tetrahydro-benzocyclohepten-5-on und Pentylnitrit (*Caunt et al.,* Soc. **1950** 1631, 1633) bzw. Isopentylnitrit (*Barltrop et al.,* Soc. **1951** 181, 184) unter Einleiten von HCl.

Gelbe Kristalle; F: 178° [aus Me.] (*Ca. et al.*), 173° (*Ba. et al.*).

2,4-Dinitro-phenylhydrazon (F: 168–172° [Zers.]): *Ba. et al.*

6,7-Dimethoxy-1-oxo-3,4-dihydro-2*H*-[2]naphthaldehyd $C_{13}H_{14}O_4$ und Taut.

2-Hydroxymethylen-6,7-dimethoxy-3,4-dihydro-2*H*-naphthalin-1-on, Formel XI (R = H).

B. Beim Behandeln von 6,7-Dimethoxy-3,4-dihydro-2*H*-naphthalin-1-on mit Äthylformiat und Natriummethylat in Benzol (*Campbell et al.,* J. org. Chem. **15** [1950] 1135, 1137).

Gelbe Kristalle (aus PAe.); F: 147–150° [unkorr.].

2-Äthoxymethylen-6,7-dimethoxy-3,4-dihydro-2*H*-naphthalin-1-on $C_{15}H_{18}O_4$, Formel XI ($R = C_2H_5$).

B. Beim Erwärmen der vorangehenden Verbindung mit Äthyljodid und K_2CO_3 in Aceton (*Campbell et al.*, J. org. Chem. **15** [1950] 1135, 1137).

Kristalle (aus PAe.); F: 98,5–100°.

***Opt.-inakt. 2,3-Diacetoxy-2-methyl-2,3-dihydro-[1,4]naphthochinon** $C_{15}H_{14}O_6$, Formel XII.

B. Beim Behandeln von (±)-2,3-Epoxy-2-methyl-2,3-dihydro-[1,4]naphthochinon mit Acetanhydrid und H_2SO_4 (*Schtschukina et al.*, Ž. obšč. Chim. **21** [1951] 1661, 1666; engl. Ausg. S. 1823, 1828).

Kristalle (aus A.); F: 122–123°.

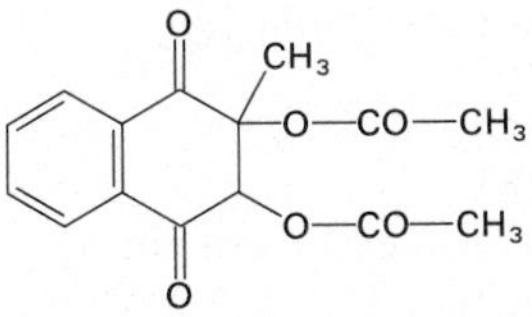

XII 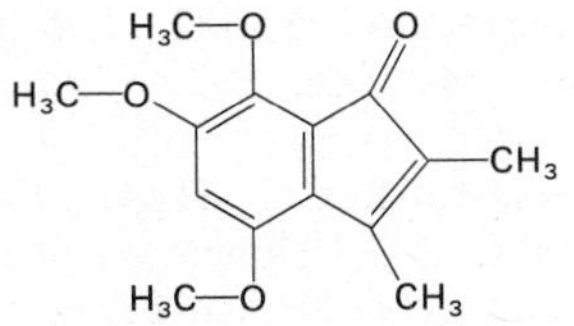 XIII 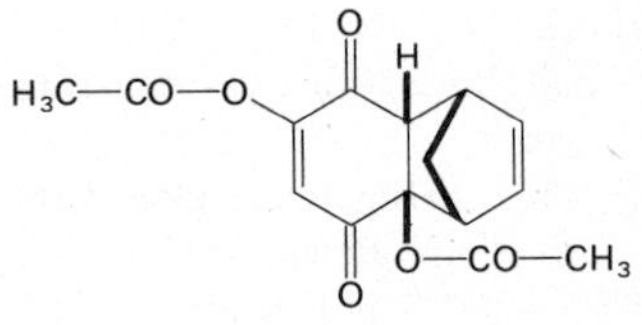 XIV

4,6,7-Trimethoxy-2,3-dimethyl-inden-1-on $C_{14}H_{16}O_4$, Formel XIII.

B. Beim Erwärmen von 1-[2-Acetyl-3,5,6-trimethoxy-phenyl]-propan-1-on mit Natriumacetat und Acetanhydrid (*Dean et al.*, Soc. **1959** 1071, 1077).

Rote Kristalle (aus Bzl.+PAe.); F: 174°.

(±)-4a,7-Diacetoxy-(4a*c*,8a*c*)-1,4,4a,8a-tetrahydro-1*r*,4*c*-methano-naphthalin-5,8-dion $C_{15}H_{14}O_6$, Formel XIV+Spiegelbild.

B. Beim Erhitzen von 2,5-Diacetoxy-[1,4]benzochinon mit Cyclopenta-1,3-dien in Benzol auf 130° (*Barltrop, Burstall*, Soc. **1959** 2183, 2185).

Kristalle (aus THF); F: 112–113° [korr.].

Hydroxy-oxo-Verbindungen $C_{12}H_{12}O_4$

3-Vanillyliden-pentan-2,4-dion $C_{13}H_{14}O_4$, Formel I ($R = CH_3$, $R' = H$) (H 411).

B. Aus Vanillin und Pentan-2,4-dion in Äthanol mit Hilfe von Anionen-Austauschern oder Piperidin (*Pallaud et al.*, Chim. et Ind. **89** [1963] 283, 287; s. a. *Delest, Pallaud,* C. r. **246** [1958] 1703).

Hellgelb; F: 130° (*Pa. et al.*), 129–130° (*De., Pa.*).

2,4-Dinitro-phenylhydrazon (F: 138°): *Pa. et al.*

3-Veratryliden-pentan-2,4-dion $C_{14}H_{16}O_4$, Formel I ($R = R' = CH_3$).

B. Aus Veratrumaldehyd und Pentan-2,4-dion in wss. Äthanol (*Delest, Pallaud,* C. r. **246** [1958] 1703) oder in Äthanol (*Pallaud et al.*, Chim et Ind. **89** [1963] 283, 288) mit Hilfe von Piperidin.

F: 104° (*De., Pa.*; *Pa. et al.*).

2,4-Dinitro-phenylhydrazon (F: 212°): *Pa. et al.*

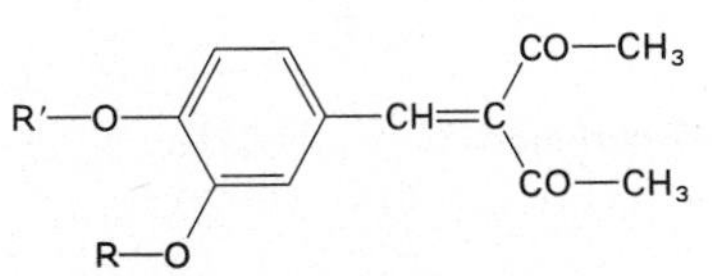

I 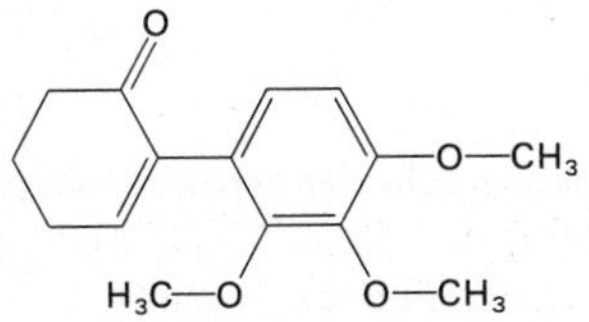 II 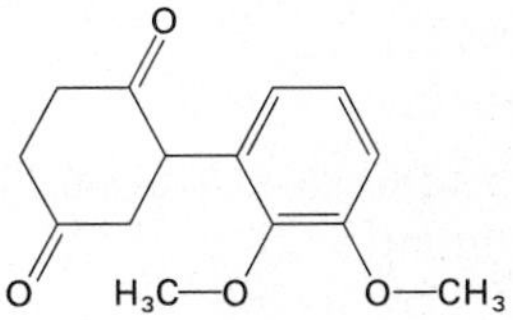 III

3-[3-Äthoxy-4-hydroxy-benzyliden]-pentan-2,4-dion $C_{14}H_{16}O_4$, Formel I (R = C_2H_5, R′ = H).

B. Analog der vorangehenden Verbindung (*Delest, Pallaud,* C. r. **246** [1958] 1703; *Pallaud et al.,* Chim. et Ind. **89** [1963] 283, 287).

Hellgelb; F: 125–126° (*De., Pa.*), 125° (*Pa. et al.*).

2,4-Dinitro-phenylhydrazon (F: 200°): *Pa. et al.*

2-[2,3,4-Trimethoxy-phenyl]-cyclohex-2-enon $C_{15}H_{18}O_4$, Formel II.

B. Beim Erhitzen von 1-Cyclohex-1-enyl-2,3,4-trimethoxy-benzol mit SeO_2 in Dioxan (*Ginsburg,* Am. Soc. **76** [1954] 3628). Beim Erwärmen des Oxims (s. u.) mit wss. HCl (*Ginsburg, Pappo,* Am. Soc. **75** [1953] 1094, 1097).

Kristalle (aus Heptan); F: 61–62° (*Gi.*; *Gi., Pa.*).

Oxim $C_{15}H_{19}NO_4$. *B.* Aus 1-Cyclohex-1-enyl-2,3,4-trimethoxy-benzol über das Nitrosochlorid [F: 98–100°] (*Gi., Pa.*). – Kristalle (aus A.); F: 182–184° [unkorr.] (*Gi., Pa.*).

2,4-Dinitro-phenylhydrazon (F: 143–144°): *Gi., Pa.*

(±)-2-[2,3-Dimethoxy-phenyl]-cyclohexan-1,4-dion $C_{14}H_{16}O_4$, Formel III.

B. Beim Behandeln von opt.-inakt. 3-[2,3-Dimethoxy-phenyl]-4-nitro-cyclohexanon (F: 94,5–96,5°) mit äthanol. NaOH und anschliessenden Erwärmen mit wss. H_2SO_4 (*Barltrop, Nicholson,* Soc. **1951** 2524, 2528).

Kristalle (aus Ae.); F: 96–98°. $Kp_{0,06}$: 185–195° [Badtemperatur].

2,3-Dimethoxy-6-oxo-6,7,8,9-tetrahydro-5*H*-benzocyclohepten-5-carbaldehyd $C_{14}H_{16}O_4$, Formel IV (R = CHO, R′ = H) und Taut. (5-Hydroxymethylen-2,3-dimethoxy-5,7,8,9-tetrahydro-benzocyclohepten-6-on).

B. Neben 2,3-Dimethoxy-6-oxo-6,7,8,9-tetrahydro-5*H*-benzocyclohepten-7-carbaldehyd beim Behandeln von 2,3-Dimethoxy-5,7,8,9-tetrahydro-benzocyclohepten-6-on mit Äthylformiat und NaH in Benzol (*Fujita,* J. pharm. Soc. Japan **79** [1959] 1196, 1199; C. A. **1960** 3354).

Kristalle (aus Cyclohexan); F: 115–116°. $Kp_{0,3}$: 190–195°. λ_{max} (A.): 254 nm und 290–291 nm.

Benzoyl-Derivat (F: 168–170°): *Fu.*

2,3-Dimethoxy-5-oxo-6,7,8,9-tetrahydro-5*H*-benzocyclohepten-6-carbaldehyd $C_{14}H_{16}O_4$, Formel V und Taut. (6-Hydroxymethylen-2,3-dimethoxy-6,7,8,9-tetrahydro-benzocyclohepten-5-on).

B. Aus 2,3-Dimethoxy-6,7,8,9-tetrahydro-benzocyclohepten-5-on und Äthylformiat mit Hilfe von Natriummethylat (*Caunt et al.,* Soc. **1950** 1631, 1633) oder von NaH (*Fujita,* J. pharm. Soc. Japan **79** [1959] 752, 755; C. A. **1959** 21853).

Kristalle; F: 135–136° [aus Bzl.+PAe.] (*Ca. et al.,* Soc. **1950** 1633), 130–132° [aus Cyclohexan] (*Fu.*). λ_{max} (A.): 230 nm und 330 nm (*Fu.*).

Methyl-Derivat $C_{15}H_{18}O_4$; 2,3-Dimethoxy-6-methoxymethylen-6,7,8,9-tetrahydro-benzocyclohepten-5-on. Kristalle (aus Me.); F: 117° (*Caunt et al.,* Soc. **1951** 1313, 1315).

O–CH3 R′ O–CH3 O R

IV

O–CH3 O–CH3 O=CH O

V

O O–CH3 H3C–O O–CH3

VI

2,3-Dimethoxy-6-oxo-6,7,8,9-tetrahydro-5*H*-benzocyclohepten-7-carbaldehyd $C_{14}H_{16}O_4$, Formel IV (R = H, R′ = CHO) und Taut. (7-Hydroxymethylen-2,3-dimethoxy-5,7,8,9-tetrahydro-benzocyclohepten-6-on).

B. s. o. im Artikel 2,3-Dimethoxy-6-oxo-6,7,8,9-tetrahydro-5*H*-benzocyclohepten-5-carb=

aldehyd.

$Kp_{0,3}$: 180–186°; $Kp_{0,1}$: 170–172°; λ_{max} (A.): 232 nm und 286–287 nm (*Fujita,* J. pharm. Soc. Japan **79** [1959] 1196, 1199; C. A. **1960** 3354).

Benzoyl-Derivat (F: 142°): *Fu.*

Hydroxy-oxo-Verbindungen $C_{13}H_{14}O_4$

2-[2,3,4-Trimethoxy-phenyl]-cyclohept-2-enon $C_{16}H_{20}O_4$, Formel VI.

B. Beim Behandeln von 1-Diazomethyl-2,3,4-trimethoxy-benzol (aus 2,3,4-Trimethoxy-benz⸗aldehyd über das Hydrazon hergestellt) mit 2-Chlor-cyclohexanon in Methanol und Pyridin (*Gutsche, Jason,* Am. Soc. **78** [1956] 1184, 1186). Neben 2-[2,3,4-Trimethoxy-phenyl]-cyclohept-2-enol beim Erhitzen von 1-Cyclohept-1-enyl-2,3,4-trimethoxy-benzol mit SeO_2 in Dioxan (*Gins⸗burg,* Am. Soc. **76** [1954] 3628). Beim Erwärmen des Oxims (s. u.) mit wss. HCl (*Cais, Ginsburg,* J. org. Chem. **23** [1958] 18).

Kristalle (aus Methylcyclohexanon); F: 53° (*Cais, Gi.*). $Kp_{0,8}$: 192–196° (*Gu., Ja.*); $Kp_{0,2}$: 150–160° (*Cais, Gi.*); $Kp_{0,05}$: 180–185° (*Gi.*). n_D^{25}: 1,5618 [flüssiges Präparat] (*Gu., Ja.*).

Bildung von 2-[5-Brom-2,3,4-trimethoxy-phenyl]-cycloheptatrienon beim Erwärmen mit *N*-Brom-succinimid und wenig Dibenzoylperoxid in CCl_4 und Erhitzen des Reaktionsprodukts mit 2,4,6-Trimethyl-pyridin: *Cais, Gi.*

Oxim $C_{16}H_{21}NO_4$. *B.* Beim Behandeln von 1-Cyclohept-1-enyl-2,3,4-trimethoxy-benzol mit $NOSO_4H$ und Erwärmen des Reaktionsprodukts mit wss. K_2CO_3 (*Cais, Gi.*). – Kristalle (aus Methylcyclohexan); F: 94–95° und (nach Wiedererstarren) F: 109° [unkorr.] (*Cais, Gi.*).

Semicarbazon $C_{17}H_{23}N_3O_4$. Kristalle; F: 183–184° [korr.; Zers.; aus E.+PAe.] (*Gu., Ja.*), 182–183° [unkorr.; Zers.; aus Methylcyclohexan] (*Cais, Gi.*), 174–175° [unkorr.; Zers.; aus wss. A.] (*Gi.*).

2,4-Dinitro-phenylhydrazon (F: 121–123° [Zers.] bzw. F: 170° [Zers.]; zwei Stereoisomere): *Cais, Gi.*

(±)-5-[2,3,4-Trimethoxy-phenyl]-3-methyl-cyclohex-2-enon $C_{16}H_{20}O_4$, Formel VII + Spiegelbild.

B. Aus 2,3,4-Trimethoxy-benzaldehyd und Acetessigsäure-äthylester über mehrere Stufen (*Campbell et al.,* J. org. Chem. **15** [1950] 1139).

Hellgelbe Kristalle (aus E.+PAe.); F: 101–102° [unkorr.]. $Kp_{0,5}$: 175–180°.

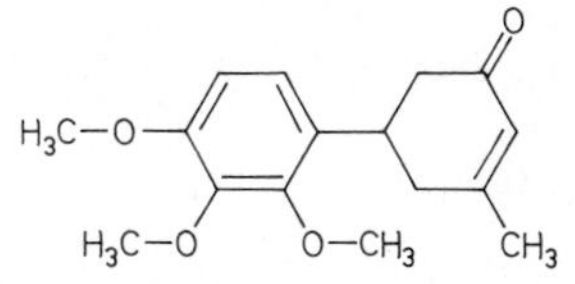

VII 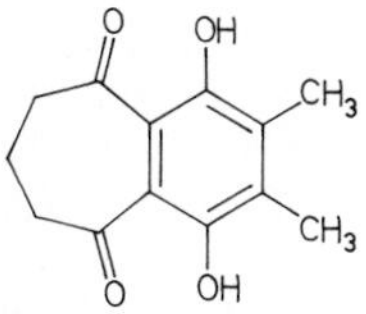 VIII 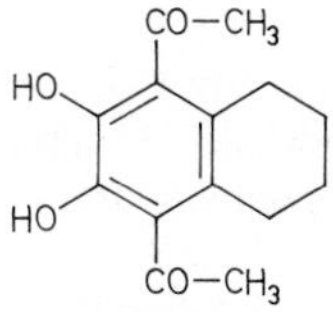 IX

1,4-Dihydroxy-2,3-dimethyl-7,8-dihydro-6*H*-benzocyclohepten-5,9-dion $C_{13}H_{14}O_4$, Formel VIII.

B. Beim Erhitzen von 2,3-Dimethyl-hydrochinon mit Glutarsäure, $AlCl_3$ und NaCl auf 200° (*Sorrie, Thomson,* Soc. **1955** 2238, 2242).

Orangefarbene Kristalle (aus PAe.); F: 83°.

Dimethyl-Derivat $C_{15}H_{18}O_4$; 1,4-Dimethoxy-2,3-dimethyl-7,8-dihydro-6*H*-benzocyclohepten-5,9-dion. Gelbliche Kristalle (aus PAe.); F: 84°.

Hydroxy-oxo-Verbindungen $C_{14}H_{16}O_4$

1,4-Diacetyl-5,6,7,8-tetrahydro-naphthalin-2,3-diol $C_{14}H_{16}O_4$, Formel IX.

B. In kleiner Menge neben 1-[2,3-Dihydroxy-5,6,7,8-tetrahydro-[1]naphthyl]-äthanon beim

Erhitzen von 6,7-Diacetoxy-1,2,3,4-tetrahydro-naphthalin mit $AlCl_3$ auf 165° (*Momose, Goya,* Chem. pharm. Bl. **7** [1959] 849).

Gelbliche Kristalle; F: 261°.

***Opt.-inakt. 2,6-Diäthoxy-1,4,4a,5,8,8a,9a,10a-octahydro-anthrachinon** $C_{18}H_{24}O_4$, Formel X ($X = O\text{-}C_2H_5$, $X' = H$).

B. Neben kleinen Mengen der folgenden Verbindung bei mehrtägigem Erwärmen von (±)-6-Äthoxy-(4a*r*,8a*c*)-4a,5,8,8a-tetrahydro-[1,4]naphthochinon (E IV **6** 7509) mit 2-Äthoxy-buta-1,3-dien in Benzol (*Clarke, Johnson,* Am. Soc. **81** [1959] 5706, 5710).

Kristalle (aus Bzl.); F: 169–172° [korr.; Zers.].

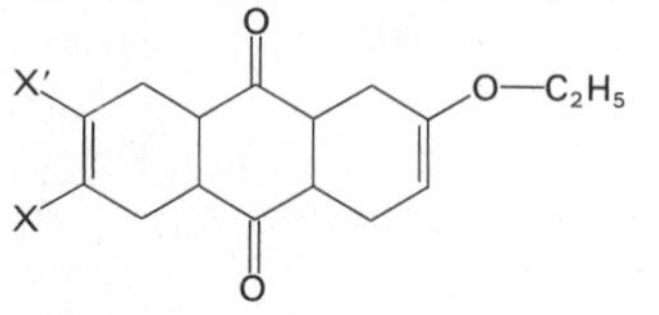

X 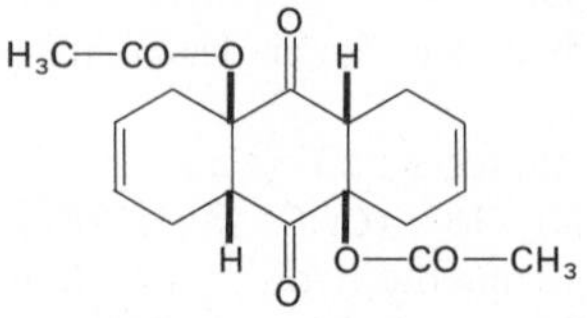 XI 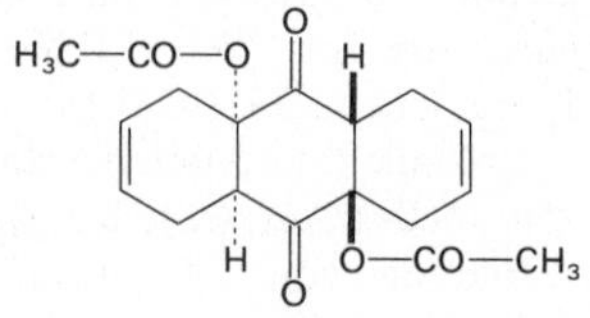 XII

***Opt.-inakt. 2,7-Diäthoxy-1,4,4a,5,8,8a,9a,10a-octahydro-anthrachinon** $C_{18}H_{24}O_4$, Formel X ($X = H$, $X' = O\text{-}C_2H_5$).

B. s. bei der vorangehenden Verbindung.

Gelbe Kristalle (aus A.); F: 148–150° [korr.] (*Clarke, Johnson,* Am. Soc. **81** [1959] 5706, 5710).

(±)-4a,8a-Diacetoxy-(4a*r*,8a*c*,9a*c*,10a*c* oder 4a*r*,8a*t*,9a*c*,10a*t*)-1,4,4a,5,8,8a,9a,10a-octahydro-anthrachinon $C_{18}H_{20}O_6$, Formel XI + Spiegelbild oder Formel XII + Spiegelbild.

B. Bei mehrtägigem Erhitzen von (±)-2,4a-Diacetoxy-(4a*r*,8a*c*)-4a,5,8,8a-tetrahydro-[1,4]naphthochinon oder von 2,5-Diacetoxy-[1,4]benzochinon mit Buta-1,3-dien in Benzol auf 120° (*Barltrop, Burstall,* Soc. **1959** 2183, 2185).

Kristalle (aus E.); F: 211° [korr.; Zers.].

***Opt.-inakt. 5,6,7-Trimethoxy-2,3,4,4a,10,10a-hexahydro-1*H*-phenanthren-9-on** $C_{17}H_{22}O_4$, Formel XIII.

B. Beim Behandeln von opt.-inakt. [2-(2,3,4-Trimethoxy-phenyl)-cyclohexyl]-essigsäure (F: 135–136°) mit HF (*Gutsche, Fleming,* Am. Soc. **76** [1954] 1771, 1775).

Kristalle (aus PAe.); F: 78–79°. IR-Banden ($CHCl_3$; 2900–860 cm^{-1}): *Gu., Fl.* λ_{max} (A.): 223 nm, 276 nm und 317 nm (*Gu., Fl.,* l. c. S. 1773).

2,4-Dinitro-phenylhydrazon (F: 242–242,5° [Zers.]): *Gu., Fl.*

(±)-4b-Hydroxy-2,3-dimethoxy-(4b*r*,8a*c*?)-4b,5,6,7,8,8a-hexahydro-10*H*-phenanthren-9-on $C_{16}H_{20}O_4$, vermutlich Formel XIV + Spiegelbild.

Über die Konfiguration s. *Walker et al.,* Am. Soc. **79** [1957] 3508, 3509.

B. Beim Behandeln von [3,4-Dimethoxy-phenyl]-essigsäure-anhydrid mit Cyclohexanon und Äther-BF_3 (*Wa.,* l. c. S. 3511).

Kristalle (aus wss. Me.); F: 140–141° [korr.]. λ_{max} (A.): 232 nm und 285 nm.

Beim Behandeln mit $LiAlH_4$ in Äther ist eine als 2,3-Dimethoxy-5,6,7,8,9,10,11,12-octahydro-benzocyclodecen-5,11-diol (E IV **6** 7721) formulierte Verbindung erhalten worden (*Wa.,* l. c. S. 3512).

***Opt.-inakt. 4-Hydroxy-5,6-dimethoxy-2,3,4,4a,10,10a-hexahydro-1*H*-phenanthren-9-on** $C_{16}H_{20}O_4$, Formel XV (R = H).

B. Beim Erwärmen der folgenden Verbindung mit wss.-äthanol. NaOH (*Ginsburg, Pappo,* Soc. **1951** 938, 943).

Kristalle (aus Methylcyclohexan + Bzl.); F: 97,5 – 98°.
2,4-Dinitro-phenylhydrazon (F: 238 – 240° [Zers.]): *Gi., Pa.*

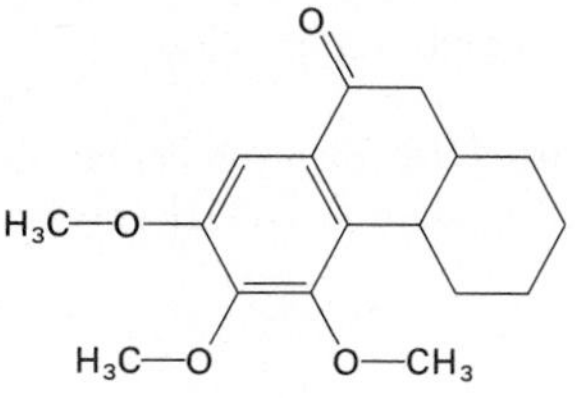

XIII 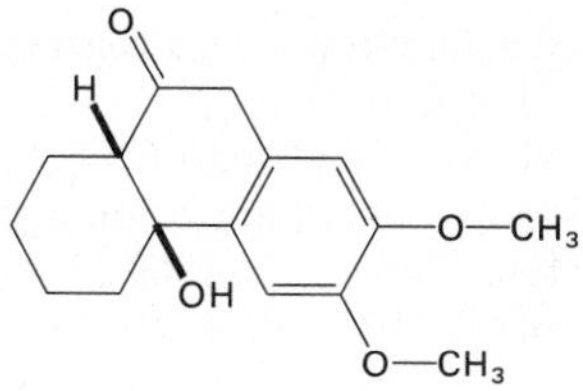 XIV 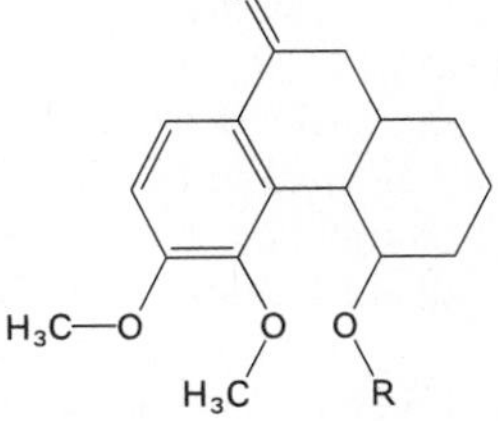 XV

***Opt.-inakt. 4-Acetoxy-5,6-dimethoxy-2,3,4,4a,10,10a-hexahydro-1*H*-phenanthren-9-on** $C_{18}H_{22}O_5$, Formel XV (R = CO-CH_3).

B. Beim Erhitzen von opt.-inakt. [3-Hydroxy-2-(2,3-dimethoxy-phenyl)-cyclohexyl]-malonsäure mit $ZnCl_2$, Essigsäure und Acetanhydrid (*Ginsburg, Pappo,* Soc. **1951** 938, 943).

Kristalle (aus A.); F: 129° [unkorr.].

2,4-Dinitro-phenylhydrazon (F: 263°): *Gi., Pa.*

***Opt.-inakt. 3,5-Dihydroxy-3,5-dimethyl-1,3,4,4a,5,8a-hexahydro-1,4-ätheno-naphthalin-2,6-dion** $C_{14}H_{16}O_4$, Formel I.

B. Beim Erwärmen von (±)-6-Acetoxy-6-methyl-cyclohexa-2,4-dienon (*Metlesics, Wessely,* M. **88** [1957] 108, 113) oder des Diacetyl-Derivats [s. u.] (*Me., We.,* l. c. S. 114) mit wss.-äthanol. H_2SO_4.

Kristalle (aus Me. + Bzl.); F: 198 – 200°. Bei 0,1 Torr sublimierbar. λ_{max} (A.): 218 nm und 299 nm (*Me., We.,* l. c. S. 112).

Diacetyl-Derivat $C_{18}H_{20}O_6$; opt.-inakt. 3,5-Diacetoxy-3,5-dimethyl-1,3,4,4a,5,8a-hexahydro-1,4-ätheno-naphthalin-2,6-dion. *B.* Beim Erhitzen von (±)-6-Acetoxy-6-methyl-cyclohexa-2,4-dienon auf 120 – 130° (*Me., We.*). – Kristalle (aus Me. + Ae.); F: 147 – 149°. λ_{max} (A.): 228 nm und 308 nm (*Me., We.,* l. c. S. 112).

Hydroxy-oxo-Verbindungen $C_{15}H_{18}O_4$

(±)-2,3-Dimethoxy-5-[3-oxo-butyl]-5,7,8,9-tetrahydro-benzocyclohepten-6-on $C_{17}H_{22}O_4$, Formel II (R = CH_2-CH_2-CO-CH_3, R′ = H).

B. Beim Behandeln von 2,3-Dimethoxy-6-oxo-6,7,8,9-tetrahydro-5*H*-benzocyclohepten-5-carbaldehyd mit Kalium-*tert*-butylat in *tert*-Butylalkohol und anschliessend mit Diäthyl-methyl-[3-oxo-butyl]-ammonium-jodid in Benzol (*Fujita,* J. pharm. Soc. Japan **79** [1959] 1196, 1200; C. A. **1960** 3354).

Bis-[2,4-dinitro-phenylhydrazon] (F: 120°): *Fu.*

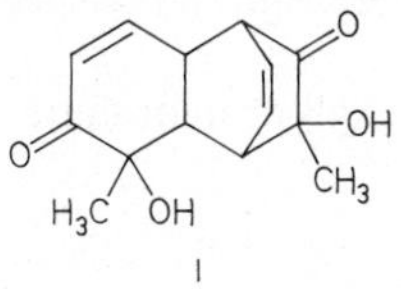

I 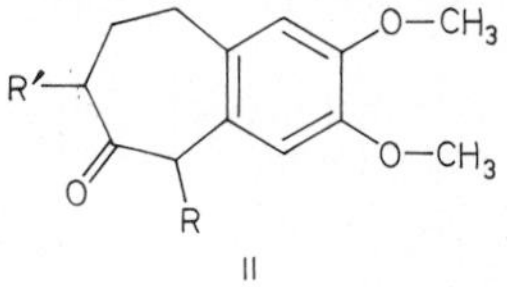 II 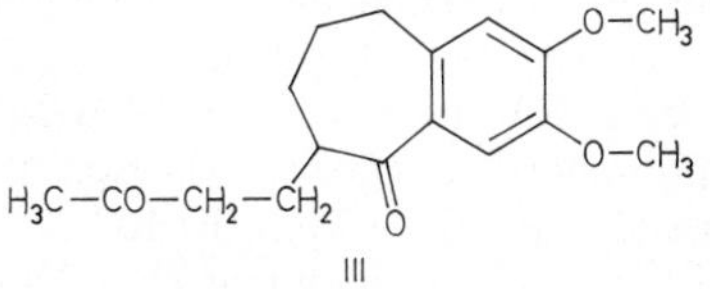 III

(±)-2,3-Dimethoxy-6-[3-oxo-butyl]-6,7,8,9-tetrahydro-benzocyclohepten-5-on $C_{17}H_{22}O_4$, Formel III.

B. Beim Behandeln der Natrium-Verbindung des 6-Hydroxymethylen-2,3-dimethoxy-6,7,8,9-tetrahydro-benzocyclohepten-5-ons mit Diäthyl-methyl-[3-oxo-butyl]-ammonium-jodid in Methanol (*Fujita,* J. pharm. Soc. Japan **79** [1959] 752, 755; C. A. **1959** 21853).

Kristalle (aus Ae.); F: 80°. λ_{max} (A.): 230 nm, 273 nm und 299 nm.

Mono-[2,4-dinitro-phenylhydrazon] $C_{23}H_{26}N_4O_7$. Gelbe Kristalle (aus $CHCl_3$ + Me.); F: 182–183°.

(±)-2,3-Dimethoxy-7-[3-oxo-butyl]-5,7,8,9-tetrahydro-benzocyclohepten-6-on $C_{17}H_{22}O_4$, Formel II (R = H, R′ = CH_2-CH_2-CO-CH_3).

B. Beim Behandeln von 2,3-Dimethoxy-6-oxo-6,7,8,9-tetrahydro-5*H*-benzocyclohepten-7-carbaldehyd mit Diäthyl-methyl-[3-oxo-butyl]-ammonium-jodid und methanol. NaOH (*Fujita,* J. pharm. Soc. Japan **79** [1959] 1196, 1200; C. A. **1960** 3354).

Bis-[2,4-dinitro-phenylhydrazon] (F: 203–205°): *Fu.*

(±)-5-Hydroxy-8-methoxy-1-methyl-1-[3-oxo-butyl]-3,4-dihydro-1*H*-naphthalin-2-on $C_{16}H_{20}O_4$, Formel IV.

B. Beim Behandeln von (±)-5-Hydroxy-8-methoxy-1-methyl-3,4-dihydro-1*H*-naphthalin-2-on in Äther mit Diäthyl-methyl-[3-oxo-butyl]-ammonium-jodid und Kaliumäthylat in Äthanol (*Newhall et al.,* Am. Soc. **77** [1955] 5646, 5651).

Kristalle (aus $CHCl_3$); F: 208–209°.

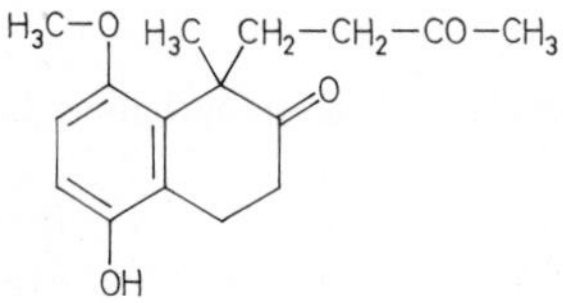

IV 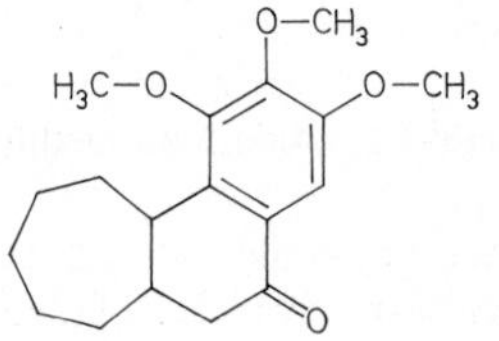 V 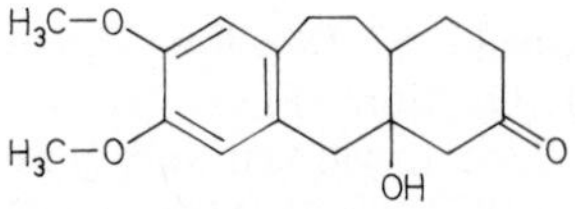 VI

***Opt.-inakt. 1,2,3-Trimethoxy-6,6a,7,8,9,10,11,11a-octahydro-cyclohepta[*a*]naphthalin-5-on** $C_{18}H_{24}O_4$, Formel V.

B. Beim Behandeln von opt.-inakt. [2-(2,3,4-Trimethoxy-phenyl)-cycloheptyl]-essigsäure ($Kp_{0,5}$: 200°) mit HF (*Gutsche, Fleming,* Am. Soc. **76** [1954] 1771, 1775).

Kristalle (aus wss. A.); F: 109–110,5° [korr.]. IR-Banden ($CHCl_3$; 2900–850 cm^{-1}): *Gu., Fl.* λ_{max} (A.): 225 nm, 274 nm und 315 nm (*Gu., Fl.,* l. c. S. 1773).

2,4-Dinitro-phenylhydrazon (F: 201–202° [Zers.]): *Gu., Fl.*

***Opt.-inakt. 4a-Hydroxy-7,8-dimethoxy-1,2,4,4a,5,10,11,11a-octahydro-dibenzo[*a,d*]cyclohepten-3-on** $C_{17}H_{22}O_4$, Formel VI.

B. Beim Behandeln von 2,3-Dimethoxy-6-oxo-6,7,8,9-tetrahydro-5*H*-benzocyclohepten-7-carbaldehyd mit Diäthyl-methyl-[3-oxo-butyl]-ammonium-jodid und Natriummethylat in Methanol (*Fujita,* J. pharm. Soc. Japan **79** [1959] 1196, 1200; C. A. **1960** 3354).

Kristalle (aus A.); F: 177–178°.

1,2,3-Trimethoxy-6,7,7a,8,9,10,11,11a-octahydro-dibenzo[*a,c*]cyclohepten-5-on $C_{18}H_{24}O_4$.

a) **(±)-1,2,3-Trimethoxy-(7a*r*,11a*c*)-6,7,7a,8,9,10,11,11a-octahydro-dibenzo[*a,c*]cyclohepten-5-on,** Formel VII + Spiegelbild.

B. Beim Erwärmen von (±)-3-[*cis*-2-(2,3,4-Trimethoxy-phenyl)-cyclohexyl]-propionsäure mit Polyphosphorsäure (*Loewenthal,* Soc. **1958** 1367, 1371).

Kristalle (aus Bzl. + Me.); F: 107°.

2,4-Dinitro-phenylhydrazon (F: 222–223°): *Lo.*

b) **(±)-1,2,3-Trimethoxy-(7a*r*,11a*t*)-6,7,7a,8,9,10,11,11a-octahydro-dibenzo[*a,c*]cyclohepten-5-on,** Formel VIII + Spiegelbild.

B. Beim Erwärmen von (±)-3-[*trans*-2-(2,3,4-Trimethoxy-phenyl)-cyclohexyl]-propionsäure mit Polyphosphorsäure (*Gutsche, Fleming,* Am. Soc. **76** [1954] 1771, 1775; *Loewenthal,* Soc. **1958** 1367, 1372).

Kristalle; F: 113° [aus Me.] (*Lo.*), 112,5–113,5° [korr.; aus PAe.] (*Gu., Fl.*). IR-Banden ($CHCl_3$; 2900–840 cm^{-1}): *Gu., Fl.* λ_{max} (A.): 223 nm, 270 nm und 312 nm (*Gu., Fl.,* l. c. S. 1773).

2,4-Dinitro-phenylhydrazon (F: 249–251° [Zers.] bzw. F: 247–248°): *Gu., Fl.*; *Lo.*

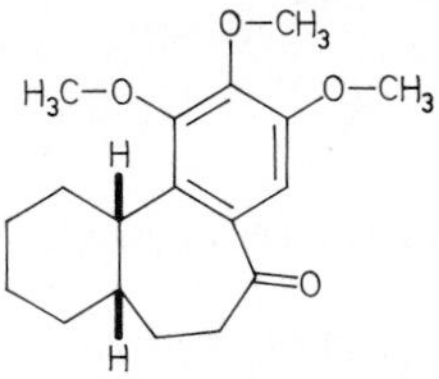

VII 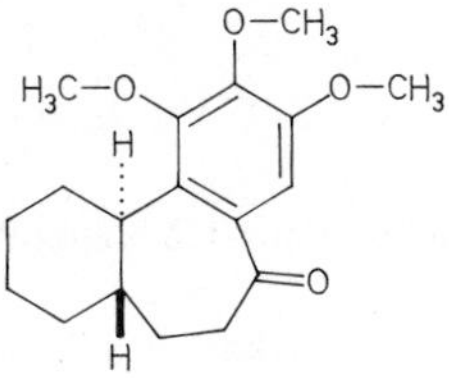 VIII 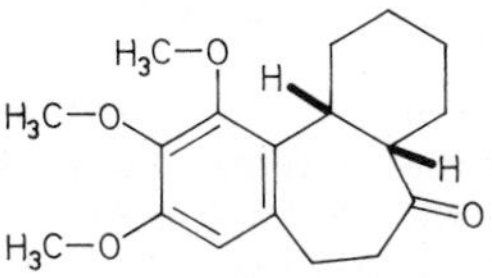 IX 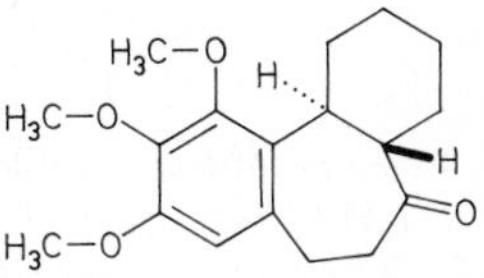 X

9,10,11-Trimethoxy-1,2,3,4,4a,6,7,11b-octahydro-dibenzo[*a, c*]cyclohepten-5-on $C_{18}H_{24}O_4$.

a) **(±)-9,10,11-Trimethoxy-(4a*r*,11b*c*)-1,2,3,4,4a,6,7,11b-octahydro-dibenzo[*a,c*]cyclohepten-5-on,** Formel IX + Spiegelbild.

B. Beim Hydrieren von (±)-9,10,11-Trimethoxy-(4a*r*,11b*c*)-1,2,3,4,4a,11b-hexahydro-dibenzo[*a,c*]cyclohepten-5-on an Palladium/$CaCO_3$ in Äthanol (*Loewenthal,* Soc. **1958** 1367, 1373).

Kristalle (aus Hexan); F: 115,5°.

Oxim $C_{18}H_{25}NO_4$. Kristalle (aus wss. Dioxan); F: 215–217° [Zers.] (*Lo.,* l. c. S. 1374).

2,4-Dinitro-phenylhydrazon (F: 184–185°): *Lo.*

b) **(±)-9,10,11-Trimethoxy-(4a*r*,11b*t*)-1,2,3,4,4a,6,7,11b-octahydro-dibenzo[*a,c*]cyclohepten-5-on,** Formel X + Spiegelbild.

B. Beim Erwärmen des unter a) beschriebenen Stereoisomeren mit wss.-äthanol. HCl bzw. mit Natriummethylat in Methanol oder mit methanol. KOH (*Loewenthal,* Soc. **1958** 1367, 1374).

Kristalle (aus Hexan); F: 101,5–102°.

2,4-Dinitro-phenylhydrazon (F: 213–214°): *Lo.*

(±)-2*t*-Chlor-3*c*,10*t*-dihydroxy-8-methoxy-10*c*-methyl-(4a*r*,9a*c*)-1,2,3,4,4a,9a-hexahydro-anthron $C_{16}H_{19}ClO_4$, Formel XI (X = Cl) + Spiegelbild.

Konstitution und Konfiguration: *Schemjakin et al.,* Izv. Akad. S.S.S.R. Ser. chim. **1964** 1013, 1014; engl. Ausg. S. 944, 945.

B. Beim Erwärmen von (±)-2*c*,3*c*-Epoxy-10*t*-hydroxy-8-methoxy-10*c*-methyl-(4a*r*,9a*c*)-1,2,3,4,4a,9a-hexahydro-anthron (E III/IV **18** 1584) mit Pyridin-hydrochlorid in Äthanol (*Schemjakin et al.,* Doklady Akad. S.S.S.R. **128** [1959] 113; Pr. Acad. Sci. U.S.S.R. Chem. Sect. **124–129** [1959] 717; Izv. Akad. S.S.S.R. Ser. chim. **1964** 1019).

Zers. bei 179° [aus E.]; λ_{max} (A.): 257 nm und 317 nm (*Sch. et al.,* Doklady Akad. S.S.S.R. **128** 115; Izv. Akad. S.S.S.R. Ser. chim. **1964** 1019).

(±)-2*t*-Brom-3*c*,10*t*-dihydroxy-8-methoxy-10*c*-methyl-(4a*r*,9a*c*)-1,2,3,4,4a,9a-hexahydro-anthron $C_{16}H_{19}BrO_4$, Formel XI (X = Br) + Spiegelbild.

Konstitution und Konfiguration: *Schemjakin et al.,* Izv. Akad. S.S.S.R. Ser. chim. **1964** 1013, 1014; engl. Ausg. S. 944, 945.

B. Beim Erwärmen von (±)-2*c*,3*c*-Epoxy-10*t*-hydroxy-8-methoxy-10*c*-methyl-(4a*r*,9a*c*)-1,2,3,4,4a,9a-hexahydro-anthron (E III/IV **18** 1584) mit Pyridin-hydrobromid in Äthanol (*Schemjakin et al.,* Doklady Akad. S.S.S.R. **128** [1959] 113, 115; Pr. Acad. Sci. U.S.S.R. Chem. Sect. **124–129** [1959] 717, 719; Izv. Akad. S.S.S.R. Ser. chim. **1964** 1019).

Kristalle (aus A.) mit 1 Mol H_2O; Zers. bei 168–169°; λ_{max} (A.): 238 nm, 260 nm und 318 nm (*Sch. et al.,* Doklady Akad. S.S.S.R. **128** 115; Izv. Akad. S.S.S.R. Ser. chim. **1964** 1020).

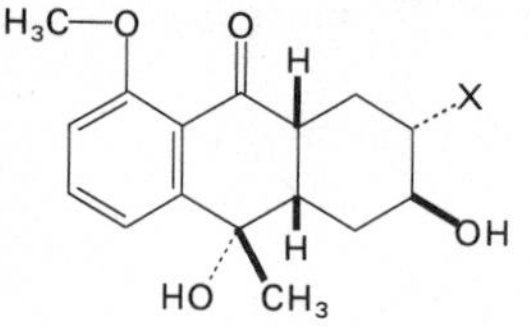

XI 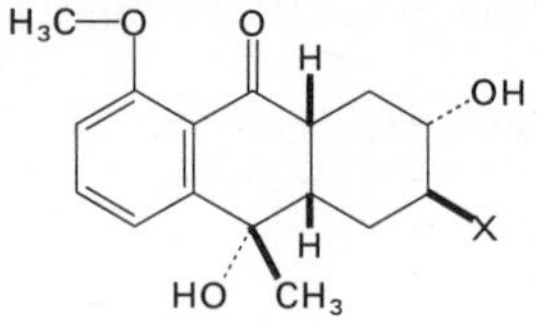 XII 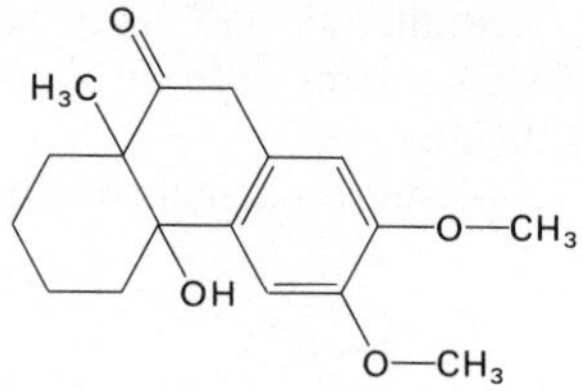 XIII

(±)-3c-Chlor-2t,10t-dihydroxy-8-methoxy-10c-methyl-(4ar,9ac)-1,2,3,4,4a,9a-hexahydro-anthron $C_{16}H_{19}ClO_4$, Formel XII (X = Cl)+Spiegelbild.

Konstitution und Konfiguration: *Schemjakin et al.*, Izv. Akad. S.S.S.R. Ser. chim. **1964** 1013, 1014; engl. Ausg. S. 944, 945.

B. Aus (±)-10t-Hydroxy-8-methoxy-10c-methyl-(4ar,9ac)-1,4,4a,9a-tetrahydro-anthron und *tert*-Butylhypochlorit in wss. Aceton (*Schemjakin et al.*, Doklady Akad. S.S.S.R. **128** [1959] 113, 115; Pr. Acad. Sci. U.S.S.R. Chem. Sect. **124–129** [1959] 717, 719; Izv. Akad. S.S.S.R. Ser. chim. **1964** 1018).

Zers. bei 209–210° [aus A.]; λ_{max} (A.): 255 nm und 316 nm (*Sch. et al.*, Izv. Akad. S.S.S.R. Ser. chim. **1964** 1018).

(±)-3c-Brom-2t,10t-dihydroxy-8-methoxy-10c-methyl-(4ar,9ac)-1,2,3,4,4a,9a-hexahydro-anthron $C_{16}H_{19}BrO_4$, Formel XII (X = Br)+Spiegelbild.

Konstitution und Konfiguration: *Schemjakin et al.*, Izv. Akad. S.S.S.R. Ser. chim. **1964** 1013, 1014; engl. Ausg. S. 944, 945.

B. Beim Behandeln von (±)-10t-Hydroxy-8-methoxy-10c-methyl-(4ar,9ac)-1,4,4a,9a-tetra=hydro-anthron mit *N*-Brom-succinimid und wss. H_2SO_4 in Aceton (*Schemjakin et al.*, Doklady Akad. S.S.S.R. **128** [1959] 113, 115; Pr. Acad. Sci. U.S.S.R. Chem. Sect. **124–129** [1959] 717, 719; Izv. Akad. S.S.S.R. Ser. chim. **1964** 1018).

Zers. bei 202–203° [aus wss. A.]; λ_{max} (A.): 228 nm, 258 nm und 317 nm (*Sch. et al.*, Izv. Akad. S.S.S.R. Ser. chim. **1964** 1018).

***Opt.-inakt. 4b-Hydroxy-2,3-dimethoxy-8a-methyl-4b,6,7,8,8a,10-hexahydro-5*H*-phenanthren-9-on** $C_{17}H_{22}O_4$, Formel XIII.

B. Beim Behandeln von [3,4-Dimethoxy-phenyl]-essigsäure-anhydrid mit (±)-2-Methyl-cyclo=hexanon und Äther-BF_3 (*Walker*, Am. Soc. **79** [1957] 3508, 3512).

Kristalle (aus E.); F: 129–130° [korr.]. λ_{max} (A.): 231 nm und 283–287 nm.

Hydroxy-oxo-Verbindungen $C_{16}H_{20}O_4$

(±)-2-[1-(4-Hydroxy-3-methoxy-phenyl)-2-nitro-äthyl]-5,5-dimethyl-cyclohexan-1,3-dion $C_{17}H_{21}NO_6$, Formel I und Taut.

B. Aus 5,5-Dimethyl-cyclohexan-1,3-dion und 2-Methoxy-4-[*trans*-2-nitro-vinyl]-phenol mit Hilfe von Natriummethylat oder Triäthylamin (*Perekalin, Parfenowa*, Ž. obšč. Chim. **30** [1960] 388, 390; engl. Ausg. S. 412, 414; s. a. *Perekalin, Parfenowa*, Doklady Akad. S.S.S.R. **124** [1959] 592; Pr. Acad. Sci. U.S.S.R. Chem. Sect. **124–129** [1959] 53).

F: 178–179° (*Pe., Pa.*, Doklady Akad. S.S.S.R. **124** 594), 174° [aus Me.] (*Pe., Pa.*, Ž. obšč. Chim. **30** 391).

(±)-2,3-Dimethoxy-5-methyl-5-[3-oxo-butyl]-5,7,8,9-tetrahydro-benzocyclohepten-6-on $C_{18}H_{24}O_4$, Formel II.

B. Beim Behandeln von (±)-2,3-Dimethoxy-5-methyl-5,7,8,9-tetrahydro-benzocyclohepten-6-on mit Diäthyl-methyl-[3-oxo-butyl]-ammonium-jodid und Natriummethylat in Methanol (*Fujita et al.*, J. pharm. Soc. Japan **79** [1959] 1187, 1190; C. A. **1960** 3352).

$Kp_{0,4}$: 195–200°.
Bis-[2,4-dinitro-phenylhydrazon] (Kristalle mit 2 Mol Methanol; F: 148–150°): *Fu.*

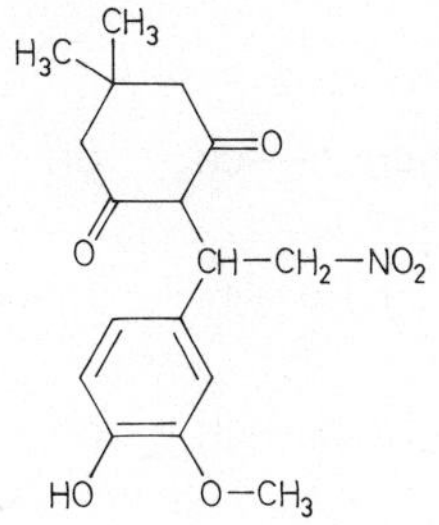

I 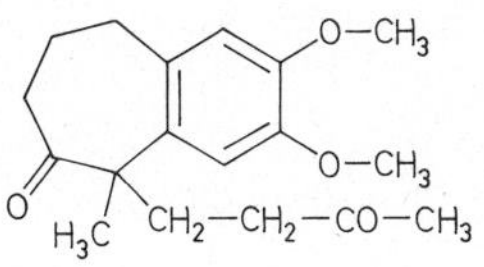 II 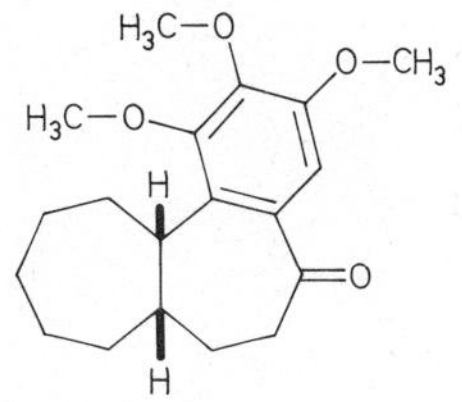 III

1,2,3-Trimethoxy-7,7a,8,9,10,11,12,12a-octahydro-6*H*-benzo[*a*]heptalen-5-on $C_{19}H_{26}O_4$.

a) **(±)-1,2,3-Trimethoxy-(7a*r*,12a*c*)-7,7a,8,9,10,11,12,12a-octahydro-6*H*-benzo[*a*]heptalen-5-on,** Formel III + Spiegelbild.

B. Beim Erwärmen von (±)-3-[*cis*-2-(2,3,4-Trimethoxy-phenyl)-cycloheptyl]-propionsäure mit Polyphosphorsäure (*Loewenthal, Rona,* Soc. **1961** 1429, 1441; s. a. *Loewenthal, Rona,* Pr. chem. Soc. **1958** 114).

$Kp_{0,1}$: 169° (*Lo., Rona,* Soc. **1961** 1442).

2,4-Dinitro-phenylhydrazon (F: 200–201° bzw. F: 174° [zwei Stereoisomere]): *Lo., Rona.*

b) ***Opt.-inakt. 1,2,3-Trimethoxy-7,7a,8,9,10,11,12,12a-octahydro-6*H*-benzo[*a*]heptalen-5-on,** Formel IV.

B. Aus opt.-inakt. [2-(2,3,4-Trimethoxy-phenyl)-cycloheptyl]-essigsäure (F: 81,5–83,5°) über mehrere Stufen (*Gutsche, Fleming,* Am. Soc. **76** [1954] 1771, 1775).

$Kp_{0,005}$: 145° [unkorr.]. IR-Banden ($CHCl_3$; 2900–840 cm^{-1}): *Gu., Fl.* λ_{max} (A.): 222 nm, 270 nm und 316 nm (*Gu., Fl.,* l. c. S. 1773).

2,4-Dinitro-phenylhydrazon (F: 190–191°): *Gu., Fl.*

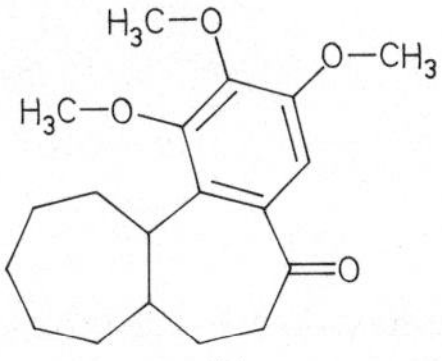

IV 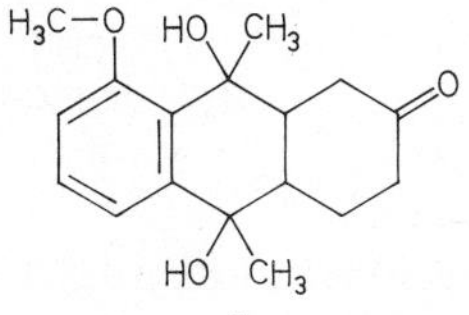 V 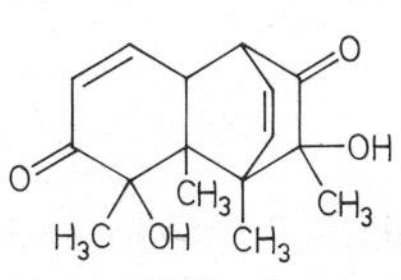 VI

***Opt.-inakt. 9,10-Dihydroxy-8-methoxy-9,10-dimethyl-3,4,4a,9,9a,10-hexahydro-1*H*-anthracen-2-on** $C_{17}H_{22}O_4$, Formel V.

B. Beim Erwärmen von opt.-inakt. 2,8-Dimethoxy-9,10-dimethyl-1,4,4a,9,9a,10-hexahydro-anthracen-9,10-diol (E IV **6** 7738) mit wss.-äthanol. HCl (*Schemjakin et al.,* Ž. obšč. Chim. **29** [1959] 1831, 1842; engl. Ausg. S. 1802, 1812).

Kristalle (aus wss. A.); F: 193–194°. λ_{max} (A.): 218 nm und 278 nm.

***Opt.-inakt. 3,5-Dihydroxy-3,4,4a,5-tetramethyl-1,3,4,4a,5,8a-hexahydro-1,4-ätheno-naphthalin-2,6-dion** $C_{16}H_{20}O_4$, Formel VI.

B. Beim Behandeln von (±)-6-Acetoxy-5,6-dimethyl-cyclohexa-2,4-dienon oder von (±)-6-Acetoxy-2,6-dimethyl-cyclohexa-2,4-dienon in Äthanol mit wss. NaOH (*Budzikiewicz et al.,* M. **90** [1959] 609, 617).

Kristalle (aus Ae.); F: 196°.

Hydroxy-oxo-Verbindungen $C_{17}H_{22}O_4$

2-Geranyl-5,6-dimethoxy-3-methyl-[1,4]benzochinon $C_{19}H_{26}O_4$, Formel VII.

B. Bei der Umsetzung von 2,3-Dimethoxy-5-methyl-hydrochinon mit Geraniol und anschließenden Oxidation (*Shunk et al.*, Am. Soc. **80** [1958] 4753).

^{1}H-NMR-Absorption (CCl_4): *Sh. et al.* λ_{max} (Isooctan): 272 nm.

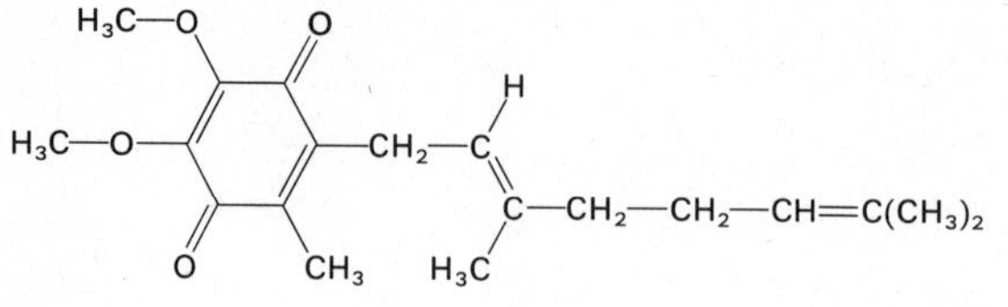

VII 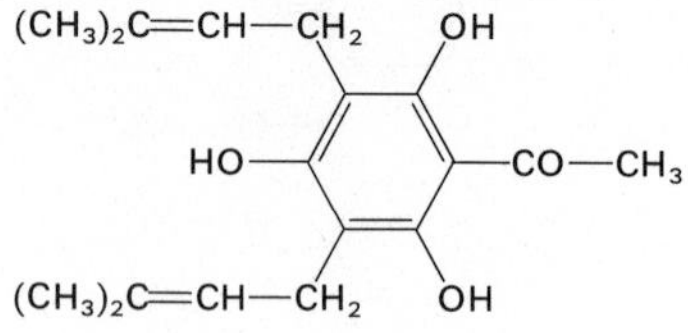 VIII

Hydroxy-oxo-Verbindungen $C_{18}H_{24}O_4$

1-[2,4,6-Trihydroxy-3,5-bis-(3-methyl-but-2-enyl)-phenyl]-äthanon $C_{18}H_{24}O_4$, Formel VIII.

B. Neben anderen Verbindungen beim Behandeln von 1-[2,4,6-Trihydroxy-phenyl]-äthanon mit 1-Brom-3-methyl-but-2-en und KOH in wss. Methanol (*Riedl, Hübner,* B. **90** [1957] 2870, 2874).

Gelbliche Kristalle (aus Hexan oder Pentan); F: 78–79°. Kp_1: 135–140°. UV-Spektrum (A.; 220–360 nm): *Ri., Hü.,* l. c. S. 2872.

Tribenzoyl-Derivat (F: 165–166°): *Ri., Hü.*

***rac*-11β-Hydroxy-14,15-seco-18-nor-13ξ-androst-4-en-3,14,16-trion** $C_{18}H_{24}O_4$, Formel IX + Spiegelbild.

B. Beim Behandeln von *rac*-11β-Acetoxy-3,14,16-trioxo-14,15-seco-androst-4-en-18-al in Dioxan mit wss. KOH (*Wieland et al.,* Helv. **41** [1958] 74, 92).

Kristalle (aus Me.); F: 191–193° [unkorr.]. IR-Banden (CH_2Cl_2; 2,7–6,2 μ): *Wi. et al.*

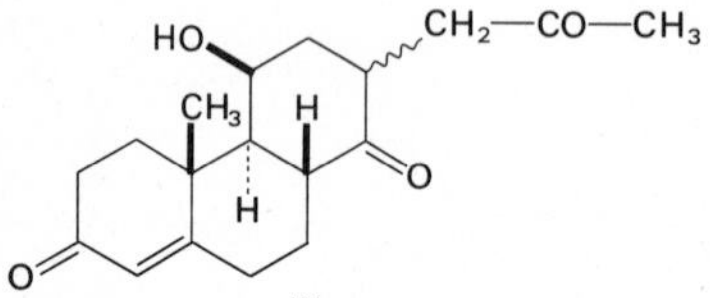

IX 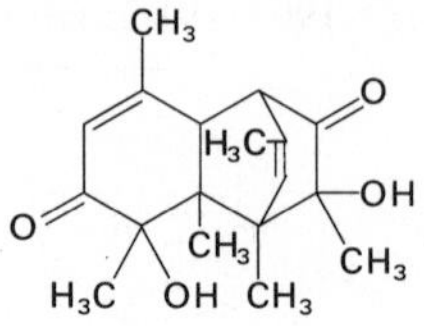 X 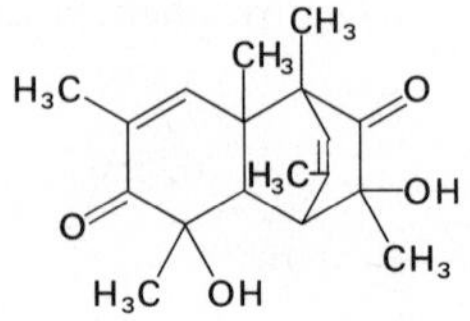 XI

***Opt.-inakt. 3,5-Dihydroxy-3,4,4a,5,8,10-hexamethyl-1,3,4,4a,5,8a-hexahydro-1,4-ätheno-naphthalin-2,6-dion** $C_{18}H_{24}O_4$, Formel X.

Diese Konstitution wird für die nachstehend beschriebene, von *Siegel et al.* (Tetrahedron **4** [1958] 49, 54) als 3,5-Dihydroxy-1,3,5,7,8a,9-hexamethyl-1,3,4,4a,5,8a-hexahydro-1,4-ätheno-naphthalin-2,6-dion $C_{18}H_{24}O_4$ (Formel XI) formulierte Verbindung in Betracht gezogen (*Budzikiewicz et al.,* M. **90** [1959] 609, 613).

B. Neben anderen Verbindungen beim Behandeln von (±)-6-Acetoxy-2,4,6-trimethyl-cyclohexa-2,4-dienon in Äthanol mit wss. NaOH (*Si. et al.,* l. c. S. 61).

Kristalle (aus PAe. + Ae.); F: 181–182° (*Si. et al.*).

Bildung von 6-Hydroxy-3,5,6-trimethyl-cyclohexa-2,4-dienon (S. 116) beim Erhitzen auf 200°: *Bu. et al.,* l. c. S. 614.

Hydroxy-oxo-Verbindungen $C_{19}H_{26}O_4$

***rac*-11β-Hydroxy-14,15-seco-androst-4-en-3,14,16-trion** $C_{19}H_{26}O_4$, Formel XII + Spiegelbild.

B. Aus *rac*-3,3-Äthandiyldioxy-11β-hydroxy-14,15-seco-androst-5-en-14,16-dion mit Hilfe von wss. HCl in Aceton (*Sarett et al.*, Am. Soc. **75** [1953] 2112, 2117) oder von Toluol-4-sulfonsäure (*Merck & Co. Inc.*, D.B.P. 1008287 [1953]).

Kristalle; F: 185–185,5° (*Sa. et al.*; *Merck & Co. Inc.*). λ_{max} (Me.): 239 nm (*Sa. et al.*).

XII XIII XIV

6β,11β-Dihydroxy-androst-4-en-3,17-dion $C_{19}H_{26}O_4$, Formel XIII.

Isolierung aus dem Harn von Meerschweinchen und Reinigung über das O^6-Acetyl-Derivat (s. u.): *Péron, Dorfman,* Arch. Biochem. **67** [1957] 490; Endocrinology Baltimore **62** [1958] 1, 2, 5.

O^6-Acetyl-Derivat $C_{21}H_{28}O_5$; 6β-Acetoxy-11β-hydroxy-androst-4-en-3,17-dion. Kristalle (aus A.+E.); F: 239–241°; IR-Banden (KBr; 3600–1200 cm^{-1}): *Pé., Do.,* Arch. Biochem. **67** 490. λ_{max}: 238 nm [Me.]; 280 nm, 392 nm und 435 nm [H_2SO_4] (*Pé, Do.,* Arch. Biochem. **67** 490).

7ξ,14-Dihydroxy-androst-4-en-3,17-dion $C_{19}H_{26}O_4$, Formel XIV.

B. Beim Behandeln von 7ξ,14,17,21-Tetrahydroxy-pregn-4-en-3,20-dion (F: 238–240°; $[\alpha]_D$: +47,7° [$CHCl_3$]; s. dazu *Pfizer & Co.,* U.S.P. 2783255 [1954]) mit $NaBiO_3$ und wss. Essigsäure (*Pfizer & Co.,* U.S.P. 2831875 [1957]).

F: 260–262° [Zers.]; $[\alpha]_D^{25}$: +154° [Dioxan]; IR-Banden (KBr; 3–6,3 μ): *Pfizer & Co.,* U.S.P. 2831875.

9,11β-Dihydroxy-androst-4-en-3,17-dion $C_{19}H_{26}O_4$, Formel I (X = OH).

B. Beim Behandeln von 9,11β-Epoxy-9β-androst-4-en-3,17-dion in THF mit wss. $HClO_4$ (*Lenhard, Bernstein,* Am. Soc. **77** [1955] 6665).

Kristalle (aus Acn.+PAe.); F: 249,5–250,5° [unkorr.; nach Sintern]. $[\alpha]_D^{25}$: +223° [$CHCl_3$; c = 0,2]. IR-Banden (KBr; 3500–1600 cm^{-1}): *Le., Be.* λ_{max} (A.): 241–242 nm.

11β-Hydroxy-9-thiocyanato-androst-4-en-3,17-dion $C_{20}H_{25}NO_3S$, Formel I (X = S-CN).

B. Aus 9,11β-Epoxy-9β-androst-4-en-3,17-dion und Thiocyansäure in wss. Essigsäure (*Kawasaki, Mosettig,* J. org. Chem. **24** [1959] 2071; *Kitagawa et al.,* J. org. Chem. **28** [1963] 2228, 2230).

Kristalle (aus Acn.+Hexan); F: 159–162° [unkorr.; Zers.]; $[\alpha]_D^{20}$: +248° [Dioxan; c = 0,4]; IR-Banden (Nujol; 2,9–6,1 μ): *Ki. et al.* λ_{max} (A.): 242 nm (*Ki. et al.*).

I II III

11β,14-Dihydroxy-androst-4-en-3,17-dion $C_{19}H_{26}O_4$, Formel II.

B. Aus 11β,14,17,21-Tetrahydroxy-pregn-4-en-3,20-dion mit Hilfe von $NaBiO_3$ (*Agnello et al.,* Am. Soc. **77** [1955] 4684, 4685 Anm. 5).

F: 224–226°. $[\alpha]_D$: +169° [Dioxan], +186° [$CHCl_3$]. λ_{max} (A.): 241 nm.

9-Fluor-11β,16α-dihydroxy-androst-4-en-3,17-dion $C_{19}H_{25}FO_4$, Formel III.

B. Beim Behandeln von 9-Fluor-11β-hydroxy-androst-4-en-3,17-dion mit Kulturen von Streptomyces roseochromogenus (*Olin Mathieson Chem. Corp.*, U.S.P. 2853502 [1957]).

Kristalle (aus $CHCl_3$+Me.); F: ca. 280–282°. $[\alpha]_D$: +173° [$CHCl_3$; c = 1]. IR-Banden (Nujol; 2,8–6,1 μ): *Olin Mathieson.* λ_{max} (A.): 237 nm.

11,17-Dihydroxy-3-oxo-androst-4-en-18-al $C_{19}H_{26}O_4$ und Taut.

***rac*-(18Ξ)-11β,18-Epoxy-17β,18-dihydroxy-androst-4-en-3-on,** Formel IV + Spiegelbild.

B. Neben anderen Verbindungen beim Behandeln von *rac*-(18Ξ)-18-Acetoxy-3,3-äthandiyldioxy-11β,18-epoxy-androst-5-en-17-on (E III/IV **19** 5159) in THF mit wss. $NaBH_4$ und anschliessend mit wss.-methanol. K_2CO_3 und Erwärmen des Reaktionsprodukts mit wss. Essigsäure (*Wieland et al.*, Helv. **41** [1958] 1657, 1662).

Lösungsmittelhaltige Kristalle (aus CH_2Cl_2+Ae.); F: 225,5–226,5°. IR-Banden ($CHCl_3$; 2,7–6,2 μ): *Wi. et al.*

Diacetyl-Derivat $C_{23}H_{30}O_6$ (F: 237,5–239,5°) s. E III/IV **18** 1452.

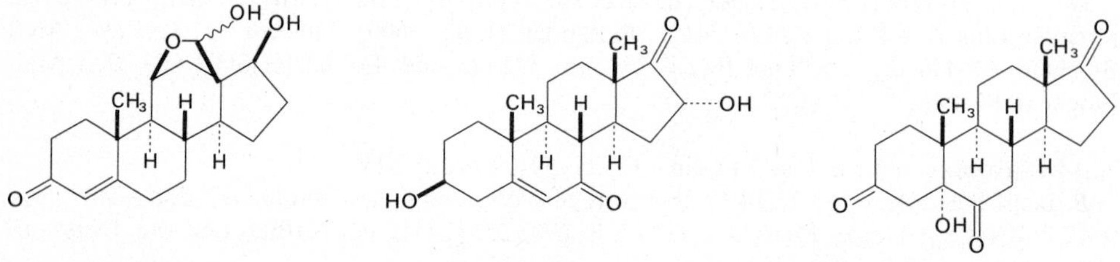

IV V VI

3β,16α-Dihydroxy-androst-5-en-7,17-dion $C_{19}H_{26}O_4$, Formel V.

B. Aus dem Diacetyl-Derivat (s. u.) mit Hilfe von wss.-methanol. H_2SO_4 (*Okada et al.*, J. biol. Chem. **234** [1959] 1688, 1691).

Kristalle (aus Me.); F: 236–243°. $[\alpha]_D^{25}$: −92° [A.]. IR-Banden ($CHCl_3$; 3600–1630 cm⁻¹): *Ok. et al.* λ_{max} (A.): 239 nm.

Diacetyl-Derivat $C_{23}H_{30}O_6$; 3β,16α-Diacetoxy-androst-5-en-7,17-dion. *B.* Aus 3β,16α-Diacetoxy-7α-hydroxy-androst-5-en-17-on und CrO_3 in Pyridin (*Ok. et al.*, l. c. S. 1690). — Kristalle (aus Me.); F: 198–200°. $[\alpha]_D^{28}$: −65,3° [$CHCl_3$]. IR-Banden (CCl_4; 1770–1630 cm^{-1}): *Ok. et al.* λ_{max} (A.): 235 nm.

5-Hydroxy-5α-androstan-3,6,17-trion $C_{19}H_{26}O_4$, Formel VI (E III 3569).

B. Beim Behandeln von 5α-Androstan-3β,5,6β,17β-tetraol mit CrO_3 in wss. Essigsäure (*Rull, Ourisson*, Bl. **1958** 1581, 1585).

Kristalle (aus A.); F: 240–244° [korr.; unter Zers. ab 220°]. $[\alpha]_{578}$: +58° [$CHCl_3$; c = 1]. λ_{max} (A.): 280 nm und 295 nm.

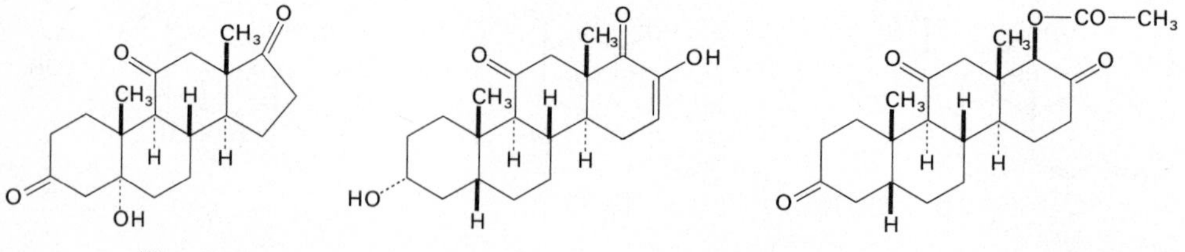

VII VIII IX

5-Hydroxy-5α-androstan-3,11,17-trion $C_{19}H_{26}O_4$, Formel VII.

B. Beim Behandeln von 3β,5-Dihydroxy-5α-androstan-11,17-dion mit CrO_3 in Pyridin (*Mar-

tin-Smith, Soc. **1958** 523).

Dimorph; Kristalle (aus Me.+Ae.); F: 252–254° bzw. Kristalle (aus A.); F: 241–243°. $[\alpha]_D$: +145° [$CHCl_3$; c = 1,5]. IR-Banden (Nujol; 3500–1690 cm^{-1}): *Ma.-Sm.*

Hydroxy-oxo-Verbindungen $C_{20}H_{28}O_4$

Berichtigung zu E III **8** 3570, Zeile 20 v. o.: Im Artikel 7,10-Dihydroxy-4-oxo-1,1,3,10a-tetramethyl-8-methylen-dodecahydro-4*H*-4a,9-cyclo-anthracen-2-carbaldehyd $C_{20}H_{28}O_4$ ist anstelle von „-6*c*.10-methano-benzocyclodecen" zu setzen „-6*t*.10-methano-benzocyclodecen".

3-Hydroxy-*D*-homo-androstan-11,17,17a-trion $C_{20}H_{28}O_4$ und Taut.

3α,17-Dihydroxy-*D*-homo-5β-androst-16-en-11,17a-dion, Formel VIII.

B. Aus 3α-Acetoxy-*D*-homo-5β-androstan-11,17a-dion über mehrere Stufen (*Wendler et al.,* Tetrahedron **7** [1959] 173, 181). Beim Behandeln von 3α,17α-Dihydroxy-17β-hydroxymethyl-*D*-homo-5β-androstan-11,17a-dion oder von 3α,17aα-Dihydroxy-17aβ-hydroxymethyl-*D*-homo-5β-androstan-11,17-dion in Methanol mit wss. $NaIO_4$ (*We. et al.,* l. c. S. 180).

Kristalle (aus Acn.+Ae.); F: 211–215° [korr.]. λ_{max} (Me.): 267 nm.

Beim Erwärmen mit wss.-methanol. KOH ist 3α,17-Dihydroxy-11-oxo-5β-androstan-17α-carbonsäure erhalten worden (*We. et al.,* l. c. S. 182). Beim Erwärmen mit Formaldehyd, wss. KOH und Isopropylalkohol und anschliessenden Ansäuern ist 3α,17-Dihydroxy-16,16-bis-hydroxymethyl-11-oxo-5β-androstan-17α-carbonsäure-16-*cis*-lacton (E III/IV **18** 3086) erhalten worden (*We. et al.,* l. c. S. 184).

Diacetyl-Derivat $C_{24}H_{32}O_6$; 3α,17-Diacetoxy-*D*-homo-5β-androst-16-en-11,17a-dion. F: 211–215° [korr.]. λ_{max} (Me.): 233 nm.

17aβ-Acetoxy-*D*-homo-5β-androstan-3,11,17-trion $C_{22}H_{30}O_5$, Formel IX, und **17α-Acetoxy-*D*-homo-5β-androstan-3,11,17a-trion** $C_{22}H_{30}O_5$, Formel X.

Diese beiden Konstitutionsformeln werden für die nachstehend beschriebene Verbindung in Betracht gezogen (*Wendler, Taub,* Am. Soc. **80** [1958] 3402, 3403).

B. In kleiner Menge neben 17β-Acetoxymethyl-17α-hydroxy-*D*-homo-5β-androstan-3,11,17a-trion beim Erhitzen von 21-Acetoxy-17α-hydroxy-5β-pregnan-3,11,20-trion mit Aluminiumisopropylat und Cyclohexanon in Dioxan und Toluol und Behandeln des Reaktionsprodukts mit Acetanhydrid und Pyridin (*We., Taub,* l. c. S. 3404).

F: 229–235°. $[\alpha]_D$: +28° [$CHCl_3$; c = 0,9].

11β,21-Dihydroxy-19-nor-pregn-4-en-3,20-dion, 19-Nor-corticosteron $C_{20}H_{28}O_4$, Formel XI.

B. Beim Behandeln von 19-Nor-pregn-4-en-3,20-dion oder von 21-Hydroxy-19-nor-pregn-4-en-3,20-dion mit Nebennieren-Homogenisaten in gepufferter wss. Lösung bei pH 7,4 und 30° (*Zaffaroni et al.,* Am. Soc. **80** [1958] 6110, 6114).

Kristalle (aus Acn.+Ae.); F: 195–197° [unkorr.]. $[\alpha]_D$: +155° [A.]. λ_{max}: 241 nm [A.]: 285 nm, 390 nm und 475 nm [H_2SO_4].

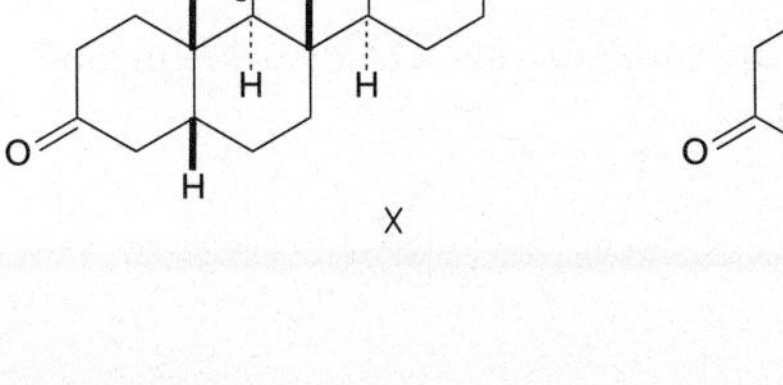

X

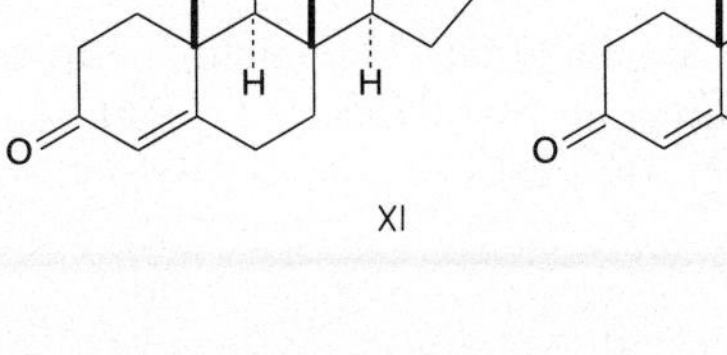

XI

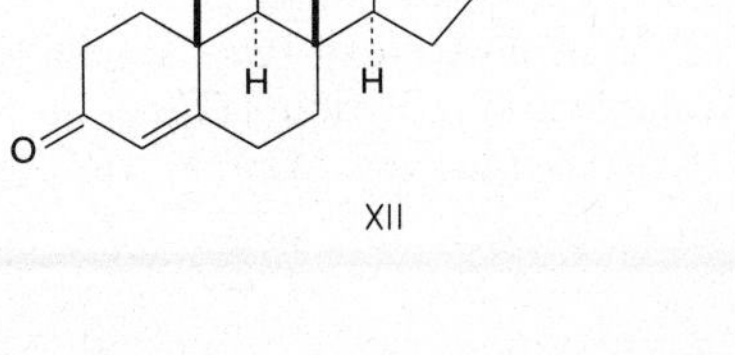

XII

17,21-Dihydroxy-19-nor-pregn-4-en-3,20-dion $C_{20}H_{28}O_4$, Formel XII (R = H).

B. Beim Behandeln der folgenden Verbindung mit wss.-methanol. $KHCO_3$ (*Zaffaroni et al.*, Am. Soc. **80** [1958] 6110, 6113) oder mit wss.-methanol. NaOH (*Searle & Co.*, U.S.P. 2840582 [1953]). Aus 3,17,21-Trihydroxy-19-nor-pregna-1,3,5(10)-trien-20-on über mehrere Stufen (*Syntex S.A.*, U.S.P. 2753342 [1954]).

Kristalle; F: 178–180° (*Syntex S.A.*), 178–180° [unkorr.; aus Acn.+Ae.] (*Za. et al.*), 177–180° [aus E.+PAe.] (*Searle & Co.*). $[\alpha]_D$: +59,2° [$CHCl_3$; c = 0,8] (*Searle & Co.*).

21-Acetoxy-17-hydroxy-19-nor-pregn-4-en-3,20-dion $C_{22}H_{30}O_5$, Formel XII (R = CO-CH_3).

B. Beim Behandeln von 17-Hydroxy-19-nor-pregn-4-en-3,20-dion in THF und Methanol mit Jod und anschliessend mit wss. NaOH und Erwärmen des Reaktionsprodukts mit Kaliumacetat in Aceton (*Zaffaroni et al.*, Am. Soc. **80** [1958] 6110, 6113).

Kristalle (aus Acn.); F: 243–246° [unkorr.]; $[\alpha]_D^{20}$: +90° [$CHCl_3$]; IR-Banden ($CHCl_3$; 1750–1660 cm^{-1}): *Za. et al.* λ_{max} (A.): 240 nm (*Za. et al.*).

Die gleiche Verbindung hat wahrscheinlich auch in einem von *Searle & Co.* (U.S.P. 2704768, 2840582 [1953]) beim Behandeln von 21-Acetoxy-19-nor-pregna-4,17(20)ξ-dien-3-on (S. 1117) in *tert*-Butylalkohol mit OsO_4 und wss. H_2O_2, Erwärmen des Reaktionsprodukts mit wss.-methanol. Na_2SO_3 und Behandeln des danach isolierten Reaktionsprodukts mit Acetanhydrid und Pyridin erhaltenen Präparat (Kristalle [aus E.+PAe.]; F: 233–235°; $[\alpha]_D$: +88° [$CHCl_3$; c = 1]; λ_{max} [Me.?]: 242 nm) und in einem weiteren von *Searle & Co.* (U.S.P. 2840582) beim Behandeln von 17,20ξ,21-Trihydroxy-19-nor-17α*H*(?)-pregn-4-en-3-on (S. 2829) mit Acetanhydrid und Pyridin bei −18° und Behandeln des Reaktionsprodukts mit CrO_3 in Pyridin erhaltenen Präparat (F: 235°) vorgelegen. [*E. Deuring*]

Hydroxy-oxo-Verbindungen $C_{21}H_{30}O_4$

3-Methyl-1-[2,4,6-trihydroxy-3,5-bis-(3-methyl-but-2-enyl)-phenyl]-butan-1-on $C_{21}H_{30}O_4$, Formel I.

B. In geringer Menge aus 3-Methyl-1-[2,4,6-trihydroxy-phenyl]-butan-1-on und 1-Brom-3-methyl-but-2-en (*Riedl, Hübner*, B. **90** [1957] 2870, 2875).

F: 81–83°.

3β-Acetoxy-16α,17aα-dihydroxy-17aβ-methyl-*D*-homo-androsta-5,14-dien-17-on $C_{23}H_{32}O_5$, Formel II (R = H).

B. Aus 3β-Acetoxy-16α,17-dihydroxy-pregna-5,14-dien-20-on mit Hilfe von Al_2O_3 (*Ellis et al.*, Soc. **1955** 4383, 4386).

Kristalle (aus wss. Acn.); F: 175–176°. $[\alpha]_D^{22}$: −7° [$CHCl_3$; c = 1].

(CH₃)₂C=CH—CH₂ OH
HO— —CO—CH₂—CH(CH₃)₂
(CH₃)₂C=CH—CH₂ OH

I

H₃C OH
H₃C
O
CH₃ H
O—R
H
H₃C—CO—O

II

3β,16α-Diacetoxy-17aα-hydroxy-17aβ-methyl-*D*-homo-androsta-5,14-dien-17-on $C_{25}H_{34}O_6$, Formel II (R = CO-CH_3).

B. Aus 3β-Acetoxy-16α,17aα-dihydroxy-17aβ-methyl-*D*-homo-androsta-5,14-dien-17-on und Acetanhydrid in Pyridin (*Ellis et al.*, Soc. **1955** 4383, 4386).

Kristalle (aus wss. Me.); F: 169°. $[\alpha]_D^{20}$: −157° [$CHCl_3$; c = 1].

16,17a-Dihydroxy-17a-methyl-*D*-homo-androst-4-en-3,17-dione $C_{21}H_{30}O_4$.

a) **16α,17aα-Dihydroxy-17aβ-methyl-*D*-homo-androst-4-en-3,17-dion,** Formel III.

B. Aus 16α,17-Dihydroxy-pregn-4-en-3,20-dion mit Hilfe von Al_2O_3 (*Cooley et al.*, Soc. **1955** 4377, 4383).

Kristalle (aus A.+Hexan); F: 190°. $[\alpha]_D^{21}$: +96° [$CHCl_3$; c = 0,9].

O^{16}-Acetyl-Derivat $C_{23}H_{32}O_5$; 16α-Acetoxy-17aα-hydroxy-17aβ-methyl-*D*-homo-androst-4-en-3,17-dion. Kristalle (aus Acn.+Hexan); F: 202–203°. $[\alpha]_D^{20}$: +32° [$CHCl_3$; c = 0,8].

b) **16β,17aβ-Dihydroxy-17aα-methyl-*D*-homo-androst-4-en-3,17-dion,** Formel IV.

Diese Konstitution kommt der von *Inhoffen et al.* (B. **87** [1954] 593, 596) als 16α,17-Dihydroxy-pregn-4-en-3,20-dion angesehenen Verbindung zu (*Cooley et al.*, Soc. **1955** 4377, 4380).

B. Aus Pregna-4,16-dien-3,20-dion beim Behandeln mit OsO_4 und wenig Pyridin in Äther und Erwärmen des Reaktionsprodukts mit Na_2SO_3 in wss. Äthanol (*Co. et al.*, l. c. S. 4382; s. a. *In. et al.*). Aus 16α,17-Dihydroxy-pregn-4-en-3,20-dion beim Erwärmen mit Na_2SO_3 in wss. Äthanol (*Co. et al.*). Aus 16α-Acetoxy-17-hydroxy-pregn-4-en-3,20-dion beim Erwärmen mit K_2CO_3 in wss. Methanol (*Romo, Romo de Vivar,* J. org. Chem. **21** [1956] 902, 907). Aus 16β-Acetoxy-17-hydroxy-pregn-4-en-3,20-dion beim Behandeln mit K_2CO_3 in wss. Methanol (*Heusler, Wettstein,* B. **87** [1954] 1301, 1309).

Kristalle; F: 227–228° [unkorr.; aus Acn.+Ae.] (*Romo, Romo de Vi.*), 223–225° [aus A.+Hexan] (*Co. et al.*), 218–219,5° [unkorr.; aus Acn.] (*In. et al.*), 217–219° [unkorr.; aus Acn.+Hexan] (*He., We.*). $[\alpha]_D^{20}$: +80° [$CHCl_3$; c = 0,8] (*Co. et al.*), +86° [$CHCl_3$] (*Romo, Romo de Vi.*). λ_{max}: 240 nm [A.] (*Romo, Romo de Vi.*), 239 nm [Isopropylalkohol] (*Co. et al.*).

Monoacetyl-Derivat $C_{23}H_{32}O_5$; 16β-Acetoxy-17aβ-hydroxy-17aα-methyl-*D*-homo-androst-4-en-3,17-dion. Kristalle (aus Acn.+Ae.); F: 217–218° [unkorr.]; $[\alpha]_D^{20}$: +75° [$CHCl_3$] (*Romo, Romo de Vi.*).

Diacetyl-Derivat $C_{25}H_{34}O_6$; 16β,17aβ-Diacetoxy-17aα-methyl-*D*-homo-androst-4-en-3,17-dion. Kristalle; F: 201–202° [aus wss. A.] (*Co. et al.*), 200–203° [unkorr.; aus Acn.+Ae.] (*Romo, Romo de Vi.*). $[\alpha]_D^{22}$: +91° [$CHCl_3$; c = 0,9] (*Co. et al.*); $[\alpha]_D^{20}$: +89° [$CHCl_3$] (*Romo, Romo de Vi.*). λ_{max} (A.): 238 nm (*Romo, Romo de Vi.*).

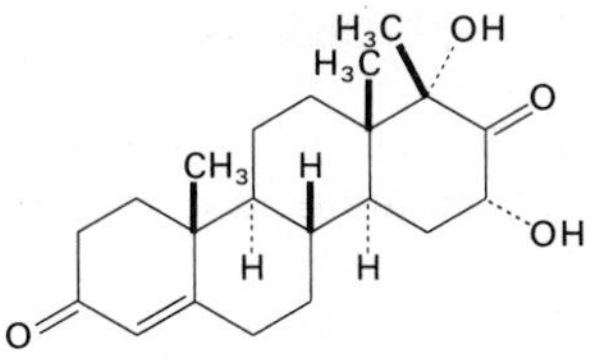

III 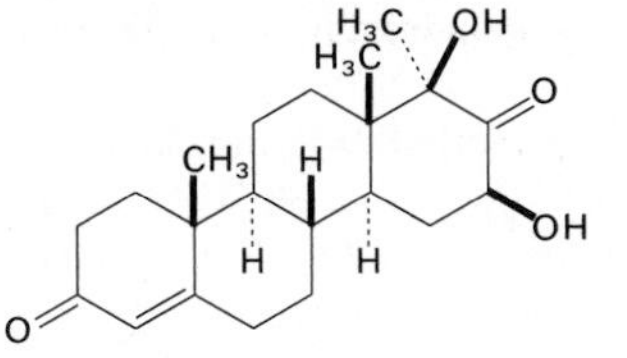 IV 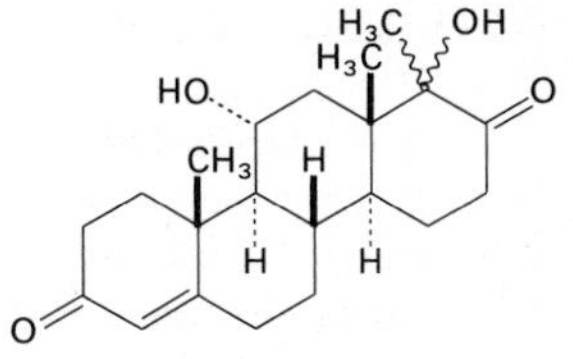 V

11α,17aξ-Dihydroxy-17aξ-methyl-*D*-homo-androst-4-en-3,17-dion $C_{21}H_{30}O_4$, Formel V.

B. Neben 11α,17-Dihydroxy-pregn-4-en-3,20-dion aus 17-Hydroxy-pregn-4-en-3,20-dion mit Hilfe von Aspergillus niger (*Fried et al.*, Am. Soc. **74** [1952] 3962).

F: 261–262°. $[\alpha]_D^{23}$: +46° [$CHCl_3$; c = 0,7].

3-Hydroxy-17a-methyl-*D*-homo-androstan-11,16,17-trion $C_{21}H_{30}O_4$ und Taut.

3α,17-Dihydroxy-17a-methyl-*D*-homo-5β-androst-17-en-11,16-dion, Formel VI.

B. Beim Erwärmen von 3α-Acetoxy-16α,17α-dihydroxy-17β-methyl-*D*-homo-5β-androstan-11,17a-dion mit methanol. KOH (*Wendler, Taub,* Am. Soc. **82** [1960] 2836, 2839; Chem. and Ind. **1957** 1237).

Kristalle (aus E.+Hexan); F: 276,5–278°; λ_{max} (Me.): 279 nm (*We., Taub,* Am. Soc. **82** 2839).

Diacetyl-Derivat $C_{25}H_{34}O_6$; 3α,17-Diacetoxy-17a-methyl-*D*-homo-5β-androst-17-en-11,16-dion. F: 198,5–199,5°; λ_{max} (Me.): 241 nm (*We., Taub,* Am. Soc. **82** 2839; Chem. and Ind. **1957** 1237).

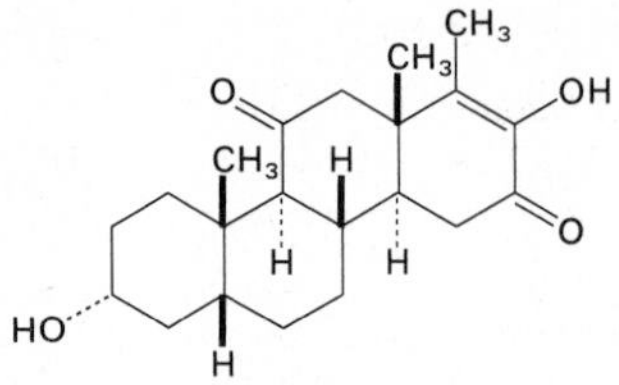

VI 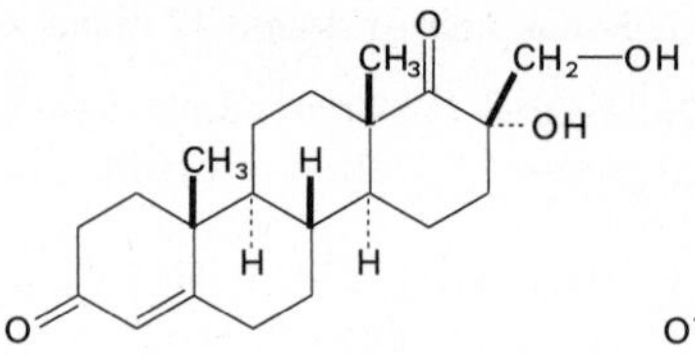 VII 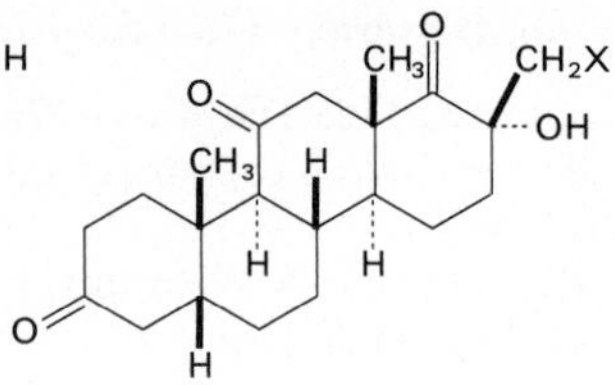 VIII

17α-Hydroxy-17β-hydroxymethyl-*D*-homo-androst-4-en-3,17a-dion $C_{21}H_{30}O_4$, Formel VII.

Diese Konstitution und Konfiguration kommt der ursprünglich (*Georgian, Kundu,* Chem. and Ind. **1954** 431; *Batres et al.*, Am. Soc. **76** [1954] 5171) als 17aα-Hydroxy-17aβ-hydroxymethyl-*D*-homo-androst-4-en-3,17-dion $C_{21}H_{30}O_4$ angesehenen Verbindung zu (*Georgian, Kundu,* Tetrahedron **19** [1963] 1037, 1039; *Wendler, Taub,* Am. Soc. **80** [1958] 3402).

B. Aus dem Monoacetyl-Derivat (s. u.) mit Hilfe von methanol. KOH (*Ba. et al.*). Aus dem Diacetyl-Derivat (s. u.) mit Hilfe von wss.-methanol. $NaHCO_3$ (*Ge., Ku.,* Chem. and Ind. **1954** 431; Tetrahedron **19** 1045).

Kristalle; F: 197–198° [unkorr.; aus Me.]; $[\alpha]_D^{25}$: +110° [$CHCl_3$; c = 2,5] (*Ge., Ku.,* Tetrahedron **19** 1045). F: 193–194° [unkorr.; aus Acn.+Hexan]; $[\alpha]_D^{20}$: +122° [$CHCl_3$]; λ_{max} (A.): 240 nm (*Ba. et al.*).

Monoacetyl-Derivat $C_{23}H_{32}O_5$; 17β-Acetoxymethyl-17α-hydroxy-*D*-homo-androst-4-en-3,17a-dion. *B.* Aus 21-Acetoxy-17-hydroxy-pregn-4-en-3,20-dion beim Erwärmen mit Aluminiumisopropylat und Cyclohexanon in Toluol (*Ba. et al.*). – Kristalle; F: 197–198° [unkorr.; aus Me.]; $[\alpha]_D^{25}$: +124° [$CHCl_3$; c = 2,5] (*Ge., Ku.,* Tetrahedron **19** 1045). F: 194–196° [aus Acn.+Ae.]; $[\alpha]_D^{20}$: +134° [$CHCl_3$]; λ_{max} (A.): 240 nm (*Ba. et al.*).

Diacetyl-Derivat $C_{25}H_{34}O_6$; 17α-Acetoxy-17β-acetoxymethyl-*D*-homo-androst-4-en-3,17a-dion. *B.* Neben dem Monoacetyl-Derivat aus 21-Acetoxy-17-hydroxy-pregn-4-en-3,20-dion beim Behandeln mit BF_3, Essigsäure und Acetanhydrid (*Ge., Ku.,* Chem. and Ind. **1954** 431; Tetrahedron **19** 1044). – Kristalle (aus Me.); F: 127–129° [unkorr.]; $[\alpha]_D^{25}$: +118° [$CHCl_3$; c = 2,5] (*Ge., Ku.,* Tetrahedron **19** 1044).

17α-Hydroxy-17β-methyl-*D*-homo-5β-androstan-3,11,17a-trion $C_{21}H_{30}O_4$, Formel VIII (X = H).

B. Aus 3α,17α-Dihydroxy-17β-methyl-*D*-homo-5β-androstan-11,17a-dion mit Hilfe von *N*-Brom-acetamid (*Wendler, Taub,* Am. Soc. **80** [1958] 3402). Aus der nachfolgenden Verbindung bei der Hydrierung an Palladium/$CaCO_3$ (*We., Taub*).

Kristalle (aus Acn.+Ae.); F: 220–225°.

17β-Brommethyl-17α-hydroxy-*D*-homo-5β-androstan-3,11,17a-trion $C_{21}H_{29}BrO_4$, Formel VIII (X = Br).

B. Aus (17*S*)-Spiro[*D*-homo-5β-androstan-17,2′-oxiran]-3,11,17a-trion und HBr (*Wendler, Taub,* Am. Soc. **80** [1958] 3402).

Kristalle (aus Acn.+Hexan); F: 225–230° [korr.; Zers.].

3-Hydroxy-16-methyl-*D*-homo-androstan-11,17,17a-trion $C_{21}H_{30}O_4$ und Taut.

3α,17-Dihydroxy-16-methyl-*D*-homo-5β-androst-16-en-11,17a-dion, Formel IX.

B. Aus 3α,17aβ(oder 3α,17α)-Dihydroxy-*D*-homo-5β-androstan-11,17(oder 11,17a)-dion (S. 2828) und Formaldehyd in wss.-methanol. KOH (*Wendler et al.,* Tetrahedron **7** [1959] 173, 182). Aus 3α-Acetoxy-17β-acetoxymethyl-17α-hydroxy-*D*-homo-5β-androstan-11,17a-dion oder aus 3α-Acetoxy-17aβ-acetoxymethyl-17aα-hydroxy-*D*-homo-5β-androstan-11,17-dion beim Erwärmen mit wss.-methanol. KOH (*We. et al.,* l. c. S. 181).

Kristalle (aus E.); F: 238–243° [korr.]. λ_{max} (Me.): 273 nm.

Überführung in 3α,17-Dihydroxy-16β-methyl-11-oxo-5β-androstan-17α-carbonsäure mit Hilfe von wss.-methanol. KOH: *We. et al.,* l. c. S. 182.

Diacetyl-Derivat $C_{25}H_{34}O_6$; 3α,17-Diacetoxy-16-methyl-*D*-homo-5β-androst-16-en-11,17a-dion. Kristalle (aus E.); F: 220–222° [korr.]. λ_{max} (Me.): 239 nm.

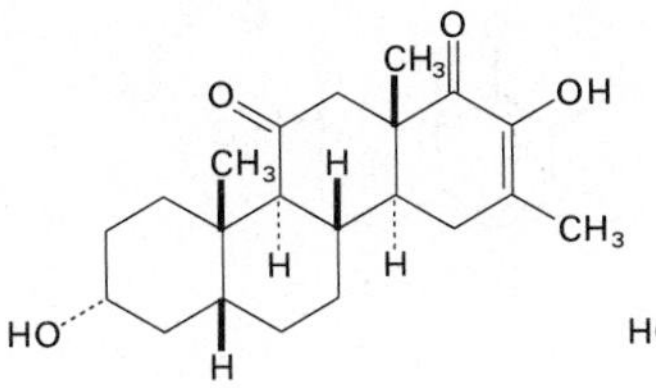

IX 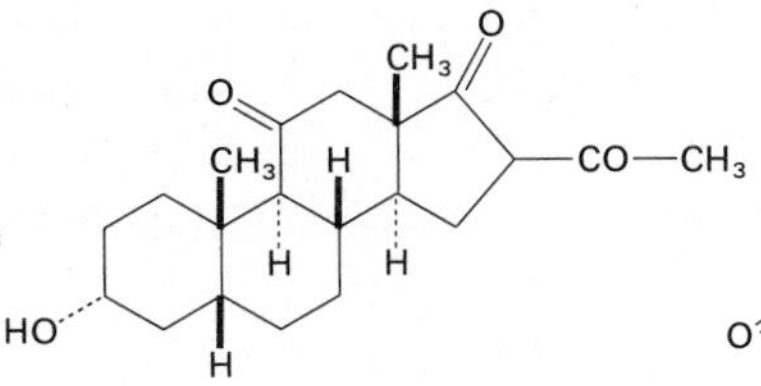 X 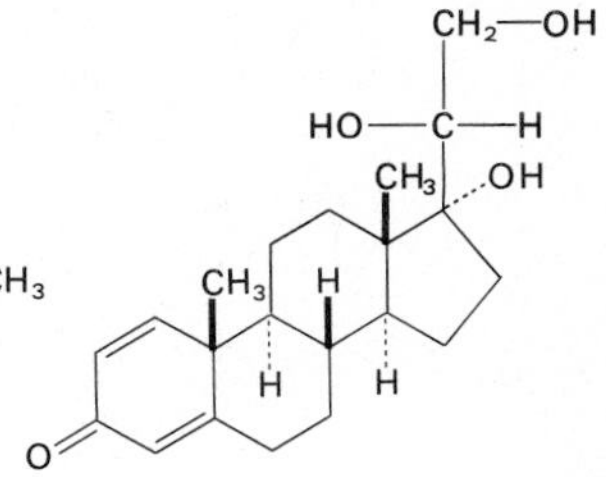 XI

16-Acetyl-3α-hydroxy-5β-androstan-11,17-dion $C_{21}H_{30}O_4$, Formel X und Taut.

B. Aus 3α-Acetoxy-17α-hydroxy-16α-methansulfonyloxy-17β-methyl-*D*-homo-5β-androstan-11,17a-dion mit Hilfe von wss.-methanol. KOH oder Kalium-*tert*-butylat in *tert*-Butylalkohol (*Wendler,* Tetrahedron **11** [1960] 217; Chem. and Ind. **1958** 1662).

Kristalle (aus Ae.); F: 170–172°. λ_{max} (Me.): 282 nm.

17,20β_F,21-Trihydroxy-pregna-1,4-dien-3-on $C_{21}H_{30}O_4$, Formel XI.

B. Aus 17,21-Dihydroxy-pregn-4-en-3,20-dion mit Hilfe einer Alcaligenes-Art oder mit Hilfe von Mycobacterium lacticola (*Sutter et al.,* J. org. Chem. **22** [1957] 578), mit Hilfe von Coryne≈bacterium simplex (*Herzog et al.,* Tetrahedron **18** [1962] 581, 587; *Schering Corp.,* U.S.P. 2837464 [1955]), mit Hilfe von Fusarium javanicum (*Olin Mathieson Chem. Corp.,* U.S.P. 2868694 [1955]) oder mit Hilfe einer Pseudomonas-Art (*Nawa et al.,* Tetrahedron **4** [1958] 201).

Kristalle; F: 195–196° [korr.; aus Acn.+Hexan]; $[\alpha]_D^{25}$: +33° [Me.] (*He. et al.*; *Schering Corp.*). F: 194–195°; $[\alpha]_D^{20}$: +33° [$CHCl_3$]; λ_{max} (A.): 244,5 nm (*Nawa et al.*).

O^{20},*O*^{21}-Diacetyl-Derivat $C_{25}H_{34}O_6$; 20β_F,21-Diacetoxy-17-hydroxy-pregna-1,4-dien-3-on. F: 178–179°; $[\alpha]_D^{20}$: +100°; λ_{max} (A.): 243,5 nm (*Nawa et al.*).

3,16α-Diacetoxy-17-hydroxy-pregna-3,5-dien-20-on $C_{25}H_{34}O_6$, Formel XII.

B. Aus 3,17-Diacetoxy-16β-brom-pregna-3,5-dien-20-on beim Erwärmen mit Pyridin und Äthanol (*Romo, Romo de Vivar,* J. org. Chem. **21** [1956] 902, 907).

Kristalle (aus Acn.+Ae.); F: 199–200° [unkorr.]. $[\alpha]_D^{20}$: –128° [$CHCl_3$]. λ_{max} (A.): 234 nm.

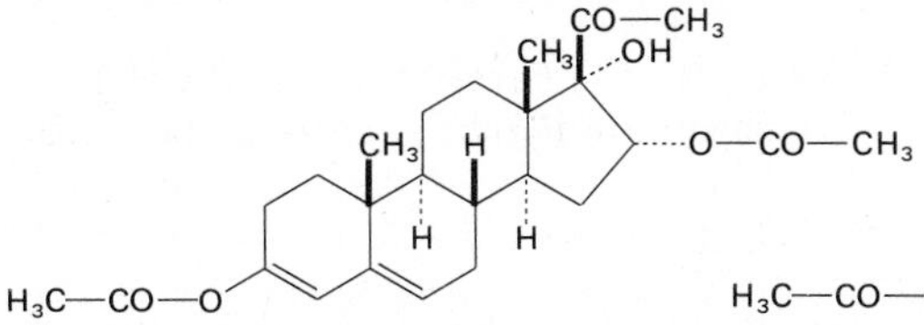

XII 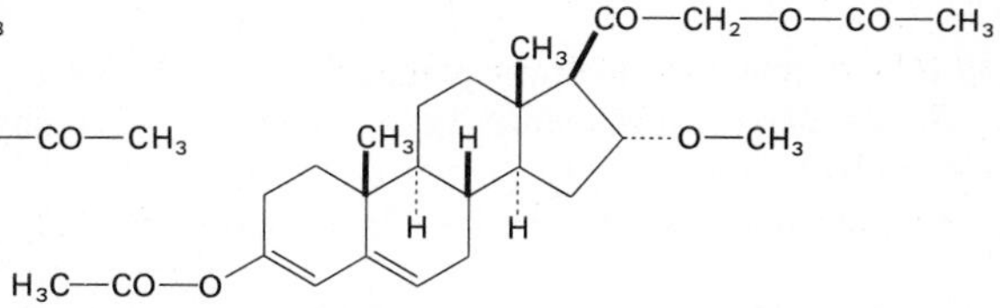 XIII

3,21-Diacetoxy-16α-methoxy-pregna-3,5-dien-20-on $C_{26}H_{36}O_6$, Formel XIII.

B. Aus 21-Acetoxy-16α-methoxy-pregn-4-en-3,20-dion beim Erhitzen mit Acetanhydrid und Toluol-4-sulfonsäure (*Cooley et al.,* Soc. **1954** 1813, 1816).

Kristalle (aus wss. Me.); F: 132–134,5°. $[\alpha]_D^{20}$: –64,5° [$CHCl_3$; c = 1,6]. λ_{max} (Isopropylal≈kohol): 235 nm.

21-Acetoxy-3-äthoxy-17-hydroxy-pregna-3,5-dien-20-on $C_{25}H_{36}O_5$, Formel XIV (R = C_2H_5, R′ = H).

B. Aus 21-Acetoxy-17-hydroxy-pregn-4-en-3,20-dion und Orthoameisensäure-triäthylester

(*Julian et al.*, Am. Soc. **73** [1951] 1982, 1984).

Kristalle (aus Py. enthaltendem Me.); F: 168°. $[\alpha]_D^{24}$: −62° [Py. enthaltendes $CHCl_3$; c = 1,1].

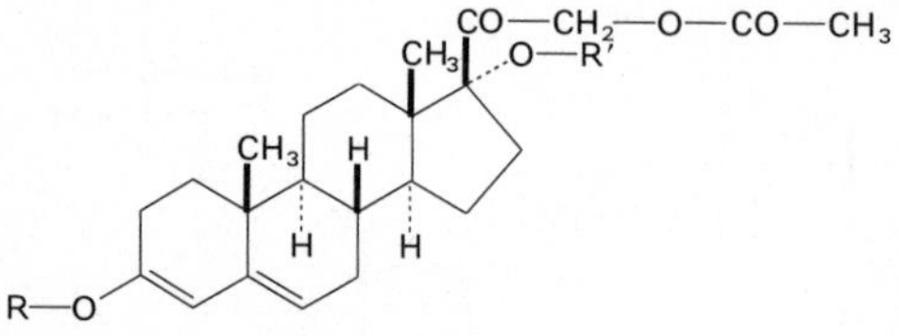

XIV 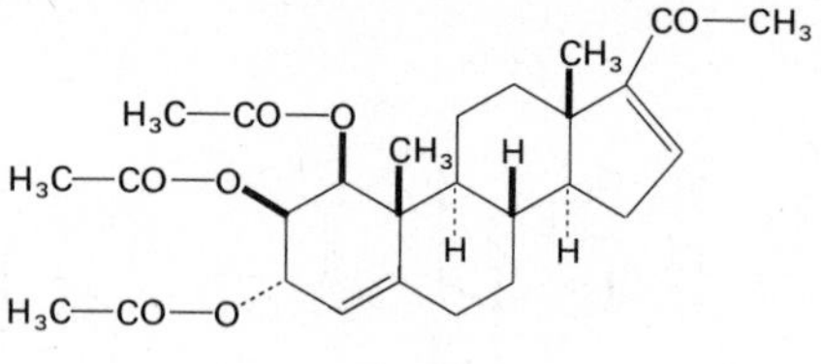 XV

3,17,21-Triacetoxy-pregna-3,5-dien-20-on $C_{27}H_{36}O_7$, Formel XIV (R = R′ = $CO\text{-}CH_3$).

B. Aus 17,21-Dihydroxy-pregn-4-en-3,20-dion und Isopropenylacetat mit Hilfe von Toluol-4-sulfonsäure (*Upjohn Co.*, U.S.P. 2880214 [1953]).

Kristalle (aus Me.); F: 138−140°.

1β,2β,3α-Triacetoxy-pregna-4,16-dien-20-on $C_{27}H_{36}O_7$, Formel XV.

B. Aus Tri-*O*-acetyl-anhydrokogagenin (E III/IV **19** 1253) über mehrere Stufen (*Takeda et al.*, Tetrahedron **7** [1959] 63, 68).

Kristalle (aus wss. A.); F: 150−152° [unkorr.]. $[\alpha]_D$: +168° [$CHCl_3$; c = 1]. λ_{max} (A.): 239 nm.

3β-Acetoxy-16α,17-dihydroxy-pregna-5,14-dien-20-on $C_{23}H_{32}O_5$, Formel I (R = H).

B. Beim Behandeln von 3β-Acetoxy-pregna-5,16-dien-20-on mit $KMnO_4$ und Essigsäure in wss. Aceton (*Ellis et al.*, Soc. **1955** 4383, 4386).

Kristalle (aus Me.); F: 220−222°. $[\alpha]_D^{20}$: −107° [$CHCl_3$; c = 1,2].

Überführung in 3β-Acetoxy-16α,17aα-dihydroxy-17aβ-methyl-*D*-homo-androsta-5,14-dien-17-on mit Hilfe von Al_2O_3: *El. et al.*

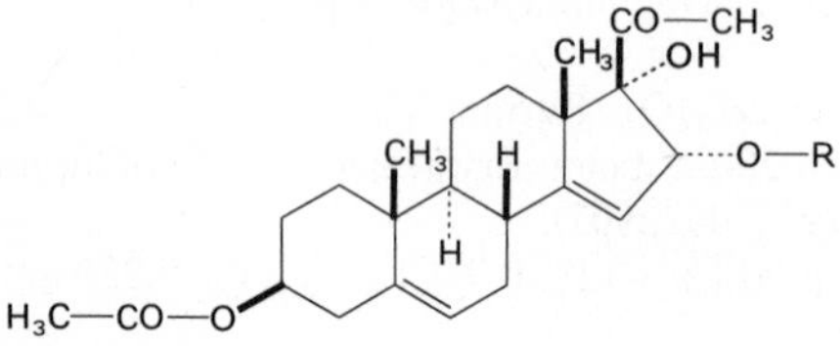

I 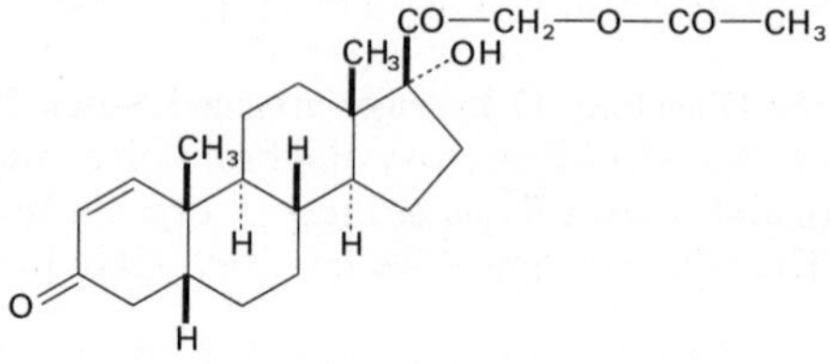 II

3β,16α-Diacetoxy-17-hydroxy-pregna-5,14-dien-20-on $C_{25}H_{34}O_6$, Formel I (R = $CO\text{-}CH_3$).

B. Aus der vorangehenden Verbindung und Acetanhydrid in Pyridin (*Ellis et al.*, Soc. **1955** 4383, 4386).

Kristalle (aus wss. A.); F: 178°. $[\alpha]_D^{21}$: −136° [$CHCl_3$; c = 0,9].

21-Acetoxy-17-hydroxy-pregn-1-en-3,20-dione $C_{23}H_{32}O_5$.

a) **21-Acetoxy-17-hydroxy-5β-pregn-1-en-3,20-dion,** Formel II.

B. Als Nebenprodukt aus 21-Acetoxy-17-hydroxy-5β-pregnan-3,20-dion beim Behandeln mit Brom und wenig Toluol-4-sulfonsäure in DMF und Erhitzen des Reaktionsprodukts mit Li_2CO_3 und LiCl (*Hohensee, Langbein,* Z. physiol. Chem. **315** [1959] 83).

Kristalle (aus Acn.); F: 218−220°. $[\alpha]_D$: +104° [Dioxan; c = 1]. λ_{max} (A.): 234 nm.

b) **21-Acetoxy-17-hydroxy-5α-pregn-1-en-3,20-dion,** Formel III.

B. Aus 21-Acetoxy-2α(?)-brom-17-hydroxy-5α-pregnan-3,20-dion beim Erhitzen mit 2,4,6-Trimethyl-pyridin (*Rosenkranz et al.*, Am. Soc. **72** [1950] 4081, 4084).

Kristalle (aus E.); F: 260−263° [korr.]; $[\alpha]_D^{20}$: +97° [Dioxan]; λ_{max} (A.): 230 nm (*Ro. et al.*).

IR-Spektrum ($CHCl_3$; 1800–850 cm^{-1}): *K. Dobriner, E.R. Katzenellenbogen, R.N. Jones,* Infrared Absorption Spectra of Steroids [New York 1953] Nr. 210; *G. Roberts, B.S. Gallagher, R.N. Jones,* Infrared Absorption Spectra of Steroids, Bd. 2 [New York 1958] Nr. 716.

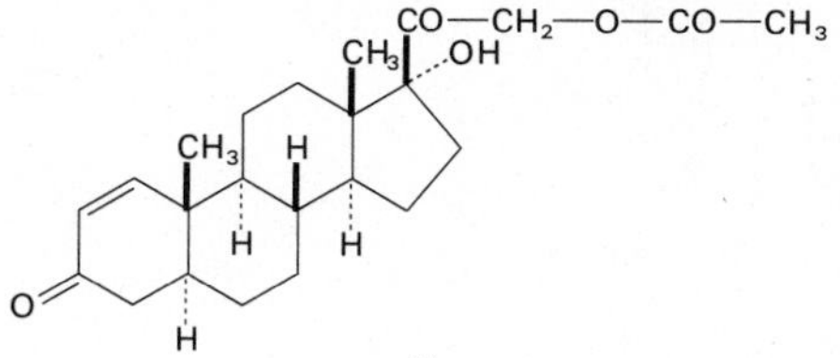

III 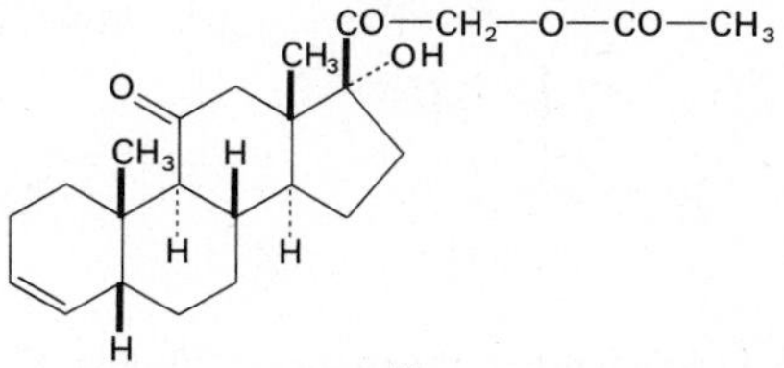 IV

21-Acetoxy-17-hydroxy-pregn-3-en-11,20-dione $C_{23}H_{32}O_5$.

a) **21-Acetoxy-17-hydroxy-5β-pregn-3-en-11,20-dion,** Formel IV.

B. Neben dem unter b) beschriebenen Stereoisomeren beim Behandeln von 21-Acetoxy-17-hydroxy-pregn-4-en-3,11,20-trion (Cortison-acetat) mit Zink und Essigsäure (*McKenna et al.,* Soc. **1959** 2502, 2507).

Kristalle (aus Acn. + Cyclohexan); F: 175–178°. $[\alpha]_D$: +121° [$CHCl_3$; c = 1]. λ_{max} (A.): 206,5 und 294 nm.

b) **21-Acetoxy-17-hydroxy-5α-pregn-3-en-11,20-dion,** Formel V.

B. s. unter a).

Kristalle (aus Acn. + Cyclohexan); F: 211–214° (*McKenna et al.,* Soc. **1959** 2502, 2508). $[\alpha]_D$: +145° [$CHCl_3$; c = 0,8]. λ_{max} (A.): 206,5 nm und 294 nm.

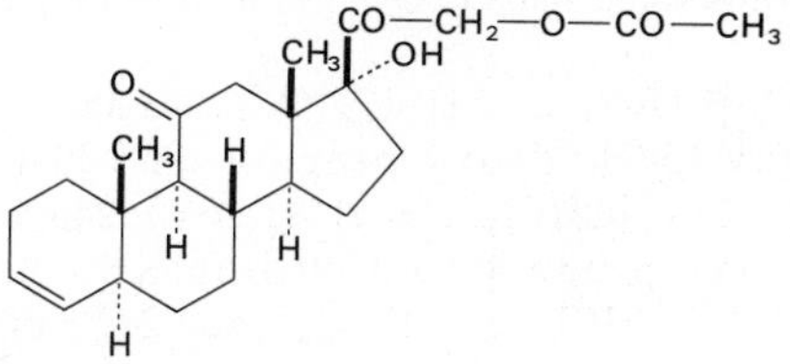

V 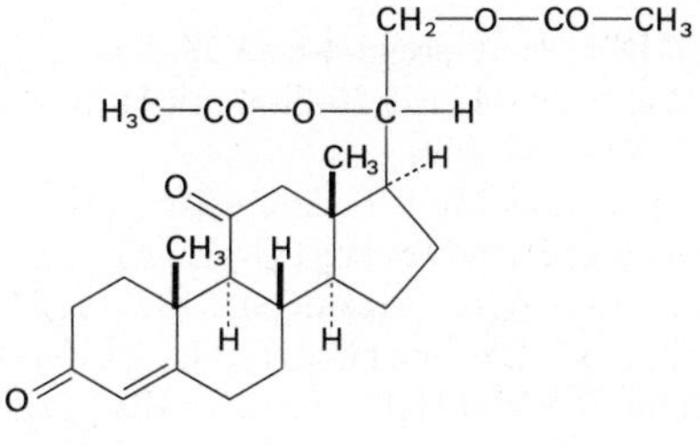 VI

20β_F,21-Diacetoxy-pregn-4-en-3,11-dion $C_{25}H_{34}O_6$, Formel VI (E III 3572).

IR-Spektrum ($CHCl_3$; 1800–850 cm^{-1}): *K. Dobriner, E.R. Katzenellenbogen, R.N. Jones,* Infrared Absorption Spectra of Steroids [New York 1953] Nr. 212; *G. Roberts, B.S. Gallagher, R.N. Jones,* Infrared Absorption Spectra of Steroids, Bd. 2 [New York 1958] Nr. 717.

11,20-Dihydroxy-3-oxo-pregn-4-en-18-al $C_{21}H_{30}O_4$ und Taut.

***rac*-(18S?)-11β,18-Epoxy-18,20α_F(?)-dihydroxy-17βH-pregn-4-en-3-on,** vermutlich Formel VII + Spiegelbild.

B. Aus *rac*-3,3-Äthandiyldioxy-11β,20α_F(?)-dihydroxy-17βH-pregn-5-en-18-al (E III/IV **19** 2757) beim Erwärmen mit Toluol-4-sulfonsäure in wss. Aceton (*Johnson et al.,* Am. Soc. **85** [1963] 1409, 1424; s. a. *Johnson et al.,* Am. Soc. **80** [1958] 2585).

Wasserhaltige Kristalle (aus Me. + E.); F: 249–251° [Zers.] (*Jo. et al.,* Am. Soc. **85** 1424).

21-Acetoxy-1α-acetylmercapto-pregn-4-en-3,20-dion $C_{25}H_{34}O_5S$, Formel VIII.

B. Aus 21-Acetoxy-pregna-1,4-dien-3,20-dion und Thioessigsäure (*Dodson, Tweit,* Am. Soc. **81** [1959] 1224, 1225).

F: 149–150° [Zers.]. $[\alpha]_D^{25}$: +193° [$CHCl_3$].

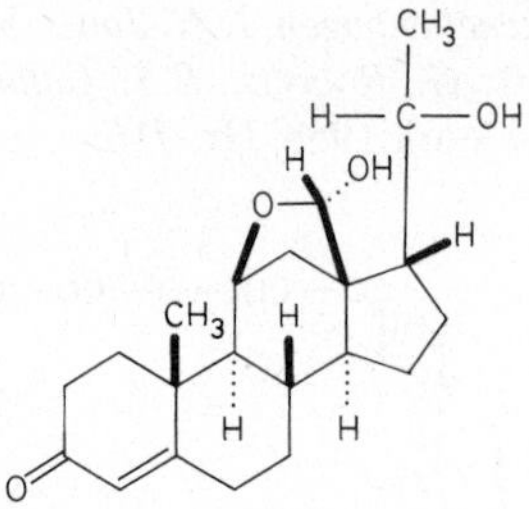

VII 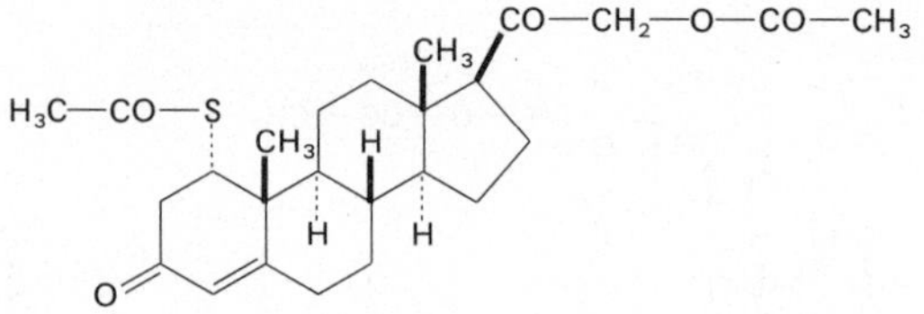 VIII

2α,11β-Dihydroxy-pregn-4-en-3,20-dion $C_{21}H_{30}O_4$, Formel IX.

B. Aus 4β,5-Epoxy-11β-hydroxy-5β-pregnan-3,20-dion mit Hilfe von wss. H_2SO_4 in Aceton (*Camerino et al.*, Farmaco Ed. scient. **11** [1956] 598, 601).

Kristalle (aus Me.); F: 244–245°. $[\alpha]_D^{20}$: +222° [$CHCl_3$; c = 1]. λ_{max} (A.): 242 nm.

O^2-Acetyl-Derivat $C_{23}H_{32}O_5$; 2α-Acetoxy-11β-hydroxy-pregn-4-en-3,20-dion. F: 150–155°.

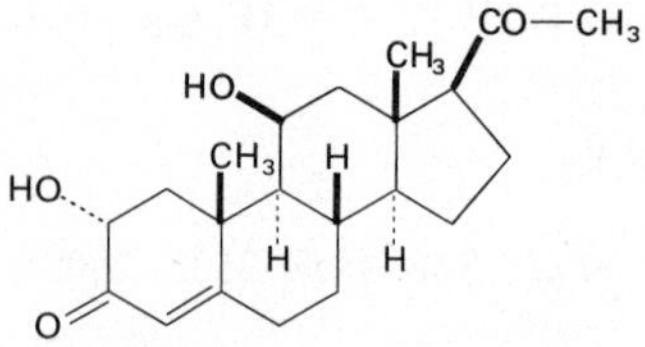

IX 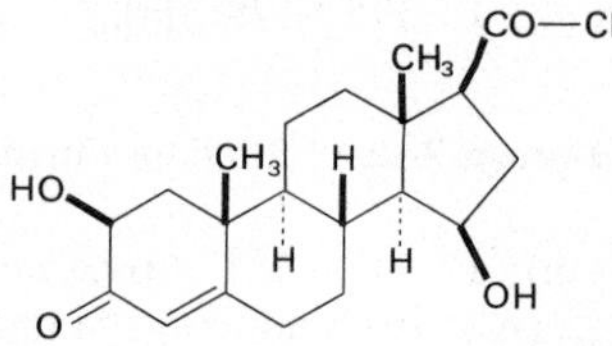 X 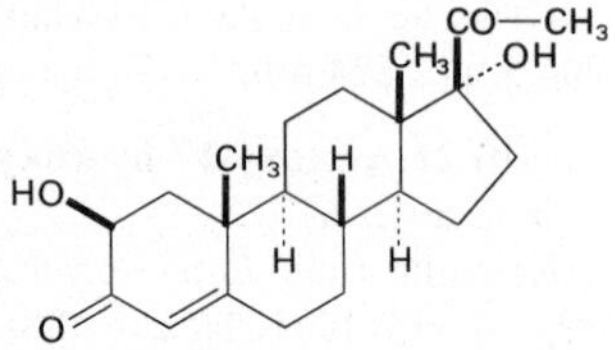 XI

2β,15β-Dihydroxy-pregn-4-en-3,20-dion $C_{21}H_{30}O_4$, Formel X.

B. Aus Pregn-4-en-3,20-dion mit Hilfe von Sclerotinia libertiana (*Tanabe et al.*, Chem. pharm. Bl. **7** [1959] 804, 809).

Kristalle (aus Me.); F: 206–216°. $[\alpha]_D^{27,5}$: −66,7° [$CHCl_3$; c = 1]. λ_{max} (A.): 243 nm.

Monoacetyl-Derivat $C_{23}H_{32}O_5$; 2β-Acetoxy-15β-hydroxy-pregn-4-en-3,20-dion. Kristalle (aus Acn. + Hexan); F: 137–138°. $[\alpha]_D^{27}$: −22,7° [$CHCl_3$; c = 1]. λ_{max} (A.): 243,5 nm.

Diacetyl-Derivat $C_{25}H_{34}O_6$; 2β,15β-Diacetoxy-pregn-4-en-3,20-dion. Kristalle (aus PAe.) mit 0,5 Mol H_2O; F: 127–128°. $[\alpha]_D^{28,5}$: −51,3° [$CHCl_3$; c = 1]. λ_{max} (A.): 242,5 nm.

2β,17-Dihydroxy-pregn-4-en-3,20-dion $C_{21}H_{30}O_4$, Formel XI.

B. Neben anderen Verbindungen aus 17-Hydroxy-pregn-4-en-3,20-dion mit Hilfe von Sclerotinia libertiana (*Tanabe et al.*, Chem. pharm. Bl. **7** [1959] 804, 808).

Kristalle (aus Acn. + Hexan); F: 219–221°. $[\alpha]_D^{29}$: −125° [$CHCl_3$; c = 0,8]. λ_{max}: 243 nm.

O^2-Acetyl-Derivat $C_{23}H_{32}O_5$; 2β-Acetoxy-17-hydroxy-pregn-4-en-3,20-dion. F: 187,5–188,5°.

2α,21-Diacetoxy-pregn-4-en-3,20-dion $C_{25}H_{34}O_6$, Formel XII (R = R′ = CO-CH_3) (E III 3573).

B. Aus 4β,5-Epoxy-21-hydroxy-5β-pregnan-3,20-dion beim Behandeln mit wss. H_2SO_4 in Aceton und mit Acetanhydrid in Pyridin (*Camerino et al.*, Farmaco Ed. scient. **11** [1956] 598, 601).

F: 194–195°. $[\alpha]_D^{20}$: +158° [$CHCl_3$; c = 1].

2α-Hydroxy-21-pivaloyloxy-pregn-4-en-3,20-dion $C_{26}H_{38}O_5$, Formel XII (R = H, R′ = CO-C(CH_3)$_3$).

B. Aus der nachfolgenden Verbindung mit Hilfe von methanol. KOH (*Baran*, Am. Soc. **80** [1958] 1687, 1690).

Kristalle (aus Acn. + Hexan); F: 221–223° [korr.]. $[\alpha]_D$: +169° [Dioxan]. λ_{max} (Me.): 241 nm.

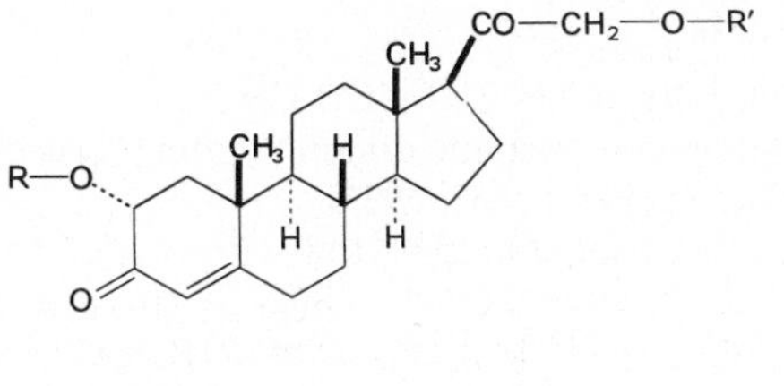

XII 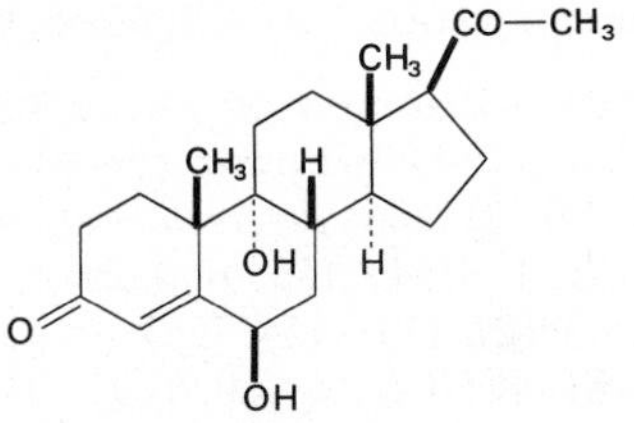 XIII

2α-Acetoxy-21-pivaloyloxy-pregn-4-en-3,20-dion $C_{28}H_{40}O_6$, Formel XII (R = CO-CH_3, R' = CO-C(CH_3)$_3$).

B. Aus 21-Pivaloyloxy-pregn-4-en-3,20-dion beim Erwärmen mit *N*-Brom-succinimid in CCl_4 und Erhitzen des Reaktionsprodukts mit Kaliumacetat und Essigsäure (*Baran,* Am. Soc. **80** [1958] 1687, 1690).

Kristalle (aus Acn. + Hexan); F: 227–229° [korr.]. $[\alpha]_D$: +144° [Dioxan]. λ_{max} (Me.): 241 nm.

6β,9-Dihydroxy-pregn-4-en-3,20-dion $C_{21}H_{30}O_4$, Formel XIII.

B. Neben anderen Verbindungen aus Pregn-4-en-3,20-dion mit Hilfe von Streptomyces aureofaciens (*Olin Mathieson Chem. Corp.,* U.S.P. 2840579 [1957]).

F: 208–211°. $[\alpha]_D^{23}$: +79° [$CHCl_3$]. λ_{max} (A.): 235 nm.

O^6-Acetyl-Derivat $C_{23}H_{32}O_5$; 6β-Acetoxy-9-hydroxy-pregn-4-en-3,20-dion. F: 198–199°. $[\alpha]_D^{23}$: +81° [$CHCl_3$]. λ_{max} (A.): 232 nm.

6,11-Dihydroxy-pregn-4-en-3,20-dione $C_{21}H_{30}O_4$.

a) **6β,11α-Dihydroxy-pregn-4-en-3,20-dion,** Formel XIV (R = H).

B. Aus Pregn-4-en-3,20-dion mit Hilfe von Aspergillus ochraceus (*Karow, Petsiavis,* Ind. eng. Chem. **48** [1956] 2213) oder mit Hilfe von Rhizopus cambodjae (*Camerino et al.,* G. **84** [1954] 301, 305). Aus 11α-Hydroxy-pregn-4-en-3,20-dion mit Hilfe von Syncephalastrum racemosum (*Asai et al.,* J. agric. chem. Soc. Japan **33** [1959] 985, 987; C. A. **57** [1962] 14289). Zusammenfassende Darstellung über Bildungsweisen mit Hilfe von Mikroorganismen: *W. Charney, H.L. Herzog,* Microbial Transformations of Steroids [New York 1967] S. 160.

Kristalle; F: 250–254° [unkorr.; aus Me.] (*Ca. et al.*), 250–253° (*Fried et al.,* Am. Soc. **74** [1952] 3962), 245–248° [unkorr.; aus Me.] (*Peterson et al.,* Am. Soc. **74** [1952] 5933, 5935), 245–247° [aus E.] (*Asai et al.*). $[\alpha]_D^{20}$: +114° [Dioxan] (*Ca. et al.*), +152° [$CHCl_3$; c = 1] (*Asai et al.*); $[\alpha]_D^{23}$: +100° [$CHCl_3$; c = 0,3] (*Fr. et al.*); $[\alpha]_D^{20}$: +155° [Py.] (*Ca. et al.*); $[\alpha]_D^{24}$: +144° [Py.] (*Pe. et al.*). λ_{max} (A.): 236 nm (*Fr. et al.*), 238 nm (*Ca. et al.*). Absorptionsspektrum (H_2SO_4; 220–600 nm): *Bernstein, Lenhard,* J. org. Chem. **18** [1953] 1146, 1154.

b) **6α,11α-Dihydroxy-pregn-4-en-3,20-dion,** Formel XV (R = H).

B. Aus 6α,11α-Diacetoxy-pregn-4-en-3,20-dion mit Hilfe von methanol. KOH (*Camerino et al.,* G. **84** [1954] 301, 310) oder von methanol. Natriummethylat (*Florey, Ehrenstein,* J. org. Chem. **19** [1954] 1331, 1348).

Kristalle (aus Me.); F: 260–262° [unkorr.]; $[\alpha]_D$: +164° [A.; c = 0,5]; λ_{max} (A.): 240 nm (*Ca. et al.*). Kristalle (aus Acn. + Me.); F: 241–242° [unkorr.]; $[\alpha]_D^{26}$: +127,3° [$CHCl_3$]; λ_{max} (A.): 241 nm [unreines Präparat] (*Fl., Eh.*).

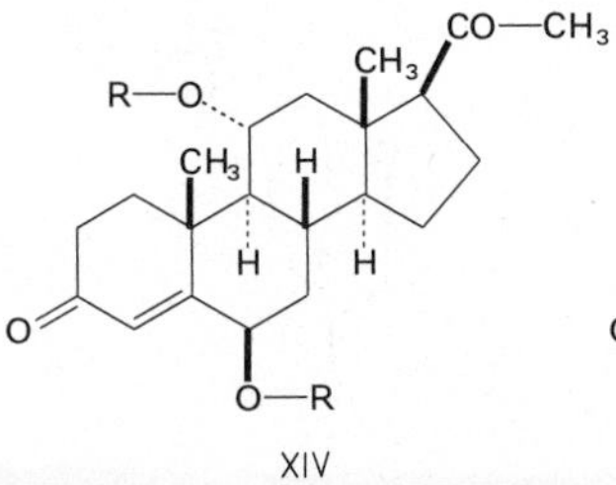

XIV 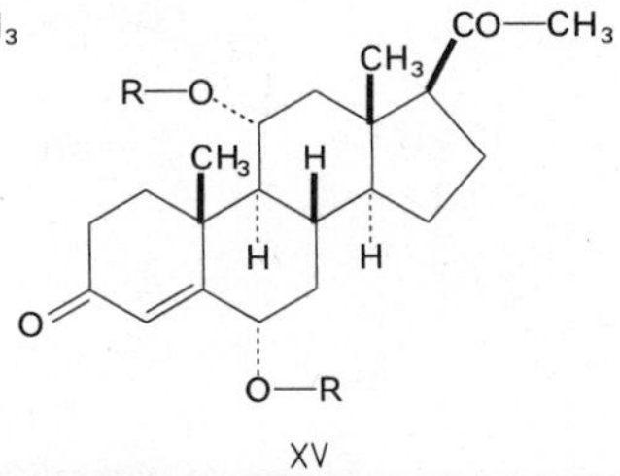 XV 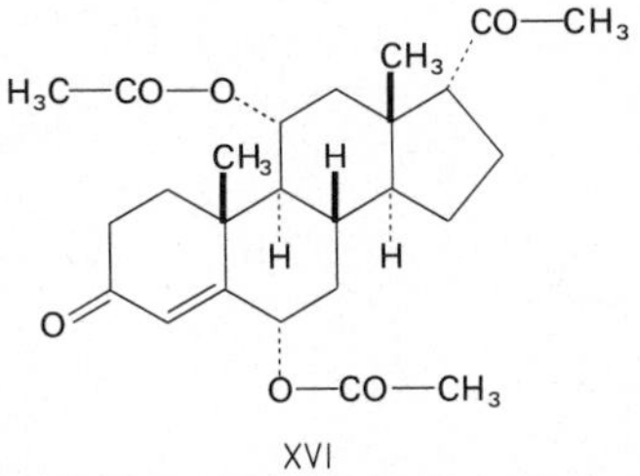 XVI

6,11-Diacetoxy-pregn-4-en-3,20-dione $C_{25}H_{34}O_6$.

a) **6β,11α-Diacetoxy-pregn-4-en-3,20-dion,** Formel XIV (R = CO-CH_3).

B. Aus 6β,11α-Dihydroxy-pregn-4-en-3,20-dion und Acetanhydrid in Pyridin (*Camerino et al.*, G. **84** [1954] 301, 306; *Peterson et al.*, Am. Soc. **74** [1952] 5933, 5935).

Kristalle; F: 154–155° [unkorr.; aus Me.] (*Ca. et al.*), 154–155° (*Fried et al.*, Am. Soc. **74** [1952] 3962), 153–154° [unkorr.; aus Me.] (*Pe. et al.*). $[\alpha]_D^{20}$: +86,5° [$CHCl_3$] (*Ca. et al.*); $[\alpha]_D^{23}$: +81° [$CHCl_3$; c = 0,9] (*Fr. et al.*); $[\alpha]_D^{24}$: +71° [A.] (*Pe. et al.*). IR-Spektrum (CCl_4 und CS_2; 1800–650 cm^{-1}): *G. Roberts, B.S. Gallagher, R.N. Jones,* Infrared Absorption Spectra of Steroids, Bd. 2 [New York 1958] Nr. 564.

b) **6α,11α-Diacetoxy-pregn-4-en-3,20-dion,** Formel XV (R = CO-CH_3).

B. Neben dem unter c) beschriebenen Stereoisomeren (*Florey, Ehrenstein,* J. org. Chem. **19** [1954] 1331, 1347) beim Behandeln von 6β,11α-Diacetoxy-pregn-4-en-3,20-dion mit HCl in Äthanol enthaltendem $CHCl_3$ (*Fl., Eh.*; *Camerino et al.*, G. **84** [1954] 301, 310).

Kristalle (aus Acn.+Ae.); F: 131–132° [unkorr.]; $[\alpha]_D^{20}$: +103° [$CHCl_3$] (*Ca. et al.*). Amorph; $[\alpha]_D^{28}$: +107,5° [$CHCl_3$; c = 0,4]; λ_{max} (A.): 235 nm (*Fl., Eh.*, l. c. S. 1348). IR-Spektrum (CCl_4 und CS_2; 1800–650 cm^{-1}): *G. Roberts, B.S. Gallagher, R.N. Jones,* Infrared Absorption Spectra of Steroids, Bd. 2 [New York 1958] Nr. 563.

c) **6α,11α-Diacetoxy-17β*H*-pregn-4-en-3,20-dion,** Formel XVI.

B. s. unter b).

Kristalle (aus Acn.+Ae.); F: 186–188° [unkorr.]; $[\alpha]_D^{26}$: −9,6° [$CHCl_3$; c = 0,6]; λ_{max} (A.): 235 nm (*Florey, Ehrenstein,* J. org. Chem. **19** [1954] 1331, 1348). IR-Spektrum (CCl_4 und CS_2; 1800–650 cm^{-1}): *G. Roberts, B.S. Gallagher, R.N. Jones,* Infrared Absorption Spectra of Steroids, Bd. 2 [New York 1958] Nr. 565.

6β,14-Dihydroxy-pregn-4-en-3,20-dion $C_{21}H_{30}O_4$, Formel I.

B. Aus Pregn-4-en-3,20-dion mit Hilfe von Mucor corymbifer (*Camerino et al.*, G. **83** [1953] 684, 689), mit Hilfe von Achromobacter kashiwasakiensis (*Tsuda et al.*, J. gen. appl. Microbiol. Tokyo **5** [1959] 7, 8) sowie neben anderen Verbindungen mit Hilfe von Absidia regnieri (*Tanabe et al.*, Chem. pharm. Bl. **7** [1959] 811, 815).

Kristalle; F: 255–265° [aus Me.] (*Ca. et al.*), 245° [unkorr.; aus E.+Me.] (*Ts. et al.*), 242–246° [Zers.; aus Me.] (*Ta. et al.*). $[\alpha]_D$: +125° [$CHCl_3$; c = 1] (*Ts. et al.*); $[\alpha]_D^{28}$: +114° [$CHCl_3$; c = 0,5], +132° [Py.; c = 0,7] (*Ta. et al.*); $[\alpha]_D^{20}$: +142° [Dioxan; c = 1] (*Ca. et al.*). λ_{max} (A.): 236,5 nm (*Ta. et al.*), 237 nm (*Ca. et al.*).

*O*⁶-Acetyl-Derivat $C_{23}H_{32}O_5$; 6β-Acetoxy-14-hydroxy-pregn-4-en-3,20-dion. Kristalle (aus Me.); F: 176,5–177,5° (*Ta. et al.*), 175–178° [unkorr.] (*Ca. et al.*). $[\alpha]_D^{20}$: +125° [$CHCl_3$; c = 1] (*Ca. et al.*); $[\alpha]_D^{29}$: +116,7° [$CHCl_3$; c = 0,8], +101,8° [Py.; c = 1,3] (*Ta. et al.*). λ_{max} (A.): 235 nm (*Ca. et al.*).

6β,16α-Dihydroxy-pregn-4-en-3,20-dion $C_{21}H_{30}O_4$, Formel II.

B. Aus 16α-Hydroxy-pregn-4-en-3,20-dion mit Hilfe von Aspergillus indulans (*Olin Mathieson Chem. Corp.*, U.S.P. 2855343 [1958]).

Kristalle (aus Acn.); F: 230–232°. $[\alpha]_D^{24}$: +75° [$CHCl_3$; c = 1].

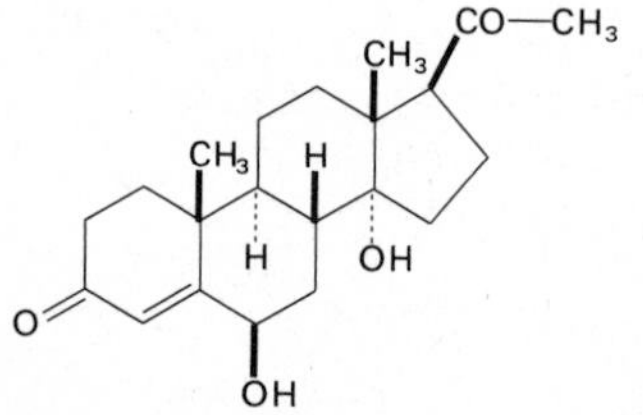

I 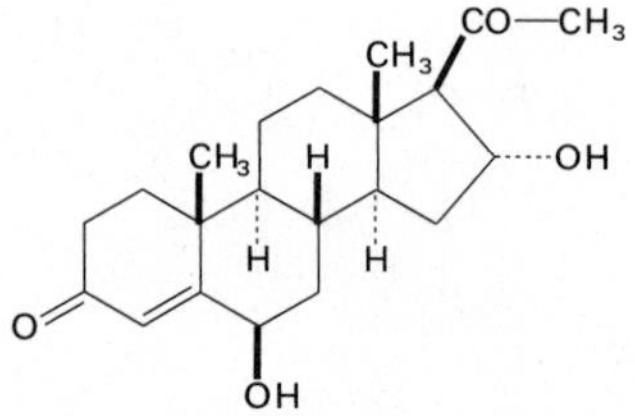 II 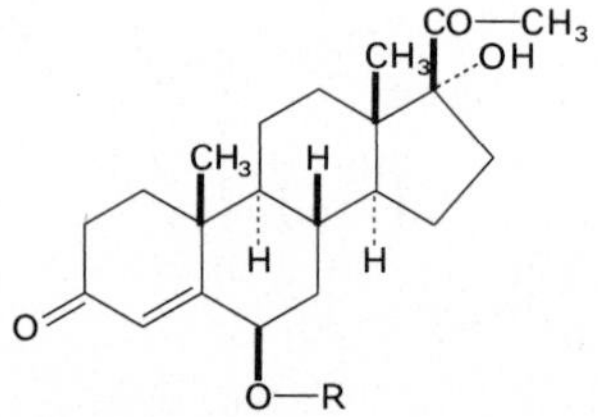 III

6,17-Dihydroxy-pregn-4-en-3,20-dione $C_{21}H_{30}O_4$.

a) **6β,17-Dihydroxy-pregn-4-en-3,20-dion,** Formel III (R = H).

B. Aus 6β-Acetoxy-17-hydroxy-pregn-4-en-3,20-dion mit Hilfe von äthanol. KOH (*Florey, Ehrenstein,* J. org. Chem. **19** [1954] 1331, 1341). Aus 3β,6β,17-Trihydroxy-pregn-4-en-20-on mit Hilfe von MnO_2 (*Amendolla et al.,* Soc. **1954** 1226, 1232). In geringer Menge aus 3,20-Diacetoxy-pregna-3,5,20-trien mit Hilfe von Peroxybenzoesäure (*Moffett, Slomp,* Am. Soc. **76** [1954] 3678, 3681). Aus 17-Hydroxy-pregn-4-en-3,20-dion mit Hilfe von Rhizopus arrhizus (*Meister et al.,* Am. Soc. **75** [1953] 416).

Kristalle; F: 254–256° [aus Me.+Ae.] (*Am. et al.*), 244–246° [unkorr.; aus $CHCl_3$+Ae.] (*Me. et al.*), 243–245° [unkorr.; aus Acn.] (*Fl., Eh.*). $[\alpha]_D^{20}$: +10° [$CHCl_3$] (*Am. et al.*); $[\alpha]_D^{23}$: +6° [$CHCl_3$; c = 0,9] (*Me. et al.*); $[\alpha]_D^{30}$: +6,8° [$CHCl_3$; c = 0,4] (*Fl., Eh.*). λ_{max} (A.): 238 nm (*Me. et al.*), 236 nm (*Fl., Eh.*; *Am. et al.*).

b) **6α,17-Dihydroxy-pregn-4-en-3,20-dion,** Formel IV (R = H).

B. Aus 6α-Acetoxy-17-hydroxy-pregn-4-en-3,20-dion mit Hilfe von methanol. Natriummethylat (*Florey, Ehrenstein,* J. org. Chem. **19** [1954] 1331, 1342).

Kristalle (aus Me.); F: 273–275° [unkorr.]. $[\alpha]_D^{25}$: +96,2° [$CHCl_3$; c = 0,6]. λ_{max} (A.): 240 nm.

6-Acetoxy-17-hydroxy-pregn-4-en-3,20-dione $C_{23}H_{32}O_5$.

a) **6β-Acetoxy-17-hydroxy-pregn-4-en-3,20-dion,** Formel III (R = CO-CH_3).

B. Aus 6β,17-Dihydroxy-pregn-4-en-3,20-dion und Acetanhydrid in Pyridin (*Meister et al.,* Am. Soc. **75** [1953] 416, 418). Aus 6β-Acetoxy-5,17-dihydroxy-5α-pregnan-3,20-dion beim Behandeln mit HCl in $CHCl_3$ oder beim Erhitzen mit Essigsäure (*Florey, Ehrenstein,* J. org. Chem. **19** [1954] 1331, 1340).

Kristalle; F: 95–100° und (nach Wiedererstarren bei 110–120°) F: 194–195° [unkorr.; aus Acn.+Ae.] (*Fl., Eh.*). F: 95–100° und F: 192–197° [unkorr.; aus Acn.] (*Me. et al.*). $[\alpha]_D^{23}$: +14° [$CHCl_3$; c = 0,6] (*Me. et al.*); $[\alpha]_D^{27}$: +15,6° [$CHCl_3$; c = 0,5] (*Fl., Eh.*). λ_{max} (A.): 236 nm (*Me. et al.*), 235 nm (*Fl., Eh.*). IR-Spektrum (CCl_4 und $CHCl_3$; 1800–850 cm^{-1}): *G. Roberts, B.S. Gallagher, R.N. Jones,* Infrared Absorption Spectra of Steroids, Bd. 2 [New York 1958] Nr. 567.

b) **6α-Acetoxy-17-hydroxy-pregn-4-en-3,20-dion,** Formel IV (R = CO-CH_3).

B. Aus 6β-Acetoxy-5,17-dihydroxy-5α-pregnan-3,20-dion oder aus dem unter a) beschriebenen Stereoisomeren beim Behandeln mit HCl in Äthanol enthaltendem $CHCl_3$ (*Florey, Ehrenstein,* J. org. Chem. **19** [1954] 1331, 1342).

Kristalle (aus E.+Ae.); F: 199–200° [unkorr.]; $[\alpha]_D^{27}$: +62,2° [$CHCl_3$; c = 0,4]; λ_{max} (A.): 237 nm (*Fl., Eh.*). IR-Spektrum ($CHCl_3$; 1800–850 cm^{-1}): *G. Roberts, B.S. Gallagher, R.N. Jones,* Infrared Absorption Spectra of Steroids, Bd. 2 [New York 1958] Nr. 566.

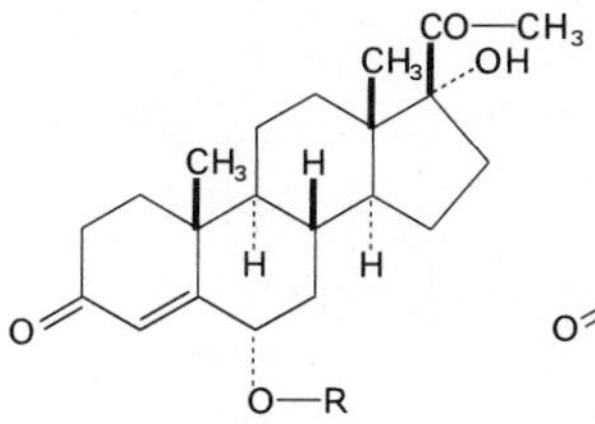

IV 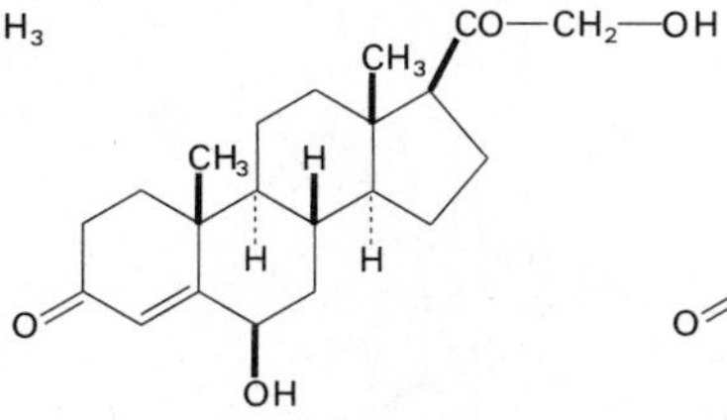 V 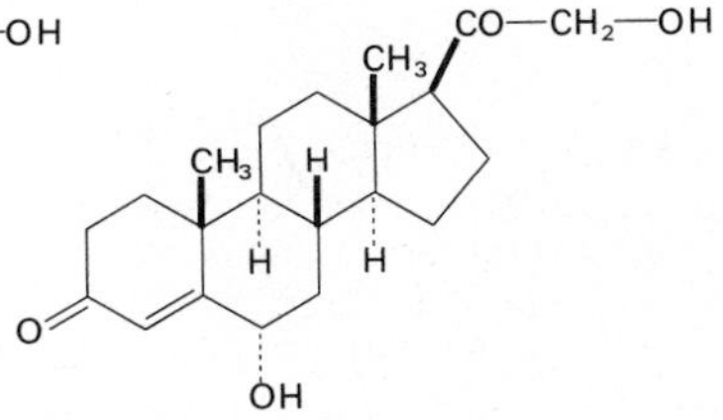 VI

6,21-Dihydroxy-pregn-4-en-3,20-dione $C_{21}H_{30}O_4$.

a) **6β,21-Dihydroxy-pregn-4-en-3,20-dion,** Formel V.

B. Aus dem Diacetyl-Derivat [s. u.] (*Herzig, Ehrenstein,* J. org. Chem. **16** [1951] 1050, 1058).

Aus 6β-Hydroxy-pregn-4-en-3,20-dion mit Hilfe von Aspergillus niger (*Syntex S.A.*, U.S.P. 2812285 [1954]). Neben 17,21-Dihydroxy-pregn-4-en-3,20-dion aus 21-Hydroxy-pregn-4-en-3,20-dion mit Hilfe von Trichothecium roseum (*Meystre et al.*, Helv. **37** [1954] 1548, 1550). Aus 21-Acetoxy-pregn-4-en-3,20-dion mit Hilfe von Rhizopus arrhizus (*Eppstein et al.*, Am. Soc. **75** [1953] 408, 411).

Kristalle; F: 198–202° [nach Trocknen über P_2O_5 bei 0,01 Torr] (*Ep. et al.*), 198–200° (*Syntex S.A.*), 190–192° [aus Acn.+PAe.] (*He., Eh.*). Kristalle (aus Me.) mit 1 Mol Methanol; F: 206–210° (*Ep. et al.*). $[\alpha]_D^{23}$: +101° [$CHCl_3$; c = 0,9] (*Ep. et al.*); $[\alpha]_D^{27}$: +97° [$CHCl_3$; c = 0,6] (*Me. et al.*). λ_{max} (A.): 235 nm (*He., Eh.*). IR-Spektrum (Film; 2–12 μ): *Kahnt et al.*, Helv. **38** [1955] 1237, 1241.

Monoacetyl-Derivat $C_{23}H_{32}O_5$; 21-Acetoxy-6β-hydroxy-pregn-4-en-20-on. *B.* Aus 21-Acetoxy-pregn-4-en-3,20-dion bei der aufeinanderfolgenden Umsetzung mit Isopropenylacetat in Gegenwart von Toluol-4-sulfonsäure und mit Monoperoxyphthalsäure (*Romo et al.*, J. org. Chem. **19** [1954] 1509, 1514). Aus 21-Acetoxy-3β,6β-dihydroxy-pregn-4-en-20-on mit Hilfe von MnO_2 (*Amendolla et al.*, Soc. **1954** 1226, 1230). – Kristalle; F: 198–199° [aus Acn.+Hexan] (*Am. et al.*), 196–198° [unkorr.; aus Acn. bzw. aus Acn.+A.] (*Ep. et al.*; *Romo et al.*). $[\alpha]_D^{20}$: +105° [$CHCl_3$] (*Am. et al.*), 108° [$CHCl_3$] (*Romo et al.*); $[\alpha]_D^{23}$: +113° [$CHCl_3$; c = 1,2] (*Ep. et al.*). λ_{max} (A.): 236 nm (*Am. et al.*; *Romo et al.*), 237 nm (*Ep. et al.*).

Diacetyl-Derivat $C_{25}H_{34}O_6$; 6β,21-Diacetoxy-pregn-4-en-3,20-dion (E III 3573). *B.* Aus 6β,21-Diacetoxy-5-hydroxy-5α-pregnan-3,20-dion mit Hilfe von Carbazoylmethyl-trimethyl-ammonium-chlorid (*He., Eh.*, l. c. S. 1056). – F: 130–132° [unkorr.; aus Ae.+Pentan] (*Romo et al.*), 130–131° [aus Ae.+Pentan] (*Am. et al.*), 127–129° [aus E.+Ae.] (*Ep. et al.*). $[\alpha]_D^{20}$: +102° [$CHCl_3$] (*Am. et al.*), +104° [$CHCl_3$] (*Romo et al.*); $[\alpha]_D^{23}$: +103° [$CHCl_3$; c = 0,6] (*Ep. et al.*). IR-Spektrum (CCl_4 und CS_2; 1800–650 cm^{-1}): *G. Roberts, B.S. Gallagher, R.N. Jones*, Infrared Absorption Spectra of Steroids, Bd. 2 [New York 1958] Nr. 569. λ_{max} (A.): 236 nm (*Ep. et al.*; *Romo et al.*; *Am. et al.*). – Beim Behandeln mit HCl in CCl_4 oder $CHCl_3$ ist das 6α-Epimere erhalten worden (*He., Eh.*).

b) **6α,21-Dihydroxy-pregn-4-en-3,20-dion,** Formel VI.

B. Aus dem Diacetyl-Derivat [s. u.] (*Herzig, Ehrenstein*, J. org. Chem. **16** [1951] 1050, 1059).

Kristalle (aus Acn.+PAe.); F: 166–168°. $[\alpha]_D^{19}$: +139,7° [$CHCl_3$; c = 0,5]. λ_{max} (A.): 240 nm.

Diacetyl-Derivat $C_{25}H_{34}O_6$; 6α,21-Diacetoxy-pregn-4-en-3,20-dion (E III 3573). IR-Spektrum (CCl_4 und CS_2; 1800–650 cm^{-1}): *G. Roberts, B.S. Gallagher, R.N. Jones*, Infrared Absorption Spectra of Steroids, Bd. 2 [New York 1958] Nr. 568.

7α,11α-Dihydroxy-pregn-4-en-3,20-dion $C_{21}H_{30}O_4$, Formel VII.

B. Aus Pregn-4-en-3,20-dion mit Hilfe von Absidia glauca (*Schubert et al.*, Z. Chem. **2** [1962] 289, 295).

F: 233–236°; $[\alpha]_D^{20}$: +124° [$CHCl_3$] (*Sch. et al.*). IR-Banden (Nujol und CH_2Cl_2; 1150–1000 cm^{-1}): *Heller*, Z. Naturf. **14b** [1959] 298, 302.

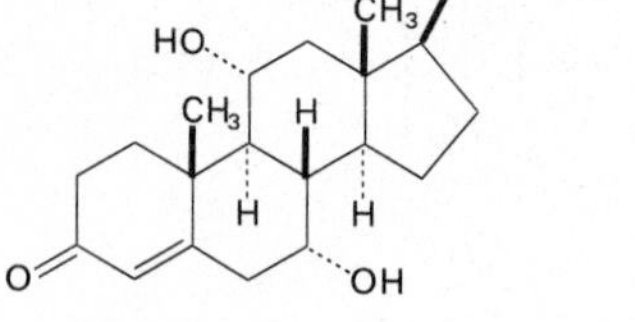

VII 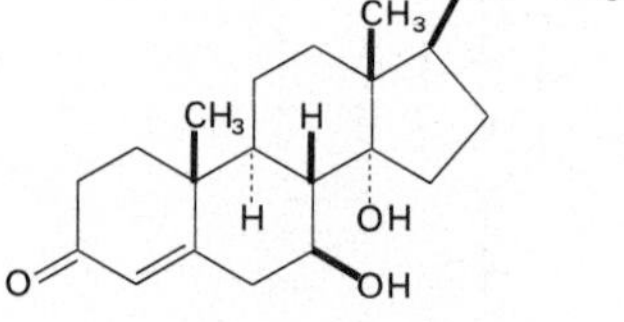 VIII 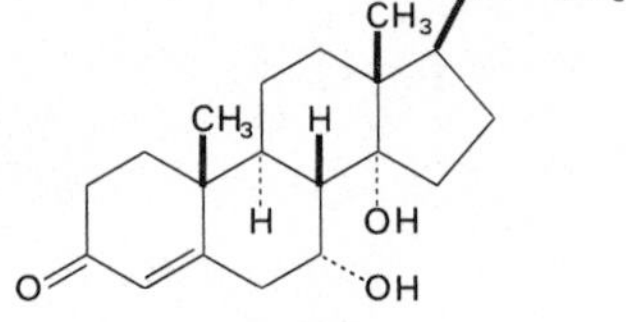 IX

7,14-Dihydroxy-pregn-4-en-3,20-dione $C_{21}H_{30}O_4$.

a) **7β,14-Dihydroxy-pregn-4-en-3,20-dion,** Formel VIII.

Konfiguration am C-Atom 7: *Tweit et al.*, J. org. Chem. **26** [1961] 2856, 2858.

B. Aus Pregn-4-en-3,20-dion mit Hilfe von Absidia regnieri (*Tanabe et al.*, Chem. pharm. Bl. **7** [1959] 811, 815).

Kristalle (aus Acn.); F: 208–214°; $[\alpha]_D^{27}$: +154,4° [$CHCl_3$; c = 0,94]; λ_{max} (A.): 242 nm (*Ta. et al.*).

O^7-Acetyl-Derivat $C_{23}H_{32}O_5$; 7β-Acetoxy-14-hydroxy-pregn-4-en-3,20-dion. Kristalle (aus Acn. + Hexan); F: 191,5–192,5°; $[\alpha]_D^{27}$: +161° [$CHCl_3$; c = 1] (*Ta. et al.*).

b) **7α,14-Dihydroxy-pregn-4-en-3,20-dion,** Formel IX.

B. Aus Pregn-4-en-3,20-dion mit Hilfe von Curvularia-Arten (*Merck & Co. Inc.*, U.S.P. 2888469 [1955]; *Schubert et al.*, Naturwiss. **45** [1959] 264).

Kristalle (aus E. + Acn.); F: 280°; $[\alpha]_D^{24}$: +177° [Me.; c = 0,5]; λ_{max} (Me.): 242 nm (*Merck & Co. Inc.*). F: 252–255°; $[\alpha]_D$: +175° [$CHCl_3$] (*Sch. et al.*). IR-Banden (Nujol und CH_2Cl_2; 1150–1000 cm^{-1}): *Heller*, Z. Naturf. **14b** [1959] 298, 302.

O^7-Acetyl-Derivat $C_{23}H_{32}O_5$; 7α-Acetoxy-14-hydroxy-pregn-4-en-3,20-dion. F: 227–235°; λ_{max} (Me.): 238,5 nm (*Merck & Co. Inc.*). F: 222–225°; $[\alpha]_D$: +63° [$CHCl_3$] (*Sch. et al.*).

7β,15β-Dihydroxy-pregn-4-en-3,20-dion $C_{21}H_{30}O_4$, Formel X.

Konfiguration am C-Atom 7: *Tsuda et al.*, Chem. pharm. Bl. **8** [1960] 626.

B. Aus Pregn-4-en-3,20-dion mit Hilfe von Syncephalastrum racemosum (*Tsuda et al.*, Chem. pharm. Bl. **6** [1958] 387, 389; *Asai et al.*, J. agric. chem. Soc. Japan **32** [1958] 723, 726, **33** [1959] 985, 987; C. A. **1960** 22843, **1962** 14289). Aus 3β-Hydroxy-pregn-5-en-20-on mit Hilfe von Diplodia tubericola (*Ts. et al.*, Chem. pharm. Bl. **8** 627).

Kristalle (aus Me.); F: 231–233° [unkorr.]; $[\alpha]_D^{25}$: +136° [$CHCl_3$; c = 0,7]; λ_{max} (Me.): 240,2 nm (*Ts. et al.*, Chem. pharm. Bl. **8** 627). IR-Spektrum (4000–700 cm^{-1}): *Asai et al.*, J. agric. chem. Soc. Japan **32** 727.

O^7-Acetyl-Derivat $C_{23}H_{32}O_5$; 7β-Acetoxy-15β-hydroxy-pregn-4-en-3,20-dion. F: 188–190°; $[\alpha]_D^{20}$: +118° [$CHCl_3$; c = 1,1]; λ_{max} (Me.): 237 nm (*Ts. et al.*, Chem. pharm. Bl. **6** 390; *Asai et al.*, J. agric. chem. Soc. Japan **32** 727).

7α-Acetylmercapto-17-hydroxy-pregn-4-en-3,20-dion $C_{23}H_{32}O_4S$, Formel XI (R = H).

B. Aus 17-Hydroxy-pregna-4,6-dien-3,20-dion und Thioessigsäure (*Dodson, Tweit*, Am. Soc. **81** [1959] 1224, 1227).

F: 227–229° [Zers.]. $[\alpha]_D^{25}$: −38° [$CHCl_3$]. λ_{max} (Me.): 238,5 nm.

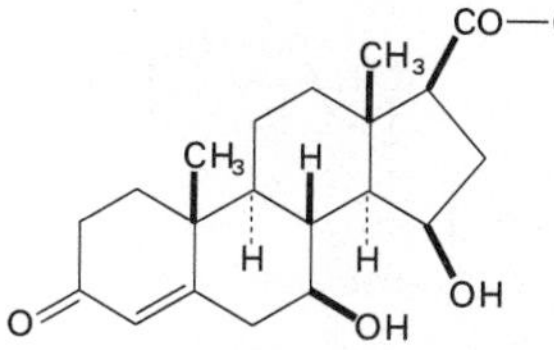

X 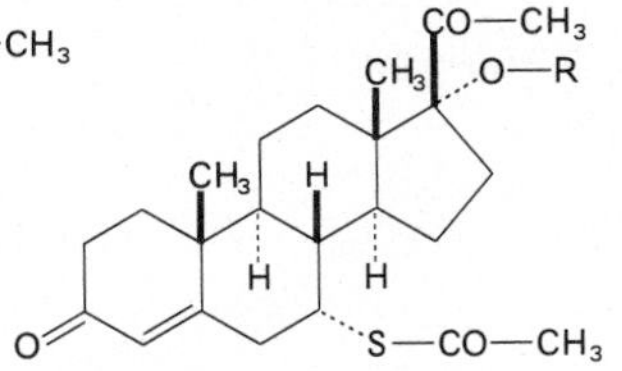 XI 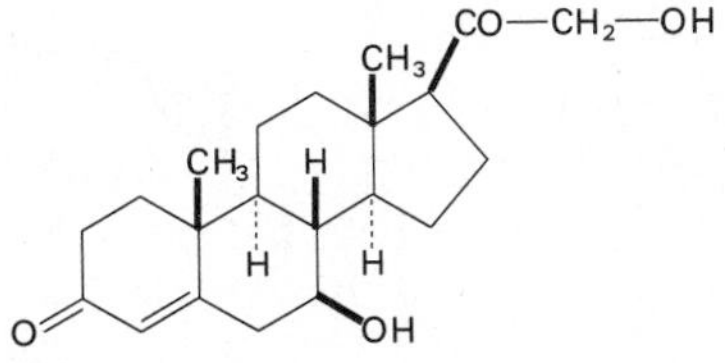 XII

7α-Acetylmercapto-17-propionyloxy-pregn-4-en-3,20-dion $C_{26}H_{36}O_5S$, Formel XI (R = CO-C_2H_5).

B. Aus 17-Propionyloxy-pregna-4,6-dien-3,20-dion und Thioessigsäure (*Dodson, Tweit*, Am. Soc. **81** [1959] 1224, 1227).

F: 209–211°. $[\alpha]_D^{25}$: −46,1° [$CHCl_3$].

7,21-Dihydroxy-pregn-4-en-3,20-dione $C_{21}H_{30}O_4$.

a) **7β,21-Dihydroxy-pregn-4-en-3,20-dion,** Formel XII.

B. Aus 21-Hydroxy-pregn-4-en-3,20-dion mit Hilfe einer Cladiosporium-Art (*McAleer et al.*, J. org. Chem. **23** [1958] 958).

Kristalle (aus E.); F: 178–181,5°. $[\alpha]_D^{25}$: +151° [$CHCl_3$; c = 1]. λ_{max} (Me.): 240 nm.

b) **7α,21-Dihydroxy-pregn-4-en-3,20-dion,** Formel XIII.

B. Aus 21-Hydroxy-pregn-4-en-3,20-dion mit Hilfe einer Helmithosporium-Art (*McAleer et al.,* J. org. Chem. **23** [1958] 958) oder mit Hilfe einer Peziza-Art (*Meystre et al.,* Helv. **38** [1955] 381, 386).

Kristalle; F: 216–226° [aus Acn.] (*Me. et al.*), 216–225° [aus E.] (*McA. et al.*). $[\alpha]_D^{25}$: +158° [$CHCl_3$; c = 0,9] (*Me. et al.*), +144° [$CHCl_3$; c = 1] (*McA. et al.*). IR-Banden (CH_2Cl_2; 2,5–12,5 μ): *Me. et al.* λ_{max}: 242 nm [A.] (*Me. et al.*), 240 nm [Me.] (*McA. et al.*).

Monoacetyl-Derivat $C_{23}H_{32}O_5$; 21-Acetoxy-7α-hydroxy-pregn-4-en-3,20-dion. Kristalle (aus Acn.+PAe.); F: 217–219° [korr.]; $[\alpha]_D^{22}$: +162° [A.; c = 0,8] (*Me. et al.*). IR-Banden (CH_2Cl_2; 2,5–11 μ): *Me. et al.* λ_{max} (A.): 242 nm (*Me. et al.*).

Diacetyl-Derivat $C_{25}H_{34}O_6$; 7α,21-Diacetoxy-pregn-4-en-3,20-dion. Kristalle (aus Acn.+Diisopropyläther); F: 189–192° [korr.]; $[\alpha]_D^{25}$: +83° [$CHCl_3$; c = 3] (*Me. et al.*). IR-Banden (CH_2Cl_2; 5,5–11 μ): *Me. et al.*

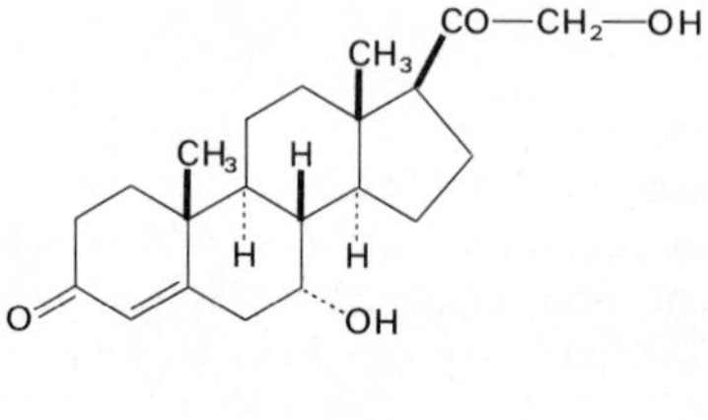

XIII

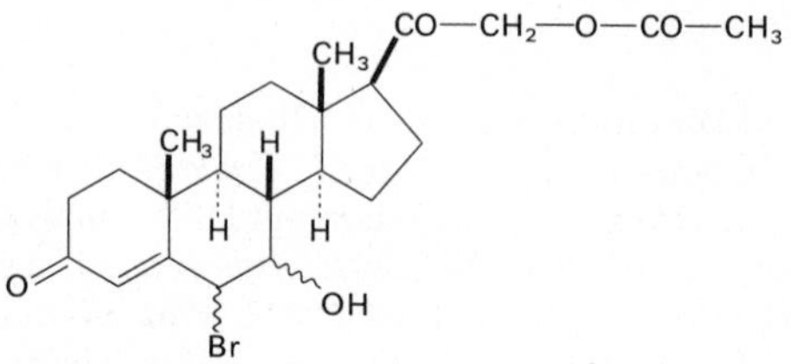

XIV

21-Acetoxy-6ξ-brom-7ξ-hydroxy-pregn-4-en-3,20-dion $C_{23}H_{31}BrO_5$, Formel XIV.

B. Aus 21-Acetoxy-6ξ,7ξ-epoxy-pregn-4-en-3,20-dion (E III/IV **18** 1594) und HBr (*Searle & Co.,* U.S.P. 2738348 [1954]).

Kristalle (aus Acn.+PAe.); F: 189–190° [Zers.].

21-Acetoxy-7α-propionylmercapto-pregn-4-en-3,20-dion $C_{26}H_{36}O_5S$, Formel I.

B. Aus 21-Acetoxy-pregna-4,6-dien-3,20-dion und Thiopropionsäure (*Dodson, Tweit,* Am. Soc. **81** [1959] 1224, 1227).

F: 92–96°. $[\alpha]_D^{25}$: +27,6° [$CHCl_3$].

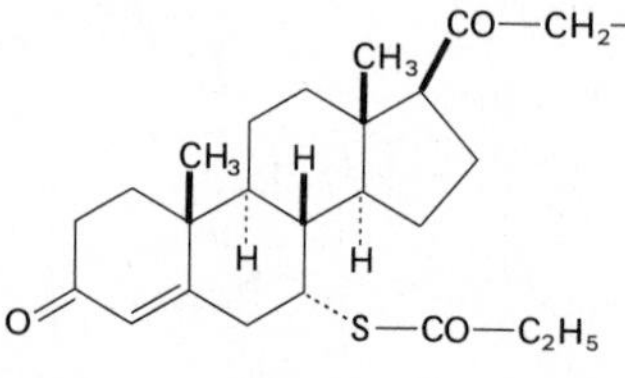

I

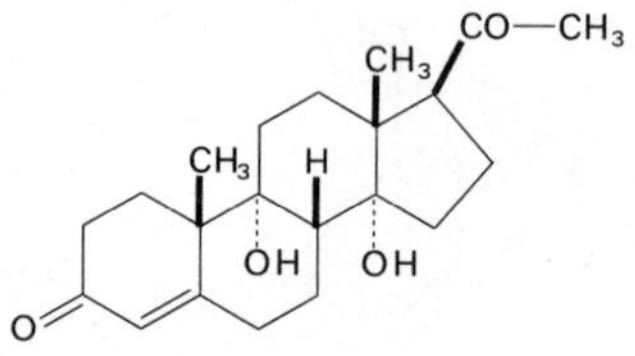

II

9,14-Dihydroxy-pregn-4-en-3,20-dion $C_{21}H_{30}O_4$, Formel II.

B. Neben anderen Verbindungen aus Pregn-4-en-3,20-dion mit Hilfe einer Circinella-Art (*Schubert et al.,* B. **91** [1958] 2549, 2551).

Kristalle (aus Acn.); F: 272–273°; $[\alpha]_D^{25}$: −179° [$CHCl_3$] (*Sch. et al.*). IR-Banden (Nujol; 3300–870 cm^{-1}): *Sch. et al.* IR-Spektrum (Nujol; 1150–1000 cm^{-1}): *Heller,* Z. Naturf. **14b** [1959] 298, 299.

9,15α-Dihydroxy-pregn-4-en-3,20-dion $C_{21}H_{30}O_4$, Formel III.

B. Aus 9-Hydroxy-pregn-4-en-3,20-dion mit Hilfe von Calonectria decora (*Schubert et al.,* Z. Naturf. **17b** [1962] 436).

F: 240–242°; $[\alpha]_D$: +212° [$CHCl_3$] (*Sch. et al.*). IR-Banden (Nujol und CH_2Cl_2;

1150–1000 cm^{-1}): *Heller*, Z. Naturf. **14b** [1959] 298, 302.

9,21-Dihydroxy-pregn-4-en-3,20-dion $C_{21}H_{30}O_4$, Formel IV.

Bezüglich der Konstitution und Konfiguration vgl. *Dodson, Muir*, Am. Soc. **83** [1961] 4631.

B. Aus 21-Hydroxy-pregn-4-en-3,20-dion mit Hilfe von Neurosphora crassa (*Stone et al.*, Am. Soc. **77** [1955] 3926) oder mit Hilfe von Norcardia-Arten (*Schiesser*, Ann. Microbiol. Enzimol. **7** [1956] 1). In geringer Menge aus 21-Acetoxy-pregn-4-en-3,20-dion mit Hilfe von Mucor parasiticus (*Eppstein et al.*, Am. Soc. **80** [1958] 3382, 3386).

Kristalle; F: 182–184° [aus Acn.+PAe.] (*St. et al.*), 180–183° [unkorr.; Acn.+PAe.] (*Ep. et al.*), 180–182° [korr.; aus Acn.] (*Sch.*, l. c. S. 11). $[\alpha]_D^{23}$: +167° [$CHCl_3$; c = 0,7] (*Ep et al.*); $[\alpha]_D$: +163° [$CHCl_3$] (*St. et al.*), +168° [$CHCl_3$; c = 1] (*Sch.*, l. c. S. 11). λ_{max} (A.): 243 nm (*Ep. et al.*), 241 nm (*St. et al.*).

O^{21}-Acetyl-Derivat $C_{23}H_{32}O_5$; 21-Acetoxy-9-hydroxy-pregn-4-en-3,20-dion. Kristalle (aus Acn.+PAe.); F: 212–214° [unkorr.] (*Ep. et al.*), 200–205° (*St. et al.*). $[\alpha]_D^{23}$: +177° [$CHCl_3$; c = 0,8] (*Ep. et al.*); $[\alpha]_D$: +185° [$CHCl_3$] (*St. et al.*). λ_{max} (A.): 243 nm (*Ep. et al.*).

11,15-Dihydroxy-pregn-4-en-3,20-dione $C_{21}H_{30}O_4$.

a) **11β,15α-Dihydroxy-pregn-4-en-3,20-dion,** Formel V.

B. Neben 11β,12β,15α-Trihydroxy-pregn-4-en-3,20-dion aus 11β-Hydroxy-pregn-4-en-3,20-dion mit Hilfe von Calonectria decora (*Schubert et al.*, Ang. Ch. **70** [1958] 742).

F: 173–175°; $[\alpha]_D$: +230° [$CHCl_3$] (*Sch. et al.*). IR-Banden (Nujol und CH_2Cl_2; 1150–1000 cm^{-1}): *Heller*, Z. Naturf. **14b** [1959] 298, 302.

O^{15}-Acetyl-Derivat $C_{23}H_{32}O_5$; 15α-Acetoxy-11β-hydroxy-pregn-4-en-3,20-dion(?). F: 224–228°; $[\alpha]_D$: +165° [$CHCl_3$] (*Sch. et al.*).

b) **11α,15β-Dihydroxy-pregn-4-en-3,20-dion,** Formel VI.

Die von *Searle & Co.* (U.S.P. 2823170 [1955]) unter dieser Konstitution und Konfiguration beschriebene Verbindung ist als 12β,15α-Dihydroxy-pregn-4-en-3,20-dion zu formulieren (*Dodson et al.*, Helv. **48** [1965] 1933, 1934).

B. Aus Pregn-4-en-3,20-dion mit Hilfe von Aspergillus giganteus (*Olin Mathieson Chem. Corp.*, U.S.P. 2881189 [1956]).

Kristalle (aus Acn.); F: 173–175°; $[\alpha]_D^{23}$: +134° [$CHCl_3$; c = 0,7]; λ_{max} (A.): 242 nm (*Olin Mathieson*).

c) **11α,15α-Dihydroxy-pregn-4-en-3,20-dion,** Formel VII.

Konfiguration am C-Atom 15: *Schubert, Siebert*, B. **91** [1958] 1856.

B. Aus 11α-Hydroxy-pregn-4-en-3,20-dion mit Hilfe von Calonectria decora (*Schubert et al.*,

B. **90** [1957] 2576, 2581).

Kristalle (aus E.); F: 182–183°. $[\alpha]_D^{24}$: +180° [Me.]; λ_{max} (A.): 243 nm (*Sch. et al.*). IR-Banden (Nujol und CH_2Cl_2; 1150–1000 cm^{-1}): *Heller,* Z. Naturf. **14b** [1959] 298, 302.

11α,16α-Dihydroxy-pregn-4-en-3,20-dion $C_{21}H_{30}O_4$, Formel VIII.

B. Aus 16α-Hydroxy-pregn-4-en-3,20-dion mit Hilfe von Aspergillus niger (*Olin Mathieson Chem. Corp.,* U.S.P. 2855410 [1957]).

Kristalle (aus Acn.); F: 213–215°. $[\alpha]_D^{23}$: +128° [$CHCl_3$; c = 1]. λ_{max} (A.): 240 nm.

11,17-Dihydroxy-pregn-4-en-3,20-dione $C_{21}H_{30}O_4$.

a) **11β,17-Dihydroxy-pregn-4-en-3,20-dion,** Formel IX (R = R′ = H).

B. Aus 4β-Brom-11β,17-dihydroxy-5β-pregnan-3,20-dion bei der aufeinanderfolgenden Umsetzung mit Semicarbazid und mit Brenztraubensäure (*Levin et al.,* Am. Soc. **76** [1954] 546, 551). Aus 3,3-Äthandiyldioxy-4β-chlor-11β,17-dihydroxy-5β-pregnan-20-on bei der aufeinanderfolgenden Umsetzung mit wss. H_2SO_4, mit Semicarbazid und mit Brenztraubensäure (*Le. et al.*). Aus 11β,17-Dihydroxy-21-jod-pregn-4-en-3,20-dion mit Hilfe von Zink und Essigsäure (*Searle & Co.,* U.S.P. 2713587 [1952]). Aus 11β,17-Dihydroxy-21-methansulfonyloxy-pregn-4-en-3,20-dion beim Erhitzen mit NaI und Essigsäure (*Olin Mathieson Chem. Corp.,* U.S.P. 2842568 [1954]). Aus 17-Hydroxy-pregn-4-en-3,20-dion mit Hilfe von Curvularia lunata (*Shull, Kita,* Am. Soc. **77** [1955] 763).

Kristalle; F: 226–228° (*Sh., Kita*), 225–228° [unkorr.; aus Acn.] (*Le. et al.*), 223,0–224,5° [korr.] (*Oliveto et al.,* Am. Soc. **75** [1953] 5486, 5489). $[\alpha]_D^{24}$: +136° [Acn.] (*Le. et al.*); $[\alpha]_D^{25}$: +112,3° [$CHCl_3$] (*Ol. et al.*), +135,5° [Acn.] (*Sh., Kita*). IR-Spektrum in KBr (4000–700 cm^{-1}): *G. Roberts, B.S. Gallagher, R.N. Jones,* Infrared Absorption Spectra of Steroids, Bd. 2 [New York 1958] Nr. 571; *W. Neudert, H. Röpke,* Steroid-Spektrenatlas [Berlin 1965] Nr. 503; in $CHCl_3$ (1800–850 cm^{-1}): *Ro., Ga., Jo.,* Nr. 570. λ_{max}: 241 nm [A.] (*Le. et al.*), 242 nm [Me.] (*Ol. et al.*).

b) **11α,17-Dihydroxy-pregn-4-en-3,20-dion,** Formel X (R = X = H).

B. Aus 11α,17-Dihydroxy-5α-pregnan-3,20-dion bei der aufeinanderfolgenden Umsetzung mit Brom, mit KI und mit $CrCl_2$ (*Romo et al.,* Am. Soc. **75** [1953] 1277, 1280). Aus 11α-Acetoxy-17-hydroxy-pregn-4-en-3,20-dion mit Hilfe von wss.-methanol. NaOH (*Oliveto et al.,* Am. Soc. **75** [1953] 3651). Aus 3,3;20,20-Bis-äthandiyldioxy-16α,17-epoxy-pregn-5-en-11α-ol bei der aufeinanderfolgenden Umsetzung mit $LiAlH_4$ und mit wss.-methanol. H_2SO_4 (*Peterson et al.,* Am. Soc. **77** [1955] 4428). Aus 17-Hydroxy-pregn-4-en-3,20-dion mit Hilfe von Rhizopus nigricans (*Meister et al.,* Am. Soc. **75** [1953] 416), mit Hilfe von Cunninghamella echinulata (*Synthex S.A.,* U.S.P. 2812286 [1953]) oder mit Hilfe von Sclerotinia libertiana (*Tanabe et al.,* Chem. pharm. Bl. **7** [1959] 804, 808).

Kristalle; F: 220–222° [unkorr.; aus Me.+Ae.] (*Me. et al.*), 219–220,5° [korr.; aus wss. Me.] (*Ol. et al.*), 218–220° [unkorr.; aus E.] (*Pe. et al.*), 216–218° [unkorr.] (*Romo et al.*). $[\alpha]_D^{20}$: +88° [$CHCl_3$] (*Romo et al.*); $[\alpha]_D^{23}$: +76° [$CHCl_3$; c = 1,1] (*Me. et al.*); $[\alpha]_D$: +83,7° [$CHCl_3$; c = 1] (*Ol. et al.*), +74° [$CHCl_3$] (*Pe. et al.*). λ_{max} (A.): 242 nm (*Ol. et al.*; *Romo et al.*), 243 nm (*Me. et al.*). Absorptionsspektrum (H_2SO_4; 220–600 nm): *Bernstein, Lenhard,* J. org. Chem. **18** [1953] 1146, 1154.

11β,17-Bis-formyloxy-pregn-4-en-3,20-dion $C_{23}H_{30}O_6$, Formel IX (R = R′ = CHO).

B. Aus 11β,17-Bis-formyloxy-5β-pregnan-3,20-dion bei der aufeinanderfolgenden Umsetzung mit Brom, mit Semicarbazid und Brenztraubensäure (*Oliveto et al.,* J. org. Chem. **23** [1958] 121).

Kristalle (aus wss. Me.); F: 228–234° [korr.]. λ_{max} (Me.): 238 nm.

11-Acetoxy-17-hydroxy-pregn-4-en-3,20-dione $C_{23}H_{32}O_3$.

a) **11β-Acetoxy-17-hydroxy-pregn-4-en-3,20-dion,** Formel IX (R = CO-CH_3, R′ = H).

B. Aus 11β-Acetoxy-17-hydroxy-5β-pregnan-3,20-dion bei der aufeinanderfolgenden Umset=

zung mit Brom, mit Semicarbazid und mit Brenztraubensäure (*Oliveto et al.*, Am. Soc. **75** [1953] 5486, 5488).

Kristalle (aus wss. Me.) mit 1 Mol H_2O; F: 116–120° [korr.]. $[\alpha]_D^{25}$: +141,2° [$CHCl_3$]. λ_{max} (Me.): 240 nm.

b) **11α-Acetoxy-17-hydroxy-pregn-4-en-3,20-dion,** Formel X (R = CO-CH_3, X = H).

B. Aus 11α-Acetoxy-17-hydroxy-5α-pregnan-3,20-dion bei der aufeinanderfolgenden Umsetzung mit Brom, mit KI und mit $CrCl_2$ (*Romo et al.*, Am. Soc. **75** [1953] 1277, 1280). Aus 11α-Acetoxy-4β-brom-17-hydroxy-5β-pregnan-3,20-dion über das Semicarbazon (*Oliveto et al.*, Am. Soc. **75** [1953] 3651). Aus 11α-Acetoxy-16β-jod-17-hydroxy-pregn-4-en-3,20-dion mit Hilfe von Raney-Nickel (*Ercoli et al.*, G. **85** [1955] 628, 636).

Kristalle; F: 213–215° [unkorr.; aus Acn.+PAe.] (*Meister et al.*, Am. Soc. **75** [1953] 416), 211–212° [unkorr.; aus Acn.+PAe.] (*Er. et al.*), 208,8–211,4° [korr.; aus Acn.+Hexan] (*Ol. et al.*), 206–208° [unkorr.; aus Acn.+Ae.] (*Romo et al.*). $[\alpha]_D^{20}$: +72° [$CHCl_3$] (*Romo et al.*), +66° [$CHCl_3$; c = 0,7] (*Er. et al.*); $[\alpha]_D^{23}$: +68° [$CHCl_3$; c = 1,1] (*Me. et al.*); $[\alpha]_D$: +88,2° [Dioxan; c = 1] (*Ol. et al.*). λ_{max} (A.): 240 nm (*Me. et al.*; *Ol. et al.*), 240 nm und 296 nm (*Romo et al.*).

11β-Acetoxy-17-formyloxy-pregn-4-en-3,20-dion $C_{24}H_{32}O_6$, Formel IX (R = CO-CH_3, R′ = CHO).

B. Aus 11β-Acetoxy-17-hydroxy-pregn-4-en-3,20-dion und Ameisensäure mit Hilfe von Toluol-4-sulfonsäure (*Oliveto et al.*, J. org. Chem. **23** [1958] 121).

Kristalle (aus Acn.+Hexan); F: 242–246° [korr.]. $[\alpha]_D$: +116,2° [Dioxan]. λ_{max} (Me.): 238 nm.

11β,17-Diacetoxy-pregn-4-en-3,20-dion $C_{25}H_{34}O_6$, Formel IX (R = R′ = CO-CH_3).

B. Aus 11β,17-Diacetoxy-5β-pregnan-3,20-dion bei der aufeinanderfolgenden Umsetzung mit Brom, mit Semicarbazid und mit Brenztraubensäure (*Oliveto et al.*, J. org. Chem. **23** [1958] 121).

Kristalle (aus Acn.); F: 250–255° [korr.]. $[\alpha]_D$: +92,2° [Dioxan; c = 1]. λ_{max} (Me.): 240 nm.

11β-Acetoxy-17-hexanoyloxy-pregn-4-en-3,20-dion $C_{29}H_{42}O_6$, Formel IX (R = CO-CH_3, R′ = CO-$[CH_2]_4$-CH_3).

B. Aus 11β-Acetoxy-17-hydroxy-pregn-4-en-3,20-dion und Hexansäure-anhydrid mit Hilfe von Toluol-4-sulfonsäure (*Oliveto et al.*, J. org. Chem. **23** [1958] 121).

Kristalle (aus Hexan); F: 134–136° [korr.]. $[\alpha]_D$: +73,8° [Dioxan; c = 1]. λ_{max} (Me.): 239 nm.

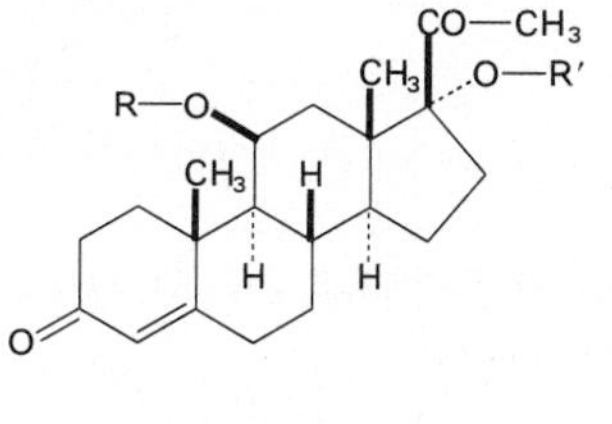

IX 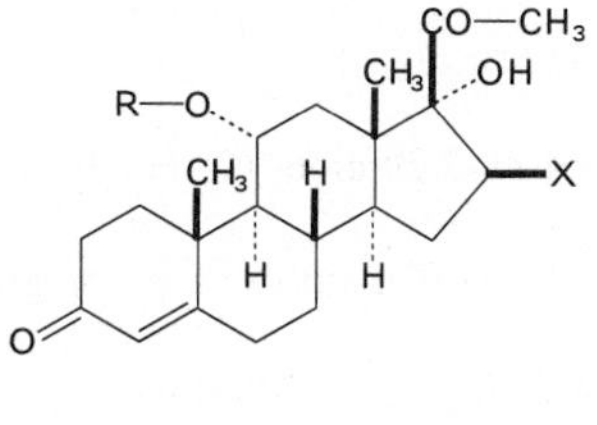 X 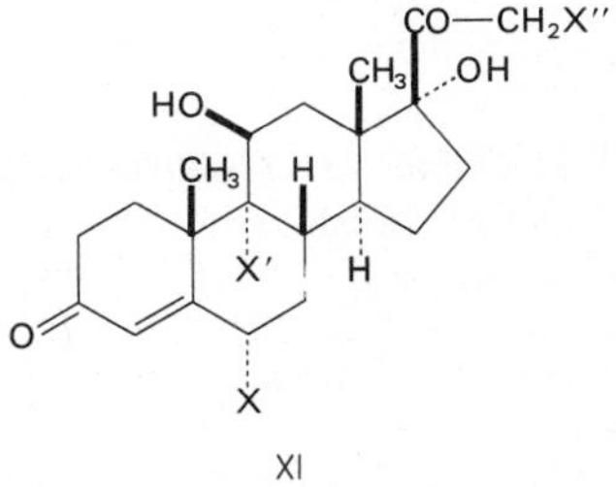 XI

17-Hydroxy-11α-methansulfonyloxy-pregn-4-en-3,20-dion $C_{22}H_{32}O_6S$, Formel X (R = SO_2-CH_3, X = H).

F: 150–152°; $[\alpha]_D^{23}$: +64° [$CHCl_3$; c = 0,5]; λ_{max} (A.): 238 nm (*Fried et al.*, Am. Soc. **77** [1955] 1068).

6α-Fluor-11β,17-dihydroxy-pregn-4-en-3,20-dion $C_{21}H_{29}FO_4$, Formel XI (X = F, X′ = X″ = H).

B. Aus 6α-Fluor-11β,17-dihydroxy-21-methansulfonyloxy-pregn-4-en-3,20-dion bei der auf=

einanderfolgenden Umsetzung mit NaI sowie mit Essigsäure und $Na_2S_2O_3$ (*Upjohn Co.*, U.S.P. 2838541 [1957]).

Kristalle (aus E.); F: 219–222°.

9-Fluor-11β,17-dihydroxy-pregn-4-en-3,20-dion $C_{21}H_{29}FO_4$, Formel XI (X = X″ = H, X′ = F).

B. Aus 9,11β-Epoxy-17-hydroxy-9β-pregn-4-en-3,20-dion und HF (*Fried et al.*, Am. Soc. **77** [1955] 1068).

F: 275–277°; $[\alpha]_D$: +136° [Dioxan] (*Fr. et al.*). IR-Spektrum (KBr; 4000–700 cm^{-1}): *G. Roberts, B.S. Gallagher, R.N. Jones,* Infrared Absorption Spectra of Steroids, Bd. 2 [New York 1958] Nr. 572.

Monoacetyl-Derivat $C_{23}H_{31}FO_5$; 17-Acetoxy-9-fluor-11β-hydroxy-pregn-4-en-3,20-dion, Flugestonacetat. *B.* Aus 17-Acetoxy-9,11β-epoxy-9β-pregn-4-en-3,20-dion und HF (*Bergstrom et al.*, Am. Soc. **81** [1959] 4432). – F: 266–269°; $[\alpha]_D$: +77,6° [$CHCl_3$]; λ_{max} (Me.): 238 nm (*Be. et al.*).

Diacetyl-Derivat $C_{25}H_{33}FO_6$; 11β,17-Diacetoxy-9-fluor-pregn-4-en-3,20-dion. F: 277–282°; $[\alpha]_D$: +94,8° [$CHCl_3$]; λ_{max} (Me.): 236,5 nm (*Be. et al.*).

21-Fluor-11β,17-dihydroxy-pregn-4-en-3,20-dion $C_{21}H_{29}FO_4$, Formel XI (X = X′ = H, X″ = F).

B. Aus 11β,17-Dihydroxy-21-jod-pregn-4-en-3,20-dion und AgF (*Tannhauser et al.*, Am. Soc. **78** [1956] 2658). Aus 11β,17-Dihydroxy-21-methansulfonyloxy-pregn-4-en-3,20-dion und KF (*Herz et al.*, Am. Soc. **78** [1956] 4812).

F: 242–244°; $[\alpha]_D$: +163° [A.]; λ_{max} (A.): 242 nm (*Herz et al.*). F: 240–242°; $[\alpha]_D^{25}$: +145° [$CHCl_3$] (*Ta. et al.*).

6α,9-Difluor-11β,17-dihydroxy-pregn-4-en-3,20-dion $C_{21}H_{28}F_2O_4$, Formel XI (X = X′ = F, X″ = H).

B. Aus 6α,9-Difluor-11β,17,21-trihydroxy-pregn-4-en-3,20-dion bei der aufeinanderfolgenden Umsetzung mit Methansulfonylchlorid, mit NaI sowie mit Essigsäure und $Na_2S_2O_3$ (*Upjohn Co.*, U.S.P. 2838536 [1957]).

Kristalle (aus E.); F: 253–256°. $[\alpha]_D$: +109° [Acn.].

6α,21-Difluor-11β,17-dihydroxy-pregn-4-en-3,20-dion $C_{21}H_{28}F_2O_4$, Formel XI (X = X″ = F, X′ = H).

B. Aus 6α-Fluor-11β,17-dihydroxy-21-methansulfonyloxy-pregn-4-en-3,20-dion und KF (*Upjohn Co.*, U.S.P. 2838535 [1957]).

Kristalle (aus E.+PAe.); F: 226–230°.

9,21-Difluor-11β,17-dihydroxy-pregn-4-en-3,20-dion $C_{21}H_{28}F_2O_4$, Formel XI (X = H, X′ = X″ = F).

B. Aus 9-Fluor-11β,17-dihydroxy-21-methansulfonyloxy-pregn-4-en-3,20-dion und KF (*Herz et al.*, Am. Soc. **78** [1956] 4812).

F: 268–270°. $[\alpha]_D$: +147° [Dioxan]. λ_{max} (A.): 239 nm.

9-Chlor-11β,17-dihydroxy-pregn-4-en-3,20-dion $C_{21}H_{29}ClO_4$, Formel XI (X = X″ = H, X′ = Cl).

B. Aus 17-Hydroxy-pregna-4,9(11)-dien-3,20-dion und 1,3-Dichlor-5,5-dimethyl-imidazolidin-2,4-dion (*Olin Mathieson Chem. Corp.*, U.S.P. 2763671 [1954]). Aus 9,11β-Epoxy-17-hydroxy-9β-pregn-4-en-3,20-dion und HCl (*Olin Mathieson Chem. Corp.*, U.S.P. 2852511 [1954]; *Fried et al.*, Am. Soc. **77** [1955] 1068).

Kristalle; F: 245–246° [Zers.; aus Acn.+$CHCl_3$+Hexan] (*Olin Mathieson*, U.S.P. 2852511), 242–243° (*Fr. et al.*). $[\alpha]_D^{23}$: +138° [Dioxan] (*Olin Mathieson*, U.S.P. 2852511; *Fr. et al.*). λ_{max} (A.): 238 nm (*Olin Mathieson*, U.S.P. 2852511).

21-Chlor-11β,17-dihydroxy-pregn-4-en-3,20-dion $C_{21}H_{29}ClO_4$, Formel XI (X = X' = H, X'' = Cl).

B. Aus 11β,17,21-Trihydroxy-pregn-4-en-3,20-dion und Benzolsulfonylchlorid mit Hilfe von 2,4,6-Trimethyl-pyridin (*Searle & Co.,* U.S.P. 2713587 [1952]). Aus 11β,17-Dihydroxy-21-methansulfonyloxy-pregn-4-en-3,20-dion und LiCl (*Olin Mathieson Chem. Corp.,* U.S.P. 2842568 [1954]).

Kristalle; F: 249–251° [Zers.; aus A.] (*Olin Mathieson*), 232–237° [aus Acn.] (*Searle & Co.*). $[\alpha]_D$: +161° [Dioxan]; λ_{max} (A.): 241 nm (*Olin Mathieson*).

4-Chlor-9-fluor-11β,17-dihydroxy-pregn-4-en-3,20-dion $C_{21}H_{28}ClFO_4$, Formel XII (X = Cl, X' = F, X'' = H).

B. Aus 4-Chlor-9,11β-epoxy-17-hydroxy-9β-pregn-4-en-3,20-dion und HF (*Camerino, Sciaky,* G. **89** [1959] 663, 672).

Kristalle (aus wss. Acn.); F: 220–222° [unkorr.]. $[\alpha]_D^{22}$: +104° [$CHCl_3$; c = 1]. λ_{max} (A.): 255 nm.

21-Chlor-9-fluor-11β,17-dihydroxy-pregn-4-en-3,20-dion $C_{21}H_{22}ClFO_4$, Formel XI (X = H, X' = F, X'' = Cl).

B. Aus 9-Fluor-11β,17-dihydroxy-21-methansulfonyloxy-pregn-4-en-3,20-dion und LiCl (*Herz et al.,* Am. Soc. **78** [1956] 4812).

F: 267–269°. $[\alpha]_D$: +153° [Dioxan]. λ_{max} (A.): 238 nm.

9,16β-Dichlor-11β,17-dihydroxy-pregn-4-en-3,20-dion $C_{21}H_{28}Cl_2O_4$, Formel XII (X = H, X' = X'' = Cl).

B. Aus 9,11β;16α,17-Diepoxy-9β-pregn-4-en-3,20-dion und HCl (*Searle & Co.,* U.S.P. 2703799 [1954]).

Kristalle (aus PAe.+Acn.+E.); F: 196–197° [Zers.]. λ_{max}: 241 nm.

9-Brom-11β,17-dihydroxy-pregn-4-en-3,20-dion $C_{21}H_{29}BrO_4$, Formel XII (X = X'' = H, X' = Br).

B. Aus 17-Hydroxy-pregna-4,9(11)-dien-3,20-dion mit Hilfe von *N*-Brom-acetamid (*Olin Mathieson Chem. Corp.,* U.S.P. 2763671 [1954]).

Kristalle (aus $CHCl_3$+Acn.); F: 189–191° [Zers.]; $[\alpha]_D^{23}$: +128° [$CHCl_3$; c = 0,3]; λ_{max} (A.): 243 nm (*Olin Mathieson*).

O^{17}-Acetyl-Derivat $C_{23}H_{31}BrO_5$; 17-Acetoxy-9-brom-11β-hydroxy-pregn-4-en-3,20-dion. *B.* Aus 17-Acetoxy-pregna-4,9(11)-dien-3,20-dion (*Bergstrom et al.,* Am. Soc. **81** [1959] 4432). – F: 133–138° [Zers.]; $[\alpha]_D$: +100° [$CHCl_3$]; λ_{max} (Me.): 242,5 nm (*Be. et al.*).

16β-Brom-17-hydroxy-11α-methansulfonyloxy-pregn-4-en-3,20-dion $C_{22}H_{31}BrO_6S$, Formel X (R = SO_2-CH_3, X = Br).

B. Aus 16α,17-Epoxy-11α-methansulfonyloxy-pregn-4-en-3,20-dion und HBr (*Allen, Weiss,* Am. Soc. **81** [1959] 4968, 4973).

Kristalle (aus Acn.); F: 169,5–170,5° [unkorr.; Zers.]. $[\alpha]_D^{25}$: +142° [Py.; c = 1]. λ_{max} (Me.): 238 nm.

9-Brom-4-chlor-11β,17-dihydroxy-pregn-4-en-3,20-dion $C_{21}H_{28}BrClO_4$, Formel XII (X = Cl, X' = Br, X'' = H).

B. Aus 4-Chlor-17-hydroxy-pregna-4,9(11)-dien-3,20-dion mit Hilfe von *N*-Brom-acetamid (*Camerino, Sciaky,* G. **89** [1959] 663, 671).

F: 155–160° [Zers.].

9-Brom-21-chlor-11β,17-dihydroxy-pregn-4-en-3,20-dion $C_{21}H_{28}BrClO_4$, Formel XI (X = H, X' = Br, X'' = Cl).

B. Aus 21-Chlor-17-hydroxy-pregna-4,9(11)-dien-3,20-dion mit Hilfe von *N*-Brom-acetamid (*Olin Mathieson Chem. Corp.,* U.S.P. 2763671 [1954]).

Kristalle (aus Acn.+Ae.); F: 218–219° [Zers.]. $[\alpha]_D$: +175° [$CHCl_3$; c = 0,4]. λ_{max} (A.): 243 nm.

XII XIII

9,21-Dibrom-11β,17-dihydroxy-pregn-4-en-3,20-dion $C_{21}H_{28}Br_2O_4$, Formel XI (X = H, X′ = X″ = Br).

B. Aus 21-Brom-17-hydroxy-pregna-4,9(11)-dien-3,20-dion mit Hilfe von *N*-Brom-acetamid (*Olin Mathieson Chem. Corp.*, U.S.P. 2763671 [1954]).

Kristalle (aus Acn.+Ae.); F: 169–170° [Zers.]. $[\alpha]_D$: +161° [A.; c = 0,4]. λ_{max} (A.): 242 nm.

11α-Acetoxy-17-hydroxy-16β-jod-pregn-4-en-3,20-dion $C_{23}H_{31}IO_5$, Formel X (R = CO-CH_3, X = I).

B. Aus 11α-Acetoxy-16α,17-epoxy-pregn-4-en-3,20-dion und HI (*Ercoli et al.*, G. **85** [1955] 628, 636).

F: 199–200° [unkorr.; Zers.].

11β,17-Dihydroxy-21-jod-pregn-4-en-3,20-dion $C_{21}H_{29}IO_4$, Formel XI (X = X′ = H, X″ = I).

B. Aus 21-Chlor-11β,17-Dihydroxy-pregn-4-en-3,20-dion und NaI (*Searle & Co.*, U.S.P. 2684968 [1953]). Aus 11β,17-Dihydroxy-21-[toluol-4-sulfonyloxy]-pregn-4-en-3,20-dion und NaI (*Borrevang*, Acta chem. scand. **9** [1955] 587, 592).

Kristalle; F: 148–150° [aus Acn.] (*Searle & Co.*), 148–149° [unkorr.; Zers.] (*Bo.*).

9-Fluor-11β,17-dihydroxy-21-jod-pregn-4-en-3,20-dion $C_{21}H_{28}FIO_4$, Formel XI (X = H, X′ = F, X″ = I).

B. Aus 9-Fluor-11β,17-dihydroxy-21-methansulfonyloxy-pregn-4-en-3,20-dion (*Poos et al.*, Chem. and Ind. **1958** 1260).

F: 175° [Zers.].

21-Azido-11β,17-dihydroxy-pregn-4-en-3,20-dion $C_{21}H_{29}N_3O_4$, Formel XI (X = X′ = H, X″ = N_3).

B. Aus 11β,17-Dihydroxy-21-methansulfonyloxy-pregn-4-en-3,20-dion und NaN_3 (*Brown et al.*, J. org. Chem. **26** [1961] 5052; *Merck & Co. Inc.*, U.S.P. 2853486 [1956]).

F: 228–234° [Zers.]. λ_{max} (Me.): 242 nm.

***rac*-11β,18-Dihydroxy-pregn-4-en-3,20-dion** $C_{21}H_{30}O_4$, Formel XIII (R = R′ = H)+Spiegelbild und Taut.

Nach Ausweis des IR-Spektrums (CH_2Cl_2) liegt *rac*-18,20-Epoxy-11β,20-dihydroxy-pregn-4-en-3-on $C_{21}H_{30}O_4$ vor (*Schmidlin, Wettstein*, Helv. **42** [1959] 2636, 2640).

B. Aus *rac*-18-Acetoxy-11β-hydroxy-pregn-4-en-3,20-dion mit Hilfe von wss. K_2CO_3 (*Sch., We.*, l. c. S. 2643).

Kristalle (aus THF+Ae.); F: 185–187,5° [unkorr.].

***rac*-11β-Acetoxy-18-hydroxy-pregn-4-en-3,20-dion** $C_{23}H_{32}O_5$, Formel XIII (R = CO-CH_3, R′ = H)+Spiegelbild und Taut. (*rac*-11β-Acetoxy-18,20-epoxy-20-hydroxy-pregn-4-en-3-on).

B. In geringer Menge neben der folgenden Verbindung aus *rac*-3,3;20,20-Bis-äthandiyldioxy-pregn-5-en-11β,18-diol beim Erwärmen mit Acetanhydrid und Pyridin und Erwärmen des Reaktionsprodukts mit wss. Essigsäure (*Schmidlin, Wettstein,* Helv. **42** [1959] 2636, 2642).

Lösungsmittel enthaltende Kristalle (aus Acn. + Ae.); F: 163,5–172,5°.

Überführung in die folgende Verbindung und in *rac*-11β,18-Epoxy-pregn-4-en-3,20-dion durch Erhitzen mit wss. Essigsäure: *Sch., We.,* l. c. S. 2643.

***rac*-18-Acetoxy-11β-hydroxy-pregn-4-en-3,20-dion** $C_{23}H_{32}O_5$, Formel XIII (R = H, R' = CO-CH_3) + Spiegelbild.

B. s. im vorangehenden Artikel.

Kristalle (aus Acn. + Ae.); F: 190,5–192,5° [unkorr.] (*Schmidlin, Wettstein,* Helv. **42** [1959] 2636, 2642).

Überführung in die vorangehende Verbindung durch Erwärmen mit wss. Essigsäure: *Sch., We.* [*Mähler*]

11,21-Dihydroxy-pregn-4-en-3,20-dione $C_{21}H_{30}O_4$.

a) **11β,21-Dihydroxy-pregn-4-en-3,20-dion, Corticosteron,** Formel I (R = X = X' = H) (E III 3574).

B. Aus 3,3;20,20-Bis-äthandiyldioxy-pregn-5-en-11β,21-diol mit Hilfe von wss.-methanol. H_2SO_4 (*Upjohn Co.,* U.S.P. 2802841 [1954]; *Bernstein, Lenhard,* Am. Soc. **77** [1955] 2331). Aus 21-Hydroxy-pregn-4-en-3,20-dion mit Hilfe von Curvularia lunata (*Shull, Kita,* Am. Soc. **77** [1955] 763). – Herstellung von 16-Tritio-corticosteron: *Ayres et al.,* Biochem. J. **70** [1958] 230.

$[\alpha]_D^{23-25}$: +194° [Dioxan; c = 0,1] (*Foltz et al.,* Am. Soc. **77** [1955] 4359, 4361, 4363). ORD (Dioxan; 700–300 nm): *Fo. et al.* ^{1}H-NMR-Absorption ($CDCl_3$): *Shoolery, Rogers,* Am. Soc. **80** [1958] 5121, 5122. IR-Spektrum des festen Films, der Schmelze sowie in Mineralöl (7,5–13,5 μ): *Rosenkrantz, Zablow,* Anal. Chem. **25** [1953] 1025, 1027; in KBr (2–14,5 μ): *Hayden,* Anal. Chem. **27** [1955] 1486, 1488. UV-Absorption (Dioxan; 290–360 nm): *Fo. et al.* Absorptionsspektrum in H_3PO_4 (220–600 nm): *Nowaczynski, Steyermark,* Arch. Biochem. **58** [1955] 453, 455, 457; in äthanol. H_3PO_4 sowie in äthanol. H_2SO_4 (200–600 nm): *Kalant,* Biochem. J. **69** [1958] 79, 81. Polarographisches Halbstufenpotential (wss. A. vom pH 8,5): *Robertson,* Biochem. J. **61** [1955] 681, 684. Verteilung in verschiedenen Lösungsmittelsystemen: *Carstensen,* Acta chem. scand. **9** [1955] 1026; Acta Soc. Med. upsal. **61** [1956] 26, 30.

b) **11α,21-Dihydroxy-pregn-4-en-3,20-dion,** 11-Epi-corticosteron, Formel II (R = R' = H).

B. Aus 21-Acetoxy-11α-formyloxy-pregn-4-en-3,20-dion mit Hilfe von wss.-methanol. $KHCO_3$ (*Reber et al.,* Helv. **37** [1954] 45, 57). Aus 21-Hydroxy-pregn-4-en-3,20-dion mit Hilfe von Aspergillus niger (*Fried et al.,* Am. Soc. **74** [1952] 3962; *Olin Mathieson Chem. Corp.,* D.B.P. 1002348 [1953]). Aus 21-Acetoxy-pregn-4-en-3,20-dion mit Hilfe von Rhizopus nigricans (*Eppstein et al.,* Am. Soc. **75** [1953] 408, 410).

Kristalle; F: 154–156° [korr.; aus Acn. + Ae.] (*Re. et al.*), 153–155° [unkorr.; aus E.] (*Ep. et al.*). $[\alpha]_D^{21}$: +171,2° [$CHCl_3$; c = 0,8] (*Re. et al.*); $[\alpha]_D^{24}$: +166° [$CHCl_3$; c = 0,8], +165° [A.; c = 0,7] (*Ep. et al.*). λ_{max} in H_2SO_4 (240–460 nm): *Bernstein, Lenhard,* J. org. Chem. **18** [1953] 1146, 1154; in H_3PO_4 (230–480 nm): *Nowaczynski, Steyermark,* Canad. J. Biochem. Physiol. **34** [1956] 592, 594.

11α-Acetoxy-21-hydroxy-pregn-4-en-3,20-dion $C_{23}H_{32}O_5$, Formel II (R = CO-CH_3, R' = H).

B. Aus 11α-21-Diacetoxy-pregn-4-en-3,20-dion mit Hilfe von wss.-methanol. $KHCO_3$ (*Reber et al.,* Helv. **37** [1954] 45, 58). Aus 11α-Acetoxy-21-diazo-pregn-4-en-3,20-dion mit Hilfe von wss. H_2SO_4 in Dioxan (*Re. et al.*).

Kristalle (aus Acn. + Ae.); F: 188–191° [korr.]. $[\alpha]_D^{24}$: +155,4° [$CHCl_3$; c = 1,2].

21-Acetoxy-11-hydroxy-pregn-4-en-3,20-dione $C_{23}H_{32}O_5$.

a) **21-Acetoxy-11β-hydroxy-pregn-4-en-3,20-dion,** Formel I (R = CO-CH_3, X = X' = H) (E III 3575).

B. Beim Erhitzen von 11β,17,21-Trihydroxy-pregn-4-en-3,20-dion mit Zink und wss. Essig=

säure und Behandeln des Reaktionsprodukts mit Acetanhydrid und Pyridin (*Norymberski*, Soc. **1956** 517).

Kristalle (aus Acn.+Hexan); F: 145–146° und (nach Wiedererstarren) F: 152–153°; $[\alpha]_D^{15-20}$: +221° [$CHCl_3$; c = 0,7] (*No.*). IR-Spektrum ($CHCl_3$; 1500–1250 cm^{-1}): *G. Roberts, B.S. Gallagher, R.N. Jones*, Infrared Absorption Spectra of Steroids, Bd. 2 [New York 1958] Nr. 719. λ_{max} (A.): 241 nm (*No.*).

Bildung von 21-Acetoxy-11β,20β$_F$-dihydroxy-pregn-4-en-3-on und 20β$_F$-Acetoxy-11β,21-dihydroxy-pregn-4-en-3-on beim Behandeln mit $NaBH_4$ in wss. DMF: *Taub et al.*, Am. Soc. **81** [1959] 3291, 3293.

b) ***rac*-21-Acetoxy-11β-hydroxy-pregn-4-en-3,20-dion,** Formel I (R = CO-CH_3, X = X' = H)+Spiegelbild.

B. Aus *rac*-21-Acetoxy-3,3-äthandiyldioxy-11β-hydroxy-pregn-5-en-20-on mit Hilfe von Toluol-4-sulfonsäure in Aceton (*Poos et al.*, Am. Soc. **76** [1954] 5031, 5034).

F: 210–215°. λ_{max} (Me.): 241 nm.

c) **21-Acetoxy-11α-hydroxy-pregn-4-en-3,20-dion,** Formel II (R = H, R' = CO-CH_3).

B. Aus 21-Diazo-11α-hydroxy-pregn-4-en-3,20-dion und Essigsäure (*Reber et al.*, Helv. **37** [1954] 45, 57).

Kristalle; F: 163–165° [unkorr.; aus Me.] (*Eppstein et al.*, Am. Soc. **75** [1953] 408, 410), 159–162° [korr.; aus Acn.+Ae.] (*Re. et al.*). $[\alpha]_D^{23}$: +159° [Acn.; c = 0,7], +168° [$CHCl_3$; c = 0,6] (*Ep. et al.*); $[\alpha]_D^{24}$: +174,7° [$CHCl_3$; c = 1,4] (*Re. et al.*).

21-Acetoxy-11α-formyloxy-pregn-4-en-3,20-dion $C_{24}H_{32}O_6$, Formel II (R = CHO, R' = CO-CH_3).

B. Aus 21-Diazo-11α-formyloxy-pregn-4-en-3,20-dion und Essigsäure (*Reber et al.*, Helv. **37** [1954] 45, 56).

Kristalle (aus Acn.+Ae.); F: 133–135° [korr.]. $[\alpha]_D^{18}$: +169° [$CHCl_3$; c = 1].

I

II

11α,21-Diacetoxy-pregn-4-en-3,20-dion $C_{25}H_{34}O_6$, Formel II (R = R' = CO-CH_3).

B. Aus 11α-Acetoxy-21-diazo-pregn-4-en-3,20-dion und Essigsäure (*Reber et al.*, Helv. **37** [1954] 45, 54). Aus 11α,21-Diacetoxy-5β-pregnan-3,20-dion bei der aufeinanderfolgenden Umsetzung mit Brom, mit Semicarbazid-hydrochlorid und mit 4-Hydroxy-benzaldehyd bzw. mit Brenztraubensäure (*Sondheimer et al.*, Am. Soc. **75** [1953] 2601; *Lardon, Reichstein*, Pharm. Acta Helv. **27** [1952] 287, 297).

Kristalle; F: 144–146° [korr.; aus Acn.+Ae.] (*Re. et al.*), 144–146° [unkorr.; aus Acn.+Hexan] (*So. et al.*). $[\alpha]_D^{18}$: +156,3° [$CHCl_3$; c = 1,3] (*Re. et al.*); $[\alpha]_D^{20}$: +158° [$CHCl_3$] (*So. et al.*). λ_{max} (A.): 240 nm (*So. et al.*).

21-Acetoxy-11α-methansulfonyloxy-pregn-4-en-3,20-dion $C_{24}H_{34}O_7S$, Formel II (R = SO_2-CH_3, R' = CO-CH_3).

B. Aus 21-Acetoxy-11α-hydroxy-pregn-4-en-3,20-dion und Methansulfonylchlorid (*Olin Mathieson Chem. Corp.*, U.S.P. 2852511 [1954]).

F: 156–157°; $[\alpha]_D^{23}$: +144° [$CHCl_3$; c = 0,9] (*Fried et al.*, Am. Soc. **77** [1955] 1068; *Olin Mathieson*). λ_{max} (A.): 238 nm (*Fr. et al.*).

21-Acetoxy-9-fluor-11β-hydroxy-pregn-4-en-3,20-dion $C_{23}H_{31}FO_5$, Formel I (R = CO-CH_3, X = F, X′ = H).

B. Aus 21-Acetoxy-9,11β-epoxy-9β-pregn-4-en-3,20-dion und HF (*Fried et al.*, Am. Soc. **77** [1955] 1068).

F: 212–213°; $[\alpha]_D$: +192° [$CHCl_3$] (*Fr. et al.*). ^{1}H-NMR-Absorption ($CDCl_3$): *Shoolery, Rogers,* Am. Soc. **80** [1958] 5121, 5122. IR-Spektrum ($CHCl_3$; 1800–800 cm^{-1}): *G. Roberts, B.S. Gallagher, R.N. Jones,* Infrared Absorption Spectra of Steroids, Bd. 2 [New York 1958] Nr. 575.

12α-Fluor-11β,21-dihydroxy-pregn-4-en-3,20-dion $C_{21}H_{29}FO_4$, Formel I (R = X = H, X′ = F).

B. Aus 21-Acetoxy-12α-fluor-11β-hydroxy-pregn-4-en-3,20-dion mit Hilfe von Natrium=methylat in Methanol (*Taub et al.*, Am. Soc. **79** [1957] 452, 455).

Kristalle (aus Ae.); F: 189–192° [korr.].

21-Acetoxy-12α-fluor-11β-hydroxy-pregn-4-en-3,20-dion $C_{23}H_{31}FO_5$, Formel I (R = CO-CH_3, X = H, X′ = F).

B. Aus 21-Acetoxy-11β,12β-epoxy-pregn-4-en-3,20-dion und HF bei –60° (*Taub et al.*, Am. Soc. **79** [1957] 452, 455).

Kristalle (aus Acn. + Ae.); F: 197–200° [korr.]. $[\alpha]_D$: +200° [$CHCl_3$; c = 0,5–1]. IR-Ban=den (Nujol; 3–6,2 μ): *Taub et al.* λ_{max} (Me.): 241 nm.

21-Acetoxy-9-chlor-11β-hydroxy-pregn-4-en-3,20-dion $C_{23}H_{31}ClO_5$, Formel I (R = CO-CH_3, X = Cl, X′ = H).

B. Aus 21-Acetoxy-9,11β-epoxy-9β-pregn-4-en-3,20-dion und HCl (*Fried et al.*, Am. Soc. **77** [1955] 1068).

F: 192°. $[\alpha]_D$: +197° [$CHCl_3$].

12α-Chlor-11β,21-dihydroxy-pregn-4-en-3,20-dion $C_{21}H_{29}ClO_4$, Formel I (R = X = H, X′ = Cl).

B. Neben 21-Acetoxy-12α-chlor-11β-hydroxy-pregn-4-en-3,20-dion beim Behandeln von 21-Acetoxy-11β,12β-epoxy-pregn-4-en-3,20-dion in $CHCl_3$ mit konz. wss. HCl (*Taub et al.*, Am. Soc. **79** [1957] 452, 455).

Kristalle (aus Acn. + Ae.); F: 200–205° [korr.]. $[\alpha]_D$: +163° [$CHCl_3$; c = 0,5–1]. IR-Ban=den (Nujol; 3–6,2 μ): *Taub et al.* λ_{max} (Me.): 240 nm.

21-Acetoxy-12α-chlor-11β-hydroxy-pregn-4-en-3,20-dion $C_{23}H_{31}ClO_5$, Formel I (R = CO-CH_3, X = H, X′ = Cl).

B. s. im vorangehenden Artikel.

Kristalle (aus Acn. + Ae.); F: 228–233° [korr.] (*Taub et al.*, Am. Soc. **79** [1957] 452, 455). $[\alpha]_D$: +179° [$CHCl_3$; c = 0,5–1]. IR-Banden (Nujol; 2,8–6,2 μ): *Taub et al.* λ_{max} (Me.): 240 nm.

21-Acetoxy-9-brom-11β-hydroxy-pregn-4-en-3,20-dion $C_{23}H_{31}BrO_5$, Formel I (R = CO-CH_3, X = Br, X′ = H).

B. Aus 21-Acetoxy-pregna-4,9(11)-dien-3,20-dion und *N*-Brom-acetamid mit Hilfe von $HClO_4$ in wss. Dioxan (*Fried, Sabo,* Am. Soc. **75** [1953] 2273).

F: 152–153° [Zers.]. $[\alpha]_D^{23}$: +178° [$CHCl_3$; c = 0,9].

12α-Brom-11β,21-dihydroxy-pregn-4-en-3,20-dion $C_{21}H_{29}BrO_4$, Formel I (R = X = H, X′ = Br).

B. Aus 21-Acetoxy-12α-brom-pregn-4-en-3,11,20-trion über 12α-Brom-11β,21-dihydroxy-pregn-4-en-3,20-dion-disemicarbazon $C_{23}H_{35}BrN_6O_4$ [F: >300°; λ_{max} (Me.): 268 nm] (*Taub et al.*, Am. Soc. **79** [1957] 452, 454).

Kristalle (aus Acn. + Hexan); F: 215–219° [korr.; Zers.]. $[\alpha]_D$: +126° [$CHCl_3$; c = 0,5–1]. IR-Banden ($CHCl_3$; 2,9–6,2 μ): *Taub et al.* λ_{max} (Me.): 240 nm.

21-Acetoxy-12α-brom-11β-hydroxy-pregn-4-en-3,20-dion $C_{23}H_{31}BrO_5$, Formel I (R = CO-CH_3, X = H, X′ = Br).

B. Aus 12α-Brom-11β,21-dihydroxy-pregn-4-en-3,20-dion und Acetanhydrid (*Taub et al.*, Am. Soc. **79** [1957] 452, 455).

Kristalle (aus Acn. + PAe.); F: 210–215° [Zers.]. $[\alpha]_D$: +145° [$CHCl_3$; c = 0,5–1]. λ_{max} (Me.): 240 nm.

12β,15α-Dihydroxy-pregn-4-en-3,20-dion $C_{21}H_{30}O_4$, Formel III.

Diese Konstitution und Konfiguration kommt der von *Searle & Co.* (U.S.P. 2823170 [1955]) als 11α,15β-Dihydroxy-pregn-4-en-3,20-dion, von *Schubert et al.* (B. **90** [1957] 2576, 2580) als 12β,15β-Dihydroxy-pregn-4-en-3,20-dion $C_{21}H_{30}O_4$ und von *Gubler, Tamm* (Helv. **41** [1958] 301, 302) als 6β,15α-Dihydroxy-pregn-4-en-3,20-dion $C_{21}H_{30}O_4$ formulierten Verbindung zu (*Dodson et al.*, Helv. **48** [1965] 1933, 1934).

B. Aus Pregn-4-en-3,20-dion mit Hilfe von Calonectria decora (*Sch. et al.*), mit Hilfe von Nigrospora oryzae (*Searle & Co.*) oder mit Hilfe von Fusarium lini (*Gu., Tamm*).

Kristalle (aus Acn.); F: 218° (*Sch. et al.*). $[\alpha]_D^{25}$: +186° [Me.], +139° [$CHCl_3$] (*Sch. et al.*, l. c. S. 2581). ^{1}H-NMR-Spektrum ($CDCl_3$): *Do. et al.*, l. c. S. 1936, 1937. IR-Banden in Nujol und in CH_2Cl_2 (1250–1000 cm^{-1}): *Heller*, Z. Naturf. **14b** [1959] 298, 302; in CH_2Cl_2 (3610–850 cm^{-1}): *Sch. et al.*, l. c. S. 2579. λ_{max} (A.): 241 nm (*Sch. et al.*, l. c. S. 2581).

Diacetyl-Derivat $C_{25}H_{34}O_6$; 12β,15α-Diacetoxy-pregn-4-en-3,20-dion. Kristalle (aus Acn. + PAe.); F: 181–184°; $[\alpha]_D^{25}$: +139° [$CHCl_3$; c = 1,2] (*Gu., Tamm*, l. c. S. 304). IR-Banden (CH_2Cl_2; 5,7–8,2 μ): *Gu., Tamm*.

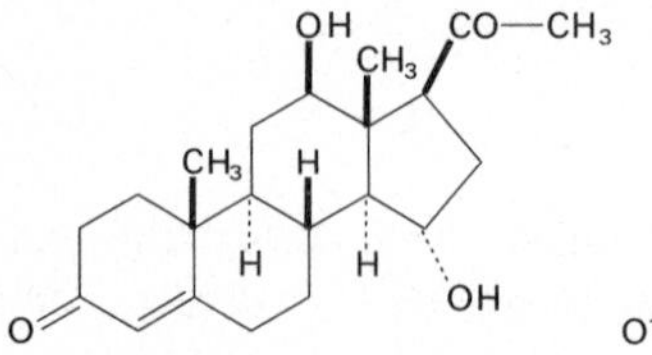

III 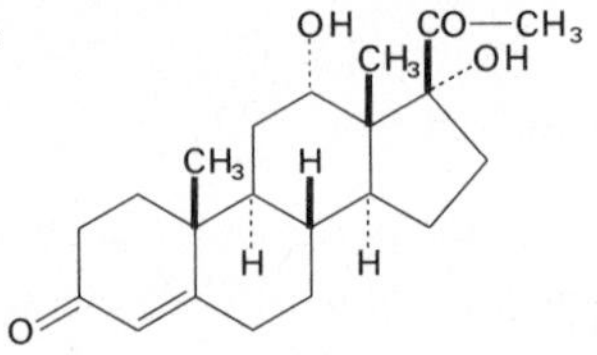 IV 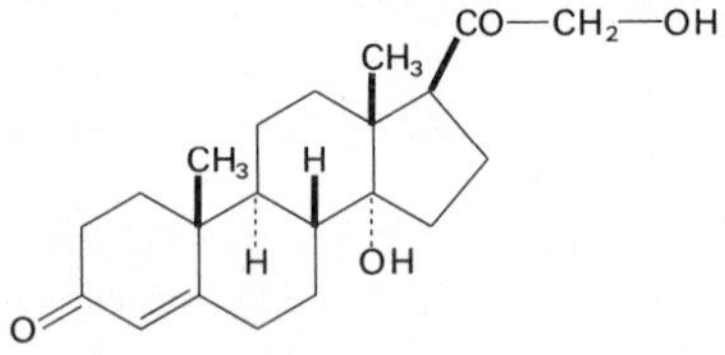 V

12α,17-Dihydroxy-pregn-4-en-3,20-dion $C_{21}H_{30}O_4$, Formel IV.

B. Beim Erwärmen von 4β-Brom-12α,17-dihydroxy-5β-pregnan-3,20-dion mit Semicarbazid-hydrochlorid, Natriumacetat und Essigsäure und anschliessend mit wss. Brenztraubensäure (*Adams et al.*, Soc. **1954** 1825, 1836).

Kristalle (aus Acn. + Hexan); F: 224–226°. $[\alpha]_D^{22}$: +92° [$CHCl_3$; c = 0,4]. λ_{max} (Isopropylalkohol): 240 nm.

O^{12}-Acetyl-Derivat $C_{23}H_{32}O_5$; 12α-Acetoxy-17-hydroxy-pregn-4-en-3,20-dion. Kristalle (aus Acn. + Hexan); F: 149°.

14,21-Dihydroxy-pregn-4-en-3,20-dion $C_{21}H_{30}O_4$, Formel V.

B. Aus 21-Acetoxy-pregn-4-en-3,20-dion mit Hilfe von Mucor griseo-cyanus (*Eppstein et al.*, Am. Soc. **80** [1958] 3382, 3386).

Kristalle (aus Acn.); F: 167–170,5° [unkorr.]. Kristalle (aus Me.) mit 1 Mol Methanol; F: 175–176° [unkorr.] (*Ep et al.*). $[\alpha]_D^{23}$: +190° [$CHCl_3$; c = 0,33] [lösungsmittelfreies Präparat] (*Ep. et al.*). IR-Banden (3520–1600 cm^{-1}): *Ep. et al.* λ_{max} (A.): 242 nm (*Ep. et al.*, l. c. S. 3387).

O^{21}-Acetyl-Derivat $C_{23}H_{32}O_5$; 21-Acetoxy-14-hydroxy-pregn-4-en-3,20-dion. Kristalle; F: 160–162° [aus Acn.] (*Testa*, Ann. Chimica **47** [1957] 1128, 1131), 158–161° [unkorr.; aus Acn. + Hexan] (*Ep. et al.*). $[\alpha]_D^{20}$: +169° [Acn.; c = 0,5] (*Te.*); $[\alpha]_D^{23}$: +192° [$CHCl_3$; c = 0,54] (*Ep. et al.*). IR-Spektrum (KBr; 2–15 μ): *W. Neudert, H. Röpke*, Steroid-

Spektrenatlas [Berlin 1965] Nr. 524. λ_{max} (Me.): 241 nm (*Ne.*, *Rö.*).

15β,17-Dihydroxy-pregn-4-en-3,20-dion $C_{21}H_{30}O_4$, Formel VI.

B. Neben anderen Verbindungen aus 17-Hydroxy-pregn-4-en-3,20-dion mit Hilfe von Sclerotinia libertiana (*Tanabe et al.*, Chem. pharm. Bl. **7** [1959] 804, 808).

Kristalle (aus Acn. + Hexan); F: 258–259° [Zers.]. $[\alpha]_D^{28}$: +54,3° [$CHCl_3$; c = 0,6]. λ_{max} (A.): 240,5 nm.

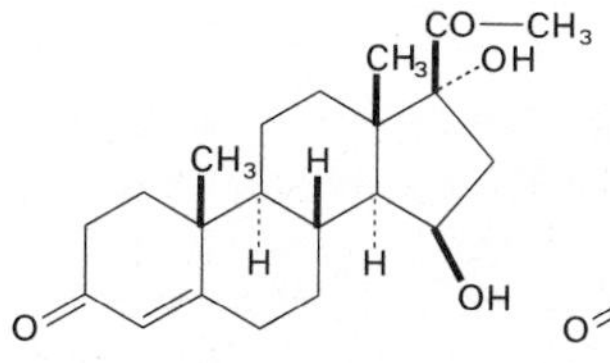

VI 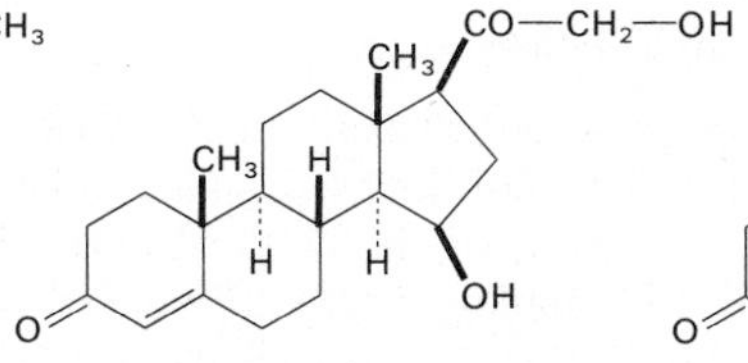 VII 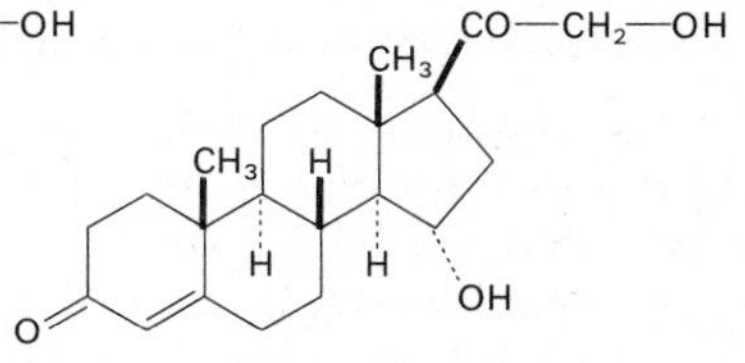 VIII

15,21-Dihydroxy-pregn-4-en-3,20-dione $C_{21}H_{30}O_4$.

Über die Konfiguration am C-Atom 15 der nachfolgend beschriebenen Stereoisomeren s. *Wettstein*, Experientia **11** [1955] 465, 473, 474.

a) **15β,21-Dihydroxy-pregn-4-en-3,20-dion,** Formel VII.

B. Aus 21-Hydroxy-pregn-4-en-3,20-dion mit Hilfe von Lenzites abietina (*Meystre et al.*, Helv. **38** [1955] 381, 388).

Kristalle (aus Acn.); F: 206–216°. $[\alpha]_D^{22}$: +141,5° [$CHCl_3$; c = 0,8]. IR-Banden (CH_2Cl_2; 2,7–9,3 μ): *Me. et al.* λ_{max} (A.): 242 nm.

Diacetyl-Derivat $C_{25}H_{34}O_6$; 15β,21-Diacetoxy-pregn-4-en-3,20-dion. Kristalle (aus Ae. + Pentan); F: 167° [korr.] und (nach partiellem Wiedererstarren) F: 184° [korr.].

b) **15α,21-Dihydroxy-pregn-4-en-3,20-dion,** Formel VIII.

B. Aus 21-Hydroxy-pregn-4-en-3,20-dion mit Hilfe von Fusarium lini (*Gubler, Tamm*, Helv. **41** [1958] 301, 305) oder mit Hilfe von Gibberella baccata (*Meystre et al.*, Helv. **38** [1955] 381, 390).

Kristalle (aus Me.); F: 216–222°; $[\alpha]_D^{23}$: +196° [A.; c = 0,9] (*Me. et al.*). IR-Banden in Nujol (2,8–11,6 μ bzw. 8,9–10 μ): *Me. et al.*; *Heller*, Z. Naturf. **14b** [1959] 298, 302; in CH_2Cl_2 (8,9–10 μ): *He.* λ_{max} (A.): 242 nm (*Me. et al.*).

Diacetyl-Derivat $C_{25}H_{34}O_6$; 15α,21-Diacetoxy-pregn-4-en-3,20-dion. Kristalle (aus Acn. + PAe.); F: 160–161° [korr.]; $[\alpha]_D^{24}$: +159° [A.; c = 0,5] (*Me. et al.*).

16α,17-Dihydroxy-pregn-4-en-3,20-dion, Algeston $C_{21}H_{30}O_4$, Formel IX (R = H).

Die von *Inhoffen et al.* (B. **87** [1954] 593, 596) unter dieser Konstitution beschriebene Verbindung ist als 16β,17aβ-Dihydroxy-17aα-methyl-*D*-homo-androst-4-en-3,17-dion zu formulieren (*Cooley et al.*, Soc. **1955** 4377, 4380).

B. Aus Pregna-4,16-dien-3,20-dion mit Hilfe von $KMnO_4$ oder von OsO_4 (*Cooley et al.*, Soc. **1955** 4373, 4376, 4382).

Kristalle (aus A. + CH_2Cl_2); F: 225°; $[\alpha]_D^{22}$: +95° [$CHCl_3$; c = 0,8] (*Co. et al.*, l. c. S. 4376). λ_{max} (Isopropylalkohol): 240 nm (*Co. et al.*, l. c. S. 4375).

Isomerisierung zu 16α,17aα-Dihydroxy-17aβ-methyl-*D*-homo-androst-4-en-3,17-dion beim Chromatographieren an basischem Al_2O_3: *Co. et al.*, l. c. S. 4383; zu 16β,17aβ-Dihydroxy-17aα-methyl-*D*-homo-androst-4-en-3,17-dion beim Erwärmen mit Na_2SO_3 in wss. Äthanol: *Co. et al.*, l. c. S. 4382.

16β-Formyloxy-17-hydroxy-pregn-4-en-3,20-dion $C_{22}H_{30}O_5$, Formel X (R = CHO).

B. Aus 16α,17-Epoxy-pregn-4-en-3,20-dion und Ameisensäure (*Searle* & *Co.*, U.S.P. 2727907 [1953]).

Kristalle (aus Me.); F: ca. 213,5–216°. $[\alpha]_D$: +100° [Dioxan; c = 1]. λ_{max}: 241 nm.

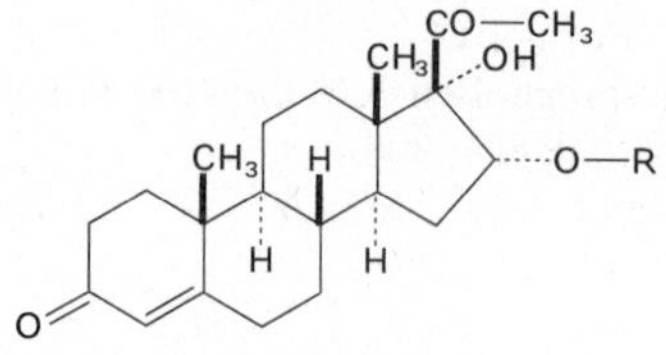

IX 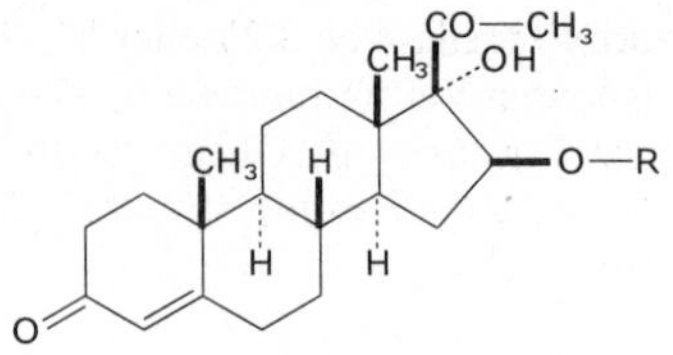 X

16-Acetoxy-17-hydroxy-pregn-4-en-3,20-dione $C_{23}H_{32}O_5$.

a) **16β-Acetoxy-17-hydroxy-pregn-4-en-3,20-dion,** Formel X (R = CO-CH_3).

B. Aus 16α,17-Epoxy-pregn-4-en-3,20-dion und Essigsäure mit Hilfe von H_2SO_4 (*Searle & Co.*, U.S.P. 2727907 [1953]; *Heusler, Wettstein,* B. **87** [1954] 1301, 1309).

Kristalle (aus Acn.); F: 183–184° [unkorr.] (*He., We.*). $[\alpha]_D^{27}$: +101° [$CHCl_3$; c = 1,1] (*He., We.*); $[\alpha]_D$: +102° [Dioxan] (*Searle & Co.*). IR-Banden ($CHCl_3$; 2,7–8,1 μ): *Searle & Co.* λ_{max}: 240 nm [Me.] (*Searle & Co.*), 242 nm [A.] (*He., We.*).

b) **16α-Acetoxy-17-hydroxy-pregn-4-en-3,20-dion,** Formel IX (R = CO-CH_3).

B. Aus 16α,17-Dihydroxy-pregn-4-en-3,20-dion (*Cooley et al.*, Soc. **1955** 4373, 4376).

Kristalle (aus Acn.+Hexan); F: 175–177° [unkorr.]; $[\alpha]_D^{20}$: +49° [$CHCl_3$] (*Romo, Romo de Vivar,* J. org. Chem. **21** [1956] 902, 907). Kristalle (aus wss. Me.) mit 1 Mol H_2O; F: 176–177°; $[\alpha]_D^{20}$: +49° [$CHCl_3$; c = 1,25] (*Co. et al.*). λ_{max} (A.): 240 nm (*Romo, Romo de Vi.*).

16α,21-Dihydroxy-pregn-4-en-3,20-dion $C_{21}H_{30}O_4$, Formel XI (R = R′ = H).

B. Aus 21-Hydroxy-pregn-4-en-3,20-dion mit Hilfe von Streptomyces-Arten (*Vischer et al.*, Helv. **37** [1954] 321, 323; *Olin Mathieson Chem. Corp.*, U.S.P. 2855343 [1958]).

Kristalle; F: 203–205° [korr.; aus Me.] (*Vi. et al.*), 203–204° [unkorr.; aus Acn.] (*Cole, Julian,* J. org. Chem. **19** [1954] 131, 135), 202–203° (*Olin Mathieson*). $[\alpha]_D^{23}$: +130° [$CHCl_3$; c = 0,4] (*Olin Mathieson*); $[\alpha]_D^{24}$: +114,5° [A.; c = 1] (*Vi. et al.*); $[\alpha]_D^{25}$: +109° [Acn.; c = 0,7] (*Cole, Ju.*). IR-Banden in Nujol (2,9–6,1 μ): *Olin Mathieson*; in $CHCl_3$ (2,7–6,2 μ): *Vi. et al.* λ_{max}: 239 nm [A.] (*Olin Mathieson*), 241 nm [Me. bzw. A.] (*Cole, Ju.*; *Vi. et al.*).

21-Hydroxy-16α-methoxy-pregn-4-en-3,20-dion $C_{22}H_{32}O_4$, Formel XI (R = CH_3, R′ = H).

B. Aus 21-Acetoxy-16α-methoxy-pregn-4-en-3,20-dion mit Hilfe von wss.-methanol. $KHCO_3$ (*Cooley et al.,* Soc. **1954** 1813, 1815).

Kristalle (aus Acn.+Hexan); F: 137–138°. $[\alpha]_D^{20}$: +105° [$CHCl_3$; c = 1,2].

21-Acetoxy-16α-hydroxy-pregn-4-en-3,20-dion $C_{23}H_{32}O_5$, Formel XI (R = H, R′ = CO-CH_3).

B. Aus 16α,21-Dihydroxy-pregn-4-en-3,20-dion und Acetanhydrid (*Vischer et al.,* Helv. **37** [1954] 321, 325).

Kristalle (aus Me.+Ae.); F: 207–209° [korr.]. $[\alpha]_D^{24}$: +112° [A.; c = 0,6].

21-Acetoxy-16α-methoxy-pregn-4-en-3,20-dion $C_{24}H_{34}O_5$, Formel XI (R = CH_3, R′ = CO-CH_3).

B. Aus 21-Acetoxy-3β-hydroxy-16α-methoxy-pregn-5-en-20-on mit Hilfe von Cyclohexanon und Aluminiumisopropylat (*Cooley et al.,* Soc. **1954** 1813, 1815).

Kristalle (aus Acn.+Hexan); F: 162–163°. $[\alpha]_D^{23}$: +116° [$CHCl_3$; c = 0,5]. λ_{max} (Isopropyl≠alkohol): 240 nm.

16α,21-Diacetoxy-pregn-4-en-3,20-dion $C_{25}H_{34}O_6$, Formel XI (R = R′ = CO-CH_3).

B. Aus 16α,21-Dihydroxy-pregn-4-en-3,20-dion und Acetanhydrid (*Vischer et al.,* Helv. **37** [1954] 321, 324).

Kristalle (aus Acn.+PAe.); F: 151–154° [korr.]. $[\alpha]_D^{23}$: +113° [A.; c = 0,6].

17,21-Dihydroxy-pregn-4-en-3,20-dion, Cortodoxon $C_{21}H_{30}O_4$, Formel XII (R = R′ = X = H) (E III 3580).

B. Aus 17,21-Diacetoxy-pregn-4-en-3,20-dion mit Hilfe von methanol. KOH (*Ringold et al.*, Am. Soc. **78** [1956] 820, 823). Aus 21-Hydroxy-pregn-4-en-3,20-dion mit Hilfe von Trichothecium roseum (*Meystre et al.*, Helv. **37** [1954] 1548, 1550).

Kristalle (aus E.); F: 210–212° [unkorr.] (*Ri. et al.*). Netzebenenabstände: *Beher et al.*, Anal. Chem. **27** [1955] 1569, 1572. $[\alpha]_D^{20}$: +126° [$CHCl_3$], +122° [Dioxan] (*Ri. et al.*); $[\alpha]_D^{22-24}$: +126° [$CHCl_3$; c = 1] (*W. Neudert, H. Röpke,* Steroid-Spektrenatlas [Berlin 1965] Nr. 507); $[\alpha]_{312,5}^{23-24}$: +3786° (Gipfel) [Dioxan; c = 0,1] (*Foltz et al.*, Am. Soc. **77** [1955] 4359, 4361, 4363). ^{1}H-NMR-Spektrum ($CDCl_3$): *Ne., Rö.* IR-Spektrum (KBr; 2–15 μ): *Ne., Rö.*; *Hayden,* Anal. Chem. **27** [1955] 1486, 1488; *G. Roberts, B.S. Gallagher, R.N. Jones,* Infrared Absorption Spectra of Steroids, Bd. 2 [New York 1958] Nr. 578. IR-Banden (Nujol sowie CH_2Cl_2; 8,8–10 μ): *Heller,* Z. Naturf. **14b** [1959] 298, 302. λ_{max} (A.): 240 nm (*Ri. et al.*; *Carstensen,* Acta Soc. Med. upsal. **61** [1956] 137, 149). Absorptionsspektrum in H_3PO_4 (220–600 nm): *Nowaczynski, Steyermark,* Arch. Biochem. **58** [1955] 453, 454, 457; in äthanol. H_3PO_4 sowie in äthanol. H_2SO_4 (200–600 nm): *Kalant,* Biochem. J. **69** [1958] 79, 81. Polarographisches Halbstufenpotential (wss. A. vom pH 1,3–10,5): *Kabasakalian, McGlotten,* J. electroch. Soc. **105** [1958] 261, 262. Löslichkeit in H_2O bei 98°: 0,01% (*Meystre, Miescher,* Helv. **34** [1951] 2286, 2288). Verteilung in verschiedenen Lösungsmittelsystemen: *Carstensen,* Acta chem. scand. **9** [1955] 1026, **10** [1956] 474; Acta Soc. Med. upsal. **61** [1956] 26, 30.

21-Formyloxy-17-hydroxy-pregn-4-en-3,20-dion $C_{22}H_{30}O_5$, Formel XII (R = X = H, R′ = CHO).

B. Aus 17,21-Dihydroxy-pregn-4-en-3,20-dion und Chlormethylen-dimethyl-ammonium-chlorid (E IV **4** 175) in DMF (*Morita et al.*, Chem. pharm. Bl. **7** [1959] 896).

F: 186–188° [unkorr.] (*W. Neudert, H. Röpke,* Steroid-Spektrenatlas [Berlin 1965] Nr. 508), 182–184° [unkorr.] (*Mo. et al.*). $[\alpha]_D^{20}$: +136° [Dioxan; c = 1] (*Mo. et al.*); $[\alpha]_D^{22-24}$: +141° [$CHCl_3$; c = 1]; $[\alpha]_{546,1}^{22-24}$: +172° [$CHCl_3$; c = 1] (*Ne., Rö.*). IR-Spektrum (KBr; 2–15 μ): *Ne., Rö.* λ_{max} (Me.): 241 nm (*Ne., Rö.*).

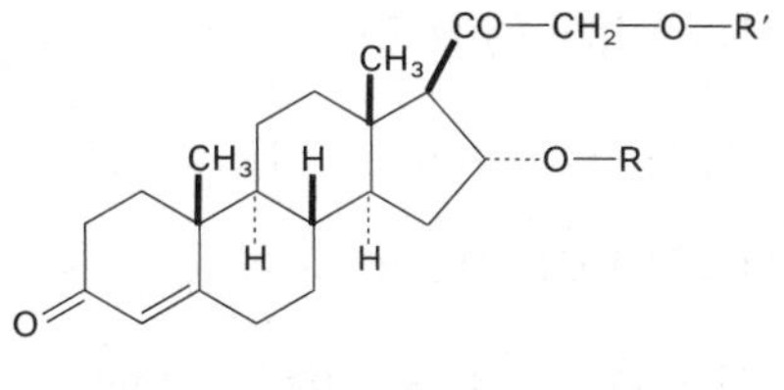

XI 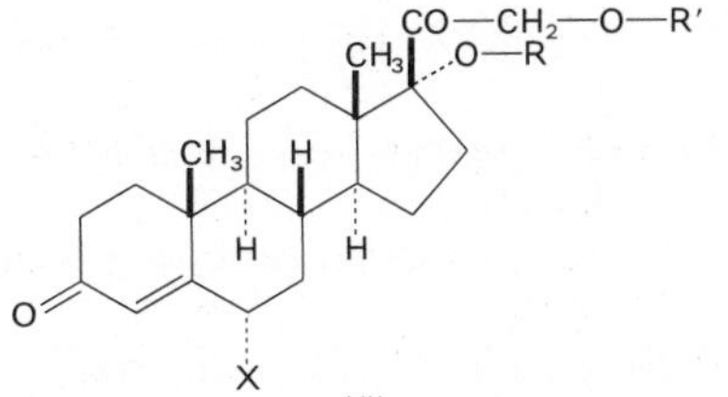 XII

21-Acetoxy-17-hydroxy-pregn-4-en-3,20-dion $C_{23}H_{32}O_5$, Formel XII (R = X = H, R′ = CO-CH_3) (E III 3580).

B. Aus 21-Acetoxy-5,6β-dichlor-17-hydroxy-5α-pregnan-3,20-dion mit Hilfe von $CrCl_2$ (*Cutler et al.*, J. org. Chem. **24** [1959] 1629, 1631).

Dipolmoment (ε; Dioxan): 3,64 D (*W. Neudert, H. Röpke,* Steroid-Spektrenatlas [Berlin 1965] Nr. 509).

Netzebenenabstände: *Beher et al.*, Anal. Chem. **27** [1955] 1569, 1572. $[\alpha]_D^{22-24}$: +130° [$CHCl_3$; c = 1]; $[\alpha]_{546,1}^{22-24}$: +158° [$CHCl_3$; c = 1] (*Ne., Rö.*). IR-Spektrum in KBr (5000–650 cm^{-1}): *Ne., Rö.*; in $CHCl_3$ (3600–1600 cm^{-1}): *Jones et al.*, Am. Soc. **74** [1952] 2820, 2823; in $CHCl_3$ (1800–1600 cm^{-1} und 1150–850 cm^{-1}): *K. Dobriner, E.R. Katzenellenbogen, R.N. Jones,* Infrared Absorption Spectra of Steroids [New York 1953] Nr. 215; in $CHCl_3$ (1500–1250 cm^{-1}): *G. Roberts, B.S. Gallagher, R.N. Jones,* Infrared Absorption Spectra of Steroids, Bd. 2 [New York 1958] Nr. 720. λ_{max}: 240 nm [Me.] (*Ne., Rö.*) bzw. 241 nm, 289 nm und 535 nm [H_2SO_4] (*Bernstein, Lenhard,* J. org. Chem. **18** [1953] 1146, 1157). Polarographisches Halbstufenpotential (wss. A. vom pH 2–12): *Asahi,* Ann. Rep. Takeda Res. Labor. **18** [1959] 17; C. A. **1960** 12837.

17-Acetoxy-21-phenoxy-pregn-4-en-3,20-dion $C_{29}H_{36}O_5$, Formel XII (R = CO-CH_3, R′ = C_6H_5, X = H).

B. Aus 17-Acetoxy-3β-hydroxy-21-phenoxy-pregn-5-en-20-on mit Hilfe von Cyclohexanon und Aluminiumisopropylat (*Ringold et al.*, Am. Soc. **78** [1956] 820, 825).

Kristalle (aus Acn.+Pentan); F: 149–151° [unkorr.]. $[\alpha]_D^{20}$: +49° [$CHCl_3$]. λ_{max} (A.): 240 nm und 276 nm.

17,21-Diacetoxy-pregn-4-en-3,20-dion $C_{25}H_{34}O_6$, Formel XII (R = R′ = CO-CH_3, X = H).

B. Aus 21-Acetoxy-17-hydroxy-pregn-4-en-3,20-dion und Acetanhydrid mit Hilfe von Essigsäure und Toluol-4-sulfonsäure (*Turner*, Am. Soc. **75** [1953] 3489, 3492). Aus 17,21-Diacetoxy-3-formyloxy-pregn-5-en-20-on mit Hilfe von Cyclohexanon und Aluminiumisopropylat (*Ringold et al.*, Am. Soc. **78** [1956] 820, 823).

Kristalle; F: 220–222° [unkorr.; aus Me.] (*Ri. et al.*), 220–221° [korr.; aus Acn.+PAe.] (*Tu.*). $[\alpha]_D^{20}$: +66° [$CHCl_3$], +52° [Dioxan] (*Ri. et al.*); $[\alpha]_D$: +49,5° [Dioxan; c = 1,2] (*Tu.*). ORD (Dioxan; 700–290 nm): *Bowers et al.*, Tetrahedron **7** [1959] 138, 151. IR-Spektrum (KBr; 2–15 μ): *W. Neudert, H. Röpke*, Steroid-Spektrenatlas [Berlin 1965] Nr. 517. λ_{max} (Me. bzw. A.): 240 nm (*Ne., Rö.*; *Ri. et al.*).

17-Hydroxy-21-pivaloyloxy-pregn-4-en-3,20-dion $C_{26}H_{38}O_5$, Formel XII (R = X = H, R′ = CO-C(CH_3)$_3$).

B. Aus 17,21-Dihydroxy-pregn-4-en-3,20-dion und Pivaloylchlorid mit Hilfe von Pyridin in CH_2Cl_2 (*Wieland et al.*, Helv. **34** [1951] 354, 358).

Kristalle (aus Acn.+$CHCl_3$); F: 265–267° [korr.; Zers.]. $[\alpha]_D^{20}$: +141° [$CHCl_3$; c = 1].

Bernsteinsäure-[17-hydroxy-3,20-dioxo-pregn-4-en-21-ylester]-methylester, 17-Hydroxy-21-[3-methoxycarbonyl-propionyloxy]-pregn-4-en-3,20-dion $C_{26}H_{36}O_7$, Formel XII (R = X = H, R′ = CO-CH_2-CH_2-CO-O-CH_3).

B. Aus Bernsteinsäure-[(17Ξ)-20-cyan-3β-hydroxy-pregna-5,17(20)-dien-21-ylester]-methylester bei der aufeinanderfolgenden Umsetzung mit Brom, mit CrO_3, mit $KMnO_4$ und mit NaI (*Heer, Miescher*, Helv. **34** [1951] 359, 371).

F: 126–127° [korr.; nach Sintern ab 120°; aus Me.]. $[\alpha]_D^{21}$: +109° [A.; c = 1].

***17,21-Dihydroxy-pregn-4-en-3,20-dion-dioxim** $C_{21}H_{32}N_2O_4$, Formel XIII (R = H, X = X′ = N-OH).

B. Aus 17,21-Dihydroxy-pregn-4-en-3,20-dion und $NH_2OH \cdot HCl$ (*Brooks et al.*, Soc. **1958** 4614, 4622, 4623).

Kristalle (aus Me.); F: 225–227°. $[\alpha]_D^{20}$: +123° [Dioxan; c = 1]. λ_{max} (A.): 241 nm.

***17,21-Dihydroxy-pregn-4-en-3,20-dion-bis-[*O*-methyl-oxim]** $C_{23}H_{36}N_2O_4$, Formel XIII (R = H, X = X′ = N-O-CH_3).

Zwei Stereoisomere (Kristalle [aus Acn.]; F: 194–196°; $[\alpha]_D^{20}$: +132° [$CHCl_3$; c = 1]; λ_{max} [A.]: 249 nm und Kristalle [aus wss. Acn.]; F: 164° und F: 180°; $[\alpha]_D^{20}$: +167° [$CHCl_3$; c = 1]; λ_{max} [A.]: 249 nm) sind beim Behandeln von 17,21-Dihydroxy-pregn-4-en-3,20-dion mit *O*-Methyl-hydroxylamin erhalten worden (*Brooks et al.*, Soc. **1958** 4614, 4616, 4622, 4623).

***21-Acetoxy-17-hydroxy-pregn-4-en-3,20-dion-dioxim** $C_{23}H_{34}N_2O_5$, Formel XIII (R = CO-CH_3, X = X′ = N-OH).

B. Aus 21-Acetoxy-17-hydroxy-pregn-4-en-3,20-dion und $NH_2OH \cdot HCl$ (*Brooks et al.*, Soc. **1958** 4614, 4622, 4623).

Kristalle (aus wss. Me.); F: 174–176°. $[\alpha]_D^{20}$: +136° [Dioxan; c = 1]. λ_{max} (A.): 240 nm.

***21-Acetoxy-17-hydroxy-pregn-4-en-3,20-dion-3-semicarbazon** $C_{24}H_{35}N_3O_5$, Formel XIII (R = CO-CH_3, X = N-NH-CO-NH_2, X′ = O).

B. Aus 21-Acetoxy-17-hydroxy-pregn-4-en-3,20-dion und Semicarbazid-hydrochlorid (*Brooks

et al., Soc. **1958** 4614, 4620).
Feststoff mit 0,5 Mol H_2O; F: >300°. $[\alpha]_D^{20}$: +157° [Py.; c = 1]. λ_{max} (A.): 269 nm.

***17,21-Dihydroxy-pregn-4-en-3,20-dion-disemicarbazon** $C_{23}H_{36}N_6O_4$, Formel XIII (R = H, X = X′ = N-NH-CO-NH_2).
B. Aus 17,21-Dihydroxy-pregn-4-en-3,20-dion und Semicarbazid-hydrochlorid (*Brooks et al.*, Soc. **1958** 4614, 4620).
F: >300°. $[\alpha]_D^{20}$: +113° [Py.; c = 1]. λ_{max} (A.): 269 nm.

***21-Acetoxy-17-hydroxy-pregn-4-en-3,20-dion-disemicarbazon** $C_{25}H_{38}N_6O_5$, Formel XIII (R = CO-CH_3, X = X′ = N-NH-CO-NH_2).
B. Aus 21-Acetoxy-17-hydroxy-pregn-4-en-3,20-dion und Semicarbazid-hydrochlorid (*Brooks et al.*, Soc. **1958** 4614, 4620).
Feststoff mit 0,5 Mol H_2O; F: >300°. $[\alpha]_D^{20}$: +108° [Py.; c = 1]. λ_{max} (A.): 269 nm.

***17,21-Dihydroxy-20-nitroimino-pregn-4-en-3-on** $C_{21}H_{30}N_2O_5$, Formel XIII (R = H, X = O, X′ = N-NO_2).
B. Aus 17,21-Dihydroxy-pregn-4-en-3,20-dion-dioxim mit Hilfe von wss. $NaNO_2$ und Essigsäure (*Brooks et al.*, Soc. **1958** 4614, 4625).
Kristalle (aus Eg.); F: 186–187°. $[\alpha]_D^{20}$: +80° [Dioxan; c = 1]. λ_{max} (A.): 240 nm.

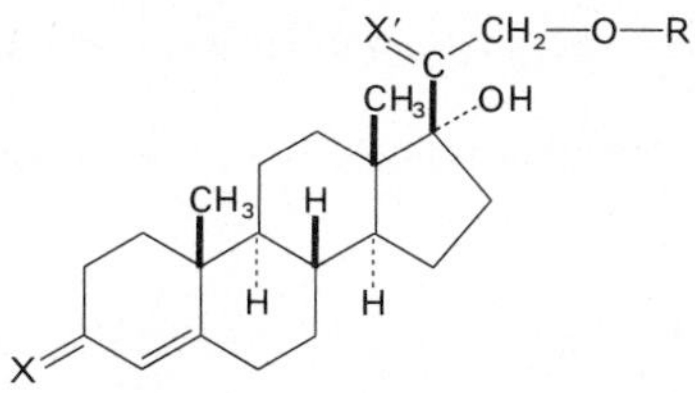

XIII 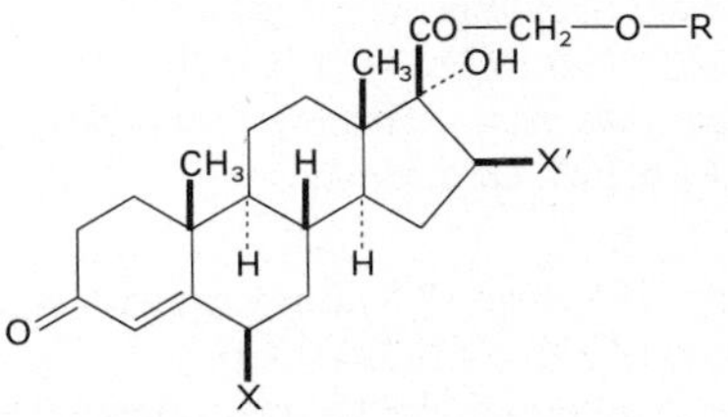 XIV

6-Fluor-17,21-dihydroxy-pregn-4-en-3,20-dione $C_{21}H_{29}FO_4$.

a) **6β-Fluor-17,21-dihydroxy-pregn-4-en-3,20-dion,** Formel XIV (R = X′ = H, X = F).
B. Aus dem Diacetyl-Derivat (s. u.) mit Hilfe von methanol. KOH (*Bowers et al.*, Tetrahedron **7** [1959] 138, 152).
Kristalle (aus Acn. + Hexan); F: 222–224° [unkorr.]. $[\alpha]_D$: +25° [$CHCl_3$].
Diacetyl-Derivat $C_{25}H_{33}FO_6$; 17,21-Diacetoxy-6β-fluor-pregn-4-en-3,20-dion. *B.* Beim Behandeln [25 min] von 17,21-Diacetoxy-6β-fluor-5-hydroxy-5α-pregnan-3,20-dion mit HCl in Essigsäure (*Bo. et al.*). – Kristalle (aus Acn. + Hexan); F: 187–189° [unkorr.]. $[\alpha]_D$: −14° [$CHCl_3$], −41° [Dioxan; c = 0,07]. ORD (Dioxan; 700–300 nm): *Bo. et al.* λ_{max} (A.): 234 nm.

b) **6α-Fluor-17,21-dihydroxy-pregn-4-en-3,20-dion,** Formel XII (R = R′ = H, X = F).
B. Aus dem Diacetyl-Derivat (s. u.) mit Hilfe von methanol. KOH (*Bowers et al.*, Tetrahedron **7** [1959] 138, 151).
Kristalle (aus Bzl.); F: 203–205° [unkorr.]. $[\alpha]_D$: +135° [$CHCl_3$]. λ_{max} (A.): 236 nm.
Monoacetyl-Derivat $C_{23}H_{31}FO_5$; 21-Acetoxy-6α-fluor-17-hydroxy-pregn-4-en-3,20-dion. F: 229–231° [unkorr.]. $[\alpha]_D$: +130° [$CHCl_3$]. IR-Banden (KBr; 3500–1600 cm^{-1}): *Bo. et al.* λ_{max} (A.): 236 nm.
Diacetyl-Derivat $C_{25}H_{33}FO_6$; 17,21-Diacetoxy-6α-fluor-pregn-4-en-3,20-dion. *B.* Beim Behandeln [4 h] von 17,21-Diacetoxy-6β-fluor-5-hydroxy-5α-pregnan-3,20-dion mit HCl in Essigsäure (*Bo. et al.*). – Kristalle (aus Acn. + Hexan); F: 241–243° [unkorr.]. $[\alpha]_D$: +53° [$CHCl_3$], +51,1° [Dioxan; c = 0,06]. ORD (Dioxan; 700–295 nm): *Bo. et al.* λ_{max} (A.): 236 nm.

21-Acetoxy-6-chlor-17-hydroxy-pregn-4-en-3,20-dione $C_{23}H_{31}ClO_5$.

a) **21-Acetoxy-6β-chlor-17-hydroxy-pregn-4-en-3,20-dion,** Formel XIV (R = CO-CH_3, X = Cl, X′ = H).

B. Aus 21-Acetoxy-3-äthoxy-17-hydroxy-pregna-3,5-dien-20-on und *N*-Chlor-acetamid (*Ringold et al.*, Am. Soc. **80** [1958] 6464).

F: 193–194°. $[\alpha]_D$: +41° [$CHCl_3$]. λ_{max} (A.): 240 nm.

b) **21-Acetoxy-6α-chlor-17-hydroxy-pregn-4-en-3,20-dion,** Formel XII (R = H, R′ = CO-CH_3, X = Cl).

B. Aus 21-Acetoxy-6β-chlor-17-hydroxy-pregn-4-en-3,20-dion mit Hilfe von HCl in Essigsäure (*Ringold et al.*, Am. Soc. **80** [1958] 6464).

F: 189–190°. $[\alpha]_D$: +87° [$CHCl_3$]. λ_{max} (A.): 237 nm.

17,21-Diacetoxy-6α-chlor-pregn-4-en-3,20-dion $C_{25}H_{33}ClO_6$, Formel XII (R = R′ = CO-CH_3, X = Cl).

B. Aus 17,21-Diacetoxy-3-äthoxy-pregna-3,5-dien-20-on bei der aufeinanderfolgenden Umsetzung mit *N*-Chlor-succinimid und mit HCl und Essigsäure (*Ringold et al.*, Am. Soc. **81** [1959] 3485).

F: 197–198°. $[\alpha]_D$: +34° [$CHCl_3$]. λ_{max} (A.): 237 nm.

16β-Chlor-17,21-dihydroxy-pregn-4-en-3,20-dion $C_{21}H_{29}ClO_4$, Formel XIV (R = X = H, X′ = Cl).

B. Aus der nachfolgenden Verbindung mit Hilfe von wss.-methanol. $HClO_4$ (*Olin Mathieson Chem. Corp.*, U.S.P. 2831872 [1957]).

Kristalle (aus Acn. + Hexan); Zers. bei ca. 162–166° [bei schnellem Erhitzen]. IR-Banden (Nujol; 3–6,2 μ): *Olin Mathieson.*

21-Acetoxy-16β-chlor-17-hydroxy-pregn-4-en-3,20-dion $C_{23}H_{31}ClO_5$, Formel XIV (R = CO-CH_3, X = H, X′ = Cl).

B. Aus 21-Acetoxy-16α,17-epoxy-pregn-4-en-3,20-dion und wss. HCl (*Olin Mathieson Chem. Corp.*, U.S.P. 2831872 [1957]).

Kristalle (aus Acn. + Hexan); F: ca. 202–205°. IR-Banden (Nujol; 3–3,6 μ): *Olin Mathieson.*

21-Acetoxy-6ξ-brom-17-hydroxy-pregn-4-en-3,20-dion $C_{23}H_{31}BrO_5$, Formel XV.

B. Aus 21-Acetoxy-17-hydroxy-pregn-4-en-3,20-dion und *N*-Brom-succinimid (*Sondheimer et al.*, Am. Soc. **75** [1953] 5932, 5934).

Kristalle (aus Acn. + Ae.); F: 182–183° [unkorr.; Zers.]. $[\alpha]_D^{20}$: +65° [$CHCl_3$]. λ_{max} (A.): 242 nm.

CO—CH₂—O—CO—CH₃ CH₃ OH CH₃ H H H O Br

XV

CO—CH₂—S—R CH₃ OH CH₃ H H H O

XVI

21-Acetylmercapto-17-hydroxy-pregn-4-en-3,20-dion $C_{23}H_{32}O_4S$, Formel XVI (R = CO-CH_3).

B. Aus 17-Hydroxy-21-jod-pregn-4-en-3,20-dion und Kalium-thioacetat (*Borrevang*, Acta chem. scand. **9** [1955] 587, 594). Aus 21-Acetylmercapto-17-hydroxy-5β-pregnan-3,20-dion bei der aufeinanderfolgenden Umsetzung mit Brom, mit Semicarbazid und mit 4-Hydroxy-benzaldehyd (*Djerassi, Nussbaum*, Am. Soc. **75** [1953] 3700, 3703).

Kristalle; F: 222–223° [unkorr.; aus E.] (*Dj., Nu.*), 219–222° [unkorr.; aus A.] (*Bo.*). $[\alpha]_D^{20}$:

$+195°$ [$CHCl_3$; c = 0,5] (*Dj.*, *Nu.*). IR-Banden ($CHCl_3$; 2,8–8,9 μ): *Dj.*, *Nu.* λ_{max} (A.): 239 nm (*Dj.*, *Nu.*).

17-Hydroxy-21-thiocyanato-pregn-4-en-3,20-dion $C_{22}H_{29}NO_3S$, Formel XVI (R = CN).

B. Aus 17-Hydroxy-21-jod-pregn-4-en-3,20-dion und Kalium-thiocyanat (*Borrevang*, Acta chem. scand. **9** [1955] 587, 593).

Kristalle (aus Me.); F: 188–189° [unkorr.]. [*Frodl*]

18,21-Dihydroxy-pregn-4-en-3,20-dion $C_{21}H_{30}O_4$, Formel I und Taut. (18,20-Epoxy-20,21-dihydroxy-pregn-4-en-3-on).

B. Aus 18,20-Epoxy-pregna-4,20-dien-3-on beim Behandeln mit OsO_4 in Dioxan und anschliessend mit wss. Na_2SO_3 (*Pappo*, Am. Soc. **81** [1959] 1010; *Searle & Co.*, U.S.P. 2911404 [1958]). Aus 21-Hydroxy-pregn-4-en-3,20-dion mit Hilfe von homogenisierten Rinder-Nebennieren (*Kahnt et al.*, Helv. **38** [1955] 1237, 1246).

Kristalle; F: 200–205° [aus Ae. + Acn.] (*Ka. et al.*), 191–195° [Zers.; aus Acn.] (*Pa.*; *Searle & Co.*). IR-Spektrum (2–12 μ): *Ka. et al.* IR-Banden (KBr; 2–12 μ): *Pa.*; *Searle & Co.* λ_{max}: 240 nm (*Ka. et al.*).

Über ein niedriger schmelzendes Präparat (F: 168–170°) s. *Searle & Co.*

O^{21}-Acetyl-Derivat $C_{23}H_{32}O_5$; 21-Acetoxy-18-hydroxy-pregn-4-en-3,20-dion und Taut. Kristalle (aus Ae. + Bzl.); F: 158–159°; IR-Banden (KBr; 2–12 μ): *Pa.*; *Searle & Co.* – Überführung in (20Ξ)-21-Acetoxy-18,20-epoxy-20-methoxy-pregn-4-en-3-on $C_{24}H_{34}O_5$ (Kristalle [aus Ae.]; F: 149–154°) beim Behandeln mit Methanol und Toluol-4-sulfonsäure: *Searle & Co.*

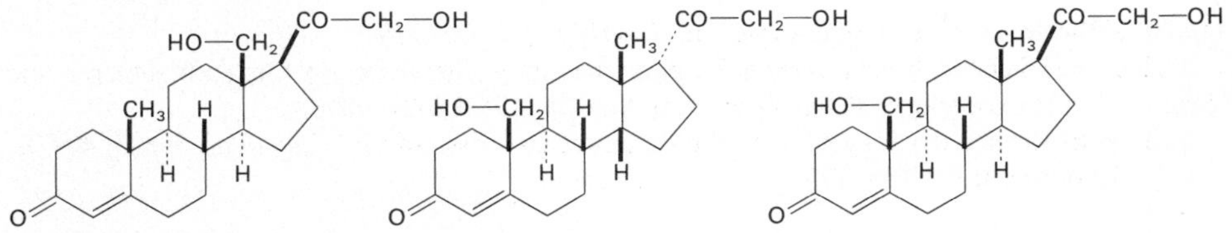

I II III

19,21-Dihydroxy-pregn-4-en-3,20-dione $C_{21}H_{30}O_4$.

a) **19,21-Dihydroxy-14β,17βH-pregn-4-en-3,20-dion,** Formel II.

B. Aus dem *O*^{21}-Acetyl-Derivat (s. u.) beim Behandeln mit wss.-methanol. $KHCO_3$ (*Ehrenstein, Dünnenberger*, J. org. Chem. **21** [1956] 790, 793).

Kristalle (aus CH_2Cl_2 + Hexan); F: 209–211° [unkorr.]; $[\alpha]_D^{22}$: +105° [$CHCl_3$; c = 0,4]; λ_{max} (A.): 243 nm (*Eh.*, *Dü.*).

O^{21}-Acetyl-Derivat $C_{23}H_{32}O_5$; 21-Acetoxy-19-hydroxy-14β,17βH-pregn-4-en-3,20-dion. *B.* Aus 21-Diazo-19-hydroxy-14β,17βH-pregn-4-en-3,20-dion beim Erwärmen mit Essigsäure (*Eh.*, *Dü.*). – Kristalle (aus CH_2Cl_2 + Hexan); F: 172–173° [unkorr.]; $[\alpha]_D^{27}$: +103° [$CHCl_3$; c = 0,5] (*Eh.*, *Dü.*). IR-Spektrum ($CHCl_3$; 1800–850 cm^{-1}): *G. Roberts, B.S. Gallagher, R.N. Jones*, Infrared Absorption Spectra of Steroids, Bd. 2 [New York 1958] Nr. 584; s. a. *Eh.*, *Dü.* λ_{max} (A.): 243 nm (*Eh.*, *Dü.*).

b) **19,21-Dihydroxy-pregn-4-en-3,20-dion,** Formel III.

Isolierung aus Rinder- und Schweine-Nebennieren: *Neher, Wettstein*, Helv. **39** [1956] 2062, 2081.

B. Bei der Hydrolyse des *O*^{21}-Acetyl-Derivats (s. u.) mit wss.-methanol. $KHCO_3$ (*Barber, Ehrenstein*, J. org. Chem. **19** [1954] 1758, 1764). Bei der Reduktion von 17,19,21-Trihydroxy-pregn-4-en-3,20-dion mit Zink und Essigsäure (*Nishikawa, Hagiwara*, Chem. pharm. Bl. **6** [1958] 226). Aus 21-Hydroxy-pregn-4-en-3,20-dion (*Kahnt et al.*, Helv. **38** [1955] 1237, 1246; *Zaffaroni et al.*, Chem. and Ind. **1955** 534; *Hayano, Dorfman*, Arch. Biochem. **55** [1955] 289) oder aus Pregn-4-en-3,20-dion (*Levy, Kushinsky*, Arch. Biochem. **55** [1955] 290) mit Hilfe von Rinder-

Nebennieren.

Kristalle; F: 163–165° [unkorr.; nach Sintern bei 153–158°; aus wss. A.] (*Ba., Eh.*), 162–164° [korr.; aus Ae.+Acn.] (*Ka. et al.*), 162–164° [aus Acn.+Hexan] (*Za. et al.*). $[\alpha]_D^{22}$: +177° [$CHCl_3$] (*Za. et al.*); $[\alpha]_D^{25}$: +180° [$CHCl_3$; c = 0,1] (*Ba., Eh.*). IR-Spektrum (CH_2Cl_2; 2–12 μ): *Ka. et al.* λ_{max} (A.): 242 nm (*Ba., Eh.*; *Za. et al.*).

*O*¹⁹-Acetyl-Derivat $C_{23}H_{32}O_5$; 19-Acetoxy-21-hydroxy-pregn-4-en-3,20-dion. *B.* Beim Behandeln des Diacetyl-Derivats (s. u.) mit wss.-methanol. $KHCO_3$ (*Ba., Eh.*, l. c. S. 1763; *Ka. et al.*, l. c. S. 1247). – Kristalle; F: 189–190° [unkorr.; aus wss. Me.] (*Ba., Eh.*), 180–185° [aus Acn.] (*Ka. et al.*). $[\alpha]_D^{25}$: +215° [$CHCl_3$; c = 0,4] (*Ba., Eh.*). IR-Banden (CH_2Cl_2; 2–11 μ): *Ka. et al.* λ_{max} (A.): 239 nm (*Ba., Eh.*).

*O*²¹-Acetyl-Derivat $C_{23}H_{32}O_5$; 21-Acetoxy-19-hydroxy-pregn-4-en-3,20-dion. *B.* Beim Erwärmen von 21-Diazo-19-hydroxy-pregn-4-en-3,20-dion mit Essigsäure (*Ba., Eh.*, l. c. S. 1764). – Kristalle; F: 197–199° [unkorr.; aus wss. Me.] (*Ba., Eh.*), 196–199° [korr.; aus Ae.+Acn.] (*Ka. et al.*). $[\alpha]_D^{24}$: +178° [$CHCl_3$; c = 0,5] (*Ba., Eh.*). IR-Spektrum ($CHCl_3$; 1800–850 cm^{-1}): *G. Roberts, B.S. Gallagher, R.N. Jones*, Infrared Absorption Spectra of Steroids, Bd. 2 [New York 1958] Nr. 582. λ_{max} (A.): 242 nm (*Ba., Eh.*; *Ka. et al.*).

Diacetyl-Derivat $C_{25}H_{34}O_6$; 19,21-Diacetoxy-pregn-4-en-3,20-dion. *B.* Beim Erhitzen von 19-Acetoxy-21-diazo-pregn-4-en-3,20-dion (aus 19-Acetoxy-3-oxo-androst-4-en-17β-carbonsäure hergestellt) mit Essigsäure (*Ba., Eh.*, l. c. S. 1763). – Kristalle; F: 127° [unkorr.; aus wss. Me.] (*Ba., Eh.*), 122–124° [unkorr.] (*Ni., Ha.*), 122° [korr.; aus Acn.+Ae.] (*Ka. et al.*, l. c. S. 1247). $[\alpha]_D^{18}$: +215° [$CHCl_3$] (*Ni., Ha.*); $[\alpha]_D^{28}$: +210° [$CHCl_3$; c = 0,5] (*Ba., Eh.*). IR-Spektrum (CCl_4 und CS_2; 1800–650 cm^{-1}): *G. Roberts, B.S. Gallagher, R.N. Jones*, Infrared Absorption Spectra of Steroids, Bd. 2 [New York 1958] Nr. 583. λ_{max} (A.): 239 nm (*Ba., Eh.*).

11β,20β_F-Dihydroxy-3-oxo-pregn-4-en-21-al $C_{21}H_{30}O_4$, Formel IV.

In dem nachstehend beschriebenen Präparat hat möglicherweise ein Gemisch dimerer und trimerer Formen vorgelegen (*Taub et al.*, Am. Soc. **76** [1954] 4094, 4096).

B. Beim Erwärmen der folgenden Verbindung mit wss. Essigsäure (*Taub et al.*, l. c. S. 4097).

Kristalle (aus E.); F: 165–175°.

11β,20β_F-Dihydroxy-21,21-dimethoxy-pregn-4-en-3-on, 11β,20β_F-Dihydroxy-3-oxo-pregn-4-en-21-al-dimethylacetal $C_{23}H_{36}O_5$, Formel V (R = CH_3, X = O-CH_3).

B. Beim Erwärmen von 21,21-Dimethoxy-pregn-4-en-3,11,20-trion mit $LiAlH_4$ in THF und Behandeln des Reaktionsprodukts mit MnO_2 in Benzol (*Taub et al.*, Am. Soc. **76** [1954] 4094, 4096).

Kristalle (aus Acn.+Ae.); F: 157,5–158,5° [korr.]. $[\alpha]_D$: +81,6° [Acn.]. λ_{max} (Me.): 242,5 nm.

IV V VI

(21Ξ)-11β,20β_F,21-Trihydroxy-3-oxo-pregn-4-en-21-sulfonsäure $C_{21}H_{32}O_7S$, Formel V (R = H, X = SO_2-OH).

Natrium-Salz $NaC_{21}H_{31}O_7S$. *B.* Aus 11β,20β_F-Dihydroxy-3-oxo-pregn-4-en-21-al und $NaHSO_3$ in wss. Methanol (*Taub et al.*, Am. Soc. **76** [1954] 4094, 4097). – Kristalle (aus A.); F: 165° [korr.; Zers.]. Hygroskopisch.

21-Acetoxy-17-hydroxy-pregn-4-en-11,20-dion $C_{23}H_{32}O_5$, Formel VI.

B. Aus 2α,21-Diacetoxy-3,3-äthandiyldimercapto-17-hydroxy-pregn-4-en-11,20-dion beim Erwärmen mit Raney-Nickel und Äthanol (*Upjohn Co.,* U.S.P. 2868783 [1958]).

Kristalle (aus Acn.+PAe.); F: 205–209°.

4ξ,21-Diacetoxy-pregn-5-en-3,20-dion $C_{25}H_{34}O_6$, Formel VII.

B. Aus 4ξ,21-Diacetoxy-5-hydroxy-5ξ-pregnan-3,20-dion (F: 247–249°; $[\alpha]_D^{25}$: +72° [$CHCl_3$; c = 1]) mit Hilfe von $SOCl_2$ in Pyridin (*Searle & Co.,* U.S.P. 2829150 [1955]).

Kristalle (aus Acn.+PAe.); F: 171–174°.

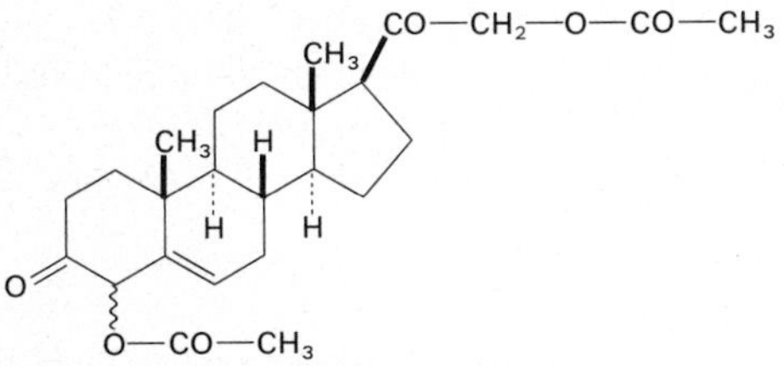

VII

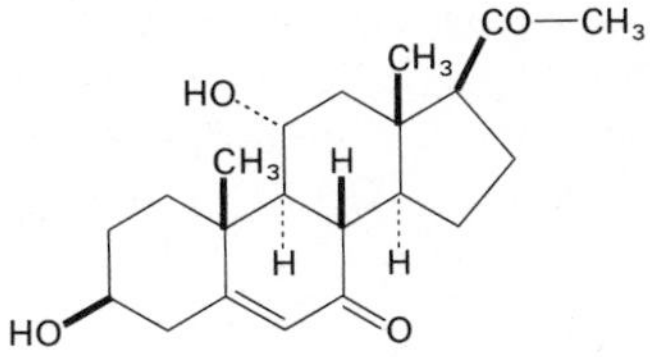

VIII

3β,11α-Dihydroxy-pregn-5-en-7,20-dion $C_{21}H_{30}O_4$, Formel VIII.

B. Aus 3β-Hydroxy-pregn-5-en-20-on mit Hilfe von Rhizopus arrhizus (*Upjohn Co.,* U.S.P. 2703326 [1952], 2702810 [1953]).

Kristalle (aus wss. Me.); F: 228–230°.

Diacetyl-Derivat $C_{25}H_{34}O_6$; 3β,11α-Diacetoxy-pregn-5-en-7,20-dion. Kristalle (aus $CHCl_3$+PAe.); F: 189° (*Upjohn Co.,* U.S.P. 2703326).

3β,17-Dihydroxy-pregn-5-en-7,20-dion $C_{21}H_{30}O_4$, Formel IX.

B. Bei der Hydrolyse des Diacetyl-Derivats (s. u.) mit KOH in wss. Dioxan (*Marshall et al.,* Am. Soc. **79** [1957] 6308, 6311).

Kristalle (aus Me.); F: 267–270° [unkorr.]. $[\alpha]_D$: –122° [Me.; c = 0,5]. IR-Banden (KBr; 2–7 μ): *Ma. et al.* λ_{max} (Me.): 237,5 nm.

Diacetyl-Derivat $C_{25}H_{34}O_6$; 3β,17-Diacetoxy-pregn-5-en-7,20-dion. *B.* Aus 3β,17-Diacetoxy-pregn-5-en-20-on beim Behandeln mit Na_2CrO_4, Essigsäure und Acetanhydrid (*Ma. et al.*). – Kristalle (aus Me.); F: 231–234° [unkorr.]. $[\alpha]_D$: –142° [$CHCl_3$; c = 1]. IR-Banden (KBr; 5–7 μ): *Ma. et al.* λ_{max} (Me.): 235 nm.

3β,21-Dihydroxy-pregn-5-en-7,20-dion $C_{21}H_{30}O_4$, Formel X (R = R′ = H).

B. Aus 21-Acetoxy-3β-äthoxycarbonyloxy-pregn-5-en-7,20-dion mit Hilfe von methanol. KOH (*Marshall et al.,* Am. Soc. **79** [1957] 6308, 6311).

Kristalle (aus E.); F: 199–202° [unkorr.]. $[\alpha]_D$: –82° [$CHCl_3$; c = 1]. IR-Banden (KBr; 2–10 μ): *Ma. et al.* λ_{max} (Me.): 237,5 nm.

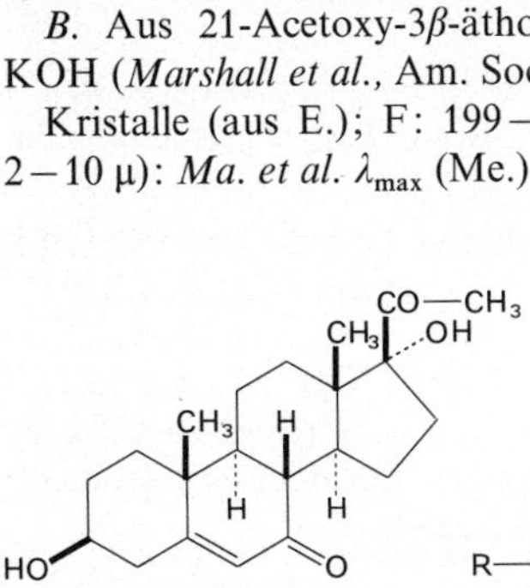

IX

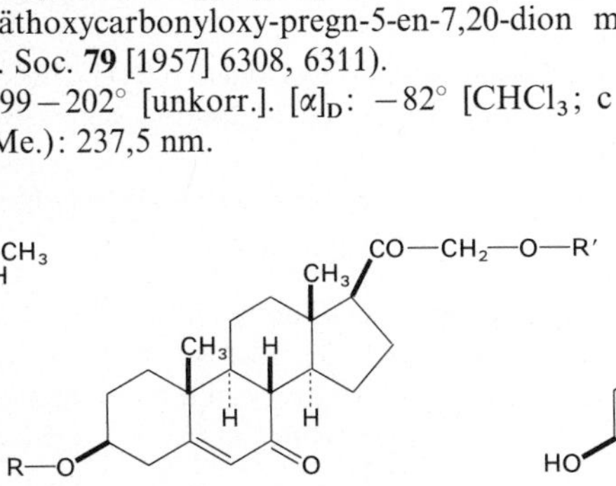

X

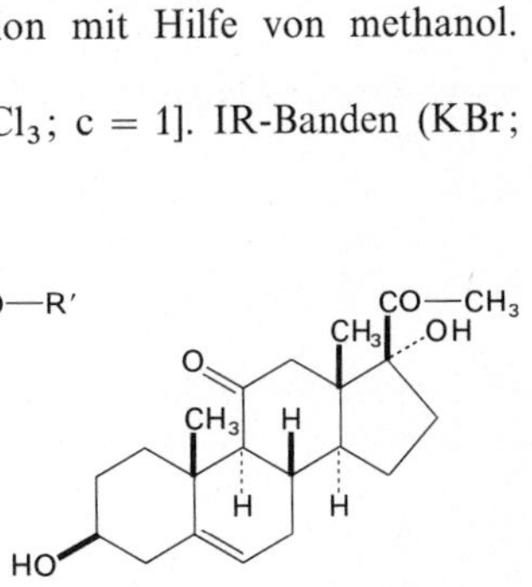

XI

21-Acetoxy-3β-hydroxy-pregn-5-en-7,20-dion $C_{23}H_{32}O_5$, Formel X (R = H, R′ = CO-CH_3).

B. Aus 3β,21-Dihydroxy-pregn-5-en-7,20-dion und Acetanhydrid in Pyridin (*Marshall et al.,*

Am. Soc. **79** [1957] 6308, 6311).

Kristalle (aus E.); F: 237–241° [unkorr.]. $[\alpha]_D$: −53° [$CHCl_3$; c = 1]. IR-Banden (KBr; 2–9 μ): *Ma. et al.* λ_{max} (Me.): 237,5 nm.

3β,21-Diacetoxy-pregn-5-en-7,20-dion $C_{25}H_{34}O_6$, Formel X (R = R′ = CO-CH$_3$).

B. Beim Erwärmen von 3β,21-Diacetoxy-pregn-5-en-20-on in CCl_4 mit Chrom-di-*tert*-butylat-dioxid, Essigsäure und Acetanhydrid (*Marshall et al.*, Am. Soc. **79** [1957] 6308, 6310).

Kristalle (aus Me.); F: 189–190° [unkorr.]. $[\alpha]_D$: −30° [Me.; c = 0,5]. IR-Banden (KBr; 5–8 μ): *Ma. et al.* λ_{max} (Me.): 235 nm.

21-Acetoxy-3β-äthoxycarbonyloxy-pregn-5-en-7,20-dion, Kohlensäure-[21-acetoxy-7,20-dioxo-pregn-5-en-3β-ylester]-äthylester $C_{26}H_{36}O_7$, Formel X (R = CO-O-C_2H_5, R′ = CO-CH$_3$).

B. Beim Behandeln von 21-Acetoxy-3β-äthoxycarbonyloxy-pregn-5-en-20-on mit Na_2CrO_4, Essigsäure und Acetanhydrid (*Marshall et al.*, Am. Soc. **79** [1957] 6308, 6311).

Kristalle (aus Me.); F: 208,5–210° [unkorr.]. $[\alpha]_D$: −41° [$CHCl_3$; c = 1]. λ_{max} (Me.): 234,5 nm.

3β,17-Dihydroxy-pregn-5-en-11,20-dion $C_{21}H_{30}O_4$, Formel XI.

B. Beim Behandeln von 16α,17-Epoxy-3β-hydroxy-pregn-5-en-11,20-dion mit HBr in Essigsäure und Erwärmen des Reaktionsprodukts mit Raney-Nickel in Aceton und Essigsäure (*Rothman, Wall*, Am. Soc. **81** [1959] 411, 413).

Kristalle (aus E.); F: 277–278° [unkorr.; nach Änderung der Kristallform bei 220°]. $[\alpha]_D^{25}$: +6° [Me.].

O^3-Formyl-Derivat $C_{22}H_{30}O_5$; 3β-Formyloxy-17-hydroxy-pregn-5-en-11,20-dion. Kristalle (aus Me.); F: 255–260° [nach Änderung der Kristallform]. IR-Banden (KBr; 3500–800 cm^{-1}): *Ro., Wall.*

3β-Acetoxy-17-hydroxy-pregn-5-en-12,20-dion $C_{23}H_{32}O_5$, Formel XII (X = H).

B. Beim Erwärmen von 3β-Acetoxy-16β-brom-17-hydroxy-pregn-5-en-12,20-dion mit Raney-Nickel in Aceton und Essigsäure (*Rothman, Wall*, J. org. Chem. **22** [1957] 223).

Kristalle (aus Me.); F: 181,0–182,2°. $[\alpha]_D^{25}$: −23,3° [$CHCl_3$?].

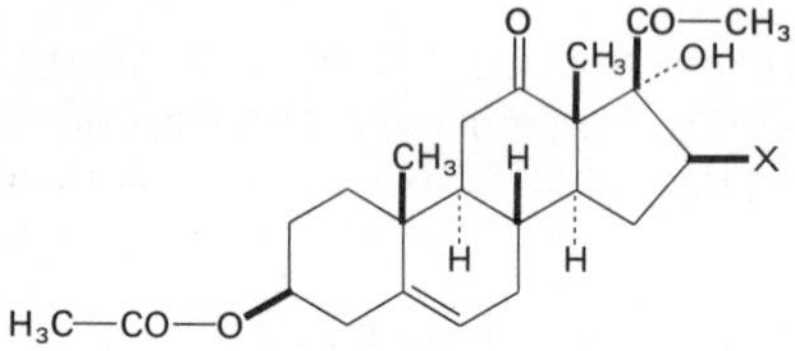

XII

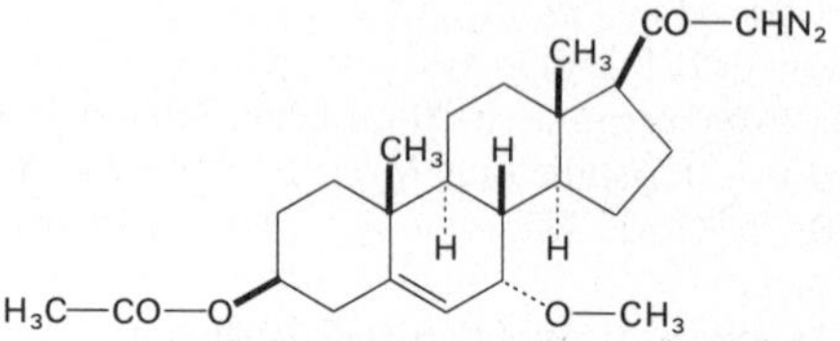

XIII

3β-Acetoxy-16β-brom-17-hydroxy-pregn-5-en-12,20-dion $C_{23}H_{31}BrO_5$, Formel XII (X = Br).

B. Aus 3β-Acetoxy-16α,17-epoxy-pregn-5-en-12,20-dion und HBr in Essigsäure (*Rothman, Wall*, J. org. Chem. **22** [1957] 223).

Kristalle (aus CH_2Cl_2+Ae.); F: 219,2–220,5° [nach Änderung der Kristallform bei 190°]. $[\alpha]_D^{25}$: −35° [$CHCl_3$?].

3β-Acetoxy-21-diazo-7α-methoxy-pregn-5-en-20-on $C_{24}H_{34}N_2O_4$, Formel XIII.

B. Beim Behandeln des Natrium-Salzes der 3β-Acetoxy-7α-methoxy-androst-5-en-17β-carbonsäure mit Oxalylchlorid in Benzol und wenig Pyridin und Behandeln des Reaktionsprodukts mit Diazomethan in Benzol und Äther (*Greenhalgh et al.*, Soc. **1952** 2380).

Kristalle (aus Me.); F: 150–152° [Zers.].

17,21-Dihydroxy-5α-pregn-7-en-3,20-dion $C_{21}H_{30}O_4$, Formel XIV.

B. Beim Erwärmen von 3,3;20,20-Bis-äthandiyldioxy-5α-pregn-7-en-17,21-diol mit methanol. H_2SO_4 (*Antonucci et al.*, Am. Soc. **76** [1954] 2956, 2959).

Kristalle (aus Acn.); F: 245–247,5° [unkorr.; nach Sintern]. $[\alpha]_D^{24}$: −10° [$CHCl_3$; c = 0,9]. IR-Banden (Nujol; 3400–1100 cm^{-1}): *An. et al.*

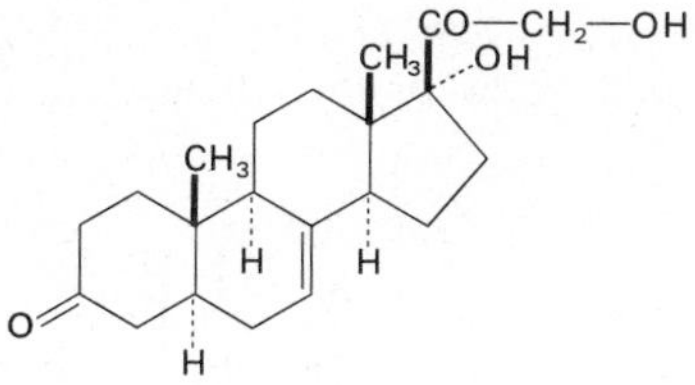

XIV

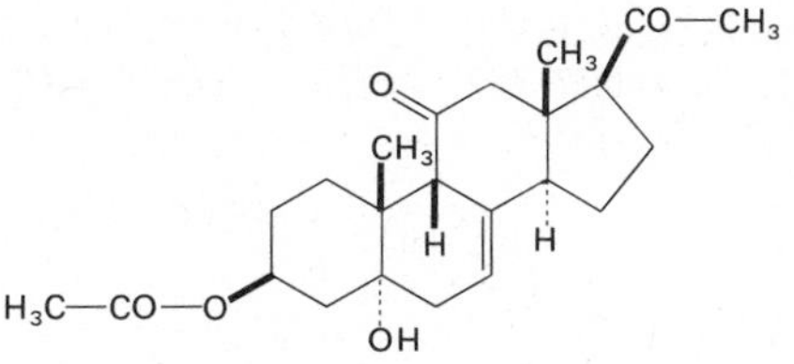

XV

3β-Acetoxy-5-hydroxy-5α,9β-pregn-7-en-11,20-dion $C_{23}H_{32}O_5$, Formel XV.

B. Aus 3β-Acetoxy-9,11α-epoxy-5-hydroxy-5α-pregn-7-en-20-on mit Äther-BF_3 in Benzol (*Bladon et al.*, Soc. **1953** 2921, 2930).

Kristalle (aus Me. + Diisopropyläther); F: 182–183°. $[\alpha]_D$: −61° [$CHCl_3$; c = 0,7]. IR-Banden (Nujol; 3500–1200 cm^{-1}): *Bl. et al.*

3β-Acetoxy-11α-hydroxy-5α-pregn-8-en-7,20-dion $C_{23}H_{32}O_5$, Formel I (R = H).

B. Aus 3β-Acetoxy-5α-pregn-8-en-7,20-dion beim Erwärmen mit Isopropenylacetat und Toluol-4-sulfonsäure in Benzol und Behandeln des Reaktionsprodukts mit Monoperoxyphthalsäure in Äther (*Djerassi et al.*, Am. Soc. **74** [1952] 3321).

Kristalle (aus Hexan + Acn.); F: 192–194° [unkorr.]. $[\alpha]_D^{20}$: +14° [$CHCl_3$]. λ_{max} (A.): 252 nm.

3β,11α-Diacetoxy-5α-pregn-8-en-7,20-dion $C_{25}H_{34}O_6$, Formel I (R = CO-CH_3).

B. Beim Erwärmen von 3β-Acetoxy-9,11α-epoxy-5α-pregnan-7,20-dion mit wss.-methanol. K_2CO_3 und Behandeln des Reaktionsprodukts mit Acetanhydrid und Pyridin (*Djerassi et al.*, Am. Soc. **75** [1953] 3505, 3509).

Kristalle (aus Hexan + Acn.); F: 216–218° [unkorr.]. $[\alpha]_D^{20}$: +55° [$CHCl_3$]. λ_{max} (A.): 252 nm.

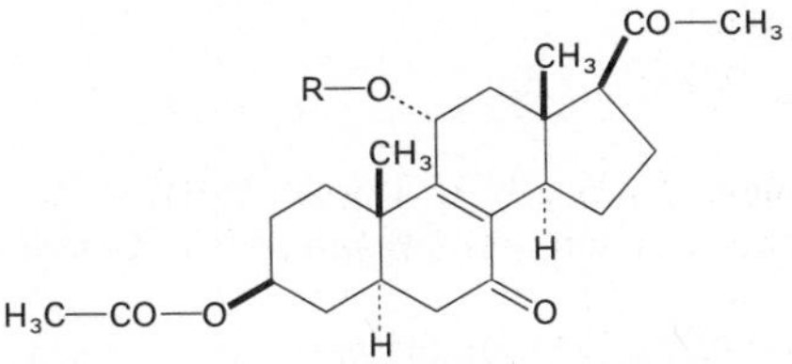

I

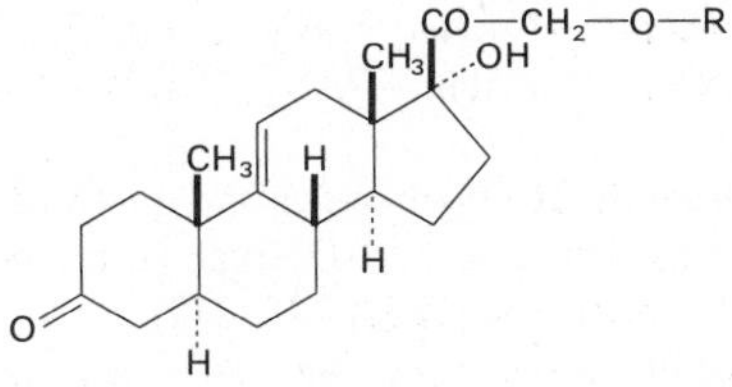

II

17,21-Dihydroxy-5α-pregn-9(11)-en-3,20-dion $C_{21}H_{30}O_4$, Formel II (R = H).

B. Aus 21-Acetoxy-17-hydroxy-5α-pregn-9(11)-en-3,20-dion beim Behandeln mit NaOH in wss. Dioxan (*Elks et al.*, Soc. **1958** 4001, 4009).

Kristalle (aus wss. Dioxan); F: 235–240°. $[\alpha]_D$: +55° [Dioxan; c = 0,4].

21-Acetoxy-17-hydroxy-pregn-9(11)-en-3,20-dione $C_{23}H_{32}O_5$.

a) **21-Acetoxy-17-hydroxy-5β-pregn-9(11)-en-3,20-dion,** Formel III (X = H).

B. Aus 21-Acetoxy-11β,17-dihydroxy-5β-pregnan-3,20-dion beim Behandeln mit $POCl_3$ in Pyridin (*Graber et al.*, Am. Soc. **75** [1953] 4722). Aus 22-Acetoxy-3-oxo-23,24-dinor-5β-chola-9(11),17(20)ξ-dien-21-nitril (F: 127–129°) beim Behandeln mit OsO_4 in Benzol und Pyridin (*Gr. et al.*).

Kristalle (aus Acn. + Ae.); F: 207–210,5°. $[\alpha]_D^{25}$: +49,1° [Acn.; c = 1], +55,5° [Eg.; c = 1].

b) **21-Acetoxy-17-hydroxy-5α-pregn-9(11)-en-3,20-dion,** Formel II (R = $CO-CH_3$).

B. Beim Erwärmen von 21-Acetoxy-3β,17-dihydroxy-5α-pregn-9(11)-en-20-on in Aceton mit $K_2Cr_2O_7$ und H_2SO_4 (*Elks et al.*, Soc. **1958** 4001, 4009). Aus 21-Acetoxy-11β,17-dihydroxy-5α-pregnan-3,20-dion beim Behandeln mit HBr in Essigsäure (*Evans et al.*, Soc. **1958** 1529, 1541).

Kristalle (aus E.); F: 244–253° [Zers.] (*Ev. et al.*), 247–249° (*Elks et al.*). $[\alpha]_D^{21}$: +62° [$CHCl_3$; c = 0,5] (*Ev. et al.*), +66° [$CHCl_3$; c = 0,3] (*Elks et al.*). IR-Banden (Nujol; 1800–800 cm^{-1}): *Ev. et al.*

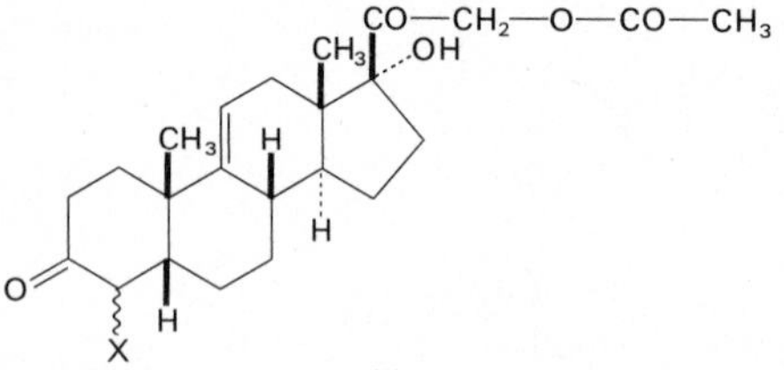

III

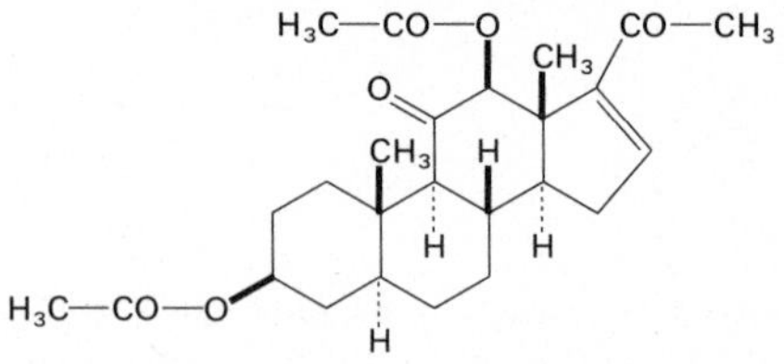

IV

21-Acetoxy-4ξ-brom-17-hydroxy-5β-pregn-9(11)-en-3,20-dion $C_{23}H_{31}BrO_5$, Formel III (X = Br).

B. Aus 21-Acetoxy-17-hydroxy-5β-pregn-9(11)-en-3,20-dion und Brom in Essigsäure (*Graber et al.*, Am. Soc. **75** [1953] 4722).

Kristalle (aus Ae.); F: 211,5–212° [Zers.]. $[\alpha]_D^{23}$: +93,1° [$CHCl_3$; c = 1].

3β,12β-Diacetoxy-5α-pregn-16-en-11,20-dion $C_{25}H_{34}O_6$, Formel IV.

B. Aus (25*R*)-3β,12β-Dihydroxy-5α-spirostan-11-on (E III/IV **19** 2767) beim Erhitzen mit Acetanhydrid auf 200°, anschliessenden Behandeln mit CrO_3 und Essigsäure und Erwärmen des Reaktionsprodukts mit wss.-methanol. $KHCO_3$ oder K_2CO_3 (*Martinez et al.*, Am. Soc. **75** [1953] 239; *Mueller et al.*, Am. Soc. **75** [1953] 4892, 4896).

Kristalle; F: 217–219° [korr.; aus Ae.+PAe.] (*Mu. et al.*), 214–216° [unkorr.; aus Ae.] (*Ma. et al.*). $[\alpha]_D^{20}$: +22° [$CHCl_3$] (*Ma. et al.*); $[\alpha]_D^{27}$: –8,0° [Dioxan] (*Mu. et al.*). λ_{max} (A.): 230 nm (*Ma. et al.*), 232 nm (*Mu. et al.*).

3α,21-Diacetoxy-5β-pregn-16-en-11,20-dion $C_{25}H_{34}O_6$, Formel V.

B. Beim Erhitzen von 3α,21-Diacetoxy-17-hydroxy-5β-pregnan-11,20-dion-20-semicarbazon mit Essigsäure und wenig Acetanhydrid und anschliessenden Behandeln mit wss. Brenztraubensäure (*Slates, Wendler*, J. org. Chem. **22** [1957] 498).

Kristalle (aus Acn.+PAe.); F: 131–132°. λ_{max} (Me.): 237 nm.

12α-Brom-3α,21-dihydroxy-5β-pregn-16-en-11,20-dion $C_{21}H_{29}BrO_4$, Formel VI (R = X = H).

B. Aus dem Diacetyl-Derivat (s. u.) beim Erwärmen mit wss.-äthanol. HCl (*Colton et al.*, J. biol. Chem. **194** [1952] 235, 242).

Kristalle (aus E.); F: 246–247°. $[\alpha]_D^{25}$: +33° [Me.]. λ_{max} (Me.): 235 nm.

Diacetyl-Derivat $C_{25}H_{33}BrO_6$; 3α,21-Diacetoxy-12α-brom-5β-pregn-16-en-11,20-dion. *B.* Aus (21Ξ)-3α,21-Diacetoxy-12α,15ξ,21-tribrom-5β-pregn-16-en-11,20-dion (F: 236–237°; $[\alpha]_D^{25}$: –61° [$CHCl_3$; c = 1]) beim Behandeln mit NaI und HCl in $CHCl_3$ und Essigsäure (*Co. et al.*, l. c. S. 241). – Kristalle (aus Me.); F: 164–165°. $[\alpha]_D^{25}$: +34° [$CHCl_3$; c = 1]. λ_{max}: 235 nm [Me.], 231 nm [Ae.].

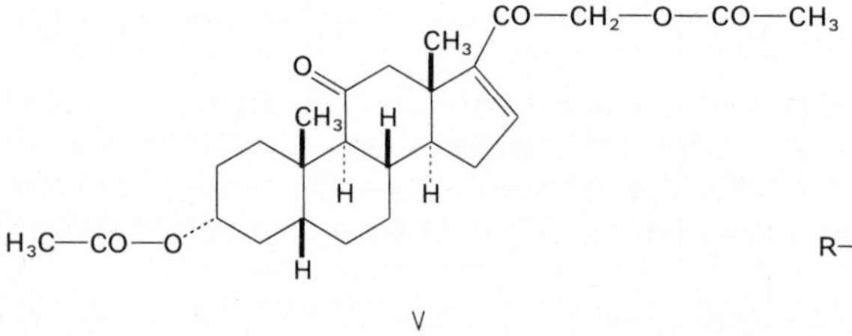

V

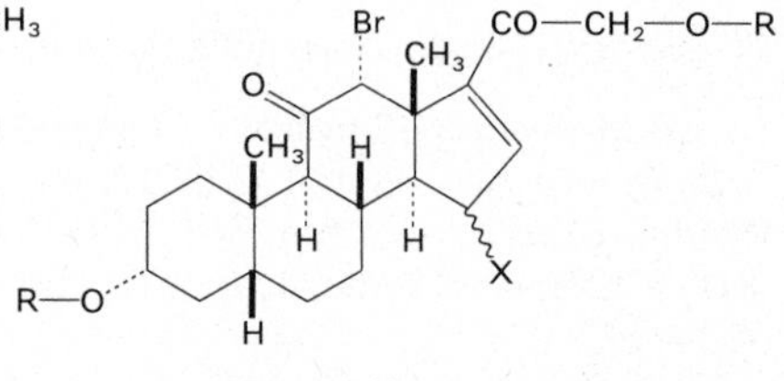

VI

3α,21-Diacetoxy-12α,15ξ-dibrom-5β-pregn-16-en-11,20-dion $C_{25}H_{32}Br_2O_6$, Formel VI (R = CO-CH_3, X = Br).

a) Epimeres vom F: 168°.

B. Aus 3α,21-Diacetoxy-12α-brom-5β-pregn-16-en-11,20-dion und *N*-Brom-succinimid in CCl_4 (*Colton, Kendall,* J. biol. Chem. **194** [1952] 247, 255).

Kristalle (aus Ae.+PAe.); F: 167,5–168,5°. $[\alpha]_D$: −169° [$CHCl_3$; c = 1]. λ_{max}: 237 nm [Me.], 235 nm [Ae.].

b) Epimeres vom F: 131°.

B. Aus dem unter a) beschriebenen Epimeren beim Behandeln mit NaBr und Methanol (*Co., Ke.,* l. c. S. 256).

Kristalle (aus Ae.+PAe.); F: 129–131°. $[\alpha]_D$: +97° [$CHCl_3$; c = 1]. λ_{max} (Ae.): 235 nm.

3α,21-Diacetoxy-12α-brom-15ξ-jod-5β-pregn-16-en-11,20-dion $C_{25}H_{32}BrIO_6$, Formel VI (R = CO-CH_3, X = I).

B. Aus 3α,21-Diacetoxy-12α,15ξ-dibrom-5β-pregn-16-en-11,20-dion (F: 168°) beim Behandeln mit NaI in $CHCl_3$ und Aceton (*Colton, Kendall,* J. biol. Chem. **194** [1952] 247, 257).

Kristalle (aus Ae.+PAe.); F: 173–175°. $[\alpha]_D$: −274° [$CHCl_3$; c = 1]. λ_{max} (Ae.): 243 nm.

2α,3β-Diacetoxy-5α-pregn-16-en-12,20-dion $C_{25}H_{34}O_6$, Formel VII (vgl. E III 3582).

B. Beim Behandeln von Tri-*O*-acetyl-pseudomanogenin (E III/IV **18** 2490) mit H_2O_2 in wss. Essigsäure und Behandeln des Reaktionsprodukts mit K_2CO_3 in *tert*-Butylalkohol (*Mueller et al.,* Am. Soc. **75** [1953] 4888, 4892).

Kristalle (aus Ae.); F: 240–240,5° [korr.]. $[\alpha]_D^{25}$: +68° [$CHCl_3$]. λ_{max} (A.): 227,5 nm.

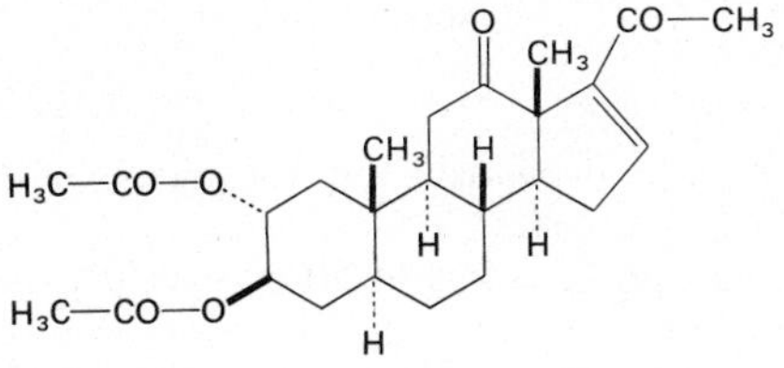

VII

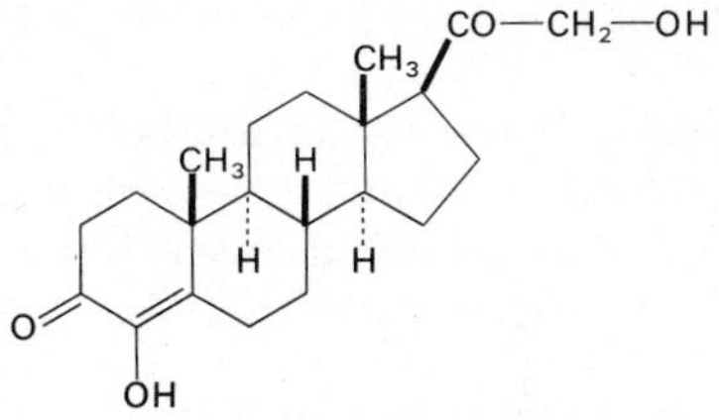

VIII

21-Hydroxy-pregnan-3,4,20-trion $C_{21}H_{30}O_4$ und Taut.

4,21-Dihydroxy-pregn-4-en-3,20-dion, Formel VIII.

B. Beim Erwärmen von 4,21-Diacetoxy-5-hydroxy-pregnan-3,20-dion mit methanol. HCl (*Searle & Co.,* U.S.P. 2829150 [1955]). Aus 4β,5-Epoxy-21-hydroxy-5β-pregnan-3,20-dion beim Behandeln mit Äther-BF_3 in Benzol (*Soc. Farm. Italia,* U.S.P. 2842571 [1956]).

Kristalle (aus Me.); F: 210–214° (*Searle & Co.,* U.S.P. 2829150), 210–212° (*Soc. Farm. Italia*). IR-Banden (Nujol; 2,9 μ und 5,5–6,6 μ): *Camerino et al.,* Farmaco Ed. scient. **11** [1956] 586, 589, 593.

Monoacetyl-Derivat $C_{23}H_{32}O_5$; 21-Acetoxy-4-hydroxy-pregn-4-en-3,20-dion. *B.* Beim Erwärmen von 4,21-Diacetoxy-5-hydroxy-pregn-3,20-dion mit Essigsäure und wenig Toluol-4-sulfonsäure (*Searle & Co.,* U.S.P. 2782213 [1954], 2829150). Aus 4β,5-Epoxy-21-hydroxy-5β-pregnan-3,20-dion beim Behandeln mit H_2SO_4 und Essigsäure (*Ca. et al.,* l. c. S. 594). – Kristalle (aus Me.); F: 248–250° (*Ca. et al.*), 241–242° (*Searle & Co.,* U.S.P. 2782213, 2829150). $[\alpha]_D^{20}$: +177° [$CHCl_3$; c = 1] (*Ca. et al.*). λ_{max} (A.): 277 nm (*Ca. et al.,* l. c. S. 589), 278 nm (*Searle & Co.,* U.S.P. 2782213).

Diacetyl-Derivat $C_{25}H_{34}O_6$; 4,21-Diacetoxy-pregn-4-en-3,20-dion. Kristalle; F: 198–200° (*Ca. et al.,* l. c. S. 595), 197–199° [nach Schmelzen und Wiedererstarren bei ca. 180°; aus E.+PAe.] (*Searle & Co.,* U.S.P. 2829150). $[\alpha]_D^{20}$: +174° [$CHCl_3$; c = 1] (*Ca. et al.*);

$[\alpha]_D$: +168° [$CHCl_3$] (*Searle & Co.*, U.S.P. 2829150). λ_{max} (A.): 246 nm (*Ca. et al.*, l. c. S. 589), 245,5 nm (*Searle & Co.*, U.S.P. 2829150).

11α-Hydroxy-5α-pregnan-3,6,20-trion $C_{21}H_{30}O_4$, Formel IX.

B. Beim Behandeln von 6β,11α-Dihydroxy-pregn-4-en-3,20-dion oder von 6α,11α-Dihydroxy-pregn-4-en-3,20-dion mit wss.-methanol. HCl oder KOH (*Camerino et al.*, G. **84** [1954] 301, 306, 311).

Kristalle (aus Acn.); F: 222–225° [unkorr.]. $[\alpha]_D^{20}$: +27° [$CHCl_3$; c = 1].

Acetyl-Derivat $C_{23}H_{32}O_5$; 11α-Acetoxy-5α-pregnan-3,6,20-trion. *B.* Beim Behandeln von 11α-Hydroxy-5α-pregnan-3,6,20-trion mit Acetanhydrid und Pyridin (*Ca. et al.*, l. c. S. 307). Aus 11α-Acetoxy-6β-brom-pregn-4-en-3,20-dion beim Erwärmen mit methanol. HCl (*Ca. et al.*, l. c. S. 309). – Kristalle (aus Me.); F: 195–199° [unkorr.]. $[\alpha]_D^{20}$: +17° [$CHCl_3$; c = 1].

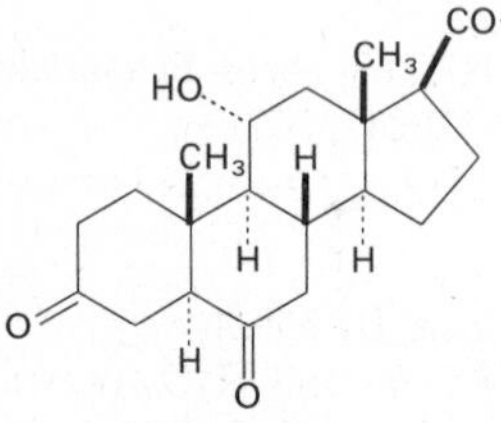

IX 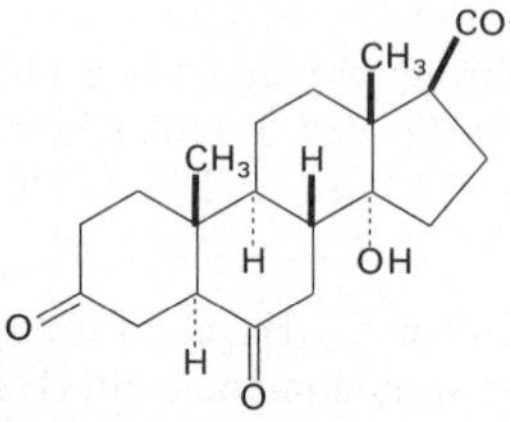 X 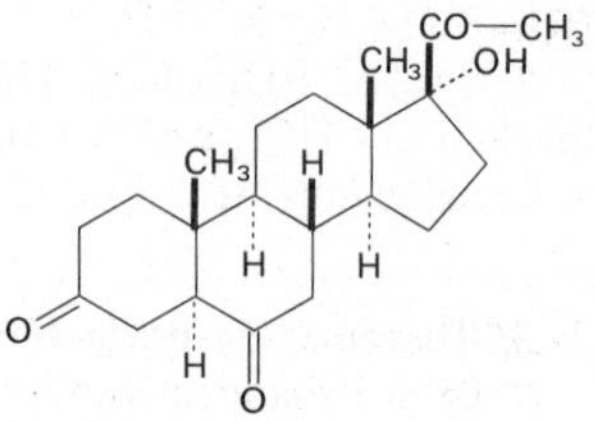 XI

14-Hydroxy-5α-pregnan-3,6,20-trion $C_{21}H_{30}O_4$, Formel X.

B. Aus 6β,14-Dihydroxy-pregn-4-en-3,20-dion beim Erwärmen mit wss.-methanol. KOH (*Camerino et al.*, G. **83** [1953] 684, 691).

Kristalle (aus Me.); F: 263–266° [unkorr.]. $[\alpha]_D^{20}$: +77° [Dioxan; c = 1].

17-Hydroxy-5α-pregnan-3,6,20-trion $C_{21}H_{30}O_4$, Formel XI.

B. Aus 6β,17-Dihydroxy-pregn-4-en-3,20-dion beim Behandeln mit Essigsäure und wenig H_2SO_4 (*Florey, Ehrenstein*, J. org. Chem. **19** [1954] 1331, 1342).

Kristalle (aus Me.+Acn.); F: 278–280° [unkorr.]. $[\alpha]_D^{26}$: –43,5° [$CHCl_3$; c = 0,3].

21-Hydroxy-5α-pregnan-3,6,20-trion $C_{21}H_{30}O_4$, Formel XII.

B. Aus 6β,21-Diacetoxy-pregn-4-en-3,20-dion beim Behandeln mit wss.-methanol. KOH (*Herzig, Ehrenstein*, J. org. Chem. **16** [1951] 1050, 1059).

Kristalle (aus A.); F: 196–200° [unkorr.].

Acetyl-Derivat $C_{23}H_{32}O_5$; 21-Acetoxy-5α-pregnan-3,6,20-trion. Kristalle; F: 193–195° [unkorr.]; $[\alpha]_D^{23,5}$: +73,76° [$CHCl_3$; c = 0,5] (*He., Eh.*, l. c. S. 1060).

5-Hydroxy-5α-pregnan-3,11-20-trion $C_{21}H_{30}O_4$, Formel XIII (X = H).

B. Aus 3β,5-Dihydroxy-5α-pregnan-11,20-dion beim Behandeln mit CrO_3 und H_2SO_4 in Aceton (*Bladon et al.*, Soc. **1953** 2921, 2931).

Kristalle (aus Me.+Diisopropyläther); F: 250°. $[\alpha]_D$: +123° [$CHCl_3$; c = 0,4].

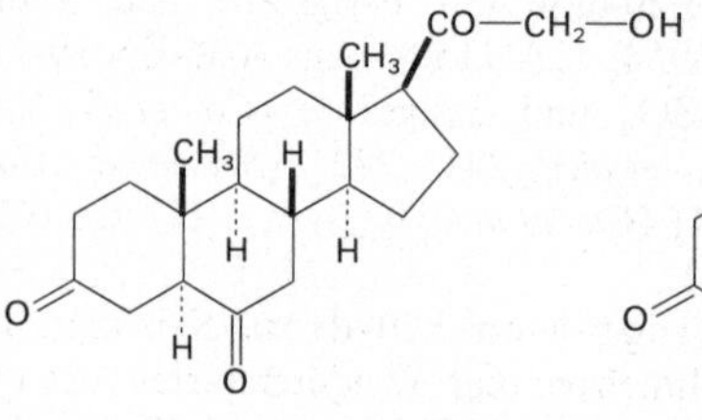

XII 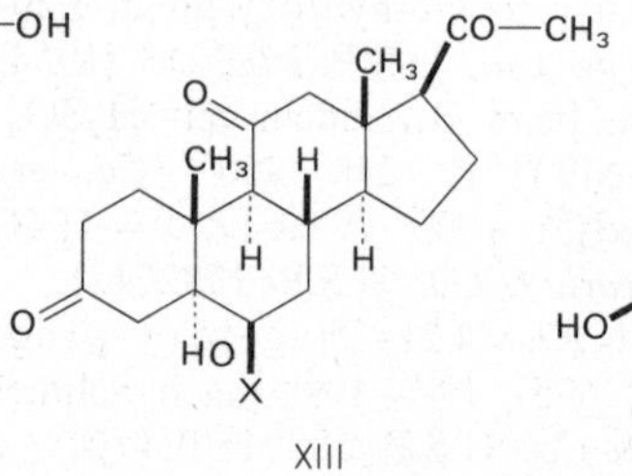 XIII 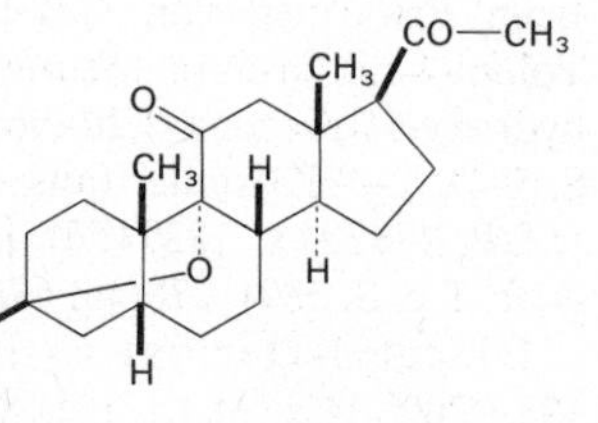 XIV

6β-Fluor-5-hydroxy-5α-pregnan-3,11,20-trion $C_{21}H_{29}FO_4$, Formel XIII (X = F).

B. Aus 3,3;20,20-Bis-äthandiyldioxy-5,6α-epoxy-5α-pregnan-11-on beim Behandeln mit KHF_2 und Essigsäure und Erwärmen des Reaktionsprodukts mit wss.-äthanol. H_2SO_4 (*Upjohn Co.*, U.S.P. 2838501 [1957], 2838544 [1958]).

Kristalle (aus wss. A.); F: 271–273°. $[\alpha]_D$: +103° [Py.].

9-Hydroxy-pregnan-3,11,20-trion $C_{21}H_{30}O_4$ und Taut.

3α,9-Epoxy-3β-hydroxy-5β-pregnan-11,20-dion, Formel XIV.

B. Beim Behandeln von 9,11α-Epoxy-3α-hydroxy-5β-pregnan-20-on mit CrO_3 und wss. Essigsäure (*Heymann, Fieser*, Am. Soc. **74** [1952] 5938).

Kristalle (aus Bzl.); F: 215,4–217,4° [korr.]. $[\alpha]_D^{23}$: +173,2° [$CHCl_3$; c = 2,4].

17-Hydroxy-pregnan-3,11,20-trione $C_{21}H_{30}O_4$.

a) **17-Hydroxy-5β-pregnan-3,11,20-trion,** Formel I (X = X′ = X″ = H) (E III 3583).

B. Beim Behandeln von 3α,17-Dihydroxy-5β-pregnan-11,20-dion in *tert*-Butylalkohol mit *N*-Brom-acetamid (*Kritchevsky et al.*, Am. Soc. **74** [1952] 483, 485) oder mit *tert*-Butylhypochlorit (*Fonken et al.*, Am. Soc. **77** [1955] 172). Aus 16β-Brom-17-hydroxy-5β-pregnan-3,11,20-trion beim Hydrieren an Palladium/$CaCO_3$ in Äthanol (*Ercoli, Ruggieri*, G. **85** [1955] 1304, 1310; *Kenney et al.*, Am. Soc. **80** [1958] 5568) oder aus 17-Hydroxy-16β-jod-5β-pregnan-3,11,20-trion beim Behandeln mit Raney-Nickel und Äthanol (*Er.*, *Ru.*).

F: 203–204° [korr.; aus E.] (*Kr. et al.*). $[\alpha]_D$: +41° [$CHCl_3$] (*Kr. et al.*; *Er.*, *Ru.*; *Ke. et al.*). IR-Spektrum ($CHCl_3$; 1800–800 cm^{-1}): *K. Dobriner, E.R. Katzenellenbogen, R.N. Jones*, Infrared Absorption Spectra of Steroids [New York 1953] Nr. 223.

b) **17-Hydroxy-5α-pregnan-3,11,20-trion,** Formel II.

B. Aus 3β,17-Dihydroxy-5α-pregnan-11,20-dion beim Behandeln mit CrO_3 und Essigsäure (*Meyer et al.*, Acta endocrin. **16** [1954] 293, 297). Bei der Hydrierung von 17-Hydroxy-pregn-4-en-3,11,20-trion an Palladium/$BaSO_4$ in Äthylacetat (*Me. et al.*).

Kristalle (aus Acn. + Ae.); F: 259–262° [korr.]. $[\alpha]_D^{24}$: +44° [$CHCl_3$; c = 1] (*Me. et al.*, l. c. S. 296).

17-Hydroxy-3,3-dimethoxy-5β-pregnan-11,20-dion $C_{23}H_{36}O_5$, Formel III.

B. Beim Behandeln von 17-Hydroxy-5β-pregnan-3,11,20-trion mit Methanol und SeO_2 (*Oliveto et al.*, Am. Soc. **76** [1954] 6113, 6115).

Kristalle (aus Ae. + Hexan); F: 148–150° [korr.; Zers.]. $[\alpha]_D^{25}$: +35,0° [$CHCl_3$; c = 1].

4β-Chlor-17-hydroxy-5β-pregnan-3,11,20-trion $C_{21}H_{29}ClO_4$, Formel I (X = Cl, X′ = X″ = H).

B. Beim Behandeln von 3α,17-Dihydroxy-5β-pregnan-11,20-dion mit *tert*-Butylhypochlorit und wss. HCl in *tert*-Butylalkohol (*Levin et al.*, Am. Soc. **76** [1954] 546, 549). Aus 4β-Chlor-11α,17-dihydroxy-5β-pregnan-3,20-dion beim Behandeln mit CrO_3 und Pyridin (*Le. et al.*).

Kristalle (aus wss. Acn.); F: 239,5–242° [unkorr.; Zers.]. $[\alpha]_D^{23}$: +103° [Acn.].

21-Chlor-17-hydroxy-5β-pregnan-3,11,20-trion $C_{21}H_{29}ClO_4$, Formel I (X = X′ = H, X″ = Cl).

B. Aus 21-Chlor-3α,17-dihydroxy-5β-pregnan-11,20-dion mit Hilfe von *N*-Brom-acetamid in *tert*-Butylalkohol (*Sterling Drug Inc.*, U.S.P. 2686189 [1953]).

Kristalle (aus A.); F: 248,7–250,5° [Zers.]. $[\alpha]_D^{23}$: +93,7° [Acn.; c = 1].

4β-Brom-17-hydroxy-5β-pregnan-3,11,20-trion $C_{21}H_{29}BrO_4$, Formel I (X = Br, X′ = X″ = H).

B. Aus 17-Hydroxy-5β-pregnan-3,11,20-trion und Brom in Essigsäure (*Sarett*, Am. Soc. **70** [1948] 1454, 1457; *Kritchevsky et al.*, Am. Soc. **74** [1952] 483, 485).

Kristalle; F: 245–247° [Zers.] (*Muller et al.*, Bl. **1956** 1457), 185° [Zers.; unreines Präparat?] (*Sa.*). $[\alpha]_D$: +72,3° [$CHCl_3$] (*Kr. et al.*), +102,5° [Acn.; c = 1] (*Mu. et al.*).

16β-Brom-17-hydroxy-5β-pregnan-3,11,20-trion $C_{21}H_{29}BrO_4$, Formel I (X = X'' = H, X' = Br).

B. Aus 16α,17-Epoxy-5β-pregnan-3,11,20-trion und HBr in Essigsäure (*Ercoli, Ruggieri,* G. **85** [1955] 1304, 1310).

F: 207° [unkorr.; Zers.].

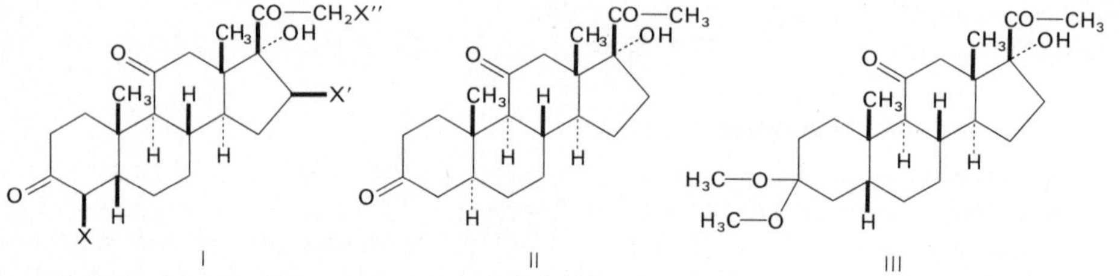

I II III

21-Brom-17-hydroxy-5β-pregnan-3,11,20-trion $C_{21}H_{29}BrO_4$, Formel I (X = X' = H, X'' = Br).

B. Beim Behandeln von 21-Brom-3α,17-dihydroxy-5β-pregnan-11,20-dion mit *N*-Brom-acetamid in wss. *tert*-Butylalkohol (*Kritchevsky et al.*, Am. Soc. **74** [1952] 483, 486) oder mit *N*-Brom-succinimid in wss. *tert*-Butylalkohol (*Labor. franç. de Chimiothérapie*, U.S.P. 2768191 [1953]) oder mit *tert*-Butylhypochlorit in wasserfreiem *tert*-Butylalkohol (*Upjohn Co.*, U.S.P. 2714599 [1952]). Aus 21-Brom-3β,17-dihydroxy-5β-pregnan-11,20-dion mit Hilfe von *N*-Brom-succinimid in wss. Methanol (*Nikiforowa, Šuworow,* Ž. obšč. Chim. **28** [1958] 1984, 1987; engl. Ausg. S. 2025). Aus 17-Hydroxy-5β-pregnan-3,11,20-trion beim Behandeln mit α-Hydroxy-isobutyronitril und Triäthylamin, anschliessenden Behandeln mit Brom und wenig HBr in $CHCl_3$ und Erwärmen des Reaktionsprodukts mit wss. Aceton (*Ercoli, Gardi,* G. **88** [1958] 684, 688).

Kristalle; F: 245° [aus H_2O] (*Labor. franç.*), 220–225° (*Upjohn Co.*), 215–215,5° [Zers.; aus 1,2-Dichlor-äthan] (*Ni., Šu.*), 215° [Zers.; aus E.] (*Kr. et al.*), 214–215° [Zers.; aus E.] (*Er., Ga.*). $[\alpha]_D^{20}$: +78° [$CHCl_3$; c = 1] (*Er., Ga.*), +77° [$CHCl_3$; c = 1] (*Ni., Šu.*); $[\alpha]_D^{25}$: +77,7° [$CHCl_3$] (*Kr. et al.*); $[\alpha]_D$: +85,8° [$CHCl_3$; c = 1] (*Labor. franç.*).

4β-Brom-21-chlor-17-hydroxy-5β-pregnan-3,11,20-trion $C_{21}H_{28}BrClO_4$, Formel I (X = Br, X' = H, X'' = Cl).

B. Aus 21-Chlor-17-hydroxy-5β-pregnan-3,11,20-trion beim Behandeln mit Pyridinium-tribromid in Essigsäure unter Zusatz von Natriumacetat und wenig HBr (*Sterling Drug Inc.*, U.S.P. 2686187 [1952]).

Kristalle (aus Me.); F: 189,8–190,2° [Zers.]. $[\alpha]_D^{25}$: +113,9° [$CHCl_3$; c = 1].

21-Brom-4β-chlor-17-hydroxy-5β-pregnan-3,11,20-trion $C_{21}H_{28}BrClO_4$, Formel I (X = Cl, X' = H, X'' = Br).

B. Aus 21-Brom-17-hydroxy-5β-pregnan-3,11,20-trion oder aus 21-Brom-3α,17-dihydroxy-5β-pregnan-11,20-dion beim Behandeln mit *tert*-Butylhypochlorit und wss. HCl in *tert*-Butylalkohol (*Upjohn Co.*, U.S.P. 2714601 [1952], 2728842 [1953]; D.B.P. 955949, 961534 [1953]).

Kristalle (aus wss. *tert*-Butylalkohol); F: 168–174°.

2,4-Dibrom-17-hydroxy-pregnan-3,11,20-trione $C_{21}H_{28}Br_2O_4$.

a) **2β,4β-Dibrom-17-hydroxy-5β-pregnan-3,11,20-trion,** Formel IV (X = Br, X' = X'' = H).

B. Beim Erwärmen von 3α,17-Dihydroxy-5β-pregnan-11,20-dion mit *N*-Brom-succinimid in

Benzylalkohol und Essigsäure (*Muller et al.*, Bl. **1956** 1457).
Kristalle (aus wss. Acn.); F: 244–246°. $[\alpha]_D$: +62° [Acn.; c = 1].

b) **2α,4β-Dibrom-17-hydroxy-5β-pregnan-3,11,20-trion,** Formel IV (X = X″ = H, X′ = Br).
B. Beim Behandeln von 4β-Brom-17-hydroxy-5β-pregnan-3,11,20-trion in Dioxan mit Brom in Essigsäure (*Muller et al.*, Bl. **1956** 1457).
Kristalle (aus Bzl. + Cyclohexan); F: 210° [Zers.]. $[\alpha]_D$: −30° [Acn.; c = 1].

4β,21-Dibrom-17-hydroxy-5β-pregnan-3,11,20-trion $C_{21}H_{28}Br_2O_4$, Formel I (X = X″ = Br, X′ = H).
B. Beim Erwärmen von 21-Brom-17-hydroxy-5β-pregnan-3,11,20-trion mit *N*-Brom-succin⸗imid in Benzylalkohol und wss. *tert*-Butylalkohol (*Velluz et al.*, Bl. **1953** 906).
Kristalle (aus A.); F: 210°. $[\alpha]_D$: +105° [Acn.; c = 1].

2,4,21-Tribrom-17-hydroxy-pregnan-3,11,20-trione $C_{21}H_{27}Br_3O_4$.

a) **2β,4β,21-Tribrom-17-hydroxy-5β-pregnan-3,11,20-trion,** Formel IV (X = X″ = Br, X′ = H).
B. Aus 2β,4β-Dibrom-17-hydroxy-5β-pregnan-3,11,20-trion beim Behandeln mit Brom und wenig HBr in $CHCl_3$ (*Muller et al.*, Bl. **1956** 1457).
Kristalle (aus wss. Eg.); F: 231° [Zers.]. $[\alpha]_D^{20}$: +83,5° [Acn.; c = 1].

b) **2α,4β,21-Tribrom-17-hydroxy-5β-pregnan-3,11,20-trion,** Formel IV (X = H, X′ = X″ = Br).
B. Beim Behandeln von 4β,21-Dibrom-17-hydroxy-5β-pregnan-3,11,20-trion in Dioxan mit Brom und wenig HBr in Essigsäure (*Muller et al.*, Bl. **1956** 1457). Beim Behandeln von 2α,4β-Di⸗brom-17-hydroxy-5β-pregnan-3,11,20-trion mit Brom und wenig HBr in $CHCl_3$ (*Mu. et al.*).
Kristalle (aus wss. Eg. oder wss. Acn.); F: 230–232° [Zers.]. $[\alpha]_D^{20}$: −4° [Acn.; c = 0,5].

17-Hydroxy-16β-jod-5β-pregnan-3,11,20-trion $C_{21}H_{29}IO_4$, Formel I (X = X″ = H, X′ = I).
B. Aus 16α,17-Epoxy-5β-pregnan-3,11,20-trion und HI in Dioxan (*Ercoli, Ruggieri,* G. **85** [1955] 1304, 1309).
F: 188° [unkorr.; Zers.].

21-Hydroxy-pregnan-3,11,20-trione $C_{21}H_{30}O_4$.

a) **21-Hydroxy-5β-pregnan-3,11,20-trion,** Formel V (R = X = X′ = H).
B. Beim Behandeln von 3α,21-Dihydroxy-5β-pregnan-11,20-dion mit *N*-Brom-acetamid und wenig HCl in wss. Aceton (*Oliveto et al.*, Am. Soc. **78** [1956] 1414).
Kristalle (aus E. + Hexan); F: 142,5–143,5° [korr.]; $[\alpha]_D$: +112° [Dioxan; c = 1] (*Ol. et al.*).
IR-Spektrum ($CHCl_3$; 1800–850 cm^{-1}): *G. Roberts, B.S. Gallagher, R.N. Jones,* Infrared Ab⸗sorption Spectra of Steroids, Bd. 2 [New York 1958] Nr. 632.

b) **21-Hydroxy-5α-pregnan-3,11,20-trion,** Formel VI (R = H) (E III 3583).
IR-Spektrum ($CHCl_3$; 1800–850 cm^{-1}): *G. Roberts, B.S. Gallagher, R.N. Jones,* Infrared Absorption Spectra of Steroids, Bd. 2 [New York 1958] Nr. 628.

21-Acetoxy-pregnan-3,11,20-trione $C_{23}H_{32}O_5$.

a) **21-Acetoxy-5β-pregnan-3,11,20-trion,** Formel V (R = CO-CH_3, X = X' = H) (E III 3584).

B. Aus 21-Acetoxy-3β,11α-dihydroxy-5β-pregnan-20-on (aus 3β,11α-Diacetoxy-21-diazo-5β-pregnan-20-on hergestellt) beim Behandeln mit CrO_3 und Essigsäure (*Lardon, Reichstein,* Pharm. Acta Helv. **27** [1952] 287, 296).

Kristalle (aus Ae. + PAe.); F: 154–157° [korr.]; $[\alpha]_D^{18}$: +109,9° [$CHCl_3$; c = 1] (*La., Re.*). IR-Spektrum ($CHCl_3$ und CCl_4; 1800–800 cm^{-1}): *G. Roberts, B.S. Gallagher, R.N. Jones,* Infrared Absorption Spectra of Steroids, Bd. 2 [New York 1958] Nr. 633.

b) **21-Acetoxy-5α-pregnan-3,11,20-trion,** Formel VI (R = CO-CH_3).

B. Aus 21-Acetoxy-11β-hydroxy-5α-pregnan-3,20-dion beim Behandeln mit CrO_3 und Essigsäure (*Mancera et al.,* Am. Soc. **77** [1955] 5669, 5671). Aus 21-Acetoxy-17-hydroxy-5α-pregnan-3,11,20-trion beim Behandeln mit Benzylalkohol und HCl in $CHCl_3$, Hydrieren des Reaktionsprodukts an Palladium/Kohle in Äthanol und anschliessenden Behandeln mit Acetanhydrid und Pyridin (*Ma. et al.*).

Kristalle (aus Acn. + Hexan); F: 173–174° [unkorr.]; $[\alpha]_D^{20}$: +113° [$CHCl_3$] (*Ma. et al.*). IR-Spektrum (CCl_4 und $CHCl_3$; 1800–800 cm^{-1}): *G. Roberts, B.S. Gallagher, R.N. Jones,* Infrared Absorption Spectra of Steroids, Bd. 2 [New York 1958] Nr. 629.

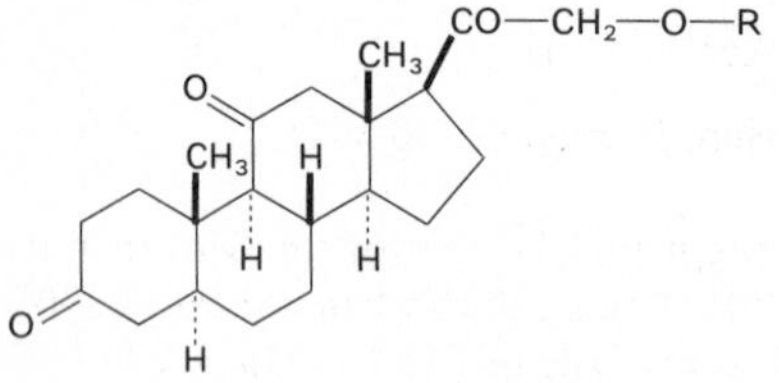

VI

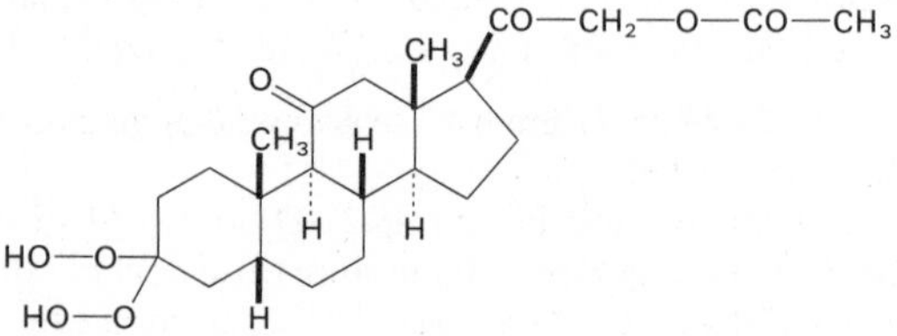

VII

21-Acetoxy-3,3-bis-hydroperoxy-5β-pregnan-11,20-dion $C_{23}H_{34}O_8$, Formel VII.

B. Aus 21-Acetoxy-5β-pregnan-3,11,20-trion und H_2O_2 in Äther (*Warnant et al.,* Bl. **1957** 331).

F: 195–200°; $[\alpha]_D$: +111,5° [Acn.; c = 1] (*Wa. et al.*).

Polarographische Reduktion: *Legrand et al.,* R. **77** [1958] 1034, 1037.

21-Acetoxy-4β-brom-5β-pregnan-3,11,20-trion $C_{23}H_{31}BrO_5$, Formel V (R = CO-CH_3, X = Br, X' = H).

B. Aus 21-Acetoxy-5β-pregnan-3,11,20-trion beim Behandeln mit Brom in Essigsäure (*Lardon, Reichstein,* Helv. **26** [1943] 747, 754; *Deghenghi, Engel,* Am. Soc. **82** [1960] 3201, 3206) oder mit Brom und Toluol-4-sulfonsäure in DMF (*Merck & Co. Inc.,* U.S.P. 2723385 [1953]) oder mit *N*-Brom-succinimid (*Labor. franç. de Chimiothérapie,* Brit. P. 832245 [1957]; *De., En.*).

Kristalle; F: 226° (*Labor. franç.*), 189–190,5° (*Merck & Co. Inc.*), 180–185° (*La., Re.*), 176–178° [Zers.; aus CH_2Cl_2 + Ae.] (*De., En.*). $[\alpha]_D^{20}$: +124° [$CHCl_3$; c = 1] (*Labor. franç.*); $[\alpha]_D^{26}$: +102,5° [$CHCl_3$; c = 1] (*De., En.*).

21-Acetoxy-4β,12α-dibrom-5β-pregnan-3,11,20-trion $C_{23}H_{30}Br_2O_5$, Formel V (R = CO-CH_3, X = X' = Br).

B. Aus 21-Acetoxy-12α-brom-5β-pregnan-3,11,20-trion und Brom in Essigsäure (*Mattox, Kendall,* J. biol. Chem. **185** [1950] 593, 597).

Kristalle (aus $CHCl_3$ + Eg.); F: 219–220°. $[\alpha]_D$: +39° [$CHCl_3$; c = 1].

7α-Hydroxy-5β-pregnan-3,12,20-trion $C_{21}H_{30}O_4$, Formel VIII.

B. Aus dem Acetyl-Derivat (s. u.) mit Hilfe von wss.-methanol. KOH (*Jungmann et al.,* Helv. **41** [1958] 1206, 1225).

Kristalle (aus Acn. + Ae.); F: 207–210° [korr.]. $[\alpha]_D^{26}$: +142,2° [$CHCl_3$; c = 1,3]. IR-

Spektrum (CH_2Cl_2; 3–12 μ): *Ju. et al.*, l. c. S. 1214.

Acetyl-Derivat $C_{23}H_{32}O_5$; 7α-Acetoxy-5β-pregnan-3,12,20-trion (E III 3584). *B.* Beim Behandeln von 7α-Acetoxy-3α-hydroxy-5β-pregnan-12,20-dion (aus 7α-Acetoxy-3α-[3-methoxycarbonyl-propionyloxy]-5β-pregnan-12,20-dion mit Hilfe von wss.-methanol. K_2CO_3 hergestellt) mit CrO_3 und Essigsäure (*Ju. et al.*, l. c. S. 1225). – Kristalle (aus Ae.); F: 163–164° [korr.]. $[\alpha]_D^{25}$: +108,2° [Acn.; c = 1,8]; $[\alpha]_D^{26}$: +107,5° [Acn.; c = 1,6]; $[\alpha]_D^{26}$: +115,6° [$CHCl_3$; c = 0,8].

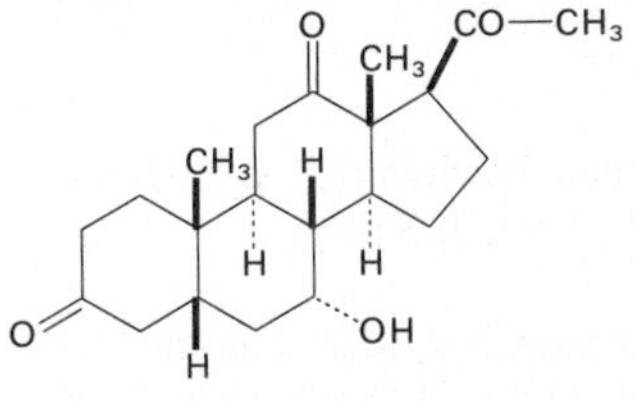

VIII 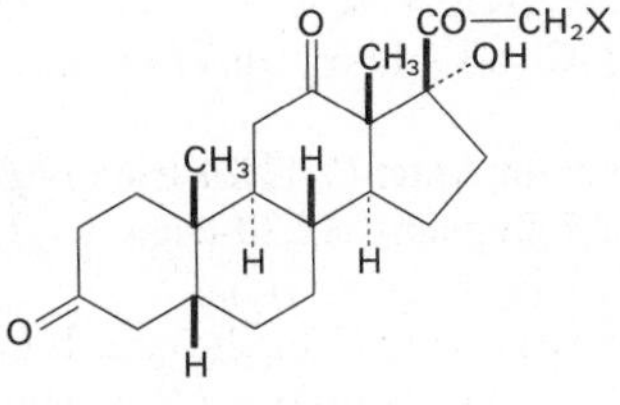 IX

17-Hydroxy-pregnan-3,12,20-trione $C_{21}H_{30}O_4$.

a) **17-Hydroxy-5β-pregnan-3,12,20-trion,** Formel IX (X = H).

B. Beim Behandeln von 3α,17-Dihydroxy-5β-pregnan-12,20-dion mit *N*-Brom-succinimid in *tert*-Butylalkohol, CH_2Cl_2 und wenig Pyridin (*Julian et al.*, Am. Soc. **78** [1956] 3153, 3157).

Kristalle (aus CH_2Cl_2+Acn.); F: 217–219° [unkorr.]. $[\alpha]_D^{25}$: +77° [$CHCl_3$; c = 0,5].

b) **17-Hydroxy-5α-pregnan-3,12,20-trion,** Formel X.

Die von *Marker* (Am. Soc. **71** [1949] 4149) unter dieser Konstitution beschriebene Verbindung (F: 262–264°) ist vermutlich als (25*R*)-20-Hydroxy-5α,20α*H*-spirostan-3,12-dion (E III/IV **19** 2806) zu formulieren (*Callow, James*, Chem. and Ind. **1956** 112; *Tanabe, Peters*, J. org. Chem. **35** [1970] 1238).

B. Beim Behandeln von 3β,17-Dihydroxy-5α-pregnan-12,20-dion mit *N*-Brom-acetamid in wss. *tert*-Butylalkohol und anschliessend mit Zink und Essigsäure (*Adams et al.*, Soc. **1954** 2209, 2213).

Kristalle (aus $CHCl_3$+Ae.); F: 222–224°; $[\alpha]_D^{24}$: +79° [$CHCl_3$; c = 0,5] (*Ad. et al.*, l. c. S. 2213).

Beim Erwärmen mit Äthylenglykol und wenig Toluol-4-sulfonsäure in Benzol ist 3,3;12,12-Bis-äthandiyldioxy-17-hydroxy-5α-pregnan-20-on erhalten worden (*Adams et al.*, Soc. **1954** 2298).

21-Brom-17-hydroxy-5β-pregnan-3,12,20-trion $C_{21}H_{29}BrO_4$, Formel IX (X = Br).

B. Beim Behandeln von 21-Brom-3α,17-dihydroxy-5β-pregnan-12,20-dion mit *N*-Brom-succinimid in *tert*-Butylalkohol, CH_2Cl_2 und wenig Pyridin (*Julian et al.*, Am. Soc. **78** [1956] 3153, 3157).

Kristalle (aus Acn.); F: 202–203° [unkorr.; Zers.]. $[\alpha]_D^{25}$: +79° [$CHCl_3$; c = 0,5].

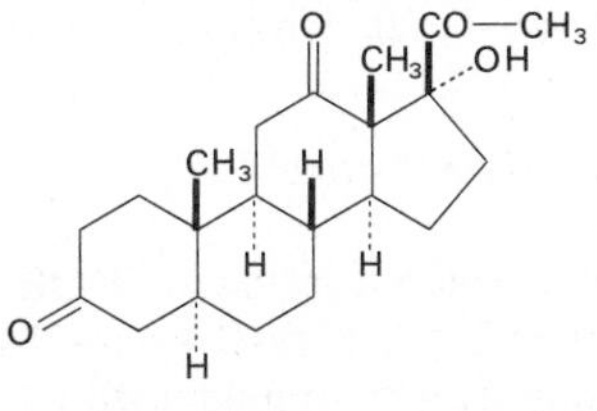

X 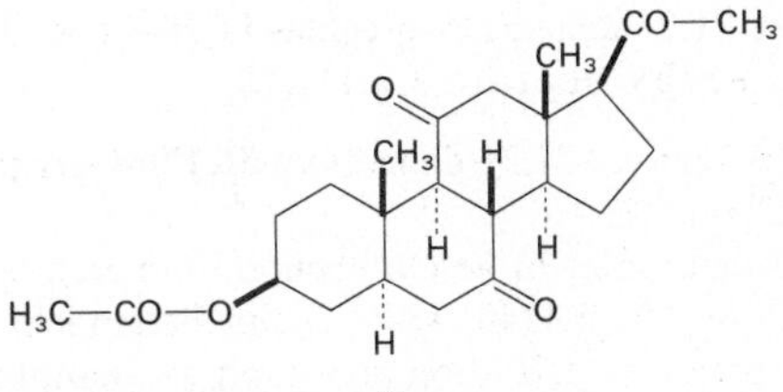 XI

3β-Acetoxy-5α-pregnan-7,11,20-trion $C_{23}H_{32}O_5$, Formel XI.

B. Beim Behandeln von 3β-Acetoxy-11α-hydroxy-5α-pregnan-7,20-dion mit CrO_3 und Essigsäure (*Djerassi et al.*, Am. Soc. **74** [1952] 3321). Beim Erhitzen von 3β-Acetoxy-5α-pregn-8-en-7,11,20-trion mit Zink und Essigsäure (*Merck & Co. Inc.*, U.S.P. 2852536 [1957]).

Kristalle (aus Me.); F: 214–215° (*Merck & Co. Inc.*), 209–211° [unkorr.] (*Dj. et al.*). $[\alpha]_D^{20}$: +20° [$CHCl_3$] (*Dj. et al.*).

3α-Hydroxy-5β-pregnan-7,12,20-trion $C_{21}H_{30}O_4$, Formel XII (R = H).

B. Aus der folgenden Verbindung beim Erwärmen mit wss.-methanol. K_2CO_3 (*Jungmann et al.*, Helv. **41** [1958] 1206, 1226).

Kristalle (aus Acn.+Ae.); F: 177–179° [korr.]. $[\alpha]_D^{25}$: +84,2° [$CHCl_3$; c = 1,4]. IR-Spektrum (CH_2Cl_2; 3–12 μ): *Ju. et al.*, l. c. S. 1214.

Bernsteinsäure-methylester-[7,12,20-trioxo-5β-pregnan-3α-ylester], 3α-[3-Methoxycarbonyl-propionyloxy]-5β-pregnan-7,12,20-trion $C_{26}H_{36}O_7$, Formel XII (R = CO-CH_2-CH_2-CO-O-CH_3).

B. Aus 7α-Hydroxy-3α-[3-methoxycarbonyl-propionyloxy]-5β-pregnan-12,20-dion beim Behandeln mit CrO_3 und Essigsäure (*Jungmann et al.*, Helv. **41** [1958] 1206, 1225).

Kristalle (aus Ae.); F: 92–94°. $[\alpha]_D^{25}$: +91,6° [$CHCl_3$; c = 2,3].

3-Acetoxy-11,20-dioxo-pregnan-21-al $C_{23}H_{32}O_5$ und Taut.

(17Ξ)-3α-Acetoxy-20-hydroxy-11-oxo-5β-pregn-17(20)-en-21-al, Formel XIII (R = R′ = X = H).

B. Aus 3α-Acetoxy-21,21-dimethoxy-5β-pregnan-11,20-dion bei der aufeinanderfolgenden Umsetzung mit HBr, mit Brom in $CHCl_3$ und mit NaI in Essigsäure (*Mattox*, Am. Soc. **74** [1952] 4340, 4345). Beim Behandeln von 3α-Acetoxy-17-brom-11,20-dioxo-5β-pregnan-21-al mit NaI in Essigsäure (*Ma.*, l. c. S. 4345, 4346).

Kristalle (aus Ae.); F: 184–186°. $[\alpha]_D^{27}$: +86° [$CHCl_3$; c = 1]. λ_{max} (A.): 284 nm.

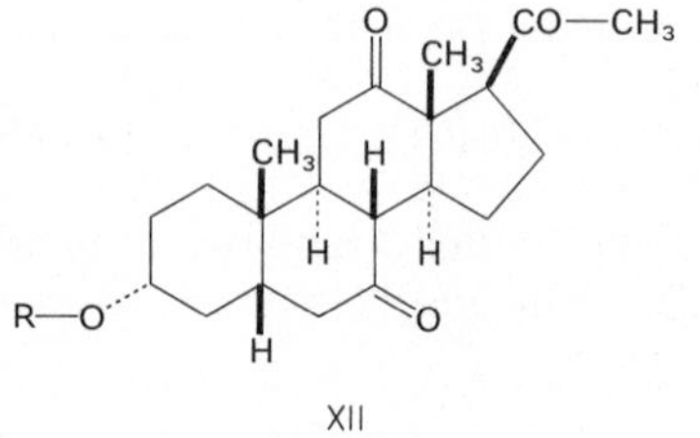

XII 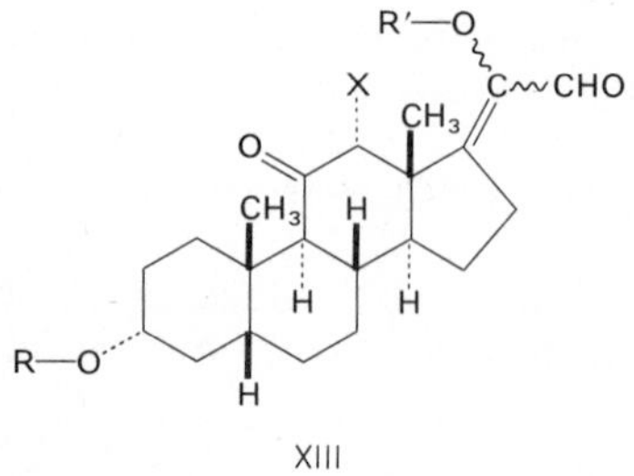 XIII

3α-Acetoxy-21,21-dihydroxy-5β,17βH-pregnan-11,20-dion, 3α-Acetoxy-11,20-dioxo-5β,17βH-pregnan-21-al-hydrat $C_{23}H_{34}O_6$, Formel XIV (R = H, X = OH).

B. Beim Behandeln von (21Ξ)-3α-Acetoxy-21-brom-21-methoxy-5β,17βH-pregnan-11,20-dion (s. u.) mit Essigsäure (*Mattox*, Am. Soc. **74** [1952] 4340, 4346).

Kristalle (aus wss. Eg.); F: 117–119° [Zers.]. $[\alpha]_D^{27}$: −11° [$CHCl_3$; c = 1].

3-Acetoxy-21,21-dimethoxy-pregnan-11,20-dione, 3-Acetoxy-11,20-dioxo-pregnan-21-al-dimethylacetale $C_{25}H_{38}O_6$.

a) **3α-Acetoxy-21,21-dimethoxy-5β,17βH-pregnan-11,20-dion,** Formel XIV (R = CH_3, X = O-CH_3).

B. Aus dem unter b) beschriebenen Epimeren beim Behandeln mit methanol. KOH (*Mattox*, Am. Soc. **74** [1952] 4340, 4346). Beim Behandeln von (21Ξ)-3α-Acetoxy-21-brom-21-methoxy-5β,17βH-pregnan-11,20-dion (s. u.) mit Methanol und wenig Äthylmorpholin (*Ma.*).

Kristalle (aus PAe.); F: 138,5–139°. $[\alpha]_D^{27}$: −6° [$CHCl_3$; c = 1].

b) **3α-Acetoxy-21,21-dimethoxy-5β-pregnan-11,20-dion,** Formel XV (R = CH_3, X = H).

B. Aus 3α,21-Diacetoxy-17-hydroxy-5β-pregnan-11,20-dion oder aus 3α,21-Dihydroxy-5βpregn-16-en-11,20-dion beim Behandeln mit methanol. HCl und Behandeln des Reaktionsprodukts mit Acetanhydrid und Pyridin (*Mattox,* Am. Soc. **74** [1952] 4340, 4344). Bei der Hydrierung von 3α-Acetoxy-12α-brom-21,21-dimethoxy-5β-pregnan-11,20-dion an Palladium/$CaCO_3$ in Methanol und wenig Äthylmorpholin (*Ma.*).

Kristalle (aus Ae.+PAe.); F: 107–107,5°. $[\alpha]_D^{27}$: +131° [$CHCl_3$; c = 1], +124° [Acn.; c = 1].

20-[2,4-Dinitro-phenylhydrazon] (F: 201–204°): *Ma.*

3α,21,21-Triacetoxy-5β-pregnan-11,20-dion $C_{27}H_{38}O_8$, Formel XV (R = CO-CH_3, X = H).

B. Beim Behandeln von 3α,21,21-Triacetoxy-12α-brom-5β-pregnan-11,20-dion mit Zink und Essigsäure (*Fleisher, Kendall,* J. org. Chem. **16** [1951] 573, 581).

Kristalle (aus Me.); F: 115–116°. $[\alpha]_D$: +117° [$CHCl_3$; c = 1].

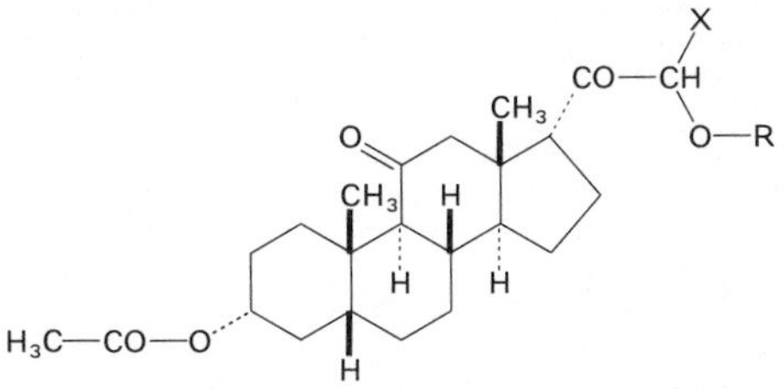

XIV

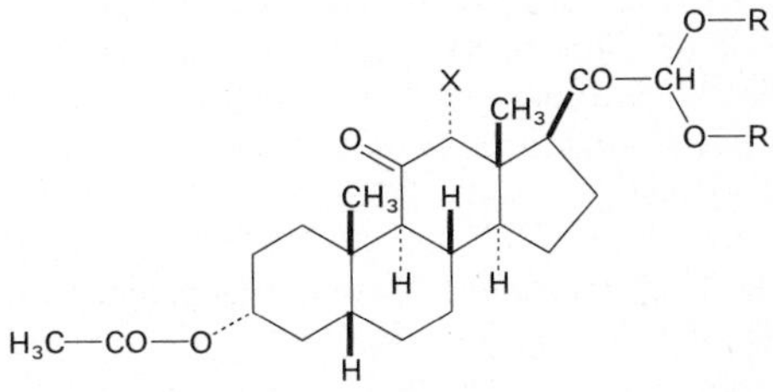

XV

(21Ξ)-3α-Acetoxy-21-brom-21-methoxy-5β,17βH-pregnan-11,20-dion $C_{24}H_{35}BrO_5$, Formel XIV (R = CH_3, X = Br).

B. Beim Behandeln von 3α-Acetoxy-21,21-dimethoxy-5β-pregnan-11,20-dion mit HBr in $CHCl_3$ (*Mattox,* Am. Soc. **74** [1952] 4340, 4346).

Kristalle (aus Ae.+PAe.); F: 179–180°. $[\alpha]_D^{27}$: +36° [$CHCl_3$; c = 1].

12-Brom-3-hydroxy-11,20-dioxo-pregnan-21-al $C_{21}H_{29}BrO_4$ und Taut.

(17Ξ)-12α-Brom-3α,20-dihydroxy-11-oxo-5β-pregn-17(20)-en-21-al, Formel XIII (R = R′ = H, X = Br).

B. Beim Erwärmen von 3α-Acetoxy-12α,17-dibrom-21,21-dihydroxy-5β-pregnan-11,20-dion mit wss.-methanol. $NaHSO_3$ (*Fleisher, Kendall,* J. org. Chem. **16** [1951] 573, 584).

Kristalle (aus wss. Acn.); F: 189,5–191°. $[\alpha]_D$: +101° [$CHCl_3$; c = 1]. λ_{max} (Me.): 284 nm.

(17Ξ)-3α-Acetoxy-12α-brom-20-hydroxy-11-oxo-5β-pregn-17(20)-en-21-al $C_{23}H_{31}BrO_5$, Formel XIII (R = CO-CH_3, R′ = H, X = Br).

B. Beim Behandeln von 3α-Acetoxy-12α-brom-21,21-dihydroxy-5β-pregnan-11,20-dion mit Essigsäure und Pyridin (*Fleisher, Kendall,* J. org. Chem. **16** [1951] 573, 583).

Kristalle (aus wss. Acn.); F: 190–191°; $[\alpha]_D$: +96° [$CHCl_3$; c = 1] (*Fl., Ke.,* l. c. S. 583). UV-Spektrum ($CHCl_3$; 250–320 nm): *Fl., Ke.,* l. c. S. 577. λ_{max} (Me.): 282 nm (*Fl., Ke.,* l. c. S. 583).

21-[2,4-Dinitro-phenylhydrazon] (F: 165–168°): *Fleisher, Kendall,* J. org. Chem. **16** [1951] 556, 570.

3α-Acetoxy-12α-brom-21,21-dihydroxy-5β-pregnan-11,20-dion, 3α-Acetoxy-12α-brom-11,20-dioxo-5β-pregnan-21-al-hydrat $C_{23}H_{33}BrO_6$, Formel XV (R = H, X = Br).

B. Aus rechtsdrehendem und aus linksdrehendem (21Ξ)-3α,21-Diacetoxy-12α,21-dibrom-5β-pregnan-11,20-dion (S. 2933) beim Behandeln mit wss. Pyridin (*Fleisher, Kendall,* J. org. Chem. **16** [1951] 573, 581).

Kristalle (aus wss. Eg.); F: 149–151° [Zers.]; $[\alpha]_D$: +28° [$CHCl_3$; c = 1] (*Fl., Ke.,* l. c. S. 581).

Überführung in 3α-Acetoxy-12α-brom-11,20-dioxo-5β-pregnan-21-al-[2,4-dinitro-phenylhydrazon] (F: 179–180°): *Fleisher, Kendall,* J. org. Chem. **16** [1951] 556, 570.

3α-Acetoxy-12α-brom-21,21-dimethoxy-5β-pregnan-11,20-dion, 3α-Acetoxy-12α-brom-11,20-dioxo-5β-pregnan-21-al-dimethylacetal $C_{25}H_{37}BrO_6$, Formel XV (R = CH_3, X = Br).

B. Aus der vorangehenden Verbindung oder aus 3α,21,21-Triacetoxy-12α-brom-5β-pregnan-11,20-dion beim Erwärmen mit methanol. HCl und Behandeln des Reaktionsprodukts mit Acetanhydrid und Pyridin (*Fleisher, Kendall,* J. org. Chem. **16** [1951] 573, 581).

Kristalle (aus wss. Me.); F: 157–159°. $[\alpha]_D$: +30° [$CHCl_3$; c = 1].

(17Ξ)-3α,20-Diacetoxy-12α-brom-11-oxo-5β-pregn-17(20)-en-21-al $C_{25}H_{33}BrO_6$, Formel XIII (R = R′ = CO-CH_3, X = Br).

B. Aus (17Ξ)-3α-Acetoxy-12α-brom-20-hydroxy-11-oxo-5β-pregn-17(20)-en-21-al (s. o.) beim Behandeln mit Acetanhydrid und Pyridin (*Fleisher, Kendall,* J. org. Chem. **16** [1951] 573, 583).

Kristalle (aus wss. Acn.); F: 162–164°; $[\alpha]_D$: +86° [$CHCl_3$; c = 1] (*Fl., Ke.,* l. c. S. 583). UV-Spektrum (Ae.; 230–280 nm): *Fl., Ke.,* l. c. S. 577.

21-[2,4-Dinitro-phenylhydrazon] (F: 265–266°): *Fleisher, Kendall,* J. org. Chem. **16** [1951] 556, 571.

3α,21,21-Triacetoxy-12α-brom-5β-pregnan-11,20-dion $C_{27}H_{37}BrO_8$, Formel XV (R = CO-CH_3, X = Br).

B. Aus 3α-Acetoxy-12α-brom-21,21-dihydroxy-5β-pregnan-11,20-dion beim Behandeln mit Acetanhydrid und H_2SO_4 (*Fleisher, Kendall,* J. org. Chem. **16** [1951] 573, 582). Aus rechtsdrehendem und aus linksdrehendem (21Ξ)-3α,21-Diacetoxy-12α,21-dibrom-5β-pregnan-11,20-dion (s. u.) beim Behandeln mit Silberacetat und Essigsäure in Benzol oder beim Erwärmen mit Natriumacetat und Essigsäure (*Fl., Ke.,* l. c. S. 580, 581).

Kristalle (aus Me.); F: 169,5–170,5°; $[\alpha]_D$: +35° [$CHCl_3$; c = 1] (*Fl., Ke.,* l. c. S. 581).

Beim Behandeln mit [2,4-Dinitro-phenyl]-hydrazin und wenig H_2SO_4 in $CHCl_3$ und Methanol ist 3α-Acetoxy-12α-brom-20-[2,4-dinitro-phenylhydrazono]-11-oxo-5β-pregnan-21-al-[2,4-dinitro-phenylhydrazon] erhalten worden (*Fleisher, Kendall,* J. org. Chem. **16** [1951] 556, 568).

(17Ξ)-3α,20,21,21-Tetraacetoxy-12α-brom-5β-pregn-17(20)-en-11-on $C_{29}H_{39}BrO_9$, Formel I (R = CO-CH_3).

B. Aus (17Ξ)-3α,20-Diacetoxy-12α-brom-11-oxo-5β-pregn-17(20)-en-21-al (s. o.) beim Behandeln mit Acetanhydrid und H_2SO_4 (*Fleisher, Kendall,* J. org. Chem. **16** [1951] 573, 583).

Kristalle (aus wss. Acn.); F: 154–155°. $[\alpha]_D$: +60° [$CHCl_3$; c = 1].

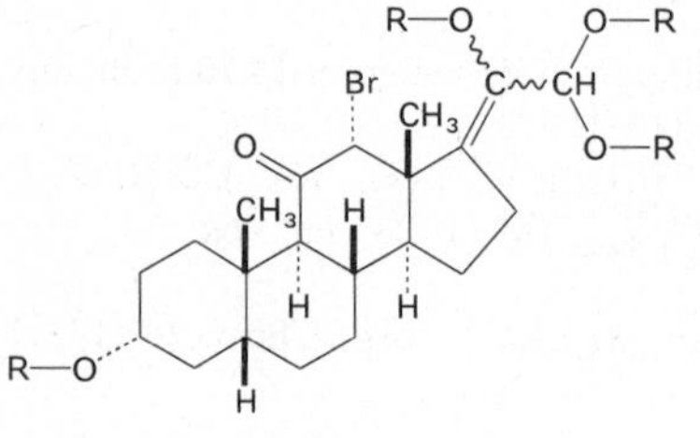

I

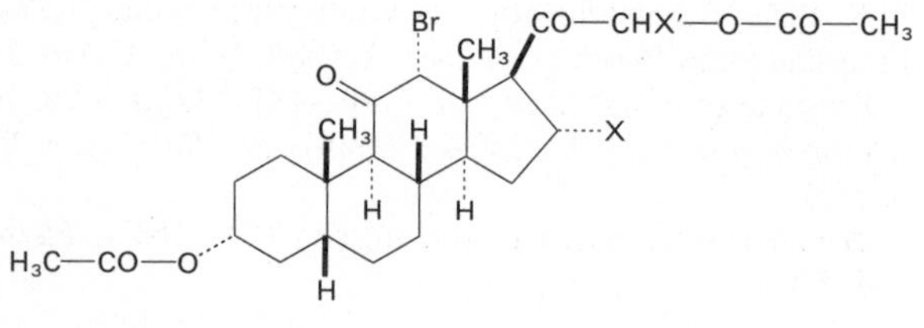

II

(21Ξ)-3α,21-Diacetoxy-12α-brom-21-chlor-5β-pregnan-11,20-dion $C_{25}H_{34}BrClO_6$, Formel II (X = H, X′ = Cl).

a) Rechtsdrehendes Epimeres.

B. Neben dem unter b) beschriebenen Epimeren beim Behandeln von 3α-Acetoxy-12α-brom-21,21-dihydroxy-5β-pregnan-11,20-dion mit Acetylchlorid und wenig H_2SO_4 (*Fleisher, Kendall,* J. org. Chem. **16** [1951] 573, 582).

Kristalle (aus wss. Acn.); F: 189–191°. $[\alpha]_D$: +88° [$CHCl_3$; c = 1].

b) Linksdrehendes Epimeres.

B. s. unter a).

Kristalle (aus wss. Acn.); F: 153–154°; $[\alpha]_D$: −35° [$CHCl_3$; c = 0,5] (*Fl., Ke.*).

(21Ξ)-3α,21-Diacetoxy-12α,21-dibrom-5β-pregnan-11,20-dion $C_{25}H_{34}Br_2O_6$, Formel II (X = H, X' = Br).

a) Rechtsdrehendes Epimeres.

B. Neben dem unter b) beschriebenen Epimeren beim Behandeln von 3α,21-Diacetoxy-12α-brom-5β-pregnan-11,20-dion mit Brom und HBr in $CHCl_3$ (*Fleisher, Kendall,* J. org. Chem. **16** [1951] 573, 580) oder von 3α-Acetoxy-12α-brom-21,21-dihydroxy-5β-pregnan-11,20-dion mit Acetylbromid und wenig H_2SO_4 (*Fl., Ke.,* l. c. S. 582).

Kristalle; F: 185–187° (*Colton, Kendall,* J. biol. Chem. **194** [1952] 247, 253), 180–182° [Zers.; aus $CHCl_3$+PAe.] (*Fl., Ke.,* l. c. S. 580). $[\alpha]_D$: +139° [$CHCl_3$; c = 1], +133° [Eg.; c = 1] (*Fl., Ke.,* l. c. S. 580). Mutarotation in HBr [0,1 n]/Essigsäure bei 33°: *Fl., Ke.,* l. c. S. 575.

Beim Behandeln mit NaI und Essigsäure ist 3α,21-Diacetoxy-12α-brom-5β-pregnan-11,20-dion erhalten worden (*Fl., Ke.,* l. c. S. 580). Beim Behandeln mit Silberacetat und Essigsäure in Benzol oder beim Erwärmen mit Natriumacetat und Essigsäure ist 3α,21,21-Triacetoxy-12α-brom-5β-pregnan-11,20-dion erhalten worden (*Fl., Ke.,* l. c. S. 580, 581). Beim Behandeln mit wss. Pyridin ist 3α-Acetoxy-12α-brom-21,21-dihydroxy-5β-pregnan-11,20-dion erhalten worden (*Fl., Ke.,* l. c. S. 581). Reaktion mit Essigsäure und Pyridin (Bildung von (17Ξ)-3α-Acetoxy-12α-brom-20-hydroxy-11-oxo-5β-pregn-17(20)-en-21-al [S. 2931] und (17Ξ)-3α,20-Diacetoxy-12α-brom-11-oxo-5β-pregn-17(20)-en-21-al [s. o.]): *Fl., Ke.,* l. c. S. 578, 583.

b) Linksdrehendes Epimeres.

B. s. unter a).

Kristalle (aus $CHCl_3$+PAe.); F: 147–148° und (nach Wiedererstarren) F: 167–173° [Zers.] (*Fl., Ke.,* l. c. S. 580). $[\alpha]_D$: −94° [$CHCl_3$; c = 1], −73° [Eg.; c = 1] (*Fl., Ke.*). Mutarotation in HBr [0,1 n]/Essigsäure bei 33°: *Fl., Ke.,* l. c. S. 575.

3α-Acetoxy-17-brom-11,20-dioxo-5β-pregnan-21-al $C_{23}H_{31}BrO_5$, Formel III.

B. Aus 3α-Acetoxy-21,21-dimethoxy-5β-pregnan-11,20-dion oder aus (21Ξ)-3α-Acetoxy-21-brom-21-methoxy-5β,17βH-pregnan-11,20-dion (S. 2931) beim Behandeln mit HBr und anschliessend mit Brom in $CHCl_3$ und Behandeln des Reaktionsprodukts mit wss. Essigsäure (*Mattox,* Am. Soc. **74** [1952] 4340, 4345).

λ_{max} ($CHCl_3$): 433 nm.

21-[2,4-Dinitro-phenylhydrazon] (F: 219–220° [Zers.]): *Ma.,* l. c. S. 4346.

(21Ξ)-3α,21-Diacetoxy-12α,16α(?),21-tribrom-5β-pregnan-11,20-dion $C_{25}H_{33}Br_3O_6$, vermutlich Formel II (X = X' = Br).

B. Aus 3α,21-Diacetoxy-12α,16α(?)-dibrom-5β-pregnan-11,20-dion (S. 2859) beim Behandeln mit Brom und HBr in $CHCl_3$ (*Colton, Kendall,* J. biol. Chem. **194** [1952] 247, 259).

Kristalle (aus $CHCl_3$+Ae.); F: 205–207°. $[\alpha]_D$: +92° [$CHCl_3$; c = 1].

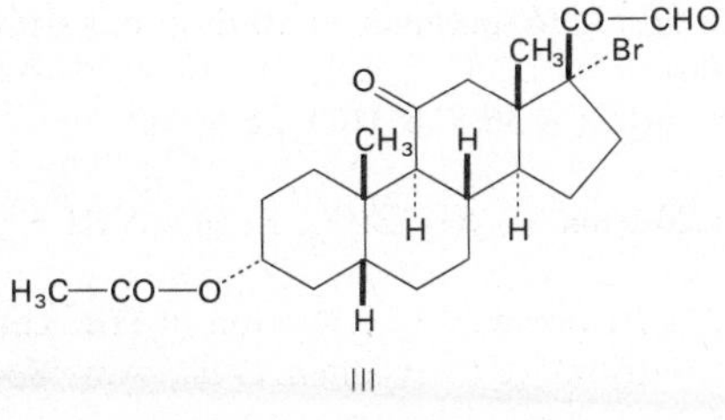

III

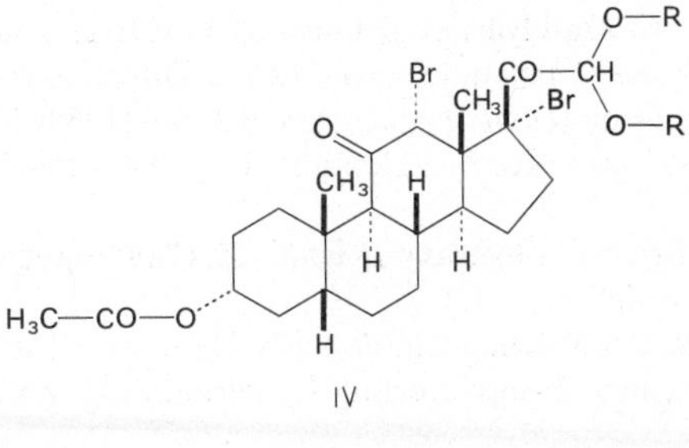

IV

3α-Acetoxy-12α,17-dibrom-21,21-dihydroxy-5β-pregnan-11,20-dion, 3α-Acetoxy-12α,17-dibrom-11,20-dioxo-5β-pregnan-21-al-hydrat $C_{23}H_{32}Br_2O_6$, Formel IV (R = H).

B. Aus 3α,21-Diacetoxy-12α-brom-5β-pregnan-11,20-dion beim Behandeln mit Brom und wenig HBr in Essigsäure (*Fleisher, Kendall,* J. org. Chem. **16** [1951] 573, 583).

Kristalle (aus wss. Eg.); F: 206–208° [Zers.]; $[\alpha]_D$: –34,5° [$CHCl_3$; c = 1] (*Fl., Ke.,* l. c. S. 583).

Überführung in 3α-Acetoxy-12α,17-dibrom-11,20-dioxo-5β-pregnan-21-al-[2,4-dinitrophenylhydrazon] (F: 204–205°): *Fleisher, Kendall,* J. org. Chem. **16** [1951] 556, 570.

3α,21,21-Triacetoxy-12α,17-dibrom-5β-pregnan-11,20-dion $C_{27}H_{36}Br_2O_8$, Formel IV (R = CO-CH_3).

B. Aus der vorangehenden Verbindung beim Behandeln mit Acetanhydrid und wenig H_2SO_4 (*Fleisher, Kendall,* J. org. Chem. **16** [1951] 573, 584).

Kristalle (aus wss. Acn.); F: 167–169°. $[\alpha]_D$: –24° [$CHCl_3$; c = 1].

17ξ-Hydroxy-17ξ-[(Ξ)-1-hydroxy-äthyl]-6β-methoxy-17a-methyl-3α,5α-cyclo-*D*-homo-*C*,18-dinor-androst-13(17a)-en-11-on $C_{22}H_{32}O_4$, Formel V.

B. Aus 17-[(*E*)-Äthyliden]-6β-methoxy-17a-methyl-3α,5α-cyclo-*D*-homo-*C*,18-dinor-androst-13(17a)-en-11-on beim Behandeln mit OsO_4 (*Herz, Fried,* Am. Soc. **76** [1954] 5621).

Kristalle (aus Acn.); F: 154–158° [korr.]. λ_{max} (A.): 250 nm und 355 nm. [*Bambach*]

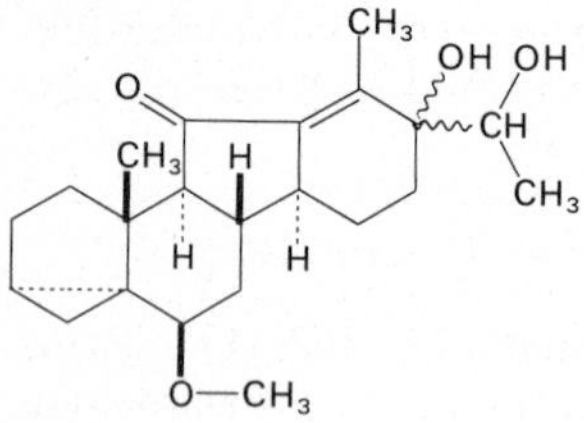

V 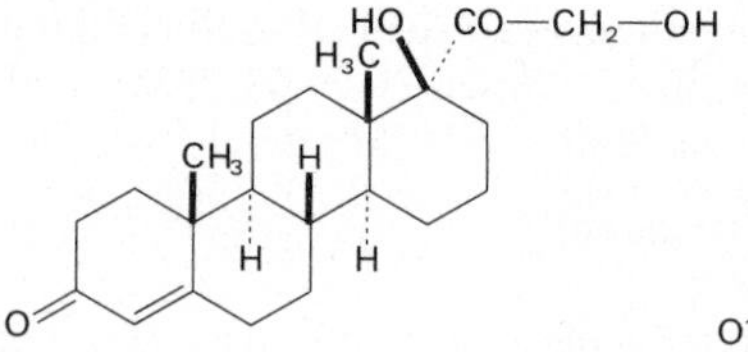 VI 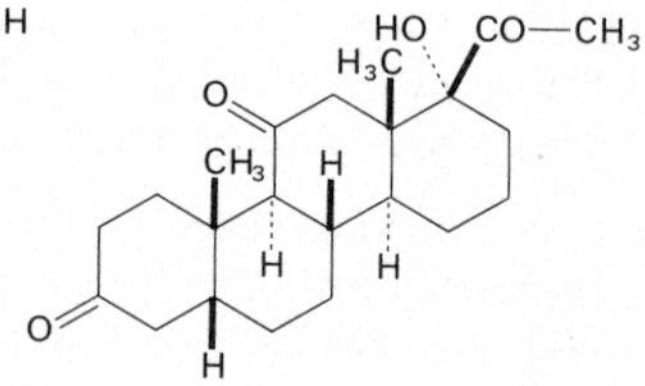 VII

Hydroxy-oxo-Verbindungen $C_{22}H_{32}O_4$

17a,21-Dihydroxy-*D*-homo-17aβ*H*-pregn-4-en-3,20-dion $C_{22}H_{32}O_4$, Formel VI.

B. Beim Behandeln von 17a-Hydroxy-*D*-homo-17aβ*H*-pregna-4,20-dien-3-on (S. 1131) mit OsO_4 und H_2O_2 in *tert*-Butylalkohol und Erwärmen des Reaktionsprodukts mit wss.-methanol. Na_2SO_3 (*Searle & Co.,* U.S.P. 2732405 [1952]).

Kristalle (aus wss. Me.); F: ca. 201–205°. IR-Banden ($CHCl_3$; 5,8–11,2 μ): *Searle & Co.*

17a-Hydroxy-*D*-homo-pregnan-3,11,20-trione $C_{22}H_{32}O_4$.

a) **17a-Hydroxy-*D*-homo-5β-pregnan-3,11,20-trion,** Formel VII.

B. Beim Behandeln von 3α,17a-Dihydroxy-*D*-homo-5β-pregnan-11,20-dion mit *N*-Brom-acetamid in wss. Aceton (*Clinton et al.,* Am. Soc. **80** [1958] 3395, 3400).

Kristalle (aus E. + Heptan); F: 210,4–212,1° [korr.]. $[\alpha]_D^{25}$: +10,1° [$CHCl_3$; c = 1].

b) **17a-Hydroxy-*D*-homo-5β,17aβ*H*-pregnan-3,11,20-trion,** Formel VIII (X = X′ = H).

B. Beim Behandeln von 3α,17a-Dihydroxy-*D*-homo-5β,17aβ*H*-pregnan-11,20-dion mit CrO_3 in Pyridin (*Clinton et al.,* Am. Soc. **80** [1958] 3395, 3400).

Kristalle (aus E. + Heptan); F: 179,4–180,2° [korr.]. $[\alpha]_D^{25}$: +36,5° [$CHCl_3$; c = 1].

4ξ-Brom-17a-hydroxy-*D*-homo-5β,17aβ*H*-pregnan-3,11,20-trion $C_{22}H_{31}BrO_4$, Formel VIII (X = Br, X′ = H).

B. Beim Behandeln von 17a-Hydroxy-*D*-homo-5β,17aβ*H*-pregnan-3,11,20-trion in HBr enthaltender Essigsäure mit Pyridinium-tribromid und Natriumacetat (*Clinton et al.,* Am. Soc.

80 [1958] 3395, 3400).

Kristalle (aus Acn. + Ae.); F: 180,8 – 182° [korr.; Zers.; vorgeheiztes Bad]. $[\alpha]_D^{25}$: +71,4° [$CHCl_3$; c = 1].

21-Brom-17a-hydroxy-*D*-homo-5β,17aβ*H*-pregnan-3,11,20-trion $C_{22}H_{31}BrO_4$, Formel VIII (X = H, X′ = Br).

B. Beim Behandeln von 21-Brom-3α,17a-dihydroxy-*D*-homo-5β,17aβ*H*-pregnan-11,20-dion mit *N*-Brom-acetamid in *tert*-Butylalkohol und Methanol (*Clinton et al.*, Am. Soc. **80** [1958] 3395, 3401).

Kristalle (aus Acn. + PAe.); F: 228,9 – 229,8° [korr.; Zers.; vorgeheiztes Bad]. $[\alpha]_D^{25}$: −1,5° [$CHCl_3$; c = 1].

VIII IX X

3α-Hydroxy-11,20-dioxo-21,24-dinor-5β-cholan-23-al $C_{22}H_{32}O_4$, Formel IX (X = H) und Taut.

B. Beim Behandeln von 3α-Hydroxy-5β-pregnan-11,20-dion in Benzol mit Äthylformiat und Natriummethylat in Methanol (*Upjohn Co.*, U.S.P. 2767198 [1952]).

F: 95 – 102°.

22,22-Dibrom-3α-hydroxy-11,20-dioxo-21,24-dinor-5β-cholan-23-al $C_{22}H_{30}Br_2O_4$, Formel IX (X = Br).

B. Beim Behandeln der vorangehenden Verbindung mit Brom und Natriumacetat in Essigsäure (*Upjohn Co.*, U.S.P. 2752366 [1952]).

F: 193 – 200°.

11β,17-Dihydroxy-2α(?)-methyl-pregn-4-en-3,20-dion $C_{22}H_{32}O_4$, vermutlich Formel X (X = H).

B. Aus 11β,17,21-Trihydroxy-2α(?)-methyl-pregn-4-en-3,20-dion (bezüglich der Konfiguration dieser Verbindung am C-Atom 2 s. *Hogg et al.*, Am. Soc. **77** [1955] 6401) über mehrere Stufen (*Upjohn Co.*, U.S.P. 2865935 [1955]).

Kristalle (aus Acn.); F: 260 – 264° (*Upjohn Co.*).

9-Fluor-11β,17-dihydroxy-2α(?)-methyl-pregn-4-en-3,20-dion $C_{22}H_{31}FO_4$, vermutlich Formel X (X = F).

B. Aus 9-Fluor-11β,17,21-trihydroxy-2α(?)-methyl-pregn-4-en-3,20-dion (bezüglich der Konfiguration dieser Verbindung am C-Atom 2 s. *Hogg et al.*, Am. Soc. **77** [1955] 6401) über mehrere Stufen (*Upjohn Co.*, U.S.P. 2865935 [1955]).

F: 252 – 254°. $[\alpha]_D$: +117° [Py.] (*Upjohn Co.*).

11β,17-Dihydroxy-6α-methyl-pregn-4-en-3,20-dion $C_{22}H_{32}O_4$, Formel XI (X = X′ = H).

B. Beim Erwärmen von 5,11β,17-Trihydroxy-6β-methyl-5α-pregnan-3,20-dion mit methanol. KOH (*Huang et al.*, Acta chim. sinica **25** [1959] 308, 310; C. A. **1960** 17470). Aus 11β,17,21-Trihydroxy-6α-methyl-pregn-4-en-3,20-dion über mehrere Stufen (*Upjohn Co.*, U.S.P. 2864838 [1958]).

Kristalle; F: 224 – 227° [unkorr.; aus Me.] (*Hu. et al.*), 203 – 210° [aus Acn. + PAe.] (*Upjohn*

Co.). $[\alpha]_D^{29}$: +93,7° [$CHCl_3$] (*Hu. et al.*).

9-Fluor-11β,17-dihydroxy-6α-methyl-pregn-4-en-3,20-dion $C_{22}H_{31}FO_4$, Formel XI (X = F, X' = H).

B. Aus 11β,17-Dihydroxy-6α-methyl-pregn-4-en-3,20-dion über mehrere Stufen (*Upjohn Co.*, U.S.P. 2867638 [1957]). Aus 9-Fluor-11β,17,21-trihydroxy-6α-methyl-pregn-4-en-3,20-dion über mehrere Stufen (*Upjohn Co.*, U.S.P. 2864838 [1958], 2867638 [1957]).

Kristalle (aus Acn.+PAe.); F: 237–239°. $[\alpha]_D$: +103° [Acn.].

21-Fluor-11β,17-dihydroxy-6α-methyl-pregn-4-en-3,20-dion $C_{22}H_{31}FO_4$, Formel XI (X = H, X' = F).

B. Aus 11β,17,21-Trihydroxy-6α-methyl-pregn-4-en-3,20-dion über mehrere Stufen (*Spero et al.*, Am. Soc. **79** [1957] 1515).

F: 220–223°.

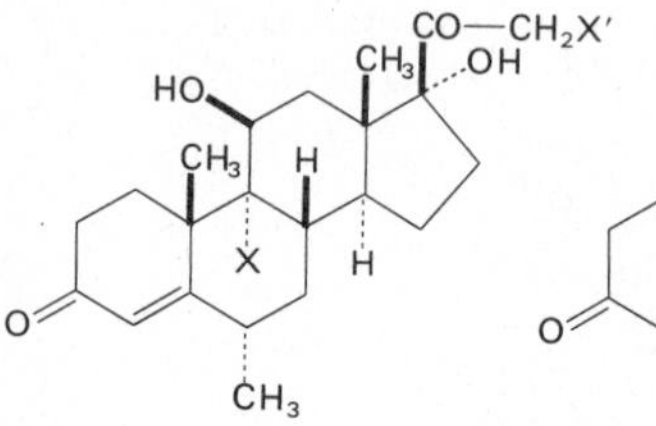

XI 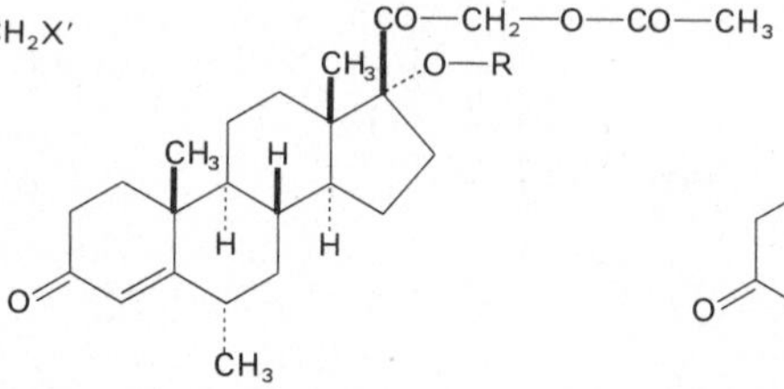 XII 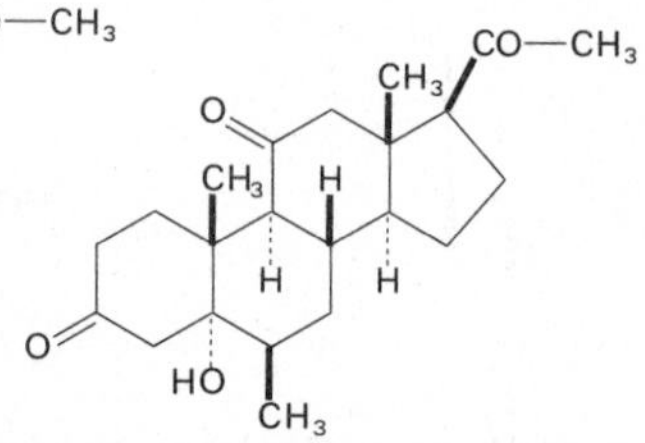 XIII

9,21-Difluor-11β,17-dihydroxy-6α-methyl-pregn-4-en-3,20-dion $C_{22}H_{30}F_2O_4$, Formel XI (X = X' = F).

B. Aus 9-Fluor-11β,17,21-trihydroxy-6α-methyl-pregn-4-en-3,20-dion über mehrere Stufen (*Spero et al.*, Am. Soc. **79** [1957] 1515).

F: 210–212°. $[\alpha]_D$: +89° [Acn.]. λ_{max} (A.): 239 nm.

21-Acetoxy-17-hydroxy-6α-methyl-pregn-4-en-3,20-dion $C_{24}H_{34}O_5$, Formel XII (R = H).

B. Beim Behandeln von 17-Hydroxy-6α-methyl-pregn-4-en-3,20-dion mit Jod und CaO in peroxidhaltigem THF und Methanol (*Ringold et al.*, Am. Soc. **81** [1959] 3712, 3715) oder in Dioxan und Methanol (*de Ruggieri et al.*, Ann. Chimica **49** [1959] 1371, 1375) und Erwärmen des Reaktionsprodukts mit Kaliumacetat in Aceton.

Kristalle; F: 195–196,5° [unkorr.; aus Acn.] (*Ri. et al.*), 193–194,5° [unkorr.; aus Me.] (*de Ru. et al.*). $[\alpha]_D^{18}$: +124° [$CHCl_3$; c = 1] (*de Ru. et al.*); $[\alpha]_D$: +135° [$CHCl_3$] (*Ri. et al.*). IR-Banden (KBr; 1740–1230 cm^{-1}): *Ri. et al.* λ_{max}: 241 nm [Me.] (*de Ru. et al.*), 241 nm [A.] (*Ri. et al.*).

17,21-Diacetoxy-6α-methyl-pregn-4-en-3,20-dion $C_{26}H_{36}O_6$, Formel XII (R = CO-CH_3).

B. Beim Behandeln der vorangehenden Verbindung mit Acetanhydrid, Essigsäure und wenig Toluol-4-sulfonsäure bei 25° (*Ringold et al.*, Am. Soc. **81** [1959] 3712, 3716) oder bei Siedetemperatur (*de Ruggieri et al.*, Ann. Chimica **49** [1959] 1371, 1376).

Kristalle; F: 216–218° [unkorr.; aus Acn.+Hexan] (*Ri. et al.*), 212–213° [unkorr.; aus Me.] (*de Ru. et al.*). $[\alpha]_D^{18}$: +50° [$CHCl_3$; c = 1] (*de Ru. et al.*); $[\alpha]_D$: +51° [$CHCl_3$] (*Ri. et al.*). IR-Banden (KBr; 1740–1230 cm^{-1}): *Ri. et al.* λ_{max}: 241 nm [Me.] (*de Ru. et al.*), 241 nm [A.] (*Ri. et al.*).

5-Hydroxy-6β-methyl-5α-pregnan-3,11,20-trion $C_{22}H_{32}O_4$, Formel XIII.

B. Beim Behandeln von 5,11α-Dihydroxy-6β-methyl-5α-pregnan-3,20-dion mit CrO_3 oder $Na_2Cr_2O_7$ in Essigsäure (*Spero et al.*, Am. Soc. **78** [1956] 6213).

F: 244–248°. $[\alpha]_D$: +82° [$CHCl_3$].

17,21-Dihydroxy-16α-methyl-pregn-4-en-3,20-dion $C_{22}H_{32}O_4$, Formel XIV (X = H).

B. Beim Behandeln des O^{21}-Acetyl-Derivats (s. u.) mit wss.-methanol. KOH (*Batres et al.*, J. org. Chem. **26** [1961] 871, 875; s. a. *Edwards et al.*, Pr. chem. Soc. **1959** 87).

Kristalle (aus Acn.+Hexan); F: 187–191° [unkorr.]; $[\alpha]_D$: +90° [$CHCl_3$]; λ_{max} (A.): 241 nm (*Ba. et al.*).

O^{21}-Acetyl-Derivat $C_{24}H_{34}O_5$; 21-Acetoxy-17-hydroxy-16α-methyl-pregn-4-en-3,20-dion. *B.* Beim Erwärmen von 21-Acetoxy-5,6β-dichlor-17-hydroxy-16α-methyl-5α-pregnan-3,20-dion mit Zink-Pulver und Essigsäure (*Ba. et al.*; s. a. *Ed. et al.*). – Kristalle (aus Acn.+Hexan) mit 0,5 Mol Aceton; F: 98–103° und (nach Wiedererstarren) F: 160–167° [unkorr.]; $[\alpha]_D$: +75° [$CHCl_3$] (*Ba. et al.*). IR-Banden (KBr; 5,7–6,2 μ): *Ba. et al.* λ_{max} (A.): 241 nm (*Ba. et al.*).

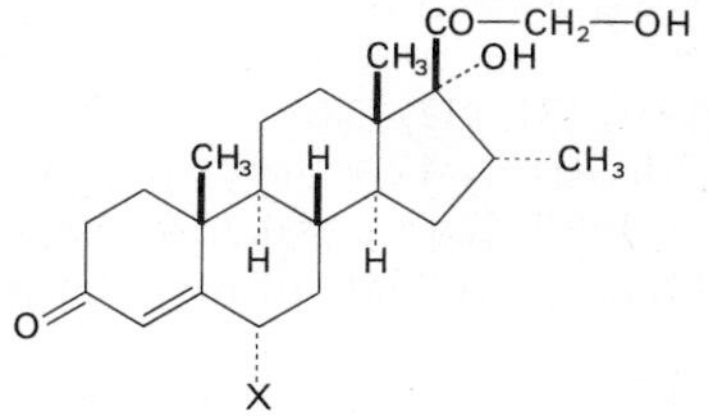

XIV 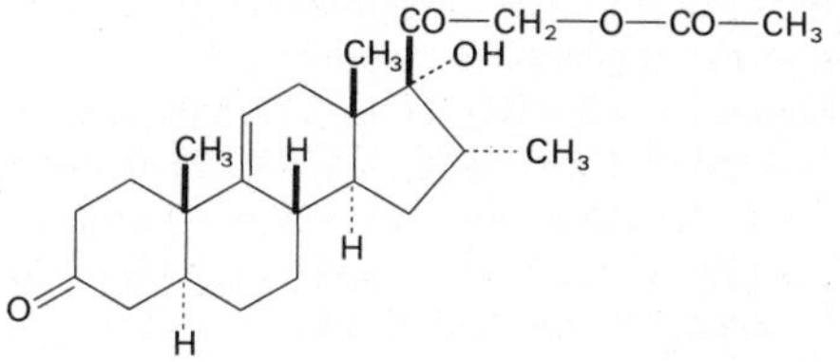 XV

6α-Fluor-17,21-dihydroxy-16α-methyl-pregn-4-en-3,20-dion $C_{22}H_{31}FO_4$, Formel XIV (X = F).

B. Beim Behandeln des O^{21}-Acetyl-Derivats (s. u.) mit wss.-methanol. KOH (*Edwards et al.*, Am. Soc. **82** [1960] 2318, 2321; s. a. *Edwards et al.*, Pr. chem. Soc. **1959** 87).

Kristalle (aus Acn.+Hexan); F: 178–180° [unkorr.]; $[\alpha]_D$: +93° [$CHCl_3$]; λ_{max} (A.): 236 nm (*Ed. et al.*, Am. Soc. **82** 2321).

O^{21}-Acetyl-Derivat $C_{24}H_{33}FO_5$; 21-Acetoxy-6α-fluor-17-hydroxy-16α-methyl-pregn-4-en-3,20-dion. *B.* Beim Behandeln von 5,21-Diacetoxy-6β-fluor-17-hydroxy-16α-methyl-5α-pregnan-3,20-dion mit HCl in Essigsäure (*Ed. et al.*, Am. Soc. **82** 2321; s. a. *Ed. et al.*, Pr. chem. Soc. **1959** 87). – Kristalle (aus E.+Hexan); F: 196–198° [unkorr.]; $[\alpha]_D$: +76° [$CHCl_3$]; IR-Banden (KBr; 5,7–6,1 μ); λ_{max} (A.): 237 nm (*Ed. et al.*, Am. Soc. **82** 2321).

21-Acetoxy-17-hydroxy-16α-methyl-5α-pregn-9(11)-en-3,20-dion $C_{24}H_{34}O_5$, Formel XV.

B. Beim Behandeln von 21-Acetoxy-3β,17-dihydroxy-16α-methyl-5α-pregn-9(11)-en-20-on mit *N*-Brom-succinimid und Pyridin in CH_2Cl_2 (*Ehmann et al.*, Helv. **42** [1959] 2548, 2556). Aus 21-Acetoxy-11α,17-dihydroxy-16α-methyl-5α-pregnan-3,20-dion über das O^{11}-Methansulfonyl-Derivat bzw. über das O^{11}-[Toluol-4-sulfonyl]-Derivat (*Eh. et al.*, l. c. S. 2555, 2556).

Kristalle (aus Acn.+Ae.); F: 216–221°. $[\alpha]_D^{27}$: +41,3° [$CHCl_3$; c = 1,1]. IR-Banden (Nujol; 2,8–5,9 μ): *Eh. et al.*

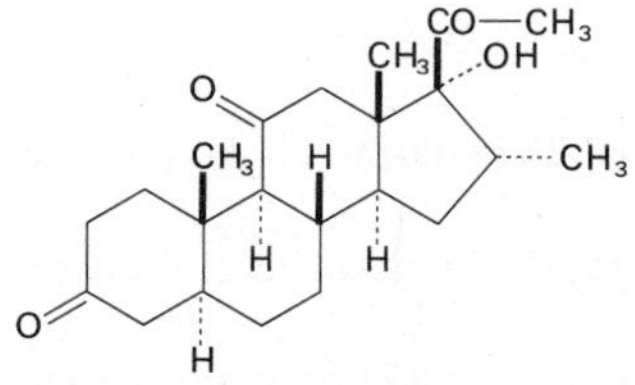

I 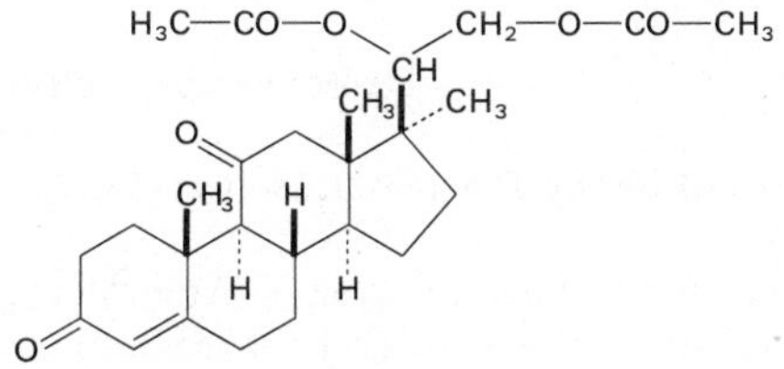 II

17-Hydroxy-16α-methyl-5α-pregnan-3,11,20-trion $C_{22}H_{32}O_4$, Formel I.

B. Beim Behandeln von 3β,17-Dihydroxy-16α-methyl-5α-pregnan-11,20-dion bzw. von 3β,11α,17-Trihydroxy-16α-methyl-5α-pregnan-20-on in Aceton mit CrO_3 in wss. H_2SO_4 (*Heus=*

ler et al., Helv. **42** [1959] 2043, 2059, 2061).

Kristalle (aus CH_2Cl_2+Ae.); F: 235–238°; $[\alpha]_D^{27}$: +37,9° [$CHCl_3$; c = 0,8] (*He. et al.*, l. c. S. 2059).

20ξ,21-Diacetoxy-17-methyl-pregn-4-en-3,11-dion $C_{26}H_{36}O_6$, Formel II.

B. Neben kleineren Mengen der folgenden Verbindung aus 21-Hydroxy-17-methyl-pregn-4-en-3,11,20-trion über mehrere Stufen (*Engel*, Canad. J. Chem. **35** [1957] 131, 139).

Kristalle (aus Ae.+Hexan); F: 189–192° [korr.; evakuierte Kapillare] und (nach Wiedererstarren) F: 260° [korr.]. IR-Spektrum (KBr; 3800–600 cm^{-1}): *En. et al.*, l. c. S. 135. λ_{max} (A.): 238 nm.

11β,21-Dihydroxy-17-methyl-pregn-4-en-3,20-dion $C_{22}H_{32}O_4$, Formel III.

B. s. im vorangehenden Artikel.

Kristalle; F: 203–205° (*Engel*, Canad. J. Chem. **35** [1957] 131, 137, 138).

O^{21}-Acetyl-Derivat $C_{24}H_{34}O_5$; 21-Acetoxy-11β-hydroxy-17-methyl-pregn-4-en-3,20-dion. Kristalle (aus Ae.+Acn.+Hexan); F: 193–195,5° [korr.; evakuierte Kapillare]; $[\alpha]_D^{29}$: +119° [$CHCl_3$; c = 0,9]; λ_{max} (A.): 241 nm (*En.*, l. c. S. 138). IR-Spektrum (KBr; 3800–600 cm^{-1}): *En.*, l. c. S. 135.

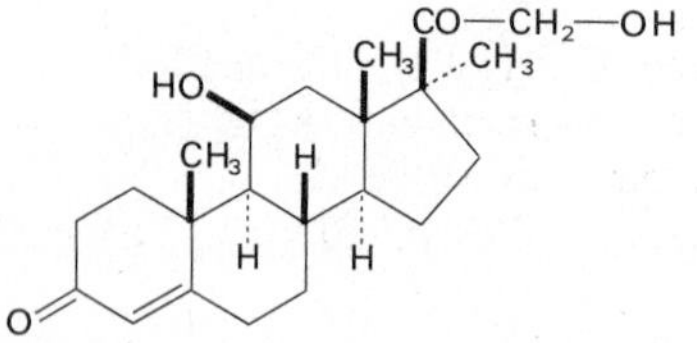

III 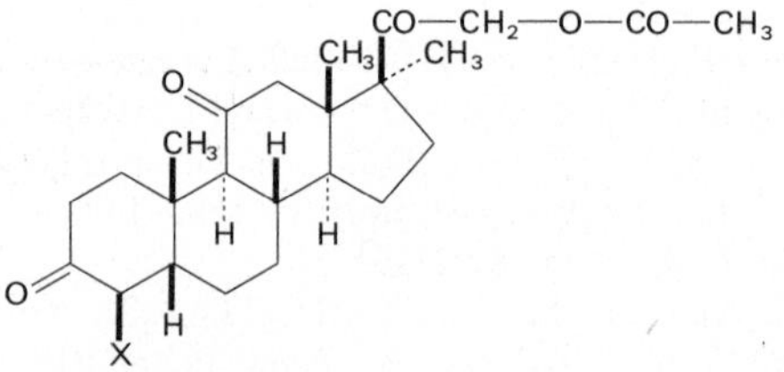 IV

21-Acetoxy-17-methyl-5β-pregnan-3,11,20-trion $C_{24}H_{34}O_5$, Formel IV (X = H).

B. Beim Erhitzen von 21-Jod-17-methyl-5β-pregnan-3,11,20-trion mit Silberacetat und wenig Acetanhydrid in Pyridin (*Engel*, Am. Soc. **78** [1956] 4727, 4732).

Kristalle (aus Ae.+Hexan); F: 191,5–192,5° [korr.; evakuierte Kapillare]. $[\alpha]_D^{24}$: +45,9° [$CHCl_3$; c = 1,1].

21-Acetoxy-4β-brom-17-methyl-5β-pregnan-3,11,20-trion $C_{24}H_{33}BrO_5$, Formel IV (X = Br).

B. Aus der vorangehenden Verbindung und Brom in Essigsäure (*Engel*, Am. Soc. **78** [1956] 4727, 4733).

Kristalle (aus CH_2Cl_2+Me.); F: 184° [korr.; Zers.; evakuierte Kapillare]. $[\alpha]_D^{26}$: +46,2° [$CHCl_3$; c = 1].

Hydroxy-oxo-Verbindungen $C_{23}H_{34}O_4$

3α,17a,23-Trihydroxy-*D*-homo-21,24-dinor-5β,17aβ*H*(?)-chol-20-in-11-on $C_{23}H_{34}O_4$, vermutlich Formel V.

Bezüglich der Konfiguration am C-Atom 17a vgl. das analog hergestellte 21,24-Dinor-17β*H*-chol-5-en-20-in-3β,17,23-triol (E IV **6** 7558).

B. Beim Behandeln von 3α-Hydroxy-*D*-homo-5β-androstan-11,17a-dion mit Prop-2-in-1-ol und Kalium-*tert*-butylat in *tert*-Butylalkohol (*Sterling Drug Inc.*, U.S.P. 2822382 [1954]).

Kristalle (aus E.); F: 245–252,5°. $[\alpha]_D^{25}$: −15,9° [Acn.; c = 1].

O^3,O^{23}-Diacetyl-Derivat $C_{27}H_{38}O_6$; 3α,23-Diacetoxy-17a-hydroxy-*D*-homo-21,24-dinor-5β,17aβ*H*(?)-chol-20-in-11-on. Kristalle (aus A.); F: 192–193°. $[\alpha]_D^{25}$: +13,4° [$CHCl_3$; c = 1].

Hydroxy-oxo-Verbindungen $C_{24}H_{36}O_4$

24-Hydroxy-5β-cholan-3,7,12-trion $C_{24}H_{36}O_4$, Formel VI.

B. Aus (3Ξ,7Ξ,12Ξ)-5β-Trispiro[cholan-3,2′;7,2″;12,2‴-tris-[1,3]oxathiolan]-24-ol (E III/IV **19** 6254) über das Acetyl-Derivat [s. u.] (*Mazur, Brown,* Am. Soc. **77** [1955] 6670).

Kristalle (aus Me.) mit 0,5 Mol Methanol; F: 212–213°. $[\alpha]_D$: +28° [Dioxan].

Acetyl-Derivat $C_{26}H_{38}O_5$; 24-Acetoxy-5β-cholan-3,7,12-trion. Kristalle (aus Bzl. + PAe.); F: 203–204°. $[\alpha]_D$: +26° [Dioxan].

Hydroxy-oxo-Verbindungen $C_{25}H_{38}O_4$

3α-Acetoxy-24-methyl-5β-cholan-7,12,24-trion $C_{27}H_{40}O_5$, Formel VII (X = X′ = H).

B. Beim Behandeln von 3α-Acetoxy-24-brommethyl-5β-cholan-7,12,24-trion mit Zink-Pulver und Essigsäure (*Hadáček, Čeladník,* Chem. Listy **47** [1953] 1532; C. A. **1955** 353).

Kristalle (aus Ae.); F: 171° [unkorr.].

***3α-Hydroxy-24-methyl-5β-cholan-7,12,24-trion-trioxim** $C_{25}H_{41}N_3O_4$, Formel VIII.

B. Beim Erwärmen der vorangehenden Verbindung mit $NH_2OH \cdot HCl$ und Kaliumacetat in Äthanol (*Hadáček, Čeladník,* Chem. Listy **47** [1953] 1532; C. A. **1955** 353).

Kristalle (aus Me.); F: 256–258° [unkorr.; Zers.].

3α-Acetoxy-24-chlormethyl-5β-cholan-7,12,24-trion $C_{27}H_{39}ClO_5$, Formel VII (X = Cl, X′ = H) (E III 3586).

B. Beim Behandeln von 3α-Acetoxy-24-diazomethyl-5β-cholan-7,12,24-trion mit wss. HCl in Dioxan (*Hadáček, Klímek,* Spisy přírodov. Mas. Univ. Nr. 349 [1953] 217, 219; C. A. **1955** 6288; vgl. E III 3586) oder mit HCl in Äther (*Čeladník et al.,* Collect. **15** [1950] 972, 975).

Kristalle (aus Ae.); F: 168–170° (*Ha., Kl.*; *Če. et al.*).

3α-Acetoxy-24-brommethyl-5β-cholan-7,12,24-trion $C_{27}H_{39}BrO_5$, Formel VII (X = Br, X′ = H).

B. Beim Behandeln von 3α-Acetoxy-24-diazomethyl-5β-cholan-7,12,24-trion mit HBr in Äther

(*Hadáček, Čeladník,* Chem. Listy **47** [1953] 1532; C. A. **1955** 353).
Kristalle (aus Ae.); F: 150° [unkorr.].

3α-Acetoxy-24-dibrommethyl-5β-cholan-7,12,24-trion $C_{27}H_{38}Br_2O_5$, Formel VII (X = X′ = Br).

B. Beim Behandeln von 3α-Acetoxy-24-diazomethyl-5β-cholan-7,12,24-trion mit Brom in CCl_4 (*Hadáček, Čeladník,* Chem. Listy **47** [1953] 1532; C. A. **1955** 353).

Kristalle (aus Me.); F: 174° [unkorr.].

3α-Acetoxy-24-dijodmethyl-5β-cholan-7,12,24-trion $C_{27}H_{38}I_2O_5$, Formel VII (X = X′ = I).

B. Beim Behandeln von 3α-Acetoxy-24-diazomethyl-5β-cholan-7,12,24-trion mit Jod in CCl_4 (*Hadáček, Čeladník,* Chem. Listy **47** [1953] 1532; C. A. **1955** 353).

F: 157° [unkorr.].

Unbeständig.

Hydroxy-oxo-Verbindungen $C_{27}H_{42}O_4$

(25*R*)-3β,26-Dihydroxy-cholest-5-en-16,22-dion, Kryptogenin $C_{27}H_{42}O_4$, Formel IX und Taut. (E III 3587 [1])).

Bestätigung der E III **8** 3587 getroffenen Konfigurationszuordnung am C-Atom 25: *Caspi et al.,* Am. Soc. **92** [1970] 2161.

Isolierung aus den grünen Früchten von Balanites roxburghii: *Kincl, Gedeon,* Chem. Listy **47** [1953] 1875; C. A. **1955** 1081.

F: 192–193° (*Scheer et al.,* Am. Soc. **79** [1957] 3218, 3219). $[\alpha]_D^{20}$: –198° bis –200° [$CHCl_3$; c = 1] (*Sch. et al.*). IR-Spektrum (KBr; 2–15 μ): *W. Neudert, H. Röpke,* Steroid-Spektrenatlas [Berlin 1965] Nr. 865. Absorptionsspektrum (H_2SO_4): *Diaz et al.,* J. org. Chem. **17** [1952] 747, 749.

Beim Hydrieren an Platin in Essigsäure ist Dihydrotigogenin (Hauptprodukt; E III/IV **17** 2102) neben zwei stereoisomeren (22Ξ,25*R*)-22,26-Epoxy-5α-cholestan-3β,16ξ-diolen (E III/IV **17** 2098) erhalten worden (*Sch. et al.*).

Diacetyl-Derivat $C_{31}H_{46}O_6$; (25*R*)-3β,26-Diacetoxy-cholest-5-en-16,22-dion, Di-*O*-acetyl-kryptogenin (E III 3588). Netzebenenabstände: *Parsons et al.,* Anal. Chem. **28** [1956] 1514, 1518. $[\alpha]_D^{23}$: –182° [Dioxan; c = 0,8] (*Djerassi, Ehrlich,* Am. Soc. **78** [1956] 440, 446). ORD (Dioxan; 700–300 nm): *Dj., Eh.,* l. c. S. 442, 446. IR-Spektrum (CS_2; 1350–890 cm^{-1}): *K. Dobriner, E.R. Katzenellenbogen, R.N. Jones,* Infrared Absorption Spectra of Steroids [New York 1953] Nr. 264; s. a. *Eddy et al.,* Anal. Chem. **25** [1953] 266, 268.

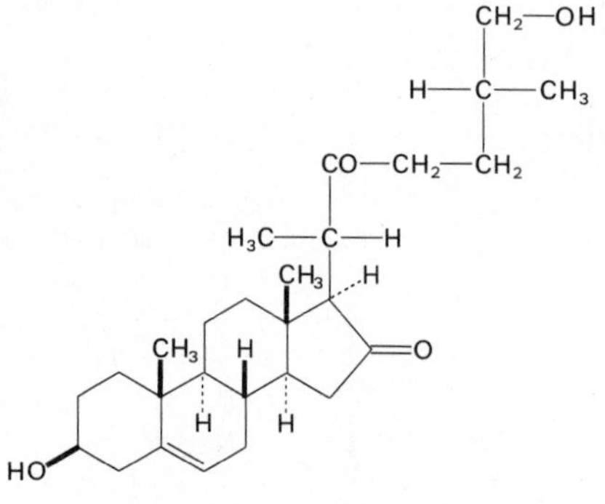

IX

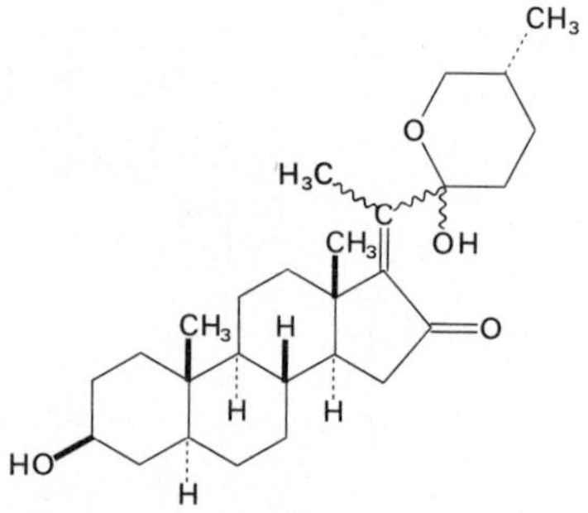

X

[1]) Berichtigung zu E III **8** 3587, Zeile 24 v. u.: Anstelle von „(25*R*)-3.16.22-Trioxo-cholesten-(5)-säure-(26)“ ist zu setzen „(25*R*)-3.16.22-Trioxo-cholesten-(4)-säure-(26)“.

3,26-Dihydroxy-cholest-17(20)-en-16,22-dion $C_{27}H_{42}O_4$ und Taut.

(17Ξ,22Ξ,25*R*)-3*β*,22-Dihydroxy-22,26-epoxy-5*α*-cholest-17(20)-en-16-on, Formel X.

B. Beim Behandeln von (25*R*)-3*β*,26-Diacetoxy-5*α*-furosta-16,20(22)-dien mit Monoperoxyphthalsäure in Äther oder mit CrO_3 in Essigsäure (*Nussbaum et al.*, J. org. Chem. **17** [1952] 426, 428).

Kristalle (aus Hexan+Acn.); F: 205–206° [unkorr.]. $[\alpha]_D^{20}$: −105° [$CHCl_3$]. λ_{max} (A.): 237 nm.

Hydroxy-oxo-Verbindungen $C_{28}H_{44}O_4$

3*β*-Hydroxy-18,19-seco-29,30-dinor-oleanan-11,18,20-trion $C_{28}H_{44}O_4$, Formel XI.

B. Beim Behandeln des Acetyl-Derivats (s. u.) mit methanol. KOH (*Djerassi, Foltz*, Am. Soc. **76** [1954] 4085, 4088).

F: 228–230°.

Acetyl-Derivat $C_{30}H_{46}O_5$; 3*β*-Acetoxy-18,19-seco-29,30-dinor-oleanan-11,18,20-trion. *B.* Beim Erhitzen von 3*β*-Acetoxy-18,19-seco-29,30-dinor-olean-12-en-11,18,20-trion mit Zink-Pulver und Essigsäure (*Dj., Fo.*). — Kristalle (aus Me.+CH_2Cl_2); F: 237–240°. Bei 215°/0,05 Torr sublimierbar. $[\alpha]_D^{19}$: −38,4° [$CHCl_3$].

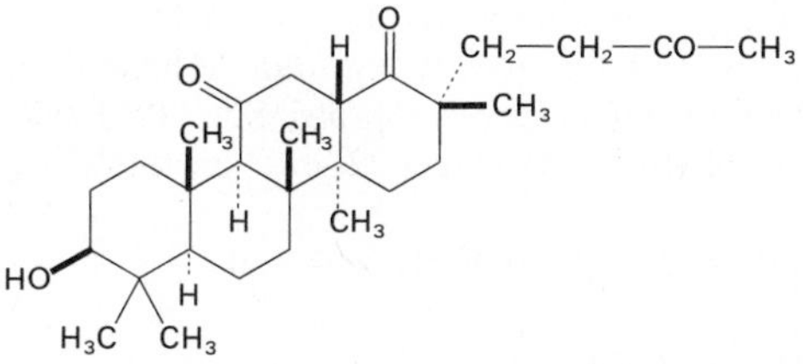

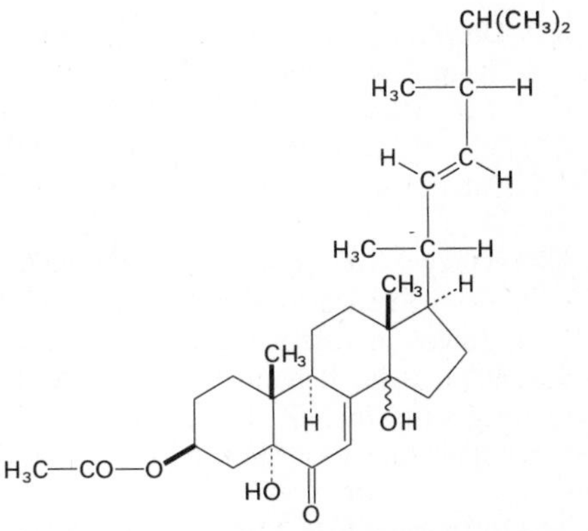

3*β*-Acetoxy-5,14-dihydroxy-5*α*,14*ξ*-ergosta-7,22*t*-dien-6-on $C_{30}H_{46}O_5$, Formel XII.

B. Beim Erwärmen von 3*β*-Acetoxy-5-hydroxy-5*α*-ergosta-7,22*t*-dien-6-on mit SeO_2 in Dioxan (*Zürcher et al.*, Helv. **37** [1954] 1562, 1578).

Kristalle (aus Dioxan); F: 282–283° [Zers.; evakuierte Kapillare]. $[\alpha]_D^{20}$: +74° [Py.; c = 1]. λ_{max} (A.): 246 nm.

3*β*-Acetoxy-5-hydroxy-5*α*-ergost-8-en-7,11-dion $C_{30}H_{46}O_5$, Formel I.

B. Beim Behandeln von 3*β*-Acetoxy-5*α*-ergosta-7,9(11)-dien-5-ol mit *N*-Brom-succinimid in wss. *tert*-Butylalkohol und Behandeln des Reaktionsprodukts mit CrO_3 in Essigsäure und $CHCl_3$ (*Elks et al.*, Soc. **1954** 451, 460).

Gelbe Kristalle; F: 175–176°. $[\alpha]_D^{25}$: −38° [$CHCl_3$; c = 0,3]. IR-Banden (CS_2; 3600–1240 cm^{-1}): *Elks et al.* λ_{max} (A.): 265 nm.

9,11*α*-Dihydroxy-5*α*-ergost-22*t*-en-3,7-dion $C_{28}H_{44}O_4$, Formel II.

B. Beim Behandeln des O^{11}-Acetyl-Derivats (s. u.) mit methanol. KOH (*Heusser et al.*, Helv. **36** [1953] 1918, 1921).

Kristalle (aus Me.); F: 280–281° [evakuierte Kapillare]. $[\alpha]_D^{20}$: −57° [$CHCl_3$; c = 0,7].

O^{11}-Acetyl-Derivat $C_{30}H_{46}O_5$; 11*α*-Acetoxy-9-hydroxy-5*α*-ergost-22*t*-en-3,7-dion. *B.* Beim Behandeln von 11*α*-Acetoxy-3*β*,9-dihydroxy-5*α*-ergost-22*t*-en-7-on mit CrO_3 in

Essigsäure (*He. et al.*). – Kristalle (aus Acn. + Hexan); F: 201–202° [evakuierte Kapillare]. $[\alpha]_D^{20}$: −47° [$CHCl_3$; c = 0,6].

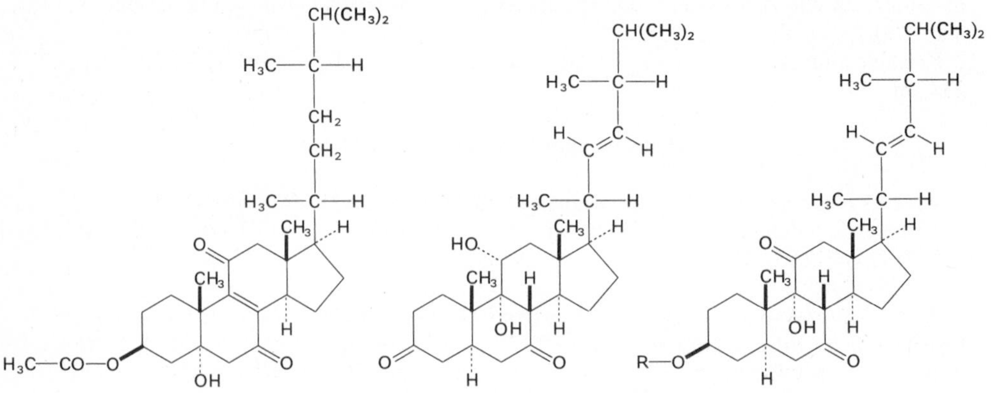

3β,9-Dihydroxy-5α-ergost-22t-en-7,11-dion $C_{28}H_{44}O_4$, Formel III (R = H).

B. Beim Erwärmen von $22\alpha_F,23\alpha_F$-Dibrom-3β,9-dihydroxy-5α-ergostan-7,11-dion mit Zink-Pulver in Äther und Methanol (*Budziarek, Spring,* Soc. **1953** 956, 958). Beim Erwärmen der folgenden Verbindung mit methanol. KOH (*Bu., Sp.*).

Kristalle (aus Me.); F: 255–256° [korr.]. $[\alpha]_D^{16-18}$: −8° [$CHCl_3$ + Me. (20:1); c = 0,4].

3β-Acetoxy-9-hydroxy-5α-ergost-22t-en-7,11-dion $C_{30}H_{46}O_5$, Formel III (R = CO-CH_3).

B. Beim Erwärmen von 3β-Acetoxy-$22\alpha_F,23\alpha_F$-dibrom-9-hydroxy-5α-ergostan-7,11-dion mit Zink-Pulver in Essigsäure oder in Äther und Methanol (*Budziarek, Spring,* Soc. **1953** 956, 957, 958). Beim Behandeln von 3β-Acetoxy-9,11α-dihydroxy-5α-ergost-22t-en-7-on mit CrO_3 in Essigsäure (*Bu., Sp.,* l. c. S. 958).

Kristalle (aus wss. Me.); F: 183–185° [korr.]. $[\alpha]_D^{16-18}$: −23° [$CHCl_3$; c = 1,6].

3α,12α-Diacetoxy-26,27-dinor-lanost-8-en-7,24-dion $C_{32}H_{48}O_6$, Formel IV.

B. Beim Erwärmen von 3α,12α-Diacetoxy-26,27-dinor-lanost-8-en-24-on mit CrO_3 in Essigsäure (*Halsall, Hodges,* Soc. **1954** 2385, 2387).

Kristalle; F: 228–230° [korr.]. $[\alpha]_D$: +73° [$CHCl_3$; c = 0,7]. λ_{max} (A.): 254 nm.

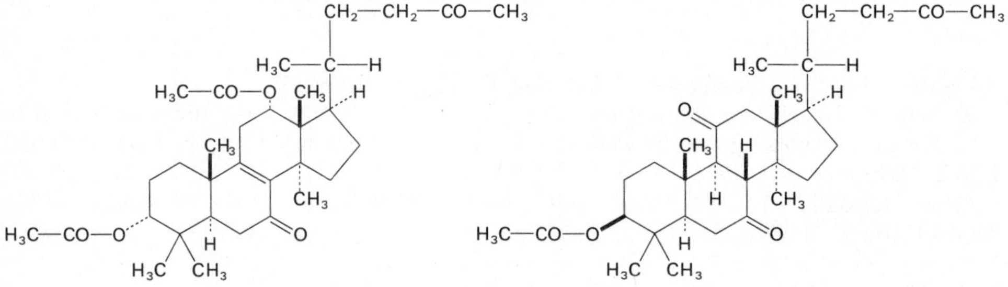

3-Acetoxy-26,27-dinor-lanostan-7,11,24-trione $C_{30}H_{46}O_5$.

a) **3β-Acetoxy-26,27-dinor-lanostan-7,11,24-trion,** Formel V.

B. Beim Behandeln des Natrium-Salzes der 3β-Acetoxy-7,11-dioxo-25,26,27-trinor-lanostan-

24-säure mit Oxalylchlorid und wenig Pyridin in Benzol und Behandeln des erhaltenen Säurechlorids in Benzol mit Dimethylcadmium in Äther (*Roth et al.*, Helv. **36** [1953] 1908, 1916).

Kristalle (aus CH_2Cl_2 + Hexan); F: 235–237° [evakuierte Kapillare]. $[\alpha]_D^{21}$: +59° [$CHCl_3$; c = 0,9]. IR-Spektrum (2–16 μ): *Roth et al.*, l. c. S. 1912.

b) **3α-Acetoxy-26,27-dinor-lanostan-7,11,24-trion,** Formel VI.

B. Beim Erhitzen von 3α,12α-Diacetoxy-26,27-dinor-lanost-8-en-7,11,24-trion mit Zink-Pulver und Essigsäure (*Roth et al.*, Helv. **36** [1953] 1908, 1915).

Kristalle (aus CH_2Cl_2 + Hexan); F: 167–168° [evakuierte Kapillare]. $[\alpha]_D^{22}$: +16° [$CHCl_3$; c = 1]. IR-Spektrum (2–16 μ): *Roth et al.*, l. c. S. 1912.

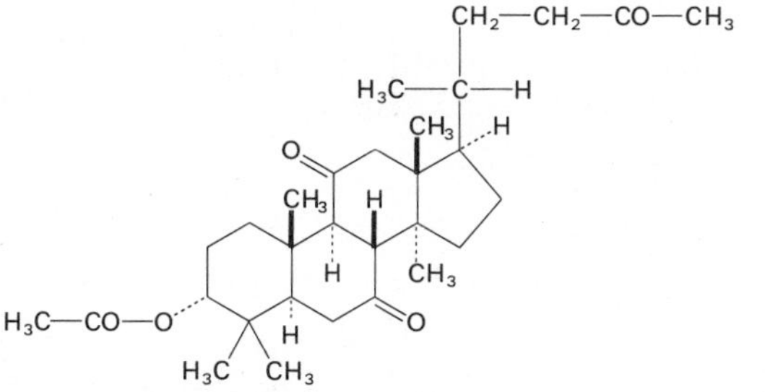

VI

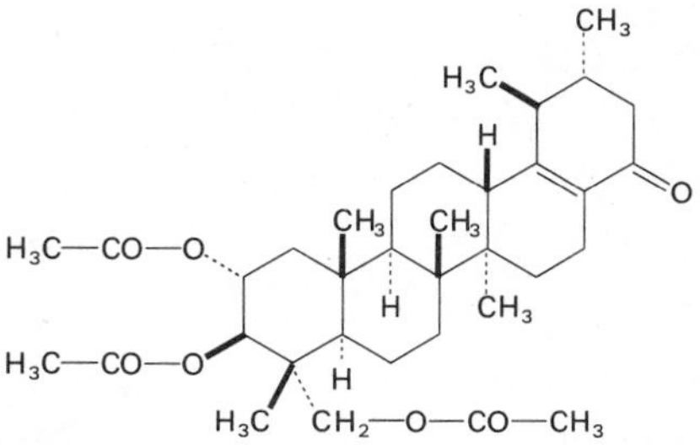

VII

Hydroxy-oxo-Verbindungen $C_{29}H_{46}O_4$

2α,3β,23-Triacetoxy-28-nor-urs-17(?)-en-22-on $C_{35}H_{52}O_7$, vermutlich Formel VII.

Konstitution: *J. Simonsen, W.C.J. Ross,* The Terpenes, Bd. 5 [Cambridge 1957] S. 64.

B. Beim Behandeln von 2α,3β,23-Triacetoxy-28-nor-urs-17(?)-en (E IV **6** 7526) in Benzol mit CrO_3 in Essigsäure (*Polonsky,* Bl. **1952** 1015, 1019).

Kristalle (aus wss. Me.); F: 240–245°; $[\alpha]_{578}$: +9,3° [$CHCl_3$; c = 0,76]; λ_{max}: 255 nm (*Po.*).

Hydroxy-oxo-Verbindungen $C_{30}H_{48}O_4$

9-Hydroxy-lanostan-3,11,12-trion $C_{30}H_{48}O_4$, Formel VIII.

B. Aus 3β,9-Dihydroxy-lanostan-11,12-dion in Benzol und Essigsäure mit Hilfe von $Na_2Cr_2O_7$ und wss. H_2SO_4 (*Voser et al.*, Helv. **35** [1952] 2065, 2071).

Kristalle (aus CH_2Cl_2 + Hexan); F: 169–170° [korr.; evakuierte Kapillare]. $[\alpha]_D$: +145° [$CHCl_3$; c = 1].

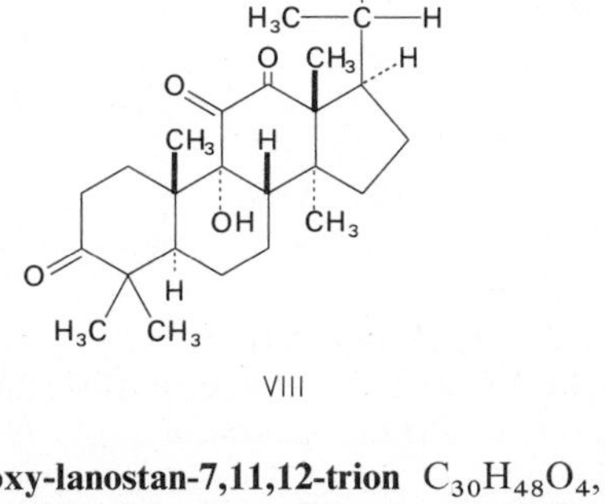

VIII

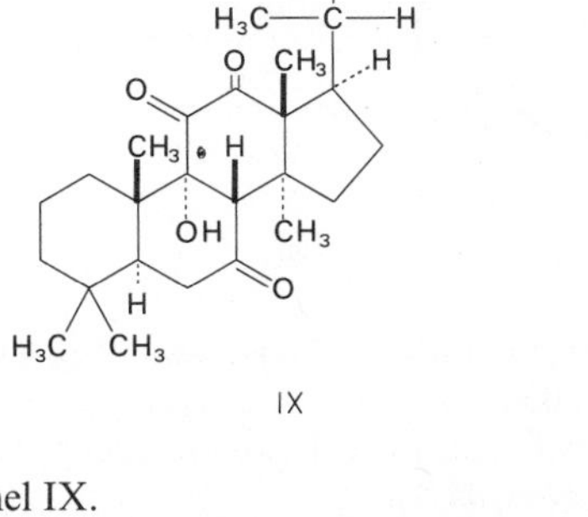

IX

9-Hydroxy-lanostan-7,11,12-trion $C_{30}H_{48}O_4$, Formel IX.

B. Aus 7β,9-Dihydroxy-lanostan-11,12-dion analog der vorangehenden Verbindung (*Kyburz et al.*, Helv. **35** [1952] 2073, 2078).

Kristalle (aus CH_2Cl_2+Me.); F: 221–222° [korr.; Zers.; evakuierte Kapillare]. $[\alpha]_D$: +127° [$CHCl_3$; c = 1,1].

2α,3β,23-Trihydroxy-urs-12-en-28-al, Asiataldehyd $C_{30}H_{48}O_4$, Formel X (R = H).

B. Beim Erwärmen der folgenden Verbindung mit wss. KOH (*Polonsky*, Bl. **1952** 649, 653).

Kristalle (aus wss. A.); F: 218–220° [korr.]. $[\alpha]_{578}$: +58° [$CHCl_3$; c = 1,1].

2α,3β,23-Triacetoxy-urs-12-en-28-al, Tri-*O*-acetyl-asiataldehyd $C_{36}H_{54}O_7$, Formel X (R = CO-CH_3).

B. Aus Tri-*O*-acetyl-asiatsäure (E III **10** 2282) über mehrere Stufen (*Polonsky*, Bl. **1952** 649, 653).

Kristalle (aus wss. Me.); F: 163–165° [korr.]. $[\alpha]_{578}$: +38,7° [$CHCl_3$; c = 0,9]. λ_{max}: 280 nm.

Semicarbazon $C_{37}H_{57}N_3O_7$. Kristalle (aus A.); F: 222–225° [korr.].

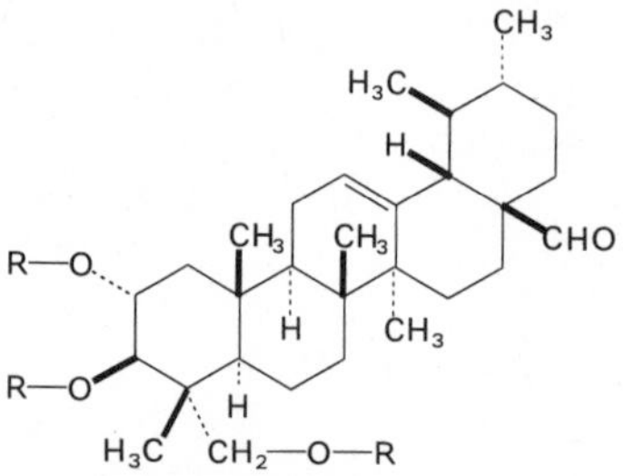

X

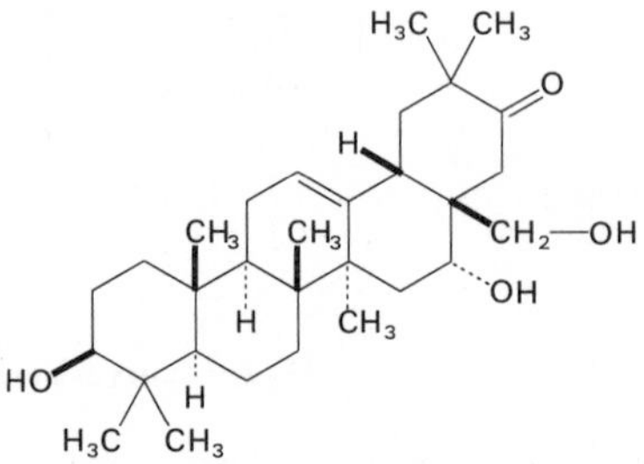

XI

3β,16α,28-Trihydroxy-olean-12-en-21-on, Armillarigenin $C_{30}H_{48}O_4$, Formel XI.

Konstitution und Konfiguration: *deMaheas et al.*, Bl. **1969** 226.

Isolierung aus Jacquinia armillaris: *deMaheas*, C. r. **249** [1959] 1799; *deMa. et al.*, l. c. S. 229.

Kristalle (aus A.); F: 299–301°; $[\alpha]_D$: +11° [A.; c = 0,5], −11° [Py.; c = 1,2] (*deMa. et al.*, l. c. S. 229).

2,4-Dinitro-phenylhydrazon (F: 255–256°): *deMa. et al.*, l. c. S. 229.

Triacetyl-Derivat $C_{36}H_{54}O_7$; 3β,16α,28-Triacetoxy-olean-12-en-21-on, Tri-*O*-acetyl-armillarigenin. Kristalle (aus A.); F: 206–208°; $[\alpha]_D$: −35° [$CHCl_3$; c = 1,1] (*deMa. et al.*, l. c. S. 229). ^{1}H-NMR-Absorption: *deMa. et al.*, l. c. S. 228.

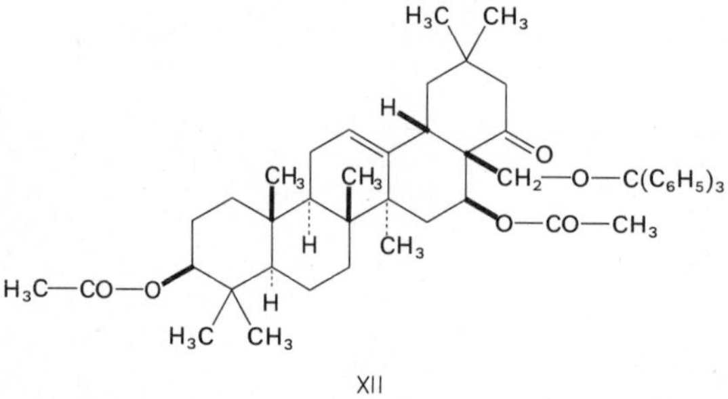

XII

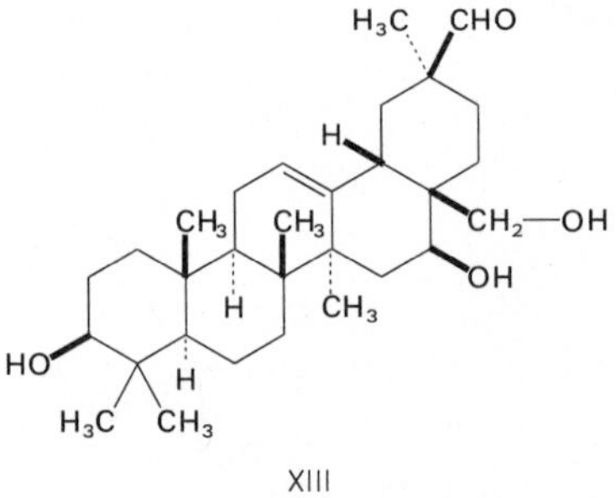

XIII

3β,16β-Diacetoxy-28-trityloxy-olean-12-en-22-on $C_{53}H_{66}O_6$, Formel XII.

B. Beim Behandeln von 28-Trityloxy-olean-12-en-3β,16β,22α-triol mit Acetanhydrid und Pyridin und Behandeln des Reaktionsprodukts mit CrO_3 in Pyridin (*Sandoval et al.*, Am. Soc. **79** [1957] 4468, 4471).

Kristalle (aus Me.); F: 287–290°; $[\alpha]_D$: −44° [$CHCl_3$] (*Sa. et al.*). $[\alpha]_D$: −93° [Dioxan;

c = 0,1] (*Djerassi et al.,* Am. Soc. **81** [1959] 4587, 4599). ORD (Dioxan; 700–280 nm): *Dj. et al.,* l. c. S. 4593, 4599. IR-Banden ($CHCl_3$; 5,7–8 μ): *Sa. et al.*

3β,16β,28-Trihydroxy-olean-12-en-30-al, Cyclamiretin-D $C_{30}H_{48}O_4$, Formel XIII (E III 3590).

Revidierte Konfiguration am C-Atom 16: *Segal, Taube,* Tetrahedron **29** [1973] 675, 676.

Entsprechend ist das E III **8** 3591 beschriebene Cyclamiretin-D-oxim als 3β,16β,28-Trihydroxy-olean-12-en-30-al-oxim $C_{30}H_{49}NO_4$, das E III **8** 3590 beschriebene 3β,28-Diacetoxy-16α-hydroxy-olean-12-en-30-al als 3β,28-Diacetoxy-16β-hydroxy-olean-12-en-30-al $C_{34}H_{52}O_6$ und das E III **8** 3591 beschriebene 12-Brom-3β,16α,28-trihydroxy-olean-12-en-30-al als 12-Brom-3β,16β,28-trihydroxy-olean-12-en-30-al $C_{30}H_{47}BrO_4$ zu formulieren.

3β,16β,23-Triacetoxy-olean-12-en-28-al $C_{36}H_{54}O_7$, Formel XIV.

Die Konfiguration folgt aus der genetischen Beziehung zu Quillajasäure (E III **10** 4652); über die revidierte Konfiguration dieser Verbindung am C-Atom 16 s. *Segal, Taube,* Tetrahedron **29** [1973] 675, 676.

B. Beim Hydrieren von 3β,16β,23-Triacetoxy-olean-12-en-28-oylchlorid („Tri-*O*-acetyl-dihydroquillajasäure-chlorid") an Palladium/$BaSO_4$ in Xylol bei Siedetemperatur (*Ruzicka et al.,* Collect. **15** [1950] 893, 897).

Kristalle (aus CH_2Cl_2+PAe.); F: 203–204° [korr.; evakuierte Kapillare]; im Hochvakuum bei 180° sublimierbar; $[\alpha]_D$: −6° [$CHCl_3$; c = 0,9] (*Ru. et al.*).

Oxim $C_{36}H_{55}NO_7$. Kristalle (aus wss. Acn.); F: 206–207° [korr.; evakuierte Kapillare]; $[\alpha]_D$: −4° [$CHCl_3$; c = 1,2] (*Ru. et al.*).

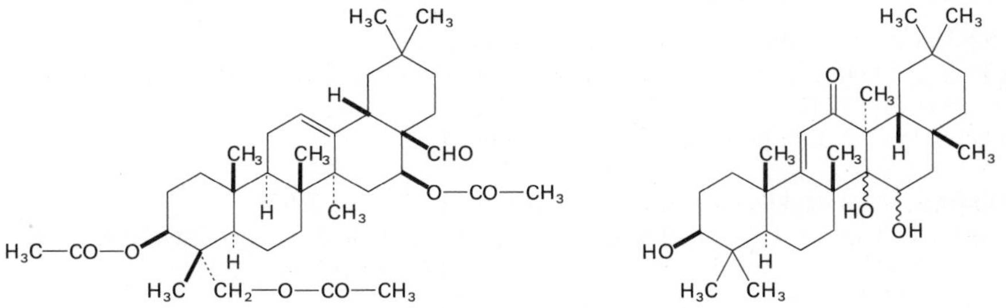

XIV XV

3β,14,15ξ-Trihydroxy-14ξ-*D*-friedo-olean-9(11)-en-12-on, 3β,14,15ξ-Trihydroxy-14ξ-taraxer-9(11)-en-12-on $C_{30}H_{48}O_4$, Formel XV.

B. Neben dem O^3-Acetyl-Derivat (s. u.) beim 3-wöchigen Behandeln von 3β-Acetoxy-*D*-friedo-oleana-9(11),14-dien-12-on mit OsO_4 in Pyridin unter Lichtausschluss und Erwärmen des Reaktionsprodukts mit Na_2SO_3 in wss. Äthanol (*Meisels et al.,* Helv. **33** [1950] 700, 707).

Kristalle (aus Acn.+Hexan); F: 234–235° [korr.; evakuierte Kapillare]. Im Hochvakuum bei 190° sublimierbar. $[\alpha]_D$: −106° [$CHCl_3$; c = 1,2].

O^3-Acetyl-Derivat $C_{32}H_{50}O_5$; 3β-Acetoxy-14,15ξ-dihydroxy-14ξ-*D*-friedo-olean-9(11)-en-12-on, 3β-Acetoxy-14,15ξ-dihydroxy-14ξ-taraxer-9(11)-en-12-on. *B.* s. o. – Kristalle (aus CH_2Cl_2+PAe.); F: 229° [korr.; evakuierte Kapillare]. Im Hochvakuum bei 200° sublimierbar. $[\alpha]_D$: −91° [$CHCl_3$; c = 0,9]. [*E. Deuring*]

Hydroxy-oxo-Verbindungen $C_nH_{2n-14}O_4$

Hydroxy-oxo-Verbindungen $C_{10}H_6O_4$

3,8-Dimethoxy-[1,2]naphthochinon $C_{12}H_{10}O_4$, Formel I.

B. Neben anderen Verbindungen beim Behandeln von 2,6-Dimethoxy-phenol, von 3-Methoxy-brenzcatechin oder von 3-Methoxy-[1,2]benzochinon mit wss. $NaIO_4$ (*Alder et al.*, Acta chem. scand. **14** [1960] 515, 517, 526, 527).

Kristalle; F: 198–199° [aus Bzl. oder Acn.] (*Al. et al.*), 196° (*Magnusson*, Acta chem. scand. **12** [1958] 791).

Beim Erwärmen mit Aceton und Al_2O_3 ist 2-Acetonyl-2-hydroxy-3,8-dimethoxy-2*H*-naphthalin-1-on erhalten worden (*Ma.*).

H₃C—O O O O—CH₃ I

O O H₃C—O O—CH₃ II

NO OH H₃C—O O—CH₃ III

5,6-Dimethoxy-[1,2]naphthochinon $C_{12}H_{10}O_4$, Formel II.

B. Beim Hydrieren der folgenden Verbindung an Palladium/Kohle in H_2O, Essigsäure und H_2SO_4 und Behandeln der Reaktionslösung mit $FeCl_3$ in wss. HCl (*Gates*, Am. Soc. **72** [1950] 228, 232).

Goldgelbe Kristalle; F: 170–172° [korr.].

o-Phenylendiamin-Kondensationsprodukt (F: 173,5–174,4°): *Ga.*

5,6-Dimethoxy-[1,2]naphthochinon-1-oxim $C_{12}H_{11}NO_4$ und Taut.

5,6-Dimethoxy-1-nitroso-[2]naphthol, Formel III.

B. Beim Behandeln von 5,6-Dimethoxy-[2]naphthol in wss. Essigsäure mit $NaNO_2$ bei –10° (*Gates*, Am. Soc. **72** [1950] 228, 232).

Ockergelb; F: 173–175° [korr.; Zers.; Rohprodukt].

5,6-Dihydroxy-[1,4]naphthochinon $C_{10}H_6O_4$, Formel IV (E III 3599).

B. Beim Leiten von Luft durch eine Lösung von 5,6-Dihydroxy-2,3-dihydro-[1,4]naphthochinon (E IV **6** 7733) in wss. NaOH (*Garden, Thomson*, Soc. **1957** 2483, 2486).

λ_{max} (A.): 226 nm, 263 nm und 461 nm.

5,7-Dihydroxy-[1,4]naphthochinon $C_{10}H_6O_4$, Formel V.

B. Beim Behandeln von Naphthazarin (s. u.) mit Blei(IV)-acetat in Essigsäure und anschliessend mit Acetanhydrid und H_2SO_4, Erhitzen des Reaktionsprodukts (F: 160°) mit Natriumstannit in wss. NaOH und Behandeln des nach Ansäuern mit wss. HCl erhaltenen Reaktionsprodukts in Äther mit Ag_2O (*Garden, Thomson*, Soc. **1957** 2483, 2486).

Orangefarbene Kristalle (aus Toluol); F: 165–170° [Zers.]. λ_{max} (A.): 265 nm und 431 nm.

Diacetyl-Derivat $C_{14}H_{10}O_6$; 5,7-Diacetoxy-[1,4]naphthochinon. Goldgelbe Kristalle; F: 126–127° [Zers.]. λ_{max} (A.): 233 nm und 342 nm.

5,8-Dihydroxy-[1,4]naphthochinon, Naphthazarin $C_{10}H_6O_4$, Formel VI (R = X = X′ = H) (H 412; E I 698; E II 463; E III 3600).

Nach Ausweis der IR- und UV-Absorption liegt in Lösung intramolekular chelatisiertes 5,8-Dihydroxy-[1,4]naphthochinon vor (*Schmand et al.*, A. **1976** 1560, 1566–1568).

B. Beim Erhitzen von 4-[2,5-Dimethoxy-phenyl]-4-oxo-*trans*-crotonsäure (E III **10** 4602) mit $AlCl_3$ und NaCl auf 200° (*Baddeley et al.*, Soc. **1953** 3969). Beim Erwärmen von 5,8-Diacetoxy-[1,4]naphthochinon mit wss. NaOH (*Farina et al.*, Tetrahedron Letters **1959** Nr. 19, S. 9, 10; An. Soc. españ. [B] **59** [1963] 167, 174).

Dipolmoment bei 20°: 0,48 D [ε; Bzl.] bzw. 0,63 D [ε; Dioxan] (*Blinc et al.* in *D. Hadži*, Hydrogen Bonding [London 1959] S. 333, 336).

Rote Kristalle (aus A.), die bei 195° unter Zersetzung sublimieren (*Fa. et al.*, An. Soc. españ.

[B] **59** 174). IR-Spektrum in Nujol (1800–650 cm^{-1}) bzw. in Hexachlor-buta-1,3-dien (3500–650 cm^{-1}): *Blinc et al.* in *D. Hadži*, Hydrogen Bonding [London 1959] S. 333, 334, 335; in Nujol (1700–700 cm^{-1}): *Hadži*, Arh. Kemiju **25** [1953] 33, 35; C. A. **1954** 10435; *Hadži, Sheppard,* Trans. Faraday Soc. **50** [1954] 911, 915; in CCl_4 (3500–2000 cm^{-1}): *Bl. et al.*, l. c. S. 335; *Ha., Sh.*, l. c. S. 913. IR-Spektrum eines deuterierten Präparats (Nujol; 1800–650 cm^{-1}; Hexachlor-buta-1,3-dien; 3500–650 cm^{-1} bzw. CCl_4; 3500–2000 cm^{-1}): *Bl. et al.*, l. c. S. 334, 335. Absorptionsspektrum wss. Lösungen vom pH 5,3, 7,2 und 8,3 (400–680 nm): *Underwood et al.*, Am. Soc. **72** [1950] 5597, 5600; in Äthanol (400–600 nm): *Moeller, Tecotzky,* Anal. Chem. **27** [1955] 1056; in Cyclohexan (430–580 nm): *Brockmann, Müller,* B. **92** [1959] 1164, 1167; sowie in Hexan (250–600 nm): *Bl. et al.*, l. c. S. 336. Anisotrope Absorption (Dichroismus) eines Einkristalls (220–600 nm): *Nakamoto,* Bl. chem. Soc. Japan **26** [1953] 172. λ_{max} in verschiedenen Lösungsmitteln: *Brockmann, Hieronymus,* B. **88** [1955] 1379, 1385, 1387; *Sommer, Hniličková,* Collect. **22** [1957] 1432, 1437.

In einer E III **8** 3601 beim Erhitzen mit 2,3-Dimethyl-buta-1,3-dien in Äthanol unter Druck auf 100° erhaltenen, E III **6** 6762 als 6,7-Dimethyl-5,8-dihydro-anthracen-1,4,9,10-tetraol oder 5,8-Dihydroxy-2,3-dimethyl-1,4,4a,9a-tetrahydro-anthrachinon formulierten Verbindung (F: 195° [unkorr.; Zers.]) hat wahrscheinlich 5,8-Dihydroxy-2,3-dimethyl-1,4-dihydro-anthrachinon vorgelegen (*Tandon et al.*, Indian J. Chem. **15**B [1977] 839). Reaktion mit Thio-*p*-kresol, Natrium-[toluol-4-sulfinat] oder $K_2S_2O_5$: *Bruce, Thomson,* Soc. **1955** 1089, 1095, 1096.

Kalium-Salz. IR-Spektrum (Nujol; 1700–700 cm^{-1}): *Hadži,* Arh. Kemiju **25** [1953] 33, 35; C. A. **1954** 10435.

Beryllium-Salze. a) $BeC_{10}H_4O_4$. Absorptionsspektrum wss. Lösungen vom pH 5,6, 7,4 und 8,7 (400–720 nm): *Underwood et al.*, Am. Soc. **72** [1950] 5597, 5600. – b) $Be(C_{10}H_5O_4)_2$. Absorptionsspektrum wss. Lösungen vom pH 5,3, 7,2 und 8,3 (400–640 nm): *Un. et al.*

Absorptionsspektrum (wss. A. bzw. A.; 400–650 nm) der Komplexsalze mit Praseodym(3+): *Moeller, Tecotzky,* Am. Soc. **77** [1955] 2649; mit Neodym(3+) und mit Thorium(4+): *Moeller, Tecotzky,* Anal. Chem. **27** [1955] 1056. λ_{max} (wss. A.) der Komplexe mit Lanthan(3+) (520 nm, 560 nm und 606 nm), mit Neodym(3+) (522 nm, 560 nm und 605 nm), mit Samarium(3+) (522 nm, 560 nm und 604 nm), mit Gadolinium(3+) (523 nm, 560 nm und 603 nm), mit Erbium(3+) (521 nm, 558 nm und 601 nm) und mit Yttrium(3+) (523 nm, 560 nm und 602 nm): *Mo., Te.,* Am. Soc. **77** 2649.

Mono-thiosemicarbazon $C_{11}H_9N_3O_3S$. Schwarzrote Kristalle (aus A.); F: 160° [Zers.] (*Gardner et al.*, Am. Soc. **74** [1952] 2106).

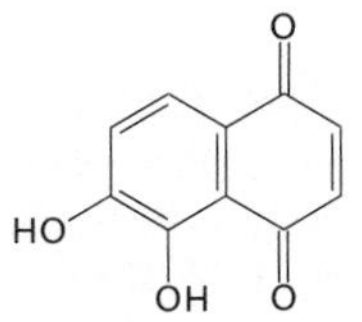

IV 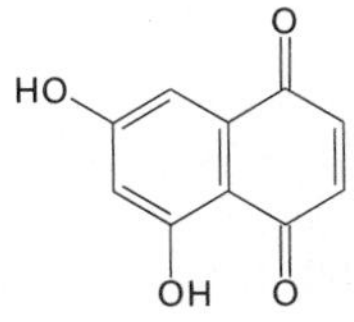 V 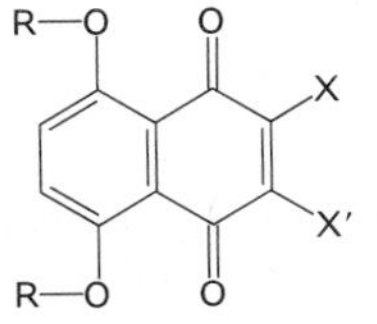 VI 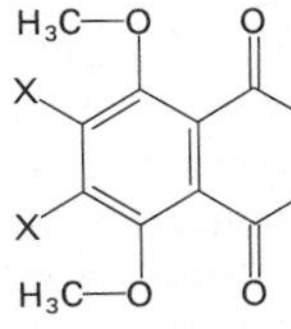 VII

5,8-Dimethoxy-[1,4]naphthochinon $C_{12}H_{10}O_4$, Formel VI (R = CH_3, X = X′ = H) (E III 3602).

B. Beim Erwärmen von Naphthazarin (s. o.) mit CH_3I und Ag_2O in $CHCl_3$ (*Garden, Thomson,* Soc. **1957** 2483, 2488).

Orangefarbene Kristalle (aus PAe.); F: 157° (*Bruce, Thomson,* Soc. **1955** 1089, 1094), 155° (*Ga., Th.*).

Reaktion mit Thio-*p*-kresol in Äthanol: *Br., Th.*, l. c. S. 1095.

5,8-Diacetoxy-[1,4]naphthochinon $C_{14}H_{10}O_6$, Formel VI (R = CO-CH_3, X = X′ = H) (H 413; E I 699; E II 463; E III 3602).

B. Beim Behandeln von 1,4-Diacetoxy-naphthalin oder von 1,4-Diacetoxy-5,8-dihydro-naphthalin mit CrO_3 in wss. Essigsäure (*Farina et al.*, Tetrahedron Letters **1959** Nr. 19, S. 9, 10, 11; An. Soc. españ. [B] **59** [1963] 167, 173).

Kristalle; F: 195° [aus wss. Acn.] (*Kuroda,* J. scient. Res. Inst. Tokyo **47** [1953] 61, 62), 193° (*Fa. et al.,* An. Soc. españ. [B] **59** 173).

Reaktion mit Thio-*p*-kresol in Äthanol: *Bruce, Thomson,* Soc. **1955** 1089, 1095.

2-Chlor-5,8-dihydroxy-[1,4]naphthochinon $C_{10}H_5ClO_4$, Formel VI (R = X' = H, X = Cl) und Taut. (H 413; E I 698; E II 464).

B. Beim Behandeln von Naphthazarin (S. 2946) mit Chlor in Essigsäure und Bestrahlen des Reaktionsgemisches mit Sonnenlicht (*Bruce, Thomson,* Soc. **1955** 1089, 1095).

Kristalle (aus A.) mit grünem metallischen Oberflächenglanz; F: 179°.

Diacetyl-Derivat $C_{14}H_9ClO_6$; 5,8-Diacetoxy-2-chlor-[1,4]naphthochinon (H 413; E II 464). *B.* Analog 2-Chlor-5,8-dihydroxy-[1,4]naphthochinon [s. o.] (*Br., Th.*). – Gelbe Kristalle (aus A.); F: 194°.

2-Chlor-5,8-dimethoxy-[1,4]naphthochinon $C_{12}H_9ClO_4$, Formel VI (R = CH_3, X = Cl, X' = H).

B. Beim Behandeln von 5,8-Dimethoxy-[1,4]naphthochinon mit Chlor in Essigsäure und Bestrahlen des Reaktionsgemisches mit Sonnenlicht (*Bruce, Thomson,* Soc. **1955** 1089, 1095). In kleiner Menge beim Erhitzen von 2-Chlor-5,8-dihydroxy-[1,4]naphthochinon mit Na_2CO_3 und Toluol-4-sulfonsäure-methylester in 1,2-Dichlor-benzol (*Br., Th.*).

Rote Kristalle (aus A.); F: 201°.

6,7-Dichlor-5,8-dimethoxy-[1,4]naphthochinon $C_{12}H_8Cl_2O_4$, Formel VII (X = Cl).

B. Neben grösseren Mengen 2,3-Dichlor-5,8-dimethoxy-[1,4]naphthochinon beim Behandeln von 2,3-Dichlor-5,8-dihydroxy-[1,4]naphthochinon mit CH_3I und Ag_2O in $CHCl_3$ (*Huot, Brassard,* Canad. J. Chem. **52** [1974] 838, 841).

Gelbe Kristalle (aus $CHCl_3$); F: 203–203,5°. ^{1}H-NMR-Absorption ($CDCl_3$): *Huot, Br.*

2,6-Dichlor-5,8-dihydroxy-[1,4]naphthochinon $C_{10}H_4Cl_2O_4$, Formel VIII und Taut.

B. Beim Behandeln von 2,6-Dichlor-1,5-dinitro-naphthalin mit Schwefel und SO_3 enthaltender H_2SO_4 unterhalb 30° (*Bruce, Thomson,* Soc. **1955** 1089, 1093).

Fast schwarze Kristalle mit grünem Oberflächenglanz; Zers. bei ca. 240°.

Diacetyl-Derivat $C_{14}H_8Cl_2O_6$; 5,8-Diacetoxy-2,6-dichlor-[1,4]naphthochinon. Gelbe Kristalle (aus PAe.); F: 208°.

2,3-Dichlor-5,8-dihydroxy-[1,4]naphthochinon $C_{10}H_4Cl_2O_4$, Formel VI (R = H, X = X' = Cl) und Taut.

B. Beim Erhitzen von Hydrochinon (*Waldmann, Ulsperger,* B. **83** [1950] 178, 181) oder von 1,4-Dimethoxy-benzol (*Huot, Brassard,* Canad. J. Chem. **52** [1974] 838, 840) mit Dichlormaleinsäure-anhydrid, $AlCl_3$ und NaCl auf ca. 180°. Beim Erhitzen von 2,3-Dichlor-hydrochinon mit Maleinsäure-anhydrid, $AlCl_3$ und NaCl auf 180° (*Bruce, Thomson,* Soc. **1955** 1089, 1093; s. a. *Wa., Ul.*).

Rote Kristalle; F: 198–199° [aus PAe.] (*Huot, Br.*), 195° [aus A.] (*Wa., Ul.*), 192° [aus PAe.] (*Br., Th.*). ^{1}H-NMR-Absorption ($CDCl_3$): *Huot, Br.*

Diacetyl-Derivat $C_{14}H_8Cl_2O_6$; 5,8-Diacetoxy-2,3-dichlor-[1,4]naphthochinon. Gelbe Kristalle; F: 233° [aus Acn.] (*Br., Th.*), 232–233° (*Huot, Br.*), 230° (*Wa., Ul.*).

2,3-Dichlor-5,8-dimethoxy-[1,4]naphthochinon $C_{12}H_8Cl_2O_4$, Formel VI (R = CH_3, X = X' = Cl).

Bestätigung der von *Sorrie, Thomson* (Soc. **1955** 2238, 2243) angenommenen Konstitution: *Huot, Brassard,* Canad. J. Chem. **52** [1974] 838, 841.

B. Beim Behandeln von 5,8-Dimethoxy-[1,4]naphthochinon mit Chlor in Essigsäure (*So., Th.*). Neben kleineren Mengen 6,7-Dichlor-5,8-dimethoxy-[1,4]naphthochinon beim Behandeln von 2,3-Dichlor-5,8-dihydroxy-[1,4]naphthochinon mit CH_3I und Ag_2O in $CHCl_3$ (*Huot, Br.*).

Orangerote Kristalle; F: 237–238° [aus $CHCl_3$ und CCl_4] (*Huot, Br.*), 237° [aus A.] (*So., Th.*). ^{1}H-NMR-Absorption ($CDCl_3$): *Huot, Br.*

2-Brom-5,8-dihydroxy-[1,4]naphthochinon $C_{10}H_5BrO_4$, Formel VI (R = X′ = H, X = Br) und Taut. (E I 699).

B. Beim Erhitzen von Hydrochinon mit Brommaleinsäure-anhydrid, $AlCl_3$ und NaCl oder von 2-Brom-hydrochinon mit Maleinsäure-anhydrid, $AlCl_3$ und NaCl, jeweils auf ca. 200° (*Waldmann, Ulsperger,* B. **83** [1950] 178, 181).

Dunkelrote Kristalle (aus Eg.); F: 172–173°.

2-Brom-5,8-dimethoxy-[1,4]naphthochinon $C_{12}H_9BrO_4$, Formel VI (R = CH_3, X = Br, X′ = H).

B. Beim Behandeln von 5,8-Dimethoxy-[1,4]naphthochinon mit Brom in Essigsäure und Er= hitzen des Reaktionsgemisches mit Natriumacetat (*Sorrie, Thomson,* Soc. **1955** 2238, 2243).

Orangerote Kristalle (aus PAe.); F: 160°. Absorptionsspektrum (Me.; 200–450 nm): *So., Th.,* l. c. S. 2239.

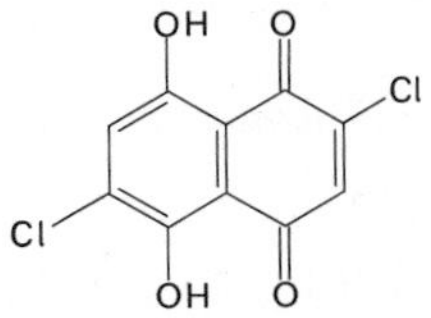

VIII 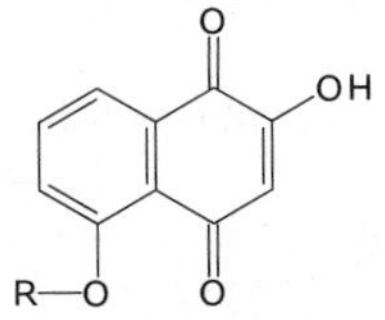 IX 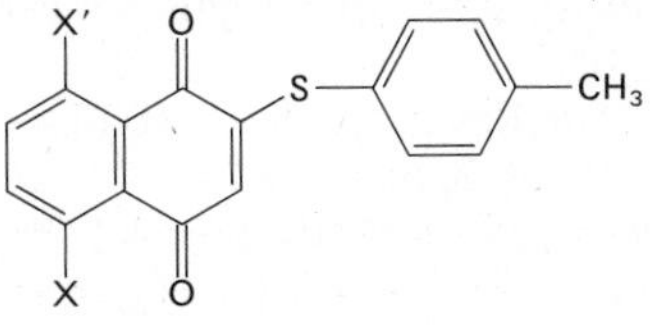 X

6,7-Dibrom-5,8-dimethoxy-[1,4]naphthochinon $C_{12}H_8Br_2O_4$, Formel VII (X = Br).

Die Identität eines früher (E III **8** 3603) unter dieser Konstitution beschriebenen Präparats (F: 184°; aus vermeintlichem 2,3-Dibrom-5,8-dihydroxy-[1,4]naphthochinon hergestellt) ist un= gewiss (vgl. die Angaben im folgenden Artikel).

B. s. u. im Artikel 2,3-Dibrom-5,8-dimethoxy-[1,4]naphthochinon.

Gelbe Kristalle (aus Bzl. + PAe.); F: 209–210° (*Huot, Brassard,* Canad. J. Chem. **52** [1974] 838, 841). ^{1}H-NMR-Absorption ($CDCl_3$): *Huot, Br.*

2,3-Dibrom-5,8-dihydroxy-[1,4]naphthochinon $C_{10}H_4Br_2O_4$, Formel VI (R = H, X = X′ = Br) und Taut.

Die Identität der E I **8** 699, E II **8** 464 und E III **8** 3602 unter dieser Konstitution beschriebenen Präparate vom F: 258° ist ungewiss (*Waldmann, Ulsperger,* B. **83** [1950] 178, 181).

B. Beim Erhitzen von Hydrochinon (*Wa., Ul.*) oder von 1,4-Dimethoxy-benzol (*Huot, Bras= sard,* Canad. J. Chem. **52** [1974] 838, 840) mit Dibrommaleinsäure-anhydrid, $AlCl_3$ und NaCl auf ca. 180°.

Dunkelrote Kristalle; F: 219–220° [aus PAe.] (*Huot, Br.*), 216,5° [aus Eg.] (*Wa., Ul.*). ^{1}H-NMR-Absorption ($CDCl_3$): *Huot, Br.*

Diacetyl-Derivat $C_{14}H_8Br_2O_6$; 5,8-Diacetoxy-2,3-dibrom-[1,4]naphthochinon. Die Identität des E I 699 unter dieser Konstitution beschriebenen Präparats (F: 200–201°) ist ungewiss. – F: 243° (*Wa., Ul.*).

2,3-Dibrom-5,8-dimethoxy-[1,4]naphthochinon $C_{12}H_8Br_2O_4$, Formel VI (R = CH_3, X = X′ = Br).

B. Neben kleineren Mengen 6,7-Dibrom-5,8-dimethoxy-[1,4]naphthochinon beim Behandeln der vorangehenden Verbindung mit CH_3I und Ag_2O in $CHCl_3$ (*Huot, Brassard,* Canad. J. Chem. **52** [1974] 838, 841).

Rote Kristalle (aus $CHCl_3 + CCl_4$); F: 212–213°. ^{1}H-NMR-Absorption ($CDCl_3$): *Huot, Br.*

2,5-Dihydroxy-[1,4]naphthochinon $C_{10}H_6O_4$, Formel IX (R = H) und Taut. (E III 3594).

B. Beim Erhitzen von 2-Hydroxy-5-methoxy-[1,4]naphthochinon mit $AlCl_3$ und NaCl auf 180° (*Cooke, Segal,* Austral. J. scient. Res. [A] **3** [1950] 628, 632). Beim Hydrieren von 5,6,8-Tri=

hydroxy-2,3-dihydro-[1,4]naphthochinon an Platin in Äthylacetat und Erhitzen des Reaktionsprodukts mit wss. KOH unter Luftzutritt (*Bruce, Thomson,* Soc. **1952** 2759, 2765).

Orangefarbene Kristalle (aus Bzl.); F: 218° [korr.; Zers.; nach Dunkelfärbung]; im Hochvakuum sublimierbar (*Co., Se.*).

2-Hydroxy-5-methoxy-[1,4]naphthochinon $C_{11}H_8O_4$, Formel IX (R = CH_3) und Taut.

B. Beim Erhitzen von 2-[4-Dimethylamino-anilino]-5-methoxy-[1,4]naphthochinon-4-[4-dimethylamino-phenylimin] mit wss. H_2SO_4 (*Cooke, Segal,* Austral. J. scient. Res. [A] **3** [1950] 628, 632).

Gelbe Kristalle (aus wss. A.) mit 1 Mol H_2O; F: 176–177° [korr.; nach Abgabe des Kristallwassers]; im Hochvakuum sublimierbar.

Acetyl-Derivat $C_{13}H_{10}O_5$; 2-Acetoxy-5-methoxy-[1,4]naphthochinon. Gelbe Kristalle (aus A.); F: 140–141° [korr.].

5-Hydroxy-2-*p*-tolylmercapto-[1,4]naphthochinon [1]) $C_{17}H_{12}O_3S$, Formel X (X = OH, X′ = H).

B. Beim Erwärmen des Acetyl-Derivats (s. u.) mit wss.-äthanol. HCl (*Thomson,* J. org. Chem. **16** [1951] 1082, 1087).

Orangegelbe Kristalle (aus A.); F: 174° [unkorr.].

Acetyl-Derivat $C_{19}H_{14}O_4S$; 5-Acetoxy-2-*p*-tolylmercapto-[1,4]naphthochinon [1]). *B.* Beim Erwärmen von 5-Acetoxy-[1,4]naphthochinon mit Thio-*p*-kresol in Äthanol (*Th.*). – Gelbe Kristalle (aus A.); F: 190° [unkorr.].

5-Acetoxy-2-[toluol-4-sulfonyl]-[1,4]naphthochinon [1]) $C_{19}H_{14}O_6S$, Formel XI (X = O-CO-CH_3, X′ = H).

B. Beim Behandeln von 5-Acetoxy-[1,4]naphthochinon mit Toluol-4-sulfinsäure in wss. Aceton und anschliessend mit $FeCl_3$ in wss. HCl (*Thomson,* J. org. Chem. **16** [1951] 1082, 1089).

Gelbe Kristalle (aus E.); F: 222° [unkorr.].

X′ O SO₂ CH₃ X O — XI

O S—CH₂—CO—OH OH O — XII

O Cl O—C₂H₅ OH O — XIII

[5-Hydroxy-1,4-dioxo-1,4-dihydro-[2]naphthylmercapto]-essigsäure $C_{12}H_8O_5S$, Formel XII.

Diese Konstitution kommt der nachstehend beschriebenen, ursprünglich von *Thomson* (J. org. Chem. **16** [1951] 1082, 1083) als [8-Hydroxy-1,4-dioxo-1,4-dihydro-[2]naphthylmercapto]-essigsäure (s. u.) formulierten Verbindung zu (*Rothman,* J. org. Chem. **23** [1958] 1049).

B. Beim Erwärmen von 5-Hydroxy-[1,4]naphthochinon mit Mercaptoessigsäure in Äthanol (*Th.,* l. c. S. 1088; *Ro.*).

Orangefarbene Kristalle bzw. orangerote Kristalle (aus A.); F: 218° [unkorr.; Zers.] (*Th.,* l. c. S. 1088), 202–205° [unkorr.; Zers.] (*Ro.*). λ_{max} (wss. A.): 239 nm, 251 nm, 308 nm und 438 nm (*Ro.*).

Äthylester $C_{14}H_{12}O_5S$. Orangefarbene Kristalle (aus A.); F: 154° [unkorr.] (*Th.*).

Acetyl-Derivat $C_{14}H_{10}O_6S$; [5-Acetoxy-1,4-dioxo-1,4-dihydro-[2]naphthylmercapto]-essigsäure. Gelbe Kristalle (aus Bzl.); F: 174° [unkorr.] (*Th.*), 158–161° [unkorr.] (*Ro.*). IR-Banden ($CHCl_3$; 5,6–11,8 μ): *Ro.*

3-Äthoxy-2-chlor-5-hydroxy-[1,4]naphthochinon(?) $C_{12}H_9ClO_4$, vermutlich Formel XIII.

B. Beim Erwärmen von 2,3-Dichlor-5-hydroxy-[1,4]naphthochinon mit Natriumacetat enthal-

[1]) Die Konstitution ist nicht gesichert (vgl. *Rothman,* J. org. Chem. **23** [1958] 1049).

tendem Äthanol (*Meliotis, Papasarantos,* Chimika Chronika **21** [1956] 243; C. A. **1958** 10037).
F: 88°.

2-Äthylmercapto-8-hydroxy-[1,4]naphthochinon [1]) $C_{12}H_{10}O_3S$, Formel XIV (R = C_2H_5).

B. Beim Erwärmen von 2-Chlor-8-hydroxy-[1,4]naphthochinon mit Äthanthiol und wenig Pyridin in Äthanol (*Thomson,* Soc. **1951** 1237).

Orangefarbene Kristalle (aus A.); F: 152°.

Acetyl-Derivat $C_{14}H_{12}O_4S$; 8-Acetoxy-2-äthylmercapto-[1,4]naphthochinon [1]). Gelbe Kristalle (aus A.); F: 157°.

8-Hydroxy-2-phenylmercapto-[1,4]naphthochinon [1]) $C_{16}H_{10}O_3S$, Formel XIV (R = C_6H_5).

B. Beim Behandeln von 5-Hydroxy-[1,4]naphthochinon mit Thiophenol in Äthanol unter Luftzutritt oder von 2-Chlor-8-hydroxy-[1,4]naphthochinon mit Thiophenol und wenig Pyridin in Äthanol (*Thomson,* Soc. **1951** 1237).

Orangegelbe Kristalle (aus A.); F: 153°.

Acetyl-Derivat $C_{18}H_{12}O_4S$; 8-Acetoxy-2-phenylmercapto-[1,4]naphthochinon [1]). Gelbe Kristalle (aus A.); F: 156°.

8-Hydroxy-2-*p*-tolylmercapto-[1,4]naphthochinon [1]) $C_{17}H_{12}O_3S$, Formel X (X = H, X' = OH).

B. Aus 5-Hydroxy-[1,4]naphthochinon oder aus 2-Chlor-8-hydroxy-[1,4]naphthochinon analog der vorangehenden Verbindung (*Thomson,* J. org. Chem. **16** [1951] 1082, 1087).

Orangegelbe Kristalle (aus A. oder wss. Eg.); F: 171° [unkorr.].

Acetyl-Derivat $C_{19}H_{14}O_4S$; 8-Acetoxy-2-*p*-tolylmercapto-[1,4]naphthochinon [1]). Orangefarbene oder gelbe Kristalle (aus A.); F: 199° [unkorr.].

8-Hydroxy-2-[toluol-4-sulfonyl]-[1,4]naphthochinon [1]) $C_{17}H_{12}O_5S$, Formel XI (X = H, X' = OH).

B. Beim Behandeln von 5-Hydroxy-[1,4]naphthochinon mit Toluol-4-sulfinsäure in wss. Aceton und anschliessend mit $FeCl_3$ in wss. HCl (*Thomson,* J. org. Chem. **16** [1951] 1082, 1088).

Orangerote Kristalle (aus E.); F: 206° [unkorr.; Zers.].

Acetyl-Derivat $C_{19}H_{14}O_6S$; 8-Acetoxy-2-[toluol-4-sulfonyl]-[1,4]naphthochinon [1]). Gelbe Kristalle (aus E.); F: 221° [unkorr.].

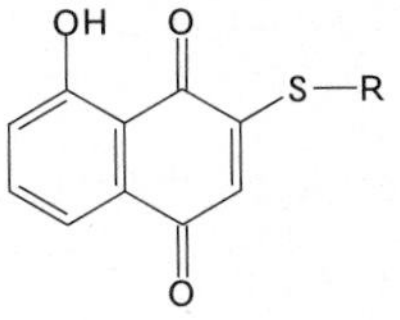

XIV 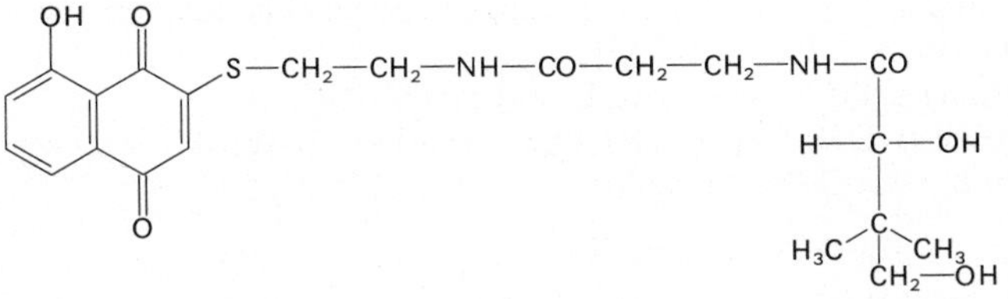 XV

[8-Hydroxy-1,4-dioxo-1,4-dihydro-[2]naphthylmercapto]-essigsäure $C_{12}H_8O_5S$, Formel XIV (R = CH_2-CO-OH).

Diese Konstitution kommt der nachstehend beschriebenen, ursprünglich von *Thomson* (J. org. Chem. **16** [1951] 1082, 1083) als [5-Hydroxy-1,4-dioxo-1,4-dihydro-[2]naphthylmercapto]-essigsäure angesehenen Verbindung zu (*Rothman,* J. org. Chem. **23** [1958] 1049).

B. Beim Erhitzen von [8-Acetoxy-1,4-dioxo-1,4-dihydro-[2]naphthylmercapto]-essigsäure mit wss. HCl in Essigsäure (*Th.,* l. c. S. 1088; *Ro.*).

Orangefarbene Kristalle; F: 217–218° [unkorr.; Zers.; aus H_2O] (*Th.*), 202–203° [unkorr.; Zers.; aus wss. A.] (*Ro.*). λ_{max} (wss. A.): 238 nm, 249 nm, 308 nm und 414 nm (*Ro.*).

Äthylester $C_{14}H_{12}O_5S$. *B.* Beim Erwärmen von [8-Acetoxy-1,4-dioxo-1,4-dihydro-[2]=

[1]) Die Konstitution ist nicht gesichert (vgl. *Rothman,* J. org. Chem. **23** [1958] 1049).

naphthylmercapto]-essigsäure mit wss.-äthanol. HCl (*Th.*). – Orangefarbene Kristalle (aus A.); F: 158° [unkorr.] (*Th.*).

Acetyl-Derivat $C_{14}H_{10}O_6S$; [8-Acetoxy-1,4-dioxo-1,4-dihydro-[2]naphthylmercapto]-essigsäure. *B.* Beim Erhitzen von 5-Acetoxy-[1,4]naphthochinon mit Mercaptoessigsäure in Äthanol (*Th.*; *Ro.*). – Gelbe Kristalle (aus wss. A.); F: 217–218° [unkorr.; Zers.] (*Th.*), 202–203° [unkorr.; Zers.] (*Ro.*). IR-Banden ($CHCl_3$; 5,6–10,4 μ): *Ro.*

N-Benzyloxycarbonyl-β-alanin-[2-(8-hydroxy-1,4-dioxo-1,4-dihydro-[2]naphthylmercapto)-äthylamid] [1]) $C_{23}H_{22}N_2O_6S$, Formel XIV (R = CH_2-CH_2-NH-CO-CH_2-CH_2-NH-CO-O-CH_2-C_6H_5).

B. Aus 5-Hydroxy-[1,4]naphthochinon und *N*-Benzyloxycarbonyl-β-alanin-[2-mercapto-äthylamid] in Methanol (*Wittle et al.*, Am. Soc. **75** [1953] 1694, 1697).

Gelbe Kristalle (aus A.); F: 198–200° [Zers.].

N-D-Pantoyl-β-alanin-[2-(8-hydroxy-1,4-dioxo-1,4-dihydro-[2]naphthylmercapto)-äthylamid] [1]) $C_{21}H_{26}N_2O_7S$, Formel XV.

B. Aus 5-Hydroxy-[1,4]naphthochinon und D-Pantethein (E IV **4** 2571) in Butan-1-ol (*Wittle et al.*, Am. Soc. **75** [1953] 1694, 1700).

Orangerote Kristalle (aus Me.); F: 153–155° [Zers.]. $[\alpha]_D^{25}$: +13° [A.; c = 0,5]. λ_{max} (A.): 232 nm, 307 nm und 413 nm.

2,6-Dihydroxy-[1,4]naphthochinon $C_{10}H_6O_4$, Formel I und Taut. (E I 698; E II 462).

B. Beim Erhitzen von 2-Anilino-6-hydroxy-[1,4]naphthochinon mit wss. H_2SO_4 (*Lyons, Thomson*, Soc. **1953** 2910, 2912).

Gelbe Kristalle (aus Eg.); Zers.: >100°.

Diacetyl-Derivat $C_{14}H_{10}O_6$; 2,6-Diacetoxy-[1,4]naphthochinon (vgl. E I 698). Gelbe Kristalle (aus A.); F: 163°.

6 (oder 7)-Hydroxy-2-p-tolylmercapto-[1,4]naphthochinon $C_{17}H_{12}O_3S$, Formel II (X = OH, X' = H oder X = H, X' = OH).

Diese Formeln kommen für die beiden nachstehend beschriebenen Isomeren in Betracht (*Lyons, Thomson*, Soc. **1953** 2910, 2911).

a) Isomeres vom F: 251°.

B. Neben dem unter b) beschriebenen Isomeren beim Behandeln von 6-Hydroxy-[1,4]naphthochinon mit Thio-*p*-kresol in Äthanol und anschliessend mit $Na_2Cr_2O_7$ in wss. H_2SO_4 (*Lyons, Thomson*, Soc. **1953** 2910, 2912).

Orangegelbe Kristalle (aus Eg.); F: 247–251°.

Acetyl-Derivat $C_{19}H_{14}O_4S$; 6(oder 7)-Acetoxy-2-*p*-tolylmercapto-[1,4]naphthochinon. Gelbe Kristalle (aus Eg.); F: 175°.

b) Isomeres vom F: 208°.

B. s. unter a).

Orangegelbe Kristalle (aus Eg.); F: 208° (*Ly., Th.*).

Acetyl-Derivat $C_{19}H_{14}O_4S$. Gelbe Kristalle (aus wss. A.); F: 155°.

I II III

---

[1]) Die Konstitution ist nicht gesichert (vgl. *Rothman*, J. org. Chem. **23** [1958] 1049).

2-Hydroxy-7-methoxy-[1,4]naphthochinon $C_{11}H_8O_4$, Formel III (R = X = H) und Taut. (E III 3594).

B. Neben kleineren Mengen 2,3-Dihydroxy-6-methoxy-[1,4]naphthochinon beim Behandeln von 2,3-Epoxy-6-methoxy-2,3-dihydro-[1,4]naphthochinon (E III/IV **17** 2367) mit Acetanhydrid und H_2SO_4 und Behandeln des Reaktionsprodukts mit wss. NaOH (*Garden, Thomson,* Soc. **1957** 2483, 2488).

Gelbe Kristalle (aus Eg.); F: 214° [Zers.].

Acetyl-Derivat $C_{13}H_{10}O_5$; 2-Acetoxy-7-methoxy-[1,4]naphthochinon. Gelbe Kristalle (aus Me.); F: 123°.

2,7-Dimethoxy-[1,4]naphthochinon $C_{12}H_{10}O_4$, Formel III (R = CH_3, X = H) (E III 3594).

B. Beim Behandeln von 2,7-Dimethoxy-naphthalin mit CrO_3 in wss. Essigsäure (*Wilson,* Tetrahedron **3** [1958] 236, 241).

Orangegelbe Kristalle (aus Eg.); F: 215° [unkorr.].

8-Chlor-2,7-dimethoxy-[1,4]naphthochinon $C_{12}H_9ClO_4$, Formel III (R = CH_3, X = Cl).

Diese Konstitution kommt der nachstehend beschriebenen, ursprünglich von *Wilson* (Tetrahedron **3** [1958] 236, 242) als 6-Chlor-2,7-dimethoxy-[1,4]naphthochinon $C_{12}H_9ClO_4$ (Formel IV [X = X″ = H, X′ = Cl]) formulierten Verbindung zu (*Wilson,* Soc. **1965** 3304, 3308, 3309).

B. Beim Erwärmen von 1,8-Dichlor-2,7-dimethoxy-naphthalin (E IV **6** 6571) mit CrO_3 in wss. Essigsäure (*Wi.,* Tetrahedron **3** 242; Soc. **1965** 3308).

Gelbe Kristalle (aus Eg.); F: 292–293° [korr.; nach Sublimation] (*Wi.,* Soc. **1965** 3308), 280–282° [unkorr.; nach Sublimation] (*Wi.,* Tetrahedron **3** 242). IR-Banden (KBr; 1680–707 cm^{-1}): *Wi.,* Soc. **1965** 3308.

6-Brom-2,7-dimethoxy-[1,4]naphthochinon $C_{12}H_9BrO_4$, Formel IV (X = X″ = H, X′ = Br).

B. Als Hauptprodukt neben 3,8-Dibrom-7-methoxy-[1,2]naphthochinon und 4-Brom-2-glyoxyloyl-5-methoxy-benzoesäure (vgl. *Wilson,* Tetrahedron **11** [1960] 256, 264) beim Erwärmen von 1,6-Dibrom-2,7-dimethoxy-naphthalin (E IV **6** 6571) mit CrO_3 in wss. Essigsäure (*Wilson,* Tetrahedron **3** [1958] 236, 241, **11** 264).

Gelbe Kristalle (aus Eg.); F: 260–260,5° [korr.] (*Wi.,* Tetrahedron **11** 264), 256–258° [unkorr.] (*Wi.,* Tetrahedron **3** 241). IR-Spektrum (KBr; 2,5–15 μ): *Wi.,* Tetrahedron **11** 258.

2-Brom-3,6-dimethoxy-[1,4]naphthochinon $C_{12}H_9BrO_4$, Formel IV (X = Br, X′ = X″ = H).

B. Beim Erwärmen von 2,7-Dimethoxy-[1,4]naphthochinon mit Brom in Essigsäure (*Wilson,* Tetrahedron **3** [1958] 236, 241).

Orangefarbene Kristalle (aus Eg.); F: 136,5° [unkorr.].

2,7-Dibrom-3,6-dimethoxy-[1,4]naphthochinon $C_{12}H_8Br_2O_4$, Formel IV (X = X′ = Br, X″ = H).

B. Beim Erwärmen von 1,3,6-Tribrom-2,7-dimethoxy-naphthalin mit CrO_3 in wss. Essigsäure (*Wilson,* Tetrahedron **3** [1958] 236, 240, 242).

Gelbe Kristalle (aus Eg.); F: 212,5–213,5° [unkorr.].

2,7-Dibrom-5-chlor-3,6-dimethoxy-[1,4]naphthochinon $C_{12}H_7Br_2ClO_4$, Formel IV (X = X′ = Br, X″ = Cl).

B. Beim Behandeln von 3,6-Dibrom-1,8-dichlor-2,7-dimethoxy-naphthalin mit CrO_3 in wss. Essigsäure (*Bell et al.,* Soc. **1956** 2335, 2339).

Orangegelbe Kristalle (aus A.); F: 157° [nicht rein erhalten].

2,3-Dihydroxy-[1,4]naphthochinon $C_{10}H_6O_4$, Formel V (R = H) und Taut.; **Isonaphthazarin** (H 411; E II 461; E III 3596).

B. Beim Erwärmen von 1,2-Bis-[1-hydroxy-2-oxo-äthyl]-benzol mit KCN in wss. Äthanol (*Bernatek,* Tetrahedron **4** [1958] 213, 221). Beim Behandeln von 2,3-Diacetoxy-2,3-dihydro-

[1,4]naphthochinon (E IV **6** 7731) mit wss. KOH und anschliessend mit H_2SO_4 (*Font et al.*, An. Quimica **72** [1976] 247, 251; s. a. *Schtschukina et al.*, Ž. obšč. Chim. **21** [1951] 1661, 1665; engl. Ausg. S. 1823, 1828). Neben anderen Verbindungen beim Erhitzen von 2,3-Epoxy-2,3-dihydro-[1,4]naphthochinon mit H_2O (*Schtschukina et al.*, Ž. obšč. Chim. **21** [1951] 917, 921, 923; engl. Ausg. S. 1005, 1009, 1010).

Rote Kristalle (aus A.); F: 281° (*Sch. et al.*, l. c. S. 923). λ_{max} (A.): 268 nm, 330 nm und 440 nm (*Livingstone, Whiting*, Soc. **1955** 3631, 3634). Polarographie in gepufferter wss.-äthanol. Lösung: *Wladimirzew, Štromberg*, Ž. obšč. Chim. **27** [1957] 1029, 1032; engl. Ausg. S. 1110, 1113.

Bildung von 3-Oxo-phthalan-1-carbonsäure, Phthalonsäure (E III **10** 3955), Phthalsäure, Ninhydrin und Hydrindantin (E III **8** 4319) beim Erhitzen mit H_2O oder wss. NaOH, auch unter Einleiten von Luft oder Wasserstoff: *Chochlow et al.*, Ž. obšč. Chim. **21** [1951] 1016, 1025–1029; engl. Ausg. S. 1113, 1121–1125.

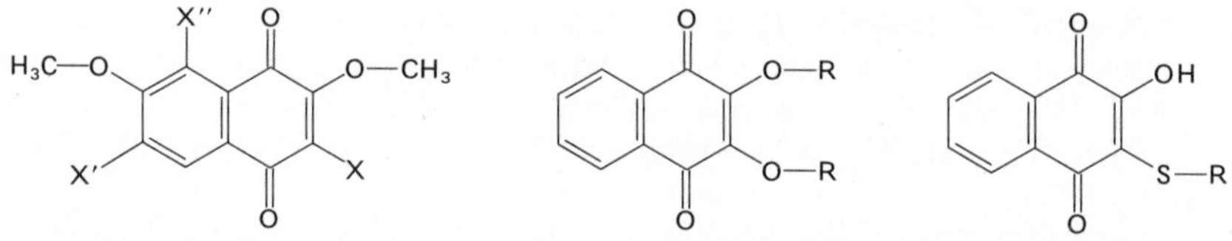

IV V VI

2,3-Dimethoxy-[1,4]naphthochinon $C_{12}H_{10}O_4$, Formel V (R = CH_3) (E II 461; E III 3597).

B. Aus 2,3-Dimethoxy-[1,4]benzochinon beim Behandeln mit 1*t*-Äthoxy-buta-1,3-dien in Äthanol oder beim Erwärmen mit 1*t*-Acetoxy-buta-1,3-dien und SeO_2 in wss. Äthanol (*Weygand et al.*, B. **90** [1957] 1879, 1895). Beim Behandeln von 2,3-Dimethoxy-naphthalin in Essigsäure mit wss. H_2O_2 unter Zusatz von wenig H_2SO_4 (*Davidge et al.*, Soc. **1958** 4569, 4571).

Gelbe Kristalle; F: 116–117° (*Da. et al.*), 116° [aus A.] (*We. et al.*).

2-Hydroxy-3-octylmercapto-[1,4]naphthochinon $C_{18}H_{22}O_3S$, Formel VI (R = $[CH_2]_7$-CH_3) und Taut.

B. Beim Erwärmen von 2-Brom-3-hydroxy-[1,4]naphthochinon mit Octan-1-thiol und methanol. NaOH (*Moser, Paulshock*, Am. Soc. **72** [1950] 5419, 5422).

Rote Kristalle (aus Eg.); F: 61–62°.

Die folgenden Verbindungen sind in analoger Weise hergestellt worden:

2-Hydroxy-3-tridecylmercapto-[1,4]naphthochinon $C_{23}H_{32}O_3S$, Formel VI (R = $[CH_2]_{12}$-CH_3) und Taut. Rote Kristalle (aus Eg.); F: 65–66°.

2-Hydroxy-3-phenylmercapto-[1,4]naphthochinon $C_{16}H_{10}O_3S$, Formel VII (R = X = H) und Taut. Rote Kristalle (aus Me.); F: 149–150° [korr.; Zers.].

2-[4-Chlor-phenylmercapto]-3-hydroxy-[1,4]naphthochinon $C_{16}H_9ClO_3S$, Formel VII (R = H, X = Cl) und Taut. Orangefarbene Kristalle (aus Me.); F: 160–161° [korr.; Zers.].

2-Hydroxy-3-*p*-tolylmercapto-[1,4]naphthochinon $C_{17}H_{12}O_3S$, Formel VII (R = H, X = CH_3) und Taut. Orangerote Kristalle (aus Me.); F: 158–159° [korr.; Zers.].

2-Benzylmercapto-3-hydroxy-[1,4]naphthochinon $C_{17}H_{12}O_3S$, Formel VI (R = CH_2-C_6H_5) und Taut.

B. Beim Erhitzen von 2,3-Bis-benzylmercapto-[1,4]naphthochinon mit H_2SO_4 oder H_3PO_4 in Essigsäure (*Garden, Thomson*, Soc. **1957** 2483, 2489).

Rote Kristalle (aus PAe.); F: 152°.

Acetyl-Derivat $C_{19}H_{14}O_4S$; 2-Acetoxy-3-benzylmercapto-[1,4]naphthochinon. Gelbe Kristalle (aus PAe.); F: 138°.

2-Hydroxy-3-[2-hydroxy-äthylmercapto]-[1,4]naphthochinon $C_{12}H_{10}O_4S$, Formel VI (R = CH_2-CH_2-OH) und Taut.

F: 144–147° (*Sakai et al.*, J. scient. Res. Inst. Tokyo **50** [1956] 102, 103).

2-Acetoxy-3-*p*-tolylmercapto-[1,4]naphthochinon $C_{19}H_{14}O_4S$, Formel VII (R = CO-CH_3, X = CH_3).

B. Beim Erwärmen von 2-Acetoxy-[1,4]naphthochinon mit Thio-*p*-kresol in Äthanol und Behandeln des Reaktionsprodukts (Kristalle [aus PAe.], F: 158°) in Äthanol mit wss. $FeCl_3$ (*Garden, Thomson,* Soc. **1957** 2483, 2489).

Gelbe Kristalle (aus PAe.); F: 105°.

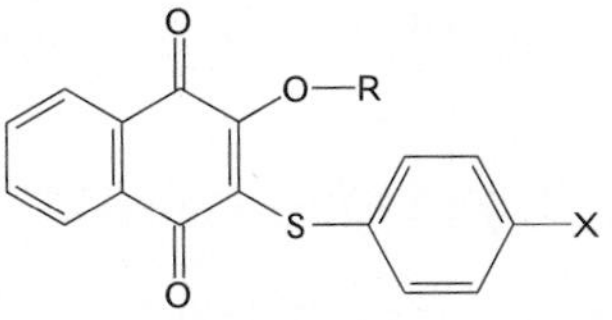

VII 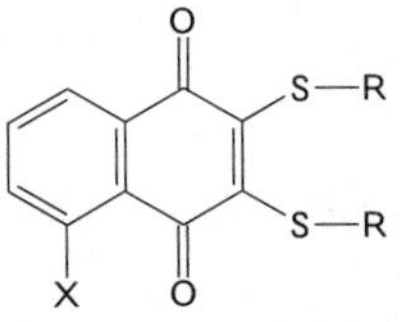 VIII 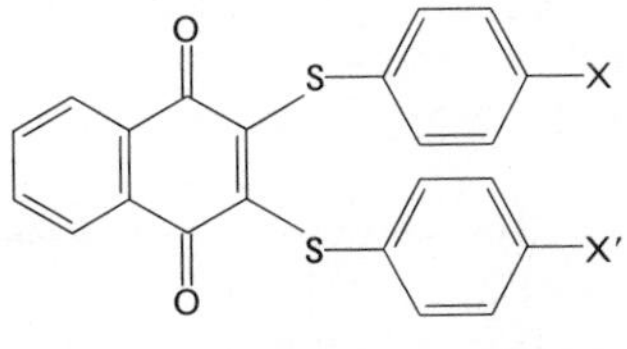 IX

2,3-Bis-methylmercapto-[1,4]naphthochinon $C_{12}H_{10}O_2S_2$, Formel VIII (R = CH_3, X = H) (E III 3597).

B. Neben grösseren Mengen 2-Methylmercapto-[1,4]naphthochinon beim Behandeln von [1,4]Naphthochinon mit Methanthiol in Äthanol und Behandeln des Reaktionsprodukts mit wss. $FeCl_3$ (*Miyaki et al.*, J. pharm. Soc. Japan **71** [1951] 643; C. A. **1952** 2031). Beim Behandeln von 2,3-Dichlor-[1,4]naphthochinon in Benzol mit Kalium-methanthiolat in Methanol bei 15° (*Tjepkema,* R. **71** [1952] 853, 855; vgl. E III 3597). Beim Erwärmen von 2-Methylmercapto-[1,4]naphthochinon mit Methanthiol in Äthanol (*Mi. et al.*).

Rote Kristalle; F: 116° [unkorr.; aus A.] (*Mi. et al.*), 111° [unkorr.; aus Me.] (*Tj.*). IR-Spektrum (Paraffinöl; 6–16 μ): *Miyaki, Ikeda,* J. pharm. Soc. Japan **73** [1953] 964, 967; C. A. **1954** 10702.

Über eine ebenfalls unter dieser Konstitution beschriebene Verbindung (F: 143°) s. *Sakai et al.*, J. scient. Res. Inst. Tokyo **50** [1956] 102, 103.

2,3-Bis-äthylmercapto-[1,4]naphthochinon $C_{14}H_{14}O_2S_2$, Formel VIII (R = C_2H_5, X = H) (E III 3597).

B. Neben 2-Äthylmercapto-[1,4]naphthochinon beim Behandeln von [1,4]Naphthochinon mit Äthanthiol in Äthanol und Behandeln des Reaktionsprodukts mit wss. $FeCl_3$ (*Miyaki et al.*, J. pharm. Soc. Japan **71** [1951] 643; C. A. **1952** 2031). Beim Behandeln von 2,3-Dichlor-[1,4]naphthochinon in Benzol mit Kalium-äthanthiolat in Methanol bei 15° (*Tjepkema,* R. **71** [1952] 853, 855).

Schwarzviolette Kristalle; F: 84° (*Mi. et al.*).

2,3-Bis-propylmercapto-[1,4]naphthochinon $C_{16}H_{18}O_2S_2$, Formel VIII (R = CH_2-C_2H_5, X = H).

B. Beim Behandeln von 2,3-Dichlor-[1,4]naphthochinon in Benzol mit Kalium-[propan-1-thiolat] in Methanol bei 15° (*Tjepkema,* R. **71** [1952] 853, 855).

Rote Kristalle (aus Pentan); F: 56°.

Die folgenden Verbindungen sind in analoger Weise hergestellt worden:

2,3-Bis-butylmercapto-[1,4]naphthochinon $C_{18}H_{22}O_2S_2$, Formel VIII (R = $[CH_2]_3$-CH_3, X = H). Rote Kristalle (aus A.); F: 37°.

2,3-Bis-*tert*-butylmercapto-[1,4]naphthochinon $C_{18}H_{22}O_2S_2$, Formel VIII (R = $C(CH_3)_3$, X = H). Rote Kristalle (aus Acn.); F: 105° [unkorr.].

2,3-Bis-octylmercapto-[1,4]naphthochinon $C_{26}H_{38}O_2S_2$, Formel VIII (R = $[CH_2]_7$-CH_3, X = H). Rote Kristalle (aus Acn.); F: 58°.

2,3-Bis-decylmercapto-[1,4]naphthochinon $C_{30}H_{46}O_2S_2$, Formel VIII

(R = $[CH_2]_9$-CH_3, X = H). Rote Kristalle (aus Acn.); F: 67°.

2,3-Bis-dodecylmercapto-[1,4]naphthochinon $C_{34}H_{54}O_2S_2$, Formel VIII (R = $[CH_2]_{11}$-CH_3, X = H) (E III 3597). Rote Kristalle (aus Acn.); F: 75,5°.

2,3-Bis-phenylmercapto-[1,4]naphthochinon $C_{22}H_{14}O_2S_2$, Formel IX (X = X′ = H) (E III 3598).

B. Beim Behandeln von 2,3-Bis-phenylmercapto-naphthalin-1,4-diol mit $FeCl_3$ in wss. Äthanol (*Miyaki et al.*, J. pharm. Soc. Japan **73** [1953] 961, 963; C. A. **1954** 10701). Beim Erwärmen von 2-Brom-3-phenylmercapto-[1,4]naphthochinon mit Kalium-thiophenolat in Äthanol (*Miyaki, Ikeda,* J. pharm. Soc. Japan **73** [1953] 964, 967; C. A. **1954** 10702).

Orangerote oder violette Kristalle (aus A.); F: 148° (*Mi. et al.*; *Mi., Ik.*). IR-Spektrum (Paraf= finöl; 6–15 μ): *Mi., Ik.*, l. c. S. 966. Absorptionsspektrum (CCl_4; 350–570 nm): *Mi., Ik.*, l. c. S. 965.

2-[4-Chlor-phenylmercapto]-3-phenylmercapto-[1,4]naphthochinon $C_{22}H_{13}ClO_2S_2$, Formel IX (X = Cl, X′ = H).

B. Beim Erwärmen von 2-Brom-3-phenylmercapto-[1,4]naphthochinon mit Kalium-[4-chlor-thiophenolat] in Äthanol (*Ikeda,* J. pharm. Soc. Japan **75** [1955] 645, 647; C. A. **1956** 3358).

Schwarze Kristalle (aus A.); F: 141°.

2,3-Bis-[4-chlor-phenylmercapto]-[1,4]naphthochinon $C_{22}H_{12}Cl_2O_2S_2$, Formel IX (X = X′ = Cl).

B. Beim Behandeln von 2,3-Bis-[4-chlor-phenylmercapto]-naphthalin-1,4-diol mit $FeCl_3$ in wss. Äthanol (*Miyaki et al.*, J. pharm. Soc. Japan **73** [1953] 961, 963; C. A. **1954** 10701). Beim Erwärmen von 2,3-Dichlor-[1,4]naphthochinon mit Kalium-[4-chlor-thiophenolat] in Äthanol (*Mi. et al.*).

Rotbraune Kristalle; F: 150°.

2-Phenylmercapto-3-*o*-tolylmercapto-[1,4]naphthochinon $C_{23}H_{16}O_2S_2$, Formel X.

B. Beim Erwärmen von 2-Brom-3-phenylmercapto-[1,4]naphthochinon mit Kalium-[2-methyl-thiophenolat] in Äthanol (*Ikeda,* J. pharm. Soc. Japan **75** [1955] 645, 647; C. A. **1956** 3358).

Orangefarbene Kristalle; F: 179–180°.

2-Phenylmercapto-3-*p*-tolylmercapto-[1,4]naphthochinon $C_{23}H_{16}O_2S_2$, Formel IX (X = H, X′ = CH_3).

B. Beim Erwärmen von 2-Brom-3-phenylmercapto-[1,4]naphthochinon mit Kalium-[4-methyl-thiophenolat] in Äthanol (*Miyaki, Ikeda,* J. pharm. Soc. Japan **73** [1953] 964, 968; C. A. **1954** 10702). Beim Erwärmen von 2-Brom-3-*p*-tolylmercapto-[1,4]naphthochinon mit Ka= lium-thiophenolat in Äthanol (*Mi., Ik.*).

Rote oder violette Kristalle (aus A.); F: 144°.

2-[4-Chlor-phenylmercapto]-3-*p*-tolylmercapto-[1,4]naphthochinon $C_{23}H_{15}ClO_2S_2$, Formel IX (X = Cl, X′ = CH_3).

B. Beim Erwärmen von 2-Brom-3-[4-chlor-phenylmercapto]-[1,4]naphthochinon mit Kalium-[4-methyl-thiophenolat] in Äthanol (*Miyaki, Ikeda,* J. pharm. Soc. Japan **73** [1953] 964, 968; C. A. **1954** 10702).

Orangefarbene Kristalle (aus A.); F: 160°.

2,3-Bis-*p*-tolylmercapto-[1,4]naphthochinon $C_{24}H_{18}O_2S_2$, Formel IX (X = X′ = CH_3) (E III 3598).

B. Beim Behandeln von 2,3-Bis-*p*-tolylmercapto-naphthalin-1,4-diol mit $FeCl_3$ in Äthanol (*Miyaki et al.*, J. pharm. Soc. Japan **73** [1953] 961, 963; C. A. **1954** 10701). Beim Behandeln von 2,3-Dichlor-[1,4]naphthochinon in Benzol mit Kalium-[4-methyl-thiophenolat] in Methanol bei 15° (*Tjepkema,* R. **71** [1952] 853, 855; vgl. E III 3598).

Rote Kristalle; F: 173–174° (*Mi. et al.*), 168–169° [unkorr.; aus A.] (*Tj.*).

2,3-Bis-benzylmercapto-[1,4]naphthochinon $C_{24}H_{18}O_2S_2$, Formel VIII (R = CH_2-C_6H_5, X = H).

B. Beim Behandeln von 2,3-Dichlor-[1,4]naphthochinon in Benzol mit Kalium-phenylmethanthiolat in Methanol bei 15° (*Tjepkema,* R. **71** [1952] 853, 855).

Rote Kristalle (aus Bzl.); F: 183° [unkorr.].

2,3-Bis-thiocyanato-[1,4]naphthochinon $C_{12}H_4N_2O_2S_2$, Formel VIII (R = CN, X = H).

B. Beim Erwärmen von 2,3-Dichlor-[1,4]naphthochinon mit Kalium-thiocyanat in Aceton (*Am. Cyanamid Co.,* U.S.P. 2796377 [1955]).

Kristalle mit 0,5 Mol H_2O; F: 235–240°.

2,3-Bis-[2-carboxy-äthylmercapto]-[1,4]naphthochinon, 3,3'-[1,4-Dioxo-1,4-dihydro-naphthalin-2,3-diyldimercapto]-di-propionsäure $C_{16}H_{14}O_6S_2$, Formel VIII (R = CH_2-CH_2-CO-OH, X = H).

B. In kleiner Menge beim Erwärmen von [1,4]Naphthochinon mit 3-Mercapto-propionsäure in H_2O und anschliessend mit wss. HNO_3 (*Blackhall, Thomson,* Soc. **1953** 1138, 1142). Beim Erwärmen von 2,3-Dibrom-[1,4]naphthochinon mit 3-Mercapto-propionsäure und Pyridin in Äthanol (*Bl., Th.*).

Rote Kristalle (aus A.); F: 204°.

2,3-Bis-methylmercapto-5-nitro-[1,4]naphthochinon $C_{12}H_9NO_4S_2$, Formel VIII (R = CH_3, X = NO_2).

B. Beim Erwärmen von 2,3-Dichlor-5-nitro-[1,4]naphthochinon mit Methanthiol in äthanol. KOH (*Ikeda,* J. pharm. Soc. Japan **75** [1955] 645, 648; C. A. **1956** 3358).

Kristalle (aus A.); F: 110–111°.

5-Nitro-2,3-bis-thiocyanato-[1,4]naphthochinon $C_{12}H_3N_3O_4S_2$, Formel VIII (R = CN, X = NO_2).

B. Beim Erwärmen von 2,3-Dichlor-5-nitro-[1,4]naphthochinon mit Kalium-thiocyanat in Aceton (*Am. Cyanamid Co.,* U.S.P. 2796377 [1955]).

Kristalle (aus A.) mit 1 Mol H_2O; F: >270°.

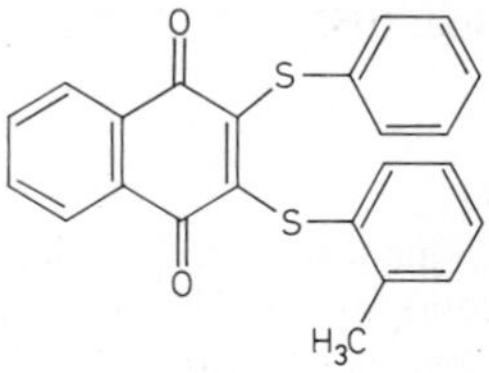

X 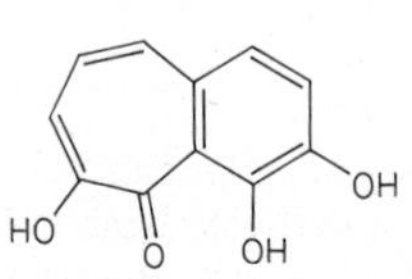 XI 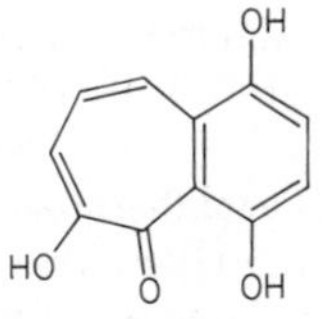 XII 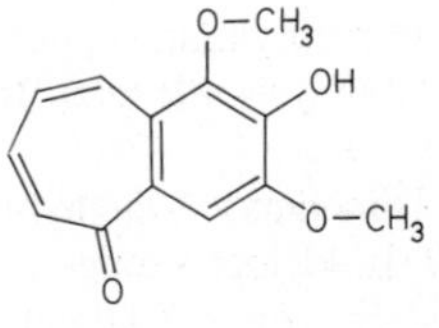 XIII

Hydroxy-oxo-Verbindungen $C_{11}H_8O_4$

3,4,6-Trihydroxy-benzocyclohepten-5-on $C_{11}H_8O_4$, Formel XI und Taut.

B. Beim Behandeln von Pyrogallol mit Brenzcatechin und KIO_3 in H_2O (*Murakami et al.,* J. chem. Soc. Japan Pure Chem. Sect. **75** [1954] 620; C. A. **1957** 13840) oder mit [1,2]Benzochinon in H_2O (*Horner et al.,* B. **97** [1964] 313, 317, 318; s. a. *Horner, Dürckheimer,* Z. Naturf. **14b** [1959] 743).

Dunkelrote Kristalle (aus A.); F: 187–188° (*Mu. et al.*). Braune Kristalle (aus Eg.); F: 186–187° (*Ho. et al.*).

Triacetyl-Derivat $C_{17}H_{14}O_6$. Hellgelbe Kristalle (aus Me.); F: 158–159° (*Mu. et al.*).

1,4,6-Trihydroxy-benzocyclohepten-5-on $C_{11}H_8O_4$, Formel XII und Taut.

B. Beim Behandeln von Pyrogallol mit Hydrochinon (oder [1,4]Benzochinon) und KIO_3

in wss. Äthanol (*Murakami et al.*, J. chem. Soc. Japan Pure Chem. Sect. **75** [1954] 620; C. A. **1957** 13840).

Dunkelrote Kristalle (aus Bzl.); F: 249–251°. IR-Spektrum (Nujol; 2,5–14,5 μ): *Mu. et al.*

Diacetyl-Derivat $C_{15}H_{12}O_6$. Orangerote Kristalle; F: 158–160°.

2-Hydroxy-1,3-dimethoxy-benzocyclohepten-5-on(?) $C_{13}H_{12}O_4$, vermutlich Formel XIII.

B. In kleiner Menge beim Erhitzen von 1,2,3-Trimethoxy-6,7,8,9-tetrahydro-benzocyclohepten-5-on mit Palladium/Kohle in 1,2,4-Trichlor-benzol (*Caunt et al.*, Soc. **1951** 1313, 1316).

Kristalle (aus PAe.); F: 130–131°.

6-Hydroxy-2,3-dimethoxy-benzocyclohepten-5-on $C_{13}H_{12}O_4$, Formel XIV und Taut.

B. Beim Erhitzen von 2,3-Dimethoxy-8,9-dihydro-7*H*-benzocyclohepten-5,6-dion mit Palladium/Kohle in 1,3,5-Trichlor-benzol (*Caunt et al.*, Soc. **1950** 1631, 1634; *Barltrop et al.*, Soc. **1951** 181, 184).

Gelbe Kristalle; F: 147° [aus Cyclohexan] (*Ca. et al.*), 145–146° [aus H_2O] (*Ba. et al.*). Absorptionsspektrum (220–430 nm): *Ba. et al.*, l. c. S. 182.

2,5-Dihydroxy-7-methyl-[1,4]naphthochinon $C_{11}H_8O_4$, Formel XV (R = H) und Taut.

B. Beim Erhitzen der folgenden Verbindung mit $AlCl_3$ und NaCl auf 180° (*Davies, Roberts*, Soc. **1956** 2173, 2175).

Orangefarbene Kristalle (aus PAe.); F: 200° [Zers.]; λ_{max} (A.): 247 nm, 290 nm und 411 nm (*Da., Ro.*, l. c. S. 2176).

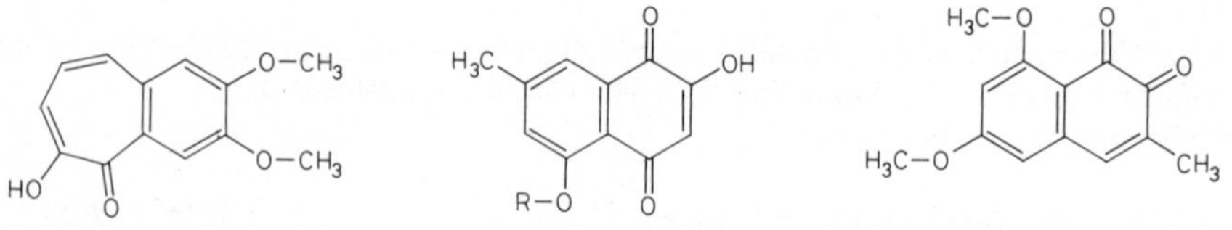

XIV XV XVI

2-Hydroxy-5-methoxy-7-methyl-[1,4]naphthochinon $C_{12}H_{10}O_4$, Formel XV (R = CH_3) und Taut.

B. Beim Erhitzen von 2-[4-Dimethylamino-anilino]-5-methoxy-7-methyl-[1,4]naphthochinon-4-[4-dimethylamino-phenylimin] mit wss. H_2SO_4 (*Davies, Roberts*, Soc. **1956** 2173, 2175).

Gelbe Kristalle (aus Bzl.+PAe.); F: 180–182° [Zers.].

6,8-Dimethoxy-3-methyl-[1,2]naphthochinon $C_{13}H_{12}O_4$, Formel XVI.

B. In kleiner Menge neben 3-Hydroxy-5,7-dimethoxy-2-methyl-[1,4]naphthochinon beim Behandeln von 6,8-Dimethoxy-3-methyl-[1]naphthol mit Blei(IV)-acetat in $CHCl_3$ und wenig Essigsäure (*Ebnöther et al.*, Helv. **35** [1952] 910, 922; s. a. *Birch, Donovan*, Austral. J. Chem. **6** [1953] 373, 377).

Orangefarbene Kristalle; F: 199–201° [unter teilweiser Sublimation ab 180°; aus Acn.+Ae.+PAe.] (*Eb. et al.*), 198–199° [unkorr.; aus Acn.] (*Bi., Do.*, l. c. S. 376, 378). Absorptionsspektrum (A.; 220–500 nm): *Eb. et al.*, l. c. S. 914. λ_{max}: 266 nm und 408 nm (*Bi., Do.*, l. c. S. 376).

3,5-Dihydroxy-2-methyl-[1,4]naphthochinon, Droseron $C_{11}H_8O_4$, Formel I (R = H) und Taut. (E II 465; E III 3604).

B. Aus 1,3,4,5-Tetraacetoxy-2-methyl-naphthalin beim Erhitzen mit wss. NaOH unter Einleiten von Luft (*Jain, Seshadri*, J. scient. ind. Res. India **13**B [1954] 756), beim Behandeln mit methanol. KOH unter Luftzutritt (*Cooke et al.*, Austral. J. Chem. **6** [1953] 38, 41) sowie beim Erwärmen mit methanol. H_2SO_4 und anschliessend mit $FeCl_3$ in wss. HCl (*Jain, Se.*).

Gelbe Kristalle; F: 180–181° [aus Me.] (*Jain, Se.*), 179,5–180,5° [korr.; aus wss. A.+wenig Eg.] (*Cooke, Segal*, Austral. J. scient. Res. [A] **3** [1950] 628, 633). Unter vermindertem Druck sublimierbar (*Co., Se.*). Absorptionsspektrum (A.; 200–500 nm): *Co., Se.*, l. c. S. 631.

3-Hydroxy-5-methoxy-2-methyl-[1,4]naphthochinon $C_{12}H_{10}O_4$, Formel I (R = CH_3) und Taut.

B. Beim Behandeln von 5-Methoxy-[1,4]naphthochinon mit Dimethylamin, Erhitzen des Reaktionsprodukts mit konz. wss. HCl und anschliessend mit Diacetylperoxid (*Cooke et al.*, Austral. J. Chem. **6** [1953] 38, 40). Beim Erwärmen von 3-Äthyl-2-hydroxy-5-methoxy-[1,4]naphthochinon mit wss. H_2O_2 und wss. Na_2CO_3 in Dioxan, anschliessenden Behandeln mit wss. $CuSO_4$ und Erhitzen der Reaktionslösung mit $CuSO_4$ und wss. NaOH (*Cooke, Segal,* Austral. J. scient. Res. [A] **3** [1950] 628, 633).

Hellgelbe Kristalle (*Co., Se.*); F: 173–174° [korr.; aus A.] (*Co., Se.*), 171–172° [korr.] (*Co. et al.*). Im Hochvakuum sublimierbar (*Co., Se.*).

I II III

3-Äthylmercapto-5-hydroxy-2-methyl-[1,4]naphthochinon $C_{13}H_{12}O_3S$, Formel II (R = C_2H_5).

B. Beim Erwärmen von 3-Chlor-5-hydroxy-2-methyl-[1,4]naphthochinon mit Äthanthiol und Pyridin in Äthanol (*Thomson,* Soc. **1951** 1237).

Orangefarbene Kristalle (aus wss. A.); F: 85°.

Acetyl-Derivat $C_{15}H_{14}O_4S$; 5-Acetoxy-3-äthylmercapto-2-methyl-[1,4]naphthochinon. Gelbe Kristalle (aus wss. A.); F: 91°.

5-Hydroxy-2-methyl-3-*p*-tolylmercapto-[1,4]naphthochinon $C_{18}H_{14}O_3S$, Formel III.

B. Analog der vorangehenden Verbindung (*Thomson,* Soc. **1951** 1237).

Rotbraune Kristalle (aus A.); F: 126°.

Acetyl-Derivat $C_{20}H_{16}O_4S$; 5-Acetoxy-2-methyl-3-*p*-tolylmercapto-[1,4]naphthochinon. Rote Kristalle (aus A.); F: 148°.

[8-Hydroxy-3-methyl-1,4-dioxo-1,4-dihydro-[2]naphthylmercapto]-essigsäure $C_{13}H_{10}O_5S$, Formel II (R = CH_2-CO-OH).

B. Analog den vorangehenden Verbindungen (*Thomson,* Soc. **1951** 1237).

Rote Kristalle (aus Bzl.+PAe.); F: 168° (*Th.*, Soc. **1951** 1239).

Bei der Hydrierung an Raney-Nickel in Äthanol ist Plumbagin (S. 2376) und 5,8-Dihydroxy-6-methyl-3,4-dihydro-2*H*-naphthalin-1-on erhalten worden (*Thomson,* Soc. **1952** 1822, 1823, **1951** 1239).

Äthylester $C_{15}H_{14}O_5S$. Orangegelbe Kristalle (aus wss. A.); F: 94° (*Th.*, Soc. **1951** 1239).

3-Hydroxy-6-methoxy-2-methyl-[1,4]naphthochinon $C_{12}H_{10}O_4$, Formel IV und Taut.

B. Beim Erwärmen von 7-Methoxy-3-methyl-3,4-dihydro-2*H*-naphthalin-1-on mit SeO_2 in wss. Äthanol (*Dhekne, Bhide,* J. Indian chem. Soc. **28** [1951] 504).

Gelbe Kristalle (aus Bzl.); F: 174–175°.

2,5-Dihydroxy-3-methyl-[1,4]naphthochinon $C_{11}H_8O_4$, Formel V (R = R′ = H) und Taut. (E III 3604).

B. Beim Erhitzen von 2-Hydroxy-5-methoxy-3-methyl-[1,4]naphthochinon mit $AlCl_3$ und NaCl auf 160° (*Cooke, Segal,* Austral. J. scient. Res. [A] **3** [1950] 628, 633).

Orangerote Kristalle (aus A.); F: 192–193° [korr.]. Bei 100–110°/10^{-6} Torr sublimierbar. Absorptionsspektrum (A.; 200–500 nm): *Co., Se.*, l. c. S. 631.

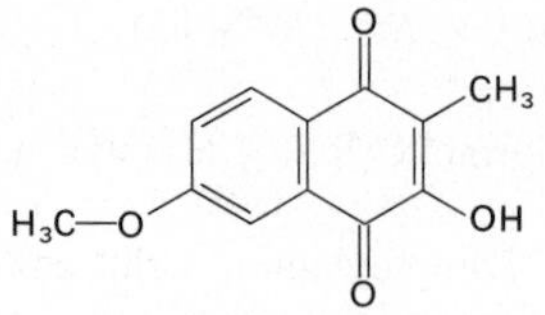

IV 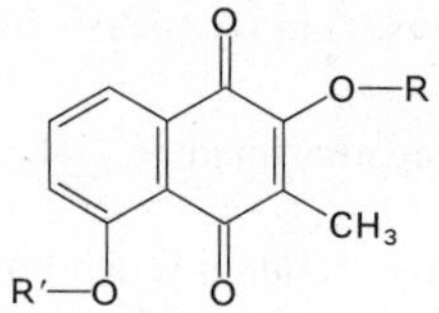 V 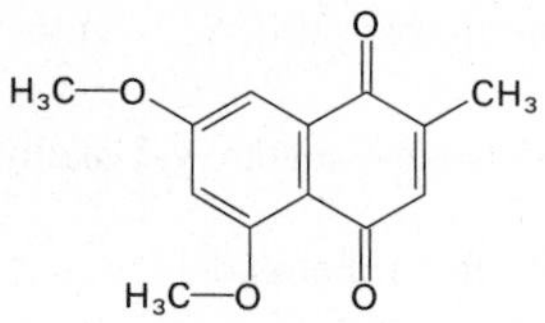 VI

5-Hydroxy-2-methoxy-3-methyl-[1,4]naphthochinon $C_{12}H_{10}O_4$, Formel V (R = CH_3, R′ = H).

B. Aus 2,5-Dihydroxy-3-methyl-[1,4]naphthochinon und Diazomethan (*Hase,* J. pharm. Soc. Japan **70** [1950] 625, 628; C. A. **1951** 7085).

Orangefarbene Kristalle; F: 129°.

2-Hydroxy-5-methoxy-3-methyl-[1,4]naphthochinon $C_{12}H_{10}O_4$, Formel V (R = H, R′ = CH_3) und Taut.

B. Beim Erwärmen von 2-Hydroxy-5-methoxy-[1,4]naphthochinon mit Diacetylperoxid in Essigsäure (*Cooke, Segal,* Austral. J. scient. Res. [A] **3** [1950] 628, 632).

Orangegelbe Kristalle (aus A.); F: 196–197° [korr.].

5,7-Dimethoxy-2-methyl-[1,4]naphthochinon $C_{13}H_{12}O_4$, Formel VI.

B. Beim Behandeln von 5,7-Dimethoxy-2-methyl-[1]naphthol mit Blei(IV)-acetat in $CHCl_3$ und Essigsäure unter Lichtausschluss bei 30° (*Schmid, Burger,* Helv. **35** [1952] 928, 933, 934).

Kristalle (aus Ae.); F: 146,5°. $Kp_{0,02}$: 130–140° [Badtemperatur]. Absorptionsspektrum (A.; 225–480 nm): *Sch., Bu.,* l. c. S. 931.

5,8-Dihydroxy-2-methyl-[1,4]naphthochinon $C_{11}H_8O_4$, Formel VII (R = X = H) und Taut. (E III 3605).

B. Beim Behandeln von 2-Methyl-1,5-dinitro-naphthalin mit Schwefel und SO_3 enthaltender H_2SO_4 unterhalb 30° (*Bruce, Thomson,* Soc. **1955** 1089, 1093). Beim Erwärmen der folgenden Verbindung mit wss. NaOH (*Farina et al.,* Tetrahedron Letters **1959** Nr. 19, S. 9, 12; An. Soc. españ. [B] **59** [1963] 167, 174).

Rote bzw. grüne Kristalle (aus A.); F: 175° (*Fa. et al.*), 173° (*Br., Th.*). Im Hochvakuum bei 150° sublimierbar (*Br., Th.*).

5,8-Diacetoxy-2-methyl-[1,4]naphthochinon $C_{15}H_{12}O_6$, Formel VII (R = CO-CH_3, X = H) (E III 3605).

Konstitution: *Farina et al.,* An. Soc. españ. [B] **59** [1963] 167, 169, 170.

B. Beim Behandeln von 5,8-Diacetoxy-6-methyl-1,4-dihydro-naphthalin oder von 5,8-Diacetoxy-2-methyl-1,4-dihydro-naphthalin mit CrO_3 in wss. Essigsäure (*Fa. et al.,* An. Soc. españ. [B] **59** 174; s. a. *Farina et al.,* Tetrahedron Letters **1959** Nr. 19, S. 9, 12).

Gelbe Kristalle (aus A.); F: 169,5°.

2-Chlor-5,8-dihydroxy-3-methyl-[1,4]naphthochinon $C_{11}H_7ClO_4$, Formel VII (R = H, X = Cl) und Taut.

B. Beim Erhitzen von 5,8-Diacetoxy-2-chlor-3-methyl-[1,4]naphthochinon mit wss. HCl (*Bruce, Thomson,* Soc. **1955** 1089, 1096).

Rote Kristalle mit grünem Oberflächenglanz (aus A.); F: 189°.

5,8-Diacetoxy-2-chlor-3-methyl-[1,4]naphthochinon $C_{15}H_{11}ClO_6$, Formel VII (R = CO-CH_3, X = Cl).

B. Beim Behandeln von 5,8-Diacetoxy-2-methyl-[1,4]naphthochinon (s. o.) mit Chlor in Essigsäure im Sonnenlicht und Erhitzen des Reaktionsprodukts mit Natriumacetat in Essigsäure (*Bruce, Thomson,* Soc. **1955** 1089, 1096).

Gelbe Kristalle (aus PAe.); F: 186°.

2-Brom-5,8-dihydroxy-3-methyl-[1,4]naphthochinon $C_{11}H_7BrO_4$, Formel VII (R = H, X = Br) und Taut.

B. Beim Erhitzen von 5,8-Diacetoxy-2-brom-3-methyl-[1,4]naphthochinon mit konz. wss. HCl (*Sorrie, Thomson,* Soc. **1955** 2238, 2243).

Rote Kristalle (aus PAe.); F: 193°.

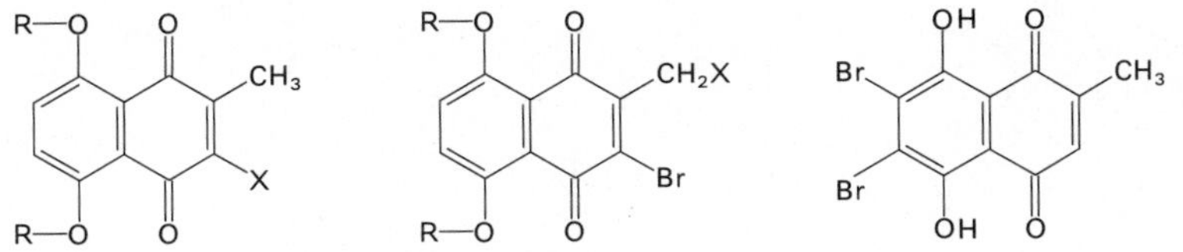

VII VIII IX

5,8-Diacetoxy-2-brom-3-methyl-[1,4]naphthochinon $C_{15}H_{11}BrO_6$, Formel VII (R = CO-CH_3, X = Br).

B. Beim Behandeln [4 d] von 5,8-Diacetoxy-2-methyl-[1,4]naphthochinon (s. o.) mit Brom in Essigsäure und Erhitzen des erhaltenen Reaktionsgemisches mit Natriumacetat (*Sorrie, Thomson,* Soc. **1955** 2238, 2243).

Orangefarbene Kristalle (aus PAe.); F: 197°.

2-Brom-3-chlormethyl-5,8-dihydroxy-[1,4]naphthochinon $C_{11}H_6BrClO_4$, Formel VIII (R = H, X = Cl) und Taut.

B. Beim Erhitzen von 2-Brom-3-brommethyl-5,8-dihydroxy-[1,4]naphthochinon in Essigsäure unter Einleiten von HCl (*Sorrie, Thomson,* Soc. **1955** 2238, 2242). Beim Erhitzen von 1a,7a-Dibrom-3,6-dimethoxy-(1a*r*,7a*c*)-1a,7a-dihydro-1*H*-cyclopropa[*b*]naphthalin-2,7-dion (S. 2963) mit $AlCl_3$ und NaCl auf 180° und Behandeln des Reaktionsgemisches mit wss. HCl (*So., Th.*).

Dunkle Kristalle mit grünem Oberflächenglanz (aus PAe.); F: 154°.

Diacetyl-Derivat $C_{15}H_{10}BrClO_6$. Orangefarbene Kristalle (aus PAe.); F: 199°.

6,7-Dibrom-5,8-dihydroxy-2-methyl-[1,4]naphthochinon $C_{11}H_6Br_2O_4$, Formel IX und Taut.

B. Beim Erhitzen von 2-Methyl-hydrochinon mit Dibrommaleinsäure, $AlCl_3$ und NaCl (*Sorrie, Thomson,* Soc. **1955** 2238, 2242).

Braune Kristalle (aus PAe.); F: 160°.

2-Brom-3-brommethyl-5,8-dihydroxy-[1,4]naphthochinon $C_{11}H_6Br_2O_4$, Formel VIII (R = H, X = Br) und Taut.

B. Beim Erhitzen von 1a,7a-Dibrom-3,6-dimethoxy-(1a*r*,7a*c*)-1a,7a-dihydro-1*H*-cyclopropa[*b*]naphthalin-2,7-dion (S. 2963) in Essigsäure mit wss. HBr (*Sorrie, Thomson,* Soc. **1955** 2238, 2242).

Braune Kristalle (aus PAe.); F: 149°.

5,8-Diacetoxy-2-brom-3-brommethyl-[1,4]naphthochinon $C_{15}H_{10}Br_2O_6$, Formel VIII (R = CO-CH_3, X = Br).

B. Beim Acetylieren der vorangehenden Verbindung (*Sorrie, Thomson,* Soc. **1955** 2238, 2242). Beim Erwärmen von 5,8-Diacetoxy-2-brom-3-methyl-[1,4]naphthochinon mit *N*-Brom-succinimid und wenig Dibenzoylperoxid in CCl_4 (*So., Th.,* l. c. S. 2243).

Braune Kristalle (aus PAe.); F: 206°.

6,7-Dimethoxy-2-methyl-[1,4]naphthochinon $C_{13}H_{12}O_4$, Formel X (X = H).

B. Beim Behandeln von 6,7-Dimethoxy-3-methyl-[1]naphthol mit $NO(SO_3K)_2$ in wss. Methanol (*Shirley, Dean,* Am. Soc. **79** [1957] 1205).

Kristalle (aus Acn.); F: 213–214° [unkorr.]. λ_{max} (Me.): 269–275 nm und 349 nm.

2-Brom-6,7-dimethoxy-3-methyl-[1,4]naphthochinon $C_{13}H_{11}BrO_4$, Formel X (X = Br).

B. Analog der vorangehenden Verbindung (*Shirley, Dean,* Am. Soc. **79** [1957] 1205).

Orangefarbene Kristalle (aus Acn.); F: 232–232,5° [unkorr.]. λ_{max} (Me.): 272–278 nm, 299 nm und 352 nm.

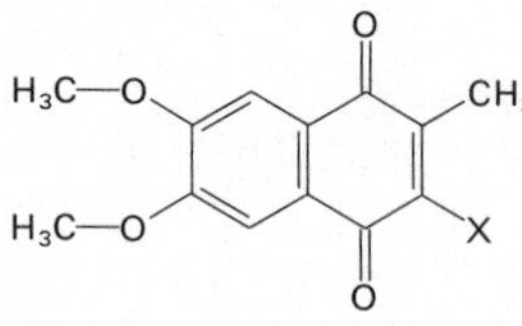

X 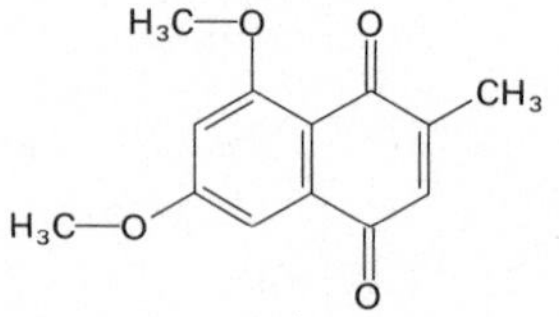 XI 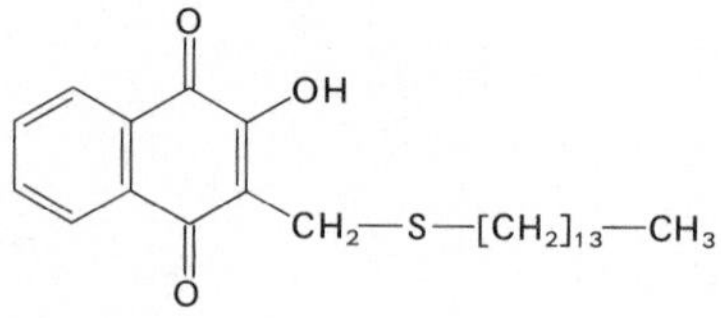 XII

6,8-Dimethoxy-2-methyl-[1,4]naphthochinon $C_{13}H_{12}O_4$, Formel XI.

B. Beim Behandeln von 5,7-Dimethoxy-3-methyl-[1]naphthol mit Blei(IV)-acetat in $CHCl_3$ und Essigsäure bei 30° (*Schmid, Burger,* Helv. **35** [1952] 928, 936).

Kristalle (aus Ae.); F: 157°. Bei 130–140°/0,02 Torr sublimierbar. Absorptionsspektrum (A.; 229–480 nm): *Sch., Bu.,* l. c. S. 931.

2-Hydroxy-3-[tetradecylmercapto-methyl]-[1,4]naphthochinon $C_{25}H_{36}O_3S$, Formel XII und Taut.

B. Beim Erhitzen von 2-Hydroxy-[1,4]naphthochinon mit Tetradecan-1-thiol, wss. Formaldehyd und wenig wss. HCl in Dioxan (*Moser, Paulshock,* Am. Soc. **72** [1950] 5419, 5422).

Gelbe Kristalle (aus Eg.); F: 82–83°.

Die folgenden Verbindungen sind in analoger Weise hergestellt worden:

2-Hydroxy-3-[phenylmercapto-methyl]-[1,4]naphthochinon $C_{17}H_{12}O_3S$, Formel XIII (X = H) und Taut. Rote Kristalle (aus Me.); F: 137–138° [korr.].

2-[(4-Chlor-phenylmercapto)-methyl]-3-hydroxy-[1,4]naphthochinon $C_{17}H_{11}ClO_3S$, Formel XIII (X = Cl) und Taut. Orangefarbene Kristalle (aus A.+Bzl.); F: 172–173° [korr.].

2-Hydroxy-3-[*p*-tolylmercapto-methyl]-[1,4]naphthochinon $C_{18}H_{14}O_3S$, Formel XIII (X = CH_3) und Taut. Orangefarbene Kristalle (aus Me.); F: 144–145° [korr.].

3,6-Dihydroxy-(1a*r*,7a*c*)-1a,7a-dihydro-1*H*-cyclopropa[*b*]naphthalin-2,7-dion $C_{11}H_8O_4$, Formel XIV (R = X = X′ = H).

B. Beim Erwärmen einer als opt.-inakt. 6,8-Dibrom-1,4-dihydroxy-7,8-dihydro-6*H*-benzocyclohepten-5,9-dion (S. 2874) angesehenen Verbindung mit NaI in Aceton (*Garden, Thomson,* Soc. **1957** 2851, 2854).

Gelbe Kristalle (aus PAe.); F: 173°. λ_{max} (A.): 230 nm, 260 nm und 401 nm.

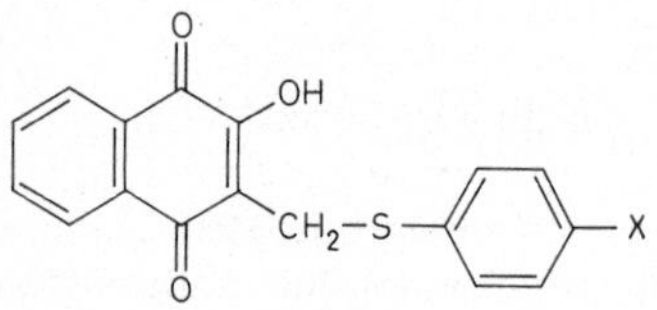

XIII 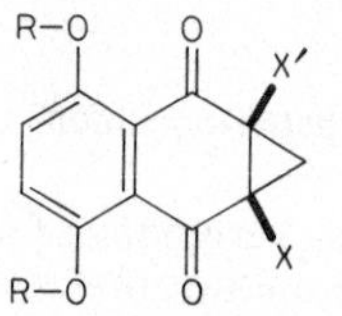 XIV 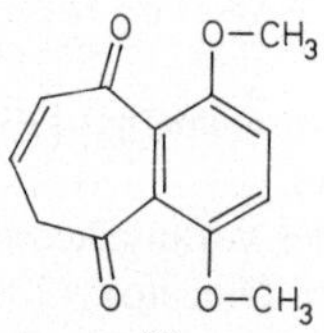 XV 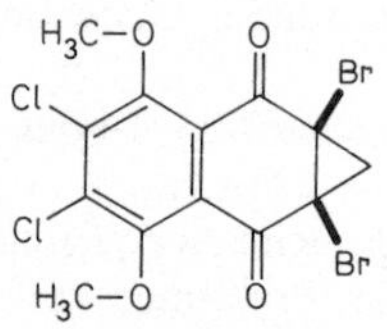 XVI

3,6-Dimethoxy-(1a*r*,7a*c*)-1a,7a-dihydro-1*H*-cyclopropa[*b*]naphthalin-2,7-dion $C_{13}H_{12}O_4$, Formel XIV (R = CH_3, X = X′ = H).

Diese Konstitution kommt auch der von *Sorrie, Thomson* (Soc. **1955** 2233) als 1,4-Dimethoxy-6*H*-benzocyclohepten-5,9-dion $C_{13}H_{12}O_4$ (Formel XV) angesehenen Verbindung zu (*Garden, Thomson,* Soc. **1957** 2851).

B. Beim Erwärmen von 5,9-Diacetoxy-1,4-dimethoxy-7*H*-benzocyclohepten (*So., Th.,* l. c. S. 2235) oder von 9-Acetoxy-1,4-dimethoxy-6,7-dihydro-benzocyclohepten-5-on (*So., Th.*; *Ga., Th.*) mit *N*-Brom-succinimid in CCl_4 und Erwärmen des jeweiligen Reaktionsprodukts mit äthanol. KOH. Beim Behandeln von 1,4-Dimethoxy-7,8-dihydro-6*H*-benzocyclohepten-5,9-dion mit Brom in Essigsäure und Behandeln des Reaktionsprodukts mit NaI in Aceton (*Ga., Th.*). Beim Erwärmen der vorangehenden Verbindung mit Dimethylsulfat und K_2CO_3 in Aceton (*Ga., Th.*).

Orangefarbene Kristalle (*So., Th.*); F: 163–164° [aus PAe.] (*So., Th.*), 163° [aus Me. oder E.+PAe.] (*Ga., Th.*). Absorptionsspektrum (A.; 200–415 nm): *So., Th.,* l. c. S. 2235. λ_{max}: 229 nm und 370 nm [A.] (*Ga., Th.*), 208 nm und 370 nm [Me.] (*So., Th.,* l. c. S. 2238).

Dioxim $C_{13}H_{14}N_2O_4$. Kristalle (aus DMF); Zers. bei ca. 300–310° (*So., Th.,* l. c. S. 2238).

(±)-1a-Brom-3,6-dihydroxy-(1a*r*,7a*c*)-1a,7a-dihydro-1*H*-cyclopropa[*b*]naphthalin-2,7-dion $C_{11}H_7BrO_4$, Formel XIV (R = X = H, X′ = Br)+Spiegelbild.

B. Neben der folgenden Verbindung beim Behandeln von 1,4-Dihydroxy-7,8-dihydro-6*H*-benzocyclohepten-5,9-dion mit Brom in Essigsäure und Erwärmen des Reaktionsprodukts (F: 186°) mit Pyridin (*Sorrie, Thomson,* Soc. **1955** 2238, 2241).

Gelbe Kristalle (aus Bzl.+PAe.); F: 135°.

Dimethyl-Derivat $C_{13}H_{11}BrO_4$; (±)-1a-Brom-3,6-dimethoxy-(1a*r*,7a*c*)-1a,7a-dihydro-1*H*-cyclopropa[*b*]naphthalin-2,7-dion. *B.* Beim Behandeln von 1,4-Dimethoxy-7,8-dihydro-6*H*-benzocyclohepten-5,9-dion mit Brom in Essigsäure und Erwärmen des Reaktionsprodukts (F: 168–170°) mit Pyridin (*So., Th.*). – Hellgelbe Kristalle (aus Bzl.); F: 208° [Zers.]. Absorptionsspektrum (Me.; 200–450 nm): *So., Th.,* l. c. S. 2239.

1a,7a-Dibrom-3,6-dihydroxy-(1a*r*,7a*c*)-1a,7a-dihydro-1*H*-cyclopropa[*b*]naphthalin-2,7-dion $C_{11}H_6Br_2O_4$, Formel XIV (R = H, X = X′ = Br).

B. s. im vorangehenden Artikel.

Orangegelbe Kristalle (aus PAe.); F: 174° (*Sorrie, Thomson,* Soc. **1955** 2238, 2241).

Dimethyl-Derivat $C_{13}H_{10}Br_2O_4$; 1a,7a-Dibrom-3,6-dimethoxy-(1a*r*,7a*c*)-1a,7a-dihydro-1*H*-cyclopropa[*b*]naphthalin-2,7-dion. *B.* Beim Behandeln von 1,4-Dimethoxy-7,8-dihydro-6*H*-benzocyclohepten-5,9-dion mit Brom in Essigsäure und Erwärmen des Reaktionsprodukts (F: 224° [Zers.]) mit Pyridin (*So., Th.*). – Hellgelbe Kristalle (aus Bzl.); F: 251° [Zers.]. Absorptionsspektrum (Me.; 200–450 nm): *So., Th.,* l. c. S. 2239.

1a,7a-Dibrom-4,5-dichlor-3,6-dimethoxy-(1a*r*,7a*c*)-1a,7a-dihydro-1*H*-cyclopropa[*b*]naphthalin-2,7-dion $C_{13}H_8Br_2Cl_2O_4$, Formel XVI.

B. Beim Behandeln von 2,3-Dichlor-1,4-dimethoxy-7,8-dihydro-6*H*-benzocyclohepten-5,9-dion mit Brom in Essigsäure und Behandeln des Reaktionsprodukts (F: 178–180°) mit Pyridin (*Sorrie, Thomson,* Soc. **1955** 2238, 2242).

Hellgelbe Kristalle (aus PAe.); F: 211° [Zers.]. [*Geibler*]

Hydroxy-oxo-Verbindungen $C_{12}H_{10}O_4$

1-[3,4-Diacetoxy-1-sulfooxy-[2]naphthyl]-äthanon, Schwefelsäure-mono-[3,4-diacetoxy-2-acetyl-[1]naphthylester] $C_{16}H_{14}O_9S$, Formel I.

B. Aus 2-Acetyl-[1,4]naphthochinon, Acetanhydrid und H_2SO_4 (*Hase, Nishimura,* J. pharm. Soc. Japan **75** [1955] 203, 206; C. A. **1956** 1712).

Kristalle (aus A.); F: 212° [Zers.].

1-[1-Hydroxy-5,8-dimethoxy-[2]naphthyl]-äthanon $C_{14}H_{14}O_4$, Formel II.

B. Beim Behandeln von Essigsäure-[5,8-dimethoxy-[1]naphthylester] mit $AlCl_3$ in Nitrobenzol (*Momose, Goya,* Chem. pharm. Bl. **7** [1959] 864).

Gelbe Kristalle (aus Bzl.); F: 129°.

2-Äthyl-3-hydroxy-6-methoxy-[1,4]naphthochinon $C_{13}H_{12}O_4$, Formel III und Taut.

B. Beim Behandeln von 3-Äthyl-7-methoxy-3,4-dihydro-2*H*-naphthalin-1-on mit *N,N*-Dimethyl-4-nitroso-anilin und wss.-äthanol. NaOH und anschliessenden Erwärmen mit wss. H_2SO_4 (*Brunner et al.*, M. **83** [1952] 1477, 1484).

Orangegelbe Kristalle; F: 162° [nach Sublimation bei 95°/1 Torr].

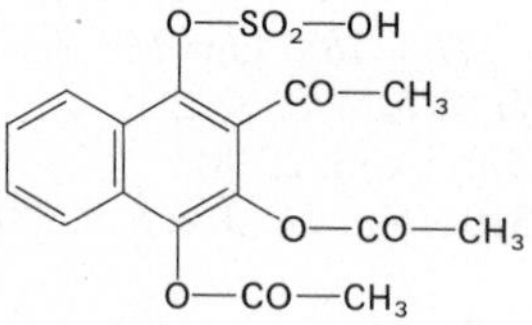

I 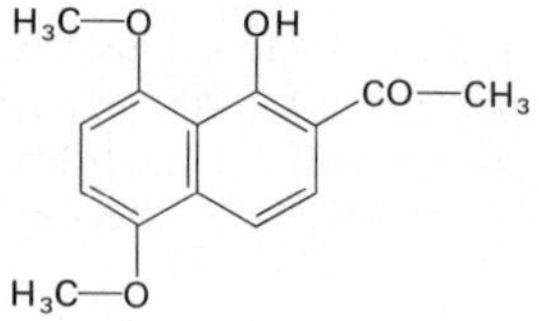 II 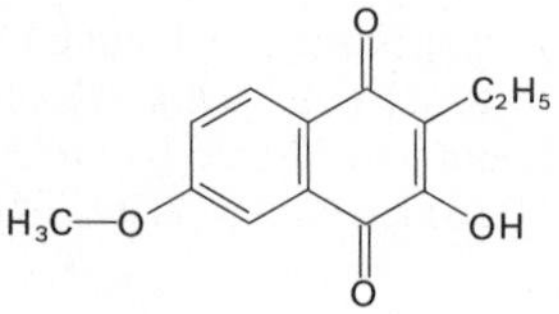 III

3-Äthyl-2-hydroxy-5-methoxy-[1,4]naphthochinon $C_{13}H_{12}O_4$, Formel IV und Taut.

B. Beim Erwärmen von 2-Hydroxy-5-methoxy-[1,4]naphthochinon mit Dipropionylperoxid in Essigsäure (*Cooke, Segal*, Austral. J. scient. Res. [A] **3** [1950] 628, 633). Beim Behandeln von 3-Äthyl-5-methoxy-3,4-dihydro-2*H*-naphthalin-1-on mit *N,N*-Dimethyl-4-nitroso-anilin und wss.-äthanol. NaOH und anschliessenden Erwärmen mit wss. H_2SO_4 (*Brunner et al.*, M. **83** [1952] 1477, 1483).

Gelbe Kristalle; F: 166° [nach Sublimation] (*Br. et al.*), 162,5–163,5° [korr.; aus wss. A.] (*Co., Se.*). Bei $100°/10^{-5}$ Torr sublimierbar (*Co., Se.*).

2-Äthyl-5,8-dihydroxy-[1,4]naphthochinon $C_{12}H_{10}O_4$, Formel V und Taut. (E III 3610).

B. Beim Erhitzen von Äthylbernsteinsäure mit Hydrochinon, $AlCl_3$ und NaCl auf 500° (*Kuroda*, J. scient. Res. Inst. Tokyo **47** [1953] 61, 63).

F: 126°.

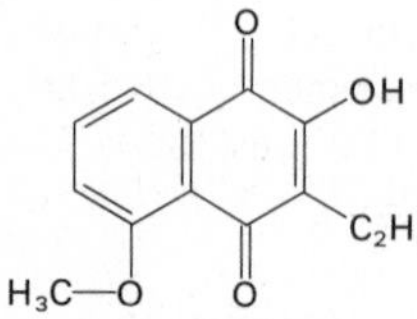

IV 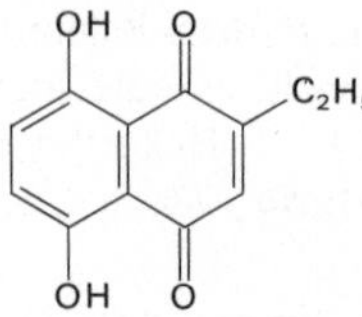 V 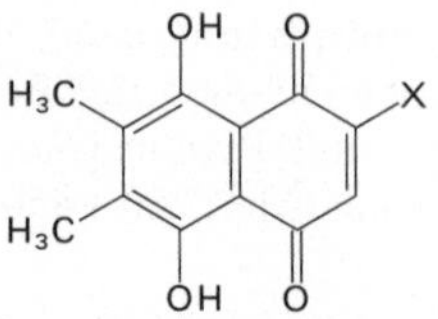 VI 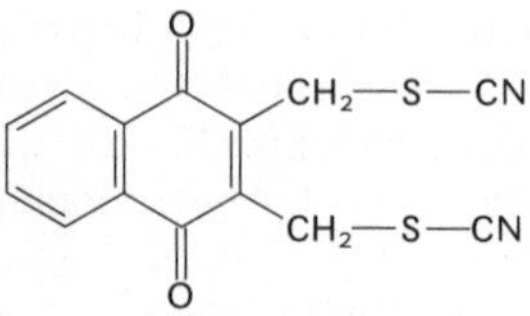 VII

2-Chlor-5,8-dihydroxy-6,7-dimethyl-[1,4]naphthochinon $C_{12}H_9ClO_4$, Formel VI (X = Cl) und Taut.

B. Beim Erhitzen von 2,3-Dimethyl-hydrochinon mit Chlormaleinsäure-anhydrid, $AlCl_3$ und NaCl oder von 2-Chlor-hydrochinon mit Dimethylmaleinsäure-anhydrid, $AlCl_3$ und NaCl (*Waldmann, Ulsperger*, B. **83** [1950] 178, 181).

Rote Kristalle (aus A.); F: 154,5°.

Diacetyl-Derivat $C_{16}H_{13}ClO_6$. Hellgelbe Kristalle (aus A.); F: 206°.

2-Brom-5,8-dihydroxy-6,7-dimethyl-[1,4]naphthochinon $C_{12}H_9BrO_4$, Formel VI (X = Br) und Taut.

B. Analog der vorangehenden Verbindung (*Waldmann, Ulsperger*, B. **83** [1950] 178, 181).

Rote Kristalle (aus PAe.); F: 152°.

Diacetyl-Derivat $C_{16}H_{13}BrO_6$. Hellgelbe Kristalle; F: 188,5°.

2,3-Bis-thiocyanatomethyl-[1,4]naphthochinon $C_{14}H_8N_2O_2S_2$, Formel VII.

B. Beim Erwärmen von 2,3-Bis-chlormethyl-[1,4]naphthochinon mit Kalium-thiocyanat in Aceton (*Am. Cyanamid Co.*, U.S.P. 2796377 [1955]).

Kristalle (aus A.+Acn.); F: 179–180°.

8(oder 5)-Acetoxy-5(oder 8)-hydroxy-2,6-dimethyl-[1,4]naphthochinon $C_{14}H_{12}O_5$, Formel VIII (R = H, R′ = CO-CH_3 oder R = CO-CH_3, R′ = H).

B. Beim Behandeln von 5,8-Dihydroxy-2,6-dimethyl-[1,4]naphthochinon mit Acetanhydrid und wenig H_2SO_4 (*Bruce, Thomson,* Soc. **1955** 1089, 1093).

Orangefarbene Kristalle (aus PAe. oder A.); F: 150°.

5,8-Diacetoxy-2,6-dimethyl-[1,4]naphthochinon $C_{16}H_{14}O_6$, Formel VIII (R = R′ = CO-CH_3).

B. Beim Erhitzen von 5,8-Dihydroxy-2,6-dimethyl-[1,4]naphthochinon mit Acetanhydrid und wenig H_2SO_4 (*Bruce, Thomson,* Soc. **1955** 1089, 1093).

Gelbe Kristalle (aus A.); F: 161°.

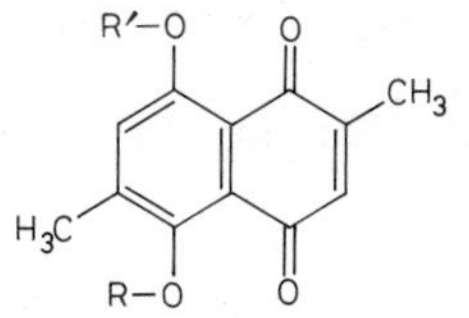

VIII 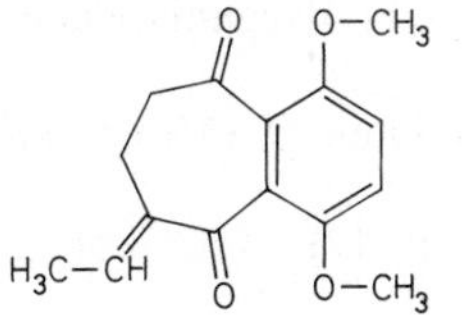 IX 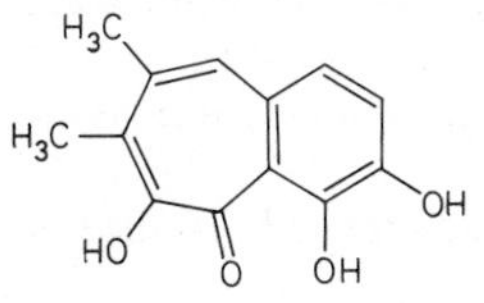 X

Hydroxy-oxo-Verbindungen $C_{13}H_{12}O_4$

***6-Äthyliden-1,4-dimethoxy-7,8-dihydro-6*H*-benzocyclohepten-5,9-dion** $C_{15}H_{16}O_4$, Formel IX und Taut.

B. Beim Behandeln von 1,4-Dimethoxy-7,8-dihydro-6*H*-benzocyclohepten-5,9-dion mit Acetaldehyd und konz. wss. HCl (*Sorrie, Thomson,* Soc. **1955** 2233, 2237).

Gelbe Kristalle (aus PAe.+Bzl.); F: 228°.

3,4,6-Trihydroxy-7,8-dimethyl-benzocyclohepten-5-on $C_{13}H_{12}O_4$, Formel X und Taut.

B. Aus 4,5-Dimethyl-pyrogallol und [1,2]Benzochinon (*Horner, Dürckheimer,* Z. Naturf. **14b** [1959] 743).

F: 208–209°.

1-[1-Hydroxy-5,8-dimethoxy-[2]naphthyl]-propan-1-on $C_{15}H_{16}O_4$, Formel XI.

B. Beim Behandeln von Propionsäure-[5,8-dimethoxy-[1]naphthylester] mit $AlCl_3$ in Nitrobenzol (*Momose, Goya,* Chem. pharm. Bl. **7** [1959] 864).

Gelbe Kristalle (aus Bzl.); F: 146–147°.

(±)-2-Hydroxy-3-[2-phenylmercapto-propyl]-[1,4]naphthochinon $C_{19}H_{16}O_3S$, Formel XII (X = H) und Taut.

B. Beim Erwärmen von (±)-2-[2-Chlor-propyl]-3-hydroxy-[1,4]naphthochinon mit Thiophenol und methanol. NaOH (*Moser, Paulshock,* Am. Soc. **72** [1950] 5419, 5422).

Gelbe Kristalle (aus Me.); F: 108,5–109,5° [korr.].

(±)-2-[2-(4-Chlor-phenylmercapto)-propyl]-3-hydroxy-[1,4]naphthochinon $C_{19}H_{15}ClO_3S$, Formel XII (X = Cl) und Taut.

B. Aus 4-Chlor-thiophenol beim Erwärmen mit (±)-2-[2-Chlor-propyl]-3-hydroxy-[1,4]naphthochinon und methanol. NaOH oder beim Erhitzen mit 2-Hydroxy-3-propenyl-[1,4]naphthochinon (F: 135°) und wenig Dibenzoylperoxid in Essigsäure (*Moser, Paulshock,* Am. Soc. **72** [1950] 5419, 5422).

Orangefarbene Kristalle (aus Me.); F: 124–125° [korr.].

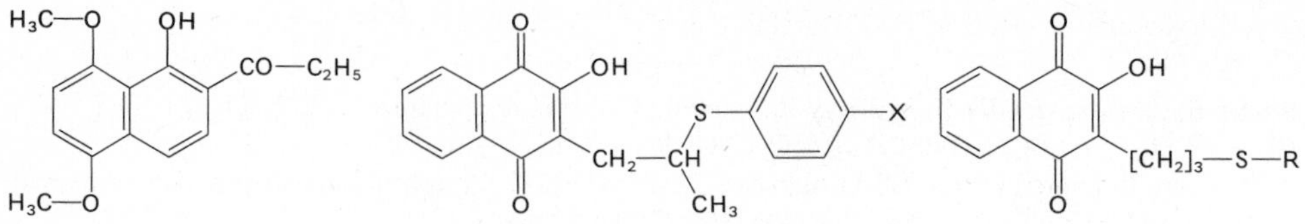

XI XII XIII

2-Hydroxy-3-[3-octylmercapto-propyl]-[1,4]naphthochinon $C_{21}H_{28}O_3S$, Formel XIII (R = $[CH_2]_7$-CH_3) und Taut.

B. Beim Erhitzen von 2-Allyl-3-hydroxy-[1,4]naphthochinon mit Octan-1-thiol und wenig Dibenzoylperoxid in Essigsäure (*Moser, Paulshock,* Am. Soc. **72** [1950] 5419, 5422).

Gelborangefarbene Kristalle (aus Me.); F: 93–94°.

2-Hydroxy-3-[3-phenylmercapto-propyl]-[1,4]naphthochinon $C_{19}H_{16}O_3S$, Formel XIII (R = C_6H_5) und Taut.

B. Analog der vorangehenden Verbindung (*Moser, Paulshock,* Am. Soc. **72** [1950] 5419, 5422).

Orangefarbene Kristalle (aus Me.); F: 121–122° [korr.].

2-[3-(4-Chlor-phenylmercapto)-propyl]-3-hydroxy-[1,4]naphthochinon $C_{19}H_{15}ClO_3S$, Formel XIII (R = C_6H_4-Cl) und Taut.

B. Analog den vorangehenden Verbindungen (*Moser, Paulshock,* Am. Soc. **72** [1950] 5419, 5423).

Gelbe Kristalle (aus A.); F: 150–151° [korr.].

2-Hydroxy-3-[3-*p*-tolylmercapto-propyl]-[1,4]naphthochinon $C_{20}H_{18}O_3S$, Formel XIII (R = C_6H_4-CH_3) und Taut.

B. Analog den vorangehenden Verbindungen (*Moser, Paulshock,* Am. Soc. **72** [1950] 5419, 5422).

Gelbe Kristalle (aus Me.); F: 135–136° [korr.].

(±)-2-[2-Hydroxy-propyl]-5-methoxy-[1,4]naphthochinon $C_{14}H_{14}O_4$, Formel I.

B. Beim Behandeln von (±)-6-Methoxy-2-methyl-2,3-dihydro-naphtho[1,2-*b*]furan-5-ol mit $FeCl_3$ in wss. Aceton (*Eisenhuth, Schmid,* Helv. **41** [1958] 2021, 2038).

F: 96–97°.

1-[1,6,8-Trihydroxy-3-methyl-[2]naphthyl]-äthanon $C_{13}H_{12}O_4$, Formel II (R = H).

Konstitution: *Frei, Schmid,* A. **603** [1957] 169; *Birch, Donovan,* Austral. J. Chem. **6** [1953] 373.

B. Neben anderen Verbindungen beim Erhitzen von 8,10-Dihydroxy-2,5-dimethyl-benzo[*h*]chromen-4-on mit wss. KOH (*Ebnöther et al.,* Helv. **35** [1952] 910, 921).

Gelbe Kristalle (nach Sublimation bei 160–180°/0,01 Torr); Zers. oberhalb 200° (*Eb. et al.*). Absorptionsspektrum (A.; 200–450 nm): *Eb. et al.,* l. c. S. 911.

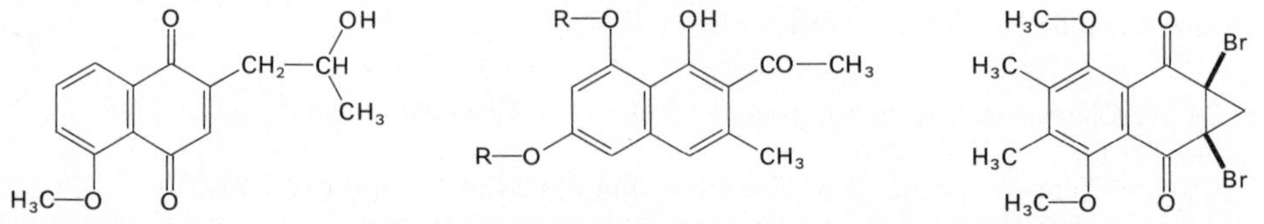

I II III

1-[1-Hydroxy-6,8-dimethoxy-3-methyl-[2]naphthyl]-äthanon $C_{15}H_{16}O_4$, Formel II (R = CH_3).

Konstitution: *Frei, Schmid,* A. **603** [1957] 169; *Birch, Donovan,* Austral. J. Chem. **6** [1953]

373.

B. Neben anderen Verbindungen beim Erwärmen von 8,10-Dimethoxy-2,5-dimethyl-benzo[*h*]chromen-4-on mit wss.-äthanol. KOH (*Ebnöther et al.*, Helv. **35** [1952] 910, 921).

Kristalle (aus wss. A.); F: 98–100°. UV-Spektrum (A.; 200–400 nm): *Eb. et al.*, l. c. S. 911.

1a,7a-Dibrom-3,6-dimethoxy-4,5-dimethyl-(1a*r*,7a*c*)-1a,7a-dihydro-1*H*-cyclopropa[*b*]naphthalin-2,7-dion $C_{15}H_{14}Br_2O_4$, Formel III.

B. Beim Behandeln von 1,4-Dimethoxy-2,3-dimethyl-7,8-dihydro-6*H*-benzocyclohepten-5,9-dion mit Brom in Essigsäure und Erwärmen des Reaktionsprodukts mit Pyridin (*Sorrie, Thomson,* Soc. **1955** 2238, 2242).

Kristalle (aus PAe.); F: 165°.

Hydroxy-oxo-Verbindungen $C_{14}H_{14}O_4$

2-Acetyl-5-[4-hydroxy-phenyl]-cyclohexan-1,3-dion $C_{14}H_{14}O_4$, Formel IV (R = H) und Taut.

B. Aus der folgenden Verbindung beim Erwärmen mit wss. Na_2CO_3 (*Papadakis et al.*, Am. Soc. **75** [1953] 5436).

Kristalle (aus A.); F: 179°.

5-[4-Acetoxy-phenyl]-2-acetyl-cyclohexan-1,3-dion $C_{16}H_{16}O_5$, Formel IV (R = CO-CH_3) und Taut.

B. Beim Erwärmen von 5-[4-Hydroxy-phenyl]-cyclohexan-1,3-dion mit Acetanhydrid und Pyridin (*Papadakis et al.*, Am. Soc. **75** [1953] 5436).

F: 117°.

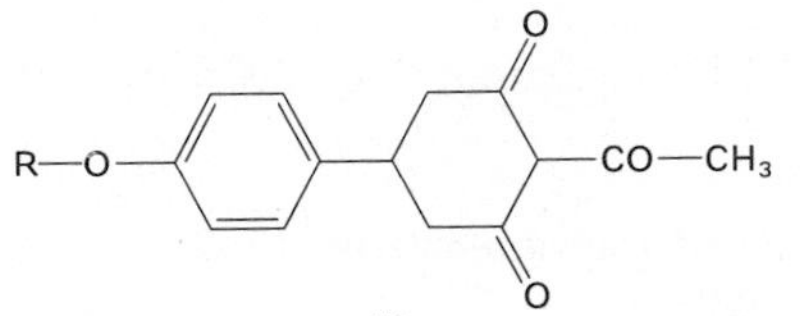

IV

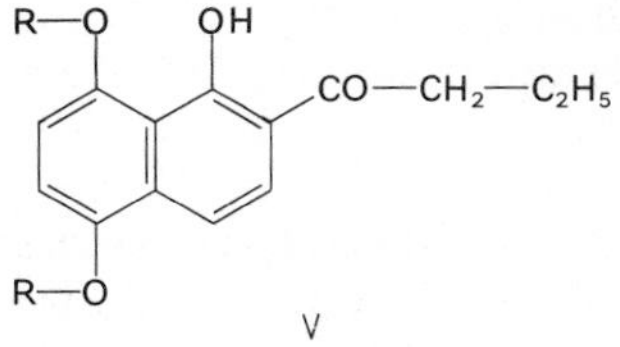

V

1-[1,5,8-Trihydroxy-[2]naphthyl]-butan-1-on $C_{14}H_{14}O_4$, Formel V (R = H).

B. Aus der folgenden Verbindung beim Erwärmen mit wss. HBr und wenig Phenol (*Momose, Goya,* Chem. pharm. Bl. **7** [1959] 864).

Orangegelbe Kristalle (aus Bzl.); F: 189–190°.

1-[1-Hydroxy-5,8-dimethoxy-[2]naphthyl]-butan-1-on $C_{16}H_{18}O_4$, Formel V (R = CH_3).

B. Beim Behandeln von Buttersäure-[5,8-dimethoxy-[1]naphthylester] mit $AlCl_3$ in Nitrobenzol (*Momose, Goya,* Chem. pharm. Bl. **7** [1959] 864).

Gelbe Kristalle (aus A.); F: 120°.

2-Hydroxy-3-[4-phenylmercapto-butyl]-[1,4]naphthochinon $C_{20}H_{18}O_3S$, Formel VI (X = H) und Taut.

B. Beim Erwärmen von 2-[4-Brom-butyl]-3-hydroxy-[1,4]naphthochinon mit Thiophenol und methanol. NaOH (*Moser, Paulshock,* Am. Soc. **72** [1950] 5419, 5422).

Gelbe Kristalle (aus PAe.); F: 105–106° [korr.].

2-[4-(4-Chlor-phenylmercapto)-butyl]-3-hydroxy-[1,4]naphthochinon $C_{20}H_{17}ClO_3S$, Formel VI (X = Cl) und Taut.

B. Analog der vorangehenden Verbindung (*Moser, Paulshock,* Am. Soc. **72** [1950] 5419, 5422).

Gelbe Kristalle (aus PAe.); F: 127–128° [korr.].

2-Hydroxy-3-[4-*p*-tolylmercapto-butyl]-[1,4]naphthochinon $C_{21}H_{20}O_3S$, Formel VI (X = CH_3) und Taut.

B. Analog den vorangehenden Verbindungen (*Moser, Paulshock,* Am. Soc. **72** [1950] 5419, 5422).

Gelbe Kristalle (aus PAe.); F: 98 – 99°.

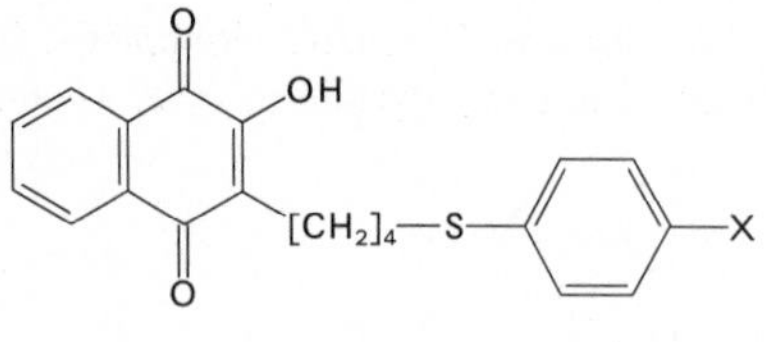

VI 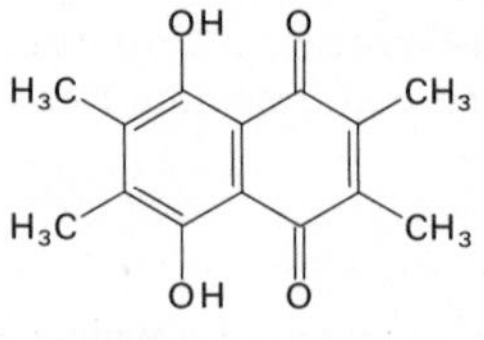 VII 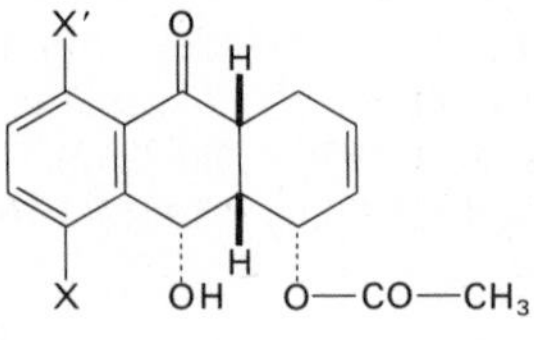 VIII

5,8-Dihydroxy-2,3,6,7-tetramethyl-[1,4]naphthochinon $C_{14}H_{14}O_4$, Formel VII.

B. Beim Erhitzen von 2,3-Dimethyl-hydrochinon mit Dimethylmaleinsäure-anhydrid, NaCl und $AlCl_3$ auf 220° (*Waldmann, Ulsperger,* B. **83** [1950] 178, 181).

Dunkelrote Kristalle (aus Eg.); F: 289°.

Diacetyl-Derivat $C_{18}H_{18}O_6$; 5,8-Diacetoxy-2,3,6,7-tetramethyl-[1,4]naphthochinon. Hellgelbe Kristalle (aus A.); F: 200°.

(±)-4*t*-Acetoxy-8,10*t*-dihydroxy-(4a*r*,9a*c*)-1,4,4a,9a-tetrahydro-anthron $C_{16}H_{16}O_5$, Formel VIII (X = H, X′ = OH) + Spiegelbild und Taut.

B. Beim Behandeln von (±)-1*t*-Acetoxy-5-hydroxy-(4a*r*,9a*c*)-1,4,4a,9a-tetrahydro-anthrachinon (E IV **6** 7789) in THF mit $LiAlH_4$ in Äther (*Inhoffen et al.,* Croat. chem. Acta **29** [1957] 329, 342).

Kristalle (aus Cyclohexan); F: 135,5 – 136,5°. UV-Spektrum (Me.; 200 – 350 nm): *In. et al.,* l. c. S. 332.

(±)-4*t*-Acetoxy-5,10*t*-dihydroxy-(4a*r*,9a*c*)-1,4,4a,9a-tetrahydro-anthron $C_{16}H_{16}O_5$, Formel VIII (X = OH, X′ = H) + Spiegelbild und Taut.

B. Beim Behandeln von (±)-1*t*-Acetoxy-8-hydroxy-(4a*r*,9a*c*)-1,4,4a,9a-tetrahydro-anthrachinon (E IV **6** 7789) in THF mit $LiAlH_4$ in Äther (*Inhoffen et al.,* Croat. chem. Acta **29** [1957] 329, 341).

Kristalle (aus Cyclohexan); F: 174 – 175,5°. UV-Spektrum (Me.; 200 – 350 nm): *In. et al.,* l. c. S. 337.

(±)-5,6-Dimethoxy-(4a*r*,10a*t*)-2,3,10,10a-tetrahydro-1*H*,4a*H*-phenanthren-4,9-dion $C_{16}H_{18}O_4$, Formel IX + Spiegelbild.

B. Beim Erhitzen von opt.-inakt. [2-(2,3-Dimethoxy-phenyl)-3-oxo-cyclohexyl]-malonsäure (F: 98 – 100°) auf 200° und Behandeln des Reaktionsprodukts mit HF (*Ginsburg, Pappo,* Soc. **1951** 938, 943).

Kristalle (aus A.); F: 115° [unkorr.].

Dioxim $C_{16}H_{20}N_2O_4$. F: 210° [unkorr.; Zers.; aus A.].

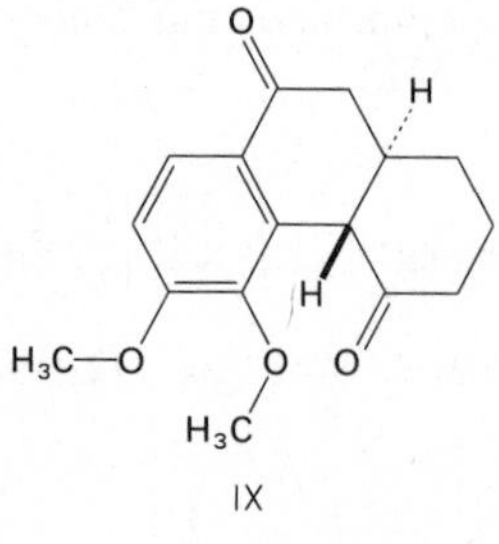

IX 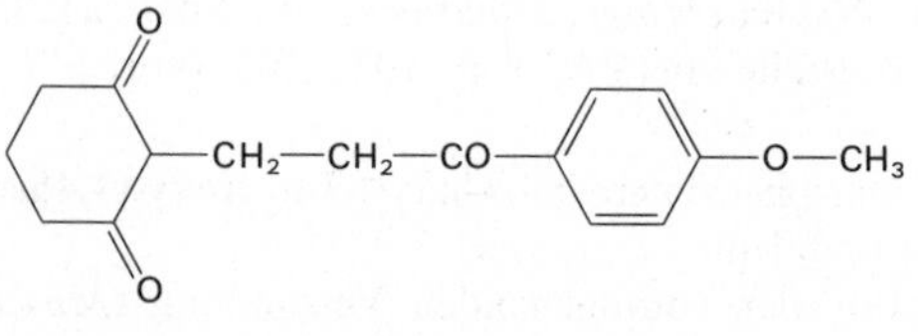 X

Hydroxy-oxo-Verbindungen $C_{15}H_{16}O_4$

2-[3-(4-Methoxy-phenyl)-3-oxo-propyl]-cyclohexan-1,3-dion $C_{16}H_{18}O_4$, Formel X und Taut.

B. Beim Erwärmen von 3-Dimethylamino-1-[4-methoxy-phenyl]-propan-1-on-hydrochlorid mit Cyclohexan-1,3-dion und wss. KOH (*Nasarow, Sawjalow,* Izv. Akad. S.S.S.R. Otd. chim. **1956** 1452, 1454; engl. Ausg. S. 1493, 1495).

Kristalle (aus wss. Me.); F: 119–120°.

3-[2-Acetoxy-6-oxo-cyclohex-1-enyl]-1-[4-methoxy-phenyl]-propan-1-on, 3-Acetoxy-2-[3-(4-methoxy-phenyl)-3-oxo-propyl]-cyclohex-2-enon $C_{18}H_{20}O_5$, Formel XI.

B. Beim Erhitzen von 2-[3-(4-Methoxy-phenyl)-3-oxo-propyl]-cyclohexan-1,3-dion mit Acet⸗anhydrid und Natriumacetat (*Nasarow, Sawjalow,* Izv. Akad. S.S.S.R. Otd. chim. **1956** 1452, 1454; engl. Ausg. S. 1493, 1495).

Kp_1: 228–231°. n_D^{20}: 1,5620.

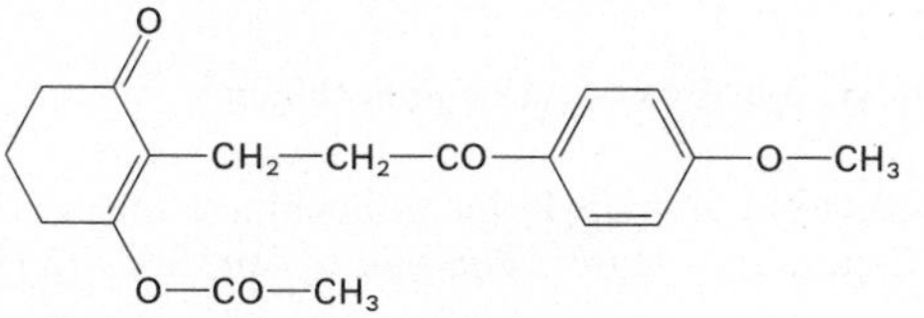

XI 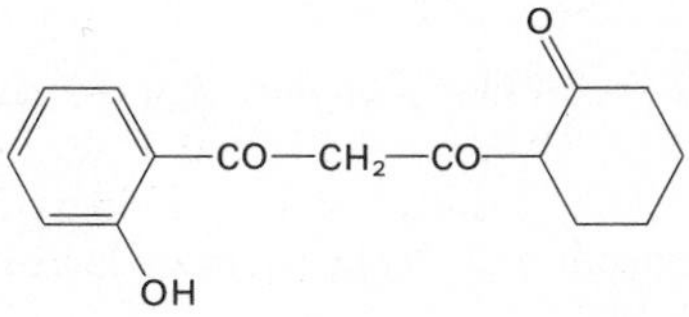 XII

1-[2-Hydroxy-phenyl]-3-[2-oxo-cyclohexyl]-propan-1,3-dion $C_{15}H_{16}O_4$, Formel XII und Taut.

B. Beim Behandeln von 4-Äthoxy-cumarin mit Cyclohexanon und Natriumäthylat in Xylol und Behandeln des Reaktionsprodukts mit wss. HCl (*Smissman, Gabbard,* Am. Soc. **79** [1957] 3203).

Bis-[2,4-dinitro-phenylhydrazon] $C_{27}H_{24}N_8O_{10}$. Orangefarbene Kristalle (aus $CHCl_3$+A.); F: 206–208°.

2-[3,3-Diäthoxy-propyl]-5-[4-methoxy-phenyl]-cyclohexan-1,3-dion, 3-[4-(4-Methoxy-phenyl)-2,6-dioxo-cyclohexyl]-propionaldehyd-diäthylacetal $C_{20}H_{28}O_5$, Formel XIII und Taut.

B. Beim Erhitzen von 5-[4-Methoxy-phenyl]-cyclohexan-1,3-dion mit Kalium und 3-Chlor-propionaldehyd-diäthylacetal in Xylol (*Papadakis et al.,* J. org. Chem. **23** [1958] 123).

Kristalle (aus wss. Me.); F: 170°.

Bis-phenylhydrazon (F: 87°): *Pa. et al.*

Bis-[2,4-dinitro-phenylhydrazon] (F: 207–207,5°): *Pa. et al.*

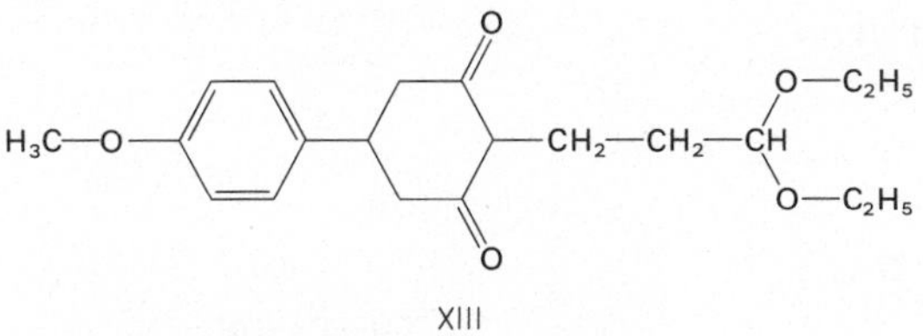

XIII 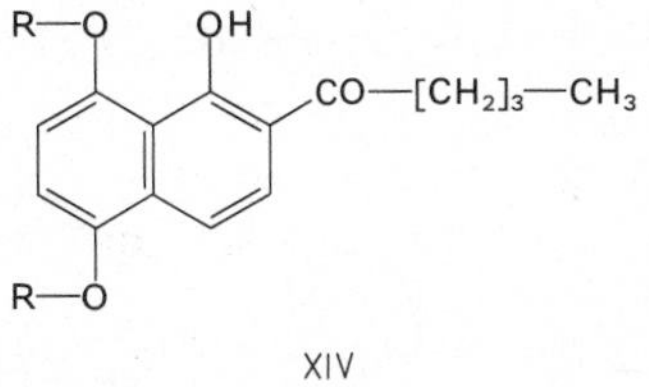 XIV

1-[1,5,8-Trihydroxy-[2]naphthyl]-pentan-1-on $C_{15}H_{16}O_4$, Formel XIV (R = H).

B. Aus der folgenden Verbindung beim Erwärmen mit wss. HBr und wenig Phenol (*Momose, Goya,* Chem. pharm. Bl. **7** [1959] 864).

Orangegelbe Kristalle (aus Bzl.); F: 141,5°.

1-[1-Hydroxy-5,8-dimethoxy-[2]naphthyl]-pentan-1-on $C_{17}H_{20}O_4$, Formel XIV (R = CH_3).

B. Beim Behandeln von Valeriansäure-[5,8-dimethoxy-[1]naphthylester] mit $AlCl_3$ in Nitro⸗

benzol (*Momose, Goya,* Chem. pharm. Bl. **7** [1959] 864).

Gelbe Kristalle (aus A.); F: 123–124°.

(±)-2-Hydroxy-3-[2-hydroxy-3-methyl-butyl]-[1,4]naphthochinon $C_{15}H_{16}O_4$, Formel I und Taut. (E III 3616).

λ_{max} (wss. NaOH): 482 nm (*Ettlinger,* Am. Soc. **72** [1950] 3085, 3086). Scheinbarer Dissoziationsexponent pK'_a (H_2O; spektrophotometrisch ermittelt) bei 26–33°: 4,96.

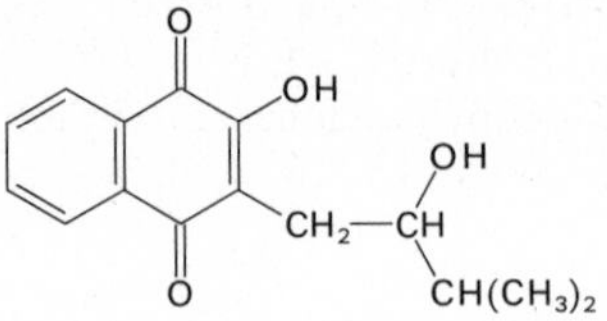

I

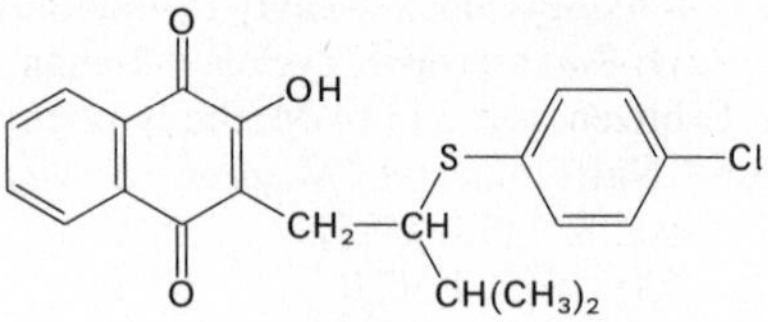

II

(±)-2-[2-(4-Chlor-phenylmercapto)-3-methyl-butyl]-3-hydroxy-[1,4]naphthochinon $C_{21}H_{19}ClO_3S$, Formel II und Taut.

B. Beim Erhitzen von 2-Hydroxy-3-[3-methyl-but-1-enyl]-[1,4]naphthochinon mit 4-Chlor-thiophenol und wenig Dibenzoylperoxid in Essigsäure (*Moser, Paulshock,* Am. Soc. **72** [1950] 5419, 5422).

Gelbe Kristalle (aus Me.); F: 177–178° [korr.].

2-[3-Decylmercapto-3-methyl-butyl]-3-hydroxy-[1,4]naphthochinon $C_{25}H_{36}O_3S$, Formel III (R = $[CH_2]_9$-CH_3) und Taut.

B. Beim Erhitzen von 2-Hydroxy-3-[3-methyl-but-2-enyl]-[1,4]naphthochinon mit Decan-1-thiol und wenig Dibenzoylperoxid in Essigsäure (*Moser, Paulshock,* Am. Soc. **72** [1950] 5419, 5422).

Orangegelbe Kristalle (aus Me.); F: 129–130° [korr.].

2-[3-Dodecylmercapto-3-methyl-butyl]-3-hydroxy-[1,4]naphthochinon $C_{27}H_{40}O_3S$, Formel III (R = $[CH_2]_{11}$-CH_3) und Taut.

B. Analog der vorangehenden Verbindung (*Moser, Paulshock,* Am. Soc. **72** [1950] 5419, 5422).

Orangefarbene Kristalle (aus Me.); F: 135–136° [korr.].

2-Hydroxy-3-[3-methyl-3-tetradecylmercapto-butyl]-[1,4]naphthochinon $C_{29}H_{44}O_3S$, Formel III (R = $[CH_2]_{13}$-CH_3) und Taut.

B. Analog den vorangehenden Verbindungen (*Moser, Paulshock,* Am. Soc. **72** [1950] 5419, 5422).

Gelbe Kristalle (aus Me.); F: 129–131° [korr.].

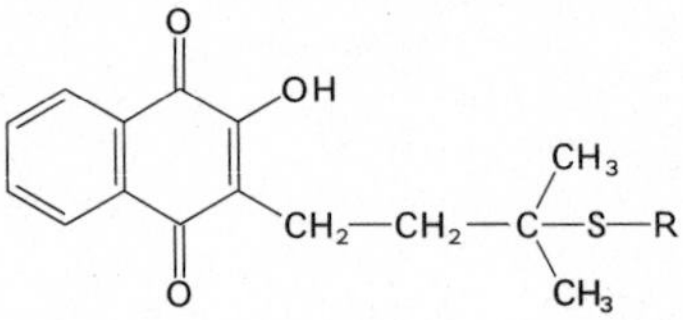

III

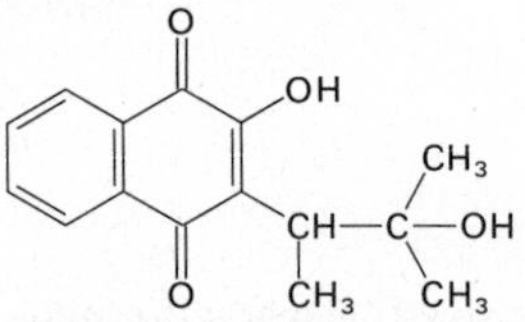

IV

2-Hydroxy-3-[3-methyl-3-phenylmercapto-butyl]-[1,4]naphthochinon $C_{21}H_{20}O_3S$, Formel III (R = C_6H_5) und Taut.

B. Analog den vorangehenden Verbindungen (*Moser, Paulshock,* Am. Soc. **72** [1950] 5419, 5422).

Gelbe Kristalle (aus Me.); F: 128–130° [korr.].

2-[3-(4-Chlor-phenylmercapto)-3-methyl-butyl]-3-hydroxy-[1,4]naphthochinon $C_{21}H_{19}ClO_3S$, Formel III (R = C_6H_4-Cl) und Taut.

B. Analog den vorangehenden Verbindungen (*Moser, Paulshock,* Am. Soc. **72** [1950] 5419, 5422).

Orangegelbe Kristalle (aus Me.); F: 119–120° [korr.].

2-Hydroxy-3-[3-methyl-3-*p*-tolylmercapto-butyl]-[1,4]naphthochinon $C_{22}H_{22}O_3S$, Formel III (R = C_6H_4-CH_3) und Taut.

B. Analog den vorangehenden Verbindungen (*Moser, Paulshock,* Am. Soc. **72** [1950] 5419, 5422).

Orangegelbe Kristalle (aus Me.); F: 136–137° [korr.].

(±)-2-Hydroxy-3-[2-hydroxy-1,2-dimethyl-propyl]-[1,4]naphthochinon $C_{15}H_{16}O_4$, Formel IV und Taut. (E III 3617).

B. Beim Behandeln von (±)-2-Hydroxy-3-[3-hydroxy-2,3-dimethyl-butyl]-[1,4]naphthochinon mit $KMnO_4$ und wss. NaOH (*Cooke, Somers,* Austral. J. scient. Res. [A] **3** [1950] 466, 476).

F: 112–113° [korr.]. Gelbe Kristalle (aus wss. A.) mit 1 Mol H_2O; F: 83°.

3-Äthyl-2-[2-hydroxy-propyl]-5-methoxy-[1,4]naphthochinon $C_{16}H_{18}O_4$.

a) ***(R)*-3-Äthyl-2-[2-hydroxy-propyl]-5-methoxy-[1,4]naphthochinon,** Formel V.

B. Beim Behandeln von (*S*)-4-Äthyl-6-methoxy-2-methyl-2,3-dihydro-naphtho[1,2-*b*]furan-5-ol mit Monoperoxyphthalsäure in Äther (*Schmid, Ebnöther,* Helv. **34** [1951] 561, 571).

F: 136–137° [aus Ae.+wss. Me.]. $[\alpha]_D^{19}$: −12° [$CHCl_3$; c = 2].

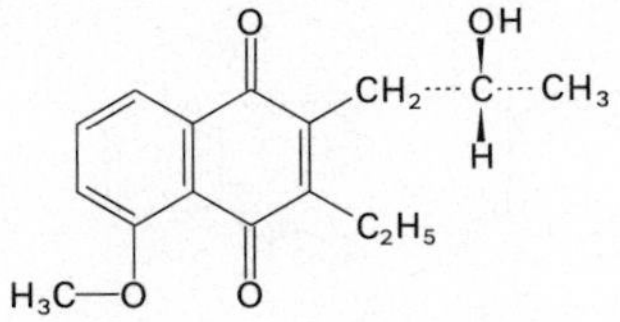

V

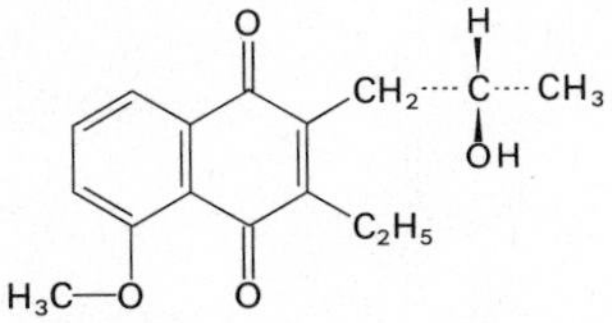

VI

b) ***(S)*-3-Äthyl-2-[2-hydroxy-propyl]-5-methoxy-[1,4]naphthochinon,** Formel VI.

B. Beim Behandeln von (*R*)-4-Äthyl-6-methoxy-2-methyl-2,3-dihydro-naphtho[1,2-*b*]furan-5-ol mit Monoperoxyphthalsäure in Äther (*Schmid et al.,* Helv. **33** [1950] 1751, 1768). Aus (*S*)-1-[3-Äthyl-4-hydroxy-1,5-dimethoxy-[2]naphthyl]-propan-2-ol beim Behandeln mit Blei(IV)-acetat in Essigsäure und $CHCl_3$ (*Sch. et al.,* l. c. S. 1769).

Gelbe Kristalle (aus wss. Me.); F: 136,5–137°. $[\alpha]_D^{19}$: +12° [$CHCl_3$; c = 2].

***Opt.-inakt. 6-Hydroxy-4-[4-methoxy-phenyl]-bicyclo[3.3.1]nonan-2,9-dion(?)** $C_{16}H_{18}O_4$, vermutlich Formel VII und Taut.

B. Beim Erwärmen von 2-[3,3-Diäthoxy-propyl]-5-[4-methoxy-phenyl]-cyclohexan-1,3-dion mit Essigsäure und wss. HCl (*Papadakis et al.,* J. org. Chem. **23** [1958] 123).

Kristalle (aus wss. Me.); F: 174–175°.

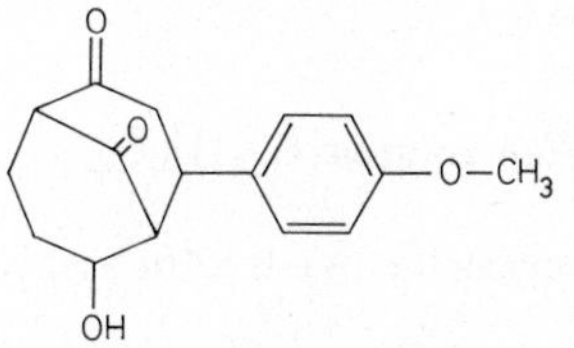

VII

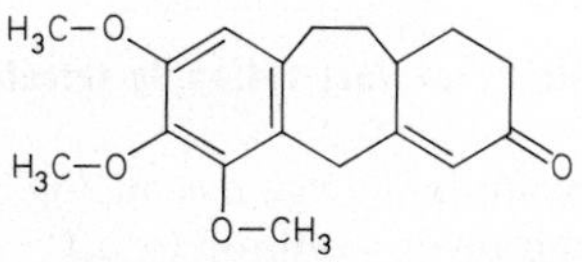

VIII

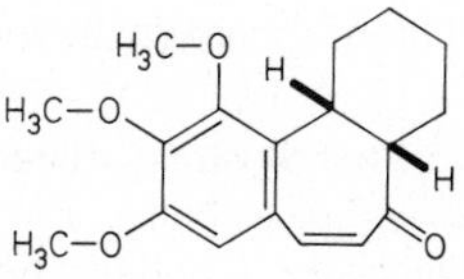

IX

(±)-6,7,8-Trimethoxy-1,2,5,10,11,11a-hexahydro-dibenzo[*a,d*]cyclohepten-3-on $C_{18}H_{22}O_4$, Formel VIII.

B. Beim Erwärmen von opt.-inakt. 4a-Hydroxy-6,7,8-trimethoxy-1,2,4,4a,5,10,11,11a-octahydro-dibenzo[*a,d*]cyclohepten-3-on (F: 144°) mit Toluol-4-sulfonsäure in Benzol oder mit Polyphosphorsäure (*Fujita,* J. pharm. Soc. Japan **79** [1959] 1202, 1206, 1207; C. A. **1960** 3356).

Kristalle (aus PAe.); F: 115–116,5°. λ_{max} (A.): 232 nm.

2,4-Dinitro-phenylhydrazon (F: 167°): *Fu.*

(±)-9,10,11-Trimethoxy-(4a*r*,11b*c*)-1,2,3,4,4a,11b-hexahydro-dibenzo[*a,c*]cyclohepten-5-on $C_{18}H_{22}O_4$, Formel IX + Spiegelbild.

B. Neben anderen Verbindungen beim Erhitzen von (±)-9,10,11-Trimethoxy-(4a*r*,11b*c*)-2,3,4,4a,5,11b-hexahydro-1*H*-dibenzo[*a,c*]cyclohepten mit SeO_2 in Pyridin (*Loewenthal,* Soc. **1958** 1367, 1372, 1373). Aus (±)-9,10,11-Trimethoxy-(4a*r*,11b*c*)-2,3,4,4a,5,11b-hexahydro-1*H*-dibenzo[*a,c*]cyclohepten-5*c*-ol mit Hilfe von MnO_2 in CCl_4 (*Lo.*).

Hellgelbe Kristalle (aus Hexan); F: 97–99°. λ_{max}: 251 nm und 310 nm.

2,4-Dinitro-phenylhydrazon (F: 193°): *Lo.*

(±)-9,10,11-Trimethoxy-(4a*r*,11b*c*)-1,2,3,4,4a,11b-hexahydro-dibenzo[*a,c*]cyclohepten-7-on(?) $C_{18}H_{22}O_4$, vermutlich Formel X + Spiegelbild.

B. Neben anderen Verbindungen beim Erhitzen von (±)-9,10,11-Trimethoxy-(4a*r*,11b*c*)-2,3,4,4a,5,11b-hexahydro-1*H*-dibenzo[*a,c*]cyclohepten mit SeO_2 in Pyridin (*Loewenthal,* Soc. **1958** 1367, 1372, 1373).

Gelbliche Kristalle (aus $CHCl_3$ + Cyclohexan); F: 156°. λ_{max}: 255 nm und 289 nm.

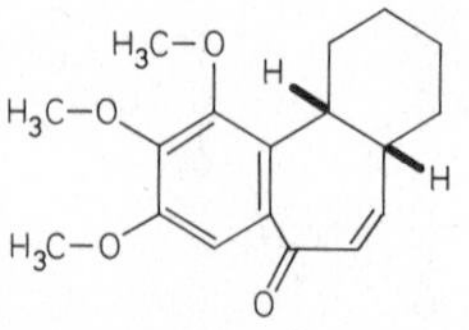

X 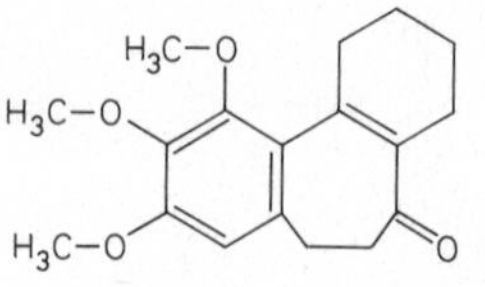 XI 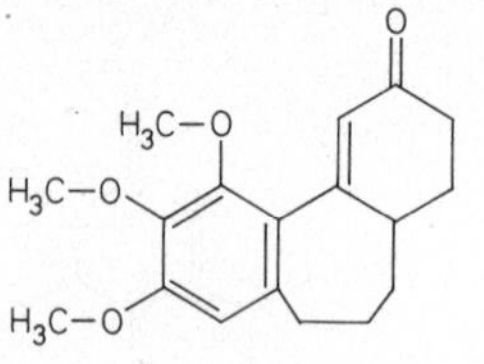 XII

9,10,11-Trimethoxy-1,2,3,4,6,7-hexahydro-dibenzo[*a,c*]cyclohepten-5-on $C_{18}H_{22}O_4$, Formel XI.

B. Beim Erhitzen von 3-[3,4,5-Trimethoxy-2-(2-methoxycarbonyl-cyclohex-1-enyl)-phenyl]-propionsäure-methylester mit Kalium und wenig Kaliummethylat in Toluol (*Boekelheide, Pennington,* Am. Soc. **74** [1952] 1558, 1561).

Oxim $C_{18}H_{23}NO_4$. Kristalle (aus wss. Me.); F: 122,5–125°.

2,4-Dinitro-phenylhydrazon (F: 142,5–143,5°): *Bo., Pe.*

(±)-9,10,11-Trimethoxy-3,4,4a,5,6,7-hexahydro-dibenzo[*a,c*]cyclohepten-2-on $C_{18}H_{22}O_4$, Formel XII.

B. Beim Erwärmen von (±)-2,3,4-Trimethoxy-6-[3-oxo-butyl]-6,7,8,9-tetrahydro-benzocyclohepten-5-on mit wss.-methanol. KOH (*Fujita,* J. pharm. Soc. Japan **79** [1959] 752, 756; C. A. **1959** 21853).

Kristalle (aus PAe.) mit 0,5 Mol H_2O; F: 103,5–105°.

2,4-Dinitro-phenylhydrazon (F: 181–183°): *Fu.*

(±)-4*t*,5,10*t*-Trihydroxy-10*c*-methyl-(4a*r*,9a*t*)-1,4,4a,9a-tetrahydro-anthron $C_{15}H_{16}O_4$, Formel I + Spiegelbild.

Bezüglich der Konfigurationszuordnung vgl. das analog hergestellte (±)-4*t*,8,10*t*-Trihydroxy-10*c*-methyl-(4a*r*,9a*t*)-1,4,4a,9a-tetrahydro-anthron (s. u.).

B. Als Hauptprodukt beim Erwärmen der folgenden Verbindung mit wss.-methanol. KOH

(*Inhoffen et al.*, Croat. chem. Acta **29** [1957] 329, 340).

Kristalle (aus Bzl.); F: 182–183°. λ_{max} (Me.): 257 nm und 311 nm.

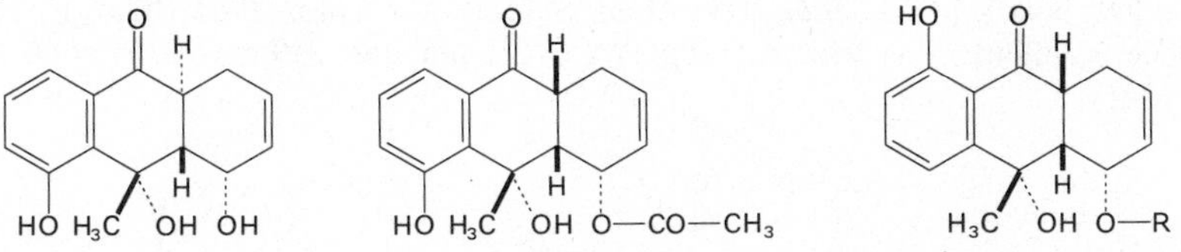

I II III

(±)-4*t*-Acetoxy-5,10*t*-dihydroxy-10*c*-methyl-(4a*r*,9a*c*)-1,4,4a,9a-tetrahydro-anthron $C_{17}H_{18}O_5$, Formel II + Spiegelbild.

Konfiguration: *Inhoffen et al.*, Croat. chem. Acta **29** [1957] 329, 338.

B. Beim Behandeln von (±)-1*t*-Acetoxy-8-hydroxy-(4a*r*,9a*c*)-1,4,4a,9a-tetrahydro-anthrachinon (E IV **6** 7789) in THF mit Methylmagnesiumjodid in Äther (*In. et al.*, l. c. S. 340).

Kristalle (aus Cyclohexan); F: 149,5–150,5°. UV-Spektrum (Me.; 200–350 nm): *In. et al.*, l. c. S. 331.

4,8,10-Trihydroxy-10-methyl-1,4,4a,9a-tetrahydro-anthron $C_{15}H_{16}O_4$.

Über die Konfiguration der nachstehend beschriebenen Stereoisomeren s. *Inhoffen et al.*, Croat. chem. Acta **29** [1957] 329, 338; *Muxfeldt et al.*, Am. Soc. **101** [1979] 689, 691.

a) **(±)-4*t*,8,10*t*-Trihydroxy-10*c*-methyl-(4a*r*,9a*c*)-1,4,4a,9a-tetrahydro-anthron,** Formel III (R = H) + Spiegelbild.

B. In kleiner Menge beim Erwärmen des unter b) beschriebenen Stereoisomeren mit wss.-methanol. KOH (*Inhoffen et al.*, Croat. chem. Acta **29** [1957] 329, 342).

Kristalle (aus Cyclohexan); F: 175–179°.

b) **(±)-4*t*,8,10*t*-Trihydroxy-10*c*-methyl-(4a*r*,9a*t*)-1,4,4a,9a-tetrahydro-anthron,** Formel IV + Spiegelbild.

B. Als Hauptprodukt neben dem unter a) beschriebenen Stereoisomeren beim Erwärmen von (±)-4*t*-Acetoxy-8,10*t*-dihydroxy-10*c*-methyl-(4a*r*,9a*c*)-1,4,4a,9a-tetrahydro-anthron mit wss.-methanol. KOH (*Inhoffen et al.*, Croat. chem. Acta **29** [1957] 329, 342).

Kristalle; F: 158–159° [aus Bzl.] (*In. et al.*), 155–157° [unkorr.] (*Muxfeldt et al.*, Am. Soc. **101** [1979] 689, 696).

(±)-4*t*-Acetoxy-8,10*t*-dihydroxy-10*c*-methyl-(4a*r*,9a*c*)-1,4,4a,9a-tetrahydro-anthron $C_{17}H_{18}O_5$, Formel III (R = CO-CH_3) + Spiegelbild.

Konfiguration: *Inhoffen et al.*, Croat. chem. Acta **29** [1957] 329, 338; *Muxfeldt et al.*, Am. Soc. **101** [1979] 689, 691.

B. Beim Behandeln von (±)-1*t*-Acetoxy-5-hydroxy-(4a*r*,9a*c*)-1,4,4a,9a-tetrahydro-anthrachinon [E IV **6** 7789] (*In. et al.*, l. c. S. 341) oder von 1*t*,5-Diacetoxy-(4a*r*,9a*c*)-1,4,4a,9a-tetrahydro-anthrachinon (*Mu. et al.*, l. c. S. 696) in Toluol mit Methylmagnesiumjodid in Äther, anfangs bei –70°.

Kristalle; F: 165,5–166,5° [aus Cyclohexan] (*In. et al.*), 162–165° [unkorr.; aus Bzl.] (*Mu. et al.*). UV-Spektrum (Me.; 200–350 nm): *In. et al.*, l. c. S. 332.

(±)-10*t*-Hydroxy-8-methoxy-10*c*-methyl-(4a*r*,9a*c*)-1,3,4,4a,9a,10-hexahydro-anthracen-2,9-dion $C_{16}H_{18}O_4$, Formel V (X = H).

Konfiguration: *Schemjakin et al.*, Izv. Akad. S.S.S.R. Ser. chim. **1964** 1013, 1016; engl. Ausg. S. 944, 946.

B. Beim Erwärmen von (±)-10*t*-Hydroxy-2,8-dimethoxy-10*c*-methyl-(4a*r*,9a*c*)-1,4,4a,9a-tetrahydro-anthron mit wss.-äthanol. HCl (*Schemjakin et al.*, Ž. obšč. Chim. **29** [1959] 1831, 1841; engl. Ausg. S. 1802, 1811). Beim Erwärmen von (±)-3ξ-Chlor-10*t*-hydroxy-8-methoxy-

10*c*-methyl-(4a*r*,9a*c*)-1,3,4,4a,9a,10-hexahydro-anthracen-2,9-dion (s. u.) mit Zink-Pulver und Essigsäure (*Schemjakin et al.*, Doklady Akad. S.S.S.R. **128** [1959] 113, 115; Pr. Acad. Sci. U.S.S.R. Chem. Sect. **124–129** [1959] 717, 719; Izv. Akad. S.S.S.R. Ser. chim. **1964** 1022).

F: 199–200° [aus E.] (*Sch. et al.*, Izv. Akad. S.S.S.R. Ser. chim. **1964** 1020). F: 190–192° [geschlossene Kapillare; aus wss. A.]; λ_{max} (A.): 256 nm und 319 nm (*Sch. et al.*, Ž. obšč. Chim. **29** 1841).

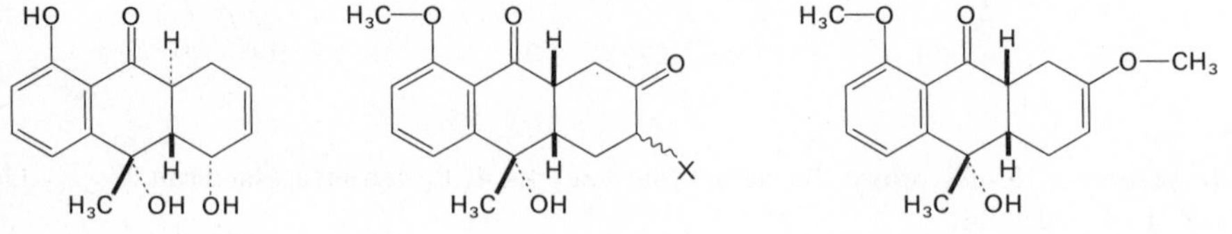

IV V VI

(±)-10*t*-Hydroxy-2,8-dimethoxy-10*c*-methyl-(4a*r*,9a*c*)-1,4,4a,9a-tetrahydro-anthron $C_{17}H_{20}O_4$, Formel VI.

Konfiguration: *Schemjakin et al.*, Izv. Akad. S.S.S.R. Ser. chim. **1964** 1013, 1015; engl. Ausg. S. 944, 945).

B. Neben anderen Verbindungen beim Behandeln von (±)-2,8-Dimethoxy-(4a*r*,9a*c*)-1,4,4a,9a-tetrahydro-anthrachinon in Benzol mit Methylmagnesiumjodid in Äther (*Schemjakin et al.*, Ž. obšč. Chim. **29** [1959] 1831, 1839; engl. Ausg. S. 1802, 1808).

Kristalle (aus E.); F: 195–197°; λ_{max} (A.): 254 nm und 318 nm (*Sch. et al.*, Ž. obšč. Chim. **29** 1839).

(±)-3ξ-Chlor-10*t*-hydroxy-8-methoxy-10*c*-methyl-(4a*r*,9a*c*)-1,3,4,4a,9a,10-hexahydro-anthracen-2,9-dion $C_{16}H_{17}ClO_4$, Formel V (X = Cl).

Konstitution und Konfiguration: *Schemjakin et al.*, Izv. Akad. S.S.S.R. Ser. chim. **1964** 1013, 1014; engl. Ausg. S. 944, 945.

B. Beim Behandeln von (±)-10*t*-Hydroxy-2,8-dimethoxy-10*c*-methyl-(4a*r*,9a*c*)-1,4,4a,9a-tetrahydro-anthron in wss. Dioxan mit *tert*-Butylhypochlorit und Essigsäure (*Sch. et al.*, Izv. Akad. S.S.S.R. Ser. chim. **1964** 1021). Aus (±)-3*c*-Chlor-2*t*,10*t*-dihydroxy-8-methoxy-10*c*-methyl-(4a*r*,9a*c*)-1,2,3,4,4a,9a-hexahydro-anthron beim Erwärmen mit CrO_3 und wss. Essigsäure (*Sch. et al.*, Izv. Akad. S.S.S.R. Ser. chim. **1964** 1020; s. a. *Schemjakin et al.*, Doklady Akad. S.S.S.R. **128** [1959] 113, 115; Pr. Acad. Sci. U.S.S.R. Chem. Sect. **124–129** [1959] 717, 718).

Zers. bei 102° [aus E.]; λ_{max} (A.): 223 nm, 257 nm und 319 nm (*Sch. et al.*, Izv. Akad. S.S.S.R. Ser. chim. **1964** 1021).

(±)-3ξ-Brom-10*t*-hydroxy-8-methoxy-10*c*-methyl-(4a*r*,9a*c*)-1,3,4,4a,9a,10-hexahydro-anthracen-2,9-dion $C_{16}H_{17}BrO_4$, Formel V (X = Br).

Konstitution und Konfiguration: *Schemjakin et al.*, Izv. Akad. S.S.S.R. Ser. chim. **1964** 1013, 1014; engl. Ausg. S. 944, 945.

B. Beim Erwärmen von (±)-3*c*-Brom-2*t*,10*t*-dihydroxy-8-methoxy-10*c*-methyl-(4a*r*,9a*c*)-1,2,3,4,4a,9a-hexahydro-anthron mit CrO_3 und wss. Essigsäure (*Sch. et al.*, Izv. Akad. S.S.S.R. Ser. chim. **1964** 1021; s. a. *Schemjakin et al.*, Doklady Akad. S.S.S.R. **128** [1959] 113, 115; Pr. Acad. Sci. U.S.S.R. Chem. Sect. **124–129** [1959] 717, 718).

Zers. bei 66° [aus $CHCl_3$ + Heptan]; λ_{max} (A.): 258 nm und 318 nm (*Sch. et al.*, Izv. Akad. S.S.S.R. **1964** 1021).

(±)-9*t*-Hydroxy-8-methoxy-9*c*-methyl-(4a*r*,9a*c*)-4,4a,9,9a-tetrahydro-1*H*,3*H*-anthracen-2,10-dion $C_{16}H_{18}O_4$, Formel VII (X = H).

B. Beim Erwärmen von (±)-10*t*-Hydroxy-3,5-dimethoxy-10*c*-methyl-(4a*r*,9a*c*)-1,4,4a,9a-tetrahydro-anthron mit wss.-äthanol. HCl (*Schemjakin et al.*, Ž. obšč. Chim. **29** [1959] 1831,

1841; engl. Ausg. S. 1802, 1811). Beim Erwärmen von (±)-3ξ-Chlor-9*t*-hydroxy-8-methoxy-9*c*-methyl-(4a*r*,9a*c*)-4,4a,9,9a-tetrahydro-1*H*,3*H*-anthracen-2,10-dion (s. u.) mit Zink-Pulver und Essigsäure (*Schemjakin et al.*, Doklady Akad. S.S.S.R. **128** [1959] 113, 115; Pr. Acad. Sci. U.S.S.R. Chem. Sect. **124–129** [1959] 717, 719).

F: 161° [aus wss. A.] (*Sch. et al.*, Doklady Akad. S.S.S.R. **128** 115). F: 159–161° [aus wss. A.]; λ_{max} (A.): 222 nm, 255 nm und 313 nm (*Sch. et al.*, Ž. obšč. Chim. **29** 1841).

(±)-10*t*-Hydroxy-3,5-dimethoxy-10*c*-methyl-(4a*r*,9a*c*)-1,4,4a,9a-tetrahydro-anthron $C_{17}H_{20}O_4$, Formel VIII.

Konfiguration: *Schemjakin et al.*, Izv. Akad. S.S.S.R. Ser. chim. **1964** 1013, 1015; engl. Ausg. S. 944, 945).

B. Als Hauptprodukt beim Behandeln von (±)-2,8-Dimethoxy-(4a*r*,9a*c*)-1,4,4a,9a-tetrahydro-anthrachinon in Benzol mit Methylmagnesiumjodid in Äther (*Schemjakin et al.*, Ž. obšč. Chim. **29** [1959] 1831, 1839; engl. Ausg. S. 1802, 1809).

F: 137,5–138,5° [aus A.]; λ_{max} (A.): 252 nm und 311 nm (*Sch. et al.*, Ž. obšč. Chim. **29** 1839).

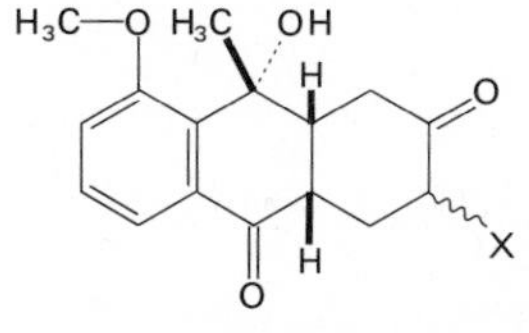

VII 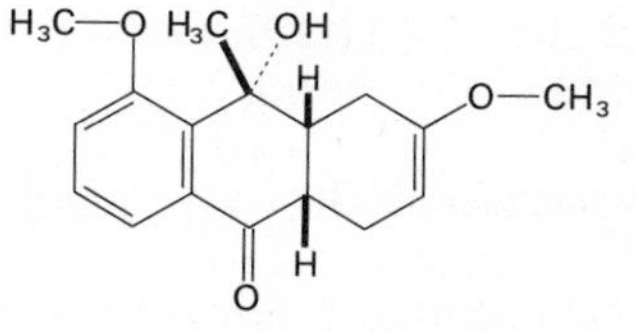 VIII 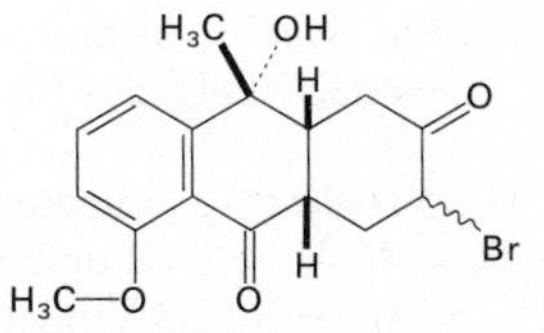 IX

(±)-3ξ-Chlor-9*t*-hydroxy-8-methoxy-9*c*-methyl-(4a*r*,9a*c*)-4,4a,9,9a-tetrahydro-1*H*,3*H*-anthracen-2,10-dion $C_{16}H_{17}ClO_4$, Formel VII (X = Cl).

B. Beim Behandeln von (±)-10*t*-Hydroxy-3,5-dimethoxy-10*c*-methyl-(4a*r*,9a*c*)-1,4,4a,9a-tetra=hydro-anthron mit Chlor in $CHCl_3$ und anschliessend mit $CaCO_3$ in H_2O (*Schemjakin et al.*, Doklady Akad. S.S.S.R. **128** [1959] 113, 115; Pr. Acad. Sci. U.S.S.R. Chem. Sect. **124–129** [1959] 717, 718; Izv. Akad. S.S.S.R. Ser. chim. **1964** 1013, 1020; engl. Ausg. S. 944, 949) oder mit *tert*-Butylhypochlorit und Essigsäure in wss. Aceton (*Sch. et al.*, Izv. Akad. S.S.S.R. Ser. chim. **1964** 1020).

Kristalle (aus Bzl.); Zers. bei 120–121°; λ_{max} (A.): 222 nm, 256 nm und 312 nm (*Sch. et al.*, Izv. Akad. S.S.S.R. Ser. chim. **1964** 1020).

(±)-3ξ-Brom-9*t*-hydroxy-5-methoxy-9*c*-methyl-(4a*r*,9a*c*)-4,4a,9,9a-tetrahydro-1*H*,3*H*-anthracen-2,10-dion $C_{16}H_{17}BrO_4$, Formel IX.

Konstitution und Konfiguration: *Schemjakin et al.*, Izv. Akad. S.S.S.R. Ser. chim. **1964** 1013, 1014; engl. Ausg. S. 944, 945.

B. Beim Erwärmen von (±)-2*t*-Brom-3*c*,10*t*-dihydroxy-8-methoxy-10*c*-methyl-(4a*r*,9a*c*)-1,2,3,4,4a,9a-hexahydro-anthron mit CrO_3 und wss. Essigsäure (*Sch. et al.*, Izv. Akad. S.S.S.R. Ser. chim. **1964** 1021; s. a. *Schemjakin et al.*, Doklady Akad. S.S.S.R. **128** [1959] 113, 115; Pr. Acad. Sci. U.S.S.R. Chem. Sect. **124–129** [1959] 717, 718).

Zers. bei 66° [aus Dioxan+Hexan]; λ_{max} (A.): 255 nm und 317 nm (*Sch. et al.*, Izv. Akad. S.S.S.R. Ser. chim. **1964** 1021).

Hydroxy-oxo-Verbindungen $C_{16}H_{18}O_4$

1-[1,5,8-Trihydroxy-[2]naphthyl]-hexan-1-on $C_{16}H_{18}O_4$, Formel X (R = H).

B. Aus der folgenden Verbindung beim Erwärmen mit wss. HBr und wenig Phenol (*Momose, Goya*, Chem. pharm. Bl. **7** [1959] 864).

Orangegelbe Kristalle (aus Bzl.+PAe.); F: 136,5°.

1-[1-Hydroxy-5,8-dimethoxy-[2]naphthyl]-hexan-1-on $C_{18}H_{22}O_4$, Formel X (R = CH_3).

B. Beim Behandeln von Hexansäure-[5,8-dimethoxy-[1]naphthylester] mit $AlCl_3$ in Nitrobenzol (*Momose, Goya,* Chem. pharm. Bl. **7** [1959] 864).

Gelbe Kristalle (aus Me.); F: 104°.

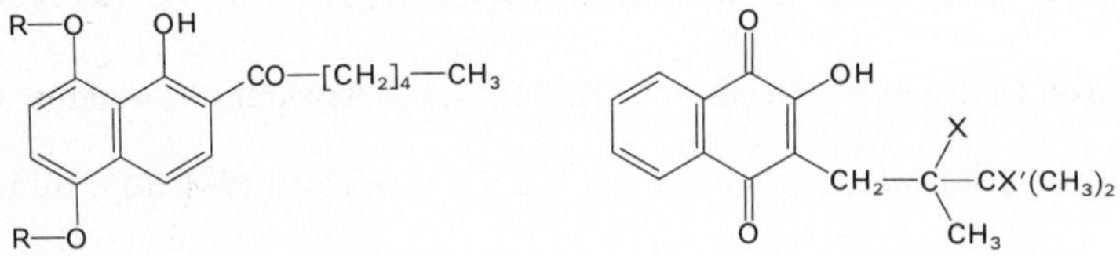

X

XI

(±)-2-Hydroxy-3-[2-hydroxy-2,3-dimethyl-butyl]-[1,4]naphthochinon $C_{16}H_{18}O_4$, Formel XI (X = OH, X' = H) und Taut.

B. Beim Erwärmen von (±)-2-Isopropyl-2-methyl-2,3-dihydro-naphtho[1,2-*b*]furan-4,5-chinon mit wss. NaOH und anschliessenden Neutralisieren der Reaktionslösung mit Essigsäure (*Cooke, Somers,* Austral. J. scient. Res. [A] **3** [1950] 466, 476).

Gelbe Kristalle (aus PAe.); F: 120–121° [korr.].

(±)-2-Hydroxy-3-[3-hydroxy-2,3-dimethyl-butyl]-[1,4]naphthochinon $C_{16}H_{18}O_4$, Formel XI (X = H, X' = OH) und Taut.

B. Aus (±)-2,2,3-Trimethyl-3,4-dihydro-2*H*-benzo[*g*]chromen-5,10-chinon oder aus (±)-2,2,3-Trimethyl-3,4-dihydro-2*H*-benzo[*h*]chromen-5,6-chinon beim Erhitzen mit wss. NaOH (*Cooke, Somers,* Austral. J. scient. Res. [A] **3** [1950] 466, 475).

Gelbe Kristalle (aus Bzl.); F: 135–136° [korr.].

1,2,3-Trimethoxy-6,7,7a,8,10,11-hexahydro-5*H*-benzo[*a*]heptalen-9-on $C_{19}H_{24}O_4$, Formel XII.

Diese Konstitution kommt wahrscheinlich der nachstehend beschriebenen, von *Rapoport et al.* (Am. Soc. **77** [1955] 2389, 2392) als 1,2,3-Trimethoxy-6,7,8,10,11,12-hexahydro-5*H*-benzo[*a*]heptalen-9-on $C_{19}H_{24}O_4$ beschriebenen Verbindung zu (*Loewenthal,* Soc. **1961** 1421, 1423).

B. Beim Erwärmen von 9,9-Äthandiyldioxy-1,2,3-trimethoxy-5,6,7,7a,8,9,10,11-octahydro-benzo[*a*]heptalen (E III/IV **19** 1254) mit Toluol-4-sulfonsäure-monohydrat in Aceton (*Ra. et al.*).

$Kp_{0,005}$: 75° (*Ra. et al.*).

Dimethyldithioacetal $C_{21}H_{30}O_3S_2$; 1,2,3-Trimethoxy-9,9-bis-methylmercapto-5,6,7,7a,8,9,10,11-octahydro-benzo[*a*]heptalen. Kristalle (aus Hexan); F: 104–105° [korr.]; bei 90°/0,004 Torr sublimierbar (*Ra. et al.*).

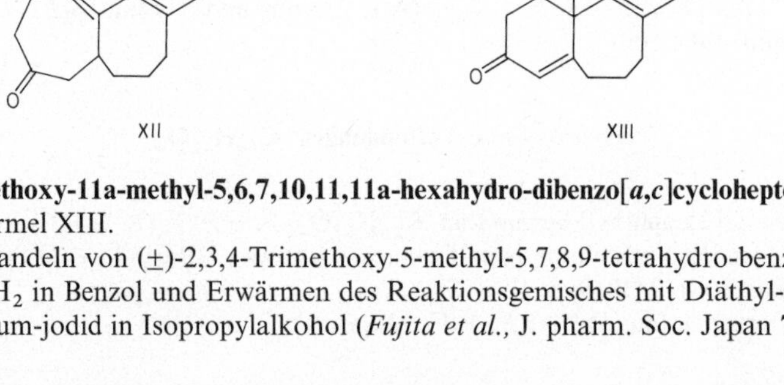

XII

XIII

(±)-1,2,3-Trimethoxy-11a-methyl-5,6,7,10,11,11a-hexahydro-dibenzo[*a,c*]cyclohepten-9-on $C_{19}H_{24}O_4$, Formel XIII.

B. Beim Behandeln von (±)-2,3,4-Trimethoxy-5-methyl-5,7,8,9-tetrahydro-benzocyclohepten-6-on mit $NaNH_2$ in Benzol und Erwärmen des Reaktionsgemisches mit Diäthyl-methyl-[3-oxo-butyl]-ammonium-jodid in Isopropylalkohol (*Fujita et al.,* J. pharm. Soc. Japan **79** [1959] 1187,

1191; C. A. **1960** 3352).

2,4-Dinitro-phenylhydrazon (F: 220–223°): *Fu. et al.*, l. c. S. 1192.

Hydroxy-oxo-Verbindungen $C_{17}H_{20}O_4$

2-[3-(4-Methoxy-phenyl)-propionyl]-5,5-dimethyl-cyclohexan-1,3-dion $C_{18}H_{22}O_4$, Formel I und Taut.

In Lösung in CCl_4 sowie in festem Zustand liegt nach Ausweis des ^{1}H-NMR-Spektrums und des IR-Spektrums ausschliesslich 3-Hydroxy-2-[3-(4-methoxy-phenyl)-propionyl]-5,5-dimethyl-cyclohex-2-enon $C_{18}H_{22}O_4$ vor (*Forsén, Nilsson,* Acta chem. scand. **13** [1959] 1383, 1386, 1388).

B. Bei der Hydrierung von 2-[4-Methoxy-cinnamoyl]-5,5-dimethyl-cyclohexan-1,3-dion (*Fo., Ni.*).

Kristalle (aus Cyclohexan); F: 71–72,5°.

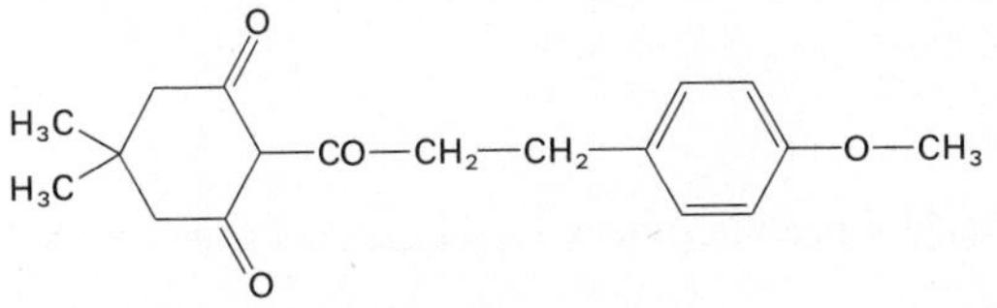

I

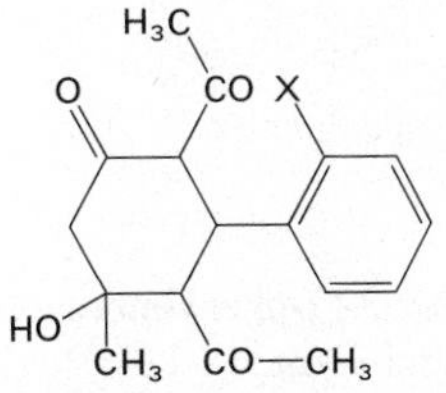

II

***Opt.-inakt. 2,4-Diacetyl-5-hydroxy-5-methyl-3-phenyl-cyclohexanon** $C_{17}H_{20}O_4$, Formel II (X = H) und Taut. (H 416).

Bezüglich der Konstitution vgl. *Finar*, Soc. **1961** 674.

Scheinbare Dissoziationsexponenten pK'_{a1} und pK'_{a2} (wss. Dioxan [50%ig]; potentiometrisch ermittelt) bei 30°: 11,10 bzw. 12,49 (*Martin, Fernelius,* Am. Soc. **81** [1959] 1509).

***Opt.-inakt. 2,4-Diacetyl-3-[2-chlor-phenyl]-5-hydroxy-5-methyl-cyclohexanon** $C_{17}H_{19}ClO_4$, Formel II (X = Cl) und Taut.

Bezüglich der Konstitution vgl. *Finar*, Soc. **1961** 674.

B. Aus Pentan-2,4-dion und 2-Chlor-benzaldehyd mit Hilfe von Piperidin (*Martin et al.*, Am. Soc. **80** [1958] 5851, 5852).

Kristalle (aus PAe.); F: 97,5–98° (*Ma. et al.*). λ_{max} (A.; 290–291 nm): *Ma. et al.*, l. c. S. 5854. Scheinbare Dissoziationsexponenten pK'_{a1} und pK'_{a2} (wss. Dioxan [50%ig]; potentiometrisch ermittelt) bei 30°: 11,04 bzw. 12,73 (*Martin, Fernelius,* Am. Soc. **81** [1959] 1509).

1-[1,5,8-Trihydroxy-[2]naphthyl]-heptan-1-on $C_{17}H_{20}O_4$, Formel III (R = H, n = 5).

B. Aus der folgenden Verbindung beim Erwärmen mit wss. HBr und wenig Phenol (*Momose, Goya,* Chem. pharm. Bl. **7** [1959] 864).

Orangegelbe Kristalle (aus Bzl. + PAe.); F: 134°.

1-[1-Hydroxy-5,8-dimethoxy-[2]naphthyl]-heptan-1-on $C_{19}H_{24}O_4$, Formel III (R = CH_3, n = 5).

B. Beim Behandeln von Heptansäure-[5,8-dimethoxy-[1]naphthylester] mit $AlCl_3$ in Nitrobenzol (*Momose, Goya,* Chem. pharm. Bl. **7** [1959] 864).

Gelbe Kristalle (aus Me.); F: 87°.

2-Hydroxy-3-[7-phenoxy-heptyl]-[1,4]naphthochinon $C_{23}H_{24}O_4$, Formel IV (X = H, n = 7) und Taut.

B. Beim Erwärmen von 2-[7-Brom-heptyl]-3-hydroxy-[1,4]naphthochinon mit Phenol und äthanol. KOH (*Paulshock, Moser,* Am. Soc. **72** [1950] 5073, 5077).

Gelbe Kristalle (aus Me.); F: 88–89°.

2-[7-(4-Chlor-phenoxy)-heptyl]-3-hydroxy-[1,4]naphthochinon $C_{23}H_{23}ClO_4$, Formel IV (X = Cl, n = 7) und Taut.

B. Analog der vorangehenden Verbindung (*Paulshock, Moser,* Am. Soc. **72** [1950] 5073, 5077).

Gelbe Kristalle (aus PAe.); F: 95,5–96,5°.

2-Hydroxy-3-[7-*p*-tolyloxy-heptyl]-[1,4]naphthochinon $C_{24}H_{26}O_4$, Formel IV (X = CH_3, n = 7) und Taut.

B. Analog den vorangehenden Verbindungen (*Paulshock, Moser,* Am. Soc. **72** [1950] 5073, 5077).

Gelbe Kristalle (aus Me.); F: 105,5–107° [korr.].

III IV

2-Hydroxy-3-[7-phenylmercapto-heptyl]-[1,4]naphthochinon $C_{23}H_{24}O_3S$, Formel V (X = H, n = 7) und Taut.

B. Beim Erwärmen von 2-[7-Brom-heptyl]-3-hydroxy-[1,4]naphthochinon mit Thiophenol und methanol. NaOH (*Moser, Paulshock,* Am. Soc. **72** [1950] 5419, 5422).

Orangefarbene Kristalle (aus Me.); F: 89–90°.

2-[7-(4-Chlor-phenylmercapto)-heptyl]-3-hydroxy-[1,4]naphthochinon $C_{23}H_{23}ClO_3S$, Formel V (X = Cl, n = 7) und Taut.

B. Analog der vorangehenden Verbindung (*Moser, Paulshock,* Am. Soc. **72** [1950] 5419, 5422).

Orangefarbene Kristalle (aus Me.); F: 115,5–116,5° [korr.].

2-Hydroxy-3-[7-*p*-tolylmercapto-heptyl]-[1,4]naphthochinon $C_{24}H_{26}O_3S$, Formel V (X = CH_3, n = 7) und Taut.

B. Analog den vorangehenden Verbindungen (*Moser, Paulshock,* Am. Soc. **72** [1950] 5419, 5422).

Orangefarbene Kristalle (aus Me.); F: 107,5–108,5° [korr.].

Hydroxy-oxo-Verbindungen $C_{18}H_{22}O_4$

1-[1,5,8-Trihydroxy-[2]naphthyl]-octan-1-on $C_{18}H_{22}O_4$, Formel III (R = H, n = 6).

B. Aus der folgenden Verbindung beim Erwärmen mit wss. HBr und wenig Phenol (*Momose, Goya,* Chem. pharm. Bl. **7** [1959] 864).

Orangegelbe Kristalle (aus Bzl.+PAe.); F: 137°.

1-[1-Hydroxy-5,8-dimethoxy-[2]naphthyl]-octan-1-on $C_{20}H_{26}O_4$, Formel III (R = CH_3, n = 6).

B. Beim Behandeln von Octansäure-[5,8-dimethoxy-[1]naphthylester] mit $AlCl_3$ in Nitrobenzol (*Momose, Goya,* Chem. pharm. Bl. **7** [1959] 864).

Gelbe Kristalle (aus Me.); F: 83°.

2-Hydroxy-3-[8-phenoxy-octyl]-[1,4]naphthochinon $C_{24}H_{26}O_4$, Formel IV (X = H, n = 8) und Taut.

B. Beim Erwärmen von 2-[8-Brom-octyl]-3-hydroxy-[1,4]naphthochinon mit Phenol und äthanol. KOH (*Paulshock, Moser,* Am. Soc. **72** [1950] 5073, 5077).

Gelbe Kristalle (aus Me.); F: 83,5–84,5°.

2-[8-(4-Chlor-phenoxy)-octyl]-3-hydroxy-[1,4]naphthochinon $C_{24}H_{25}ClO_4$, Formel IV (X = Cl, n = 8) und Taut.

B. Analog der vorangehenden Verbindung (*Paulshock, Moser,* Am. Soc. **72** [1950] 5073, 5077).

Gelbe Kristalle (aus Me.); F: 95–96°.

2-Hydroxy-3-[8-*p*-tolyloxy-octyl]-[1,4]naphthochinon $C_{25}H_{28}O_4$, Formel IV (X = CH_3, n = 8) und Taut.

B. Analog den vorangehenden Verbindungen (*Paulshock, Moser,* Am. Soc. **72** [1950] 5073, 5077).

Gelbe Kristalle (aus Me.); F: 89–90°.

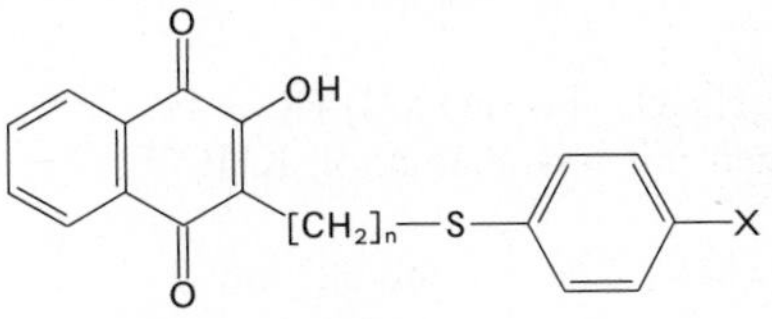

V

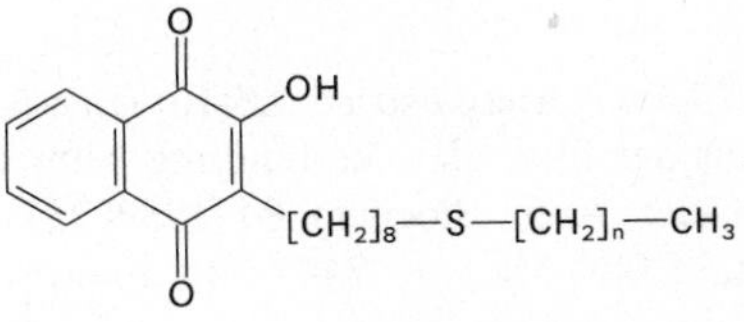

VI

2-Hydroxy-3-[8-octylmercapto-octyl]-[1,4]naphthochinon $C_{26}H_{38}O_3S$, Formel VI (n = 7) und Taut.

B. Beim Erwärmen von 2-[8-Brom-octyl]-3-hydroxy-[1,4]naphthochinon mit Octan-1-thiol und methanol. NaOH (*Moser, Paulshock,* Am. Soc. **72** [1950] 5419, 5422).

Gelbe Kristalle (aus PAe.); F: 69,5–70,5°.

2-[8-Decylmercapto-octyl]-3-hydroxy-[1,4]naphthochinon $C_{28}H_{42}O_3S$, Formel VI (n = 9) und Taut.

B. Analog der vorangehenden Verbindung (*Moser, Paulshock,* Am. Soc. **72** [1950] 5419, 5422).

Gelbe Kristalle (aus Me.); F: 80,5–81,5°.

2-Hydroxy-3-[8-phenylmercapto-octyl]-[1,4]naphthochinon $C_{24}H_{26}O_3S$, Formel V (X = H, n = 8) und Taut.

B. Analog den vorangehenden Verbindungen (*Moser, Paulshock,* Am. Soc. **72** [1950] 5419, 5422).

Orangefarbene oder gelbe Kristalle (aus Me.); F: 75–76°.

2-[8-(4-Chlor-phenylmercapto)-octyl]-3-hydroxy-[1,4]naphthochinon $C_{24}H_{25}ClO_3S$, Formel V (X = Cl, n = 8) und Taut.

B. Analog den vorangehenden Verbindungen (*Moser, Paulshock,* Am. Soc. **72** [1950] 5419, 5422).

Orangegelbe Kristalle (aus PAe.); F: 111,5–112,5° [korr.].

2-Hydroxy-3-[8-*p*-tolylmercapto-octyl]-[1,4]naphthochinon $C_{25}H_{28}O_3S$, Formel V (X = CH_3, n = 8) und Taut.

B. Analog den vorangehenden Verbindungen (*Moser, Paulshock,* Am. Soc. **72** [1950] 5419, 5422).

Gelbe Kristalle (aus Me.); F: 104–105° [korr.].

2-[(4a*S*)-4a-Methyl-2-oxo-(4a*r*,8a*t*)-1,2,4a,5,8,8a-hexahydro-[1ξ]naphthylmethyl]-2-phenylmercapto-cyclohexan-1,3-dion $C_{24}H_{26}O_3S$, Formel VII.

B. Beim Erhitzen von 2-[(4a*S*)-4a-Methyl-2-oxo-(4a*r*,8a*t*)-1,2,4a,5,8,8a-hexahydro-

[1ξ]naphthylmethyl]-cyclohexan-1,3-dion mit Kalium-*tert*-butylat in Toluol und Behandeln des Reaktionsprodukts mit Benzolsulfenylchlorid (*Thompson,* J. org. Chem. **23** [1958] 622).

Kristalle (aus Bzl. + Ae.); F: 168 – 169°. λ_{max} (A.): 231 nm.

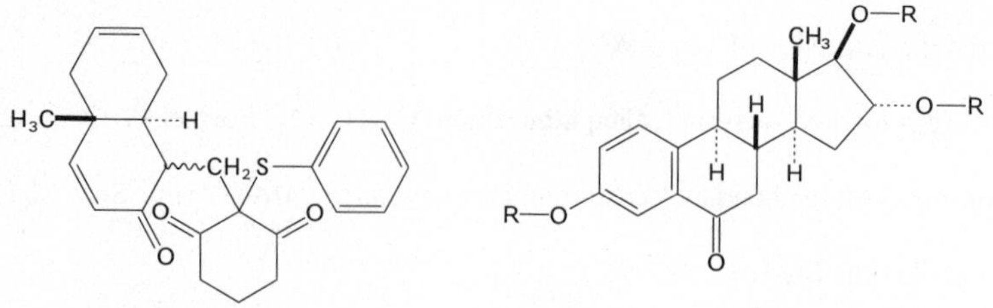

VII VIII

3,16α,17β-Trihydroxy-östra-1,3,5(10)-trien-6-on $C_{18}H_{22}O_4$, Formel VIII (R = H).

B. Aus der folgenden Verbindung beim Erwärmen mit wss.-methanol. $KHCO_3$ (*Kushinsky, Nasutavicus,* Arch. Biochem. **84** [1959] 251).

Kristalle (aus Me.); F: 244 – 246° [unkorr.]. λ_{max} (Me.): 256 nm und 327 nm.

3,16α,17β-Triacetoxy-östra-1,3,5(10)-trien-6-on $C_{24}H_{28}O_7$, Formel VIII (R = CO-CH_3).

B. Aus 3,16α,17β-Triacetoxy-östra-1,3,5(10)-trien mit Hilfe von CrO_3 in Essigsäure (*Kushinsky, Nasutavicus,* Arch. Biochem. **84** [1959] 251).

F: 139 – 141° [unkorr.].

3,6,7-Trihydroxy-östra-1,3,5(10)-trien-17-one $C_{18}H_{22}O_4$.

a) **3,6α,7α-Trihydroxy-östra-1,3,5(10)-trien-17-on,** Formel IX.

B. Beim Behandeln von 3-Acetoxy-östra-1,3,5(10),6-tetraen-17-on mit OsO_4 und wenig Pyridin in Äther und Erwärmen des Reaktionsprodukts mit Na_2SO_3 in wss. Äthanol (*Iriarte et al.,* Am. Soc. **80** [1958] 6105, 6109).

Kristalle (aus E.) mit 1 Mol H_2O; F: 202 – 203° [unkorr.]. $[\alpha]_D^{20}$: +129° [Dioxan]. λ_{max} (A.): 282 nm.

Triacetyl-Derivat $C_{24}H_{28}O_7$; 3,6α,7α-Triacetoxy-östra-1,3,5(10)-trien-17-on. Kristalle (aus E. + Ae.); F: 188 – 189° [unkorr.]. $[\alpha]_D^{20}$: +107° [$CHCl_3$]. λ_{max} (A.): 267 nm und 275 nm.

b) **3,6β,7α-Trihydroxy-östra-1,3,5(10)-trien-17-on,** Formel X.

B. Beim Erwärmen von 17,17-Äthandiyldioxy-6α,7α-epoxy-östra-1,3,5(10)-trien-3-ol mit $HClO_4$ in wss. Aceton (*Iriarte et al.,* Am. Soc. **80** [1958] 6105, 6109). Aus 3,6α,7α-Trihydroxy-östra-1,3,5(10)-trien-17-on beim Erwärmen mit wss.-äthanol. HCl (*Ir. et al.*).

Kristalle (aus E.); F: 285 – 290°. $[\alpha]_D^{20}$: +147° [Dioxan].

Triacetyl-Derivat $C_{24}H_{28}O_7$; 3,6β,7α-Triacetoxy-östra-1,3,5(10)-trien-17-on. Kristalle (aus Me.); F: 201 – 202° [unkorr.]. $[\alpha]_D^{20}$: +168° [Dioxan]. λ_{max} (A.): 268 nm und 276 nm.

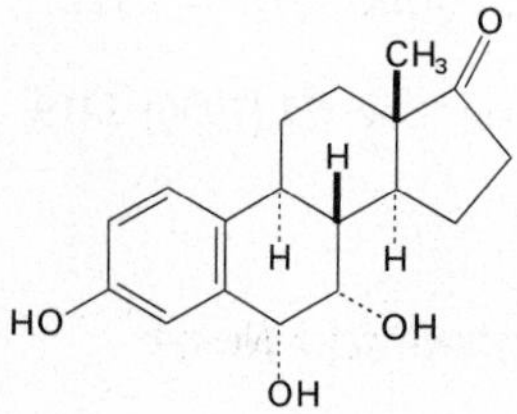

IX 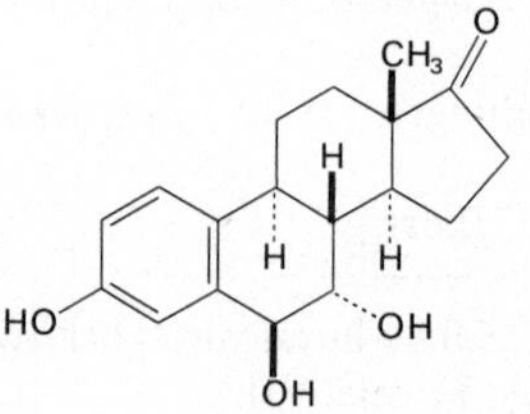 X 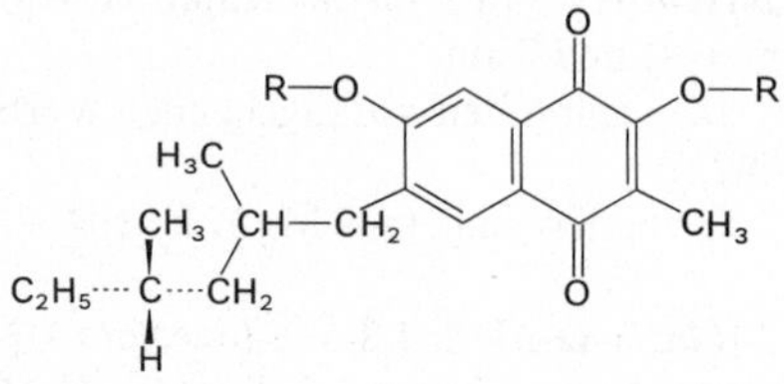 XI

Hydroxy-oxo-Verbindungen $C_{19}H_{24}O_4$

1-[1,5,8-Trihydroxy-[2]naphthyl]-nonan-1-on $C_{19}H_{24}O_4$, Formel III (R = H, n = 7).

B. Aus der folgenden Verbindung beim Erwärmen mit wss. HBr und wenig Phenol (*Momose, Goya,* Chem. pharm. Bl. **7** [1959] 864).

Orangegelbe Kristalle (aus Bzl. + PAe.); F: 131°.

1-[1-Hydroxy-5,8-dimethoxy-[2]naphthyl]-nonan-1-on $C_{21}H_{28}O_4$, Formel III (R = CH_3, n = 7).

B. Beim Behandeln von Nonansäure-[5,8-dimethoxy-[1]naphthylester] mit $AlCl_3$ in Nitro≠benzol (*Momose, Goya,* Chem. pharm. Bl. **7** [1959] 864).

Gelbe Kristalle (aus Me.); F: 80°.

2-Hydroxy-3-[9-phenoxy-nonyl]-[1,4]naphthochinon $C_{25}H_{28}O_4$, Formel IV (X = H, n = 9) und Taut.

B. Beim Erwärmen von 2-Hydroxy-3-[10-phenoxy-decyl]-[1,4]naphthochinon mit H_2O_2 und wss. Na_2CO_3 in Dioxan und anschliessenden Behandeln mit $CuSO_4$ und wss. NaOH (*Paulshock, Moser,* Am. Soc. **72** [1950] 5073, 5077).

Gelbe Kristalle (aus Me.); F: 87,5–88°.

2-[9-(4-Chlor-phenoxy)-nonyl]-3-hydroxy-[1,4]naphthochinon $C_{25}H_{27}ClO_4$, Formel IV (X = Cl, n = 9) und Taut.

B. Beim Erwärmen von 2-[9-Brom-nonyl]-3-hydroxy-[1,4]naphthochinon mit 4-Chlor-phenol und äthanol. KOH (*Paulshock, Moser,* Am. Soc. **72** [1950] 5073, 5077). Beim Erwärmen von 2-[10-(4-Chlor-phenoxy)-decyl]-3-hydroxy-[1,4]naphthochinon mit H_2O_2 und wss. Na_2CO_3 in Dioxan und anschliessenden Behandeln mit $CuSO_4$ und wss. NaOH (*Pa., Mo.,* l. c. S. 5076).

Gelbe Kristalle (aus Me.); F: 96–97°.

6-[(2Ξ,4*S*)-2,4-Dimethyl-hexyl]-2,7-dihydroxy-3-methyl-[1,4]naphthochinon, Tetrahydro≠sclerotochinon $C_{19}H_{24}O_4$, Formel XI (R = H) und Taut.

Konstitution: *Birchall et al.,* Soc. [C] **1971** 3559; *Whalley,* Pure appl. Chem. **7** [1963] 565, 572; *Fielding et al.,* Soc. **1958** 1814.

B. Beim Erwärmen von Tetrahydrosclerotiorin (Stereoisomeren-Gemisch; E III/IV **18** 1448) mit Zink-Pulver und wss. KOH (*Graham et al.,* Soc. **1957** 4924, 4928).

Orangefarbene Kristalle; F: 218° [aus Me.] (*Gr. et al.*), 213–215° [aus Acn. + PAe.] (*Bi. et al.,* l. c. S. 3563), 214° [aus Bzl.] (*Yamamoto, Nishikawa,* J. pharm. Soc. Japan **79** [1959] 297, 302; C. A. **1959** 15070). Bei 200°/0,005 Torr sublimierbar (*Gr. et al.*). $[\alpha]_D^{20}$: +6,6° [A.; c = 1,37] (*Gr. et al.*). λ_{max} (A.): 273 nm, 310 nm und 345 nm (*Gr. et al.*).

2,4-Dinitro-phenylhydrazon (F: 242°): *Gr. et al.*

6-[(2Ξ,4*S*)-2,4-Dimethyl-hexyl]-2,7-dimethoxy-3-methyl-[1,4]naphthochinon $C_{21}H_{28}O_4$, Formel XI (R = CH_3).

B. Aus der vorangehenden Verbindung mit Hilfe von Dimethylsulfat und K_2CO_3 (*Graham et al.,* Soc. **1957** 4924, 4928).

Gelbe Kristalle (aus Me.); F: 55°.

2,4-Dinitro-phenylhydrazon (F: 211°): *Gr. et al.*

2,7-Diacetoxy-6-[(2Ξ,4*S*)-2,4-dimethyl-hexyl]-3-methyl-[1,4]naphthochinon $C_{23}H_{28}O_6$, Formel XI (R = CO-CH_3).

B. Aus 6-[(2Ξ,4*S*)-2,4-Dimethyl-hexyl]-2,7-dihydroxy-3-methyl-[1,4]naphthochinon beim Er≠wärmen mit Acetanhydrid und Pyridin (*Graham et al.,* Soc. **1957** 4924, 4928).

Gelbe Kristalle; F: 94° [aus Me.] (*Gr. et al.*), 87–89° [aus PAe.] (*Yamamoto, Nishikawa,* J. pharm. Soc. Japan **79** [1959] 297, 302; C. A. **1959** 15070). $[\alpha]_D^{10}$: +8,5° [Me.] (*Ya., Ni.*); $[\alpha]_D^{22}$: +8,3° [A.; c = 2,2] (*Gr. et al.*). UV-Spektrum (Dioxan; 220–400 nm): *Ya., Ni.,* l. c. S. 299. λ_{max} (A.): 258 nm, 274 nm und 340 nm (*Gr. et al.*).

6β-Acetoxy-androst-4-en-3,11,17-trion $C_{21}H_{26}O_5$, Formel XII.

B. Beim Behandeln von 6β-Acetoxy-11β-hydroxy-androst-4-en-3,17-dion mit CrO_3 und Essigsäure (*Peron, Dorfman,* Arch. Biochem. **67** [1957] 490).

F: 168–175°. λ_{max} (H_2SO_4): 282 nm und 342 nm.

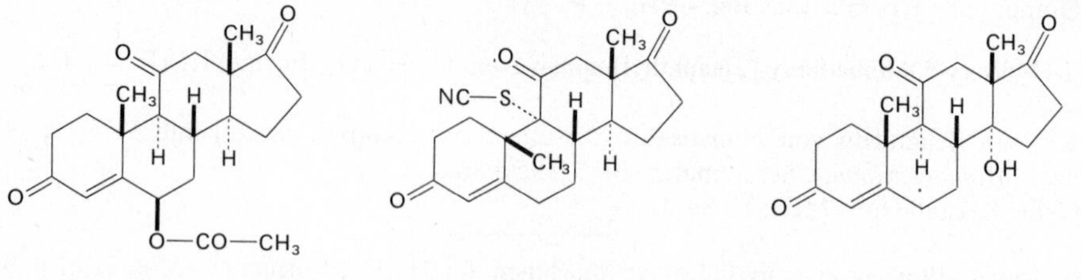

XII XIII XIV

9-Thiocyanato-androst-4-en-3,11,17-trion $C_{20}H_{23}NO_3S$, Formel XIII.

B. Beim Behandeln von 11β-Hydroxy-9-thiocyanato-androst-4-en-3,17-dion mit CrO_3 in wss. Essigsäure (*Kawasaki, Mosettig,* J. org. Chem. **24** [1959] 2071; *Kitagawa et al.,* J. org. Chem. **28** [1963] 2228, 2230).

Kristalle (aus Acn.); F: 212–215° [Zers.]. $[\alpha]_D^{20}$: +453,6° [Dioxan; c = 0,4]. λ_{max} (A.): 236 nm.

14-Hydroxy-androst-4-en-3,11,17-trion $C_{19}H_{24}O_4$, Formel XIV.

B. Aus 11β,14,17,21-Tetrahydroxy-pregn-4-en-3,20-dion oder aus 11β,14-Dihydroxy-androst-4-en-3,17-dion beim Behandeln mit CrO_3 und Essigsäure (*Pfizer & Co.,* U.S.P. 2864833 [1957]; *Agnello et al.,* Am. Soc. **77** [1955] 4684 Anm. 5).

Kristalle (aus Acn. + E.); F: 283–285° [Zers.] (*Pfizer & Co.*; *Ag. et al.*). $[\alpha]_D$: +208° [$CHCl_3$]. λ_{max} (A.): 236,5 nm (*Ag. et al.*).

***rac*-18-Acetoxy-androst-4-en-3,11,17-trion** $C_{21}H_{26}O_5$, Formel I + Spiegelbild.

B. Beim Erwärmen von *rac*-18-Acetoxy-3,3-äthandiyldioxy-androst-5-en-11,17-dion mit wss. Essigsäure (*Wieland et al.,* Helv. **41** [1958] 1561, 1571). Aus *rac*-17,18-Dihydroxy-pregn-4-en-3,11,20-trion mit Hilfe von MnO_2 in $CHCl_3$ (*Wi. et al.*).

F: 168,5–169,5° [aus Acn. + Ae.].

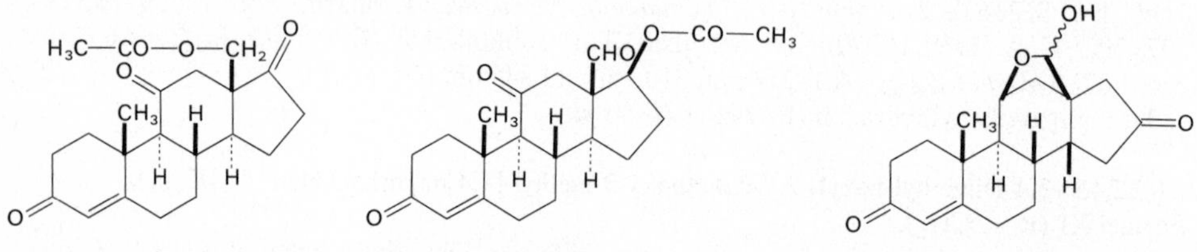

I II III

***rac*-17β-Acetoxy-3,11-dioxo-androst-4-en-18-al** $C_{21}H_{26}O_5$, Formel II + Spiegelbild.

B. Beim Behandeln von *rac*-3,3-Äthandiyldioxy-17β-[(Ξ)-tetrahydro-pyran-2-yloxy]-androst-5-en-11β,18-diol (E III/IV **19** 1235) mit CrO_3 und Pyridin, Erhitzen des Reaktionsprodukts mit Essigsäure und Behandeln des Reaktionsprodukts mit Acetanhydrid und Pyridin (*Wieland et al.,* Helv. **41** [1958] 1657, 1666).

F: 183–189,5° [aus CH_2Cl_2 + Ae.].

11-Hydroxy-3,16-dioxo-androst-4-en-18-al $C_{19}H_{24}O_4$ und Taut.

a) ***rac*-(18Ξ)-11β,18-Epoxy-18-hydroxy-14β-androst-4-en-3,16-dion,** Formel III + Spiegelbild.

B. Beim Erwärmen von *rac*-11β-Acetoxy-3,16-dioxo-14β-androst-4-en-18-al mit K_2CO_3 in

wss. Äthanol (*Wieland et al.*, Helv. **41** [1958] 74, 92).
F: 221–226° [aus Acn.+Ae.].

b) ***rac*-(18Ξ)-11β,18-Epoxy-18-hydroxy-androst-4-en-3,16-dion,** Formel IV+Spiegelbild.
B. Beim Erhitzen von *rac*-(18Ξ)-3,3-Äthandiyldioxy-11β,18-epoxy-18-hydroxy-androst-5-en-16-on (E III/IV **19** 2794) oder von *rac*-(18Ξ)-3,3-Äthandiyldioxy-11β,18-epoxy-18-[(Ξ)-tetrahydropyran-2-yloxy]-androst-5-en-16-on (E III/IV **19** 5159) mit wss. Essigsäure (*Wieland et al.*, Helv. **41** [1958] 74, 97, **42** [1959] 1586, 1597).
F: 247–248° [aus CH_2Cl_2+Me.+Ae.] (*Wi. et al.*, Helv. **42** 1597). λ_{max} (A.): 240 nm (*Wi. et al.*, Helv. **41** 97).

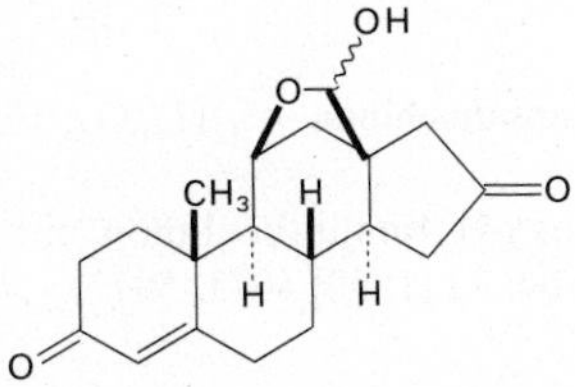

IV

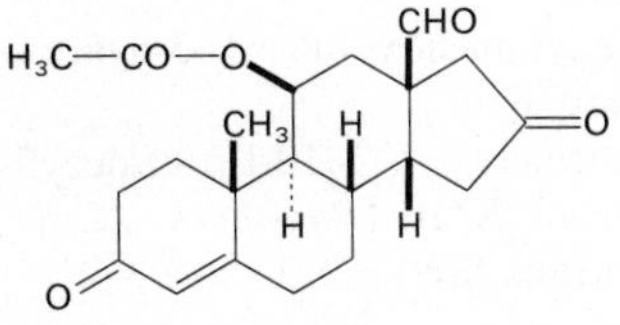

V

***rac*-11β-Acetoxy-3,16-dioxo-14β-androst-4-en-18-al** $C_{21}H_{26}O_5$, Formel V+Spiegelbild.
B. Beim Behandeln von *rac*-11β,18a-Epoxy-18a-methyl-18-homo-14β-androsta-4,18-dien-3,16-dion (E III/IV **17** 6379) in THF und wenig Pyridin mit OsO_4 in Äther und Behandeln des Reaktionsprodukts mit HIO_4 in Methanol und Pyridin (*Wieland et al.*, Helv. **41** [1958] 74, 91).
F: 161–165,5° [unkorr.; aus Acn.+Ae.].

Hydroxy-oxo-Verbindungen $C_{20}H_{26}O_4$

1-[1,5,8-Trihydroxy-[2]naphthyl]-decan-1-on $C_{20}H_{26}O_4$, Formel VI (R = H).
B. Aus der folgenden Verbindung beim Erwärmen mit wss. HBr und wenig Phenol (*Momose, Goya*, Chem. pharm. Bl. **7** [1959] 864).
Orangegelbe Kristalle (aus Bzl.+PAe.); F: 142°.

1-[1-Hydroxy-5,8-dimethoxy-[2]naphthyl]-decan-1-on $C_{22}H_{30}O_4$, Formel VI (R = CH_3).
B. Beim Behandeln von Decansäure-[5,8-dimethoxy-[1]naphthylester] mit $AlCl_3$ in Nitrobenzol (*Momose, Goya*, Chem. pharm. Bl. **7** [1959] 864).
Gelbe Kristalle (aus Me.); F: 80°.

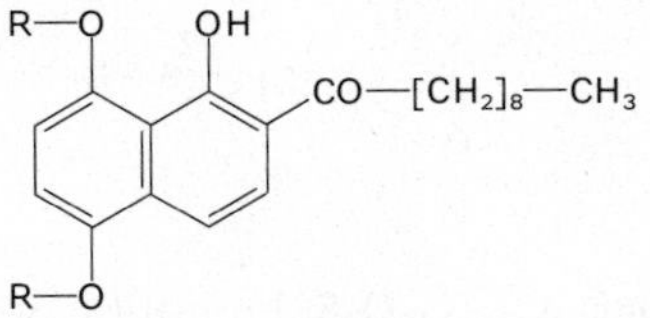

VI

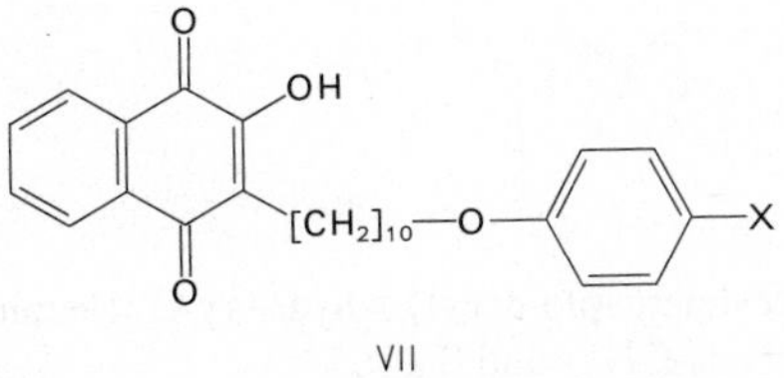

VII

2-Hydroxy-3-[10-phenoxy-decyl]-[1,4]naphthochinon $C_{26}H_{30}O_4$, Formel VII (X = H) und Taut.
B. Beim Erwärmen von Bis-[11-phenoxy-undecanoyl]-peroxid (aus 11-Phenoxy-undecanoylchlorid und Na_2O_2 hergestellt) mit 2-Hydroxy-[1,4]naphthochinon in Essigsäure (*Paulshock, Moser*, Am. Soc. **72** [1950] 5073, 5077). Beim Erwärmen von 2-[10-Brom-decyl]-3-hydroxy-[1,4]naphthochinon mit Phenol und äthanol. KOH (*Pa., Mo.*).
Gelbe Kristalle (aus Me.); F: 87,5–88°.

2-[10-(4-Chlor-phenoxy)-decyl]-3-hydroxy-[1,4]naphthochinon $C_{26}H_{29}ClO_4$, Formel VII (X = Cl) und Taut.

B. Beim Erwärmen von 2-[10-Brom-decyl]-3-hydroxy-[1,4]naphthochinon mit 4-Chlor-phenol und äthanol. KOH (*Paulshock, Moser,* Am. Soc. **72** [1950] 5073, 5075).

Gelbe Kristalle (aus Me.); F: 88,5–89,5°.

2-Hydroxy-3-[10-*p*-tolyloxy-decyl]-[1,4]naphthochinon $C_{27}H_{32}O_4$, Formel VII (X = CH_3) und Taut.

B. Beim Erwärmen von Bis-[11-*p*-tolyloxy-undecanoyl]-peroxid mit 2-Hydroxy-[1,4]naphthochinon in Essigsäure (*Paulshock, Moser,* Am. Soc. **72** [1950] 5073, 5077).

Gelbe Kristalle (aus PAe.); F: 93–94°.

2-[10-(4-Cyclohexyl-phenoxy)-decyl]-3-hydroxy-[1,4]naphthochinon $C_{32}H_{40}O_4$, Formel VII (X = C_6H_{11}) und Taut.

B. Beim Erwärmen von 2-[10-Brom-decyl]-3-hydroxy-[1,4]naphthochinon mit 4-Cyclohexyl-phenol und äthanol. KOH (*Paulshock, Moser,* Am. Soc. **72** [1950] 5073, 5077).

Gelbes Pulver (aus Me.); F: 92,5–93,5°.

2-Hydroxy-3-[10-[1]naphthyloxy-decyl]-[1,4]naphthochinon $C_{30}H_{32}O_4$, Formel VIII und Taut.

B. Analog der vorangehenden Verbindung (*Paulshock, Moser,* Am. Soc. **72** [1950] 5073, 5077).

Gelbes Pulver (aus Me.); F: 103–104° [korr.].

2-[10-Biphenyl-4-yloxy-decyl]-3-hydroxy-[1,4]naphthochinon $C_{32}H_{34}O_4$, Formel VII (X = C_6H_5) und Taut.

B. Beim Erwärmen von Bis-[11-biphenyl-4-yloxy-undecanoyl]-peroxid mit 2-Hydroxy-[1,4]naphthochinon in Essigsäure (*Paulshock, Moser,* Am. Soc. **72** [1950] 5073, 5077). Beim Erwärmen von 2-[10-Brom-decyl]-3-hydroxy-[1,4]naphthochinon mit Biphenyl-4-ol und äthanol. KOH (*Pa., Mo.*).

Gelbe Kristalle (aus Me.); F: 123–124° [korr.].

2-Hydroxy-3-[10-octylmercapto-decyl]-[1,4]naphthochinon $C_{28}H_{42}O_3S$, Formel IX (R = $[CH_2]_7$-CH_3) und Taut.

B. Beim Erwärmen von 2-[10-Brom-decyl]-3-hydroxy-[1,4]naphthochinon mit Octan-1-thiol und methanol. NaOH (*Moser, Paulshock,* Am. Soc. **72** [1950] 5419, 5422).

Gelbe Kristalle (aus Me.); F: 78–79°.

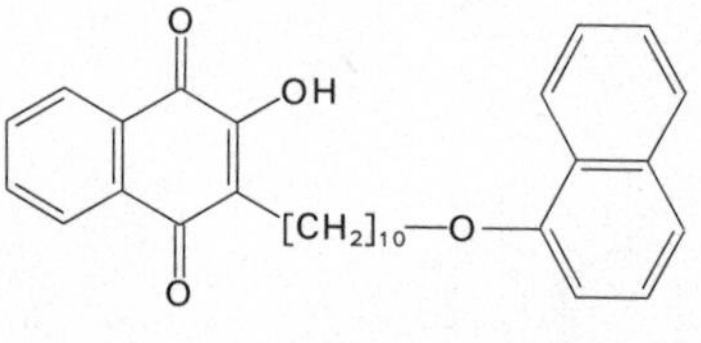

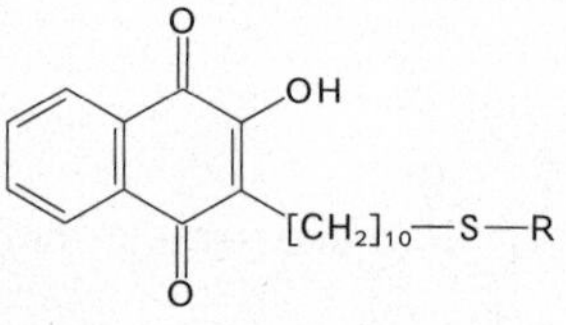

2-[10-Decylmercapto-decyl]-3-hydroxy-[1,4]naphthochinon $C_{30}H_{46}O_3S$, Formel IX (R = $[CH_2]_9$-CH_3) und Taut.

B. Analog der vorangehenden Verbindung (*Moser, Paulshock,* Am. Soc. **72** [1950] 5419, 5422).

Gelbe Kristalle (aus Me.); F: 79–80°.

2-Hydroxy-3-[10-phenylmercapto-decyl]-[1,4]naphthochinon $C_{26}H_{30}O_3S$, Formel IX (R = C_6H_5) und Taut.

B. Analog den vorangehenden Verbindungen (*Moser, Paulshock,* Am. Soc. **72** [1950] 5419, 5422).

Gelbe Kristalle (aus Me.); F: 80–81°.

2-[10-(4-Chlor-phenylmercapto)-decyl]-3-hydroxy-[1,4]naphthochinon $C_{26}H_{29}ClO_3S$, Formel IX (R = C_6H_4-Cl) und Taut.

B. Analog den vorangehenden Verbindungen (*Moser, Paulshock,* Am. Soc. **72** [1950] 5419, 5422).

Gelbe Kristalle (aus PAe.); F: 108–109° [korr.].

2-Hydroxy-3-[10-*p*-tolylmercapto-decyl]-[1,4]naphthochinon $C_{27}H_{32}O_3S$, Formel IX (R = C_6H_4-CH_3) und Taut.

B. Analog den vorangehenden Verbindungen (*Moser, Paulshock,* Am. Soc. **72** [1950] 5419, 5422).

Orangefarbene Kristalle (aus Me.); F: 98,5–99°.

11*β*-Hydroxy-*D*-homo-androst-4-en-3,17,17a-trion $C_{20}H_{26}O_4$, Formel X und Taut.

B. Bei der Oxidation von 11*β*,17a*α*-Dihydroxy-17a*β*-hydroxymethyl-*D*-homo-androst-4-en-3,17-dion oder von 11*β*,17*α*-Dihydroxy-17*β*-hydroxymethyl-*D*-homo-androst-4-en-3,17a-dion mit HIO_4 (*Georgian, Kundu,* Chem. and Ind. **1958** 1322).

F: 238–240°. $[\alpha]_D^{31}$: +130° [$CHCl_3$].

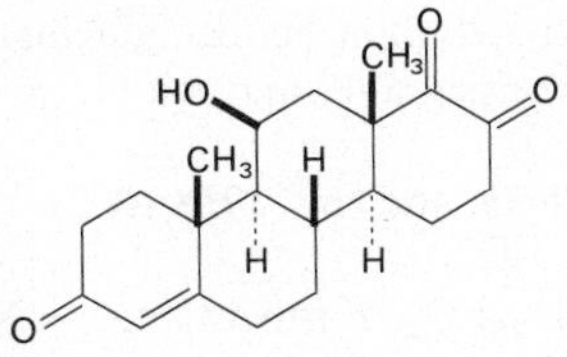

X

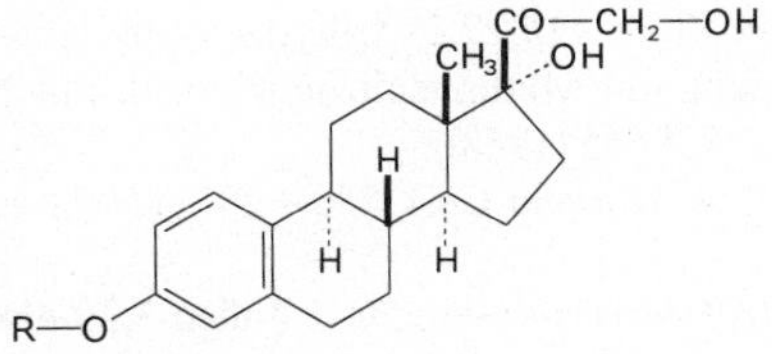

XI

3,17,21-Trihydroxy-19-nor-pregna-1,3,5(10)-trien-20-on $C_{20}H_{26}O_4$, Formel XI (R = H).

B. Aus 19,21-Diacetoxy-17-hydroxy-pregna-1,4-dien-3,20-dion mit Hilfe von äthanol. KOH oder äthanol. HCl (*Nishikawa, Hagiwara,* Chem. pharm. Bl. **6** [1958] 226).

F: 225,5–229° [unkorr.; Zers.]. $[\alpha]_D^{18}$: +80° [Dioxan] (*Ni., Ha.*). λ_{max} (A.): 280 nm (*Searle & Co.,* U.S.P. 2666769 [1952]; *Ni., Ha.*).

17,21-Dihydroxy-3-methoxy-19-nor-pregna-1,3,5(10)-trien-20-on $C_{21}H_{28}O_4$, Formel XI (R = CH_3).

B. Aus 21-Acetoxy-3-methoxy-19-nor-pregna-1,3,5(10),17(20)*ξ*-tetraen beim Behandeln mit H_2O_2 und OsO_4 in *tert*-Butylalkohol und Erwärmen des Reaktionsprodukts mit wss.-methanol. Na_2SO_3 (*Searle & Co.,* U.S.P. 2666769 [1952]).

Kristalle (aus wss. Me.); F: 98–100°. [*G. Schmitt*]

Hydroxy-oxo-Verbindungen $C_{21}H_{28}O_4$

17a*ξ*-Hydroxy-17a*ξ*-methyl-*D*-homo-androst-4-en-3,11,17-trion $C_{21}H_{28}O_4$, Formel I.

B. Aus 11*α*,17a*ξ*-Dihydroxy-17a*ξ*-methyl-*D*-homo-androst-4-en-3,17-dion (S. 2889) mit Hilfe von CrO_3 (*Fried et al.,* Am. Soc. **74** [1952] 3962).

F: 238–242°. $[\alpha]_D^{23}$: +121° [$CHCl_3$; c = 0,5].

16*α*,17*α*-Dihydroxy-17*β*-methyl-*D*-homo-androsta-4,9(11)-dien-3,17a-dion(?) $C_{21}H_{28}O_4$, vermutlich Formel II.

B. Aus 16*α*,17-Dihydroxy-pregna-4,9(11)-dien-3,20-dion mit Hilfe von Al_2O_3 (*Bernstein et al.,* Am. Soc. **81** [1959] 4956, 4960). Aus 16*α*-Acetoxy-17-hydroxy-pregna-4,9(11)-dien-3,20-dion mit Hilfe von Kaliumacetat in Äthanol (*Be. et al.*).

Kristalle (aus wss. Me.); F: 218–220°. $[\alpha]_D^{25}$: +93° [$CHCl_3$; c = 1]. λ_{max} (Me.): 239 nm.

O^{16}-Acetyl-Derivat $C_{23}H_{30}O_5$; 16α-Acetoxy-17α-hydroxy-17β-methyl-*D*-homo-androsta-4,9(11)-dien-3,17-dion(?). Kristalle (aus Bzl.+PAe.); F: 225–226°. $[\alpha]_D^{25}$: +24,6° [$CHCl_3$; c = 1]. λ_{max} (Me.): 237 nm.

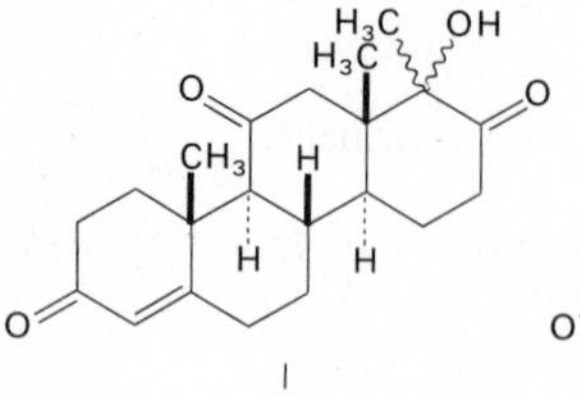

I 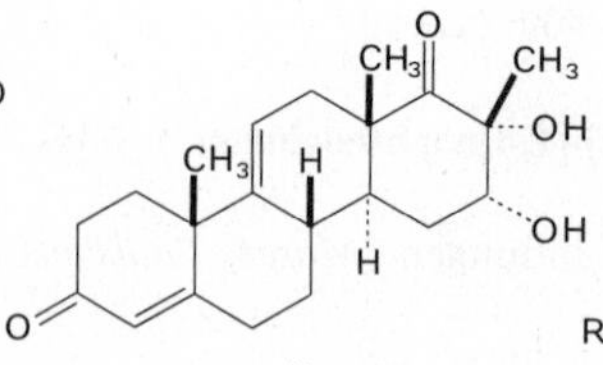 II 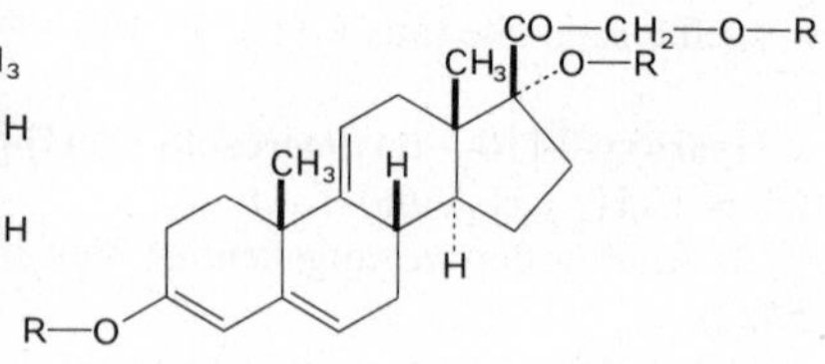 III

3,17,21-Triacetoxy-pregna-3,5,9(11)-trien-20-on $C_{27}H_{34}O_7$, Formel III (R = CO-CH_3).

B. Aus 21-Acetoxy-17-hydroxy-pregna-4,9(11)-dien-3,20-dion (*Bloom et al.*, Chem. and Ind. **1959** 1317).

F: 162–172°. $[\alpha]_D^{27}$: −140° [Dioxan]. λ_{max} (A.): 236 nm.

6α-Fluor-11β,17-dihydroxy-pregna-1,4-dien-3,20-dion $C_{21}H_{27}FO_4$, Formel IV (X = F, X′ = X″ = H).

B. Aus 6α-Fluor-11β,17,21-trihydroxy-pregna-1,4-dien-3,20-dion bei der aufeinanderfolgenden Umsetzung mit Methansulfonylchlorid, mit NaI, mit Essigsäure und mit $Na_2S_2O_3$ (*Upjohn Co.*, U.S.P. 2838545 [1958]).

F: 271–274° (*Upjohn Co.*), 255–257° (*Hogg et al.*, Chem. and Ind. **1958** 1002).

9-Fluor-11β,17-dihydroxy-pregna-1,4-dien-3,20-dion $C_{21}H_{27}FO_4$, Formel IV (X = X″ = H, X′ = F).

B. Aus 9-Fluor-11β,17-dihydroxy-21-methansulfonyloxy-pregna-1,4-dien-3,20-dion mit Hilfe von NaI in Essigsäure (*Fried et al.*, Am. Soc. **77** [1955] 4181).

F: 313–314° [Zers.]. $[\alpha]_D^{23}$: +47° [Py.]. λ_{max} (A.): 238 nm.

21-Fluor-11β,17-dihydroxy-pregna-1,4-dien-3,20-dion $C_{21}H_{27}FO_4$, Formel IV (X = X′ = H, X″ = F).

B. Aus 11β,17-Dihydroxy-21-methansulfonyloxy-pregna-1,4-dien-3,20-dion beim Erhitzen mit KF in DMSO (*Herz et al.*, Am. Soc. **78** [1956] 4812).

F: 257–262°. $[\alpha]_D$: +86° [Dioxan]. λ_{max} (A.): 243 nm.

6α,9-Difluor-11β,17-dihydroxy-pregna-1,4-dien-3,20-dion $C_{21}H_{26}F_2O_4$, Formel IV (X = X′ = F, X″ = H).

B. Aus 6α,9-Difluor-11β,17-dihydroxy-21-methansulfonyloxy-pregna-1,4-dien-3,20-dion bei der aufeinanderfolgenden Umsetzung mit NaI, mit Essigsäure und mit $Na_2S_2O_3$ (*Upjohn Co.*, U.S.P. 2838538 [1957]).

Kristalle (aus Acn.); F: 296–300°. $[\alpha]_D$: +58° [Py.].

6α,21-Difluor-11β,17-dihydroxy-pregna-1,4-dien-3,20-dion $C_{21}H_{26}F_2O_4$, Formel IV (X = X″ = F, X′ = H).

B. Aus 6α-Fluor-11β,17-dihydroxy-21-methansulfonyloxy-pregna-1,4-dien-3,20-dion beim Erhitzen mit KF in DMSO (*Upjohn Co.*, U.S.P. 2838543 [1957]).

Kristalle (aus E.+Hexan); F: 226–231°.

9,21-Difluor-11β,17-dihydroxy-pregna-1,4-dien-3,20-dion $C_{21}H_{26}F_2O_4$, Formel IV (X = H, X′ = X″ = F).

B. Aus 9-Fluor-11β,17-dihydroxy-21-methansulfonyloxy-pregna-1,4-dien-3,20-dion beim Erhitzen mit KF in DMSO (*Herz et al.*, Am. Soc. **78** [1956] 4812).

F: 266–268° [Zers.]. $[\alpha]_D$: +111° [A.]. λ_{max} (A.): 237 nm.

IV V VI

6α,9,21-Trifluor-11β,17-dihydroxy-pregna-1,4-dien-3,20-dion $C_{21}H_{25}F_3O_4$, Formel IV (X = X′ = X″ = F).

B. Aus 6α,9-Difluor-11β,17-dihydroxy-21-methansulfonyloxy-pregna-1,4-dien-3,20-dion beim Erhitzen mit KF in DMSO (*Upjohn Co.,* U.S.P. 2838537 [1957]).

Kristalle (aus E.); F: 273–277°.

11β,17-Dihydroxy-21-jod-pregna-1,4-dien-3,20-dion $C_{21}H_{27}IO_4$, Formel IV (X = X′ = H, X″ = I).

B. Aus 11β,17-Dihydroxy-21-methansulfonyloxy-pregna-1,4-dien-3,20-dion (*Poos et al.,* Chem. and Ind. **1958** 1260). Aus 11β,17-Dihydroxy-21-[toluol-4-sulfonyloxy]-pregna-1,4-dien-3,20-dion beim Erwärmen mit NaI in Aceton (*Schering Corp.,* U.S.P. 2814632 [1957]).

F: 188° [Zers.] (*Poos et al.*).

21-Azido-11β,17-dihydroxy-pregna-1,4-dien-3,20-dion $C_{21}H_{27}N_3O_4$, Formel IV (X = X′ = H, X″ = N_3).

B. Aus 11β,17-Dihydroxy-21-methansulfonyloxy-pregna-1,4-dien-3,20-dion und NaN_3 in Aceton (*Brown et al.,* J. org. Chem. **26** [1961] 5052; *Merck & Co. Inc.,* U.S.P. 2853486 [1956]).

Kristalle (aus Me.); F: 230–235° [Zers.]; $[\alpha]_D^{25}$: +214° [Acn.; c = 0,4] (*Br. et al.*).

11β,21-Dihydroxy-pregna-1,4-dien-3,20-dion $C_{21}H_{28}O_4$, Formel V (X = H).

B. Aus 11β,21-Dihydroxy-pregn-4-en-3,20-dion mit Hilfe von Calonectria decora (*Vischer et al.,* Helv. **38** [1955] 835, 839) oder mit Hilfe von Corynebacterium simplex (*Nobile et al.,* Am. Soc. **77** [1955] 4184; *Herzog et al.,* Tetrahedron **18** [1962] 581, 588). Aus 11β-Hydroxy-3-oxo-androsta-1,4-dien-17β-carbonsäure beim aufeinanderfolgenden Behandeln mit Oxalylchlorid, mit Diazomethan, mit Essigsäure und mit wss. $KHCO_3$ (*Schering Corp.,* U.S.P. 2767155 [1954]).

Kristalle; F: 227,5–230,5° [korr.; aus Acn. + Hexan] (*No. et al.*; *He. et al.*), 216–220° [korr.; Zers.; aus Acn.] (*Vi. et al.*). $[\alpha]_D^{25}$: +173° [Me.] (*No. et al.*; *He. et al.*), $[\alpha]_D^{25}$: +158° [A.; c = 1] (*Vi. et al.*). IR-Spektrum ($CHCl_3$; 1800–850 cm^{-1}): *G. Roberts, B.S. Gallagher, R.N. Jones,* Infrared Absorption Spectra of Steroids, Bd. 2 [New York 1958] Nr. 576. IR-Banden (CH_2Cl_2; 2,5–10 μ): *Vi. et al.* λ_{max} (Me.): 243 nm (*No. et al.*).

O^{21}-Acetyl-Derivat $C_{23}H_{30}O_5$; 21-Acetoxy-11β-hydroxy-pregna-1,4-dien-3,20-dion. Kristalle (aus Acn. + PAe.); F: 159–161° [korr.]. $[\alpha]_D^{23}$: +151° [Dioxan; c = 0,7] (*Vi. et al.*).

12α-Fluor-11β,21-dihydroxy-pregna-1,4-dien-3,20-dion $C_{21}H_{27}FO_4$, Formel V (X = F).

B. Aus 21-Acetoxy-12α-fluor-11β-hydroxy-pregn-4-en-3,20-dion mit Hilfe von Bacillus sphaericus (*Taub et al.,* Am. Soc. **79** [1957] 452, 455).

O^{21}-Acetyl-Derivat $C_{23}H_{29}FO_5$; 21-Acetoxy-12α-fluor-11β-hydroxy-pregna-1,4-dien-3,20-dion. Kristalle (aus Acn. + Hexan); F: 218–222° [korr.]. λ_{max} (Me.): 242 nm.

17,21-Dihydroxy-pregna-1,4-dien-3,20-dion $C_{21}H_{28}O_4$, Formel VI (R = R′ = X = H).

B. Aus 21-Acetoxy-17-hydroxy-pregna-1,4-dien-3,20-dion beim Behandeln mit wss.-methanol. NaOH (*Testa,* Ann. Chimica **47** [1957] 1132, 1136). Aus 17,21-Diacetoxy-pregna-1,4-dien-3,20-

dion beim Behandeln mit methanol. KOH (*Ringold et al.*, Am. Soc. **78** [1956] 820, 823). Aus 17,21-Dihydroxy-pregn-4-en-3,20-dion mit Hilfe von Corynebacterium simplex (*Nobile et al.*, Am. Soc. **77** [1955] 4184; *Herzog et al.*, Tetrahedron **18** [1962] 581, 587), mit Hilfe von Fusarium solani (*Vischer et al.*, Helv. **38** [1955] 835, 838) oder mit Hilfe von Cylindrocarpon redicicola (*Olin Mathieson Chem. Corp.*, U.S.P. 2868694 [1955]).

Kristalle; F: 246–250° [korr.; Zers.] (*No. et al.*; *He. et al.*), 245–246° [unkorr.; auf 220° vorgeheiztes Bad; aus Acn.] (*Ri. et al.*), 229–233° [korr.; Zers.; aus Acn.] (*Vi. et al.*). $[\alpha]_D^{25}$: +76° [A.; c = 0,8] (*Vi. et al.*); $[\alpha]_D^{20}$: +74° [$CHCl_3$] (*Ri. et al.*); $[\alpha]_D^{25}$: +76° [$CHCl_3$] (*No. et al.*; *He. et al.*). IR-Spektrum in KBr (2–15 μ): *W. Neudert, H. Röpke*, Steroid-Spektrenatlas [Berlin 1965] Nr. 594; in $CHCl_3$ (5,5–11,8 μ): *G. Roberts, B.S. Gallagher, R.N. Jones*, Infrared Absorption Spectra of Steroids, Bd. 2 [New York 1958] Nr. 579. λ_{max}: 244 nm [A.] (*Vi. et al.*; *Ri. et al.*), 244 nm [Me.] (*He. et al.*); λ_{max} (konz. H_2SO_4; 220–520 nm): *Smith, Muller*, J. org. Chem. **23** [1958] 960, 961.

21-Acetoxy-17-hydroxy-pregna-1,4-dien-3,20-dion $C_{23}H_{30}O_5$, Formel VI (R = X = H, R′ = CO-CH_3).

B. Aus 17,21-Dihydroxy-pregna-1,4-dien-3,20-dion und Acetanhydrid in Pyridin (*Vischer et al.*, Helv. **38** [1955] 835, 838; *Ringold et al.*, Am. Soc. **78** [1950] 820, 824). Aus 21-Acetoxy-2α,4β-dibrom-17-hydroxy-5β-pregnan-3,20-dion mit Hilfe von LiBr und Li_2CO_3 in DMF (*Joly et al.*, Bl. **1958** 366, 367). Aus 21-Acetoxy-2α(?),4α(?)-dibrom-17-hydroxy-5α-pregnan-3,20-dion beim Erhitzen mit 2,4,6-Trimethyl-pyridin (*Rosenkranz et al.*, Am. Soc. **72** [1950] 4081, 4084). Aus 21-Acetoxy-17-hydroxy-pregn-4-en-3,20-dion mit Hilfe von SeO_2 (*Testa*, Ann. Chimica **47** [1957] 1132, 1135).

Kristalle; F: 230–235° [aus Acn.] (*Te.*), 227° [aus Acn. + Hexan] (*Joly et al.*), 224–226° (*Ri. et al.*), 218–222° [korr.; aus Acn. + PAe.] (*Vi. et al.*), 216–218° [korr.; aus Hexan + Acn.] (*Ro. et al.*). $[\alpha]_D$: +78° [Acn.; c = 0,5] (*Joly et al.*); $[\alpha]_D^{20}$: +88° [$CHCl_3$] (*Ro. et al.*), +91° [$CHCl_3$] (*Ri. et al.*), +91,8° [Dioxan] (*Testa*); $[\alpha]_D^{23}$: +86° [Dioxan; c = 0,8] (*Vi. et al.*). IR-Spektrum (KBr; 2–15 μ): *W. Neudert, H. Röpke*, Steroid-Spektrenatlas [Berlin 1965] Nr. 595. λ_{max} (A.): 245,5 nm (*Joly et al.*), 244 nm (*Vi. et al.*; *Ro. et al.*).

17,21-Diacetoxy-pregna-1,4-dien-3,20-dion $C_{25}H_{32}O_6$, Formel VI (R = R′ = CO-CH_3, X = H).

B. Aus 17,21-Diacetoxy-2α(?),4α(?)-dibrom-5α-pregnan-3,20-dion beim Erhitzen mit 2,4,6-Tri⸗methyl-pyridin und 2,4-Dimethyl-pyridin (*Ringold et al.*, Am. Soc. **78** [1956] 820, 823).

Kristalle (aus Acn. + Hexan); F: 193–194° [unkorr.]. $[\alpha]_D^{20}$: +29° [$CHCl_3$]. λ_{max} (A.): 244 nm.

6α-Fluor-17,21-dihydroxy-pregna-1,4-dien-3,20-dion $C_{21}H_{27}FO_4$, Formel VI (R = R′ = H, X = F).

B. Aus 17,21-Diacetoxy-6α-fluor-pregna-1,4-dien-3,20-dion mit Hilfe von methanol. KOH (*Bowers et al.*, Tetrahedron **7** [1959] 138, 151).

Kristalle (aus E. + Hexan); F: 210–212° [unkorr.]. $[\alpha]_D$: +66° [$CHCl_3$]. λ_{max} (A.): 240–242 nm.

21-Acetoxy-6α-fluor-17-hydroxy-pregna-1,4-dien-3,20-dion $C_{23}H_{29}FO_5$, Formel VI (R = H, R′ = CO-CH_3, X = F).

B. Aus 6α-Fluor-17,21-dihydroxy-pregna-1,4-dien-3,20-dion und Acetanhydrid in Pyridin (*Bowers et al.*, Tetrahedron **7** [1959] 138, 151).

F: 224° [unkorr.]. $[\alpha]_D$: +104° [$CHCl_3$]. λ_{max} (A.): 240 nm.

17,21-Diacetoxy-6α-fluor-pregna-1,4-dien-3,20-dion $C_{25}H_{31}FO_6$, Formel VI (R = R′ = CO-CH_3, X = F).

B. Aus 17,21-Diacetoxy-6α-fluor-pregn-4-en-3,20-dion mit Hilfe von SeO_2 (*Bowers et al.*, Tetrahedron **7** [1959] 138, 151).

Kristalle (aus Acn. + Hexan); F: 251–253° [unkorr.]. $[\alpha]_D$: 0° [$CHCl_3$]. λ_{max} (A.): 242 nm.

21-Acetoxy-6α-chlor-17-hydroxy-pregna-1,4-dien-3,20-dion $C_{23}H_{29}ClO_5$, Formel VI (R = H, R' = CO-CH_3, X = Cl).

B. Aus 21-Acetoxy-6α-chlor-17-hydroxy-pregn-4-en-3,20-dion mit Hilfe von SeO_2 (*Ringold et al.*, Am. Soc. **80** [1958] 6464).

F: 231–232°. $[\alpha]_D$: +41° [$CHCl_3$]. λ_{max} (A.): 243 nm.

9,11β-Dichlor-17,21-dihydroxy-pregna-1,4-dien-3,20-dion, Dichlorison $C_{21}H_{26}Cl_2O_4$, Formel VII (R = X = H).

B. Aus 21-Acetoxy-9,11β-dichlor-17-hydroxy-pregna-1,4-dien-3,20-dion beim Behandeln mit methanol. $HClO_4$ (*Robinson et al.*, Am. Soc. **81** [1959] 2191, 2193).

Kristalle (aus Acn.); F: 238–241° [Zers.]. $[\alpha]_D^{25}$: +134° [Py.]. λ_{max} (Me.): 237 nm.

21-Acetoxy-9,11β-dichlor-17-hydroxy-pregna-1,4-dien-3,20-dion $C_{23}H_{28}Cl_2O_5$, Formel VII (R = CO-CH_3, X = H).

B. Aus 21-Acetoxy-17-hydroxy-pregna-1,4,9(11)-trien-3,20-dion beim Behandeln mit *N*-Chlor-succinimid und HCl in Essigsäure und THF unter Zusatz von LiCl (*Robinson et al.*, Am. Soc. **81** [1959] 2191, 2193).

Kristalle; F: 246–253° [Zers.; aus Acn.]. $[\alpha]_D^{25}$: +162° [Dioxan; c = 1]. λ_{max} (Me.): 237 nm.

Bernsteinsäure-mono-[9,11β-dichlor-17-hydroxy-3,20-dioxo-pregna-1,4-dien-21-ylester], 21-[3-Carboxy-propionyloxy]-9,11β-dichlor-17-hydroxy-pregna-1,4-dien-3,20-dion $C_{25}H_{30}Cl_2O_7$, Formel VII (R = CO-CH_2-CH_2-CO-OH, X = H).

B. Aus 9,11β-Dichlor-17,21-dihydroxy-pregna-1,4-dien-3,20-dion und Bernsteinsäure-anhydrid in Pyridin (*Robinson et al.*, Am. Soc. **81** [1959] 2191, 2193).

Kristalle (aus E.); F: 234–236° [Zers.]. $[\alpha]_D^{25}$: +150° [Dioxan; c = 1]. λ_{max} (Me.): 237 nm.

21-Äthoxycarbonyloxy-9,11β-dichlor-17-hydroxy-pregna-1,4-dien-3,20-dion, Kohlensäure-äthylester-[9,11β-dichlor-17-hydroxy-3,20-dioxo-pregna-1,4-dien-21-ylester] $C_{24}H_{30}Cl_2O_6$, Formel VII (R = CO-O-C_2H_5, X = H).

B. Aus 9,11β-Dichlor-17,21-dihydroxy-pregna-1,4-dien-3,20-dion und Chlorokohlensäure-äthylester in Pyridin (*Robinson et al.*, Am. Soc. **81** [1959] 2191, 2193).

Kristalle (aus Acn.+Hexan); F: 238–242° [Zers.]. $[\alpha]_D^{25}$: +149° [Dioxan; c = 1]. λ_{max} (Me.): 237 nm.

9-Brom-11β-fluor-17,21-dihydroxy-pregna-1,4-dien-3,20-dion $C_{21}H_{26}BrFO_4$, Formel VIII (R = H, X = F).

B. Aus 21-Acetoxy-9-brom-11β-fluor-17-hydroxy-pregna-1,4-dien-3,20-dion beim Behandeln mit methanol. $HClO_4$ (*Robinson et al.*, Am. Soc. **81** [1959] 2191, 2194).

Kristalle (aus Acn.+Hexan); F: >300° [Zers. ab 210°]. $[\alpha]_D^{25}$: +88° [Py.]. λ_{max} (Me.): 239 nm.

VII VIII IX

21-Acetoxy-9-brom-11β-fluor-17-hydroxy-pregna-1,4-dien-3,20-dion $C_{23}H_{28}BrFO_5$, Formel VIII (R = CO-CH_3, X = F).

B. Aus 21-Acetoxy-17-hydroxy-pregna-1,4,9(11)-trien-3,20-dion, *N*-Brom-acetamid und HF in $CHCl_3$ und THF (*Robinson et al.*, Am. Soc. **81** [1959] 2191, 2194).

Kristalle (aus Acn.+Hexan); F: 225–228° [Zers.]. $[\alpha]_D^{25}$: +123° [Dioxan; c = 1]. λ_{max} (Me.):

240 nm.

9-Brom-11β-chlor-17,21-dihydroxy-pregna-1,4-dien-3,20-dion $C_{21}H_{26}BrClO_4$, Formel VIII (R = H, X = Cl).

B. Aus 21-Acetoxy-9-brom-11β-chlor-17-hydroxy-pregna-1,4-dien-3,20-dion beim Behandeln mit methanol. $HClO_4$ (*Robinson et al.*, Am. Soc. **81** [1959] 2191, 2194).

Kristalle (aus Acn.); F: >320° [Zers. ab 110°]. $[\alpha]_D^{25}$: +142° [Py.]. λ_{max} (Me.): 240 nm.

21-Acetoxy-9-brom-11β-chlor-17-hydroxy-pregna-1,4-dien-3,20-dion $C_{23}H_{28}BrClO_5$, Formel VIII (R = CO-CH_3, X = Cl).

B. Aus 21-Acetoxy-17-hydroxy-pregna-1,4,9(11)-trien-3,20-dion, *N*-Brom-acetamid und HCl (*Robinson et al.*, Am. Soc. **81** [1959] 2191, 2194).

Kristalle (aus Acn.); F: 190–195° [Zers.]. $[\alpha]_D^{25}$: +172° [Dioxan; c = 1]. λ_{max} (Me.): 239 nm.

21-Acetoxy-6β(?)-brom-9,11β-dichlor-17-hydroxy-pregna-1,4-dien-3,20-dion $C_{23}H_{27}BrCl_2O_5$, vermutlich Formel VII (R = CO-CH_3, X = Br).

B. Aus 21-Acetoxy-9,11β-dichlor-17-hydroxy-pregna-1,4-dien-3,20-dion und *N*-Brom-succinimid mit Hilfe von Benzoylperoxid (*Robinson et al.*, Am. Soc. **81** [1959] 2191, 2193).

Kristalle (aus Acn.+Hexan); F: 193–196° [Zers.]. λ_{max} (Me.): 243 nm.

21-Acetoxy-9,11β-dibrom-17-hydroxy-pregna-1,4-dien-3,20-dion $C_{23}H_{28}Br_2O_5$, Formel VIII (R = CO-CH_3, X = Br).

B. Aus 21-Acetoxy-17-hydroxy-pregna-1,4,9(11)-trien-3,20-dion beim Behandeln mit *N*-Brom-acetamid und KBr in Essigsäure (*Robinson et al.*, Am. Soc. **81** [1959] 2191, 2194).

Kristalle (aus CH_2Cl_2+Ae.); F: ca. 140° [Zers. ab 110°]. $[\alpha]_D^{25}$: +185° [Dioxan; c = 1]. λ_{max} (Me.): 240 nm.

17,21-Dihydroxy-pregna-3,5-dien-7,20-dion $C_{21}H_{28}O_4$, Formel IX (R = H).

B. Aus 17,21-Diacetoxy-pregna-3,5-dien-7,20-dion mit Hilfe von methanol. KOH (*Marshall et al.*, Am. Soc. **79** [1957] 6308, 6313).

Kristalle (aus Me.); F: 216–216,5° [unkorr.]. $[\alpha]_D$: –338° [$CHCl_3$; c = 1]. λ_{max} (Me.): 278 nm.

17,21-Diacetoxy-pregna-3,5-dien-7,20-dion $C_{25}H_{32}O_6$, Formel IX (R = CO-CH_3).

B. Aus 3β,17,21-Triacetoxy-pregn-5-en-7,20-dion beim Erhitzen mit Toluol-4-sulfonsäure in Essigsäure (*Marshall et al.*, Am. Soc. **79** [1957] 6308, 6313).

Kristalle (aus Me.); F: 241–242° [unkorr.]. $[\alpha]_D$: –313° [$CHCl_3$; c = 1]. λ_{max} (Me.): 278,5 nm.

9-Fluor-11β,17-dihydroxy-pregna-4,6-dien-3,20-dion $C_{21}H_{27}FO_4$, Formel X.

B. Aus 9-Fluor-11β,17-dihydroxy-21-methansulfonyloxy-pregna-4,6-dien-3,20-dion mit Hilfe von NaI in Essigsäure (*Fried et al.*, Am. Soc. **77** [1955] 4181).

F: 294–296°. $[\alpha]_D^{23}$: +112° [Dioxan]. λ_{max} (A.): 281 nm.

14,15β-Dihydroxy-pregna-4,6-dien-3,20-dion $C_{21}H_{28}O_4$, Formel XI.

B. Aus 7β-Acetoxy-14,15β-dihydroxy-pregn-4-en-3,20-dion beim Erwärmen mit wss.-methanol. $KHCO_3$ (*Tsuda et al.*, Chem. pharm. Bl. **7** [1959] 369, 371).

Kristalle (aus Acn.); F: 266–268° [unkorr.]. λ_{max} (Me.): 284,5 nm.

17,21-Dihydroxy-pregna-4,6-dien-3,20-dion $C_{21}H_{28}O_4$, Formel XII (R = R′ = X = H).

B. Aus 7β,17,21-Trihydroxy-pregn-4-en-3,20-dion beim Erwärmen mit H_2SO_4 in Methanol (*Bernstein et al.*, J. org. Chem. **24** [1959] 286, 288).

Kristalle (aus Acn.+PAe.); F: 225–228° [unkorr.]. $[\alpha]_D^{24-25}$: +88° [$CHCl_3$; c = 0,6]. λ_{max} (A.): 283,5 nm.

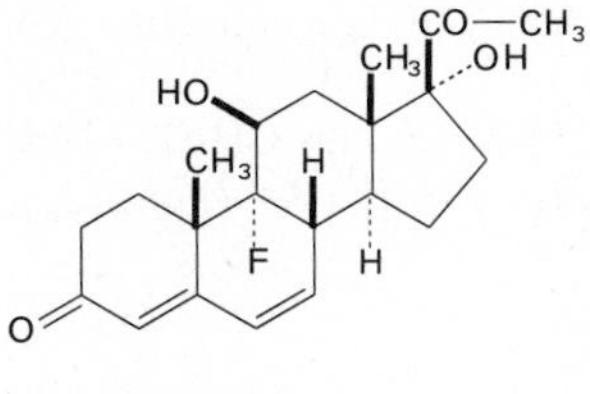

X 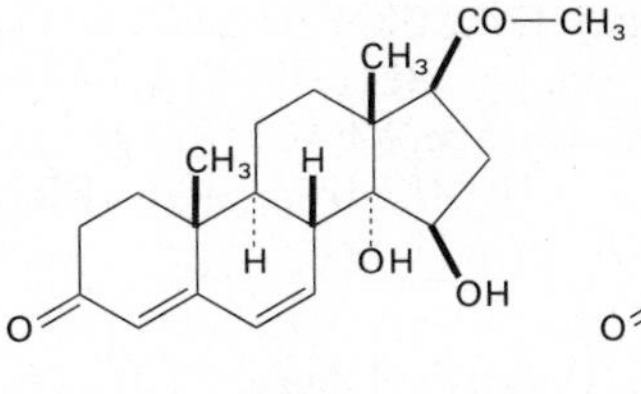 XI 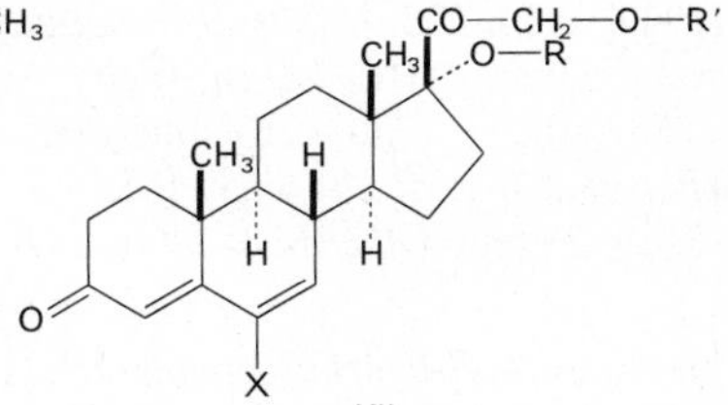 XII

21-Acetoxy-17-hydroxy-pregna-4,6-dien-3,20-dion $C_{23}H_{30}O_5$, Formel XII (R = X = H, R′ = CO-CH_3).

B. Aus 21-Acetoxy-7*β*,17-dihydroxy-pregn-4-en-3,20-dion beim Erwärmen mit Äthylenglykol und Toluol-4-sulfonsäure in Benzol (*Bernstein et al.*, J. org. Chem. **24** [1959] 286, 289). Aus 21-Acetoxy-17-hydroxy-pregn-4-en-3,20-dion mit Hilfe von Tetrachlor-[1,4]benzochinon (*Agnello, Laubach*, Am. Soc. **79** [1957] 1257). Aus 21-Acetoxy-3*β*,17-dihydroxy-pregn-5-en-20-on beim Behandeln mit MnO_2 in Benzol (*Sondheimer et al.*, Am. Soc. **75** [1953] 5932, 5934). Aus 21-Acetoxy-6*ξ*-brom-17-hydroxy-pregn-4-en-3,20-dion beim Erhitzen mit 2,4,6-Trimethyl-pyridin (*So. et al.*).

Kristalle; F: 223,5–224,5° [unkorr.; aus Acn. + PAe.] (*Be. et al.*), 221,4–223,7° (*Ag., La.*), 220–222° [unkorr.; aus Acn. + Ae.] (*So. et al.*). $[\alpha]_D^{20}$: +104° [$CHCl_3$] (*So. et al.*); $[\alpha]_D^{25}$: +112° [$CHCl_3$] (*Ag., La.*). IR-Spektrum ($CHCl_3$; 1800–850 cm^{-1}): *G. Roberts, B.S. Gallagher, R.N. Jones,* Infrared Absorption Spectra of Steroids, Bd. 2 [New York 1958] Nr. 640. λ_{max} (A.): 283 nm (*Ag., La.*; *Be. et al.*), 284 nm (*So. et al.*).

17,21-Diacetoxy-pregna-4,6-dien-3,20-dion $C_{25}H_{32}O_6$, Formel XII (R = R′ = CO-CH_3, X = H).

F: 210–212° [unkorr.] (*Bowers*, Am. Soc. **81** [1959] 4107). $[\alpha]_D$: +20° [$CHCl_3$]. λ_{max} (A.): 284 nm.

17,21-Diacetoxy-6-chlor-pregna-4,6-dien-3,20-dion $C_{25}H_{31}ClO_6$, Formel XII (R = R′ = CO-CH_3, X = Cl).

B. Aus 17,21-Diacetoxy-6*α*-chlor-pregn-4-en-3,20-dion mit Hilfe von Tetrachlor-[1,4]benzo= chinon (*Ringold et al.*, Am. Soc. **81** [1959] 3485).

F: 248–250°. $[\alpha]_D$: +37° [$CHCl_3$]. λ_{max} (A.): 285 nm.

17,21-Dihydroxy-pregna-4,7-dien-3,20-dion $C_{21}H_{28}O_4$, Formel XIII.

B. Aus 3,3;20,20-Bis-äthandiyldioxy-pregna-5,7-dien-17,21-diol mit Hilfe von wss.-methanol. H_2SO_4 (*Antonucci et al.*, Am. Soc. **76** [1954] 2956, 2958).

Kristalle (aus Acn. + PAe.); F: 219–222° [unkorr.; nach Sintern und Braunfärbung]. $[\alpha]_D^{24}$: +34° [$CHCl_3$; c = 1]. λ_{max} (A.): 238–239 nm.

O[21]-Acetyl-Derivat $C_{23}H_{30}O_5$; 21-Acetoxy-17-hydroxy-pregna-4,7-dien-3,20-dion. Kristalle (aus Acn. + PAe.); F: 206–211° [nach Sintern]. $[\alpha]_D^{24}$: +76° [$CHCl_3$; c = 0,6]. λ_{max} (A.): 238–239 nm.

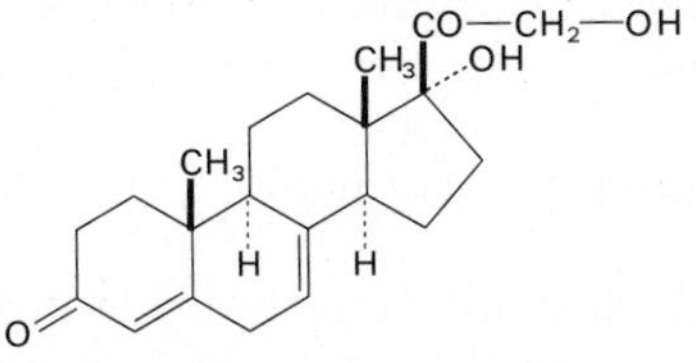

XIII 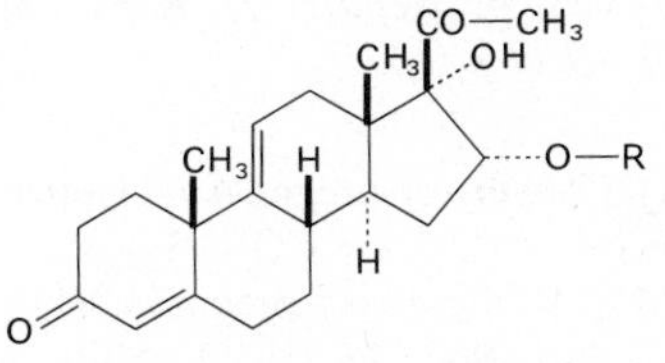 XIV

16*α*,17-Dihydroxy-pregna-4,9(11)-dien-3,20-dion $C_{21}H_{28}O_4$, Formel XIV (R = H).

B. Aus Pregna-4,9(11),16-trien-3,20-dion mit Hilfe von OsO_4 (*Bernstein et al.*, Am. Soc. **81**

[1959] 4956, 4959). Aus 16α-Acetoxy-17-hydroxy-pregna-4,9(11)-dien-3,20-dion mit Hilfe von wss.-methanol. HCl (*Allen, Weiss,* Am. Soc. **81** [1959] 4968, 4974).

Kristalle; F: 220–223° [unkorr.; aus Acn.+PAe.] (*Al., We.*), 215–220° [aus $CHCl_3$+Me.] (*Be. et al.*). $[\alpha]_D^{25}$: +68,5° [Me.; c = 1] (*Al., We.*), +76° [$CHCl_3$; c = 1] (*Be. et al.*). λ_{max} (Me.): 239 nm (*Al., We.*), 240 nm (*Be. et al.*).

16-Acetoxy-17-hydroxy-pregna-4,9(11)-dien-3,20-dione $C_{23}H_{30}O_5$.

a) **16β-Acetoxy-17-hydroxy-pregna-4,9(11)-dien-3,20-dion,** Formel XV.

B. Aus 16α,17-Epoxy-pregna-4,9(11)-dien-3,20-dion beim Erhitzen mit Essigsäure und Natriumacetat (*Searle & Co.,* U.S.P. 2889344 [1957]).

Kristalle (aus Acn.); F: 221–223°.

b) **16α-Acetoxy-17-hydroxy-pregna-4,9(11)-dien-3,20-dion,** Formel XIV (R = CO-CH_3).

B. Aus 3,17-Diacetoxy-16β-brom-pregna-3,5,9(11)-trien-20-on beim Erhitzen mit Natriumacetat in Essigsäure (*Allen, Weiss,* Am. Soc. **81** [1959] 4968, 4973). Aus 16β-Brom-17-hydroxy-11α-methansulfonyloxy-pregn-4-en-3,20-dion beim Behandeln mit Acetanhydrid in CH_2Cl_2 in Gegenwart von Toluol-4-sulfonsäure und Erhitzen des Reaktionsprodukts mit Natriumacetat in Essigsäure (*Al., We.*). Aus 16α,17-Dihydroxy-pregna-4,9(11)-dien-3,20-dion und Acetanhydrid in Pyridin (*Bernstein et al.,* Am. Soc. **81** [1959] 4956, 4960).

Kristalle (aus Bzl.+PAe.); F: 183–188° (*Be. et al.*). Kristalle (aus CH_2Cl_2+PAe.) mit 0,25 Mol CH_2Cl_2; F: 170–180° (*Al., We.*). Kristalle (aus Acn.+PAe.) mit 1 Mol Aceton; F: 179–180° [unkorr.] (*Al., We.*). $[\alpha]_D^{25}$: +36,8° [$CHCl_3$; c = 0,6] (*Al., We.*), +35,7° [$CHCl_3$; c = 1] (*Be. et al.*). λ_{max} (Me.): 238 nm (*Be. et al.*), 240 nm (*Al., We.*).

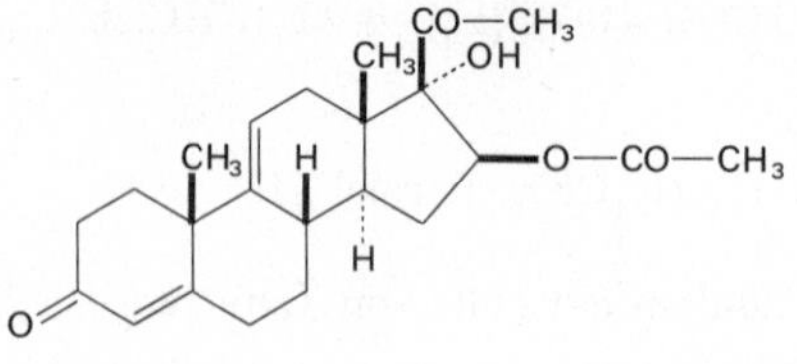

XV

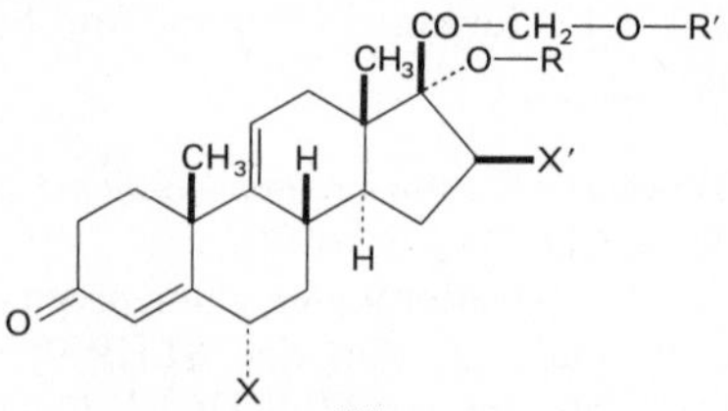

XVI

17,21-Dihydroxy-pregna-4,9(11)-dien-3,20-dion $C_{21}H_{28}O_4$, Formel XVI (R = R′ = X = X′ = H).

B. Aus 21-Acetoxy-3,3;20,20-bis-äthandiyldioxy-pregna-5,9(11)-dien-17-ol beim Behandeln mit wss.-äthanol. H_2SO_4 (*Bernstein et al.,* Am. Soc. **75** [1953] 4830). Aus 21-Acetoxy-17-hydroxy-pregna-4,9(11)-dien-3,20-dion beim Behandeln mit K_2CO_3 in Methanol (*Fried, Sabo,* Am. Soc. **79** [1957] 1130, 1135).

Kristalle; F: 259–260° [unkorr.; Zers.; aus Acn.+PAe.] (*Be. et al.*), 247–250° [korr.; Zers.; aus A.] (*Fr., Sabo*). $[\alpha]_D^{23}$: +88° [Py.; c = 0,6] (*Be. et al.*), +103° [Dioxan; c = 0,3] (*Fr., Sabo*). ^{1}H-NMR-Absorption: *Shoolery, Rogers,* Am. Soc. **80** [1958] 5121, 5122. IR-Spektrum (KBr; 2–15 μ): *W. Neudert, H. Röpke,* Steroid-Spektrenatlas [Berlin 1965] Nr. 563. λ_{max} (A.): 239 nm (*Fr., Sabo*).

21-Acetoxy-17-hydroxy-pregna-4,9(11)-dien-3,20-dion $C_{23}H_{30}O_5$, Formel XVI (R = X = X′ = H, R′ = CO-CH_3).

B. Aus 17,21-Dihydroxy-pregna-4,9(11)-dien-3,20-dion und Acetanhydrid in Pyridin (*Bernstein et al.,* Am. Soc. **75** [1953] 4830). Aus 21-Acetoxy-17-hydroxy-11α-methansulfonyloxy-pregn-4-en-3,20-dion beim Erhitzen mit Natriumacetat in Essigsäure (*Fried, Sabo,* Am. Soc. **79** [1957] 1130, 1135). Aus 21-Acetoxy-4ξ-brom-17-hydroxy-pregn-9(11)-en-3,20-dion bei der aufeinanderfolgenden Umsetzung mit Semicarbazid und mit Brenztraubensäure (*Graber et al.,* Am. Soc. **75** [1953] 4722). Aus 21-Acetoxy-16β-brom-17-hydroxy-pregna-4,9(11)-dien-3,20-dion mit Hilfe von Raney-Nickel (*Barkley et al.*, Am. Soc. **76** [1954] 5017).

Kristalle; F: 239,5–241° [unkorr.; aus Acn.+Ae.] (*Be. et al.*), 236–237° [korr.; aus E.] (*Fr., Sabo*), 231,5–234,5° [aus $CHCl_3$+Ae.] (*Gr. et al.*). $[\alpha]_D^{22}$: +124° [$CHCl_3$; c = 1] (*Gr. et al.*); $[\alpha]_D^{23}$: +120° [$CHCl_3$; c = 0,5] (*Be. et al.*); $[\alpha]_D^{26}$: +120° [$CHCl_3$; c = 1] (*Fr., Sabo*). IR-Spektrum ($CHCl_3$; 1800–850 cm^{-1}): *K. Dobriner, E.R. Katzenellenbogen, R.N. Jones,* Infrared Absorption Spectra of Steroids [New York 1953] Nr. 216; *G. Roberts, B.S. Gallagher, R.N. Jones,* Infrared Absorption Spectra of Steroids, Bd. 2 [New York 1958] Nr. 721. IR-Spektrum (KBr; 2–15 μ): *W. Neudert, H. Röpke,* Steroid-Spektrenatlas [Berlin 1965] Nr. 564. λ_{max}: 240 nm [Me.] (*Gr. et al.*), 238 nm [A.] (*Fr., Sabo*).

21-Acetoxy-17-formyloxy-pregna-4,9(11)-dien-3,20-dion $C_{24}H_{30}O_6$, Formel XVI (R = CHO, R′ = CO-CH_3, X = X′ = H).

B. Aus 21-Acetoxy-17-hydroxy-11α-[toluol-4-sulfonyloxy]-pregn-4-en-3,20-dion beim Erhitzen mit Natriumformiat und Ameisensäure (*Fried, Sabo,* Am. Soc. **79** [1957] 1130, 1135).

Kristalle (aus Acn.); F: 215–216° [korr.]. $[\alpha]_D^{23}$: +41° [$CHCl_3$; c = 1,1]. λ_{max} (A.): 238 nm.

21-Acetoxy-6α-fluor-17-hydroxy-pregna-4,9(11)-dien-3,20-dion $C_{23}H_{29}FO_5$, Formel XVI (R = X′ = H, R′ = CO-CH_3, X = F).

B. Aus 21-Acetoxy-6α-fluor-11β,17-dihydroxy-pregn-4-en-3,20-dion beim Behandeln mit *N*-Brom-acetamid in Pyridin (*Upjohn Co.*, U.S.P. 2838498 [1957]) oder beim Erwärmen mit Methansulfonylchlorid in DMF und Pyridin (*Bowers et al.*, Tetrahedron **7** [1959] 153, 161).

Kristalle (aus Acn.); F: 222–224° [unkorr.] (*Bo. et al.*), 220–222° (*Upjohn Co.*). $[\alpha]_D$: +73° [Acn.] (*Upjohn Co.*), +71° [$CHCl_3$] (*Bo. et al.*). λ_{max} (A.): 234–236 nm (*Bo. et al.*).

17,21-Diacetoxy-6α-fluor-pregna-4,9(11)-dien-3,20-dion $C_{25}H_{31}FO_6$, Formel XVI (R = R′ = CO-CH_3, X = F, X′ = H).

B. Aus 3,17,21-Triacetoxy-pregna-3,5,9(11)-trien-20-on beim aufeinanderfolgenden Behandeln mit ClO_3F und mit HCl (*Bloom et al.*, Chem. and Ind. **1959** 1317).

Zers. bei 221°. $[\alpha]_D^{27}$: +21° [Dioxan]. λ_{max} (A.): 234 nm.

21-Acetoxy-16β-brom-17-hydroxy-pregna-4,9(11)-dien-3,20-dion $C_{23}H_{29}BrO_5$, Formel XVI (R = X = H, R′ = CO-CH_3, X′ = Br).

B. Aus 21-Acetoxy-16α,17-epoxy-pregna-4,9(11)-dien-3,20-dion beim Behandeln mit HBr (*Barkley et al.*, Am. Soc. **76** [1954] 5017).

F: 146–147° [Zers.].

11β,17-Dihydroxy-pregna-4,14-dien-3,20-dion $C_{21}H_{28}O_4$, Formel I.

B. Aus 11β,14,17-Trihydroxy-pregn-4-en-3,20-dion beim Erwärmen mit Toluol-4-sulfonsäure in Benzol (*Pfizer & Co.*, D.B.P. 1017608 [1955]).

F: 172–174°. $[\alpha]_D$: +90,5° [Dioxan]. λ_{max} (A.): 242 nm.

17,21-Dihydroxy-pregna-4,14-dien-3,20-dion $C_{21}H_{28}O_4$, Formel II (R = H).

B. Aus 21-Acetoxy-17-hydroxy-pregna-4,14-dien-3,20-dion beim Behandeln mit methanol. K_2CO_3 (*Bloom et al.*, Experientia **12** [1956] 27, 29).

F: 196,6–198,8° (*Bl. et al.*), 186–188° [unkorr.] (*Bernstein et al.*, Chem. and Ind. **1956** 111). $[\alpha]_D^{24}$: +84° [$CHCl_3$] (*Be. et al.*); $[\alpha]_D$: +52° [Dioxan] (*Bl. et al.*). λ_{max} (A.): 240 nm (*Bl. et al.*).

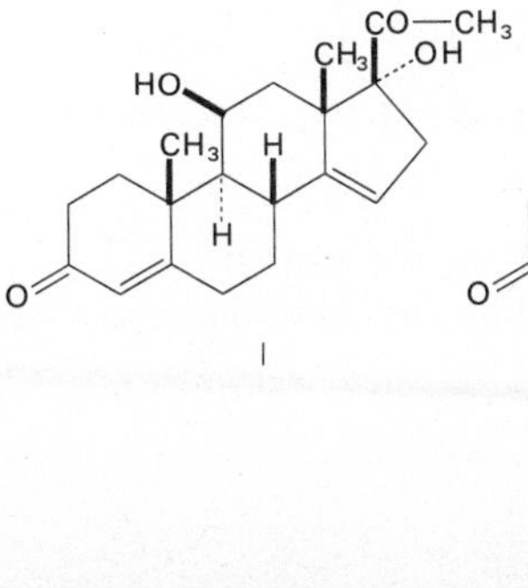

I

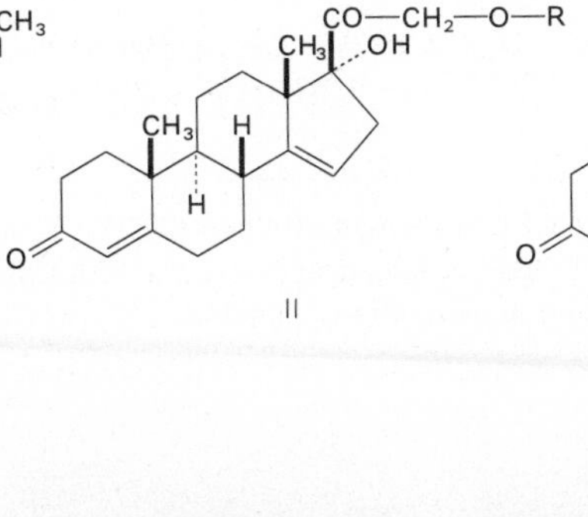

II

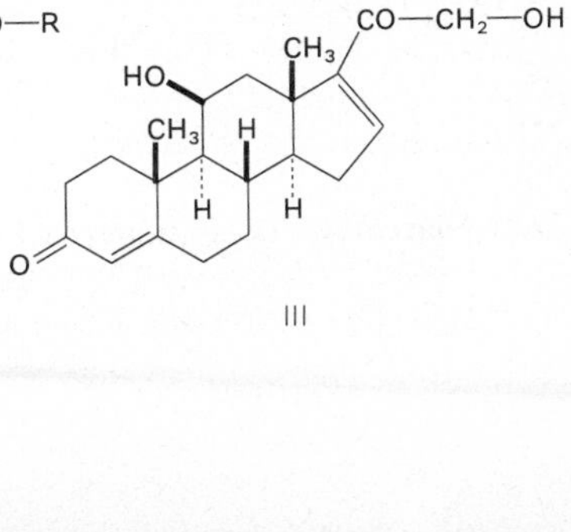

III

21-Acetoxy-17-hydroxy-pregna-4,14-dien-3,20-dion $C_{23}H_{30}O_5$, Formel II (R = $CO\text{-}CH_3$).

B. Aus 14,17,21-Trihydroxy-pregn-4-en-3,20-dion beim aufeinanderfolgenden Behandeln mit Acetanhydrid in Pyridin und mit Toluol-4-sulfonsäure in Benzol (*Bloom et al.*, Experientia **12** [1956] 27, 28). Aus 21-Acetoxy-17-hydroxy-15β-methansulfonyloxy-pregn-4-en-3,20-dion beim Behandeln mit Natriumacetat in Essigsäure (*Bernstein et al.*, Chem. and Ind. **1956** 111).

F: 201,4–202,8° (*Bl. et al.*), 187–188° (*Be. et al.*). $[\alpha]_D^{25}$: +104° [$CHCl_3$] (*Be. et al.*); $[\alpha]_D$: +75° [Dioxan] (*Bl. et al.*). IR-Spektrum (KBr; 2–15 µ): *W. Neudert, H. Röpke*, Steroid-Spektrenatlas [Berlin 1965] Nr. 566. λ_{max} (A.): 240 nm (*Bl. et al.*).

11β,21-Dihydroxy-pregna-4,16-dien-3,20-dion $C_{21}H_{28}O_4$, Formel III.

B. Aus 21-Acetoxy-pregna-4,16-dien-3,11,20-trion bei der aufeinanderfolgenden Umsetzung mit Semicarbazid, mit $LiBH_4$ und mit Brenztraubensäure (*Slates, Wendler*, J. org. Chem. **22** [1957] 498). Aus 3,3;20,20-Bis-äthandiyldioxy-pregna-5,16-dien-11β,21-diol beim Behandeln mit wss.-methanol. H_2SO_4 oder mit wss. Essigsäure in Methanol (*Allen, Bernstein*, Am. Soc. **77** [1955] 1028, 1032).

Kristalle (aus Acn.+PAe.); F: 159–161° (*Sl., We.*), 158–160° [unkorr.] (*Al., Be.*). $[\alpha]_D^{24}$: +200° [$CHCl_3$; c = 0,5] (*Al., Be.*). λ_{max}: 241–242 nm [A.] (*Al., Be.*), 241 nm [Me.] (*Sl., We.*).

O^{21}-Acetyl-Derivat $C_{23}H_{30}O_5$; 21-Acetoxy-11β-hydroxy-pregna-4,16-dien-3,20-dion. Kristalle (aus Acn.+PAe.+Ae.); F: 148–149° [unkorr.]; $[\alpha]_D^{24}$: +191° [$CHCl_3$; c = 0,8]; λ_{max} (A.): 240,5 nm (*Al., Be.*).

2α,3β-Diacetoxy-pregna-5,16-dien-12,20-dion $C_{25}H_{32}O_6$, Formel IV.

B. Aus Tri-*O*-acetyl-pseudokammogenin (E III/IV **18** 2559) bei der aufeinanderfolgenden Umsetzung mit CrO_3, mit wss.-methanol. $KHCO_3$ und mit Acetanhydrid (*Moore, Wittle*, Am. Soc. **74** [1952] 6287).

Kristalle (aus Ae.); F: 242–244° [korr.]. $[\alpha]_D^{25}$: −1,2° [$CHCl_3$]. λ_{max} (A.): 225 nm.

IV

V

21-Acetoxy-17-hydroxy-5β-pregna-8,14-dien-3,20-dion $C_{23}H_{30}O_5$, Formel V.

B. Aus 21-Acetoxy-17-hydroxy-5β-pregna-8(14),9(11)-dien-3,20-dion beim Behandeln mit HCl in $CHCl_3$ (*Wendler et al.*, Am. Soc. **79** [1957] 4476, 4485).

Kristalle (aus Acn.+Hexan); F: 210–214° [unkorr.]. $[\alpha]_D^{23}$: −26,2° [$CHCl_3$; c = 1]. λ_{max} (Me.): 246 nm.

21-Acetoxy-17-hydroxy-5β-pregna-8(14),9(11)-dien-3,20-dion $C_{23}H_{30}O_5$, Formel VI.

B. Aus 21-Acetoxy-17-hydroxy-11β-methansulfonyloxy-5β-pregn-8(14)-en-3,20-dion beim Erhitzen mit Pyridin (*Wendler et al.*, Am. Soc. **79** [1957] 4476, 4485; *Fried, Sabo*, Am. Soc. **79** [1957] 1130, 1141).

Kristalle; F: 183–184° [korr.; aus A.] (*Fr., Sabo*), 180–185° (*We. et al.*). $[\alpha]_D^{23}$: +126° [$CHCl_3$; c = 0,9] (*Fr., Sabo*); $[\alpha]_D^{24}$: +79° [$CHCl_3$; c = 1] (*We. et al.*). λ_{max} (Me. bzw. A.): 271 nm (*We. et al.*; *Fr., Sabo*).

3α,21-Diacetoxy-12α-brom-pregna-14,16-dien-11,20-dion $C_{25}H_{31}BrO_6$, Formel VII.

B. Aus 3α,21-Diacetoxy-12α-brom-15ξ-jod-pregn-16-en-11,20-dion mit Hilfe von Silberacetat oder AgO (*Colton, Kendall*, J. biol. Chem. **194** [1952] 247, 257).

Kristalle (aus Ae. + PAe.); F: 146–147°. $[\alpha]_D$: +280° [$CHCl_3$; c = 1]. λ_{max} (Ae.): 305 nm.
[*Eigen-Schlosser*]

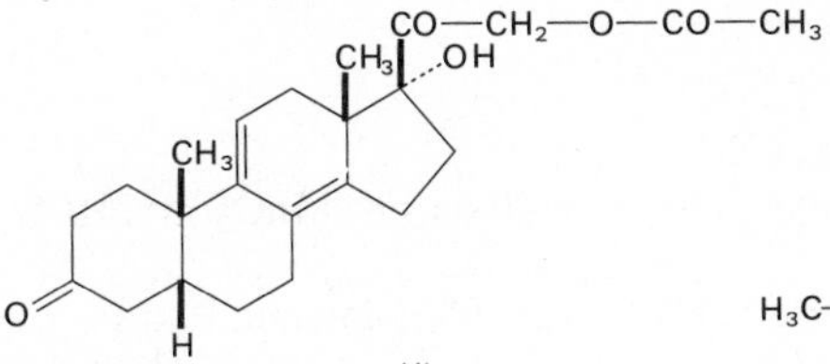

4β,21-Dibrom-17-hydroxy-5β-pregn-1-en-3,11,20-trion $C_{21}H_{26}Br_2O_4$, Formel VIII.

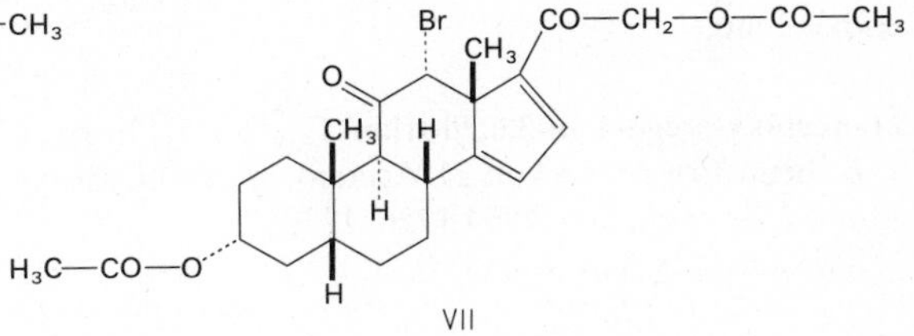

B. Beim Erwärmen von 2α,4β,21-Tribrom-17-hydroxy-5β-pregnan-3,11,20-trion mit LiBr und Li_2CO_3 in DMF (*Joly, Warnant*, Bl. **1958** 367).

F: 130°. $[\alpha]_D$: +162° [Acn.; c = 1].

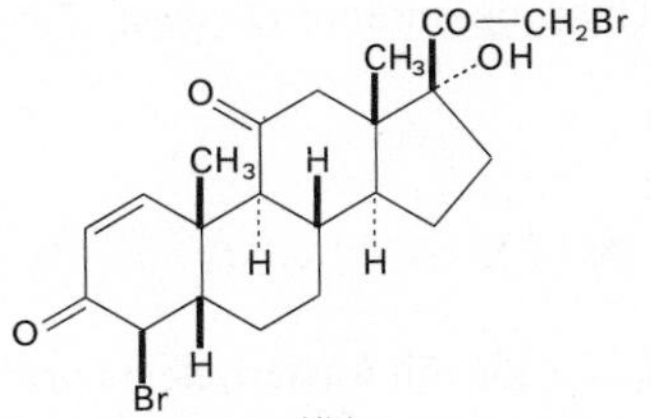

21-Pivaloyloxy-pregn-4-en-2,3,20-trion $C_{26}H_{36}O_5$, Formel IX und Taut.

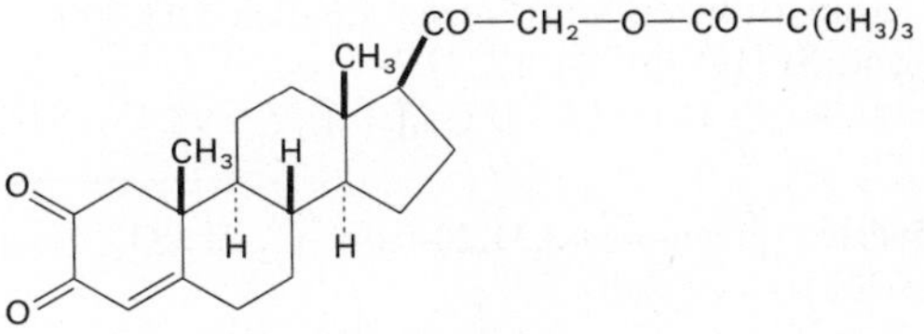

Nach Ausweis des UV-Spektrums liegt in methanol. Lösung 2-Hydroxy-21-pivaloyloxy-pregna-1,4-dien-3,20-dion vor (*Baran*, Am. Soc. **80** [1958] 1687, 1688).

B. Beim Erhitzen von 2α-Hydroxy-21-pivaloyloxy-pregn-4-en-3,20-dion mit Bi_2O_3 in Essigsäure (*Ba.*, l. c. S. 1690).

Kristalle (aus Acn. + PAe.); F: 225–226° [korr.]. $[\alpha]_D$: +90° [Dioxan]. λ_{max} (Me.): 253,5 nm.

9-Hydroxy-pregn-4-en-3,6,20-trion $C_{21}H_{28}O_4$, Formel X (X = OH, X′ = H).

B. Aus 6β,9-Dihydroxy-pregn-4-en-3,20-dion mit Hilfe von CrO_3 (*Olin Mathieson Chem. Corp.*, U.S.P. 2840579 [1957]).

F: 200–201°. $[\alpha]_D^{23}$: −11° [$CHCl_3$; c = 0,5]. λ_{max} (A.): 255 nm.

14-Hydroxy-pregn-4-en-3,6,20-trion $C_{21}H_{28}O_4$, Formel X (X = H, X′ = OH).

B. Aus 6β,14-Dihydroxy-pregn-4-en-3,20-dion mit Hilfe von CrO_3 und Essigsäure (*Camerino et al.*, G. **83** [1953] 684, 690; *Tanabe et al.*, Chem. pharm. Bl. **7** [1959] 811, 816).

Kristalle (aus Me.); F: 203–205° (*Ca. et al.*), 198–203° (*Ta. et al.*). $[\alpha]_D^{20}$: +77° [Dioxan; c = 1] (*Ca. et al.*); $[\alpha]_D^{27}$: +85,7° [$CHCl_3$; c = 0,2] (*Ta. et al.*). λ_{max} (A.): 251 nm (*Ca. et al.*; *Ta. et al.*).

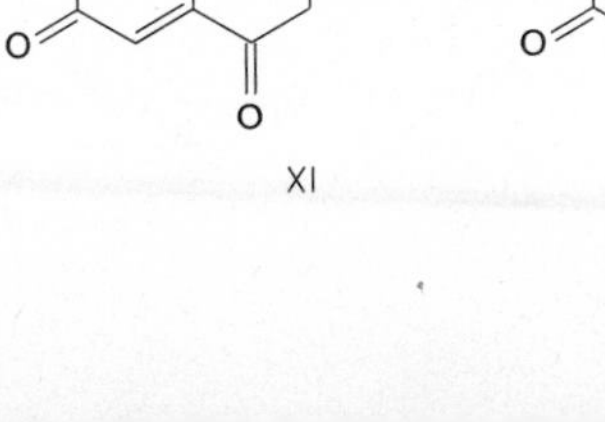

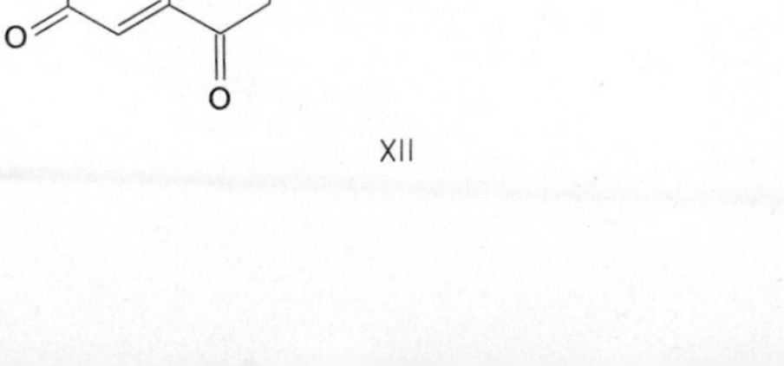

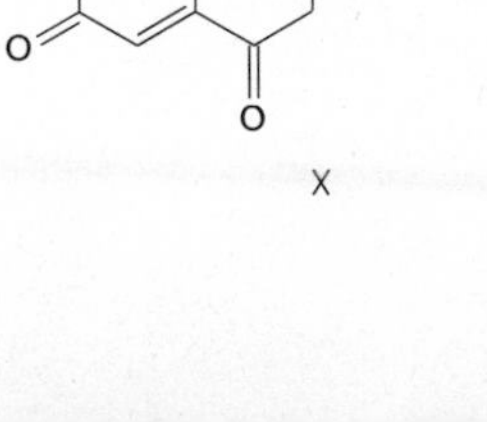

17-Hydroxy-pregn-4-en-3,6,20-trion $C_{21}H_{28}O_4$, Formel XI.

B. Aus 6β,17-Dihydroxy-pregn-4-en-3,20-dion mit Hilfe von CrO_3 und Essigsäure (*Meister et al.*, Am. Soc. **75** [1953] 416).

Kristalle (aus Me.); F: 242–245° [unkorr.]. $[\alpha]_D^{23}$: –62° [$CHCl_3$; c = 0,55]. λ_{max} (A.): 248 nm und 312 nm.

21-Acetoxy-pregn-4-en-3,6,20-trion $C_{23}H_{30}O_5$, Formel XII.

B. Beim Erwärmen von 21-Acetoxy-3β,6β-dihydroxy-pregn-4-en-20-on mit MnO_2 in $CHCl_3$ (*Amendolla et al.*, Soc. **1954** 1226, 1230).

Kristalle (aus Acn. + Ae.); F: 138–139°. $[\alpha]_D^{20}$: +36° [$CHCl_3$]. λ_{max} (A.): 250 nm.

2α-Hydroxy-pregn-4-en-3,11,20-trion $C_{21}H_{28}O_4$, Formel XIII.

B. Aus 4β,5-Epoxy-5β-pregnan-3,11,20-trion beim Behandeln mit H_2SO_4 in Aceton (*Camerino et al.*, Farmaco Ed. scient. **11** [1956] 598, 601).

Kristalle; F: 200–202°. $[\alpha]_D^{20}$: +279° [$CHCl_3$; c = 1]. λ_{max} (A.): 239 nm.

7α-Propionylmercapto-pregn-4-en-3,11,20-trion $C_{24}H_{32}O_4S$, Formel XIV.

B. Beim Erhitzen von Pregna-4,6-dien-3,11,20-trion mit Thiopropionsäure (*Dodson, Tweit*, Am. Soc. **81** [1959] 1224, 1227).

Kristalle; F: 153–155° [Zers.]. $[\alpha]_D^{25}$: +95,4° [$CHCl_3$].

17-Hydroxy-pregn-4-en-3,11,20-trion $C_{21}H_{28}O_4$, Formel XV (X = X′ = X″ = H) (E III 3623).

B. Beim Erhitzen von 4β-Brom-17-hydroxy-5β-pregnan-3,11,20-trion mit wasserfreiem Pyridin (*Kritchevsky et al.*, Am. Soc. **74** [1952] 483, 485). Aus 4β-Chlor-17-hydroxy-5β-pregnan-3,11,20-trion beim Behandeln mit wss. Semicarbazid-hydrochlorid und Natriumacetat und anschliessend mit Brenztraubensäure (*Levin et al.*, Am. Soc. **76** [1954] 548, 551). Bei der Oxidation von 11α,17-Dihydroxy-pregn-4-en-3,20-dion mit CrO_3 und Essigsäure (*Meister et al.*, Am. Soc. **75** [1953] 416; *Fried et al.*, Am. Soc. **74** [1952] 3962). Bei der Oxidation von 3β,11α,17-Trihydroxy-pregn-5-en-20-on mit CrO_3 und H_2SO_4 in Aceton und Isomerisierung des Reaktionsprodukts mit HCl und Essigsäure (*Halpern, Djerassi*, Am. Soc. **81** [1959] 439). Beim Behandeln von 16β-Jod-17-hydroxy-pregn-4-en-3,11,20-trion mit Raney-Nickel in Äthanol (*Ercoli et al.*, G. **85** [1955] 628, 638; s. a. *Huang-Minlon et al.*, Acta chim. sinica **25** [1959] 295, 299; C. A. **1960** 17470). Beim Behandeln von 17,21-Dihydroxy-pregn-4-en-3,11,20-trion mit Toluol-4-sulfonylchlorid bzw. Methansulfonylchlorid in Pyridin und Erwärmen des Reaktionsprodukts mit NaI und Essigsäure (*Bowers, Ringold*, Am. Soc. **80** [1958] 3091; *Bernstein et al.*, Am. Soc. **81** [1959] 4956, 4958).

F: 238,5–239,5° [unkorr.; aus Acn. + Ae.] (*Me. et al.*), 237,5–239,5° [aus $CHCl_3$ + E.] (*Be. et al.*). $[\alpha]_D^{20}$: +185° [$CHCl_3$; c = 0,85] (*Er. et al.*); $[\alpha]_D^{23}$: +181° [$CHCl_3$; c = 0,7] (*Me. et al.*); $[\alpha]_D^{25}$: +189° [$CHCl_3$; c = 1] (*Be. et al.*). IR-Spektrum in KBr (4000–700 cm^{-1}): *G. Roberts, B.S. Gallagher, R.N. Jones*, Infrared Absorption Spectra of Steroids, Bd. 2 [New York 1958] Nr. 626; in $CHCl_3$ (1800–800 cm^{-1}): *K. Dobriner, E.R. Katzenellenbogen, R.N. Jones*, Infrared Absorption Spectra of Steroids [New York 1953] Nr. 224; in $CHCl_3$ (1500–1300 cm^{-1}): *G. Roberts, B.S. Gallagher, R.N. Jones*, Infrared Absorption Spectra of Steroids, Bd. 2 [New York 1958] Nr. 728. λ_{max} (A. bzw. Me.): 239 nm (*Me. et al.*; *Be. et al.*).

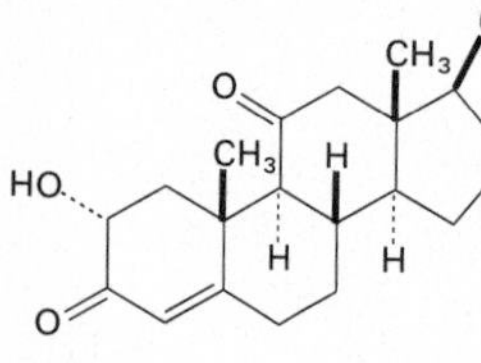

XIII

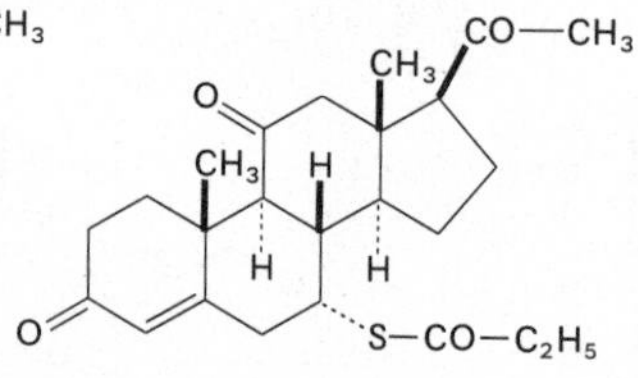

XIV

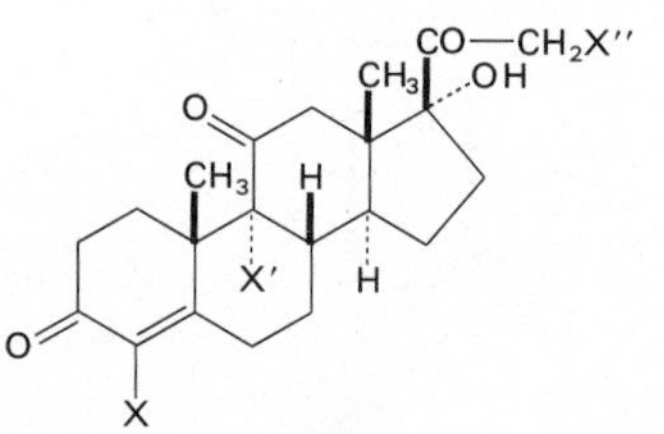

XV

9-Fluor-17-hydroxy-pregn-4-en-3,11,20-trion $C_{21}H_{27}FO_4$, Formel XV (X = X″ = H, X′ = F).

B. Bei der Oxidation von 9-Fluor-11*β*,17-dihydroxy-pregn-4-en-3,20-dion mit CrO_3 und Essigsäure (*Fried et al.*, Am. Soc. **77** [1955] 1068).

Kristalle; F: 252–255°; $[\alpha]_D$: +145° [Dioxan] (*Fr. et al.*).

Acetyl-Derivat $C_{23}H_{29}FO_5$; 17-Acetoxy-9-fluor-pregn-4-en-3,11,20-trion. *B.* Aus 17-Acetoxy-9-fluor-11*β*-hydroxy-pregn-4-en-3,20-dion bei der Oxidation mit CrO_3 in Pyridin (*Bergstrom et al.*, Am. Soc. **81** [1959] 4432). – Kristalle; F: 256–258°; $[\alpha]_D$: +112° [$CHCl_3$]; λ_{max} (Me.): 235 nm (*Be. et al.*).

21-Fluor-17-hydroxy-pregn-4-en-3,11,20-trion $C_{21}H_{27}FO_4$, Formel XV (X = X′ = H, X″ = F).

B. Beim Behandeln von 17-Hydroxy-21-jod-pregn-4-en-3,11,20-trion mit wss. AgF in Acetonitril (*Tannhauser et al.*, Am. Soc. **78** [1956] 2658).

F: 249–252°. $[\alpha]_D^{25}$: +245° [$CHCl_3$].

9-Chlor-17-hydroxy-pregn-4-en-3,11,20-trion $C_{21}H_{27}ClO_4$, Formel XV (X = X″ = H, X′ = Cl).

B. Bei der Oxidation von 9-Chlor-11*β*,17-dihydroxy-pregn-4-en-3,20-dion mit CrO_3 und Essigsäure (*Fried et al.*, Am. Soc. **77** [1955] 1068; *Olin Mathieson Chem. Corp.*, U.S.P. 2852511 [1954]).

Kristalle (aus Acn.+$CHCl_3$+Hexan); F: 260–261° [Zers.] (*Olin Mathieson*). $[\alpha]_D^{23}$: +177° [$CHCl_3$; c = 0,2] (*Olin Mathieson*); $[\alpha]_D$: +223° [Dioxan] (*Fr. et al.*).

21-Chlor-17-hydroxy-pregn-4-en-3,11,20-trion $C_{21}H_{27}ClO_4$, Formel XV (X = X′ = H, X″ = Cl).

B. Beim Behandeln von 17,21-Dihydroxy-pregn-4-en-3,11,20-trion mit Toluol-4-sulfonylchlorid und Pyridin (*Leanza et al.*, Am. Soc. **76** [1954] 1691, 1693) oder mit Benzolsulfonylchlorid und 2,4,6-Trimethyl-pyridin (*Searle & Co.*, U.S.P. 2793207 [1954]). Beim Erwärmen von 17-Hydroxy-21-[toluol-4-sulfonyloxy]-pregn-4-en-3,11,20-trion mit $CaCl_2$ oder NH_4Cl in Äthanol (*Borrevang*, Acta chem. scand. **9** [1955] 587, 593).

Kristalle; F: 282–284° [unkorr.; Zers.; aus A.] (*Bo.*), 258–263° [Zers.; aus Dioxan] (*Searle & Co.*), 243–245° [Zers.] (*Le. et al.*). λ_{max} (Me.+Dioxan): 238 nm (*Searle & Co.*).

4-Chlor-9-fluor-17-hydroxy-pregn-4-en-3,11,20-trion $C_{21}H_{26}ClFO_4$, Formel XV (X = Cl, X′ = F, X″ = H).

B. Bei der Oxidation von 4-Chlor-9-fluor-11*β*,17-dihydroxy-pregn-4-en-3,20-dion mit CrO_3 und Essigsäure (*Camerino, Sciaky*, G. **89** [1959] 663, 672).

Kristalle (aus wss. Acn.); F: 206–208° [unkorr.]. $[\alpha]_D^{22}$: +163° [$CHCl_3$; c = 1]. λ_{max} (A.): 252 nm.

16*β*-Brom-17-hydroxy-pregn-4-en-3,11,20-trion $C_{21}H_{27}BrO_4$, Formel I (X = Br).

B. Aus 16*α*,17-Epoxy-pregn-4-en-3,11,20-trion und HBr in Essigsäure (*Ercoli et al.*, G. **85** [1955] 628, 637).

Kristalle (aus $CHCl_3$+Ae.); F: 215–216° [unkorr.; Zers.].

21-Brom-17-hydroxy-pregn-4-en-3,11,20-trion $C_{21}H_{27}BrO_4$, Formel XV (X = X′ = H, X″ = Br).

B. Beim Erwärmen des Semicarbazons (s. u.) in Essigsäure mit wss. Brenztraubensäure (*Velluz et al.*, Bl. **1953** 906). Beim Erwärmen von 17-Hydroxy-21-[toluol-4-sulfonyloxy]-pregn-4-en-3,11,20-trion mit NaBr in Methanol (*Borrevang*, Acta chem. scand. **9** [1955] 587, 593).

Kristalle; F: 297–300° [aus Eg.] (*Ve. et al.*), 249–250° [unkorr.; Zers.] (*Bo.*). $[\alpha]_D$: +180° [Dioxan; c = 1] (*Ve. et al.*).

3-Semicarbazon $C_{22}H_{30}BrN_3O_4$. *B.* Aus 4*β*,21-Dibrom-17-hydroxy-5*β*-pregnan-3,11,20-

trion und Semicarbazid in Essigsäure (*Ve. et al.*). – Kristalle (aus Eg.) mit 1 Mol Essigsäure; Zers. ab 210° (*Ve. et al.*). Kristalle (aus A.) mit 1 Mol Äthanol (*Ve. et al.*).

17-Hydroxy-16β-jod-pregn-4-en-3,11,20-trion $C_{21}H_{27}IO_4$, Formel I (X = I).

B. Aus 16α,17-Epoxy-pregn-4-en-3,11,20-trion und HI in Dioxan (*Ercoli et al.*, G. **85** [1955] 628, 637).

Kristalle; F: 203–204° [unkorr.; Zers.].

17-Hydroxy-21-jod-pregn-4-en-3,11,20-trion $C_{21}H_{27}IO_4$, Formel XV (X = X′ = H, X″ = I).

B. Aus 17-Hydroxy-21-methansulfonyloxy-pregn-4-en-3,11,20-trion (*Merck & Co. Inc.*, U.S.P. 2870177 [1954]) oder aus 17-Hydroxy-21-[toluol-4-sulfonyloxy]-pregn-4-en-3,11,20-trion (*Borrevang*, Acta chem. scand. **9** [1955] 587, 592) beim Erwärmen mit NaI in Aceton. Beim Behandeln von 17,21-Dihydroxy-pregn-4-en-3,11,20-trion mit Benzolsulfonylchlorid und 2,4,6-Trimethyl-pyridin und anschliessend mit NaI in Aceton (*Searle & Co.*, U.S.P. 2684968 [1953]).

Kristalle; F: 160–180° [Zers.; aus Acn.] (*Searle & Co.*), 170–175° [Zers.; aus Acn.+PAe.] (*Merck & Co. Inc.*), 155–156° [unkorr.; Zers.; aus Dioxan] (*Bo.*).

21-Azido-17-hydroxy-pregn-4-en-3,11,20-trion $C_{21}H_{27}N_3O_4$, Formel XV (X = X′ = H, X″ = N_3).

B. Beim Erwärmen von 17-Hydroxy-21-methansulfonyloxy-pregn-4-en-3,11,20-trion mit NaN_3 in Aceton (*Brown et al.*, J. org. Chem. **26** [1961] 5052; *Merck & Co. Inc.*, U.S.P. 2853486 [1956]).

F: 294–296° [Zers.]; λ_{max} (Me.): 238 nm (*Merck & Co. Inc.*).

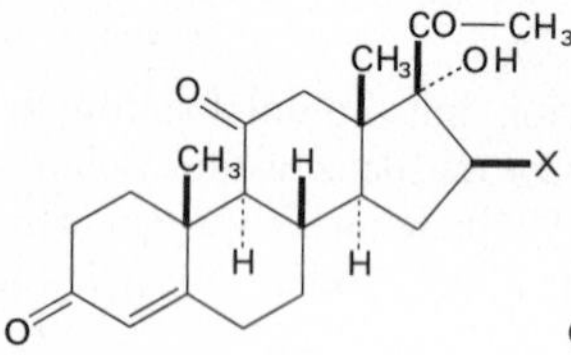

I 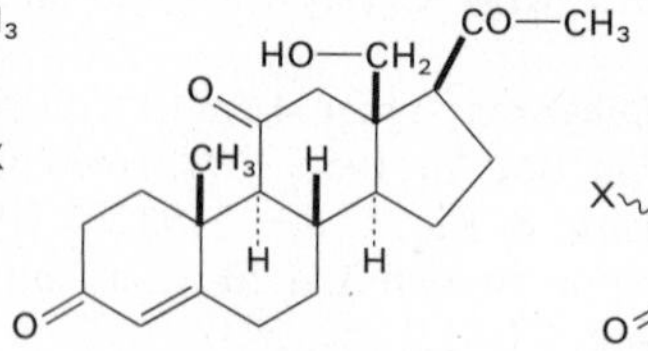 II 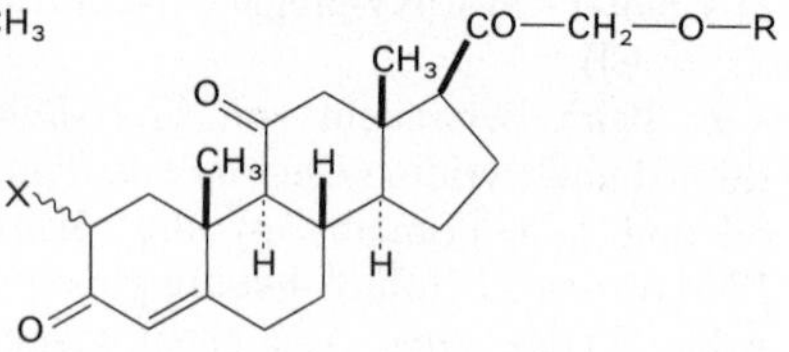 III

rac-18-Hydroxy-pregn-4-en-3,11,20-trion $C_{21}H_{28}O_4$, Formel II + Spiegelbild und Taut.

Nach Ausweis des IR-Spektrums liegt in Lösung in CH_2Cl_2 *rac*-18,20-Epoxy-20-hydroxy-pregn-4-en-3,11-dion vor (*Schmidlin, Wettstein*, Helv. **42** [1959] 2636, 2640).

B. Aus dem Acetyl-Derivat (s. u.) bei der Hydrolyse mit wss.-methanol. K_2CO_3 (*Sch., We.*, l. c. S. 2643).

Kristalle (aus THF+Ae.); F: 169–171° [unkorr.].

Beim Behandeln mit CrO_3 und Essigsäure ist *rac*-18-Hydroxy-3,11-dioxo-androst-4-en-17β-carbonsäure-lacton erhalten worden (*Sch., We.*, l. c. S. 2644).

Acetyl-Derivat $C_{23}H_{30}O_5$; *rac*-18-Acetoxy-pregn-4-en-3,11,20-trion. *B.* Aus *rac*-18-Acetoxy-11β-hydroxy-pregn-4-en-3,20-dion mit Hilfe von CrO_3 und Essigsäure (*Sch., We.*, l. c. S. 2643). – Kristalle (aus THF+Ae.); F: 152,5–154° und F: 158,5–160° [unkorr.].

21-Hydroxy-pregn-4-en-3,11,20-trione $C_{21}H_{28}O_4$.

a) **21-Hydroxy-pregn-4-en-3,11,20-trion,** Formel III (R = X = H) (E III 3624; in der Literatur auch als 11-Dehydro-corticosteron bezeichnet).

B. Aus dem Acetyl-Derivat (s. u.) beim Erwärmen mit wss.-methanol. HCl (*Nikiforowa, Šuworow*, Ž. obšč. Chim. **29** [1959] 2428; engl. Ausg. S. 2392). Aus Pregn-4-en-3,11,20-trion mit Hilfe von Aspergillus niger (*Syntex S.A.*, U.S.P. 2812285 [1954]) oder von Ophiobolus herbotrichus (*Meystre et al.*, Helv. **37** [1954] 1548, 1552).

$[\alpha]_D^{24}$: +235° [Dioxan; c = 0,1], ORD (Dioxan; c = 0,1; 700–300 nm): *Foltz et al.*, Am. Soc. **77** [1955] 4359, 4363. ^{1}H-NMR-Spektrum (40 MHz; $CDCl_3$): *Shoolery, Rogers*, Am. Soc.

80 [1958] 5121, 5130. IR-Spektrum (KBr; 1–15 μ): *Hayden,* Anal. Chem. **27** [1955] 1486, 1488. UV-Absorption (Dioxan; 290–360 nm): *Fo. et al.* Absorptionsspektrum (220–600 nm) nach Behandeln mit H_2SO_4: *Kalant,* Biochem. J. **69** [1958] 79, 81; s. a. *Henry,* R. **74** [1955] 442, 460; *Dirscherl, Brever,* Z. Vitamin-Hormon-Fermentf. **6** [1954] 287, 292; *Pontius et al.,* Acta endocrin. **20** [1955] 19, 25; nach Behandeln mit H_3PO_4: *Ka.*; *Nowaczynski, Steyermark,* Arch. Biochem. **58** [1955] 453, 454, 456. Polarographisches Halbstufenpotential (wss. A. vom pH 8,5): *Robertson,* Biochem. J. **61** [1955] 681, 684. Verteilung zwischen verschiedenen Lösungsmitteln: *Carstensen,* Acta Soc. med. upsal. **61** [1956] 26, 30; Acta chem. scand. **9** [1955] 1026.

3,20-Disemicarbazon $C_{23}H_{34}N_6O_4$. F: >300° [Zers.] (*Wendler et al.,* Am. Soc. **73** [1951] 3818).

b) ***rac*-21-Hydroxy-pregn-4-en-3,11,20-trion,** Formel III (R = X = H) + Spiegelbild.

B. Beim Behandeln von *rac*-21-Acetoxy-3,3-äthandiyldioxy-pregn-5-en-11,20-dion mit $HClO_4$ in THF und Erwärmen des Reaktionsprodukts mit methanol. $KHCO_3$ (*Poos et al.,* Am. Soc. **76** [1954] 5031, 5034).

Kristalle (aus Ae.); F: 173–179°. λ_{max} (Me.): 238 nm.

21-Acetoxy-pregn-4-en-3,11,20-trione $C_{23}H_{30}O_5$.

a) **21-Acetoxy-pregn-4-en-3,11,20-trion,** Formel III (R = CO-CH_3, X = H) (E III 3624).

B. Aus Pregn-4-en-3,11,20-trion bei der aufeinanderfolgenden Umsetzung mit Oxalsäure-diäthylester und Natriummethylat, mit Jod und methanol. Natriummethylat und mit Kaliumacetat (*Farbw. Hoechst,* D.B.P. 917843 [1951]; *Hogg et al.,* Am. Soc. **77** [1955] 4436; *Upjohn Co.,* U.S.P. 2683724 [1953]; *Nikiforowa, S̄uworow,* Ž. obšč. Chim. **29** [1959] 2428; engl. Ausg. S. 2392). Aus 21-Acetoxy-3,3-äthandiyldioxy-pregn-5-en-11,20-dion beim Erwärmen mit Essigsäure (*Ercoli, de Ruggieri,* G. **85** [1955] 639, 645). Aus 21-Acetoxy-2ξ-brom-pregn-4-en-3,11,20-trion (*Upjohn Co.,* U.S.P. 2730537 [1954]; D.B.P. 1007778 [1955]) oder aus 21-Acetoxy-12α-brom-pregn-4-en-3,11,20-trion (*Mattox, Kendall,* J. biol. Chem. **188** [1951] 287, 290) beim Behandeln mit Zink und Essigsäure. Beim Erhitzen von 17,21-Dihydroxy-pregn-4-en-3,11,20-trion mit Zink und Essigsäure und anschliessenden Acetylieren (*Norymberski,* Soc. **1956** 517). Aus 21-Acetoxy-11α-hydroxy-pregn-4-en-3,20-dion mit Hilfe von CrO_3 (*Eppstein et al.,* Am. Soc. **75** [1953] 408, 411; *Reber et al.,* Helv. **37** [1954] 45, 58; s. a. *Fried et al.,* Am. Soc. **74** [1952] 3962; *Kahnt et al.,* Experientia **8** [1952] 422).

F: 183–183,5° [aus Acn. + Ae.] (*Ma., Ke.*). $[\alpha]_D^{20}$: +242° [$CHCl_3$; c = 0,6] (*No.*); $[\alpha]_D^{23}$: +239° [$CHCl_3$; c = 0,5] (*Fr. et al.*), +239° [Dioxan; c = 1,5] (*Ep. et al.*); $[\alpha]_D^{27}$: +239° [Dioxan; c = 1] (*Ma., Ke.*). λ_{max}: 238 nm [A.] (*No.*), 283 nm, 354 nm, 401 nm und 415 nm [H_2SO_4] (*Bernstein, Lenhard,* J. org. Chem. **18** [1953] 1146, 1156).

3-Semicarbazon $C_{24}H_{33}N_3O_5$. Kristalle (aus $CHCl_3$ + Me.); F: 228,5–229° [Zers.] (*Wendler et al.,* Am. Soc. **73** [1951] 3818).

b) ***rac*-21-Acetoxy-pregn-4-en-3,11,20-trion,** Formel III (R = CO-CH_3, X = H) + Spiegelbild.

B. Bei der sauren Hydrolyse von *rac*-21-Acetoxy-3,3-äthandiyldioxy-pregn-5-en-11,20-dion (*Sarett et al.,* Am. Soc. **74** [1952] 4974).

F: 154° und F: 166–168°.

21-Acetoxy-6α-fluor-pregn-4-en-3,11,20-trion $C_{23}H_{29}FO_5$, Formel IV (X = F, X′ = X″ = H).

B. Beim Behandeln von 21-Acetoxy-6β-fluor-5-hydroxy-5α-pregnan-3,11,20-trion mit HCl in $CHCl_3$ und Äthanol (*Upjohn Co.,* U.S.P. 2838540 [1957]).

Kristalle (aus Acn. + PAe.); F: 202–204°. $[\alpha]_D$: +222° [$CHCl_3$].

21-Acetoxy-9-fluor-pregn-4-en-3,11,20-trion $C_{23}H_{29}FO_5$, Formel IV (X = X″ = H, X′ = F).

B. Aus 21-Acetoxy-9-fluor-11β-hydroxy-pregn-4-en-3,20-dion beim Behandeln mit CrO_3 und Essigsäure (*Fried et al.,* Am. Soc. **77** [1955] 1068).

Kristalle; F: 208–210°. $[\alpha]_D$: +189° [$CHCl_3$].

21-Acetoxy-12α-fluor-pregn-4-en-3,11,20-trion $C_{23}H_{29}FO_5$, Formel IV (X = X′ = H, X″ = F).

B. Aus 21-Acetoxy-12α-fluor-11β-hydroxy-pregn-4-en-3,20-dion beim Behandeln mit $Na_2Cr_2O_7$ und Essigsäure (*Taub et al.,* Am. Soc. **79** [1957] 452, 455).

Kristalle (aus Acn.+Hexan); F: 177–180° [korr.]. λ_{max} (Me.): 237 nm.

21-Acetoxy-9-chlor-pregn-4-en-3,11,20-trion $C_{23}H_{29}ClO_5$, Formel IV (X = X″ = H, X′ = Cl).

B. Aus 21-Acetoxy-9-chlor-11β-hydroxy-pregn-4-en-3,20-dion beim Behandeln mit CrO_3 und Essigsäure (*Fried et al.,* Am. Soc. **77** [1955] 1068).

Kristalle; F: 233–234°. $[\alpha]_D$: +279° [$CHCl_3$].

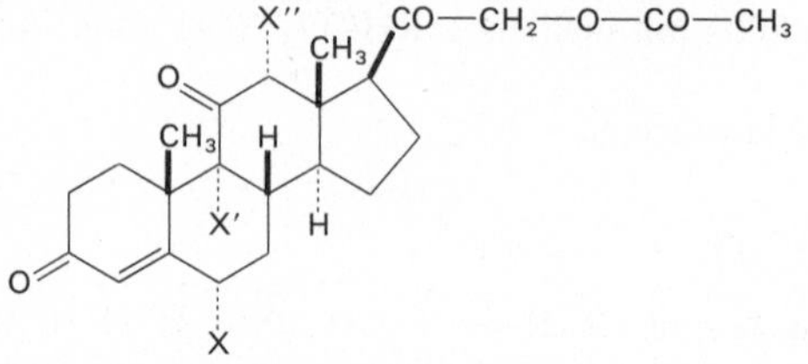

IV 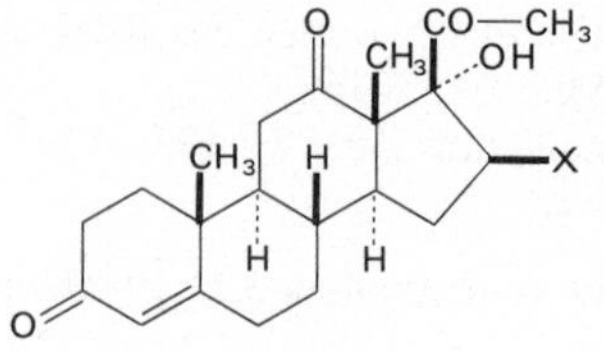 V

21-Acetoxy-2ξ-brom-pregn-4-en-3,11,20-trion $C_{23}H_{29}BrO_5$, Formel III (R = CO-CH_3, X = Br).

B. Aus Pregn-4-en-3,11,20-trion bei der aufeinanderfolgenden Umsetzung mit Oxalsäure-diäthylester und Natriummethylat, mit Jod, mit Kaliumacetat und mit Brom (*Upjohn Co.,* U.S.P. 2730537 [1954]; D.B.P. 1007778 [1955]).

Kristalle (aus Me.); F: 161–162° [Zers.]. $[\alpha]_D$: +241° [$CHCl_3$; c = 1].

21-Acetoxy-9-brom-pregn-4-en-3,11,20-trion $C_{23}H_{29}BrO_5$, Formel IV (X = X″ = H, X′ = Br).

B. Aus 21-Acetoxy-9-brom-11β-hydroxy-pregn-4-en-3,20-dion beim Behandeln mit CrO_3 und Essigsäure (*Fried et al.,* Am. Soc. **77** [1955] 1068).

Kristalle; F: 171–172°. $[\alpha]_D$: +285° [$CHCl_3$].

21-Acetoxy-12α-brom-pregn-4-en-3,11,20-trion $C_{23}H_{29}BrO_5$, Formel IV (X = X′ = H, X″ = Br).

B. Beim Behandeln von 21-Acetoxy-12α-brom-pregn-4-en-3,11,20-trion-3-[2,4-dinitro-phenylhydrazon] in $CHCl_3$ mit Brenztraubensäure, Essigsäure und HBr (*Mattox, Kendall,* J. biol. Chem. **188** [1951] 287, 290).

Kristalle (aus Me.); F: 215–216°. $[\alpha]_D^{27}$: +84° [$CHCl_3$; c = 1]. λ_{max} (Me.): 238 nm.

3,20-Disemicarbazon $C_{25}H_{35}BrN_6O_5$. F: >300°; λ_{max} (Me.): 269 nm (*Taub et al.,* Am. Soc. **79** [1957] 452, 454).

17-Hydroxy-pregn-4-en-3,12,20-trion $C_{21}H_{28}O_4$, Formel V (X = H).

B. Beim Erwärmen der folgenden Verbindung mit Raney-Nickel in Aceton und wenig Essigsäure (*Rothmann, Wall,* Am. Soc. **78** [1956] 1744, 1746).

Kristalle (aus A.); F: 214–218° [unkorr.]. $[\alpha]_D^{25}$: +124° [$CHCl_3$; c = 1,6]. λ_{max} (Me.): 238,5 nm.

16β-Brom-17-hydroxy-pregn-4-en-3,12,20-trion $C_{21}H_{27}BrO_4$, Formel V (X = Br).

B. Aus 16α,17-Epoxy-pregn-4-en-3,12,20-trion und HBr in Essigsäure (*Rothmann, Wall,* Am. Soc. **78** [1956] 1744, 1746).

Kristalle (aus A.); F: 217–219° [unkorr.]. $[\alpha]_D^{25}$: +64° [$CHCl_3$; c = 1,6]. λ_{max} (Me.): 238,3 nm.

7β-Acetoxy-pregn-4-en-3,15,20-trion $C_{23}H_{30}O_5$, Formel VI.

B. Beim Behandeln von 7β-Acetoxy-15β-hydroxy-pregn-4-en-3,20-dion (S. 2899) mit CrO_3 und Essigsäure (*Tsuda et al.*, Chem. pharm. Bl. **6** [1958] 387, 390).

Kristalle (aus $CHCl_3$+Ae.); F: 184–186° [unkorr.]. $[\alpha]_D^{16}$: +68,7° [$CHCl_3$; c = 1,6]. λ_{max} (Me.): 237 nm.

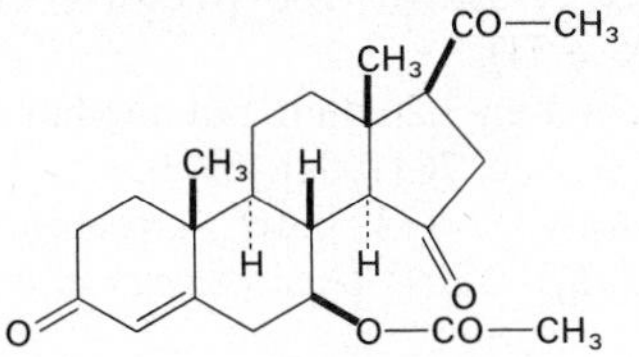

VI 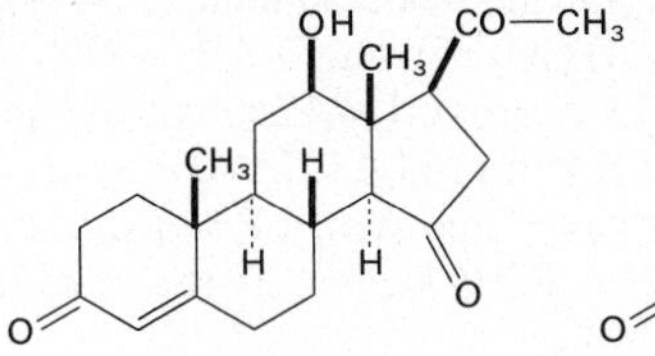 VII 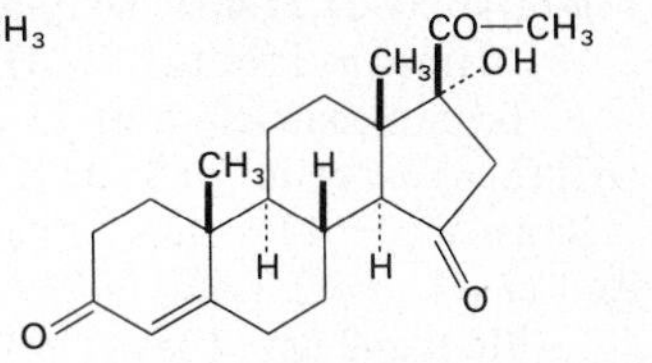 VIII

12β-Hydroxy-pregn-4-en-3,15,20-trion $C_{21}H_{28}O_4$, Formel VII.

Diese Konstitution und Konfiguration kommt der von *Searle & Co.* (U.S.P. 2823170 [1955]) als 11α-Hydroxy-pregn-4-en-3,15,20-trion $C_{21}H_{28}O_4$ und von *Gubler, Tamm* (Helv. **41** [1958] 301, 304) als 6β-Hydroxy-pregn-4-en-3,15,20-trion $C_{21}H_{28}O_4$ angesehenen Verbindung zu (*Dodson et al.*, Helv. **48** [1965] 1933).

B. Aus 12β,15α-Dihydroxy-pregn-4-en-3,20-dion (S. 2910) beim Behandeln mit CrO_3 und Essigsäure (*Searle & Co.*; *Gu., Tamm*) oder mit CrO_3 und H_2SO_4 in Aceton (*Do. et al.*, l. c. S. 1938).

Kristalle; F: 192,5–196° [unkorr.; aus Acn.+PAe.] (*Do. et al.*, l. c. S. 1938), 184–193° [aus Acn.+Ae.] (*Gu., Tamm*), 187–189° [aus Acn.+Cyclohexan] (*Searle & Co.*). $[\alpha]_D^{25}$: +148° [$CHCl_3$; c = 0,7] (*Gu., Tamm*). ^{1}H-NMR-Absorption ($CDCl_3$; 60 MHz): *Do. et al.*, l. c. S. 1936. IR-Banden (KBr; 3400–1600 cm^{-1}): *Do. et al.*, l. c. S. 1938; s. a. *Gu., Tamm*; *Searle & Co.* λ_{max}: 240 nm (*Searle & Co.*).

17-Hydroxy-pregn-4-en-3,15,20-trion $C_{21}H_{28}O_4$, Formel VIII.

B. Aus 15β,17-Dihydroxy-pregn-4-en-3,20-dion beim Behandeln mit CrO_3 und Pyridin (*Tanabe et al.*, Chem. pharm. Bl. **7** [1959] 804, 808).

F: 247–249°. IR-Banden (KBr; 3400–1600 cm^{-1}): *Ta. et al.* λ_{max} (A.): 239,5 nm.

21-Hydroxy-3,20-dioxo-pregn-4-en-19-al $C_{21}H_{28}O_4$, Formel IX.

B. Aus dem Acetyl-Derivat (s. u.) beim Behandeln mit wss.-methanol. $KHCO_3$ (*Barber, Ehrenstein*, J. org. Chem. **20** [1955] 1253, 1257).

Kristalle (aus wss. Me.); F: 158–160° [unkorr.]; $[\alpha]_D^{21}$: +239° [$CHCl_3$; c = 0,4]; λ_{max} (A.): 245 nm (*Ba., He.*). IR-Spektrum ($CHCl_3$; 1800–800 cm^{-1}): *G. Roberts, B.S. Gallagher, R.N. Jones*, Infrared Absorption Spectra of Steroids, Bd. 2 [New York 1958] Nr. 648.

Acetyl-Derivat $C_{23}H_{30}O_5$; 21-Acetoxy-3,20-dioxo-pregn-4-en-19-al. *B.* Aus 21-Acetoxy-19-hydroxy-pregn-4-en-3,20-dion beim Behandeln mit CrO_3 und Essigsäure (*Ba., Eh.*). – Kristalle (aus wss. Me.); F: 122° [unkorr.]; $[\alpha]_D^{22}$: +237° [$CHCl_3$; c = 0,4]; λ_{max} (A.): 243 nm (*Ba., Eh.*). IR-Spektrum (CCl_4 und $CHCl_3$; 1800–800 cm^{-1}): *Ro., Ga., Jo.*, Nr. 649.

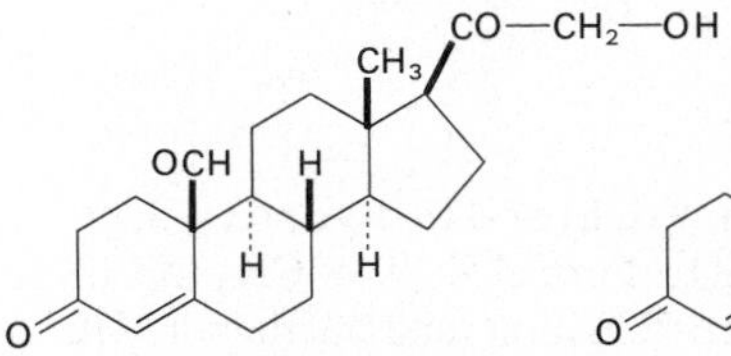

IX 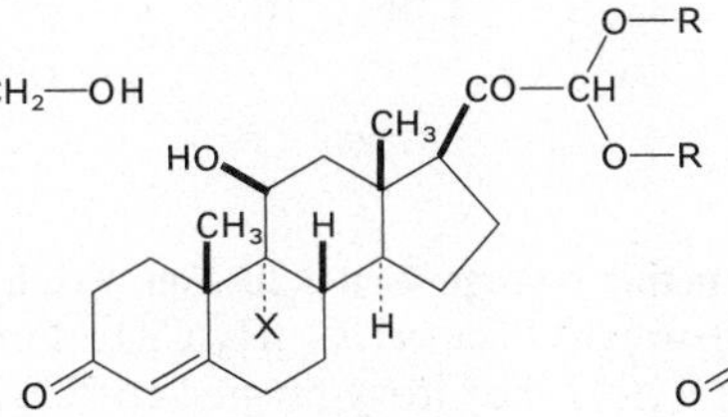 X 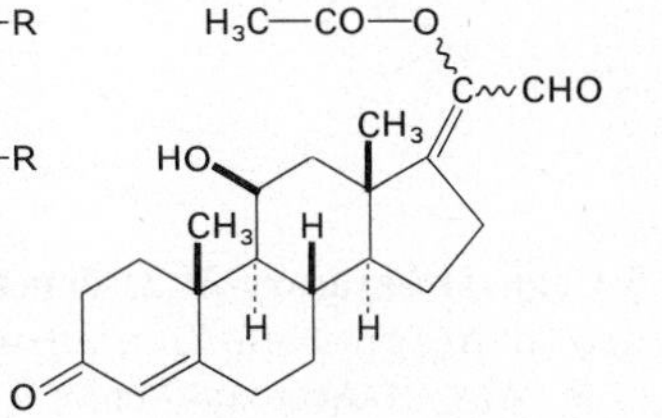 XI

11β,21,21-Trihydroxy-pregn-4-en-3,20-dion, 11β-Hydroxy-3,20-dioxo-pregn-4-en-21-al-hydrat $C_{21}H_{30}O_5$, Formel X (R = X' = H).

B. Aus 11β,21-Dihydroxy-pregn-4-en-3,20-dion beim Erwärmen mit Kupfer(II)-acetat in wss. Methanol (*Beyler, Hoffman,* Am. Soc. **79** [1957] 5297, 5300).

Kristalle (aus Acn. + Ae.); F: 137–141°.

11β-Hydroxy-21,21-dimethoxy-pregn-4-en-3,20-dion, 11β-Hydroxy-3,20-dioxo-pregn-4-en-21-al-dimethylacetal $C_{23}H_{34}O_5$, Formel X (R = CH_3, X = H).

B. Beim Behandeln von 21-Acetoxy-11β,17-dihydroxy-pregn-4-en-3,20-dion mit methanol. HCl (*Simpson et al.,* Helv. **37** [1954] 1163, 1197; *Taub et al.,* Am. Soc. **76** [1954] 4094).

Kristalle; F: 133–134,5° [korr.; aus Acn. + PAe.] (*Si. et al.*), 131–134° [korr.; aus Acn. + Ae.] (*Taub et al.*). $[\alpha]_D^{23}$: +219° [$CHCl_3$; c = 1] (*Si. et al.*); $[\alpha]_D$: +204° [Acn.] (*Taub et al.*). λ_{max} (Me.): 242 nm (*Taub et al.*).

(17Ξ)-20-Acetoxy-11β-hydroxy-3-oxo-pregna-3,17(20)-dien-21-al $C_{23}H_{30}O_5$, Formel XI.

B. Aus 11β,21,21-Trihydroxy-pregn-4-en-3,20-dion beim Erwärmen mit Acetanhydrid, Essigsäure und Pyridin (*Beyler, Hoffman,* Am. Soc. **79** [1957] 5297, 5300).

Kristalle (aus Acn. + Ae.); F: 213–217°. λ_{max} (Me.): 239 nm.

21-Diazo-11α-hydroxy-pregn-4-en-3,20-dion $C_{21}H_{28}N_2O_3$, Formel XII.

B. Aus dem Formyl-Derivat (s. u.) beim Behandeln mit wss.-methanol. $KHCO_3$ (*Reber et al.,* Helv. **37** [1954] 45, 56). Aus 11α-Hydroxy-3-oxo-androst-4-en-17β-carbonsäure bei der aufeinanderfolgenden Umsetzung mit Trifluoressigsäure-anhydrid, mit Oxalylchlorid, mit Diazomethan und mit wss.-methanol. $KHCO_3$ (*Lardon, Reichstein,* Helv. **37** [1954] 388, 393).

Hellgelbe Kristalle (aus Acn. + Ae.); F: 136–138° [korr.]; $[\alpha]_D^{22}$: +269,1° [$CHCl_3$; c = 1,6] (*Re. et al.*).

Formyl-Derivat $C_{22}H_{28}N_2O_4$; 21-Diazo-11α-formyloxy-pregn-4-en-3,20-dion. *B.* Beim Behandeln von 11α-Formyloxy-3-oxo-androst-4-en-17β-carbonsäure mit Oxalylchlorid in Benzol und anschliessend mit Diazomethan in Äther (*Re. et al.,* l. c. S. 56). – Hellgelbe Kristalle (aus Acn. + Ae.); F: 151–152° [korr.; Zers.]; $[\alpha]_D^{19}$: +243,4° [$CHCl_3$; c = 1,3] (*Re. et al.*).

Acetyl-Derivat $C_{23}H_{30}N_2O_4$; 11α-Acetoxy-21-diazo-pregn-4-en-3,20-dion. *B.* Aus 11α-Acetoxy-3-oxo-androst-4-en-17β-carbonsäure analog dem vorangehenden Formyl-Derivat (*Re. et al.,* l. c. S. 53). – Hellgelbe Kristalle (aus Ae.); F: 150–151° [korr.; Zers.]; $[\alpha]_D^{17}$: +230,0° [$CHCl_3$; c = 1] (*Re. et al.*).

9-Fluor-11β-hydroxy-21,21-dimethoxy-pregn-4-en-3,20-dion, 9-Fluor-11β-hydroxy-3,20-dioxo-pregn-4-en-21-al-dimethylacetal $C_{23}H_{33}FO_5$, Formel X (R = CH_3, X = F).

B. Aus 21-Acetoxy-9-fluor-11β,17-dihydroxy-pregn-4-en-3,20-dion und methanol. HCl in $CHCl_3$ (*Fried, Sabo,* Am. Soc. **79** [1957] 1130, 1139).

Kristalle (aus E.); F: 171–172° [korr.]. $[\alpha]_D^{23}$: +189° [$CHCl_3$; c = 0,7]. λ_{max} (A.): 237 nm.

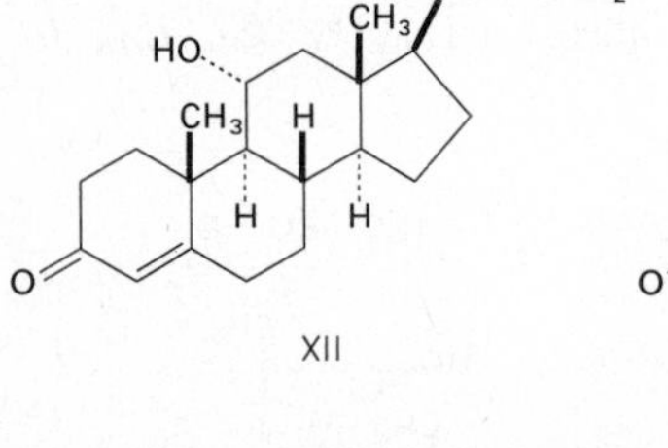

XII 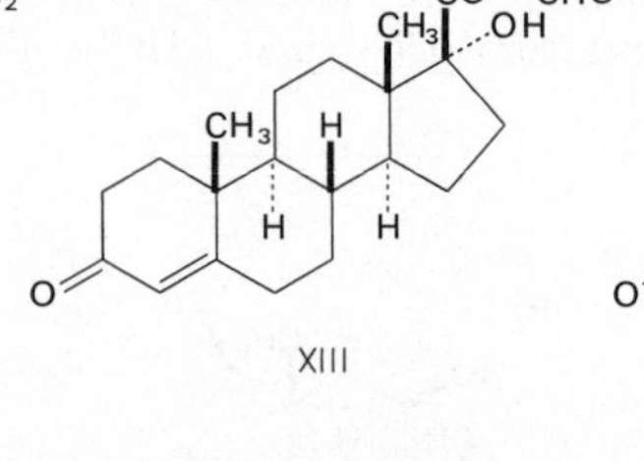 XIII 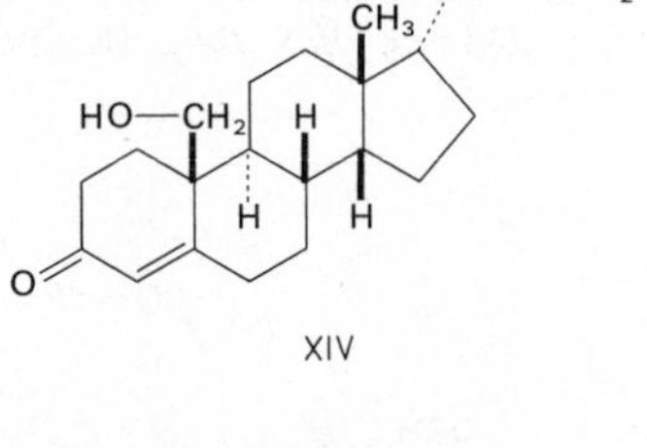 XIV

9-Chlor-11β-hydroxy-21,21-dimethoxy-pregn-4-en-3,20-dion, 9-Chlor-11β-hydroxy-3,20-dioxo-pregn-4-en-21-al-dimethylacetal $C_{23}H_{33}ClO_5$, Formel X (R = CH_3, X = Cl).

B. Aus 21-Acetoxy-9-chlor-11β,17-dihydroxy-pregn-4-en-3,20-dion und methanol. HCl in $CHCl_3$ (*Fried, Sabo,* Am. Soc. **79** [1957] 1130, 1138).

Kristalle (aus E.+Hexan); F: 137–138° [korr.]. $[\alpha]_D^{23}$: +197° [$CHCl_3$; c = 1]. λ_{max} (A.): 240 nm.

17-Hydroxy-3,20-dioxo-pregn-4-en-21-al $C_{21}H_{28}O_4$, Formel XIII.

Hydrat $C_{21}H_{30}O_5$; 17,21,21-Trihydroxy-pregn-4-en-3,20-dion(?). *B.* Aus 21-[(4-Dimethylamino-phenyl)-oxy-imino]-17-hydroxy-pregn-4-en-3,20-dion beim Behandeln mit wss. HCl in Äther (*Miescher, Schmidlin,* Helv. **33** [1950] 1840, 1846). – Kristalle; F: 105–108° [korr.; Zers.]. $[\alpha]_D^{26}$: +111° [Dioxan; c = 1].

21-Diazo-19-hydroxy-pregn-4-en-3,20-dione $C_{21}H_{28}N_2O_3$.

a) **21-Diazo-19-hydroxy-14β,17βH-pregn-4-en-3,20-dion,** Formel XIV.

B. Aus 19-Acetoxy-3-oxo-14β-androst-4-en-17α-carbonsäure beim Behandeln mit Oxalylchlorid in Benzol und anschliessend mit Diazomethan in Äther und Behandeln des Reaktionsprodukts mit wss.-methanol. K_2CO_3 (*Ehrenstein, Dünnenberger,* J. org. Chem. **21** [1956] 783, 790).

Gelbliche Kristalle (aus CH_2Cl_2+Hexan); F: 142–144° [unkorr.; Zers.]. Über ein bei 158–161° schmelzendes Präparat s. *Eh., Dü.* $[\alpha]_D^{27}$: +115° [$CHCl_3$; c = 0,5]. λ_{max} (A.): 243 nm.

b) **21-Diazo-19-hydroxy-pregn-4-en-3,20-dion,** Formel XV.

B. Aus dem Natrium-Salz der 19-Acetoxy-3-oxo-androst-4-en-17β-carbonsäure beim Behandeln mit Oxalylchlorid und wenig Pyridin in Benzol und anschliessend mit Diazomethan in Äther und Behandeln des Reaktionsprodukts mit wss.-methanol. $KHCO_3$ (*Barber, Ehrenstein,* J. org. Chem. **19** [1954] 1758, 1762, 1763).

Hellgelbe Kristalle (aus Acn.+PAe. und wss. Me.); F: 166° [unkorr.; Zers.].

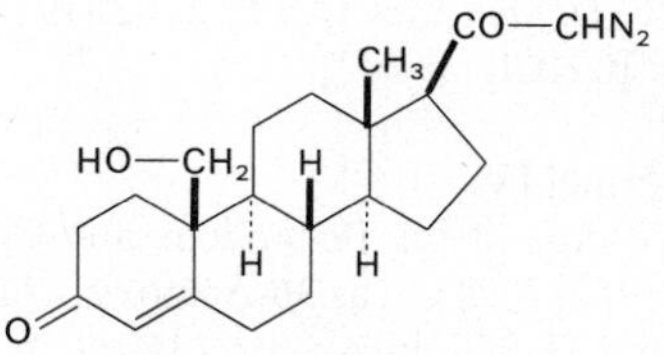

XV

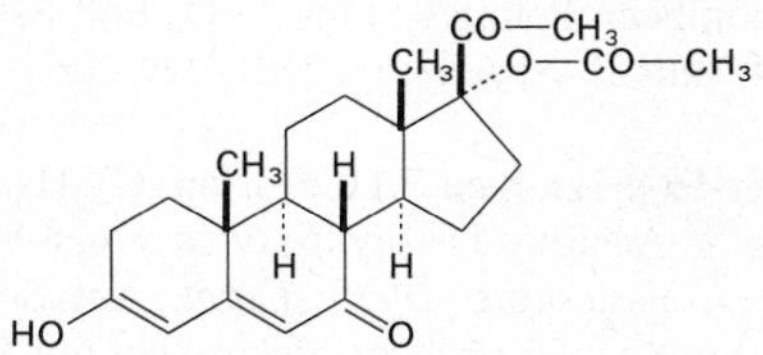

XVI

17-Acetoxy-pregn-4(oder 5)-en-3,7,20-trion $C_{23}H_{30}O_5$ und Taut.

17-Acetoxy-3-hydroxy-pregna-3,5-dien-7,20-dion, Formel XVI.

B. Aus 17-Acetoxy-3,3-äthandiyldioxy-pregn-5-en-7,20-dion beim Erwärmen mit Essigsäure (*Marshall et al.,* Am. Soc. **79** [1957] 6303, 6307).

Kristalle (aus Me.); F: 225–227° [unkorr.]. $[\alpha]_D^{25}$: –208° [Dioxan] (*Ma. et al.,* l. c. S. 6305), –174° [$CHCl_3$; c = 1] (*Ma. et al.,* l. c. S. 6307). IR-Banden (KBr; 2–9 μ): *Ma. et al.,* l. c. S. 6307. λ_{max} (Me.): 318 nm (*Ma. et al.,* l. c. S. 6307).

Die Lösung in $CHCl_3$ ist nicht beständig (*Ma. et al.,* l. c. S. 6305).

21-Hydroxy-pregn-4(oder 5)-en-3,7,20-trion $C_{21}H_{28}O_4$ und Taut.

3,21-Dihydroxy-pregna-3,5-dien-7,20-dion, Formel I.

B. Beim Behandeln von 20,20-Äthandiyldioxy-21-hydroxy-3-[2-hydroxy-äthoxy]-pregna-3,5-dien-7-on mit $HClO_4$ in Aceton (*Lenhard, Bernstein,* Am. Soc. **78** [1956] 989, 992). Beim Behandeln von 21-Acetoxy-3,3-äthandiyldioxy-pregn-5-en-7,20-dion mit KOH in Dioxan und Methanol und anschliessend mit $HClO_4$ in Aceton (*Marshall et al.,* Am. Soc. **79** [1957] 6303, 6307).

Kristalle; F: 232–235° [unkorr.; Zers.; aus Acn.+PAe.] (*Le., Be.*), 226–228° [unkorr.; aus Me. oder Acn.] (*Ma. et al.,* l. c. S. 6307). $[\alpha]_D^{25}$: –131° [Dioxan; c = 1] (*Ma. et al.,* l. c. S. 6307). IR-Banden (KBr; 2–7 μ): *Ma. et al.,* l. c. S. 6307; *Le., Be.* λ_{max}: 320 nm [Me.] (*Ma. et al.,* l. c. S. 6307), 320–321 nm und 391–392 nm [Me.] (*Le., Be.*), 390–391 nm [äthanol.

KOH (1%ig)] (*Le.*, *Be.*).

Die Lösung in $CHCl_3$ ist nicht beständig (*Ma. et al.*, l. c. S. 6305).

O^{21}-Acetyl-Derivat $C_{23}H_{30}O_5$; 21-Acetoxy-3-hydroxy-pregna-3,5-dien-7,20-dion. *B.* Aus 21-Acetoxy-3,3-äthandiyldioxy-pregn-5-en-7,20-dion beim Erwärmen mit Essigsäure (*Ma. et al.*, l. c. S. 6306). — Kristalle (aus Acn. oder Me.); F: 229–229,5° [unkorr.]; $[\alpha]_D^{25}$: −182,5° [Dioxan; c = 0,5]; IR-Banden (KBr; 3–9 μ): *Ma. et al.* λ_{max}: 320 nm und 388 nm [Me.], 306 nm [$CHCl_3$] (*Ma. et al.*). — Die Lösung in $CHCl_3$ ist nicht beständig (*Ma. et al.*).

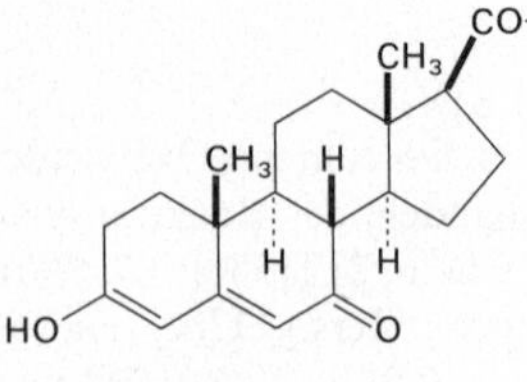

I 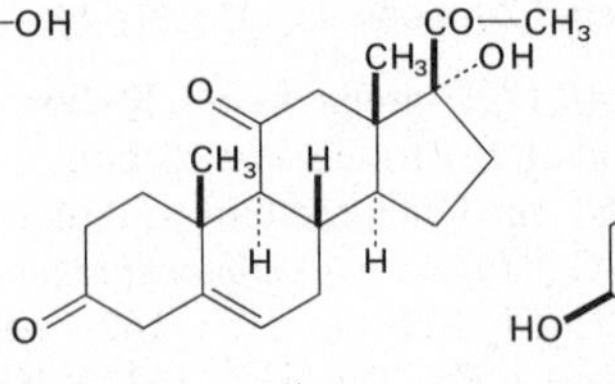 II 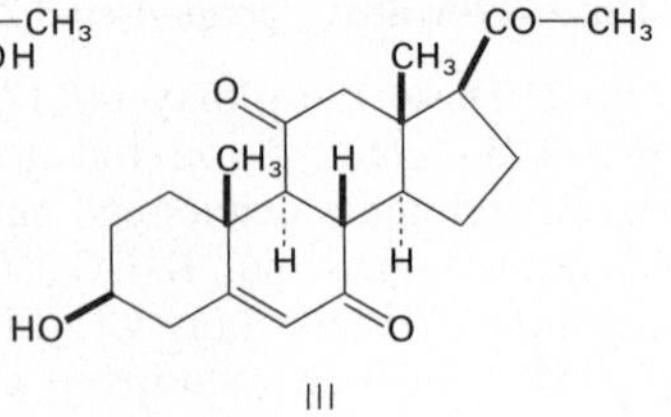 III

17-Hydroxy-pregn-5-en-3,11,20-trion $C_{21}H_{28}O_4$, Forrmel II.

B. Bei der Oxidation von 3β,11α,17-Trihydroxy-pregn-5-en-20-on mit CrO_3 und H_2SO_4 in Aceton (*Halpern, Djerassi,* Am. Soc. **81** [1959] 439).

Kristalle (aus Acn. + Hexan); F: 210–225° [Zers.]. $[\alpha]_D$: +5° [$CHCl_3$].

3β-Hydroxy-pregn-5-en-7,11,20-trion $C_{21}H_{28}O_4$, Formel III.

B. Aus 3β,7α,11α-Trihydroxy-pregn-5-en-20-on (S. 2837) oder aus 3β,11α-Dihydroxy-pregn-5-en-7,20-dion beim Behandeln mit CrO_3 und Essigsäure (*Upjohn Co.*, U.S.P. 2702810 [1953]).

Kristalle (aus E. + PAe.); F: 228–229°. $[\alpha]_D^{24}$: −34° [$CHCl_3$; c = 1].

3β-Acetoxy-5α-pregn-8-en-7,11,20-trion $C_{23}H_{30}O_5$, Formel IV.

B. Aus 3β-Acetoxy-11α-hydroxy-5α-pregn-8-en-7,20-dion beim Behandeln mit CrO_3 oder $Na_2Cr_2O_7$ in Essigsäure (*Djerassi et al.*, Am. Soc. **74** [1952] 3321). Aus 3β-Acetoxy-7,11-dihydroxy-5α-pregn-8-en-20-on beim Behandeln mit CrO_3 und H_2SO_4 in Aceton (*Merck & Co. Inc.*, U.S.P. 2852536 [1957]).

Kristalle; F: 177–179° [aus Me.] (*Merck & Co. Inc.*), 171–173° [unkorr.; aus Hexan + Bzl.] (*Dj. et al.*). $[\alpha]_D^{20}$: +50° [$CHCl_3$] (*Dj. et al.*); $[\alpha]_D^{24}$: +71° [$CHCl_3$; c = 1] (*Merck & Co. Inc.*). λ_{max} (A.): 268 nm (*Dj. et al.*), 269 nm (*Merck & Co. Inc.*).

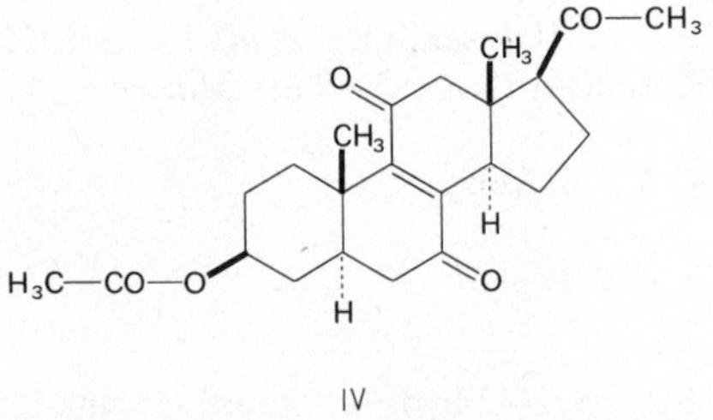

IV 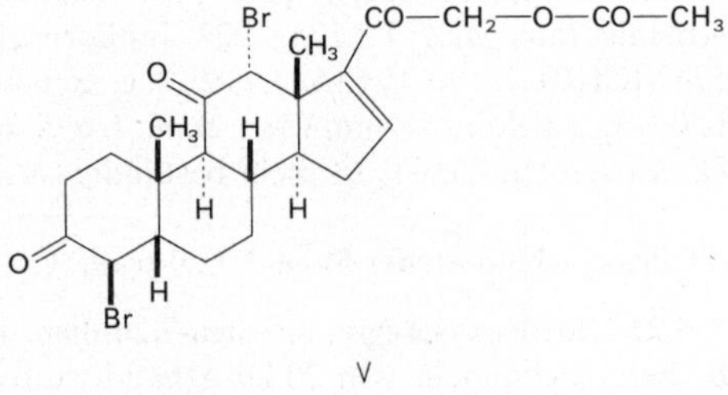 V

21-Acetoxy-4β,12α-dibrom-5β-pregn-16-en-3,11,20-trion $C_{23}H_{28}Br_2O_5$, Formel V.

B. Aus 21-Acetoxy-12α-brom-5β-pregn-16-en-3,11,20-trion beim Behandeln mit Brom und wenig HBr in Essigsäure (*McGuckin, Mason,* Am. Soc. **77** [1955] 1822, 1824).

Kristalle (aus wss. Eg.); F: 177–178°. $[\alpha]_D^{25}$: +67° [Acn.; c = 1]. λ_{max} (A.): 235 nm.

21-Acetoxy-5α-pregn-16-en-3,12,20-trion $C_{23}H_{30}O_5$, Formel VI.

F: 220–221,5° (*Rothmann, Wall,* Am. Soc. **78** [1956] 1744, 1745 Anm. 15). $[\alpha]_D^{22}$: +143°

[$CHCl_3$; c = 1,6]. λ_{max} (Me.): 288 nm.

3α-Acetoxy-12α,15ξ-dibrom-21,21-dihydroxy-5β-pregn-16-en-11,20-dion, 3α-Acetoxy-12α,15ξ-dibrom-11,20-dioxo-5β-pregn-16-en-21-al-hydrat $C_{23}H_{30}Br_2O_6$, Formel VII (R = H, X = OH).

B. Aus (21Ξ)-3α,21-Diacetoxy-12α,15ξ,21-tribrom-5β-pregn-16-en-11,20-dion (beide Stereoisomere; s. u.) beim Behandeln mit wss. Essigsäure (*Colton, Kendall,* J. biol. Chem. **194** [1952] 247, 255).

Kristalle (aus wss. Eg.) mit 0,5 Mol H_2O. $[\alpha]_D$: −175° [$CHCl_3$; c = 1]. λ_{max} (Ae.): 241 nm.

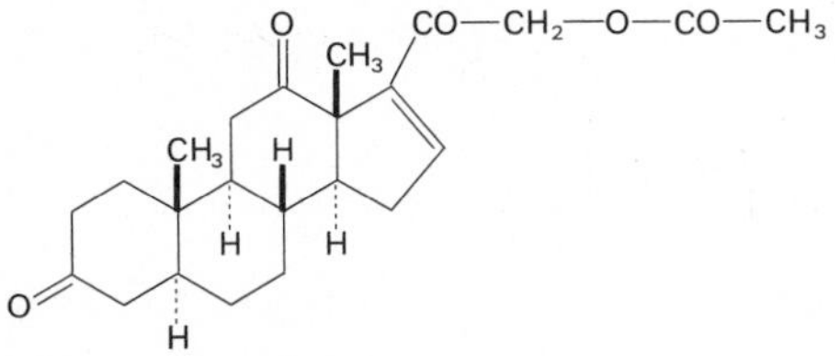

VI

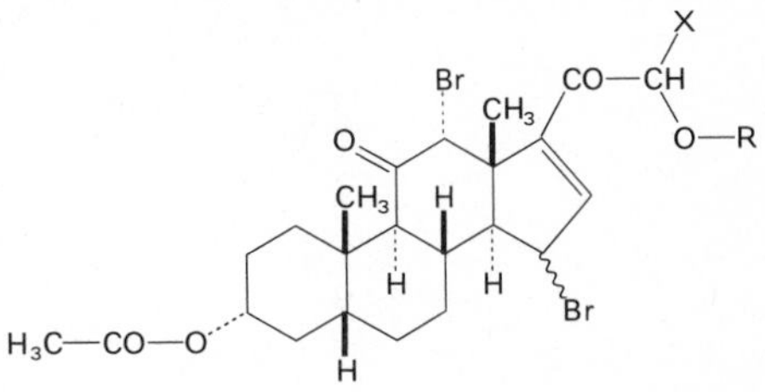

VII

(21Ξ)-3α,21-Diacetoxy-12α,15ξ,21-tribrom-5β-pregn-16-en-11,20-dion $C_{25}H_{31}Br_3O_6$, Formel VII (R = CO-CH_3, X = Br).

a) Stereoisomeres vom F: 237°.

B. Aus 3α,21-Diacetoxy-12α-brom-5β-pregnan-11,20-dion beim Behandeln mit Brom und Acetylbromid in Essigsäure (*Colton et al.,* J. biol. Chem. **194** [1952] 235, 241).

Kristalle (aus $CHCl_3$ + Ae.); F: 236–237°. $[\alpha]_D^{25}$: −61° [$CHCl_3$; c = 1]. λ_{max} (Ae.): 251 nm.

b) Stereoisomeres vom F: 220°.

B. Aus dem unter a) beschriebenen Stereoisomeren beim Behandeln mit HBr und Acetylbromid in Essigsäure und $CHCl_3$ (*Colton, Kendall,* J. biol. Chem. **194** [1952] 247, 254).

Kristalle (aus Ae. + PAe.) mit 0,5 Mol Äther; die lösungsmittelfreien Kristalle schmelzen bei 180–182° [auf 170° vorgeheizter Block] und (nach Wiedererstarren) bei 217–220° [Zers.]. $[\alpha]_D$: −206° (lösungsmittelfreies Präparat) bzw. $[\alpha]_D$: −197° (lösungsmittelhaltiges Präparat) [$CHCl_3$; c = 1]. λ_{max} (Ae.): 251 nm. [*Bambach*]

Hydroxy-oxo-Verbindungen $C_{22}H_{30}O_4$

2,3-Dimethoxy-5-methyl-6-[3,7,11-trimethyl-dodeca-2,6,10-trienyl]-[1,4]benzochinon $C_{24}H_{34}O_4$, Formel VIII.

B. Aus 2,3-Dimethoxy-5-methyl-hydrochinon und 3,7,11-Trimethyl-dodeca-2,6,10-trien-1-ol (*Shunk et al.,* Am. Soc. **80** [1958] 4753).

Rote Flüssigkeit. ^1H-NMR-Absorption (CCl_4): *Sh. et al.*; s. a. *Erickson et al.,* Am. Soc. **81** [1959] 4999. λ_{max} (Isooctan): 272 nm (*Sh. et al.*).

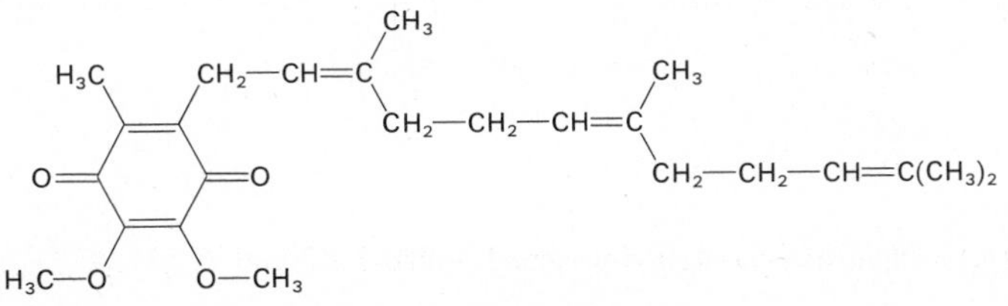

VIII

17a-Hydroxy-*D*-homo-17aβ*H*-pregn-4-en-3,11,20-trion $C_{22}H_{30}O_4$, Formel IX.

B. Beim Erwärmen von 4-Brom-17a-hydroxy-*D*-homo-5β,17aβ*H*-pregnan-3,11,20-trion mit

LiCl und DMF (*Clinton et al.*, Am. Soc. **80** [1958] 3395, 3400).
Kristalle (aus E.); F: 221,1–226,5°. $[\alpha]_D^{25}$: +172,2° [$CHCl_3$; c = 1]. λ_{max} (A.): 239 nm.

21-Acetoxy-17-hydroxy-2α-methyl-pregna-4,9(11)-dien-3,20-dion $C_{24}H_{32}O_5$, Formel X.
B. Aus 21-Acetoxy-11β,17-dihydroxy-2α-methyl-pregn-4-en-3,20-dion beim Behandeln mit *N*-Brom-acetamid in Pyridin (*Upjohn Co.*, U.S.P. 2865935 [1955]) oder mit $SOCl_2$ in Pyridin (*Hogg et al.*, Am. Soc. **77** [1955] 6401).
Kristalle (aus Acn. + CH_2Cl_2); F: 220–223° (*Upjohn Co.*). $[\alpha]_D$: +138° [$CHCl_3$]; λ_{max} (A.): 240 nm (*Hogg et al.*).

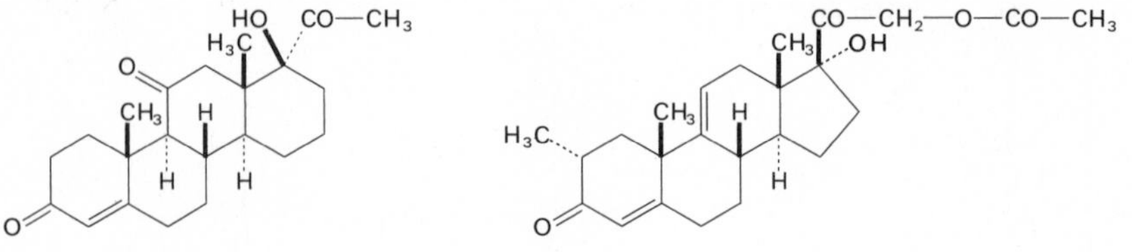

IX

X

11β,17-Dihydroxy-6α-methyl-pregna-1,4-dien-3,20-dion $C_{22}H_{30}O_4$, Formel XI (X = X' = H).
B. Aus 11β,17,21-Trihydroxy-6α-methyl-pregna-1,4-dien-3,20-dion über mehrere Stufen (*Upjohn Co.*, U.S.P. 2864838 [1958]).
Kristalle; F: 233–235° [unkorr.] (*W. Neudert, H. Röpke*, Steroid-Spektrenatlas [Berlin 1965] Nr. 596), 222–231° [aus Acn. + PAe.] (*Upjohn Co.*). IR-Spektrum (KBr; 2–15 μ): *Ne., Rö.* λ_{max} (Me.): 243 nm (*Ne., Rö.*).

9-Fluor-11β,17-dihydroxy-6α-methyl-pregna-1,4-dien-3,20-dion, Fluorometholon $C_{22}H_{29}FO_4$, Formel XI (X = F, X' = H).
B. Aus 9-Fluor-11β,17,21-trihydroxy-6α-methyl-pregna-1,4-dien-3,20-dion über mehrere Stufen (*Upjohn Co.*, U.S.P. 2864838 [1958]).
Kristalle (aus Acn.); F: 292–303°.

21-Fluor-11β,17-dihydroxy-6α-methyl-pregna-1,4-dien-3,20-dion $C_{22}H_{29}FO_4$, Formel XI (X = H, X' = F).
B. Aus 11β,17,21-Trihydroxy-6α-methyl-pregna-1,4-dien-3,20-dion über mehrere Stufen (*Spero et al.*, Am. Soc. **79** [1957] 1515; *Upjohn Co.*, U.S.P. 2867636 [1957]).
Kristalle (aus Acn. + PAe.); F: 216–222° (*Upjohn Co.*).

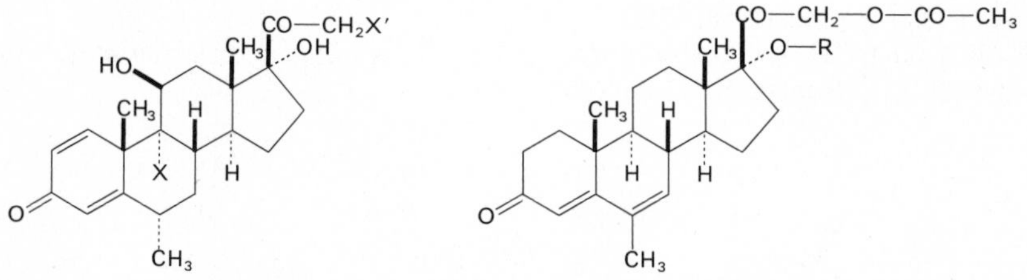

XI

XII

9,21-Difluor-11β,17-dihydroxy-6α-methyl-pregna-1,4-dien-3,20-dion $C_{22}H_{28}F_2O_4$, Formel XI (X = X' = F).
B. Aus der vorangehenden Verbindung oder aus 9-Fluor-11β,17,21-trihydroxy-6α-methyl-pregna-1,4-dien-3,20-dion über mehrere Stufen (*Spero et al.*, Am. Soc. **79** [1957] 1515; *Upjohn Co.*, U.S.P. 2867636 [1957]).

Kristalle (aus wss. Me.); F: 262–274° [Zers.]. $[\alpha]_D$: +71° [Acn.]. λ_{max} (A.): 239 nm.

21-Acetoxy-17-hydroxy-6-methyl-pregna-4,6-dien-3,20-dion $C_{24}H_{32}O_5$, Formel XII (R = H).

B. Beim Behandeln von 17-Acetoxy-6-methyl-pregna-4,6-dien-3,20-dion mit Jod und CaO in Dioxan und Methanol und Erwärmen des Reaktionsprodukts mit Kaliumacetat in Aceton (*de Ruggieri et al.*, Ann. Chimica **49** [1959] 1371, 1376). Beim Erwärmen von 21-Acetoxy-17-hydroxy-6α-methyl-pregn-4-en-3,20-dion mit Tetrachlor-[1,4]benzochinon in *tert*-Butylalkohol (*de Ru. et al.*).

Kristalle (aus Acn.+Ae.); F: 200–202° [unkorr.]. $[\alpha]_D^{18}$: +87° [$CHCl_3$; c = 1]. λ_{max} (Me.): 288 nm.

17,21-Diacetoxy-6-methyl-pregna-4,6-dien-3,20-dion $C_{26}H_{34}O_6$, Formel XII (R = CO-CH_3).

B. Aus der vorangehenden Verbindung beim Erhitzen mit Acetanhydrid und wenig Toluol-4-sulfonsäure in Essigsäure (*de Ruggieri et al.*, Ann. Chimica **49** [1959] 1371, 1376). Beim Erwärmen von 17,21-Diacetoxy-6α-methyl-pregn-4-en-3,20-dion mit Tetrachlor-[1,4]benzochinon in *tert*-Butylalkohol (*de Ru. et al.*).

Kristalle (aus Me.); F: 210,5–211,5° [unkorr.]. $[\alpha]_D^{18}$: +26° [$CHCl_3$; c = 1]. λ_{max} (Me.): 287 nm.

21-Acetoxy-17-hydroxy-6α-methyl-pregna-4,9(11)-dien-3,20-dion $C_{24}H_{32}O_5$, Formel XIII.

B. Aus 21-Acetoxy-11β,17-dihydroxy-6α-methyl-pregn-4-en-3,20-dion mit Hilfe von $SOCl_2$ und Pyridin (*Spero et al.*, Am. Soc. **79** [1957] 1515).

F: 175–176°. $[\alpha]_D$: +91° [$CHCl_3$]. λ_{max} (A.): 239,5 nm.

XIII

XIV

17-Hydroxy-6α-methyl-pregn-4-en-3,11,20-trion $C_{22}H_{30}O_4$, Formel XIV.

B. Beim Erwärmen von 5,17-Dihydroxy-6β-methyl-5α-pregnan-3,11,20-trion mit methanol. KOH (*Bowers, Ringold*, Am. Soc. **80** [1958] 3091).

Kristalle (aus Me.); F: 243–245° [unkorr.]. $[\alpha]_D$: +165° [$CHCl_3$]. λ_{max} (A.): 238–240 nm.

17,21-Dihydroxy-16α-methyl-pregna-1,4-dien-3,20-dion $C_{22}H_{30}O_4$, Formel I.

B. Aus 21-Acetoxy-17-hydroxy-16α-methyl-5α-pregnan-3,20-dion über mehrere Stufen (*Oliveto et al.*, Am. Soc. **80** [1958] 4431).

F: 209–212°. $[\alpha]_D$: +45,7° [Dioxan]. λ_{max} (Me.): 244 nm.

I

II

21-Acetoxy-17-hydroxy-16α-methyl-pregna-4,9(11)-dien-3,20-dion $C_{24}H_{32}O_5$, Formel II (X = H).

B. Aus 21-Acetoxy-11β,17-dihydroxy-16α-methyl-pregn-4-en-3,20-dion mit Hilfe von Methansulfonylchlorid in Pyridin und DMF (*Arth et al.*, Am. Soc. **80** [1958] 3161).

F: 205–208°. $[\alpha]_D^{25}$: +93° [$CHCl_3$; c = 1]. λ_{max} (Me.): 239 nm.

21-Acetoxy-6α-fluor-17-hydroxy-16α-methyl-pregna-4,9(11)-dien-3,20-dion $C_{24}H_{31}FO_5$, Formel II (X = F).

B. Aus 21-Acetoxy-6α-fluor-11β,17-dihydroxy-16α-methyl-pregn-4-en-3,20-dion mit Hilfe von Methansulfonylchlorid in Pyridin und DMF (*Edwards et al.*, Am. Soc. **81** [1959] 3156).

F: 188–190°. $[\alpha]_D$: +74° [$CHCl_3$]. λ_{max} (A.): 235 nm.

21-Hydroxy-17-methyl-pregn-4-en-3,11,20-trion $C_{22}H_{30}O_4$, Formel III (R = H, X = O).

B. Aus der folgenden Verbindung beim Behandeln mit $KHCO_3$ in wss. Methanol (*Engel*, Am. Soc. **78** [1956] 4727, 4733).

Kristalle (aus Ae.); F: 154–155,5° [korr.; evakuierte Kapillare]; $[\alpha]_D^{22}$: +174,2° [$CHCl_3$; c = 1] (*En.*, Am. Soc. **78** 4733). IR-Spektrum (CCl_4 bzw. CS_2; 1800–850 cm^{-1}): *G. Roberts, B.S. Gallagher, R.N. Jones*, Infrared Absorption Spectra of Steroids, Bd. 2 [New York 1958] Nr. 630. λ_{max} (A.): 238 nm (*En.*, Am. Soc. **78** 4733).

Beim Erwärmen mit Äthylenglykol und Toluol-4-sulfonsäure, Erhitzen des Reaktionsprodukts mit $NaBH_4$ und wss. NaOH und Behandeln des danach isolierten Reaktionsprodukts mit Aceton und Toluol-4-sulfonsäure sind 11β-Hydroxy-20ξ,21-isopropylidendioxy-17-methyl-pregn-4-en-3-on (E III/IV **19** 2571) und 11β,21-Dihydroxy-17-methyl-pregn-4-en-3,20-dion erhalten worden (*Engel*, Canad. J. Chem. **35** [1957] 131, 137).

21-Acetoxy-17-methyl-pregn-4-en-3,11,20-trion $C_{24}H_{32}O_5$, Formel III (R = CO-CH_3, X = O).

B. Aus der folgenden Verbindung beim Behandeln mit Brenztraubensäure und wss. Essigsäure (*Engel*, Am. Soc. **78** [1956] 4727, 4733).

Hygroskopische Kristalle; F: 157–158° [korr.; evakuierte Kapillare]; $[\alpha]_D^{24}$: +170° [$CHCl_3$; c = 1] (*En.*). IR-Spektrum (CCl_4 bzw. CS_2; 1800–650 cm^{-1}): *G. Roberts, B.S. Gallagher, R.N. Jones*, Infrared Absorption Spectra of Steroids, Bd. 2 [New York 1958] Nr. 631. λ_{max} (A.): 237 nm (*En.*).

***21-Acetoxy-17-methyl-pregn-4-en-3,11,20-trion-3-semicarbazon** $C_{25}H_{35}N_3O_5$, Formel III (R = CO-CH_3, X = N-NH-CO-NH_2).

B. Aus 21-Acetoxy-4β-brom-17-methyl-5β-pregnan-3,11,20-trion und Semicarbazid in $CHCl_3$ und *tert*-Butylalkohol (*Engel*, Am. Soc. **78** [1956] 4727, 4733).

Kristalle (aus H_2O); F: 223–225° [korr.; evakuierte Kapillare]. λ_{max} (A.): 270 nm.

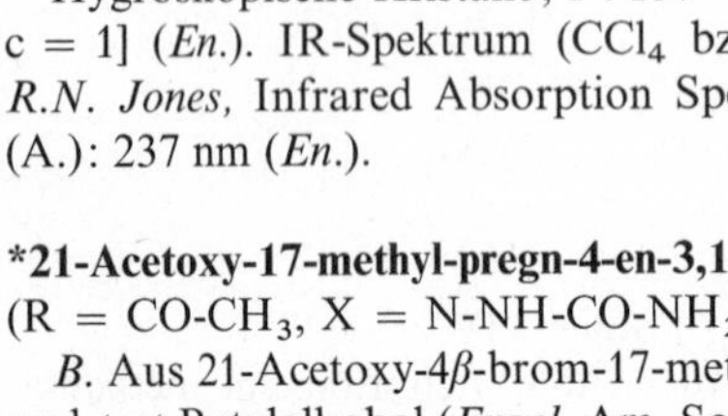

III 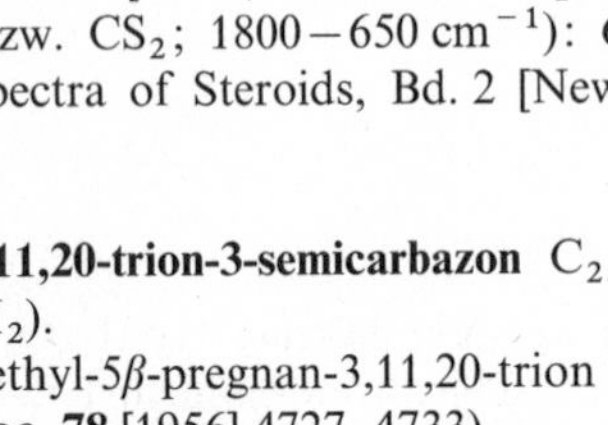 IV 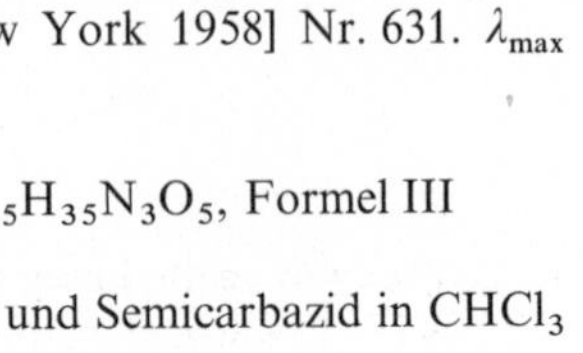 V

Hydroxy-oxo-Verbindungen $C_{24}H_{34}O_4$

5,17-Dihydroxy-6β-prop-2-inyl-5α-pregnan-3,20-dion $C_{24}H_{34}O_4$, Formel IV.

B. Beim Behandeln von 3,3;20,20-Bis-äthandiyldioxy-5,6α-epoxy-5α-pregnan-17-ol mit Prop-2-inylmagnesiumbromid in Benzol und Äther und Behandeln des Reaktionsprodukts mit wss.-

methanol. Oxalsäure (*Burn et al.*, Soc. **1959** 3808, 3811).

Kristalle (aus Me. + CH_2Cl_2); F: 213–215° [korr.]. $[\alpha]_D^{25}$: –61,1° [$CHCl_3$; c = 1]. IR-Banden (Nujol; 3600–1650 cm^{-1}): *Burn et al.*

Hydroxy-oxo-Verbindungen $C_{26}H_{38}O_4$

2-Hydroxy-3-[10-hydroxy-10-propyl-tridecyl]-[1,4]naphthochinon $C_{26}H_{38}O_4$, Formel V (R = CH_2-C_2H_5, n = 9) und Taut.

B. Beim Behandeln von 10-[1,3,4-Triacetoxy-[2]naphthyl]-decansäure-methylester mit Propylmagnesiumbromid in Äther und Behandeln des nach der Hydrolyse erhaltenen Reaktionsprodukts in äthanol. Alkalilauge mit Luft (*Paulshock, Moser,* Am. Soc. **72** [1950] 5073, 5077).

Öl.

3β-Acetoxy-16α-[1-acetyl-2-oxo-propyl]-pregn-5-en-20-on $C_{28}H_{40}O_5$, Formel VI.

B. Aus 3β-Acetoxy-pregna-5,16-dien-20-on beim Erwärmen mit Pentan-2,4-dion und Natrium (*Mazur, Cella,* Tetrahedron **7** [1959] 130, 135).

Kristalle (aus A.); F: 182–186° [unkorr.]. $[\alpha]_D^{25}$: +86° [Dioxan; c = 1].

Hydroxy-oxo-Verbindungen $C_{27}H_{40}O_4$

2-Hydroxy-3-[9-hydroxy-9-isobutyl-11-methyl-dodecyl]-[1,4]naphthochinon $C_{27}H_{40}O_4$, Formel V (R = CH_2-$CH(CH_3)_2$, n = 8) und Taut.

B. Beim Behandeln von 9-[1,3,4-Triacetoxy-[2]naphthyl]-nonansäure-methylester mit Isobutylmagnesiumbromid in Äther und Behandeln des nach der Hydrolyse erhaltenen Reaktionsprodukts in äthanol. Alkalilauge mit Luft (*Paulshock, Moser,* Am. Soc. **72** [1950] 5073, 5077).

Öl.

(25*R*)-3β,26-Dihydroxy-cholesta-5,17(20)ξ-dien-16,22-dion $C_{27}H_{40}O_4$, Formel VII (R = H) und **(22Ξ,25*R*)-22,26-Epoxy-3β,22-dihydroxy-cholesta-5,17(20)ξ-dien-16-on** $C_{27}H_{40}O_4$, Formel VIII (R = H).

B. Beim Erwärmen von (25*R*)-3β,26-Diacetoxy-cholesta-5,17(20)ξ-dien-16,22-dion mit methanol. KOH (*Sandoval et al.*, Am. Soc. **73** [1951] 3820, 3823).

Kristalle (aus Me. + E.); F: 225–226° [korr.]. $[\alpha]_D^{20}$: –173° [$CHCl_3$]. λ_{max} (A.): 236 nm.

Diacetyl-Derivat; (22Ξ,25*R*)-3β,22-Diacetoxy-22,26-epoxy-cholesta-5,17(20)ξ-dien-16-on $C_{31}H_{44}O_6$, Formel VIII (R = CO-CH_3). Kristalle; F: 122–123° [korr.; aus Hexan + Ae.], 85–87° [aus Me.].

Bis-[4-nitro-benzoyl]-Derivat, (22Ξ,25*R*)-22,26-Epoxy-3β,22-bis-[4-nitro-benzoyloxy]-cholesta-5,17(20)ξ-dien-16-on $C_{41}H_{46}N_2O_{10}$, Formel VIII (R = CO-C_6H_4-NO_2). Kristalle (aus A. + Bzl.); F: 185–187° [korr.]. $[\alpha]_D^{20}$: –104° [$CHCl_3$].

Bis-[3,5-dinitro-benzoyl]-Derivat, (22Ξ,25*R*)-3β,22-Bis-[3,5-dinitro-benzoyloxy]-22,26-epoxy-cholesta-5,17(20)ξ-dien-16-on $C_{41}H_{44}N_4O_{14}$, Formel VIII (R = CO-$C_6H_3(NO_2)_2$). Kristalle (aus E. + Me.); F: 164–166°. $[\alpha]_D^{20}$: –94° [$CHCl_3$].

(25*R*)-3*β*,26-Diacetoxy-cholesta-5,17(20)*ξ*-dien-16,22-dion $C_{31}H_{44}O_6$, Formel VII (R = CO-CH_3).

B. Beim Behandeln von Di-*O*-acetyl-pseudokryptogenin (E III/IV **17** 2168) mit CrO_3 und wss. Essigsäure (*Sandoval et al.*, Am. Soc. **73** [1951] 3820, 3822).

Kristalle (aus Hexan+Bzl.); F: 110–111° [korr.]. $[\alpha]_D^{20}$: –171,7° [$CHCl_3$], –166,6° [Dioxan]. λ_{max} (A.): 246 nm.

VIII IX

Hydroxy-oxo-Verbindungen $C_{28}H_{42}O_4$

2-[10-Butyl-10-hydroxy-tetradecyl]-3-hydroxy-[1,4]naphthochinon $C_{28}H_{42}O_4$, Formel V (R = $[CH_2]_3$-CH_3, n = 9) und Taut.

B. Beim Behandeln von 10-[1,3,4-Triacetoxy-[2]naphthyl]-decansäure-methylester mit Butylmagnesiumbromid in Äther und Behandeln des nach der Hydrolyse erhaltenen Reaktionsprodukts in äthanol. Alkalilauge mit Luft (*Paulshock, Moser,* Am. Soc. **72** [1950] 5073, 5077).

Öl.

2-Hydroxy-3-[10-hydroxy-10-isobutyl-12-methyl-tridecyl]-[1,4]naphthochinon $C_{28}H_{42}O_4$, Formel V (R = CH_2-$CH(CH_3)_2$, n = 9) und Taut.

B. Analog der vorangehenden Verbindung (*Paulshock, Moser,* Am. Soc. **72** [1950] 5073, 5077).

Öl.

3*β*-Acetoxy-5-hydroxy-5*α*-ergosta-8,22*t*-dien-7,11-dion $C_{30}H_{44}O_5$, Formel IX.

B. Aus 3*β*-Acetoxy-5*α*-ergosta-7,9(11),22*t*-trien-5-ol und $Na_2Cr_2O_7 \cdot 2H_2O$ in Essigsäure (*Elks et al.*, Soc. **1954** 451, 459).

Gelbe Kristalle (aus Me.); F: 185–195°. $[\alpha]_D^{24}$: –46° [$CHCl_3$; c = 1,30]. IR-Banden (Nujol; 3400–950 cm^{-1}): *Elks et al.* λ_{max} (A.): 263 nm.

Hydroxy-oxo-Verbindungen $C_{29}H_{44}O_4$

Bis-[3,5-di-*tert*-butyl-1-methoxy-4-oxo-cyclohexa-2,5-dienyl]-methan, 2,6,2′,6′-Tetra-*tert*-butyl-4,4′-dimethoxy-4,4′-methandiyl-bis-cyclohexa-2,5-dienon $C_{31}H_{48}O_4$, Formel X.

B. Aus Bis-[3,5-di-*tert*-butyl-4-hydroxy-phenyl]-methan mit Hilfe von Brom und Methanol (*Kharasch, Joshi,* J. org. Chem. **22** [1957] 1435, 1437).

Kristalle (aus Me.); F: 126–127°. λ_{max} (Isooctan): 239 nm (*Kh., Jo.,* l. c. S. 1436).

2-Hydroxy-3-[9-hydroxy-9-isopentyl-12-methyl-tridecyl]-[1,4]naphthochinon $C_{29}H_{44}O_4$, Formel V (R = CH_2-CH_2-$CH(CH_3)_2$, n = 8) und Taut.

B. Beim Behandeln von 9-[1,3,4-Triacetoxy-[2]naphthyl]-nonansäure-methylester mit Isopentylmagnesiumbromid in Äther und Behandeln des nach der Hydrolyse erhaltenen Reaktions

produkts in äthanol. Alkalilauge mit Luft (*Paulshock, Moser,* Am. Soc. **72** [1950] 5073, 5077).
Öl.

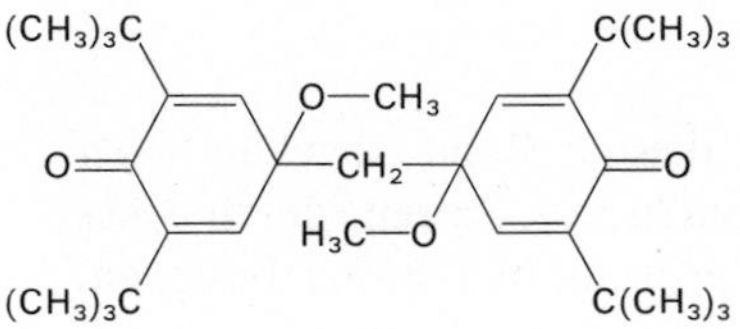

X

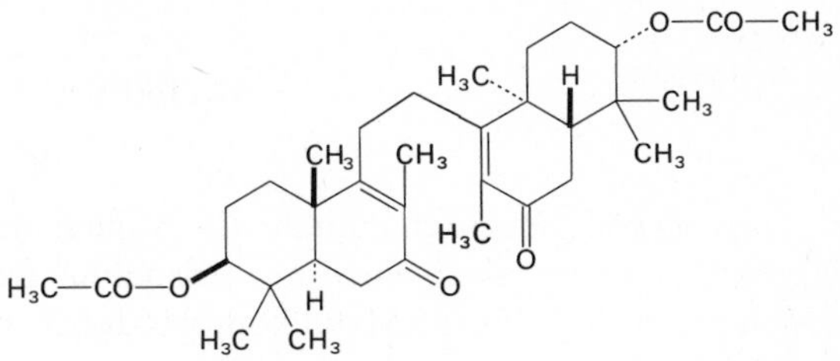

XI

Hydroxy-oxo-Verbindungen $C_{30}H_{46}O_4$

2-Hydroxy-3-[10-hydroxy-10-pentyl-pentadecyl]-[1,4]naphthochinon $C_{30}H_{46}O_4$, Formel V (R = $[CH_2]_4$-CH_3, n = 9) und Taut.

B. Aus 10-[1,3,4-Triacetoxy-[2]naphthyl]-decansäure-methylester analog der vorangehenden Verbindung (*Paulshock, Moser,* Am. Soc. **72** [1950] 5073, 5076).

Orangerotes Öl.

2-Hydroxy-3-[10-hydroxy-10-isopentyl-13-methyl-tetradecyl]-[1,4]naphthochinon $C_{30}H_{46}O_4$, Formel V (R = CH_2-CH_2-$CH(CH_3)_2$, n = 9) und Taut.

B. Aus 10-[1,3,4-Triacetoxy-[2]naphthyl]-decansäure-methylester analog den vorangehenden Verbindungen (*Paulshock, Moser,* Am. Soc. **72** [1950] 5073, 5077).

Öl.

3β,21α-Diacetoxy-onocera-8,13-dien-7,15-dion $C_{34}H_{50}O_6$, Formel XI.

B. Beim Behandeln von Di-*O*-acetyl-*β*-onocerin (E III **6** 5219) mit Chrom-di-*tert*-butylat-dioxid und Essigsäure in Benzol (*Schaffner et al.,* Helv. **39** [1956] 174, 181).

Kristalle (aus CH_2Cl_2+Me.); F: 318–319° [korr.; evakuierte Kapillare]. Bei 250° im Hoch≠vakuum sublimierbar. $[\alpha]_D$: +63° [$CHCl_3$; c = 1]. λ_{max} (A.): 254 nm.

3β,24-Diacetoxy-olean-9(11)-en-12,19-dion $C_{34}H_{50}O_6$, Formel XII.

B. Beim Erwärmen von 3*β*,24-Diacetoxy-oleana-9(11),13(18)-dien-12,19-dion mit Zink-Pulver und Äthanol (*Smith et al.,* Tetrahedron **4** [1958] 111, 131).

Kristalle (aus $CHCl_3$+Me.); F: 249–251° [unkorr.; Zers.]. $[\alpha]_D$: +120° [$CHCl_3$; c = 1]. λ_{max} (A.): 245 nm.

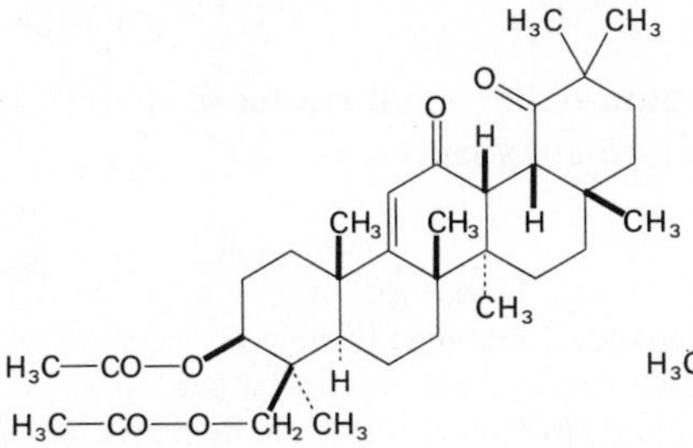

XII

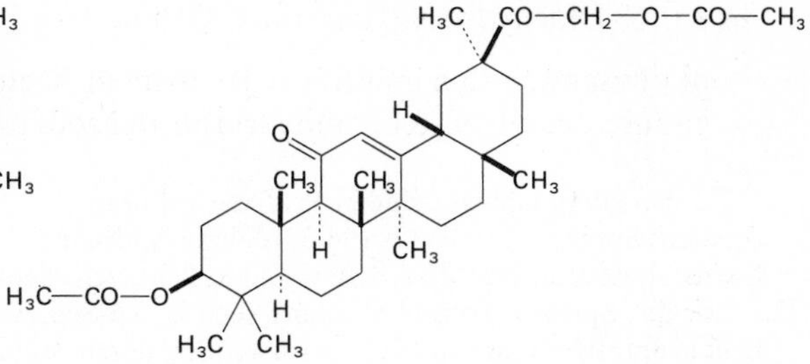

XIII

Hydroxy-oxo-Verbindungen $C_{31}H_{48}O_4$

3β-Acetoxy-30-acetoxymethyl-olean-12-en-11,30-dion $C_{35}H_{52}O_6$, Formel XIII.

B. Beim Erwärmen von 3*β*-Acetoxy-30-diazomethyl-olean-12-en-11,30-dion mit Natrium≠acetat und Essigsäure (*Logemann et al.,* B. **90** [1957] 601, 603).

Kristalle (aus Me.); F: 267°. [*G. Schmitt*]

Sachregister

Das folgende Register enthält die Namen der in diesem Band abgehandelten Verbindungen im allgemeinen mit Ausnahme der Namen von Salzen, deren Kationen aus Metall-Ionen, Metallkomplex-Ionen oder protonierten Basen bestehen, und von Additionsverbindungen.

Die im Register aufgeführten Namen („Registernamen") unterscheiden sich von den im Text verwendeten Namen im allgemeinen dadurch, dass Substitutionspräfixe und Hydrierungsgradpräfixe hinter den Stammnamen gesetzt („invertiert") sind, und dass alle zur Konfigurationskennzeichnung dienenden genormten Präfixe und Symbole (s. „Stereochemische Bezeichnungsweisen") weggelassen sind.

Der Registername enthält demnach die folgenden Bestandteile in der angegebenen Reihenfolge:

1. den Register-Stammnamen (in Fettdruck); dieser setzt sich, sofern nicht ein Radikofunktionalname (s.u.) vorliegt, zusammen aus
   a) dem Stammvervielfachungsaffix (z.B. Bi in [1,2′]Binaphthyl),
   b) stammabwandelnden Präfixen [1]),
   c) dem Namensstamm (z.B. Hex in Hexan; Pyrr in Pyrrol),
   d) Endungen (z.B. an, en, in zur Kennzeichnung des Sättigungszustandes von Kohlenstoff-Gerüsten; ol, in, olidin zur Kennzeichnung von Ringgrösse und Sättigungszustand bei Heterocyclen; ium, id zur Kennzeichnung der Ladung eines Ions),
   e) dem Funktionssuffix zur Kennzeichnung der Hauptfunktion (z.B. -säure, -carbonsäure, -on, -ol),
   f) Additionssuffixen (z.B. oxid in Äthylenoxid, Pyridin-1-oxid).
2. Substitutionspräfixe*), d.h. Präfixe, die den Ersatz von Wasserstoff-Atomen durch andere Atome oder Gruppen („Substituenten") kennzeichnen (z.B. Äthylchlor in 2-Äthyl-1-chlor-naphthalin; Epoxy in 1,4-Epoxy-*p*-menthan).
3. Hydrierungsgradpräfixe (z.B. Hydro in 1,2,3,4-Tetrahydro-naphthalin; Dehydro in 15,15′-Didehydro-*β*,*β*-carotin-4,4′-diol).
4. Funktionsabwandlungssuffixe (z.B. -oxim in Aceton-oxim; -methylester in Bernsteinsäure-dimethylester; -anhydrid in Benzoesäure-anhydrid).

---

[1]) Zu den stammabwandelnden Präfixen gehören:
Austauschpräfixe*) (z.B. Oxa in 3,9-Dioxa-undecan; Thio in Thioessigsäure),
Gerüstabwandlungspräfixe (z.B. Cyclo in 2,5-Cyclo-benzocyclohepten; Bicyclo in Bicyclo[2.2.2]octan; Spiro in Spiro[4.5]decan; Seco in 5,6-Seco-cholestan-5-on; Iso in Isopentan),
Brückenpräfixe*) (nur in Namen verwendet, deren Stamm ein Ringgerüst ohne Seitenkette bezeichnet; z.B. Methano in 1,4-Methano-naphthalin; Epoxido in 4,7-Epoxido-inden [zum Stammnamen gehörig im Gegensatz zu dem bedeutungsgleichen Substitutionspräfix Epoxy]),
Anellierungspräfixe (z.B. Benzo in Benzocyclohepten; Cyclopenta in Cyclopenta[*a*]phenanthren),
Erweiterungspräfixe (z.B. Homo in *D*-Homo-androst-5-en),
Subtraktionspräfixe (z.B. Nor in *A*-Nor-cholestan; Desoxy in 2-Desoxy-hexose).

Beispiele:

Dibrom-chlor-methan wird registriert als **Methan**, Dibrom-chlor-;
meso-1,6-Diphenyl-hex-3-in-2,5-diol wird registriert als **Hex-3-in-2,5-diol,** 1,6-Diphenyl-;
4a,8a-Dimethyl-octahydro-naphthalin-2-on-semicarbazon wird registriert als **Naphthalin-2-on,** 4a,8a-Dimethyl-octahydro-, semicarbazon;
5,6-Dihydroxy-hexahydro-4,7-ätheno-isobenzofuran-1,3-dion wird registriert als **4,7-Ätheno-isobenzofuran-1,3-dion,** 5,6-Dihydroxy-hexahydro-;
1-Methyl-chinolinium wird registriert als **Chinolinium,** 1-Methyl-.

Besondere Regelungen gelten für Radikofunktionalnamen, d.h. Namen, die aus einer oder mehreren Radikalbezeichnungen und der Bezeichnung einer Funktionsklasse (z.B. Äther) oder eines Ions (z.B. Chlorid) zusammengesetzt sind:

a) Bei Radikofunktionalnamen von Verbindungen deren (einzige) durch einen Funktionsklassen-Namen oder Ionen-Namen bezeichnete Funktionsgruppe mit nur einem (einwertigen) Radikal unmittelbar verknüpft ist, umfasst der Register-Stammname die Bezeichnung des Radikals und die Funktionsklassenbezeichnung (oder Ionenbezeichnung) in unveränderter Reihenfolge; ausgenommen von dieser Regelung sind jedoch Radikofunktionalnamen, die auf die Bezeichnung eines substituierbaren (d.h. Wasserstoff-Atome enthaltenden) Anions enden (s. unter c)). Präfixe, die eine Veränderung des Radikals ausdrücken, werden hinter den Stammnamen gesetzt[2]).

Beispiele:

Äthylbromid, Phenyllithium und Butylamin werden unverändert registriert;
4′-Brom-3-chlor-benzhydrylchlorid wird registriert als **Benzhydrylchlorid,**4′-Brom-3-chlor-;
1-Methyl-butylamin wird registriert als **Butylamin,** 1-Methyl-.

b) Bei Radikofunktionalnamen von Verbindungen mit einem mehrwertigen Radikal, das unmittelbar mit den durch Funktionsklassen-Namen oder Ionen-Namen bezeichneten Funktionsgruppen verknüpft ist, umfasst der Register-Stammname die Bezeichnung dieses Radikals und die (gegebenenfalls mit einem Vervielfachungsaffix versehene) Funktionsklassenbezeichnung (oder Ionenbezeichnung), nicht aber weitere im Namen enthaltene Radikalbezeichnungen, auch wenn sie sich auf unmittelbar mit einer der Funktionsgruppen verknüpfte Radikale beziehen.

Beispiele:

Äthylendiamin und Äthylenchlorid werden unverändert registriert;
N,*N*-Diäthyl-äthylendiamin wird registriert als **Äthylendiamin,** *N*,*N*-Diäthyl-;
6-Methyl-1,2,3,4-tetrahydro-naphthalin-1,4-diyldiamin wird registriert als **Naphthalin-1,4-diyldiamin,** 6-Methyl-1,2,3,4-tetrahydro-.

c) Bei Radikofunktionalnamen, deren (einzige) Funktionsgruppe mit mehreren Radikalen unmittelbar verknüpft ist oder deren als Anion bezeichnete Funktionsgruppe Wasserstoff-Atome enthält, besteht der Register-Stammname nur aus der Funktionsklassenbezeichnung (oder Ionenbezeichnung); die Radikalbezeichnungen werden dahinter angeordnet.

Beispiele:

Benzyl-methyl-amin wird registriert als **Amin,** Benzyl-methyl-;
Äthyl-trimethyl-ammonium wird registriert als **Ammonium,** Äthyl-trimethyl-;

---

[2]) Namen mit Präfixen, die eine Veränderung des als Anion bezeichneten Molekülteils ausdrücken sollen (z.B. Methyl-chloracetat), werden im Handbuch nicht mehr verwendet.

Diphenyläther wird registriert als **Äther,** Diphenyl-;
[2-Äthyl-[1]naphthyl]-phenyl-keton-oxim wird registriert als **Keton,** [2-Äthyl-[1]naphthyl]-phenyl-, oxim.

Nach der sog. Konjunktiv-Nomenklatur gebildete Namen (z.B. Cyclohexan=methanol, 2,3-Naphthalindiessigsäure) werden im Handbuch nicht mehr verwendet.

Massgebend für die Anordnung von Verbindungsnamen sind in erster Linie die nicht kursiv gesetzten Buchstaben des Register-Stammnamens; in zweiter Linie werden die durch Kursivbuchstaben und/oder Ziffern repräsentierten Differenzie=rungsmarken des Register-Stammnamens berücksichtigt; erst danach entscheiden die nachgestellten Präfixe und zuletzt die Funktionsabwandlungssuffixe.

Beispiele:
***o*-Phenylendiamin,** 3-Brom- erscheint unter dem Buchstaben P nach ***m*-Phenylendiamin,** 2,4,6-Trinitro-;
Cyclopenta[*b*]naphthalin, 1-Brom-1*H*- erscheint nach **Cyclopenta[*a*]naphthalin,** 3-Methyl-1*H*-;
Aceton, 1,3-Dibrom-, hydrazon erscheint nach **Aceton,** Chlor-, oxim.

Mit Ausnahme von deuterierten Verbindungen werden isotopen-markierte Prä=parate im allgemeinen nicht ins Register aufgenommen. Sie werden im Artikel der nicht markierten Verbindung erwähnt, wenn der Originalliteratur hinreichend bedeutende Bildungsweisen zu entnehmen sind.

Von griechischen Zahlwörtern abgeleitete Namen oder Namensteile sind einheit=lich mit c (nicht mit k) geschrieben.

Die Buchstaben i und j werden unterschieden. Die Umlaute ä, ö und ü gelten hinsichtlich ihrer alphabetischen Einordnung als ae, oe bzw. ue.

---

*) Verzeichnis der in systematischen Namen verwendeten Substitutionspräfixe, Austausch=präfixe und Brückenpräfixe s. Gesamtregister, Sachregister für Band 6 S. V–XXXVI.

Subject Index

The following index contains the names of compounds dealt with in this volume, with the exception of salts whose cations are formed by metal ions, complex metal ions or protonated bases; addition compounds are likewise omitted.

The names used in the index (Index Names) are different from the systematic nomenclature used in the text only insofar as Substitution and Degree-of-Unsaturation Prefices are placed after the name (inverted), and all configurational prefices and symbols (see "Stereochemical Conventions") are omitted.

The Index Names are comprised of the following components in the order given:

1. the Index-Stem-Name (boldface type); this (insofar as a Radicofunctional name is not involved) is in turn made up of:
   a) the Parent-Multiplier (e.g. bi in [1,2′]Binaphthyl),
   b) Parent-Modifying Prefices[1],
   c) the Parent-Stem (e.g. Hex in Hexan, Pyrr in Pyrrol),
   d) endings (e.g. an, en, in defining the degree of unsaturation in the hydrocarbon entity; ol, in, olidin, referring to the ring size and degree of unsaturation of heterocycles; ium, id, indicating the charge of ions),
   e) the Functional-Suffix, indicating the main chemical function (e.g. -säure, -carbonsäure, -on, -ol),
   f) the Additive-Suffix (e.g. oxid in Äthylenoxid, Pyridin-1-oxid).

2. Substitutive Prefices*, i.e., prefices which denote the substitution of Hydrogen atoms with other atoms or groups (substituents) (e.g. äthyl and chlor in 2-Äthyl-1-chlor-naphthalin; epoxy in 1,4-Epoxy-*p*-menthan).

3. Hydrogenation-Prefices (e.g. hydro in 1,2,3,4-Tetrahydro-naphthalin; dehydro in 15,15′-Didehydro-*β*,*β*-carotin-4,4′-diol).

4. Function-Modifying-Suffices (e.g. oxim in Aceton-oxim; methylester in Bernsteinsäure-dimethylester; anhydrid in Benzoesäure-anhydrid).

---

[1] Parent-Modifying Prefices include the following:

Replacement Prefices* (e.g. oxa in 3,9-Dioxa-undecan; thio in Thioessigsäure),

Skeleton Prefices (e.g. cyclo in 2,5-Cyclo-benzocyclohepten; bicyclo in Bicyclo[2.2.2]octan; spiro in Spiro[4.5]decan; seco in 5,6-Seco-cholestan-5-on; iso in Isopentan),

Bridge Prefices* (only used for names of which the Parent is a ring system without a side chain), e.g. methano in 1,4-Methano-naphthalin; epoxido in 4,7-Epoxido-inden (used here as part of the Stem-name in preference to the Substitutive Prefix epoxy),

Fusion Prefices (e.g. benzo in Benzocyclohepten, cyclopenta in Cyclopenta[*a*]phenanthren),

Incremental Prefices (e.g. homo in *D*-Homo-androst-5-en),

Subtractive Prefices (e.g. nor in *A*-Nor-cholestan; desoxy in 2-Desoxy-hexose).

Examples:

Dibrom-chlor-methan is indexed under **Methan,** Dibrom-chlor-;
meso-1,6-Diphenyl-hex-3-in-2,5-diol is indexed under **Hex-3-in-2,5-diol,** 1,6-Diphenyl-;
4a,8a-Dimethyl-octahydro-naphthalin-2-on-semicarbazon is indexed under **Naphthalin-2-on,** 4a,8a-Dimethyl-octahydro-, semicarbazon;
5,6-Dihydroxy-hexahydro-4,7-ätheno-isobenzofuran-1,3-dion is indexed under **4,7-Ätheno-isobenzofuran-1,3-dion,** 5,6-Dihydroxy-hexahydro-;
1-Methyl-chinolinium is indexed under **Chinolinium,** 1-Methyl-.

Special rules are used for Radicofunctional Names (i.e. names comprised of one or more Radical Names and the name of either a class of compounds (e.g. Äther) or an ion (e.g. chlorid)):

a) For Radicofunctional names of compounds whose single functional group is described by a class name or ion, and is immediately connected to a single univalent radical, the Index-Stem-Name comprises the radical name followed by the functional name (or ion) in unaltered order; the only exception to this rule is found when the Radicofunctional Name would end with a Hydrogencontaining (i.e. substitutable) anion, (see under c), below). Prefices which modify the radical part of the name are placed after the Stem-Name[2].

Examples:

Äthylbromid, Phenyllithium and Butylamin are indexed unchanged.
4′-Brom-3-chlor-benzhydrylchlorid is indexed under **Benzhydrylchlorid,** 4′-Brom-3-chlor-;
1-Methyl-butylamin is indexed under **Butylamin,** 1-Methyl-.

b) For Radicofunctional names of compounds with a multivalent radical attached directly to a functional group described by a class name (or ion), the Index-Stem-Name is comprised of the name of the radical and the functional group (modified by a multiplier when applicable), but not those of other radicals contained in the molecule, even when they are attached to the functional group in question.

Examples:

Äthylendiamin and Äthylenchlorid are indexed unchanged;
6-Methyl-1,2,3,4-tetrahydro-naphthalin-1,4-diyldiamin is indexed under **Naphthalin-1,4-diyldiamin,** 6-Methyl-1,2,3,4-tetrahydro-;
N,N-Diäthyl-äthylendiamin is indexed under **Äthylendiamin,** *N,N*-Diäthyl-.

c) In the case of Radicofunctional names whose single functional group is directly bound to several different radicals, or whose functional group is an anion containing exchangeable Hydrogen atoms, the Index-Stem-Name is comprised of the functional class name (or ion) alone; the names of the radicals are listed after the Stem-Name.

Examples:

Benzyl-methyl-amin is indexed under **Amin,** Benzyl-methyl-;
Äthyl-trimethyl-ammonium is indexed under **Ammonium,** Äthyl-trimethyl-;
Diphenyläther is indexed under **Äther,** Diphenyl-;
[2-Äthyl-[1]naphthyl]-phenyl-keton-oxim is indexed under **Keton,** [2-Äthyl-[1]naphthyl]-phenyl-, oxim.

---

[2] Names using prefices which imply an alteration of the anionic component (e.g. Methylchloracetat) are no longer used in the Handbook.

Conjunctive names (e.g. Cyclohexanmethanol; 2,3-Naphthalindiessigsäure) are no longer in use in the Handbook.

The alphabetical listings follow the non-italic letters of the Stem-Name; the italic letters and/or modifying numbers of the Stem-Name then take precedence over prefices. Function-Modifying Suffices have the lowest priority.

Examples:

***o*-Phenylendiamin,** 3-Brom- appears under the letter P, after ***m*-Phenylendiamin,** 2,4,6-Trinitro-;

Cyclopenta[*b*]naphthalin, 1-Brom-1*H*- appears after **Cyclopenta[*a*]naphthalin,** 3-Methyl-1*H*-;

Aceton, 1,3-Dibrom-, hydrazon appears after **Aceton,** Chlor-, oxim.

With the exception of deuterated compounds, isotopically labeled substances are generally not listed in the index. They may be found in the articles describing the corresponding non-labeled compounds provided the original literature contains sufficiently important information on their method of preparation.

Names or parts of names derived from Greek numerals are written throughout with c (not k). The letters i and j are treated separately and the modified vowels ä, ö, and ü are treated as ae, oe and ue respectively for the purposes of alphabetical ordering.

---

* For a list of the Substitutive, Replacement and Bridge Prefices, see: Gesamtregister, Subject Index for Volume 6 pages V–XXXVI.

A

Abietan
Bezifferung s. **5** III 1310 Anm.
Abieta-5,7,9(11),13-tetraen-12-on
–, 11,15-Dihydroxy- 2412
Abieta-8,11,13-trien-6,7-dion
–, 12-Acetoxy- 2412
–, 12-Hydroxy- 2412
–, 12-Methoxy- 2412
– monooxim 2412
Abieta-8,11,13-trien-7,18-dion
–, 12-Acetoxy-18-phenyl- 2643
–, 12-Hydroxy-18-phenyl- 2643
– monooxim 2643
–, 12-Methoxy-18-phenyl- 2643
Acetaldehyd
–, Bis-[2-hydroxy-5-nitro-phenyl]- 2467
–, Bis-[2-methoxy-5-nitro-phenyl]- 2467
–, [2,2′-Dimethoxy-benzhydrylidenamino]-,
– diäthylacetal 2447
–, Hydroxy-[4-methoxy-phenyl]-phenyl- 2467
–, [2-Hydroxymethyl-4,5-dimethoxy-phenyl]- 2749
–, [3,4,5-Trimethoxy-phenyl]- 2742
– oxim 2742
Acetamid
–, *N*-[2′,3′-Dimethoxy-2,3,5,6-tetramethyl-benzhydryliden]- 2503
Acetat
–, Dioxo-*β*-amyradienyl- 2529
Aceton
–, 1-Acetoxy-3-[4′-acetoxy-biphenyl-4-yl]- 2486
–, 1-[4′-Acetoxy-biphenyl-4-yl]-3-diazo- 2555
–, 1-[4′-Acetoxy-biphenyl-4-yl]-3-hydroxy- 2486
–, [4-Acetoxy-3,5-dimethoxy-phenyl]- 2749
–, 1-Biphenyl-4-yl-1,3-bis-methoxycarbonyloxy- 2486
–, 1-Biphenyl-4-yl-3-diazo-1-methoxycarbonyloxy- 2555
–, 1-Biphenyl-4-yl-3-hydroxy-1-methoxycarbonyloxy- 2486
–, 1,3-Bis-[4-acetoxy-phenyl]- 2481
–, 1,1-Bis-[5-*tert*-butyl-4-hydroxy-2-methyl-phenyl]- 2527
–, 1,3-Bis-[4-hydroxy-phenyl]- 2481
–, 1,1-Bis-[4-methoxy-phenyl]- 2483
– oxim 2483
–, 1,3-Bis-[2-methoxy-phenyl]- 2481
–, 1,3-Bis-[3-methoxy-phenyl]- 2481
– semicarbazon 2481
–, 1,3-Bis-[4-methoxy-phenyl]- 2481
– oxim 2481
– semicarbazon 2481
–, 1,3-Bis-[4-phenoxy-phenyl]- 2482
– oxim 2482
–, 1,3-Bis-[4-phenylmercapto-phenyl]- 2482
– oxim 2482
–, 3-Chlor-1,1-bis-[4-methoxy-phenyl]- 2483
–, 1-Chlor-3-[3,4,5-trimethoxy-phenyl]- 2749
–, 1,3-Dihydroxy-1,3-diphenyl-,
– oxim 2482
–, {4-Methoxy-3-[1-(4-methoxy-phenyl)-propyl]-phenyl}- 2509
–, [3,4,5-Trimethoxy-phenyl]- 2748
– hydrazon 2749
Acetosyringon 2735
Adhumulinsäure 2767
Äthan
–, 12-Bis-[2,5,5,8a-tetramethyl-decahydro-naphthyl]- s. *Onoceran.*
Äthandion
–, 1,2-Bis-[1-acetoxy-cyclohexyl]- 2703
–, 1,2-Bis-[1-hydroxy-cyclohexyl]- 2703
Äthanon
–, 2-Acetoxy-1-[4-acetoxy-3-benzyl-phenyl]- 2484
–, 2-Acetoxy-1-[4-acetoxy-2-hydroxy-phenyl]- 2736
–, 2-Acetoxy-1-[5-acetoxy-2-hydroxy-phenyl]- 2737
–, 2-Acetoxy-1-[3-acetoxy-4-methoxy-phenyl]- 2741
–, 2-Acetoxy-1-[4-acetoxy-3-methoxy-phenyl]- 2741
–, 2-Acetoxy-1-{4-[1-äthyl-2-(4-methoxy-phenyl)-but-1-enyl]-phenyl}- 2579
–, 2-Acetoxy-1-{4-[1-äthyl-2-(4-methoxy-phenyl)-butyl]-phenyl}- 2521
–, 1-[2-Acetoxy-5-allyloxy-4-methoxy-phenyl]- 2726
–, 1-[2-Acetoxy-5-benzyloxy-4-methoxy-phenyl]- 2727
–, 1-[17-Acetoxy-3-benzyloxy-östra-1,3,5(10)-trien-2-yl]- 2413
–, 1-[4-Acetoxy-3-benzyl-phenyl]-2-diazo- 2555
–, 2-Acetoxy-1-[2,4-bis-methansulfonyloxy-phenyl]- 2737
–, 2-Acetoxy-1-[2,5-diacetoxy-3-brom-phenyl]- 2738
–, 2-Acetoxy-1-[2,5-diacetoxy-3-nitro-phenyl]- 2738
–, 2-Acetoxy-1-[2,5-diacetoxy-phenyl]- 2738
–, 2-Acetoxy-1-[3,5-diacetoxy-phenyl]- 2742
–, 1-[3-Acetoxy-2,6-dihydroxy-phenyl]- 2724
–, 2-Acetoxy-1-[3,4-dihydroxy-phenyl]- 2740
–, 1-[2-Acetoxy-4,6-dimethoxy-phenyl]- 2730
–, 1-[4-Acetoxy-2,5-dimethoxy-phenyl]- 2726

Äthanon (Fortsetzung)
–, 1-[4-Acetoxy-3,5-dimethoxy-phenyl]- 2735
–, 1-[5-Acetoxy-2,4-dimethoxy-phenyl]- 2727
–, 2-Acetoxy-1-[3,4-dimethoxy-phenyl]- 2741
–, 1-[2-Acetoxy-4,6-dimethoxy-phenyl]-2-chlor- 2734
–, 1-[4-Acetoxy-2,6-dimethoxy-phenyl]-2-chlor- 2734
–, 1-[3-Acetoxy-2,4-dimethoxy-6-propyl-phenyl]- 2759
–, 1-[5-Acetoxy-2-hydroxy-4-methoxy-phenyl]- 2727
–, 2-Acetoxy-1-[4-hydroxy-3-methoxy-phenyl]- 2741
–, 1-[4-Acetoxy-1-hydroxy-[2]naphthyl]-2-brom- 2379
–, 1-[2-Acetoxy-5-hydroxy-3-nitro-phenyl]-2-hydroxy- 2738
–, 1-[5-Acetoxy-2-hydroxy-3-nitro-phenyl]-2-hydroxy- 2738
–, 1-[17-Acetoxy-3-hydroxy-östra-1,3,5(10)-trien-2-yl]- 2413
–, 2-Acetoxy-1-[6-methoxy-[2]naphthyl]-2380
–, 2-Acetoxy-1-[3-(6-methoxy-[2]naphthyl)-cyclohexyl]- 2510
–, 1-[17-Acetoxy-3-methoxy-östra-1,3,5(10)-trien-2-yl]- 2413
–, 1-[2-Acetoxy-4-methoxy-phenyl]-2-diazo- 2799
–, 1-[3-Acetoxy-4-methoxy-phenyl]-2-diazo- 2801
–, 1-[4-Acetoxy-3-methoxy-phenyl]-2-diazo- 2801
–, 1-[4-Acetoxy-3-methoxy-phenyl]-2-hydroxy- 2740
–, 1-[3-Acetoxy-4-methoxy-phenyl]-2-hydroxy-2-isopropoxy- 2801
–, 1-{4-[2-(4-Acetoxy-phenyl)-1-äthyl-butyl]-phenyl}-2-bromacetoxy- 2521
–, 1-{4-[2-(4-Acetoxy-phenyl)-1-äthyl-butyl]-phenyl}-2-diazo- 2521
–, 2-[4-Acetyl-2-methoxy-phenoxy]-1-[4-(4-hydroxy-3-methoxy-phenacyloxy)-3-methoxy-phenyl]- 2740
–, 2-[4-Acetyl-2-methoxy-phenoxy]-1-[4-hydroxy-3-methoxy-phenyl]- 2740
–, 1-[4-Äthoxy-2,3-dihydroxy-phenyl]-2722
–, 1-[2-Äthoxy-3,4-dimethoxy-phenyl]-2722
–, 1-[3-Äthoxy-2,4-dimethoxy-phenyl]-2722
– semicarbazon 2722
–, 2-Äthoxy-1-[3,4-dimethoxy-phenyl]-2-hydroxy- 2801
–, 1-[2-Äthoxy-6-hydroxy-4-methoxy-phenyl]- 2731
–, 1-[3-Äthoxy-2-hydroxy-4-methoxy-phenyl]- 2722
–, 2-[4-Äthoxy-phenoxy]-1-[3,4-dimethoxy-phenyl]- 2739
–, 1-[5-Äthyl-2,4-dihydroxy-phenyl]-2-methoxy- 2756
–, 1-{5-[1-Äthyl-2-(4-hydroxy-phenyl)-butyl]-2-hydroxy-phenyl}- 2520
–, 2-Äthylmercapto-1-[3,4-dimethoxy-phenyl]- 2741
–, 1-[3-Äthyl-6-methoxy-1-(4-methoxy-phenyl)-2-methyl-indan-5-yl]- 2581
–, 1-{4-[1-Äthyl-2-(4-methoxy-phenyl)-but-1-enyl]-phenyl}-2-diazo- 2626
–, 1-{5-[1-Äthyl-2-(4-methoxy-phenyl)-butyl]-2-methoxy-phenyl}- 2520
– oxim 2521
–, 1-{5-[1-Äthyl-2-(4-methoxy-phenyl)-butyl]-2-methoxy-phenyl}-2-brom- 2521
–, 1-[5-Äthyl-2,3,4-trihydroxy-phenyl]-2755
–, 1-[5-Äthyl-2,3,4-trihydroxy-phenyl]-2-chlor- 2755
–, 1-[2-Allyl-6-benzyloxy-3,4-dimethoxy-phenyl]- 2815
–, 1-[2-Allyl-6-benzyloxy-3-hydroxy-4-methoxy-phenyl]- 2815
–, 1-[2-Allyl-3,6-dihydroxy-4-methoxy-phenyl]- 2814
–, 1-[3-Allyl-2,4-dihydroxy-phenyl]-2-methoxy- 2815
–, 1-[2-Allyl-3-hydroxy-4,6-dimethoxy-phenyl]- 2814
–, 1-[5-Allyloxy-2-benzyloxy-4-methoxy-phenyl]- 2727
–, 1-[5-Allyloxy-2,4-dimethoxy-phenyl]-2726
–, 1-[5-Allyloxy-2-hydroxy-4-methoxy-phenyl]- 2726
–, 1-[4-Allyloxy-2-hydroxy-phenyl]-2-methoxy- 2736
–, 1-[2-Allyl-3,4,6-trimethoxy-phenyl]-2815
–, 2-Benzolsulfonyl-1-[2,4-dimethoxy-phenyl]-2-methansulfonyl- 2800
–, 1-[3-Benzyl-4-benzyloxy-2-hydroxy-phenyl]- 2484
–, 1-[3-Benzyl-2,4-dihydroxy-phenyl]-2484
–, 1-[6-Benzyloxy-2,4-dihydroxy-3-methyl-phenyl]- 2751
–, 1-[4-Benzyloxy-2,5-dihydroxy-phenyl]-2727
–, 1-[2-Benzyloxy-4,6-dimethoxy-3-(2-nitro-1-nitromethyl-äthyl)-phenyl]- 2759
–, 1-[2-Benzyloxy-4,6-dimethoxy-3-(2-nitro-vinyl)-phenyl]- 2809
–, 1-[5-Benzyloxy-2,4-dimethoxy-phenyl]-2727
–, 1-[6-Benzyloxy-3,4-dimethoxy-2-propenyl-phenyl]- 2814

Äthanon (Fortsetzung)
–, 1-[4-Benzyloxy-6-hydroxy-2-methoxy-3-methyl-phenyl]- 2751
–, 1-[6-Benzyloxy-2-hydroxy-4-methoxy-3-methyl-phenyl]- 2751
–, 1-[4-Benzyloxy-2-hydroxy-5-methoxy-phenyl]- 2727
–, 1-[4-Benzyloxy-2-hydroxy-6-methoxy-phenyl]- 2731
–, 1-[5-Benzyloxy-2-hydroxy-4-methoxy-phenyl]- 2727
–, 1-[3-Benzyloxy-4-methoxy-2-nitro-phenyl]-2-diazo- 2801
–, 1-[4-Benzyloxy-3-methoxy-2-nitro-phenyl]-2-diazo- 2802
–, 1-[5-Benzyloxy-4-methoxy-2-nitro-phenyl]-2-diazo- 2802
–, 1-[3-Benzyloxy-4-methoxy-phenyl]-2-diazo- 2801
–, 1-[4-Benzyloxy-3-methoxy-phenyl]-2-diazo- 2801
–, 1-[4-Benzyloxy-3-methoxy-phenyl]-2-[4-formyl-2-methoxy-phenoxy]- 2740
–, 1-[4-Benzyloxy-3-methoxy-phenyl]-2-[2-methoxy-phenoxy]- 2739
–, 1-[4-Benzyloxy-3-methoxy-phenyl]-2-[2-methoxy-4-propyl-phenoxy]- 2740
–, 1-[2,4-Bis-allyloxy-phenyl]-2-methoxy-2736
–, 1-[4,6-Bis-benzyloxy-2-hydroxy-3-methyl-phenyl]- 2751
–, 1-[4,6-Bis-benzyloxy-2-methoxy-3-methyl-phenyl]- 2751
–, 1-[2,4-Bis-methansulfonyloxy-phenyl]-2-hydroxy- 2737
–, 2,2-Bis-[4-methoxy-phenyl]-1-phenyl-2651
–, 2-Brom-1-[2,6-diacetoxy-4-methoxy-phenyl]- 2734
–, 2-Brom-1-[2,6-dihydroxy-4-methoxy-phenyl]- 2734
–, 1-[3-Brom-2,5-dihydroxy-phenyl]-2-hydroxy- 2738
–, 2-Brom-1-[2,4′-dimethoxy-biphenyl-4-yl]- 2472
–, 2-Brom-1-[4,5-dimethoxy-2-phenoxy-phenyl]- 2728
–, 1-[5-Brom-2,4-dimethoxy-phenyl]-2-diazo- 2799
–, 1-[3-Brom-2-hydroxy-4,6-dimethoxy-phenyl]-2-chlor- 2734
–, 2-Brom-1-[2,3,5-triacetoxy-phenyl]-2724
–, 2-[5-*sec*-Butyl-2-oxo-cyclohexyl]-2-hydroxy-1,2-diphenyl- 2628
–, 2-[5-*tert*-Butyl-2-oxo-cyclohexyl]-2-hydroxy-1,2-diphenyl- 2628
–, 1-[5-*tert*-Butyl-2,3,4-trihydroxy-phenyl]-2761
–, 2-Chlor-1-[3-chlor-2-hydroxy-4,6-dimethoxy-phenyl]- 2734
–, 2-Chlor-1-[2-hydroxy-4,6-dimethoxy-3-methyl-phenyl]- 2752
–, 2-Chlor-1-[6-hydroxy-2,4-dimethoxy-3-methyl-phenyl]- 2752
–, 1-[3-Chlor-2-hydroxy-4,6-dimethoxy-phenyl]- 2733
–, 2-Chlor-1-[2-hydroxy-4,6-dimethoxy-phenyl]- 2733
–, 2-Chlor-1-[4-hydroxy-2,6-dimethoxy-phenyl]- 2734
–, 2-Chlor-1-[2,3,4-trihydroxy-phenyl]-2723
–, 1-[3-Chlor-2,4,6-trimethoxy-phenyl]-2733
–, 1-[2,4′-Diacetoxy-biphenyl-4-yl]- 2472
–, [2,5-Diacetoxy-3-brom-phenyl]-2-diazo-2800
–, 1-[2,6-Diacetoxy-4-methoxy-3-methyl-phenyl]- 2750
–, 1-[2,3-Diacetoxy-4-methoxy-phenyl]-2723
–, 1-[2,6-Diacetoxy-4-methoxy-phenyl]-2731
–, 1-[4,5-Diacetoxy-2-methoxy-phenyl]-2725
–, [2,5-Diacetoxy-3-nitro-phenyl]-2-diazo-2800
–, 1-[3,17-Diacetoxy-östra-1,3,5(10)-trien-2-yl]- 2413
–, 1-[2,5-Diacetoxy-phenyl]-2-diazo- 2800
–, 1-[3,5-Diacetoxy-phenyl]-2-diazo- 2802
–, 1-[2,4-Diacetoxy-phenyl]-2-methoxy-2736
–, 1-[3,4-Diacetoxy-phenyl]-2-methoxy-2741
–, 1-[3,4-Diacetoxy-1-sulfooxy-[2]naphthyl]-2963
–, 1-[4,6-Diäthoxy-2-hydroxy-3-methyl-phenyl]- 2751
–, 1-[2,4-Diäthoxy-6-hydroxy-phenyl]-2731
–, 1-[2,6-Diäthoxy-4-hydroxy-phenyl]-2731
–, 1-[3,4-Diäthoxy-2-hydroxy-phenyl]-2722
–, 1-[4,6-Diäthoxy-2-methoxy-3-methyl-phenyl]- 2751
–, 1-[2,3-Diäthoxy-4-methoxy-phenyl]-2722
– oxim 2722
–, 1-[2,4-Diäthoxy-3-methoxy-phenyl]-2722
– oxim 2722
–, 1-[2,4-Diäthoxy-6-methoxy-phenyl]-2731
–, 1-[2,5-Diäthoxy-4-methoxy-phenyl]-2726
–, 1-[2,6-Diäthoxy-4-methoxy-phenyl]-2731
–, 1-[3,6-Diäthoxy-2-methoxy-phenyl]-2724

Androstan-17-on (Fortsetzung)
—, 3,5,19-Trihydroxy- 2771
—, 3,7,11-Trihydroxy-4,4,14-trimethyl- 2792
Androstan-3,6,17-trion
—, 5-Hydroxy- 2886
Androstan-3,11,17-trion
—, 5-Hydroxy- 2886
Androst-4-en-18-al
—, 11-Acetoxy-3,16-dioxo- 2983
—, 17-Acetoxy-3,11-dioxo- 2982
—, 11,17-Dihydroxy-3-oxo- 2886
—, 11-Hydroxy-3,16-dioxo- 2982
Androst-4-en-3,16-dion
—, 11,18-Epoxy-18-hydroxy- 2982
Androst-4-en-3,17-dion
—, 6-Acetoxy-11-hydroxy- 2885
—, 6,11-Dihydroxy- 2885
—, 7,14-Dihydroxy- 2885
—, 9,11-Dihydroxy- 2885
—, 11,14-Dihydroxy- 2885
—, 9-Fluor-11,16-dihydroxy- 2886
—, 11-Hydroxy-9-thiocyanato- 2885
Androst-5-en-7,17-dion
—, 3,16-Diacetoxy- 2886
—, 3,16-Dihydroxy- 2886
Androst-4-en-3-on
—, 17-Acetoxy-1,7-bis-acetylmercapto- 2825
—, 11,18-Epoxy-17,18-dihydroxy- 2886
—, 11,17,18-Trihydroxy- 2825
Androst-5-en-17-on
—, 3-Acetoxy-16-benzyliden-14-hydroxy- 2628
—, 16-Benzyliden-3,14-dihydroxy- 2628
—, 3,16-Diacetoxy-7-hydroxy- 2825
—, 3,7,16-Triacetoxy- 2826
Androst-8-en-7-on
—, 3,17-Diacetoxy-11-hydroxy- 2826
—, 3,11,17-Triacetoxy- 2826
—, 3,11,17-Trihydroxy- 2826
Androst-4-en-3,11,17-trion
—, 6-Acetoxy- 2982
—, 18-Acetoxy- 2982
—, 14-Hydroxy- 2982
—, 9-Thiocyanato- 2982
Anhydrid
—, [9,10-Dioxo-9,10-dihydro-anthracen-1-selenensäure]-essigsäure- 2597
—, [9,10-Dioxo-9,10-dihydro-anthracen-1-sulfensäure]-essigsäure- 2595
Anhydrodigipurpurogenin 2838
Anisol
—, 2,4-Dichlor-6-[5,7-dichlor-benzofuran-3-yl]- 2448
Anthracen
—, 9-[4-Methoxy-benzoyl]-10-*p*-toluoyl-9,10-dihydro- 2687
Anthracen-1,3-diol
—, 4-Nitroso- 2602
Anthracen-1,2-dion
—, 5-Hydroxy- 2602
—, 6-Hydroxy- 2602
—, 7-Hydroxy- 2601
—, 3-Hydroxy-9,10-diphenyl- 2687
—, 6-Hydroxy-9,10-diphenyl- 2686
— monosemicarbazon 2686
—, 3-Methoxy-9,10-diphenyl- 2687
—, 6-Methoxy-9,10-diphenyl- 2686
Anthracen-1,4-dion
—, 9-Acetoxy- 2602
—, 9-Chlor-10-hydroxy- 2603
—, 9-Chlor-10-hydroxy-2,3-dimethyl- 2616
—, 2-Hydroxy-,
— 1-oxim 2602
—, 5-Hydroxy- 2602
—, 9-Methoxy- 2602
Anthracen-1,10-dion
—, 9-Chlor-4-hydroxy-2,3-dimethyl- 2616
—, 2,4-Dibrom-9-hydroxy- 2589
Anthracen-2,9-dion
—, 10-Acetoxy-3-chlor-10-methyl-1,3,4,4a,9a,10-hexahydro- 2390
—, 3-Brom-10-hydroxy-8-methoxy-10-methyl-1,3,4,4a,9a,10-hexahydro- 2974
—, 3-Brom-10-hydroxy-10-methyl-1,3,4,4a,9a,10-hexahydro- 2390
—, 3-Chlor-10-hydroxy-8-methoxy-10-methyl-1,3,4,4a,9a,10-hexahydro- 2974
—, 3-Chlor-10-hydroxy-10-methyl-1,3,4,4a,9a,10-hexahydro- 2390
—, 10-Hydroxy-8-methoxy-10-methyl-1,3,4,4a,9a,10-hexahydro- 2973
—, 10-Hydroxy-10-methyl-1,3,4,4a,9a,10-hexahydro- 2389
— monosemicarbazon 2390
Anthracen-2,10-dion
—, 9-Acetoxy-3-brom-9-methyl-4,4a,9,9a-tetrahydro-1*H*,3*H*- 2391
—, 9-Acetoxy-3-chlor-9-methyl-4,4a,9,9a-tetrahydro-1*H*,3*H*- 2391
—, 3-Brom-9-hydroxy-5-methoxy-9-methyl-4,4a,9,9a-tetrahydro-1*H*,3*H*- 2975
—, 3-Brom-9-hydroxy-9-methyl-4,4a,9,9a-tetrahydro-1*H*,3*H*- 2391
—, 3-Chlor-9-hydroxy-8-methoxy-9-methyl-4,4a,9,9a-tetrahydro-1*H*,3*H*- 2975
—, 3-Chlor-9-hydroxy-9-methyl-4,4a,9,9a-tetrahydro-1*H*,3*H*- 2391
—, 9-Hydroxy-8-methoxy-9-methyl-4,4a,9,9a-tetrahydro-1*H*,3*H*- 2974
—, 9-Hydroxy-9-methyl-4,4a,9,9a-tetrahydro-1*H*,3'*H*-,
— monosemicarbazon 2391
—, 9-Hydroxy-9-methyl-4,4a,9,9a-tetrahydro-1*H*,3*H*- 2390
Anthracen-1-on
—, 8,9-Dihydroxy-3,4-dihydro-2*H*- 2473

B

Benzaldehyd (Fortsetzung)
–, 2,3,5-Trimethoxy- 2715
–, 2,3,6-Trimethoxy- 2715
–, 2,4,5-Trimethoxy- 2715
–, 2,4,6-Trimethoxy- 2717
–, 3,4,5-Trimethoxy- 2719
– azin 2720
– dimethylhydrazon 2719
– imin 2720
– thiosemicarbazon 2719
–, 2,4,6-Trimethoxy-3-methyl- 2744
– oxim 2744
–, 3,4,6-Trimethoxy-2-methyl- 2743
–, 4,5,3′-Trimethoxy-3,4′-oxy-di- 2719
Benz[*a*]anthracen-7,12-dion
–, 5-Acetoxy-6-methyl- 2658
–, 5-Hydroxy- 2658
–, 5-Hydroxy-6-methyl- 2658
–, 9-Methoxy-2,6-dimethyl- 2660
–, 10-Methoxy-2,6-dimethyl- 2660
–, 5-Methoxy-6-methyl- 2659
Benz[*de*]anthracen-7-on
–, 5-Acetoxy-6-hydroxy- 2644
–, 4,5-Diacetoxy- 2644
–, 4,5-Dihydroxy- 2644
–, 5,6-Dihydroxy- 2644
–, 8,9-Dihydroxy- 2644
–, 8,11-Dihydroxy- 2644
–, 8,11-Dimethoxy- 2644
–, 9,10-Dimethoxy- 2644
9,10-*o*-Benzeno-anthracen-9-carbaldehyd
–, 1,4-Dihydroxy-10*H*- 2669
–, 1,4-Dioxo-1,4a,9a,10-tetrahydro-4*H*- 2669
Benzil
–, 4-Acetoxy- 2532
–, 4-Äthoxy- 2532
–, 4-Äthoxy-4′-nitro- 2533
– α-oxim 2533
–, 4-Butoxy- 2533
–, 4-Butoxy-4′-nitro- 2534
–, 4-Chlor-4′-methoxy- 2533
–, 4-Decyloxy- 2533
–, 4-Heptyloxy- 2533
–, 4-Hexyloxy- 2533
–, 2-Hydroxy- 2532
–, 3-Hydroxy- 2532
–, 4-Hydroxy- 2532
–, 4-Hydroxy-4′-nitro- 2533
– α-oxim 2533
–, 4-Isopropoxy- 2533
–, 4-Methansulfonyl- 2534
–, 4-Methoxy- 2532
– dioxim 2532
–, 3-Methoxy-4-methyl- 2554
–, 4-Methoxy-4′-nitro- 2533
– α-oxim 2533
–, 3-Methoxy-4-phenyl- 2659
–, 4-Methylmercapto- 2534
–, 4-Nitro-4′-propoxy- 2534
–, 4-Nonyloxy- 2533
–, 4-Octyloxy- 2533
–, 4-Pentyloxy- 2533
–, 4-Phenylmercapto- 2534
–, 4-Propoxy- 2532
–, 4-Undecyloxy- 2533
Benz[*e*]inden
s. *Cyclopenta[*a*]naphthalin*
[1,2]Benzochinon
–, 4,6-Di-*tert*-butyl-3-hydroxy- 2764
[1,4]Benzochinon
–, 3-Acetoxy-2,5-diphenyl- 2645
–, 2-[2-Acetoxy-6-methyl-phenyl]-3-methyl- 2472
–, [2-Acetoxy-phenyl]- 2438
–, [3-Acetoxy-phenyl]- 2439
–, 2-[1-Äthyl-2-oxo-propyl]-5-methoxy- 2813
–, 2-Benzyloxy-6-methoxy- 2710
–, 2,5-Bis-[1-brom-[2]naphthyloxy]-3,6-dichlor- 2708
–, 2,3-Bis-[2-carboxy-äthylmercapto]-5,6-dimethyl- 2743
–, 2,5-Bis-[2-carboxy-äthylmercapto]-3,6-dimethyl- 2744
–, 2,6-Bis-[2-carboxy-äthylmercapto]-3,5-dimethyl- 2744
–, 2,5-Bis-carboxymethylmercapto-3,6-dimethyl- 2744
–, 2,6-Bis-carboxymethylmercapto-3,5-dimethyl- 2744
–, 2,5-Bis-[3-carboxy-propylmercapto]-2709
–, 2,5-Bis-[2-chlor-phenyl]-3-hydroxy-2645
–, 2,5-Bis-[4-hydroxy-phenoxy]- 2707
–, 2,5-Bis-methansulfonyloxy- 2707
–, 2,5-Bis-octylmercapto- 2709
–, 2,5-Bis-propylmercapto- 2709
–, 3-Brom-2,5-dihydroxy- 2709
–, 2-Brom-3,5-dimethoxy- 2711
–, 3-Chlor-2,5-dimethoxy- 2707
–, 2-Chlor-3,6-dimethoxy-5-methyl- 2721
–, [2-Chlor-6-methoxy-phenyl]- 2438
–, 2-[3,7,11,15,19,23,27,31,35,39-Decamethyl-tetracontyl]-5,6-dimethoxy-3-methyl- 2798
–, 2,5-Diacetoxy- 2707
–, 2,5-Diäthoxy- 2706
–, 2,5-Diäthoxy-3,6-dibrom- 2709
–, 2,5-Diäthoxy-3,6-dichlor- 2708
–, 2,6-Dibrom-,
– [4,4′-dimethoxy-benzhydryl= idenhydrazon] 2455
–, 2,5-Dibrom-3,6-dihydroxy- 2709
–, 2,5-Dibrom-3,6-dimethoxy- 2709
–, 2,6-Dibrom-3,5-dimethoxy- 2711
–, 2,5-Dibutyl-3,6-dihydroxy- 2764
–, 2,6-Dichlor-,
– [4,4′-dimethoxy-benzhydryl= idenhydrazon] 2455

Benzocyclohepten-5-on (Fortsetzung)
–, 6-Hydroxy-2,3-dimethoxy- 2958
–, 4-Hydroxy-2,3-dimethoxy-6,7,8,9-tetrahydro- 2816
– oxim 2816
–, 6-Hydroxymethylen-2,3-dimethoxy-6,7,8,9-tetrahydro- 2876
–, 6-Jod-2,3,4-trimethoxy-6,7,8,9-tetrahydro- 2817
–, 1,4,6-Trihydroxy- 2957
–, 3,4,6-Trihydroxy- 2957
–, 3,4,6-Trihydroxy-7,8-dimethyl- 2965
–, 2,3,4-Trimethoxy-6-methyl-6,7,8,9-tetrahydro- 2820
–, 2,3,4-Trimethoxy-7-methyl-6,7,8,9-tetrahydro- 2820
–, 1,2,3-Trimethoxy-6,7,8,9-tetrahydro-2816
– oxim 2816
– semicarbazon 2816
–, 2,3,4-Trimethoxy-6,7,8,9-tetrahydro-2816
– oxim 2816
– semicarbazon 2816
Benzocyclohepten-6-on
–, 2,3-Dimethoxy-5-methyl-5-[3-oxo-butyl]-5,7,8,9-tetrahydro- 2882
–, 2,3-Dimethoxy-5-[3-oxo-butyl]-5,7,8,9-tetrahydro- 2879
–, 2,3-Dimethoxy-7-[3-oxo-butyl]-5,7,8,9-tetrahydro- 2880
–, 8-[2,4-Dinitro-phenylhydrazino]-2,3,4-trimethoxy-5,7,8,9-tetrahydro-,
– [2,4-dinitro-phenylhydrazon] 2873
–, 5-Hydroxymethylen-2,3-dimethoxy-5,7,8,9-tetrahydro- 2876
–, 7-Hydroxymethylen-2,3-dimethoxy-5,7,8,9-tetrahydro- 2876
–, 2,3,4-Trimethoxy-5,7-dihydro- 2872
– semicarbazon 2873
–, 2,3,4-Trimethoxy-5-methyl-5,7,8,9-tetrahydro- 2820
–, 2,3,4-Trimethoxy-7-methyl-5,7,8,9-tetrahydro- 2820
–, 2,3,4-Trimethoxy-5,7,8,9-tetrahydro-2817
– oxim 2817
– semicarbazon 2817
Benzocyclohepten-7-on
–, 5,6-Dihydroxy- 2371
Benzo[*a*]cyclopenta[*f*]cyclodecan-4,11-dion
–, 8-Methoxy-13a-methyl-2,3,3a,5,6,12,13,13a-octahydro-1*H*- 2397
Benzo[*e*][1,4]dioxepin-3-on
–, 9-Chlor-5-hydroxy-6,8-dimethoxy-5-methyl-5*H*- 2733
Benzo[*b*]fluoren-5,10-dion
–, 11-Hydroxy-11-phenyl-11*H*- 2679
Benzo[*a*]fluoren-9-on
–, 1,4-Dihydroxy-6b,11-dimethyl-5,6b,7,8,10,10a,11,11a-octahydro- 2519
Benzo[*a*]fluoren-11-on
–, 3-Acetoxy-9-hydroxy-10,11b-dimethyl-1,2,3,4,6,6a,11a,11b-octahydro- 2520
–, 5-Acetoxy-10-methoxy-9-methyl- 2646
–, 3,9-Diacetoxy-10,11b-dimethyl-1,2,3,4,6,6a,11a,11b-octahydro- 2520
–, 5-Hydroxy-10-methoxy-9-methyl- 2646
Benzo[*c*]fluoren-7-on
–, 5-Acetoxy-1-methoxy- 2643
–, 1,5-Dimethoxy- 2643
–, 3,5-Dimethoxy- 2643
–, 5,9-Dimethoxy- 2643
–, 5,11-Dimethoxy- 2644
–, 5-Hydroxy-1-methoxy- 2643
Benzo[*a*]fluoren-1,4,9-trion
–, 6b,11-Dimethyl-4a,5,6b,7,8,10,10a,11,11a,11b-decahydro- 2519
Benzofuran
–, 3-[2-Acetoxy-3,5-dichlor-phenyl]-5,7-dichlor- 2448
Benzofuran-3-ol
–, 5,6-Dimethoxy-2-methyl- 2813
Benzofuran-3-on
–, 2-Benzyl-2-hydroxy- 2549
Benzo[*a*]heptalen
–, 1,2,3-Trimethoxy-9,9-bis-methylmercapto-5,6,7,7a,8,9,10,11-octahydro-2976
Benzo[*a*]heptalen-5-on
–, 1,2,3-Trimethoxy-7,7a,8,9,10,11,12,12a-octahydro-6*H*- 2883
Benzo[*a*]heptalen-9-on
–, 1,2,3-Trimethoxy-6,7,7a,8,10,11-hexahydro-5*H*- 2976
–, 1,2,3-Trimethoxy-6,7,8,10,11,12-hexahydro-5*H*- 2976
Benzoin
–, 2-Hydroxy- 2466
–, 2-[α-Hydroxy-benzyl]- 2653
–, 2′-[α-Hydroxy-benzyl]- 2653
–, 2-[α-Hydroxyimino-benzyl]-,
– oxim 2661
–, 2′-[α-Hydroxyimino-benzyl]-,
– oxim 2661
–, 4-Methoxy- 2466
–, 4′-Methoxy- 2467
–, 4′-Methylmercapto- 2467
Benzol
–, 2-Acetoxy-1,3-dibenzoyl-5-methyl-2661
–, 1-Acetoxy-2,4-dicinnamoyl- 2676
–, 1-Acetyl-4,5-dimethoxy-2-[4-oxo-pentyl]-2822
–, 1,4-Bis-acetoxyacetyl- 2812
–, 1,3-Bis-acetoxyacetyl-5-nitro- 2812
–, 1,2-Bis-[1-hydroxy-2-oxo-äthyl]- 2809
–, 1,4-Diacetonyl-2,5-diacetoxy- 2819
–, 2,4-Diacetoxy-1-brom-3,5-bis-diacetoxymethyl- 2803
–, 1,2-Diacetoxy-5-diacetoxymethyl-3-methoxy- 2719

Benzophenon (Fortsetzung)
—, 2,4′-Dichlor-5,3′-dihydroxy- 2451
—, 3′,4′-Dichlor-2,4-dihydroxy- 2444
—, 5,5′-Dichlor-2,2′-dihydroxy- 2447
—, 2,4′-Dichlor-3,3′-dimethoxy- 2451
—, 2,4′-Dichlor-5,3′-dimethoxy- 2452
—, 3,3′-Dichlor-4,4′-dimethoxy- 2456
—, 3,4′-Dichlor-4,3′-dimethoxy- 2452
—, 5,5′-Dichlor-2,2′-dimethoxy- 2447
—, 5,5′-Dichlor-2,2′-dimethoxy-3,3′-dinitro- 2448
—, 5,5′-Dichlor-2,2′-dimethoxy-4,4′-dinitro- 2448
—, 3,3′-Difluor-4,4′-dihydroxy- 2456
—, 3,3′-Difluor-4,4′-dimethoxy- 2456
—, 2,2′-Dihydroxy- 2446
— semicarbazon 2447
—, 2,3′-Dihydroxy- 2448
—, 2,4-Dihydroxy- 2442
— imin 2444
—, 2,4′-Dihydroxy- 2449
—, 2,5-Dihydroxy- 2445
—, 2,6-Dihydroxy- 2446
—, 3,3′-Dihydroxy- 2451
—, 3,4-Dihydroxy- 2449
—, 3,4′-Dihydroxy- 2452
—, 3,5-Dihydroxy- 2451
—, 4,4′-Dihydroxy- 2452
—, 4,4′-Dihydroxy-5,5′-diisopropyl-2,2′-dimethyl- 2523
—, 4,2′-Dihydroxy-5-isopropyl-2,5′-dimethyl- 2509
—, 2,5-Dihydroxy-3-isopropyl-6-methyl- 2502
—, 4,2′-Dihydroxy-5-isopropyl-2-methyl- 2502
—, 4,4′-Dihydroxy-5-isopropyl-2-methyl- 2503
—, 2,2′-Dihydroxy-5-methyl- 2470
—, 2,3′-Dihydroxy-3-methyl- 2468
—, 2,3′-Dihydroxy-4-methyl- 2471
—, 2,3′-Dihydroxy-5-methyl- 2470
—, 2,4-Dihydroxy-3′-methyl- 2470
—, 2,4′-Dihydroxy-3′-methyl- 2469
—, 2,4-Dihydroxy-4′-methyl- 2472
—, 2,4′-Dihydroxy-4-methyl- 2471
—, 2,4-Dihydroxy-5-methyl- 2468
—, 2,4-Dihydroxy-6-methyl- 2467
— imin 2468
—, 2,5-Dihydroxy-4-methyl- 2471
—, 4,2′-Dihydroxy-2-methyl- 2468
—, 4,3′-Dihydroxy-2-methyl- 2468
—, 4,3′-Dihydroxy-3-methyl- 2469
—, 2,4-Dihydroxy-4′-[1-methyl-butyl]- 2509
—, 2,4-Dihydroxy-3-nitro- 2445
— oxim 2445
—, 2,4-Dihydroxy-5-nitro- 2445
—, 2,6-Dihydroxy-3-nitro- 2446
—, 2,4-Dihydroxy-5-pentyl- 2509
—, 2,4-Dihydroxy-5-propyl- 2495
—, 2,2′-Dihydroxy-3,4,3′,4′-tetramethyl- 2505
— oxim 2505
—, 2,2′-Dihydroxy-4,5,4′,5′-tetramethyl- 2505
— oxim 2505
—, 2,2′-Dihydroxy-4,6,4′,6′-tetramethyl- 2504
—, 2,4′-Dihydroxy-4,6,2′,6′-tetramethyl- 2504
—, 4,4′-Dihydroxy-2,6,2′,6′-tetramethyl- 2505
—, 4,4′-Dihydroxy-3,5,3′,5′-tetramethyl- 2505
— oxim 2505
—, 2,2′-Diisobutoxy-5,5′-dimethyl- 2485
—, 2,2′-Diisopropoxy-5,5′-dimethyl- 2485
—, 3,5′-Diisopropyl-6,4′-dimethoxy-2,2′-dimethyl- 2523
— semicarbazon 2523
—, 5,5′-Diisopropyl-4,4′-dimethoxy-2,2′-dimethyl- 2524
—, 4,4′-Dimercapto- 2457
—, 2,2′-Dimethoxy- 2447
—, 2,4-Dimethoxy- 2442
— imin 2444
—, 3,3′-Dimethoxy- 2451
—, 3,4-Dimethoxy- 2450
— oxim 2450
—, 3,4′-Dimethoxy- 2452
—, 4,4′-Dimethoxy- 2453
— azin 2455
— dimethylhydrazon 2455
— hydrazon 2455
—, 2,2′-Dimethoxy-4,4′-dimethyl- 2485
—, 2,2′-Dimethoxy-5,5′-dimethyl- 2485
—, 4,4′-Dimethoxy-3,3′-dimethyl- 2484
—, 2,4-Dimethoxy-3′-methyl- 2470
—, 2,4′-Dimethoxy-3′-methyl- 2469
—, 2,4′-Dimethoxy-5-methyl- 2470
—, 2,5-Dimethoxy-4-methyl- 2471
— semicarbazon 2471
—, 4,4′-Dimethoxy-3-methyl- 2469
—, 2,4-Dimethoxy-4′-nitro- 2445
—, 3,4-Dimethoxy-3′-nitro- 2450
—, 3,4-Dimethoxy-4′-nitro- 2451
—, 2′,3′-Dimethoxy-2,3,5,6-tetramethyl-,
— imin 2503
—, 2′,4′-Dimethoxy-2,3,5,6-tetramethyl- 2504
—, 2′,6′-Dimethoxy-2,3,5,6-tetramethyl- 2504
—, 4,4′-Dimethoxy-3,5,3′,5′-tetramethyl- 2505
—, 4,4′-Dimethoxy-3,5,3′,5′-tetranitro- 2457
—, 3′,4′-Dimethoxy-2,4,6-trimethyl- 2496
—, 4,5-Dimethoxy-2-vinyl- 2554
—, 5,5′-Dimethyl-2,2′-dipropoxy- 2485
—, 2-[2,4-Dinitro-phenoxy]-5-methoxy- 2446

Benzophenon (Fortsetzung)
–, 4,4′-Diphenoxy- 2454
–, 4-Dodecyloxy-2-hydroxy- 2442
–, 5-Hexyl-2,4-dihydroxy- 2515
–, 5-Hexyl-2,4-dihydroxy-3′-nitro- 2515
–, 2-Hydroxy-4-[α-hydroxy-benzhydryl]- 2680
–, 4-Hydroxy-2′-[4-hydroxy-5-isopropyl-2-methyl-benzolsulfonyl]-5-isopropyl-2-methyl- 2502
–, 2-[α-Hydroxy-isopropyl]-4′-methoxy- 2496
 – semicarbazon 2496
–, 2-Hydroxy-3-isopropyl-5-methoxy-6-methyl- 2502
–, 3′-Hydroxy-5-isopropyl-4-methoxy-2-methyl- 2502
–, 3-Hydroxy-5-isopropyl-6-methoxy-2-methyl- 2502
–, 4′-Hydroxy-3-isopropyl-6-methoxy-2-methyl- 2501
–, 4′-Hydroxy-5-isopropyl-4-methoxy-2-methyl- 2503
–, 2-Hydroxy-3-methoxy- 2441
 – oxim 2442
–, 2-Hydroxy-4-methoxy- 2442
–, 3-Hydroxy-4′-methoxy- 2452
–, 4-Hydroxy-2-methoxy- 2442
 – imin 2444
–, 4′-Hydroxy-2-methoxy- 2449
–, 4-Hydroxy-3-methoxy- 2449
 – semicarbazon 2450
–, 4-Hydroxy-4′-methoxy- 2453
–, 2-Hydroxy-4-methoxy-3-methyl- 2468
–, 2-Hydroxy-4′-methoxy-4-methyl- 2471
–, 2-Hydroxy-4′-methoxy-5-methyl- 2470
–, 4-Hydroxy-4′-methoxy-3-methyl- 2469
–, 2-Hydroxy-4-methoxy-4′-nitro- 2445
–, 4-Hydroxy-3-methoxy-3′-nitro- 2450
–, 5-Hydroxy-2-methoxy-4′-nitro- 2446
–, 4-Hydroxy-3-[1-semicarbazono-äthyl]-,
 – semicarbazon 2555
–, 2-Hydroxy-4-tetradecyloxy- 2442
–, 2′-[2-(α-Hydroxy-2,4,6-trimethyl-benzyl)-phenyl]-6′-methoxy-2,4,6-trimethyl- 2681
–, 5-Isopropyl-4,2′-dimethoxy-2,5′-dimethyl- 2509
–, 3-Isopropyl-6,4′-dimethoxy-2-methyl- 2502
–, 5-Isopropyl-4,2′-dimethoxy-2-methyl- 2502
–, 5-Isopropyl-4,4′-dimethoxy-2-methyl- 2503
–, 4-Methoxy-4′-phenoxy- 2454
–, 4-Methoxy-4′-phenylmercapto- 2457
–, 2′-[3-Methoxy-2-(2,3,5,6-tetramethyl-benzoyl)-cyclohexa-1,5-dienyl]-2,3,5,6-tetramethyl- 2682
–, 2′-[3-Methoxy-4-(2,3,5,6-tetramethyl-benzoyl)-cyclohexa-1,3-dienyl]-2,3,5,6-tetramethyl- 2682
–, 4′-[5-Methoxy-2-(2,3,5,6-tetramethyl-benzoyl)-cyclohexa-1,5-dienyl]-2,3,5,6-tetramethyl- 2682
–, 4′-[5-Methoxy-2-(2,3,5,6-tetramethyl-benzoyl)-cyclohexyl]-2,3,5,6-tetramethyl- 2672
–, 2′-[3-Methoxy-2-(2,4,6-trimethyl-benzoyl)-cyclohexa-1,5-dienyl]-2,4,6-trimethyl- 2681
–, 2′-[3-Methoxy-4-(2,4,6-trimethyl-benzoyl)-cyclohexa-1,3-dienyl]-2,4,6-trimethyl- 2681
–, 4′-[5-Methoxy-2-(2,4,6-trimethyl-benzoyl)-cyclohexa-1,5-dienyl]-2,4,6-trimethyl- 2681
–, 3,5,3′,5′-Tetrabrom-2,2′-dihydroxy- 2448
–, 3,5,3′,5′-Tetrabrom-2,4′-dihydroxy- 2449
–, 3,5,3′,5′-Tetrabrom-4,4′-dihydroxy- 2456
–, 3,5,3′,5′-Tetrabrom-2,2′-dimethoxy- 2448
–, 3,5,3′,5′-Tetrabrom-2,4′-dimethoxy- 2449
–, 3,5,3′,5′-Tetrabrom-4,4′-dimethoxy- 2456
–, 3,5,3′,5′-Tetrachlor-2,2′-dihydroxy- 2448
–, 3,5,3′,5′-Tetrachlor-2,2′-dimethoxy- 2448

Bernsteinsäure
 – [7-acetoxy-12,20-dioxo-pregnan-3-ylester]-methylester 2860
 – [7-acetoxy-12-hydroxy-20-oxo-pregnan-3-ylester]-methylester 2778
 – [7-hydroxy-12,20-dioxo-pregnan-3-ylester]-methylester 2860
 – [17-hydroxy-3,20-dioxo-pregn-4-en-21-ylester]-methylester 2914
 – methylester-[7,12,20-trioxo-pregnan-3-ylester] 2930
 – mono-[9,11-dichlor-17-hydroxy-3,20-dioxo-pregna-1,4-dien-21-ylester] 2989

[9,9′]Bianthryl-10,10′-dion
–, 9-Hydroxy-9*H*,9′*H*- 2688
–, 9-Sulfooxy-9*H*,9′*H*- 2689

Bicyclo[4.1.0]heptan
 s. *Norcaran*

Bicyclohexyl-4-on
–, 3,5-[Bis-(4-methoxy-benzyliden)]- 2655
–, 3-[α-Hydroxy-α′-oxo-bibenzyl-α-yl]- 2642

Bicyclohexyl-2,6,3′-trion
–, 1′-Hydroxy- 2762
–, 1′-Hydroxy-4,4,5′,5′-tetramethyl- 2769

C

Chalkon (Fortsetzung)
–, 3,3'-Dibrom-2'-hydroxy-4-methoxy-5'-nitro- 2541
–, 5,3'-Dibrom-2'-hydroxy-2-methoxy-5'-nitro- 2537
–, 3',5'-Dichlor-2,2'-dihydroxy- 2536
–, 3',5'-Dichlor-4,2'-dihydroxy- 2540
–, 5,5'-Dichlor-2,2'-dihydroxy- 2536
–, 3',5'-Dichlor-2,2'-dimethoxy- 2536
–, 3',5'-Dichlor-4,2'-dimethoxy- 2540
–, 3,5-Dichlor-2-hydroxy-5'-isopropyl-4'-methoxy-2'-methyl- 2577
–, 2',5'-Dichlor-4-hydroxy-3-methoxy-2538
–, 3',5'-Dichlor-2'-hydroxy-2-methoxy-2536
–, 3',5'-Dichlor-2'-hydroxy-4-methoxy-2540
–, 2,2'-Dihydroxy- 2535
–, 2,4'-Dihydroxy- 2537
–, 2',4'-Dihydroxy- 2543
–, 2',5'-Dihydroxy- 2545
–, 3,2'-Dihydroxy- 2538
–, 3,4-Dihydroxy- 2538
–, 2,2'-Dihydroxy-4',6'-dimethyl- 2569
–, 2,2'-Dihydroxy-5,5'-dimethyl- 2569
–, 4,2'-Dihydroxy-4',6'-dimethyl- 2569
–, 2,2'-Dihydroxy-5,5'-dinitro- 2537
–, 2',4'-Dihydroxy-3,3'-dinitro- 2545
–, 2',4'-Dihydroxy-2-methyl- 2560
–, 2',4'-Dihydroxy-3-methyl- 2560
–, 2',4'-Dihydroxy-4-methyl- 2564
–, 2',5'-Dihydroxy-4-methyl- 2564
–, 2',4'-Dihydroxy-4-methyl-3'-nitro-2564
–, 2',4'-Dihydroxy-3-nitro- 2544
–, 2',4'-Dihydroxy-3'-nitro- 2544
–, 2',4'-Dihydroxy-5'-nitro- 2545
–, 2',5'-Dihydroxy-3-nitro- 2546
–, 2',5'-Dihydroxy-4-nitro- 2546
–, 2',6'-Dihydroxy-3'-nitro- 2546
–, 4,2'-Dihydroxy-3-nitro- 2541
–, 4,4'-Dihydroxy-3-nitro- 2542
–, 4,4'-Dihydroxy-3'-nitro- 2542
–, 5,5'-Diisopropyl-4,4'-dimethoxy-2,2'-dimethyl- 2582
–, α,2'-Dimethoxy- 2550
–, 2,3-Dimethoxy- 2535
–, 2,4'-Dimethoxy- 2537
–, 2',5'-Dimethoxy- 2546
–, 3,3'-Dimethoxy- 2539
–, 3,4-Dimethoxy- 2538
  – thiosemicarbazon 2538
–, 4,4'-Dimethoxy- 2541
  – thiosemicarbazon 2541
–, 4,2'-Dimethoxy-5'-methyl- 2563
–, 4,4'-Dimethoxy-2-methyl- 2559
–, 4,4'-Dimethoxy-2'-methyl- 2560
–, 4,4'-Dimethoxy-3'-methyl- 2562
–, β,4'-Dimethoxy-2-nitro- 2547
–, β,4'-Dimethoxy-3-nitro- 2548
–, β,4'-Dimethoxy-4-nitro- 2548
–, 3',4'-Dimethoxy-2-nitro- 2546
–, 3',4'-Dimethoxy-3-nitro- 2547
–, 3',4'-Dimethoxy-4-nitro- 2547
–, 4,β-Dimethoxy-3'-nitro- 2547
–, 4,β-Dimethoxy-4'-nitro- 2547
–, 4,4'-Dimethoxy-3-nitro- 2542
–, 4-Dodecyloxy-3-methoxy-4'-phenyl-2661
–, 4'-Fluor-3,4-dihydroxy- 2538
–, 5'-Fluor-2,2'-dihydroxy- 2535
–, 5'-Fluor-3,2'-dihydroxy- 2539
–, 4-Fluor-2',4'-dimethoxy- 2544
–, 5'-Fluor-2'-hydroxy-4-methoxy- 2539
–, 4'-[2-Hydroxy-äthoxy]-4-methoxy-2542
–, 2'-Hydroxy-4'-jod-4-methoxy- 2540
–, 2'-Hydroxy-5'-jod-4-methoxy- 2541
–, α-Hydroxy-2'-methoxy- 2550
–, 2-Hydroxy-α-methoxy- 2549
–, 2'-Hydroxy-α-methoxy- 2550
–, 2'-Hydroxy-4-methoxy- 2539
–, 2'-Hydroxy-6'-methoxy- 2546
–, 3-Hydroxy-4'-methoxy- 2539
–, 2'-Hydroxy-4-methoxy-2,6-dimethyl-2569
–, 2'-Hydroxy-4-methoxy-4',6'-dimethyl-2569
–, 2'-Hydroxy-4'-methoxymethoxy- 2543
–, 2'-Hydroxy-2-methoxy-5'-methyl- 2562
–, 2'-Hydroxy-3'-methoxy-5'-methyl-2562
–, 2'-Hydroxy-4-methoxy-3'-methyl- 2561
–, 2'-Hydroxy-4'-methoxy-3'-methyl-2561
–, 2'-Hydroxy-4-methoxy-4'-methyl- 2564
–, 2'-Hydroxy-4-methoxy-5'-methyl- 2563
–, 2'-Hydroxy-4'-methoxy-6'-methyl-2560
–, 2'-Hydroxy-2-methoxy-3'-methyl-5'-nitro- 2561
–, 2'-Hydroxy-2-methoxy-5'-methyl-3'-nitro- 2562
–, 2'-Hydroxy-4-methoxy-3'-methyl-5'-nitro- 2561
–, 2'-Hydroxy-4-methoxy-5'-methyl-3'-nitro- 2563
–, 2'-Hydroxy-2-methoxy-5'-nitro- 2536
–, 2'-Hydroxy-4'-methoxy-3-nitro- 2544
–, 2'-Hydroxy-4'-methoxy-3'-nitro- 2545
–, 2'-Hydroxy-4'-methoxy-4-nitro- 2544
–, 2'-Hydroxy-4-methoxy-5'-nitro- 2541
–, 2'-Hydroxy-4'-methoxy-5'-nitro- 2545
–, β-Hydroxy-4-methoxy-3'-nitro- 2553
–, 5-Isopropyl-4,4'-dimethoxy-2-methyl-2577
–, 4'-Jod-3,4-dimethoxy- 2538
  – thiosemicarbazon 2538
–, 4-Methoxy-4'-[4-methoxy-phenyl]- 2661
–, 4-Methoxy-4'-methylmercapto- 2542
  – thiosemicarbazon 2542

Chrysen-1,11-dion (Fortsetzung)
–, 8-Methoxy-2,3,4,4a,4b,5,6,10b-octahydro- 2576
Chrysen-2,12-dion
–, 7-Methoxy-4a-methyl-1,3,4,4a,4b,5,6,10b,11,12a-decahydro- 2519
–, 7-Methoxy-4a-methyl-1,3,4,4a,4b,5,6,12a-octahydro- 2578
Chrysen-4-ol
–, 1,1,8-Trimethoxy-1,2,3,4,4a,4b,5,6,12,12a-decahydro- 2511
Chrysen-1-on
–, 4-Hydroxy-8-methoxy-3,4,4a,4b,5,6,10b,11,12,12a-decahydro-2*H*- 2397, 2575
–, 4-Hydroxy-8-methoxy-3,4,4a,4b,5,6,12,12a-octahydro-2*H*- 2510
– dimethylacetal 2511
–, 4-Hydroxy-8-methoxy-3,4,4a,5,6,11,12,12a-octahydro-2*H*- 2511
–, 8-Methoxy-4-[toluol-4-sulfonyloxy]-3,4,4a,4b,5,6,10b,11,12,12a-decahydro-2*H*-2575
Chrysen-2-on
–, 1-Acetoxy-8-methoxy-3,4,4a,4b,5,6,10b,11,12,12a-decahydro-1*H*- 2398
–, 12a-Acetoxy-7-methoxy-4a-methyl-3,4,4a,5,6,11,12,12a-octahydro-1*H*- 2518
– oxim 2518
–, 1-Acetoxy-8-methoxy-3,4,4a,5,6,11,12,12a-octahydro-1*H*- 2511
–, 12a-Hydroxy-8-methoxy-3,4,4a,4b,5,6,10b,11,12,12a-decahydro-1*H*- 2398
–, 12-Hydroxy-7-methoxy-4a-methyl-4,4a,4b,5,6,10b,11,12-octahydro-3*H*- 2518
–, 12a-Hydroxy-7-methoxy-4a-methyl-3,4,4a,5,6,11,12,12a-octahydro-1*H*- 2518
Chrysen-4-on
–, 1-Acetoxy-8-methoxy-2,3,4a,4b,5,6,12,12a-octahydro-1*H*- 2511
–, 1-Acetoxy-8-methoxy-2,3,4a,5,6,11,12,12a-octahydro-1*H*- 2512
–, 1-Hydroxy-8-methoxy-2,3,4a,5,6,11,12,12a-octahydro-1*H*- 2511
–, 1,1,8-Trimethoxy-2,3,4a,4b,5,6,12,12a-octahydro-1*H*- 2575
–, 1,1,8-Trimethoxy-2,3,4a,5,6,11,12,12a-octahydro-1*H*- 2576
Chrysen-6-on
–, 8-Hydroxy-1-methoxy-10a-methyl-4b,8,9,10,10a,10b,11,12-octahydro-5*H*-2518
–, 5-Hydroxy-5-[4-methoxy-phenyl]-5*H*-,
– oxim 2680
Cismadinonacetat 2420
Cohumulinsäure 2765
Cohumulinsäure-A
–, Dihydro- 2703
Corticosteron 2907
Cortodoxon 2913
Cucurbitan
Bezifferung s. **8** III 4377 Anm. 2
Cucurbit-5-en-11-on
–, 3,24,25-Trihydroxy- 2870
Cyclamiretin-D 2945
– oxim 2945
4a,9-Cyclo-anthracen-2-carbaldehyd
–, 7,10-Dihydroxy-4-oxo-1,1,3,10a-tetramethyl-8-methylen-dodecahydro-4*H*-2887
Cyclobutabenzen-1-on
–, 2-Acetoxy-2-benzoyl-2*H*- 2604
–, 2-Benzoyl-2-hydroxy-2*H*- 2604
Cyclobutan-1,3-dion
–, 2,4-Bis-[4-*tert*-butyl-phenoxy]- 2696
–, 2,4-Bis-[4-*tert*-butyl-phenoxy]-2,4-dipropyl- 2699
–, 2,4-Bis-[2,4-dichlor-phenoxy]-2,4-diisopropyl- 2699
–, 2,4-Bis-[2,4-dichlor-phenoxy]-2,4-dimethyl- 2697
–, 2,4-Bis-[2,4-dichlor-phenoxy]-2,4-dipentyl- 2700
–, 2,4-Bis-[2,4-dichlor-phenoxy]-2,4-dipropyl- 2699
–, 2,4-Diäthyl-2,4-bis-[4-*tert*-butyl-phenoxy]- 2698
–, 2,4-Diäthyl-2,4-bis-[2,4-dichlor-phenoxy]- 2698
–, 2,4-Diäthyl-2,4-diphenoxy- 2698
–, 2,4-Dibutyl-2,4-bis-[4-*tert*-butyl-phenoxy]- 2700
–, 2,4-Dibutyl-2,4-bis-[2,4-dichlor-phenoxy]- 2700
–, 2,4-Dibutyl-2,4-diphenoxy- 2700
–, 2,4-Dimethyl-2,4-diphenoxy- 2697
–, 2,4-Dipentyl-2,4-diphenoxy- 2700
–, 2,4-Diphenoxy-2,4-dipropyl- 2699
Cyclobutan-1,2,3-trion
–, 4-Hydroxy- 2701
Cyclobutendion
–, Dihydroxy- 2701
–, Methoxy-phenyl- 2359
16,23-Cyclo-cholestan
s. *Fesan*
Cyclodecan-1,2-dion
–, 3-[4-Methoxy-benzyliden]- 2394
Cycloeicosan-1,10-dion
–, 11,20-Dihydroxy- 2701
Cycloeicosan-1,11-dion
–, 2,12-Dihydroxy- 2701
Cyclohepta-2,5-dien-1,4-dion
–, 2,6-Dimethoxy- 2713
Cyclohepta[*a*]naphthalin-5-on
–, 1,2,3-Trimethoxy-6,6a,7,8,9,10,11,11a-octahydro- 2880
Cycloheptanon
–, 2,7-Bis-[2-methoxy-benzyliden]- 2641
–, 2,7-Bis-[3-methoxy-benzyliden]- 2641
–, 2,7-Bis-[4-methoxy-benzyliden]- 2642

Cyclohexan-1,3-dion (Fortsetzung)
—, 2-[3-(4-Methoxy-phenyl)-3-oxo-propyl]- 2969
—, 2-[3-(4-Methoxy-phenyl)-propionyl]-5,5-dimethyl- 2977
—, 2-[4a-Methyl-2-oxo-1,2,4a,5,8,8a-hexahydro-[1]naphthylmethyl]-2-phenylmercapto- 2979
Cyclohexan-1,4-dion
—, 2-[2,3-Dimethoxy-phenyl]- 2876
—, 2,3,5,6-Tetrachlor-2,5-dimethoxy- 2697
Cyclohexanon
—, 2,6-Bis-[α-acetoxy-benzyl]- 2580
—, 2,6-Bis-[α-acetoxy-benzyl]-2,6-dibrom-2580
—, 2,6-Bis-[α-äthylmercapto-benzyl]- 2580
—, 2,6-Bis-[4-hydroxy-benzyliden]- 2639
—, 2,6-Bis-[4-methoxy-benzyl]- 2580
—, 2,6-Bis-[2-methoxy-benzyliden]- 2639
—, 2,6-Bis-[4-methoxy-benzyliden]- 2640
—, 2,6-Bis-[4-methoxy-benzyliden]-3-methyl- 2642
—, 2,6-Bis-[2-methoxy-[1]naphthylmethylen]-2684
—, 3,4-Bis-[4-methoxy-phenyl]- 2573
— semicarbazon 2573
—, 4-*sec*-Butyl-2-[α-hydroxy-α′-oxo-bibenzyl-α-yl]- 2628
—, 4-*tert*-Butyl-2-[α-hydroxy-α′-oxo-bibenzyl-α-yl]- 2628
—, 2,4-Diacetyl-3-[2-chlor-phenyl]-5-hydroxy-5-methyl- 2977
—, 2,4-Diacetyl-3-hexyl-5-hydroxy-5-methyl- 2704
—, 2,4-Diacetyl-5-hydroxy-3,5-dimethyl-2702
—, 2,4-Diacetyl-5-hydroxy-5-methyl- 2702
—, 2,4-Diacetyl-5-hydroxy-5-methyl-3-phenyl- 2977
—, 2,6-Dibrom-2,6-bis-[α-hydroxy-benzyl]-2580
—, 2-[2,3-Dimethoxy-phenyl]-2-hydroxy-2820
—, 5-[3,4-Dimethoxy-phenyl]-2-phenyl-2573
— oxim 2574
—, 3-Hepta-1,3-dienyl-5,6-dihydroxy-2-hydroxymethyl- 2702
—, 3-Hepta-1,3-dienyl-5,6-dihydroxy-2-hydroxymethylen- 2764
—, 3-Heptyl-5,6-dihydroxy-2-hydroxymethyl-2696
—, 2-[2-Hydroxy-cinnamoyl]- 2387
—, 2-[α-Hydroxy-α′-oxo-bibenzyl-α-yl]-4-isopropyl- 2628
—, 2-[α-Hydroxy-α′-oxo-bibenzyl-α-yl]-4-methyl- 2627
—, 2-[α-Hydroxy-α′-oxo-bibenzyl-α-yl]-5-methyl- 2627
—, 2-[α-Hydroxy-α′-oxo-bibenzyl-α-yl]-6-methyl- 2627
—, 2,3,4-Trihydroxy- 2695
—, 2-[2,3,4-Trimethoxy-phenyl]- 2820
— oxim 2820
— semicarbazon 2820
Cyclohex-1-encarbaldehyd
—, 3,4,5-Triacetoxy- 2698
—, 3,4,5-Trihydroxy- 2698
Cyclohex-2-en-1,4-dion
—, 5,6-Dichlor-2,5-dimethoxy- 2702
—, 2,5,5-Tribrom-3,6,6-trimethoxy- 2711
—, 2,6,6-Tribrom-3,5,5-trimethoxy- 2711
Cyclohex-4-en-1,3-dion
—, 2-Acetyl-5-methoxy-6,6-dimethyl- 2756
—, 4-Acetyl-5-methoxy-2,2,6,6-tetramethyl-2762
—, 2-Isobutyryl-5-methoxy-4,6,6-trimethyl-2762
Cyclohex-2-enon
—, 4-[4-Acetoxyacetyl-benzyl]-2,3-dimethyl-2395
—, 5-[4-Acetoxyacetyl-phenyl]-3-methyl-2387
—, 2-Acetoxy-3-[6-methoxy-[2]naphthyl]-2566
—, 3-Acetoxy-2-[3-(4-methoxy-phenyl)-3-oxo-propyl]- 2969
—, 6-Acetyl-3-[4-hydroxy-phenyl]- 2384
—, 6-Acetyl-3-[4-methoxy-phenyl]- 2384
—, 6-Acetyl-3-[4-methoxy-phenyl]-6-methyl-2387
—, 3,4-Bis-[2-methoxy-phenyl]- 2621
—, 3,4-Bis-[4-methoxy-phenyl]- 2621
—, 5-[4-Hydroxyacetyl-phenyl]-3-methyl-2387
—, 2-Hydroxy-3-[6-methoxy-[2]naphthyl]-2566
—, 3-Hydroxy-2-[3-(4-methoxy-phenyl)-propionyl]-5,5-dimethyl- 2977
—, 5-[2-Hydroxy-phenyl]-3-[2-hydroxy-styryl]- 2638
—, 5-[2-Hydroxy-phenyl]-3-[2-methoxy-styryl]- 2639
—, 3-[2-Hydroxy-styryl]-5-[2-methoxy-phenyl]- 2639
—, 5-[2-Methoxy-phenyl]-3-[2-methoxy-styryl]- 2639
—, 2-[2,3,4-Trimethoxy-phenyl]- 2876
— oxim 2876
—, 5-[2,3,4-Trimethoxy-phenyl]-3-methyl-2877
Cyclohex-4-en-1,2,3-trion
—, 4,6-Di-*tert*-butyl-6-[4,6-di-*tert*-butyl-2,3-dihydroxy-phenoxy]- 2764
3,5-Cyclo-*D*-homo-*C*,18-dinor-androst-13(17a)-en-11,17-dion
—, 6-Methoxy-17a-methyl- 2411
3,5-Cyclo-*D*-homo-*C*,18-dinor-androst-13(17a)-en-11-on
—, 17-Hydroxy-17-[1-hydroxy-äthyl]-6-methoxy-17a-methyl- 2934

13,27-Cyclo-olean-9(11)-en-12,15-dion
–, 3-Acetoxy- 2529
–, 3-Hydroxy- 2529
13,27-Cyclo-olean-9(11)-en-12-on
–, 3-Acetoxy-15-hydroxy- 2437
–, 3,15-Diacetoxy- 2437
–, 3,15-Dihydroxy- 2437
Cyclopenta[*a*]chrysen
–, 1-Isopropyl-3a,5a,5b,8,8,11a-hexamethyl-eicosahydro- s. *Lupan*
Cyclopentadienon
–, 2,5-Bis-[4-methoxy-phenyl]-3,4-diphenyl- 2689
–, 3,4-Bis-[4-methoxy-phenyl]-2,5-diphenyl- 2689
–, 2,5-Bis-[4-phenoxy-phenyl]-3,4-diphenyl- 2689
–, 3,4-Bis-[4-phenoxy-phenyl]-2,5-diphenyl- 2690
–, 2,5-Diphenyl-3,4-bis-[4-phenylmercapto-phenyl]- 2690
–, 3,4-Diphenyl-2,5-bis-[4-phenylmercapto-phenyl]- 2689
Cyclopenta[*a*]naphthalin-3-on
–, 5-Hydroxy-7-methoxy-1,2-dihydro- 2459
Cyclopentan-1,3-dion
–, 2-Acetyl-4-hydroxy-5-isopentyl- 2702
–, 4,5-Dihydroxy- 2696
–, 4-Hydroxy-2-isobutyryl-5-isopentyl- 2703
–, 4-Hydroxy-2-isobutyryl-5-[3-methyl-but-2-enyl]- 2765
–, 4-Hydroxy-5-isopentyl-2-isovaleryl- 2703
–, 4-Hydroxy-2-isovaleryl-5-[3-methyl-but-2-enyl]- 2767
–, 4-Hydroxy-5-[3-methyl-but-2-enyl]-2-[2-methyl-butyryl]- 2767
–, 4-Hydroxy-5-[3-methyl-but-2-enyl]-2-valeryl- 2766
Cyclopentanon
–, 2-Benzyliden-5-[3,4-dimethoxy-benzyliden]- 2636
–, 2,5-Bis-[α-acetoxy-benzyl]-2,5-dibrom- 2578
–, 2,5-Bis-[α-äthylmercapto-benzyl]- 2578
–, 2,5-Bis-[3-methoxy-benzyliden]- 2636
 – thiosemicarbazon 2636
–, 2,5-Bis-[4-methoxy-benzyliden]- 2637
–, 3,4-Bis-[4-methoxy-phenyl]- 2570
 – oxim 2570
–, 2,3-Bis-[4-methoxy-phenyl]-4-methyl- 2574
 – oxim 2574
–, 2-[3,4-Dimethoxy-benzyliden]-5-[4-isopropyl-benzyliden]- 2642
–, 2-[3,4-Dimethoxy-benzyliden]-5-[4-methyl-benzyliden]- 2640
–, 4-Hydroxy-2,2-bis-hydroxymethyl-3,5-dimethyl- 2696
–, 3-Isopropenyl-2,5-[bis-(4-methoxy-benzyliden)]- 2654
–, 2-[6-Methoxy-[2]naphthoyl]-5-methyl- 2571
Cyclopenta[*a*]phenanthren
–, 17-Äthyl-10,13-dimethyl-hexadecahydro- s. *Pregnan*
–, 10,13-Dimethyl-hexadecahydro- s. *Androstan*
–, 17-[1,5-Dimethyl-hexyl]-10,13-dimethyl-hexadecahydro- s. *Cholestan*
–, 17-[1,5-Dimethyl-hexyl]-4,4,9,13,14-pentamethyl-hexadecahydro- s. *Cucurbitan*
–, 17-[1,5-Dimethyl-hexyl]-4,4,10,13,14-pentamethyl-hexadecahydro- s. *Lanostan* und *Euphan*
–, 10,13-Dimethyl-17-[1-methyl-butyl]-hexadecahydro- s. *Cholan*
–, 10,13-Dimethyl-17-[1,4,5-trimethyl-hexyl]-hexadecahydro- s. *Ergostan*
–, 13-Methyl-hexadecahydro- s. *Östran*
Cyclopenta[*a*]phenanthren-1,4-dion
–, 3-Methoxy-16,17-dihydro-15*H*- 2635
Cyclopenta[*a*]phenanthren-11,17-dion
–, 3-Acetoxy-13-methyl-13,14,15,16-tetrahydro-12*H*- 2624
Cyclopenta[*a*]phenanthren-16,17-dion
–, 3-Methoxy-13,15-dimethyl-7,13,14,15-tetrahydro-6*H*- 2626
Cyclopenta[*a*]phenanthren-17-on
–, 3-Acetoxy-14-hydroxy-11,12,13,14,15,16-hexahydro- 2577
–, 3,4-Dihydroxy-13-methyl-11,12,13,14,15,16-hexahydro- 2576
–, 16-Hydroxy-3-methoxy-13,15-dimethyl-6,7,13,14-tetrahydro- 2626
–, 14-Hydroxy-3-methoxy-13-methyl-11,12,13,14,15,16-hexahydro- 2577
Cyclopent-2-enon
–, 2-Acetyl-3,4-dihydroxy-5-isopentyl- 2702
–, 2-Acetyl-3,5-dihydroxy-4-isopentyl- 2702
–, 4-Benzyliden-2,5-dihydroxy-3-methyl- 2383
–, 2,3-Bis-[4-hydroxy-phenyl]-4-methyl- 2622
–, 2,3-Bis-[4-methoxy-phenyl]-4-methyl- 2622
 – oxim 2622
–, 4,5-Bis-[4-methoxy-phenyl]-3-methyl- 2622
 – semicarbazon 2622
–, 3,4-Dihydroxy-2-isobutyryl-5-isopentyl- 2703
–, 3,5-Dihydroxy-2-isobutyryl-4-isopentyl- 2703
–, 3,4-Dihydroxy-2-isobutyryl-5-[3-methyl-but-2-enyl]- 2765

Cyclopent-2-enon (Fortsetzung)
–, 3,5-Dihydroxy-2-isobutyryl-4-[3-methyl-but-2-enyl]- 2765
–, 3,4-Dihydroxy-5-isopentyl-2-isovaleryl- 2704
–, 3,5-Dihydroxy-4-isopentyl-2-isovaleryl- 2704
–, 3,4-Dihydroxy-2-isovaleryl-5-[3-methyl-but-2-enyl]- 2767
–, 3,5-Dihydroxy-2-isovaleryl-4-[3-methyl-but-2-enyl]- 2767
–, 3,4-Dihydroxy-5-[3-methyl-but-2-enyl]-2-[2-methyl-butyryl]- 2767
–, 3,5-Dihydroxy-4-[3-methyl-but-2-enyl]-2-[2-methyl-butyryl]- 2767
–, 3,4-Dihydroxy-5-[3-methyl-but-2-enyl]-2-valeryl- 2766
–, 3,5-Dihydroxy-4-[3-methyl-but-2-enyl]-2-valeryl- 2766
–, 2-[4-Hydroxy-phenyl]-3-[4-methoxy-phenyl]-4-methyl- 2622
–, 3-[4-Hydroxy-phenyl]-2-[4-methoxy-phenyl]-4-methyl- 2622
–, 3,4,5-Trihydroxy-2-methyl- 2697
Cyclopent-3-enon
–, 2,5-Dihydroxy-2,3,4,5-tetraphenyl- 2687
–, 2-[4-Methoxy-benzyliden]-3-[4-methoxy-phenyl]-5-methyl-4-phenyl- 2677
–, 2-[4-Methoxy-benzyliden]-4-[4-methoxy-phenyl]-5-methyl-3-phenyl- 2677
Cyclopropa[*b*]naphthalin-2,7-dion
–, 1a-Brom-3,6-dihydroxy-1a,7a-dihydro-1*H*- 2963
–, 1a-Brom-3,6-dimethoxy-1a,7a-dihydro-1*H*- 2963
–, 1a,7a-Dibrom-4,5-dichlor-3,6-dimethoxy-1a,7a-dihydro-1*H*- 2963
–, 1a,7a-Dibrom-3,6-dihydroxy-1a,7a-dihydro-1*H*- 2963
–, 1a,7a-Dibrom-3,6-dimethoxy-1a,7a-dihydro-1*H*- 2963
–, 1a,7a-Dibrom-3,6-dimethoxy-4,5-dimethyl-1a,7a-dihydro-1*H*- 2967
–, 3,6-Dihydroxy-1a,7a-dihydro-1*H*- 2962
–, 3,6-Dimethoxy-1a,7a-dihydro-1*H*- 2962
– dioxim 2963
Cystein
–, *S*-[3-Methyl-1,4-dioxo-1,4-dihydro-[2]naphthyl]- 2376

D

Decan-1-on
–, 1-[5-Brom-2,3,4-trihydroxy-phenyl]- 2768
–, 1-[1,4-Dihydroxy-[2]naphthyl]- 2411
–, 1-[5,8-Dihydroxy-[2]naphthyl]- 2411
–, 1-[5,8-Dimethoxy-[2]naphthyl]- 2411
–, 1-[1-Hydroxy-5,8-dimethoxy-[2]naphthyl]- 2983
–, 1-[1-Hydroxy-4-methoxy-[2]naphthyl]- 2411
–, 1-[1,5,8-Trihydroxy-[2]naphthyl]- 2983
–, 1-[2,3,4-Trihydroxy-phenyl]- 2767
–, 1-[2,4,5-Trihydroxy-phenyl]- 2768
–, 1-[2,4,6-Trihydroxy-phenyl]- 2768
Decan-3-on
–, 1-[3,4-Dimethoxy-phenyl]-5-hydroxy- 2768
–, 5-Hydroxy-1-[4-hydroxy-3-methoxy-phenyl]- 2768
11-Dehydro-corticosteron 2998
Delmadinonacetat 2525
Desaspidinol 2754
Desoxybenzoin
–, 2-Äthoxy-6-hydroxy- 2461
– oxim 2461
–, 4-Äthoxy-2-hydroxy- 2460
–, 4′-Äthoxy-4-hydroxy- 2465
–, 4-Äthoxy-2-methoxy- 2460
– oxim 2460
–, 4-Äthoxy-4′-methoxy- 2465
–, 4′-Äthoxy-4-methoxy- 2465
–, 5-Äthyl-2,4-dihydroxy- 2494
– oxim 2494
–, 4-Benzyloxy-2-hydroxy-5-methyl- 2483
–, 2,4-Bis-[2-diäthylamino-äthoxy]- 2460
–, 4′-Brom-2,4-dihydroxy- 2461
–, α-Brom-4,4′-dimethoxy- 2465
–, 4′-Brom-2-hydroxy-6-vinyloxy- 2462
–, 5-Butyl-2,4-dihydroxy- 2507
– oxim 2507
–, 4′-Chlor-2,4-dihydroxy- 2461
–, 3-Cyclohexyl-2,6-dihydroxy- 2579
–, 5-Cyclohexyl-2,4-dihydroxy- 2580
–, 2,4-Diacetoxy-4′-nitro- 2461
–, 4,4′-Diäthoxy-α-brom- 2466
–, 2-[1,2-Dibrom-äthoxy]-6-hydroxy- 2462
–, 3,3′-Difluor-4,4′-dimethoxy- 2465
–, 2,4-Dihydroxy- 2459
– oxim 2460
–, 2,4′-Dihydroxy- 2463
–, 2′,4′-Dihydroxy- 2466
–, 2,5-Dihydroxy- 2461
–, 2,6-Dihydroxy- 2461
–, 3,4-Dihydroxy- 2463
–, 4,4′-Dihydroxy- 2464
–, 2,4-Dihydroxy-4′-jod- 2461

Desoxybenzoin (Fortsetzung)
–, 2,4-Dihydroxy-5-methyl- 2483
  – oxim 2483
–, 2,4-Dihydroxy-4′-nitro- 2461
–, 2,4-Dihydroxy-5-pentyl- 2515
  – oxim 2515
–, 2,4-Dihydroxy-5-propyl- 2500
  – oxim 2500
–, 2,2′-Dimethoxy- 2462
–, 2,4-Dimethoxy- 2460
–, 3,4-Dimethoxy- 2463
  – oxim 2463
  – semicarbazon 2463
–, 4,2′-Dimethoxy- 2464
–, 4,4′-Dimethoxy- 2464
–, 2,2′-Dimethoxy-5,5′-dinitro- 2463
–, 2,4-Dimethoxy-5-methyl- 2483
–, 4,4″-Dimethoxy-3,3″-oxy-bis- 2464
  – dioxim 2464
–, 3′,4′-Dimethoxy-4-phenyl- 2652
–, 3-Hexyl-2,6-dihydroxy- 2521
–, 5-Hexyl-2,4-dihydroxy- 2521
  – oxim 2521
–, 2-Hydroxy-3-isopropyl-5-methoxy-6-methyl- 2507
–, 3-Hydroxy-5-isopropyl-6-methoxy-2-methyl- 2507
–, 2-Hydroxy-4′-jod-6-vinyloxy- 2462
–, 2-Hydroxy-2′-methoxy- 2462
–, 2-Hydroxy-4-methoxy- 2460
–, 2-Hydroxy-4′-methoxy- 2463
–, 2-Hydroxy-6-methoxy- 2461
–, 4-Hydroxy-4′-methoxy- 2464
–, 4-Hydroxy-2-methoxy-5-methyl- 2483
–, 2-Hydroxy-4-methoxy-4′-nitro- 2461
–, 4-Hydroxy-4′-phenylacetyl- 2663
–, 2-Hydroxy-6-vinyloxy- 2461
  – oxim 2462
–, 4-Methoxy-3,4″-oxy-bis- 2463
  – dioxim 2463
–, 4-Methoxy-3′-phenylacetyl- 2662
–, 4-Methoxy-4′-phenylacetyl- 2663
–, 2-Methoxy-6-vinyloxy- 2462
  – oxim 2462

Dibenz[*a,h*]anthracen-7,14-dion
–, 5-Acetoxy- 2679
–, 5-Hydroxy- 2679
–, 6-Hydroxy- 2679
–, 2-Methoxy- 2678
–, 3-Methoxy- 2678
–, 5-Methoxy- 2679
–, 6-Methoxy- 2679

Dibenz[*a,de*]anthracen-8-on
–, 2,7-Dihydroxy-5-methyl- 2675

Dibenzo[*a,d*]cyclohepten-10,11-dion
–, 5-Acetoxy-5*H*- 2605
–, 5-Äthoxy-5*H*- 2605
–, 5-[Anthracen-9-carbonyl]-5*H*- 2691
–, 5-Hydroxy-5*H*- 2604
–, 5-Methoxy-5*H*- 2605

Dibenzo[*a,c*]cyclohepten-2-on
–, 9,10-Dimethoxy-3,4,4a,5,6,7-hexahydro-2388
  – semicarbazon 2388
–, 9,10,11-Trimethoxy-3,4,4a,5,6,7-hexahydro- 2972

Dibenzo[*a,c*]cyclohepten-3-on
–, 9,10-Dimethoxy-1,2,5,6,7,11b-hexahydro- 2388
–, 9,10-Dimethoxy-11b-methyl-1,2,5,6,7,11b-hexahydro- 2394

Dibenzo[*a,c*]cyclohepten-5-on
–, 2,3-Dimethoxy- 2605
  – oxim 2605
–, 9,10-Dimethoxy- 2605
  – oxim 2605
–, 9,10,11-Trimethoxy-1,2,3,4,4a,11b-hexahydro- 2972
–, 9,10,11-Trimethoxy-1,2,3,4,6,7-hexahydro- 2972
  – oxim 2972
–, 1,2,3-Trimethoxy-6,7,7a,8,9,10,11,10a-octahydro- 2880
–, 9,10,11-Trimethoxy-1,2,3,4,4a,6,7,11b-octahydro- 2881
  – oxim 2881

Dibenzo[*a,c*]cyclohepten-7-on
–, 9,10,11-Trimethoxy-1,2,3,4,4a,11b-hexahydro- 2972

Dibenzo[*a,c*]cyclohepten-9-on
–, 1,2,3-Trimethoxy-11a-methyl-5,6,7,10,11,11a-hexahydro- 2976

Dibenzo[*a,d*]cyclohepten-3-on
–, 7,8-Dimethoxy-1,2,5,10,11,11a-hexahydro- 2388
–, 4a-Hydroxy-7,8-dimethoxy-1,2,4,4a,5,10,11,11a-octahydro- 2880
–, 6,7,8-Trimethoxy-1,2,5,10,11,11a-hexahydro- 2972

Dibenzo[*a,d*]cyclohepten-5-on
–, 10,11-Dihydroxy- 2604
–, 10,11-Dihydroxy-10,11-dihydro- 2556

Dibenzo[*a,d*]cyclohepten-10-on
–, 5-[Anthracen-9-carbonyl]-11-hydroxy-2691

Dibenzo[1,4]dioxin-1,2-dion
–, 9,10a-Diacetoxy-3,4a,6,8-tetra-*tert*-butyl-4a,10a-dihydro- 2765
–, 3,4a,6,8-Tetra-*tert*-butyl-9,10a-dihydroxy-4a,10a-dihydro- 2764

Dibenzo[*cd,mn*]pyren-4,8-dion
–, 12-Hydroxy- 2682

Dibenzo[*cd,mn*]pyren-4,8,12-trion
–, 12c*H*- 2682

Dichlorison 2989

Digipurpurogenin-I 2838

Digipurpurogenin-II 2838

21,24-Dinor-chola-5,22-dien-20-on
–, 3-Acetoxy-23,23-dimethoxy- 2429

E

F

Fesa-5,16(23)-dien-22-on
–, 3,26-Dihydroxy- 2431
Fesan
Bezifferung **6** III 6477 Anm.
Fesogenin 2431
Fisetol 2736
Fluoren-9-on
–, 2-Acetoxyacetyl- 2610
–, 2-Acetyl-3-hydroxy- 2610
–, 4-Chlor-2,3-dimethoxy- 2530
–, 1,4-Diacetoxy- 2530
–, 2,3-Diacetoxy- 2530
–, 1,4-Dihydroxy- 2530
–, 2,3-Dihydroxy- 2530
–, 3,6-Dihydroxy- 2531
–, 1,4-Dimethoxy- 2530
–, 1,4-Dimethoxy-2-nitro- 2530
–, 2,3-Dimethoxy-4-nitro- 2531
–, 2-Glykoloyl- 2610
–, 1-Hydroxy-4-methoxy-2-nitro- 2530
–, 1-Hydroxy-3-[4-methoxy-phenyl]- 2658
–, 4-[2-Methoxy-4-methyl-benzoyl]- 2669
–, 4-[2-Methoxy-5-methyl-benzoyl]- 2668
–, 4-[4-Methoxy-3-methyl-benzoyl]- 2668
– oxim 2668
Fluorometholon 3006
Frequentin 2764
Friedelan
Bezifferung s. **5** III 1341
Friedel-1-en-24-al
–, 1-Methoxy-3-oxo- 2437
Friedel-2-en-24-al
–, 3-Methoxy-1-oxo- 2437
***D*-Friedo-oleanan**
s. a. *Taraxeran*
***D*-Friedo-olean-9(11)-en-12-on**
–, 3-Acetoxy-14,15-dihydroxy- 2945
–, 3,14,15-Trihydroxy- 2945
Fuerstion 2412
Furostan-22-ol
–, 3,26-Diacetoxy- 2795

G

Gallusaldehyd 2718
Gingerol 2768
Glycin
–, γ-Glutamyl→*S*-[3-chlor-1,4-dioxo-1,4-dihydro-[2]naphthyl]-cysteinyl→- 2368
Glyoxal
–, [3-Acetoxy-4-methoxy-phenyl]- 2800
–, [3′-Chlor-4′-methoxy-biphenyl-4-yl]-,
– monohydrat 2534
–, 2-[3,4-Diäthoxy-phenyl]-,
– 1-oxim 2801
–, [2,4-Dimethoxy-phenyl]- 2799
– monosemicarbazon 2799
–, [3-Hydroxy-4-methoxy-phenyl]- 2800
–, [4-Hydroxy-3-methoxy-phenyl]- 2800
–, [4′-Methoxy-biphenyl-4-yl]- 2534
– monohydrat 2534
Gona-1,3,5,7,9-pentaen-11,17-dion
–, 3-Methoxy- 2621
Guanidin
–, *N,N‴*-[2,5-Dimethoxy-cyclohexa-2,5-dien-1,4-diylidendiamino]-di- 2707

H

Heptadecan-1-on
–, 1-[3,4,5-Trimethoxy-phenyl]- 2793
Heptan-1-on
–, 1-[1-Hydroxy-5,8-dimethoxy-[2]naphthyl]- 2977
–, 1-[1,5,8-Trihydroxy-[2]naphthyl]- 2977
Heptan-2-on
–, 3-Äthyl-3,4-bis-[4-hydroxy-phenyl]- 2523
–, 3-Äthyl-3,4-bis-[4-methoxy-phenyl]- 2523
Heptan-3-on
–, 4,5-Bis-[4-hydroxy-phenyl]- 2514
–, 4,5-Bis-[4-methoxy-phenyl]- 2515
Hept-4-en-3-on
–, 2,6-Bis-[4-methoxy-phenyl]-5-methyl- 2579
Hept-6-en-3-on
–, 4-Äthyl-7,7-bis-[4-methoxy-phenyl]- 2581
Hexadecan-1-on
–, 1-[5-Brom-2,3,4-trihydroxy-phenyl]- 2790
–, 1-[2,3,4-Trihydroxy-phenyl]- 2790
Hexa-2,4-diin-1-on
–, 1-[4-Hydroxy-3-methoxy-phenyl]- 2438
Hexan
–, 3-[4-Acetoxyacetyl-phenyl]-4-[4-methoxy-phenyl]- 2521
–, 3-[4-Acetoxy-phenyl]-4-[4-(bromacetoxy-acetyl)-phenyl]- 2521
–, 3-[3-Acetyl-4-hydroxy-phenyl]-4-[4-hydroxy-phenyl]- 2520
–, 3-[3-Acetyl-4-methoxy-phenyl]-4-[4-methoxy-phenyl]- 2520
–, 3-[3-Benzoyl-4-hydroxy-phenyl]-4-[4-hydroxy-phenyl]- 2654
–, 3-[3-Bromacetyl-4-methoxy-phenyl]-4-[4-methoxy-phenyl]- 2521
–, 3-[3-Butyryl-4-hydroxy-phenyl]-4-[4-hydroxy-phenyl]- 2526

Hexan (Fortsetzung)
—, 3-[3-Butyryl-4-methoxy-phenyl]-4-[4-methoxy-phenyl]- 2526
—, 3-[4-Hydroxy-phenyl]-4-[4-hydroxy-3-propionyl-phenyl]- 2523
—, 3-[4-Methoxy-3-octanoyl-phenyl]-4-[4-methoxy-phenyl]- 2528
—, 3-[4-Methoxy-phenyl]-4-[4-methoxy-3-propionyl-phenyl]- 2523
Hexan-1,3-dion
—, 1-[2-Hydroxy-4-methoxy-6-methyl-phenyl]- 2821
Hexan-1,6-dion
—, 2-Brom-5-hydroxy-1,2,5,6-tetraphenyl- 2685
—, 2-Hydroxy-1,2,5,6-tetraphenyl- 2685
— dioxim 2685
Hexan-1-on
—, 1-[3-Acetyl-2,6-dihydroxy-phenyl]- 2823
—, 2-Äthyl-1-[2,4,5-trihydroxy-phenyl]- 2763
—, 1,3-Bis-[3-methoxy-phenyl]- 2506
—, 1-[5-Brom-2,3,4-trihydroxy-phenyl]- 2760
—, 1-[5-Chlor-2,3,4-trihydroxy-phenyl]- 2760
—, 1-[1,4-Dihydroxy-[2]naphthyl]- 2393
—, 1-[5,8-Dimethoxy-[2]naphthyl]- 2393
—, 1-[1-Hydroxy-5,8-dimethoxy-[2]naphthyl]- 2976
—, 1-[1-Hydroxy-4-methoxy-[2]naphthyl]- 2393
—, 1-[2,4,6-Trihydroxy-3-methyl-phenyl]- 2762
—, 1-[1,5,8-Trihydroxy-[2]naphthyl]- 2975
—, 1-[2,3,4-Trihydroxy-phenyl]- 2759
—, 1-[2,4,5-Trihydroxy-phenyl]- 2760
Hexan-2-on
—, 4-[3-Acetyl-phenyl]-3-[4-methoxy-phenyl]- 2579
—, 3,4-Bis-[4-acetoxy-phenyl]- 2507
—, 3,4-Bis-[4-hydroxy-phenyl]- 2506
—, 3,4-Bis-[4-hydroxy-phenyl]-3-methyl- 2515
—, 3,4-Bis-[4-methoxy-phenyl]- 2506
— semicarbazon 2507
—, 3,4-Bis-[4-methoxy-phenyl]-3-methyl- 2515
— semicarbazon 2515
—, 1-Brom-3,4-bis-[4-methoxy-phenyl]- 2507
Hexan-3-on
—, 4,4-Bis-[4-acetoxy-phenyl]- 2508
—, 1,1-Bis-[4-hydroxy-phenyl]- 2507
—, 4,4-Bis-[4-hydroxy-phenyl]- 2508
—, 4,4-Bis-[4-methansulfonyl-phenyl]- 2508
—, 4,4-Bis-[4-methoxy-phenyl]- 2508
—, 4,4-Bis-[4-methylmercapto-phenyl]- 2508
Hexansäure
—, 6-[5,5-Dimethyl-3-oxo-cyclohex-1-enyl]-3,3-dimethyl-5-oxo- 2769
Hex-2-enal
—, 3,4-Bis-[4-methoxy-phenyl]- 2573
Hex-1-en-3-on
—, 1,2-Bis-[4-methoxy-phenyl]- 2573
— imin 2573
Hex-3-en-2-on
—, 3,4-Bis-[4-methoxy-phenyl]- 2573
***D*-Homo-androsta-4,9(11)-dien-3,17-dion**
—, 16-Acetoxy-17-hydroxy-17-methyl- 2986
***D*-Homo-androsta-4,9(11)-dien-3,17a-dion**
—, 16,17-Dihydroxy-17-methyl- 2985
***D*-Homo-androsta-5,14-dien-16,17-dion**
—, 3-Hydroxy-17a-methyl- 2417
***D*-Homo-androsta-5,14-dien-17-on**
—, 3-Acetoxy-16,17a-dihydroxy-17a-methyl- 2888
—, 3,16-Diacetoxy-17a-hydroxy-17a-methyl- 2888
***D*-Homo-androstan-11,17-dion**
—, 3-Acetoxy-17a-hydroxy-17a-methyl- 2831
—, 3,17a-Diacetoxy-17a-methyl- 2832
—, 3,17a-Dihydroxy- 2828
—, 3,17a-Dihydroxy-17a-methyl- 2831
***D*-Homo-androstan-11,17a-dion**
—, 3-Acetoxy-16-brom-17-hydroxy-17-methyl- 2833
—, 3-Acetoxy-17-hydroxy-17-methyl- 2832
—, 17-Benzyliden-3-hydroxy- 2629
—, 3,17-Diacetoxy-17-methyl- 2833
—, 3,17-Dihydroxy- 2828
—, 3,17-Dihydroxy-17-methyl- 2832
***D*-Homo-androstan-11-on**
—, 3-Acetoxy-17,17a-dihydroxy-17-methyl- 2774
—, 3,17,17a-Trihydroxy-17,17a-dimethyl- 2791
—, 3,17,17a-Trihydroxy-17-methyl- 2773
***D*-Homo-androstan-17-on**
—, 11-Acetoxy-3,17a-dihydroxy-17a-methyl- 2773
—, 3,11-Diacetoxy-17a-hydroxy-17a-methyl- 2773
—, 3,11,17a-Triacetoxy-17a-methyl- 2773
—, 3,16,17a-Triacetoxy-17a-methyl- 2772
—, 3,16,17a-Trihydroxy-17a-methyl- 2772
***D*-Homo-androstan-17a-on**
—, 3,11,17-Triacetoxy-17-methyl- 2773
***D*-Homo-androstan-3,11,17-trion**
—, 17a-Acetoxy- 2887
***D*-Homo-androstan-3,11,17a-trion**
—, 17-Acetoxy- 2887
—, 17-Brommethyl-17-hydroxy- 2890
—, 17-Hydroxy-17-methyl- 2890
***D*-Homo-androstan-11,16,17-trion**
—, 3-Hydroxy-17a-methyl- 2889

D-Homo-androstan-11,17,17a-trion
—, 3-Hydroxy- 2887
—, 3-Hydroxy-16-methyl- 2890
D-Homo-androsta-5,14,17-trien-16-on
—, 3,17-Diacetoxy-17a-methyl- 2417
—, 3,17-Dihydroxy-17a-methyl- 2417
D-Homo-androst-4-en-3,17-dion
—, 16-Acetoxy-17a-hydroxy-17a-methyl- 2889
—, 16,17a-Diacetoxy-17a-methyl- 2889
—, 11,17a-Dihydroxy-17a-methyl- 2889
—, 16,17a-Dihydroxy-17a-methyl- 2889
—, 17a-Hydroxy-17a-hydroxymethyl- 2890
D-Homo-androst-4-en-3,17a-dion
—, 17-Acetoxy-17-acetoxymethyl- 2890
—, 17-Acetoxymethyl-17-hydroxy- 2890
—, 17-Hydroxy-17-hydroxymethyl- 2890
D-Homo-androst-16-en-11,17a-dion
—, 3,17-Diacetoxy- 2887
—, 3,17-Diacetoxy-16-methyl- 2891
—, 3,17-Dihydroxy-16-methyl- 2890
D-Homo-androst-17-en-11,16-dion
—, 3,17-Diacetoxy-17a-methyl- 2889
—, 3,17-Dihydroxy-17a-methyl- 2889
D-Homo-androst-5-en-17-on
—, 3-Acetoxy-16,17a-dihydroxy-17a-methyl- 2830
—, 16-Acetoxy-3,17a-dihydroxy-17a-methyl- 2830
—, 3,16-Diacetoxy-17a-hydroxy-17a-methyl- 2830
—, 3,16,17a-Triacetoxy-17a-methyl- 2831
—, 3,16,17a-Trihydroxy-17a-methyl- 2829
D-Homo-androst-4-en-3,11,17-trion
—, 17a-Hydroxy-17a-methyl- 2985
D-Homo-androst-4-en-3,17,17a-trion
—, 11-Hydroxy- 2985
D-Homo-*C*,18-dinor-androsta-5,13(17a)-dien-11,17-dion
—, 3-Acetoxy-17a-methyl- 2411
— monooxim 2411
— monosemicarbazon 2411
—, 3-Hydroxy-17a-methyl- 2410
D-Homo-*B*,18-dinor-androsta-9(11),16-dien-3,15,17a-trion
—, 6-Methyl- 2519
D-Homo-*C*,18-dinor-androsta-5,13,15,17-tetraen-11-on
—, 3-Acetoxy-17-hydroxy-17a-methyl- 2520
—, 3,17-Diacetoxy-17a-methyl- 2520
D-Homo-*C*,18-dinor-androsta-13,15,17-trien-11-on
—, 3-Acetoxy-17-hydroxy-17a-methyl- 2410
D-Homo-21,24-dinor-chol-20-in-11-on
—, 3,23-Diacetoxy-17a-hydroxy- 2938
—, 3,17a,23-Trihydroxy- 2938
D-Homo-gona-1,3,5,7,9-pentaen-11,17a-dion
—, 3-Methoxy- 2624
D-Homo-gona-1,3,5(10),8-tetraen-15,17a-dion
—, 3-Methoxy- 2576
D-Homo-gona-1,3,5(10),9(11)-tetraen-15,17-dion
—, 3-Methoxy- 2575
D-Homo-gona-1,3,5(10),8-tetraen-15-on
—, 17a-Acetoxy-3-methoxy- 2512
—, 17a-Hydroxy-3-methoxy- 2512
—, 3,17a,17a-Trimethoxy- 2576
D-Homo-gona-1,3,5(10),8-tetraen-17-on
—, 17a-Acetoxy-3-methoxy- 2511
D-Homo-gona-1,3,5(10),8-tetraen-17a-on
—, 15-Hydroxy-3-methoxy- 2511
D-Homo-gona-1,3,5(10),9(11)-tetraen-15-on
—, 17a-Acetoxy-3-methoxy- 2511
—, 3,17a,17a-Trimethoxy- 2575
D-Homo-gona-1,3,5(10),9(11)-tetraen-17a-on
—, 15-Hydroxy-3-methoxy- 2510
— dimethylacetal 2511
D-Homo-gona-1,3,5(10)-trien-17-carbaldehyd
—, 3-Methoxy-17a-oxo- 2516
D-Homo-gona-1,3,5(10)-trien-15,17a-dion
—, 3-Methoxy- 2512
D-Homo-gona-1,3,5(10)-trien-17-on
—, 17a-Acetoxy-3-methoxy- 2398
—, 13-Hydroxy-3-methoxy- 2398
D-Homo-gona-1,3,5(10)-trien-17a-on
—, 15-Hydroxy-3-methoxy- 2397
—, 17-Hydroxymethylen-3-methoxy- 2516
D-Homo-18-nor-androsta-9(11),16-dien-3,15,17a-trion 2516
D-Homo-18-nor-androsta-7,13,15,17-tetraen-3,6-dion
—, 17a-Methoxy- 2578
D-Homo-18-nor-androsta-4,13,15,17-tetraen-3-on
—, 6-Hydroxy-17a-methoxy- 2518
D-Homo-18-nor-androsta-4,13,15,17-tetraen-6-on
—, 3-Hydroxy-17a-methoxy- 2518
D-Homo-18-nor-androsta-8,13,15,17-tetraen-3-on
—, 5-Acetoxy-17a-methoxy- 2518
—, 5-Hydroxy-17a-methoxy- 2518
D-Homo-18-nor-androsta-9(11),13,15,17-tetraen-3-on
—, 15,17a-Dihydroxy- 2517
D-Homo-18-nor-androsta-13,15,17-trien-3,6-dion
—, 17a-Methoxy- 2519
D-Homo-18-nor-androsta-13,15,17-trien-3-on
—, 5-Acetoxy-17a-methoxy- 2407
—, 5-Hydroxy-17a-methoxy- 2406
D-Homo-18-nor-androsta-13,15,17-trien-11-on
—, 3-Acetoxy-17a-methoxy- 2407
—, 3-Hydroxy-17a-methoxy- 2407
D-Homo-pregnan-11,20-dion
—, 3-Acetoxy-17a-hydroxy- 2862
—, 21-Brom-3,17a-dihydroxy- 2863
—, 3,17a-Diacetoxy- 2863
—, 3,17a-Diacetoxy-21,21-dibrom- 2863

Indan-1-on (Fortsetzung)
–, 2-Äthyl-2-chlor-3-[2,4-diacetoxy-phenyl]-3-phenyl- 2664
–, 2-Äthyl-2-chlor-3-[2,4-dihydroxy-phenyl]-3-phenyl- 2664
–, 2-Äthyl-2,3-dihydroxy-3-phenyl- 2571
–, 2-Äthyl-2-hydroxy-3-methoxy-3-phenyl- 2572
–, 3-Äthyl-5-methoxy-2-[4-methoxy-phenyl]- 2571
–, 6-Äthyl-2-veratryliden- 2623
–, 2-Brom-4,5,6-trimethoxy- 2807
–, 2-Chlor-3-[2,4-diacetoxy-phenyl]-2,3-diphenyl- 2683
–, 2-Chlor-3-[2,4-diacetoxy-phenyl]-2-methyl-3-phenyl- 2663
–, 2-Chlor-3-[2,4-dihydroxy-6-methyl-phenyl]-2-methyl-3-phenyl- 2664
–, 2-Chlor-3-[2,4-dihydroxy-phenyl]-2,3-diphenyl- 2683
–, 2-Chlor-3-[2,4-dihydroxy-phenyl]-2-methyl-3-phenyl- 2663
–, 6-Chlor-2-veratryliden- 2614
–, 2,3-Diacetoxy-2-methyl-3-phenyl- 2567
–, 6,7-Dihydroxy-5-methoxy- 2807
–, 5,6-Dimethoxy-2-phenyl- 2556
  – oxim 2556
–, 5,6-Dimethoxy-3-phenyl- 2556
–, 4,6-Dimethyl-2-veratryliden- 2623
–, 5-Methoxy-3-[4-methoxy-phenyl]-2-methyl- 2567
–, 6-Methyl-2-veratryliden- 2621
–, 4,5,6-Trimethoxy- 2807
–, 5,6,7-Trimethoxy- 2807
  – oxim 2807
–, 2-Veratryliden- 2614
Indan-2-on
–, 1,3-Dihydroxy-1,3-diphenyl-,
  – oxim 2662
–, 1,3-Dihydroxy-1,3-di-*m*-tolyl-,
  – oxim 2664
Indeno[1,2-*d*][1,3]dioxol-8-on 2362
Indeno[2,1-*b*]fluoren-10,12-dion
–, 11-Hydroxy- 2675
–, 11-Methoxy- 2675
Inden-3-ol
–, 5,6-Dimethoxy-2-nitroso- 2871
Inden-1-on
–, 2,3-Bis-[4-äthoxy-phenyl]- 2668
–, 2,3-Bis-[4-methoxy-phenyl]- 2668
–, 3-Hydroxy-2-[4-hydroxy-phenyl]- 2604
–, 4,6,7-Trimethoxy-2,3-dimethyl- 2875
Isodunniol 2487
–, *O*-Acetyl- 2487
Isohumulinsäure
–, Dihydro- 2704
Isonaphthazarin 2953
Isophthalaldehyd
–, 4-Acetoxy-5-äthoxy- 2804
  – dioxim 2804
–, 5-Acetyl-2-hydroxy- 2872
–, 5-Äthoxy-4-hydroxy-,
  – dihydrazon 2803
  – dioxim 2803
  – monooxim 2803
–, 5-Brom-2,4-dihydroxy- 2803
  – bis-thiosemicarbazon 2803
  – dioxim 2803
–, 2,4-Dihydroxy- 2802
  – bis-thiosemicarbazon 2803
  – dioxim 2803
–, 4,5-Dimethoxy- 2803
–, 4,6-Dimethoxy- 2804
–, 4-[3,4-Dimethoxy-phenacyloxy]-5-methoxy- 2803
–, 4-Hydroxy-5-hydroxymethyl- 2807
–, 4-[*β*-Hydroxyimino-3,4-dimethoxy-phenäthyloxy]-5-methoxy-,
  – dioxim 2804
–, 4-Hydroxy-5-methoxy- 2803

J

Juglon 2368

K

Keton
–, [1-Acetoxy-4-chlor-[2]naphthyl]-[2-acetoxymethyl-phenyl]- 2635
–, [9,9-Bis-(4-methoxy-3-methyl-phenyl)-fluoren-4-yl]-[2,4-dimethyl-phenyl]- 2693
–, Bis-[1-methoxy-[2]naphthyl]- 2669
–, Bis-[3-methoxy-[2]naphthyl]- 2669
–, Bis-[4-methoxy-[1]naphthyl]- 2669
–, [5-Brom-6-hydroxy-2,5,6-triphenyl-tetrahydro-pyran-2-yl]-phenyl- 2685
–, [4-Chlor-1-hydroxy-[2]naphthyl]-[2-hydroxymethyl-phenyl]- 2635
–, Cyclohexyl-[2,4,5-trihydroxy-phenyl]- 2823
–, [2,3-Dihydroxy-[1]naphthyl]-phenyl- 2633
–, [1,3-Dimethoxy-[2]naphthyl]-mesityl- 2640
–, [2,3-Dimethoxy-phenyl]-[1]naphthyl- 2634
–, [2,5-Dimethoxy-phenyl]-[1]naphthyl- 2634
–, [3,4-Dimethoxy-phenyl]-[1]naphthyl- 2634
–, [7-Hydroxy-5-(2-hydroxy-phenyl)-7-phenyl-benzo[*c*]fluoren-6-yl]-phenyl- 2694
–, [9-Hydroxy-2-(2-hydroxy-phenyl)-9-phenyl-fluoren-1-yl]-phenyl- 2692
–, [1-Hydroxy-4-methoxy-[2]naphthyl]-phenyl- 2634

Keton (Fortsetzung)
–, [2-Hydroxy-6-(4-methoxy-phenyl)-2,4-diphenyl-cyclohex-3-enyl]-phenyl- 2688
–, [1-Hydroxy-[2]naphthyl]-[3-hydroxy-phenyl]- 2634
–, [2-Hydroxy-[1]naphthyl]-[3-hydroxy-phenyl]- 2633
–, [1-Hydroxy-[2]naphthyl]-[4-methoxy-phenyl]- 2634
–, [2-Hydroxy-[1]naphthyl]-[4-methoxy-phenyl]- 2633
–, [4-Hydroxy-[1]naphthyl]-[2-methoxy-phenyl]- 2633
–, [4-Hydroxy-[1]naphthyl]-[4-methoxy-phenyl]- 2633
–, [5-Hydroxy-2,3,4,5-tetraphenyl-2,5-dihydro-[2]furyl]-phenyl- 2693
–, [5-Hydroxy-2,3,4,5-tetraphenyl-2,5-dihydro-[2]furyl]-*p*-tolyl- 2694
–, [5-Hydroxy-2,3,4-triphenyl-5-*p*-tolyl-2,5-dihydro-[2]furyl]-phenyl- 2693
–, [5-Hydroxy-2,3,5-triphenyl-4-*p*-tolyl-2,5-dihydro-[2]furyl]-phenyl- 2693
–, [5-Hydroxy-2,4,5-triphenyl-3-*p*-tolyl-2,5-dihydro-[2]furyl]-phenyl- 2693
–, [5-Hydroxy-3,4,5-triphenyl-2-*p*-tolyl-2,5-dihydro-[2]furyl]-phenyl- 2693
–, [2-Methoxy-3-methyl-phenyl]-[4-methoxy-[1]naphthyl]- 2636
–, [2-Methoxy-[1]naphthyl]-[4-methoxy-phenyl]- 2633
–, [4-Methoxy-phenyl]-[2-(4-methoxy-phenyl)-cyclopent-1-enyl]- 2622
–, [2-Methoxy-phenyl]-[2-(2-methoxy-phenyl)-4,5-diphenyl-cyclopent-1-enyl]- 2688

Kohlensäure
– [21-acetoxy-7,20-dioxo-pregn-5-en-3-ylester]-äthylester 2920
– [12-acetoxy-17-hydroxy-20-oxo-pregnan-3-ylester]-äthylester 2784
– [21-acetoxy-17-hydroxy-20-oxo-pregn-5-en-3-ylester]-äthylester 2842
– äthylester-[17,21-diacetoxy-20-oxo-pregn-5-en-3-ylester] 2842
– äthylester-[9,11-dichlor-17-hydroxy-3,20-dioxo-pregna-1,4-dien-21-ylester] 2989
– äthylester-[12,17-dihydroxy-20-oxo-pregnan-3-ylester] 2784
– [1-biphenyl-4-yl-3-diazo-2-oxo-propylester]-methylester 2555

Kryptogenin 2940
–, Di-*O*-acetyl- 2940

L

Lanosta-5,8-dien-7,11-dion
–, 3-Acetoxy- 2435
–, 3-Hydroxy- 2435

Lanosta-8,24-dien-7,11-dion
–, 3-Acetoxy- 2436

Lanostan
Bezifferung s. **5** III 1338 Anm. 1

Lanostan-11,12-dion
–, 3-Acetoxy-9-hydroxy- 2871
–, 7-Acetoxy-9-hydroxy- 2871
–, 3,9-Dihydroxy- 2870
–, 7,9-Dihydroxy- 2871

Lanostan-3,11,12-trion
–, 9-Hydroxy- 2943

Lanostan-7,11,12-trion
–, 9-Hydroxy- 2943

Lapachol 2487
–, Dihydro- 2388
–, *O*-Methyl- 2487

Lupan
Bezifferung s. **5** III 1342

M

Megestrol 2430

Methan
–, Bis-[3,5-di-*tert*-butyl-1-methoxy-4-oxo-cyclohexa-2,5-dienyl]- 3010
–, Diazo-bis-[4-methoxy-phenyl]- 2455

1,4-Methano-anthracen-9,10-dion
–, 9a-Acetoxy-1,4,4a,9a-tetrahydro- 2556

8,11-Methano-cyclohepta[*a*]naphthalin-7-on
–, 10-Hydroxy-3-methoxy-8,10-dimethyl-5,6,8,9,10,11-hexahydro- 2514

4,7-Methano-inden-2-on
–, 1,3-Bis-[4-methoxy-benzyliden]-octahydro- 2665

Methanol
–, [2,3-Dimethoxy-phenyl]-[1]naphthyl-2634

1,4-Methano-naphthalin-5,8-diol
–, 1,2,3,4-Tetrachlor-9,9-dimethoxy-1,4-dihydro- 2377

1,4-Methano-naphthalin-5,8-dion
–, 4a,7-Diacetoxy-1,4,4a,8a-tetrahydro-2875
–, 1,2,3,4-Tetrachlor-9,9-dimethoxy-1,4,4a,8a-tetrahydro- 2377

N

Naphthacen-5,12-dion
–, 6-Acetoxy- 2658
–, 6-Chlor-11-hydroxy- 2658
–, 6-Hydroxy- 2657
–, 6-Methoxy- 2658
[1]Naphthaldehyd
–, x,x-Dibrom-2,7-dihydroxy- 2371
–, 2,5-Dihydroxy- 2371
  – thiosemicarbazon 2371
–, 2,7-Dihydroxy- 2371
–, 2,3-Dimethoxy- 2371
  – thiosemicarbazon 2371
–, 2,4-Dimethoxy- 2371
  – thiosemicarbazon 2371
–, 2,5-Dimethoxy- 2372
  – thiosemicarbazon 2372
–, 2,6-Dimethoxy- 2371
  – thiosemicarbazon 2371
–, 2,7-Dimethoxy- 2371
  – thiosemicarbazon 2372
–, 4,5-Dimethoxy- 2372
  – thiosemicarbazon 2372
–, 4,6-Dimethoxy- 2372
  – thiosemicarbazon 2372
–, 4,7-Dimethoxy- 2372
  – thiosemicarbazon 2372
–, 4,8-Dimethoxy- 2373
  – thiosemicarbazon 2373
–, 2,5-Dimethoxy-8-methyl- 2381
  – thiosemicarbazon 2382
–, 2,6-Dimethoxy-5-methyl- 2381
  – thiosemicarbazon 2381
–, 2,7-Dimethoxy-8-methyl- 2382
–, 2,8-Dimethoxy-5-methyl- 2381
  – thiosemicarbazon 2381
–, 4,5-Dimethoxy-8-methyl- 2382
–, 4,8-Dimethoxy-5-methyl- 2381
  – thiosemicarbazon 2381
–, 4-Hydroxy-5-methoxy- 2372
  – semicarbazon 2372
–, x,x,x-Tribrom-2,7-dihydroxy- 2371
[2]Naphthaldehyd
–, 5-Acetyl-6-methoxy- 2459
–, 2-Allyl-7-methoxy-1-oxo-1,2,3,4-tetrahydro- 2386
–, 8-Chlor-4,5-dimethoxy-1-methyl- 2381
–, 1,8-Dihydroxy- 2374
–, 1,4-Dimethoxy- 2373
  – thiosemicarbazon 2373
–, 3,5-Dimethoxy- 2374
–, 1,4-Dimethoxy-3-methyl-,
  – thiosemicarbazon 2382
–, 1,6-Dimethoxy-4-methyl- 2381
–, 6,7-Dimethoxy-1-oxo-3,4-dihydro-2*H*- 2874
–, 1-Hydroxy-4-methoxy- 2373
Naphthalin
–, 1,6-Diacetyl-2-methoxy- 2473
Naphthalin-2,3-diol
–, 1,4-Diacetyl-5,6,7,8-tetrahydro- 2877
Naphthalin-1,6-dion
–, 7-Äthyl-2,3-dihydroxy-4-methyl-4a,7,8,8a-tetrahydro-4*H*,5*H*- 2763
  – bis-[2,4-dinitro-phenylhydrazon] 2763
–, 7-Äthyl-2,3-dimethoxy-4-methyl-4a,7,8,8a-tetrahydro-4*H*,5*H*- 2763
  – bis-[2,4-dinitro-phenylhydrazon] 2763
–, 2,3-Diacetoxy-7-äthyl-4-methyl-4a,7,8,8a-tetrahydro-4*H*,5*H*- 2763
–, 4a-Hydroxy-8-phenyl-3,4,4a,7,8,8a-hexahydro-2*H*,5*H*- 2394
Naphthalin-1-on
–, 2-Acetoxy-2-allyl-5-methoxy-2*H*- 2383
–, 8-Acetoxy-5,7-dimethoxy-2-methyl-3,4-dihydro-2*H*- 2818
–, 2-Äthoxymethylen-6,7-dimethoxy-3,4-dihydro-2*H*- 2875
–, 2-Äthyl-6,7,8-trimethoxy-3,4-dihydro-2*H*- 2821
–, 4,4-Dimethoxy-5-[4-methoxy-phenyl]-3,4,4a,5,8,8a-hexahydro-2*H*- 2497
–, 4,4-Dimethoxy-8-[4-methoxy-phenyl]-3,4,4a,5,8,8a-hexahydro-2*H*- 2497
–, 8-Hydroxy-6,7-dimethoxy-3,4-dihydro-2*H*- 2812
–, 8-Hydroxy-5,7-dimethoxy-2-methyl-3,4-dihydro-2*H*- 2817
–, 2-Hydroxy-2-[α-methoxy-benzyl]-3,4-dihydro-2*H*- 2571
–, 2-Hydroxy-2-[α-methoxy-benzyl]-4,4-dimethyl-3,4-dihydro-2*H*- 2578
–, 5-Hydroxy-5-[3-methoxy-phenyläthinyl]-octahydro- 2509
  – semicarbazon 2510
–, 2-Hydroxymethylen-6,7-dimethoxy-3,4-dihydro-2*H*- 2874
–, 6-Hydroxy-2-[2-methyl-3-oxo-cyclohexyl]-3,4-dihydro-2*H*- 2395
–, 6-Hydroxy-2-[2-methyl-3-semicarbazono-cyclohexyl]-3,4-dihydro-2*H*- 2395
–, 2-[α-Hydroxy-α′-oxo-bibenzyl-α-yl]-3,4-dihydro-2*H*- 2672
–, 2-[4-Methoxy-benzyliden]-6-methyl-7-methylmercapto-3,4-dihydro-2*H*- 2623
–, 6-Methoxy-2-[2-methoxy-benzyl]-3,4-dihydro-2*H*- 2570
–, 6-Methoxy-2-[3-methoxy-benzyl]-3,4-dihydro-2*H*- 2570
–, 6-Methoxy-2-[4-methoxy-benzyl]-3,4-dihydro-2*H*- 2570
–, 7-Methoxy-2-[4-methoxy-benzyl]-3,4-dihydro-2*H*- 2571
–, 6-Methoxy-2-[2-methoxy-benzyliden]-3,4-dihydro-2*H*- 2619

O

P

Pentan-1-on (Fortsetzung)
–, 1-[5-Brom-2,3,4-trihydroxy-phenyl]- 2757
–, 1-[1-Hydroxy-5,8-dimethoxy-[2]naphthyl]- 2969
–, 4-Methyl-1-[2,4,6-trihydroxy-3-methyl-phenyl]- 2762
–, 3-Methyl-1-[2,4,6-trihydroxy-phenyl]- 2760
–, 4-Methyl-1-[2,4,6-trihydroxy-phenyl]- 2760
–, 4-Methyl-1-[2,4,6-trihydroxy-3,5-dimethyl-phenyl]- 2765
–, 1-[1,5,8-Trihydroxy-[2]naphthyl]- 2969
–, 1-[2,3,4-Trihydroxy-phenyl]- 2756

Pentan-2-on
–, 5-[2-Acetyl-4,5-dimethoxy-phenyl]- 2822
–, 1,3-Bis-[4-methoxy-phenyl]- 2499

Pentan-3-on
–, 1,5-Bis-äthylmercapto-1,5-diphenyl- 2498
–, 1,5-Bis-[2-hydroxy-phenyl]- 2498
–, 2,4-Dihydroxy-2,4-diphenyl-,
– oxim 2499
–, 1,5-Diphenyl-1,5-bis-*p*-tolylmercapto- 2499

Pentaphen-5,14-dion
–, 8-Hydroxy- 2678

Pent-2-en-1,5-dion
–, 4-Hydroxy-1,2,3,4,5-pentaphenyl- 2693
–, 4-Hydroxy-1,2,3,4-tetraphenyl-5-*p*-tolyl- 2694
–, 4-Hydroxy-1,2,3,5-tetraphenyl-4-*p*-tolyl- 2693
–, 4-Hydroxy-1,2,4,5-tetraphenyl-3-*p*-tolyl- 2693
–, 4-Hydroxy-1,3,4,5-tetraphenyl-2-*p*-tolyl- 2693
–, 4-Hydroxy-2,3,4,5-tetraphenyl-1-*p*-tolyl- 2693
–, 3-[4-Methoxy-phenyl]-1,5-diphenyl- 2671
–, 3-[4-Methoxy-phenyl]-1,5-di-*p*-tolyl- 2672

Pent-4-en-1,3-dion
–, 1-[3-Hydroxy-[2]naphthyl]-5-phenyl- 2662

Pent-4-en-2,3-dion
–, 5-[2,3-Dimethoxy-phenyl]-,
– 2-[*O*-methyl-oxim] 2872
–, 5-[2,4-Dimethoxy-phenyl]-,
– 2-[*O*-methyl-oxim] 2872
–, 5-[3,4-Dimethoxy-phenyl]-,
– 2-[*O*-methyl-oxim] 2872

Pent-1-en-3-on
–, 1,2-Bis-[4-hydroxy-phenyl]- 2569
–, 1,2-Bis-[4-methoxy-phenyl]- 2569

Pent-3-en-2-on
–, 4-[2-Hydroxy-4,6-dimethoxy-phenyl]- 2813

Pent-4-in-1,3-dion
–, 1-[4-Methoxy-phenyl]-5-phenyl- 2633
– monooxim 2633

Peroxid
–, Bis-[1,4-dioxo-3-pentyl-1,4-dihydro-[2]naphthyl]- 2387
–, Bis-[3-(3-methyl-but-2-enyl)-1,4-dioxo-1,4-dihydro-[2]naphthyl]- 2487

Perylen
–, 1,3,10-Triacetoxy- 2675

Perylen-3,10-dion
–, 1-Hydroxy- 2675

Phenalen-1,3-dion
–, 2-Benzyl-4-hydroxy- 2660

Phenalen-1-on
–, 2,3-Dihydroxy- 2531
–, 2,4-Dihydroxy- 2531
–, 2,6-Dihydroxy- 2531
–, 2,3-Dihydroxy-5-nitro- 2531
–, 2,4-Dimethoxy- 2531
–, 2,6-Dimethoxy- 2532

Phenanthren
–, 7-Isopropyl-1,1,4a-trimethyl-tetradecahydro- s.a. *Abietan*

Phenanthren-2-carbaldehyd
–, 7-Methoxy-1-oxo-1,2,3,4,9,10-hexahydro- 2488
–, 7-Methoxy-1-oxo-1,2,3,4,4a,9,10,10a-octahydro- 2392
–, 9-Methoxy-1-oxo-1,2,3,4-tetrahydro- 2556

Phenanthren-9-carbaldehyd
–, 2,3-Dimethoxy- 2610
–, 6,7-Dimethoxy- 2610

Phenanthren-1,4-dion
–, 3-Hydroxy- 2603
–, 3-Methoxy- 2603
–, 3-Methoxy-8-methyl- 2609
–, 6-Methoxy-2-methyl- 2610
–, 6-Methoxy-3-methyl- 2610
–, 8-Methoxy-2-methyl- 2610
–, 8-Methoxy-3-methyl- 2610

Phenanthren-1,7-dion
–, 4-Hydroxy-2,2-dimethallyl-4b-methyl-3,4,4a,5,6,9,10,10a-octahydro-2*H*,4b*H*- 2431

Phenanthren-1,9-dion
–, 7-Methoxy-2-methyl-2,3,4,4a,10,10a-hexahydro- 2391

Phenanthren-2,3-dion
–, 7-Methoxy-8,10a-dimethyl-1,9,10,10a-tetrahydro-,
– 2-oxim 2498

Phenanthren-2,4-dion
–, 6-Methoxy-4a,9,10,10a-tetrahydro-1*H*- 2386

Phenanthren-2,10-dion
–, 5,8-Dihydroxy-4a-methyl-dodecahydro- 2767

Phenanthren-4,9-dion
—, 5,6-Dimethoxy-2,3,10,10a-tetrahydro-1*H*,4a*H*- 2968
– dioxim 2968
Phenanthren-9,10-dion
—, 3-Acetoxy-7-isopropyl-1,4-dimethyl- 2626
—, 6-Hydroxy-7-isopropyl-1,1,4a-trimethyl-1,2,3,4,4a,10a-hexahydro- 2412
Phenanthren-1-on
—, 2-Acetonyl-7-methoxy-2-methyl-3,4,9,10-tetrahydro-2*H*- 2510
—, 7,9-Dimethoxy-3,4-dihydro-2*H*- 2474
—, 2-Hydroxymethylen-9-methoxy-3,4-dihydro-2*H*- 2556
—, 2-Hydroxymethylen-7-methoxy-3,4,4a,9,10,10a-hexahydro-2*H*- 2392
—, 2-Hydroxymethylen-7-methoxy-3,4,9,10-tetrahydro-2*H*- 2488
Phenanthren-2-on
—, 8-Acetoxy-5-methoxy-4a-methyl-4,4a,9,10-tetrahydro-3*H*- 2392
—, 8-Benzyloxy-5-methoxy-4a-methyl-4,4a,9,10-tetrahydro-3*H*- 2392
—, 6,7-Dihydroxy-1,8a-dimethyl-4a-phenylmercapto-4,4a,4b,5,6,7,8,8a-octahydro-3*H*- 2825
—, 6,7-Dihydroxy-4a-methoxy-1,8a-dimethyl-4,4a,4b,5,6,7,8,8a-octahydro-3*H*- 2825
—, 5,8-Dihydroxy-4a-methyl-4,4a,9,10-tetrahydro-3*H*- 2392
—, 6,7-Dihydroxy-4a-methyl-4,4a,9,10-tetrahydro-3*H*- 2393
—, 5,8-Dimethoxy-4a-methyl-4,4a,9,10-tetrahydro-3*H*- 2392
—, 6,7-Dimethoxy-4a-methyl-4,4a,9,10-tetrahydro-3*H*- 2393
– semicarbazon 2393
—, 8-Hydroxy-5-methoxy-4a-methyl-4,4a,9,10-tetrahydro-3*H*- 2392
—, 7-Methoxy-1-[3-oxo-butyl]-3,4,4a,9,10,10a-hexahydro-1*H*- 2397
Phenanthren-3-on
—, 6,7-Dimethoxy-1,9,10,10a-tetrahydro-2*H*- 2386
—, 4-Hydroxy-2-[α-hydroxy-isopropyl]-4b,8,8-trimethyl-5,6,7,8-tetrahydro-4b*H*- 2412
—, 7-Methoxy-1-[4-methoxy-phenyl]-1,4,4a,9,10,10a-hexahydro-2*H*- 2626
—, 7-Methoxy-1-[4-methoxy-phenyl]-1,9,10,10a-tetrahydro-2*H*- 2640
—, 7-Methoxy-2-[4-methoxy-phenyl]-1,9,10,10a-tetrahydro-2*H*- 2641
Phenanthren-4-on
—, 3-[α-Hydroxy-α'-oxo-bibenzyl-α-yl]-2,3-dihydro-1*H*- 2684
Phenanthren-9-on
—, 4-Acetoxy-5,6-dimethoxy-2,3,4,4a,10,10a-hexahydro-1*H*- 2879
—, 2,3-Dimethoxy-8a-methyl-6,8,8a,10-tetrahydro-7*H*- 2393
—, 4-Hydroxy-5,6-dimethoxy-2,3,4,4a,10,10a-hexahydro-1*H*- 2878
—, 4b-Hydroxy-2,3-dimethoxy-4b,5,6,7,8,8a-hexahydro-10*H*- 2878
—, 4b-Hydroxy-2,3-dimethoxy-8a-methyl-4b,6,7,8,8a,10-hexahydro-5*H*- 2882
—, 10-Hydroxy-10-[3-hydroxy-3,3-diphenyl-prop-1-inyl]-10*H*- 2690
—, 10-Hydroxy-10-[3-hydroxy-3,3-diphenyl-propyl]-10*H*- 2684
—, 10-Hydroxy-10-[4-methoxy-but-3-en-1-inyl]-10*H*- 2646
—, 10-Hydroxy-10-[4-methoxy-phenyl]-10*H*-,
– oxim 2659
—, 5,6,7-Trimethoxy-2,3,4,4a,10,10a-hexahydro-1*H*- 2878
Phenol
—, 4-Acetyl-2-[1-hydroxyimino-äthyl]-6-metoxy- 2810
—, 2-Acetyl-5-methoxy-4-propionyl- 2815
—, 4-Acetyl-5-methoxy-2-propionyl- 2815
—, 2,6-Bis-[3,4-dichlor-benzoyl]-4-methyl- 2661
—, 2,4-Bis-[α-hydroxyimino-benzyl]- 2659
—, 2,6-Bis-[α'-oxo-bibenzyl-α-yl]- 2692
—, 2,6-Diacetyl-3-benzyloxy- 2809
—, 2,4-Diacetyl-5-methoxy- 2811
—, 2,6-Diacetyl-3-methoxy- 2809
—, 2,4-Dibenzoyl- 2659
—, 2,6-Dibenzoyl-4-methyl- 2661
—, 2,6-Dibenzoyl-4-nitro- 2659
—, 2,4-Dichlor-6-[5,7-dichlor-benzofuran-3-yl]- 2448
—, 2,4-Dicinnamoyl- 2676
—, 2,4-Dipropionyl-5-methoxy- 2819
Phloracetophenon 2729
Phosphinsäure
—, [α,α'-Dihydroxy-4-methoxy-bibenzyl-α-yl]- 2466
—, [α,α'-Dihydroxy-4'-methoxy-bibenzyl-α-yl]- 2466
—, [α-Hydroxy-2,2'-dimethoxy-bibenzyl-α-yl]- 2463
Phthalaldehyd
—, 5-Acetoxy-3-methoxy-4-methyl- 2807
—, 4,5-Dimethoxy- 2802
—, 3,5-Dimethoxy-4-methyl- 2807
—, 5-Hydroxy-3-methoxy-4-methyl- 2806
– dioxim 2807
– mono-[2,4-dinitro-phenylhydrazon] 2807
Phthalan-1-ol
—, 1-[4-Methoxy-phenyl]-3,3-dimethyl-2496
Phthiocol 2375
Picen
—, 1,2,4a,6a,6b,9,9,12a-Octamethyl-docosahydro- s. *Ursan* und *Taraxastan*

Picen (Fortsetzung)
–, 2,2,4a,6a,6b,9,9,12a-Octamethyl-docosahydro- s. *Oleanan*
–, 2,2,4a,6a,8a,9,12b,14b-Octamethyl-docosahydro- s. *Friedelan*
–, 2,2,4a,6b,9,9,12a,14a-Octamethyl-docosahydro- s. *Taraxeran*
Plumbagin 2376
Pregna-3,17(20)-dien-21-al
–, 20-Acetoxy-11-hydroxy-3-oxo- 3002
Pregna-4,17(20)-dien-21-al
–, 11-Hydroxy-3-oxo- 2427
Pregna-1,4-dien-3,20-dion
–, 17-Acetoxy- 2420
–, 21-Acetoxy- 2421
–, 17-Acetoxy-6-brom- 2420
–, 21-Acetoxy-9-brom-11-chlor-17-hydroxy- 2990
–, 21-Acetoxy-6-brom-9,11-dichlor-17-hydroxy- 2990
–, 21-Acetoxy-9-brom-11-fluor-17-hydroxy- 2989
–, 17-Acetoxy-6-chlor- 2420
–, 21-Acetoxy-6-chlor-17-hydroxy- 2989
–, 21-Acetoxy-9,11-dibrom-17-hydroxy-2990
–, 21-Acetoxy-9,11-dichlor-17-hydroxy-2989
–, 17-Acetoxy-6-fluor- 2420
–, 21-Acetoxy-6-fluor-17-hydroxy- 2988
–, 21-Acetoxy-12-fluor-11-hydroxy- 2987
–, 21-Acetoxy-11-hydroxy- 2987
–, 21-Acetoxy-17-hydroxy- 2988
–, 17-Acetoxy-6-methyl- 2430
–, 21-Äthoxycarbonyloxy-9,11-dichlor-17-hydroxy- 2989
–, 21-Azido-11,17-dihydroxy- 2987
–, 9-Brom-11-chlor-17,21-dihydroxy-2990
–, 9-Brom-11-fluor-17,21-dihydroxy- 2989
–, 21-[3-Carboxy-propionyloxy]-9,11-dichlor-17-hydroxy- 2989
–, 17,21-Diacetoxy- 2988
–, 17,21-Diacetoxy-6-fluor- 2988
–, 9,11-Dichlor-17,21-dihydroxy- 2989
–, 6,9-Difluor-11,17-dihydroxy- 2986
–, 6,21-Difluor-11,17-dihydroxy- 2986
–, 9,21-Difluor-11,17-dihydroxy- 2986
–, 9,21-Difluor-11,17-dihydroxy-6-methyl-3006
–, 11,21-Dihydroxy- 2987
–, 17,21-Dihydroxy- 2987
–, 11,17-Dihydroxy-21-jod- 2987
–, 11,17-Dihydroxy-6-methyl- 3006
–, 17,21-Dihydroxy-16-methyl- 3007
–, 6-Fluor-11,17-dihydroxy- 2986
–, 6-Fluor-17,21-dihydroxy- 2988
–, 9-Fluor-11,17-dihydroxy- 2986
–, 12-Fluor-11,21-dihydroxy- 2987
–, 21-Fluor-11,17-dihydroxy- 2986
–, 9-Fluor-11,17-dihydroxy-6-methyl-3006
–, 21-Fluor-11,17-dihydroxy-6-methyl-3006
–, 17-Hexanoyloxy- 2420
–, 11-Hydroxy- 2419
–, 17-Hydroxy- 2420
–, 21-Hydroxy- 2421
–, 2-Hydroxy-21-pivaloyloxy- 2995
–, 21-Pivaloyloxy- 2421
–, 6,9,21-Trifluor-11,17-dihydroxy- 2987
Pregna-3,5-dien-7,20-dion
–, 17-Acetoxy- 2421
–, 21-Acetoxy- 2421
–, 17-Acetoxy-3-hydroxy- 3003
–, 21-Acetoxy-3-hydroxy- 3004
–, 17,21-Diacetoxy- 2990
–, 3,21-Dihydroxy- 3003
–, 17,21-Dihydroxy- 2990
–, 17-Hydroxy- 2421
Pregna-3,5-dien-11,20-dion
–, 3-Benzylmercapto- 2422
Pregna-4,6-dien-3,20-dion
–, 11-Acetoxy- 2422
–, 21-Acetoxy- 2423
–, 17-Acetoxy-6-chlor- 2423
–, 17-Acetoxy-6-fluor- 2423
–, 17-Acetoxy-21-fluor-6-methyl- 2431
–, 21-Acetoxy-17-hydroxy- 2991
–, 21-Acetoxy-17-hydroxy-6-methyl- 3007
–, 17-Acetoxy-6-methyl- 2431
–, 17,21-Diacetoxy- 2991
–, 17,21-Diacetoxy-6-chlor- 2991
–, 17,21-Diacetoxy-6-methyl- 3007
–, 14,15-Dihydroxy- 2990
–, 17,21-Dihydroxy- 2990
–, 9-Fluor-11,17-dihydroxy- 2990
–, 11-Hydroxy- 2422
–, 14-Hydroxy- 2422
–, 15-Hydroxy- 2422
–, 17-Hydroxy- 2422
–, 21-Hydroxy- 2423
–, 17-Hydroxy-6-methyl- 2430
–, 17-Propionyloxy- 2423
Pregna-4,7-dien-3,20-dion
–, 21-Acetoxy- 2423
–, 21-Acetoxy-17-hydroxy- 2991
–, 17,21-Dihydroxy- 2991
Pregna-4,9(11)-dien-3,20-dion
–, 12-Acetoxy- 2424
–, 17-Acetoxy- 2424
–, 21-Acetoxy- 2425
–, 21-Acetoxy-16-brom-17-hydroxy- 2993
–, 21-Acetoxy-6-fluor-17-hydroxy- 2993
–, 21-Acetoxy-6-fluor-17-hydroxy-16-methyl- 3008
–, 21-Acetoxy-17-formyloxy- 2993
–, 16-Acetoxy-17-hydroxy- 2992
–, 21-Acetoxy-17-hydroxy- 2992
–, 21-Acetoxy-17-hydroxy-2-methyl- 3006
–, 21-Acetoxy-17-hydroxy-6-methyl- 3007

Pregnan-3,20-dion (Fortsetzung)
–, 11,21-Dihydroxy- 2847
–, 12,15-Dihydroxy- 2849
–, 12,17-Dihydroxy- 2849
–, 16,21-Dihydroxy- 2850
–, 17,21-Dihydroxy- 2850
–, 5,11-Dihydroxy-6,11-dimethyl- 2867
–, 5,11-Dihydroxy-6-methyl- 2864
–, 5,17-Dihydroxy-6-methyl- 2864
–, 5,17-Dihydroxy-6-prop-2-inyl- 3008
–, 6-Fluor-5,11-dihydroxy- 2844
–, 5-Hydroxy-6-phenyl- 2583
–, 5-Hydroxy-6-prop-2-inyl- 2431
Pregnan-7,11-dion
–, 3,20-Diacetoxy- 2852
–, 3,20-Dihydroxy- 2852
– 7-oxim 2852
Pregnan-7,20-dion
–, 3-Acetoxy-11-hydroxy- 2852
–, 3,11-Diacetoxy- 2852
–, 3,11-Dihydroxy- 2852
Pregnan-11,20-dion
–, 3-Acetoxy-16-[5-acetoxy-4-methyl-valeryloxy]- 2853
–, 3-Acetoxy-16-[5-acetoxy-4-methyl-valeryloxy]-12-chlor- 2854
–, 3-Acetoxy-21-benzyloxy-12-brom- 2859
–, 21-Acetoxy-3,3-bis-hydroperoxy- 2928
–, 3-Acetoxy-16-brom-12-chlor-17-hydroxy- 2857
–, 3-Acetoxy-12-brom-21,21-dihydroxy-2931
–, 3-Acetoxy-12-brom-21,21-dimethoxy-2932
–, 3-Acetoxy-9-brom-17-hydroxy- 2856
–, 3-Acetoxy-21-brom-17-hydroxy- 2857
–, 3-Acetoxy-21-brom-21-methoxy- 2931
–, 3-Acetoxy-12-chlor-17-hydroxy- 2856
–, 3-Acetoxy-12-chlor-17-hydroxy-16-jod-2858
–, 3-Acetoxy-12,17-dibrom-21,21-dihydroxy- 2934
–, 3-Acetoxy-16,21-dibrom-17-hydroxy-2857
–, 3-Acetoxy-21,21-dihydroxy- 2930
–, 3-Acetoxy-21,21-dimethoxy- 2930
–, 3-Acetoxy-5-hydroxy- 2852
–, 3-Acetoxy-9-hydroxy- 2853
–, 3-Acetoxy-17-hydroxy- 2855
– 20-oxim 2855
–, 3-Acetoxy-9-hydroxy-16-methyl- 2865
–, 3-Acetoxy-17-hydroxy-16-methyl- 2866
–, 3-Acetoxy-21-methansulfonyloxy- 2858
–, 18-Benzyl-3-hydroxy- 2584
–, 18-Benzyliden-3-hydroxy- 2629
–, 21-Brom-12-chlor-3,17-dihydroxy-2857
–, 21-Brom-3,17-dihydroxy- 2857
–, 21-Brom-3,17-dihydroxy-16-methyl-2866
–, 12-Chlor-3,17-dihydroxy- 2856
–, 21-Chlor-3,17-dihydroxy- 2856
–, 3,5-Diacetoxy- 2853
–, 3,12-Diacetoxy- 2853
–, 3,17-Diacetoxy- 2856
–, 3,21-Diacetoxy- 2858
–, 3,21-Diacetoxy-12-brom- 2859
–, 3,21-Diacetoxy-12-brom-21-chlor- 2932
–, 3,21-Diacetoxy-12,16-dibrom- 2859
–, 3,21-Diacetoxy-12,21-dibrom- 2933
–, 3,21-Diacetoxy-12,16,21-tribrom- 2933
–, 3,5-Dihydroxy- 2852
–, 3,12-Dihydroxy- 2853
–, 3,17-Dihydroxy- 2854
–, 3,21-Dihydroxy- 2858
–, 3,17-Dihydroxy-16,16-dimethyl- 2867
–, 3,17-Dihydroxy-16-methyl- 2865
–, 3,9-Epoxy-3-hydroxy- 2925
–, 3-Formyloxy-17-hydroxy- 2855
–, 17-Hydroxy-3,3-dimethoxy- 2925
–, 3,21,21-Triacetoxy- 2931
–, 3,21,21-Triacetoxy-12-brom- 2932
–, 3,21,21-Triacetoxy-12,17-dibrom- 2934
Pregnan-12,20-dion
–, 3-Acetoxy-16-[5-acetoxy-4-methyl-valeryloxy]- 2860
–, 3-Acetoxy-16-brom-17-hydroxy- 2861
–, 3-Acetoxy-21-brom-17-hydroxy- 2862
–, 3-Acetoxy-17-hydroxy- 2860
–, 3-Acetoxy-16-methoxy- 2860
–, 7-Acetoxy-3-[3-methoxycarbonyl-propionyloxy]- 2860
–, 16-Brom-3,17-dihydroxy- 2861
–, 21-Brom-3,17-dihydroxy- 2861
–, 2,3-Diacetoxy- 2859
–, 16,21-Dibrom-3,17-dihydroxy- 2862
–, 3,7-Dihydroxy- 2859
–, 3,17-Dihydroxy- 2860
–, 3-Hydroxy-16-methoxy- 2860
–, 7-Hydroxy-3-[3-methoxycarbonyl-propionyloxy]- 2860
Pregnan-3-on
–, 20-Acetoxy-11,17-dihydroxy- 2774
–, 11,17,20-Trihydroxy- 2774
Pregnan-7-on
–, 3,11,20-Trihydroxy- 2774
Pregnan-11-on
–, 3,20-Diacetoxy-17-hydroxy- 2775
–, 3,12,20-Triacetoxy- 2774
–, 3,17,20-Triacetoxy- 2775
– oxim 2775
–, 3,17,20-Trihydroxy- 2775
– oxim 2775
Pregnan-12-on
–, 11-Brom-3,17,20-trihydroxy- 2776
–, 3,20-Diacetoxy-17-hydroxy- 2776
–, 3,17,20-Trihydroxy- 2775
Pregnan-20-on
–, 12-Acetoxy-3-äthoxycarbonyloxy-17-hydroxy- 2784
–, 3-Acetoxy-16-brom-12,17-dihydroxy-2784

Pregnan-3,11,20-trion (Fortsetzung)
—, 5-Hydroxy- 2924
—, 9-Hydroxy- 2925
—, 17-Hydroxy- 2925
—, 21-Hydroxy- 2927
—, 17-Hydroxy-16-jod- 2927
—, 5-Hydroxy-6-methyl- 2936
—, 17-Hydroxy-16-methyl- 2937
—, 2,4,21-Tribrom-17-hydroxy- 2927
Pregnan-3,12,20-trion
—, 7-Acetoxy- 2929
—, 21-Brom-17-hydroxy- 2929
—, 7-Hydroxy- 2928
—, 17-Hydroxy- 2929
Pregnan-7,11,20-trion
—, 3-Acetoxy- 2929
Pregnan-7,12,20-trion
—, 3-Hydroxy- 2930
—, 3-[3-Methoxycarbonyl-propionyloxy]- 2930
Pregna-1,4,9(11),16-tetraen-3,20-dion
—, 21-Acetoxy- 2581
Pregna-1,4,6-trien-3,20-dion
—, 21-Acetoxy- 2525
—, 17-Acetoxy-6-chlor- 2525
—, 17-Acetoxy-6-fluor- 2525
—, 17-Acetoxy-6-methyl- 2527
—, 21-Hydroxy- 2525
Pregna-4,6,16-trien-3,20-dion
—, 12-Hydroxy- 2525
Pregna-4,9(11),16-trien-3,20-dion
—, 21-Acetoxy- 2526
—, 21-Acetoxy-2-brom- 2526
—, 21-Hydroxy- 2526
Pregna-5,7,9(11)-trien-12,20-dion
—, 3-Acetoxy- 2526
—, 3-Hydroxy- 2526
Pregna-1,4,17(20)-trien-3-on
—, 21-Acetoxy-11-hydroxy- 2418
—, 21-Acetoxy-11-hydroxy-2-methyl- 2430
—, 21-Acetoxy-11-hydroxy-6-methyl- 2430
—, 11,21-Dihydroxy- 2418
Pregna-3,5,9(11)-trien-20-on
—, 3,17-Diacetoxy-16-brom- 2418
—, 3,17-Diacetoxy-16-jod- 2419
—, 3,17,21-Triacetoxy- 2986
Pregna-4,6,17(20)-trien-3-on
—, 21-Acetoxy-11-hydroxy- 2419
—, 11,21-Dihydroxy- 2419
Pregna-5,7,9(11)-trien-20-on
—, 3,21-Diacetoxy- 2419
—, 3,21-Dihydroxy- 2419
Pregn-4-en-18-al
—, 11,20-Dihydroxy-3-oxo- 2893
Pregn-4-en-19-al
—, 21-Acetoxy-3,20-dioxo- 3001
—, 21-Hydroxy-3,20-dioxo- 3001
Pregn-4-en-21-al
—, 9-Chlor-11-hydroxy-3,20-dioxo-,
 — dimethylacetal 3002
—, 11,20-Dihydroxy-3-oxo- 2918
 — dimethylacetal 2918
—, 9-Fluor-11-hydroxy-3,20-dioxo-,
 — dimethylacetal 3002
—, 11-Hydroxy-3,20-dioxo-,
 — dimethylacetal 3002
 — hydrat 3002
—, 17-Hydroxy-3,20-dioxo- 3003
Pregn-16-en-21-al
—, 3-Acetoxy-12,15-dibrom-11,20-dioxo-,
 — hydrat 3005
Pregn-17(20)-en-21-al
—, 3-Acetoxy-12-brom-20-hydroxy-11-oxo- 2931
—, 3-Acetoxy-20-hydroxy-11-oxo- 2930
—, 12-Brom-3,20-dihydroxy-11-oxo- 2931
—, 3,20-Diacetoxy-12-brom-11-oxo- 2932
Pregn-1-en-3,20-dion
—, 21-Acetoxy-17-hydroxy- 2892
Pregn-3-en-11,20-dion
—, 21-Acetoxy-17-hydroxy- 2893
Pregn-4-en-3,11-dion
—, 20,21-Diacetoxy- 2893
—, 20,21-Diacetoxy-17-methyl- 2938
—, 18,20-Epoxy-20-hydroxy- 2998
Pregn-4-en-3,20-dion
—, 21-Acetoxy-1-acetylmercapto- 2893
—, 17-Acetoxy-9-brom-11-hydroxy- 2905
—, 21-Acetoxy-6-brom-7-hydroxy- 2900
—, 21-Acetoxy-6-brom-17-hydroxy- 2916
—, 21-Acetoxy-9-brom-11-hydroxy- 2909
—, 21-Acetoxy-12-brom-11-hydroxy- 2910
—, 21-Acetoxy-6-chlor-17-hydroxy- 2916
—, 21-Acetoxy-9-chlor-11-hydroxy- 2909
—, 21-Acetoxy-12-chlor-11-hydroxy- 2909
—, 21-Acetoxy-16-chlor-17-hydroxy- 2916
—, 11-Acetoxy-21-diazo- 3002
—, 17-Acetoxy-9-fluor-11-hydroxy- 2904
—, 21-Acetoxy-6-fluor-17-hydroxy- 2915
—, 21-Acetoxy-9-fluor-11-hydroxy- 2909
—, 21-Acetoxy-12-fluor-11-hydroxy- 2909
—, 21-Acetoxy-6-fluor-17-hydroxy-16-methyl- 2937
—, 11-Acetoxy-17-formyloxy- 2903
—, 21-Acetoxy-11-formyloxy- 2908
—, 11-Acetoxy-17-hexanoyloxy- 2903
—, 2-Acetoxy-11-hydroxy- 2894
—, 2-Acetoxy-15-hydroxy- 2894
—, 2-Acetoxy-17-hydroxy- 2894
—, 6-Acetoxy-9-hydroxy- 2895
—, 6-Acetoxy-14-hydroxy- 2896
—, 6-Acetoxy-17-hydroxy- 2897
—, 7-Acetoxy-14-hydroxy- 2899
—, 7-Acetoxy-15-hydroxy- 2899
—, 11-Acetoxy-17-hydroxy- 2902
—, 11-Acetoxy-18-hydroxy- 2906
—, 11-Acetoxy-21-hydroxy- 2907
—, 12-Acetoxy-17-hydroxy- 2910
—, 15-Acetoxy-11-hydroxy- 2901
—, 16-Acetoxy-17-hydroxy- 2912
—, 18-Acetoxy-11-hydroxy- 2907
—, 19-Acetoxy-21-hydroxy- 2918

Propan-1-on (Fortsetzung)
–, 3-[2-Acetoxy-6-oxo-cyclohex-1-enyl]-1-[4-methoxy-phenyl]- 2969
–, 3-[2-Acetoxy-phenyl]-1-[4-acetoxy-phenyl]- 2477
–, 3-[2-Acetoxy-phenyl]-1-[4-methoxy-phenyl]- 2477
–, 1-[5-Acetyl-2,4-dihydroxy-phenyl]-2815
–, 1-[5-Acetyl-2-hydroxy-4-methoxy-phenyl]- 2815
–, 1-[5-Acetyl-4-hydroxy-2-methoxy-phenyl]- 2815
–, 1-[3-Acetyl-4-hydroxy-[1]naphthyl]-2487
–, 1-[4-Acetyl-1-hydroxy-[2]naphthyl]-2487
–, 1-[5-Acetyl-2-hydroxy-phenyl]-2,3-dibrom-3-phenyl- 2568
–, 3-Äthoxy-2-brom-1-[4-chlor-phenyl]-3-[4-methoxy-phenyl]- 2480
–, 2-Äthoxy-1-[3,4-dimethoxy-phenyl]-2747
–, 2-Äthoxy-1-[4-(2,4-dinitro-phenoxy)-3-methoxy-phenyl]- 2747
–, 1-[4-Äthoxy-2-methoxy-phenyl]-2-phenyl- 2482
– oxim 2482
–, 1-[5-Äthyl-3-brom-2,4-dihydroxy-phenyl]-2,3-dibrom-3-phenyl- 2499
–, 1-{4-[1-Äthyl-2-hydroxy-2-(4-methoxy-phenyl)-butyl]-phenyl}- 2523
–, 1-{5-[1-Äthyl-2-(4-hydroxy-phenyl)-butyl]-2-hydroxy-phenyl}- 2523
–, 3-Äthylmercapto-1-[2-hydroxy-phenyl]-3-phenyl- 2479
–, 3-Äthylmercapto-1-[4-hydroxy-phenyl]-3-phenyl- 2479
–, 1-{5-[1-Äthyl-2-(4-methoxy-phenyl)-butyl]-2-methoxy-phenyl}- 2523
– oxim 2523
–, 1-[3-Benzyl-4-benzyloxy-2-hydroxy-phenyl]- 2495
–, 1-[3-Benzyl-2,4-dihydroxy-phenyl]-2495
–, 1-[4-Benzyloxy-2-hydroxy-5-nitro-phenyl]-2,3-dibrom-3-phenyl- 2475
–, 3-[4-Benzyloxy-phenyl]-2,3-dibrom-1-[4-brom-1-hydroxy-[2]naphthyl]- 2637
–, 3-[4-Benzyloxy-phenyl]-2,3-dibrom-1-[1-hydroxy-4-nitro-[2]naphthyl]- 2638
–, 1-Biphenyl-4-yl-2,3-dihydroxy- 2486
–, 1,3-Bis-[2-hydroxy-phenyl]- 2475
–, 3,3-Bis-[4-hydroxy-phenyl]-1-phenyl-2653
–, 1,3-Bis-[4-methoxy-phenyl]- 2477
–, 1,2-Bis-[4-methoxy-phenyl]-2-methyl-2493
–, 1,2-Bis-[4-methoxy-phenyl]-3-phenyl-2653
–, 3-Brom-2-chlor-1-[2-methoxy-5-methyl-phenyl]-3-[4-methoxy-phenyl]- 2491
–, 2-Brom-1-[4-chlor-phenyl]-3-methoxy-3-[4-methoxy-phenyl]- 2479
–, 3-Brom-2-hydroxy-1-[2-methoxy-5-methyl-phenyl]-3-phenyl- 2492
–, 1-[4-Brom-phenyl]-3-[4-methoxy-phenyl]-3-*tert*-pentylmercapto- 2480
–, 1-[5-Brom-2,3,4-trihydroxy-phenyl]-2745
–, 1-[5-Brom-2,3,4-trihydroxy-phenyl]-2-methyl- 2755
–, 3-[2-Chlor-phenyl]-3-[4-isopropyl-benzolsulfonyl]-1-[4-methoxy-phenyl]- 2479
–, 1-[4-Chlor-phenyl]-3-[4-methoxy-phenyl]-3-[toluol-4-sulfonyl]- 2480
–, 3-[2-Chlor-phenyl]-1-[4-methoxy-phenyl]-3-[toluol-4-sulfonyl]- 2479
–, 3-[4-Chlor-phenylselanyl]-3-[4-methoxy-phenyl]-1-phenyl- 2480
–, 1-[5-Chlor-2,3,4-trihydroxy-phenyl]-2745
–, 2,3-Diacetoxy-1,3-diphenyl- 2481
–, 1-[4-(2-Diäthylamino-äthoxy)-phenyl]-3-[4-methoxy-phenyl]- 2478
–, 2,3-Dibrom-1-[3-brom-2,4-dihydroxy-5-nitro-phenyl]-3-phenyl- 2475
–, 2,3-Dibrom-1-[3-brom-2-hydroxy-5-methyl-phenyl]-3-[4-methoxy-phenyl]-2492
–, 2,3-Dibrom-1-[4-brom-1-hydroxy-[2]naphthyl]-3-[2-brom-5-methoxy-phenyl]-2637
–, 2,3-Dibrom-1-[4-brom-1-hydroxy-[2]naphthyl]-3-[3-brom-4-methoxy-phenyl]-2637
–, 2,3-Dibrom-1-[4-brom-1-hydroxy-[2]naphthyl]-3-[5-brom-2-methoxy-phenyl]-2637
–, 2,3-Dibrom-1-[4-brom-1-hydroxy-[2]naphthyl]-3-[2-methoxy-phenyl]- 2637
–, 2,3-Dibrom-1-[3-brom-2-hydroxy-5-nitro-phenyl]-3-[3-brom-4-methoxy-phenyl]- 2477
–, 2,3-Dibrom-1-[3-brom-2-hydroxy-5-nitro-phenyl]-3-[5-brom-2-methoxy-phenyl]- 2476
–, 2,3-Dibrom-3-[3-brom-4-methoxy-phenyl]-1-[3-brommethyl-2-hydroxy-5-nitro-phenyl]- 2491
–, 2,3-Dibrom-3-[3-brom-4-methoxy-phenyl]-1-[5-brommethyl-2-hydroxy-3-nitro-phenyl]- 2492
–, 2,3-Dibrom-3-[5-brom-2-methoxy-phenyl]-1-[3-brommethyl-2-hydroxy-5-nitro-phenyl]- 2490
–, 2,3-Dibrom-3-[3-brom-4-methoxy-phenyl]-1-[2-hydroxy-3-methyl-5-nitro-phenyl]- 2491

Propan-1-on (Fortsetzung)
—, 2,3-Dibrom-3-[3-brom-4-methoxy-phenyl]-1-[2-hydroxy-5-methyl-3-nitro-phenyl]- 2492
—, 2,3-Dibrom-3-[5-brom-2-methoxy-phenyl]-1-[2-hydroxy-3-methyl-5-nitro-phenyl]- 2490
—, 2,3-Dibrom-3-[5-brom-2-methoxy-phenyl]-1-[2-hydroxy-5-methyl-3-nitro-phenyl]- 2491
—, 2,3-Dibrom-3-[2-brom-5-methoxy-phenyl]-1-[1-hydroxy-4-nitro-[2]naphthyl]- 2637
—, 2,3-Dibrom-3-[3-brom-4-methoxy-phenyl]-1-[1-hydroxy-4-nitro-[2]naphthyl]- 2638
—, 2,3-Dibrom-3-[5-brom-2-methoxy-phenyl]-1-[1-hydroxy-4-nitro-[2]naphthyl]- 2637
—, 2,3-Dibrom-3-[5-brom-2-methoxy-phenyl]-1-[2-hydroxy-5-nitro-phenyl]- 2476
—, 2,3-Dibrom-1-[4-chlor-phenyl]-3-[3,4-dimethoxy-phenyl]- 2478
—, 2,3-Dibrom-1-[2,4-diacetoxy-3-nitro-phenyl]-3-phenyl- 2474
—, 2,3-Dibrom-1-[2,6-diacetoxy-3-nitro-phenyl]-3-phenyl- 2475
—, 2,3-Dibrom-1-[2,4-diacetoxy-3-nitro-phenyl]-3-*p*-tolyl- 2493
—, 2,3-Dibrom-1-[2-hydroxy-4-methoxy-5-nitro-phenyl]-3-phenyl- 2475
—, 2,3-Dibrom-1-[2-hydroxy-3-methyl-5-nitro-phenyl]-3-[2-methoxy-phenyl]- 2490
—, 2,3-Dibrom-1-[2-hydroxy-3-methyl-5-nitro-phenyl]-3-[4-methoxy-phenyl]- 2491
—, 2,3-Dibrom-1-[2-hydroxy-3-methyl-phenyl]-3-[4-methoxy-phenyl]- 2490
—, 2,3-Dibrom-1-[2-hydroxy-4-methyl-phenyl]-3-[4-methoxy-phenyl]- 2493
—, 2,3-Dibrom-1-[1-hydroxy-4-nitro-[2]naphthyl]-3-[4-methoxy-phenyl]- 2638
—, 2,3-Dibrom-1-[2-hydroxy-5-nitro-phenyl]-3-[2-methoxy-phenyl]- 2476
—, 2,3-Dibrom-1-[2-hydroxy-5-nitro-phenyl]-3-[4-methoxy-phenyl]- 2476
—, 2,3-Dibrom-1-[2-methoxy-5-methyl-phenyl]-3-[4-methoxy-phenyl]- 2491
—, 2,3-Dichlor-1-[2-methoxy-5-methyl-phenyl]-3-[4-methoxy-phenyl]- 2491
—, 2,3-Dihydroxy-1,2-diphenyl- 2483
—, 2,3-Dihydroxy-1,3-diphenyl- 2481
—, 1-[2,6-Dihydroxy-4-methoxy-3-methyl-phenyl]-2-methyl- 2759
—, 2,3-Dihydroxy-1-[4-methoxy-phenyl]- 2748
—, 1-[2,4-Dihydroxy-phenyl]-3-phenyl- 2474
—, 2,3-Dihydroxy-1-[4-propoxy-phenyl]- 2748
—, 1-[4,8-Dimethoxy-[1]naphthyl]- 2383
—, 1-[6,7-Dimethoxy-[2]naphthyl]- 2383
—, 1-[3,4-Dimethoxy-phenyl]-3-hydroxy- 2748
—, 1-[3,4-Dimethoxy-phenyl]-3-methoxy- 2748
—, 1-[3,4-Dimethoxy-phenyl]-2-[2-methoxy-phenoxy]- 2747
—, 1-[2,4-Dimethoxy-phenyl]-2-phenyl- 2482
— oxim 2482
—, 1-[2,5-Dimethoxy-phenyl]-2-phenyl- 2482
— semicarbazon 2482
—, 1-[3,4-Dimethoxy-phenyl]-3-phenyl- 2477
—, 3-[2,3-Dimethoxy-phenyl]-1-phenyl- 2478
—, 3-[3,4-Dimethoxy-phenyl]-1-phenyl- 2478
—, 1-[2-Hydroxy-4,6-dimethoxy-3-methyl-phenyl]-2-methyl- 2759
—, 1-[1-Hydroxy-5,8-dimethoxy-[2]naphthyl]- 2965
—, 1-[2-Hydroxy-4,6-dimethoxy-phenyl]- 2746
—, 1-[4-Hydroxy-3,5-dimethoxy-phenyl]- 2746
—, 2-Hydroxy-1-[4-hydroxy-3-methoxy-phenyl]- 2747
—, 3-Hydroxy-1-[4-hydroxy-3-methoxy-phenyl]- 2748
—, 3-Hydroxy-1-[1-hydroxy-[2]naphthyl]-3-[3-nitro-phenyl]- 2638
—, 3-Hydroxy-1-[2-hydroxy-phenyl]-3-[3-nitro-phenyl]- 2478
—, 3-Hydroxy-1-[2-hydroxy-phenyl]-3-[4-nitro-phenyl]- 2479
—, 3-Hydroxy-1-[6-methoxy-[2]naphthyl]-2,2-dimethyl- 2388
—, 1-[4-Hydroxy-3-methoxy-phenyl]-2-[2-methoxy-phenoxy]- 2747
—, 1-[2-Hydroxy-phenyl]-3-[4-hydroxy-phenyl]- 2476
—, 3-[2-Hydroxy-phenyl]-1-[4-hydroxy-phenyl]- 2477
—, 3-Methoxy-2,2-bis-methoxymethyl-1-phenyl- 2757
—, 1-{5-Methoxy-3-[1-(4-methoxy-phenyl)-propyl]-phenyl}- 2509
—, 3-[2-Methoxy-phenyl]-1-[4-methoxy-phenyl]- 2477
— semicarbazon 2477
—, 3-[4-Methoxy-phenyl]-1-phenyl-3-phenylselanyl- 2480
—, 2-Methyl-1-[2,4,6-trihydroxy-3,5-diisopentyl-phenyl]- 2772
—, 2-Methyl-1-[2,4,6-trihydroxy-3-methyl-phenyl]- 2759
—, 2-Methyl-1-[2,3,4-trihydroxy-phenyl]- 2754
—, 2-Methyl-1-[2,4,5-trihydroxy-phenyl]- 2755

Propan-1-on (Fortsetzung)
—, 2-Methyl-1-[2,4,6-trihydroxy-phenyl]- 2755
—, 1-[2,4,6-Trihydroxy-3-(3-methyl-but-2-enyl)-phenyl]- 2823
—, 1-[2,3,4-Trihydroxy-phenyl]- 2744
—, 1-[2,4,6-Trimethoxy-phenyl]- 2746
—, 1-[3,4,5-Trimethoxy-phenyl]- 2746
— semicarbazon 2747

Propan-2-on
s. *Aceton*

Propenon
—, 3-Acetoxy-1-[4-benzyloxy-3-methoxy-phenyl]- 2805
—, 1-[1-Acetoxy-4-brom-[2]naphthyl]-3-[4-methoxy-phenyl]- 2650
—, 1-[1-Acetoxy-[2]naphthyl]-3-[4-acetoxy-phenyl]- 2649
—, 1-[2-Acetoxy-[1]naphthyl]-3-[4-methoxy-phenyl]- 2647
—, 3-[2-Acetoxy-phenyl]-1-[1-hydroxy-[2]naphthyl]- 2648
—, 2-Äthyl-1,3-bis-[4-methoxy-phenyl]- 2567
—, 2-Äthyl-1-[2,4-dihydroxy-phenyl]-3-phenyl- 2567
—, 3-[4-Benzyloxy-phenyl]-2-brom-1-[4-brom-1-hydroxy-[2]naphthyl]- 2650
—, 3-[4-Benzyloxy-phenyl]-1-[4-brom-1-hydroxy-[2]naphthyl]- 2650
—, 3-[4-Benzyloxy-phenyl]-1-[1-hydroxy-[2]naphthyl]- 2649
—, 3-[4-Benzyloxy-phenyl]-1-[1-hydroxy-4-nitro-[2]naphthyl]- 2650
—, 1-Biphenyl-4-yl-3-[1,4-dimethoxy-[2]naphthyl]- 2680
—, 1-Biphenyl-4-yl-3-[4,7-dimethoxy-[1]naphthyl]- 2680
—, 1,2-Bis-[4-methoxy-phenyl]- 2554
—, 1,3-Bis-[4-methoxy-phenyl]-3-phenyl- 2660
—, 3,3-Bis-[4-methoxy-phenyl]-1-phenyl- 2660
—, 2-Brom-1-[4-brom-1-hydroxy-[2]naphthyl]-3-[2-brom-5-methoxy-phenyl]- 2649
—, 1-[4-Brom-1-hydroxy-[2]naphthyl]-3-[2-brom-3-methoxy-phenyl]- 2648
—, 1-[4-Brom-1-hydroxy-[2]naphthyl]-3-[3-brom-4-methoxy-phenyl]- 2650
—, 1-[4-Brom-1-hydroxy-[2]naphthyl]-3-[5-brom-2-methoxy-phenyl]- 2648
—, 1-[4-Brom-1-hydroxy-[2]naphthyl]-3-[2-methoxy-phenyl]- 2648
—, 1-[4-Brom-1-hydroxy-[2]naphthyl]-3-[3-methoxy-phenyl]- 2648
—, 1-[4-Brom-1-hydroxy-[2]naphthyl]-3-[4-methoxy-phenyl]- 2649
—, 3-[2-Brom-5-methoxy-phenyl]-1-[1-hydroxy-4-nitro-[2]naphthyl]- 2649
—, 3-[3-Brom-4-methoxy-phenyl]-1-[1-hydroxy-4-nitro-[2]naphthyl]- 2650
—, 3-[5-Brom-2-methoxy-phenyl]-1-[1-hydroxy-4-nitro-[2]naphthyl]- 2648
—, 1-[4-Brom-phenyl]-3-[6-hydroxy-4-isopropyl-7-oxo-cyclohepta-1,3,5-trienyl]- 2625
—, 1-[2,4-Diacetoxy-phenyl]-2-methyl-3-phenyl- 2559
—, 1-[2,4-Dihydroxy-3-nitro-phenyl]-3-[2]naphthyl- 2651
—, 1-[2,4-Dihydroxy-phenyl]-2-methyl-3-phenyl- 2558
—, 1-[2,5-Dimethoxy-phenyl]-3-hydroxy- 2806
—, 3-[6-Hydroxy-4-isopropyl-7-oxo-cyclohepta-1,3,5-trienyl]-1-[2-nitro-phenyl]- 2625
—, 3-[6-Hydroxy-4-isopropyl-7-oxo-cyclohepta-1,3,5-trienyl]-1-[4-nitro-phenyl]- 2625
—, 3-[6-Hydroxy-4-isopropyl-7-oxo-cyclohepta-1,3,5-trienyl]-1-phenyl- 2624
—, 3-Hydroxy-1-[4-methoxy-phenyl]-2-methyl-3-phenyl- 2559
—, 3-Hydroxy-3-[4-methoxy-phenyl]-2-methyl-1-phenyl- 2559
—, 1-[1-Hydroxy-[2]naphthyl]-3-[2-hydroxy-phenyl]- 2648
—, 1-[1-Hydroxy-[2]naphthyl]-3-[4-hydroxy-phenyl]- 2649
—, 1-[2-Hydroxy-[1]naphthyl]-3-[2-hydroxy-phenyl]- 2647
—, 1-[2-Hydroxy-[1]naphthyl]-3-[2-methoxy-[1]naphthyl]- 2676
—, 1-[2-Hydroxy-[1]naphthyl]-3-[4-methoxy-phenyl]- 2647
—, 1-[1-Hydroxy-4-nitro-[2]naphthyl]-3-[2-methoxy-phenyl]- 2648
—, 1-[1-Hydroxy-4-nitro-[2]naphthyl]-3-[3-methoxy-phenyl]- 2649
—, 1-[1-Hydroxy-4-nitro-[2]naphthyl]-3-[4-methoxy-phenyl]- 2650
—, 3-[2-Hydroxy-phenyl]-1-[2-oxo-cyclohexyl]- 2387
—, 3-Methoxy-1-[6-methoxy-[2]naphthyl]- 2458
—, 1-[6-Methoxy-[2]naphthyl]-3-[4-methoxy-phenyl]- 2650

Propionaldehyd
—, 3-[2,4-Dimethoxy-phenyl]-2-methyl-3-oxo- 2808
—, 3-[2,5-Dimethoxy-phenyl]-2-methyl-3-oxo- 2809
—, 3-[2,5-Dimethoxy-phenyl]-3-oxo- 2806
—, 3-Hydroxy-3-[4-methoxy-[1]naphthyl]- 2383
— semicarbazon 2383
—, 3-[2-Hydroxy-[1]naphthyl]-3-oxo- 2458

Propionaldehyd (Fortsetzung)
–, 3-[4-(4-Methoxy-phenyl)-2,6-dioxo-cyclohexyl]-,
 – diäthylacetal 2969
–, 3-[4-Methoxy-phenyl]-3-oxo-2-phenyl- 2554
–, 2-[3,4,6-Trihydroxy-3,8-dimethyl-decahydro-azulen-5-yl]- 2701
Propionitril
–, 3-[4-Benzoyl-3-hydroxy-phenoxy]- 2443
–, 3-[4-Benzoyl-3-methoxy-phenoxy]- 2443
–, 3,3′-[4-Benzoyl-*m*-phenylendioxy]-di- 2444
Propionsäure
–, 3-[4-Benzoyl-3-hydroxy-phenoxy]- 2443
–, 3-[2-Benzoyl-5-methoxy-phenoxy]- 2443
–, 3-[4-Benzoyl-3-methoxy-phenoxy]- 2443
–, 3,3′-[4-Benzoyl-*m*-phenylendioxy]-di- 2443
 – dimethylester 2444
–, 2-[4,5-Dimethoxy-2-propionyl-phenoxy]- 2745
 – äthylester 2745
–, 3,3′-[2,5-Dimethyl-3,6-dioxo-cyclohexa-1,4-dien-1,4-diyldimercapto]-di- 2744
–, 3,3′-[4,5-Dimethyl-3,6-dioxo-cyclohexa-1,4-dien-1,2-diyldimercapto]-di- 2743
–, 3,3′-[4,6-Dimethyl-2,5-dioxo-cyclohexa-3,6-dien-1,3-diyldimercapto]-di- 2744
–, 3,3′-[1,4-Dioxo-1,4-dihydro-naphthalin-2,3-diyldimercapto]-di- 2957
–, 3-[1,4-Dioxo-1,4-dihydro-[2]naphthylmercapto]- 2367
–, 3-[3-Methyl-1,4-dioxo-1,4-dihydro-[2]naphthylmercapto]- 2376
Pseudoaspidinol 2758
Purpnigenin 2838
 – oxim 2838

Q

Quadratsäure 2701
Quadrilineatin 2806

R

Ramentaceon 2374
Resorcin
–, 2-Acetyl-4-chloracetyl- 2810
–, 4-Acetyl-2-chloracetyl- 2810
–, 4-Acetyl-2-hexanoyl- 2823
–, 4-Acetyl-6-propionyl- 2815
–, 2-Äthyl-4,6-bis-chloracetyl- 2819
–, 4-Äthyl-2,6-bis-chloracetyl- 2819
–, 2,4-Bis-chloracetyl-6-methyl- 2815
–, 4,6-Bis-[1-hydroxyimino-äthyl]-2-nitro- 2812
–, 4,6-Bis-[1-hydroxyimino-butyl]-2-nitro- 2823
–, 4,6-Bis-[1-hydroxyimino-propyl]-2-nitro- 2819
–, 2,4-Diacetyl- 2809
–, 4,6-Diacetyl- 2810
–, 2,4-Diacetyl-6-methyl- 2815
–, 2,4-Diacetyl-6-nitro- 2810
–, 4,6-Diacetyl-2-nitro- 2811
–, 4,6-Dibutyryl-2-nitro- 2823
–, 2,4-Dipropionyl- 2818
–, 4,6-Dipropionyl- 2819
–, 2-Nitro-4,6-dipropionyl- 2819
–, 4-Nitro-2,6-dipropionyl- 2818
Rubrogliocladin 2743

S

Schwefelsäure
 – mono-[5-butyryl-2,4-dihydroxy-phenylester] 2753
 – mono-[3,4-diacetoxy-2-acetyl-[1]naphthylester] 2963
Schwefligsäure
 – mono-[3,12-diacetoxy-20-oxo-pregnan-17-ylester] 2784
14,15-Seco-androsta-4,15-dien-3,14-dion
–, 11-Acetoxy-18-vinyl- 2417
–, 11-Hydroxy-18-isopropenyl-16-methyl- 2431
–, 11-Hydroxy-18-vinyl- 2417
14,15-Seco-androsta-5,15-dien-3-on
–, 11,14,18-Trihydroxy-16-methyl- 2827
9,10-Seco-androsta-1,3,5(10)-trien-9,17-dion
–, 3-Acetoxy- 2406
–, 3-Hydroxy- 2405
9,10-Seco-androsta-1,3,5(10)-trien-11,17-dion
–, 3-Hydroxy- 2406
14,15-Seco-androst-4-en-3,14,16-trion
–, 11-Hydroxy- 2884
7,8-Seco-cholestan-7-al
–, 3-Acetoxy-4-methyl-8,24-dioxo- 2868
18,19-Seco-29,30-dinor-oleanan-11,18,20-trion
–, 3-Acetoxy- 2941
–, 3-Hydroxy- 2941
16,17-Seco-18,19-dinor-pregna-1,3,5(10)-trien-16-al
–, 3-Methoxy-20-oxo- 2406
13,17-Seco-gona-1,3,5(10)-trien-13,17-dion
–, 3-Methoxy-17-methyl- 2397
4,5-Seco-*D*-homo-18-nor-androsta-13,15,17-trien-3,5-dion
–, 17a-Methoxy- 2406
14,15-Seco-18-nor-androst-4-en-3,14,16-trion
–, 11-Hydroxy- 2884
9,10-Seco-pregna-1,3,5(10)-trien-11,20-dion
–, 3-Acetoxy- 2416
–, 3-Hydroxy- 2416

T

Thioschwefelsäure
– *S*-[9,10-dioxo-9,10-dihydro-[1]anthrylester] 2595
Torquaton 2762
Tricyclo[5.3.1.1^{2,6}]dodecan-3,5,12-trion
–, 4,4-Dibrom-9-hydroxy-8,10,11-trinitro- 2821
–, 9-Hydroxy-4,8,10,11-tetranitro- 2821
–, 9-Hydroxy-8,10,11-trinitro- 2821
Tricyclo[5.3.1.1^{2,6}]dodec-4-en-3,12-dion
–, 9-Hydroxy-5-methoxy-8,10,11-trinitro- 2821
Tricyclo[9.7.1.1^{2,10}]eicosan-19,20-dion
–, 1,10-Dihydroxy- 2772
Tricyclo[12.10.1.1^{2,13}]hexacosan-25,26-dion
–, 1,13-Dihydroxy- 2795
Tricyclo[13.11.1.1^{2,14}]octacosan-27,28-dion
–, 1,14-Dihydroxy- 2796
Tricyclo[6.4.1.1^{2,7}]tetradecan-13,14-dion
–, 1,7-Dihydroxy- 2766
Tridecan-1-on
–, 1-[2,3,4-Trihydroxy-phenyl]- 2770
21,26,27-Trinor-cholesta-22,24-dien-20-on
–, 3,12-Dihydroxy-25,25-diphenyl- 2672
25,26,27-Trinor-dammaran-24-al
–, 3,12,20-Trihydroxy- 2795
25,26,27-Trinor-dammaran-3,12,24-triol
–, 20,24-Epoxy- 2795
25,26,27-Trinor-euphan-7,11-dion
–, 24-Hydroxy-24,24-diphenyl- 2666
25,26,27-Trinor-lanosta-20(22),23-dien-7,11-dion
–, 3-Acetoxy-24,24-diphenyl- 2677
–, 3-Hydroxy-24,24-diphenyl- 2677
25,26,27-Trinor-lanostan-7,11-dion
–, 24-Hydroxy-24,24-diphenyl- 2666
25,26,27-Trinor-lanost-23-en-7,11-dion
–, 3-Acetoxy-24,24-diphenyl- 2675
–, 3-Hydroxy-24,24-diphenyl- 2674
25,26,27-Trinor-tirucallan-7,11-dion
–, 24-Hydroxy-24,24-diphenyl- 2666
Triselenid
–, Bis-[9,10-dioxo-9,10-dihydro-[1]anthryl]- 2597
Tropolon
–, 3-Äthoxy-7-brom-5-hydroxy- 2712
–, 6-Äthoxy-4-brom-3-hydroxy- 2712
–, 3,7-Bis-*p*-tolylmercapto- 2713
–, 3-Brom-5,7-bis-*p*-tolylmercapto- 2712
–, 5-Brom-3,7-bis-*p*-tolylmercapto- 2713
–, 3-[3-(4-Brom-phenyl)-3-oxo-propenyl]-6-isopropyl- 2625
–, 3,5-Diäthoxy- 2712
–, 3,5-Diäthoxy-7-brom- 2712
–, 3,7-Dibrom-5-[3-oxo-3-phenyl-propenyl]- 2611
–, 3,5-Dihydroxy- 2711
–, 4,6-Dihydroxy- 2713
–, 5-[2,3-Dihydroxy-3-methyl-butyl]-4-isopropyl- 2766
–, 3,7-Dimethoxy- 2713
–, 3-[α-Hydroxy-benzyl]-6-isopropyl- 2498
–, 6-Hydroxy-6-methoxy- 2711
–, 3-[α-Hydroxy-phenäthyl]-6-isopropyl- 2505
–, 5-Hydroxy-3-phenyl- 2439
–, 4-[2-Hydroxy-3-phenyl-propyl]- 2488
–, 3-[1-Hydroxy-3-phenyl-propyl]-6-isopropyl- 2514
–, 6-Isopropyl-3-[3-(2-nitro-phenyl)-3-oxo-propenyl]- 2625
–, 6-Isopropyl-3-[3-(4-nitro-phenyl)-3-oxo-propenyl]- 2625
–, 6-Isopropyl-3-[3-oxo-3-phenyl-propenyl]- 2624
–, 6-Isopropyl-3-[3-oxo-3-phenyl-propyl]- 2577
–, 3-[4-Methoxy-phenyl]- 2440
–, 3-[4-Methoxy-phenyl]-5-nitroso- 2441
–, 4-[4-Methoxy-styryl]- 2534
–, 5-Methylmercapto-3-phenyl- 2439
–, 3,5,7-Tribrom-4-[2-hydroxy-3-phenyl-propyl]- 2489

U

Undecan-1-on
–, 1-[2,4,6-Trihydroxy-phenyl]- 2769
Undecan-3-on
–, 1-[3,4-Dimethoxy-phenyl]-5-hydroxy- 2768
–, 5-Hydroxy-1-[4-hydroxy-3-methoxy-phenyl]- 2768
Ursan
Bezifferung s. **5** III 1340
Urs-12-en-28-al
–, 2,3,23-Triacetoxy- 2944
– semicarbazon 2944
–, 2,3,23-Trihydroxy- 2944

X

Xanthen-1,8-dion
–, 9-[2-Hydroxy-4,5-dimethoxy-phenyl]-3,3,6,6-tetramethyl-3,4,5,6,7,9-hexahydro-2*H*- 2715
Xanthoperol 2412
–, *O*-Acetyl- 2412
–, *O*-Methyl-,
– oxim 2412
Xanthoxylin 2730
–, *O*-Acetyl- 2730

Z

Zimtaldehyd
–, 4-Acetoxy-3,5-dimethoxy- 2805
–, 4-Hydroxy-3,5-dimethoxy- 2804

Formelregister

Im Formelregister sind die Verbindungen entsprechend dem System von *Hill* (Am. Soc. **22** [1900] 478)

1. nach der Anzahl der C-Atome,
2. nach der Anzahl der H-Atome,
3. nach der Anzahl der übrigen Elemente

in alphabetischer Reihenfolge angeordnet. Isomere sind in Form des „Registernamens" (s. diesbezüglich die Erläuterungen zum Sachregister) in alphabetischer Reihenfolge aufgeführt. Verbindungen unbekannter Konstitution finden sich am Schluss der jeweiligen Isomeren-Reihe.

Von quartären Ammonium-Salzen, tertiären Sulfonium-Salzen u.s.w., sowie Organometall-Salzen wird nur das Kation aufgeführt.

Formula Index

Compounds are listed in the Formula Index using the system of *Hill* (Am. Soc. **22** [1900] 478), following:

1. the number of Carbon atoms,
2. the number of Hydrogen atoms,
3. the number of other elements,

in alphabetical order. Isomers are listed in the alphabetical order of their Index Names (see foreword to Subject Index), and isomers of undetermined structure are located at the end of the particular isomer listing.

For quarternary ammonium salts, tertiary sulfonium salts etc. and organometallic salts only the cations are listed.

C_4

$C_4H_2O_4$
Cyclobutendion, Dihydroxy- 2701

C_5

$C_5H_6O_4$
Cyclopentan-1,3-dion, 4,5-Dihydroxy- 2696

C_6

$C_6H_2Br_2O_4$
[1,4]Benzochinon, 2,5-Dibrom-3,6-dihydroxy- 2709

$C_6H_2Cl_2O_4$
[1,4]Benzochinon, 2,5-Dichlor-3,6-dihydroxy- 2707

$C_6H_3BrO_4$
[1,4]Benzochinon, 3-Brom-2,5-dihydroxy- 2709

$C_6H_4O_4$
[1,4]Benzochinon, 2,5-Dihydroxy- 2705
—, 2,6-Dihydroxy- 2709

$C_6H_8O_4$
Cyclopent-2-enon, 3,4,5-Trihydroxy-2-methyl- 2697

$C_6H_{10}O_4$
Cyclohexanon, 2,3,4-Trihydroxy- 2695

C_7

$C_7H_4Cl_2O_4$
Benzaldehyd, 3,5-Dichlor-2,4,6-trihydroxy- 2718
$C_7H_5Cl_2NO_4$
Benzaldehyd, 3,5-Dichlor-2,4,6-trihydroxy-, oxim 2718
$C_7H_6O_4$
Benzaldehyd, 2,3,5-Trihydroxy- 2714
–, 2,4,5-Trihydroxy- 2715
–, 2,4,6-Trihydroxy- 2717
–, 3,4,5-Trihydroxy- 2718
[1,4]Benzochinon, 2,5-Dihydroxy-3-methyl- 2720
–, 2-Hydroxy-5-methoxy- 2706
Tropolon, 3,5-Dihydroxy- 2711
–, 4,6-Dihydroxy- 2713
$C_7H_{10}O_4$
Cyclohex-1-encarbaldehyd, 3,4,5-Trihydroxy- 2698
$C_7H_{12}O_4$
Cycloheptanon, 3,4,5-Trihydroxy- 2696

C_8

$C_8H_4Cl_4O_4$
Äthanon, 2,2-Dichlor-1-[2,3-dichlor-4,5,6-trihydroxy-phenyl]- 2723
$C_8H_5BrO_4$
Isophthalaldehyd, 5-Brom-2,4-dihydroxy- 2803
$C_8H_6Br_2O_4$
[1,4]Benzochinon, 2,5-Dibrom-3,6-dimethoxy- 2709
–, 2,6-Dibrom-3,5-dimethoxy- 2711
$C_8H_6Cl_2O_4$
[1,4]Benzochinon, 2,5-Dichlor-3,6-dimethoxy- 2708
–, 2,6-Dichlor-3,5-dimethoxy- 2710
$C_8H_6O_4$
Isophthalaldehyd, 2,4-Dihydroxy- 2802
Terephthalaldehyd, 2,5-Dihydroxy- 2804
$C_8H_7BrN_2O_4$
Isophthalaldehyd, 5-Brom-2,4-dihydroxy-, dioxim 2803
$C_8H_7BrO_4$
Äthanon, 1-[3-Brom-2,5-dihydroxy-phenyl]-2-hydroxy- 2738
[1,4]Benzochinon, 2-Brom-3,5-dimethoxy- 2711
$C_8H_7ClO_4$
Äthanon, 2-Chlor-1-[2,3,4-trihydroxy-phenyl]- 2723
[1,4]Benzochinon, 3-Chlor-2,5-dimethoxy- 2707
$C_8H_8Cl_2O_4$
Cyclohex-2-en-1,4-dion, 5,6-Dichlor-2,5-dimethoxy- 2702
$C_8H_8Cl_4O_4$
Cyclohexan-1,4-dion, 2,3,5,6-Tetrachlor-2,5-dimethoxy- 2697
$C_8H_8N_2O_4$
Isophthalaldehyd, 2,4-Dihydroxy-, dioxim 2803
$C_8H_8O_4$
Äthanon, 1-[2,4-Dihydroxy-phenyl]-2-hydroxy- 2736
–, 1-[2,5-Dihydroxy-phenyl]-2-hydroxy- 2737
–, 1-[2,3,4-Trihydroxy-phenyl]- 2721
–, 1-[2,4,5-Trihydroxy-phenyl]- 2725
–, 1-[2,4,6-Trihydroxy-phenyl]- 2729
–, 1-[3,4,5-Trihydroxy-phenyl]- 2735
Benzaldehyd, 2,3-Dihydroxy-4-methoxy- 2714
–, 2,5-Dihydroxy-3-methoxy- 2715
–, 2,5-Dihydroxy-4-methoxy- 2715
–, 2,6-Dihydroxy-4-methoxy- 2717
–, 3,4-Dihydroxy-5-methoxy- 2718
–, 3,6-Dihydroxy-2-methoxy- 2715
–, 2,4,6-Trihydroxy-3-methyl- 2744
[1,4]Benzochinon, 2,3-Dimethoxy- 2705
–, 2,5-Dimethoxy- 2706
–, 2,6-Dimethoxy- 2710
Tropolon, 6-Hydroxy-6-methoxy- 2711
$C_8H_8O_8S_2$
[1,4]Benzochinon, 2,5-Bis-methansulfonyloxy- 2707
$C_8H_{15}N_3O_4$
Cycloheptanon, 3,4,5-Trihydroxy-, semicarbazon 2696

C_9

$C_9H_7ClO_4$
Benzaldehyd, 3-Chloracetyl-2,4-dihydroxy- 2806
–, 5-Chloracetyl-2,4-dihydroxy- 2806
$C_9H_7Cl_3O_4$
Äthanon, 2,2,2-Trichlor-1-[2,4-dihydroxy-6-methoxy-phenyl]- 2734
$C_9H_7F_3O_4$
Äthanon, 2,2,2-Trifluor-1-[2,4-dihydroxy-6-methoxy-phenyl]- 2732
$C_9H_7NO_3S$
Äthanon, 1-[3,4-Dihydroxy-phenyl]-2-thiocyanato- 2742
$C_9H_8O_4$
Glyoxal, [3-Hydroxy-4-methoxy-phenyl]- 2800
–, [4-Hydroxy-3-methoxy-phenyl]- 2800
Isophthalaldehyd, 4-Hydroxy-5-hydroxymethyl- 2807
–, 4-Hydroxy-5-methoxy- 2803
$C_9H_9BrO_4$
Äthanon, 2-Brom-1-[2,6-dihydroxy-4-methoxy-phenyl]- 2734

$C_9H_9BrO_4$ (Fortsetzung)
Benzaldehyd, 2-Brom-4-hydroxy-3,5-dimethoxy- 2720
Cycloheptatrienon, 2-Brom-3-hydroxy-5,7-dimethoxy- 2713
Propan-1-on, 1-[5-Brom-2,3,4-trihydroxy-phenyl]- 2745
Tropolon, 3-Äthoxy-7-brom-5-hydroxy-2712
–, 6-Äthoxy-4-brom-3-hydroxy- 2712

$C_9H_9Br_3O_5$
Cyclohex-2-en-1,4-dion, 2,5,5-Tribrom-3,6,6-trimethoxy- 2711
–, 2,6,6-Tribrom-3,5,5-trimethoxy-2711

$C_9H_9ClO_4$
[1,4]Benzochinon, 2-Chlor-3,6-dimethoxy-5-methyl- 2721
Propan-1-on, 1-[5-Chlor-2,3,4-trihydroxy-phenyl]- 2745

$C_9H_9Cl_3O_3$
Benzol, 1,3,5-Trichlor-2,4,6-trimethoxy-2710

$C_9H_9IO_4$
Äthanon, 1-[2,5-Dihydroxy-3-jod-4-methoxy-phenyl]- 2728

$C_9H_{10}BrNO_4$
Benzaldehyd, 2-Brom-4-hydroxy-3,5-dimethoxy-, oxim 2720

$C_9H_{10}Br_2O_5$
Cyclohexa-2,5-dienon, 2,6-Dibrom-4-hydroxy-3,4,5-trimethoxy- 2711

$C_9H_{10}O_4$
Äthanon, 1-[2,3-Dihydroxy-4-methoxy-phenyl]- 2721
–, 1-[2,4-Dihydroxy-5-methoxy-phenyl]-2725
–, 1-[2,4-Dihydroxy-6-methoxy-phenyl]-2730
–, 1-[2,5-Dihydroxy-4-methoxy-phenyl]-2725
–, 1-[2,6-Dihydroxy-4-methoxy-phenyl]-2730
–, 1-[4,5-Dihydroxy-2-methoxy-phenyl]-2725
–, 1-[2,4-Dihydroxy-phenyl]-2-methoxy-2736
–, 2-Hydroxy-1-[3-hydroxy-4-methoxy-phenyl]- 2739
–, 2-Hydroxy-1-[4-hydroxy-3-methoxy-phenyl]- 2739
–, 1-[2,4,6-Trihydroxy-3-methyl-phenyl]- 2749
Benzaldehyd, 4-Äthoxy-2,3-dihydroxy- 2714
–, 3,6-Dihydroxy-4-methoxy-2-methyl-2743
–, 2-Hydroxy-3,5-bis-hydroxymethyl-2752
–, 2-Hydroxy-4,5-dimethoxy- 2715
–, 2-Hydroxy-4,6-dimethoxy- 2717
–, 3-Hydroxy-4,5-dimethoxy- 2718
–, 4-Hydroxy-3,5-dimethoxy- 2718
[1,4]Benzochinon, 2,3-Dimethoxy-5-methyl-2721
–, 2,5-Dimethoxy-3-methyl- 2720
–, 3,5-Dimethoxy-2-methyl- 2720
Cyclohepta-2,5-dien-1,4-dion, 2,6-Dimethoxy-2713
Cycloheptatrienon, 6-Hydroxy-2,4-dimethoxy- 2713
Propan-1-on, 1-[2,3,4-Trihydroxy-phenyl]-2744
Tropolon, 3,7-Dimethoxy- 2713

$C_9H_{16}O_4$
Cyclopentanon, 4-Hydroxy-2,2-bis-hydroxymethyl-3,5-dimethyl- 2696

C_{10}

$C_{10}H_3Br_3O_3$
[1,4]Naphthochinon, 2,3,6-Tribrom-5-hydroxy- 2370

$C_{10}H_4Br_2O_4$
[1,4]Naphthochinon, 2,3-Dibrom-5,8-dihydroxy- 2949

$C_{10}H_4ClNO_5$
[1,4]Naphthochinon, 3-Chlor-2-hydroxy-5-nitro- 2365

$C_{10}H_4Cl_2O_3$
[1,4]Naphthochinon, 2,3-Dichlor-5-hydroxy-2369

$C_{10}H_4Cl_2O_4$
[1,4]Naphthochinon, 2,3-Dichlor-5,8-dihydroxy- 2948
–, 2,6-Dichlor-5,8-dihydroxy- 2948

$C_{10}H_4N_2O_7$
[1,4]Naphthochinon, 2-Hydroxy-3,5-dinitro-2365
–, 2-Hydroxy-3,8-dinitro- 2365

$C_{10}H_5BrO_3$
[1,4]Naphthochinon, 2-Brom-3-hydroxy-2364
–, 2-Brom-6-hydroxy- 2370
–, 6-Brom-2-hydroxy- 2364
–, 6-Brom-5-hydroxy- 2369

$C_{10}H_5BrO_4$
[1,4]Naphthochinon, 2-Brom-5,8-dihydroxy-2949

$C_{10}H_5ClO_3$
[1,4]Naphthochinon, 2-Chlor-3-hydroxy-2363
–, 7-Chlor-2-hydroxy- 2363

$C_{10}H_5ClO_4$
[1,4]Naphthochinon, 2-Chlor-5,8-dihydroxy-2948

$C_{10}H_5NO_5$
[1,4]Naphthochinon, 2-Hydroxy-3-nitro-2364
–, 6-Hydroxy-5-nitro- 2370

$C_{10}H_{14}N_4O_2$
Isophthalaldehyd, 5-Äthoxy-4-hydroxy-, dihydrazon 2803
$C_{10}H_{16}N_8O_2$
Guanidin, *N,N'''*-[2,5-Dimethoxy-cyclohexa-2,5-dien-1,4-diylidendiamino]-di- 2707
$C_{10}H_{16}O_4$
Cyclohexan-1,4-diol, 1,4-Diacetyl- 2699

C_{11}

$C_{11}H_5Br_3O_3$
[1]Naphthaldehyd, x,x,x-Tribrom-2,7-dihydroxy- 2371
$C_{11}H_6BrClO_4$
[1,4]Naphthochinon, 2-Brom-3-chlormethyl-5,8-dihydroxy- 2961
$C_{11}H_6Br_2O_3$
[1]Naphthaldehyd, x,x-Dibrom-2,7-dihydroxy- 2371
[1,2]Naphthochinon, 3,8-Dibrom-7-methoxy-2359
[1,4]Naphthochinon, 2,5-Dibrom-6-methoxy-2370
$C_{11}H_6Br_2O_4$
Cyclopropa[*b*]naphthalin-2,7-dion, 1a,7a-Dibrom-3,6-dihydroxy-1a,7a-dihydro-1*H*-2963
[1,4]Naphthochinon, 2-Brom-3-brommethyl-5,8-dihydroxy- 2961
–, 6,7-Dibrom-5,8-dihydroxy-2-methyl-2961
$C_{11}H_6Cl_2O_3$
[1,4]Naphthochinon, 3,6-Dichlor-5-hydroxy-2-methyl- 2376
–, 5,8-Dichlor-6-methoxy- 2370
$C_{11}H_7BrO_2S$
[1,4]Naphthochinon, 2-Brom-3-methylmercapto- 2368
$C_{11}H_7BrO_3$
[1,4]Naphthochinon, 3-Brom-5-hydroxy-2-methyl- 2376
–, 5-Brom-6-methoxy- 2370
–, 6-Brom-2-methoxy- 2364
–, x-Brom-2-methoxy- 2364
$C_{11}H_7BrO_4$
Cyclopropa[*b*]naphthalin-2,7-dion, 1a-Brom-3,6-dihydroxy-1a,7a-dihydro-1*H*- 2963
[1,4]Naphthochinon, 2-Brom-5,8-dihydroxy-3-methyl- 2961
$C_{11}H_7ClO_2S$
[1,4]Naphthochinon, 2-Chlor-3-methylmercapto- 2367
$C_{11}H_7ClO_3$
[1,4]Naphthochinon, 3-Chlor-5-hydroxy-2-methyl- 2376
–, 8-Chlor-5-hydroxy-7-methyl- 2374
$C_{11}H_7ClO_4$
[1,4]Naphthochinon, 2-Chlor-5,8-dihydroxy-3-methyl- 2960
$C_{11}H_8Br_2O_4$
Benzocyclohepten-5,9-dion, 6,8-Dibrom-1,4-dihydroxy-7,8-dihydro-6*H*- 2874
$C_{11}H_8Cl_2O_4$
Benzocyclohepten-5,9-dion, 2,3-Dichlor-1,4-dihydroxy-7,8-dihydro-6*H*- 2874
$C_{11}H_8O_2S$
[1,4]Naphthochinon, 2-Methylmercapto-2365
$C_{11}H_8O_3$
Benzocyclohepten-7-on, 5,6-Dihydroxy-2371
Cyclobutendion, Methoxy-phenyl- 2359
[1]Naphthaldehyd, 2,5-Dihydroxy- 2371
–, 2,7-Dihydroxy- 2371
[2]Naphthaldehyd, 1,8-Dihydroxy- 2374
[1,2]Naphthochinon, 3-Methoxy- 2368
–, 4-Methoxy- 2361
–, 5-Methoxy- 2360
–, 6-Methoxy- 2360
–, 7-Methoxy- 2359
[1,4]Naphthochinon, 2-Hydroxy-3-methyl-2375
–, 2-Hydroxy-5-methyl- 2373
–, 2-Hydroxy-6-methyl- 2374
–, 2-Hydroxy-8-methyl- 2373
–, 5-Hydroxy-2-methyl- 2376
–, 5-Hydroxy-7-methyl- 2374
–, 8-Hydroxy-2-methyl- 2377
–, 2-Methoxy- 2362
–, 5-Methoxy- 2369
–, 6-Methoxy- 2370
$C_{11}H_8O_4$
Benzocyclohepten-5-on, 1,4,6-Trihydroxy-2957
–, 3,4,6-Trihydroxy- 2957
Cyclopropa[*b*]naphthalin-2,7-dion, 3,6-Dihydroxy-1a,7a-dihydro-1*H*- 2962
[1,4]Naphthochinon, 2,5-Dihydroxy-3-methyl- 2959
–, 2,5-Dihydroxy-7-methyl- 2958
–, 3,5-Dihydroxy-2-methyl- 2958
–, 5,8-Dihydroxy-2-methyl- 2960
–, 2-Hydroxy-5-methoxy- 2950
–, 2-Hydroxy-7-methoxy- 2953
$C_{11}H_9F_3O_4$
Butan-1,3-dion, 4,4,4-Trifluor-1-[2-hydroxy-4-methoxy-phenyl]- 2808
$C_{11}H_9NO_3$
[1,2]Naphthochinon, 6-Methoxy-, 1-oxim 2360
[1,4]Naphthochinon, 2-Hydroxy-3-methyl-, 1-oxim 2375
$C_{11}H_9N_3O_3S$
[1,4]Naphthochinon, 5,8-Dihydroxy-, mono-thiosemicarbazon 2947
$C_{11}H_{10}Cl_2O_4$
Resorcin, 2,4-Bis-chloracetyl-6-methyl- 2815
$C_{11}H_{10}F_3NO_4$
Butan-1,3-dion, 4,4,4-Trifluor-1-[2-hydroxy-4-methoxy-phenyl]-, monooxim 2808

$C_{11}H_{10}N_2O_4$
Äthanon, 1-[2-Acetoxy-4-methoxy-phenyl]-2-diazo- 2799
–, 1-[3-Acetoxy-4-methoxy-phenyl]-2-diazo- 2801
–, 1-[4-Acetoxy-3-methoxy-phenyl]-2-diazo- 2801
$C_{11}H_{10}O_4$
Benzaldehyd, 3,5-Diacetyl-2-hydroxy- 2872
Benzocyclohepten-5,9-dion, 1,4-Dihydroxy-7,8-dihydro-6*H*- 2873
Indan-1,3-dion, 4,7-Dimethoxy- 2871
$C_{11}H_{10}O_5$
Glyoxal, [3-Acetoxy-4-methoxy-phenyl]-2800
$C_{11}H_{10}O_6$
Benzaldehyd, 4,5-Diacetoxy-2-hydroxy-2715
Essigsäure, [4-Acetyl-2-formyl-3-hydroxy-phenoxy]- 2806
$C_{11}H_{11}BrO_5$
Benzaldehyd, 4-Acetoxy-2-brom-3,5-dimethoxy- 2720
$C_{11}H_{11}Cl_3O_4$
Äthanon, 2,2,2-Trichlor-1-[2,3,4-trimethoxy-phenyl]- 2723
–, 2,2,2-Trichlor-1-[2,4,6-trimethoxy-phenyl]- 2734
$C_{11}H_{11}F_3O_4$
Äthanon, 2,2,2-Trifluor-1-[2-hydroxy-4,6-dimethoxy-3-methyl-phenyl]- 2752
–, 2,2,2-Trifluor-1-[2,4,6-trimethoxy-phenyl]- 2732
$C_{11}H_{11}NO_3S$
Äthanon, 1-[2,4-Dimethoxy-phenyl]-2-thiocyanato- 2737
–, 1-[2,5-Dimethoxy-phenyl]-2-thiocyanato- 2738
–, 1-[3,4-Dimethoxy-phenyl]-2-thiocyanato- 2742
$C_{11}H_{11}NO_4$
Indan-1,2-dion, 5,6-Dimethoxy-, 2-oxim 2871
$C_{11}H_{12}N_2O_4$
Indan-1,3-dion, 4,7-Dimethoxy-, dioxim 2872
$C_{11}H_{12}O_4$
Benzofuran-3-ol, 5,6-Dimethoxy-2-methyl-2813
Butan-1,3-dion, 1-[2-Hydroxy-5-methoxy-phenyl]- 2808
–, 1-[2-Hydroxy-6-methoxy-phenyl]-2808
Phenol, 2,4-Diacetyl-5-methoxy- 2811
–, 2,6-Diacetyl-3-methoxy- 2809
Phthalaldehyd, 3,5-Dimethoxy-4-methyl-2807
Propan-1,2-dion, 1-[3,4-Dimethoxy-phenyl]-2805
Propenon, 1-[2,5-Dimethoxy-phenyl]-3-hydroxy- 2806
Resorcin, 4-Acetyl-6-propionyl- 2815
–, 2,4-Diacetyl-6-methyl- 2815
Zimtaldehyd, 4-Hydroxy-3,5-dimethoxy-2804
$C_{11}H_{12}O_5$
Äthanon, 1-[5-Acetoxy-2-hydroxy-4-methoxy-phenyl]- 2727
–, 2-Acetoxy-1-[4-hydroxy-3-methoxy-phenyl]- 2741
–, 1-[4-Acetoxy-3-methoxy-phenyl]-2-hydroxy- 2740
Benzaldehyd, 4-Acetoxy-3,5-dimethoxy-2719
$C_{11}H_{12}O_6$
Essigsäure, [2-Formyl-4,5-dimethoxy-phenoxy]- 2716
$C_{11}H_{13}BrO_4$
Pentan-1-on, 1-[5-Brom-2,3,4-trihydroxy-phenyl]- 2757
Tropolon, 3,5-Diäthoxy-7-brom- 2712
$C_{11}H_{13}ClO_4$
Äthanon, 2-Chlor-1-[2-hydroxy-4,6-dimethoxy-3-methyl-phenyl]- 2752
–, 2-Chlor-1-[6-hydroxy-2,4-dimethoxy-3-methyl-phenyl]- 2752
–, 1-[3-Chlor-2,4,6-trimethoxy-phenyl]-2733
$C_{11}H_{13}NO_4$
Äthanon, 1-[4-Hydroxy-3-(1-hydroxyimino-äthyl)-5-methoxy-phenyl]- 2810
$C_{11}H_{13}N_3O_4$
Glyoxal, [2,4-Dimethoxy-phenyl]-, monosemicarbazon 2799
$C_{11}H_{14}O_4$
Acetaldehyd, [2-Hydroxymethyl-4,5-dimethoxy-phenyl]- 2749
–, [3,4,5-Trimethoxy-phenyl]- 2742
Äthanon, 1-[2-Äthoxy-6-hydroxy-4-methoxy-phenyl]- 2731
–, 1-[3-Äthoxy-2-hydroxy-4-methoxy-phenyl]- 2722
–, 1-[5-Äthyl-2,4-dihydroxy-phenyl]-2-methoxy- 2756
–, 1-[2,6-Dihydroxy-4-methoxy-3,5-dimethyl-phenyl]- 2756
–, 1-[2-Hydroxy-4,6-dimethoxy-3-methyl-phenyl]- 2750
–, 1-[4-Hydroxy-2,6-dimethoxy-3-methyl-phenyl]- 2750
–, 1-[6-Hydroxy-2,4-dimethoxy-3-methyl-phenyl]- 2750
–, 1-[2,3,4-Trimethoxy-phenyl]- 2721
–, 1-[2,3,5-Trimethoxy-phenyl]- 2724
–, 1-[2,4,5-Trimethoxy-phenyl]- 2726
–, 1-[2,4,6-Trimethoxy-phenyl]- 2731
–, 1-[3,4,5-Trimethoxy-phenyl]- 2735
Benzaldehyd, 3-Äthoxy-2,4-dimethoxy- 2714
–, 4-Äthoxy-2,3-dimethoxy- 2714
–, 4-Äthoxy-2,6-dimethoxy- 2717
–, 4,5-Diäthoxy-2-hydroxy- 2716
–, 2,4,6-Trimethoxy-3-methyl- 2744

$C_{11}H_{14}O_4$ (Fortsetzung)
Benzaldehyd, 3,4,6-Trimethoxy-2-methyl- 2743
Butan-1-on, 1-[2,6-Dihydroxy-4-methoxy-phenyl]- 2754
–, 2-Methyl-1-[2,4,6-trihydroxy-phenyl]- 2757
–, 3-Methyl-1-[2,3,4-trihydroxy-phenyl]- 2757
–, 3-Methyl-1-[2,4,6-trihydroxy-phenyl]- 2757
–, 1-[2,4,6-Trihydroxy-3-methyl-phenyl]- 2758
Cyclohexa-2,4-dienon, 2-Acetyl-3-hydroxy-5-methoxy-6,6-dimethyl- 2756
Cyclohex-4-en-1,3-dion, 2-Acetyl-5-methoxy-6,6-dimethyl- 2756
Pentan-1-on, 1-[2,3,4-Trihydroxy-phenyl]- 2756
Propan-1-on, 1-[3,4-Dimethoxy-phenyl]-3-hydroxy- 2748
–, 1-[2-Hydroxy-4,6-dimethoxy-phenyl]- 2746
–, 1-[4-Hydroxy-3,5-dimethoxy-phenyl]- 2746
–, 2-Methyl-1-[2,4,6-trihydroxy-3-methyl-phenyl]- 2759
Tropolon, 3,5-Diäthoxy- 2712

$C_{11}H_{15}NO_4$
Acetaldehyd, [3,4,5-Trimethoxy-phenyl]-, oxim 2742
Benzaldehyd, 2,4,6-Trimethoxy-3-methyl-, oxim 2744

$C_{11}H_{15}N_3O_3S$
Benzaldehyd, 2,3,4-Trimethoxy-, thiosemicarbazon 2714
–, 3,4,5-Trimethoxy-, thiosemicarbazon 2719

$C_{11}H_{16}O_4$
Cyclohexanon, 2,4-Diacetyl-5-hydroxy-5-methyl- 2702

C_{12}

$C_{12}H_3N_3O_4S_2$
[1,4]Naphthochinon, 5-Nitro-2,3-bis-thiocyanato- 2957

$C_{12}H_4N_2O_2S_2$
[1,4]Naphthochinon, 2,3-Bis-thiocyanato- 2957

$C_{12}H_7BrO_4$
[1,4]Naphthochinon, 5-Acetoxy-2-brom- 2369
–, 5-Acetoxy-6-brom- 2369
–, 6-Acetoxy-2-brom- 2370

$C_{12}H_7Br_2ClO_4$
[1,4]Naphthochinon, 2,7-Dibrom-5-chlor-3,6-dimethoxy- 2953

$C_{12}H_7ClO_4$
[1,4]Naphthochinon, 2-Acetoxy-3-chlor- 2364
–, 5-Acetoxy-2-chlor- 2369

$C_{12}H_8Br_2O_4$
[1,2]Naphthochinon, 4,7-Dibrom-3,6-dimethoxy- 2359
[1,4]Naphthochinon, 2,3-Dibrom-5,8-dimethoxy- 2949
–, 2,7-Dibrom-3,6-dimethoxy- 2953
–, 6,7-Dibrom-5,8-dimethoxy- 2949

$C_{12}H_8ClNO_2S_2$
Dithiocarbamidsäure, Methyl-, [3-chlor-1,4-dioxo-1,4-dihydro-[2]naphthylester] 2367

$C_{12}H_8Cl_2O_4$
[1,4]Naphthochinon, 2,3-Dichlor-5,8-dimethoxy- 2948
–, 6,7-Dichlor-5,8-dimethoxy- 2948

$C_{12}H_8O_3$
[1,4]Benzochinon, [2-Hydroxy-phenyl]- 2438
–, 2-Hydroxy-5-phenyl- 2439
–, [3-Hydroxy-phenyl]- 2439
–, [4-Hydroxy-phenyl]- 2439

$C_{12}H_8O_4$
[1,4]Naphthochinon, 6-Acetoxy- 2370

$C_{12}H_8O_4S$
Essigsäure, [1,4-Dioxo-1,4-dihydro-[2]naphthylmercapto]- 2366

$C_{12}H_8O_5S$
Essigsäure, [5-Hydroxy-1,4-dioxo-1,4-dihydro-[2]naphthylmercapto]- 2950
–, [8-Hydroxy-1,4-dioxo-1,4-dihydro-[2]naphthylmercapto]- 2951

$C_{12}H_9BrN_2O_5$
Äthanon, [2,5-Diacetoxy-3-brom-phenyl]-2-diazo- 2800

$C_{12}H_9BrO_4$
[1,4]Naphthochinon, 2-Brom-5,8-dihydroxy-6,7-dimethyl- 2964
–, 2-Brom-3,6-dimethoxy- 2953
–, 2-Brom-5,8-dimethoxy- 2949
–, 6-Brom-2,7-dimethoxy- 2953

$C_{12}H_9Br_2N_3O_{10}$
Tricyclo[5.3.1.1^{2,6}]dodecan-3,5,12-trion, 4,4-Dibrom-9-hydroxy-8,10,11-trinitro- 2821

$C_{12}H_9ClO_3$
[1,4]Naphthochinon, 2-Äthoxy-3-chlor- 2364
–, 2-[2-Chlor-äthyl]-3-hydroxy- 2380

$C_{12}H_9ClO_4$
[1,4]Naphthochinon, 3-Äthoxy-2-chlor-5-hydroxy- 2950
–, 2-Chlor-5,8-dihydroxy-6,7-dimethyl- 2964
–, 2-Chlor-5,8-dimethoxy- 2948
–, 6-Chlor-2,7-dimethoxy- 2953
–, 8-Chlor-2,7-dimethoxy- 2953

$C_{12}H_9NO_4S_2$
[1,4]Naphthochinon, 2,3-Bis-methylmercapto-5-nitro- 2957

$C_{12}H_9N_3O_7$
Äthanon, [2,5-Diacetoxy-3-nitro-phenyl]-2-diazo- 2800
$C_{12}H_{10}N_2O_5$
Äthanon, 1-[2,5-Diacetoxy-phenyl]-2-diazo- 2800
—, 1-[3,5-Diacetoxy-phenyl]-2-diazo- 2802
$C_{12}H_{10}N_4O_{12}$
Tricyclo[5.3.1.1^{2,6}]dodecan-3,5,12-trion, 9-Hydroxy-4,8,10,11-tetranitro- 2821
$C_{12}H_{10}O_2S$
[1,4]Naphthochinon, 2-Äthylmercapto- 2365
—, 2-Methyl-3-methylmercapto- 2375
$C_{12}H_{10}O_2S_2$
[1,4]Naphthochinon, 2,3-Bis-methylmercapto- 2955
$C_{12}H_{10}O_3$
Äthanon, 1-[1,4-Dihydroxy-[2]naphthyl]- 2379
—, 1-[1,8-Dihydroxy-[2]naphthyl]- 2379
—, 1-[2,3-Dihydroxy-[1]naphthyl]- 2377
—, 2-Hydroxy-1-[4-hydroxy-[1]naphthyl]- 2378
[1]Naphthaldehyd, 4-Hydroxy-5-methoxy- 2372
[2]Naphthaldehyd, 1-Hydroxy-4-methoxy- 2373
[1,2]Naphthochinon, 8-Äthoxy- 2359
[1,4]Naphthochinon, 2-Äthyl-3-hydroxy- 2380
—, 2-Äthyl-8-hydroxy- 2380
—, 8-Hydroxy-2,6-dimethyl- 2382
—, 8-Hydroxy-2,7-dimethyl- 2382
—, 5-Methoxy-7-methyl- 2374
$C_{12}H_{10}O_3S$
[1,4]Naphthochinon, 2-Äthylmercapto-8-hydroxy- 2951
—, 2-[2-Hydroxy-äthylmercapto]- 2366
$C_{12}H_{10}O_4$
[1,2]Naphthochinon, 3,8-Dimethoxy- 2945
—, 5,6-Dimethoxy- 2946
[1,4]Naphthochinon, 2-Äthyl-5,8-dihydroxy- 2964
—, 2,3-Dimethoxy- 2954
—, 2,7-Dimethoxy- 2953
—, 5,8-Dimethoxy- 2947
—, 2-Hydroxy-5-methoxy-3-methyl- 2960
—, 2-Hydroxy-5-methoxy-7-methyl- 2958
—, 3-Hydroxy-5-methoxy-2-methyl- 2959
—, 3-Hydroxy-6-methoxy-2-methyl- 2959
—, 5-Hydroxy-2-methoxy-3-methyl- 2960
$C_{12}H_{10}O_4S$
[1,4]Naphthochinon, 2-Hydroxy-3-[2-hydroxy-äthylmercapto]- 2955
$C_{12}H_{10}O_6$
Terephthalaldehyd, 2,5-Diacetoxy- 2804
$C_{12}H_{11}NO_2$
Äthanon, 2-Hydroxy-1-[4-hydroxy-[1]naphthyl]-, imin 2378
$C_{12}H_{11}NO_2S$
[1,4]Naphthochinon, 2-Äthylmercapto-, monooxim 2365
$C_{12}H_{11}NO_3$
Äthanon, 1-[2,3-Dihydroxy-[1]naphthyl]-, oxim 2378
$C_{12}H_{11}NO_4$
[2]Naphthol, 5,6-Dimethoxy-1-nitroso- 2946
$C_{12}H_{11}N_3O_2S$
[1]Naphthaldehyd, 2,5-Dihydroxy-, thiosemicarbazon 2371
[1,4]Naphthochinon, 2-Hydroxy-3-methyl-, 1-thiosemicarbazon 2375
$C_{12}H_{11}N_3O_3$
[1,4]Naphthochinon, 2-Hydroxy-3-methyl-, 1-semicarbazon 2375
$C_{12}H_{11}N_3O_{10}$
Tricyclo[5.3.1.1^{2,6}]dodecan-3,5,12-trion, 9-Hydroxy-8,10,11-trinitro- 2821
$C_{12}H_{12}Cl_2O_4$
Resorcin, 2-Äthyl-4,6-bis-chloracetyl- 2819
—, 4-Äthyl-2,6-bis-chloracetyl- 2819
$C_{12}H_{12}O_4$
Benzocyclohepten-5,9-dion, 1-Hydroxy-4-methoxy-7,8-dihydro-6*H*- 2873
$C_{12}H_{12}O_5$
Isophthalaldehyd, 4-Acetoxy-5-äthoxy- 2804
Phthalaldehyd, 5-Acetoxy-3-methoxy-4-methyl- 2807
$C_{12}H_{12}O_6$
Äthanon, 2-Acetoxy-1-[4-acetoxy-2-hydroxy-phenyl]- 2736
—, 2-Acetoxy-1-[5-acetoxy-2-hydroxy-phenyl]- 2737
Essigsäure, [2,4-Diacetyl-5-hydroxy-phenoxy]- 2811
$C_{12}H_{12}O_6S_2$
Essigsäure, [2,5-Dimethyl-3,6-dioxo-cyclohexa-1,4-dien-1,4-diyldimercapto]-di- 2744
—, [4,6-Dimethyl-2,5-dioxo-cyclohexa-3,6-dien-1,3-diyldimercapto]-di- 2744
$C_{12}H_{13}BrO_4$
Indan-1-on, 2-Brom-4,5,6-trimethoxy- 2807
$C_{12}H_{13}ClO_5$
Äthanon, 1-[2-Acetoxy-4,6-dimethoxy-phenyl]-2-chlor- 2734
—, 1-[4-Acetoxy-2,6-dimethoxy-phenyl]-2-chlor- 2734
$C_{12}H_{13}ClO_6$
Benzo[*e*][1,4]dioxepin-3-on, 9-Chlor-5-hydroxy-6,8-dimethoxy-5-methyl-5*H*- 2733
Essigsäure, [2-Acetyl-6-chlor-3,5-dimethoxy-phenoxy]- 2733

$C_{12}H_{13}NO_6$
Resorcin, 2-Nitro-4,6-dipropionyl- 2819
–, 4-Nitro-2,6-dipropionyl- 2818
$C_{12}H_{14}Cl_2O_8$
Cyclohexa-2,5-dien-1,4-diol, 1,4-Diacetoxy-2,5-dichlor-3,6-dimethoxy- 2709
$C_{12}H_{14}N_2O_5$
Isophthalaldehyd, 4-Acetoxy-5-äthoxy-, dioxim 2804
$C_{12}H_{14}O_4$
Äthanon, 1-[2-Allyl-3,6-dihydroxy-4-methoxy-phenyl]- 2814
–, 1-[3-Allyl-2,4-dihydroxy-phenyl]-2-methoxy- 2815
–, 1-[5-Allyloxy-2-hydroxy-4-methoxy-phenyl]- 2726
–, 1-[4-Allyloxy-2-hydroxy-phenyl]-2-methoxy- 2736
[1,4]Benzochinon, 2-[1-Äthyl-2-oxo-propyl]-5-methoxy- 2813
Benzol, 1,5-Diacetyl-2,4-dimethoxy- 2811
Butan-1,3-dion, 1-[2,5-Dimethoxy-phenyl]-2808
Chroman-4-on, 2-Hydroxy-7-methoxy-2,5-dimethyl- 2814
Hydrochinon, 2,5-Diacetonyl- 2819
Indan-1-on, 4,5,6-Trimethoxy- 2807
–, 5,6,7-Trimethoxy- 2807
Naphthalin-1-on, 8-Hydroxy-6,7-dimethoxy-3,4-dihydro-2*H*- 2812
Propan-1-on, 1-[5-Acetyl-2-hydroxy-4-methoxy-phenyl]- 2815
–, 1-[5-Acetyl-4-hydroxy-2-methoxy-phenyl]- 2815
Propionaldehyd, 3-[2,4-Dimethoxy-phenyl]-2-methyl-3-oxo- 2808
–, 3-[2,5-Dimethoxy-phenyl]-2-methyl-3-oxo- 2809
Resorcin, 2,4-Dipropionyl- 2818
–, 4,6-Dipropionyl- 2819
$C_{12}H_{14}O_5$
Äthanon, 1-[2-Acetoxy-4,6-dimethoxy-phenyl]- 2730
–, 1-[4-Acetoxy-2,5-dimethoxy-phenyl]-2726
–, 1-[4-Acetoxy-3,5-dimethoxy-phenyl]-2735
–, 1-[5-Acetoxy-2,4-dimethoxy-phenyl]-2727
–, 2-Acetoxy-1-[3,4-dimethoxy-phenyl]-2741
Propan-1-on, 3-Acetoxy-1-[4-hydroxy-3-methoxy-phenyl]- 2748
$C_{12}H_{14}O_6$
Essigsäure, [2-Acetyl-3-hydroxy-5-methoxy-4-methyl-phenoxy]- 2752
$C_{12}H_{14}O_9S_2$
Äthanon, 2-Acetoxy-1-[2,4-bis-methansulfonyloxy-phenyl]- 2737
$C_{12}H_{15}BrO_4$
Hexan-1-on, 1-[5-Brom-2,3,4-trihydroxy-phenyl]- 2760
$C_{12}H_{15}ClO_4$
Aceton, 1-Chlor-3-[3,4,5-trimethoxy-phenyl]-2749
Hexan-1-on, 1-[5-Chlor-2,3,4-trihydroxy-phenyl]- 2760
$C_{12}H_{15}NO_4$
Glyoxal, 2-[3,4-Diäthoxy-phenyl]-, 1-oxim 2801
Indan-1-on, 5,6,7-Trimethoxy-, oxim 2807
$C_{12}H_{15}N_3O_6$
Resorcin, 4,6-Bis-[1-hydroxyimino-propyl]-2-nitro- 2819
$C_{12}H_{16}N_6O_4$
Benzaldehyd, 4-Hydroxy-3-methoxy-5-[1-semicarbazono-äthyl]-, semicarbazon 2806
$C_{12}H_{16}O_2S_2$
[1,4]Benzochinon, 2,5-Bis-propylmercapto-2709
$C_{12}H_{16}O_3S$
Äthanon, 2-Äthylmercapto-1-[3,4-dimethoxy-phenyl]- 2741
$C_{12}H_{16}O_4$
Aceton, [3,4,5-Trimethoxy-phenyl]- 2748
Äthanon, 1-[2-Äthoxy-3,4-dimethoxy-phenyl]-2722
–, 1-[3-Äthoxy-2,4-dimethoxy-phenyl]-2722
–, 1-[5-*tert*-Butyl-2,3,4-trihydroxy-phenyl]- 2761
–, 1-[2,4-Diäthoxy-6-hydroxy-phenyl]-2731
–, 1-[2,6-Diäthoxy-4-hydroxy-phenyl]-2731
–, 1-[3,4-Diäthoxy-2-hydroxy-phenyl]-2722
–, 1-[3,6-Dihydroxy-4-methoxy-2-propyl-phenyl]- 2759
–, 1-[2,4,6-Trimethoxy-3-methyl-phenyl]- 2751
[1,4]Benzochinon, 2,5-Dipropoxy- 2707
Bicyclohexyl-2,6,3'-trion, 1'-Hydroxy- 2762
Butan-1-on, 2-Äthyl-1-[2,3,4-trihydroxy-phenyl]- 2760
–, 2-Äthyl-1-[2,4,5-trihydroxy-phenyl]-2761
–, 1-[2,6-Dihydroxy-4-methoxy-3-methyl-phenyl]- 2758
–, 1-[4,6-Dihydroxy-2-methoxy-3-methyl-phenyl]- 2758
–, 1-[4-Hydroxy-2,5-dimethoxy-phenyl]-2753
–, 1-[5-Hydroxy-2,4-dimethoxy-phenyl]-2753
–, 3-Methyl-1-[2,4,6-trihydroxy-3-methyl-phenyl]- 2761
–, 1-[2,4,6-Trihydroxy-3,5-dimethyl-phenyl]- 2761

$C_{12}H_{16}O_4$ (Fortsetzung)
Cyclohexa-1,3-dien, 2,3-Bis-[3-hydroxy-propionyl]- 2761
Hexan-1-on, 1-[2,3,4-Trihydroxy-phenyl]- 2759
–, 1-[2,4,5-Trihydroxy-phenyl]- 2760
Pentan-1-on, 3-Methyl-1-[2,4,6-trihydroxy-phenyl]- 2760
–, 4-Methyl-1-[2,4,6-trihydroxy-phenyl]- 2760
Propan-1-on, 1-[2,6-Dihydroxy-4-methoxy-3-methyl-phenyl]-2-methyl- 2759
–, 2,3-Dihydroxy-1-[4-propoxy-phenyl]- 2748
–, 1-[3,4-Dimethoxy-phenyl]-3-methoxy- 2748
–, 1-[2,4,6-Trimethoxy-phenyl]- 2746
–, 1-[3,4,5-Trimethoxy-phenyl]- 2746

$C_{12}H_{16}O_5$
Äthanon, 2-Äthoxy-1-[3,4-dimethoxy-phenyl]-2-hydroxy- 2801
Cyclohexa-2,5-dienon, 4-Hydroxy-3,5-dimethoxy-4-[2-oxo-butyl]- 2710

$C_{12}H_{16}O_7S_2$
Äthanon, 1-[2,4-Dimethoxy-phenyl]-2,2-bis-methansulfonyl- 2799

$C_{12}H_{17}N_3O_4$
Äthanon, 1-[2,3,4-Trimethoxy-phenyl]-, semicarbazon 2722
Benzaldehyd, 4-Äthoxy-2,6-dimethoxy-, semicarbazon 2717

$C_{12}H_{18}N_2O_3$
Aceton, [3,4,5-Trimethoxy-phenyl]-, hydrazon 2749
Benzaldehyd, 3,4,5-Trimethoxy-, dimethylhydrazon 2719

$C_{12}H_{18}O_4$
Cyclohexanon, 2,4-Diacetyl-5-hydroxy-3,5-dimethyl- 2702
Cyclopent-2-enon, 2-Acetyl-3,4-dihydroxy-5-isopentyl- 2702
–, 2-Acetyl-3,5-dihydroxy-4-isopentyl- 2702

C_{13}

$C_{13}H_6Br_2F_2O_3$
Benzophenon, 3,3′-Dibrom-5,5′-difluor-4,4′-dihydroxy- 2456

$C_{13}H_6Br_4O_3$
Benzophenon, 3,5,3′,5′-Tetrabrom-2,2′-dihydroxy- 2448
–, 3,5,3′,5′-Tetrabrom-2,4′-dihydroxy- 2449
–, 3,5,3′,5′-Tetrabrom-4,4′-dihydroxy- 2456

$C_{13}H_6Cl_4O_3$
Benzophenon, 3,5,3′,5′-Tetrachlor-2,2′-dihydroxy- 2448

$C_{13}H_7NO_5$
Phenalen-1-on, 2,3-Dihydroxy-5-nitro- 2531

$C_{13}H_8BrNO_5$
Benzophenon, 3-Brom-2,4-dihydroxy-5-nitro- 2445
–, 5-Brom-2,4-dihydroxy-3-nitro- 2445

$C_{13}H_8Br_2Cl_2O_4$
Cyclopropa[*b*]naphthalin-2,7-dion, 1a,7a-Dibrom-4,5-dichlor-3,6-dimethoxy-1a,7a-dihydro-1*H*- 2963

$C_{13}H_8Br_2O_3$
Benzophenon, 3,5-Dibrom-2,4-dihydroxy- 2444

$C_{13}H_8Cl_2O_3$
Benzophenon, 2,4′-Dichlor-3,3′-dihydroxy- 2451
–, 2,4′-Dichlor-5,3′-dihydroxy- 2451
–, 3′,4′-Dichlor-2,4-dihydroxy- 2444
–, 5,5′-Dichlor-2,2′-dihydroxy- 2447

$C_{13}H_8F_2O_3$
Benzophenon, 3,3′-Difluor-4,4′-dihydroxy- 2456

$C_{13}H_8O_3$
Fluoren-9-on, 1,4-Dihydroxy- 2530
–, 2,3-Dihydroxy- 2530
–, 3,6-Dihydroxy- 2531
Phenalen-1-on, 2,3-Dihydroxy- 2531
–, 2,4-Dihydroxy- 2531
–, 2,6-Dihydroxy- 2531

$C_{13}H_9BrO_3$
Benzophenon, 3-Brom-2,6-dihydroxy- 2446
–, 4′-Brom-2,5-dihydroxy- 2446
–, 5-Brom-2,4-dihydroxy- 2444

$C_{13}H_9BrO_4$
[1,4]Naphthochinon, 5-Acetoxy-3-brom-2-methyl- 2377

$C_{13}H_9ClO_3$
[1,4]Benzochinon, [2-Chlor-6-methoxy-phenyl]- 2438
Benzophenon, 3-Chlor-2,6-dihydroxy- 2446
–, 4′-Chlor-2,4-dihydroxy- 2444

$C_{13}H_9NO_5$
[1,4]Benzochinon, [4-Methoxy-2-nitro-phenyl]- 2439
Benzophenon, 2,4-Dihydroxy-3-nitro- 2445
–, 2,4-Dihydroxy-5-nitro- 2445
–, 2,6-Dihydroxy-3-nitro- 2446

$C_{13}H_{10}Br_2O_2S$
[1,4]Naphthochinon, 2-[2,3-Dibrom-propylmercapto]- 2365

$C_{13}H_{10}Br_2O_4$
Cyclopropa[*b*]naphthalin-2,7-dion, 1a,7a-Dibrom-3,6-dimethoxy-1a,7a-dihydro-1*H*- 2963

$C_{13}H_{10}ClNO_2S_2$
Dithiocarbamidsäure, Äthyl-, [3-chlor-1,4-dioxo-1,4-dihydro-[2]naphthylester] 2367

$C_{13}H_{10}Cl_4O_4$
1,4-Methano-naphthalin-5,8-dion, 1,2,3,4-Tetrachlor-9,9-dimethoxy-1,4,4a,8a-tetrahydro- 2377
$C_{13}H_{10}N_2O_2$
Äthanon, 2-Diazo-1-[6-methoxy-[2]naphthyl]- 2439
$C_{13}H_{10}N_2O_5$
Benzophenon, 2,4-Dihydroxy-3-nitro-, oxim 2445
$C_{13}H_{10}OS_2$
Benzophenon, 4,4'-Dimercapto- 2457
$C_{13}H_{10}O_2S$
[1,4]Naphthochinon, 2-Allylmercapto- 2366
Thiobenzophenon, 4,4'-Dihydroxy- 2457
$C_{13}H_{10}O_3$
[1,4]Benzochinon, [2-Methoxy-phenyl]- 2438
—, [3-Methoxy-phenyl]- 2439
Benzophenon, 2,2'-Dihydroxy- 2446
—, 2,3'-Dihydroxy- 2448
—, 2,4-Dihydroxy- 2442
—, 2,4'-Dihydroxy- 2449
—, 2,5-Dihydroxy- 2445
—, 2,6-Dihydroxy- 2446
—, 3,3'-Dihydroxy- 2451
—, 3,4-Dihydroxy- 2449
—, 3,4'-Dihydroxy- 2452
—, 3,5-Dihydroxy- 2451
—, 4,4'-Dihydroxy- 2452
Hexa-2,4-diin-1-on, 1-[4-Hydroxy-3-methoxy-phenyl]- 2438
[1,4]Naphthochinon, 2-Hydroxy-3-isopropenyl- 2459
—, 2-Hydroxy-3-propenyl- 2459
Propionaldehyd, 3-[2-Hydroxy-[1]naphthyl]-3-oxo- 2458
Tropolon, 5-Hydroxy-3-phenyl- 2439
$C_{13}H_{10}O_4$
[1,4]Naphthochinon, 5-Acetoxy-7-methyl- 2374
$C_{13}H_{10}O_4S$
Essigsäure, [3-Methyl-1,4-dioxo-1,4-dihydro-[2]naphthylmercapto]- 2376
Propionsäure, 3-[1,4-Dioxo-1,4-dihydro-[2]naphthylmercapto]- 2367
$C_{13}H_{10}O_5$
[1,4]Naphthochinon, 2-Acetoxy-5-methoxy- 2950
—, 2-Acetoxy-7-methoxy- 2953
$C_{13}H_{10}O_5S$
[1,4]Benzochinon, [2-Methansulfonyloxy-phenyl]- 2438
Essigsäure, [8-Hydroxy-3-methyl-1,4-dioxo-1,4-dihydro-[2]naphthylmercapto]- 2959
$C_{13}H_{11}BrO_4$
Cyclopropa[*b*]naphthalin-2,7-dion, 1a-Brom-3,6-dimethoxy-1a,7a-dihydro-1*H*- 2963
[1,4]Naphthochinon, 2-Brom-6,7-dimethoxy-3-methyl- 2962
$C_{13}H_{11}ClO_3$
[1,4]Naphthochinon, 2-[3-Chlor-propyl]-3-hydroxy- 2383
$C_{13}H_{11}NO_2$
Benzophenon, 2,4-Dihydroxy-, imin 2444
$C_{13}H_{12}Cl_2O_4$
Benzocyclohepten-5,9-dion, 2,3-Dichlor-1,4-dimethoxy-7,8-dihydro-6*H*- 2874
$C_{13}H_{12}O_2S$
[1,4]Naphthochinon, 2-Propylmercapto- 2365
$C_{13}H_{12}O_3$
Äthanon, 1-[1,4-Dihydroxy-3-methyl-[2]naphthyl]- 2384
—, 1-[1-Hydroxy-4-methoxy-[2]naphthyl]- 2379
—, 1-[1-Hydroxy-8-methoxy-[2]naphthyl]- 2379
—, 1-[4-Hydroxy-3-methoxy-[1]naphthyl]- 2378
Cyclopent-2-enon, 4-Benzyliden-2,5-dihydroxy-3-methyl- 2383
Indan-1,3-dion, 2-[1-Äthoxy-äthyliden]- 2377
[1]Naphthaldehyd, 2,3-Dimethoxy- 2371
—, 2,4-Dimethoxy- 2371
—, 2,5-Dimethoxy- 2372
—, 2,6-Dimethoxy- 2371
—, 2,7-Dimethoxy- 2371
—, 4,5-Dimethoxy- 2372
—, 4,6-Dimethoxy- 2372
—, 4,7-Dimethoxy- 2372
—, 4,8-Dimethoxy- 2373
[2]Naphthaldehyd, 1,4-Dimethoxy- 2373
—, 3,5-Dimethoxy- 2374
[1,4]Naphthochinon, 2-Äthoxymethyl- 2377
—, 2-Äthoxy-3-methyl- 2375
—, 6-Äthoxy-5-methyl- 2373
—, 8-Hydroxy-2-propyl- 2384
—, 2-Methoxy-6,7-dimethyl- 2382
$C_{13}H_{12}O_3S$
[1,4]Naphthochinon, 3-Äthylmercapto-5-hydroxy-2-methyl- 2959
$C_{13}H_{12}O_4$
Äthanon, 1-[1,6,8-Trihydroxy-3-methyl-[2]naphthyl]- 2966
Benzocyclohepten-5,9-dion, 1,4-Dimethoxy-6*H*- 2962
Benzocyclohepten-5-on, 2-Hydroxy-1,3-dimethoxy- 2958
—, 6-Hydroxy-2,3-dimethoxy- 2958
—, 3,4,6-Trihydroxy-7,8-dimethyl- 2965
Cyclopropa[*b*]naphthalin-2,7-dion, 3,6-Dimethoxy-1a,7a-dihydro-1*H*- 2962
[1,2]Naphthochinon, 6,8-Dimethoxy-3-methyl- 2958
[1,4]Naphthochinon, 2-Äthyl-3-hydroxy-6-methoxy- 2964
—, 3-Äthyl-2-hydroxy-5-methoxy- 2964
—, 5,7-Dimethoxy-2-methyl- 2960
—, 6,7-Dimethoxy-2-methyl- 2961

$C_{13}H_{12}O_4$ (Fortsetzung)

[1,4]Naphthochinon, 6,8-Dimethoxy-2-methyl- 2962

$C_{13}H_{12}O_7$

Benzaldehyd, 2,3,5-Triacetoxy- 2714

$C_{13}H_{13}BrO_6$

Äthanon, 2-Brom-1-[2,6-diacetoxy-4-methoxy-phenyl]- 2734

$C_{13}H_{13}N_3O_3$

Äthanon, 1-[1,8-Dihydroxy-[2]naphthyl]-, semicarbazon 2379

—, 1-[2,3-Dihydroxy-[1]naphthyl]-, semicarbazon 2378

[1]Naphthaldehyd, 4-Hydroxy-5-methoxy-, semicarbazon 2372

$C_{13}H_{13}N_3O_{10}$

Tricyclo[5.3.1.1^{2,6}]dodec-4-en-3,12-dion, 9-Hydroxy-5-methoxy-8,10,11-trinitro-2821

$C_{13}H_{14}N_2O_4$

Cyclopropa[*b*]naphthalin-2,7-dion, 3,6-Dimethoxy-1a,7a-dihydro-1*H*-, dioxim 2963

$C_{13}H_{14}O_4$

Benzocyclohepten-5,6-dion, 2,3-Dimethoxy-8,9-dihydro-7*H*- 2874

Benzocyclohepten-5,9-dion, 1,4-Dihydroxy-2,3-dimethyl-7,8-dihydro-6*H*- 2877

—, 1,4-Dimethoxy-7,8-dihydro-6*H*- 2873

Naphthalin-1-on, 2-Hydroxymethylen-6,7-dimethoxy-3,4-dihydro-2*H*- 2874

Pentan-2,4-dion, 3-Vanillyliden- 2875

$C_{13}H_{14}O_5$

Zimtaldehyd, 4-Acetoxy-3,5-dimethoxy-2805

$C_{13}H_{14}O_6$

Äthanon, 2-Acetoxy-1-[3-acetoxy-4-methoxy-phenyl]- 2741

—, 2-Acetoxy-1-[4-acetoxy-3-methoxy-phenyl]- 2741

—, 1-[2,3-Diacetoxy-4-methoxy-phenyl]-2723

—, 1-[2,6-Diacetoxy-4-methoxy-phenyl]-2731

—, 1-[4,5-Diacetoxy-2-methoxy-phenyl]-2725

—, 1-[2,4-Diacetoxy-phenyl]-2-methoxy-2736

—, 1-[3,4-Diacetoxy-phenyl]-2-methoxy-2741

Essigsäure, [4-Acetyl-2-formyl-3-hydroxy-phenoxy]-, äthylester 2806

$C_{13}H_{15}BrO_5$

Propan-1-on, 3-Acetoxy-2-brom-1-[3,4-dimethoxy-phenyl]-2748

$C_{13}H_{15}Br_2ClO_4$

Butan-2-on, 1-Chlor-4-[2,6-dibrom-3,4,5-trimethoxy-phenyl]-2754

$C_{13}H_{15}ClO_6$

Essigsäure, [2-Acetyl-6-chlor-3,5-dimethoxy-phenoxy]-, methylester 2733

$C_{13}H_{15}NO_4$

Benzocyclohepten-5,6-dion, 2,3-Dimethoxy-8,9-dihydro-7*H*-, 6-oxim 2874

Benzocyclohepten-5,9-dion, 1,4-Dimethoxy-7,8-dihydro-6*H*-, monooxim 2873

$C_{13}H_{16}O_4$

Äthanon, 1-[2-Allyl-3-hydroxy-4,6-dimethoxy-phenyl]- 2814

—, 1-[5-Allyloxy-2,4-dimethoxy-phenyl]-2726

—, 1-[2,4,6-Trihydroxy-3-(3-methyl-but-2-enyl)-phenyl]- 2822

Benzocyclohepten-5-on, 4-Hydroxy-2,3-dimethoxy-6,7,8,9-tetrahydro- 2816

Butan-1,3-dion, 1-[2,4-Dimethoxy-6-methyl-phenyl]- 2814

But-2-en-1-on, 1-[2-Hydroxy-4,5-dimethoxy-phenyl]-3-methyl- 2813

Chroman-4-on, 2-Äthyl-2-hydroxy-7-methoxy-5-methyl- 2818

Chromen-2-ol, 5,7-Dimethoxy-2,4-dimethyl-2*H*- 2813

Keton, Cyclohexyl-[2,4,5-trihydroxy-phenyl]-2823

Naphthalin-1-on, 8-Hydroxy-5,7-dimethoxy-2-methyl-3,4-dihydro-2*H*- 2817

—, 5,7,8-Trimethoxy-3,4-dihydro-2*H*-2812

—, 6,7,8-Trimethoxy-3,4-dihydro-2*H*-2812

Pentan-2,4-dion, 1-[3,5-Dimethoxy-phenyl]-2813

Phenol, 2,4-Dipropionyl-5-methoxy- 2819

$C_{13}H_{16}O_5$

Aceton, [4-Acetoxy-3,5-dimethoxy-phenyl]-2749

Benzaldehyd, 4,5-Dimethoxy-2-[oxo-*tert*-butoxy]- 2716

Propan-1-on, 3-Acetoxy-1-[3,4-dimethoxy-phenyl]- 2748

$C_{13}H_{16}O_6$

Essigsäure, [2-Acetyl-3-hydroxy-5-methoxy-4-methyl-phenoxy]-, methylester 2752

—, [4-Acetyl-3-hydroxy-5-methoxy-phenoxy]-, äthylester 2732

—, [4,5-Dimethoxy-2-propionyl-phenoxy]- 2745

—, [2-Formyl-4,5-dimethoxy-phenoxy]-, äthylester 2717

$C_{13}H_{16}O_7$

Cyclohex-1-encarbaldehyd, 3,4,5-Triacetoxy-2698

$C_{13}H_{17}ClO_4$

Butan-2-on, 1-Chlor-4-[3,4,5-trimethoxy-phenyl]- 2754

$C_{13}H_{17}NO_4$
Benzocyclohepten-5-on, 4-Hydroxy-2,3-dimethoxy-6,7,8,9-tetrahydro-, oxim 2816
Propan-1,2-dion, 1-[3,4-Diäthoxy-phenyl]-, 2-oxim 2805

$C_{13}H_{18}O_4$
Äthanon, 1-[4,6-Diäthoxy-2-hydroxy-3-methyl-phenyl]- 2751
–, 1-[2,3-Diäthoxy-4-methoxy-phenyl]- 2722
–, 1-[2,4-Diäthoxy-3-methoxy-phenyl]- 2722
–, 1-[2,4-Diäthoxy-6-methoxy-phenyl]- 2731
–, 1-[2,5-Diäthoxy-4-methoxy-phenyl]- 2726
–, 1-[2,6-Diäthoxy-4-methoxy-phenyl]- 2731
–, 1-[3,6-Diäthoxy-2-methoxy-phenyl]- 2724
–, 1-[6-Hydroxy-3,4-dimethoxy-2-propyl-phenyl]- 2759
–, 1-[2,4,6-Trihydroxy-3-isopentyl-phenyl]- 2762
Benzaldehyd, 2,4,5-Triäthoxy- 2716
–, 2,4,6-Triäthoxy- 2717
Butan-1-on, 1-[2,6-Dihydroxy-4-methoxy-3,5-dimethyl-phenyl]- 2761
–, 1-[2-Hydroxy-4,5-dimethoxy-phenyl]-3-methyl- 2757
–, 1-[2,4,5-Trimethoxy-phenyl]- 2753
Cyclohex-4-en-1,3-dion, 4-Acetyl-5-methoxy-2,2,6,6-tetramethyl- 2762
Hexan-1-on, 1-[2,4,6-Trihydroxy-3-methyl-phenyl]- 2762
Naphthalin-1,6-dion, 7-Äthyl-2,3-dihydroxy-4-methyl-4a,7,8,8a-tetrahydro-4*H*,5*H*- 2763
Pentan-1-on, 4-Methyl-1-[2,4,6-trihydroxy-3-methyl-phenyl]- 2762
Propan-1-on, 2-Äthoxy-1-[3,4-dimethoxy-phenyl]- 2747
–, 1-[2-Hydroxy-4,6-dimethoxy-3-methyl-phenyl]-2-methyl- 2759

$C_{13}H_{18}O_6$
Propan-1,2-dion, 3-Acetoxy-1-[1-acetoxy-cyclohexyl]- 2699

$C_{13}H_{18}O_7$
Cycloheptanon, 3,4,5-Triacetoxy- 2696

$C_{13}H_{19}NO_4$
Äthanon, 1-[2,3-Diäthoxy-4-methoxy-phenyl]-, oxim 2722
–, 1-[2,4-Diäthoxy-3-methoxy-phenyl]-, oxim 2722

$C_{13}H_{19}NO_6S_2$
Amin, [1-(2,4-Dimethoxy-phenyl)-2,2-bis-methansulfonyl-äthyliden]-methyl- 2799
–, [1-(3,4-Dimethoxy-phenyl)-2,2-bis-methansulfonyl-äthyliden]-methyl- 2802

$C_{13}H_{19}N_3O_4$
Äthanon, 1-[3-Äthoxy-2,4-dimethoxy-phenyl]-, semicarbazon 2722
Propan-1-on, 1-[3,4,5-Trimethoxy-phenyl]-, semicarbazon 2747

C_{14}

$C_{14}H_5Cl_3O_3$
Anthrachinon, 1,2,5-Trichlor-8-hydroxy- 2589
–, 1,2,8-Trichlor-5-hydroxy- 2588
–, 1,4,5-Trichlor-8-hydroxy- 2588
–, 1,6,7-Trichlor-4-hydroxy- 2589

$C_{14}H_5N_3O_9$
Anthrachinon, 1-Hydroxy-4,5,8-trinitro- 2591

$C_{14}H_6BrClO_3$
Anthrachinon, 2-Brom-4-chlor-1-hydroxy- 2589

$C_{14}H_6Br_2O_3$
Anthracen-1,10-dion, 2,4-Dibrom-9-hydroxy- 2589
Anthrachinon, 2,4-Dibrom-1-hydroxy- 2589

$C_{14}H_6ClNO_5$
Anthrachinon, 5-Chlor-1-hydroxy-4-nitro- 2590
–, 5-Chlor-4-hydroxy-1-nitro- 2590

$C_{14}H_6Cl_2O_3$
Anthrachinon, 1,3-Dichlor-8-hydroxy- 2588
–, 2,4-Dichlor-1-hydroxy- 2588

$C_{14}H_6Cl_4O_2$
Phenol, 2,4-Dichlor-6-[5,7-dichlor-benzofuran-3-yl]- 2448

$C_{14}H_6N_2O_7$
Anthrachinon, 1-Hydroxy-2,4-dinitro- 2590

$C_{14}H_7BrO_2S$
Anthracen-1-sulfenylbromid, 9,10-Dioxo-9,10-dihydro- 2594
Anthra[1,9-*cd*][1,2]oxathiol-6-on, 10b-Brom-10b*H*- 2594

$C_{14}H_7BrO_2Se$
Anthracen-1-selenylbromid, 9,10-Dioxo-9,10-dihydro- 2598
Anthracen-2-selenylbromid, 9,10-Dioxo-9,10-dihydro- 2601

$C_{14}H_7BrO_3$
Anthrachinon, 1-Brom-2-hydroxy- 2599
–, 1-Brom-4-hydroxy- 2589

$C_{14}H_7ClO_2S$
Anthracen-1-sulfenylchlorid, 9,10-Dioxo-9,10-dihydro- 2594
Anthra[1,9-*cd*][1,2]oxathiol-6-on, 10b-Chlor-10b*H*- 2594

$C_{14}H_7ClO_3$
Anthracen-1,4-dion, 9-Chlor-10-hydroxy- 2603
Anthrachinon, 2-Chlor-1-hydroxy- 2588

$C_{14}H_7NO_5$
Anthrachinon, 1-Hydroxy-2-nitro- 2589

$C_{14}H_7NO_5$ (Fortsetzung)
Anthrachinon, 1-Hydroxy-3-nitro- 2589
—, 1-Hydroxy-4-nitro- 2589
—, 1-Hydroxy-5-nitro- 2590
—, 1-Hydroxy-8-nitro- 2590
—, 2-Hydroxy-3-nitro- 2599
$C_{14}H_8Br_2O_6$
[1,4]Naphthochinon, 5,8-Diacetoxy-2,3-dibrom- 2949
$C_{14}H_8Cl_2O_6$
[1,4]Naphthochinon, 5,8-Diacetoxy-2,3-dichlor- 2948
—, 5,8-Diacetoxy-2,6-dichlor- 2948
$C_{14}H_8N_2O_2S_2$
[1,4]Naphthochinon, 2,3-Bis-thiocyanatomethyl-2964
$C_{14}H_8O_2S$
Anthrachinon, 1-Mercapto- 2591
$C_{14}H_8O_2Se$
Anthrachinon, 1-Hydroseleno- 2595
$C_{14}H_8O_3$
Anthracen-1,2-dion, 5-Hydroxy- 2602
—, 6-Hydroxy- 2602
—, 7-Hydroxy- 2601
Anthracen-1,4-dion, 5-Hydroxy- 2602
Anthrachinon, 1-Hydroxy- 2586
—, 2-Hydroxy- 2598
Phenanthren-1,4-dion, 3-Hydroxy- 2603
$C_{14}H_8O_3S$
Anthracen-1-sulfensäure, 9,10-Dioxo-9,10-dihydro- 2594
Anthra[1,9-*cd*][1,2]oxathiol-6-on, 10b-Hydroxy-10b*H*- 2594
$C_{14}H_8O_3Se$
Anthracen-1-selenensäure, 9,10-Dioxo-9,10-dihydro- 2596
$C_{14}H_8O_5S_2$
Thioschwefelsäure-*S*-[9,10-dioxo-9,10-dihydro-[1]anthrylester] 2595
$C_{14}H_9ClO_6$
[1,4]Naphthochinon, 5,8-Diacetoxy-2-chlor-2948
$C_{14}H_9NO_3$
Anthracen-1,3-diol, 4-Nitroso- 2602
$C_{14}H_9NO_5$
Benzil, 4-Hydroxy-4′-nitro- 2533
Fluoren-9-on, 1-Hydroxy-4-methoxy-2-nitro-2530
$C_{14}H_{10}N_2O_5$
Benzil, 4-Hydroxy-4′-nitro-, α-oxim 2533
$C_{14}H_{10}N_2O_7$
Acetaldehyd, Bis-[2-hydroxy-5-nitro-phenyl]-2467
$C_{14}H_{10}O_3$
Benzil, 2-Hydroxy- 2532
—, 3-Hydroxy- 2532
—, 4-Hydroxy- 2532
$C_{14}H_{10}O_4$
[1,4]Benzochinon, [2-Acetoxy-phenyl]- 2438
—, [3-Acetoxy-phenyl]- 2439
$C_{14}H_{10}O_6$
[1,4]Naphthochinon, 2,6-Diacetoxy- 2952
—, 5,7-Diacetoxy- 2946
—, 5,8-Diacetoxy- 2947
$C_{14}H_{10}O_6S$
Essigsäure, [5-Acetoxy-1,4-dioxo-1,4-dihydro-[2]naphthylmercapto]- 2950
—, [8-Acetoxy-1,4-dioxo-1,4-dihydro-[2]naphthylmercapto]- 2952
$C_{14}H_{11}BrO_3$
Desoxybenzoin, 4′-Brom-2,4-dihydroxy-2461
$C_{14}H_{11}BrO_4$
Äthanon, 1-[4-Acetoxy-1-hydroxy-[2]naphthyl]-2-brom- 2379
$C_{14}H_{11}ClO_3$
Desoxybenzoin, 4′-Chlor-2,4-dihydroxy-2461
$C_{14}H_{11}IO_3$
Desoxybenzoin, 2,4-Dihydroxy-4′-jod- 2461
$C_{14}H_{11}NO_4$
Tropolon, 3-[4-Methoxy-phenyl]-5-nitroso-2441
$C_{14}H_{11}NO_5$
Benzophenon, 2-Hydroxy-4-methoxy-4′-nitro-2445
—, 4-Hydroxy-3-methoxy-3′-nitro-2450
—, 5-Hydroxy-2-methoxy-4′-nitro-2446
Desoxybenzoin, 2,4-Dihydroxy-4′-nitro-2461
$C_{14}H_{12}O_2S$
Cycloheptatrienon, 4-Hydroxy-7-methylmercapto-2-phenyl- 2439
—, 2-Mercapto-7-[4-methoxy-phenyl]-2441
Tropolon, 5-Methylmercapto-3-phenyl-2439
$C_{14}H_{12}O_3$
Äthanon, 1-[2,4′-Dihydroxy-biphenyl-4-yl]-2472
Anthracen-1-on, 8,9-Dihydroxy-3,4-dihydro-2*H*- 2473
Anthracen-2,9,10-trion, 3,4,4a,9a-Tetrahydro-1*H*- 2473
Benzaldehyd, 5-Benzyl-2,4-dihydroxy- 2471
[1,4]Benzochinon, 2-[2-Hydroxy-6-methyl-phenyl]-3-methyl- 2472
Benzoin, 2-Hydroxy- 2466
Benzophenon, 2,2′-Dihydroxy-5-methyl-2470
—, 2,3′-Dihydroxy-3-methyl- 2468
—, 2,3′-Dihydroxy-4-methyl- 2471
—, 2,3′-Dihydroxy-5-methyl- 2470
—, 2,4-Dihydroxy-3′-methyl- 2470
—, 2,4′-Dihydroxy-3′-methyl- 2469
—, 2,4-Dihydroxy-4′-methyl- 2472
—, 2,4′-Dihydroxy-4-methyl- 2471
—, 2,4-Dihydroxy-5-methyl- 2468
—, 2,4-Dihydroxy-6-methyl- 2467

$C_{14}H_{12}O_3$ (Fortsetzung)
Benzophenon, 2,5-Dihydroxy-4-methyl- 2471
—, 4,2'-Dihydroxy-2-methyl- 2468
—, 4,3'-Dihydroxy-2-methyl- 2468
—, 4,3'-Dihydroxy-3-methyl- 2469
—, 2-Hydroxy-3-methoxy- 2441
—, 2-Hydroxy-4-methoxy- 2442
—, 3-Hydroxy-4'-methoxy- 2452
—, 4-Hydroxy-2-methoxy- 2442
—, 4'-Hydroxy-2-methoxy- 2449
—, 4-Hydroxy-3-methoxy- 2449
—, 4-Hydroxy-4'-methoxy- 2453
Butan-1,3-dion, 1-[3-Hydroxy-[2]naphthyl]- 2472
Cyclopenta[*a*]naphthalin-3-on, 5-Hydroxy-7-methoxy-1,2-dihydro- 2459
Desoxybenzoin, 2',4'-Dihydroxy- 2466
—, 2,4-Dihydroxy- 2459
—, 2,4'-Dihydroxy- 2463
—, 2,5-Dihydroxy- 2461
—, 2,6-Dihydroxy- 2461
—, 3,4-Dihydroxy- 2463
—, 4,4'-Dihydroxy- 2464
[2]Naphthaldehyd, 5-Acetyl-6-methoxy- 2459
[1,4]Naphthochinon, 2-Allyl-5-methoxy- 2459
—, 2-Hydroxy-3-methallyl- 2473
—, 2-Hydroxy-3-[2-methyl-propenyl]- 2472
—, 2-Methallyloxy- 2363
[1]Naphthol, 2,4-Diacetyl- 2473
Tropolon, 3-[4-Methoxy-phenyl]- 2440

$C_{14}H_{12}O_4$
[1,4]Benzochinon, 2-Benzyloxy-6-methoxy- 2710

$C_{14}H_{12}O_4S$
[1,4]Naphthochinon, 8-Acetoxy-2-äthylmercapto- 2951
Propionsäure, 3-[3-Methyl-1,4-dioxo-1,4-dihydro-[2]naphthylmercapto]- 2376

$C_{14}H_{12}O_5$
Essigsäure, [2-Formyl-4-methoxy-[1]naphthyloxy]- 2373
[1,4]Naphthochinon, 5-Acetoxy-8-hydroxy-2,6-dimethyl- 2965
—, 8-Acetoxy-5-hydroxy-2,6-dimethyl- 2965

$C_{14}H_{12}O_5S$
Essigsäure, [5-Hydroxy-1,4-dioxo-1,4-dihydro-[2]naphthylmercapto]-, äthylester 2950
—, [8-Hydroxy-1,4-dioxo-1,4-dihydro-[2]naphthylmercapto]-, äthylester 2951

$C_{14}H_{13}BrO_3$
Butan-1-on, 1-[4-Brom-1-hydroxy-[2]naphthyl]-2-hydroxy- 2385

$C_{14}H_{13}BrO_7$
Äthanon, 2-Acetoxy-1-[2,5-diacetoxy-3-brom-phenyl]- 2738
—, 2-Brom-1-[2,3,5-triacetoxy-phenyl]- 2724

$C_{14}H_{13}ClO_3$
[2]Naphthaldehyd, 8-Chlor-4,5-dimethoxy-1-methyl- 2381
[1,4]Naphthochinon, 2-[4-Chlor-butyl]-3-hydroxy- 2385

$C_{14}H_{13}NO_2$
Benzophenon, 2,4-Dihydroxy-6-methyl-, imin 2468
—, 4-Hydroxy-2-methoxy-, imin 2444

$C_{14}H_{13}NO_3$
Benzophenon, 2-Hydroxy-3-methoxy-, oxim 2442
Desoxybenzoin, 2,4-Dihydroxy-, oxim 2460
[1,4]Naphthochinon, 2-Allyl-5-methoxy-, 4-oxim 2459

$C_{14}H_{13}NO_4S$
Cystein, *S*-[3-Methyl-1,4-dioxo-1,4-dihydro-[2]naphthyl]- 2376

$C_{14}H_{13}NO_8$
Benzol, 1,3-Bis-acetoxyacetyl-5-nitro- 2812
—, 2,4-Diacetoxy-1,5-diacetyl-3-nitro- 2812

$C_{14}H_{13}NO_9$
Äthanon, 2-Acetoxy-1-[2,5-diacetoxy-3-nitro-phenyl]- 2738

$C_{14}H_{13}N_3O_3$
Benzophenon, 2,2'-Dihydroxy-, semicarbazon 2447

$C_{14}H_{14}O_2S$
[1,4]Naphthochinon, 2-Butylmercapto- 2365

$C_{14}H_{14}O_2S_2$
[1,4]Naphthochinon, 2,3-Bis-äthylmercapto- 2955

$C_{14}H_{14}O_3$
Äthanon, 1-[3,4-Dimethoxy-[1]naphthyl]- 2378
—, 1-[3,6-Dimethoxy-[2]naphthyl]- 2379
—, 1-[4,5-Dimethoxy-[1]naphthyl]- 2378
—, 1-[4,6-Dimethoxy-[1]naphthyl]- 2378
—, 1-[4,6-Dimethoxy-[2]naphthyl]- 2379
—, 1-[4,7-Dimethoxy-[1]naphthyl]- 2378
—, 1-[4,8-Dimethoxy-[1]naphthyl]- 2378
—, 1-[6,7-Dimethoxy-[2]naphthyl]- 2380
1,4-Ätheno-naphthalin-2-on, 3,6-Dihydroxy-3,5-dimethyl-3,4-dihydro-1*H*- 2386
Butan-1-on, 1-[1,4-Dihydroxy-[2]naphthyl]- 2385
—, 1-[5,8-Dihydroxy-[2]naphthyl]- 2385
Cyclohex-2-enon, 6-Acetyl-3-[4-hydroxy-phenyl]- 2384

$C_{14}H_{14}O_3$ (Fortsetzung)
[1]Naphthaldehyd, 2,5-Dimethoxy-8-methyl- 2381
—, 2,6-Dimethoxy-5-methyl- 2381
—, 2,7-Dimethoxy-8-methyl- 2382
—, 2,8-Dimethoxy-5-methyl- 2381
—, 4,5-Dimethoxy-8-methyl- 2382
—, 4,8-Dimethoxy-5-methyl- 2381
[2]Naphthaldehyd, 1,6-Dimethoxy-4-methyl- 2381
[1,4]Naphthochinon, 2-Äthoxy-6,7-dimethyl- 2382
—, 6-Äthoxy-2,5-dimethyl- 2381
—, 7-Äthoxy-2,8-dimethyl- 2381
—, 2-Butyl-8-hydroxy- 2385
—, 2-*tert*-Butyl-3-hydroxy- 2386
—, 2-Methoxy-3,6,7-trimethyl- 2384
Propionaldehyd, 3-Hydroxy-3-[4-methoxy-[1]naphthyl]- 2383

$C_{14}H_{14}O_4$
Äthanon, 1-[1-Hydroxy-5,8-dimethoxy-[2]naphthyl]- 2963
Butan-1-on, 1-[1,5,8-Trihydroxy-[2]naphthyl]- 2967
Cyclohexan-1,3-dion, 2-Acetyl-5-[4-hydroxy-phenyl]- 2967
[1,4]Naphthochinon, 5,8-Dihydroxy-2,3,6,7-tetramethyl- 2968
—, 2-[2-Hydroxy-propyl]-5-methoxy- 2966

$C_{14}H_{14}O_6$
Benzol, 1,4-Bis-acetoxyacetyl- 2812
[1,4]Naphthochinon, 2,4a-Diacetoxy-4a,5,8,8a-tetrahydro- 2812

$C_{14}H_{14}O_7$
Äthanon, 2-Acetoxy-1-[2,5-diacetoxy-phenyl]- 2738
—, 2-Acetoxy-1-[3,5-diacetoxy-phenyl]- 2742
—, 1-[2,3,6-Triacetoxy-phenyl]- 2724
—, 1-[2,4,5-Triacetoxy-phenyl]- 2725
—, 1-[2,4,6-Triacetoxy-phenyl]- 2732
Essigsäure, [5-Acetoxy-2,4-diacetyl-phenoxy]- 2811

$C_{14}H_{15}NO_3$
Äthanon, 1-[3,4-Dimethoxy-[1]naphthyl]-, oxim 2378
—, 1-[4,6-Dimethoxy-[2]naphthyl]-, oxim 2380
—, 1-[6,7-Dimethoxy-[2]naphthyl]-, oxim 2380

$C_{14}H_{15}N_3O_2S$
[1]Naphthaldehyd, 2,3-Dimethoxy-, thiosemicarbazon 2371
—, 2,4-Dimethoxy-, thiosemicarbazon 2371
—, 2,5-Dimethoxy-, thiosemicarbazon 2372
—, 2,6-Dimethoxy-, thiosemicarbazon 2371
—, 2,7-Dimethoxy-, thiosemicarbazon 2372
—, 4,5-Dimethoxy-, thiosemicarbazon 2372
—, 4,6-Dimethoxy-, thiosemicarbazon 2372
—, 4,7-Dimethoxy-, thiosemicarbazon 2372
—, 4,8-Dimethoxy-, thiosemicarbazon 2373
[2]Naphthaldehyd, 1,4-Dimethoxy-, thiosemicarbazon 2373

$C_{14}H_{16}Br_2O_4$
Benzocyclohepten-5-on, 6,6-Dibrom-2,3,4-trimethoxy-6,7,8,9-tetrahydro- 2817

$C_{14}H_{16}O_4$
1,4-Ätheno-naphthalin-2,6-dion, 3,5-Dihydroxy-3,5-dimethyl-1,3,4,4a,5,8a-hexahydro- 2879
Benzocyclohepten-5-carbaldehyd, 2,3-Dimethoxy-6-oxo-6,7,8,9-tetrahydro-5*H*- 2876
Benzocyclohepten-6-carbaldehyd, 2,3-Dimethoxy-5-oxo-6,7,8,9-tetrahydro-5*H*- 2876
Benzocyclohepten-7-carbaldehyd, 2,3-Dimethoxy-6-oxo-6,7,8,9-tetrahydro-5*H*- 2876
Benzocyclohepten-6-on, 2,3,4-Trimethoxy-5,7-dihydro- 2872
Cyclohexan-1,4-dion, 2-[2,3-Dimethoxy-phenyl]- 2876
Inden-1-on, 4,6,7-Trimethoxy-2,3-dimethyl- 2875
Naphthalin-2,3-diol, 1,4-Diacetyl-5,6,7,8-tetrahydro- 2877
Pentan-2,4-dion, 3-[3-Äthoxy-4-hydroxy-benzyliden]- 2876
—, 3-Veratryliden- 2875

$C_{14}H_{16}O_5$
Äthanon, 1-[2-Acetoxy-5-allyloxy-4-methoxy-phenyl]- 2726

$C_{14}H_{16}O_6$
Äthanon, 1-[2,6-Diacetoxy-4-methoxy-3-methyl-phenyl]- 2750
Essigsäure, [2,4-Diacetyl-5-hydroxy-phenoxy]-, äthylester 2811
Propan-1-on, 2-Acetoxy-1-[4-acetoxy-3-methoxy-phenyl]- 2747
—, 3-Acetoxy-1-[4-acetoxy-3-methoxy-phenyl]- 2748

$C_{14}H_{16}O_6S_2$
Buttersäure, 4,4′-[3,6-Dioxo-cyclohexa-1,4-dien-1,4-diyldimercapto]-di- 2709
Propionsäure, 3,3′-[2,5-Dimethyl-3,6-dioxo-cyclohexa-1,4-dien-1,4-diyldimercapto]-di- 2744
—, 3,3′-[4,5-Dimethyl-3,6-dioxo-cyclohexa-1,4-dien-1,2-diyldimercapto]-di- 2743

$C_{14}H_{16}O_6S_2$ (Fortsetzung)
Propionsäure, 3,3'-[4,6-Dimethyl-2,5-dioxo-cyclohexa-3,6-dien-1,3-diyldimercapto]-di- 2744
$C_{14}H_{17}BrO_4$
Benzocyclohepten-5-on, 6-Brom-2,3,4-trimethoxy-6,7,8,9-tetrahydro- 2817
$C_{14}H_{17}ClO_6$
Essigsäure, [2-Acetyl-6-chlor-3,5-dimethoxy-phenoxy]-, äthylester 2733
$C_{14}H_{17}IO_4$
Benzocyclohepten-5-on, 6-Jod-2,3,4-trimethoxy-6,7,8,9-tetrahydro- 2817
$C_{14}H_{17}NO_4$
Pent-4-en-2,3-dion, 5-[2,3-Dimethoxy-phenyl]-, 2-[*O*-methyl-oxim] 2872
—, 5-[2,4-Dimethoxy-phenyl]-, 2-[*O*-methyl-oxim] 2872
—, 5-[3,4-Dimethoxy-phenyl]-, 2-2-[*O*-methyl-oxim] 2872
$C_{14}H_{17}NO_6$
Resorcin, 4,6-Dibutyryl-2-nitro- 2823
$C_{14}H_{17}N_3O_4$
Benzocyclohepten-5,6-dion, 2,3-Dimethoxy-8,9-dihydro-7*H*-, monosemicarbazon 2874
$C_{14}H_{18}O_4$
Äthanon, 1-[2-Allyl-3,4,6-trimethoxy-phenyl]- 2815
—, 1-[3,4,6-Trimethoxy-2-propenyl-phenyl]- 2814
[1,4]Benzochinon, 2,3-Dimethoxy-5-methyl-6-[3-methyl-but-2-enyl]- 2818
Benzocyclohepten-5-on, 1,2,3-Trimethoxy-6,7,8,9-tetrahydro- 2816
—, 2,3,4-Trimethoxy-6,7,8,9-tetrahydro- 2816
Benzocyclohepten-6-on, 2,3,4-Trimethoxy-5,7,8,9-tetrahydro- 2817
But-2-en-1-on, 3-Methyl-1-[2,4,5-trimethoxy-phenyl]- 2813
Chroman-4-on, 2-Hydroxy-7-methoxy-5-methyl-2-propyl- 2821
Cyclohexanon, 2-[2,3-Dimethoxy-phenyl]-2-hydroxy- 2820
Naphthalin-1-on, 5,7,8-Trimethoxy-2-methyl-3,4-dihydro-2*H*- 2818
—, 5,7,8-Trimethoxy-3-methyl-3,4-dihydro-2*H*- 2818
Pentan-2,4-dion, 3-[2,5-Dihydroxy-3,4,6-trimethyl-phenyl]- 2824
Propan-1-on, 1-[2,4,6-Trihydroxy-3-(3-methyl-but-2-enyl)-phenyl]- 2823
Resorcin, 4-Acetyl-2-hexanoyl- 2823
$C_{14}H_{18}O_5$
Pentan-2,4-dion, 3-[2-Acetoxy-2-methyl-5-oxo-cyclohex-3-enyl]- 2761
$C_{14}H_{18}O_6$
Äthanon, 1-[3-Acetoxy-4-methoxy-phenyl]-2-hydroxy-2-isopropoxy- 2801
Essigsäure, [4-Acetyl-3,5-dimethoxy-phenoxy]-, äthylester 2732
Propionsäure, 2-[4,5-Dimethoxy-2-propionyl-phenoxy]- 2745
$C_{14}H_{19}NO_4$
Benzocyclohepten-5-on, 1,2,3-Trimethoxy-6,7,8,9-tetrahydro-, oxim 2816
—, 2,3,4-Trimethoxy-6,7,8,9-tetrahydro-, oxim 2816
Benzocyclohepten-6-on, 2,3,4-Trimethoxy-5,7,8,9-tetrahydro-, oxim 2817
$C_{14}H_{19}N_3O_4$
Naphthalin-1-on, 5,7,8-Trimethoxy-3,4-dihydro-2*H*-, semicarbazon 2812
$C_{14}H_{19}N_3O_6$
Resorcin, 4,6-Bis-[1-hydroxyimino-butyl]-2-nitro- 2823
$C_{14}H_{20}O_3$
[1,2]Benzochinon, 4,6-Di-*tert*-butyl-3-hydroxy- 2764
$C_{14}H_{20}O_4$
Äthanon, 1-[4,6-Diäthoxy-2-methoxy-3-methyl-phenyl]- 2751
—, 1-[2,3,4-Triäthoxy-phenyl]- 2722
[1,4]Benzochinon, 2,5-Dibutyl-3,6-dihydroxy- 2764
Butan-1-on, 3-Methyl-1-[2,4,5-trimethoxy-phenyl]- 2757
Cyclohexancarbaldehyd, 6-Hepta-1,3-dienyl-3,4-dihydroxy-2-oxo- 2764
Cyclohexanon, 3-Hepta-1,3-dienyl-5,6-dihydroxy-2-hydroxymethylen- 2764
Cyclohex-4-en-1,3-dion, 2-Isobutyryl-5-methoxy-4,6,6-trimethyl- 2762
Cyclopent-2-enon, 3,4-Dihydroxy-2-isobutyryl-5-[3-methyl-but-2-enyl]- 2765
—, 3,5-Dihydroxy-2-isobutyryl-4-[3-methyl-but-2-enyl]- 2765
Hexan-1-on, 2-Äthyl-1-[2,4,5-trihydroxy-phenyl]- 2763
Octan-1-on, 1-[2,4,5-Trihydroxy-phenyl]- 2763
—, 1-[2,4,6-Trihydroxy-phenyl]- 2763
Pentan-1-on, 4-Methyl-1-[2,4,6-trihydroxy-3,5-dimethyl-phenyl]- 2765
Propan-1-on, 3-Methoxy-2,2-bis-methoxymethyl-1-phenyl- 2757
Tricyclo[6.4.1.1^{2,7}]tetradecan-13,14-dion, 1,7-Dihydroxy- 2766
$C_{14}H_{21}NO_4$
Äthanon, 1-[2,3,4-Triäthoxy-phenyl]-, oxim 2723
$C_{14}H_{22}O_4$
Äthandion, 1,2-Bis-[1-hydroxy-cyclohexyl]- 2703
Cyclohexanon, 3-Hepta-1,3-dienyl-5,6-dihydroxy-2-hydroxymethyl- 2702
Cyclopent-2-enon, 3,4-Dihydroxy-2-isobutyryl-5-isopentyl- 2703

$C_{15}H_{14}OS_2$
Benzophenon, 2,2′-Bis-methylmercapto- 2448
–, 4,4′-Bis-methylmercapto- 2457
Cycloheptatrienon, 4,7-Bis-methylmercapto-2-phenyl- 2440

$C_{15}H_{14}O_2S$
Benzoin, 4′-Methylmercapto- 2467
Cycloheptatrienon, 2-Methoxy-5-methylmercapto-3-phenyl- 2440
–, 7-Methoxy-4-methylmercapto-2-phenyl- 2440
–, 2-[4-Methoxy-phenyl]-7-methylmercapto- 2441
Thiobenzophenon, 3,4-Dimethoxy- 2451
–, 4,4′-Dimethoxy- 2457

$C_{15}H_{14}O_3$
Acetaldehyd, Hydroxy-[4-methoxy-phenyl]-phenyl- 2467
Aceton, 1,3-Bis-[4-hydroxy-phenyl]- 2481
Äthanon, 1-[3-Benzyl-2,4-dihydroxy-phenyl]- 2484
Benzaldehyd, 5-Benzyl-2-hydroxy-3-methoxy- 2471
[1,4]Benzochinon, [1-(2-Methoxy-phenyl)-äthyl]- 2467
Benzoin, 4-Methoxy- 2466
–, 4′-Methoxy- 2467
Benzophenon, 3-Äthyl-2,4-dihydroxy- 2484
–, 3-Äthyl-2,6-dihydroxy- 2484
–, 5-Äthyl-2,4-dihydroxy- 2484
–, 2,2′-Dimethoxy- 2447
–, 2,4-Dimethoxy- 2442
–, 3,3′-Dimethoxy- 2451
–, 3,4-Dimethoxy- 2450
–, 3,4′-Dimethoxy- 2452
–, 4,4′-Dimethoxy- 2453
–, 2-Hydroxy-4-methoxy-3-methyl- 2468
–, 2-Hydroxy-4′-methoxy-4-methyl- 2471
–, 2-Hydroxy-4′-methoxy-5-methyl- 2470
–, 4-Hydroxy-4′-methoxy-3-methyl- 2469
Butan-1,3-dion, 1-[3-Methoxy-[2]naphthyl]- 2472
Cycloheptatrienon, 2-Methoxy-7-[4-methoxy-phenyl]- 2440
Desoxybenzoin, 2,4-Dihydroxy-5-methyl- 2483
–, 2-Hydroxy-2′-methoxy- 2462
–, 2-Hydroxy-4-methoxy- 2460
–, 2-Hydroxy-4′-methoxy- 2463
–, 2-Hydroxy-6-methoxy- 2461
–, 4-Hydroxy-4′-methoxy- 2464
Naphthalin, 1,6-Diacetyl-2-methoxy- 2473
[1,4]Naphthochinon, 2-Cyclopentyl-3-hydroxy- 2488
–, 2-[1,2-Dimethyl-allyl]-3-hydroxy- 2487
–, 2-Hydroxy-3-[3-methyl-but-2-enyl]- 2487
–, 2-[3-Methyl-but-2-enyloxy]- 2363
Propan-1-on, 1-[3-Acetyl-4-hydroxy-[1]naphthyl]- 2487
–, 1-[4-Acetyl-1-hydroxy-[2]naphthyl]- 2487
–, 1-Biphenyl-4-yl-2,3-dihydroxy- 2486
–, 1,3-Bis-[2-hydroxy-phenyl]- 2475
–, 2,3-Dihydroxy-1,2-diphenyl- 2483
–, 2,3-Dihydroxy-1,3-diphenyl- 2481
–, 1-[2,4-Dihydroxy-phenyl]-3-phenyl- 2474
–, 1-[2-Hydroxy-phenyl]-3-[4-hydroxy-phenyl]- 2476
–, 3-[2-Hydroxy-phenyl]-1-[4-hydroxy-phenyl]- 2477
Propenon, 3-Methoxy-1-[6-methoxy-[2]naphthyl]- 2458

$C_{15}H_{14}O_4$
Äthanon, 2-Acetoxy-1-[6-methoxy-[2]naphthyl]- 2380
–, 1-[4-Benzyloxy-2,5-dihydroxy-phenyl]- 2727
Benzaldehyd, 2-[3,4-Dimethoxy-phenoxy]- 2716
–, 4,5-Dimethoxy-2-phenoxy- 2716
Glyoxal, [4′-Methoxy-biphenyl-4-yl]-, monohydrat 2534

$C_{15}H_{14}O_4S$
[1,4]Naphthochinon, 5-Acetoxy-3-äthylmercapto-2-methyl- 2959

$C_{15}H_{14}O_5S$
Essigsäure, [8-Hydroxy-3-methyl-1,4-dioxo-1,4-dihydro-[2]naphthylmercapto]-, äthylester 2959

$C_{15}H_{14}O_5S_2$
Benzophenon, 4,4′-Bis-methansulfonyl- 2457

$C_{15}H_{14}O_6$
Benzocyclohepten-5,9-dion, 1,4-Diacetoxy-7,8-dihydro-6*H*- 2873
1,4-Methano-naphthalin-5,8-dion, 4a,7-Diacetoxy-1,4,4a,8a-tetrahydro- 2875
[1,4]Naphthochinon, 2,3-Diacetoxy-2-methyl-2,3-dihydro- 2875

$C_{15}H_{14}S_3$
Thiobenzophenon, 4,4′-Bis-methylmercapto- 2458

$C_{15}H_{15}BrO_3$
Anthracen-2,9-dion, 3-Brom-10-hydroxy-10-methyl-1,3,4,4a,9a,10-hexahydro- 2390
Anthracen-2,10-dion, 3-Brom-9-hydroxy-9-methyl-4,4a,9,9a-tetrahydro-1*H*,3*H*- 2391

$C_{15}H_{15}ClO_3$
Anthracen-2,9-dion, 3-Chlor-10-hydroxy-10-methyl-1,3,4,4a,9a,10-hexahydro- 2390

$C_{15}H_{15}ClO_3$ (Fortsetzung)
Anthracen-2,10-dion, 3-Chlor-9-hydroxy-9-methyl-4,4a,9,9a-tetrahydro-1*H*,3*H*- 2391
$C_{15}H_{15}NO_2$
Benzophenon, 2,4-Dimethoxy-, imin 2444
$C_{15}H_{15}NO_2S_3$
Dithiocarbamidsäure, Dimethyl-, [2-(1,4-dioxo-1,4-dihydro-[2]naphthylmercapto)-äthylester] 2366
$C_{15}H_{15}NO_3$
Aceton, 1,3-Dihydroxy-1,3-diphenyl-, oxim 2482
Benzophenon, 5-Äthyl-2,4-dihydroxy-, oxim 2484
–, 3,4-Dimethoxy-, oxim 2450
Desoxybenzoin, 2,4-Dihydroxy-5-methyl-, oxim 2483
$C_{15}H_{15}N_3O_2S$
Benzaldehyd, 5-Benzyl-2,4-dihydroxy-, thiosemicarbazon 2471
$C_{15}H_{15}N_3O_3$
Benzophenon, 4-Hydroxy-3-methoxy-, semicarbazon 2450
$C_{15}H_{16}N_2O_2$
Benzophenon, 4,4'-Dimethoxy-, hydrazon 2455
$C_{15}H_{16}N_2O_3$
Äthanon, 1-[6,7-Dimethoxy-[2]naphthyl]-, formylhydrazon 2380
$C_{15}H_{16}O_3$
Äthanon, 1-[6,7-Dimethoxy-1-methyl-[2]naphthyl]- 2384
1,4-Ätheno-naphthalin-2-on, 3-Hydroxy-6-methoxy-3,5-dimethyl-3,4-dihydro-1*H*- 2386
Anthracen-2,9-dion, 10-Hydroxy-10-methyl-1,3,4,4a,9a,10-hexahydro- 2389
Anthracen-2,10-dion, 9-Hydroxy-9-methyl-4,4a,9,9a-tetrahydro-1*H*,3*H*- 2390
Anthron, 4,10-Dihydroxy-10-methyl-1,4,4a,9a-tetrahydro- 2389
Butan-1-on, 1-[1-Hydroxy-4-methoxy-[2]naphthyl]- 2385
Cyclohexanon, 2-[2-Hydroxy-cinnamoyl]- 2387
Cyclohex-2-enon, 6-Acetyl-3-[4-methoxy-phenyl]- 2384
–, 5-[4-Hydroxyacetyl-phenyl]-3-methyl- 2387
[2]Naphthaldehyd, 2-Allyl-7-methoxy-1-oxo-1,2,3,4-tetrahydro- 2386
[1,4]Naphthochinon, 2-Hydroxy-3-isopentyl- 2388
–, 2-Hydroxy-3-pentyl- 2387
–, 8-Hydroxy-2-pentyl- 2388
Phenanthren-2,4-dion, 6-Methoxy-4a,9,10,10a-tetrahydro-1*H*- 2386
Phenanthren-2-on, 5,8-Dihydroxy-4a-methyl-4,4a,9,10-tetrahydro-3*H*- 2392
–, 6,7-Dihydroxy-4a-methyl-4,4a,9,10-tetrahydro-3*H*- 2393
Propan-1-on, 1-[4,8-Dimethoxy-[1]naphthyl]- 2383
–, 1-[6,7-Dimethoxy-[2]naphthyl]- 2383
$C_{15}H_{16}O_4$
Äthanon, 1-[1-Hydroxy-6,8-dimethoxy-3-methyl-[2]naphthyl]- 2966
Anthron, 4,5,10-Trihydroxy-10-methyl-1,4,4a,9a-tetrahydro- 2972
–, 4,8,10-Trihydroxy-10-methyl-1,4,4a,9a-tetrahydro- 2973
Benzocyclohepten-5,9-dion, 6-Äthyliden-1,4-dimethoxy-7,8-dihydro-6*H*- 2965
[1,4]Naphthochinon, 2-Hydroxy-3-[2-hydroxy-1,2-dimethyl-propyl]- 2971
–, 2-Hydroxy-3-[2-hydroxy-3-methyl-butyl]- 2970
Pentan-1-on, 1-[1,5,8-Trihydroxy-[2]naphthyl]- 2969
Propan-1,3-dion, 1-[2-Hydroxy-phenyl]-3-[2-oxo-cyclohexyl]- 2969
Propan-1-on, 1-[1-Hydroxy-5,8-dimethoxy-[2]naphthyl]- 2965
$C_{15}H_{16}O_5$
Benzocyclohepten-5-on, 9-Acetoxy-1,4-dimethoxy-6,7-dihydro- 2873
$C_{15}H_{16}O_7$
Äthanon, 1-[2,4,6-Triacetoxy-3-methyl-phenyl]- 2749
Propan-1-on, 2-Acetoxy-1-[3,4-diacetoxy-phenyl]- 2747
$C_{15}H_{17}N_3O_2S$
Äthanon, 1-[6,7-Dimethoxy-[2]naphthyl]-, thiosemicarbazon 2380
[1]Naphthaldehyd, 2,5-Dimethoxy-8-methyl-, thiosemicarbazon 2382
–, 2,6-Dimethoxy-5-methyl-, thiosemicarbazon 2381
–, 2,8-Dimethoxy-5-methyl-, thiosemicarbazon 2381
–, 4,8-Dimethoxy-5-methyl-, thiosemicarbazon 2381
[2]Naphthaldehyd, 1,4-Dimethoxy-3-methyl-, thiosemicarbazon 2382
$C_{15}H_{17}N_3O_3$
Propionaldehyd, 3-Hydroxy-3-[4-methoxy-[1]naphthyl]-, semicarbazon 2383
$C_{15}H_{17}O_5P$
Phosphinsäure, [α,α'-Dihydroxy-4-methoxy-bibenzyl-α-yl]- 2466
–, [α,α'-Dihydroxy-4'-methoxy-bibenzyl-α-yl]- 2466
$C_{15}H_{18}O_4$
Äthanon, 1-[2,4-Bis-allyloxy-phenyl]-2-methoxy- 2736
Benzocyclohepten-5,9-dion, 1,4-Dimethoxy-2,3-dimethyl-7,8-dihydro-6*H*- 2877

C_{16}

$C_{16}H_8BrClO_2S$

[1,4]Naphthochinon, 2-Brom-3-[4-chlor-phenylmercapto]- 2368

$C_{16}H_8BrNO_4S$

[1,4]Naphthochinon, 2-Brom-3-[4-nitro-phenylmercapto]- 2368

$C_{16}H_8ClNO_4S$

[1,4]Naphthochinon, 2-Chlor-3-[4-nitro-phenylmercapto]- 2367

$C_{16}H_8ClN_5O_8$

[1,4]Naphthochinon, 3-Chlor-2-hydroxy-5-nitro-, 1-[2,4-dinitro-phenylhydrazon] 2365

$C_{16}H_8Cl_2O_4$

Anthrachinon, 8-Acetoxy-1,3-dichlor- 2588

$C_{16}H_8Cl_4O_3$

Benzofuran, 3-[2-Acetoxy-3,5-dichlor-phenyl]-5,7-dichlor- 2448

$C_{16}H_8N_6O_{10}$

[1,4]Naphthochinon, 2-Hydroxy-3,5-dinitro-, 1-[2,4-dinitro-phenylhydrazon] 2365

–, 2-Hydroxy-3,8-dinitro-, 1-[2,4-dinitro-phenylhydrazon] 2365

$C_{16}H_9BrO_2S$

[1,4]Naphthochinon, 2-Brom-3-phenyl=mercapto- 2368

$C_{16}H_9ClO_2S$

[1,4]Naphthochinon, 2-[4-Chlor-phenyl=mercapto]- 2366

$C_{16}H_9ClO_3$

[1,2]Naphthochinon, 4-[4-Chlor-phenoxy]-2362

$C_{16}H_9ClO_3S$

[1,4]Naphthochinon, 2-[4-Chlor-phenyl=mercapto]-3-hydroxy- 2954

$C_{16}H_9ClO_4$

Anthrachinon, 1-Acetoxy-2-chlor- 2588

$C_{16}H_9NO_4S$

[1,4]Naphthochinon, 2-[4-Nitro-phenyl=mercapto]- 2366

$C_{16}H_9NO_5$

[1,2]Naphthochinon, 4-[2-Nitro-phenoxy]-2362

[1,4]Naphthochinon, 2-Hydroxy-3-[4-nitro-phenyl]- 2632

$C_{16}H_{10}Br_2O_3$

Tropolon, 3,7-Dibrom-5-[3-oxo-3-phenyl-propenyl]- 2611

$C_{16}H_{10}ClN_3O_4$

[1,4]Naphthochinon, 3-Chlor-2-hydroxy-5-nitro-, 1-phenylhydrazon 2365

$C_{16}H_{10}N_2O_7$

Indan-1,3-dion, 2-[4-Methoxy-3-nitro-phenyl]-2-nitro- 2604

$C_{16}H_{10}N_4O_6$

[1,4]Naphthochinon, 2-Hydroxy-3,5-dinitro-, 1-phenylhydrazon 2365

–, 2-Hydroxy-3,8-dinitro-, 1-phenylhydrazon 2365

$C_{16}H_{10}O_2S$

[1,4]Naphthochinon, 2-Phenylmercapto-2366

$C_{16}H_{10}O_3$

[1,2]Naphthochinon, 4-Phenoxy- 2361

[1,4]Naphthochinon, 2-Hydroxy-3-phenyl-2631

$C_{16}H_{10}O_3S$

Anthra[1,9-*cd*][1,2]oxathiol-6-on, 10b-Äthoxy-10b*H*- 2594

[1,4]Naphthochinon, 2-Hydroxy-3-phenylmercapto- 2954

–, 8-Hydroxy-2-phenylmercapto- 2951

$C_{16}H_{10}O_4$

Anthracen-1,4-dion, 9-Acetoxy- 2602

Anthrachinon, 1-Acetoxy- 2587

–, 2-Acetoxy- 2599

$C_{16}H_{10}O_4S$

Anhydrid, [9,10-Dioxo-9,10-dihydro-anthracen-1-sulfensäure]-essigsäure- 2595

[1,4]Naphthochinon, 2-Benzolsulfonyl- 2366

$C_{16}H_{10}O_4Se$

Anhydrid, [9,10-Dioxo-9,10-dihydro-anthracen-1-selenensäure]-essigsäure-2597

$C_{16}H_{11}Br_2ClO_3$

Chalkon, 3′,5′-Dibrom-3-chlor-2′-hydroxy-4-methoxy- 2540

$C_{16}H_{11}Br_2NO_5$

Chalkon, 3,3′-Dibrom-2′-hydroxy-4-methoxy-5′-nitro- 2541

–, 5,3′-Dibrom-2′-hydroxy-2-methoxy-5′-nitro- 2537

$C_{16}H_{11}Br_4NO_5$

Propan-1-on, 2,3-Dibrom-1-[3-brom-2-hydroxy-5-nitro-phenyl]-3-[3-brom-4-methoxy-phenyl]- 2477

–, 2,3-Dibrom-1-[3-brom-2-hydroxy-5-nitro-phenyl]-3-[5-brom-2-methoxy-phenyl]- 2476

$C_{16}H_{11}ClO_3$

Anthracen-1,4-dion, 9-Chlor-10-hydroxy-2,3-dimethyl- 2616

Anthrachinon, 1-Chlor-4-methoxy-2-methyl-2607

–, 4-Chlor-1-methoxy-2-methyl- 2606

$C_{16}H_{11}NO_5$

Anthrachinon, 2-Methoxy-1-methyl-3-nitro-2605

–, 2-Methoxy-3-methyl-1-nitro- 2607

Indan-1,3-dion, 2-Hydroxy-2-[4-nitro-benzyl]-2614

–, 2-[4-Methoxy-phenyl]-2-nitro- 2604

$C_{16}H_{12}BrNO_5$

Chalkon, α-Brom-2′-hydroxy-4-methoxy-5′-nitro- 2541

–, α-Brom-2′-hydroxy-4′-methoxy-5′-nitro- 2545

–, 5-Brom-2′-hydroxy-2-methoxy-5′-nitro- 2537

$C_{16}H_{12}Br_2O_3$
Chalkon, 3′,5′-Dibrom-2′-hydroxy-4-methoxy- 2540
$C_{16}H_{12}Br_2O_6S$
Sulfid, Bis-[5-acetyl-3-brom-2,4-dihydroxy-phenyl]- 2729
$C_{16}H_{12}Br_3NO_5$
Propan-1-on, 2,3-Dibrom-3-[5-brom-2-methoxy-phenyl]-1-[2-hydroxy-5-nitro-phenyl]- 2476
$C_{16}H_{12}Cl_2O_3$
Chalkon, 2′,5′-Dichlor-4-hydroxy-3-methoxy- 2538
—, 3′,5′-Dichlor-2′-hydroxy-2-methoxy- 2536
—, 3′,5′-Dichlor-2′-hydroxy-4-methoxy- 2540
$C_{16}H_{12}O_2S$
Anthrachinon, 1-Äthylmercapto- 2591
—, 1-Methyl-4-methylmercapto- 2606
$C_{16}H_{12}O_3$
Anthrachinon, 3-Äthyl-1-hydroxy- 2616
—, 4-Hydroxy-1,2-dimethyl- 2616
—, 1-Methoxy-2-methyl- 2606
Dibenzo[*a,d*]cyclohepten-10,11-dion, 5-Methoxy-5*H*- 2605
Indan-1,3-dion, 2-Methoxy-2-phenyl- 2603
Phenanthren-1,4-dion, 3-Methoxy-8-methyl- 2609
—, 6-Methoxy-2-methyl- 2610
—, 6-Methoxy-3-methyl- 2610
—, 8-Methoxy-2-methyl- 2610
—, 8-Methoxy-3-methyl- 2610
$C_{16}H_{12}O_3S$
Anthracen-1-sulfensäure, 9,10-Dioxo-9,10-dihydro-, äthylester 2594
Anthrachinon, 1-Äthansulfinyl- 2591
$C_{16}H_{12}O_3Se$
Anthracen-1-selenensäure, 9,10-Dioxo-9,10-dihydro-, äthylester 2597
$C_{16}H_{12}O_4$
Benzil, 4-Acetoxy- 2532
$C_{16}H_{12}O_4S$
Anthrachinon, 1-Äthansulfonyl- 2591
$C_{16}H_{13}BrO_3$
Chalkon, 4′-Brom-2′-hydroxy-4-methoxy- 2540
—, 5′-Brom-2′-hydroxy-4′-methoxy- 2544
Desoxybenzoin, 4′-Brom-2-hydroxy-6-vinyloxy- 2462
Propan-1,3-dion, 1-[3-Brom-4-methoxy-phenyl]-3-phenyl- 2553
$C_{16}H_{13}BrO_6$
Diacetyl-Derivat $C_{16}H_{13}BrO_6$ aus 2-Brom-5,8-dihydroxy-6,7-dimethyl-[1,4]naphthochinon 2964
$C_{16}H_{13}Br_2NO_5$
Propan-1-on, 2,3-Dibrom-1-[2-hydroxy-4-methoxy-5-nitro-phenyl]-3-phenyl- 2475
—, 2,3-Dibrom-1-[2-hydroxy-5-nitro-phenyl]-3-[2-methoxy-phenyl]- 2476
—, 2,3-Dibrom-1-[2-hydroxy-5-nitro-phenyl]-3-[4-methoxy-phenyl]- 2476
$C_{16}H_{13}Br_3O_3$
Tropolon, 3,5,7-Tribrom-4-[2-hydroxy-3-phenyl-propyl]- 2489
$C_{16}H_{13}ClO_3$
Chalkon, 5′-Chlor-2,2′-dihydroxy-5-methyl- 2560
—, 3′-Chlor-4′-hydroxy-4-methoxy- 2542
—, 4′-Chlor-2′-hydroxy-4-methoxy- 2540
Monomethyl-Derivat $C_{16}H_{13}ClO_3$ aus 3′-Chlor-2,4′-dihydroxy-chalkon 2538
Monomethyl-Derivat $C_{16}H_{13}ClO_3$ aus 5′-Chlor-2,2′-dihydroxy-chalkon 2535
$C_{16}H_{13}ClO_6$
Diacetyl-Derivat $C_{16}H_{13}ClO_6$ aus 2-Chlor-5,8-dihydroxy-6,7-dimethyl-[1,4]naphthochinon 2964
$C_{16}H_{13}FO_3$
Chalkon, 5′-Fluor-2′-hydroxy-4-methoxy- 2539
$C_{16}H_{13}IO_3$
Chalkon, 2′-Hydroxy-4′-jod-4-methoxy- 2540
—, 2′-Hydroxy-5′-jod-4-methoxy- 2541
Desoxybenzoin, 2-Hydroxy-4′-jod-6-vinyloxy- 2462
$C_{16}H_{13}NO_3$
Propionitril, 3-[4-Benzoyl-3-hydroxy-phenoxy]- 2443
$C_{16}H_{13}NO_5$
Benzil, 4-Äthoxy-4′-nitro- 2533
Chalkon, 2′,4′-Dihydroxy-4-methyl-3′-nitro- 2564
—, 2′-Hydroxy-2-methoxy-5′-nitro- 2536
—, 2′-Hydroxy-4′-methoxy-3-nitro- 2544
—, 2′-Hydroxy-4′-methoxy-3′-nitro- 2545
—, 2′-Hydroxy-4′-methoxy-4-nitro- 2544
—, 2′-Hydroxy-4-methoxy-5′-nitro- 2541
—, 2′-Hydroxy-4′-methoxy-5′-nitro- 2545
Propan-1,2-dion, 3-[4-Methoxy-phenyl]-1-[4-nitro-phenyl]- 2551
Propan-1,3-dion, 1-[4-Methoxy-3-nitro-phenyl]-3-phenyl- 2553
—, 1-[4-Methoxy-phenyl]-3-[2-nitro-phenyl]- 2553
—, 1-[4-Methoxy-phenyl]-3-[3-nitro-phenyl]- 2553
—, 1-[4-Methoxy-phenyl]-3-[4-nitro-phenyl]- 2553

$C_{16}H_{13}N_3O_5$
Äthanon, 1-[3-Benzyloxy-4-methoxy-2-nitro-phenyl]-2-diazo- 2801
–, 1-[4-Benzyloxy-3-methoxy-2-nitro-phenyl]-2-diazo- 2802
–, 1-[5-Benzyloxy-4-methoxy-2-nitro-phenyl]-2-diazo- 2802

$C_{16}H_{14}Br_2O_3$
Desoxybenzoin, 2-[1,2-Dibrom-äthoxy]-6-hydroxy- 2462

$C_{16}H_{14}F_2O_3$
Desoxybenzoin, 3,3′-Difluor-4,4′-dimethoxy- 2465

$C_{16}H_{14}N_2O_3$
Äthanon, 1-[3-Benzyloxy-4-methoxy-phenyl]-2-diazo- 2801
–, 1-[4-Benzyloxy-3-methoxy-phenyl]-2-diazo- 2801

$C_{16}H_{14}N_2O_5$
Benzil, 4-Äthoxy-4′-nitro-, α-oxim 2533

$C_{16}H_{14}N_2O_7$
Acetaldehyd, Bis-[2-methoxy-5-nitro-phenyl]- 2467
Desoxybenzoin, 2,2′-Dimethoxy-5,5′-dinitro- 2463

$C_{16}H_{14}N_4O_7$
Phthalaldehyd, 5-Hydroxy-3-methoxy-4-methyl-, mono-[2,4-dinitro-phenylhydrazon] 2807
Mono-[2,4-dinitro-phenylhydrazon] $C_{16}H_{14}N_4O_7$ aus 1,2-Bis-[1-hydroxy-2-oxo-äthyl]-benzol 2809

$C_{16}H_{14}O_3$
Benzil, 4-Äthoxy- 2532
–, 3-Methoxy-4-methyl- 2554
Benzophenon, 3-Acetyl-4-methoxy- 2555
But-3-en-2-on, 3,4-Bis-[4-hydroxy-phenyl]- 2565
–, 1-Hydroxy-4-[4-hydroxy-phenyl]-3-phenyl- 2565
Chalkon, 2′,4′-Dihydroxy-2-methyl- 2560
–, 2′,4′-Dihydroxy-3-methyl- 2560
–, 2′,4′-Dihydroxy-4-methyl- 2564
–, 2′,5′-Dihydroxy-4-methyl- 2564
–, α-Hydroxy-2′-methoxy- 2550
–, 2-Hydroxy-α-methoxy- 2549
–, 2′-Hydroxy-α-methoxy- 2550
–, 2′-Hydroxy-4-methoxy- 2539
–, 2′-Hydroxy-6′-methoxy- 2546
–, 3-Hydroxy-4′-methoxy- 2539
Desoxybenzoin, 2-Hydroxy-6-vinyloxy- 2461
Phenanthren-2-carbaldehyd, 9-Methoxy-1-oxo-1,2,3,4-tetrahydro- 2556
Propan-1,2-dion, 1-[2-Methoxy-phenyl]-3-phenyl- 2550
Propan-1,3-dion, 1-[2-Hydroxy-phenyl]-2-methyl-3-phenyl- 2559
–, 1-[2-Hydroxy-phenyl]-3-*m*-tolyl- 2564
–, 1-[2-Hydroxy-phenyl]-3-*o*-tolyl- 2560
–, 1-[2-Hydroxy-phenyl]-3-*p*-tolyl- 2564
–, 1-[2-Methoxy-phenyl]-3-phenyl- 2551
–, 1-[3-Methoxy-phenyl]-3-phenyl- 2552
–, 1-[4-Methoxy-phenyl]-3-phenyl- 2552
Propenon, 1-[2,4-Dihydroxy-phenyl]-2-methyl-3-phenyl- 2558
Propionaldehyd, 3-[4-Methoxy-phenyl]-3-oxo-2-phenyl- 2554
Tropolon, 4-[4-Methoxy-styryl]- 2534

$C_{16}H_{14}O_4$
Anthrachinon, 4a-Acetoxy-1,4,4a,9a-tetrahydro- 2473
[1,4]Benzochinon, 2-[2-Acetoxy-6-methyl-phenyl]-3-methyl- 2472
Benzophenon, 3-Acetoxy-4′-methoxy- 2452

$C_{16}H_{14}O_5$
Propionsäure, 3-[4-Benzoyl-3-hydroxy-phenoxy]- 2443

$C_{16}H_{14}O_6$
[1,4]Naphthochinon, 5,8-Diacetoxy-2,6-dimethyl- 2965

$C_{16}H_{14}O_6S$
Sulfid, Bis-[5-acetyl-2,4-dihydroxy-phenyl]- 2728

$C_{16}H_{14}O_6S_2$
Propionsäure, 3,3′-[1,4-Dioxo-1,4-dihydro-naphthalin-2,3-diyldimercapto]-di- 2957

$C_{16}H_{14}O_9S$
Schwefelsäure-mono-[3,4-diacetoxy-2-acetyl-[1]naphthylester] 2963

$C_{16}H_{15}BrO_3$
Äthanon, 2-Brom-1-[2,4′-dimethoxy-biphenyl-4-yl]- 2472
Benzophenon, 3′-Brommethyl-2,4′-dimethoxy- 2469
Desoxybenzoin, α-Brom-4,4′-dimethoxy- 2465

$C_{16}H_{15}BrO_4$
Äthanon, 2-Brom-1-[4,5-dimethoxy-2-phenoxy-phenyl]- 2728

$C_{16}H_{15}ClO_4$
Benzophenon, 3-[3-Chlor-2-hydroxy-propoxy]-4-hydroxy- 2450

$C_{16}H_{15}NO_3$
Desoxybenzoin, 2-Hydroxy-6-vinyloxy-, oxim 2462
Propan-1,2-dion, 1-[4-Methoxy-phenyl]-3-phenyl-, 2-oxim 2550
–, 3-[4-Methoxy-phenyl]-1-phenyl-, 2-oxim 2551
Propan-1,3-dion, 1-[4-Methoxy-phenyl]-3-phenyl-, 1-oxim 2552
–, 1-[4-Methoxy-phenyl]-3-phenyl-, 3-oxim 2552

$C_{16}H_{16}N_2O_6S$
Sulfid, Bis-[2,4-dihydroxy-5-(1-hydroxyimino-äthyl)-phenyl]- 2728

$C_{16}H_{16}O_3$

Äthanon, 1-[2,4'-Dimethoxy-biphenyl-4-yl]- 2472
Anthracen-2-on, 9-Hydroxy-8-methoxy-10-methyl-3,4-dihydro-1*H*- 2488
–, 10-Hydroxy-8-methoxy-9-methyl-3,4-dihydro-1*H*- 2488
Benzophenon, 4'-Äthoxy-3-methoxy- 2452
–, 4-Äthoxy-4'-methoxy- 2454
–, 2,4-Dihydroxy-5-propyl- 2495
–, 2,4-Dimethoxy-3'-methyl- 2470
–, 2,4'-Dimethoxy-3'-methyl- 2469
–, 2,4'-Dimethoxy-5-methyl- 2470
–, 2,5-Dimethoxy-4-methyl- 2471
–, 4,4'-Dimethoxy-3-methyl- 2469
Butan-2-on, 3-Biphenyl-4-yl-1,3-dihydroxy-2496
–, 1,4-Bis-[4-hydroxy-phenyl]- 2489
–, 3,3-Bis-[4-hydroxy-phenyl]- 2495
–, 4,4-Bis-[4-hydroxy-phenyl]- 2494
Desoxybenzoin, 2-Äthoxy-6-hydroxy- 2461
–, 4-Äthoxy-2-hydroxy- 2460
–, 4'-Äthoxy-4-hydroxy- 2465
–, 5-Äthyl-2,4-dihydroxy- 2494
–, 2,2'-Dimethoxy- 2462
–, 2,4-Dimethoxy- 2460
–, 3,4-Dimethoxy- 2463
–, 4,2'-Dimethoxy- 2464
–, 4,4'-Dimethoxy- 2464
–, 4-Hydroxy-2-methoxy-5-methyl-2483
[1,4]Naphthochinon, 2-Cyclohexyl-3-hydroxy-2497
–, 2-[2,3-Dimethyl-but-2-enyl]-3-hydroxy- 2496
–, 2-[2,3-Dimethyl-but-2-enyloxy]-2363
–, 2-Hydroxy-3-[1,1,2-trimethyl-allyl]-2496
–, 2-Methoxy-3-[3-methyl-but-2-enyl]-2487
Pentan-1,4-dion, 1-[6-Methoxy-[2]naphthyl]-2486
Phenanthren-2-carbaldehyd, 7-Methoxy-1-oxo-1,2,3,4,9,10-hexahydro- 2488
Phenanthren-1-on, 7,9-Dimethoxy-3,4-dihydro-2*H*- 2474
Propan-1-on, 1-[3-Benzyl-2,4-dihydroxy-phenyl]- 2495
Tropolon, 4-[2-Hydroxy-3-phenyl-propyl]-2488

$C_{16}H_{16}O_4$

Äthanon, 1-[6-Benzyloxy-2,4-dihydroxy-3-methyl-phenyl]- 2751
–, 1-[4-Benzyloxy-2-hydroxy-5-methoxy-phenyl]- 2727
–, 1-[4-Benzyloxy-2-hydroxy-6-methoxy-phenyl]- 2731
–, 1-[5-Benzyloxy-2-hydroxy-4-methoxy-phenyl]- 2727
–, 1-[4,5-Dimethoxy-2-phenoxy-phenyl]-2727
–, 1-[2-Hydroxy-3-methoxy-4-*p*-tolyloxy-phenyl]- 2723
Benzaldehyd, 3-Benzyloxy-4,5-dimethoxy-2719
–, 4-Benzyloxy-3,5-dimethoxy- 2719
Naphthalin-1-on, 2-Acetoxy-2-allyl-5-methoxy-2*H*- 2383

$C_{16}H_{16}O_5$

Anthron, 4-Acetoxy-5,10-dihydroxy-1,4,4a,9a-tetrahydro- 2968
–, 4-Acetoxy-8,10-dihydroxy-1,4,4a,9a-tetrahydro- 2968
Benzaldehyd, 4,5-Dimethoxy-2-[2-methoxy-phenoxy]- 2716
Cyclohexan-1,3-dion, 5-[4-Acetoxy-phenyl]-2-acetyl- 2967
Essigsäure, [2-Formyl-4-methoxy-[1]naphthyloxy]-, äthylester 2374

$C_{16}H_{17}BrO_4$

Anthracen-2,9-dion, 3-Brom-10-hydroxy-8-methoxy-10-methyl-1,3,4,4a,9a,10-hexahydro- 2974
Anthracen-2,10-dion, 3-Brom-9-hydroxy-5-methoxy-9-methyl-4,4a,9,9a-tetrahydro-1*H*,3*H*- 2975

$C_{16}H_{17}ClO_4$

Anthracen-2,9-dion, 3-Chlor-10-hydroxy-8-methoxy-10-methyl-1,3,4,4a,9a,10-hexahydro- 2974
Anthracen-2,10-dion, 3-Chlor-9-hydroxy-8-methoxy-9-methyl-4,4a,9,9a-tetrahydro-1*H*,3*H*- 2975

$C_{16}H_{17}NO_3$

Desoxybenzoin, 2-Äthoxy-6-hydroxy-, oxim 2461
–, 5-Äthyl-2,4-dihydroxy-, oxim 2494
–, 3,4-Dimethoxy-, oxim 2463

$C_{16}H_{17}NO_5$

Benzaldehyd, 4,5-Dimethoxy-2-[2-methoxy-phenoxy]-, oxim 2716

$C_{16}H_{17}NO_8$

Benzol, 2,4-Diacetoxy-3-nitro-1,5-dipropionyl- 2819

$C_{16}H_{17}N_3O_2S$

Benzaldehyd, 5-Benzyl-2-hydroxy-3-methoxy-, thiosemicarbazon 2471

$C_{16}H_{17}N_3O_4$

Benzaldehyd, 2-[3,4-Dimethoxy-phenoxy]-, semicarbazon 2716
–, 4,5-Dimethoxy-2-phenoxy-, semicarbazon 2716

$C_{16}H_{18}O_2S_2$

[1,4]Naphthochinon, 2,3-Bis-propylmercapto-2955

$C_{16}H_{18}O_3$

Anthron, 10-Hydroxy-8-methoxy-10-methyl-1,4,4a,9a-tetrahydro- 2389
Butan-1-on, 1-[5,8-Dimethoxy-[2]naphthyl]-2385

$C_{16}H_{18}O_3$ (Fortsetzung)
Cyclohex-2-enon, 6-Acetyl-3-[4-methoxy-phenyl]-6-methyl- 2387
Hexan-1-on, 1-[1,4-Dihydroxy-[2]naphthyl]- 2393
Naphthalin-1,6-dion, 4a-Hydroxy-8-phenyl-3,4,4a,7,8,8a-hexahydro-2*H*,5*H*- 2394
[1,4]Naphthochinon, 2-Hexyl-8-hydroxy- 2393
Phenanthren-2-carbaldehyd, 7-Methoxy-1-oxo-1,2,3,4,4a,9,10,10a-octahydro- 2392
Phenanthren-1,9-dion, 7-Methoxy-2-methyl-2,3,4,4a,10,10a-hexahydro- 2391
Phenanthren-2-on, 8-Hydroxy-5-methoxy-4a-methyl-4,4a,9,10-tetrahydro-3*H*- 2392
Phenanthren-3-on, 6,7-Dimethoxy-1,9,10,10a-tetrahydro-2*H*- 2386
Propan-1-on, 3-Hydroxy-1-[6-methoxy-[2]naphthyl]-2,2-dimethyl- 2388

$C_{16}H_{18}O_4$
Anthracen-2,9-dion, 10-Hydroxy-8-methoxy-10-methyl-1,3,4,4a,9a,10-hexahydro- 2973
Anthracen-2,10-dion, 9-Hydroxy-8-methoxy-9-methyl-4,4a,9,9a-tetrahydro-1*H*,3*H*- 2974
Bicyclo[3.3.1]nonan-2,9-dion, 6-Hydroxy-4-[4-methoxy-phenyl]- 2971
Butan-1-on, 1-[1-Hydroxy-5,8-dimethoxy-[2]naphthyl]- 2967
Cyclohexan-1,3-dion, 2-[3-(4-Methoxy-phenyl)-3-oxo-propyl]- 2969
Hexan-1-on, 1-[1,5,8-Trihydroxy-[2]naphthyl]- 2975
[1,4]Naphthochinon, 3-Äthyl-2-[2-hydroxy-propyl]-5-methoxy- 2971
–, 2-Hydroxy-3-[2-hydroxy-2,3-dimethyl-butyl]- 2976
–, 2-Hydroxy-3-[3-hydroxy-2,3-dimethyl-butyl]- 2976
Phenanthren-4,9-dion, 5,6-Dimethoxy-2,3,10,10a-tetrahydro-1*H*,4a*H*- 2968

$C_{16}H_{18}O_6$
Benzol, 1,4-Diacetonyl-2,5-diacetoxy- 2819

$C_{16}H_{18}O_7$
Essigsäure, [3-Acetoxy-2,4-diacetyl-phenoxy]-, äthylester 2810
–, [5-Acetoxy-2,4-diacetyl-phenoxy]-, äthylester 2811

$C_{16}H_{18}O_9$
Benzol, 1,2-Diacetoxy-5-diacetoxymethyl-3-methoxy- 2719

$C_{16}H_{19}BrO_4$
Anthron, 2-Brom-3,10-dihydroxy-8-methoxy-10-methyl-1,2,3,4,4a,9a-hexahydro- 2881
–, 3-Brom-2,10-dihydroxy-8-methoxy-10-methyl-1,2,3,4,4a,9a-hexahydro- 2882

$C_{16}H_{19}ClO_4$
Anthron, 2-Chlor-3,10-dihydroxy-8-methoxy-10-methyl-1,2,3,4,4a,9a-hexahydro- 2881
–, 3-Chlor-2,10-dihydroxy-8-methoxy-10-methyl-1,2,3,4,4a,9a-hexahydro- 2882

$C_{16}H_{19}N_3O_3$
Anthracen-2,9-dion, 10-Hydroxy-10-methyl-1,3,4,4a,9a,10-hexahydro-, monosemicarbazon 2390
Anthracen-2,10-dion, 9-Hydroxy-9-methyl-4,4a,9,9a-tetrahydro-1*H*,3'*H*-, monosemicarbazon 2391

$C_{16}H_{19}O_5P$
Phosphinsäure, [α-Hydroxy-2,2'-dimethoxy-bibenzyl-α-yl]- 2463

$C_{16}H_{20}N_2O_4$
Phenanthren-4,9-dion, 5,6-Dimethoxy-2,3,10,10a-tetrahydro-1*H*,4a*H*-, dioxim 2968

$C_{16}H_{20}O_4$
1,4-Ätheno-naphthalin-2,6-dion, 3,5-Dihydroxy-3,4,4a,5-tetramethyl-1,3,4,4a,5,8a-hexahydro- 2883
Cyclohept-2-enon, 2-[2,3,4-Trimethoxy-phenyl]- 2877
Cyclohex-2-enon, 5-[2,3,4-Trimethoxy-phenyl]-3-methyl- 2877
Naphthalin-2-on, 5-Hydroxy-8-methoxy-1-methyl-1-[3-oxo-butyl]-3,4-dihydro-1*H*- 2880
Phenanthren-9-on, 4-Hydroxy-5,6-dimethoxy-2,3,4,4a,10,10a-hexahydro-1*H*- 2878
–, 4b-Hydroxy-2,3-dimethoxy-4b,5,6,7,8,8a-hexahydro-10*H*- 2878

$C_{16}H_{21}NO_4$
Cyclohept-2-enon, 2-[2,3,4-Trimethoxy-phenyl]-, oxim 2877

$C_{16}H_{22}O_4$
Äthanon, 2-Hydroxy-1-[1-hydroxy-2-(4-methoxy-benzyl)-cyclohexyl]- 2824
Butan-1-on, 3-Methyl-1-[2,4,6-trihydroxy-3-(3-methyl-but-2-enyl)-phenyl]- 2824
Cycloheptanon, 2-[2,3,4-Trimethoxy-phenyl]- 2822
–, 2-[3,4,5-Trimethoxy-phenyl]- 2822
–, 3-[2,3,4-Trimethoxy-phenyl]- 2823

$C_{16}H_{22}O_5$
Monoformyl-Derivat $C_{16}H_{22}O_5$ aus 5-[2,3-Dihydroxy-3-methyl-butyl]-4-isopropyl-tropolon 2766

$C_{16}H_{22}O_6$
Propionsäure, 2-[4,5-Dimethoxy-2-propionyl-phenoxy]-, äthylester 2745

$C_{16}H_{23}BrO_4$
Decan-1-on, 1-[5-Brom-2,3,4-trihydroxy-phenyl]- 2768

$C_{16}H_{23}N_3O_4$
Cyclohexanon, 2-[2,3,4-Trimethoxy-phenyl]-, semicarbazon 2820

$C_{16}H_{24}O_4$
Bicyclohexyl-2,6,3'-trion, 1'-Hydroxy-4,4,5',5'-tetramethyl- 2769
Butan-1-on, 3-Methyl-1-[2,3,4-trihydroxy-5-isopentyl-phenyl]- 2769

$C_{16}H_{24}O_4$ (Fortsetzung)

Butan-1-on, 3-Methyl-1-[2,4,6-trihydroxy-3-isopentyl-phenyl]- 2768
–, 3-Methyl-1-[2,4,6-trimethoxy-3,5-dimethyl-phenyl]- 2762
Cycloheptatrienon, 5-[2,3-Dihydroxy-3-methyl-butyl]-4-isopropyl-2-methoxy- 2766
–, 5-[2,3-Dihydroxy-3-methyl-butyl]-6-isopropyl-2-methoxy- 2766
Decan-1-on, 1-[2,3,4-Trihydroxy-phenyl]- 2767
–, 1-[2,4,5-Trihydroxy-phenyl]- 2768
–, 1-[2,4,6-Trihydroxy-phenyl]- 2768
Hexansäure, 6-[5,5-Dimethyl-3-oxo-cyclohex-1-enyl]-3,3-dimethyl-5-oxo- 2769

$C_{16}H_{26}N_4O_2$

Terephthalaldehyd, 2,5-Diäthoxy-, bis-dimethylhydrazon 2804

C_{17}

$C_{17}H_{10}Br_2O_4$

Anthrachinon, 2-Acetoxymethyl-1,3-dibrom- 2608

$C_{17}H_{10}Cl_4O_5$

Benzophenon, 4,4'-Bis-dichloracetoxy- 2454
–, 2,2'-Diacetoxy-3,5,3',5'-tetrachlor- 2448

$C_{17}H_{10}N_4O_{11}$

Penta-1,4-dien-3-on, 1,5-Bis-[2-hydroxy-3,5-dinitro-phenyl]- 2618

$C_{17}H_{10}O_3$

Benz[*de*]anthracen-7-on, 4,5-Dihydroxy- 2644
–, 5,6-Dihydroxy- 2644
–, 8,9-Dihydroxy- 2644
–, 8,11-Dihydroxy- 2644

$C_{17}H_{11}BrO_2S$

[1,4]Naphthochinon, 2-Brom-3-*p*-tolylmercapto- 2368

$C_{17}H_{11}BrO_4$

Anthrachinon, 1-Acetoxy-2-brommethyl- 2607
–, 2-Acetoxymethyl-1-brom- 2608

$C_{17}H_{11}ClO_2S$

[1,4]Naphthochinon, 6-Chlor-2-*p*-tolylmercapto- 2367
–, 7-Chlor-2-*p*-tolylmercapto- 2367

$C_{17}H_{11}ClO_3$

[1,4]Naphthochinon, 2-[4-Chlor-phenyl]-3-methoxy- 2632

$C_{17}H_{11}ClO_3S$

[1,4]Naphthochinon, 2-[(4-Chlor-phenylmercapto)-methyl]-3-hydroxy- 2962

$C_{17}H_{11}NO_5$

[1,4]Naphthochinon, 2-Hydroxy-3-[4-nitro-benzyl]- 2635
–, 2-Methoxy-3-[4-nitro-phenyl]- 2632

$C_{17}H_{12}Br_2O_2S$

Anthrachinon, 1-[2,3-Dibrom-propylmercapto]- 2591

$C_{17}H_{12}Br_3NO_5$

Chalkon, 3,α-Dibrom-5'-brommethyl-2'-hydroxy-4-methoxy-3'-nitro- 2563

$C_{17}H_{12}Cl_2O_3$

Penta-1,4-dien-3-on, 1,5-Bis-[5-chlor-2-hydroxy-phenyl]- 2617

$C_{17}H_{12}Cl_2O_5$

Benzophenon, 2,2'-Diacetoxy-5,5'-dichlor- 2447

$C_{17}H_{12}N_2O_7$

Penta-1,4-dien-3-on, 1,5-Bis-[2-hydroxy-4-nitro-phenyl]- 2618
–, 1,5-Bis-[2-hydroxy-5-nitro-phenyl]- 2617

$C_{17}H_{12}N_4O_4$

Äther, [4-Diazoacetyl-2-methoxy-phenyl]-[4-diazoacetyl-phenyl]- 2801

$C_{17}H_{12}O_2S$

[1,4]Naphthochinon, 2-Benzylmercapto- 2366
–, 2-*p*-Tolylmercapto- 2366

$C_{17}H_{12}O_3$

Indan-1,3-dion, 2-[4-Methoxy-benzyliden]- 2632
Keton, [2,3-Dihydroxy-[1]naphthyl]-phenyl- 2633
–, [1-Hydroxy-[2]naphthyl]-[3-hydroxy-phenyl]- 2634
–, [2-Hydroxy-[1]naphthyl]-[3-hydroxy-phenyl]- 2633
[1,2]Naphthochinon, 4-[2-Methoxy-phenyl]- 2631
–, 4-[4-Methoxy-phenyl]- 2631
–, 5-Methoxy-4-phenyl- 2631
–, 7-Methoxy-4-phenyl- 2630
–, 4-*m*-Tolyloxy- 2362
–, 4-*p*-Tolyloxy- 2362
[1,4]Naphthochinon, 2-Benzyl-3-hydroxy- 2635
–, 2-Benzyloxy- 2363
–, 2-Methoxy-3-phenyl- 2632
–, 2-[4-Methoxy-phenyl]- 2632

$C_{17}H_{12}O_3S$

[1,4]Naphthochinon, 2-Benzylmercapto-3-hydroxy- 2954
–, 2-Hydroxy-3-[phenylmercapto-methyl]- 2962
–, 2-Hydroxy-3-*p*-tolylmercapto- 2954
–, 5-Hydroxy-2-*p*-tolylmercapto- 2950
–, 6-Hydroxy-2-*p*-tolylmercapto- 2952
–, 7-Hydroxy-2-*p*-tolylmercapto- 2952
–, 8-Hydroxy-2-*p*-tolylmercapto- 2951

$C_{17}H_{12}O_4$

Anthrachinon, 1-Acetoxy-3-methyl- 2607
–, 2-Acetoxymethyl- 2608
Cyclobutabenzen-1-on, 2-Acetoxy-2-benzoyl-2*H*- 2604

$C_{17}H_{14}O_6$
Triacetyl-Derivat $C_{17}H_{14}O_6$ aus 3,4,6-Trihydroxy-benzocyclohepten-5-on 2957
$C_{17}H_{15}BrO_3$
Chalkon, 2′-Brom-2′,4′-dimethoxy- 2544
–, 3′-Brom-2′-hydroxy-4-methoxy-5′-methyl- 2563
Propan-1,3-dion, 2-Brom-1-[4-methoxy-phenyl]-2-methyl-3-phenyl- 2559
$C_{17}H_{15}Br_2ClO_3$
Propan-1-on, 2,3-Dibrom-1-[4-chlor-phenyl]-3-[3,4-dimethoxy-phenyl]- 2478
$C_{17}H_{15}Br_2NO_5$
Propan-1-on, 2,3-Dibrom-1-[2-hydroxy-3-methyl-5-nitro-phenyl]-3-[2-methoxy-phenyl]- 2490
–, 2,3-Dibrom-1-[2-hydroxy-3-methyl-5-nitro-phenyl]-3-[4-methoxy-phenyl]- 2491
$C_{17}H_{15}Br_3O_3$
Propan-1-on, 1-[5-Äthyl-3-brom-2,4-dihydroxy-phenyl]-2,3-dibrom-3-phenyl- 2499
–, 2,3-Dibrom-1-[3-brom-2-hydroxy-5-methyl-phenyl]-3-[4-methoxy-phenyl]- 2492
$C_{17}H_{15}ClO_2S$
Chalkon, 3′-Chlor-4-methoxy-4′-methylmercapto- 2543
$C_{17}H_{15}ClO_3$
Chalkon, 3′-Chlor-4,4′-dimethoxy- 2542
–, 4′-Chlor-3,4-dimethoxy- 2538
$C_{17}H_{15}FO_3$
Chalkon, 4-Fluor-2′,4′-dimethoxy- 2544
$C_{17}H_{15}IO_3$
Chalkon, 4′-Jod-3,4-dimethoxy- 2538
$C_{17}H_{15}NO_3$
Dibenzo[*a,c*]cyclohepten-5-on, 2,3-Dimethoxy-, oxim 2605
–, 9,10-Dimethoxy-, oxim 2605
Propionitril, 3-[4-Benzoyl-3-methoxy-phenoxy]- 2443
$C_{17}H_{15}NO_5$
Benzil, 4-Nitro-4′-propoxy- 2534
Chalkon, 3′,4′-Dimethoxy-2-nitro- 2546
–, 3′,4′-Dimethoxy-3-nitro- 2547
–, 3′,4′-Dimethoxy-4-nitro- 2547
–, 4,β-Dimethoxy-3′-nitro- 2547
–, 4,β-Dimethoxy-4′-nitro- 2547
–, β,4′-Dimethoxy-2-nitro- 2547
–, β,4′-Dimethoxy-3-nitro- 2548
–, β,4′-Dimethoxy-4-nitro- 2548
–, 4,4′-Dimethoxy-3-nitro- 2542
–, 2′-Hydroxy-2-methoxy-3′-methyl-5′-nitro- 2561
–, 2′-Hydroxy-2-methoxy-5′-methyl-3′-nitro- 2562
–, 2′-Hydroxy-4-methoxy-3′-methyl-5′-nitro- 2561
–, 2′-Hydroxy-4-methoxy-5′-methyl-3′-nitro- 2563
Monophenylcarbamoyl-Derivat $C_{17}H_{15}NO_5$ aus 1,2-Bis-[1-hydroxy-2-oxo-äthyl]-benzol 2809
$[C_{17}H_{15}O_2S]^+$
Sulfonium, Dimethyl-[4-methyl-9,10-dioxo-9,10-dihydro-[1]anthryl]- 2606
$C_{17}H_{16}BrClO_3$
Propan-1-on, 2-Brom-1-[4-chlor-phenyl]-3-methoxy-3-[4-methoxy-phenyl]- 2479
$C_{17}H_{16}Br_2O_3$
Propan-1-on, 2,3-Dibrom-1-[2-hydroxy-3-methyl-phenyl]-3-[4-methoxy-phenyl]- 2490
–, 2,3-Dibrom-1-[2-hydroxy-4-methyl-phenyl]-3-[4-methoxy-phenyl]- 2493
$C_{17}H_{16}Cl_2O_3$
Benzophenon, 2,2′-Diäthoxy-5,5′-dichlor- 2448
$C_{17}H_{16}F_2O_3$
Benzophenon, 4,4′-Diäthoxy-3,3′-difluor- 2456
$C_{17}H_{16}N_2O_2$
Äthanon, 2-Diazo-1-[7-methoxy-1,2,9,10-tetrahydro-[2]phenanthryl]- 2567
Butan-2-on, 1-Diazo-4-[4-methoxy-phenyl]-3-phenyl- 2566
$C_{17}H_{16}N_2O_3$
Indan-1,3-dion, 2-[2-Methoxy-benzyl]-, dioxim 2614
–, 2-[4-Methoxy-benzyl]-, dioxim 2615
$C_{17}H_{16}O_2S$
Chalkon, 4-Methoxy-4′-methylmercapto- 2542
$C_{17}H_{16}O_3$
Benzil, 4-Isopropoxy- 2533
–, 4-Propoxy- 2532
Benzophenon, 4,5-Dimethoxy-2-vinyl- 2554
Butan-1,4-dion, 2-Methoxy-1,4-diphenyl- 2557
–, 1-[4-Methoxy-phenyl]-4-phenyl- 2557
But-3-en-2-on, 1-Hydroxy-4-[4-methoxy-phenyl]-3-phenyl- 2565
Chalkon, 5′-Äthoxy-2′-hydroxy- 2546
–, 5′-Äthyl-2′,4′-dihydroxy- 2568
–, 2,2′-Dihydroxy-4′,6′-dimethyl- 2569
–, 2,2′-Dihydroxy-5,5′-dimethyl- 2569
–, 4,2′-Dihydroxy-4′,6′-dimethyl- 2569
–, α,2′-Dimethoxy- 2550
–, 2,3-Dimethoxy- 2535
–, 2′,5′-Dimethoxy- 2546
–, 2,4′-Dimethoxy- 2537
–, 3,3′-Dimethoxy- 2539
–, 3,4-Dimethoxy- 2538
–, 4,4′-Dimethoxy- 2541
–, 2′-Hydroxy-2-methoxy-5′-methyl- 2562

$C_{17}H_{16}O_3$ (Fortsetzung)
Chalkon, 2′-Hydroxy-3′-methoxy-5′-methyl- 2562
—, 2′-Hydroxy-4-methoxy-3′-methyl- 2561
—, 2′-Hydroxy-4′-methoxy-3′-methyl- 2561
—, 2′-Hydroxy-4-methoxy-4′-methyl- 2564
—, 2′-Hydroxy-4-methoxy-5′-methyl- 2563
—, 2′-Hydroxy-4′-methoxy-6′-methyl- 2560
Cyclohex-2-enon, 2-Hydroxy-3-[6-methoxy-[2]naphthyl]- 2566
Desoxybenzoin, 2-Methoxy-6-vinyloxy- 2462
Indan-1-on, 2-Äthyl-2,3-dihydroxy-3-phenyl- 2571
—, 5,6-Dimethoxy-2-phenyl- 2556
—, 5,6-Dimethoxy-3-phenyl- 2556
Pentan-2,4-dion, 3-[2-Hydroxy-biphenyl-4-yl]- 2570
Pent-1-en-3-on, 1,2-Bis-[4-hydroxy-phenyl]- 2569
Propan-1,3-dion, 2-Hydroxy-1,3-di-*p*-tolyl- 2569
Propenon, 2-Äthyl-1-[2,4-dihydroxy-phenyl]-3-phenyl- 2567
—, 1,2-Bis-[4-methoxy-phenyl]- 2554
—, 3-Hydroxy-1-[4-methoxy-phenyl]-2-methyl-3-phenyl- 2559
—, 3-Hydroxy-3-[4-methoxy-phenyl]-2-methyl-1-phenyl- 2559

$C_{17}H_{16}O_4$
Aceton, 1-[4′-Acetoxy-biphenyl-4-yl]-3-hydroxy- 2486
Benzophenon, 2-Acetoxy-2′-methoxy-3-methyl- 2468
—, 2-Acetoxy-4′-methoxy-3-methyl- 2468
Chalkon, 2′-Hydroxy-4′-methoxymethoxy- 2543
[1,4]Naphthochinon, 2-Acetoxy-3-[1,2-dimethyl-allyl]- 2487
Phenol, 2,6-Diacetyl-3-benzyloxy- 2809

$C_{17}H_{16}O_4S$
Essigsäure, [4′-Methoxy-α′-oxo-bibenzyl-α-ylmercapto]- 2466
—, [4-Methoxy-α′-oxo-bibenzyl-α-ylmercapto]- 2467

$C_{17}H_{16}O_5$
Aceton, 1-Biphenyl-4-yl-3-hydroxy-1-methoxycarbonyloxy- 2486
Essigsäure, [5-Methoxy-2-(3-methyl-benzoyl)-phenoxy]- 2470
—, [5-Methoxy-2-phenylacetyl-phenoxy]- 2460
Propionsäure, 3-[2-Benzoyl-5-methoxy-phenoxy]- 2443
—, 3-[4-Benzoyl-3-methoxy-phenoxy]- 2443

$C_{17}H_{16}O_6$
Benzaldehyd, 4,5,3′-Trimethoxy-3,4′-oxy-di- 2719

$C_{17}H_{17}BrO_3$
Propan-1-on, 3-Brom-2-hydroxy-1-[2-methoxy-5-methyl-phenyl]-3-phenyl- 2492

$C_{17}H_{17}BrO_4$
Anthracen-2,10-dion, 9-Acetoxy-3-brom-9-methyl-4,4a,9,9a-tetrahydro-1*H*,3*H*- 2391

$C_{17}H_{17}ClO_3$
Aceton, 3-Chlor-1,1-bis-[4-methoxy-phenyl]- 2483

$C_{17}H_{17}ClO_4$
Anthracen-2,9-dion, 10-Acetoxy-3-chlor-10-methyl-1,3,4,4a,9a,10-hexahydro- 2390
Anthracen-2,10-dion, 9-Acetoxy-3-chlor-9-methyl-4,4a,9,9a-tetrahydro-1*H*,3*H*- 2391

$C_{17}H_{17}NO_3$
Desoxybenzoin, 2-Methoxy-6-vinyloxy-, oxim 2462
Indan-1-on, 5,6-Dimethoxy-2-phenyl-, oxim 2556

$C_{17}H_{17}NO_5$
Butan-1-on, 3-[3-Hydroxy-phenyl]-1-[4-methoxy-phenyl]-4-nitro- 2490

$C_{17}H_{18}N_6O_3$
Benzophenon, 4-Hydroxy-3-[1-semicarbazono-äthyl]-, semicarbazon 2555

$C_{17}H_{18}OS_2$
Benzophenon, 4,4′-Bis-äthylmercapto- 2457

$C_{17}H_{18}O_2S$
Propan-1-on, 3-Äthylmercapto-1-[2-hydroxy-phenyl]-3-phenyl- 2479
—, 3-Äthylmercapto-1-[4-hydroxy-phenyl]-3-phenyl- 2479

$C_{17}H_{18}O_3$
Aceton, 1,1-Bis-[4-methoxy-phenyl]- 2483
—, 1,3-Bis-[2-methoxy-phenyl]- 2481
—, 1,3-Bis-[3-methoxy-phenyl]- 2481
—, 1,3-Bis-[4-methoxy-phenyl]- 2481
Benzophenon, 5-Butyl-2,4-dihydroxy- 2501
—, 2,5-Dihydroxy-3-isopropyl-6-methyl- 2502
—, 4,2′-Dihydroxy-5-isopropyl-2-methyl- 2502
—, 4,4′-Dihydroxy-5-isopropyl-2-methyl- 2503
—, 2,2′-Dihydroxy-3,4,3′,4′-tetramethyl- 2505
—, 2,2′-Dihydroxy-4,5,4′,5′-tetramethyl- 2505
—, 2,2′-Dihydroxy-4,6,4′,6′-tetramethyl- 2504
—, 2,4′-Dihydroxy-4,6,2′,6′-tetramethyl- 2504

$C_{17}H_{18}O_3$ (Fortsetzung)
Benzophenon, 4,4'-Dihydroxy-2,6,2',6'-tetramethyl- 2505
–, 4,4'-Dihydroxy-3,5,3',5'-tetramethyl- 2505
–, 2,2'-Dimethoxy-4,4'-dimethyl- 2485
–, 2,2'-Dimethoxy-5,5'-dimethyl- 2485
–, 4,4'-Dimethoxy-3,3'-dimethyl- 2484
–, 2-[α-Hydroxy-isopropyl]-4'-methoxy- 2496
Butan-1-on, 1-[3-Benzyl-2,4-dihydroxy-phenyl]- 2501
Butan-2-on, 1-Hydroxy-4-[4-methoxy-phenyl]-3-phenyl- 2493
–, 4-[4-Hydroxy-phenyl]-4-[4-methoxy-phenyl]- 2495
Chroman-2-ol, 2-[2-Hydroxy-phenäthyl]- 2498
Desoxybenzoin, 4-Äthoxy-2-methoxy- 2460
–, 4-Äthoxy-4'-methoxy- 2465
–, 4'-Äthoxy-4-methoxy- 2465
–, 2,4-Dihydroxy-5-propyl- 2500
–, 2,4-Dimethoxy-5-methyl- 2483
[1,4]Naphthochinon, 5-[4-Methoxy-phenyl]-2,3,4a,5,8,8a-hexahydro- 2497
–, 6-[4-Methoxy-phenyl]-2,3,4a,5,8,8a-hexahydro- 2497
–, 6-[4-Methoxy-phenyl]-2,3,4a,7,8,8a-hexahydro- 2497
Phthalan-1-ol, 1-[4-Methoxy-phenyl]-3,3-dimethyl- 2496
Propan-1-on, 1,3-Bis-[4-methoxy-phenyl]- 2477
–, 1-[2,4-Dimethoxy-phenyl]-2-phenyl- 2482
–, 1-[2,5-Dimethoxy-phenyl]-2-phenyl- 2482
–, 1-[3,4-Dimethoxy-phenyl]-3-phenyl- 2477
–, 3-[2,3-Dimethoxy-phenyl]-1-phenyl- 2478
–, 3-[3,4-Dimethoxy-phenyl]-1-phenyl- 2478
–, 3-[2-Methoxy-phenyl]-1-[4-methoxy-phenyl]- 2477
Tropolon, 3-[α-Hydroxy-benzyl]-6-isopropyl- 2498

$C_{17}H_{18}O_4$
Äthanon, 1-[5-Benzyloxy-2,4-dimethoxy-phenyl]- 2727
–, 1-[4-Benzyloxy-6-hydroxy-2-methoxy-3-methyl-phenyl]- 2751
–, 1-[6-Benzyloxy-2-hydroxy-4-methoxy-3-methyl-phenyl]- 2751
–, 1-[3,4-Dimethoxy-2-*p*-tolyloxy-phenyl]- 2723
–, 1-[3,4-Dimethoxy-5-*p*-tolyloxy-phenyl]- 2735
Anthron, 4-Acetoxy-10-hydroxy-10-methyl-1,4,4a,9a-tetrahydro- 2389
–, 10-Acetoxy-4-hydroxy-10-methyl-1,4,4a,9a-tetrahydro- 2389
Cyclohex-2-enon, 5-[4-Acetoxyacetyl-phenyl]-3-methyl- 2387

$C_{17}H_{18}O_5$
Äthanon, 1-[3,4-Dimethoxy-phenyl]-2-[2-methoxy-phenoxy]- 2739
Anthron, 4-Acetoxy-5,10-dihydroxy-10-methyl-1,4,4a,9a-tetrahydro- 2973
–, 4-Acetoxy-8,10-dihydroxy-10-methyl-1,4,4a,9a-tetrahydro- 2973
Benzaldehyd, 4,5-Dimethoxy-2-[2-methoxy-5-methyl-phenoxy]- 2716
Benzophenon, 4,4'-Bis-[2-hydroxy-äthoxy]- 2454
Propan-1-on, 1-[4-Hydroxy-3-methoxy-phenyl]-2-[2-methoxy-phenoxy]- 2747

$C_{17}H_{18}O_5S_2$
Benzophenon, 4,4'-Bis-äthansulfonyl- 2458

$C_{17}H_{18}O_7S_2$
Äthanon, 2-Benzolsulfonyl-1-[2,4-dimethoxy-phenyl]-2-methansulfonyl- 2800

$C_{17}H_{19}BrO_3$
[1,4]Naphthochinon, 2-[7-Brom-heptyl]-3-hydroxy- 2395

$C_{17}H_{19}ClO_4$
Cyclohexanon, 2,4-Diacetyl-3-[2-chlor-phenyl]-5-hydroxy-5-methyl- 2977

$C_{17}H_{19}NO_3$
Aceton, 1,1-Bis-[4-methoxy-phenyl]-, oxim 2483
–, 1,3-Bis-[4-methoxy-phenyl]-, oxim 2481
Benzophenon, 2,2'-Dihydroxy-3,4,3',4'-tetramethyl-, oxim 2505
–, 2,2'-Dihydroxy-4,5,4',5'-tetramethyl-, oxim 2505
–, 4,4'-Dihydroxy-3,5,3',5'-tetramethyl-, oxim 2505
Desoxybenzoin, 4-Äthoxy-2-methoxy-, oxim 2460
–, 2,4-Dihydroxy-5-propyl-, oxim 2500
Pentan-3-on, 2,4-Dihydroxy-2,4-diphenyl-, oxim 2499
Phenanthren-2,3-dion, 7-Methoxy-8,10a-dimethyl-1,9,10,10a-tetrahydro-, 2-oxim 2498
Propan-1-on, 1-[2,4-Dimethoxy-phenyl]-2-phenyl-, oxim 2482

$C_{17}H_{19}N_3O_3$
Benzophenon, 2,5-Dimethoxy-4-methyl-, semicarbazon 2471
Desoxybenzoin, 3,4-Dimethoxy-, semicarbazon 2463

$C_{17}H_{20}N_2O_2$
Benzophenon, 4,4'-Dimethoxy-, dimethylhydrazon 2455

$C_{17}H_{20}O_3$
Anthron, 5,10-Dihydroxy-2,3,10-trimethyl-1,4,4a,9a-tetrahydro- 2396

$C_{17}H_{20}O_3$ (Fortsetzung)
Anthron, 8,10-Dihydroxy-2,3,10-trimethyl-1,4,4a,9a-tetrahydro- 2396
Dibenzo[*a,c*]cyclohepten-2-on, 9,10-Dimethoxy-3,4,4a,5,6,7-hexahydro- 2388
Dibenzo[*a,c*]cyclohepten-3-on, 9,10-Dimethoxy-1,2,5,6,7,11b-hexahydro- 2388
Dibenzo[*a,d*]cyclohepten-3-on, 7,8-Dimethoxy-1,2,5,10,11,11a-hexahydro- 2388
Hexan-1-on, 1-[1-Hydroxy-4-methoxy-[2]naphthyl]- 2393
Naphthalin-1-on, 6-Hydroxy-2-[2-methyl-3-oxo-cyclohexyl]-3,4-dihydro-2*H*- 2395
–, 6-Methoxy-2-[2-methyl-3-oxo-cyclopentyl]-3,4-dihydro-2*H*- 2394
[1,4]Naphthochinon, 2-Heptyl-8-hydroxy- 2395
Phenanthren-2-on, 5,8-Dimethoxy-4a-methyl-4,4a,9,10-tetrahydro-3*H*- 2392
–, 6,7-Dimethoxy-4a-methyl-4,4a,9,10-tetrahydro-3*H*- 2393
Phenanthren-9-on, 2,3-Dimethoxy-8a-methyl-6,8,8a,10-tetrahydro-7*H*- 2393

$C_{17}H_{20}O_4$
Anthron, 10-Hydroxy-2,8-dimethoxy-10-methyl-1,4,4a,9a-tetrahydro- 2974
–, 10-Hydroxy-3,5-dimethoxy-10-methyl-1,4,4a,9a-tetrahydro- 2975
Cyclohexanon, 2,4-Diacetyl-5-hydroxy-5-methyl-3-phenyl- 2977
Heptan-1-on, 1-[1,5,8-Trihydroxy-[2]naphthyl]- 2977
Pentan-1-on, 1-[1-Hydroxy-5,8-dimethoxy-[2]naphthyl]- 2969

$C_{17}H_{21}NO_6$
Cyclohexan-1,3-dion, 2-[1-(4-Hydroxy-3-methoxy-phenyl)-2-nitro-äthyl]-5,5-dimethyl- 2882

$C_{17}H_{22}O_4$
Anthracen-2-on, 9,10-Dihydroxy-8-methoxy-9,10-dimethyl-3,4,4a,9,9a,10-hexahydro-1*H*- 2883
Benzocyclohepten-5-on, 2,3-Dimethoxy-6-[3-oxo-butyl]-6,7,8,9-tetrahydro- 2879
Benzocyclohepten-6-on, 2,3-Dimethoxy-5-[3-oxo-butyl]-5,7,8,9-tetrahydro- 2879
–, 2,3-Dimethoxy-7-[3-oxo-butyl]-5,7,8,9-tetrahydro- 2880
Dibenzo[*a,d*]cyclohepten-3-on, 4a-Hydroxy-7,8-dimethoxy-1,2,4,4a,5,10,11,11a-octahydro- 2880
Phenanthren-9-on, 4b-Hydroxy-2,3-dimethoxy-8a-methyl-4b,6,7,8,8a,10-hexahydro-5*H*- 2882
–, 5,6,7-Trimethoxy-2,3,4,4a,10,10a-hexahydro-1*H*- 2878

$C_{17}H_{22}O_6$
Naphthalin-1,6-dion, 2,3-Diacetoxy-7-äthyl-4-methyl-4a,7,8,8a-tetrahydro-4*H*,5*H*- 2763

$C_{17}H_{23}N_3O_4$
Cyclohept-2-enon, 2-[2,3,4-Trimethoxy-phenyl]-, semicarbazon 2877

$C_{17}H_{24}O_4$
Phenanthren-2-on, 6,7-Dihydroxy-4a-methoxy-1,8a-dimethyl-4,4a,4b,5,6,7,8,8a-octahydro-3*H*- 2825

$C_{17}H_{25}N_3O_4$
Cycloheptanon, 2-[2,3,4-Trimethoxy-phenyl]-, semicarbazon 2822
–, 3-[2,3,4-Trimethoxy-phenyl]-, semicarbazon 2823

$C_{17}H_{26}O_4$
[1,4]Benzochinon, 2,5-Dihydroxy-3-undecyl- 2769
Decan-3-on, 5-Hydroxy-1-[4-hydroxy-3-methoxy-phenyl]- 2768
Undecan-1-on, 1-[2,4,6-Trihydroxy-phenyl]- 2769

$C_{17}H_{28}O_4$
Cyclohexanon, 2,4-Diacetyl-3-hexyl-5-hydroxy-5-methyl- 2704

C_{18}

$C_{18}H_9ClO_3$
Naphthacen-5,12-dion, 6-Chlor-11-hydroxy- 2658

$C_{18}H_{10}Cl_2O_3$
[1,4]Benzochinon, 2,5-Bis-[2-chlor-phenyl]-3-hydroxy- 2645

$C_{18}H_{10}O_3$
Benz[*a*]anthracen-7,12-dion, 5-Hydroxy- 2658
Naphthacen-5,12-dion, 6-Hydroxy- 2657

$C_{18}H_{12}Cl_4O_4$
Cyclobutan-1,3-dion, 2,4-Bis-[2,4-dichlor-phenoxy]-2,4-dimethyl- 2697

$C_{18}H_{12}O_3$
[1,4]Benzochinon, 3-Hydroxy-2,5-diphenyl- 2645
Benzo[*c*]fluoren-7-on, 5-Hydroxy-1-methoxy- 2643
[1,4]Naphthochinon, 2-Hydroxy-3-styryl- 2645

$C_{18}H_{12}O_4$
[1,4]Benzochinon, 2,5-Diphenoxy- 2707
–, 2,6-Diphenoxy- 2710

$C_{18}H_{12}O_4S$
[1,4]Naphthochinon, 8-Acetoxy-2-phenylmercapto- 2951

$C_{18}H_{12}O_6$
[1,4]Benzochinon, 2,5-Bis-[4-hydroxy-phenoxy]- 2707

$C_{18}H_{13}ClO_3$
Keton, [4-Chlor-1-hydroxy-[2]naphthyl]-[2-hydroxymethyl-phenyl]- 2635

$C_{18}H_{13}NO_6$
Indan-1,3-dion, 2-Acetoxy-2-[4-nitro-benzyl]- 2614

$C_{18}H_{14}Br_2O_4$
Chalkon, 2'-Acetoxy-3',5'-dibrom-4-methoxy- 2540

$C_{18}H_{14}Cl_2O_4$
Chalkon, 2'-Acetoxy-3',5'-dichlor-4-methoxy- 2540

$C_{18}H_{14}N_2O_3$
But-3-en-2-on, 4-[4-Acetoxy-phenyl]-1-diazo-3-phenyl- 2613

$C_{18}H_{14}O_2S$
[1,4]Naphthochinon, 6-Methyl-2-*p*-tolylmercapto- 2375
—, 7-Methyl-2-*p*-tolylmercapto- 2375

$C_{18}H_{14}O_3$
3,10-Ätheno-cyclobut[*b*]anthracen-1,4,9-trion, 2a,3,3a,9a,10,10a-Hexahydro-2*H*- 2636
Cyclopenta[*a*]phenanthren-1,4-dion, 3-Methoxy-16,17-dihydro-15*H*- 2635
Keton, [1-Hydroxy-4-methoxy-[2]naphthyl]-phenyl- 2634
—, [1-Hydroxy-[2]naphthyl]-[4-methoxy-phenyl]- 2634
—, [2-Hydroxy-[1]naphthyl]-[4-methoxy-phenyl]- 2633
—, [4-Hydroxy-[1]naphthyl]-[2-methoxy-phenyl]- 2633
—, [4-Hydroxy-[1]naphthyl]-[4-methoxy-phenyl]- 2633
[1,2]Naphthochinon, 4-[2,5-Dimethyl-phenoxy]- 2362
—, 4-[3,4-Dimethyl-phenoxy]- 2362
—, 4-[3,5-Dimethyl-phenoxy]- 2362
[1,4]Naphthochinon, 2-Hydroxy-3-phenäthyl- 2635
Pent-4-in-1,3-dion, 1-[4-Methoxy-phenyl]-5-phenyl- 2633

$C_{18}H_{14}O_3S$
[1,4]Naphthochinon, 5-Hydroxy-2-methyl-3-*p*-tolylmercapto- 2959
—, 2-Hydroxy-3-[*p*-tolylmercapto-methyl]- 2962

$C_{18}H_{14}O_4$
Anthrachinon, 4-Acetoxy-1,2-dimethyl- 2616
—, 2-Propionyloxymethyl- 2608

$C_{18}H_{14}O_4Se$
Anthrachinon, 1-[2-Acetoxy-äthylselanyl]- 2595

$C_{18}H_{15}ClO_3$
Anthrachinon, 6-*tert*-Butyl-1-chlor-4-hydroxy- 2624
—, 6-*tert*-Butyl-4-chlor-1-hydroxy- 2624
Indan-1-on, 6-Chlor-2-veratryliden- 2614

$C_{18}H_{15}NO_3$
Pent-4-in-1,3-dion, 1-[4-Methoxy-phenyl]-5-phenyl-, monooxim 2633

$C_{18}H_{15}NO_5$
Propan-1,3-dion, 1-[6-Hydroxy-indan-5-yl]-3-[4-nitro-phenyl]- 2623

$C_{18}H_{15}NO_6$
Chalkon, 2'-Acetoxy-4-methoxy-5'-nitro- 2541

$C_{18}H_{15}NO_7$
Desoxybenzoin, 2,4-Diacetoxy-4'-nitro- 2461

$C_{18}H_{16}Br_2O_6S$
Sulfid, Bis-[3-acetyl-5-brom-2-hydroxy-4-methoxy-phenyl]- 2725
—, Bis-[3-brom-2,4-dihydroxy-5-propionyl-phenyl]- 2746

$C_{18}H_{16}O_3$
Anthrachinon, 1,2-Diäthyl-4-hydroxy- 2624
—, 1-Hydroxy-3-isobutyl- 2623
But-2-en-1,4-dion, 1-[4-Äthoxy-phenyl]-4-phenyl- 2611
—, 1-[4-Methoxy-phenyl]-4-*p*-tolyl- 2619
Cyclopent-2-enon, 2,3-Bis-[4-hydroxy-phenyl]-4-methyl- 2622
Gona-1,3,5,7,9-pentaen-11,17-dion, 3-Methoxy- 2621
Indan-1-on, 2-Veratryliden- 2614
Penta-1,4-dien-3-on, 1-[2-Hydroxy-phenyl]-5-[2-methoxy-phenyl]- 2617
Propan-1,3-dion, 1-[5-Hydroxy-indan-4-yl]-3-phenyl- 2623
—, 1-[6-Hydroxy-indan-5-yl]-3-phenyl- 2623

$C_{18}H_{16}O_3Se$
Anthracen-1-selenensäure, 9,10-Dioxo-9,10-dihydro-, butylester 2597

$C_{18}H_{16}O_4$
Chalkon, 2-Acetoxy-4'-methoxy- 2537
—, 2'-Acetoxy-4-methoxy- 2539
—, 2'-Acetoxy-4'-methoxy- 2543
Cyclobutan-1,3-dion, 2,4-Dimethyl-2,4-diphenoxy- 2697

$C_{18}H_{16}O_5$
Äthanon, 1-[2,4'-Diacetoxy-biphenyl-4-yl]- 2472
Benzophenon, 2,4-Diacetoxy-5-methyl- 2469

$C_{18}H_{16}O_7$
Anthrachinon, 1,4-Diacetoxy-5-hydroxy-1,4,4a,9a-tetrahydro- 2586

$C_{18}H_{17}NO_5$
Benzil, 4-Butoxy-4'-nitro- 2534
Chalkon, *β*-Äthoxy-4-methoxy-4'-nitro- 2547
—, *β*-Äthoxy-4'-methoxy-4-nitro- 2549

$C_{18}H_{18}BrClO_3$
Propan-1-on, 3-Äthoxy-2-brom-1-[4-chlor-phenyl]-3-[4-methoxy-phenyl]- 2480

$C_{18}H_{18}BrClO_3$ (Fortsetzung)
Propan-1-on, 3-Brom-2-chlor-1-[2-methoxy-5-methyl-phenyl]-3-[4-methoxy-phenyl]- 2491
$C_{18}H_{18}Br_2O_3$
Propan-1-on, 2,3-Dibrom-1-[2-methoxy-5-methyl-phenyl]-3-[4-methoxy-phenyl]- 2491
$C_{18}H_{18}ClN_3O_2S$
Chalkon, 4'-Chlor-3,4-dimethoxy-, thiosemicarbazon 2538
$C_{18}H_{18}Cl_2O_3$
Propan-1-on, 2,3-Dichlor-1-[2-methoxy-5-methyl-phenyl]-3-[4-methoxy-phenyl]- 2491
$C_{18}H_{18}IN_3O_2S$
Chalkon, 4'-Jod-3,4-dimethoxy-, thiosemicarbazon 2538
$C_{18}H_{18}N_2O_8$
Propan-1-on, 2-Äthoxy-1-[4-(2,4-dinitro-phenoxy)-3-methoxy-phenyl]- 2747
$C_{18}H_{18}O_3$
Benzil, 4-Butoxy- 2533
But-2-en-1-on, 1,3-Bis-[4-methoxy-phenyl]- 2558
But-3-en-2-on, 1,4-Bis-[4-methoxy-phenyl]- 2557
—, 3,4-Bis-[4-methoxy-phenyl]- 2565
—, 4-[3,4-Dimethoxy-phenyl]-1-phenyl- 2556
Chalkon, 4'-Äthoxy-4-methoxy- 2541
—, 4,2'-Dimethoxy-5'-methyl- 2563
—, 4,4'-Dimethoxy-2-methyl- 2559
—, 4,4'-Dimethoxy-2'-methyl- 2560
—, 4,4'-Dimethoxy-3'-methyl- 2562
—, 2'-Hydroxy-4-methoxy-2,6-dimethyl- 2569
—, 2'-Hydroxy-4-methoxy-4',6'-dimethyl- 2569
Cyclopentanon, 2-[6-Methoxy-[2]naphthoyl]-5-methyl- 2571
Cyclopenta[*a*]phenanthren-17-on, 3,4-Dihydroxy-13-methyl-11,12,13,14,15,16-hexahydro- 2576
Indan-1-on, 2-Äthyl-2-hydroxy-3-methoxy-3-phenyl- 2572
—, 5-Methoxy-3-[4-methoxy-phenyl]-2-methyl- 2567
Naphthalin-1-on, 2-Hydroxy-2-[α-methoxy-benzyl]-3,4-dihydro-2*H*- 2571
—, 7-Methoxy-2-[4-methoxy-phenyl]-3,4-dihydro-2*H*- 2566
—, 7-Methoxy-3-[4-methoxy-phenyl]-3,4-dihydro-2*H*- 2567
Propan-1,3-dion, 1-[2-Hydroxy-phenyl]-3-mesityl- 2572
$C_{18}H_{18}O_4$
Benzol, 1,3-Diacetyl-4-benzyloxy-2-methoxy- 2809
Butan-2-on, 1-Acetoxy-3-biphenyl-4-yl-3-hydroxy- 2496
Chalkon, 4'-[2-Hydroxy-äthoxy]-4-methoxy- 2542
Propan-1-on, 3-[2-Acetoxy-phenyl]-1-[4-methoxy-phenyl]- 2477
$C_{18}H_{18}O_5$
Äthanon, 1-[2-Acetoxy-5-benzyloxy-4-methoxy-phenyl]- 2727
1,4-Ätheno-naphthalin-2-on, 3,6-Diacetoxy-3,5-dimethyl-3,4-dihydro-1*H*- 2387
$C_{18}H_{18}O_6$
Äthanon, 2-[4-Acetyl-2-methoxy-phenoxy]-1-[4-hydroxy-3-methoxy-phenyl]- 2740
[1,4]Naphthochinon, 5,8-Diacetoxy-2,3,6,7-tetramethyl- 2968
$C_{18}H_{18}O_6S$
Sulfid, Bis-[3-acetyl-2-hydroxy-4-methoxy-phenyl]- 2724
—, Bis-[5-acetyl-4-hydroxy-2-methoxy-phenyl]- 2728
—, Bis-[2,4-dihydroxy-5-propionyl-phenyl]- 2745
$C_{18}H_{19}BrO_3$
Desoxybenzoin, 4,4'-Diäthoxy-α-brom- 2466
$C_{18}H_{19}ClO_3$
Butan-2-on, 4-Chlor-3,4-bis-[4-methoxy-phenyl]- 2493
$C_{18}H_{19}NO_2$
But-3-en-2-on, 3,4-Bis-[4-methoxy-phenyl]-, imin 2565
$C_{18}H_{19}N_3OS_2$
Chalkon, 4-Methoxy-4'-methylmercapto-, thiosemicarbazon 2542
$C_{18}H_{19}N_3O_2S$
Chalkon, 3,4-Dimethoxy-, thiosemicarbazon 2538
—, 4,4'-Dimethoxy-, thiosemicarbazon 2541
$C_{18}H_{20}N_2O_6S$
Sulfid, Bis-[4-hydroxy-5-(1-hydroxyimino-äthyl)-2-methoxy-phenyl]- 2728
$C_{18}H_{20}N_6O_6S$
Sulfid, Bis-[2,4-dihydroxy-5-(1-semicarbazono-äthyl)-phenyl]- 2728
$C_{18}H_{20}O_2S$
Butan-1-on, 2-[4-Methoxy-phenyl]-1-[4-methylmercapto-phenyl]- 2493
$C_{18}H_{20}O_3$
Benzophenon, 5-*tert*-Butyl-2-hydroxy-4'-methoxy- 2501
—, 4,2'-Dihydroxy-5-isopropyl-2,5'-dimethyl- 2509
—, 2,4-Dihydroxy-4'-[1-methyl-butyl]- 2509
—, 2,4-Dihydroxy-5-pentyl- 2509
—, 3',4'-Dimethoxy-2,4,6-trimethyl- 2496
—, 2-Hydroxy-3-isopropyl-5-methoxy-6-methyl- 2502
—, 3'-Hydroxy-5-isopropyl-4-methoxy-2-methyl- 2502

$C_{18}H_{20}O_3$ (Fortsetzung)
Benzophenon, 3-Hydroxy-5-isopropyl-6-methoxy-2-methyl- 2502
—, 4'-Hydroxy-3-isopropyl-6-methoxy-2-methyl- 2501
—, 4'-Hydroxy-5-isopropyl-4-methoxy-2-methyl- 2503
Butan-1-on, 1,2-Bis-[4-methoxy-phenyl]- 2493
—, 1,3-Bis-[2-methoxy-phenyl]- 2489
—, 1,3-Bis-[4-methoxy-phenyl]- 2490
—, 1-[3,4-Dimethoxy-phenyl]-4-phenyl- 2489
Butan-2-on, 1,1-Bis-[4-methoxy-phenyl]- 2494
—, 1,4-Bis-[4-methoxy-phenyl]- 2489
—, 4,4-Bis-[4-methoxy-phenyl]- 2495
—, 4-[3,4-Dimethoxy-phenyl]-1-phenyl- 2489
—, 4-[2-Hydroxy-3-methyl-phenyl]-4-[4-methoxy-phenyl]- 2500
—, 4-[4-Hydroxy-3-methyl-phenyl]-4-[4-methoxy-phenyl]- 2500
Desoxybenzoin, 5-Butyl-2,4-dihydroxy- 2507
Hexan-2-on, 3,4-Bis-[4-hydroxy-phenyl]- 2506
Hexan-3-on, 1,1-Bis-[4-hydroxy-phenyl]- 2507
—, 4,4-Bis-[4-hydroxy-phenyl]- 2508
Östra-1,3,5(10)-trien-6,17-dion, 3-Hydroxy- 2513
Östra-1,3,5(10)-trien-7,17-dion, 3-Hydroxy- 2513
Östra-1,3,5(10)-trien-16,17-dion, 3-Hydroxy- 2513
Propan-1-on, 1-[4-Äthoxy-2-methoxy-phenyl]-2-phenyl- 2482
—, 1,2-Bis-[4-methoxy-phenyl]-2-methyl- 2493
Tropolon, 3-[α-Hydroxy-phenäthyl]-6-isopropyl- 2505

$C_{18}H_{20}O_4$
Anthron, 10-Acetoxy-8-methoxy-10-methyl-1,4,4a,9a-tetrahydro- 2389
Phenanthren-2-on, 8-Acetoxy-5-methoxy-4a-methyl-4,4a,9,10-tetrahydro-3*H*- 2392

$C_{18}H_{20}O_5$
Äthanon, 2-[4-Äthoxy-phenoxy]-1-[3,4-dimethoxy-phenyl]- 2739
Cyclohex-2-enon, 3-Acetoxy-2-[3-(4-methoxy-phenyl)-3-oxo-propyl]- 2969
Propan-1-on, 1-[3,4-Dimethoxy-phenyl]-2-[2-methoxy-phenoxy]- 2747

$C_{18}H_{20}O_6$
1,4-Ätheno-naphthalin-2,6-dion, 3,5-Diacetoxy-3,5-dimethyl-1,3,4,4a,5,8a-hexahydro- 2879
Anthrachinon, 4a,8a-Diacetoxy-1,4,4a,5,8,8a,9a,10a-octahydro- 2878

$C_{18}H_{21}BrO_3$
[1,4]Naphthochinon, 2-[8-Brom-octyl]-3-hydroxy- 2397

$C_{18}H_{21}NO_3$
Butan-1-on, 1,2-Bis-[4-methoxy-phenyl]-, oxim 2493
Desoxybenzoin, 5-Butyl-2,4-dihydroxy-, oxim 2507
Propan-1-on, 1-[4-Äthoxy-2-methoxy-phenyl]-2-phenyl-, oxim 2482

$C_{18}H_{21}NO_8$
Benzol, 2,4-Diacetoxy-1,5-dibutyryl-3-nitro- 2823

$C_{18}H_{21}N_3O_3$
Aceton, 1,3-Bis-[3-methoxy-phenyl]-, semicarbazon 2481
—, 1,3-Bis-[4-methoxy-phenyl]-, semicarbazon 2481
Benzophenon, 2-[α-Hydroxy-isopropyl]-4'-methoxy-, semicarbazon 2496
Propan-1-on, 1-[2,5-Dimethoxy-phenyl]-2-phenyl-, semicarbazon 2482
—, 3-[2-Methoxy-phenyl]-1-[4-methoxy-phenyl]-, semicarbazon 2477

$C_{18}H_{21}N_3O_4$
Äthanon, 1-[3,4-Dimethoxy-2-*p*-tolyloxy-phenyl]-, semicarbazon 2723
—, 1-[3,4-Dimethoxy-5-*p*-tolyloxy-phenyl]-, semicarbazon 2735

$C_{18}H_{22}O_2S_2$
[1,4]Naphthochinon, 2,3-Bis-butylmercapto- 2955
—, 2,3-Bis-*tert*-butylmercapto- 2955

$C_{18}H_{22}O_3$
Cyclodecan-1,2-dion, 3-[4-Methoxy-benzyliden]- 2394
Dibenzo[*a,c*]cyclohepten-3-on, 9,10-Dimethoxy-11b-methyl-1,2,5,6,7,11b-hexahydro- 2394
Hexan-1-on, 1-[5,8-Dimethoxy-[2]naphthyl]- 2393
Naphthalin-1-on, 6-Methoxy-2-[2-methyl-3-oxo-cyclohexyl]-3,4-dihydro-2*H*- 2395
[1,4]Naphthochinon, 8-Hydroxy-2-octyl- 2397
18-Nor-androsta-4,14-dien-3,16-dion, 11-Hydroxy- 2398
Octan-1-on, 1-[1,4-Dihydroxy-[2]naphthyl]- 2396
—, 1-[1,6-Dihydroxy-[2]naphthyl]- 2396
—, 1-[5,8-Dihydroxy-[2]naphthyl]- 2396
Östra-1,4-dien-3,17-dion, 10-Hydroxy- 2404
Östra-1,3,5(10)-trien-6-on, 3,17-Dihydroxy- 2398
Östra-1,3,5(10)-trien-16-on, 3,17-Dihydroxy- 2399
Östra-1,3,5(10)-trien-17-on, 1,3-Dihydroxy- 2400
—, 1,4-Dihydroxy- 2400
—, 3,7-Dihydroxy- 2402
—, 3,11-Dihydroxy- 2402

$C_{18}H_{22}O_3$ (Fortsetzung)
Östra-1,3,5(10)-trien-17-on, 3,16-Dihydroxy- 2403
–, 3,18-Dihydroxy- 2404
$C_{18}H_{22}O_3S$
[1,4]Naphthochinon, 2-Hydroxy-3-octylmercapto- 2954
$C_{18}H_{22}O_4$
Cyclohex-2-enon, 3-Hydroxy-2-[3-(4-methoxy-phenyl)-propionyl]-5,5-dimethyl- 2977
Dibenzo[*a,c*]cyclohepten-2-on, 9,10,11-Trimethoxy-3,4,4a,5,6,7-hexahydro- 2972
Dibenzo[*a,c*]cyclohepten-5-on, 9,10,11-Trimethoxy-1,2,3,4,4a,11b-hexahydro- 2972
–, 9,10,11-Trimethoxy-1,2,3,4,6,7-hexahydro- 2972
Dibenzo[*a,c*]cyclohepten-7-on, 9,10,11-Trimethoxy-1,2,3,4,4a,11b-hexahydro- 2972
Dibenzo[*a,d*]cyclohepten-3-on, 6,7,8-Trimethoxy-1,2,5,10,11,11a-hexahydro- 2972
Hexan-1-on, 1-[1-Hydroxy-5,8-dimethoxy-[2]naphthyl]- 2976
Octan-1-on, 1-[1,5,8-Trihydroxy-[2]naphthyl]- 2978
Östra-1,3,5(10)-trien-6-on, 3,16,17-Trihydroxy- 2980
Östra-1,3,5(10)-trien-17-on, 3,6,7-Trihydroxy- 2980
$C_{18}H_{22}O_5$
Phenanthren-9-on, 4-Acetoxy-5,6-dimethoxy-2,3,4,4a,10,10a-hexahydro-1*H*- 2879
$C_{18}H_{23}NO_4$
Dibenzo[*a,c*]cyclohepten-5-on, 9,10,11-Trimethoxy-1,2,3,4,6,7-hexahydro-, oxim 2972
$[C_{18}H_{23}N_2O_2]^+$
Hydrazinium, *N'*-[4,4'-Dimethoxy-benzhydryliden]-*N,N,N*-trimethyl- 2455
$C_{18}H_{23}N_3O_3$
Dibenzo[*a,c*]cyclohepten-2-on, 9,10-Dimethoxy-3,4,4a,5,6,7-hexahydro-, semicarbazon 2388
Naphthalin-1-on, 6-Hydroxy-2-[2-methyl-3-semicarbazono-cyclohexyl]-3,4-dihydro-2*H*- 2395
–, 6-Methoxy-2-[2-methyl-3-semicarbazono-cyclopentyl]-3,4-dihydro-2*H*- 2394
Phenanthren-2-on, 6,7-Dimethoxy-4a-methyl-4,4a,9,10-tetrahydro-3*H*-, semicarbazon 2393
$C_{18}H_{24}O_4$
Äthanon, 1-[2,4,6-Trihydroxy-3,5-bis-(3-methyl-but-2-enyl)-phenyl]- 2884
1,4-Ätheno-naphthalin-2,6-dion, 3,5-Dihydroxy-1,3,5,7,8a,9-hexamethyl-1,3,4,4a,5,8a-hexahydro- 2884
–, 3,5-Dihydroxy-3,4,4a,5,8,10-hexamethyl-1,3,4,4a,5,8a-hexahydro- 2884
Anthrachinon, 2,6-Diäthoxy-1,4,4a,5,8,8a,9a,10a-octahydro- 2878
–, 2,7-Diäthoxy-1,4,4a,5,8,8a,9a,10a-octahydro- 2878
Benzocyclohepten-6-on, 2,3-Dimethoxy-5-methyl-5-[3-oxo-butyl]-5,7,8,9-tetrahydro- 2882
Cyclohepta[*a*]naphthalin-5-on, 1,2,3-Trimethoxy-6,6a,7,8,9,10,11,11a-octahydro- 2880
Dibenzo[*a,c*]cyclohepten-5-on, 1,2,3-Trimethoxy-6,7,7a,8,9,10,11,10a-octahydro- 2880
–, 9,10,11-Trimethoxy-1,2,3,4,4a,6,7,11b-octahydro- 2881
14,15-Seco-18-nor-androst-4-en-3,14,16-trion, 11-Hydroxy- 2884
$C_{18}H_{25}NO_4$
Dibenzo[*a,c*]cyclohepten-5-on, 9,10,11-Trimethoxy-1,2,3,4,4a,6,7,11b-octahydro-, oxim 2881
$C_{18}H_{26}O_4$
1,4-Ätheno-naphthalin-2,6-dion, 7,8-Dihydroxy-1,3,3,5,5,7-hexamethyl-1,3,4,4a,5,7,8,8a-octahydro- 2825
$C_{18}H_{26}O_6$
Äthandion, 1,2-Bis-[1-acetoxy-cyclohexyl]- 2703
Diacetyl-Derivat $C_{18}H_{26}O_6$ aus 3-Hepta-1,3-dienyl-5,6-dihydroxy-2-hydroxymethyl-cyclohexanon 2703
$C_{18}H_{28}O_4$
Anthrachinon, 2,6-Diäthoxy-dodecahydro- 2765
[1,4]Benzochinon, 2-Heptyl-3,6-dihydroxy-5-isopentyl- 2770
Butan-1-on, 1-[2-Hydroxy-3-isopentyl-4,6-dimethoxy-phenyl]-3-methyl- 2769
Decan-3-on, 1-[3,4-Dimethoxy-phenyl]-5-hydroxy- 2768
Dodecan-1-on, 1-[2,3,4-Trihydroxy-phenyl]- 2770
–, 1-[2,4,5-Trihydroxy-phenyl]- 2770
–, 1-[2,4,6-Trihydroxy-phenyl]- 2770
Undecan-3-on, 5-Hydroxy-1-[4-hydroxy-3-methoxy-phenyl]- 2768
$C_{18}H_{30}O_6$
Diacetyl-Derivat $C_{18}H_{30}O_6$ aus 3-Heptyl-5,6-dihydroxy-2-hydroxymethyl-cyclohexanon 2696

C_{19}

$C_{19}H_{12}O_3$
Benz[*a*]anthracen-7,12-dion, 5-Hydroxy-6-methyl- 2658
Chrysen-1,4-dion, 7-Methoxy- 2658

$C_{19}H_{12}O_3$ (Fortsetzung)
Naphthacen-5,12-dion, 6-Methoxy- 2658
$C_{19}H_{12}O_4$
Benz[*de*]anthracen-7-on, 5-Acetoxy-6-hydroxy- 2644
$C_{19}H_{13}ClO_3$
Propan-1,3-dion, 1-[4-Chlor-phenyl]-3-[1-hydroxy-[2]naphthyl]- 2651
$C_{19}H_{13}NO_5$
Propan-1,3-dion, 1-[1-Hydroxy-[2]naphthyl]-3-[2-nitro-phenyl]- 2651
–, 1-[1-Hydroxy-[2]naphthyl]-3-[3-nitro-phenyl]- 2651
–, 1-[1-Hydroxy-[2]naphthyl]-3-[4-nitro-phenyl]- 2651
–, 1-[2-Hydroxy-[1]naphthyl]-3-[4-nitro-phenyl]- 2647
–, 1-[3-Hydroxy-[2]naphthyl]-3-[3-nitro-phenyl]- 2651
–, 1-[3-Hydroxy-[2]naphthyl]-3-[4-nitro-phenyl]- 2651
Propenon, 1-[2,4-Dihydroxy-3-nitro-phenyl]-3-[2]naphthyl- 2651
$C_{19}H_{14}Br_2O_5$
Chalkon, 2,2′-Diacetoxy-3′,5′-dibrom- 2536
–, 3,2′-Diacetoxy-3′,5′-dibrom- 2539
$C_{19}H_{14}Cl_2O_5$
Chalkon, 2,2′-Diacetoxy-3′,5′-dichlor- 2536
$C_{19}H_{14}Cl_4O_5$
Benzophenon, 4,4′-Bis-[2,2-dichlor-propionyloxy]- 2454
$C_{19}H_{14}O_3$
Anthron, 10-Hydroxy-10-[4-methoxy-but-3-en-1-inyl]- 2646
Benz[*de*]anthracen-7-on, 8,11-Dimethoxy-2644
–, 9,10-Dimethoxy- 2644
[1,4]Benzochinon, 2-[2-Methoxy-phenyl]-5-phenyl- 2645
–, 2-[4-Methoxy-phenyl]-5-phenyl-2645
Benzo[*a*]fluoren-11-on, 5-Hydroxy-10-methoxy-9-methyl- 2646
Benzo[*c*]fluoren-7-on, 1,5-Dimethoxy- 2643
–, 3,5-Dimethoxy- 2643
–, 5,9-Dimethoxy- 2643
–, 5,11-Dimethoxy- 2644
Cyclohexa-2,5-dienon, 4-[4,4′-Dihydroxy-benzhydryliden]- 2646
Indan-1,3-dion, 2-[4-Methoxy-cinnamyliden]-2645
Phenanthren-9-on, 10-Hydroxy-10-[4-methoxy-but-3-en-1-inyl]-10*H*- 2646
Propan-1,3-dion, 1-[3-Hydroxy-[2]naphthyl]-3-phenyl- 2651
Propenon, 1-[1-Hydroxy-[2]naphthyl]-3-[2-hydroxy-phenyl]- 2648
–, 1-[1-Hydroxy-[2]naphthyl]-3-[4-hydroxy-phenyl]- 2649
–, 1-[2-Hydroxy-[1]naphthyl]-3-[2-hydroxy-phenyl]- 2647
$C_{19}H_{14}O_4S$
[1,4]Naphthochinon, 2-Acetoxy-3-benzylmercapto- 2954
–, 2-Acetoxy-3-*p*-tolylmercapto- 2955
–, 5-Acetoxy-2-*p*-tolylmercapto- 2950
–, 6-Acetoxy-2-*p*-tolylmercapto- 2952
–, 7-Acetoxy-2-*p*-tolylmercapto- 2952
–, 8-Acetoxy-2-*p*-tolylmercapto- 2951
$C_{19}H_{14}O_6S$
[1,4]Naphthochinon, 5-Acetoxy-2-[toluol-4-sulfonyl]- 2950
–, 8-Acetoxy-2-[toluol-4-sulfonyl]-2951
$C_{19}H_{15}Br_2NO_7$
Propan-1-on, 2,3-Dibrom-1-[2,4-diacetoxy-3-nitro-phenyl]-3-phenyl- 2474
–, 2,3-Dibrom-1-[2,6-diacetoxy-3-nitro-phenyl]-3-phenyl- 2475
$C_{19}H_{15}ClO_3S$
[1,4]Naphthochinon, 2-[2-(4-Chlor-phenylmercapto)-propyl]-3-hydroxy-2965
–, 2-[3-(4-Chlor-phenylmercapto)-propyl]-3-hydroxy- 2966
$C_{19}H_{15}NO_5$
Propan-1-on, 3-Hydroxy-1-[1-hydroxy-[2]naphthyl]-3-[3-nitro-phenyl]- 2638
$C_{19}H_{15}NO_7$
Chalkon, 2′,4′-Diacetoxy-3′-nitro- 2545
–, 2′,5′-Diacetoxy-4-nitro- 2546
–, 2′,6′-Diacetoxy-3′-nitro- 2546
–, 4,2′-Diacetoxy-3-nitro- 2541
–, 4,4′-Diacetoxy-3-nitro- 2542
$C_{19}H_{16}Br_2O_4$
Propan-1-on, 1-[2-Acetoxy-5-acetyl-phenyl]-2,3-dibrom-3-phenyl- 2568
$C_{19}H_{16}N_2O_3$
Propionitril, 3,3′-[4-Benzoyl-*m*-phenylendioxy]-di- 2444
$C_{19}H_{16}O_3$
Keton, [2,3-Dimethoxy-phenyl]-[1]naphthyl-2634
–, [2,5-Dimethoxy-phenyl]-[1]naphthyl-2634
–, [3,4-Dimethoxy-phenyl]-[1]naphthyl-2634
–, [2-Methoxy-[1]naphthyl]-[4-methoxy-phenyl]- 2633
$C_{19}H_{16}O_3S$
[1,4]Naphthochinon, 2-Hydroxy-3-[2-phenylmercapto-propyl]- 2965
–, 2-Hydroxy-3-[3-phenylmercapto-propyl]- 2966
$C_{19}H_{16}O_5$
Chalkon, 2,4-Diacetoxy- 2535
–, 2,4′-Diacetoxy- 2537
–, 2′,5′-Diacetoxy- 2546
–, 3,2′-Diacetoxy- 2538
$C_{19}H_{16}O_9P_2$
Cyclohexa-2,5-dienon, 4-[4,4′-Bis-phosphonooxy-benzhydryliden]- 2647

$C_{19}H_{17}BrO_3$
Tropolon, 3-[3-(4-Brom-phenyl)-3-oxo-propenyl]-6-isopropyl- 2625
$C_{19}H_{17}NO_5$
Penta-1,4-dien-3-on, 1-[3,4-Dimethoxy-phenyl]-5-[2-nitro-phenyl]- 2618
Tropolon, 6-Isopropyl-3-[3-(2-nitro-phenyl)-3-oxo-propenyl]- 2625
–, 6-Isopropyl-3-[3-(4-nitro-phenyl)-3-oxo-propenyl]- 2625
$C_{19}H_{18}Br_2O_4$
Propan-1-on, 1-[2-Acetoxy-3-methyl-phenyl]-2,3-dibrom-3-[4-methoxy-phenyl]- 2491
–, 1-[2-Acetoxy-4-methyl-phenyl]-2,3-dibrom-3-[4-methoxy-phenyl]- 2493
–, 1-[2-Acetoxy-5-methyl-phenyl]-2,3-dibrom-3-[4-methoxy-phenyl]- 2492
$C_{19}H_{18}N_2O_4$
Butan-2-on, 3-Äthoxycarbonyloxy-3-biphenyl-4-yl-1-diazo- 2566
$C_{19}H_{18}N_4O_7$
Benzocyclohepten-5,6-dion, 2,3-Dimethoxy-8,9-dihydro-7*H*-, mono-[2,4-dinitro-phenylhydrazon] 2874
$C_{19}H_{18}O_3$
Chalkon, 5′-Allyl-2′-hydroxy-3′-methoxy- 2621
Chrysen-1,11-dion, 8-Methoxy-2,3,4,4a,12,12a-hexahydro- 2624
Cyclohepta[*b*]pyran-9-on, 2-Hydroxy-7-isopropyl-2-phenyl-2*H*- 2624
Cyclopent-2-enon, 2-[4-Hydroxy-phenyl]-3-[4-methoxy-phenyl]-4-methyl- 2622
–, 3-[4-Hydroxy-phenyl]-2-[4-methoxy-phenyl]-4-methyl- 2622
Indan-1-on, 6-Methyl-2-veratryliden- 2621
Methanol, [2,3-Dimethoxy-phenyl]-[1]naphthyl- 2634
Naphthalin-1-on, 6-Methoxy-2-[2-methoxy-benzyliden]-3,4-dihydro-2*H*- 2619
–, 6-Methoxy-2-[3-methoxy-benzyliden]-3,4-dihydro-2*H*- 2620
–, 6-Methoxy-2-[4-methoxy-benzyliden]-3,4-dihydro-2*H*- 2620
Penta-1,4-dien-3-on, 1,5-Bis-[2-methoxy-phenyl]- 2617
–, 1,5-Bis-[4-methoxy-phenyl]- 2618
Propan-1,3-dion, 1-[1-Hydroxy-5,6,7,8-tetrahydro-[2]naphthyl]-3-phenyl- 2625
–, 1-[3-Hydroxy-5,6,7,8-tetrahydro-[2]naphthyl]-3-phenyl- 2625
Tropolon, 6-Isopropyl-3-[3-oxo-3-phenyl-propenyl]- 2624
$C_{19}H_{18}O_4$
But-3-en-2-on, 1-Acetoxy-4-[4-methoxy-phenyl]-3-phenyl- 2565
Chalkon, 2′-Acetoxy-3′-methoxy-5′-methyl- 2562
–, 2′-Acetoxy-4-methoxy-4′-methyl- 2564
–, 2′-Acetoxy-4-methoxy-5′-methyl- 2563
Cyclohex-2-enon, 2-Acetoxy-3-[6-methoxy-[2]naphthyl]- 2566
$C_{19}H_{18}O_5$
Aceton, 1-Acetoxy-3-[4′-acetoxy-biphenyl-4-yl]- 2486
–, 1,3-Bis-[4-acetoxy-phenyl]- 2481
Äthanon, 2-Acetoxy-1-[4-acetoxy-3-benzyl-phenyl]- 2484
Propan-1-on, 3-[2-Acetoxy-phenyl]-1-[4-acetoxy-phenyl]- 2477
–, 2,3-Diacetoxy-1,3-diphenyl- 2481
Propenon, 3-Acetoxy-1-[4-benzyloxy-3-methoxy-phenyl]- 2805
$C_{19}H_{18}O_6$
Essigsäure, (4-{3-[4-(2-Hydroxy-äthoxy)-phenyl]-3-oxo-propenyl}-phenoxy)- 2542
$C_{19}H_{18}O_7$
Aceton, 1-Biphenyl-4-yl-1,3-bis-methoxycarbonyloxy- 2486
Isophthalaldehyd, 4-[3,4-Dimethoxy-phenacyloxy]-5-methoxy- 2803
Propionsäure, 3,3′-[4-Benzoyl-*m*-phenylendioxy]-di- 2443
$C_{19}H_{19}NO_3$
Anthrachinon, 1-[*β*-Dimethylamino-isopropoxy]- 2588
–, 1-[3-Dimethylamino-propoxy]- 2587
$C_{19}H_{19}NO_6$
Äthanon, 1-[2-Benzyloxy-4,6-dimethoxy-3-(2-nitro-vinyl)-phenyl]- 2809
$C_{19}H_{20}O_2S$
Pentan-1,5-dion, 2-[Methylmercapto-methyl]-1,5-diphenyl- 2572
$C_{19}H_{20}O_3$
Benzil, 4-Pentyloxy- 2533
Benzophenon, 5-Cyclohexyl-2,4-dihydroxy- 2578
Butan-1,3-dion, 2-[*α*-Äthoxy-benzyl]-1-phenyl- 2568
Chalkon, 3,4-Diäthoxy- 2538
Chrysen-1,4-dion, 8-Methoxy-2,3,4a,5,6,11,12,12a-octahydro- 2576
Chrysen-1,11-dion, 8-Methoxy-2,3,4,4a,4b,5,6,10b-octahydro- 2576
Cyclohexan-1,3-dion, 2-[2-(6-Methoxy-[1]naphthyl)-äthyl]- 2574
Cyclopentanon, 3,4-Bis-[4-methoxy-phenyl]- 2570
Cyclopenta[*a*]phenanthren-17-on, 14-Hydroxy-3-methoxy-13-methyl-11,12,13,14,15,16-hexahydro- 2577
D-Homo-gona-1,3,5(10),9(11)-tetraen-15,17-dion, 3-Methoxy- 2575
Indan-1-on, 3-Äthoxy-2-äthyl-2-hydroxy-3-phenyl- 2572
–, 3-Äthyl-5-methoxy-2-[4-methoxy-phenyl]- 2571
Naphthalin-1-on, 6-Methoxy-2-[2-methoxy-benzyl]-3,4-dihydro-2*H*- 2570

$C_{19}H_{20}O_3$ (Fortsetzung)
Naphthalin-1-on, 6-Methoxy-2-[3-methoxy-benzyl]-3,4-dihydro-2*H*- 2570
—, 6-Methoxy-2-[4-methoxy-benzyl]-3,4-dihydro-2*H*- 2570
—, 7-Methoxy-2-[4-methoxy-benzyl]-3,4-dihydro-2*H*- 2571
—, 5-Methoxy-8-[4-methoxy-phenyl]-2-methyl-3,4-dihydro-2*H*- 2571
Pent-1-en-3-on, 1,2-Bis-[4-methoxy-phenyl]-2569
Propenon, 2-Äthyl-1,3-bis-[4-methoxy-phenyl]- 2567
Tropolon, 6-Isopropyl-3-[3-oxo-3-phenyl-propyl]- 2577

$C_{19}H_{20}O_4$
Äthanon, 1-[2-Allyl-6-benzyloxy-3-hydroxy-4-methoxy-phenyl]- 2815
—, 1-[5-Allyloxy-2-benzyloxy-4-methoxy-phenyl]- 2727
Benzophenon, 2-Acetoxy-2′-hydroxy-3,4,3′,4′-tetramethyl- 2505

$C_{19}H_{21}NO_3$
Cyclopentanon, 3,4-Bis-[4-methoxy-phenyl]-, oxim 2570

$C_{19}H_{21}NO_5$
Benzophenon, 5-Hexyl-2,4-dihydroxy-3′-nitro- 2515
Pentan-1-on, 1,3-Bis-[4-methoxy-phenyl]-4-nitro- 2499

$C_{19}H_{21}N_3O_7$
Isophthalaldehyd, 4-[*β*-Hydroxyimino-3,4-dimethoxy-phenäthyloxy]-5-methoxy-, dioxim 2804

$C_{19}H_{22}OS_2$
Benzophenon, 4,4′-Bis-propylmercapto-2458

$C_{19}H_{22}O_3$
Benzaldehyd, 2-Hepta-1,3,5-trienyl-3,6-dihydroxy-5-[3-methyl-but-2-enyl]-2514
Benzo[*a*]fluoren-1,4,9-trion, 6b,11-Dimethyl-4a,5,6b,7,8,10,10a,11,11a,11b-decahydro-2519
Benzophenon, 5-*tert*-Butyl-2,2′-dimethoxy-2501
—, 5-*tert*-Butyl-2,4′-dimethoxy- 2501
—, 2,2′-Diäthoxy-5,5′-dimethyl- 2485
—, 3,3′-Diäthyl-4,4′-dimethoxy- 2503
—, 2′,4′-Dimethoxy-2,3,5,6-tetramethyl-2504
—, 2′,6′-Dimethoxy-2,3,5,6-tetramethyl-2504
—, 4,4′-Dimethoxy-3,5,3′,5′-tetramethyl-2505
—, 5-Hexyl-2,4-dihydroxy- 2515
—, 3-Isopropyl-6,4′-dimethoxy-2-methyl-2502
—, 5-Isopropyl-4,2′-dimethoxy-2-methyl-2502
—, 5-Isopropyl-4,4′-dimethoxy-2-methyl-2503
Butan-1-on, 1,2-Bis-[4-methoxy-phenyl]-2-methyl- 2500
Chrysen-1-on, 4-Hydroxy-8-methoxy-3,4,4a,5,6,11,12,12a-octahydro-2*H*- 2511
Chrysen-4-on, 1-Hydroxy-8-methoxy-2,3,4a,5,6,11,12,12a-octahydro-1*H*- 2511
Desoxybenzoin, 2,4-Dihydroxy-5-pentyl-2515
—, 2-Hydroxy-3-isopropyl-5-methoxy-6-methyl- 2507
—, 3-Hydroxy-5-isopropyl-6-methoxy-2-methyl- 2507
Heptan-3-on, 4,5-Bis-[4-hydroxy-phenyl]-2514
Hexan-2-on, 3,4-Bis-[4-hydroxy-phenyl]-3-methyl- 2515
D-Homo-gona-1,3,5(10),9(11)-tetraen-17a-on, 15-Hydroxy-3-methoxy- 2510
D-Homo-gona-1,3,5(10)-trien-15,17a-dion, 3-Methoxy- 2512
D-Homo-18-nor-androsta-9(11),16-dien-3,15,17a-trion 2516
D-Homo-18-nor-androsta-9(11),13,15,17-tetraen-3-on, 15,17a-Dihydroxy- 2517
8,11-Methano-cyclohepta[*a*]naphthalin-7-on, 10-Hydroxy-3-methoxy-8,10-dimethyl-5,6,8,9,10,11-hexahydro- 2514
Naphthalin-1-on, 5-Hydroxy-5-[3-methoxy-phenyläthinyl]-octahydro- 2509
Östra-1,3,5(10)-trien-11,17-dion, 3-Methoxy-2513
Pentan-1-on, 1,2-Bis-[4-methoxy-phenyl]-2500
Pentan-2-on, 1,3-Bis-[4-methoxy-phenyl]-2499
Phenanthren-1-on, 2-Acetonyl-7-methoxy-2-methyl-3,4,9,10-tetrahydro-2*H*- 2510
Tropolon, 3-[1-Hydroxy-3-phenyl-propyl]-6-isopropyl- 2514

$C_{19}H_{22}O_4$
Cyclohex-2-enon, 4-[4-Acetoxyacetyl-benzyl]-2,3-dimethyl- 2395

$C_{19}H_{23}BrO_3$
[1,4]Naphthochinon, 2-[9-Brom-nonyl]-3-hydroxy- 2405

$C_{19}H_{23}NO_2$
Benzophenon, 2′,3′-Dimethoxy-2,3,5,6-tetramethyl-, imin 2503

$C_{19}H_{23}NO_3$
Desoxybenzoin, 2,4-Dihydroxy-5-pentyl-, oxim 2515

$C_{19}H_{23}N_3O_3$
Butan-2-on, 1,1-Bis-[4-methoxy-phenyl]-, semicarbazon 2494
—, 4,4-Bis-[4-methoxy-phenyl]-, semicarbazon 2495

$C_{19}H_{24}O_3$
Androsta-1,4-dien-3,17-dion, 11-Hydroxy-2408

$C_{19}H_{24}O_3$ (Fortsetzung)

Androsta-4,6-dien-3,17-dion, 2-Hydroxy- 2410
–, 11-Hydroxy- 2410
–, 14-Hydroxy- 2410
Androsta-4,14-dien-3,16-dion, 11-Hydroxy- 2410
Benzo[*a*]cyclopenta[*f*]cyclodecan-4,11-dion, 8-Methoxy-13a-methyl-2,3,3a,5,6,12,13,13a-octahydro-1*H*- 2397
Chrysen-1-on, 4-Hydroxy-8-methoxy-3,4,4a,4b,5,6,10b,11,12,12a-decahydro-2*H*- 2575
D-Homo-*C*,18-dinor-androsta-5,13(17a)-dien-11,17-dion, 3-Hydroxy-17a-methyl- 2410
D-Homo-gona-1,3,5(10)-trien-17-on, 13-Hydroxy-3-methoxy- 2398
D-Homo-gona-1,3,5(10)-trien-17a-on, 15-Hydroxy-3-methoxy- 2397
[1,4]Naphthochinon, 8-Hydroxy-2-nonyl- 2405
Octan-1-on, 1-[1-Hydroxy-4-methoxy-[2]naphthyl]- 2396
Östra-1,3,5(10)-trien-16-on, 17-Hydroxy-3-methoxy- 2399
Östra-1,3,5(10)-trien-17-on, 3,7-Dihydroxy-6-methyl- 2408
Östra-1,3,5,(10)-trien-17-on, 2-Hydroxy-3-methoxy- 2401
Östra-1,3,5(10)-trien-17-on, 3-Hydroxy-2-methoxy- 2400
–, 3-Hydroxy-4-methoxy- 2401
–, 4-Hydroxy-3-methoxy- 2401
–, 11-Hydroxy-3-methoxy- 2402
–, 16-Hydroxy-3-methoxy- 2403
9,10-Seco-androsta-1,3,5(10)-trien-9,17-dion, 3-Hydroxy- 2405
9,10-Seco-androsta-1,3,5(10)-trien-11,17-dion, 3-Hydroxy- 2406
13,17-Seco-gona-1,3,5(10)-trien-13,17-dion, 3-Methoxy-17-methyl- 2397

$C_{19}H_{24}O_4$

Androst-4-en-3,16-dion, 11,18-Epoxy-18-hydroxy- 2982
Androst-4-en-3,11,17-trion, 14-Hydroxy- 2982
Benzo[*a*]heptalen-9-on, 1,2,3-Trimethoxy-6,7,7a,8,10,11-hexahydro-5*H*- 2976
–, 1,2,3-Trimethoxy-6,7,8,10,11,12-hexahydro-5*H*- 2976
Dibenzo[*a,c*]cyclohepten-9-on, 1,2,3-Trimethoxy-11a-methyl-5,6,7,10,11,11a-hexahydro- 2976
Heptan-1-on, 1-[1-Hydroxy-5,8-dimethoxy-[2]naphthyl]- 2977
Naphthalin-1-on, 4,4-Dimethoxy-5-[4-methoxy-phenyl]-3,4,4a,5,8,8a-hexahydro-2*H*- 2497
–, 4,4-Dimethoxy-8-[4-methoxy-phenyl]-3,4,4a,5,8,8a-hexahydro-2*H*- 2497
[1,4]Naphthochinon, 6-[2,4-Dimethyl-hexyl]-2,7-dihydroxy-3-methyl- 2981
Nonan-1-on, 1-[1,5,8-Trihydroxy-[2]naphthyl]- 2981

$C_{19}H_{25}FO_4$

Androst-4-en-3,17-dion, 9-Fluor-11,16-dihydroxy- 2886

$C_{19}H_{25}NO_3$

Östra-1,3,5(10)-trien-17-on, 16-Hydroxy-3-methoxy-, oxim 2404

$C_{19}H_{25}N_3O_3$

Naphthalin-1-on, 6-Methoxy-2-[2-methyl-3-semicarbazono-cyclohexyl]-3,4-dihydro-2*H*- 2396

$C_{19}H_{26}O_4$

Androstan-3,6,17-trion, 5-Hydroxy- 2886
Androstan-3,11,17-trion, 5-Hydroxy- 2886
Androst-4-en-3,17-dion, 6,11-Dihydroxy- 2885
–, 7,14-Dihydroxy- 2885
–, 9,11-Dihydroxy- 2885
–, 11,14-Dihydroxy- 2885
Androst-5-en-7,17-dion, 3,16-Dihydroxy- 2886
Androst-4-en-3-on, 11,18-Epoxy-17,18-dihydroxy- 2886
[1,4]Benzochinon, 2-Geranyl-5,6-dimethoxy-3-methyl- 2884
Benzo[*a*]heptalen-5-on, 1,2,3-Trimethoxy-7,7a,8,9,10,11,12,12a-octahydro-6*H*- 2883
14,15-Seco-androst-4-en-3,14,16-trion, 11-Hydroxy- 2884

$C_{19}H_{28}O_4$

Androstan-3,17-dion, 4,5-Dihydroxy- 2826
Androstan-11,16-dion, 3,17-Dihydroxy- 2827
Androstan-11,17-dion, 3,5-Dihydroxy- 2827
Androst-4-en-3-on, 11,17,18-Trihydroxy- 2825
Androst-8-en-7-on, 3,11,17-Trihydroxy- 2826
Cycloheptanon, 2-[3-(3,4,5-Trimethoxy-phenyl)-propyl]- 2824

$C_{19}H_{30}O_4$

Androstan-6-on, 3,5,17-Trihydroxy- 2770
Androstan-17-on, 3,5,19-Trihydroxy- 2771
Tridecan-1-on, 1-[2,3,4-Trihydroxy-phenyl]- 2770
Undecan-3-on, 1-[3,4-Dimethoxy-phenyl]-5-hydroxy- 2768

C_{20}

$C_{20}H_{10}O_3$

Indeno[2,1-*b*]fluoren-10,12-dion, 11-Hydroxy- 2675
Perylen-3,10-dion, 1-Hydroxy- 2675

$C_{20}H_{11}ClO_3$
[1,4]Naphthochinon, 2-Chlor-3-[2]naphthyloxy- 2364
$C_{20}H_{12}O_2S$
Anthrachinon, 1-Phenylmercapto- 2592
—, 2-Phenylmercapto- 2600
$C_{20}H_{12}O_2Se_2$
Anthrachinon, 2-Phenyldiselanyl- 2601
$C_{20}H_{12}O_3$
[1,1']Binaphthyl-3,4-dion, 2'-Hydroxy- 2667
—, 4'-Hydroxy- 2667
[1,2]Naphthochinon, 4-[2]Naphthyloxy- 2362
$C_{20}H_{12}O_3S$
Anthrachinon, 1-Benzolsulfinyl- 2592
$C_{20}H_{12}O_4$
Naphthacen-5,12-dion, 6-Acetoxy- 2658
$C_{20}H_{12}O_4S$
Anthrachinon, 1-Benzolsulfonyl- 2592
—, 2-Benzolsulfonyl- 2600
$C_{20}H_{13}Br_3O_3$
Propenon, 2-Brom-1-[4-brom-1-hydroxy-[2]naphthyl]-3-[2-brom-5-methoxy-phenyl]- 2649
$C_{20}H_{13}NO_5$
Phenol, 2,6-Dibenzoyl-4-nitro- 2659
$C_{20}H_{14}BrNO_5$
Propenon, 3-[2-Brom-5-methoxy-phenyl]-1-[1-hydroxy-4-nitro-[2]naphthyl]- 2649
—, 3-[3-Brom-4-methoxy-phenyl]-1-[1-hydroxy-4-nitro-[2]naphthyl]- 2650
—, 3-[5-Brom-2-methoxy-phenyl]-1-[1-hydroxy-4-nitro-[2]naphthyl]- 2648
$C_{20}H_{14}Br_2O_3$
Propenon, 1-[4-Brom-1-hydroxy-[2]naphthyl]-3-[2-brom-3-methoxy-phenyl]- 2648
—, 1-[4-Brom-1-hydroxy-[2]naphthyl]-3-[3-brom-4-methoxy-phenyl]- 2650
—, 1-[4-Brom-1-hydroxy-[2]naphthyl]-3-[5-brom-2-methoxy-phenyl]- 2648
$C_{20}H_{14}Br_3NO_5$
Propan-1-on, 2,3-Dibrom-3-[2-brom-5-methoxy-phenyl]-1-[1-hydroxy-4-nitro-[2]naphthyl]- 2637
—, 2,3-Dibrom-3-[3-brom-4-methoxy-phenyl]-1-[1-hydroxy-4-nitro-[2]naphthyl]- 2638
—, 2,3-Dibrom-3-[5-brom-2-methoxy-phenyl]-1-[1-hydroxy-4-nitro-[2]naphthyl]- 2637
$C_{20}H_{14}Br_4O_3$
Propan-1-on, 2,3-Dibrom-1-[4-brom-1-hydroxy-[2]naphthyl]-3-[2-brom-5-methoxy-phenyl]- 2637
—, 2,3-Dibrom-1-[4-brom-1-hydroxy-[2]naphthyl]-3-[3-brom-4-methoxy-phenyl]- 2637
—, 2,3-Dibrom-1-[4-brom-1-hydroxy-[2]naphthyl]-3-[5-brom-2-methoxy-phenyl]- 2637
$C_{20}H_{14}N_2O_7$
Benzophenon, 2-[2,4-Dinitro-phenoxy]-5-methoxy- 2446
$C_{20}H_{14}O_2S$
Benzil, 4-Phenylmercapto- 2534
$C_{20}H_{14}O_3$
Benz[*a*]anthracen-7,12-dion, 5-Methoxy-6-methyl- 2659
Fluoren-9-on, 1-Hydroxy-3-[4-methoxy-phenyl]- 2658
Phenalen-1,3-dion, 2-Benzyl-4-hydroxy- 2660
Phenol, 2,4-Dibenzoyl- 2659
$C_{20}H_{14}O_4$
[1,4]Benzochinon, 3-Acetoxy-2,5-diphenyl- 2645
Benzo[*c*]fluoren-7-on, 5-Acetoxy-1-methoxy- 2643
$C_{20}H_{15}BrO_3$
Propenon, 1-[4-Brom-1-hydroxy-[2]naphthyl]-3-[2-methoxy-phenyl]- 2648
—, 1-[4-Brom-1-hydroxy-[2]naphthyl]-3-[3-methoxy-phenyl]- 2648
—, 1-[4-Brom-1-hydroxy-[2]naphthyl]-3-[4-methoxy-phenyl]- 2649
$C_{20}H_{15}Br_2NO_5$
Propan-1-on, 2,3-Dibrom-1-[1-hydroxy-4-nitro-[2]naphthyl]-3-[4-methoxy-phenyl]- 2638
$C_{20}H_{15}Br_3O_3$
Propan-1-on, 2,3-Dibrom-1-[4-brom-1-hydroxy-[2]naphthyl]-3-[2-methoxy-phenyl]- 2637
$C_{20}H_{15}NO_5$
Propenon, 1-[1-Hydroxy-4-nitro-[2]naphthyl]-3-[2-methoxy-phenyl]- 2648
—, 1-[1-Hydroxy-4-nitro-[2]naphthyl]-3-[3-methoxy-phenyl]- 2649
—, 1-[1-Hydroxy-4-nitro-[2]naphthyl]-3-[4-methoxy-phenyl]- 2650
$C_{20}H_{16}Cl_4O_4$
Cyclobutan-1,3-dion, 2,4-Diäthyl-2,4-bis-[2,4-dichlor-phenoxy]- 2698
$C_{20}H_{16}N_2O_3$
Phenol, 2,4-Bis-[α-hydroxyimino-benzyl]- 2659
$C_{20}H_{16}O_2S$
Benzophenon, 4-Methoxy-4'-phenylmercapto- 2457
$C_{20}H_{16}O_3$
Benzophenon, 3-Benzyl-2,4-dihydroxy- 2652
—, 4-Benzyloxy-2-hydroxy- 2442
—, 4-Benzyloxy-3-hydroxy- 2450
—, 4-Methoxy-4'-phenoxy- 2454
Propenon, 1-[2-Hydroxy-[1]naphthyl]-3-[4-methoxy-phenyl]- 2647
$C_{20}H_{16}O_4S$
[1,4]Naphthochinon, 5-Acetoxy-2-methyl-3-*p*-tolylmercapto- 2959

$C_{20}H_{16}O_4Se$
Anthrachinon, 1-[4-Acetoxy-but-2-enylselanyl]- 2596
$C_{20}H_{16}O_6Se$
Anthrachinon, 1-[2,2-Diacetoxy-äthylselanyl]- 2596
$C_{20}H_{17}BrO_2S$
Anthrachinon, 1-[2-Brom-cyclohexylmercapto]- 2592
$C_{20}H_{17}Br_2NO_7$
Propan-1-on, 2,3-Dibrom-1-[2,4-diacetoxy-3-nitro-phenyl]-3-*p*-tolyl- 2493
$C_{20}H_{17}ClO_2S$
Anthrachinon, 2-[2-Chlor-cyclohexylmercapto]- 2599
$C_{20}H_{17}ClO_3S$
[1,4]Naphthochinon, 2-[4-(4-Chlor-phenylmercapto)-butyl]-3-hydroxy- 2967
$C_{20}H_{17}NO_7$
Chalkon, 2′,4′-Diacetoxy-4-methyl-3′-nitro-2564
$C_{20}H_{18}O_2S$
Anthrachinon, 1-Cyclohexylmercapto- 2592
$C_{20}H_{18}O_3$
Äthanon, 1-[3,4-Dimethoxy-phenyl]-2-[1]naphthyl- 2635
Cyclohexanon, 2,6-Bis-[4-hydroxy-benzyliden]- 2639
Cyclohex-2-enon, 5-[2-Hydroxy-phenyl]-3-[2-hydroxy-styryl]- 2638
Keton, [2-Methoxy-3-methyl-phenyl]-[4-methoxy-[1]naphthyl]- 2636
$C_{20}H_{18}O_3S$
Anthrachinon, 1-Cyclohexansulfinyl- 2592
[1,4]Naphthochinon, 2-Hydroxy-3-[4-phenylmercapto-butyl]- 2967
—, 2-Hydroxy-3-[3-*p*-tolylmercapto-propyl]- 2966
$C_{20}H_{18}O_3Se$
Anthrachinon, 1-[2-Hydroxy-cyclohexylselanyl]-2596
$C_{20}H_{18}O_4$
Cyclopenta[*a*]phenanthren-11,17-dion, 3-Acetoxy-13-methyl-13,14,15,16-tetrahydro-12*H*- 2624
$C_{20}H_{18}O_4S$
Anthrachinon, 1-Cyclohexansulfonyl- 2592
$C_{20}H_{18}O_4Se$
Anthrachinon, 1-[*β*-Acetoxy-isobutylselanyl]-2595
$C_{20}H_{18}O_5$
But-3-en-2-on, 1-Acetoxy-5-[4-acetoxy-phenyl]-3-phenyl- 2566
Indan-1-on, 2,3-Diacetoxy-2-methyl-3-phenyl-2567
Propenon, 1-[2,4-Diacetoxy-phenyl]-2-methyl-3-phenyl- 2559
$C_{20}H_{18}O_9P_2$
Cyclohexa-2,5-dienon, 4-[4,4′-Bis-phosphonooxy-benzhydryliden]-2-methyl- 2652
$C_{20}H_{20}Br_2O_3$
Cyclohexanon, 2,6-Dibrom-2,6-bis-[α-hydroxy-benzyl]- 2580
$C_{20}H_{20}Br_2O_6S$
Sulfid, Bis-[3-brom-5-butyryl-2,4-dihydroxy-phenyl]- 2754
$C_{20}H_{20}ClN_3O_8S$
Glycin, *γ*-Glutamyl→*S*-[3-chlor-1,4-dioxo-1,4-dihydro-[2]naphthyl]-cysteinyl→-2368
$C_{20}H_{20}Cl_2O_3$
Chalkon, 3,5-Dichlor-2-hydroxy-5′-isopropyl-4′-methoxy-2′-methyl- 2577
$C_{20}H_{20}O_2S$
Naphthalin-1-on, 2-[4-Methoxy-benzyliden]-6-methyl-7-methylmercapto-3,4-dihydro-2*H*- 2623
$C_{20}H_{20}O_3$
Benzocyclohepten-5-on, 6-Benzyliden-2,3-dimethoxy-6,7,8,9-tetrahydro- 2623
Cyclohex-2-enon, 3,4-Bis-[2-methoxy-phenyl]-2621
—, 3,4-Bis-[4-methoxy-phenyl]- 2621
Cyclopenta[*a*]phenanthren-16,17-dion, 3-Methoxy-13,15-dimethyl-7,13,14,15-tetrahydro-6*H*- 2626
Cyclopenta[*a*]phenanthren-17-on, 16-Hydroxy-3-methoxy-13,15-dimethyl-6,7,13,14-tetrahydro- 2626
Cyclopent-2-enon, 2,3-Bis-[4-methoxy-phenyl]-4-methyl- 2622
—, 4,5-Bis-[4-methoxy-phenyl]-3-methyl-2622
Indan-1-on, 6-Äthyl-2-veratryliden- 2623
—, 4,6-Dimethyl-2-veratryliden- 2623
Keton, [4-Methoxy-phenyl]-[2-(4-methoxy-phenyl)-cyclopent-1-enyl]- 2622
$C_{20}H_{20}O_4$
Cyclobutan-1,3-dion, 2,4-Diäthyl-2,4-diphenoxy- 2698
Cyclopenta[*a*]phenanthren-17-on, 3-Acetoxy-14-hydroxy-11,12,13,14,15,16-hexahydro-2577
Penta-1,4-dien-3-on, 1-[4-(2-Hydroxy-äthoxy)-phenyl]-5-[4-methoxy-phenyl]-2618
$C_{20}H_{20}O_5$
Butan-2-on, 1,4-Bis-[4-acetoxy-phenyl]-2489
—, 3,3-Bis-[4-acetoxy-phenyl]- 2495
$C_{20}H_{21}BrO_{12}$
Benzol, 2,4-Diacetoxy-1-brom-3,5-bis-diacetoxymethyl- 2803
$C_{20}H_{21}NO_3$
Anthrachinon, 1-[2-Diäthylamino-äthoxy]-2587
Cyclopent-2-enon, 2,3-Bis-[4-methoxy-phenyl]-4-methyl-, oxim 2622
$C_{20}H_{21}N_3O_3$
Chrysen-1,11-dion, 8-Methoxy-2,3,4,4a,12,12a-hexahydro-, monosemicarbazon 2624

$C_{20}H_{24}O_3$ (Fortsetzung)
Pentan-1-on, 1,3-Bis-[4-methoxy-phenyl]-2-methyl- 2506
Propan-1-on, 1-{5-Methoxy-3-[1-(4-methoxy-phenyl)-propyl]-phenyl}- 2509
$C_{20}H_{24}O_4$
Östra-1,4-dien-3,17-dion, 10-Acetoxy- 2405
Östra-1,3,5(10)-trien-16-on, 3-Acetoxy-17-hydroxy- 2399
Östra-1,3,5(10)-trien-17-on, 1-Acetoxy-3-hydroxy- 2400
–, 3-Acetoxy-11-hydroxy- 2402
$C_{20}H_{24}O_5S_2$
Hexan-3-on, 4,4-Bis-[4-methansulfonyl-phenyl]- 2508
$C_{20}H_{25}NO_3$
Desoxybenzoin, 5-Hexyl-2,4-dihydroxy-, oxim 2521
Östra-1,3,5(10)-trien-16-carbaldehyd, 3-Methoxy-17-oxo-, oxim 2519
$C_{20}H_{25}NO_3S$
Androst-4-en-3,17-dion, 11-Hydroxy-9-thiocyanato- 2885
$C_{20}H_{25}N_3O_3$
Naphthalin-1-on, 5-Hydroxy-5-[3-methoxy-phenyläthinyl]-octahydro-, semicarbazon 2510
$C_{20}H_{26}O_3$
Abieta-8,11,13-trien-6,7-dion, 12-Hydroxy-2412
Äthanon, 1-[3,17-Dihydroxy-östra-1,3,5(10)-trien-2-yl]- 2412
Androsta-1,4-dien-3,11-dion, 17-Hydroxy-6-methyl- 2415
Androsta-3,5-dien-7,17-dion, 3-Methoxy-2409
3,5-Cyclo-*D*-homo-*C*,18-dinor-androst-13(17a)-en-11,17-dion, 6-Methoxy-17a-methyl- 2411
Decan-1-on, 1-[1,4-Dihydroxy-[2]naphthyl]-2411
–, 1-[5,8-Dihydroxy-[2]naphthyl]- 2411
18,19-Dinor-pregna-1,3,5(10)-trien-20-on, 14-Hydroxy-3-methoxy- 2407
D-Homo-18-nor-androsta-13,15,17-trien-3-on, 5-Hydroxy-17a-methoxy- 2406
D-Homo-18-nor-androsta-13,15,17-trien-11-on, 3-Hydroxy-17a-methoxy- 2407
[1,4]Naphthochinon, 2-Decyl-8-hydroxy-2412
19-Nor-pregna-1,3,5(10)-trien-20-on, 3,17-Dihydroxy- 2414
19-Nor-pregn-4-en-20-in-3-on, 10,17-Dihydroxy- 2413
–, 11,17-Dihydroxy- 2414
Octan-1-on, 1-[5,8-Dimethoxy-[2]naphthyl]-2397
Östra-1,3,5(10)-trien-17-on, 3,15-Dimethoxy-2403
–, 2-Hydroxymethyl-3-methoxy- 2407
–, 4-Hydroxymethyl-3-methoxy- 2408
Phenanthren-3-on, 4-Hydroxy-2-[α-hydroxy-isopropyl]-4b,8,8-trimethyl-5,6,7,8-tetrahydro-4b*H*- 2412
16,17-Seco-18,19-dinor-pregna-1,3,5(10)-trien-16-al, 3-Methoxy-20-oxo- 2406
4,5-Seco-*D*-homo-18-nor-androsta-13,15,17-trien-3,5-dion, 17a-Methoxy- 2406
$C_{20}H_{26}O_4$
Decan-1-on, 1-[1,5,8-Trihydroxy-[2]naphthyl]-2983
D-Homo-androst-4-en-3,17,17a-trion, 11-Hydroxy- 2985
19-Nor-pregna-1,3,5(10)-trien-20-on, 3,17,21-Trihydroxy- 2985
Octan-1-on, 1-[1-Hydroxy-5,8-dimethoxy-[2]naphthyl]- 2978
$C_{20}H_{27}NO_3$
19-Nor-pregna-1,3,5(10)-trien-20-on, 3,17-Dihydroxy-, oxim 2414
$C_{20}H_{28}O_4$
4a,9-Cyclo-anthracen-2-carbaldehyd, 7,10-Dihydroxy-4-oxo-1,1,3,10a-tetramethyl-8-methylen-dodecahydro-4*H*-2887
D-Homo-androstan-11,17,17a-trion, 3-Hydroxy- 2887
19-Nor-pregn-4-en-3,20-dion, 11,21-Dihydroxy- 2887
–, 17,21-Dihydroxy- 2888
$C_{20}H_{28}O_5$
Cyclohexan-1,3-dion, 2-[3,3-Diäthoxy-propyl]-5-[4-methoxy-phenyl]- 2969
$C_{20}H_{30}O_4$
Androstan-3,17-dion, 5,11-Dihydroxy-6-methyl- 2829
[7,7']Binorcaranyl-2,2'-dion, 5,5'-Dihydroxy-1,4,4,1',4',4'-hexamethyl- 2828
D-Homo-androstan-11,17-dion, 3,17a-Dihydroxy- 2828
D-Homo-androstan-11,17a-dion, 3,17-Dihydroxy- 2828
19-Nor-pregn-4-en-3-on, 17,20,21-Trihydroxy-2829
Östr-4-en-3-on, 11,17-Dihydroxy-1-[1-hydroxy-äthyl]- 2828
14,15-Seco-androsta-5,15-dien-3-on, 11,14,18-Trihydroxy-16-methyl- 2827
$C_{20}H_{32}O_4$
Propan-1-on, 2-Methyl-1-[2,4,6-trihydroxy-3,5-diisopentyl-phenyl]- 2772
Tricyclo[9.7.1.1^{2,10}]eicosan-19,20-dion, 1,10-Dihydroxy- 2772
$C_{20}H_{36}O_4$
Cycloeicosan-1,10-dion, 11,20-Dihydroxy-2701
Cycloeicosan-1,11-dion, 2,12-Dihydroxy-2701

C_{21}

$C_{21}H_{20}O_4$
Phenanthren-9,10-dion, 3-Acetoxy-7-isopropyl-1,4-dimethyl- 2626
$C_{21}H_{22}N_2O_2$
Äthanon, 1-{4-[1-Äthyl-2-(4-methoxy-phenyl)-but-1-enyl]-phenyl}-2-diazo- 2626
$C_{21}H_{22}O_3$
Äthanon, 2-Hydroxy-2-[3-methyl-2-oxo-cyclohexyl]-1,2-diphenyl- 2627
—, 2-Hydroxy-2-[4-methyl-2-oxo-cyclohexyl]-1,2-diphenyl- 2627
—, 2-Hydroxy-2-[5-methyl-2-oxo-cyclohexyl]-1,2-diphenyl- 2627
$C_{21}H_{22}O_5$
Benzophenon, 2,2′-Diacetoxy-4,5,4′,5′-tetramethyl- 2505
—, 2,2′-Diacetoxy-4,6,4′,6′-tetramethyl- 2504
—, 2,4′-Diacetoxy-4,6,2′,6′-tetramethyl- 2504
—, 4,4′-Diacetoxy-2,6,2′,6′-tetramethyl- 2505
—, 4,4′-Diacetoxy-3,5,3′,5′-tetramethyl- 2505
$C_{21}H_{22}O_7$
Propionsäure, 3,3′-[4-Benzoyl-*m*-phenylendioxy]-di-, dimethylester 2444
$C_{21}H_{23}NO_3$
Anthrachinon, 1-[3-Diäthylamino-propoxy]- 2587
$C_{21}H_{23}N_3O_3$
Cyclopent-2-enon, 4,5-Bis-[4-methoxy-phenyl]-3-methyl-, semicarbazon 2622
$[C_{21}H_{24}NO_3]^+$
Ammonium, Diäthyl-[2-(9,10-dioxo-9,10-dihydro-[1]anthryloxy)-äthyl]-methyl- 2587
$C_{21}H_{24}O_2S$
Butan-1,4-dion, 2-Pentylmercapto-1,4-diphenyl- 2557
$C_{21}H_{24}O_3$
Benzil, 4-Heptyloxy- 2533
Chalkon, 5-Isopropyl-4,4′-dimethoxy-2-methyl- 2577
Hexan-2-on, 4-[3-Acetyl-phenyl]-3-[4-methoxy-phenyl]- 2579
Pregna-1,4-dien-20-in-3,11-dion, 17-Hydroxy- 2581
$C_{21}H_{24}O_4$
Äthanon, 2-Acetoxy-1-[3-(6-methoxy-[2]naphthyl)-cyclohexyl]- 2510
Benzo[*a*]fluoren-11-on, 3-Acetoxy-9-hydroxy-10,11b-dimethyl-1,2,3,4,6,6a,11a,11b-octahydro- 2520
Chrysen-2-on, 1-Acetoxy-8-methoxy-3,4,4a,5,6,11,12,12a-octahydro-1*H*- 2511
Chrysen-4-on, 1-Acetoxy-8-methoxy-2,3,4a,5,6,11,12,12a-octahydro-1*H*- 2512
D-Homo-gona-1,3,5(10),9(11)-tetraen-15-on, 17a-Acetoxy-3-methoxy- 2511
$C_{21}H_{25}BrO_2S$
Propan-1-on, 1-[4-Brom-phenyl]-3-[4-methoxy-phenyl]-3-*tert*-pentylmercapto- 2480
$C_{21}H_{25}ClO_3$
Östra-1,3,5(10)-trien-17-on, 2-Chloracetyl-3-methoxy- 2522
—, 4-Chloracetyl-3-methoxy- 2522
$C_{21}H_{25}F_3O_4$
Pregna-1,4-dien-3,20-dion, 6,9,21-Trifluor-11,17-dihydroxy- 2987
$C_{21}H_{25}NO_3$
Acetamid, *N*-[2′,3′-Dimethoxy-2,3,5,6-tetramethyl-benzhydryliden]- 2503
$C_{21}H_{25}N_3O_3$
Cyclohexanon, 3,4-Bis-[4-methoxy-phenyl]-, semicarbazon 2573
$C_{21}H_{26}BrClO_4$
Pregna-1,4-dien-3,20-dion, 9-Brom-11-chlor-17,21-dihydroxy- 2990
$C_{21}H_{26}BrFO_4$
Pregna-1,4-dien-3,20-dion, 9-Brom-11-fluor-17,21-dihydroxy- 2989
$C_{21}H_{26}Br_2O_4$
Pregn-1-en-3,11,20-trion, 4,21-Dibrom-17-hydroxy- 2995
$C_{21}H_{26}ClFO_4$
Pregn-4-en-3,11,20-trion, 4-Chlor-9-fluor-17-hydroxy- 2997
$C_{21}H_{26}Cl_2O_4$
Pregna-1,4-dien-3,20-dion, 9,11-Dichlor-17,21-dihydroxy- 2989
$C_{21}H_{26}F_2O_4$
Pregna-1,4-dien-3,20-dion, 6,9-Difluor-11,17-dihydroxy- 2986
—, 6,21-Difluor-11,17-dihydroxy- 2986
—, 9,21-Difluor-11,17-dihydroxy- 2986
$C_{21}H_{26}N_2O_7S$
β-Alanin, *N*-Pantoyl-, [2-(8-hydroxy-1,4-dioxo-1,4-dihydro-[2]naphthylmercapto)-äthylamid] 2952
$C_{21}H_{26}OS_2$
Benzophenon, 4,4′-Bis-butylmercapto- 2458
Pentan-3-on, 1,5-Bis-äthylmercapto-1,5-diphenyl- 2498
$C_{21}H_{26}O_3$
Benzophenon, 4,4′-Dibutoxy- 2454
—, 4,4′-Dihydroxy-5,5′-diisopropyl-2,2′-dimethyl- 2523
—, 2,2′-Diisopropoxy-5,5′-dimethyl- 2485
—, 5,5′-Dimethyl-2,2′-dipropoxy- 2485
Heptan-2-on, 3-Äthyl-3,4-bis-[4-hydroxy-phenyl]- 2523
Heptan-3-on, 4,5-Bis-[4-methoxy-phenyl]- 2515
Hexan-2-on, 3,4-Bis-[4-methoxy-phenyl]-3-methyl- 2515
Östra-1,3,5(10)-trien-17-on, 2-Acetyl-3-methoxy- 2522

$C_{21}H_{26}O_3$ (Fortsetzung)
Pentan-1-on, 2-Äthyl-1,3-bis-[4-methoxy-phenyl]- 2514
Pregna-1,4-dien-20-in-3-on, 11,17-Dihydroxy- 2524
Pregna-1,4,6-trien-3,20-dion, 21-Hydroxy- 2525
Pregna-4,6,16-trien-3,20-dion, 12-Hydroxy- 2525
Pregna-4,9(11),16-trien-3,20-dion, 21-Hydroxy- 2526
Pregna-5,7,9(11)-trien-12,20-dion, 3-Hydroxy- 2526
Pregn-4-en-20-in-3,11-dion, 17-Hydroxy- 2525
Propan-1-on, 1-{5-[1-Äthyl-2-(4-hydroxy-phenyl)-butyl]-2-hydroxy-phenyl}- 2523

$C_{21}H_{26}O_3S$
Androsta-4,6-dien-3,17-dion, 1-Acetylmercapto- 2409

$C_{21}H_{26}O_4$
Androsta-1,4-dien-3,17-dion, 2-Acetoxy- 2408
–, 11-Acetoxy- 2409
Chrysen-4-on, 1,1,8-Trimethoxy-2,3,4a,5,6,11,12,12a-octahydro-1*H*- 2576
D-Homo-*C*,18-dinor-androsta-5,13(17a)-dien-11,17-dion, 3-Acetoxy-17a-methyl- 2411
D-Homo-*C*,18-dinor-androsta-13,15,17-trien-11-on, 3-Acetoxy-17-hydroxy-17a-methyl- 2410
D-Homo-gona-1,3,5(10),9(11)-tetraen-15-on, 3,17a,17a-Trimethoxy- 2575
D-Homo-gona-1,3,5(10)-trien-17-on, 17a-Acetoxy-3-methoxy- 2398
Östra-1,3,5(10)-trien-16-on, 17-Acetoxy-3-methoxy- 2399
Östra-1,3,5(10)-trien-17-on, 3-Acetoxy-2-methoxy- 2400
–, 11-Acetoxy-3-methoxy- 2402
–, 16-Acetoxy-3-methoxy- 2404
9,10-Seco-androsta-1,3,5(10)-trien-9,17-dion, 3-Acetoxy- 2406

$C_{21}H_{26}O_5$
Androst-4-en-18-al, 11-Acetoxy-3,16-dioxo- 2983
–, 17-Acetoxy-3,11-dioxo- 2982
Androst-4-en-3,11,17-trion, 6-Acetoxy- 2982
–, 18-Acetoxy- 2982

$C_{21}H_{27}BrO_3$
Pregna-4,9(11)-dien-3,20-dion, 16-Brom-17-hydroxy- 2424
–, 21-Brom-17-hydroxy- 2425

$C_{21}H_{27}BrO_4$
Pregn-4-en-3,11,20-trion, 16-Brom-17-hydroxy- 2997
–, 21-Brom-17-hydroxy- 2997
Pregn-4-en-3,12,20-trion, 16-Brom-17-hydroxy- 3000

$C_{21}H_{27}Br_3O_4$
Pregnan-3,11,20-trion, 2,4,21-Tribrom-17-hydroxy- 2927

$C_{21}H_{27}ClO_3$
Pregna-4,9(11)-dien-3,20-dion, 4-Chlor-17-hydroxy- 2424
–, 21-Chlor-17-hydroxy- 2424

$C_{21}H_{27}ClO_4$
Pregn-4-en-3,11,20-trion, 9-Chlor-17-hydroxy- 2997
–, 21-Chlor-17-hydroxy- 2997

$C_{21}H_{27}FO_3$
Pregna-4,16-dien-3,20-dion, 9-Fluor-11-hydroxy- 2426

$C_{21}H_{27}FO_4$
Pregna-1,4-dien-3,20-dion, 6-Fluor-11,17-dihydroxy- 2986
–, 6-Fluor-17,21-dihydroxy- 2988
–, 9-Fluor-11,17-dihydroxy- 2986
–, 12-Fluor-11,21-dihydroxy- 2987
–, 21-Fluor-11,17-dihydroxy- 2986
Pregna-4,6-dien-3,20-dion, 9-Fluor-11,17-dihydroxy- 2990
Pregn-4-en-3,11,20-trion, 9-Fluor-17-hydroxy- 2997
–, 21-Fluor-17-hydroxy- 2997

$C_{21}H_{27}IO_3$
Pregna-4,9(11)-dien-3,20-dion, 17-Hydroxy-16-jod- 2425

$C_{21}H_{27}IO_4$
Pregna-1,4-dien-3,20-dion, 11,17-Dihydroxy-21-jod- 2987
Pregn-4-en-3,11,20-trion, 17-Hydroxy-16-jod- 2998
–, 17-Hydroxy-21-jod- 2998

$C_{21}H_{27}NO_4$
Amin, [2,2-Diäthoxy-äthyl]-[2,2'-dimethoxy-benzhydryliden]- 2447
D-Homo-*C*,18-dinor-androsta-5,13(17a)-dien-11,17-dion, 3-Acetoxy-17a-methyl-, monooxim 2411

$C_{21}H_{27}N_3O_3$
Hexan-2-on, 3,4-Bis-[4-methoxy-phenyl]-, semicarbazon 2507

$C_{21}H_{27}N_3O_4$
Pregna-1,4-dien-3,20-dion, 21-Azido-11,17-dihydroxy- 2987
Pregn-4-en-3,11,20-trion, 21-Azido-17-hydroxy- 2998

$C_{21}H_{28}BrClO_4$
Pregnan-3,11,20-trion, 4-Brom-21-chlor-17-hydroxy- 2926
–, 21-Brom-4-chlor-17-hydroxy- 2926
Pregn-4-en-3,20-dion, 9-Brom-4-chlor-11,17-dihydroxy- 2905
–, 9-Brom-21-chlor-11,17-dihydroxy- 2905

$C_{21}H_{28}Br_2O_4$
Pregnan-3,11,20-trion, 2,4-Dibrom-17-hydroxy- 2926
–, 4,21-Dibrom-17-hydroxy- 2927

$C_{21}H_{28}O_4$ (Fortsetzung)
Pregna-4,16-dien-3,20-dion, 11,21-Dihydroxy- 2994
Pregn-4-en-19-al, 21-Hydroxy-3,20-dioxo- 3001
Pregn-4-en-21-al, 17-Hydroxy-3,20-dioxo- 3003
Pregn-4-en-3,6,20-trion, 9-Hydroxy- 2995
—, 14-Hydroxy- 2995
—, 17-Hydroxy- 2996
Pregn-4-en-3,11,20-trion, 2-Hydroxy- 2996
—, 17-Hydroxy- 2996
—, 18-Hydroxy- 2998
—, 21-Hydroxy- 2998
Pregn-4-en-3,12,20-trion, 17-Hydroxy- 3000
Pregn-4-en-3,15,20-trion, 6-Hydroxy- 3001
—, 11-Hydroxy- 3001
—, 12-Hydroxy- 3001
—, 17-Hydroxy- 3001
Pregn-5-en-3,11,20-trion, 17-Hydroxy- 3004
Pregn-5-en-7,11,20-trion, 3-Hydroxy- 3004

$C_{21}H_{28}O_5$
Androst-4-en-3,17-dion, 6-Acetoxy-11-hydroxy- 2885

$C_{21}H_{29}BrO_4$
D-Homo-androstan-3,11,17a-trion, 17-Brommethyl-17-hydroxy- 2890
Pregnan-3,11,20-trion, 4-Brom-17-hydroxy- 2925
—, 16-Brom-17-hydroxy- 2926
—, 21-Brom-17-hydroxy- 2926
Pregnan-3,12,20-trion, 21-Brom-17-hydroxy- 2929
Pregn-17(20)-en-21-al, 12-Brom-3,20-dihydroxy-11-oxo- 2931
Pregn-4-en-3,20-dion, 9-Brom-11,17-dihydroxy- 2905
—, 12-Brom-11,21-dihydroxy- 2909
Pregn-16-en-11,20-dion, 12-Brom-3,21-dihydroxy- 2922

$C_{21}H_{29}ClO_4$
Pregnan-3,11,20-trion, 4-Chlor-17-hydroxy- 2925
—, 21-Chlor-17-hydroxy- 2925
Pregn-4-en-3,20-dion, 9-Chlor-11,17-dihydroxy- 2904
—, 12-Chlor-11,21-dihydroxy- 2909
—, 16-Chlor-17,21-dihydroxy- 2916
—, 21-Chlor-11,17-dihydroxy- 2905

$C_{21}H_{29}FO_4$
Pregnan-3,11,20-trion, 6-Fluor-5-hydroxy- 2925
Pregn-4-en-3,20-dion, 6-Fluor-11,17-dihydroxy- 2903
—, 6-Fluor-17,21-dihydroxy- 2915
—, 9-Fluor-11,17-dihydroxy- 2904
—, 12-Fluor-11,21-dihydroxy- 2909
—, 21-Fluor-11,17-dihydroxy- 2904

$C_{21}H_{29}IO_4$
Pregnan-3,11,20-trion, 17-Hydroxy-16-jod- 2927
Pregn-4-en-3,20-dion, 11,17-Dihydroxy-21-jod- 2906

$C_{21}H_{29}NO_3$
Abieta-8,11,13-trien-6,7-dion, 12-Methoxy-, monooxim 2412

$C_{21}H_{29}N_3O_4$
Pregn-4-en-3,20-dion, 21-Azido-11,17-dihydroxy- 2906

$C_{21}H_{30}BrClO_4$
Pregnan-11,20-dion, 21-Brom-12-chlor-3,17-dihydroxy- 2857

$C_{21}H_{30}Br_2O_4$
Pregnan-12,20-dion, 16,21-Dibrom-3,17-dihydroxy- 2862

$C_{21}H_{30}N_2O_5$
Pregn-4-en-3-on, 17,21-Dihydroxy-20-nitroimino- 2915

$C_{21}H_{30}O_3S_2$
Benzo[*a*]heptalen, 1,2,3-Trimethoxy-9,9-bis-methylmercapto-5,6,7,7a,8,9,10,11-octahydro- 2976

$C_{21}H_{30}O_4$
Androstan-11,17-dion, 16-Acetyl-3-hydroxy- 2891
Butan-1-on, 3-Methyl-1-[2,4,6-trihydroxy-3,5-bis-(3-methyl-but-2-enyl)-phenyl]- 2888
Corticosteron 2907
D-Homo-androstan-3,11,17a-trion, 17-Hydroxy-17-methyl- 2890
D-Homo-androst-4-en-3,17-dion, 11,17a-Dihydroxy-17a-methyl- 2889
—, 16,17a-Dihydroxy-17a-methyl- 2888
—, 17a-Hydroxy-17a-hydroxymethyl- 2890
D-Homo-androst-4-en-3,17a-dion, 17-Hydroxy-17-hydroxymethyl- 2890
D-Homo-androst-16-en-11,17a-dion, 3,17-Dihydroxy-16-methyl- 2890
D-Homo-androst-17-en-11,16-dion, 3,17-Dihydroxy-17a-methyl- 2889
Pregna-1,4-dien-3-on, 17,20,21-Trihydroxy- 2891
Pregnan-11,20-dion, 3,9-Epoxy-3-hydroxy- 2925
Pregnan-3,6,20-trion, 11-Hydroxy- 2924
—, 14-Hydroxy- 2924
—, 17-Hydroxy- 2924
—, 21-Hydroxy- 2924
Pregnan-3,11,20-trion, 5-Hydroxy- 2924
—, 17-Hydroxy- 2925
—, 21-Hydroxy- 2927
Pregnan-3,12,20-trion, 7-Hydroxy- 2928
—, 17-Hydroxy- 2929
Pregnan-7,12,20-trion, 3-Hydroxy- 2930
Pregn-4-en-21-al, 11,20-Dihydroxy-3-oxo- 2918
Pregn-4-en-3,20-dion, 2,11-Dihydroxy- 2894
—, 2,15-Dihydroxy- 2894
—, 2,17-Dihydroxy- 2894
—, 4,21-Dihydroxy- 2923

$C_{21}H_{30}O_4$ (Fortsetzung)
Pregn-4-en-3,20-dion, 6,9-Dihydroxy- 2895
–, 6,11-Dihydroxy- 2895
–, 6,14-Dihydroxy- 2896
–, 6,15-Dihydroxy- 2910
–, 6,16-Dihydroxy- 2896
–, 6,17-Dihydroxy- 2897
–, 6,21-Dihydroxy- 2897
–, 7,11-Dihydroxy- 2898
–, 7,14-Dihydroxy- 2898
–, 7,15-Dihydroxy- 2899
–, 7,21-Dihydroxy- 2899
–, 9,14-Dihydroxy- 2900
–, 9,15-Dihydroxy- 2900
–, 9,21-Dihydroxy- 2901
–, 11,15-Dihydroxy- 2901
–, 11,16-Dihydroxy- 2902
–, 11,17-Dihydroxy- 2902
–, 11,21-Dihydroxy- 2907
–, 12,15-Dihydroxy- 2910
–, 12,17-Dihydroxy- 2910
–, 14,21-Dihydroxy- 2910
–, 15,17-Dihydroxy- 2911
–, 15,21-Dihydroxy- 2911
–, 16,17-Dihydroxy- 2911
–, 16,21-Dihydroxy- 2912
–, 17,21-Dihydroxy- 2913
–, 18,21-Dihydroxy- 2917
–, 19,21-Dihydroxy- 2917
Pregn-5-en-7,20-dion, 3,11-Dihydroxy- 2919
–, 3,17-Dihydroxy- 2919
–, 3,21-Dihydroxy- 2919
Pregn-5-en-11,20-dion, 3,17-Dihydroxy- 2920
Pregn-7-en-3,20-dion, 17,21-Dihydroxy- 2920
Pregn-9(11)-en-3,20-dion, 17,21-Dihydroxy- 2921
Pregn-4-en-3-on, 11,18-Epoxy-18,20-dihydroxy- 2893
–, 18,20-Epoxy-11,20-dihydroxy- 2906

$C_{21}H_{30}O_5$
Androstan-3,17-dion, 4-Acetoxy-5-hydroxy- 2826
Androstan-11,17-dion, 3-Acetoxy-5-hydroxy- 2827
Pregn-4-en-3,20-dion, 11,21,21-Trihydroxy- 3002

$C_{21}H_{31}BrO_4$
Pregnan-3,20-dion, 4-Brom-11,17-dihydroxy- 2847
–, 4-Brom-12,17-dihydroxy- 2850
–, 21-Brom-11,17-dihydroxy- 2847
Pregnan-11,20-dion, 21-Brom-3,17-dihydroxy- 2857
Pregnan-12,20-dion, 16-Brom-3,17-dihydroxy- 2861
–, 21-Brom-3,17-dihydroxy- 2861

$C_{21}H_{31}ClO_4$
Pregnan-3,20-dion, 4-Chlor-11,17-dihydroxy- 2846
Pregnan-11,20-dion, 12-Chlor-3,17-dihydroxy- 2856
–, 21-Chlor-3,17-dihydroxy- 2856

$C_{21}H_{31}FO_4$
Pregnan-3,20-dion, 6-Fluor-5,11-dihydroxy- 2844

$C_{21}H_{32}N_2O_4$
Pregn-4-en-3,20-dion, 17,21-Dihydroxy-, dioxim 2914

$C_{21}H_{32}O_4$
D-Homo-androstan-11,17-dion, 3,17a-Dihydroxy-17a-methyl- 2831
D-Homo-androstan-11,17a-dion, 3,17-Dihydroxy-17-methyl- 2832
D-Homo-androst-5-en-17-on, 3,16,17a-Trihydroxy-17a-methyl- 2829
Pregnan-3,12-dion, 17,20-Dihydroxy- 2844
Pregnan-3,20-dion, 5,19-Dihydroxy- 2844
–, 5,21-Dihydroxy- 2844
–, 11,15-Dihydroxy- 2845
–, 11,17-Dihydroxy- 2845
–, 11,21-Dihydroxy- 2847
–, 12,15-Dihydroxy- 2849
–, 12,17-Dihydroxy- 2849
–, 16,21-Dihydroxy- 2850
–, 17,21-Dihydroxy- 2850
Pregnan-7,11-dion, 3,20-Dihydroxy- 2852
Pregnan-7,20-dion, 3,11-Dihydroxy- 2852
Pregnan-11,20-dion, 3,5-Dihydroxy- 2852
–, 3,12-Dihydroxy- 2853
–, 3,17-Dihydroxy- 2854
–, 3,21-Dihydroxy- 2858
Pregnan-12,20-dion, 3,7-Dihydroxy- 2859
–, 3,17-Dihydroxy- 2860
Pregn-4-en-3-on, 11,17,20-Trihydroxy- 2833
–, 11,20,21-Trihydroxy- 2834
–, 17,20,21-Trihydroxy- 2834
Pregn-4-en-20-on, 3,6,17-Trihydroxy- 2836
–, 3,6,21-Trihydroxy- 2836
–, 3,12,14-Trihydroxy- 2838
Pregn-5-en-20-on, 3,7,11-Trihydroxy- 2837
–, 3,11,17-Trihydroxy- 2837
–, 3,14,15-Trihydroxy- 2838
–, 3,16,17-Trihydroxy- 2838
–, 3,17,21-Trihydroxy- 2840
Pregn-8-en-7-on, 3,11,20-Trihydroxy- 2842

$C_{21}H_{32}O_5$
Androstan-3-on, 17-Acetoxy-4,5-dihydroxy- 2770
Androstan-17-on, 3-Acetoxy-5,14-dihydroxy- 2771

$C_{21}H_{32}O_7S$
Pregn-4-en-21-sulfonsäure, 11,20,21-Trihydroxy-3-oxo- 2918

$C_{21}H_{33}BrO_4$
Pentadecan-1-on, 1-[5-Brom-2,3,4-trihydroxy-phenyl]- 2772

$C_{21}H_{33}BrO_4$ (Fortsetzung)
Pregnan-12-on, 11-Brom-3,17,20-trihydroxy- 2776
Pregnan-20-on, 21-Brom-3,11,17-trihydroxy- 2781
–, 21-Brom-3,12,17-trihydroxy- 2785

$C_{21}H_{33}NO_4$
Pregnan-7,11-dion, 3,20-Dihydroxy-, 7-oxim 2852
Pregn-5-en-20-on, 3,14,15-Trihydroxy-, oxim 2838

$C_{21}H_{34}O_4$
Butan-1-on, 1-[2,4,6-Trihydroxy-3,5-diisopentyl-phenyl]-3-methyl- 2772
D-Homo-androstan-11-on, 3,17,17a-Trihydroxy-17-methyl- 2773
D-Homo-androstan-17-on, 3,16,17a-Trihydroxy-17a-methyl- 2772
Pentadecan-1-on, 1-[2,3,4-Trihydroxy-phenyl]- 2772
Pregnan-18-al, 3,11,20-Trihydroxy- 2776
Pregnan-3-on, 11,17,20-Trihydroxy- 2774
Pregnan-7-on, 3,11,20-Trihydroxy- 2774
Pregnan-11-on, 3,17,20-Trihydroxy- 2775
Pregnan-12-on, 3,17,20-Trihydroxy- 2775
Pregnan-20-on, 2,3,15-Trihydroxy- 2776
–, 3,4,5-Trihydroxy- 2776
–, 3,5,6-Trihydroxy- 2776
–, 3,5,19-Trihydroxy- 2777
–, 3,7,21-Trihydroxy- 2778
–, 3,11,17-Trihydroxy- 2778
–, 3,11,21-Trihydroxy- 2781
–, 3,12,17-Trihydroxy- 2783
–, 3,17,21-Trihydroxy- 2787

$C_{21}H_{35}NO_4$
Pregnan-11-on, 3,17,20-Trihydroxy-, oxim 2775

C_{22}

$C_{22}H_{10}O_3$
Dibenzo[*cd,mn*]pyren-4,8-dion, 12-Hydroxy- 2682
Dibenzo[*cd,mn*]pyren-4,8,12-trion, 12c*H*- 2682

$C_{22}H_{12}Cl_2O_2S_2$
[1,4]Naphthochinon, 2,3-Bis-[4-chlor-phenylmercapto]- 2956

$C_{22}H_{12}O_3$
Dibenz[*a,h*]anthracen-7,14-dion, 5-Hydroxy- 2679
–, 6-Hydroxy- 2679
Pentaphen-5,14-dion, 8-Hydroxy- 2678

$C_{22}H_{13}ClO_2S_2$
[1,4]Naphthochinon, 2-[4-Chlor-phenylmercapto]-3-phenylmercapto- 2956

$C_{22}H_{14}ClNO_5$
Chalkon, 5′-Benzoyl-3′-chlor-2′-hydroxy-3-nitro- 2670

$C_{22}H_{14}O_2S_2$
[1,4]Naphthochinon, 2,3-Bis-phenylmercapto- 2956

$C_{22}H_{14}O_3$
Dibenz[*a,de*]anthracen-8-on, 2,7-Dihydroxy-5-methyl- 2675

$C_{22}H_{15}BrO_2S$
Anthrachinon, 1-[*β*-Brom-phenäthylmercapto]- 2593

$C_{22}H_{15}ClO_2S$
Anthrachinon, 2-[*β*-Chlor-phenäthylmercapto]- 2600
Indan-1,3-dion, 2-[4-Chlor-α-phenylmercapto-benzyl]- 2615

$C_{22}H_{15}ClO_3$
Chalkon, 5′-Benzoyl-3′-chlor-2′-hydroxy- 2670

$C_{22}H_{15}NO_4S$
Indan-1,3-dion, 2-[2-Nitro-α-phenylmercapto-benzyl]- 2615
–, 2-[3-Nitro-*α*-phenylmercapto-benzyl]- 2615
–, 2-[4-Nitro-α-phenylmercapto-benzyl]- 2615

$C_{22}H_{15}NO_5$
Chalkon, 5′-Benzoyl-2′-hydroxy-3-nitro- 2670

$C_{22}H_{16}Br_2O_3$
Benzophenon, 3-[2,3-Dibrom-3-phenyl-propionyl]-4-hydroxy- 2662

$C_{22}H_{16}O_2S$
Indan-1,3-dion, 2-[α-Phenylmercapto-benzyl]- 2615

$C_{22}H_{16}O_3$
But-2-en-1,4-dion, 2-Phenoxy-1,4-diphenyl- 2612
Chalkon, 5′-Benzoyl-2′-hydroxy- 2670
Fluoren-9-on, 4-[2-Methoxy-4-methyl-benzoyl]- 2669
–, 4-[2-Methoxy-5-methyl-benzoyl]- 2668
–, 4-[4-Methoxy-3-methyl-benzoyl]- 2668
Indan-1,2-dion, 5-Methoxy-3,3-diphenyl- 2667
Propan-1,3-dion, 2-Benzyliden-1-[2-hydroxy-phenyl]-3-phenyl- 2670

$C_{22}H_{16}O_4S$
Anthrachinon, 2-[Toluol-4-sulfonylmethyl]- 2608

$C_{22}H_{17}BrO_4$
Propenon, 1-[1-Acetoxy-4-brom-[2]naphthyl]-3-[4-methoxy-phenyl]- 2650

$C_{22}H_{17}Br_2NO_5$
Propan-1-on, 1-[4-Benzyloxy-2-hydroxy-5-nitro-phenyl]-2,3-dibrom-3-phenyl- 2475

$C_{22}H_{17}ClO_3$
Indan-1-on, 2-Chlor-3-[2,4-dihydroxy-phenyl]-2-methyl-3-phenyl- 2663

$C_{22}H_{26}O_4$
Chrysen-2-on, 12a-Acetoxy-7-methoxy-4a-methyl-3,4,4a,5,6,11,12,12a-octahydro-1*H*- 2518
18,19-Dinor-pregna-1,3,5(10),16-tetraen-20-on, 21-Acetoxy-3-methoxy- 2519
[1,4]Naphthochinon, 2-Acetoxy-3-[4-cyclohexyl-butyl]- 2521

$C_{22}H_{26}O_5$
Östra-1,3,5(10)-trien-6-on, 3,17-Diacetoxy-2399
Östra-1,3,5(10)-trien-17-on, 1,3-Diacetoxy-2400
–, 1,4-Diacetoxy- 2400
–, 3,4-Diacetoxy- 2401
–, 3,7-Diacetoxy- 2402
–, 3,11-Diacetoxy- 2402
–, 3,16-Diacetoxy- 2404
–, 3,18-Diacetoxy- 2404

$C_{22}H_{26}O_6S$
Sulfid, Bis-[5-butyryl-4-hydroxy-2-methoxy-phenyl]- 2754
–, Bis-[2,4-dimethoxy-5-propionyl-phenyl]- 2746

$C_{22}H_{27}BrO_3$
Äthanon, 1-{5-[1-Äthyl-2-(4-methoxy-phenyl)-butyl]-2-methoxy-phenyl}-2-brom-2521

$C_{22}H_{27}NO_3$
Chalkon, 4'-[2-Diäthylamino-äthoxy]-4-methoxy- 2542

$C_{22}H_{27}NO_4$
Chrysen-2-on, 12a-Acetoxy-7-methoxy-4a-methyl-3,4,4a,5,6,11,12,12a-octahydro-1*H*-, oxim 2518

$C_{22}H_{28}F_2O_4$
Pregna-1,4-dien-3,20-dion, 9,21-Difluor-11,17-dihydroxy-6-methyl- 3006

$C_{22}H_{28}N_2O_4$
Pregn-4-en-3,20-dion, 21-Diazo-11-formyloxy- 3002

$C_{22}H_{28}N_6O_7$
Äther, Bis-[1-(3,4-dimethoxy-phenyl)-2-semicarbazono-äthyl]- 2743

$C_{22}H_{28}O_3$
Äthanon, 1-{5-[1-Äthyl-2-(4-methoxy-phenyl)-butyl]-2-methoxy-phenyl}- 2520
Butan-1-on, 1-{5-[1-Äthyl-2-(4-hydroxy-phenyl)-butyl]-2-hydroxy-phenyl}- 2526
Octan-1-on, 1,2-Bis-[4-methoxy-phenyl]-2520
Propan-1-on, 1-{4-[1-Äthyl-2-hydroxy-2-(4-methoxy-phenyl)-butyl]-phenyl}- 2523

$C_{22}H_{28}O_4$
Abieta-8,11,13-trien-6,7-dion, 12-Acetoxy-2412
Äthanon, 1-[17-Acetoxy-3-hydroxy-östra-1,3,5(10)-trien-2-yl]- 2413
18,19-Dinor-pregna-1,3,5(10)-trien-20-on, 21-Acetoxy-3-methoxy- 2407
D-Homo-18-nor-androsta-13,15,17-trien-3-on, 5-Acetoxy-17a-methoxy- 2407
D-Homo-18-nor-androsta-13,15,17-trien-11-on, 3-Acetoxy-17a-methoxy- 2407
19-Nor-pregna-1,3,5(10)-trien-20-on, 3-Acetoxy-17-hydroxy- 2414

$C_{22}H_{28}O_6$
Östra-1,5(10)-dien-3-on, 4,4-Diacetoxy-17-hydroxy- 2405

$C_{22}H_{29}FO_4$
Pregna-1,4-dien-3,20-dion, 9-Fluor-11,17-dihydroxy-6-methyl- 3006
–, 21-Fluor-11,17-dihydroxy-6-methyl-3006

$C_{22}H_{29}NO_3$
Äthanon, 1-{5-[1-Äthyl-2-(4-methoxy-phenyl)-butyl]-2-methoxy-phenyl}-, oxim 2521
Propan-1-on, 1-[4-(2-Diäthylamino-äthoxy)-phenyl]-3-[4-methoxy-phenyl]- 2478

$C_{22}H_{29}NO_3S$
Pregn-4-en-3,20-dion, 17-Hydroxy-21-thiocyanato- 2917

$C_{22}H_{29}N_3O_3$
Hexan-2-on, 3,4-Bis-[4-methoxy-phenyl]-3-methyl-, semicarbazon 2515

$C_{22}H_{29}N_3O_4$
D-Homo-*C*,18-dinor-androsta-5,13(17a)-dien-11,17-dion, 3-Acetoxy-17a-methyl-, monosemicarbazon 2411

$C_{22}H_{30}BrN_3O_4$
Pregn-4-en-3,11,20-trion, 21-Brom-17-hydroxy-, 3-semicarbazon 2997

$C_{22}H_{30}Br_2O_4$
21,24-Dinor-cholan-23-al, 22,22-Dibrom-3-hydroxy-11,20-dioxo- 2935

$C_{22}H_{30}F_2O_4$
Pregn-4-en-3,20-dion, 9,21-Difluor-11,17-dihydroxy-6-methyl- 2936

$C_{22}H_{30}O_3$
Decan-1-on, 1-[5,8-Dimethoxy-[2]naphthyl]-2411
21,24-Dinor-chol-4-en-20-in-3-on, 17,23-Dihydroxy- 2429
Dodecan-1-on, 1-[1,4-Dihydroxy-[2]naphthyl]-2429
D-Homo-pregn-20-in-3,11-dion, 17a-Hydroxy- 2429
19-Nor-pregna-1,3,5(10)-trien-20-on, 17-Hydroxy-3-methoxy-1-methyl- 2417
Pregna-4,6-dien-3,20-dion, 17-Hydroxy-6-methyl- 2430
Pregna-4,17(20)-dien-3-on, 11,21-Dihydroxy-2-methylen- 2430

$C_{22}H_{30}O_4$
Decan-1-on, 1-[1-Hydroxy-5,8-dimethoxy-[2]naphthyl]- 2983
D-Homo-pregn-4-en-3,11,20-trion, 17a-Hydroxy- 3005
Pregna-1,4-dien-3,20-dion, 11,17-Dihydroxy-6-methyl- 3006

$C_{22}H_{30}O_4$ (Fortsetzung)
Pregna-1,4-dien-3,20-dion, 17,21-Dihydroxy-16-methyl- 3007
Pregn-4-en-3,11,20-trion, 17-Hydroxy-6-methyl- 3007
–, 21-Hydroxy-17-methyl- 3008
$C_{22}H_{30}O_5$
D-Homo-androstan-3,11,17-trion, 17a-Acetoxy- 2887
D-Homo-androstan-3,11,17a-trion, 17-Acetoxy- 2887
19-Nor-pregn-4-en-3,20-dion, 21-Acetoxy-17-hydroxy- 2888
Pregn-4-en-3,20-dion, 16-Formyloxy-17-hydroxy- 2911
–, 21-Formyloxy-17-hydroxy- 2913
Pregn-5-en-11,20-dion, 3-Formyloxy-17-hydroxy- 2920
$C_{22}H_{31}BrO_4$
D-Homo-pregnan-3,11,20-trion, 4-Brom-17a-hydroxy- 2934
–, 21-Brom-17a-hydroxy- 2935
$C_{22}H_{31}BrO_6S$
Pregn-4-en-3,20-dion, 16-Brom-17-hydroxy-11-methansulfonyloxy- 2905
$C_{22}H_{31}FO_4$
Pregn-4-en-3,20-dion, 6-Fluor-17,21-dihydroxy-16-methyl- 2937
–, 9-Fluor-11,17-dihydroxy-2-methyl-2935
–, 9-Fluor-11,17-dihydroxy-6-methyl-2936
–, 21-Fluor-11,17-dihydroxy-6-methyl-2936
$C_{22}H_{32}O_4$
3,5-Cyclo-*D*-homo-*C*,18-dinor-androst-13(17a)-en-11-on, 17-Hydroxy-17-[1-hydroxy-äthyl]-6-methoxy-17a-methyl-2934
21,24-Dinor-cholan-23-al, 3-Hydroxy-11,20-dioxo- 2935
D-Homo-pregnan-3,11,20-trion, 17a-Hydroxy- 2934
D-Homo-pregn-4-en-3,20-dion, 17a,21-Dihydroxy- 2934
Pregnan-3,11,20-trion, 5-Hydroxy-6-methyl-2936
–, 17-Hydroxy-16-methyl- 2937
Pregn-4-en-3,20-dion, 11,17-Dihydroxy-2-methyl- 2935
–, 11,17-Dihydroxy-6-methyl- 2935
–, 11,21-Dihydroxy-17-methyl- 2938
–, 17,21-Dihydroxy-16-methyl- 2937
–, 21-Hydroxy-16-methoxy- 2912
$C_{22}H_{32}O_5$
Pregnan-11,20-dion, 3-Formyloxy-17-hydroxy- 2855
$C_{22}H_{32}O_6S$
Pregn-4-en-3,20-dion, 17-Hydroxy-11-methansulfonyloxy- 2903
$C_{22}H_{33}BrO_4$
D-Homo-pregnan-11,20-dion, 21-Brom-3,17a-dihydroxy- 2863
Pregnan-11,20-dion, 21-Brom-3,17-dihydroxy-16-methyl- 2866
$C_{22}H_{34}O_4$
23,24-Dinor-cholan-3,6-dion, 11,22-Dihydroxy- 2863
23,24-Dinor-chol-4-en-3-on, 6,11,22-Trihydroxy- 2863
D-Homo-pregnan-11,20-dion, 3,17a-Dihydroxy- 2862
Pregnan-3,20-dion, 5,11-Dihydroxy-6-methyl-2864
–, 5,17-Dihydroxy-6-methyl- 2864
Pregnan-11,20-dion, 3,17-Dihydroxy-16-methyl- 2865
Pregnan-12,20-dion, 3-Hydroxy-16-methoxy-2860
$C_{22}H_{34}O_5$
Pregnan-20-on, 3-Formyloxy-11,17-dihydroxy- 2779
–, 11-Formyloxy-3,17-dihydroxy- 2779
$C_{22}H_{35}BrO_4$
Hexadecan-1-on, 1-[5-Brom-2,3,4-trihydroxy-phenyl]- 2790
Pregnan-20-on, 21-Brom-3,11,17-trihydroxy-16-methyl- 2792
$C_{22}H_{36}O_2S_2$
[1,4]Benzochinon, 2,5-Bis-octylmercapto-2709
$C_{22}H_{36}O_4$
Androstan-17-on, 3,7,11-Trihydroxy-4,4,14-trimethyl- 2792
Hexadecan-1-on, 1-[2,3,4-Trihydroxy-phenyl]-2790
D-Homo-androstan-11-on, 3,17,17a-Trihydroxy-17,17a-dimethyl- 2791
D-Homo-pregnan-11-on, 3,17a,20-Trihydroxy-2790
Pregnan-20-on, 3,5,17-Trihydroxy-6-methyl-2791
–, 3,11,17-Trihydroxy-16-methyl- 2791

C_{23}

$C_{23}H_{14}O_3$
Benzo[*b*]fluoren-5,10-dion, 11-Hydroxy-11-phenyl-11*H*- 2679
Dibenz[*a,h*]anthracen-7,14-dion, 2-Methoxy-2678
–, 3-Methoxy- 2678
–, 5-Methoxy- 2679
–, 6-Methoxy- 2679
[1,4]Naphthochinon, 2-Fluoren-9-yl-3-hydroxy- 2679
$C_{23}H_{15}ClO_2S_2$
[1,4]Naphthochinon, 2-[4-Chlor-phenylmercapto]-3-*p*-tolylmercapto- 2956

$C_{23}H_{16}FNO_4S$
Indan-1,3-dion, 2-[4-Fluor-4'-methyl≈mercapto-benzhydryl]-2-nitro- 2671
$C_{23}H_{16}FNO_5$
Indan-1,3-dion, 2-[4-Fluor-4'-methoxy-benzhydryl]-2-nitro- 2670
$C_{23}H_{16}N_2O$
Benzo[*a*]phenazin, 2-Methoxy-5-phenyl- 2631
—, 5-[4-Methoxy-phenyl]- 2631
$C_{23}H_{16}O_2S$
Anthrachinon, 1-[2-Phenyl-propenyl≈mercapto]- 2593
$C_{23}H_{16}O_2S_2$
[1,4]Naphthochinon, 2-Phenylmercapto-3-*o*-tolylmercapto- 2956
—, 2-Phenylmercapto-3-*p*-tolylmercapto- 2956
$C_{23}H_{16}O_2Se$
Anthrachinon, 1-[2-Phenyl-propenylselanyl]- 2595
$C_{23}H_{17}ClO_2S$
Indan-1,3-dion, 2-[α-Benzylmercapto-4-chlor-benzyl]- 2615
—, 2-[4-Chlor-α-*o*-tolylmercapto-benzyl]- 2615
—, 2-[4-Chlor-α-*p*-tolylmercapto-benzyl]- 2615
$C_{23}H_{17}NO_4S$
Indan-1,3-dion, 2-[α-Benzylmercapto-2-nitro-benzyl]- 2615
—, 2-[α-Benzylmercapto-3-nitro-benzyl]- 2615
—, 2-[α-Benzylmercapto-4-nitro-benzyl]- 2616
—, 2-[2-Nitro-α-*o*-tolylmercapto-benzyl]- 2615
—, 2-[2-Nitro-α-*p*-tolylmercapto-benzyl]- 2615
—, 2-[3-Nitro-α-*o*-tolylmercapto-benzyl]- 2615
—, 2-[3-Nitro-α-*p*-tolylmercapto-benzyl]- 2615
—, 2-[4-Nitro-α-*o*-tolylmercapto-benzyl]- 2615
—, 2-[4-Nitro-α-*p*-tolylmercapto-benzyl]- 2616
$C_{23}H_{18}Br_2O_3$
Benzophenon, 3-[2,3-Dibrom-3-phenyl-propionyl]-4-hydroxy-4'-methyl- 2664
$C_{23}H_{18}O_2S$
Indan-1,3-dion, 2-[α-Benzylmercapto-benzyl]- 2615
—, 2-[3-Methyl-α-phenylmercapto-benzyl]- 2620
—, 2-[4-Methyl-α-phenylmercapto-benzyl]- 2620
—, 2-[α-*o*-Tolylmercapto-benzyl]- 2615
—, 2-[α-*p*-Tolylmercapto-benzyl]- 2615
$C_{23}H_{18}O_3$
But-2-en-1,4-dion, 1,4-Diphenyl-2-*m*-tolyloxy- 2612
—, 1,4-Diphenyl-2-*o*-tolyloxy- 2612
—, 1,4-Diphenyl-2-*p*-tolyloxy- 2613
Chalkon, 5'-Benzoyl-2'-hydroxy-3'-methyl- 2671
Inden-1-on, 2,3-Bis-[4-methoxy-phenyl]- 2668
Keton, Bis-[1-methoxy-[2]naphthyl]- 2669
—, Bis-[3-methoxy-[2]naphthyl]- 2669
—, Bis-[4-methoxy-[1]naphthyl]- 2669
$C_{23}H_{18}O_4$
Benzol, 2-Acetoxy-1,3-dibenzoyl-5-methyl- 2661
$C_{23}H_{18}O_4S_2$
Anthrachinon, 1-[2-(Toluol-4-sulfonyl)-äthylmercapto]- 2593
—, 2-[2-(Toluol-4-sulfonyl)-äthyl≈mercapto]- 2600
$C_{23}H_{18}O_5$
Propenon, 1-[1-Acetoxy-[2]naphthyl]-3-[4-acetoxy-phenyl]- 2649
$C_{23}H_{19}ClO_3$
Chalkon, 4'-[3-Chlor-4-methoxy-phenyl]-4-methoxy- 2661
Indan-1-on, 2-Äthyl-2-chlor-3-[2,4-dihydroxy-phenyl]-3-phenyl- 2664
—, 2-Chlor-3-[2,4-dihydroxy-6-methyl-phenyl]-2-methyl-3-phenyl- 2664
$C_{23}H_{20}O_2S$
Butan-1,4-dion, 2-Benzylmercapto-1,4-diphenyl- 2558
$C_{23}H_{20}O_3$
Butan-1,4-dion, 1,4-Diphenyl-2-*o*-tolyloxy- 2557
Chalkon, 4-Methoxy-4'-[4-methoxy-phenyl]- 2661
Desoxybenzoin, 4-Methoxy-3'-phenylacetyl- 2662
—, 4-Methoxy-4'-phenylacetyl- 2663
Propenon, 1,3-Bis-[4-methoxy-phenyl]-3-phenyl- 2660
—, 3,3-Bis-[4-methoxy-phenyl]-1-phenyl- 2660
$C_{23}H_{20}O_4S$
Butan-1,4-dion, 1,4-Diphenyl-2-phenyl≈methansulfonyl- 2558
$C_{23}H_{21}ClO_4$
Benzophenon, 4-Benzyloxy-3-[3-chlor-2-hydroxy-propoxy]- 2450
$C_{23}H_{21}ClO_4S$
Propan-1-on, 1-[4-Chlor-phenyl]-3-[4-methoxy-phenyl]-3-[toluol-4-sulfonyl]- 2480
—, 3-[2-Chlor-phenyl]-1-[4-methoxy-phenyl]-3-[toluol-4-sulfonyl]- 2479
$C_{23}H_{21}NO_3$
Indan-2-on, 1,3-Dihydroxy-1,3-di-*m*-tolyl-, oxim 2664

$C_{23}H_{22}Br_2O_5$
Cyclopentanon, 2,5-Bis-[α-acetoxy-benzyl]-2,5-dibrom- 2578
$C_{23}H_{22}Br_4O_5$
Benzophenon, 4,4′-Diacetoxy-3,3′-bis-[2,3-dibrom-propyl]- 2516
$C_{23}H_{22}N_2O_6S$
β-Alanin, *N*-Benzyloxycarbonyl-, [2-(8-hydroxy-1,4-dioxo-1,4-dihydro-[2]naphthylmercapto)-äthylamid] 2952
$C_{23}H_{22}O_3$
Cycloheptatrienon, 2,7-Bis-[4-methoxy-benzyl]- 2653
Cyclohept-3-enon, 2,7-Bis-[2-methoxy-benzyliden]- 2653
Penta-1,4-dien-3-on, 1,5-Bis-[4-allyloxy-phenyl]- 2618
Propan-1-on, 1-[3-Benzyl-4-benzyloxy-2-hydroxy-phenyl]- 2495
—, 1,2-Bis-[4-methoxy-phenyl]-3-phenyl- 2653
$C_{23}H_{22}O_4$
Äthanon, 1-[4,6-Bis-benzyloxy-2-hydroxy-3-methyl-phenyl]- 2751
$C_{23}H_{22}O_4Se$
Anthrachinon, 1-[2-Propionyloxy-cyclohexylselanyl]- 2596
$C_{23}H_{22}O_5$
Äthanon, 1-[4-Benzyloxy-3-methoxy-phenyl]-2-[2-methoxy-phenoxy]- 2739
Benzophenon, 4,4′-Diacetoxy-3,3′-diallyl- 2625
$C_{23}H_{23}ClO_3S$
[1,4]Naphthochinon, 2-[7-(4-Chlor-phenylmercapto)-heptyl]-3-hydroxy- 2978
$C_{23}H_{23}ClO_4$
[1,4]Naphthochinon, 2-[7-(4-Chlor-phenoxy)-heptyl]-3-hydroxy- 2978
$C_{23}H_{24}O_3$
Cycloheptanon, 2,7-Bis-[2-methoxy-benzyliden]- 2641
—, 2,7-Bis-[3-methoxy-benzyliden]- 2641
—, 2,7-Bis-[4-methoxy-benzyliden]- 2642
Cyclohexanon, 2,6-Bis-[4-methoxy-benzyliden]-3-methyl- 2642
Phenanthren-2-on, 8-Benzyloxy-5-methoxy-4a-methyl-4,4a,9,10-tetrahydro-3*H*- 2392
$C_{23}H_{24}O_3S$
[1,4]Naphthochinon, 2-Hydroxy-3-[7-phenylmercapto-heptyl]- 2978
$C_{23}H_{24}O_4$
[1,4]Naphthochinon, 2-Hydroxy-3-[7-phenoxy-heptyl]- 2977
$C_{23}H_{26}N_4O_7$
Benzocyclohepten-5-on, 2,3-Dimethoxy-6-[3-oxo-butyl]-6,7,8,9-tetrahydro-, mono-[2,4-dinitro-phenylhydrazon] 2880
$C_{23}H_{26}O_3$
Äthanon, 2-Hydroxy-2-[5-isopropyl-2-oxo-cyclohexyl]-1,2-diphenyl- 2628
$C_{23}H_{26}O_4$
Äthanon, 2-Acetoxy-1-{4-[1-äthyl-2-(4-methoxy-phenyl)-but-1-enyl]-phenyl}- 2579
Pregna-1,4,9(11),16-tetraen-3,20-dion, 21-Acetoxy- 2581
$C_{23}H_{26}O_5$
Benzo[*a*]fluoren-11-on, 3,9-Diacetoxy-10,11b-dimethyl-1,2,3,4,6,6a,11a,11b-octahydro- 2520
$C_{23}H_{27}BrCl_2O_5$
Pregna-1,4-dien-3,20-dion, 21-Acetoxy-6-brom-9,11-dichlor-17-hydroxy- 2990
$C_{23}H_{27}BrO_4$
Pregna-4,9(11),16-trien-3,20-dion, 21-Acetoxy-2-brom- 2526
$C_{23}H_{27}ClO_4$
Pregna-1,4,6-trien-3,20-dion, 17-Acetoxy-6-chlor- 2525
$C_{23}H_{27}FO_4$
Pregna-1,4,6-trien-3,20-dion, 17-Acetoxy-6-fluor- 2525
$C_{23}H_{28}BrClO_5$
Pregna-1,4-dien-3,20-dion, 21-Acetoxy-9-brom-11-chlor-17-hydroxy- 2990
$C_{23}H_{28}BrFO_5$
Pregna-1,4-dien-3,20-dion, 21-Acetoxy-9-brom-11-fluor-17-hydroxy- 2989
$C_{23}H_{28}Br_2O_4$
19-Nor-pregna-1,3,5(10)-trien-20-on, 17-Acetoxy-21,21-dibrom-3-methoxy- 2415
$C_{23}H_{28}Br_2O_5$
Pregna-1,4-dien-3,20-dion, 21-Acetoxy-9,11-dibrom-17-hydroxy- 2990
Pregn-16-en-3,11,20-trion, 21-Acetoxy-4,12-dibrom- 3004
$C_{23}H_{28}Cl_2O_5$
Pregna-1,4-dien-3,20-dion, 21-Acetoxy-9,11-dichlor-17-hydroxy- 2989
$C_{23}H_{28}OS_2$
Cyclopentanon, 2,5-Bis-[α-äthylmercapto-benzyl]- 2578
$C_{23}H_{28}O_3$
Benzil, 4-Nonyloxy- 2533
Hept-6-en-3-on, 4-Äthyl-7,7-bis-[4-methoxy-phenyl]- 2581
Pentan-1,5-dion, 3-Hydroxy-1,5-dimesityl- 2582
$C_{23}H_{28}O_4$
Äthanon, 2-Acetoxy-1-{4-[1-äthyl-2-(4-methoxy-phenyl)-butyl]-phenyl}- 2521
19-Nor-pregna-5,7,9-trien-11,20-dion, 3-Acetoxy-1-methyl- 2524
Pregna-1,4,6-trien-3,20-dion, 21-Acetoxy- 2525
Pregna-4,9(11),16-trien-3,20-dion, 21-Acetoxy- 2526

$C_{23}H_{28}O_4$ (Fortsetzung)
Pregna-5,7,9(11)-trien-12,20-dion, 3-Acetoxy- 2526
$C_{23}H_{28}O_5$
Östra-1,3,5(10)-trien-17-on, 3-Acetoxy-2-acetoxymethyl- 2408
$C_{23}H_{28}O_6$
[1,4]Naphthochinon, 2,7-Diacetoxy-6-[2,4-dimethyl-hexyl]-3-methyl- 2981
$C_{23}H_{29}BrO_4$
Pregna-1,4-dien-3,20-dion, 17-Acetoxy-6-brom- 2420
$C_{23}H_{29}BrO_5$
Pregna-4,9(11)-dien-3,20-dion, 21-Acetoxy-16-brom-17-hydroxy- 2993
Pregn-4-en-3,11,20-trion, 21-Acetoxy-2-brom- 3000
—, 21-Acetoxy-9-brom- 3000
—, 21-Acetoxy-12-brom- 3000
$C_{23}H_{29}ClO_4$
Pregna-1,4-dien-3,20-dion, 17-Acetoxy-6-chlor- 2420
Pregna-4,6-dien-3,20-dion, 17-Acetoxy-6-chlor- 2423
$C_{23}H_{29}ClO_5$
Pregna-1,4-dien-3,20-dion, 21-Acetoxy-6-chlor-17-hydroxy- 2989
Pregn-4-en-3,11,20-trion, 21-Acetoxy-9-chlor- 3000
$C_{23}H_{29}FO_4$
Pregna-1,4-dien-3,20-dion, 17-Acetoxy-6-fluor- 2420
Pregna-4,6-dien-3,20-dion, 17-Acetoxy-6-fluor- 2423
$C_{23}H_{29}FO_5$
Pregna-1,4-dien-3,20-dion, 21-Acetoxy-6-fluor-17-hydroxy- 2988
—, 21-Acetoxy-12-fluor-11-hydroxy- 2987
Pregna-4,9(11)-dien-3,20-dion, 21-Acetoxy-6-fluor-17-hydroxy- 2993
Pregn-4-en-3,11,20-trion, 17-Acetoxy-9-fluor- 2997
—, 21-Acetoxy-6-fluor- 2999
—, 21-Acetoxy-9-fluor- 2999
—, 21-Acetoxy-12-fluor- 3000
$C_{23}H_{30}Br_2O_5$
Pregnan-3,11,20-trion, 21-Acetoxy-4,12-dibrom- 2928
$C_{23}H_{30}Br_2O_6$
Pregn-16-en-11,20-dion, 3-Acetoxy-12,15-dibrom-21,21-dihydroxy- 3005
$C_{23}H_{30}N_2O_4$
Pregn-4-en-3,20-dion, 11-Acetoxy-21-diazo- 3002
$C_{23}H_{30}O_3$
Benzophenon, 4′-*tert*-Butyl-2′,6′-dimethoxy-2,3,5,6′-tetramethyl- 2524
—, 2,2′-Dibutoxy-5,5′-dimethyl- 2485
—, 2,2′-Diisobutoxy-5,5′-dimethyl- 2485
—, 3,5′-Diisopropyl-6,4′-dimethoxy-2,2′-dimethyl- 2523
—, 5,5′-Diisopropyl-4,4′-dimethoxy-2,2′-dimethyl- 2524
Heptan-2-on, 3-Äthyl-3,4-bis-[4-methoxy-phenyl]- 2523
Propan-1-on, 1-{5-[1-Äthyl-2-(4-methoxy-phenyl)-butyl]-2-methoxy-phenyl}- 2523
$C_{23}H_{30}O_4$
Äthanon, 1-[17-Acetoxy-3-methoxy-östra-1,3,5(10)-trien-2-yl]- 2413
[1,4]Naphthochinon, 2-Acetoxy-3-undecyl- 2416
18-Nor-pregna-4,13-dien-3,20-dion, 16-Acetoxy-17-methyl- 2428
19-Nor-pregna-1,3,5(10)-trien-20-on, 17-Acetoxy-3-methoxy- 2415
19-Nor-pregn-9-en-20-in-3-on, 6-Acetoxy-17-hydroxy-5-methyl- 2418
Pregna-1,4-dien-3,20-dion, 17-Acetoxy- 2420
—, 21-Acetoxy- 2421
Pregna-3,5-dien-7,20-dion, 17-Acetoxy- 2421
—, 21-Acetoxy- 2421
Pregna-4,6-dien-3,20-dion, 11-Acetoxy- 2422
—, 21-Acetoxy- 2423
Pregna-4,7-dien-3,20-dion, 21-Acetoxy- 2423
Pregna-4,9(11)-dien-3,20-dion, 12-Acetoxy- 2424
—, 17-Acetoxy- 2424
—, 21-Acetoxy- 2425
Pregna-4,11-dien-3,20-dion, 21-Acetoxy- 2425
Pregna-4,16-dien-3,20-dion, 11-Acetoxy- 2426
—, 21-Acetoxy- 2426
Pregna-4,17(20)-dien-3,11-dion, 21-Acetoxy- 2427
Pregna-4,17(20)-dien-3,16-dion, 20-Acetoxy- 2427
Pregna-5,16-dien-11,20-dion, 3-Acetoxy- 2428
Pregna-9(11),16-dien-3,20-dion, 21-Acetoxy- 2428
Pregna-1,4,17(20)-trien-3-on, 21-Acetoxy-11-hydroxy- 2418
Pregna-4,6,17(20)-trien-3-on, 21-Acetoxy-11-hydroxy- 2419
Pregn-4-en-20-in-3-on, 17-Acetoxy-11-hydroxy- 2418
14,15-Seco-androsta-4,15-dien-3,14-dion, 11-Acetoxy-18-vinyl- 2417
9,10-Seco-pregna-1,3,5(10)-trien-11,20-dion, 3-Acetoxy- 2416
$C_{23}H_{30}O_5$
D-Homo-androsta-4,9(11)-dien-3,17-dion, 16-Acetoxy-17-hydroxy-17-methyl- 2986
Pregna-3,17(20)-dien-21-al, 20-Acetoxy-11-hydroxy-3-oxo- 3002
Pregna-1,4-dien-3,20-dion, 21-Acetoxy-11-hydroxy- 2987
—, 21-Acetoxy-17-hydroxy- 2988

$C_{23}H_{30}O_5$ (Fortsetzung)
Pregna-3,5-dien-7,20-dion, 17-Acetoxy-3-hydroxy- 3003
–, 21-Acetoxy-3-hydroxy- 3004
Pregna-4,6-dien-3,20-dion, 21-Acetoxy-17-hydroxy- 2991
Pregna-4,7-dien-3,20-dion, 21-Acetoxy-17-hydroxy- 2991
Pregna-4,9(11)-dien-3,20-dion, 16-Acetoxy-17-hydroxy- 2992
–, 21-Acetoxy-17-hydroxy- 2992
Pregna-4,14-dien-3,20-dion, 21-Acetoxy-17-hydroxy- 2994
Pregna-4,16-dien-3,20-dion, 21-Acetoxy-11-hydroxy- 2994
Pregna-8,14-dien-3,20-dion, 21-Acetoxy-17-hydroxy- 2994
Pregna-8(14),9(11)-dien-3,20-dion, 21-Acetoxy-17-hydroxy- 2994
Pregn-4-en-19-al, 21-Acetoxy-3,20-dioxo-3001
Pregn-4-en-3,6,20-trion, 21-Acetoxy- 2996
Pregn-4-en-3,11,20-trion, 18-Acetoxy- 2998
–, 21-Acetoxy- 2999
Pregn-4-en-3,15,20-trion, 7-Acetoxy- 3001
Pregn-8-en-7,11,20-trion, 3-Acetoxy- 3004
Pregn-16-en-3,12,20-trion, 21-Acetoxy- 3004

$C_{23}H_{30}O_6$
Androst-5-en-7,17-dion, 3,16-Diacetoxy-2886
Pregn-4-en-3,20-dion, 11,17-Bis-formyloxy-2902

$C_{23}H_{31}BrO_5$
Pregnan-21-al, 3-Acetoxy-17-brom-11,20-dioxo- 2933
Pregnan-3,11,20-trion, 21-Acetoxy-4-brom-2928
Pregn-17(20)-en-21-al, 3-Acetoxy-12-brom-20-hydroxy-11-oxo- 2931
Pregn-4-en-3,20-dion, 17-Acetoxy-9-brom-11-hydroxy- 2905
–, 21-Acetoxy-6-brom-7-hydroxy-2900
–, 21-Acetoxy-6-brom-17-hydroxy-2916
–, 21-Acetoxy-9-brom-11-hydroxy-2909
–, 21-Acetoxy-12-brom-11-hydroxy-2910
Pregn-5-en-12,20-dion, 3-Acetoxy-16-brom-17-hydroxy- 2920
Pregn-9(11)-en-3,20-dion, 21-Acetoxy-4-brom-17-hydroxy- 2922

$C_{23}H_{31}ClO_5$
Pregn-4-en-3,20-dion, 21-Acetoxy-6-chlor-17-hydroxy- 2916
–, 21-Acetoxy-9-chlor-11-hydroxy-2909
–, 21-Acetoxy-12-chlor-11-hydroxy-2909
–, 21-Acetoxy-16-chlor-17-hydroxy-2916

$C_{23}H_{31}FO_5$
Pregn-4-en-3,20-dion, 17-Acetoxy-9-fluor-11-hydroxy- 2904
–, 21-Acetoxy-6-fluor-17-hydroxy-2915
–, 21-Acetoxy-9-fluor-11-hydroxy-2909
–, 21-Acetoxy-12-fluor-11-hydroxy-2909

$C_{23}H_{31}IO_5$
Pregn-4-en-3,20-dion, 11-Acetoxy-17-hydroxy-16-jod- 2906

$C_{23}H_{31}NO_3$
Propan-1-on, 1-{5-[1-Äthyl-2-(4-methoxy-phenyl)-butyl]-2-methoxy-phenyl}-, oxim 2523

$C_{23}H_{32}BrClO_5$
Pregnan-11,20-dion, 3-Acetoxy-16-brom-12-chlor-17-hydroxy- 2857

$C_{23}H_{32}Br_2O_5$
Pregnan-3,20-dion, 21-Acetoxy-2,4-dibrom-17-hydroxy- 2851
Pregnan-11,20-dion, 3-Acetoxy-16,21-dibrom-17-hydroxy- 2857

$C_{23}H_{32}Br_2O_6$
Pregnan-11,20-dion, 3-Acetoxy-12,17-dibrom-21,21-dihydroxy- 2934

$C_{23}H_{32}ClIO_5$
Pregnan-11,20-dion, 3-Acetoxy-12-chlor-17-hydroxy-16-jod- 2858

$C_{23}H_{32}Cl_2O_5$
Pregnan-3,20-dion, 21-Acetoxy-5,6-dichlor-17-hydroxy- 2851

$C_{23}H_{32}O_3$
Dodecan-1-on, 1-[1-Hydroxy-4-methoxy-[2]naphthyl]- 2429
Pregn-4-en-20-in-3-on, 21-Äthoxy-17-hydroxy- 2418
14,15-Seco-androsta-4,15-dien-3,14-dion, 11-Hydroxy-18-isopropenyl-16-methyl-2431

$C_{23}H_{32}O_3S$
[1,4]Naphthochinon, 2-Hydroxy-3-tridecylmercapto- 2954

$C_{23}H_{32}O_4$
Äthanon, 1-[2-Hydroxy-3-(3-methyl-but-2-enyl)-4,6-bis-(3-methyl-but-2-enyloxy)-phenyl]- 2822

$C_{23}H_{32}O_4S$
Pregn-4-en-3,20-dion, 7-Acetylmercapto-17-hydroxy- 2899
–, 21-Acetylmercapto-17-hydroxy-2916

$C_{23}H_{32}O_5$
D-Homo-androsta-5,14-dien-17-on, 3-Acetoxy-16,17a-dihydroxy-17a-methyl-2888
D-Homo-androst-4-en-3,17-dion, 16-Acetoxy-17a-hydroxy-17a-methyl- 2889

$C_{23}H_{32}O_5$ (Fortsetzung)

D-Homo-androst-4-en-3,17a-dion, 17-Acetoxymethyl-17-hydroxy- 2890
Pregna-5,14-dien-20-on, 3-Acetoxy-16,17-dihydroxy- 2892
Pregnan-3,6,20-trion, 11-Acetoxy- 2924
—, 21-Acetoxy- 2924
Pregnan-3,11,20-trion, 21-Acetoxy- 2928
Pregnan-3,12,20-trion, 7-Acetoxy- 2929
Pregnan-7,11,20-trion, 3-Acetoxy- 2929
Pregn-17(20)-en-21-al, 3-Acetoxy-20-hydroxy-11-oxo- 2930
Pregn-1-en-3,20-dion, 21-Acetoxy-17-hydroxy- 2892
Pregn-3-en-11,20-dion, 21-Acetoxy-17-hydroxy- 2893
Pregn-4-en-3,20-dion, 2-Acetoxy-11-hydroxy-2894
—, 2-Acetoxy-15-hydroxy- 2894
—, 2-Acetoxy-17-hydroxy- 2894
—, 6-Acetoxy-9-hydroxy- 2895
—, 6-Acetoxy-14-hydroxy- 2896
—, 6-Acetoxy-17-hydroxy- 2897
—, 7-Acetoxy-14-hydroxy- 2899
—, 7-Acetoxy-15-hydroxy- 2899
—, 11-Acetoxy-17-hydroxy- 2902
—, 11-Acetoxy-18-hydroxy- 2906
—, 11-Acetoxy-21-hydroxy- 2907
—, 12-Acetoxy-17-hydroxy- 2910
—, 15-Acetoxy-11-hydroxy- 2901
—, 16-Acetoxy-17-hydroxy- 2912
—, 18-Acetoxy-11-hydroxy- 2907
—, 19-Acetoxy-21-hydroxy- 2918
—, 21-Acetoxy-4-hydroxy- 2923
—, 21-Acetoxy-6-hydroxy- 2898
—, 21-Acetoxy-7-hydroxy- 2900
—, 21-Acetoxy-9-hydroxy- 2901
—, 21-Acetoxy-11-hydroxy- 2907
—, 21-Acetoxy-14-hydroxy- 2910
—, 21-Acetoxy-16-hydroxy- 2912
—, 21-Acetoxy-17-hydroxy- 2913
—, 21-Acetoxy-18-hydroxy- 2917
—, 21-Acetoxy-19-hydroxy- 2917
Pregn-4-en-11,20-dion, 21-Acetoxy-17-hydroxy- 2919
Pregn-5-en-7,20-dion, 21-Acetoxy-3-hydroxy-2919
Pregn-5-en-12,20-dion, 3-Acetoxy-17-hydroxy- 2920
Pregn-7-en-11,20-dion, 3-Acetoxy-5-hydroxy-2921
Pregn-8-en-7,20-dion, 3-Acetoxy-11-hydroxy-2921
Pregn-9(11)-en-3,20-dion, 21-Acetoxy-17-hydroxy- 2921

$C_{23}H_{32}O_6$

Androstan-7,11-dion, 3,17-Diacetoxy- 2826
Androstan-11,16-dion, 3,17-Diacetoxy- 2827
Androstan-11,17-dion, 3,16-Diacetoxy-2827
Androst-5-en-17-on, 3,16-Diacetoxy-7-hydroxy- 2825
Androst-8-en-7-on, 3,17-Diacetoxy-11-hydroxy- 2826
Pregnan-3,20-dion, 11,17-Bis-formyloxy-2846

$C_{23}H_{33}BrO_4S$

Pregnan-3,20-dion, 21-Acetylmercapto-4-brom-17-hydroxy- 2852

$C_{23}H_{33}BrO_5$

D-Homo-androstan-11,17a-dion, 3-Acetoxy-16-brom-17-hydroxy-17-methyl- 2833
Pregnan-3,20-dion, 11-Acetoxy-4-brom-17-hydroxy- 2847
—, 21-Acetoxy-2-brom-17-hydroxy-2851
Pregnan-11,20-dion, 3-Acetoxy-9-brom-17-hydroxy- 2856
—, 3-Acetoxy-21-brom-17-hydroxy-2857
Pregnan-12,20-dion, 3-Acetoxy-16-brom-17-hydroxy- 2861
—, 3-Acetoxy-21-brom-17-hydroxy-2862

$C_{23}H_{33}BrO_6$

Pregnan-11,20-dion, 3-Acetoxy-12-brom-21,21-dihydroxy- 2931

$C_{23}H_{33}ClO_5$

Pregnan-3,20-dion, 11-Acetoxy-4-chlor-17-hydroxy- 2847
Pregnan-11,20-dion, 3-Acetoxy-12-chlor-17-hydroxy- 2856
Pregn-4-en-3,20-dion, 9-Chlor-11-hydroxy-21,21-dimethoxy- 3002

$C_{23}H_{33}FO_5$

Pregnan-3,20-dion, 17-Acetoxy-6-fluor-5-hydroxy- 2844
Pregn-4-en-3,20-dion, 9-Fluor-11-hydroxy-21,21-dimethoxy- 3002

$C_{23}H_{34}Cl_2O_5$

Pregnan-20-on, 21-Acetoxy-5,6-dichlor-3,17-dihydroxy- 2789

$C_{23}H_{34}N_2O_5$

Pregn-4-en-3,20-dion, 21-Acetoxy-17-hydroxy-, dioxim 2914

$C_{23}H_{34}N_6O_4$

Pregn-4-en-3,11,20-trion, 21-Hydroxy-, 3,20-disemicarbazon 2999

$C_{23}H_{34}O_4$

D-Homo-21,24-dinor-chol-20-in-11-on, 3,17a,23-Trihydroxy- 2938

$C_{23}H_{34}O_4S$

Pregnan-3,20-dion, 21-Acetylmercapto-17-hydroxy- 2852

$C_{23}H_{34}O_5$

D-Homo-androstan-11,17-dion, 3-Acetoxy-17a-hydroxy-17a-methyl- 2831
D-Homo-androstan-11,17a-dion, 3-Acetoxy-17-hydroxy-17-methyl- 2832
D-Homo-androst-5-en-17-on, 3-Acetoxy-16,17a-dihydroxy-17a-methyl- 2830

$C_{23}H_{34}O_5$ (Fortsetzung)
D-Homo-androst-5-en-17-on, 16-Acetoxy-3,17a-dihydroxy-17a-methyl- 2830
Pregnan-3,12-dion, 20-Acetoxy-17-hydroxy- 2844
Pregnan-3,20-dion, 11-Acetoxy-17-hydroxy- 2846
—, 11-Acetoxy-21-hydroxy- 2848
—, 12-Acetoxy-17-hydroxy- 2849
—, 21-Acetoxy-5-hydroxy- 2845
—, 21-Acetoxy-11-hydroxy- 2848
—, 21-Acetoxy-17-hydroxy- 2850
Pregnan-7,20-dion, 3-Acetoxy-11-hydroxy- 2852
Pregnan-11,20-dion, 3-Acetoxy-5-hydroxy- 2852
—, 3-Acetoxy-9-hydroxy- 2853
—, 3-Acetoxy-17-hydroxy- 2855
Pregnan-12,20-dion, 3-Acetoxy-17-hydroxy- 2860
Pregn-4-en-3,20-dion, 11-Hydroxy-21,21-dimethoxy- 3002
Pregn-4-en-3-on, 20-Acetoxy-11,17-dihydroxy- 2833
—, 20-Acetoxy-11,21-dihydroxy- 2834
—, 21-Acetoxy-11,20-dihydroxy- 2834
Pregn-4-en-20-on, 21-Acetoxy-3,6-dihydroxy- 2836
Pregn-5-en-20-on, 3-Acetoxy-16,17-dihydroxy- 2839
—, 3-Acetoxy-17,21-dihydroxy- 2840
—, 21-Acetoxy-3,17-dihydroxy- 2840
Pregn-9(11)-en-20-on, 21-Acetoxy-3,17-dihydroxy- 2843

$C_{23}H_{34}O_6$
Androstan-6-on, 3,17-Diacetoxy-5-hydroxy- 2771
Androstan-17-on, 3,6-Diacetoxy-5-hydroxy- 2771
—, 3,14-Diacetoxy-5-hydroxy- 2771
—, 3,19-Diacetoxy-5-hydroxy- 2771
Pregnan-11,20-dion, 3-Acetoxy-21,21-dihydroxy- 2930
Pregnan-20-on, 11,17-Bis-formyloxy-3-hydroxy- 2780

$C_{23}H_{34}O_8$
Pregnan-11,20-dion, 21-Acetoxy-3,3-bis-hydroperoxy- 2928

$C_{23}H_{35}BrN_6O_4$
Pregn-4-en-3,20-dion, 12-Brom-11,21-dihydroxy-, disemicarbazon 2909

$C_{23}H_{35}BrO_5$
Pregnan-20-on, 3-Acetoxy-16-brom-12,17-dihydroxy- 2785
—, 12-Acetoxy-16-brom-3,17-dihydroxy- 2785
—, 12-Acetoxy-21-brom-3,17-dihydroxy- 2785

$C_{23}H_{35}FO_5$
Pregnan-20-on, 17-Acetoxy-6-fluor-3,5-dihydroxy- 2777

$C_{23}H_{35}NO_5$
Pregnan-11,20-dion, 3-Acetoxy-17-hydroxy-, 20-oxim 2855

$C_{23}H_{35}NO_7$
Pregnan-20-on, 3-Acetoxy-5-hydroxy-6-nitryloxy- 2777

$C_{23}H_{36}N_2O_4$
Pregn-4-en-3,20-dion, 17,21-Dihydroxy-, bis-[*O*-methyl-oxim] 2914

$C_{23}H_{36}N_6O_4$
Pregn-4-en-3,20-dion, 17,21-Dihydroxy-, disemicarbazon 2915

$C_{23}H_{36}O_4$
Pregnan-3,20-dion, 5,11-Dihydroxy-6,11-dimethyl- 2867
Pregnan-11,20-dion, 3,17-Dihydroxy-16,16-dimethyl- 2867

$C_{23}H_{36}O_4S$
Pregnan-20-on, 21-Acetylmercapto-3,17-dihydroxy- 2789

$C_{23}H_{36}O_5$
D-Homo-androstan-11-on, 3-Acetoxy-17,17a-dihydroxy-17-methyl- 2774
D-Homo-androstan-17-on, 11-Acetoxy-3,17a-dihydroxy-17a-methyl- 2773
Pregnan-11,20-dion, 17-Hydroxy-3,3-dimethoxy- 2925
Pregnan-3-on, 20-Acetoxy-11,17-dihydroxy- 2774
Pregnan-20-on, 3-Acetoxy-4,5-dihydroxy- 2776
—, 3-Acetoxy-11,17-dihydroxy- 2780
—, 3-Acetoxy-16,17-dihydroxy- 2786
—, 3-Acetoxy-16,21-dihydroxy- 2786
—, 6-Acetoxy-3,5-dihydroxy- 2776
—, 7-Acetoxy-3,12-dihydroxy- 2778
—, 11-Acetoxy-3,17-dihydroxy- 2780
—, 11-Acetoxy-3,21-dihydroxy- 2782
—, 12-Acetoxy-3,17-dihydroxy- 2783
—, 21-Acetoxy-3,11-dihydroxy- 2782
—, 21-Acetoxy-3,17-dihydroxy- 2788
—, 21-Acetoxy-11,17-dihydroxy- 2789
Pregn-4-en-3-on, 11,20-Dihydroxy-21,21-dimethoxy- 2918

$C_{23}H_{38}O_5$
Pregnan-20-on, 11,17-Dihydroxy-3,3-dimethoxy- 2846

C_{24}

$C_{24}H_{12}O_3$
Naphtho[1,2,3,4-*def*]chrysen-8,14-dion, 13-Hydroxy- 2686

$C_{24}H_{14}O_2Se_2$
Anthrachinon, 2-[1]Naphthyldiselanyl- 2601

$C_{24}H_{14}O_4$
Benzo[*b*]chrysen-7,12-dion, 8-Acetoxy- 2678
—, 11-Acetoxy- 2678
Dibenz[*a,h*]anthracen-7,14-dion, 5-Acetoxy- 2679

$C_{24}H_{17}Br_3O_3$
Chalkon, α-Brom-3'-[2,3-dibrom-3-phenyl-propionyl]-4'-hydroxy- 2671
$C_{24}H_{18}FNO_5$
Indan-1,3-dion, 2-[4-Äthoxy-4'-fluor-benzhydryl]-2-nitro- 2671
$C_{24}H_{18}O_2S_2$
[1,4]Naphthochinon, 2,3-Bis-benzylmercapto- 2957
–, 2,3-Bis-*p*-tolylmercapto- 2956
$C_{24}H_{18}O_3$
Phenol, 2,4-Dicinnamoyl- 2676
Propenon, 1-[2-Hydroxy-[1]naphthyl]-3-[2-methoxy-[1]naphthyl]- 2676
$C_{24}H_{18}O_4Se$
Anthrachinon, 1-[β-Acetoxy-phenyläthylselanyl]- 2596
$C_{24}H_{20}O_2S$
Indan-1,3-dion, 2-[α-Benzylmercapto-4-methyl-benzyl]- 2621
–, 2-[3-Methyl-α-*p*-tolylmercapto-benzyl]- 2620
–, 2-[4-Methyl-α-*o*-tolylmercapto-benzyl]- 2621
–, 2-[4-Methyl-α-*p*-tolylmercapto-benzyl]- 2621
$C_{24}H_{20}O_3$
Naphthalin-1-on, 2-[α-Hydroxy-α'-oxo-bibenzyl-α-yl]-3,4-dihydro-2*H*- 2672
Pent-2-en-1,5-dion, 3-[4-Methoxy-phenyl]-1,5-diphenyl- 2671
$C_{24}H_{22}O_2S$
Butan-1,4-dion, 2-Benzyl-3-methylmercapto-1,4-diphenyl- 2664
$C_{24}H_{22}O_3$
Pentan-1,5-dion, 1-[4-Methoxy-phenyl]-2,5-diphenyl- 2663
$C_{24}H_{22}O_4$
Benzol, 1,3-Diacetyl-2,4-bis-benzyloxy- 2810
$C_{24}H_{22}O_4S$
Butan-1,4-dion, 2-Benzyl-3-methansulfonyl-1,4-diphenyl- 2664
$C_{24}H_{22}O_6$
Benzaldehyd, 4-[4-Benzyloxy-3-methoxy-phenacyloxy]-3-methoxy- 2740
$C_{24}H_{22}O_{10}S$
Sulfid, Bis-[2,4-diacetoxy-5-acetyl-phenyl]- 2729
$C_{24}H_{24}Br_2O_5$
Cyclohexanon, 2,6-Bis-[α-acetoxy-benzyl]-2,6-dibrom- 2580
$C_{24}H_{24}Cl_4O_4$
Cyclobutan-1,3-dion, 2,4-Dibutyl-2,4-bis-[2,4-dichlor-phenoxy]- 2700
$C_{24}H_{24}N_2O_3$
Pentan-1,5-dion, 1-[4-Methoxy-phenyl]-2,5-diphenyl-, dioxim 2664
$C_{24}H_{24}O_3$
Butan-1-on, 1-[3-Benzyl-4-benzyloxy-2-hydroxy-phenyl]- 2501
–, 2-[5-Methoxy-biphenyl-2-yl]-1-[4-methoxy-phenyl]- 2654
Cyclopentanon, 3-Isopropenyl-2,5-[bis-(4-methoxy-benzyliden)]- 2654
Propan-1,3-dion, 1-[2]Naphthyl-3-[4-pentyloxy-phenyl]- 2651
$C_{24}H_{24}O_4$
Äthanon, 1-[4,6-Bis-benzyloxy-2-methoxy-3-methyl-phenyl]- 2751
$C_{24}H_{25}ClO_3S$
[1,4]Naphthochinon, 2-[8-(4-Chlor-phenylmercapto)-octyl]-3-hydroxy- 2979
$C_{24}H_{25}ClO_4$
[1,4]Naphthochinon, 2-[8-(4-Chlor-phenoxy)-octyl]-3-hydroxy- 2979
$C_{24}H_{26}O_3$
Cyclopentanon, 2-[3,4-Dimethoxy-benzyliden]-5-[4-isopropyl-benzyliden]- 2642
$C_{24}H_{26}O_3S$
Cyclohexan-1,3-dion, 2-[4a-Methyl-2-oxo-1,2,4a,5,8,8a-hexahydro-[1]naphthylmethyl]-2-phenylmercapto- 2979
[1,4]Naphthochinon, 2-Hydroxy-3-[8-phenylmercapto-octyl]- 2979
–, 2-Hydroxy-3-[7-*p*-tolylmercapto-heptyl]- 2978
$C_{24}H_{26}O_4$
[1,4]Naphthochinon, 2-Hydroxy-3-[8-phenoxy-octyl]- 2978
–, 2-Hydroxy-3-[7-*p*-tolyloxy-heptyl]- 2978
$C_{24}H_{26}O_5$
Cyclohexanon, 2,6-Bis-[α-acetoxy-benzyl]- 2580
$C_{24}H_{27}BrO_5$
Äthanon, 1-{4-[2-(4-Acetoxy-phenyl)-1-äthyl-butyl]-phenyl}-2-bromacetoxy- 2521
$C_{24}H_{28}Br_2O_5$
19-Nor-pregna-1,3,5(10)-trien-20-on, 3,17-Diacetoxy-21,21-dibrom- 2415
$C_{24}H_{28}O_3$
Äthanon, 2-[5-*sec*-Butyl-2-oxo-cyclohexyl]-2-hydroxy-1,2-diphenyl- 2628
–, 2-[5-*tert*-Butyl-2-oxo-cyclohexyl]-2-hydroxy-1,2-diphenyl- 2628
$C_{24}H_{28}O_4$
Cyclobutan-1,3-dion, 2,4-Bis-[4-*tert*-butyl-phenoxy]- 2696
–, 2,4-Dibutyl-2,4-diphenoxy- 2700
Oxetan-2-on, 3-[4-*tert*-Butyl-phenoxy]-4-[4-*tert*-butyl-phenoxymethylen]- 2696
$C_{24}H_{28}O_5$
19-Nor-pregna-1,3,5(10),16-tetraen-20-on, 3,21-Diacetoxy- 2522
$C_{24}H_{28}O_7$
Östra-1,3,5(10)-trien-6-on, 3,16,17-Triacetoxy- 2980
Östra-1,3,5(10)-trien-17-on, 3,6,7-Triacetoxy- 2980

$C_{24}H_{30}Cl_2O_6$
Kohlensäure-äthylester-[9,11-dichlor-17-hydroxy-3,20-dioxo-pregna-1,4-dien-21-ylester] 2989
$C_{24}H_{30}OS_2$
Cyclohexanon, 2,6-Bis-[α-äthylmercapto-benzyl]- 2580
$C_{24}H_{30}O_3$
Benzil, 4-Decyloxy- 2533
$C_{24}H_{30}O_4$
Pregna-1,4,6-trien-3,20-dion, 17-Acetoxy-6-methyl- 2527
$C_{24}H_{30}O_5$
Äthanon, 1-[3,17-Diacetoxy-östra-1,3,5(10)-trien-2-yl]- 2413
19-Nor-pregna-1,3,5(10)-trien-20-on, 3,17-Diacetoxy- 2415
–, 3,21-Diacetoxy- 2415
$C_{24}H_{30}O_6$
Pregna-4,9(11)-dien-3,20-dion, 21-Acetoxy-17-formyloxy- 2993
$C_{24}H_{30}O_6S$
Sulfid, Bis-[5-acetyl-2,4-diäthoxy-phenyl]- 2729
–, Bis-[5-butyryl-2,4-dimethoxy-phenyl]- 2754
$C_{24}H_{31}FO_4$
Pregna-4,6-dien-3,20-dion, 17-Acetoxy-21-fluor-6-methyl- 2431
$C_{24}H_{31}FO_5$
Pregna-4,9(11)-dien-3,20-dion, 21-Acetoxy-6-fluor-17-hydroxy-16-methyl- 3008
$C_{24}H_{32}O_3$
Butan-1-on, 1-{5-[1-Äthyl-2-(4-methoxy-phenyl)-butyl]-2-methoxy-phenyl}- 2527
Pregn-4-en-3,20-dion, 17-Hydroxy-6-prop-2-inyl- 2527
$C_{24}H_{32}O_4$
Pregna-1,4-dien-3,20-dion, 17-Acetoxy-6-methyl- 2430
Pregna-4,6-dien-3,20-dion, 17-Acetoxy-6-methyl- 2431
–, 17-Propionyloxy- 2423
Pregna-4,17(20)-dien-3,11-dion, 21-Acetoxy-2-methyl- 2430
Pregna-4,17(20)-dien-3-on, 21-Acetoxy-11-hydroxy-2-methylen- 2430
Pregna-1,4,17(20)-trien-3-on, 21-Acetoxy-11-hydroxy-2-methyl- 2430
–, 21-Acetoxy-11-hydroxy-6-methyl-2430
$C_{24}H_{32}O_4S$
Pregn-4-en-3,11,20-trion, 7-Propionylmercapto- 2996
$C_{24}H_{32}O_5$
Pregna-4,6-dien-3,20-dion, 21-Acetoxy-17-hydroxy-6-methyl- 3007
Pregna-4,9(11)-dien-3,20-dion, 21-Acetoxy-17-hydroxy-2-methyl- 3006
–, 21-Acetoxy-17-hydroxy-6-methyl-3007
–, 21-Acetoxy-17-hydroxy-16-methyl-3008
Pregn-4-en-3,11,20-trion, 21-Acetoxy-17-methyl- 3008
$C_{24}H_{32}O_6$
D-Homo-androst-16-en-11,17a-dion, 3,17-Diacetoxy- 2887
Pregn-4-en-3,20-dion, 11-Acetoxy-17-formyloxy- 2903
–, 21-Acetoxy-11-formyloxy- 2908
$C_{24}H_{33}BrO_5$
Pregnan-3,11,20-trion, 21-Acetoxy-4-brom-17-methyl- 2938
$C_{24}H_{33}FO_5$
Pregn-4-en-3,20-dion, 21-Acetoxy-6-fluor-17-hydroxy-16-methyl- 2937
$C_{24}H_{33}NO_3$
Butan-1-on, 1-{5-[1-Äthyl-2-(4-methoxy-phenyl)-butyl]-2-methoxy-phenyl}-, oxim 2526
$C_{24}H_{33}N_3O_3$
Benzophenon, 3,5′-Diisopropyl-6,4′-dimethoxy-2,2′-dimethyl-, semicarbazon 2523
$C_{24}H_{33}N_3O_5$
Pregn-4-en-3,11,20-trion, 21-Acetoxy-, 3-semicarbazon 2999
$C_{24}H_{34}Cl_2O_5$
Pregnan-3,20-dion, 21-Acetoxy-5,6-dichlor-17-hydroxy-16-methyl- 2865
$C_{24}H_{34}N_2O_4$
Pregn-5-en-20-on, 3-Acetoxy-21-diazo-7-methoxy- 2920
$C_{24}H_{34}O_3$
Pregnan-3,20-dion, 5-Hydroxy-6-prop-2-inyl-2431
$C_{24}H_{34}O_4$
[1,4]Benzochinon, 2,3-Dimethoxy-5-methyl-6-[3,7,11-trimethyl-dodeca-2,6,10-trienyl]-3005
Pregnan-3,20-dion, 5,17-Dihydroxy-6-prop-2-inyl- 3008
$C_{24}H_{34}O_5$
Pregnan-3,11,20-trion, 21-Acetoxy-17-methyl-2938
Pregn-4-en-3,20-dion, 21-Acetoxy-11-hydroxy-17-methyl- 2938
–, 21-Acetoxy-17-hydroxy-6-methyl-2936
–, 21-Acetoxy-17-hydroxy-16-methyl-2937
–, 21-Acetoxy-16-methoxy- 2912
Pregn-9(11)-en-3,20-dion, 21-Acetoxy-17-hydroxy-16-methyl- 2937
Pregn-4-en-3-on, 21-Acetoxy-18,20-epoxy-20-methoxy- 2917
$C_{24}H_{34}O_6$
[7,7′]Binorcaranyl-2,2′-dion, 5,5′-Diacetoxy-1,4,4,1′,4′,4′-hexamethyl- 2828
19-Nor-pregn-4-en-3-on, 20,21-Diacetoxy-17-hydroxy- 2829

$C_{24}H_{34}O_6$ (Fortsetzung)
19-Nor-pregn-17(20)-en-3-on, 4,21-Diacetoxy-5-hydroxy- 2829
Pregn-5-en-20-on, 21-Acetoxy-3-formyloxy-17-hydroxy- 2841

$C_{24}H_{34}O_7$
Pregnan-20-on, 3,11,17-Tris-formyloxy- 2780

$C_{24}H_{34}O_7S$
Pregn-4-en-3,20-dion, 21-Acetoxy-11-methansulfonyloxy- 2908

$C_{24}H_{35}BrO_5$
Pregnan-11,20-dion, 3-Acetoxy-21-brom-21-methoxy- 2931

$C_{24}H_{35}N_3O_5$
Pregn-4-en-3,20-dion, 21-Acetoxy-17-hydroxy-, 3-semicarbazon 2914

$C_{24}H_{36}Cl_2O_5$
Pregnan-20-on, 21-Acetoxy-5,6-dichlor-3,17-dihydroxy-16-methyl- 2792

$C_{24}H_{36}O_4$
Cholan-3,7,12-trion, 24-Hydroxy- 2939

$C_{24}H_{36}O_5$
D-Homo-pregnan-11,20-dion, 3-Acetoxy-17a-hydroxy- 2862
Pregnan-3,20-dion, 21-Acetoxy-17-hydroxy-16-methyl- 2865
Pregnan-11,20-dion, 3-Acetoxy-9-hydroxy-16-methyl- 2865
—, 3-Acetoxy-17-hydroxy-16-methyl- 2866
Pregnan-12,20-dion, 3-Acetoxy-16-methoxy- 2860
Pregn-5-en-20-on, 21-Acetoxy-3-hydroxy-16-methoxy- 2839
Pregn-9(11)-en-20-on, 21-Acetoxy-3,17-dihydroxy-16-methyl- 2865

$C_{24}H_{36}O_7S$
Pregnan-11,20-dion, 3-Acetoxy-21-methansulfonyloxy- 2858
Pregn-4-en-3-on, 20-Acetoxy-11-hydroxy-21-methansulfonyloxy- 2834

$C_{24}H_{37}FO_5$
Pregnan-20-on, 5-Acetoxy-6-fluor-3,17-dihydroxy-16-methyl- 2791

$C_{24}H_{38}O_5$
D-Homo-pregnan-11-on, 3-Acetoxy-17a,20-dihydroxy- 2790
Pregnan-20-on, 3-Acetoxy-11,17-dihydroxy-16-methyl- 2792
—, 21-Acetoxy-3,17-dihydroxy-16-methyl- 2792

$C_{24}H_{38}O_6$
Kohlensäure-äthylester-[12,17-dihydroxy-20-oxo-pregnan-3-ylester] 2784

$C_{24}H_{40}O_4$
Cholan-23-on, 3,7,12-Trihydroxy- 2794
Octadecan-1-on, 1-[2,3,4-Trihydroxy-phenyl]- 2793
—, 1-[2,4,5-Trihydroxy-phenyl]- 2793
—, 1-[2,4,6-Trihydroxy-phenyl]- 2793

$C_{24}H_{42}O_5$
Octanal, 3,5,7-Triäthoxy-7-phenyl-, diäthylacetal 2763

C_{25}

$C_{25}H_{18}OS_2$
Benzophenon, 4,4′-Bis-phenylmercapto- 2458

$C_{25}H_{18}O_3$
Benzophenon, 4,4′-Diphenoxy- 2454

$C_{25}H_{18}O_5S_2$
Benzophenon, 4,4′-Bis-benzolsulfonyl- 2458

$C_{25}H_{19}NO_3$
Chrysen-6-on, 5-Hydroxy-5-[4-methoxy-phenyl]-5*H*-, oxim 2680

$C_{25}H_{20}O_3$
But-2-en-1,4-dion, 2-[β-Methoxy-styryl]-1,4-diphenyl- 2676

$C_{25}H_{22}O_3$
Inden-1-on, 2,3-Bis-[4-äthoxy-phenyl]- 2668

$C_{25}H_{24}O_2S$
Butan-1,4-dion, 2-[1-Methyl-2-phenyl-äthylmercapto]-1,4-diphenyl- 2558

$C_{25}H_{24}O_3$
Chalkon, 3,4-Diäthoxy-4′-phenyl- 2661

$C_{25}H_{24}O_4S$
Butan-1,4-dion, 2-[1-Methyl-2-phenyl-äthansulfonyl]-1,4-diphenyl- 2558

$C_{25}H_{25}ClO_4S$
Propan-1-on, 3-[2-Chlor-phenyl]-3-[4-isopropyl-benzolsulfonyl]-1-[4-methoxy-phenyl]- 2479

$C_{25}H_{26}N_8O_{10}$
Naphthalin-1,6-dion, 7-Äthyl-2,3-dihydroxy-4-methyl-4a,7,8,8a-tetrahydro-4*H*,5*H*-, bis-[2,4-dinitro-phenylhydrazon] 2763

$C_{25}H_{26}O_3$
Benzophenon, 5-[1-Äthyl-2-(4-hydroxy-phenyl)-butyl]-2-hydroxy- 2654
Cyclohexa-2,5-dienon, 4-[4,4′-Dihydroxy-2,3,2′,3′-tetramethyl-benzhydryliden]-2,3-dimethyl- 2655
—, 4-[4,4′-Dihydroxy-2,5,2′,5′-tetramethyl-benzhydryliden]-2,5-dimethyl- 2655
—, 4-[4,4′-Dihydroxy-3,5,3′,5′-tetramethyl-benzhydryliden]-2,6-dimethyl- 2655

$C_{25}H_{26}O_4$
Butan-1-on, 1-[4,6-Bis-benzyloxy-2-hydroxy-3-methyl-phenyl]- 2758

$C_{25}H_{27}ClO_4$
[1,4]Naphthochinon, 2-[9-(4-Chlor-phenoxy)-nonyl]-3-hydroxy- 2981

$C_{25}H_{28}O_3S$
[1,4]Naphthochinon, 2-Hydroxy-3-[8-*p*-tolylmercapto-octyl]- 2979

$C_{25}H_{34}O_6$ (Fortsetzung)
Pregn-4-en-3,20-dion, 2,15-Diacetoxy- 2894
—, 2,21-Diacetoxy- 2894
—, 4,21-Diacetoxy- 2923
—, 6,11-Diacetoxy- 2896
—, 6,21-Diacetoxy- 2898
—, 7,21-Diacetoxy- 2900
—, 11,17-Diacetoxy- 2903
—, 11,21-Diacetoxy- 2908
—, 12,15-Diacetoxy- 2910
—, 15,21-Diacetoxy- 2911
—, 16,21-Diacetoxy- 2912
—, 17,21-Diacetoxy- 2914
—, 19,21-Diacetoxy- 2918
Pregn-5-en-3,20-dion, 4,21-Diacetoxy- 2919
Pregn-5-en-7,20-dion, 3,11-Diacetoxy- 2919
—, 3,17-Diacetoxy- 2919
—, 3,21-Diacetoxy- 2920
Pregn-8-en-7,20-dion, 3,11-Diacetoxy- 2921
Pregn-16-en-11,20-dion, 3,12-Diacetoxy- 2922
—, 3,21-Diacetoxy- 2922
Pregn-16-en-12,20-dion, 2,3-Diacetoxy- 2923

$C_{25}H_{34}O_7$
Androst-5-en-17-on, 3,7,16-Triacetoxy- 2826
Androst-8-en-7-on, 3,11,17-Triacetoxy- 2826

$C_{25}H_{35}BrN_6O_5$
Pregn-4-en-3,11,20-trion, 21-Acetoxy-12-brom-, 3,20-disemicarbazon 3000

$C_{25}H_{35}BrO_6$
Pregnan-11,20-dion, 3,21-Diacetoxy-12-brom- 2859
Pregn-5-en-20-on, 3,11-Diacetoxy-16-brom-17-hydroxy- 2838
—, 3,21-Diacetoxy-16-brom-17-hydroxy- 2842

$C_{25}H_{35}IO_6$
Pregn-5-en-20-on, 3,21-Diacetoxy-17-hydroxy-16-jod- 2842

$C_{25}H_{35}N_3O_5$
Pregn-4-en-3,11,20-trion, 21-Acetoxy-17-methyl-, 3-semicarbazon 3008

$C_{25}H_{36}Br_2O_6$
Pregnan-20-on, 3,12-Diacetoxy-16,21-dibrom-17-hydroxy- 2786
—, 3,21-Diacetoxy-5,6-dibrom-17-hydroxy- 2789

$C_{25}H_{36}N_2O_5$
Pregnan-20-on, 3,11-Diacetoxy-21-diazo- 2862

$C_{25}H_{36}O_3S$
[1,4]Naphthochinon, 2-[3-Decylmercapto-3-methyl-butyl]-3-hydroxy- 2970
—, 2-Hydroxy-3-[tetradecylmercapto-methyl]- 2962

$C_{25}H_{36}O_3S_2$
Östra-1,3,5(10)-trien, 7-Acetoxy-16,16-bis-äthylmercapto-3-methoxy- 2400

$C_{25}H_{36}O_5$
Pregna-3,5-dien-20-on, 21-Acetoxy-3-äthoxy-17-hydroxy- 2891

$C_{25}H_{36}O_6$
Azulen-5-on, 4,8-Bis-angeloyloxy-6-hydroxy-1-isopropyl-3a,6-dimethyl-3a,4,6,7,8,8a-hexahydro-3*H*- 2704
D-Homo-androstan-11,17-dion, 3,17a-Diacetoxy-17a-methyl- 2832
D-Homo-androstan-11,17a-dion, 3,17-Diacetoxy-17-methyl- 2833
D-Homo-androst-5-en-17-on, 3,16-Diacetoxy-17a-hydroxy-17a-methyl- 2830
Pregnan-3,20-dion, 11,17-Diacetoxy- 2846
—, 11,21-Diacetoxy- 2848
—, 16,21-Diacetoxy- 2850
—, 17,21-Diacetoxy- 2851
Pregnan-7,11-dion, 3,20-Diacetoxy- 2852
Pregnan-7,20-dion, 3,11-Diacetoxy- 2852
Pregnan-11,20-dion, 3,5-Diacetoxy- 2853
—, 3,12-Diacetoxy- 2853
—, 3,17-Diacetoxy- 2856
—, 3,21-Diacetoxy- 2858
Pregnan-12,20-dion, 2,3-Diacetoxy- 2859
Pregn-4-en-3-on, 20,21-Diacetoxy-11-hydroxy- 2834
—, 20,21-Diacetoxy-17-hydroxy- 2835
Pregn-5-en-20-on, 1,3-Diacetoxy-17-hydroxy- 2836
—, 3,11-Diacetoxy-17-hydroxy- 2837
—, 3,16-Diacetoxy-17-hydroxy- 2838
—, 3,21-Diacetoxy-17-hydroxy- 2841
—, 7,21-Diacetoxy-3-hydroxy- 2837
—, 16,21-Diacetoxy-3-hydroxy- 2840
—, 17,21-Diacetoxy-3-hydroxy- 2841
Pregn-9(11)-en-20-on, 3,21-Diacetoxy-17-hydroxy- 2843

$C_{25}H_{37}BrO_6$
Pregnan-11,20-dion, 3-Acetoxy-12-brom-21,21-dimethoxy- 2932
Pregnan-20-on, 3,12-Diacetoxy-16-brom-17-hydroxy- 2785
—, 3,12-Diacetoxy-21-brom-17-hydroxy- 2786

$C_{25}H_{37}ClO_6$
Pregnan-20-on, 3,19-Diacetoxy-21-chlor-5-hydroxy- 2777

$C_{25}H_{38}N_6O_5$
Pregn-4-en-3,20-dion, 21-Acetoxy-17-hydroxy-, disemicarbazon 2915

$C_{25}H_{38}O_6$
D-Homo-androstan-17-on, 3,11-Diacetoxy-17a-hydroxy-17a-methyl- 2773
Pregnan-11,20-dion, 3-Acetoxy-21,21-dimethoxy- 2930
Pregnan-11-on, 3,20-Diacetoxy-17-hydroxy- 2775
Pregnan-12-on, 3,20-Diacetoxy-17-hydroxy- 2776
Pregnan-20-on, 3,6-Diacetoxy-5-hydroxy- 2776
—, 3,11-Diacetoxy-7-hydroxy- 2778
—, 3,11-Diacetoxy-17-hydroxy- 2780
—, 3,12-Diacetoxy-17-hydroxy- 2784

$C_{25}H_{38}O_6$ (Fortsetzung)
Pregnan-20-on, 3,16-Diacetoxy-17-hydroxy- 2786
–, 3,19-Diacetoxy-5-hydroxy- 2777
–, 3,21-Diacetoxy-11-hydroxy- 2782
–, 3,21-Diacetoxy-16-hydroxy- 2786
–, 3,21-Diacetoxy-17-hydroxy- 2788
–, 11,17-Diacetoxy-3-hydroxy- 2781
–, 11,21-Diacetoxy-3-hydroxy- 2783
–, 17,21-Diacetoxy-3-hydroxy- 2789

$C_{25}H_{38}O_8S$
Pregnan-20-on, 3,12-Diacetoxy-17-sulfinooxy- 2784

$C_{25}H_{40}O_6$
Azulen-5-on, 6-Hydroxy-1-isopropyl-3a,6-dimethyl-4,8-bis-[2-methyl-butyryloxy]-3a,4,6,7,8,8a-hexahydro-3*H*- 2704

$C_{25}H_{41}N_3O_4$
Cholan-7,12,24-trion, 3-Hydroxy-24-methyl-, trioxim 2939

$C_{25}H_{42}O_4$
Cholan-24-on, 3,7,12-Trihydroxy-24-methyl- 2794

$C_{25}H_{42}O_6$
Azulen-5-on, 6-Hydroxy-1-isopropyl-3a,6-dimethyl-4,8-bis-[2-methyl-butyryloxy]-decahydro- 2700

$C_{25}H_{43}NO_4$
Cholan-24-on, 3,7,12-Trihydroxy-24-methyl-, oxim 2794

C_{26}

$C_{26}H_{12}Br_2Cl_2O_4$
[1,4]Benzochinon, 2,5-Bis-[1-brom-[2]naphthyloxy]-3,6-dichlor- 2708

$C_{26}H_{14}Cl_2O_4$
[1,4]Benzochinon, 2,5-Dichlor-3,6-bis-[2]naphthyloxy- 2708

$C_{26}H_{14}O_4$
Naphtho[1,2,3,4-*def*]chrysen-8,14-dion, 13-Acetoxy- 2686

$C_{26}H_{16}Cl_2O_3$
Anthron, 1,8-Dichlor-10,10-bis-[4-hydroxy-phenyl]- 2683
–, 4,5-Dichlor-10,10-bis-[4-hydroxy-phenyl]- 2683

$C_{26}H_{16}O_3$
Anthracen-1,2-dion, 3-Hydroxy-9,10-diphenyl- 2687
–, 6-Hydroxy-9,10-diphenyl- 2686

$C_{26}H_{18}Br_2O_3$
Propenon, 3-[4-Benzyloxy-phenyl]-2-brom-1-[4-brom-1-hydroxy-[2]naphthyl]- 2650

$C_{26}H_{18}O_3$
Anthracen-2-on, 3,9-Dihydroxy-9,10-diphenyl-9*H*- 2683
–, 6,9-Dihydroxy-9,10-diphenyl-9*H*- 2683

$C_{26}H_{18}O_6$
Perylen, 1,3,10-Triacetoxy- 2675

$C_{26}H_{19}BrO_3$
Propenon, 3-[4-Benzyloxy-phenyl]-1-[4-brom-1-hydroxy-[2]naphthyl]- 2650

$C_{26}H_{19}Br_2NO_5$
Propan-1-on, 3-[4-Benzyloxy-phenyl]-2,3-dibrom-1-[1-hydroxy-4-nitro-[2]naphthyl]- 2638

$C_{26}H_{19}Br_3O_3$
Propan-1-on, 3-[4-Benzyloxy-phenyl]-2,3-dibrom-1-[4-brom-1-hydroxy-[2]naphthyl]- 2637

$C_{26}H_{19}Br_3O_4$
Chalkon, 4′-Acetoxy-α-brom-3′-[2,3-dibrom-3-phenyl-propionyl]- 2672

$C_{26}H_{19}NO_5$
Propenon, 3-[4-Benzyloxy-phenyl]-1-[1-hydroxy-4-nitro-[2]naphthyl]- 2650

$C_{26}H_{20}O_3$
Benzophenon, 2-Hydroxy-4-[α-hydroxy-benzhydryl]- 2680
Propenon, 3-[4-Benzyloxy-phenyl]-1-[1-hydroxy-[2]naphthyl]- 2649

$C_{26}H_{20}O_4$
Benzol, 1-Acetoxy-2,4-dicinnamoyl- 2676

$C_{26}H_{21}ClO_5$
Indan-1-on, 2-Chlor-3-[2,4-diacetoxy-phenyl]-2-methyl-3-phenyl- 2663

$C_{26}H_{22}O_3$
Butan-1-on, 1-[1-Hydroxy-[2]naphthyl]-4-[4-phenoxy-phenyl]- 2640
But-2-en-1-on, 1,3-Bis-[6-methoxy-[2]naphthyl]- 2676

$C_{26}H_{24}O_3$
Pent-2-en-1,5-dion, 3-[4-Methoxy-phenyl]-1,5-di-*p*-tolyl- 2672

$C_{26}H_{26}N_8O_{11}$
Benzocyclohepten-6-on, 8-[2,4-Dinitro-phenylhydrazino]-2,3,4-trimethoxy-5,7,8,9-tetrahydro-, [2,4-dinitro-phenylhydrazon] 2873

$C_{26}H_{26}O_3$
4,7-Methano-inden-2-on, 1,3-Bis-[4-methoxy-benzyliden]-octahydro- 2665

$C_{26}H_{26}O_{10}S$
Sulfid, Bis-[2,4-diacetoxy-5-propionyl-phenyl]- 2745

$C_{26}H_{28}Cl_4O_4$
Cyclobutan-1,3-dion, 2,4-Bis-[2,4-dichlor-phenoxy]-2,4-dipentyl- 2700

$C_{26}H_{28}O_4$
Butan-1-on, 1-[4,6-Bis-benzyloxy-2-methoxy-3-methyl-phenyl]- 2758

$C_{26}H_{28}O_5$
Äthanon, 1-[4-Benzyloxy-3-methoxy-phenyl]-2-[2-methoxy-4-propyl-phenoxy]- 2740

$C_{26}H_{29}ClO_3S$
[1,4]Naphthochinon, 2-[10-(4-Chlor-phenylmercapto)-decyl]-3-hydroxy- 2985

$C_{26}H_{29}ClO_4$
[1,4]Naphthochinon, 2-[10-(4-Chlor-phenoxy)-decyl]-3-hydroxy- 2984

$C_{26}H_{30}O_2S$
Androsta-3,5-dien-11,17-dion, 3-Benzyl= mercapto- 2409

$C_{26}H_{30}O_3$
Abieta-8,11,13-trien-7,18-dion, 12-Hydroxy-18-phenyl- 2643
Äthanon, 2-Hydroxy-2-[4-oxo-bicyclohexyl-3-yl]-1,2-diphenyl- 2642
Androsta-3,5-dien-11,17-dion, 3-Benzyloxy- 2409

$C_{26}H_{30}O_3S$
[1,4]Naphthochinon, 2-Hydroxy-3-[10-phenylmercapto-decyl]- 2984

$C_{26}H_{30}O_4$
[1,4]Naphthochinon, 2-Hydroxy-3-[10-phenoxy-decyl]- 2983

$C_{26}H_{30}O_5S$
Chrysen-1-on, 8-Methoxy-4-[toluol-4-sulfonyloxy]-3,4,4a,4b,5,6,10b,11,12,12a-decahydro-2*H*- 2575

$C_{26}H_{31}NO_3$
Abieta-8,11,13-trien-7,18-dion, 12-Hydroxy-18-phenyl-, monooxim 2643

$C_{26}H_{32}O_3$
Androst-5-en-17-on, 16-Benzyliden-3,14-dihydroxy- 2628

$C_{26}H_{32}O_4$
Cyclobutan-1,3-dion, 2,4-Dipentyl-2,4-diphenoxy- 2700

$C_{26}H_{34}O_4$
Pregn-4-en-3,20-dion, 17-Acetoxy-6-prop-2-inyl- 2527

$C_{26}H_{34}O_6$
Pregna-4,6-dien-3,20-dion, 17,21-Diacetoxy-6-methyl- 3007

$C_{26}H_{36}Br_2O_6$
D-Homo-pregnan-11,20-dion, 3,17a-Diacetoxy-21,21-dibrom- 2863

$C_{26}H_{36}O_4$
Pregna-1,4-dien-3,20-dion, 21-Pivaloyloxy- 2421
Pregna-4,16-dien-3,20-dion, 21-Pivaloyloxy- 2427

$C_{26}H_{36}O_5$
Pregn-4-en-2,3,20-trion, 21-Pivaloyloxy- 2995

$C_{26}H_{36}O_5S$
Pregn-4-en-3,20-dion, 21-Acetoxy-7-propionylmercapto- 2900
—, 7-Acetylmercapto-17-propionyloxy- 2899

$C_{26}H_{36}O_6$
Pregna-3,5-dien-20-on, 3,21-Diacetoxy-16-methoxy- 2891
Pregn-4-en-3,11-dion, 20,21-Diacetoxy-17-methyl- 2938
Pregn-4-en-3,20-dion, 17,21-Diacetoxy-6-methyl- 2936

$C_{26}H_{36}O_7$
Bernsteinsäure-[17-hydroxy-3,20-dioxo-pregn-4-en-21-ylester]-methylester 2914
— methylester-[7,12,20-trioxo-pregnan-3-ylester] 2930
Kohlensäure-[21-acetoxy-7,20-dioxo-pregn-5-en-3-ylester]-äthylester 2920
Pregn-5-en-20-on, 16,21-Diacetoxy-3-formyloxy- 2840
—, 17,21-Diacetoxy-3-formyloxy- 2842

$C_{26}H_{38}N_2O_3$
Desoxybenzoin, 2,4-Bis-[2-diäthylamino-äthoxy]- 2460

$C_{26}H_{38}O_2S_2$
[1,4]Naphthochinon, 2,3-Bis-octylmercapto- 2955

$C_{26}H_{38}O_3S$
[1,4]Naphthochinon, 2-Hydroxy-3-[8-octylmercapto-octyl]- 2979

$C_{26}H_{38}O_4$
[1,4]Naphthochinon, 2-Hydroxy-3-[10-hydroxy-10-propyl-tridecyl]- 3009

$C_{26}H_{38}O_5$
Cholan-3,7,12-trion, 24-Acetoxy- 2939
21,24-Dinor-chola-5,22-dien-20-on, 3-Acetoxy-23,23-dimethoxy- 2429
Pregn-4-en-3,20-dion, 2-Hydroxy-21-pivaloyloxy- 2894
—, 17-Hydroxy-21-pivaloyloxy- 2914

$C_{26}H_{38}O_6$
23,24-Dinor-cholan-22-al, 3,5-Diacetoxy-11-oxo- 2864
D-Homo-pregnan-11,20-dion, 3,17a-Diacetoxy- 2863
Pregn-4-en-3-on, 20,21-Diacetoxy-11-hydroxy-17-methyl- 2866
Pregn-5-en-20-on, 3,21-Diacetoxy-16-methoxy- 2840
Pregn-9(11)-en-20-on, 3,21-Diacetoxy-17-hydroxy-16-methyl- 2865

$C_{26}H_{38}O_7$
Bernsteinsäure-[7-hydroxy-12,20-dioxo-pregnan-3-ylester]-methylester 2860
Kohlensäure-[21-acetoxy-17-hydroxy-20-oxo-pregn-5-en-3-ylester]-äthylester 2842

$C_{26}H_{40}O_6$
D-Homo-pregnan-11-on, 3,20-Diacetoxy-17a-hydroxy- 2790
Pregnan-20-on, 3,11-Diacetoxy-17-hydroxy-16-methyl- 2791

$C_{26}H_{40}O_7$
Kohlensäure-[12-acetoxy-17-hydroxy-20-oxo-pregnan-3-ylester]-äthylester 2784

$C_{26}H_{41}N_3O_6$
Pregnan-20-on, 3,6-Diacetoxy-5-hydroxy-, semicarbazon 2776

$C_{26}H_{44}O_4$
Eicosan-1-on, 1-[2,3,4-Trihydroxy-phenyl]- 2795
Heptadecan-1-on, 1-[3,4,5-Trimethoxy-phenyl]- 2793

$C_{26}H_{44}O_4$ (Fortsetzung)
Nonadecan-2-on, 10,11-Dihydroxy-1-[3-methoxy-phenyl]- 2794
Tricyclo[12.10.1.1^{2,13}]hexacosan-25,26-dion, 1,13-Dihydroxy- 2795

C_{27}

$C_{27}H_{18}O_3$
Anthracen-1,2-dion, 3-Methoxy-9,10-diphenyl- 2687
–, 6-Methoxy-9,10-diphenyl- 2686
$C_{27}H_{19}ClO_3$
Indan-1-on, 2-Chlor-3-[2,4-dihydroxy-phenyl]-2,3-diphenyl- 2683
$C_{27}H_{19}N_3O_3$
Anthracen-1,2-dion, 6-Hydroxy-9,10-diphenyl-, monosemicarbazon 2686
$C_{27}H_{20}OS_2$
Chalkon, 4,4′-Bis-phenylmercapto- 2543
$C_{27}H_{20}O_3$
Anthracen-2-on, 3-Hydroxy-9-methoxy-9,10-diphenyl-9*H*- 2683
$C_{27}H_{22}N_2O_2$
Monophenylhydrazon $C_{27}H_{22}N_2O_2$ aus 2-Benzoyl-benzoin 2661
Monophenylhydrazon $C_{27}H_{22}N_2O_2$ aus 2′-Benzoyl-benzoin 2661
$C_{27}H_{22}OS_2$
Aceton, 1,3-Bis-[4-phenylmercapto-phenyl]-2482
$C_{27}H_{22}O_3$
Aceton, 1,3-Bis-[4-phenoxy-phenyl]- 2482
Benzophenon, 3-Benzyl-4-benzyloxy-2-hydroxy- 2652
–, 2,4-Bis-benzyloxy- 2443
–, 4,4′-Bis-benzyloxy- 2454
[1,4]Naphthochinon, 2-[5,5-Diphenyl-pent-4-enyl]-3-hydroxy- 2681
Propenon, 1-Biphenyl-4-yl-3-[1,4-dimethoxy-[2]naphthyl]- 2680
–, 1-Biphenyl-4-yl-3-[4,7-dimethoxy-[1]naphthyl]- 2680
$C_{27}H_{23}ClO_5$
Indan-1-on, 2-Äthyl-2-chlor-3-[2,4-diacetoxy-phenyl]-3-phenyl- 2664
$C_{27}H_{23}NOS_2$
Aceton, 1,3-Bis-[4-phenylmercapto-phenyl]-, oxim 2482
$C_{27}H_{23}NO_3$
Aceton, 1,3-Bis-[4-phenoxy-phenyl]-, oxim 2482
$C_{27}H_{24}N_8O_{10}$
Bis-[2,4-dinitro-phenylhydrazon] $C_{27}H_{24}N_8O_{10}$ aus 1-[2-Hydroxy-phenyl]-3-[2-oxo-cyclohexyl]-propan-1,3-dion 2969
$C_{27}H_{24}O_3$
Cyclopent-3-enon, 2-[4-Methoxy-benzyliden]-3-[4-methoxy-phenyl]-5-methyl-4-phenyl-2677
–, 2-[4-Methoxy-benzyliden]-4-[4-methoxy-phenyl]-5-methyl-3-phenyl-2677
$C_{27}H_{26}O_9$
Äthanon, 2-[4-Acetyl-2-methoxy-phenoxy]-1-[4-(4-hydroxy-3-methoxy-phenacyloxy)-3-methoxy-phenyl]- 2740
$C_{27}H_{28}O_4$
Pregna-1,4-dien-3,20-dion, 17-Hexanoyloxy-2420
$C_{27}H_{30}N_8O_{10}$
Naphthalin-1,6-dion, 7-Äthyl-2,3-dimethoxy-4-methyl-4a,7,8,8a-tetrahydro-4*H*,5*H*-, bis-[2,4-dinitro-phenylhydrazon] 2763
$C_{27}H_{30}O_3$
Cyclohexa-2,5-dienon, 4-[4,4′-Dihydroxy-5,5′-diisopropyl-2,2′-dimethyl-benzhydryliden]- 2656
$C_{27}H_{30}O_5S$
Benzophenon, 4-Hydroxy-2′-[4-hydroxy-5-isopropyl-2-methyl-benzolsulfonyl]-5-isopropyl-2-methyl- 2502
$C_{27}H_{32}O_3$
Abieta-8,11,13-trien-7,18-dion, 12-Methoxy-18-phenyl- 2643
$C_{27}H_{32}O_3S$
[1,4]Naphthochinon, 2-Hydroxy-3-[10-*p*-tolylmercapto-decyl]- 2985
$C_{27}H_{32}O_4$
[1,4]Naphthochinon, 2-Hydroxy-3-[10-*p*-tolyloxy-decyl]- 2984
$C_{27}H_{34}O_3$
D-Homo-androstan-11,17a-dion, 17-Benzyliden-3-hydroxy- 2629
Pregn-4-en-3,20-dion, 17-Hydroxy-6-phenyl-2629
$C_{27}H_{34}O_7$
Pregna-3,5,9(11)-trien-20-on, 3,17,21-Triacetoxy- 2986
$C_{27}H_{36}Br_2O_8$
Pregnan-11,20-dion, 3,21,21-Triacetoxy-12,17-dibrom- 2934
$C_{27}H_{36}O_3$
Pregnan-3,20-dion, 5-Hydroxy-6-phenyl-2583
$C_{27}H_{36}O_7$
Pregna-3,5-dien-20-on, 3,17,21-Triacetoxy-2892
Pregna-4,16-dien-20-on, 1,2,3-Triacetoxy-2892
$C_{27}H_{37}BrO_8$
Pregnan-11,20-dion, 3,21,21-Triacetoxy-12-brom- 2932
$C_{27}H_{38}Br_2O_5$
Cholan-7,12,24-trion, 3-Acetoxy-24-dibrommethyl- 2940
$C_{27}H_{38}I_2O_5$
Cholan-7,12,24-trion, 3-Acetoxy-24-dijodmethyl- 2940

$C_{27}H_{38}O_3$
Benzophenon, 2-Hydroxy-4-tetradecyloxy- 2442
$C_{27}H_{38}O_6$
D-Homo-21,24-dinor-chol-20-in-11-on, 3,23-Diacetoxy-17a-hydroxy- 2938
$C_{27}H_{38}O_7$
D-Homo-androst-5-en-17-on, 3,16,17a-Triacetoxy-17a-methyl- 2831
Pregn-2-en-20-on, 3,17,21-Triacetoxy- 2833
Pregn-4-en-20-on, 3,6,17-Triacetoxy- 2836
—, 3,6,21-Triacetoxy- 2836
Pregn-5-en-20-on, 3,7,21-Triacetoxy- 2837
—, 3,16,17-Triacetoxy- 2839
—, 3,17,21-Triacetoxy- 2842
Pregn-8-en-7-on, 3,11,20-Triacetoxy- 2843
Pregn-16-en-20-on, 1,2,3-Triacetoxy- 2843
—, 2,3,15-Triacetoxy- 2843
—, 3,6,21-Triacetoxy- 2843
$C_{27}H_{38}O_8$
Pregnan-11,20-dion, 3,21,21-Triacetoxy- 2931
$C_{27}H_{39}BrO_5$
Cholan-7,12,24-trion, 3-Acetoxy-24-brommethyl- 2939
$C_{27}H_{39}ClO_5$
Cholan-7,12,24-trion, 3-Acetoxy-24-chlormethyl- 2939
$C_{27}H_{40}O_3$
Fesa-5,16(23)-dien-22-on, 3,26-Dihydroxy- 2431
$C_{27}H_{40}O_3S$
[1,4]Naphthochinon, 2-[3-Dodecylmercapto-3-methyl-butyl]-3-hydroxy- 2970
$C_{27}H_{40}O_4$
Cholesta-5,17(20)-dien-16,22-dion, 3,26-Dihydroxy- 3009
Cholesta-5,17(20)-dien-16-on, 22,26-Epoxy-3,22-dihydroxy- 3009
[1,4]Naphthochinon, 2-Hydroxy-3-[9-hydroxy-9-isobutyl-11-methyl-dodecyl]- 3009
$C_{27}H_{40}O_5$
Cholan-7,12,24-trion, 3-Acetoxy-24-methyl- 2939
$C_{27}H_{40}O_7$
D-Homo-androstan-17-on, 3,11,17a-Triacetoxy-17a-methyl- 2773
—, 3,16,17a-Triacetoxy-17a-methyl- 2772
D-Homo-androstan-17a-on, 3,11,17-Triacetoxy-17-methyl- 2773
Pregnan-11-on, 3,12,20-Triacetoxy- 2774
—, 3,17,20-Triacetoxy- 2775
Pregnan-20-on, 2,3,15-Triacetoxy- 2776
—, 3,5,6-Triacetoxy- 2777
—, 3,5,19-Triacetoxy- 2777
—, 3,6,21-Triacetoxy- 2777
—, 3,7,11-Triacetoxy- 2778
—, 3,7,12-Triacetoxy- 2778
—, 3,11,17-Triacetoxy- 2781
—, 3,11,21-Triacetoxy- 2783
—, 3,12,17-Triacetoxy- 2784
—, 3,12,21-Triacetoxy- 2786
—, 3,16,21-Triacetoxy- 2786
—, 3,17,21-Triacetoxy- 2789
$C_{27}H_{41}NO_7$
Pregnan-11-on, 3,17,20-Triacetoxy-, oxim 2775
$C_{27}H_{42}O_4$
Cholest-5-en-16,22-dion, 3,26-Dihydroxy- 2940
Cholest-17(20)-en-16-on, 3,22-Dihydroxy-22,26-epoxy- 2941
$C_{27}H_{44}O_4$
Cholest-5-en-22-on, 3,16,26-Trihydroxy- 2867
Cholest-5-en-3,16,22-triol, 22,26-Epoxy- 2867
$C_{27}H_{46}O_4$
Cholestan-24-on, 3,7,12-Trihydroxy- 2796
25,26,27-Trinor-dammaran-24-al, 3,12,20-Trihydroxy- 2795
25,26,27-Trinor-dammaran-3,12,24-triol, 20,24-Epoxy- 2795
$C_{27}H_{47}NO_4$
Cholestan-24-on, 3,7,12-Trihydroxy-, oxim 2796

C_{28}

$C_{28}H_{14}O_4S$
Anthrachinon, 1,1′-Sulfandiyl-di- 2594
$C_{28}H_{14}O_4SSe_2$
Anthrachinon, 1,1′-Sulfandiyldiselanyl-di- 2597
—, 2,2′-Sulfandiyldiselanyl-di- 2601
$C_{28}H_{14}O_4S_2$
Anthrachinon, 2,2′-Disulfandiyl-di- 2600
$C_{28}H_{14}O_4Se_2$
Anthrachinon, 1,1′-Diselandiyl-di- 2597
—, 2,2′-Diselandiyl-di- 2601
$C_{28}H_{14}O_4Se_3$
Anthrachinon, 1,1′-Triselandiyl-di- 2597
$C_{28}H_{18}O_3$
[9,9′]Bianthryl-10,10′-dion, 9-Hydroxy-9*H*,9′*H*- 2688
$C_{28}H_{18}O_6S$
[9,9′]Bianthryl-10,10′-dion, 9-Sulfooxy-9*H*,9′*H*- 2689
$C_{28}H_{22}O_3$
Äthanon, 2-Hydroxy-2-[4-oxo-1,2,3,4-tetrahydro-[3]phenanthryl]-1,2-diphenyl- 2684
Anthracen-2-on, 3,9-Dimethoxy-9,10-diphenyl-9*H*- 2683
$C_{28}H_{22}O_4S$
Cycloheptatrienon, 7,7′-Bis-[4-methoxy-phenyl]-2,2′-sulfandiyl-bis- 2441

$C_{28}H_{22}O_4S_2$
Cycloheptatrienon, 7,7'-Bis-[4-methoxy-phenyl]-2,2'-disulfandiyl-bis- 2441
$C_{28}H_{24}OS_3$
Cycloheptatrienon, 2,4,7-Tris-*p*-tolylmercapto- 2712
$C_{28}H_{28}N_2O_4$
Hydrazin, Bis-[1-(6,7-dimethoxy-[2]naphthyl)-äthyliden]- 2380
$C_{28}H_{30}O_{10}S$
Sulfid, Bis-[2,4-diacetoxy-5-butyryl-phenyl]- 2753
$C_{28}H_{32}O_3$
Bicyclohexyl-4-on, 3,5-[Bis-(4-methoxy-benzyliden)]- 2655
$C_{28}H_{32}O_4$
Abieta-8,11,13-trien-7,18-dion, 12-Acetoxy-18-phenyl- 2643
$C_{28}H_{34}O_2S$
Pregna-3,5-dien-11,20-dion, 3-Benzylmercapto- 2422
$C_{28}H_{34}O_4$
Androstan-11,17-dion, 3-Acetoxy-16-benzyliden- 2628
Androst-5-en-17-on, 3-Acetoxy-16-benzyliden-14-hydroxy- 2628
$C_{28}H_{36}O_3$
21,24-Dinor-chol-22-en-11,20-dion, 3-Hydroxy-23-phenyl- 2629
Pregnan-11,20-dion, 18-Benzyliden-3-hydroxy- 2629
$C_{28}H_{36}O_4$
Cyclobutan-1,3-dion, 2,4-Diäthyl-2,4-bis-[4-*tert*-butyl-phenoxy]- 2698
$C_{28}H_{38}O_3$
21,24-Dinor-chol-22-en-11-on, 3,20-Dihydroxy-23-phenyl- 2583
Pregnan-11,20-dion, 18-Benzyl-3-hydroxy- 2584
$C_{28}H_{38}O_4$
19-Nor-pregna-5,7,9-trien-11,20-dion, 3-Heptanoyloxy-1-methyl- 2524
$C_{28}H_{40}Br_2O_7$
Androstan-17-on, 3,7,11-Triacetoxy-16,16-dibrom-4,4,14-trimethyl- 2793
$C_{28}H_{40}O_3$
29,30-Dinor-oleana-12,18-dien-11,20-dion, 3-Hydroxy- 2528
Octan-1-on, 1-{5-[1-Äthyl-2-(4-methoxy-phenyl)-butyl]-2-methoxy-phenyl}- 2528
$C_{28}H_{40}O_5$
Pregn-5-en-20-on, 3-Acetoxy-16-[1-acetyl-2-oxo-propyl]- 3009
$C_{28}H_{40}O_6$
Dibenzo[1,4]dioxin-1,2-dion, 3,4a,6,8-Tetra-*tert*-butyl-9,10a-dihydroxy-4a,10a-dihydro- 2764
Pregn-4-en-3,20-dion, 2-Acetoxy-21-pivaloyloxy- 2895
$C_{28}H_{40}O_7$
23,24-Dinor-chol-4-en-3-on, 6,11,22-Triacetoxy- 2863
23,24-Dinor-chol-20-en-11-on, 3,5,21-Triacetoxy- 2864
$C_{28}H_{40}O_8$
Bernsteinsäure-[7-acetoxy-12,20-dioxo-pregnan-3-ylester]-methylester 2860
Kohlensäure-äthylester-[17,21-diacetoxy-20-oxo-pregn-5-en-3-ylester] 2842
$C_{28}H_{41}BrO_7$
Cholan-24-on, 24-Brommethyl-3,7,12-tris-formyloxy- 2794
$C_{28}H_{42}O_3$
26,27-Dinor-lanosta-8,11-dien-7,24-dion, 3-Hydroxy- 2434
29,30-Dinor-olean-18-en-11,20-dion, 3-Hydroxy- 2434
Ergosta-7,22-dien-3,6-dion, 5-Hydroxy- 2433
Ergosta-7,9(11),22-trien-6-on, 3,5-Dihydroxy- 2432
$C_{28}H_{42}O_3S$
[1,4]Naphthochinon, 2-[8-Decylmercapto-octyl]-3-hydroxy- 2979
—, 2-Hydroxy-3-[10-octylmercapto-decyl]- 2984
$C_{28}H_{42}O_4$
[1,4]Naphthochinon, 2-[10-Butyl-10-hydroxy-tetradecyl]-3-hydroxy- 3010
—, 2-Hydroxy-3-[10-hydroxy-10-isobutyl-12-methyl-tridecyl]- 3010
$C_{28}H_{42}O_7$
Androstan-17-on, 3,7,11-Triacetoxy-4,4,14-trimethyl- 2793
$C_{28}H_{42}O_8$
Bernsteinsäure-[7-acetoxy-12-hydroxy-20-oxo-pregnan-3-ylester]-methylester 2778
$C_{28}H_{43}NO_3$
Ergosta-7,9(11),22-trien-6-on, 3,5-Dihydroxy-, oxim 2432
$C_{28}H_{43}NO_7$
Androstan-17-on, 3,7,11-Triacetoxy-4,4,14-trimethyl-, oxim 2793
$C_{28}H_{44}Br_2O_4$
Ergostan-7,11-dion, 22,23-Dibrom-3,9-dihydroxy- 2870
$C_{28}H_{44}O_4$
Ergost-22-en-3,7-dion, 9,11-Dihydroxy- 2941
Ergost-22-en-7,11-dion, 3,9-Dihydroxy- 2942
18,19-Seco-29,30-dinor-oleanan-11,18,20-trion, 3-Hydroxy- 2941
$C_{28}H_{46}Br_2O_4$
Ergostan-7-on, 22,23-Dibrom-3,9,11-trihydroxy- 2797
$C_{28}H_{46}Cl_2O_4$
Ergostan-7-on, 22,23-Dichlor-3,9,11-trihydroxy- 2797

$C_{28}H_{46}O_4$
Eicosan-1,3-dion, 1-[3,4-Dimethoxy-phenyl]- 2867
Ergost-22-en-7-on, 3,9,11-Trihydroxy- 2869
$C_{28}H_{47}BrO_4$
Docosan-1-on, 1-[5-Brom-2,3,4-trihydroxy-phenyl]- 2796
$C_{28}H_{48}O_4$
Docosan-1-on, 1-[2,3,4-Trihydroxy-phenyl]- 2796
27-Nor-cholestan-24-on, 26-Äthyl-3,7,12-trihydroxy- 2797
Tricyclo[13.11.1.1^{2,14}]octacosan-27,28-dion, 1,14-Dihydroxy- 2796

C_{29}

$C_{29}H_{18}O_3$
Anthron, 10-Hydroxy-10-[9-hydroxy-fluoren-9-yläthinyl]- 2691
$C_{29}H_{20}O_3$
Anthron, 10-Hydroxy-10-[3-hydroxy-3,3-diphenyl-prop-1-inyl]- 2690
Phenanthren-9-on, 10-Hydroxy-10-[3-hydroxy-3,3-diphenyl-prop-1-inyl]-10*H*- 2690
$C_{29}H_{22}O_3$
Anthron, 10-[4,4′-Dimethoxy-benzhydryliden]- 2687
Cyclopent-3-enon, 2,5-Dihydroxy-2,3,4,5-tetraphenyl- 2687
$C_{29}H_{24}O_3$
Pentan-1,5-dion, 3-Hydroxy-1,2,4,5-tetraphenyl- 2684
Phenanthren-9-on, 10-Hydroxy-10-[3-hydroxy-3,3-diphenyl-propyl]-10*H*- 2684
$C_{29}H_{24}O_4$
Desoxybenzoin, 4-Methoxy-3,4″-oxy-bis- 2463
$C_{29}H_{26}N_2O_4$
Desoxybenzoin, 4-Methoxy-3,4″-oxy-bis-, dioxim 2463
$C_{29}H_{28}O_4$
Propan-1,3-dion, 2-[α-Heptanoyloxy-benzyliden]-1,3-diphenyl- 2670
$C_{29}H_{30}O_5$
Cyclohexa-2,5-dienon, 4-[4,4′-Diacetoxy-2,5,2′,5′-tetramethyl-benzhydryliden]-2,5-dimethyl- 2655
–, 4-[4,4′-Diacetoxy-3,5,3′,5′-tetramethyl-benzhydryliden]-2,6-dimethyl- 2655
$C_{29}H_{34}O_4$
Äthanon, 1-[17-Acetoxy-3-benzyloxy-östra-1,3,5(10)-trien-2-yl]- 2413
$C_{29}H_{36}O_5$
Pregn-4-en-3,20-dion, 17-Acetoxy-21-phenoxy- 2914
$C_{29}H_{38}O_5$
Pregn-5-en-20-on, 3-Acetoxy-17-hydroxy-21-phenoxy- 2841
–, 17-Acetoxy-3-hydroxy-21-phenoxy- 2841
$C_{29}H_{39}BrO_9$
Pregn-17(20)-en-11-on, 3,20,21,21-Tetraacetoxy-12-brom- 2932
$C_{29}H_{40}O_3$
23,24-Dinor-chol-4-en-3-on, 22-Hydroxy-22-[4-methoxy-phenyl]- 2584
$C_{29}H_{42}O_6$
Pregn-4-en-3,20-dion, 11-Acetoxy-17-hexanoyloxy- 2903
$C_{29}H_{44}O_3$
28-Nor-olean-12-en-3,22-dion, 15-Hydroxy- 2434
$C_{29}H_{44}O_3S$
[1,4]Naphthochinon, 2-Hydroxy-3-[3-methyl-3-tetradecylmercapto-butyl]- 2970
$C_{29}H_{44}O_4$
[1,4]Naphthochinon, 2-Hydroxy-3-[9-hydroxy-9-isopentyl-12-methyl-tridecyl]- 3010
$C_{29}H_{48}O_4$
[1,4]Benzochinon, 2,3-Dimethoxy-5-methyl-6-phytyl- 2867
$C_{29}H_{50}O_4$
[1,4]Benzochinon, 2,3-Dimethoxy-5-methyl-6-[3,7,11,15-tetramethyl-hexadecyl]- 2795

C_{30}

$C_{30}H_{16}Br_2O_4S$
Anthrachinon, 1,1′-Dibrom-2,2′-[2-thia-propandiyl]-di- 2609
–, 3,3′-Dibrom-2,2′-[2-thia-propandiyl]-di- 2609
$C_{30}H_{18}O_3$
Dibenzo[*a,d*]cyclohepten-10,11-dion, 5-[Anthracen-9-carbonyl]-5*H*- 2691
Dibenzo[*a,d*]cyclohepten-10-on, 5-[Anthracen-9-carbonyl]-11-hydroxy- 2691
$C_{30}H_{18}O_4$
[1,2]Naphthochinon, 4-[2′-Hydroxy-[1,1′]binaphthyl-2-yloxy]- 2362
$C_{30}H_{18}O_4S$
Anthrachinon, 2,2′-[2-Thia-propandiyl]-di- 2608
$C_{30}H_{18}O_6S$
Anthrachinon, 2,2′-[2,2-Dioxo-2λ^6-thia-propandiyl]-di- 2609
$C_{30}H_{20}O_3$
Dispiro[fluoren-9,1′-cyclopropan-2′,2″-indan]-1″,3″-dion, 3′-[4-Methoxy-phenyl]- 2691
$C_{30}H_{22}O_3$
Anthron, 10-Hydroxy-10-[4-hydroxy-4,4-diphenyl-but-1-inyl]- 2691

$C_{30}H_{24}O_3$
Anthracen, 9-[4-Methoxy-benzoyl]-10-*p*-toluoyl-9,10-dihydro- 2687
$C_{30}H_{25}BrO_3$
Hexan-1,6-dion, 2-Brom-5-hydroxy-1,2,5,6-tetraphenyl- 2685
Keton, [5-Brom-6-hydroxy-2,5,6-triphenyl-tetrahydro-pyran-2-yl]-phenyl- 2685
$C_{30}H_{26}O_3$
Cyclohexanon, 2,6-Bis-[2-methoxy-[1]naphthylmethylen]- 2684
Hexan-1,6-dion, 2-Hydroxy-1,2,5,6-tetraphenyl- 2685
Pentan-1,5-dion, 1-[4-Methoxy-phenyl]-2,4,5-triphenyl- 2684
$C_{30}H_{26}O_5$
Desoxybenzoin, 4,4''-Dimethoxy-3,3''-oxy-bis- 2464
$C_{30}H_{26}O_6$
Peroxid, Bis-[3-(3-methyl-but-2-enyl)-1,4-dioxo-1,4-dihydro-[2]naphthyl]- 2487
$C_{30}H_{26}O_6S$
Sulfid, Bis-[5-acetyl-2-benzyloxy-4-hydroxy-phenyl]- 2729
$C_{30}H_{28}N_2O_3$
Hexan-1,6-dion, 2-Hydroxy-1,2,5,6-tetraphenyl-, dioxim 2685
$C_{30}H_{28}N_2O_4$
Hydrazin, Bis-[4,4'-dimethoxy-benzhydryliden]- 2455
$C_{30}H_{28}N_2O_5$
Desoxybenzoin, 4,4''-Dimethoxy-3,3''-oxy-bis-, dioxim 2464
$C_{30}H_{30}O_6$
Naphthalin-1,2,4-trion, 3-[3,4-Dioxo-2-pentyl-3,4-dihydro-[1]naphthyloxy]-3-pentyl- 2387
Peroxid, Bis-[1,4-dioxo-3-pentyl-1,4-dihydro-[2]naphthyl]- 2387
$C_{30}H_{32}O_4$
[1,4]Naphthochinon, 2-Hydroxy-3-[10-[1]naphthyloxy-decyl]- 2984
$C_{30}H_{38}O_4$
21,24-Dinor-chol-22-en-11,20-dion, 3-Acetoxy-23-phenyl- 2629
$C_{30}H_{39}BrO_5$
Pregnan-11,20-dion, 3-Acetoxy-21-benzyloxy-12-brom- 2859
$C_{30}H_{40}O_4$
Cyclobutan-1,3-dion, 2,4-Bis-[4-*tert*-butyl-phenoxy]-2,4-dipropyl- 2699
27,28-Dinor-urs-9(11),13,15,17-tetraen-12-on, 3-Acetoxy-15-hydroxy- 2584
$C_{30}H_{42}O_4$
Ergosta-5,8,22-trien-7,11-dion, 3-Acetoxy-2528
$C_{30}H_{43}NO_3$
Cholan-23,24-dion, 3-Hydroxy-24-phenyl-, 23-oxim 2585
$C_{30}H_{44}O_3$
13,27-Cyclo-olean-9(11)-en-12,15-dion, 3-Hydroxy- 2529
$C_{30}H_{44}O_4$
Ergosta-5,22-dien-7,11-dion, 3-Acetoxy-2433
Ergosta-8,22-dien-7,11-dion, 3-Acetoxy-2433
Ergosta-8(14),22-dien-7,15-dion, 3-Acetoxy-2434
Ergosta-6,8,22-trien-11-on, 3-Acetoxy-14-hydroxy- 2432
Ergosta-7,9(11),22-trien-6-on, 3-Acetoxy-5-hydroxy- 2432
Ergosta-7,14,22-trien-6-on, 3-Acetoxy-5-hydroxy- 2432
$C_{30}H_{44}O_5$
Ergosta-8,22-dien-7,11-dion, 3-Acetoxy-5-hydroxy- 3010
$C_{30}H_{45}NO_8$
Androstan-17-on, 3,7,11-Triacetoxy-4,4,14-trimethyl-, [*O*-acetyl-oxim] 2793
$C_{30}H_{46}Br_2O_5$
Ergostan-7,11-dion, 3-Acetoxy-22,23-dibrom-9-hydroxy- 2870
$C_{30}H_{46}O_2S_2$
[1,4]Naphthochinon, 2,3-Bis-decylmercapto-2955
$C_{30}H_{46}O_3$
Cyclohexa-2,5-dienon, 2,6-Di-*tert*-butyl-4-[3,5-di-*tert*-butyl-4-hydroxy-benzyl]-4-methoxy- 2434
13,27-Cyclo-olean-9(11)-en-12-on, 3,15-Dihydroxy- 2437
Lanosta-5,8-dien-7,11-dion, 3-Hydroxy- 2435
$C_{30}H_{46}O_3S$
[1,4]Naphthochinon, 2-[10-Decylmercapto-decyl]-3-hydroxy- 2984
$C_{30}H_{46}O_4$
[1,4]Naphthochinon, 2-Hydroxy-3-[10-hydroxy-10-isopentyl-13-methyl-tetradecyl]- 3011
–, 2-Hydroxy-3-[10-hydroxy-10-pentyl-pentadecyl]- 3011
$C_{30}H_{46}O_5$
26,27-Dinor-lanostan-7,11,24-trion, 3-Acetoxy- 2942
Ergosta-7,22-dien-6-on, 3-Acetoxy-5,14-dihydroxy- 2941
Ergost-8-en-7,11-dion, 3-Acetoxy-5-hydroxy-2941
Ergost-22-en-3,7-dion, 11-Acetoxy-9-hydroxy-2941
Ergost-22-en-7,11-dion, 3-Acetoxy-9-hydroxy-2942
18,19-Seco-29,30-dinor-oleanan-11,18,20-trion, 3-Acetoxy- 2941
$C_{30}H_{46}O_7$
Cholan-7-on, 3,6,24-Triacetoxy- 2794

$C_{30}H_{47}BrO_4$
Olean-12-en-30-al, 12-Brom-3,16,28-trihydroxy- 2945
$C_{30}H_{48}Br_2O_5$
Ergostan-7-on, 3-Acetoxy-22,23-dibrom-9,11-dihydroxy- 2797
$C_{30}H_{48}Cl_2O_5$
Ergostan-7-on, 3-Acetoxy-22,23-dichlor-9,11-dihydroxy- 2797
$C_{30}H_{48}O_4$
Lanostan-3,11,12-trion, 9-Hydroxy- 2943
Lanostan-7,11,12-trion, 9-Hydroxy- 2943
Olean-12-en-3-al, 3,16,28-Trihydroxy- 2945
Olean-12-en-21-on, 3,16,28-Trihydroxy-2944
Taraxer-9(11)-en-12-on, 3,14,15-Trihydroxy-2945
Urs-12-en-28-al, 2,3,23-Trihydroxy- 2944
$C_{30}H_{48}O_5$
Ergost-22-en-7-on, 3-Acetoxy-9,11-dihydroxy-2869
—, 11-Acetoxy-3,9-dihydroxy- 2869
7,8-Seco-cholestan-7-al, 3-Acetoxy-4-methyl-8,24-dioxo- 2868
$C_{30}H_{49}NO_4$
Olean-12-en-30-al, 3,16,28-Trihydroxy-, oxim 2945
$C_{30}H_{50}O_4$
Cucurbit-5-en-11-on, 3,24,25-Trihydroxy-2870
Lanostan-11,12-dion, 3,9-Dihydroxy- 2870
—, 7,9-Dihydroxy- 2871
$C_{30}H_{52}O_4$
[1,4]Benzochinon, 2,5-Didodecyl-3,6-dihydroxy- 2798

C_{31}

$C_{31}H_{20}O_3$
Anthron, 10-Hydroxy-10-[5-hydroxy-5,5-diphenyl-penta-1,3-diinyl]- 2692
$C_{31}H_{23}ClO_5$
Indan-1-on, 2-Chlor-3-[2,4-diacetoxy-phenyl]-2,3-diphenyl- 2683
$C_{31}H_{24}O_3$
Cyclopentadienon, 2,5-Bis-[4-methoxy-phenyl]-3,4-diphenyl- 2689
—, 3,4-Bis-[4-methoxy-phenyl]-2,5-diphenyl- 2689
$C_{31}H_{26}O_3$
Pentan-1,4-dien-3-on, 1,1-Bis-[4-methoxy-phenyl]-5,5-diphenyl- 2687
$C_{31}H_{30}OS_2$
Pentan-3-on, 1,5-Diphenyl-1,5-bis-*p*-tolylmercapto- 2499
$C_{31}H_{38}O_3$
19-Nor-chola-1,3,5(10)-trien-12,24-dion, 1-Methoxy-4-methyl-24-phenyl- 2656
$C_{31}H_{40}N_2O_3$
19-Nor-chola-1,3,5(10)-trien-12,24-dion, 1-Methoxy-4-methyl-24-phenyl-, dioxim 2656
$C_{31}H_{40}O_6$
Pregn-5-en-20-on, 3,17-Diacetoxy-21-phenoxy- 2842
$C_{31}H_{42}O_3$
21,24-Dinor-chol-22-en-7,11-dion, 20-Hydroxy-4,4,14-trimethyl-23-phenyl-2630
$C_{31}H_{43}NO_4$
24-Nor-cholan-22,23-dion, 3-Acetoxy-23-phenyl-, 22-oxim 2584
$C_{31}H_{44}O_6$
Cholesta-5,17(20)-dien-16,22-dion, 3,26-Diacetoxy- 3010
Cholesta-5,17(20)-dien-16-on, 3,22-Diacetoxy-22,26-epoxy- 3009
$C_{31}H_{45}ClO_8$
Pregnan-11,20-dion, 3-Acetoxy-16-[5-acetoxy-4-methyl-valeryloxy]-12-chlor- 2854
$C_{31}H_{46}O_4$
28-Nor-olean-12-en-15,22-dion, 3-Acetoxy-2434
$C_{31}H_{46}O_6$
Cholest-5-en-16,22-dion, 3,26-Diacetoxy-2940
$C_{31}H_{46}O_8$
Pregnan-11,20-dion, 3-Acetoxy-16-[5-acetoxy-4-methyl-valeryloxy]- 2853
Pregnan-12,20-dion, 3-Acetoxy-16-[5-acetoxy-4-methyl-valeryloxy]- 2860
$C_{31}H_{48}O_3$
Friedel-1-en-24-al, 1-Methoxy-3-oxo- 2437
Friedel-2-en-24-al, 3-Methoxy-1-oxo- 2437
$C_{31}H_{48}O_4$
Cyclohexa-2,5-dienon, 2,6,2′,6′-Tetra-*tert*-butyl-4,4′-dimethoxy-4,4′-methandiyl-bis- 3010
$C_{31}H_{48}O_6$
Cholestan-16,22-dion, 3,26-Diacetoxy- 2868
$C_{31}H_{50}O_6$
Furostan-22-ol, 3,26-Diacetoxy- 2795
$C_{31}H_{51}N_3O_5$
Ergost-22-en-7-on, 3-Acetoxy-9,11-dihydroxy-, semicarbazon 2869

C_{32}

$C_{32}H_{22}O_3$
Keton, [9-Hydroxy-2-(2-hydroxy-phenyl)-9-phenyl-fluoren-1-yl]-phenyl- 2692
$C_{32}H_{26}O_4S$
Sulfid, Bis-[1-benzoyl-3-oxo-3-phenyl-propyl]-2558
$C_{32}H_{28}O_3$
Keton, [2-Hydroxy-6-(4-methoxy-phenyl)-2,4-diphenyl-cyclohex-3-enyl]-phenyl-2688

$C_{32}H_{28}O_3$ (Fortsetzung)
Keton, [2-Methoxy-phenyl]-[2-(2-methoxy-phenyl)-4,5-diphenyl-cyclopent-1-enyl]- 2688
$C_{32}H_{29}N_3O_4S$
Trioxim $C_{32}H_{29}N_3O_4S$ aus Bis-[1-benzoyl-3-oxo-3-phenyl-propyl]-sulfid 2558
$C_{32}H_{30}O_6S$
Sulfid, Bis-[5-acetyl-2-benzyloxy-4-methoxy-phenyl]- 2729
$C_{32}H_{31}NO_6$
Östra-1,3,5(10)-trien-17-on, 3-[2-Benzoyl-4-nitro-phenoxy]-2-methoxy- 2401
$C_{32}H_{32}N_2O_4$
Äthylendiamin, *N,N'*-Bis-[1,3-bis-(2-hydroxy-phenyl)-propyliden]- 2475
$C_{32}H_{34}O_4$
[1,4]Naphthochinon, 2-[10-Biphenyl-4-yloxy-decyl]-3-hydroxy- 2984
$C_{32}H_{40}O_4$
[1,4]Naphthochinon, 2-[10-(4-Cyclohexyl-phenoxy)-decyl]-3-hydroxy- 2984
$C_{32}H_{42}O_4$
Anthrachinon, 2-Stearoyloxy- 2599
$C_{32}H_{42}O_5$
21,24-Dinor-chol-22-en-11-on, 3,20-Diacetoxy-23-phenyl- 2583
27,28-Dinor-urs-9(11),13,15,17-tetraen-12-on, 3,15-Diacetoxy- 2584
$C_{32}H_{44}O_4$
Cyclobutan-1,3-dion, 2,4-Dibutyl-2,4-bis-[4-*tert*-butyl-phenoxy]- 2700
21,24-Dinor-chol-22-en-20-on, 3-Acetoxy-16-äthoxy-23-phenyl- 2583
$C_{32}H_{44}O_8$
Dibenzo[1,4]dioxin-1,2-dion, 9,10a-Diacetoxy-3,4a,6,8-tetra-*tert*-butyl-4a,10a-dihydro- 2765
$C_{32}H_{45}NO_4$
Cholan-23,24-dion, 3-Acetoxy-24-phenyl-, 23-oxim 2585
$C_{32}H_{46}O_4$
13,27-Cyclo-olean-9(11)-en-12,15-dion, 3-Acetoxy- 2529
Oleana-9(11),13(18)-dien-12,19-dion, 3-Acetoxy- 2529
$C_{32}H_{48}O_4$
13,27-Cyclo-olean-9(11)-en-12-on, 3-Acetoxy-15-hydroxy- 2437
Eupha-5,8-dien-7,11-dion, 3-Acetoxy- 2435
Lanosta-5,8-dien-7,11-dion, 3-Acetoxy- 2435
Lanosta-8,24-dien-7,11-dion, 3-Acetoxy- 2436
Olean-12-en-23-al, 16-Acetoxy-3-oxo- 2436
Olean-9(11)-en-12,19-dion, 3-Acetoxy- 2436
$C_{32}H_{48}O_6$
26,27-Dinor-lanost-8-en-7,24-dion, 3,12-Diacetoxy- 2942
$C_{32}H_{50}Br_2O_6$
Ergostan-7-on, 3,11-Diacetoxy-22,23-dibrom-9-hydroxy- 2798
$C_{32}H_{50}Cl_2O_6$
Ergostan-7-on, 3,11-Diacetoxy-22,23-dichlor-9-hydroxy- 2797
$C_{32}H_{50}O_5$
Taraxer-9(11)-en-12-on, 3-Acetoxy-14,15-dihydroxy- 2945
$C_{32}H_{50}O_6$
26,27-Dinor-onoceran-8,14-dion, 3,21-Diacetoxy- 2868
Ergost-22-en-7-on, 3,11-Diacetoxy-9-hydroxy- 2869
$C_{32}H_{52}O_5$
Lanostan-11,12-dion, 3-Acetoxy-9-hydroxy- 2871
—, 7-Acetoxy-9-hydroxy- 2871

C_{33}

$C_{33}H_{22}O_5$
Anthron, 10-Acetoxy-10-[9-acetoxy-fluoren-9-yläthinyl]- 2691
$C_{33}H_{34}O_3$
Benzophenon, 2'-[2-(α-Hydroxy-2,4,6-trimethyl-benzyl)-phenyl]-6'-methoxy-2,4,6-trimethyl- 2681
—, 2'-[3-Methoxy-2-(2,4,6-trimethyl-benzoyl)-cyclohexa-1,5-dienyl]-2,4,6-trimethyl- 2681
—, 2'-[3-Methoxy-4-(2,4,6-trimethyl-benzoyl)-cyclohexa-1,3-dienyl]-2,4,6-trimethyl- 2681
—, 4'-[5-Methoxy-2-(2,4,6-trimethyl-benzoyl)-cyclohexa-1,5-dienyl]-2,4,6-trimethyl- 2681
$C_{33}H_{44}O_4$
21,24-Dinor-chol-22-en-11,20-dion, 3-Acetoxy-4,4,14-trimethyl-23-phenyl- 2630
$C_{33}H_{49}ClO_4$
Olean-12-en-11,30-dion, 3-Acetoxy-30-chlormethyl- 2438
$C_{33}H_{50}O_7$
Cholest-5-en-22-on, 3,16,26-Triacetoxy- 2868

C_{34}

$C_{34}H_{26}O_3$
Phenol, 2,6-Bis-[α'-oxo-bibenzyl-α-yl]- 2692
$C_{34}H_{30}O_8S$
Sulfid, Bis-[4-acetoxy-5-acetyl-2-benzyloxy-phenyl]- 2729
$C_{34}H_{34}O_3$
Biphenyl, 5-Hydroxy-2,4'-bis-[2,3,5,6-tetramethyl-benzoyl]- 2685
$C_{34}H_{42}O_3$
Chalkon, 4-Dodecyloxy-3-methoxy-4'-phenyl- 2661

$C_{34}H_{44}O_3$
23,24-Dinor-cholan-11-on, 3,22-Dihydroxy-22,22-diphenyl- 2656
$C_{34}H_{47}IO_5$
Cholan-24-on, 3,12-Diacetoxy-23-jod-24-phenyl- 2529
$C_{34}H_{50}O_5$
13,27-Cyclo-olean-9(11)-en-12-on, 3,15-Diacetoxy- 2437
Oleana-11,13(18)-dien-21-on, 3,24-Diacetoxy- 2436
$C_{34}H_{50}O_6$
Olean-9(11)-en-12,19-dion, 3,24-Diacetoxy- 3011
Onocera-8,13-dien-7,15-dion, 3,21-Diacetoxy- 3011
$C_{34}H_{52}O_6$
Olean-12-en-30-al, 3,28-Diacetoxy-16-hydroxy- 2945
$C_{34}H_{54}O_2S_2$
[1,4]Naphthochinon, 2,3-Bis-dodecylmercapto- 2956
$C_{34}H_{60}O_4$
[1,4]Benzochinon, 2,5-Dihydroxy-3,6-ditetradecyl- 2798

C_{35}

$C_{35}H_{26}O_3$
Keton, [5-Hydroxy-2,3,4,5-tetraphenyl-2,5-dihydro-[2]furyl]-phenyl- 2693
$C_{35}H_{36}O_3$
Biphenyl, 5-Methoxy-2,4′-bis-[2,3,5,6-tetramethyl-benzoyl]- 2686
$C_{35}H_{38}O_3$
Benzophenon, 2′-[3-Methoxy-2-(2,3,5,6-tetramethyl-benzoyl)-cyclohexa-1,5-dienyl]-2,3,5,6-tetramethyl- 2682
—, 2′-[3-Methoxy-4-(2,3,5,6-tetramethyl-benzoyl)-cyclohexa-1,3-dienyl]-2,3,5,6-tetramethyl- 2682
—, 4′-[5-Methoxy-2-(2,3,5,6-tetramethyl-benzoyl)-cyclohexa-1,5-dienyl]-2,3,5,6-tetramethyl- 2682
$C_{35}H_{42}O_3$
Benzophenon, 4′-[5-Methoxy-2-(2,3,5,6-tetramethyl-benzoyl)-cyclohexyl]-2,3,5,6-tetramethyl- 2672
$C_{35}H_{52}O_6$
Olean-12-en-11,30-dion, 3-Acetoxy-30-acetoxymethyl- 3011
$C_{35}H_{52}O_7$
28-Nor-urs-17-en-22-on, 2,3,23-Triacetoxy- 2943
$C_{35}H_{55}NO_7$
30-Nor-lupan-20-on, 3,28-Diacetoxy-21-hydroxy-, [*O*-acetyl-oxim] 2870

C_{36}

$C_{36}H_{24}O_3$
Keton, [7-Hydroxy-5-(2-hydroxy-phenyl)-7-phenyl-benzo[*c*]fluoren-6-yl]-phenyl- 2694
$C_{36}H_{28}O_3$
Keton, [5-Hydroxy-2,3,4,5-tetraphenyl-2,5-dihydro-[2]furyl]-*p*-tolyl- 2694
—, [5-Hydroxy-2,3,4-triphenyl-5-*p*-tolyl-2,5-dihydro-[2]furyl]-phenyl- 2693
—, [5-Hydroxy-2,3,5-triphenyl-4-*p*-tolyl-2,5-dihydro-[2]furyl]-phenyl- 2693
—, [5-Hydroxy-2,4,5-triphenyl-3-*p*-tolyl-2,5-dihydro-[2]furyl]-phenyl- 2693
—, [5-Hydroxy-3,4,5-triphenyl-2-*p*-tolyl-2,5-dihydro-[2]furyl]-phenyl- 2693
$C_{36}H_{44}O_3$
21,26,27-Trinor-cholesta-22,24-dien-20-on, 3,12-Dihydroxy-25,25-diphenyl- 2672
$C_{36}H_{46}O_3$
Chol-4-en-3-on, 20,24-Dihydroxy-24,24-diphenyl- 2665
Chol-23-en-11-on, 3,12-Dihydroxy-24,24-diphenyl- 2665
$C_{36}H_{54}O_7$
Oelan-12-en-28-al, 3,16,23-Triacetoxy- 2945
Olean-12-en-21-on, 3,16,28-Triacetoxy- 2944
Urs-12-en-28-al, 2,3,23-Triacetoxy- 2944
$C_{36}H_{55}NO_7$
Oelan-12-en-28-al, 3,16,23-Triacetoxy-, oxim 2945
$C_{36}H_{64}O_4$
[1,4]Benzochinon, 2,5-Dihydroxy-3,6-dipentadecyl- 2798

C_{37}

$C_{37}H_{22}O_3$
Pentacen-6-on, 13-Hydroxy-13-[9-hydroxy-fluoren-9-yläthinyl]-13*H*- 2694
$C_{37}H_{24}O_3$
Pentacen-6-on, 13-Hydroxy-13-[3-hydroxy-3,3-diphenyl-prop-1-inyl]-13*H*- 2694
$C_{37}H_{43}BrO_3$
Chola-20(22),23-dien-3,11-dion, 12-Brom-21-methoxy-24,24-diphenyl- 2677
$C_{37}H_{46}O_4$
21,24-Dinor-chol-22-en-20-on, 3-Acetoxy-16-benzyloxy-23-phenyl- 2584
$C_{37}H_{57}N_3O_7$
Urs-12-en-28-al, 2,3,23-Triacetoxy-, semicarbazon 2944

C_{38}

$C_{38}H_{34}O_3$
Keton, [9,9-Bis-(4-methoxy-3-methyl-phenyl)-fluoren-4-yl]-[2,4-dimethyl-phenyl]- 2693

$C_{38}H_{46}O_4$
Chol-23-en-11,12-dion, 3-Acetoxy-24,24-diphenyl- 2674

$C_{38}H_{48}O_4$
Chol-23-en-11-on, 3-Acetoxy-12-hydroxy-24,24-diphenyl- 2665

$C_{38}H_{48}O_6S$
Chol-23-en-11-on, 3-Acetoxy-24,24-diphenyl-12-sulfinooxy- 2665

$C_{38}H_{49}O_6P$
Chol-23-en-11-on, 3-Acetoxy-12-dihydroxyphosphinooxy-24,24-diphenyl- 2665

C_{39}

$C_{39}H_{47}BrO_4$
Chola-20(22),23-dien-11-on, 3-Acetoxy-12-brom-21-methoxy-24,24-diphenyl-2673

$C_{39}H_{48}O_3$
Chola-20(22),23-dien-7,11-dion, 3-Hydroxy-4,4,14-trimethyl-24,24-diphenyl- 2677

$C_{39}H_{50}O_3$
25,26,27-Trinor-lanost-23-en-7,11-dion, 3-Hydroxy-24,24-diphenyl- 2674

$C_{39}H_{52}O_3$
25,26,27-Trinor-euphan-7,11-dion, 24-Hydroxy-24,24-diphenyl- 2666
25,26,27-Trinor-lanostan-7,11-dion, 24-Hydroxy-24,24-diphenyl- 2666
25,26,27-Trinor-tirucallan-7,11-dion, 24-Hydroxy-24,24-diphenyl- 2666

C_{40}

$C_{40}H_{47}BrO_5$
Chola-20(22),23-dien-11-on, 3,21-Diacetoxy-12-brom-24,24-diphenyl- 2674

$C_{40}H_{48}O_5$
Chola-9(11),23-dien-12-on, 3,11-Diacetoxy-24,24-diphenyl- 2673

$C_{40}H_{49}BrO_3S$
Chola-20(22),23-dien-11-on, 3-Acetoxy-21-äthylmercapto-12-brom-24,24-diphenyl- 2674

$C_{40}H_{50}O_5$
Chol-23-en-11-on, 3,12-Diacetoxy-24,24-diphenyl- 2665

$C_{40}H_{56}O_3$
β,κ-Carotin-6′-on, 3,3′-Dihydroxy- 2657

C_{41}

$C_{41}H_{28}OS_2$
Cyclopentadienon, 2,5-Diphenyl-3,4-bis-[4-phenylmercapto-phenyl]- 2690
—, 3,4-Diphenyl-2,5-bis-[4-phenylmercapto-phenyl]- 2689

$C_{41}H_{28}O_3$
Cyclopentadienon, 2,5-Bis-[4-phenoxy-phenyl]-3,4-diphenyl- 2689
—, 3,4-Bis-[4-phenoxy-phenyl]-2,5-diphenyl- 2690

$C_{41}H_{44}N_4O_{14}$
Cholesta-5,17(20)-dien-16-on, 3,22-Bis-[3,5-dinitro-benzoyloxy]-22,26-epoxy-3009

$C_{41}H_{46}N_2O_{10}$
Cholesta-5,17(20)-dien-16-on, 22,26-Epoxy-3,22-bis-[4-nitro-benzoyloxy]- 3009

$C_{41}H_{50}O_4$
Chola-20(22),23-dien-7,11-dion, 3-Acetoxy-4,4,14-trimethyl-24,24-diphenyl- 2677

$C_{41}H_{52}O_4$
25,26,27-Trinor-lanost-23-en-7,11-dion, 3-Acetoxy-24,24-diphenyl- 2675

C_{42}

$C_{42}H_{60}O_{14}P_2$
Phosphorsäureester $C_{42}H_{60}O_{14}P_2$ aus 1,2-Bis-[1-hydroxy-cyclohexyl]-äthandion 2703

C_{44}

$C_{44}H_{60}O_5$
β,κ-Carotin-6′-on, 3,3′-Diacetoxy- 2657

C_{45}

$C_{45}H_{26}O_7S$
λ^6-Sulfan, Bis-[9,10-dioxo-9,10-dihydro-[2]anthrylmethyl]-[9,10-dioxo-9,10-dihydro-[2]anthrylmethylen]-oxo-2609

$C_{45}H_{51}BrO_4$
Chola-20(22),23-dien-11-on, 3-Acetoxy-21-benzyloxy-12-brom-24,24-diphenyl-2673

C_{46}

$C_{46}H_{64}O_5$
β,κ-Carotin-6′-on, 3,3′-Bis-propionyloxy-2657

C_{48}

$C_{48}H_{68}O_5$
β,κ-Carotin-6′-on, 3,3′-Bis-butyryloxy- 2657

C_{50}

$C_{50}H_{72}O_5$
β,κ-Carotin-6′-on, 3,3′-Bis-valeryloxy- 2657

C_{52}

$C_{52}H_{76}O_5$
β,κ-Carotin-6′-on, 3,3′-Bis-hexanoyloxy- 2657

C_{53}

$C_{53}H_{66}O_6$
Olean-12-en-22-on, 3,16-Diacetoxy-28-trityloxy- 2944

C_{59}

$C_{59}H_{110}O_4$
[1,4]Benzochinon, 2-[3,7,11,15,19,23,27,31,35,39-Decamethyl-tetracontyl]-5,6-dimethoxy-3-methyl- 2798

C_{68}

$C_{68}H_{108}O_5$
β,κ-Carotin-6′-on, 3,3′-Bis-myristoyloxy- 2657

C_{76}

$C_{76}H_{124}O_5$
β,κ-Carotin-6′-on, 3,3′-Bis-stearoyloxy- 2657